Probst-Baustoffführer

ABC der Materialien, Elemente und Systeme

Warenregister · Adreßbuch

Begründet von Erich Probst

12. Ausgabe
von
Manfred Braun

BAUVERLAG GMBH · WIESBADEN UND BERLIN

CIP-Titelaufnahme der Deutschen Bibliothek

Probst-Baustofführer: ABC der Materialien, Elemente und Systeme; Warenregister, Adressbuch/begr. von Erich Probst.
- 12. Ausg./von Manfred Braun. - Wiesbaden; Berlin: Bauverl., 1990
ISBN 3-7625-2710-5
NE: Braun, Manfred [Bearb.]; Probst, Erich [Begr.]; Baustofführer

9. Ausgabe 1982
10. Ausgabe 1984
11. Ausgabe 1987
12. Ausgabe 1990

Redaktionsschluß 1. Oktober 1989

Verantwortlich für Anzeigen: Arno Mayer, Wiesbaden

Gesamtherstellung: A. Sutter, Essen

ISBN 3-7625-2710-5

Vorwort zur 12. Ausgabe

Nach der neuen Gliederung ab der 9. Ausgabe hat der PROBST-BAUSTOFFFÜHRER aufgrund seiner Übersichtlichkeit, seiner Fülle nachgewiesener Baustoffe, Elemente und Systeme und seiner vielfältigen Nachschlagemöglichkeiten seinen Benutzerkreis gefunden. Zu den Baustoffhandlungen und Baumärkten, ursprünglich fast die alleinigen Benutzer, gesellten sich inzwischen viele Planungsbüros im Hoch- und Tiefbau, Bauunternehmungen und Bauhandwerksbetriebe, Baubehörden, Wohn- und Siedlungsgesellschaften und vermehrt auch die Hersteller der aufgeführten Produkte, die über das Konkurrenzumfeld informiert sein wollen.

In die vorliegende Ausgabe wurden wieder knapp 700 Firmen neu aufgenommen mit der entsprechenden Vielzahl an Produkten. Die Änderungen (von Telefon- und Telexnummern, Anschriften, Löschungen des Produktionsprogramms und so weiter) gehen in die Tausende. Erstmals wurden in größerem Umfang Telefax-Nummern aufgenommen.

Die redaktionellen Eintragungen erfolgen auch weiterhin kostenlos, um die Neutralität zu erhalten und zu gewährleisten, daß alle bekanntwerdenden Firmen mit ihren für diesen Katalog spezifischen Produkten aufgenommen werden können.

So wird der PROBST-BAUSTOFFFÜHRER weiterhin für alle Benutzer das unentbehrliche schnelle Nachschlagewerk sein, das auf vielerlei Arten Auskünfte über Baustoffe und ihre Hersteller vermittelt.

Auch diesmal darf ich mich wieder ganz besonders bei all jenen Firmen bedanken, die bei der textlichen Aufbereitung behilflich waren und die durch die sorgfältige Korrektur der Druckfahnen mitgeholfen haben, daß die Nutzer dieses Führers — und auch ihre potentiellen Kunden — exakt informiert werden und durch präzise Anschriften schnell Kontakt aufnehmen können.

Manfred Braun — Bearbeiter der 12. Ausgabe

Vorwort zur 9. Ausgabe

Nach langer, viel zu langer Zeit, wie eifrige Benutzer sich immer wieder beim Verlag äußerten, liegt der PROBST-BAUSTOFFFÜHRER nun in seiner 9. Ausgabe vor Ihnen.

Beachtliche Veränderungen, notwendig geworden durch fortschreitende Entwicklungen sowohl auf dem Baustoffmarkt als auch in drucktechnischer Hinsicht, haben dem PROBST ein neues Gesicht und neue Inhalte verschafft, die in kurzer Form zusammengefaßt auf der vierten Umschlagseite nachzulesen sind.

Herzstück des Buches bleibt das „ABC der Baustoffe", jetzt richtiger betitelt „ABC der Materialien, Elemente und Systeme", denn es ist ja nicht nur der herkömmliche Bau„stoff", der von Baustoffhändlern und anderen Benutzern häufig gesucht wird, sondern unter unbekannten Produktnamen können sich genauso gut Bau-Elemente oder ganze Bau-(oder Bautenschutz-)Systeme verbergen.

Für Bearbeiter und Verlag war die Beschränkung auf das, was wirklich wichtig für den PROBST-BAUSTOFFÜHRER ist, diesmal besonders schwierig. Denn seit 1974, dem Veröffentlichungsdatum der 8. Ausgabe, hat sich der Markt und auch seine Vertriebsformen gewaltig verändert. Klassische Baustoffhandlungen, in erster Linie Partner von Bauhandwerk und Bauindustrie, treten unter dieser Bezeichnung immer weniger in Erscheinung, dagegen sind die Namen Baustoffmärkte, Baumärkte, Baustoffcenter und ähnliche Bezeichnungen heute weit häufiger zu finden. Entsprechend vergrößert hat sich das am Lager gehaltene Sortiment dieser Betriebe, aber auch die Nachfrage aus dem veränderten Kundenkreis geht über den Rahmen des Althergebrachten hinaus, weil die Arbeit am Bau gerade durch fertige Elemente und Systeme Wandlungen unterworfen war.

Dem wurde durch die Aufnahme neuer Baustoffe Rechnung getragen, das heißt die Palette der nachschlagbaren Produkte wurde weiter gefächert. Grundstoffe wie Zement, Mörtel, Beschichtungen, Steine sind wie früher stark vertreten, Fenster, Türen, Paneele, Decken und ihre Systeme sind jetzt zahlreicher zu finden, aber auch Installationssysteme, Rohre, Außenleuchten, Fertiggaragen, Wärmepumpen und Solaranlagen lassen sich nun ebenfalls in großer Anzahl nachschlagen.

Bearbeiter und Verlag hoffen, daß die neue Aufteilung und Erweiterung mit den vielen neuen Informationsmöglichkeiten von den Käufern des PROBST bald erkannt und entsprechend genutzt werden.

Wie Anrufe im Verlag vermuten lassen („. . . wissen Sie, wo ich Siliciumcarbid beziehen kann?"), dürfte diese neue Hilfe auch von anderen Fachleuten der Baubranche, in Bauunternehmen, Architektur- und Planungsbüros, bei Behörden usw. angenommen werden und sicherlich bald neue Benutzerkreise erschließen.

Durch Datenverarbeitung ermöglicht, werden die künftigen Ausgaben des PROBST — zum Nutzen aller — rascher hintereinander erscheinen.

Auch in Zukunft soll aber die neutrale Aufnahme für alle Bauprodukte beibehalten werden. Bearbeiter und Verlag werden sich weiterhin um die Aufnahme neuer oder noch nicht bekannter Firmen und Produkte bemühen. Für die Unterstützung aus der Industrie und dem Benutzerkreis danken wir recht herzlich, besonders jenen, die durch Anzeigen weitergehende Informationen lieferten und eine Herausgabe dieses Buches mit ermöglichten.

Manfred Braun, Walluf am Rhein
Bearbeiter der 9. Ausgabe

Bauverlag GmbH

Hinweise für den Benutzer

Teil 1 ABC der Materialien, Elemente und Systeme

enthält in alphabetischer Reihenfolge die Eigennamen (Markenname, Warenzeichen, Firmenname, Abkürzungszeichen) der Produkte.

- Auf besonderen Wunsch einiger Herstellerfirmen wurden viele Markennamen in Großbuchstaben gedruckt.

- ® = eingetragenes Warenzeichen

Das Fehlen eines Hinweises auf etwa bestehende Patente, Gebrauchsmuster oder Warenzeichen berechtigt nicht zu der Annahme, daß Namen im Sinne der Warenzeichen- und Markenschutzgesetzgebung als frei zu betrachten wären und daher durch jedermann benutzt werden dürften.

- Die Nennung der Materialien, Elemente, Systeme und ihrer Hersteller erfolgt soweit sie uns bekannt wurden. Es sind also keinerlei Werturteile mit der Nennung verbunden.

- Alle Produkte sind nur mit einem Hersteller-Kurznamen versehen. Er befindet sich jeweils am Ende einer Produktbeschreibung und besteht aus der vierstelligen Postleitzahl (dem Sitz des Herstellers) und einem Kurznamen. Die herstellende Firma findet sich mit der kompletten Anschrift im Teil 2 unter der Postleitzahl und dort wiederum im Alphabet unter dem Hersteller-Kurznamen.

Beispiel:	6200 Kalle
Findet sich im Teil 2	
unter:	Postleitzahl 6200 unter Buchstabe K

In einzelnen Fällen wird auch auf weitere Hersteller, Lizenznehmer, Vertriebsstellen u. ä. verwiesen.

- Ausländische Produkte wurden nur dann aufgenommen, wenn sie in der Bundesrepublik Deutschland durch Repräsentanten, Lizenznehmer, Zweigwerke usw. nachweisbar sind.

Teil 2 Adreßbuch der Hersteller, Lizenznehmer, Vertriebsstellen

Während im Teil 1, dem „ABC der Materialien" nur die Herstellorte (mit Postleitzahlen — PLZ) und einem Hersteller-Kurznamen angegeben sind, bringt Teil 2 die komplette Anschrift, geordnet nach PLZ und innerhalb der PLZ geordnet nach dem Alphabet der Kurznamen.

Teil 3 Adressenregister, alphabetisch

Ist dem Benutzer des Buches von einer Firma nur der Name oder ein Teil des Namens bekannt, dann wird hier der Weg zur vollständigen Anschrift in Teil 2 gezeigt.

Teil 4 Warenregister zum ABC der Materialien, Elemente und Systeme

Das Warenregister verweist auf Teil 1, wenn Eigenname und Hersteller von Produkten gesucht werden. Das Warenregister wurde über eine EDV-Anlage aus dem „ABC der Materialien" gezogen. Es ist deshalb nötig, verwandte Begriffe bei der Suche mitzubenutzen, z. B. kann eine „Sockelleiste" auch unter „Profilleiste" gefunden werden, „Fenster" finden sich auch unter „Kunststoff-Fenster", „Kellerfenster", „Dachfenster", „Energiespar-Fenster" usw.

Begriffe dieses Warenregisters sind deshalb häufig auch in der vom Produzenten geprägten Schreibweise bzw. Formulierung zu finden.

Leider ist es bei der Registererstellung durch EDV unvermeidlich, daß Begriffe sowohl in der Einzahl als auch in der Mehrzahl auftauchen, z. B. unter „Dachlack" und unter „Dachlacke".

Verzeichnis häufiger Abkürzungen

ABS	Acrylnitril-Butadien-Styrol-Copolymer
ASA	Acrylnitril-Styrol-Acrylat-Copolymer
AIB	Abdichtung von Ingenieur-Bauwerken (Vorschrift der Deutschen Bundesbahn)
App	Ataktisches Polypropylen
APTK	Terpolymer-Kautschuk
BBV	Bundesbahnvorschrift
BE	Erstarrungsbeschleuniger
BV	Betonverflüssiger
CAB	Celluloseacetobutyrat
CK	Chlorkautschuk
CPE	PEC
CR	a) Chrom b) Chloropren-Kautschuk (Polychloropren)
CV	Cushioned Vinyl
DBGM	Deutsches Bundes-Gebrauchsmuster
DBP	Deutsches Bundespatent
DF	Dünnformat
DIY	Do it yourself
DM	Betondichtungsmittel
ECB	Äthylencopolymerisat-Bitumen
1-K	einkomponentig, Einkomponenten-...
EnEG	Energieeinsparungsgesetz
EPDM	Äthylen-Propylen-Terpolymer (Ethylene-Propylen-Dien-Mixture), früher APTK bezeichnet
EPS	Expandierter Polystyrol-Hartschaum
GE	Holzpflaster für gewerbliche Zwecke
GFB	Glasfaserbeton
GFK	Glasfaserverstärkter Kunststoff
GF-UP	Glasfaserverstärktes Polyester
GKB	Gipskarton-Bauplatten
GFK	Gipskarton-Bauplatten (Feuerschutzplatten)
GUP	Glasfaserverstärktes Polyesterharz
HD	Hohe Dichte (Hochdruck)
HDPE	Polyäthylen hart (HD = hohe Dichte), Hochdruck — PE
HLZ	Hochlochziegel
IfB	Institut für Bautechnik, Berlin
IIR	Butylkautschuk
KS	Kalksandstein
LBE	Lichtbauelemente
LM	Leichtmetall
lmf	lösemittelfrei
lmh	lösemittelhaltig
LP	Luftporen(bildner)
MF	Melaminformaldehyd
MG	Mörtelgruppe
MP	Mörtel- und Putzbinder
NE	Nichteisen
NF	Normalformat
Ni	Nickel
NTR	Niedertemperatur-Regelung
NW	Nennweite
PA	Polyamid
PB	Polybuten
PCP	Pentachlorphenol
PE	Polyäthylen
PEC	Chloriertes PE (auch als CPE bezeichnet)
PETP	Polyäthylenterephtalat (lin. Polyester, gesättigt)
PF	Phenol-Formaldehyd
PiB	Polyisobutylen
PiR	Polyisocyanurat
PLZ	Postleitzahl
PM	Putz- und Mauermörtel
PMMA	Polymethylmethacrylat (Acrylglas)
PP	Polypropylen
PP-C	Polypropylen-Copolimerisat
PS	Polystyrol
PSU	Polysulfid
PTFE	Polytetrafluoräthylen
PU (auch PUR)	Polyurethan
PVAC	Polyvinylacetet
PVB	Polyvinbutral
PVC	Polyvinylchlorid
PVDC	Polyvinylidenchlorid
PVF_2 (auch PVdF)	Polyvinylidenfluorid
PVdF	Polyvinylidenfluorid
PVF	Polyvinylfluorid
PVP	Polyvinylpropionat
RAL	Richtlinien für den Ausbau von Landstraßen
RAL	Ausschuß für Lieferbedingungen und Gütesicherung e.V. (z. B. im Zusammenhang mit Farben)
RE	Holzpflaster für Räume in Schulen, Verwaltungsgebäuden, Versammlungsstätten und ähnlichen Anwendungsgebieten
RoTa	Rosenheimer Tabelle zur Ermittlung der Beanspruchungsgruppen zur Verglasung von Fenstern
RWA	Rauch- und Wärmeabzugsanlagen
SAN	Styrol-Acrylnitril-Copolymer
SB	Selbstbedienung
SBR	Styrol-Butadien-Kautschuk
Si	Silikon-Kautschuk
SR	Polysulfid-Kautschuk
STLK	Standardleistungskatalog
TE	Teerepoxid
TE	Trägelastomere
TVV	Technische Vorschriften und Richtlinien für die Ausführung von Bodenverfestigungen im Straßenbau

UF	Harnstoff-Formaldehyd	VHLZ	Vormauer-Hochlochziegel
UP	ungesättigtes Polyester	VLV	Variabler Luftvolumenstrom
UP-Programm	Unterputz-Programm (für Elektroinstallation)	VPE	Vernetztes PE
		VMZ	Vormauer-Vollziegel
USF	Unterspannfolie	VWS	Vollwärmeschutz
USP	Unterspannbahn	VM	Vormauermörtel
UV	Ultraviolett	VZ	Erstarrungsverzögerer
UW	Unterwasser	WS	Wassersäule
		WA	Wiederaufnahme (-platten, -kleber)

Baustoffklassen (nach DIN 4102 Teil 1)

Das Brandverhalten von Baustoffen wird nicht nur von der Art des Stoffes beeinflußt, sondern insbesondere auch von der Gestalt, der spezifischen Oberfläche und Masse, dem Verbund mit anderen Stoffen den Verbindungsmitteln sowie der Verarbeitungstechnik.

Die Baustoffe werden nach ihrem Brandverhalten in folgende Klassen eingeteilt:

Baustoffklasse	*Bauaufsichtliche Benennung*
A[1])	*nichtbrennbare Baustoffe*[1])
A 1	
A 2	
B	*brennbare Baustoffe*
B 1[1])	*schwerentflammbare Baustoffe*[1])
B 2	*normalentflammbare Baustoffe*
B 3	*leichtentflammbare Baustoffe*

Die Kurzzeichen und Benennungen dürfen nur dann verwendet werden, wenn das Brandverhalten nach dieser Norm ermittelt worden ist.

Feuerwiderstandsklassen F (nach DIN 4102 Teil 2)

Feuerwiderstandsklasse	Feuerwiderstandsdauer in Minuten
F 30	≧ 30
F 60	≧ 60
F 90	≧ 90
F 120	≧ 120
F 180	≧ 180

[1]) Nach den Prüfzeichenverordnungen der Länder bedürfen nichtbrennbare (Klasse A) Baustoffe, soweit sie brennbare Bestandteile enthalten, und schwerentflammbare (Klasse B 1) Baustoffe eines Prüfzeichens des Instituts für Bautechnik in Berlin, sofern sie nicht im Anhang zur Prüfzeichenverordnung ausgenommen sind.
Für die prüfzeichenpflichtigen Baustoffe ist eine Überwachung/Güteüberwachung mit entsprechender Kennzeichnung erforderlich.
Neben den Festlegungen dieser Norm sind die Prüfgrundsätze für prüfzeichenpflichtige nichtbrennbare (Klasse A) Baustoffe und die Prüfgrundsätze für prüfzeichenpflichtige schwerentflammbare (Klasse B 1) Baustoffe maßgebend.
Diese „Prüfgrundsätze" sind in den „Mitteilungen" des Instituts für Bautechnik, Reichpietschufer 72—76, 1000 Berlin 30, veröffentlicht.

Inhaltsverzeichnis

1

2

3

4

ABC der Materialien, Elemente, Systeme

a+e
~ Alu-Brückengeländer;
~ Edelstahl-Treppengeländer;
~ Fahnenmasten aus Alu und Edelstahl;
~ Wetterschutzdächer und Hallen aus Alu;
7970 a+e

A + G
Straßenmöbel, Neuschöpfungen nach alten Vorbildern. Das Programm umfaßt: Straßenleuchten, Abfallbehälter, Straßenbänke, Poller;
7000 A + G

A 420
Grundierung für Wiederaufnahme-Kleber → A 400;
5800 Partner

Aachener „Rothe Erde"
Rote Erde als Tennenbelag nach DIN 18 035 Teil 5 für Fußballplätze, Tennisplätze und Laufbahnen (Sportplatzbelag);
5100 Schmidt, Karl G.

ABA
Schlauchschelle aus Schwedenstahl;
4600 Stedo

Abano
Systemelemente für ein Römisches Dampfbad;
5160 Hoesch

A-B-C
Holzschutzmittel;
2900 Holzschutz

ABC
Klinker;
~ **Bodenkeramik**;
~ **Straßenbauklinker**;
~ **Tiefbauklinker**;
~ **Verblendklinker**;
4534 ABC

ABC SPAX
~ Scharnierbandschrauben;
~ Spanplattenschrauben;
8011 Leicher

ABC 1000
Langzeitpflegemittel für alle rauhen und mineralischen Beläge;
8132 Di

ABC-Klinker
Klinker der Formate BF, RF, DF, OF, Hollandformat, Spar-Verblender in vielen Farben und Oberflächen;
4534 Berentelg

Abhau Ziegel
Thermopor-Ziegel;
6442 Abhau

ABI
~ - Plattendecken, ohne Schalung und Putz, auch Hohlkörperdecken;
5470 Bimswerk

ABL
~ **17**, Rundsteckvorrichtungen;
8560 ABL

ABO
~ Beschläge u. a. für Hebetüren und -Fenster, Fenster-Sonderkonstruktionen, Hebe-Dreh-Kipp-Türen, Schiebetüren usw.;
~ Studio-Dachfenster aus Kunststoff NORYL, als Fertigelement bzw. Halbzeug (Beschläge und Profile);
5628 ABO

Abolin®
Öldichte Kunststoffbeschichtung für Beton, Putz usw. (Ölsperre);
6535 Avenarius

ABRESIST®
Hochverschleißfeste Schmelzbasalt-Formstücke zur Auskleidung von Rohrleitungen, Bunkern, Silos, Rutschen usw.;
5467 Mauritz

ABS
Pumpen und Hebeanlagen;
5204 ABS

ABS
Massivhäuser, Ausbauhäuser, Bausatzhäuser aus Schalungssteinen;
8130 ABS

ABSOLYT
Ölbinder, Chemikalienbinder, Brandschutzmittel, Granulat auf Basis von Kalziumsilikathydrat;
8000 SILINALZIT

Absorbit
(Spezial-Absorbit) Platten und Streifen als Dehnungsfugeneinlagen;
3433 EZO

ABSTAFIX
Wand-Abstandhalter, S-Haken mit angespritzten Abstandnocken und Klemmvorrichtung für Stahl bis 8 mm;
5885 Seifert

Abstand-fix
Mehrzweck-Abstandhalter, zum fixieren der äußeren und der inneren Matte zur Schalung;
5600 Reuß

ABSTRACTO®
Drahtornament-Gußglas;
5100 Vegla

abu
Sanitärausstattung;
~ Ausguß- und Spülbecken;
~ Sanitär-Anschlußteile;
~ WC-Sitze;
~ WC-Spülkästen;
8633 Abu

Abu-Plast
Kunststoffroste, Abdeckroste für Überflutungsrinnen, für Konvektorenheizungen usw.;
8633 Abu

ABUS
~ **AG 89**, elektronisches Alarm-Gerät, batteriebetrieben;
~ **AK 76**, Türkette mit batteriebetriebener Alarmanlage;
~ **BS 84**, Hebetürverschluß, umschließt den Kipphebel;
~ **BS 84**, Hebetürsicherung, umschließt den Kipphebel ganz;
~ **Duskus 24 ST 90**, Spezialhangschloß mit geschweißtem Gehäuse;
~ **FO 250**, abschließbarer Fenstergriff, Stahl, kunststoffummantelt;
~ **FO 300**, abschließbarer Fenstergriff aus Aluminium;
~ **FTS 88**, Fenster- und Türschloß, auch für 2flügelige Fenster;
~ **Granit 37**, Hangschloß mit dem ABUS-Plus Sicherheits-Schließsystem;
~ **GS 40**, Gitterrost-Sicherung mit Ketten;
~ **GS 60**, Gitterrost-Sicherung;
~ **HLS**, Schutzbeschläge für Haustüren;
~ **HLZS 814**, Schutzbeschläge mit Zylinderschutz für Haustüren;
~ **KFS 20**, Spezialschloß für Kellerfenster;
~ **KLS**, Schutzbeschläge für Korridortüren;
~ **KLZS 714**, Schutzbeschläge mit Zylinderschutz für Korridortüren;
~ **OS 50**, Öltanksicherung;
~ **PR 1500**, Panzer-Riegelschloß;
~ **PR 2000**, Panzer-Riegelschloß;
~ **PR 2500**, Panzer-Riegelschloß;
~ **PR 3000**, Panzer-Riegelschloß;
~ **PZS 4060**, Panzerplatte mit Zylinderschutz für ABUS-Kastenzusatzschlösser und Stangenschlösser;
~ **RH**, Schutzrosette für Holztüren;
~ **RHZS**, Schutzrosette mit Zylinderschutz für Holztüren;
~ **RS**, Schutzrosette für Metalltüren;
~ **RSZS**, Schutzrosette mit Zylinderschutz für Metalltüren;
~ **RS 87**, Rolladensicherung;
~ **SK 78**, Türkette mit drehbarem Schließwerk;
~ **SK 79**, Türkette mit drehbarem Schließwerk für Türen mit Glaseinsatz;
~ **SSB 300**, Schließblech;
~ **TS 5000**, Profilzylinder mit Sicherungskarte;
~ **130/180**, Überfalle aus schlagfestem Temperguß;
~ **2200**, Türspion;
~ **2300**, Türspion mit Abdeckkappe;
~ **3020**, Hebetürschloß;
~ **3030**, Fensterschloß, auch gekippte Fenster können abgeschlossen werden;
~ **3040**, Hebe-Schiebetürschloß;
~ **4010**, Kastenzusatzschloß mit Außenzylinder;
~ **4025**, Kastenzusatzschloß mit Außen- und Innenzylinder;
~ **4030**, Kastenzusatzschloß mit Außenzylinder und Türsperre;
~ **4035**, Kastenzusatzschloß mit Außen- u. Innenzylinder und Türsperre;
~ **5010**, Vier-Riegelschlösser;
~ **6000-6035**, Stangenschlösser;
~ **7000**, Türschließer;
~ **8000**, Türschließer nach DIN 18 263, Teil II;
~ **85**, Messingschlösser;
~ **87**, Messingschloß, kunststoffummantelt;
5802 Bremicker

ACC-System
Acoat Color Codification-System, Farbordnungs-System, einerseits aufgebaut auf dem visuellen, empfindungsgemäßen Farbeindruck und andererseits auf farbmetrischen Daten → Sikkens Color Collection Bau + Raum 2021;
3008 Sikkens

Accuvent®
Regenerativ-Wärmetauscher;
7000 LTG

ACHCENICH
Schutzdächer und Vordächer;
1000 Achcenich

Achenbach
Garagen (Einzel-, Reihengarage), Schwingtore, Hallen, Hochregallager, Silos, Behälter-Sonderkonstruktionen;
5900 Achenbach

acho
Fenster und Türen aus Holz;
~ **Dreh-Kipp-Türen**, isolierverglast;
~ **Haustüren**, aus naturgetrocknetem Fichtenholz, dreischichtverleimt;

~ **Minirolladen**, Komplettelement mit montiertem Minikasten und -rolladen;
~ **Schiebe-Kipp-Türen**, isolierverglast, mit wärmedämmender Rohrschwelle;
~ **THERMODICHT**, Wärmeschutzfenster;
8901 Acho

Achteckpalisaden
Betonpalisaden für Stufen, Terrassen, Böschungen;
4972 Lusga

ACIDOR®
~ - **BL**, Betonlasur, gebrauchsfertiger, lichtechter und atmungsaktiver Lasuranstrich für Sichtbeton, Putz und Asbestzement;
~ - **DS weiß**, Fassadenfarbe, gebrauchsfertige, relativ elastische und atmungsaktive, wasch- und wetterfeste Fassadenbeschichtung;
~ - **G 109**, Kunststoff-Spachtelputz, gebrauchsfertige, elastische, spachtel-, roll- und spritzbare Acryldispersion für feinkörnige Beschichtung von Wandflächen im Innen- und Außenbereich, insbesondere auf Gasbeton;
~ - **KU**, Kunststoff-Streichputz, gebrauchsfertige, hochelastische, witterungsbeständige Beschichtungsmasse für Fassaden sowie Holz als Fassadenträger;
~ - **LG**, Reinacrylat für landwirtschaftliche Gebäude und Silos;
~ - **S**, Kunststoff-Strukturputz, gebrauchsfertiger, relativ elastischer, verseifungsfester und atmungsaktiver Reibeputz auf Acryldispersionsbasis;
4930 Schomburg

Acmosol
Reiniger;
2800 Tietjen

Acmos®
Schalölkonzentrat, Trennmittel für Ortbeton und Fertigteilwerk;
2800 Tietjen

ACO
~ **Drain**, Linienentwässerung;
~ **Farm**, Stallbauelemente;
~ **Kunderguß**, Form- und Zeichnungsteile aus Polymerbeton;
~ **Markant**, Kellerbauelemente;
~ **Self**, Do-it-yourself-Bauelemente;
~ **Sport**, Sportplatz-Bauelemente;
2370 Aco

ACO
~ - Fertigteiltreppe, aus Stahlbeton mit und ohne Podestplatten, Lieferbereich ca. 150 km im Umkreis von Freiburg;
7801 Armbruster

Acolan®
Farbige Holzschutz-Anstrichmittel, PCP-frei;
6535 Avenarius

aconit
Wandtresore, Briefkästen, Schlüsselschränke;
7100 Aconit

ACRASAN
~ Deckpaste, auf Reinacrylat-Basis für wetterfeste Außenbeschichtungen von Gasbeton;
~ Fassadenfarbe, seidenglänzend, auf Acrylharzbasis;
~ Spachtel, auf Reinacrylat-Basis, als Gasbeton-Beschichtung geeignet;
2000 Höveling

ACRASOL
~ - Haftgrund, Tiefgrund, wasserverdünnbar, auf Acrylharzbasis;
2000 Höveling

ACRONAL®
Kunststoff-Dispersion auf Acrylsäureester-Basis für Putze, Baukleber, Anstrichmittel, Sportplatzbeläge;
6700 BASF

ACROVYN®
~ **Wandschutzsysteme**, stoßdämpfend durch federnde Bauteile, z. B. Wandabweiser, Kantenschutz, Wandtäfelungen, Handläufe u. ä. (Produkt der C. S. Steel S.A., F-27620 Gasny);
6000 Schreck

Acryl 60®
Zementzusatzmittel zur Erhöhung der Haftfestigkeit (Haftzusatzmittel);
5632 Thoro

ACRYLAN
→ MEM-ACRYLAN;
2950 MEM

acrylcolor
Zweifarbiges Fensterprofil aus Hostalit-Z und Plexiglas;
8679 Gealan

Acrylkitt H 2000
→ H 2000;
4000 Briare

Actival
Betonverflüssiger;
7918 Tricosal

Adaptol®
Gebrauchsfertige, plasto-elastische Dichtungsmasse für vielseitige Abdichtungen;
8900 PCI

Adarma
~ Brandmeldeanlagen;
~ Einbruchmeldeanlagen;

1

~ Fernsehüberwachung;
~ Überfallmeldeanlagen;
8000 Adarma

ADDIMENT®
~ **Anstriche**, Imprägniermittel als Oberflächenschutz von Bauwerken;
~ **BE**, Erstarrungs- und Erhärtungsbeschleuniger zur frühen Festigkeitssteigerung;
~ **BV**, universell einsetzbarer Betonverflüssiger;
~ **DM**, Dichtungsmittel für wasserundurchlässige Mörtel und Betone mit hohem Widerstand gegen chemische Einflüsse;
~ **FM**, Betonverflüssiger für Fließbeton, hochfesten Beton und Spannbeton;
~ **LP**, Luftporenbildner für Mörtel und Betone mit hoher Frost- und Tausalzbeständigkeit sowie für Porenleichtbeton;
~ **Mörtelzusätze**, Plastifizierer, Verzögerer, Luftporen- oder Schaumbildner und Stabilisierer;
~ **Spezialmörtel und -Geräte**, kunststoff- und faservergütete Trockenmörtel sowie Spezialprodukte und Geräte für den Tunnelbau;
~ **ST**, Stabilisierer zur Verringerung der Entmischung von Beton und Mörtel;
~ **VZ**, Verzögerer für Mörtel und Beton, Verlängerung der Verarbeitungszeit bis zu mehreren Tagen;
6906 Addimentwerk

ADE
Holzfenster;
8526 Optima

ADEROLPHALT
~ - Dickprodukt - Spritzabdichtung im Hoch- und Tiefbau;
8011 Kronacker

ADEXIN
~ - **ACTIV**, Beton- und Rostlöser;
~ - **FL**, Öl- und Fettlöser, lösungsmittelfrei;
~ - **ZE**, Zementschleierentferner, flüssig;
~ - **1**, Steinpoliermittel, flüssig, lösungsmittelhaltig;
~ - **4**, pulverförmiges Steinreinigungmittel, beseitigt Kalkausblühungen;
4354 Deitermann

ADEXOL
~ **Holzschutzlasur Bella**, gegen tierische und pflanzliche Holzzerstörer einschl. Bläue und Schimmelpilz;
~ - **SILICON-WE**, Fugendichtmasse;
4354 Deitermann

Adhesin
Kunstharz-Dispersions-Klebestoffe;
4000 Henkel

ADHESTIK
Schnelltrocknende Kaltklebemasse für Dachpappe und Blasensanierungen;
6799 BWA

ADIGEMARMORESINA
Agglomarmor, Agglomerat aus Marmor und Spezialkunstharzen für Bodenplatten und Treppenstufen (Produkt der Fa. Adige Marmoresina, Verona/Italien);
3456 Dasag
→ 8018 Haschler (Süd)

Adilon S
Saurer Reiniger (Schwimmbadreiniger), flüssig, beseitigt schlechten Geruch, tötet Mikroorganismen;
8000 BAYROL

ADLER
~ Gasbetonnägel;
~ Stahlnägel, gehärtet;
8594 Künzel

ado
~ - Bodenheizungen, Unterflurkonvektoren, Heizkreisverteiler, Verteilerschränke;
~ - Brandmanschetten;
~ Brandschutztüren;
~ - Kabeldurchführungen;
~ - Rollroste zur Abdeckung von Heizungsschächten, Überflutungsrinnen;
~ - Schachtabdeckungen für Industrierinnen und Versorgungsschächte;
~ - Sonnenkollektoren, Absorber;
4478 ado

ADOLIT
~ - **BFA**, Holzschutzsalz, zur Bekämpfung und zum vorbeugenden Holzschutz in Alt- und Neubauten;
~ - **B**, ungiftiges, vorbeugendes Schutzsalz gegen Pilze und Insekten;
~ - **BS**, vorbeugendes Schutzsalz gegen Bläue-, Schimmel- und Pilzbefall;
~ - **CCR**, wasserlösliches Holzschutzsalz;
~ - **CFB** flüssig, schwer auslaugbares geruchloses Flüssigsalz;
~ - **CKB Braun**, schwer auslaugbares, geruchloses Holzschutzsalz, mit licht- und wetterbeständiger Anfärbung;
~ - **CKB Colorpaste**, wetterechte Imprägnierung in 2 Farbtönen;
~ - **CKB-P**, wasserlösliche Holzschutzpaste;
~ - **CKB**, schwer auslaugbares, geruchloses Holzschutzsalz;
~ - **IS**, vorbeugend wirksames Holzschutzmittel;
~ - **M flüssig**, wasserlösliches, flüssiges Bekämpfungsmittel gegen Schwamm im Mauerwerk;

~ - **SF**, vorbeugendes, hochlösliches und geruchloses Holzschutzsalz;
~ - **UHZ**, schwer auslaugbares Holzschutzsalz gegen Insekten und Pilze;
4573 Remmers

adronit®
Zaunanlagen, Pfosten, Barrieren, Toranlagen, Sicherheitszäune;
5802 Adronit

ADSORPATOR
Adsorptions-Koaleszenz-Abscheider;
6209 Passavant

AEG
Beleuchtungssystem;
6000 AEG

Aero
Sanitärkeramik-Programm plus Acrylwanne (Badewanne);
5300 Ideal

AERO SUHR
Fensterbeschläge, Oberlichtöffner;
3051 Suhr

AERO-BELL
~ Kamineinsätze aus Keramik;
~ Warmluft-Kamineinsätze aus Keramik und Stahl;
~ Warmluft-Kachelofen, 2- oder 3seitig;
4030 Bellfires

aero-dual
~ - Fassade, Kaltfassade mit vorgehängter Putzschale;
7502 Aerstate

AEROfix
Spaltlüfter;
5900 Siegenia

AEROLITH
~ - Deckenabstellteile;
~ - Holzwolle-Leichtbauplatten DIN 1101, Baustoffklasse B 1;
~ - Mehrschichtplatten DIN 1104, Baustoffklasse B 1 und B 2;
6460 AEROLITH

AEROMAT
~ **100 W**, Schalldämmlüfter, wärmegedämmt, bewertetes Schalldämmaß Rw = 39 dB, Luftdurchgang 50 m^3/h;
~ **150**, bewertetes Schalldämmaß Rw = 44 dB, Luftdurchgang 120 m^3/h;
5900 Siegenia

aeroment®
~ Energie-Spar-Decke, Deckensteine aus EPS-Hartschaum werden in das HOWI-Trägersystem eingehängt;
7502 Aerstate

AEROPAC®
~ Leise-Lüfter, schallschluckend;
5900 Siegenia

Aeroquell
Brauchwasser-Wärmepumpen;
~ **BWP 300**, komplette Schrankversion;
~ **BWP 301** und **302**, Standspeicher mit angeflanschtem Aggregat;
3200 Vama

Aero-Star
~ - Hallen, Schnellbauhallen in Metallbinderkonstruktion mit flexibler Eindeckung aus beidseitig beschichteter Trevira-Haut;
4408 Jeising

AEROtherm
Wärmerückgewinner;
5900 Siegenia

aerotherm®
Energiespar-Bausatz;
7502 Aerstate

aerstate®
Dämmörtel vorgemischt, PS-Schaumpartikel mit besonders aufbereiteten Bindemitteln. Die geschlossenzelligen Partikel sind relativ dampfdicht und bleiben bei einer Feuchtigkeitstransmission trocken;
~ **IIa**, Außenputz;
~ **IIi**, Innenputz;
~ **I**, Schwerdämmstoff mit hohem Wärmespeichervermögen und Schalldämmung;
7502 Aerstate

aertherm
Regenerativ-Wärmetauscher;
6507 aertherm

AFI
Klemmprofil-System für Kassetten, Decken- und Wandpaneele;
8000 Finkenzeller
→ 7457 Mayflor

Afratar
Teerpech-Schutzanstrich, lmh, für Putz und Beton gegen aggressive Medien (Hersteller: Meynadier/Schweiz);
7960 Stark

Afratec
Schalöl, wasserfreies Entschalungsmittel (Hersteller: Meynadier/Schweiz);
7960 Stark

AFRIS
Tür-System;
2000 Hartmann

AFW
Schwimmbadbau, Unterwasserfenster, UW-Scheinwerfer, Einstiegtreppen, Sprungtürme usw.;
3003 Robuc

AFW
~ - Selbstbauhaus (Bausatzhaus);
6520 AFW

AG
~ - **74**, Grundierung für DOMOSIL für saugende Untergründe;
~ - **78**, 2-K-Primer für DOMOSIL im Unterwasserbereich;
7570 Baden

AGALIN
Universal-Holzanstrich deckend;
2863 AGATHOS

AGARAL
Wandfarbe (Naturfarbe) innen, auch auf nichtsaugenden Untergründen;
2863 AGATHOS

AGATHOS®
Naturfarben;
~ - Bootslack, für Boote, Haustüren, Gartenmöbel;
~ - Fußbodenlack;
~ - Holzimprägnierung als Carbolineum-Ersatz;
~ - Holzlasur für Innen und Außen;
~ - Leinöl-Lackfarbe;
2863 AGATHOS

Agdo®
~ - **Massivholztreppen**, aus Fichte, Meranti oder Kambala. Die vorgefertigten Treppenteile sind auch mit Geländer lieferbar (Agterhof Houtprodukten b.v., Gaanderen/Holland);
5804 MARCO

Agepan
Holzspanplatten, 5schichtig, für den Möbel- und Innenausbau, als Verkleidungsplatte, Verlegeplatten mit Nut und Feder, Fußbodenelement, Trennwandplatte, sowie furniert und kunststoffbeschichtet, dekorative Ausführungen;
6601 Agepan

Agglomarmor
Kunstharzgebunden;
8831 Henle

Aggressol
Entrostungsmittel;
4000 Tüllmann

AGITHERM
Alu-Verkleidung für Rohrisolierungen 0,4 bis 0,8 mm dick, als Schutz gegen Wetter, physikalische und chemische Einflüsse;
7700 Alu

AGLAIA®
Naturfarben;
~ - Absperrbinder (ABSP);
~ - Balsam-Lackverdünner;
~ - Balsamterpentinöl;
~ - Bienenwachs-Lasurbinder (BLB);
~ - Borsalzimprägnierung;
~ - Decklack weiß und bunt;
~ - Flüssigwachs (FLÜWA);
~ - Hartholz-Grundhärter;
~ - Heizkörperlack;
~ - Holz-Hartöl (HÖL);
~ - Holz-Imprägnierung (HIG);
~ - Holzlasur (HL);
~ - Holzschutz braun;
~ - Klarlack;
~ - Kork- und Baukleber;
~ - Leinöl-Grundfirnis;
~ - Möbelwachs (MÖWA);
~ - Natur-Binderfarbe (NBF);
~ - Naturharzfarbe;
~ - Selbstglanzwachs (SGW);
~ - Streichputz;
~ - Tapetenkleister;
~ - Vorleim;
~ - Vorstreichfarbe;
7000 Beeck

AGO
~ - Kamin-Auslegergerüst;
~ - **Pronto**, Grabenbrücken zerlegbar. Stahlleichtverbau. Absperr- und Warngeräte. Kanalstreben. Holzverbau absenkbar;
~ - Schachtabdeckungen aus Schmiedeeisen, schwarz lackiert, mit Einfach- und Doppeldeckel, begeh- und befahrbar, für 3 und 5 t Bruchlast, Spezialausführung für Öllagertanks;
5884 Grote

Agomet®
~ - Klebestoffe, für das Verkleben von Metallen aller Art, Hartkunststoffen, Keramik, Marmor sowie natürlichen und synthetischen Faserstoffen;
6450 Agomet

Agriperl
Pflanzenperlite zur Pflanzenaufzucht, Stecklingsvermehrung, Bodenkultivierung, Wasserspeicherung;
4600 Perlite

AGRIPLUS
~ - Einfachglas, metalloxydbeschichtet mit erhöhtem Wärmeschutz, geeignet als Gewächshausglas;
2000 Bluhm

Agro
Bodentreppen, Dachausstiege, Falttreppen, Scherentreppen aus Leichtmetall;
~ - **Wärmeschutzhaube**, zur nachträglichen Wärmedämmung von Bodentreppen;
3565 Agro

AGROB
~ - **Akustiksteine**, für keramische, schallabsorbierende Wandbeläge mit 6, 26 oder 225 Löchern;
~ - **Bodenfliesen unglasiert**, für innen und außen, rutschhemmend und trittsicher, für Wohn- und Objektbereich, Gewerbe und Industrie;
~ - **Bodenfliesen glasiert**, für den Wohn- und Objektbereich;
~ - **Mosaike glasiert und unglasiert**, für Wand und Boden Ø 2 cm, 5 × 5 cm, 7,5 × 7,5 cm, 10 × 10 cm, rutschhemmend und trittsicher;
~ - **Mosaike glasiert**, für Wand und Boden 5 × 5 cm, 7,5 × 7,5 cm, 10 × 10 cm, Non-Slip;
~ - **Spaltplatten Standard**, mit Formsteinen für innen und außen, für den Wohn-, Objekt-, Gewerbe- und Industriebereich sowie für Schwimmbäder;
~ - **Spaltplatten rustik**, für innen und außen, für Wohn- und Objektbereich;
~ - **Trennwandsteine**, für einfaches Aufmauern von Trennwänden mit glasierter Oberfläche;
~ - **Ziegelfliesen®**, für den Wohn- und Objektbereich;
8045 Agrob

AGROB
~ pori-Klimaton-Ziegel;
8600 AGROB

Agroflex
Dränrohre, flexibel, aus PVC-Hart, nach DIN 1187;
8852 Drossbach

Agro-Foam
Begrünungssystem für Dach und Terrassen mit Drän- und Substratplatten und Samenmatten;
6550 Agro

AGROSIL
Teilsickerleitungsrohre und Mehrzweckrohre aus PVC-Hart, **Typ 2000** in Zellenbauweise;
8852 Drossbach

Agti
~ - **Holzblockzargen** aus rotem Exotenholz (Agterhof Houtprodukten b.v., Gaanderen/Holland);
5804 MARCO

AGUAPLAN
Teichfolie, zum Abdichten von Teichen, Seen, Biotopen;
7519 Held

AGV
~ - Alu-Platten, unbehandelt oder anodisch oxydiert als Fassadenplatten;
7730 AGV

AHRENS®
~ Schornstein-Zubehörteile aus Beton;
~ Schornsteinbauelemente aus Edelstahl;
6502 Ahrens

Ahrweicryl
Spachtelmasse, wasserverdünnbar;
5483 Jansen

Ahrweilit
Spachtelmasse;
5483 Jansen

Ahrweissal
Spachtelmasse;
5483 Jansen

Ahrweitex
Spachtelmasse;
5483 Jansen

AHW
Fußbodenflächenheizung für den Warmwasser-Niedertemperatur-Betrieb;
4760 Anwo

Aicheler & Braun
Eskoo-Verbund- und Betonpflastersteine;
7400 Aicheler

AIDA
~ - **ADS Spezialschlämme**, Dichtungschlämme aus speziellen hydraulischen Bindemitteln;
~ - **Antifrost (BE) flüssig**;
~ - **Bauschlämme**, Dichtungschlämme und Verkieselungsschlämme;
~ - **Betonverflüssiger (BV)**;
~ - **Bohrlochsuspension**, Zementsuspension in werkmäßiger Trockenmischung;
~ - **Elastoschlämme**, biegsame mineralische Abdichtung, kunststoffhaltige Dichtungsschlämme;
~ - **Estrichdispersion**, Acrylharz-Dispersion;
~ - **Estrichspachtel**, zementgebundene Dünnschicht-Spachtelmasse;
~ - **Estrix**, synthetische Estrichvergütung;
~ - **Fließmittel (BV)**;
~ - **Flüssig (DM) Standard**, Beton- und Mörteldichtungsmittel;

1

~ - **Flüssig Super (BV)**;
~ - **Härtefix II (BE)**, Erstarrungsbeschleuniger;
~ - **Haftfest I**, Bau-Dispersion — „verseifungsfeste Haftemulsion";
~ - **Haftfest Spezial**, hochwertige Dispersion für kunststoffvergüteten Mörtel;
~ - **Hartkorn**, Einstreumaterial zur Oberflächenhärtung;
~ - **Ilack Rapid**, Bitumenschutzanstrich;
~ - **Ilack Silolack**, Bitumenschutzanstrich;
~ - **Ilack V**, Bitumenvoranstrich;
~ - **Kiesol scharlachrot**, hydrophobierende Verkieselung mit Kontrollfarbton;
~ - **Kiesol Tiefschutz-Verkieselung**, flüssige gebrauchsfertige Bauwerksabdichtung im Tiefschutzverfahren;
~ - **Luftporenbilder (LP)**;
~ - **Mauerfest flüssig**;
~ - **Mischöl ViRe (LP)**, Luftporenbildner, Beton- und Mörtelplastifizerer;
~ - **Mischöl 100**, Luftporenbildner und Mörtelplastifizerer;
~ - **Mörteldicht MD III**, flüssiges Mörteldichtungsmittel + plastifizerender Putzdichter;
~ - **Pulver (DM)**, Dichtungspulver;
~ - **Rapidhärter**, gebrauchsfertiger Rapidzement;
~ - **SAP Sanierpräparat**, Mauersalzsperre gegen Salze in der Altbausanierung;
~ - **Sperrmörtel**, Dichtungsmörtel;
~ - **Sperrschlämme**, Dichtungsschlämme;
~ - **Sulfatex flüssig**, bleifreie Flüssigkeit zur Sulfatsalzbindung;
~ - **Sulfatexschlämme**, Sanierungs- und Dichtungsschlämme;
~ - **Verzögerer flüssig (VZ)**;
4573 Remmers

AIDOL
~ - **Allzwecklasur**, Rein-Acrylat-Holzschutzlasur für innen und außen;
~ - **Anti-Insekt GS**, bekämpfendes Holzschutzmittel;
~ - **BI**, bekämpfend wirksames Holzschutzöl;
~ - **DS-Lasur**, Dickbeschichtlasur;
~ - **DSA-Lasur Airless**, Dickschichtlasur für industrielle Verarbeitung;
~ - **Farblasur**, Holzschutz-Lasur für innen und außen;
~ - **Fensterdecklack airless weiß**, für innen und außen;
~ - **Fenstergrund**, farblose Grundierung;
~ - **Fenstertauchgrund weiß**, Fenstergrundfarbe;
~ - **Fertigbau F**;
~ - **Grund/Bläuesperre**, bläuewidriges Grundiermittel;
~ - **Grundfarbe airless weiß**, Vor- und Zwischenanstrich für Nadel- und Laubhölzer;
~ - **HK-Lasur 2000**, Imprägnierlasur mit hervorragenden holzschützenden Eigenschaften;
~ - **Holz-Hartlack**, neues umweltfreundliches System für farblose Lackierungen für alle Holzarten;
~ - **Holz-Naturwachs**, umweltfreundliches Wachsbalsam für alle Holzarten im Innenbereich;
~ - **Holzbau 120**, vorbeugendes Holzschutzöl;
~ - **Holzschutzcarbolineum**;
~ - **Imprägnierlasur**, holzschützende Grundierung;
~ - **Multi-GS**, bekämpfendes und vorbeugendes Holzschutzöl;
~ - **VR echtbraun**, vorbeugendes Holzschutzmittel;
~ - **VT naturbraun**, vorbeugendes Holzschutzmittel;
~ - **Zaunlasur**, Anstrichmittel mit wetterechter Pigmentierung für alle Hölzer im Außenbereich;
4573 Remmers

AIDU
~ - Heizkörperlack (Naturlack);
3123 Livos

AIK-Flammadur®
Brandschutz-Systeme;
3500 AEG

Air circle
Wandlüfter aus Kunststoff für sämtliche Entlüftungsarten und Abmessungen;
6101 Özpolat

AIRA
~ - **Betonspachtel**, kunststoffvergüteter Feinstmörtel;
~ - **Dämm- und Renovierputz**, hoch wärmedämmender und gut atmungsfähiger Trocken-Spezialputz;
~ - **Fließmörtel**, werkgemischter Trockenmörtel;
~ - **Gießzement**, gebrauchsfertige, zementartige Gießmasse zur Schnellmontage und Schnellabbindung;
~ - **Reparaturmörtel fein und grob**, schnellhärtender, hydraulischer Fertigmörtel;
~ - **Schnellzement**, Spezialbindemittel für Montagearbeiten;
~ - **Vergußmörtel**, werkgemischter Trockenmörtel mit guten Fließeigenschaften;
4573 Remmers

AIRACE und ANNKAS RX 40
Lüftungsbeschläge, stufenlos regulierbare Lüftungsklappen an Fenstern, Rolladenkästen, Wandelementen;
4150 WIHAGE

Airofoam TD
Trittschallschutz, extrudierter PE-Schaum;
6057 Wanit-Universal

AIRoSet
~ **SK 80**, Wandfortluftautomat;
4811 Hanning

AIRPLUS®
Fenster mit integriertem Lüftungssystem;
6310 Jäger

AIRPONIA
Fett- und Schmutzlöser für Luftkondensatoren;
7858 Paroba

AIRWELL
Klimageräte aller Bautypen;
6382 NORMKLIMA

AISIT
~ - **Ausgleichsmörtel**, dampfdurchlässig, wasserhemmend;
~ - **Coll-, Paneel- und Montagekleber**, pastöser, füllender Einkomponenten-Montagekleber;
~ - **Elastokleber**, flexibler Kleber mit Abdichtungswirkung;
~ - **Fassadendämmputz**, wärmedämmender Leichtputz;
~ - **Feinputz**, feinkörniger, heller, hydraulisch abbindender Feinputz und Flächenspachtel;
~ - **Fliesen- und Mehrzweckkleber**;
~ - **Fliesenkleber**;
~ - **Fugenmörtel**;
~ - **Montageschaum**, 1-Komponenten-Polyurethan-Schaum;
~ - **NBS-Montageschaum**, 1-Komponenten-Polyurethan-Schaum;
~ - **Sanierputz Spezial**, werkgemischter Trocken-Spezialputz;
~ - **Sanierputz Universal**, werksgemischter, mineralischer, porenhydrophober Trockenspezialputz;
~ - **Sanierputz GV**, gipsverträglicher, hydraulisch abbindender Spezialputz;
~ - **Schaum-Reiniger**;
~ - **Schnellschaum**, 1-Komponenten-Polyurethanschaum;
~ - **Spachtelmörtel**, „Flächenbeschichtung", hydraulisch härtender 2-Komponenten-Fertigmörtel;
~ - **Sperrputz**, werkgemischter, mineralischer Sperrputz;
~ - **Spezial-Vorspritzmörtel**, hydraulisch abbindender mineralischer Vorspritzmörtel;
~ - **Traß/Kalk-Mörtel**, werkgemischter, mineralischer Trockenmörtel für Fug- und Putzarbeiten;
4573 Remmers

AKATHERM
Rohre und Formstücke aus PH-HD und PPR, hohe chemische Beständigkeit, korrosionssicher, weitgehend schlagzäh, für Hausentwässerungsanlagen, Kläranlagen, Schwimmbäder usw.;
6720 Akatherm

AKawe
Wärmeschutzmasse aus Hochdruck-Kieselgur;
3110 Kliefoth

AKG
~ Dachabsorber für Wärmepumpen aus Kupfer, Typenreihe für Schräg- und Flachdächer;
3520 AKG

AKKUMAT
Leichtflüssigkeitsabscheideranlage mit vergrößertem Speichervolumen;
6209 Passavant

AKO
Gußeiserne Abflußrohre, Formstücke und Verbindungen, Rohrbefestigungssysteme, vorgefertigte Installationselemente;
5000 Ako

ako
~ - **elastic** 2,5 mm + 4,5 mm, rutschsichere, dauerelastische Teppichunterlagen mit Wärme- und Trittschalldämmung;
~ - **Haftgewebe**, zur sicheren Verlegung von Teppichböden und Wiederaufnahme auf allen Unterböden;
~ - **terra**, wasser- und schmutzdurchlässiger, robuster Rasenläufer für innen und außen;
7077 Kolckmann

AKO
~ - Badstrahler;
~ - Elektro-Direktheizgeräte;
~ - Handtuchtrockner;
~ - Infrarot-Heizstrahler;
~ - Ventilatoren;
7964 AKO

AKOCERT
Trinkwasserrohre aus VPE, ummantelt von einem HDPE-Wellrohr;
5000 Ako

AKS
~ - **Gitter-** und**Fugengitter** zur Überbrückung versatzfreier Scheinfugen von Estrichen;
7129 AKS

AKTIVA
Kopf-, Hand- und Seitenbrausen mit Normal-, Soft- und Massagestrahl;
7622 Hansgrohe

Aktivator Tiefenhärter
Tiefgrundiermittel, lmh, unpigmentiert;
3008 Sikkens

AKUMONT
Sanitärkörper-Befestigungssystem in Leichtbauwänden;
5342 Pauli

akustex
~ - Schallschutzglas;
6544 Isolar

AKUTEX
Decken- und Wandverkleidung im Rastersystem (Rasterdecke);
8000 Finkenzeller
→ 7457 Mayflor

AKYVER
~ - Hohlkammerplatten aus Polycarbonat;
2870 Klez

Akyver®
Hohlkammerplatten aus Polycarbonat;
5442 Klez

Akzo
~ Holzschutzmittel;
1000 Akzo

AL
Stahlbeton-Verbundträger für große Spannweiten, hohe Lasten und kleine Konstruktionshöhen;
6204 AL

AL 15
Mobile Hallen;
4030 Hünnebeck

ALAG
Spezial-Zuschlagstoff für Industrieböden und Estriche, tonerdehaltig, beständig gegen Verschleiß, Korrosion sowie hohe und niedrige Temperaturen (nur mit Tonerdezement verarbeitbar);
4100 Lafarge
→ 2000 Geister

ALAMO
→ ROCO-ALAMO;
3360 Roddewig

Alape
Einbauwaschbecken, Waschtische, Einbauküchenspülen. Das ~ - Programm wird ergänzt durch: Abfallbehälter, Stand- und Wandascher, Sonderanfertigungen nach Maß;
~ **Contur®**, Markenzeichen für ein Einbauspülen-Design (umlaufender Streifen im Randbereich);
3380 Alape

ALARMTECHNIK
Sicherheitsanlagen;
4950 Alarmtechnik

ALASK
~ - **OC**, Frostschutz, chloridfrei (BE), pulvrig, mit Abbindebeschleuniger für Mörtel, Beton und Stahlbeton;
7570 Baden

ALBARDIN
~ - **Silicon 100**, dauerelastische Dichtungs- und Versiegelungsmasse;
~ - **Silicon**, dauerelastische Dichtungs- und Versiegelungsmasse;
4573 Remmers

ALBARINO®
Sonnenkollektor-Glas, Gußglas speziell für die Verglasung von Sonnenkollektoren, auch vorgespannt;
5100 Vegla

ALBERT
~ **Akustikstein**, für Schallschutzwände;
~ **Hochloch-Verblender**;
~ **Hohlpfannen** (Dachziegel), geeignet für Dachneigung bis 18° bei entsprechender Unterkonstruktion;
~ **Keramik-Klinker** ANTIKWEISS;
~ **Ornamentsteine** für Sichtblenden, Balkonverkleidung, Trennwände usw.;
~ **Ziegelfertigteildecke**, System Filigran;
3078 Albert

ALBERTS-RIEGEL
→ GAH;
5974 Alberts

ALBION
~ - Leimfarbe, naturreine Wandfarbe, weiß, für innen;
3123 Livos

albo
Kunststoff-Fenster, auch mit Edelholz auf der Raumseite und Holzdekor auf der Außenseite;
6927 albo

ALBON
~ - **AW**, dauerelastische Fugendichtungsmasse;
~ - **KE Plastische Fugenvergußmasse**;
~ - **PUR Primer glatt**, Haftgrundierung;
~ - **PUR Primer porös**, Haftgrundierung;
~ - **PUR S**, dauerelastische Fugendichtungsmasse;
~ - **PUR Verguß Primer**, Haftgrundierung;
~ - **PUR Verguß 2K**, selbstnivellierende, dauerelastische Fugenvergußmasse;
~ - **PUR**, dauerelastische 1-Komponenten-Fugendichtungsmasse;
~ - **Reiniger**;
~ - **Rundschnüre**, hochelastische Polyäthylen-Schaumstoffstränge;
~ - **Silicon BUW**, dauerelastische Spezial-Fugenmasse;
~ - **Silicon Primer glatt**, Haftgrundierung;
~ - **Silicon Primer porös**, Haftgrundierung;
~ - **Teer/PU-Verguß 2K**, selbstnivellierende dauerelastische 2-Komponenten-Fugenvergußmasse;
~ - **Thio Primer glatt**, Haftgrundierung;
~ - **Thio Primer porös**, Haftgrundierung;
~ - **Thio 2K**, elastische Dichtungsmasse;

~ - **Thioflex**, elastische Dichtungsmasse;
~ - **Unterfütterungsschnüre**;
~ - **Vorlegebänder**;
~ - **1 Butyl**, dauerplastische Dichtungsmasse;
~ - **2 Silicon**, dauerelastische, universell anwendbare Fugendichtungsmasse;
~ - **3 Acryl**, plastoelastische Fugendichtungsmasse;
4573 Remmers

ALBRECHT
~ **Acryl-Lack** wie Glanzlack bunt, Seidenmattlack bunt, Bodenbeschichtung, Heizkörperlack, Parkett- und Paneellack und Spachtel;
~ **Feuchtigkeitssperre**;
~ **Grundierungen** wie Unigrund, Metallgrund, Rostschutzgrund, Vorlack und Fenstergrund, KH-Bleimennige V 40;
~ **Hammerschlag**;
~ **Heizkörperlacke**;
~ **Kunstschmiede-Mattlack**;
~ **Lackspachtel**;
~ **Metallic-Silber 200° C**;
~ **Parkplatzmarkierungsfarbe**;
~ **Schultafellack**;
~ **Schwimmbeckenfarbe**;
~ **Thermo-Silber 400° C**;
~ **Tischtennisplatten-Lack**;
~ **Weißlack und Buntlack** wie Mainzer Weiß Flüssigkunststoff, Farbenfächer KH-Buntlack und Seidencolor KH-Seidenmattlack;
6500 Albrecht

ALC Lichtgitter
Lichtrasterdecken;
6078 Louver

Alcan
Montagefertige Aluminium-Formblechbahnen für Dacheindeckung und Wandverkleidung;
~ **Rib-Roof**, zur schnellen Dacheindeckung großer Flächen, auch als Wandverkleidung. Durch eine Klemmhalterung der Profiltafeln erübrigt sich eine Durchbrechung der Dachhaut für Befestigungselemente;
4600 Thyssen

Alcan
~ Alu-Profile, wärmegedämmt;
~ Fensterbänke;
~ Regenschutzschienen;
~ Strangpreßprofile, Strangpreßrohre, Strangpreßstangen;
6230 Alcan
→ 3400 Alcan

ALCIT
~ - **TIEFGRUND**, Sperrgrundierung auf Basis gelöster Acrylharze, lösemittelhaltig, setzt die Wasseraufnahme des Untergrundes herab;
~ - **UNIVERSALGRUND**, dispersionsgebundene Grundierung auf Acrylatbasis, wasserverdünnbar, lmf, mit hohem Eindringeffekt, auch als Tapetenwechselgrund geeignet;
2000 Lugato

Alexit
PUR-Lack;
2102 Mankiewicz

Alfa Scale
~ Bibliothekstreppen;
~ Wendeltreppen aus Massivholz;
8137 Kabo

ALFAFIX
Abstandhalter für Stürze, Träger und Binder mit 3 Bewehrungsstäben;
5885 Seifert

ALFIX
Standard-Notleitern;
5000 JOMY

Alfol
→ Dyckerhoff-Alfol;
3057 Dyckerhoff

ALGAVIN
~ - **BC Schaltafellack**, dauerhafte Kunststoffbeschichtung für Schalungen;
~ - **Betonhaut**, Verdunstungsschutz für Frischbeton;
~ - **Betonlöser II**, flüssiges, aktives Beton- und Mörtellösemittel;
~ - **Formöl**, Trennmittel aus Spezialölen;
~ - **Mischerschutz**, Baumaschinenschutz- und Pflegemittel, lösemittelfrei;
~ - **Schalölkonzentrat**, in Wasser emulgierbares, höchstkonzentriertes Entschalungsmittel;
~ - **Schalöl**, voremulgierte, neutrale Schalöl-Emulsion;
~ - **Schalpaste**, streichfähiges Trennwachs für alle nichtsaugende Schalungen;
~ - **Schalwachs flüssig**, gebrauchsfertiges, spritzfähiges Spezial-Trennwachs;
~ - **ST Sprühtrennmittel**, sprühfähiges Universaltrennmittel mit Alkoholzusatz;
~ - **ST Super Sprühtrennmittel**;
~ - **TK Trennölkonzentrat**, Bitumentrennmittel und Schneidöl (Bohröl);
4573 Remmers

Algermanyn
Dehnungsfugenprofile aus PVC;
3000 Wrede

Algermissen Ziegel
Dachziegel, Hohlpfannen, Verblender, Klinker, Ziegel-Fertigteile;
3201 Ziegel

ALGERMISSENER HOHLPFANNE
Stranggepreßte Tondachziegel;
3078 Albert
→ 3201 Ziegel

ALGEX
→ LITHOFIN® ALGEX;
7317 Stingel

AlgoDrain
Feuchtigkeitsschutz für Kellerwände;
3100 AlgoStat

AlgoFloor
Dämm-Fertigelemente für fußwarme Böden;
3100 AlgoStat

AlgoFoam
Dämmplatten für Foliendächer oder kaltgeklebte Bahnen;
3100 AlgoStat

AlgoFoam®
Bandschaum-Dachdämmplatten (Hartschaumplatten) aus AlgoStat Polystyrol, mit beiseitig verdichteter Oberfläche;
2807 Roland

AlgoKern®
Kerndämmplatte für die Dämmung im zweischaligem Mauerwerk mit und ohne Luftschicht;
3100 AlgoStat

AlgoLux
Wärmedämmendes Deckensystem, durch vielfältiges Zubehör einsetzbar unter jeder Konstruktion;
3100 AlgoStat

AlgoRoll
Flachdachdämmung, rollbar, mit bituminöser Dachdichtungsbahn;
3100 AlgoStat

AlgoRoll®
Wärmedämmrollbahn für alle Flachdächer;
2807 Roland

AlgoRoof
Flachdachdämmung mit bituminöser Dachdichtungsbahn;
3100 AlgoStat

AlgoRoof®
Dämmplatten aus AlgoStat-Polystyrol-Hartschaum nach DIN 18 164 für alle Warmdachausführungen;
2807 Roland

AlgoStat®
~ - **Dämm-Untertapete**, zur Wärmedämmung vor dem Tapezieren, auch „druckfeste" Ausführung mit Abzieh-Grundierung für leichten Tapetenwechsel;
~ **DELMA 2.300**, Dämmsystem für belüftete Dächer und Wände im Hallenbau;
~ **Gefälledach**, Dämmsystem zur Wasserabführung auf Flachdächern;
~ **Heizkörper-Dämm + Reflekt-Folie**, Dämmung mit Alufolie für Heizkörpernischen;
~ **MZP**, Wärmedämmung für Dach, Wand und Boden;
~ **Steildach-Dämmplatte Styrotect S**, Wärmedämmung für alle Sparrenabstände, ohne Verschnitt;
~ **VWS-Platten**, Vollwärmeschutz unter Putz;
3100 AlgoStat

AlgoStep
~ **FBH**, Spezial-Dämmplatte für Fußbodenheizungen, Kombination aus Wärmedämmung, Trittschalldämmung und Druckfestigkeit;
3100 AlgoStat

AlgoTect
~ **AS**, Styropor-Dachmantelsystem, Wärmedämmung auf Sparren;
3100 AlgoStat

AlgoTex®
Wärmedämmende Verbundplatten im Innenausbau aus AlgoStat®-Polystyrol-Hartschaum mit aufkaschierter Gipskartonplatte;
3100 AlgoStat

ALIT
Alu-Skelettsystem für Messebau und Ausstellungshallen;
8219 Koit

Alkadur
~ **Kunstharz-Säurekitt** für Verlegung und Verfugung von säurefesten Plattenbelägen;
~ **Spachtelmasse**;
5410 Steuler

ALKANT
~ - Verkehrszeichen mit Alu-Trägermaterial;
7560 Dambach

Alkarauh
Ungiftiger Anlauger;
5180 Tilan

Alkor
~ - Dampfsperre aus Hochdruck-PE Type 81010;
~ - PLAN Schutzbahn aus PVC-weich Type 81085;
~ - Quellschweißmittel (PVC und PEC lösend) Type 81025;
~ - Rieselschutz: Type 81008 (PE-Vlies), Type 81009 (PE-Vlies);
~ - Schutz- und Trennlagen: Type 81001 (PE-Vlies), Type 81002 (PE-Schaum), Type 81004 (PE-Mischvlies);
8000 Alkor

Alkor
~ Klebefolie;
~ PVC-Bodenbelag;
~ Wandbelag → Marvello;
8032 Alkor

ALKORFLEX
~ Dach- und Abdichtungsbahnen aus PEC (chloriertes PE): Type 35090 mischgewebeverstärkt, Type 35098 verstärkt mit PES-Kaschierung und diverses Zubehör;
8000 Alkor

ALKORPLAN
~ Dach- und Abdichtungsbahnen aus PVC-P (PVC-weich, nicht bitumenverträglich):
Type 35070 trägerlos, ohne Gewebearmierung, Type 35071, verstärkt, nicht kaschiert, Dicke 1,8 mm, Type 37076 verstärkt, Type 35077 mit Glasgelegeverstärkung, Type 81170 Verbundblech, Type 81060 Innenecken, Type 81061 Außenecken, Type 81062 Lichtkuppelecke, Type 35085 Schutzbahn aus PVC-weich, vlieskaschiert, Type 81038 Nahtversiegelung für Schweißnahtkanten;
8000 Alkor

ALKOTTA
Pflanzkübel-System;
7500 Weber

ALKUBA
~ - **Absperrpfosten**, herausnehm- und nicht herausnehmbar;
~ - **Alu-Fahnenmasten**, auch mit innenliegender gesicherter Seilführung;
~ - **Parkplatzsperre**;
4500 Alkuba

ALKUCELL
~ - Waben-Lichtraster aus Alu und Kunststoff;
3032 Alkucell
→ 6830 Alukarben

ALKUTEX
~ - **Abbeizpaste**;
~ - **AC Klinkerreiniger**, pulverförmiger Klinkerreiniger und Zementschleier-Entferner;
~ - **Combi WR**, schwachsaurer Wandreiniger;
~ - **Fassadenreiniger Paste S**, gebrauchsfertiger pastöser, saurer Fassadenreiniger;
~ - **Öl-Ex-Paste**, Reinigungspaste;
~ - **Reinigungsstein**, Glasschaumstein zur mechanischen Entfernung von Oberflächenverunreinigungen;
~ - **Schmutzlöser**;
4573 Remmers

allbauplatte
→ YTONG-allbauplatte;
8000 YTONG

ALLEGROH
Einhandmischer;
7622 Hansgrohe

Alleykat®
Kompaktleuchte für innen, horizontal oder vertikal montierbar;
8520 GTE

allfit
Schwimmbad-Zubehör;
5828 Lahme

Allgäuer Regenwasserbecken
aus Kübler-Holz mit Folienauskleidung;
7989 Kübler

ALLIBERT®
~ Badausstattung;
~ Badezimmermöbel;
~ Spiegelschränke;
~ WC-Sitze;
6000 Allibert

Alligator
~ **BETOLITE** → BETOLITE;
~ **Binder 66**, Kunststoff-Dispersion;
~ **Estrich 66**, Fußbodenfarbe;
~ **Fassadenspachtel wetterfest**, quarzhaltige Feinspachtelmasse für außen;
~ **Fixspachtel**, Spachtelmasse für innen;
~ **Frontal-Weiß**, hochdeckende Fassadenfarbe;
~ Glanzplastik, Kunststoff-Plastikmasse;
~ **Grundierfarbe**, lmh;
~ **L-66**, Tiefengrund;
~ **Malacryl**, Innenfarbe, scheuerbeständig, lmh;
~ **Mattplastik für innen**, Kunststoff-Plastikmasse;
~ **Rollputz**, rollfähiger Kunststoffputz;
~ **Superlatex**, 100% Reinacrylatfassadenfarbe;
~ **Volltonfarben**;
4904 Alligator

Allit
~ - Betonelemente für Garten- und Landschaftsgestaltung;
~ - Kamine, Schornsteine für häusliche Feuerstätten, aber auch für stärkere Belastungen;
6623 Allit

allmess®
Wohnungs-Wasserzähler;
2490 ConGermania

allstar
Treppenstufen;
8870 Allstar

ALLSTOP
Sicherheits-Isolierglas mit Wärme- und Schalldämmung in einer Produktionseinheit bzw. Panzerglas mit erhöhter Schalldämmung;
4650 Flachglas

Allux
~ - Lichtkuppel, doppelschalig aus Acrylglas im Alu-Rahmen;
7522 Skoda

ALMECO
Fenster und Türen, Fassaden, Geländer, Vordächer aus Alu und Kunststoff;
4056 Almeco

ALPHA
Fensterdichtungen und Türdichtungen zum nachträglichen Einbau;
8011 Alpha

alphacoustic
Decken;
6000 alphacoustic

Alpha-Delta
Laternen-Bausatz, Lichtsäulen aus Alu-Rohr, glatt und profiliert;
1000 Semperlux

Alphaperl®
Dämmauermörtel, für wärmedämmende Mörtelfugen im Leichtsteinmauerwerk;
4600 Perlite

alpha-pool
~ - **Schwimmbadabdeckung** (Rollenabdeckung, Hub-Liftabdeckung, Allround-Abdeckung) für alle Beckenformen;
~ - **Schwimmbad**;
7131 alpha

Alpinacolor
Kunststoff-Dispersionsfarben für Innenwände und Fassaden, aufhellbar auf 225 Farbtöne nach der
~ - Farbtonkarte;
6105 Caparol

Alpinaweiß
Kunststoff-Dispersionsfarbe, waschbeständig, weiß, tuchmatt, für Wand- und Deckenanstriche;
6105 Caparol

alpin-chemie
~ **Bio-Cottowachs**, Bienenwachspräparat für Cotto-Oberflächen;
8977 Alpin-Chemie

Al-round
Vorhangschienen-System;
7000 MHZ

ALSECCO
~ - **Acrylharz-Fassadenfarbe**, kunstharzdispersionsgebunden, matt, hochdeckend;
~ **ISOVER-Vollwärmeschutz-System ANB**, nichtbrennbar A 2 nach DIN 4102;
~ - **Kleber** und **Fugenfüller**, 1-K, zum Verkleben von Gasbetonelementen;
~ - **Leichtputz SL**, mineralischer Leichtputz für wärmedämmende mineralische Untergründe;
~ - **Norol**, Innenfarbe, matt, in verschiedenen Qualitäten nach DIN 53 778;
~ - **Reibeputz**, Kunstharz-Dekorbeschichtung mit Rillenstruktur in 4 Korngrößen;
~ - **Spritzputzspachtel**, für glattgeschalte Betonflächen innen;
~ - **Traufelputz**, Kunstharz-Dekorbeschichtung für fugenlose Wandbeschichtungen in drei Korngrößen;
~ - **Vollwärmeschutz-System AWK**, schwerentflammbar B 1 nach DIN 4102;
6444 Alsecco

ALSECCOCRYL
~ **G**, Außenbeschichtung für Gasbetonelemente in Reibe- und Spritzstruktur;
~ **M**, Außenbeschichtung für Gasbetonelemente in Verlaufstruktur;
6444 Alsecco

ALSECCOFLEX
1-K-Fugendichtungsmasse, Basis Acrylharzdispersion, elastoplastisch;
6444 Alsecco

ALSEN-BREITENBURG
~ Hüttenzemente HOZ 35, HOZ 35 L NW HS NA und HOZ 45 L;
~ Kreidemehl;
~ Portlandzemente PZ 35 F, PZ 45 F, PZ 55, PZ 45 F-NA, PZ 45 L-NA;
~ Weißfeinkalk;
~ Weißkalkhydrat;
2000 Alsen

ALSIFLEX
~ - **Streifen**, hochwertiger leichter Dämmstoff aus keramischen Fasern mit hoher Temperaturbeständigkeit und geringer Wärmeleitfähigkeit;
4030 Promat

ALSO®
~ Marmor-Kacheln (Ofenkacheln);
~ Marmor-Massivtreppen, freitragend;
8078 Schöpfel

Alta-Quarzit
Quarz-Naturstein;
8831 Henle

Altari
Holzschutzmittel;
8501 Binker

Altarion
~ PWM, Holzschutzmittel;
8501 Binker

Altbaierische Handschlagziegel
Vormauerziegel, Handschlagriemchen, Mauerabdeckziegel, Bodenplatten;
8311 Girnghuber

ALTEI
~ - **Aktivreiniger**, alkalischer Universalreiniger;
~ - **Algenentferner**, chlorfreies Konzentrat, flüssig, biologisch abbaubar;
~ - **Polierpaste**, Schmutzentferner auch von Ätz- und Kalkflecken;
~ - **Schimmel- und Algenentferner**, chlorfreies Anti-Schimmelmittel;
~ - **Tapetenablöser**, Flüssigkonzentrat;
2000 Schmidt, G.

Altenberg
Titanzink-Bauelemente;
4300 Altenberg

ALTRO®
Sicherheits-Fußboden in vielen Farben;
~ - EXTRA für Duschen, Außenrampen, Waschräume usw.;
~ - STANDARD für Flure, Werkstätten, Behindertenräume, Küchen, Labors, Läden, WC's usw.;
2000 Schumacher

Alt-Schwaben-Pflaster
Beton-Pflasterstein aus 9 cm dickem Beton;
8080 Grimm

Altstadt
~ Palisadensystem;
~ Verbundsteinsystem;
5473 Ehl

Altstadtpflaster
Betonpflastersteine im Stil der alten Zeit;
4200 Böcke

ALTU
~ - Vorsatzrahmen mit LEXAN®-Sicherheitsverglasung;
4400 Tumbrink

Altvater
~ **Sicherheitsplomben ASP 3**, zum Einbau in das Klebebett an der Oberfläche des Estrichs;
4690 Overesch

Alu Plus
Heizkörpernischen-Auskleidung, Weichfaserplatte mit Alu-Reflexfolie beschichtet;
5200 Lüghausen

alubil
Spezial-Schweißbahnen, ausgleichende Dampfsperre mit Alueinlage und Alu-Kombinationen;
2807 Roland

ALUCOBOND
Verbundwerkstoff aus Alu-PE-Alu für Fassaden, Dachrand, Balkone, Tunnelverkleidungen, Innenausbau, farbige, dekorative Oberfläche;
7700 Alu
→ 4156 MBB

ALUCOPAN® (ALUCOPORTE®)
Alu-Verbundelemente für besonders hohe Anforderungen an Belastbarkeit und Sonderanforderungen im Hygienebereich (Reinraumtechnik, Kühlzellen, Krankenhäuser);
8303 Hama

ALUDECK
Profilbleche für Dacheindeckungen;
5300 VAW

ALUDOOR
~ - **Faltwände**;
~ **holz**, Faltwände mit Holzprofilen;
~ **therm**, vollisolierte Faltwand Glas/Alu für Haus- und Wintergarten;
7607 JEPRO

ALUDUCT
Drahtverstärkte Alu-Verbundfolienschläuche;
5970 Ohler

ALUDUR
LM-Sonnenblende für horizontale und vertikale Anbringung;
2000 Hartmann

ALUDUR
Metallfensterbank zum nachträglichen Einschieben beim fertiggeputzten Bau;
4156 MBB

ALUFA
~ Fensterdekoration;
~ Profilblenden;
~ Vorhangschienen;
7258 Alufa

ALUFLEX
Flachdach-Verbundbahn, gleichzeitig Ausgleichschicht und Dampfsperre, hochelastisch, bereits werkseitig verklebt;
7500 Zaiss

alufol
Rolladenprofil, folienbeschichtet;
4837 Beckhoff

ALUFORM®
Dach- und Wandverkleidung aus profilierten Alu-Blechen;
5300 VAW

Alu-Hit
Personenaufzüge in verglaster Ausführung;
1000 Schindler

ALUJET
~ Alu-Baufolien;
~ Alu-Poly-Band;
~ Reinalu-Klebebänder;
~ Selbstklebefolien, alubedampftes Polyesterklebeband ohne Trennpapier;
8083 Alujet

Aluka-Raster
Strukturdecken und Rasterdecken aus Aluminium. Ausführungen: Würfel-, Wolken-, Zinnen-, Wellen-, Stern-, Rinnen-, Kuppel- und Quadratraster sowie Breitstegraster;
6393 Alukarben

ALUKARBEN®
Strukturdecken und Rasterdecken aus Alu und Kunststoff, Lichtsysteme und Lüftungssysteme;
6393 Alukarben

ALUKLEMM
~ - **Bauelement**, Rohrverbindungsteil, z. B. für Messestände, Zeltkonstruktionen und Geräteträger;
2083 M + M

ALUKON
Rolläden und Rolladenprofile;
8684 ALUKON

Alukraft
Dampfbremse für den Dach- und Wandausbau;
2350 Röthel

alulac
Rolladenprofil mit einbrennlackiertem Polyester-Strukturlack;
4837 Beckhoff

ALULON-LACK
2-K-Lack, lmh;
2100 Phoenix

ALULUX®
Alu-Rolläden;
4837 Beckhoff

ALUMAFLASH
Selbstklebendes elastisches Asphalt-Kunststoff-Klebeband mit Alu-Folie;
6799 BWA

ALUMAFLASH®-BAND
→ RPM-ALUMAFLASH®-BAND;
5000 Hamann

ALUMAGLAS
Glasfibergewebe für Armierungen;
6799 BWA

ALUMAGLAS®
→ RPM-ALUMAGLAS®;
5000 Hamann

ALUMANATION
~ **PLASTIC CEMENT**, Spachtelmasse mit Asphalt und Alu;
~ **300**, faserfreie Alu-Beschichtung für Blechdächer und Dächer mit Dachpappe;
~ **301**, Dachbeschichtung auf Gilsonit-Basis mit Gummifaser und Alu;
6799 BWA

ALUMANATION®
→ RPM-ALUMANATION®;
5000 Hamann

ALUMANATION® 301
Alu-Beschichtung, Rostschutz bei Metalldächern oder Stahlkonstruktionen ohne Sandstrahlen;
5000 Armco

ALUMAPLASTIC CEMENT®
→ RPM-ALUMAPLASTIC CEMENT®;
5000 Hamann

ALUMAT
~ Anschlagschiene für Holz- und Stahlzargen;
~ Magnet-Türdichtungen;
~ Trennschiene für Holz- und Stahlzargen;
8950 Alumat

ALUMINIT®
Alu-Farbe, silberhell, hochhitzebeständig;
7000 Sika

Alupaint
Alu-Farbe, bituminös, zur Temperaturminderung von Flachdachoberflächen;
2000 Colas

aluplast®
Kunststoff-Fenster aus erhöht schlagzähem PVC;
7505 aluplast
→ 3320 Huno

ALUPLEX-FALTWAND®
Faltwand aus stranggepreßten Alu-Profilen eloxiert oder pulverbeschichtet. Verglasung mit Acryl-, Normal- oder Sicherheitsglas;
7500 Klaiber

ALUPLUS
Alu-Kunststoff-Fenster aus baydur® mit Alu-Kern;
1000 Standard

ALUport 45
Kompakt-Haustüren aus volleloxierten Ganzaluminium-Profilen;
8500 Laport

ALUPURA
Schachtabdeckung für wählbare Oberfläche mit Verschluß, tagwasserdicht;
6209 Passavant

alurahma
~ - Stecksystem mit Alu-Vierkantprofilrohren, bzw. Alu-Kunststoff-Kombination zum Selbstbau;
4900 Kunststoff

ALURAL®
~ Dachabschlußprofile, Wandanschlußprofile, gekantete Sonderprofile, Mauerabdeckungen aus Aluminium, naturblank, eloxiert oder kunststoffbeschichtet, montagefertig;
3203 Alural

Alu-Roll/Alu-Fix
Fahrgerüste;
4030 Hünnebeck

ALUSID
~ - Fassadenverkleidung aus Alu;
3380 Fels

ALUSINGEN
Alu-Bausysteme: Wandverkleidung, Deckenverkleidung, Geländersystem 45, Rolläden, Rolltore;
4156 MBB
→ 7700 MBB

ALUSINGEN
~ Aluminium-Fassadenbleche, eloxiert oder lackiert, für Innen- und Außenarchitektur;
~ **Begehplanken**, Profilsystem für Abdeckungen in Industrieanlagen, im Bauwesen und in der Klärtechnik;
~ **Brückengeländer**, Ausführung nach DIN 1072, Richtlinie Gel 11 des BMV;
~ **Rollabschlüsse**, Profilsystem für Rollabschlüsse wie Rolläden, Rolltüren und -tore, Rollgitter;
~ **Treppenstufen** aus stranggepreßten Profilen;
7700 Alu

ALUSOL silber
Bitumen-Lösungsmittelgemisch mit feinsten AL-Schuppen, kalt streichbar, gut deckend, wärmeabstrahlender Schutzanstrich auf Bitumenbahnen und vorgrundierten Metallteilen;
7000 Braun

AluTeam
~ - PVC-Leitboden aus Recycling-Kunststoffen;
5440 AluTeam

Alutec
Leitsystem aus Stand-, Wand- und Hängeschildern für Innen und Außen, Material Alu;
6109 Hänseroth

ALUTECHNIC®
→ bug;
7981 Uhl

AluTEX-Super
Dämmplatte aus EPS-Hartschaum, beidseitig korrosionsgeschützt, mit Rein-Aluminium beschichtet;
4057 Tecoplan

alutherm
Wärmegedämmte Aluminiumprofile für Fenster, Türen und Fassaden, Serien AT 700 und AT 800;
8530 Nahr
→ 5760 Brökelmann;

Alutherm 900
Hochglanz-Aluminiumlack, hitzefest bis 900° C;
4800 Metallit

ALUTHERM®
Dach- und Wandverkleidung aus profilierten Alu-Blechen mit PUR-Hartschaumkern zur Wärmedämmung;
5300 VAW

alu-tonophon®
Schallabsorptions-System zur Nachhallsenkung in Lärmbetrieben;
4352 Wendker

Aluvogt
Fenster aus Alu-Holz-Kombination;
7981 Uhl

Alux
Kantenschutz-Aluband, bei dem sich das Band zu einem Winkel in Längsrichtung knicken läßt;
3500 Norgips
→ 5808 Ernst

ALUXOR®
~ Duschwände aus eloxierten Alu-Profilen und Polystyrolglas;
~ Gelenk-Markisen, Alu-Konstruktionen mit Dralon-Bespannung;

1

~ Heim-Sauna;
6944 Aluxor

alwa
~ Treppenauflagen mit selbsthaftender Rückenbeschichtung in Velour und Schlinge;
3560 Albert

alwitra
Dachdichtungsbahnen, Lichtkuppeln, Strangentlüfter, Dachgully, Terrassen-Stelzlager, Mauerabdeckungen, Flachdachabschlußprofile, Wandanschlußprofile, Kunststoffbeschichtungen;
5500 Alwitra

ALWO
~ Falttore;
~ Feuerschutztore;
~ Industrie-Rolltore in Stahl und Alu;
~ Sektionaltore;
7122 Wolf

Alytol®
~ - Dachüberzugsmassen, Kieseinbettmassen, Dachanstriche, Dachlacke, Spritzkitt;
6000 Vedag

AMAC
Gasdichte Feuerraumtüren, Schauklappen, Einsteigetüren und Explosionsklappen;
4000 Custodis

AMALGOL®
~ Haftemulsion, Kunststoffdispersion, wasserverdünnbar, zur Vergütung mineralischer Bindemittel, insbesondere Zement, sowie zur Minderung der Rißbildung von Mörtel und Putz, zur Herstellung von Haftbrücken, Estrichen, Putzen, Reparatur- und Flickmörtel, Verfugungsmörtel;
2000 Lugato

AMA-PORTER®/EXA
Tauchmotorpumpen für Abwässer aller Art;
6710 KSB

AMA®-DRAINER
~ - **Box**, automatische Schmutzwasser-Hebeanlage, anschlußfertig;
~ - Tauchmotorpumpen zum Entwässern und Leerpumpen, Schmutzwasserpumpen;
6710 KSB

Amarol
Ventilationsanstrich;
4330 Sigma

Ambiente
Keramik-Bodenplatten im Format 297 × 297 × 9 mm mit Treppenauftrittplatten und Sockelkanten;
5433 Steuler

AMBI-RAD®
→ Kübler AMBI-RAD®;
6800 Kübler

Ambit®
Asphalt-Verblendplatten, Klinker- und Natursteinmuster;
3006 Hambau

AMBRA
Serie von unglasierten Steinzeugfliesen für den gesamten Wohnbereich und stark beanspruchte andere Bereiche wie Schulen, Hotels, Banken usw.;
8763 Klingenberg

AMBROL
~ - METALLSCHUTZHAUT, farblos, rot oder blau transparent, zum vorübergehenden Schutz von Leichtmetallen während der Bauzeit, z. B. Fensterrahmen, Beschläge (Überziehlack);
7000 Schaal

AMBROLIN
~ - Lacke, Metallack, farblos und bunt, luft- oder ofentrocknend;
7000 Schaal

AMELLOS
Ölfarbe ohne Lösungsmittel für Holz außen, Weiß, Schwarz, Umbra gebrannt, Grün, Persisch Rot;
3123 Livos

American Dua-Lap®
Zedernholzschindeln für Dach und Wand;
3006 Hambau

Ameron
Korrosionsschutz;
8184 Schnitzenbaumer

AMF
~ - Mineralfaserplatten, Deckensysteme für Feuer-, Schallschutz und Wärmedämmung;
8352 AMF

AMF-THERMATEX
Mineralfaserplatten → THERMATEX;
8352 AMF

AMIRAN®
Entspiegeltes Schaufensterglas, mit mehreren Interferenzschichten belegt, zur Reduzierung der Reflexion von 8 auf unter 1%. Auch als Isolierglas und VSG;
6500 Schott

Amphibolin
~ **Europa-Qualität**, Reinacrylatfarbe, seidenmatt, Fassadenanstrich und Innenanstrich;
~ - **W**, Spezial-Fassadenfarbe gegen Algen, Moos und Schimmel;
6105 Caparol

Amphidur
100% reine Acrylatfarbe, Einschicht-Fassadenfarbe;
6105 Caparol

Amphigloss
Reinacrylatfarbe, seidenglänzend, für Fassadenanstriche und Innenanstriche;
6105 Caparol

AMS
~ - **THERMOSTYL**, Heizkörper-Ovalrohrkonvektor mit Verkleidung, auch für NTR;
5241 AMS

Amtico
Vinyl-Bodenbelag in Bahnen und als Fliesen;
4000 Amtico

Amtico
Kunststoff-Fliesen aus hochveredeltem PVC;
4040 Pagel
→ 7853 Winter
→ 2000 Möller & Förster

AN
Wandanschlüsse;
~ **50**, Flanschprofil aus Alu, einteilig, mit geriffelter Anpreßfläche;
~ **55**, Flanschprofil aus Alu, einfach;
~ **66**, Wandanschluß zur nachträglichen Befestigung und für den Anschluß einer mehrlagigen Abdichtung;
~ **77**, Wandanschluß mit konstruktiver Dichtfuge, mit oder ohne Putzanschluß;
7981 Uhl

Anaglypta®
Prägetapeten (Tapeten);
5600 Erfurt

Andotherm
→ ANNELIESE-Andotherm;
4722 Anneliese

ANF-ALU 53
~ - Austauschfenster für die Althausrenovierung mit kleinster Lichtwegnahme (53 mm);
~ - Fensterdichtungen für Altfenster;
~ - Insektenschutzanlagen für Fenster und Türen (Fliegenfenster). Alu-Profil als Spannrahmen oder Flügel- und Schiebeelemente und Rollo;
~ - Sprossenvorsatzrahmen;
~ - System-Fenster;
~ - Vorsatzfenster, Komfort-ALU-Vorsatzfenster für Innen- und Außenmontage;
7211 Neher

ANF-GT 20, 24, 40
Fenster-Umbauprofil zum Umrüsten von Einfach- und Verbund- in Isolierfenster;
7211 Neher

ANGLEX
~ - Dehnungsfugenprofile;
~ - Putzeckleisten;
4156 Anglex

anke
~ **Duo-Top**, Doppelträger-Schweißbahn;
~ **Elasto-Plast super K5**, 5-K-Schweißbahn aus thermo-elastischen Bindemitteln mit Glasgewebe-Einlage;
~ **Flex 40**, 5-K-Schweißbahn aus thermoelastischen Bindemitteln mit Polyester-Einlage;
~ **Poly-Plus**, APP-Bahnen für den Flachdachbereich;
~ **Trass**, Abdichtung unter Gußasphalt;
5820 anke

ANKER
Teppichböden;
~ - **Transit**, Sauberlauf-Teppich aus Antron Excil für Eingangszonen;
5160 Anker

ANKERFIX
Befestigungsanker aus Kunststoff zur Isolierplatten-Befestigung;
5885 Seifert

Ankerweld
~ Spachtelmassen;
~ Teppichkleber-Programm;
6231 Roberts

AnnaDuct
Elektrisch ableitende Keramikplatten, unglasiert (Ableitwiderstand $\leqq 10^6$ Ohm) gem. DIN 51 953;
8633 Anna

AnnaKeramik
Keramikplatten (Wandplatten und Bodenplatten), Schwimmbadkeramik (Platten und Formsteine), keramische Fassadenschindeln, hochgebrannt nach DIN 18 166;
~ Fassadenschindeln, frostsicher, selbstreinigend;
8633 Anna

AnnaKompakt
Keramik-Kompaktplatten zum losen Verlegen z. B. in Sand, Splitt oder auf Stelzlagern;
8633 Anna

AnnaTekt
Fassadenschindeln, keramische, zur Verkleidung wärmegedämmter, hinterlüfteter Fassaden;
8633 Anna

ANNELIESE
Zement und Kalkbaustoffe;
~ - **Andotherm**, hüttensandreicher Hochofenzement HOZ 35 L NW-HS-NA nach DIN 1164;

1

~ - **Antrass**®, Traßzement TrZ 35 F nach DIN 1164;
~ - **Dämmbaustoffe**, Dämmer, Blitzdämmer und HT 2, für Verfüllmaßnahmen im Berg- und Tiefbau;
~ - **Eisenportlandzement**, EPZ 35 F und EPZ 45 F nach DIN 1164;
~ - **Fix**, Putzbinder und Mauerbinder;
~ - **Hochofenzement**, HOZ 35 L und HOZ 45 L nach DIN 1164;
~ - **Ideal**, hochhydraulischer Kalk;
~ - **Kalksteinmehl;**
~ - **Portlandzement**, PZ 35 F, PZ 35 F Spezial, PZ 45 L, PZ 45 F, PZ 45 F Spezial und PZ 55 nach DIN 1164;
4722 Anneliese

ANNKAS RX 40
→ AIRACE;
4150 WIHAGE

ANOCAST
~ - Platten, Alu-Gußplatten;
5778 Export

Anröchter Dolomit
Bossenverblender, Fensterbankschnittlinge;
4783 Rinsche

Anröchter Dolomitstein
Rohplatten, Bodenplatten, Fensterbänke, Natursteinverblendung;
4783 Killing

Anröchter Rinne
Rinne aus Polyesterbeton mit Eigengefälle für die Horizontalflächenentwässerung;
4783 Rinne

ANS
Fertigmörtel;
~ **Reparaturbeton** für Betonfahrbahnen, gießfähig, extrem schnelle Abbindezeiten;
~ **Reparaturmörtel**, auch faserverstärkt, nicht glänzend, haftfest;
~ **Vergußmörtel** verschiedener Körnungen, extrem fließfähig;
4650 Stecker

Ansbacher Ziegel
~ pori-Klimaton-Ziegel;
8800 Ansbacher Ziegel

Anschütz
~ Kunststoff-Fenster;
~ Rolladenprofile aus Kunststoff;
5470 Anschütz

ANSONIC
Torantriebe;
~ Drehtorantriebe;
~ Funkfernsteuerungen für Toröffner;
~ Schiebetorantriebe;
4300 Ansonic

Anso®
~ **IV HaloFresh**, Teppichboden;
4050 vertofloor

Anstroflamm2
Kaminöfen, Heizkamine;
4300 Mähler

ante-holz
Palisaden, Gartenmöbel, Blockhäuser, Zäune;
5788 ante-holz

Antelio®
Sonnenschutzglas, weiß;
5100 Vegla

Antheor®
Dekorative handgefertigte Wandverkleidungen aus mehrfarbigem eloxiertem Alu;
6600 OBER

anthramat
→ HOFMEIER-anthramat;
4530 Hofmeier

Anti-Alg
Algenbekämpfungsmittel;
7141 SCA

Antibla
~ Bitumen-Dampfsperrbahn mit Alu-Trägereinlage 0,1 mm;
~ Bitumen-Dichtungsbahn AL 02 D + CU 01 D nach DIN 18 190;
7000 Bauder

Antico Klosterpfanne
Mönch- und Nonnen-Ziegel (Tondachziegel);
8506 Stadlinger

Anti-Dröhn
~ **Magnet**-Lärmschutzfolie;
~ - **OD**, Lärmschutzfolie zum Kleben;
~ - **SK**, Lärmschutzfolie, selbstklebend;
6074 Optac

Antiferrit
Rostschutz (Chlorkautschuk);
6360 Megerle

Antiflamm
→ ®Wolmanit-Antiflamm;
7573 Wolman

ANTIFORTE
~ **F**, Universal, Reinigungsmittel für Öl- und Fettrückstände, z. B. für Fußböden, Teerentferner;
~ **M**, Reinigungsmittel und Pflegemittel für Geräte, Konzentrat;
7570 Baden

Antigua
Rustikale Wandplatten und Bodenplatten, glasiert und unglasiert (aus Brasilien);
4690 Overesch

Antika
Keramikplatten, für Bodenbeläge, nur für innen;
4950 Heisterholz

Antikgrundbeize
(Rustikalbeize und Patinabeize), zur porenbetonten, rustikalen Beizung von grobporigen Hölzern und zum Patinieren im Spritzverfahren;
4010 Wiederhold

Antikoplast®
→ SCHÜTZ-Antikoplast®;
5418 Schütz

ANTIKOR®
~ Säuremörtel, säurefeste Spaltklinker, Normal- und Formsteine sowie Kohlenstoffsteine;
~ Säureschutz- und Korrosionsschutzanstriche;
~ Spachtel- und Verlegemassen;
~ Steigeisen für Kanalschächte, Kläranlagen, Brunnenbauten;
6140 Chemieschutz

ANTIKSPIEGEL
Sicherheitsglas;
2000 Bluhm

antilärm® Panzerwand
Trennwand-System mit höherem Schallschutz;
4600 Golinski

ANTIPILZ
Fungizider Farbzusatz für wässerige Medien und Sanierlösung (Schimmelschutz);
2000 Schmidt, G.

Antiqua
Verbund- und Rechteckpflaster;
7148 Ebert

ANTIrutsch
Spezial-Baderost für extreme Naßzonen, z. B. Duschwannen, Duschräume usw.;
8994 Schuster

Antirutsch BX 12
Rutschfester Anstrich auf Chlorkautschukbasis für Schwimmbäder (Schwimmbecken-Anstrich);
8000 BAYROL

Antisulfat PZ 45
(C_3A-frei), Abwehrmittel gegen starke Sulfatangriffe;
6900 Zement

ANTONIAZZI
Terrazzoplatten, Terrazzostufen, Agglomarmor;
2800 Frerichs

ANTRALIN
~ Betonfarbe, Schutzbeschichtung für Auffangwannen und -räume (sog. Heizölsperre);
7520 Rau

Antrass®
→ ANNELIESE-Antrass®;
4722 Anneliese

Antron
Teppichfasern für den Wohn- und Objektbereich;
4000 Du Pont

Anuba
~ Einrohrbänder für Fenster, Türen, Tore, Möbel;
~ Fensterbeschläge, speziell für Drehflügel-Fenster;
~ Türsicherung mit Tresor-Sperrwerkung durch Verriegelung mit Bolzen im Falz;
7741 Heine

ANVIL-TOP® 200
Metallischer Panzerestrich, hochplastisch, für höchste Beanspruchung;
4050 Master

ANWO
~ - Fußbodenheizung, Naßsystem;
~ - Ventilkoppel mit Thermostatknopf;
~ - **2000**, Flachheizkörper nach DIN 4704;
4760 Anwo

AP-Flex
APP-Schweißbahn (Polymer-Bitumen) mit UEAtc-Prüfung;
4352 Kebulin

APISOLAR
~ - **Solarstrom-System**, Baukastensystem für feste und mobile Anwendung;
8542 APISOLAR

Apoflex
Wasserdichte Schutzbeschichtung im Bereich betonaggressiver Wässer, z. B. in Abwasserrohrleitungen, Faulbehältern, Kläranlagen usw.;
8900 PCI

Apogel®
Injektionsharz;
~ **A**, zum Verfüllen von Rissen und Hohlstellen in Beton und Estrich, lmf;

1

~ **F**, wie ~ A, haftet auch auf feuchten Rißflanken;
~ **PU**, zum Schließen von nassen und wasserführenden Rissen in Beton und Estrich, lmf;
~ **Schnell**, wie ~ A, jedoch schnellhärtend;
8900 PCI

Apogrund®
Imprägnierlösung, 2komponentig, farblos, für Betonfußböden;
8900 PCI

Apokor® W
Beton- und Asphaltfarbe für Garagen- und Balkonböden;
8900 PCI

Apolastic®
Gewässerschutzbeschichtung für Auffangwannen und -räume aus Stahlbeton, chemikalienbeständig;
8900 PCI

APOLL
→ GEZE APOLL;
7250 Geze

Aposan®
Reaktionsharzmörtel auf Epoxidbasis für Reparaturen an Beton- und Zementestrichen;
8900 PCI

Apoten®
Epoxid-Beschichtung für Betonböden und Zementestriche, lösungsmittelfrei, 2komponentig;
8900 PCI

Applika
Glassteinwand mit großformatigen Bildern. Die einzelnen Steine sind mit Echtantikglas belegt;
4000 Gerresheimer

aprimer
Hartschaumstoff aus PUR;
~ B1/SE Dämmplatten, schwer entflammbar;
~ B2/NE Dämmplatten, normal entflammbar;
~ Hartschaumkeile;
7081 Aprithan

apripir
Hartschaumplatten aus Polyisocyanurat, schwer entflammbar nach DIN 4102, Baustoffklasse B1;
7081 Aprithan

apripur
PUR-Hartschaum;
7081 Aprithan

aprithan
PUR-Hartschaumstoffe;
7081 Aprithan

apritherm
PUR-Hartschaumstoffe, Baustoffklasse B3;
7081 Aprithan

APS-System
Kabelkanal-Systeme mit integrierten Schaltern, Steckdosen und Verbindungsteilen;
5880 Kleinhuis

APSTA®
Unterstützungskörbe für die obere Bewehrung;
4000 BAUSTAHLGEWEBE

Apu-Flex
~ **Sprint**, Sportbodenbelag aus Spezial-Gummigranulaten und PUR;
6840 Akus

Apura
Spender- und Entsorgungsgeräte wie Handtuchspender, Seifenspender u. ä.;
6502 Apura

APV-1
Mineralfaserplatten, Baustoffklasse A 2;
4230 Held

AQUA
~ - Sanitärarmaturen, manuell und elektronisch gesteuert für den öffentlichen und gewerblichen Bereich;
1000 Butzke

AQUA COLOR
Farbkonzentrat zum Einfärben von AQUA-Produkten;
8909 IRSA

Aqua Ex
Isolierdeckfarbe, lmh;
3008 Sikkens

AQUA KORK
Korkversiegelung, gebrauchsfertiger Wasserlack.
~ **EXTRA** für Einschichtverfahren;
8909 IRSA

Aqua Solar
System von Sonnenkollektoren für die Schwimmbadheizung;
2902 Brötje

AQUA WAX
Parkett-, Holz- und Korkpflegemittel, flüssiges Selbstglanzmittel;
8909 IRSA

AQUA-BELL
Warmwasser-Kamineinsatz aus Stahl — ohne oder mit Glaskeramikscheibe;
4030 Bellfires

Aquacryl
→ Ceresit-Aquacryl;
4750 Ceresit

AQUAdisp
Naturfarben;
~ Bienenwachsbalsam;
~ Dichtstoffe;
~ Klebstoffe;
~ Lacke;
~ Lasuren;
4400 pro umwelt

AquaDrain
Dränmatten zur kapillarpassiven Flächendränung von Balkonen und Terrassen;
6101 Gutjahr

Aquadur
Hochofenzement 235 L-NWHS;
6200 Dyckerhoff AG

Aquadur
Verbund- und Rechteckpflaster;
7148 Ebert

AQUADUR® 2000
Beschichtungssystem zur Sanierung putzrissiger Fassaden;
4630 Unitecta

Aqua-Ebulin
~ - Abtönfarben, Konzentrat für Leim-, Binder- und Plastikfarben;
7000 Butz

AQUAFERMIT
Dichtungskitt für Rohrleitungen u. ä.;
2102 Nissen

AQUAFIN®
~ **- DS**, Dichtungsschlämme mit Haftzusatz zur Verwendung als Oberflächen-Dichtmittel gegen Druckwasser;
~ **- F**, Verkieselungslösung, isoliert gegen Feuchtigkeit und schwaches Druckwasser durch nachträglich angewandte Kapillardichtung;
~ **- 2 K**, Flexschlämme, elastische, haarrißüberbrückende Dichtungsschlämme gegen Grund- und Stauwasser, auch bei Negativdruck (innen/nachträglich), hochklebeaktiv, amtl. zugelassen: Z 27.3-104;
4930 Schomburg

aquafirm
Hüttenzement HOZ 35 L-NW-HS-NA;
2000 Alsen

Aquafirm
Klinkerarmer Spezial-Hochofen-Zement für Bauten in sulfathaltigen Wässern, Meerwasser usw.;
2400 Metallhütte

AQUAFIX
Verschlußstopfen, elastisch, verhindert das Eindringen von Kriechwasser;
5885 Seifert

Aquagran®
→ WQD-Aquagran®;
4270 WQD

Aqualift
→ UNIVA-Aqualift;
8071 Kessel

AQUAMAT
~ **2000 MC**, berührungslos, opto-elektronisch gesteuerte Sanitärarmaturen;
1000 Butzke

AQUAMENT
~ PZ 35 L und ~ HOZ 35 L, Spezial-Portlandzement bzw. Spezial-Hochofenzement mit hohem Sulfatwiderstand und niedriger Hydratationswärme, besonders für Tief- und Wasserbau, spannbetongeeignet;
6900 Zement

AQUAMIX
Selbstschluß-Eingriffmischer für Wasch- und Duschanlagen;
1000 Butzke

Aquamuls
Betonschutzanstrich, wasserdicht;
4250 MC

AQUAPASS
Entwässerungsrinne;
6209 Passavant

Aquapox
→ Ceresit-Aquapox;
4750 Ceresit

Aquapren
→ ARDAL Aquapren;
6050 CECA

AQUAPURA
Kläranlagen und Abwasserreinigungsanlagen für häusliche, insbesondere aber gewerbliche und industrielle Abwässer;
1000 Aquapura

Aquariumsealer
Dichtungsmasse zur Herstellung von Vollglasaquarien;
4050 Simson

AQUA-SOL
Parkettversiegelung, gebrauchsfertiger Wasserlack;
8909 IRSA

Aquastar
Antirutsch-Matten und Rollroste aus PVC für Hallenbäder, Waschräume, Sauna-Anlagen u. ä.;
5240 Schrupp

AQUATRON
~ **2000 MC**, berührungslos, radar-elektronisch gesteuerte Sanitärarmaturen;
1000 Butzke

AQUATRONIC
Sanitärarmaturen, netzunabhängig, elektronisch gesteuert;
1000 Butzke

AQUA-VERBUND
Befestigungssystem mit dem Verbundstein 3 D und dem Verriegelungsstein K 3;
7514 Hötzel

aquavital
Gartenteich-Torf;
4404 Pahlsmeier

AQUEX
~ - **Flüssigfolie**, wasserdichter, jedoch dampfdurchlässiger Feuchteschutz bei alten und neuen Flachdächern;
7980 Hydrex

AQUOVOSS®
Farblose, schnell trocknende, lösemittelhaltige Imprägnierung auf Siloxan-Basis;
2082 Voss

ARA
~ Klebebänder zum Abkleben der Fugenränder;
~ Rahmendübel zur Befestigung von Fenster- und Türrahmen;
~ Spiegelklebebänder;
~ Sprossenklebebänder;
~ Verglasungsklötze und -brücken;
7441 Ara

arabella
~ - Markisen → 6900 Soletta → 4712 Weba;
7340 Rau

ARACRYL
Elastischer 1-K-Dichtstoff, auf Acryl-Dispersionsbasis mit plastischem Anteil für Baufugen und allgemeine Abdichtungen;
7441 Ara

ARAFILL®
~ **150 k**, vorkomprimierte Dichtungsbänder aus PUR-Weichschaum, für Abdichtungen von Dehnungs-, Bewegungs- und Anschlußfugen;
7441 Ara

ARAFIX
~ - Vorlegebänder, einseitig, selbstklebend auf Basis PE für Verglasungen;
7441 Ara

ARAFLEX
Plastischer witterungsbeständiger Dichtstoff auf Kautschukbasis für verdeckte Anschlußfugen (Fugendichtung);
7441 Ara

Araflor®
Verbundelement aus Leicht- oder Normalbeton, bepflanzbar, für hochabsorbierende Lärmschutzwände, Stützwände und Böschungsbefestigungen als Trockenmauerwerk;
4972 Lusga

ARAPREN
~ - Rundschaum/Füllstreifen, Hinterfüllmaterial auf Basis PE für Fugen;
7441 Ara

ARAPURAN
Halbharter 1-K-PUR-Schaum für Dämm-, Isolier-, Befestigungs- und Abdichtarbeiten sowie für Hohlraumverfüllungen, B 2 DIN 4102;
~ **Hit**, 1-K-PURschaum zur Verarbeitung mit PAGERIS-Pistolen;
~ **Top, fix**, 1-K-PUR-Schäume;
~ **Zack**, 2-K-PUR-Schaum (Montageschaum), speziell für Türzargen- und Fenstermontage;
7441 Ara

ARAVI
~ - Imprägnierung, Boraxlösung für Holzschutz innen;
3123 Livos

ARBOCEL
~ - Faserstoffe als Asbest-Ersatz für mineralische Putze, Dünnbettmörtel, Klebe- und Spachtelmassen, Dispersionsputze sowie Kaltbitumen und Asphalt-Sonderbeläge;
7092 Rettenmaier

ARBONIA
~ **Crea-Therm®**, Heizkörper in modernem Design für horizontale und vertikale Anordnung (Produkt der Arbonia AG, CH-9320 Arbon);
4000 Mannesmann-Handel

Arbonia
Röhrenradiatoren, Konvektoren, Heizwände;
→ opti-therm;
→ opti-solar;
4300 Krupp

ARBON®
Leimholz, aus Buchen-Plattenmaterial;
8729 Raab

Arborex®
~ - **Wurzelkammer**, Betonelement zur Sicherung des Lebensraums der Baumwurzel (Lizenznehmer → Stellfix®)
7530 Betonwerk

ARCADE
Lichtdach-System für Überdachungen von Terrassen, Carports, Wintergärten;
4972 Tegtmeier

Arcant
→ Brügmann Arcant;
4600 Brügmann Arcant

ARCONDA®
~ Bogenpflaster;
~ **linear**, Rechteckpflastersystem;
7557 Kronimus
→ 4403 Mönninghoff

Arcus
Holzmassivhaus;
8202 Arcus

Arda
Gitterroste, a) Einpreß- und b) Schweißpreßausführung mit gedrillten Stäben sowie c) Durchsteckgitterroste aus Bandstahl. a) und b) auch in „Edelstahl rostfrei", für Treppenstufen, Laufstege, Lichtschachtabdeckungen, Bühnen usw.;
5885 Arda

Ardaflex
~ **Dünnbettmörtel**, flexibel nach DIN 18 156 Teil 2;
~ **weiß**, flexibler, heller Dünnbettmörtel für helle durchscheinende Naturwerksteine;
6050 CECA

ARDAL
~ **Aquapren**, lösemittelfreier Neoprene-Dispersionsvoranstrich auf dichten und glatten, saugfähigen Untergründen zur Haftung von Spachtelmassen und Klebstoffen;
~ **Elasto 80**, Kunstharzdispersion zur Vergütung der Dünnbettmörtel Ardalith, P 14 sowie Mittelbettmörtel P 12;
~ **Flexdicht**, hochelastische Flüssigfolie, lmf, für Abdichtung unter Fliesen;
~ **Fliesenkleber 900**, gebrauchsfertiger Dispersionsklebstoff, lange klebeoffene Zeit;
~ **Fliesenkleber 902**, gebrauchsfertiger, wasserfester Dispersionsklebstoff DIN 18 516-D;
~ **Fliesenkleber 905**, gebrauchsfertiger Dispersionsklebstoff mit sehr hoher Anfangshaftung, für schwere Fliesen;
~ **Fliesenkleber 909**, gebrauchsfertiger Dispersionsklebstoff mit sehr guter Anfangshaftung;
~ **Fugen-Epoxi Unipox®**, hochwiderstandsfähige chemikalienbeständige Epoxidharz-Fugmasse für keramische Beläge im Industrie-, Lebensmittel-, Labor-Bereich, in 6 Farben lieferbar;
~ **Fugenbreit grau**, Fugenmörtel zur Verfugung von keramischen Fliesen für Fugenbreiten bis 25 mm;
~ **Fugenbunt P 9**, Fugenmörtel zur Verfugung von keramischen Fliesen in 8 Farben für Fugenbreiten bis 5 mm;
~ **Fugengrau P 9, Fugenweiß P 9**, Fugenmörtel zur Verfugung von keramischen Fliesen für Fugenbreiten bis 5 mm;
~ **Grundfestiger**, Dispersionsgrundierung für abkreidende, absandende oder stark saugende Untergründe, nicht feuergefährlich;
~ **Hartschaumkleber**, Dispersionsklebstoff zur Verklebung von Hartschaumplatten auf saugfähigen Untergründen;
~ **Schnellkleber P 10**, Dünnbettkleber;
~ **Rolldicht plus**, eine dauerelastische Dichtungs- und Korrosionsschutzbeschichtung, lösungsmittelfreie Bitumen-Latexemulsion zur Abdichtung gegen Feuchtigkeit und Wasser, Isolierung, und Sanierung;
~ **Tiefgrund TG 150**, Grundierung für abkreidende, absandende oder stark saugende Untergründe, feuergefährlich;
~ **Unipox Fugen-Epoxi MS**, Spezialepoxidharz-Fugmasse für Objektverfugungen;
~ **Unipox Fugen-Epoxi 3 K 823**, hochwiderstandsfähige chemikalienbeständige Epoxidharz-Fugmasse für keramische Beläge im Trinkwasserbehälter- und Industriebau;
~ **Vielzweckkleber 810**, 2-K-Epoxidharzklebstoff, chemikalienbeständig und wasserfest;
6050 CECA

Ardalith
~ Klebemörtel, Dünnbettmörtel nach DIN 18 156 Teil 2;
6050 CECA

Ardal-ment
3-K Epoxid-Zementfugmasse für Schwimmbäder, Balkone, Terrassen, Verkehrsbauten und alle Industrieböden, die keine extreme Chemikalienbeständigkeit fordern;
6050 CECA

Ardasil
~ - **N**, neutralvernetzende Silicon-Kautschuk-Fugendichtmasse, für Dehn- und Anschlußfugen bei keramischen Belägen;
~ - Silikonkautschuk, Fugendichtung für Dehn- und Anschlußfugen bei keramischen Belägen;
6050 CECA

1

ARDICOL
~ **D5**, Dispersions-Klebstoff;
~ **P6**, Parkett- und Holzpflaster-Klebstoff;
~ **T3**, Breitband-Klebstoff zum Kleben von Bodenbelägen;
5810 Ardex

ARDIFLEX
~ **H2**, elastischer Fliesenkleber;
5810 Ardex

ARDIN
~ **L 80 leitfähig**, Zusatz für ARDIT Z 8 zum Herstellen leitfähiger Spachtelschichten;
5810 Ardex

ARDION
~ **E 95**, Fugenvergütung zum Herstellen elastischer und wasserabweisender Fugen;
~ **100 Wittener Baudispersion**, Acrylatvergütung für Zementmörtel und Betonspachtelmassen;
~ **25**, Haftemulsion aus Kunstharz, Verwendung für ARDEX-Spachtel- und Bauklebemassen;
~ **51**, Haft- und Grundierdispersion, Porenverschluß und Haftbrücke für Estriche, Fließ- und Planiermassen, Spachtelmassen, Dünnbettmörtel;
~ **82**, Voranstrich für glatte Flächen, lmf;
~ **90**, Kunstharzvergütung für ARDURIT X7G zum Herstellen von elastischem, wasserabweisendem Klebemörtel;
5810 Ardex

ARDIPOX
~ **BU**, Epoxidharz-Fugenmörtel zum Fugen mineralischer Plattenbeläge;
~ **FB**, Gießharz zum kraftschlüssigen Verbund von Rissen in Estrichen;
~ **HD**, Epoxidharzanstrich für den Schutz von Bodenflächen, Estrichen, Ausgleichsschichten gegen Abrieb, Feuchte, Tausalz und Mineralöl;
~ **PC**, Epoxidharzkleber und Fugenmörtel, für Säurebau, Schwimm- und Heilbäder, da chemikalienfest;
5810 Ardex

ARDIT Z 8
Ausgleichsmasse, Universal-Spachtelmasse zum Glätten und Nivellieren;
5810 Ardex

ARDOFIX
~ - Abbeizer, zum Abbeizen alter Anstriche auf Öl-, Kunstharz-, DD- und Epikotebasis und Dispersionsfarben;
4100 Schwarz

ARDOPEN-KS-55
Fahrbahnbelag, verschleiß-, rutsch- und korrosionsfest; 2-K-Kunststoff auf Aethoxylinbasis mit phenolischen Gruppen, haftet auf Beton, Alu, Stahl;
4100 Schwarz

ARDUCRET
~ **B10**, Beton-Feinspachtel zum Schließen von feinen Rissen und Poren und für die Finish-Spachtelung;
~ **B12**, Betonspachtel zur Oberflächensanierung und zum Spachteln von Betonfertigteilen und Flächen aus Schüttbeton;
~ **B14**, Beton-Reparaturmörtel zum Auffüllen und Glätten von Fehlstellen im Beton;
5810 Ardex

ARDUMENT
~ **F 33**, Füll- und Reibeputz auf Zementbasis;
5810 Ardex

ARDUMUR
Wandfüller auf Gips-Kunststoff-Basis;
~ **828**, Wandfüller für den Innenausbau;
5810 Ardex

ARDUPLAN 826
Wandglätter und Füllspachtel für planebene glatte und spannungsfreie Wand- und Deckenflächen als Untergrund für Tapeten, Lacke, Anstriche usw.;
5810 Ardex

ARDUPLAST
~ **F 3**, Füll-, Fleck- und Flächenspachtel für Fassaden, Wand- und Deckenflächen;
5810 Ardex

ARDUR
~ **E 50**, Dünnestrich zum Verbundausgleich von Betonsohlen und Rohbetondecken;
~ **F 30**, Feinspachtelmasse zum mühelosen Spachteln und Glätten von Unterböden;
~ **K 15**, Glätt- und Nivelliermasse, selbstglättend, spannungsfrei, pumpfähig;
~ **P 20**, Ausgleichmasse unter Parkett zum Spachteln, Ausgleichen und Nivellieren von Unterböden für das Verlegen von Parkett und Holzpflaster;
~ **200**, Außenspachtelmasse zum Spachteln, Ausgleichen und Nivellieren von Bodenflächen, innen und außen;
~ **300**, Außenspachtelmasse;
5810 Ardex

ARDURAPID
~ **S 17**, Holzboden-Schnellmörtel für Belagsverlegungen auf Holzböden und zum Verlegen von Bodenfliesen;

~ **ZEMENTESTRICH**, begehbar nach 3 Stunden, nach 1 Tag verlegereif und voll nutzbar;
~ **35**, Schnellzement für sofort nutzbare Zementestriche;
~ **45**, standfeste Füllmasse zum Nivellieren und Ausbessern;
5810 Ardex

ARDUREN
~ **60**, Isolierzusatz für → ARDIT Z 8 zum Isolieren von Rest- und Kapillarfeuchtigkeit vor dem Verlegen von Bodenbelägen;
5810 Ardex

ARDURIT
~ **BS**, Breit- und Schmalfugmassen, in 7 Farben, für Fugenbreiten von etwa 2—20 mm;
~ **FK**, Schnellfugmasse, grau, für Fugenbreiten von 2 bis 12 mm;
~ **FS**, Fein- und Schmalfugmassen, in 6 Farben;
~ **G 125**, Haft- und Glättmörtel, grau und weiß, zum Versetzen von Gasbeton und zum Beschichten von Gasbeton-Innenwandflächen;
~ **GK**, Schnellfugmasse, grau, für Fugenbreiten ab 5 mm;
~ **K 5**, Haft- und Glättmörtel auf Zementbasis, Dünnbettmörtel für Mauerwerk aus KS-Plansteinen und Planelementen;
~ **MF**, Marmorfuge, grau und beige, für Fugenbreiten bis zu 10 mm;
~ **S 16**, Schnellbaukleber zum Ansetzen von Fliesen und Isolierstoffen;
~ **X 7 G** und **X 7 W**, Dünnbettmörtel, zum Kleben von Fliesen und Isolierbauplatten;
5810 Ardex

ARDUVIT
~ **S 21**, Schnellmörtel zum Verlegen von Bodenplatten und -fliesen mit früher Festigkeit des Mörtelbettes;
5810 Ardex

Arena
Mosaikfliese, 10 x 10 cm, in rustikalen Erdfarben und handgemalten Motiven;
4005 Ostara

ARFIS
LM-Profile für Türen und Fenster;
2000 Hartmann

argelith®
Bodenkeramik, speziell keramische Bodenleitsysteme für Behörden, Kaufzentren, Großunternehmen usw., auch Boden-Dekors für alle Bereiche;
~ - Fenstersohlbank mit Wassernase;
~ - Hohlkehlsockel, stranggepreßt;
~ - Klinkerplatten nach DIN 18 158 mit verschiedenen Oberflächen;
~ - Mauerabdeckplatten;
~ - Sockelriemchen;
~ - Treppenauftritt mit Rillen;
4515 argelith

ARGENTOX
Ozonsysteme für Trinkwasser, Abwasser, Badewasser, Klimatechnik;
2056 Argentox

ARGISOL®
~ - Bausystem für Massivwände, Schalungselemente aus PS-Hartschaum mit eingeschäumten verzinkten Metallstegen;
6710 ARGI

ARGOLA
Fenstersysteme und Türsysteme mit LM-Profilen, Serie 1500, E 2000, E 5000;
2000 Hartmann

ARGOS
LM-Profile für Dreh-, Drehkipp-, Schwing- und Wendeflügelfenster;
2000 Hartmann

argus
~ - Meldesysteme, Alarmanlagen zur Vermeidung von Anlagen- und Gebäudeschäden;
7032 Bircher

ARI
Armaturen;
4815 Richter

ARIANE
Sanitärkeramik-Serie;
6642 Villeroy

ARIANE®
Alu-Profil-System;
~ **expo**, für Messe- und Verkaufsstände;
~ **pro domo**, für Faltwände, Geländer, Vordächer, Leicht-Wintergärten;
~ **professional**, für Pavillons, Überdachungen, Raumzellen u. ä.;
~ **shop**, für Schaukästen, Raumteiler, Vitrinen u. ä.;
5950 Voss

Arido
~ - Grundwasserabdichtung, Sickerwasserdichtung mit Bitumenpappe, Metallfolie oder Kunststoffbahn;
1000 Arido

ARIOSTEA MONO
~ - Fußbodenfliesen, für innen und außen, frostbeständig;
2000 Bluhm

1

ARIS
Installationskanäle aus Hart-PVC zur Aufnahme von Elektroleitungen;
6751 Tehalit

ARISTOS®
Koaleszenzabscheider mit Granulatfüllung;
6330 Buderus Bau

ARITECH
~ Alarmzentralen;
~ Brandmeldeanlagen;
~ Einbruchmeldeanlagen;
5600 Aritech

Arizona Pool
Folienbecken, 0,5 bzw. 0,8 mm PVC-Folienauskleidung in kesseldruckimprägnierter Holzkonstruktion (Schwimmbecken);
8000 Arizona

Arjo
~ **Behindertenhilfen**, hydraulisch betätigte Geräte wie z. B. Badewannenheber, Badelifter (auch mit Liegeplatte), Überführungslifter;
6500 Arjo

Arkade
→ VEKSÖ-Überdachungen;
2390 VEKSÖ

ARKOFLEX
~ **- GEWIRKE**, Anstricharmierung aus Polyesterfäden gegen Schwund- und Fugenrisse innen und außen;
2406 Kobau

Armaflex®
~ **AF**, flexibler Dämmstoff zur Tauwasserverhinderung in der Kälte- und Klimatechnik;
~ **SH**, Dämmstoff in Schlauch- und Plattenform aus flexiblen synthetischem Kautschuk;
4400 Armstrong

Armanet®
~ - Armierungsgitter in Zuschnitten aus punktgeschweißtem Drahtgitter, dickverzinkt, für mineralische Putze;
6380 Bekaert

ARMAPAL
Armierungsgewebe zur Fahrbahnstabilisierung;
8520 Rehau

ARMIDUR KW 98
Streichvlies, kunstfaserverstärkt, zur Sanierung rissiger Fassaden;
7000 Wörwag

ARMIERA
~ **- GLASFASERVLIES**, Faservlies aus Glasfasern, gegen Haar- und Netzrisse innen und außen (Rißüberbrückung);
2406 Kobau

Armitol
Öldichte und -feste Kunstharzbeschichtung (Ölsperre);
4750 Ceresit

Armstrong
Deckensysteme und Cushioned Vinyl-Fußbodenbeläge;
~ **D.I.Y. 400**, elastischer Fußbodenbelag mit Vinylrücken, sehr flexibel, mit geschäumter Zwischenschicht, liegt ohne zu kleben;
~ **Fußbodenbelag** mit Mirabond-Strapazieroberfläche;
~ **Olympia**, Fußbodenbelag mit besonders flexibler Rückenbeschichtung;
~ **Premier Castilian**, Fußbodenbelag mit strapazierfähiger Vinyl-Oberfläche und geschäumter Zwischenschicht;
~ **Second Look®**, abgehängtes Deckensystem in 8 Dessins;
4400 Armstrong

Arnheiter
Betonwerkstein-Produkte wie Blumenschalen, Blockstufen, Winkelstufen, Abdeckplatten, Bossensteine, Waschbeton-Platten, U-Steine, L-Steine;
8767 Arnheiter

Arnold
Aluminium-Klappbrücken, Verladesysteme;
7000 Arnold

ARO
Abkürzung für Albert Rodewald → Rodewald;
3102 Rodewald

Arriba
~ - Weiss, Kunststoff-Innendispersion;
2900 Büsing

ART
Uni-farbige Steinzeugfliesen, 30 × 30 cm;
4005 Ostara

Art
Massiv-Holztüren. Französische Innen- oder Außentüren in Esche, Kirsch- und Nußbaum;
4630 Drescher

Artemide
Außenleuchten;
4000 Artemide

Art-Glas-Design
Bezeichnung für in reiner Handarbeit gefertigte Ganzglas-Türblätter und Glastürfüllungen mit künstlerischen Motiven;
7407 Schneider + Fichtel

ARTI
~ - **Hartlacke**, Einschichtlacke für widerstandsfähige Oberflächen (Holzlack);
5600 Arti

ARTICIDOL
~ - **Beizen**, Wasserbeizen in Pulverform (Holzbeizen);
5600 Arti

ARTICOLORA
~ - **Beizen**, farbstarke Pigmentbeizen mit hoher Lichtechtheit (Holzbeizen);
5600 Arti

ARTICRYL
~ - **Farblacke**, PU-Acrylharzlacke (Holzlack);
5600 Arti

ARTINYL
~ - **Lacke**, schnelltrocknender PU-Lack (Holzlack);
5600 Arti

ARTI-PARACID-Lasur
Dekorative Holzlasur mit Holzschutz;
5600 Arti

ARTIPLASTER
~ - **Siegel**, Kalthärterlack mit integriertem Härter (Holzlack);
5600 Arti

ARTOCELL
~ - Druckausgleichsputz, Spezialputz zur Einbettung von Armierungsgewebe;
4904 Alligator

ARTOCOLL
~ - Baukleber, Mörtelkleber auf Dispersionsbasis für Hartschaumplatten;
4904 Alligator

ARTOFLEX
~ - **Buntsteinputz**, terpentinverdünnbar, Korngröße bis 2,5 mm;
~ - **Calcitputz**, Fassadenputz auf Silicatbasis;
~ - **Carraraputz**, Kratzputz, mit Korngröße 2,5 bis 5 mm;
~ **Edelputz**, Fassadenputz, mineralisch gebunden, Kratzputzstruktur, Korngröße 3, 4 und 6 mm;
~ - **Fixspachtel**, waschfest, Feinspachtel und Spritzputzmasse;
~ - **Füllspachtel**, Fugen-Spachtelpulver für Filigran-Deckenelemente;
~ - **Innendekor**, Kunstharzstrukturputz für Reibetechnik;
~ - Innen-Calcitputz auf Silikatbasis;
~ **Kellenputz**;
~ - **Kieselputz-Kleber**, lmh;
~ - **Kieselputz**, Kieselsteinputz, lmh;
~ **Kristallitputz**, Buntsteinputz, lmh, Korngröße bis 3 mm;
~ - **Perlkiesel-Haftkleber**, pastös;
~ - **Perlmulitputz**, Buntsteinputz für innen;
~ - **Reibeputz** mit Rillenstruktur in drei Korngrößen (2,3 und 5 mm);
~ - **Spachtelputz** in drei Kornstärken (2,3 und 5 mm);
~ - **Spritzputz**, Kunstharz-Dispersionsputz;
~ - **Strukturputz**, Fassadenputz, mineralisch gebunden, Rillenstruktur, Korngröße 3 mm;
~ - **VWS**, Vollwärmeschutz-System;
4904 Alligator

ARTOL
~ Spritzputz, lmh, terpentinverdünnbar;
4904 Alligator

ARTOL
~ - **Beizen**, Pinselbeizen (Holzbeizen);
~ - Wasserlacke;
5600 Arti

ARU
~ **Haftputz 3**, Universal-Fertigmörtel, kunststoffvergütet, zementgebundener Feinhaftputz für Außen- und Feuchträume;
~ **Quarzhaftbrücke**, Spachtel-Baukleber;
~ **200**, Putzhaftbrücke (Sandisolierung), leicht weißpigmentiertes Grundierkonzentrat und Isolierkonzentrat;
7583 Schwepa

ARULASTIC
Dauerelastische 2-K-Fugendichtstoffe auf PUR-Basis für den Wasser- und Kanalbau, Klärbecken usw. (Type 2020);
4300 Rudolph

ARULITH
~ - L, Leicht-Haftputz, einlagig, kunststoffvergütet, für innen;
7583 Schwepa

ARUSIN
~ **Spezial**, gebrauchsfertige Kunststoffemulsion, Imprägnierlösung, Haftlösung, Festiger;
7583 Schwepa

ARWEI®
~ - Abdeckgitter für Heizung, Lüftung, Klima;
~ - Gitter-Reinstreifer und Schmutzfangläufer;
~ - Spezialroste im Bäder- und Sportstättenbau;
5900 Arwei

as
Handgeschlagene Blockhäuser;
8500 allsend

1

ASBELDUR®
Holzfensterkitt, hellelfenbein, auf Öl-Kunststoff-Bindemittelbasis;
1000 Beyer

Asbo
~ - Fertigparkett in Tafelform;
7454 Schlotterer

ASCONA
Gartenkamin mit vollverkupferter Haube und Grillzubehör;
6800 Giardino

Asea Lepper
~ Sportplatzbeleuchtung mit Sportplatz-Hochleistungsfluter aus stranggepreßtem Alu-Gehäuse (Flutlicht);
6360 Asea

Ashausen
Eskoo-Verbund- und Betonpflastersteine;
2093 Ashausen

ASIK
Schalöl, Entschalungsmittel-Emulsion, wasserlöslich, mineralölhaltig für Holz- und Eisenschalung, wirkt konservierend;
4930 Schomburg

ASIKON
~ - **K**, Schalölkonzentrat, frostbeständiges Entschalungsmittel mit starker Verdünnungsmöglichkeit;
~ **2000**, Universal-Trennmittel, neuartiges, hochwirksames Entschalungsmittel mit chemischer und physikalischer Trennwirkung — styroporverträglich;
~ **2001**, Baumaschinen-Pflegemittel, gebrauchsfertig, vermeidet das Anhaften von Beton- und Mörtelresten und Zementschleiern, vermindert bei regelmäßiger Pflege die Rostbildung;
~ **5005**, Formöl, gebrauchsfertiges Entschalungsmittel, schwach reaktiv, Imprägnieröl;
4930 Schomburg

ASK
~ - Fenster aus Kunststoff, wenn Fensterwechsel ohne Maurer-, Schreiner- oder Malerarbeiten (Auswechsel-Fenster);
4236 Knipping

ASKAL®
~ - Pergolen und Terrassenüberdachungen;
~ - Vordächer und Wintergärten aus eloxierten Alu-Profilen und Acrylverglasung;
3204 ASKAL

aski
Holztreppen;
~ - Raumspartreppe;
2323 Schmiebusch

ASM
-Gitterroste, feuerverzinkt, für jeden Zweck;
7420 Schreiber

ASO
~ - **DAUERELAST**, universelle Fugendichtungsmasse für innen und außen, auch auf feuchtem Untergrund verarbeitbar, überstreichbar;
~ - **DICHTBAND**;
~ - **FLEXFUGE**, Fugenmörtel grau;
~ - **FUGENBREIT** Fugenmörtel, grau;
~ - **FUGENGRAU**, Fugenmörtel, fein;
~ - **FUGENPLUS**, Vergütungsmittel für Fugenmörtel;
~ - **FUGENWEISS**, Fugenmörtel, fein;
~ - **GLASGITTERGEWEBE**;
~ - **GLASSEIDENGEWEBE**;
~ - **HEIZÖLSPERRE**, Heizölwannen-Isolieranstrich, vermeidet ein Eindringen von Öl in das Mauerwerk bzw. in das Erdreich;
~ - **KALTREINIGER**, universelles Reinigungsmittel für Öl- und Fettrückstände jeder Art an Maschinen, Werk- und Fahrzeugen, Fußbodenreiniger, Bitumenentferner usw.;
~ - **TIEFENGRUND**, Imh;
4930 Schomburg

ASOCRET
~ - **BS2**, kunststoffveredelter, zementgebundener Betonspachtel;
~ - **RN**, kunststoffveredelter, zementgebundener Reparaturmörtel;
4930 Schomburg

ASODUR
~ **AB**, 2-K ableitende Beschichtung;
~ **BI**, 2-K Betonimprägnierung;
~ **BS**, 2-K Beton- und Stahlschutz;
~ **D**, Epoxidharzbeschichtung, lösungsmittelfreie 2-K-Bodenversiegelung mit max. physikalischer und chemischer Belastbarkeit, auch auf feuchtem Untergrund verarbeitbar;
~ **EB**, elastische Beschichtung;
~ **EH**, 2-K Estrichharz;
~ **EK**, Epoxidharzspachtel, lösungsmittelfreier 2-K-Fugenspachtel für außen und innen, zur Verfugung von keramischen Fliesen auch in Naßräumen, chemikalienbeständig;
~ **EMB**, 2-K-Epoximörtel;
~ **EP/FM**, 2-K Epoxi-Polyurethan-Fugenvergußmasse;
~ **GBM**, 2-K Grundierung und Mörtelharz;
~ **GB**, 2-K-Gieß- und Beschichtungsharz (Epoxi) für Estrich- und Betonsanierung;

~ **GB5**, 2-K einschichtiger Gießbelag;
~ **HCB**, 2-K hochchemikalienbeständige Beschichtung;
~ **IH**, Injektionsharz, 2-K-Epoxidharz für Injektionen in Beton, Mauerwerk u. a. Für Verklebungen und Haftbrücken, zur Sanierung von Rissen in Beton und hohlliegenden Estrichen;
~ **LB**, 2-K lebensmittelneutrale Beschichtung;
~ **LL**, 2-K Leitlack;
~ **PU/VS**, 2-K Polyurethanversiegelung;
~ **P 1**, 2-K-Injektionsschaum, wasserstopfend, vorübergehend druckwasserbeständig;
~ **P 4**, 2-K-Injektionsharz, dauerhaftes, elastisches Dichtungsmaterial;
~ **TE**, 2-K Teer-Epoxi-Beschichtung;
~ **TE**, 2-K Teer-Epoxidharz-Beschichtung;
~ **TG10**, 2-K Teer-Polyurethan-Fugenvergußmasse;
~ **UBS**, 2-K Universalbeschichtung, säurefest;
~ **ZNP**, 2-K Korrosions-Schutzanstrich;
4930 Schomburg

ASOFIX
Kunstharzkleber, gebrauchsfertiger, elastischer universell einsetzbarer Kleber, nach Austrocknung weitgehend säure-, wasser- und frostbeständig;
~ **F 40**, Dünnbettkleber mit max. Annetzungsvermögen und Standfestigkeit, für innen ausreichend wasserfest;
~ **FF**, für höchste Beanspruchungen, sehr elastisch, für extrem dünne Klebeschichten und glatte Untergründe, insbesondere für Fliesen auf Fliesen;
4930 Schomburg

ASOFLEX
~ - **RZM**, 2-K elastische Flächenabdichtung, rollbar;
~ - **S2M**, 2-K Dicht-Spachtel- und Klebemasse für Fugen- und Flächenabdichtungen;
~ - **S2M**, 2-K-Dicht-Spachtel und Klebemasse für Flächen und Fugen;
~ **2 K**, Fugendichtungsmasse auf 2-K-Basis Thiokol, Farben: grau u. weiß;
4930 Schomburg

ASOL
~ **Dachlack**, auf Bitumenbasis, kalt streichbare Dachbeschichtung, Farben: schwarz und silber;
~ **F**, Bitumen-Schutzanstrich, elastisch, ungefüllt und auf feuchtem Untergrund haftend, für Beton, Putz, Metall usw., auch für Trinkwasserbehälter geeignet;
~ **O 9**, Bitumen-Faseranstrich für dickschichtige, porendichte Schutzbeläge von erdberührten Betonflächen;
~ **SILOLACK**, auf Bitumen- und Kunstharzbasis, Schutzanstrich für Grünfuttersilos und Trinkwasserbehälter, kalt streichbar, nach Austrocknung geruchlos und geschmacksfrei, (lösungsmittelfreies Kunstharz);
~ **SM**, Bitumen-Spachtelmasse gebrauchsfertig, kalt verarbeitbar, dauerplastisch, UV-, säure- und laugenfest, auch für leicht feuchte Untergründe;
~ **T 2**, Bitumen-Isolieranstrich, Schutzanstrich nach AIB zur Fundamentisolierung gegen das Erdreich;
~ **V**, Bitumen-Voranstrich, Grundierung für alle bituminösen Beschichtungen zur Verfestigung und Porenfüllung des Untergrundes;
4930 Schomburg

ASOLANA® CAMINETTI
Offene Kamine für Haus und Garten, Verkleidungen in Marmor;
4300 Hummel
→ 4500 Heidbrink
→ 5350 Zaun
→ 5441 Winnen
→ 6452 Klein
→ 6749 Walz
→ 8551 Linz
→ 8622 Boxdorfer

ASOLEX
~ - **U 2**, Rostumwandler;
4930 Schomburg

ASOLIN
~ **CA**, Silikon-Imprägnierung, lösungsmittelhaltiger, farbloser Wetterschutz für Natur- und Kunststein-Fassaden, Verputz- und Klinkermauerwerk, wasserabweisend, atmungsaktiv;
~ **DM**, Dichtungsmittel, für Sperrbeton, Putz und Mörtel;
~ **H 30**, Natur- und Zementsteinfestiger für Denkmalsanierung und -pflege und Putzverfestigung;
~ **K Spezial**, Ausblühschutz, insbesondere für Buntbetonstein-Produktion und für Vermörtelungen im Außenbereich;
~ **K**, Dichtungsmittel, hochkonzentriert, für Beton- und Putz;
~ - **P 65**, Putzdichtungsmittel, flüssiger Zusatz zur Herstellung wasserdichten Putzmörtels, hohe Plastifizierung, kein Entmischen;
~ **W S**, Silikon-Silan-Imprägnierung, lösungsmittelhaltiger, farbloser Fassadenwetterschutz mit höchster UV- und Alkalibeständigkeit und Eindringtiefe, auch für leicht feuchte Untergründe;
4930 Schomburg

ASOLIT
~ **LP**, Mischöl AEA, luftporenbildendes, flüssiges Zusatzmittel für Putz, Mörtel und Beton;
4930 Schomburg

ASONIT®
Fassadenelemente zur kombinierten Schall- und Wärmedämmung bei Industriebauten und Kraftwerken;
6700 G + H MONTAGE

ASOPLAST
~ - **BZ**, Beton- und Estrichversiegelung auf PVC-Basis, streichfertig;
~ - **HB 3**, Kunstharz-Dispersion für Putzhaftbrücken usw.;
~ - **MZ**, Kunstharz-Dispersion, Härte- und Haftmittel für haftfesten, zäh-elastischen, wasserdichten und rißsicheren Mörtel mit max. physikalischer und chemischer Widerstandsfähigkeit;
4930 Schomburg

ASO®
~ - **FLIESS-SPACHTEL**, kunststoffveredelter, zementgebundener Bodenspachtel für innen;
~ - **LUCID®**, Fugendichtungsmasse für innen und außen, insbesondere für Metall-, Dach- und Sanitär-Bereich;
~ - **MUFFENKITT**, bitumenfreier und wurzelfester Knetkitt zur Verfüllung von Tonrohrmuffen u. a.;
~ - **SCHALPLASTE**, gebrauchsfertige Paste auf Kunstharzbasis, sehr hohe Trennwirkung, wasserunlöslich, zieht nicht in den Beton ein;
~ - **SCHALWACHS**, Eigenschaften wie ASO-SCHALPASTE, jedoch spritzbar;
~ - **STEINREINIGER**, Zement-, Kalk-, Mörtel- und Betonlöser, hochwirksam als Fassadenreiniger, Fliesenreiniger, Waschbeton-Klarspüler und Kalk- bzw. Wassersteinlöser;
~ - **UNIGRUND**, lösungsmittelfreie Grundierung vor Fliesenverlegung auf saugenden und sandenden Untergründen, auch vor der Beschichtung mit ADICOR und allen Dispersions-Beschichtungen;
~ - **3 F**, gebrauchsfertige, streichfähige, lösungsmittelhaltige Beschichtung (Paste) zum Lösen von Anstrichen auf Dispersions-, Lack- und Ölbasis;
4930 Schomburg

ASOTOL
~ - **BV**, flüssiger, voll synthetischer (keine Luftporenzuführung) Mörtel- und Betonplastifizierer;
~ - **SOLO (FM)**, Beton-Fließmittel zur Herstellung von Fließbeton aller Art;
~ - **VZ (VZ + BV)**, Beton-Abbindeverzögerer und -Verflüssiger, flüssiges Zusatzmittel für Beton und Mörtel, vermeidet Arbeitsfugen, wirkt plastifizierend und druckfestigkeitssteigernd;
4930 Schomburg

AsperAlgin
Schimmelschutz, Algenschutz, Moosschutz;
8855 Chemoplast

Asperg
~ - **CEWE Baukleber** für Wärmedämm- und Isolierstoffe aus Styropor®, Phenolharz, Glas- und Mineralfaser usw., für Bodenbeläge aus Holz, Kork, Gummi, PVC, Textil usw., für Wand- und Deckenbeläge aus Keramik, Textil, Papier usw.;
~ - **CEWE Betonreparaturmassen**, Verstreichlösungen usw.;
7000 Eichhöfer

ASPIRA
Kaminaufsatz aus Edelstahl rostfrei;
7400 Möck

Aspiromatik
~ - Kaminaufsatz, Lüfterkopf aus Edelstahl, Sockel aus gegossenem Leichtmetall in verschiedenen Größen;
4100 Rustein

ASRE
~ - Schwingflügel für Glasbausteine, feuerverzinkt und kunststoffbeschichtet für alle gängigen Steingrößen;
5630 Asre

ASSENBÖLLE-ZIEGEL
→ EGERNSUNDER/SÖNDERSKOV/ASSENBÖLLE-ZIEGEL;
2398 Vereinigte Ziegeleien

Assil
~ **DF** und **F**, Kleber für Untertapeten;
~ **HF**, Füllschaum;
~ **K**, Kontaktkleber für Styropor;
~ **M**, Montageschaum;
~ **MS**, Montage-Schnellschaum;
~ **P**, Styropor®-Kleber, besonders für Platten;
4000 Henkel

ASSULO®
Schiefer aller Art;
6575 Theis

ASTA
~ Radiator-Hänger zur Heizkörper-Schnellmontage;
1000 Wittenbecher

Asto
Ventilatoren;
~ **Axialventilatoren**, riemen- und direktgetrieben;
~ **Brandgasventilatoren**;
~ **Heizluftventilatoren**;
7157 Söhnle

ASTRA
Sanitärkeramik;
5885 Piemme

astradur-System
Industriefußböden-Beschichtung, bestehend aus → astra-Imprägnierung 0160 für die Tränkung und Versiegelung, astradur-Reaktionskunststoff 0170 für die Dickbeschichtung, astradur-Kunstharzestrich für extreme Beanspruchung;
6782 astra

ASTRALIT®
Betonwerkstein, ntürlich wirkender Formstein in verschiedenen Farben und Strukturen zur Gestaltung von Tür- und Fenstergewänden sowie Fassadenornamenten sowie zum Aufbau von Felslandschaften;
5483 Jung

astra®
~ - Imprägnierung bzw. Versiegelung durch flüssiges PUR-Monomer, lösungsmittelhaltig, zum Verfestigen und flüssigkeitsdichten Versiegeln zementgebundener mineralischer Fußböden;
6782 astra

ASTRA®
Fertighäuser;
7901 GEBA

ASTRA®
Naturfaser-Bodenbeläge in Kokos und Sisal, Teppichfliesen, Teppichböden, Türmatten;
7910 Strasser

ASTRONET
Hallen-Fertigbau-System aus Stahlelementen;
5400 Neffgen

AstroTurf®
~ - Türmatten, Schmutzfangmatten;
4000 Monsanto

ASYFLEX
Jalousie (außen) für asymmetrische Fensterformen, Schnurzugbedienung;
8871 Reflexa

ASYROLL
Rolladen für asymmetrische Fensterformen mit Kunststoffpanzer, Kurbelbedienung oder E-Antrieb;
8871 Reflexa

AT 700 Stufenfalz
Wärmegedämmtes Alu-Fenster-System mit „isoSTEG + iso-SCHAUM-Verbund;
8530 Nahr

Atelier-Serie
Ofenkacheln, von Künstlern geschaffen, mit Strukturmotiven oder handbemalt, als Normal- und Doppelkachel;
4980 Hensiek

Atera
Revisionsrahmen, Revisionstüren, Entlüftungstüren, Lüftungsflügel für Glasbausteine, Eckschutzprofile, Bodeneinlaufgitter, Durchlaßgitter, Eloxalrahmen, Einbautüren;
5412 Trum

ATEX
~ - **Hartplatten**, Standardausführung als Holzfaser-Hartplatte mit glatter, brauner Oberfläche, mit Spezialimprägnierung auch als Betonschalungsplatte;
~ - **Lochplatten**, oberflächenveredelte Hartplatten mit durchgehender Lochung;
~ **Wandvertäfelungen** und **Deckenvertäfelungen** E 1 als E 1-Edelholzprodukte: Paneele, Tafeln (beides auch B 1), Feuchtraum-Paneele K 100, Kassetten, Profildecken und Balken;
8352 ATEX

ATHE THERM
Warmwasser-Fußbodenheizung, Niedertemperaturheizung als Fußboden-, Wand- und Außenflächenheizung;
3250 Athe Therm

ATLAN
Zaunprofile, Balkonbekleidungsprofile aus Kunststoff;
7130 ATLAN

Atlanta
Zweigriffarmaturen;
5870 Grohe

Atlantic
Personenaufzüge für Bürohäuser und kleine und mittlere Hotels;
1000 Flohr

Atlantic
Bootsbausperrholz, als Bodenbelag u. ä. geeignet;
~ Sapeli-Messerdeckfurnier;
~ Sapeli-Schäldeckfurnier;
2410 Sommerfeld

Atlas
→ DUO-Fertiggaragen;
8602 Dennert

ATLAS
~ - Scherentreppe, Bodentreppe;
8902 Mühlberger

ATLAS CONCORDE
Wandfliesen und Bodenfliesen, glasiert;
2000 Timmann
→ 4902 Becker
→ 8000 Remo
→ 8022 Schmidt
→ 8590 Boegershausen

Atlas®
~ - Klebestoffe, für das Verkleben von Schaumstoffen, Leder, PVC-Kunstleder, Gummi, Kork, Filz, Holz, Segeltuch untereinander sowie gegen Metalle, Glas, Hartfaserplatten und Mauerwerk;
6000 Degussa

1

Atola
Atmosphärischer Guß-Gasheizkessel;
3559 Viessmann

ATOLL
Badausstattung;
7622 Hansgrohe

atomar®
Bodenfliesen, Wandfliesen, keramisch;
4000 Marazzi

Atomkleber
AW 100 Epoxi, wasserfester Spezialleim;
2410 Sommerfeld

Aton Barra
Beleuchtungssystem, Design Prof. Ernesto Gismondi, für Banken, Büros, Galerien, exklusive Geschäfte;
4000 Artemide

atona
Luftschalldämmende Platten aus Kunststoffhartschaum, Styropor, Mineralfaser oder bewehrten Gipsschichten als raumhohe Trennwandelemente;
~ Verbundelemente für Abschottungen;
4900 Grohmann

atrium
Keramikfliesen-Serie im Format 5 × 5 cm;
4000 Briare

ats®
Automatische Türantriebe: Schiebetüren, Falttüren, Drehtüren, Teleskoptüren;
4840 Automatik-Tür

Attaché
Haustüren aus Polyester;
5060 Dyna

Aube
Dämmstein-System aus Liapor;
6251 Mein Haus

aube® system
Verbund-Bausatz aus Betonwerkstein DBP;
6094 SBG

AUBI
Drehkippbeschläge für Holz-, Alu- und Kunststofffenster und Balkontüren;
5509 Bilstein

audioscan®
Drahtloses, installationsfreies Alarmsystem;
6455 Sicherheits-Systeme

Augsburger Pyramiden
Leichtes Raumtragwerk für Dachkonstruktionen;
8900 Beck

Augsburger Ziegel
~ Ziegelelemente wie Ziegel-Rolladenkasten, Ziegelblenden, Ziegeldecken;
~ **Ziegel** wie Hintermauerziegel für den Wärme/Schallschutz, Vormauerziegel, Klinker, Winkelziegel, Rasenziegel, Regalziegel;
8900 Morgante

Augustin
Fertigkeller;
6908 Augustin

AUKA
~ Doppelverbund-Stützmauerelemente, bepflanzbar, für Lärmschutzwälle, Böschungssicherung usw.;
~ Kaminsteine, Mantelformstücke aus Leichtbeton, System ~;
7553 Augustin

Aulaton
Tonziegel;
6434 Zange

Aulenbacher
Betonfertigteile für den Tief-, Straßen- und Landschaftsbau;
6652 Aulenbacher

auratherm
Fassaden-Fenster-System mit spezieller Belüftungstechnik;
4400 auratherm

AURATHERM
Heizkamin;
7000 Burger

AURICH Handform
Handform-Verblender, hellrot-buntgeflammt, im Waal- und Dickformat. Auch als Sparverblender und Riemchen lieferbar;
2932 Röben

AURO
~ - **Holzschutz**, mineralisch (DIN 68 800), Imprägnierungen, Lasuren, Wachsbalsame, Naturharz-Lacke;
~ - **Natur-Kleber**, für Teppiche, Parkett, Fliesen, Kork, Linoleum;
~ - **Wandfarben**, Pflanzenfarben;
3300 Auro

AURO®FLEX
~ **Alu-Fenster**;
~ **Alu-Haustüren**, wärmegedämmt;
~ **Rolladen-Systeme** in Alu und PVC;
~ **Vordächer** für den Alt- und Neubau;
4322 AU-RO-FLEX

AURO®LUX
~ Markisen, auch Korbmarkisen;
4322 AU-RO-FLEX

Aurum
Keramik-Wandfliesen mit metalloiden Dekors;
6103 Aurum

AUSTROFLAMM®
~ Heizkamine;
~ Kaminkassetten;
~ Kaminöfen;
8031 Bried

AUTOMATENHAUT
Glasvlies-Bitumenbahn, thermisch selbstklebend, mit unterseitiger Dampfdruckausgleichschicht;
7500 Zaiss

AV
~ - Balkenschuhe als Holzverbindungsmittel;
~ - Kehlbalkenschuhe;
~ - Stützenschuhe, aufschraubbar;
~ - T-Flachwinkel;
5828 Vormann

AVA
Amphibolin Vollton- und Abtönfarben, Kunststoff-Dispersionsfarben zum Abtönen aller wäßrigen Anstrichmittel, nicht geeignet zum Abtönen des → Capelast-Systems;
6105 Caparol

AVANIL
~ Mischerschutz, Pflege- und Schutzmittel für Mischanlagen und Betonfahrzeuge;
3280 Hörling

AVANOL
~ **R 86**, Röhren-Entschalungsmittel;
~ **S 80**, Trennmittel für Beton (Betonindustrie und Fertigteilwerke);
3280 Hörling

Avenarin®
~ DS-THIX-8235, Dickschichtlasur für außen und innen, biozidfrei;
~ Lasur LM Plus-8217, farbiges Holzschutzanstrichmittel, biozidfrei;
6535 Avenarius

Avenarius
Dispersionsfarben für innen und außen, Kunstharzputze, Grundierungen;
~ **Baukleber-8631**, zur Dünnbettverlegung von Fliesen und Mosaik, zur Punkt- und Streifenverklebung von Dämm- und Isolierplatten;
~ **Bauspachtel**-9019;
~ **Dämmschutz-8915** zum Schwerentflammbarmachen von Holz und Holzwerkstoffen;
~ **Decklack-8904**, zum Schutz von Feuerschutzbeschichtungen;
~ **Fliesenkleber-9301**, teilweise auch für Kunststofffliesen;
~ **Grundierfarbe** 9202;
~ **Grundierung DS-8502** (Feuerschutzgrundierung);
~ **Hartschaumkleber-9310**, schwerentflammbar nach DIN 4102;
~ **Kombikleber-9320**, zum Verlegen von Hartschaumplatten und Fliesen im Dünnbettverfahren;
6535 Avenarius

Avenarol®
Ölige Holzschutzmittel auf Mineralölbasis, vorbeugend und bekämpfend, PCP-haltig und PCP-frei;
6535 Avenarius

Avenue
Stadtmöbel aus Beton/Metall ;
7800 ACW
→ 2000 Betonstein
→ 5063 Metten
→ 7814 Birkenmeier
→ 8580 Zapf;

AVM
~ Brüstungselemente, Stahlbetonbrüstungen und Balkonbauteile;
~ Stützwandelemente, typengeprüfte L-Steine bis 3,0 m Höhe;
~ - Treppenbauteile, Stahlbetontreppenläufe mit schallgedämmten Podesten;
5600 Schutte

AVO
~ Holzwangen-Treppen in aufgesattelter und eingestemmter Ausführung;
~ Spindeltreppen;
~ Treppenantrittssäulen;
~ Treppengeländer in allen Ausführungen;
~ Treppensprossen;
~ Treppenstufen furniert und massiv;
8664 Voit

AVUS
~ - **Rinne**, Entwässerungsrinne 1,50 m lang, Rinnenbreite 200 mm, mit Rinnenelement aus Stahlbeton;
~ - **R**, Einlaufrost für Einsteigschächte;
~ - **5**, Aufsatz aus Gußeisen 500 × 500 mm zur Entwässerung von Schnellstraßen und Autobahnen (Entwässerungs-Aufsatz);
~ - **6**, Aufsatz aus Gußeisen 600 × 600 mm zur Entwässerung von Schnellstraßen und Autobahnen;
6330 Buderus Bau

awa
~ - **awalit SE**, Elastomer-Bitumen-Pflegeanstrich mit brandschutztechnischen Komponenten;
~ - **awalit-V**, Brandschutzvlies und **awalit AL** Brandschutzbahnen, z. B. für Steildach-Dampfsperren oder Kühlhaus-Dampfsperren;

1

~ **awaplan** → awaplan;
~ - Dachablauf PU;
~ - **Dichtungsmanschette**, zum Einkleben von Rundrohren in bituminöse Abdichtungen;
~ **Elastitekt** → Elastitekt;
~ - **Futur-Dach**, zweilagiges Flachdachsystem;
~ **GKV 100, GKV 100 grob**, **GKV 100 grün**, Glaskunststoffvlies-Bitumen-Dachbahn;
~ **PV 200 D**, Chemiefaser-Bitumen-Dichtungsbahn;
~ STRAPAZOID®, Bitumen-Dachbahn nach DIN 52129;
5300 Awa

AWADUKT
Abflußrohre für die Erdverlegung;
8520 Rehau

awafit
Adhäsiv-Bitumen-Kaltkleber, zur Verklebung von Styropor und Bitumen-Dachbahnen;
5300 Awa

Awalift
→ STRATE®-Awalift;
3014 Strate

awaplan
Polymer-Bitumen-Dachbahnen mit Polyestervlieseinlage 250 g;
~ **AS 5 grün**, Elastomer-Bitumen-Schweißbahn;
~ **grün**, Elastomer-Bitumen-Dachbahn;
5300 Awa

awaplast
~ **US 4**, Elastomer-Bitumen-Unterlagsschweißbahn;
5300 Awa

Awapor
Polystyrol-Hartschaumplatten, B 1 nach DIN 4102;
5300 Awa

AWASCHACHT
Fertigschacht für Abwasserhebeanlagen und Tauchpumpwerke;
3014 Strate

awatekt
~ Dachdämmelemente aus Styropor, wechselseitig überlappend, mit Bitumen-Dachbahnen kaschiert;
~ **Platten Sondertype S**, gemesserte Dachdämmelemente aus Styropor;
5300 Awa

AWENA EXATRON®
~ Heizkostenverteiler, vollelektronisch;
6340 Niederscheld

AWK
~ - Kamintüren, gußeisern, mit Doppeltür, gasdicht mit eingelegter Asbestdichtung;
~ - Kanalguß, zur Haus-, Hof- und Straßenentwässerung;
6750 Guß

AWS
~ Steingut-Wandfliesen für den Wohn- und Objektbereich, 15 x 15 cm, 15 x 20 cm, 16 x 24 cm, 20 x 20 cm, 20 x 25 cm, 20 x 30 cm und Dekorriemchen;
5305 AGROB

Axa
Fußbodenheizung, Kernstück ist eine formgeschäumte Systemplatte aus PS-Hartschaum;
4437 Axa

axbeton
Werksgemischter Trockenmörtel für Industrieestriche;
7101 Chemotechnik

Ax-Homogen
Zusatzmittel für widerstandsfähigen und dauerhaften Sperrbeton;
7101 Chemotechnik

AXICO
Axialventilator für VLV-Anlagen;
6308 Fläkt

Axis
Weitgespannte Lichtstrukturen, Tragsystem für variable, elektrifizierbare Strukturen;
5880 ERCO

AZ
~ - Hinweisschilder, Wegweiser;
3430 AZ

Azuvi
Keramische Wandfliesen, Bodenfliesen, Dekorfliesen (aus Spanien);
4690 Overesch

„B"
Beton-Reiniger, zur Lösung in heißem Wasser;
5047 Stromit

B + B
~ - Daueranker;
~ - Felsanker;
~ - Verpreßanker für vorübergehende Zwecke;
6800 B + B

B + S
~ **Finnland Sauna**, echt finnische Blockbohlen-Sauna;
4408 B + S

B. A. S.
Baustellenabsicherung und Straßenverkehrs-Signalisierung;
3005 Baustellen

B 74
Aufbrennsperre, Isoliergrundierung vor Außen- und Innenputzarbeiten, nicht filmbildend;
7570 Baden

BA 24
Brüstungsabdeckungen aus gekanteten Alu-Blechen;
7981 Uhl

Bachl
~ Dämm-Drän-System;
~ Dämmstoffe aus EPS-Hartschaum;
~ EWD-Dachdämmplatten;
~ Gipskartonverbundplatten;
~ Hartschaumzuschnitte;
~ Mineralfaserdämmstoffe;
~ Trittschallplatten;
~ Trockenestrich-Elemente;
8391 Bachl-Hart

Bachl
~ Baustahlgewebe;
~ Betonrohre;
~ Betonstahl verlegefertig gebogen;
~ Betonsteine;
~ Blähtonsteine;
~ Bordsteine;
~ Deckensysteme;
~ Fensterbänke;
~ Fertiggaragen;
~ Fertigsäulen;
~ Fertigteil-Spannbetondecken;
~ Fertigunterzüge;
~ Filterrohre;
~ Filtersteine;
~ Garten- und Gehsteigplatten;
~ Gartenmauersteine;
~ Gartensäulen;
~ Grünfuttersilos;
~ Industriehallen;
~ IP-Träger;
~ Kellerfenster;
~ Kläranlagen;
~ Kunsttravertinplatten;
~ Leichtbeton-Rolladenkästen;
~ Mauerziegel;
~ Mülltonnenschränke;
~ Muldensteine;
~ Rohrbogen;
~ Rundbehälter;
~ Schwerlastrohre;
~ Straßen- und Hofabläufe;
~ Stürze;
~ Transportbeton in allen Sorten;
~ Transportmörtel;
~ Treppen und Bodenplatten in Natur- und Kunststein nach Maßanfertigung;
~ U-Platten-Decken;
~ Verbundstein-Pflaster;
~ Wandplattensysteme;
~ Waschbetonplatten in Innkies, Quarzsplitt, Granitsplitt und Tiroler-Rot;
~ Ziegelsplittsteine;
8391 Bachl-Ziegel

Backes
Einholm-Satteltreppe, Spindeltreppen, Zweiholmtreppen, komplette Holztreppen;
4050 Backes

Backkork NP 67
Korkplatten, hochwertige Isolierstoffe gegen Kälte, Wärme und Schall für Boden, Dächer, Decken, Wände;
4200 Kempchen

BADE HOLZ®
Holz-Badewanne aus Rotzedernholz;
8200 Biesel

badi
Badezimmer-Spiegelschränke, aufputz- und einbaufähig;
6750 Dietrich

Badinet
Komplettbad, in Elementbauweise;
2370 Ahlmann

BADU STAR
Schwimmbadfilter;
8560 Speck

Baeuerle
~ **Breplasta**-Spachtelmassen:
Struktur- und Feinspachtel für innen;
~ **Buntacryl**, Misch- und Gestaltungssystem;
~ **Dispersionsfarben-Vollsortiment**;
~ **Dispersionslack**, wasserverdünnbar;
~ **ElastoRiss-System**, Beschichtungen zur Rißüberbrückung;
~ **Fassadenanstrich-System** auf Silikatbasis;
~ **Holzschutz-Lasur**, ohne PCP;
~ **Kunstharzputz-Vollsortiment** für außen und innen;
~ **Lacke**, weiß und bunt;
~ **Vollwärmeschutz-System** für Fassaden;
~ **Wall-hess®**, Textiltapeten aus Skandinavien;
~ **Wall-hess® glass** Beschichtungssystem, 1- und 2-K, für alle Beanspruchungsgrade;
8940 Baeuerle

1

BÄR
Stahlnägel, gehärtet, lassen sich ohne Vorbohren in Stein oder Beton schlagen, gilt auch für andere Befestigungselemente. Weiter im Programm: Schnellbauschrauben, Holzspanschrauben, Gipskartonplattenstifte, Mauerschichtanker, Luftschichtanker, Fenstersicherungen, Dübel, Stahl-Sockelleistenstifte, Stahl-Klempnernägel, Ankernägel für Holzverbinder, Holzverbinder, Blechschrauben, metrische Schrauben, Schraubnägel, Drallhaftschrauben, Nirostifte, Kupferstifte, Loch- und Schlitzbandeisen, Stahlhaken aller Art, Kippdübel für Hohlwände;
5982 Schürmann

BÄR
~ **Fensterbänke** für Innen und Außen in Granit, Terrazzo, Marmor;
~ **Treppenbeläge** in Naturstein und Betonwerkstein für freitragende Treppen, für Eingangstreppen auch in Waschbeton;
6670 Bär

BÄRENHAUT®
Schweißbahnen;
6500 Mogat

BÄSSLER
~ Kunststoff-Fenster;
~ Leichtmetall-Jalousien;
~ Markisen;
~ Rolladen;
~ Rolladensturzkasten;
~ Wohn-Blockhäuser;
7320 Bässler

bag
Tondachziegel, u. a. Mauerabdeckziegel, Flachdachziegel, Muldenziegel, Rheinlandziegel, Firstziegel und Walmziegel;
4057 bag
→ 2932 Röben

BAGIE
~ - **Baukleber G**, elastischer Innenkleber auch für normale Naßbelastung;
~ - **Bitu-Best-L**, Faser-Spachtelmasse, lmh;
~ **Bitu-Kleber K**, bituminöse Klebemasse nach DIN 281, zum Verkleben von Dachpappen, Spanplatten und Parkett;
~ - **Bitu-Latex-Paste**, lmf, Klebemasse und Dichtungsmasse für Beton- und Putzflächen, Spanplatten usw.;
~ - **BITU-SCHLÄMME**, (Konzentrat) zur Versiegelung und Regenerierung von Schwarzdecken und Betonflächen;
~ - **Fix-Dichtschlämme**, kunststoffvergüteter Fertigmörtel;
~ **fix-Fugenbunt**, farbiger Fugenfüller, für Fugen bis 10 mm Breite;
~ - **fix-Fugenweiß**, weißer Fugenfüller bis 5 mm breite Fugen;
~ - **fix-Klebemörtel**, zur Dünnbettverklebung von Fliesen und Mosaik, Verkleben von Hartschaumplatten u. ä.;
~ - **fix-Reparaturmörtel**, zementgebunden, kunststoffvergütet;
~ - **fix-Schnellzement**, gebrauchsfertiger, chloridfreier Schnellbinder;
~ - **Isoliergrund** und Putzfestiger lmh;
~ - **Karbolineum**, Holzschutzmittel nur für Außenarbeiten;
~ - **Kieseinbettmasse**, Type **W** auch mit Haftmetall- und Wurzelgiftzusatz;
~ - **Mischöl**, Luftporenbildner, plastifizierend, chloridfrei;
~ - **Muffenkitt** hell, auf Ölbasis, zum Verkitten von Steingut- und Betonrohrmuffen;
~ - **Parkettkleber P**, auf Basis Steinkohlen-Teerpech;
~ - **ROT-SCHLÄMME**, (Konzentrat) zur Beschichtung, Regenerierung, Gestaltung von farbigen Belägen, Schwarzdecken und Betonflächen;
~ - **Rotmakadam**, Deckschicht auf bituminösen oder wassergebundenen Decken, standfesten Untergründen u. ä.;
~ - **Schalungsöl K Konzentrat**, mit Wasser mischbar;
~ - **SCHLÄMME-OT**, (Konzentrat) wie ~ BITU, jedoch erhöht öl- und treibstoffbeständig;
~ - **Siegel** Kunststoff-Dispersion, Mehrzweckfarbe und Ölsperre für Heizöllagerwannen und Lagerräume;
6300 Schultz

Bagienol
Bituminöse Schutzanstriche und Dichtungsmassen für Bauwerke und erdberührte Flächen, lösemittelhaltig oder auf Emulsionsbasis sowie Dachabdichtungsstoffe und Dachanstrichstoffe;
6300 Schultz

BAGRAT
~ Erstarrungsbeschleuniger;
5500 Jaklin

BAHAMA
Großschirme für Biergärten, Cafés usw.;
5270 Becher

BAHAMA POOL
~ Schwimmbecken aus GFK-Elementen für Skimmer und Überflutungssystem;
~ Whirl Pools;
8752 Kern

BAHCO
Luftschleiergeräte als Schutz vor Kaltlufteinfall von Industrie- und Werkstatthallen;
2353 Bahco

Bahr
~ **Meisterklasse**, Rostschutzgrundierung, blei- und chromatarmer Anstrichstoff für den Korrosionsschutz;
2000 Bahr

BAKA
Einrohrbänder für Möbel, Fenster, Türen, Tore;
4840 Simons

BAKO
~ Bad-Dusch-Kombinationen in Stahl-Email;
~ Badewannen-Verkleidung, kann mit Kupferkonvektoren zur Wannenkörper- und Badezimmererwärmung ausgestattet werden;
~ Badewannen in Stahlemail;
~ Duschwannen in Stahlemail;
~ Rundduschwanne;
3563 Bamberger

BAKOLOR
~ Fassadenfarben;
~ Innenfarben;
~ Kunststoffputze;
~ Vollwärmeschutz-System;
7150 Klenk

Bakubit
~ **E**, Dichtungsmasse, flüssige Kunststoff-Bitumenfolie für Papp- und Betondächer, Garagen u. a. m.;
~ **L**, Dichtmasse auf Lösemittelbasis;
6300 Schultz

Balastar
CV/PVC-Bodenbeläge;
3250 Baladecor

balcolor
~ - **System**, Geländer-Elemente aus Kunststoff für Balkone, Terrassen, Pflanzgefäße;
4972 Lange

Ballstau
Kellerablauf mit Rückstauverschluß;
4300 Hörnemann

BALSAN 3
Sprudelbad mit Hilfe einer Luftsprudelmatte für Badewannen;
4800 Braucke

Baltonic
Badausstattung;
6000 Allibert

Banda
Mosaikfliese, 7,5 × 7,5 cm, in Naturfarben und handgemalten ländlichen Einstreumotiven;
4005 Ostara

Bandemer
~ - **Eifelquarz-Edelsplitt**, eingetrag. Warenzeichen d. Fa. Bandemer für Quarzprodukte;
5561 Bandemer

BANGKIRAI
Flechtzäune und Lärmschutzwände aus Holz;
2819 Schlüter

Banino
~ - Programm (MKM), Badezimmermöbel, kunststoffbeschichtet oder eloxiert;
7887 Schneider

Bankel-Kacheln
Keramische Ofenkacheln (Schüsselkacheln und Rahmenkacheln);
2054 Bankel

Bantam
Element-Fertigbad für Kliniken, Krankenhäuser, Altenheime usw.;
4750 Bantam

Bardoline®
Glasvlies-Bitumen-Schindeln für Dachdeckung;
6200 O.F.I.C.

Barock
Ofenkacheln, handgeformt und handglasiert, in honigdunkel, elfenbeinweiß, moosgrün und kupfer-rustik;
4980 Hensiek

Barol Grundhärter
Grundierkonzentrat, wässrig, unpigmentiert auf Acrylat-Dispersionsbasis;
3008 Sikkens

Barra
Produkte der Fa. Meynadier + Cie AG, Zürich;
~ **Betonlöser**;
~ **Gießmörtel**;
~ **Schlämmputz**;
~ **55**, Luftporenbildner;
7960 Stark

Barrafill
Kosmetikmörtel und Montagemörtel, schnellbindend;
7960 Stark

Barralastic
Elastische Zementschlämme zur Beschichtung und Sanierung von Böden in Lagerhäusern, Werkstätten, Garagen, Balkonen usw.;
7918 Tricosal

Barralastic
Zementschlämme;
7960 Stark

1

Barralent
Abbindeverzögerer, flüssig und pulverförmig;
7960 Stark

Barraplast
Plastifizierungsmittel;
7960 Stark

Barrapren
Bitumenkautschukmasse, lmf, als dauerelastische Abdichtungsmasse;
7960 Stark

Barratex
Schalungspaste abbindeverzögernd;
7960 Stark

Barrolin
Luftporenbildner;
7960 Stark

BARTELS®
Stiltüren, Kassetten;
4831 LK Stiltüren

Barth
Pfostenstützen (Prüfung und statischer Nachweis Prof. Walterer, TU München/Lausanne);
6806 Barth

Barth
Fertigteilbauten für Handel, Gewerbe, Industrie und öffentliche Hand, auch als demontierbare Interimsbauten;
7012 Barth

BARTHOF
~ - Bodentreppen, auch elektrische Bodentreppen, Scherentreppen, Flachdachausstiege;
~ - Spindeltreppen, in Holz, Stahl und Aluminium, Geschoßtreppen, Raumspartreppen;
4690 Barthof

BARTRAM
Industriehallen, Betonfertigteile, Sandwichfassaden;
2354 Bartram

Bartscher
Fertighäuser;
5790 Bartscher

BARUFLEX
Vergußmasse, hochelastisch, lmf, 2-K;
2000 VAT

BARUSOL-TC
Faserarmierter Korrosionsschutzstoff auf Teerpechbasis für den Stahlwasserbau;
2000 VAT

Basabord®
Bordstein mit reifenschonendem Spezialprofil aus hochfestem Basaltbeton;
5460 Basaltin

basafil
Endlosfaser aus Basaltstein für Textilien, Fäden, Schnüre, Kordeln;
3406 Basalt

basalan®
Dämmstoffe aus Steinwolle, nicht brennbar, als Platten, Filze, Trittschall-Dämmplatten;
6800 R & M

BASALIT®
Betonwaren für Straßen-, Garten- und Landschaftsbau, unter Verwendung von Basalt, aber auch anderen Zuschlagstoffen;
5460 Basaltin

BASALTIN®
Dauerhafte Basalt-Betonwaren für den Straßen-, Garten-, Landschafts- und Sportplatzbau, z. B. Verbundsteine, Pflastersteine, Platten, Bordsteine;
5460 Basaltin

BASALTI®
Betonwaren aus Basalt-Beton für den Wasserbau, z. B. Säulen zur Uferbefestigung;
5460 Basaltin

BASALTIT®
Betonwaren aus Basalt-Beton für den Bergbau, z. B. Elemente für den Grubenausbau;
5460 Basaltin

BASALTON®
Betonwaren auf der Basis von Basalt-Beton, jedoch unter ergänzender Verwendung von weiteren Zuschlagstoffen, insbesondere zur Sichtgestaltung;
5460 Basaltin

BASAMENT®
Betonwaren für Tief- und Straßenbau, Garten- und Landschaftsgestaltung;
~ mosaik, Kleinpflaster-Mosaiksteine;
4200 Böcke

basarid
Zerkleinerte Basaltsteinwolle für Reibbeläge aller Art;
3406 Basalt

basasil
Basaltsteinwolle für die Schall- und Wärmedämmung;
3406 Basalt

basavlies
Vlies aus Basaltsteinwolle: räumlich verformbar, stanzbar und kaschierfähig;
3406 Basalt

Basbréeton
~ - Bordsteine;
~ - Gehwegplatten;
~ - Pflastersteine DIN 18 501;
~ - Verbundpflaster;
5000 Brée

basika
~ **Chrom-Nickelstahl-Produkte** wie Ablaufrinnen, Dunstabzugshauben, Eckschutzschienen, Fettabscheider, Stärkeabscheider, Benzinabscheider, Urinalrinnen, Waschreihen, Winkelrahmen, Gitterroste, Gullys, Revisionstüren, Rohrdurchführungen, Schlammfänge;
~ **Hartbleiguß-Produkte** wie Badabläufe, Bodenabläufe, Deckenabläufe, Balkonabläufe, Dachgullys;
~ **Kunststoff-Produkte** wie Abläufe aller Art;
5600 basika

basilent®
Lärmschutzwand aus eingefärbtem Basalt-Lava-Leichtbeton, 2,5 m^2 große Wandelemente werden in doppel-U-förmige Stahlbetonstützen eingeschoben;
5460 Basaltin

Basilex®
Bewehrte Mauerscheiben mit zurückspringender Oberkante. Gerade Elemente, Bogen, Winkelstücke. Mit Entwässerungsfuge DBP (Lizenznehmer → Stellfix®);
7530 Betonwerk

Basilix®
Unbewehrte Gartensteine mit zurückspringender Oberkante, gerade Elemente, Bogen, Winkelstücke für phantasievolle Beetformen (Lizenznehmer → Stellfix);
7530 Betonwerk

BASOLIN®
Gartenmöbel und Straßenmöbel aus Beton, z. B. Poller, Blumentröge, Pflanztröge, Baumscheiben, Mühlsteine, Sitzbänke, Brunnen;
5460 Basaltin

BASOMOL®
Flüssiges Schaummittel aus UF, zur Herstellung von UF-Ortschaum, Wärmedämmung durch Ausschäumen von Hohlräumen;
6700 BASF

Basonat®
Begriff für alle Isocyanate der BASF;
6700 BASF

BASOPOR®
Schaumharz (flüssig oder Pulver) für Ortschaum;
6700 BASF

bastal
Treppen mit Stufen aus Gitterrosten, Blech, Holz, Beton als Waschbeton und Feinbeton mit rutschsicherer Oberfläche;
~ **Bedienungsbühnen** und **Podeste**;
~ **Industrietreppen**;
~ **Spindeltreppen**;
~ **Tank-Manteltreppen**;
~ **Wendeltreppen**;
4422 bastal

BAT
~ **MULTI-NAIL**-Nagelplatte, Nagelplattenkonstruktion im Holzbau;
3000 BAT

Batavia
Fenstergitter;
5760 Batavia

Bathub
Dichtungsmasse für den Sanitärbereich;
4050 Simson

bator
~ Falttore;
~ Rolltore;
~ Schiebefalttore;
~ Schiebetore;
~ Sektionaltore;
~ Torantriebe;
8870 Bator

Batuband
Bituminöses, selbstklebendes Abdichtungsband mit einer starken Alufolie zur Abdichtung und Reparatur von Fugen, Nähten, Rissen usw., nicht schrumpfend;
~ - Primer 4800 für poröse Untergründe;
4050 Simson

Baubit
~ - Bitumen-Pappen, nackt, nach DIN 52 129;
~ - Dachschindeln;
~ - Glasgewebe-Bitumen-Dichtungsbahnen nach DIN 52 130;
~ - Glasvlies-Bitumen-Dachbahnen nach DIN 52 143;
~ - Heißklebemassen, Bitumen-Spezial-Klebemassen;
~ - Jutegewebe-Bitumen-Dichtungsbahn;
~ - Polyestervlies-Bitumen-Dachschichtungsbahnen;
~ - Rohfilz-Bitumen-Dachbahnen nach DIN 52 128;
7000 Bauder

bauco 84
Rohrverbindungssystem mit integrierter Gleitdichtung oder herkömmlicher Rollringdichtung → Cordes tecotect;
4403 Cordes

Bauder
~ - **Flexklappbahnen**, Wärmedämmbahn aus EPS-Hartschaum und oberseitiger Spezial-Elastomerbitumenbahn;

1

~ - **Flexsanierungsbahnen**, Elastomerbitumen-Einschweißbahn, unterseitig Hydrotexschicht;
~ - **Flexschwarten und Flexbahnen**, Elastomerbitumen-Schweiß- und Klebebahnen mit höheren Leistungsdaten und verschiedenen Trägereinlagen, 3, 4 und 5 mm dick;
~ - **Pflanzschwarte**, wurzelfeste Spezialbitumen-Schweißbahn für Dachgärten und Gründachaufbauten;
~ - **Rollbahnen**, Wärmedämmbahn aus EPS-Hartschaum mit unterschiedlichen Kaschierlagen;
~ - **Schwarten**, Spezialbitumen und Bitumen-Schweißbahnen nach DIN 52 131, mit unterschiedlichen Trägereinlagen;
7000 Bauder

BauderPUR
~ - **T**, technische Dämmstoffe aus PUR-Hartschaum B 1, B 2, B 3;
~ - **020 B**, Fußbodendämmplatten aus PUR-Hartschaum B 2, beidseitig Alu-Deckschicht;
~ - **020 S**, Steildachdämmelement aus PUR-Hartschaum B 2, beidseitig Alu-Deckschicht, mit selbstklebender Vertikal- und Horizontal-Überlappung, umlaufende Nut- und Federverbindung;
7000 Bauder

BauderTEX
~ - Bitumen-Unterspannbahn, unterseitig Textilvlies;
7000 Bauder

BauderTOP
~ - **TS 25**, Elastomerbitumen-Schalungsbahn;
7000 Bauder

Bauer
~ pori-Klimaton-Ziegel;
8300 Bauer

BAUER
~ - **Futtersteine**, säurefest, mit umlaufender Nut und Feder (Segmentsteine);
~ - **Kabelabdeckmaterial** wie Kabelschutzhauben aus Ton und PVC, Kabelschutzrohre und Kabelabdeckfolien;
~ - **KAMIN-RINGKLINKER**, aus härtestgebranntem Schamotteklinkerton in verschiedenen Farbtönungen, vom dunklen Braun bis zum hellen Gelb und Grau sowie Rotbraun-violett und Gelb-grau;
~ - **Pflasterklinker**;
~ - **Schornsteinfutter**;
~ - **Standard-Radial-Kaminfuttersteine**, mit seitlicher Nut und Feder;
~ - **Verblendbuntklinker** nach DIN 105 in verschiedenen Farbnuancen;
8471 Bauer

Bauern-Türen
Vollholz-Rahmen-Türen mit Stabmittellage und abgeplattetem starken Sägefurnier, Kiefer astig roh;
6100 Nordic

BAUFA
~ **Deckenstrahlplatten** als Großraumheizung z. B. für Fabrik-, Lager-, Turnhallen;
~ **Flachheizkörper**, glatt und planbeschliffen/profiliert;
~ **Heizkörperverkleidungen** aus kunststoffbeschichtetem Stahlblech;
~ **Konvektoren**, für große Fensterflächen und Unterflureinbau;
~ **Marmorplattenträger** zum Aufstecken, für Radiatoren und Flachheizkörper;
~ **Rohrschellen**, verzinkt mit geräuschdämmender Gummieinlage;
~ **SANAPLAN®**, Radiatoren mit medizinischem Gutachten;
5750 BAUFA

BAUFA-PLAN®
~ - Radiator, Hygiene-Heizkörper;
5750 BAUFA

BAUFASSYT
Hohlkammerprofile aus PVC-Hart;
8520 Rehau

Baufest
MP-Binder;
5518 Trierer Kalk

Baufix
Unterflurschacht aus druckstabilem Kunststoffbehälter und eingebauter Entwässerungspumpe;
4803 Jung

BAUFIX®
Ausbauplatte, faserarmiert;
3500 Norgips

Bauflex
Flüssige Abdichtung;
7502 Teer

Bauka®
Schwimmbecken in Langform ohne Ecken;
4040 Krülland

Baukotherm
~ Brunnen, gußeiserne Duplikate alter Stadtbrunnen;
~ Dachschiefer;
~ Postbriefkästen, gußeisern, aus aller Welt;
~ Schiefer für Wand und Dach;
~ Sonnenuhren aus Gußeisen;
~ Stil-Kamine aus Marmor;
~ Stilkamine (englisch), geschnitzte Holzrahmen aus Kiefer, Mahagoni oder weiß lackiert;
~ Straßenlaternen aus Gußeisen;
2352 Baukotherm

bauku
Kanalrohre und Schächte aus Polyäthylen, auch Entlüftungsrohre, Kamine, Behälter;
5276 Bauku

Baukubit
~ - **Dachschwarte**, Elastomer-Bitumen-Schweißbahnen, naturschiefer, braunschiefer, grobrot;
~ - **Sanierungsschwarte**, Top-Elastimerbitumen-Schweißbahnen mit unterseitiger Hydrotex-Schicht;
7000 Bauder

BAUKULIT®
Profile aus PVC-Hart;
~ **stone-Fassade®**, vorgehängte, hinterlüftete Fassadenverkleidung aus PVC-Hart mit Natursteinbeschichtung;
~ System-Programme: Kunstschiefer-Fassaden, Profil-Fassaden, Pyramiden-Fassaden, Fertigwand-Profile, Garagentor-Profile, Rolladen-Profile, Balkonverkleidungen, Montage-Decken, Kantenprofile und Anschlußprofile für alle Fassadentypen;
4300 Baukulit

Baulmann
Halogen-Niedervolt-Leuchten;
5768 Baulmann

BAUM
Tresore und Safes, zum Wand- und Möbeleinbau;
7500 Baum

Baumann
~ Metall-Rolladen;
8531 Baumann

Baumaterialien Handels AG
~ pori-Klimaton-Ziegel;
8580 Bau

Baumeister
~ Fenster, Hebeschiebetüren, Falttüren und Hauseingangsanlagen aus Holz, Holz-Alu oder Kunststoff;
~ Glasanbauten;
~ Terrassenüberdachungen;
~ Wintergärten;
4280 Baumeister

BAUMEISTER HAUS
Schlüsselfertige Massivhäuser;
6000 Baumeister

BAUMFENSTER®
Holzfenster in verschiedenen Holzarten;
8807 Selnar

Baumgarte
~ Balkontüren;
~ Balkonverkleidungen;
~ Fensterbänke;
~ Haustüren;
~ Kellerfenster;
~ Kunststoff-Fenster;
~ Markisen;
~ Überdachungen;
~ Vordächer;
~ Wintergärten;
3012 Baumgarte

baum's
~ **Blockhäuser**;
~ **blocksauna®**, Sauna, auch als Selbstbausatz;
~ **Wintergärten** aus Holz;
5180 Baum's

BAUMSTAMM-Haus
Wohn-Blockhäuser aus ganzen Baumstämmen, gebaut in kanadischer Tradition;
5412 Baumstamm

BAUMTÜRE®
Haustüren aus Holz, Schiebetüren;
8807 Selnar

BAUPLAST
~ **P**, Polymer-Bitumen-Abdichtungsmasse, elastisch;
~ **S**, Polymer-Bitumen-Dachbeschichtungsmasse;
7000 Bauder

BauProfi
~ **Aktions-Hartschaum-Kleber**, Dispersionskleber für Hartschaum-Isolierplatten u. ä.;
~ **Aktions-Latex-Dispersionsfarbe** für innen und außen, scheuerfest;
~ **Bau- und Fliesenkleber**;
~ **Bau- und Hobbygips**, reiner Gips zum Dübeln, Füllen, Formen;
~ **Bau- und Montagekleber**, zum Verkleben von Paneelen, Wandverkleidungen usw.;
~ **Bitumen-Dachpappe**, nackt und besandet;
~ **Bitumen-Voranstrich nach AIB**, lmh, Bitumen-Grundierung;
~ **Bitumen-Dachlack nach AIB**, Bitumenlack, lmh;
~ **Bitumen-Isolieranstrich nach AIB**, Bitumen-Schutzanstrich, lmh, mit Haftmittelzusatz;
~ **Bitumen-Kaltkleber nach AIB**, Bitumenkleber, lmh;
~ **Bitumen-Spachtelmasse nach AIB**, lmh, faserarmiert;
~ **Bodenbelagsfixierung**;
~ **Breit-Fugenmörtel**, für Fugen bis 20 mm;
~ **Carbiolin Holzschutz**, pflanzenunschädlich und frei von Ölzusätzen;
~ **Carbolineum naturbraun**, Holzschutzmittel auf Steinkohlenteerölbasis;
~ **Disperflex** Dispersions-Fliesenkleber DIN 18 156 D, gebrauchsfertig, hochelastisch;
~ **Einseitkleber für Bodenbeläge**;
~ **Estrich- und Betonmörtel DIN 1045 + 18 560**, Fertigmörtel auf Zementbasis;

~ **Feuchtraum-Schimmelschutzfarbe**, Dispersionsfarbe;
~ **Fliesenkleber für Marmorfliesen**;
~ **Fließspachtel** selbstverlaufend, kunststoffvergütet, schnellhärtender Ausgleichsmörtel;
~ **Fugenbunt**, fertig gemischter Fugenmörtel;
~ **Haftemulsion und Tiefengrund**, flüssig, zum Vergüten von Mörtel und Putzen;
~ **Hartschaum- und Dämmstoffkleber**, Dispersionskleber für Hartschaumplatten;
~ **Korkkleber**, gebrauchsfertiger Dispersionskleber;
~ **Mauer- und Putzmörtel DIN 18 557**, Fertigmörtel auf Kalk-Zement-Basis;
~ **Mauer-Dichtschlämme**, kunststoffvergüteter Schlämmörtel, nach Aushärtung wasserdicht;
~ **Montagezement** chloridfrei schnellhärtend;
~ **Profiflex Fliesenkleber DIN 18 156 M**, hydraulisch abbindender, flexibilisierter kunststoffvergüteter Klebemörtel;
~ **Profimix Fliesenkleber DIN 18 156 M**, hydraulisch abbindender Klebemörtel, auf die speziellen Erfordernisse des Handwerks abgestimmt;
~ **Putz-Haftgrund weiß**, hochdeckende Grundierung, schneeweiß;
Quarzsand feuergetrocknet, reiner Natursand, Körnung 0,1 bis 0,4 mm;
~ Aktions-Fassadenfarbe, Dispersionsfarbe für innen und außen, schneeweiß;
~ **Reibeputz** 3 mm, Dispersions-Reibeputz für innen und außen, schneeweiß;
~ **Roll- und Streichputz**, schneeweißer Kunststoff-Rollputz;
~ **Silikon-Fugendicht**, Silikondichtmasse;
~ **Acryl-Fugendicht**, elastisch, für Anschlußfugen an Bauwerken;
~ **Silikon Fassaden-Imprägnierung**; Schlagregenschutz von Fassaden und anderen saugfähigen Flächen;
~ **Silo-Anstrich**, Bitumenanstrich, lmh;
~ **Spezial-Fugenfüller**- und Reparaturspachtel DIN 1168, kunststoffvergüteter, sehr feiner Gipsspachtel;
~ **Tempomix Fliesenkleber**, mit hohem Haftvermögen und ca. 20 Min. Abbindezeit;
~ **Textil- und Untertapetenkleber**;
~ **Thermoflex Fliesenkleber DIN 18 156 M**, hydraulisch abbindender Klebemörtel, kunststoffvergütet;
~ **Tiefengrund**, Verfestigung und Grundierung von sandenden und saugenden Untergründen;
~ **Universal-Fliesenkleber DIN 18 156** M, hydraulisch abbindender Klebemörtel;
~ **Wand- und Betonspachtel**, kunststoffvergütet;
~ **Wiederaufnahmekleber für Bodenbeläge**, gebrauchsfertiger Dispersions-Latex-Kleber;
~ **Zement**, Portland-Zement mit Zuschlagstoffen;
2000 Bauprofi

Baupur
~ - Industriezuschnitte aus PUR-Hartschaum B 1, B 2, B 3, Raumgewichte 30—100 kg;
~ - Keile, aus PUR-Hartschaum;
7000 Bauder

BAUSCHAUM
~ **PUR-Schaum**, feuchtigkeitshärtend, aus der Dose, Treibmittel unbrennbar, entspricht Montreal-Protokoll zum Schutz der Ozonschicht, als Füllschaum, Montageschaum, Dämmschaum einzusetzen, B 2;
2000 Lugato

Bausion
~ Mischöl, Luftporenbildner;
4100 Bausion

BAUSTAHLGEWEBE®
Matten aus kaltgewalztem Betonrippenstahl. Lieferprogramm: Listenmatten, Zeichnungsmatten, Lagermatten, Sondermatten, Sonderdyn-Matten, gebogene Mattenbiege- und -schneidemaschinen;
4000 BAUSTAHLGEWEBE

Baustoffwerk Platten
Betonwerksteinplatten und Terrazzoplatten, z. B. Gehwegplatten, Gartenplatten;
7916 Baustoffwerk

Bauta
~ Baukleber, Fliesenkleber;
~ Beton- und Mörtelzusätze, Betontrennmittel;
~ Bitumen-Beschichtungsmassen und Isolieranstriche;
~ Blitzzement, Füllspachtel und Bodenausgleichsmasse;
~ Bodenbelagskleber;
~ Dichtungsmittel, Dichtschlämme;
~ Farben, Grundiermittel für innen und außen;
~ Fugen-Rundprofile;
~ Fugendichtungsmassen;
~ Fugenfüller, Fugenbreit;
~ GM Glasbausteinmörtel;
~ Holzschutzlasuren und Holzschutzanstriche für innen und außen;
~ Imprägniermittel, farblos, auf Siliconbasis;
~ Kleber für die verschiedensten Anforderungen im Dünnbett-Klebebereich sowie zum Verkleben von Styropor- und Deckenplatten, Bodenbelägen und Kork;
~ Kunstharzputze, Dekorputze, wetterbeständig für innen und außen;
~ PM Putz- und Mauermörtel;
~ Reinigungs- und Pflegemittel;
Bauta-Produkte sind **nur** über die Bau-, Heimwerker- und Hobbymärkte erhältlich;
~ Spezialanstriche, Anstriche für Fußböden, Schwimmbecken, Heizölauffangwannen und -räume;
~ Teppichreinigungsmittel;
4354 Bauta

bavaria
→ THERMATEX bavaria;
8352 AMF

Bavaria-Weiß
Fassadenfarbe matt, mit hoher Wasserdampfdurchlässigkeit;
4400 Brillux

BAVE
~ - Kleber, Natur-Papierkleber;
3123 Livos

BAVEG
~ Ganzholz-Spindeltreppen;
~ Raumspartreppen;
→ Scalit-Fertigteil-Massivholz-Treppen;
8000 Baveg

Bayernprofil
Holzgeländer, Geländerstäbe, Treppengeländer-Bauteile, Balkongeländer-Bauteile aus heimischen und tropischen Hölzern;
8687 Kießling

BAYERNVERBUND®
~ Beganit-Hartsteinpflaster;
~ Pflastersteinbär;
~ Rasengittersteine aus Beton;
~ Römerverbund;
8261 Gandlgruber

Bayerwald
~ Fenster, Fensterläden und Haustüren in Fichte, Meranti und Eiche;
~ Holzschalungsfenster, Mehrzweckfenster und Nebeneingangstüren in Fichte für Keller, Gartenhäuser, Garagen usw.;
8391 Bayerwald

Bayferrox
Zementfarben;
5060 Scholz

Bayferrox®
Witterungsbeständige Eisenoxidpigmente in den Farbtönen rot, gelb, braun, schwarz;
5090 Bayer

Baygard AS
Schmutzabweisendes, polstabilisierendes Schutzmittel für textile Bodenbeläge und Wandbekleidungen (Textiltapetenschutz);
5090 Bayer

Baymer®
~ - Dachsprühschaum DS-1, PUR-Ortschaum-System, Baustoffklasse B 2, wurzelfest nach DIN 4062, zur Dämmung im Dachbereich;
6800 Rhein-Chemie

BAYOSAN
~ **Abbeizgel** zum Entfernen alter Anstriche auf Basis von Alkydharz, Öl, Asphalt, etc.;
~ **Anti-Salz spezial**, für Putzgrundvorbehandlung und gegen Chlorid- und Sulfatsalze;
~ **Armierungs-Glasgewebe**, hochreißfest, Rissüberbrückung, alkalibeständig, systemgeprüft;
~ **Boden-Spezialkleber** für Feinsteinzeug, zum Verlegen von Feinsteinzeug und zur vollflächigen Verklebung;
~ **Dichtungsschlämme** zur Abdichtung von Bauwerken, für Außen und Innen und zum Schutz gegen Bodenfeuchtigkeit;
~ **Dichtungsschlämme**, zur Abdichtung von Bauwerken, für Außen und Innen und zum Schutz gegen Bodenfeuchtigkeit;
~ Fassadenstuck, Grobzug beschleunigt, für Außen und Innen;
~ **Fassadenstuck**, Feinzug beschleunigt, für Außen und Innen;
~ **Feinmineral Putz + Spachtel**, edelweiß 0,6 mm mit Marmor für alle tragfähigen Putzuntergründe geeignet, für Außen und Innen, zum Spachteln, Strukturieren, Spritzen, Schlämmen, Abschweißen und Verputzen;
~ **Flexvergüter**, Hochwert-Dispersion, zum Elastifizieren zementgebundener Dünnbettmörtel;
~ **Fliesenkleber**, Dispersionsbasis elastisch, für Wandfliesen und Hartschaumplatten;
~ **Fugendicht AC**, Acryl zur Abdichtung von Fugen und Anschlüssen;
~ **Fugendicht SK**, Silicon zur Abdichtung von Fugen aller Art;
~ **Innenspachtel spezial**, zum Füllen, Glätten, Spachteln, Modellieren;
~ **Kachelofen-Fugenweiß**, mit Schamotte, zum Verfugen von Kachelofenfugen in Breiten von 2—20 mm;
~ **Klebemörtel flex**, extra standfest, zum flexiblen Verlegen von Fliesen und Platten und zum Vorspachteln kritischer Untergründe;
~ **Klebemörtel Mittelbett**, kontaktsicher, zum Verlegen von Fliesen, Spaltklinker und Klinkerplatten auf unebenen Untergründen;
~ **Klebemörtel plus**, extra standfest, zum Verlegen und Kleben von Fliesen und Platten im Dünnbettverfahren;
~ **Mineral-Außenspachtel**, weiß, zum Füllen, Glätten, Spachteln, Modellieren;
~ **Pinselreiniger** zum Reinigen von Pinsel und Farbroller nach Gebrauch und zum Entfernen von Öl, Fett und Teer;
~ **PU-Montage Schaum quick**, Füllschaum für Zargen-Hohlräume;
~ **PU-Montage Schaum**, Füllschaum für Zargen-Hohlräume;

~ **Putzfestiger-Tiefengrund** tiefenwirkend, zum Festigen sandender Putze und kreidender Anstriche;
~ **Putzmörtel, Mauermörtel, Feinbeton**, Spezial-Mehrwertprodukt zum Reparieren oder Verputzen, Mauern und zur Ausführung von Betonarbeiten;
~ **Sanier-Sperrputz spezial**, zur Abdichtung gegen Wasser, für Innen und Außen;
~ **Sanierausgleichsputz spezial**, zum Ausgleichen von unebenem Mauerwerk;
~ **Sanierputz spezial fein**, Entfeuchtungsputz für die Sanierung bei aufsteigender Mauerwerksfeuchtigkeit, für Innen und Außen;
~ **Sanierputz spezial grob**, Entfeuchtungsputz für die Sanierung bei aufsteigender Mauerwerksfeuchtigkeit, für Innen und Außen und für hohe Schichtdicken;
~ **Sanierputz spezial weiß**, Entfeuchtungsputz für die Sanierung bei aufsteigender Mauerwerksfeuchtigkeit, für Innen und Außen und außerdem für vereinfachtes Sanierverfahren;
~ **Saniervorspritz spezial**, Vorspritz für Sanierputz;
~ **Schnellestrich 30/60 Minuten**, für Außen und Innen und als sicherer Untergrund für Fliesen und Platten;
~ **Schnellmörtel 30/60 Minuten**, für Außen und Innen, zum Reparieren, Ansetzen, Vergießen;
~ **Schnellputz 30/60 Minuten**, für Außen und Innen;
~ **Schnellspachtel 30/60 Minuten**, für Außen und Innen, zum Verspachteln, Füllen;
~ **Schnellzement Minutenschnell**, zum schnellen Fixieren, Verankern, Reparieren;
~ **Sicherheitsgrundierung**, lösemittelfrei, zur Absperrung und Regulierung der Saugfähigkeit;
~ **Tapetenablöser** zum Ablösen alter Tapeten und zum Entfernen von Leimfarben;
~ **Tapetenwechselgrund**, als Grundierung für leichten Tapetenwechsel sowie Grundierung bei Gipskartonplatten;
~ **Vollmineralputz**, 2 mm edelweiß mit Marmor für Deckputz, für Außen und Innen, zum Reiben, Strukturieren, Modellieren;
~ **Vollmineralputz**, 4 mm edelweiß mit Marmor für Deckputz, für Außen und Innen, zum Reiben, Strukturieren, Modellieren;
~ **Zementschleierentferner** zur schonenden Reinigung von Fliesen, Keramikgegenständen, etc.;
~ **Zementschleierentferner**, hochwirksam, zur schonenden Reinigung von Fliesen, Keramikgegenständen, etc.;
8973 BAYOSAN

BAYRISCH GRÜN
→ NEUGRÜN;
8670 Schrenk

Bayroklar®
Wasserdesinfektion mit aktiviertem Sauerstoff;
8000 BAYROL

BB
→ Blitzbinder;
6908 Philipp

BBC-SOLARWATT®
System W für Warmwasser, WS für Swimmingpool und WSH für Heizung;
6909 BBC

bbe
Stahlzargen, Rechts- und Linksanschlag;
5790 Vertriebs GmbH

BBT
Befestigungen und Dübel;
~ Schwerlastdübel;
~ Spreizdübel;
~ Verbundanker;
~ Verbunddübel;
7022 BBT

BC
~ - **Ausblühschutz**, Betonzusatzmittel;
4930 Beton

BC
~ - **Fugenbänder**, Arbeitsfugenbänder, Dehnungsfugenbänder;
~ - **Haftgrund L**, verspritzbares, hochwirksames Mittel zur Verklebung bituminöser Schichten, wasserfrei, auch zum Vorspritzen beim Gußasphaltdeckenbau;
~ - **Haftkleber**, wie Haftgrund L, jedoch nicht wasserfrei;
6300 Schultz

BC
~ - **Einlagen**, Papier zur Waschbetonherstellung im Negativverfahren;
~ - **Gipskontaktgrund**, Kunststoff-Dispersionsanstrich;
~ - **KIESFESTIGER**, Konzentrat;
~ - **Schalpaste**, Entschalungsmittel, wasserunlöslich;
~ - **Schalwachs**, spritzbar;
~ **1**, Gasbetonkleber, plasto-elastisch;
~ **11**, Frostschutz, chloridhaltig bis −20 °C, bei Mörtel- und unbewehrten Betonarbeiten;
~ **2**, Gasbetonkleber starr, für kleinere Elemente;
7570 Baden

BDW
Betonstahlmatten;
7640 BDW

Be DIN
Verdrahtungskanäle nach DIN 43 659;
8673 Rehau

BEAMLOCK
Stapelregale, form- und kraftschlüssige Verbindung von Trägern und Stützen, ohne Schrauben;
7000 Seibert-Stinnes Lager

be-barmatic
Torschranken-System, elektrisch angetrieben;
4100 Berninghaus

BEBEG
~ Dachfenster aus Sicherheitsglas;
~ Dachrinnen aus Titanzink oder Kupfer;
~ Dehnfugenbänder;
~ Dunstrohreinfassungen mit Bleimanschette;
~ **Gelenkstutzen** für die Dachentwässerung;
~ **Kamineinfassungen** aus verzinktem Stahlblech, aus verzinkt-kunststoffbeschichtetem Stahlblech, aus Zink- und Kupferblech;
~ Laufroste;
~ Metall-Dachplatten;
~ Regenfallrohre aus Titanzink oder Kupfer;
~ Rinnenhalter;
~ Rohrschellen;
~ Schneefanggitterstützen;
~ Sicherheitsdachhaken;
~ Traufbleche;
~ Turmspitzen;
~ Wetterhahn aus Kupfer oder Titanzink;
~ Winkelbleche;
6920 Bebeg

BEBEGPLUS
Dachentwässerungs-Programm, Rohre und Dachrinnen aus Zink, verzinktem Stahlblech und aus verzinkt-kunststoffbeschichtetem Stahlblech;
6920 Bebeg

BECHEM
~ **PRIMUS HE 115**, Schalungstrennstoff für glatte, poren-, staub- und fleckenfreie Betonoberflächen. Geeignet für Stahl-, Metall-, Holz- und beheizte Schalungen;
5800 Bechem

BECKER
Faltwände und Harmonikatüren;
2350 Becker

BECKER
Holzpflaster, Hirnholz-Fußböden für Industrie, Montagehallen, Werkstätten usw. Spezialpflaster für Kirchen, Sporthallen, Wohndielen;
3450 Becker

BECKER
Garagen-Schwingtore, einbaufertig zur Selbstmontage;
5241 Becker

Beckmann
~ **Brettschichtholz** nach DIN 1052, mit Resorcinharzverleimung;
~ **Holzbinder** und **Holzbalken**;
~ **Holzleimbauteile** für Hallen- und Wohnungsbau;
~ **Konstruktionsholz**;
~ **Leimholz**;
5779 Beckmann

BECKMANN
~ – Folien-Gewächshaus, Unterbau aus feuerverzinkten Stahlrohren;
7988 Beckmann

Beckomat
~ **A**, Achsantriebe zum seitlichen Anbau an Rolladen, Sektionaltoren, Rolltorachsen oder Rolltorwellen zur Verwendung aller Wellen, unabhängig von ihren Durchmessern;
~ – Garagentorantrieb mit Funkfernsteuerung zum Öffnen des Garagentores, auch zum nachträglichen Einbau;
~ **G**, Gurtwickler, elektrisch, für Rolläden;
~ **R**, Rohrantriebe, elektrisch, für Rolläden, Rolltore, Rollgitter, Verdunkelungen, Markisen;
~ **TA** Kettenantrieb, robuster Antrieb für Rolltore, Rollgitter, Hub- und Senktore, schwere Rolläden und andere Aufrollbewegungen;
6349 Becker

Bedburger Bodenbeläge
→ bedoplan®;
5012 RWB

BEDO
Deckenpaneele in 28 Farben serienmäßig;
5840 BEDO

bedoplan®
Bedburger „Bodenbeläge“, einschichtige, durch und durch homogene und voll pigmentierte Fliesen und Bahnen, leitfähige Ausführungen;
5012 RWB

Beecko
~ **Lit**, fein und grob, 1-K-Silicatfarbe nach DIN 18 363 Abschn. 2.4.6 für wetterfeste Außenanstriche;
~ **MBA Fixativ**, Bindemittel für Beecko-Lit und Grundierung für nicht einwandfreie Untergründe;
~ **Naturfaserputz**, anwendungsfertig, für innen;
~ **San SAF**, Bohrlochsperre gegen aufsteigende Feuchtigkeit;
~ **Sil** Quarzfarbe auf Silicatbasis für Innenanstrich auf mineralischen Untergründen;
~ **Tex**, Innenanstrich mit Textilcharakter;
7000 Beeck

1

Beeckolit®
Fassadensilikatfarbe, fein und grob, wasserabweisend;
7000 Beeck

Beeckosil®
1-K-Mineralfarbe, verkieselungsaktiv und wasserabweisend;
7000 Beeck

Beeckoton®
Betonsanierung, Silicat-Acrylat-System zum Schutz von Sichtbeton;
7000 Beeck

Beeck®
~ **Abbeizer**, biologisch abbaubar;
~ **Ätzflüssigkeit**, Putzreinigung für Altputze, Fluat für Neuputze;
~ **Antihaft**, vorbeugender Schutz gegen Fassadenbemalung und Plakate;
~ **Beton- und Steinreiniger**;
~ **Beton-Ausbesserungsmörtel**;
~ **Beton-Sanierungssystem 2000**, Betonsanierung;
~ **BS plus**, Langzeit-Hydrophobierungsmittel;
~ **Dispersions- und Lackentferner;**
~ **Dispersionsentferner**, zum Entfernen filmbildender Anstriche auf Altfassaden;
~ **Fixativ**, Grundierung und Festigung, Bindemittel für Farbpigment;
~ **Fungizid**, farblose Fungizidlösung;
~ **Isolgrund**, silikatischer Grundhärter;
~ **Kalkfarbe**, Innenanstrich auf Kalk- und Zementputz, Außenanstrich mit Konservierung;
~ **Quarzfarbe**;
~ **Quarzfüller**, Grundbeschichtung zur Überdeckung von Haarrissen;
~ **Restaurierungsfarbe**, auf Silikatbasis, für nicht vollständig von Altanstrichen zu befreienden Untergründen;
~ **Sandsteinverfestiger** H und HO, Kieselsäureester;
~ **Silangrund**, wasserabweisende Grundierung;
~ **Silicatfarben** „System rein Kristallin" nach DIN 18 363 Abschn. 2.4.5 und Schlämmpulver;
7000 Beeck

Beekmann
~ Hohlblocksteine;
~ Hohlkörper-Balken- und Rippendecken;
~ Transportbeton;
6650 Beekmann

B.E.E.S.
Türen und Zargen;
4770 B.E.E.S.

BEFA
~ - Fertigteildecke System Filigran;
~ Leichtbaustoffe aus Blähton und Bims;
~ - Treppen;
~ - Waschbeton;
3180 Betonwerk

BEGA
~ - Leuchten, speziell Außenleuchten;
5750 Bega

Beganit
→ Gandlgruber-Beganit;
8261 Gandlgruber

BEGO
~ - Mosaikparkett, Parkettdielen 22 mm in Eiche, Kiefer, Lärche;
~ - Stab-Parkett, 9 mm, Würfelform, Kassettenmuster, Fischgrät, Schiffsverband, Flechtmuster, altdeutscher Verband;
8572 Bego

BEGUS
~ - **Schwedenhaus**, Fertighäuser;
2107 Begus

Beha
~ - Silber, Stahlrahmenkitt, 2-K, grau, auf Bindemittelbasis Pflanzenöle, zur Verglasung mit Fenstergläsern;
1000 Beyer

BEHAPAS®
~ Verlegemasse, wartungsfrei, grau, auf Basis Kunststoff und Öl, zur Verglasung von Holzfenstern;
~ **2000**, Versiegelungsmasse, 1-K, plasto-elastisch, zur Verglasung von Holz-, Metall- und Kunststoff-Fenstern;
1000 Beyer

BEHATON®
~ - Doppelverbund-Pflastersteine aus Beton;
~ - Rechteck-Pflastersteine aus Beton;
~ - SEKA, Betonpflastersteine;
4390 Behaton
→ 8554 Braun

Beher
~ - Kunststoff-Fenster;
~ - Wintergärten mit Kunststoffprofilen;
4300 Beher

Behrens Leuchte
Originalgetreu rekonstruierte Messingleuchte;
1000 Hahn

BEHRENS rational
~ Fenster aus Kunststoff oder Alu;
Gesamtprogramm:
~ Haustüren;
~ Jalousetten;
~ Korbmarkisen;
~ Lamellenvorhänge;
~ Markisen;
~ Pendeltüren;

~ Roll- und Scherengitter;
~ Rolladenkästen;
~ Rolläden;
~ Rolltore;
~ Streifenvorhänge;
3000 Behrens
→ 3110 Behrens

Behr-Therm
~ - Dämmblock;
5403 Behr

Bekaert
~ Schanzkörbe zur Festigung von Ufern- oder zur Sohlenverstärkung, als Hangsicherung usw.;
~ Spannbetondrähte;
~ Spannbetonlitzen;
6380 Bekaert

Bekaplast
Betonschutzelemente aus PVC-Hart, PE-HD, PVDF und PP (auch leitfähige und UV-stabilisierte Ausführung) je nach Einsatzbereich. Verarbeitung als verlorene Schalung;
5410 Steuler

Bekarit
~ - Flammschutzmittel;
~ - Holzschutzsalze;
3060 Troll

Bekarol
~ - Holzschutzlasuren;
~ - Holzschutzöle;
3060 Troll

Be-Ko
Baumscheibenplatten;
8400 Lerag
→ 7551 Kronimus

beko
Fensterelement und Türelemente aus Alu, insbesondere Rundfenster, Rundbogenfenster und -türen, Korbbogenfenster und -türen, Spitzbogenfenster und -türen;
4500 Kreye

BEKOS-WACHS
Bienenharzsalbe, zur Oberflächenveredelung von Möbeln und Vertäfelungen;
3123 Livos

BEKOTEC
→ RAAB-BEKOTEC;
5450 Raab

Bel Air
Badarmaturen — Serie mit austauschbaren Griffringen zur stilistischen Anpassung der geweiligen Badausstattung;
5860 Dornbracht

BELA-BEIZE
Natürliche Holzbeize aus Pflanzenfarben in vielen Tönungen;
3123 Livos

BELCANTO
Keramische Wohn-Fliese;
6642 Villeroy

Beldan
~ - Elemente, nichttragende Innenwände aus Holz- oder Gipsplatten und Kerndämmung aus Mineralfasermatten, sichtbare Tragekonstruktion aus Holz;
~ - Innenwände aus einer Holzrahmenkonstruktion;
~ - Matador-Stahlwände;
~ - Sanitär-Trennwände für Toiletten-, Bade- und Umkleideräume;
2083 Beldan

BelFox®
~ - Drehtorantriebe;
~ - Garagentorantriebe, ferngesteuert;
~ - Schiebetorantriebe;
~ - Schrankenanlagen;
6401 BelFox

BellaCust
Schalldämpfplatten, auch in B 1;
6074 Optac

BELLARIP
Textilstufe (Treppenfliese) mit rechtwinklig fixierter Vorderkante, Typ BELLAHIT zusätzlich mit Vorderkantenschutz durch Kunststoffprofil;
4200 Kühn

Belle Arte
Keramikfliesen mit Jugendstilmotiven;
2820 Steingut

Bellevue
Hebe-Schiebe-Tür aus Kunststoff mit besonders aufwendigem Dichtungssystem;
5060 Dyna

Bellmannit
Blei- und chromatarme Anstrichstoffe für den Korrosionsschutz;
~ **System** ~ - Primer mit ~ - Universal;
~ **System** ~ - Zinkstaub-Primer mit ~ - Universal-Dickschicht;
2000 Bellmann

BELOS
~ - Holzlack, Naturschellack-Lack, samtglänzend;
3123 Livos

belvedere®
Fertighäuser im Landhausstil;
5372 Kewo

BEMBÉ
Parkettböden aus massiver Eiche, Mosaikparkett, Stabparkett, Hochkantlamellenparkett, Intarsienparkett, Tafelparkett, Fertigparkett;
~ - **HIRNHOLZBODEN**;
~ - **MEISTERPARKETT**, Parkettboden für den Wohnbereich;
~ - **MULTISPORT Triflex**, Sportbodenbelag für alle Hallensportarten;
~ - **RESIDENZPARKETT**, Parkettboden für den Wohnbereich;
~ - **Squash ISO-lastic**, Spezialböden für Squashhallen (Squashboden);
6990 Bembé

Bemberg
~ - **Gitterfolie P**, erhöhte Reißfestigkeit durch eingearbeitetes PP-Band-Gelege;
~ - **Gitterfolie UV**, zusätzlich UV-stabilisiert;
~ - **Gitterfolie N**, PE-Folienverbund mit eingearbeitetem Perlonfadengitter;
5600 Bemberg

Bemberg
Sauna mit indirekter Beheizung;
7129 Bemberg

BEMM
~ - **MMA**, Thermostatventile für die Zentralheizung;
~ **Röhrenradiatoren** für die Zentralheizung;
~ **Wärmepumpe** für Brauchwasserbereitung und Heizung;
3201 Bemm

bemo
~ - Brandwände F 90, G 90;
5452 Bemo

BEMO
Stehfalzprofile in Alu, Stahl, Kupfer, Zink und Edelstahl, System von U-förmigen, raumabschließenden und z. T. tragenden Profilen;
~ - **FLAT-ROOF**, Dachsanierung;
~ - **PANEL**, Fassadenprofile;
~ - **ROOF**, Alu-Profile, Dacheindeckungen, Dach- und Wandprofile, Edelstahlprofile, Kupfer-Profile, Metalldachdeckung, Zinkprofile;
~ - **ROUND-ROOF**, Metallprofile;
~ - **WALL**, Metallfassaden;
7000 BEMO

bemofenster®
Fensterprogramm, u. a. einbruchsichere, ballwurfsichere, isolierverglaste, wärmegedämmte Fenster usw.;
5452 Bemo

bemopyrfenster®
Brandschutzfenster F 90 und Fensterwände bis G 90;
5452 Bemo

Benckiser
Schutzfilter, Wasserenthärter, Entnitratisierungsanlagen, Enteisungs-, Entsäuerungs-, Entmanganungs-, Reinigungs-, Umkehrosmose- und Ozonanlagen, Teil- und Vollentsalzungs-, Entkarbonisierungs- und Neutralisationsanlagen, Dosiergeräte, Dosierstationen, -Pumpen und -Wirkstoffe, Meß-, Steuer- und Regeltechnik, Prüfchemikalien, Prüfgeräte, Schnellentkalkungsgeräte und -Wirkstoffe;
6905 Benckiser

Beneflex
Bautenschutzplane;
6000 Benecke

Benefol
Dachbelagsfolie;
6000 Benecke

Benesoft
Badbelag, rutschfest, auch für Terrassen und Balkone;
6000 Benecke

Benker
~ - Holz für Garten- und Landschaftsbau
~ - Spielplatzgeräte aus Holz;
8051 Benker

benoît décor
Kokos-Wandbelag (aus Frankreich);
6520 Heischling

BENOVA®
Hochglänzende Lackfolie für Korbmarkisen;
3000 Benecke

BENTELER
~ **GS-System**, Heizkörper- und Rohrinstallations-System;
~ **REGENT**, Heizelemente, Fertigheizkörper;
~ **ROYAL**, Heizelemente, Fertigheizkörper;
3530 Benteler

Bentofix®
Faserarmierte Bentonitlage für Schutzlagen und Abdichtungen;
4990 Naue

Bentonit
Tonmehl (Aluminium-Hydrosilikat), als Stützmaterial für Schmalwände und Stützwände, als Verdichtungsmittel bei Dichtwänden, bei der Basis- und Teichabdichtung, in der Bauindustrie und Rohrverpressung, auch als Bodenverbesserungsmittel;
6222 Erbslöh

Benvic®
PVC-Granulat für Fensterprofile in den Farben weiß und braun;
5650 Solvay

Benz
Spielplatzgeräte und Turngeräte aller Art;
7057 Benz

Benz
Profilholz, Sonderanfertigungen aus Fichte, Kiefer, Weymuthkiefer, z. B. Blockhausbohlen auch mit fertigen Eckverbindungen oder Holzfußböden mit einseitiger Profilierung;
7630 Benz

BENZING
Wohnbau-Ventilatoren aus weißem Kunststoff für Dauerbetrieb, zur Entlüftung von Bädern, WC's und anderen Kleinräumen;
7730 Benzing

bephon
Lärmschutzwand aus großformatigen Betonfertigteiltafeln mit einer Absorptionsschicht aus haufwerkporigem Leichtbeton;
4232 STF

BER
~ - Deckenelemente, Rasterdecke aus mineralisiertem Holzspan, Baustoffklasse A 2;
~ Fassadenplatten „Klinker-Dekor", Baustoffklasse B 1;
4791 BER

BER
Durchschußhemmende Türen mit amtl. Prüfung, Oberflächen in Edelholz sowie Kunststoffdekorbeschichtungen;
7107 Bertsch

BERA
Stahlrohrgerüste;
1000 Bera

BERBRIC
Fassadenelemente;
4791 BER

Berdo
Montagezange aus Einzelteilen, in die jede EHF-Tür eingehängt werden kann (Hersteller: Fa. Berkvens, Belgien);
4170 Glöckner

Berger
~ - Holz-Ziernägel;
~ - Treppenstäbe und Baluster mit Vierkant oder runden Zapfen, in verschiedenen Stärken und Hölzern;
7537 Berger

BERGÉR
Solnhofener Natursteine, Naturstein-Fliesen in einheitlicher Plattenstärke;
8078 Bergér

Berger
~ STEEL, eingeschossige Fertighallen mit Satteldach für den Schnellbau, Tennishallen, Industriehallen, Ausstellungshallen, Gewerbehallen usw.;
8540 Berger

Berger-Siegel
Versiegelung und Pflegemittel für alle, auch exotischen Holzfußböden (Holzboden-Versiegelung);
6718 Berger

Berghaus
~ Baustellen-Absicherungsgeräte;
~ Gleitwände, mobile;
~ Signalanlagen, transportabel;
5067 Berghaus

Bergmann
~ - Gleisschwellen;
~ - Holzpflaster nach DIN 68 701;
4179 Bergmann

Bergmannskessel
→ HOFMEIER-Bergmannskessel;
4530 Hofmeier

Bergolin
~ - Lacke, Beizen und Kunststoffe, für die Möbel- und holzverarbeitende Industrie und für Handwerk und Handel;
2863 Bergolin

Berkefeld Filter®
Schwimmbadfilter für Frei- und Hallenbäder;
3100 Berkefeld

Berklon
Türen mit verschiedenen Oberflächen und mit 0,7 mm PVC-Falzkantenprofil (Hersteller: Fa. Berkvens, Belgien);
4170 Glöckner

Berli
~ Alu-Konfektionsgitter, Profile auf Stahlstäben;
4180 Berli

Berliner Welle
→ Eternit Berliner Welle;
1000 Eternit

BERLIN-SOCKEL
Steinzeugsockel, glasiert, 5 × 20 cm, mit abgeschrägtem Fuß;
4005 Ostara

bernal
~ Aluminium-Spray, Korrosionsschutz, hitzebeständig bis 800° C;
~ Füll- und Montageschaum;
~ Kontaktspray;
~ Rostlöser MoS_2;

1

~ Rostschutz „top“;
~ Spezialkleber für → bernerflex;
~ Universalspray „Super 6“;
~ Zink-Spray, Korrosionsschutz gegen Salz;
7118 Berner

Berner
~ **B**, Hohlstein-Dübel;
~ **B**, Universal-Dübel, geeignet für die meisten Baustoffe;
~ **FKD**, Klapp-Dübel;
~ **GKD**, Hohlraum-Dübel;
~ **HD**, Hülsendübel zur Befestigung von Fenster- und Türrahmen;
~ **KD**, Kipp-Dübel;
~ **LB**, Dübel für die Befestigung in Leicht-Baustoffen wie Gasbeton und Vollgips-Platten;
~ **MHD**, Metallhülsen-Dübel;
~ **ND**, Nagel-Dübel;
~ **VZD**, Vielzweck-Dübel für alle Befestigungsarten;
7118 Berner

bernerflex
~ - Rohrschalen zur Isolierung von Heiß- und Kaltwasserleitungen aus PE-Schaumstoff (Rohrisolierung);
7118 Berner

Bernhard
Vormauerziegel in glatter, genarbter und besandeter Ausführung. Verblender, Keramiksteine, Riemchen, Klinker, glasierte Sparverblender und Spaltriemchen mit sandiger Oberfläche für den Innenausbau;
3408 Bernhard

bernion®
~ **Beton-Trennstoff 2000 U**, Betontrennmittel;
~ Beton-Trennmittel;
~ Flüssigkunststoffe für Betonversiegelung und Betonverfestigung, Bodenbeschichtung, Holzversiegelung, insbesondere für Holzschalungen;
~ Heizölsperre, Isolieranstrich für Tanklagerräume;
~ **Spezial-Reiniger 984**, alkalisches phosphatfreies Reinigungs- und Entfettungskonzentrat;
~ **Teer- und Bitumenlöser**;
~ Zementschleierentferner;
7504 Bernion

BERNIT®
Isolier-Estrich, für Schlacht- und Kühlhaus, Fleischverarbeitung, Stall- und Lagerraum, Maschinen- und Kfz-Werkstatt, Molkerei, Brauerei usw.;
6393 Taunus

BERO
Rolladenkasten aus GFK, Ziegel oder Leichtbeton, auch für Verblendmauerwerk;
4600 West
→ 6300 Allendörfer

BERO
→ LITHOFIN BERO;
7317 Stingel

BERODUR
~ **BT 53**, Kunststoffbeschichtungssystem für Abdichtung und Sanierung von Terrassen-/Balkonflächen;
~ **EP Injekt**, kraftschlüssige Rißverklebung in Beton und Mauerwerk;
~ **EP 0100**, Epoxidharz-Bindemittel für Betonflächen;
~ **EP 0110**, Epoxidharz-System zur Formulierung von Beschichtungen auf Betonflächen;
~ **EP/BS**, Betonspachtel für Sanierungen von Betonflächen im Fassaden- und Bodenbereich;
~ **EP/EM**, witterungsbeständige, abriebfeste, farbige Dünnbeschichtung von Bodenflächen;
~ **PL 50**, Kunststoffbeschichtungssystem für Abdichtung und Sanierung von Flachdächern;
~ **PL 51**, Kunststoffbeschichtungssystem für Abdichtung und Sanierung von Terrassen-/Balkonflächen;
~ **PU Injekt**, elastische Rißabdichtung auch wasserführender Risse;
~ **SP 54**, Kunststoffbeschichtungssystem für Abdichtung von Stellflächen und Parkdecks;
1000 Euroteam

Berolin
Rostumwandler und Rostlöser speziell vom Stein;
8429 HMK

BEROPAN
Holzspanplatten;
1000 Glunz

Beroplast
Isolierrohre, Panzerrohre, Kabelschutzrohre, Kabelabdeckhauben;
1000 Draka

Bero-Rapid
Serrizzio-Reiniger, Spezialreiniger für Serrizzio und besonders rostanfällige Gesteine;
8429 HMK

berri
~ - **keil-fix**, Verglasungskeil aus Polystyrol zum Verklotzen von Scheiben ohne Kleber, Kitt und Schrauben;
3400 Donder

Berry
~ - Tore, mit kunststoffolienbeschichteten Füllungsblechen;
4803 Hörmann

Bertool
Verputzhaken, Original „Betonhook“;
5657 Bertool

Bertrams
Stahl-Trennwandsystem, vorgefertigte, raumabschließende Wand- und Türelemente in Schalen- und Elementbauweise;
5900 Bertrams

Berwilith
~ - Blähschiefer;
5473 Tubag

BESAM
Türantriebe und automatische Türöffner;
6116 Besam

Beschlag 2000
Beschlag-Serie in Edelstahl rostfrei;
4300 Grimberg

besma
Produkte für Putzer, Stukkateure und Maler;
~ - **Abdeckbänder** aus PVC;
~ - **Fassadenreiniger**;
~ - **Gittergewebe**;
~ - **Kreppbänder**;
~ - **Putzabbeizer**;
6900 Besma

Besmer
~ - Astoria, Teppichboden aus Vivalon, Zwischenraum zwischen Unterboden und Doppelboden schafft Platz für Leitungen, Rohre, Kabel;
3250 Besmer

BESSERER MÖRTEL
Flüssiger Kunststoff (Mörtelzusatzmittel), verbessert Verarbeitungs- und Endeigenschaften von Mörteln, für Estriche, Heizestriche, Haftbrücken, Spritzbewurf, Putz-, Fugen-, Mauer- und Reparaturmörtel;
2000 Lugato

BESSY 82
Heizkamin mit integrierter Heizkammer, einseitig geöffnet, als Eckkamin zweiseitig geöffnet, mit Glastüren, auch mit gußeisernen Türen bei der einseitig geöffneten Ausführung lieferbar;
2000 Bessenbach

BEST
Entwässerungsrinnen aus Polymerbeton;
2800 Schierholz

BESTE BASIS
Dispersionsgebundene Universalgrundierung mit hohem Eindringeffekt, lmf. Für alle saugfähigen Untergründe vor dem Verputzen, Anstreichen, Kleben, auch als Tapetenwechselgrund;
2000 Lugato

BET
Elektro-Flächenheizung;
4200 Bauerhin

Beta
Bodenbelag aus Synthesekautschuk, Bodenplatten 63 × 63 cm für Eingangsbereiche, Bahnsteige usw.;
4000 Dalsouple

Beta-PROTOS®
→ Compakt-Integral;
6330 Buderus Bau

Beta-Verfahren
Kunststoffprothesen (Holzersatz) für schadhafte Balkenköpfe;
8725 Lömpel

BETEC®
Zementgebundene Fertigprodukte;
~ Beschichtungsmaterial für den Trinkwasserbereich;
~ Haftbrücken;
~ Kosmetik- und Reparaturmörtel;
~ Verguß-Unterstopfmaterial;
~ Wand- und Bodenbeschichtung;
4300 Beton-Technik

BETOFIX
→ HÜWA;
8500 Hüwa

Betofix F2
Betonfließmittel;
4930 Rethmeier

Betofix-Spachtel
→ AIRA Betofix-Spachtel;
4573 Remmers

Betoflow
Betonverflüssiger;
4300 BETEC

Betoglipp
→ Harzer-Betoglipp-Rohr;
3387 Kleinbongardt

Betokontakt
→ VG-Betokontakt
3457 Vereinigte

Betokontakt
→ Knauf Betokontakt;
8715 Knauf Bauprodukte

BETOLITE F
~ Fassadenfarbe;
4904 Alligator

Betomax
~ Abschalbleche;
~ Befestigungselemente;
~ Bewehrungsabstandhalter;
~ Bewehrungsanschlüsse;
~ Brückenbauelemente;
~ Ein- und Ausschalhilfen;

1

~ Gesimskonsolen;
~ Hüllrohre;
~ Kegelabstandhalter;
~ Kragplatten-Dämmelemente;
~ Montagewagen;
~ PVC-Profile;
~ Schalungsanker;
~ Schalungszubehör;
~ Schutzgeländerpfosten;
~ Verschlußstopfen;
~ **15**, Schalungsanker mit umlaufendem Gewinde, schweiß- und biegbar;
4040 Betomax

Betomix BV 10
Betonverflüssiger und Antiklebmittel;
4930 Rethmeier

Betonax
→ Dichtelin-Betonax;
4790 Budde

Betonbau
~ **Rohrdurchführungen**, wasserdichteingießbar in Betonwände und Beton-Raumzellen;
6833 Betonbau

Betonflair
Beton-Versiegelung für die Betoninstandsetzung;
4250 MC

Betonhook
→ Bertool;
5657 Bertool

Betonit
Großflächenplatten aus Hartbeton, doppelstahlbewehrt, mit gehärteter Oberfläche;
6342 Rink

Betonit
~ Briefkastenstein;
~ Mauerstein;
~ Säulenstein;
8080 Grimm

Betonknaxforte
Betonreiniger, Betonlöser, verhütet neue Rost- und Korrosionsbildung an Baumaschinen und Gerät;
6250 Collgra

BETONOL
2-K-Epoxidharze, lmf, für mechanisch hochbelastbare Betonbeschichtungen;
2000 Höveling

betonol®
→ B-Fix → H 2000;
4000 Briare

betonova
Fertigkeller;
8553 betonova

BETONSCHICHT 066 P
Fußbodenbeschichtung, hochabriebfest, öl- und chemikalienbeständig;
8192 Union

BETONVINYL 066 P
Fußbodenbeschichtung, 1-K, Basis PVC, leicht verarbeitbar;
8192 Union

Betonwerk Wentorf
~ Eskoo-Verbund- und Betonsteinpflaster;
~ Stahlbeton-Fertiggaragen;
2057 Betonwerk Wentorf

Betonwerke Emsland
~ Betonkantensteine;
~ Betonkonen;
~ Betonpflastersteine wie Rechteckpflaster, Kleinpflaster, Rondo-Rundpflaster, Quadro-Kreuzverbundpflaster, Pflaster-Dorfstraße, Doppelverbundpflaster, CORSO-stockrauhes Pflaster;
~ Betonpfosten;
~ Betonrohre;
~ Betontiefbordsteine;
~ Blumenkübel
~ Fahrradständer;
~ Fußabtrittschächte;
~ Gehwegplatten;
~ Grenzsteine;
~ Hochbordsteine;
~ OMNIA-Großflächenplatten;
~ OMNIA-Wandplatten;
~ Rinnenpflaster;
~ Rinnenplatten;
~ Schachtelsteine;
~ Schachtringe;
~ Schachtunterteile;
~ Stahlbetonfertigteile;
~ Waschbetonplatten;
4460 Betonwerke Emsland

BETONYP®
Bauplatten (Holzzementplatte), asbest- und formaldehydfrei;
4220 Colornyp

Betoplan®
Vorsatz-Schalungsplatten mit 3- oder 5fachem Furniersperrholz-Aufbau für höchste Anforderungen an Betonoberflächen nach DIN 18 202/5 Zeile 5/B;
~ **super**, mit besonders harter Oberfläche, erfüllt optimale Anforderungen;
4840 Westag

BETOPON
~ - **DS I**, Schlämmpulver, Dichtungsschlämme mit Haftzusatz;
~ - **flüssig**, Verkieselungslösung, Imprägniermittel;
7570 Baden

BETRI
~ **Einbaukasten** für **Wasserzählerkasten WK 1570** mit verstellbarem zweitürigem Blendrahmen, Rückwand und Wasserauffangschale mit Ablaufstutzen, grundiert und epoxidbeschichtet;
~ **Einbaurahmen GK 1267**, Material wie ET 1067 für Öltankeinfüllstutzen mit vorgelochter Halterung für Grenzwertgeber-Steckdose;
~ **Einbaurahmen ET 1067**, mit aufgesetzter Tür, grundiert, lackiert oder aus Edelstahl, für Unterputz-Strangabsperrungen, Rohr-Belüfter und -Entlüfter usw., auch als Tapetentürchen verwendbar;
8343 Becker

BETTE...
Badewannen und Duschwannen aus Stahl und Email;
4795 Bette

BEUCO
Glasbausteine;
5900 Beuco

BEULCO
~ - Armaturen für die Wasserinstallation;
~ - Mauerdurchführungen für Gas- und Wasserleitungen;
5952 Beul

Beutler
~ Flachrohr-Deckenstrahlplatten als montagefertige Einheit;
~ Heizwand, Flachheizkörper aus übereinanderliegenden Rechteckrohren;
~ Röhrenradiator, Heizkörper aus Stahlrohren (Gliederradiator);
7630 Beutler

BEVER
~ Mauer- und Luftschichtanker aus Edelstahl V4A;
~ Stahlnägel, Drahtstifte und Schrauben für das Baugewerbe;
5942 Bever

Bewados®
Elektronisch und hydromechanisch gesteuerte Flüssigschutzgeräte für die Dosierung von Flüssig-Dosiermitteln → Quantophos zur Behandlung von Trink-, Brauchwasser u. ä.;
6905 Benckiser

bewall®
Betonstein zur Böschungssicherung;
4972 Lusga

Bewamat®
Elektronisch gesteuerte Wasserenthärter zur Enthärtung von Trink-, Brauchwasser u. a.;
6905 Benckiser

Bewapur®
Rückspülfilter mit Ring-Rückspülung durch Absaugung, zur Filtration von Trink-, Brauchwasser u. a., manuell oder elektronisch gesteuert;
6905 Benckiser

bewehrte erde®
Bauverfahren mit Betonfertigteilen für Stützmauern;
6236 bewehrte erde

bezapol
~ - Dachgartenabdichtungs-Systeme;
~ - Dachrandprofile;
~ - Flachdachabdichtungs-Systeme,
~ - Flachdachabläufe, Flachdachlüfter;
~ - Flachdachbau-Zubehör;
~ - Kaminabdeckungen aus Metall;
~ - Lichtbahnen;
~ - Lichtkuppeln;
~ - Rauch- und Wärmeabzugsanlagen;
~ - Terrassenabdichtungs-Systeme;
~ - Wandanschlußprofile;
7401 beza

BEZA®
~ Beton-Kellerfenster mit Kunststoff-Mehrzweckfenster und mit Stahlkellerfenster;
~ Montage-Lichtschächte aus Stahlbetonfertigteilen;
~ Revisionsschächte für die Hausentwässerung;
4130 Heibges

BF
~ Fertiggaragen, einzeln oder in Reihen, aus Stahlbeton (System Kesting);
~ Transportbeton;
6238 Betonwerk

BF
~ - Schraubsystem, für das Heben und Transportieren von Betonfertigteilen;
8000 Schwaiger

B-Fix
~ **Fugenfüller**, zementgebundener Füller für keramische Beläge jeder Art (von betonol®);
4000 Briare

BGK Rolltortechnik
Lieferprogramm: **Rolltorprofile**, stranggepreßt und rollverformt, Alu oder Stahl, sendzimirverzinkt oder Aluzink und **Torzubehör** bis zum einbaufertigen **Rolltor**;
5805 Braselmann

1

bg-Platten
System Schraudenbach, Betonplatten zur grünen Oberflächenbefestigung von Ufern, Hängen, Parkplätzen, Sportstätten, Garagenzufahrten usw.;
1000 D & W
→ 1000 Engel
→ 2000 D & W
→ 2302 D & W
→ 2808 D & W
→ 3007 Weber
→ 4040 D & W
→ 4300 Steinwerke
→ 4920 Linnenbecker
→ 4952 Weber
→ 5000 Bree
→ 5000 Bree
→ 7502 D & W
→ 7514 Hötzel
→ 7717 Süddt. Basalt
→ 8000 DYWIDAG
→ 8501 D & W
→ 8580 Zapf
→ 8900 Walter

BGT
Glasdichtung bei schrägliegender Verglasung;
7518 Bischoff

B & H
Abkürzung für Beck & Heun. Schalelemente-Haltesysteme;
~ - Dämmschalung (Deckenrand-, Ringbalken- und Sturzschalung);
~ - Rolladenkasten mit Hartschaumdämmung;
~ - Verschlußdeckel für Rolladenkasten;
6296 Beck

BHG
Wärmepumpen Wasser/Luft, Erdreich;
4282 BHG

BHK
Paneele, Tafelbretter, Kassetten, Wandplatten und Deckenplatten, jeweils Spanplatte mit PVC-Folie ummantelt oder kaschiert;
4793 Kottmann

Biber-Dachstein
Dachstein in rot, braun, antik und granit;
6370 Braas

BIBER®-RAPID
Montagezement mit sehr kurzer Erhärtungszeit, keine Rostbildung;
7000 Sika

bic-fire
Kaminöfen aus Stahl;
2000 BIC

Bicolastic
~ 1-K-Reaktionsharz-Fliesenkleber auf Holz und Spanplatten;
8900 PCI

Bicollit®
Gebrauchsfertiger, flexibler Dispersionskleber für Fliesen und Mosaik;
8900 PCI

BICS®
~ Injektionsverfahren zur Betonsanierung;
4709 Schering

Bidana
Mischbatterie mit automatischem Wassermengenregler;
7000 Hansa

bidec
→ impra-bidec;
6800 Weyl

Bidecor
~ - Zierkopfnägel, hand- oder maschinengeschmiedet für den Innenausbau;
4755 vta

bieberal®
~ - Kassetten;
~ - Klipp-Dach;
~ - PU-Dach;
~ - PU-Wand;
~ - **StehFalz-Dach**, schraubenloses Metalldach aus Stahlblech, Aluzink, sendzimirverzinkt und beschichtet, Alu, Titanzink, Edelstahl oder Kupfer;
~ - Trapezbleche;
~ - Verbunddecke;
6339 BIEBER

Biehn'sche Dichtung
Grundwasserabdichtung, Sickerwasserabdichtung;
1000 Biehn

bien-haus
Fertighaus;
6484 Bien

BIERBACH
~ Blattschrauben-Montagesätze, für Decken-, Rohr- und Luftkanalabhängungen;
~ Gerüstschrauben-Montagesätze, mit Kunststoffdübeln zur Gerüstverankerung;
~ Gewindenägel, für tragende Holzkonstruktionen → 4755 VTA;
~ Haken-Montagesätze;
~ Laschen-Montagesätze, für Sanitäranlagen;
~ Montagesätze für Waschtische, Boiler, WC;
~ Ösen-Montagesätze;

~ Pfostenanker, verstellbar;
~ Ringschrauben-Montagesätze zur Befestigung schwerer Teile an Decke und Wand;
~ Rohrschellen-Montagesätze, vorwiegend für Elektro- und Sanitärinstallationen;
~ Schrauben, Stahlnägel, Stahlstifte, Stahlhaken;
4750 Bierbach

Biermann + Heuer
Titanzink-Baulemente;
4760 Biermann

Biffar
Haustüranlagen im Baukastensystem in Holz, Alu und Holz-Alu;
6732 Biffar

BIG RED
Industriereiniger, biologisch abbaubar;
6300 Schultz

BI-HESTRAL
Einscheiben-Sicherheitsglas teilvorgespannt;
7518 Bischoff

BIJULITH
~ **AL**, Glasgewebe/Jutegewebe-Dichtungsbahn mit oberseitiger Alu-Kaschierung in Waffelprägung;
~ Bitumen-Dichtungsträgerbahn nach AIB mit Jutegewebeeinlage, gem. DIN 18 190;
6430 Börner

BiK
~ - Fertig-Dachgauben;
5983 BiK

Biku
Koksveloursmatte mit festem Plastikboden;
6800 Bima

Bilo
~ - Holzverbinder, für tragende Holzkonstruktionen;
4750 Bierbach
→ 4755 vta

BILO
Holzverbinder;
4755 vta

BILO-WACHS
Fußbodenwachs;
3123 Livos

Bilshausener
Dachziegel, Verblender;
3429 Jacobi

Bilz
~ Außentreppenanlagen;
~ Blumenkästen;
~ Gartenmauersysteme;
~ Müllschränke;
Naturstein- und Betonwerkstein-Elemente;
~ Verblenderelemente für Altmauern und Kellersockel;
8540 Bilz

bima®
Kokosvelourmatten, Gummimatten, Spezialwinkelrahmen, Lichtschachtroste, Rostabdeckungen, schmiedeeiserne Geländerstäbe;
~ - EVERCLEAN, Fußabstreifer, 100% Kunstfasern;
6800 Bima

Bimbo
Rüttelstopfgerät zum Verschließen von Konenlöchern im Beton;
4040 Betomax

Binder
Elektro-Haftmagnete, Feststellvorrichtungen für Schutztüren, Fenster, Klappen u. ä. Abschlüsse;
7730 Binder

BINEX
~ - Plattenlager, zur stufenlosen Höhenregulierung nach erfolgter Verlegung von Betonplatten auf Terrassen und Flachdächern;
5501 Binex

BINNÉ
~ APP-Kunststoffbitumen-Schweißbahnen(plastomer) mit Glasvlies-, Glasgewebe- und Polyestervlies-Einlagen;
~ Bitumenfilzmatten, Korkfilzmatten;
~ Bitumenklebemassen, Anstrichmassen, Einkiesungsmassen;
~ Dachgully;
~ Dachkies, feuergetrocknet;
~ Dachpappenschindeln;
~ Dachrandprofile;
~ Kaltdach-Entlüfter;
~ Karbolineum;
~ Korksteinplatten, rein expandiert oder bitumenimprägniert;
~ Pflastervergußmassen;
~ Wandanschlußprofile;
2080 Binné

BIO
Baulicher Brandschutz;
4500 Bio

Bio Compact®
Kleinkläranlage mit Abwasserbelüftung auf vollbiologischer Basis (Kläranlagen);
4796 Gerätebau

Bio Pin
Naturprodukte;
~ Bienenwachsbalsam;
~ Bienenwachs;
~ Fassadenfarbe;

1

~ Lasuren für Innen- und Außenanstrich;
~ Lasuren, wasserverdünnbar;
~ Naturharz-Imprägnierungsöl;
~ Naturharz-Öllacke für innen;
~ Öllacke für außen;
~ Verdünnung;
~ Vorstrichfarbe;
~ Wandfarbe, hochdeckende Naturfarbe, waschfest;
2940 Bio Pin

Bio-Estrich
Wärme- und schalldämmender Unterboden (Estrich), magnesiagebunden, mit rein organischen Füllstoffen, holzkonservierend fugenlos auf jeden tragenden Untergrund verlegbar;
7290 Chini

Biofa
~ - Naturharz-Holzlasuren;
~ - Naturharz-Klarlacke;
~ - Pflanzenfarben-Holzbeizen;
~ - Wandfarben auf natürlicher Basis;
7325 Biofa

BIOFIRE
Kachelofen, als Holzofen, Kohleofen oder kombiniert;
8228 Superfire

Biogest
Systematisierte Kompakt-Kläranlagen zur vollbiologischen Abwasseraufbereitung mit aerober Schlammstabilisierung;
6200 Biogest

Bioin®
~ - Holzfußböden;
8229 Niedergünzl

biolan®
→ impra-biolan®;
6800 Weyl

Bio-Lasur
Holzlasur, PCP- und Lindan-frei, 12 Farbtöne;
4300 Ultrament

Biolineum
→ DIFFUNDIN-Biolineum;
4904 Alligator

BIOLITH
Verblendziegel;
2058 Ziegel

BIO-PAINIT
~ Kalkfarben für innen und außen;
~ Sumpfkalk im Eimer;
8421 Rygol Kalkwerk

BioPor Leichtbeton®
Leichtbeton, 1200 kg/m^3;
2900 Michael

BIOsil
Innenwandfarbe, hochdeckend, reinweiß, matt, waschbeständig nach DIN 53 778;
4400 Brillux

Biosil
→ KEIM-Biosil;
8901 Keim

bio-therm
~ **Klimaboden**, Luft-Kombi-Flächenheizung;
~ Luft-Fußbodenheizung nach dem Heizprinzip der Römer (Hypocaustenheizung);
5340 Eht

Biotherm1
Kachelofen-Heizeinsätze;
8500 Biotherm

Bioton®
Hohlblocksteine und Schalungssteine aus Blähton mit einer zusätzlichen Korkisolierung;
7971 Gisoton

BIRCO®
~ - Rinnen-Systeme aus hochwertigem Beton zur Oberflächenentwässerung, mit und ohne Gefälle, begehbare Betonabdeckungen, Gußabdeckungen, Gitterroste in verschiedenen Maschenweiten und Ausführungen;
~ - **Spezialbetonwaren für Garten und Landschaft**: Sinkkasten, Schuhabstreifer, Fahrradständer, Beeteinfassungen, Pultmauerabdeckplatten, Sattelmauerabdeckplatten, Ornamentformsteine, Schachtabdeckungen, Ausgleichringe und **für den Hochbau**: Kaminaufsätze, Kaminabdeckplatten, Kaminschieber, Kaminfutterrohre, Entlüftungssteine, Rolladengurtsteine;
7570 Birco

Birkemeyer
Holz-Rolläden;
4519 Birkemeyer

Birkenfelder
Klinker, Fassadenklinker, Ziegel, Lochziegel, Klinkermörtel;
6588 Birkenfelder

BIROCOAT
Brandschutz-Putzbekleidung;
4000 Kramer

Birsteiner
~ **Fenster**, Holzfenster aus Meranti, Niagon, Mahagoni, Eiche und Fichte;

~ Haustüren aus Holz (Eiche und Niagon);
~ Holz-Klappläden, Material → Fenster;
8330 Hocoplast

BIRUDUR
~ - Spezial-Epoxidharz-Systeme, zur Imprägnierung, Versiegelung und Beschichtung gegen mechanische und chemische Einflüsse;
4100 Laden

bisch/seltz
Tondachziegel;
7500 Bisch

BISO
~ - Mauerblock aus Biso-Bims;
~ - **SW-PLUS**, Vollblockstein aus Biso-Bims;
~ - Block aus Biso-Bims;
5403 Bisotherm
→ 5403 Riffer

BISODUR
~ Dachdichtungsbahnen mit Polyestervlies-Einlage und Elastomer-Bitumen-Deckschichten;
2080 Binné

BISOLUX
Lichtkuppeln;
2080 Binné

BISOLVENT
Wasserlösliches Reinigungsmittel für Bitumen, Fette, Öle;
2080 Binné

Bison
~ - Spanplatten, nicht furniert;
3257 Bähre
→ 8015 Schweiger

BISON SPAN
Holzspanplatten;
3257 Bison

Bisonal
~ Super, Spanplatte, kunststoffbeschichtet;
3257 Bähre
→ 8015 Schweiger

BISO-NE
Stanzdocken, Dockenpappen, BZ-normal entflammbar nach DIN 4102;
2080 Binné

Bisophon
Schallschutzsteine;
5403 Bisotherm

Bisoplan®
Mauerwerkssystem (Baukastensystem) aus → Bisotherm®-Mauersteinen;
5403 Bisotherm

BISOTEKT
Schweißbahnen mit Polyestervlies-Glasgewebe-, Glasvlieseinlagen sowie mit kombinierten Einlagen aus Alu-Jute, Alu-Glasgewebe, Alu-Glasvlies und Polyestervlies;
2080 Binné

Biso-Tex W
Bitumen-Kautschuk-Kombination, elastisch, lmf, zur Isolierung der bei Vollwärmeschutz im Erdreich verlegten EPS-Fassaden-Dämmplatten;
4400 Brillux

Bisotherm®
~ - System aus ~ - Mauersteinen und ~ - Leichtmörtel. Material: speziell aufbereiteter rheinischer Edelbims einer Korngruppe nach DIN 18 151 und DIN 18 152 hergestellt;
5403 Bisotherm
→ 5403 Riffer

BITAS
Bautenschutzstoffe, Anstrichstoffe und Abdichtungsstoffe für den Wohnungs- und Industriebau;
2000 VAT

BI-TENSIT
~ Einscheiben-Sicherheitsglas, schlagfest, temperaturbeständig bis 250° C, besonders für Sporthallen, Türen, Brüstungen und bei Temperaturbelastungen im industriellen Bereich;
~ Ganzglasanlagen;
~ Innentüren;
7518 Bischoff

BI-THERM
Isolierglas;
7518 Bischoff

Bitherm
~ - Dämmstoffbefestiger;
~ - Luftschichtanker;
4750 Bierbach

bi-Trapezlager
→ Calenberger bi-Trapezlager;
3216 Calenberg

BITUFIX®
Bitumen-Schweißbahnen (DIN 52 131), mit verschiedenen Trägereinlagen: **AL** = Aluband 0,1 mm, **G** = Glasgewebe, **J** = Jutegewebe, **PV** = Polyestervlies, **V** = Glasvlies, mit Feinsand- oder Schieferbestreuung für Dach- und Bauwerksabdichtung;
7000 Braun

Bituflex
→ UZIN Bituflex;
7900 Uzin

1

Bituline®
Abdichtungsbahnen;
~ **Bronze** und ~ **Titan**, APP-Abdichtungsbahn mit PS-SPUNBOND-Einlage;
~ **Perfor**, Polymerbitumen-Dampfausgleichsbahn;
6200 O.F.I.C.

Bituperl
Dämmstoffkörnung für schall- und wärmedämmende Ausgleichsschüttungen bei Fußboden-Trockenkonstruktionen (Trockenschüttung);
4600 Perlite
→ 7000 Bauder

BITUPLAST
Bitumen-Lösungsmittelgemisch mit Faserzusatz, versprödungsarm, gut haftend, kalt verarbeitbar;
~ **A**, Schutzanstrich für Bitumendächer in Kombination mit Schiefersplitt, robuster Isolieranstrich;
~ **P**, zähplastischer Spachtelkitt für Detailsicherung, Ausbesserung, Kleinreparaturen;
7000 Braun

Bitupor
~ **D**, wie **E**, jedoch mit beidseitiger Kaschierung;
~ **E**, EPS-Hartschaumplatten mit einseitiger Bitumen-Dachbahnen-Kaschierung;
7000 Bauder

Bitu-Sand
Roter Streusand als Porenschluß auf fertig gewalzte rote Makadam-Deckschichten;
6300 Schultz

Bituthene
Dichtungsbahn aus Bitumenkautschuk mit Polyäthylenauflage, selbstklebend, kalt verarbeitbar, zur Abdichtung von Kelleraußenwänden, Balkonen/Terrassen, Bodenplatten und Naßräumen gegen Feuchtigkeit, Sicker- und Oberflächenwasser;
6900 Teroson

bituwell®
Bitumenwellplatte für Dach- und Wandverkleidung;
2400 Bituwell

BIUTON
Leichtziegel nach DIN 105 Teil 2, ohne chemische Porenbildner → 4950 BIUTON;
3062 BIUTON

BIVITEX®
Bitumen-Dichtungsträgerbahn mit Glasgewebeeinlage;
6430 Börner

BK-ferm
~ Profilstahlrohre für Rauchschutztüren mit Verglasung;
8960 Röhrenwerk

BKN
Betonfertigteile;
~ Betonpalisaden;
~ Betonpflastersteine;
~ Betonverbundpflastersteine;
~ Bordsteine;
~ Gehwegplatten, Gartenplatten;
~ L-Steine;
~ Lärmschutzwände;
~ Rinnensteine;
~ Stützwand-Systeme;
~ U-Steine;
~ Waschbetonplatten;
8430 BKN

BKS
~ Einsteckschlösser;
~ Panikschlösser;
~ Schließanlagen;
~ Sicherheitsschlösser;
~ Türschließer;
~ Zylinderverschlüsse;
5620 BKS

BKU-System
Korrosionsschutz aus PVC-Hart in der Abwassertechnik, für Rohre, Ortbetonbauwerke, Sohlschalen u. ä.;
6800 Friedrichsfeld

BLACK STAR®
Bauschrauben für den Trockenausbau in Metall und Holz;
6103 Richter

blackdicht
→ Ceresit-blackdicht;
4750 Ceresit

Blackrolltex
Verdunkelungsanlage, Rollenvorhang aus Kunststoff;
4000 Centrexico

BLANCOGRIP®
Sanitärausstattung aus Chromnickelstahl 18/10 für behindertengerechtes Bauen (Behindertenhilfen);
7519 Blanc

BLANCOMED®
Edelstahl-Ausstattungen in der Medizin → BLANCOGRIP®;
7519 Blanc

blanke
~ Flachmessing;
~ Fliesenabschlußschienen aus Kunststoff, Messing und Aluminium;
~ Fliesenmagnetverschlüsse;
~ Spezial-Winkelprofile;

~ Teppichschienen;
~ Winkelmessing;
5860 Blanke

Blankol
Trennmittel für Betonschalungen;
4930 Rethmeier

Blankolit
Silberlack;
6360 Megerle

Blasberg
Abwasser-Sonderanlagen;
5650 Blasberg

Blaschek
~ - Schamottesteine, Formsteine, Kamineinsätze aus Schamotte für offene Kamine;
6116 Blaschek

Blasi
~ - Schiebetürautomat, vollelektronisch gesteuert für den Innen- und Außenbereich;
~ Türblätter in Holz, Glas, Kunststoffbeschichtung;
~ Türdichtung, Bürstendichtung für Schall-, Wärme- und Zugluftschutz;
7631 Blasi

blaurock®
Fenster-Rolladen-Element in dem der Alu-Rolladen im Blendrahmen untergebracht ist;
8740 Blaurock

BLAUSIEGEL
Flüssiges Mörteldichtungsmittel, zugleich Mischöl, wirkt gegen das Absetzen in der Wanne, macht Mörtel plastisch, sorgt für bessere Haftung, vermindert Wasseranspruch;
2000 Lugato

Blazeban®
Teppichboden, speziell für alle feuergefährdeten Boden- und Wandflächen;
5160 Anker

BLB-Platten
Betonplatten aus Leichtbeton;
6339 BIEBER

BLEES
Wendeltreppen;
4018 Blees

Blefa
Wohnraum-Dachfenster, auch mit Sonnenrollos oder Jalousien und sonstigem Zubehör;
5910 Blefa

BleiPlus®
Hauchdünn oberflächenveredeltes → SATURNBLEI® (Walzblei mit einer hauchdünnen Zinnschicht);
2000 Bleiindustrie
→ 4000 Grafweg
→ 6000 Morgenstern

BLINK
Keramikfliesen für Schwimmbäder;
~ - **Formstücke**;
~ - **Spaltplatten**;
5412 Link

Blitz
Schnellzement für Pfropfung und Montage;
4100 Hansit

Blitzbinder
Schnellzement, mischbar, beständig gegen Säuren, greift Metalle nicht an, zum Versetzen von Konsolen, Fensterbänken, Treppen usw.;
6908 Philipp

Blomberg
~ - Sauna;
~ - Wärmepumpen, mit 5 Variationsmöglichkeiten;
4730 Blomberg

BLOXIDE
→ TEMPIL®-BLOXIDE;
2000 Helling

BLT
~ - Gleitlager;
4030 Vorspann

BLUE ENERGY
Industriereiniger, lmh;
6300 Schultz

Blütenweiß
Weißkalkhydrat;
3380 Fels

Blumör
~ Anschlagziegel;
~ Deckenhohlsteine;
~ Hochlochziegel;
~ Mauerziegel NF-voll;
~ pori-Klimaton-Ziegel;
~ Ziegelsturzschalen;
6452 Blumör

blumor®
~ **securite**, Parkettversiegelung;
6600 Blumor

1

BMF
~ - **Balkenschuhe**, zur Verbindung von stumpfgestoßenen Holzkonstruktionen;
~ - **Holzverbinder**, aus feuerverzinkten Stahlblechformteilen, auch rostfreie Ausführung;
~ - **Kammnägel**, zur Befestigung von BMF-Holzverbindern;
~ - **Lochbleche**, in verschiedenen Stärken als Knotenbleche für Dachbinder, aber auch für andere Holzverbindungen;
~ - **Sparrenpfettenanker**, für die Verbindung von Pfetten an die tragende Unterkonstruktion;
~ - **Stützenschuh**, zur Befestigung von Holzstützen und -pfosten im Fundament, z. B. für Garagen, Pergolabauten, Terrassen usw.;
~ - **Universalverbinder**, für Kreuzverbindungen verschiedener Art;
~ - **Windrispenbänder**, zur Aussteifung von Dach-, Wand- und Balkenkonstruktionen;
~ - **Winkelverbinder Typ 90 und 105**, mit Rippenverstärkung für höhere zulässige Belastungen;
~ - **Winkelverbinder** zur Übertragung von größeren Lasten in Kreuzverbindungen;
2390 BMF

BN-Ziegel
Mauerziegel, Klinker, Hochlochziegel;
6259 Becher

BOA®
~ - Absperrventile;
~ - **Compact**, Kompaktventil;
6710 KSB

BOAX®
~ - Absperrklappen für Heizungsanlagen bis 120° C;
6710 KSB

BOCK 500
→ HÜWA®;
8500 Hüwa

Bockhorner
~ **Klinker**, Verblender mit glatter bis rustikaler Oberfläche, frost- und säurebeständig, ausblühfrei. Lieferbar als Voll- und Lochklinker, Sparverblender, Spaltriemchen in rotbunt und blaubraun;
2935 Klinker

Bockstaller
Rolläden aus Holz, Kunststoff und Alu;
1000 Bockstaller

Bode
Massiv-Blockhäuser, Fachwerkhäuser;
2854 Bode

Bode
~ **Schrankwände**;
~ **Trennwand-Systeme**, mit integrierter Verglasung und Durchgangstüren;
3504 Bode

Bodena®-Color
Beton- und Estrichfarbe für Kellerräume, Kellertreppen und Balkone;
8900 PCI

BODEN-NEU®
Selbstglanzemulsion, Imf, Schutz und Pflege von Bodenbelägen aller Art, innen;
2000 Lugato

BODENSEEHAUS®
Fertighäuser;
7700 Bodenseehaus

Boekhoff
Einsatzofen für Kachelofen-Warmluftheizung;
2950 Boekhoff

Boetker
~ Automatiktüren;
~ Fassaden;
~ Fenster;
~ Leichtmetallelemente;
~ Verglasungen;
2800 Boetker

BÖCO
~ II, Bitumen-Faser-Spachtelmasse und Reparaturmasse;
~ **I**, Bitumen-Faser-Streichmasse für Regenerierung gealterter Dachbahnen, auch geeignet als Kieseinbettmasse mit Haftmittel;
6430 Börner

BÖCOFOL
Kaltselbstklebende Vielzweck-Dichtungsbahn, 1,5 mm dick, mit Kunststoffolienauflage;
6430 Börner

BÖCOLAN
~ - **ALUVAL**, Silber-Dachlack;
6430 Börner

BÖCOPLAST
~ **BSE-MS**, Bauwerkschutzanstrich, Mehrzweckanstrich;
~ **BSE-SI**, Silo- und Trinkwasserbehälter-Anstrich;
~ **D**, elastische Latex-Dachbeschichtung auf Bitumen-Emulsionsbasis;
~ **PST**, Bitumen-Dickbeschichtungsmasse auf Emulsionsbasis, spachtelbar;
6430 Börner

BÖCOSAN
Dachkonservierungsanstrich, schwarz, farbig;
~ **F**, Dachlack auf Kunstharzdispersionsbasis, grün, rot;
6430 Börner

BÖCOSOL
~ **Adhäsiv**, Bitumen-Kaltkleber im Folienbeutel;
~ **KA**, Kaltklebemasse auf Bitumenbasis;
~ **KI-W**, Kieseinbettmasse auf Bitumenbasis, mit Haftmittel- und Wurzelgiftzusatz;
6430 Börner

Bögle
~ - Decken-Abhänge-Systeme;
~ - Holzbauschrauben;
~ - Schnellbauschrauben;
~ - Spanplattenschrauben;
~ - Trapezhänger;
7410 Bögle

BÖKO-LUX
~ Haustürüberdachungen aus GFK;
~ Lichtkuppeln aus Acrylglas;
6430 Börner

bölazinc
Zinkgrund vor dem Farbanstrich;
6737 Böhler

BÖRFIX
~ - **Porenfüllmasse**, auf Kaltbitumenbasis zur Versiegelung offenporiger Decken, Fehlstellen und offener Nähte;
6430 Börner

BÖRFUGA
~ **AR 2000**, Rißüberbrückungsmasse für Risse und Fehlstellen in bituminösen Fahrbahnen;
~ Primer-K, Kunststoffvoranstrich für ~ ;
~ Vergußmassen für Straße, Pflaster, Schiene und Industriebau;
6430 Börner

BÖRGER
~ **Rotorpumpe**, Verdrängerpumpe;
4280 Börger

BÖRMEX®
~ - **Bitumenemulsion** U 60 K, U 65 K, U 70 K für den Straßenbau, anionisch, kationisch, stabil und frostbeständig;
~ - **Haftkleber**, für den Straßenbau, hochwirksames Bindemittel zum Vorspritzen auf Bitumenbasis;
~ - **Kaltmischgut**, 1–3 mm und 2–5 mm, lagerfähig, in 40 kg Säcken;
~ - **MS-Emulsionsbasis** zur Herstellung von Kaltmischgut;
~ - **OT**, treibstoff- und ölbeständige Schlämme für Oberflächenschutzschichten;
~ - **Polymerbitumenemulsion**, versch. Sorten;
~ - **Recycling-Emulsion** zur Herstellung von Fundationsschichten im Kalteinbau von belastetem Altasphalt/Fräsgut;
~ - **S-Bitumen-Fertigschlämme**, füllerhaltige Schlämme für Porenversiegelungen;
6430 Börner

BÖRMOL®
~ Kaltbitumen für den Straßenbau, spritzfähig;
6430 Börner

Börner
~ - Lichtkuppeln aus plexiglas®, → Nauheimer;
6085 Börner

BÖRNER
~ - **Bitumen-Dachschindeln**, mit Spezial-Glasvlieseinlage und mit Selbstklebestreifen und hochstandfester Deckmasse mit Granulatbestreuung;
~ - **PUK®-Kobold**, Auftraggerät für 1 bis 4 Flaschen PUK®-Kleber;
~ - **PUK®**, Klebesystem zur Verklebung von Dämmstoffen und Dachbahnen mit- und untereinander;
6430 Börner

Bösterling
Spielplatzgeräte aus Holz;
5982 Bösterling

bofima®-Bongossi
~ Baggermatratzen;
~ Böschungsmatten, Böschungsfußmatten und Sohlmatten B.P.;
~ Flechtmatten (auch mit Filter aus Gittergewebe);
~ Lärmschutzwände;
~ Montagebrücken;
~ Pfähle, Kantholz, Bohlen, Spundbohlen;
~ Sichtschutzmatten, Windschutzmatten;
~ Sohlschalen DBGM;
4444 Rötterink

BOFORS
~ - Masten, Fahnenmasten aus glasfaserverstärktem Polyesterharz;
2300 Jäger

Boga
Alu-Rollgitter, geführt in einer U-förmigen Schiene mit Neopreneinlage;
7311 Heuer

Bogendach
Trapezprofile bis über 100 mm Profilhöhe, knitterfrei zu Bogenelementen verformbar, Spannweite bis max. 20 m;
7834 prefast

1

Bogener
Tondachziegel: Flachdachpfannen, Verschiebefalzziegel, Reformpfannen, verschiebbar;
8443 Bayerische Dachziegel

BOHE
~ Brandmeldeanlage (BMA);
~ Flachdach-Zubehör;
~ Lichtbänder;
~ Lichtkuppeln;
~ Rauch- und Wärmeabzuganlagen (RWA);
7570 Bohe

Bohlenkranz
→ ESSMANN®-Bohlenkranz;
4902 Essmann

Boiler Master
Energieregler für direkt befeuerte Gasboiler;
4441 Solar

BOILERKOLLEKTOR
Solaranlage aus Warmwasserboiler und Sonnenkollektor in einem Bauteil;
4441 Solar

Boisan®
Holztreppe;
8000 Baveg

BOIZENBURG®
Keramische Wandfliesen, Bodenfliesen, Dekorfliesen (aus der DDR);
4690 Overesch

BOLD
Rolladenkasten-Dichtung;
6791 Bold

Bolta
→ Roplasto® Bolta;
5060 Dyna

Bolta
~ Fußboden-Spezialprofile;
~ Handlaufprofile;
~ Leiste, Hart-Sockelleiste;
~ Teppich-, Hart-, Klemm-, Hartschaum-, Weich-PVC-Sockelleisten;
~ Treppenkanten;
8351 Bolta

BOMAT®
Heizkessel für Öl und Gas;
7770 Bomat

BOMIN SOLAR
Solarsysteme für Schwimmbadheizung;
7850 BOMIN SOLAR

Bona
→ LEBO-Bona;
4290 Lebo

Bonaphalt
~ - **1**, flexibles Dachabdichtsystem, halbflüssige, kunststoffvergütete 2-K-Bitumenmasse;
4354 Deitermann

Bonaplan
Vorsatz-Schalungsplatten mit 3- bis 5fachem Furnierplattenaufbau, für geringeren Einsatz als → Betoplan;
4840 Westag

BONATA
~ - Bodeneinschubtreppen in Stahl und Holz;
~ - Geschoßtreppen aus Holz in Montagebauweise, kartonverpackt;
~ - Spindeltreppen, montagefertig im Paket als Lagerware;
8000 Bonata

Bonco
Müllboxen aus Waschbeton;
4200 Böcke

BONDAL®
Schalldämpfendes Verbundblech im Aufbau Stahl/Kunststoff/Stahl, z. B. zur Ummantelung von Lüftungskanälen, Auslegen von Abfallrutschen u. ä.;
4600 Hoesch

Bondegård
Rupfen-Wandverkleidung, dichtgewebte Jute auf Krepp kaschiert (Jute-Naturtapeten);
2000 Johansen

BONDEX
~ **Acryl-Spachtel**, für Spachtelarbeiten auf Holz, Putz, grundiertem Eisen im Innenbereich;
~ **Acryl-Vorlack** für innen, weiß;
~ **BBX Acryl-Farbe**, wetterfester Anstrich in weiß;
~ **Fenster-Lack**, Acryllack für außen und innen, weiß;
~ **Heizkörper-Lack**, Acryllack in weiß;
~ **Hochglanz-Lack**, wasserverdünnbarer Acryllack für außen und innen;
~ **Holz-Primer**, Isolieranstrich auf Acrylbasis;
~ **HOLZSCHUTZGRUND**, insektizid und fungizid;
~ **Holzschutzlasur**, außen und innen, für einheimische und tropische Hölzer;
~ **Paneel-Lack**, Acryl-Lack nur für innen, farblos;
~ **Parkett-Lack-H**, Hochglanz-Acryl-Lack nur für innen, farblos;
~ **Parkett-Lack-S**, Seidenglanz-Acryl-Lack nur für innen, farblos;
~ **Profi BB2 Seidenglanzlack**, wasserverdünnbarer Acryllack;

~ **SATIN FINISH**, Dickschichtlasur für alle Holzarten;
~ **ZaunLasur**, in den Farbtönen Kiefer und Palisander;
6200 Taunus

BONDEXdeck
Wind- und wetterfeste deckende Holzfarbe in 12 Farbtönen;
6200 Taunus

BONDEXfutur
Holzveredelung mit Langzeitschutz für innen und außen;
6200 Taunus

BONFOLER
~ KLINKERPLATTEN unglasiert, feuergeflammt, für Wandbeläge und Bodenbeläge (aus der Schweiz);
~ KUNSTKERAMIK, handglasierte Motive, Dekorfliesen für Friesarbeiten, Bodenbeläge mit unglasierten rustikalen ~ Klinkerplatten;
4690 Overesch

Bongossi
→ bofima®-Bongossi;
4444 Rötterink

Bonhôte
Sitzbadewannen mit Einstiegtür zur Betreuung behinderter, alter und kranker Menschen;
7000 Climarex

Bonner Schindel
Bitumen-Schwerglasvlies-Dachschindel;
5300 Awa

boran
→ impra-boran;
6800 Weyl

BORBERDOR®
~ - BLAU, Mörtelzusatzmittel für Grundwasserabdichtungen und zur Herstellung von Sperrputzen;
4700 Borberg

BORBERIX®
Schutzanstriche und Isolieranstriche für Beton, Mauerwerk, Putz, Dachpappe;
4700 Borberg

BORBERNAL®
Entschalungsmittel, Schalöl-Konzentrat, Schalöl-Emulsionen, Schalwachs, Trennmittel;
4700 Borberg

BORBERSIN®
Schutzöl und Pflegeöl für Baumaschinen und Baugeräte;
4700 Borberg

Borkener Fachwerkhaus
Bausatzhaus, Ausbauhaus, Fertighaus;
4280 Kellmann

BOS
Stahlzargen, Norm- und Sonderzargen (Zargen);
4407 Ohmen

Bosch-Junkers
Wärmepumpen, Solarabsorber;
7314 Bosch

boschung
~ Glatteis-Frühwarnsystem, Messung durch Sensoren an der Fahrbahn;
~ Taumittel-Sprühanlage, schrittweise weiterschaltende Sprüheinheiten verhindern winterliche Glätte;
4390 Boschung

Bossal
~ - Wandbekleidung, System mit selbstspannenden Fassadenschindeln aus einbrennlackierten Alu-Blechen;
4600 Thyssen

Bosta 100/70
Gerüste;
4030 Hünnebeck

Bostik®
~ **Spezialklebstoff** zur Verklebung unterschiedlichster Kunststoffe für Boden, Wand und Decke;
~ **2638**, Polyurethandichtstoff, einkomponentig, für Fensteranschlußfugen;
~ **2640**, Polyurethan-Teer, Dichtstoff für den Tiefbau;
~ **2641**, Polyurethandichtstoff, zweikomponentig, für Beton- und Fertigteilbau;
~ **3045**, 1-K-Spritzdichtung, PIB-Basis, dauerplastisch;
~ **3050**, Silikon auf Acetat-Basis für allgemeine Klebe- und Abdichtungen;
~ **3052**, Silikon, neutrales System, für die Fensterabdichtung und den Beton- und Fertigteilbau;
~ **3054**, Silikon auf Amin-Basis, für den Metallbau und die Fensterversiegelung;
~ **3070 Korkdichtungsmasse**, Kork-Granulat verstärkt mit Elastomeren als Bindemittel, spritzbar, für Innenabdichtung, Sekundärdichtung und Isolierung;
~ **3104**, 2-K-Verfugungsmasse, weichelastisch, auf PSU-Basis für Beton und Fertigteilbau;
~ **3110**, 2-K-Versiegelungsmasse, auf PSU-Basis, speziell für Verglasung;
~ **3500**, 1-K-Versiegelungsmasse auf PSU-Basis;
~ **3512**, Acryldichtstoff (Dispersion), für Innen- und Außenfugen;
6370 Bostik

Bostitch
Heft- und Nagelapparate als Holzverbindungsmittel;
2000 Bostitch

Bostwick
Scherengitter, System Bostwick, Gitterroste;
1000 Plaschke

1

Botanico
Lärmschutz und Hangsicherung;
4190 S + K

Botanico®
Lärmschutzwand aus Betonfertigteilen, begrünbar. **Typ L** für Gartengestaltung. **Typ S** für öffentlichen Raum;
7800 ACW
→ 4952 Vogt
→ 5063 Metten
→ 5800 Köster
→ 6637 Tritz
→ 7814 Birkenmeier
→ 8580 Zapf

Bots
Massiv-Blockhäuser;
4132 Bots

Bott
~ **Elemente**, geschoßhohe, tragende Wandtafeln aus Hochlochziegeln, Aussparungen für Installationen und Anschlüsse;
~ - Kamine und Kaminformsteine für häusliche Feuerstätten;
~ POROTON, Schallschutzziegel, Flachdachpfannen, Biberschwanzziegel, Mauerziegel, Kaminformsteine;
6914 Bott

Botticino
Fensterbänke;
6000 Hofmann

Bouclésa
Tellux-Teppichboden;
4544 Bouclésa

Boy
~ - Garagen-Deckentore, Feuerschutztüren, Industrietore;
4600 Brandhoff

Boy
Fäkalienhebeanlage;
6000 Zehnder

Boy
Absperrböcke;
6200 Moravia

Bozett®
Balken-Z-Profile, Auflagerbeschläge in Alu und Stahl;
2808 Bulldog

Boßmann
Türfüllungen aus Kunststoff, Bronze, Kupfer und Alu;
6635 Boßmann

bps
~ - Leuchten-Systeme mit Lichtrohren, Halogen-Niedervolt-Strahlen, Pendelleuchten usw.;
4933 bps

BR
~ - **Kabeldurchführungen**, zum Abdichten einer Vielzahl von Kabeln im Baukastensystem;
~ - **Rohrabdichtungen** als ringförmige Gliederdichtungen;
2100 Brendel

BR
~ - Stecksystem, für das Heben und Transportieren von Betonfertigteilen;
8000 Schwaiger

BRAAS
~ **Atelier-Fenster** aus eloxiertem Alu, durchgefärbtem Kunststoff und Isolierverglasung mit integriertem Eindeckrahmen, dazu Rollo, Jalousette, Markise;
~ **Dachrinnensystem** aus PVC mit farbiger Acrylschicht;
~ **Dachsteine und Dach-Formsteine** aus Beton und Kunststoff: Ganzer Stein, Halber Stein, Ortgangstein, Schlußstein, Pultstein halb und ganz, Pultortgangstein, Lüfterstein, Standbrettstein, Firststein, Gratstein, Sicherheitsrost, Modelle: → Frankfurter Pfanne, Frankfurter Pfanne plus, Römer-Pfanne, Doppel-S-plus, Biber-Dachstein, → Tegalit-Dachstein glatt, Taunus-Pfanne, Exclusiv-Biber, Donau-Pfanne;
~ **Dachzubehör** u. a.: Firstkappen, First-/Gratelement, First-/Gratklammer, First-/Grat-Endscheibe, Firstlattenhalter, Dunstrohraufsatz, Lichtpfannen aus Acrylglas, Lichtkuppel-Dachfenster, Unterspannbahn, Rippenkehle, Sicherheitstritt;
~ **Flachdach-System** mit → Rhepanol fk mit Dichtrand, → Rhenofol CL, CG oder CV, Dachbahnen aus PIB und PVCP mit kompl. Zubehör;
~ **Giebelstein**, Ortgangstein mit verlängerten Lappen;
~ **Kanalrohrsystem** aus PVC mit allen Formteilen und Übergangsstücken;
~ **Schieferit®**, Strukturplatte aus Schiefermehl, gefestigt durch Polyesterharz, für Dachdeckung und Fassadenbekleidung;
~ **Schneestoppfanne**, lieberbar für Frankfurter Pfanne, Römer-Pfanne, Doppel-S- und Taunus-Pfanne, Donau-Pfanne;
~ **VarioGully**, Flachdach-Gully;
6370 Braas

Brachter
Tondachziegel;
4057 Laumans

Brand
~ System SS 78, Lärmschutzwand aus kesseldruckimprägnierter Kiefernholzkonstruktion;
8302 Brand

Brandalen®
~ - **PE-HD-Rohrleitungen**, als Trinkwasserrohre, Kanalrohre, Gasrohre;
5439 Kunststoffwerk

Brandenstein
~ - Fertigelement, Fenster-Rolladen-Kombination;
~ - Kunststoff-Fenster, System Kömmerling Combidur VK;
5657 Brandenstein

Braselmann
Profile, kaltgewalzt in Stahl und NE-Metallen;
~ Rolltorprofile, auch für feuerhemmende Rolltoranlagen (T 30);
5828 Braselmann

brasilia
Einbauschränke und Raumtrennschränke in Leichtmetall-Skelettbauart für Büros;
6840 PAN

BRATTBERG
~ Kabelabschottungen;
~ Rohrdurchführungen;
2000 MCT

BRATTBERG-SYSTEM
Kabelabschottung und Rohrabschottung, feuerbeständig, druckfest;
2000 MCT

BRAUN
~ Absperrpoller;
~ Eskoo-Verbund- und Betonpflastersteine;
7341 Braun

Braun
~ Betonpflastersteine;
7901 Braun

Braun
~ Betonfertigteile;
~ Betonsteine;
~ Elementdecken, Elementwände;
~ Liaporsteine;
~ Transportbeton;
~ Verbundsteine;
8544 Braun

Brauns
Jalousien;
8227 Brauns

BRAVA
Keramische Wandfliesen (aus Italien);
4690 Overesch

BRAVADIN®
Acrylat-plus-Innenfarbe, waschbeständig nach DIN 53 778;
4630 Unitecta

BRAVADUR®
Acrylat-Fassadenfarbe;
4630 Unitecta

BRAVAQUICK Acrylat plus
~ Fassadenfarbe, tuchmatt, extrem deckfähig, froststabil;
4630 Unitecta

Brecht
Dachbegrünung, System mit Drän-, Filter- und Vegetationsschicht. Extensive Begrünung, einschichtig;
7257 Brecht

BRÉE
~ - Betonrohre DIN 4032;
~ - Kombirohr (Rohr und Rinne) aus Beton und Stahlbeton aus einem Guß von DN 800—2800 mm;
~ - Lärmschutzwand, durch Stapelung gleichartiger Betonelemente, Nischen auch bepflanzbar;
~ - Stahlbetonrohre DIN 4035;
5000 Brée

BREISGAU-HAUS
Fertighäuser, Treppen;
7813 Breisgau-Haus

Brekotherm
~ Fassadenelemente aus Kunststoff → 7250 Breko;
6754 Breko

BRELIT
Kalksandstein-Verblender;
3042 Meyer Breloh

Brennenstuhl
~ **Leitern** in verschiedenen Ausführungen, auch mit Gelenken;
7400 Brennenstuhl

Breplasta
→ Baeuerle Breplasta;
8940 Baeuerle

BRESPA
Spannbetondecken-Elemente für Geschoß- und Dachdecken;
3043 BRESPA

1

Breternit
Dachbahnen, Dichtungsbahnen, Glasgewebe-Dachbahnen, Glasvlies-Bitumen-Dachbahnen, Lochbahnen, Dampfdruckausgleichsbahnen, Bitumen-Schweißbahnen, Polymerbitumen-Dichtungs- und Schweißbahnen, Asphaltpapier, Bitumen-Erzeugnisse;
6472 Breternitz

Breternol
Bitumen-Kaltklebemasse, Rieseleinbettmasse, Spachtelmassen, farbige Dachlacke, Isolieranstriche, Schutzanstriche;
6472 Breternitz

Breuer
~ **Duschkabinen** mit Alu-Rohr, Polystyrol- oder Echtglasscheiben;
~ **Regalschienen** für ein Regalsystem mit Holz- oder Glaseinlageböden für Bad, Küche usw.;
5450 Breuer

Briare
Keramikfliesen, Porzellanmosaik;
4000 Briare

BRIED
~ Austroflamm-Kaminöfen, Heizkamine, Kaminkassetten;
8031 Bried

BRILANT
~ - Glasreiniger;
4000 Wetrok

Brillant
→ Thermopal-Brillant;
7970 Thermopal

BRILLSAN
Desinfektionsreiniger;
4000 Wetrok

Brillux®
Kunstharzputze, Kleber und Dichtungsmassen, Anstrichstoffe, Beschichtungen;
~ **Acryl-Dichtungsmasse 395**, plasto-elastischer Fugendichtstoff, auf 1-K-Polyacryl-Basis, für Fugen mit mittlerer Dehnungsbeanspruchung;
~ **Außenwand-Dämmsystem (AWD)**, Vollwärmeschutz für Alt- und Neubauten;
~ **Betonschutz-System**, schützt gegen saure Bestandteile, erhält die Wasserdampfdiffusionsfähigkeit;
~ **Buntsteinputz 3610**, für innen;
~ **Buntsteinputz 3552**, lösungsmittelfrei; Dispersions-Kunstharzputze;
~ **Einseitkleber 392**, Einseit-Dispersionskleber, für die Verklebung von Bodenbelägen mit PVC-, Asbest-, Polyvlies-, PVC-Schaumrücken sowie Teppichböden mit PVC-Rückseiten;
~ **Fenstersanierung**, komplettes Anstrichsystem;
~ **Fliesen- und Baukleber 390**, auf Dispersionsbasis, zum Verlegen keramischer und Kunststoff-Fliesen;
~ **Haftkleber 3760**, für grobe Buntsteinputze;
~ **Hartschaumkleber 391**, auf Dispersionsbasis, für Isolierplatten, Deckensichtplatten und Untertapeten aus normalem und druckfestem PS-Schaum;
~ **Holzfarbe 871**, wetterfeste Holzschutzfarbe für nicht maßhaltige Bauteile, wasserverdünnbar;
~ **Innendekor**, Reibeputz mit Rillenstruktur;
~ **KH-Kleber 393**, heller Kunstharzkleber für PVC-Filzbeläge, Nadelfilz und Teppichböden **ohne** - PVC-Planschaumrücken;
~ **Kunstharz-Lackfarbe 291**, für außen und innen;
~ **Kunststoff 3000**, Universalanstrich, seidenglänzend auf Kunststoffbasis für innen und außen;
~ **Putzgrundierung 3710**, pigmentiert, lmf;
~ **Rausan R Putz**, für außen und innen, Reibeputz mit Rillenstruktur;
~ - **Rausan** KR Putz, Vollabrieb für innen und außen, edelputzartiger Kunstharzputz für dekorative Oberflächen;
~ **Rollputz 3637**, für innen;
~ - **Rollputz 919**, für außen und innen, verschiedenartig strukturierbar, z. B. mit Kelle, Pinsel, Erbslochwalze u. ä.;
~ **Seidenmatt-Lack 880**, Lack für innen und außen für Holz und entsprechend vorbereitete Metalluntergründe;
~ **Silikon-Dichtungsmasse 396**, dauerelastischer Fugendichtungsstoff, 1-K, zum Abdichten und Verbinden im Sanitärbereich, Glasbau, Handwerksbereich;
~ **Thiokol-Dichtungsmasse 397**, dauerelastischer Fugendichtstoff, 1-K, für Anschluß- und Dehnungsfugen;
~ **Tiefgrund 595** lmf bzw. 545 lmh;
~ **Universal-Kleber 394**, für Decke, Wand und Boden;
4400 Brillux

Brimges
~ - Dachziegel, aus Ton gebrannt, naturrot und altfarbig engobiert, lieferbar als: Muldenfalzziegel, Rheinlandziegel, Flachdachpfannen für Dachneigungen bis 22°, dazu alle Formstücke;
4057 Brimges

BRINKJOST
~ - **SAUNA**, finnische Sauna aus Blockbohlen, zum Einbau im Haus — und als Gartensauna;
4425 Brinkjost

Brinkmann-Grasdach-Systeme®
Dachbegrünung, Wandbegrünung;
3430 Brinkmann

Brinkschulte
Entwässerungssysteme;
2800 Brinkschulte

Brio
Spielplatzgeräte im Kantholz-System;
8500 Brio

BRIONNE
Gesenkgeschmiedete Beschläge (Türgriffe, Fenstergriffe usw.), korrosionsgeschützt aus Eisen und Messing;
8228 Decostyl

Bri-So-Laa®
„Original Laaspher" Windschutzortgänge, Ortgangblenden, verzinkt mit PVC-Spezialbeschichtung Windschutzortgänge auch in Alu oder Kupfer;
5928 Briel

BRISTAR
Nicht-explosives Sprengmittel (Quellzement) zum umweltfreundlichen Abbau von Beton und Gestein anstelle von Sprengstoff oder mechanischen Verfahren;
7210 Dimmler

Børmix
Sanitärarmaturen aus Dänemark mit Einhand-Einlochmischer, Spültischarmaturen, Waschtischarmaturen, Bidetarmaturen;
7274 Orisa

Brockmann
~ Alu-Fenster, auch als Hochhausfenster;
~ Alu-Haustüren;
~ Holz-Alu-Fenster;
~ Holzfenster;
~ Holz-Haustüren;
~ Kunststoff-Fenster, System WAVIN mit Mitteldichtung;
4250 Brockmann

BROCKMANN-HOLZ
~ Brett-Schalung;
~ Gurthölzer;
~ Kanthölzer;
~ Palisadenhölzer für den Garten- und Landschaftsbau;
~ Schnittholz für den Betonbau;
~ Schwellen für den Garten- und Landschaftsbau;
4000 Brockmann

BROCODUR
~ - **ST**, 2-K Steinkohlenteer-Epoxidharz-Kombination für Beton und Stahl;
~ - **Zinkstaubgrundierungen** und -farben, gut haftend, auch auf Zink und anderen NE-Metallen;
4432 Bron

BROCOLOR
~ - **Abbeizer**, universell wirkende Abbeizpaste, auch für 2-K und Dispersionsfarbenanstrich;
~ - **Abziehlack**, zum Schutz glatter Metalloberflächen wie Alu, Messing usw.;
~ - **Dispersionsfarbe**, nach DIN 53 778 für innen und außen;
~ - **Epoxidharz-Lack**, alkalienbeständig;
~ - **Holzlasur**, pilzwidrig, feuchtigkeitsregulierend;
~ - **Schwarzlack**, auf Bitumenbasis, phenolfrei;
4432 Bron

BROCOLUX
~ - Industrielacke, auf Basis KH, CC, NC, und PVC-Acryl;
~ Rostschutz-Systeme für Stahl-, Brücken-, Behälter- und Tankbau;
4432 Bron

BROCOPHAN
~ - **Acryl-Decke (für außen)**, 2-K-Typ, chemikalienfest;
~ - **E-Decke (für innen)**, PUR-Anstrich, chemikalien- und treibstoffbeständig;
~ - **Zinkstaubgrundierungen und -farben**, gut haftend, auch auf Zink und anderen NE-Metallen;
~ - **2-K-Lack-System**, für innen und außen, chemikalienbeständig;
4432 Bron

Brötje Triobloc
~ - Kessel, Gas-Spezialheizkessel mit atmosphärischem Brenner;
2902 Brötje

BROPLAST
→ Icopal BROPLAST;
4712 Icopal

Brotdorf
Betonwaren und Betonfertigteile wie Transportbeton, Bordsteine, Klärgruben, Betonpfosten, Schachtringe, Grifflochsteine, Gehwegplatten;
6640 Brotdorf

Broxo . . .
→ LOLA®-Broxo . . .;
2214 Lola

Brucoral
~ - **Türen**, mit Schichtstoffplatten von Perstorp oder Resopal;
6405 Bruynzeel

Brücke
→ Hammerl-Plastiks;
7121 Hammerl

Brückel
Titanzink-Bauelemente;
6306 Brückel

Brückl-Rieth
Elastikstahldübel;
7903 Brückl
→ 7312 Rieth

1

Brüggener Tondachziegel
Tondachziegel;
4057 Laumans

Brügmann
~ - Akustikwandbekleidungen;
~ - Außenwandbekleidungen aus Holz;
~ - Dachdeckungen aus Holz;
~ - Dachschindeln;
~ - Innenwandbekleidungen aus Holz oder Holzwerkstoff;
~ - Sockelleisten aus Holz;
~ - Unterkonstruktionen für Innenwandbekleidungen;
~ - Wandschalung;
4600 Brügmann & Sohn

Brügmann Arcant
~ - Fassaden-Begrünungselemente;
~ - Fenster-Außendekorationen;
~ - Hausfassadengestaltung;
~ - Vordach-Systeme;
4600 Brügmann Arcant

Brügmann Frisoplast
~ - Dichtungsprofile;
~ - Innenwandbekleidung aus Kunststoff;
~ Profile, technische, nach Zeichnung;
~ - Profilsysteme für Kunststoff-Fenster;
~ - Türfüllungen für Hauseingangstüren aus Kunststoff und Aluminium;
4600 Brügmann Frisoplast

BRÜNER
Bauholz, roh und unprägniert bis 18 m, künstlich getrocknet;
7715 Brüner

BRUNATA
~ - Heizkostenverteiler nach dem Verdunstungsprinzip;
~ - Heizkostenverteiler, elektronisch;
~ - Wärmezähler;
~ - Wasserzähler;
8000 Brunata

BRUNE
Elektro-Verdunst-Luftbefeuchter, Entfeuchter, Heizkörperverdunster;
6700 Luftbefeuchtung

BRUNNER
~ Hypokaustenöfen;
~ Kachelgrundöfen;
~ Kachelherde;
~ Kachelöfen;
8330 Brunner

BRUX
~ - Folien-Rollos, Sonnenschutz und Sichtschutz (bei freier Sicht auch außen) aus einem metallbedampften Polyesterfilm;
~ Sonnenschutzfolie glashaftend, alubedampfte PE-Folie zur Reduzierung einfallender Wärmestrahlung und zum Abbau der Blendwirkung;
~ - Splitterschutzfolien (Kunststoff-Folie), zur nachträglichen Beschichtung von Glasflächen geeignet;
~ Sputtering-Folien, wärmeschützend, mit Reduzierung des Bleichfaktors und UV-Abschirmung;
8731 Brux

Bruynzeel
~ - **Türen**, wahlweise mit Waben-, Röhrenspanstreifen-, Röhrenspanplatten-, schallhemmender und feuerhemmender Einlage, altweiß lackiert oder weiß grundiert und in vielen Furnieren;
~ - **Umfassungszargen**, in vielen Furnieren, fertig oberflächenbehandelt oder mit Schichtstoffplatten versehen;
6405 Bruynzeel

BSG
~ **Feuerstop**, Kabelabschottungen für den Einbau in Wände und Decken F 90/120;
7300 BSG

BS-Gips
Anderer Name für → Hebör-Gipse;
3425 Börgardts

BST
Flachdach-Systemzubehör;
8219 Koit

BSW
Beton-Bauteile für Hoch- und Tiefbau, Garten- und Landschaftsbau;
5600 Schutte

BSW
~ Bänder aller Art;
~ Scharniere aller Art;
5650 Breuer

BT
PVC-Rohre und Formstücke, HT-Rohre und Formstücke, PE-Rohre und Fittings, PU-Formstücke, Schachtfutter in Polyester und PU. Gummierzeugnisse wie Rundschnurringe für PVC-PP und ABS-Abfluß- und Kanalrohre, Keilwulstringe für PVC-Druckrohre, Nippel für Abflußrohre;
8042 BT

btg
~ Entlüftungssysteme;
~ **Hochleistungsschornsteine**, freistehend, aus Leichtbeton bzw. Stahl;
~ **Isolierkamine** mit Hinterlüftung, geschoßhoch;
~ **Kaminkopfverkleidungen** und Kaminaufsätze in Sichtbeton und Faserzement;

~ **Leichtbetonstürze**;
~ **Offene Kamine**;
~ **Rauchkamine**;
8029 btg

BT-Tex
→ GLT-BT-Tex;
5620 GLT

btx
~ - **Putzhaftvermittler**, zur Vorbehandlung glatter Betonflächen vor dem Verputzen mit Kalk-Gips-Putzen, nicht für Zement- und Kalk-Zementputze;
8973 Wachter

BU
Betonsteinpflaster-Systeme;
2000 Betonstein

Buchholz
Alu-Gußfassadenplatten, Alu-Blechfassaden;
2000 Buchholz

BUCHTAL
Keramik;
~ Klinker;
~ Spaltplatten, scharffeuerglasiert und unglasiert, frostsicher, säurebeständig;
8472 Buchtal

Buck
Spielplatzgeräte aus Metall;
7948 Buck

BUCKINGHAM SWIMMING POOLS
~ Schwimmbad-Randsteine aus Polyestermarmor;
~ Schwimmbecken aus GFK;
6393 Buckingham

Buddenbrock
Schmiedeeiserner Kaminofen, Doppelmantelofen mit Luftumwälzung (Konvektion);
2400 E & T

Buderus
~ - Großbenzinabscheider und Großfettabscheideranlagen nach Baugrundsätzen DIN 1999 bzw. 4040, in Fertigbauweise System Buderus;
~ Heizeinsätze aus Gußeisen für Kachelöfen (Kachelofeneinsatz);
~ - Zement, Portlandzement, Eisenportlandzement, Hochofenzement;
6330 Buderus Bau

BÜCOLAC®
Öldichter Anstrich zum Schutz gegen Heizöl EL und Dieselöl, wasserverdünnbar, dispersionsgebunden, gebrauchsfertig (Ölsperre);
2000 Lugato

büdenbender
Fertighäuser, Ausbauhäuser;
5902 Büdenbender

BÜFA
~ - **Holzsiegel**, Holzversiegelung;
~ - **Imprägnierung**, besonders für Brückenkonstruktionen und Betonbauwerke;
~ - **Reparaturschaum**;
~ - **Wetterschutz**, Silikonimprägnierung gegen Nässe für Beton und Mauerwerk;
2900 Büsing

Büfapox®
Betonversiegelung;
~ 350, Beschichtungsmaterial, lmf, grau, verarbeitungsfertig;
2900 Büsing

BÜFFEL
~ - **RIST**, Randaufkantung, aus formgeschäumtem PUR, bituminös ummantelt;
6632 Siplast

Büffel
~ - Universal-Kleber, Basis Acrylat-Dispersion, zur Verklebung von Fußboden- und Wandbelägen, Keramikfliesen und Styropor® auf saugfähige Untergründe;
6780 Wakol

BüffelBeize
Hartwachsbeize, Dauerversiegelung für alle Fliesen und Ziegelböden;
8858 Sonax

BÜFFELHAUT
Abdichtungsbahnen, bituminös, thermoplastisch;
6632 Siplast

Büffelhaut E
Elastomer-Bitumen-Dachbahn mit Glasvlieseinlage, oberflächengeschützt, durch mineralisches Granulat;
6632 Siplast

Bühnen
Befestigungssysteme;
~ Gipskartonschrauben;
~ Holzschrauben;
~ Spanplattenschrauben;
2800 Bühnen

Bünder Staloton
Spezial-Klinkerplatten für hochbeanspruchte Fußbodenbeläge;
4980 Staloton

Bürkle
Fertigteiltreppen, Stahlbeton-Längslaufträger mit erforderlichen Podestbalken, Serienanfertigung für die nach DIN 4174 genormten Stockwerkshöhen;
7012 Bürkle

Bürolux
Büroleuchte;
7730 Waldmann

Büscher
Jalousien;
4800 Büscher

Bütec
Flexible Bühnenaufbauten, Konstruktion aus Alu-Kammerprofilen, Deckplatte aus wasserfestverleimter Tischlerplatte oder Multiplexplatte (für außen);
~ - **Scherenpodest**, als ebener Bühnenboden oder abgestuft als Chorpodest;
~ - **Steckfußpodest**, einfaches System für verschiedene Bühnenhöhen;
~ - **Teleskoppodest**, mit stufenloser Standbeinverstellung bei unebenen Böden im Freien oder zur Überbrückung bei Treppenstufen;
4010 Bütec

Bütow
Schalungssteine aus Normalbeton;
5456 Bütow

BUFA
~ - **BLEX**, Kunststoffbeschichtung für Heizöl-Lagerräume und Auffangwannen aus Beton oder Zementputz (Heizölsperre);
~ - **Fliesenkleber-Paste**, Dispersions-Vielzweckkleber;
~ - **Heizkörperlack weiß**, auf Alkydharzbasis, schnelltrocknend, hitzebeständig;
~ - **Holzschutzlasur**, mit Holzschutz vor Bläue, 9 Farbtöne, Fäulnis- und Schimmelbefall;
~ - **Kunstharzlack**, Decklack auf Alkydharzbasis für Fenster und Außenflächen;
~ **LATEXFARBE seidenglänzend**, weiß, für außen und innen, z. B. Fassaden, Balkone, Treppenhäuser, Badezimmer usw.;
~ **Linol**, Flüssigkunststoff für Beton, Estrich, Asbestzement, wasserverdünnbar;
~ **loyd**, Industrielacke nach RAL;
~ - **PRYL farblos**, Kunststoff-Dispersionsgrundierung für Gipskartonplatten, Verfestiger und sandende Putze;
~ - **Seidenmattlack**, auf Alkydharzbasis, für innen und außen;
~ **Styroporkleber**;
~ **Universallack**, Kunstharzlack für Holz, Möbel und Heizkörper in Sanitär-Farbtönen;
~ - **Volltonfarben**, Dispersionsfarben für außen und innen;
~ **X 100 Flüssigkunststoff seidenglänzend**, für Beton, Putz, Asbestzement, Holz, für Estriche, Böden, Treppen, Schwimmbäder usw.;
~ **8101 Korrosionshaftgrund**, Rostschutzgrundierung mit Zinkphosphat;
6308 BUFA

Bufa Plast
→ GARANT Bufa Plast;
6308 BUFA

BUFALAN
~ Fassadenfarbe weiß auf Dispersionsbasis nach DIN 53 778 SM;
~ **innen**, waschfest nach DIN 53 778 WM, besonders für Rauhfasertapeten;
6308 BUFA

BUFALIT
Buntsteinputz, lmh;
6308 BUFA

BUFARIT
~ - Einschichtfarbe, waschfest, matt, nach DIN 53 778 WM, für alle Innenflächen aus Putz, Beton, Gipskartonplatten usw.;
6308 BUFA

BUFAROL
~ **SB**, Universalbeschichtung, 2-K Epoxydharz, lmf, für Schwimmbäder und Betonböden;
~ **TI**, Tankinnenbeschichtung, 2-K, Flüssigkunststoffdickschichtsystem, lmf;
6308 BUFA

bug
~ - Absorberelemente, als Zäune, Balkonverkleidung, Fassaden u. ä., aus stranggepreßten Alu-Profilen, die über Verbindungselemente und einen Sammelkanal zu Einzelelementen zusammengeschraubt werden;
~ - Flachdach-Abschluß-Systeme, ein- und mehrteilig → AN → OV → BA aus Alu;
~ Sole-Wasser-Wärmepumpen in Modulbauweise;
7981 Uhl

BUILDEX
~ - **SM**, Befestigungssystem für Dachbahnen und Dämmaterial auf Trapezprofilblech-Dächern;
5860 BUILDEX

BUITING
Garagen aus Porenbeton, vorgefertigt, Einzel-, Doppel- und Reihengaragen;
4300 Buiting

BUKA
~ Dichtungsmassen in Kartuschen und Pappen;
~ PUR-Schaum, 1-K und 2-K;
~ **Schimmelkiller**, Schimmelbekämpfungsmittel;
~ Vorlegebänder und Plastbänder;
7141 Buka

BUKAMA
Klammernägel;
3005 Bukama

Buldal confort
Elastic-Gummi-Belag mit 2,0 mm Laufschicht und Zellkautschuk-Unterlage von 1,5 mm;
6520 Heischling

Bulgomme
Elastic-Gummi-Belag mit geschlossener Oberfläche, Gummi-Laufschicht von 1,2 mm und Zellkautschuk-Unterlage von 2,8 mm;
6520 Heischling

Bulldog®
~ - Balken-Z-Profile für den stirnseitigen Anschluß von Balken an Binder;
~ - Einpreßdübel;
~ - Holzverbinder, einseitige für Holz auf Holz und Holz auf Stahl oder Beton-Verbindungen, doppelseitige ausschließlich für Holz/Holz-Verbindungen;
2808 Bulldog

Bullflex
~ - Bettungssystem, mörtelgefüllter Gewebeschlauch verbindet Ausbau und Gebirge form- und kraftschlüssig, Basismaterial ist Enka-Nylon;
5600 AKZO

Buntdeltal-Mix-System
Lackfarben-Mischsystem, 350 Farbtöne aus 43 Basisfarben mischbar;
5804 Dörken

BUNTE FUGEN-FARBE
Anstrichmittel, fungizid ausgerüstet, lmf, zum Auffrischen und Umfärben von Fugenmörteln;
2000 Lugato

BUNTER FUGENMÖRTEL
Fugenfüller, kunststoffvergütet für keramische Beläge, auf die Farbtöne der Sanitärkeramik abgestimmt, wasserfest, lichtecht, frostbeständig, rißfrei bis 5 mm Fugenbreite, 20 Farbtöne;
2000 Lugato

BURGER SUPERFIRE
Warmluftheizungskamin;
7000 Burger

Burgmann
~ - Absperrpfosten, verschiedene Modelle;
~ - Fahrradständer-Reihenanlagen;
~ - Vordächer in Fertigbauweise;
7640 Burgmann

Burgwald
~ Gasbeton;
~ Kalksandsteine;
3559 Burgwald

Burkolit
~ **K**, Bitumen-Kaltklebemasse, streichbar für flache Dächer;
~ **V**, Bitumen-Voranstrich;
7000 Bauder

BURRER
~ GRANIT und → NATURSTEINE, Fassaden-Beläge, Werksteinarbeiten;
7133 Burrer

BURTON
Feuerfest-Systeme für die Keramikindustrie (Wände, Decken und Wagen für Tunnelöfen), gepreßte und gegossene Brennhilfsmittel;
4520 Burton

Busch
~ - **Duro 2000®**, Schaltersysteme mit glatter Oberfläche, umfaßt u. a.: Schalter, Taster, Steckdosen — mit und ohne Klappdeckel, Dimmer usw.;
~ - **Infoton 2000®**, Wechselsprechgeräte, Wechselsprechanlagen;
~ - **Perilex®**, Steckvorrichtungen für Drehstrom nach DIN 49 445 bis 48;
~ - **Terko®**, Steckvorrichtungen, System mit Winkelkontakten für den Einsatz dort, wo vom Netz getrennt oder mit abweichenden Spannungen und Frequenzen gearbeitet werden muß;
~ - **Timac® X-10**, Hausleittechnik;
~ - **Wächter**, Passiv-Infrarot-Bewegungsmelder;
5880 Busch

Buschco
Fertigkeller;
7522 Buschco

Buscher
~ - Schwimmbadabdeckung aus UV-stabilisierter Luftpolsterfolie;
3550 Buscher

Buschkamp
Kamintüren aus Stahl;
4800 Buschkamp

Busse
Blattgold;
8540 Busse

BUSSFELD
~ Glasschutzfolie, Splitterschutz, wärme- und schalldämmend;
5342 Bussfeld

BUTEX®
Schalöl, Emulsion vom Typ Öl-in-Wasser, auch für Sichtbeton geeignet, für Holz-, Kunststoff- und Stahlschalungen;
2000 Lugato

1

Butimix Dum-Dum
Fugendichtungsmittel in Plastiktuben zum Spritzen, beige und schwarz;
1000 Flächsner

Butler®
Seitenwand von Duschabtrennungen, außen mit Ablage für Hand- und Gästetücher, Spray, Handtuchhalter, innen Ablage für Waschlappen, Duschhaube, Seife, Shampoo;
2900 Hüppe Dusch

BUTLER®
~ - **82**, Kellerablauf aus Gußeisen 340 × 280 mm, DN 100, fußbedienbar, mit doppeltem Rückstauverschluß gemäß DIN 1997;
~ - **83**, wie ~, jedoch mit 3fachem Rückstauverschluß;
6330 Buderus Bau

BUTOFAN®
Kunststoff-Dispersion auf Basis Butadien, zur Herstellung z. B. von Teppichbodenbelägen;
6700 BASF

Butyl 37
Dichtungsmasse, dauerelastisch, zum Einbetten von Holz-, Stahl- und Betonfenstern u. ä., bei verdeckten Fugen;
4050 Simson

Butylast
Dichtungsmasse, plasto-elastisch, auf Butylkautschukbasis, zum Einbetten von Holz-, Stahl- und Betonfenstern, Asbestzementplatten, bei verdeckten und nichtverdeckten Fugen;
4050 Simson

BUTZBACH
~ Hub- und Schiebetore aus Fiberglas;
~ Schnellauftore;
7919 Butzbach

BUTZEN
Rustikales Modell der → Schalker SUNFIX® Glassteine;
5100 Vegla

Buzi
Bitumen-Unterspannbahn;
~ **AK**, mit Trägermaterial → TYPAR;
7000 Bauder

BV 3
~ - Verbundplatte DBP;
3538 Zechit

BVG
~ Handform-Verblender;
~ Pflastersteine;
4240 BVG

BV-200
PUR-Abdichtung, transparent, für Balkone und Terrassen;
2082 Voss

BWD
Schachtteile für den Tiefbau;
7312 BWD

BWE
~ Eskoo-Verbund- und Betonpflastersteine;
~ Lärmschutzwände;
~ Stützwände;
~ Wand- und Deckenelemente;
6305 BWE

BWE BAU
~ Behälter aus Spannbeton;
~ Güllebehälter aus Beton;
~ Massiv-Fertiggaragen;
~ Spannbetonbinder;
~ Stahlbetonfertigteile;
2900 BWE

bwh
~ Spannbeton-Fertigbauteile, Stahlbeton-Fertigbauteile;
3500 Betonwerk

BWM
~ Trapezsteine, Gestaltungselemente aus Beton für Garten- und Landschaftsbau;
7932 Beton

BZ
~ - Verdrängungskörper zur Herstellung von Stahlbeton-Hohlplattendecken mit ein- oder zweiachsiger Spannrichtung, für große Spannweiten und hohe Nutzlasten, für Fahrbahnplatten;
6900 Müller

C + P
~ - Bausystem für Stahlhallen und Geschoßbauten;
3565 Christmann

Cabana Trend
Badezimmermöbel;
6000 Allibert

CABKA
Produkte aus Recycling-Kunststoffen wie Fahrradständer, Gittersteine, Bordstein-Fugenscheiben, Pflanzgefäße, Gehwegplatten, Beeteinfassungen, Straßenleitpfosten, Wasserablaufkasten, Bodenmatten;
7519 CABKA

Cabokett
Fertigparkett;
8430 Pfleiderer

CABOPARK
Fertigparkett, 2schichtig aufgebaut, Stärke 15 mm, wohnfertig versiegelt, Tafeln Cabochonmuster in 7 Holzarten;
8000 Bauwerk

Cadolto
~ – Raumzellen zur Einzel- und Blockaufstellung;
8501 Flohr

Cadomus
Glasfiberkonstruktionen für offene Überdachungen;
2300 Jäger

CAFCO
Mineralfaserputz, haftet auf jedem baulichen Untergrund, schallschluckender Akustikputz, Antikondensationsputz, feuerbeständige Isolierung von Stahlkonstruktionen;
4000 Spritzputz

Calenberger
Elastomer-Lagersysteme, Punkt-, Streifen- und Flächenlager für Binder, Balken, Pfetten, Decken, Wände, Treppen, Brücken usw., Elastomer-Federelemente zur kontrollierten Lastableitung, zur Schwingungsisolierung, Körperschalldämmung und zum Erschütterungsschutz;
~ **bi-Trapezlager** DBP, 10 mm dick, für alle Einsatzfälle, bei denen Bauteile mit großen Vertikallasten, Horizontalverschiebungen und Winkelverdrehungen gelagert werden müssen;
~ **CIDITAN**®-Stoßdämmplatte DBP, zum Schutz von Betonfundamenten und -decken;
~ **Cigular**®, Dachdeckenlager, wärmegedämmtes, dauerelastisches Schubverformungselement für die Lagerung von massiven Deckenkonstruktionen;
~ **Ciparall**®, Elastomer-Parallel-Gleitlager, querzugbewehrt;
~ **CIROBEL**®-Elastomerfedermatten DBP, für den Erschütterungsschutz und die Körperschalldämmung im Gleisbau;
~ **Compression-Noppenmatte** DBP, zur elastischen Lagerung von Maschinen und Aggregaten;
~ **CR-Compactlager** H, hochbelastbares unbewehrtes Elastomerlager;
~ **Flächenlochlager 205** DBP, Lagerungselement für hochbelastete Stahlbetonstützen und -wände;
~ **Magnumlager**, bewehrtes Elastomerlager zur Aufnahme hoher Vertikallasten bei kleinen Auflagerflächen;
~ **Schnur-Schnapp**-Profillager für die elastische Aufstellung großvolumiger Behälter;
3216 Calenberg

CALEXAN
~ – Sanitärreiniger ohne Salzsäure, auch zum Entfernen von Kalkablagerungen;
4000 Wetrok

CALFIX
Klemmabstandhalter, standfest, für die untere Bewehrung;
5885 Seifert

Calidec
Elektrische Fußbodenheizung (Speicherheizung);
4600 Calidec

California
~ – Whirl-Pool, auch aus Sanitär-Acryl;
2000 California

California Rancho®
FZ-Fassadenplatten, granuliert, 6 Farbtöne;
3006 Hambau

calinoor
~ – Steine, hochdämmende Wandbausteine auf Bimsgrundlage, deren Hohlkörper mit Styropor® verfüllt sind;
8602 Dennert

CALO-BLOC
→ WERIT-CALO-BLOC;
5230 WERIT

CALOL
Konservierungsöl für Holzmaterialien;
2000 VAT

Calorette
~ **Kombi-Luftheizer CL** für die Luft- und Klimatechnik;
6330 Buderus Heiztechnik

CALOREX®
Sonnenreflexionsglas, mit beidseitig eingebrannter, farbneutraler, vorzugsweise reflektierender Metalloxidschicht belegt, für Fenster, Brüstungsplatten und Fassadenverglasung;
6500 Schott

CALSITHERM®
Wärmedämmplatte, mineralisch, Baustoffklasse A 2;
4792 Calsitherm

CaluCret
Betonschutz und Betonsanierung;
~ **Beton-Armierungsspachtel**;
~ **Betoncolor LX seidenglänzend**, siloxanhaltige, wasserfreie Fassadenfarbe;
~ **Betoncolor W**, Dispersionsfarbe für Betonschutzanstrich;
~ **Betongrund SX**, Siloxanimprägnierung;
~ **BetonKonzentrat KH**, „verarbeitungsfertig", Kunstharzdispersion zum Anmachen von ~ Betonspachtel;

1

~ **Betonlasur W**, Schutzanstrich auf Kunstharzdispersionsbasis für innen;
~ **Betonlasur L**, wasserfreier, farbloser bzw. im Betonfarbton pigmentierter Schutzanstrich für außen und innen;
~ **Calupox Betonspachtel EP**, 2-K-Reperaturmörtel;
~ **Calupox EP-Verdünnung**;
~ **Feinmörtel**;
~ **Injektionsharz EP**, zur Rißverpressung;
~ **Stahlprimer EP**, Schutzanstrich, 2-K, lmf; ~ Quarzsand; ~ Betonspachtel MS-N, Reperaturmörtel in Pulverform, auch **Type „Schnellhärtend"**;
4400 Brillux

Calucryl
Reinacrylat-Fassadenfarbe;
~ **2000**, matt;
~ **4000**, seidenmatt;
~ **6000**, seidenglänzend;
4400 Brillux

Caludin
Innenwandfarbe, matt, waschbeständig nach DIN 53 778;
4400 Brillux

CALUFLOOR
Fußbodenbeschichtung aus 1-K Kunststoff, flüssig, als Schutz- und Schmuckanstrich auf Beton, Estrich usw.;
4400 Brillux

Caluplast®
Anstrichprogramm mit über 150 Farbtönen für Innenwand- und Deckenbereich. Kunststoffputze, Plastiken, Vollwärmeschutz;
4400 Brillux

Calurlies
Beschichtungsmasse für die Renovierung von Schwund- und Haarrissen, (Rißsanierung) von Beton und Gasbeton;
4400 Brillux

Calusal
Acryl-Dispersions-Lacke und Lasuren;
~ **Bläuestop**, Holzschutzgrundierung für bläuepilzgefährdete Hölzer;
~ **Roststop**, Kunstharzmennige;
4400 Brillux

Calusil
Silikatfarben, Silikatputze, Mineralputze;
~ **Einstellmittel**, Vorstreichmittel und Verdünner für ~ Silikatfarbe;
~ Grundierfarbe, Vorstreichfarbe von ~ - Putzen;
~ **Modellierputz**;
~ **Silikatfarbe**, 1-K nach DIN 18 363 Abs. 2.4.6;
~ **Silikatputz KM/D**, altdeutscher Strukturputz, Rillenputz, Struktur K 3 und K 4;
~ **Silikatputz KR**, Kratzputz mit Struktur K 2 bis K 4;
~ **Silikatputz**, Reibeputz, Struktur K 3 bis K 5;
~ **Streichputz**, nur in weiß, matt;
4400 Brillux

Calusol
Polymerisatharzfarben und -putze, wasserfrei, nicht geeignet für VWS;
~ **Isolierdeckfarbe**;
~ **Klarol L**, Natursteinputz Polymerisatharz für außen, nicht für VWS geeignet;
~ **Klarolkleber L**;
~ **P matt**, Mattlack-Fassadenfarbe, wasserfrei für Gasbeton;
~ **P-matt**, Mattlack-Fassadenfarbe;
~ **Putzgrund LI-farblos**, Tiefengrundierung für stark saugende Untergründe, z. B. Gasbeton;
~ **Putzgrund P, transparent**, Tiefengrund, lmh, geruchsneutral;
~ **Putzgrundierfarbe P — gekörnt —**;
~ **Rausan L/KR**, Kratzputz, Struktur K 2 bis K 4;
~ **Rausan L**, wasserfreier Reibeputz;
~ **Rollputz extra grob**;
~ **Seidenglänzend SX**, siloxanhaltige Fassadenlackfarbe;
~ **Silikonimprägnierung**;
~ **Vollton- und Abtönfarben**;
4400 Brillux

Calutherm
Vollwärmeschutz-System, rein mineralisch;
~ **Fassadendämmplatten** nach DIN 18 165, A2 DIN 4102;
~ **Pulverkleber**, grauer mineralischer Klebemörtel;
~ **Spezialdübel** mit Schlagschrauben;
4400 Brillux

CALYPSO-GRUEN
~ - **Dämmplatten**, Naturprodukt aus Pappelholz-Resten;
6053 Elaston

CaminComplet
→ LÜNSTROTH-CaminComplet;
4804 Lünstroth

Canadur
Technische Teile aller Art (z. B. GFK-Formen für Betonindustrie);
1000 Canadur

Candela-System
Gruppierbare Leuchten auf sechseckigen Armaturen zum nahtlosen aneinanderreihen, auch Leerelemente als Zusatzteile;
4920 Staff

Cando®
Verbundelement aus Leicht- oder Normalbeton, bepflanzbar, für hohe Lärmschutzwände, steile Stützwände und Hangbefestigungen als Trockenmauerwerk;
4972 Lusga

Canteon
→ ESKOO®-Canteon;
2820 SF

Canterra
Verbund- und Rechteckpflaster;
7148 Ebert

CANTO
~ - Weißlack, seidenglänzend, für innen (Naturlack);
3123 Livos

Capa
~ - **front**, Kunststoff-Dispersionsfarbe für regendichte, glatte Außenanstriche;
~ - **in volldeckend**, Kunststoff-Dispersionsfarbe;
~ - **Rollputz**, Kunststoffputz für den Roll-, Spritz- und Kellenauftrag;
~ - **stone**, Color-Steinputz in 12 Farbtönen für innen;
~ - **tex**, Kunststoff-Latexfarbe für innen und außen;
6105 Caparol

Capacoll
Textiltapetenkleber;
6105 Caparol

Capacryl
~ - Acryllack, wasserverdünnbar, glänzend, für Holzwerk, Fassaden- und Innenflächen;
~ - Holzprimer, Grundierfarbe mit Isolierwirkung gegen wasserlösliche, braunverfärbende Holzinhaltsstoffe;
6105 Caparol

Capadecor
~ Glasfasergewebe für Wandbeläge, Baustoffklasse B1;
~ Glasfaser-Textiltapeten;
6105 Caparol

Capadur
Holzschutzfarbe;
6105 Caparol

Capafloor
~ Flüssigkunststoff, wasserverdünnbar, für Fußbodenbeschichtungen und heizöldichte Beschichtungen von Ölauffangwannen, Bindemittelbasis Reinacrylat (Heizölsperre);
6105 Caparol

Capagrund LF
Grundierfarbe, pigmentierte, wasserverdünnbar;
6105 Caparol

Capaplast
~ - **seidenglänzend**, Kunststoff-Plastikmasse für plastische Anstriche in Fluren, Treppenhäusern, Schulen, Krankenhäusern usw.;
6105 Caparol

Capaplex
Grundiermittel und **Überzugsmittel**, farblos, auf Kunststoff-Dispersionsbasis;
6105 Caparol

Caparol
~ - **Abbeizer**, Abbeizfluid, zum Entfernen von Dispersionsfarben, Kunststoffputzen, Plastiken und Kunstharzlacken;
~ - **Akkordspachtel**, Kunststoff-Spachtelmasse für innen;
~ - **Binder**, Kunststoff-Dispersionsbindemittel;
~ - **Fassaden-Füllfarbe**, Kunststoff-Dispersionsfarbe für Beschichtungen in glatter oder feinplastischer Struktur;
~ - **Fassadenspachtel**, Dispersions-Spachtel;
~ - **Glanzplastik**, Kunststoff-Plastikmasse, für Innenbeschichtungen in plastischer Struktur;
~ **Innenfarbe**, Kunststoff-Dispersionsfarbe, waschbeständig, matt;
~ - **Kellenputz** für innen, Kunststoff-Strukturputz;
~ - **Landhausputze** für innen, Kunststoff-Strukturputz;
~ - **Rauhfaserfarbe**, Kunststoff-Dispersionsfarbe, mit strukturgebenden Faserstoffzusätzen, roll- und spritzfähig;
~ - **Reibeputz 25**, Kunststoff-Strukturputz für außen und innen;
~ - **Reibeputze** für innen, Kunststoff-Strukturputz;
~ - **Rustikputz**, Kunststoff-Strukturputz für außen und innen;
~ - **Streichputz**, Kunststoff-Plastik mit feinen Quarzzusätzen, für plastische Außen- und Innenanstriche, als Füllanstriche für rauhe Putze usw.;
~ - **Tapetenschutz**, Überzugsmittel auf Kunststoffbasis für farblose Tapetenüberzüge und als Überzug für matte Dispersionsfarben;
~ - **Tiefgrund LF**, Spezialgrundiermittel, lmf, geruchsarm, speziell für innen;
~ - **Tiefgrund TB**, Spezialgrundiermittel, lmh, geruchsarm, mit Tiefenwirkung;
6105 Caparol

Capatect
~ - **Dachdämmplatten**, Polystyrol-Hartschaumplatten mit Nut- und Feder-Klemmprofil. Zur Verlegung unter den Sparren, 3 Dicken;
~ - **Dämmputz-System**, komplettes Dämmputz-System, entsprechend IfBt-Richtlinie 23.6-00. 2 verschiedene Deckbeschichtungen;

1

~ - **Disbover-Fassadendämmplatten**, nichtbrennbare Fassadendämmplatten für das Capatect System 100;
~ - **EK-System**, Wärmedämmverbundsystem mit rein mineralischem Aufbau und Edelkratzputz-Beschichtung auf Polystyrol-Hartschaum oder nichtbrennbaren Mineralfaserplatten;
~ - **Fassadendämmplatten**, schwerentflammbare Dämmplatten aus Polystyrol-Hartschaum Type PS 15 SE, abgelagert, gütegeschützt;
~ - **Feinspachtel 195**, zur Ausbildung planer Flächen auf Capatect-Wärmedämmverbundsystemen;
~ - **Fensterbank-Programm**, individuell gefertigte Fensterbank aus eloxiertem Aluminium, mit Zubehörteilen, bis 6 m lang, Ausladungen 90—360 mm;
~ - **Fugendichtbänder**, vorkomprimierte Dichtungsbänder für Anschlußfugen bei Capatect-Sytemen;
~ - **Gewebe 650/Panzergewebe 652**, schiebefestes Glasfasergewebe zur Armierung der Capatect-Spachtel- und Armierungsmassen;
~ - **Gewebe-Eckschutz 656/657**, innenverstärkte Gewebewinkelprofile für Außenecken, Stürze, Laibungen;
~ - **KD-Strukturputze**, Kunstharz-Dispersionsputze für das System 600 und die Putzrenovierung (7 Strukturen);
~ - **Kellerdämmplatten**, Polystyrol-Hartschaumplatten mit Stufenfalz, 40 mm dick;
~ - **Klebe- und Spachtelmasse 190**, Pulverwerkstoff zum universellen Einsatz in Capatect-Systemen (Verklebung, Einbetten des Gewebes, Spachteln);
~ - **Kleber 609**, Dispersions-Klebe- und Spachtelmasse für das Capatect-System 600 (Zementzusatz 30%);
~ - **Konzentrat 111**, Grundierung und Verdünnung für Capatect SI-Produkte (Basis: Wasserglas);
~ - **Leichtputz-System**, Außenputz-System für moderne, leichte Wandbaustoffe (Porosierte Ziegel, Gasbeton etc.);
~ - **Leichtunterputz 170**, mineralischer Unterputz (Gruppe PII) für das Capatect Leichtputz-System;
~ **Meldorfer System**, Wärmedämmverbundsystem mit Klinker-Optik (Meldorfer Flachverblender);
~ - **Meldorfer-Flachverblender**, Verblender, extrem flach und leicht, in 8 Farben, 2 Formaten. Außerdem: Eckverblender, Ansatzmörtel. — Einsatz ebenso im Meldorfer System (Wärmedämmung);
~ - **Mineral-Leichtputze**, Spezialputze auf mineralischer Basis für den Einsatz im Capatect Mineral-System und im Capatect Leichtputz-System;
~ - **Mineralputze 140/143**, 146 und 148 mineralische Schwerputze, speziell vergütet für den Einsatz im Capatect Mineral-System sowie im → ~ EK-System;
~ - **Mineralsystem**, Wärmedämmverbundsystem mit rein mineralischem Aufbau, Leichtputzbeschichtung auf Polystyrol-Hartschaum;
~ - **Putzgrund 610**, Spezialgrundierung für alle Capatect-KD-Strukturputze (System 600);
~ - **Renovierungsprogramm**, individuelle, komplette Beschichtungssysteme zur Renovierung von Putzfassaden;
~ - **SI-Fassadenfinish 130**, Ausgleichsfarbe für farbige Capatect-Silikat- und Mineralputze;
~ - **SI-Strukturputze**, Silikat Spezialputze in 4 Strukturen für das Capatect-SI-System sowie das Capatect System 100 und die Putz-Renovierung;
~ - **SI-System**, Wärmedämmverbundsystem mit mineralisch-silikatischem Aufbau auf Polystyrol-Hartschaum;
~ - **Sockelschienen**, Leichtmetallprofil für den Sockelanschluß, für Plattendicken 2—10 cm;
~ - **Speicherdämmplatten**, begehbare Verbundplatte aus Polystyrol-Hartschaum und Spanplatte (V 100 G/V 20 E 1), formaldehydfrei, mit rundumlaufendem Nut- und Federprofil;
~ - **Spezialdübel 175—179**, ausschließlich zum Einsatz im Capatect System 100;
~ - **Spreizdübel**, Kunststoffdübel mit regulierbarer Spreizwirkung, 3 Längen;
~ - **Superfinish LH 660**, hochdeckender Fassadenschutz, lösemittelhaltig;
~ - **System 100**, nichtbrennbares Wärmedämmverbundsystem mit Silikatputz-Beschichtung;
~ - **System 600**, Wärmedämmverbundsystem mit Kunstharzputz-Beschichtung;
~ - **ZF-Spachtel 690**, verarbeitungsfertige Spachtelmasse (kein Zementzusatz!) für das Capatect System 600 sowie die Putz-Renovierung;
6105 Capatect

Capatox
Pilzwuchshinderndes Mittel auf Anstrichen (Pilzgiftlösung);
6105 Caparol

Cap-elast
2-Phasen-System, plastoelastisches Fassaden-Beschichtungs-System, zur Rißüberbrückung in Putz und Beton;
~ **Faserpaste**, faserverstärkte, elastische Streichpaste, Spritzmasse und Spachtelmasse;
~ **Riß-Spachtel**, elastisch;
6105 Caparol

Capito
Öl- und Gasbrenner;
5908 Reifenberg

C.A.P.RI.
Großformatige, dekorative Keramikfliesen aus Italien für Bäder (Sanitärfliesen) → 4000 Rudersdorf → 4690 Overesch → 5120 Doberg;
5060 Schmidt, B.

Capri
~ **2000**, Duschkabine mit Resopal-Seitenwänden, Rahmen Alu-Profile, dreiteilige Schiebetür aus Polystyrol, stahl-emaillierte Brausewanne;
4740 Kronit

Caramba
~ - Expreß, Rostlöser, frißt sich sekundenschnell durch Rost, lockert ihn auf, so daß festgerostete Muttern, Bolzen, Scharniere, Splinte usw. gelöst und entfernt werden können;
4100 Caramba

Carat
Textiltapeten-Serie, Stilkollektion in 34 Blatt und 12 Bauten;
5100 Omexco

CARAT
Pflanzgefäße aus Kunststoff;
6090 TWL

Carat
Marmor-Kachel (Ofenkacheln);
8078 Schöpfel

CARAVIT
Baukleber und Fliesenkleber;
7570 Baden

Carbiolin
→ BauProfi Carbiolin;
2000 Bauprofi

CARBOFINE
→ CWB CARBOFINE;
6229 Brockhues

CARBOFOL®
Dachbahnen und Dichtungsbahnen aus ECB nach DIN 16 732, auch Formteile;
4133 Niederberg

Cardan
Niedervolt-Leuchtensystem;
7800 Spectral

Cardkey
~ **- Sicherheitssysteme**, Zugangskontrollsysteme auf Mikroprozessorbasis;
4000 Cardkey

Caribit
Polymermodifiziertes Bitumen für Straßen- und Wasserbau;
2000 Shell

Carletta®
~ Jutegewebe;
~ Nadelvliese aus Polyester, Trägermaterial für Dachbahnen und als Zwischenlage für Dachabdichtungen;
~ Textiltapeten;
4407 Jute

CAROLUS®
~ **- M**, Benzin-/Heizölabscheider entsprechend DIN 1999 aus Gußeisen oder Stahlblech, mit selbsttätigem Abschluß;
~ **- K**, wie ~ - M, jedoch ohne selbsttätigen Abschluß;
~ **- PLUS**, wie ~ - M, jedoch als Koaleszenzabscheider;
6330 Buderus Bau

Carpenter
~ Kniestocktüren für Dachschrägen;
~ Wohnhaus-Treppen, vorgefertigt, im Baukastensystem, aus Massivholz. In verschiedenen Holz- und Geländerarten, eingestemmt, aufgesattelt, Spindeltreppen;
8700 Wellhöfer

CARRANI
Marmor-Terrazzo-Platten, abriebfeste geschliffene Betonwerkstein-Fußbodenplatten;
1000 Ingenohl

Carraraputz
→ ARTOFLEX-Carraraputz;
4904 Alligator

CARREAUX OCCITANS GF
Bodenfliesen aus Toulouser Ton → 4000 Rudersdorf → 4690 Overesch → 5120 Doberg;
5060 Schmidt, B.

Carrier
Haus-Wärmepumpe;
6082 Carrier

Carrousel
→ ESMIL-ENVIROTECH;
4030 Esmil

Carygran
Thermoplastisches Blockpolymer zur Modifizierung von Bitumen;
2000 Shell

Casa
Bodenfliese aus unglasiertem Steinzeug, Quadrate und längliche Sechseckplatten;
6642 Villeroy

CASADAN®
Dispersionsfarbe;
6084 Silin

CASALGRANDE PADANA
Keramikfliesen aus Italien;
7141 Brenner

1

Casalith
Industrie-Fußbodenbelag aus Magnesit mit organischen und anorganischen Füllstoffen, öl-, benzin- und benzolfest, elastisch, staubfrei;
7064 Käser

Casanet®
~ - Armierungsgitter in Rollen für Putz-, Fliesen-, Estrich- und Spritzbetonarbeiten;
6380 Bekaert

Casanova
~ - Raumzellen, industriell gefertigte Raumeinheiten in verschiedenen standardisierten Abmessungen;
7335 Staudenmayer

CASATHERM
Dämm-Bau-System;
5500 Kuhlmann

CASTELLO
Dekorierte Steinfliese für Fliesen-Intarsientechnik;
6642 Villeroy

Castello
Verbund- und Rechteckpflaster;
7148 Ebert

Castelmonte
Italienische Kaminöfen (Gußeisen mit Kacheln);
7100 Wackernagel

Castolith
Pflasterklinker und Pflasterplatten 20 x 10 x 3,0 (5,2 und 6,2) cm und 24 x 11,8 x 3,0 (5,2 und 6,2) cm, beidseitig und allseitig gefaßt, rutschhemmende Oberfläche;
4420 Kuhfuss

Castor
Klinkerplatte im Großformat 30 x 30 cm und 24 x 24 cm, strapazierfähig, unglasiert;
4420 Kuhfuss

CASTOTECT
Keramikschindeln (Dachschindeln und Fassadenverkleidung);
4420 Kuhfuss

Catella
Kettenvorhang aus eloxiertem Leichtmetall;
2857 bautex

CC-Sprüh-Ex 2000
Sprühextraktionsreiniger;
5300 Chema

CD, BD, LD
~ - Schienenverteiler-Systeme, zur direkten Stromversorgung von Leuchten, Maschinen und Gebäuden;
5300 Klöckner

cds-Durit
Haftvermittler, Injektionsharz, Gießbeton, Versiegelungsharz, Kabelfugenmasse, Betonreparaturmörtel, Feinmörtel, Betonbeschichtungen, Zementestrichbeschichtungen auf Epoxidharz-Basis;
6555 Possehl

C-Dur B
Holzspanplatte B1 nach DIN 4102, (Brandschutzplatte);
4100 Cloos

C-Dural
~ - Dachplatten, großflächige, dreischichtige Holzspanplatten nach V 100 verleimt und Vollpilzschutz G, Längsseiten genutet mit loser Feder;
4100 Cloos

CEAG
Sicherheitsleuchten und Notbeleuchtung auf Batteriebasis;
4600 ABB

Cebo
Marmor-Kachel (Ofenkacheln);
8078 Schöpfel

CEDIR
Italienische Wand- und Bodenfliesen;
2800 Frerichs

CEDIT
Feinkeramische Steingutfliesen, Wandfliesen und Bodenfliesen (aus Italien);
4690 Overesch

CeGeDe
~ - **Brillant**, montagefertiger Rolladen-Bausatz für nachträglichen Einbau;
~ **Leichtmetall-Jalousien**;
~ **Springrollos**;
~ - **Verdunkelungsanlage**, Rollvorhang mit Holzdrahtgewebe hinterfüttert;
4000 Adt

CEHADUR
Flüssigkunststoff auf PVC-Basis mit plastifizierenden Zusätzen;
2800 Voigt

CEHAPOX
2-K-Epoxi-Betonbodenbeschichtung, lmf;
2800 Voigt

CEHATOL
Bituminöser Schutzanstrich gegen Bodenfeuchtigkeit und Korrosion;
2800 Voigt

CEHAVOL
~ **Festiger**, zur Imprägnierung von Asbestzement und anderen mineralischen saugenden Untergründen;
~ **Spezial**, schnelltrocknende, wetterfeste Kunststoff-Beschichtung für Asbestzement, Zement, Beton usw. und überall da, wo übliche Anstriche versagen;
2800 Voigt

Celerol
Reaktionsgrund;
2102 Mankiewicz

CELLECRYL
~ - Buntlack;
~ - Heizkörperlackfarbe;
~ - Reinacrylatfarbe;
~ - Seidenglanz-Buntlack;
~ - Spachtel, weiß;
~ - Vorlack, weiß;
3103 Pfeiffer

CELLEDIN
Innenfarben und Kunststoffputze;
~ - Glättspachtel;
~ - Kellerputz;
~ - Kunststoff-Latex-Farbe;
~ - Reibeputz;
3103 Pfeiffer

CELLEDUR
~ Abtönpaste und Volltonfarben;
~ Akkordputz, Rollputz;
~ Antischimmellösung;
~ Armierungsfarbe;
~ Baukleber;
~ Betonfarbe:
~ Betonfüllspachtel;
~ Bleimennige;
~ Buntlack;
~ Deckfarbe für Asbestzementplatten;
~ Dekorationsputz;
~ Effektputz, dekorative Mehrfarbenbeschichtung;
~ Fassadenfarbe, wetterfest;
~ Fassadenputz;
~ Fußbodenfarbe;
~ Gasbetonbeschichtung;
~ Gewebekleber;
~ Holzschutzfarbe;
~ Isolierhärter und Putzhärter;
~ Klarlack;
~ Ölwannenfarbe;
~ Reibeputz;
~ Rustikalputz;
~ Schwimmbeckenfarbe;
~ Silikatfarbe weiß;
~ Streichputz;
~ Styroporkleber;
~ Tapetenüberzugslack;
~ Textiltapetenkleber;
~ Vollwärmeschutz-System;
3103 Pfeiffer

Celton
~ - **Blumenwannen**, aus Strukturbeton;
~ - **Entlüftungssteine** aus verdichtetem Spezialbeton, verschiedene Größen und Spezialausführungen, für Wohnungsbau, Industrie- und Landwirtschaft;
~ - **Mauerabdeckungen**, aus hochgradig verdichtetem Beton;
~ - **Ornament-Rippensteine** aus Sichtbeton;
~ - **Verschlußsteine**, aus Betonkranz und Kunststoff-schieber;
4300 Knüppel

CEMBONIT
Asbestfreie Faserzementplatten;
8018 Haschler

Cemitec
Farbige Fugenmassen (Sanitärdichtungsmassen);
6369 Cemitec

CENO®-Membranen
Leichte Flächentragwerke mit Holz-, Stahl- oder Stahl-beton-Unterkonstruktion für Gangüberdachungen, Sportstadien, größere Vordächer;
4402 Nolte

Ceno-tec
Überdachung für Kläranlagen;
4402 Nolte

CENTRA
Heizungsmischer;
7036 Centra

CENTRALGRANIT
Granite aller Art;
8079 Juma

CENTRATHERM
Elektronischer Heizungsregler, Lüftungsregler, Klima-regler;
7036 Centra

Centricrete
Hydraulisch-abbindender, kunststoffvergüteter Injek-tionsmörtel;
4250 MC

Centriplast FF 90
Betonzusatzmittel für Fließbeton und Fließestriche;
4250 MC

Centro
Drehkippbeschläge, auch für schwere Fenster;
~ **SK**, Eingriffschiebekipp-Beschlag für Holzfenster;
~ **80**, Eingriff-Drehkippbeschlag;
7022 Frank

Cera Drain
Dünnbett-Abläufe;
5760 Dallmer

Ceradämm
Fliesendämmörtel. Verlegemörtel für Boden und Wand in Wohn- und Naßräumen;
4600 Perlite

Ceralin
Einhebelmischer für Bad und Küche;
5300 Ideal

Ceralux
Einhebelmischer für Bad und Küche;
5300 Ideal

CERAMICA VISURGIS
Mosaiken und Fliesen;
2800 Ceramica

CERAMICHE ATLAS CONCORDE
Italienische Keramikfliesen;
4902 Becker

Ceramix
Einhebelmischer für Bad und Küche;
5300 Ideal

Ceramo-fix
Wandbelag für den Wohn- und Sanitärbereich;
7119 Hornschuch

ceramo-floor
Bodenbelag, synthetisch, für den Wohn- und Sanitärbereich;
7119 Hornschuch

Ceramospray
~ I, Feuerschutz-Spritzdämmung nach DIN 4102, für Hoch- und industriellen Anlagenbau;
~ IV, Schall- und Wärmedämmputz, konturfolgend
2000 Schuh

Cerapox
EP FM 10 Epoxidharz-Fugenmörtel und Beton-Kleber;
4531 Wulff

Cereflex
Weiße, flexible Kleb-, Füll- und Fugmasse;
4750 Ceresit

Cereflux
Vielseitiger Kunststoffkleber für Fliesen und Platten, innen, flexibel;
4750 Ceresit

Cerement
Dünnbettmörtel zum Herstellen von Mauerwerk aus Gasbetonplansteinen, kunststoffvergütet, wasserfest;
4750 Ceresit

Ceresit
~ - **ACR**, Acryl-Masse, elastoplastischer Dichtstoff für Anschlußfugen;
~ - **Antik-Putz**, Roll- und Strukturputz nur für innen, fein;
~ - **antipilz**, biocides Sanierkonzentrat;
~ - **Aquacryl**, Dispersionslack für außen und innen, seidenmatt und glänzend, aus 100% Reinacrylat;
~ - **Aquapox**, 2-K-Flüssigkunststoff für Boden und Wand, lösemittelfrei, wasseremulgiert;
~ - **Ausgleichsputz**, zum Spachteln;
~ - **Auspreßpistolen**, für die Verarbeitung von Ceresit-Dichtungsmassen in Kartuschen;
~ - **Barock-Putz**, Strukturputz 3 mm;
~ - **Betonsanierungs-System**, komplette Produktpalette für vorsorgliche Betonschutzmaßnahmen bzw. nachträgliche Betonsanierungen;
~ - **Betonspachtel**, für Sichtbetonsanierungen und Oberflächenausbesserungen an Betonteilen, kunststoffvergütet, schnellhärtend;
~ - **blackdicht-Pulver**, zur Herstellung der Ceresit-blackdicht-Spachtelmasse für dickschichtige Abdichtungen;
~ - **blackdicht**, Streichfolie für nahtlose, flexible Abdichtungen, Bitumen-Kautschuk;
~ - **BMK**, Bau-Montage-Kleber zum Kleben und Befestigen außen und innen, lösemittelhaltig;
~ - **Bodengrund**, Neopren-Voranstrich für Holz und nichtsaugende Untergründe;
~ - **Bodenmörtel**, standfester, schnellhärtender Spachtel- und Reparaturmörtel für innen und außen, Schichtdicke 5—30 mm;
~ - **Bodenspachtel**, fließfähige Spachtel- und Reparaturmasse für hochbelastbare Ausspachtelungen, Schichtdicke 2—10 mm;
~ - **butyl**, Polyisobutylen-Masse, plastischer Dichtstoff für Abdichtungsarbeiten;
~ - **Color**, Acryllatex-Fassadenfarbe;
~ - **Dekor-Putz**, als Spachtel-, Reibe- und Spritzputz, für außen und innen, 2 mm;
~ - **Dicht-Profi**, Silicon-Kautschuk, gummi-elastisch aushärtend, in Spindelkartusche;
~ - **Dichtmörtel**, Sperrmörtel für wasserdichte Putze und Verfugungen, kunststoffvergütet;
~ - **Dichtschlämme**, zur Abdichtung von Neu- und Altbauten für innen und außen;
~ - **Dünnbettkleber**, Fliesen- und Hartschaumkleber;
~ - **Dünnbettmörtel**, zum Kleben keramischer Fliesen und Platten, innen und außen, kunststoffvergütet, wasserfest;
~ - **Elastikemulsion**, Kunststoffzusatz zu hydraulischen Fliesenklebern und Bodenspachtelmassen;
~ - **Elastikkleber** 2 K, für wasserdichte Verlegung von keramischen Belägen, innen und außen;

~ - **Elastikschlämme**, flexibel, zementgebunden, 2komponentig, für Neu- und Altbauten, innen und außen, überbrückt Haarrisse;
~ - **EPK**, 2-K-Flüssigkunststoff, Epoxidgießharz, farbig, für Dickbeschichtung von Fußböden;
~ - **Epoxi-hochfest**, schnellhärtender, zweikomponentiger Reparaturmörtel für höchste Belastungen;
~ - **Epoxikleber**, zum Verlegen und Verfugen keramischer Platten, für Spezialverklebungen, lösemittelfrei;
~ - **estrichfit**, flüssiges Zusatzmittel zur Herstellung hochwiderstandsfähiger und schnelltrocknender zementgebundener Estriche;
~ - **Estrichsiegel**, verfestigende, transparente PU-Versiegelung für Zementestriche und Betonböden;
~ - **Exakt-Putz**, Reibeputz nur für innen, fein 2 mm Korn;
~ - **Farb:ex**, umweltfreundlicher Abbeizer für Dispersionsfarben und Dispersionslacke;
~ - **Fassadenweiß**, Kunstharzlatex-Dickschichtfarbe für außen und innen;
~ - **FBK plus**, Fußbodenkunststoff für Zement- und Betonböden, glänzend, aus 100% Reinacrylat;
~ - **Fenster-Dicht-Set**, zur Abdichtung von Fenstern und Türen, komplettes Set in Blisterpackung;
~ - **Fließspachtel**, selbstverlaufende Fußbodenspachtelmasse, schnellhärtend, selbstglättend, Schichtdicke 0—8 mm;
~ - **flüssig (DM)**, Eigenschaften und Anwendung wie „Pulver (DM)";
~ - **Füllspachtel**, zum Ausspachteln von Rissen, zum Glätten von Wänden und Decken, für innen;
~ - **Fugendicht**;
~ - **Fugengrau** und ~ - **Fugenbunt**, wie Fugenweiss;
~ - **Fugenmörtel** — weiß, grau, farbig zum Verfugen von 4—12 mm breiten Fugen;
~ - **Fugenmörtel**, zum Verfugen von keramischen Boden- und Wandbelägen mit 4—12 mm breiten Fugen;
~ - **Fugenweiss**, zum Verfugen von keramischen Wand- und Bodenbelägen, Fugenbreite bis 4 mm, kunststoffvergütet;
~ - **Grundierfarbe**, Kunstharz-Latex-Grundiermittel für außen und innen;
~ - **haftfest**, Kunststoff-Haftemulsion für rißsichere, haftfeste Putze und Estriche;
~ - **Handrein**, schützt vor Verschmutzungen durch Farben, Lacke, Klebstoffe, Kunstharze, Öle usw.;
~ - **Hartschaumkleber P**, zum Verkleben von Dämm- und Dekorplatten;
~ - **Keramik-Pflege**, Spezial-Wischreiniger für alle Natur- und Kunststeinböden, hemmt Neuverschmutzungen;
~ - **Kiesputzbinder**, für Putze mit Waschbeton-Charakter;
~ - **Klebemörtel**, zum Kleben von keramischen Belägen, Wärmedämmplatten usw.;
~ - **Klinker: fest**, Mörtelzusatz für Frühstandfestigkeit bei Verblend- und Glasbaustein-Mauerwerk;
~ - **Kompakt-Putz**, Kunstharz-Kieselputz für außen und innen, 4 mm Korn;
~ - **KS-Dünnbettmörtel**, zur Herstellung von Mauerwerk aus Kalksand-Plansteinen und -Planelementen;
~ - **Kunstharzlatex-Putze**, für außen und innen;
~ - **Kunststoff-Fassadenfarbe**, Kunstharzlatex-Dispersionsfarbe für außen und innen — wetterbeständig;
~ - **Lösemittel EP**, zur Herstellung der Grundierung für Ceresit-EPK;
~ - **Markant-Putz**, Reibeputz, grob 5-mm-Korn;
~ - **Mörteldicht**, zur Herstellung von wasserdichtem und rissefreiem Außenputz und Mauermörtel;
~ - **Mosaik-Putz**, Kunstharz-Buntsteinputz für außen und innen, grob, 4 mm Korn;
~ - **Nivellierspachtel**, selbstverlaufender Fußbodenspachtel, schnellhärtend, selbstglättend, Schichtdicke 2—10 mm;
~ - **Perfekt-Putz**, Spachtelputz, sehr fein 1,5 mm;
~ - **Perlmosaik-Putz**, Kunstharz-Buntsteinputz für innen und außen, 2 mm Korn;
~ - **PU-Primer**, Vorstrichmittel;
~ - **PU-Primer**, Vorstrichmittel;
~ - **Pulver (DM)**, Dichtungsmittel für wasserdichten Sperrputz, -estrich und -beton;
~ - **PU**, elastischer PU-Dichtstoff für Dehnungs-Anschluß-, Bodenfugen;
~ - **Rasant-Putz**, Roll- und Strukturputz, mittel 2-mm-Korn;
~ - **Reparaturmörtel**, für alle Ausbesserungen im und am Haus, kunststoffvergütet, schnellhärtend;
~ - **RF**, Renovierfarbe für flexible Rollputze, außen und innen, aus 100% Reinacrylat;
~ - **Rißbrücke**, Kunstfasergewebe mit Brücke zur dauerhaften Überdeckung konstruktiver Risse;
~ - **Rißflächenspachtel**, Dralon®-Faser-armiert, streich- und spachtelfähig;
~ - **Rustikal-Putz**, Reibeputz, mittel 3-mm-Korn;
~ - **Sanierputz**, Spezialmörtel für wasserabweisende Putze mit hoher Dampfdurchlässigkeit;
~ - **schnell-Blau (BE)**, Erstarrungsbeschleuniger, für Mörtel und Beton, chloridfrei;
~ - **schnell-OC (BE)**, Erstarrungsbeschleuniger für Mörtel und Beton, chloridfrei;
~ - **schnell-Rot**, Schnellerhärter für Mörtel und unbewehrten Beton, chloridhaltig;
~ - **Schnellbaukleber**, für schnellbelastbare Verklebungen von keramischen Belägen und Wärmedämmplatten, innen und außen;
~ - **Silikat-Füllfarbe**, Füllanstrich zur Strukturangleichung bei ungleichmäßigen Untergründen bei Anstrichen mit Ceresit-Silikatfarbe;

~ - **Silikat-Konzentrat**, Grundiermittel für Ceresit-Silikatfarbe bei Anstrich von mineralischen Außen- und Innenwandflächen;
~ - **Silikatfarbe**, Disperions-Silikatfarbe, für mineralische Außen- und Innenwandflächen;
~ - **SKM-Primer**, Vorstrichmittel;
~ - **SKM-Kunststoffprimer 4063**, Vorstrichmittel;
~ - **SKM-sanitär**, speziell im Sanitär- und Schwimmbadbereich;
~ - **SKM**, Silikon-Kautschuk-Masse, elastischer Dichtstoff für Dehnungs- und Anschlußfugen und
~ - **SP flüssig (DM)**, Betondichtungsmittel für wasserdichten Sperrbeton;
~ - **Spezialfüller**, zur Herstellung von Kunststoff-Fließestrich, hohe Rutschfestigkeit;
~ - **Streichgrund**, Dispersions-Grundiermittel;
~ - **Streichputz**, Kunstharzlatex-Füllanstrich für außen und innen;
~ - **Tiefgrund**, Grundier- und Versiegelungsmittel auf Acrylharzbasis, für außen und innen, lösemittelhaltig;
~ - **Universal-Reiniger**, reinigt Fassaden und Platten, entfernt Zement- und Kalkverschmutzungen und Ausblühungen;
~ - **Universal-Reiniger**, für Fassaden- und Platten, entfernt Zement- und Kalkverschmutzungen;
~ - **VWS-Gewebe**, schiebefest ausgerüstetes Spezialgewebe zur Erhöhung der Rißsicherheit im Dünnputz;
~ - **VWS-Mörtel**, kunststoffvergüteter, hydraulisch abbindender Spezialmörtel;
~ - **VWS**, Vollwärmeschutz-System für Fassaden bei Alt- und Neubauten;
~ - **Wand- & Deckenfarbe**, Kunststoffdispersionsfarbe für innen, waschbeständig nach DIN 53 778;
~ - **wandweiss**, Kunstharzlatex-Innenmattfarbe für Wand und Decke, scheuerbeständig nach DIN 53 778;
~ - **Wasserdicht**, Kunstharz-Kombination mit hydraulischen Komponenten, zur Abdichtung von Kellern, Feuchträumen usw. im Streichverfahren;
~ - **444**, Silicon-Fassadenimprägnierung für saugende Untergründe, lösemittelhaltig, unsichtbar;
~ **77**, Silan-Siloxan-Fassadenimprägnierung für stark und schwach saugende Untergründe, alkalifest, unsichtbar, lösemittelhaltig;
4750 Ceresit

CERINOL
~ - **ACTIV**, Sperr- und Mauertrocknungsmittel;
~ - **AEA (LP)**, Luftporenbildner für Mörtel und Beton;
~ - **BDS**, schnellerhärtende Dichtschlämme;
~ - **BZ**, Erstarrungsbeschleuniger und Schnellhärter;
~ - **DS FLEX**, flexible 2-k-Dichtschlämme;
~ - **DS**, Dichtungsschlämme;
~ - **FB**, kunststoffvergüteter Fugenmörtel für Fugen von 3 bis 20 mm Breite;
~ - **FF**, kunststoffvergüteter Fugenmörtel;
~ - **FIX LKF**, feinsandiger Betonsanierungsmörtel;
~ - **FIX LK 1**, Betonsanierungsmörtel für Sichtbeton;
~ - **FIX 25**, Schnellbindezement;
~ - **FIX**, Schnellbindezement;
~ - **FL**, Mörtel- und Putzdichtungsmittel 1:100;
~ - **GIMA**, kunststoffvergüteter Gießmörtel, Bodenausgleichsmasse;
~ - **KFM**, Kunststoff-Fertigmörtel;
~ - **P (DM)**, 2%iges Beton-, Mörtel- und Putzdichtungsmittel;
~ - **PLUS**, modifizierte Kunstharz-Dispersion;
~ - **PM**, Mörtel- und Putzdichtungsmittel 1:30;
~ - **SP**, flüssiges Putzgrundiermittel;
~ - **SS 1**, Erstarrungsbeschleuniger;
~ - **ST**, Erstarrungsbeschleuniger und Schnellhärter;
~ - **SUPER**, Putz- und Mörteldichtungsmittel 1:100;
~ - **Z**, porenbildendes Putzzusatzmittel;
~ - **11 (BV)**, Betonverflüssiger;
~ - **16**, Betonverflüssiger;
~ - **18**, konzentrierter Betonverflüssiger;
~ - **20 (DM)**, hydrophierendes Beton- und Mörteldichtungsmittel;
~ - **44 (VZ)**, Erstarrungsverzögerer mit verflüssigender Wirkung;
~ - **52 (BE)**, Erstarrungsbeschleuniger für Beton und Mörtel;
4354 Deitermann

Ceroc
~ **(BE)**, Frostschutzmittel, chloridfrei, pulverförmig, für Mörtel, Beton und Stahlbeton, erhärtungsbeschleunigend;
~ - **Mischöl** (LP), Luftporenbildner, verbessert Verarbeitbarkeit und Frostbeständigkeit von Mörtel und Beton;
4750 Ceresit

Cerofrost
Frostschutzmittel für Mörtel und unbewehrten Beton, erhärtungsbeschleunigend, plastifizierend;
4750 Ceresit

Ceromax
~ - **extra**, Schnellmontagezement für schwerste Belastungen;
~ **1**, wasserdichter Blitzerhärter zum Abdichten von Wasserdurchbrüchen;
~ **5** schnellhärtender Montagezement;
4750 Ceresit

CES
Offenporiger PU-Schaumstoff;
~ - Band, als Hinterfüllmaterial und Staub- und Lärmdämmittel;
~ - Rundschnur, zur Verwendung als Hinterfüllmaterial, zum Ausspritzen von Fugen;
4000 Chemiefac

CES
Schließanlagen, Profilzylinder;
5620 CES
→ 6600 Schrof

CESU
~ - Dispersion, Beschichtung zum Schutz von Auffangwannen und -räumen (sog. Heizölsperre);
4352 Schui

Cetol
~ **Acryllack**, Reinacrylat-Lack, glänzend, in weiß und 13 Farbtönen;
~ **BL 88/99**, Lasursystem für außen und innen in 8 Farbtönen;
~ **Dickschichtlasur**, modifiziertes Spezial-Alkydharz, wasserdampfdurchlässig, seidenglänzend;
~ **Holzlasur**, imprägnierende Lacklasur, seidenglänzend;
~ - **Imprägnierung**, geprüftes Holzschutzmittel nach DIN 68 800 mit fungiziden Anteilen;
~ **Satin**, Alkydharz-Lacklasur für innen, seidenglänzend, transparent und in 14 Farben;
~ **THB**, modifiziertes Spezial-Alkydharz, wasserdampfdurchlässige Dickschichtlasur für stark wetterbeanspruchtes Holz;
3008 Sikkens

CEWA GUARD
Überwachungssystem und Prüfsystem für → CEAG-Anlagen;
4600 ABB

CEWATOX
~ - **Korrosionsschutz**;
~ - **Rostschutzgrundfarbe**;
4573 Remmers

CEWE
→ Asperg-CEWE
7000 Eichhöfer

Champ
~ Bräunungsgeräte;
~ Kaminöfen;
~ Sauna-Anlagen;
~ Whirlwannen;
3589 Champ

Champion
Teppichboden-Collection mit 15 Tufting-Qualitäten;
6710 Pegulan

Chema
~ - **Haftemulsion**, Mörtel- und Betonzusatzmittel zur Herstellung von Haftbrücken, Flickmörtel;
~ - **Kunststoffputz**, für innen und außen, 3 mm Korn, verarbeitungsfertig;
~ - **Montagezement**, schnellhärtend, zum Befestigen von Geländern, Mauerankern, Toren, Dübeln usw.;
~ - **Streichfolie**, flexible Abdichtung gegen Sicker- und Oberflächenwasser, zur Isolierung von Terrassen, Feuchträumen u. ä.;
4750 Chema

Chemag
~ - Naturpflastersteine;
~ - Spezial-Pflastersteine (Betonhartsteine) mit aufgerauhter Oberfläche und durchgehendem anthrazitfarbenem Basalt-Edelsplitt nach DIN 18 501;
1000 Chemag

Chemiepurschaum
Spritzbarer Schaumstoff, z. B. als Montagekleber beim Einsetzen von Türrahmen, auch als Hinterfüllmaterial zum Ausschäumen von Hohlräumen;
4000 Chemiefac

CHEMINEES PHILIPPE
Französische Kamine;
4100 Hark

Cheminol
Korrosionsschutz-Folie;
6140 Chemieschutz

Chemipur
Teppichschaum;
5300 Chema

CHEMO
~ - **col 1k**, Glasversiegelung auf Thiokolbasis;
~ - cryl, Acryl-Fugendichtung;
~ - **SIL**icon, essigsaure Glasversiegelung;
~ - Verglasungskitte und Spezialkitte;
4507 Chemotec

CHEMO
~ - Sicherheitstank, Heizöltank aus Kunststoff;
8801 Chemo

Chemoband '82
Dehnungsfugenband auf Acrylbasis, auch selbstklebend;
6252 Emmerling

Chemocid
Antipilzzusatz;
8855 Chemoplast

CHEMOCRYL
Fugendichtungsmasse;
4507 Chemotec

Chemopan
Kunststoff-Beschichtungsmasse und Kunststoff-Reparaturmasse für Industriefußboden;
8700 Schumacher

1

Chemophalt
Kunststoff-Beschichtungsmasse und Kunststoff-Reparaturmasse für Industriefußböden;
8700 Schumacher

CHEMOTEC
Dichtstoffe für Einfach- und Isolierverglasungen;
4507 Chemotec

Chiemgauer Holzblockhaus
Massiv-Blockhäuser;
8220 Steber

Ching-Alvite-Color
Schutzanstrich, dickschichtig, für Zink, Alu und Hart-PVC;
8520 Chemische Industrie

CHINOLITH
Industriefußboden (Estrich) fugenlos, für Schwerbeanspruchung, hochverschleißfest, öl- und lösungsmittelfest, staubfrei, zähelastisch, fußwarm (Fußboden);
7290 Chini

Chlorifix
Chlorgranulat, schnell- und leichtlöslich, als Zusatzchlorung zur Schwimmbaddesinfektion;
~ **X 100**, Chlorgranulat, hochkonzentriert, langsam löslich, für den lokalen Einsatz;
8000 BAYROL

Chloriklar®
Chlortabletten, rückstandsfrei, schnellöslich, als Zusatzchlorung zur Schwimmbaddesinfektion, auch für Filter geeignet;
8000 BAYROL

Chlorilong®
Dauerchlorung für Schwimmbäder, hochkonzentrierte Chlortabletten mit extrem langsamer Auflösung, auch zur Filterentkeimung geeignet;
8000 BAYROL

CHRISTOL
Teerdachlack;
6200 Chemische

Chromaclad
Asbestfreie Fassadenplatten;
4010 Capeboards

CHROMALIT®-ISO
Blockisolierung, feuerfest;
6000 Fleischmann

CHV
Rostschutzanstriche, Rostschutzlacke;
2800 Voigt

CIDITAN®
→ Calenberger CIDITAN®;
3216 Calenberg

Cigular®
→ Calenberger Cigular®;
3216 Calenberg

Cimex
Schmutzschleuse aus federndem Synthese-Kautschuk;
4000 Cimex

Ciparall®
→ Calenberger Ciparall®;
3216 Calenberg

CIR
Fliesen (Kleinformate);
7033 Lang

CIRA-SILIN
Außenwand-Imprägnierung auf Silikonbasis;
6084 Silin

CIRCOPORIT®
Gasbetonblöcke und Gasbetonplatten;
4358 Cirkel

CIRCO®
Drahtornament-Gußglas;
5100 Vegla

CIRCOSICHT®
Kalksandstein-Verblender, lieferbar auch als
~ - STRUKTUR;
4358 Cirkel

Circulatex
~ - Bauschutz-Bahnen, aus Gummigranulat, gebunden mit PUR, als Schutzschicht gegen mechanische Beschädigungen;
6632 Siplast

Cirkel
Kalksandsteine nach DIN 106;
4358 Cirkel

Cirkel-Line
Windfang-Türanlage;
4156 MBB

CIROBEL®
→ Calenberger CIROBEL®;
3216 Calenberg

CIRRUS
Gewebter Teppichboden, Velours-Jaquard gemustert;
5160 Anker

CISA
Keramikfliesen für Boden- und Wandbelag;
2000 Bluhm

City
~ - **Pflanzstein**, halbrunder Pflanztrog mit offenem Erdanschluß für langfristige Bepflanzung auch mit zusätzlicher Rankhilfe für Mauer- und Fassadenbegrünung;
4047 Fiege

Citylux
Straßenleuchte als Aufsatz- oder Hängeleuchte;
3257 AEG

CITY®-PARK
Verbundpflaster mit kraftschlüssiger Rundum-Verzahnung;
8333 Linden

clack®
Schornstein-Abdeckungen, Scheiben aus Asbestzement, Beschläge aus Edelstahl;
4130 Heibges

CLASEN
Massivhäuser aus → POROTON-Ziegeln;
2811 Clasen

Classic
Holz-Falttür oder Holz-Faltwand mit hellen oder getönten Kunstglasscheiben;
3000 Brandt

classico®
Betonpflasterstein-System u. a. mit speziell geformten Kreissteinen für Kreisverlegung und Schuppenmuster;
7800 ACW
→ 2000 Betonstein-Union GmbH
→ 4952 Vogt
→ 5063 Metten
→ 5800 Köster
→ 6070 Sehring
→ 6722 Lösch
→ 7814 Birkenmeier
→ 7932 Beton
→ 8333 Linden
→ 8580 Zapf;

Classique
Holzfaserplatte, oberflächenveredelt mit leicht gehämmerter Oberfläche für den Innenausbau;
8000 Cemtac

Clauss-Markisen
Markisen, Fassaden-Sonnenschutz in Sonderkonstruktionen;
7311 Clauss

Claylit
Dränschicht und Vegetationsschicht zur Dachbegrünung aus Tonschaum;
2879 Grolit

CLESTRA
~ Trennwände, versetzbar;
~ Unterdecken-System;
6078 Clestra

clima-commander®
Luftführungssystem, individuelle Belüftung durch ein Deckenluftauslaß-System mit verstellbaren Kugeldüsen;
7000 LTG

CLIMADUCT
~ - SE, Klimaschlauch aus PVC-beschichtetem Polyestergewebe;
5970 Ohler

climaflex®
~ - **Rohrisolierung**, Programm aus endlos extrudiertem, geschlossenzelligem PE-Schaum;
6143 nmc

CLIMALIT®
aus PLANILUX®, Isolierglas aus Spiegelglas, zwei- und dreischeibig;
~ PLUS zur Umrüstung von Einfachglasfenstern;
~ SEKURIT, Isolierglas aus Einscheiben-Sicherheitsglas;
5100 Vegla

CLIMAL®
Heizkörper aus Alu, innen und außen eloxiert;
8228 Climal

CLIMAPLUS
Wärmeschutzglas;
5100 Vegla

ClimaRex
Thermostatschaltuhren;
4770 W.E.G.-Legrand

climaria®
~ Inspektionsdeckel;
~ Luftauslässe;
~ Ventilatoren;
~ Wetterschutzgitter;
5000 Climaria

Climatape
Spezialklebeband für → Climatube;
2000 Retracol

Climatube
Rohrfertigisoliersysteme zum Selbermachen;
2000 Retracol

Clinch
Bewehrungsabstandhalter für senkrechte Bewehrung;
4040 Betomax

clinoopt und clinophon
→ teli ruf;
5270 Ackermann

1

Clip
Gerüsthalter für Aufzugsschächte;
4040 Betomax

Clips-Quick
Steckverbindung Holz mit Holz oder anderen Holzwerkstoffen;
2990 HNT

Clobidet
Duschaufsatz mit Warmwasserdüse zum nachträglichen Einbau in vorhandene Toiletten (Unterdusche);
7742 Grässlin

Clorius
Hauswasserzähler, Wohnungswasserzähler, Wärmemengenzähler;
6000 Techem

Clos-o-mat
Automatische WC-Bidet-Anlage;
7000 Climarex

CLOU® für Heimwerker
Methode zur Veredelung von Holzoberflächen, umfaßt Buntfarben-Beize, Kratzfeste Beize, 1-K Kunststoff-Lack, Möbel-Lasur-Lack, Nitro-Streichlack, Schnellschleif-Grundierung, Nitro-Verdünnung, Ballen-Mattierung, → Spraymat-Glanzlack, Lack-Abbeizer;
6050 Clouth

CLOU®sil
Holzschutzlasur gegen Wetter, Fäulnis und Holzschädlinge;
6050 Clouth

CLOUSTROL
Holz-Grundlack und Holz-Überzugslack für Profilbretter und Paneele;
6050 Clouth

CLT
~ Deckenauflager und Wandauflager zur Dämmung störender Körperschall- und Nebenwegübertragungen;
~ Kipplager und Gleitlager aus Spezialkork mit oder ohne doppelter Teflonfolieneinlage, zur Auflagerung von Dachdecken, Betonbalken und Rahmenkonstruktionen;
7770 Cortum

CM-Markisen
→ Clauss-Markisen;
7311 Clauss

COALISATOR
Koaleszenz-Abscheider;
6209 Passavant

Coandotrol®
Schlitzauslässe;
7000 LTG

Coating Plate
Fassadenplatten aus Faserzement mit Putz- und Hartglasurbeschichtung;
8204 Waler

cobra®
Mauersystem aus Betonfertigteilen für Stützmauern im ebenen und geböschten Gelände sowie für freistehende Mauern;
7800 ACW
→ 4900 Scheidt
→ 5063 Metten
→ 6070 Sehring
→ 7710 Wintermantel
→ 7814 Birkenmeier
→ 8333 Linden
→ 8580 Zapf;

COELAN
~ - **EXTRA**, Fußboden-Versiegelung in Garagen, Industriehallen, Kellern, Wasserbehältern usw.;
~ - **SILBER-ELASTIC**, elastische UV-Schutzbeschichtung für alle Dachflächen wie Teerpappe, Bitumen, PU-Ortschaum;
4420 Coelan

COELISPAT
Gebrauchsfertige Industrieboden-Ausgleich-Spachtelmasse;
4420 Coelan

COELIT®
PU-Hartschaum-Systeme, auch als Spritz- und Injektionsschaum-Systeme zur Ausschäumung von Hohlräumen, Heizungsrohrschlitzen, zur Unterschäumung von Dachpfannen, zur Isolierung von Kühlhäusern, Wohnbauten usw.;
4420 Coelan

COERS®
Baugitter, Schutzgitter, Lüftungsgitter, Schneefangzäune, Windschutzgitter, Windschutzzäune, Bodenverfestigungsgitter und -matten, Gabione (Steinkästen und Behälter für den Wasserbau), Drainagegitter und -matten, Lüftungsrohre (gelocht), Flughafenzäune, Trenn-/Markierungsgitter, Kabel-Markierungsgitter, Böschungsgitter, Böschungsnetze, Insektengitter u. ä. aus Vollkunststoff korrosionsfrei, UV-stabilisiert, kältefest bis 45°;
4000 Coers

COETHERM
→ Coelit-Injektionsschaum-System zur nachträglichen Ausschäumung von Hohlschichtmauerwerk;
4420 Coelan

COETHERM®
Fassadendämmplatten aus 5 cm dicken PUR-Hartschaumplatten mit einer Beschichtung aus Steinmaterial (Klinkerlook);
4420 Coetherm

COFI®
~ **Exterior DFP** (Douglas Fir Plywood) und ~ **Exterior CSP** (Canadian Softwood Plywood), kanadisches Sperrholz nach kanadischen Normen hergestellt;
~ **FORM**, Betonschalungssperrholz;
~ **T & G**, Sperrholzplatten mit Nut und Feder;
5100 COFI

COLANI
~ – Sanitärkeramik, nach Entwürfen von Luigi Colani;
6642 Villeroy

Colaquarol
Schwimmbecken-Anstriche;
~ **BX 12**, Anstrich auf Chlorkautschukbasis, für Schwimmbecken, Betonwannen, Trinkwasserbehälter u. ä., auf Putz, Beton, Stahl, Alu, Chlorkautschuk oder Epoxidharzbeschichtungen;
~ **BY 20**, 2-K-Anstrich auf Epoxidharzbasis, einsetzbar wie bei ~ BX 12;
~ **BZ 30**, Anstrich, verarbeitungsfertig, Basis Synthese-Kautschuk, für alle Becken, Teiche, Wannen mit KPM-Unterwasserhaut;
8000 BAYROL

Colas
~ Bindemittel auf Verschnitt- und Lösungsmittelbasis zum Herstellen von Mischgut, z. B. für Flickarbeiten im Straßenbau;
~ Bitumenemulsionen, kationisch und anionisch, für den Straßenbau;
~ Fertigschlämme zur Oberflächenabdichtung von Asphaltbelägen;
2000 Colas

COLASFALT
Bitumenemulsion, hochviskos, für maschinelle Herstellung von ~ - Industrieboden;
2000 Colas

COLASTAK
Fugenvergußmassen für Straßen- und Hochbau;
~ **FB-S**, für Betonfahrbahnen;
~ **FE**, mit Polymerzusatz für Betondehnungsfugen;
~ **FN**, für Zement-Betondecken;
~ **FT**, mit Polymerzusatz für Betondehnungsfugen, kraftstoffbeständig;
~ **SR 1**, heißverarbeitbare, kunststoffvergütete, hochelastische Fugenvergußmasse für den Hochbau;
2000 Colas

Colasticoll
2-K-Reaktionsharz-Fliesenkleber für Holzspanplatten;
8900 PCI

COLBOND
Polyester-Vliesmatte für Einsatz im Straßen- und Wasserbau als Trennvlies und Filtervlies zwischen Untergrund und Oberbau zur Bodenstabilisierung;
4300 Rudolph

Colbotex
~ - Dachdichtungsbahnen;
~ - Schweißbahnen;
2970 Hille

COLESTRICH
Zementestrich-Zusatzmittel zur Erhöhung der Biegezugfestigkeit, Verbesserung der Haftfestigkeit und Verminderung der Schrumpfspannungen;
2000 Colas

COLFIRMIT
~ **Blaukleber Universal**, pulverförmig, für innen und außen, zum Verkleben von Wärmedämmaterialien und keramischen Belägen;
~ **Edelputz**, farbiger Werktrockenmörtel nach DIN 18 550, in verschiedenen Putzarten und Körnungen;
~ **Fassadensystem**, mehrschichtiges Verbundsystem aus EPS-Hartschaum-Dämmit-Dämmplatten, Dämmit-Grundputz mit Armierungsgewebe und Edelputz WD als Oberputz;
~ **Fliesenklebemörtel**, nach DIN 18 156, hydraulisch erhärtender Dünnbettmörtel für innen und außen;
~ **Fugenbreit** grau und weiß, pulverförmig, Verfugungsmasse für keramische Beläge innen und außen bis 12 mm Fugenbreite;
~ **Fugenbunt**, pulverförmig, farbige Verfugungsmasse für keramische Beläge innen und außen;
~ **Fugenweiß und Fugengrau**, pulverförmig, Verfugungsmasse für keramische Beläge innen und außen;
~ **Gips-Kalkputze**, wie Maschinenputz, Maschinenhaftputz, Haftputz und Fertigputz W sind Werktrockenmörtel nach DIN 18 550, MG P IV, zum einlagigen Verputzen von Wand- und Deckenflächen;
~ **Gipsgrund**, flüssig, gebrauchsfertig, zur Vorbehandlung von sandenden und saugenden Untergründen;
~ **Grundputz WA**, Werktrockenmörtel, wasserabweisend, nach DIN 18 550, MG P II, maschinengängig;
~ **Hartschaumkleber** und Fliesenkleber pastös, Dispersionskleber für innen;
~ **ISOVER-Vollwärmeschutzsystem**, mehrschichtiges Verbundsystem aus ISOVER-Sillatherm-Mineralfaser-Fassadendämmplatten, Grundputz VS mit Armierungsgewebe und Edelputz WD als Oberputz;

1

~ **Type F**, Haft- und Reparaturputz, Werktrockenmörtel, MG P II, für Außenflächen und Feuchträume;
~ **Universalputz**, Werktrockenmörtel nach DIN 18 550, MG P II, Grundputz für mineralische Oberputze und Kunstharzputze, Innenputz für Feuchträume;
~ **Universalspachtel**, pulverförmig, Reparatur- und Ausbesserungsmasse;
~ **Wärmedämmputz-System**, (Zul.-Nr. Z-23.3-60), wärmedämmender Unterputz mit organischen Leichtzuschlägen und Edelputz WD als Oberputz;
~ **Zementputz**, Werktrockenmörtel nach DIN 18 550, MG P III, z. B. Sockelputz;
8590 Colfirmit

Colfix 68
Spezial-Fertigmischgut zum Flicken von kleinen Schadenstellen auf Asphalt- und Betonflächen;
2000 Colas

COLFLEX
Polymervergütetes Hochleistungsbindemittel für Oberflächenbehandlungen auf stark beanspruchten Straßen;
2000 Colas

Colfloor®
~ **BS**, Bitumenemulsion, niedrig viskos, für Industriefußböden, fugenlos, jedoch nicht ölbeständig;
~ **H-Industriefußböden** und anderen Industrieböden, z. B. Beton;
~ **H-Dispersionsfarbe**, zur Farbgebung von
~ **H**, Bindemittel auf Kunstharzdispersions-Basis für öl- und wasserfesten, fugenlosen ~ H-Industrieboden;
2000 Colas

Colform
~ Bitumenemulsionen als Abdichtungsmittel im Hoch- und Tiefbau;
~ - Gewebe, zur Armierung von Beschichtungen nach dem Colform-System;
~ - Klebeband, zum Verkleben bitumenverträglicher Materialien;
~ - Strip, selbstklebende Abdichtungsfolie mit Alu-Kaschierung;
~ - System, manuell aufzutragende gefüllerte thixotrope Spezial-Bitumenemulsion für fugenlose wasserdichte Dachbeschichtung im Mehrschichtenaufbau;
2000 Colas

Colform-Strip
Elastische, reißfeste Bänder, speziell für Dachreparaturen (Reparaturbänder);
4000 Chemiefac

Colimal
Akustikplatten-Kleber;
4000 Henkel

Collapren
Kontaktklebstoff für Boden, Wand, Decke;
6342 Weiss

Collapren
Kontaktklebstoff;
6342 Weiss

Collastic®
Schnellkleber, PCI-Werkstoff zur Feuchtigkeitsisolierung und Verklebung keramischer Beläge in einem Arbeitsgang;
8900 PCI

COLLGRA EX-ROSTOL
Rostlöser mit SECU-Kriechfaktor;
6250 Collgra

Collipol®
Gebrauchsfertiger, hochflexibler Dispersionskleber für Fliesen und Mosaik;
8900 PCI

Collocrete (LP)
Luftporenbildner, Betonzusatzmittel, wirkt verflüssigend;
3280 Hörling

Collstrop
Zäune, Carports, Pergolen, Geräteräume, Veranden, Wintergärten aus druckimprägniertem schwedischem Kiefernholz als Fertigelemente/Bausätze;
2427 Potz
→ 4400 Törner
→ 6143 Babilon
→ 8038 Lang

Colmik
Heißbindemittel für Spezial-Asphaltbeläge mit hohem Verformungswiderstand;
2000 Colas

Coloc
→ UNI-Coloc;
7550 Uni

Colonia
~ - **Haustürband**, Türband aus stranggepreßtem Alu mit teflonhaltigen Lagern und Edelstahlstiften;
5620 Haps

Color Trend
Gaufragetapeten (Tapeten);
5600 Erfurt

COLORBEL
Flachglas bzw. Gußglas, einseitig farbig emailliert, für Brüstungen bzw. Innentüren;
~ - **Brüstungselemente**, aus ~ - Einfachscheiben in Verbindung mit Wärmedämmstoffen;
2000 Bluhm

Colorcoat
Warenzeichen der British Steel Corporation. Kunststoffauflage, ledergenarbt für → Fischer-Profile;
5902 Fischer

ColorCore
Oberflächenmaterial für Schichtstoffplatten zum Durchfarben in 20 Farben;
5000 Formica

COLORCRON®
Farbiges Härtungsmittel für Fußbodenoberflächen, naturfarben, mineralisch;
4050 Master

Color-Dämmstein
System zur Verblendung. Der ~ besteht aus einem festen Mineralfaserklotz aus wasserabweisender Steinwolle mit aufgeklebten Riemchen;
6701 Color

Colorescentglas
Mischung aus farblosem Grundglas mit meist mehreren Farben, hohe Transparenz, leuchtkräftig, für Türen, Trennwände, Kunstverglasungen (Glas);
3223 DESAG

COLORFINE
→ CWB CARBOFINE;
6229 Brockhues

Colorflex®
Eternit-Fassadenplatte, kleinformatig, aus asbestfreiem Material, 12 Naturfarbtöne, traditionelle kleinschuppige Deckungsarten;
1000 Eternit

COLORFLEX®
→ RPM-COLORFLEX®;
5000 Hamann

COLOR-IN
→ Herbol COLOR-IN;
5000 Herbol

ColorNYP®
Fassadenplatten;
4220 Colornyp

Colorpan®
Fassadenplatten und Fassadenprofile in 5 Formen, 6 Schwerpunkten und 13 Sonderfarben. Ausgangsbasis feinzerspantes Holz, das mit duroplastischen Harzen, Härter, Additive, Hitze und Druck weiterbehandelt wurde;
~ **Rustika**, rustikale Platte mit Riefenstruktur;
~ **Segmenta**, Balkongeländer;
~ **Urbana**, Kleinsegmente mit ungleichem Wechselspiel;
7141 Werzalit

COLOR-PROFIL
~ - **CP Dachentwässerungs-Systeme** aus Stahl + Zink + Plastisol (100 my), in Halbrund- oder Kastenform;
~ - **Energiedach** in Ziegelform, als Absorber oder Luftenergiedach;
~ - **Metalldach** aus
PLASTAHL = Stahl + Zink + 200 my Kunststoffbeschichtung, aus Profiltafeln mit 1,0 m bzw. 1,05 m Deckbreite und bis ca. 6 (10) m Länge;
5441 Color

Colorset
Wandleuchten, Aufbauleuchten, Einbauleuchten, Metalldampfleuchten;
7860 Durlum

Colorsklent®
→ Rathscheck-Colorsklent®;
5440 Rathscheck

Colorvit®
Dispersionsfarben, als Volltonfarben und Abtönfarben;
3512 Habich's

COLOTHERM
Torsystem aus Stahl, Faltschiebetore, Schiebetore, Schnellauftore, Feuerwehrtore;
6100 Donges

COLPHENE
Kaltselbstklebebahnen;
4630 SOPREMA

COLPO
~ **200**, Kaltvergußmasse, hochelastisch, 2-K, für Horizontalfugen;
~ **600**, Fugendichtungsmasse, elastisch, 2-K;
2000 Wehakomp

Colpox
~ **H**, Versiegelung, 2-K-System auf Epoxidharzbasis auch für feuchten Untergrund zur Herstellung chemikalienfester Beschichtungen auf Industriefußböden und Betonböden;
~ **L**, 2-K-System, lmh, auf Epoxydharzbasis speziell zur chemikalienfesten Versiegelung von Betonflächen;
~ **SF**, wie ~ S, jedoch für Mörtel;
~ **S**, 2-K-Epoxidharzsystem, lmf, zur Herstellung hochchemikalienfester Beschichtungen und Beläge;
2000 Colas

COLT
Typ Horizon, Lichtstraßensystem, Belichtungselement aus Acrylglas, geeignet zur Arkadenüberdachung, regensicherer Korridor u. ä.;
4190 Colt

1

COLUMBUS
~ Bodentreppe aus Alu und Holz
~ Samba-Treppen, Raumspartreppen in Holz;
~ Scherentreppe aus Alu als Dachbodentreppe und Flachdachausstieg;
~ Spindeltreppen mit Stufen aus Holz und Alu;
~ Zäune, Einfahrtstore, Balkongeländer aus Alu;
~ Zierornamente aus Leichtmetall-Legierung als Füllung für Tore und Türen, Zaunfelder usw.;
8902 Mühlberger

Colusal
Korrosionsschutzanstriche, Bleimennigegrundierungen, Zinkphosphatgrundierungen, Zinkstaubgrundierungen, Korrosionsschutzdeckanstriche auf Alkydharz-, Leinöl-, Epoxidharz-, Epoxyester- und Polyurethanbasis;
4250 MC

Colux®
Klappläden, Fensterläden aus Kunststoff mit starren Lamellen;
8062 PASA

Comax
Bewehrungsanschluß mit echter Schubaufnahme durch Verzahnung;
4040 Betomax

Combi Condor
Kaminofen (Allesbrenner);
4054 Ommeren

COMBI-CLOU®
Holz-Lacklasur in 15 Farbtönen;
6050 Clouth

Combidur®
~ **AV**, Kunststoff-Fenster-System mit Alu-Kern und PVC-Hart als Integral-Hartschaum-Ummantelung, außen Holzdecor-Design;
~ **Haustüranlage**, universell gestaltbar;
6780 Kömmerling

COMBIFIX
Kunststoff-Abstandhalter, der gleichzeitig die obere und untere Bewehrung trägt;
5885 Seifert

COMBIFLEX®
~ - **C2**, Bitumen-Dickbeschichtung, sofort wasserfest, 10 mm Rißüberbrückung;
~ **DS**, hochelastische, nahtlose Flächenabdichtung im Hoch- und Tiefbau, Feuchtigkeits- und Dampfsperre unter Estrichen usw.; Abdichtung unter Fliesen und anderen keramischen Materialien;
4930 Schomburg

COMBI-HAUS
Bausatz-Haus zum Selberbauen (Selbstbau-Haus);
4300 Combi

Combinett®
Badabtrennung und Badmöbel in einem, → Hüppe Duscha;
2900 Hüppe Dusch

COMBIPLAST
Bitumen-Kunststoff-Flüssigfolie als elasto-plastische Flächenabdichtung im Hoch- und Tiefbau;
4930 Schomburg

COMBIRIP®
Rippenstreckmetall, papierkaschiert;
5912 RSM

COMBITHERM
Wärmepumpen-Typenreihe: Wasser/Wasser, Sole/Wasser und Luft/Wasser;
7012 Combitherm

Combitherm
Wärmepumpen-Typenreihe: Wasser/Wasser-, Sole/Wasser und Luft/Wasser
7015 Combitherm

COMFORT
~ Flachglas, metalloxydbeschichtet, zur Herstellung von Isoliergläsern mit erhöhtem Wärmeschutz;
2000 Bluhm

Comforta
Schutzfilter, Wasserenthärter, Dosierpumpen;
5870 Grohe

Compac
Unterdecken;
6078 Hauserman

Compact
Rolladenfenster, Kompakteinheit für die schnelle Althausmodernisierung;
5060 Dyna

compact
PVC-Belag, einschichtig, homogen, mattiert geglättet, moiriert, in Bahnen und Fliesen;
7120 DLW

COMPACTA®
Automatische Abwasser- und Fäkalienhebeanlagen in verschiedenen Ausführungen;
6710 KSB

Compactboy®
Abfallbehälter aus verzinktem Stahlblech;
4500 Runge

Compactlager
→ Calenberger CR-Compactlager H;
3216 Calenberg

Compacttür®
~ - elemente, bestehend aus Compacttür-Blatt und Danzer-Fertigtürfutter, Mittellage aus Röhrenspanplatten;
7640 Danzer

Compactus
Automatisches Parkgaragen-System mit Querverschiebung, Längsverschiebung oder Fahrbühnen (Hersteller: Compactus AG, CH-5507 Mellingen);
7000 Backer

Compact
Schichtstoffplatte, beidseitig mit demselben Dekor beschichtet (Hersteller: Polyrey, Paris);
4000 Aussedat

Compaktal®
~ **AC**, Acryl-Dichtungsmasse, 1-K, lmf, für die Abdichtung von Anschlußfugen;
~ **PS 2 K**, Dichtungsmasse, 2-K, Basis Thiokol, dauerelastisch, zur Verfugung im Hoch- und Tiefbau;
~ **PU-Schaum**, 1-K-Montage-Schaum, dämmend, für die Türzargenverklebung und zum Ausfüllen von Hohlräumen;
~ **PU-Schnellguß**, Vergußmasse, 2-K, Basis PUR, dauerelastisch, für Bodenfugen im Beton und Zementestrich selbstverlaufend;
~ **PU**, Dichtungsmasse, 1-K, Basis PUR, dauerelastisch, für Verfugungen im Hochbau;
~ - **Rundschnüre**, Basis PE oder PUR, zur Hinterfüllung von Fugen;
~ - **Vorlegebänder**, selbstklebend, aus PE-Schaum;
8225 Compakta

Compakta®
~ - **Acrylgrund**, lmf, zum Imprägnieren von Untergründen aus Gips, Sperrholz, Spanplatten usw.;
~ - **Baudispersion**, weichmacherfreie Kunststoff-Dispersion auf Basis Vinylpropionat zur Verbesserung von Mörtel und Beton;
~ - **Dichtkleber**, wasserdichter, flexibler und haftsicherer Dünnbettkleber für die Fliesenverlegung in Duschen, Sanitärzellen, auf Estrichen mit Fußbodenheizung sowie in der Altbaurenovierung;
~ **E-Mörtel**, Epoxidharzmörtel, lmf, 2-K, zur mechanisch und chemisch hochbelastbaren Verfugung von keramischen Belägen, Ausflicken von Betonschäden usw.;
~ - **Entöler**, zum Reinigen von Betonflächen, Zementestrichen u. ä.;
~ - **Fugenplastik**, lmf, 2-K, für hochbelastbare Fugen in Duschen, Schwimmbädern usw.;
~ - **Holzwachs**, farblos, zum Schutz von Holzflächen im Inneren;
~ - **Lasur**, Holzlasur, lmf;
~ - **Multifixschaum**, superschneller 2-K Dämm- und Montageschaum;
~ - **Perfektschaum**, 1-K PU-Schaum für Pistolenverarbeitung;
~ - **PU-Kleber**, Spachtelmasse, lmf, 2-K, Basis PUR, für elastische, wasser- und öldichte Isolierung, Verkleben keramischer Fliesen usw.;
~ - **Rollcoat**, Reinacrylat-Bindemittel zur Betonboden-Sanierung rauher und staubender Oberflächen;
~ - **Salzpaste**, Holzschutz-Imprägnierung;
~ - **2-K-Fixschaum**, Türzargen-Montageschaum in 2-K-Kombidose;
8225 Compakta

Compaktinol®
~ - **Schimmelspray**, Sprühmittel zur Beseitigung und Vorbeugung von Schimmelpilz und Algenbefall;
~ - **190-Imprägnierung**, Silikon-Tiefenimprägnierung in organischen Lösungsmitteln, wasserabweisend, für Fassaden aus Sichtbeton, Putz, Asbestzement usw.;
8225 Compakta

Compakt®
~ - Integral, Großabscheider „System Buderus" in Fertigbauweise aus Stahlbetonschleuderrohren für mineralische und pflanzlich/tierische Leichtflüssigkeiten;
6330 Buderus Bau

Compaktuna®
~ - Acrylgrund, lmf, zum Imprägnieren von Untergründen aus Gips, Sperrholz, Spanplatten usw.;
~ - **Fertigkleber**, Dispersionskleber, gebrauchsfertig, acetat- und weichmacherfrei, für die Verlegung von Keramikfliesen, Glasmosaik u. ä.;
8225 Compakta

Compane
Zusatz-Fensterscheibe aus Acryl;
8481 Compane

COMPARK
~ - **Parksysteme**, Parkgaragensysteme mit Längs- und Querverschiebung und Längsparker (Hersteller: COMPARK AG, CH-8105 Regensdorf);
7000 Backer

COMPLEXYN
Haftgrundierung für rostbefallenen und feuchten Untergrund, auch für Alu und verzinkte Teile;
6751 Pyro

compli
Fäkalien-Hebeanlagen mit Kunststoffkessel, Kleinanlagen auch für nachträglichen Einbau;
4803 Jung

COMPOMAC®
Allwetter-Kaltmischgut zur Straßensanierung;
6700 Raschig

1

Componenta International
Fahnenmasten;
4030 Componenta

Componex
→ Sikkens Componex;
3008 Sikkens

Compositzemente
Zement PKZ 35 F und FAHZ 35 L, zur Herstellung von besonders verarbeitungswilligen Betonen, Mörteln, Estrichen;
6900 Zement

Compression-Noppenmatte
→ Calenberger Compression-Noppenmatte;
3216 Calenberg

Compriband
Mit Bitumen imprägniertes Schaumstoffband für schwere Arbeitsfugen im Bau, Type RR für die Dichtung von Abwasserleitungen;
4000 Chemiefac

Comprifalt
Kaltasphalt-Mörtel zur Reparatur von Industriefußböden;
4000 Chemiefac

COMPRIMUS
→ SOENNECKEN-COMPRIMUS;
7000 Backer

Comprit
Feuerfestmassen, Feuerbeton, für offene Kamine und Öfen;
6200 Didier

Comète
Straßenleuchte als Mastaufsatzleuchte und als Rohransatzleuchte;
6000 Mazda-Licht

CON CORRO
~ **ALU-GLANZ**, Alu-Reiniger, auch für Alu-Legierungen;
~ **Betonlöser FE**, Zementschleierentferner und Reiniger für Eisenmetalle;
~ **blanc**, Sprüh-Reiniger für Holz, Glas und Keramik;
~ **fluid PW**, Preßlufthammeröl mit Vereisungsschutz;
~ **rost stop**, chemischer Roststabilisator auf Tanninbasis, für Behälter, Konstruktionen, Eisentore, Zäune u. ä.;
~ **7 plus**, Rostlösemittel und Rostschutzmittel mit Molybdändisulfid;
6751 Pyro

Concept
Fliesen aus der Kollektion „Das junge Bad";
7130 Steuler

Concept 20002
Türschilder aus Acrylglas;
6109 Hänseroth

CONCLOC
~ - **Geräte**, Dosiergerät für Cyanacrylat-Klebstoffe im Baukastensystem;
~ - **Klebstoffe**, schnellhärtende Cyanacrylat-Reaktionsklebstoffe sowie anaerobe Flüssigkunststoffe zur Schraubensicherung;
8000 EGO

CONCORDE
→ ATLAS CONCORDE;
2000 Timmann

Concretal
→ Keim-Concretal;
8901 Keim

CONDOR
~ - **Betonlöser**, zur Entfernung von Betonkrusten an Baumaschinen;
~ - **Separa**, Trennmittel, für Sichtbetonflächen;
~ - **Separid**, Trennmittel für die Betonfertigteil-Industrie;
4600 Danco

CONFILM®
Verdunstungsschutz für frische Betonoberflächen gegen Austrocknung;
4050 Master

conit
Schalldämmendes Zuluftelement zur Abschirmung von Verkehrslärm und sonstigen Außengeräuschen nach DBGM;
3500 Conit

Conlastic®
~ - **Gummiprodukte** zur Unfallverhütung auf Kinderspielplätzen: Poller, elastische Randeinfassungen und Fallschutzplatten nach DIN 7926;
~ - **tempostop**, Fahrbahnschwellen zur Verkehrsberuhigung;
4150 Container

CONNECT
Badeinrichtung mit System, in dem Sanitärkeramik, Badmöbel und Badtechnik integriert sind
6642 Villeroy

CONNEX
Alu-Holz-Fenster, Alu-Fensterbänke für Fenster aus allen Werkstoffen;
4800 Schüco

Conplex
~ - Rohrführung zum nachträglichen Verlegen von Rohren durch Kernbohrung;
6750 Guß

Conrads
~ Gartenlaubenhütten, Blockholzhaus aus 34 mm starken Doppelnut- und Federdielen;
~ Geräte-Hallen, Materiallager-Hallen, Maschinenschuppen in montagefertigen Bausätzen;
5190 Conrads

CONSAFIS®
~ IR-Patentsprosse, Isolierglaseinheit, wirkt wie einzelscheibenverglast;
~ Isolierglas, dreifache Sicherheit in der Abdichtung des SZR durch Butyl-Dampfdiffusionssperre, dauerelastischen Thiokol-Randverbund und Kantenschutz;
~ Wärmeschutzgläser, Schallschutzgläser;
7460 Consafis

Consolan®
Holzschutzfarbe, in wässrigem System, vor allem für außen;
~ - **Wetterschutz-Farbe**, seidenglänzend, deckend;
~ - **Wetterschutz-Lasur**, seidenmatt, mit Spezialwachsen;
4000 Desowag

Construct
~ - **Elemente**, oberflächenfertige Innenausbau-Elemente aus dekorativen Hochdruck-Schichtstoffplatten;
5760 Duropal

Consul
Holzfalttür, PVC-foliert, mit Glaseinsatz;
3050 Marley

Contact
Bodenfliese, Abriebgruppe 3;
7130 Steuler

CONTACT-BAND
Kaltadhäsivkleber, lmf, in Bandform, zum Verkleben u. a. von Dampfsperren, Ausgleichsbahnen und Dämmungen im Flachdach;
4300 Schierling

CONTERFIX
Massiver Kunststoff-Konus als Spreize für Betonwände;
5885 Seifert

Contess
Flachdachpfannen/Tondachziegel);
6601 Saar-Ton

Conti
~ - Bausysteme, Dachkonstruktionen;
4030 Conti

Conticel
Hartschaum auf PVC-Basis. Duroplastisches Stützgerüst verleiht dem Endprodukt erhöhte mechanische und thermische Widerstandsfähigkeit, Kernmaterial für Sandwichplatten, Brüstungselemente, Fertighausteile usw.
3000 Conti

Contilack®
Baufarbenprogramm:
~ - Bautenlacke;
~ - Dispersionsfarben;
~ - Dispersionslacke;
~ - Kunststoffbeschichtungen;
4200 Continental

CONTINUO
Kaminofen, mit fast unsichtbarer Abdeckscheibe;
4030 Bellfires

CONTOUR
Lichtprofilsystem;
3280 Kinkeldey

Contour
Flachdachpfanne (Tondachziegel);
6601 Saar-Ton

CONTRACRIME®
Verbundsicherheitsgläser speziell gegen Angriffe wie Einbruch, Beschuß, auch mit Alarmdraht und Alarm-SEKURIT®;
5100 Vegla

CONTRACTORS
Silicon-Dichtstoff für Glas- und Metallbau;
4030 General Electric

CONTRAFLAM®
Brandschutzglas;
5100 Vegla

CONTRASONOR®
Schalldämm-Isolierglas;
5100 Vegla

CONTREPP
System-Holztreppen;
4054 CONTREPP

Contura
→ Roplasto® Contura;
5060 Dyna

Contura
Kunsthandwerklich gefertigte Reliefbordüren für Wand- und Deckenabschluß, passend zu 16/24 er Fliesen;
7130 Steuler

1

Convent
~ **Designparkett**, Klebeparkett für großflächige Verlegung;
7454 Schlotterer

COPRAL®
Bitumenwellplatten als Dachplatten, Wandplatten und Grundmauerschutz;
2800 Marquart

Coprix
Mineralische Außenwand-Dämmplatte mit einem Putzträger aus Glasfasergewebe, B 1 nach DIN 4102;
8913 Coprix

COPRIX®
Putzfertiger mineralischer Vollwärmeschutz, Außenwanddämmsystem mit einem Putzträger aus alkalifestem Spezial-Gittergewebe;
8913 Prix

Corabit®
Bituminöses, anschmelzbares Fugenband für den Nahtverschluß im Asphaltstraßenbau;
4352 Kebulin

CORAL®
~ - **Plus**, Stufenmatte;
~ - **Sauber-Lauf-Zone**, Schmutzfang-Matte bzw. -Teppichboden, **Typ FR** Baustoffklasse B1;
~ Teppichboden, auch in feuerbeständiger Ausführung;
5630 Tufton

Coranop
Gummi-Noppenbelag, Bodenbelag in 2,8 bis 4 mm Plattendicke;
5630 Tufton

Corbal®
Wasserlösliche, vorbeugende Holzschutzmittel;
6535 Avenarius

CORCEMA
Wandbelag aus echtem Kork, Platten zwischen 3 und 25 mm;
2870 Meyer

Cordes
~ **BC 84**, integrierte Gleitdichtung für Betonglockenmuffenrohre nach DIN 4032 und DIN 4035;
~ **tecotect BK 62**, Rollringe aus Massivgummi zur Abdichtung von Glockenmuffenrohren aus Beton, Prüfzeichen PA I 884;
~ **tecotect SE-Dichtungen**, aus Zellgummi zur Abdichtung von Steinzeugrohren und für Anschlußverbindungen zu anderen Rohrarten, Prüfzeichen PA-I 2050;
~ **tecotect ZG 68**, Rollringdichtungen aus Zellgummi mit symmetrischer Keilnase zur Abdichtung von Glokkenmuffenrohren aus Beton und Steinzeug, Prüfzeichen PA-I 1629;
4403 Cordes

CORIAN
Eingetragenes Warenzeichen für Massivplatten und Formteile;
4000 Du Pont

CORIAN*
~ - Massivplatten und Formteile aus mineralgefülltem Polymer für Wandverkleidungen, Trennwände, Waschbecken, Laborbau, Küchenbau u. a. (* eingetr. Warenzeichen von Du Pont de Nemour);
4130 Hegger

CORIGLAS
Wärmedämmstoff aus Schaumglas für Flachdächer, Fassaden usw., temperaturbeständig bis 450 °C;
2863 Bohlmann

CORIPACT®
Wärmedämmbahn und Dachdämmplatte aus Steinfaser;
6000 Vedag

Coritect N
Kunststoff-Dispersion zum Anmischen besonderer Kunststoff-Zement-Mörtel;
4100 Caramba

Cork Parquet
Bodenbelag;
4000 Wicanders

CORKattraktiv
Korkwandbelag in Platten;
2800 Stürmann

Cork-o-Plast
Kork-Bodenbelag, geeignet für Büros, Hotels, Heime, Arztpraxen, Restaurants, Wohnbereich usw.;
4000 Wicanders

CORKSKIN
Echt-Korktapeten aus Portugal;
2800 Stürmann

Corner
Stabile Schalungseckenverbindung für viele Einsätze, aus Kunststoff;
4040 Betomax

Corocord®
~ - Seil, patentvergütetes Stahlseil mit Polyamidgarn-Umwicklung für Konstruktionen aus Seilen und Membranen, Seilspielgeräte;
1000 Corocord

CORONADA®
Tauchmotorpumpen für Klar- und Schmutzwasser;
5204 ABS

COROPLAST
~ Korrosionsschutz-Systeme für erd- und freiverlegte Transportleitungen nach den Richtlinien des DIN/DVGW sowie TÜV;
~ Verschlußklebebänder für die Schnittstellenverklebung von dämmisolierten Klimakanälen und Rohrleitungen, Baustoffklasse A 2 und B 1;
5600 Coroplast

CORREX
Rotierende Regenerativ-Wärmetauscher;
6507 aertherm

CORROLESS
Roststabilisator, Korrosionsschutz auch für Anstriche auf festhaftendem Rost;
2800 Voigt

Corroweld®
~ - Rollenlager;
7300 GHH

CORSO
→ 4460 Betonwerke Emsland;
4460 Betonwerke Emsland

Cortex
~ - Dämmkork;
~ - Korkparkett;
8500 Cortex

Corvinus & Roth
Technik zur Wasserbewegung;
~ - Massagebecken;
~ - Massagestationen;
~ - Schwallduschen;
~ - Wasserpilze;
~ - Wildwasserkanal;
6472 Corvinus

COSEY CLAD
Gesetzlich eingetragene Handelsmarke der Coseley Insulation Product Ltd. in England, in der BRD
→ Minerit®;
2160 STADUR

Cosiflor
Faltstore;
4500 Heede

Cosmocoll
Weißleim, wasserfest DIN 68 602;
~ FL-3, 1-K;
~ FL-4, 2-K;
6342 Weiss

Cosmocryl
1-K-Dispersions-Acrylatdichtstoff, elastoplastisch;
6342 Weiss

Cosmofen
~ **AL**, 2-K-Alu-Klebstoff in Kartuschen;
~ **Plus**, PVC-Hart-Klebstoff im Fensterbau;
~ **Reiniger**, PVC-Hart-Reinigungsmittel;
6342 Weiss

Cosmoklar N
PVC-Fensterrahmenpflegemittel;
6342 Weiss

Cosmoplast
~ **416** A/B, Alu-2-K-Klebstoff;
~ **500**, APTK-Sekundenklebstoff;
6342 Weiss

Cosmopur
~ Rapid, 2-K-PUR-Schnellschaum;
~ Rasant, 1-K-PUR-Schnellschaum;
6342 Weiss

Cosmosil
Silikondichtstoff;
6342 Weiss

Cosmo-therm
~ **Brüstungselemente** + Mehrschichtverbundplatte (PVC-PUR-PVC);
~ **Dämmstoffplatten** aus PUR-Hartschaum;
6342 Weiss

Costa
Zweigriffarmaturen;
5870 Grohe

COTTO CALVETRO
Italienische Cottofliesen;
2800 Frerichs

COTTO SANNINI
Unglasierte keramische Spaltplatten und Bodenplatten im Florentiner Stil;
4000 Lentzen

COTTOSTAR
Steinpflegemittel;
8429 HMK

COTTOWAX
→ LITHOFIN® COTTOWAX;
7317 Stingel

COVASCO®
Tennisbelag, Naturplatz mit Tennisasche, die von einem Traggewebe oberhalb fester Unterbauten gehalten wird, Qualifikation nach DIN 18 035;
4600 Schulze

CP-System
→ COLOR-PROFIL;
5441 Color

Craemer
~ Fußmattenrahmen, aus schlagfestem PE, einbaufertig;
~ Kellerlichtschacht, einbaufertig aus schlagfestem → Vestolen®A;
4836 Craemer

Crawford
~ Garagentore;
~ Großtore;
~ Sektionaltore aus Stahl und Alu;
2083 Crawford

Crealit
Pflasterklinker als Rechteckpflasterklinker, Mosaikpflasterklinker, Rundpflasterklinker in verschiedenen Farben und Oberflächen;
4405 Hagemeister

Crea-Therm
→ ARBONIA Crea-Therm;
4000 Mannesmann-Handel

Creaton
Formklinker in Ton, in Vormauerziegel- oder Klinkerqualität;
4405 Hagemeister

CREME ANTIK
Klinker;
5144 Simons

Crestamur
Mattlack-Wandfarbe für innen, auch zur Isolierung von Nikotin, Wasserflecken u. ä.;
5860 Drost

Creteperl®
Zuschlagmittel, überwiegend zur Herstellung von Putzen (Putzzuschlag);
6074 Perlite

Cripowa
Kristall-Abziehpolitur zum Auspolieren reiner Schellackpolituren;
4010 Wiederhold

Cristalundplatten
→ Stelcon®-Cristalundplatten;
4300 Stelcon

Crocodile
Wandanschlußschienen mit höhenvariablem Anker für alle nachträglichen Wandanschlüsse;
4800 Contec

Cronolith
~ - Platten aus Kunstharz-Mineralgemisch, als Fassadenverkleidung und Deckenverkleidung;
4000 Hüttense

Croso
Rohrstäbe, Schmiedestäbe, für Geländer, Gitter und Zäune;
5760 Cronenberg

CROSSFIX
Verbinder und Abstandhalter für Gitterträgerdecken (Großflächenplatten);
5885 Seifert

cryl
→ sto® cryl;
7894 sto

crylan 2000
→ sto® crylan;
7894 sto

CTC
~ - Heizkessel, für Ein-, Mehrfamilienhäuser und Wohnblocks;
~ Wärmepumpe Luft/Wasser;
~ Warmwasserbereiter und Wärmeaustauscher für alle Brennstoffarten, Anlagen und Fernheizung;
2000 CTC

CTK
Alu-Vordächer für Haustüren und Terrassen;
8803 Krauss

CUDO®-PERFEKT
Isolierscheibe aus 2 Glastafeln, durch ein Profil luftdicht und dauerelastisch miteinander verbunden;
4650 Flachglas

Cufix
Kupfer-Dachpfannen;
5760 Cufix

CUPLOK
Fassadengerüst;
4600 Omega

cuprotherm®
Fußbodenheizung;
7900 Wieland

Curasol®
Kunststoffdispersion, zum Begrünen und Schutz von Straßenböschungen (Bodenverfestigungsmittel);
6230 Hoechst AG

CURATOR
Benzinabscheider;
6209 Passavant

CURING
Betonnachbehandlungsmittel;
6100 Woermann

Curing D
Nachbehandler für Frischbeton (Verdunstungsschutz);
4790 Kertscher

CUSTOS®
~ - **M**, Heizölsperre ohne Rückstauverschluß aus Gußeisen;
~ - **R**, Heizölsperre aus Gußeisen mit zweifachem Rückstauverschluß;
6750 Guß

CW
~ - **Ständerprofile**, verzinkte Stahlblechprofile für Rigips-Montagewände;
3452 Rigips

CWB
~ CARBOFINE und COLORFINE, in Pulver und flüssiger Konsistenz, Bunt- und Schwarzfarben zum Einfärben von Betondachsteinen, Pflastersteinen, Gehwegplatten, Faserzementplatten, Kunststeinen und Terrazzo;
~ - ZEMENTFARBEN;
~ - ZEMENTSCHWARZ flüssig, Zementfarbe, besonders farbstark, kurze Mischdauer, gleichmäßige, dauerhafte Einfärbung;
6229 Brockhues

CYANEX®
~ - Holzbleichmittel, reinigt alte Möbel, Furniere, Türen usw.;
5180 Tilan

D... Artikel
Abstandhalter für Bewehrung und Schalung, Profile und Isolierbefestigungen u. ä.;
5600 Reuß

dabau®
~ **syst dabau-profil A**, Betonfertigteile werden zusammengesetzt als bepflanzbare Stützmauern, Lärmschutzwände, Uferstützmauern und freistehende Gliederungsmauern;
~ **syst dabau-profil T**, Betonfertigteil-Trogsystem, Sichtbeton B 35, einzeln aneinandergereiht als Pflanztröge, übereinander mehrschichtig als freistehende, bepflanzbare Sichtschutzwand und Trennwand, mit Auflagen als Sitzbänke;
7529 dabau ebg
→ 3500 Basaltin
→ 4300 Basaltin
→ 5460 Basaltin
→ 8400 Lerag

dabau®
~ **syst 1 dabau-Raumstein**, Betonformstein aus glattem Sichtbeton für Sichtschutzwände, Lärmschutzwände, Trennwände, Ornamentwände mit und ohne Verglasung;
~ **syst 2 dabau-Trockenstein**, Sichtbetonelemente ergeben ein flexibles Kettenmauerwerk;
~ **syst 5 dabau-Pflanzkissen** aus Glasseiden-Rovings und Polyester, zur einfachen Grüngestaltung von Höfen, Balkonen, Dachgärten usw., ohne Tröge, Beeteinfassungen usw.;
~ **syst 7 dabau-Querit**, Verbundbalken-System aus Sichtbeton-Fertigteilen zur Errichtung von Stützmauern durch trockenen Aufbau;
7529 dabau element

Dachfix
Rinnensysteme;
7550 Hauraton

DACHLEX
→ MEM-DACHLEX;
2950 MEM

„Dachplatte"
→ KALA „Dachplatte";
7238 Lange

Daco
~ Raumfachwerke aus Stahl;
~ Tribünen, feste und ausschiebbare Systeme;
4290 Daco

Dacryl
Reflektierende elastische Dachbeschichtung auf Acrylatbasis (Reflexionsbeschichtung);
4100 Hansit

Dämmgulast
~ - Rohrschelleneinlage zur Schallentkoppelung und zur Vermeidung von Körperschall zwischen Rohrleitungen;
6238 Müpro

Dämmit®-S
Dämmtechnik aus geschlitzten PS-Dämmplatten;
~ **Edelputz**, schwerer mineralischer Edelputz, der zusammen mit der ~ -Hartschaum-Dämmplatte das Fassadendämmsystem Dämmit® bildet;
4300 Steinwerke

Dämmokrat
→ SELTHAAN - Der „Dämmokrat"
4530 Gellrich

DÄMMOPOR
Wärmedämmputz-System;
7410 Dämmopor

Dämm-Paneel DBGM
System Overlack, Dämmplatte mit furnierter Frontplatte, PUR-Dämmschicht und wetterfester, pilzgeschützter V-100-G verleimte Spanplatte;
7550 Overlack

DÄMM-PLUS
~ - System, nachträgliche Dämmung bestehender Hallen aus dem Dämmstoff RIGID-ROLL® und einem Abhängesystem;
6200 Manville
→ 6250 KBM

Dämmstift
Isolierplattenbefestiger aus Kunststoff;
5600 Reuß

DämmTac
Durchsichtige Lärmschutzfolie;
6074 Optac

Dämon
Harmonikatüren und Harmonikawände in Edelholz, für Anstriche, fertig und kunststoffbeschichtet;
2350 Becker

dämonia
Harmonikatüren in Kunstleder;
2350 Becker

Dätwyler®
~ Dichtungsprofile aus APTK und PVC für den gesamten Baubereich;
3257 Dätwyler

Dahl-Kanal
Elektro-Installations-Kanalsystem;
5064 Dahl

dahlmann
~ Holzfenster, Balkontüren, Schiebetüren, Schrägelemente;
4763 Dahlmann

Dahlmann
Baustellen-Schutztür aus verzinktem Stahlblech;
5760 Dahlmann

DAHMIT®
~ - **flora**, Garten- und Landschaftsstein aus Naturlava, geeignet als Böschungssicherung, Hängsicherung und Dammsicherung;
~ - WALLELEMENT, Schallschutzstein und Böschungsstein aus Lavabeton, u. a. geeignet als Lärmschutzwand;
5450 Dahmit

DAHMIT® therm
~ Energie-Spar-Stein, Bims-Vollbockstein, wärmedämmend;
5450 Dahmit

DAKFILL
~ **Polyestervlies** als Verstärkung der DAKFILL-Beschichtung;
~ **Wasserdichtungsbeschichtung**, lmf, für geneigte Dachflächen (Bitumen, Faserzemente etc.);
4130 Veri

DAKFILL-Color
Wasserdichte, dauerelastische Dachbeschichtung;
5800 Partner

DAKORIT
~ **BS schwarz (AIB)**, Bitumen-Spachtelmasse, lmh, dauerplastisch zum Abdichten von Betonflächen, Holz- und Asbestzementdächern usw.;
4354 Hahne

DAKU
Dachbegrünung, System mit Speicher-Dränelementen ohne direkte Anstaubewässerung auf der Abdichtung;
6500 DAKU

DAL
WC-Spüleinrichtungen, Urinal-Spüleinrichtungen, Waschtischarmaturen, Brausearmaturen, Laborarmaturen u. ä.;
4952 Rost

DALFLUX
WC-Druckspüler;
4952 Rost

Dalichow
Schwimmbadabdeckung aus UV-stabilisierter Luftpolsterfolie, aus Hart-PVC-Profilen und Aufwickelvorrichtungen;
2000 Dalichow

DallBit
Dachgully für bituminöse Dacheindichtung;
5760 Dallmer

Dalli
Scheibenförmiger Magazin-Abstandhalter, klemmend;
5600 Reuß

Dallmer
Abläufe aus PP, wärmebeständig bis 110 °, frost- und chemikalienbeständig, für Keller, Flachdach, Balkon, Schwimmbad, Naßräume. Rückstauverschlüsse. Fettabscheider und Schlammfänge aus Polyesterbeton;
5760 Dallmer

DALLUX
Kastenspüler;
4952 Rost

DALMALITH®
~ - Fassadenplatten mit granulierter Natursteinbeschichtung;
8582 Frenzelit

DALomix
Einhandmischer mit Doppel-Stop, auf Knopfdruck oder automatisch;
4952 Rost

Dalsport
~ - Bodenplatten aus Synthesekautschuk als Bodenbelag für Sportstätten, Schulen, Messestände usw.;
4000 Dalsouple

DAMBACH
~ - **Absperrbake** mit Fußplatte aus Recyclingmaterial, Teil eines Baukastensystems für Warn- und Sperrgeräte;
~ - **Leitsysteme**, visuelle Orientierungshilfen für innen und außen;
7560 Dambach

Dammer
~ - Geschoßtragwerke in Stahlskelettbauweise;
~ - Hallen, Stahlhallen in Systembauweise;
4054 Dammer

DAN ZIEGEL
~ Hohlpfannen, zuzüglich Zubehör;
~ Hohlpfannen, handbearbeitet;
~ Original Handstrich-Hohlpfannen;
2398 Vereinigte Ziegeleien

DANFO
ehf-Türen mit Duroplast-Kunstharzoberfläche, Dekor in Eiche hell und Eiche rustikal;
4358 Dannenbaum

Danfoss
~ SK-System für Fußbodenheizungen;
~ Thermostat-Ventile;
6050 Danfoss

DAN-KERAMIK
Pflasterklinker, Verblendklinker und Formziegel für die Restaurierung aus Dänemark, Schweden und England;
2990 DAN

danket
Fußleisten, Fensterrahmen und Türrahmen aus Edelholz;
4150 WIHAGE

DANNENBAUM®
Türen, Türelemente, Rundbogen, Stichbogen, Schiebetüren, Durchgangsfutter, Innenausbauplatten, Fußleisten in Eiche rustikal, Eiche natur, Mahagoni und Macoré;
4358 Dannenbaum

DANNIT®
Türen, Türelemente mit Oberflächen in Edelholzreproduktionen wie Teak, Nußbaum, Lärche, Palisander, Eiche rustikal und Mooreiche;
4358 Dannenbaum

Danogips
Bauplatten (Gipskartonplatten);
4000 Danogips

DAN-SKAN®
Kaminöfen;
3000 DAN-SKAN

Dantherm®
~ - Luftentfeuchter;
4650 Dantherm

DANTON
Blähton-Produkte aus Dänemark;
~ Blocksteine;
~ Deckenelemente;
~ Fassadenelemente;
~ U-Schalen;
~ Wandelemente;
2300 Danton

Danzer
~ **Paneele** 6 mm, einbaufertig, seidenmatt lackiert, in Koto, Mahagoni, Sen, Carolina-Pine, Eiche, Teak, unsichtbar befestigt durch Kunststoffverbindungsschienen;
~ **Täfelbretter**, in Edelhölzern wie ~ Paneele 6 mm, kratzfest lackiert, einbaufertig mit Nut und Feder;
~ **Normtür**, edelholzfurniert, einhängefertig, DD-lackiert, längskantenpassend ummantelt;
7640 Danzer

Danziger Glas
Historisches Glas, auch als UV-Sperrfilterglas;
3223 DESAG

DARASTOR®
Dach-Raffstore, Lamellen-Jalousien für horizontale und schräge Verglasungen sowie Wohndachfenster;
7252 Paul

Darkstor
Verdunkelungsanlage mit Panzer aus PVC-Hohlkammerprofilen;
4000 Centrexico

darolet®
Fenster, Rolläden, Garagentore, Balkonverkleidungen aus Holz und Kunststoff;
4837 Münkel

Darotherm
Dachfenster-Rolladen mit Innenbedienung für alle Dachflächenfenster;
7454 Schlotterer

Das junge Bad
Wandfliesen-Serie mit modernem Design;
7130 Steuler

1

DASABOHN
Selbst-Glanzwachs flüssig, farblos, schwarz, rotbraun;
3456 Dasag

DASAG
~ Betonwerkstein-Platten und -Treppenstufen;
~ - **Glanzit 75**, Erstbehandlungswachs, für Asphalt, Terrazzo und Betonwerkstein;
~ Hochdruck-Asphaltplatten;
~ Homogen-Asphaltplatten;
~ Sichtmauersteine in Waschbetonstruktur;
~ Stein- und Fassadenreiniger flüssig, zur Entfernung von Zementschleiern;
~ Terrazzo-Asphaltplatten;
~ Waschbetonplatten;
~ - **Zack**, Reinigungskonzentrat für Asphalt-, Terrazzo-Asphalt und Betonwerksteinböden;
3456 Dasag

DASAGRUND 1001
Grundierung und Imprägniermittel für Hartgußasphalt und Asphaltplatten;
3456 Dasag

DASALEN
Spezialreiniger für verschmutzte Waschbetonplatten;
3456 Dasag

DASALIT
Terrassenplatten, geschliffen mit Fase;
3456 Dasag

DASARIT
Spezialreiniger für vergrünte Waschbetonplatten;
3456 Dasag

Dassen
Absperrpoller aus Alu-Guß mit einem Stahlkern;
5100 Dassen

DASTA
~ **DZ**, Dachhaken;
~ **LZ**, Leiterstütze;
~ **RZ**, Laufroststütze;
~ **STZ**, Dachsteigeisen;
~ **SZ**, Schneefanggitterstütze;
~ **Z**, Universal-Hakenpfanne mit verstellbaren Laufroststützen und Laufrosten;
4000 Gielissen

DATALOGIC
~ - Lichtschranken, Überwachungsanlagen für unterschiedliche Nutzungen (Industrie, Torsteuerung usw.);
7311 DATALOGIC

Daub
~ - Einholmtreppe aus Massivholz;
~ - Hauseingangstüren aus Holz, verschiedene Ausführungen;
~ - Spindeltreppen aus Massivholz;
~ - Wendeltreppen aus Massivholz;
~ - Zweiwangentreppen aus Massivholz;
5901 Daub

DAVIS/SILEH
Textiler Bodenbelag (Teppichboden);
2054 Teppichfabrik

Davor-Leiste
Kantenschutzprofil, rechtwinkliges Dreieckprofil, auch für den Schalungsbau;
5600 Reuß

Dawin
~ - Haustüren aus Kunststoff;
~ - Kunststoff-Fenster, Kellerfenster, Wohnungsfenster;
3253 Dawin

Daxorol
~ Buntsteinputze;
~ Fassadenfarben und Innenfarben;
~ Reibeputze;
~ Rillenputze;
5928 Daxorol

Daxotherm
Vollwärmeschutz-System, Prüfzeichen: PA III 2.1484;
5928 Daxorol

Dazwischen
Abstandhalter aus weißem Kunststoff für rechteckige Fliesen und Platten;
5600 Reuß

d-c-fix
Selbstklebefolie;
7119 Hornschuch

D-D min
Mineralfaser-Dachdämmplatten aus Steinwolle zur Außendämmung von Flachdächern, Fassadendämmplatten, Wärmedämmplatten, Trittschalldämmplatten;
4200 Krebber

DD SCHNELLACK
Gebrauchsfertige Treppenversiegelung;
8909 IRSA

DD 504
→ PLUS DD 504;
6250 Bonakemi

DD 504 PLUS
PUR-Lack, 2-komponentig, für stark strapazierte Parkettböden (Parkettlack);
6250 Bonakemi

DD-Flex
1-K-Fugendichtstoff, lmh, auf Basis Carbon-Copolimerisat, haftet bei Nässe ohne Primer auf Bitumen;
4300 Schierling

de Bour
Dachbeläge, begehbar und befahrbar;
2000 de Bour

de Lange
Korkboden für Wohn- und Geschäftsräume;
5860 de Lange

DE VALK
~ Bodenplatten, glasiert;
~ Eisenklinker;
~ Eisenschmelz-Spaltplatten;
4057 Riedel

De Vries Robbé
Umsetzbare Trennwände, Fenster, Fassaden;
6000 de Vries

DECA
~ Heizungsarmaturen;
~ Sanitärarmaturen für Rohrinstallationen;
6052 DECA

DECATEX
~ - Möbelrückwandplatten und Vertäfelungsplatten, mit einbrennlackierter oder beidseitiger PVC-Oberfläche;
8352 ATEX

Deckel 22
Kunststoff-Verschlußstopfen mit Außenlamellen und überstehender Deckplatte, zum Verschließen von Löchern, die durch → Delle und → Drüber entstanden sind;
5600 Reuß

DECKENFLUX
→ HÜWA®;
8500 Hüwa

Decki
Konische Kunststoff-Stopfen zum Verschließen von Löchern nach dem Entschalen;
5600 Reuß

DECOFLOOR
Bodenbelag;
~ **Flash**, farbige Epoxidharzbeschichtung mit Chipseinstreuung;
~ **Gravicolor Fliesen**, polyurethangebundene Quarzkieselfliesen;
~ **Stone**, Fußbodenbeschichtung aus Epoxidharz bzw. Polyurethanbindemittel und Quarzkieseln;
7900 Uzin

Deco-Klarol
Kunstharzputz (feiner Waschputzeffekt), mehrfarbig, für Innenwandflächen;
4400 Brillux

DECOKORK
Korkwandbelag in Platten;
2800 Stürmann

Decolen®
Elastomer-Schweißbahn mit Trägereinlage aus Polyestergewebe und Glasgewebe nach DIN 18 191, unbestreut, für zusätzlichen Oberflächenschutz;
~ **S**, mit oberseitiger Schieferbestreuung in grüner Naturfarbe;
4352 Kebulin

DECOLIT®
~ **D. 80**, Teppichshampoo-Konzentrat zur Reinigung aller farbechten Textil-Bodenbeläge;
~ **D. 82**, Sprühextraktionsreiniger;
~ **S. 621**, Sanitärreiniger für alle Naßräume, korrodiert nicht;
2105 SvB

Decomur®
Wandbeläge aus Textil, Metall, Glasfaser, Vinyl, Baustoffklasse B 1 und A 2, Textilwandbelag in Breiten von 125 und 150 cm;
7513 Seyfarth

Deconetta
Textiler Faltstore mit einseitig aufgedampfter Alu-Schicht;
2900 Hüppe Sonne

DECOPAN
Holzspanplatten, 3-schichtig, mit Feinspandeckschicht, kunststoffbeschichtet;
3400 Novopan
→ 6601 Agepan

decor
Bildtapeten-Kollektion im Fotodruck für wandflächige Dekorationen unbegrenzter Breite;
4400 Lechtenberg

Decoralt
~ Kunstharzdispersion, gefüllt, in verschiedenen Farben zum Herstellen farbiger Beschichtungen auf Asphalt- und Betonbelägen;
~ Reflexionsanstrich zur Temperaturminderung von bituminösen Dachoberflächen;
2000 Colas

DECORA®
Edelfurnierte Sperrhölzer und Tischlerplatten;
4040 Bruynzeel

1

Decor-Kork
~ **Korkdämmunterlage** (schall- und wärmedämmend);
~ **Korkparkett** für den Wohnbereich;
~ **Objekt Korkparkett** für den stark strapazierten Bereich;
7024 Decor Kork

Decorollo
Rollos: Getrieberollo, Dreieckrollo, Trapezrollo, Wohnraum-Kassettenrollo;
2900 Hüppe Sonne

Decorona
→ Novolight;
2000 Novolight

DECORONA
~ - Raster, Deckenraster für Lichtdecken, Lichtbänder, Leuchtenabdeckungen, aus PS, silber- oder goldglänzend;
3032 Skandia

DecoTac
Lärmschutzplatten, wasserfest, fungizid, bakterizid, dekontaminierbar, Deckfolien in B 1;
6074 Optac

DECROLKORK
Korkwandbelag von der Rolle;
2800 Stürmann

Defensor®
Luftbefeuchter;
3012 NOVATHERM

DEFLEX®
~ - Bauprofile für Bewegungs-, Trenn- und Arbeitsfugen im Hoch- und Tiefbau. Mit den Profilen werden Dehnungsfugen abgedeckt, und zwar Boden-, Wand-, Decken- und Dachfugen sowie Fugen im Tiefbau mit Fugenbändern aus PVC wasserdicht gemacht;
~ Dichtprofile für alle Fenstersysteme;
4600 DEFLEX

DEFROMAT®
~ Dachrinnenheizung, Ablaufrohrbeheizung, aus Spezialkabel, Temperatur- und Feuchtefühler und Steuergerät;
~ Fußbodenspeicherheizung und Fußbodendirektheizung aus konfektionierten Heizmatten mit schutzisoliertem Heizkabel;
8000 Defromat

DEG
~ - Installationssysteme, für elektrische Installationen im Fußboden und an der Wand;
2000 DEG

Degadur®
Kalthärtende, niederviskose Methacrylatharze für Boden- und Wandbeschichtung, zur Herstellung von 2-K-Kaltplastik Fahrbahn-Dauermarkierungen;
6000 Degussa

Degalan®
Reinacrylatharze zur Herstellung von Betonschutzanstrichen und Lasuren;
6000 Degussa

Degalex®
50%ige wäßrige Reinacrylatdispersion zur Herstellung von Dispersionsfarben;
6000 Degussa

Degament®
Kalthärtende, niederviskose Methacrylatharze für kunstharzgebundene Betonteile und Natursteinverklebungen;
6000 Degussa

Deglas®
~ - **Acrylglas**, extrudiert, farblos und weiß opake Platten;
~ - **Fachwerkplatte**, extrudiert, wärmedämmend;
~ - **K**, Acrylglas, extrudiert, strukturiert, farblos und rauchbraun;
~ - **Stegdoppelplatten**, extrudiert, wärmedämmend;
~ - **Stegdreifachplatte**, extrudiert;
6000 Degussa

Deha
~ - Blockhaus-Profil aus nordischer Fichte/Tanne;
~ - Cedar-Schindeln;
~ - Fichten-Profilholz;
~ - Hemlock-Profilholz;
~ - Landhausdiele, spezialbehandelt, aus nordischer Kiefer und Fichte/Tanne;
~ - Oregonpine-Profilholz;
~ Profilbretter, roh und endbehandelt;
~ - Red Cedar-Profilholz;
~ - Redpine-Profilholz;
2800 Dreyer

deha®
~ - Fassadenanker-System;
~ - Flachanker;
~ - Kugelkopf-Transportanker-System;
~ - Verbundanker-System;
6080 deha

Dehner
Klein-Gewächshäuser;
8852 Dehner

DEHNfix®
Blitzschutzbefestigung, vormontierte Leitungs- und Stangenhalter in Einschlagtechnik;
8430 Dehn

DEHOUST
~ Batterietanks aus Hostalen® (Heizöltanks);
~ Fußbodenheizung;
~ Wärmespeicher;
6906 Dehoust

DEINAL®
~ Fassadenbefahranlagen, horizontal/manuell verfahrbar an First-/Traufschienen, auch für Schrägverglasungen und Tonnengewölbe;
~ Leichtmetall-Lüftungsgitter. Alle Konstruktionen werden aus standardisierten Klemmprofilvarianten zusammengebaut (Wetterschutzgitter und Sonnenschutzgitter, Konvektorabdeckungen, Sonderkonstruktionen, Fassadenlamellen bis 6000 mm);
7000 EBS

Deisendorfer Ziegel
~ Klimaton-Ziegeldecke;
~ **Klimaton**-Leichhochlochziegel, Wandbaustein mit besonderer Lochung und kleinen Mörteltaschen;
7770 Ott

Deister
~ Sauna, aus Fichte oder Hemlock in jeder Größe;
3013 Deister

DEITERMANN
~ - Betonsanierungs-Systeme;
~ - VOLLWÄRMESCHUTZ-SYSTEM, auf dem Prinzip der Außendämmung für Alt- und Neubauten;
4354 Deitermann

DEITEROL-SILICON L
Fassaden-Imprägniermittel;
4354 Deitermann

DEKA
Kunststoffrohre;
3563 Kapillar

DEKA
~ - Deckenluftheizer;
6700 Karch

dekadur
Rohre aus Hart-PVC;
~ - **C**, Rohre aus PVC hochwärmebeständig;
3563 Kapillar

dekalen
Rohre aus PE;
3563 Kapillar

Dekalin
Fugendichtungsmassen;
6450 Dekalin

dekaprop
Rohre aus PP;
3563 Kapillar

dekazol
Rohre aus CAB;
3563 Kapillar

DEKO
Metalldecken-Systeme;
7143 Decken

Dekokant
Kantenbrechleiste für Betonkanten;
5600 Reuß

Dekora E2-1
Spanplatte, melaminharzbeschichtet, nach DIN 68 765, in Weißtönen, Unifarben und Holzdessins;
7562 Gruber

DEKORAMIK
→ Klingenberg Dekoramik;
8763 Klingenberg

DEKORBODEN
→ RANFT-DEKORBODEN
8023 Ranft

Dekorex
~ - Lichtstreuglas, mit lichtstreuender Glasfasereinlage als Blendschutz für Oberlichter und Fensterwände;
6544 Isolar

DE-KO-WE POLYKLEEN
Schmutzfangläufer und Matten;
4270 Schürholz

DE-KO-WE®
~ Naturfaser-Teppichboden in Bahnen und Fliesen;
~ Treppenstufenbeläge in halbrunder und rechteckiger Ausführung;
~ TREPPICH®, Treppenteppich;
4270 Schürholz

DELASTIFLEX
Fahrbahnübergangskonstruktionen;
4220 Armco

Delcacit
Mehrkomponenten-Reiniger, stark sauer, flüssig, für Schwimmbadwasser-Reinigung;
8000 BAYROL

delcor
~ Acryl, lichtdurchlässige Dämmstoffplatten aus Acrylschaum zur Sanierung von Einfachverglasungen;
~ PUR-Spritzschaum-Verarbeitung vor Ort zur Wärmedämmung und Abdichtung, besonders bei Flachdächern;
4508 delcor

delcorflex
Flüssige 1-K-Dickbeschichtung, speziell zur Abdichtung angewetterter Wellasbestzementdächer;
4508 delcor

1

Delecourt
Rustikale, keramische Bodenfliesen (aus Frankreich);
4690 Overesch

Delfin
Haustüren aus Edelholz, mit Alu-Feuchtesperre und Stahl-Sicherheitseinlage;
2000 Delfin

delifol
~ **EPDM**, quellverschweißbare Dach- und Dichtungsbahn;
~ **FBG**, Dachdichtungsbahnen, TREVIRA®-hochfest-Gewebe, beidseitig PVC-P-beschichtet, bitumenbeständig;
~ **FG**, Dachdichtungsbahnen, TREVIRA®-hochfest-Gewebe, beidseitig PVC-P-beschichtet;
~ **FV**, Dachdichtungsbahn aus PVC-P mit Glasvlieseinlage;
~ **NG/NGP**, Schwimmbadauskleidungen, TREVIRA®-hochfest-Gewebe, beidseitig PVC-beschichtet;
~ **park**, Teppichrasen in grün und cognac;
~ **TWG**, Trinkwasserbehälterauskleidung, aus PVC-P-Dichtungsbahn verstärkt mit TREVIRA®-hochfest-Gewebe;
7120 DLW

Delignit®
~ Bau-Furniersperrholz nach DIN 68 705 Teil 3 und 5 in BFU 100 und 100 G sowie BFU-BU 100 und 100 G;
~ - FRCW, Konstruktions-Sperrholz, besonders hohe Festigkeit, schwer entflammbar nach DIN 4102;
~ Panzerholz® „schußsicher", Holzwerkstoff, durchschußhemmend, ohne Metalleinlagen für Konstruktionen der Sicherheitsklassen M1—M5;
4933 Hausmann

deliplan leitfähig
PVC-Belag, leitfähig, einschichtig, homogen, mattiert, geglättet und geadert, in Bahnen und Fliesen;
7120 DLW

deliplast
PVC-Belag, einschichtig, homogen, mattiert geglättet, moiriert, in Bahnen und Fliesen;
7120 DLW

DELIROUTE
~ - Platten, zur Fahrbahn-Dauermarkierung;
6200 Chemische
→ 7120 DLW

delitherm®
~ **Dämmsystem für Steildächer**, Vollflächendämmung oberhalb der Sparren mit integrierter Lattung. Dämmaterial aus PUR-Hartschaum (Steildachdämmung);
7120 DLW

delitherm® System Metecno
Einschalige, montagefertige Dach- und Wandelemente für Leichtbauweise mit hoher Wärmedämmung. Elemente aus beidseitig verzinktem und farbbeschichtetem Stahlblech mit PU-Hartschaum-Kern, durch Verbundsickung hohe Tragfähigkeit, mit den Wandelement-Typen **Glamet** G2, G5, **Monowall** 1000 und den Dachelement-Typen Glamet G2, G5 und **Monopanel**;
7120 DLW

DELLA ROBBI
Keramikfliesen aus Italien;
7141 Brenner

Delle
Konische Vorsatzkappe aus Kunststoff für Wand- und Schalungsabstandhalter;
5600 Reuß

DELODUR®
Türen und Türanlagen aus Glas (Ganzglastüranlagen, Sicherheitsglastüren);
4650 Flachglas

DELOGCOLOR®
Brüstungsplatten;
4650 Flachglas

Delong
Dachfugenband für Dehnungsfugen von 20—70 mm, heißbitumenverträglich, Elastomer auf APTK-Basis;
4300 Schierling

Delphina
Standhahn $^1/_2$, Einhandmischer, Oberteil mit keramischen Dichtelementen;
5860 Schulte

DELTA
Voll-Verbundsteine als Waben-Verbundstein und als Kreis-Verbundstein;
5473 Ehl

DELTA
Eskoo-Verbund- und Betonpflastersteine;
5760 DELTA

Delta
Lackfarben und Kunststoffarben;
~ **DÄMM-DACH**, Wärmedämmelement auf den Sparren mit **Isover-Mineralfaser** (Steildachdämmung);
~ - **EP Zinkhaftgrund**, 2-K-Grundierung für innen und außen;
~ - **Folie SPF**, schwer entflammbare Unterspannbahn;
~ **Folie SUV**, gitterverstärkte PE-Folie, UV-stabilisiert;
~ - **Gerüstplane**;
~ - **Kunstschmiedelack**, mattschwarz, für außen und innen;

~ - **Malerspachtel**;
~ **MS-DRAIN**, Grundmauerschutz und Dränvlies;
~ **MS**, Grundmauerschutz, beständig gegen Salze, Säuren, Laugen aus Polyolefin-Kunststoffbahn;
~ - **Plan 1000 plus**, gitterverstärkte PE-Folie, 4-seitig randverstärkt und -veröst;
~ - **Plan 1000**, gitterverstärkte PE-Folie, 2-seitig randverstärkt;
~ - **Plan 2000**, Gewebeplane mit 4-seitiger Randverstärkung;
~ - **Plan 1500**, Gewebeplane, 4seitig, randverstärkt und -veröst;
~ - **PT**, Innenisolierung für feuchte Wände;
~ - **Reflex**, wärmereflektierende Dach-Unterspannbahn aus alu-beschichteter Polyesterfolie;
~ - **Teichfolie**;
~ **TEX**, Gerüstnetz;
5804 Dörken

DELTA
Röhrenradiator (Heizkörper);
7144 Rauschenberger

Delta
~ **Unkraut-Stop-Vlies**, verhindert Absenkung von Gartenplatten oder auch Pflastersteinen;
8080 Grimm

delta
~ - Bibliothekstreppen;
~ - Treppen, Wendeltreppen und „gerade" Treppen — aus Massivholz mit Holz- oder Kunststoffhandlauf;
8137 Kabo

DELTA-CAUS
Fertigteilschächte;
2058 SP-Beton

DELTA®
Verblender aus Holland;
4970 RUGA

DELTA®
Elektroschalter, Steckdosen, Geräteabdeckungen, Dimmer;
8520 Siemens

DELTEX
Teppichboden;
2870 Deltex

Demykosan®
Desinfektionsmittel, flüssig, auf der Basis quaternärer Ammoniumverbindung und Aldehyde;
8000 BAYROL

DENIPOR®
~ - **Verfahren**, Nitratentfernung bei der Trinkwasseraufbereitung;
3000 Preussag Bauwesen

Dennert
~ - Elementtreppen, Treppen mit geraden und gewendelten Läufen;
~ - Kalksandsteine;
~ - Kaminsystem, dreischalige Fertigkamine;
~ - Kellerfenster;
~ - Rolladenkästen, tragend;
~ - Stürze;
8602 Dennert

Densurit
Säurefeste, wasserdichte Bitumen-Spachtelmasse auf Beton, für Säureschutz mit Plattenbelag;
5410 Steuler

DEPONIEBINDER
Hydraulisches Bindemittel zur Klärschlammverfestigung;
7466 Rohrbach

Depotex
Geotextilien für den Deponiebau;
4990 Naue

DEPRON®
Schall- und wärmeisolierende Untertapete aus Schaum-PS für Innenwand- und Deckenflächen;
6200 Kalle

DER KACHEL-OFEN
Kaminofen nach DIN 18 891 E mit 16 handgefertigten und handbemalten Ofenkacheln;
2000 Bessenbach

Der Leichte
~ **Dachdeckermörtel** zum Verlegen von First-, Grat- und Traufziegeln;
4600 Perlite

DER LEICHTE
Putz- und Mauermörtel, trockener Fertigmörtel für den Innenputz an unzureichend gedämmten Stellen wie an Wänden, Heizungsnischen usw.;
4600 Perlite

Der Leichte
~ **Verstrichmörtel** für außen und innen;
4600 Perlite

Der natürliche Lärmschutz
~ Pflanzenstützwand;
~ Pflanzenwand „Modell Recycling", Lärmschutzwand aus recycelten Kunststoffabfällen (vermischte/verschmutzte Abfälle), hochabsorbierend nach ZTV-LSW 88;
6501 Lüft

DERA
Glasfaser-Isolierstoffe;
~ - Baufilz;
~ - Estrichdämmplatten;

1

~ - Fassadendämmplatten;
~ - Kerndämmplatten;
2000 Rave

DERIA-Destra
~ Kirchenheizung;
~ Kombi-Bodenheizungssystem (in Bausätzen lieferbar);
4630 Deria

DERIX
~ Brettschichtholz;
~ Lagerhallen;
~ Normbalken;
~ Sporthallen;
~ Tennishallen;
4055 Derix

Dern
Betonstein in Sandsteinfarben;
6301 Dern

DERULIT
Gartenmauersteine und Fassadensteine, Gartenplatten. Durch Spalten größerer Platten oder Blöcke entsteht eine natürliche, gebrochene Sichtfläche;
7903 Wagner
→ 5600 Leipacher (für NRW);

DESAG
~ - **Antikglas**, Flachglas, für Kunstverglasungen in Fenstern, Türen, Trennwänden (Glas);
~ - **RD 50** Strahlenschutzglas;
3223 DESAG

Desalgin®
Algenbekämpfungsmittel für Schwimmbäder, pH-neutral, hochwirksam, flüssig, frei von Chlor, Schwermetallen, Giftstoffen;
8000 BAYROL

Descha
→ FB-Descha;
6951 Bilger

DESCO®
~ Beschichtungsstoffe bzw. -systeme für stück-, band- oder spritzverzinkte Untergründe, z. B. Freileitungsmaste, Schallschutzwände, Wand- und Deckenverkleidungen;
~ Zinkstaubfarben für Stahluntergründe, 1- und 2-K, auf organischer und anorganischer Basis;
4600 Schumacher

Design Concepts
Graphische Schema (erzielt durch hochglänzende und matte Oberflächenbehandlung) für Schichtstoffplatten;
5000 Formica

Design Fenster
Kunststoff-Fenster mit besonderen Formen: Rundbogen-, Spitzbogen-, Kreis-Sprossenfenster u. a.;
5060 Dyna

design S
Personenaufzüge im Baukastensystem;
1000 Schindler

Desika®
~ - Badabläufe und Bodenabläufe aus Gußeisen, Oberteile höhenverstellbar, drehbar, seitenverschiebbar;
5800 Bergerhoff

Desodur
→ RZ Desodur;
5309 RZ

Desowag®
~ - Seidenglanz, transparenter Holzschutzlack auf Alkydharzbasis zur Veredelung der Oberfläche im Innenbereich;
4000 Desowag

DETAG®
~ Flachdach-Lichtelemente aus GF-UP, PMMA und CAB, Lüftungsbeschläge, Rauch- und Wärmeabzugsanlagen für den vorbeugenden Brandschutz;
~ Sanitär-Elemente aus PMMA/GF-UP;
4650 Flachglas

DETALUX®
~ plan und gewellt, Lichtplatten, Lichtbahnen, Balkonprofilplatten aus Acrylglas;
~ Stegdoppelplatten aus Acrylglas;
8480 Flachglas

DETEKTIV
~ - **A**, aus Acrylglas;
Beobachtungsspiegel und Kontrollspiegel für innen;
~ - **S**, aus SEKURIT-Sicherheitsglas;
6200 Moravia

Detmolder Fachwerkhaus
Fachwerkhaus mit einer Skelett-Konstruktion aus Leimholz, als Fertighaus, Ausbauhaus und Selbstbauhaus;
4930 Daubert

Deuko-Lack
Innenanstrich für Holz-, Metall- und Betonbehälter der Getränke- und Nahrungsmittelindustrie;
1000 Bösche

Deuringer
Fertiggaragen;
2820 Lohmüller

Deut
Dübelhülse aus Kunststoff, Dehnungshut für Bewehrungsstahl;
5600 Reuß

DEUTAG
Farbige Asphaltbeläge, z. B. ~ - RUBIN für Radverkehrswege;
5000 Deutag

Deuter
~ - Stahl-Typenhallen, ein- und mehrschiffig, im Baukastensystem;
8900 Deuter

Deutschle
Thermopor-Ziegel;
7830 Deutschle

DEVAPOR
Dampfluftbefeuchter;
3012 NOVATHERM

DEWA®
~ Farben;
~ Putze;
~ Rißsanierung;
6308 SAP

Deweton
~ - Akustikplatten, Innen-Wandverkleidung aus Röhrenspanplatten;
7640 Danzer

dexalith panel
Flachpreßplatte, zementgebunden, asbestfrei für Fassadenbekleidung und Innenausbau;
6800 R & M

Dexat
Dehnungsfugenprofile für Dämmputz;
7560 Maisch

Dexion®
Trennwände, umsetzbar, verzinktes Stahlskelett, mit Gipskarton- oder Spanplattenbeplankung;
6312 Dexion

DEXTRA
~ - **DX-Kleber**, Universalkleber für Boden, Wand und Decke;
~ - **KK-Kleber**, Kontaktkleber, lmf;
~ - **KR-Kleber**, für Korkfolien und -platten;
~ - **PH-Kleber**, für Styropor®-Platten und andere Dämmstoffe;
~ - **TB-Kleber**, für Textiltapeten und Wandbeläge;
~ - **US-Kleber**, für Untertapeten aller Art;
~ - **UT-Kleber**, für Spezialtapeten und Textiltapeten;
~ - **VL-Kleber**, für Wandbeläge und Fliesen;
3000 Sichel

D-FLUAT (AIB) FLÜSSIG
Härtungsmittel auf Silicofluoridbasis;
4354 Deitermann

DIA
~ - Fensterbänke, vorgespannt, für innen und außen, asbestfrei;
~ - ROKAS, hochwärmegedämmter Rolladenkasten mit fertigem Stahlbetonsturz;
2814 Konrad

Dial
~ - Leichtmetall-Geländer, Treppengeländer als Stabgeländer, Gurtgeländer oder Geländer mit Zwischenstegplatte;
4156 MBB

DIAMANT
~ - DIAMANT-Fliegengaze aus Edelstahl, Kupfer, Alu, Fiberglas oder UV-stabilisierten PE-Chemiedrähten;
4740 Haver

DIAMONT®
Tongranulate, Strukturverbesserer für Böden jeglicher Art;
3160 Diekmann

DIANA
Kaminofen aus Stahl mit oder ohne Glastüren;
4030 Bellfires

DIANA
Einhand-Mischbatterien;
5758 Kludi

DIA®
Grundwasserabsenkungs-Anlagen;
4000 Dia

DIA®
~ - **Betonfertigteile**, Brüstungselemente, Attikablenden, Wandelemente, auch mit Ziegelverblendung;
~ - **Deckenplatten**, großformatige Deckenplatten mit tapezierfertiger Unterseite;
~ - **Naturteich aus Ton**, plastische Teichbauelemente aus Ton, wasserundurchlässig, leicht verarbeitbar;
~ - **Rolladenkästen**, freitragendes Fertigteil für den Einbau von Rolläden, kein Stahlträger oder Stahlbetonsturz nötig;
~ - **Türstürze**, speziell für Türüberdeckungen;
~ **Verblendstürze**, Fertigstürze in vielen Varianten;
~ - **Ziegelfertigteildecken**, aus vorgefertigten Ziegelbalken und Einhängeziegeln, schalungslos, kein Druckbeton;
~ - **Ziegelstürze**-SUPER-vorgespannt, tragend, zum Überdecken von Tür- und Fensteröffnungen, höchste Tragfähigkeit → 2814 Konrad;
3160 Diekmann

1

DIART
Dämmelemente aus PS-Hartschaum mit Nut- und Feder-Verfalzung für die Steildachdämmung;
8904 Diart

Dia-therm
Wohnheizkörper (Fertigheizkörper) mit Kunststoffbeschichtung aller Außenflächen;
5963 Dia

Dibenol
Kunstharz-Binder, Dispersionsbinder zum Ansetzen von wetter- und waschbeständigen Außen- und Innenfarben;
5330 Dinova

Dibesan
~ **FZ**, Antischimmelfarbe, fungizid, bakterizid, für innen, speziell für Feuchträume im Nahrungsmittelbereich, lmf;
5330 Dinova

Dichta
T-Profil aus schlagzähem Kunststoff, Fugenabdeckleiste und Ausschalungshilfe;
5600 Reuß

Dichtament DS
Dichtungsschlämme für die Abdichtung von Beton und Mauerwerk im Erdreich;
4250 MC

Dicht-Dämme
→ Vandex Dicht-Dämme;
2000 Vandex

Dichtelin
~ - **Betonax**, Luftporenbildner;
~ - **Doraplast**, Betonverflüssiger;
~ - **Rotsiegel**, Beton-Dichtungsmittel, in pulver- und flüssigform;
4790 Budde

Dicht-Stopfen
Stopfen aus weichem Kunststoff für das dichte Verschließen von Rohren am Bau;
5600 Reuß

DICK & DICHT
Bitumen-Schaumlatex für Dickschichtisolierungen, flüssig;
4790 Kertscher

DICKFORM
→ PALLMANN® DICKFORM;
8000 Pallmann

Dictamat
Halb- und vollautomatische Türantriebe, auch für feuerhemmende und feuerbeständige Türen und Tore mit integrierter Feststellanlage;
8901 Dictator

Dictator
~ **ETK**, Spezial-Einbautürschließer für Holztüren;
~ **RTS**, Rohrtürschließer mit flexiblem bruchsicherem Kunststoffgelenk;
~ **Universal-Türschließer** für gedämpfte Endschließung der Tür, Türzubringung separat;
8901 Dictator

DIDIER®
~ Keramiksteine, säurebeständig, plastisch geformt;
~ Spaltplatten, keramisch, säurebeständig;
5330 Didier

DIDIER®
~ - **NOVA®**, Schamottestein, halbtrocken geformt;
~ **Schamottesteine**, plastisch geformt, für offene Kamine und Öfen;
6200 Didier

Didotect®
Feuerkitt, für offene Kamine und Öfen;
6200 Didier

Die Runde Serie®
Waschtischkombination;
3380 Alape

Die Transaktuellen
Trennwände, umsetzbar und integrierte Deckensysteme;
6078 Hauserman

DIEDOLITH
~ - **Kratzputz**, wasserabweisend für DIETHERM-Wärmeputzsystem;
~ - **Spezial**, Münchner Rauhputz, mineralischer Edelputz;
~ - **Struktural Scheibenputz**, Struktur eine Art Kratzputz;
7033 Dietterle

DIEGRUND
~ **EL**, Kalk-Zement-Mischputz für hochdämmendes Mauerwerk;
~ Kalk-Zement-Maschinenputz für außen und innen zum Grundieren und Filzen lt. DIN 18 550;
7033 Dietterle

DIEPHAUS
Betonerzeugnisse wie Gehwegplatten, Pflastersteine mit natursteinähnlicher Oberfläche, Ornamentsteine, Bossensteine, Blumenkübel, Kleinpflasterplatten, Betonpoller, L-Steine, U-Steine;
2848 Diephaus

DIEPLAN
~ - **A 400**, anhydritgebundener Fließestrich;
~ **ZE 100**, zementgebundene Ausgleichsmasse für Fußböden;
7033 Dietterle

DIEPLAST
~ - **F**, Fertigputz, Mörtelgruppe P IV lt. DIN 18 550, einlagig verwendbar;
~ - L, Gipshaftputz, Mörtelgruppe P IV lt. DIN 18 550, einlagig verwendbar;
7033 Dietterle

DIESCO
Bautenfarben, Putze, Lacke, Vollwärmeschutz, Betoninstandsetzung;
1000 Diessner

diesin
~ - Kombinationsprodukte zur Flächendesinfektion von Fußböden;
4000 Thompson

DIETHERM
~ **A 200**, Wärmedämmputz, einlagiger Isolier-Grundputz;
~ **Spachtelputz**, wasserabweisend, Grund- und Zwischenschicht auf DIETHERM A 200 zur Aufnahme von DIEDOLITH-Spezial;
~ **Vorspritzmörtel**, isolierend, atmungsaktiv und feuchtigkeitsregulierend;
7033 Dietterle

DIETTERLE
~ **MP II**, Kalk-Gips-Maschinenputz, Mörtelgruppe P IV, einlagig;
~ **MP I**, Gipsmaschinenputz, Mörtelgruppe IV, lt. DIN 18 550;
7033 Dietterle

difex
~ - **plus-Rohr**, wie ~ - Rohr jedoch mit einem Bleifolienlaminat für erhöhte Ansprüche;
~ - **Rohr**, VPE-Heizungsrohre mit einer Diffusionssperrschicht aus einem Spezialkunststoff;
2200 Nordrohr

Diffacryl®
~ Acryl-Latexfarbe für außen und innen, wetterbeständig, scheuerfest nach DIN 53 778;
5475 Rhodius

Diffudur
~ Acrylat-Fassadenfarbe, für außen und innen, matt, wetterbeständig nach VOB, scheuerbeständig nach DIN 53 778;
5475 Rhodius

DIFFUFLEX
~ **S**, Fußbodenheizungsrohre aus PB mit sauerstoffdichter Kunststoffummantelung;
7410 Thermolutz

DIFFUNDIN
Holzschutzfarben;
~ **Acryllack**, Hochglanz-Dispersionslack;
~ **Biolineum**, Holzschutz;
~ **Holzlasur**, wasserverdünnbar;
~ **Holzprimer**, Grundierfarbe mit Bläueschutz;
~ **seidenglänzend**, Spezial-Schutzfarbe;
4904 Alligator

Diffupal®
~ **2000** Wandfarbe, waschbeständig, für innen, weiß, waschbeständig nach DIN 53 778;
5475 Rhodius

Diffuplast®
~ - **Reibeputz für außen** und innen, Körnung 3,5 mm;
~ - **Reibeputz für innen**, Körnung 1,5/2,5/3,5 mm;
~ - **Roll- und Kellenputz** für außen und innen, feinkörnig;
~ - **Strukturputz**, für außen und innen, Körnung 2,5 mm;
5475 Rhodius

Diffusin®
~ - Fassadenfarbe für außen und innen, wetterbeständig nach DIN 18 363;
5475 Rhodius

Diffutan®
~ - Einschicht-Wandfarbe für innen, weiß, waschbeständig nach DIN 53 778;
5475 Rhodius

DIFFUTEX®
~ Rustikal-Spritzputz, Kunststoffputz für innen und außen;
5475 Rhodius

Difutec
~ - Unterspannbahn;
4000 Metzeler Schaum

Dilapren
Dehnungsausgleicher für Flachdachbleche;
6581 Trachsel

dilloplan
Großflächenschalung, Schalungsplatten für Sichtbeton;
8880 Dillinger Holz

dilloplex
Vorsatz-Schalung, Mehrschichtplatten, Schalungsplatten für Sichtbeton;
8880 Dillinger Holz

DILUTIN
~ - **Flammschutz**, Feuerschutzmittel;
~ - **Flammschutz**, Schutzlack für Feuerschutzmittel;
4573 Remmers

Dimmat
Helligkeitsregler mit Sensorfläche, vollelektronisch;
8756 Kopp

1

Dimulsan
~ Kellendekor;
~ Streichfüller;
~ Wandfarbe;
5330 Dinova

Dinac-Profile
Selbstklebende Metallprofile in Alu, Edelstahl, Stahl grundiert und Messing;
4000 Chemiefac

Dino
~ **AS**, Wandfarbe, superweiße Dispersionsfarbe, waschbeständig nach DIN 53 778;
~ **Color**, Vollton- und Abtönfarbe auf Kunststoff-Dispersionsbasis in 28 Farbtönen;
~ **Elan**, Acrylat-Fassadenfarbe;
~ **Latex**, Dispersionsfarbe, seidenglänzend;
~ **Star**, weiße Wandfarbe, Dispersionsfarbe, waschbeständig nach DIN 53 778;
5330 Dinova

DINO
~ - Betonformsteine, für die Herstellung von Stützmauern, Trockenmauern, Filigranmauern usw.;
6100 Montig

DINOCRYL
Dispersionslack auf Reinacrylatbasis in 20 Farbtönen;
5330 Dinova

Dinodur
Dickschicht-Fassaden-Renovierfarbe auf Acrylatbasis;
5330 Dinova

Dinofix
Dispersions-Wandfarbe, waschbeständig;
5330 Dinova

DinoFloor
2-K-Dickschicht-Bodenbeschichtung auf Basis PUR-Epoxidharz;
5330 Dinova

Dinogarant
Elastisches Anstrichsystem;
~ **Armierungskleber**, streich- und rollfähig;
~ **Compact**, pastöse, faserverstärkte Armierungsfarbe;
~ **Elastic-Füller**, für egalisierende Rißüberbrückung;
~ **Faserspachtel**, elastische, faserhaltige Armierungspaste;
~ **Film**, elastischer Voranstrich, unpigmentiert;
~ **Fugenmasse**, Acryl-Dichtstoff, plasto-elastisch, Farbe: altweiß;
~ **Rißspachtel**, quarzhaltiger Reparaturspachtel;
~ **Top**, hochelastische Deckfarbe, seidenmatt und matt;
5330 Dinova

Dinogrund
Putzgrund, wasserverdünnbar;
5330 Dinova

Dinolac
Spezial-Überzugslack, farblos, lmh;
Überzugslack, lmh, speziell auf Dinova-Fußbodenfarbe und -Buntsteinputzen, Gefahrenklasse A II;
5330 Dinova

Dinolite
Fassadenfarbe, lmh, als Sperranstrich bei Nikotin- und Wasserflecken;
5330 Dinova

Dinomatt
Kunststoff-Dispersionsfarbe, für innen, waschfest;
5330 Dinova

DinoMix
~ Farbzentrale, Farbenmischsystem für Dispersions- und Lackfarben mit über 1000 Farbtönen;
5330 Dinova

Dinoplex
Überzugsmittel, lichtbeständiges, glänzendes Überzugsmittel für Dispersionsanstriche, Tapeten usw.;
5330 Dinova

DinoPlus
Dispersions-Wandfarbe, weiß und altweiß, waschbeständig;
5330 Dinova

Dinopox
2-K-Bodenbeschichtung auf Basis Epoxid-Dispersion;
5330 Dinova

DinoProtect
Spezial-Dispersionsfarbe, lmf, für Betonsanierung;
5330 Dinova

Dinosil
Silikat-Programm mit u. a. Steinfestiger, Imprägniermittel, Fassadenfarbe, Streichputz, Kratzputz, Rillenputz, Mineralfarbe;
5330 Dinova

dinotec
Schwimmbadwasser-Hygiene mit Dosieranlagen, Bodenabsauger, Analysengeräten, Meß- und Regelgeräten;
8035 dinotec

Dinotherm®
~ Spezial-Fassadenfarbe, fungizid, algizid, zur Renovierung;
~ Vollwärmeschutz-System;
5330 Dinova

Dinotin
Isolierfarbe, geruchsarm, scheuerbeständig, bei Nikotin- und ausgetrockneten Wasserflecken;
5330 Dinova

Dinoval
~ **Rillenputz**, Strukturputz für außen und innen;
~ **Spezial-Fassadenfarbe**, extrem diffusionsfähig, für außen und innen;
~ **Streichputz**, Fassaden-Streichfüller mit Quarzanteil;
5330 Dinova

Dinova®
Anstrichmaterialien. Das Programm umfaßt: Dispersionslacke, Fassadenfarben für glatte Anstriche und Sturkturanstriche, Vollwärmeschutz-System, Vollton- und Abtönfarben, Innenfarben für glatte Anstriche, Plastik- und Spachtelmassen, Grundiermittel, Kunstharz-Edelputze auf Dispersionbasis bzw. Reinacrylatbasis für innen und außen:
~ - Außendekor;
~ - Buntsteinputze;
~ - Innendekor;
~ - Kratzputz;
~ - Reibeputze;
~ - Rolldekor;
5330 Dinova

Dinovlies
Fassaden-Armierungspaste, faserverstärkt;
5330 Dinova

dip
Dispersions-Fleckenentferner;
7707 Geiger

dipa
~ - Befestigungssysteme, schocksicher und schalldämmend, kälte- und wärmeisolierend, für Sanitär, Heizung, Lüftung und Schutzraumbau;
5200 dipa

DIPLING
Decken aus feuerverzinktem Feinstahl, die Deckenplatten lassen sich wie Fensterflügel öffnen und wieder schließen;
6303 Hungen

DIPLOMAT
Schalterprogramm;
4770 W.E.G.-Legrand

DIPLOMAT
Dreh-Kippflügelbeschlag für Alu-Fenster bis 110 kg Flügelgewicht;
5620 Weidtmann

Diri
Abstandhalter aus Kunststoff für die senkrechte Bewehrung;
5600 Reuß

DIROLL
Natursteine;
8622 Diroll

DISBOCOLOR
~ - **Acryl-Sprühlack 781**, für fast alle Untergründe;
~ - **Metallgrund 783**, Korrosionsschutzgrundierung;
~ - **Methacrylharzschutz 490 seidenglänzend und 493 seidenmatt**, Methacrylatharz, lmh, in 18 Grundfarbtönen;
~ - **Methacrylharzschutz 492 farblos**, Methacrylatharz, farblos;
~ - **Verdünner 499**;
~ **494 Acryl-Wasserlack**, deckender Betonschutzanstrich, lmf;
~ **782 Acryl-Klarlack**, schnelltrocknend, für fast alle Untergründe;
~ **788 Wasser-Sprühlack**, Wasserlack aus der Spraydose;
6105 Disbon

Disbocret®
~ - **Antirost 501**, 2-K-Epoxidharz-Grundierung mit Bleimennige pigmentiert;
~ - **Betonfarbe 515**, hochgebundene elastifizierte, füllende Kunstharz-Dispersionsfarbe für außen und innen;
~ - **Betonfinish 466**, pigmentischer Acrylharz-Oberflächenschutz für Sichtbeton;
~ - **Betongrund 465**, Acrylharz-Oberflächen-Schutz für Sichtbeton;
~ - **Elastik-Gewebe 513**, Armierungsgewebe aus Trevira (Polyester);
~ - **Elastik-Deckanstrich 514**, plasto-elastisch, zur Sanierung von Rissen;
~ - **Elastik-Rißspachtel 511**, plasto-elastisch;
~ - **Elastik-Voranstrich 512**, plasto-elastisch, faserverstärkt zur Gewebeeinbettung;
~ - **Feinspachtel 505**, bis zu 5 mm Schichtdicke zur Oberflächenkosmetik an Beton und Zementputzen;
~ - **Füllputz 504**, ab 5 mm Schichtdicke für außen und innen;
~ - **Glättspachtel 533**, kunststoffdispersionsgebundener Feinspachtel;
~ - **Haftgrund 531**, 1-K-Kunstharz-Dispersionsgrundierung;
~ - **Haftquarz 502**, Abstreu-Haftquarz für Disbocret-Antirost 501;
~ - **Haftschlämme 503**, hydraulisch abbindend, kunststoffvergütet für außen und innen;

~ - **Injektionsdübel 521**;
~ - **Injektionsharz E 508 (elastifizient)**, 2-K-Epoxidharz, lmf, zur Injektion von Rissen mit minimaler statischer Bewegung 0,3 bis 10 mm;
~ - **Modelliermasse**, = ~ Feinspachtel 505 + Disbon Konzentrat Plus, zur Herstellung individueller Oberflächenstrukturen;
~ - **484 Tiefsiegel**, Grundierung auf feuchtigkeitsempfindlichen Untergründen;
~ - **506 Planspachtel**, kunststoffmodifizierter Werk-Trockenmörtel zur Fleck-, Poren- und ganzflächigen Spachtelung;
~ - **515 Betonfarbe**, deckender Betonschutzanstrich auf Styrolacrylat-Dispersionsbasis, lmf;
~ - **533 Glättspachtel**;
~ - **704 PCC-Grobmörtel**, kunststoffmodifizierter Werk-Trockenmörtel zum Reprofilieren mineralischer Untergründe, Schichtdicken von 5—30 mm;
~ - **705 PCC-Feinmörtel**, wie ~ 704 PCC nur Schichtdicken von 2—10 mm;
~ - **709 PCC-Anmachflüssigkeit**, Kunststoffdispersion auf Styrol-Butadien-Basis;
6105 Disbon

DISBODYN
~ - **Dünnbettmörtel 212**, mineralischer Fliesenklebstoff, pulverförmig, wassersperrend;
6105 Disbon

DISBOFEIN
~ - **Gasbeton-Beschichtung 330**, dehnfähiger Acrylharz-Verlaufs-Strukturputz für Gasbeton;
~ - **Gasbeton-Beschichtung 310**, dehnfähiger Acrylharz-Verlaufs-Strukturputz;
~ - **Gasbeton-Renovierungsfarbe 335**, Dispersionsfarbe zur Renovierung festhaftender Anstriche;
~ - **Gasbeton-Renovierungsspachtel 332**, mineralische, hydraulische Pulverspachtelmasse;
~ - **Spachtelputz 300**, Kunststoff-Feinputz für mineralische Untergründe;
~ - **333 Gasbeton-Reparaturmörtel**;
6105 Disbon

DISBOFEST
~ - **Fliesenklebstoff 244**, Dispersions-Fliesenklebstoff zum Verkleben von keramischen Belägen;
6105 Disbon

DISBOFLEX
~ - **Fugenprimer 205**, Grundierung, lmh;
~ - **Silikon-Fugendicht 204**, dauerelastische Fugenmasse (Silikonkautschuk);
6105 Disbon

DISBOFUG
~ - **Acryl-Fugendicht 225**, plastisch-elastische Acryl-Dispersion-Fugenmasse;
6105 Disbon

DISBOKRAFT
~ - **Betonkleber 274**, 2-K-Klebstoff, lmf, spachtelfähig, zum Verkleben von Beton, Asbestzement u. a.;
~ **Hartschaumkleber UVS 243**, wie ~ 240, jedoch für nichtsaugfähige Untergründe;
~ - **Hartschaumkleber 240**, Hartschaum-Klebstoff, lmf, schwerentflammbar, für saugfähigen Untergrund;
~ - **Roll- und Spachtelkleber 245**, Hartschaum-Klebstoff zum Verkleben von Untertapeten und Polystyrol-Hartschaum-Sichtplatten;
6105 Disbon

DISBOLASTIK
~ - **Kautschuk-Bitumen-Schicht 745**, elastische Kautschuk-Bitumen-Beschichtung;
6105 Disbon

DISBOLITH
~ - **Struktur-Leichtputz 370**, mineralischer Außen-Leichtputz, wasserabweisend nach DIN 18 550;
6105 Disbon

DISBOMENT
~ - **Dichtschlämme 730**, Feuchtigkeitsabdichtung;
~ - **Fliesenmörtel 213**, mineralischer Fliesenklebstoff, pulverförmig;
~ **Fugenbreit 229**, Fugenschlamm-Mörtel bis 20 mm Fugenbreite;
~ - **Fugenbunt 228**, Fugenschlamm-Mörtel bis 8 mm Fugenbreite;
~ - **Fugengrau 227**, Fugenschlämm-Mörtel bis 10 mm Fugenbreite;
~ - **Fugenweiß 226**, Fugenschlämm-Mörtel bis 5 mm Fugenbreite;
~ - **Schnellklebemörtel 220**, schnellhärtender Fliesenklebstoff;
6105 Disbon

DISBOMER
~ - **PVC-Flüssigkunststoff 488**, für Böden, Sockel, Treppen, Wände, lmh;
6105 Disbon

DISBOMULTI®
~ - **Fliesen- und Vielzweckklebstoff 209**, Disperions-Fliesenklebstoff;
6105 Disbon

DISBON
~ - **KONZENTRAT PLUS Baudispersion 760**, mit wasserabweisender Wirkung;
~ - **400 Fußbodenfarbe**, schadstoffarme Vielzweckfarbe;
~ - **404 Acryl-Siegel für Böden**;
~ - **465 Betongrund**, transparenter Betonschutzanstrich, lmh;

~ - **466 Betonfinish**, deckender Schutzanstrich, lmh;
~ - **484 Tiefsiegel**, transparenter Grundanstrich;
~ - **486, Acryl-Tiefgrund**, zur Grundierung auf mineralischen Untergründen;
~ - **487 Acryl-Tiefgrund**, Schutzanstrich, lmf, auf mineralischen Untergründen;
~ - **746 Balkon-Dicht**, 2-K-Bitumenspachtel;
6105 Disbon

DISBOPLAST
~ - **Dichtklebstoff 218**, Dispersions-Fliesenklebstoff;
~ - **Fugenmörtel 224**, Fugenschlämm-Mörtel, wassersperrend;
~ - **Klebemörtel WUF 202**, gebrauchsfertiger Kunststoffmörtel für Gasbeton;
~ - **Klebemörtel 203 K**, Spezial-Dispersionsklebstoff zur „Knirschverklebung" von Gasbeton;
~ - **Klebemörtel 214**, mineralischer Fliesenklebstoff, elastifizierter Trockenmörtel;
6105 Disbon

DISBOROOF
~ - **Dachgrund 411**, 1-K-Grundierung auf Flüssigkunststoffbasis, lmh;
~ - **Dachschicht 412**, thixotrope Asbestzement-Dachbeschichtung auf Kunststoff-Dispersionsbasis;
~ - **408 Dachfarbe**, für Dachsteine aus Ton und Beton;
~ - **416 Schnelldicht**, Schnellreparaturmasse, lmh;
~ - **417 Fugengewebe**, rißüberbrückendes Armierungsgewebe für Anschluß-, Eck- und Bewegungsfugen;
~ - **418 Armierungsvlies**, reißfest, zur ganzflächigen Armierung;
6105 Disbon

DISBOTHAN
~ - **Fugenpremier 222**, 1-K-Voranstrich auf saugfähigen Untergründen;
~ - **PU-Fugendicht 221**, elastischer PUR-Dichtstoff;
6105 Disbon

DISBOXAN
~ - **Fassadensiegel 485**, Fassadenschutz für Stein und Putz;
~ - **Siloxan-Imprägnierung 451** Silikonharz-Imprägniermittel, lmh, speziell für Gasbeton;
~ - **Wetterschutz 452**, Siloxanimprägnierung als Fassadenschutz, lmh;
6105 Disbon

DISBOXID
~ - **Einstreuquarz 943**, Quarzsand;
~ - **Elastikschicht 448**, 2-K-Epoxidharz-Flüssigkunststoff für rißüberbrückende Beschichtungen;
~ - **EP-Ausgleichsschicht**, kunstharzgebundener EP-Einkornmörtel unter Abdichtung, Estrichen, Belägen;
~ - **EP-Colorbelag**, auf mineralischen Untergründen, lmf;
~ - **EP-Dickschicht 443**, 2-K-Fußbodenbeschichtung, lmf;
~ - **EP-Grund 433**, Fußbodengrundierung, lmf;
~ - **EP-Mörtel 439**, Epoxidharzmörtel für Fußböden;
~ - **EP-Natursteinbelag**, strukturierter Buntsandsteinbelag auf mineralischen Untergründen;
~ - **EP-Schicht 434**, farbiges Epoxid-Flüssigharz für Fußböden;
~ - **EP-Spachtel 438** Epoxidharz-Spachtelmasse, lmf, für Fußböden;
~ - **Haftgrund 483**, 2-K-Haftgrund und Korrosionsschutz;
~ - **Mischquarz 942**, Quarzsand;
~ - **Schutzanstrich 441**, 2-K-Epoxidharzlack;
~ - **Siegelgrund 482**, farblose 2-K-Epoxidharz-Versiegelung;
~ - **Siegelgrund 482**, 2-K-Epoxidharz-Versiegelung;
~ - **Verdünner 419;**
~ - **436 EP-Binder**, farblose Epoxidharz-Grundierung auf mineralischen Untergründen;
~ - **437 EP-Naturstein-Binder**;
~ - **437 EP-Naturstein-Binder**;
~ - **444 Universal-Dickschicht**, 2-K-Epoxidharz-Kombination für chemisch und mechanisch beanspruchte mineralische und metallische Flächen;
~ - **445 PU-Grund**, farblose PUR-Grundierung auf keramischen Belägen;
~ - **446 PU-Klarschicht**, PUR-Beschichtung auf undichten, keramischen Belägen;
~ - **937 EP-Drainage-Korn**, Quarzsand zur Herstellung der ~ EP-Ausgleichsschicht;
~ - **944 Colorquarz**, Quarzsand in 3 Farbtönen und 2 Korngrößen;
~ - **945 Kunststoff-Chips**, zur individuellen Oberflächengestaltung;
~ - **946 Mörtelquarz**, feuergetrockneter Quarzkristallsand;
~ - **947 EP-Naturstein-Quarz**, colorierter Quarzsand in 12 Farbtönen;
~ - **951 EP-Stellmittel**, Thixotropierungsmittel für lmh- und lmf-Beschichtungen;
6105 Disbon

discajet
Einhand-Hebelmischer, verchromt;
5860 Goswin

DISCAMIX
Einhand-Mischbatterie;
5860 Goswin

DISCO
Keramische Wohn-Fliese;
6642 Villeroy

1

DISCUS®
~ - Cassetten-Markisen mit vollintegrierter Tragrohrschiene;
5950 Voss

Diskoklick®
Distanzklotz-System für Boden-, Wand- und Deckenmontagen, bei Tür- und Fenstermontagen;
5600 Gluske

Dispas
Dachanstrich, Dachlack, schwarz und farbig;
3300 Schacht

DISPERGLANZ
Glanzfarbe, auf Acrylharzbasis, für innen und außen;
2000 Höveling

Dispofekt
→ Glasurit-Dispofekt;
2000 Glasurit

DISPOPOX
~ - **Epoxi-Klebe- und Fugenmasse 206**, Epoxidharz-Fliesenklebstoff;
~ - **Epoxi-Zement-Klebe- und Fugenmasse 207**, Epoxidharz-Fliesenklebstoff;
~ - **442 Garagen-Siegel**, reifenfeste Beschichtung;
~ **447 Wasserepoxid**, 2-K-Epoxidharz, wasserverdünnbare Versiegelung;
6105 Disbon

DISTAFIX
Drahtenden-Abstandhalter mit punktförmiger Schalungsberührung;
5885 Seifert

Distanz-12 und 5
Abstandhalter und Distanzhalter für Bewehrungsmatten, Mittelteil aus geriffeltem Eisendraht;
5600 Reuß

Distler
Vollwärmeschutz-System;
8540 Distler

Ditra
~ - **Matte**, gerippte Abdichtungs- und Trägermatte aus PE, rißüberbrückend u. ä. für Fliesen auf problematischen Untergründen;
5860 Schlüter

Dittler + Reinkober
~ Schwimmhallen-Entfeuchter mit Wärmerückgewinnung;
~ Wärmepumpen;
3500 Dittler

DIVA
Falttüren und Faltwände aus PVC;
7600 Grosfillex

Diwa + Diwa S
Schalungsabstandhalter zum Justieren der Schalung im untersten Bereich;
5600 Reuß

Diwa Grund
Grundiermittel, lmh, unpigmentiert, speziell für mineralische Untergründe, Holz-, Preßspanplatten, feste Altanstriche;
3008 Sikkens

Diwadur HD
Innenwandfarbe, waschbeständig, Kunststoff-Dispersionsfarbe, weiß und altweiß, matt;
3008 Sikkens

Diwagolan
~ **Spachtelputz**, Kunststoff-Dispersions-Spachtelmasse;
~ **Streichvlies**, Kunststoff-Dispersions-Armierungsmasse, durch Zusatz von reinem Quarzsand als Fassadenspachtel einsetzbar;
~ **Super**, Einschicht-Fassandenanstrichfarbe, Kunststoffacrylatdispersion, weiß, seidenmatt;
~ **Volltonfarbe**, Fassadenfarbe, Kunststoff-Dispersionsfarbe, farbig, als Abtönfarbe und Volltonfarbe;
3008 Sikkens

Diwagoliet
~ Abtönfarben, lmh;
~ Deckfarbe, Fassadenfarbe, lmh, unverseifbar, Basis Acrylmischpolymerisat, weiß;
~ Grundfarbe, Basisbeschichtung für Fassaden, lmh, teilpigmentiert;
3008 Sikkens

Diwalux
Einschicht-Innenwandfarbe, scheuerbeständig, samtmatt, Kunststoff-Dispersionsfarbe;
3008 Sikkens

Diwamatt
Innenwandfarbe, waschbeständig, weiß, matt;
3008 Sikkens

Diwasatin
Innenwandfarbe, seidenglänzend, scheuerbeständig, Kunststoff-Dispersionsfarbe;
3008 Sikkens

Diwatone Textur
Mehrfarbeneffektbeschichtung auf Kunststoff-Dispersionsbasis für innen in 20 Farbtönen, scheuerbeständig;
3008 Sikkens

DIWO
Kachelofen-Heizeinsätze, Kamineinsätze;
6330 Buderus Heiztechnik

D.I.Y. 400
→ Armstrong D.I.Y 400;
4400 Armstrong

DK 500
Dispersionskleber für Boden- und Wandkleber;
5800 Partner

DK 60
Dispersionskleber für schwere Wandbeläge;
5800 Partner

DKE
Dielen-Kammer-Element (DBP) für den Grabenverbau;
5100 Lube

D-LINE
Edelstahl-Beschläge (Design: Knud Holscher);
8000 High Tech

dm-Klimabox
→ Roto dm-Klimabox;
7022 Frank

DOBEL
~ **SIGILL**, Dacheindeckung, Stahlblechelemente aus Aluzink mit PVC-Plastisol beschichtet; ~ **PLX**, Vormaterial für Stehfalz-Dacheindeckung;
5144 DOBEL

dobner
~ Alu-Breitsteg-Rasterdecken;
~ Alu-Paneeldecken;
~ Exquisit-Rasterdecke, aus stranggepreßtem, eloxiertem Alu;
~ Stahl-Paneeldecken für Sportstätten;
7320 Dobner

DÖLLKEN
~ - Handlaufleisten;
~ - Selbstklebeleisten aus PVC-Weich;
~ - Sockelleisten aus PVC-Weich;
~ - Sockelleisten aus PVC-Hart und PVC-Weich;
~ - Treppenkanten;
~ - Übergangsschienen;
4300 Döllken

Dörentrup
~ Bodenklinkerplatten-Elemente 500/500/25 mm für Terrassen und Balkone;
~ Bodenklinkerplatten, trockengepreßt, nach DIN 18 158;
~ Verblendklinker nach DIN 105;
4926 Dörentrup

Dofilux
Spanischer Schiefer;
4300 Warenvertrieb

DOGA
Auto-Parksysteme (zwei- und dreistöckiges Parken);
7259 Wöhr

Doka
~ **Anker-Programm** für jede Schalungsaufgabe;
~ **Wandschalung FF 20**, fertig montierte Holzträger-Schalung, mit aufstockbaren und untereinander kombinierbaren Elementen;
8039 Doka

Dokaflex
~ **20**, Deckenschalung mit Faltstütze;
8039 Doka

Dokaplex
Sperrholz-Schalungsplatte für Sichtbeton;
~ 3 SO-Platten, 3-Schichtplatten für Sichtbeton;
8039 Doka

DOKLIN
Betonpflaster, quadratisch und rechteckig;
5413 Kann

DOKON
Betonpflaster (Kleinpflaster);
5413 Kann

DOLANIT
Polyacrylnitril-Faser, hochfeste Synthesefaser, für Dach- und Fassadenplatten, Lüftungs- und Abflußrohre, Pflanzenbehälter, Fasergipsplatten, Mörtel, Beton, Putze und Kunststoffe;
6230 Hoechst

Dolch
Abstandhalterelement, aus Bewehrungsdraht und Kunststoff für waagrechte Mattenbewehrung, 2 m lang, alle 15 cm ein fest aufmontierter Abstandhalter;
5600 Reuß

Dold
~ Bauholz;
~ Fassadenelemente;
~ Schalung;
7801 Dold

dold®
~ - gigant, Groß-Schalung für Decke und Wand;
7640 Dold
→ 7801 Dold

DOLITH®
Klassisches Riemchenpflaster mit gefasten Kanten;
5413 Kann

Dolli
Abstandhalter für Doppelstabmatten, für senkrechte oder waagrechte Verlegung;
5600 Reuß

1

DOLLIER
~ - Vitrinen, Ausstellungsvitrinen aus Ganzglas;
5270 Rothstein

Dolomit
Dolomit gebrannt und ungebrannt;
3420 HDW

DOM
Sicherheitsschlösser, Schließanlagen, elektronische Alarmsysteme;
5040 Dom

Domanial
Runder Kaminofen aus Frankreich, (Strahlungsofen), integrierter Funkenschutz, Brennstoffe: Holz, Braunkohlebriketts usw.;
2000 Bessenbach

DOMELIT®
Kunststeinmatrize für Gehwege, Garten, Terrasse;
8000 Berkmüller

dominant
Tixotrope seidenglänzende Holzlasur in 6 Farbtönen;
6308 BUFA

DOMNICK
~ - Stahlfahrmatten, aus 3 mm Profilblech;
4478 ado

DOMO
~ Garderobenschränke;
~ Sanitäreinheiten (Naßzellen);
~ Trennwände;
~ Umkleidebänke;
~ WC-Kabinen und Duschkabinen;
3500 Knierim

DOMO
~ - **DS weiß**, Fassadenfarbe, waschfest;
~ - **F3**, Fassadenfarben-Entferner, lmh;
~ - **UNIGRUND**, Konzentrat, Grundierung für → DOMOCOR, farbige DS-Beschichtungen und Verfliesungen;
~ **25 Kunstharzversiegelung**, lmf, auf feuchtem Untergrund streichbar, auch als Waschbetonversiegelung und Silolack geeignet;
~ **25 Schalholzversiegelung**, farblos;
7570 Baden

Domobloc®
Öl/Gas-Spezialkessel;
4407 Schäfer

DOMOCELL®
Brauchwasserspeicher (Hochleistungs-Standspeicher) in Zellenbauweise aus Stahl;
4407 Schäfer

DOMOCOR
~ - **KS 09**, Kunststoff-Spachtelputz, elastische Fassadenbeschichtung auf Gasbeton;
~ - **KS**, Kunststoff-Streichputz, Fassadenbeschichtung;
~ - **S**, Strukturputz, gebrauchsfertiger Kunstharzputz;
7570 Baden

DOMOCRET
~ - **BE**, Abbindebeschleuniger, flüssig, chloridhaltig;
~ - BV (BV + BE) Betonzusatzmittel und Estrichzusatzmittel, flüssig, chloridfrei;
~ - **BV**, Betonplastifizierungsmittel, Mörtelplastifizierungsmittel, flüssig;
~ - **DM**, pulverförmiges Dichtungsmittel für Mörtel und Beton, auch flüssig und hochkonzentriert;
~ - **KS**, Fassadenimprägnierung/Verkieselung für KS-Mauerwerk;
~ - **LP**, Mischöl AEA, flüssig, führt geringfügig Luftporen ein;
~ - **P30**, Putzdichtungsmittel, flüssig;
~ - **RESIL**, Verdunstungsschutz, Konzentrat, Schutzanstrich für Frischbeton auf Kunstharzbasis;
~ - **SD**, Schnellbinder, flüssig, chloridfrei;
~ - **Spezial**, Betonzusatzmittel gegen Ausblühungen, besonders bei Buntbetonstein;
~ - **V2**, (V2 + BV) Abbindeverzögerer, flüssig;
7570 Baden

Domoduo®
Doppelkessel-Systeme Öl-Gas-Holz-Koks-Kohle;
4407 Schäfer

DOMODUR
~ **BL**, Betonlasur, Konzentrat, zur gleichmäßigen Tönung von farblich unterschiedlichem Sichtbeton;
~ **D**, Epoxidharz-Versiegelung, lmf, Bodenversiegelung;
~ **EMS**, Epoxidharzmörtel 2-K, lmf, für Dickbeschichtungen;
~ **GB**, 2-K-Epoxidharz, farblos, lmf, hoch chemikalienbeständig;
~ **IH**, 2-K-Injektionsharz (Epoxid), lmf;
~ **P 1**, Injektionsschaum PUR, 2-K, wasserstopfend;
~ **P 2**, elastisches Injektionsharz PUR, 2-K;
~ **SM 11**, Lösungsmittel zur Gerätereinigung und Voranstrich;
~ **Spezial-Siegel**, lmh, 2-K-Versiegelung auf Epoxidharz-Basis;
~ **2 KF**, 2-K-Epoxi-Dünnbettkleber, leicht plastisch;
~ **2K**, 2-K Epoxidharzkleber und Fugenspachtel, lmf;
7570 Baden

DOMOFIT
~ Klebemörtel, Betonkosmetik, pulvrig, kunststoffveredelt, wasserdicht;
~ 2K, Elastik-Pulverkleber, Bodenkleber für Heizestriche und andere schwierige Untergründe für Fliesen- und Plattenverklebung;
7570 Baden

DOMOFIX
~ Blitzzement, Pulver, chloridfrei;
~ **SM**, Betonkosmetik, Spachtelmörtel für Sichtbeton;
7570 Baden

DOMOFLIESS
~ (BV), **Betonverflüssiger** und Fließmittel;
7570 Baden

Domogas®
Gas-Spezialkessel aus Guß mit atmosphärischem Gasbrenner (Heizkessel);
4407 Schäfer

DOMOLEX
~ **UW**, Rostumwandler, mit betonlösender Wirkung;
7570 Baden

Domomatic®
2-Kreis-Tieftemperaturkessel für Öl oder Gas (Heizkessel);
4407 Schäfer

Domomat®
Öl/Gas-Spezialkessel für Niedertemperaturbetrieb (Heizkessel);
4407 Schäfer

Domomax®
Öl-/Gas-Spezialkessel in 6 Größen (Heizkessel);
4407 Schäfer

Domonova®
Öl/Gas-Spezialkessel;
4407 Schäfer

DOMOPAL
Putzpräparat, pulvrig und flüssig, Putzzusatzmittel für Außenputze;
7570 Baden

DOMOPLAST
Dichtungsmasse, plasto-elastisch;
7570 Baden

DOMOPORT
~ - Montagekleber, schnelltrocknend, zur Verklebung von Türfuttern, Rolladenkästen usw.;
7570 Baden

DOMOSIC
~ - **H 30**, Natur- und Zementsteinfestiger zur Denkmalsanierung;
~ - Silikon, Imh (Imprägniermittel), Wetterschutz für Natur- und Kunststeinfassaden, Verputz- und Klinkermauerwerk;
~ - **190**, Fassadenschutz, Imh, Silikon;
7570 Baden

DOMOSIL
Fugendichtungsmasse, Basis Silikonkautschuk;
7570 Baden

DOMOSILIN®
Mehrzweckfluat, besonders geeignet für → SILIN®-Silikatfarbenanstriche;
6084 Silin

DOMOSOL
Fugendichtungsmassen;
~ **PE II**, elastoplastisch, Acryl;
~ **PE**, plasto-elastisch, Acryl-Dispersionsbasis;
~ **2000**, dauerelastisch, auf feuchtem Untergrund verarbeitbar;
7570 Baden

Domotec
Strahler;
5880 ERCO

Domotex
→ MARBURG Domotex;
3575 Schaefer

Domotherm®
Festbrennstoffkessel;
4407 Schäfer

DOMUS
Glasierte Steinzeugfliesen, strukturiert, 20 × 20 cm und 30 × 30 cm;
4005 Ostara

DON QUICHOTTE
Stahlnägel;
5974 Bura

Donau-Pfanne
Dachstein in rot, braun und dunkelbraun;
6370 Braas

Donges
~ - Sicherheitsausschaltleiste (D.P. 28 39 498), für Großtore;
~ - Typenhallen, Hochbauten, Kransysteme, Torbau;
6100 Donges

DONN
~ **CLICK**, für System für die Einlegemontage abgehängter Decken, F 90 nach DIN 4102 (Deckenmontage-System);

1

~ Deckensysteme, abgehängte Decken, Rasterdecken;
~ Doppelböden;
~ Trennwände;
4060 Donn

Donner
Stahlfenster;
1000 Donner

Donnersberger
~ Holzspielgeräte, Spielplatzgeräte;
6509 Donnersberger

DONNOS
~ - Wetterschutz, Holzpechimprägnierung;
3123 Livos

Doorette
Holz-Falttüren, ein- und zweiflügelige Ausführung;
4400 Nüsing

doormaster
Vollautomatische Schiebetüren;
3000 Spellmann

Doppelbein
Draht-Abstandhalter, zur Abstützung der Bewehrungsmatte in 2 Richtungen;
5600 Reuß

Doppeldicht
Automatische Türabdichtung, doppelseitig auslösend;
5760 Athmer

Doppelfalzziegel E 20
Dachziegel aus Ton, besonders zur Altdachsanierung ab 24° Dachneigung;
6719 Müller

Doppelfuß
sprungelastischer Plattenanker aus Kunststoff;
5600 Reuß

Doppelpfeil
Plattenanker aus Kunststoff;
5600 Reuß

Doppel-S-Pfanne®
Dachstein in rot, dunkelbraun, granit und braun. Normalausführung mit glatter Schnittkante;
~ **plus** mit abgerundeter Schnittkante;
6370 Braas

Doppelstecker
Leiterförmig ausgebildeter Abstandhalter aus Kunststoff zum schnellen Erstellen von Bewehrungsgerippen;
5600 Reuß

DOR
Klammernder Abstandhalter aus Kunststoff, auch mit gelochter Aufstandplatte zur Verwendung auf weichem Untergrund oder Isolierplatten;
5600 Reuß

DORAN®
Böschungs-Verbundstein aus Lavabeton zur Böschungssicherung, begrünbar;
5413 Kann

Doraplast
→ Dichtelin-Doraplast;
4790 Budde

Dorfstraße-Pflaster
Beton-Pflasterstein mit ländlich geprägter Oberflächenbearbeitung;
8080 Grimm

DORIT
Estrich mit Wärmedämmschicht;
2800 Frerichs

dorix®
Textilfaser für Bodenbeläge;
5090 Bayer

DORMA
~ **BTS**, Bodentürschließer und Zubehör;
~ **F-Programm**, Türschließer, Feststellvorrichtungen, Feststellanlagen für den vorbeugenden Brandschutz;
~ **FLB**, Freilauf-Türschließer;
~ Glastür-Beschläge und -Konstruktionen;
~ **LM**, Türbänder und Türhebel;
~ **RTS**, Rahmen-Türschließer, unsichtbar einbaubar;
~ Schiebetürlaufwerke;
~ Teleskop-Türfeststeller;
~ **TS**, Zahntrieb-Türschließer, TS 83 und TS 73, TS 93 Design-Türschließer, Typ TS 59 Kurbeltrieb-Türschließer;
~ Türantriebe und Torantriebe, automatisch;
5828 Dorma

Dorn
Eskoo-Verbund- und Pflastersteine;
8390 Dorn

Dornbracht
Armaturen-Kollektionen in französischem Design;
5860 Dornbracht

DOROBIT
Stabilisierender Füller zur Herstellung bituminöser Mischgüter;
7466 Rohrbach

DOROFILL
Hydraulischer Betonzusatzstoff;
7466 Rohrbach

DOROFLOW
Hydraulischer Füller für die Verfüllung von Hohlräumen;
7466 Rohrbach

Dorsch
~ - Fertig-Spindeltreppe, Wange aus Fichte/Mahagoni gemischt, Deckblatt Mahagoni, Trittstufe und Spindel wahlweise aus gedämpftem Buchen-, Eichen- oder Afzeliaholz;
7800 Dorsch

DORSIDUR
~ **Hartstoffe**, Zuschlagstoffe für zementgebundene Industrieböden;
8452 ISG

DORSILIT
~ **Quarzmehl** und Feinstmehl, als Zuschlagstoff und Füllstoff für Mörtel, Estriche, Putze und Fugenmassen;
~ **Quarzsande**, feuergetrocknet oder lagerfeucht;
8452 Dorfner

DOSEX
Wabenverbundpflaster;
5413 Kann

DOTTERNHAUSEN
~ Portlandölschieferzemente PÖZ 35 F, PÖZ 45 F, PÖZ 55, PÖZ 35 F Terrament und PÖZ 45 Terrament DIN 1164;
~ Portlandzement PZ 45 F DIN 1164;
~ Portlandzement PZ 35 F-S DIN 1164;
7466 Rohrbach

DOW CORNING®
~ Silicon-Bautenschutzmittel;
~ Silicon-Fugendichtungsmassen;
4000 Dow

Dow Corning®
~ **781**, Versiegelungsmittel auf Siliconbasis, essigvernetzend, dauerelastisch, für den Glas- und Fensterbau, keramische Fliesen, geschlossene Untergründe wie Stahl, Alu usw.;
~ **785**, Dichtungsmasse auf Silikonbasis, neutralvernetzend, Verarbeitung ohne Primer;
~ **785**, Dichtungsmasse auf Siliconbasis, essigvernetzend, mit fungiziden Stoffen, für den Sanitärbereich;
~ **795**, Dichtungsmasse auf Siliconbasis, neutralvernetzend, dauerelastisch für Dehnungs- und Anschlußfugen in Mauerwerk, Betonelementen usw.;
4050 Simson

DOWA
~ Sechseck-Verbundsteine;
6680 Samson

DO-WAB
Betonpflaster;
5413 Kann

DOYMA
~ Hauseinführungen, gas- und druckwasserdicht, für alle Rohrarten;
~ Rohrdurchführungen, schalldämmend, gas- und wasserdichte Ausführungen für Rohrleitungen im Innenausbau;
2806 Doyma

DPS-MASTERPLATE®
Hartstoffbelag, metallisch, zur Trockeneinstreuung auf frischen Betonoberflächen, funkensicher, antistatisch;
4050 Master

dr
~ - Raumluftklappe für Räume mit fugendichten Fenstern und Türen sowie Heizräumen;
7000 Dreizler

DRACHOLIN
~ Dämmputz bzw. Wärmedämmputz;
~ Dispersionsfarben;
~ Edelputze;
~ Fassadenfarben;
~ Silikatfarben;
~ Silikatputze;
7430 Dracholin

DRÄNIT
Betonfilterrohre für den Straßenbau;
3582 Porosit
→ 4670 Meyer
→ 6451 Nowka
→ 8474 Porosit
→ 4100 Volmer

Drafi
Abstandhalter aus Kunststoff mit punktförmiger Anlegefläche, 5füßig;
5600 Reuß

Drahtbox
Kunststoffbox mit bereits fertig einmontiertem Luftschichtanker;
5600 Reuß

Draht-Schulz
Vorgartenzäune;
3107 Schulz

Drahtspinne
Drahtsparpackung;
4770 Rösler

Draka
~ **dur**, Druckwasserrohre aus PVC;
~ - **gas**, Druckrohre aus HDPE, für Gasversorgungsleitungen;

1

~ - **pvdf**, Wärmeaustauscher aus PVDF;
~ - **therm**, Fußbodenheizungsrohre aus PP-C;
~ - **Tileen**, Druckwasserrohre aus HDPE;
1000 Draka

Dramix®
~ - Stahlfasern zur Armierung oder als Zusatzarmierung im Betonbau;
6380 Bekaert

Dran
Abstandhalter aus Kunststoff für den Kreuzungspunkt von Bewehrungseisen;
5600 Reuß

Dranfix
Abstandhalter aus Kunststoff für die untere Bewehrung;
5600 Reuß

drapilux®
Dekostoffe und Gardinen für den Wohn- und Objektbereich aus Synthetik, Baumwolle und anderen Fasern, nach DIN 4102 B1 schwer entflammbar;
4407 Schmitz

Drauf
Kunststoff-Füßchen, vorwiegend zur Isolierung von Eisenenden an der Schalung;
~ **mit Platte**, für größere Druckverteilung;
5600 Reuß

DRAUF + SITZT®
~ **Dispersionsklebstoff**, DIN 18 156, gebrauchsfertig, für Fliesen, Glasmosaik, Dekor- und Dämmplatten, auf alten Fliesen, Anstrichen, Faserzement- und Spanplatten;
~ **WASSERDICHT**, ähnlich DRAUF + SITZT®, aber wasserfest und in dünner Schicht (1 mm) wasserdicht. Zum Abdichten des Untergrundes und Kleben von Fliesen in Duschen;
2000 Lugato

Draufstecker
Abstandhalter aus Kunststoff für Eisenenden;
5600 Reuß

DRC
Oberflächen-Entaktivierer für Negativ- und Positivverfahren (Waschlack);
8972 Hebau

Drehanker
aus verzinktem Draht für die Befestigung von Isolierplatten am Beton;
5600 Reuß

Drehlock
Maueranschlußsystem für Mauerwerk und Beton mit Schlüsselverankerung;
5600 Reuß

Dreieck
Abstandhalter aus PE, für großflächig abzustützende Bewehrung;
5600 Reuß

Dreieck-Würfel
In Verbindung mit → Dreikant zum Ausbilden von Schalecken;
5600 Reuß

Dreifuß
→ Hammerl-Plastiks;
7121 Hammerl

Dreikant
Dreikantleiste aus Kunststoff als Betonkanten-Abschluß im Fertigteilbau, bei Fassadenplatten, Treppen usw.;
5600 Reuß

Dridu
Abstandhalter für Schalungen, bereits fertig montiert;
5600 Reuß

Drilli
Schraubnagel, blank oder verzinkt;
5600 Reuß

Drin
~ - **Kappe**, bildet nach Aufstecken auf Kunststoffrohre einen Abstandhalter für Betonschalungen;
~ - **Stopfen**, zum Verschließen der im Beton verbleibenden ~ - Kappe;
5600 Reuß

Dripprille, Drippkante
Wassernasenprofil, sollen das Abtropfen des Kriechwassers bewirken. Dripprille ist ein reines Rillenprofil, Drippkante gleichzeitig Kantenschutz;
5600 Reuß

Dri-Sill®
Bautenschutzmittel, wasserabweisendes Silicon-Anstrich-Zusatzmittel;
4000 Dow

Driso
Abstandhalter aus Kunststoff mit großflächiger Auflagefläche von ca. 47 mm Ø, vergrößerbar durch die Drisoplatte auf 90 mm;
5600 Reuß

DRI-WHITE
Atmungsaktiver Außenanstrich auf Mineralbasis, feucht aufzutragen;
6300 Schultz
→ 2000 Möller

Drohne
Abstandhalter aus Kunststoff, der am Kreuzungspunkt eingehängt wird;
5600 Reuß

Drossbach
Isolierrohre, Hüllrohre, Zubehör für Spannbeton;
8852 Drossbach

DRS
Deckenrandschalung mit Dämmschalungselementen aus Hartschaum mit zementgebundener Holzwolleauflage;
6296 Beck

Druck-Konus
Wand-Abstandhalter aus massivem Kunststoff, der nach dem Entschalen entfernt wird;
5600 Reuß

Drüber
Konische Vorsatzkappe aus Kunststoff für Wand- und Schalungsabstandhalter;
5600 Reuß

Drücker
Kunststoff-Aufsteckkappen zum Selbstfertigen stabiler Schalungs-Abstandhalter;
5600 Reuß

Druleg
Montageplatten aus Kunststoff;
5600 Reuß

Drum
Abstandhalter aus Kunststoff, ringförmig, für senkrechte und waagrechte Bewehrung;
5600 Reuß

Drum
~ **System Norma**, Trennwand-System mit Stahlskelettrahmen;
6791 Drum

DRUNA
~ Kachel-Speicherheizung, elektrisch, in vielen Formen, Farben, Größen;
~ Kachelöfen, vornehmlich mit Buderus-Heizeinsätzen;
~ - Wärmepumpen-Klimageräte, für private Schwimmhallen, Hotel- und Therapie-Schwimmbäder;
4300 Druna

Drunter
Abstandhalter für waagrechte Bewehrung;
5600 Reuß

Drunterfix
Klemmende Abstandhalter aus Kunststoff, lieferbar in Magazinsträngen;
5600 Reuß

Drunterleger
200 mm langer Abstandhalter aus Kunststoff mit Durchbrüchen für guten Betonfluß;
5600 Reuß

Drunterleiste
2,50 m lang, Abstandhalterleiste aus Kunststoff für die untere Bewehrung, auch als Abstandhalter auf weichem Untergrund (Isoliermaterial) verwendbar;
5600 Reuß

Drunter-Ring
Großflächiger Abstandhalter für waagerechte Bewehrung;
5600 Reuß

Drunterstab
1 m lang, großflächiger Abstandhalter aus Kunststoff für die waagerechte Bewehrung;
5600 Reuß

Dryjoint
Wasserdichter Fugenmörtel;
5632 Thoro

DS
~ **25**, farblose, lösungsmittelfreie, staubbindende Kunstharz-Versiegelung — auf feuchtem Untergrund streichbar — schützt Beton, Estriche, Putz usw.;
~ **8-Gips- und Putzkontakt**, Putz-Haftbrücke für glatte Betonflächen — für innen und außen;
4930 Schomburg

DSB®
→ Duosparbloc DSB®;
2902 Brötje

Dschungelnetz
Spiellandschaft aus Seilen;
1000 Pfeifer

DSD®
Doppelschubdorn, hochbelastbar und korrosionssicher, zur Querkraftübertragung bei Dehnfugen;
7895 Horstmann

DS-1
→ Baymer®;
6800 Rhein-Chemie

DT 300
Dispersions-Teppichkleber;
5800 Partner

Dual
Ganzglastür mit einer Alu-Blende über die gesamte Breite der Tür aus Sicherheitsglas
6544 Isolar

Dualux
Zweigriffarmaturen für Bad und Küche mit keramischen Dichtungen;
5300 Ideal

1

DUBBELFLOW®
~ Kompaktlüftungsanlagen mit Wärmerückgewinnung;
~ Zweiwege-Lüftungssystem für den Einbau in Fenster, Wände, Glasaussparungen;
7239 Metall

DUBLIX
Direkt-Indirekt-Beleuchtung, Lichtrohre, Lichtprofile;
3280 Kinkeldey

Dublix®
Bürobeleuchtung;
3280 Kinkeldey

DUBNO
~ - Öl, Grundieröl für innen und außen (Naturöl);
3123 Livos

DUBRON
~ - Dispersionsfarbe, naturreine, wischbeständige Wandfarbe, weiß, für innen;
3123 Livos

Ducktil
→ Ferodo-Ducktil;
6200 Ferodo

DUCTOTHERM
Rohrheizung;
5480 Gewiplast

Duderstädter
~ Glasuren als Sparverblender und Spaltriemchen;
3408 Bernhard

D.U.D.-SYSTEM
Perimeter Dicht- und Dämmsystem für erdberührte Kellerräume (Kellerwandabdichtung);
4354 Deitermann

Dueband
Dichtungsband aus imprägniertem PU-Schaumstoff für den Einbau von Fenstern,Trennwänden und Lüftungsanlagen;
4000 Chemiefac

Duett
Abstandhalter aus Kunststoff zum Verbinden von Bewehrungsmatten und Gitterträgern;
5600 Reuß

Dübelboxe Wuppertal
Abhängevorrichtung zum Einbetonieren im Deckenbereich;
5600 Reuß

DÜBELFIX
Kunststoffblöcke mit Lochreihen als Dübel universell verwendbar;
5885 Seifert

Dübelöhr
Abhängevorrichtung zum Einbetonieren im Deckenbereich;
5600 Reuß

düfa
~ **Feuchtraumfarbe**, für fungizide und biozide Innenanstriche, besonders beständig gegen Schimmelpilze, Moose und Flechten;
~ **Glasur**, PU-Einkomponentenlack, feuchtigkeitshärtend;
~ **Isol**, Isolierfarbe zum Isolieren von Rauch, Nikotin, Teer, Karbolineum- und Anilinanstrichen;
~ **Kunstharz-Dispersionsfarben** für Innen- und Außenanstriche;
~ **Siegel**, Versiegelung für Tapeten und stark beanspruchte Flächen;
~ **Steinglanz**, zur Pflege von Marmor, Terrazzo, Steinholz, Keramik, Klinker usw.;
~ **Stop**, Kunststoffbeschichtung (Ölsperre) für die Isolierung von Heizölwannen und Auffangräumen für Heizöl- und Dieselkraftstoff;
~ **Z**, flüssiger Kunststoff für Zement und Eternit;
6550 Meffert

düfacryl
~ **Buntlack**, auf Dispersionsbasis aus reinem Acrylat;
~ **Fassadenbeschichtung**, 100% Reinacrylat-Fassadenfarbe;
6550 Meffert

Düker
~ **Badewannen** und **Duschwannen** aus Guß + Email und aus Acryl;
~ **Doppel-Spülbecken** und **Ausgußbecken** aus Sanitärguß;
~ **NIXE, Duschwand-Programm**;
~ **SML-Lieferprogramm**: Muffenlose Abflußrohre und Formstücke aus Gußeisen;
~ **Wannenschiebetüren**;
~ **Whirl-Pools** aus Guß + Email und aus Acryl;
8782 Düker

Düpmann
~ **Alu-Falt-Schiebetür**, Faltwand-System zur Abtrennung bei Verkaufsräumen, Wintergärten, Pavillons, Cafés usw.;
~ **Alu-Leicht-Schiebetür**, für Balkone, Loggien, Wintergärten, Schrankwände u. ä.;
~ **Holz-Falt-Schiebetüren**, Faltwände zur Abtrennung bei Wintergärten, Cafés usw.;
~ **Holz-Leicht-Schiebetür**, Schiebeelement für Wintergärten;
~ **Insektenstop**, Insektenschutz-Fenster und Insektenschutz-Türen aus einbrennlackierten Alu-Profilen und verrottungsfestem Fiberglasgewebe;

~ **Magnetdichtung**, Fensterdichtung für alle Holzfensterprofile;
~ **Vertical-Schiebefenster**, speziell für Kioske, Durchreichen, Materialabgaben usw.;
4410 Düpmann

Dürfix
Distanzbefestigung, unsichtbar, für Handläufe, Türgriffe und Balkonverkleidungen;
7833 Dürr

DÜSING
~ Fertigrasen (Sportrasen) für Sportstätten, Parks und Landschaft;
~ Rasensaatgut;
4650 Düsing

Düssel Kunststoff
Badewannen für gehobene Ansprüche, auch als Whirlpool ausbaubar;
4000 Düssel

dufix
~ - **Abbeizer**, entfernt Lacke, Farben, Klebstoffreste;
~ - **Abbeizstrip**, zieht bis zu 10 Farbschichten ab;
~ - **Blitzzement**, in grau und weiß, für schnelle Reparaturen;
~ - **Feinbeton**, zum Betonieren und Vergießen;
~ - **Fertigmörtel**, zum Mauern und Putzen;
~ - **Flächenspachtel**, schafft rißfreie Untergründe;
~ - **Intensiv-Anlauger (Pulverform)**, zum Anlaugen alter Farbanstriche;
~ - **Lack-Anlauger**;
~ - **Lackanlauger flüssig**, schafft fettfreie, rauhmatte Untergründe;
~ - **Putz- und Füllspachtel** außen;
~ - **Raumweiß**, Innenanstrich;
~ - **Reparaturspachtel**;
~ - **Sicherheitsgrundierung**, wetterfest, für Putz, Mauerwerk, Holz, Holzwerkstoffe;
~ - **Spachtelmasse** innen, Schnellverschluß für Risse und Löcher;
~ - **Tapeten-Wechselgrund**, ermöglicht das spätere trockene Abziehen von Tapeten;
~ - **Tapetenlöser**;
~ - **Tiefgrund**;
4000 Henkel

Dufta
Spannschlösser für Spanndrähte;
5600 Reuß

DuftyRex
Zeitrelais für die Nachlaufsteuerung von Ventilatoren zur Be- und Entlüftung fensterloser Räume;
4770 W.E.G.-Legrand

Dularit
Polymerisationsharze, Kleber für Metalle, Duroplaste, Keramik, Kunststein und Betonfertigteile;
4000 Henkel

Dulux
~ **fest Farbe**, spritzfreie Wand- und Deckenfarbe, scheuer- und waschbeständig nach DIN 53 778;
4010 Wiederhold

Dumbo- und Deco
~ - **Bewehrungsanschlüsse** zum Verbinden zweier zu unterschiedlichen Zeiten hergestellter Betonteile;
5600 Reuß

Dum-Dum
→ Butimix Dum-Dum;
1000 Flächsner

Dunloplan
~ - **Bodenbeläge** aus PVC in Rollen- und Plattenform;
~ - **Gumminoppenbeläge** in Platten;
~ - **Teppichböden** (Tufting und Nadelvlies);
6450 Dunloplan

duo
~ - **Sicherheitstank**, Heizöltank, korrosionsfrei, mit Leckanzeige;
5419 Mügo

DUO
Fertiggaragen, System Atlas;
8602 Dennert

DUOdach®
Flachdachabdichtung und Wärmedämmung;
6800 R & M

DUOFIX
Mattenverbinder für senkrechte Schalung;
5885 Seifert

Duofix
→ UNIVA-Duofix;
8071 Kessel

Duo-Flex
Fliesen-Kleber-Konzentrat;
4531 Wulff

DUO-MIX
Einhebel-Küchenbatterie mit Geschirrspülmaschinen-Anschluß;
5860 Schulte

duonova
Jalousieschalter, Jalousietastenschalter, mit Knebel und Schloß;
5885 Vedder

1

Duosparblock DSB®
Doppelkessel-Heizzentrale mit Heißluftintegralbrenner;
2902 Brötje

DUOTERM
→ Fläkt-DUOTERM;
6308 Fläkt

Dupa
~ - **grund**, Tiefgrund mit Altanstrich-Festiger, Verdünnungsmittel für → Duparol-Produkte;
~ - **inn Verflüssiger**, Lösemittel und Reiniger;
~ - **inn**, Schnell-Renovier-Farbe, 100% Reinacrylat-Polymerisatharzfarbe, lmh, weiß, für Decken und Wände innen;
6105 Caparol

Duparol
~ - Abtönfarben, Polymerisatharz-Abtönfarben;
~ - Polymerisatharz-Fassadenfarbe, für Anstriche von Beton, Asbestzement, frostbeständigen Kalksandstein, Hartbranntstein und Putz;
6105 Caparol

Dupla
Befestigungsplatten, die z. B. über Luftschichtanker geschoben, Isolierplatten am Mauerwerk oder Beton halten sollen;
5600 Reuß

Duplastift
Halteelemente für Isolierplatten im Betonbau;
5600 Reuß

Duplex
Fertigtürelement zum Überbau vorhandener Stahlzargen;
4290 Kerkhoff

Duplex
Fliesenbänder;
5305 AGROB

Duplex
~ - Rohrführung, die Rohrleitung ist auf beiden Seiten der Rohrführung elastisch gelagert;
6750 Guß

Duplex
~ - Anker, für tiefliegende Verankerungen im Mauerwerk;
7830 Upat

Duplex
~ - Falzdichtung, selbstklebendes, federndes Dichtungsband für Fenster und Türen;
8633 Müller

DUPLEX®
Kunststoff-Fenster mit äußerer flächendeckender Beplankung aus Alu, kunststoffbeschichtet oder eloxiert;
4836 Reckendrees

DUPLO
~ - **Energie-Uhr**, zur Wärmestrommessung durch Fenster und Wand;
8633 Müller

DUPLOFenster®
Vorsatzfenster, aufschraubbar, zum Umrüsten von Einfach- auf Doppelverglasung, bzw. von Doppelverglasung auf Drittverglasung;
8633 Müller

duplothan® R
Dämmplatten aus PU in verschiedenen Stärken, B2 nach DIN 4102, beidseitig mit Papier, Glasvlies oder Alu beschichtet;
4060 Hützen

DUPLOTHERM
Putzträgerplatte aus PUR mit beidseitiger Wabenstruktur;
4060 Hützen

DURA
~ - Mauerdurchführungen und Wanddurchführungen aus Asbestzement, Prüfzeichen PA-I 2792;
4403 Cordes

dura
Teppichböden;
~ **forum**, dreifarbig melierte Feinschlinge;
~ **achat**, dreifarbig tuftgemusterter Velours;
~ **brillant color**, besonders dichter bedruckter Stehvelours;
~ **brillant linie**, Stehvelours mit ausdrucksstarkem Streifendessin;
~ **brillant**, klassischer Uni-Stehvelours;
~ **Cord**, klassische robuste Schlinge;
~ **disco**, Univelours für Bars und Discotheken;
~ **forum point**, dreifarbige Druckfeinschlinge mit Rastermotiv;
~ **foyer**, Schmutzfangläufer in Stehvelours;
~ **graphictuft**, durchgemusterter Tufting-Teppichboden in 5 Dessins;
~ **saphir L SDR**, dreifarbiger Mouliné-Stehvelours;
~ **tennis super**, Tennisbodenbelag;
~ **tufting**, Wandbeläge in 5 Ausführungen;
6400 Dura

DURA-bel
Fertiggeländer im Bausatz, in Holz, Metall, Kunststoff;
8751 DURA

DURABEL
~ - Edelstahl-Planspiegel;
~ - Edelstahl-Verkehrs- und Beobachtungsspiegel;
6200 Moravia

DURABRAN®
→ RPM-DURABRAN®;
5000 Hamann

durach
~ NATURWAND, Sichtschutzwand und Schallschutzwand aus Holz, bepflanzbar;
7989 Kübler

Duracor
~ Fliesenkleber;
~ Spachtelmasse;
5410 Steuler

DURALIN S
Plastischer Verglasungskitt;
7441 Ara

Duralit
Fugenloser Industriefußboden, magnesitgebunden, in farbiger Ausführung;
7155 Duralit

Durament
~ - Estriche, als Unterboden für jede Art von Nutzbelag (synth. Anhydrit);
~ - Spachtelmasse A, zur Überarbeitung von Estrichen aus Anhydrit-Bindern besonders geeignet;
~ - Spezial-Industrieböden;
~ - Vacuum-Beton;
8500 Durament

DURAMIN
~ - Harz-Lösung, macht Anhydrit-Estrich rollstuhlfest, abrißsicher, bruchlaststark und klebefreundlich;
8500 Durament

DURANA TORE
Rolltore, Rollgitter, Sektionstore, Falttore in Leichtbauweise;
5160 Durana

DURANAMEL®
→ RPM-DURANAMEL®;
5000 Hamann

DURANAR®
~ - Lacke und Lacksysteme für das Bauwesen, insbesondere für Metalle;
5600 PPG

duranit
Wohn-Fliesen, Dekor-Fliesen, gebrannt bei 1300°;
5412 Duranit

DURANTIK®
~ Drain-Pflanzgefäße, für Erd- und Hydrokultur in Eiche-, Schiefer-, Mahagoni-Dekor;
~ Eichenholzreproduktionen antiker Originale (Balken, Paneele, Konsolen, Zierstücke) aus PUR-Hartschaum;
4508 Necumer

DURAPAN
~ **SH**, 1-K Polyurethandichtstoff zum Kleben und Abdichten;
~ **WE**, 1-K Polyurethandichtstoff (DIN 18 540) zur Abdichtung von Bau- und Anschlußfugen;
7441 Ara

DURASIL
~ **B 1**, 1-K-Silicon-Dichtstoff DIN 4102 - B 1 für Brandschutzabdichtungen und -verglasungen;
~ **E**, 1-K-Silicon-Dichtstoff, Acetatsystem, mit fungizider Einstellung für Verglasungen, Sanitär- und allgemeine Abdichtungen;
~ **L**, 1-K-Silicon-Dichtstoff, Acetatsystem, für Abdichtungen im Lebensmittelbereich und für Aquarienbau;
~ **SPK**, Spiegelkleber auf Basis 1-K-Silicon (Oximsystem);
~ **T 300**, 1-K-Silicon-Dichtstoff, Acetatsystem, eisenoxidrot, hochtemperaturstabil;
~ **W 15 N**, 1-K-Silicon-Dichtstoff, Oximsystem (neutralhärtend), anstrichverträglich, zur Glasversiegelung und Fugenabdichtung;
~ **W 15**, 1-K-Silicon-Dichtstoff, Oximsystem (neutralhärtend), Farbeinstellung transparent, zur Glasversiegelung und Fugenabdichtung;
7441 Ara

DURASKIN®
Mit Kunststoff, z. B. PVC, PU, Silicon, PTFE beschichtete Trägerbahnen, z. B. für Behälter, Dacheindeckung, Textiles Bauen, Kompensatoren;
4150 Verseidag

DURASTEEL
Verbundplatte, asbestfrei, nicht brennbar, aus einer Faserzementplatte armiert durch mechanischen Verbund mit verzinktem Stahlblech (Feuerschutzplatte);
4010 Capeboards

DURATON
Kompakt-Doppelverbundpflaster;
5413 Kann

DURAVIT
Sanitärkeramik, wandhängende Klosetts und Bidets, Waschtische, Urinale, Badmöbel;
7746 Duravit

DURAZIT®
~ - Hartbetonstoff, für Verschleißschichten bis 20 mm Stärke, in Spezialmischung auch für den Betonstraßenbau und Hartbetonplatten;
6393 Taunus

Durch
Plattenanker aus Kunststoff;
5600 Reuß

Durchbruch und ~ Flansch
Dünnwandige Rohrhülse aus Kunststoff, für Durchbrüche in Betondecken- und -wänden;
5600 Reuß

Durchgang
Sog. Sternspreize, Schalungs-Abstandhalter aus Kunststoff;
5600 Reuß

Durchlaß
Rohre für die Selbstfertigung von Schalungs-Abstandhaltern aus Kunststoff;
5600 Reuß

Durette
Kunststoff-Fenster-Systeme;
5160 Durette

DUREXON
Flüssigkunststoffe, Bautenschutzmittel (z. B. Grundwasserabdichtungen) → thüco → thücocryl → pox;
2359 Durexon

DURIGLAS
Dachdichtungsbahnen mit Glasgewebeeinlage;
2080 Binné

Durinal
Hochelastisches Anstrichsystem zur Renovierung stark gerissener Putz- und Anstrichflächen;
4400 Brillux

DURIPAL
Imprägnierflüssigkeit, wäßrig, zur Verfestigung von Putz, Mauerwerk, Beton, **Typ H** mit zusätzlicher Hydrophobierwirkung;
8195 IPA

Duripanel®
Holzspanplatte, zementgebunden, für den kombinierten Brand-, Schall- und Feuchteschutz, für den Innen- und Außenbereich in den Baustoffklassen B 1 und A 2;
8000 Cemtac

DURIPIX
~ Einkiesungsmassen, streich- und spachtelbar;
~ Fasermassen, standfest;
2080 Binné

DURIPOL
~ Bitumen-Maueranstrichmasse;
~ Bitumen-Voranstrichmasse;
~ Bitumenanstrichmasse;
~ Bitumenklebemasse;
~ Dachlacke, farbig, rot, grün, beige, grau;
2080 Binné

DURIPOR
~ **Gefälledach** DBGM;
~ **Hartschaumplatten**, unkaschiert sowie ein- und zweiseitig kaschiert mit und ohne Überlappung;
~ **rollbar**, Wärmedämmbahn, rollbar und einseitig mit Überlappung kaschiert;
2080 Binné

Durisol
~ **Dachplatten** und **Wandplatten**. Plattenkern aus mineralisierten Hobelspänen, die mit Portland-Zement gebunden sind. Im unteren Plattenbereich der Dachplatten sind korrosionsgeschützte, mit Beton ummantelte Bewehrungsstäbe eingebaut;
4600 Durisol

Durit
~ - Glanzversiegelung für zementgebundene Boden- und Wandflächen in Lagerhallen, Kellern, Garagen usw.;
~ - Imprägnierung SI-hydrophob auf Siloxanbasis, zum Feuchtigkeitsschutz mineralischer Baustoffe;
~ - Imprägnierung auf Epoxidharz-Basis zum Schutz alter neuer Betonflächen gegen Taumittel, Öle, Treibstoffe;
6555 Possehl

Durit
Naturstein-Haftbrücke;
7900 Schick

DURITEX
~ Bitumen-Dichtungsbahnen mit Rohfilz-, Glasgewebe-, Jutegewebe- bzw. Alu-Einlage;
~ Dampfsperre mit Alu-Einlage;
2080 Binné

DURITIA
~ - AL-GV, hochwertige Sonder-Dampfsperre;
~ - Bitumenpapiere;
~ - Bitumenpappen, nackt, DIN 52 123;
~ - Bitumen-Dachbahnen DIN 52 128;
~ - Dachdichtungsbahnen DIN 52 130;
~ - Glasvlies-Bitumen-Dachbahnen DIN 52 143;
2080 Binné

durlum
~ Lichtraster;
~ Metalldecken;
~ Metallkassetten;

~ Rasterdecken;
~ Sonderdecken;
7860 Durlum

DURO
Rostschutzfarbe ohne Blei und Chromate, Rotbraun und Grauweiß;
3123 Livos

DURO
Polyesterbetonerzeugnisse;
~ - **Baumscheiben**;
~ - **best**, Entwässerungsrinnen → 5750 MHS;
~ - **Drain**, Abflußrinnen → 5750 MHS;
~ - **Keile**, Segmentkeile zum genauen Anpassen der Schachtdeckel an die Fahrbahn;
~ - **Neigungsringe**, zum Anpassen der Schachtdeckel an die Fahrbahnneigung;
~ - **Rasenkanten**;
~ - **Scheiben**, zum Unterlegen und Anpassen von Schieber und Hydrantenkappen an die Fahrbahnoberfläche;
3549 Duro

Duro
→ Busch Duro;
5880 Busch

durobit
Dichtbeschichtung zur Abdichtung von Kelleraußenwänden (Kellerwandabdichtung);
5000 Durox

duroblanc
Dünnbettmörtel für Mauerwerk aus Plansteinen; Dünnbettmörtel;
5000 Durox

DUROBUNT
Verbundpflasterklinker, Platten;
8567 Wolfshöher

DUROC
Fassadenplatten aus einer Dämmplatte mit Asphaltbelag und Steingranulatbestreuung;
6200 Manville

DUROFIX
Abdichtungsstoffe gegen Wasserdruck und Feuchtigkeit;
~ - **F-Schnell**, flüssiger Abbindebeschleuniger für ~ Schlämme;
~ - **GN-Pulver**, Mauerschutzmittel, zur Verhinderung von Salzkristallierungen durch Nitrate;
~ - **GS-Schlämme**, Oberflächendichtungsmittel, sulfatbeständig, zementgebunden, kunststoffvergütet;
~ - **Schlämme**, tiefenwirksames Oberflächendichtungsmittel auf Mauerwerk und Beton;
~ - **Sperrflüssigkeit**, Imprägnierflüssigkeit für den nachträglichen Einbau von horizontalen und vertikalen Feuchtigkeitssperren in Beton- und Mauerwerk;
~ - **3**, Schnellmörtel;
2800 Dahmen

Durofix-Siegel
PVC-feste 1-K-Lack mit eingebautem Härter, seidenglänzend, seidenmatt oder matt;
4010 Wiederhold

Duroflex
Einschichtlack für verzinktes Material, Zink und Kunststoffe;
6308 BUFA

durol®
Stein-Kitte-Kleber, Spachtelmassen, Steinimprägnierung, Steinreiniger;
8990 Durol

Duromit
Hartbetonstoff zur Herstellung von Hartbeton-Industriefußböden;
1000 Duromit

DUROpal®
Dekorative Hochdruck-Schichtstoffplatten V (HPL), Fertigteile mit dekorativen Schichtstoffplatten z. B. Küchen-Arbeitsplatten, Fensterbänke, Waschtischplatten und Leisten für den Möbel- und Innenausbau;
5760 Duropal

DUROPAN
~ Bausatzhaus;
~ Kellerbausätze für Fertighäuser;
2800 Duropan

DUROPLAN
Planer Beobachtungs- und Überwachungsspiegel aus Edelstahl rostfrei;
6200 Moravia

DUROTECHNIK
~ Blumenschalen;
~ Fitness-Pools;
~ Geschwindigkeitshemmschwellen;
~ Hot-Whirl-Pools;
~ Industriebecken;
~ Kinderplanschbecken;
~ Lastaufnahmemittel aus Polyester und Polyurethan;
~ Schwimmbecken in Sonderformaten;
~ Tauchbecken;
4800 Durotechnik

durotherm
Wärmedämmender Fassaden-Leichtputz;
5000 Durox

1

DUROTON
~ - **Stein**, Pflasterstein für Rundumverbund;
2250 Engelhardt

DUROX
Gasbetonerzeugnisse;
~ Dachplatten, großformatige, bewehrte Montagebauteile nach DIN 4223;
~ Deckenplatten, großformatige, bewehrte Montagebauteile nach DIN 4223;
~ Mauerblöcke und Mauerplatten nach DIN 4165 und 4166;
~ Mehrzwecksteine für die Erstellung von Ringbalken und Rinkankern, Tür- und Fensterstürze;
~ Plansteine nach DIN 4165 und 4166 und Zulassung;
~ Stürze als bewehrte Fertigteile;
~ Trennwandplatten nach DIN 4166;
~ Wandplatten, horizontal und vertikal, nichttragend, nach Zulassung;
5000 Durox

Durst
Treppen mit Stahlbeton-Trittstufen;
~ Fertigteiltreppen, wandfrei;
~ Spindeltreppen;
7129 Durst

DUSAR
Duschabtrennungen;
5459 Dusar

DUSCHINE
Duschabtrennungen, Alu-Rahmen mit Sicherheits-Kunststoffglas;
7950 TREBA

DUSCHOdoor
Duschabtrennung;
6905 Duscholux

DUSCHOJET
Funktionelle Einheit von Kopfbrause und automatisch auf- und abwärtsgleitenden Seitenbrausen;
6905 Duscholux

DUSCHOLUX®
Duschwände;
6905 Duscholux

DUSCHOsan
Automatische Unterkörperdusche für die persönliche Intimhygiene;
6905 Duscholux

DUSCHQUEEN
Ganzglas-Dusche (Duschkabinen);
4150 Queen

Dux
Abstandhalter aus Kunststoff für senkrechte Bewehrung;
~ - **offen**, mit besonders großen Öffnungen für Betondurchfluß;
5600 Reuß

DUXOLA®
~ - **Fassadenreiniger**, für Ziegel, Kalksandstein, Beton u. a., entfernt Zementschleier, Bitumen, Teer, Farbe;
5180 Tilan

DUXOLIN
~ - **Industriebodenreiniger**, entfernt Öl, Harz, Fett und bindet Staub;
~ - **Kunststoffreiniger**, für Traglufthallen, Markisen, Planen, Kunststoff-Fassaden;
~ - **Rostschutz**;
~ - **Sanitärreiniger** zur Grund- und Unterhaltsreinigung;
5180 Tilan

D.W.A.
~ - **Aufsparrendämmung**, Dämmplatten aus PS-Hartschaum mit Doppelfalz;
~ - **Luftschichtanker** aus V4A;
~ - **Luftschichtdämmplatte**, für zweischaliges Mauerwerk;
~ - **Plattenstelzlager** für Betonplatten;
~ - **Unterspannbahn**, für Sparrenkonstruktionen von Steildächern;
~ - **Untersparrendämmung**, Dämmplatten mit Nut und Feder-Verbindung;
5804 DWA

DX-Decke
Unterstützungsfreie Plattendecke;
8602 Dennert

Dyckerhoff
~ - **EINWEG-Formen**, Schalungsformen zur Herstellung von Ornament- und Wabensteinen nach dem „von Berg-System";
~ - **Struktur-EINWEGschalung**, Schalung nach dem „von Berg-System" zur Herstellung von Sichtbetonflächen;
4050 Berg

Dyckerhoff
~ - Zemente PZ 35 F, 45 F, 55, 45 F Weiß, EPZ 35 F, HOZ 35 L, HOZ 45 L;
6200 Dyckerhoff AG

DYCKERHOFF
~ **BODENSPACHTEL**, zum Herstellen von Untergründen für Bodenbeläge und Fliesen im Trockenbereich;

~ **DICHTACRYL**, plasto-elastischer Dichtungsstoff (Acrylat-Dispersion) in weiß und grau;
~ **Dichtband**, zur flexiblen und wasserundurchlässigen Überbrückung von Bewegungsfugen;
~ **DÜNNBETT-EPOXI**, 2-K-Ansetz- und Verlegemörtel auf Basis Epoxidharz;
~ **DÜNNBETTMÖRTEL** für Gasbeton, speziell für Mauerwerk, Gasbetonplansteine (MG III);
~ **Farbige Fuge breit**, in 10 Farbtönen, hydraulisch erhärtender Fugenmörtel für Fugen bis 20 mm Breite;
~ **Farbige Fuge schmal**, in 25 Farbtönen, hydraulisch erhärtende Fugenmörtel für Fugenbreiten von 2 bis 5 mm;
~ **FARBIGE FUGEN**, Fugenmörtel;
~ **Feuerstellenmörtel**, ein Mörtel zum Mauern von Feuerstellen und Heizgasabzügen in Kachelöfen;
~ **FLIESENFEST KLEBER**, Dispersionsklebstoff nach DIN 18 156-D für das Dünnbettverfahren;
~ **FLIESENFEST SCHNELLERHÄRTEND**, Dünnbettmörtel, nach 2 Std. begeh- und verfugbar;
~ **Fliesenfestkleber** super, Dispersionsklebstoff nach DIN 18 156 D für das Dünnbettverfahren;
~ **FLIESENFEST** grau und weiß, Dünnbettmörtel nach DIN 18 156-M zum Ansetzen und Verlegen von keramischen Wand- und Bodenfliesen u. ä.;
~ **Frost Dispersion**, Zusatzmittel für ~ Frost®;
~ **Frost Therm Fuge**, Fugenmörtel für Fugen von 5 bis 20 mm in Grau und Silbergrau;
~ **Frost®**, grauer Dünnbettmörtel;
~ **FUGEN-EPOXI**, 2-K-Fugenmörtel auf Basis Epoxidharz in 10 Farbtönen;
~ **FUGENDICHT seidenmatt**, gebrauchsfertiger, spritzfähiger Silikonkautschuk in 24 Farbtönen;
~ **GRUNDIERUNG L**, Tiefengrund für saugende Untergründe;
~ **GRUNDIERUNG W**, wäßriger Tiefengrund, zum Grundieren von Gipsuntergründen;
~ **HafnerMörtel**, ein Mörtel zum Versetzen und Verfugen von Kachelöfen, Kaminöfen u. ä.;
~ **HAFTEMULSION**, Kunstharzdispersion zur Vergütung von Mörteln, Estrichen und Schlämmen;
~ **HAFTKRAFT L**, als Haftbrücke auf allen schwach saugenden Untergründen;
~ **IMPRÄGRUND**, Grundierung, lmh, für mineralische Untergründe;
~ **KONTAKTSCHLÄMME**, Schlämme mit Traßzement für Verlegearbeiten;
~ **MARMORMÖRTEL**, weißer und schnellerhärtender Mörtel für Mörtelbettdicken 5 bis 15 mm;
~ **MONTAGESCHAUM**, Polyurethanschaum zur wärmedämmenden und schallisolierenden Montage, z. B. Türen, Fenster, Rolladen u. dgl.;
~ **PRIMER P 4050, P 4010**, Grundierung verschiedener Untergründe bei Fugenabdichtung mit Dyckerhoff Fugendicht, seidenmatt;
~ **REIBEPUTZ F**, kunstharzgebunden, für Fassaden;
~ **REIBEPUTZ**, kunstharzgebunden, für Innenwände;
~ **SCHLITZMÖRTEL**, zum Verfüllen von Wandschlitzen, Installationsschächten u. ä.;
~ **SCHNELLSPACHTEL, WEISS** und **GRAU**, schnell erhärtend, zum Spachteln von Betonwerk- und Natursteinen;
~ **SILICONHARZFARBE**, Fassadenfarbe, besonders für Denkmalpflege;
~ **SPACHTELAUSGLEICH**, schnellhärtend, innen und außen;
~ **SPACHTELAUSGLEICH TW**, weiß, für Trinkwasserbehälter aus Beton als abschließende Beschichtung;
~ **UNIVERSAL-FASSADENFARBE**, Kunstharz-Dispersionsfarbe auf Basis Acrylharz;
~ **UNIVERSALGRUND**, für Kunstharzputze und Dispersionsfarben;
~ **WANDFARBE**, Kunstharz-Dispersionsfarbe auf Basis PVAc-Mischpolymerisat;
6200 Dyckerhoff Sopro

Dyckerhoff-Alfol
~ Alu-Dampfsperrfolie, auch kaschiert, zur Begrenzung oder Unterteilung von Luftschichten;
3057 Dyckerhoff

DyckerhoffFrost
Dünnbettmörtel mit Frost-Tauwechsel-Zusatz;
6200 Dyckerhoff Sopro

Dyckerhoff's No. 1
Dünnbettmörtel;
6200 Dyckerhoff Sopro

DyckerhoffTherm
Dünnbettmörtel mit Wärmespannungs-Ausgleich;
6200 Dyckerhoff Sopro

DYCKERHOFF
~ Trockenmörtel MG IIa und III gemäß DIN 1053, Anlieferung in Containern;
5473 Tubag

DYMO
~ Aluminium-Türschilder;
~ Beschilderungssysteme, für Innen- und Außenmontage mit selbstklebenden Buchstaben und Piktogrammen;
3000 Esselte

DYNAFLOCK® N
~ Natriumaluminat, Abbindebeschleuniger für Zement, zum Abdichten von Betondecken, zur Bodenfestigkeit im Tiefbau, als Zusatz bei der Schaumbeton-Herstellung;
5210 Hüls AG

DYNAGROUT®
Alkalisilikates Reaktiv zur Bildung von Bodeninjektionsgelen mit hoher und zuverlässiger Abdichtwirkung;
5210 Hüls AG

DYNAGUNIT®
Betonerstarrungsbeschleuniger (BE) für Trocken- und Naßspritzverfahren;
5210 Hüls AG

Dynal
~ - **Thermosystem®**, Profilsystem für nachträgliche Glasanbauten (Wintergärten);
4390 Dynal

DYNAPOR®
~ **Phenolschaumharze**, zur Herstellung von hochwärmebeständigen und schwerentflammbaren Phenolharzschaumstoffen für Isolierungen;
5210 Hüls AG

Dynasal
~ - Sandwichplatte aus 2 glasfaserverstärkten Polyesterplatten, dazwischen PUR-Hartschaum;
5060 Dyna

DYNASYLAN®
~ **BSM Organosilan**, Imprägnierungsmittel für mineralische Baustoffe zum Bautenschutz;
5210 Hüls AG

DYWIDAG
~ - Tischtennisplatten aus Beton für Freianlagen;
1000 D & W
→ 7514 Hötzel

DYWIDAG
~ Behälterbauweise;
~ Benzin- und Fettabscheider;
~ Betonelemente für Garten- und Landschaft;
~ Erd- und Felsanker;
~ Fertiggaragen und Parkline-Systeme;
~ Fertigkeller;
~ Freivorbau;
~ Gerüstwagen;
~ Gleit- und Kletterbauweise;
~ Güllebehälter;
~ Kläranlagen, biologisch;
~ Spannbeton-Kontaktbauweise;
~ Spannverfahren;
~ Stahlrohre, Spannbetonrohre;
2000 D & W
→ 2302 D & W
→ 6639 D & W

DYWIDAG
Betonwaren und Betonfertigteile;
~ **Betonrohre und Stahlbetonrohre** nach DIN 4032 und 4035;
~ **Fertigteilgaragen**;
6200 D & W

DYWIDAG
~ - **Litzenfelsanker**, Verpreßanker;
~ - **Rustikalplatte**, Betonwerksteinplatten für Garten und Landschaft;
~ - **Wabenraster**, begrünbare Lärmschutzwand und Stützwand aus Betonfertigteilen;
8000 DYWIDAG

DYX ZEMENTFARBEN
Zementfarbe für Fassaden, Innenwände, Waschküchen, Keller, Garagen;
~ **TW**, für Trinkwasserbehälter, Getränkebetriebe, Landwirtschaft, Schutzanlagen;
6200 Dyckerhoff Sopro

DZ
~ Außenleuchten, für den privaten und öffentlichen Bereich;
5750 DZ

D-5
Imprägniersiegel, 1-komponentig auf PUR-Basis für extrem strapazierte Parkettböden (Parkettversiegelung);
6250 Bonakemi

D-503 FUTURA
Parkettversiegelung, Härter;
6250 Bonakemi

D-503 PACIFIC
Versiegelungslack, wasserbasiert, zur Parkettversiegelung;
6250 Bonakemi

E & S
Holzpflaster nach DIN 68701/2, in rationellen Verlegeeinheiten (DBGM);
2901 Oldenburger Parkett

Easikrete
Vorgenagelte Nagelleiste für Betonböden;
6231 Roberts

„Easy mont"
Aufschraubscharnier, für aufliegende und einliegende Türen mit 90° Öffnungswinkel;
7270 Häfele

EB
Alu-Fensterläden (Klappläden);
7631 Ehret

EBA
~ Innenausbau-System;
~ Paneele, Täfelbretter und Kassetten aus edelholzfurnierten Spanplatten für Wandverkleidungen und Deckenverkleidungen;
4426 EBA

EBA
→ Eisenbach;
6000 Eisenbach

EBANO
Destillationsbitumen;
2000 Esso

EBANOL 500
Verschnittbitumen, hochviskos;
2000 Esso

EBECO
~ Ausstellungskäfige, Volieren;
~ Lärmschutzwände und Böschungssicherungen aus bepflanzbaren Drahtkörben;
~ Ranksäulen und Rankgitter;
4620 EBECO

Ebenseer Krainerwand
~ Lärmschutzwand, aus begrünbaren Betonelementen;
~ Stützwände, aus Raumgitterkonstruktionen, begrünbar;
5241 NH

Eber
Rundbogentüren, Rundbogenelemente, Rundbogenfutter;
8860 Eber

Eberspächer
Lichtkuppeln, Toplichter, Shedlichter;
Oberlichter, Industrieverglasung, Glasfassaden, Lärmstop-Fenster;
7300 Eberspächer

Ebert
~ Betonplatten für den Garten- und Landschaftsbau;
~ Bimbaustoffe;
~ Blockstufen;
~ Hochbordsteine;
~ Kellersteine;
~ L-Steine;
~ Legstufen;
~ Mauerscheiben;
~ Pflanzelemente in verschiedenen Formen und Ausführungen;
~ Poller;
~ Porwandsteine;
~ Rasengittersteine;
~ Rechteckpflaster;
~ Rinnenplatten;
~ Rundbordsteine;
~ Tiefbordsteine;
~ U-Steine;
~ Verbundpflaster;
~ Winkelstufen;
7148 Ebert

Ebinger
~ Keramik, exclusive handgeformte Wandplatten und Bodenplatten, Ofenkacheln sowie künstlerisch gestaltete Wandbilder (Gebietsvertretung);
4690 Overesch

EBINORM®
Elektro-Installationssysteme;
8700 Brunnquell

ebm
Ventilatoren und Gebläse für die Haus- und Wärmetechnik, für Klima- und energiesparende Systeme;
~ - Axialventilatoren;
~ - Heißluftgebläse;
~ - Kompaktventilatoren;
~ - Radialgebläse;
~ - Radialventilatoren;
7119 ebm

Ebner
Polystyrol-Hartschaumplatten;
8909 Ebner

Ebo-Plast
Grundplastik für einfache Wandplastik;
3103 Pfeiffer

EBRO
~ - Absperrklappen für die Haustechnik;
5800 Bröer

EBS
Fertiggarage in Waschbeton und Klinkeraufführung;
4797 EBS

EBS
~ - **Elementdecke** aus großflächigen bewehrten Stahlbeton-Fertigteilplatten;
~ - **Gitterträgerdecke** aus Gitterträgern mit Betonfußleisten mit dazwischen hängenden Füllkörpern (Deckensteine bzw. Rasterplatten);
6753 EBS

EBS-Seiler-Haus
Hausbausatz aus energiesparenden Bauelementen für Selbstbauer;
3000 EBS

Ebulin
Abtönkonzentrate für Lacke und Dispersionsfarben,
→ Aqua-Ebulin → Lack-Ebulin → Universal-Ebulin;
7000 Butz

1

Echo
Spannbetondecken-Elemente für Geschoß- und Dachdecken;
5014 Rüger

ECHO
~ - Fertigdecke;
5500 Kuhlmann

Eckart
~ - Graphit-Paste, Rostschutz und Pflegemittel für Gußteile;
8510 Eckart

ECKFIX
Transportsicherung an Betonfertigteilen;
5885 Seifert

Eclipse
Strahler und Scheinwerfer, Strahlersystem mit auswechselbaren Lichtköpfen;
5880 ERCO

ECOBAT
Spiralgewickeltes Schalrohr aus kunststoffbeschichtetem Papier, verlorene Schalung für Säulen und Aussparungsrohr für weitgespannte Decken;
7895 Horstmann

ECOFAST®
Schrauben mit Senkfräskopf, 20° Spitze, bauaufsichtl. zugelassen;
7118 Würth

ECOFIX
~ - Sprühkleber, Montagehilfe beim Verlegen von → ECOFON®;
4803 Gefinex

ECOFON®
~ **Abdeckfolie**, Estrich-Gleitfolie zum Abdecken der Dämmschichten gemäß DIN 18 560;
~ **Bewegungsfugenprofil** für beheizte Estrichkonstruktionen als Komplettset bestehend aus Profilstreifen, anteiligen Rohrführungshülsen, Arretierungsdübeln und Estrichankern;
~ **Flachdach-Vlies** aus ISOTAS®FD als Schutzfolie über den extrudierten Dämmplatten;
~ **SK**, Selbstklebebänder;
~ **TD**, dünne Dämmbahn, z. B. als Trittschalldämmung;
~ **Türzargen-Dämmprofile**;
4803 Gefinex

ECONOMAT 2000 W
Elektronischer Wärmemengenzähler in raum- und prozeßlufttechnischen Anlagen;
2000 Munters

ECONOMATIC 500
Elektronischer Drehzahlregler für → Munters ECONOVENT®;
2000 Munters

ECONOVENT®
→ Munters ECONOVENT®;
2000 Munters

ECOSAL®
Haftemulsion, zur Verbesserung der Haftfähigkeit und Elastizität;
7918 Tricosal

ECOTERM
→ Fläkt-ECOTERM;
6308 Fläkt

ECT
~ - **System** zur außentemperaturgeführten Vorlauftemperaturregelung;
6050 Danfoss

E.D. Fix
Deckenanker für abgehängte Konstruktionsebenen, Leuchten, Kabelbahnen, Be- und Entlüftung;
5880 Brauckmann

Eda
Glasvlies-Bitumen-Dachbahnen und Schweißbahnen;
2970 Hille

Edahol
~ - Bitumenanstrichmasse;
2970 Hille

Edaplast
~ - Polymer-Bitumen-Schweißbahnen;
2970 Hille

edco engineering sa
~ - Rolladenantriebe der Fa. Ed. Dubied & Co. S.A. in Couvet/Schweiz;
6730 Herrmann

Edelstahl rostfrei
Halbzeug aus Edelstahl: Profile, Rohre. Geländer-Systeme, Tür-Systeme und Fenster-Systeme;
4300 Edelstahl

Edelstahl-Kessel
Atmosphärischer Gasheizkessel;
3559 Viessmann

EDEN
Kunst- und Baugestaltung mit geätzten Metallen und geätztem Glas;
5860 Eden

edi
~ Gitterrostsicherung;
~ Hebetürsicherung;

~ Heimwerker-Profile aus Alu, Messing, Stahl;
~ Rolladensicherung;
~ Sicherheits-Fensterolive;
~ Sicherheits-Türbeschläge;
~ Türbeschläge und Fensterbeschläge aus Alu;
5860 Dieckmann

EDI-HAUS
Fertighäuser, auch zum Mitbauen;
2350 EDI-HAUS

EDIL-PLASTIX
~ - Rolläden aus Hart-PVC;
5350 Altmeyer

EFAFLEX
Elastiktore;
~ Elastik-Schnellauf-Falttore;
~ Metall-Schnellauf-Falttore in Alu/Stahl;
8301 Efaflex

EFA-Füller®
Betonzusatzstoff nach DIN 1045 für wasserundurchlässigen, aggressivbeständigen Beton, Pump- und Sichtbeton;
4600 Keller

effeff
Elektronische Alarmanlagen, Türöffnersysteme, Brandmeldesysteme, Zutrittskontrollsysteme, Tür-Codeanlagen;
7470 Fuss
→ 4950 Alarmcontrol

Effertz
Groß-Rolltore aus feuerverzinktem Feinblech;
4050 Effertz

effikal®
~ Abgasklappen;
~ futura, Wärmepumpe Luft/Abgas;
4834 Effikal

EFFITHERM
Wärmepumpen;
4834 Effikal

EFG
→ **E**ich-**F**euerschutz-**G**laswand;
4630 Eich

EFITOL
~ - Allzweckreiniger, neutral, für alle Unterhaltsreinigungsarbeiten;
4000 Wetrok

efka
Metallkantprofile;
4300 Metall

EFKA-ERR-kalt
Kaltspachtelbarer bituminöser Fugenkitt für Bordstein- und Bauwerksfugen, Stadionränge u. ä.;
4300 Rudolph

EFRISO
~ Schalungssteine (Sockelsteine) für Einfriedungen aller Art;
8400 Lerag

Egacoll®
Gebrauchsfertiger, lösungsmittelhaltiger Montageklebstoff für innen und außen;
8900 PCI

Egapor
~ - **Schnell**, Einkomponenten-Polyurethan-Schaum zum Kleben, Dämmen und Isolieren;
~ - **2-K-SUPER**, nicht nachdrückender PU-Schnell-Montageschaum für Türzargen und Fensterstöcke;
8900 PCI

ege
Teppichböden;
2070 ege

egelen
~ - Kunststoffrohre aus PE;
4407 Strumann

EGERNSUNDER/SÖNDERSKOV/ASSENBÖLLE-ZIEGEL
~ Maschinen-Handstrichziegel, VMZ, unbesandete Vollziegel;
~ Original-Handstrichziegel, VMZ mit und ohne Besandung;
~ Strangpreßziegel, VHLz;
2398 Vereinigte Ziegeleien

egetherm
~ AO (Anti oxygenium), Fußboden-Heizungsrohr aus Kunststoff, sauerstoffdicht durch eine Alu-Sauerstoffsperre mit überschrumpfter PE-Folie (BGM);
4407 Strutmann

Eggotherm
Wärmedämmputz-System;
7514 Eggolith

EGI®
Mineralfaser-Dämmstoffe, Baustoffklasse A 1 (Platten, Matten, lose Wolle), Baustoffklasse A 2 (Alu- und glasvlieskaschierte Produkte);
~ Brandschutzplatten;
~ Dach-Dämmplatten;
~ Estrich-Dämmplatten;
~ Fassaden-Dämmplatten;
~ Glaswolle;

~ Kern-Dämmplatten;
~ Lamellenmatten mit senkrecht stehender Faser auf Alu-Folie geklebt;
~ Schall-Dämmplatten und Wärme-Dämmplatten;
~ Steinwolle;
~ Wärmeschutzmatten (Steinfasermatten und Glasfasermatten);
4650 Thyssen

EGO
~ **Gewächshauskitt**, Spritzkitt, weichplastisch, für Gewächshausverglasungen und verdeckte Fugen;
~ **PS 20**, 2-K-Thiokoldichtstoff zur Glasversiegelung (Hallenbäder) und Baufugenabdichtung;
~ **PS 50**, 1-K-Thiokoldichtstoff, elastisch, zur Glasversiegelung;
~ **SB 11**, Glaserkitt, erhärtend, RoTa 3;
~ **SB 25 II**, Isolierglaskitt, weichplastisch, RoTa 1 bis 5;
~ **SILICON**, elastischer Dichtstoff zur Glasversiegelung und Baufugenabdichtung;
8000 EGO

EGOBON
Profiliertes Montageband, zur Abdichtung von Überlappungen und Verschraubungen im Fassaden- und Innenausbau, in der Kälte- und Klimatechnik;
8000 EGO

EGOCRYL
Dispersionsacrylat-Dichtstoff zur Abdichtung von Fugen im Innenausbau, zum Verkleben und Verfugen von Fliesen;
8000 EGO

EGOFERM
~ Dichtungsband mit Vlies, Flachprofil zum Abdichten durch Überkleben von Konstruktions- und Anschlußfugen sowie von Mauerrissen;
~ Dichtungsband, profiliert, lmf, für alle Abdichtungen im Hoch-, Silo-, Elementbau, in der Klima- und Lüftungstechnik usw.;
8000 EGO

EGOPOL
Abdichtungsband, lmf, aus synthetischem Kautschuk zur Abdichtung zwischen Bauteilen aus Asbestzement, Welldrahtglas, Wellblech usw.;
8000 EGO

EGOPREN®
~ - Hinterfüllmaterial, Rundprofil, hochflexibel, mit allen → EGO-Dichtstoffen verträglich;
~ - Vorlegeband, zellgeschlossen, weichmacherfrei, fadenverstärkt, einseitig klebend, zur Distanzierung bei Verglasung und Verlegung;
8000 EGO

EGO®flott
1-K-Dichtstoff, plastisch, auf Basis Buty-Kautschuk, zur Glasversiegelung, Abdichtung von Maueranschlußfugen usw.;
8000 EGO

EGOSIT
Schnellbindekitt, zähplastisch;
8000 EGO

EGOTAPE
~ **1000**, Butyldichtungsband, einseitig mit Stretchfolie beschichtet, zum Überkleben von Bau- und Konstruktionsfugen (Fugendichtung);
8000 EGO

EhAGE
~ **Abkantprofile** aus Alu, Kupfer oder Stahl;
~ **Elektro-Programm-Steuerungen**;
~ **Fassaden-System-Markise;**
~ **Gitterstoff-Rollstores**, Sonnenschutz und Hitzeschutz mit transparentem Fiberglasgewebe;
~ **PLUREX**, Verbundraffstores;
~ **VENTAL**, Allwetterstores;
4006 Ehage

EHA®
~ - Abdeckroste aus Kunststoff für Überlaufrinnen und Kanäle in Schwimmbädern;
4640 Hildebrandt

EHE
~ - **Aluminium-Raster**, für abgehängte Deckenkonstruktion in vielen verschiedenen Rasterungen und Steghöhen, ohne sichtbare Befestigungen, runde und achteckige Dekorraster;
~ - **Informationssysteme**, digitale Anzeigen für Uhrzeit und Temperatur, vollelektronische Lichtzeitungen, Anzeigetafeln für Sportresultate, beleuchtete und unbeleuchtete Wegweiser im Innen- und Außenbereich;
~ - **Lichtwerbung**, Leuchtschriften, Transparente in Einzel- und Serienanfertigung, Großanlagen, drehbare Anlagen;
7101 Hoerner

Eht
~ ESTRICH-DÄMMELEMENTE, PUR-Hartschaumplatte mit/ohne PE-Folien-Oberflächen und PE-Unterseite als Grundelement Wärmedämmung;
5340 Eht

EICH
~ - **Feuerschutz-Glaswand** verzinkte Stahlrahmenkonstruktion mit Brandschutzglas, F 30 bis F 90 nach DIN 4120 je nach Konstruktion;
4630 Eich

Eichelberger
~ Dachentrauchungsventilatoren;
1000 Eichelberger

EICHELBERGER
~ **SAN 302**, Installationswand als Fertigbauelement;
1000 Eichelberger

Eichenseher
Gedrechselte Geländerstäbe und Baluster für den Treppenbau in allen gängigen Holzarten;
8311 Eichenseher

EIFELITH
~ Akustikplatten und Dekorplatten;
~ Dachboden-Isolierelemente;
~ Holzbalken;
~ Kellerdecken-Isolierelemente;
~ Leichtbauplatten und Mehrschichtplatten nach DIN 1101 mit PS und Steinwolle;
~ Rolladenkästen;
~ Steinriemchen;
~ Zementspanplatten und Zementfaserplatten;
5372 Eifelith

Eifelplatte
Kleinformatiges Plattenprogramm aus Faserzement, asbestfrei. Mit typischer Oberflächenstruktur für die Gestaltung landschaftsgerechter Dächer und Fassaden in blauschwarz;
1000 Eternit

Eifel-Sandstein
Sandstein für Hoch- und Tiefbau, Garten- und Landschaftsgestaltung;
5501 Schaffner

Eifelwand
→ Plötner Eifelwand
5472 Plötner

Eimer
~ - Klinker mit hoher Druckfestigkeit für den Industrie- und Tiefbau, sowie Verblendklinker für den Hochbau;
6553 Eimer

Einbein
Einbein-Abstandhalter aus Eisendraht, 5 mm Ø, besonders festsitzend;
5600 Reuß

EINWEGformen
→ Dyckerhoff-EINWEGformen;
4050 Berg

EINWEGschalung
→ Dyckerhoff-Struktur-EINWEGschalung;
4050 Berg

Einza
Grundhärter, Tiefgrund, Silicongrund;
2102 Aeckerle

Eisenbach
~ **Dach-, Wand- und Fassadenbekleidung** in Kupfer, Titanzink, Blei, Alu, auch farbbeschichtet;
~ **Dachbegrünung**, extensiv;
~ **Klimaanlagen**, Luftanlagen, Heizungsanlagen, Sanitäranlagen, Sprinkleranlagen;
~ **Wintergärten** für den Selbstbau;
6000 Eisenbach

Eisenberger
Dachziegel aus Ton;
6719 Müller

Eisert
~ pori-Klimaton-Ziegel;
8759 Eisert

EISODUR®
~ Abbeizer;
~ Acryl-Buntlack glänzend;
~ Acryl-Buntlack seidenmatt;
~ Acryl-Heizkörperlack;
~ Acryl-Klarlack seidenmatt;
~ Acryl-Vorstreichfarbe;
~ Acryl-Weißlack;
~ Antischimmelfarbe DIN;
~ Aqua-Sprühcolor glänzend;
~ Aqua-Sprühcolor seidenmatt;
~ Buntlack hochglänzend;
~ Buntlack seidenmatt;
~ Buntsprühlack glänzend;
~ Buntsprühlack seidenmatt;
~ Dachrinnenlack;
~ Fassadenfarbe wetterbeständig DIN;
~ Fliesenkleber;
~ Flüssige Rauhfaser DIN;
~ Grundierfarbe;
~ Grundierung;
~ Hammerschlaglack;
~ Heizkörperlack;
~ Heizölbeständig Schutzfarbe DIN;
~ Holzdecorlasur wasserverdünnbar;
~ Holzschutzgrund;
~ Holzschutzlasur lösemittelhaltig;
~ Klarlack hochglänzend;
~ Klarlack seidenmatt;
~ Korkkleber;
~ Kunstharzmennige;
~ Latex-Fassadenfarbe seidenglänzend DIN;
~ Latex-Wandfarbe scheuerbeständig;
~ Malerspachtel;
~ Roll/Streichputz feinkörnig;
~ Rost-Universal-Haftgrund;
~ Royal Flüssig-Kunststoff;
~ Royal Goldbronze;
~ Royal Ofenrohrlack;
~ Royal Silberbronze;

~ Royal Super-Weißlack;
~ Royal Superacryl-Fassadenfarbe DIN;
~ Royal Superacryl-Wandfarbe waschbeständig DIN;
~ Royal Zinkstaubfarbe;
~ Rustikalputz grobkörnig;
~ Schmiedeeisenlack;
~ Schnellspachtel;
~ Strukturputz mittelkörnig;
~ Styropor®-Kleber;
~ Tapetenablöser;
~ Tiefgrund;
~ Universalverdünnung;
~ Universialkleber;
~ Vollton-Abtönfarbe;
~ Vorlack-Fenstergrund;
~ Vorstreichfarbe;
~ Wandfarbe waschbeständig DIN;
~ Wandfarbe wischbeständig;
~ Weißlack;
~ Zementfarbe;
4420 Ostendorf

Eisstop
Heizband, selbstregelnd, für eisfreie Dachrinnen und Fallrohre;
6050 Raychem

EISTA
~ Abdeckgitter und Rollroste aus Alu-Vollprofilen für die Abdeckung von Luftschächten, Fußboden-, Fensterbankkanälen;
~ Kokosvelourmatten und Gummigliedermatten;
~ - System-Treppen in Stahl, Alu, Edelstahl;
4286 Eista

EIWA
~ Lehmziegel, luftgetrocknet;
6750 BIO

EJOT®
Verbindungselemente für Dach und Wand: Bauaufsichtlich zugelassene selbstbohrende und selbstschneidende Schrauben aus Stahl, Edelstahl rostfrei, Alu-Legierung, kunststoffummantelt und lackiert. Setzgeräte, Werkzeuge, Fassadendübel und Zubehör;
5928 EJOT

EKA
Naturholz-Zäune;
6340 Kretz

EKA
Naturholzzäune;
6343 Kretz

Ekadol
Grundiermittel und Isoliermittel, farblos, für innen, auf Holzwerkstoffen;
3008 Sikkens

EKA-Drain
Entwässerungssystem aus Polymerbeton;
~ **Typ PD**, mit eingebautem Gefälle;
~ Typ PS, Schwerlastrinne;
8751 Künstler

ekafix
Dämmschalen, Sägezahnbogen, Rundschnüre zur Rohrisolierung;
8000 Sebald

ekalit-Manschetten
Einbrennlackierte Alu-Bänder als Abschluß von Rohrisolierungen;
8000 Sebald

ekamat
Rohrisolierung;
8000 Sebald

ekamet
~ - System, Oberflächenschutz aus einem Blechmantel, verzinkt und Alu, für isolierte Rohrleitungen im Hausbau und in der Industrie;
8000 Sebald

ekanorm
PUR-Schalen zur Rohrisolierung;
8000 Sebald

ekaplast se
Klebeband für das ekatherm-Isoliersystem;
8000 Sebald

ekatherm se
Kaschierungen von Platten, Matten, Schalen;
8000 Sebald

EKO
Massiv-Blockhäuser;
2000 EKO

EKO
~ - Erdwärmekollektor;
5940 EKO

EKODOOR
Originial EKODOOR wärmegedämmte Haustüren aus Schweden in Kiefer, Teak, Mahagoni und Eiche - auch zweiflügelig und als Garagentore;
2000 Jacobsen

Ekoperl
Ölbindemittel, zur Beseitigung von Ölverschmutzung auf Böden und Gewässern;
4300 Michels

EKQW
Abkürzung des Firmennamens Eifeler Kalksandstein- und Quarzwerke, Lieferprogramm: Kalksandsteine, Transportbeton, Eifelquarz;
5565 Eifeler Kalksandstein

EKV
Vorisolierte Rohrsysteme für kanalfreie Erdverlegung;
8000 Sebald

EL
~ - Fassaden-Pflanzelemente aus Polymerbeton;
4787 Kordes

EL ELEMENTA
Pflanzelemente aus Polyesterbeton, zur Balkon- und Fassadengestaltung;
4787 Elementa

Elanith
→ quick-mix®-Elanith
4500 Quick-mix

Elastacid
Spritzgummierung, schweißnahtlos, hochelastisch, elastomere Dichtschicht;
5330 Didier

ELASTAN®
~ - Systeme, als Bindemittel und Beschichtung von Spiel- und Sportanlagen;
6700 BASF

ELASTIC
~ - **GEWEBE 10/10**, mit dem roten Faden, Gewebe aus Trevira-hochfest (Polyester), gegen Schwund- und Fugenrisse, innen und außen (Rißüberbrückung);
~ - **VLIES A**, Faservlies aus halbsynthetischen Fasern gegen Haar- und Netzrisse, nur innen;
2406 Kobau

Elastic
Schwingtore aus Stahl;
4800 Schwarze

ELASTICGLAS
Kunststoff mit Glas- und Emaille-Effekt;
5047 Stromit

elasticolor®
Farbige dauerelastische Fugendichtungsmasse für Dehn-, Tremm- und Anschlußfugen im Innenbereich;
5305 AGROB

Elastik
Dachpfannen für Antennendurchführung;
5230 Werit

Elastikplatte
→ RINN-Elastikplatte;
6301 Rinn

ELASTIKUMBAND
Reparaturband und für Neuverglasung bei allen kittlosen Systemen, bleibende Scheibenweicheinbettung und elastische Scheibenabdeckung;
4000 Enke

Elastitekt
Bitumen-Schnellschweißbahn;
~ **G 220 UB S5**, U-Bahn Schweißbahn;
~ **GKV 100 S4**, **GKV 100 S4 grün**, Bitumen-Schweißbahn mit Glaskunststoffvlies-Einlage;
~ **PV 200 S5**, **PV 200 S5 grün**, Bitumen-Schweißbahn mit Polyestervlieseinlage ;
5300 Awa

ELASTIZELL
~ **M**, Mauermörtel-Zusatz mit luftporenbildender und plastifizierender Wirkung;
2000 Strasser

ELASTOBRAN®
→ RPM-ELASTOBRAN®;
5000 Hamann

ELASTOCOAT®
6700 BASF

ELASTOFLEX®
~ Systeme, zur Herstellung von offenzelligen, weichelastischen Schaumstoff für den Schallschutz;
6700 BASF

Elastofug
→ Prontex Elastofug;
3000 Sichel

ELASTOLITH
~ - Acrylatfarben;
~ - Binderfarben;
~ - Dispersionsfarben;
~ - Dispersionsputze;
~ - Dispersions-Fliesenkleber;
~ - Flachverblender (elastisch);
~ - Fliesenklebstoffe;
~ - Granitputze;
~ - Grundiermittel;
~ - Kunstharzputze;
~ - Mineralputze (gebrauchsfertig im Eimer);
~ - Mörtelklebstoffe;
~ - Mosaikputz;
~ - Rollputz;
~ - Silikatfarben;
~ - Silikatputz;
~ - Vollwärmeschutz auf PS-Basis (schwer entflammbar) oder Basis Mineralfaser (unbrennbar);
~ - Wärmedämmsysteme;
4799 Elastolith

ELASTOLIT®
~ D-Systeme, zur Herstellung von Hartintegralschaumstoffe für Fensterprofile, Dachgullys, Aufsatzkränze für Lichtkuppeln;
6700 BASF

Elastomerveral
Elastomer-Bitumen-Dachbahnen, Oberlage mit Aluminiumkaschierung;
6632 Siplast

elaston
Elastikplatte mit geringerem Dämpfungswert als
→ WEGUTECT-Fallschutzplatte;
3500 WEGU
→ 3300 Wahrendorf
→ 3527 Fürstenwalder
→ 4200 Böcke
→ 4441 Rekers
→ 4972 Lusga
→ 6400 Nüdling
→ 7514 Hötzel
→ 8080 Grimm

Elaston
VWS-Kleber- und Armierungsmasse für EPS-Fassaden-Dämmplatten;
4400 Brillux

ELASTOPAL
~ Fender mit hoher Arbeitsaufnahme und Fenderleisten mit vermindertem Abrieb für Kaimauern, Dalben und Schleuseneinfahrten;
~ Schalungskörper, elastisch, für Betonformsteine aus PUR-Elastomer;
2844 Elastogran Kunststofftechnik

ELASTOPHENE
→ SOPRALENE;
4630 SOPREMA

Elastopor®
PUR-Ortschaum-System, Wärmedämmung und Abdichtung für Flachdächer;
2844 Elastogran
→ 7050 Zarb

ELASTOPOR®
~ - Systeme und Rohstoffe (PUR) zur Herstellung von geschlossenzelligen Hartschaumstoff, Gieß- und Spritzschaum, Rohrisolierungen u. ä.;
6700 BASF

Elastoroof
Dauerelastischer Dachdichtstoff auf Basis Bitumen, Spezialkautschuk und modifizierten Polymeren;
4050 Simson

Elastoschlämme
→ AIDA Elastoschlämme;
4573 Remmers

Elastotherm
~ - Wärmedämmsystem, nicht brennbar, auf der Basis Mineralwolle;
4799 Elastolith

ELASTROL
~ **300**, intumeszierende Brandschutzmasse;
7819 Rocca

ELBA-HAUS
Fertighäuser;
7823 Elba

ELCA
Schließanlagen;
~ Fenster-Sicherheitsgriff, abschließbar;
~ Hebetürsicherungen;
~ Sicherheitsbeschläge;
4150 Elca

ELCAFLEX
Schließzylinder-System, flexibel, variabel;
4150 Elca

ELCH
~ **Bitumenprodukte**: Spachtelmasse, Dachlack, Isolieranstrich, Voranstrich, Dichtungsband, Glasverlegemasse;
~ **Brandschutzkitt**;
~ **Fassaden-Dicht**: Silicon-Imprägnierung, Fassadenschutz;
~ **Fugendichtmassen**: Silicon-Kautschuk-Programm für Bau, Sanitär, Glas, Acryl- und PUR-Dichtmassen, Montagekleber;
~ **Gedi-Plast-Dichtschnur**, elasto-plastische Dichtungsprofile auf Butylbasis;
~ **Gedi-Spachtelmasse**, hochwertige Bitumen-Spachtelmasse, faserverstärkt;
~ **Gedion**, plastisches Polyisobuten, zur Abdichtung von Anschlußfugen mit geringfügigen Bewegungen;
~ **Gedurit-KD**, faserverstärktes Bitumen für Scheibenreparaturen;
~ **Gedurit-SK**, Spritzkitt;
~ **Neo-Gedurit**, hochwertige Glasverlegemasse auf faserverstärkter Bitumenbasis, plastisch, federnd;
~ **Pu-Schaum**: Dicht- und Isolierschaum, Montage- und Dosierschaum;
~ **Top-Sil**, elastisches Silicon zur Fugenabdichtung;
5090 Drengwitz

Elcé-Latex
→ Lazemoflex Elcé-Latex;
6050 CECA

ELCO
Ölbrenner, Gasbrenner, Wärmepumpen;
7980 Elco

elcopol®
Mauertrockenlegungs-Verfahren;
8000 Elkinet

ELCORD
Aufsatz für Straßenabläufe;
6209 Passavant

ELCORD®
Entwässerungs-Aufsatz aus Gußeisen 305 × 520 mm für Straßenabläufe;
6330 Buderus Bau

ELDOR
Automatische Türantriebe und Torantriebe, Schiebetürantriebe, Drehflügeltürantrieb, Falttorantriebe usw.;
5820 Eldor

Electra
Leitdispersion zur Herstellung elektrisch leitfähiger, hydraulisch erhärtender Dünnbettmörtel;
6200 Dyckerhoff Sopro

Electraplan
Unterflur-Installation für elektrische Leitungen. Estrichbündige Kabelkanäle mit bodenebenen Anschlußdosen;
2000 DEG

ELECTRO-OIL®
Ölbrenner mit Turbotechnik;
2057 Electro-OIL

Elefant
~ Allzweck-Belag-Kleber;
~ Entroster;
~ Fugendichtungsmassen auf Silikon- und Acrylbasis;
~ Holzleim;
~ Holzpaste;
~ Kitte;
~ Kleber;
~ Lackspachtelmassen;
~ Tapetenschutzlack;
3001 Elefant

Elegance
Duschabtrennungen;
7529 ATW

Elektra
Brandmeldeanlage, elektronisch;
2000 Elektra

Elektror
Radialventilatoren;
7300 Müller, K. W.

ELEKTROtherm®
Umluftheizung für Gewächshäuser und Wintergärten;
8300 Dymo

ELEMENTA
→ EL ELEMENTA;
4787 Elementa

Elementa®
Naturstein-Pflanztrog;
7277 Müller

elero®
~ - Antriebe für Rolladen, Jalousien, Markisen- und Torantriebe;
~ - Markisen;
7312 Elero
→ 7310 Schmied

Elevonic
Aufzüge, insbesondere Personenaufzüge für Verwaltungsgebäude, Banken, Versicherungen und große Hotels;
1000 Flohr

ELF
Selbstglanzemulsionen, Bodenpflegemittel;
~ **SPEZIAL**, wasserfest, polierbar;
~ **1228 schwarz** oder **rot**, zur Farbauffrischung von Asphalt-, Zement- und Spachtelböden;
~ **1228**, polierbar;
4000 Wetrok

ELFIX
~ Armierungswerkstoffe zur Bewehrung von gerissenen Fassadenflächen und Stoßfugen im Fertigbau, Sportstättenböden, flüssiger Kunststoffe, Oberflächenschutz;
~ Geotextilgewebe und -vliese;
4100 Sallach

Elhakar
Estrichzusatzmittel;
3280 Hörling

elinora®
→ epoxi elinora® → parkett elinora® → super elinora;
6737 Böhler

Elioform
Solar-Absorber-Energiedach, alternative Energie für monovalente Heizungs- und Brauchwasser-Anlagen;
3000 EBS

ELIOTERM®
Sonnenschutz-Isolierglas;
5100 Vegla

Elit
~ - H-Fenster, Holzfenster aus Schweden mit 3fach Isolierverglasung;
2000 Jacobsen

Elite
~ - **Weißlack**, auf Kunstharzbasis für außen und innen;
7141 Jaeger

Elitopal
→ Thermopal-Elitopal;
7970 Thermopal

1

ELKA
Garagentorantriebe;
2253 Elka

ELKA
~ - Kachelöfen;
5430 Elka

ELKA
~ - Span-Tischplatten;
~ - Spanplatten;
~ - Tischlerplatten, Deckfurniere in Gabun und Limba;
6570 Kuntz

ELKAMET
~ Kugeln als Leuchtenabdeckungen, nahtlos aus Kunststoff;
~ Kunststoff-Zierleisten mit Metalleffekt;
3560 Elkamet

elkinet®
Elektrisches Mauerentfeuchtungs-System;
1000 elkinet

ELkinet®
Mauer-Trockenlegungsverfahren;
8000 Elkinet

elkosta®
Tore, Schranken, Zaunbauteile, verzinkt und kunststoffbeschichtet: Drehflügeltore, Schiebetore, Drehkreuze, Brückengeländer, Flaggenmasten usw.;
3320 Dörnemann

Ellen
~ Abdeckprofile für Feuchtbereiche;
~ Briefkästen;
~ Dichtungsschienen und selbstklebende Dichtungsbänder für Fenster und Türen;
~ Türdichtungen, automatisch;
~ Werbeschilder;
2800 Elton

ELMO-flex
Elastische Polymerbitumen-Dachdichtungs- und Schweißbahn;
6430 Börner

ELO
Elektro-Speicherplattenheizung;
1000 Lampke

Eloxal
~ - Vorreiniger für Metalle;
7500 Richter

ELRIBON®
~ **A**, elastische, 2-K Thiokol-Dichtungsmasse für Fugenabdichtungen im Hochbau, Prüfzeugnis DIN 18 540, Teil 2, Fremdüberwachung;
~ **Fugenbänder**, zur Sanierung und elastischen Fugenabdichtung im Hochbau;
~ **K1**, elastische, 1-K Thiokol-Dichtungsmasse für Fugenabdichtungen im Bau-Nebengewerbe sowie Kleber für PCI-Elribon-Fugenbänder;
~ **S**, elastische, 2-K Thiokol-Dichtungsmasse für Fugen mit Chemikalien- und Dauernaßbeanspruchung;
8900 PCI

Elterlein
Betonfertigteile;
~ Eskoo-Verbund- und Pflastersteine;
8820 Elterlein

ELTON®
~ - Fassade, vollkeramisch, hinterlüftet, einfach zu montieren, für die Einzelelemente keine zusätzlichen Verankerungen;
8013 Ludowici
→ 8506 Stadlinger

Elton®
System Ludowici, Ton-Fassadenplatten und Arge-Ton-Fassade für Außenwand-Verkleidung, naturrot, engobiert und glasiert;
8506 Stadlinger

Elverplast®
PVC-Verbundbelag (Fußbodenbelag);
4900 Hellemann

elvertuft®
Teppichboden;
4900 Hellemann

ELWU
~ - Verbundstein®, System Wurster (DBP), für Kompostierungsanlagen und Rotteflächen;
7514 Hötzel

ELYTERMO
Stegdoppelplatten aus Polycarbonat;
2800 Frerichs

EMA
Bleiverglasungen für Fenster, Zimmer- und Haustüren;
4590 Maser

EMAIL-ARCHITEKTURPLATTEN
Reliefartig verformte und farbig strukturierte Emailplatten für Wandverkleidungen, Montage mit elastischen Neoprene-Klemmstücken;
3002 Haselbacher

EMALIT®
SEKURIT®-Spezialglas, farbig emailliertes Einscheiben-Sicherheitsglas;
5100 Vegla

EMALIT®-PARELIO®
Besteht aus normalem klarem Glas → PLANILUX® oder → PARSOL®, bei dem eine Seite emailliert und die äußere mit einer Schicht → PARELIO 24 versehen ist;
5100 Vegla

EMASOL
Fugenvergußmassen nach DIN 1996;
2000 VAT

EMBECO®
~ **411-A MORTAR**, Fußbodenreparaturmörtel, metallhaltig;
~ **885 GROUT**, Vergußmörtel, fließfähig, schwind- und schrumpffrei, metallhaltig;
4050 Master

Embri
Ofenkacheln aus der Schweiz;
5620 Terhorst

Emcekrete
Nicht schrumpfender, hydraulisch-abbindender Vergußmörtel zum Untergießen von Maschinen aller Art, Betonfertigteilen, Hohlräumen;
4250 MC

Emcephob
Hydrophobierende Imprägnierungen und Versiegelung auf Siloxan- und Siloxan-Acrylat-Basis;
Siloxan- und Siloxan-Acrylat-Imprägnierungen;
4250 MC

Emcetyl
Dauerplastische Dichtungsmasse auf Butylkautschukbasis;
4250 MC

EMCO
~ Badausstattungen;
~ Bodenkonvektoren;
~ Fußabtrittmatten;
~ Rollroste;
~ Schwimmbadroste;
4450 Müller

Emcoril
Frischbetonabdeckung, Betonnachbehandlung zur Verhinderung einer zu schnellen Verdunstung des Anmachwassers im Beton;
4250 MC

emfa
~ **Bitumenkorkfilz**, Schall- und Wärmedämmschicht unter Plattenbelägen;
~ **Dreileistenschwingholz (DSH)** aus Kokosplattenstreifen mit drei imprägnierten Holzleisten fest verbunden;
~ **Kokos-Estrichdämmplatten** für Asphalt- und Naßestriche;
~ **Kokosrollfilz**, Faserdämmstoff für Schall- und Wärmeschutz im Hochbau, auch für Dachausbau;
~ **Kokoswandplatten** zur Luftschalldämmung;
~ **Korkschrot** als Schüttung zur Wärmedämmung;
~ **Schwingblech**, Träger einer luftschall- und wärmedämmenden Vorsatzschale;
~ **Schwingholz (SH)**, Streifen aus elastischen Kokosfaserplatten, verklebt mit einer imprägnierten Holzleiste;
~ **Wärmedämmplatten** aus Backkork nach DIN 18 161;
8908 Faist

EMFI
Produkte zum Abdichten, speziell für die Dachsanierung;
5060 Matthias

Emfix
Gebrauchsfertige Installationshilfe für Eilmontagen;
4250 MC

EMHA
→ EMAIL-ARCHITEKTUR;
3002 Haselbacher

EMIL CERAMICA
Glasierte Wand- und Bodenfliesen in der Einmalbrandtechnik (Monocottura) der Fa. Emil Ceramica S.p.A. Fiorona Modenese (MO) Italien;
3575 Tietjens

EMILCERAMICA
Keramische Wandfliesen und Bodenfliesen (aus Italien);
4690 Overesch

Emmeln
~ Büro/Wohn-Container;
~ Drehtore;
~ Elektroschranken;
~ Material-Container;
~ Schiebetore;
~ Spielplatzgeräte aus Metall und Holz;
4472 Metallbau

EMMERLING
Kachelofen-Grundofen, Selbstbausätze nach Maß;
8228 Emmerling

ems
Isolierpaneele mit Dämmung aus PIR-Hartschaum;
2409 ems
→ 2440 ems

EMSLAND
~ - Dachspanplatten in Phenolharzverleimung, pilzgeschützt, Stärken 16 bis 38 mm;
~ - Holzspanplatten in Harnstoffharz- und Phenolharzverleimung, Stärken 8 bis 38 mm;
2990 Emsland

1

Emuflex (AIB)
Bitumen-Dichtungsanstrich, kautschukvergütet, auf Emulsionsbasis;
4354 Hahne

EMW
Fugendichtungsband, mit Bitumen oder Paraffin-Kautschuk getränkt;
6252 Emmerling

ENA
Warmluftkamin;
7892 ENA

END
Spezialschrauben für Dach und Wand;
~ **BOHR**, verzinkte Bohrschrauben;
~ **KAL**, gehärtete Alu-Schrauben;
~ **K**, selbstfurchende Schrauben, cadmiert;
~ **KSB**, verzinkte, einsatzgehärtete Schnellbauschrauben;
~ **KX**, selbstfurchende Edelstahlschrauben;
Spezialschrauben für Dach und Wand, wie selbstfurchende und selbstbohrende Dichtschrauben aus Edelstahl, Alu und Stahl, Dachbauschrauben, Kalotten;
6600 End

Endal
~ - **Wabendämmplatte** aus PUR-Hartschaum mit wabenförmiger Oberfläche für Wände, Decken, Stürze;
7937 Endele

Endele
~ - **Dämmtechnik**, Schindel-Wärmedach mit Schwervlies-Bitumenschindeln, kombiniert mit PUR-Hartschaum;
~ - **PUR-Blechdach-Element**, aus PUR-Hartschaum mit integrierter Holzlatte zur Nagelung auf dem Sparren und gleichzeitiger Blechbefestigung;
~ - **PUR-Dämmkeile**, zum nachträglichen Einbau zwischen den Sparren;
~ - **PUR-Großplatten**, für Dach, Wand und Decke;
~ - **PUR-Unterdach**, PUR-Wärmedach mit aufgeschäumter, an zwei Seiten überlappender Dichtungsbahn;
~ - **Schindel-Wärmedach**, aus PUR-Hartschaum, kombiniert mit Schwervlies-Bitumenschindel;
7937 Endele

Endress
Reiner Kalkputz und Haarkalkputz;
8554 Endress

engels
Fenster, Türen, Klappläden, Garagentore aus Holz (Produkte der Fa. Engels, B-Lokeren);
5480 BAWO

Engels
Türen und Fenster aus Holz;
~ Blumenfenster;
~ Dachfenster;
~ Dreh-Kipp-Fenster;
~ Dreh-Kipp-Terrassentüren;
~ Garagentore;
~ Hebe-Schiebetüren;
~ Kipp-Fenster;
~ Klappläden;
~ Sprossenfenster;
5650 Grellmann

Engers
~ Fliesen, keramische Wandfliesen und Bodenfliesen für den Sanitärbereich;
5450 Wandplatten

Englert
Hersteller von Ziegelsteinen, Klimaton-Ziegeldecken, Klimaton-Fertigmauerwerk;
8721 Englert

Engstler & Schäfer
Typengeprüfte Treppensysteme;
6612 Engstler

ENITOR®
~ - Einbautreppen, ein- und zweiholmig oder mit Spindelrohr. Stahlkonstruktionen für Fliesen, Teppich usw.;
7909 Linke

Enkadrain®
Schutzschicht, Filterschicht und Sickerschicht für Bauwerksdränungen, Verbundkörper aus dreidimensionaler Nylonmatte und Polyestervlies;
5600 AKZO

Enkamat®
Erosionsschutzmaterial und Begrünungsmaterial für Böschungen und Hänge, dreidimensionale Matte aus Nylon-Drähten;
5600 AKZO

Enkausan
Siliconharzfarbe, offenporig;
8058 Indula

Enkaustin
Fassadenfarbe, offenporig;
8058 Indula

ENKEPREN
Bitumen-Latex-Emulsion als Dichtungsmasse für Dächer, besonders für Fertiggaragen, dampfdurchlässig;
4000 Enke

ENKESIL 2000
Dauerelastische 1-K-Abdichtungsmasse auf Silikonkautschukbasis für äußere Fugen;
4000 Enke

ENKOLIT
~ Dauerdichtungsmasse auf Bitumenbasis zum Abdichten von Dachbahnen, Beton, Wellasbest und Mauerwerk und zum Kleben von Metallen;
~ - S, Dachdichtungssystem für neue Dachflächen als Endbeschichtung bei verwitterten Dachbahnen zur Dauer-Regenerierung;
4000 Enke

ENKOLOR
Farbiger Dachanstrich auf Naturasphaltbasis für Bitumendachbahnen;
4000 Enke

ENKONOL
Sirupartiger, gefüllter Dachanstrich auf Bitumen;
4000 Enke

ENKRYL
Fugenlose Dachbeschichtung auf Kunststoffbasis, hochgradig dampfdurchlässig; hellgrau;
4000 Enke

ENKYLON
Farbiger Finish aus kaltvernetzbarem Kunstkautschuk (Hypalon®) als elastische, chemikalienfeste Dachendbeschichtung für bituminöse Dachbahnen;
4000 Enke

enro®
~ - Fertighaus, Ausbauhaus;
7319 enro

Enste
Schmiedearbeiten aus Eisen, Messing, Kupfer, Edelstahl und anderen Metallen;
4788 Enste

ENTHALCORR
Rotierende Regenerativ-Wärmetauscher;
6507 aertherm

Epasit®
~ **Abdichtung**, Dichtungsschlämme, Dichtungsmörtel, Farbspachtel;
~ **Betonschutz** und **Betonsanierung**, Epoxidharze, Reparaturmörtel, Imprägniermittel;
~ **Kleben und Verfugen**, Fliesenkleber, Fugenmassen, Baukleber;
~ **Sanier-System 2000**, Bohrlochflüssigkeit, Salzbehandlung, Sanierputz, Sperrputze, Sanierdämmputz und Leichtputz;
~ **Spezialmörtel** und **Grundiermittel**, Nivelliermasse, Schnellbinder, Haftbrücken;
7254 Epasit

Epi Flexamat
Bodenbeläge aus elastischen Kunststoffmatten auf Polypropylen-Basis für Terrasse, Sauna, Schwimmbad;
5800 Erdmann

EPIDUR
2-K-Epoxidharz, lmh, für Imprägnierung, Grundierung und Versiegelung von Beton- und Estrichflächen;
2000 Höveling

EPIPHOB
Siloxanimprägnierung, lmh, für vorbeugenden Betonschutz;
4950 Follmann

EPITER
2-K-Epoxidharz-Teerpechkombination für stark strapazierte Beton- und Stahlflächen;
2000 Höveling

EPOCA
Design-Armatur mit Kreuzgriffen;
8000 High Tech

EpoCem
→ Sikafloor EpoCem
7000 Sika

Epogrund
→ UZIN Epogrund;
7900 Uzin

Epolin®
Alu-Dampfsperre, flüssig, korrosionsbeständig, zur Verhinderung von Dampfdiffusion, als Träger für Putz, Fliesen o. ä. geeignet;
5840 Scherff

Epotar
→ UZIN Epotar;
7900 Uzin

EPOVOSS
Beschichtungs- und Gießmasse (Epoxidharz) für Holz, Metall, Beton;
2082 Voss

epoxi elinora®
Bodenbeschichtung, hochabriebfest aus Epoxi-Harz, wasserverdünnbar, seidenglänzend;
6737 Böhler

EPOXILIN
Reparaturharz, knetbares Epoxyharz auf 2-K-Basis, lmf;
7000 Dundi

Eppe
Leichtmetall-Fassaden;
3300 Eppe

1

EPUCRET®
Betoninstandsetzung und Steinrestaurierung;
7324 EPUCRET

EPUROS®
~ - **Mörtel** zur Profilierung und Verfugung in der Steinrestaurierung;
7324 EPUCRET

Equirit
Eckverbindung-System, für den Zusammenbau von Vitrinen, kleine Messeaufbauten u. ä.;
5100 Inset

era
~ Cushioned-Vinyl-Bodenbeläge und PVC-Bodenbeläge;
~ Gitterplane;
~ Markisenstoffe;
4900 Ernstmeier

erasolore®
Markisen;
3078 era

erba Haus
Fertighäuser, Massivhäuser, Montagehäuser, Ausbauhäuser;
6920 erba

ERBEDOL
Rost- und Haftprimer;
4000 Büchner

Erbersdobler
Thermopor-Ziegel;
8399 Erbersdobler

Erfurt
Rauhfasertapeten, bedruckte Tapeten, Hochprägetapeten;
5600 Erfurt

Ergo
~ - Lüfter zur Entlüftung von Sanitärrohren (Guß oder PVC);
8301 Erlus

ergobit
Unterbodenabdichtung mit kunststoffmodifizierten Bitumenbahnen auf Parkhausböden;
4000 Schoregge

Ergoldsbacher Dachziegel
Tondachziegel;
~ Biberschwanz;
~ Falzziegel;
~ Flachdachpfanne E 58;
~ Karat 70, speziell für flachgeneigte Dächer;
~ Mönch- und Nonnenziegel;
~ Reformpfanne;
8301 Erlus

ergopur 3600
Oberflächenbeschichtung, Elastomer-Bindemittel zur rißüberbrückenden Beschichtung von Parkhausböden;
4000 Schoregge

ERHARD
~ Absperrschieber zum Einklemmen;
7920 Erhard

ERICA
~ - Dachstühle;
~ - Gerüste;
~ 105, Bügelgerüste;
6304 Carlé

ERLA
~ Fertighäuser, schlüsselfertig oder als Ausbauhaus;
2000 Erichsen

erlalit®
Lichtwellbahnen, lichtdurchlässiger Dach- und Wandschutz;
2400 Bituwell

ERLAU
Parkmöbel aus gezogenem und verschweißtem Stahlrohr;
7505 Erlau

Erlus
~ **Defublech**;
~ **Isolierkamin**, dreischalig, bestehend aus: ~ Kaminmantelstein aus Ziegelsplittleichtbeton, ~ Dämmhalbschalen aus nichtbrennbarer Mineralfaserwolle;
~ **Kaminrohre** aus Schamotteton (rund und viereckig);
~ **Perlite**;
~ **Rundkamin**, Fertigkamin aus Leichtbeton-Mantelsteinen und runden ~ Kaminrohren;
6832 Erlus
→ 8301 Erlus

ERNO
Beschläge für Türen und Fenster (Leichtmetall);
5628 Nofen

Ernst
~ Universaltreppe, Stufen wahlweise Holz oder Stein;
7119 Henkel

EROLIT®
Trockenestrich aus Ziegel;
8380 Möding

ERON
~ - Bleche, mustergewalzt aus Edelstahl Rostfrei;
4390 Edelstahl

Ertex®
~ **Doppelboden** aus Betonelementen als Niveauausgleich in Räumen, hohe Belastungsaufnahme;
~ **Fassade** aus Polyesterbeton mit Schieferstruktur in vielen Farbtönen. Verlegung ohne Unterkonstruktion;
~ **Parkdach**, als Zweischalen-Flachdach mit Betonelementen;
~ **Zweischalen-Flachdach**, aus Betonelementen, für Neubauten und Sanierungen;
4130 Ertl

ERU
~ Entlüftungen;
~ Industrieschornsteine;
~ Luft-Abgas-Schornsteine;
~ Schornsteine, mehrschalig, geschoßhoch, feuchtigkeitsunempfindlich;
2058 ERU

erü
~ Furnier-Sockelleisten, zweiteiliges Fußleistensystem, (Deck- und Blindleiste) aus Holz;
~ Rohr-Sockelleiste, aus verformtem Sperrholz mit großem Hohlraum zum Überdecken sichtbar verlegter Heizungsrohre;
7858 Rüsch

erwilo
Markisen, Rollgitter, Scherengitter;
4300 Erwilo

Erzinger Ziegel
Thermopor-Ziegel;
7895 Ziegelwerk

E.S.
~ Folien-Schwimmbecken im Alu-Profilrahmen;
7300 Schwimmbecken

ES 200
Einseitkleber, rollstuhlfest, geeignet bei Fußbodenheizung;
5800 Partner

ESA-System
→ Thermopal-ESA-System;
7970 Thermopal

escamarmor
Massivholz-Treppen, u. a. Wendeltreppen, traditionelle Treppen;
5000 Escamarmor

ESCODE
~ - **BV (BV + BE)**, Betonzusatzmittel und Estrichzusatzmittel mit Doppelwirkung, verkürzt Entschalungs- und Belegezeiten im Element- bzw. Estrichbau. Einsparungsmöglichkeiten: Heizkosten oder hochwertiger Zement;
~ **P 80 Estrichvergütung**, flüssig, Zusatz für schwimmende Estriche (geeignet für alle Heizestrich-Systeme), stark plastifizierend, Trockenzeit verkürzend;
~ - **SPEZIAL**, Klinkermörtelzusatz, flüssig, beschleunigt den Erstarrungsvorgang im Mörtel bei Klinkerarbeiten, wirkt plastifizierend;
4930 Schomburg

ESCO-FLUAT
Flüssiges Isoliermittel und Neutralisierungsmittel für Ausblühungen, Mauersalpeter, Schimmelbildung sowie frischen Putz und Mörtel vor einem Farbanstrich;
4930 Schomburg

ESCOSIL®
Silikon-Kautschuk, universell einsetzbare Fugendichtungsmasse;
4930 Schomburg

Escutan
~ - Fugenbänder zur Fugensanierung und Fugenabdichtung im Tiefbau;
~ - Fugendichtungsmasse, elastisch, für Fugen im Tief-, Wasser- und Kläranlagenbau, in Fahrbahnen und Zementestrichen;
~ - **GS**, gießfähige, elastische Fugendichtmasse für befahrene Fugen
8900 PCI

ESKADUR
Industriefußboden;
7320 SKS

ESKAMENT®/ESKAPLAST®
Betoninstandsetzung;
7324 EPUCRET

ESKAPLAN®
~ Betonschutz;
~ Gewässerschutzbeschichtungen;
7320 SKS

ESKATEKT
Flachdachbeschichtung;
7320 SKS

ESKO
~ - Elektro-Installationsrohre und Isolierstoffrohre, flexibel;
~ - HT-Hausabflußrohr mit Zubehör;
~ - Kabelführungskanäle und Zubehör
~ - Kamintüren und Revisionsrahmen;
~ - Kupfer®, Dachrinnen, kompl. mit Zubehör;
5000 Schmitz E.

ESKOLUX®
→ Pé Vé Clair;
5000 Schmitz E.

ESKOO®
~ - **Canteon**, Betonstein in römischer Steinform;
~ - **Florwand**, Betonstein für mörtellose, selbstzentrierende Böschungssicherung, Hangsicherung, Stützmauer, Lärmschutzwand;
~ - **Matoro**, Betonverbundpflaster für maschinelle Verlegung und zweidimensionaler Verbundwirkung;
~ - **Paxi**, Betonfpahl-Palisade, höhenregulierbar;
~ - **Rasen-Mohr®**, verrottbarer Abstandhalter für Betonpflaster zur Bildung von Rasenpflaster;
~ - **Rasenverbundstein**, Betonverbundpflaster-System mit Rasenkammern;
~ - **Rialta**, Betonsteinpflaster in 5 verschiedenen Größen und Keilstein für individuelle Verlegung;
~ - **Rima**, Betonstein mit ökologischer Funktion durch Abstandsnoppen;
~ - **Rustikal**, Betonstein in Rechteckform;
~ - **Segmento**, Betonpflasterstein für besondere Pflasterflächen im Halbrund;
~ - **SIX**, Verbundpflaster-System mit Betonpflastersteinen, maschinelle Verlegung;
~ - **Taria**, Schacht- und Hydrant-Pflastersatz;
~ - **Tegula**, Betonstein mit dem Aussehen von Natursteinpflaster;
~ - **Tristac**, dauerhafter Abstandhalter für Betonpflaster zur Bildung von Rasenpflaster;
~ - **Vanoton**, Betonstein, luft- und wasserdurchlässig;
2820 SF
→ 2057 Betonwerk Wentorf
→ 2093 Ashausen
→ 2150 Hupfeld
→ 2240 Schröder
→ 2330 Siemsen
→ 2359 Hanseatische
→ 2390 Thaysen
→ 3300 Wahrendorf
→ 3410 Mäder
→ 3511 Mäder
→ 4408 Estelit
→ 4920 Lieme
→ 4952 Vogt
→ 5760 Delta
→ 5779 Schulte
→ 6305 Eltersberg
→ 6400 Nüdling
→ 6670 Sehn
→ 7341 Braun
→ 7400 Aicheler
→ 7597 Peter
→ 8070 WKB
→ 8300 Isarbaustoff
→ 8390 Dorn
→ 8705 Weiro
→ 8751 Weitz
→ 8820 Elterlein

ESMIL-ENVIROTECH
Kläranlagen Typ „Carrousel" mit Schlammstabilisierung;
4030 Esmil

ESO
Akustikelemente und Akustikplatten zur Nachhallregelung, zum Lärmschutz und zur Schalldämmung, als Decken- und Wandverkleidung;
~ - **ABSORBER**, aus Polystyrol oder PVC mit Holzdessin;
~ - **ANTIFLEX**, stark geschlitztes Akustikelement aus Abachiholz, Gabun o. a. für reflexionsarme Räume;
~ - **FILTERKASSETTE**, geschlitzte Platte mit Sperrholzdeck oder als Weichfaserplatte;
~ - **GEWEBEZYLINDER**, für Repräsentationsräume;
~ - **LOCHPLATTE**;
~ - **MODULATOR**, geschlitzte oder ungeschlitzte Platte;
~ - **PHONDRAHT**, Akustikplatte aus dünnen Holzstäbchen mit Textilfasern verwebt;
7292 ESO

Espa
Estrichpapier nach DIN 4109 und DIN 18 560;
7000 Bauder

ESPERO
~ - **DUPLO**, schalldämmende Faltwände in zweischaliger Konstruktion;
~ - **UNO**, einschalige Falttüren und Faltwände aus Spanplattenpaneelen;
~ **2000**, bewegliche Trennwände aus Spanplatten (12 und 16 mm) im Alu-Profilrahmen;
4000 Espero

ESR-Rollos
→ Hansa-Rollo;
2000 Thiessen

Essendia
~ - **Markisen** für Wohn- und Geschäftshäuser;
~ - **Rollgitter** für Garagen, Juweliere u. ä.;
~ - **Rolltore**;
~ - **Scherengitter**, auch für den nachträglichen Einbau;
Sonnenschutzanlagen, Sicherheitsanlagen;
4300 Schöne

ESSER
~ - Fenster;
5400 Esser

Essergully
~ **Rauchabzugsanlagen**, Wärmeabzugsanlagen
→ fumilux;
~ **Schachtabdeckung** System Esser, verzinkte Stahlblechwanne als „verlorene" Schalung mit Zargen aus feuerverzinktem Kaltabkantstahl, geruchs- und wasserdichte Ausführung;

~ **2000** und ~ **PUR**, Regeneinläufe für Flachdächer aus PUR, wärmegedämmt und heizbar;
1000 Eternit

essernorm
Lichtkuppel, doppelschalig, aus Acrylglas, für Industrie- und Gewerbebau;
1000 Eternit

esserplus
~ Lichtkuppel, mit doppelschalig, opal eingefärbten, formgleichen Acrylglasschalen, für Wohn- und Verwaltungsbauten;
~ Lüfter;
1000 Eternit

ESSMANN®
~ - **Bohlenkranz**, Holzbohlenrahmen im Bereich der Deckenöffnung für Lichtkuppeln und Rauch- und Wärmeabzugsanlagen bei Flachdachkonstruktionen;
~ - Dachgully aus PP, in senkrechter und abgewinkelter Ausführung;
~ - Lichtkuppel aus Acrylglas, sowie Aufsatzkränze aus GFK und PVC-Hart;
~ - **Nordlichtkuppel**, Lichtkuppel aus Acrylglas sowie Aufsatzkränze mit warmgedecktem Flansch;
~ - Rauch- und Wärmeabzugsanlagen für den vorbeugenden Brandschutz, Bedienungselemente für Lüftung und RWA-Steuerungen;
~ - Sanierungskranz;
~ - Sicherheitsrahmen;
~ - Verdunkelungsanlagen für Lichtkuppeln;
4902 Essmann

ES-TAIR
Lüftungsgeräte (Ventilatoren) für Wand, Decke, Fenster und in Kunststoffkanälen, Lüftungsgitter, flexible Lüftungsschläuche, Ventilatoren, Heizraumlüftung, Lüftungshauben, Lüftungsklappen, Lüftungsventile, Flachkanal-Lüftungssystem mit Zubehör;
5000 Schmitz E.

ESTE
Bauschutzfolien;
2200 Steier

ESTELIT
~ **DX**, Deckensystem aus Betonfertigteilen;
~ **Eskoo**-Verbund- und Betonpflastersteine;
~ **Fertiggarage**, aus Stahlbeton nach dem IBK-Garagensystem;
4408 Estelit

Esterol
→ MONZA;
6070 Monza

ESTETIC
Bandbeschichtungen;
8000 Hesse

ESTO
~ - **KLINKER**, Spaltplatten, Spaltriemchen, Mosaik, frostfest, säure- und laugenbeständig nach DIN 18 166;
~ - **STAR**, Keramikpflegemittel, Steinpflegemittel, mit Acryl-Dauerschutz;
8624 Esto

Estol
~ **BI** Isolieranstrich;
~ Bitumenemulsionen;
~ **BS1** Schutzanstrich;
~ **BV** Voranstrich;
~ Fugenverguß auf Bitumenbasis;
~ **MH** (Heißmuffenkitt);
~ **MK** (Kaltmuffenkitt);
~ Spachtelmasse auf Bitumenbasis;
~ Straßenteere (**BT**, **VT**, Kaltteer);
7502 Teer

Estolan
~ **E**, bituminöses Estrichzusatzmittel;
~ **I**, Schutzanstrich;
~ **V**, Voranstrich;
7502 Teer

Estolit
~ TV Voranstrich;
~ T1+2, Schutzanstriche;
7502 Teer

ESTOVOSS®
PUR-Beschichtung;
~ **innen**, für Fußböden in Garage, Keller, Werkstätten, Industrie;
~ - **Super**, für der Witterung ausgesetzten Böden;
2082 Voss

Estremoz Marmor
Marmor aus Portugal;
4783 Rinsche

ESTRICH TREPINI®
Mörtelzusatzmittel, chloridfrei, speziell für Zementestriche und Zementheizestriche, beschleunigt, verbessert den Wärmeübergang;
2000 Lugato

estrichfit
→ Ceresit-estrichfit;
4750 Ceresit

ESTRIFIX K 70
Plastifizierender Estrich-Schnellerhärter;
6100 Woermann

estritherm
Spezialbaustoff als leichte Ausgleichsschicht, Dämmschicht, Gefälleestrich u. ä.;
4030 Readymix

1

Estrix
→ Oellers-Estrix;
5173 Oellers

ESTRO
~ - Well-Randdämmstreifen zur Schalldämmung im Estrichbereich;
7141 Estrolith

ESTROCRET
~ **Estrichzusatz**, chloridfrei, flüssig;
~ - **Spezial**, Klinkermörtelzusatz, flüssig, Erstarrungsbeschleuniger;
~ - **SV**, Estrichzusatzmittel, Spezialverflüssiger;
7570 Baden

ESTROLITH
~ - **Estrichzusätze** für kunststoffmodifizierte Estriche und Heizestriche;
~ - **Industriefußboden-Systeme**;
7141 Estrolith

Estroperl®
Wasserabweisende Dämmstoffkörnung zur Wärme- und Trittschalldämmung sowie zum Höhenausgleich;
4600 Perlite

ESWA
Elektrisches Heizsystem aus einer mäanderformigen metallischen Heizfolie als Deckenheizung;
4950 Brinkmann

Eta
~ - Schalungsplatten;
4200 Eta

ETAFIX
~ L 30, L 90 i, feuerbeständige Lüftungskanäle nach DIN 4102;
3500 Wakofix

ETERDUCT
Zentrallüftungssystem für den Wohnungsbau nach DIN 18 017;
3500 Wakofix

ETERDUR
Schornstein mit begrenzter Temperaturbeständigkeit (Abgasschornstein);
3500 Wakofix

Eterna®-Schindel
Kleinformatige, asbestfreie Fassadenplatte aus Faserzement in sechs steintypischen Farben;
1000 Eternit

Eternit-Prestik
Dichtungsschnüre für Welleternit;
6370 Bostik

Eternit®
Faserzementerzeugnisse;
~ **Berliner Welle®**, asbestfreie Kurzwellplatte für Dachneigungen ab 10°, dauerhafte Farbbeschichtung 2-schicht-color L 85 in dunkelgrau, dunkelbraun, ziegelrot;
~ **Biber**-Dachplatten, asbestfrei, besonders geeignet zur Anpassung von Dächern an historisch gewachsene Substanz, in ziegelrot, kupferbraun, rot-schwarz geflammt und zur Ausbildung von Wandflächen;
~ - Blumen- und Pflanzgefäße, asbestfrei für Garten und Terrasse, System-Gefäße für Stadt- und Hofbegrünung;
~ - Brunnenaufsatzrohre, Filterrohre;
~ - Druckrohre für Trinkwasser- und Abwasserdruckleitungen;
~ - Einsteigeschächte;
~ **Europa** Dachplatten, schieferähnlich, geeignet für Deutsche Deckung, Doppeldeckung und waagerechte Deckung, in dunkelgrau, dunkelbraun und 4 Herbstlaubfarben;
~ - **GMS**, Grundmauer-Schutzplatten und Dränplatten;
~ - Kabelschutzrohre;
~ - Kanalrohre;
~ - Lüftungsleitungen, erdverlegt;
~ - Versorgungstunnel;
~ - Vortriebsrohre;
~ - **VS**-nova-Abflußrohr-System, asbestfreies, muffenloses Rohr in den Nennweiten DN 50 bis 300;
1000 Eternit

Eterplan® N
Ebene, großformatige Tafel aus asbestfreiem Faserzement. Frost- und Witterungsbeständig, fäulnissicher, nicht brennbar;
1000 Eternit

Eterplast
~ - Licht-Wellplatten, naturfarben, transparent, lichtdurchlässig ca. 80 bis 90°, aus glasfaserverstärktem Polyesterharz;
1000 Eternit

ETHAFOAM®
Extrudierter Schaumstoff aus PE, lieferbar in Rollen, vornehmlich zur Trittschalldämmung;
6000 Dow

ETRA-DÄMM
Dämmplatten aus PS-Hartschaum für geneigte Dächer, Baustoffklasse B 1 nach DIN 4102, vollflächige Dachdämmung über den Sparren von außen;
~ **F**, Flachdachdämmung mit Automatenplatten;
~ **GD**, Vollflächendämmung oberhalb der Sparren;
~ **Wärmedämmplatte** aus Styropor®, Baustoffklasse B 1, für Boden, Wand und Decke;

~ **W**, vollflächige Dämmung für Innen- und Außenwand (Fassadendämmung), Putzträgerplatte für mineralische Putze;
~ **WS**, Dämmplatte zur Welldachsanierung;
~ **WZ**, Dachdämmung mit großformatigen Hartschaumplatten für Welldächer oberpfettig oder unterpfettig verlegt;
7101 Etra

Ettl
~ - **Rohrverkleidung**, Verbundplatte zur Schall- und Wärmedämmung;
~ - **Trockenputzkante**, lot- und waagrechte Putzkante im Innenausbau;
~ - **Verbund**®, Vollwärmeschutz-Platte;
2000 Ettl

Ettringer
~ **Kerntuff**, gelblich-grauer Tuffstein mit Einsprengungen von Basalt und anderen Materialien für Innen und Außen;
~ **Tuff**, wie Kerntuff, doch gleichmäßigere Färbung;
5473 Tubag

EUBIT
~ Emulsionspasten auf Bitumenbasis, lösemittelfrei, zum Verkleben von Dämmstoffen, Antidröhnmittel;
~ - **K 2 DICK**, Bitumen-Latex-Emulsion für Dickschichtsystem;
~ - **PLAST**, Kautschuk-Dichtungsbelag auf Basis Bitumen-Latex-Emulsion, lösemittelfrei;
~ - **PREN**, Bitumen-Latex-Emulsion für das Hydroisolationsverfahren;
2000 VAT

Eucalor
Holzdauerbrandofen;
4054 Ommeren

Eucolorsystem
→ ispo Eucolorsystem;
6239 ispo

EUGU
Schalldämmsystem mit Platten aus Pappe;
8959 Eul

EUKABIT
Bautenschutzstoffe, Anstrichstoffe und Abdichtungsstoffe für den Wohnungs- und Industriebau;
2000 VAT

EUKAPLAST
Dachabdichtungsmasse auf Basis Polymerbitumen, asbestfaserfrei, zur Sanierung von Dächern mit Bitumenbahnen;
2000 VAT

EUKATECT
Faserarmierte, lösemittelhaltige Bitumen-Kautschuk-Kombination für nahtlose Überzüge auf Bitumen-Dachbahnen;
2000 VAT

eukula
~ **G 240** Nonstop-Spachtelverfahren mit Spachtelsiegel;
~ **G 280** Spachtelkunststoff;
~ **PU 550** Parkett 2-K-Kunststoff auf PUR-Basis;
~ **PU 100**, Aktivator, zur Trocknungsbeschleunigung von ~ Parkett-Versiegelungen wie ~ UA 510 und ~ KH 410;
~ **UA 510** Parkett 1-K-Siegel auf Urethan-Kunstharzbasis;
7417 Eukula

Eulberg
~ Holzdrehteile;
~ Profilleisten, Profilbögen aus Holz;
~ Ringzargen;
6250 Eulberg

EuP
~ Ankereisen;
~ Bauklammern;
~ Fußpfettenanker;
~ Gehänge;
~ Gerüstklammern;
~ Gitterroste, Gußroste, Stegroste;
~ Holzverbinder;
~ Kaminbolzen;
~ Kaminplattenhalter;
~ Kloben;
~ Krümmerleisten für Treppenhandläufe;
~ Ladenbänder;
~ Pfostenträger;
~ Rispenband und Spanngeräte;
~ Stabdübel;
~ Stuhlwinkel;
~ Zaunbeschläge;
5802 EuP

EURAKETT®
Transportable Tafelparkettfläche aus Eiche, insbesondere für Räume mit Teppichböden oder Kunststoffbelägen, als Tanz- und Aktionsfläche;
6990 Bembé

eurAl
~ **Alu-Fenster** und **Alu-Türen**, einbruch- und durchschußhemmend;
~ **Faltschiebetüren**;
Fassaden für Glasbauten und Wintergärten;
~ **RD**, rauchdichte Türen;
3167 eurAl

1

EURESYST®
Injektionsharze auf Epoxidharzbasis für das → BICS®-Verfahren;
4709 Schering

EURO
~ - Schutzplanen aus PVC für den Winterbau;
2000 Euro

euro
Klinker-Fliese, Treppenfliesen, Balkonabdeckplatten;
4534 Berentelg

EURO
~ - **Sanitärzellen** aus Leichtbeton für Kliniken, Wohnheime, Hotels;
4787 Hellweg

EURO
~ - **Massiv-Holztreppen**, Treppen mit eingestemmten Stufen und gedrechseltem Kantholzgeländer;
4970 Nilsson

EURO
~ - **Dachbinder** aus Holz, vielseitig verwendbar für Hallen, Wohnhäuser, Ställe, Sportbauten usw.;
~ - **Holz-Lärmschutzwände**;
~ - **Landwirtschaftsbauten**, Industrie-, Büro- und Verwaltungsgebäude;
~ - **Mehrzweckhallen** in Holzkonstruktion;
~ - **Saniwand**, Sanitär-Wandelemente;
6690 Euro

Euro . . .
→ Meisterpreis Euro-Fenster-Grund, Euro Weiß Außen, Euro VentilationsWeiß;
4010 Wiederhold

EURO HAUS
~ Fachwerkhäuser;
~ Ferien- und Freizeithäuser;
~ Fertighäuser, Einzel-, Reihen- und Doppelhäuser;
~ Holzhäuser;
~ Öko-Häuser;
6990 EURO HAUS

EURO Holz
Bahnschwellen;
7830 EURO

EUROBAND
→ EUROCOL;
4000 Eurocol

Euro-best
~ Entwässerungsrinnen;
~ Fußabtrittkästen;
~ Fußmattenkästen;
Produkte aus Polymerbeton;
8751 Künstler

Euroblock
→ Lauterbacher Euroblock;
6420 Dach

EUROCOAT
→ EUROCOL;
4000 Eurocol

EUROCOL
~ **WD-System**, wasserdichte Verklebung und Verfugung von Wand- und Bodenfliesen in Naßräumen, bestehend aus **EUROBAND**, einemKunststoffband und **EUROCOAT**, einer Abdichtmasse, dem Dispersionsklebstoff **MAJOLICOL** oder **EUROFLEX** einem **SPEZIALFLIESENKLEBER** und **EURODICHT** sowie dem Fugenmörtel **EUROFUGE** oder **SPEZIALFUGE** (Fliesenverlegesystem);
4000 Eurocol

EURODICHT
→ EUROCOL;
4000 Eurocol

Eurodisc
Einhandmischer;
5870 Grohe

EURODRAIN
Dränrohr, aus PVC-Hart, spiral- und kreisgewellt und allseitig geschlitzt, nach DIN 1187, gütegesichert, mit Zubehör, für landwirtschaftlichen Wasserbau, Straßen- und Tiefbau, Hausdränung, auch mit Vollfilter aus Stroh, Kokosfaser, PP-Faser, PP-Strumpffilter;
8735 Hegler

Eurodur
~ - Füllgrund, harte und gut schleifbare Grundierung;
~ - Hartlacke, wasser- und spirituosenfest, mit 5% Härterzugabe PVC-fest;
4010 Wiederhold

EUROFIBER
Estrich- und Betonbewehrung aus PP-Faser;
7801 Glass

Eurofit
Konstruktives Fugendichtungssystem für den Betonfertigteilbau;
1000 Euroteam

EUROFLEX
→ EUROCOL;
4000 Eurocol

euroflux
Auswechsel-Fenster mit verschiedenen Umbauprofilen in Kunststoff und Alu;
4973 Robering

euroform
~ Abfallbehälter;
~ Fahrradständer;
~ Gartenbänke, Gartentische, Parkbänke, Bankauflagen aus Massivholz, Unterbauten aus verzinkten Stahlprofilen;
7107 Reinmuth

EUROFORM®
Sockelleisten, Furnierleisten und Massivholzleisten;
7600 Bau- und Wohnleisten

EUROFUGE
→ EUROCOL;
4000 Eurocol

Eurokeram
Keramikfliesen und Keramikbodenplatten;
3001 Malik

EUROLAN
~ - **BE**, Estrichzusatzmittel auf Bitumenbasis;
~ - **B**, reflektierender aluhaltiger Schutzanstrich;
~ - **COLOR BL 1**, Betonlasur, Kunstharz-Dispersionsanstrich;
~ - **COLOR TG 4**, Grundierung für nichtsaugende Untergründe;
~ - **COLOR TG 1**, lmh, Grundiermittel auf Kunstharzbasis, **Typ TG 2**, lmf, geruchsschwach;
~ - **COLOR TG 3**, Untergrundhärter, geruchsschwache Kunstharzdispersion;
~ **COLOR V**, Voranstrich, Kunststoff-Dispersion;
~ - **COLOR 100**, Struktur-Reibeputz, Kunstharz-Dispersionsputz;
~ - **COLOR 101**, Streich-Rollputz, Kunstharz-Dispersions-Füllmasse;
~ - **COLOR 102**, Fassadenputz, Kunstharzputz mit Spritzputz-Charakter;
~ - **COLOR 110**, Mosaikputz, kunstharzgebundener Buntsteinputz;
~ - **COLORFLEX**, Kunstharz-Fassadenanstrich;
~ - **COLOR** Kunststoffdispersionsanstrich;
~ - **E**, flüssiges Estrichzusatzmittel;
~ - **Ex**, Lack- und Farbenlöser;
~ - **EXTRA 1**, Schutz- und Schönheitsanstrich für unter Wasser;
~ - **FK INJECT 2**, **-2 BS** 2-K-EP-Injektionsharz;
~ - **FK 1**, 2-K-PUR-Anstrich;
~ - **FK 12**, 2-K-PUR-Dickanstrich, heizöldicht (Heizölsperre);
~ - **FK 20**, **-FK 22 GS**, 2-K-Epoxi-Kunstharzkleber;
~ - **FK 21-30**, Epoxidharze;
~ - **FK** 2-K PUR-Lack;
~ - **FK**, 2-K-PUR-Spachtelmasse, halbflüssig und **2 S**, standfest;
~ - **FKS**, 2-K-PUR-Anstrich;
~ - **HV**, 1-K-Kunstharz-Versiegeler;
~ - **1 V**, Bitumenvoranstrich;
~ - **1** und **2**, Bitumenschutzanstrich;
~ - **1**, Bitumenschutzanstrich, lmh;
~ - **10**, **10 W**, **-10 F**, **10 T**, Beton-Nachbehandlungsmittel;
~ - **11 V**, Voranstrich zu ~ 11;
~ - **11**, Kunststoff-Siloanstrich;
~ - **3 DA**, gefüllte Bitumen-Dachemulsion;
~ - **3 K (AIB)**, hochkonzentrierte Bitumenemulsion;
~ - **3 RP, 3 RF** Reaktionsmittel;
~ - **3** und **3 F**, Bitumenkleber;
~ - **4 E**, farbige Kunstharz-Dispersion;
4354 Deitermann

EUROLANOL (AIB)
~ - Bitumen-Schutzanstrich;
~ - **V**, Bitumen-Voranstrich;
4354 Deitermann

EUROLASTIC
~ **AC 10**, Polyacryl-Dichtstoff, bis 10% zulässige Gesamtverformung;
~ **Dachhaut**, Kunststoffbeschichtungssystem, für Abdichtung und Sanierung von Flachdächern;
~ **FP**, elastische Fensterfalzabdichtung gegen Zugluft, Außenlärm und Lüftungswärmeverluste;
~ **PU 21/35**, PUR-Dichtstoff, für Bodenfugen, mechanisch und chemisch hoch belastbar;
~ **PU 22**, PUR-Dichtstoff, für Bodenfugen, mechanisch und chemisch hoch belastbar;
~ **PU 25**, Polyurethan-Dichtstoff, bis 20% zulässige Gesamtverformung;
~ **SI 30**, Silikon-Dichtstoff, für den Sanitärbereich;
~ **SI 32**, Silikon-Dichtstoff, zur Versiegelung von Glas;
~ **TK 41**, Polysulfid-Dichtstoff, bis 25% zulässige Gesamtverformung;
~ **TK 42**, Polysulfid-Dichtstoff, bis 20% zulässige Gesamtverformung, hellfarbig;
1000 Euroteam

EUROLUX®
PE-Baufolien;
2800 Marquart

EUROMEETH
Fenster, Haustüren, Dachflächenfenster in Holz;
5562 Meeth

Europa
~ Dachplatten → Eternit® Europa;
1000 Eternit

Europa
Personenaufzüge für Wohnhäuser;
1000 Flohr

EUROPA
~ - Gummiverbinder für Rohre von 19 bis 44 mm Ø, auch für Einlaufstutzen;
4600 Stedo

1

Europa
Zweigriffarmaturen für Bad und Küche;
5300 Ideal

EUROPA
~ - Leitkegel;
~ - Warnpendelleine;
~ - Winkel-Absperrkette;
6200 Moravia

Europlast
Wasserversorgungssystem, Gasrohrsystem und Abwasserentsorgungssystem mit PE-HD-Rohrleitungsteilen;
4200 Europlast

EUROPLASTIC
~ - Schaumstoff (PUR-Schaum) als Isolierstoff und Schallschluckmaterial, öl- und benzinfest, leicht zu kleben und mit anderen Materialien zu verbinden;
4000 Pahl

Europlus
Einhandmischer;
5870 Grohe

europool seestern®
~ Chlor-/pH-Wert-Meß- und Regeleinrichtung;
~ Schwimmbadzubehör;
~ Sonnenkollektoren;
~ Stahl-Schwimmbecken in vielen Formen und Größen, Filteranlagen;
~ Umwälz-Filteranlagen nach DIN 19 605;
~ Wärmepumpen, Luft/Luft, Luft/Wasser, Schwimmbadwasser;
~ Wasserpflegemittel;
8752 Kern

Europor
~ - Sichtplatten, PVC-Platten mit Styoropor®-Einlage;
5270 Europor

EUROPREN
Bitumen-Kautschuk-Emulsion;
1000 Euroteam

EUROSOL
~ BSM 62/20, Imprägnierungsmittel auf Siloxan-Basis;
1000 Euroteam

EUROSOLAN
~ SI/AC, Fassadenschutzanstriche;
1000 Euroteam

Eurospan
Holzspanbeton-Schalungssteine;
~ Superstein 35 cm, mit Styroporeinlage für höchste Ansprüche;
~ Universalschalungsstein für Mantelbetonwände;
7982 Rostan
→ 4802 Foerth

EUROTEK-Band
Industriell vorgefertigtes Polysulfid-Fugenband zur Fugenabdichtung und Fugensanierung;
1000 Euroteam

EUROTHANE
~ - **Dämmpaneele aus PUR-Hartschaum**. Typen:
F2-SD und **K1-SD** für Steildächer, F2-SD mit beidseitigen Deckschichten aus 3 mm Feinspanplatte und K1-SD auf der Sichtseite mit Kiefern-Sperrholz und auf der Oberseite mit Feinspanplatte.
P1, **P2/N + F**, **K1** für abgehängte Decken, P1 Sichtseite: 3 mm Feinspanplatte, PVC-beschichtet, Oberseite: 3 mm Feinspanplatte.
P2/N + F beidseitig Deckschichten aus 3 mm Feinspanplatte, PVC-beschichtet und K1 auf der Sichtseite mit 9 mm Kiefern-Sperrholz und auf der Oberseite mit 3 mm Feinspanplatte;
~ - **Dämmplatten aus Resolschaum**. Typ: **Xtra** für Flachdach und Fußboden mit beidseitigen Deckschichten aus Spezialvlies und hoher Feuerbeständigkeit;
~ - **Dämmplatten aus PUR-Hartschaum**. Typen:
S für Flachdach, beidseitig mit Spezialpapier beschichtet.
V für Flachdach, beidseitig mit Spezialvlies beschichtet.
FE für Flachdach, Flachdachelement mit integrierter Dichtungslage.
GD für Gefälledach.
U-AL-SD für Steildach, beidseitig kaschiert mit diffusionsdichtem Aluminium.
U-AL-FB für Fußboden, beidseitig kaschiert mit diffusionsdichtem Aluminium.
U-AL, **AL** und **P** für Industriehallen, Werkstätten und Lagerräume, U-AL mit beidseitigen Deckschichten aus diffusionsdichtem Aluminium. AL mit beidseitigen Deckschichten aus einer Spezialverbundfolie und P mit beidseitigen Deckschichten aus Kunststoff.
P und **VF** für abgehängte Decken in landwirtschaftlichen Gebäuden. P mit beidseitigen Deckschichten aus Kunststoff und VF mit beidseitigen Deckschichten aus einer Spezialverbundfolie;
6652 Petrocarbona

EUROTHERM
~ **Schaumdach**, einschichtige, nahtlose Wärmedämmung für Flachdächer;
~ **Umkehrdach**, Abdichtung und zusätzliche Wärmedämmung bei defekten Flachdächern;
~ **Vollwärmeschutz**, mehrschichtiges, schwerentflammbares Außendämmungssystem;
1000 Euroteam

Eurotrend
Einhandmischer;
5870 Grohe

EVALON
Kaltdachlüfter;
5500 Alwitra

evasauna
~ Dampfbäder;
~ Sauna-Anlagen;
~ Solarien;
7071 Ammon

EVERCLEAN®
→ bima®-EVERCLEAN;
6800 Bima

Everest
Geländersystem, Konstruktion aus farbigem Alu oder eloxierter Oberfläche kombiniert mit Füllungen aus Glas oder Acrylglas;
4390 Dynal

EVERGREEN®
Bepflanzbare Lärmschutzwände, Stützmauern, Felsverkleidung aus Betonelementen;
7100 Evergreen

Everisol
Dachsanierung-System aus Polystyrol-Dämmstoffplatten sowie Polyesterwellplatten, in Grau, Schwarz, Grün oder Rotbraun erhältlich;
2000 Stephany

EVERLITE®
~ Fassadenlichtbänder;
~ Oberlichtbänder, gewölbt;
~ Shed- und Satellitenlichtbänder;
6980 Everlite

everplay
~ - Kunststoffbeläge, wasserdurchlässige und wasserabstoßende Beläge für Sportanlagen, wetterfest (Sportplatzbelag);
4750 IGES

everspray
→ Thomsit-everspray;
4000 Henkel

EVERS®
~ - Fenster und Türen aus Mahagoni, Meranti, Fichte und Kunststoff;
3200 Evers

Evidal®
~ - **Energieblock**, statischer Luftwärmetauscher, der Energie aus der Umgebungsluft einer Wärmepumpe zuführt;
~ - **Energiedach**, bestehend aus 3 Baugruppen: Basisraster aus Stahlprofilen mit den Dachsparren verschraubbar, Tragrahmenraster aus Alu-Profilen durch Bolzen mit Basisraster verbunden, Absorberraster aus Rollbond-Wärmetauschern, die aus der Umgebung aufgenommene Energie an das Wärmepumpensystem weitergeben;
~ - **Sonnenkollektoren**, konstruiert nach dem Prinzip der Druckverglasung;
6000 VDM

EVITHERM®
Heizsystem aus Heizleisten mit wasserführendem Kupferrohr;
6110 Hydrotherm

Evolia
Badausstattung;
6000 Allibert

EW Elemente
ELOF WENNSTRÖM ELEMENTE, Beton-Holz-Verband-Konstruktion aus Schweden;
2341 EW

EWA
~ - Akustikelemente aus offenem Sperrholz, das auf eine Holzunterkonstruktion montiert ist, die mit Schallschluckmaterial ausgefacht ist;
4791 Ewers

EWALL-PORIT
Biologische Abwasserreinigungssysteme;
3582 Waloschke

EWAR
→ WAGNER EWAR;
7410 Wagner

EWFE KOMFORT
~ **Bodenheizung**, Systemlösung Naßaufbau bzw. Trockenbau;
~ - **Romantik**, Alu-Radiator;
2800 EWFE

EWI-METALL
~ - Rollgitter aus eloxierten Profilen als Einbruchschutz an Schaufenstern, Ladeneingängen usw.;
4420 EWI

Exacta
~ Glasanbauten;
~ Haustüren, Fenster, Vordächer, Innentüren aus Massivholz;
4000 Exacta

EXAL
~ - Grundreiniger und Industriereiniger zur restlosen Entfernung von Öl-Fettverschmutzungen und Wachsrückständen;
4000 Wetrok

1

EXAPAN
Dekorative Wandpaneele und Deckenpaneele aus PVC-Hart;
7600 Grosfillex

EXCENTRA
Ab- und Überlaufgarnitur, messing;
~ **Fill**, Wanneneinlauf mit integrierter Ab- und Überlaufgarnitur;
7622 Hansgrohe

Exclusiv
Niedertemperatur-Heizkörper, Ausgangsmaterial ist eine stranggepreßte, kupferfreie Alu-Knetlegierung;
8000 Schiedel

Exclusiv Biber
Dachstein in antik;
6370 Braas

Exclusive
Hebe-Schiebe-Tür aus schlagzähem Kunststoff;
5060 Dyna

Exclusiv-Serie
Ofenkacheln, handgeformt und handglasiert
4980 Hensiek

Execk
Pflastersteinsystem für Radwege;
5473 Ehl

Eximpo
Produkte aus kesseldruckimprägniertem Kiefernholz;
~ Diagonalzäune;
~ Dichtzäune;
~ Flechtzäune;
~ Gartenhäuser, Gerätehäuser;
~ Gartenhäuser;
~ Gartenzäune;
~ Gerätehäuser;
~ Lamellenzäune;
~ Strukturzäune;
2390 Eximpo
→ 5600 Leipacher;

EXNOR
PVC-Schaumstoff-Extrusionen, in verschiedenen Profilen als Abdichtungsschnüre;
4156 Norton

ExNorm
Fertighäuser mit den Typenreihen: Familienhaus, Generationenhaus, Rustikalhaus;
7924 ExNorm

exota
~ -Fenster aus Meranti;
3200 Evers

EXOTENGRUND
→ PALLMANN® EXOTENGRUND;
8000 Pallmann

EXPANDRIT
→ Icopal EXPANDRIT;
4712 Icopal

Expansitband
Einseitig selbstklebendes, imprägniertes dauerelastisches Schaumband. Expandiert nach Aufkleben um das Fünffache;
4050 Simson

Experta
Rohrleitungskennzeichnung nach DIN 2403;
5657 Experta

Expreß-Nagel
Selbstspannender Nagel, zur Befestigung von Lattenunterkonstruktionen und Blechprofilen;
7830 Upat

EX-ROSTOL
→ COLLGRA EX-ROSTOL;
6250 Collgra

EXTE
~ Kunststoff-Fensterprofile aus modifiziertem PVC-Hart für Dreh- und Drehkippfenster, Schiebe-, Schwing-, Kasten-, Sprossen-, Rundbogenfenster, Verbundfenster PHONTHERM, Balkon-, Haus- und Hebeschiebetüren;
~ Kunststoff-Paneele für Balkonverkleidung, Wandverkleidung, Deckenverkleidung;
~ Sonderprofile aus Kunststoff;
~ Kunststoff-Schalungszubehör;
~ Warmwasser-Fußbodenheizung aus PPH;
5272 Exte

EXTENZO®
~ Spanndecken aus hochwertigen Kunststoffen, hochglanz und matt;
~ Wand- und Deckenbespannung, textil, in Rollenbreiten von 3,20 m, 4,20 m, 5,15 m. Nahtlose Textilbespannung in vielen Farben;
7504 SIK

Exteran-Primer
Haftgrund, chromathaltige Kunstharzgrundierung in Rotbraun und Graugrün;
7141 Jaeger

Exterlin
Fassadenfarbe, füllend;
6230 Andresen

EXTERN
Schwerer Kettenständer für ständige und zeitweilige Absperrung;
6200 Moravia

Externa
Profil-Fensterbank für außen in hell- und dunkelgrau mit strukturierter versiegelter Oberfläche;
1000 Eternit

EXTRA GIPS
Gips-Maschinen-Putz nach DIN 1168;
7466 Rohrbach

EXTRA KALK
Hochhydraulischer Kalk nach DIN 1060;
7466 Rohrbach

EXTRA MÖRTEL
~ Mauermörtel nach DIN 1053 MG III;
~ Mauermörtel nach DIN 1053 MG II a;
7466 Rohrbach

EXTRA PUTZ
~ **G Grundputz**, Kalk-Zement-Trockenmörtel nach DIN 18 557 MG P II;
~ **S Sockelputz**, Zement-Trockenmörtel nach DIN 18 557 MG P III;
7466 Rohrbach

EXTRA THERM
~ **M**, Leichtmauermörtel nach DIN 1053 MG II a;
7466 Rohrbach

EXTRUBIT
Abdichtungsfolie aus → Lucobit® im Erd-, Straßen- und Gleisbau, auch Dachdichtungsbahnen;
3510 Filz

Extrutherm
Kunststoffassaden;
6601 Marquardt

Exxon HVB
Hochvakuumbitumen;
2000 Esso

Eytzinger
Blattgold;
8540 Eytzinger

EZET-Pendeltüren
~ Typ **II** mit homogen eingesetzten Klarsichtstreifen über die ganze Breite;
~ Typ **III** transparente Pendeltür mit glasklaren PVC-Platten ohne Gewebeeinlagen, durchsichtig auf der ganzen Fläche;
~ Typ **IV** transparente Pendeltür wie Typ III, jedoch unten bis 1 m Höhe PVC-Prallschutzplatten;
5900 Zimmermann

Ezovibrit
~ - Platten, Schallschutz und Erschütterungsschutz für körperschallgedämmte Decken;
3433 EZO

F + F
Fix- und Fertigmörtel, Mauermörtel, auch als Wärmedämm-Mörtel, bis zu 36 Stunden verarbeitbar, Lieferung in 200 l-Kübeln;
4030 Readymix

F Rolladen
Rolladen, Rolladenkasten, Vollkunststoff-Fenster, Rolltore, Markisen, Jalousien;
8700 Frauenfeld

FAAC®
Automatische Torantriebe;
8228 FAAC

Faay
~ - **Trennwände** aus geschoßhohen Sandwichelementen aus zwei Gipskartenplatten um eine Flachsfaserplatte (Produkt der Fa. Faay, Vianen/Holland);
5804 MARCO

FABCO®
~ **BAZ**, hochelastischer Befestiger mit Dämpfungselement für Asbestzement-Wellplatten auf Stahl, Beton und Holzunterkonstruktion;
~ - **Befestigungssystem**, zur Montage von Dach- und Wandplatten aus Stahl, Alu, Asbestzement und Kunststoff;
~ - **Gerüstanker** zur Sicherung von Bau- und Montagegerüsten;
6370 Haas

Faber
~ - **Jalousien**, aus Leichtmetall, mit waagrechten Lamellen, für innen und außen;
~ **Maximatic**, Jalousien aus Leichtmetall mit waagrechten Lamellen, nur für außen;
~ **Roma**, Markisen aus Dralon und Leichtmetallprofilen, voll- oder nur teilweise ausstellbar;
2800 Blöcker
→ 4100 Teba

FAB-LOK®
Klemmbefestigung aus Alu-Klemmhülse und Schraube;
6370 Haas

Fabutit
~ **781**, **782**, **795**, Abbindeverzögerer und Plastifizierer für Gips;
~ **791** bis **94**, Erstarrungsverzögerer für Zement;
~ **796**, Abbinde-Regulator für Tonerdeschmelzzement;
~ **797**, Erstarrungsbeschleuniger für Zement;
6501 Oetker

Facband
Dichtungsband aus PU-Schaumstoff, speziell für den Einbau von Fenstern, Trennwänden und Lüftungsanlagen;
4000 Chemiefac

1

FACETTEN-FLIESEN
aus Marmor und Solnhofer-Naturstein für Bäder, zum Kleben;
8078 Schöpfel

fäkablock®
Automatische Abwasser- und Fäkalienhebeanlage zum Wandeinbau;
6750 Guß

Fäkabox
~ - Kombi, Fäkalienhebeanlage;
4040 Busch

fäkadrom®
Automatische Abwasserhebeanlage und Fäkalienhebeanlage;
~ - **duo**, Doppelhebeanlage;
~ - **muli-duo** und muli-k-duo, Doppelhebeanlagen;
~ - **muli** und ~ - **KL 250 + 180**, Kleinhebeanlagen;
6750 Guß

fäkamat®
Automatische Abwasserhebeanlage und Fäkalienhebeanlage;
6750 Guß

fäkator®
Automatische Abwasserpumpe für gas- und geruchsdichten Einbau in Behälter aller Art als Abwasserhebeanlage;
6750 Guß

FÄKTROMAT
Rückstaudoppelverschluß aus Gußeisen mit automatischem Motorschieber für fäkalienhaltige Leitungen DN 100 nach DIN 19 578;
6330 Buderus Bau

Fagersta-System
Flachdächer;
4000 Westig

fagertun
Elastische Bodenbeläge;
6710 F + F

Fagro
~ - Gliedertore, aus sendzimierverzinktem Stahlblech, auch kunststoffbeschichtet, Antrieb manuell oder elektrisch;
6080 Fagro

Fahnen Fleck
Flaggenmaste aus Alu;
2080 Fleck

Fahrner
Fertigkeller;
7451 Fahrner

Fahrradparkwendel
Freistehender, doppelseitig nutzbarer Fahrradständer mit Anschlußmöglichkeit für Rahmen und Vorderrad;
5909 Frieson

Fahu
~ - **Exterputz** für dekorative und strapazierfähige Beschichtungen innen und außen;
~ - **Intermatt**, Wandfarbe für innen;
~ - **Interputz**, Beschichtung für innen;
~ - **Latexplastik**, plastischer Innenanstrich;
~ - **Rollputz**;
~ - **Sanierlösung**, milchige, nicht filmbildende Flüssigkeit;
~ - **Si-Grund**, hydrophobierende Imprägnierlösung;
~ - **Sonderklasse**, Wandfarbe für innen;
~ - **Spontan**, Wandfarbe für innen;
~ - **Starmatt**, Wandfarbe für innen;
~ - **Streichputz**;
~ - **Wandpaste**, wischfeste Wand- und Deckenfarbe für innen;
~ - **80**, Wandfarbe waschfest für innen;
6230 Andresen

Fahucryl
100% Rein-Acryl-Fassadenfarbe;
6230 Andresen

Fahuelast
Rißüberbrückung auf Acrylatbasis;
6230 Andresen

Fahugrund
Testbenzinverdünnbare Grundierung;
6230 Andresen

Fahulat
~ - Hochglanz, ~ Seidenglanz, Latexfarben auf Acrylatbasis für innen und außen, glänzend und seidenglänzend;
6230 Andresen

Fahulith
Binderkonzentrat einer wasserverdünnbaren Acrylatdispersion;
6230 Andresen

Fahumatt
Latex-Wandfarbe für innen;
6230 Andresen

Fahumur
Fassadenfarbe;
6230 Andresen

Fahunol
Lösemittelhaltige Fassadenfarbe auf Acrylatbasis;
6230 Andresen

Fahuperfekt
Einschicht-Wandfarbe für innen;
6230 Andresen

Fahuplast
Hartplastik für innen;
6230 Andresen

Fahutan
Fassadenfarbe auf Acrylatbasis;
6230 Andresen

Fahutex
Wasserverdünnbares Grundierkonzentrat;
6230 Andresen

Fahuzid
Fungizide Dispersionsfarbe für innen und außen;
6230 Andresen

Falbe
Fassadenelemente, Metallfenster;
2400 Falbe

falco®
Fahrradabstellanlagen, Parkmöbel;
5909 Frieson

Falima
Sammelbezeichnung für Dispersionsfarben und -putze und 1-K-Lacke auf Beton, Zementputz, Metall und Holzspanplatten;
3340 Teleplast

FALPER
~ - Türen, Kunststoff-Falttüren;
3000 Brandt

Faltec
Deckengliedertore;
2390 Faltec
→ 7033 Imexal

Falter
Badewannenaufsatz, faltbar mit zwei oder drei Teilen;
7529 ATW

faltinaplan
Faltbare Holzwände;
4400 Nüsing

faltjet®
Fußbodenheizung-Verlegesystem, PUR, WLG 020, Rohrbefestigung mit Widerhakenclipsen, Tacker und Ankergewebe;
3000 Purmo

FAMA
~ Fußbodenpflegemittel (Reiniger und Versiegelung);
~ - Industriefußboden, zähhart, u. a. aus Rohstoffen wie Magnesit, Talkum, Härtestoffe und Bindemittel;
~ Kleber-Maschinenbefestigung aus Spezial-Wollfilz-Gewebe;
3000 Fama

FAMOPLAN
Vorsatz-Schalung;
7160 Lutz

FAMOS
~ Großflächen-Schalung;
~ Schalungstafeln, 3- und 5schichtig;
7160 Lutz

famos®
~ **Dichtelemente HZ**, Montageelement mit Scheiben aus Kupfer, Edelstahl oder Alu mit aufvulkanisierter Neoprenauflage kpl. montiert mit REISSER-Holzschrauben;
8170 Twintex

Fa-pa-tex 9211
Armierungswerkstoff, 1-K, gebrauchsfertig zur Überbrückung von Rissen in Putz- und Betonflächen;
6535 Avenarius

FAPURAT
Stärkeabscheider mit Spül- und Entleereinrichtung;
6209 Passavant

FAPUREX
Stärkeabscheider aus Werkstoff Nr. 1.4301 oder St 37 beschichtet;
6209 Passavant

FAPUSED
Stärkeabscheider aus Stahlbeton;
6209 Passavant

FARBSIN®
Acrylat-Silikatfarbe, scheuerfeste Innenfarbe;
6084 Silin

farmatic
~ - Abwassertank von 25 bis 6000 m^3, aus glasemaillierten Stahlplatten in Segmentbauweise;
2353 farmatic

FASA®
Abstandhalter und Betonformteile aus asbestfreiem Faserbeton, Einzelabstandhalter, Flächenabstandhalter, Spreizen-Mauerstärken;
4983 Heemeyer

FASCO®
Alu-Unterkonstruktion für hinterlüftete Fassaden (Fassadenunterkonstruktion);
6370 Haas

1

FASERFIX®
~ - **Standard**, Rinnensysteme aus Glasfaserbeton;
~ - **Super**, Rinnensysteme, mit Metallvollkantenschutz für höhere Belastung;
7550 Hauraton

Faserzauber
→ RZ Faserzauber;
5309 RZ

Fasolan
Innenputz auf der Basis Zellulose/Leim;
7257 Loba

FassadenDicht
Zur Imprägnierung von mineralischen Fassadenbaustoffen, Ziegel- und Klinkerfassaden;
6200 Dyckerhoff Sopro

FASSIT 11
Fassadenspachtel, zur Renovierung von Fassaden aus Putz oder rohem Mauerwerk;
5810 Ardex

Fastbond
~ **10**, universell einsetzbarer Kontakt-Klebstoff von hoher Wärmebeständigkeit für Schichtstoff-Hartfaserplatten, Sperrholz usw.;
4040 3M

Fastlock
PVC-Dachlichtplatten und Fassadenplatten, trittfest, für Terrassendach, Autounterstand, Lager- und Industriehallen, Isolierfassaden;
4790 Fastlock

Fausel
~ Handlaufseile, Absperrseile aus 100% Acrylgarn, auch für Freitreppen, Faserseile;
~ Lasthebegurte;
7440 Fausel

Faustig
Kristalleuchten;
8000 Faustig

FAVERIT
Lärmschutzwände;
7710 Mall

FAVORIT
Programm verdecktliegender Eingriff-Drehkipp-Beschläge;
~ - **KF**, für Kunststoffenster;
~ - **S** und **S/KF**, für Großflächen- und Schallschutzfenster und -türen aus Holz;
5900 Siegenia

FAVORIT
~ - Betonbeschichtung;
~ - Zementlackfarbe;
6737 Böhler

Favorit
Duschabtrennungen mit silbern oder in Bronze eloxierten Profilen, Glas in Borkenstruktur;
7529 ATW

FAX®
~ Feuerschutzimprägniermittel gem. DIN 4102 Teil B 1;
~ Löschkraftverstärker für Sprinkleranlagen;
~ Löschmittel Klasse A;
2400 Fax

FB
~ - Rundsäulenschalung E—Z Roll, aufrollbare Säulenschalung;
6961 Bilger

FBK
~ **Wellplatten**, asbestfrei, für Dacheindeckung und Wandverkleidung, in naturgrau, ziegelrot und schiefergrau;
8208 Faserbetonwerk

FBR
~ - Holzfenster;
8711 Fensterbau

FBS
Fassadenbauschrauben, Verbindungsmittel für Dach und Wand;
3012 FBS

FB-Schalung
~ **Descha**-Deckenschaltische mit 4 Balkenseiten;
~ **E-Z Roll**, wiedergewinnbare Rundsäulenschalung;
~ **GFE**, Großflächen-Fertig-Elemente, Schalungen für Stahlbeton-Rippendecken nach DIN 1045;
~ **16**, Schalungsträger aus Aluminium;
6951 Bilger

FBY
Fertigbaurohr aus PE, mechanisch relativ hoch belastbar;
8729 Fränkische

FD-plast weiß
Fugendichtungsmasse auf Basis Silikon-Kautschuk für jegliche Art elastischer Verfugungen;
2000 Glasurit

FD-plast®
~ **A**, Silikonkautschuk, 1-K, dauerelastisch, alkalisch vernetzend, für verschiedenartige Fugenabdichtungen und Industrieverklebung;

~ **E**, Silikonkautschuk, 1-K, dauerelastisch, essigsauer vernetzend, speziell für den Glas- und Fensterbau;
~ **HT**, Silikonkautschuk, 1-K, dauerelastisch, hochtemperaturbeständig, für elastische Abdichtungen und Verklebungen;
~ **N**, Silikonkautschuk, 1-K, dauerelastisch, neutral vernetzend, für Fensterbau und Baudehnungsfugen;
~ **S**, Silikonkautschuk, 1-K, dauerelastisch, neutral vernetzend, universell einsetzbar;
~ **V**, Silikonkautschuk, 1-K, dauerelastisch, essigsauer vernetzend, für die Fensterversiegelung;
8225 Compakta

FD-Reiniger
Lösemittelgemisch zum Säubern und Entfetten der Fugenflanken oder Haftflächen;
8225 Compakta

FEBAL
~ - **Brüstungsabdeckungen** aus Alu;
~ - **Dachabschlußprofile** in drei Serien: Serie **K** aus Alu, mehrteilige Konstruktion. Serie **G** Febalit-Fassaden-Qualität, für Fälle, in denen kein Profil des Standardprogrammes verwendet werden kann. Serie **PR**, einteiliges Dachkantenprofil;
~ - Fassadensysteme aus Alu als hinterlüftete Kaltfassaden;
~ - **Fensterbänke** aus Alu, stranggepreßte Fensterbankprofile;
~ - **Sonderprofile** nach Zeichnungen und Angaben;
4600 Mainz

Febolit
Elastische und textile Bodenbeläge in Bahnen und Fliesen;
6710 F + F

Febrü
Schrankwände als Trennwände und Raumteiler;
4900 Brünger

Fechner
~ Sauna-Anlagen;
~ Solarien;
7170 Fechner

FECO
Beregnungsanlagen;
2121 FECO

feco
Trennwand-Systeme, Rahmen als Metallkonstruktion mit Metallglasrahmen und Türzargen;
7500 Feco

Feddersen
Gewächshäuser;
2000 Feddersen

FEGA
Schutz- und Fanggerüste (Dachfanggitter);
4350 Ganteführer

Fehr
Pflanzkübel für Bäume, Baumschutzgitter, Absperrpfosten;
3526 Fehr

FEHRMANN
Fenster, hoch wasserdicht, rund oder rechteckig, fest oder klappbar, für hochwassergefährdete Gebiete bis zu 2 m WS;
~ **Bullaugen**, runde Fenster aus Alu oder Messing, auch als Unterwasserfenster;
~ **Wendeflügelfenster**, rund;
2102 Fehrmann

FEIDAL
~ - Ölstop-Kunststoffbeschichtung (sog. Heizölsperre);
4100 Feidner

FEIFEL
Klappläden aus Holz und Aluminium;
7076 Feifel

Feller
Alu-Guß-Installationsmaterial für Fabrikationsstätten und Gewerbebetriebe: Steckdosen, Schalter, Druckkontakte bis IP 66;
5880 Feller

Fels-Hartquarzit®
Hartquarzit, weißer Betonzuschlagstoff, Hartgesteinvorsatz, für Edelputze, säurefest;
6393 Taunus

FELS®
~ Beton-Kies und Beton-Splitt;
~ Fertiggaragen;
~ Hochofenschlacke;
~ Kalkprodukte;
~ Natursteine;
3380 Fels

Fel'x
~ Dach-Unterspannbahn mit einem Typar®-Polypropylen-Spinnvlies als Kern, beidseits mit einem Spezialbitumen beschichtet;
6632 Siplast

Fema
Betoninstandsetzungs-System;
7505 Fema

Fenklusiv
Fenster aus Alu-Holz-Kombination;
7981 Uhl

1

fenotherm
Kunststoff-Fenster, Haustüren, Wintergärten;
5980 Schweizer

Fenox
Fassadenelemente aus glasfaserverstärkten Betonplatten (GRC), etwa 10 mm stark mit einer mechanisch verankerten Kunststoffschicht auf PVC-Basis. Wärmedämmung mit PIR-Schaum;
4600 Durisol

Ferger
~ - Fenster, wärmegedämmte Alu-Fenster, Kunststoff-Fenster;
5439 Ferger

Fermacell®
~ Estrichelemente;
~ Gipsfaserplatte, Bau- und Feuerschutzplatte, universell im Innenausbau einsetzbar;
~ Verbundplatten und System-Zubehör;
3380 Fels

Ferma-Karat
Sichtbeton-Bruchstein aus Edelbasalt- und Edelsplittmischung, für Mauern, Fassaden usw.;
5452 Ott

FERMIT
~ SPEZIAL, giftfreier Installationskitt, zum Dichten von Gewinden, Flächen usw. an Gas-, Wasser- und Heizungsanlagen → HOCHDRUCK FERMIT → NEO-FERMIT → PLASTIK FERMIT → AQUAFERMIT;
2102 Nissen

FERMITEX
Chemischer Rohrreiniger zur Beseitigung von Verstopfungen und Gerüchen;
2102 Nissen

FERMITOL
Kunstharz-Dichtungsmittel, flüssig, beständig gegen Öl, Gas, Benzin usw. zum Dichten von Gewinden;
2102 Nissen

FERMITON
Dichtungsmasse für Fugen aller Art wie Fensterrahmen, Fertigbauteile u. ä., spritzbar, dauerplastisch, selbstklebend;
2102 Nissen

FERMITOPP
~ **A**, plastoelastische Dichtungsmasse auf Acrylat-Basis, 1-K, für Fugen aller Art an Fassaden, Fensterrahmen und im Innenausbau;
~ **PU**, Dichtungsmasse und Klebemasse auf PUR-Basis elastisch, haftet ohne Voranstrich auf vielen Untergründen wie Glas, Keramik, Kunststoff usw.;
~ **S**, dauerelastische Dichtungsmasse auf Silikon-Kautschuk-Basis, druck- und temperaturbeständig (−50 °C bis +220 °C) für Fugen, Risse und Zwischenräume im Hoch- und Tiefbau;
2102 Nissen

fernol
Holzpflegemittel, entfernt Flecken, Kratzer und graue Stellen von lackierten und polierten Holzoberflächen;
6050 Clouth

Fernotron®
Rolladen-Fernbedienung, vollautomatisch;
4292 Rademacher

Ferodo
~ - **Ducktil**, Sicherheits-Bodenbelag aus einer Gitterkonstruktion auf PP-Basis;
~ - Treppenstoßkanten;
6200 Ferodo

ferrinox
Dachentwässerung aus Edelstahl;
5000 Brandt

FERRODUR
Industriefußböden;
~ **400**, Eisen-Einstreuboden für monolithischen Verbund;
~ **500**, Fertigprodukt zur Beschichtung für schwerste Beanspruchungen;
~ **600**, Spezial-Estrich für Beschichtungen und Reparaturen;
~ **700**, mineralischer Einstreuboden für monolithischen Verbund;
4300 BETEC

FERRO-ELASTIC-weiß
Füllspachtel und Ziehspachtel, haftet auf Blech, GFK, Holz, Beton, verbesserte Wasserbeständigkeit;
2082 Voss

FERROFIX
~ **1** (System Omnia + Normstahl), Balkendecken-Abstandhalter zur Aufnahme der Trägeruntergurte und Zulegeeisen schon bei der Vormontage;
~ **2** (System Katzenberger), wie ~ 1;
~ **3** (System Kaiser), Balkendecken-Abstandhalter zur Aufnahme der Trägeruntergurte;
~ **4** (System Filigran), wie ~ 3;
5885 Seifert

FERROLIT
Schutzanstrich für Holz und Eisen, deckend bei Karbolineum, Ölfarbe und Mennige;
4100 Lux

Ferrostabil®
Stahlrahmenkitt, beige, für Fensterglas u. ä.;
1000 Beyer

Ferrotekt
Bitumen-Dachpappen;
3300 Schacht

FERROTON®
Stahlbeton-Fertiggarage, transportabel, als Einzel- und Reihengarage;
4200 Böcke
→ 8751 Wensauer

Ferrozell®
Schichtpreßstoff, Hartgewebe, Hartpapier;
8900 Ferrozell

Fertigparkettdielen
Schiffsbodenmuster, unregelmäßiger Verband in Eiche, Esche, Buche;
5000 Kelheimer

Ferubin
→ Stelcon®-Ferubin-Hartbetonplatten;
4300 Stelcon

FESCO®
Perlit-Dämmplatten, auf anorganischer Materialbasis, besonders für den vorbeugenden Brandschutz. Für Flachdächer, Parkdecks, Terrassen, Gußasphaltestriche, Fassadenelemente, Türen, Wände, Decken;
~ **Board**, Baustoffklasse B 2;
~ **Standard**, Baustoffklasse B 1;
~ **444**, Baustoffklasse A;
6200 Manville

FESTABO®
~ Ganzstahl-Doppelboden, Plattenunterseite im Tiefziehverfahren geprägt, durch Spezialverschweißung mit der ebenen Stahlplatte der Oberseite verbunden;
~ **K**, Doppelboden, an faserverstärkten Kalziumsulfatplatten, nichtbrennbar, Baustoffklasse A und Feuerwiderstandsklasse F 30 nach DIN 4120;
6700 G + H MONTAGE

FESTER GRUND®
Grundierung, lmh, für Kunststoffputze, Klebstoffe und Farben, verfestigt saugfähige und schützt wasserempfindliche Untergründe, z. B. Spanplatten;
2000 Lugato

fette
~ Rohrleitungen;
~ Stahl-Schornsteine DIN 4133 für die Keramik- und Ziegelindustrie;
4902 Fette

FETTEXIDER
Fettabscheideranlage aus Edelstahl nach DIN 4040 für Gebäudeaufstellung;
6330 Buderus Bau

Feuerfest
System Buschkamp, Kamintüren und Schornsteinreinigungstürchen;
4800 Buschkamp

FEUERHAND
Batterielampen für Dauer- und Blinklicht zur Baustellensicherung, Sturmlaternen;
2214 Nier

FEUMAS
~ Bitumenlacke;
~ Bitumenschlämme;
~ Feuerfestmassen;
~ Straßenbau-Bindemittel;
6632 Feumas

Feyler
~ Brettschichtholz;
~ DSB-Träger;
~ Leimholz;
~ Schalungsträger;
8625 Feyler

FF
~ - **Drän**, flexible Kunststoff-Dränrohre (Hart-PVC);
~ - **Kabuflex**, Kabelschutzrohr aus HDPE in Sandwichbauweise;
~ - **Kokofil**, Kokosvollfilterrohr, Dränrohr aus Hart-PVC mit einer Kokosfaserumhüllung;
~ - **porfix**, Dränplatte und Schutzplatte aus geschäumten PS-Kugeln, thermisch verschweißt;
~ - **Strabusil**, Teilsickerrohr aus HDPE in Sandwichbauweise, innen glatt, Sickerleitungsrohr zur Entwässerung;
~ - **Strasil**, Teilsickerrohre aus Hart-PVC zur Entwässerung im Straßenbau, mit Fließsohle;
~ - **therm**, Fußbodenheizungsrohre, Heizleitungsrohre;
8729 Fränkische

FFF
~ **Fulda Teppichböden**, textile Bodenbeläge aus synthetischen Fasern für Wohn- und Objektbereich, auch Spezialbeläge für außen (Bad, Balkon, Terrasse), Computerräume (mit Metallfaserbeimischung) sowie Tennis- und Sporthallen → fuldamoll → spannfilz → fulda teppichstopp;
6400 Filz

FFF-Collection
Flächenschalter-Programm in allen RAL- und Sanitärfarben;
5880 Feller

FFKu AS 105
Elektroinstallationsrohr aus Spezialkunststoff für die Verlegung in Stampf-, Schütt- und Rüttelbeton, entspr. den VDE-Richtlinien;
8729 Fränkische

1

FFKuL
Isolierrohr aus PVC-U, gewellt, sehr flexibel, für leichte Druckbeanspruchung;
8729 Fränkische

FFKuM
Isolierrohr aus PVC-U, gewellt, grau RAL 7035 für mittelschwere Druckbeanspruchung, sehr flexibel;
8729 Fränkische

FFKuS
Panzerrohr aus PVC-U mit Weich-PVC-Mantel für schwere Druckbeanspruchung;
8729 Fränkische

FFLP
Stahlpanzerrohr, flexibel, mit enger Rillung, äußere Wandung Bandstahl verbleit, innen Spezialisolation, für alle Auf- und Unterputzinstallationen;
8729 Fränkische

ff-Profil
~ - Wandanschlußprofil, wechselseitig einsetzbar für Papp- und Folienanschluß;
4300 Schierling

FFS
Stahl-Panzerrohr flexibel, mit enger Rillung, für alle Auf- und Unterputzinstallationen;
8729 Fränkische

FH
~ - Fertighäuser;
7110 FH

FHP
Fußwärmeplatte, mit elektrischem Anschluß, für kalte Fußböden am Arbeitsplatz oder im Freien;
6900 Wittmann

FIA
~ - Leichtbaustoff, in runder und Schlacken-Form, verwendbar zur Herstellung von Leichtbausteinen und Schwerbeton sowie als Isoliermaterial für Filter und Wände;
2800 Habel

FIBERMAR
Dünngeschnittener, einseitig beschichteter Marmor zur vereinfachten Verarbeitung;
~ **GLASS**, großformatige Platten mit Glasfaser-Kunstharzverstärkung;
~ **ISO**, sandwichgeschichteter Marmor auf einem verschäumten Kern und einer Stahl- oder Verbundplatte;
~ **QUARZ**, großformatige Platte mit einem Glasüberzug;
2000 Schröder

FIBERTEX
Filter-Vliesmatten, vorwiegend aus Polypropylen, stark wasserdurchlässig für Straßen-, Tief-, Eisenbahnbau, Dränung, Landschaftsbau usw.;
4600 Fibertex

fiboton
Fertigwand-System aus Blähton;
2000 fiboton

FIBROCIMENT
Asbestzementstoffe für Dach und Wand;
6251 Gertner

FIBROLITH
~ - Leichtbauplatten, zementgebunden, nach DIN 1101, schwer entflammbar;
5446 Wilms

FIBROMAT
~ - Unterdachisolierung aus Mineralfasersteinwolle, alu-verkleidet mit beidseitigen Randleisten;
6786 Fibrotermica

FIBROTHERM
~ - Mehrschichtplatten aus Holzwolle mit Zement gebunden und Hartschaum nach DIN 1104;
5446 Wilms

Fiesta Spa
Hot Whirl Pool;
2830 Helms

fifulon
~ Isoliervliese, vollsynthetisch für Heizungs- und Wasserrohr-Isolationen;
~ - Rieselschutzvliese, für Lochplattenabdeckungen und Holzverschalungen;
6400 Filz

FILIGRAN
Ziegeldecke, bestehend aus ~ - Trägern, Deckensteinen und Ortbeton;
7326 Mohring

FILIGRAN
~ - **Balkenelement**, bestehend aus einem vorgefertigten Balken (Betonfertigteil) und einem ~ - Element, für Decken großer Stützweiten;
~ - **Elementdecke**, großflächiges, bewehrtes Deckenfertigteil, für Massivdecken ohne Schalung mit Sichtbeton-Untersicht;
~ - **Elementwand**, bestehend aus zwei je 4 cm dicken ~ - Elementen, die durch ~ - Träger fest verbunden sind, wobei der ~ - Träger mit seinen abgeknickten Diagonalspitzen jeweils in die Betonstahlmatten eingehängt wird;

~ - **Massivdecke**, aus ~ - Trägern, ~ - Rasterplatten und Ortbeton;
~ - **Standarddecke**, bestehend aus ~ - Trägern, Deckensteinen und Ortbeton;
~ - **X- und XV-Fachwerkträger** als Tragwerkskonstruktionen im Hallenbau;
~ - **Ziegeldecke**, bestehend aus ~ Trägern, Deckenziegeln und Ortbeton;
8192 Filigran

FILLCOAT
Wasserdichte, halbflüssige Reparaturpaste der Fa. S.A. Mathys/Belgien;
4130 Veri

FILMEX
~ - Spezialreiniger, zur konzentrierten Anwendung bei starken Verkrustungen im Industriebereich (Industriereiniger);
4000 Wetrok

Filtram
Dränmatte, laminierter Filterdrän im Ingenieurbau;
6230 EXXON

FILTRAM
Geotextiler Verbundstoff für Entwässerung und Entgasung (Geotextil);
8520 Rehau

FILTRAX
~ Fertigschwimmhallen, Fertigschwimmbecken;
~ Wärmepumpen;
8130 Filtrax

FIMA
Fichtelgebirgs-Marmor (Wunsiedeler Marmor) und Granit, für Innenausbau, Park und Garten;
8592 FIMA

FINA
~ - **X**, Wärmedämmplatten aus extrudiertem PS;
6000 FINA

FINADUR
Hammer-Schlaglack, ofentrocknend;
2102 Mankiewicz

FINAL
Fertigzargen, dreiteilig;
5908 Jung

FINALUX
Hammer-Schlaglack, lufttrocknend;
2102 Mankiewicz

FINETT®
Nadelvlies-Teppichboden;
7505 Findeisen

FINE-WOOD BLOCKHAUS
~ Wohn-Blockhäuser als Selbstbausätze;
~ Wohn-Fachwerkhäuser;
3558 Fine-wood

FINGERHUT
Fertighäuser, Fertigkeller, Filigran-Decken;
5241 Fingerhut

Finke
Treppen und Geländer in Kunstschmiedearbeit;
~ Einholmtreppen;
~ Raumspartreppen;
~ Treppen-Unterkonstruktionen;
3012 Finke

Finkenberger Pfanne
Betondachstein mit patentiertem Doppelriegel (Schutz vor Staub und Flugschnee);
4235 Nelskamp

Finlandia
~ - Landhaustüren, rustikale Türen in Kiefer und Eiche;
4830 Wirus

FINNJARK
Sauna-Anlagen, Fitness-Anlagen, zur Fertigmontage an Ort und Stelle;
2000 Finnjark
→ 3043 Finnjark

finnla
~ **Holz-Blockhäuser** aus Finnland, als Fertighaus, Bausatzhaus oder Ausbauhaus;
7407 Finnla

FINOR
Reinigungsverschluß, geruch- und wasserdicht, rückstausicher;
6209 Passavant

finself
Ausbauhaus;
6798 Finself

FINSTRAL®
Kunststoff-Fenster und Kunststoff-Türen, Kunststoff-Klappläden (Produkt der Finstral AG in I-39050 Unterinn/Ritten);
3422 Finstral

Firejet
Rauch- und Wärmeabzugsanlage, aus einem GFK-Aufsatzkranz und einer JET-Top-Lichtkuppel oder Dunkelklappe, öffenbar auf 100°;
4971 JET

fireline®
Sichtbare Einlegesysteme nach DIN 18 168 für abgehängte Decken;
4000 CMC

1

FIRETEX
→ THERMOTECT-FIRETEX;
3160 Thermotect

Firevent
Rauch- und Wärmeabzugsanlage, aus einem GFK-Aufsatzkranz und einer JET-Top-Lichtkuppel oder öffenbar als Überschlagklappe auf ca. 180° oder 165° Dunkelklappe;
4971 JET

FiRi
~ - Schließregler für 2flügelige Türen;
2800 Firi

FIRMATIN
Innenwandschutz, farblos, zur Sauberhaltung von Sichtmauerwerk, Sichtbeton u. ä.;
2000 Schmidt, G.

FIRMOPAK®
Kaltkleber, isolierend, zum Verkleben von Spiegeln und Glasplatten;
1000 Beyer

Fischbach
Hochleistungsgebläse, Lüftungsgeräte (auch mit Wärmerückgewinnung und Brandgasentlüfter);
5908 Fischbach

FISCHBACH-COMPACT-GEBLÄSE®
Radialgebläse zum Einbau in Lüftungs- und Klimaanlagen und Axial-Ventilatoren;
5908 Fischbach

Fischer
~ - Riegel, Feststellanlage für Feuerschutzabschlüsse, selbsttätig auslösend;
2800 Firi

Fischer
~ **iB Betriebsbüro**, Trennwand-System aus einer verzinkten Stahl-Skelettkonstruktion mit horizontaler Aussteifung;
3502 Fischer

FISCHER
~ - **Akustikprofile** als Kassette oder Trapezblech;
~ - **Kassetten-Elemente**, glatt oder gelocht;
~ - **Sandwich-Paneel**;
~ - **Stahldachpfannen** aus verzinktem und kunststoffbeschichtetem Stahlblech;
~ - **Stehfalzdach-Elemente** mit verzinkter und verzinkt/beschichteter Oberfläche, auch aus Alu;
~ - **Trapezprofile** aus verzinktem und kunststoffbeschichtetem Stahlblech oder aus Aluminium, stucco dessiniert sowie aus Alu-Zink;
5902 Fischer

Fischer
Warmluftkamine, offene Kamine für geschlossene Räume, ein- oder zweiseitig offen, auch zur Beheizung des Raumes durch Warmluftsystem;
7062 Fischer

Fischer
Luftfilter und Filteranlagen, für die Lüftungs- und Klimatechnik sowie Zubehör;
7405 Fischer

fischerdübel
~ Dübel;
~ - Injektions-System;
7244 Fischer

FischerHaus®
Fertighäuser in über 100 Typen, vom Bungalow bis zum Stockwerkhaus;
8465 Fischer

Fistamatik
~ Automatik-Türen;
~ Schnellauftore;
~ Torschranken;
~ Wegsperren aus Stahl;
4000 Fischer

Fi/Ta.
~ - Bauholz nach Liste, Nadelschnittholz, Palisaden, Mosaikparkett;
6570 Kuntz

Fitneß-Indoor-Pool
Schwimmhalle aus GFK-Elementen;
8752 Kern

FITSTAR
~ - COMBI-WHIRL-MASSAGEANLAGEN, beliebig viele Wanddüsen sind mit beliebig vielen Bodendüsen kombinierbar;
~ - Gegenschwimm- und Massagesysteme;
~ - Gegenstromschwimmanlage;
~ - Zweiflutanlagen mit Anschlußmöglichkeit eines Massageschlauches;
5828 Lahme

Fix
Bewehrungsabstandhalter mit Klemmbacken;
4040 Betomax

fix
~ - Rundlochanker;
8800 Crones

FIX 1
Schnellerhärter, chloridfrei;
4790 Kertscher

FIX 10
~ - **MONTAGEZEMENT**, gebrauchsfertiges, schnell abbindendes Bauhilfsmittel für Befestigungsarbeiten und Abdichtungen;
~ - **STOPFZEMENT**, gebrauchsfertiges Stopfungsmaterial zum schnellen Verschließen von Laufstellen, für nachträgliche Kellerabdichtung usw., erstarrt sofort;
4930 Schomburg

FIXBINDER K 70
Fertigmörtel zur Betonkosmetik,
6100 Woermann

fixfertig
~ - Deckenplatten, Hohlplattendecken für konventionellen oder Fertigbau, für Industrie- und Wohnungsbau;
6833 wkw

Fixif
~ - **Bitumenemulsion**, Schutzanstrich und Mörtelzusatz zur Abdichtung gegen Bodenfeuchtigkeit im Hoch- und Tiefbau;
~ - **Dichtelast 2K**, faserarmierte Bitumen-Spachtelmasse für nahtlose, flexible Bauwerksabdichtungen gegen Bodenfeuchtigkeit und Sickerwasser;
~ - **Dickbeschichtung**, 1-K-Bitumen-Spachtelmasse für nahtlose, flexible Abdichtungen gegen Bodenfeuchtigkeit und Sickerwasser;
~ - **Elektrolytlösung**, zur Aufbringung auf frische Beschichtungen von Ceresit-blackdicht und Fixif-Dickbeschichtung bei tieferen Temperaturen und Regengefahr;
~ **F**, Steinkohlenteerpech-Schutzanstrich zur Abdichtung von Beton, Mauerwerk, Eisen, Holz, Pappe;
~ - **Silo 4**, Bitumenschutzanstrich für Silos, Dachbahnen, Eisen, Beton;
~ **3**, faserarmierte Bitumen-Spachtelmasse für Dachausbesserungen, Risse, Fugen, Rohrmuffen;
4750 Ceresit

FIXOBLOC®
Fertigbauelemente, feuerfest;
6000 Fleischmann

Fixopak
Verfugkitte für Fliesen;
1000 Beyer

FIXOPAL
Parkettversiegelung mit Gleitschutz für Turnhallen-Schwingböden und andere Holzböden;
8000 Pallmann

FIXOPLANIT®
Dichte Feuerbetone, besonders zum Spritzen und Stampfen;
6000 Fleischmann

FIXOPLAST®
Verarbeitungsfertige, vollplastische Stampfmassen, feuerfest;
6000 Fleischmann

FIXOPUR®
Dämmschaum und Montageschaum;
→ 2844 Elastogran
6700 BASF

FIXORAMMED®
Stampfmasse, feuerfest, verarbeitungsfertig, halbplastisch;
6000 Fleischmann

FIXplus
Flachheizkörper für den Niedertemperaturbereich;
5908 Schäfer

FIXsicca®
Flachheizkörper für den Niedertemperaturbereich;
5908 Schäfer

FIX-Zement
Schnellzement und Montagezement;
2000 Retracol

FIX-ZEMENT®
Natur-Schnellzement, wasserdicht, beständig, für Eilmontagen und Abdichtungsarbeiten;
7149 Sakowsky

Fjll
~ Dehnungsfuge CPR für Fliesenböden;
~ - Fugensystem;
7030 Jach

fk-Rinne
Dachrinne aus PVC-Hart in halbrunder Form;
6800 Friedrichsfeld

Flachdachpfanne E 32
Dachziegel aus Ton, für Dächer ab 16° Dachneigung, universell einsetzbar;
6719 Müller

Flachdachpfanne L 15®
Dachziegel;
8013 Ludowici
→ 6908 TIW
→ 8440 Mayr

Flachkremper K 21°
Dachziegel, dreifach verfalzt, für Dachneigung ab 18°, naturrot, engobiert und glasiert;
8506 Stadlinger

Flachkremper K 21®
Dachziegel;
8013 Ludowici
→ 4950 Heisterholz
→ 6908 TIW

1

→ 8440 Mayr
→ 8506 Stadlinger

„Flachrand"
~ - **Lichtkuppel**, einschalig (wahlweise doppelschalig) mit breitem Befestigungsflansch zum direkten Einkleben in die Dachhaut;
7522 Skoda

FLACHRIP®
Rippenstreckmetall, Rippen ca. 4 mm hoch;
5912 RSM

FLADAFI®
~ - Wohncontainer, zerlegbar;
5222 Säbu

FLÄCHENFIX
→ HÜWA®;
8500 Hüwa

Flächenheizsystem 2000
Fußbodenheizung, Trockenbausystem;
5757 Risse

Flächenlochlager 205
→ Calenberger Flächenlochlager 205;
3216 Calenberg

Fläkt
~ **DUOTERM**, Wärmetauscher mit Zweiphasenmedium;
~ **ECOTERM**, kreislaufverbundener Wärmetauscher;
~ **RECUTERM**, Plattenwärmetauscher;
~ **REGOTERM**, rotierender Wärmetauscher;
Wärmerückgewinner in allen Größenabmessungen:
6308 Fläkt

Flair
Einhebelmischer mit Keramikscheiben der Serie Neptun in bestimmten Farbkombinationen;
5860 Schulte

flair®
Kunststoffartikel im Spritzgußverfahren für Bad, Küche, Garten;
4054 Flair

Flamex-System
T 90 Feuerschutzabschlüsse für Förderanlagen;
6238 BST

Flammadur
Kabelabschottung für den Einbau in Wände und Decken, F 2 nach DIN 4102;
3500 AEG

FLAMMEX®
1-K-Klarlack DIN 4102 B1;
8700 Jordan

FLAMMOPLAST®
2-K-Klarlack, DIN 4102 B1;
8700 Jordan

FLAMRO
Kabelabschottung für den Einbau in Wände und Decken der Feuerwiderstandsklasse F 90;
4000 Rodenberg

Flash
→ DECOFLOOR Flash;
7900 Uzin

FL-Box
Feuerlöschbox aus Acrylglas;
3167 Jachmann

FLECK
Bedachungsartikel aus Kunststoff;
~ Antennendurchgangspfannen;
~ Flachdachlüfter;
~ Flugschneesammler;
~ Lüftungs-Traufstreifen;
~ Lüftungsfirstelemente;
~ Sanitärlüfter;
~ Schneefangpfannen;
~ Sicherheitstrittpfannen;
~ Spannbahnelemente;
~ Traufenzuluftelemente;
4354 Fleck

Fleckengreifer
→ RZ Fleckengreifer;
5309 RZ

Fleckenhammer
→ RZ Fleckenhammer;
5309 RZ

Flegel
~ Fenster aus Leichtmetall;
~ Kunststoff-Fenster System → Trocal;
~ Türanlagen, automatische;
3000 Flegel

Flender
Bedachungsartikel, (Laufroste, Schneefanggitter, Terrassenroste, Kaminabdeckungen, Laufbrettstützen, Steigeisen, Dachstühle, Sicherheitsdachhaken, Schneefangstützen verzinkt, in Kupfer, Edelstahl und kunststoffbeschichtet);
5902 Flender

FLENDERFLUX
Sicherheitsdachhaken zum Einhängen;
5902 Flender

Flexacryl
Fugendichtungsmasse, 1-K, auf Acrylbasis, elastisch;
8229 Otto

Flexan®
Rohrschalen mit Gleitverschluß zur Isolierung von Heiß- und Kaltwasserleitungen, B 2;
6940 Freudenberg

FLEXAPLUS
Ab- und Überlaufgarnitur aus Kunststoff;
7622 Hansgrohe

flex-BITUFIX
Top-Elastomer-Bitumen-Schweißbahnen, hoch alterungsbeständig, mit verschiedenen Trägereinlagen: **G** = Glasgewebe, **JF** = Jutegewebe, **PV** = Polyestervlies, mit Feinsand-, Schiefer- oder hellfarbiger Reflexbestreuung, für sichere Leichtdach-Abdichtungen, Detailausbildungen, Flächensanierungen und Arbeiten
in Frostperioden;
7000 Braun

flex-BITUPLAST
Kalt verarbeitbares Gemisch aus Bitumen, Lösungsmitteln, Faser- und Füllstoffen und Elastomeren, hoch alterungsbeständig, stark haftend, standfest, Schutzanstrich für Bitumendächer in Kombination mit Schiefersplitt, kälteflexibler, robuster Isolieranstrich;
7000 Braun

Flexdicht
→ Ardal-Flexdicht;
6050 CECA

Flexfliesen-Kleber
→ Thomsit F 568;
4000 Henkel

FLEXFUGE
→ UZIN® Flexfuge;
7900 Uzin

Flexfuge
→ PCI-Flexfuge
8900 PCI

FLEXI
Falttüren und Faltwände aus allen gängigen Holzsorten, laugenbehandeltem Holz, Melamin, Kunstleder und geleimtem Kunststoff;
2312 Wepner

flexidock®
Industrietore und Verladerampen;
5140 Flexion

FLEXISOL
Faltwand, schalldämpfend von → FLEXI;
2312 Wepner

flex-JABRAN
Elastomer-Bitumen-Dachdichtungsbahnen, alterungsbeständig, mit verschiedenen Trägereinlagen: **G** = Glasgewebe, **PV** = Polyestervlies, mit Feinsand- oder Schieferbestreuung, für Abdichtungen auf biegeweichen Dachkonstruktionen und Bogensheds, im Gieß- und Einrollverfahren, auch mit nachfolgender Kiesaufschüttung;
7000 Braun

FlexKlebMörtel
Dünnbettmörtel, hochflexibel, nach DIN 18 156 M, für verformungsfähige Untergründe;
6200 Dyckerhoff Sopro

Flexmörtel
→ PCI-Flexmörtel
8900 PCI

FLEXOHAUT
Kombinationsbahn: Dampfdruckausgleichschicht und erste Lage der Abdichtung (Dachhaut), bereits werkseitig verklebt, sehr stark dehnfähig;
7500 Zaiss

Flexoplast
Flüssige Dichtfolie zur Dachsanierung für Bitumen- und Asbestzementdächer;
4354 Hydrolan

FLEXOTHAN
Flüssigkunststoff (PU-Coatings) für Beschichtungen von Beton, Metallen, Holz und Dachpappe;
2082 Voss

FLEXOTHAN
Flüssigfolie für dauerhafte Dachbeschichtung;
4420 Coelan

FLEXOVOSS
~ **K 5**, selbstverlaufende graue Füllmasse für Bau-Dehnungsfugen;
~ **K 6 H**, thixotrope, chemikalienbeständige Beschichtungsmasse für Heizöltank-Innenbeschichtung;
~ **K 6 S**, selbstverlaufende, graue oder beige Fußbodenbeschichtung;
~ **K 6 T**, thixotrope, graue oder beige Dickbeschichtung für Metall, Holz, Beton, Styropor;
~ **K 7**, rotbraunes Kernmaterial für die Herstellung von Beton-Fertigteilen;
2082 Voss

Flextan (AIB)
Kautschuk-Bitumenbeschichtung, lmh, standfest, faserhaltige, pastöse Schutzbeschichtung und Dichtungsbeschichtung für Beton, Putz, Holz, Eisen und bituminöse Untergründe;
4354 Hahne

1

FLEXTON
~ - Vlies, offenes Polyestergewebe zur Verstärkung der Flexton-Beschichtung;
~ Wasserdichtungsbeschichtung, lmf, für Flachdächer;
4130 Veri

Flexton
2-K-Material zur Beschichtung von Flächen mit stehendem Wasser;
~ - **Filler**, zum Einebnen von rauhen Dächern;
5800 Partner

FLEXTRACT
Flexibler Klimaschlauch;
2401 Flexschlauch

FLF
Installationsgeräte für Unterputz, Zargen, Profile, Installationskanäle und Steuertableau: Druckschalter, Signallampen, Druckkontakte mit Steckklemmen, Drehschalter und Schlüsselschalter, Rufleuchten, Steckdosen, Blindabdeckungen;
5880 Feller

Fliesan S
Fliesen- und Sanitärreiniger, Speziallöse- und Reinigungskonzentrat;
8429 HMK

FLIESENRASTER
Hilfsmittel zum exakten (lotrechten) Fliesenverlegen;
6334 Bartsch

Flies-Flex
→ REGUPOL-Flies-Flex
5920 Schaumstoffwerk

FLIESST & FERTIG®
Selbstverlaufende Ausgleichmasse für Betonböden und Zementestriche, caseinfrei, als Untergrund von Bodenbelägen und als Nutzschicht in Garagen, Kellerräumen usw., auch für begangene Flächen außen;
~ Grundierung, lmf;
2000 Lugato

Fliesupast
→ UZIN Fliesupast;
7900 Uzin

Fliesurit
Fliesenkleber → UZIN Fliesurit;
7900 Uzin

Flintkote®
~ **Typ W**, wie Typ 3, jedoch froststabil;
~ **Typ 3** Bitumenemulsion, hochstabil, für Industriefußböden, fugenloser, jedoch nicht ölbeständiger Industriebelag;
2000 Colas

FLOATGLAS
Flachglas, weiß, grün, bronze und grau beschichtet;
2000 Bluhm

Floclad®
Gebogene Trapezbleche mit Plastisol beschichtet;
5090 Prince

Flohr Otis
Aufzüge;
1000 Flohr

FLOOR GRES
Keramikfliesen;
2000 Bluhm
→ 5431 Quirmbach
→ 4690 Overesch
→ 7033 Lang

Floorfit
~ - **Beschichtungssysteme** aus lösemittelfreien Reaktionsharzen;
~ - Typen gibt es als Betongrundierung, Industrieboden, Balken- und Terrassenbeschichtung, Deponieabdichtung, Reparaturmörtel usw;
7980 Hydrex

Floormate
Dämmelement aus Styrofoam für die Bodendämmung;
6000 Dow

Florado®
~ U-Steine mit gerundeter Kante für Sitzgruppen und Pflanztröge, für Böschungen und Mauern;
8400 Lerag

Floradrain
Elemente aus stabilem PE für Unterbauten der Dachbegrünung, verrottungsfest, druckwiderstandsfähig, selbstregulierende Bewässerung mit Regenwasser;
7441 ZinCo

Florafit
Bodenverbesserer;
7441 ZinCo

Florahum
Spezial-Torf zur Bodenveredlung belasteter Vegetationsschichten in Dachgärten;
2900 Torf

Florakron®
System für Böschungsbefestigungen, Lärmschutzwand;
7557 Kronimus
→ 4430 Mönninghoff
→ 8400 Lerag

Floraterra
Formteile aus PS-Hartschaum für die Unterbauten bei der Dachbegrünung, selbstregulierende Bewässerung mit Regenwasser;
7441 ZinCo

Floratherm
Formteile aus PS-Hartschaum für die Unterbauten bei der Dachbegrünung, selbstregulierende Bewässerung mit Regenwasser;
7441 ZinCo

Floratop
Dachbegrünung für Garagendach zum Selbstpflanzen;
7441 ZinCo

Floratorf
Torfprodukte, speziell für die Anlage von Dachgärten → Rhodohum → Humosoil → Florahum → TKS 2;
2900 Torf

Florenta®-Dekor
Verbundpflaster mit südlichem Charakter;
4200 Böcke

Florentiner
Abstandhalter aus hellem Kunststoff für Fliesen nach „Florentiner Art";
5600 Reuß

Florentiner Mönch + Nonne
Dachziegel aus Italien;
7146 Mounà

Florento®-Ziegel
Tondachziegel mit klassisch südlicher Note;
8301 Erlus

Florett
→ Hammerl-Plastiks;
7121 Hammerl

Florida
~ **Hot Tub's**, Garten-Sauna, Whirl-Pool-Anlagen;
2357 Florida

Florida
Waschtischbatterie;
5870 Grohe

florwall®
~ - Pflanzring aus Beton mit einer Verbundkehle, geeignet für steile Böschungssicherung, und hohe Lärmschutzwälle;
4972 Lusga

Florwand
→ ESKOO®-Florwand;
2820 SF

Flosbach
~ **Schiefer**, Dachschiefer und Wandschiefer (Naturschiefer), Importeur von spanischen und thüringer Schiefer;
5272 Flosbach
→ 5630 Flosbach

Flossenbürger
~ **Granit**, Randsteine, geschliffene Bodenplatten, Stufen aller Art;
8670 Jahreiss

FLOTT
~ - Gitterroste und Abdeckgitter;
6442 Flott

Flowgef
Durchflußmeß-, Überwachungs- und Regelsysteme;
7321 GF

FLOWLOCK
~ PE-Schaumprofilfüller für Dach und Fassaden;
6900 Kwikseal

FLUASINT
Leichtbetonzuschlagstoff und Leichtmauermörtelzuschlagstoff nach DIN 4226;
4650 Preil

FLÜGGER
→ Brillux®;
4400 Brillux

FLUGSTAUB
als Bodenaustausch und Dämmschüttung;
4650 Preil

Flupp
Dichtet Kunststoff-Distanzrohre von innen gegen Wasser ab;
4040 Betomax

FLURESIT®
Dichtungsmittel für Mörtel und Beton;
7300 MURASIT

FLURESIT® Schnell (BE)
Spritzbetonbeschleuniger, chlorid- und quarzfrei;
7300 MURASIT

FLUVO®
~ - Gegenstromschwimmanlage;
~ - Massagedüsen;
~ - Wellenbadanlage;
7400 Schmalenberger

FLUX
~ - Bitumenkocher und Zubehör;
5902 Flender

1

FLUXAMENT
Ausgleichsmasse, selbstverlaufend, kunststoffvergütet, caseinfrei, rißfrei in Schichten von 2—10 mm, als Nutzschicht und Trägerschicht für Bodenbeläge auf Beton- und Zementestrichen;
2000 Lugato

Flußbau-Ilatan
Verbundpflaster in 18 cm Stärke, maschinenverlegbar;
7557 Kronimus

Flygt
Pumpen;
~ Abwasserpumpen;
~ Baugrubenpumpen;
~ Kellerentwässerungspumpen;
~ Schmutzwasserpumpen;
~ Tauchgeneratorturbinen;
~ Tauchmotorpumpen und Tauchmotorrührwerke;
3012 Flygt

F.M.W.
Mantelformstücke aus Ziegelsplittbeton, System ~, für dreischalige Schornsteine;
7012 Frey

FMW
Fußbodenheizung mit Keramikplatten für Ober- und Unterbelag;
8700 FMW

FOAMGLAS®
~ - **Kompaktdach-System**, bei dem alle Schichten des Dachaufbaues vollflächig und vollfugig miteinander verklebt werden;
~ - **Wärmedämmstoff**, nach DIN 18 174, anorganisch aus reinem aufgeschäumtem Glas ohne Bindemittelzusätze, nicht brennbar, wasser- und dampfdicht, für Hochbau und betriebstechnische Anlagen der Industrie und Chemie;
6800 Pittsburgh

Föhnix
Warmwasser-Standspeicher mit Verkalkungsschutz;
4950 Brinkmann

Fogelfors-Haus
Fertighäuser aus Schweden, Rohbaukonstruktion in Massivholz-Tafelbauweise;
2400 Fogelfors

FOLASTAL®
Oberflächenveredeltes Blech als Bauelement aus Stahl in verschiedensten Profilen, korrosions- und witterungsbeständig, schlag-, kratz- und abriebfest, alle Farbtöne nach RAL bzw. Kundenmuster;
3320 Stahlwerke

FOM STOP
~ - Entschäumerkonzentrat, Teppichreinigungsmittel;
4000 Wetrok

Fomofix®
Harter Montageschaum aus der Druckdose zum Montieren, Kleben, Dämmen, Verfüllen, Isolieren;
4370 Fomo

Fomo® HS
Montageschaum, halbhart, zum Füllen, Dämmen, Isolieren, Kleben, Basteln;
4370 Fomo

Fomospray®
Spritzschaum zur Kälte-/Wärme-Isolierung und Geräuschdämpfung;
4370 Fomo

Fomox
Rohstoffe zur Herstellung von Bauteilen für den passiven Brandschutz;
5090 Bayer

FONDIS
Kamineinsätze;
~ **Kaminheizkessel** zur Heißwassererzeugung für Heizkörper oder Badezimmer;
~ **Stockfeu-Kassette**, Kamineinsatz mit besonders langer Wärmehaltung;
6600 Fondis

FONDU LAFARGE
Tonerdezement (aus Frankreich) mit ca. 40% Tonerdegehalt für Feuerfest-Industrie, Bauindustrie und Bauchemie;
4100 Lafarge
→ 2000 Geister
→ 6121 Hotter
→ 5000 Metzen

Fondur
→ UZIN Fondur;
7900 Uzin

Fonegal
→ UZIN NC 120 Fonegal Fein;
7900 Uzin

FOPAN
Rollbare Wärmedämmung, unbrennbar nach DIN 4102 (A 1) aus Mineralwolle mit senkrecht stehenden Fasern, für Warmdächer;
2000 VIA

forbo
Teppichböden;
4630 Forbo

Forchtenberger
~ Fertighaus;
7119 Göltenboth

forma lack
Badezimmer-Ausstattung in 7 Standardfarben, Anfertigung nach Maß;
8830 Schock

FORMAPANEL
Fassadenelement bzw. Brüstungselement aus Stahlblech, verzinkt, beschichtet mit Silicon-Polyester;
4018 Robertson

Formaplan
→ Hagan-Formaplan;
5628 Hagan

FORMA-PLUS
~ **Treppenrenovierungs-System**, Serie Classic aus Echtholz, Serie Ojekta mit Teppichbelag und Serie Praktica mit PVC;
~ **Trittkantenprofile** aus eloxiertem Metall für Treppenstufen;
8596 FORMA-PLUS

FORMAT 20
Oberlichtöffner, verdecktliegend, für Kunststoff-Fenster;
3068 Hautau

Formazett
Dachrandelemente aus PUR-Schaum zur Schalung und Wärmedämmung an Flachdächern einschl. Befestigungs-Vorrichtung für Blendenunterkonstruktionen;
4900 Mehlhose

Formel M
Bezeichnung für „Formel mild" → Pallmann®-Produkte;
8000 Pallmann

FORMEL 1
Spachtelsystem für Gipskartonplatten mit halbrunden Kanten, Verspachtelung ohne Bewehrungsstreifen;
4000 Gyproc

Formel 2
Spachtelsystem für Fugen und Flächen;
~ **Bewehrungsgitter**, selbstklebend, von der Rolle;
~ **Fugenspachtel**, kunststoffvergütet;
4000 Gyproc

FORMFLEX
~ - **Bau-Silicone**, Fugendichtstoff für Gebäudefugen aller Art;
~ - Sanitär-Silicone, pilzhemmend, in vielen Farben;
5090 BAVG

FORMICA®
~ - Platten, Schichtpreßstofftafeln;
5000 Formica

FORM®
Brandschutztüren, schallhemmende und hochschallhemmende Türen aus Holz;
8260 Schörghuber

FORSHEDA
~ Rohrleitungsdichtsystem;
~ Schachtdichtsystem;
6457 Forsheda

FORTUNA
~ - **Absperrpfosten 5002**, mit oder ohne Kettenabsperrungen;
~ - **Spielplatzgeräte** aus Metall und Holz;
~ - **Wegesperren 5014**, zur Absicherung von Einfahrten und als Sperre bei Zu- und Ausgängen;
5880 Brune

FORUM
~ - Bausatz-Haus aus YTONG-Planblöcken (Selbstbau-Haus);
2800 Forum

FORUM
~ - Betonpalisaden;
~ - Betonpflastersteine;
6334 Willeck

Forum
Betonpflastersteine für fugendichte Steinverbindung im Format 12 × 12 cm und 16 × 16 cm;
8000 DYWIDAG

FOS
Sturmklammern für Dach- und Wandbefestigungen;
5990 Ossenberg

Fossilit
Isoliermaterial, gebranntes, hochporöses Diatomeenmaterial, rechtwinklige Steine, Platten, Halbwölber, Ganzwölber, Doppelwölber;
~- Falzplatten für feuerbeständige Türen und Feuerleichtsteine;
~ - Mauermörtel;
3110 Kliefoth

FPKu
~ **Gewinde**, wie ~ Steck, jedoch mit beidseitigem Gewinde und einseitig aufgeschraubter Muffe;
~ **HO**, Panzerrohr aus Hart-PVC, kalogenfrei;
~ **IND**, Panzerrohr aus PVC-Hart, ohne Muffe, hoch druckfest, säure- und laugenbeständig, für Industrieanlagen;
~ **Steck**, Panzerrohr aus Hart-PVC, mit hoher Druckfestigkeit, ohne Muffe, vorzugsweise für Aufputzmontage in chemischen Betrieben;
8729 Fränkische

1

Fränkische
~ **Heizleitungsrohre** aus Kunststoff;
~ **Isolier- und Panzerrohre** (Elektrorohre);
~ **Produkte für die Baumerhaltung**: **porzyl**-Drän- und Belüftungsstäbe zur Förderung der natürlichen Sauerstoffzufuhr der Wurzelräume. **WALU**-Abschlußelement aus Leichtmetallguß für porzyl-Stäbe und Baumbewässerungssets. **Fränkischer Baumset**, Dränrohr zur Bewässerung, Belüftung und Düngung von Neupflanzungen;
8729 Fränkische

Fränkische Rinnenziegel
Falzziegel (Tondachziegel);
8311 Girnghuber

Fränkischer Baumset
→ Fränkische Produkte zur Baumerhaltung;
8729 Fränkische

Fränkischer Muschelkalk
Fassaden, Bodenbeläge, Fensterbänke, Treppen, Bossensteine;
8702 Dürr

Framax
Rahmenschalungssystem. Die Schalung besteht aus verzinkten Stahlrahmen und filmbeschichteten Sperrholzplatten;
8039 Doka

FRANKEN
~ - Feuerschutz-Anstrichstoffe;
6052 Böttiger

FRANKEN FENSTER
Kunststoff-Fenster, System Combidur, auch als Sprossenfenster;
8801 Jechnerer

FRANKENHAUS
Fertighäuser;
8702 Frankenhaus

FRANKFURT
Schwere Scherensperre;
6200 Moravia

Frankfurter Pfannne®
Dachstein. Normalausführung mit glatter Schnittkante, glatt oder granuliert;
~ **plus** mit abgerundeter Schnittkante;
6370 Braas

Franklin-Kamin
Freistehender Kamin oder Kaminofen mit Doppeltüren;
4030 Bellfires

FRANKOLITH
Fassadenplatten mit mineralischer und Lack-Beschichtung;
8582 Frenzelit

FRANKOLUX
~ - Markierungsfarben;
6052 Böttiger

FRANKOPOX
~ - Beton-Kunststoff-Beschichtungen;
6052 Böttiger

FRANK®
~ Abstandhalter, diverse Ausführungen;
~ Aussparungsecken für Wand- und Deckenaussparungen;
~ Distanzrahmen, Anschlagabstandhalter für Wandschalungen;
~ Fugen-Abdeckstreifen aus Faserzement für Schalungsfugen;
~ Fugen-Klebebänder für das Abdichten von Schalungsfugen;
~ Mauerstärken (Spannspreizen) aus faserbewehrtem Beton;
~ Schalungsanschläge aus faserbewehrtem Beton für Wandschalungen;
~ 2-K-Spezialspachtel für Schalungsplatten;
8448 Frank

FREIOPLAST
~ - Coating, Metallanstrich;
7715 Frei

FREKA
~ Lüftungen, motorische Entlüftung;
~ Schornsteinformstücke aus Leichtbeton, System ~ ;
2122 FREKA

frelen®
Rohrschalen mit Gleitverschluß zur Isolierung von Heiß- und Kaltwasserleitungen, B 1;
6940 Freudenberg

Frenzelit
Faserzement;
~ - Fassadenplatten mit mineralischer und Lack-Beschichtung, granulierter Naturstein-Beschichtung, kunstharzgebundener Reibeputzbeschichtung;
8582 Frenzelit

FRESKO
Dekorative Bodenfliesen 24,5 × 24,5 cm, für innen und außen;
8624 Esto

Freudigmann
~ Betonfertigteile;
~ Pflastersteine;
7930 Freudigmann

FREWA®
~ - **Treppen**, Sparraumtreppen, Spindeltreppen, Wangentreppen in Stahl/Holz und Massivholz;
8540 Frewa

FRIALEN®
Elektro-Schweißfittings aus HDPE für Gas-, Wasser- und Industrierohrleitungen;
6800 Friedrichsfeld

friatherm®
Kunststoffrohr-System für die Installation von Trinkwasserleitungen, warm und kalt, sowie für Heizungsleitungen, korrosionsfrei;
6800 Friedrichsfeld

FRIAZINC®
Hochpigmentierte Zinkstaubfarben für den Korrosionsschutz;
7000 Sika

Fricke inlot®
Lieferprogramm aus Titanzink und Kupfer: Dachrinnen, Regenfallrohre, Kaminabdeckungen, Bauprofile, Zierteile und Dekorteile, Dach- und Wandbekleidung;
4402 Fricke

Fricostar
→ GEA-Fricostar;
4690 Happel

Friedel
~ **Naturstein**, Solnhofener Platten;
8838 Friedel

Friedrichsfelder
~ **Dachrinnen** aus Kunststoff, in halbrunder und Combiform;
~ **Hausabflußrohre**, aus PVC-Hart;
~ **Rohrschellen**, aus PVC-Hart mit unverlierbarer Schraube und Mutter;
6800 Friedrichsfeld

Fries
Betonfertigteile;
8000 Fries

Friesland Keramik
Klinkerplatten-Serie für Innen- und Außenverlegung in 3 Farben;
2932 Röben

Friesland-Tore
Tore aus Metall, Kupfer, Kunststoff u. ä. in Sonderformaten;
2253 Busch

Frieslandtüren
Haustüren und Innentüren;
2253 Siegfriedsen

Frieson
~ Drehkreuz, feuerverzinkt;
~ Fahrradabstellanlagen;
~ Parkmöbel;
~ Parkplatz-Absperrbügel;
~ PKW-Überdachung;
5909 Frieson

friga®
Beton-Bodenbelag mit Waschbeton-Kreuzplatten und runden Füllplatten;
8000 DYWIDAG
→ 8000 Jörg

Frigen®
Treibmittel mit und ohne Schmiermittelzusatz für das Aufschäumen von Kunststoffen wie PUR, PS, PE, PVC und Phenolharzschäumen;
6230 Hoechst AG

FRIGIDOL
~ - **OCP (BE)**, Frostschutzmittel für Beton, pulvrig;
4354 Deitermann

Frigo
~ - **Dach-Dämmelement**, Umdeckelement für Neubau und Sanierung zur Dämmung über den Sparren (Steildachdämmung);
6520 Frigolit

frigocoll®
Baukleber und Edelputz, vorzugsweise für außen
→ frigolit®;
6520 Frigolit

frigolit®
~ - **Auflegekonstruktionen** für rationelle Welldachdämmung;
~ - **Dämmdach**, Systeme zur Dämmung auf, zwischen und unter den Sparren;
~ - **Deckenplatten**, „**Standard**-Serie" (formgeschäumte Deckenplatten) oder „**Supra**-Serie" (PVC-Folie in div. Holzdekors, mit EPS voll hinterschäumt);
~ - **elastic**, Trittschalldämmung unter schwimmendem Estrich;
~ - **Fassaden-Vollwärmeschutzplatten** aus PS-Hartschaum;
~ - **Fassadenvollwärmeschutz-System**, Außendämm-System mit ~ - Kleber, EPS-Platten und ~ - Putz;
~ - **Hängedecken**, wärmedämmende Deckenkonstruktionen im Baukasten-System, auch mit PE-Folienkaschierung;
~ - **Hartschaum**, expandierter PS-Hartschaum (Styropor®) in allen Güteschutztypen als Dämmstoffe gegen Wärme, Kälte, Schall;
~ - **Isoliertapeten**, „druckfest" mit heller Pappe kaschiert;
~ - **Kerndämmplatten** aus PS-Hartschaum;
~ - **Klebstoffe**, Spezialkleber für EPS-Hartschaum;

1

~ - **Randstreifen** für schwimmenden Estrich;
~ - **Rohrbettplatten** für Fußbodenheizungssysteme;
~ - **Steildachdämmplatten**;
~ - **Verbunddämmplatte** für den Trockenausbau von Fußböden in Alt- und Neubauten;
~ - **Welldach-Sanier-System**, Dämmung auf den Wellplatten und Sanierung von Wellplatteneindekkungen;
6520 Frigolit

FRIGOTHERM®
Wärmepumpen Luft/Wasser;
6800 BBC-YORK

frik
~ Hausabfluß-System, schallgedämmte Kunststoffrohre, steckfertig und klebbar, selbstverlöschend;
6800 Friedrichsfeld

Frimeda
~ - Fassadenplattenanker-Systeme für schwere Fassadenplatten (Schwerlastanker);
~ - Natursteinhalteanker;
~ - Natursteintraganker;
~ - Verbundanker-Systeme für Sandwich-Platten (Sandwichanker);
7135 Frimeda

FRISCHE FARBE
Dispersionsfarben, hochdeckend, matt, entsprechend DIN 53 778, Standardfarbton weiß;
~ **FÜR FASSADEN**, für innen und außen, waschbeständig;
~ **FÜR WAND UND DECKE**, für innen, scheuerbeständig;
2000 Lugato

Frischli
~ - Sanitärsäule, enthält Anschlüsse für Wand-WC, den fernbedienten Einbauspülkasten, für Elektrospeicher und Befestiger;
7000 Schlipphak

Frisoplast
→ Brügmann Frisoplast;
4600 Brügmann Frisoplast

Fritz
~ Alu-Fenster;
~ Kunststoff-Fenster;
1000 Fritz

Fritz
Produkte aus Recycling-Kunststoffen wie Kunststoffpfosten, Kunststofflatten und Kompostsilo;
6344 Fritz

Fritz
Fertighaus nach System Modular-F-Bau;
7743 Fritz

FRIWO
~ Pictal-Systemleuchten, Kennzeichnungsleuchten für Flucht- und Rettungswege, Notbeleuchtungssysteme mit Einzelbatterie;
4100 Friemann

Fröling
Wärmepumpe, kann zu einer Funktionseinheit zusammengebaut werden mit: Gas-Heizkessel, Brauchwasserspeicher, Abgaswärmetauscher aus Edelstahl;
5063 Fröling

Frötherm
~ - Heizleitungen für Dachrinnenbeheizung und Rohrbegleitheizung;
~ - Heizmatten für Flächenheizungen;
~ - Steuer- und Regelgeräte;
8011 Frötherm

FRONTAL
~ Fenster-Systeme, Fenster und Türen aus Alu, aus Alu/Werzalit und Alu/PVC;
4811 Frontal

Froschmarke
~ Feuerfester Asbestkitt gegen offenes Feuer bis 1000 °C und mehr, geschmeidiger Dichtkitt an Metall gut haftend, für Kessel, Öfen, Herde;
2102 Nissen

FROSTAPHOB
~ **F**, Frostschutzmittel, flüssig, chloridfrei, für Beton bis −10° C Außentemperatur;
~ **P**, Frostschutzmittel, chloridfrei, pulverförmig, bei der Verarbeitung zementgebundener Mauermörtel und Putze;
4354 Hahne

FROVIO
Fenster und Türen aus Holz der Fa. F. V. & D. in DK-4400 Kalundborg;
4044 Opgenorth

Früh-Schnellbautechnik
Mechanische Befestigungsmittel für den trockenen Innenausbau, für abgehängte Holz-Paneel-Decken, Wandverkleidungen, Vorsatzschalen für Wand/Decke;
7449 Früh

FSB®
~ - **Beschläge** aus Leichtmetall, Edelstahl rostfrei, Bronze und Messing;
~ - **Sicherheitsbeschläge**;
3492 FSB

FSD-System
Kombiniertes Schal- und Dränsystem aus schlagzähem PVC, wird als verbleibende Schalung im Hausbau eingesetzt und übernimmt Dränfunktion;
8729 Fränkische

FSL®
Schallschutz-Lüftungen ohne und mit Wärmerückgewinnung;
6800 FSL

FT
~ - FUGENBREIT-SCHNELL, schnellhärtender Fugenmörtel für Keramikbeläge von 5 bis 20 mm Fugenbreite;
~ - **Fugenbunt**, glasurschonender Fugenfüller zur farbigen Verfugung von Keramikbelägen;
~ - **Fugenweiß/Fugengrau**, Fugenfüller weiß bzw. grau zur Verfugung von Keramikbelägen, Betonwerkstein- und Natursteinplatten;
~ - **Klebemörtel**, Dünnbettmörtel DIN 18 156, zum Verkleben von Grob- und Feinkeramik;
~ - **Schnell-Klebemörtel**, Dünnbettmörtel DIN 18 156, schnellhärtend, zum Verkleben von Grob- und Feinkeramik;
8900 PCI

Fuchs
Himholz-Dübelschrauben;
8801 Fuchs

FUCHS-Treppen®
Treppen und Treppensysteme;
7944 Fuchs

füma
Spezialbaustoff, pumpfähig, als Füllmaterial z. B. bei der Stillegung alter Schmutzwasserkanäle und Rohrleitungen, zur Verfüllung von Arbeitshohlräumen oder von stillgelegten Tanks u. a.;
4030 Readymix

FÜR PVC®
Dispersionsklebstoff, lmf, gebrauchsfertiger Einseitklebstoff entspricht DIN 18 860, für PVC und Teppichböden, klebt im Kontaktverfahren, z. B. Styroporplatten auf verzinktem Stahl;
2000 Lugato

Fürstenberg
Profilholz-System für Deckenverkleidung, Wandverkleidung aus massivem Holz;
7713 Fürstenberg

Fug Fix
Vergüteter Fugmörtel für geringe Fugtiefen;
4410 Isostuck

FUGE
Teppichböden;
7251 Fuge

Fugenboy
Abstandhalter, zum genauen Setzen von Verblendmauerwerk vor Innenmauerwerke wie Gasbeton, Holzspanbeton und Fertighausrohteilen;
2000 Richter

FugFix
Fugmörtel, zementfrei, zur nachträglichen Verfugung von Flachblendern;
4400 Brillux

FUGUS
Fugen-Heißvergußmasse auf Bitumenbasis;
4354 Deitermann

fuhrrheydt
→ ISORAPID®;
4060 NFB

fulda teppichstopp
Teppichstopper für aufgelegte Teppiche auf Teppichboden, PU-Schaum mit Polyester-Vlies und Adhäsiv-Film;
6400 Filz

fuldabell-Objekt
Teppichboden, strapazierfähig für den gesamten Objektbereich;
6400 Filz

Fuldal
~ - Kunstharzlack, für außen und innen, lieferbar in 35 Farbtönen;
7141 Jaeger

fuldament
Objekt-Teppichboden für höchste Beanspruchung;
6400 Filz

fuldamoll
Teppichunterlage für Hartbelag und Teppichboden von Wand zu Wand aus verrottungsfester Jute mit Latex-Relief-Prägung;
6400 Filz

fuldapark
Outdoor-Belag;
6400 Filz

fuldastar
Objekt-Teppichboden, Allround-Qualität in 13 Farben;
6400 Filz

Fulgupal
~ - Innenbautafeln für Wand- und Deckenverkleidungen und Unterdächer;
3050 Fulgurit

Fulguplast
~ - Lichtplatten aus GF-UP, paßt zu allen Profilen der → Fulgurit-Wellplatten;
3050 Fulgurit

FULGURIT
Faserzementerzeugnisse wie Wellplatten, Dachplatten, Fassadenplatten, Plantafeln, Trennwände, Innenbautafeln, Fensterbänke, Rohre, Formstücke, Lüftungsanlagen, Blumengefäße;

1

~ Bitumen-Dachschindeln für Dächer ab 10° Neigung;
~ **Classic**, Kurzwellplatte mit asymmetrischem Profil;
~ - **Dachfenster** aus PUR-Integral-Hartschaum, DD-Lack-Beschichtung, die Lichtkuppeln bestehend aus schlagzähem Kunststoff;
~ **Dachplatten**, kleinformatig, dunkelgrau oder braun eingefärbt und zusätzlich farbbeschichtet;
~ **Fassadentafeln 415**, vorgehängte Fassadenverkleidung in der ~ - Farbserie Spectral;
~ **Fensterbänke** aus Faserzement;
~ **FS 80-Fenster**, mit außenseitigem Aluminium-Profil, innen PVC;
~ **Isopanel-Platte** → Isopanel;
~ **Kunststoff-Dachrinnen**;
~ **Plantafeln**, geschoßhoch, für Dach, Fassade und Innenausbau;
~ **Wellplatten** in den Profilen 5 und 8 für großflächige Dacheindeckung;
~ **XT-Fensterbänke**, extrudierte dampfgehärtete Faserzement-Formteile;
3050 Fulgurit

full-tuft
Teppichfliesen und Teppichboden (Bahnenwaren);
8600 full

Fullwood
Blockhäuser zum Wohnen;
5204 LK-Fertigbau

fumilux®
~ **24,5 und 2000**, Rauch- und Wärmeabzugsanlagen, pneumatisch oder elektrisch zu betätigen;
1000 Eternit

FUNCOSIL
~ - **Acryl-Fassadenfarbe**, deckende, hochwertige Kunststoff-Dispersionsfarbe;
~ - **AG Anti-Graffiti-Imprägnierung**, farblose, lösemittelhaltige, schnell trocknende Imprägnierung;
~ - **AS Fassadensiegel**, farbloser, hydrophobierender Fassadenschutz;
~ - **Ausbesserungsmörtel fein und grob**;
~ - **Betofix-Spachtel**, Oberflächenspachtel für Sichtbeton;
~ - **Betonacryl**, Acrylfarbe, elastifizierter, deckender, matter Betonschutzanstrich auf Reinacrylatbasis;
~ - **Betonimprägnierung**, hydrophobierende, farblose Imprägnierung auf Silan-Basis;
~ - **D Silicatfabre**, dampfdurchlässiger Versteinerungsanstrich mit Quarzitstruktur;
~ - **Epoxi-Haftbrücke**, lösemittelfreies, ungefülltes, unpigmentiertes 2-Komponenten-Epoxidharz-Bindemittel;
~ - **Epoxi-Rostschutz**, 2komponentiger, lösemittelarmer Korrosionsschutzanstrich für Armierungsstähle;
~ - **Epoxi-Saniermörtel**, 2komponentiger, epoxidharzgebundener Leichtmörtel für die Sanierung von Sichtbeton;
~ - **F KS-Imprägnierung**, Imprägnierung auf Basis hydrophobierter Kieselsäureverbindungen;
~ - **Grundiermörtel**, grobkörniger Trockenmörtel aus mineralischen Rohstoffen;
~ - **H Steinfestiger**, auf Kieselsäureester-Silan-Basis, hydrophobierend;
~ - **Haftemulsion**, Spezial-Dispersion;
~ - **Imprägniergrund**, farblose, hydrophobierende Anstrich-Grundierung auf Siloxan-Basis;
~ - **LA Rein-Siliconfarbe**, gebrauchsfertige, neutrale Siliconemulsionsfarbe für deckende und lasierende Anstriche;
~ - **OH Steinfestiger**, auf Kieselsäureester-Basis;
~ - **Restauriermörtel**, Trockenmörtel aus mineralischen Rohstoffen ohne jeden Zusatz von Kunststoffen;
~ - **SKB Silicon-Kautschukbeschichtung**;
~ - **SL oligomere Siloxanlösung**, farbloses Imprägniermittel;
~ - **SN Silan-Imprägnierung**, wasserabweisende, alkalifeste, farblose Imprägnierung;
~ - **SNL Silan-Imprägnierung**, farblose, wasserabweisende und alkalifeste Imprägnierung;
~ - **SP Spezial-Siliconpräparat**, konzentrierte, gebrauchsfertige Siliconimprägnierung;
~ - **Waschbetonimprägnierung**, farbloser, hydrophobierender Betonschutz;
~ - **2K Spezial-Silicon Abformmasse streichfähig**;
~ - **2K Spezial-Silicon Abformmasse gießfähig**;
4573 Remmers

Funder®
~ - **M-Platte**, Holzspanplatten mit Magnesit gebunden für Brand-, Schall- und Wärmeschutz;
3571 Bonacker

Fungan
→ ispo-Fungan;
6239 ispo

Fungol®
~ Außenholzlasur, lmf, gegen Fäulnis, Schimmel, Bläue;
~ **Holzschutzlasur** gegen Fäulnis, Pilze, Bläue, Insekten;
~ **Holzwachs** farblos;
~ **Imprägniergrund**, Holzschutzmittel mit vorbeugender Wirkung;
~ **Innenholzlasur**, lmf;
7573 Wolman
→ 6700 BASF

Funk
Holzschindeln, geschnitten, roh und imprägniert;
6320 Funk

funktionslicht®
Deckenleuchten für alle Deckensysteme;
4330 Funktionslicht

Furadur
~ **Kunstharz-Säurekitt** für Verlegung und Verfugung von säurefesten Plattenbelägen;
~ **Spachtelmasse**;
5410 Steuler

FURNATEX
Spanplatten, edelholzfurniert, für den Möbel- und Innenausbau;
8352 ATEX

Furnidur®
Absolut weichmacherfreies Hart-PVC zum Kaschieren von Möbeln, Türen-, Wand- und Deckenverkleidungen aus Holzwerkstoffen und Metall;
6200 Kalle

Fusiotherm®
Sanitär-Installationssysteme;
5952 Aquatherm

FUSITAL
Design-Beschläge (Türgriffe usw.) aus Italien;
7107 Valli

Futura
Keramikplatte 29,5 × 29,5 cm, säure- und laugenbeständig, frostfest;
8624 Esto

Futur-Dach
→ awa-Futur-Dach;
5300 awa

futureppe
Treppenbaustein-System für indivuelle Treppengestaltung innen und außen, wandunabhängig, schallarm;
7800 Pollehn

Fux
Plastic-Rosette für Gewinde-, Kupfer und Plastic-Rohre;
2000 Fux

Fußbodenfarbe
Latex-Mehrzweckfarbe, lmf, wetter- und scheuerbeständig, amtl. zugelassen für Öl-Schutzbeschichtung (Heizölsperre);
5330 Dinova

fw
~ - Kunststoff-Fenster, mit Drehkippflügel, Kippflügel und allen Formaten DIN 18 050 und 18 051;
6100 fw

FW 50/60
Wärmegedämmte Profilfassade, zweischalig, für großflächige Verglasungen;
4800 Schüco

FWB
~ **aluminium**, Systemprogramm für Alu-Fenster und Alu-Türen;
5760 Brökelmann

FX-System
Flexible Kupplungen für Stahlrohre;
7321 GF

Fyrnys
~ **Heizkörperverkleidungen** aus Keramik, Edelhölzern, Peddigrohr, Metall;
~ **Markisen**;
~ **Marmor-Fenstersimse**;
7105 Fyrnys

FZ
~ Dachrandprofile **Siraset**;
~ Flachausstiege;
~ Flachdachentwässerer;
~ Wandanschlußprofile;
~ Wandanschlußschiene, aus verzinktem Stahl oder Edelstahl;
7441 ZinCo

G + D
~ - **Faltwände**, ein- oder zweiflügelige Sperrholz-Faltwände;
~ - **Klappschiebewände** und Parallelschiebewände aus nicht miteinander verbundenen glatten Teilen;
~ - **Teleskopwand**, Sperrholz-Schiebetüren, deren Teile sich teleskopartig ineinanderschieben, doppelschalig;
6000 Gerhardt

G + H
~ - **Bekleidung von Faulbehältern** in Kläranlagen;
~ - Dämmsysteme für Kühl- und Tiefkühlhäuser;
~ - **Deckenverkleidungen**: Lüftungsrasterdecken, Bandrasterlüftungsdecken, Lichtkanaldecken, Holzpaneeldecken, Aluminiumpaneeldecken, Mineralfaserdecken, Metallkassettendecken, Lichtrasterdecken;
~ - **Doppelböden** aus verschiedenen Werkstoffen, unbrennbar F 30;
~ - **Fassadenbekleidungen** unter Verwendung von Stahl, Alu und Kunststoff;
~ - **Fernwärme-Rohrsysteme**, System **E 130** und **E 200** für Betriebstemperaturen bis 130° C bzw. 200° C und für kanalfreie Erdverlegung, System **K 130** für Betriebstemperaturen bis 130° C für Kanal- und Freiverlegung;
~ - **Innenwände**, schalldämmend, umsetzbar;
~ - **Kühltanklager**;

1

~ - **Kühlzellen** und ~ - **Tiefkühlzellen**;
~ - **Raumauskleidungen**, schallschluckend, aus Mineralfaser-Dämmstoff mit schlagfester Lochplattenverkleidung;
~ - **Relax**-Schalldämpfer für raumlufttechnische Anlagen;
~ - **Schallmeßräume**, reflexionsarme Räume, Hallräume;
~ - **System-Kühlhaus F 120 A1**;
~ - **Telefonbox**;
~ - **Türen**, schalldämmend;
6700 G + H MONTAGE

G + S ISO-KORK
~ Korkparkett;
~ Kork-Wärmedämmplatten, nach DIN 18161, Baustoffklasse B 2, für Dach, Fassade und Estrich;
~ Korkschrot für Schüttungen;
2800 Gradl

G+Z
Klappläden in allen Ausführungen;
7180 Gehring

G 2000-Kleber
→ RESISTIT-Kleber G 2000;
2100 Phoenix

G 4
~ - Grundierung, PU-Harz, Sperrgrund und Versiegelung für poröse Stein- und Betonflächen;
~ - Verdünner und Reinigungsmittel;
~ - Versiegelungsmittel für Betonschalungsbretter;
2082 Voss

Gaboflex
~ **Sanitär-System**, Wasserleitungssystem für Warm- und Kaltwasser innerhalb von Gebäuden;
8000 Thyssen

Gabotherm®
~ **Flächenheizungssysteme** für Alt- und Neubauten;
~ **Heizkörperanschluß-System** zur Modernisierung von Altbauten;
~ **Heizleitungsverteiler-System**;
8000 Thyssen

GADO® 2,5
Ganzglas-Isolierscheiben;
4650 Flachglas

GÄRTNER
~ Betonwerkseinrichtungen;
~ Gewinde- und Ankerhülsen-Programm in Stahl, stahlverzinkt oder Edelstahl für Montage- und Transportzwecke;
7502 Gärtner

Gärtner
Zugluftstopper;
8000 Gärtner

GAFSTAR
Cushion Vinyl-Bodenbelag;
4030 Tarkett

GAH ALBERTS
~ Absperrpfähle, auch umlegbar;
~ Balkongeländer-Baukastensysteme;
~ Baubeschläge, Ladenbänder, Kloben, Gehänge, Holzverbinder;
~ Fahrradständer, Reihenanlagen und Einzelständer;
~ Fenstergitter nach Maß;
~ Gartentorbeschläge und Zaunbeschläge für den Holzbau, Lattenverbinder;
~ Gartentore und Zaunanlagen aus Schmiedeeisen, unterverzinkt, kunststoffbeschichtet;
~ Geländerstäbe, schmiedeeisern für Balkone, Treppen, Gitterzäune und Tore;
~ Haustürvordächer;
~ Hundezwinger, feuerverzinkt;
~ Metallbaubeschläge, Schloßkästen;
~ Pfostenträger;
~ Riegel aller Art;
~ Riegel, Rolladensicherungen, Türgittersicherungen und Gitterrostsicherungen SB-verpackt;
~ - Streben zu Zaunpfählen;
~ - Wäschespinnen, Wäschepfähle;
~ Wellengittertore und Wellengitterzaunanlagen, tannengrün kunststoffbeschichtet;
~ - Zaunpfähle für Drahtzäune;
5974 Alberts

GAIL
~ **Formsteine**, stranggezogen: SPECIAL-FORM, glasierte und unglasierte Schwimmbad-Formsteine und Zubehör, Schallschluckstein ~ acustic, Fensterbanksteine, Fahrbahnbegrenzungssteine;
~ **KERAFLAIR**, Keramik-Großplatte, 2,3 mm dick und 5 kg/m² schwer;
~ **Steinzeugfliesen**, trockengepreßt: Collection ROYAL 6, glasiert, uni und belebt farbig, strukturiert, nur 6 mm dick. COLUMBIA, glasiert, strukturiert, belebt dekoriert. MAGNUM, glasiert, naturfarben, in Perl-Dekor. MAGNUM grip, Trittsicherheitsfliese. DECCO, glasiert, uni dezent und belebt. DECCO-GRAFIC, glasiert uni und dekoriert. PREMIER, glasiert, uni und dekoriert, Trittsicherheitsfliese;

~ **Steinzeugplatten (Spaltplatten) stranggezogen**: Collection COMBI-COLOR, unifarbene, unglasiert mit Riemchen und Zubehör. GRIP-STAR plus und GRIP-STAR soft, rutschfest, glasiert und unglasiert mit und ohne Oberflächenprofilierung, auch glasierte Steinzeugfliesen uni und dekoriert. NATURA, naturbunt, unglasiert. ORIGINAL, glasiert, ofenbelebt. SIERRA, glasiert, streudekoriert. GRAZILO, uni und ofenbelebt, edelgebrannt. CLASSIC Relief, glasiert, edelgebrannt;
6300 Gail

Galaxielux
Wannenanbauleuchte, zur Befestigung an Decke oder Wand, als Hängeleuchte oder Pendelleuchte;
3257 AEG

Gallenschütz
~ - Systeme, Drehkreuze, Drehtüren, Drehsperren, Personalschleusen, Karusselldrehtüren;
7580 Gallenschütz

GALLER
~ Abfallbehälter;
~ Fahrradständer und Mopedständer;
~ **GAMMA**, Handregale, Fachbodenregale;
~ **OMEGA**, Paletten-Regalsystem aus Stahl, Hochregallager;
~ Parkgaragen;
~ Ruhebänke, freistehend und stationär;
~ Wartehallen aus Stahl mit Kunstglas;
8650 Galler

Galoryl
~ **LH 120/PA 120**, Fließhilfsmittel und Superplastifizierer für Beton und Mörtel, Natriumsalz einer polykondensierten Sulfonsäure mit sehr niedrigem Restgehalt Natriumsulfat, daher keine Auskristallisation bei niedrigen Temperaturen. **LH 120**: 40% wäßrige Lösung, **PA 120**: sprühgetrocknetes Pulver von LH 120. **PA 320**: Wie PA 120, jedoch sulfathaltiger (Hersteller: CFPI, Frankreich);
2000 Tropag

Galvanal®
~ - **Kupfer**, verkupferte Alu-Systemprofile (Fensterprofile);
3500 Hartmann

GAMMA-LATERNE
→ se'lux GAMMA-LATERNE;
1000 Semperlux

Gammat®
Dichtungsbahn aus Termo-Elast (TE) für spannungsfreie Flachdachabdichtung;
4300 Schierling

Gamolan
Kunststoff-Beschichtungssystem für Hausfassaden (Fassadenbeschichtung);
1000 GAM

Gamoplast
Kunststoff-Beschichtungssystem für Hausfassaden (Fassadenbeschichtung);
1000 GAM

Gampper
~ Heizkörperverschraubungen;
~ Thermostatventile;
6762 Gampper

GANDLGRUBER
Betonfertigteile;
~ Bordsteine;
~ Fertigteilschächte;
~ Kläranlagen;
~ Radialwalzbetonrohre nach DIN 4032;
~ Rüttelpreß-Betonrohre;
~ Schachtringe;
~ Stahlbetonrohre nach DIN 4035;
~ Verbundpflastersteine;
8261 Gandlgruber

GANG-NAIL®SYSTEM
Nagelplatten aus feuerverzinktem und nichtrostendem Stahl als Verbindungsmittel für tragende Holzbauteile;
8000 GANG NAIL
→ 2161 Raap
→ 2250 Schnoor
→ 3200 Borchard
→ 3493 Suckfüll
→ 5900 Schleifenbaum
→ 6057 Gaubatz
→ 6472 Vetter
→ 6660 Sattler
→ 7231 Rohrer
→ 7924 Barth
→ 7962 Waldburg
→ 8331 Haas
→ 8472 Stangl
→ 8530 Selz
→ 8602 Henfling
→ 8890 Merk

GANTRAIL
Kranschienenbefestigung für Stahl- und Betonunterkonstruktionen, bei Neubauten und Sanierungen;
5100 Gantry

Gantry
Stromschienen-Gitterträger mit hoher Tragkraft bei großen Spannweiten;
5880 ERCO

1

GanzGlas
~ - Hängeregal aus Glas;
~ - **Systemdusche**, Duschkabine aus Sekuritglas ohne Hohlprofile;
5000 Kienle

GANZGLAS-VITRINEN
Viele Ausführungen für Museen, Ausstellungen, Werbung u a., für innen und außen;
6000 Hahn

GARANT Bufa Plast
~ **Fassadenfarbe weiß**, Dispersionsfarbe nach DIN 53 778 SM;
~ - **PLAST** Rollputz weiß, Dispersionsputz für innen und außen;
~ **waschfest** nach DIN 53 778 WM, Innendispersionsfarbe;
6308 BUFA

GARANT 16 K
Drehkippbeschläge (auch Drehflügelbeschläge) für Kunststoff-Fenster;
3068 Hautau

GARANT®-HSD
Kellerablauf aus Gußeisen 200 × 200 mm, DN 100 mit doppeltem Rückstauverschluß gemäß DIN 1997, mit verstellbaren Aufsatzteilen;
6330 Buderus Bau

Garant-Tresore
Wandtresore, Tresore aller Sicherheitsstufen, Schließfachanlagen;
3509 Garant

Garbisch
~ - System → Hotz;
1000 Hotz

Gardamat
→ Wetrok-Gardamat;
4000 Wetrok

GARDEROBIA®
~ Garderobenanlagen;
~ Handläufe;
~ Vitrinen und Stellwände;
7024 Garderobia

GARDINIA
Kunststoff-Fenster;
7972 Gardinia

Gardinia
~ Vertikaljalousie;
~ Vorhangschienen (Aufputzschienen);
7972 Wälder

Garnier
→ Scala von Garnier;
6301 Dern

garpa
Gartenmöbel und Parkmöbel aus massivem Teakholz;
2050 Garpa

Gartenmann®
~ Bauwerksabdichtung;
~ Fertigteil-Terrassenbeläge;
~ Flachdachabdichtung;
~ Zweischalendach;
8000 Gartenmann
→ 4100 Gartenmann
→ 5860 Gartenmann
→ 6000 Gartenmann
→ 8734 Gartenmann

Gartner
~ Alu-Fassaden mit integrierter Heizung, Lüftung und Klimatisierung, Patent GARTNER;
~ Alu-Fassade, vorgehängt;
~ Alu-Eingangsanlagen;
~ Alu-Glastüren;
~ Alu-Glaswände;
~ Alu-Sonnenschutz;
~ Alu-Versenkfenster;
~ Alu-Fenster jeder Art;
~ Dichtungsprofile in Neoprene und APTK;
~ Tore aller Art und Größe in Stahl;
~ Türschließer;
~ Vertikalschiebefenster;
~ Wand- und Brüstungselemente;
8883 Gartner

Gasola
Atmosphärischer Gasheizkessel mit integriertem Speicher-Wassererwärmer;
3559 Viessmann

Gasomat
~ 2000, Niedertemperaturkessel 30° bis 90° C (Heizkessel);
4441 Solar

Gasomax
~ **turbo**, Brennwertkessel, Heizkessel aus Spezialguß mit nachgeschaltetem Edelstahlkondensator und atmosphärischem Brenner;
4441 Solar

GATIC
Schachtabdeckungen als Einzel-, Flächen- und Reihenabdeckung, Einlaufroste;
5407 Gatic

GBA
~ - Steine, Fertigteile für Mauern, Stufen, Trennwände;
8400 Lerag

GB-GUSS
Straßenkanalguß;
2800 Brinkschulte

GE 1200
Silicon-Dichtstoff für Glas- und Metallbau;
4030 General Electric

GEA
~ - **Fricostar**, Schwimmhallenentfeuchtung;
~ - Wärmepumpen;
4690 Happel

GEALAN®
Aus Hostalit® Z;
~ Fensterprofile und Türprofile als Meterware;
~ Fenster und Türen;
~ Rolladenaufsatzkasten als Meterware;
~ Rolladenprogramm, Dreikammer-Rolladenprofile als Meterware;
8679 Gealan

Gealux
Lichtbandleuchten als Hängeleuchte, Pendelleuchte oder Anbauleuchte an der Decke;
3257 AEG

GEBA®
Natursteine;
7900 Schick

GEBE
~ - Kabelschutzhauben aus Kunststoff, korrosions- und schlagfest, zur Abdeckung von Kabel für Straßenbeleuchtungen, Starkstromleitungen und Hausanschlüsse;
7066 Beisswenger

GEBEO
~ - Edelputze, Fugenmasse für Klinkermauerwerk und Fliesen, weiß und farbig;
~ - Wärmedämmputz-System;
3422 Gebeo

GEBERELLA
WC-Sitz mit eingebauter Unterdusche;
7798 Geberit

GEBERIT®
Sanitärtechnik;
~ **Abflußleitungen** aus MDPE;
~ **Douche WC PROPOMAT**, automatische WC-Anlage mit Unterdusche, Fön und Geruchabsaugung;
~ **Fertigabläufe** aus Kunststoff für Waschtische, Bade- und Brausewannen, Wasch- und Geschirrspülmaschinen;
~ **KOMBIFIX**, Montageelemente für Sanitärapparate zur Vorwandinstallation;
~ **KOMBISTAR**, Vorwandinstallation, bestehend aus Montageelementen, Trink- und Abwasserleitungen und Verkleidungen;
~ **PE-Regenrohrsiphon**;
~ **PLUVIA**, Dachentwässerungssystem mit kleinen Rohrdimensionen und hoher Abflußleistung, kein Leitungsgefälle erforderlich;
~ **WC-Spülkasten** aus Kunststoff;
7798 Geberit

gebhan®
Badausstattungen, Badteppiche, Badtextilien;
7151 Hahn

Gebhardt
Lastenaufzüge;
~ **Polyplatten**, strukturierte, lichtdurchlässige Kunstglasplatten aus Polystyrol für Verglasungen, Trennwände, Duschkabinen, Türfüllungen;
~ **Verglasungsfolie**;
~ **Vielzweck-Stegplatte**, extrudierte Hohlkammerplatten aus Polycarbonat;
6920 Gebhardt

Gebhardt
Ventilatoren-Programm:
~ Dachventilator-Wärmerückgewinner;
~ Dachventilatoren;
~ Hochleistungs-Axialventilatoren mit Direktantrieb;
~ Hochleistungs-Radialventilatoren für Riemenantrieb;
~ Hochleistungs-Radialventilatoren für industrielle Anwendungsbereiche;
~ Hochleistungs-Radialventilatoren mit Direktantrieb;
~ Hochleistungs-Radialventilatoren ohne Gehäuse;
~ Kunststoff-Dachventilatoren;
~ Kunststoff-Radialventilatoren;
~ Schalt- und Steuergeräte;
~ Sonderventilatoren;
~ Ventilator-Regelungssysteme;
~ Zubehörprogramm;
7112 Gebhardt

GEBÖRTOL®
~ - **MS-UNIVERSAL**, Mehrzweckanstrich auf Bitumenbasis;
~ **SI**, Siloanstrich auf Bitumenbasis für Trinkwasser- und Silobehälter;
~ **V Rapid**, schnelltrocknender Voranstrich mit Haftmittelzusatz;
~ **V**, Isolier-Voranstrich auf Bitumenbasis;
~ **VS**, wie ~ V, jedoch mit Haftmittelzusatz (nach AIB);
~ **VX**, Isolier-Voranstrich, gemäß Richtlinien bituminöse Brückenbeläge auf Beton;
6430 Börner

Gebri
~ - Rohrfußleisten, Steckprofile aus Massivholz zum Verkleiden von Rohren in jeder Dimension;
4800 Brinkmann

GEBRO
~ Alu-Haustüren und Alu-Fenster;
~ Kunststoff-Fenster;
4793 Gebro

GEBROTHERM
Alu-Fenster mit einem Kunststoffkern in den Profilen;
4793 Gebro

GECA
Kesseldruckimprägnierte Holzprodukte;
~ - Blumenkästen;
~ - Palisaden;
~ - Parkbänke;
~ - Pergolen;
~ - Scherenzäume (Jägerzäune);
~ - Sicht- und Windschutzzäune;
~ - Staketenzäune;
5940 Camminady

GECEDRAL
~ Erstarrungsbeschleuniger;
6700 Giulini

GECOS
Armaturenisolierung mit Isolierhalbschalen
4800 Gecos

GEDE
Kellerfenster und Waschküchenfenster, verzinkt;
6750 Schulz

Gedi
→ ELCH Gedi;
5090 Drengwitz

Gedion
→ ELCH Gedion;
5090 Drengwitz

Gedurit
→ ELCH Gedurit;
5090 Drengwitz

GEFAB
Baustellensicherungsprodukte, Absperrbänder, Trassenwarnbänder;
3057 GEFAB

GEFAFLEX 300
Fahrbahnmarkierungsfolien und -symbole;
3057 GEFAB

Gefreeser
~ **Granit**, Pflastersteine, Randsteine, Werksteine;
8670 Jahreiss

Gegro
~ - Türzarge, verstellbare Spanplattenzarge;
4401 Grotemeyer

GEHOPON
Beschichtung, chemikalienbeständig;
~ **EX**, 2-K Korrosionsschutzstoff für metallische Oberflächen;
~ **E 300** und ~ **EXW-Siegel**, Versiegelungen und Beschichtungen für mineralische Untergründe;
~ **L** und ~ **LAC**, Duplex-Systeme für verzinkten Stahl;
7523 Geholit

GEHOROL
Korrosionsschutzfarben;
Kunstharz-Korrosionsschutzstoffe für metallische Oberflächen;
7523 Geholit

GEHÜ
~ - Baubeschläge;
~ - Hotel-Schlüsselanhänger;
~ - Metallbaubeschläge, ~ - Türbeschläge, Fensterbeschläge, ~ - Leichtmetall-Kokillenguß;
~ - Wandascher;
5628 Hülsdell

Geiger
~ - Sauna, Sauna-Anlagen, Saunaöfen und Sauna-Zubehör;
7440 Geiger

ge-ka
Fenster, Fenstertüren, Haustüren, Kippschiebetüren aus afrikanischem Mahagoni und Kunststoff, gütegesichert, Haustüren auch aus Eiche und Alu;
4460 ge-ka

Geka
~ - Holzverbinder;
6114 Georg

Geko
~ - Spielplatzgeräte;
2830 Knoblauch

Gella
Kabelharz, flexibles 2-K-Harz auf PU-Basis;
4040 3M

GELU
Treppensysteme;
~ - Spindeltreppen in Holz und Stein;
~ - Tragbolzentreppe wandfrei und eingebunden in Holz, Naturstein, Kunststein und Agglo;
7410 GELU

GELU
~ - Luftschleiergeräte zur Abschirmung im offenen Torbereich;
7443 GELU

Gemac
Trennwände und Stellwände aus Stahl, Kerndämmung aus Mineralfasermatten;
3062 Gemac

Gemalit
→ ispo Gemalit;
6239 ispo

GEMILUX
Fenster, Terrassendächer, Wintergärten, Windfanganlagen, Haustür-Vordächer, Trennwände, Türen, Rolläden, Balkonverkleidungen, Markisen, Zäune;
4920 Mische

GEMOFIX
Bolzen, Stahlnägel, Metall-Dübel, Kunststoff-Dübel, Schrauben, Blindnieten;
5650 Moll

Gemulux
Lichtbandleuchten für Büros, als Einbau- oder Pendelleuchte;
3257 AEG

GEMU®
~ - Großflächen-Schalung;
~ - RAHMENSCHALUNG „IDEAL", 250/265 cm, Keilverbindung, keine verlierbaren und vorstehenden Verbindungsteile, auch bei montierten Einzelteilen;
~ - Vollholzplatten und Dreischichtenplatten;
7900 Molfenter

Genossenschaftsplatten
Name für Solnhofer Bodenplatten, Wandplatten, Treppenstufen und Fensterbänke der Genossenschaftswerke;
8838 Genossenschaft

GENVEX
Wärmerückgewinnungs-System kombiniert mit einem, Lüftungs- und Heizungssystem;
5960 Genvex

GEO
Türenelement;
4835 Grauthoff

GEOTHERMIA
~ Erdheizungssystem;
~ Flachheizkörper;
~ Wärmepumpen;
2000 CTC

Geracryl
~ - **Lichtprismaplatten**, Acrylglasplatten für Balkonanlagen und Turn- und Sporthallenverglasung;
5880 Gerhardt

GERÄTEBLANK
Baumaschinenreinigungsmittel;
8800 Kulba

GEREX®
Regenwasserfänger mit Schlauchanschluß und Hahn, dazu auch Regentonnen und Schläuche;
7100 Gerex

Gerhäuser
Marmor und Granite für Innen- und Außenarchitektur;
~ **Dekor-Pflaster**, Natursteinpflaster, auch zur Gestaltung von Betonsteinpflasterflächen geeignet → 5000 Gerhäuser → 8000 Gerhäuser;
6492 Gerhäuser

Gerhaher
Lüftungsfirstziegel System Gerhaher;
8380 Möding

GERHARD
Flachheizkörper, mit völlig glatten Flächen;
8413 Gerhard

GERKODÄMM
Mehrschichtdämmatten;
4800 Gerko

GERKOFLEX
Dämpfungsmatten;
4800 Gerko

GERKOFOL
Dämpfungsfolien;
4800 Gerko

GERKOFORM
Dämpfungsformteile;
4800 Gerko

GERKOPLAN
Jutefilze;
4800 Gerko

GERKOPLAST
Dämpfungspappen;
4800 Gerko

GERKOROID
Bitumen-Dachbahnen;
4800 Gerko

GERKOTEKT
Bitumenkorkfilz und Bitumenfilz gegen Kälte, Wärme, Schall;
4800 Gerko

GERLOFF®
~ - Kamine;
~ - Marmorbad;
~ - Marmor-Bodenbeläge;

1

~ - Natursteinfassaden;
~ - Treppen, aus Stein und Holz;
3440 Gerloff

Germania
Betonfertigteile und Gipsfertigteile für Schmuckfassaden im Stil des 19. und frühen 20. Jahrhunderts;
2000 Germania

Germania antik
Betonpflaster mit unregelmäßig gerundeten Kanten und Ecken für die Stadtsanierung und Dorferneuerung;
5413 Kann

GERMANIA SB
Profile und Schienen für den SB-Verkauf in Messing, Alu und Edelstahl;
~ Teppich-Abschlußschienen;
~ Teppich-Übergangsschienen;
~ Treppenläuferstangen;
~ Treppenösen;
~ Treppenschienen;
~ Treppenwinkel;
2085 Wulf

GERNAND
~ - Fertigteil-Treppen, freitragend, in Marmor und Granit;
6330 GERNAND

Gerner
Natursteine, z. B. Parphyr;
8940 Gerner

GE-RO
~ - **Vario-Stop-Line-System**, Schutz- und Leitsystem aus verchromten Absperrohren und Tauwerk in verschiedenen Farben;
6338 GE-RO

GEROLITH
Fassadenplatten mit Klinkerstruktur;
8582 Frenzelit

Gerresheimer
Gußglas (weiß und farbig), Glassteine und Isolierglas → TOP-THERM®;
4000 Gerresheimer

Gerrix
~ - Glasbausteine, als Sonderausführung auch beschußhemmend, blendarm und zur Entlüftung, viele Dekors;
~ - **TOP-THERM®**, keiliges Isolierglas (DBP), Isolierglas für Dachverglasungen z. B. in der Solararchitektur, auch in planparalleler Ausführung;
4000 Gerresheimer

Gerstendörfer
Blattgold;
8510 Gerstendörfer

GESA
Türelemente mit Holzfutter und Bekleidung;
2900 Magotherm

GESCOFIRN
Isolierpulver, fluatfrei (modifiziertes Tonerde-Salzgemisch) zur Abschirmung anstrichschädlicher Untergrundeinflüsse;
2000 Schmidt, G.

GESPO
Baustellen-Sicherungsgeräte (Verkehrs- und Werbeschilder);
3005 Gespo

GESTRA
Rückflußverhinderer;
2800 Gestra

GET
Türen;
Stichbogentüren, Rundbogentüren, Korbbogentüren, Stiltüren, Innentüren, Sprossenrahmen;
3006 Görlitz

GETAFORM
~ - Kantenmaterial, im Farbverbund mit → Getalit-Dekors;
~ Spezial-Flächenware, Schichtstoffplatte auf Rolle;
4840 Westag

Getalan
Kunststoffbeschichtete Spanplatte nach DIN 68 765;
4840 Westag

Getalit®
~ - **Fensterbänke**, einbaufertig, mit Getalit-Oberflächen;
~ - **F**, schwerentflammbare Verbundplatten, B-1 Brandschutzplatten nach DIN 4102;
~ - **Kompaktplatten**, HPL nach DIN 16 926, in Dicken über 2 mm, selbsttragend;
~ - **Schichtpreßstoffplatten**, HPL nach DIN 16 926, Typ A;
4840 Westag

Getaplex
Verbundplatte, Multiplex-Trägerplatte aus Überseefurnieren beiderseits mit Getalit-Schichtstoffpreßplatte verleimt;
4840 Westag

GETO
~ - **SNAP**, Abdeckkappen aus Kunststoff;
~ - Spreizniete aus Kunststoff;
~ - **WELL**, Blindnietmutter aus Neoprene;
4500 Titgemeyer

GEVIKOLL
Haftvermittler für ausgehärtete → G 4-Filme, wenn nicht angeschliffen werden kann;
2082 Voss

GEVIVOSS
PU-Haftgrundierung → G 4;
2082 Voss

GEWA
~ - **Alu-Zinkdach Fertiggaragen**, als Einzel-Doppel- und Mehrboxanlagen, vollverzinkt mit Alu-Dach, auch mit Edelspritzputz (Massivcharakter) und Dach-Isolation;
~ - **Systemhallen** im Baukastensystem, Fertigungsprogramm mit Satteldachhallen, Flachdachhallen sowie Sporthallen und Tennishallen nach Normen;
5927 Wahl

GEWA
Balkonverkleidung, rustikal, aus Holz;
7275 GEWA

GEWIDUR
Kunststoff-Beschichtung, Industrie-Bodenbelag, hochverschleiß- und rutschfest, wasserdicht, chemikalienbeständig;
5480 Gewiplast

GEWIPLAST®
Kunststoff-Elektroheizbeläge für Verkehrsbauten, Rampen, Brücken, Straßen, Treppen, Heizelemente für die Industrie, Rohrbeheizungen;
5480 Gewiplast

GEYER
Balustraden, Zementbaluster in weißem Putz oder mit Steinmaterial;
7252 Geyer

GEZE
~ **APOLL**, Röhrenschiebetürbeschlag;
~ **Beschläge** für Alu-Fenster und Alu-Fenstertüren;
~ **Bewegungsmelder**;
~ **Drehtürsystem**, elektromechanisch und elektrohydraulisch;
~ **Einrohrbänder**;
~ **Fangschere**;
~ **Hebetürbeschläge**;
~ **Oberlichtöffner**;
~ **Oberlichtöffner**;
~ **RWA** (Rauch- und Wärmeabzugsanlagen);
~ **Schiebetürbeschläge**;
~ **Sicherheitsbeschlag** für automatische Schiebetürsysteme;
~ **Türantriebe**, automatische;
~ **Türschließer** mit integrierter Schließfolgeregelung;
~ **Türschließer** und Zubehör für den vorbeugenden Brandschutz;
~ **Universal-Flachform-Oberlichtöffner**;
7250 Geze

GF
Rohrleitungssysteme und Zubehör;
7321 GF

GFP
Dachabschlußprofile, Fassadenprofile;
2104 Pohlmann

GFQ-Apollo
Fertigteiltreppe aus Naturstein oder kunstharzgebundenen Kunststein-Trittstufen;
8070 Ducalin

GFS
~ Ganzglas-Beschläge;
~ Haltemagnetverschluß;
~ Motorschlösser;
~ Panikstangenverschluß;
~ Türwächter;
2000 GFS

GG 2200
Alu-Fenster;
3000 Gieseler

GH
Baubeschläge und Holzverbindungselemente;
~ - **Holzverbinder**;
~ - **Winkelverbinder**;
4970 GH

GHT
Heizungsprogramm für Selbstbauer z. B. Gasetagenheizung, Fußbodenheizung, Wärmepumpen-Anlage für Warmwasserversorgung;
3004 GHT

GIBA®
~ - **Bossenstein-Brunnen**;
~ - **Gartentröge**, Nachbildungen von Natursteintrögen aus Betonwerkstein, patiniert;
~ - **Mühlstein-Brunnen**;
~ - Steingarten-Brunnen-Kombination, naturgetreue Nachbildung von Eifelsandsteintrögen;
~ - **Steinkunst**, Gartenschmuck aus Betonwerkstein, u. a. Blumenschalen, Gartentische, Figuren, Brunnen usw.;
~ - **Wandbrunnen**, Wasserspeier usw.;
6612 Gimmler

GIERICH
~ Bauornamente;
~ Profiltechnik;
~ Schneefanggitter in Kupfer, Alu/Zink, verzinkt/beschichtet;
7537 Gierich

1

Gilde-Window
Alu-Fenster;
2000 Blaschke

Gilne®
~ - Edel-Riemchen, Bruchsteinstruktur, für Selbstverlegung;
~ Fertig-Kachelofen, Elemente und Kacheln als Bausatz;
~ - Gartengrillanlagen, mit Natursteinverkleidung;
4532 Gilne

Gima
~ Dachziegel in historischer Form;
~ Verbundpflaster-Klinker;
8311 Girnghuber

GIMA
~ - **Glasfasergewebe** mit Ölpapierunterlage für Balken, Mauerschlitze usw.;
~ - **Kantenschutz-Richtwinkel** aus Glasfaser-Panzergewebe für alle VWS-Systeme;
8801 Gipser

Gimmler®
~ - Spindeltreppen® aus Stahlbetonfertigteilen bis 4 m Ø in Sichtbeton, Waschbeton, sandgestrahlt mit Teppichaussparungen;
6612 Gimmler

GIRA
Schalter, Dimmer, SCHUKO-Steckdosen, Lichtschalter, Taster usw.;
5608 Giersiepen

GIRLOON
~ **TENNIS-CUP**, gewebter Tennisboden und Sportstättenbelag zur losen Verlegung;
~ Webvelours, Teppichboden mit besonders konstruiertem Rücken, lose verlegbar;
4155 Girmes Girloon

Girnghuber
~ pori-Klimaton-Ziegel;
8311 Girnghuber

Giro
~ - Badablauf, Zulaufstutzen um 360° drehbar;
8071 Kessel

Gisogrund®
Feuchtigkeitssperrende Verfestigung und Grundierung von Gipsputzen vor dem Fliesenverlegen;
8900 PCI

Gisopakt®
Haftbrücke für Gips- und Gipskalkputze auf glattem Beton;
8900 PCI

GISOTON®
~ - Hohlblocksteine und Schalungssteine aus Blähton mit einer zusätzlichen → STYROPOR®-Isolierung;
~ - Vollwärmeschutz;
7971 Gisoton
→ 2122 Marquardt
→ 2839 Ahrens
→ 2902 Danzer
→ 4600 West
→ 6500 Mutter
→ 6722 Blatt
→ 7923 Penner
→ 8490 Zitzmann
→ 8802 Meyer

GITTorna®
Ziergitter und Rahmensystem aus Kunststoff für Heizkörperverkleidung, Raumteiler usw.;
4900 Kunststoff

GK BIOHAUS
Bausatzhaus, Ausbauhaus, Fertighäuser;
7180 Hohenlohe

GK®
→ KERTSCHER®;
4790 Kertscher

GKW
→ GRAU;
7070 Grau

„Gl"
Hartpulver zur Erhöhung der Kratzfestigkeit von → ELASTICGLAS;
5047 Stromit

Gläser
~ - Treppen in Rekomarmor, Agglomarmor, Granit, Quarzit, Quarzsandstein und Marmor;
6724 Gläser

glästone
Betonwerkstein, granitähnlich und bunt, für freitragende Treppen, Stufen, Bodenplatten, Fensterbänke, Fassaden;
6724 Gläser

GLAFUrit®
Glasprodukte;
~ Antikspiegelplatten;
~ Butzenscheiben;
~ Sicherheitsglaselemente;
~ Wand- und Deckenverkleidungselemente;
5372 Funke

Glamet
→ delitherm®;
7120 DLW

glamü
Duschabtrennungen aus 8 mm Einscheiben-Sicherheitsglas mit polierten Kanten in 10 Farb- und Ornamentsorten → 4902 Glamü;
7816 glamü

GLANZ-DOKTOR 1-3
ALLESREINIGER für Emaille, Kacheln, Fliesen, Lacke, Kunststoffe usw.;
4354 Deitermann

Glanzit 75
→ DASAG Glanzit 75;
3456 Dasag

Glanzprofil
→ Osmo-Glanzprofil
4400 Ostermann

GLAS
~ - Dachziegel, aus hellem Glas und in allen gängigen Modellen (Glasdachziegel);
5432 Westerwald

Glasal®
Großflächige Fassadentafel, hochgepreßt und dampfgehärtet und mit einer festhaftenden anorganischen Farbschicht überzogen;
1000 Eternit

GLASCODUR
~ - **Panzerbeton**, Industrieböden in Monolithverfahren;
7801 Glass

GLASCOFLOOR
Kunststoffemulsion für Haftbrücken und hochelastische Verbandböden;
7801 Glass

GLASCONAL
Estrichzusatzmittel für Zementestriche;
~ - Betonkleber;
~ - Betonkleber;
~ - Spezial-Versiegelung für Estrichböden;
~ - 180, PUR-Fugenvergußmasse;
~ - **180**, selbstnivellierende Fugenvergußmasse;
7801 Glass

GLASCOPLAST
Estrichzusatzmittel;
~ **A**, für Anhydritestriche;
~ **F**, Fließmittel für Anhydrit;
~ **Spezial**, für Hartboden;
~ **Z**, für Zementestriche;
7801 Glass

GLASCOPOX
~ - **COLOR**, farbige Estrichversiegelung;
~ **C**, chemikalienbeständige Kunststoffbeschichtung;
~ **EA**, elektrisch leitfähige Kunststoffbeschichtung;
~ **EPX-COLOR**, farbige wasserlösliche Kunststoffversiegelung und Beschichtung;
~ **EPX**, wasserlösliche Kunststoffversiegelung;
~ - **SUPER-COLOR**, farbige Kunststoffbeschichtung;
~ **T.I.**, Tiefenimprägnierung;
~ - **UNIVERSALHARZ**, Kunststoffestrich;
~ - **VERSIEGELUNG**, Estrichversiegelung;
7801 Glass

GLASCOTEX
~ - SP, Aufsprühmittel, verhindert zu schnelles Austrocknen des Estrichs (Verdunstungsverzögerer);
~ - Spezialharz, Estrichzusatzmittel für Industrieböden;
~ - Versiegelung;
7801 Glass

GLASCOTHERM
Estrichzusatzmittel bei Fußbodenheizungen;
7801 Glass

glas-faltwand
→ Soreg®-glas-faltwand;
4150 Wahlefeld

GLASGITTERGEWEBE
Armierungsgitter, für Innenputze auf labilen Untergründen und für alle Außenputze;
5912 RSM

GLASGITTERGEWEBE 5/5
Glasseidengewebe zur Dünnschicht-Putzarmierung;
2406 Kobau

GLASKORUND
Elektrokorund für Industrieböden;
7801 Glass

GLASSEIDEN-GEWEBE
Anstricharmierung besonders über grobkörnigem Außenputz gegen Schwund- und Fugenrisse, innen und außen;
2406 Kobau

Glassit
~ - Glasfaserspachtel, für Roststellen und kleine Löcher;
~ - Härterpaste rot;
~ - Polyesterspachtel weiß, (Ziehspachtel);
~ - Schnellreparaturharz;
~ - Ziehspachtel beige (Polyesterspachtel);
2000 Glasurit

Glassocryl
~ WKF weiß und farbig, Kunststoff-Farbe auf Rein-Acrylatbasis, seidenglänzend;
2000 Glasurit

Glassodur
~ - Decklack, 2-K-Kunststofflack (PUR);
~ - Grundfarbe (PUR);

1

~ - Härter (für Holzfüllmasse);
~ - Holzfüllmasse;
~ - Klarlack (PUR);
2000 Glasurit

Glassomax
~ - **Bleimennige orangerot**, Kunstharzqualität;
~ - **Fensterweiß** extra, hochkonsistenter Speziallack;
~ - **Flutlackverdünnung**;
~ - **Heizkörper-Flut- und Spritzlack 180 weiß**;
~ - **Heizkörpergrundfarbe 120/180 weiß**;
~ - **Heizkörperlackfarbe** weiß 120/180;
~ - **Holzschutzgrund fungizid**, Alkydharzbasis, schnelltrocknend;
~ - **Kunstschmiedelack**, schwarz, Seidenmatt für innen und außen;
~ - **Lasutect DSL**, Dickschichtlasur für Holz, wasserabweisend, PCP-frei;
~ - **Lasutect HL**, Holzlasur, fungizid für alle Laub- und Nadelhölzer PCP-frei;
~ - **Porenfüllspachtel** weiß für innen, Kunstharzbasis;
~ - **Seidenweiß** airless 3 S, Weißlack für innen;
~ - **Spritzfüller** schnelltrocknend weiß für innen, Kunstharzbasis;
~ - **Spritzverdünnung**;
~ - **Universalspachtel** weiß, für außen und innen, Holz und Metall;
~ - **Venti 1-2-3**, weiß, Kunstharzlackfarbe, seidenglänzend, feuchtigkeitsregulierend, wetterfest;
~ - **Ventilationsgrund weiß**, außen und innen (Vorlack);
2000 Glasurit

GLASTILAN
Reinigungspflege (Reiniger), für alle Natur- und Kunststeinböden;
7317 Stingel

GLASULD
~ **LT 40**, Lamellen-Dämmplatte, z. B. zur Flachdachdämmung;
~ **LT 45**, Glasfaser-Dämmplatte als Universaldämmplatte z. B. als Estrich-Dämmplatte, Innendämmung, Putzträgerplatte, Dach-Dämmplatte;
6204 Superfos

Glasurit
~ - **Abbeizer**, flüssig, nicht alkalisch;
~ - **Akkordweißlack**, Weißlack auf Alkydharzbasis, schnelltrocknend;
~ - **Antirostgrund** rotbraun und grau, schnelltrocknende Dickschichtqualität auf Kunstharzbasis;
~ - **Bunteffekt**, gerucharmer Mehrfarben-Effektlack in 22 spritzfertigen Ausmischungen für hochstrapazierfähige, dekorative Wandbeschichtungen;
~ - **Dispofekt** weiß, für außen und innen, Universal-Füllfarbe und Spezialgrund für Glasurit-Bunteffekt;
~ - **EA**, Buntlack, langöliger Alkydharzlack für außen und innen;
~ - **Entroster**, flüssig, passivierend;
~ - **Fußbodenlackfarbe**;
~ - **Innen-EA-airless weiß**, Weißlack für innen;
~ - **Lackfarbe CC**, Chlorkautschukfarbe speziell für Schwimmbecken;
~ - **Luftlack EA**, langöliger Alkydharzlack (Klarlack);
~ - **Ölstop-Farbe**, für heizöldichte Betonbeschichtungen (Ölsperre);
~ - **Promifix**, Lack-in-Lack-Mischsystem für Buntlack;
~ - **Schnellgrund farblos;**
~ - **Schultafellack**;
~ - **SeidenStar farbig**, Buntlack für außen und innen;
~ - **SeidenStar weiß**, lagerstabiler, strapazierfähiger Weißlack;
~ - **SeidenStar**, Seidenmattlack transparent;
~ - **Spachtel M** weiß für innen;
~ - **Unisiegel**, 1-K-PUR-Siegel, glänzender oder seidenglänzender Klarlack;
~ - **Universal-Verdünnung** für Öl-, Kunstharz-, Nitro-ABC- und CC-Lacke;
~ - **Universallack** für außen, Alkydharzbasis, schnelltrocknend;
~ - **Universalweiß EA**, schnelltrocknender Weißlack auf Basis langöliger Soja-Alkydharze;
~ - **Verdünnung CC**, Spezialverdünnung für Chlorkautschukfarben und ABC-Flüssigkunststoff;
~ - **Vorlack M**, für innen auf Alkydbasis;
~ - **Vorstrichfarbe weiß**, Vorlack für innen und außen, gleichzeitig Haftprimer auf Kunststoffen, auch ~ bunt;
~ - **Zementgrund CC farblos**;
~ - **Zinkhaftfarbe**, Grundfarbe und Deckfarbe für Zinkblech, verzinkte Eisenteile, Alu- und NE-Metalle;
2000 Glasurit

GLATZ
~ Feuerwehrleitern;
~ Hubarbeitsbühnen;
~ Schnellbaugerüste;
~ Stahlrohrgerüste;
7630 Glatz

Glatz
~ - **Pionier-System Olympia**, Schwimmbadabdeckung;
8011 Glatz
→ 5600 Rolba
→ 7131 alpha-vogt

Glaverbel
Gußglas (Hersteller: Glaverbel B-1170 Brüssel);
2000 Bluhm
→ 4290 Schlatt
→ 5404 Schlatt

GLAVERPLUS®
Mehrscheiben-Isolierglas, mit erhöhter Wärmedämmwirkung;

~ - COMFORT, neutralfarben, metalloxydbeschichtet;
~ - PRESTIGE, goldbedampft;
2000 Bluhm

GLD RUBEROID®
Gefälle-Leichtdach, trapezförmig geschnittene Polystyrol-Hartschaumplatten ersetzen schweren Gefällebeton;
2000 Ruberoid

GLEIVO
Bienenwachs, Flüssigbalsam zur Pflege von Holz, zur Behandlung nach Grundierung;
3123 Livos

Gleussner
Main-Sandsteine: Findlinge, Bossensteine, Brunnensteine, Mühlsteine, Mauersteine, Tröge;
8729 Gleussner

GLF 26
Ankermörtel, extrem schnellabbindend, kochfest;
4050 Master

GL-Gitterklotz
Klotzbrücken zur Überbrückung unebener Glasfälze;
5600 Gluske

glide-fast®-System
Montage-System für → Wendker long line panels;
4352 Wendker

Glinstedt
Kalksandsteine;
2141 Kalk

Glissa
Türen- und Fenster-Programm;
~ **T 30**, Feuerschutztür mit großflächiger Pyrostop-Verglasung;
4156 MBB

GLISSA G
Profile und Zubehör für Türen, Fensterwände, Schaufenster, Wandverkleidung (Alu/Stahl-Mischkonstruktion);
7700 Alu
→ 4156 mbb

Globolux
Kugellampe;
6000 Tungsram

GLOBUS
Dreirollen-Türbänder für Türen bis 120 kg Gewicht;
~ **KNIRPS**, dito, bis 60 kg;
8500 Weber

GLÖCKEL
Natursteine, z. B. Jura-Marmor, Muschelkalk, Travertin aus Italien und Jugoslawien, Gauinger Travertin, Sandstein;
~ Abdeckplatten;
~ Bossensteine;
~ Gartenplatten;
~ Kaminverblender und Wandverblender, bossiert;
~ Mauersteine;
~ Pflastersteine;
~ Verblender;
8831 Glöckel

GLT
~ - Baulager;
~ - BT-Tex Armierungsgewebe aus hochfestem Polyesterkabel für Asphaltschichten im Straßen-, Flugplatz- und Wasserbau;
~ - Fugenbänder;
~ - Gleitfolien;
5620 GLT

GLÜCK
~ **Hebe-Schiebetüren**;
~ **Kunststoff-Fenster** mit Holzdekoroberfläche als Maßfenster in allen Größen und als Oldstyle-Romantikfenster in jeder Form, auch rund, mit und ohne Sprossenteilung;
~ **Kunststoff-Klappladen**;
~ **Lichtdach-Systeme**;
~ **Schiebe-Kipptüren** und -fenster;
~ **Wintergärten** aus Holz, Alu und Kunststoff;
8650 Glück

Glutsilber
Rotglutbeständige Alu-Farbe für innen;
7141 Jaeger

GM
~ - X-C, Abflußrohre und Formstücke sowie Abgasleitungen aus Edelstahl rostfrei;
7400 Möck

GNOM
~ - Universal-Schilderständer;
6200 Moravia

Goetheglas
Historisches Glas, auch als UV-Sperrfilterglas;
3223 DESAG

Gördıng
~ - Klinker, Maschinenhandstrichziegel, Maschinenlochsteine, Akustikziegel, Klinkerriemchen oder Ziegelriemchen, Pflasterklinker, Bodenklinker und Verblendklinker;
4000 Görding

Göta Plastic
Unzerbrechliche Leuchtenkugeln (Straßenleuchten) aus Kunststoff;
5657 Göta

GÖTZ
~ - Fenster aus Alu, auch für die Althausmodernisierung;
~ - Haustüren aus Alu und Alu-Holz;
8360 Götz

GOGAS
Infrarot-Strahlungsheizung, insbesondere für Hallen;
4600 Gogas

Goldbach
~ Doppelbodenanlagen;
~ Schrank- und Trennwände;
8758 Goldbach

Goldband
→ Knauf-Goldband;
8715 Knauf Gipswerke

GOLDE
~ - **IDEAL**, Kunststoff-Fenster und Kunststoff-Türen (hochschlagzähes, weichmacherfreies PVC nach DIN 7748, Typ 3434);
8192 Golde

Goldring
→ Orth-Rotring;
3430 Orth

Goldstar
→ Indeko-Goldstar;
6105 Caparol

Gold-Weißspezial
Spachtelputz für Innenwände;
5000 Durox

golf
Teppichboden, Nadelvlies, glatt, meliert, Polschicht 65% PP, 35% PA;
7120 DLW

GOLIATH
~ - Schilderständer;
6200 Moravia

Goliath
Grill-Kamin aus Waschbeton;
8767 Arnheiter

Golvpolish
→ Hagesan Golvpolish;
4057 Riedel

GOODWOOD
Kaminöfen, freistehend oder zum Einbau, mit Warmwasser oder Warmluft, als offener Kamin oder Kachelofen;
2352 Baukotherm

Gori®
~ **Acryllasur**, lmf, betont die Holzmaserung;
~ - **Fenster-Lasur**, Fensterlasur für stark witterungsbeanspruchte Hölzer;
~ **Holzschutzlasur**, farb- und wetterbeständig;
~ **Imprägniergrund**, für alle Holzarten innen und außen;
~ - **Profilholz-Lasur**, Holzlasur lmf;
~ **Zaunlasur**, Speziallasur für Zäune, Gatter, Pfosten und andere Holzbauteile;
4000 Henkel

Goswin
~ hydromix, Einhandmischbatterie;
5860 Goswin

Gottinga
Klinker;
3400 Hente

Gottschalk
Dachrinnen-Programm aus Chromnickelstahl, Stutzenbögen, Etagenbögen, Abläufe, Einläufe;
5760 Gottschalk

GPE
~ - Kunststoffe, Montagezubehör für Licht- und Wellasbestplatten, z. B. Drahtspanner, Schrauben, Dübel, Rohrkappen usw.;
6344 Pulverich

G®
Zeichen für → Gebhardt-Produkte;
7112 Gebhardt

Graepel
~ - Sicherheitsroste aus Stahl, Edelstahl und Alu, für Flächen und Treppenstufen;
4573 Graepel

gräfix®
~ - Edelputz;
~ - Estrich;
~ - Fliesenkleber;
~ - Leichtmauermörtel;
~ - Mauermörtel;
~ - Putze für Innen und Außen;
~ - Sanierputz;
8554 Endress

Gräper
~ - Fertigteil-Netzstation;
~ - Leichtbetonsockel, Fundament für alle Kabelverteiler;
2907 Gräper

GRAF
~ Regenwasser-Sammelbehälter;
~ Regenwassertank aus GFK;
7835 Graf

GRAF PROFIL
Mehrzweckleiste (Profilholz) aus Fichte mit Echtholzfurnier für die Decken- und Wandverkleidung;
7240 Graf

GRAFBAU
System-Hallen aus Stahl;
8700 Grafbau

GRAFFI-EX
Wandreinigungsmittel, speziell von Schmierereien durch umweltfreundliche Methode;
8972 Hebau

GRAFFI-STOP
Wandschutzmittel von Schmierereien und Umwelteinflüssen;
8972 Hebau

Grafu
~ - Rasenfugenpflaster;
8430 BKN

Gramlich
~ Fachwerkhäuser;
~ Fertighäuser;
6967 Gramlich

Grana®
~ - Waschputz, für Gebäudesockel, Treppenaufgänge usw., stoßfest, abwaschbar;
4300 Steinwerke
→ 8451 Terranova

GRANAT
First- und Gratlüftungselement aus PP;
4755 ivt

GRAND PRIX
→ PALLMANN® DD 67 GRAND PRIX;
8000 Pallmann

Grando®
Schwimmbad-Abdeckungen zur Dämmung des Wärmeverlustes in Rolladenform;
5060 Granderath

Grandura®
~ - Bordsteine, Randbefestigungen, Leit- und Flußbahnplatten, Bürgersteigplatten;
4300 Steinwerke

Granilith®
Boulevardplatten;
4300 Steinwerke

Granit
Eisenportlandzement Z 350 F;
2400 Metallhütte

GRANITA
Granit-Verblendsteine aus dreierlei farbigem Granit, handgespitzt;
8000 Granita

Granita
Granitwürfel-Material, gebraucht, sortiert;
8000 Granita

Granital
→ Keim-Granital;
8901 Keim

Granitherm
Außentreppen und Rampenanlagen aus Betonwerkstein, beheizbar;
4300 Steinwerke

Granitoid
~ - Hartstein;
4300 Steinwerke

Granniza®
~ - Buntsteinputz aus synthetisch eingefärbtem Naturstein;
4300 Steinwerke

granocrete
Mischung 1:11 z. B. für Wärmedämmestriche zweischaliger Flachdächer;
Mischung 1:15 z. B. für Wärmedämmfüllung zwischen Dachsparren;
Mischung 1:5 z. B. für feuerbeständige Ummantelung nach DIN 4102 Teil 2, alle Mischungen F 90 (Brandschutz);
Mischung 1:7 z. B. für Wärmedämmestriche unter befahrbaren Belägen;
Perlite-Leichtbetonmassen, trocken, in verschiedenen Mischungsverhältnissen (auf der Baustelle nur noch mit Wasser anzumachen);
6074 Perlite

Granolan
~ - System, hochelastisches Anstrich-Armierungs-System zur Sanierung von Putzrissen;
4300 Steinwerke

Granol®
~ - Dämmtechnik aus stumpfgeschnittenen PS-Hartschaumplatten;
~ - Kunstharzputz, dickschichtiger, fugenloser Wandbelag für außen und innen;
4300 Steinwerke

Granolux
~ - **Brillant**, scheuerbeständige Innenfarbe;
~ - **Kristall**, waschbeständige Innenfarbe, alle nach DIN 53 778;
~ - **Saphir**, extrem deckende Einschichtfarbe für innen;
4300 Steinwerke

1

Granoplast
Selbstklarender, mehrfarbiger Kunststoffputz;
4300 Steinwerke

Granova-Cryl
Reinacrylatfarbe für innen und außen;
4300 Steinwerke

Granta®
Betonwaren, z. B. Stahlbeton-Stadionstufen, Stahlbeton-Stützwinkel, Betonmöbel für Freizeitzentren und Fußgängerzonen, Gehwegplatten;
5460 Basaltin

GRANUCOL
Farbiger Kristallquarzsand zum Einfärben von Kunststoffböden;
8452 Dormineral

GRANULIT
Beton-Platten aus Edelsplittkorn von Hartgesteinen (Granit, Quarz, Basalt, Porphyr);
7514 Hötzel

GRANU-SAND®
Granulierter Bausand aus Schmelzkammerfeuerungen;
4600 Keller

Grasplatz
Verbund- und Rechteckpflaster;
7148 Ebert

Grass
~ - **Treppenlifte**, wie Rollstuhlplattformlift, Sitzlift: Stehlift, Treppen-Kuli, Hebebühnen, Behindertenaufzüge;
7909 sani-trans

GRAU
Lichtwandsysteme aus Acrylglas mit Facettenwirkung, daher kein freier Durchblick, farbig oder klar. Nutzbar als Balkon-Lichtwand, Terrassenabtrennung, Windschutz, Trennwand usw.;
7070 Grau

Graucob
Kalksandsteine;
3000 Graucob

Graute
~ Garagentorverkleidungen aus Alu;
~ Haustürfüllungen, z. B. Alu-Stiltürfüllungen, nach RAL einbrennbeschichtet;
4837 Graute

Grauweg
Fleckentferner (Wasser-Alkoholflecken) auf nitrolackierten und mattierten Holzflächen;
4010 Wiederhold

GRAVA
Tiefgrund für Putz etc. im Innenbereich;
3123 Livos

Grave
Wohnhäuser, Ferienhäuser, Gartenhäuser als Schlüsselfertighaus, Ausbauhaus oder Bausatzhaus;
3210 Grave

Gravicolor
→ UZIN Gravicolor;
7900 Uzin

Graziet
~ Asphalte;
~ Edelsplitte;
~ Pflaster, rauh;
5800 Köster

GRECO
Holzspanplatten;
4470 Greco

Gredo
~ - Fertigfenster;
4270 Greiling

Grehl
Thermopor-Ziegel;
7901 Grehl

Greif
Aufschraubbarer Geländerpfostenhalter für Kanthölzer und Stahlprofile;
4040 Betomax

GREIFFEST
~ - Sicherheitsprogramm, „mustergewalzte" Rohre und Bleche als Halbzeug und Endprodukte in Edelstahl rostfrei für vielseitige Anwendung z. B.: Badeleitern, Handlauf von Treppen, Abdeckplatten im Innenausbau;
4300 Edelstahl

Greiling
Kunststoff-Fenster, Holzfenster;
4270 Greiling

Greimbau
Holz-Stahlblech-Nagelverbindung für alle Holzfachwerkkonstruktionen anwendbar, für kleine bis größte Spannweiten;
3200 Greimbau

Greiner
Betonwerksteine und Betonfertigteile z. B. Bogenpflaster, Residenzpflaster (rustikal), Pflasterrinnen, Betonpalisaden, Rasengittersteine, Rasenpflaster, Betonpflastersteine;
7441 Greiner

GRES CATALAN
Keramik-Bodenbelag;
8752 Reiners
→ 7701 Baukeramik
→ 8120 Froelich

GRES DE NULES
Keramikbeläge wie Bodenfliesen, Wandfliesen, netzverklebtes Mosaik;
3000 Wittenhaus
→ 4690 Bärwolf
→ 8211 Traut

Greschalux®
Lichtkuppeln, Dunkelklappen, Rauch- und Wärmeabzugsanlagen, Brandmeldeanlagen;
4817 Grescha

Greschbach
System für Absperr-Poller;
2300 Jäger

grethe
Hakenfalz-Dämmplatten und Treppenfalz-Dämmplatten aus Styropor® für den Flachdachaufbau, auch Gefällekeile zur Anhebung der Dachbahn aus der Wasserebene;
5249 Grethe

GREUTOL
~ Vollwärmeschutz-System;
7892 Greutol

GREWA
Wannen-Heizsystem;
2409 Grebe

GRIESSER
~ Alu-Jalousien;
~ Alu-Rolläden;
~ Ganzmetallstores;
~ Ganzmetallverbund-Raffstores;
~ SICUR-AL, Sicherheits-Rolläden;
~ Sonnenschutz (Markisen);
7000 Griesser

GRILLO
~ - **Lichtfassaden Typ GFS**, Lichtelemente für den Sportstätten- und Industriebau aus Alu und glasfaserverstärktem Polyester;
~ - **Oberlichtbänder Typ GO**, vorgefertigte, doppelschalige Dachbelichtungselemente;
~ - **Shedlichtbänder Typ GS**, vorgefertigte Dachbelichtungselemente mit den Vorteilen einer Shedkonstruktion;
4223 Grillo

Grilonit
Kunstharze, Epoxidharze, Epoxidhärter, wasserdispergierbare Systeme;
5000 Ems

grimmplatten
~ Beeteinfassungen;
~ Beton-Verbundpflaster;
~ Fahrradständer;
~ Gartenbänke;
~ Gartensäulen;
~ L-Stein;
~ Müllboxen;
~ Pflanzgefäße;
~ Platten aus unterschiedlichsten Materialien und vielen Oberflächengestaltungen für Gehweg, Terrasse, Haus und Garten, z. B. Waschbetonplatten, Sandsteinplatten, Quarzbetonplatten, Tuffplatten, Rieselplatten, Kleinpflasterplatten, Riemchen-Pflasterplatten;
~ Podestplatten;
~ Poller;
~ Rasensteine;
~ Sitzstein;
~ U-Stein;
~ Wellenbeeteinfassung (Wegeinfassung mit aneinandergereihten Wellen in Grau, Rot, Braun);
~ Winkelstufen;
8080 Grimm

GRIMOLITH
Dämmprogramm vom Keller bis zum Dach, umfaßt u. a.:
~ - Baudämmplatte;
~ - Flachdachdämmplatte;
~ - Hartschaum PS 15 SE für Kerndämmung;
~ - Kellerdecken-Dämmplatte;
~ - Rigitherm-Verbundplatte;
~ - Steildachdämmplatten für über, zwischen und unter den Sparren;
~ - Trittschall-Dämmplatte;
~ - Welldach-Sanierungs-System (WPS);
6958 Grimm

GROBALITH
Unterbaumaterial für den Sportstättenbau;
4650 Preil

GRÖBER
~ Gipswandplatten;
~ Maschinenputz;
7000 Gröber

Gröber
~ Alu-Fenster;
~ Kunststoff-Fenster;
8229 Gröber

1

grö®therm
Wärmedämmputz-System, zweilagig mit einem Dämm-Unterputz und einem Oberputz, z. B. Kratzputz oder Münchener Rauhputz;
7560 Grötz

GRÖTZ
Fertiggaragen, z. B. Blumen-Doppelgarage und Landhaus-Doppelgarage;
6238 Betonwerk

Grötzinger
~ Fachwerkhaus, Fertighäuser;
4836 Grötzinger

GRÖVER
Spanplatten nach DIN 68 763, Formate: 5400 × 2070 mm 10 bis 38 mm, 14100 × 2600 mm 8 bis 74 mm, Standard, Trennschnitte, Fixmaße, Verkleidungsplatten und Verlegeplatten, Typen: V 20, V 20 E 1, B 1, V 100, V 100 G, V 100 K;
4784 Gröver

Groh
~ Abfallbehälter;
~ Fahrradständer;
~ Fallschutz/Elasticplatten;
~ Spielplatzgeräte;
6702 Groh

GROHE
Sanitärarmaturen und Brausen;
5870 Grohe

Grohmann
~ - Dekorplatten, Deckenverkleidungen aus Kunststoff;
~ - Isoliertapete aus Styropor®;
~ - Textiltapeten;
4900 Grohmann

GROHMATIC
Kopfbrause mit Kugelgelenk;
7622 Hansgrohe

Grohmix
~ **automatic 2000**, Thermostatarmaturen;
5870 Grohe

GROHNER
Keramikfliesen;
~ Dekorfliesen, künstlerische Serien mit ornamentalen und Bild-Motiven;
~ Krankenhaus-Sonderfliesen, Spezialglasuren für OP-Räume;
2820 Steingut

Groke
Haustüren und Fenster aus Aluminium sowie Vordächer, passend zu den ~ Türen;
~ - **Komfort**, Alu-Tür, Bautiefe 62 mm, jedoch nicht für Glasfüllungen vorgesehen;
~ - **Signa**, Alu-Tür, Bautiefe 50 mm;
7500 Groke

Groketherm
Alu-Tür, wärmegedämmt, vierseitig umlaufende Mittelstegdichtung im Flügel, wärmegedämmte Bodenschwelle;
7500 Groke

gromathic®
Kunststoff-Fenster, aus schlagzähem PVC;
4401 Grotemeyer

GROPAL®
~ - Deckensysteme, aus Alu, lackiert, beschichtet;
8702 Grosser

GRORUD
~ Fensterbeschläge für Holz- und PVC-Fenster;
~ Türbeschläge;
2300 Grorud

Gross
~ **Großflächendecken**;
~ **Transportbeton** für Hoch-, Tief-, Straßen- und Brückenbau;
~ **Wandelemente**, doppelschalig;
6670 Gross

GROTHKARST
~ Drehtüren;
2086 Grothkarst

Grout
Hochfrühfeste Betonvergußmasse;
4100 Hansit

„Großraum"
~ - **Lichtkuppel**, einschalig (wahlweise zweischalig) aus GFK, speziell für Schwimm-, Industrie- und Lagerhallen, Großraumbüros, Lichthöfe, Trafostationen;
7522 Skoda

Gruber
~ - Bodenroste aus PE für Industrie- und Handwerksbetriebe;
8000 Gruber

GRUBER DESIGN
Produkte aus Schmiedeisen wie Geländer, Gartentore, Zäune, Gitter;
8500 Feldmann
→ 2000 Thannemann
→ 5277 Wolfewicz
→ 7149 Saletzky

Grün
~ pori-Klimaton-Ziegel;
6107 Grün

grünbeck
~ Entsalzungsanlagen;
~ Kalk- und Rostlöser;
~ Rohrtrenner;
~ Wasseraufbereitungsanlagen;
~ Whirl-Pools;
8884 Grünbeck

Grünenwald
Installationswand aus Leichtbeton, montagefertig;
7410 Grünenwald

Grünfix
Dachbegrünung;
7528 Forestina

GRÜNHAUS
Glashäuser, Glasanbauten mit Holzkonstruktionen;
8480 Grünhaus

GRÜNSIEGEL 1450 (DM)
Betondichtungsmittel, Mörteldichtungsmittel, pulverförmig, chloridfrei, zur Herstellung von wasserdichtem Beton und wasserabweisendem Zement- und Kalkzementmörtel;
2000 Lugato

Grünwald
Sockelleisten, Profilleisten, Deckenleisten, Rohrverkleidungsleisten in Massivholz sowie ummantelt;
8853 Grünwald

Grünwall
~ Böschungssystem;
5600 Schutte

GRÜNWALLSTEIN®
Böschungsformstein für bepflanzbare oder geschlossene Böschungsschutzwände und Schallschutzwände;
6612 Gimmler

Grünwand 64
~ Lärmschutzwand;
~ Stützwand-System;
8430 BKN

Grumbach
~ Brausewannen aus Guß oder Stahlblech, emailliert;
~ Flansch-Gully-Programm: Dachgully, Trapezblech-Dachgully, Dunstrohr und Kombigully (Dachgully- und Dunstrohrführung durch eine einzige Öffnung);
Kleinhebeanlagen (elektronisch gesteuert);
6330 Grumbach

grundex
→ sto® grundex;
7894 sto

Grundix
→ ispo Grundix;
6239 ispo

GRUNELLA®
Seifenmühle für Einzel- und Reihenwaschanlagen;
7430 Grunella

GT
~ - Wandanschlußprofil, Alu stranggepreßt für homogene Verbindung mit Stahlbeton;
4300 Schierling

G.T.I.-Kassette®
Kamineinsatz mit Rauchgasumleitung zur größeren Energieausnutzung;
6600 Fondis

GTM
Industrie-Treppen aus verzinktem Metall;
4286 GTM

GTO
Kürzel für Produkte der Fa. Gebr. Titgemeyer, Osnabrück;
4500 Titgemeyer

GTV®
~ - Schließanlagen;
~ - Schlösser;
5620 Tiefenthal

Guardall
~ - Sicherheitssysteme, Alarmzentralen, Körperschallmelder, Infrarotmelder, Glasbruchmelder;
5000 Weltring

GUBELA
Leiteinrichtungen;
~ Heißplastiken und Kaltplastiken;
~ Kunststoff-Leitpfosten und Halterungen;
~ Stahl-Schutzplanken;
~ Straßenmarkierungsfarbe;
~ Straßenmarkierungsnägel;
5000 Gubela

GUDRONOL® F
Bituminöser Fundamentanstrich, auch auf schalungsfeuchtem Untergrund streichbar;
7000 Sika

GÜLICH
~ Baukeramik;
~ Formziegel;
~ Hochbauklinker und Verblender;
~ Kaminkopfklinker;
~ Klinkerplatten;
~ Pflasterklinker;
~ Tiefbauklinker;
3559 Gülich

1

güscha
Aluminium-Systeme;
~ - **Falt-Schiebewände**;
~ - **Fenster**;
~ - **Lux**, Markisen;
~ - **Schiebetüren**;
~ - **Trennwände**;
~ - **Überdachungen**;
~ - **Wintergärten**;
3501 Schlutz

Güsgen
Holzschrauben, Holz- und Spanplattenschrauben mit Schlitz- und Kreuzschlitz;
4000 Güsgen

GÜSTA®
Schmiedestäbe, Schmiedelemente, Handläufe, Rahmenläufe, Zierstäbe, Gitterstäbe, Beschläge, Torbänder, Torstützen;
6229 Güsta

güwa
~ Balkonverkleidungen;
~ Dekor-Zierscheiben für Türen, bestehend aus Zierelementen zwischen den Isolierglasscheiben;
~ Garagenverkleidungen;
~ Hausnummern;
~ Türblätter aus Holz und Türrahmenverkleidung;
7270 güwa

GUHA
Flexible Verbindungen (Verbindungsschläuche);
6230 GUHA

Guldager-System
Korrosionsschutz-Verfahren;
5100 Köpp

GUMBA
~ **Elastomer-Fugenbänder**;
~ **Fugenbänder** für Bewegungs- und Arbeitsfugen;
~ **Fugenbandsysteme** und Formstücke für alle Profil-Typen gem. Bauwerkszeichnungen;
~ **Fugenverschlußbänder**;
~ **OMEGA-Fugenbänder** bewehrt und unbewehrt;
~ **Polymer-Fugenbänder**;
~ **PVC-Fugenbänder**;
~ **Sonder-Fugenbänder** für Schleusenbauwerke, Kläranlagen, Tunnel, Staudämme, Kernkraftwerke und Schutzraumbauten;
8011 Gumba-Last

GUMBA
~ - **Elastomer-Lager**, bewehrt und unbewehrt, nach DIN 4141;
~ - Verformungs-Gleitlager;
8011 Gumba

Gumminoid
~ - Bitumen-Dachbahnen, Bitumen-Dachpappen;
2970 Hille

GUNFRED
Faltwand, hochdämpfend (bis zu 48 dB), aus Schweden;
2312 Wepner

GUNREBEN
Fertigparkett, Stabparkett und Mosaikparkett, Holzpflaster;
8600 Gunreben

Guntia 40
Leichtmetall-Fensterbänke;
3103 Pfeiffer

GU-SECURY
~ - Türverschluß zur Sicherung von Haus- und Wohnungseingangstüren durch 5fache Verriegelung;
7257 Gretsch

GUSSEK
~ **Montagehaus**, Fertighäuser;
4460 Gussek

Guss-stav
Gußeiserner Heizkamin, Dauerbrandgerät, auch mit Anthrazit-Nuß 2 und Eierbriketts zu brennen, besonders geeignet für den Aufbau mit Ofenkacheln;
2000 Bessenbach

GUTE MISCHUNG
Kunststoffdispersion zur Mischung mit → SICHERHEITSKLEBER®, ergibt einen flexiblen, wasserdichten, frostsicheren Klebstoff, der DIN 18 156 Teil 2 und 3 erfüllt, zum Abdichten von Untergründen und Kleben von Fliesen, z. B. in Duschen und Balkonen;
2000 Lugato

Gutex
~ - **Homatherm**, wärmeisolierende, schalldämpfende Dämmplatte mit einer Oberflächenbespannung aus echten Textilien;
~ - **Homaton**, Weichfaserakustikplatten;
3420 Homanit

GUTMANN
~ - **Fensterbänke** aus stranggepreßten Profilen, eloxiert oder kunststoffbeschichtet;
~ - **Profile** für Holzfenstersprossen;
8832 Gutmann

guttagliss®
~ Acrylglas, pan, profiliert und als Stegdoppelplatten;
~ Hohlkammerpaneele aus PVC;
~ Makrolon auf Rollen;
~ Polystyrolglas;
~ PVC-Platten profiliert oder plan;

~ PVC-Rollen;
~ Stegdoppelplatten und Stegdreifachplatten aus Makrolon;
7600 Gutta

Guttanit®
Bitumen-Wellplatten für Dach und Wand;
7600 Gutta

guttapara®
~ - **N**, unverrottbare Tiefbau-Noppenbahn zum Schutz der Grundmauer-Abdichtung;
7600 Gutta

GW
~ - **Fix**, Bodenroste aus LPDE;
5300 Wiedenhagen

GWC-Stern
Betonelement in Y-Form zur Garten- und Landschaftsgestaltung;
5000 Siemokat

gwk
Wärmepumpen Luft/Wasser als Kompakt- und Splitgerät, aber auch Wasser/Wasser bzw. Sole/Wasser-Wärmepumpe;
5883 GWK

GYP PERFECT
Trockenestrich-Elemente, 0,625 × 160 cm, aus Gips und Hartholz, Nut- und Federverbindung, mit und ohne Dämmstoffunterlage;
4000 Gyproc

GYPCOMPACT
Gipskartonplatte im Format 100 × 150 × 1 cm, im Kern faserarmiert, Feuerwiderstandsklasse F 30;
4000 Gyproc

GYPLAT
Putzträgerplatten (Untergrund für Deckenuntersichten), Sonderform der Gipskartonplatte;
4000 Gyproc

GYPROC®
~ - **Gipskartonplatten** zur Wandbekleidung und Deckenbekleidung, nicht brennbar A2;
~ - **Hohlkehlleiste**, vielseitiges Dekorprofil;
~ - **MS-Wände**, Metallständer-Trennwände mit Gipskartonplatten beplankt;
4000 Gyproc

„H"
Holzreiniger und zum Lösen von Harzen und Sacchariden;
5047 Stromit

H + B
Kachelofen im Baukastensystem;
4806 Höhr

H + K
Verdunkelungsanlagen, stufenlos regulierbar für Lichtkuppeln, Lichtbänder, Dachverglasungen;
6000 Hahn
→ 5828 Krüger

H & S
Treppen;
~ Einholmtreppen;
~ Harfentreppen;
~ Holzwangentreppen;
~ Spindeltreppen;
Zweiholmtreppen;
4242 H & S

H 2000
Fugendichtung Acrylkitt H 2000, Acryldispersions-Dichtungsmasse für Dehnungsfugen im Innenausbau;
4000 Briare

Haacke
Hartschaumplatten aus Styropor®;
~ - **Pyroplan®**, Kaltdachisolierung aus Steinwolle;
3100 Haacke

Haag
Dachtritte, Dachaustritte, Standbleche und Gitterroste, feuerverzinkt oder farblich kunststoffbeschichtet;
4132 Haag

HAAS
Massiv-Blockhäuser;
8335 HAAS

Haase
Spielplatzgeräte;
2000 Haase

HABA
~ - Brüstungsprofile für Heizkörper- und Fensterbank-Montage;
~ - Konsolen für Fensterbänke und Abdeckplatten;
6096 Haba

Habel
~ - Baustein, aus Abfallprodukten wie Filterasche, Schlackensand +5% Zement oder Filterasche, Sand, +5% Zement;
2800 Habel

HABITAN
Kunststoff-Fenster und Terrassentüren (Habitan, erhöht schlagzähes Hart-PVC nach DIN 7748, schwerentflammbar, Grundstoff von Dynamit Nobel);
2725 HBI

HACA
~ Bodentreppen;
~ Kaminfeger-Leiter;
~ - **Leitern**, ortsfeste Leitern aus feuerverzinktem Stahl, Leichtmetall und Edelstahl;

1

~ Rampenleiter;
~ Schachtleitern;
6277 Hasenbach

HACOFLEX®
Dachbeschichtung aus einem Mehrkomponenten-Polyester-System, das flüssig in Verbindung mit einer Synthetik-Vlies-Armierung auf die vorhandene Dachhaut aufgebracht wird;
2000 Hammerstein

HADA
~ Holz im Garten;
~ Palisaden;
~ - Spielplatzgeräte aus Holz;
2165 Dammschneider

HADACRYL
Dichtungsmasse auf Acrylatharz-Basis, 1-K, plastoelastisch;
4354 Hahne

HADAGOL
~ **A**, Fassadenreinigungsmittel, alkalisch, konzentriert;
~ **B-EX**, Betonlöser, Rostlöser, säurehaltig;
~ - **Bitumenlöser**;
~ - **BT**, Betontrennmittel mit Pflegekomponente und Langzeitwirkung;
~ **E 10**, Trennmittelemulsion, vorverdünnt;
~ - **Entöler** für sämtliche Untergründe;
~ **K 30**, Trennmittel für saugfähige Holzschalung, wasserverdünnbar;
~ **N + S**, Trennmittel, nicht wasserverdünnbar, hochwirksam, für nicht saugende und saugende Schalung;
~ **R**, Baumaschinenschutzmittel;
~ **R90/6**, Kaltreiniger, lmh;
~ **S**, Fassadenreiniger, sauer;
~ **WD**, Schalwachs;
~ **W**, Schalwachspaste;
4354 Hahne

HADALAN
~ **Acryl**, Bodenfarbe, lmf, grau, trittfest, für Estrich- und Betonfußböden;
~ - **Betonlasur**, lmh, matt, 1-K-Kunstharzlack zur farblichen Angleichung von Sichtbeton;
~ - **Flüssigkunststoff**, 1-K-Flüssigkunststoff, lmh, zum Überstreichen mineralischer Untergründe;
4354 Hahne

HADAPLAST
~ **B-Kleber**, Klebedispersion für ~ - Buntsteinputz;
~ - **Betonspachtel B 1**, Kosmetikmörtel zum Glätten und Filzen für innen und außen;
~ - **Bodenspachtel**, zum Abgleichen von Estrichen und Betonböden;
~ - **Buntsteinputz**;
~ - **Fassadendämmung**;
~ - **FK-Flex**, weiß und grau, wasserdichter Kunststoff-Zementkleber, frostbeständig;
~ **FK**, Fliesenkleber, kunststoffvergütet, für innen und außen;
~ - **Florenz**, Kunststoffreibeputz, verarbeitungsfertig, für innen und außen;
~ **GS**, Gießspachtel, wasserfest, selbstverlaufend, zementgebunden;
~ - **K-Kleber**, verarbeitungsfertiger Kunststoffkleber für Fliesen und Dämmstoffe;
~ - **Mosaikputz**, Kunststoffputz, lmh;
~ - **Reibeputz**, verarbeitungsfertig, für innen und außen, Farbtöne lt. Farbkarte;
~ - **Sanierputz**, porenhydrophobierter, wasserabweisender Putz;
~ - **Streichputz**, für außen und innen, weiß, kunststoffvergütet, Schutz- und Schönheitsanstrich mit Oberflächenstruktur;
~ - **Strukturputz**, Kunststoffputz für innen und außen;
~ - **VWS-Spachtel**, hydraulisch abbindender Klebe- und Beschichtungsmörtel;
4354 Hahne

HADAPOX
~ **EP 2**, Betonversiegelung, Estrichversiegelung, auf Epoxidharzbasis, lmh, 2-K;
~ **EPV**, Verdünner für → HADALAN-Betonlasur, → VESTEROL A 10, → HADALAN-Betonsiegel;
~ **T 2**, Schutzbeschichtung, 2-K-Masse auf Epoxidharzbasis, gegen mechanische und chemische Beanspruchungen;
4354 Hahne

HADAPUR
~ **DD**, Kunstharz-Versiegelung, lmh, PU-Basis, für Beton- und Estrichflächen;
~ **DDV**, Betonverfestiger, lmh, 1-K, PU-Basis;
~ **E-PU schwarz**, Fugenvergußmasse, dauerelastisch, 2-K, lmf, für horizontale Fugen, Type „grau" mit verbesserter Chemikalienbeständigkeit und dehnbar;
~ **Floor**, 2-K-Bodenbeschichtung;
~ **FP**, Farbpaste für ~ DD;
~ **PU-Dichtkleber**, 2-K-Dichtungs- und Klebemasse für die Balkonsanierung;
~ **Silotix**, 1-K-Kunststoffanstrich auf PU-Basis;
~ **T-PU schwarz**, Teer-PU-Lack, 1-K, lmh, hochbeständiger Schutzanstrich und Dichtungsanstrich gegen verdünnte Säuren und Laugen;
4354 Hahne

HADARIT
~ **SK V 1**, Vorprimer, 1-K, für nicht saugende Untergründe;

~ **SK V 2**, Vorprimer für alle saugenden Untergründe;
~ **SK**, Dichtungsmasse auf Silikonkautschuk-Basis, elastisch, 1-K, für Bewegungs- und Anschlußfugen;
4354 Hahne

HADI
~ - Wand-Systeme, mit Raumtrennwand, Raumtrennschrank, Wandverkleidung und Vor-der-Wand-Schrank;
4902 Haarmann

HAERING
~ - VS-Vollwärmeschutz, Wärmedämmverbundsystem;
7101 Haering

Häde
→ RODEWALD;
3102 Rodewald

HÄNGEBOX
Abhängevorrichtung für Unterdecken mit Bügel aus 4 mm starkem feuerverzinktem Draht;
5885 Seifert

HÄNGENDE VERGLASUNG DBP
Verglasungs-System mit dem großflächige Scheiben zur Entlastung der Unterkanten (dort größte Bruchgefahr) „gehängt" werden;
6000 Hahn

Häng's dran
Wandhaken, Deckenhaken, Fahrradhaken, Surfbretthaken usw.;
5860 Dieckmann

Hänseroth
~ - Hinweisschilder aus Acryl in allen Größen und Farben lieferbar;
~ - **Pic-Schilder**, Türschilder aus Kunststoff;
~ - **Pictogramme**, auf Acrylglas hinterdruckt;
~ - Rillentafeln, Hinweistafel für Innen, mit Gummirillen oder Wollhaarfilz bezogen;
6109 Hänseroth

HÄRLE
Leimholz;
7950 Härle

Härtefix
→ AIDA Härtefix;
4573 Remmers

HÄUSSLER
Holz-Sockelleisten, lackiert;
7446 Häussler

hafa
Überladebrücken, Sektionaltore und Torabdichtungen in vielen verschiedenen Ausführungen (automatisch, rollbar, seitenverschiebbar usw.);
3015 Alten

HafnerMörtel
Zum Versetzen und Verfugen von Kachelöfen, keramische Erhärtung;
6200 Dyckerhoff Sopro

HafnerPutz
Für alle Putzarbeiten an Kaminen und Kachelöfen;
6200 Dyckerhoff Sopro

Haftfest
→ AIDA Haftfest;
4573 Remmers

Hagalith
→ quick-mix®-Hagalith;
4500 Quick-mix

HAGALITH®-Dämmputz-Programm
Das mineralische Wärmeschutzsystem für Außen- und Innenwände umfaßt:
Dämmputz A und B, Unterputze zur Wärmeisolierung ($\lambda = 0{,}08$ und $0{,}10$ W/mK);
Kratzputz, Edelputz auf Dämmputz;
Ausgleichputz, Grundierputz für nachfolgenden Münchener Rauhputz;
Münchener Rauhputz, Edelputz auf Ausgleich- und Dämmputz;
7505 Hagalith
→ 7251 Epasit

HAGALITH®-Fertigmörtel
Einlagen-Putz;
~ - **Fertigputz**, zum Glätten für Innenwände
→ 3045 Hagalith → 4250 KSH → 5000 Hagalith
→ 7251 Epasit;
~ - **Maschinenputz** → 3045 Hagalith → 4030 Hagalith
→ 5000 Hagalith;
7505 Hagalith

HAGALITH®-Haftbrücken
Sie dienen einer verbesserten Haftung und Verarbeitung;
~ - **Aufbrennsperre**, für stark oder unterschiedlich saugende Gründe → 3045 Hagalith → 4030 Hagalith
→ 4250 KSH → 7251 Epasit;
~ - **Kontaktgrund**, für putzunfreundliche Betonflächen;
~ - **Quarzbrücke**, für spezielle Vorbehandlungen
7505 Hagalith

HAGALITH®-Haftputze
~ **A**, zum Filzen für innen auf Decken- und Wandflächen
→ 3045 Hagalith → 4030 Hagalith → 4250 KSH
→ 7251 Epasit;
~ **B**, zum dünnschichtigen Glätten für innen auf Grundierungen → 3045 Hagalith → 4030 Hagalith
→ 4250 KSH;
~ **FF**, zum Filzen für Fassaden und Feuchträume
→ 3045 Hagalith → 4030 Hagalith → 4250 KSH
→ 7251 Epasit;

~ **L**, zum Glätten für innen auf Decken- und Wandflächen → 3045 Hagalith → 4030 Hagalith → 4250 KSH → 7251 Epasit;
~ **Y**, zum Glätten für Innenwände aus Gasbeton → 3045 Hagalith → 4030 Hagalith → 4250 KSH → 7251 Epasit;
7505 Hagalith

Hagal®
Patentiertes Geländer-System für Balkone, Treppen, Einfriedungen usw. aus Aluminium;
6800 Hagal

Hagan
Platten-Heizkörper;
~ **Formaplan** 2,0/1,5 mm;
~ **Profilplatten-Heizkörper**, 1,5 mm;
~ **Thermoplan** 3,0/2,0 mm;
~ **Triaplan** 3,0/3,0 mm;
5628 Hagan

hagebau mach's selbst
~ **Abbeizer**, unbrennbar;
~ **Acryl-Buntlack**, wasserverdünnbar;
~ **Acryl-Dichtstoffe**, schwarz, braun, grau;
~ **Acryl-Glanzweiß**, wasserverdünnbar, wetterbeständig, für Putz, Beton, Holz, Asbestzement, weiß glänzend;
~ **Acryl-Holzsiegel**, wasserverdünnbare Holz-Versiegelung, farblos glänzend, farblos seidenmatt;
~ **Acryl-Mattweiß** (Vorlack), wasserverdünnbar, weiß matt;
~ **Acryl-Seidenmatt**, wasserverdünnbar;
~ **Acryl-Seidenweiß**, wasserverdünnbar, für außen und innen, weiß seidenmatt;
~ **Acrylat-Fassadenfarbe**, weiß, matt, für außen wetterbeständig nach VOB, für innen scheuerbeständig nach DIN 53778;
~ **Algenentferner**, zum Reinigen und Vorbeugen;
~ **Antik-Wachs**, zum Einfärben und Wachsen von Cotto-Belägen und Holzmöbeln;
~ **Bau- und Fliesenkleber**, für innen und außen, frostsicher;
~ **Betongrund**, feuchtigkeitshärtende PU-Grundierung, farblos glänzend, für innen;
~ **Bienenwachs-Natur**, zum farblosen Wachsen von Cotto-Belägen und Holzmöbeln;
~ **Bitumen-Dachlack**, schwarz, zur Pflege und als Regenerationsanstrich;
~ **Bitumen-Isolieranstrich**, zum Schutz vor Feuchtigkeit bei Erdkontakt;
~ **Bitumen-Kaltkleber**, zur Verklebung von Dach- und Dichtungsbahnen;
~ **Bitumen-Spachtelmasse**, astbestfrei;
~ **Bitumen-Voranstrich**, zur Haftverbesserung von Bitumen-Klebemassen- und Anstrichen;
~ **Bleimennige**, Rostschutz schnelltrocknend, orange;
~ **Bodenbeschichtung**, wasserverdünnbarer Flüssigkunststoff, für außen und innen, heizölbeständig;
~ **Dachrinnenlack**, für Zink, Leichtmetall, Eisen und Kunststoffe, wetterfest, altkupfer;
~ **Effektlack** (Hammerschlag), wetterfest, silber, blau, anthrazit, kupfer, grün;
~ **Eisenglimmer**, für außen und innen, hochwiderstandsfähiger Korrosionsschutz, anthrazit, aluminium;
~ **Epoxi-Bodensiegel**, hochabriebfeste 2-Komponenten-Bodenbeschichtung, wasserverdünnbar, seidenglänzend, steingrau;
~ **Fenstersystem, Decklack**, langöliger Alkydharz für außen und innen, weiß hochglänzend;
~ **Fenstersystem**, Grundlack, Grund- und Zwischenanstrich für Holzwerk, außen und innen, wetterfest, weiß seidenglänzend;
~ **Fertig-Fliesenkleber**, für innen;
~ **Flüssig-Kunststoff**, seidenglänzende Schutzbeschichtung, wasser- und heizölfest, wasserbeständig;
~ **Fugengrau**, für innen und außen, an Wand und Boden, frostfest;
~ **Fugenweiß**, für innen und außen, an Wand und Boden, frostfest;
~ **Grundierung**, weiß, Rostschutz Rust Magic.;
~ **Hartschaumkleber**, für Isolierplatten;
~ **Heizkörperlack**, hitzefest bis 180 Grad C, weiß glänzend;
~ **Hochglanzlack bunt**, für außen und innen;
~ **Holzschutzfarbe**, deckender Holzschutz gegen Bläue, Schimmel, Pilz und Fäulnis, wasserverdünnbar, schadstoffarm, wetterbeständig;
~ **Holzschutzlasur**, für außen, Kiefer, Teak, Kastanie, Eiche, Mahagoni, Walnuß, Palisander, Nußbaum, Farblos;
~ **Holzveredelung**, für innen, schadstoffarm, farblos, Eiche-Dunkel, Eiche-Hell, Walnuß, Weißbuche, Zeder;
~ **Intensivreiniger**, entfernt leichten Zementschleier, etc., salzsäurefrei;
~ **Keramik-Pflegeöl**, für unglasierte Bodenplatten;
~ **Klarlack**, kristallklarer Schutzbelag, Glanzlack, Seidenglanzlack;
~ **Klarlack**, für außen und innen, wetterbeständig, hochglänzend, seidenmatt;
~ **Korkkleber**, braun eingefärbter Spezialkleber für Korkplatten und Korktapeten im Innenbereich;
~ **Kunststoff-Reiniger**, Sprühflasche;
~ **Lackspray**, hitzebeständig, aluminium, schwarz;
~ **Luft- und Yachtlack**, für außen und innen, klar;
~ **Maler-Vorlack**, auch als Heizkörpervorlack geeignet, weiß matt;
~ **Malerweiß**, für außen und innen, weiß hochglänzend;
~ **Metall-Konservierung**, gut haftender Schutzlack für Kupfer, Zink, Messing, Chrom, Aluminium, Zinn usw., wetterfest, farblos seidenglänzend;

~ **Natursteinversiegelung**, innen und außen;
~ **Nitroverdünnung**, hochwertiges Lösungsmittel für Nitro- und Kunstharzlacke;
~ **Öl-, Fett- und Teerenferner**;
~ **Öl-Fresser**, saugt Ölflecke auf und verwandelt es in trockenes Pulver, von Beton, Stein, Holz, etc;
~ **Paneel-Lack**, wasserverdünnbare Holzbeschichtung, für innen, mit UV-Schutz, farblos;
~ **Pinselreiniger, nicht alkalisch, nicht ätzend**;
~ **Putzgrund**, zur Haftungsbesserung für Kunststoffputze;
~ **Reibeputz**, innen, weiß, 2 mm;
~ **Reibeputz**, innen und außen, weiß, 3 mm;
~ **Reibeputz**, innen, weiß, 3 mm;
~ **Roll- und Spachtelputz**, innen, weiß, 1 mm;
~ **Rostschutzgrund**, bleifrei, grau, rotbraun;
~ **Sanitärcleaner**;
~ **Schimmelstop**, Sprühflasche;
~ **Schmiedelack**, für Kunstschmiedearbeiten, kupfer, schwarz matt, anthrazit;
~ **Schnell-Primer**, schnelltrocknende Rostschutzgrundierung, weiß, graugrün;
~ **Schultafellack**, grün matt, schwarz matt;
~ **Seidenmatt-Buntlack**, für außen und innen;
~ **Seidenweiß**, Weißlack für außen und innen, weiß seidenmatt;
~ **Silikon-Dichtstoffe**, schwarz, weiß, braun, grau, transparent;
~ **Spezialverdünnung für Flüssig-Kunststoff**;
~ **Steinpolish**, verhindert Stumpf- und Mattwerden des Bodens;
~ **Super-Wandfarbe**, weiß, matt, waschbeständig nach DIN 53778;
~ **Tapetenlöser**;
~ **Teppich- und Polstermöbelreiniger**;
~ **Terpentinersatz** (Lackverdünnung), Lösungsmittel für Kunstharz- und Ölfarben;
~ **Tiefengrund**, zur Oberflächenbefestigung der Untergründe vor Neubeschichtung;
~ **Universal-Haftgrund**, rostschützend, ungiftig, weiß, grau, rotbraun;
~ **Voll- und Abtönfarbe**, 100% Reinacrylat, für außen wetterbeständig nach VOB, für innen scheuerbeständig nach DIN 53778;
~ **Vorstrichfarbe**, weiß, Universalvorstreichfarbe für außen und innen, weiß matt;
~ **Wachs-, Fett- und Schmutzentferner**;
~ **Wandfarbe**, weiß, matt, waschbeständig für innen;
~ **Wisch-Wachs**, kombiniertes Reinigungs- und Pflegemittel;
~ **Zementschleierentferner**, für säurebeständige Untergründe;
~ **Zinkstaubfarbe**, vielseitig verwendbarer Rostschutz für Eisen und Stahl, elektrochemisch wirkend, zinkgrau;
3040 Hagebau

Hagemeister Klinker
→ Meisterklinker;
4405 Hagemeister

Hagesan
~ **blau**, Zementschleierentferner für Platten und Fliesen;
~ **bodenfrisch**, Fliesenreiniger, auch für Marmor, Kunststeinplatten, Kalkstein u. ä.;
~ **Golvpolish**, Flüssigkunststoff als Fußbodenschutz, für unglasierte keramische Bodenplatten und Fliesen u. ä.;
~ **grün**, Sanitärreiniger;
~ - **Indux**, Ölentferner, von Pflastersteinen, Keramik, Waschbeton- und Zementplatten;
~ **Limex**, Zementlöser, Salpeterlöser, von Klinkerfassaden und anderen Oberflächen mit Ausblühungen;
~ - **Remover**, Wachsentferner, auch für Öl, Fluate, Schmutz, von Fliesen, Platten, PVC u. ä.;
~ **Tarol**, Fleckenlösungsmittel und Teerentferner;
4057 Riedel

Hagis®
Sanitärausstattung in Messing;
5860 Hagis

HAGNFENSTER®
Fenster und Fenstertüren aus Mahagoni und Fichte, isolierverglast;
8037 Hagn

HAGN®
~ - Fensterläden in Mahagoni;
~ - Haustüren in Sipo-Mahagoni;
~ - Hebeschiebetür;
8037 Hagn

hagri
~ - Baubeschläge aus Edelstahl rostfrei;
4300 Grimberg

HAGUSTA
~ Brunnenaufsatzrohre, Filterrohre mit und ohne fest aufgebrachten Kiesbelag;
~ Gummiauskleidungen, säure- und laugenbeständig;
~ Pumpensteigrohre;
7592 Hagusta

Hahn
~ Briefeinwurf, wärmedämmend;
~ Türbeschläge und Hausnummern aus Bronze oder gegossenen KS-Werkstoffen;
~ Türdichtung, automatisch;
~ Universalband für Alu-Türen (Türband);
4050 Hahn

1

Hahn
Lamellenfenster, verstellbare Be- und Entlüftung (für Schulen, Industrie, Sporthallen, Treppenhäuser, Feuchtraumbetriebe usw.), auch „Hängende Verglasungen" und Ganzglas-Vitrinen;
6000 Hahn

Hahn 3
Leuchten;
1000 Hahn

HAHNE
~ - **Fassadenfarbe**, Kunststoff-Basis, weiß;
~ - **Karbolineum**, Imprägnieröl auf Teerbasis, Schutzanstrich, Imprägnieranstrich für freiverbaute Hölzer;
4354 Hahne

Hailo
Schachtleitern;
6342 Hailo

Hain
~ **Kellerfenster** in Fichte, Kunststoff und Stahl;
~ **Lichtschächte** aus Beton, auch in wasserdichter Ausführung, als Flutlichtschächte, Be- und Entlüftungsschächte;
8091 Hain

Hain-Fenster
~ Ausgangstüren in Fichte und Meranti;
~ Fensterläden in Fichte, Eiche und Meranti;
~ Haustüren in Fichte, Eiche und Meranti;
~ Landhaus-Innentüren in Fichte;
~ Mehrzweckfenster in Fichte und Meranti;
~ **Top-Fenster** (Lagerprogramm): Alpin-Fenster, Landhaus-Fenster in Fichte, Meranti und Hemlock (Landhaus-Fenster auch in Eiche), mit oder ohne Sprossen;
~ Wintergarten-Konstruktionen;
8098 Hain

HAIRCOL
Stahlblechprofile, sendzimirverzinkt;
8000 Hesse

HAKA
~ - **Ausgleichsmasse**, mit speziellen Haftzusätzen für Feinegalisierungen;
~ - **Klebemörtel**, Trockenmörtel für die Verlegung von Fliesen, Mosaik und Styropor auf saugenden Untergründen;
~ - **Spachtelmasse**, für Ausbesserungen an Betonteilen, Sichtbeton und zementhaltigen Estrichen, Böden und Putzen;
6800 Haka

HAKAFIX
Montagezement, gebrauchsfertig;
6800 Haka

Hakalit
Betonpflaster, Hartbetonpflaster, Formsteine, Kleinpflaster von rechteckig über dreieckig bis achteckig;
4100 Bau

HAKE
Teppich-Bremsunterlagen für Teppiche auf Teppichböden, Textilböden und Hartböden;
6053 Hake

Haku
Kunststoffbeschichtungen für Dachdichtungsbahnen, Trennwände, Bautenschutzplanenstoffe;
5142 Hammerstein

Hakutex 74
Kaltreiniger (Teerfleckenentferner) mit geprüftem Abwasserverhalten;
6900 Kluthe

Halfeneisen
~ Betonfassadenverankerungen;
~ Bewehrungsanschlüsse;
~ Dübel;
~ Edelstahl-Profile;
~ Fassadenplattenanker-Systeme;
~ Konsolanker;
~ Maueranschlußschienen;
~ Montageschienen;
~ Naturwerksteinplattenanker;
~ Rohrschellen;
~ Verblendmauerwerks-Verankerungen;
4000 Halfeneisen

Halfenschienen
~ - Ankerschienen;
~ - Dübelschienen mit Anschlußankern für Mauerwerks- und Klinkersteinanschlüsse;
4000 Halfeneisen

Haliburton
Tiefbohrzement für Bohrlochauskleidungen;
6200 Dyckerhoff AG

HALLER
~ Faltjalousien;
~ Kettenvorhänge;
~ Vertikaljalousien;
7209 Haller

Halmplank
Wird in Deutschland unter dem Namen → Stramit geliefert;
4000 Stramit

halo-therm
Fußbodenheizungs-System mit ~ VPE-Rohr aus Lupolen® 4261A der BASF;
4442 halo

Haltenhoff
Türen in Teak, Mahagoni, Limba, Nußbaum und Eiche;
3422 Haltenhoff

HALTENHOFF
~ Türen, Stiltüren und Normtüren in Holz;
5427 PUR

HALUFLEX
~ - Leichtmetall-Jalousien, mit flexiblen und randgebördelten Lamellen sowie allen Bedienungsarten für Innen- und Außenmontage;
~ - Rolljalousien, mit Geräuschdämmung und Sturmsicherung;
6700 Hassinger

Halu®
~ - **Element-Verdunkelungen** für Schulen, Krankenhäuser, Vortragssäle, Labors, Röntgen- und Filmvorführräume;
~ - **Fassadenmarkisen**, profilgeführter Objekt-Sonnenschutz mit Rohrfassade zur Beschattung von senkrechten, schrägen sowie schrägsenkrechten Verglasungen;
~ - Pergola-Markisen, aufrollbare Tuchüberdachungen für Straßencafés, Freiterrassen u. ä.;
~ - **Rollscreen-Gitterstoffstoren**, platzsparender Sonnenschutz (außen) mit hoher Wärmereflexion;
~ - Wintergartenmarkisen;
6700 Hassinger

HAMA
~ Elementdecken;
~ Fertiggaragen aus Stahlbeton;
8000 HAMA

HAMAPAN®
Fassadenbau-Verbundelement (Paneel) für hohe Anforderungen, Wärmedämmung, Brand- und Schallschutz;
8303 Hama

Hamberger
Sporthallenböden, fest montiert und mobile Ausführung;
~ - Prallwand;
~ - Spezialböden;
~ - Squashboden;
~ - Tanzparkettboden;
8200 Hamberger

HAMBRO
~ **D-500**, Verbunddeckensystem, Geschoßdecke für Verwaltungs- und Industriebau;
8000 Hambro

Hamela
~ Saunaanlagen nach Maß;
6234 Hamela

Hammerl
~ **Plastiks**, großflächige Stangenabstandhalter für die untere Bewehrung: **Typ Florett** mit Dreikant-Querschnitt, liegt deshalb immer richtig auf. **Typ Dreifuß** in Dreiecksform mit halbkreisartigen Durchbrüchen. **Typ Brücke** in U-Form;
7121 Hammerl

handisol
Alu-Isolierfolie, Luftkissenpolsterfolie 5 mm stark, Baustoffklasse B2;
5600 Unipor

Handöl
Kaminöfen, Modelle für jeden Schornsteinanschluß, auch mit eigenem Schornsteinsystem;
2000 Handöl

Hangflor
Pflanzringsystem als Hangsicherung und Stützwand;
5473 Ehl

Hanisch
~ Klein-Gewächshaus aus Polycarbonat-Hohlkammerplatten;
4460 Hanisch

HANNING
~ Garagentor-Automat mit drahtloser Fernbedienung;
4811 Hanning

Hanno
~ - Binder, PM-Binder;
~ - Kalk, hochhydraulischer Kalk;
3000 HPC
→ 3000 Verkaufsstelle

HANNO
~ **GM**, Silikonharz-Grundierung für saugfähige Untergründe im Naß-Trocken-Wechselbereich;
~ - **Purschaum**, 1-K, Füllschaum und Kleber für Türfutter;
~ **RP**, Reinigungsprimer;
3014 Hanno

Hannoband®
Dichtungsband aus farblos getränktem Spezialschaum;
3014 Hanno

Hannokitt
~ **D**, elastische Dichtungsmasse auf Dispersionsbasis für nasse und trockene Fugen;
~ **S**, hochelastische Silikon-Dichtungsmasse;
~ **SR weiß**, hochelastische Silikon-Dichtungsmasse für Fugen im Glasbau und Sanitärbereich;
~ **TFK**, Montageklebstoff zur Befestigung von Türfuttern;
~ **100**, dauerplastische Dichtungsmasse, hautbildend auch bei breiten Fugen;
3014 Hanno

1

Hanno's Silimini
Weichelastische Dichtungsmasse für Fugen und Risse bei Glas, Keramik, Emaille, Holz, Beton, Metall usw.;
3014 Hanno

HANNOSCHAUM®EL
PU-Weichschaumstoff, elektrisch leitfähig, mit Kunstharzimprägnierung;
3014 Hanno

Hannotub®
Rohrisolierschläuche, aus geschlossenzelligem PE-Schaum. Unter gleichem Namen: Spezial-Kleber und Verdünner hierzu;
3014 Hanno

Hannoverscher
~ Hüttenzement;
~ Portlandzement;
3000 HPC

HANNOWIK®-Spezial
Rohrisolierschläuche, aus unverrottbarer Kunstfaser, mit PE-Folie beschichtet, auch ohne Beschichtung lieferbar;
3014 Hanno

Hansa
~ - Insektenstop, Insektenschutz-Fenster und Insektenschutz-Türen aus Alu-Profilen mit Fiberglasgewebe;
~ - Jalousette;
~ - Markise;
~ - Rollo ESR = Energie-Spar-Rollo;
~ - Sichtschutz und Sonnenschutz;
~ - Verticalstore;
2000 Thiessen

HANSA
~ - Türelemente und ~ - Türen, edelholzfurniert, mit Kunststoffplatten beschichtet, Strahlenschutztüren;
4100 Hansa

HANSA
Butzenscheiben mit Diagonal-Spiegelung für Haustüren, Fenster und Trennwände;
4900 Wehmeier

Hansa
~ **electrona**, Waschtisch-Einlocharmatur, berührungslos, elektronisch gesteuert;
~ Hansamat, Thermostatprogramm für Sanitärarmaturen;
7000 Hansa

Hansaduajet
Handbrause mit Drucktaste zur Strahlverstellung von Weich- auf Nadelstrahl;
7000 Hansa

Hansamat
→ Hansa Hansamat;
7000 Hansa

Hansamix
Einhandmischer mit Keramikscheiben;
7000 Hansa

Hansanova
Waschtischarmaturen;
~ - **K**, Spültisch-Einlochbatterie mit Kermaik-Dichtungstechnik;
7000 Hansa

Hansatherm
Schamotterohre für Hausschornsteine, Zentralheizungs-Schornsteine, Rauchkanäle;
2400 Hansa

Hansa-Tresor
Freistehende und einbaufähige Stahltresore;
2000 Hansa-Tresor

Hansatrijet
Handbrause, dreifach verstellbar bis zum Nadel- und Massagestrahl;
7000 Hansa

Hansavariojet
Handbrause mit Strahlverstellung;
7000 Hansa

Hanse
Fertighäuser;
7531 Hanse

Hanseatische Betonstein-Industrie
Eskoo-Verbund- und Betonpflastersteine;
2359 Hanseatische

Hansen
Fensterprofile (für Holz- und Stahl), Türprofile, Satteldichtungen und Hilfsdichtungen für Kalksandsteinkessel;
3000 Gummi-Hansen

Hansen & Detlefsen
Brettschichtholz, auch Sonderanfertigungen;
2250 Hansen & Detlefsen

HANSERIT®
Bitumendachbahnen, Bitumenerzeugnisse;
2800 Marquart

hansgrohe
Sanitärarmaturen;
7622 Hansgrohe

hansit®
Abdichtungs- und Sanierungsstoffe;
~ - Bautenschutz, farbig;

~ - Dichtungsschlämme;
~ - **flex**, Dichtungsmassen für Dach, Wand, Keller, Bad und Schwimmbecken;
~ - Klebemörtel;
~ - **pox**, Kunststoffe;
~ - Schnellbinder;
~ - Tiefengrund;
4100 Hansit

HANSSEN
Blockhäuser;
3510 Hanssen

Hapa
Kunststoff-Fenster aus PVC-Hart;
8801 Hackl

hapa
~ - Kunststoff-Fenster;
~ - Rolladenkästen;
~ - Rolladenkastendeckel aus Schaum-PVC;
~ - Rolläden;
8808 Hackl

HAPPEL
~ Gasheizkessel;
~ Wärmepumpen;
4690 Happel

Happich
~ - Gummi-Klemmprofile, zum schnellen Verglasen in Industriegebäuden oder bei Raumteilern, Klimakanälen u. ä.;
5600 Happich

HARBJERG
Blähton-Wandelemente und Decken;
2303 Juschkat

HARDER
~ - **BLOCKHAUS**, Blockhäuser;
7104 Harder

Hardmaas
~ - Schmelzglastüren mit ESG, Brüstungsscheiben → Colorbel;
2000 Bluhm

Hardo®
Dämmstoff-Befestigungsmittel im Flachdach- und Fassadenbau;
~ Dübelanker, bauaufsichtlich zugelassen;
~ Edelstahl-Luftschichtanker DIN-gerecht DIN 1053;
~ Putznägel für das VWS-System und mineralischen Putzen mit gleichzeitiger Befestigung eines Armierungsgewebes auf Abstand vor einer Wärmedämmung;
~ WD-Nägel für mechanische Dämmstoff-Befestigung und Dachbahn-Befestigung auf allen Untergründen;
5760 Hegmann

hardstone
Bautenschutzmittel zur Blockierung von Nitraten im Mauerwerk, gleichzeitig Gesteinserhärter;
2000 Vandex

HAREX®
Stahlfasern zur Herstellung von Stahlfaserbeton;
4690 Harex

HARK
~ - Kamineinsätze, feuerfest, aus Schamotte-Riemchen und -Klinkern, Rauchsammler und Feuerungseinsätze aus 5 mm Guß;
4100 Hark

HARK
~ Raumspartreppen-Geländer;
~ Treppen (z. B. Stahlspindel-Sicherheitstreppenanlagen);
4900 Hark

Harling
Bau- und Konstruktionsholz, tauch- oder kesseldruckimprägniert;
3103 Harling

Harmony
Badausstattung;
6000 Allibert

HARO
~ - **Castell**, miteinander kombinierbare Balken und Paneele aus wachsgebeizter Eiche;
~ - **Chalet**, Kassetten-Innenausbausystem für Wand und Decke, in Fichte wachsgebeizt und Eiche;
~ - **Massivholz**, Holzelemente aus Fichte natur oder formaldehydfreier, wachsgebeizter Oberfläche;
~ - **Paneele/Kassetten**, mehrschichtige Sperrholz- oder Spanholzplatten, Oberfläche mit Lichtschutzlack;
~ - **Parkett**, wohnfertig versiegelt, mehrschichtig aufgebaute Fertigparkettelemente in Dicken von 10 bis 25 mm, für alle Unterböden geeignet, auch Fußbodenheizung, Fertigparkettelemente entsprechen DIN 280 Teil 5;
8200 Hamberger

HAROBAVARIA
WC-Sitz, Vollplasticmodell 96 und 97;
8200 Hamberger

HARÖ
Sauna in handwerklicher Fertigung;
6422 Harö

HAROFIX
~ - Rückstückmodell (WC-Sitze);
8200 Hamberger

HAROHOLZ
~ - WC-Sitze aus Massiv, Sperrholz und MDV, naturfarben oder mit Plattencelluloid überzogen;
8200 Hamberger

HAROLIT
~ - Plasticsitze, Siedlungsmodell (WC-Sitze);
8200 Hamberger

Hartmann
Deckenbausystem;
2000 Abshagen

Hartmanns
~ Isolierasche;
4000 Hartmann

Hartwig
~ Alu-Fenster, Alu-Hauseingangstüren und Alu-Hebeschiebetüren, System Führer;
~ Holz-Fenster, Holz-Haustüren, Holz-Hebeschiebetüren;
~ Kunststoff-Fenster, Kunststoff-Hebeschiebetüren, System Veka;
4835 Hartwig

Harzer
Stuckgips;
3360 Schimpf

HARZER
~ **Betoglipp-Rohr**, Betonrohr mit eingebauter Gummiringdichtung;
~ **Betonwaren**: u. a. Falzrohre, Glockenmuffenrohre, Bordsteine DIN 483, Pflaster DIN 18 051, Gehwegplatten DIN 485, Rasenkanten mit Nut und Feder, Waschbetonplatten, Blumenkübel;
~ **Fertigteilschacht** aus Beton;
3387 Kleinbongardt

HARZMANN
~ - Dachrandsystem, farbiger Dachrandabschluß für flache und geneigte Dächer;
7482 Harzmann

Harzsiegel
Farbenzinkoxyde für Öl- und Lackfarben;
3394 Heubach

HaSe
~ - Ankerbolzen zur spreizdruckfreien Befestigung sowohl in Sperrholz bis hin zu Beton;
4800 Hainke

HASIT
Innenputze und Außenputze, Edelputze Lithin, Wärmedämm-Systeme;
Mauermörtel und Estrich;
8050 HASIT

HASOL
~ - **Bautenkleber B 60**, schwer entflammbare Klebe- und Verputzmasse für Hartschäume;
~ - **D-Dispersion**, Anstrich für alkalische Untergründe mit hohem Dampfdiffusionswiderstand zur Schaffung von Dampfsperren oder Dampfbremsen je nach Schichtdicke;
~ - **Klebzement B 70**, schwer entflammbarer Kleber für Hartschaumplatten auf saugende Untergründe, für Fliesen auf Hartschaum und saugende Untergründe;
~ - **Kunststoffputz B 80**, Strukturputz für alle Anwendungen innen und außen, vor allem auf B 60;
6700 Haase

Hasolith
~ - Vollwärme-Putzsystem, Wärmedämmverbundsystem;
8500 Haselmeyer

HASSÄSSIV
Adhäsiv-Kaltklebemasse für PS, PUR und Bitumendachbahnen;
3110 Hasse

HASSE
~ - Spezial-Docken NE zur sicheren Eindeckung von Dachpfannen;
3110 Hasse

HASSEROL
~ **B**, Bitumen-Universalanstrich für Beton- und Eisenflächen;
~ **DL**, Dachlacke, farbig, auf bituminöser Grundlage;
~ **K**, Silolack auf Bitumenbasis;
~ **ND**, Bitumenanstrich zur Fundamentisolierung;
~ **V**, Bitumenvoranstrich zur Staubbindung und Haftvermittlung;
3110 Hasse

HASSINGER
~ - **Rolladenkasten**, System **PRIX**, für 24er, 30er und 36er Mauerwerk: **Type 1 Standard**, Verbundkonstruktion aus Hartfaserschale mit Styroporisolierung und Leichtbauplattenverkleidung.
Type 1a, mit äußerer Sturzdämmung, die gleichzeitig als Schalung für den deckengleichen Sturz dient.
Type 2K, speziell für Verblendmauerwerk;
~ - **Rolltore** und **Rollgitter**, in Stahl und Leichtmetall, auch doppelwandig mit Isolierfüllung für Geräusch- und Wärmedämmung sowie als Feuerschutzabschlüsse;
6700 Hassinger

HASSODRITT
Bitumen-Schweißbahnen;
3110 Hasse

HASSOLIT
~ **DD**, Dachlack, farbig, auf Kunstharzdispersionsbasis;
~ **ES**, Entschalungsöl für Holzschalbretter;
~ **RS**, Reiniger für durch Bitumen verschmutzte Wände;
~ **Z**, Spezial-Imprägnieröl zum Tränken von Waldlattenzäunen;
3110 Hasse

HASSOPHALT
Elastomer-modifizierte Bitumen-Klebemasse;
3110 Hasse

HASSOPLAST
~ **BK**, Bitumen-Klebemasse, kaltflüssig;
~ **BS**, Universal-Bitumen-Spachtelmasse zum Dichten von Fugen und Rissen in Dächern und Mauern;
~ **K**, Spezial-Kieseinbettmasse, kaltflüssig, sehr standfest und haftend, auch wurzelfest lieferbar;
~ **TK**, Muffenkitt, hell, wurzelfest, auf Ölbasis;
3110 Hasse

HASSOPOR
Rollbare Dämmbahnen, Dämmelemente;
3110 Hasse

HASSOTEKT
Flachdachsysteme, Glasvliesbitumenbahnen, Dachdichtungsbahnen;
3110 Hasse

HaTe
Textilprodukte aus Synthetics für das Bauwesen;
~ - Gitterplanen, Filterplanen, Betonmattengewebe, Armierungsgewebe, Stabilisierungsmatten, Dränmatten, Vliese, Deichsäcke, Katastrophensäcke;
4423 Huesker

Hattendorf
Kunststoff-Fenster, Kunststoff-Türen, Rolläden;
3013 Hattendorf

Hauff
Gas- und wasserdichte Kabeldurchführungen, Hauseinführungen, Brandschutzpackungen, Erdungsdurchführungen;
7922 Hauff

Hauserman
Stahl-Trennwände, versetzbar, aus Wandelementen, die schraublos mit Spezialklammern zu ebenen Wänden ohne Pfosten und vorstehende Leisten aneinandergefügt werden;
6078 Hauserman

Haushahn
Aufzüge aller Art;
7000 Haushahn

HAUSMANN
Schwimmhallen, Schwimmbecken, Hot-Whirl-Pool, Sauna;
5100 Hausmann

HAUTAU
Fensterbeschläge für Kunststoff-Fenster;
3068 Hautau

HAVANNA
Unglasierte Steinzeugfliesen, strukturiert, 20 x 20 cm und 30 x 30 cm;
4005 Ostara

hawa
~ - **fold-away**®, Faltschiebetür-Beschlag;
~ - roll-away®, Schiebetürbeschlag;
7270 Häfele

HAWA-phon
Schalldämmplatte;
6057 Wanit Universal

hawei®
Bossensteine;
8128 Hauraton

HAWGOOD
~ - Federbänder für Pendeltüren;
5860 Oostwoud

hawo®
Vollwärmeschutz-System;
6520 Hawo

HAZET
~ - Fertigparkett, nach DIN 280 Teil 4 und 5;
~ - Holzpflaster, nach DIN 68 701 und 68 702;
~ - Mosaikparkett, nach DIN 280 Teil 2;
~ - Sportboden aus Holz, z. B. Schwingboden, Squashboden, Elastikboden für Gymnastik, Tanz usw.;
~ - Stabparkett, nach DIN 280 Teil 1;
8619 Holzwerke

HB
~ - Verblend-Gitterziegel, großformatig, aus Ton;
4501 Hebrok

HBE
~ - **Fassaden-Belüftungssteine** für hinterlüftete Klinkerfassaden in allen gängigen Formaten und Farben;
5805 Heede

HBF
~ **Fertigkeller**, Bausatzkeller und Ausbaukeller;
7103 HBF

HBI
Fenster und Außentüren aus Mahagoni, Fichte und Kunststoff (Habitan);
2725 HBI

1

HBS
Bewehrungs-Schraubanschlüsse, Muffen- und Anschlußstäbe aus BSt 500 S, Stab-Ø 12, 14, 16, 20, 25, 28 mm;
4000 Halfeneisen

HBT
Bewehrungs-Rückbiegeanschlüsse, Einfach- und Doppelanschlüsse, Stab-Ø 8, 10, 12 mm;
4000 Halfeneisen

hdg
~ Tresore, Mauerschränke, Wandtresore, Panzergeldschränke usw.;
2000 hdg

HDG
~ - Heizkessel, für Festbrennstoffe wie Kohle, Torf, Holz, Altpapier usw., Öl und Gas. „Nachbrenner", verbrennt die Schwel- und Rauchgase;
2842 Nordklima

HDG
~ - Bavaria-Heizkessel für Festbrennstoffe oder Öl/Gas;
8332 HDG

HEARTFIRE®
Offene Kamine (Rohkamine) für innen und außen;
3394 Henniges

HEBAU
~ **Betonformen** für Poller, Blumenkübel u. ä.;
~ **WP-Papier**, Waschbetonpapier Doppel-Bitumenpapier mit Kunststoffrückseite;
8972 Hebau

Hebefix
Überflurschacht als Mini-Pumpstation — aufstellbarer Kunststoffbehälter mit eingebauter Kellerentwässerungspumpe;
4803 Jung

hebel®
~ - **Fertigputze** für außen und innen;
~ - Fertigtreppen (massiv);
~ - **Gasbeton**, aus den Rohstoffen Sand, Kalk und Zement, als Plansteine, Blocksteine, Stürze, Dachplatten, Deckenplatten, Wandplatten, Wandtafeln;
~ - **haus**, Fertighäuser;
8080 Hebel

HE-BER
~ Balkonverkleidungen aus Kunststoff;
~ Garagen-Rolltore aus Kunststoff;
~ Kunststoffprofil-Verkleidungen für Fassaden, Loggien, Giebelverschalung usw.;
~ Kunststoff-Fenster (Mehrzweckfenster mit Kipp- und Drehflügel);
~ Rolladen, auch für den nachträglichen Einbau aus Alu und Kunststoff;
4837 He-ber

HEBGO
~ - Türdichtungen, Falzdichtungen zur nachträglichen oder zusätzlichen Abdichtung, Haustürdichtungen mit hohem Federbereich, schalldämmende Türschwellendichtung;
7080 Mayer

HEBO
~ - Bodentreppen in Leichtmetall, Stahlrohr, Holz;
~ - Scherentreppen;
5232 Born

Hebör
Hochwertiger Gips, Fein- und Spezialgipse für Keramik, Technik und Medizin;
3425 Börgardts

HEBROK
~ - Dachabschluß für Steil- und Flachdächer;
~ - Dachabschlußprofile und Fassadenelemente aus Metall mit aufkaschierter HEBAU-Folie (PVF) Tedlar in vielen Farben;
~ - Fassadenelemente als vorgehängte Fassade aus Alu;
4800 Hebrok

HEBÜ
Bauprofile aus Alu;
~ Aufsetzkränze und Lüfterstutzen für profilierte Metalldächer;
~ Bleche, Bänder, Streifen;
~ Brüstungsabdeckungen;
~ Fassadenplatte, aus Alu lackiert, Kupfer und Zink;
~ Fensterbänke;
~ Kaminabdeckungen und Wetterfahnen aus Kupfer oder Edelstahl V2A;
~ Profile, Dachabschlußprofile, Mauerabdeckungen, Wandanschlußprofile, Kiesleisten, Kappleisten;
~ Sonderprofile, gepreßt und abgekantet;
~ Well- und Trapezbleche, in Natur und Farbe lackiert für Dach und Fassade;
5160 Büssgen

Heck
Dämmfassade mit mineralischem Oberputz für Alt- und Neubauten, Dämmung für Wand, Decke und Dach;
6701 Heck

Heda
~ Drehtore, Stabfront-Gitterzäune, Torschranken;
~ Schiebetore, freitragend (ohne Schienenfundament), vielfältige Steuerungsmöglichkeiten;

~ Zaunanlagen;
4793 Herberg

HEDO®
Haken aus Stahl zur Wand-, Boden- oder Deckenmontage;
~ **HB/2**, Universalbügel zur Aufbewahrung von Gegenständen unter Keller- oder Garagendecke;
~ **HE**, Rundhaken für Hobbyraum, Werkstatt, Garage usw.;
~ **HF**, Fahrradhaken zum Aufhängen der Fahrräder;
~ **HFS**, schwenkbarer Fahrradständer;
~ **HG**, Gerätehaken mit selbstsichernden Tragarmen;
~ **HLB**, Lift, Aufzug unter Garagendecke für Leitern und Surfboards;
~ **HM**, Motorständer;
~ **H**, Universalhaken;
~ **HS**, Skihalter;
~ **HSS**, Surfboardträger, schwenkbar;
~ **HST**, Super-Träger, schwenkbar, bis 80 kg belastbar;
~ **H9**, Universalhaken für starke Belastung;
~ **S**, Surfboardträger;
~ **TL**, Leiterträger;
~ **T9**, Träger für eine Traverse von Wand zu Wand;
8192 Hesshaimer

Heede
~ Jalousien;
~ Lamellen-Vorhänge;
~ Markisen;
~ Rollos;
~ Verdunkelungsanlagen;
~ Vertikal-Vorhänge;
4500 Heede

HEESTA
Bewehrungsanschluß mit profilierter Oberfläche aus Stahlblech, verbleibt im Beton;
4983 Heemeyer

hefi
Glasbauten wie Shedlichtbänder, Tonnenlichtbänder, Segmentlichtbänder, Wintergärten;
7129 Fischer

HEFRO
~ - **Haustüren**, mit Doppelfalz, 2facher Dichtung und Stahlrahmenarmierung in den Holzarten Mahagoni, Eiche, Teak und Fichte;
3559 HEFRO

Hege
Spielplatzgeräte in Holz-Stahl-Kunststoff;
3563 Gerlach

HEGGER
~ - Kellertüren;
~ - Stiltüren;
~ - Wohnungseingangstüren;
~ - Zimmertüren, glatt;
4130 Hegger

HEGIform®
~ - Balustraden und Ornamentsteine aus Beton;
6612 Gimmler

Hegipex®
~ Pflanzwand, senkrecht bepflanzbare Wand als Sichtschutz und Lärmschutzwand;
6612 Gimmler

Heglerflex
→ Heglerplast;
8735 Hegler

HEGLERPLAST
Kunststoffrohre (Isolierrohre und Panzerrohre), starr oder flexibel, für die Installation von elektrischen Leitungen;
8735 Hegler

hego
~ - Luftschichtplatte, Kerndämmelement mit integrierter Luftschicht für zweischaliges Mauerwerk nach DIN 1053, Element aus nichtbrennbarer Mineralfaser;
~ - Trockenestrich-Platte, Verbundelemente aus einer 22 mm Spanplatte mit umlaufender Nut und Feder, zur Schalldämmung von alten Holzfußböden, Beton usw.;
2800 Golinski

Hehn®
Bausystem, Selbstbau-Keller und Selbstbau-Haus;
5450 Hehn

Heibacko
Zentralheizung, Flachheizkörper, Fußbodenheizung;
3340 Heibacko

HEIBGES
Betonbauteile für Haus und Garten;
~ **Blockstufen** für Treppen in Garten- und Parkanlagen;
~ **Böschungstreppen**;
~ **Fahrstufentreppen** für Rollstühle u. ä.;
~ **Freilandtreppen** für Gartenböschungen und Wege;
~ **Mauerabdeckungen** aus Rüttelbeton;
~ **Mittelholmtreppe** aus Betonfertigteilen, wandunabhängig;
~ **Rolladenkästen** aus Styropor mit GF-Zementbeschichtung;
~ **Treppen** DBP aus Stahlbetonfertigteilen für innen und außen;
~ **Winkelstufen**;
4130 Heibges

HEIDELBERG
Mittelschwere Scherensperre;
6200 Moravia

1

Heidelberger
~ **Faserputze**, zum Verputzen bei besonderen Anforderungen, z. B. bei der Blockbondbauweise;
~ **Fertigputze**, gipsgebundene Handputze für Mauerwerk aller Art;
~ **Fugenfüller**, zum Verspachteln von Gipszwischenwandplatten;
~ **Fugengips**, zum Verkleben und Verspachteln von Gipszwischenwandplatten aller Fabrikate;
~ **Fugenspachtel**, zum Verspachteln von Gipskarton und -verbundplatten;
~ **Haftputze**, gipsgebunden, besonders für Beton;
~ **Kalk-Zement-Oberputze** farbig, mineralisch;
~ **Kalk-Zement-Unterputze, maschinengängig, für außen und innen;**
~ **Kalksteinbrechsande**, als Trägermaterial für Werktrockenmörtel, Kunstharzputze;
~ **Kalksteinmehl**, als Füller für bituminöse Massen;
~ **Kalksteinsplitt** und -Schotter, für Betonherstellung, Glasindustrie und Straßenbau;
~ **Leichtmauermörtel**, werksseitig gemischter Trockenmörtel besonders für hochwärmedämmendes Mauerwerk;
~ Maschinenputzgips, Kalk-Gips-Maschinenputz für innen;
~ **Mauermörtel**, werksseitig gemischter Trockenmörtel in allen Mörtelgruppen;
~ **Putzgips**, Bindemittel für Innenputze;
~ **Sichtmauermörtel**, zum Verfugen von Sichtmauerwerk;
~ **Stuckgips**, für Stuckarbeiten und Bildhauerei;
~ **Weißfeinkalk**, zur Bodenverfestigung im Straßenbau, für Kalksand- und Gasbetonsteine;
6900 Zement

Heidelberger Dachstein
Betonziegel nach DIN 1115, durchgefärbt, für Dachneigungen ab 22° mit komplettem Zubehörprogramm in dunkelgrau, dunkelbraun, ziegelrot, klassikrot;
1000 Eternit

HEIDELBERGER GEOTEXTILIEN
Geotextilien für den Tief- und Straßenbau;
3320 Friedrich

Heika
Großflächen-Schalung, die an kein bestimmtes Rastersystem gebunden ist;
3500 Heilwagen

Heilit + Woerner
~ **Verpreßanker** für vorübergehende Zwecke;
8000 Heilit

Heilwagen
~ Auslegergerüste, Konsolgerüste und Bockgerüste als Schutz- und Arbeitsgerüste;
~ Schalungen;
3500 Heilwagen

Heinemann
Spielplatzgeräte aus Holz;
2110 Heinemann

Heinoxon
Fugendichtungsmasse;
8990 Durol

Heintges
Bimsbetonhohlstegdielen nach DIN 4028;
5470 Heintges

Heintzmann
Sicherheitstüren und -tore gegen Druckstoß, Beschuß, Rauchgas, Bestrahlung, Einbruch, Sprengstoffanschläge;
4630 Heintzmann

HEINTZ-NIKOR
~ Sicherheitstanks aus GFK, Batterie-Heizöltank;
~ Sicherheitszubehör;
6342 Heintz

Heinz
Rohrleitungen für Entstaubung, Be- und Entlüftung und Heizungstechnik;
5908 Heinz

Heinzmann
System Heinzmann, Schallschutzwall und Hangbefestigung aus Betonelementen, begrünbar;
8264 Stangl

Heisler
Wohn-Blockhäuser als Ausbauhaus oder Fertighaus in Elementbauweise in Rundbalken- oder Vierkantbalkenprofil mit massiver Eckübekämmung;
7901 Heisler

Heissner
~ Brunnenanlagen z. B. für Gartenteiche;
~ Springbrunnenpumpen;
6420 Heissner

Heissner®
Gartenschmuck, wie komplette Springbrunnen, handwerkliche Gartenkeramik;
6420 Heissner

HEISTERHOLZ
Akustiksteine aus porosiertem Material, Pflasterklinker, Klinker-Kleinpflaster, Tondachziegel;
4950 Heisterholz

HEKAPLAN
PVC-Kabelschutzrohr in Zellenbauweise;
8735 Hegler

HEKAPLAST
Kabelschutzrohr aus PE-Hart, Verbundrohr gemäß DIN 16 961, außen gewellt, innen glatt;
8735 Hegler

Hekatron®
~ - Brandmeldesysteme;
~ Feststellanlagen für Feuerschutzabschlüsse;
~ Rauchschalter;
7811 Hekatron

HEKLATHERM
~ - Vollblocksteine aus Island-Bims;
7557 ISBI

Hela
Leichtbauplatten nach DIN 1101;
3001 Laue

HELABIT®
Straßenmarkierung, Imf, thermoplastische Dauermarkierung;
6700 Raschig

Held
~ - Glaswolle in Bahnen und Matten, Mineralwollefilz, Dämmplatten, Hartschaumstoffe;
4230 Held

Helfer
Thermopor-Ziegel;
8060 Helfer

helgol
→ sto® helgol;
7894 sto

HELI-COIL
Gewindeeinsätze für Metalle;
4800 Böllhoff

HELIMA®
~ Abstandhalter für Funktionsglaser;
~ Alu-Profilrohre;
5600 Lingemann

HELIOS
~ Rohrventilatoren RR, Axial/Radiallüfter in 7 Baugrößen für den Gewerbe-, Industrie- und Wohnbereich;
7730 Helios

Heliostore
Sonnenschutzanlagen für Wintergärten und Glasfassaden;
4056 M + V

helitherm® 2000
Fertig-Heizkörper mit einbrennlackierter, foliengeschützter Verkleidung, auch für Niedertemperaturbetrieb geeignet;
3200 Vama

HELLCO
~ **Befestigungselemente**, u. a.: Dämmstoffbefestiger, Isolierplattenhalter, Nylondübel, Luftschichtanker, Dübelanker, Krallenplatten aus Kunststoff und Metall, Schrauben, Nägel;
~ **Schalungszubehör**: u. a. Abstandhalter, Plattennägel, Spreizen, Verbundschienen;
5880 Hellco

HELLING
~ - Kunststoff-Fenster;
~ PROFILE, aus PVC-Hart hochschlagzäh, nach DIN 7748 für Fenster aller Öffnungsarten;
4517 Helling

Hellux
Straßenleuchten;
3014 Hellux

Hellweg
~ Elementzellen für die Sanierung;
~ Sanitärzellen aus Leichtbeton, schlüsselfertig, industriell vorgefertigt für Bäder, Toiletten usw.;
4787 Hellweg

Helm
~ - Beschläge, für Schalter- und Schrankschiebetüren, Falt- und Harmonikatüren, Garagentore, Handhängebahnen usw.;
5628 Hespe

Helmitin
~ - **Abdichtungsmassen** und Versiegelungsmassen, dauerplastisch und dauerelastisch;
~ - **Bauprofile**, Treppenstoßkanten, Sockelleisten, Zusatzprofile;
~ - **Holzdekors**, Fensterprofile mit strukturierten, widerstandsfähigen Holzdekoroberflächen Structon/weiß, Structon, Eiche hell und Mahagoni;
~ - **Klebstoffe** und Spachtelmassen für den Innenausbau;
~ - **Kunststoff-Fenster**, Hohlkammerprofile für alle üblichen Fenster- und Türelemente;
6780 Helmitin

Helmrich (Helmstrick)
~ Dichtungsstricke für Kabelkanäle;
~ Fensterdichtungsstricke;
~ Teerstricke;
~ Weißstricke;
5630 Helmrich

1

Helo
~ Abdeckplatten;
~ Antikpflaster;
~ Betonteile für Hof und Garten;
~ Blockstufen;
~ Blumenkübel;
~ Gehwegplatten glatt und strukturiert;
~ Rechteckpflaster, grau, farbig;
~ Treppenwangen;
~ Verbundpflaster;
~ Waschbetonplatten in vielen Größen und Körnungen;
~ Winkelstufen;
6143 Henkes

HELTA
~ UV-System, Regenwasser-Entsorgung;
4432 Helta

HEMAPLAST®
~ - Lichtkuppeln;
~ Oberlichtbänder;
~ - Rauch- und Wärmeabzugsanlagen;
5350 Hemaplast

HEMETOR
Garagentore in Holz und Alu sowie Holz und Metall;
8898 Hemetor

HEMM
Main-Sandstein;
8701 Hemm

Hemo
Unterlagsbretter und Fertigungsplatten für Betonsteine;
8081 Herold

HENDERSON
Industrietore;
7122 ALWO

HENJES-KORK
~ Isolierplatten und Dekorationsplatten aus Kork;
~ Korkgranulat;
~ Korkparkett;
2800 Henjes

HENKE®
Bodentreppen in Holz, Alu, Stahlrohr, feuerhemmend;
~ Flachdachausstiege;
~ Mittelholmtreppen;
~ Raumspartreppen;
~ Scherentreppen;
~ Spindeltreppen;
4990 Henke

Hensel
Kabelträger aus zusammensteckbaren Kabelträger-Rinnen;
5940 Hensel

Hensiek
Ofenkacheln, handgeformt und handglasiert;
4980 Hensiek

HENSOTHERMSKOTT
Kabelabschottungen für den Einbau in Decken und Wände bis zur Feuerwiderstandsklasse F 120;
2000 Hensel

Hente & Spies
Klinker;
3400 Hente

Hepi
~ Eisdruckpolster für Schwimmbäder;
~ Schwimmbadabdeckung;
~ Solarkollektor-Matten für die Schwimmbadbeheizung;
7410 Hepi

HepLine
Steinzeug-Drainagerohr mit glatten Enden;
4000 Keramik-Rohr

HepSleve
Steinzeugrohre mit glatten Enden nach DIN 1230 sowie mit Steckmuffe K und Lippendichtung L ebenfalls nach DIN 1230;
4000 Keramik-Rohr

HERAFON®
Mineralfaser-Akkustiksortiment;
8346 Heraklith

HERAKLITH®
Holzwolle-Leichtbauplatten magnesitgebunden nach DIN 1101, zur Wärmedämmung von Außenwänden, Fassaden, Decken, Stürzen usw.;
~ - **„Pfettenoberseitige Dämmung von Hallendächern“**, Dämmung im Zuge der Dacheindeckung mit Heraklith-Dämmstoffen;
~ - **Akustikplatte**, → HERAKUSTIK®;
~ **epv**, einseitig beschichtete Platte mit heller glatter Oberfläche;
~ - **Putzträgerplatte**, als Putzträgerschicht für hinterlüfteten Außenputz auf Mineralfaser-Fassadendämmung;
~ - **Schallschutzplatte**, Mehrschicht-Leichtbauplatte mit Weichschaumkern und beidseitiger magnesitgebundener ~ - Deckschicht;
~ - **TRAVERTIN**, Akustikplatte;
8346 Heraklith

HERAKUSTIK®
Akustikplatte, fein- und grobwollig;
8346 Heraklith

HERALAN®
Steinwollematten, Steinwolleplatten, lose Steinwolle;
8346 Heraklith

HERAS
Maschendrahtzäune, Stabgitterzäune, Bauzaun-Systeme, Ballfangwände, Schiebetore, Rolltore, Drehtore, Sicherheitszäune;
4150 Heras

Herastat®
Regel- und Steuergeräte, z. B. Temperaturregler;
6900 Wittmann

HERATEKTA®
Mehrschicht-Leichtbauplatten nach DIN 1101 aus Polystyrol-Schaumstoff mit beidseitiger hellfarbener → Heraklith-Beschichtung, B 1 und B 2 nach DIN 4102, auch als Zweischichtplatte lieferbar;
~ - **Dachboden-Dämmelemente** in verschiedenen Varianten zur oberseitigen Wärmedämmung der obersten Geschoßdecke, B 1;
~ **epv-Platten**, Dreischichtplatten mit einseitigem Porenverschluß, B 1;
~ - **Kellerdecken-Dämmelemente**, Mehrschicht-Leichtbauplatten (zweischichtig, gefalzt) zur nachträglichen Wärmedämmung von Kellerdecken, B 1;
~ - **Kellerdecken-Dämmsystem (Neubau)**, Mehrschicht-Leichtbauplatten (dreischichtig gefalzt) zur Wärmedämmung von Kellerdecken in der Rohbauphase, B 1;
~ **SE**, schwerentflammbar mit feinwolligen Deckschichten;
8346 Heraklith

Herbaflor
Grüne Flächenbefestigung (Rasenstein-System mit Breitfugen durch Abstandhalter);
5241 NH

herbaflor®
Großfugenpflaster-System, begrün- und befahrbar, z. B. mit → URICO®-Pflastersteinen und durchwurzelbaren Abstandhaltern;
5413 Kann

Herbakron
Grünpflastersystem, bei dem durch Stabilisatoren 4 cm breite Rasenfugen entstehen, ein vom Pflasterformat unabhängiges System;
7557 Kronimus

Herbatect®
Gewebeverstärkte Dachdichtungsbahn für die Dachbegrünung System Minke;
3430 Brinkmann

Herbidur®
~ - **Grund**, Imh, Grundanstrich für feste mineralische Untergründe außen und innen;
~ Kunststoff-Beschichtung, für Fassaden;
5000 Herbol

Herbitol
→ Herbol Herbitol;
5000 Herbol

Herboflex
Fassadensanierungs-System, für gerissene und undichte Fassaden;
~ - **Finish®**, Fassaden-Schlußbeschichtung;
~ - **Gum**, Zwischenbeschichtung, gummielastisch auch bei Minustemperaturen;
5000 Herbol

Herbol
~ - **Allwetterlack®**, hochglänzend, farblos, für innen und außen;
~ - **Beton-System**, umfaßt:
Baustahlschutz, Beschichtungsmaterial zur korrosionsschützenden Ummantelung von Bewehrungsstahl.
Beton-Finish, seidenmatte Kunststoffbeschichtung.
Beton-Lasur, lasierende Kunststoffbeschichtung;
~ - **Bläueschutzgrund**, gegen Pilzbefall insbesondere auf Nadelhölzern;
~ **Bunt-Herbol** (Malerqualität), hochglänzende, farbige Schlußlackierung;
~ - **COLOR-IN**, Wandfarbe in 20 natürlichen Farbtönen und weiß;
~ **Fassaden-Herbol** bzw. ~ **Vollton- und Abtönfarbe**, Acryl-Dispersionsfarbe für außen und innen;
~ **Fassadenimprägnierung**, wasserabweisender Oberflächenschutz (Tiefenimprägnierung);
~ - **Fensterlack Formel-Plus**, Konzentrat zur Herstellung eines farbigen Fensterlackes;
~ - **Fenstersystem**, umfaßt: **Holzfüllmasse 2-K** und **Holzstabilisator**, patentierter Holzschutz von innen heraus;
~ **Fensterweiß**, Fensterlack auf Alkydharz-Basis;
~ **Heizkörper-Flutlack 180 °** und ~ **Heizkörperweißlack 180 °**, Einschichtlack für Temperaturen bis 180 °C;
~ - **Herbitol 150**, Gasbetonbeschichtung und Rollputz;
~ - **Herbosil**, dampfdurchlässige, wasserabweisende Fassadenfarbe;
~ - **Herbozell Klimaspachtel**, reguliert Luftfeuchtigkeit, wärme- und schallisolierend;
~ - **Imprägniergrund**, Tiefgrund Imh, für alle trockenen, saugfähigen mineralischen Untergründe;
~ - **Kunststoff-Edelputz** mit mittlerer Kornstruktur;
~ - **Kunststoff-Siegel**, hochglänzend, seidenglänzend, matt, farbloser Urethanalkyd-Lack;
~ **Matt-Herbol**, Sperrgrund, deckt Nikotin- und Wasserflecken;
~ **Offenporig**, Holzschutzlasur für außen und innen;
~ - **Putzgrund**, Tiefgrund-Konzentrat, Imf, vorwiegend für innen;
~ - **Quarzit**, Bunt-Effektputz, Kratzputz für innen und außen;
~ - **Roll-Kunststoff**, seidenglänzend, gut geeignet für gesunde Altlackierungen;

~ **Schnellweiß**, Weißlack für innen und außen;
~ **Seiden-Herbol-Schlagfest**®, Lackfarbe für innen und außen;
~ **Silber-Herbol**®, Silberglanzfarbe, reflektierend, für Eisen, z. B. Tankanlagen, Rohre;
~ - **Transparent-Seidenglanz** oder ~ **Transparentlack matt**, farblose Lacke für Holz und Innenbereich;
~ **Ventilations-Herbol**, Kunstharz-Lackfarbe, seidenglänzend, feuchtigkeitsregulierend, für Holz innen und außen;
~ - **Vorlack Formel-Plus**, Konzentrat zur Herstellung eines farbigen Vorlackes;
~ - **Wärmedämm-System**, bestehend aus: Dünnschichtputz WDS und Kunststoffputz WDS grob;
~ - **ZENIT**, Innenwandfarbe, scheuerbeständig nach DIN 53 778;
~ - **Zinkhaftfarbe Formel-Plus**, Konzentrat zur Herstellung einer farbigen Zinkhaftfarbe;
~ - **3-COLOR**, strapazierfähiger Kunststoff-Wandbelag für innen;
5000 Herbol

Herbolin®
~ (Fensterqualität), weiße Schlußbeschichtung für Fenster;
~ - Fenstergrund, weißer Anstrich als Grundanstrich und Zwischenanstrich innen und außen;
5000 Herbol

Herbolit®
Waschfeste Acryl-Wandfarbe;
5000 Herbol

Herbosil
→ Herbol Herbosil;
5000 Herbol

Herbozell
→ Herbol Herbozell;
5000 Herbol

HERCUFLEX®
Netz-/Seil-Produkte für Kinderspielanlagen (Spielplatzgeräte);
6702 Groh

HERCULES
Bewehrte und unbewehrte Elastomer-Lager, M-F-System, Taktschiebelager. Bewehrte und unbewehrte Gleitlager;
2100 New York

Hercules®
~ - Elastomerlager;
7300 GHH

hercynia
Harmonikatüren und Elementwände in vielen Edelholzarten, Kunststoffbelägen und Isolierungen;
3101 Harmonikatüren

Herferin
Vorstriche, Spachtelmassen, Klebstoffe;
5608 Hermanns

Herforder Dachkante
Attikablenden für Flachdächer sowie Ortgänge und Traufen bei geneigten Dächern und Sonderkonstruktionen;
4900 Mehlhose
→ 7482 Harzmann (für Bad.-Württ. Pfalz, Bayern)

Herforder Pflanzgefäße
Fassadenpflanzgefäße zur Begrünung von Fassaden, Balkonen, Terrassen und Dächern;
4900 Mehlhose

Hergulit
~ - Kunstharz-Beschichtung für Auffangwannen und -räume (sog. Heizölsperre);
8510 Rauscher

Herholz®
Türen, Zargen, Paneele, Täfelbretter, Kassetten, Paneel-Systeme, Türtypen: Fertig- und Stiltüren, Rund- und Stichbogenelemente, mehrflügelige Türelemente, mehrflügelige Türelemente mit Korb-, Rund- oder Stichbogen, Schiebetürelemente, ZU^2-Renovierungselemente einbaufertig und schalldämmend, 25 verschiedene Holzarten, WAS-Wohnungsabschluß-Türelemente, Desiguß-Türelemente, Kassetten-Türelemente, Schallschutz-Türelemente;
~ Paneelsysteme mit Decken- und Abschlußprofilen, Rundprofilpaneele, Karniesprofilpaneele;
4422 Herholz

Herkules
Gewächshäuser, Alu-legierte Konstruktion;
4740 Herkules

Herkules
Nagelleiste;
6231 Roberts

HERKULES®
Alu-Baukonstruktionen, Leichtmetall-Türen, Leichtmetall-Trennwände, Leichtmetall-Fenster, Sonnenschutz-Kragdächer, Fassadenprofile;
5760 Brökelmann

HERKUTHERM
Leichtmetall-Fensterprofile und Leichtmetall-Türprofile, wärmegedämmt;
5760 Brökelmann

Hermes
Holz-Klappläden, Kunststoff-Klappläden;
7122 Hermes

HERMESIT®
Abdichtungsbahnen für Tief-, Spezial- und Wasserbeckenbau;
2100 Phoenix

Hermeta
Farben;
1000 Hermeta

Hermetica
Sockelsystem für Lüftungs- und Tageslichteinheiten, Kombination von Stahl- und Alu-Sockel mit Kunststoffprofil;
4190 Colt

Hermith
→ VG;
3457 Vereinigte

Herms
Kunststoff-Fenster;
5064 Herms

heroal®
~ **Fenster-Aufsatzelementen**;
~ **GK**, Rolladenkasten-Elemente doppelt einbrennlackiertem Alu;
~ **Haustüren** aus isolierten Alu-Profilen;
~ **Industrie-Rolltore** aus Alu;
~ **selecta**, Alu-Rolladen;
4837 Henkenjohann

herodämm
Dämmaterial, ausrollbar für herotherm-Fußbodenheizung;
4730 herotec

HERO®
~ - Betonkellerfenster, mit montierbarem Lichtschacht, Stahlbeton mit Sichtbetonflächen, für Keller, Waschküchen, Ställe usw.;
~ - Mülltonnengehäuse aus Beton, als Einzelgehäuse oder für Reihenanlage;
4600 Rother

herotec
Fußbodenheizung;
4730 herotec

herotherm
Hebe-Schiebeelemente, wärmegedämmte Rahmen- und Flügelprofile für Fenster;
4837 Henkenjohann

Herpers Solartechnik
Fußbodenheizung, Heizsysteme zum Selbstbau;
5013 Herpers

Herrenwald
~ - Türelemente aus Holz, Futter und Bekleidung aus furnierter Spanplatte, Bekleidung mit Kalkzierleiste, mit fertig lackierter oder streichfähiger Oberfläche;
3570 Röse

Herté
Sperrholz;
1000 Herté

HERWI
~ Wurmhumus (Bodenverbesserer und Dünger);
~ Wurmkomposter zur Verarbeitung von organischem Hausmüll;
~ Wurmkulturen zur Bodensanierung;
8761 Herwi-Recycling

HERWI
~ - Elektro-Wärmepumpe, Luft/Wasser, Wasser/Wasser, Sole/Wasser;
~ - Heizkessel aus Kunststoff, rostfrei, leicht, mit Abgaswäsche;
~ - Kollektormodul, Solarkollektoren aus Alu, Cu und Edelstahl für Brauchwasser, Heizung, Schwimmbad;
~ - TRIVALENT-Heizanlage, Energieblock: Wärmepumpe, Solaranlage und Heizkessel als Kompaktgerät;
~ - Wärmepumpe Gas/Diesel;
8761 Herwi

herzil®
Türblätter, Türzargen, Wandvertäfelungen, Deckenvertäfelungen, Einbauschränke;
2900 Stöckigt

HESA
~ - Dachkantenprofile, aus stranggepreßtem und abgekantetem Aluminium: Serie **D** (stranggepreßt) Blendenhöhe bis 200 mm. Serie **DG** und **DGS** (aus Blech gekantet) bis 2000 mm Blendenhöhe. Serie **DGS** für problemlosem Schweiß- und Dachbahnanschluß. Serie **T** und **TL** (stranggepreßt), einteilige Bauelemente, sowohl für Folien- als auch für Dach- und Schweißbahnenanschluß, Blendenhöhe bei Serie T von 50 bis 180 mm und Serie TL von 50 bis 130 mm;
~ - Fassadenelemente, Paneele, Wandverkleidungen;
~ - Fensterbankabdeckungen;
~ - Mauerabdeckungen: Serie **MA** (aus Alu-Blechen gekantet) mit einer mill-finish-Oberfläche;
~ - Sonderprofile (nach Angabe);
2359 HESA

HESA
~ **Rasenziegel**, Rasengitterstein aus Ton → 8906 Morgante;
6100 HESA

Hesa Granat
Wassersparende Spülkästen;
5372 Müller & Schnigge

1

Hesaplast
~ - Kunststoff-Fenster aus PVC-Hart;
~ - Rolladen aus Kunststoff;
6127 Hesaplast

hescha
Fertiggaragen aus Stahlbetonfertigteilen und schlüsselfertige Sonderkonstruktionen;
3160 Schaper

Hesedorfer BIO-Holzschutz
Naturfarben;
~ Bienenwachsbalsam;
~ Holzlacke;
~ Imprägnierungen;
~ Lasuren;
~ Wachsanstriche;
~ Wandfarben;
2720 Hesedorfer

HESON
Panzerbodenplatten, für Industrieböden aus Stahl- und Riffelblech;
5828 Heson

hess
~ Boulevardvitrinen;
~ Haltestellenschilder für den ÖPNV;
~ Sitzbänke aus Glasfaserbeton;
~ Telefonzellen aus GFK;
~ Wartehallen aus Glasfaserkunststoff und Ganzglas;
7608 Hess

HESS
~ - **Straßenmöbel**, vornehmlich aus Guß wie Außenleuchten, Brunnen, Bänke, Poller, Baumscheiben, Blumenkübel;
7730 Hess

Hesse
~ Kettenvorhänge
~ Vertikal-Jalousien;
3000 Hesse

Hesse
~ Fahnenmasten aus Alu;
~ Parkbänke;
~ Spielplatzgeräte aus Holz und Metall;
3457 Hesse

Hessenland
Spielplatzgeräte aus Holz;
6308 Werner

Hessenpfanne
Dachziegel aus Ton;
6420 Dach

HESS-FILZ
OE-Antivibrotex (Eisenfilz) und Haarfilz (Tierhaare) in verschiedenen Stärken, Dichten und Formaten, Maurer- und Gipserreibescheiben, Unter- und Zwischenlagefilze;
6720 Hess

Hessischer Landofen
Rustikaler Gußofen für feste Brennstoffe in zwei oder drei Etagen, Unterofen als „Hessenherd" lieferbar;
3563 Ullrich

Hessler-Putze
~ Dämm-Mauermörtel IIa, hydraulischer und hochhydraulischer Kalk;
~ **HP 1**, Kalk-Zement-Grundputz;
~ **HP 2**, Zement-Sockelputz;
~ - **HP 3**, Zementhaftputz;
~ **HP 4 Thermputz**, Dämmputz;
~ **HP 5** Gips-Kalk-Maschinenputz;
~ **HP 6**, Klebemörtel und Putzmörtel für Styroporplatten;
~ - **HP 7**, Putzglätte für innen;
~ - **HP 8**, Ansetzmörtel;
~ - **HP 9**, Bio-Putz für innen und außen;
~ Kalksteinmehl;
~ **MM**, Mauermörtel Gr. IIa und III;
~ Weißfeinkalk;
6908 Hessler

HETU
Eckwinkel, für Holzfenster;
4400 Tumbrink

Heubach
Dekorprodukte wie Dekorsand, Dekorsplitt und Dekorkies zur Herstellung dekorativer Putze und Fußbodenbeschichtungen;
3394 Heubach

heuga
Teppichfliesen 50 × 50 cm;
4050 Heuga

HEWI
Gestaltete Funktionsteile (Beschläge) aus Nylon für Türen, Fenster, Wände, Möbel, Garderobenanlagen, Geländer, Sanitärausstattungen in 13 Farben. Produktionsprogramm: Türbeschläge, Fensterbeschläge, Bänder, Schilder, Rosetten, Türknöpfe, Wechselgarnituren, FS-Beschläge, Kleinbeschläge, Hut- und Mantelhaken, Türpuffer, Griffchen, Muschelgriffe, Haken, Wandascher, Türschoner, Badezimmerlüftungsgitter, Sanitärzubehör, Stangensysteme für Türgriffe, Handläufe, Garderoben- und Vorhangstangen. Sicherheitsausstattungen für Bad und WC;
3548 HEWI

HEWI
Bausatzhaus;
4540 HEWI

Hexenspucke
Betonlöser und Rostlöser mit Korrosionsschutz für Tauchbadverfahren;
1000 Fischer

Hexrost
Gitterrost-Konstruktion zur Halterung von Verkleidungen von mechanisch und wärmebeanspruchten Wänden;
4000 Custodis

heydal®
System einer Großküchen-Decke in Alu-eloxiert, Alukunststoffbeschichtet oder Chromnickel-Stahl mit Oberflächenschliff (Metall-Kassettendecke). Zugfreie Luftabsaugung über den Wrasenzonen;
4630 Ofenbau

Heydebreck
Holz-Rolladen;
8000 Heydebreck

HEY'DI®
~ **Antisulfat-Schlämme**, sulfatresistente Abdichtungsschlämme auf Zementbasis;
~ **Antisulfat**, Neutralisierungsmittel, flüssig, für sulfatbefallenes Mauerwerk;
~ **Bohrlochschlämme**, Verkieselungsmittel, pulverförmig, für Hohlraummauerwerk, Ergänzung zu HEY'DI Kiesey;
~ **ECB Kaltkleber**, 1-komponentig, zum Verkleben der Hey'di-ECB-Dichtungsbahn auf Metall, Holz, Pappe und Beton;
~ **ECB-Dichtungsbahn**, einseitig glasvlieskaschiert, 2,0 mm dick, für Flachdächer, geneigte Dächer, Wasserbecken usw.
~ **ECB-Flachdachplane**, einseitig glasvlieskaschiert, 2,0 mm stark;
~ **ECB-Randstreifen**, unkaschiert, für Anschlüsse usw., 2,5 mm stark;
~ - **EPOXAN ELH**, 2-K-Epoxidharz zur elastischen Verpressung auch wasserführender Risse und zur Herstellung von elastischen Fugen, Imf;
~ - **EPOXAN IKH**, 2-K-Epoxidharz zur kraftschlüssigen Verpressung auch wasserführender Risse, Imf;
~ - **EPOXAN KSA**, 2-K-Epoxidharz zur Herstellung von EC- und ECC-Mörteln, zur Sanierung von schadhaftem Beton usw. Für feuchte Untergründe geeignet;
~ **Haftemulsion**, zum Geschmeidigmachen von HEY'DI K 11 Schlämme und zur Abdichtungsvorbereitung von glatten Flächen;
~ **HD Dichtungsbahn**, 2,0 mm dick, für Basisabdichtungen von Sondermülldeponien;
~ **Injectharz-Packer**, Injektionsdübel — 16 mm Ø;
~ **Isolier-Flüssig**, zur nachhaltigen Abdichtung bei Wassereinbrüchen durch Bauwerksverkieselung;
~ **K 100**, Kunststoff-Bitumen-Flüssigfolie, unverrottbar, nicht verwitternd, für Außenwandabdichtungen gegen Grundwasser und Feuchtigkeit, lieferbar in rot und schwarz;
~ **Kiesey**, Verkieselungsmittel, flüssig, zum Abdichten im Bohrlochverfahren, sperrt aufsteigende Feuchtigkeit;
~ **K 11 Schlämme**, Abdichtungsschlämme auf Zementbasis für Neubau-Keller-Abdichtung gegen Grundwasser und Feuchte. Auch in weiß lieferbar für Sichtflächen z. B. für Keller-Innenwände, Sockel, Wasserbehälter;
~ **Nagelflanschplane**, einseitig glasvlieskaschiert, 2,0 mm stark, für Holz- und Trapezdächer, keine Kiesaufschüttung nötig;
~ - **PU Wasserstopp**, mittelflüssiges Injektharz zum Verschäumen von wasserführenden Rissen und Hohlräumen;
~ **Puder Ex**, Schnellzement zum Bilden einer Sperrschicht bei Wassereinbrüchen;
~ **RAPID**, Schnellzement, pulverförmig, für Dichtungsarbeiten, Schnellreparaturen und Eilmontagen, erhärtet in ca. 1 Minute;
~ **ROOF-REP**, Reparatursystem für Dachpappsanierung durch Aufstreichen oder -spritzen und Einlegen eines mit Gewebe verstärkten Kunststoffvlieses;
~ **Schnellbinderzement**, Putzmörtelzusatz oder Estrichmörtelzusatz zur beschleunigten Abbindezeit, auch zum Mauern von Glasbausteinen;
~ **Siloxan**, Fassadenimprägnierung, farblos, gegen Schlagregen und durchschlagende Feuchtigkeit an Fassaden;
~ - **SK Coating**, Fugenvergußmasse und Außenabdichtung im Heißverfahren, hohe Dehnfähigkeit, auch im Winter einsetzbar;
~ - **SK 2000 Alu-Grün selbstklebende Dichtungsbahn**, oberseitig mit grün eloxiertem Aluminium kaschiert, zur Abdichtung von kleineren Flachdächern;
~ **SK 2000 S**-Dichtungsbahn, selbstklebend, gebrauchsfertig, für Bauwerksabdichtungen;
~ **SK-Voranstrich**, dünnflüssig, lösungsmittelhaltig für die HEY'DI SK 2000 Dichtungsbahnen;
~ **Sperrmörtel**, wasserabweisender schnellhärtender Reparaturmörtel;
~ **Spezial Dichtungsschlämme**, für die erste Abdichtung bei Wassereinbruch und Untergrundvorbereitung, bzw. auch Abschlußdichtung für die HEY'DI Spezial Abdichtung;
~ **Spezial-Abdichtung**, besteht aus: HEY'DI Spezial-Dichtungsschlämme, HEY'DI Puder Ex, HEY'DI Isolier-Flüssig, zur nachträglichen Innenabdichtung gegen stark drückendes Wasser, auch fließendes;

~ **Spritzbewurf**, Haftbrücke für schwierige Untergründe;
~ **Steinreiniger**, Fassadenreiniger und Kalklöser, pulverförmig, zur Beseitigung von Ausblühungen, Kalk- und Zement-Schleiern, Mörtelresten, Kalk- und Kesselstein;
~ - **STYRO Dickbeschichtung**, lmf, nach dem Austrocknen weichelastisch, für vollflächige Außenabdichtung;
2964 Hey'di

HEY'DI® FLEX
~ Fugendichtungsmasse, dauerelastisch, 2-komponentig, zur Negativ- und Positiv-Abdichtung auf Teer-Polyurethan-Basis;
~ Primer, Grundierung, 1-K, für ~ ;
2964 Hey'di

HFA
Verankerungen für Betonfassadenplatten mit Gewichten bis 6000 kg;
4000 Halfeneisen

H-FIX
Abstandhalter, großflächig stützend, besonders tragfähig;
5885 Seifert

HFS
Verankerungen für Naturwerksteinplatten bei Neubauten und Fassadensanierungen;
4000 Halfeneisen

HGM
~ - Türen, insbesondere Stiltüren, Schiebetüren, Pendeltüren, Stichbogentüren, Rundbogentüren;
4835 Grauthoff

HGM
Treppenstufen aus Eiche, Mahagoni, Kambala, Buche;
4835 HGM

HHW-Holz
Hochfrequenzverleimtes Doppel-T-Profil aus Holz (Profilholz);
7560 Hördener Holzwerk

Hi Ho Pa
Holzpflaster aus Kiefer und Eiche, Lärche und Fichte;
4150 Volpert

HIB 30 S®
Betonfüller (Betonzusatzmittel) nach DIN 1045 zur Verbesserung der Verdichtung, der Pumpeigenschaften, des Schwind- und Kriechverhaltens usw.;
4650 Preil

HIEBER
Massiv-Blockhäuser;
7074 Hieber

HIGA®
~ **Deckwerksystem**, Betonsteine in „Wellenform" im 3dimensionalen Verbund mit korrosionsbeständigen Seilen für Sohlsicherung und Böschungssicherung;
8000 Hinteregger

Highspire
Travertone-Deckenplatten mit reliefartigen, richtungslosen Oberflächenstrukturen;
4400 Armstrong

HILBERER
~ Alu-Fenster;
~ Alu-Haustüren;
~ Alu-Vordächer;
~ Innentüren;
~ Jalousien;
~ Kunststoff-Fenster;
~ Lichtwandsysteme;
~ Markisen;
~ Rolladen;
~ Wintergärten;
7600 Hilberer

hildesia
Tapeten;
3200 Hildesia

Hildmann
Metallfenster und Kunststoff-Fenster;
3430 Hildmann

Hilgers
Haftkleber;
4000 Hilgers

HillHolz
Gartenholz-Programm;
4712 GAZA

Hilti
Befestigungsmittel;
~ **DBZ 6 S**, Keilnagel, universeller Schlagdübel zur Befestigung leichter Unterdecken;
~ **FDL**, Mauerwerkdübel aus Polyamid mit extrem langem Spreizteil;
~ **GD**, Gerüstdübel;
~ **HA 8, R1**, Ringsteckdübel;
~ **HG**, Leichtbaustoff-Dübel;
~ **HGS**, Gasbeton-Dübel;
~ **HHD**, Hohlraumdübel;
~ **HIT**, Injektionssystem;
~ **HKD**, Kompaktdübel, Schlagspreizdübel mit Innengewinde für Beton;
~ **HLD**, Leichtdübel für dünnwandigen Untergrund (Platten);
~ **HPS**, Schlagdübel aus Polyamid mit vormontierter Nagelschraube;

~ **HRD**, Langschaftsdübel;
~ **HSA**, Segmentanker, Außengewindedübel mit vormontierter Mutter und Unterlagsscheibe;
~ **HSC**, Sicherheitsanker;
~ **HSL**, Schwerlastanker;
~ **HUD**, Universaldübel aus Polyamid;
~ **HVA**, Verbundanker für schwere Lasten;
8000 Hilti

Hilzinger
~ **Heizkörper**, explosionsgeschützt;
~ **Tankheizungen**, elektrisch, die das Heizöl ständig zwischen +3° C und +12° C halten;
7000 Hilzinger

HINSE
~ **Montage-Wandsystem** für Keller und aufgehende Wände aus Bimsbeton (Schalenbausteine). Die Steine werden ohne Fugenmörtel trocken, geschoßhoch versetzt, der Füllbeton geschoßhoch eingebracht
→ 3050 MWW → 3200 LDH → 4100 Volmer
→ 5401 Schnuch → 5511 Schnuch → 7148 Ebert
→ 7640 Ebert → 7802 Birkenmeier;
~ **Schalungs-Isolierstein**, mit hoher Wärmedämmung, Montage und Betonfüllung geschoßhoch eingebracht
→ 3051 MWW → 3200 LDH → 4100 Vollmer
→ 5472 Mohr → 7148 Ebert → 7640 Ebert;
5400 Hinse

HIRI
Dichtungsprofile, selbstklebend;
2121 Hiri

HIRO
~ Behinderten-Aufzüge;
~ Treppenschrägaufzüge für gerade und gewendelte Treppen;
4800 Hiro

HIROLLA
~ - Dachrolladen für Dachfenster **vor** dem Fenster;
7600 Hilberer

HIRSCHFELD
~ - Überdachungen für Terrasse, Balkon, Haustür, Kupfervordächer;
6909 Hirschfeld

HIRZ
~ Garderobenschränke;
~ Sanitär-Trennwände;
3007 Hirz

Hirz
~ - **Dachfenster**, Rahmen aus feuerverzinktem Stahlblech, wetter- und ausstiegfest, einbaufertig mit bruchfestem Einscheiben-Sicherheitsglas, 3 Ausstieggrößen, nach oben, rechts oder links zu öffnen, lieferbar für alle Bedachungsarten, auch in farbbeschichteter Ausführung und mit Rahmen aus Kupferblech;
4130 Hirz

HITACHI
Raumklimageräte für Fenster und Wandeinbau sowie Split-Raumklimageräte bis zu einer Kühlleistung von 13 000 Watt;
2050 Hitachi

HITACHI
Schwimmhallenentfeuchter, Wärmepumpen;
2800 Thiele

Hitachi
Fenster-Klimageräte, Split-Klimageräte, Schrank-Klimageräte, Dach-Klimageräte, Wasserkühlmaschinen, Schwimmhallen-Entfeuchter;
4300 Krupp

Hi-Trac
Beleuchtungssystem;
5880 ERCO

HIW
Brandschutz-Beschichtungen;
3581 Isolierwerk

HKL
Kabelkanal-System aus schlagzähmodifiziertem Hart-PVC;
5880 Kleinhuis

HKT
~ Bodenabläufe und Entwässerungsrinnen aus Chromnickelstahl mit eingebautem Gefälle;
7752 Hafner

HL
Vertrieb von Mazista-Schiefer;
3260 HL

HL-Schienen
Stahlprofile mit C-Querschnitt und gelochtem Rücken für Befestigungskonstruktionen mit Schraubverbindungen, verzinkt oder aus nichtrostendem Edelstahl;
4000 Halfeneisen

HM
Kunststoff-Fenster und Kunststoff-Türen, System Combidur, für Alt- und Neubauten, z. B. Rundbogenfenster, Sprossenfenster;
3045 HM Fenster

1

HM
Betonfertigteile;
~ - Betonlichtschächte und Betonlichtschachtaufsätze in verschiedenen Höhen von 10 bis 40 cm — passend zu allen ~ - Betonrahmenfenstern;
~ - Garteneinfriedungs-Elementplatten und Sockelsteine als Fundament für Holz- und Drahtzäune;
~ - Polyurethan-Mehrzweckfenster (System MEA) mit Kipp- oder Drehkippflügel mit Betonrahmen in allen gängigen Wandstärken;
~ - Stahlkellerfenster mit Betonrahmen in allen gängigen Wandstärken;
7971 Mauthe

HMK® R 60
Anti-Schimmel, Steinpflegemittel an Fassaden und Wänden, in Keller, Werkstatt, Küche, Bad;
8429 HMK

HO
Fenster und Türen aus Alu;
5401 Hommer

Ho
~ - Edelsplitt;
6680 Teerbau

HOBAS
Kunststoffrohre (GFK);
4200 Hobas

Hobby
→ Pegulan-Hobby;
6710 Pegulan

hobbybox
Gerätebox aus GFK für den Garten;
7519 Vöroka

hobbycor®
Vorhangstangen, Vorhangschienen;
5768 Blome

Hobbypack
Baubeschläge und Möbelbeschläge in SB-Verpackung;
7270 Häfele

HOBBY®
~ Gewächshaus, feuerverzinkte Stahlbaukonstruktion, Verglasungssystem mit Kunststoffprofilen;
4232 Terlinden

hobbysan®
~ Badezimmerteppiche;
~ Duschvorhänge, Duschstangen;
~ Wanneneinlagen;
5768 Blome

HOBEIN
~ Brettschichtholz;
~ Holzleimbinder ab Lager;
4630 Hobein

HOBEKA®
Fenster aus Mahagoni, Fichte und Kunststoff, Norm- und Sondergrößen. Haustüren, Fenster-Einbauzargen, Alu-Fensterbänke, Innenfensterbänke aus Marmor;
8000 Hobeka

HOCHDRUCK FERMIT
Giftfreier Dichtungskitt, braun bis 200 °C oder schwarz bis 280 °C hitzebeständig, zum Dichten von Gewinden, Flanschen, Flächen an Hochdruckanlagen, Turbinengehäusen usw.
2102 Nissen

Hochtaunus-Haus
→ SORG;
6390 Sorg

HOCHTIEF
Stahlbeton-Fertigteile;
~ - Fertiggarage, aus Stahlbeton, mit Stahlschwingtor, kunststoffversiegeltem Dach;
6093 Hochtief

HOCHWALD
~ - Schalungsplatten, Hobelware, Schnittholz;
5552 Hochwald

HOCO
~ - Kamin-Abdeckhauben;
~ - Randeinfassung, Blende aus Kupfer oder Alu, Blendenträger aus Eisenblech;
6000 Laurich

HOCO
Titanzink-Bauelemente;
6369 Hoffmann

HOCOHOLZ
Holzsockelleisten in Eiche, Ramin, Kiefer, Buche und Fichte;
8330 Hofstetter

HOCOPLAST
~ Bauprofile;
~ Kunststoff-Fenster;
~ Kunststoff-Rolladen;
~ Schwimmbadabdeckungen;
8330 Hocoplast
→ 7057 Hocoplast

Hodor
Diebstahlsicherung für Kunstobjekte;
4220 G.A.S

Hoechst
~ **Ätznatron**, zum Herstellen von Bitumenemulsionen;
~ **Amidosulfonsäure** zum Entfernen des Zementschleiers von keramischen Platten, zur Oberflächenbehandlung von Sichtbeton;
~ **Calciumchlorid-Lösung 34%ig**, (**Chlorcalciumlauge**), Mineralisierungsmittel für Holzwolle-Zement-Kombinationen;
~ **Feuerkitt® Hoechst K 12**;
~ **Methylenchlorid** zum Herstellen von Bitumenlösungen für den Bautenschutz;
~ **Säurekitt® Hoechst**, zum Verlegen und Verfugen säurefester keramischer Formsteine, Platten, Schmelzbasalt-Formsteine usw. bei säurefesten Auskleidungen;
6230 Hoechst AG

HOECO
Brandschutz-Putzbekleidung;
4390 Hölter

HOEGL
~ - Betonwerksteinplatten DBP, mit Natursteinoberfläche für Terrassen, Gartenwege, Treppenstufen usw. in verschiedenen Naturtönen;
2000 Michow

Hoelscher
Schwimmbadzubehör, Schwimmbecken, Schwimmbadfilter;
6109 Hoelscher

hoelschertechnic®
Abwasser- und Fäkalien-Hebeanlage Typ WK, Prüfzeichen PA-I 2772;
4690 Hoelscher

Hoerling
~ - **Fließhilfe (BV)**, Betonverflüssiger zur Herstellung von Fließbeton;
~ **Rapid (BE)**, Erstarrungsbeschleuniger;
3280 Hörling

HOESCH
~ - **isodach® TL**, Fertig-Dachelement, Stahl-Trapezprofil 35/200 als wasserführende Außenschale, Innenschale aus leicht profiliertem Stahlblech, bandverzinkt und farbig bandbeschichtet, schubsteif durch einen PUR-Hartschaumkern miteinander verbunden;
~ - **isopaneel**, (Paneele) Außen- und Innenschale aus Stahlblech, bandverzinkt und farbig bandbeschichtet, Kernwerkstoffe sind steggerichtete Mineralfaserplatten, auch in Ausführungen W 60 und W 90 lieferbar;
~ - **isowand®**, Fertig-Wandelement, Außen- und Innenschale aus Stahlblech, bandverzinkt und bandbeschichtet, schubsteif durch einen PUR-Hartschaumkern miteinander verbunden;
~ - **Sektionaltorelemente**, Sonderform der HOESCH-isowand® mit besonders ausgebildeter Nut-Feder-Verbindung, als Werkstoff für Sektionaltor-Hersteller;
~ - **Trapezprofile**, profiliertes Stahlblech, bandverzinkt und/oder farbig bandbeschichtet für Dach-, Wand- und Deckenkonstruktionen im Liefer- und Leistungsgeschäft;
5900 Hoesch

HÖFER
~ Stahlbauhallen, Bausystem in Serienproduktion im Rastermaß;
5241 Höfer

HÖGOLEN
USP-Dachunterspannbahn aus PE, gitterverstärkt, B 1 nach DIN 4102;
2102 Höger

HÖGOPUR
Montageschaum;
~ **Blitz**, sofort härtend;
~ **Standard**, normalhärtend;
2102 Höger

Höhns
~ - Fertigparkett, in Schiffs-, Flecht- und Tafelmuster, in 3 verschiedenen Dicken, in 15 Holzarten, für jeden Unterboden;
~ - Innen-Wandverkleidung, Elemente in Nut und Feder, 15 Holzarten;
2410 Höhns

Hölzliboden
~ - Fertigparkett;
~ - Holzpflaster;
8430 Pfleiderer

HÖPOLUX
Stegdoppelplatte, eine im Extrusionsverfahren hergestellte Hohlkammerprofilplatte, B 2 nach DIN 4102;
2102 Höger

HÖPOLYT®
~ - Lichtplatten, Lichtbahnen und Doppelplatten (zur Wärmeisolierung in Wellasbestdächern) aus lichtstabilisierten Polyesterharzen mit Bewehrung aus alkalifreien Glasseidenmatten, Baustoffklasse B 2 nach DIN 4102;
2102 Höger

Hörmann
Tür- und Fensterprogramm umfaßt: Sectional-Tore, Industrietore, Feuerschutztüren, Stahltüren MZ, Universaltüren, Türelemente MD, Dekor-Türblätter MD, Sickentüren, Alu-Türen und Normfenster, Torantriebe, Fernbedienungen, Stahlzargen;
4803 Hörmann

HÖRMANN
Fertig-Schwimmhalle in einem Stück;
8011 Hörmann

hörmatherm
~ - Vollwärmeschutz-System;
8952 Hörmannshofer

hörsteler®
~ **SCHMUTZ „STOPPER"®**, Fußmatten aus PP, Kokos, Sisal;
4446 Hörsteler

Hötzel
~ Baumschutzscheibe aus Stahlbeton;
~ Betonpflaster, viele Farben und Formen;
~ Pflanzschalen, Blumenkübel;
~ Rundplatten aus Beton;
~ Stehstufen für den Stadionbau;
~ Waschbeton-Platten in rheinischem Buntkies, Quarzkiesel, Quarz- und Rhein-Buntkieselmischung;
7514 Hötzel

Hofamat
Ölbrenner, Gasbrenner und Zweistoffbrenner Öl/Gas;
7730 Hoffmann

Hofbauer
~ Holztreppen und Treppengeländer aus Holz in allen Holzarten;
~ Treppenstufen;
8423 Hofbauer

Hoff
Fenstersystem;
4783 Hoff

Hoffmann
~ - Fugen-Hinterfüllmaterial;
~ - Hartschaum, auf PUR-Basis;
~ - Noppenschaumstoff (Noppenprofilplatten);
~ - PU-Weichschaumstoff;
~ - Trapezprofilleisten aus Zell-PE;
~ - Zellkautschuk;
6734 Hoffmann

HOFFMEISTER
Außenleuchten, Innenleuchten wie Downlights, Industriehallen-Leuchten, Lichtschienen, Strahler, Langfeldleuchten u. ä.;
5880 Hoffmeister

Hofmann + Ruppertz
~ Granite;
~ Marmorfliesen;
~ Marmor;
~ Quarzite;
~ Quarzsande;
~ Schiefer;
~ Steinpflegemittel;
~ Steinreiniger;
~ Strahlmittel;
~ Terrazzokörnung;
~ Terrazzoplatten;
6000 Hofmann

HOFMEIER
~ - **anthramat**, automatischer Kohlekessel für langen Dauerbrand;
~ - **Bergmannskessel**, automatischer Kohlekessel für kleinkörnigen Anthrazit und Koks;
4530 Hofmeier

HOFMEISTER®
Fußbodensysteme:
~ **A**, Industriefußboden-System für schwerste mechanische, thermische und chemische Belastungen;
~ **H**, Hartstoff-Estrich, für schwerste Beanspruchung;
~ **M Type ML 3000**, Hochleistungs-Industriebelag;
~ **M und ML 2000**, ölfest — flexibel — plastisch verformbar;
8332 Hofmeister

hogofon®
PUR-Schaumstoff zur Schalldämmung in Pyramiden- und Noppenstruktur;
4180 Hoepfner

HOHAGE
Lochplattenhaken;
5990 Hohage

Hohenfels
Stahlblech-Kaminofen;
3563 Ullrich

Hoku
~ - Sockelleiste, Kombination lackierte Holzleiste mit gleichfarbigem Abdichtungseinsatz aus Kunststoff;
7257 Rebstock

Hola
~ Isolierstreifen im Heizungs- und Lüftungsbau, bei sanitären Installationen und beim Bau von Klimaanlagen;
6734 Hoffmann

Hole-Grip®
Kippdübel zur Befestigung von Asbestzementplatten auf Asbestzementplatten;
6370 Haas

Holiday
Garten-Sauna;
7170 Röger

Holsta
~ **Granit-Holsta**: Pflanztröge, Wassertröge, Brunnenanlagen, Pflastersteine, Leistensteine, Wasserbausteine;
~ **Holz-Holsta**: Palisaden-Rundhölzer, Holzpflanztröge, Schachfiguren für das Freiland, Abfallbehälter;
8370 Holsta

Holydoor®
Faltduschwand für Badewannen;
6905 Duscholux

Holz-Antikwachs
Bienenwachsartige Lösung für rustikale Hölzer;
4010 Wiederhold

Holzbeize kratzfest
Flüssig, mit ausgleichender, intensiver Farbwirkung;
4010 Wiederhold

Holzfluid braun
Holzschutzmittel, pflanzenverträglich;
3300 Schacht

holzform
~ Blockhäuser;
~ Carports;
~ Eisenbahnschwellen;
~ Holzpalisaden;
~ Kesseldruckimprägnierte Holzprodukte;
~ Pergolen;
~ Pflanzkästen;
~ Sichtschutzwände;
~ Spielplatzgeräte;
~ Treppenstufen;
~ Zäune;
7554 Maier

HOLZKLINKER® Loga
Massiv-Parkett für den Wohnbereich;
6990 Bembé

HOLZKLINKER® Modul
Vielzweck-Parkett für den Objektbereich;
6990 Bembé

Holzlasur 2000
Für innen und außen, offenporiger, dekorativer Wetterschutz in transparenten Farbtönen;
4010 Wiederhold

Holzner
Speicher-Kachelöfen;
6000 KIM

Holzschutz '80
Imprägnieranstrich, schwarz, pflanzenverträglich, für alle Holzarten und zum Schutz von Jägerzäunen, Pergolen u. ä. (Holzschutz);
3300 Schacht

HOLZSIEGEL
Gebrauchsfertige Dielenversiegelung;
8909 IRSA

Holzwurm-Tod
→ XYLAMON® Holzwurm-Tod;
4000 Desowag

HOMA
~ - **Pumpen**, Kellerentwässerungspumpen, Hauswasserversorgungspumpen, Abwasserpumpen, Abwasser-Hebeanlagen, Baupumpen;
5206 HOMA

Homadeko
Hartfaserplatten mit Lackschicht, gelocht, für den Innenausbau, Wandverkleidung, Messebau usw.;
3420 Homanit

HOMANIT
~ - Hartfaserplatten;
~ - **Rasterdecke**, Unterdecken-System;
3420 Homanit

Homann
Kunststoff-Fenster aus PVC-Hart;
4430 Homann

Homapal
Schichtstoffplatten Baustoffklasse B 2;
3420 Homanit

Homatherm
→ Gutex-Homatherm;
3420 Homanit

Homaton
→ Gutex-Homaton;
3420 Homanit

HOME
~ Kunststoff-Fenster, Fensterprofile aus Hostalit® Z, Rolladenkästen, Rolltore;
~ **Reet**, Kunststoffschindeln, auf die schuppenweise sich überdeckende Halme aufgebracht sind, die die Trägerschicht voll abdecken;
5778 Home

HomeCeram
Wandfliesen- und Bodenfliesen-Kollektion;
6642 Villeroy

HOMEPLAY®
→ REGUPOL-HOMEPLAY®
5920 Schaumstoffwerk

Honel
Kombi-Element für Entwässerung, Entlüftung, Dampfdruckentspannung im Brückenbau;
4040 Betomax

HONEYWELL BRAUKMANN
Thermostatventile;
6950 Honeywell

HONKA
Blockhäuser in Rund- oder Vierkanthölzern aus Finnland → 2302 Finhament → 7177 IKOBA;
6920 Fertighaus

1

Hoppe
Doppelböden für installationsintensive Räume;
3012 Hoppe

Hoppe
~ Türdrücker;
7270 Häfele

HOPPE®
Türbeschläge und Fensterbeschläge;
3570 HOPPE

HoriCell
Liegender Speicher-Wassererwärmer aus Edelstahl;
3559 Viessmann

Horiso®
Sonnenschutz-System mit horizontal angeordneten Lamellen;
4040 Krülland

Horizont
Warnleuchten und Warnanlagen zur Baustellensicherung;
3540 Müller H.

Hornbach
~ Drosselschächte;
~ Kleinkläranlagen mit Abwasserbelüftung zur vollbiologischen Reinigung häuslicher Abwässer für 4-150 E (Kläranlagen);
~ Löschwasserbehälter;
Meßschächte;
~ Pumpenschächte;
6729 Hornbach

Hornitex®
~ - Edelholzpaneele und Edelholzkassetten;
~ - Paneele, melaminharzbeschichtet, 4seitig genutet, verschiedene Dekors;
~ - Rundkantenkassetten;
4934 Bicopal

HORTIPANE
Isolierglas, randverlötet, geeignet als Gewächshausglas;
~ - **PLUS**, metalloxydbeschichtet mit stark verbessertem Wärmeschutz;
2000 Bluhm

Horulith
~ Edelputz;
~ Fugenmörtel;
~ Wärmedämmputz-System;
6000 Hofmann

Hosby
Fertigelemente für den konventionellen Wohnungsbau: Kellerdecken, Fenstereinsätze, Dachkonstruktionen u. ä.;
2362 Hosby Bau

HOSBY
Fertighäuser;
2362 Hosby

HOSTALIT®
Erhöht schlagzähes PVC für Fenster, Lichtwandprofile, Fassadenbekleidungen, Fensterklappläden, Jalousien;
6230 Hoechst AG

HOSTAPOR®
Schäumbares PS zur Wärmeisolierung und Schallisolierung;
6230 Hoechst AG

Hostatherm®
Flächenheizelemente für Niedertemperatur-Flächenheizungen für Decken oder Fußboden;
6200 Kalle

Hotmelt 2200
Kantenverkleber für Holzfurnier, Polyester und viele PVC Kanten;
4050 Simson

HOTZ
Feuerschutz-Rolltore „System Garbisch", Rollgitter, Scherengitter;
1000 Hotz

Hourdis
Ton-Hohlwaren wie Deckenziegel DIN 278, Kellerbodenplatten, Stallbodenplatten, Dränrohre, Kabelabdeckhauben, Weinregalziegel, Zwischenwandplatten, Mauerziegel nach DIN 110;
7570 Hourdis

Hourdis
Deckensteine, Hohltonplatten;
8413 Puchner

HOVAL
~ Heizkessel;
~ Industrielüftungsgeräte;
~ Pyrolyseanlage;
~ Wärmerückgewinner;
~ Warmwasserspeicher;
7407 Hoval

hovesta®
Haustüren, Haustüranlagen, Kellertüren, Laubenganttüren, Zimmertüren aus Massivholz, Treppen aus Edelhölzern;
5473 Hovesta

howelon
Türbespannfolie;
7119 Hornschuch

howeplan
~ - Lamellen für Licht- und Sonnenschutz, Lichtsteuerung für Bildschirmräume;
7119 Hornschuch

howetex
Zargenmaterial, mit Trägergewebe;
7119 Hornschuch

HOWI
Decken-Träger-System zum Selbstverlegen. Diese Fertigdecke besteht aus verzinkten oder unverzinkten Stahlblechträgern und Styropor®-Deckenfüllkörpern mit tapezierglatter Unterseite;
3000 EBS

hp
~ **Gitterroste**, feuerverzinkt, Edelstahlrostfrei und als Schweißpreßrost;
~ **Industrietreppen**, feuerverzinkt;
6349 Panne

HP
~ - Lückenschindel für Biberschwanzdächer (auch Kunststoffspließ oder hp-Dachschindel aus Kunststoff), zum Sanieren bestehender Biberschwanzdächer;
8121 Hartplast

HPP
Präzisions-Dichtungsprofile für Fenster, Türen, Zargen, Fassaden;
2153 HPP

HPS
~ - Badelemente in Sanitär-Acrylglas oder aus hochfestem, schwerentflammbarem PVC;
~ - Kunststoff-Bauelemente: Fassaden, Überdachungen, Kioske, Fahrradständer, Sanitärzellen;
3167 HPS

HR
~ - Edelputz und Wärmedämmputz für Hausfassaden, Betonwerkstein, Naturwerkstein, Montagetreppen, Betonfertigteile;
6251 Hemming

HR 80
Kautschuk-Haut zum Abdichten von Schwimmbecken (Schwimmbadfolie);
6078 Graef

hrachowina
→ acho → wina;
8901 Acho

HRS 3000
Schallschutzelemente nach DIN 52 212. Gerade und viertelkreisförmige Standardelemente aus Glasfaserbeton;
8500 Fuchs

HS
Holztreppen;
6787 Seibel

HS
~ - Schindeln, Weißzedern-Schindeln aus Kanada;
8974 Hummel-Stiefenhofer

HSB
Selbstbauhaus oder Ausbauhaus mit dem HSB-Selbstbausystem;
4178 HSB

H-Schachtprogramm
→ Hornbach
6729 Hornbach

HSD
~ **2**, **3** und **5**, Brückenabläufe aus Gußeisen, höhen- und seitenverstellbar sowie drehbar, DN 100—DN 150;
6330 Buderus Bau

HSH
~ Blockhäuser aus finnischem Kiefernholz;
~ Sauna (Blockhaus-Sauna);
~ Schwimmhallen;
5800 Hegner

HSK-PORTAL
Hebe-Schiebe-Kipp-Türbeschlag für großflächige Holz- und Kunststoffelemente;
5900 Siegenia

HS-PORTAL
Hebe-Schiebe-Türbeschlag für großflächige Holz- und Kunststoffelemente;
5900 Siegenia

HSS
~ - System, montagefertiger Kunststoff- und Metall-Schilder;
2390 Möller

HT
~ - Innenentwässerung aus PP;
3050 Marley

HTA-Schiene
Ankerschiene zum Befestigen von Lasten aller Art von 100 bis 14 000 kg an Beton;
4000 Halfeneisen

HTK
Verstellbare Formstücke für die Hausinstallation;
8071 Kessel

HT-Schaumstoff®
Schaumstoff aus silikatgebundenen EPS-Partikeln zur Herstellung von Sandwichkonstruktionen mit anorganischen Deckschichten z. B. Fassadenelementen;
6700 BASF

1

HTU-Schiene
Ankerschiene zum Anschrauben von Trapezblechen;
4000 Halfeneisen

HUBER
~ Fußmattenrahmen;
~ Gitterroste;
~ Lüftungsrahmen;
~ Revisionstüren;
~ Winkel-Revisionsrahmen;
6052 Huber

Huber
~ - Verbundelemente, Brüstungselemente oder auch großflächige Außenwandelemente aus Eternit® und Glasal®, mit einem Isolierkern aus Styropor® SE, PUR-Platten, Foamglas, Mineralfaser usw., auch raumseitig mit Dampfsperre;
8090 Huber

HUBER
~ - Holzhaus;
8311 Huber

Hubrig
Kalksandsteine;
3101 Hubrig

hubskimer
Ablaufvorrichtung, manuell, zum Einbau in Benzin-/Heizölabscheider in Fertigbauweise aus Stahlbeton zum Ableiten gespeicherter Leichtflüssigkeiten;
6330 Buderus Bau

HUCK
~ - **BOM**, vibrationssichere Blindniete für extrem hohe Belastungen;
~ **HV-HUCK**, Schließringbolzen;
~ **MAGNA-LOK**, Blindniete mit mechanischer Nietdornverriegelung;
4500 Titgemeyer

HUCK
~ - Auffangnetze;
~ - Seitenschutznetze;
6334 Huck

HUDEVAD
~ **Planradiatoren**, Niedertemperatur-Heizkörper;
2000 Wilken

HUECK
~ Fenster und Türen aus wärmegedämmten Alu-Profilen;
~ Kuppelsysteme, Fassadensysteme;
5880 Hueck

Hübner
~ - Türabdichtungen;
3500 Hübner

Hücco
~ - Deckenschalung;
~ - Wandschalung (Schalung);
4030 Hünnebeck

HÜLSENFIX
Ankerhülsen-Befestigung an Stahlschalung durch Zapfen;
5885 Seifert

HÜNING-ZIEGEL
unipor-Ziegel-System;
4716 Hüning

HÜNNEBECK-RÖRO
~ Deckenschalungen;
~ Fahrgerüste;
~ Gerüste;
~ Hallen, mobil und stationär;
~ Hebebühnen;
~ Wandschalungen;
4030 Hünnebeck

Hüppe
~ **ARS 80** und **2000**, Außenraffstores mit Querlamellen, Typ ARS 2000 schließt „nachtdunkel";
~ **Markise**, Gelenkarmmarkise aus Alu und verzinktem Stahl;
2900 Hüppe Sonne

Hüppe Dusch
Duschabtrennung und Badmöbel aus Verebral®, Kunststoff-Sicherheitsglas und Satimet®-veredelte Alu-Profile;
2900 Hüppe Dusch

HÜSO
~ - Gipsverbundplatten;
~ - Hartschaum-Dämmplatten;
~ - Polystyrol-Formteile;
8700 Hümpfner

Hüttemann
~ Bauholz;
~ Gartenholz;
~ Holzleimbinder;
4000 Hüttemann

Hüttemann-Holz
Holzleimbau, Hallenkonstruktionen, Brettschichtholz ab Lager. Bauholz, Vorratsholz, Brettware, auch getrocknet, gehobelt, imprägniert;
5787 Hüttemann

HÜTTENBRAUCK
~ **Profile**, kaltgewalzte Stahlprofile und stranggepreßte Alu-Profile;
5758 Hüttenbrauck

HÜWA®
~ - **BETOFIX**, Abstandhalter, aus Beton mit Klemmvorrichtung aus Stahl;
~ - **BETUNTER**, Untersteller zum Stützen von Bewehrungen;
~ - **BOCK 500**, Abstandhalter, großflächig, stützend, für Deckenbewehrungen, aus Stahl;
~ - **BOCK-SPEZIAL**, Abstandhalter, großflächig stützende Sonderkonstruktion für Betonbauteile;
~ - **DISTANZBOCK**, großflächig stützender Abstandhalter für wasserundurchlässige Betonbauteile;
~ - **DECKENFLUX**, Abstandhalter für untere Deckenbewehrungen;
~ - **FLÄCHENFIX**, Abstandhalter, für universellen Einsatz bei Wand- und Deckenbewehrungen, aus Kunststoff;
~ - **KEILFIX 10-15-20**, Abstandhalterkeil aus Kunststoff für horizontale und vertikale Bewehrung;
~ - **KLAMMER-ANKER iM**, zur brückenlosen Verankerung von Leichtbau-Dämmplatten an nachfolgend anzubetonierende Betonbauteile;
~ - **Kontakter SK**, Kleber zur brückenlosen Verlegung von Leichtbau-Dämmplatten an die Schalung;
~ - **STABETON 650**, Abstandhalter aus armiertem Beton;
~ - **WABOCK**, großflächig stützender Abstandhalter aus Stahl für Wand- und Deckenbewehrungen;
~ - **WANDFLUX M**, wie Typ K, jedoch auch für wasserundurchlässigen Beton, aus Stahl;
~ - **WANDFLUX-K**, Wandstärke + Betonüberdeckung - Abstandhalter + Mattenhalter, aus Kunststoff;
~ - **WANDFLUX-SOLO**, Abstandhalter, zur Fixierung von Solomatten in Stahlbetonbauteilen, aus Stahl;
~ - **ZIEHBOCK**, Abstandhalter aus Stahl/Kunststoff für spezielle Anwendungen;
8500 Hüwa

HUFA
~ - Schneidemaschinen;
~ - Spanneisen (DBGM), zum Schlagen von Löchern in Wandplatten aller Art;
6052 Huber

Hufer
Holztüren aus Fichte, Tanne, Kiefer, Lärche. Besonderheit: Tür in der Tür-Ausführung für Kleinkinder;
4133 Hufer

HUF-HAUS
Fertighäuser von 102 bis 293 m^2;
5419 Huf

Hufnagel
Handläufe, Treppensprossen und Ringe in sämtlichen Holzarten;
8800 Hufnagel

HUGA®
~ Brandschutztür T 30 aus Holz;
~ Fertigtüren nach DIN 18 101;
~ Form-Zargen;
~ Fußleisten, furniert;
~ Rauchschutztür;
~ Schallschutztür;
~ Stiltüren;
~ Tür-Elemente;
4830 Gaisendrees

HUMBERG
Türen und Türanlagen aus Sandguß in modernem Design;
4405 Humberg

HUMOSOIL
Torfkultursubstrat für Pflanztröge und Gefäße;
2900 Torf

Hundt
~ Jalousien;
~ Rolläden;
2800 Hundt

HUNO
~ Fassadenverkleidungen aus Alu-Blech einschl. Isolierung;
~ Fenster und Türen aus wärmegedämmten Alu-Profilen und aus Kunststoffprofilen „System Schüco";
3320 Huno

Hunsrücker Holzhaus
Zweckbauten in Holz (Verkaufspavillons, Holzhallen, Wohnheime, Bürobauten), Blockhäuser, Wohnhäuser;
5449 Hunsrücker Holzhausbau

HUNTER DOUGLAS
Alu-Paneele;
4000 Hunter

Hupfeld
~ Betonfertigteilschächte;
~ Betonprodukte für den Garten- und Landschaftsbau;
~ Betonrohre;
~ Betonsteinpflaster (Eskoo);
~ Bordsteine;
~ Gehwegplatten;
~ GFK-Verbundrohre;
~ Stahlbetonrohre;
2150 Hupfeld

Hupfer
Betonfertigteile;
7889 Hupfer

Huss
Rolläden für schräge Fenster;
7440 Huss

Hussey
Großraum-Bestuhlung für Theater, Kinos, Hörsäle, Stadien usw.;
4290 Daco

HUTH & RICHTER
~ Elastomere-Lager für den Bausektor aus Neopren in Brückenlager-Qualität, unbewehrt als Streifenlager, bewehrt mit Stahlplatten-Einlagen als Einzellager;
~ Gleitfolien für den Bausektor aus Teflon, PE, Wolfin, Trespalen, in Einzellagen oder zu Gleitelementen konfektioniert;
~ Neoprene-Verformungslager in Brückenlager-Qualität, als Streifenlager oder mit Stahlplatten bewehrte Einzellager allseitig beweglich oder verankert;
1000 Huth

Huwil
~ Beschläge für den Objektbau;
~ Glasschiebetürbeschlag;
~ Schlösser und Schließsysteme für den Objektbau;
5207 Huwil

HVB
Hochvakuum-Bitumen für die Industrie und den Hochbau;
2000 Shell

HW
~ - Tresore, Wandtresore in den Sicherheitsstufen A und B (feuergeschützt, diebessicher) sowie Möbeltresore;
4330 Winking

HWH
~ Furnierplatten;
~ Siebdruckplatten;
~ Spanplatten, furniert oder kunststoffbeschichtet;
~ Treppenstufen-Rohlinge;
~ Verbundplatten;
~ Verlegeplatten;
8395 HWH

H.W.P.
~ Hot-Whirl-Pool aus Kunststoff;
~ Sprudelliegen;
6712 H.W.P.

HWR
→ Isopor-HWR;
6908 Isopor

HW-System
Patent von Haböck & Weinzierl, A-3130 Herzogenburg, zur Mauertrockenlegung durch eine Horizontalsperre gegen aufsteigende Mauerfeuchte mittels nichtrostender Chromstahlplatten, die mit Spezielmaschinen waagrecht in die Mauer getrieben werden und seitlich überlappen;
8045 Meisterring

HYAMAT® MC
Computergesteuerte Druckerhöhungsanlagen zur Trink- und Löschwasserversorgung;
6710 KSB

HYBALIT N®
Ölbindemittel aus nichtstaubendem Naturgranulat;
5450 Raab

HYDRA®
~ - Axial-Kompensatoren zur Aufnahme von Wärmedehnungen in Heizungsleitungen;
~ - Metallschläuche für die Haustechnik;
~ - Schalrohre, betondichte, nichtsaugende Blechschalung zur Herstellung runder Betonsäulen;
7530 Witzenmann

HYDRASFALT®
Bitumenemulsion für Schutzanstriche und Isolierungen auf Beton und Mauerwerk, Imf, auch auf feuchte Flächen streichbar;
7000 Sika

HYDREX
Rückstaudoppelverschluß aus Gußeisen für durchgehende, fäkalienfreie Leitung DN 100—DN 200;
6330 Buderus Bau

HYDREX
~ - Beschichtungssysteme (Feuchteschutz und Korrosionsschutz) im Hoch- und Tiefbau;
7980 Hydrex

Hydro
Ausrüstung für biologische Kläranlagen-EWALLPORIT-Systeme, Pumpwerke, Wasserwerke, Tropfkörperfüllungen und Walzen-Tauch-Tropfkörper, Flotationsanlagen, Strippanlagen;
3582 Hydro

HYDRO
→ PALLMANN® HYDRO Siegel 90;
8000 Pallmann

Hydro Spa
~ Hot Whirl Pools;
4040 Krülland

HYDRO STOP
~ Bodenfarbe, Universal-Imprägnierer;
~ Feuchtigkeitsschutz;
~ Salpeterentferner;
~ Schutzanstrich gegen Feuchtigkeit für Beton und Mauerwerk, Dichtungsspachtel;
6954 Vogelsang

Hydrocrete®
Verfahren zur Herstellung und Anwendung von Unterwasserbeton, Zementgebundenen Mineralgemischen sowie Injektionsmörtel beim Bauen im Wasser;
4500 Gewatech

HYDRO-EX
Abdichtungsanstrich gegen Mauerfeuchtigkeit, lmh;
4904 Alligator

Hydrofelt
Strukturvlies-Dränmatte für die Dachbegrünung;
8500 Drebinger

Hydrofix
~ - **LKF**, kunststoffvergüteter Kosmetikmörtel für Sichtbeton, chloridfrei;
~ - **LK**, kunststoffvergüteter Kosmetikmörtel, schnellbindend, chloridfrei, für Sichtbeton;
~ - **LK1**, kunststoffvergüteter Kosmetikmörtel (gebremster Schnellhärter) für Sichtbetonflächen;
4354 Hydrolan

HYDROFIX® MEMBRANE
→ RPM-HYDROFIX® MEMBRANE;
5000 Hamann

HydroH
~ - Bootsbausperrholz mit Khaya-, Sipo- und Macoré-Schäldeckfurnier;
2410 Sommerfeld

Hydrolan
Produktpalette:
~ Betonlasuren;
~ Betonnachbehandlungsmittel;
~ Betonsanierung;
~ Betontrennmittel;
~ Betonzusätze;
~ Bodenausgleichsmasse;
~ Bodenbeschichtung;
~ Bodenversiegelung;
~ Dachabdichtung;
~ Dämmplattenkleber;
~ Dichtanstriche;
~ Dichtungsschlämme;
~ Estrichzusätze;
~ Fassadenanstriche;
~ Fassadensanierung;
~ Fliesenkleber;
~ Fugendichtungsmassen;
~ Fugenfüller;
~ Fugenkitte;
~ Gasbeton-Steinkleber;
~ Gießmörtel;
~ Imprägniermittel;
~ Innenanstriche;
~ Kellerwandabdichtung;
~ Kunstharzputze;
~ Kunststoffanstriche;
~ Kunststoffbeschichtungsmassen;
~ Kunststoffkleber;
~ Kunststoffversiegeler;
~ Mörtelzusätze;
~ Muffenkitte;
~ Plattenkleber;
~ Reinigungsmittel;
~ Rohrdichtmassen;
~ Rostschutzanstriche;
~ Schallacke;
~ Schalöle;
~ Schalwachse;
~ Schnellbindezemente;
~ Teerpechanstriche und -beschichtungen;
~ Verdünnungsmittel;
~ Vergußmassen;
4354 Hydrolan

HYDROLIN
Feuchtraumfarbe auf Silikatbasis;
4904 Alligator

HYDROMENT®
~ **Entfeuchtungsputz**, Spezialputz zur Mauerentfeuchtung;
8938 Hydroment

Hydro-Nail
Dachkonstruktionen und Fachwerkbinder mit Nagelplatten;
5372 Kewo

HYDRO-NAIL®
Stützenfreie Dachkonstruktionen bis zu 30 m Spannweite aus nach DIN imprägnierten Hölzern;
6078 HYDRO-NAIL

Hydrophobin
Betondichtungsmittel;
~ **Beton-Hydrophobin flüssig**, DM, festigkeitssteigernd, auch in Pulverform;
~ **F**, Mörteldichtungsmittel flüssig;
3280 Hörling

Hydroplast
Dichtfolie, PVC-PP-Folie für extrem belastete Flächenabdichtung;
4354 Hydrolan

Hydro-Plastin
~ **AW 5 (LP)** Luftporenbildner für Straßenbeton;
~ **KPM Nr. 2398**, Putzzusatz und Mauermörtelzusatz für Kalk- und PM-Binder (Putz- und Mauermörtel-Binder);
~ **KPM-Mischöl (LP)**, Luftporenbildner für Kalk- und Putzmörtel;
~ **M 70**, Maschinenputz-Zusatzmittel;
3280 Hörling

Hydroponik
~ - System zur Dachbegrünung mit Drän-, Filter- und Vegetationsschicht;
4750 Paletta

1

Hydropont
~ - Bootsbausperrholz mit Mahagony und Teak; Stabdecksplatten, Mahagoni + Esche, Teak + Esche, Teak + Wenge;
2410 Sommerfeld

Hydropox
~ F, 2-K-Epoxidharzsystem, fließfähig, lmf, für waagerechte Verfugungen und Verklebungen;
~ S, 2-K-Epoxidharzsystem, standfest, lmf, für senkrechte Verfugungen und Verklebungen;
4354 Hydrolan

Hydropren
→ UZIN GN 200 Hydropren;
7900 Uzin

HYDROTHERM®
~ - **Putz**, kombinierter Wärmedämm- und Entfeuchtungsputz;
8938 Hydroment

HYDROTITE®
~ - **Dichtungsprofile** (Quellgummi)für Tunnelabdichtung und Schachtabdichtung (Produkt der Fa. Ci Kasei Co. Ltd., Tokio/Japan);
2000 Webac

HYDRO-Wetterhaut
Elastische, wasserdichte Flüssigfolie auf Kunststoff-Dispersionsbasis als Dachdichtungsmaterial;
4950 Follmann

Hygiene-Rinne
Bodenablauf und Entwässerungsrinne aus Chromnickelstahl mit eingebautem Gefälle;
7752 Hafner

HYGROMATIK
~ Aerosol-Luftbefeuchter;
~ Dampf-Luftbefeuchter für Leitungs- und für vollentsalztes Wasser;
~ Großhallen-Luftbefeuchter;
~ Luftentfeuchter;
2000 Apparatebau

HYGROMATIK®
~ - **Dampfluftbefeuchter** für Leitungswasser und für vollentsalztes Wasser;
~ - **Luftbefeuchter** für Großhallen;
~ - **Luftentfeuchter**;
2000 Hydromatic

HYGROMIX
Substrat für Dachbegrünung;
4650 Gelsenrot

HYGROMULL®
UF-Schaum, z. B. zur Herstellung von Schaumstoffflocken, fördert die Wasserdurchlässigkeit, Durchlüftung, zur Begrünung und Bodenverbesserung;
6700 BASF

HYMIR
Klebstoffe und Leime;
7530 Hymir

hynorm
Carports;
2820 Lohmüller

Hyperdämm
Mineralkörnung zur nachträglichen Wärmedämmung von zweischaligem Außenmauerwerk mit Hilfe der Hyperdämm®-Blastechnik. Auch für Dachschrägen ausgebauter Dachgeschosse;
4600 Perlite

Hyperlite® KD
Kerndämmung für zweischalige Außenwände, hergestellt aus dem anorganischen → Superlite;
4600 Perlite

Hypofors®
Dichtungsbahn für Wasser- und Tiefbau;
5600 AKZO

HZ
~ Heizkörperanschluß aus Rotguß für Plattenheizkörper und Heizkörper mit integriertem Ventil;
~ Profile und Sockelleisten zum Abdecken von Heizungsrohren, Kabel, E-Heizungen und Wasserleitungen;
6507 Weitzel

I + K plus
Schornstein-Dämmasse für dreischalige Hausschornsteine mit beweglicher Innenschale;
4600 Perlite

Ibacher Ökobau
Wohn-Blockhäuser;
7822 Ökobau

IBENA
Kunststoff-Dachbahnen;
4290 Beckmann

IBERO
~ - **Schiefer**, Dachschiefer aus der Grube Quiroga, Provinz Lugo in NW-Spanien;
6575 Johann

IBEY®
Heizkostenverteiler;
5650 Beyer

IBK
~ - Großraum-Garage aus Stahlbeton, als Einzel-Garage und Doppelgarage;
4408 Estelit

IBK
~ - Fertiggaragen aus Stahlbeton, transportabel. System für ebenerdige Einzel- und Reihengaragen, Doppelparker, Tiefgaragen, Geschoß-Garagen und Garagenhäuser sowie Schutzräume System IBK;
7500 IBK

IBO . . .
Teppichböden BORGERS, textile Nadelvlies- und Tufting-Bodenbeläge aus synthetischen Fasern für Wohn- und Arbeitsbereich, Messebau, öffentliche Objekte;
4290 Borgers

IBOLA
~ **D 1**, hochwertiger Kunstharz-Dispersionsklebstoff für PVC-Beläge mit Jutefilz-, Polyestervlies-, Asbest-Rücken;
~ **D 1**, hochwertiger Kunstharz-Dispersionsklebstoff für textile Beläge aller Art;
~ **D 1**, Kunstharz-Dispersionsklebstoff für Flexplatten;
~ **D 2**, Kunstharz-Dispersionsklebstoff für Cushioned-Vinyl-Beläge;
~ **D 2**, Kunstharz-Dispersionsklebstoff für Prallwände, Verbundschäume;
~ **D 2**, Kunstharz-Dispersionsklebstoff für textile Beläge mit PVC-, Latex-, Asbest-Rückenbeschichtungen und -Schäume;
~ **D 2**, Kunstharz-Dispersionsklebstoff für textile Beläge mit Rückenbeschichtungen;
~ **D 20**, Kunstharz-Dispersionsklebstoff für Sisal- und Kokosbeläge;
~ **D 3 L**, leitfähiger Dispersionsklebstoff für die ableitfähige Verlegung von leitfähigen PVC-Belägen;
~ **D 3**, Dispersionsklebstoff für homogene und heterogene PVC-Beläge, sehr lange offene Zeit;
~ **D 33**, Kunstharz-Dispersionsklebstoff für Linoleum und Korklinoleum-Beläge;
~ **D 4**, hochwertiger Kunstharz-Dispersionsklebstoff für PVC und PVC-Schaum-Wandbeläge speziell in Naßzellen;
~ **D 6**, Dispersionsklebstoff für homogene und heterogene PVC-Beläge, kurze Ablüftezeit;
~ **D 6**, Kunstharz-Dispersionsklebstoff für PVC-Beläge mit PVC-Schaum-, Polyestervlies, Asbestrücken, PVC-Kork-Beläge;
~ **D 6**, Kunstharz-Dispersionsklebstoff für Verbundschäume, Prallwände, PVC-Beläge mit Verbundschäumen;
~ **D 8**, hochwertiger Dipsersionsklebstoff für PVC-Verbund, PVC-System und PVC-Elastik-Beläge mit PVC-Schaumrücken, wärme- und weichmacherbeständig;
~ **D 9**, Kunstharz-Dispersionsklebstoff für Cushioned-Vinylbeläge auch mit Polyurethan-Beschichtung;
~ **D 9**, Kunstharz-Dispersionsklebstoff für PVC- und Elastomierbeläge;® ~ **P 5**, Kunstkautschukklebstoff für PVC-Beläge;
~ **D 9**, Kunstharz-Dispersionsklebstoff für textile Beläge mit Rückenbeschichtungen aus PUR;
~ **D 95**, Kunstharz-Dispersionsklebstoff für Polystyrol-Hartschaum-Platten und Untertapeten;
~ **EXTRA**, Kunstkautschuk-Klebstoff für PVC- und Elastomer-Sockelleisten und Treppenstoßkanten;
~ **FS-NEU**, Kunstharz-Zement-Feinspachtel- und Ausgleichsmasse, wasserfest, rollstuhlgeeignet;
~ **K 12**, Kunstkautschuk-Klebstoff, Schlagkleber für Holz-Nagelleisten;
~ **K 12**, Kunstkautschukklebstoff für Kork- und Linoleum-Fliesen;
~ **K 12**, Kunstkautschukklebstoff für PVC- und Elastomerbeläge, PVC-Profile;
~ **K 16**, thixotroper Kunstkautschuk-Klebstoff für textile Beläge, Prallwandbeläge, Kork-Platten;
~ **K 16**, thixotroper, schnellanziehender, dauerelastischer Kunstkautschuk-Klebstoff für Turnhallen-Prallwandbeläge, Nadelvlies-Teppiche auf poröse Elastik-Sporthallenbeläge;
~ **K 16**, thixotroper, schnellanziehender, dauerelastischer Kunstkautschuk-Klebstoff zur Verklebung von Teppichbelägen auf Wänden, Treppen, Säulen;
~ **KA**, Kunstharz-Zement-Ausgleichsmörtel, wasserfest, rollstuhlgeeignet, zum Rohdeckenausgleich, für Nivellierungen von Treppenstufen u. ä.;
~ **L 1**, Kunstkautschuk-Spachtelmasse zum Ausbessern kleinerer Unebenheiten;
~ **L 2**, Kunstkautschuk-Vorstrich für saugende Unterböden, insbes. von Anhydrit-Estrichen vor dem Spachteln;
~ **L 23**, Kunstharz-Lösungsmittelklebstoff für Nadelvliesbeläge;
~ **L 25**, Kunstkautschuk-Harz-Klebstoff für textile Beläge ohne dichte Rückenbeschichtung sowie für Nadelvlies-Beläge;
~ **L 26**, heller Kunstharz-Lösungsmittelklebstoff für textile Beläge mit und ohne Latexierung sowie für Nadelvliesbeläge;
~ **L 26**, Kunstharz-Lösungsmittel-Klebstoff für PVC-Filz-Beläge;
~ **L 29**, hochwertiger Kunstharz-Lösungsmittelklebstoff für textile Beläge aller Art mit und ohne Latexierung sowie für Nadelvliesbeläge;

1

~ **L 4**, Kunstharzvorstrich zum Verfestigen absandender Putze und Anstriche;
~ **L 9 L**, leitfähiger Kunstkautschuk-Harz-Klebstoff für die leitfähige Verlegung textiler Beläge;
~ - **PARKETTKLEBER L 12**, Kunstharz-Lösungsmittelklebstoff für Mosaik- und Kleinparkett, Stabparkett und Exoten;
~ - **PARKETTKLEBER L 15**, Kunstharz-Lösungsmittelklebstoff für Holzpflaster RE nach DIN 68 701 und 68 702 schubfest;
~ - **PARKETTKLEBER R 103**, 2-K-Polyurethanklebstoff für Fertigparkett, Polymerparkett, gut verstreichbar, schubfest, dauerelastisch, Fußbodenheizung geeignet, Klebstoff-Auftrag: Spachtel Type 62 oder C;
~ - **PARKETTKLEBER 14 DK**, Kunstharz-Dispersionsklebstoff für Mosaik- und Kleinparkett;
~ - **PARKETTKLEBER SPEZIAL**, Kunstharz-Dispersionsklebstoff für Mosaik- und Kleinparkett, Stabparkett und Exoten;
~ **R 101 + HÄRTER 7**, 2-K-PUR-Klebstoff für textile Out-Door-Beläge, Kunstrasen und verschiedene Gummibeläge;
~ **R 101** + HÄRTER 7, 2-K-PUR-Klebstoff für In- und Out-Door-Verlegungen spezieller PVC- und Elastomer-Beläge;
~ **R 105 L**, leitfähiger 2-Komp.-PUR-Klebstoff für spezielle leitfähige Elastomerbeläge;
~ **R 105**, 2-K-PUR-Klebstoff für In- und Out-Door-Verlegungen spezieller Elastomer-Beläge;
~ **R 105**, 2-K-PUR-Klebstoff für textile Out-Door-, spezielle Nadelvlies-Beläge;
~ **R 105**, 2-K-PUR-Klebstoff für verschiedene Sportstättenbeläge, Nadelvliesbeläge, Kunstrasen;
~ **R 107**, 2-K-PUR-Klebstoff für keramische Beläge;
~ **R 108**, 2-K-PUR-Klebstoff für Metall-Nagelleisten, Stoßkanten;
~ **R 108**, 2-K-PUR-Reparaturmasse zum Verdübeln von Estrichrissen, zum Einbetten von Metallteilen in Beton;
~ **R 120**, 2-K-PUR-Klebstoff für vorgefertigte, wasserdurchlässige Sportstättenbeläge im Out-Door-Bereich;
~ **R 300**, 2-K-Epoxidharz-Klebstoff für In- und Out-Door-Verlegungen spezieller Elastomerbeläge;
~ **R 320**, 2-K-Epoxidharzklebstoff für keramische Beläge;
~ **R 69**, 2-K-Epoxidharzvorstrich zum Grundieren saugfähiger Unterböden, insbes. von Anhydrit-Estrichen bei Verwendung von Epoxidharzklebstoffen;
~ - **SPEZIAL-SPACHTELMASSE NR 32**, 2-K-PUR-Spachtelmasse für elastische Gummigranulatbeläge im Sportstättenbereich;
~ **UP**, Universal-Planierzement, selbstverlaufend, wasserfest, rollstuhlgeeignet für Dünn- und Dickspachtelungen;
~ - **VORSTRICH** LP, Vorstrich für Parkettkleber L 12 + L 15;
~ **WA-V**, Kunstharz-Dispersionsgrundierung für Estriche bei anschließender Verklebung mit IBOLA WA;
~ **WA**, modifizierter Diserpsionsklebstoff für textile Beläge zur Wiederaufnahme;
~ **ZA**, Zement-Ausgleichsmasse und Spachtelmasse, rollstuhlgeeignet für Dünn- und Dickspachtelungen;
8000 Isar

IBOLIN
~ **D 77**, Spezial-Dispersionsklebstoff für PVC- bzw. Vinyltapeten mit und ohne Papierkaschierung sowie textiler Rückseite, PVC-Schaum-Tapeten, Jute-, Textil- bzw. Gewebe-, Metall-Tapeten;
8000 Isar

ibotret
Teppichunterlage;
4290 Borgers

IBT
~ - System, Unterputz-Abzweigkästen und Betondosen für die Installation in Großstahl-Elementen als auch im Ort- und Schüttbeton;
5885 Spelsberg

ICEMA
~ **K 142/4**, Kunstkautschuk-Klebstoff für Polystyrol-Hartschaumplatten auf dichte Materialien wie Eisen und Aluminium;
8000 Isar

„Ich bin zwei Öltanks"
Dreiwandiger, kugelförmiger Erdtank aus Polymerbeton für Heizöl und Chemikalien;
2350 Haase

ICI
Lacke und Farben → Meisterpreis;
4010 Wiederhold

ICOMENT®
~ - **ADDITIV DBP**, Vergütungsmittel für hydraulisch gebundene Mörtel, vor allem für Haftbrücken bei der Betonsanierung;
~ - **SPACHTEL**, Kunststoff-Dispersion, verseifungsfest, mit zementreaktiven Mineralstoffen zum Ausbessern größerer Fehlstellen und für kosmetische Arbeiten an Betonfertigteilen;
~ - **SPERRSCHLÄMME**, hydraulisch abbindende Schlämm-Abdichtung für Mauerwerk und Beton gegen Erdfeuchtigkeit und Sickerwasser;
~ - **TROCKENMÖRTEL**, Fertigmörtel, kunststoffvergütet, zum Ausbessern von Kiesnestern, Lunkern, Kantenausbrüchen usw.;
~ - 520, 2-K-Fertigmörtel mit Kunststoffzusatz für egalisierende Dünnputzüberzüge;
7000 Sika

icopal
~ **ALU-VENTILAG**, Dampfsperr- und Ausgleichsbahn mit Glasvlies verstärkt, oberseitig Folie, unterseitig Polystyrolgranulat;
~ **ALU-VILLADRIT**, Dampfsperr- und Ausgleichs-Schweißbahn mit Glasgewebe, ober- und unterseitig Folie;
~ **BROPLAST**, Schutz- und Abdichtungsbahn, oberseitig mit icopal-Kunststoffträger, glasvlieskaschiert, unterseitig Schweißbitumen, Folie;
~ **CX 200 weiß**, Abstrahl-Schweißbahn, oberseitig beschiefert, unterseitig Folie auch in **grün**;
~ **EXPANDRIT**, Elastomerbitumen-Schweißbahn mit Polyester-Spinvlieseinlage;
~ **POLAR**, Elastomerbitumen-Schweißbahnen mit Polyestergewebeträger, ober- und unterseitig Folie, **POLAR grün** mit oberseitiger Beschieferung, unterseitig Folie;
~ **PUR-bahn**, PUR-Dämmbahn, Wärmedämmstoff DIN 18 164;
~ **VENTI-PLUS-DUO**, Dachdichtungsbahn mit Vario-Konsistenz als erste Lage für die zweilagige Sanierung, mit Glasgewebeeinlage;
~ **VENTI-PLUS**, Sanierungsbahn mit Niveauausgleich, Elastomerbitumen-Schweißbahn für die einlagige Sanierung, mit Polyester-Spinvlies-Einlage;
~ VENTILAG, Ausgleichs-Schweißbahn mit Glasvlies verstärkt, oberseitig Folie, unterseitig Polystyrolgranulat;
~ **VILLA-QUICK grün**, Abstrahl-Schweißbahn mit Glasvlies verstärkt, oberseitig beschiefert, unterseitig Folie;
~ **VILLA-QUICK**, Ausgleichs-Schweißbahn, mit Glasvlies verstärkt, ober- und unterseitig Folie;
~ **VILLADRIT-POLYESTER**, Ausgleichs-Schweißbahn mit Polyestergewebeträger, ober- und unterseitig Folie;
4712 Icopal

ICOSIT®
Hellfarbige, wasser-, säure- und laugenbeständige Chlorkautschukfarben und Kunststoffarben;
~ **A 2030**, Unterwasseranstrich für Schwimmbecken, Zierteiche und chemisch beständige Anstriche;
~ - **Aktivprimer**, Grundbeschichtung für handentrosteten Stahl;
~ - **BETONCOLOR**, wetterfester, nicht gilbender Schutzanstrich und Verschönerungsanstrich für Betonfassaden;
~ **BW**, Innenanstrich, chemisch beständig, schwitzwasserfest, einbrennfähig;
~ - **DISPERSION**, wetter- und wasserbeständige Kunstharz-Dispersion für Beton und Asbestzement, auch auf feuchte Flächen streichbar;
~ - **EG-System**, Kombination von EP-Grund bzw. Zwischenanstrichen und PU-Deckanstrichen für robuste Korrosionsschutz-Beschichtungen im Stahlbau;
~ **K24 und K24 dick**, 2-K-Anstriche, Basis Epoxidharz, chemisch widerstandsfähig, schlagfest, hart;
~ **K25**, 2-K-Epoxidharz-Reaktionslack für Unterwasseranstrich in Schwimmbecken, Kläranlagen usw.;
~ - **Poxicolor**, lösemittelarme Korrosionsschutzbeschichtung auf Epoxidharzbasis;
~ **2630**, 2-K-Versiegelung für Betonböden;
~ **275**, 2-K-Beschichtung für Betonböden;
~ **360**, 2-K-Beschichtung für vissgefährdete Betonböden;
~ - **5530 DICKSCHICHT**, PVC-Acrylharz-Anstrich für dicke, langlebige Rostschutzüberzüge in vielen Farbtönen;
7000 Sika

ID 15
Rahmenstütze;
4030 Hünnebeck

IDEAL
~ **Pool Zubehör**, Schwimmbadzubehör wie Duschen, Badeleitern u. ä.;
4040 Eichenwald

Ideal
Hohlfalzpfanne, tiefgewölbter Tondachziegel für den Denkmalschutz;
4057 Laumans

Ideal
Fertigkeller;
5419 Ideal

IDEAL
Anstrichmassen, feuerfest, besonders zum Schlämmspritzen;
6000 Fleischmann

IDEAL TILES
Keramische Wandfliesen, Bodenfliesen, Dekorfliesen (aus Italien);
4690 Overesch

Ideal 76
Einbohr-Hängelager für Kippfenster;
7257 Gretsch

Idealux
Thermostat-Mischbatterien mit keramischen Dichtungen;
5300 Ideal

idee
~ - Türen, Füllungstüren in laminierter Kiefer aus Dänemark;
3006 Görlitz

IDEMA
Klinkerriemchen (228 × 54 × 8 mm) in vielen Farben (Produkt der Fa. Idema in Rudkobing, Dänemark);
2390 IDEMA

1

IDOVERNOL
~ **Bunt-Acryl** wasserverdünnbare Acrylfarbe für innen und außen;
~ **LZL**, wasserverdünnbare Holzlasur;
~ **Paneellacke**, farblos, matt, wasserverdünnbar, mit UV-Schutz;
2102 Decor

IDUNAHALL
Tondachziegel, u. a. Flachdachziegel;
4235 Iduna
→ 2932 Röben

IFA norm®
Holzbausystem;
5450 IFA

IFA-HAUS
Fertighäuser, auch als Bausatzhaus, Rohbauhaus oder Ausbauhaus;
5412 IFA-HAUS

IFF
~ Rankschutzgitter;
~ Unterflur-Baumrost;
7404 IFF

IGA
~ - **Flex**, Silicon-Fugendichtstoff;
~ - **Gitter**, punktgeschweißtes Armierungs-Drahtgeflecht;
~ - **Handform-Bodenplatten**, glasiert, rustikal;
~ - **Pflegemittel**, zur Reinigung, Pflege und Konservierung von Marmor und Naturstein sowie Wand- und Bodenfliesen;
~ - **Sica-Rutschfest**, gesinterte Siliciumkarbid-Bodenfliesen (Steinzeug-Bodenfliesen) nach DIN 18 155;
4690 Overesch

igA-FLIESEN
Keramikfliesen;
7100 iGA

IGB
Lichtdachkonstruktion aus Alu, eloxiert oder farbbeschichtet;
4800 Schüco

IGLU
~ - Hartschaum-Elemente;
2400 Thermo

iGuzzini
Leuchten-Systeme, Niedervolt-Halogen-Beleuchtung aus Italien;
8033 iGuzzini

IKO 5
Flache Spiegelleuchte (5 cm);
1000 Zeiss

Ikoba
Fertighäuser, Blockhäuser;
7177 Ikoba

IKOFIX
Abstandhalter für die Befestigung von Isolierstoffen in Sandwichplatten;
5885 Seifert

IL Caffarello
Keramikfliesen (Cotto Toscana);
7141 Brenner

il campo
Steinpflaster-System aus Beton, spezielle und individuelle Oberflächen- und Kantenbearbeitung, 6 Steingrößen;
7800 ACW
→ 2000 Betonstein
→ 5063 Metten
→ 7814 Birkenmeier
→ 8580 Zapf;

Ilack
→ AIDA Ilack;
4573 Remmers

Ilatan
→ Flußbau-Ilatan;
7557 Kronimus

ilco
~ Fahrradboxen aus Waschbeton;
~ Müllboxen;
2057 Illmann

ilira
Rolladengurte;
7922 Rathgeber

ILKA
~ - **AB**, Algen- und Bakterientod für Frei- und Hallenbäder;
~ - **Alu-Fix**, Eloxalkonservierung;
~ - **Alu-Rein — stark**, Eloxal-Reinigungskonzentrat (salzsäurefrei);
~ - **Alu-Rein M mild**, Eloxal-Reinigungskonzentrat mit schneller Wirkung;
~ - **Beton- und Rostlöser**;
~ - **Chlorgranulat**, zum Chloren des Wassers in Frei- und Hallenbädern bei geringem Chlorgehalt;
~ - **FB**, Spezialreiniger für Freibad- und Hallenschwimmbecken;
~ - **Flufix**, Natur- und Kunststeinpolitur;
~ - **Gips-Ex**, Speziallösungsmittel für Gipsrückstände;
~ - **Handreiniger** löst Farbe, Lack, Teer;
~ - **HB**, Hallenbad- und Fliesenreiniger-Konzentrat (salzsäurefrei);

~ - **Klinkeröl**, zum Auffrischen der Klinkerböden;
~ - **MR-Z**, Maschinenreiniger und Zementlöser für die gesamte Bauindustrie;
~ - **Neutralisator**, neutralisiert alkalisch gereinigte Steinfassaden;
~ - **pH Minus-Regulator**, zum Senken des pH-Wertes;
~ - **pH Plus-Regulator**, zum Heben des pH-Wertes;
~ - **Rapid AP**, Abbeizpaste für Lacke und Dispersionsanstriche;
~ - **Rapid TE**, Tapetenentferner und Leimfarbenlöser;
~ - **Rapid TH**, elastische Isolierfolie gegen Feuchtigkeit in der Wand;
~ - **Rapid**, Fassadenfarbenentferner und Kunstharzputzlöser für Maler und Gipser;
~ - **Salpetertod**, Ätzpräparat zur Vernichtung von Ausblühungen, Mauerschwamm, Mauersalpeter usw.;
~ - **Sanitärreiniger**, für Armaturen und Duschköpfe (säurefrei);
~ - **Schimmelkiller**, vernichtet Algen, Schimmel, Stockflecken;
~ - **Silicon**, Spezialimprägnierung gegen Witterungsschäden;
~ - **Spezial**, wasserlöslicher Universalreiniger für Fett, Öl, Teer und Wachs;
~ - **Steinreiniger — alkal. Paste**, für stark verschmutzte Steinfassaden;
~ - **Steinreiniger — alkalisch**, reinigt kalziumhaltiges Gestein wie Marmor;
~ - **Steinreiniger FS**, Reinigungskonzentrat für Sandstein und Klinkerfassaden (flußsäurehaltig);
~ - **Steinreiniger FSV — sauer**, mit verstärkter Flußsäure;
~ - **Steinreiniger S**, für Natursteinfassaden;
~ - **SZ**, Spezialreiniger für Klinker, Waschbeton, Natur- und Kunststeine;
~ - **TR 79 Konzentrat**, wasserlösliches Entfettungsprodukt mit schneller Tiefenwirkung;
~ - **Wisch-Rein**, Konzentrat für Steinböden;
~ - **Wunder**, Kesselsteinlöser für Dampfgeräte, Rohrleitungen und Haushaltsgegenstände;
7000 Ilka

Illerplastic
Kunststoff-Fenster aus PVC-Hart oder Elastik-Polymer;
7919 Illerplastic

Illi®
Pflanzkübel aus Holz im Blockhausstil;
7311 Illi

illmant®
Fertig-Isolierschalen aus Schaumstoff zur Isolierung von Heizungs- und Warmwasserrohren;
5090 illbruck

illmod®
Fertigabdichtung, dauerelastisch, von der Rolle für Fugen in allen Bauvorhaben;
5090 illbruck

illsonic®
Schallabsorptions-Platten;
~ **decken-element**, zum Einlegen in abgehängte Deckenelemente, B 1;
~ **keil**, Schallabsorptionskeile für die Einrichtung reflexionsarmer Räume;
~ **plano**, mit planer Oberfläche;
~ **prallschutz**, Aufprallschutz in Turn- und Sporthallen;
~ **pyramide**, mit Pyramidenstruktur, B 1;
~ **schallschirm**, absorbierende Schallschirme zum Hängen oder Stellen;
~ **waffel**, mit Waffelstruktur, B 1;
~ **waterproof**, für Naßräume;
5090 Illbruck

ilse
~ - **Sauna**, aus Fichte oder kanadischem Hemlock;
3418 Ilse

ilse-TEC
Schalldämmplatten und Buchen-Sperrholzplatten;
3418 Agepan

ILSHOFENER Treppen
Freitragende Treppen und Wendeltreppen, kombiniert mit Holz, Betonwerkstein, PVC;
7174 Abel

IMBERAL®
~ **BES (AIB)**, Bitumen-Emulsions-Schutzanstrich auf feuchtem und trockenem Untergrund für Beton, Putz und Mauerwerk;
~ **DA**, Dachanstrich, farbig, auf Kunstharzbasis, lmf, Schutzanstrich und Schönheitsanstrich;
~ - **DF**, streichfertige, elastische Abdichtung unter Fliesenbelägen, lmf;
~ - **Elastan**, Kautschuk-Bitumendickbeschichtung, 1-K, spachtelfähige, polystyrolgefüllte Bauwerksabdichtung;
~ - **Emuflex (AIB)** → Emuflux;
~ - **Flextan (AIB)** → Flextan;
~ - **Isolieranstrich (AIB)**, Schutzanstrich auf trokkenem Untergrund;
~ **KFÖ**, Kunststoff-Dispersionsfarbe, heizölbeständiger Schutzanstrich (Heizölsperre);
~ - **Klebepaste**, mit hoher Standfestigkeit;
~ - **Prolastic**, spachtelfähige Bauwerksabdichtung;
~ - **Ruflex**, farbige Dachsanierungsmasse auf Kunststoffbasis, 1-komponentig;
~ - **Silolack**;
~ - **Verdünnung**;
~ **1 (AIB) rot**, Bitumen-Schutzanstrich, lmh, wie ~ 1, als Kontrollanstrich geeignet;

1

~ **1 (AIB)**, Bitumen-Schutzanstrich, Imh, auf leicht feuchtem und trockenem Untergrund;
~ **1 Dick (AIB)**, Bitumen-Schutzanstrich auf Lösemittelbasis, halbflüssig, fasergefüllt, für Großflächenbeschichtungen mit Spezial-Spritzgerät;
~ **1 V (AIB)**, Bitumen-Voranstrich, Imh;
~ 2-K-Dickbeschichtung, Bitumenkautschuk-Abdichtungsmasse, spachtelfähige Bauwerksabdichtung;
4354 Hahne

IMEXAL
~ Deckengliedertore;
~ Drehtore;
~ Falttore;
~ Pendeltüren;
~ Rolltore, Rollgitter;
~ Schiebetore;
~ Stahlmehrzwecktüren;
7033 IMEXAL

Immerdicht
Automatische Türabdichtung für nachträgliche Abdichtung;
5760 Athmer

Immerfest
Kleber für Boden, Wand und Decke;
4807 Niederlücke

IMMEX
→ OELLERS-IMMEX;
5173 Oellers

Immo-Fenster
System-Wintergärten, Loggien, Veranden, Glaserker in Fertigteilbauweise aus Kunststoff-Fensterprofilen;
2301 Immo

IMMUTAN®
Brandschutzplatten auf rein mineralischer Grundlage mit anorganischem Binder (asbestfrei);
5920 Schaumstoffwerk

IMPACT
Wärmedämmsystem;
2056 Imparat

Impact
→ Loctite Impact;
8000 Loctite

Imperial
Natur-Korkplatten für Wand- und Deckenverkleidung;
2800 Henjes

Impex
~ - **Dübelschelle** für Isolierrohr- und Kabelmontage;
~ - **Einschlagdübel ED**, Dübel aus Kunststoff mit einer damit fest montierten Schlagschraube aus Stahl;
~ - **Fenster-Rahmendübel**, Ausführung **F** als Flachkopf- und **S** als Senkkopf;
~ - **fix FA-R6** Rundlochanker, Schnellmontage-Dübel für abgehängte Decken;
~ - **fix**, Gewindeanker für Befestigungen in Beton;
~ - **Isolierdübel**;
~ - **Lamellendübel LD**, für Befestigungen auf Gipskarton-, Asbestzement- und Holzspanplatten;
~ - **Metall-Schlagdübel**;
~ **Schlaganker SA**;
~ **Schwerlastanker**;
~ **Sicherheits-Stahldübel**, selbstbohrend;
~ **Verbundanker IV A**;
8800 Impex

IMPLOPHALT
Bitumenemulsion zur Herstellung von Industrieböden;
2000 VAT

IMPORT KERAMIK 2000
Keramisches Wand- und Bodenmosaik, (Keramikmosaik) aus Ostasien;
2000 Hoppe

Imprägnat
→ Sichel-Imprägnat;
3000 Sichel

Impralan®
~ **SR**, Holzlack für die handwerkliche und industrielle Anwendung innen;
6800 Weyl

impraleum®
Steinkohlenteeröl für außen;
6800 Weyl

impralit
~ - **B 1 flüssig**, vorbeugendes Holzschutzsalz für Holz unter Dach;
~ - **cco flüssig**, Imprägniersalzpaste für Holz unter Dach und Freilandholz mit Erdkontakt;
~ - **CKB flüssig**, Imprägniersalzpaste für Holz unter Dach und Freilandholz mit Erdkontakt;
~ - **CKB**, Imprägniersalz für Holz unter Dach und Freilandholz mit Erdkontakt;
~ - **K 4 flüssig**, chromfreies Flüssigsalz für Holz unter Dach und Freilandholz mit Erdkontakt;
~ - **SF**, vorbeugendes Holzschutzsalz für Holz unter Dach;
~ - **UG**, Holzschutzsalzpaste für Holz unter Dach und im Freien ohne Erdkontakt;
~ - **UZ flüssig**, schwerauslaugbare Holzschutzsalzpaste für Holz unter Dach und im Freien ohne Erdkontakt;
~ - **UZ**, Imprägniersalz für Holz unter Dach und im Freien ohne Erdkontakt;
6800 Weyl

impra®
Holzschutzmittel;
~ - **bidec**, Deckfarbe für innen und außen;
~ - **biolan®**, farbige Holzlasur für innen und außen;
~ - **boran**, farbloses Holzschutzsalzkonzentrat;
~ - **color**, farbige Holzschutzlasur für außen und innen Feuchträume;
~ - **elan**, farbige Dickschichtlasur für innen und außen;
~ - **Fertigbau 120**, Imprägniermittel für Holz im Innen- und Außenbereich;
~ - **Holzbau 100**, Imprägniermittel mit vorbeugender Schutzwirkung gegen Insekten;
~ - **Holzschutzgrund**, Grundier- und Imprägniermittel;
~ - **Holzschutzöl**, vorbeugender Holzschutz;
~ - **Imprägniergrund**, farblose Holzimprägnierung für Holz im Außenbereich;
~ - **profilan**, farbige Holzlasur für die handwerkliche und industrielle Anwendung innen und außen;
~ - **sanol F**, bekämpfender Holzschutz für innen und außen;
~ - **sanol Holzwurmfrei**, bekämpfender Holzschutz für innen und außen;
~ - **Tauchgrund weiß**, bläuewichige Grundierung für innen und außen;
~ - **Tauchlasur**, farbige Holzschutzlasur für die industrielle Anwendung im Außenbereich;
~ - **Tauchverdünnung**, Lösungsmittel zum Nachstellen der Viskosität von ~ - Tauchgrund weiß;
6800 Weyl

impredur Hochglanz-Lack 840
Hochglanzlack, für innen und außen, besonders wetterbeständig;
4400 Brillux

IMZ
~ - Ziegelelementbau, Ziegelelemente werkseitig verputzt, eingebaute Fenster, Rollokästen, Türzargen, Elektroleerrohre, Schalterdosen und Kellerfenster;
8463 Winklmann

INATKTIN
Schutz- und Pflegemittel für Baumaschinen, Mischerschutz;
7300 MURASIT

INDA
Badausstattung;
2800 Frerichs

INDAB
~ - Dachbegrünung;
~ - Pflanzgefäße;
5030 INDAB

Indeko
~ **Goldstar**, Kunststoff-Dispersionsfarbe, für weiße, tuchmatte Wandanstriche und Deckanstriche, Renovierungsanstriche;
~ **plus**, Kunststoff-Dispersionsfarbe für matte Innenanstriche;
~ **W**, Kunststoff-Dispersionsfarbe mit Schimmelschutz;
6105 Caparol

INDEX
Türfeder;
5828 Dorma

Indivent®
Lüftungssysteme für Industriehallen;
7000 LTG

induco
~ - Hohldecke, Stahlbeton-Deckenelemente als schlaff bewehrte Hohlplatten;
6478 Induco

Indulaton
~ Betonfarbe;
~ Betonsanierungssystem;
8058 Indula

INDURO®
~ Gitterroste aus Edelstahl rostfrei und GfK;
~ Gitterroste aus Alu für Treppenstufen, Schachtabdeckungen, Fassadenroste, Zäune, Sonnenschutzblenden usw.;
6349 Panne

Indusil
Silikatfarbe;
8058 Indula

INDUSTRIEKORK
Kork-Bodenbelag und Kautschuk-Bodenbelag, elastisch, für Werk- und Turnhallen;
7024 Decor Kork

Indux
→ Hagesan-Indux;
4057 Riedel

INEFA
~ Fußbodenheizung;
~ Kunststoff-Fenster aus Hostalit® Z;
~ Kunststoff-Haustüren;
~ Regenfallrohre, Dachrinnen, Kastenrinnen aus Hostalit®;
2210 Inefa

INERTOL®
Bituminöse Schutzanstriche für Beton und Stahl;
~ **Elastomasse 15**, EP-PU-Beschichtung auf Beton und Stahl für Parkhaus- und Brückenbeläge;
~ **I dick U** und **L**, gefüllte Petroharzlösungen besonderer Leistungsfähigkeit, Typ U für Unterwasser, Typ L für sehr robuste Außenanstriche;

1

~ **I**, Petroharzlösung für Stahl und Beton, vor allem unter Wasser und unterirdisch;
~ - **POXITAR**, Steinkohlenteerpech-Kunststoff-Kombination für hochbeständige Schutzanstriche auf Beton und Stahl, besonders für Abwasserwirtschaft;
~ **49 rotbraun**, pigmentierte Bitumenlösung für Beton und Stahl, besonders für den Dachanstrich;
~ **49 W** und ~ **49 W dick**, phenolfreie Bitumenlösungen für Trinkwasseranlagen;
~ **88**, farbige Bitumen-Öl-Kombination für wetterfeste Rostschutzanstriche, besonders für den Dachanstrich;
7000 Sika

INFOFLEX
Informationssystem, Leitsystem, Systemschilder. Basisplatte und Montageschiene aus Alu, Schriftträger, Zeichen und Grenzleisten aus Alu oder PVC-Hart;
5650 Opti

infoline
Informations- und Leitsystem zur Gebäudebeschilderung für Innen und Außen;
3300 Kroschke

Infoton 2000®
→ Busch-Infoton 2000®;
5880 Busch

INFRASTOP®
Sonnenschutz-Isolierglas, goldbeschichtet und reflektierend;
4650 Flachglas

Inga
Sanitärkeramik-Programm plus Acryl-Wanne (Badewanne);
5300 Ideal

INGOLSTADT ARMATUREN
~ - Absperrarmaturen aus Messing;
~ - Rohrbelüfter;
~ - Rohrtrenner;
~ - Rohrunterbrecher;
~ - Verteilerarmaturen für die Hausinstallation;
8070 Schubert

ingo-man®
~ Handtuchspender;
~ - Seifenspender, auch zum Waschtischeinbau;
4174 Ophardt

Ingralin
Schalöle;
6800 Fuchs

Inkalite
Großformatige Naturstein-Fassadenplatte aus glasvliesarmiertem Polyestermörtel;
4054 Teewen

INKA-System
Alu-Fensterbankkanäle, sichtbare Flächen eloxiert, Gerätedosen und Trennwand in PVC, Kanäle für Stark- und Schwachstrom mit integrierter totaler Heizkörperverkleidung;
5880 Thorsman

innbau
Betonfertigteile wie Plattendecken, Plattenbalkendecken, Rippendecken sowie Säulen, Unterzüge, Balkonbrüstungen, Fertigteil-Wendeltreppe, Fertigteil-Podesttreppe;
8261 innbau

INNENMATT
Innen-Dispersionsfarbe, waschfest, weiß, für Decken und mäßig beanspruchte Wandflächen;
6308 BUFA

INNTAL HOLZHAUS
Fertighäuser als Landhäuser und Fachwerkhäuser;
8094 Inntal

INOLIT
Oberflächenreiniger für Schwimmbecken, Keramik-, Glas- und Kunststoffoberflächen;
5300 Chema

INOX
Kaminauskleidungsrohre aus Edelstahl;
8852 Drossbach

inoxyd
Edelstahlrohre und Formteile bei Öl- und Gasfeuerungen, auch → Westaform inoxyd;
4830 Westa

Inpor
~ Kellerfenster für betonierte Wände mit Styroporschalung;
7570 Schöck

Inseal
Schaumstoff-Klebeband, einseitig klebend, aus PVC und PE;
6900 Kwikseal

Insektenstop
→ Hansa-Insektenstop;
2000 Thiessen

Inset
Kamineinsatz zur Wärmerückgewinnung;
3004 GHT

INSET
Kellerfenster mit Flügeln aus Holz, Kunststoff und Stahl, verschiedene Ausführungen für gemauerte und betonierte Wände im Rahmen aus Glasfaserbeton;
7570 Schöck

Insituform
Kanalsanierung und Rohrleitungssanierung durch Korrosionsschutz oder „neues Rohr im Rohr";
5210 Kebaco

inslide
Schiebefenster;
4390 Dynal

INSTAFLEX®
Trinkwasser-Installationsystem;
7321 GF

INSTALLA TOPTHERM®
Energieeinsparungssystem im Bereich der lichtdurchlässigen Bauteile, beginnend mit dem ~ Aufbauelement, das als Lehre beim Mauern dient und Grundlage für das Fenstersystem, Fassadensystem, Rollosystem und Lüftungssystem ist;
4174 Installa

Instaperl®
Dämmstoffmasse, hydraulische gebunden, für senkrechte und waagrechte Installations-Wandschlitze;
4600 Perlite

Insulex
Heizkörper-Reflexionsfolie;
2110 Leitow

Integratio
~ Studio-Dachfenster, Kunststoff-Fenster;
5628 Integratio

Interaqua
Unterflur-Schwimmhallen in Fertigbauweise;
5603 Interaqua

Intercontain
→ Interwand;
7119 Interwand

INTERDOMO
Heizungsanlagen;
4407 Schäfer

Interferenz
Spiegelprofildecken, Lichtdeckensysteme, Spiegelprofilrasterleuchten, Rundleuchten, Sonderleuchten;
4154 Interferenz

INTERFINISH
Trennwände;
4000 Interfinish

INTERFIX
~ Abstandhalter für Betonstürze;
~ **1**, **2**, **3**, Abstandhalter für vorgespannte Kalksandsteinstürze;
~ **4**, Abstandhalter für vorgespannte Ziegelstürze;
~ **5**, Abstandhalter für Stürze, Träger, Binder;
5885 Seifert

INTERLATEX
~ seidenglänzend KW 21, Wandbeschichtung, scheuerbeständig, für innen;
7000 Wörwag

Interluxe
→ Interwand;
7119 Interwand

Intermit®
~ - Anlage zur Ozonbehandlung von Schwimmbädern (auch Privatbäder);
6905 Benckiser

INTERN
Leichter Kettenständer für Innenabsperrungen z. B. Säle, Museen, Kirchen;
6200 Moravia

Internit® 100
Unterdach- und Innenausbautafeln, asbestfrei, für Wandverkleidung und Deckenverkleidung in Küchen, Wirtschaftsräumen, Toiletten, Fluren, Büros, für Türbekleidung und als Rückwände, in gelblich-holzähnlicher Farbe;
1000 Eternit

Interoba
~ - Fassadensystem, einbrennlackierte Alu-Paneele mit PU-Schaumbeschichtung (4 mm) auf der Rückseite (auch für SB-Montage);
3000 EBS

INTERPANE
~ Iso-Großbutze;
~ Isolierglas, gewölbt;
~ Sprossen-Isolierglas;
3471 Interpane

Interplano
→ Interwand;
7119 Interwand

Interquadrat
→ Interwand;
7119 Interwand

InterSIN®
→ Rathscheck-InterSIN®;
5440 Rathscheck

Interstandard
→ Interwand;
7119 Interwand

1

interwand
Trennwand-Programm:
Interstandard ist der Grundtyp.
Interspecial mit höherer Schalldämmung bzw. größerem Feuerwiderstand.
Interquadrat ist eine Bandrasterausführung.
Interplano, Variation von Interstandard mit ebener Oberfläche.
Interluxe, Wandsystem mit Ergänzungsmöglichkeiten für Schalterelemente, Schränke, Türen usw.
Intercontain, Ergänzung mit Schränken, die sich in die Wandkonstruktion einfügen;
7119 Interwand

INTRA
Unbewehrte und bewehrte Lager, Sonderlager, Fugenbänder, Gleitfolien und Gleitlager ;
5600 Intra

INTRASIT®
~ **BV**, Betonverflüssiger, chloridfrei, flüssig;
~ **C**, Verdunstungsschutz auf Emulsionsbasis, verhindert Antrocknen des Betons;
~ **DS**, Dichtungsschlämme, zementgebunden, chloridfrei;
~ **E 50**, Estrichzusatzmittel, besonders für Heizestriche;
~ **E-DS**, elastisches Beschichtungs- und Abdichtungsmaterial, 2-komponentig;
~ **EK**, Estrichzusatzmittel, flüssig, konzentriert;
~ **HE**, Kunststoff-Haftemulsion, Dispersion zur Verbesserung der Haftfestigkeit;
~ - **Mischöl (LP)**, Luftporenbildner für Beton und Mörtel, flüssig und chloridfrei;
~ - **Mörtelfest**, Schnellbindemittel, chloridfrei, pulverförmig, zur Herstellung von Mörtel mit hoher Frühstandsfestigkeit;
~ **Pulver (DM)**, Dichtungsmittel, chloridfrei für Sperrbeton, -estrich und -putz;
~ - **Rasant**, Schnellhärtepulver, zum sekundenschnellen Abdichten von Wassereinbrüchen;
~ **Ruck-Zuck**, Schnellhärtezement, chloridfrei, für Schnellreparaturen;
~ - **Sperrmörtel**, kunststoffvergüteter, hydraulisch abbindender Reparaturmörtel;
~ - **Verkieselung HP 15**, flüssig, zum nachträglichen Abdichten von Oberflächen aus Beton, Estrich, Putz, Mauerwerk;
~ **VZ**, Abbindeverzögerer, chloridfrei und flüssig, für Beton und Zementmörtel;
~ - **Wasserstop**, 3er-System zur nachträglichen Kellerinnenwandabdichtung;
~ - **Zell**, Mörtelzusatzmittel für atmungsaktive, wasserabweisende und wärmedämmende Außenputze;
~ **101 (DM flüssig)**, Betondichtungsmittel, flüssig, chloridfrei;
~ **102 und 104**, Mörteldichtungsmittel, flüssig, chloridfrei, für Putzarbeiten innen und außen;
4354 Hahne

Intro-R
Kunststoff-Fenster nach Maß für die Hausmodernisierung (Austauschfenster);
7022 Frank
→ 5620 Calmotherm

INVENTA
Markisen-Systeme;
6349 Krüger

INwand®
Schrankwände, Wandschränke, Trennwände, Wandvertäfelung;
7240 Holzäpfel

IPA
~ - **DS-Pulver**, Zusatzmittel zur Aufbereitung von Dichtungsschlämmen;
~ - **Primer**, Spezialprimer für IPAPLAST;
~ - **Zementspachtel**, schnellhärtend, für Ausbesserungs- und Befestigungsarbeiten;
8195 IPA

IPACID
Schimmel-, Pilz- und Algenbekämpfungsmittel;
8195 IPA

ipador
Ganzglas-Türen aus Sicherheitsglas mit Dekor;
3200 Interpane

IPANEX
~ - **Emulsion**, dünnflüssig für die Herstellung wasserundurchlässiger Mörtel und Betone sowie von Haftbrücken für Putze und Estriche;
~ - **R**, Abbindebeschleuniger, in Verbindung mit Portlandzement zur Abdichtung von Wasserdurchbrüchen, chloridfrei;
8195 IPA

IPANITH
~ **E 64**, dünnflüssige Lösung, für die Herstellung des IPA E 64 Sanierputzes;
8195 IPA

IPANOL
~ **Epoxid-Injektionsharze** für trockene und feuchte Baustoffe;
~ **Beschichtungsharze** für Beton- und Stahluntergrund;
~ **Fugendichtmassen**;
~ **VA**, Epoxid-Voranstrich für Epoxidharzbeschichtungen und Versiegler mit Tiefenwirkung;
~ **Verdünner** und **Reiniger**;
8195 IPA

IPAPHOB
~ **Imprägnierflüssigkeit**, organisch, zur Hydrophobierung von Naturstein und Mauerwerk;
~ **spezial**, organische Imprägnierflüssigkeit zur Hydrophobierung von Putz- und Betonflächen;
8195 IPA

IPAPHON
Schallschutz-Isolierglas (Rw 37 dB bis Rw 53 dB);
3471 Interpane

IPAPOX
Beschichtungsharze;
8195 IPA

IPAPUR
~ **VM**, PU-Injektionsharz gegen Wassereinbrüche;
8195 IPA

IPA®-FLEX
Flüssigfolie, schwarz, hochelastisch, bituminös;
8195 IPA

IPATIX
Stell- und Thixotropiermittel;
8195 IPA

IPATOP
Betonsanierungsprogramm mit Reparaturmörtel, Spachtelmasse, Carbonitisierungsindikator, Rostschutz, Fassadengrundierung und Schutzimprägnierung;
8195 IPA

IPERFAN
Glasbausteine;
7033 Lang

iplus neutral und neutral R
Wärmefunktionsglas, silberbeschichtet (k-Wert 1,3 W/m^2 k);
3471 Interpane

IPM
Profilbretter aus Kunststoff zur Wand- und Deckenverkleidung;
8341 Blieninger

irg
~ Maßtürelemente;
~ Stich- und Rundbogen;
~ Stiltüren;
4200 interelement

IRGUMAT
~ **Thermomischer**, thermostatisch gesteuertes Mischventil für Wassererwärmungsanlagen;
4600 IRG

IRIS
Kaminöfen, rund mit Glas-Schiebetüren;
2352 Baukotherm

IR-Patentsprosse
→ CONSAFIS®-IR;
7460 Consafis

IRSA
Parkettversiegelungen, Korkversiegelungen, Treppenversiegelungen, Betonbeschichtungen, Silobeschichtungen, Pflegemittel;
8909 IRSA

IRSA POX
Betonbeschichtung, wasserverdünnbare Epoxy-Beschichtung, lmf, rollstuhlfest, chemikalienbeständig;
8909 IRSA

isa
Lüftungssteuerung für Wintergärten und Glasdächer;
~ - **Rauchabzugssteuerung** für Glasdächer und Lichtkuppeln;
~ **Schattierungssteuerung** für Wintergarten;
4802 isa

ISAL
→ SIMO-ISAL;
6204 Simo

Isal
Außenwandverkleidungsprogramm mit Konstruktionen in isolierter und nicht isolierter Stahl-, Leichtmetall- und kombinierter Holz-Leichtmetall-Bauweise;
6680 Alsa

ISAL
Fenster und Fassaden in Alu-Konstruktion;
7113 Keller

ISALITH
~ - Trennwandbau, WC-Trennwände;
6750 Schulz

ISALITH
~ - Duschkabinen;
~ - Garderobenschränke;
~ - Umkleidekabinen;
~ - Wandverkleidung;
~ - WC-Trennwände;
7080 ISALITH

Isarbaustoff
Eskoo-Verbund- und Betonpflastersteine;
8300 Isarbaustoffe

ISATEX
~ **L 110**, Kunstkautschuk-Klebstoff für PUR-Schaumstoffe, Latex-Schaumgummi, Textilien aller Art mit- und untereinander;
8000 Isar

1

ISATHERM®
~ - Rohr, Heizungsrohre mit Schutzmantel aus heiß aufgeschäumtem PP;
3530 Benteler

ISAVIT
~ **D 50**, Kunstharz-Dispersion zur Vergütung von IBOLA-Spachtel- und Ausgleichsmassen, Vorstrich vor Spachtelarbeiten;
~ **D 52**, Kunstharz-Dispersion in Verbindung mit IBOLA KA zur Herstellung einer flexibilisierten Spachtelmasse;
~ **D 53**, Kunstharz-Dispersion in Abmischung mit IBOLA KA, Spachtelmasse für Holzdielenböden und Treppenstufen;
~ **L 230**, 1-K-PUR-Vorstrich, Haftbrücke für Spachtelmassen auf Asphalt, Natur- und Kunststeinböden;
~ **L 233**, 1-K-PUR-Grundierung zur Staubbindung und Verfestigung der Estrichrandzone;
~ **REINIGUNGSPRIMER**, Reiniger und Haftvermittler auf verschiedenen dichten Untergründen;
~ **S 150**, 1-K-Fugendichtungsmasse auf Siliconkautschukbasis für Sanitärbereich, Hochbau usw.;
~ **VORSTRICH V 150**, Grundierung aller Materialien außer Aluminium, Emaille, Glas und glasierte Flächen;
~ **ZUSATZMITTEL DL**, Ruß-Dispersion in Verbindung mit IBOLA FS-NEU zur Herstellung einer ableitfähigen Spachtelmasse;
8000 Isar

Isele
Spielplatzgeräte aus Holz;
7823 Isele

ISENER
Leichtziegel → PORITHERM®;
8254 Meindl

ISG
~ - Ouarzsandfertigmischungen für kunststoffgebundene Böden;
8452 ISG

ISKO
Thermopor-Ziegel;
8254 Meindl

ISKOTHERM
Alu-Fenster, mehrfarbig, wärmegedämmt;
4800 Schüco

ISMOS
~ Leuchten, nostalgische Straßenlaternen aus Aluguß;
7012 Ismos

ISO
~ - **Flüssige-Schweißbahn schwarz**, Polymer-Bitumen-Deckaufstrichmaterial auf Lösungsmittelbasis zur Dachabdichtung;
~ - **Flüssige-Schweißbahn silber**, kaltflüssige, alugefüllte Polymerbitumen-Kautschuk-Masse auf 1-K-Basis zum Schutz von UV-Strahlung auf lösungsmittelverträglichen Dachabdichtungen;
~ - **Riß-Dicht**, Kautschuk-Faser-Spachtelmasse;
5910 ISOPUNKT

ISO
~ - **Flex**, flexibles Schornstein-Einsatzrohr, doppelt genoppt und verrillt;
~ - **INOX**, Edelstahlkamin mit geschweißter Längsnaht;
~ - **Stahlschornstein-System** für Öl, Gas und feste Brennstoffe;
7730 Isometall

ISO BRICK
Flachverblender für außen und innen;
4410 Isostuck

ISO DE AL
~ Dampfbremsen;
~ Dampfsperren;
~ Kleber;
~ Schalldämmung;
~ Selbstklebefolie und Selbstklebeband;
8031 ISODEAL

ISO MUER
~ - Verblender, aus mineralischen Zuschlagstoffen und Farbpigmenten, auf vorgefertigten Gitterelementen in der Fugenbreite 1,25 cm kaschiert;
4410 Isostuck

ISO STUCK VWS-System
Fassaden-Vollwärmeschutz-System, außenseitig;
4410 Isostuck

ISO 3
Wärmeschutz-Fenster, Dreiglas-Element im schlanken Profil;
6295 Windor

Isoart '77
Isolierglaseinheit, mit den Eigenschaften einer Blei- und einer Isolierverglasung;
3380 Minna

ISOBETON
Kaminaufsätze, mit und ohne Decke lieferbar;
7730 Isometall

isobims
Wand-Baustoffe aus Bims;
5452 BBU

ISOBIT
~ - Dämmstoffe und Isolierstoffe für den Estrichbau;
6970 Hofmann

ISOBLANC®
Kunststoff-Fenster, Profil in PVC weiß, mit getrennter Wind- und Regensperre;
6086 Bert

ISOBLOCK®
Isoliermaterialien, feuerfest;
6000 Fleischmann

ISOBRICK
Flachverblender, ca. 3 mm stark;
~ **Klebemörtel grau**;
System, das nicht nachverfugt werden muß, mit ganzen, halben und Ecksteinen, zur Verklebung;
4400 Brillux

ISOBRICK
Flachverblender;
4410 Isostuck

Isoc E 1
Spanplatte, mit Polyharnstoff verleimt, Typen V 20 E 1, V 100 E 1 und V 100 G, güteüberwacht;
7162 Kunz

ISOCAP®
Wärmedämmung für kerntechnische Anlagen;
6700 G + H MONTAGE

Iso-Crete®
~ **K**, Trockenmörtel für Installations- und Kaminschlitze;
~ **MM**, Mauermörtel der Mörtelgruppe IIa nach DIN 1053;
~ **P**, Putz, nichtbrennbarer Baustoff der Klasse A 1, chlorid- und gipsfrei;
~ **S**, Spezial-Trockenmörtel, schnellabbindend, zum Schließen von waagerechten und senkrechten Installations-Schlitzen ohne Streckmetall als Putzträger bis 50 cm Schlitzbreite;
6074 Perlite

ISO/CRYL
~ - Dämmplatten, aufgeschäumtes Acrylglas für die lichtdurchlässige Wärmedämmung von Verglasungen in Industriehallen, Schwimm- und Sporthallen, auch zur nachträglichen Montage bei Einfachglas geeignet;
5630 ISO/CRYL

ISODACH
→ Mühlacker ISODACH;
7130 Baustoff

isodach® TL
→ Hoesch-isodach®;
5900 Hoesch

ISO-Dekor
~ Haustürfüllungen aus Kunststoff;
~ Türgriffe, Türklopfer und Briefeinwürfe aus Messing;
4830 ISO-Dekor

Isodek®
Dachplatten, selbsttragend, wärmegedämmt aus einem PS-Kern, beiderseits mit einer Auflage 5 mm dicker Spanplatten;
5472 Schoenmakers

Isofa
Rohrschalen aus PS-Hartschaum;
7993 Dillmann

ISOFASTONE
Betonreinigungsmittel, entfernt Rost, Schmutz, Wolkenbildung;
6000 Contcommerz

Iso-Fast®
Isolierplatten-Befestigungs-System;
6370 Haas

ISOFEKT
→ SELTHAAN-ISOFEKT;
4530 Gellrich

ISOFIRN
~ - Mehrfach-Fluatsalz, zur Neutralisation, Dichtung und Härtung kalkhaltiger Putzuntergründe;
2000 Schmidt, G.

isofix-M
Isolierrohr aus Hart-PVC, mit einseitig angeformter Muffe, zur Installation von Kabelleitungen ohne große Druck- und Festigkeitsbeanspruchung;
8729 Fränkische

isofloc®
~ Zellulosedämmstoff für die Wärmedämmung zur Dachdämmung, Wanddämmung, Deckendämmung;
3436 Öko-Bautechnik

ISOFOR
~ Schalungsstein-System, Wandbauart aus Holzspanbeton- und Leichtbeton-Schalungssteinen;
4802 Foerth

ISOGARANT®
Kunststoff-Fenster, braunes Kunststoff-Profil, Vollkern mit getrennter Wind- und Regensperre;
6086 Bert

ISOGENOPAK®
Hart-PVC-Folie mit Rollenneigung, Oberflächenabschluß für isolierte Rohrleitungen;
6200 Kalle

Isogenopak®
~ - **Bogen**, PVC-Formteil, als Oberflächenschutz an Ecken und Abzweigungen für isolierte Rohrleitungen;
~ - **Zuschnitte**, Oberflächenschutz in Laufmeter, mit Rolltendenz für isolierte Rohrleitungen;
8000 Sebald

1

ISO-INOX-SYSTEM
Flexible Edelstahlrohre (ISO-Stahlflex) und Stahlrohrkamin aus Edelstahl rostfrei;
7730 Isometall

Isojet®
Rohrdämmung aus PE-Schaum mit Selbstklebeverschluß und Abziehschutzstreifen;
3000 Purmo

Isokorb®
Balkondämmplatte mit Bewehrungskorb;
7570 Schöck

ISO-KORK
→ G + S ISO-KORK;
2800 Gradl

ISOLA
~ - Mineralwolle und Mineralfasern für Wärme-, Kälte-, Schallschutz, lose lieferbar sowie als Matten, Matratzen, Rohrschalen, Schnüre, Platten, Rollen;
4322 Isola

isola aqua
Schwimmbadabdeckung;
7800 Gugel

isolair
Winddichtungssystem für Außenwände;
7970 pavatex

Isolan
Elastische Isolierfolie und Feuchtesperre, dringt in die Wand ein und bildet eine oxidationshemmende Gummihaut;
7141 SCA

ISOLAR®
Mehrscheibenisolierglas, Schalldämmisolierglas, Panzerglas, Sonnenschutzglas, Lichtstreu-Isolierglas, Einbruchschutzglas;
~ - **multipact**, angriffhemmende Verglasung nach DIN 52 290 und VDS-Richtlinien;
~ - **plus neutral**, Zweifach-Wärmeschutzglas, edelmetallbeschichtet, farbneutral;
~ - **plus**, Zweifach-Isolierglas, goldbeschichtet;
6544 Isolar

Isolastic
→ ULTRAMENT-isolastic;
4300 Ultrament

isolath
Wand-Baustoffe aus Bims;
5452 BBU

ISOLAX
Aufbrennsperre;
7850 Gebhardt

ISOLEX
~ **Abdichtungsmittel**, zementgebunden;
~ **BS** Bohrlochschlämme, Isolierschlämme gegen kapillar aufsteigende Feuchtigkeit;
~ **FS**, Fassadenisolierung;
~ - **Salvation**, Neutralisierungsmittel für Natur- und Kunststeine, Kalkputz und Mörtel;
(Der sachlichen und fachlichen Durchführung wegen erfolgt die Verarbeitung für ISOLEX-Dachplastic, Flachdachabdichtung und Flachdachreparaturen nur durch betriebseigene Fachleute — 10jährige Garantie);
3100 Isolex

ISOLGOMMA
Akustische Dämmstoffe aus Recycling-Gummi;
7505 Bauservice

Isolierpack
Lukendeckel-Isolierung von Bodentreppen zum nachträglichen Einbau;
7022 Frank

ISOLIT
Mauerisolierung, Mauertrockner;
6600 Weller

isol-perfekt®
Isolier-Fertigschale für die Isolierung von Heizungsanlagen;
6057 Korff

Isol-Souple
Selbsttätig festklemmende Styroporplatten mit Endlos-Stecksystem für alle Sparrenabstände, umlaufend mit Nut und Feder;
7604 Rhinolith

Isolux
Feuchtraumleuchte, freistrahlend oder mit Wanne;
3257 AEG

ISOMATT KW 52
Acrylat-Mischpolymerisatfarbe, thixotrop, für innen;
7000 Wörwag

isomax
Voranstrich für stark saugende Putzuntergründe;
7801 Mathis

ISOMAX
~ - **Isoliermittel**, zur Vorbehandlung stark und unterschiedlich saugender Mauerwerksflächen (kein Haftvermittler);
8973 Wachter

ISOMETALL
~ Kaminabdeckungen aus Kupfer und Edelstahl;
7730 Isometall

ISOMIT
→ PLEWA-ISOMIT;
4300 Fomas

ISOMUER
~ Ansetzmörtel zur Verklebung des ~ - Systems;
~ Eckverblender;
Flachverblender, ca. 6 mm stark;
~ Gitterelemente;
~ Kopfsteine;
~ Läufersteine;
4400 Brillux

ISONOR
~ - **Sandwich-Elemente**, Verbundelemente bis F 30;
6536 Krämer

ISOPAK®
Absperrisolierung, weiß oder hellgrau, für Holz;
1000 Beyer

isopaneel
→ Hoesch-isopaneel;
5900 Hoesch

Isopanel
Zementgebundene Holzspanplatten B 1 und A 2;
3050 Fulgurit

isoPLAN
~ - Doppelfaltwand 45, Spanplattenwand auf einer Leichtmetall-Holz-Tragkonstruktion;
2350 Becker

isoplast
→ rekord isoplast;
2211 Rekord

ISOPLASTIC
Kunststoff-Fenster aus Vinnol K;
1000 Isoplastic

ISO-PLUS-SYSTEM®
Wärmedämmung und Dampfsperre (Verbundelemente) für Schwimmhallen und andere Feuchträume;
~ - Flüssig-Dampfsperre;
~ - Schwimmhallenputze;
~ - Vaporex-Dampfsperre (→ Vaporex);
7101 ISO

Isopool
~ - Betonbecken, dickwandig isoliertes Schwimmbecken;
4650 Schmeichel

ISOPOR
~ - **HWR-Außenwand-Dämmsystem**, auf HWR-Dämmplatten mit hinterschnittenen Wellenrillen wird eine maximale Haftung des Klebemörtels und des Grundputzes erreicht;
PS-Hartschaum in vielen Qualitäten, Formen und Dicken, zur Isolierung gegen Kälte, Wärme und Schwitzwasser im Hochbau und in der Kältetechnik, in Zuschnitten, mit Falzung;
~ - **Steildach-Dämmplatte 4 D**, mit Nut und Feder-Verbindung, zur Anwendung über und unter den Sparren;
~ - **Styrotect® S-Dachgeschoßdämmung**, mit Dachdämmplatte aus → Styropor® zum Dämmen zwischen den Sparren mit Nut und Feder-Verbindung;
~ - **TECTA-Plan**, Dämmplatten mit vierseitig versetztem Stufenfalz zur Wärmedämmung von Flachdächern (Warmdächern);
~ - **TECTA-SAN**, Systemplatten zur Sanierung und gleichzeitiger Dämmung von Wellasbestzement-Dächern;
~ - **TECTA-Well-Platten**, System zur Wärmedämmung von Wellplattendächern zur oberpfettigen oder abgehängten Verlegung;
6908 Isopor

ISOPOX EP T 15
Epoxidharz-Isolierung, lmf, gegen aufsteigende Feuchtigkeit;
4531 Wulff

ISOPUNKT
~ - **ADS**, Abdichtungssystem;
~ - **GDS**, Gefälledämmsystem;
~ - **RDS**, Dachsanierung-System für z. B. Trapezblech-Dächer;
~ - **WDS**, Dachsanierung-System für Asbestzement-Wellplatten-Dächer;
5910 ISOPUNKT

Isopur
→ Fulgurit-Isopur;
3050 Fulgurit

ISORAPID®
Schnellauftore, mit Schallschutz, Wärmedämmung, Doppelverglasung, Kunststoffbeschichtung in 4 Farben (Weiterentwicklung der „fuhrrheydt"-Schnelllauftore);
4060 NFB

isorast®
~ Schalungselement aus extra hartem Styropor für alle Anwendungsbereiche im Hochbau, gleichzeitig Wärmedämmung;
~ - Solarheizsystem, zusammengesetzt aus dem
~ - Energiedach, einem Pufferspeicher in der Bodenplatte und der Solar-Wärmepumpe;
6204 Isorast

ISORATIONELL
~ Dämmfilze;
~ Dämmschüttungen;

Dämmstoffe aus Glasfaser, Mineralfaser, Steinwolle;
~ Dämmstoffplatten für Wand-, Dach- und technische Isolierungen;
~ Dämmvliese;
~ Rohrdämmstoffe;
6238 ISORATIONELL
→ 6238 Seitz

Isorol®
Isolier-Untertapete aus PS-Hartschaum, unkaschiert und gegen Pappe kaschiert;
6680 Saarpor

ISO-Schalex
Wasserlösliches Entschalungsmittel für Holzschalungen;
4270 Duesberg

ISOSCHAUM®
UF-Schaumkunststoff nach DIN 18 159 und RAL-RG 710/4, für Installations- und Heizungsschlitze, zweischaliges Mauerwerk, Fassaden usw.;
4300 Bauer

Isoself
Dämmstoffkörnung zur Wärmedämmung der Balkenlage in Alt- und Neubauten;
4600 Perlite

ISO-Stahlflex
→ ISO-INOX-SYSTEM;
7730 Isometall

iso-strip
→ THERMOPETE®;
3590 R & M

ISOSTUCK
Putzmörtel und Spachtelmörtel für Gasbeton-Mauerwerk und -Elemente;
4400 Brillux

Isotherm
Fußbodenheizung aus PS-Hartschaumplatte, Rohrclips, PB-Rohr, Fließestrich;
6520 WTA

ISOtherm®
~ - **Lüftautomaten** für Gewächshäuser, Wintergärten, Lichtkuppeln, Dachböden, Stallungen;
8300 Dymo

Isotol
Kunststoffe für die Bautenschutzchemie, mineralölfeste Kunstharzlackfarben, als Sperrlack über Asphalt und Teer verwendbar, trittfest, staubbindend bei Zementestrichen, auch wasserverdünnbar;
4300 Brüche

isoton
Gasbetonbeschichtung;
~ **M**, mit feiner Verlaufstruktur;
~ **PP**, mit feiner bis grober Struktur;
4400 Brillux

Isotube
~ **Alu**, Rohrisolierung aus PU-Hartschaum mit Ummantelung aus gehämmertem Alu;
~ **30**, Rohrisolierung aus PVC-Hartschaum mit dampfsperrender Wirkung;
6143 nmc

ISOVER
→ auch COLFIRMIT-ISOVER → auch RAKALIT-ISOVER;
8590 Colfirmit

ISOVER®
Mineralfaser-Dämmstoffe;
~ - **Brandschutzmatten MDD/TR 125**, mit Drahtgarn auf verzinktes Drahtgeflecht gesteppt, für Temperaturen bis 750° C, z. B. für Brandschutzkonstruktionen der höchsten Feuerwiderstandsklassen bei Lüftungsleitungen, Installationsschächten und -kanälen, usw.;
~ - **Dämmfilz FE**, z. B. zur Wärmedämmung von Heißwasser-Speichern und Heizungskesseln;
~ - **Dämmfilz 4077-A**, einseitig auf hochreißfeste, Alu-Gitterfolie geklebt, z. B. zur Wärmedämmmung von Geräten und Apparaten der Heizungs- und Klimatechnik;
~ - **Dämmplatten DP 25**, z. B. für die Wärmedämmung von Flachdächern und Anwendungen im vorbeugenden Brandschutz;
~ - **Dämmplatten DP 74**, z. B. für die Wärmedämmung von Flachdächern und Anwendungen im vorbeugenden Brandschutz;
~ - **Estrichdämmplatten 73 T**, z. B. für die Tritt- und Luftschalldämmung sowie Wärmedämmung;
~ - **Fassadendämmplatten SPF 2**, z. B. für die außenseitige Wärmedämmung von Außenwänden bei hinterlüfteten Fassadenbekleidungen mit besonderen Anforderungen an die Festigkeit des Dämmstoffes;
~ - **Fassadendämmplatten SPF 84**, z. B. für die außenseitige Wärmedämmung von Außenwänden bei hinterlüfteten Fassadenbekleidungen;
~ - **Fassadendämmplatten SPF 1**, z. B. für die außenseitige Wärmedämmung von Außenwänden;
~ - **Filz 320**, Dämmfilz, unkaschiert;
~ - **Filz 322-A**, Mineralfaser-Filz einseitig auf hochreißfeste, Alu-Gitterfolie geklebt;
~ - **Filz 322**, Mineralfaser-Filz einseitig auf kaschierte Alu-Folie geklebt;
~ - **Industriedeckenplatten IDP/V und IDP/A** für die Wärme- und Schalldämmung durch abgehängte Decken in Industriehallen;

~ - **Keile**, z. B. für die fachgerechte Ausbildung von Dachrandanschlüssen bei Flachdächern;
~ - **Kerndämmplatten KD 2**, hochgradig feuchtigkeitsabweisend, z. B. zur Wärmedämmung von zweischaligem Mauerwerk ohne Luftschicht;
~ - **Kerndämmplatten KD 1**, hochgradig feuchtgkeitsabweisend, z. B. zur Wärmedämmung von zweischaligem Mauerwerk ohne Luftschicht;
~ - **Klemmfilz-UNIROLL** zur Wärmedämmung zwischen den Sparren;
~ - **Lamellenmatten ML 3**, einseitig auf hochreißfeste Alu-Folie geklebt, z. B. zur äußeren dampfbremsenden und druckfesten Wärmedämmung sowie zur Schalldämmung von Klimakanälen und Rohrleitungen;
~ - **Lamellenmatten ML 1**, auf Krepp-Papier geklebt, z. B. zur Wärmedämmung von Rohren beliebigen Durchmessers;
~ - **Mineralwolle lose**, z. B. für Stopfdämmungen;
~ - **Panisol**®-SB, Mineralfaserdämmplatten für Boden, Wand und Decken;
~ - **Platten BS 100**, z. B. für Brandschutzkonstruktionen nach DIN 4102 Teil 4, Baustoffklasse A 1;
~ - **Platten BS 30**, z. B. für Brandschutzkonstruktionen nach DIN 4102 Teil 4, Baustoffklasse A 1;
~ - **Platten BS 40**, z. B. für Brandschutzkonstruktionen nach DIN 4102 Teil 4, Baustoffklasse A 1;
~ - **Platten BS 50**, z. B. für Brandschutzkonstruktionen nach DIN 4102 Teil 4, Baustoffklasse A 1;
~ - **Platten P 4/A-A**, einseitig auf hochreißfeste, Alu-Gitterfolie geklebt, z. B. für Deckenstrahlungsheizungen und zur außenseitigen Wärmedämmung von Klimakanälen;
~ - **Platten P 6**, z. B. für schall- und wärmedämmende Vorsatzschalen;
~ - **Platten SP/TR 120**, z. B. für Brandschutzkonstruktionen, für den Wärmeschutz im Apparatebau und für Elektrospeichergeräte;
~ - **Platten SP/TR 150**, z. B. für Brandschutzkonstruktionen;
~ - **Platten SP/TR 180**, z. B. für Brandschutzkonstruktionen;
~ - **Randstreifen**, z. B. für die Randdämmung schwimmender Estriche und als Balkenunterlage bei schwimmenden Holzfußböden;
~ - **Rollisol-A**, Mineralfaser-Filz auf hochreißfeste, Alu-Gitterfolie geklebt, mit beidseitigen, verstärkten Randleisten;
~ **Rollisol-SB**, Mineralfaserfilz auf kaschierte Alu-Folie geklebt mit beidseitig verstärkten Randleisten;
~ - **Rollisol-035**, Mineralfaser-Filz auf kaschierte Alu-Folie geklebt, mit beidseitigen, verstärkten Randleisten;
~ - **Schalen IS-H/A**, mit Alu-Gitterfolie und selbstklebendem Rand zur Dämmung von Rohrleitungen aller Art;
~ - **Schalen IS-HF**, zur Dämmung von Rohrleitungen aller Art;
~ - **Schalen IS-I**, zur Dämmung von Rohrleitungen aller Art;
~ - **Schallschluckplatten P 3/V**, einseitig mit schwarzem Glasfaser-Vlies kaschiert, z. B. als schallschluckende Hinterfüllung für gelochte oder geschlitzte Verkleidungsplatten an Wand und Decke;
~ - **Schallschluckplatten P 4/V**, einseitig mit schwarzem Glasfaser-Vlies kaschiert, z. B. für Akustikdecken und zur Wärmedämmung und Schalldämpfung von Klima-Anlagen;
~ - **Schallschluckplatten P 3**, z. B. als schallschluckende Auflagen auf mit Vlies oder dünnen Kunststoff-Folien abgedeckten, gelochten oder geschlitzten Verkleidungsplatten von Akustikdecken;
~ - **SPW/V- und SPW/A-Dachdämmplatten** für die Wärme- und Schalldämmung von belüfteten Industrie-Leichtdächern, Endlosverlegung auf Pfetten in SPW-Dachtragschienen;
~ - **SPW/V- und SPW/A-Deckendämmplatten** für die Wärme- und Schalldämmung von belüfteten Industrie-Leichtdächern, Verlegung als abgehängte Decken in SPW-Deckentragschienen;
~ - **Steildachdämmplatten DP/S** zur Wärmedämmung oberhalb der Sparren;
~ - **Trennfugenplatten HW**, z. B. für die Schalldämmung in Trennfugen zwischen Wohnungen und Reihenhäusern;
~ - **Trockenestrichdämmplatten** D 2, z. B. für die Tritt- und Luftschalldämmung sowie Wärmedämmung unter schwimmenden Holzfußböden nach DIN 4109 E Teil 3;
~ - **Wärmeschutzmatten MD 1** und **MD 2**, mit Drahtgarn auf verzinktes Drahtgeflecht gesteppt, für Temperaturen bis 750° C, z. B. zur Dämmung von Rohrleitungen und Behältern;
~ - **Wärmeschutzmatten MW**, auf Wellpappe versteppt, z. B. zur Dämmung von Warmwasser-Rohren;
~ - **Zöpfe**, mit Draht umklöppelt, z. B. zur Dämmung von Einbauten und Krümmern sowie von Fugen zwischen Fenster- oder Türleibungen und Mauerkwerk;
6700 G + H

ISOVOSS
PUR-Schäume für Profilausschäumung und thermische Isolation;
2082 Voss

ISOWALL
~ - Sandwichpaneele mit Stahlblech bzw. GFK-Kaschierung;
3590 Correcta

isowand®
→ Hoesch-isowand®;
5900 Hoesch

1

ispo
~ **Anfangsleiste**, zum waagerechten Aufsetzen der 1. Reihe ispo MBS-Dämmplatten;
~ **Anstrichentferner**, flüssiges Abbeizmittel auf Lösemittelbasis;
~ **Armierungsgewebe**, schiebefestes Glasseidengewebe;
~ **Armierungsspachtel**, Kunstharz-Einbettmasse für ispo Armierungsgewebe, Basis Acrylharz;
~ **Armierungssystem M**, gewebearmiertes Beschichtungssystem mit mineralischem Putz zur Überbrückung von Putzrissen;
~ **Armierungssystem K**, gewebearmiertes Beschichtungssystem mit Kunstharzputz, zur Überbrückung von Putzrissen;
~ **Armierungssystem LP**, gewebearmiertes Beschichtungssystem mit ~ Leichtputz zur Überbrückung von Putzrissen;
~ **Außenspachtel**, Spachtel und Putzfüller, Basis PVAC-Mischpolymerisat;
~ **Blitzspachtel**, Glättspachtel;
~ **Dämmplatten**, abgelagerte PS-Hartschaumplatten, schwer entflammbar nach DIN 4102;
~ **DS-Armierungsgewebe**, schiebefestes Glasseidengewebe mit spezieller Textur;
~ **DS-Vollwärmeschutzsystem**, Fassaden-Vollwärmeschutzsystem mit mineralischem Putz als Schlußbeschichtung;
~ **Elastiksystem**, faserhaltiges Zweiphasensystem für die Sanierung feiner Oberflächenrisse;
~ **EuColor-Abtönfarben**, wetterfeste Vollton- und Abtönfarben;
~ **Eucolorsystem**, Bundespatent DE 3033792 C 2, Farbsystem, nach dem Farbzusammenstellungen bestimmt werden;
~ **Fassadendämmplatte**, Mineralfaserplatte nach DIN 18 165, nichtbrennbar nach DIN 4102;
~ **Fassadenschutz BS 190**, Siliconimprägnierung für mineralische Baustoffe, Basis Siliconharz;
~ **Fluat**, Neutralisierung und Isolierung von alkalischen Untergründen und Wasserrändern, Basis Kieselfluor-Wasserstoffsäure;
~ **Fugendichtstoff**, Imf;
~ **Fungan**, Antipilzlösung zur Vorbehandlung, auch Algen und Moos bekämpfend;
~ **Fußbodenfarbe**, seidenglänzende Beton-Fußbodenfarbe;
~ **Gemalit Kieselputz** mit Naturkies;
~ **Gemalit**, kunstharzgebundener Buntsteinputz mit Waschputzcharakter, Basis Acrylharz, mit Natursteinen oder farbigen Glassplittern;
~ **Grundierfarbe L**, lösemittelhaltige, pigmentierte Grundierung mit Tiefenwirkung, Basis Polymerisatharz in echter Lösung;
~ **Grundix**, wasserverdünnbares, farbloses Grundierkonzentrat für innen und außen, Basis Acrylharz;
~ **GS - fein und grob**, Kunstharzputze auf Acrylharz-Basis;
~ **GS-Imprägnierung**, lösemittelhaltig, auf Silikonharz-Basis;
~ **GS-Spachtel**, kunstharzgebundener Glättspachtel, Acrylharz-Basis;
~ **GS-System**, Gasbeton-Beschichtungs-System für Außenwandflächen aus Gasbeton-Wandtafeln und -Elementen;
~ **Halteleiste**, zur waagerechten Befestigung der ispo MBS-Dämmplatten;
~ **Hochglanzfarbe**, scheuerbeständige Innendispersion;
~ **Innenmatt**, waschbeständige Innendispersion;
~ **Ispolan**, Kunststoff-Dispersionsfarbe, Fassadenfarbe auf Acrylharz-Basis;
~ **Kombi-Dämmplatte**, entgaste Polystyrol-Hartschaumplatte mit Rastereinschnitt, schwer entflammbar nach DIN 4102;
~ **Latexfarbe seidenglänzend**, Kunststoff-Dispersion für außen und innen, Basis PVAc-Mischpolymerisat;
~ **Latexplastik**, Dispersionsplastik, scheuerbeständig auf PVAc-Mischpolymerisatbasis;
~ **Leichtputz-Dekor**, mineralischer Putzmörtel mit erhöhter Oberflächenfertigkeit, auch ~ **bunt**, in 7 Standardfarben;
~ **Leichtputz**, mineralischer Putzmörtel, Basis Dyckerhoff Weiß, vergütet, mit expandierten mineralischen Zuschlagstoffen;
~ **LP-Vollwärmeschutzsystem**, Fassaden-Vollwärmeschutzsystem mit Leichtputz als Schlußbeschichtung. Maschinenverarbeitung;
~ **MBS-Dämmplatte**, abgelagerte Polystyrol-Hartschaumplatte mit umlaufender Nut, schwer entflammbar nach DIN 4102;
~ **MBS-Vollwärmeschutzsystem**, Fassaden-Vollwärmeschutzsystem mit mechanischer Befestigung auf nicht tragbaren Untergründen;
~ **Montanaweiß**, Kunststoff-Dispersionsfarbe für innen, Basis PVAc-Mischpolymerisat;
~ **NB-Eckprofil**, Winkelprofil aus verzinktem Stahlblech mit Hart-PVC-Kante;
~ **NB-Armierungsgewebe**, schiebefestes Glasseidengewebe mit erhöhter Zugfestigkeit;
~ **Pietrolit**, kunstharzgebundener Reibeputz nach DIN 18 363, Basis Acrylharz;
~ **Putzgrund**, pigmentierte Kunstharz-Dispersionsfarbe für innen und außen;
~ **Putz**, Putzmörtel, Basis Portlandzement Dyckerhoff Weiß, vergütet;
~ **Rapid**, kunstharzgebundener Reibeputz für innen, Basis Acrylharz;

~ **Rauhfaserfarbe**, waschbeständig;
~ **Rauhputz**, Putzmörtel, Basis Portlandzement Dyckerhoff Weiß, vergütet;
~ **Rillenputz**, kunstharzgebundener Strukturputz, Basis Acrylharz;
~ **Rustik-Flachverblender**, für Oberflächengestaltung in rustikalem Klinkercharakter, aus natürlichen Felskristallen und nichtbrennbaren Bindemitteln;
~ **Rustikalputz**, Kunstharzputz, Basis Acrylharz, feinkörnig und elastisch für rustikale Strukturen;
~ **Silkolit**, Dekorputz mit Kratzputzcharakter auf Siliconbasis;
~ **Silkorill**, Rillenputz auf Siliconbasis;
~ **Spachtelmörtel**, Basis Portlandzement Dyckerhoff Weiß;
~ **Spreizdübel**, für mechanische Befestigung von ~ Dämmplatten;
~ **Streichputz**, quarzhaltige Dispersionsfarbe, wetterbeständig;
~ **Super-in**, Dispersionsfarbe auf Acrylharz-Basis für innen, scheuerbeständig;
~ **Super-in**, scheuerbeständige Einschichtfarbe;
~ **Taloschierputz**, Strukturputz auf Basis Dyckerhoff Weiß, vergütet;
~ **Tirolerputz**, Dekorputz auf Basis Portlandzement Dyckerhoff Weiß, vergütet;
~ **Universal** Fassadenfarbe, Kunststoff-Dispersionsfarbe auf Acrylharzbasis;
~ **Verbindungsleiste**, zur fortlaufenden senkrechten Verbindung der ispo MBS-Dämmplatten;
~ **Verbundmörtel-weiß**, zum Verkleben von Dämmplatten und Einbetten des Armierungsgewebes, nach Ansetzen mit Wasser ohne Zusatz verarbeitungsfertig;
~ - **Volltonfarben**, wetterfest gebundene Dispersionsfarbe, Basis PVP-Copolymerisat;
~ **Vollwärmeschutz-System**, außenseitiges Wärmedämm-Verbundsystem;
~ **Vollwärmeschutzsystem A2**, nichtbrennbares Fassaden-Vollwärmeschutzsystem;
~ **VWS-Edelstahlleisten**, Winkelprofil aus V2A-Edelstahl;
~ **Wandfarbe**, wischbeständige Innenfarbe (Leimfarbe auf Basis Zelluloseaether);
6239 ispo

Ispocryl 100
Fassadenfarbe aus 100% Reinacrylat, auch für Innenräume;
6239 ispo

Ispolan
→ ispo Ispolan;
6239 ispo

Ispolin-extra
Dispersionsfarbe, Basis PVAc-Mischpolymerisat, für innen;
6239 ispo

Ispolit
~ fein/grob/extragrob/supergrob, Kunstharz-Strukturputz für außen und innen, Basis Acrylharz;
Hochwertiger kunstharzgebundener Strukturputz mit Kratzputzcharakter, fein oder grob, Basis Acrylharz;
6239 ispo

Isposan
Mikroporöse Fassadenfarbe für mineralische Untergründe, auf Silikonbasis mit speziellen Haftadditiven;
6239 ispo

Isposil
Imprägnieranstrich auf Silikon-Kunstharzemulsion, für Fassaden, besonders in der Denkmalpflege;
Mikroporöse Fassadenfarbe für mineralische Untergründe, auf Silikonbasis;
6239 ispo

Ispotex
Abtönfarbe, Basis Polymerisatharz in echter Lösung;
~ - **Buntsteinputz**, lmh, mit Waschputzcharakter aus farbigem Dekorquarzit und Bindemittel, Basis Polymerisatharz in echter Lösung;
~ - **Fassadenfarbe**, lmh, auf Polymerisatharz-Basis;
~ - **Kieselputz**, lmh, mit Waschputzcharakter aus Naturkies und Bindemittel, Basis Acrylharz;
~ - **Tiefengrund**, lmh, farblose Grundierung, Basis Polymerisatharz in echter Lösung;
6239 ispo

Ispoton
System für die Betonsanierung. Setzt sich zusammen aus:
~ - **Acrylfarbe**, 100% Reinacrylatfarbe;
~ **Acrylspachtel**, hellgraue Spachtelmasse, Basis Methacrylatharzlösung;
~ **EP-Grund**, Rostschutzanstrich auf Basis Epoxid-Flüssigharz;
~ **EP-Mörtelharz**, für die Herstellung von Kunstharzmörtel;
~ - **Haftemulsion**, gebrauchsfertig, zur Herstellung von Haftbrücken;
~ **metac-farblos**, transparenter Schutzüberzug;
~ **metac-Betonfarbe**, lmh, auf Basis Methacrylatharz in weiß und vielen Farbtönen;
~ **Mörtel**, hydraulische Reparaturmörtel auf Portlandzementbasis, kunststoffmodifiziert;
6239 ispo

1

Ispoweiß
Dispersionsfarbe, Basis PVAc-Mischpolymerisat, für hochwertige Innenanstriche;
~ **PV**, fungizid, bakterizid;
6239 ispo

istameter®
~ Wärmemengenzähler;
~ Wasserzähler für Kalt- und Warmwasser;
6800 Ista

Istra Brand
Tonerde-Schmelzzement;
2000 Bau- und Brennstoff

I.T. FLEX
~ **H 2001**, Rohrschläuche aus Weichschaumstoff, B 1 nach DIN 4102;
6600 Hutchinson

Itzenplitz
Betonwaren und Betonfertigteile wie Bordsteine, Verbundpflaster, Hohlblocksteine und Vollblocksteine;
6685 Itzenplitz

ivt
Dachbefestigungsmittel, Wandbefestigungsmittel wie Schrauben, Dübel, Nägel, Dämmstoffhalter usw.;
4755 ivt

IWO
Ausbauhaus in YTONG-Bauweise;
7348 IWO

IXOL®
Halogenierte Polyäther zur Herstellung von PUR- und PIR-Hartschaumstoffen, die u. a. den Anforderungen der Baustoffklasse B 2 nach DIN 4102 entsprechen;
3000 Kali-Chemie

JABRAFIX
~ - Primer, Bitumenvoranstrich schnell trocknend, stark haftend auf Beton, Mauerwerk, Metall, lösungsmittelbeständigen Kunststoffen, Asphalten, Bitumenschichten;
7000 Braun

JABRAFLEX®
Elastomer-Bitumen-Schweißbahnen, alterungsbeständig, mit verschiedenen Trägereinlagen: **G** = Glasgewebe, **V** = Glasvlies, **PV** = Polyestervlies, mit Feinsand-, Schiefer- oder hellfarbiger Reflexbestreuung, für Abdichtung/Sanierung von Dächern mit ständigen Bewegungen oder größeren thermischen Beanspruchungen, auch als nahtverschweißbare Unterlags-Schweißbahnen;
7000 Braun

JABRAL
Schweißbare Bitumenbahnen mit Trägereinlage aus Glasvlies;
~ **AL**, mit Kaschierung aus waffelgeprägtem Al-Band;
~ **CU**, mit Kaschierung aus waffelgeprägtem CU-Band, Type AL und CU mit Kleberand, als wärmeabstrahlender Oberflächenschutz an aufgehenden Bauteilen bei kiesbeschütteten Bitumendächern;
7000 Braun

JABRALAN
Bitumen-Lösungsmittelgemisch, geruchsarm, kalt streich- und spritzbar;
~ **A**, Ein- oder mehrschichtiger Isolieranstrich, Korrosionsschutz auf vorgrundierten Metallkörpern;
~ **D**, Wartungsanstrich auf Bitumenschichten mit zeitlich begrenzter Wirkungsdauer;
~ **TB**, Voranstrich und Haftbrücke für Stahltrapezbleche;
~ **V**, Voranstrich und Haftbrücke auf Beton, Mauerwerk, Metall, lösungsmittelbeständigen Kunststoffen, Bitumen + Asphalten, staubbindend, porenschließend;
7000 Braun

JABRALITH
Bitumen-Dichtungsbahn für Bauwerksabdichtungen, mit fäulniswidrig imprägnierter Trägereinlage aus Jutegewebe;
~ **J 2**, 2 mm dick, als Zwischenlage auch bei Dachabdichtungen;
~ **J 300**, 3 mm dick nach DIN 18 190 Teil 2;
7000 Braun

JABRAN
Bitumen-Dachdichtungsbahnen (DIN 52 130) dick, mit verschiedenen Trägereinlagen: **G** = Glasgewebe, **PV** = Polyestervlies, mit Feinsand- oder Schieferbestreuung, für zwei- oder mehrlagige Dachabdichtungen im Gieß- und Einrollverfahren und für Bauwerksabdichtungen gegen nichtdrückendes Wasser;
7000 Braun

JABRAPHALT
Bitumen-Vergußmassen heiß zu verarbeiten;
~ **A**, Gemisch aus Bitumen, Faser- und Füllstoffen und Kautschuk für vorgrundierte Dehnfugen in Beton- und Asphaltdecken;
~ **BAB**, speziell für Dehnfugen in Autobahn-Zementdecken;
~ **PK**, Bitumen-Kalksteinmehl-Gemisch für Pflasterfugen;
~ **SNV**, für Dehnfugen in stark beanspruchten Fahrbahndecken;
7000 Braun

JABRATEKT
Standard-Bitumenbahnen mit verschiedenen Trägereinlagen;
~ **ALU 01**, AL-Band 0,1 mm, feinbesandet als kostengünstige Dampfsperrbahn (nicht auf Trapezblechen), bevorzugt in Kombination mit Lochglasvliesbahn;

~ **LV**, Lochglasvlies mit Rieselbestreuung, im Gieß- und Einrollverfahren zusammen mit der nachfolgenden Lage verlegt, als Ausgleichsschicht unter Dampfsperren oder untersten Abdichtungslagen;
~ **N**, nackte Bitumenbahnen (DIN 52 129), mit Imprägnierbitumen durchtränkte Rohfilzpappen 500 bzw. 333 g/m^2 ohne Deckschichten und Bestreuung, für mehrlagige Bauwerksabdichtungen nach DIN 4031, 4117, 4122 bzw. 18 195 (E) Teil 4 bis 7;
~ **R 333**, Rohfilzpappe, feinbesandet, als vollflächig verklebte Zwischenlage, nur auf geneigten Dachflächen. Beide Sorten **R** mit Besandung auch in Mauerbreiten geschnitten zum Schutz von Mauerwerk gegen aufsteigende Feuchtigkeit;
~ **R 500**, Rohfilzpappe mit Sand- oder Schieferbestreuung, als vollflächig verklebte Lage einer mindestens 3lagigen Dachhaut oder als genagelte Unterlage nur auf geneigten Flächen;
~ **V 13**, Glasvlies mit Feinsand- oder Natursteinbestreuung, als vollflächig verklebte Lage einer Dachhaut oder einer Abdichtung gegen nichtdrückendes Wasser, nur auf biegesteifen Konstruktionen, mit Rieselbestreuung fleckenweise verklebt als Bewegungsausgleichsschicht;
7000 Braun

JABRAX
Gefüllte Bitumenheißklebemassen aus geblasenem Bitumen und säurebeständigen Faser- und Füllstoffen, schub- und druckresistent, alterungsbeständig;
~ **G**, nur gießbar, speziell für Heißverklebung von Metallriffelbändern bei Brückenabdichtungen;
~ **S**, streich- und gießbar, für Heißverklebung von Bitumendach- und Dichtungsbahnen;
7000 Braun

JAC
Isoliersystem mit Alufolie;
5600 Jackstädt

JACKODUR
Wärmedämmung aus geschlossenzelligem Polystyrol-Extruderschaum in Plattenform für Wanddämmung, Steildachdämmung, Deckendämmung (unter dem Estrich);
4803 Gefinex

Jacobs
~ – Abfallbehälter, freistehend und zur Anbringung an Wänden;
~ Fahrradstandanlagen, als Einzelständer oder Reihenanlage;
7410 Jacobs

Jacobsen
~ **Türen**, massive Füllungstüren, auch zweiflügelig, Sprossentüren, Schiebetüren, Sonderanfertigungen;
~ **Türgriffe**, skandinavisches Design, in Messing und mit Holzgriffen in Kiefer und Jakaranda;
2000 Jacobsen

Jacuzzi
Whirl-Pool;
5160 Hoesch

JaDecor®
Naturfaser-Wandbeschichtung aus zellulosegebundenen Naturfasern, Baumwolle, pflanzlichen Produkten und Mineralien zum Auftragen in einem Arbeitsgang;
5000 JaDecor

JADE®
Gütegesicherte Alu-Fenster, Alu-Türen, Alu-Fassaden, Alu-Schaufenster, Kunststoff-Fenster, wärmegedämmte Fensterkonstruktionen;
4050 Deling

JAEGER
~ – Badewannenlack in 6 Farbtönen, auch zur Renovierung im Komplett-Set mit Werkzeug;
~ – Mosaikfarbe, Mehrfarbenlack auf Kunststoffbasis;
7141 Jaeger

Jaeschke und Preuß
~ Injektionsanker;
~ Temporäranker;
~ Verpreßanker für vorübergehende Zwecke;
4100 Jaeschke

Jäger
~ Fahnenmaste aus Glasfiber;
~ Stil-Sitzbänke mit handgußgefertigten Seitenteilen und Holzbelattung;
2300 Jäger

Jäger
~ Gitterroste;
~ Lochblechstufen;
~ Spindeltreppenstufen;
~ Stahldielen;
~ Stahltreppen;
~ Stegroste;
5960 Jäger

JÄGER
~ **Außentüren**;
~ **Balkongeländer**;
~ – **Fenstersystem**, alle Öffnungsarten Kunststoff-Fenster Profil Veka als Isolierglasfenster, Verbundfenster, Komplett-Elemente, Althaus-Sanierungsprofil und Kunststoffenster Profil KBE;
~ **Innentüren und Zargen**;
~ **Schutzgeländer**;

1

~ **Sichtschutzwände**;
~ - **Treppensystem**, Treppen mit Stahlwangen, Trittstufen aus Edelhölzern, individuelle Fertigung als: Zweiholmtreppe, Harfentreppe, Vario-Treppe, Spindeltreppe, Raumspartreppe, Außentreppe;
~ **Wintergärten**;
6310 Jäger

Jäger
~ Beton-Abflußrinnen;
~ Beton-Lichtschächte;
~ Betonrahmen-Kellerfenster;
7947 Jäger

Jähnig
Verkehrsampeln, Signalanlagen;
2900 Jähnig

Järo
~ - Stahltreppen: Spindeltreppen und gerade Treppen;
5960 Jäger

Jahreiss
~ - **Granit**, in blau, gelb, grün, rot und schwarz, Pflastersteine, Randsteine, Leistensteine, Stufen, Platten, Werksteine, Monumente, Grabmale;
~ - **Porphyr**, Mosaik, Pflastersteine, Polygonalplatten in rotbraun und violett;
8670 Jahreiss

Jahreiß
~ pori-Klimaton-Ziegel;
8590 Jahreiß

jakusette klimat®
~ Sonnenschutz-Jalousie mit Lamellen aus Spezial-Hart-PVC;
6670 Jansen

Jamo
~ - **Schrauben**, justierbare Abstandsmontageschraube für Wand- und Deckenverkleidungen;
7118 Würth

Janebo®
Hakenplatten, Holzverbindungselemente für Skelett- und Hallenkonstruktionen aus Brettschichtholz;
2808 Bulldog

JANISOL®
Stahlprofile, wärmegedämmte Türserie → 7053 Jansen;
4300 Jansen

JANSEN
~ - **Dichtungsprofile** für Türen → 7053 Jansen;
~ - **ECONOMY**, Türprofil-System für leichte, flächenbündige Türkonstruktionen;
~ - **Glasleisten** in Stahl und Alu;
~ - **VISS-System**, wärmegedämmte Fassaden mit Hohlprofilen aus Stahl, Alu, Bronze;
4300 Jansen

JANSEN
Geschweißte Stahlrohre/Bauprofile der Fa. Jansen AG, CH 9463 Oberriet/Schweiz;
7053 Mutschler

Japico Mica-Wall®
~ - Gesteinspartikel-Tapete mit dem Mineral Vermiculit;
6000 Drissler

Japimur
Glasvlies mit dekorativer Mineraloberfläche;
6000 Drissler

Jasba
Keramikfliesen-Bodenfliesen und Wandfliesen (Küchenkeramik und Sanitärkeramik) unifarben und mit vielen Dekors. Serie ~ - **Secura** und ~ - **Sport** auch rutschhemmend. Formate 3,33 × 3,33 cm, 5,5 × 5,5 cm, 5 × 10,2 cm, 7,55 × 7,55 cm, 7,55 × 10,23 cm, 7,6 × 7,6 cm, 10,2 × 10,2 cm, 11,4 × 11,4 cm und Riemchen 1,5 × 31,2 cm sowie Formstücke;
5419 Jasba

jaspé
Linoleum, einschichtig auf Jutegewebe, geglättet, jaspiert;
7120 DLW

JASTO
~ - **Isolierkamine** aus Mantel-Steinen (Bims) mit und ohne Lüftung, Schamotterohren, Dämmplatten, Zuschnitten und Zubehör;
5405 Stockschläder

JASTOFLOR
~ - **Böschungsringe**, bepflanzbar zur Böschungssicherung und Hangschutz;
5405 Stockschläder

JASTOTHERM
~ - Bausystem aus Bimsbaustoff: ~ Vollblöcke, ~ Vollsteine, ~ U-Steine, ~ Hohlblocksteine, ~ Kellersteine;
5405 Stockschläder

JED
~ Haustürfüllungen aus Kunststoff und mit Glas kombiniert;
~ Wintergarten;
2960 Jedopane

Jedopane
Isolierglas;
2960 Jedopane

JEKTIPAL
Wäßrige Injektionslösung für Bauwerksabdichtungen;
8195 IPA

JEKTIPAL®
Horizontalsperre, Imf;
8195 IPA

Jekto®
Injektionsdichtungen für wasserundurchlässigen Beton mit dem ~ - **Injektionsschlauch** und dem ~ - **Rohr MH**;
8011 Gumba-Last

JET
Lichtkuppeln, Aufsatzkränze, Dachausstiege;
~ - **Rauch- und Wärmeabzugsanlagen**;
~ - **Standard**, Lichtkuppeln aus Acrylglas;
~ - **TOP**, Lichtkuppeln aus Acrylglas;
~ **VARIO-TOP**, Lichtbänder oder Tonnengewölbe aus Acrylglas und Alu-Profilen;
4971 JET

JET
Drehkipp-Beschläge für Rundbogen und Schrägfenster sowie Kippflügel;
7257 Gretsch

Jetlastic
Heißverguß für Horizontalfugen (Fugenverguß) auf Flughäfen und Autobahnen, Teerbasis mit synthetischen Gummianteilen, kraftstoffresistent;
~ - **SUPER**, Teerbasis mit Vinyl-Polymer-Anteilen;
2000 Wehakomp

Jet-Melt
~ - System, Schmelzklebstoffsystem zum Kleben verschiedener Werkstoffe;
4040 3M

JETMIX
Einhandmischer;
4410 Santop

Jetstream®
~ Gegenstromschwimmanlagen;
~ Unterwasser-Massageanlagen;
7070 UWE

JEVER
DF-Verblender mit rustikaler Narbung, als Sparverblender und Riemchen lieferbar;
2932 Röben

JGB
Montagematten als Verlegehilfe für elektrische Heizschleifen bei Fußbodenheizungen;
4200 Bauerhin

Jk
~ - **Thermo-Fassadensystem** aus Steinfaser-Dämmplatten, einem 3 mm Spezialputz und Kalksandsteinriemchen;
4422 Wendt

JLO
Kittlose Verglasungen, Lüftungen, Shedrinnen, Stahltore, begeh- und befahrbare Gitterroste;
7303 Lorenz

JMS
→ Mayr Dachziegel;
8440 Mayr

jobä®
~ Gitterroste für viele Zwecke, u. a. Dachstandroste, Lichtschachtroste, Treppenstufen;
~ Industrietreppen;
~ Schachtabdeckung aus Schmiedeeisen;
Spindeltreppen;
5940 Bäcker

JOBA®
~ - Abschlußsysteme für Dach und Fassade: Dachabschlußprofile für Flachdach, Terrassenabschlußprofile, Wandanschlußprofile, Mauerabdeckungen, Alu-Fassadenelemente, Fensterbänke, gekantete Sonderprofile, alles aus Alu sowie Flachdachabsturzsicherungen aus Stahl;
3205 Joba

JOBARAND®
Flachdachabsturzsicherungen aus Stahl;
3205 Joba

JOBASPORT®
Alu-Fahnenmasten und Torsysteme aus Alu für Fußball, Handball, Wasserball usw.;
3205 Joba

Jockers
~ - Sauna, handwerklich gefertigt;
6733 Jockers

Joco
~ Foyer-Wärmeflächen;
~ Frottéwärmeflächen;
~ - Fußbodenheizung, mit Edelstahl- oder Kupferrohren;
~ - Haubenverkleidung für Konvektoren;
~ Heizkörper;
~ - Konvektor, Konvektionsheizkörper mit Flachovalrohren;
~ - Rollroste;
~ Thermovektoren RC;
7590 John

JÖLI
Tresore mit Schlüssel oder Dreifach-Zahlenkombination;
6230 Schwirten

JÖNS
~ **Urton**-Ziegel, Ton-Dachziegel;
2380 Jöns

1

Johann & Backes
~ - **Schiefer**, Dachschiefer aus der Grube Eschenbach-Boxberg;
6575 Johann

Joka-plan
Plasto-elastische Elastomer-Bitumenbahn;
4200 Krebber

Jokotect
Bitumen-Flachdachsysteme;
4200 Krebber

JOMA
~ - **Fußboden-Elemente**, patentierte Trockenestrichplatten mit Unterlüftung;
~ - **GKV**, Gipskartonverbundplatten nach DIN 18 164;
~ - **Hartschaum** auf PS-Basis, Platten, Aussparungskörper, Formteile;
~ - **LP**, Leichbauplatte nach DIN 1101;
~ - **MS**, Mehrschichtleichtbauplatte nach DIN 1104;
~ - **Sickerplatten**, profilierte Dränplatten aus Hartschaum;
8941 Joma

JOMATEKT
~ **L**, hinterlüftet, für den Einbau zwischen den Sparren; Dämmplatten und Dachdämmplatten aus PS-Hartschaum;
~ **N**, für Hallendecken, Dachdämmplatte zwischen, auf und unter den Sparren;
~ **S**, mit beidseitiger Spanplatte und Wärmedämmung für Montage auf den Sparren;
8941 Joma

Jomy
Feuerrettungsleiter, aus einem Gehäuse von 10 x 10 cm, ausklappbare Notleiter;
5000 JOMY

Jono
~ Rand- und Schwellenabdichtung;
~ Schallschutztürblätter;
7959 Jost

JORA
Rolladensicherungen;
7460 Raitbaur

JORAFLEX®
2-K-Farblack, DIN 4102 B1;
8700 Jordan

JORDAHL®
~ - Ankerschienen, **Typ JTA** mit unlösbar verbundenen I-Ankern, **Typ JBA** mit Beton-Rippenstahlankern D.B.P., **Typ JSA** mit Flachstahlverankerungsbügeln;
~ - Bewehrungsanschluß **Typ JBW**;
~ - Doppelschubdorn **Typ JDSD** zur Querkraftübertragung;
~ - Maueranschlußschienen und Anker **Typ JMA**;
~ - Mauerwerksabfangung **Typ JAK**, **JVK**;
~ - Schrauben und weiteres Befestigungszubehör;
~ - Thermoelement **Typ JTHE** (Dämmelement);
~ - Trapezblechbefestigungsschienen **Typ JTB-A/B**;
1000 Kahneisen

JOSSIT®
~ - Kunststoff-Fenster als Keller-Kippfenster, Garagenfenster, Stallfenster;
~ - Kunststoff-Isolierglas;
~ - Kunststoff-Spaltenboden;
8901 Jossit

Jost
~ - Holztüren und Zargen
7959 Jost

JOSTA®
~ Fahrradparksysteme;
~ Überdachungen;
4400 JOSTA

Jowatherm Reaktant
1-K-Klebstoffsystem auf Hotmeltbasis;
~ **VP 60 39 23**, für die Kantenverklebung und zum Ummanteln von Holz- und Kunststoffprofilen;
~ **20 010**, für Montagearbeiten im Metall- und Kunststoffbereich;
~ **200 000**, für die Holz-, Elektro- und Elektronikindustrie;
4930 Jowat

JS
Stil-Zierleisten, Bögen, Schnitzereien zur Innenraumgestaltung sowie Tür-Bausätze;
8037 Münz

JØTUL
~ Fertigkamine;
~ Kachelofen-Kamine;
~ Kaminöfen;
~ Warmluftkamine;
6806 JØTUL

Jubitekt
~ - **Super AL**, Bitumen-Dampfsperr-Schweißbahn, mit hoher Trittfestigkeit;
~ - **V 60 S 4**, Bitumen-Schweißbahn;
~ - **VA 4**, Bitumen-Dampfsperr-Schweißbahn;
7000 Bauder

JUDOMAT
~ Haushalts-Wasserenthärter;
7057 Judo

JÜRS
~ Beton-Giebel-Gesimsplatten mit Profilierung;
~ Kombi-Beton-Gewände für alle Mauer- und Schalungsbreiten zum Einbau von Stahlfenster und Glaskippflügel, Lichtschachteinhängung im Gewände DBGM;
~ Oberflächenentwässerungsrinnen aus Spezial-Beton mit feuerverzinkten Rosten;
2352 Jürs

JuMa
Werks-Einfahrtsicherungen, Toranlagen;
5160 JuMa

JUMALITH
~ - Natursteine als Mauersteine, Verblender, Trockenmauerwerk, gespalten, mit naturebener Lagerfläche, für Kaminverkleidungen, Gartenmauern, Fassaden- und Sichtbeton-Verkleidung usw.;
8079 Juma

JUMA®
Marmor, Marmetten, Verblender, Bossensteine, Solnhofer Platten, Quarzite, Granite usw.;
~ - **Royal**, wetterfeste Natursteinplatten, polygonal;
8079 Juma

JUMAQUA
~ **Marmor**, frostsicheres, feinkristallines Material für Wand- und Bodenbeläge, Fassaden und künstlerische Gestaltungselemente;
8079 Juma

Jumbo
~ - Elefantenhaut, Schweißbahnen jeder Art;
1000 Quandt

JUMBO
Keramik-Fertigelemente aus Klinkerplatten bis max. 490 × 490 mm für Terrassen, Balkone, Gartenwege. Auch als Einzelplatten für Innen;
4980 Staloton

JUMBO
~ - **Flexrohr**, Großwellrohr (Dränrohr);
~ - **Kanalrohr**, (Kunststoffrohr) und Zubehör;
6520 Oltmanns

Jumbo®
Baureihe großer Baupumpen, sofort einsatzbereit ohne Montagearbeit;
5204 ABS

JUMO
~ Thermostat als Temperaturregler, Temperaturwächter, Temperaturbegrenzer;
6400 Juchheim

JUNG
~ - **KANALfix**, Oberfläche wählbar, verfüllbare Kanalabdeckung im Endlosformat, für jede Kanallänge und -breite. Material wie SCHACHTfix;
~ - **SCHACHTfix**, Oberfläche wählbar, verfüllbare Schachtabdeckungen aus feuerverzinktem Stahl oder Edelstahl V2A und V4A, in Normalausführung oder in gas- und wasserdicht;
~ - **Schalungszubehör** wie Keilklemmenschlösser, Federzahnklemmschlösser, Spindelspanner und Spannhebel;
5900 Bertrams

JUNG
→ RELI;
5908 Jung

Jungmeier
Tondachziegel und Dachzubehör aus Kunststoff, Metall und Glas;
~ - **Biberschwanz-Ziegel** in 10 Modellen;
~ - **Falzziegel**;
~ - **Firstkreuze**, **Firstspitzen**: Firstgockel, First- und Walmkugeln, Firstlilien, Firstanfänger in Wasserspeier-, Muschel- und Löwenkopfform, auch Sonderanfertigungen;
~ - **Flachdachpfanne**;
~ - **Hohlstrangfalzziegel** in 2 Modellen;
~ - **Karthago-Ziegel**;
~ - **Mönch und Nonne**;
~ - **Reformpfanne**;
~ - **Strangfalzziegel**;
8440 Jungmeier

JUNIOR
Bodenablauf mit Absperrventil;
6209 Passavant

Junior
~ - Scherentreppe, Bodentreppe mit Kleinstöffnung;
8902 Mühlberger

Junkers
~ - Heizkörper-Thermostatventil;
~ - Solarabsorber;
7314 Bosch

Junomat
~ **S 315**, Ecomatic Niedertemperatur-Stahlheizkessel für Öl und Gas;
6330 Buderus Heiztechnik

JuP
→ Jaeschke und Preuß;
4100 Jaeschke

JURA
~ **MARMOR**, Fensterbankschnittlinge, gelb geblümt und gebändert;
8831 Henle

JURA
~ **MARMOR**, Rohplatten, Fensterbankschnittlinge;
8838 Daeschler

1

Juragelb
Fensterbänke;
6000 Hofmann

JuVent®
Lüftungssystem mit Wärmerückgewinnung;
5500 Junkes

JUWA
Jutewattestreifen zum Einlegen in die Falze bei Ziegeln;
~ **150**, in Tüten von 150 m;
~ **200**, Standardqualität, in Tüten von 200 m;
~ **300**, für Frankfurter Pfannen, in Tüten von 300 m;
5630 Helmrich

JUWÖ
~ - **Kabelschutzhauben** nach DIN 279;
~ - **Ziegel-Fertigdecke**, aus gebrannten Ton-Deckenziegeln mit dazwischenliegenden bewehrten Betonrippen;
6556 Jungk
→ 7832 Winkler

JWE
Abkürzung für Jute-Weberei Emsdetten. Produkte:
~ Filtrationsgewebe;
~ Geotextilgewebe;
~ Geovlies;
~ Gewebe für die Bauindustrie;
~ Vliesstoffe für Flachdachsanierung und Eindeckung, für den Garten- und Landschaftsbau;
~ Wandspannstoffe und Dekorationsrupfen;
4407 Jute

K+E
~ Ballfanggitter;
~ Baumschutzgitter;
~ Beschlagteile;
~ Drehflügeltore;
~ Frontgitter;
~ Leichtgitterzäune;
~ Maschendrahtzäune;
~ Rankgerüste;
~ Schiebetore, auch freitragend;
~ Schranken;
~ Sicherungssysteme;
~ Spielfeldbarrieren;
~ Stahlmattenzäune;
4292 K+E

K + H
Kachelöfen und offene Kamine mit Kacheln und Keramik aus eigener Herstellung;
4150 K + H

K & P
→ Klüppel & Poppe;
3501 Klüppel

KA 40 (DBP)
→ Phoenix-Kaltklebemasse KA 40;
2100 Phoenix

KABE
~ Kachelöfen;
~ Offene Kamine, aus vorgefertigten Elementen, als Zimmerkamin oder Terrassenkamin;
~ Warmluftkamine;
6052 KABE

KaBe-Segmente
Bewehrte Betonteile für den Straßenbau, die einen Bauteilsatz zum Ausgleich von Höhenunterschieden bei Schachtabdeckungen oder dgl. ergeben;
6747 Becker

KABO
~ Bibliothekstreppen;
~ Geländer für Galerien u. ä.;
~ Podesttreppen;
~ Wendeltreppen aus Massivholz;
8137 Kabo

KABODUR
Kabelschutzrohr in Zellenbauweise aus PVC;
8852 Drossbach

Kabuflex
→ FF-Kabuflex;
8729 Fränkische

KaCeflam®
Organo-Phosphor-Verbindungen als Flammschutzmittel für Aminoplaste, Polyurethane, Celluloseacetat, Epoxidharze, Latex, Nitrolacke, Papier, Phenoplaste, Polyvinylchlorid, UP-Harze, Polymethylmethacrylat, Nitrilkautschuk, Vinyl-Copolymere, Holz u. a.;
3000 Kali-Chemie

KACHEL & FEUER
Kachelöfen in handwerklich-künstlerischer Ausführung;
6300 Kachel & Feuer

Kachel & Feuer
Kachelöfen und Kaminöfen in künstlerischem Design;
6300 Kachel & Feuer

KACHEL-OFEN
→ DER KACHEL-OFEN;
2000 Bessenbach

Kachelthermo
→ Rink-Kachelthermo;
6342 Rink Kachel

Kachelthermo®
→ RINK-Kachelthermo®
6342 Rink

KADISAN
~ - **Farbpaste**, Kunststoff-Fassadenfarbe, weiß und farbig, wetterfest;
~ - **Streichputz**, kunstharzgebunden, zur strukturierten Flächengestaltung, innen und außen;
~ **Strukturpaste**, auf Kunstharzdispersion-Basis, matt, für innen und außen, für Plastikausführung und Füllanstriche;
~ **Volltonfarben**, wetterfest abgebundene Abtönfarben für alle Innen- und Außenwandfarben;
2000 Höveling

Kaefer
Isolierbauelemente auf PU-Basis;
2800 Kaefer

KAEmobilwand
Trennwand-System, baukastenartig aufeinander abgestimmt;
2800 Kaefer

Kährs
Fertigparkett in Dielenform;
7454 Schlotterer

Kälberer
Schornsteinformstücke (Kaminformsteine);
6908 Kälberer

Kältefeind
Automatische Türabdichtung;
5760 Athmer

Kämm
~ Dehnungsfugenleisten;
~ Eckschutzleisten;
~ Fensterbankkonsolen;
~ Kantenschutz-Richtwinkel;
~ Putzeckleisten;
~ Treppenschienen aus Stahl;
7500 Kämmerer

KÄUFERLE
Brandschutztüren, Brandschutzschiebetore, Kipptore, Rolltore, Rollgitter, Faltschiebetore, freitragende Schiebetore, elektr. Torantriebe, elektr. betätigte Schranken, Brandschutz-Drehflügeltüren;
8890 Käuferle

KaGo
Dachrinnen aus Edelstahl;
5760 Gottschalk

Kago®
~ - Kachelöfen und Kachelkamine;
8439 Kago

KaHaBe
Fenster, Zimmertürelemente, Haustüren in Holz, Alu und Kunststoff;
5456 Schneider

Kaiser
Holz-Klappläden nach Maß gefertigt, verschiedene Typen und Holzarten;
7080 Kaiser

KAISER
Offene Kamine, Heizkamine;
7410 Kaiser

Kaiser Omnia
Gitterträger für Balken-, Rippen- und Plattendecken;
7640 BDW

Kaisergrube
Dachschiefer;
5800 Elflein

Kaiser-GUMBA DBP
Justierbares Elastomer-Lager, System zur Korrektur einmaliger großer Lagerwege, z. B. aus Setzungen;
8011 Gumba

KALA
~ **Dachlüfter** aus UV-stabilem Kunststoff, nagelbar, schlagfest. „**Schindeldach**" mit dreiseitigem Wasserfalz, Nagellöcher im Falz vorgelocht. „**Dachplatte**", einfache Ausführung;
~ Terrassenlager aus Kunststoff;
7238 Lange

Kalceram®
Keramischer Verschleißschutz (Platten) für z. B. Kohlebunker, chemische Fabriken, Keramikbetriebe, Zement- und Kalkwerke;
5467 Mauritz

Kalcor®
Hochabriebfester Werkstoff für Anlagenteile, in denen auch hohe Temperaturen auftreten, z. B. Rutschen für heißen Sinter, Klinker, für Mischer, Rohrleitungen (Verschleißschutz-Werkstoff);
5467 Mauritz

KALDET
~ - Holzlasur, Harzimprägnierung für außen;
3123 Livos

Kaldomat
Kaltdachentlüfter aus PP, UV-, ozonbeständig, heißbitumenfest;
4300 Schierling

Kaldorfer
Jura-Marmor, Wandbekleidung, Fußbodenplatten, Fensterbänke;
8831 Vereinigte

Kaleidolit
Wandschiefer-Platten mit nachgegossenen Bruchstrukturen und Fossilienformen;
4100 Volmer
→ 4630 BSB

Kalelast®
Elastischer Verschleißschutz-Werkstoff auf Gummi-Basis, geräuschdämpfend, z. B. bei Silos;
5467 Mauritz

Kalen®
Spezielle Kunststoffe, hauptsächlich für Auskleidung von Anlagenteilen als Platten oder Zuschnitte, auch für Rohrleitungen und Anlagenteile, chemisch beständig;
5467 Mauritz

Kaleva
~ - Sauna, im Baukastensystem, Standard- und Exclusivausführung;
4512 Trame

kaliroute®
Markierungstechnik, aufklebbar, von der Rolle;
~ **Baustellenmarkierung**;
~ **Fahrbahnmarkierung**, **Parkplatzmarkierung**;
~ **Radfahrersymbole**;
~ **Verkehrszeichen**, aufklebbar;
7146 Kahles

KALIX
~ **Kalt-Isolieranstrich**, schwarz, für Beton, Mauerwerk, Holz und Eisen, säure- und laugenfest;
~ **S Silo-Anstrich**, trocknet geruch- und geschmackfrei, für Grünfuttersilos, Trinkwasserbehälter und Innenanstriche;
8800 Kulba

Kalkeichenweiß
Zur Erzielung des Effekts „Eiche gekalkt";
4010 Wiederhold

KALKOPERL
~ - **Edelputz**, verarbeitungsfertiger lufthärtender Edeldünnputz, weiß;
~ - **V**, gebrauchsfertiger Voranstrich auf wäßriger Kalkhydratbasis;
4354 Deitermann

Kalksandstein
Herstellung aus Kalk und kieselsäurehaltigen Zuschlägen, meistens Quarzsand, Formung unter Preßdruck;
~ - **Blocksteine (KS)** (großformatige Vollsteine) und
~ - **Hohlblocksteine** (großformatige Lochsteine **KS-L**), Steinhöhe >113 mm;
~ - **Lochsteine (KS-L)**, fünfseitig geschlossene Mauersteine (außer Grifföffnungen) mit Lochungen senkrecht zur Lagerfläche (>15% Querschnittsminderung);
~ - **Vollsteine (KS)**. Mauersteine, deren Querschnitt durch Lochung senkrecht zur Lagerfläche bis 15% gemindert sein darf;
~ - **Vormauersteine (KSVm)** und ~ - **Verblender (KSVb)**, frostbeständige Steine zur Verwendung in Sicht- und Verblendmauerwerk;
3000 Kalksandstein

KALKSTEINMEHL
Füller zur Herstellung bituminöser Mischgüter;
7466 Rohrbach

Kalmetall®
Metallischer Schutzwerkstoff (spezielle Eisengußlegierung) gegen Prallverschleiß z. B. in Wendelrutschen (Verschleißschutz-Werkstoff);
5467 Mauritz

Kalmár
Lichtstrukturen, Deckenbeleuchtung aus Elementkombinationen;
4300 Kalmár

Kalocer®
Hochabriebfester Verschleißschutz auf oxydkeramischer Basis, bei extremem Abrieb und/oder hohen Temperaturen;
5467 Mauritz

Kalomur
~ **Fugenband**;
~ **Wandisolierung**, Wandbelag für Schall- und Wärmedämmung von der Rolle;
4400 Kalomur

KALTAS
Bindemittel auf Lösungsmittelbasis (Kaltbitumen) für lagerfähiges Mischgut;
6000 Vedag

KALT-EX
Frostschutzmittel flüssig, für die Verarbeitung von Zement, hydraulischem Kalk und Mauerwerksbindern;
4354 Hahne

Kaltron®
Physikalische Treibmittel zur Herstellung von Schaumkunststoffen auf Basis Polyurethan (PUR), Polyisocyanurat (PIR), Polystyrol (PS), Polyäthylen (PE) u. a.;
3000 Kali-Chemie

Kal-Zip®
System von U-förmigen, tragenden und raumabschließenden Alu-Profilen für großflächige Metalldachdeckung;
5400 Kaiser

KAMA
Badezimmer-Einrichtung in Kunststoff und Edelholzfronten;
8547 Kama

KAMAR
~ - Pultdachhaus, Gewächshaus;
4155 Seidel

Kamex
Spezial-Kamin-Exhaustoren;
5960 Kamex

Kaminet
Kaminofen-Kassetten für nachträglichen Einbau in jedem offenen Kamin;
4054 Ommeren

KAMINODUR®
Abgasrohrsystem AGS für Brennwertgeräte in Elementbauweise;
7530 Witzenmann

KAMPA-HAUS
Fertighäuser, auch im Landhaus-Stil;
4950 Kampa

KAMPMANN
~ Konvektoren;
~ **Linear-Roste** und Wetterschutzgitter, für Luftein- und -austritt bei Heizungs-, Lüftungs-, Klimaanlagen und Wärmepumpenbetrieb;
~ Lufterhitzer;
~ **Rollroste**, Konvektorenabdeckungen aus Stahl, Alu, Messing oder Edelstahl;
~ **Überflutungsroste** und Eingangsmatten;
4450 Kampmann

KAMSIN®
Type E, Heißluft-Kamineinsatz, ofenartig mit Türen, aus Stahl oder Glas, zum nachträglichen Einbau in jeden offenen Kamin geeignet durch 36 Varianten;
2000 Bessenbach

KAMÜ
~ Holz-Alu-Fenster;
~ Holzfenster;
~ Leichtmetall-Fenster und -Fassaden;
~ Stahlbetonfertigteile;
2800 KAMÜ

KANIT
~ - Betonpflaster mit vergüteter Oberfläche und gefasten Kanten im Ziegelformat;
5413 Kann

KANN
~ **Betonpalisaden**, rund und gekehlt;
~ **Blockstufen**;
~ **Blumenkübel**;
~ **Einfassungssteine**;
~ **Fahrradständer**;
~ **Flora II**, Böschungssicherung und Lärmschutzwände aus Leichtbeton-Elementen;
~ **Gehwegplatten** in Waschbeton oder Edelsplitt;
~ **Hochbordsteine**;
~ **Muldenrinnen** zur Entwässerung;
~ **Parksteine**;
~ **Poller**;
~ **Randsteine**;
~ **Rechteckfiltersteine**, wasserdurchlässige Pflastersteine für „offene" Pflasterflächen;
~ **Rechteckpflaster** mit Endsteinen für Fischgrät-Verlegung;
~ **rustikal**, Pflastersteinplatte;
~ **Schachtringe**;
~ **Sohlschale** zur Befestigung von Entwässerungsgräben;
~ **Trockenmauer** mit Nut und Feder, massive Ziermauer mit rustikal gebrochener Natursteinkörnung;
~ **Verbund-Rasengittersteine**;
~ **Würfelpflaster**;
5413 Kann

KAPA
~ - Hartschaumplatten, aus PUR und PIR bis 25 mm Stärke, für Klimakanäle, Fußbodenbeheizungen, Innenausbau usw.;
4500 Kämmerer

KAPITOXIX
~ Antipilzfarbe, Dispersionsfarbe, waschfest, für feuchte Innenräume;
2000 Höveling

KARAT
Badewanne, aus Stahlemail mit Messinggriffen mit → BAKO-Verkleidung und eingebauten Konvektoren zur Wannenkörper- und Badezimmererwärmung;
3563 Bamberger

KARAT
Badezimmer-Ausstattung;
5860 Hemecker

Karat
~ Wärmedämmputz-System;
8031 Karat

KARAT 300
Strukturelemente aus Rein-Alu, für den Fassadenbau und Innenbau;
8228 Schösswender

Karat 70
→ Ergoldsbacher Karat 70;
8301 Erlus

KARAT®
Kunststoff-Fenster;
2805 Karat

Karbonquarzit
Für Schotter, Splitt, Edelsplitt, Steinsand, Wasserbausteine;
4500 Klöckner

KARI®
~ - Matten (BSt 500 M nach DIN 488) für den Stahlbetonbau (Betonstahlmatten);
4000 BAUSTAHLGEWEBE

Karlolith
Begrünungsstein-System;
7505 Weba

Karlolith®
Böschungsstein, bepflanzbar, für Lärmschutzwände, Böschungen, Begrünungsmauern usw.;
7500 Euro

Karlsruher Gartenstein
Vielseitige Betonfertigteile in verschiedenen Formen zum Abstützen, Abgrenzen, als Sitzgelegenheit usw. für den Garten- und Landschaftsbau(Lizenznehmer → Stellfix®);
7530 Betonwerk

KARLSTADT Nixe
Duschwände, Alu-Profile mit Dekorgläsern;
8782 Düker

Karo Ass
Duschvorhänge, textil;
7000 MHZ

KARO-AS
Verbundpflaster, besonders für die Altstadtsanierung;
6301 Dern

KAROFIL und **SINTERFIL**
kunststoffummantelte bzw. kunststoffgesinterte Viereckgeflechte, dick verzinkte Drähte und Drahterzeugnisse, geglühte Bindedrähte, Spannstahldrähte und Spannstahllitzen, Stahldrähte, nichtrostende und säurebeständige Drähte in Ringen und Stabstahl;
4700 Klöckner

Karolith
Lärmschutzwände, bepflanzbar (Basis 2,40 m), und Begrünungsmauern aus einem Formstein, der auch Rinn- und Randstein ist;
7500 Karolith

KARP-WASH
Fleckenentferner für vollsynthetische Teppiche nach der Spülmethode (Teppichreinigungsmittel);
4000 Wetrok

Karthago 2000
Tondachziegel ab 12°;
4950 Heisterholz

KA-SA
Schornstein-Einsatzrohre aus Edelstahl rostfrei;
7400 Möck

KASA
~ - **Color**, farbiger bruchrauher Verblendstein für strukturierte Außenwände;
~ - **STÜRZE®**, vorgefertigte, einbaufertige Kalksandsteinstürze, auch für Sichtmauerwerk;
2907 Gräper

Kasatherm
~ Kalksandstein, dreischalig, mit innenliegender Dämmzone aus PUR-Schaumstoff;
8716 Kalksandsteinwerk

KASCHIFIX®
Rippenstreckmetall mit Papier kaschiert für Maschinenputz;
5000 Heitfeld

Kaskade
~ - Absperrventil mit Brausekopf;
5952 Beul A.

Kasseler Spielgeräte
Spielplatzgeräte;
3500 Spielgeräte

Kassens
Verblendstein-Fertigteile wie Blumenkübel, Brüstungsmauern, Brunnen, Pfeiler, Fahrradständer, Baumeinfassung;
2990 Kassens

Kasteler Hartstein
Edelsplitt, Betonsplitt, Wasserbausteine;
6696 Setz

Kasthall
Teppichboden (schwedisches Produkt);
2308 Volkert

KASTOR®
Fettabscheider aus Stahlblech oder Edelstahl;
~ - **SP**, Fettabscheider, kombiniert mit Schlammfang;
6750 Guß

KATAFLOX®
Brandschutz für Holzspanwerkstoffe A2 und B1 nach DIN 4102, Lieferprogramm;
~ - **B1-V100**, Spanplatten, bedingt wetterfest nach DIN 68 763;
~ - **DECOR B-1**, Spanplatten, melaminharzbeschichtet und echtholzfurniert;
~ - **DÜNNSPAN B-1**, Rohspanplatten nach DIN 4102;
~ - **PANEELE B-1**, Holzspanpaneele mit echtholzfurnierten Oberflächen;
~ - **SPAN B-1** Rohspanplatten nach DIN 4102;
6745 Kataflox

KATFIX
Kaltasphalt-Feinschichten;
6555 Possehl

Kathedralglas
Historisches Glas, auch als UV-Sperrfilterglas;
3223 DESAG

Katz
Spielplatzgeräte aus Holz;
2400 Katz

Kaubipox-Programm
~ - **Fugenabdichtung**, dauerelastisch;
~ - **Kellerabdichtung** und **Betonsanierung**;
~ - **Kleber** und **Ausgleichsmassen**, wahlweise mit einem spez. Gewicht von 0,6 bis 1,6;
2843 Kaubit

Kaubit
~ **AGN 773**, für den Tiefbau, z. B. U-Bahn-Bau, Druckausgleichschicht zwischen Betonfertigteilen; Dichtungsbahnen;
~ **Sanitär-Dichtbahn**, wird für Abdichtung von Anschlüssen in Fliesenkleber eingebettet;
~ **Sustaflex**, für extrem stabile Abdichtungen, wird mit Original Kaubitan verklebt;
2843 Kaubit

Kaubitan
~ Dichtungsmasse, gebrauchsfertig, schadstofffrei, Kautschuk-Bitumen-Emulsion, dauerelastisch;
2843 Kaubit

Kaubitanol
~ **NB**, Beschichtungsmasse nichtbrennbar, schadstofffrei, Kunstharz-Dispersion in verschiedenen Ausführungen und Farben, Flammschutz für innen und außen;
2843 Kaubit

Kauffmann
~ - Rolltore mit elektrischem Antrieb, ~ - Sektionaltore;
5000 Kauffmann

KAUFMANN
~ Dachspitzen;
~ Turmspitzen;
~ Wasserspeier;
~ Wetterhähne;
7900 Kaufmann

KAUPP
~ Fenster-System;
~ Haustüren in Exoten-Edelholz;
~ Isolierglasfenster in Exoten-Edelholz, Kiefer Natur, Kiefer für Deckend-Anstrich;
~ Kunststoff-Fenster System Rehau;
~ Verbundfenster Kiefer für Deckend-Anstrich;
7909 Kaupp

KAURAMIN-LEIM®
Holzleime auf der Basis MF zur Herstellung z. B. von Holzwerkstoffen für Fensterbänke, Span-, Tischler- und Furnierplatten;
6700 BASF

KAURESIN-LEIM®
Holzleim auf Basis MF, zur Herstellung z. B. von schichtverleimten Trägern und Bindern, Wellstegträgern, Sperrholzschaltafeln;
6700 BASF

KAURETOX-LEIM®
Holzleime auf der Basis PF mit Fungizidschutz zur Herstellung z. B. von Holzwerkstoffen wie Span-, Tischler- und Furnierplatten;
6700 BASF

KAURIT-LEIM®
Holzleim auf UF-Basis zur Herstellung z. B. von schichtverleimten Trägern und Bindern, Wellstegträgern, Schalkörpern aus Holzwerkstoff;
6700 BASF

KAUT
~ - Schwimmhallenentfeuchter (Luftentfeuchter);
5600 Kaut

Kautex
Heizöl-Batterietank aus → Lupolen 4261 A (PE);
5300 Kautex

KAWA
Gartenteiche aus Kunststoff, 17 Modelle;
2081 Wachter

KAWATHERM
Kamine;
~ Warmluftkamin;
~ Warmluft-Kachelkamin;
4290 Kawatherm

KAWE
Holztüren und Holzzargen;
6500 Weisrock

Kawneer
Bauelemente aus Aluminium, Türen (z. B. auch Fingerschutztür) Fenster, Fassaden, Trennwände, Wandverkleidungsprofile;
~ Schiebewand Prinzip 1040;
4050 Kawneer

KAWO®
Silikon-Dichtstoffe;
~ - **CD 77**, Dispersionsacryl frostsicher;
~ - **GK 85**, glasklar;
~ - **HF 84**, hitzefest bis +280°C;
~ - **IS 256**, schnellhärtend, für den Glasbau- und Industriesektor;

1

~ - **SL 50**, nach DIN 18 545 E für Vitrinen-, Glas- und Glas-Alu-Bau;
~ - **SL 51**, nach DIN 18 545 E für die Scheibenversiegelung bei lasierten Holzfenstern, Anschlußfugen zum Mauerwerk, Dehnungsfugen im Hochbau DIN 18 540;
~ - **SL 52**, nach DIN 18 545 E für die Scheibenversiegelung, anstrichverträglich;
~ - **SL 53**, pilzhemmend eingestellt für den Sanitärbereich;
~ - **SL 54**, neutralvernetzend für die Scheibenversiegelung und Bauanschlußfuge;
~ - **SL 55**, für farbig lackierte Bauelemente;
3200 Kawo

KBE
Schwimmbecken-Zwischenböden, höhenverstellbar aus GFK- und Edelstahlelementen in Leichtbauweise;
2940 KBE-B

KBE
Kunststoff-Fenster-Profile;
6638 KBE

KBS
Ziergitter, Türfüllungen, Türgriffe, Hausnummern, Briefeinwurf usw. aus Alu, Messing oder Kupfer;
5450 KBS

KCH
~ Hausmarke für Bodenkeramik und Wandkeramik;
~ Kunststoff-Ventilatoren aus PVC, PP oder PPS, Radialventilatoren, Axialventilatoren, Dachlüfter;
5433 KCH

KD
Ausbauhäuser aus massivem Leimholz-Fachwerk mit Steinausfachung;
4030 Köhler

KE 45
Fußbodenbelagrückstände-Entferner bei Asbestbelägen, Filzpappe, PVC-Filz, Nadelfilzbelag, latexierten Teppichböden sowie bei alten Kleberschichten;
5800 Partner

Kebulin
Folien und Bänder für den Rohrschutz im Kaltverfahren nach DIN 30 672;
4352 Kebulin

kebu®
~ **Poly-Vitral**, Polymer-Schweißbahn mit Glasgewebe nach DIN 18 191 als Träger und einer gummielastischen Deckmasse und ~ **Poly-Vitral-S** mit oberseitiger Schieferbestreuung in grüner Naturfarbe;
~ **Reparaturband**, Allzweck-Dichtungsband, blei- oder alufarbig, mit selbstklebender Belagmasse, für Reparaturen von Rissen, Anschlüssen, Dachrinnen, Metallverbindungen usw.;
~ **Rohrschutz**, nach DIN 30 672 und 30 673 für alle Beanspruchungsklassen im Kalt- und Warmverfahren;
~ **Schweißbahnen** zur Abdichtung mit speziellen, nicht auswandernden Zusätzen, für Dach, Keller, Schwimmbad, Balkon, Terrasse, Parkdeck usw.;
4352 Kebulin

Kebutyl
~ - System, kaltverarbeitbares, selbstverschweißendes Korrosionsschutzsystem;
4352 Kebulin

KEFA THERM
Kondenswasserschutz, Beschichtung im Behälterbau, an Rohrleitungen, auf Beton, Metalldächern u. ä.;
4900 EG-Therm

Kefesta
Stahl-Kellerfenster in verschiedenen Größen und Typen;
6081 Nold

Keil-fix
→ berri keil-fix;
3400 Donder

KEILFIX
→ HÜWA®;
8500 Hüwa

KEIM
~ - Betonsanierungs-System;
~ - **Biosil**, mineralische Innenfarbe auf Silicatbasis nach DIN 18 363, 2.4.1 (Dispersions-Silikatfarbe), allergieneutral, atmungsaktiv für Wohnräume;
~ - **Concretal-Lasur**, Betonschutzlasur mit Carbonisationsschutz nach DIN 18 363, 2.4.1 (Dispersions-Silikatfarbe);
~ - **Concretal**, Betonschutzfarbe mit Carbonisationsschutz nach DIN 18 363, 2.4.1 (Dispersions-Silikatfarbe);
~ - **Granital**, Fassadenfarbe auf Silikatbasis nach DIN 18 363, 2.4.1 (Dispersions-Silikatfarbe);
~ - Künstler- und Dekorfarben, Silicatfarben für leuchtende Malereien;
~ - **Lowalin**, Innenfarbe nach DIN 18 363, 2.4.1 (Dispersions-Silikatfarbe);
~ - **Porosan**, Trass-Sanierputz-System;
~ - **Purkristalat**, Fassadenfarbe nach DIN 18 363, 2.4.1 (Silikatfarbe);
~ - **Quarzil**, Silikatfarbe für Innenanstrich nach DIN 18 363, 2.4.1 (Dispersions-Silikatfarbe) für stark beanspruchte Räume;
~ - **Restauro**, Steinrestaurierungsmaterial;
~ - **Reversil**, abwaschbare Innenfarbe zum Schutz von historischen Malereien;
~ - **Silex**, Kieselsäureester zur Festigung von Naturstein, Putz und anderen mineralischen Untergründen;
8901 Keim

Keimopor
Polystyrol-Hartschaumplatten;
8901 Keim

Kelin
Vollisoliermaterial nach HVO, geschlossenzelliger Schaumstoff;
7208 Sikla

Kelinfix
Isolierschlauch, geschlossenzellig, 4 mm stark, mit Außenmantel;
7208 Sikla

Kelkheimer
Strahlungsschutzbauten aus Stahlbetonfertigteilen,
Typ **S1** Ovalform für 7 bis 50 Personen,
Typ **S2** Kugelform für 10 Personen;
6233 Strahlung

KELLE
→ ROCO-KELLE;
3360 Roddewig

Keller
~ - Isoliergrund, schnelltrocknendes, farbloses Grundiermittel und Absperrmittel auf Kunstharzbasis für saugende Untergründe;
7012 Keller

Keller-Hofmann
Dehnungsbänder und Arbeitsfugenbänder, 50 verschiedene Typen aus Elastomer-Kautschuk SBR und aus PVC;
6057 Keller

Kellermann
Außenleuchten, handgeschmiedet;
2878 Kellermann

KELLUX
~ - Schächte und ~ - Fenster, ein- oder zweiflügelige Stahl-Kellerfenster in Betonrahmen, dazu passend Lichtschächte;
5600 Schutte

Kelm
Fertighäuser, Ausbauhäuser;
3014 Kelm

Kelmo
Mosaikparkett, Mosaikparkettspezialitäten, Elite-Parkett und Stabparkett;
~ **Fertigmosaikparkett** in Eiche, Buche, Esche;
~ **Laminat-Boden** in den Holzmustern Eiche natur, rustikal, weiß oder grau sowie den Steinmustern Travertin, Marmor hellgrau und Carrara-Marmor;
~ **Vario**, Fertigparkett in Lang-, Kurzriemen und Tafeln, in Eiche und exotischen Hölzern;
5000 Kelheimer

Kelmocoll
Parkettpolitur, Parkettreiniger;
5000 Kelheimer

Kelmostar
Fertigparkettafel in Eiche und Exotenhölzern;
5000 Kelheimer

KEMI
~ - Blockhaus aus Lappland-Kiefer;
7798 Baugesellschaft

KEMMLIT
~ Garderobenschränke aus Vollkunststoff und verzinktem Stahlblech;
~ Naßraumtüren aus Vollkunststoff;
~ Sanitäre Raumanlagen;
~ Trennwände für WC-, Umkleide- und Naßräume;
7409 Kemmlit

Kempchen
Dämmstoffe für Wärme-, Kälte-, Schall- und Brandschutz, technische Isolierungen;
4200 Kempchen

KEMPER
~ - System zur Flachdachbeschichtung und -sanierung;
3502 Kemper

Kemper
Sanitärarmaturen;
~ **Unterputzventile**, korrosionsbeständig;
5960 Kemper

KEMPERDUR®
~ - **Sandbelag**, zur Herstellung von Verschleißschutzschichten in 3—4 mm Dicke für Terrassen- und Balkonflächen;
3502 Kemper

KEMPEROL®
~ - **Color-Deckschicht**, Farb-Deckschicht in Alu und Weiß, auch als Abstrahlschicht geeignet, für Flachdächer;
~ - **Dachhaut**, in Verbindung mit Diolen-Vlies als Dachabdichtung;
3502 Kemper

Kenite
Filtermaterial, zur umfassenden Filtration von Schwimmbadwasser;
8000 BAYROL

KENNFIX
Kunststoffschild, anklemmbar zur Kennzeichnung von Bewehrungen (Bewehrungskennzeichnung);
5885 Seifert

1

KENNGOTT
Treppen aus Betonwerkstein, Marmor, Holz, Asbestzement;
7100 Kenngott

KENNGOTT
~ - Treppen, Normalausführung, einseitige Wandeinbildung und wandfrei, für alle Grundrisse. Spindeltreppe, Einholmtreppe in Betonwerkstein, Scheibenmarmor;
8500 Richter

Kent
Holzfaltwand mit auf Bild furniertem Holz, bis 700 cm hoch, Breite unbegrenzt;
3050 Marley

KE®
Trockenmörtel und Fertigputze in Säcken, Silos und Containern;
~ **BE 8**, Beton;
~ **K 01**, Mauer- und Putzmörtel;
~ **K 09**, Dachdeckermörtel;
~ **LL 24**, Leichtmauermörtel;
~ **MRP**, Münchener Rauhputz;
~ **Therm**, Vollwärmeschutz-System mit mineralischer Putzbeschichtung;
~ **Z 500**, Dichtungsschlämme;
7000 Epple, Karl

KERABA
~ **Formziegel**;
~ **Klinker**, Verblendklinker und Sparverblender;
~ **Verblendziegelfertigteile**;
3156 KERABA

KERABOND
Klebemörtel für keramische Fliesen (Produkt von MAPEI, Mailand/Italien);
2800 Frerichs
→ 3550 Tietjens
→ 5000 Deuschle
→ 5840 Fiedler
→ 6251 Gertner
→ 7000 Schmid
→ 8000 Schmidt & Stege

KERABUTYL
Isolierfolie;
5433 KCH

KERACID
Epoxi-Spachtelmassen für Bodenbeschichtungen;
5433 KCH

Keradrain
~ **Abschlußprofil**;
Dränmaterial für Terrassen und Balkone;
~ **Drainagematte**, kapillarkontaktbrechende Flächendränung;
~ **Drainrinne**;
6057 Wanit-Universal

KERADUR
Steinzeugfliesen, unglasiert, in vielen Farben, Formaten und Oberflächen für besonders stark beanspruchte Bereiche wie Hotels, öffentliche Gebäude usw.;
8763 Klingenberg

KERAFLAIR
→ Gail Keraflair;
6300 Gail

KERAHERMI
Kachel-Heizkörper-Verkleidung;
2000 Kerahermi

Keraion
Großkeramikplatte;
8472 Buchtal

KERALITH
Anorganische Kitte;
5433 KCH

Keralook
Wandfliese. Diese Serie ist nicht nur auf Quadrate und Rechteckformate beschränkt, sondern individuell gestaltbar. Dekor: Kubus;
7130 Steuler

Keramag
Sanitärkeramik-Programm;
4030 Keramag

KERANOL
Verlege-, Verfugungs- und Vergußmassen auf Kunstharzbasis;
5433 KCH

Kerapas
Kunststoffputz und Bautenfarben;
8451 Terranova

Keraphil
Heizkörperverkleidung aus Keramik;
7022 Keraphil

Kerapid
Raumteiler, Umkleidekabinen, Garderobenschränke, Trennwände. Grundprinzip des Aufbaus: Keramische Fliesen auf stahlbewehrtem Beton;
3200 Hildesheim

KERAPLAN
Estrichlösung, Putzveredler, Betonverdichter, Elastifizierungsmittel, Bodenversiegelung und Polyester-Bodenbelag;
5433 KCH

KERAPLAST
Fugendichtungsmasse, plasto-elastisch;
7000 Scheffler

KERAPLATTEN
8 mm Steinzeugplatten in diversen Farben und Formaten;
6340 Ströher

Kerapolin
~ - Gitterroste, aus hochwertigen, ungesättigten Polyesterharzen, für Kanalabdeckungen, Grubenabdeckungen, Laufstege, Schachtabdeckungen usw.;
5433 KCH

KERAPOX
Glättschicht leitfähig, Zwischenschicht zur elektrischen Porenprüfung von Schutzschichten auf nicht leitfähigem Untergrund;
5433 KCH

KERASOLITH
Heißbitumenmasse zur Herstellung fugenloser Schutzschichten und zum Verlegen von Platten und Steinen;
5433 KCH

Keratique
Wandfliese mit modernem Design;
7130 Steuler

Keratique-Kollektion
Moderne Wandfliesen, die industrielle Grundfliesen mit kunsthandwerklich gefertigten Dekorelementen kombiniert;
7130 Steuler

KERATOL
~ Säureschutzlacke;
~ Washprimer;
~ Zinkstaubgrundierung;
5433 KCH

KERATYLEN
Gießmasse und dauerelastische Vergußmasse;
5433 KCH

KERAVETTEN
8 mm-Riemchen in 7 Farben und Strukturen;
6340 Ströher

KERAVINYL
Glättschicht zum Egalisieren und Glätten von porösem und unebenem Untergrund;
5433 KCH

Kerdi
~ - Matte, Abdichtungsbahn aus PE, beidseitig mit Vlies, für Abdichtungen im Verbund u. a. mit Fliesen oder Platten;
5860 Schlüter

kerfix®
Fliesenkleber und Baukleber;
5305 AGROB

kerflott®
Gebrauchsfertiger Fugen-Schlämmörtel für breite Fugen (5 bis 15 mm) im Innen- und Außenbereich;
5305 AGROB

KERKHOFF
~ Türelemente, Echtholzfurnier, für den Überbau vorhandener Stahlzargen;
~ Türen und Echtholz-Montagezargen;
4290 Kerkhoff

KERMI®
~ **ISOLA**, Duschabtrennungen und Badewannenaufsätze;
~ **NT 2000**, Niedertemperatur-Heizkörper;
8350 Kermi

Kermi-Therm
~ - Flachheizkörper;
~ - Kompakt-Heizkörper;
4300 Krupp

Kern®
Bausatzhäuser, Ausbauhäuser;
5412 Kern

Kerosal®
Heizkörperverkleidungen aus Keramik;
2054 Bankel
→ 5620 Terhorst

Kero-Trenn®
Universal Beton-Trennmittel, flüssig;
4790 Kertscher

kerset®
Nach Wasserzufügung gebrauchsfertiger Ansetzmörtel zum konventionellen Verlegen von Wand- und Bodenfliesen;
5305 AGROB

Kersting
~ Wasser-Zapfsäulen in Rot- oder Leichtmetallguß, auch als kompletter Bausatz;
5600 Kersting

Kerto
Furnierschichtholz aus verleimten Nadelholz-Schälfurnieren (finnisches Produkt);
4000 Finnforest
→ 3000 Anders

1

KERTSCHER®
Betonzusätze, Mörtelzusätze, Estrichzusätze, Beton-Schnellerhärter, Entschalungsmittel, Bitumenanstriche, Grundierungen, Versiegelungen, Haftemulsionen, Flüssigkunststoffe, Fassadenimprägnierung, Beton-Nachbehandlungsmittel, Dichtungsschlämme, Blitzzement, Klebstoffe, Fertigmörtel, Rostschutz, Fugenbänder;
4790 Kertscher

KERVIT
Keramische Wandfliesen und Mosaik;
5305 AGROB

Kesel
Seilspielgeräte (Spielplatzgerät);
1000 Pfeifer

Kesel
Seilnetze (für Spielplatzgeräte);
8960 Kesel

KESO®
Schließanlagen;
2110 KESO

Kessel
Kellerablauf, Deckenablauf, Balkonablauf, Terrassenablauf, Dachabläufe, Badabläufe, Hofabläufe, Regenabläufe, Heizölsperren, Rückstauverschlüsse;
8071 Kessel

KESSLER + LUCH
~ Abreinigungsstationen;
~ EDV-Klimaschränke;
~ Lüftungsgeräte und Klimazentralgeräte;
~ Luftbefeuchter;
~ Luftdurchlässe für Industrie und Komfortbereich;
~ Ölnebelabscheider;
~ Reinigungsanlagen;
~ Reinraumkomponenten;
~ Schadstoffabsauger;
~ Ventilatoren;
6300 Kessler

Kessler & Söhne
Garderobenschränke aus verzinktem Stahlblech, phosphatiert, chromatiert, PUR-beschichtet, für Hallen- und Freibäder;
7000 Kessler & Söhne

KESTING
Stahlbeton-Fertiggaragen, Doppelstock-Garagen, Tiefgaragen, Parkgaragen, Reihenanlagen, in Waschbeton oder Strukturbeton;
4670 Kesting
→ 1000 Kesting
→ 2057 Betonwerk Wentorf
→ 2820 Lohmüller
→ 2120 Müller
→ 3380 Fels
→ 3507 Fels
→ 4180 Osterbrink
→ 4500 Klöckner
→ 4900 Scheidt
→ 5090 Kesting
→ 5450 Rasselstein
→ 5511 Trierer Kalk
→ 5760 DELTA
→ 5900 Hundhausen
→ 6093 Betonwerk
→ 6670 Sehn
→ 7141 Pfisterer
→ 7560 Grötz
→ 7814 Grötz
→ 7990 Pfaff
→ 8000 Dahmit
→ 8332 Laumer
→ 8500 Dahmit
→ 8751 Rupp

Ketonia
Betonfertigteile für den Tiefbau, Fertigteilbrücken, Fußgängertunnels, Rahmendurchlässe, Stützmauern, Stehtribünen;
8480 Ketonia

KETTENFIX
Schutzecke für Betonfertigteile während des Transportes;
5885 Seifert

KEUCO
Sanitärkeramik, Bad-Ausstattungen, Spiegelleuchten, Deckenleuchten;
5870 Keune

Kewo
Fachwerkbinder und Dachkonstruktionen;
~ – **Nagelplattenbinder**, freitragend bis 30 m;
5000 Kewo

Kewo
Fertighäuser;
5372 Kewo

KFV
Türschlösser für Holz-, Metall- und Kunststofftüren u. a. Sicherheits-Einsteckschlösser;
5620 Fliether

KG
~ – Kanalrohre aus PVC-Hart;
3050 Marley

KGM
~ Bastler- und Rundstabsortiment aus Holz;
~ Heizrohrverkleidungsleisten in Hartholz;
~ Holzzierleisten für Türen und Möbel;

~ Sockelleisten aus Holz;
~ Wand- und Deckenabschlußprofile aus Holz;
8867 KGM

KH
~ - Heizsysteme zum Selbsteinbau, Heizungen, Wärmepumpen und Solaranlagen;
5840 KH Zentral

KH SIEGE
Gebrauchsfertige Parkett- und Dielenversiegelung;
8909 IRSA

KH 80
Heller Kunstharzkleber;
5800 Partner

KIB
~ Membrandächer, Überdachung aus Textilgewebe;
~ - Traglufthallen, einschichtige, pneumatische Konstruktion ohne zusätzliche Stabilisierung, Umhüllung aus einem beidseitig mit PVC beschichteten Gewebe;
4300 KIB

Kiefer
Spiegelprofil-Decken-System, Klima-Akustik-Licht, Luftauslässe;
7000 Kiefer

KIEFER-REUL-TEICH
Natursteine wie Granite, Kalkstein, Mamor, Nagelfluh und Sandstein für vielfältige Anwendung in Architektur, Kunst und Bauwesen
8420 Kiefer-Reul-Teich
→ 6900 Zement;

Kies Menz
Natursteine: Zierkiese, Findlinge, Natursteinpflaster in allen Sorten, Formen, Farben;
6503 Menz

KIESECKER
~ Briefkästen und Briefdurchwürfe;
~ Innenleuchten in Bronzeguß und Messing mit mundgeblasenen Gläsern;
~ Sandwichplatten aus Reinaluminium RAL pulverbeschichtet;
~ Türblätter in Aluguß und Kupfer;
5632 Kiesecker

Kieselit
~ - **Anstrichtechnik**, umfaßt ~ - Fassadenfarben, ~ - Grundiermittel, ~ - Streichfüller, ~ - Vollton- und -Abtönfarben, alle auf Silikatbasis;
~ - **Fluat**;
~ - **Gipsgrundiermittel**, zum Grundieren und Absperren von Gipsuntergründen;
~ - **Innenfarbe**, streichfertig, auf Silikatbasis;
~ - **Putztechnik**, Fassadenputz, mittlere (3 mm) Körnung, auf Silikatbasis;
3000 Sichel

Kiesellith
Betonwerksteinplatten, geeignet als Fußbodenbelag, Treppenstufen, Fassadenverkleidung;
3162 Betonwerkstein

Kiesey
→ HEY'DI® Kiesey;
2964 Hey'di

KIESIT®
Kunststeinmatrize für Gehweg, Garten, Terrasse;
8000 Berkmüller

Kiesol
→ AIDA Kiesol;
4573 Remmers

Kiesolit-TS
Flüssiges Verkieselungsmittel zur Abdichtung gegen Feuchtigkeit im Beton, Zementputz, Mauerwerk;
2000 Retracol

KIFIX
~ - Kleber, Kiesfixierungsmittel auf Kunststoff-Dispersionsbasis;
6430 Börner

Kimmerle
~ - **Profile**, Kantenprofile und Eckprofile für den Trockenausbau;
7410 Kimmerle

KIMMICH
Jalousien;
Rollgitter und Rolltore aus Stahl-Leichtmetall;
6000 Kimmich

Kinderland
Spielplatzgeräte aus Holz, Metall und Kunststoff;
4471 Kinderland

Kinderparadies
Spielplatzgeräte aus Holz;
4000 Kinderparadies

Kinessa
Fußbodenpflegemittel, Bohnerwachs, Holzbalsam, Haushaltsreinigungsmittel, Teppichreinigungsmittel;
7321 Kinessa

KING
~ **Universal**, Schrankwände und Trennwände im Baukastensystem aus Dreischichten-Feinspanplatten nach DIN 68 765;
6367 König

1

KINI
~ - Innenöffner für Klappläden;
5628 Kiekert

KINKELDEY
Lichtbausysteme;
3280 Kinkeldey

KINNASAND
Textiltapeten aus reinem Leinen oder Mischgewebe, Rückseite papierbeschichtet;
2910 Lehmannn

KINON-KRISTALL®
Verbundsicherheitsglas in verschiedenen Qualitäten und Eigenschaften u. a.: Schutz vor Verletzungen, Einbruch, Beschluß, Lärm;
5100 Vegla

KIOSK K 67
Raumzellensystem von UNION, geeignet als Verkaufskiosk, Pförtnerhaus, Kassenbox, Bürozelle usw.;
2300 Jäger

Kipp
Kugelgelenkplatte für Schalungsanker mit bis zu 5° Neigung;
4040 Betomax

KIPP
~ - Garagentore aus Holz;
7798 Kipptorbau

KIROS
~ - Verdünnung, für Schellack-Lacke;
3123 Livos

KIROTA®
Siliconimprägnierung wasserdampfdurchlässig, alkalifest, zur Abdichtung von saugfähigen mineralischen Baustoffen;
2000 Lugato

Kirschbaum
System, Wandschlitzstein für waagrechte Rohrschlitze im Mauerwerk;
4050 Hilgers
→ 4403 Mönninghöff

Kirschner
~ - Raumelemente aus selbsttragenden feuerverzinkten Stahlrahmen, ausgefacht mit nichttragenden Außen- und Innenwänden;
4408 Kirschner

KirstallDach
Kunststoff-Überdachung für Eingänge, Terrassen, Balkone;
7070 Grau

Kittelberger
Rolladenbeschläge, Rolladenantriebe, Rolladen-Aufbauelemente;
7014 Kittelberger

K-K-PLAST
Füllspachtel und Ziehspachtel, haftet auf Blech, GFK, Holz, Beton;
2082 Voss

KK-Raumelemente
→ Kirschner-Raumelemente;
4408 Kirschner

KKS
~ Alu-Fenster für Klinik, Krankenhaus und Schule, mit Lüftung nach VDI 2719 in Schallschutzklasse 3 bis 6;
6308 Stahl-Vogel

KKW
~ Formsteine;
~ - Verblender;
4240 Anker

KLA
~ - Decken;
4300 van Geel

Klafs
~ - Dampfbad;
~ - Sauna, auch Selbstmontage-Anlagen;
~ - Sonne, Solarien verschiedenster Art;
~ - Whirl-Tub, Wasserwirbelbad im Holzzuber;
~ - Whirlpool;
7170 Klafs

Klammer + Konus
Abstandhaltersystem für Wandschalungen;
3500 Heilwagen

KLAMMER-ANKER iM
→ HÜWA®;
8500 Hüwa

Klappex
Fenster und Türen;
8082 Klappex

Klarer
Wasserrutschbahnen: Das System besteht aus glasfaserverstärktem Polyester im Kompaktschichtenaufbau;
7032 Hartwigsen

Klarer®
~ System, Sommerrodelbahn (Produkt der Klarer-Freizeitanlagen CH-8215 Hallau);
7032 Meho

KLARIT®
Ganzglas-Fertigtüren und Swing-Pendeltüren aus
→ SEKURIT;
5100 Vegla

Klarol
Natursteinputz mit Waschputzcharakter, Buntsteinputz nach DIN 18 558;
4400 Brillux

Klarolkleber
Spezialkleber zum Auftragen von → Klarol;
4400 Brillux

Klasmeier
~ Fassadenkonstruktionen aus Alu, Stahl und Edelstahl;
~ Fenster und Türen;
~ Geländer, Bedachtungselemente, Eingangsanlagen, Fensteranlagen aus Edelstahl rostfrei;
4840 Klasmeier

Klass
~ - Badekabinen;
~ - Badeschränke;
7600 Klass

KLAUKE
Alu-Haustüren, Alu-Fenster, Alu-Haustürvordächer, Alu-Profilsysteme eloxiert und kunststoffbeschichtet;
5980 Klauke

KLAUS
Auto-Parksysteme;
7971 Klaus

KLB
~ - **Block**, Hintermauerstein und Innenwandstein;
~ - **Klimaleichtblock**, hochwärmedämmender Mauerstein mit Nut- und Federsystem. Das Lieferprogramm umfaßt: Ergänzungssteine, Vollsteine bis Festigkeitsklasse 12, Anschlagsteine, U-Steine für die Ringankerausbildung, Deckenabmauerungssteine, Deckenumrandungssteine, tragende Stürze, tragende Rolladenkästen, leichte Trennwände, Wandplatten, Deckenplatten, Leichtmauermörtel;
~ - Trockenmauerwerk für tragende Innen- und Außenwände ohne Vermörtelung der Lagefuge;
~ - **Vollblock**, hochwärmedämmender Mauerstein mit dem KLB-Nut- und Federsystem;
5450 KLB

Kleb & Weg
→ UZIN Kleb & Weg;
7900 Uzin

klebfix
~ PVC-Sockelleiste für glatte Böden;
~ Teppichsockelleiste;
3014 Weser Bau

KLEBIT®
~ **303-Turbohärter**, Weißleim, 1-K, für wasserfeste Verleimung nach DIN 68 602, Beanspruchungsgruppe B 3, nach Zugabe von 5% Turbohärter für Verleimungen nach DIN 68 602 B 4;
~ **304**, Weißleim, 2-K, mit farblosem Härter für wasserfeste Verleimungen nach DIN 68 602, Beanspruchungsgruppe B 4;
7504 Klebchemie

KLEBKALT
Kaltklebemasse auf Kunststoff-Bitumenbasis zum Aufkleben von Bitumendachbahnen;
4000 Enke

Klebus
~ **special**, Kontaktklebstoff, besonders für Holzwerkstoffe;
~ **universal**, Vielzweckkleber;
6900 Teroson

Kleenlux®
Lichtkuppeln;
~ **Timeless**, Ganztags-Lichtquelle durch Leuchte im Aufsatzkranz der Lichtkuppel, für Flure und Verkehrszonen im Industrie- und Kommunalbau;
2000 Kleen

KLEFA
~ - **Aquapren**, Neoprene-Haftvorstrich, für Zement-Estrich, Terrazzo, Holzböden, Magnesit-Estrich, Steinholz, Haftgrund für Spachtelmassen;
~ - AUSGLEICHSMASSE, zementgebunden;
~ **CV-Fixierung**, auf Dispersionsbasis, für die wiederaufnehmbare Verlegung von CV-Belägen und textilen Bodenbelägen auf gespachtelten Untergründen, alten Nutzbelägen und Holzspanplatten;
~ **EK 19**, Einseitklebstoff auf Dispersionsbasis für die Verklebung von textilen Bodenbelägen (ohne PUR-Schaum) und elastischen Bodenbelägen auf saugfähigen Untergründen;
~ **EK 20**, universeller Einseitklebstoff auf Dispersionsbasis für Naß- und Haftverklebungen auf saugfähigen und nicht saugfähigen Untergründen von elastischen und textilen Bodenbelägen;
~ - FIX-Montagezement, wasserfeste Schnellreparaturmasse in Pulverform, zum Füllen von Löchern und Rissen, sowie Verdübeln und Verankern von Installationsteilen;
~ - HARTSCHAUMKLEBER, pastöser Dispersionsklebstoff;
~ - **Klebstoff 66 C**, vielseitiger Kontaktklebstoff auf Neoprene-Basis für Gummi, Holz, Kunststoff, Metall, Filz, Dämm- und Akustikplatten etc.;
~ **Nivelliermasse**, zum Ausgleichen und Nivellieren von Rohbetondecken bis 10 mm oder 30 mm nach Zugabe von 30% Sand, Körnung 0–4 mm;

1

~ - PREN, Neopreneklebstoff;
~ - ROLLTEX, heller Kunstharzklebstoff, rollstuhlgeeignet, für Teppichboden mit textiler Rückseite und Latexbeschichtung, Nadelfilzbeläge, PVC-Jutefilz, PVC-Kork;
~ - ROLLTEX, leitfähig, für die leitfähige Einstellung von KLEFA-ROLLTEX;
~ - SPACHTELMASSE, rollstuhlgeeignet, zementgebunden, zum Abspachteln und Glätten von Estrichen und anderen Unterböden;
~ **Teppich-Fixierung** auf Dispersionsbasis, für die wiederaufnehmbare Verklebung von textilen Bodenbelägen auf gespachtelten Unterböden, alten Nutzbelägen und Holzspanplatten;
~ - TEX, heller Kunstharzklebstoff, rollstuhlgeeignet, für Teppichboden mit textiler Rückseite und Latexbeschichtung, Nadelfilzbeläge, PVC-Jutefilz, PVC-Kork, Linoleum;
~ **Uniroll**, universeller Einseitklebstoff auf Dispersionsbasis für die Verklebung von PVC-, CV- und textilen Bodenbelägen auf saugfähigen und nicht saugfähigen Untergründen;
~ - UNIVERSAL S, schneller, Einseitklebstoff, rollstuhlgeeignet, für PVC-Beläge in Fliesen und Bahnen, PVC-Wandbeläge, Sisal und viele Teppichböden (nicht mit Juterücken);
6050 CECA

Klefu
→ Prontex Klefu;
3000 Sichel

KLEIBERIT®
~ **Füllschaum**, 1-K PU-Schaum als Füllschaum, Dämmschaum und Isolierschaum;
~ **Heißpressenleim 871**, pulverförmiger, heißhärtender Harnstoffharzleim mit langer Topfzeit;
~ **Kontaktkleber C 114/5**, auf Basis Polychloropren;
~ **Montageschaum 540**, 1-K-PU-Schaum, gebrauchsfertiger Montageschaum aus der Aerosolflasche;
~ **Schmelzkleber SK 740**, thermoplastischer Schmelzkleber zum Verkleben verschiedener Kantenmaterialien;
~ **Schnellschaum 545**, wie ~ 540, jedoch mit sehr schneller Durchhärtung;
~ **Türenschaum 537**, 2-K-PUR-System zur Abdichtung von Türzargen;
7504 Klebchemie

Kleihues
Betonfertigteile;
4445 Kleihues

kleindienst
~ Aufzüge;
~ Autowaschanlagen;
~ Behindertenaufzüge;
8900 Kleindienst

Kleine & Schaefer
Schalungssteine aus Normalbeton;
4933 Kleine

Kleine Wolke
Badtextilien, (Badteppiche, Badteppichfliesen Badteppichboden, Duschvorhänge, Wanneneinlagen);
2820 BFT

Kleinziegenfelder Dolomit
Naturstein für Fassadenverkleidung, Brückenverkleidung usw.;
8622 Diroll

Klemmfix
Bewegungs-Dehnungsfugen-Dichtungen;
5603 Hammerschmidt

KLEMMFIX
Abstandhalter für senkrechte und waagrechte Bewehrung, elastische Widerhaken gegen Abspringen, federnde Klemmlippen gegen seitliches Verrutschen trotz verschiedener Stahldurchmesser;
~ **SUPER**, für schwerste Belastungen;
5885 Seifert

Klemmfix
Befestigungselement, mechanisch, nach dem Niederhalter-System, für Dichtungsplanen;
6128 Veith

Klemmfix
Bakenständer (Absperrständer) aus Recycling-Kunststoffen;
7150 Klemmfix

Klemt
Wintergärten, Glaskonstruktionen, Dachflächenfenster;
8000 Klemt

Klenk'sche
Automatik-Klappe, gegen Rückstauüberschwemmungen, Modell **FT 1** gegen Vereisung der Regenabläufe bei Flachdächern, Geruchsbelästigung (Rückstauverschluß);
6101 KGS

Klett & Schimpf
Fertigkeller;
7401 Klett

KLEUSBERG
Raumzellen, Sanitärzellen, Container und Sanitärcontainer, bezugsfertig eingerichtet;
2000 Kleusberg

Klevenz
~ **Geländerkrümmer**, für alle Geländerarten aus Rundrohr und Flachmaterial in Stahl, Edelstahl, Messing und Bronze;
6833 Klevenz

Klewa
~ - Bitumen-Dachbahnen, Trägereinlagen aus Glasvlies, Alu, Glasgewebe, Polyesterfaservlies, Rohfilz;
~ - Bitumen-Dachschindeln, auf Bitumen-Basis mit Rohfilz- oder Glasvliesträger;
5909 Klein

Klewabit
~ - Bitumen-Schweißbahnen, Spezial-Abdichtungsbahnen mit Glasvlies-, Glasgewebe-, Alu- und Polyesterfaservlies-Trägern;
5909 Klein

Klewaplan
~ - Elastomer-Abdichtungsbahnen auf SBS-Basis;
5909 Klein

Klewaroll
Polystyrol-Wärmedämmbahnen mit Bitumendachbahnen kaschiert;
5909 Klein

KLEZ
Profilsystem aus Alu und PVC;
5442 Klez

Klimaboden
Fußbodenheizung (Lizenz T. Engel) aus 5 cm dicken Kunststoff-Elementplatten, die mit parallelen Kanälen durchzogen sind;
8520 Rehau

Klimanova
→ KLIMATON Klimanova;
4000 Brandt

KLIMATON
Akustikmatte, zur Schallisolierung in Schulen, Krankenhäusern, Büroräumen usw.;
~ **Klimanova**, mit oberseitigem Kunststoffgewebe;
~ **Noflam**, mit oberseitigem Glasgewebe;
4000 Brandt

klimaton
~ - Ziegeldecke als Balken-, Rippen- und Elementdecke, Bezugsmöglichkeiten → pori klimaton;
8011 Pori

Klimaton
~ Ton-Dränrohre;
~ Ziegeldecke;
8850 Stengel

Klimavent®
Induktionsgeräte für Hochdruck-Klimaanlagen;
7000 LTG

KLIMEX
Handformkleberiemchen und Natursteinriemchen für Außen und Innen;
2800 Frerichs

KLINGENBERG DEKORAMIK
Breitgefächertes Programm glasierter und unglasierter Keramik-Wandfliesen, Bodenfliesen und Ofenkacheln;
8763 Klingenberg

Klinker: fest
→ Ceresit-Klinker: fest;
4750 Ceresit

klinkerfest & mörteldicht
Mörtelzusatz flüssig für standfestes Verblendmauerwerk;
4790 Kertscher

Klinkerit®
~ - Verblendsystem aus Baukulit®-Fassadenplatten;
4300 Baukulit

Klinkerlux
~ - **Verblendsystem**, Fassadenelemente mit Klinkerlook aus Polyester-Fiberglas zum Vorhängen;
4236 Klinkerlux

klinkerSIRE
Spaltplatten, mit Salzglasuren und unglasiert (Produkte der Fa. SIRE S.p.A., Roreto di Cherasco/Italien);
6251 Maco

Klocke
Kalksandsteine;
2373 Klocke

Kloep
Fußbodenheizung, Naßverlegesystem;
4100 Kloep

KLÖBER
~ Acrylglaspfannen;
~ Dachfenster nach DIN 18 160 → toplight;
~ Dunstrohre und Entlüfterrohre für Steil- und Flachdächer → topstar;
~ Entlüftergauben;
~ Pfannen → stand on-Pfannen;
5828 Klöber

KLÖCKNER
Plattendecken, Fertigdecken, Kellersteine, Bimsstoffe;
6450 Klöckner

Klöckner-Mannstaedt
~ Blankprofile warm vorgewalzt und genau gezogen;
~ Spezialprofile, warmgewalzt;
5210 Klöckner Stahl

Klöpferholz
Holzspanplatten, Sperrholz, Holzfaserplatten, Türen und Türzargen, Holz-Fertigfenster;
~ - Profilbretter, künstlich getrocknet, in handelsüblichen Abmessungen;
8000 Klöpferholz

1

Kloster-Pfanne E 28
Dachziegel aus Ton, Kombination aus Mönch- und Nonnenziegel ab 24° Dachneigung;
6719 Müller

KLUDI
~ - Mix, Einhand-Mischbatterien;
5758 Kludi

Klüppel & Poppe
~ Dekor-Paneele (Ziergitter) für Haustüren aus Alu und Glas;
Haustürfüllungen und Fensterfüllungen aus Alu und Glas;
~ Türgriffe aus Glas;
3501 Klüppel

KMA 16
Kippfensterbeschläge für Kunststoff-Fenster;
3068 Hautau

KMH
~ **Hohlträger** nach DIN 59 411;
~ **Profilstahlrohre**, Vierkantrohre nach DIN 2395;
~ **Rauchschutztür R 15** nach DIN 18 095;
~ **Rundrohre**, geschweißt;
~ **Spezialprofile**, kaltprofiliert;
~ **Stahlhohlprofile** für Konstruktionen des leichten und mittleren Stahlbaus;
5210 Klöckner-Mannstaedt

K.M.P.
Sandwich-Paneele mit PUR-Hartschaum, Mineralfaser, PS, Waben;
5905 K.M.P.

KNAB
~ Außenanstriche, wetterfest, farbecht, und Innenanstriche, wisch-, wasch- und scheuerfest;
~ Beschichtungsmaterialien, poroaktiv, stoß- und wetterfest, mit Waschputzeffekt, für außen und innen;
Dispersionserzeugnisse;
8472 Knab

Knabe
Verblender, Klinker, Ziegel, Pflasterklinker;
2872 Knabe

Knacker
Lösegerät für komplizierte und besonders fest haftende Schalungselemente;
4040 Betomax

Knauf
~ - **Acryl**, verarbeitungsfertige, elastische Dichtungsmasse;
~ - **Aqua-Dicht**, gebrauchsfertiges Silicon-Material zum Abdichten und Verkleben von Ganzglaskonstruktionen, Unterwasserverglasungen usw.;
~ - **Bau-Silicon**, gebrauchsfertiges Silicon-Material in verschiedenen Farbtönen für dauerelastische Abdichtungen innen und außen;
~ - **Armaturen-Reiniger**, Reinigungs- und Pflegemittel löst Kalkschleier, Wasserstein, Seifenrückstände usw.;
~ - **Ausbau-Verbundplatte PS**, mit 20 mm Hartschaum, B 1 schwer entflammbar;
~ - **Ausbauplatte GK**, handliche Gipskartonplatte für den raumhohen Innenausbau;
~ - **Ausgleichsmasse**, Ausgleichs- und Spachtelmasse zum Füllen von Löchern und Unebenheiten etc.;
~ - **Bau- und Fliesenkleber**, zementgebundener, frostsicherer kunstharzvergüteter Pulverkleber für die Dünnbettverlegung;
~ - **Betokontakt**, Kunststoffdispersion zur Vorbehandlung von dichten, nichtsaugenden Putzgründen;
~ - **Bodenbelagskleber Innen**, Dispersionsmaterial für die einseitige Verklebung von PVC-Belägen, Nadelfilzbelägen, Teppichböden mit Schaumrückseite usw. (Einseitkleber);
~ - **Bodenglanz**, Acryldispersion für die Pflege von Kunst- und Natursteinböden, Fliesen etc.;
~ - **Bodenseife**, Pflegemittel zum Reinigen und Pflegen von Keramik- und Kunststoffbelägen;
~ - **Dekorputz „Exclusiv" 2 mm**, weißer, gebrauchsfertiger Innenputz für elegante Strukturen, **wieder ablösbar**;
~ - **Dichtpulver**, pulverförmiges, chloridfreies Dichtungsmittel macht Putz, Estrich, Mörtel und Beton wasserdicht;
~ - **Dichtungsschlämme**, Trockenmischung für die Oberflächenabdichtung gegen Feuchtigkeit;
~ - **Dichtungsvorstrich**, vor Einsatz vom Silicon;
~ - **Fassadendicht**, wasserabweisende Silicon-Imprägnierung;
~ - **Feinbeton/Estrich**, Zementmörtel der Mörtelgruppe III;
~ - **Flächendicht, Kautschuk-Bitumen-Anstrich** für Innen und Außen, lmf;
~ - **Flexkleber**, elastifizierter, frostsicherer Dünnbettmörtel;
~ - **Fliesen- und Sanitärreiniger**, Intensivreiniger für Dusche, WC, Waschbecken und Armaturen;
~ - **Fugenbreit**, gebrauchsfertiges, hydraulisch erhärtendes, farbiges Pulvermaterial für die Verfugung von keramischen Belägen von 5—12 mm Fugenbreite;

~ - **Fugenbunt**, gebrauchsfertiges, hydraulisch erhärtendes, farbiges Pulvermaterial für die Verfugung von glasierten Fliesen und Platten;
~ - **Grundierung**, Grundiermittel auf Dispersionsbasis, lmf;
~ - **Fugenfit/Füllspachtel**, geschmeidiges Pulvermaterial zum Reparieren und Ausbessern an Wand und Decke, zum Verfugen von Gipskartonplatten;
~ - **Fugenfrisch**, Spezialprodukt zum Umfärben von zementgebundenen Wandfugen;
~ - **Glasfaser-Fugendeckstreifen**, für Spachtelarbeiten bei Gipskartonplatten;
~ - **Haftemulsion**, hochwertiges Kunststoff-Dispersions-Konzentrat für die Herstellung von Flickmörteln;
~ - **Haftputz Außen**, Trockenfertigmörtel nach DIN P II zum einlagigen Verputzen innen und außen;
~ - **Haftvorstrich**, auftragsfertige Grundierung auf Neoprene-Basis für Holz- und glatte Untergründe;
~ - **Handpistole**, Werkzeug für die Verarbeitung von Kunststoff-Kartuschen;
~ - **Holzbodenspachtel**, Pulvermaterial auf Gips-Sulfidbasis, gebrauchsfertig nach Wasserzugabe;
~ - **Klinkeröl**, Pflegemittel für alle Klinker, Tonplatten und Ziegelfliesen;
~ - **Marmorkleber**, weißer, zementgebundener und frostsicherer Dünnbettmörtel;
~ - **Marmorpolitur**, Pflegemittel für alle Natur- und Kunststeine innen;
~ - **Miniform-Ausbauplatte GK**, grundierte Anbauplatte für den gesamten trockenen Innenausbau;
~ - **Elast**, gebrauchsfertige Kunstharzdispersion als Zusatz für Knauf-Bau- und Fliesenkleber;
~ - **Moos- und Algenfrei**, beseitigt selbstwirkend Algen, Moose, Pilze, Flechten usw.;
~ - **Pro Ozon Schaum**, schont die Ozonschicht gemäß Montrealer Abkommen, zum Montieren, Abdichten usw.;
~ - **PU-Schaum**, B 2 DIN 4102 mit umweltschonendem Treibgas;
~ - **Putz- und Mauermörtel**, Kalk-Zementmörtel der Mörtelgruppe IIa nach DIN 18 550;
~ - **Quarzsand**, feuergetrockneter Feinsand, Körnung 0,1 bis 0,5 mm;
~ - **Rollputz-Mineral**, weißer Strukturputz für innen und außen;
~ - **Rollputz**, weißer, gebrauchsfertiger Strukturputz für innen und außen;
~ - **Rustikputz-Mineral 2,8 mm**, weißer Reibeputz für innen und außen;
~ - **Rustikputz 3 mm**, weißer, gebrauchsfertiger Reibeputz für innen und außen;
~ - **Sanitär-Silicon (pilzhemmend)**, gebrauchsfertiges Siliconmaterial in Sanitärfarben;
~ - **Schimmel-Frei**, Desinfektionsmittel zur Beseitigung von Schimmel, Pilzen, Moosen und Algen (Algenentferner);
~ - **Schnellbauschrauben**, zum Befestigen von Gipskartonplatten;
~ - **Schnellkleber**, schnellhärtender, frostsicherer Dünnbettmörtel;
~ - **Schnellzement Innen und Außen**, gebrauchsfertiger, besonders schnell erhärtender Zementmörtel;
~ - **Steinreiniger**, Reinigungsmittel für Platten, Fliesen, Natur- und Betonsteine;
~ - **Steinsiegel**, pflegt und schützt Natur- und Betonwerkstein;
~ - **Styroporkleber**, gebrauchsfertiger Dispersionskleber;
~ - **Tiefengrund Innen und Außen**, auftragsfertiger Tiefgrund, lmf;
~ - **Top 2000 Verbundplatte PS**, Universal-Bauplatte mit 20 mm Hartschaum, B 1 nach DIN 4102;
~ - **Top 2000**, universell einsetzbare Bauplatte für den trockenen Innenausbau;
~ - **Top-Schnellschaum**, gebrauchsfertig, zum Montieren, Abdichten, Isolieren;
~ - **Füllspachtel Außen**, weißes, wasserfestes Reparaturmaterial;
~ - **Wachs- und Ölentferner**, Spezialreiniger für alle Fliesen- und Steinbeläge;
~ - **Wachs- und Ölentferner**, Spezialreiniger für alle Fliesen- und Steinbeläge;
~ - **Zarga 2-K-Montageschaum**, auf PUR-Basis;
~ - **Flex-Fugenmörtel**, flexibel, wasserdicht, schnellhärtend;
~ - **Fliesenkleber**, flexibler Dispersionskleber für die Dünnbettverlegung;
~ - **Superkleber**, vielseitiger Kunststoffkleber, hochflexibel;
~ - **Fließ-Bodenspachtelmasse**, zementhaltiges Pulvermaterial, rollstuhlfest, selbstverlaufend;
~ - **Montage-Kleber**, Klebstoff lmh zum Kleben von Holzpaneelen, Sockelleisten aus Hart-PVC und Holz;
~ - **Putzgrund**, Spezialgrundierung zur Vorbehandlung von Untergründen, lmf, weiß;
~ - **Zementmörtel**, Zementmörtel der Mörtelgruppe III nach DIN 18 557;
~ - **Zement**, Portlandzement PZ 45 nach DIN 1164;
~ - **Zementschleier-Entferner**, salzsäurefrei;
8715 Knauf Bauprodukte

Knauf
~ - **Alu-Zarge top**, dreiteilig zum Einbau in oberflächenfertige Montagewände aus Knauf-Bauplatten GK;
~ - **Ausgleichsmasse 320**, standfester, schnellhärtender und -trocknender Füllspachtel, Reparaturmörtel für Estriche, Beton, Mauerwerk, für Schichtdicken von 3 bis 30 mm geeignet;

1

~ - **Dämmplex**, wärmedämmendes, einbaufertiges Brüstungselement, das in Heizkörpernischen direkt an die Rohwand angesetzt wird;
~ - **Tragständer**, halbhoch, zur Befestigung von Waschtischen, WC's und anderen sanitären Gegenständen an Knauf-Metallständerwänden;
~ - **Dünnestrich 325**, Verbundestrich für Schichtdicken von 5 bis 30 mm;
~ - **Estrich-Schnellzement 335**, Spezial-Schnellzement zum Herstellen von Zement-Estrichen mit hoher Frühfestigkeit;
~ - **Estrichgrund**, Grundierung und Haftmittel, lmf;
~ - **Feuerschutzplatten GK nach DIN 18 180**, Gipskern verstärkt durch Glasseiden-Rovings, für Bauteile mit Anforderungen an den Brandschutz;
~ - **Bauplatten GK gelocht und geschlitzt**, 12 Lochsystem, auch PVC-Folie geschichtet;
~ - **Fireboard-Systeme**, Feuerschutzdecke mit einem Kern aus Spezialgips, beidseitig homogen mit nicht brennbarem Glasvlies verbunden, Unterdecken allein bis F 90 A möglich;
~ - **Paneel-Element**, Gipskarton-Element mit gefalzten Längskanten;
~ - **Fließestrich FE 25**, schnell trocknender, früh belegreifer Estrich;
~ - **Fließestrich FE 50**, Maschinenestrich für den Wohnsiedlungs- und Objektbau;
~ - **Fließestrich FE 80**, geeignet als Verbundestrich, schwimmender Estrich bzw. Heizestrich;
~ - **Fließspachtel 315**, selbstnivellierend, stuhlrollenfest für Schichtdicken bis 10 mm;
~ **Füllfix**;
~ **Fugenfüller**, Fugengips nach DIN 1168;
~ - **GF-Unterboden F 121** für Fußbodenheizungen;
~ **Goldband-Fertigputzgips**, Wandputz für Mauerwerk;
~ - **Kassetten-Decken GK**, Deckenelemente, Lieferbar: glatt, mit gerader, versetzter oder Streu-Lochung, geschlitzt, mit und ohne Fase;
~ **Maschinenputz MP leicht**, für Innenputz;
~ - **Maschinenputz MP 75-Filzputz**, einlagiger Wand- und Deckenputz;
~ **Maschinenputz MP 25**, Werktrockenmörtel nach DIN;
~ - **Metallständerwände**, leichte Trennwände mit einfachem oder doppeltem Metallständerwerk, beiderseits mit Bau- bzw. Feuerschutzplatten GK beplankt;
~ - **Paneelwand**, aus raumhohen, senkrecht zu montierenden Paneel-Elementen mit einer horizontalen Führung an Boden und Decke durch Holzlatten oder Profile;
~ **MP 75**, Maschinenputzgips nach DIN 1168;
~ **Rotband-Haftputz**, Fertigputzgips für glatt geschalte Betonflächen;
~ - **Schnellbauzarge**, dreigeteilte, kunststoffbeschichtete, oberflächenfertige Stahlzarge zum nachträglichen Einbau in fertige Montagewände;
~ - **Schrenzlage**, beidseitig folienbeschichtetes Abdeckpapier;
~ - **Spezial-Fließspachtel 415**, pumpbare, selbstnivellierende Spezial-Bodenspachtelmasse für Schichtdicken von 0 bis 15 mm, stuhlrollenfest;
~ - **Strahlenschutz-Festverglasung**, aus einem einteiligen Strahlhohlrahmen, elektrisch-verzinkt grundiert, mit Bleieinlage 1, 2 oder 3 mm;
~ - **Strahlenschutz-Türelement**;
~ - **Strahlenschutzplatten GK**, für Metallständerwände, Vorsatzschalen und abgehängte Decken in Röntgenräumen und sonstigen Räumen mit Strahlenschutzmaßnahmen;
~ **Tiefengrund**, lmh, gebrauchsfertig zum Verfliesen;
~ - **Traversen**, zur Befestigung von Sanitär- und anderen wandhängenden Gegenständen;
~ - **Bauplatten GK nach DIN 18 180**, Bauplatten mit einem Gipskern, Flächen- und Längskanten mit Spezialkarton ummantelt, werksseitige PVC-Folien-Beschichtung möglich;
~ - **Bauplatten GK imprägniert**, mit wasserabweisendem Gipskern und Karton, zur Kennzeichnung grün gefärbt;
~ **Trockenschüttung PA**, für Trocken-Unterboden;
~ - **Trockenschüttung**, granuliertes Material mit Körnung 0 bis 4 mm;
~ - **Trockenunterboden**, schwimmender Unterboden für Wohn- und Büroräume, für Neu- und Altbauten;
~ - **Uniflott**, Verfugungsmaterial auf Gipsbasis für das Verfugen von GK-Plattenstößen ohne Bewehrungsstreifen;
~ **Universalputz**, zum Putzen, Renovieren und für Ausbessern für alle Untergründe;
~ **Weißleim**;
8715 Knauf Gipswerke

Knauß
~ - Schwallbrause für die Abkühlung nach dem Saunabad;
7034 Knauß

KNECHT
~ - Fertiggaragen;
~ - Fertigkeller für jeden Haustyp;
~ - Hobby-Gewächshäuser;
~ - Kellerbausätze;
~ - Schutzräume;
7430 Knecht
→ 7060 Knecht

KNECHT
Betonfertigteile;
7434 Knecht

Knipping
~ Alu-Color-Fenster;
~ Energie-Sparfenster;
~ Haustüren und Haustüranlagen (6-Punkt-Verriegelung, alarmgeschützt);
~ Hebe-Schiebetüren;
~ Holz-Dekor-Fenster und Holz-Dekor-Türen;
~ Kunststoff-Fenster, RAL-gütegeprüft;
~ Lüftungs-Schiebetüren;
~ Mini-Rolladen;
~ Schallschutz-Fenster;
4236 Knipping

Knipping
~ DBS Typ 224, Befestigungssystem mit selbstbohrenden Schrauben für die Befestigung von Isoliermaterialien auf Trapezblech-Flachdächern;
5270 Knipping

K-NIROpumpen
Entwässerungspumpen aus Kunststoff und NIRO zur Kellerentwässerung (U3) und für Schmutzwasser-Ablaufschächte (U6);
4803 Jung

Knödler
~ Fahnenmasten, aus Alu in verschiedenen Ausführungen, z. B. HKS mit innenlaufendem Seilzug als Diebstahlsicherung;
~ Glasfaser-Dämmstoffe, nach DIN 18 165 und 4102 für Wärme, Kälte- und Schallschutz;
~ Leitern aller Art, aus Alu und Holz für Industrie, Handwerk und Haus;
7012 Knödler

Knoll
~ Task Lighting (KTL), Beleuchtungssystem für Arbeitsplätze und indirekte Deckenbeleuchtung mit Reflektoren, Strahlenblenden und Strahlenplatten in Stahlblechgehäusen;
7141 Knoll

Knüllwald
~ - Sauna, Blockbohlen-Sauna aus finnischer Fichte;
3589 Knüllwald

KO
Kurzbezeichnung der Fa. Kopplin für Armierungsprodukte;
2406 Kobau

Koala
~ **2000**, Leichtmetall-Fassadengerüst;
5060 Köttgen

KOBAU
~ **Glasgitter-Fugenband**, auch einseitig selbstklebend, für die Fugenüberbrückung;
~ **Glasgitter-Gewebe**, zur Putzarmierung;
2406 Kobau

Koblenz
Keramikklinker, naturweiß, in den Formaten NF und DF sowie als Sparverblender und Riemchen lieferbar;
2932 Röben

KOBO
~ - Treppen;
4837 Kochtokrax

Kobold
Einbetoniertes Teil, um Zugkräfte über Gewindestab aufzunehmen;
4040 Betomax

Koch
Kalksandsteine;
2210 Koch

KOCH
Holzdecken, Ausführung in vielen Stilen, Runddecken, Bogendecken, Schnitzereien und Ornamentik in Handarbeit, Massivholz;
8201 Weidenbruch

Kodrin
→ Sikkens Kodrin;
3008 Sikkens

Koelsch
Türen und Fenster aus Aluminium, für innen und außen;
6781 Koelsch

Ködicryl
Acryl-Dichtstoff, Dispersionstyp, 1komponentig, geringes Rückstellvermögen, für Fugen, Risse, Stöße, Übergänge;
6780 Kömmerling

Ködiflex
Elastische Fugendichtung auf Basis Polysulfid-Polymeren;
~ **K1**, 1-K-Dichtung, praktisch lmf;
~ **K2**, lmf;
6780 Kömmerling

Ködiplast
Butyl-Dichtstoff, 1komponentig, geringes Rückstellvermögen, für Fugen, Risse, Stöße;
6780 Kömmerling

Ködipur 1K
Elastische PU-Fugendichtung, 1komponentig;
6780 Kömmerling

Ködisil
Elastische 1-K Fugendichtung, lösungsmittelfrei, auf Basis Silikonkautschuk;
6780 Kömmerling

1

KÖGEL
Kamine und Kaminsysteme;
~ **Fertigteilkonstruktionen** nach DIN 1056 und Sonderzulassung für Wohn- und Industriebauten, Schulen, Krankenhäuser usw.;
~ **Hausschornstein-Systeme** nach Normen und Sonderzulassungen;
~ **Stahlschornsteine** nach DIN 4133;
7057 Kögel

Köglmaier
~ pori-Klimaton-Ziegel;
8425 Köglmaier

kö-Haftgrundierungen
(Primer) zur Haftverbesserung sowie zum Verfestigen von Oberflächen, auch Lösungsmittel und Reiniger;
6780 Kömmerling

Kölner
Kaminschutzhauben → M & W;
5000 Münch

KÖMABORD
Kunststoff-Balkonprofil, wetterfest, licht- und farbecht, aus PVC-Hart, aus PVC-Hart-Schaum;
6780 Kömmerling

KÖMACEL®
PVC-Hart Integral-Schaumplatten für Tischplatten, Trennwände, Außenverkleidungen
6780 Kömmerling

KÖMADUR®
PVC-Hart-Platten;
~ **ES**, erhöht schlagzäh, für tiefe Temperaturen;
~ **H**, erhöht schlagzäh auf der Basis von Hostalit-Z®, licht- und wetterbeständig;
~ **WA**, schlagzäh, für Apparatebau und Galvanoindustrie;
6780 Kömmerling

Kömapan
Verkleidungsprofile für Innen- und Außenanwendung in Nut- und Federausbildung aus PVC-Hartschaum;
6780 Kömmerling

Kömmerling
Kunststoff-Fenster-Systeme, Ausführung mit Mitteldichtung und peripherer Dichtungsanordnung. Hohlkammerprofile aus PVC und Verbundprofile Alu-PVC für alle Öffnungsarten;
6780 Kömmerling

König
~ Mauer- und Putzmörtel;
~ Stahlbetonfertigteile;
~ Transportbeton;
3122 König

Köraclean extra
Reiniger für Kunststoffenster und Rolläden aus PVC-Hart;
6780 Kömmerling

KÖRACOLL Fe
Spezialkleber zum konstruktiven Verkleben von PVC-Hart-Materialien (PVC-Kleber);
6780 Kömmerling

KÖRACRYL
Acryl-Dichtstoff, Dispersionstyp, 1komponentig zum Abdichten von Anschlußfugen (Fugendichtung);
6780 Kömmerling

KöraPUR
Polyurethan-Hartschaum zum Abdichten, Kunststofffenster- und Rolladenbau, mit Schäumpistole;
6780 Kömmerling

KÖRASIL
Elastischer 1-K Dichtstoff auf Silikon-Kautschuk-Basis, speziell für die Abdichtung von Fensteranschluß- und Dehnfugen (Fugendichtung);
6780 Kömmerling

Körfer
Massive Stiltüren aus Holz;
5138 Körfer

Körting
~ **- Jet-Brenner**, Haushalts-Gebläsebrenner für Öl und Gas;
3000 Körting

KÖSTER
~ Betonelemente für den Wasserbau;
~ Beton-Grasplatten;
~ Betonwaren für Garten- und Landschaftsbau;
~ Brechsande;
~ Elemente für Lärmschutzbau;
~ Frostschutz-, Mineralgemische;
~ Gartensteine U-Form, L-Form;
~ Gleisschotter;
~ Natursteinpflaster;
~ Rasenkantensteine;
~ Rechteckpflaster;
~ Rinnenformsteine;
~ Schachtringe, Konen;
~ Spezialfüller;
~ Trag-, Binder- und Deckschichten, bituminös;
~ Verbundpflaster;
~ Wasserbausteine;
~ Winkelelemente (wandverstärkt nach ZTVK 80);
5800 Köster

Köster
~ - **Solar-Glas**, Isolierglas mit Lichtlenkprofilen im 16-mm-Zwischenraum, zur optischen Wärmeregelung und zur verbesserten Raumtiefenausleuchtung;
6000 Köster

Köster-Holz®
~ Blockhäuser von 3 bis 24 m^2;
~ Garten-Holzhaus als Abstellraum, Spielhütte oder Gartenlaube;
4440 Köster

KOFFERLEUCHTE
~ - Straßenleuchten für Industriegelände und Wohnstraßen;
3257 AEG

Kohlebrand-Klinker
Klinker, in glühender Kohle gebrannt;
4405 Hagemeister

Kohn
Thermopor-Ziegel;
8052 Kohn

KOIT
~ **DACH-PLAN**, Abdichtungssysteme für Flachdächer mit Hoch-Polymer-Kunststoffbahnen;
~ **GEO-PLAN**, Teichfolien, Deponieabdichtung, Gewässer- und Grundwasserschutz;
~ **HIGT-TEX**, transluzente und transparente, weitspannende Membrandächer und Flächentragwerke;
8219 Koit

Kokofil
→ FF-Kokofil;
8729 Fränkische

Kolb
Fenster;
5650 Kolb

KOLHÖFER
~ **Natursteine:** Granit, Porphyr, Porphyr-Findlinge;
8000 Kolhöfer

Komar®
Fliesendekor, Architektenaufkleber, Fototapeten;
8200 Komar

Kombi
~ - **Automatik**, Universal-Druckregler ohne Ventil;
~ **II**, Strangregulierventil, alternativ mit Muffengewinde, mit Außengewinde, mit Druckmeßventilen;
5760 Goeke

Kombi-AS 1,7
~ Kunststoff-Rolladen, ausgeschäumt mit PUR;
4460 Neerken

KOMBIFIX
→ GEBERIT KOMBIFIX;
7798 Geberit

KOMBISTAR
→ GEBERIT KOMBISTAR;
7798 Geberit

KOMFORT
Dachwohnraum-Fenster;
2080 OKey Bauelemente

KOMPAKTA
~ - **Energiesparsysteme**: Tieftemperaturkessel, Wärmepumpen, Feststoffbrennkessel, auch für Selbstbauer;
5810 KOMPAKTA

KOMPAN
Spielplatzgeräte;
2398 KOMPAN

KOMPLEXOZON®
~ - **Verfahren**, Schwimmbeckenwasseraufbereitung mit Ozon;
3000 Preussag Bauwesen

Kondor
Einhand-Drehkipp-Beschlag für Kunststoff-Fenster;
5628 Strenger

KONE
~ Aufzüge, ölhydraulische und seilbetriebene, jeder Art;
~ Fahrtreppen;
3000 Kone

KONRAD
~ - Balkentreppen-System, Hauseingangstreppen, auch mit Geländer;
~ - **Monolith**, geschoßhoher Leichtbeton-Fertigschornstein, wärmegedämmt;
2814 Konrad

Konsit
Holzschutzmittel und Konservierungsmittel gegen Schwamm-, Fäulnisbildung und Insektenfraß;
4600 Lindner

Konsolanker
Konsolanker zur Abfangung von Verblendmauerwerk gemäß DIN 1053, Werkstoff Edelstahl W 1.4401/1.4571 (A4);
4000 Halfeneisen

Kontra-Rost
→ OELLERS Kontra-Rost;
5173 Oellers

1

KONTURAL
Kunststoff-Fenster, Kunststoff-Türen, Kunststoff-Fensterrohlinge, anschlagfertig;
2300 Kampovsky

KONVENT
~ Thermostatregelventil ½″ für die Heizungsregelung von Fußbodenheizungen, insbesondere zur Einzelraumheizung ohne besondere Fühlerleitungen (Fußbodenheizungsventil);
5600 RVV

KONZENTER
Anlage zum Sammeln und Behandeln mineralölhaltiger Abfälle (Altölsammelbehälter);
6209 Passavant

KOPARAT
Benzinabscheider mit integriertem Ölschlammfang;
6209 Passavant

Kopp
Schalter, Steckdosen;
8756 Kopp

Koralle
Duschabtrennungen (Faltwände, Flügeltüren, feste Trennwände usw.);
4973 Oni

Korbacher Ziegel
~ pori-Klimaton-Ziegel;
8702 Korbacher

Kordes
~ **Abwasserhebeanlagen**, pneumatisch;
~ Benzinabscheider mit den entsprechenden Schlammfängen, Größe von 3 bis 80 l/sek;
~ **Fäkalienpumpen**;
~ **Fertigteil-Pumpstationen** für alle Bereiche der Entwässerung;
~ **Kläranlagen**, Systeme von 4 bis 250 Einwohner;
~ **Schmutzwasserpumpen**;
4973 Kordes

Kork-Elastik
Rohrisolierung;
2084 Lackfa

korkment
Unterlagsbahnen, schalldämmend, einschichtig auf Jutegewebe;
7120 DLW

Kormann
~ Mauerziegel und Sonderziegel;
~ Stahlstein-Ziegeldecken;
~ Thermopor-Ziegel;
~ Ziegeldecken;
8901 Kormann

Korodur
Hartstoffbeläge, Industrieboden-Zuschlagstoffe;
8450 Korodur

KOROHAFT
~ - **Kunstharzhaftschicht** auf Stahlbrücken mit orthotropen Platten;
4250 Teerbau

KORROFIX®
Rippenstreckmetall aus Edelstahl rostfrei;
5000 Heitfeld

KORROPLAST
Säurefeste Streichmassen auf Kunststoffbasis;
~ **ES**, Teer-Epoxid-Kombination;
~ **H**, auf Hypalon-Basis;
~ **N**, auf Neoprene-Basis;
5433 KCH

KORROS 52
Korrosionsinhibitor für Heizungsanlagen;
4500 Rosenkranz

KORROSTOP
~ - Rostumwandler, mit Flugrost behaftetes Eisen wird zur Grundierung, feuergefährlich;
6308 BUFA

KORROTAL
Rostprimer, schnelltrocknend, ungiftig, in rotbraun, grau und weiß;
2900 Büsing

Korrugal
Profilplatten aus Alu für Dacheindeckungen und Außenwandverkleidung;
4000 Korrugal

KORZILIUS
Keramikfliesen, Bodenfliesen, Küchenformteile, Spaltplatten;
5431 Korzilius

Kosmofix
~ - Kleber für → Kosmolon-Dachdichtungsbahnen;
4290 Beckmann

Kosmolon
Kunststoff-Dachdichtungsbahn nach DIN 16 730, vollgewebeverstärkt mit Trevira hochfest und Sotrem-Beschichtung;
~ **B**, mit bitumenbeständiger Beschichtung;
~ **N**, mit normaler Beschichtung;
4290 Beckmann

Kosmos
~ - Leichtbauhallen;
2000 Plana
→ 4300 Plana
→ 6230 Plana

KOSMOS
Wandfliesen, Bodenfliesen;
7033 Lang

Kost
~ Hoch-, Tief-Rasenbord;
~ Pflastersteintreppen;
~ Verbundpflaster;
3200 Kost

Kotzolt
Lichtrohrsysteme, Baukastensysteme zur Raumgestaltung mit Leuchtstoff- und Glühlampen, Spezialleuchten, Not- und Hinweisleuchten, Strahler, Downlights, techn. Innenleuchten;
4920 Kotzolt

KOWA
Holztüren, Holzfenster;
2849 KOWA

KR 85
Kunstharzkleber, rollstuhlfest, geeignet bei Fußbodenheizung;
5800 Partner

KRAFTKLEBER
Epoxidharzklebstoff, zweikomponentig, lmf, zum Kleben, Spachteln, Abdichten und Ausfugen, zum kraftschlüssigen Verbinden von Baustoffen usw.;
2000 Lugato

Krainerwand
→ Ebenseer Krainerwand;
5241 NH

Kramer
~ Feuer-Leichtbetone und Feuer-Leichtmörtel;
~ Feuerschutzplatten;
~ Schornstein-Saniermassen;
4000 Kramer

Krantz
~ Fensterstrahllüftung;
5100 Krantz

KRATOS®
Koaleszenzabscheider mit Netzgewirke/Lochplatte;
6330 Buderus Bau

Kraus
~ Schmucksteine, Ornamentsteine und Mauerabdecksteine aus Beton;
~ Treppen aus Marmor, Edelholz, Geländer verschiedenster Stilrichtungen;
6334 Kraus

KRAUSS
~ - Isolationskamin, dreischaliges Kaminsystem;
~ - Kamin-Abdeckhaube, in Sichtbeton;
~ - Kamin, freistehend, mehrschalige Konstruktion mit Stahlbetonmantel;
~ - Lüftungskamin;
~ - Müllschluckkamin;
~ - Rauchkamin, stockwerkshoch, aus Ziegelsplittbeton;
8037 Krauss
→ 8390 Dorn

KRAUTOL
Kunstharzfarben und Kunstharzlacke sowie Dispersionen und Putze, 1-K-Flüssigkunststoffe auf Basis DD, PVC und Alkydharz für Industrie, Handel und Handwerk, Systeme für Betonschutz und Betoninstandsetzung;
6102 Krautol

KRAUTOXIN
Flüssigkunststoffe zum Kleben, Dichten und Beschichten, auf Basis fester und flüssiger Epoxidharze und PUR, PMMA sowie auf Thiokolbasis, geeignet als hochabriebfeste, säure- und laugenbeständige Fußbodenbeschichtung, als dekontaminierfähige Beschichtungen, zur Auskleidung von Behältern und Schwimmbecken, zur Innenbeschichtung von Heizöllagertanks und Ölauffangwannen, als hochwertiger Korrosionsschutz usw.;
6102 Krautol

Krelastic
Bitumen-Schweißbahnen;
4200 Krebber

Kremmin
Bauten-Schutznetze;
2900 Kremmin

Kremo®
~ - Anker, aus rostfreiem, säurebeständigem Edelstahl zur Befestigung von Natursteinplatten an Fassaden, für Betonfertigteile usw. (Befestigungsanker);
4150 Kremo

Kress
~ Alu-Holz-Fenster;
~ Holzfenster;
~ Sprossen-Fenster für alle Isolierglassysteme;
7247 Kress

Kreta
Badewanne (Eckwanne) mit Duschabtrennung;
5160 Hoesch

Kretz
~ **Gartenholz** (Programm: Holz im Garten);
~ **Westerwälder Blockhäuser**, Massiv-Blockhäuser;
6340 Kretz

1

Kreuzdekor
Verbund- und Rechteckpflaster;
7148 Ebert

Krieg
Historische Leuchten;
5870 Krieg

Krieger
Schalungssteine aus Normalbeton;
7107 Krieger

Krinke
~ - Schalungen, Schalungsplatten;
~ - Spielplatzgeräte in Holz und Stahl;
3012 Krinke

KRINKLGLAS
Lichtbauplatte mit vielseitiger Verwendungsmöglichkeit, hergestellt auf Basis GF-UP, splitterfrei;
5608 Ernst

Krippner
~ - **Bogensturz**, Betonfertigteil aus Leichtbeton für Bögen über Arkaden, Türen, Fenstern und anderen Wandöffnungen;
~ - **Mauernischen**;
8952 Krippner

Krippner-bogen®
Türbogen, Fensterbogen u. ä., bewehrt und im Mauerverband lasttragendes Fertigteil aus Leichtbeton (→ Liapor);
4973 Rosemeier

KRISTALL
Türgriff-Programm aus Acrylglas;
8228 Schösswender

KristallDach®
Überdachungen und Vordächer, modulare Tragkonstruktionen mit plexiglas®-Dachaufbauten;
7071 Kristall

Kristall-Isolit
Ölfreies Grundier- und Isoliermittel auf Kunstharzbasis für fast alle Untergründe, vergilbungsfrei, gegen Ruß-, Rauch- und Nikotinflecken, Fett- und Wasserränder, Anilinfarben und viele andere anstrichfeindliche Stoffe, pigmentiert unter der Bezeichnung Kristall-Isolit WEISS (Neutralisierungsmittel);
5600 Müller H.

KristallLichtwand
Lichtwand-Systeme als Sicht- und Windschutz für Terrasse, Balkon, Balkongeländer und Brüstungen;
7071 Kristall

KRISTALL-QUARZIT
Schichtmauerwerk aus Naturstein;
6149 Grünig

KRIT
~ - Anstrichhilfsmittel;
~ - Dispersionsfarben, Volltonfarben;
~ - Fug- und Spachtelmassen;
~ - **Fugenbunt** zur Verfugung keramischer Fliesen, Mosaik, Glasmosaik und Steinzeug;
~ - Grundierungen;
~ - Klebstoffe für Fliesen, Styropor®, Textil- und Bodenbeläge usw.;
~ - Kunststoffputze;
5000 Bösenberg

Krobas®
Basaltartige, sandgestrahlte Oberfläche für Pflaster, Platten, Stufen, Mauerscheiben usw.;
7557 Kronimus

Kromana
Großpflastersystem, bestehend aus 5 Steinen mit sehr enger oder normaler Fuge erhältlich, sand- oder wassergestrahlte Oberfläche;
7557 Kronimus

KRONALIT
~ - **Epoxybeschichtung**, 2-K-Betonbeschichtung;
~ - **Reaktionsziehspachtel**, Betonbeschichtung, lmf;
7141 Jaeger

KRONALUX
~ - **Acryl**, wasserverdünnbare Fußbodenbeschichtung innen und außen;
~ - **Aluminium**, hitzebeständige Kunstharzlackfarbe;
~ - **Betonsiegel farblos**, DD-1-K-Material z. B. für Tiefgaragen, streusalzbeständig;
~ - **Kunststoff**, flüssiges PVC, Ölschutz für Beton, Eisen, Holz und Kunststoff;
~ - **Markierungsfarbe**;
~ - **Schwimmbadfarbe** (Chlorkautschuk);
7141 Jaeger

Krone
Portlandzemente und Hüttenzemente;
2170 Zement

KRONE
~ Alabaster-Modellgips;
~ Alabastergips;
~ Anhydrit;
~ Calciumsulfat Dihydrat;
~ Gipse nach DIN 1168, Stuckgips, Fertigputzgips, Haftputzgips, auch für Gasbeton;
~ Hartmantelmasse;
~ Modellgips in Kleinpackungen;
3360 Hilliges

Kronematte
Abtreter aus Kunststoff für alle gängigen Mattenrahmen;
3050 Nadoplast

KRONEN
~ - **Expreß**, DD-1-K-Beschichtungssiegel;
~ - **Exquisit farblos**, Kunststofflack in 3 Glanzstufen (Klarlack);
~ - **Hartglanz**, DD-2-K-Beschichtungssiegel;
~ - **Isolierweiß**, weißes Grundier- und Isoliermittel;
~ - **Parkettschutz**, Parkettversiegelung;
~ - **SH-Lack**, farbloser Holzlack, 1-K, für Inneneinrichtungen und Möbel;
~ - **Tiefgrund**;
7141 Jaeger

KRONENGRUND
Grundier- und Isoliermittel;
~ **Braune Kanne**, ölfrei, farbmischbar, auch für Styropor;
~ **Grüne Kanne**, Holzgrundiermittel;
~ **Schwarze Kanne**, ölfrei, für innen;
7141 Jaeger

Kronenkremper L 12®
Dachziegel;
8013 Ludowici
→ 6908 TIW

Kronen-Pfanne
Betondachstein nach DIN 1115;
4235 Nelskamp

Kroniment®
Sandsteinähnliche, sandgestrahlte Oberfläche für Pflaster, Platten, Stufen;
7557 Kronimus

Kronimus
~ Betonfertigteile, z. B. Stadionstufen;
~ **Poller**, Zylinder-Poller, Kegelpoller oder Sonderanfertigungen nach Zeichnung, in sand- oder wassergestrahlter Oberfläche;
7557 Kronimus

KRONISOL
2-K-Bodenbeschichtung, wasserverdünnbar;
7141 Jaeger

Kronit®
Granitartige, sandgestrahlte Oberfläche für Pflaster, Platten, Stufen, Mauerscheiben usw.;
7557 Kronimus

KRONOMAL
~ **350**, Schutzbeschichtung von Auffangwannen und Fußböden (sog. Heizölsperre);
7141 Jaeger

KRONOS
Wasserchemikalien. Flockungsmittel und Fällungsmittel auf Eisensulzbasis zur chemisch-mechanischen Abwasserreinigung;
5090 Kronos

Krophyr®
Porphyrartige, sandgestrahlte Oberfläche für Pflaster, Platten, Stufen, Mauerscheiben usw.;
7557 Kronimus

Kroschke
Orientierungspläne und Informationssysteme im Baukastensystem aus standardisierten, selbstklebenden Folienelementen;
3300 Kroschke

Krueger Tor®
Torsysteme, voll- oder teilverglast, mit und ohne Antrieb, öffnen senkrecht nach oben und werden dabei in die Waagerechte umgelenkt, sowie Industrie-Pendeltore aus PVC mit und ohne Antrieb;
2000 Krueger

Krüger
Metallfenster;
1000 Krüger

Krülland
Schwimmbecken, Whirl-Pool, Massagebecken;
4040 Krülland

KRUMMENAUER
~ Stahl- und Blechkonstruktionen;
~ Tür- und Tortechnik;
6680 Krummenauer

Krupp
~ Kanaldielen;
~ Leichtmetallmasten (Fahnenmasten, Lichtmasten);
~ Leichtprofile;
~ Spundwände;
4300 Krupp

Krusemark-Putz
→ Silikat-Edelputz;
6052 Krusemark

KRYLON®
Flüssige Kunststoffe zum Korrosionsschutz und Bautenschutz für Beton, Zementputz, Eisen und NE-Metalle, Mauerwerk, Asbestzement, Holz u. a.;
4100 Caramba

KS
~ - Pumpstation, auftriebsicherer Betonschacht, montagefertig mit eingebautem Gleitrohrsystem;
4803 Jung

KS
Kalksandsteine;
~ - **Bauplatten** (JS-P7);
~ - **Blocksteine** und ~ - **Hohlblocksteine**;
~ - **Flachstürze**, für Sichtmauerwerk und unverputztes Mauerwerk;

1

~ - **Lochsteine** (KS-L);
~ - **PERFEKT**, zweischaliges Mauerwerk mit Wärmedämmung;
~ - **Planelemente** (KS-PE);
~ - **Ratio-Blöcke** (KS-2-R);
~ - **Struktur**, Sammelbegriff für alle naturweißen Kalksandsteine, die durch Spalten, Brechen oder Bossieren von Vollsteinen eine bruchrauhe, strukturierte Oberfläche erhalten: ~ - **Spaltplatten** (KS-Dekor), ~ - **Sparverblender** (KS-Riemchen), ~ - **Verblender**;
~ - **U-Schalen**, für Ringanker, Ringbalken, Stützen und Schlitze;
~ - **Vollsteine**;
5000 Kalksandstein

KS
Kalksandsteine;
6082 Blasberg

KSK-BITUFIX
Kalt selbstklebende Bitumenbahnen, Dachbahnen, Dichtungsbahnen und Isolierbahnen, Kaltklebeschicht mit Trennfolie geschützt;
~ **G**, mit Glasgewebeeinlage (als Typ KSK-JABRAFLEX beidseitig mit Elastomerbitumen beschichtet);
~ **PV**, mit oberseitig angeordneter Trägerbahn aus Polyestervlies, bitumendurchtränkt, als untere Lage auf hitzeempfindlichen Dämmstoffen, vorgrundiertem Holz bei Dach- und Feuchtigkeitsabdichtungen, speziell auch als Unterlagsbahn für Schindeldächer;
~ **SY**, mit oberseitig angeordneter Trägerbahn aus Synthetic-Folie, bis +150° C temperaturbeständig, für dehnfähige Außen- und Innenabdichtungen gegen nichtdrückendes Wasser;
~ **V**, mit Glasvlieseinlage, beide Sorten G und V als untere Abdichtungslage oder Dampfsperrbahn, z. B. auf vorgrundiertem Holz, Beton oder auf hitzeempfindlichen Dämmstoffen;
7000 Braun

KSK-JABRAFIX
~ - Primer, Gemisch aus Bitumen, Elastomerzusätzen und leichtflüchtigen Lösungsmitteln, schnell trocknend, hochwirksame Haftbrücke speziell für kaltselbstklebende Bitumenbahnen wie KSK-BITUFIX;
7000 Braun

KS-POLARIS
Reinweißer Kalksandstein-Verblender (Strukturstein), flachbehauen und bossiert;
5000 Kalksandstein

KS-300
Betonstabilisator;
5500 Jaklin

KT
~ - **Raumgitter-System** verbindet Stäbe aus Stahlrohren und Kugelknoten nach einem räumlichen Modul zu Tragwerken aller Art, Verbindungsmittel mit Bolzen;
4000 Scan

KT
~ - **OKTAVENT**, Radialventilator aus Kunststoff;
5210 Kunststofftechnik

KTA
~ - Vollkunststoff, System für Türen, Trennwände, Kabinen, Schrankanlagen;
5100 Schüttoff

K-Thermo
→ Offener Kamin;
4000 Steffens

KUBAL
Wintergärten und Überdachungen mit entsprechenden Öffnungselementen wie Dach-Schubeelemente, Faltwände, Kipp-Schiebeelemente, Drehkippfenster und Lüftungsflügel;
6074 Kubal

KUBIDRITT
Elastomer-Bitumen-Schweißbahn;
3110 Hasse

KUBOL
Natursteinersatzmaterial;
6290 Kubol

KUBUS
Schachtgitter;
6200 Moravia

Kuconal
Kunststoffbeschichtete Spanplatten;
7162 Kunz

Kucospan
Spanplatten, formaldehydfrei;
7162 Kunz

Küberit®
PVC-Profile, Messing-Profile, Leichtmetall-Profile, Treppenkantenprofile, Übergangsprofile, PVC-Weich-Profile für Bodenleger, Teppichverstärker (Anstrichmaterial auf PVC-Basis);
5990 Künne

KÜBLER
~ **AMBI-RAD®**, Strahlungsthermostat, Dunkelstrahler-Heizungssystem;
6800 Kübler

Kübler
~ - Holz, kesseldruckimprägniert, Sichtschutzzäune, Lärmschutzzäune, Rundholzpflaster, Sitzgruppen aus Massivholz, Kinderspielplatzgeräte, Gartenhäuser aus Holz, usw.;
7989 Kübler

Küffner
~ - Alu-Türzarge, für sämtliche Mauerwerkstärken, auch für flexible Trennwandsysteme;
7512 Küffner

KÜHNY
Blattgold;
8900 Kühny

Külpmann
Ruhr-Sandstein;
~ **Bodenplatten**, Polygonplatten, Stufenplatten in geflammter, gesägter und naturglatter Ausführung;
~ **Findlinge**;
~ **Mauersteine**;
~ **Pflastersteine** als Mosaik-, Klein- und Großpflaster;
5802 Külpmann

Künkele
~ Vollgipsplatten 6, 8, 10 cm;
7239 Künkele

Künstler®
~ Deckenplatten aus Streckmetall oder Lochblech;
→ top star;
8751 Künstler

KÜNZEL
Spezial-Nägel für Dach und Wand;
~ V2A-Senkkopf-Gewindeschaftnägel zur Verbindung von Holzlatten-Unterkonstruktionen für Fassadenbekleidung;
8594 Künzel

KÜPA
~ Garten-Blockhäuser;
4790 KÜPA

Kufa
→ Roplasto® Kufa;
5060 Dyna

Kugelknoten
Lichtpunktsystem;
3280 Kinkeldey

Ku-glatt
Panzerrohr aus PE, glatt, flexibel, für alle Im- und Unterputzmontagen;
8729 Fränkische

Kuhfuss
~ Akustik-Ziegel, gepreßt;
~ Formziegel, im Trocken- bzw. Naßpreßverfahren hergestellt;
~ Trockenpreß-Verblender, mit Sichtflächen-Silikon-Imprägnierung;
4420 Kuhfuss

Kuhfuss
Sanitärprodukte, z. B. Edelstahl-Waschbecken für Sozial- und Waschräume;
4900 Kuhfuss

Kuhlmann
~ - Elementdecke, großformatige, biegesteifbewehrte Stahlbeton-Fertigplatte nach DIN 1045;
~ - Gitterträgerdecke;
~ - Hohlkörperdecke, als Balkendecke oder Rippendecke nach DIN 1045;
5500 Kuhlmann

KUKÜ
→ LITHOFIN-Kukü;
7317 Stingel

KULBA
~ - **LASUR 2000**, Holzanstrich, lasierend, wetterbeständig, schützt vor Fäulnis und Insekten;
~ - **Schaumschutz**, schaumschichtbildendes Flammschutzmittel;
~ - **Versiegelung**, ölfreies PU-Harz für Estriche und Betonböden;
8800 Kulba

KULBANOL
~ - **HB geruchschwach**, Holzschutzöl mit Bekämpfungswirkung gegen Holzinsekten und -pilze;
~ **Holzbau 120**, geruchfreies Holzschutzöl;
~ - **IB geruchschwach**, Holzschutzöl mit Bekämpfungswirkung gegen Holzinsekten;
~ **Imprägniergrund**, Grundierung mit Bläueschutz;
~ **VGS**, Holzschutzöl, farblos, geruchschwach, vorbeugend;
~ **V**, Holzschutzöl, vorbeugend gegen Fäulnispilze und Insekten;
8800 Kulba

KULBASAL
~ **B**, vorbeugendes, ungiftiges Holzschutzsalz für unter Dach verbaute Hölzer, geeignet für Lebensmittel- und Futterbetriebe;
~ **CKB**, hochlösliches, schwerauslaugbares Holzschutzsalz;
~ **U flüssig**, hochlösliches, schwerauslaugbares flüssiges Holzschutzsalz;
8800 Kulba

1

Kungsgäter
~ - **Innentüren**, Füllungstüren aus Holz in vielen Designs aus Schweden;
5480 Maurmann

Kupa glatt
Panzerrohr aus PE, glatt, flexibel, für mittlere Druckbeanspruchung, für Imputz-Montage, Betonarbeiten und im Erdreich;
8729 Fränkische

Kupferdreher
Dämmputztechnik mit Grundputz als Wärmedämmputz mit 80% PS-Zusatz;
4300 Steinwerke

KUPFERDREHER DÄMMTECHNIK
Wärmeschutzsystem für Außenwände;
4300 Steinwerke

KURI
~ - Badezimmerarmaturen;
~ - Küchenarmaturen nach DIN 52 218 und 4109;
5860 Knebel

KURIER
Baubeschläge;
~ **GLS**, Fensterbeschlag mit Spezial-Dreh-Kippschere für Flügelgewichte bis 130 kg;
~ **SD4**, Abstell-Schiebe-Kipp-Türbeschlag für Holz- und Kunststoffkonstruktionen;
5620 Weidtmann

Kurse
Notschlüsselkasten;
2000 GFS

Kurth
~ - Ausbauhaus;
~ - Fertighäuser, massiv und Holzverbund;
3410 Kurth

Kurz
Treppenzubehör in allen Holzarten: Staketen, Baluster, Rundstäbe, Rosetten, Zierknöpfe, Pfosten;
7060 Kurz

KUSAGREEN
Waschbeton-Kübel und -Müllschränke, Springbrunnen, für Ziergärten;
6334 Kraus

KUSSER
~ **GRANIT**, Natursteine, u. a. „Die schwimmende Granitkugel", eine Brunnenanlage, bei dem Druckwasser die Steinkugel anhebt und schwimmen läßt;
8359 Kusser

kuwo
~ - **Sonnenlift**, Schwimmbadüberdachung aus Hostalit-Z-Doppelstegpaneelen;
8069 Wilms

KVS
Wärmepumpe Luft/Wasser für Brauch- und Heizwassererwärmung für Schwimmhallenentfeuchtung und Freibaderwärmung;
7000 KVS

KWARTSTONE
Fassadenfarbe, quarzgefüllt, speziell für die Betonsanierung;
4330 Sigma

KWC
Sanitärarmaturen;
7034 Knauß

Kwikstik
Schaumstoff-Klebeband, doppelseitig klebend, aus PE, PVC, Polyäther-PU, Butyl und auf Gummiharzbasis;
6900 Kwikseal

KW-Platten
Kurzwellplatten für den Wohnungsbau, ab 15% Dachneigung, dunkelgrau, ziegelrot, braun;
3050 Fulgurit

K 21
Tondachziegel, eindeckbar ab 12° Sparrenneigung;
4950 Heisterholz

La Linia®
Betonpflasterstein-System mit gestrahlten Oberflächen, besonders engfugig, 6 Steingrößen;
7800 ACW
→ 2000 Betonstein
→ 5063 Metten
→ 7814 Birkenmeier
→ 8580 Zapf;

LABEX
~ - **Falttore**;
~ - **Kranbahnschürzen**;
~ - **Pendeltore** mit elektrischem oder pneumatischem Antrieb;
Industrietore und -vorhänge aus volltransparentem PVC;
~ - **Schiebetore** mit elektrischem Öffner;
~ - **Steifenvorhänge**;
~ - **Wetterschürzen** für Rampenvordächer;
5340 Labex

Labratherm
Wärmedämmputz-System;
5790 Labramit

LABYRINTH®
Luftkanal-Verbindungselement in vier Profilgrößen;
5860 Smitka

Lack-Ebulin
~ - Abtönfarben, Konzentrat für Öl-, Lack- und Kunstharzfarben;
7000 Butz

LACKETT PARKETT
Fertigparkett in Tafelform, zusammensteckbar;
8011 Lattner

LACKEX
Farbentferner;
7317 Stingel

Lackfa
~ Spritzkork 1093, wärmedämmend, Schutz gegen Körper- und Luftschall, Schwitzwasser und Korrosion, für Wellblech- und Asbestzementdächer, Schwimmhallen u. ä.;
2084 Lackfa

Lady
Spiegelschrank-Programm aus Alu;
7529 ATW

Ladylux/Ladyline
Küchenarmaturen. Ladylux als Einhandmischer, Ladyline als Zweigriffarmatur;
5870 Grohe

LÄNGSREKORD
Entwässerungs-Aufsatz aus Gußeisen 305 × 500 mm oder 330 × 500 mm für Straßenabläufe;
6330 Buderus Bau

LÄSKO
Schmiedeeisen-Zierstäbe;
7917 Lämmle

LAFARGE
→ FONDU LAFARGE;
4100 Lafarge

Lafiro®
Lüftungsroste aus verzinktem Stahlblech oder Aluminium, speziell für Trafo-Häuser geeignet;
2072 Grajecki

Lagerholm
~ **Finnsauna**, finnische Sauna;
4540 Lagerholm

LAKAL®
Rolladensysteme mit einwandigen und doppelwandigen, ausgeschäumten Profilen aus Farbalu-Bändern;
6600 Achenbach

LAMBERPOL
→ VIA-LAMBERPOL;
2000 VIA

LAMELLA
→ TRUMPF®-LAMELLA;
7407 Trumpf

Lamello
~ - **Holzverbinder**, Verbindungselemente zur Verleimung von Gehrungen und Winkelfugen für Tischler- und Spanplatten;
2084 Lamello

LAMILUX
Glasfaserkunststoffe, Lichtplatten und Lichtbahnen, Lichtkuppeln, Wellfirstkappen, Rauchabzugsanlagen;
~ **FORM 80**, Lichtkuppel-Programm mit Aufsatzkränzen, Dachausstieg, Walzenlüfter und Ventilatoren;
8673 Lamilux

LAMIPOR
Verbundbauplatten, aus schwerentflammbarer Hartschaummittellage mit Decklagen aus Eternit-Glasal oder Kunststoffbeton;
8673 Lamilux

LAMOLTAN
Dämmaterial aus PUR: Rohrdämm-Halbschalen, Dämmplatten für Flach- und Welldächer, Decken, Fußböden, Fassaden usw.;
2084 Lackfa

LAMPAS
~ - Briefkasten aus 2 mm Stahlblech;
~ - Leuchten (Design: Friis & Moltke);
8000 High Tech

LAMTEC
Fensterkantel, lamelliert, in Fichte, Kiefer, Eiche und Meranti;
5370 LAMTEC

LANCO
Fenster, Holz-Alu-Verbund-Fenster;
3400 Lange

LANDAUER
~ Brandschutz-Holzfenster, öffenbar, G 30;
~ Fenster und Türen aus Holz, Holz-Alu, Alu und Kunststoff;
6740 Löffel

Landhausdielen
Dielen mit durchgehendem Deckblatt in Eiche, Kiefer, Fichte, Esche, Lärche, Buche;
5000 Kelheimer

1

Landhaus-Türen
Vollholzrahmen-Türen mit Stabmittellage und abgeplattetem starken Sägefurnier, Kiefer astfrei und Eiche;
6100 Nordic

LANDIS
~ - Holzlack, Naturschellack-Lack, spiegelglänzend;
3123 Livos

Landry
~ Alu-Fenster;
~ Alu-Türen;
~ Alu-Wintergärten;
~ Überdachungen;
6631 Landry

Lang
Stahlbeton-Fertigdecken und Stahlbeton-Fertigteile;
6950 Lang

Lang
Fertigkleber;
7560 Lang

Lang
Thermopor-Ziegel;
8832 Lang

Lange
~ pori-Klimaton-Ziegel;
8399 Lange

Langer
~ Absperrungen;
~ Baumschutzbügel;
~ Fahrradständer, Fahrradmauerklemmen;
~ Müllschranktüren;
~ Papierkörbe;
~ Überdachungen;
~ Wegesperren;
3394 Langer

LANGUETTO
PVC-Paneele, besonders für Giebelverkleidung und im Innenausbau;
2102 Höger

LANOSAN®
~ **Waschlack 77 Gel**, schnelltrocknender Betonoberflächen-Verzögerer in Lackform für Sandstrahl-Effekt, lmf;
~ **Waschlack 75 und 77** schnelltrocknender Waschbetonlack, lmf;
~ **70 H und 70 H 120**, Waschbetonpaste, speziell für beheizte Waschbetonelemente;
~ **70 SE**, Waschbetonpaste, schnelltrocknend;
~ **72**, für sämtliche Waschbetonfertigungsarten;
~ **77 Positiv**, Waschbetonpaste, spritzfähig, für sämtliche Positivverfahren;
3280 Hörling

LANZET
Klappläden und Lamellentüren aus Kiefer, Fichte, Meranti, Eiche, Esche usw., auch aus PVC und Alu;
6742 Lanzet

Lap Lox®
Verbindungsmittel, elastisch, für die Befestigung von Überlappungen leichter Kunststoffplatten;
6370 Haas

Lapidolith
→ HOFMEISTER® — Lapidolith;
8332 Hofmeister

LAPORT
~ Haustüren aus Alu, Kupfer, Massivholz;
~ Haustür-Vordächer, freitragend, auch mit Seitenblenden aus Alu-Profilen;
8500 Laport

LAPPSET®
Spielplatzgeräte aus finnischer Polarkiefer → 5880 Brune;
6670 Leismann

LAR
~ - Deckensystem;
4600 Velox

LARGO
Wassersparende Spülkästen;
3000 Santea

LARO-WACHS
Lärchenharzsalbe, zur Oberflächenveredelung von Möbeln;
3123 Livos

LAS
~ - **ESTRICH 72**, Estrichzusatzmittel zur Herstellung oberflächenharter Estriche;
~ - **Fix-Betonspachtel**, kunststoffvergüteter, chloridfreier Kosmetikmörtel;
~ - **Fix**, Reparaturmörtel und Montagemörtel;
~ - **Fluat F**, flüssiges Fluatierungsmittel zur Oberflächenvergütung von Beton und Zementestrichen;
~ - **Schaumplattenkleber®** 1841, hochelastischer Kunststoffkleber;
~ - **Schnellspachtel**, pulverförmige, gebrauchsfertige Spachtelmasse für Beton- und Natursteinbetriebe;
~ - **T**, Betonverflüssiger, Spezialzusatz für die Betonstein- und Betonrohrfabrikation;
3280 Hörling

Lasbeton
~ - **PT (BE) Pulver**, Frostschutz und Erstarrungsbeschleuniger für Mörtel und Beton;
~ - **Schnell Nr. 1480**, plastifizierender Schnellbinder für Mörtel und Beton;

~ - **Universal**, plastifizierender Schnellbinder auf Kunststoffdispersions-Basis;
3280 Hörling

Lascolle
~ **Beton-finish**, 1-K, Betonimprägnierung, Imh;
~ **Haftdispersion** und Imprägnierdispersion;
~ **70 spezial**, Imprägniermittel für Innen- und Außenwände aus Porenbeton, Verblendmauerwerk, Asbestzement usw.;
3280 Hörling

Lascollin
~ - Spachtelmasse, schleif- und polierfähig, für Beton aller Art sowie Klebemörtel für Mosaik, Fliesen usw.;
3280 Hörling

Lascopakt
Kunststoff-Dispersion, wässrig, für die Modifizierung von hydraulischen Bindemitteln und körnigen Zuschlagstoffen (Betonzusatzmittel);
3280 Hörling

Lascovet
~ - Bau, Betonlöser und Zementschleierentferner;
3280 Hörling

Lasment
Betonverzögerer;
~ **(VZ) A 10**, plastifizierend, festigkeitssteigernd;
3280 Hörling

Lasol
~ **VX 3106**, chemisches Trennmittel für Beton, universell anwendbar;
3280 Hörling

LASPLAST®
Kunststoffolie, superflexibel, flüssig und universeller 1-K-Kaltkleber;
3280 Hörling

Lastergent
~ - **Konzentrat VP 200**, Entschalungsmittel für Holz-, Hartfaser-, Stahlschalungen und Gummimatritzen;
~ - **Schalwachs flüssig w**, Entschalungsmittel für Sichtbeton;
~ - **V** und **VX**, chemische Trennmittel für Beton, universell anwendbar;
~ - **73 VX**, Trennmittel für alle Schalungen;
3280 Hörling

Lastic
Flexibler Fliesenkleber, gebrauchsfertig;
4531 Wulff

LASTOMENT®
Wasserdichter Fliesenkleber, flexibel, rißüberbrückend;
8900 PCI

Lastoplan®
~ **5**, Kunststoff-Zementmörtel, selbstverlaufend, für Nutzbeschichtungen und zur Egalisierung verformungsfähiger Untergründe;
8900 PCI

LASTRALUX
Lichtbahn, transparent, aus glasfaserverstärktem Polyesterharz, Lieferform: plan in Rollen;
2800 Marquart

Lasurex
Betonversiegelung für Industrieböden, Keller usw.;
7317 Stingel

Lasutect
→ Glassomax-Lasutect;
2000 Glasurit

LATEXA
~ - Kokosfaser-Rollfilz;
~ - Kokosfaser-Trittschalldämmplatten;
~ - Sisalmatten;
7519 Burgahn

LATEXMATT
Innen-Latexfarbe, scheuerbeständig nach DIN 53 778;
4904 Alligator

Lauenburger Ziegel
Verblendziegel, Formziegel;
2058 Ziegel

Lauprecht
Holzwerkstoffe, Rundhölzer, Platten, Betonschalung, Elemente wie Türen, Fenster, Zargen usw.;
2800 Lauprecht

Lauterbacher
~ **Euroblock**-Allwand-Bausystem aus POROTON®-Ziegeln;
~ **Poroton-T- und TE-Großblöcke**, wärmedämmender Blockziegel für Innen- und Außenwände;
6420 Dach

Lauterbacher Landhäuser
Landschaftsbezogene Fertighäuser;
6420 Landhaus

Lautzkirchener
~ **Kalksandsteine** als Vollsteine, Grifflochsteine, Hohlblocksteine;
6653 Kalksandstein

Lavadur
Dränschicht und Vegetationsschicht aus Lava zur Dachbegrünung;
5485 Lava

1

Lavagrund
Fußbodenheizung, System auf Bewehrungs-Trägermatten mit federnden Distanzhaltern und VPE-Rohr;
2210 Netzow

LAVAHUM
Vegetationsschicht zur Dachbegrünung;
6500 Lavahum

Lavakorn
Randelemente-System für die Dachbegrünung mit Spezialsteinen aus Vulkanbeton;
7557 Kronimus

Lavalit
Vulkanisches Naturgestein für Sportplätze, Tennisplätze und Straßenbau als Trag- und Dränschicht und als Füllstoff für Tropfkörper in Kläranlagen;
5400 Clement

Lavamit
Handgegossene Bodenfliesen aus Basaltlava;
4690 Overesch

Lavaperl® MV 1:11 und MV 1:7
Werk-Trockenmörtel für die Wärmedämmung zweischaliger Flachdächer, Kirchengewölbe — belastbare Wärmedämmung unter Gußasphaltestrichen und keramischen Bodenbelägen;
4600 Perlite

Lavapor
Dränschicht für die Dachgebrünung → 2000 Eggers;
5471 Rika

LavarBel®/LavarSet®/LavarChic
Waschtischkombinationen;
3380 Alape

LAVARETH
~ - DD, Zweischichtlack transparent;
7000 Lava

LavarLo®
Waschtischkombination;
3380 Alape

LavarNorm® WP
Umbaute Waschtischkombination;
3380 Alape

LavarTop®
Waschtischkombination mit Unterbau;
3380 Alape

Lavaterre
Rasentragschicht als fertiges Substrat gemäß DIN 18 035 Teil 4 für den Sportplatz-, Garten- und Landschaftsbau;
5400 Clement

LAVO
~ - Kleister, Natur-Tapetenkleister;
3123 Livos

LAWArast P
Kunststoffgitter zur wabenförmigen Aufteilung der Putzfläche;
7907 Lawal

Layher
Schalungen, Gerüste;
7129 Layher

Layher Ziegel
Thermopor-Ziegel;
7145 Layher

LAZEMOFLEX
~ **Elcé-Latex**, Latexemulsion zur Vergütung des Verlegemörtels B 02, Klebemörtels B 03 und Fugenmörtel B 01;
~ **Floorfoamplatten**, Trittschalldämmplatten als Trennschicht unter Verlegemörtel B 02 im Innenbereich;
~ **Fugenmörtel B 01**, flexibler und wasserundurchlässiger Fugenmörtel für den Fußbodensystemaufbau mit Lazemoflex;
~ **Gummifolie**, Gummifolie zur Abdichtung auf Holzfußböden für Fliesenverlegung im Lazemoflex-System;
~ **Isolierplatten**, Dämmstoffplatten für Wärmedämmung und Abdichtung gegen Oberflächenwasser auf Balkonen und Terrassen für das Lazemoflex Bodensystem;
~ **Klebemörtel B 03**, Dünnbettmörtel für die Fliesenverlegung auf der ausgehärteten Lastverteilungsschicht aus Verlegemörtel B 02;
~ **Verlegemörtel B 02**, Zementmörtel mit Kautschukanteilen für Fliesenverlegung auf Holzböden, Fußbodenheizungen und Balkonen und Terrassen in Mörtelbettdicken von 6–15 mm;
6050 CECA

Lazemoflex®
Latexzementmörtel, ermöglicht Fliesen, Keramikplatten und Naturstein auf jeden Untergrund, incl. alter Holzfußböden zu verlegen;
4057 Riedel
→ 4690 Overesch

LBG
~ Schalungssteine;
2058 SP-Beton

LCO
Komfortleuchten für Bildschirmarbeitsplätze und repräsentative Räume, als Anbau-, Einbau- oder Einbau-Entlüftungsleuchte;
3257 AEG

Leaf-Lite
~ Alu-Systemdecke (Rasterdecke);
4000 Intalite

LEBO
~ **Bona**, Montage-Zargen aus Holz in vielen Holzarten;
~ - Holzzargen;
~ - **Türen**;
4290 Lebo

Leca dan®
Pflanzensubstrat, insbesondere für die Dachbegrünung, Blumenkübel u. ä.;
2083 Leca
→ 5920 Leca

Leca® bau
~ - **Blähschiefer**, Leichtbetonzuschlag hoher Festigkeit bei geringem Gewicht nach DIN 4226;
~ - **Blähton**, Leichtbetonzuschlag für wärmedämmende Baustoffe nach DIN 4226;
2083 Leca
→ 5920 Leca

Lechtenberg
Bildtapeten im Fotodruck;
4400 Lechtenberg

LECO
Textiltapeten;
4407 Leco

LEENODUR
Fertigteile aus folienbeschichteten Spanplatten (Finish-Folien und PVC-Folien);
2950 Leepaneel

LEENOMEL®
~ - Fertigteile aus melaminharzbeschichteten Spanplatten;
2950 Leepaneel

Legaran®
~ **A**, Wasser- und öldichter Korrosionsschutz für Bewehrungsstähle und Haftbrücke zwischen Frisch- und Altbeton;
~ **Schnell**, schnellhärtender Korrosionsschutz;
~ **Z**, zementhaltiger Korrosionsschutz für Bewehrungsstähle und Haftbrücke;
8900 PCI

Legi
Zäune aus kreuzweise, stark punktgeschweißten Drähten;
~ - **B**, verstrebungsfreies Ballfanggitter;
~ - **D**, mit Drahtpfosten und Bodenanker auch als Ballfanggister (Gitterzaun, ohne herkömmliche Pfosten. Entsprechend ausgebildete Gitterenden sind wie Drahtpfosten geformt.);
~ - **Ranksystem**, Fenster-Rankgerüst, Rankbogen, Balkon-Rankgerüst;
~ - **R**, Gitterzaun mit glatten Rechteckpfosten, auch als Ballfanggitter;
4130 Legi

LEGRAL®
Feuerleichtsteine für offene Kamine und Öfen;
6200 Didier

legrand®
Elektro-Installationsmaterial;
4770 W.E.G.-Legrand

Legrit
Feuerfestmassen, Feuerleichtbeton, für offene Kamine und Öfen;
6200 Didier

lehner®
~ - **Wärme-Kompakt-Haus**, Fertighäuser;
7928 Lehner

Lehnert
~ **Wandsysteme** zur Bürogestaltung in Großräumen. Gestecktes Metallständerwerk, in dem die einzelnen Platten, Fenster- und Türrahmen verschraubt werden;
6301 Lehnert

LEHR
Rolladenkasten;
7152 Lehr

Leifeld
Duschwannen und Badewannen aus Acryl, Badewannen auch mit Whirlpool-Ausstattungen;
4730 Leifeld

Leikupool
Schwimmbecken in Rechteckform;
4040 Krülland

Leimersdorfer
~ Blautone, Keramik-Rohstoff;
5482 Linden

Leiner
~ Markisen;
8901 Leiner

LEININGER I
~ Brandschutz-Verglasung F 90;
5000 Leininger

Leinos
Naturfarben;
4300 Leinos

1

Leitner
~ **14**, Konstruktionselement. Systemarchitektur für Messe, Ausstellung, Innenraumgestaltung. Das Stahlverbindungselement wird mit Vierkantrohren aus Leichtmetall einfach zusammengesetzt (Trennwände);
7050 Leitner

LEMOL
~ **E 21**, Dachdeckermörtel zur Vermörtelung von First- und Grat-Dachziegeln;
~ **E 28**, Thermomörtel, Leichtmörtel für wärmedämmendes Mauerwerk;
~ **E 12**, Mörtelzusatz für Sicht- und Normalmauerwerk;
7130 Baustoff

LEMP
Stahl-Dachfenster, aus einem Stück nahtlos gezogen, im Vollbad feuerverzinkt;
5630 Lemp

LENTAN
Erstarrungsverzögerer;
6100 Woermann

LENTAN-VERFLÜSSIGER (BV)
Transportbetonhilfe;
6100 Woermann

LENTON
~ - Schraubmuffen zur Verbindung von Betonstählen über das Stabende;
6791 ERICO

Lenz
~ Fassaden;
~ Leichtmetallfenster;
3563 Lenz

Leoba
Spannbeton mit nachträglichem Verbund. Spannglieder, Bündelspannglieder und Einzelspannglieder, für Längs- und Quervorspannung von Brückenbauwerken für Hoch- und Tiefbauten;
7000 Seibert

LERAG®
Betonbauteile für Garten- und Landschaftsgestaltung, Hoch- und Tiefbau z. B. L-Steine, U-Steine, Zahnbalken, Stufenplatten, Zaunsäulen, Blumenschalen, Pflaster, Platten, Müllboxen;
8400 Lerag

Leramix®
~ Pflaster, Rechteck- und Quadratpflaster;
8400 Lerag

Lerapid®
Sechseck-Pflastersteine;
8400 Lerag

Lescha
Zement-Fließestrich;
8900 Schmid

Leschuplast
ECB-Dachbahnen am Lucobit® nach DIN 16 732;
5630 Leschus

Lesonal
~ **A 55 Weißlack**, Kunstharzlack, hochglänzend, schnelltrocknend;
~ **H 30 Heizkörperlack weiß**, Kunstharzlack;
~ **H 42 Heizkörper-Flutlack**, Kunstharzlack, hochglänzend, weiß;
~ **J 70 Innen-Weißlack**, Kunstharz-Schlußlack;
~ **J 74 Seidenglanzlack weiß** für innen, Alkydharzlack;
~ **V 20 Vorlack**, Kunstharzvorlack schnelltrocknend;
3008 Sikkens

LESURA
Wandbekleidung, textil, mit Schaumstoffvollkaschierung;
4690 Schmitz

LETEX
~ - Türbodendichtung, selbstklebend;
8633 Müller

LEUKO
~ - Abtönpaste, Farbpaste für Produkte auf Öl- und Harzbasis;
3123 Livos

Leukolat
Sammelbezeichnung für wasserverdünnbare Lacke;
3340 Teleplast

Leukolin
Sammelbezeichnung für lösungsmittelhaltige Einbrennlacke;
3340 Teleplast

LEVEL SEAL
Flachdachdichtung, Spezialprodukt für Flachdächer mit stehendem Wasser;
6799 BWA

LEVEL SEAL® W.S
→ RPM-LEVEL SEAL® W.S;
5000 Hamann

LEWIS®
~ Schalungsplatten und Schwalbenschwanzplatten, gewalzte selbsttragende Bewehrungsplatten aus verzinktem Stahlblech, z. B. zur Luft- und Körperschallisolierung auf alten Holzfußboden, für Betonestriche auf Holzdecken;
2000 Spillner

LEXAN®
Sicherheitsglas, unzerbrechlich zum Einsatz in Schulen, Sporthallen, Krankenhäusern, öffentlichen Gebäuden usw. LEXAN® ist ein eingetragenes Warenzeichen der GENERAL ELECTRIC;
4600 Multiplast
→ 4600 Thyssen Schulte
→ 5000 Wolff

LEXGARD®
Sicherheitsverglasung aus 2 Lexan-Platten, unzerbrechlich und aus 2 weiteren Lexan-Platten vom Typ MR-4000 als Außenschicht;
5000 Wolff

Leymann
~ **Altenglische Beschläge** in Messing und Schmiedeeisen nach Originalen des 16. bis 19. Jahrh. z. B. Türbeschläge, Griffe, Haken usw.;
~ - **Rolladengurt-Abdichtung**, Bürstenabdichtung;
5760 Leymann

LH
~ - **Curing E**, Nachbehandlungsmittel für Frischbetonflächen (Verdunstungsverzögerer);
~ **Fliesenkleber**, Kunstharzkleber;
~ - **Frostschutz**, chloridfrei, für Mörtel und Beton;
~ - **Liquidol (BV)**, Betonverflüssiger, hochwirksam, für Fließbeton;
~ - **Mischerschutz**, verhindert Anhaften und Festkleben von Mörtel und Beton;
~ - **Mörtel-Plast 76**, Langzeit-Verzögerer für hydraulischen Putz- und Mauermörtel;
~ - **Schalöl-Emulsion**, Entschalungsmittel für Holzschalung;
~ **Schellack**, 3101 normal und 3717 schnelltrocknend, Trennmittel;
~ - **Waschbetonpasten** für alle Waschbetonarbeiten im Negativ-Verfahren;
3280 Hörling

LH
→ SEIBERT-STINNES LH
7000 Seibert

LH-Systemwand
für Lärmschutz und Hangsicherung;
4190 S + K

Liapor
Systemblock und Mauerblock;
6833 wkw

Liapor®
Gebrannter und geblähter Leichtzuschlagstoff für konstruktives Bauen;
~ - **Hohlblockstein**, Vollblockstein, dämmende Schüttungen aller Art (Blähton-Steine);
~ - **Mauerblöcke®**, wärmedämmende Wandbaustoffe aus Blähton nach DIN 18151;
~ - **Vollwärme-Block®**, hochwärmedämmender Vollblock aus Blähton nach Zulassungsbescheid Nr. Z 17.1-168;
8551 Liapor

LIATHERM
Leichtmauermörtel nach DIN 1053 MG II a;
7466 Rohrbach

LIBELLA
Fertighäuser;
8942 Libella

Licht im Raum
Gartenleuchten;
4000 Dinnebier

Lichtenfelser Ziegelpflaster
Klinkerpflaster in diversen Ausführungen;
3559 Gülich

Lichtenfels®
~ Baukeramik;
~ Formziegel;
~ Gartenkeramik;
3559 Lichtenfels® Töpferei

Lichtgitter
~ - Roste für Lichtschachtabdeckungen (Abdeckrost);
1000 Plaschke

LICHTGITTER®
Gitterroste aller Art aus Bandstahl, rostfreiem Stahl, Edelstahl, Alu, für Podeste, Brücken, Stufen, Spindeltreppen usw.;
4424 Lichtgitter

LICHTROHR
Lichtprofilsystem, Lichtrohrstrukturen, Lichtskulpturen, Bürobeleuchtungen;
3280 Kinkeldey

Lido
Eckwanne aus Acryl (Badewanne);
5300 Ideal

Lido
~ - Duschabtrennungen für Neu- und Altbauten in Standard- und Sondergrößen, Alu-Konstruktion und Acrylglas-Wände;
8751 Lido

Lidobit
~ - **F**, Fassadenanstrich;
~ Schutzanstrich, wasserdicht, elastisch, für Mauerwerk, Beton, Eisen, Dachpappe;
4600 Lindner

1

Lidoplast
Bitumen-Muffenkitt für Ton- und Betonrohre, Fugenvergußmasse, Industrieglaserkitt, Spachtelkitt;
4600 Lindner

Lido-Poly-Bahn
Polymerbitumen-Schweißbahn für Dachabdichtung und Anschlüsse;
4600 Lindner

LIEBIG®
~ Anker;
~ Bolzenanker;
~ Klebeanker ultra plus mit formschlüssiger Verankerung;
~ Sicherheitsdübel, mit zylindrischer Spreizung;
~ Vorspannanker ultra plus mit formschlüssiger Verankerung;
6102 Liebig

Lieme
~ Eskoo-Verband- und Betonpflastersteine;
~ Schalungssteine aus Normalbeton;
4920 Betonwerk Lieme

LIFTA
Treppenlifte, für gerade und geschwungene Treppen, nachträglich montierbar;
5000 LIFTA

LIFTY-LUX
~ Kunststoff-Fenster;
~ Tür-Rolladen für Neu- und Altbau;
5470 Anschütz

Lignal®
Lacke, Holzbeizen, Holzlasuren;
4700 Hesse

LIGNAT® und LIGNATAL®
Faserzementplatte asbestfrei (Kalziumsilikat-Bauplatten, aber auch Luftkanäle aus diesen Platten) für innen und außen, nicht brennbar;
5030 Kölner

Lignit
~ Gartenbänke und Parkbänke;
~ - Holzkitt, sog. „flüssiges Holz";
3509 Lignit

LIGNITOP
~ - Fugenmassen;
~ - Holzschutzmittel;
~ - Lasuren und Lacke in über 100 Farbtönungen für Tauch-, Streich- oder Airless-Spritzverfahren;
~ - **Naturlasur**, pigmentfreie Holzlasur für außen;
5230 Schulte

lignodur
Werkstoff für Balkongeländer, Kompostsilo, Pflanzenstäbe und Fensterbänke;
5778 Möller

Lignostrat
~ - **Substrate**, Vegetationsschicht für Dachbegrünung;
6420 Archut

LIGNUM®
Doppelboden, aus einer 38 mm dicken Spezial-Holzwerkstoffplatte;
6700 G + H MONTAGE

LIMA
Fertighäuser im Massivbau mit der → limatherm-Wand;
4542 Lindemann

limatherm
Wandkonstruktion im LIMA-Fertighaus, Aufbau: Leichtbeton LB 15, Wärmedämmschicht, Sperrbeton, Sparverblender (werkseitig eingegossen);
4542 Lindemann

LIMBUS®
Kellerablauf, gußeisern, mit dreifachem Rückstauverschluß;
6750 Guß

LIMES
→ Möding-LIMES;
8380 Möding

Limex
→ Hagesan Limex;
4057 Riedel

LIMO
Terrassenabdeckung für innenliegende Dachterrassen;
4390 Dynal

LIN
~ **Fungizidfarbe**, fungizider und bakterizider Feuchtraumanstrich;
4904 Alligator

Linacoustic
Glasfaser-Dämmfilz für innenseitige Wärmedämmung und Schalldämpfung von Klimakanälen;
6200 Manville

LINAMI
~ - Kleber, Natur-Korkkleber;
3123 Livos

Lindab Plåtisol
Dachrinnen-System, Stahlkern Zink- und PVC-beschichtet;
2072 Lindab

Lindapter
~ Verbindungselemente, Trägerklemmverbindung mit vielen Kombinationsmöglichkeiten;
8011 Leicher

LINDE
Holztreppen;
4054 Linde

Linde
~ Kälteanlagen;
~ Kühlhäuser;
~ Kühlräume aus vorgefertigten Elementen;
~ Wärmepumpen, als Kompressions-Wärmepumpen mit Verbrennungs- oder E-Motor oder als Absorptions-Wärmepumpen mit Gas- oder Öl;
5000 Linde

Lindhorst
~ Kunststoff-Fenster;
~ Leichtmetall-Fenster;
1000 Lindhorst

Lindner
~ - Alu-Paneeldecken;
~ - Doppelbodensysteme, Baustoffklasse A 1 und F-30 Ausführung;
~ - Holzdecken, massiv oder furniert, auf nicht brennbaren Trägerwerkstoffen nach DIN 4102;
~ - Metallband-Rasterdecke, Unterdecke als Schallschluckdecke, Lüftungsdecke und Schalldämmdecke;
~ - Reinraumkonstruktionen;
~ - Schallschutzkabinen;
~ - Stahltrennwand, umsetzbare Innenwandelemente aus Stahl/Gipspaneelen mit Mineralwollekern;
~ - Strahlenschutzplatten für Röntgenräume;
~ Wandverkleidungen aus Metall und Holz und nicht brennbaren Trägerwerkstoffen;
8382 Lindner

Lindner
Thermopor-Ziegel;
8490 Lindner

Lindner
Wandleuchten, Deckenleuchten;
8600 Lindner

LINDPOINTNER
~ Brandschutztore;
~ Eckschienen;
~ Falt-Klapp-Flügeltore in Alu oder Stahl;
~ Hangartore;
~ Kellerfenster;
~ Kipptore in Alu oder Stahl;
~ Rolltore in Alu oder Stahl, mit Walzprofilen oder Strangpreßprofilen;
~ Schiebetore in Alu oder Stahl;
~ Sektionaltore aus Alu;
8788 LSE

LINDSAY
Wasserenthärter;
7101 Lindsay

Linie
Personenaufzüge (Aufzüge);
7303 Thyssen

LINIHERM®
~ - **Deckensysteme** für Industrie-, Handel- und Landwirtschaftsbauten;
~ - **Steildachdämmsysteme**, Dämmsysteme mit PUR-Hartschaumkern, Wärmedämmung + Alufolienoberfläche, auch mit Naturholzoberfläche oder streichfähigem Untergrund (DAL-System);
~ - **unter Flächenheizung**, Dämmplatten WLG 20, auch mit Trittschalldämmung;
~ - **Unterbodenplatten**, (Trockenestrich) für Wärme- und Trittschalldämmung;
7940 Linzmeier

LINIT®
Brüstungs- und Wandelemente mit Deckschichten aus Alu, Stahl, Glas, Eternit-Glasal, Kunststoffplatten;
7940 Linzmeier

Link
~ - Fenster, System Combidur Decor;
~ - Rolladen;
5403 Link

Linker
~ - Außenleuchten, Schmiede-/Kunststoffkombination;
~ Drehkreuzanlagen, Eingangspforten;
~ Fenstergitter und Schutzgitter;
~ - Flügeltoranlagen aus Stahl;
~ - Schiebetore, freitragend in Breiten bis zu 15 m, mit elektrischem Antrieb oder mit Laufschiene;
~ - Zäune;
3500 Linker

linodur
Spezial-Linoleum, einschichtig auf Jutegewebe, geglättet, moiriert;
7120 DLW

Linodur ES
Kunstharz-Industrieboden auf Beton, Stein, Kunststein, Metall und Holz;
3000 Wilke

Linotherm®
~ - **spezial**, Mehrscheiben-Isolierkitt, elfenbein, zähelastisch, zur Verglasung von Holz- und Metallfenstern mit Mehrscheiben-Isolierglas;
1000 Beyer

1

Linox®
~ - Glaserkitt Ia, für Holzfensterverglasung;
1000 Beyer

LINUS
~ - Öl, Leinölfirnis;
3123 Livos

LIPODUR
~ **S**, Reinacrylatlack für Holz, Putz, Beton, Mauerwerk und Zinkblech, seidenglänzend, lmf;
8800 Kulba

LIPOLUX
~ - **Elastikfarbe**, Dispersionsfarbe mit eingebetteten Kunststoff-Fasern zur Überbrückung von Haar- und Windrissen;
~ - **Fassadenfarbe**, Kunstharzanstrich für außen;
~ - **Füllfarbe**, füllender Anstrich auf Kunstharzbasis für außen und innen;
~ - **Grundveredler**, zur Vorbereitung einwandfreier Anstrichuntergründe;
~ - **ÖLFEST**, Schutzanstrich für Heizölkeller und Auffangwannen (Heizölsperre);
~ - **Reibeputz**, auf Kunststoffbasis für innen und außen;
~ - **Silikatsystem**;
~ - **Spachtelputz**, auf Kunststoffbasis, für innen und außen;
~ - **Spezialgrund**, mit großer Tiefenwirkung, zur Festigung von Anstrichuntergründen für Dispersions- und Latexanstriche;
~ - **Streichputz**, für Strukturanstriche;
~ - **Wandfarbe extra**, matte scheuerfeste Latexfarbe für innen;
~ - **Wandfarbe**, Kunstharzdispersion für innen, wisch- und waschfest;
8800 Kulba

LIPOSIT
~ - **Betonlasur**, Spezialanstrich für Sichtbeton, lasierend, wasserabweisend, wetterbeständig;
~ **DM**, plastifizierendes Dichtungsmittel für Beton und Mörtel;
~ - **Fugenband**, für Dehnungs- und Arbeitsfugen;
~ **LP** (Mischöl), Luftporenbildner;
~ - **Schalöl-Konzentrat**, hochkonzentriertes Entschalungsmittel für Holz- und Stahlschalungen;
~ - **Schalöl**, Entschalungsmittel;
~ - **Schalwachs flüssig**;
~ - **Schalwachs**, geruchlose, farblose, wasserfreie Paste, speziell für glatte Schalungen;
~ **VZ**, Abbindeverzögerer, plastifizierend, erhöht die Betonfestigkeit;
8800 Kulba

LIPOSOL
Betonemulsion zur Herstellung fugenloser, wasserdichter, abriebfester Estriche und Fußbodenbeläge sowie zum Ausbessern und Neubeschichten aller Betonböden und Estriche;
8800 Kulba

LIPOTHERM
~ - Vollwärmeschutzsystem, bestehend aus:
~ - Klebern, ~ - Hartschaumplatten, ~ - Glasseidengewebe, ~ - Alu-Kantenschutz;
8800 Kulba

Lipp
Kläranlagen;
~ Biogasspeicher;
~ Edelstahl-Behälterabdeckung;
~ Edelstahlbehälter;
~ Eindicker;
~ Faulbehälter;
~ Fermenter;
~ Klärschlammbehälter;
7097 Lipp

Lipp
Ofenkacheln: Schüsselkacheln, Rahmenkacheln, Nischenkacheln, Glattstabkacheln, Töpferkacheln, Hypokaustenkacheln;
8905 Lipp

LIPPA
Türgriffe, Badezellenverriegelung (Produkte der Fa. Forges, Bonate Sotto/Italien);
7107 Valli

LIPURAT
Fettabscheider;
6209 Passavant

LIPUREX
Fettabscheider aus Edelstahl oder Stahl, beschichtet;
6209 Passavant

LIPUSED
Fettabscheider aus Stahlbeton;
6209 Passavant

Liquid
Verdünnungsmittel für verschiedene Simsonprodukte;
4050 Simson

Liquidol
→ LH-Liquidol;
3280 Hörling

LIQUOL
Fließmittel, Betonverflüssiger mit bzw. ohne Verzögerung;
6100 Woermann

LISA
Lichtsammelnde Kunststoffe;
8994 Schuster

LISCHMA
Stahlbeton-Fertigteilkonstruktionen, Stahlbetonrohre;
7900 Lischma

Lisene
Glashaus-System für Wintergärten usw.;
4972 Tegtmeier

Listone Giordano
Italienisches Parkett mit Stabparkett-Charakter in Eiche, Afromosia, Doussié, Wenge, Teak und vielen Farben;
5000 Kelheimer

LISTRAL®
Ornament-Gußglas;
5100 Vegla

litaflex®
~ Schaumstoff, nichtbrennbarer Baustoff Klasse A 1 nach DIN 4102, Verwendung als Fugenfüller, Schallschluckmaterial, Wärmedämmung u. ä.;
7170 Rex

Litec
Leuchten für Systemdecken;
4630 Litec

LITHODURA
~ Anstriche, mineralisch, pulvrig, für Außenwände mit remanenter Wasserabweisung „WAM";
~ Trockenmörtel, mineralisch, farbig, für Edelputze (Kratzputz, Kombi-Putz, Rauhputz, Kellenspritzwurf, Besenspritzwurf, Sgraffito) und für Innenputze, Maschinenputze Kalk-Gips und Kalk-Zement, Haftputze Kalk-Gips und Kalk-Zement, Sockelputze, Zementspritzbewurf, Waschputze und Steinputze;
8472 Knab

LITHOFIN®
Steinpflegemittel;
~ **ALGEX**, Algen- und Moosentferner, chlor- und säurefrei, biologisch abbaubar;
~ **AN**, Hochglanzversiegelung;
~ **BERO**, Rostentferner und Rostverhinderer;
~ **COTTOWAX**, Cottobelagschutz;
~ **FL**, Klinkeröl;
~ **KA**, Fliesenreiniger, salzsäurefrei;
~ **Kukü**, Zementschleierentferner, Steinreiniger, Mörtellöser;
~ **MARCO**, Cotto-Pflegemilch;
~ **POLISH**, Steinbodenpflege;
~ **S 21**, Spezial-Steinreiniger, für extrem hartnäckige Verschmutzungen wie Speckruß, silikatische Ablagerungen und Mineralfarben;
~ **SIFA**, Steinimprägnierung mit Farbvertiefung;
~ **SIL**, Imprägnierung für Kunst- und Natursteine, Putz u. ä.;
~ **SK**, Imprägnierung für Natur- und Kunststeine, Putz u. ä.;
~ **STEP**, Steinpolitur;
~ **TK**, Steinsiegel für Kunst-, Natursteine, Waschbeton usw.;
~ **TOL**, Steinreiniger, für verrußte, verwitterte und stark verschmutzte Stein- und Betonflächen;
~ **WEXA**, Grundreiniger, alkalisch, aber säurefrei;
7317 Stingel

Lithosan
~ - Steinreiniger;
2000 Seemann

LITHurban®
~ - Balkonbrüstungen;
~ - Balkontreppen;
~ - Boxentrennwände;
~ - Fertigteilkeller;
~ - Fertigteilpodeste und Treppenläufe trittschallgedämmt;
~ - Kellertreppen im Baukastensystem;
~ - Stützwandelemente in Sichtbeton-, Waschbeton-, Bossensteinstruktur-Ausführung von 50 bis 300 cm Höhe → 5600 Schutte;
~ - Treppenläufe → 5600 Schutte;
6612 Lithurban

LITOCOL®
Dispersionsklebstoff, extrem geschmeidig, trotzdem standfest, mit langer offener Zeit, für Fliesen, Glasmosaik, Dekor- und Dämmplatten usw.;
~ **WASSERDICHT**, ähnlich LITOCOL®, aber wasserfest und in dünner Schicht (1 mm) wasserdicht, zum Abdichten des Untergrundes und Kleben von Fliesen in Duschen;
2000 Lugato

Livos
Pflanzenfarben und andere Naturprodukte;
3123 Livos

LJUSDAIS®
Holztreppen aus Schweden;
~ - Holzwangentreppen;
~ - Raumspartreppen aus Massivholz;
2323 Schmiebusch

LKD
~ - Deckensystem;
4600 Velox

LM 3100
Verdecktliegender Drehkippbeschlag für Leichtmetallfenster und -türen;
5900 Siegenia

1

LMG
Natursteine, Basaltsäulen;
5410 LMG

LOBA
~ - **Bautenschutz-Systeme** (Fassadenschutz);
~ - **Betonbeschichtungsmittel**;
~ - **fac**, Steinpflegemittel;
~ - **Fassaden-Vollwärmeschutz-System**;
~ - **Fassadenfarben** auf Dispersionsbasis;
~ - **Fußbodenbeläge** für Turn- und Sporthallen;
~ - **R-72**, Wischpflegemittel;
~ - **Schaumreiniger**, für Teppiche und Teppichböden;
~ - **Wachsentferner**, zum Entfernen von Selbstglanzwachsschichten;
7257 Loba

LOBADUR
Versiegelungslacke für alle Holzarten und Verarbeitungsweisen;
~ **JBL**, rutschhemmend eingestelltes Spezial-Parkettsiegel für Sporthallen;
7257 Loba

Lobberit
Isolierung und Abdichtung aus PU-Hartschaum im Spezial-Spritzverfahren;
4054 Lobberit

LOCHRIP®
Rippenstreckmetall, durchbrochene Rippen, ca. 10 mm hoch;
5912 RSM

LOCRON®
Rohstoff für Materialien wie Sillimanit, Mullit, Schamotte;
6230 Hoechst AG

LOCTITE®
Cyanacrylate und anaerobe Klebstoffe;
~ - **Elastikdichtung**, transparente Silikondichtung;
~ - **Glaskleber**;
~ - **Impact**, transparenter Kontaktkleber;
~ - **Schraubensicherung 242**, flüssig;
~ - **Sekundenalleskleber**;
~ - **Superalleskleber**, klebt auch poröse Materialien;
~ - **2-K-Kleber**;
8000 Loctite

Loewen
~ - Holzverbinder;
5884 Loewen

LÖFFELSTEINE®
Muldenförmig ausgebildete Böschungssteine für Steingärten- und Stützmauern;
6612 Gimmler

Löffelstein®
Zementgrauer Betonstein für begrünbare Böschungen, Stützmauern, Lärmschutzwände;
4200 Böcke

Lösch-Pasand®
Pflasterstein mit Buntsandsteincharakter;
6722 Lösch

LÖSEFIX
Teerlöser und Bitumenlöser, Dachlack-Reiniger;
7317 Stingel

Lösit
~ - Reinigungsmittel, für bitumen- oder ölverschmutzte Beton- und Mauerwerksflächen;
6430 Börner

LÖWE
~ - BAUPRIMER-farblos, Versiegelungsflüssigkeit für Betonboden, Putz, Stein, Eternit, chemikalienbeständig;
~ - BAUPRIMER-schwarz, Imprägnierung für alle unterirdischen Bauteile (z. B. Grundmauerschutz);
~ - GLUTFEST, Spezialfarbe für Oberflächen aus Eisen bzw. Gußeisen, Hochtemperaturfarbe;
~ - **Rost-Primer**, Rostschutzgrundierung, starke Trockenfilmschichtstärke, ungiftig, hitzebeständig bis 200 ° und feuerhemmend, auch als Holzschutzanstrich geeignet, in rotbraun, grau, schwarz, weiß, gelb, blau, grün und rot;
~ - **uni-matt FARBLOS**, wasserdünnes Bindemittel, zum Auftrag vor ~ uni-matt, wo ein feuchter oder alkalischer Untergrund vorhanden ist;
~ - **uni-matt**, Spezial-Kunstharzfarbe matt auftrocknend, in weiß, schwarz und grau;
2200 Löwe

Loga
→ HOLZKLINKER® Loga;
6990 Bembé

Logana
~ **G 105**, Ecomatic Niedertemperatur-Gußheizkessel für Öl und Gas;
6330 Buderus Heiztechnik

Loganagas
~ - **G 124**, Ecomatic Niedertemperatur-Gasspezialheizkessel aus Guß;
6330 Buderus Heiztechnik

LOK-LIFT
~ Treppenwinkel;
~ Verlegenetz für textile Bodenbeläge mit Schaum-PU- oder Juterücken, rollstuhlgeeignet (Wiederaufnahme-Kleber);
6231 Roberts

LOLA®
~ **Broxocleaner**, Gitterroste bestückt mit Bürstenklemmelementen;
~ **Broxoclip**, Bürstenclips zur Verbesserung der Reinigungskraft von herkömmlichen Eisentrittrosten;
~ **Broxoflex**, Bürstenrollrost;
~ **Broxogum**, Gummi-Bürsten-Fußmatte;
~ **Broxomat**, automatische Schuhsohlen-Reinigungsanlage;
2214 Lola

Longidur
Innenanstrich für Eisen-, Holz-, Alu- und ähnliche Behälter, alkoholbeständig und ausdämpfbar;
1000 Bösche

Longlife
Teppichböden, gewebt, jede Farbe ab 50 m^2, jedes Muster ab 100 m^2;
~ - **LD**, Teppichböden, antistatisch, mit eingebauter Ableitfunktion (Europapatent);
~ - Velours für Möbel, Wand und Decke;
4054 Longlife

Longola
Heizkessel für Holzscheite;
3559 Viessmann

Lonsicar®
Hartbetonstoff zur Herstellung von Industrieböden;
7890 Lonza

Lonsky
Butzenscheiben;
3380 Lonsky

Loos
~ Heißwasserkessel;
8820 Loos

LORITH
Treppen mit Marmor-, Werkstein-, Stahl- und Holzstufen;
~ Bolzen-Harfentreppe;
~ Stahl-Bolzen-Wangentreppe;
4290 Lorei

LORO®
~ - **Balkonentwässerungen**, feuerverzinkt mit Kunstharz-Innenbeschichtung;
~ - **Flachdachentwässerung**, aus kunststoffbeschichtetem Alu;
~ **Installationsregister** für Neubau und Altbaumodernisierung;
~ - **Sanitärblocks**, einbaufertige Wandelemente aus Polyester-Leichtschaumbeton für rationelle Montage von Wand-WC, Urinal, Waschtisch und Bidet;
~ - **Verbundrohr**, doppelwandiges Abflußrohr, frost- und schwitzwassersicher, beheizbar;
~ - **X-Stahlabflußrohre**, feuerverzinkt mit Kunstharz-Innenbeschichtung;
3353 Lorowerk

Losberger
Markisen;
7100 Losberger

Losberger
~ - Leimholzbalken, Holzbauelemente aus verleimten Lamellen, vollflächige, schubfeste Verbindung, Brandwiderstandsdauer F 30 und F 60;
~ - Normbohle, Leimholz-Bohle von 4 cm Stärke;
7519 Losberger

Losberger Markisen
Sonnenschutz-Markisen und Wetterschutz-Markisen;
2000 Thiessen

Lotos
Vertäfelungen aus echtem Holz;
2800 Lauprecht

Lotos
Marmor-Kachel (Ofenkacheln);
8078 Schöpfel

LOTTER + STIEGLER
Gebrannte Ziegel in jeder Form:
~ Formsteine;
~ Klinkerpflaster;
~ Klinker;
~ Vormauerziegel;
8506 Lotter

Louverlux®
~ - **Lichtraster**, Rasterdecken-Systeme aus Kunststoff und Aluminium → 7121 Louver;
6230 Louver

Louvers
~ Alu-Systemdecke (Rasterdecke);
4000 Intalite

Lowalin
→ KEIM-Lowalin;
8901 Keim

LT
~ - Dichtungsprofile, zur Schall- und Wärmedämmung an Fenstern;
4400 Tumbrink

LU
Bodentreppen, wärme- und schallgedämmt, feuerhemmend F 30, in Holz und Metall;
8700 Wellhöfer

1

LUCID®
→ ASO-LUCID®;
4930 Schomburg

LUCITE®
Anstrich-System auf 100% Du-Pont-Acrylatbasis;
~ - Außenlack;
~ - Blockfüller;
~ - Bodenfarbe;
~ - Farblasur;
~ - Hausfarbe;
5804 Dörken

LUCOBIT (ECB)
Äthylen-Copolymer-Bitumen zur Modifizierung von Asphaltmischungen;
4000 Wintershall

LUCOBIT®
ECB zur Herstellung von Abdichtungsbahnen im Hoch- und Tiefbau;
6700 BASF

Ludowici®
Dachziegel;
8013 Ludowici

LÜBBERT
Leimholz;
2810 Lübbert

Lübeck
Hochofenzement Z 350 L und 450 L;
2400 Metallhütte

Lübeck
Verblender;
3078 Albert

Lübecker
~ **Verkehrsleitkegel**, aus Kunststoff und Gummi;
2407 Kongsbak

Lübke
Kaminabdeckungen aus Kupfer und Edelstahl;
5768 Lübke

Lüftoflex
~ - Schlauch und Zubehör und Wrasen-Klappen;
4830 Upmann

LÜFTOMATIC®
~ Schalldämm-Lüftungssystem zum automatischen Be- und Entlüften;
~ Türluftschleiergeräte;
~ Zu- und Fortluftgeräte mit und ohne Schalldämmung;
~ Zuluftgeräte mit Elektroheizung und zum Anschluß an die Pumpenwarmwasserheizung;
6905 Lüftomatic

Lühofa
~ Holzwolle-Leichtbauplatten zementgebunden, DIN 1101;
~ Mehrschicht-Leichtbauplatten, DIN 1104;
2400 Sievertsen

LÜNSTROTHERM®
~ - Heizkamin-System, Typ **DUO**, mit zwei Ausführstutzen zum Beheizen weiterer Räume, Typ **AERO**, mit Gebläse zur Beheizung mehrerer Räume oder eines Hauses, Typ **VARIO**, Warmluftkamin aus Guß zur Beheizung bis 160 m^2;
4804 Lünstroth

LÜNSTROTH®
~ - **CaminComplet**, Komplettkamin-Programm mit vorgefertigten Einzelteilen;
~ - **Gartenkamine** und Grillkamine;
~ - **Kamineinsätze**, Typ **L2**, ein-, zwei- und dreiseitig offen, Typ **L3**, halbrunde Form, Typ **4**, wie Typ L2, jedoch mit modernem Profil;
~ - **Zweizimmerkamin**, Kamin mit Durchblick von Raum zu Raum;
4804 Lünstroth

LUFU
Belüftungselement für kerngedämmtes und hinterlüftetes Mauerwerk;
2000 Plastolith

Luga
Absperrplatten gegen Brandübertragung, zum Anbau vor Lüftungsöffnungen nach DIN 18 017;
1000 Lunos

LUGADEKOR
~ - **Reibeputz für innen und außen**, dispersionsgebundener Kunststoffputz 2, 3 und 5 mm, nach DIN 18 558, mit verbesserter Wasserdampfdurchlässigkeit und geringer Wasseraufnahme, Standardfarbton: weiß;
2000 Lugato

LUGAFLUX® (LP)
Mischöl und Luftporenbildner für Beton und Mörtel, vermindert das Entmischen und Wasserabsetzen von Mörtel;
2000 Lugato

LUGALON
~ **DÜNNBETTMÖRTEL** DIN 18 156-M, kunststoffvergütet, Bau- und Fliesenklebstoff, besonders standfest und frost-tauwechselbeständig;
~ **FLEXIBLER FUGENMÖRTEL**, Fugenfüller für keramische Beläge, Natursteinplatten, Verblendmauerwerk, Glasbausteine, Fugenbreite 5 bis 20 mm, verformbar, schnell erhärtend, wasserabweisend;

~ **FLIESEN- UND PLATTENKLEBER**, Dünnbettmörtel DIN 18 156-M, für innen und außen, auch unter Wasser;
~ **FUGENBREIT**, Fugenfüller für schmale und breite Fugen (5—20 mm), für Fliesen, Natursteinplatten, Verblendmauerwerk, Glasbausteine, Schlämmverfugung und Verarbeitung mit dem Fugeisen, innen und außen;
~ **FUGENBUNT**, Sortiment von Fugenfüllern für keramische Beläge (Fugenbreite 2—5 mm), in 10 aktuellen Farben, für innen und außen;
~ **FUGENGRAU**, Fugenfüller (Fugenbreite 2—10 mm) für Fliesen und Platten, für Natur- und Betonsteine, für innen und außen, auch unter Wasser;
~ **FUGENWEISS**, Fugenfüller für Wand- und Bodenbeläge (Fugenbreite 2—5 mm), reinweiß, für innen und außen;
~ **KLEBEMÖRTEL FLEXIBEL**, Dünnbettmörtel DIN 18 15,6 erfüllt auch die für Dispersionsklebstoffe gültige DIN 18 156.3, vgl. auch → OTRITEKT®, für innen und außen, verformbar, wasserfest;
~ **PLANSTEINMÖRTEL**, Spezialklebstoff (Dünnbettmörtel) für Plansteine, aus Gasbeton und aus Kalksandstein, unbrennbar, Baustoffklasse A 1 nach DIN 4102.1;
~ **SCHNELLBAUKLEBER**, Dünnbettmörtel DIN 18 156-M, für keramische Beläge innen und außen, die rasch genutzt werden sollen;
2000 Lugato

LUGAN®
Emulsionstrennanlagen;
6330 Buderus Bau

LUGAPLAN
REPARATURMÖRTEL, kunststoffvergüteter Zementmörtel, chloridfrei, standfest, rasch erhärtend in dünner und dicker Schicht (bis 30 mm);
2000 Lugato

LUGA® ACRYL
Acrylatdichtstoff, plastoelastisch, bildet früh eine regenfeste Haut, verträglich mit Anstrichen und Kunststoffputzen, für innen und außen, 4 Farbtöne;
2000 Lugato

LUGATEX
Dichtungsschlämme (DS), zementgebundener Feinmörtel zur flächigen Abdichtung von Beton, Putz, Mauerwerk gegen Wasser, Prüfzeichen Z 27.1-114, wasserdichte Beschichtung (Wasserdruck bis 0,5 bar);
2000 Lugato

LUGATOLASTIC®
Dichtstoff, silicongebunden (Amin-Kautschuk), dauerelastisch, für Anschluß- und Dehnungsfugen, auch im Dauernaßbereich, zum Fugenverschluß im Hochbau, Sanitärbereich, Glasbau;
2000 Lugato

LUGATO®
~ **ALCIT®** → ALCIT®;
~ **AMALGOL®** → AMALGOL®;
~ **BAUSCHAUM®** → BAUSCHAUM®;
~ **BESSERER MÖRTEL** → BESSERER MÖRTEL;
~ **BESTE BASIS** → BESTE BASIS;
~ **BLAUSIEGEL** → BLAUSIEGEL;
~ **BODEN-NEU®** → BODEN-NEU®;
~ **BÜCOLAC®** → BÜCOLAC®;
~ **BUNTE FUGEN-FARBE** → BUNTE FUGEN-FARBE;
~ **BUNTER FUGENMÖRTEL** → BUNTER FUGENMÖRTEL;
~ **BUTEX®** → BUTEX®;
~ **DICHTUNGSBAND**, Kunstfasergewebe mit einvulkanisiertem Gummi-Mittelteil, zum Abdichten von Eckfugen in Duschen in Verbindung mit → DRAUF + SITZT® WASSERDICHT, → OTRITEKT®/ → LUGALON® KLEBEMÖRTEL FLEXIBEL, → SICHERHEITSKLEBER®/→ GUTE MISCHUNG, → SCHWARZER BLOCKER SCHUTZFOLIE/→ SICHERHEITSKLEBER® FLEXIBEL;
~ **DRAUF + SITZT®** → DRAUF + SITZT®;
~ **ESTRICH TREPINI®** → ESTRICH TREPINI®;
~ **FESTER GRUND®** → FESTER GRUND®;
~ **FLIESENKLEBER GUT & GÜNSTIG**, Dispersionsklebstoff DIN 18 156-D für Fliesen und Platten, Mosaik, Dekor- und Dämmplatten, auch auf Span- und Faserzementplatten, innen;
~ **FLIESST & FERTIG®** → FLIESST & FERTIG®;
~ **FLUXAMENT®** → FLUXAMENT®;
~ **FRISCHE FARBE®** → FRISCHE FARBE®;
~ **FÜR PVC®** → FÜR PVC®;
~ **FUGENBREIT FLEXIBEL + SCHNELL**, ähnlich FUGENBREIT, aber flexibilisiert, schnell erhärtend und wasserdicht, z. B. gegen Spritzwasser in der Dusche, für Beläge, die Bewegungen ausgesetzt sind und rasch begangen werden sollen;
~ **FUGENBREIT**, Fugenmörtel für 5–20 mm breite Fugen, auch für Natur-, Beton- und Glasbausteine. 4 Farbtöne, auf Sanitärkeramik abgestimmt, für innen und außen, auch unter Wasser;
~ **FUGENGRAU**, Fugenmörtel für 2–10 mm breite Fugen, für innen und außen, auch unter Wasser;
~ **FUGENWEISS**, reinweißer Fugenfüller für 2–5 mm breite Fugen, wasserfest, beständig gegen Frost-Tauwechsel;
~ **GRÜNSIEGEL 1450 (DM)** → GRÜNSIEGEL 1450 (DM);
~ **GUTE MISCHUNG** → GUTE MISCHUNG;
~ **KIROTA®** → KIROTA®;
~ **KRAFTKLEBER** → KRAFTKLEBER;
~ **LITOCOL®** → LITOCOL®;
~ **LUGADEKOR** → LUGADEKOR;
~ **LUGAFLUX® (LP)** → LUGAFLUX® (LP);
~ **LUGALON®** → LUGALON®;
~ **LUGAPLAN** → LUGAPLAN;

1

~ **LUGA® ACRYL** → LUGA® ACRYL;
~ **LUGATEX®** → LUGATEX®;
~ **LUGATOLASTIC®** → LUGATOLASTIC®;
~ **MONTIER MIT MIR** → MONTIER MIT MIR;
~ **NEU AUF ALT** → NEU AUF ALT;
~ **NEUER ANSTRICH** → NEUER ANSTRICH;
~ **OTRINOL®** → OTRINOL®;
~ **OTRITEKT®** → OTRITEKT®;
~ **PRIMER 1K**, Silanprimer für LUGATO® Fugendichtstoffe, lmh, streichfertig, für nicht saugfähige Untergründe, innen und außen;
~ **PRIMER 2K**, Epoxidharzprimer für LUGATO® Fugendichtstoffe, lösemittelarm, speziell für saugfähige Untergründe im Dauernaßbereich;
~ **PRIMER**, Siliconprimer, lmh, für saugfähige Untergründe vor dem Verfugen mit LUGATO® Silicondichtstoffen, für innen und außen;
~ **R & R-MÖRTEL** → R & R-MÖRTEL;
~ **RISS- UND FUGEN-ZU®** → RISS- UND FUGEN-ZU®;
~ **ROHBAUSPACHTEL** → ROHBAUSPACHTEL;
~ **RUNTER WIE RAUF** → RUNTER WIE RAUF;
~ **SCHNELLER MÖRTEL** → SCHNELLER MÖRTEL;
~ **SCHWARZER BLOCKER** → SCHWARZER BLOCKER;
~ **SICHERHEITSKLEBER®** → SICHERHEITSKLEBER®;
~ **SILICON-ABDICHTUNG GUT & GÜNSTIG**, Silicondichtstoff, dauerelastisch, maximale Dauerdehnung 15–20%. Für Anschluß- und Dehnungsfugen, auch im Dauernaßbereich. Transparent zum Bau rahmenloser Aquarien geeignet, 5 Farbtöne und transparent;
~ **STYROPORKLEBER GUT & GÜNSTIG**, Dispersionsklebstoff, lmf. Zur Verarbeitung mit Rolle oder Zahnspachtel. Für Untertapeten, Dekor- und Dämmplatten, insbesondere aus Styropor, für innen;
~ **TEXTILTAPETENKLEBER GUT & GÜNSTIG**, Dispersionsklebstoff, lmf, mit hoher Anfangs- und Klebkraft, für textile Wandbeläge, kaschierte PVC-Folien, für Glasgebwebe-, Metall-, Textil-, Vinyl-, Fototapeten, Rollenmakulatur;
~ **TREPINI®** → TREPINI®;
~ **TRIMIX®** → TRIMIX®;
~ **TROCK'NE MAUER®** → TROCK'NE MAUER®;
~ **TROCK'NER KELLER®** → TROCK'NER KELLER®;
~ **WEISSES HAUS®** → WEISSES HAUS®;
~ **„WIE GUMMI"®** → „WIE GUMMI"®;
~ **Z1 ZEMENTSCHLEIERENTFERNER**, saures Reinigungsmittel für Kalkausblühungen und Mörtelreste;
2000 Lugato

Luginger
Stahlbetonfertigteile jeder Art;
~ Balkonbrüstungen;
~ Balkonplatten;
~ Eingangspodeste;
~ Fassadenplatten;
~ Fertigteil-Kamine;
~ Geschoßkamin;
~ Kaminköpfe;
~ Lichtschächte;
~ Müllboxen mit integriertem Schutzschrank für Elektroanschluß;
~ Müllboxen;
~ Spindeltreppen aus Beton;
~ Treppen, geradläufig und gewendelt;
~ Voll-Montagedecke;
8000 Luginger

Lumatix
Lichtschalter, automatisch ein- und ausschaltend;
8000 STM

Lumenator®
Lichtdecke mit Tragsystem aus Alu-Profilen, in das PVC- oder Acrylglas-Kunststoffpaneele eingelegt werden;
6682 Grauvogel

Lumina
Niedervolt-Halogen-System;
3280 Kinkeldey

Lumitol®
Begriff für alle Polyacrylatole der BASF;
6700 BASF

Lumivent®
Lichtdecke mit Alu-Trageprofilen, die mit einstellbaren Federspannaufhängungen an der Decke befestigt und durch Distanzstäbe versteift sind;
6682 Grauvogel

Lunar®
~ - Leuchten-System, ergibt an Wand und Decke Schmuckformen;
4930 Temde

LUNG
~ Staubabsauganlagen;
~ Ventilatoren;
~ Zu- und Abluftanlagen;
8357 Lung

Lunos
Lüftungsanlagen für Küchen, Bäder, Wohn- und Geschäftsräume. Schalldämmende Außenwandlüfter und Zuluftanlagen;
1000 Lunos

Luphen®
Begriff für alle Polyätherole, Polyesterole, Elastomere der BASF;
6700 BASF

LUPOLEN®
PELD und HD zur Herstellung von Folien, Rohren und Formkörpern;
6700 BASF

Lupora
~ - Fenster aus Kunststoff und Spezialbeton für Keller-, Stall-, Industriebau und Nebenhausbereich, Dichtungsprofil auf der Basis eines Luftpolsterrahmens;
2800 Schierholz

LURAN®
Polystyrol, schlagfest für Abstandhalter, Schalungen, Platten, Sanitärartikel, Kellerlichtschächte, Rohre, Lichtraster;
6700 BASF

Lusaboss®
Gebrochener Betonstein für Ziermauern, Hangbefestigungen usw.;
4972 Lusga

Lusaflor®
Element aus Leicht- oder Normalbeton mit Verbundkehle, bepflanzbar, für hochabsorbierende Lärmschutzwände, Stützmauern und Hangbefestigungen als Trockenmauerwerk;
4972 Lusga

Lusawell®
Profilbetonsteine;
4972 Lusga

Lusiflex®
~ - **Palisaden**, Betonpalisaden mit einer stoßdämmenden Gummikappe, geeignet als Abgrenzung auf Sport-, Spiel- und Freizeitplätzen, als Sandkasteneinfassung;
4972 Lusga
→ 4300 Knüppel

Lusit®
~ - **Gartenbauprogramm**: Winkelstützen, Fallschutzsysteme, Rasenkanten, Containerboxen, Blumenkübel, Pflastersteine, Baumringe usw.;
~ - **Hydratpflanzkörper** aus Blähton oder Beton für Lärmschutzwände, Stützmauern, Böschungsbefestigungen, Terrassen usw.;
~ - **Palisaden** aus Beton, zur Böschungssicherung, Garteneinfassung u. ä.;
4972 Lusga

LUSTNAUER
Treppenstufen aus Holz;
7545 Lustnauer

LUTONAL®
Polyvinyläther zur Herstellung z. B. von Klebern für Bodenbeläge;
6700 BASF

LUTRABOND®
Spinnvliesstoff auf Basis Polyamid als Trenn-, Filter- und Stabilisierungsmedium im Hoch- und Tiefbau;
6750 Lutravil

LUTRADUR®
Spinnvliesstoff aus 100% Polyester als Trenn-, Filter- und Stabilisierungsmedium im Hoch- und Tiefbau (→ Heidelberger Vlies);
6750 Lutravil

Lutraflor®
~ - Vlies, Filtervlies, verrottungsfest und UV-beständig, für Dachgärten und senkrechte Dränschichten, um das Einschlämmen von Bodenfeinstteilchen in die Sickerschicht aus pordrän zu verhindern;
8729 Fränkische

LUTRASIL®
Spinnvliesstoff auf Basis Polypropylen als Trenn-, Filter- und Stabilisierungsmedium im Hoch- und Tiefbau;
6750 Lutravil

Lutz
~ - Gitterträger für Fertigplatten mit statisch mitwirkender Ortbetonschicht;
7124 Lutz

Lutz® Anker
Verankerungen aus Edelstahl rostfrei für Naturwerkstein, Betonwerkstein, Keramik, für schwere Fassadenplatten aus Stahlbeton und Mehrschichtenplatten und für Klinkerfassaden;
6980 Lutz

LUVIPREN®
PUR zur Herstellung z. B. von Hartschaumplatten mit höherer Rohdichte z. B. für Flachdächer, von Sandwichplatten mit Hartschaumkern;
6700 BASF

Luwa
Lüftungsanlagen, Klimaanlagen;
6000 Luwa

LUWECO
Trennwände für WC-, Brause- und Bade-Anlagen;
2300 Jäger

LUWECO
~ - Bauelemente, WC-Trennwände, Duschkabinen, Umkleidekabinen, Garderobenschränke für Hallen- und Freibäder, Glastrennwände für Büro und Werkstatt, Verbundplatten für Fassaden;
3553 Wege

Lux
~ - **Kasten**, Rohrverkleidung;
~ - **Klima**, Hartschaum-Trägerelement mit eingefrästen Lüftungskanälen zur Herstellung hinterlüfteter keramischer Fassaden;
~ - **Platten**, Bauplatte aus PS-Hartschaum als Untergrund für Fliesenarbeiten;
~ - **Wand**, Fliesentrennwände;
5090 Lux

Lux
~ Ausbauhäuser;
~ Fertighäuser;
8544 Lux

Luxaflex®
~ - Jalousien, auch mit Thermo-Stop-Lamellen zur Energieeinsparung;
4000 Hunter
→ 1000 Aluplastic
→ 2000 Stachnau
→ 2000 Thiesen
→ 3500 Appel
→ 4000 Adt
→ 5000 Metag
→ 8772 Renkhoff

Luxaflex®
~ - Insektenschutzrahmen und Rollo, Gewebe aus Fiberglas/PVC;
8702 Grosser

Luxalon
~ - Alu-Fassaden;
~ - Decken, Alu-Paneel-Decken und Alu-Raster-Decken;
4000 Hunter

LUXALON®
~ - Aluminium-Fertigwand, fensterlose Außenwandelemente mit einer Hartschaum-Dämmschicht;
4000 Centrexico

Luxalon®
~ - Fertigwand, Wandelemente aus Außen- und Innenschale aus lackiertem Stahl oder Alu, Wärmedämmung aus PU;
5090 Prince

LUXAL®
Schutzanstrich für Beton, Mauerwerk, Eisen;
4100 Lux

Luxem
Basaltlava und Tuffstein, Naturwerkstein für Fassaden, Bodenbeläge, Treppen;
5440 Luxem

LUXHOLM®
Freitragende Mittelholm-Treppen;
3004 Holzkämpfer

LUXIT
2-K-Epoxidharz, lmf, für kraftschlüssige Fugenverpressung;
2000 Höveling

LUXO
Leuchten;
3200 Luxo

LuxoRex®
Dämmerungsschalter;
4770 W.E.G.-Legrand

Luxotherm
Thermostat-Mischbatterien;
5860 Schulte

Luxotherm®
~ **2000**, Oberlichtband für jedes Flachdach mit beliebiger Spannweite zwischen 1,10 m und 3,10 m und ab 2,00 m Länge;
1000 Eternit

LUX®
~ - **AKKORD-F**, Formenöl für Schalungstafeln, gebrauchsfertig;
~ - **AKKORD-K**, Schalöl-Konzentrat 1:25/30, frostbeständig;
~ - **AKKORD-T1**, chemisch-physikalisches Trennmittel, sprühfertig, insbesondere für nichtsaugende Sichtbetonschalung;
~ - **AKKORD**, Beton-Entschalungs-Emulsion 1:10;
~ - **Fugenbänder**, aus PVC für Arbeits- und Dehnungsfugen;
4100 Lux

LVZ
Isolierbeton, feuerfest, Anwendungsbereich bis 1000 °;
4000 Custodis

LW
~ Garagenkipptore, in Größen nach Aufmaß;
~ - Garagentore, für Einzel- und Doppelgaragen in Edelholz- und Kassettenausführung, auch mit Torantrieb und Fernsteuerung;
6393 Wagner II

L & W-SILTON®
Gasbeton-Produkte nach DIN 4165 und 4166;
~ Mauerplatten und **Mauerblöcke**;
~ **Plan-Bauplatten**;
4000 Lentzen

LZS
→ SEIBERT-STINNES LZS;
7000 Seibert

M + V
Sonnenschutzanlagen für Wintergärten und Glasfassaden;
4056 M + V

M & W
Kaminabdeckungen aus Kupfer, Edelstahl, Alu und verzinktem Eisenblech;
5000 Münch

Ma Spana
~ - **Schiefer**, Dachschiefer aus Spanien;
5948 Magog

mac-ferro-tap
Magnettapete aus Kunststoffolie mit Eisenpulverbeschichtung;
6200 Magnetoplan

Machill
~ Rolltore aus verzinktem und kunststoffbeschichtetem Stahl, auch aus Leichtmetall mit Wärmedämmung;
5000 Machill

mach's selbst
→ hagebau mach's selbst;
3040 Hagebau

MACK
~ - Fertigmörtel;
~ - HYDRO-Platten, für nichttragende Trennwände in Feuchträumen;
~ - PREZIOSA, Fertigwandplatten nach DIN 18 163, Vollgipsplatten-Gipszwischenwandplatten für nichttragende Wände;
~ - Putzgipse DIN 1168;
7170 Mack

MACLIT
~ - Spaltbetonstein, als Voll- und Hohlsteine, Aussehen ähnlich gebrochenem Naturstein, auch als Tiefbau-MACLIT im Straßen-, Brücken- und Wasserbau;
7514 Hötzel

Maco
~ - **Isolier-Doppeldach**, Typ CLASSIC, Steildachdämmung zwischen Dachziegel und Dachlatten aus Polystyrolelementen, für Neubau und Sanierung;
7084 Maco

Maco
Steildachdämmung aus Kunststoffschalen zwischen Ziegel und Lattung;
8079 Maco

MACOMAT
~ Frostschutzmatte aus Styropor® mit PE-Folie versteppt, zum Abdecken von Beton und Baumaterialien;
~ MF, Frostschutzmatte aus Mineralfaser mit PE-Folie umhüllt;
1000 Mackel

Macuflor
~ Lärmschutzwand;
~ Stützwand-System;
8430 BKN

MAD
Hartholzschwellen, gebraucht, ca. 15 × 25 × 250 cm (Bahnschwellen);
4358 MAD

Mächtle®
~ - Dübel in Stahl, Teil-Edelstahl, Voll-Edelstahl rostfrei, feuerverzinkt;
~ - Hinterschnittanker;
~ - Kontaktanker;
~ - Mörtelanker;
~ - Schwerlastanker;
~ - Verbundanker;
~ - Zwangsspreizanker;
7015 Mächtle

Mäder
Eskoo-Verbund- und Betonpflastersteine;
3410 Mäder
→ 3511 Mäder

mafisco
~ - **Dachkonsol-Gerüst**, Last- bzw. Arbeitsbühne an Dächern mit 30° bis 60° Dachneigung;
~ - **Schnellbau-Schnurgerüst**;
~ **Stützenkopf** und **Stützenhalter** für Stahlrohr-Deckenstützen;
~ - **Stufenabschalung** zum Abschalen von Treppenstufen in einer Betonierhöhe von max. 18 cm;
7959 Mafisco

Mage
~ - Lüfterfirstkappen;
~ - Lüfterfirstkappen;
7290 Mage

Magna
Mischbatterie;
7000 Hansa

Magnagrid®
~ **Alu-Systemdecke** (Rasterdecke);
4000 Intalite

MAGNETIC
~ - Parkplatte, mit Funkfernsteuerung und 24-Volt Elektroantrieb;
~ - Parkplatzsperre;
7864 magnetic

magnetoplan
Schutzbezüge (Magnetfolie) zur Verlegung auf oder unter der Tapete, als Magnet-Haftfläche nutzbar;
6200 Haas

Magnetron
→ SOLARBEL®
2000 Bluhm

Magnoplan
Großflächen-Schalungsplatten aus Stab- oder Stäbchensperrholz in einer Holz-Kunststoff-Verbundkonstruktion;

1

~ **special**, für flächenfertige Wände und Decken in Sichtbeton nach DIN 18 202/5, Zeile 6;
~ **S**, wie ~ special, jedoch besonders zum Einsatz in Betonfertigteilwerken zur Herstellung konstruktiver Betonelemente;
~ **super**, wie ~ universal, jedoch für hohe Dauerbeanspruchung und tropische Länder geeignet;
~ **universal**, für Tapezier-, Streich- und Sichtbeton nach DIN 18 202/5, Zeile 7;
4840 Westag

Magnospan
Großflächen-Schalungsplatten, Mittellage Spanplatte, beidseitige Deckfurniere aus Exotenhölzern, geeignet für alle glatten Betonoberflächen nach DIN 18 202/5 Zeile 5;
4840 Westag

MAGNUM
Metallisiertes Lichtraster;
3032 Skandia

Magnum
Gewächshaus mit Alu-Rahmen;
5800 Schmidt

Magnumlager
→ Calenberger Magnumlager;
3216 Calenberg

Magog
~ - **Schiefer**, Dachschiefer aus dem NO des Rheinischen Schiefergebirges;
5948 Magog

magola
Spezial-Holzschutz in Mahagoni und Nußbaumbraun;
2900 Magotherm

Magotherm
Balkontüren und Blumenfenster aus Mahagoni, Meranti, nordischer Kiefer;
2900 Magotherm

MAGRA®
Heizungsverteiler, Sanitärverteiler, Ölverteiler;
7407 Magra

MAG-System
Mauerabdeckungen (gekantet) aus Alu;
3205 Joba

MAGU®
~ **Isolier-Wandelement** mit mineralischem Putzträger zum geschoßhohen Verfüllen mit Beton;
~ **Rolladenkästen**, für 24er, 30er und 36er Mauerwerk, PS-Hartschaum, eingeschäumte 4 mm Baustahlmatte, Splitt-Zement-Kalk-Beton-Putzträger, aufgepreßte Alu-Schienen;
7713 Magu

MAHLE
~ - **Doppelboden-System**, Bodenplatten aus Aludruckguß, stahlbewehrtem Leichtbeton oder Holzverbundwerkstoffen;
~ - **Fußbodenheizung** in Verbindung einer Leichtbeton-Doppelbodenplatte;
~ - **Trenn- und Schrankwand-System**, selbsttragende Trennwände aus Holzverbundwerkstoffen mit Metallskelett;
7012 Mahle

MAICO
Ventilatoren für Wohnbereiche, Fabriken, Büros usw.;
~ - **AIROTHERM**-Baukastensystem, für die Zufuhr frischer, gefilterter und wahlweise auch erwärmter Luft, zur Erzeugung von Überdruck z. B. in Frischfleischabteilungen u. ä.;
~ - **AURA**, Klein-Radialventilatoren für den Schachteinbau und für Einrohr-Entlüftungssysteme;
~ - **CABINE**, Deckenfächer;
~ - **CABINET**, Kleinraumventilatoren und Wandeinbauventilatoren;
~ - **CONDOR**, Deckenfächer;
~ - **ERU 17**, Einrohr-Entlüftungssystem;
~ - **FLORA**, Gewächshaus-Ventilatoren;
~ - **INDUSTRIA**, Decken- und Wandfächer;
~ - **MERIDIAN**, Halbradial-Rohrventilatoren;
~ - **NOVA**, Wandeinbau-Ventilatoren;
~ - **PASSAT**, Kanal-Radialventilatoren;
~ - **PIONIER**, Wärme-Rückgewinnungsgeräte;
~ - **POLLENSTOP**, Frischluftgerät mit Pollenfilter;
~ - **SILENTA**, Deckenfächer;
~ - **STANDARD**, Bausteinlüfter mit Motor für Wand- und Schachteinbau;
~ - **TELEMAT**, Wandeinbau-Ventilatoren;
~ - **TURBO**, Hochleistungs-Radial-Dachventilatoren;
~ - **VENT**, Fensterventilatoren;
~ - **ZEPHIR-FIX**, Hochleistungs-Unterputz-Ventilatoren;
~ - **ZEPHIR**, Hochleistungs-Axial-, Wand-, Rohr- und Dachventilatoren;
7730 Maico

Maier
~ pori-Klimaton-Ziegel;
8301 Maier, A. & M.

Maier & Kunze
~ pori-Klimaton-Ziegel;
8303 Maier

maier rotband®
Tanks und Behälter aus GFK (Standtanks, Stapeltanks, Ovaltanks, Rechtecktanks);
7923 Maier

Mainsandstein
Sandsteinplatten, Gartenbausteine;
8760 Zeller

maiolica
Wandfliesen, keramische, auf getönten Scherben;
4000 Marazzi

MAJOLICOL
→ EUROCOL;
4000 Eurocol

Makkum
Handgemalte, altholländische Fliesen;
4690 Overesch

MAKROLON® longlife
Flache Platten aus Polycarbonat für unzerbrechliche Dach- und Wandverglasungen, Arbeitsschutzverglasungen usw.;
~ **SDP und S 3 P**, Stegdoppelplatten und Stegdreifachplatten aus Polycarbonat für hoch bruchfeste und wärmedämmende Verglasungen, z. B. Industrieverglasungen;
6100 Röhm

Malak
→ Meisterpreis Malak;
4010 Wiederhold

Malakit
→ Meisterpreis Malakit;
4010 Wiederhold

malan
Farben in SB-gerechter Verpackung;
8940 Baeuerle

malba
Bauprofile aus allen Metallen;
~ - **Dachrandprofile**;
~ - **Fassadenverkleidungen**;
~ - **Mauerabdeckungen**;
~ - **Ortgangprofile**;
6800 Baumann

Malenter Mähkante
Rasenkantenstein DGBM;
5000 Siemokat

Maler Wappen
Dispersion-Einschicht-Wandfarbe, lmf, scheuerbeständig nach DIN 53 778;
5330 Dinova

MALL
Kläranlagen, Belebungsanlagen, Tropfkörperanlagen, Schalungssteine, Filtersteine, Fertigteilschächte, Schachtringe, Domschächte, Betonbehälter, Palisaden, Filterplatten, Baumwurzel-Schutzkammern, Wasserauffangbecken, Jauchegruben;
7710 Mall

Mallflor
Böschungssteine und Palisaden;
7710 Mall

MALLOSIL
Sickersaftbehälter;
7710 Mall

MAMMOUTH
Abstrahlbahnen mit Metallfolienauflage;
4630 SOPREMA

Mammut-Ventur-Cement
Innenauskleidung, heißflüssig aufzutragen, für Gär- und Lagerbetonbehälter der Getränke- und Nahrungsmittelindustrie;
1000 Bösche

MAMOLI
Sanitärarmaturen aus Italien;
8000 High Tech

MAN
~ - **Raketenbrenner® RE2**, rußfreier Ölbrenner für 60–100 kW Heizleistung;
2000 MAN

MANDOLITE® P20
Brandschutzputz für den Stahlhochbau;
4322 Isola

MANGAN KITTPULVER
Dichtmittel für Muffen an Stahlabflußrohren;
2102 Nissen

MANNES
Treppen;
7082 Mannes

MANNUS
~ - Fahnenmasten aus Hart-Alu;
~ - Sperrbalken, heb- und schwenkbar;
~ - Sperrpfosten, kipp-, schwenk-, herausnehmbar;
5760 Cronenberg

MANTO
~ - Großrahmenschalung, alle Tafeln der Schalung sind miteinander kombinierbar;
4030 Hünnebeck

Manuela
Doppel-Badewannen aus GFK;
8000 Obermaier

1

marathon
Garagentorantriebe;
7312 Sommer

MARBURG
Tapeten in allen Preislagen und Drucktechniken;
~ - **Domotex**, Textiltapeten (textiles Material auf Papier kaschiert, lichtbeständig, abziehbar);
~ - **SUPROFIL**, Struktur-Vinyl-Tapete;
3575 Schaefer

Marco
Rostlöser;
5632 Böhme

MARCO
→ LITHOFIN® MARCO;
7317 Stingel

Marcus
~ Alu-Fenster in Serie und nach Maß als Dreh-Kipp-Fenster, Drehfenster und Kipp-Fenster sowie Fensterwände und Fassaden, auch für Schwimmhallen;
~ Schiebetüren, vollautomatisch, elektronisch gesteuert, elektrisch oder pneumatisch für alle Arten von Eingängen;
6000 Marcus

Marfort
Bodenfliesen, keramische;
4000 Marazzi

MARGARD®
Typ einer oberflächenvergüteten → LEXAN®-Polycarbonatplatte, z. B. als hochtransparente Sicherheitsverglasung für Lärmschutzwände;
6090 General Electric

MARIENSTEINER
~ **Mauermörtel**, nach DIN 1053, Trockenmörtel im Silo und Container;
~ **Portlandzement**, PZ 35 F, 45 F;
~ **Romankalk**, nach DIN 1060, hochhydraulisch, rasch erhärtend, raumbeständig, zum Mauern und Putzen, für alle Beschichtungen;
~ **Romanputz**, DIN 18 550 MG II, Innenputz und Außenputz;
8176 Kalk

Maritim
Zweigriffarmaturen im Nostaliedesign;
5860 Schulte

MARKA
Bodenbeläge;
~ **CV**, Relief-Bodenbelag mit Synthetic-Rücken;
~ **LUX**, Relief-Bodenbelag mit PVC-Rücken;
~ **PLAST**, Kunststoff-Bodenbelag;
~ **TUFT**, Tufting-Teppichboden;
~ **VLIES**, Nadelvlies-Teppichboden;
7145 GNM

markilux®
Markisen für jeden Bedarf, Textilien für Wind-, Sonnenschutz und Sichtschutz;
4407 Schmitz

MARKO®-Pfanne
Dachziegel, mit doppelter Kopf- und Seitenverfalzung, romanische, betonte Dachstruktur, auch für flache Dachneigungen geeignet;
8013 Ludowici

Marktheidenfelder
~ Dränrohre;
~ Hochlochziegel;
~ Kabelschutzhauben;
~ Schallschutzziegel;
~ THERMOPORziegel;
~ Tondachziegel;
8772 Ziegelwerk

MARLEY
~ Be- und Entlüftung;
~ **Dachrinnen**, als halbrunde Rinne zum Stecken, als Kastenrinne zum Kleben;
~ **Falttüren**, als Norm- oder Maßtüren in 14 Farben, verschiedene Qualitäten und Ausführungen in Holz und Kunststoff;
~ Flachkanal;
~ Lüftungsgitter;
~ Ventilatoren;
3050 Marley

Marleyplan
Holzfaltwand mit auf Bild furniertem Holz;
3050 Marley

marlux
~ Pflasterstein-Platten;
~ Reliefplatten;
~ Strukturplatten;
~ Terrazzoplatten;
~ Treppenstufen, leicht bewehrt, aber nicht freitragend zu verlegen;
~ - Waschbetonplatten (rund, sechs- und viereckig);
5340 Wouters

MARMO ZETA
Marmortafeln aus verschiedenen Marmorarten, die mittels eines Vakuum-Imprägnierungsverfahrens untereinander verschweißt sind;
2000 Schröder

Marmo-Flor
Beton-Fußbodenbeschichtung aus Grundschicht, Chips und Bodenlack (schwedisches Produkt);
2000 Palm

marmorette
Linoleum, zweischichtig auf Jutegewebe, geglättet, marmoriert, auch als Verbundbelag auf Korkment;
7120 DLW

MARMORIT®
~ **Abriebsand**;
~ **AM 300**, **Ansetzmörtel**;
~ **AP 270**, Ausgleichsputz;
~ **FP 110**, Feinputz;
~ **Isoliergrund**;
~ **KR 200**, Kratzputz, echt einlagig;
~ **KW 200**, Kellenwurf;
~ **MP 410**, einlagiger Kalk-Gips-Maschinenputz für innen;
~ **P 250**, Kalk-Zement-Haftputz;
~ **P 430**, Gips-Kalk-Haftputz;
~ **pms-super**, Putz- und Mauerbinder;
~ **Putzglätte**, Kalk-Gips oder Kalk-Zement für innen;
~ **Quarzgrund**;
~ **rhodipor-Dämmputz-System**, aus ~ Vorspritzmörtel, ~ rhodipor Dämmputz und ~ rhodipor Edelkratzputz A;
~ **RP 240**, decoral, Edelputz für innen;
~ **RP 240**, Rillenputz;
~ **Scheibmörtel**;
~ **SP 260**, Scheibenputz;
~ **Strukturabrieb**;
~ **TM 205**, **Mauermörtel**, wärmedämmend;
~ **TU 230**, **Unterputz**, wärmedämmend;
~ **UP 210 w**, einlagiger Kalk-Zement-Unterputz, wasserabweisend;
~ **UP 210**, einlagiger Kalk-Zement-Unterputz;
~ **UP 310**, **Sockelputz**, einlagiger Zementputz für außen und innen;
~ **VP 330**, **Vorspritzmörtel**;
~ **Wärmeschutzfassade** mit vollmineralischen ~ Edelputzen als Oberputz. System-Aufbau: HWR-Dämmplatten, Armierungsmörtel, Kleber, Armierungsgewebe, Dübel, Laibungsplatten;
~ **Weißfeinkalk**, ungelöscht;
~ **Weißkalkhydrat**, Sorte 0 zum Putzen und Mauern;
~ **WP 320**, Waschputz;
7801 Koch
→ 6140 Koch

Marmorkalk
~ holzgebrannt, Stückkalk und mehrjähriger Sumpfkalk als atmungsaktiver Anstrich für Hausfassaden und Altertumspflege;
8426 Holzkalk

MarmorSchnell
Dünnbettmörtel zur Natursteinverlegung;
6200 Dyckerhoff Sopro

Marquardt
Kunststoff-Fenster;
6601 Marquardt

Marquisette
Wohnungstüren aus Frankreich;
4902 OSPA

marsint®
Bodenfliesen, keramische;
4000 Marazzi

MARTINELLI LUCE
Leuchten für den Privat- und Objektbereich;
4000 Schmitz, W.

Marvello
Wandbelag, Kunststoffolie mit Unterlage;
8032 Alkor

MARX BAUKERAMIK
Klinker, Riemchen, Fußbodenplatten, unglasiert aus natürlichem Ton hoch gebrannt, für höchste Belastung innen und außen;
5420 Marx

Masche
~ Alu-Stiel- und Blechfassaden;
~ Alu-Fenster und Stahlfenster;
~ Alu-Türen;
~ Eingangsanlagen aus Alu und Stahl;
~ Stahl-Alu-Dächer;
~ Stahl-Alu-Glaswände;
~ Stahlrohr-Rahmentüren (auch rauchdicht);
3012 Masche

Mast
~ Jalousien;
~ Lamellen-Vorhänge;
~ Rollos;
3000 Mast

Mast
Rolladenbeschläge;
7290 Mast

MAST
~ - **Pumpen**, Tauchpumpen, Kellerentwässerungspumpen;
7307 Mast

master
~ - Dübel-Programm;
~ - Maschinen-Programm;
7118 Würth

MASTER
Keramikfliesen aus Italien;
7141 Brenner

1

Masterboard
Faserverstärkte Kalzium-Silikat-Platte, asbestfrei, nichtbrennbar;
4010 Capeboards

MASTERCRON®
Härtungsmittel für Fußbodenoberflächen, naturfarben, mineralisch;
4050 Master

MASTERFLOW®
~ - **MB 928 GROUT**, Vergußmörtel, hoch-fließfähig, zum Vergießen von Maschinen usw.;
~ **713 GROUT**, Vergußmörtel, fließfähig, schwind- und schrumpffrei;
~ **814 CABLE GROUT**, Vergußmaterial, fließfähig, zum Vergießen von Spannkabeln;
4050 Master

Masterform®
Metallkassetten-Unterdecke mit geprägten Metallkassetten im Format 600 × 600 mm;
6700 G + H MONTAGE

Masterker
Bodenfliesen, keramische, von 30 × 30 bis 60 × 60 cm;
4000 Marazzi

MASTERKURE®
Versiegelungsmittel, Nachbehandlungsmittel, aufrollbar, für farbige und naturfarbene Betonfußböden;
4050 Master

MASTERPATCH® 200-A
Fußbodenreparaturmörtel, schnellabbindend;
4050 Master

MASTERPLATE® 200
Hartstoffbelag, metallisch, zur Trockeneinstreuung auf frischen Betonoberflächen;
4050 Master

Masterprint®
Metallkassetten-Unterdecke mit ebenen, mehrfarbig bedruckten Kassetten im Format 600 × 600 mm;
6700 G + H MONTAGE

MASTERSEAL® 66
Versiegelungsmittel, Nachbehandlungsmittel, aufrollbar, für Beton;
4050 Master

Mastic Sanitär
Dauerplastischer, knetbarer Klempnerdichtstoff auf Kunststoffbasis, für WC-Becken und andere sanitäre Anschlüsse;
4050 Simson

Matador
Kantengetriebe;
5628 Strenger

Mat-Box®
→ prefab® Mat-Box®;
6800 Graeff

Matoro
→ ESKOO®-Matoro;
2820 SF

Matten
~ Kaminöfen, handwerklich hergestellt;
5439 Matten

MATTENFIX
Universal-Abstandshalter, für vertikale und horizontale Bewehrung, für Ortbeton und Fertigbau;
5885 Seifert

Mauerfest
→ AIDA Mauerfest;
4573 Remmers

Mauerfix
M.K. Extrafest, hochhydraulischer Mauerlöschkalk;
6402 Otterbein

Mauerstärken
→ FRANK®
8448 Frank

MAURER
~ - Gleitlager;
8000 Maurer

MAURI
Keramikfliesen, Wand- und Bodenfliesen aus Italien in 6 verschiedenen Formaten → 4000 Rudersdorf → 4690 Overesch → 5120 Doberg;
5060 Schmidt, B.

MAUSER
~ Rollregale;
3544 Mauser

Mawidur
Farbige, auch farblose Kunststoffbeschichtung für außen und innen;
2208 Wilckens

max
Schallschluck-Lüftungen für den Einbau im Fensterflügel, Blendrahmen oder Brüstungsteil bei Holz-, Kunststoff- oder Metallfenstern;
2000 Max

Maxberg
Qualität Maxberg ist die Bezeichnung für einen Solnhofener Stein, der einem besonderen Ausleseverfahren unterworfen ist (nach Dicke sortiert, saubere Oberflächen, unbeschädigte Kanten);
8838 Solenhofer

MAXI
Verblendriemchen mit bruchrauher Sichtstruktur;
3101 Hubrig

MAXIAL®
Schamottesteine, trocken geformt, für offene Kamine und Öfen;
6200 Didier

maxicryl
→ sto® maxicryl;
7894 sto

MAXILEN 066 P
1-K-Beschichtung, elastisch, hohe Beständigkeit gegen Wasser und Chemikalien;
8192 Union

maxilin
~ **cel**, natürlicher, allulosegebundener Innenputz, farbig, Körnungen 1, 2, 3 mm;
~ **fit 50**, Haftbrücke für glatte Putzuntergründe;
~ **sil 10**, Voranstrich für ~ sil;
~ **sil**, farbiger, minalischer Silikatputz für außen, Körnungen 1, 2, 3 mm;
7801 Mathis

MAXILON
Haftmittel für Zuputz- und Reparaturarbeiten, Versetzen von Hartgipsplatten, haarrißfreie Abriebarbeiten;
7850 Gebhardt

Maximatic
→ Faber Maximatic;
2800 Blöcker

maxitdur
~ **color**, farbiger, mineralischer Edelputz für außen und innen mit abgestimmter Egalisationsfarbe;
~ **decor**, mineralischer Edelputz, Körnungen 2, 3, 5 mm;
~ **160**, Einschicht-Kalk-Gipsputz für Innenwände zum Glätten, MG P IV;
~ **200**, Putzglätte (Dünnschichtweißputz) für Innenwände und Decken;
~ **230**, Kalkglätte zum Abglätten von Kalk-, Kalkzement- und Zementgrundputzen;
~ **270**, mineralischer Dünnschichtputz zur Überarbeitung von mineralischen Altputzen;
~ **280**, mineralischer Dünnschichtputz zur Überarbeitung von tragfähigen Kunststoffputzen;
7801 Mathis

maxitmur®
Werkgemischter Trockenmörtel für Mauermörtel-Silomischstation;
~ **810**, Schlitz- und Verfüllmörtel MG II;
~ **900**, Dünnbettmörtel, für Mauerwerk nach DIN 1053, Teil 1 und 2;
~ **920**, Zement-Mauermörtel, MG III;
~ **950**, Kalk-Zement-Mauermörtel, MG II a;
~ **980**, Vormauermörtel, MG II a;
7801 Mathis

maxitplan
~ **420**, Zementestrich der Güteklasse ZE 20, Körnung 0–8 mm;
~ **425**, Zementestrich der Güteklasse ZE 20, Körnung 0–5 mm für Maschinenglattung;
~ **460**, Industrieestrich der Güteklasse ZE 40, Körnung 0–8 mm;
~ **480**, Anhydritestrich der Güteklasse AE 20, Körnung 0–8 mm;
~ **490**, Anhydrit-Schwabbelestrich der Güteklasse AE 20;
7801 Mathis

maxit®
~ **150**, **170 L**, **190**, Innenputz in allen Baubereichen, mit Ausnahme ausgesprochener Feuchträume;
~ **620**, Zement- und Sockelputz in allen Baubereichen;
~ **630**, Sperrputz für die Bauwerksabdichtung bei Mauerwerkssanierung, Innenabdichtung und Feuchtraumabdichtung;
~ **640/640 F**, Sanierputz für Außen und Innen im Bereich feuchter und salzhaltiger Mauerkwerke;
~ **650**, Außen- und Feuchtraumputz in allen Baubereichen;
~ **660**, Außen-, Innen-, Grundier- und Deckputz in allen Baubereichen;
~ **666 LL**, Luftporen-Leichtputz, Grund- und Deckputz für alle Baubereiche, insbesondere für porosierte Leichtsteine;
~ **670 L**, Leichtputz mit Styropor, Außen-Grundputz für porosierte Leichtsteine, kein Oberputz;
8973 Wachter

maxit®
~ **150 E**, Gips-Kalk-Leichtputz für Innenwände zum Grundieren, Glätten, Filzen, MG P IV C;
~ **150**, Kalk-Gips-Maschinenputz für Innenwände und Decken zum Grundieren, Glätten und Filzen, MG P IV;
~ **570**, mineralischer Dünnschichtputz zur Überarbeitung von Putzflächen;
~ **580**, Kalkputz für innen und außen;
~ **590**, Kalk-Traßputz für außen und innen;
~ **610**, Zement-Spritzbewurf, MG P III b;
~ **620**, Zement-Maschinenputz (Sockelputz) für außen und innen zum Grundieren und Filzen, MG P III a;
~ **650 E**, Kalk-Zement-Leichtputz für außen und innen, MG P II b;
~ **650**, Kalk-Zement-Maschinenputz für außen und innen, zum Grundieren und Filzen, MG P II;

1

~ **660**, Kalk-Zement-Grundputz für außen und innen, MG P II;
~ **666**, Kalk-Zement-Maschinenputz für außen und innen, MG P II;
7801 Mathis

maxit®dämm
~ **820**, Leichtmauermörtel zum Mauern für alle Steine;
8973 Wachter

maxit®decor
Dekorputze;
~ **700**, brillantweißer Edelfeinstputz und Spachtelmasse für Außen und Innen auf allen üblichen Putzgründen, universell einsetzbar;
~ **702/704**, Deckputz für Außen und Innen auf allen üblichen Putzgründen;
8973 Wachter

maxit®flex
~ **500**, Haftvermittler auf Beton für Kalk-Zement- und Zementputz, Universalkleber;
8973 Wachter

maxit®glätt
~ **200**, Innen-Putzglätte und Spachtelmasse in allen Baubereichen, mit Ausnahme ausgesprochener Feuchträume;
8973 Wachter

maxit®haft
~ **210 L**, Hand-, Haft- und Reparaturputz für Innen, mit Ausnahme ausgesprochener Feuchträume;
~ **600**, Universalhaftputz für Außen-, Innen- und Feuchtraum;
8973 Wachter

maxit®-ISOVER®-Dämmsystem
Rein mineralisches Fassaden-Dämmsystem, bestehend aus: maxit 550 (Kleber und Spachtel), maxit-ISOVER-Dämmplatten, maxit Spezialdübel, maxit Fugenband (PE), maxit Sockelabschluß-Schienen, maxit 680 (Kalk-Zement-Grundputz), maxit Armierungsgewebe, maxitdur-decor (Strukturputz in verschiedenen Körnungen — 2, 3, 5, 10 mm), maxilin (farbiger, mineralischer Silikatputz);
7801 MIT

maxit®kalk
~ **380**, Reinkalkputz für Innen und Außen und Feuchtraum in allen Bereichen;
8973 Wachter

maxit®multi
~ **610**, Mörtel, Putz und Feinbeton in einem, Zementverspritz auf Mauerwerk;
8973 Wachter

maxit®mur
~ **950**, Fertigmauermörtel für alle Mauerwerksarten Mörtelgruppe II;
~ **980**, Fertigvormauermörtel zum vollfugigen Vermauern von Sicht- und Verblendmauerwerk;
8973 Wachter

maxit®plan
~ **420**, Zement-Estrich für Verbund und schwimmenden Estrich;
8973 Wachter

maxit®schlitz
~ **810**, Verfüllmörtel für Schlitze, Schächte, Hohlräume und Gewölbe;
8973 Wachter

maxit®therm
~ **850**, Wärmedämmputz für Außen und Innen;
8973 Wachter

maxittherm®
~ **825**, Wärmedämm-Mauermörtel, MG II a;
~ **850**, mineralischer Wärmedämmputz für außen und innen;
7801 Mathis

maxitton
~ **908**, Feinbeton (Estrich) für Beton-, Estrich- und Überzugsarbeiten bis B 25;
7801 Mathis

MAX®
~ **Bau-Compactplatten**, Schichtstoffplatten in vielen Dekors für Balkone, Fassaden, Trennwände und Umkleidekabinen, Geländerfüllungen, Waschtischbausätze, u. ä., auch als Lochplatte;
~ **Dekorspanplatten E1**;
~ **Fensterbänke**;
8214 Isovolta

max-System
Fensterlüftungs-System;
2000 MLL

Mayco
Befestigungsmittel zur Heizkörpermontage;
~ Bohrkonsolen und Heizkörper-Halterungen;
7778 Mayer

Mayen-Kottenheimer
~ Basaltlava — Sandsteine — Tuff u. a.;
~ Werksteine aller Art;
5440 Steinwerke

Mayer Ziegel
Thermopor-Ziegel;
7443 Mayer

Mayr
Tondachziegel: Mistral-Pfanne, Limes-Pfanne®, Biber, Falzziegel, Verschiebefalzziegel, Profilfalzziegel®, Mönch und Nonne, Florentiner Mönch und Nonne, Flachdachpfanne L 15°, Kronenkremper L 12°, viele Glasurfarben in natur- und rostrot, kupferbraun, altgrau, flammiert;
8440 Mayr

MB
Wandanschlüsse und Dachrandprofile aus Alu, Fugenbänder, Dachgullys und Terrassengullys, Mauerkopfabdeckungen;
6128 Veith
→ 4630 Müllensiefen

MB®
~ - **429**, Versiegelungsmittel, Nachbehandlungsmittel, sprühbar, für nicht-farbigen Beton;
4050 Master

MBB
~ - Alu-Fenster, mit mechan. Eckverbindung lieferbar als ein- oder zweiflügeliges Dreh-, Drehkipp-, Kipp- und Klappfenster;
~ - Standard-Karusseldrehtüren System Riha, mit klappbaren Ganzglaskreuzen und Einscheiben-Sicherheitsglas;
4156 MBB

M-Bed
~ - Quellvergußmörtel, zum Verschließen von Betonöffnungen aller Art;
5600 Reuß

MC
~ - **DUR VS**, Kunststoffversiegelung und Imprägnierung auf Epoxidharzbasis, transparent und farbig;
~ - **DUR 1000 VK**, Epoxidharzbindemittel zur Herstellung von Epoxidharzmörtel und Epoxidharzbeton;
~ - **DUR 1200**, Kunststoffbeschichtung auf Epoxidharzbasis, farbig;
~ - **DUR 2000**, farbige Beschichtung auf Polyurethanbasis;
~ - **DUR 2051**, transparente Versiegelung auf Polyurethanbasis;
~ - **DUR 3500**, Kunststoffmörtel auf Basis von Polymeracrylat für Schnellreparaturen;
~ - **Fugenband**, PVC-Fugenband für Dehnungs- und Arbeitsfugen;
~ - **Fugenfüller**, komprimierbares Hinterfüllrundprofil auf Polyäthylenbasis, unverrottbar;
~ - **INJEKT 2300**, elastisches Injektionsharz für Rißverpressungen und Abdichtungsarbeiten;
~ - **INJEKTOSTOP 2033**, Injektionsschaum zum Abdichten von Wassereinbrüchen;
~ - **Mischöl LP**, Luftporenbildner für Beton und Mörtel;
~ - **PLAST BV**, Betonverflüssiger;
~ - **Schutzüberzug HZ**, ölfester Schutzanstrich für Ölauffangwannen, Öllagerräume (sog. Heizölsperre);
~ - **Schutzüberzug 702**, Frischbetonabdeckung und gleichzeitiger Schutzanstrich für den vorbeugenden Schutz von Beton;
4250 MC

MCT
Stopfdichtungen für eingeschalte oder kerngebohrte Rundöffnungen;
2000 MCT

„Me"
Metall-Reiniger, auch zur Entfettung von verschmutzten und verölten Flächen;
5047 Stromit

MEA
~ - Dübel;
~ - Fußmattenrahmen mit Kokosvelourmatte oder Gummiwabenmatte;
~ - Gitterrost, Stab-in-Stab-Pressung, jede Kreuzung tragend;
~ - Kellerlichtschacht, aus glasfaserverstärktem Polyester;
8890 Meisinger

MEADUR
~ - Mehrzweckfenster, mit Massiv-Kunststoff-Isolierrahmen mit Stahleinlage;
8890 Meisinger

MEALON
~ - Fenster aus schlagzähem PVC-Hohlprofil;
8890 Meisinger

MEALUXIT
~ - Zargenfenster aus glasfaserverstärktem Polyester, Fensterzarge mit integriertem Rahmen;
8890 Meisinger

MEAPLAST
~ - Stahlkellerfenster, feuerverzinkt und phosphatiert und PVC-beschichtet;
8890 Meisinger

Mearin
~ - **Rinne**, Entwässerungsrinne aus GF-UP;
8890 Meisinger

ME-BA
Gartenkamine (Kupfer- oder Stahlkamine auf ME-BA-Mühlsteinen);
5063 Metten
→ 8400 Lerag

1

MeBa
Gitterstein für befahrbare Rasenflächen (Rasengitterstein) und für den Wasserbau;
3550 MeBa
→ 2000 Betonstein
→ 3411 Großengießer
→ 4180 Breuer
→ 5060 Metten
→ 5241 NH
→ 6722 Lösch
→ 7187 Kaufmann
→ 7710 Mall
→ 8400 Lerag
→ 8623 Wakro
→ 8752 Schmitt
→ 8901 Weitmann

MECO
~ - **Luftkollektor**, Sonnenkollektor, luftdurchströmt, aus LEXAN;
4132 triplastic

MEDALIT®
Kunststeinmatrize für Garten, Terrasse, Fassade;
8000 Berkmüller

Medano
~ - **Naßzellen**, Sanitärzellen mit Kunststoffoberflächen für die Altbausanierung;
5657 Medano

MEDIA-WEISS
Waschbeständige Dispersionsfarbe für innen;
4904 Alligator

MEDINA
Textiler Fußbodenbelag (Teppichboden);
4790 Glawo

Medomat®
Elektronisch gesteuerte Universal-Dosierstationen für die Dosierung von Dosierwirkstoffen und Chemikalien zur Behandlung von Kesselspeisewasser, Kühl-Klimawasser etc.;
6905 Benckiser

Medotronic®
Elektronisch gesteuerte Dosierstationen für die Dosierung von Flüssig- und Pulverdosierwirkstoffen → Quantophos zur Behandlung von Trink-, Brauchwasser u. ä.;
6905 Benckiser

MEFRA
Natursteinprodukte;
~ **Naturstein-Mauerwerk**;
~ **Natursteinpflaster**;
~ **Treppenbeläge** für innen und außen;
~ **Treppen**, auch freitragend;
4050 MEFRA

Megalith
~ - Pflanzwand, halbrunde Betonelemente, bepflanzbar, zur Terrassierung und Böschungsbefestigung;
7550 Uni

Megalux
Industrie-Reflektorleuchte, rund, als Hängeleuchte oder Pendelleuchte;
3257 AEG

megol
~ - Betonbeschichtung, Schutzbeschichtung für Auffangräume und -wannen (sog. Heizölsperre);
6630 Meguin

MEHABIT
Dämmschüttungen und Ausgleichsschüttungen für Schallschutz und Wärmeschutz unter schwimmenden Estrichen und Trockenunterböden;
6707 Meha

Mehako
Kupferbleche, Messingbleche;
4000 Mehako

Mehler
~ - **Sonnensegel**, Segelkonstruktionen für leichte Überdachungen mit textilem Acrylgewebe, Stützenkonstruktion mit Stahlrohr- oder leichten Gittermasten;
6400 Mehler

Mehok
~ - Duschkabinen;
6942 Petersen

Meindl
~ - Tondachziegel;
~ - Ziegelpflaster;
8254 Meindl

Meissner
Rostschutzanstrich;
3000 Meissner

MEISTER Leisten
Leisten und Balken für den Innenausbau in vielen Holzarten;
~ Balkenschalen;
~ Blenden;
~ Deckenbalken;
~ Fachwerkbalken;
~ Formpaneele;
~ Rundprofile;
~ Stürzerdecken;
~ Stürzerprofile;
4784 Schulte

MEISTERBAU
Fertighäuser;
2110 Meisterbau

Meisterklinker
Umfassendes Klinker-Programm mit weit über 200 Farben und Oberflächenstrukturen;
4405 Hagemeister

MEISTERPARKETT
→ Bembé-MEISTERPARKETT;
6990 Bembé

Meisterpreis
Malerwerkstoffe, Lacke, Lasuren;
~ **CompactAcryl**, wasserverdünnbarer Buntlack;
~ **Euro Fenster-Grund**, hochglänzende Grundierung;
~ **Euro VentilationsWeiß**, seidenglänzende Fensterfarbe;
~ **Euro Weiß Außen**, hochglänzende Fensterfarbe;
~ **FlutLack Verdünnung**;
~ **FlutLack Weiß 180°**, Heizkörperflutlack;
~ **HeizkörperWeiß** 180°, Heizkörperlack;
~ **HolzGrund-Schutz ungiftig**, Holzimprägnierung;
~ **KlarLack Hochglanz** und **Seidenmatt**, Klarlacke;
~ **Lack-Spachtel**;
~ **Malak Color**, Abtönfarben;
~ **Malakit Innen weiß**, Wandfarbe;
~ **ÖkoWeiß** Innen, Weißlack;
~ **Super GlanzColor**, hochglänzender Buntlack;
~ **Super SeidenColor**, seidenglänzender Buntlack;
~ **Super SeidenWeiß**, seidenglänzender Weißlack;
~ **Super Vorlack Weiß**, Vorlack;
~ **SuperWeiß mit Polyurethan**, Weißlack;
~ **Tixet DünnSchicht**, Holzlasur;
~ **Tixoton DickSchicht**, Holzlasur;
~ **UniversalPrimer**, Voranstrich;
~ **VorStreich Weiß**, Voranstrich;
~ **Weißlack**;
4010 Wiederhold

Meistersorte grob
Rauhfasertapete aus Papier-Recycling;
2800 Timpe

Meisterstück
Zweckbauten wie Hallen und Raumzellen;
7602 Streif

MEISTER-WEISS
Innenfarbe, waschbeständig nach DIN 53 778;
4904 Alligator

MEKU
Aufsatzstück aus CR-Ni oder Kunststoff für → VARIANT-Deckenabläufe;
6209 Passavant

MELCHERT®
Beschläge;
5628 Melchert

MELCRET
~ - Fließmittel-Formulierungen für den gezielten Baustelleneinsatz;
8223 SKW

MELDOS
~ - Öl, Harzölimprägnierung für innen;
3123 Livos

Melment
→ SICOTAN Fließmittel Melment;
4500 Sicotan

MELMENT®
~ - Fließmittel zur Herstellung von Fließbeton, von dauerhaftem Beton und von Spezialprodukten;
8223 SKW

Melzian
~ **Terrassenplatten** mit geschliffener Oberfläche;
~ **Treppen** aus Betonwerkstein;
3162 Betonwerkstein

MEM
~ - **ACRYLAN M-120**, Balkonbeschichtung und Terrassensanierung;
~ - **DACHLEX M-410**, elastische Dichtungsschicht für Dach, Balkon und Terrasse;
~ - **HAFT M-330**, erhöht die Haftfestigkeit von Mörteln, Putzen und Dichtungsschlämmen;
~ - **HAFTGRUND M-400**, Untergrundvorbehandlung für nachfolgenden Deckanstrich mit M-410 oder M-420;
~ - **KELLERWANDSCHLÄMME weiß M-370**, abtönbare Kunstharzschlämme mit Dichtungseffekt;
~ - **KUNSTHARZSCHLÄMME M-340**, schützt vor Erdfeuchte und drückendem Grundwasser;
~ - **PANZERSCHLÄMME M-360**, zweikomponentige Dichtungsschlämme zur Herstellung von flexiblen Oberflächenabdichtungen;
~ - **PANZERSPACHTEL M-365**, kunststoffvergütete Spachtelmasse mit extrem guter Haftung;
~ - **REGENERIER M-470**, Anstrich für gealterte Bitumen-Bahnen oder Eternitdächer;
~ - **RENOVIERPUTZ M-390**, Anwendung bei salzbelastetem, kondenswassergefährdetem oder feuchtem Mauerwerk;
~ - **SALZEX M-300**, fixiert bauwerksschädliche Salze zur Verhinderung von Mauerwerksausblühungen;
~ - **SIL M-325**, hydrophobierende (wasserabweisende) Imprägnierung von Fassaden, Balkonen und Terrassen;
~ - **SIL w M-326**, wirkt vorbeugend gegen Frostschäden auf Balkonen und Terrassen;
~ - **SOL M-320**, Verkieselungsflüssigkeit, saniert feuchte Wände dauerhaft;
~ - **SPACHTELMASSE M-430**, zum Ausbessern von Fehlstellen an Bitumenbahnen oder Bitumen-Abdichtungen;

~ - **WANDFLEX M-420**, elastische Dichtungsschicht für erdberührte Bauteile;
2950 MEM

Menerga
~ - **Resolair**®, Klimatisierung mit regenerativer Wärme- und Kälterückgewinnung (Temperaturwirkungsgrad 85 bis 95%) für Wohnhäuser, Sportanlagen, Restaurants, Kaufhäuser, Theater, Museen usw.;
4330 Menerga

Mengering
~ - **Doppeldichtung**, flexible Rohrverbindung und Dichtung von GA- und HT/PE-Rohren;
~ - **ML**, Dichtung und Verbindung für SML-Rohre der Hausentwässerung
(z. B. SML-Rohre);
~ - **Safe**, Steckschraubverbindung für SML-Rohre der Hausentwässerung;
8700 MERO-Sanitär

Menke
~ - Kunststoff-Fenster;
4788 Menke

MENOS
~ - Vorstreichfarbe für innen (Naturfarbe);
3123 Livos

MENTING
~ Böschungsbefestigungen;
~ Naturteichanlagen aus Ton;
~ Ornamentsteine zur Garten-, Terrassen- und Grundstücksabgrenzung;
~ Pflanzgefäße in Ton zur Gartengestaltung, für Teich- und Springbrunnenanlagen;
~ Springbrunnenanlagen;
~ Terrassen- und Grundstücksabgrenzungen, System Menting;
~ Weinlagersteine;
4235 Menting

Menzel
~ - **Abwasser-Hebeanlagen**;
~ - **Abwasser-Pumpstationen**;
~ - **Belebungsanlagen** (PA-I 2790);
~ - **Benzinabscheider**, Heizölabscheider;
~ - **Domschächte**;
~ - **Geräteboxen**;
~ - **Gestaltungselemente**, Betonelemente wie Grilltische, Springbrunnen, Pflanztröge usw.;
~ - **Kleinkläranlagen** nach DIN 4261;
~ - **Schlammfänge**;
7000 Menzel

MEP
→ SCHWENK-Putze;
7900 Schwenk

MEPA
Badewannenfüße, Brausewannenfüße, Wannenprofile, Wannenboxen — neues Einbausystem für Bade- und Brausewannen;
5342 Pauli

MEPLAG
Metallschrauben mit Kunststoffkopf;
4800 Böllhoff

MEPOL
~ **HD**, Kunststoff-Dispersion, alkoholbeständig;
~ **H**-Kunststoff-Dispersion, Bodenpflegemittel;
4000 Wetrok

MERKL
Keramikplatten;
~ - **Handschlagplatten**;
~ - **Spaltplatten**, glasiert und unglasiert;
~ - **Verblender** (Klebverblender);
8595 Merkl

Merkur
Türen und Türelemente in vielen Holzarten;
5480 Becher

MERLTHERM
~ Isolierbaustein;
~ Vollwärmschutz;
5450 Merl

MERO
~ - Doppelboden;
8700 MERO-Werke

MEROBLOCK
Vorwand-Installationsbaustein;
8700 MERO-Werke

MEROFORM
~ - Bauteile aus verschiedenen Materialien kombinierbar mit dem ~ - Lichtbauprogramm;
~ - Systembau, für Laden- und Innenausbau;
8700 MERO

MERO®
~ - Raumtragwerke aus Stahl oder Aluminium;
8700 MERO

MERO®-CAL
Baukastensystem für eine komplette Heizungsanlage;
8700 MERO-WERKE

Merten
Schalter, Schuku-Steckdosen, Flächenschalter, wassergeschützte Unter- und Aufputzschalter;
5270 Merten

MERTNER
Abgas-Absauganlagen für Kfz-Werkstätten, Feuerwehr-Gerätehäuser usw. sowie Schweißgas-Absaugung;
3437 Mertner

MERZ
Holzschindeln aus Buche, Eiche, Fichte, Lärche und anderen Holzarten;
6425 Merz

Merz
Stahlfasern für Stahlfaserbeton und Stahlfaserestriche;
7560 Merz

MESA
Sonnenschutz-Steuerungsanlagen, mit Microprozessor-Elektronik;
7750 MESA

Mesal
~ Fensterbeschläge aus einer Leichtmetall-Sonderlegierung;
5628 Engstfeld

MESCONAL
Sonnenschutzsysteme aus Alu, Fassadenverkleidungen mit Strangpreßprofilen und Alu-Gußplatten;
5778 Export

Mesh Track
~ - Fahrbahnverstärkung, Bewehrung im Wegebau und Untergrundbefestigung bei Sportflugzeugplätzen;
6380 Bekaert

MESHLITE
Stahlarmierte Sicherheitsverglasung aus glasfaserverstärktem PE, einbruchhemmend;
4400 Haverkamp

Messerschmidt
~ Universal-Gewächshaus, Baukastensystem mit 5 Grundmodellen, Wintergärten;
7320 Messerschmidt

MET
Holztreppen, Stahltreppen;
~ Spindeltreppen mit Holzwangen, verschiedene Geländertypen;
2253 Met

Metaflex
~ - Leuchten, Teil des Super Tube-Flexsystems, auch als Schaufensterbeleuchtung geeignet;
2000 Fagerhult

METAFLEX
Brauseschlauch;
7622 Hansgrohe

metaku®
~ - **Alugußgitter** für die Glaszwischenräume von Haustüren;
~ - **Haustürfüllungen**, wärmedämmend, aus Bronze und Parsol®-Glas;
~ - **Haustürzubehör** wie Briefklappen, Briefkästen, Türklopfer, Türgriffe, Sicherheitsrosetten, Klingelplatten u. ä.;
3501 Klüppel

Metalit®
~ - Metalldach, als Dach- und Wandverkleidung;
5441 Color

Metallamat
Scharniere für Holz- und Glastüren;
7270 Häfele

metallbau
Alu-Vordächer, selbsttragend, eingebaute Wasserrinne, Norm- oder Spezialgrößen;
7640 Burgmann

METALLIT
~ - **BIO**-Reinigungskonzentrat, biologisch abbaubar;
~ - **Dachreparatur-Spray**, dichtet Regenrinnen, Schornsteineinfassungen, Papp- und Metalldächer usw.;
~ - **Rostbinder**, wasserlösliche Polyacryldispersion mit den Funktionen Rostschutz, Grundierung, Deckanstrich;
4800 Metallit

Metallnetzstreifen
Geschweißt, verzinkt und blank als Fugendeckung für Bauplatten, Putzträger, Rabitzarbeiten, Ummantelung;
4240 Borlinghausen

METALOTHERM
Schornsteinbauelemente aus Edelstahl mit Wärmedämmschicht und Sicherheitsverschluß;
5276 Ontop

METALSHEEN®
→ RPM-METALSHEEN®;
5000 Hamann

META®
Trennwände, Toilettenkabinen und Umkleidekabinen, Duschanlagen;
5455 Metall

METAVINYL 066 P
Korrosionsschutz (Überzug), auf Metall, Holz und Beton, hohe chemische und mechanische Beständigkeit;
8192 Union

METAWA
Rasterdecken;
4330 Metawa

Metdra
~ - **Korbsessel**, ergonomisch geformte Drahtgittersessel für außen;
2300 Jäger

Metecno
→ delitherm System Metecno;
7120 DLW

Meteor
Fertigfenster und Rolläden;
5210 Hüls Troisdorf AG

Meteor
~ Außenlampen und Innenlampen, geschmiedet;
~ Briefkästen, Raumspar-, Zier-, Zaun-, Aufhänge-, Bereitschaftsbriefkästen (z. B. für Apotheken) usw., Durchwurfbriefkästen für Mauerwerk und Türseitenteil;
~ Gegen- und Wechselsprechanlagen;
~ Mitteilungskästen;
~ Schauvitrinen;
~ Türbeschläge;
7906 Meteor

Meteor
~ - Leuchtfarben, Fluoreszenz-Leuchtfarben, Leuchtfarben für Luftschutz, inaktive Leuchtfarben und Leuchtfolien;
~ - Reflexfolien, selbstklebend;
8000 Kaiser

Meton
~ - Garage;
6920 Overmann

metoran
Türantriebe, Torantriebe;
4800 Gilgen

METRONA
Elektronische Heizkostenverteiler, Wasserzähler, Wärmemengenzähler;
2000 Metrona

METRONA
~ Heizkostenverteiler nach dem Verdunstungsprinzip;
~ Heizkostenverteiler, elektronisch;
~ Wärmezähler;
~ Wasserzähler;
8000 Metrona

Mettlacher Platten
Dekorierte Steinzeugfliesen in nostalgisch klassischem Design;
6642 Villeroy

Metylan
~ - **Farben-Leim**, hochwertige Methyl-Zellulose, kalkbeständig;
~ - **Spezial-Kleister**, für Spezialtapeten, Rauhfaser, kaschierte Folien, isolierende Materialien u. ä.;
~ - **Tapeten-Kleister**, hochwertige Methyl-Zellulose, kalkbeständig;
~ - Tapeziergeräte-Kleister, hochwertige Methyl-Zellulose, maschinengerecht;
~ - Textiltapetenkeber, pulverförmig mit aktivierenden Substanzen;
4000 Henkel

METZELER
Verglasungsprofil, Fensterabdichtungsprofile, Dehnungsfugenprofile, Türzargenprofile;
8000 Metzeler

METZO®NOR
Schallschutzmaterial, Basis PUR-Schaumstoffe, für Schallschutzkabinen, reflexionsarme Meßräume, Schießstände u. ä.;
8940 Metzeler

METZO®PLAN
~ - Prallwand, ballwurfsicher gem. DIN 18 032 Teil 1;
~ - Sportboden, punktelastisch, Tennisbelag im Innen- und Außenbereich;
8940 Metzeler

METZO®PLAST
Thermoplaste in Platten und Folien, Kaschierungen, Blends;
8940 Metzeler

Meurin
Bimsbaustoffe, Bimsbetondachplatten, Trasskalk, lavaporös;
~ Lärmschutzwand System Meurin, zweischichtige profilierte Leichtbeton-Elemente;
5470 Meurin

MEUROFLOR®
Formsteine für Garten- und Landschaftsgestaltung, z. B. Hangbefestigungen, Stützmauern;
~ L-Steine;
~ Pflanzringe;
~ U-Steine;
5470 Meurin

meva®
~ - Schalungssysteme, Rahmenschalungen für Wände und Decken aus Stahl- und Aluprofilen mit Schalplatteneinlage, beidseitig filmbeschichtet;
7274 meva

mevolin®
Basaltwolle-Vlies;
8712 Messler

mevo®
~ - Basaltsteinwolle, Dämmatten, Isolierplatten, Isolierschalen, Formkörper;
8712 Messler

Mexphalt
~ Bitumen gem. DIN 1995 für Straßen- und Wasserbau;
~ **R**, geblasenes Bitumen für die Industrie;
2000 Shell

Meyer-Lüters
Betonabdeckmatten zum Feuchthalten und gegen Frostschäden;
2832 Meyer, H.

Mez
Befestigungswinkel, durch Langlöcher und zahlreiche Bohrungen universell verwendbar;
7410 Mez

MF
Baureihe kleinerer Schmutzwasserpumpen und Baupumpen, sofort einsatzbereit;
5204 ABS

MFR
~ Haustüren aus Holz;
~ Haustür-Vordach aus Alu;
~ Nebeneingangstüren;
8801 Fuchs

MGF
~ - Kanaldielen;
~ - Leichtprofile;
~ - Stahlspundwand;
5466 MGF

MH Mein Haus
Selbstbauhaus, Typenhäuser oder eigener Entwurf;
6100 MH

MH-Garage
Versenkbare Garage;
4755 Montan

MHI
Gebrochenes Natur-Hartgestein (Basalt, Diabas, Gabbro, Diorit);
~ bituminöses Mischgut für Deck-, Binder- und Tragschichten;
6000 MHI

MHS
Betonerzeugnisse;
~ - Blumenschalen;
~ - Böschungswinkel;
~ - Mauerabdeckungen;
~ - Müllboxen;
~ - Rasengittersteine;
~ - Treppenstufen;
~ - U-Steine;
~ Waschbetonplatten;
4355 Schmitz

MHS
~ - **Kellerfenster**, Typ **S**, verzinktes Stahlfenster im Betonrahmen, Typ **ST**, mit Stahlzarge, Typ **GFB** mit Glasfaserbetonzarge, Typ **G**, im Betonrahmen mit eingearbeitetem Fenstersturz;
~ **Kunststoff-Fenster**, als Keller- und Hobbyraum-Fenster;
~ - **Lichtschacht**, aus glasfaserverstärktem Polyester;
~ **Rolladenkasten**, aus Styropor mit eingeschäumter Baustahlmatte;
~ **Universaltür ZT**;
~ **Vorschlagtür ET1 und 2**, Kellertüren;
~ - **Winkelstufen**;
5750 MHS

MHW
~ - Dämmstoffhalter für die Befestigung aller Wärmedämmstoffe an Fassaden und geneigten Dächern mit Holzunterkonstruktion;
5272 Flosbach
→ 5630 Flosbach

MHZ
Vorhangschienen, Fensterrollos, Bilderschienen;
~ - **Mosaik**, Rollo-Programm mit Springrollos, Getriebeerollos, Raffrollos, Verdunkelungen, Dekostoffen usw.;
~ - **ROMA**, Rohrmarkise;
~ - **TEXTIM**, textile Wandbespannung, Befestigung durch Spezialprofile;
7000 MHZ

MICALITE
Glimmertalkum in diversen Körnungen und Feinmahlungen;
8670 Scheruhn

Mica-Wall®
→ Japico Mica-Wall®;
6000 Drissler

Michels & Sanders
~ Fliegengitter;
~ Klappläden;
~ Vorsatz-Sprossenelemente aus Alu;
4793 Michels

MICO
~ - **Tex**, Fertig-Stufenmatten (Treppenbeläge);
~ - Treppenwinkel;
7031 Janser

MICOBIT
Gebrauchsfertiges, polymermodifiziertes Bitumen (PmB), Basis Normenbitumen mit → LUCOBIT;
4000 Wintershall

microlith®
Glasvlies als Schutzvlies (PVC-Weichfolien-Trennlage), als Rieselschutzvlies bei abgehängten Decken, zur Putzsanierung, als Akustikvlies und Dekorvlies in allen RAL-Farben für Decken (Raster), als Trennlagenvlies, z. B. für Gußasphalt-Beläge, nichtbrennbar A 2 nach DIN 4102;
6980 Schuller

1

MICROLITH®
~ - **MALERVLIES**, Faservlies aus Glasfasern gegen Haar- und Netzrisse innen und außen;
~ - **SCHWEDENGEWEBE**, Stapelfasergewebe zur Verfestigung weicher Ausbauschalen wie Gipskarton, Gips, Thermopete u. ä.;
2406 Kobau

Microlook
Deckensystem;
4400 Armstrong

MICROMAT
~ Edelstahl-Warmwasserspeicher aus Inox;
~ Gas-Brennwertkessel;
2800 EWFE

Midipoll
Beleuchtungssystem, Rohrsystem für vielfältige geometrische Lichtstrukturen, insbesondere für die Arbeitsplatzbeleuchtung;
5880 ERCO

Miebach
~ Kunststoff-Fenster;
~ Leichtmetallfenster;
~ Metallfassaden;
4000 Miebach

miflor®
Pflanzring aus Leichtbeton mit Verbundkehle, geeignet für kleine Böschungsbefestigungen und Terrassen;
4972 Lusga

MIGHTYPLATE®
~ **Dachbelag**, kaltflüssiger Bitumenanstrich, asbestfrei;
~ **Plastic Cement**, Spezial-Bitumenspachtel und Reparaturmasse;
~ **Primer**, Bitumendachbahn-Kaltkleber, Regenerieranstrich, Voranstrich;
6300 Schultz
→ 2000 Möller

MIGNON
Einbauleuchten;
3280 Kinkeldey

MIGUA
Bewegungs-Fugendichtungen aus Gummi und Kunststoff für Wand-, Boden- und Deckenfugen;
5603 Hammerschmidt

MIGUBEST
Feuerschutz;
5603 Hammerschmidt

MIGUDUR
Arbeitsfugenband aus Weich-PVC, armiert;
5603 Hammerschmidt

MIGUFOL
Gleitfolien;
5603 Hammerschmidt

MIGUPLAST
Fugenbänder;
5603 Hammerschmidt

MIGUPREN
Wellfugenband zur Abdichtung von Fugen z. B. im Flachdach, auch Baulager aus synthetischem Kautschuk;
5603 Hammerschmidt

MIGUTAN
Wasserdichte Profile;
5603 Hammerschmidt

MIGUTHERM
Vollwärmeschutzprofile;
5603 Hammerschmidt

MIGUTRANS
Schwerlastprofile;
5603 Hammerschmidt

MIK®
~ **Grüne Rinne**, Entwässerungsrinne für Stall, Haus und Hof;
4180 MIK

MIKROLITH
~ **DMP 71**, 1-K-Siliconmasse für dauerelastische Fugen;
~ **EFM 62**, Epoxi-Fugenmaterial, 2-K, lmf;
~ **FBM 60**, Fugenmasse für Fugen von 5 bis 12 mm Breite;
~ **FFM 61**, Fugenmasse für Fugen bis 6 mm Breite;
~ **FKD 201**, Fliesenkleber, gebrauchsfertiger Dispersionskleber;
~ **FKM 201**, Bau- und Fliesenkleber;
~ **FKM 205 E**, Fliesenkleber, elastischer Dünnbett-Klebemörtel;
~ **GRD 550**, Emulsion, Kunstharzdispersion, lmf, als Tiefgrund, Haftbrücke und Vergütungsmittel;
~ **GRF 560**, Neoprengrundierung, lmh;
4780 Mikrolith

Mikrona
Wasserfilter;
5100 Köpp

Mikropor
~ Akustikplatten aus kunstharzverleimtem Holzspangerüst mit mikroporöser Oberfläche, A 1, B 1, B 2;
~ **M**, Metall-Akustikplatten mit mikroporösem Akustikvlies beschichtet, schallschluckend ohne Dämmstoffeinlage;
6335 Wilhelmi

MILA
~ Jalousien;
2800 MILA

Milchüberfangglas
Milchglas mit hoher Lichtstreuwirkung z. B. im Innenausbau, Operationsräume, Ladenbau;
3223 DESAG

MILDER®
Spannbetondecken-Elemente aus freitragenden, vorgespannten Fertig-Betonelementen;
4100 Milder

MILLHOFF
~ Zäune, Zaungeflechte, Zaunpfähle, Tore, Torschranken;
~ Zaunbauteile aus Stahlrohr, polyesterbeschichtet;
3430 Millhoff

Millpanel
Wandverkleidung und Deckenverkleidung aus Edelhölzern;
2000 Berlin

Minaboard
Deckensystem, bei dem Platten in sichtbare Metallabhängungen eingelegt werden;
4400 Armstrong

Minaform S
Deckensystem mit Waben, bei dem die Platten senkrecht in die Metallabhängungen montiert werden;
4400 Armstrong

Minalok
Mineralfaserplatte, B1 nach DIN 4102;
4400 Armstrong

Minatex®
Akustik-Decke mit Rauhputz-Struktur;
4400 Armstrong

Minatone
Deckensystem, bei dem Platten in verdeckte Metallabhängungen eingelegt werden;
~ **K2 C2** und **BR K2 C2**, Kombinationen von sichtbaren und verdeckten Abhängungen;
4400 Armstrong

Minega Concept
Badezimmermöbel;
6000 Allibert

Minerit®
~ - Verbundelement aus einem Styrofoamkern mit einer wetterfesten Verkleidungsplatte, einer Zementplatte, in die eine Zellulosefaser eingebracht ist (Handelsmarke der OyPartek A.b.);
2160 STADUR

Minex
~ Raumspartreppen, Holzwangentreppe in den Varianten steil, normal und flach;
3490 Baveg

Minhartit
Industrieboden-Hartstoff auf der Basis Siliciumcarbid und Elektrokorund;
7554 Mineralien

MINIBOY
Abwasserhebeanlage zur vollautomatischen Haus- und Grundstücksentwasserung;
6000 Zehnder

Minifäk
Abwasserpumpe für stark verschmutzte Abwasser;
4040 Busch

MINIFÄK
Fäkalienhebeanlage;
6348 Hoffmann

MINIFIX
Abstandhalter für universelle Verwendung mit klemmenden Haltezungen für mehrere Stahldurchmesser;
5885 Seifert

mini-flat
Wintergärten und Pergolen aus tropischen Harthölzern, auch aus einbrennlackiertem Alu;
5810 mini-flat

Miniflor
~ Lärmschutzwand;
~ Stützwand-System;
8430 BKN

MINILEIT®
Dämmstoff für den technischen Wärmeschutz;
6700 G + H MONTAGE

Minilöffel
Betonstein für begrünbare Böschungen, Stützmauern, Lärmschutzwände;
4404 Silidur

Minimax
~ **Brandschutz, stationärer**: Sprinkleranlagen, Pulver- und Feuerlöschanlagen, CO_2- und Halonanlagen, elektronische Brand- und Gasmeldeanlagen, Schaumlöschanlagen, Funkenlöschanlagen, Sprühwasserlöschanlagen;
~ **Brandschutz, mobiler**: Feuerlöscher, Feuerlöschgeräte, Schaumausrüstungen, Sonderlöschgeräte, Feuerlöschmittel, brandschutztechnische Ausrüstungen;
2060 Preussag Minimax

1

Miniplat
~ - Fassade aus kleinformatigen, schindelartigen Alu-Platten in 5 Farben;
4600 Thyssen

MINIRAUM®-SPARTREPPE
Treppe, die durch versetzte Stufen auf kleinstem Raum eingesetzt werden kann (halbierte Auslage);
3490 Baveg

Mini-Tesor
Stahlkassette 28,5 × 18,5 × 6 cm, zum An- bzw. Unterschrauben, bedingt auch einbaugeeignet (Mini-Tesor);
5600 Westa

Minitop
→ ROHO-Minitop;
3052 Roho

MINIV-soft
Raumspartreppe mit versetzter Stufenanordnung;
4330 Univ

Minocal
Wärmemesser, elektronischer Mehrbereichszähler;
7022 Minol

Minomess
~ Unterputzzähler: Wasserzähler für die Kalt- und Warmwassermessung;
7022 Minol

Minometer E
Heizkostenverteiler, elektronisch;
7022 Minol

Minora
Wärmedämmsystem für außen und innen;
4950 Follmann

Minotherm II
Heizkostenverteiler nach dem Verdunstungsprinzip;
7022 Minol

Minéros
Steinrestaurierungsmittel;
6052 Krusemark

Mipolam®
Teppichböden;
5210 Hüls Troisdorf AG

MIPOLAM®
Homogene PVC-Beläge, PVC-Verbundbeläge und PVC-Systembeläge, Cushion Vinyls;
~ Profile aus Hart- und Weich-PVC (Treppenkantenprofile, Handlaufprofile, Sockelleisten, Schweißschnüre)
~ Wandbeläge aus geschäumtem PVC;
5210 Hüls Troisdorf AG
→ 2100 Möller;

MIPOPLAST®
Folien für die Heizöltankauskleidung, den Behälterschutz, Grundwasserschutz, zur Konfektionierung von Leckschutzsystemen und Schutzplanen, Estrich-Folie gegen aufsteigende Nässe;
5210 Hüls Troisdorf AG

mira
~ **F**, Heizkörperventil für geringe und ~ **II** für normale Durchflußmengen;
5760 Goeke

MIRA
~ Raumtextilien;
~ Teppichböden;
7022 Mira

MIRACONTRACT
Bodenbelag, textil;
7022 Mira

MIRAGE
Keramikfliesen (Produkt der Ceramica S.p.A. Mirage, Italien);
2050 Aretz
→ 4500 Lewek

Mirakel
Dolomitkalkhydrat zum Mauern und Putzen;
5518 Trierer Kalk

Miran
PVC-Fensterprofile;
3510 Miran

Miro
Rolladen-Aufbauelemente;
7454 Schlotterer

Mirogard
Entspiegeltes Glas;
3223 DESAG

Missel
~ - Kompakt-Dämmhülse aus einem Faser/Schaumverbund und faserverstärkter Schutzhülle für fußbodenverlegte Rohrleitungen;
7000 Missel

misselfix® DBGM
Schlauch, Rollschlauch und Streifen (aus vollsynthetischem Fasermaterial mit PE-Beschichtung) zur Dämmung von Heizungs- und Sanitärleitungen ohne Auflage gem. HeizAnlV und zur Körperschalldämmung (Rohrisolierung);
~ - **robust**, aus strahlenvernetztem geschlossenzelligen PE-Weichschaum mit zusätzlich feuchtigkeitssperrender Folie und reißfestem Gittergewebe;
7000 Missel

missel-mineral® DBP
Isolierung, korrosionsschutzimprägniert mit → FECUZNAL®, für Rohre und Flächen, für Kälte-, Wärme-, Schalldämmung, nicht brennbar nach DIN 4102;
7000 Missel

Misselon
~ Dämmaterial aus geschlossenzelligen PE-Schaum, Schläuche in Dämmdicken von 25 und 37 mm. Platten- und Bahnenware. Dämmfittings (Winkel, Bogen, T-Stück);
~ - **Robust DBGM**, Ausführung mit reißfestem Gittergewebe. Schläuche in Dämmdicken von 6, 9, 13 und 19 mm. Dämmfittings (Winkel, Bogen, T-Stück) und Armaturendämmung für Muffenschieber und Schrägsitzventil;
7000 Missel

misselon®
Schlauch- und Plattenmaterial sowie Bahnenware aus strahlenvernetztem, geschlossenzelligem PE-Schaum für Heizung, Klima, Kälte, Sanitär und Solartechnik;
7000 Missel

MISTRAL
Brausen (Kopf-, Hand- und Seitenbrausen);
7622 Hansgrohe

Mittelmann & Stephan
~ Heizkessel für feste, flüssige und gasförmige Brennstoffe;
~ Spezialkessel für Späne-, Stroh- und Papierverbrennung;
~ Warmwasserspeicher;
5928 Mittelmann

mitufa
~ Spielplatzgeräte;
~ Sportboden-Systeme;
~ Turn- und Sportgeräte;
~ Turnhalleneinrichtungen;
8540 mitufa

MIXBIT
Hartbitumen für Gußasphaltestriche im Hochbau;
4000 Wintershall

Mix-BV
Betonverflüssiger;
4930 Beton

Mixi
~ - Pumpe, Förderpumpe, Type KS auch als Schmutzwasserpumpe und Kalkspritze geeignet;
8229 Zuwa

MK
~ - Komplettfenster, aus Vollkunststoff-Mehrkammerprofilen, verdecktliegende Einbau-Drehkippbeschläge, Isolierglas, Rolladenkasten aus Vollkunststoff und Rolladenpanzer mit Sichtschlitzen;
~ - Kunststoff-Fenster, aus PVC SOLVIC®-S;
~ - Rolläden, aus Hart-PVC;
4788 Menke

MK
~ - Fensterzargen für Fertigteilebau;
~ - Stahlkellerfenster mit Lichtschacht, für herkömmliche Bauweise und Fertigteilebau;
~ - Türzarge für Fertigteilebau;
~ - Umfassungszargen;
7519 Kögel

mKb
Metallabkantungen. Systeme: Dachrandprofile, Mauerabdeckungen, Wandanschlüsse;
4300 metallkantbetrieb

MK-Kleintreppe
Platzsparende Kleintreppe mit normalen Stufen gerade, $^1/_4$, $^2/_4$ und $^1/_2$ gewendelt;
3490 Baveg

MLL
~ **max. 100**, Schiebelüftungen;
~ Wetterschutzabdeckungen;
2000 MLL

MM-Bimsstein
Mittelmeer-Hohlblockstein;
8602 Dennert

MMG
Holz-Stilblenden, ohne und mit fertiger Oberfläche incl. Blattvergoldung;
8037 Münz

MNG
~ 2080 fl, Heizkörper-Thermostat mit Flüssigkeitsfühler;
5760 Goeke

Moba
~ - **Schutzmatten**, Flachdachschutzmatten;
8137 Morasch

mobila
Stahlbeton-Fertiggarage;
2150 Hupfeld

mobil-bau
~ - Raumelemente, in Container- und Tafelbauweise, als Unterkünfte, Sanitäranlagen, Magazine, Baubüros für Baustellen;
7334 mobil

1

Mobilcer
Betonnachbehandlungsmittel;
2000 Wehakomp

modern stuck
Vorgefertigte Stuck-Dekors aus Gips;
~ - Dekorationsleisten und — Profilleisten;
~ - Lichtleisten, zur indirekten Beleuchtung;
~ - Rosetten;
2150 stuck modern

MODERNA
Ofenkacheln aus Westerwälder Ton;
6301 Dern

modernfold
Harmonikawände und Harmonikatüren aus Kunstleder;
7016 Monowa

Modersohn
~ Mauerwerksabfangung für die Verklinkerung an Neu- und Altbauten;
4905 Modersohn

Modex
Vielzweck-Gerüst;
4030 Hünnebeck

modul
~ **150, 200, 300,** Innenleuchten im Spiegelprofil-System aus stranggepreßtem Alu;
1000 Semperlux

Modul
Steinzeugfliesen, glasiert 20/20 cm und 10/10 cm glatt und trittsicher, kombinierbar;
4005 Ostara

MODUL
~ - **Klimaboden** von THERMOVAL®, Warmwasser-Fußbodenheizung im Niedertemperaturbereich, auch für den nachträglichen Einbau, Großflächen-Elementheizung;
5020 Thermoval Heiztechnik

MODUL
Lichtschalter-Baukastensystem in ,,Edelstahl rostfrei'', Ganzmetall oder Duroplast;
5885 Berker

Modul
→ HOLZKLINKER® Modul;
6990 Bembé

modulan
Strahlbandheizung;
7000 Missel

MODULEX®
Informationssysteme;
~ **Elektronische Anzeigen**;
~ **Planungssysteme**;
~ **Systemschilder**;
4150 Modulex

MODULO
Komplettwaschtische;
8000 High Tech

moellerit®
Einbaufertige Brüstungselemente und Wandelemente für die Fassadengestaltung;
2870 Möller

Möck
Schornstein-Reinigungstüren aus Edelstahl rostfrei;
7400 Möck

Möding
Tondachziegel;
~ **Biber**, Rundschnitt-, Segmentschnitt-, Geradschnitt- und Kirchenbiber;
~ **Falzziegel**;
~ **LIMES**-Flachdachpfanne;
~ **L 15**-Flachdachpfanne;
~ **Reformpfanne**;
~ **Ziegel-Fassade**, D.B.P. ang. Wandverkleidung aus Tonziegeln;
8380 Möding

Möller
Sanitäreinheiten aus glasfaserverstärkten Acrylglasplatten, komplett ausgestattet;
2870 Möller

Möller
Holzteile, dampfgebogen;
3452 Möller

Möllhoff
Müllboxen, feuerverzinkt mit Waschbetonverkleidung;
5800 Möllhoff

MÖNNINGHOFF
~ Fassadenelemente;
~ Gartenbauartikel;
~ Kabelkanal-Bauteile;
~ Lärmschutzwände;
~ Stadionbauteile;
4403 Mönninghoff

MÖRTELBINDER
Tragschichtbinder HT 35 nach DIN 18 506, hochhydraulisches Bindemittel zur Herstellung hydraulisch gebundener Tragschichten HGT;
7466 Rohrbach

MOGAFIX
Bitumen-Dachbahn, thermisch selbstklebend, auf Beton, Bitumendachbahnen, Hartschaumplatten, Korkplatten, anderen Dämmplatten;
6500 Mogat

MOGAPLAN
Elastomer-Bitumen-Schweißbahnen und Klebebahnen mit Einlagen aus Polyestervlies oder Glasgewebe, besonders als letzte Lage der Dachhaut oder für den Anschlußbereich;
6500 Mogat

MOGASIL
Schalöl, Mauerschutzanstrich;
6500 Mogat

MOGAT
~ - Aluhaut;
~ - Bitumen-Dachpappen, Dichtungsbahnen, Glasvliesbahnen;
~ - Dachschindeln (Bitumendachschindeln);
~ - Kupferhaut;
6500 Mogat

MOGATOL
Holzschutz (Carbolineum);
6500 Mogat

MOGATWO
Dachbahn, aus je einer Lage Alu-Folie 0,1 mm, Glasgewebe und 3 Schichten Bitumen, wasserdicht und praktisch wasserdampfdurchlässig;
6500 Mogat

Mohno®pumpen
→ NETZSCH-Mohno®pumpen;
8264 Netzsch

Mohnotyp®
~ - Hausnummern aus rostfreiem Zink-Druckguß, Oberfläche schwarz-matt einbrennlackiert;
7270 Häfele

Mohr
~ - Fertigdecken zum Selbstverlegen;
5472 Mohr

Mohr
Brettschichtholz;
5500 Mohr

Mohr
~ Papiertapeten;
~ Prägetapeten;
~ Profiltapeten;
~ Strukturtapeten;
5600 Mohr

Mohring
~ Großflächenplattendecken (Decken);
~ Ziegeldecken;
7326 Mohring

Molanex
~ - Hohlkammerplatten, Stegdoppelplatten aus PC;
2800 Molanex

MOLLY
~ - Blindnietmuttern;
~ - Hohlraumanker;
4500 Titgemeyer

MOLSIV®
~ Fenster-Abstandhalter;
~ Fenster-Dichtungsmassen;
~ Trockenmittel für Isoliergläser;
4000 Union Carbide

molti bad®
Textile Bad-Ausstattungen, Duschabtrennungen, faltbar;
8940 Metzeler

Molto 3000
Alu-Fenster System Führer, wärmeisoliert und schallgedämmt;
4835 Hartwig

Moltodecor
Wandbeschichtung mit Struktur, aufrollbar, aber auch mit Kelle, Pinsel o. ä. aufzutragen;
6293 Molto

Moltofill
Füllmasse, Spachtelmasse, Kleber für jeden Untergrund;
6293 Molto

Mondriano
Künstlerisch ausgerichtete Designfliese;
7130 Steuler

Monette
~ Dachrinnenbeheizung;
~ Straßenbeheizung, elektrisch;
3550 Monette

Monex
~ - Fußbodenfarbe, Beschichtungsstoff zum Schutz von Auffangwannen und -räumen (sog. Heizölsperre);
5100 Mohné

Monile
Kunststoff-Fußboden für höchste Beanspruchungen im Gewerbe- und Industriebereich, z. B. für Fleischwarenfabriken, Brauereien u. ä.;
8770 Seitz

Mono
Stahltüren;
4800 Schwarze

MONOBOND™
Sprühklebstoff für Teppichböden und textile Bodenbeläge;
6231 Roberts

1

MONOFIX
Abstandhalter für die untere Bewehrung mit großem Klemmbereich, besonders für Spaltenböden;
5885 Seifert

Monoflex
Mobiles Trennwand-System;
3565 Christmann

MONOFLEX
~ - **WEISS**, speziell für Natursteine (Marmor) und unglasierte Keramik;
~ 1-K-Fliesenkleber, flexibel, zementhaltig, für innen und außen, ausreichend flexibel für verformungsfähige Untergründe, wie z. B. Heizestriche, Betonfertigteile. Type;
4930 Schomburg

Monoform
~ - **Compound**, wie ~ - Emulsion, jedoch auf Lösungsmittelbasis;
~ - **Emulsion**, Bitumenemulsion für glasfaserarmierte, homogene, fugenlose, Abdichtungen von Dächern;
~ - **Glasroving**, Spezialroving für die Glasfaserarmierung nach dem Monoform-Verfahren;
2000 Colas

MONOGYR®-DIALOG
Einzelraum-Temperaturregel- und -steuersystem mit statistischer Auswertung der Raumdaten;
6000 Landis

Monolit hy
Hydraulisch abbindender Schamottebeton, steinhart in 24 Std. ohne Temperatureinwirkung, für Mauerwerk, Formsteine und Mörtel;
4000 Custodis

Monopanel
→ delitherm;
7120 DLW

monoPLAN
Einzel-Elementwände;
2350 Becker

MONOPLEX
~ - Schweißbahnen, Bitumen-Aufschweißbahnen und Aufschmelzbahnen mit Sonderdeckschichten aus armiertem und modifiziertem Bitumen, Einlagen: Glasvlies, Glasgewebe, Polyesterfaservlies, Edelstahlriffelband, Isolierschutzmattenkaschierung;
6430 Börner

Monopoll
Beleuchtung im Baukastensystem;
5880 ERCO

MonoStep
Fensterprofil-System für Fenster mit Einfachfalz und Außendichtung;
4576 Stöckel

Monotherm
Allzwecktüren in variablen Größen und Ausstattungen (Türen);
4800 Schwarze

Monowa
~ **AS-Wände**, schalldämmende, bewegliche Abschlußwände;
7016 Monowa

Monowall 1000
→ delitherm®;
7120 DLW

Montafirm
Klinkerarmer Hochofenzement;
4100 Thyssen

montafix®
~ - Treppen, System Tegethoff. Raumspartreppen, Mittelholmtreppen, Wohnhaustreppen, Spindeltreppen in Stahl und Holz;
3490 Baveg

montafix®
~ Raumspartreppen in Holz oder Stahl für den Dachausbau;
~ Spindeltreppen in Stahl;
8000 Baveg

Montanaweiß
→ ispo Montanaweiß;
6239 ispo

Montanit
Spezial-Hochofenzement HOZ 35 L HS/NW;
6330 Buderus Bau

MONTAPLAST
Dichtsystem, hochsicheres, mehrschichtiges Dichtsystem für viele Untergründe zum Überbrücken von Rissen und Fugen;
~ - **B**, Dichtfolie auf PVC-Polypropylen-Basis;
~ - **W** und **S**, Dichtkleber für waagrechte und senkrechte Flächen;
4354 Deitermann

montaplex®
Mit Laminat beschichtetes Allwetter-Sperrholz für Fassadenverkleidungen, Dachumrandungen, Balkonverkleidungen, Naßzellen usw.;
~ **B 1**, schwer entflammbar;
~ **Sandwich-Paneele**;
4040 Bruynzeel

MONTAZELL-1
PUR-Dämmschaum und Montageschaum;
4354 Deitermann

Montebello
Straßenleuchte, mit oben offener Spiegeloptik, obere Acrylglaskuppel orange- und rauchbraun;
6000 Mazda-Licht

Montecchi
Keramikfliesen der Manifattura Montecchi, Florenz/Italien;
3052 Montecchi

Monteferno
Betonstahl der Fa. Monteferno Stahl- und Walzwerke AG, CH 6743 Bodio/Schweiz;
7053 Mutschler

MONTENOVO®
Wärmedämmsystem;
7341 Montenovo
→ 4784 Montenovo
→ 5950 Montenovo

Monterra
Verbund- und Rechteckpflaster;
7148 Ebert

MONTIER MIT MIR
Montageklebstoff aus der Kartusche, kunststoffgebunden, lmh, 1-K, vielseitig verwendbar, z. B. zum Kleben von Holz, Alu, Hart-PVC usw., für innen;
2000 Lugato

MONTIG
~ - Plattentreppe aus Sichtbeton;
6100 Montig

MONZA
~ - **Alu-Fenster**;
~ - **Esterol**-Brüstungsplatten;
~ - **Fensterzargen**, feuerverzinkt;
~ - **Norm-Fenster**, fertiglackiert und verglast;
~ - **Rollka**-Rolladenkasten;
6070 Monza

MONZAPLAST
~ - Fenster aus kunststoffummantelten Holzprofilen;
6070 Monza

Moporit
Wandelement mit Polystyrol-Hartschaumkern;
2870 Möller

Mora
Armaturen aus Schweden;
2000 WSV

Moracid
Holzschutzmittel;
8170 Moralt

Moralt
~ **Pyroex**-Verbundplatte, Holzspanplatten mit Beschichtung;
8170 Moralt

MORALT
Einbaufertige Türelemente, Fertigtüren, Türfutter sowie Renovierungselemente für Stahlzargen;
8867 Moralt

MORAMENT
~ Flugasche zur Betonverbesserung (Betonzusatzmittel);
7505 Moräne

MORAMIX
Mischbatterien;
2000 WSV

MORATEMP
Thermostat-Auslaufarmatur;
2000 WSV

MORATERM
Thermostat-Auslaufarmatur;
2000 WSV

MORAVIA
~ - Baustellen-Absperrgeräte;
~ - Baustellen-Einheitsflaggen;
~ - Geländegitter;
~ - Gliederketten aus Nylon und PE;
~ - Kabelschutzhauben;
~ - Stern-Absperrband;
~ - Stilkette, massiv Reinmessing, zur Verbindung zwischen Pollern;
~ - Stilpoller;
~ - Warnmarkierung nach DIN 30 710;
6200 Moravia

MORION
~ - Absperrgeräte;
~ - Absperrgitter;
~ - Absperrpfosten;
~ - Drehschranke;
~ - Forstwegschranke;
~ - Gatterschranke;
~ - Schilderpfosten;
~ - Systemgeländer, variables Schutzgeländer;
~ - Wegesperre;
6200 Moravia

MORSÖ
Kaminöfen und Brennöfen aus Gußeisen;
4030 Bellfires

MORTAN
Mörtelzusatzmittel;
6100 Woermann

mosaik
→ BASAMENT® mosaik;
4200 Böcke

Moselschiefer
→ Rathscheck;
5440 Rathscheck

MOSER-KELLER
Fertigkeller;
6920 Moser

Motema
Epoxidbeton zur Reparatur von Sand- und Kalksandstein;
6000 Koblischek

MOTEMA®
~ - Acrylbeton;
6000 Koblischek

Motsch
Betonwaren und Betonfertigteile wie Kellersteine, Hohlblocksteine, Beetplatten, Randsteine;
6657 Motsch

mott
~ **Bühnenelemente**, höhenverstellbar;
~ **Tanzflächen**, mobil;
~ **Tribünenaufbauten**;
6972 Mott

MOWA
Garagen aus Gasbeton-Fertigelementen, Einzelgaragen, Reihengaragen, Doppelstockgaragen, Doppelparkergaragen;
4300 Hebel

Mowilith®
Basismaterial für Werkstoffe zur Putzflächensanierung;
6230 Hoechst AG

Mowiton®
Bauhilfsmittel für Mörtel, Komponente für Industrieböden;
6230 Hoechst AG

MOZ
Schmelzglas, in weiß, bronze, farbig, rauchfarben;
4440 Moz

MP 26
Bitumen-Dachdichtungsbahn mit Polyesterfaservlieseinlage;
6430 Börner

MP-Decke
Spannbetondecke;
8602 Dennert

MS
~ - **Abstandhalter Typ 400**, für die obere Bewehrung in Stahlbetondecken als großflächige 4-Bein-Konstruktion, Abstandhalterfüße sind korrosionsgeschützt;
~ - **Deckenplatte** Typ 300, werksmäßig vorgefertigtes großflächiges Bauteil mit statisch erforderlicher Bewehrung ausgestattet und durch MS-Träger selbsttragend ausgebildet;
~ - **Füllkörperdecke** Typ 300, als Balkendecke mit Ortbetonbalken und statisch nicht mittragenden Zwischenbauteilen aus Bimsbeton, Ziegelsplitt, Blähton usw., auch als Rippendecke und Stahlbetonrippendecke;
~ - **Stahlbetonrippendecke** nach DIN 1045, Abschn. 19.7.8., zweischalig;
4250 MS-Decken

ms
Knetholz MS/PK, Ausführung-L-beizbar, nicht nachsinkend;
7151 Schmid

MSG
Mechanische Sicherheits-Geräte;
4404 Winkhaus

MSH
Stahlbau-Hohlprofil, geschlossen, mit quadratischem oder rechteckigem Querschnitt, in rund 400 Abmessungen;
4000 Mannesmann

MSS
Mini-Standrohr-Spindeltreppe;
3490 Baveg

mst
Spindeltreppen (Stahlspindeltreppen, Holzspindeltreppen, Standrohr-Spindeltreppen);
3490 Baveg

MSU
~ - Sicherheitsleitern, aus Alu, Holmen in Ovalprofil, Sprossen in Rundprofil, gerieft;
~ - Sicherheits-Schachtleiter, aus Alu, Holme glatt, Sprossen aus gerieftem Rohr;
~ - Sicherheits-Steigbügel, aus längsgerieftem PE-Rohr;
4690 Overesch

MSW
~ - **Stahlwangen-Spindeltreppe** mit Rohrgeländer für Industrie, Geschäfts- und Wohnhäuser;
3490 Baveg

MTC
Stahltüren, Feuerschutztüren nach DIN 4102;
3100 MTC

MTM
~ Mörtel, Fertigmörtel;
4790 GPV

MU
~ **Formenöl O 49**, nicht wasserlöslich;
~ **Formenöl EF 7**;
~ - **VELAB-Konzentrat**, wasseremulgierbare Schalöle;
7000 Epple

MÜBA
Baugeräte-Programm;
~ **Absperrgeräte**;
~ **Deckenstützen**;
~ **Drunterring** für Unterbewehrung (Abstandhalter);
~ **Gerüstbacke**;
~ **Gerüste** aus Stahl und Alu;
~ **Schalungsträger** (Holzschalungsträger);
~ **Schutzgitter**;
5768 MÜBA

Mücher
Übergangsdichtungen für Rohrleitungen aus unterschiedlichen Materialien und unterschiedlichen Rohraußen- und Muffeninnendurchmessern (Rohrdichtungen);
5830 Mücher

Mügo
Kunststoff-Schwingtore mit Deckenlaufschiene;
5419 Mügo

Mühlacker
Wandfliesen-Programm;
5410 Steuler

Mühlacker
~ **Dachziegel**, Tondachziegel;
~ **ISODACH**, Steildachdämmung durch Stufen-Hakenfalz-Dämmplatten;
7130 Baustoff

Müller
Holzfenster, Alu-Fenster;
1000 Müller & H.

Müller
Kunststoff-Fenster;
2000 Müller, Gg.

Müller Gönnern
I-Binder, T-Binder, Satteldachbinder, Brückenträger, Massiv-Absorber-Heizsystem;
6341 Müller

MÜLLER OFFENBURG
Ausstellungsvitrinen für die Außenaufstellung;
7600 Müller Offenburg

MÜLLER5
Natursteine;
~ - **Granitpoller**;
~ - **Mauerscheiben**;
~ - **Pflastersteine** aus Kalk-, Sandstein, Melaphyr, Porphyr;
~ - **Quellsteine**;
~ - **Riesenkiesel**;
~ - **Stelen**;
7277 Müller

Müllfix
~ - Müllkammern aus Betonfertigteilen;
~ - Müllkammertüren;
4600 Brandhoff

müllmaster
~ - Betonschränke, Mülltonnen-Schränke aus Waschbeton in verschiedenen Größen;
3394 Langer

Münchener
Spielplatzgeräte, aus Holz und Metall;
8027 Friedrich

Münchener
~ **Gehwegplatte** grau, Betonwerksteinplatte für Gehsteige;
8080 Grimm

Münchener Blockhaus
~ Holzdachrinnen;
~ Wohn-Blockhäuser, Ferien-Blockhäuser, Garten-Blockhäuser;
8000 Münchener Blockhaus

Münster Weiß Farben
Kalkfarben;
7906 UW

Münsterkalk
Weißkalkhydrat, trocken gelöscht;
7906 UW

Münsterländer Meisterklinker
→ Meisterklinker;
4405 Hagemeister

Münzenloher
Natursteine: Säulen, Mühlsteine, Wassertröge, Pflanztröge;
8250 Münzenloher

MÜPRO
Rohrschellen, Abhängungen, Schiebebefestigungen, Installationsschienen, Schalldämmeinlagen, Heizkörperbefestigungen, Dübel, Beschilderungssysteme;
6238 Müpro

1

MÜRO-Warm
~ Rolladenkasten mit Vollwärmeschutz, aus Hartschaum verschäumt und verzapft mit Leichtbauplatten für 24er, 30er und 36er Mauerwerk, auch für Klinkerverblendung;
3578 Schmitt

MÜSSIG
~ - Balkongeländer-Programm;
~ - Treppengeländer-Programm;
7034 Müssig

muko
Einbau-Sauna oder Garten-Sauna aus massiven Blockbohlen;
4408 B + S

MULSEAL
Latex-Bitumen-Kaltemulsion, Isolierung und flexible Dachhaut für den Hoch- und Tiefbau;
2000 Wehakomp

MULTA
~ - Systemstein, mit Oberflächenstruktur aus Edelsplitt, zur Befestigung von Hof- und Parkflächen;
6100 Montig

MULTI MAUER SYSTEM
Mauersystem aus Betonfertigteilen für bepflanzbare Lärmschutzwände und Stützmauern;
7434 Knecht

MULTIBEAM®
Platten- und Wandriegel-System, Unterkonstruktion aus feuerverzinktem Bandstahl für alle Dacheindekkungen und Wandverkleigung;
4236 Multibeam

MULTIBETON®
Flächenheizung, (Fußbodenheizung), auch Freiflächenheizung;
5060 Multibeton

Multibloc C/CT
Zur Förderung von Trink-, Brauch-, Löschwasser, Druckerhöhung;
6710 KSB

Multicol
Dispersionskleber-Haftvlies, wiederaufnehmbar;
6231 Roberts

Multicryl
Acrylatfarbe, für außen und innen, wetter- und verseifungsbeständig, rißüberbrückend;
4400 Brillux

Multicut
Abwasserpumpe mit Schneidsystem für die problemlose Druckentwässerung;
4803 Jung

MULTIFIX
Abstandhalter, am Kreuzungspunkt der Bewehrung klemmend, für senkrechte und waagrechte Bewehrung;
5885 Seifert

Multifixschaum
→ Compakta®-Multifixschaum;
8225 Compakta

Multiflex
Faltwände und Falttüren aus Holz oder Kunstleder;
2900 Hüppe Raum

Multiflex
Schnell härtende, dauerelastische Klebe- und Dichtungsmasse, 1-K-Montagekleber für das Bauwesen;
4050 Simson

Multiflood
~ - **H**, Halogenscheinwerfer, für Sportplatzbeleuchtung, Gebäudeanstrahlung, Parkbeleuchtung;
8600 Zimmermann

MULTI-GEMINI
Lichtprofilsystem;
3280 Kinkeldey

Multi-Konserval
Reinigungsmittel für fast alle Materialien wie Kunststoffe, Metalle;
7141 SCA

Multilift
Lüftungssystem für Küchen aus Farb-Alu;
4600 Thyssen

Multilux
Deckenleuchten (Kassettenleuchten) zum Einbau und Anbau unter der Decke;
3257 AEG

Multimatrizen
→ Seeger
7513 Seeger

multi-max
Schallschluck-Lüftung mit extrem kleinen Einbaumaßen;
2000 Max

MULTI-NAIL
→ BAT-MULTI-NAIL;
3000 BAT

multipact
→ ISOLAR®-multipact;
6544 Isolar

MULTIPAINT
Streichfertiges Allwetter-Sperrholz;
4040 Bruynzeel

MULTIPLAST
Estrichzusatzmittel, chlorfrei;
3280 Hörling

MULTI-PLATE®
Stahlfertigteile für Durchlässe und Unterführungen, Schutzbunker, Behälter für Schüttgüter und Flüssigkeiten, Stahlfertigrohre für Kanäle;
4220 Armco

MULTIPLEX
~ - Schweißbahnen, Bitumen-Aufschweißbahnen mit Alu-Kombi-Einlage und Sonderdeckschichten aus armiertem und modifiziertem Bitumen;
6430 Börner

Multiroll
Trennvorhänge zur Unterteilung von Sporthallen und Sälen;
2900 Hüppe Raum

Multisafe
Homogener PVC-Belag für Bäder und Feuchträume;
4030 Tarkett

multisafe
→ THYSSEN-multisafe;
5758 Thyssen Umform

MULTISUN®
Vertikal-Jalousien, Kettenvorhänge, Sonnenschutzrollos, Sonnenschutzfolien;
4300 Brux

multi-way
~ - Ausstellungssystem, Grundelemente sind Ausstellungswände und Vitrinen, untereinander kombinierbar;
6750 Barz

Mumm
Schalungssteine (Wandbausteine) aus Normalbeton;
2350 Mumm

Mungo
~ - Dübel;
8901 Fäster

Munte
~ - **Köcher**, Stahlbeton-Fertigfundament;
3300 Munte

Munters
~ **ECONOVENT®**, Wärmerückgewinner, mit Rotoren aus Alu oder keramisierter Glasfiber;
~ **Luftbefeuchter FA 3**, brand- und korrosionssicherer Befeuchter für den Einbau in Klimakomponenten;
~ **Tropfenabscheider DAK**, für Klima-Kompaktgeräte, Luftkühler, Befeuchter usw.;
2000 Munters

MUNZ
~ **Allzweckecken**, zur befestigungsfreien Körperschall- und Schwingungsdämmung bei Heizkesseln, Wärmepumpen, Klimageräten;
~ **Fundamentplatten**, zur Dämmung von Körperschall und Schwingungen ohne Bodenbefestigung (Schwingungsdämpfer);
5204 Munz

Mura
Fertigmauer-System mit eingebauten Pflanzinseln zur Hangsicherung;
6722 Lösch

MURAFAN®
Hochwertige Kunstharzdispersion zur Vergütung von Mörtel, Estrich usw.;
7300 MURASIT

Murana
Wandbelag, Kunststoffolie mit Unterlage;
6710 Pegulan

MURAPLAST®-SUPER (BV)
Fließmittel ohne Nebenwirkungen für frühhochfeste Betone, wirksam auch bei sehr steifen Ausgangskonsistenzen;
7300 MURASIT

Mura®
Steinsystem aus Leicht- oder Normalbeton, bepflanzbar, für Lärmschutzwände, Stützmauern und Böschungsbefestigungen in Mischbauweise;
4972 Lusga

Muras
Baukleber, Fliesenkleber;
4250 MC

Muras
~ - Ausgleichsmassen und weitere Produkte für den Fliesenleger;
~ - Dünnbettmörtel nach DIN 18 156 geprüft;
~ - Fugenmassen;
7300 MURASIT

MURASIT®
~ - Abbindeverzögerer;
~ - Betonverflüssiger;
~ - Fließmittel;
7300 MURASIT

Muresko
Dickschichtige, matte Fassadenbeschichtung;
6105 Caparol

MURFILL
Elastische und wasserdichte Fassadenbeschichtung und Mauerfarbe der Fa. S.A. Mathys/Belgien;
4130 Veri

1

MURFLEX
Raumgitterwände;
7710 Mall

Murfor®
~ - Mauerwerksbewehrung für konstruktive Bewehrung und bemessenes Mauerwerk;
6380 Bekaert

MUROBETONAL®
Beton-Bodenbeschichtung aus Silikatbasis zur Härtung für Zement- und Betonfußböden (Betonschutzmittel);
6084 Silin

MUROL
~ - Innenweiß KW 79, Innen-Dispersion, waschbeständig;
7000 Wörwag

MURSEC-System
Trockenmauer wie → KANN-Trockenmauer, jedoch ohne Nut- und Feder-Verbindung;
5413 Kann

Muthweiler
~ Rote Erde für den Wege- und Sportplatzbau;
~ Tennenbaustoffe;
~ Tennismehl;
6680 Muthweiler

MWH
Wetterfeste Sitzmöbel-Systeme aus Alulegierungen im Großverfahren bzw. kunststoffbeschichtetem Alu und Stahlsitzflächen und -rückenlehnen;
6928 MWH

Mycoflex
~ **100**, elasto-plastische Dichtungsmasse auf Acrylat-Dispersionsbasis;
~ **4000**, elastische Dichtungsmasse auf Polysulfid-Kautschukbasis;
~ **5000**, elastische Dichtungsmasse auf Silikonkautschukbasis;
4250 MC

myrtha
~ Fassaden Alu/Glas, Glas und Aluminium;
8400 Myrtha

M 33
Massive zweiflügelige Tür aus Tropenhartholz, besonders zur Renovierung von Landhäusern und Villen der 20er und 30er Jahre;
2900 Magotherm

„N"
Nageldübel, zum Einschlagen mit dem Hammer;
7244 Fischer

N 100
Neoprene-Kleber, rollstuhlfest, geeignet bei Fußbodenheizung;
5800 Partner

nadoplast®
~ Abgrenzungspfähle zum Abgrenzen von Park- und Campingplätzen;
~ Außenwandbekleidungsprofile (Eckwinkel, Fugenstreifen, u. ä.) aus PVC-Hart;
~ Gartenziergitter aus Polystyrol, schlagfest;
~ Kunstrasen aus PE;
~ Randsteine und aus PP;
3050 Nadoplast

Naftolan®
Methacrylatharz, gießfähig, zur Herstellung von Verbund- und Schalldämmgläsern;
6000 Chemetall

Naftotherm®
Klebedichtungsmassen auf Polysulfid-(Thiokol®) und PIB-Basis für die Herstellung von Mehrscheibenisolierglas;
6000 Chemetall

Nafuclar
Oberflächenverzögerer zur Herstellung von Waschbeton;
4250 MC

Nafucolor
Farbige Dachschutzanstriche für Dachbahnen und Dachfolien;
4250 MC

Nafufill
Polymerzusatz zur Herstellung von Betonersatz;
4250 MC

Nafuflex 2 K
Zweikomponenten-Bitumen-Spachtelmasse für Abdichtungen im Erdreich;
4250 MC

Nafulan
Schutzanstriche auf Bitumen- und Steinkohlenteerpechbasis;
4250 MC

Nafulastic
Elastische, rißüberbrückende Dachbeschichtungsmasse;
4250 MC

Nafuplan
Schalöle, Schalwachse, Entschalungshilfen;
4250 MC

Nafuquick
Gebrauchsfertige, hydraulisch-abbindende Spachtelmasse für die Betonkosmetik;
4250 MC

Nagoya
Zweipersonen-Acryl-Wanne (Badewanne) in Luxusausführung;
5300 Ideal

NAKRA
~ - Grillkamin aus massivem Kupfer;
~ - Kamindächer (Kaminabdeckungen), aus Nirostastahl (V 2 A) oder Kupfer;
~ - Wetterfahnen aus Kupfer;
8755 Kraut
→ 3000 Sperr

Nap-Lok
Teppich-Abschlußschiene;
6231 Roberts

Natura
~ - Fachwerkhäuser aus Massivholz und doppelwandigem zimmermannsmäßigem Abbund, schlüsselfertig;
1000 Bauhandel

NATURHAUS
Naturfarben;
~ Fassaden-Silikat-Farbe;
~ Holzlacke;
~ Lasuren, klar und farbig;
~ Mineralfarbe für innen;
~ Volltonfarben;
~ Wachsbalsame;
~ Wandfarben zum Selbstanmischen;
8200 Naturhaus

Naturit
~ - Sandstrahlplatten;
8767 Arnheiter

Naturstein-Teppich
Bodenbelag, bei dem Sedimentgestein in Kunststoff eingebettet ist, für innen und außen;
5650 Strizo

NAU
Heizöltanks aus Kunststoff und Stahl für Erdlagerung und Aufstellung in Räumen;
~ - **CELLA**, zylindrischer Kellertank aus GFK, 4000 bis 10 000 l;
~ - **DIN 6608/2**, zylindrischer Erdlagertank aus Stahl, 5000 bis 100 000 l;
~ - **GARANTA**, zylindrischer Erdlagertank mit Innenbeschichtung und GFK-Außenmantel, 5000 bis 100 000 l;
~ - **HYDROFORM**, Rechteck-Kellertank, 4000 bis 100 000 l;
~ - **KUGEL**, Erdlagertank aus GFK in Kugelform, 6000 bis 12 000 l;
~ - **NYLON**, Keller-Batterietank aus Polyamid (Nylon);
~ - **SPEZIAL**, zylindrischer Erdlagertank aus Stahl mit Innenbeschichtung, 5000 bis 100 000 l;
~ - **TERRA**, zylindrischer Erdlagertank aus GFK, 4000 bis 30 000 l;
8052 Nau

Nauheimer Pyramiden
~ Lichtbänder aus plexigals®;
~ Lichtkuppeln;
~ Rauch- und Wärmeabzugsanlagen;
6085 Börner

Naunheim
~ **Doppelböden**, Montageböden für die Industrie;
4300 Naunheim

NAUTILIT®
Duschkabinen und Duschtüren aus → SEKURIT®;
5100 Vegla

NAUTOVOSS
Spezial-Spachtelmasse für GFK-Laminate im UW-Bereich;
2082 Voss

NDB
Betonsanierungssystem, bestehend aus:
~ - **Additiv D**, wäßrige Acrylatdispersion als Anmachflüssigkeit;
~ - **Feinschlämme EL**, speziell für Haar- und Krakeleerisse;
~ - **Feinschlämme**, Betonfeinschlämme zum vollflächigen Beschichten des Sichtbetons;
~ - **FINISH-COLOR**, verseifungsbeständige Reinacrylatdispersion, wirkt als Carbonatisierungsbremse;
~ - **Metallgrund D**, 2-K-Rostschutzgrundierung auf Kunstharzbasis;
~ - **Metallgrund EP**, 2-K-Rostschutzgrundierung auf Epoxidharzbasis;
~ **PRECOSILAN**-Fassadenfarbe, Siloxan-Fassadenfarbe, lmh, für Betonschutz;
~ - **Saniermörtel H**, rißfrei aushärtender Betonsanierungsmörtel;
4950 Follmann

NDB
~ - Fassadenfarben;
~ - Kunststoffputze;
4950 Jünemann

NE
~ - **Rasterdecke**, Lamellendecke aus Alu, Unterdecke mit der Funktion als Lüftungsdecke, Lichtdecke oder zur dekorativen Verkleidung;
~ - **Zweckformdecke**, Paneel-Unterdecke aus Alu;
4353 Nagelstutz

1

NEBA
~ - Alu-Elemente, Riemenpaneele (System WW Sanalit), Einschub-Paneele, Alu-Kassetten (System Sanacoustic);
~ - Schallschluckplatten aus Weichfasern für Wände und Decken aus Mineralwolle, Holz, PVC, Gips u. ä.;
2800 Hoting

NEDUSA
~ - Verblender;
4240 Anker

nefit turbo®
Brennwert-Gasheizkessel;
4100 Nefit

NELSKAMP
~ - Betondachsteine;
~ - Tondachziegel, u. a. glasierte Flachdachziegel und Hohlziegel in verschiedenen Farben, Doppelmuldenfalzziegel, Rheinlandziegel;
~ - Vormauerhochlochziegel nach DIN 105;
4235 Nelskamp

Nelson
~ - Betonanker, die auf die Einbauteile mit der
~ - Bolzenschweißtechnik aufgeschweißt werden;
5820 TRW Nelson

Neodomo
Einhebelmischer für Bad, Dusche, Waschtisch;
7034 KWC

NEO-FERMIT
Giftfreie Dichtungspaste, speziell für Erdgas, schwundfrei, nicht trocknend, zum Abdichten von Gewinden, Flächen u. ä., an Gas-, Wasser- und Heizanlagen;
2102 Nissen

Neo-Gedurit
→ ELCH Neo-Gedurit;
5090 Drengwitz

Neolen
Betonbeschichtung aus PU, für extrem hohe Beanspruchung, höchste Chemikalien- und Säurebeständigkeit;
8909 IRSA

NEOLINCK®
~ - Verfahren, Rohrauskleidung;
3000 Niedung

NEOPOLEN®
PE-Schaum für Rundprofile zur Hinterfüllung von Bau- und Dehnungsfugen bei elastischer Fugenverkettung, für Thermo- und Akustikplatten, Unterlagen für Schwingböden;
6700 BASF

NEOPOR
~ - Isolierbeton für Fußboden, Dach, Wand und für Blocksteine in Verbindung mit Blähbeton;
~ - Leichtbeton, bewehrt;
~ - Verfahren, Porenleichtbeton in Rohdichten von 400–1800 kg/m^3;
7440 Neopor

NEOPRENE FLASHING CEMENT
Neoprenmasse für Fugenabdichtung, öl-, chemikalien- und wasserbeständig, dauerplastisch;
6799 BWA

neospiel
Spielplatzgeräte;
3533 neospiel

Neoten
Abdeckfolien;
3300 Neoplastik

Neotopf®
~ - Gleitlager;
7300 GHH

neovac®
Zentral-Staubsaugsystem für den Einbau in Ein- und Zweifamilienhäusern;
6072 Rösler

NEPA
~ - Dampfbremse, für Holz- und Fertigbau;
7080 Palm

NEPLIT®
~ **W8**, **W16**, **W32**, Abbindeverzögerer für Waschbeton;
7918 Tricosal

Neptun
Einhebelmischer mit Keramikscheiben;
5860 Schulte

NERACID®
Kohlenstoffsteine, trocken geformt, säure- und laugenbeständig;
5330 Didier

Nestrasil-Ziegel
Thermopor-Ziegel;
7122 Nestrasil

Netzlicht
Lichtpunktsystem;
3280 Kinkeldey

NETZSCH
~ - **Mohno®pumpen**, Abwasserpumpen;
~ - Rechengut-Aufbereitungsanlagen;
8264 Netzsch

NEU AUF ALT
~ **GEWEBE**, alkalifestes Glasgewebe zur Armierung von ~ HOLZBODENAUSGLEICHSMASSE;
~ **GRUNDIERUNG**, lmf, Voranstrich für alle Holzdielen und Spanplatten vor dem Beschichten ~ HOLZBODENAUSGLEICHSMASSE;
~ **HOLZBODENAUSGLEICHSMASSE**, zementgebunden, kunststoffvergütet, caseinfrei, selbstverlaufend, rasch erhärtend, für planebene Schichten von 2 bis 20 mm;
2000 Lugato

NEUE HEIMAT FERTIGHAUS
Fertighäuser;
2000 Neue Heimat

NEUER ANSTRICH
Reinacrylat-Versiegelung, farbig, lmf, heizölbeständig, rasch erhärtend, abriebfest, zähplastisch, für Beton-, Zement-, Gußasphalt- und Holzböden, Faserzementplatten, Haussockel, Ölauffangwannen, 5 Farbtöne;
2000 Lugato

Neuform
~ Abzweig-Verschlußdeckel L, für Lippendichtungsrohre 150 mm ∅ (Rohrabzweig-Verschlußdeckel);
~ Abzweig-Verschlußdeckel System Otto, aus korrosions- und druckfestem Spezial-Kunststoff für Rohrweiten von 100 bis 250 mm;
5910 Otto

Neugebauer
~ Alu-Holzfenster;
~ Bronze-Holzfenster;
~ Kupfer-Holzfenster;
~ Objektschutzfenster;
~ Schalldämm-Fenster, ~ Schallschutzklassen 2 bis 6;
4400 Neugebauer

NEUGRÜN und BAYRISCH GRÜN
Grüne Natursteinkörnung für Waschbeton, Gehwegplatten, Gartenplatten;
8670 Schrenk

Neuhaus
~ - **Sicherheitsfolien** zur Splitterbindung;
~ - **Sonnenschutzfolien**;
~ - **Spiegelfolien** zur Raumgestaltung;
~ - **UV-Lichtschutzfolien** für Schaufenster;
6350 Neuhaus

Neumet-System
Warmwasser-Fußbodenheizung;
4100 Kloep

NEUMIG
~ - **Trennwand-System** Schiebetore und Seiten-Trennwände aus verzinktem Stahl für Tiefgaragenboxen, Keller u. ä.;
2000 Neumig

NEUPOX
~ **PANZERBODEN**, Industriefußboden;
5308 Neuber

Neupur
Flachdach-Dämmsystem mit plattenförmigem PUR-Hartschaum WLG 20, beidseitig diffusionsdichten Alu-Deckschichten und unterseitig angeordneter Diffusionsebene zur Ableitung von Feuchte durch Diffusion;
8000 Neu

Neuschwander Ziegel
Thermopor-Ziegel;
7129 Neuschwander

neu-therm
Fenster- und Fassadensysteme in Alu, Kupfer, Bronze und Holz;
4400 neu-therm

NEUTRA
Benzinabscheider, Fettabscheider, Feinabscheider, Schlammfänge;
7710 Mall
→ 7760 Zeiss

neutralux
Wärmeschutzglas, dreifach;
6544 Isolar

Neutrofirn
Betonhärte-Fluat für Zementfußböden (Estriche);
2000 Schmidt, G.

NEUWA
System einer Kabelabschottung für den Einbau in Wänden und Decken der Feuerwiderstandsklasse F 90;
5750 Bettermann

NEUWA
Elektro-Installationssysteme;
~ DIN-Tragschienen;
~ Kabel-Trägersysteme;
~ Kabel-Brandabschottungen;
~ Unterflur-Installationssysteme;
~ Wand-Installationskanäle;
5750 Neuwa

NEVA
Falttüren aus PVC;
7600 Grosfillex

NEWOSA®
Haustüren aus Holz;
7507 Newosa

NEW-Wand
~ Lärmschutzwand;
~ Stützwand-System;
8430 BKN

1

NH-Beton
Betonfertigteile;
5241 NH

NHN
Türschließer in Flachform;
8228 Schösswender

Nibofix
Verlegevlies, mit einem Spezialklebstoff beidseitig beschichtet, zum Verlegen von textilen Bodenbelägen;
4807 Niederlücke

NIBOPUR
PU-Montageschaum aus der Sprühdose zum Montieren und Kleben von Türzargen, Verfüllen von Hohlräumen, Dämmen und Isolieren usw.;
4807 Niederlücke

Nickel
~ Gummigranulat-Bautenschutzmatten;
~ Gummigranulat-Dämmplatten;
~ Gummigranulat-Noppenplatten;
~ Schwingungsisolatoren;
~ Trittschalldämmung;
6342 Nickel

NICOCYL
Industriebodenplatten aus Recycling-Kunststoffen;
4600 NICO

Nicol
Badausstattungen in Holz, Wohnbadteppiche;
3501 Nicol

NICOLL
~ Abläufe für Bad, Hof, Terrasse, Keller, Flachdach;
~ Ablaufrinnen und Bodenroste aus PVC-Hart;
~ Lüftungsgitter für alle Zwecke;
~ Rohrklemmen von 8 bis 25 mm Ø;
5000 Schmitz E.

NICOPLAST
Blumenpflanzschalen aus Recycling-Kunststoffen;
4600 NICO

nicoprotect
Gerüstumkleidung, wind- und lichtdurchlässig, UV-stabil, Gerüstnetze, Gerüstplanen;
4300 protect
→ 7500 protect
→ 8000 protect

Nicotra
Ventilatoren;
~ - Hochleistungs-Radialventilatoren, auch mit Drallregler;
8000 Nicotra

Niederberg
Plattenlager;
4133 Niederberg

Niedergünzl
~ - Parkett, alle Arten von Parkett und Holzböden, Mosaik-, Muster-, Stab-, Kassetten-, Industrie-, Hirnholz- und Tafelparkett. Fertigparkett in Langstab-, Flecht-, Fischgrät-, Würfel-, Bohlen und Landhaus-Dielenmuster. Wandverkleidungen, massiv zum Kleben;
8229 Niedergünzl

Niedersachsen
~ Dachziegel;
~ Verblendsteine;
3220 Ott

Niedung
~ - System, Rohrsanierungssystem mit Zementmörtel nach dem Rotationsverfahren;
3000 Niedung

Niefnecker
Jura-Marmor, Natursteine, Solnhofer Natursteinplatten;
8078 Niefnecker

Niemann
Fertigdecken;
7513 Niemann

Niemetz
~ Garagentore;
~ Industrietore aus ausgeschäumten Paneelen und Alu-Profilen;
8601 Niemetz

Nier
Baustellenwarnleuchten;
2214 Nier

Nieros
~ - Bauelemente aus PUR, Edelstahl Rostfrei, Alu und Niederdruck-PE. Programm: Kühlraumtüren, Trennwandkonstruktionen, Sandwichelemente, Eckschutzschienen, Wandverkleidungen, Rammschutz usw.;
8172 Niederberger

Nijha
Spielplatzgeräte aus Metall, Holz und Kunststoff;
5455 Nijha

NIKOR
→ HEINTZ-NIKOR;
6342 Heintz

Nikosol®
Wäßrige Nikotin-Isolierfarbe, auch gegen trockene Fett- und Wasserflecken;
8822 WFF

Nipp
~ Alu-Fenster;
~ Vorhangfassaden;
2800 Nipp

Nirolift
Bodenablauf mit Pumpe;
5204 ABS

Nirosta®
Nichtrostender Stahl für den Einsatz in der Innen- und Außenarchitektur;
4630 Krupp

Nisiwa
Hydrophobierende Imprägnierung auf Silikonbasis;
4250 MC

Nisott
→ Rett-Nisott;
6751 Rett

Nissen
Verkehrssignalanlagen, quarzgesteuert. Warnleuchten;
2253 Nissen

Nistac
Gartenmöbel;
3053 Kettler

NITRIPOR®
Amonium Austrinkwasser-Entfernung;
3000 Preussag Bauwesen

NIVOLIT
Gebrauchsfertiger Gefälleausgleich für Flachdächer;
2000 VIA

Nixe
Einhebelmischer mit Keramikscheiben;
5860 Schulte

Nizza
Flachdachpfanne bis zu einer Neigung von 12°;
3078 Albert

NKS
Betonwaren und Betonfertigteile wie Waschbetonplatten, Rasensteine, Fassadenelemente, Verblendsteine, Böschungsringe, Lärmschutzwände, Schalterdosensteine;
6634 Demmerle

NL 200
Neoprene-Vorstrich, lmf;
5800 Partner

NOBØ
Wandkonvektoren mit elektronischer Temperatur- und Zeitregulierung;
4950 Brinkmann

NOBEL
~ **Coll**, Dispersions-Holzleim;
~ **Fliesenkleber**, Dispersionskleber;
~ **Holzlacke**, auf Nitrocellulose und 2-K-Basis;
~ **Holzpaste**, flüssiges Holz;
~ **Lux**, Kunstkautschuk-Kontaktkleber;
~ **Styropor®-Kleber**;
~ **Versiegelungslack** UV, für Holz und Stein, lmf;
2083 Nobel

NOBLE
Zweigriffarmaturen mit keramischen Oberteilen (für gehobene Ansprüche);
5860 Schulte

Noblesse
Wintergärten;
3453 Noblesse

NOBLESSE
Badezimmer-Ausstattung;
5860 Hemecker

NOCKEN
Fliese im Nockenprofil zur Aufnahme großer Wassermengen, trittsicher, nicht geeignet für Öl- und Fettverschmutzung (Trittsicherheits-Fliese);
4005 Ostara

NOE
~ **Aluminium-Schalung** für Wände und Decken;
~ - **Combi-Schalungen**, Kombinationen einer Stahlabsteifung mit einer Holzschalhaut;
~ - **Deckenschalsysteme** mit und ohne Unterstützung;
~ - **Gerüste**, Konsolgerüste, Klettergerüste, typengeprüft;
~ - **Rahmenschalungen** für Wände;
~ - **Spannkonen**, zur wasserdichten Verspannung bzw. für Sichtbeton;
~ - **Spezial-Schalungen**, für Schächte, Rundbehälter, Rechteckstützen, Rundsäulen, Treppen, Kanäle;
~ - **Tunnelschalung**, aus Stahl, für monolithisches Betonieren von Schottenbauten, Wänden und Decken in einem Guß;
~ - **Universal-Stahlschalung**, für universellen Einsatz;
7334 NOE

NOEplast
~ - Schalmatten, mit vielen Strukturdessins für vielfachen Einsatz, auf jeder Schalung und in Formtischen zu verwenden;
7334 NOE

Nöcker
Hartrasen-Platten;
4000 Nöcker

Noflam
→ KLIMATON Noflam;
4000 Brandt

1

NOFRI®
~ - **Lager**, bewehrtes Elastomer-Lager mit einem zeitlich begrenzt wirksamen Gleitteil für Brücken- und Hochbau mit der Gleitpaarung PTFE;
8011 Gumba

NOKA
Schornsteinaufsätze mit Edelstahldeckel;
7130 NOKA

Nokoplast
~ - PVC-Profile, Abdeckprofile, Balkongeländer, Dehnungsfugenprofile, Industrieprofile;
3418 Kordes

NOLCON
Rostschutzfarben;
2000 Höveling

Nomad
Schmutzfangmatten für den Eingangsbereich, strapazierfähig, antistatisch, schwerentflammbar, 5 Varianten für verschiedene Einsatzorte;
4040 3M

Nomafa
~ - **Schnellauftor** mit Öffnungsgeschwindigkeiten von 0,7 bis 1,7 m/s je nach Größe und Getriebeausführung;
4730 Nomafa

non static
→ Thomsit-non static;
4000 Henkel

NOPERLYN
~ **F 2000**, siliconfreies Trennmittel für die Schweißtechnik;
~ **S 700**, Silicon-Trennmittel mit Anti-Silican-Effekt, verhütet das Anhaften von Schweißperlen;
6751 Pyro

Nora
~ - Bodenbeläge und Tischbeläge, elektrisch leitfähig;
~ - Dachbegrünung-System;
Schutz- und Dränsystem im Garten- und Landschaftsbau;
~ - Sportbodenbeläge, Prallwände;
6940 Freudenberg

Noraflor/Noramid
Textilbelag aus Synthesefasern;
6940 Freudenberg

Norament
Bodenbeläge aus Synthesekautschuk mit profilierter Oberfläche;
6940 Freudenberg

Noraplan
~ Bodenbeläge aus 100% Synthese-Kautschuk mit glatter Oberfläche;
6940 Freudenberg

NORDCEMENT
~ Hochofenzemente HOZ 35 L, HOZ 35 L-NW/HS/NA;
~ Portlandzemente PZ 35 F, PZ 45 F, PZ 55, PZ 45 F-HS SULFEX mit besonderen Eigenschaften;
~ Putz- und Mauerbinder;
3000 Nordcement

Norddeutsches Terrazzowerk
~ Agglomarmor, kunststoffgebunden, für Fensterbänke, Treppenstufen, Tritt- und Setzstufen, Bodenplatten, Wandverkleidungen, Fassadenverkleidungen;
~ Granit, für Außenfensterbänke, Außentreppen, Bodenplatten, Fassadenverkleidungen;
~ Marmor, für Tritt- und Setzstufen, Bodenplatten, Wandverkleidungen usw.;
~ Schiefer, für Fensterbänke, Bodenplatten, Treppenstufen;
~ Travertin, Fensterbänke, Treppenstufen, Bodenplatten, Wandverkleidungen, Fassadenverkleidungen;
3300 Terrazzowerk

Nordform
Formteile, Stäbe, Profile, Scheiben, Blöcke aus → Plexiglas und → Makrolon;
2000 Nordform

NORDHAUS
Fertighäuser;
6432 Nordhaus

nordklima®
Allesbrenner, Einkammer-Doppelbrand-Kessel;
2842 Nordklima

Nordlicht
Shed-Lichtkuppeln;
4971 JET

Nordlichtkuppel
→ ESSMANN®-Nordlichtkuppel;
4902 Essmann

NORDMARKHAUS
Fertighäuser;
2243 Nordmark

Nordö
~ - Sauna, mit Komplettausstattung;
5460 Nordö

NORDROHR
Kunststoff-Fertigungsprogramme für Abflußrohre, Kanalrohre, Dachrinnen mit allen erforderlichen Formteilen, Fußbodenheizung;
2200 Nordrohr

NORD-STEIN
~ **Fenstersohlbänke** (Klinker);
~ **Formziegel** zur Restaurierung und Renovierung;
~ **Klinkerplatten** nach DIN 18 158 in den 4 Farben rot, gelb, weiß und schwarz-braun;
~ **Klosterformatsteine** als Handstrich-Vollziegel, als Strangpreß-Hochlochziegel, als Wasserstrichziegel und Akustikziegel;
~ **Pflasterklinker**;
~ **Treppenstufen** (Klinker);
~ **Verblendklinker**;
~ **Verblendsteine**;
2990 NORD-STEIN

NORDSTURZ
Vorgespannte Stürze als Abdeckungen für Tür- und Fensteröffnungen, Spannbeton-Zaunpfähle;
2354 Nordsturz

NORGE TERMO
Gewächshaus aus Polykarbonatplatten und Alu-Gehäuse mit automatischer Belüftung;
4044 Norge

NORGIPS
~ **Ansetzbinder**;
~ **Feinputz**;
~ **Fugenfüller**;
~ **Gipskartonplattennägel**;
~ **Gipskartonplatten gem. DIN 18 180** (GKB): mit abgeflachten kartonummantelten Längskanten (**AK**) oder halbrunden kartonummantelten Längskanten (**HRAK**), nichtbrennbar, auch als Feuerschutzplatte (**GKF**), auch als Bauplatte kernimprägniert für häusliche Feuchträume;
~ **Gipskartonplatten gem. DIN 18 184** mit Styropor-Hartschaum-Beschichtung;
~ **Glasfaserbewehrungsstreifen**;
~ Montagematerial und Kompl. Zubehör;
3500 Norgips

NORINA
~ Doppelboden, für Unterflur-Installation fugenlos im Flächengießverfahren;
~ Hohlraumboden für Unterflurinstallation mit hoher Lastaufnahme durch Gewölbestruktur;
~ Nivellier-Estrich im Flächengießverfahren stellt das Niveau nahezu von selbst planeben ein;
8500 Norina

NORIP®
→ SBF-NORIP®;
3150 Preussag Wasser

Noris
Blattgold;
8540 Noris

NORKA
Leuchten für Schutzraumbauten, Mehrzweck-Zivilschutzanlagen, Einbauleuchten;
2000 Norka

NORKA®
~ - Verblender, glatter, weißer Verblendstein auf Kalksandsteinbasis, kein deckender Anstrich erforderlich, nur farblose Nachbehandlung;
2000 Holert

NORMA
~ SCHELLEN, Profilschellen für Kegelflansche (Rohrschellen), bevorzugt aus Chromnickelstahl;
6457 Rasmussen

Norma
→ Drum System Norma;
6791 Drum

Norma
~ **V100 E 1**, Spanplatte, phenolharzverleimt, nach DIN 68 763, auch als Fußbodenverlegeplatte mit Nut und Feder, aus 2050 × 925 mm, Type **GE1** pilzgeschützt;
~ **V20 E 1 und E 2**, Spanplatte mit feiner Nadelholz-Oberfläche nach DIN 68 763, auch als Verkleidungsplatte mit Nut und Feder aus 2050 × 925 mm;
7562 Gruber

norma
Lichtbauelemente aus Acrylglas-Bausteinen mit Hart-PVC-Rahmen;
7800 Friebe

Normandie
Steinzeugfliese, glasiert, mit feinstrukturierter Oberfläche 30/30 cm;
4005 Ostara

normaroll®
Roll-Lamellenstores in Ganzmetall, mit Kurbel- oder Motorantrieb;
4000 NORMA

NORMBAU
~ Beschläge;
~ Briefkästen und Briefkastenanlagen;
~ Nylon-Türdrücker in vielen Farben;
7592 Normbau

NORMBOX
~ - Fertiggaragen mit Feinputz, einzeln oder in Reihen;
6920 Normbox

NORMOUNT®
Klebebänder und Montagebänder, Trägermaterial PUR-Schaum;
4156 Norton

NORM-STAHL
~ Gitterträger;
~ Plattendecke;
2990 Norm

NORMSTAHL®
~ - **Decken-Sectional-Tore** mit vielen Oberflächen;
~ - **Garagen-Schwingtore** mit Tor-Absturzsicherung und Federn-Unfallschutz durch Multi-Energiepakete (pat.), zu den Toren passend;
~ - **Gartengerätehäuser**, mit brauner Normstahl- oder Holzverkleidung, auch zum Selbstverbrettern;
~ - **Nebeneingangstüren** für Garagen usw.;
~ - **Seiten-Sectional-Tore**, ideal auch für Rund- und Segmentbögen;
~ - **Torantrieb** mit Funkfernsteuerung;
8052 Normstahl

Norol
→ ALSECCO-Norol;
6444 Alsecco

NORPLANK
Gipskartonplatten gem. DIN 18 180 mit runden kartonummantelten Längskanten (RK);
3500 Norgips

Norseal
Dichtungsbänder aus Vinyl-Schaumstoff, selbstklebend, dauerelastisch;
5047 Norton

NORSEAL®
PVC-Schaumstoffbänder in verschiedenen Abmessungen als Abdichtungsprofile;
4156 Norton

NORSK®
Holzschutzlasur, farbig und farblos;
2900 Büsing

NORSTUCK
Gipskartonplatten gem. DIN 18 180 mit runden kartonummantelten Längskanten (RK), Putzträgerplatte für NORSTUCK-Decken;
3500 Norgips

Norton
Dichtungsbänder → Norseal;
5047 Norton

Nostalgie
Einbohrbänder, die Türen ein „antikes" Aussehen verleihen;
7270 Häfele

Nostalgiesprosse
Holz-Fenster mit Massiv-Holzsprossen, 40 mm breit, profiliert;
5768 Sorpetaler

Nostalit®
~ Betonpalisaden mit abgerundeten Kanten → 8430 BKN;
~ Betonpflastersteine mit weich gerundeten Ecken und Kanten;
3550 Nostalit

Nothnagel
~ - Dränrohre aus Kunststoff;
1000 Nothnagel

Notter
Fensterbeschläge;
~ Drehkippbeschläge;
7173 Notter

Nova
~ - Leuchten, Langfeldleuchte;
2000 Fagerhult

Nova
Marmor-Kachel (Ofenkacheln);
8078 Schöpfel

Nova decor
Tapeten und Rauhfasertapeten aus Papier-Recycling;
7850 Kindler

NOVAFLEX
Brauseschlauch mit Kugellager in der Anschlußmutter;
7622 Hansgrohe

novaflor®
Gewächshäuser;
4796 Bartscher

NOVAKOTE
Chemie-Schutz Epoxidharzprodukte;
2000 Höveling

NOVALASTIK®
Dichtungsschnüre in verschiedenen Profilen, aus PVC-Schaumkern mit Butyl-Ummantelung;
4156 Norton

Novaporit
Hartschaum-Dämmstoff aus Styropor®;
2000 Lau

nova®
~ - **Allzweck-Isolierplatten**, für Böden (unterm Teppich), hinterlüftete Wände, Decken;
~ - **Alu-Reparaturbänder**, selbstklebend;
~ - **Balustradenformen** für klassische Säulen, Pfosten und Profilkanten für Beton- und Steinarbeiten;
~ - **Dränmatten und Dränbahnen**;
~ - **Epoxy-Kitt**, dauerhafte Schnellreparatur außen und innen;

~ - **Fensterbank-Spoiler**, Vollisolierung gegen Konvektionswärme;
~ - **Fensterreflexionsfolie** zum Aufkleben auf Scheiben;
~ - **Heizkesselreiniger**;
~ - **Heizkörperfolie**, selbstklebend;
~ - **Isolierplatten** für Innenwände und Decken;
~ - **Metall-Ornamentplatten**, alle Größen. Metall-Kunststoffverbund für Wände, Decken in Kupfer, Messing, Silber patiniert, auch für Feuchträume (Schwimmbad);
~ - **Rohr-Isolierband**;
~ - **Solar-Reflexionsrollo** für Fenster und Glasdächer;
~ - **Tür-Relieffolien**;
~ - **Wasser Stop-Programm**, für Nässebereich auch unter Wasser zu verarbeiten, versch. Ausführungen;
~ - **Zugluft Stop**, Fensterdichtung;
6501 Nova

NOVATEX
~ - **span E 2-1** · B 1, schwerentflammbar, Platten und **Vertäfelungen** mit hochwertiger Melaminharzbeschichtung;
~ - **Spanplatten**, „feuchtverleimt" nach DIN 68 763;
8352 AMF

NOVATHERM®
Butylmassen und Butylprofile zur Abdichtung von Isolierglasscheiben und Bauteilen;
4156 Norton

noverox®
Rostschutzemulsion, hochwirksamer Komplex für Entrosten, Rostbekämpfung und -vorbeugung;
8728 Koch für PLR 8
→ 3320 Taxol für PLR 3
→ 4421 Kirsch für PLR 40 bis 43, 46 bis 58
→ 6370 Haas für PLR 1, 5, 6, 44, 45, 47 bis 49;

NOVETA
~ - Deckensysteme, Rondenraster, Alu-Breitstegraster, Kunststoffraster, Alu-Raster, Blatt-Decor-Raster, Großwaben-Raster, alle mit → Litec-Leuchten;
2800 Rathje
→ 2800 Greifeld

Novoc
~ - **(VZ)**, Betonerstarrungsverzögerer, verlängert die Verarbeitungszeit, plastifizierend, festigkeitssteigernd;
~ - **flüssig (BV)**, Betonverflüssiger, plastifizierend, entmischungshemmend, festigkeitssteigernd;
4750 Ceresit

novoferm
Garagentore, Stahl-Sicke sendzimirverzinkt oder kunststoffbeschichtet im Holzdekor Teak. Kassettenfüllung in Stahl verzinkt, ohne Füllung für bauseitige Holzverbretterung;
4294 Isselwerk

Novoflor
Dachbegrünung ;
8729 Fränkische

NOVOGARD®
~ - Garderoben- und Fächersystem aus Stahlblech;
~ - Hallen- und Freibadschränke;
~ - Umkleidebänke;
5860 Oostwoud

NOVOLAC
Bandbeschichtungen;
8000 Hesse

Novolen
~ - Wirkgewebe, zur Standsicherung kleinkroniger Bäume und windgefährdeter Sträucher auf Dachgärten (Wurzelgewebe);
8729 Fränkische

NOVOLEN®
PP zur Herstellung z. B. von Montagewänden (z. B. Lärmschutzwänden), Dränrohren, heißwasserbeständigen Abwasserrohren;
6700 BASF

Novolight
Lichtdecken von Decorona, Lingby/DK;
2000 Novolight

NOVOLITH
Fassadenverkleidung mit reliefartiger Schieferstruktur in 5 Farben und verschiedenen Formaten;
8582 Frenzelit

NOVOLUM-S
Tageslichtleuchte, Ganzraumbeleuchtung;
8000 Sedlbauer

novopak®
Kompakt-Kitt, grau, zähplastisch-thixotrop, für Holz-, Metall- und Betonfenster zur Verglasung von Fensterglas u. ä. (Fensterkitt);
1000 Beyer

NOVOPAN
Vollabgesperrte Holzspanplatten, Typ V 20, Emissionsklasse E 1;
~ **B 1**, schwerentflammbare, gem. DIN 4102, Emissionsklasse E 1;
~ **FF**, Holzspanplatte, Type V 20 E 1, 5schichtig verleimt, formaldehydfrei;
3400 Novopan

NOVOPHEN ISO
Holzspanplatten, 5-schichtig, für hohe Belastungen, z. B. Industrie-Fußböden, Bühnen, Doppelböden usw.;
3400 Novopan

1

NOVUS
Badleuchten;
4450 Müller

NOXYDE
Rostschutzmittel (Rollschutzanstrich) der Fa. S.A. Mathys/Belgien;
4130 Veri
→ 5800 Partner

Nr. Sicher
Baustoff-Programm, **nur** im Baustoffhandel erhältlich;
~ 001, bis 003, Primer;
~ 007, Silicon-Dichtmasse;
~ 010, Acryl-Dichtmasse;
~ 030, PU-Schaum;
~ 101, Fliesenkleber;
~ 102, Fliesen-Kraftkleber;
~ 106, Sicherheits-Klebemörtel;
~ 111, Klebemörtel;
~ 112, Schnellklebemörtel;
~ 114, Mittelbettmörtel;
~ 115, Mittelbettmörtel flexibel;
~ 118, Sicherheits-Kleber;
~ 151, Fugenfüller;
~ 152, Fugenfüller flexibel;
~ 155, Fugenbreit;
~ 156, Fugenbreit flexibel;
~ 201, Strukturputz;
~ 202, Reibeputz;
~ 211, Rollputz;
~ 222, Dekorputz;
~ 233, Natursteinputz;
~ 301, Dispersionsfarbe;
~ 351, Holzschutzlasur;
~ 401, Fassaden-Dicht;
~ 410, Öl-Schutzanstrich;
~ 420, Flüssigdichtfolie;
~ 430, Epoxidharzabschichtung und Fliesenkleber;
~ 500, Styrodur-Kleber;
~ 501, Bitumen-Dichtanstrich;
~ 509, Flexible Dichthaut;
~ 512, Bitumenanstrich Imh;
~ 515, Bitumen-Dachlack;
~ 522, Bitumen-Spachtelmasse;
~ 530, Sicherheits-Abdichtung 2-K;
~ 533, Bitumen-Kaltkleber;
~ 540, Dämmplatten-Spezialkleber;
~ 550, Sicherheits-Abdichtung;
~ 551, Dichtschlämme;
~ 601, Schnellzement;
~ 651, Putz- und Mauermörtel;
~ 680, Fließspachtel;
~ 701, Haftemulsion;
~ 705, Elastik-Zusatz;
~ 722, Putz- und Mörteldichter;
~ 733, Beton-Trennmittel;
~ 901, Bitumen-Voranstrich;
~ 902, Bitumen-Voranstrich, Imf;
~ 906, Tiefgrund L, (Imh);
~ 909, Tiefgrund LF, (Imf);
~ 911, Putzgrund-Grundierfarbe;
~ 944, Versiegeler;
~ 951, Zementscheierentferner;
~ 966, Verdünnung BX;
~ 967, Verdünnung T;
~ 970, Hinterfüllmaterial;
~ 999, Styrodur®-Fliesenelemente;
4354 Nr. Sicher

NTK®
Kompakt-Heizkörper und Flach-Heizkörper;
3000 Purmo

NTW
~ – Terrazzokörnungen und Steinsande, Muschelkalk und Kunstgranitmischungen;
6258 Terrazzowerke

Nu DIN
Verdrahtungskanäle nach DIN 43 659;
8673 Rehau

NU SENSATION HY BUILD FIBRED®
→ RPM-NU SENSATION HY BUILD FIBRED®;
5000 Hamann

Nüdling
Eskoo-Verbund- und Betonpflastersteine;
6400 Nüdling

Nürnberg
Sanitärzelle, besonders für Alten- und Behindertenwohnungen;
4150 Krems-Chemie

NÜSING
~ – **TRENNWÄNDE**, Faltwände in Holz und Kunstleder;
4400 Nüsing

Nüsingwand
Verschiebewände mit Massivwandcharakter;
4400 Nüsing

Nullux® 2000
Lichtkuppel-Verdunkelung für die Lichtkuppeln essernorm und esserplus;
1000 Eternit

Nuova d'Agostino
Keramikfliesen aus Italien
7100 iGA

NURMI
Torrollen, mit feuerverzinktem Bügel, für Schiebetore;
8890 Meisinger

Nusser
Fertigbauteile, Raumzellen, flexible Trennwände, Schränke, Parkbänke;
7057 Nusser

NV 150
Neoprene-Vorstrich;
5800 Partner

NYHALIT
Dichtungen für die Gasversorgung;
2100 New York

NYHAPREN
Fugendichtungen für Betonverkehrsflächen;
2100 New York

Nylofor®
~ - Stahlmattenzaun;
6380 Bekaert

nynorm
Holzprodukte, druckimprägniert u. a. Flechtzäune, Holzfliesen, Pergolen, Autounterstellplätze, Windschutz, Spielhaus;
2350 Nynorm

O & K®
Rolltreppen, Rollsteige;
4320 O & K

OASE
~ POOL, Schwimmbecken aus Edelstahl Rostfrei; Springbrunnentechnik, Wassertechnik, elektronisch gesteuerte Wasserwechselspiele, Unterwasserbeleuchtung, Pumpen, Schwimmbadtechnik;
4446 OASE

OBALITH
Schnellhärter für Estrichmörtel;
7801 Glass

OBENFIXER
Abstandhalter zur Unterstützung der oberen Bewehrung;
5885 Seifert

Oberland
~ - Schalungsplatten, Dreischichtplatten, Großformat-Schalung, Zuschnitte;
7940 Haid

OBERLAND
~ - Holzhäuser: Wohnhäuser, Ferienhäuser, Wochenendhäuser, Jagdhütten als Bausatzhaus, Ausbauhaus oder Fertighaus;
8918 Oberland

OBJEKTA
Wandeinbau-Kastenspüler;
4952 Rost

OBO
~ - Kabelbahnen aus gestanzten oder gekanteten Lochstahlblechen zur Aufnahme von Kabelsträngen;
5750 Bettermann

Obolith-Stein
Kunststein aus gemahlenem Sandstein, mit gespaltener und auch von Hand geschlagener Ansichtsfläche, z. B. für Gehwegplatten;
5600 Leipacher

obro®
~ - Polyesterhallen für Schwimmbäder (Schwimmhallen);
~ - Schwimmbad-Überdachungen;
8540 Oberdorfer

OBTURIT®
Feuermörtel und Feuerkitte;
6000 Fleischmann

OBUK®
Türfüllungen, insbesondere Haustürfüllungen aus beidseitig glasfaserverstärkten Polyesteroberflächen, Isolierkern aus PUR-Hartschaum;
4740 Obuk

O.C.
~ **Band**, elastische Dichtungsbänder aus Kunststoff-Weichschaum für den Hoch-, Tief- und Ingenieurbau;
~ **Flamm**, dämmschichtbildender Feuerschutzanstrich für Stahl- und Holzkonstruktionen;
~ **Plan 2000 G**, Dachdichtungsbahnen mit 100% Lucobit;
~ **tect 150**, 1-K-Flüssigkunststoff auf PVC-Mischpolymerisat-Basis;
6901 Odenwald

O.C.
~ **Elektronik-Wasseraufbereiter®**, elektro-physikalischer Wasseraufbereiter zur Verhinderung von Kalkablagerungen in Rohren und Geräten → 4150 O.C.;
7730 O.C.

OC 12-FROSTSCHUTZ (BE)
Frostschutzmittel mit Abbindebeschleuniger für Mörtel, Beton und Stahlbeton bis —10°C;
4930 Schomburg

Ochtruper polybloc®
Fertignischen für Sanitärinstallationssysteme, Heizkreisverteiler;
4434 Hewing

OCTIKON
Leuchten-System;
1000 Zeiss

1

Odenwald
~ - Bänke;
~ - Tische aus massiver Steineiche, wetter- und winterfest;
6149 Grünig

ODM
Mülltonnenschranktüren, verzinkter Stahl, doppelwandig;
5760 Dahlmann

ODS
Messestand-System;
4900 Bökelmann

Oecotherm®
~ Wand-Fenster-Temperier-System, Umweltheizung nach dem Prinzip der römischen Hypokaustenheizung;
8000 IEU

OELLERS
~ - **Estrix**, farbige, öldichte Zementbodenbeschichtung;
~ - **Fugenbänder** für Hoch-, Tiefbau und Putz;
~ - **IMMEX-offene Kamine**, aus vorgefertigten Elementen, Zimmer- und Terrassenkamin mit Warmluftumwälzung und Frischluftzuführung;
~ - **IMMEX-Sauna**;
~ - **IMMEX-THERM**, Warmluftkamin, Warmwasserkamin;
~ **Kontra-Rost**, dauerhafte, rotbraune oder hellgrüne Grundierung für Stahl und Eisen;
~ - **Tekta**, gummiartiger Bitumenschutzanstrich, nahtlos, kalt zu verarbeiten, für alle bekannten Untergründe, wasserdicht, physiologisch unbedenklich, auch für Innenräume;
~ - **waterproof**, farblose Fassadenimprägnierung, wasserabweisend, atmungsaktiv, für saugende Untergründe;
~ **1** und **1-Lack**, Injektionsharz auf Epoxidharzbasis für Beton und Stahl, säurefest und ölbeständig;
5173 Oellers

OELLERTOL 1
Hochwertiger, schwarzer Isolieranstrich auf Steinkohlenteerpechbasis, für Beton, Fundamente im Erdreich und unter Wasser;
5173 Oellers

ÖKO-SOLAR®
Grundofen-Solarheizung;
8228 Emmerling

Öko-span
Schalungssteine aus Holz und Beton für ein Baukastensystem: Das Fertigungsprogramm umfaßt Bausatzhäuser, Ausbauhäuser, Kellerbausätze, Fertigkeller, Wochenendhäuser, Dachkonstruktionen;
8335 öko-span

ÖKOTHERM
Multifunktionales Rollosystem für Verbundfenster und Aufsatzelemente, Rollostoffe aus Polyester, Baustoffklasse B2 für Sonnenschutz, Wärmeschutz, Blendschutz;
5000 Remis

Ökotherm
Fußbodenheizung mit Luft als Wärmeträger;
6052 Union Bau

Öko-VM
Maschinenverlegbares Pflaster mit hoher Wasserdurchlässigkeit, als Industriepflaster geeignet;
7557 Kronimus

ÖkoWeiß innen
→ Meisterpreis ÖkoWeiß innen;
4010 Wiederhold

ÖLFEST
→ LIPOLUX-ÖLFEST;
8800 Kulba

Öl-Stop
Fußbodenanstrich und Beschichtung für Ölauffangräume (Heizölsperre);
4790 Kertscher

Öltod
Ölbinder, 1 l bindet ca. 6 l Öl;
7592 M + SP

Özpolat
Spezialartikel für den Beton-Fertigteil und Fertig-Garagenbau aus Kunststoffen;
~ Balkonabläufe;
~ Bodenabdeckkappen;
~ Bodenabläufe;
~ Briefkästen;
~ Dachentlüfter;
~ Kanallüfter;
~ Laubfangkörbe;
~ Lüftungsgitter;
6101 Özpolat

Ofra
~ - Raumzellen, fester feuerverzinkter Stahlrahmen;
3472 Ofra

ogos®
~ - **bi-velours**, Kokos-Velours-Türmatten mit PVC-Rücken;
~ - **Breit-Rips**, Rahmenmatte aus PP;
~ - **duett**, Metallrahmen mit eingelegter Türmatte;
~ - **Stufenmatten** aus 75% PP und 25% PA, auch Winkelstufenmatten;
3250 Golze

OGRO
~ **Garderoben-System;**
~ **Leitsystem**, Orientierungs- und Informationsschilder;
~ **Profiltürbeschläge** und **Fensterbeschläge**;
~ **Rundrohrsystem** für Handläufe, Brüstungen, Geländer;
~ **Sicherheitsbeschläge** wie einbrucherschwerende, Feuerschutz- und Anti-Panik-Beschläge;
~ **Türbeschläge** für Objekte mit normaler und hoher Beanspruchung;
~ **Türgriffe**;
5620 OGRO

OHI
Natursteine wie Basalt, Granit, Gabbro sowie bituminöses Mischgut;
6101 OHI

OHLER
~ **FLEX**, Dunstrohranschlüsse mit Steckverbindung;
~ **FLEXROHR**, Lüftungsrohre für die Lufttechnik und flexible Kamineinsatzrohre aus Edelstahl;
5970 Ohler

OHRA
Regalanlagen;
5014 OHRA

Ohrter
~ **Verblender**, handstrich besandet sowie Formsteine, Sparverblender und Spaltriemchen;
4454 Ohrte

OKA
Teppichböden;
3250 OKA

oka
→ Thermolutz-oka;
7410 Thermolutz

OKABLANK
Fugendichtungsmasse, 1-K-Siliconkautschuk, lmf, für den Sanitärbereich;
7300 Kiesel

OKADUR
Putzfix und Mauerfix, hochhydraulischer Kalk für alle Putz- und Mauermörtel (MGI und II);
6402 Otterbein

Okakeramik
~ **ZE**, Zementschleierentferner, Grundreiniger für Fliesen, Naturstein, Beton;
7300 Kiesel

OKAL
~ - Fertighäuser;
3216 Okal

OKALAC
~ **EL**, ölfester Anstrich für Ölauffangwannen und Öllagerräume (Ölsperre);
7300 Kiesel

OKALUX®
Isolierglas, lichtstreuend, aus 2 Glastafeln und einer dazwischenliegenden Kapillarplatte, verbunden durch Randversiegelung;
8772 Okalux

OKAMUL
~ **Bitumenkleber** zum Kleben von Vinyl-Asbest-Fliesen;
~ **BT 20**, Abdichtungsfolie, flüssig, lmf, zur Abdichtung von Balkonen, Terrassen usw. gegen Oberflächenwasser;
~ **CP**, Pulverkleber zum Verkleben von Linoleum und Korkbelägen;
~ **DK**, Dichtkleber, wasserdichter Fliesenkleber zur Verlegung von keramischen Fliesen im Innen- und Außenbereich auf saugenden und nichtsaugenden Untergründen;
~ **DPK**, Dispersions-Parkettkleber;
~ **DTU**, Dispersionsteppichkleber universal, auch im Wandbereich und für PVC-Beläge auf Asbestrücken;
~ **D1**, Dispersions-Linokleber, Dispersionskleber zur Verlegung von Linoleum- und Korkbelägen;
~ **E 71**, Universalemulsion, Kunstharzmörtelzusatz auf Dispersionsbasis;
~ **EK 3**, Einseitkleber spezial, für PVC- und Gummibeläge, Vinylasbest-Fliesen, CV-Belägen auf PVC-Schaum und Textilbeläge mit PVC-Rückenbeschichtung;
~ **EK**, Einseitkleber, für PVC-Beläge sowie Vinyl-Asbest-Wandplatten und Teppichen mit PVC-Rückenbeschichtung;
~ **EL**, Einseitenkleber, leitfähig, auf Acrylbasis, für PVC-Beläge;
~ **Emulsion 9000**, Verfestiger, elastifizierendes Zusatzmittel für hydraulisch abbindende Spachtelmassen;
~ **FK**, Filzkleber für PVC-Filz- und Nadelfilzbeläge;
~ **GG**, Gipsgrund, verarbeitungsfertige, feuchtigkeitssperrende Dispersionsgrundierung;
~ **H 100** Hartschaumkleber, nicht flexibel, preiswerter als ~ H 70;
~ **H 70**, Hartschaumkleber für saugfähige Untergründe;
~ **HL**, Hartschaumkleber für nicht saugfähige Untergründe;
~ **In**- und **Outdoorkleber**, Kautschukkleber, synthetisch, für die Verklebung von Teppichbelägen im Freien und in Feuchträumen;
~ **KPK**, Kunstharz-Parkettkleber;
~ **Kunstharzgrundierung**, zum Vorstreichen staubiger und leicht poröser Unterböden, besonders von Gips- und Anhydrit-Estrichen;

~ **LD**, Kunstharzkleber für Linoleum, PVC-Kork, Korkment u. ä.;
~ **NKS**, Fliesenkleber, hochflexibel, sehr gut wasserbeständig;
~ **super 1000**, Fliesenkleber, sofort haftend, korrigierbar;
~ **TG**, Tiefgrund, Grundiermittel auf Kunstharzbasis, auch auf Gips geeignet;
~ **TK**, Teppichkleber, Kunstharzkleber zum vollflächigen Verkleben;
~ **TKS**, Teppichkleber spezial, heller Kunstharzkleber für höchste Beanspruchung und „störrische" Belagsqualitäten;
~ **TL**, leitfähiger Teppichkleber;
~ **TWA**, Wiederaufnahmekleber für textile Beläge mit und ohne Schaumrücken;
~ **TWA, Vorstrich**;
~ **UTR**, Untertapetenklebstoff rollfähig, zur Verklebung von Untertapeten mit und ohne Pappekaschierung, lmf;
~ **2001**, Fliesenkleber;
~ **3000**, Fliesenkleber, jedoch mit geringer Eigenfarbe;
7300 Kiesel

OKAPANE®
Isolierplatten, lichtdurchlässig, wärmedämmend, für die Innenanwendung, besonders in der Dämmungsebene wärmegedämmter Kaltdächer mit lichtdurchlässigen Flächen, z. B. Wellasbestdächern mit Well-Lichtbahnen oder in doppelschaligem U-Profilglas;
8772 Okalux

OKAPOX
~ **EP**, Epoxidharzkleber, 2-K-Kleber für schwere Gummibeläge sowie zur witterungsbeständigen Außenverklebung von Teppich, Linoleum, Steinzeug, Metall usw.;
~ **F**, 2-K-Epoxidharz-Fugenmasse, absolut wasserdicht und säurefest;
~ **G**, Epoxidharz-Grundierung;
~ **K**, 2-K Epoxidharz-Klebemörtel für hochfeste Verklebungen am Bau, lmf;
7300 Kiesel

OKAPREN
~ **KK**, Kontaktkleber (Basis Kunstkautschuk) zur Verlegung von PVC-, Gummi- und Korkbelägen;
~ **Neoprenvorstrich**, für glatte und dichte Unterböden, auch Holzböden;
~ **SLK**, Sockelleistenkleber;
7300 Kiesel

Okasol
Klinkeröl, Pflegemittel für unglasierte und offenporige Fliesen und Klinker;
7300 Kiesel

OKASOLAR®
Isolierglas mit optisch geregeltem Sonnenschutz für Passiv-Solarenergiegewinnung oder Lichtlenkung;
8772 Okalux

Okastein
Wachsfluat, Pflegemittel für geschliffene und polierte Natur- und Kunststeinflächen (Steinpflegemittel);
7300 Kiesel

Okastuc
~ **6030 A**, Reibeputz grob, kunstharzgebundener Dispersionsputz für außen und innen;
~ **6030**, wie → 6030 A, aber nur für innen;
~ **6135 A**, Rollputz für außen und innen;
7300 Kiesel

OKATHERM®
Isolierglas (mehrscheibig) für Dachverglasungen;
8772 Okalux

Oker
~ Füller;
~ Kalkstein in verschiedenen Körnungen und physikalischer und chemischer Zusammensetzung;
3380 Oker

OKO
~ Kunststoff-Fenster;
~ Rolläden;
~ Türen;
4650 OKO

Okta
Palisadensystem;
5473 Ehl

OKTABLOCK
Fäkalienhebeanlage für Einfamilienhäuser;
6209 Passavant

OKTADROM
Fäkalienhebeanlage für Einfamilienhäuser;
6209 Passavant

OKTAHAFT-Masse
Korrosionsschutzanstrich im Flammspritzverfahren auf stählernen Brücken mit ortothropen Platten;
4250 Teerbau

OKTAMAT
Fäkalienhebeanlage mit Trennsystem, für Hotels, Schulen, Krankenhäuser und in der Industrie;
6209 Passavant

OKTAVO
Achteckige Pflasterplatte;
5413 Kann

Oku
~ - Solarabsorber, aus vernetztem PE, schwimmbadwasserfest;
~ - Solarkollektor, Abdeckung aus Sicherheitsglas;
8137 Obermaier

Olacid
Schalungsöl-Konzentrat für Holzschalungen, wasserlöslich, frostbeständig;
4600 Danco

OLAFIRN
~ - Mehrfach-Fluat, hochkonzentrierte Lösung zur Neutralisation, Dichtung und Härtung kalkhaltiger Putzuntergründe;
2000 Schmidt, G.

OLD
Holzfaltwand mit massiven Holzkassetten;
3000 Brandt

OLDOFAN®
~ - Fenster-Anstrich-System;
2900 Büsing

OLDOPOX
~ - **Grund**, Grundierung, farblos, 2-K, zur Versiegelung von Beton- und Estrichböden;
~ **325/328**, Anstrich-System, lmh, auf Epoxidharzbasis für alle Beton- und Zementstrichflächen;
2900 Büsing

Oldopren
~ - **S-Reaktivbeschichtung**, hochwertiges PU-Elastomer zur Rißüberbrückung, besonders im Brücken- und Straßenbau;
2900 Büsing

OLDORIT®
Rostschutz;
2900 Büsing

OLDOTHERM
~ - Isolierschaum als Kerndämmung bei zweischaligem Mauerwerk für Außenwände;
7867 CIBA

Oldstyle
~ - Fenster → Glück-Kunststoff-Fenster;
8650 Glück

OLEOMAT
Benzinabscheider;
6209 Passavant

Olesol
~ - Beizen, ausblutfeste Rustikalbeize;
5600 Arti

OLFRY
~ Formziegel, Riemchen;
~ Handformziegel und Strangpreßziegel aus Ton, zur Verblendung von Wohn- und Industriebauten, Verwaltungs- und landwirtschaftlichen Gebäuden, innen und außen;
2848 Olfry

Oligschläger
~ Raumzellen;
5442 Oligschläger

Olsberg
~ - **Feuer**, Kamineinsätze aus Gußeisen, mörtel- und kittloses Bausystem;
~ **thermoforte**, Kamineinsatz zur Warmwasserbereitung (Brauchwassererwärmung);
5787 Evers

Olsberg
~ - Dauerbrandöfen;
~ - Elektro-Speicherheizgeräte;
~ - Elektro-Standspeicher;
~ - Elektro-Zentralspeicherheizungen;
~ - Grillgeräte;
~ - Kachelöfen;
~ - Ölöfen;
~ - Wärmepumpen, Wasser/Wasser und Luft/Wasser;
5787 Olsberger Hütte

OLTMANNS
~ **normsturz**, für alle Außen- und Innenwände;
~ **POROTON®** U-Schalen, → POROTON®;
~ **POROTON®**-Hochlochziegel (glatt);
~ **POROTON®**-Mörtel 9;
~ **POROTON®**-T-Planziegel und Blockziegel;
~ **RUSTIKAL Verblender**, besandet als Glattziegel und Handformziegel;
~ Verblender, stranggepreßt;
~ **Ziegelsturz**, für wärmedämmende Ziegelaußenwände;
3000 Oltmanns

OLYMP RECORD
Trittsicherheits-Fliese, glasiert, 20 × 20 cm und 30 × 30 cm;
4005 Ostara

Olympia
→ Armstrong Olympia;
4400 Armstrong

Olympic
Kamineinsatz bzw. Kaminöfen mit Warmluftzirkulation und Frischluftzuführung, auch mit Glastür;
5220 Wallace

Olympic Bulb-tite
~ - Preßlaschenblindniete;
4500 Titgemeyer

1

OMBRAGE
Bilderfliese;
6642 Villeroy

OMBRAN®
Abdichtungssystem auf mineralischer Basis zum dünnschichtigen Verarbeiten;
~ **AC**, Reinacrylat-Dispersionsfarbe, verseifungs- und UV-beständig;
~ **Antisalzlösung**, flüssiges Sanierpräparat auf Basis von Bleihexafluorosilikat;
~ **ASP Dünnschichtschlämme**, sulfatbeständig, für sulfathaltiges Mauerwerk und gegen sulfathaltiges Wasser;
~ **Balkonbeschichtung**, begehbare, rißüberbrückende Beschichtung auf PU-Basis;
~ **Betonspachtel**, wasserabweisender Feinspachtel für Beton auf Zementbasis;
~ **BF**, Dünnschicht-Feinschlämme auf Zementbasis, zur Betonsanierung;
~ **B**, Dünnschichtschlämme zur Flächendichtung, hält bei zweifachem Auftrag auch Druckwasser;
~ **CL**, mildalkalischer Reiniger, lmf;
~ **D 500**, Kunstharzdispersion, Anmachflüssigkeit für die ~ Flächendichtungsmaterialien;
~ **EH**, 2-K-Injektionsmaterial auf EP-Basis;
~ **Elastikschlämme**, Beschichtungssystem auf Zement-Dispersionsbasis zur Betonsanierung;
~ **Ferrogrund**, Rostschutzanstrich auf Kunstharzdispersionsbasis, **Typ EP** auf Epoxidharz-Basis;
~ **FU**, Reparatur- und Sperrputzmörtel, schnell abbindend, wasserdicht, schrumpfarm, für Verfugungen, Beschichtungen, Klinkerbetten, Beton- und Estrichreparaturen;
~ **FU**, Reparatur- und Sperrputzmörtel für Verfugungen in Pulverform;
~ **GF/BF**, Dünnschichtfeinschlämmen in Grau oder Weiß für feinstrukturierte, diffusionsfähige Beschichtungen, druckwasserdicht;
~ **HM**, Imprägnierungsmittel, siloxanhaltig, lmh, zur Hydrophobierung bei Beton und Mauerwerk;
~ **KD 30**, Kunstharzdispersion, Anmachflüssigkeit für ~ - Mörtel;
~ **L 70/H 30**, Horizontalsperre;
~ **RB**, rißfrei aushärtender Reparaturmörtel auf Zementbasis;
~ **R**, Reparaturmörtel im Feuchtbereich, schrumpfarm, wasserdicht, für Sanierungen in Kellern, Kanälen, Schächten;
~ **Sanierputz**, zementgebundener, porenhydrophober Putz zur Altbausanierung;
~ **Silikatgrund**, lmf, auf Alkali-Silikatbasis als erster Rostschutz bei freigelegten Bewehrungseisen;
~ **SP**, Spezialprodukt auf Organo-Silikatbasis, flüssig, für Horizontalsperren gegen aufsteigende Feuchtigkeit über Bodenniveau im Bohrlochverfahren;
~ **TW 100**, 3-K-Feinschlämme auf Zement-Epoxidharz-Basis;
~ **W**, Stopfmörtel für Wassereinbrüche, schrumpffrei, im Feuchtbereich quellfähig, Dichten von Anschlüssen und Fugen auch unter Wasser;
~ **ZE 23**, Kombinationsprodukt aus Feinschlämme und Kunstharz, weitgehend chemikalienbeständig, auf feuchtem Untergrund verarbeitbar;
6700 Woellner

Omega
→ VEKSÖ-Überdachungen;
2390 VEKSÖ

Omega
Italienische Wand- und Bodenfliesen;
2800 Frerichs

OMEGA
~ - Rundverbundplatten;
6680 Samson

OMEGA-HSD
~ Balkonabläufe, Deckenabläufe, Badabläufe und Bodenabläufe aus Gußeisen mit verstellbaren Aufsatzteilen, DN 50—100;
6330 Buderus Bau

OMETA KL 70
Korrosionsbeständige Lüftungskanäle für Klima- und Industrielüftungsanlagen;
3500 Wakofix

Omexco
Textiltapeten;
5100 Omexco

OMI
Trittsicherheits-Fliese, zur Aufnahme und Ableitung großer Wassermengen;
4005 Ostara

Omicorn
Trittsicherheits-Fliese, rutschhemmende Eigenschaften im Gewerbebereich;
4005 Ostara

Omnia
~ - Montagetreppe;
6100 Montig

OMNIA
Großflächenplatten;
7513 Niemann

Omniplast
~ - **Dränrohr**, aus PVC-Hart, längsgeschlitzt;
~ - **Installationsrohr** aus PVC-Hart, ~ - **Kabelschutzrohr**, aus PVC-Hart;

~ - **Kanalrohr-Programm**, aus PVC-Hart, Rohre und Formstücke mit Steckmuffenverbindung;
~ - **LKA-UM-Programm**, Abflußrohre und Formstücke aus PVC-Hart mit Universalmuffen, für Steck- und Klebeverbindung;
~ - **PE-Druckrohr-Programm**, aus PE-Hart und PE-Weich, Farbe schwarz, PN 6 und PN 10 für die Trinkwasserversorgung;
~ - **PE-Gasrohr-Programm**, aus PE-Hart und PE-Weich, Farbe gelb;
~ - **PVC-Druckrohr-Programm**, mit Steckmuffe Standard oder Klebemuffe PN 6, PN 10 und PN 16, für die Trinkwasserversorgung;
~ - **rotstrichrohr-Programm**, Abflußrohre und Formstücke aus modifiziertem PP, schwerentflammbar, chemikalien- und heißwasserbeständig;
6332 Omniplast

OmniRex®
Zeitschaltuhren;
4770 W.E.G.-Legrand

Ondal-Regeltechnik
Heizungs-Regeltechnik;
6418 Ondal

ONDATHERM
~ **Thermoelemente**, isolierende Sandwichelemente;
7640 SSK

Ondatherm
~ Elemente, Thermo-Sandwichelemente mit einer zweiseitigen Stahl-Außenschale und einem schwer entflammbaren Hartschaum-Innenkern;
8851 Südstahl

ONDULINE®
Bitumen-Wellplatte und Zubehör wie Dachfenster, Kaltdach-Firstentlüfter, Dachentlüfter. Verwendung als Dachverkleidung und Wandverkleidung, Grundmauerschutz;
~ **Duro-S**, Kunstharz-thermoverstärkt;
~ **G**, Bitumen-Wellplatte mit Granulatbeschichtung;
~ **N + G**, Bitumen-Wellplatte rot, anthrazit, braun, grün;
~ **T**, Bitumen-Wellplatte mit schwarzer Außenseite;
6200 O.F.I.C.

Ondulux®
Lichtbahnen und Lichtplatten, transparent, aus glasfaserverstärktem Polyesterharz. Lieferform: gewellt in Rollen und als Platten;
2800 Marquart

Ontop
Edelstahl-Schornsteine in Elementbauweise;
5276 Ontop

OPAL
Duschwanne mit Verkleidung;
3563 Bamberger

OPAL 400
Strukturelement in Alu-natur oder in Eloxaltönen, für vorgehängte Fassaden und innenarchitektonische Konzepte;
8228 Schösswender

Opalescentglas
Kaum durchsichtiges, aber lichtdurchlässiges, opales Grundglas mit Farbe gemischt und ausgewalzt für Trennwände, Kunstverglasungen, Wandverkleidungen (Glas);
3223 DESAG

Opal-Raster
Standard-Deckenraster aus UV-stabilisiertem Polystyrol, zur Abdeckung von Lichtquellen;
6393 Alukarben

Openfire®
→ RÖSLER-Kamine;
6072 Rösler

OPPANOL®
PIB zur Herstellung z. B. von Abdichtungsbahnen für Schwimmbecken, Grundwasser, Säurebau usw.;
6700 BASF

Oprey
Natursteine;
~ **Bodenbelag**, z. B. aus norwegischem Schiefer, indischem Schiefer, spaltrauhen Quarzitplatten, römischem Travertin, Carrara-Marmor, griechischem Marmor;
~ **Gartensteine**, z. B. Gletschersteine, Vulkansteine, Kieselsteine, Mondsteine;
~ **Kopfsteinpflaster** z. B. ital. Porphyrpflaster, Granitpflaster;
4156 Oprey

OPSTALAN
~ - Kompaktelemente für die Dachisolierung aus einer Spanplatte V 100 G oder Sperrholzplatte auf die zwischen die aufgenagelten oder verleimten Holzrippen PUR-Schaum gegossen ist (Steildachdämmung);
4040 Opstal

OPTAC®
~ **Entdröhnlack**, streichfähiger Schutz gegen Lärm;
~ **Noppen**, Schalldämpfplatte;
~ **Waffeln, Pyramiden**, Schalldämpfplatten, auch in B 1;
6074 Optac

OptaCust
Schalldämpfmaterialien;
6074 Optac

optalin
~ Spezial-Kleister für Spezialtapeten und Rauhfaser;
~ Tapetenkleister, kalkbeständig;

1

~ Textiltapeten-Kleber, Spezialkleber für Textiltapeten;
~ TS, Tapeziergeräte-Kleister;
3000 Sichel

Optec
Leuchtenprogramm speziell für Museen und Galerien;
5880 ERCO

opti
~ - **bar**®, Heizungsumwälzpumpen, Brauchwasserzirkulationspumpen;
~ - **cal**®, Heizkessel für Öl, Gas und feste Brennstoffe, mit und ohne Wassererwärmer;
~ - **cal**®, Wärmepumpen zur Heizung und Brauchwassererwärmung durch Nutzung der Umweltenergie aus Luft, Wasser, Erdreich;
~ - **gas**®, Gas-Spezialheizkessel;
~ - **mix**, 3- oder 4-Weg Mischhähne;
~ - **regula**®, Heizungsregelungen, raumtemperatur- oder witterungsabhängig, als 2- oder 3-Punkt-Regler;
~ - **solar**, Arbonia Sonnenenergie-Nutzungssysteme;
~ - **terra**®, Fußbodenheizung;
~ - **therm**, Arbonia Niedertemperatur-Heizkörper;
4300 Krupp

opti
~ - **Control-Schacht**, standsicherer leichter Spül-, Kontroll- und Sammelschacht aus PVC-U, Ø 315 mm, Baustein des opti-drän-Systems;
~ - **drän-Rohr**, Dränrohr, Länge 2,5 m, Baustein des opti-drän-Systems;
8729 Fränkische

Opti Table®
Leitsysteme und Informationssysteme, auch Einzelpiktogramme;
5650 Opti

Opticorn
Trittsicherheits-Fliese, rutschhemmende Eigenschaften im Gewerbebereich;
4005 Ostara

opti-drän
Drän-Komplettsystem zur Kellerdränung, entspr. DIN 4095;
8729 Fränkische

OptiDuuun
Flexible Schalldämmfolie, auch in B 1;
6074 Optac

OPTIFIX
Befestigungs-Dübel aus hochfestem Nylon mit Innengewinde;
5885 Seifert

OPTIFLOAT
Spiegelglas;
4650 Flachglas

OPTIGLASS®
Kristallspiegelglas;
4650 Flachglas

OPTIGROHN
Wabenprofil für die Rückseite von Keramikfliesen;
2820 Steingut

Optilex®
Bewehrte Mauerscheiben mit halbkreisförmigen Rand und höhenversetztem Fuß. **Typ K** mit nach innen gewölbter Sichtfläche, runden Seitenkanten, abgeschrägter Fläche oben und höhenversetztem Fuß (Lizenznehmer → Stellfix);
7530 Betonwerk

optima
~ - Dachgärten, System zur Begrünung von Flächen ohne Erdanschluß. Schichtaufbau: Erdsubstrat, Filtermatte, Hydroperl-Dränschicht mit Regenwasserspeicher, Wurzelschutzbahn;
~ - Pflanzgefäße mit Regenwasserspeicher, zur Begrünung von Flächen und Brüstungen;
2084 optima
→ 7482 Harzmann

Optima
Fußbodenheizung, System mit Rohren aus PPC;
3003 Autonom

Optima
Wasserfeinkalk und Weißfeinkalk;
3411 Wüstefeld

OPTIMA
Wassersparende Spülkästen;
4400 Mosecker

optima
Heim-Schwimmbäder;
4710 Optima

Optima
Schalldämmtüren-Programm mit Oberflächen aus Holz und Kunststoff;
4830 Wirus

OPTIMA
~ **Color**, Vollton- und Abtönfarbe;
~ - **Gold**, reinweiße **Innenfarbe**;
~ **Weiss**, Innenfarbe;
4904 Alligator

OPTIMA
~ - Geländer, Treppengeländer mit grundierten oder pulverbeschichteten Geländerstäben und Kunststoff-Handläufen;
5787 Unibau

Optima
Holzfenster;
8526 Optima

Optima CD
Schalterprogramm in weiß;
5885 Vedder

Optimat
Kunstharz-Latexfarbe, scheuerbeständig, nach DIN 53 778 für stark beanspruchte Innenflächen;
4400 Brillux

Oranienstein
Gartenstein aus Beton, auch mit Sitzauflage sowie Fall- und Kantenschutz lieferbar;
4100 Volmer

ORBA
Sicherheits-Riegelschlösser;
5040 Orba
→ 2000 GFS

ORBIS
Einhebel-Keramikmischer, kleiner Mischer im Objektbereich;
5860 Schulte

Orchidee
Duschabtrennungen, mit sanitärfarben beschichteten Profilen, Glas in Fell-Struktur;
7529 ATW

ORFIX
Niedertemperatur-Fußbodenheizung;
5172 Ziesche

ORGANIT®
~ - Fassadenplatten und Profile aus PVC für Wohnungs- und Industriebau, bei Neubau und Renovierung in vielen Formen und Farben;
~ - Wellplatten, biaxial gereckte PVC-Lichtplatten, bruchsicher, frostbeständig, hagelschlagsicher;
4630 Unitecta

ORGATEX®
~ Einstecktafeln;
~ Magnetbänder;
~ Magnetplantafeln;
~ Magnet-Lagerschilder (Regalschilder);
~ Magnettafeln;
~ Magnettaschen;
~ Plantafeln;
4018 ORGATEX

Original Kaubitan
→ Kaubitan;
2843 Kaubit

„Original Laaspher"
~ Dach-Be- und Entlüfter;
~ Ortgangblende 2001 und Firstentlüfter 2002 für Schiefer, Kunstschiefer, Europaplatten und Bitumendachschindeln;
→ Bri-So-Laa®;
5928 Briel

Orion
~ - Lichtrohrsystem, Grundelemente aus runden und ovalen Röhren;
4920 Staff

ORION
Sicherheits-Schlüsselschalter mit mechanischer, aber auch elektrischer Deckelsicherung sowie Befehlsgeräte;
5000 Orion

ORION
Wartehallen, Überdachungen, Fahrradparker, Fahrradclipse, Tonnengewölbe aus Plexiglas® und Makrolon®;
6083 Orion

Ornament
Marmor-Ringkachel (Ofenkacheln);
8078 Schöpfel

ORNAMENTA
Vollsynthetische PVC-Bodenbelag-Kollektion;
6710 Pegulan

ORNIMAT
Balkonverkleidungselement und Brüstungselement auf Asbestzement-Basis, farbig, kunststoffbeschichtet;
4056 Dahmen

ORTH
~ - Ansetzgips;
~ - Füll- und Spachtelmasse;
~ - Fugenfüller;
~ - Gipse für verschiedene Zwecke;
~ - Goldring-Fertigputzgips;
~ - Rotring-Haftputzgips;
~ - Vollgipsplatten für nichttragende Zwischenwände mit Nut und Feder;
3430 Orth

Ortolan
Dachschutzanstriche, Dachkitte, Dachsanierungsmassen, Dachbeschichtungsmassen;
4250 MC

Ortrand
Gußeiserne Kachelofeneinsätze für feste Brennstoffe (Gebietsvertretung);
4690 Overesch

O.S.C.
Holzschutzmittel;
8630 Scheler

1

Oseris
~ - Niedervolt-Strahlerprogramm;
5880 ERCO

OSMO
~ **Color**, Wachsanstriche, Lasurfarben, Imprägnieranstriche, Holzschutz;
~ **Deko-Balken** aus Nadelholz zur Montage auf jedem Untergrund;
~ **Gard**, Sichtblenden, Pergolen, Zaunelemente, Torelemente, Blumenkästen;
~ **Glanzprofil**, rundum fertig wachsbehandeltes Profilholz;
~ **Holzleisten** in vielen Holzarten und Dimensionen;
~ **Landhausdielen**, Holzdielenboden in Fichte, Kiefer, Birke, Eiche;
~ **Leimholz** in Fichte und Kiefer;
~ **Paneele**, koch- und wasserfest verleimt für innen und außen;
~ **Profilholz** in vielen Holzarten und Dimensionen;
~ **Stürzer-Decke**, Deckenverkleidung aus nordischer Fichte;
4400 Ostermann

OSMOdur®
Kunststoff-Profile für Rolläden;
4400 Ostermann

Osmol
Holzschutzmittel;
2067 Osmose

Osmol
Holzschutzsalze;
~ - **BFA**, Tiefschutzsalz, bekämpfend und vorbeugend wirksam;
~ - **RS**, Randschutzsalz, vorbeugend wirksam;
~ - **ULL**, schwerauslaugbares Holzschutzsalz, vorbeugend wirksam;
~ - **WB 4**, Hochleistungsholzschutzmittel, bekämpfend und vorbeugend wirksam;
5768 Olbrich

Osmoleum
Holzschutzöle;
~ **Hg extra** und **HgF extra**, Bekämpfungsmittel wie
~ **Hg-HgF**, Bekämpfungsmittel gegen Hausbock-, Anobien- und Pilzbefall mit gleichzeitig vorbeugender Wirkung gegen Neubefall;
~ **Hg**, jedoch ohne Wirkung gegen Pilzbefall;
5768 Olbrich

OSMOpane®
Kunststoff-Profile für Fenster und Türen;
4400 Ostermann

OSNA
~ - Glieder-Kreiselpumpe;
4500 OSNA

OSPA
~ - Schwimmbadfilter und -zubehör;
~ - Whirl-Pool;
7075 Pauser

OS-SOLAR
~ Warmwasserboiler, Solar-Wärmepumpenboiler;
4441 Solar

Ostara
Fliesen-Programm: Steinzeug-, Mosaik-, Wandfliesen;
4005 Ostara

Osterwalder
~ Parkett, Mosaikparkett, Stabparkett, Sportböden;
~ Spanplatten, Verleimung V 10, V 100, V 100 G, E 1, Fußbodenelemente, melaminharzbeschichtete Spanplatten;
3216 Holzwerk

OTAVI
~ - **Fassadenziegel 180**, Tonziegel in 4 Naturfarben für die hinterlüftete Vorhangfassade;
~ **IdealSchornstein®** S, feuchtigkeitsempfindlich für Abgastemperaturen bis 40° C, aus gasdichten, versottungssicheren, feuer- und temperaturwechselbeständigen Schamottevierecksrohren, der 40 mm starken Mineralfaser-Dämmplatte und dem Leichtbeton-Mantelstein;
~ **1100**, Schamottematerial für Temperaturen bis 1100° C;
3216 Otavi

OTAVI
~ - Dämmörtel MII und MIIa, Leichtmauermörtel;
6981 Otavi

OTRINOL®
Schutzlack, lmh, benzol- und phenolfrei, aus gelöstem Bitumen, geruchsarm, schnelltrocknend, wasserdicht, haftet auf Beton, Mauerwerk, Putz, Asbestzement, Eisen, Holz;
2000 Lugato

OTRITEKT
~ **DICKBESCHICHTUNG**, Bitumen-Kautschuklatex, lmf, flexibel, bis 7 mm in einer Schicht, zum Abdichten von Grundmauern, Kleben von Dämmplatten;
Flüssigdichtfolie, lmf, Bitumen-Kautschuk-Latex, für wasserdichte, alterungsbeständige Beschichtungen hoher Dehnfähigkeit;
2000 Lugato

OTT
~ Außentreppen nach Maß;
~ Gartenplatten, Terrassenplatten;
~ Lichtbauelemente;
5452 Ott

Ott
~ Dachrinnenhaken, handgeschmiedet;
~ Holzdachrinnen;
~ Schindeln aus Lärchen-, Fichten-, Alaskazeder- und Zedernholz, gesägt und handgespalten;
8235 Ott

Otterbein
→ Putzfix → Mauerfix → OKADUR;
~ - **Feinkalk**, feinster, ungelöschter Branntkalk;
~ - **Kalksteinmehl**, feinstgemahlen nach DIN 1996;
6402 Otterbein

OTTERFIX
Trocken-Fertigmörtel, Mörtelgruppen I, II und IIa;
6402 Otterbein

OTTO
~ - Kanaleimer aus Stahl verzinkt und Kunststoff;
~ Schachtabdeckungen-Schraubverschluß, wasserdicht, Deckel aus Riffelblech für 5,10 und 15 t;
~ - Schachtabdeckungen, aus Stahl, begeh- und befahrbar;
5910 Otto

Outinord
~ - **Schalungssysteme** aus Stahl für Industrie-, Wohnungs- und Wasserbau;
4150 Outinord

OV
~ **2000**, Flachdachabschlüsse aus Alu im Baukastensystem, mehrteilig, höhenverstellbar;
~ **21**, **28** und **77**, Flachdachabschlüsse, nicht höhenverstellbar, einteilig;
~ **37** und **10**, Flachdachabschlüsse, Gleitsystem, nicht höhenverstellbar, zweiteilig;
7981 Uhl

OVAL
Badezimmer-Ausstattung;
5860 Hemecker

Ovalit
~ **T**, Klebstoff für Metall- und Gewebetapeten, PVC-Folien mit Geweberückseite und geschäumten PVC-Belägen;
4000 Henkel

OVENTROP
Heizungsarmaturen wie Thermostatventile, Handregulierventile, Fußbodenheizungsregler und -armaturen, Rückschlagventile, Manometerhähne, Temperaturregler, Brauchwassermischer usw.;
5787 Oventrop

overflam
Holzbauteile aus schwerentflammbaren Holzwerkstoffen;
7550 Overlack

Overhoff
~ - Dachpappstifte, feuerverzinkt;
~ - Kaminplattenstütze;
~ - Rinnenträger, feuerverzinkt und Kupfer;
~ - Schieferstifte, feuerverzinkt und Kupfer;
~ - Schneefanggitter, feuerverzinkt oder Kupfer;
~ - Schneefanggitterstützen, feuerverzinkt oder Kupfer;
~ - Sicherheits-Dachhaken, feuerverzinkt;
~ - Spezial-Schiefernägel, feuerverzinkt;
4020 Overhoff

Overmann
Gewächshäuser, Garagen;
6920 Overmann

Oversil
Schichtstoffplatte, anti-statisch und abriebfest, für Fußböden in technischen Einrichtungen (Hersteller: Polyrey, Paris);
4000 Aussedat

OWA
~ - Holzfaserplatten;
~ - Mineralfaserplatten;
8762 OWA

OWAcoustic®
Deckensysteme aus Mineralfaserplatten;
~ **S 1a**, verdecktes System mit Schattenfugen für Standard- und Langfeldplatten;
~ **S 1b**, verdecktes System für 3-D-Decken;
~ **S 1c**, verdecktes System mit Lüftungsschienen für Standard- und Langfeldplatten;
~ **S 1**, verdecktes System für Standard- und Langfeldplatten;
~ **S 10**, Wabendecken, Dreieck-, Sechseck- und Achtecksystem;
~ **S 12**, Lamellen-Systeme;
~ **S 14**, System für Langschlitzplatten;
~ **S 18c**, Bandraster-System mit Schattenfugen, Parallel- und Keuzraster, Platten herausnehmbar;
~ **S 18**, Bandraster-System, Parallel- und Kreuzraster, Platten herausnehmbar;
~ **S 3a**, sichtbares System für Conturaplatten, Platten herausnehmbar;
~ **S 3**, sichtbares System für Standard- und Langfeldplatten, Platten herausnehmbar;
~ **S 6**, freigespanntes System für Langfeldplatten, Platten herausnehmbar, z. B. für Flure;
~ **S 8**, Wabendecken, Quadrat- und Rechteck-System;
~ **S 9**, verdecktes System für Standard- und Langfeldplatten, Platten herausnehmbar;
~ **18a**, Bandraster-System mit Kreuzpunkt, Platten und Profile nach unten abnehmbar;
~ **18b**, Bandraster-System Balkendecke, Parallel- und Kreuzraster, Platten herausnehmbar;
8762 OWA

1

OWOLEN®
~ - Gitterplanen, transparente Abdeckplanen für den Winterbau, als Schlagregenschutz usw.;
5000 Wolff

OWOMAK®
Makrolon-Hohlkammer-Platte, schlagfest. Lieferbar mit H-, E- und U-Profilen und einzusetzen als Fenster in Kellern, Garagen, Gartenhäusern, Balkonverkleidung, Windschutz, Trennwand u. ä.;
5000 Wolff

Oxal
Entschalungsmittel, Trennmittel;
7300 MURASIT

OXAL®
Garagentorverkleidung aus Kupfer, Bronze, Zinn, Schiefer, zum Nachrüsten auf jedes Garagentor;
2401 Ratekau

Oxyd
Holz-Bleichpulver zum Aufhellen von Edelhölzern;
7707 Geiger

OXYDIANE
Handgefertigte dekorative Lackplatten für den Innenausbau;
6600 OBER

Oxydur
~ Elastomerestriche;
~ Flüssigfolienisolierung;
~ Kunstharz-Säurekitt für Verlegung und Verfugung von säurefesten Plattenbelägen;
~ Spachtelmasse;
5410 Steuler

p+f
~ Balkonverkleidungen;
~ Haustür-Vordächer;
~ Kunststoff-Fenster;
~ Kunststoff-Sockelleisten;
~ Terrassen-Überdachungen;
~ Windfänge;
7317 p+f

P + S International
~ Textiltapeten, Siebdrucktapeten;
~ Tiefdruck-Tapeten und Präge-Tapeten;
~ Vinyl-Tapeten, abwaschbar, besonders für den Strapazier- und Feuchtbereich;
5270 Pickhardt

P + P
~ - **Geländersystem**, aus Edelstahl rostfrei mit vielen Gestaltungsmöglichkeiten durch die Wahl der Beschlagteile und der Ausfachung, z. B. mit Glasstreifen, Edelstahlrohren;
4806 Poppe

Pé Vé Clair/ESKOLUX®
Lichtbahnen und Lichtplatten plan und gewellt aus glasklarem PVC;
5000 Schmitz E.

P 1000
Styropor®-Kleber, auch für PS-Härtschaum;
5800 Partner

P 73-AUFBRENNSPERRE
Isoliergrund für Verputzarbeiten auf stark saugenden Wänden und Decken, nicht filmbildend;
4930 Schomburg

p.a. porte automatiche
Schiebetürantriebe und Drehtürantriebe;
6370 A.T.P.

PAC-AQUATECH COMPACT
Anlagen zur Erzeugung bzw. Aufbereitung von Trinkwasser, Industriewasser, Abwasser und Swimming-Pool-Wasser (Wasseraufbereitungsanlage);
3000 Preussag Bauwesen

PACKFIX
Abstandhalter mit Haltewinkel für den Transport von Terrazzo- und anderen Platten, vermeidet Flecken durch Hinterlüftungsschlitze;
5885 Seifert

Paco®
Steinsystem zur Kombination mit Betonsteinen, Verbundsteinen, Betonplatten usw.
7500 Euro

Pad
Spezial-Klebstoff, elastischer Schaumstoff, dessen Oberflächen beidseitig mit einer aktivierbaren Klebstoffschicht belegt sind.
6370 Bostik

PAGA-INT
Tresor mit separatem Hohlblockstein;
4600 PAGA

Pagette®
Sanitär-Collection;
~ WC-Sitz aus Pagelastik;
~ WC-Spülkasten Modell Silux;
4300 Pag

Pagholz®
Kunstharzpreßholz für Wandvertäfelung und Tischplatten sowie → Kipp-Garagentore;
4300 Pag

Pagolux®
~ - Elementdecken zur Lösung von Licht-, Akustik- und Klimafunktionen;
~ - Systemleuchten, das Programm umfaßt 45 Leuchtentypen, einpaßbar in das Rastermodul der ~ - Decken;
4300 Pag

PAG®
~ Fensterbänke und Verkleidungen aus Formpreßteilen mit kunststoffbeschichteter Oberfläche;
4300 Pag

Pahl
Modernisierungsfenster aus Alu und Kunststoff;
5840 Pahl

PAIDOS
Spielplatzgeräte;
4052 Paidos

PAINIT
Mauerwerkssanierung;
~ B 100/H 12, Horizontalsperre gegen aufsteigende Mauerfeuchte;
~ Mauersalzumwandler;
~ Sanierputz;
~ Spezialimprägnierung;
~ Spritzbewurf;
8421 Rygol Kalkwerk

Paintener
→ RYGOL Paintener . . .;
8421 Rygol Kalkwerk

Pakto-Fix
Haftemulsion und Mischemulsion, universell, flüssiger Kunststoff für Beton und Mörtel;
4531 Wulff

Palacio
Fliesenserie, die Grundfliesen mit Spiegeldekorelementen kombiniert;
7130 Steuler

PALADUR®
PUR-Kunststoff-Luftlack und Parkettsiegel;
6737 Böhler

PALAPLAST
Oberflächenbeschichtung aus Kunststoff, flüssig, für Beton, Holz, Metall und Kunststoffe;
6737 Böhler

PALATAL®
Glasfaserverstärktes Polyesterharz zur Herstellung von Lichtmasten, Notrufsäulen, Kühlraumtüren, Behälter (Silos, Jauchebehälter usw.);
6700 BASF

PALEO
Keramische Wohn-Fliese;
6642 Villeroy

Palibeet
Wegeinfassung aus aneinandergereihten und miteinander verbundenen Palisaden;
8080 Grimm

Pallmann
Schalungssteine, Blähton-Hohlblocksteine, Böschungssteine;
2166 Pallmann

PALLMANN®
~ **BV 63 Betonsiegel**, 2-K-Kunststoff auf Epoxidharz-Basis für Betonböden;
~ **BV 77 Betonsiegel**, streichfertige Kunststoffbeschichtung für Betonböden auf Basis hochwertiger Polymerisatharze;
~ **D 606 SPRITZ- UND GIESSLACK**, Versiegelung für Parkett, im Treppen- und Innenausbau bei industrieller Fertigung, Basis PUR-Isocyanat-2-K-Reaktionslack;
~ **DD 67 GRAND PRIX**, Parkettversiegelung, für besonders stark beanspruchte Flächen, 2-K-Reaktionslack auf PUR-Isocyanat-Basis;
~ **DD 72 EINKOMPONENTENSIEGEL**, Parkettversiegelung, 1-K-Reaktionslack auf Poly-Isocyanat-Basis;
~ **DD-SPEZIAL 99**, Parkettversiegelung, besonders für stark beanspruchte Flächen, 2-K-Reaktionslack auf Basis Isocyanat-Polyester;
~ **DICKFORM SPACHTELGRUND**;
~ **DICKFORM-GRUNDSIEGEL FORMEL „M"**, Spachtelgrundierung für geschliffene Parkett- und andere Holzböden, schnell trocknend;
~ **EDEL-HARTWACHS**, für Holz-, Linoleum-, Parkettböden sowie alle lösungsmittelbeständigen Beläge;
~ **EINSCHICHTSIEGEL 80 FORMEL „M"**, Parkettversiegelung im Wohnbereich;
~ **EXOTENGRUND**, Grundierung für Exotenholz;
~ **FERTIGPARKETTSIEGEL**, auf Amin-Alkydharz-2-K-Säurehärterbasis, für industrielle Versiegelung;
~ **GLANZ-SIEGEL**, metallvernetzte Acrylat-Dispersion, für wasserfeste Böden und Beläge;
~ **HEISSWACHS**, Wachspflege für unversiegeltes Parkett und zur Erstpflege von Holzböden;
~ **HOLZGRUND** RAPID, Grundierung für Wandverkleidungen, Türen usw.;
~ **HOLZKITTSIEGEL**, zum Verkitten und Ausspachteln an Parkett- und anderen Holzböden;
~ **HOLZPFLASTER-IMPRÄGNIERSIEGEL**, 1-K, Basis Öl-Kunstharz mit Urethan modifiziert;
~ **HYDRO Siegel 90** und **HYDRO Grund 90**, Parkettversiegelung mit wasserverdünnbaren Säurehärtern;

1

~ **IS 40 VERSIEGELUNG**, Parkettversiegelung für den Wohnbereich, 1-K-Kunststoff-Ölsiegel auf Urethan-Kunststoff-Basis;
~ **IS 60 IMPRÄGNIERSIEGEL**, Parkettversiegelung und Parkettimprägnierung im Industriebereich;
~ **KS 3000**, Klinkerimprägnierung, Lösung von Acrylharzen in Lösemitteln der Gefahrenklasse A II;
~ **P 2002 KOMBI SPRITZ- UND GIESSLACK**, NC-Kunstharz-Kombination zur Holzbeschichtung im Innenbereich;
~ **P 8008 KOMBI SPRITZ- UND GIESSLACK**, NC-Kunstharz-Kombination in Industrielösern für industrielle Beschichtung von Holzflächen;
~ **PARKETT-COLOR**, Tönung zum Grundieren von Parkettböden sowie für einheimische und Exotenhölzer im Innenausbau, Basis hochwertige Polymer-Kunststoffe;
~ **PARKETT-POLISH**, Pflegemittel für Holzböden;
~ **PARKETT-REINIGER**, Grundreiniger für Parkett- und andere Holzböden;
~ **PARKETT-ULTRA-FINISH**, Pflegemittel für Imprägnierungen und Versiegelungen auf PUR-Basis;
~ **PC 10 Grundierung**, für Mauerwerk und Beton auf Dispersionsbasis;
~ **PC 12 Tiefengrund**, Grundiermittel, lmh;
~ **PC 20** Wand- und Deckenfarbe, für innen, waschfest auf Kunststoff-Dispersions-Basis;
~ **PC 350 Kunststoff-Fassadenfarbe**, lmh;
~ **PC 45 Wand- und Deckenfarbe** mit Schimmelschutz, waschfest;
~ **PC 60 Fassadenfarbe**, auf Basis Acrylharz-Copolymer-Kunststoff-Dispersion;
~ **Q 16 PU-IMPRÄGNIERSIEGEL**, für Parkett- und andere Holzböden, 1-K-Reaktions-Imprägnierung auf Poly-Isocyanat-Basis;
~ **RUSTIKAL-BEIZE**, Tönung für Holzflächen im Innenbereich;
~ **SCHNELLSCHLIFF-FÜLLGRUND**, Grundierung von Parkett und anderen Holzböden in N-C-Alkydharz-Kombination;
~ **SH 10 EINKOMPONENTENSIEGEL**, Parkettversiegelung im Wohnbereich, 1-K-Säurehärter auf Amin-Alkyd-Praepolymerisat-Basis;
~ **SH 70 EINKOMPONENTENLACK**, zur Holzflächenbeschichtung im Innenbereich bei besonderer Beanspruchung;
~ **SH-LACK LG 6**, Versiegelung von Parkett und Holz im Innenausbau bei industrieller Fertigung, Spritzlack und Gießlack auf 2-K-Säurehärterbasis;
~ **SUPER 61 S RECORD** und LONGLIFE, Parkettversiegelung, Lackierung für den Holzinnenausbau, 2-K-Säurehärter auf Amin-Alkyd-Praepolymerisat-Basis;
~ **SUPER 81 FORMEL „M“**, Parkettversiegelung, Lacklerung für den Holzinnenausbau;
~ **WISCH-WACHS EXTRA**, Reiniger für wasserfeste, unbeschichtete und mit harten Selbstglanzschichten behandelte Böden;
~ **WISCHPFLEGE SPEZIAL**, Wachsemulsion rutschhemmend;
8000 Pallmann

Palma
Teppichunterlagen;
6231 Roberts

Palmcolor
~ Schnellspachtel, Acryl-Reparaturspachtel, schnelltrocknend;
2000 Palm

Palme
Strassleuchten;
3538 Palme

Palme
Niedervolt-Leuchten;
5308 Palme

PALMER
~ Dachhaken;
~ Rinnenträger;
~ Schneefanggitter;
~ Wasserklappen;
7064 Palmer

Palos®
~ Betonstäbe für die Garten- und Landschaftsgestaltung, u. a. für Windschutz, Sichtschutz, Böschungsbefestigung usw.;
6612 Gimmler

PALUSOL®
Brandschutzplatte, wasserhaltiges Natriumsilicat zur Herstellung von feuerwiderstandsfähigen, formstabilen und rauchdichten Sandwichkonstruktionen mit Holz und Holzwerkstoffen z. B. Türen, Schrank- und Trennwände usw.;
6700 BASF

Pama
Asbestfreie Bodenbeläge;
4500 Wilhelm

PAMA
~ - **Bio**, Dispersions-Silikat-Innenwandfarbe, waschbeständig nach DIN 53 778;
~ - **CRYL**, 100% Reinacrylat-Fassadenfarbe, Dispersionsfarbe S/SM DIN 53 778;
~ - **FIT**, Fassadenfüllfarbe (Dispersion);
~ **Grund LF**, Grundiermittel, lmf, pigmentiert, für innen und außen;

~ - **GRUND**, Tiefgrund, lmh;
~ - **IN-300**, Dispersionsfarbe für innen, nach DIN 53 778 waschbeständig;
~ - **LAT**, Latex-Dispersionsfarbe, seidenglänzende Fassadenfarbe und Wandfarbe nach DIN 53 778;
~ **Leicht**, Dispersionsfarbe für innen, scheuerbeständig;
~ - **LIT**, Fassadenfarbe-Silikatbasis VOB, Teil C, DIN 18 363, Abs. 3.1.10.3.;
~ - **Reibeputz**, Acrylatbasis, für innen, nach DIN 55 947;
~ - **Streichputz**, für innen und außen, Bindemittel nach DIN 55 947;
~ - **SUPER**, Dispersionsfarbe WM DIN 53 778, Einschicht-Acrylatfarbe für innen, matt, waschbeständig;
5800 Partner

PAMAPLAN
Ausgleichsmasse für universalen Gebrauch;
5800 Partner

PAN
Italienische Bodenfliesen;
2800 Frerichs

PANA
~ Akustikdämmplatten;
~ Dichtungsstreifen;
~ Fugenfüllmaterial;
~ Kantenschutz;
~ Schaumstoffe;
~ Verbundschaumplatten;
8192 Pana

Panasonic
Beleuchtungssysteme nach dem Di-Cool-Verfahren;
2000 Panasonic

PANEL-AIR®
Geländerverkleidung, speziell für das → Hagal-System;
6800 Hagal

Panisol®
→ ISOVER®-Panisol;
6700 G + H

PAN-ISOVIT®
Fernleitungen für kanalfreie Erdverlegung mit vorfabrizierter, wasserdichter und fugenloser Verbundisolierung aus PUR-Hartschaum und nahtlosem HDPE-Außenschutzmantel;
6720 ISOVIT

PANMEX
Geblasenes Bitumen;
2000 Esso

Panoprey
Spanplatte, melaminiert und oberflächenbearbeitet (Hersteller: Polyrey, Paris);
4000 Aussedat

PANORAMA
Halbkugelförmiger Beobachtungsspiegel für innen aus Acrylglas;
6200 Moravia

PAN®
~ - Raumfachwerk in Stahlleichtbau;
7519 Panholz

Pantabeiz
Abbeizmittel für Lacke und Farben;
7500 Richter

Pantachrom
Metallschutzanstrich silber, farbig, deckend;
7500 Richter

Pantacolor
Metallschutz-Deckanstrich, in jedem RAL-Farbton lieferbar;
7500 Richter

Pantafett®
Rostverhinderer auf Fettbasis;
7500 Richter

PANTAFLAMM
Schwerentflammbarer PU-Schaum, Baustoffklasse B 1;
6227 Koepp

Pantafol
Metallschutzüberzug, weiß, abziehbar;
7500 Richter

Pantakalt
Kaltentlacker für Metalle;
7500 Richter

PANTANAX
Verschleißwiderstandsfähiger Stahl;
4150 Thyssen

Pantapell
Metallschutzüberzug, durchsichtig, abziehbar;
7500 Richter

Pantarex®
Entlackungsmittel und Metall-Reinigungsmittel;
7500 Richter

PANTARIN
Schallschutz-Profilplatten;
6227 Koepp

Pantarol®
~ Metallschutz, glasklarer, unsichtbarer Überzug für alle blanken Oberflächen in verschiedenen Ausführungen;

1

~ Schutzanstriche, deckend, schwarz seidenmatt;
7500 Richter

Pantasiegel
Metallschutzüberzug, durchsichtig;
7500 Richter

Pan-terre®
Innenausbauplatte aus Zellulose/Stroh;
3436 Öko-Bautechnik

Pantotherm® Landhaus
Ausbauhäuser;
6920 erba

Pantrac
Beleuchtungs- und Deckensystem;
5880 ERCO

Panzerholz®
→ Delignit-Panzerholz®;
4933 Hausmann

PANZER®
~ - Absperrventile;
~ - Rückschlagventile, absperrbar;
6710 KSB

Panzerwand
→ antilärm®-Panzerwand;
4600 Golinski

Papillon
~ - Betonelemente für Garten- und Landschaftsgestaltung;
6612 Gimmler

Parabol-Raster
Kunststoffdeckenraster mit metallisierter Oberfläche zur dekorativen und blendfreien Abdeckung von Lichtquellen mit hoher Lux-Zahl;
6393 Alukarben

PARACIDOL
~ - **EK-Beizen**, Positivbeizen für Nadelhölzer (Holzbeizen);
5600 Arti

PARADE
Teppichböden-Programm;
4630 Forbo

PARADOR®
Paneel- und Innenausbausysteme für den Privat- und Objektbereich;
4420 Parador

PARAFIX
Grundierung für → DAKFILL-Color, für Dächer aus Teerpappe, Zink, Alu, galvanisiertem Eisen und Asphalt;
5800 Partner

PARAFOR
Elastomer-Bitumen-Schweißbahn mit mineralischem Granulat abgestreut;
6632 Siplast

Paraglas®
Acrylglas, gegossen, glasklar, weiß opak und in farbigen Platten;
6000 Degussa

Para-Schalen-Dächer
Schalendächer aus 1,5 mm dicken, verzinkten und lackierten Stahlblechen, verformt zu zweischalig gekrümmten Dachschalen;
4352 Wendker

Parasol
~ - **Blende** DBP, Sonnenschutzblende aus eloxierten Alu-Profilen;
~ **SN** und **SR**, vertikaler Sonnenschutz und Fassadenelement;
~ **WN**, horizontale Bauart für Fassaden an Schulen, Verwaltungsgebäuden usw.;
~ **WR**, horizontale Bauart als Regenschutzdach an Geschäftshäusern, Rampen u. ä.;
4800 Böcker

PARAT
~ - Absperrpfosten, herausnehmbar;
~ - Sperrsschranke, 2seitig;
6200 Moravia

PARAT
Leichtflüssigkeitabscheider;
6209 Passavant

PARATECT
~ **Dachdichtungsmittel**, Dachdichtungskitt, Dachüberzugsmasse, Dachanstriche schwarz und farbig, Silberbitumenanstrich, Bitumenklebemassen, Kieseinbettmasse;
~ **Mauerschutzmittel** und Betonschutzmittel, für Mauer- und Fundamentanstrich, Siloanstriche;
~ **Rostschutzanstriche** und Holzanstriche;
~ **Spezialisolierungen** für Flachdachabdichtungen;
3004 Paratect

Paratex®
~ - Vliesstoff, Rieselschutz im Innenausbau hinter offenen Holzkonstruktionen;
5450 Lohmann

PARATlift
Versenkbarer Absperrpfosten;
6200 Moravia

PARCA
Bildleuchten in verschiedenen Längen und Farben zum Anstrahlen einzelner Bilder;
1000 Gärtner

PARELIO®
Ein mit Metalloxiden beschichtetes, vorgespanntes Sonnenschutzglas aus Spiegelglas oder Sonnenschutzglas PARSOL®;
5100 Vegla

PARETA
→ salubra-PARETA;
7889 Forbo

ParkArt
Fertigparkett, 2schichtig aufgebaut, wohnfertig versiegelt, in 8 verschiedenen Farben und Formaten;
8000 Bauwerk

PARKELIT®
Kunststeinmatrize für Gehweg, Garten, Terrasse;
8000 Berkmüller

parkett elinora®
~ Schnell-Versiegler für alle Holzarten, lmf, wasserverdünnbar, abriebfest;
~ Schnellgrund für alle Holzarten;
~ Härter;
6737 Böhler

PARKETT-COLOR
→ PALLMANN® PARKETT COLOR;
8000 Pallmann

PARKO
~ **D**, Dispersionskleber für Unterböden aller Art;
~ **L**, Lösungsmittelkleber;
~ Parkettkleber;
4300 Henn

Parmitex
Akustikdämmplatten, selbsttragende Mineralfaserplatten mit Glasgewebe bzw. Glasvlies beschichtet;
2803 Partek

PAROC
Wärmedämmplatte (Mineralfaserplatte) aus kunstharzgebundener Steinwolle;
2803 Partek

PAROCLO
Entkalkungsmittel und Reinigungsmittel für Abläufe, WC und Pissoirs;
7858 Paroba

PAROFERO
Entrostungsmittel und Entkalkungsmittel;
7858 Paroba

PAROLA
Antischaummittel bei Entkalkungs- und Entfettungsarbeiten;
7858 Paroba

paroll®
~ - Einbaudecken (~ Doppelboden);
5608 Klöber

Parol-Vernichter
→ SCA-Parol-Vernichter;
7141 SCA

Paromat-Duplex
Niedertemperatur-Mittelkessel;
3559 Viessmann

Paromat-R
Öl/Gas-Spezialkessel (Heizkessel) nach DIN 4702 mit Lenkflamm-System;
3559 Viessmann

PAROMIX
Kalkvorbeugungsmittel, wirksam auch gegen Pilze und Algen in größeren Luftbefeuchtungsanlagen;
~ **M 30**, für automatische Beimischung (Impfgerät) für mittlere Anlagen;
~ **M 80**, für kleinere Anlagen, Beigabe alle 2 bis 3 Tage per Hand oder automatisch;
7858 Paroba

PARO-PIERRA
Steinreinigungsmittel;
7858 Paroba

PAROPON
~ Metallentfettungsmittel und Reinigungsmittel für Metallfettfilter, Küchenventilatoren und Luftfiltermatten in Großküchen;
~ **R 200 WS**, Entfettungsmittel, Reinigungsmittel mit Glanzmittelzusatz für Großküchen (nicht für Geschirrspülmaschinen);
7858 Paroba

PAROSIT
~ - **KL 01/57**, Schnellentkalkungsmittel und Entrostungsmittel, für alle Metalle außer Buntmetallen;
~ - **MK**, Entkalkungsmittel, für Luftwäscher, Kühltürme aus Eisen, Chromstahl, Kupfer und Messing;
~ - **SPEZIAL**, Entkalkungsmittel, besonders für hartnäckigen Kesselstein und Rostablagerungen;
7858 Paroba

PAROTERA
~ Bodenreinigungsmittel für PVC, Kunststoff- und Steinböden;
7858 Paroba

PAROZINK-KL 01/68
Entkalkungsmittel, speziell für alle Metalle inkl. Zinn und Chromstahl;
7858 Paroba

1

PARSOL®
Sonnenschutzglas, in der Masse durchgefärbtes Spiegelglas in bronze, grau, grün;
5100 Vegla

PARTIKON
Betontrennmittel;
8972 Hebau

Pasand®
→ Lösch-Pasand®;
6722 Lösch

PASA-PLAST
~ - Klappladenprofile zur Weiterverarbeitung;
~ - Klappläden konfektioniert;
~ - Mini-Rolläden, für Fertighäuser und Fertigelemente;
~ - Rolläden für Neubauten;
~ - Spezialprofile für den Bausektor, z. B. für Wandverkleidung;
~ - Thermo-Rolladen, bei dem der Rolladenpanzer aus ausgeschäumten Kunststoffstäben besteht;
8062 PASA

PASCHA
~ - Holzschutz-Lasur, PCP-frei, seidenglänzend, für innen und außen, mit Schutzkomponenten gegen Pilz-, Bläue- und Wurmbefall;
4100 Schwarz

PASCHAL
~ - Deckenschalung;
~ - Großflächenschalung, Typ Athlet und GE;
~ - Rasterschalung;
~ - Rundstützenschalung;
~ - Schalungszubehör;
~ - Stützenschalung, verstellbar;
~ - Trapezträger-Rundschalung;
7619 PASCHAL

PASLODE®
~ - Rillennägel, Holzverbindungsmittel;
6000 Elastic

PASS
~ Abdeckroste, aufrollbare Abdeckungen für Heizkanäle, Schwimmbadrinnen usw.;
~ PVC-Badematten;
5600 Pass

PASSAAT
Warmluft-Kamineinsätze aus Gußeisen mit 1- oder 2flügeliger Glastür;
4030 Bellfires

PASSIVOL®
~ - ÖLSCHUTZ, Kunstharz-Dispersion, lmf, rissеüberbrückend, heizölbeständig, für Öllagerräume und Auffangwannen (sog. Heizölsperre);
~ - UNIVERSALGRUND, Rostschutzgrundierung, schnelltrocknend;
7000 Sika

pasta bianca
Wandfliesen, keramische, auf weißen Scherben;
4000 Marazzi

Pastabit
Dachlack für alle Pappen- und Metalldächer;
6200 Chemische

Pastell Polyflex
Bodenbelag aus PVC;
6450 Dunloplan

Pastumen
~ **K**, Bitumen-Kaltklebemasse, spachtelbar, auch für steile Dächer;
~ **P**, Bitumen-Spachtelmasse und Reparaturmasse;
~ **S**, Bitumen-Schutzanstrich;
~ **U**, Bitumen-Korrosionsschutz für Trapezbleche und Fundamente;
7000 Bauder

Patina
Fleckschutzmittel für alle unglasierten Keramikbeläge (Keramikfleckschutz);
3004 Patina

Pattex
Kontaktkleber, für Holz, Kunststoffplatten und viele andere Materialien;
4000 Henkel

Patzer
~ - **Dachsubstrat**, Vegetationsschicht zur Dachbegrünung;
6492 Patzer

pavapor
~ - **duro®**, Trittschalldämmplatten 22 und 30 mm mit rundum Nut- und Federverbindung;
7970 pavatex

pavaroof 22®
Unterdachsystem aus Holzfaserplatten;
7970 pavatex

pavatex®
Holzfaserplatten;
7970 pavatex

pavatherm®
Wärmedämmplatten mit rundum Nut- und Federverbindung;
7970 pavatex

PAVISMALT
Keramikfliesen;
3057 Doneit
→ 5670 Pogenwisch

→ 6201 Muehl
→ 6680 Fontanin
→ 6761 Müller
→ 7023 Schaefer
→ 7735 Boehnke
→ 8622 Boxdorfer

PAW RUST DISSOLVER®
→ RPM-PAW RUST DISSOLVER®;
5000 Hamann

Paxi
→ ESKOO®-Paxi;
2820 SF

PCI
Fliesenkleber, Fugenmörtel, Haftbrücken und Kunststoffmörtel, Fugendichtmassen, Flächendichtungsmittel, Montagekleber und Montageschäume, Imprägnierungen, Versiegelungen, Beschichtungen, Grundierungen → Adaptol → Apoflex → Apogel® → Apogrund → Apokor® W → Apolastic® → Aposan → Apoten® → Bicolastic → Bodena®-Color → Collastic → Collasticoll → Collipol® → Egacoll® → Egapor → Elribon® → Escutan → FT → Gisogrund → Gisopakt → Lastoment® → Lastoplan → Legaran® → Pecimor® → Periplan® Polycret® → Polyfix → Polyflex® → Polyhaft Repafix® → Repahaft → Repament → Repaplan → Rigamuls® → Riganol® → Seccoral® → Silcoferm® → Silconal → Supracolor → Visconal®;
~ - **Belagskleber**, Universal-Einseithaftkleber für Boden- und Wandbeläge;
~ - **Betonfinish**, Emissionsschutzfarbe für Fassaden und Brücken;
~ - **Bodenspachtel** bis 5 mm, Zement-Ausgleichsmasse zum Egalisieren;
~ - **Dichtgummi**, elastisches, rißüberbrückendes Flächendichtungsmittel;
~ - **Dichtschlämme**, zementgebundenes Flächendichtungsmittel, amtl. Zulassungs-Nr. Z 27, 1-119;
~ - **Emulsion**, Haftzusatz für Flickmörtel, Glattstriche, Estriche, Putze, Haftbrücken;
~ - **Flexfuge**, Sicherheits-Fugenmörtel für Fliesenfugen auf Balkon, Terrasse und Fußbodenheizung;
~ - **Flexmörtel** und ~ - Flexmörtel-Schnell, Spezial-Fliesenkleber für Balkon, Terrasse und Fußbodenheizung;
~ - **Hartschaumkleber**, gebrauchsfertig, für Schaumstoffe und Dämmplatten im Gebäudeinnern;
~ - **Mittelbettmörtel**, Verlegemörtel für Fliesen im 5 bis 15 mm Mörtelbett, auch ~ - Mittelbettmörtel-Schnell;
8900 PCI

PCS-Preussag Cracking System
Relining nach Rohraufweitung ohne Querschnittsverlust;
3000 Preussag Bauwesen

PE 30
Beseitigt Planschaumrückstände nach Entfernung der textilen Oberschicht von Teppichböden (Fußbodenbelag-Rückständeentferner);
5800 Partner

PEBU
~ Treppen, wandfrei mit Stahlbeton-Trittstufen;
6550 Bussmer

Pebüso
Betonsteine;
4400 Pebüso

PEBÜSO
~ - Brücken aus Stahlbeton;
~ - Fertigteilschächte;
~ - Rahmendurchlässe für Bachverrohrungen;
6670 Sehn

Peca
~ - Verdrängungskörper für die Herstellung von Hohlräumen für Betonfertigteile oder Baustelleneinsatz;
8192 Filigran

PECAFIL
Schalmatte, formbar, als Fundament-, Köcher- und Abstellschalung;
8044 Weidner

Pecafil
Schalungskörper aus Stahlgitterelementen zur Herstellung von Betonfertigteilen;
8192 Filigran

Pecafil®
Universal-Flachmaterial aus Stahlmatten, beidseitig mit Spezialfolie beschrumpft;
8448 Frank

PECHINEY
Alu-Halbzeuge;
4000 Pechiney

Pecimore®
Bitumen-Dickbeschichtung für Kelleraußenwände, Fundamente, Balkone, Terrassen, rißüberbrückend;
8900 PCI

Pectacrete
Portlandzement PZ 35 F;
2000 Pectacrete
→ 2000 Alsen
→ 3000 Teutonia
→ 6200 Dyckerhoff
→ 6900 Heidelberger Zement;

Pectacrete
~ - hydrophober Zement Z 35 F;
6200 Dyckerhoff AG

1

PEDA
Massiv-Blockhäuser;
8390 PEDA

Pedotherm®
~ - Luftpolster-Wärmereflexionsfolie für Fußbodenheizungen;
6057 Wanit-Universal

Pefalon
Sammelbezeichnung für kalthärtende 2-K-Lacke auf Beton, Zementputz, Metall und Holzspanplatten;
3340 Teleplast

pegesan
~ **Fertigbäder** in Elementbauweise in Fliesen oder in Kunststoff;
6330 pegesan

PEGULAN
~ - **CV-Bodenbeläge**, mit strukturierter Oberfläche (Cushioned Vinyls);
~ - **Hobby**, Polvlies-Teppichboden, Feuchtraum-Belag, Outdoor-geeignet, aus 100% PP;
~ - **Pool**, Polvlies-Teppichboden, Outdoor-Belag mit Dränung, aus 100% PP;
~ - **PVC-Boden-Objektcollection**, PVC-Bodenbeläge für stärkste Beanspruchungen: ~ - **Markant**, richtungsfreie Dessinierung, für Schulen, Behörden, Gaststätten usw. ~ - **Extra**, dessinierter PVC-Bodenbelag, für stark frequentierte Räume. ~ - **Spezial**, robuster PVC-Bodenbelag. ~ - **Impera**, leitfähiger, homogener PVC-Bodenbelag. ~ - **Electa**, antistatischer, homogener PVC-Belag für Labors, EDV-Räume und Fertigungsbereiche mit hochempfindlichen Produktionen. ~ - **Elastic**, PVC-Bodenbelag mit PVC-Schaumrücken. ~ - **Elastic-Super**, besonders verschleißfester PVC-Bodenbelag;
~ - **Rasant DS**, vollsynthetischer Nadelvlies-Teppichboden, komprimierter Planschaum;
~ - **Rasenflor**, Tufting-Teppichboden, Outdoor-Belag mit Dränung, Drän-Noppen aus Synthese-Latex;
~ - **Tennis DS**, vollsynthetischer Nadelvlies-Teppichboden, komprimierter Planschaum;
~ - **Tennishallenbeläge** in 4 Ausführungen:
~ - **Tennisrasen elastic**, vollsynthetischer Polvlies-Teppichboden mit Latex-Elasticnoppen.
~ - **Tennisrasen**, vollsynthetischer Polvlies-Teppichboden.
6710 Pegulan

Pegutan®
~ - **Baubahnen**, homogene Dichtungsbahnen aus PVC-Mischpolymerisaten;
~ - **Bauwerkabdichtung**, Dichtungsbahnen gegen drückendes und nichtdrückendes Wasser im Hoch- und Tiefbau;
~ - **Dachdichtung**, Dachdichtungsbahnen für Flachdächer, mit und ohne Gewebeverstärkung, für Warm- und Kaltdächer, für Stahltrapezblechdächer, auch für die Sanierung;
~ - **Estrichabdichtung**, Dichtungsbahnen zum Schutz der Wärmedämmung gegen Feuchtigkeit beim Aufbringen eines Estriches und als Abdichtung gegen aufsteigende Feuchtigkeit bei nicht unterkellertem Mauerwerk und Böden;
~ - **Mauerwerkabdichtung**, bereits auf Fixbreiten geschnittene Sperrbahnen gegen aufsteigende Feuchtigkeit;
~ - **Wasserbeckenabdichtung**, Dichtungsbahnen für private und kommunale Schwimmbecken, auch gewebeverstärkt und bedruckt, sowie für Trinkwasserreservoirs;
6710 Pegulan

PE-HA
Rasen-Sicker-Stein (Betonwerkstein);
4100 Volmer

PEHA
~ - SOFTLINE-Programm, Elektroschalter, Steckdosen;
5880 Hochköpper

PEHALIT
~ **DA**, Fugenmasse, 1-K, plasto-elastisch, speziell für Fugen im Bauinnern, auf Acrylharz-Basis;
~ **dichtelast**, elastische Verfugungsmasse auf PUR-Basis, 1-K;
~ **Flex A**, Dehnungsfugenmasse auf Polysulfid-Basis, elastisch, 2-K;
~ **Flex 100**, elastische Versiegelungsmasse auf Polysulfid-Basis, 1-K;
~ **PH 301**, Fugenmasse in Flach- und Rundprofilen auf Polyisobutylen-Basis;
~ **PUR-Schaum**, 1-K und 2-K, Montageschaum und Füllschaum;
~ **S 50**, Fugenmasse, 1-K, plastisch, auf Polyisobutylen-Basis;
~ **Silicon**, elastische Versiegelungsmasse, 1-K, auf Siliconbasis;
2080 Pehalit

Pejseland
Kaminöfen;
7000 Burger

Pekarin
Innenfarbe;
6342 Weiss

Pekarol
Fassadenfarbe;
6342 Weiss

PEKATEX®
Unterbauelemente, röhrenförmige integrale Gitterplatten aus versiegelten Glasfasersträngen, für Fassaden, Wände, Decken und Terrassen;
5357 PKT

PELI-PUTZ
~ Dämmputze;
~ Edelputze;
~ Grundputze;
~ Kunstharzfarben;
~ Kunstharzputze;
~ Vollwärmeschutz-System;
4972 Peli

pelit®
Kunststoffprofile aus Thermoplasten;
6785 Peter

Pella®
Falttüren und Faltwände in vielen Holzarten;
3000 Brandt

Pellex
Universelles Beton-Entschalungsmittel;
~ **2000**, Sichtbeton-Entschalungsmittel für saugende und nichtsaugende Schalungen;
~ **66**, Schutzmittel für Baumaschinen;
4750 Ceresit

Pemuro
Fassadenfarbe auf Acrylatbasis, SM 53 778;
5800 Partner

Pender
Deckenstrahlungsheizung für große Räume;
7450 Pender

Penetrat
Beton-Dichtungsmittel, Mörtelzusatzmittel;
4950 Follmann

Penetrin
~ **Fensterladen-Glanzpflege**, Kunstharzlack zum Schutz von Fensterläden, Türen usw. aus Holz;
7141 Jaeger

Penny
~ Barrieren;
~ Papierkörbe;
~ Rund- und Parkbänke;
5222 Penny

PENTAPLUS
~ 220, PVC-Hart-Platten mit „Druckknopf" Verbindung zum Grundmauerschutz;
5430 Klöckner Pentaplast

PENTATHERM
~ **SE**, Folie aus PVC-Hart zur Umhüllung von Rohrdämmungen (Rohrdämm-Schutzfolie);
5430 Klöckner Pentaplast

Penter
~ - Klinker, für Wasserbau, als Pflaster und Verblendung;
~ - Straßenbauklinker;
4550 Penter

pera
Klebstoffe für Boden, Wand und Decke;
~ Dispersionsklebstoffe;
~ Kunstharzklebstoffe;
~ Kunstkautschukklebstoffe;
~ Spachtelmassen;
~ Vorstriche und Grundierungen;
6724 Ramge

Perdensan
Betonzusatzmittel, Mörtelzusatzmittel, Putzdichtungsmittel;
6300 Schultz

Perennator®
~ **Acryle**, dauerelastische Dichtstoffe auf Acrylbasis, LS 700 (Lösungsmittelbasis), LD 702 (Dispersionsbasis);
~ **Fensterkitt 505** für lackierte Holzfenster;
~ **Isolierglas-Dichtstoff ID 100** = 1-K-Silicon und **ID 200** = 2-K-Silicon;
~ **Kitte** TX 2001, dauerplastischer thixotroper Schnellbindekitt;
~ **Polysulfid**, LX 19 1K, dauerelastischer 1-K-Dichtstoff;
~ **Silicone**, dauerelastische 1-K-Dichtstoffe V23-1, V23-2, V23-11, V23-12, auf Acetatbasis, V23-4, V23-5, neutrales System;
~ **Vorlegebänder**, **Hinterfüllmaterialien und Verarbeitungsgeräte**, **Haftvermittler für Dichtstoffe**;
6200 Perennator

PERESTON
Landschafts-Baustein-System;
7710 Mall

Perfaglas
Sammelbezeichnung für Beschichtungsstoffe auf Silikatbasis, auf Beton, Zementputz usw.;
3340 Teleplast

Perfect Fin 2000
Vollholzprofile;
7500 Pinus

perfecta
~ Rohrleitungs-Kennzeichnung nach DIN 2403;
~ Sicherheitsschilder nach DIN 4844 und aktuellen Verordnungen;
5650 Perfecta

1

perfecta
Energie-Spar-Rolladen für Neubauten und an Stelle von Aufbauelementen;
8851 Perfecta

PERFEKT
~ **Rolladenkasten**-Deckel aus 3 mm PVC in Verbindung mit Styropor®-Hartschaum;
~ - **Schiene**, Rolladenschiene aus stranggepreßtem Alu-Spezial-Profil;
7152 Lehr

PERFEKT GKS
Dachdichtungsbahn auf EPDM-Basis mit selbstklebender Längsnaht;
~ **GQL (NBR)**, quellfeste Sonderqualität, gegen tierische und pflanzliche Fette beständig. ~ **(CR)** und ~ - **PERFEKT** Dichtungsstreifen besonders für Fenster und Türen. ~ **G 200**, Kleber zum Verkleben von Überlappungen, Längsnaht- und Querstößen, zum Herstellen von Anschlüssen aller Art, wasserbeständig. ~ **RFT**, Neopren-Formteile zur Abdichtung von Innen- und Außenecken am Baukörper und den Aufbauten, Anschlüssen an Lichtkuppeln und Rohrdurchführungen sowie Dehn- und Arbeitsfugenbänder;
2100 Phoenix

Perfekt 2000
~ - Rohraufhängung, dimensionsunabhängig;
7208 Sikla

PERFEKTA
~ Behinderten-Aufzüge;
~ Treppenlift mit Plattform zur Aufnahme eines Rollstuhles;
4052 PERFEKTA

Perfektschaum
→ Compakta-Perfektschaum;
8225 Compakta

PERFEKT
Wandeinbau-Kastenspüler;
4952 Rost

Perfoplan
Schallschluckplatte mit perforierter Schutzhaut;
6074 Optac

PERI
~ Schalung;
7912 Peri

Perilex®
→ Busch-Perilex®;
5880 Busch

PERILEX®
Steckdosen, Stecker, Kupplungen;
5885 Vedder

Perimate DI
Dämm-/Dränelement aus Styrofoam zur Kellerwanddämmung;
6000 Dow

Perimeter
~ - **Dämmung**, Keller-Wärmedämmung aus PS-Hartschaumplatten Styrofoam SM oder Perimate Di, verklebt mit PLASTIKOL UDM2S oder SUPERFLEX-10;
4354 Deitermann
→ 6000 Dow

Periplan®
Selbstverlaufender, pumpfähiger Zement-Fließmörtel zur Egalisierung rauher und unebener Betonböden in Gebäuden vor der Belegung mit Oberbelägen;
~ **10**, für Schichtdicken von 3 bis 10 mm;
~ **20**, für Schichtdicken von 5 bis 20 mm;
8900 PCI

PERKALOR
~ **Diplex-normal**, mit und ohne Faserverstärkung, Unterdachschutz, wasserdicht, dampfdurchlässig;
→ WELL-PERKALOR;
7080 Palm

PERKALOR DIPLEX
~ Dachunterspannbahn;
8070 Wika

Perlfix®
Ansetzgips nach DIN 1168;
8715 Knauf Gipswerke

perlgrund
→ sto® perlgrund;
7894 sto

PERLHAUCH
~ - Kunstschmiedelacke und Patinalfarben;
7141 Jaeger

Perlite
Geblähtes Naturglas, nicht brennbar, anorganisch, alterungsbeständig. Ausgangsstoff für Dämmstoffkörnungen und Dämmstoffmassen;
4600 Perlite

Perlosar
Steinreiniger für Gartenplatten aus Waschbeton, Klinker, Keramik, Naturstein usw.;
4200 Böcke

perlton®
Pflastersteine mit Waschbeton-Oberfläche, Waschbetonplatten;
4200 Böcke

PERMA SYSTEM
Markisen-Halbzeuge für Hersteller;
2085 Perma

Permaban
Lehre und Abzugsbahn (Abziehlehre) aus hochfestem Stahlbeton als Arbeits- und Scheinfuge, vorgefertigt — Sollbruch für Industriefußböden jeglicher Art. Verbleibt quasi als Verlorene Schalung im Boden;
6718 Permaban

PERMAFAB
Schwarzes Glasfibergewebe in Rollen für die Armierung von Abdichtungen;
6799 BWA

PERMAFAB®
→ RPM-PERMAFAB®;
5000 Hamann

PERMAFLASH
Neoprene-Spezialfolie für Abdichtungen, Rinnen und Dehnungsfugen;
6799 BWA

PERMAFLEX
→ ASO-Permaflex;
4930 Schomburg

Permafug
Lehre und Abzugsbahn (Abziehlehre) aus hochfestem Stahlbeton als Raum- oder Dehnungsfuge, vorgefertigt, für Industriefußbödenjeglicher Art. Verbleibt quasi als Verlorene Schalung im Boden;
6718 Permaban

PERMAGLAS®
~ – Behälter für Schüttgüter und Flüssigkeiten aller Art von 8 bis 10 000 m^3 aus emailliertem Stahl;
2000 Riecken

PERMAHALB
Lehre und Abzugsbahn (Abziehlehre) aus hochfestem Stahlbeton als Wandabstellung für Industriefußbödenjeglicher Art. Verbleibt quasi als Verlorene Schalung im Boden;
6718 Permaban

PERMALIGHT
Nachleuchtende Platten-Folien-Farben;
8994 Schuster

Permalite
Dämmplatten aus expandierter → Perlite, für Flachdächer, Estriche usw.;
4300 Permalite
→ 2000 Möller
→ 8346 Heraklith

permaplan®
Putzlatten und Stukkateurlatten in Leichtmetall, Abziehlatten, Profilkartätschen usw.;
4400 Korth

PERMAPLASTIC CEMENT®
→ RPM-PERMAPLASTIC CEMENT®;
5000 Hamann

PERMAPRIMER
Voranstrich für ausgetrocknete Flächen;
6799 BWA

PERMAROOF
Dachbeschichtungsmasse auf Gilsonitbasis mit Gummifaser;
~ **Asphalt Emulsion**, zum Auftragen auf feuchten Flächen;
~ **Tar Base**, Spezialausführung auf Teerbasis;
6799 BWA

PERMAROOF®
→ RPM-PERMAROOF®;
5000 Hamann

Perobe
Warmwasser-Fußbodenheizung;
4792 Perobe

Perrot
~ Beregnungsanlagen;
~ Sportplatz-Versenkregner;
~ Tropfbewässerung;
7260 Perrot

Perspex
Acrylglas-Platten, gegossen und extrudiert und Acrylglas-Blöcke (PMMA) für Sanitärteile, Lichtkuppeln, Balkonverkleidungen, Treppen;
6000 ICI

PES
Anschlußbahn für alle bituminösen Dachabdichtungen;
4352 Kebulin

petal®
Kunststoff-Fenster und Kunststoff-Türen aus ®Hostalit Z;
2000 Petal

Peter
Eskoo-Verbund- und Pflastersteine;
7597 Peter

Petersburger Möbellack
→ Zweihorn-Polituren;
4010 Wiederhold

Petersen
~ Alu-Unterkonstruktion für vorgehängte, hinterlüftete Asbestzement-Fassaden;
~ Trennwände für WC-, Brause- und Umkleidekabinen;
6942 Petersen

Petit Cœur
Faltstores;
2857 bautex

1

Petitjean
~ Flutlichtmasten;
~ Freileitungsmasten;
~ Hochmasten für verschiedene Einsatzbereiche;
~ Leuchtenmasten im Baukastensystem, Auslegermasten und Signalmasten aus feuerverzinktem Stahl;
5000 Petitjean

PEWEPLAN
Schachtabdeckung höhenverstellbar;
6209 Passavant

PEWEPREN®
Einlage für Schachtabdeckungen und Aufsätze von Straßenabläufen und Entwässerungsanlagen;
6209 Passavant

Peyer
~ **Polyester Modulbau**, Kabinen aus Polyesterelementen z. B. für Schalter, Wartehallen, Gerätehäuser;
7000 Peyer

Pfälzer Pflaster
Großformatiges Pflaster mit leicht strukturierter Oberfläche;
6722 Lösch

Pfaffelhuber
Thermopor-Ziegel;
8872 Pfaffelhuber

PFALZ
Kellerentwässerungspumpen;
6750 Guß

PFERO
Garagen-Rolltore aus Kunststoff;
3548 Preising

PFISTERER
~ Sicherheits-Öltank, 3wandig, 2mal fugenlos;
7141 Pfisterer

pflego
Spezialpflegemittel zur Reinigung und Pflege von Kunststoff-Fenster und Türrahmen;
6751 Tehalit

PFLEIDERER
Tondachziegel;
7057 Pfleiderer

Pfleiderer
~ Holzpflaster;
~ Innenausbausysteme;
~ Spanplatten;
~ Türen;
8430 Pfleiderer

Pfullendorfer®
~ Deckengliedertore (Sektionaltore) aus Holz;
~ Hofeinfahrtstore;
~ Industrietore;
~ Tore und Torantriebe mit TÜV-geprüfter, elektrischer, hydraulischer Wirkungsweise, einschl. Funkfernsteuerung für Industrie-, Kommunal- und privaten Bau;
7798 Kipptorbau

Phaidos
Spielgeräte aus Holz;
4052 Phaidos

Phen-Agepan
~ Holzspanplatten für speziellere Anwendung im Baubereich, z. B. als Dachplatten, längsseitig genutet und mit wasserfester Verleimung;
~ **RS-Special**, Betonschalung aus Holzwerkstoff;
6601 Agepan

PHENAPAN ISO
Holzspanplatten, ISO-verleimt, **Typ V 100**, vielseitige Verwendung, u. a. auch Ausführungen mit Vollpilzschutz, **Typ V 100 G**, Nut- und Federprofil, als montagefertige Dachschalung, Element für Trockenunterböden usw., Typ B 1 V 100 E 1, schwerentflammbar;
3400 Novopan

Phenobil
~ **D**, Hartschaumplatten DIN 18 164, bandgeschäumt mit Stufenfalz und Glasvlieskaschierung;
2807 Roland

Phenox
Betonschalung aus Holzwerkstoff;
6601 Agepan

PHILIPPE LE BEL
Keramische Wohn-Fliese;
6642 Villeroy

philipphaus
Fertighäuser;
7177 philipphaus

Philippine
~ **Dränplatten**, zum Entwässern des Erdreiches an Kelleraußenwänden u. ä.;
~ - **Hartschaum**, PS-Hartschaumplatten nach DIN 18 164 und DIN 4102 in den Typen PS 15 SE, PS 20 SE und PS 30 SE als Dämmstoff im Hochbau gegen Kälte und Wärme;
~ **Steildachdämm-System** Sparromat-O für Wärmedämmung über Sparren;
~ **Trittschalldämmplatten** nach DIN 18 164, 4108, 4109 und DIN 4102 für schwimmenden Estrich, auch unter Heizestrichen, in den Typen PSTSE 17/15, 22/20, 27/25, 33/30, 38/35 und 44/40;
~ **Welldachdämm-System** SR, für das leichte Kaltdach in geneigter Ausführung unter Wellasbest-Zementplatten;
4630 Philippine

Philips
Beleuchtungssystem;
2000 Philips

pH-Minus
Säuregranulat, ungefährlich und leicht löslich, zum Senken des pH-Wertes von Schwimmbadwasser;
8000 BAYROL

PHØNIX BITU-MONTAGE
Dachdichtungssystem mit Dachelementen mit zwei oder mehreren Lagen Dachbahnen mit oder ohne Wärmedämmung;
2390 PHØNIX

PHOBA 10
silikonfreies Hydrophobierungsmittel;
8972 Hebau

Phoenix
~ **G 500**, Verdünner für ~ Kleber G 2000;
~ **KA 40**, Kaltklebemasse für den stationären Element- und Montagebau zur vollflächigen Verlegung von RESISTIT-G (CR) auf bituminösen Untergründen oder Holzspanplatten;
~ **VP 77**, RESISTIT-Versiegelungspaste zum Versiegeln von Längsnähten, Kreuz- und Querstößen;
2100 Phoenix

Phoenix
Zement;
4720 Phoenix

PHONIBEL
Mehrscheiben-Isolierglas, geklebt, mit erhöhter Schallschutzwirkung;
2000 Bluhm

PHONIC
Schallschutz-Faltwand in Echtholz, in planebener oder Harmonika-Ausführung;
3000 Brandt

PHONIT
Telefon-Kopfzellen, Fernsprechzellen, Lärmkabinen;
6830 Thienhaus

PHONOGUM
Schwingelemente zur körperschall- und erschütterungsisolierten Aufstellung von Maschinen aller Art;
6830 Thienhaus

PHONOLATOREN
Schwingungsdämpfer zur erschütterungsisolierten Aufstellung von Maschinen und zur Aufhängung von Rohren;
6830 Thienhaus

phonolith®
Schallschutzstein nach DIN aus mineralischen Rohstoffen (Bims);
5450 AG

PHONOTHERM
Schalldämpfer für Lüftungs- und Klimaanlagen, Dampfabblasleitungen, Isolierfutter für Rauchrohre von Ölfeuerungskesseln;
6830 Thienhaus

phono-therm . . . die Schallmauer®
Schalldämmung von Industrielärm;
4352 Wendker

phonotherm®
→ Romey® phonotherm;
5472 Romey

PHONSTOP®
Schallschutz-Isolierglas;
4650 Flachglas

pH-Plus
Ungefährliches, leichtlösliches, pulverförmiges und alkalisches Produkt, zum Anheben des pH-Wertes von Schwimmbadwasser;
8000 BAYROL

PIB-ORG-Bahn
Säureschutzbahn auf Basis PIB, thermoplastische Dichtschicht;
5330 Didier

Picardie
Steinzeugfliese, glasiert, mit feinstrukturierter Oberfläche in dezenten Farben 30/30 cm und 20/20 cm;
4005 Ostara

Piccobello
Bitumen-Spachtelmasse;
2970 Hille

Piccolo
~ - Scherentreppe, Bodentreppe;
8902 Mühlberger

PICO-BELL
Hängender Kamin für innen (Hängekamin);
4030 Bellfires

PICTAL
→ FRIWO;
4100 Friemann

PIEMME
Fliesen, Armaturen, Sanitärkeramik, Badezimmer-Ausstattung;
5885 Piemme

1

Piepenbrock
~ - System zur Dachbegrünung mit Durchwurzelungsschutz, Drän-, Filter- und Vegetationsschicht;
4500 Piepenbrock

PIEPER-HOLZ
~ Gartenholz, z. B. rustikale Bänke, Zäune, Pfähle, Palisaden;
~ Spielplatzgeräte aus Holz;
5787 Pieper

Pietrolit
→ ispo Pietrolit;
6239 ispo

Piggy
Ferkelheizplatten;
7700 Stallit

PIGROL
~ **ACRYL-Buntlack**, seidenglänzend, wasserverdünnbar, lösungsmittelfrei, für alle Untergründe innen und außen;
~ **ACRYL-Transparent** seidenmatt, wasserverdünnbar, lösungsmittelfrei, für alle Hölzer innen und außen;
~ **Dauerlasur**, wasserverdünnbar, lmf, seidenglänzend, für alle Hölzer innen und außen;
~ **Farblasur seidenglänzend**, für innen und außen, mit holzschützenden Wirkstoffen
~ **Grund mit Bläueschutz**, farblos, auf Alkydharzbasis;
~ **Holzschutz naturbraun**, bewährtes Holzschutzmittel auf Teerölbasis, für außen;
~ **Holzschutzfarbe**, seidenglänzend, wasserverdünnbar, lösungsmittelfrei;
~ **Holzwurm-Ex**, bekämpfendes Holzschutzmittel gegen Pilz- und Insektenbefall, farblos, für innen und außen;
~ **Imprägniergrund** auf Alkydharzbasis, farblos, mit holzschützenden Wirkstoffen;
~ **Jägerzaunlasur**, echtbraun, auf Alkydharzbasis, mit holzschützenden Wirkstoffen;
~ **Sonnenlasur**, Außenlasur mit UV-Sperre;
8800 Piller

PIGROLAN®
Bautenfarben;
8800 Piller

Pikus
Isolierplattenhalter aus Kunststoff;
4040 Betomax

Pilkington
~ Drahtspiegelglas;
4830 Pilkington

Pilz®
~ Fußwärmeplatte mit elektrischem Anschluß für kalte Fußböden am Arbeitsplatz;
~ Heizbänder und Heizkabel, flexibel;
~ Heizmatten, flexibel;
~ Heizschläuche, flexibel;
6900 Wittmann

PINBOARD
Stecktafelkork in Platten und Bahnen;
2800 Stürmann

PINCORK
Stecktafelkork in Platten und Bahnen;
2800 Stürmann

PINGER
~ Bimsbeton-Wandplatten für Hallenbau, feuerbeständig F 90;
~ Verglasung, kittlos, für Industriebauten. Spezialsprossen aus Stahl tragen die Glasscheiben auf elastischen Zwischenlagen;
5472 Pinger

Pintsch Bamag
Faseroptische Wechselverkehrszeichen;
4220 Pintsch

Pioloform®
Polyvinylbutral, für den Einsatz im Wash-Primern, Metallacken, Holzgrundierungen;
8000 Wacker

Pionier
→ Rigips-Pionier;
3452 Rigips

Pionier
Schwimmbadabdeckung;
8011 Glatz

Pionier®
Schwimmbadabdeckung in Aufrolltechnik;
8011 Pionier

PIPEFIX
Abstandhalter für betonummantelte Stahlrohre;
5885 Seifert

Piper
Holzzäune, Jägerzäune;
2071 Piper

Piranha
Abwasserpumpe mit Zerkleinerungssystem;
5204 ABS

Pirelli
~ Dichtungsbahnen und -planen aus EPDM;
~ Formteile für runde Dachdurchdringungen, EPDM-Fugenbänder, EPDM-Dichtungsbahnstreifen für Fassaden;
~ Manschetten für Lichtkuppeln, Kamine, Dachausstiege;
6128 Veith
→ 4630 Müllensiefen

Pirelli
Gumminoppen-Bodenbeläge;
~ **HD**, für stärkste Beanspruchung;
~ **HP**, für Labors und Industriebetriebe;
~ **MT**, für mittlere Beanspruchung;
~ **SW**, Form-Treppenbelag;
7457 Maiflor

Pirol
Gartengerätehaus;
5901 Weißtal

PISA
Feinsteinzeugfliesen;
7033 Lang

Piz-Serie
Dünnbett-Spaltplatten nach DIN 18 166,
Keramik-Bodenbelag;
4980 Staloton

PKL
~ Waschbeton-Verzögererpapier, doppelseitig beschichtetes Papier, dessen Funktionsschicht bei der Waschbetonherstellung in die Zementschicht wandert — das Abbinden wird verhindert, z. B. bei Gehweg- und Fassadenplatten;
4000 PKL

PK-TEX
Hartfaserplatten und Schichtstoffplatten, melaminharzbeschichtet;
7316 Preßwerk

PKT-HARTROHRNETZ
Isoliermatte, tragend und stützend, als Träger für Putzfassaden, Keramikplatten, Klinkerriemchen;
5357 PKT

PLADUR®
Stahlblech und Stahlband mit einer verformungsfähigen Mehrschichten-Einbrennlackierung, für Fassadenverkleidungen, glatt oder profiliert, für Bedachungen, Garagen, Türen, Balkonverkleidungen usw.;
4600 Hoesch

PLAN
Falttür, ohne Falteglatt ausziehbar, 5 verschiedene Modelle;
3000 Brandt

PLANA
Hallen;
2000 Plana
→ 4300 Plana
→ 6230 Plana

Planakkord
→ profirand-Planakkord;
7016 Rometsch

Planboard
Schalungsplatten;
2800 Lauprecht

Planeclaire
~ - Pendeltore, ein- und zweiflügelig, bis 6 m lichte Weite und 5 m Höhe;
2000 Pistoor

PLANENPROFIL®
~ **Typ 2000**, Fassadenplanen, Winterbauplanen, Schutzplanen;
2050 Stera

Planet/Hahn
Automatische Türdichtung für schwellenlose Räume, Türspalten-Überbrückung bis 20 mm;
4050 Hahn

PLANFALT
Faltwände mit Paneelen;
2350 Becker

PLANFIX
Abstandhalter, zum Abziehen von Beton;
5885 Seifert

Planflux SPEZIAL
Platten- und Fertigheizkörper;
6330 Buderus Heiztechnik

Plan-Fulgurit
Wandverkleidungen für innen, Trennwände, Decken, Balkonverkleidungen außen → Fulgurit;
3050 Fulgurit

PLANILUX®
Spiegelglas, ungefärbt, in der Masse eingefärbt als Sonnenschutzglas → PARSOL®;
5100 Vegla

planit
Zement-Estrich für alle Estrichtypen und besonders als Heizestrich;
4030 Readymix

Plankett®
Holzfaserplatte aus Norwegen mit Nut und Feder, beschichteter Oberfläche mit ausgeprägtem Holzrelief für Wand- und Deckenverkleidung;
8000 Cemtac

Planogarant
Plattenheizkörper, Flachradiator in ein- oder mehrreihiger Ausführung;
7630 Beutler

1

Planotec
Dachausbausystem aus einer 500 × 1000 mm Verbundplatte aus Hartschaum und Gipsfaser mit umlaufender Nut- und Federausbildung;
8261 Voringer

Planox
Betonschalung aus Sperrholz im Großformat;
6601 Agepan

Plantalith®
Dachbegrünung mit einschichtigem Aufbau;
4006 Hamer

Plantener
Begrünung für Innen und Außen;
~ - Dachbegrünung;
~ - Hygroeinsätze für Pflanzgefäße;
~ - Pflanzelemente;
8080 Plantener

Plaschke
Preßroste und Schweißroste (Gitterroste);
1000 Plaschke

Plasdac
Transparentes Profil aus PVC-Hart in Streifen, die zusammengefügt ein Kleinwellenbild ergeben, für Überdachungen, Windschutz, Terrassenabschirmung;
6780 Kömmerling

PLASTAHL
→ COLOR-PROFIL Metalldach;
5441 Color

PLASTBETON 066 P
Kunststoff-Estrich für hochbeanspruchte Industriefußböden und für Betonausbesserungen;
8192 Union

PLASTEMAIL 066 P
Dickbeschichtung, chemikalienbeständig, für Tanks aller Art;
8192 Union

Plasticseal
Gummi-Bitumen-Fugendichtungsmasse 1-K;
2000 Wehakomp

Plastiform
Flexible Dauermagnete u. a. für mechanische Halterungen von Schildern;
4040 3M

PLASTIK FERMIT
Weiße, dauerplastische Dichtungsmasse, temperaturbeständig bis 150 °C, zur Installation von Sanitäranlagen;
2102 Nissen

Plastiklacke
Farblose PUR-Lacke, Mischungsverhältnis 2:1, Baustoffklasse B 2 nach DIN 4102;
4010 Wiederhold

PLASTIKOL
Unter diesem Namen sind lieferbar:
~ - **CF**, Dachreparaturmasse;
~ - **FG**, Fugenglätter;
~ - **MULTIPOX-F/-S**, 2-K-Kunststoffkleber;
~ - **UDM 2 S**, **-SKN**, **-NFB**, **-4 FLEX**, Bitumenkleber;
~ - **1**, **-NFB**, **-UDM 2**, **-UDM 2 S**, **-SKN**, Bitumenbeschichtungsmassen, kunststoffvergütet;
~ - **14**, **-14 E**, **-KM 1**, **-13 UNIVERSAL**, **-KM**, **-KM Flex**, **-KMB**, **-KM Flex**, **-KM Flex + Fix**, Fliesenkleber und Dämmplattenkleber;
~ - **2**, Bitumenanstrich, lmh;
~ - **3**, **-3 G**, **-12**, **-K 2 D**, Fugendichtstoffe (Fugenkitte und Muffenkitte), Vergußmassen;
~ - **8**, **-15**, **-SILICON**, **-SILICON WE**, Fugendichtmassen, Fugenbänder;
4354 Deitermann

PLASTIKUM
Bituminöser, plasto-elastischer Abdichtungswerkstoff für innere Abdichtung bei Fertigteilen und für Industrieverglasungen;
4000 Enke

Plastinet®
~ - Sicherheitsdrahtgitter (Dämmungsmaterialträger) zum Einbau unter nicht begehbaren Abdeckungen;
6380 Bekaert

PLASTISOL
~ - Isolierpaste zur Herstellung haftfester Schutzüberzüge für Galvanik-Aufhängegestelle und Industrieteile;
3502 Kemper

Plastisol
Deutscher Name für die → Colorcoat-Kunststoffauflage;
5902 Fischer

Plastmo
Dachrinnen, Regenfallrohre, Dachformteile aus PVC-Hart (grau und braun), schwer entflammbar;
5160 Hoesch

PLASTOCAST
Rüttelgießmassen, feuerfest, plastisch;
6000 Fleischmann

plastofix
→ sto® plastofix;
7894 sto

Plastolit S 67
Polyesterspachtel;
2900 Büsing

PLASTOPLAN
~ Teichboden, Sumpfbeet-Klärstufen;
2355 renatur

Plasto-Resin
~ **Mischöl AEA (LP)**, Luftporenbildner, ~ **NR III (LP)**, Schaumkonzentrat für Mörtelwerke;
3280 Hörling

PLATAL®
~ Stahlblech und Stahlband, kunststoffbeschichtet, läßt sich ohne Zerstörung der Haftung und ohne Verletzung der Beschichtung stanzen, abkanten, falzen und tiefziehen, geeignet für Innenwandverkleidungen, Trennwände, Türen, Garagen, Schallschluckdecken usw.;
~ **T**, Stahlblech, beidseitig feuerverzinkt, beschichtet mit witterungsbeständiger TEDLAR-PVF-Folie. Zur Herstellung von Fassaden- und Dachelementen für Industrie-, Verwaltungs- und andere Zweckbauten;
4600 Hoesch

Platernit
Rohrbeschichtung (Korrosionsschutz) für innen und außen;
4350 VOG

Platisol
→ Lindab Platisol;
2072 Lindab

PLATON®
~ **Bauwerksabdichtung** gegen nicht drückendes Wasser, umfaßt:
SD-Matten (Schutz- und Dichtungsmatten aus PE-Folien hoher Dichte) mit eingeprägten Noppen und Verstärkungsrippen.
Kralle, Befestigungsteil zum Annageln, Anschießen oder Andübeln.
Dichtprofil für den oberen Abschluß zum Aufklemmen auf die Krallen.
Außen- und Innenecken, Formteile zum Abdichten der Gebäudeecken.
Schutzdach für Rohrdurchführungen;
~ **Grundmauer-Schutzsystem**, umfaßt:
SD-Matten (Schutz- und Dichtungsmatten aus PE-Folien hoher Dichte) mit eingeprägten Noppen und Verstärkungsrippen.
Ösen am oberen Rand der SD-Matten zur Befestigung.
Haken mit Rödeldraht, zur Aufhängung der SD-Matten.
Abschlußprofil aus PE mit flexiblen Dichtungslippen;
4973 Rosemeier

PLATTENFIX
Auflager, tragfähig, von 15 mm Höhe, als Verlegehilfe für Platten auf Flachdächern und Terrassen;
5885 Seifert

PLATTENplatte®
Plattenlager aus PE/PS zur Verlegung von Waschbetonplatten, zur Trennung von der Unterkonstruktion zur Lüftung, für Flachdächer, Terrassen, Schwimmbad-Umrandungen usw.;
7500 Euro

Platz-Haus
Fertighäuser;
7968 Platz

plegel
Ziegelprofilierte Dachplatte aus Stahlblech, beidseitig feuerverzinkt und PVdF-beschichtet;
7600 Gutta

Pleines
~ - Falzdocken, aus Bitumenfilzpappe zur staub- und schneedichten Dacheindeckung für Hohlziegel, Falzpfannen und Betondachsteine;
3040 Pleines

plenty-more®
1 K-PU-Hartschaum zum Montieren von Fensterelementen, Türzargen usw., schließen von Mauerdurchbrüchen, zum Isolieren und Befestigen von Dachziegeln;
2900 Büsing

PLEPA
~ - **PARKETT**, Mosaikparkett und Stabparkett aus exotischen Hölzern. Programm: ~ - **stab** 22 mm, ~ - **mosaic** 8 mm, ~ - **variant** 8 mm, ~ - **quadro** 10 mm, ~ - **format** 22 mm, ~ **Fertigparkett** 14 mm, in 14 verschiedenen Holzarten;
3418 Plessmann

Plessmann
~ - **Parkett**, Mosaikparkett und Stabparkett aus exotischen Hölzern;
3418 Plessmann

Plettac
~ Fassadengerüste;
~ Fuhrgerüste;
~ Leichtbauhallen;
~ Schalung;
~ Schalungszubehör;
5970 Plettac

PLEWA
~ - Fertigteilschornsteine, frei stehend, dreischaliges Schornsteinsystem mit Ummantelung aus Stahlbetonfertigteilen;
~ - Gartenkeramik;
~ - Kachelöfen;
~ - Kachelofenkamine;
~ - Montageschornsteine, dreischalige Schornsteinsysteme in nur 2 Teilen, ~ - Isofix und ~ - Isomit (die Dämmung ist bereits werkseitig montiert);

1

~ - Rauchabzüge aus Schamotte, als ~ - Rohre quadratisch mit abgerundeten Ecken, oder ~ - Innenfutter PW und L, oder ~ - Sonderfutter für den Bau von Haus- und Industrieschornsteinen;
~ - Römerplatten, großformatige, rustikale keramische Platten;
~ - Warmluftkamine aus vorgefertigten Aufbausätzen;
5522 PLEWA

PLEWA ISOMIT
~ - Schornstein, mit werkseitig im Mantel fixierter Wärmedämmung;
4300 Fomas

PLEWAGUM
Dachdichtungsbahnen aus kunststoffmodifiziertem Bitumen;
5522 PLEWA

PLEXIGLAS®
Acrylglas, Verwendung als Platten, Blöcke, Rohre, Stäbe, für bruchfeste Dach- und Wandverglasungen, Lichtkuppeln usw.;
~ - **SDP** und **S 3 P**, Stegdoppelplatten und Stegdreifachplatten aus Acrylglas für hoch lichtdurchlässige und wärmedämmende Verglasungen, z. B. Terrassenüberdachungen, Wintergärten, Gewächshäuser, Industrieverglasungen;
~ - **XT-Sinusprofilplatten**, Profilplatten für Überdachungen, z. B. Terrassendächer;
6100 Röhm

Plexiglasspiegel®
Spiegelelement, Schichtseite mit Schutzlack, nichtbeschichtete Seite mit PE-Folie, zur Deckenverkleidung und Innenwandverkleidung;
8000 Seco

PLEXIKLAR®
Plexiglasreiniger;
6000 Ruths

Plexilith®
Reparatur- und Beschichtungssystem für Industriefußböden auf Methacrylat-Basis (Industriefußböden-Sanierung);
~ **Fließ-Fix Typ 141**, für hohe mechanische Beanspruchung bei Dünnbeschichtungen,
~ **Fließ-Fix Typ 142**, mit hoher chemischer Resistenz neben hoher mechanischer Widerstandsfähigkeit;
~ **Glättfix Typ 151**, für Dickbeschichtungen;
~ **repfix**, Reparaturmörtel für eilige Arbeiten;
6100 Röhm

PLIASTIC®
Gummi-Bitumen-Fugenvergußmasse (Heißverguß) für Betonflächen, Autobahnen, Flughäfen;
2000 Wehakomp

Pliolite®
Volltonfarben und Abtönfarben auf Kunstharzbasis;
3512 Habich's

Plötner Eifelwand
Betonfertigteil-Bausystem aus 3 Bauteilen, ohne Hebezeug, Fundament und Mörtel montierbar als Lärmschutzwand, Sichtschutz, Stützwand oder Pflanzwand;
5472 Plötner

Plötz
~ Kompakt-Abwasserhebeanlagen;
~ Pumpen für jeden Einsatzzweck;
8000 Plötz

PLUREX
→ EhAGE-PLUREX;
4006 EhAGE

PLUS PLAN
Kunststoff-Fenster, Haustüren, Balkontüren, Rolladen und Rolladenkasten, Kellerfenster, Sonderprofile;
6440 Plus

PLUSDACH
Nachträgliche Wärmedämmung von Flachdächern;
6800 R & M

Plusdachprofil
Alublech, 2 mm dick, gelocht und 3 m lang als Hilfsmittel, um Flachdächer mit niedriger oder keiner Attika nachträglich mit dem R & M Plusdach wärmedämmen zu können;
6800 R & M
→ 7981 Uhl

PLUS®
Druckimprägnierte Holzprodukte aus Dänemark;
~ - Gartenlampen, als Stand oder Wandmodell aus wasserfestem, druckimprägniertem Leimholz;
~ - Massivplanken, aus druckimprägniertem Kiefernholz, für Holzzäune, Lärmschutzwände, Stützmauer-Ersatz usw.;
~ - Spielplatzgeräte aus druckimprägniertem Kiefernholz;
2000 Rath

PLUVIA
→ GEBERIT PLUVIA;
7798 Geberit

PLUVIOL®
~ **Durchfeuchtungsschutz**, niedermolekulare Fassadenimprägnierung auf Siloxanbasis;
~ **1015**, Wasserabweisender, farbloser Siliconimprägnierung, Fassadenschutz gegen Schlagregen;
7000 Sika

PM
~ - **Abbeizer**, Dispersions- und Lackentferner;
~ - **Acryl-Lack**, 100% Acryl-Dispersions-Lackfarbe, glänzend, 11 Basisfarbtöne;
~ - **Acrylat-Fugenmasse**, plastisch-elastische Dichtungsmasse innen und außen;
~ - **Acryl-Bodenbeschichtung**, Kunststoffdispersion nach DIN 55 947, diesel- und heizölbeständig;
~ - **Acryl-Spachtel**, für Holz, Metall, Putz, Beton, für innen;
~ - **Bleimennige V 40**, Kunstharz-Bleimennige nach BBV, Stoff-Nr. 46.34.55;
~ - **Buntlack**, langöliger Kunstharz-Buntlack, 26 RAL-Basisfarbtöne;
~ - **Carbolineum**;
~ - **Fassadenabbeizer**, für Dispersions- und Latexanstriche, Öl- und Alkydharzlacke, Kunstharzputze;
~ - **Flüssig-Kunststoff**, Prüfzeichen PA-VI 662, Beton-, Putz-, Kunststoff-, Metallbeschichtung, Heizöl-EL und Diesel-Auffangräume (Heizölsperre);
~ - **Flut- und Spritzlack**, Heizkörper-Lackfarbe 180° hitzebeständig, schnelltrocknend;
~ - **Flutlackverdünnung**;
~ - **Füllspachtel**, für alle Innenarbeiten;
~ - **Gerüstplane**;
~ - **Hammerschlag**, wetterbeständiger Metalleffekt-Lack zum Streichen, Rollen, Spritzen;
~ - **Heizkörper-Lackfarbe**, 180° hitzebeständig;
~ - **Klarlack**, glänzend, farblos, schnellhärtend;
~ - **Kunstharz-Verdünnung**;
~ - **Kunstharzlack**, schlagfester Alkydharz-Buntlack, 26 RAL-Basisfarbtöne;
~ - **Kunstschmiede-Mattlack**, wetter-, schlag- und kratzfest;
~ - **Kunststoff-Holzversiegelung**, farblose 1-K-Versiegelung für alle Holzarten innen und außen;
~ - **Maler-Spachtel**, für Holz und Mauerwerk innen;
~ - **Metallic-Silber**, wetterbeständiger Alulack für Zäune, Garagentore, Gitter;
~ - **Nitro-Verdünnung**;
~ - **Rauhfaser-Tapete**, 33,5 m × 0,53 m, grob-weiß und mittel-weiß;
~ - **Satin-Color**, seidenmatter, schlagfester Kunstharz-Buntlack, 16 Basisfarbtöne;
~ - **Schultafellack — Tischtennisplattenlack**, blendfrei, für Schul-, Wand- und Preistafeln und alle Tischtennisplatten;
~ - **Schwimmbeckenfarbe**, flüssige Kunststoffbeschichtung auf CK-Basis;
~ - **Silikon-Dichtungsmasse**, dauerelastische Dichtungsmasse innen und außen;
~ - **Straßenmarkierungsfarbe**, flüssige Kunststoffmarkierung für Zebrastreifen, Einfahrten, Parkplätze;
~ - **Terpentinersatz**;
~ - **Uni-Grund**, Rostschutz und Haftprimer, auch für Zink und NE-Metalle, 6 Farbtöne;
~ - **Universalspachtel** für Holz, Mauerwerk, Metall, innen und außen;
~ - **Universalverdünnung**;
~ - **Vollton- und Abtönfarben**, wetterbeständig nach VOB, innen DIN 53 778, 17 Basisfarbtone;
~ - **Vorlack**, Grundweiß für Holz und Metall;
~ - **Vorstrichfarbe**, Kunstharz-Vorstreichfarbe;
~ - **Weißlack**, Kunstharzlack für Holz und Metall;
5800 Partner

PM
~ - Binder, hydraulisches Bindemittel für Putz und Mauermörtel;
6900 Zement

PM-Binder
Hydraulischer Putz- und Mauerbinder;
5603 Wülfrather

Podszuck
Stahltüren und Feuerschutztüren, Zargen;
2300 Podszuck

poeschco
Produkte aus Aluminium;
~ Laufstege;
~ Podesttreppen;
~ Siloleitern;
~ Steigleitern;
~ Tankleitern;
~ Treppen;
5372 Poeschco

Pöl
Rostverhinderer auf Ölbasis;
7500 Richter

PÖSAMO
~ Ketten;
4019 Pötz

Pötz & Sand
Vorhangketten aus Leichtmetall (Alu), verschiedenfarbig eloxiert;
4019 Pötz

Pogana®
~ Tondachziegel, verschiebbar;
8443 Bayerische Dachziegel

Pogolit
→ UNI-Pogolit;
7550 Uni

Pohl
Lichtmaste, Kandelaber;
2354 Pohl

1

POHL
Hinterlüftete Kaltfassaden, Alu-Fassaden aus 3 mm Alu-Blechen, fassadenplan;
2359 Hesa

POHL
~ **Abkantsonderprofile**;
~ **Dachabschlußprofile**;
~ **Fassadenverkleidungen** (hinterlüftete Kaltfassade) aus Alu-Blechen;
~ **Mauerabdeckungen**;
~ **Wandanschlußprofile**;
5000 Pohl

POHLER
Spielplatzgeräte;
4000 Pohler

point
~ **15 B**, Baderost in fußweicher Ausführung speziell für Schwimmbad und Sauna;
~ **15 K**, Kunststoffrost für Naßräume jeglicher Art;
~ **15 R**, Rasenschutzmatte, verhindert das Abtreten der Graswurzeln;
8994 Schuster

POINTNER
Fassaden-Traganker zur Verankerung von Naturwerksteinplatten in der Plattenhorizontal- und Vertikalfuge;
2000 Schröder

POLAR
→ Icopal POLAR;
4712 Icopal

POLAR
~ **BIO-HAUS**, Wohn-Blockhäuser und Ferien-Blockhäuser aus nordischem Holz;
6200 POLAR

PolarRex®
Schaltuhren und Temperaturregler für die Kälte- und Klimatechnik
4770 W.E.G.-Legrand

polartherm
~ Panzerglas;
~ Verbundglas (mit und ohne Drahteinlage);
5902 Polartherm

POLENZ
Klimageräte und Wärmepumpen;
2000 Polenz

Polifix
Steinpolitur für Natur- und Kunststein;
7141 SCA

Poligen
~ - Einheits-Politur, farblos, hochkonzentriert;
~ - Innenlasur;
~ - Transparent-Porenfüller;
4010 Wiederhold

Poligras
Kunstrasen aus 100% PP, wasserdurchlässig;
7150 Sportboden

Pollmann
Grundwasserabsenkungs-Anlagen, Spülpumpen, Unterwasserpumpen;
2800 Pollmann

Pollok
~ - **Ankersysteme**, mit Kopfbolzen einsetzbar als Transportanker, Steinanker, Verbundanker, Fassadenbefestigung, Bewehrungsanschluß;
5820 Pollok

Pollok
Ankersysteme für den Beton- und Stahlbetonbau, z. B. Transportanker, Hülsenanker in galvanisch verzinkter oder nichtrostender Ausführung, Ankerplatten, Verbundträger, Telleranker, Los-Festflanschkonstruktionen, Stahlbausysteme;
5828 Pollok

Pollopasspiegel
Spiegelelement, Polyesterfolie auf Alu-Rahmen, zur Deckenverkleidung und Innenwandverkleidung;
8000 Seco

Pollrich
~ - Lufttür, Lufttüren und Torabschirmungen durch Luftschleier;
4050 Pollrich

POLMARLIT®
~ - Bodenplattenelemente, Acryl-Beton-Trägerplatte mit eingerüttelten Keramikplatten;
~ - Tischtennistisch, aus einer Verbindung ultraharter und hochwertiger Quarze (Acryl-Beton), für Sport- und Spielplätze, Gewicht 520 kg (Gebietsvertretung);
4690 Overesch

POLO
~ Gartenhäuser aus Blockbohlen;
5632 Schneider

polo
Teppichboden, Nadelvlies rustikal, meliert, Polschicht 65% PP, 35% PA;
7120 DLW

POLY GLANZ
Polierpaste für Kunststoffe, speziell GFK;
2082 Voss

Polyair
Kontrollierte Be- und Entlüftung;
4434 Polytherm

POLYALPAN®
~ **2000 Color**, Alu-Struktur-Paneele für Fassadenverkleidung mit diversen Oberflächen-Strukturen;
7530 Polyalpan

POLYASOL 066 P
(Duroplast), wasser-, öl- und benzinbeständiger Überzug auf Metall, Beton und Mauerwerk (Korrosionsschutz);
8192 Union

polybau
~ - Kabelschächte;
~ - Türbogen;
4000 polybau

Polybeton
~ **Monolith-System**, Industriefußboden mit Stahlfaser- und herkömmlicher Bewehrung (Handelsmarke von NV Polybeton, B-Brüssel);
5300 Broos

Polybit
→ RÜSGES-Polybit;
5180 Rüsges

POLYBIT®
~ - Kunststoff-Bitumen-Schweißbahnen;
~ - **Power-stick**, Dämmstoffkleber;
~ - **Roll**, rollbare Wärmedämmung;
~ - **Seal**, Dichtungsmasse;
2000 Polybit

Polycella
Kunststoff-Fenster;
2000 Hermann

polychrain
~ - Oberflächenentwässerung;
4000 polybau

Polycret®
~ - **20**, zementgebundener, schnellhärtender Reparaturmörtel für Schichtdicken von 5 bis 20 mm;
~ - **5**, zementgebundener Betonspachtel und Ausgleichsmörtel bis 5 mm Schichtdicke auch Spezialkleber für Dämmstoff- und Leichtbauplatten;
8900 PCI

Polycross®-Rohr
Vernetztes Polyäthylen-Rohr des WBT-Systems;
4100 Kloep

POLYDET®
~ plan und gewellt, Lichtplatten, Lichtbahnen und Balkonprofilplatten aus GFK;
8480 Flachglas
→ 4650 Flachglas

Polydress
~ 2000 SE, Polyäthylenfolie;
6120 Polydress

Poly-Dur
Weichkantensteine für Spiel-, Sport- und Freizeitbereiche;
4783 Rinne

polydur
~ - Schachtabdeckung;
4000 polybau

POLYDUR 066 P
Schutzbeschichtung, glasfaserarmiert, gegen Zerstörung von Behältern zur Lagerung von Heizöl, Wasser und Chemikalien;
8192 Union

Polyfelt TS
Bauvlies (der Chemie Linz AG) für den Straßen-, Wasser-, Bahn-, Sportplatzbau, Dränung, Hochbau
→ 8000 Lentia;
2000 Möller

Polyfix
Radiator-Anbindesysteme;
4434 Polytherm

Polyfix®
Hochbelastbarer Schnellmontagemörtel zum Befestigen, Ausbessern und Abdichten, chloridfrei;
8900 PCI

Polyflex
~ AF, asbestfreie Flexplatte;
6450 Dunloplan

polyflex
~ **400**, PE-Isolierschläuche extrudiert, Rohrisolierung für kleine haustechnische Anlagen auch für große Rohrstrecken und Behälter im Anlagenbau (Produkt der Fa. Steinbacher, A-6383 Erpfendorf);
8000 Guggenberger

Polyflex®
Schweißbare Kunststoffbahn;
4352 Kebulin

Polyflex®
Rißüberbrückendes Beschichtungssystem für Beton- und Putzfassaden;
8900 PCI

Polygal
~ Hohlkammerscheiben (HKS)®;
4330 Polygal

1

POLY-GLAS
Reparaturset für kleine Arbeiten im GFK-Bereich;
2082 Voss

POLYGON-Zaun®
Holzzäune, Palisaden, Pfähle, Spielplatzgeräte, Rundholzbänke, Tische, Rundholzpflaster, Holzroste, Pergolen, Fahnenstangen;
7920 Steinhilber
→ 5600 Leipacher
(für PLG 4 + 5)

POLYGYR
Universal-Regel- und -steuersystem für Heizung, Lüftung, Klima;
6000 Landis

Polyhaft
Haftbrücke für Keramikbeläge, Verbundestriche, Estrich- und Putzmörtel auf glatten, dichten und nichtsaugenden Untergründen;
8900 PCI

POLYHAFT®
PE-Mauersperrbahnen;
2800 Marquart

Polykleber
Spezial-Kleber, zementfrei, zum Verkleben von Hartschaum-Dämmplatten;
4400 Brillux

POLYKLEEN
→ DE-KO-WE POLYKLEEN;
4270 Schürholz

polylux
~ - Untergeschoßfenster;
4000 polybau

POLYMAR®
Membranen-Stoffe für Hallen;
5142 Hammerstein

POLYMATT®
~ trend, doppeltdeckende, waschbeständige Acrylatfarbe für innen DIN 53 778 (Innenfarbe);
4630 Unitecta

Polyment®
~ **EP-Beschichtung**, 2-K-Epoxid-Flüssigkunststoff, lmf, für dickschichtige Schutzüberzüge auf zementgebundenen Untergründen;
~ **EP-Imprägnierung**, 2-K Material auf Epoxidharzbasis, Grundierung für alle ~ - Produkte, für tiefeindringende Imprägnierungen bzw. farblose Versiegelungen;
~ **EP-Klarharz**, 2-K, farblos, Epoxid-Flüssigkunststoff, lmf, Bindemittel für die Herstellung von panzerfestem Kunststoffmörtel;
~ **EP-Verdünnung**;
~ **EP-Versiegelung**, 2-K, farbig, Epoxidharz-Basis, für Versiegelung von Beton, Asbestzement, Zementestrich und ~ putz;
~ **PU-Beschichtung**, farbig, lmf, 2-K, Schutz für Beton, Estrich, Kunststein und Asphaltböden;
~ **PU-Imprägnierung**, 1-K, lmh, feuchtigkeitshärtend, Grundierung für alle ~ - Produkte, als Tiefenimprägnierung und farblose Versiegelung;
~ **PU-Verdünnung**;
~ **PU-Versiegelung**, 1-K-Kunststoff, farbig, lmh, auf Basis PUR, feuchtigkeitshärtend, zur Verbesserung der mechanischen und chemischen Beständigkeit;
8225 Compakta

polynorm
~ **300**, PUR-Isolierschalen zur Rohrisolierung in der Sanitär- und Heizungstechnik (Produkt der Fa. Steinbacher, A-6383 Erpfendorf);
8000 Guggenberger

POLYPLAST
Härtemittel und Haftmittel, flüssig, Kunstharz-Dispersion, verbessert die Klebkraft des Zementleimes;
~ - **HB**, Kunststoffhaftbrücke, flüssig;
7570 Baden

poly®tec
~ **Isolierdach**, Dachelemente mit PU-Schaum, metallverstärkten Dachlatten und Ummantelung aus Alu-Folie;
5534 polytec

polyRAPID
Elastomer-Bitumen-Schweißbahn mit Schnellschweißzone;
7500 Zaiss

Polyrey
Schichtstoffplatten;
~ **Metall**, mit einem Metalldekorblatt;
~ **Postforming**, besonders für abgerundete Formen geeignet;
~ **Schwerentflammbar**, B1 nach DIN 4102;
~ **Standard**, Qualität für allgemeinen Gebrauch;
4000 Aussedat

POLYREY
Schichtstoffplatten;
6600 Sovac

Poly-rowaplast
~ **PYP-PV 250 55**, Polymer-Bitumen-Schweißbahn aus Plastomerbitumen mit Polyestervlies nach DIN 52 133;
2807 Roland

Polysol
Dachfenster aus Kupfer (schweizer Produkt);
7707 Dachdecker

polystep
~ - Schuhabstreifer;
4000 polybau

POLYSTIC
Schnellmontagesystem aus Schweißbolzen und Kunststoffclipsen;
4500 Titgemeyer

Polystop
Schmutzfang-Matten und -Läufer (Rollenware);
5561 Schär

Polystyrolspiegel
Spiegelelement, bei dem Spiegelfolie auf PS kaschiert wurde, für Dekoration, Display und Design, Messebau;
8000 Seco

polytana
~ - Fußleisten;
4000 polybau

polythan
~ **120**, PUR-Wärmedämmplatten zur Steildachdämmung, (Produkt der Fa. Steinbacher, A-6383 Erpfendorf);
8000 Guggenberger

POLYTHERM®
Fußbodenheizung;
4434 Polytherm

POLYTON
~ - **Kellerfenster**, Kellerfensterzargen aus Polyesterbeton;
8753 Hofmann

Polytrop®
Fußbodenheizungsrohre aus Kunststoff;
4100 Kloep

Polytrop®-Rohr
Kunststoffrohr der WBT-Systeme;
4100 Kloep

Poly-Vitral
→ kebu®-Poly-Vitral
4352 Kebulin

POLY-WETTERFLEX
Polymerbitumen-Schweiß- und Dichtungsbahn;
7500 Zaiss

POLY-WETTERPLAN
Kunststoff-Bitumen-Dichtungsbahn, superelastisch durch SBR, auch im Winter verlegbar;
7500 Zaiss

Ponal
Holzleim, universelle Weißleime (Ausnahme: Ponal Super WK ist 2-K) zum Verleimen aller Holzarten und Holzwerkstoffe sowie Schichtstoffpreßplatten;
4000 Henkel

Pool
→ Pegulan-Pool;
6710 Pegulan

Poolsolarm
Schwimmbecken-Alarmsystem, meldet unbeaufsichtigte Benutzung, und mögliche Unfälle von kleinen Kindern;
1000 Kolbatz

„POP“
~ - BECHER-Blindniete, luft- und wasserdicht;
~ - Blindniete mit gerilltem Schaft, für Sackloch-Nietungen;
~ - Blindniete, für Vernietung an Fügeteilen, die an der Rückseite nicht zugänglich sind;
~ - **Soft-Spezial**, Blindniete für Hart-Weich-Verbindungen;
4500 Titgemeyer

Poppe & Potthoff
~ Edelstahlrohre;
~ Präzisionsstahlrohre;
~ Rohrteile;
4806 Poppe

PORAVER
Schaumglasgranulat in 6 Körnungen 0,25—16 mm;
2000 PORAVER

PORCELANOSA
Keramikfliesen der Fa. Porcelanosa Ceramica, Italien;
2807 Frerichs

pordrän
~ **Sickerplatten**, gütegesichert, als Dränschicht aus geschäumten PS-Einzelkugeln, mit Spezialkleber verklebt;
8729 Fränkische

Poreen
Gehwegplatten in grau und farbig;
3101 Hubrig

Poresta®
Polystyrol-Hartschaum als Grundlage für das Dämmstoffprogramm;
~ Bau-Dämmplatten;
~ Drän-Platten;
~ Fertigputz-Dämmplatten;
~ Leichtbau-Dämmsystem;
~ Mehrschicht-Leichtbauplatten;
~ Steildach-Dämmelemente;
~ Strukturbeton-Schaltafeln;
~ Trittschalldämmplatten PST SE;

1

~ Vollwärmeschutz-System;
~ Wannenträger;
6800 R & M

PORESTA®-SÜCO
Fertigputz-Dämmplatten;
3590 Correcta

Poret-Carbon
Aktivkohlefilter für Gasadsorption;
6252 Emmerling

porfix
→ FF-porfix;
8729 Fränkische

pori klimaton®
~ Leichtmauermörtel, wärmedämmend, für ~ Ziegel-Mauerwerk;
~ Leichtziegel aus naturreinem Ton, innen porosiert;
8011 Pori
→ 6107 Grün
→ 8300 Bauer
→ 8301 Maier, A. & M.
→ 8303 Maier & Kunze
→ 8311 Girnghuber
→ 8318 Riebesacker
→ 8399 Lange
→ 8399 Schätz
→ 8425 Köglmaier
→ 8580 Baumaterialien
→ 8600 AGROB
→ 8721 Englert
→ 8952 Schmid
→ 4441 Schnermann
→ 6452 Blumör
→ 7700 Ott
→ 8590 Jahreiß
→ 8679 Schaller
→ 8702 Korbacher
→ 8759 Eisert
→ 8800 Ansbacher Ziegel
→ 8850 Stengel

PORIFIX®
Rippenstreckmetall mit gelochten Rippen;
5000 Heitfeld

porifug
Leichtmauermörtel;
6339 BIEBER

Poriso
Innenwand-Verblender aus feuerfestem Ton, Kohleschlamm, Schieferton, Sägemehl und Flugasche, bei 1000 °C gebrannt;
4054 Teewen

PORIT
~ - Gasbeton, Blocksteine, Wandbauplatten und Plansteine G 2/0,4, G 2/0,5, G 4/0,7, G 6/0,8;
~ - Wärmedämmörtel aus Bindemitteln nach DIN 1164 und porigen Leichtzuschlägen nach DIN 4226;
2860 Porit
→ 2830 Kastendiek
→ 2860 Hansa
→ 2940 Porit
→ 2907 Gräper
→ 3559 Burgwald
→ 6054 Hovestadt
→ 6633 Schencking
→ 4410 Schräder;

PORITHERM®
~ - Leichtziegel, lieferbar als Großblockziegel, Ergänzungs- und Zwischenwandziegel sowie Zwischenwandplatten;
8254 Meindl
→ 8635 Hoffmeister

POROBETON®
Isolierbetone, feuerfest;
6000 Fleischmann

POROCELL
~ - Schaum, Leichtbaustoff-Zuschlag;
4790 Egge

PORON
~ Deckenplatten, Baustoffklasse B 1, in modischen Farben und Designs, auch geometrische Muster;
3590 R & M

Porosan
→ KEIM-Porosan;
8901 Keim

Porosit
~ - Betonfilterrohre, Dränrohre, Schachtringe, Wandsteine;
3582 Porosit
→ 4670 Meyer
→ 8474 Porosit
→ 4100 Volmer

POROSOL
Imprägnier-Dispersion für poröse Böden (Bodenimprägnierung);
4000 Wetrok

POROTHERM
~ **DZ**, Spritzputz mit Kornstruktur für innen;
4904 Alligator

POROTON®
~ – Ziegel aus Ton, die vor dem Verpressen mit Ausbrennstoffen gemischt werden, die während des Brandes rückstandslos verbrennen, so daß ein typisches Poren- und Kapillargefüge entsteht. POROTON-Ziegel werden vornehmlich für Außenwände benutzt;
4630 Poroton
→ 2380 Jöns
→ 2732 Oltmanns
→ 3000 Oltmanns
→ 3338 Elm-Poroton
→ 3549 Oltmanns
→ 4057 Laumanns
→ 4835 Rehage
→ 6420 Dach
→ 6556 Jungk
→ 6680 ZWN
→ 6720 Erlus
→ 6914 Bott
→ 7087 Trost
→ 7590 Kegelmann
→ 7832 Winkler
→ 7842 Tonwerke
→ 7930 Rimmele
→ 7954 Schmid
→ 8342 Schlagmann
→ 8521 Schultheiss
→ 8522 Gumbmann
→ 8595 Ziegelwerk
→ 8702 Wander
→ 8740 Gessner
→ 8755 Zeller
→ 8943 Leinsing

Porplastic®
Sport-Bodenbeläge, auf Kunststoffbasis (Gummi/PUR) oder Bitumenbasis, Sandrasen;
2000 Gödel

Porplastic®
Sportbeläge;
4300 Sieg

porta
~ Bogenfenster;
~ Haustüren;
~ Hebeschiebetür-Elemente;
~ Kasten-Doppelfenster;
~ Kunststoff-Fenster;
~ Kunststoff-Klappläden;
~ Rolladen, Kunststoff- und Aluausgeschäumt;
~ Sicherheitsfenster;
~ Sprossenfenster;
~ Verbundfenster;
4952 Porta

PORT-A-BELL
Innenkamin aus Stahl oder auch transportabler Terrassenkamin, freistehend;
4030 Bellfires

Portalit
→ WESTAG-Portalit;
4840 Westag

Portal-S
→ WESTAG-Portal-S;
4840 Westag

PORTA®
~ Multi-Court-Sportanlagen;
~ Squash-Racketball-Courts;
8510 PORTA

PORTEX
Spreizvorrichtung zur Montage des Türfutters, sowohl beim Schäumen als auch beim Leimen;
2841 Dünnemann

Portina
Schrankfalttür, besonders für den Ausbau von Dachschrägen, Garderobennischen, begehbaren Kleiderschränken u. ä.;
2900 Hüppe Raum

portMEISTER
Massivholz-Haustüren, Rahmen und Flügel mehrfach verleimt;
8500 Laport

porutan
Kunststoff-Sportplatzbeläge nach DIN 18 035, Bituelastdecke für Allzweckspielflächen, Dachbegrünung;
4300 Sieg

PORWAND
Filterbetonsteine für den Kelleraußenwandschutz;
3582 Porosit
→ 4100 Volmer
→ 4670 Meyer
→ 6000 Kaiser
→ 6451 Nowka
→ 8474 Porosit

porzyl
→ Fränkische Produkte für die Baumerhaltung;
8729 Fränkische

Poseidon
~ Türkisches Dampfbad, vorgefertigte Elemente aus glasfaserverstärktem Polyester;
4150 Krems-Chemie

Poseidon
~ – Steam, Dampfbad in Raumzellen aus glasfaserverstärktem Polyester;
8910 SANSYSTEM

Poseidon Steam
Dampfbad mit Baukastensystem → 8910 Sansystem;
4755 Stiber

Positiv
~ - Fertigbeize, flüssig, 1-K Strukturbeize zur Erzielung positiver Strukturen auf Weich- und Hartholz;
4010 Wiederhold

POSSEHL
~ **ANTI-SKID-BELÄGE**, Flugplatzbelag, rutschsicher;
6555 Possehl

Postforming
Waschtischanlagen nach Maß;
3380 Alape

Post-it
→ Scotch-Post-it;
4040 3M

Poulsen
~ Außenleuchten: Wandleuchten, Deckenleuchten, Mastleuchten, Pollerleuchten;
~ Innenleuchten: Pendelleuchten, Tischleuchten, Stehleuchten, Wandleuchten, Deckenleuchten, Leuchtstoffarmaturen;
5657 Poulsen

Poutrafil®
~ - Drahtstützen für → Stucanet®-Unterkonstruktion;
6380 Bekaert

pox
~ **1001-SIB**, Metallgrund Zinkbasis lmh;
~ **10 500**, Dünnschichtspachtel lmf;
~ **12 600**, Epoxidharz-Flickmörtel lmf für Betonausbrüche;
~ **3001**, Grundierung lmh, 2-K-Flüssigkunststoff;
~ **6071**, Universal Teerepoxid lmf;
~ **8140**, Universalharz lmf, 2-K-Flüssigkunststoff;
~ **9041**, Beschichtung lmf, 2-K-Flüssigkunststoff;
2359 Durexon

Poxicolor
→ KOSIT®-Poxicolor;
7000 Sika

POXITAR
→ INERTOL®-POXITAR;
7000 Sika

POZZI
~ - Kunststoff-Fenster System 600;
4800 Roehricht

Präga
Deckenplatten mit Oberflächenstruktur Baustoffklasse B1
6680 Saarpor

Prämatic 300
Topfband-Serie;
5000 Prämeta

Prämeta
Beschläge;
5000 Prämeta

präton®haus
Massiv-Fertighaus;
8880 Präton

PRAKTIK-HAUS
Bausatzhaus zum Selbstbau von Einzel- und Reihenhäusern (Selbstbau-Haus);
8910 Praktik

Praktikus®
~ Abbeizer;
~ Acryl-Fugendichtung;
~ Bronzelacke;
~ Dichtungs-Set für Fenster und Türen;
~ Epoxydharz, lmf;
~ Fensterkitt;
~ Flüssig-Dübel, Dübelmasse;
~ Fugenneu, zum Auffrischen von Fliesenfugen;
~ Glasfasermatte;
~ Glaskleber;
~ Heizkörper-Reflexionsfolie;
~ Holzkaltleim;
~ Holzpaste „Flüssig-Holz", zum Ausbessern von Holzfehlern;
~ Kalkentferner;
~ Kantenfurnier mit Schmelzkleber, echt Holz;
~ Kantenumleimer mit Schmelzkleber zum Aufbügeln;
~ Kreppband;
~ Montagekleber, lmf;
~ Polyester-Spezialharz, Reparatur- und Laminierharz;
~ Polyester-Faserspachtel;
~ Polyester-Schnellspachtel;
~ PVC-Dichtung, abwaschbar;
~ Rostentferner;
~ Silicon-Fugendichtung „Flüssig-Gummi";
~ Styropor®-Kleber;
~ Tapetenablöser;
~ Teppich-Einfaßband zum Aufbügeln;
~ Teppichboden-Profilprogramm, Sockelleisten, Anschlußschienen, Übergangsschienen, Treppenwinkel usw. aus Messing, Edelstahl, Alu bzw. PVC;
~ Teppichbremse;
~ Tür-Dichtungsbürste, selbstklebend;
~ Türbodendichtung, selbstklebend;
~ Universalkleber für Wand, Boden, Decke;
~ Verlegeband für Bodenbeläge aller Art;
~ Zement- und Kalkschleierentferner;
~ 2-K-Kleber;
4048 Praktikus

Prange
Beschläge aus massivem Messing;
2000 Prange

PRECOSILAN
→ NDB-PRECOSILAN;
4950 Follmann

PRECU®
~ - **therm**, kunststoffumhülltes Kupferrohr für Warmwasserfußbodenheizung (Naßverfahren);
~ - **Wärmeboden**, Warmwasser-Fußbodenheizung, Lgs-System (Trockenverfahren);
4500 Kabelmetal

Preda
~ **Abstrahlungsbahnen**, Bitumen-Dachbahnen nach DIN 52 128;
~ **GG**, Glasvliesbahnen;
4000 Therstappen

prefab® Mat-Box®
Material-Container, aus verzinktem Stahlblech, zerlegbar;
6800 Graeff

prefast
Dach- und Wandsystem industriell vorgefertigt in Großtafelbauweise;
7834 prefast

PREFLEX
~ - Verbundträger;
3565 Christmann

PREMARK
Verkehrsmarkierung aus thermoplastischem Kunststoff;
3057 GEFAB

Premier Castilian
→ Armstrong Premier Castilian;
4400 Armstrong

premier schlinge
Teppichboden, Tufting-Schlinge, mouliniert, Polschicht 100% Polyamid;
7120 DLW

premier velours
Teppichboden, Tufting-Velours, uni, Polschicht 100% Polyamid;
7120 DLW

Prenailed
Vorgenagelte Nagelleiste für Holzunterböden;
6231 Roberts

Preotherm
Einlagen-Dämmputz;
4000 Siporex

PREPARK
Fertigparkett, einschichtig aufgebaut, Stärke 8 mm, wohnfertig versiegelt, Riemen Mosaik/Parallel, in 6 verschiedenen Holzarten;
8000 Bauwerk

pressalit®
WC-Sitze;
2000 Pressalit

PRESSFIX
Druckplatte für Isoliermaterial, hält klemmend auf Luftschichtankern;
5885 Seifert

PRESSOTEKT
Deckaufstrich, heiß zu verarbeiten, elastisch, wurzelabweisend, für naht- und fugenlose Dächer;
7500 Zaiss

PRESTIGE
Badezimmer-Ausstattung;
5860 Hemecker

PRESTIGE
Badausstattung mit Spiegelschränken, Anbauschränke, Lichtspiegel;
6905 Duscholux

PRESTIK®
Dauerplastische Abdichtungsprofile, rund und rechteckig, selbstklebend;
6370 Bostik

Presto
Schalterprogramm;
5885 Vedder

PRESTO
~ Leichtbauplatten nach DIN 1101, zementgebundene Holzwolleplatten zur Isolierung von Dachausbauten, Zwischendecken, Industriebauten usw.;
~ Mehrschichtplatten nach DIN 1104, Styropor®-Platten, ein- oder zweiseitig mit Leichtbauplattenschichten belegt, für Zwischendecken, zur Trittschalldämmung, als verlorene Schalung usw., auch mit Falz lieferbar;
8087 Hirsch

Preton
~ - Ziegelfassaden;
8399 Schätz

PRETTY®
~ - Türen, Türrenovierungs-System;
3167 Pretty

Preussag
Produkte Wasser und Umwelt;
~ Bohrspülungschemikalien;
~ Chlorgas;

1

~ Deponietechnikprodukte;
~ Handpumpensysteme;
~ SBF-Aufsatzrohre;
~ SBF-Brunnenfilter;
~ Wasseraufbereitungsanlagen;
3150 Preussag Wasser

Preussag
Armaturen;
~ Absperrklappen;
~ Absperrschieber aus Stahl;
~ Armaturen aus legierten Stählen für aggressive Medien;
~ Membranschieber;
~ Rückschlagklappen aus Stahl;
~ Sonderarmaturen;
3155 Preussag Armaturen

Preussag-Jet
~ Hochdruckbodenvermörtelung (HDI);
3000 Preussag Bauwesen

Preventol®B
Phenoxyfettsäureester, Bitumenzusatz wurzelwidrig, für Bitumenflachdachabdichtungen;
5090 Bayer

PREZIOSA
→ MACK PREZIOSA;
7170 Mack

Priclad®
Trapezprofilbleche aus Stahl;
5090 Prince

Priller
Thermopor-Ziegel;
8421 Priller

PRIMAT
Innenwandfarbe matt, waschbeständig nach DIN 53 778, Typ 2000 und Typ 4000, spannungsarm;
4400 Brillux

Primata
Türen mit Schichtstoffoberflächen aus RESOPAL®, PERSTORP®, DUROPAL®;
4830 Wirus

PRIMAT-F
Flachformöffner für Kunststoff-Fenster;
3068 Hautau

Primavera
Waschtischkombination;
3380 Alape

PRIMAX
Bodenablauf mit selbstschließender Armatur;
6209 Passavant

PRIMER 44
Grundierung für → DAKFILL-Color, für Dächer aus Beton, Zement, Ziegel, Asbestzement, Kunststoff;
5800 Partner

Primex
Fertigteiltreppen für alle Verwendungszwecke, insbesondere für Serienhäuser;
8000 Baveg

Primoplast
Spezialgips für Füllspachtel;
3360 Hilliges

Princess
→ TRUMPF®-Princess;
7407 Trumpf

Princess-Thermo
Gewächshaus, Konstruktion aus einer Alu-Legierung;
8901 Richter

Print
~ **HPL Straticolor**, wasserfeste Schichtstoffplatte mit Schichten aus farblich unterschiedlichen Kraftpapieren;
4900 Abet

Printa FPO E 1 + E 2
~ Spanplatte mit windgestreuter Feinstdeckschicht nach DIN 68 761 für den Innenausbau;
7562 Gruber

Printaroll®
Perlkettenzuggetriebe mit Alu-Welle für Rollos (Rollo-Getriebe);
2857 Wohntex

PRINZCO
Treppenkantenschutzschienen, Trittschienen aus Leichtmetall, Eisen, Gummi;
5650 Prinz

Prinzip L
Konstruktionsprinzip für wärmegedämmte Bauelemente (Türen und Fenster in allen Varianten);
7900 Wieland

PRISMALITE Zick-Zack-Mehrkammer
~ - Reflektoren für Leitpfosten;
5000 Gubela

PRIX
~ - **Rolladenkästen**, aus Leichtbauplatten, Schaumkunststoff und Holzfaser-Hartplatten;
~ - **Steckwand**, montagefertige Trennwand;
8913 Prix

Pro Architectura
Farbgestaltungssystem für eine feinkeramische Steinzeugplatte im Format 10 × 10 cm;
6642 Villeroy

Pro Ozon Schaum
→ Knauf Pro Ozon;
8715 Knauf Bauprodukte

Pro Pex
Dachunterspannbahn;
4432 Amoco

proarcus
Formfliesen-System für Sanitär- und Naßräume;
5431 Korzilius

probad
Farbige Baderäume aus Einzelelementen zum Kombinieren, aus Edelstahl und Acryl;
8050 Walmü

PROBAT-tect
Polymer-Bitumen-Schweißbahnen;
4200 Krebber

PRODAMENT®
Hydraulisch bindende Spachtelmasse für Beton, Putz und Mauerwerk;
6800 T.I.B.

PRODISOL®
Anstrich-, Kleb-, Dicht- und Beschichtungsstoffe im Bereich der Wärme- und Kältedämmung;
6800 T.I.B.

PRODOBEST®
Bitumenemulsion für dickschichtigen Schutz erdberührter Flächen;
6800 T.I.B.

PRODODIN®
Bitumenhaltige Lacke, Imprägniermittel, Beschichtungs- und Vergußmassen für die Armaturen-, Gummi-, Elektro-, Akkumulatoren- und Röhrenindustrie;
6800 T.I.B.

PRODOFLEX®
~ Bitumen-Schweißbahn zur Abdichtung von Betonbrückentafeln;
~ Haftgrund;
6800 T.I.B.

PRODOLASTIC®
Kunststoff-Fugendichtungsmassen für Hoch- und Tiefbau;
6800 T.I.B.

PRODOMULS®
Bitumenemulsion für dickschichtigen Schutz erdberührter Flächen;
6800 T.I.B.

PRODOPHALT®
Bitumenemulsion zur Herstellung von Bitumenestrichen;
6800 T.I.B.

PRODOPHON®
Schalldämpfungsmassen zur Dämpfung von Biegeschwingungen aller Art von Blech als Einschicht- oder Verbundblech-Aufbau für die verschiedensten Konstruktionen;
6800 T.I.B.

PRODORAL®
Reaktionskunststoffe auf Epoxid- und Polyurethanharzbasis für Versiegelungen und Beschichtungen auf metallischem und mineralischem Untergrund, auch elektrostatisch ableitend;
6800 T.I.B.

PRODORIT®
Bitumenhaltige, heißverarbeitbare Kabelvergußmasse sowie Spachtelmassen für den Säurebau sowie bitumenhaltige Kaltkitte für Verfugungen und Abdichtung von Beton, Mauerwerk und Holz;
6800 T.I.B.

PRODOSAN®
Betoninstandsetzungssystem;
6800 T.I.B.

PRODOTEX®
Teer-Epoxidharzprodukte für den Schutz von Stahl und Beton, auch für diffusionsfeste Beschichtungen;
6800 T.I.B.

PRODOTHERM®
PUR-Schaumsysteme als Spritz- und Gießschaum für die Herstellung von vorisolierten Rohrleitungen, für Ortschaum in Petrochemie, Industrie und auf Dächern, für die diskontinuierliche Paneelfertigung und viele andere Einsatzgebiete;
6800 T.I.B.

Producta
~ Bodentreppe;
~ Decken- und Wandluke;
3130 Bauplanung

Proferro®
Korrosionsschutz aus einer weißen Kunststoffemulsion, die in einem Arbeitsgang Rostschutz, Grundierung und Deckanstrich bietet;
6000 NTS

PROFI
~ Ansetzbinder, Ansetzgips nach DIN 1168;
~ Fugenfüller, Fugengips nach DIN 1168;
~ Spachtelmasse;
3360 Hilliges

PROFI
~ - **Montagebalkon**, Balkone zur nachträglichen Montage an bestehenden und Neu-Bauten;
4780 Projecta

1

Profiflex
→ BauProfi Profiflex;
2000 Bauprofi

profil
Gummibelag, Oberseite profiliert und/oder strukturiert, einfarbig, Unterseite glatt, geschliffen, Sonderausführungen auch UV-beständig für den Außenbereich oder mineralölbeständig;
~ **E**, mit Schieferstruktur, vor allem für Umgänge in Eislaufhallen;
~ **L**, elektrisch leitfähig, noppenartig profiliert;
7120 DLW

Profil
Designfliese mit dreidimensionalen Dekorelementen;
7130 Steuler

Profil B
~ **Bänke**, Mehreck- und Mehrfachbanksystem für außen;
2300 Jäger

profilan
→ impra-profilan;
6800 Weyl

Profilarm
Alarm-Sicherheitsfilm zur Verstärkung von Normalglasscheiben mit integriertem Glasbruchsensor (Glasschutzfolie);
4400 Haverkamp

Profillux®
Strukturtapeten (Tapeten);
5600 Erfurt

Profilum
Leuchtensystem, Leuchtenkörper aus farbig eloxiertem Alu, wahlweise mit 3 unterschiedlichen Rastern und 2 Prismenabdeckungen bestückt, als Decken, Pendel- und Tischleuchte;
5760 THORN EMI

Profimix
→ BauProfi Profimix;
2000 Bauprofi

Profimix-System
→ Glasurit-Profimix;
2000 Glasurit

profirand
Estrichranddämmstreifen;
~ **PE**, PE-Schaum-Randstreifen;
~ - **Planakkord**-Estrich-Schwundfugenprofil aus PVC-Hart;
~ **SK**, PE-Schaum-Randstreifen, selbstklebend;
~ **S**, Styropor®-Randstreifen mit Bitumenpapier kaschiert;
~ **SU**, Styropor®-Randstreifen, unkaschiert;
~ **W**, Wellrandstreifen;
7016 Rometsch

profitherm
Steildachdämmung, dessen Elemente einen PUR-Hartschaumkern haben mit beidseitiger Alu-Folienkaschierung;
7770 Puren

Projecta®
~ - Garderobenschränke und Schließfachschränke aus Stahlblech;
~ - Sanitär-Trennwände aus Stahl-Sandwichelementen; Schrankwände, Wandverkleidungen, Säulenverkleidungen, Deckenverkleidungen, Kernverkleidungen, Bäderschränke, Sanitärkabinen;
5908 Schäfer
→ 5240 Schäfer

Prokulit
Lichtbahnprofile (Hohlkammerprofile) aus Hostalit®Z (lichtbeständigem PVC) für Wand- und Dachverglasungen, Balkonverkleidungen, Vordächer, Terrassendächer u. ä.;
4600 Prokuwa

Prokuwa
~ Balkonverkleidungen;
~ Kunststoff-Rolladen aus PVC;
~ Nut- und Federprofile, Kunststoffprofile zur Innenraumgestaltung und Außenverkleidung;
4600 Prokuwa

PROMAK®
Bitumenhaltige Straßenbauprodukte für Überzüge und Schlämmen.
Bitumenhaltige Fugenbänder zur Abdichtung von Randstreifen und Rohrstößen.
Modifizierte Reaktionskunststoffe für Straßen- und Brückenbau;
6800 T.I.B.

PROMASIL
Feuerschutz-Isolierschalen und Isolierplatten, Kalzium-Silikat-Schalen und Platten für den Feuer- und Wärmeschutz sowie für den allgemeinen Anlagen- und Industrieofenbau;
4030 Promat

PROMAT
~ - **Brandschutzprofil**, Natrium-Silikat-Profil mit Kunststoffummantelung;
~ - **Kleber K 84**, anorganische Kleber auf Wasserglasbasis für Spezialverklebungen im Brandschutz und der Hochtemperaturtechnik;
~ - **Spachtelmasse**, weißer Trockenmörtel, der nach der hydraulischen Abbindung fest auf Wand- und Deckflächen haftet;

~ - **Ventbox**, selbstschließende Lüftungsvorrichtung im Brandfall;
4030 Promat

PROMATECT
~ - **H**, großformatige, selbsttragende Feuerschutzplatten, Fibersilikat, asbestfrei, für den vorbeugenden Brandschutz
~ - **L**, wie ~ - H, jedoch mineralfaserarmiert, für Feuerschutz und Wärmedämmung;
4030 Promat

PROMAXIT
~ - **Brandschutzkitt**, eine Dichtungsmasse, die im Brandfall einen wärmedämmenden Schaum bildet und den Durchgang von Feuer, Rauch und Brandgasen verhindert;
4030 Promat

PROMINA
Feuchtigkeitsunempfindliche, nichtbrennbare Fibersilikat-Spezialbauplatte, asbestfrei;
4030 Promat

PROMISOL
Sandwichelemente;
8000 Hesse

Promuro
~ **22**, Feuchteschutz, Ausblühschutz;
7290 Mage

Prontex
~ - **Elastofug K 106**, 1-K plasto-elastische Fugendichtungsmasse auf Kunststoff-Acryl-Mischpolymerisat;
~ - **Gasbeton-Bitumenkleber**, lösemittelhaltig;
~ - **Klefu** K 154, faserarmierter Kunststoff-Klebemörtel;
~ - **Plastputz** fein, Struktur-Gasbetonbeschichtungen auf Kunststoffbasis mit Putzcharakter;
~ - **Reparaturmörtel**, zementhaltig, zum Ausbessern;
~ - **Spachtel**, Kunststoff-Spachtel für ~ - **Gasbetonbeschichtungen**;
~ - **Static-Kleber**, Kunststoff-Klebemörtel zum Verkleben von Wandelement (z. B. Gasbeton), horizontal und vertikal;
3000 Sichel

PRONUVO
~ - Gleitlager und Verformungslager, Kombinationslager aus hochbelastbarem Kork mit dazwischenliegenden Teflon-Folien für Dachdeckenauflager;
1000 Huth

PROPIOFAN®
Kunststoff-Dispersion auf PVP-Basis zur Herstellung z. B. von Mörtelzusätzen, Bauklebern und Anstrichmitteln;
6700 BASF

PROTAL
~ **Ganzmetallstoren**, Metall-Rolladen zur Abdunklung, Lärmdämmung und Einbruchschutz;
8531 Baumann

protect
Winterbauplanen, Zelte, Markisen;
4300 protect
→ 7500 Dieffenbacher
→ 8000 protect

PROTEGOL®
~ Stahl/Kunststoffverbundsysteme für die Großröhrenindustrie;
~ Vergußmassen, Spritz- und Tauchlacke, Dispersionen, Grundierungen und Beschichtungen auf Kunststoffbasis für die Armaturen-, Papier-, Röhren- und Behälterindustrie;
6800 T.I.B.

PROTEKTOL 066 P
Beschichtung von Heizölauffangwannen, geruchlos (Heizölsperre);
8192 Union

PROTEKTOR
~ - Dehnungsfugenprofile;
~ - Fassaden aus Alu;
~ - Mauerkantenleisten aus gewalzten Stahlprofilen;
~ - Putzprofile;
~ - Unterkonstruktion für leichte Trennwände und abgehängte Decken;
7560 Maisch

PROTEKTOR®
Pflegemittel für Gummitransportbänder, Gummischläuche, Gummistiefel usw.;
4100 Lux

PROTEKTVINYL 066 P
Schutzfolie, flüssig, abziehbar, für Glas, Eloxal u. ä. während der Bauzeit;
8192 Union

PROTOS®
~ - Integral und ~ - Compakt → Compakt®;
6330 Buderus Bau

Pro&win 63/75
Fenster-System aus Alu mit thermischer Entkoppelung;
4050 Kawneer

PRÜM
Edelholzfurnierte Innentürelemente/Stiltürelemente;
5540 Prüm

1

PSB
Betonsanierungssystem mit KS1-Stahl-Korrosionsschutz, M1-Fertigmörtel (Haftbrücke und Beschichtung) und O2-Betonschutzfarbe (Nachbehandlung und Schutzanstrich);
4300 PSB

Pudenz
Wintergärten und Schiebetüren aus Alu, wärmegedämmt;
4817 Pudenz

„Puder Ex"
→ HEY'DI® Puder Ex;
2964 Hey'di

Pütt
Rostverhinderer auf Fettbasis;
7500 Richter

Püttanol®
Metallschutzüberzug, durchsichtig;
7500 Richter

Pufas
~ Abbeizfluid;
~ Abtönfarben;
~ Anlauger;
~ Beton- und Ölwannenbeschichtung (sog. Heizölsperre);
~ Bunt-Dispersionen;
~ - Deckenfarben, Wandfarben;
~ Einseitkleber für Fußböden;
~ Fassadenfarben;
~ Fliesenkleber;
~ Füllspachtel;
~ Gips;
~ Glätt- und Füllspachtel;
~ Grundierungen;
~ Hartschaumkleber;
~ Isoliersalz;
~ - Klebespachtel;
~ Korkkleber;
~ Leinölkitt;
~ PVC-Fixierung, gebrauchsfertig;
~ Rauhfaser, flüssig;
~ Schimmelstop;
~ Styroporplattenkleber;
~ Tapeten-Glanzüberzug;
~ Tapetenablöser;
~ Tapetenkleister;
~ Teppichfixierung, gebrauchsfertig;
~ Teppichkleber, pulverförmig;
~ Uni-Kleber, ablösbar;
~ Wandbelagkleber;
~ Zell-Makulatur;
3510 Pufas

PUK
~ Ankerschienen;
~ Kabelbahnen;
~ Kabelschellen;
1000 PUK

Pumix®
Leichtbausteine aus gewaschenem und aufbereitetem Naturbims;
5470 Meurin

PURAL
Sandwich-Fenster aus PUR-Integralschaum;
6086 PURAL

Purcolor
Ausblühschutz und Farbenintensivierer;
4930 Rethmeier

PURDACH
System einer Flachdachsanierung mit PUR-Ortschaum;
7758 Kresch

PUR-Einschichthartlacke
Farblose PUR-Lacke, Mischungsverhältnis 10:1, Baustoffklasse B 2 nach DIN 4102;
4010 Wiederhold

PURENIT
Harter, holzähnlicher PUR-Werkstoff, mechanisch hochbelastbar, feuchtigkeitsstabil, als Platten, Leisten, Profile für Trennwände in Naßzellen, Feuchträumen usw.;
7770 Puren

PURENORM®
~ - Leichtschaum, wärme- und schallabsorbierend, zur Dämmung von Steildächern, bei Alt- und Neubauten, Decken, Wänden, Heizköpernischen usw., Baustoffklasse B 2;
7770 Puren
→ 5090 Bayer

PURENOTHERM
PUR-Konstruktionsdämmstoff, Wärmedämmplatte für Ausdämmung von Wänden mit Putzoberfläche (Thermohaut);
7770 Puren

PUREN®
~ Polyurethan-Konstruktionsdämmstoff, **Hartschaumplatten**, wahlweise kaschiert mit flammfestem Kraftpapier, Glasvlies oder Alu-Folie, für Flachdach, Steildach, Stalldecken, Wärmedämmung unter Estrichen nach DIN 18 164;

~ Polyurethan-Konstruktionsdämmstoff, nackt, aus kontinuierlich geschäumten **Blöcken**, als Platten, Keile, Rohrschalen und Zuschnitte aller Art, für Flachdach, Gefälledach, Parkdecks, Terrassen, Außen- und Innenwände usw.;
7770 Puren

PURGATOR
~ Konzentrat, Fassadenreiniger, Fliesenreiniger, Steinreiniger usw.;
~ Waschbeton-Klarspüler, Zementschleierentferner für Waschbeton;
7570 Baden

PURG-O-MAT®
~ Heizkörper-Entlüftungsventile, automatisch, hygroskopisch;
~ Luftabscheider R ¾″–3″;
~ Schnellentlüfter, automatischer, zur Belüftung und Entlüftung von Warmwasser-Heizungsanlagen;
2210 Voss

Puripool
Schwimmbad-Überwinterungsmittel, unterbindet Algenwachstum, mindert die Bildung von Kalkablagerungen und verhindert die Ablagerung von allgemeiner Verschmutzung; für alle Beckenmaterialien geeignet;
8000 BAYROL

Purkristalat
→ KEIM-Purkristalat;
8901 Keim

PUR-O-LAN
~ Fensterbänke aus Hartschaum;
~ Innentüren, Haustüren;
~ Kunststoff-Fenster, Holz-Fenster;
~ - System zur Verkleidung alter Metalltürzargen mit Holz (Aufsetzzarge);
5427 PUR

purperl®
Lose Schüttung zur Bodenverbesserung;
6074 Perlite

PUR-Siegel
Farbloser 1-K-PUR-Lack, Baustoffklasse B 2 nach DIN 4102;
4010 Wiederhold

PUTOX
Belebungsanlage; DBP Kleinkläranlage aus Stahlbetonfertigteilen für vollbiologische Abwasserreinigung;
8000 DYWIDAG
→ 6200 Dyckerhoff
→ 7710 Mall

Puttylon®
~ **2**, elastischer 1-K-Dichtstoff auf Basis Silicon-Mischpolymerisat, zur Glasversiegelung und Fugenabdichtung;
7441 Ara

PUTZ-DICHTAMENT
Zusatzmittel zur Herstellung wasserdichter Außenputze;
4250 MC

Putzfix
Hydraulisches Kalkhydrat, Spezial-Putzkalk, treibfrei;
6402 Otterbein

Putzler
Leuchten, Lichttechnik für jedes Objekt;
5160 Putzler

Putz-Tex
Armierungsgewebe, außen, für Außenputze auf labilen Untergründen;
3452 Rigips

Puutalo
~ - Sauna und ~ - Blockhäuser aus Finnland;
2000 F + T

PUZICHA
Natursteine aus aller Welt: Marmor, Granit, Quarzit usw. für Treppen, Bodenbeläge, Fassaden usw;
4300 Puzicha

PéVéClair
~ Profilplatten, ebene Tafeln und Lichtbahnen aus glasklarem PVC, schwerentflammbar. Wärmeisolierung unter PéVéClair ist zu vermeiden, Belüftung sicherstellen, um Wärmestau zu verhindern, Baustoffklasse B 1 nach DIN 4102;
2102 Höger

PVE
~ - Kunststoffrohre aus PVC;
~ - Steinzeugrohre;
4057 van Eyk

Pyramid
Freistehender Heizkamin mit Warmluftzirkulation;
5220 Wallace

PYRAN®
Brandschutzglas der Feuerwiderstandsklassen von G 30 bis G 120 nach DIN 4102, Teil 5, klar, durchsichtig und ohne Drahteinlage, für Fenster, Türen, Außenverglasung und Flächenverglasung;
6500 Schott

PYRELITE N
Spanplatten, schwerentflammbar nach DIN 4102;
5090 Werry

1

Pyrex
Einschichtlacke, matt oder seidenglänzend, schwer entflammbar, geprüft nach DIN 4102 B2;
4010 Wiederhold

Pyro
~ Anstrichmassen, feuerfest;
~ Betonstampfmassen, feuerfest;
~ Flickmassen, feuerfest;
~ Heizkamine;
~ Mörtelmassen, feuerfest;
~ Offene Kamine;
~ Stampfmassen, chemisch bindend, feuerfest;
~ Stampfmassen, plastisch, feuerfest;
6521 Pyro

PYRO
~ **Bunt-Emaillelack**, Kunstharzlack, hochglänzend, für Metall und Holz;
~ **Teerentferner**, auch für Bitumen und Asphalt-Verschmutzungen;
6751 Pyro

PYROBETON®
Halbfette, dichte Feuerbetone;
6000 Fleischmann

Pyrocolor
→ Zweihorn-Pyrocolor;
4010 Wiederhold

Pyrocolor-Beize
Flüssige Holzbeize mit intensiver Farbwirkung;
4010 Wiederhold

Pyrocorn
Trittsicherheits-Fliese, rutschhemmende Eigenschaften im Gewerbebereich;
4005 Ostara

Pyroex
→ Moralt-Pyroex;
8170 Moralt

PYROK
Isolierputz, weiß oder farbig, haftet auf jedem Untergrund, feuerbeständige Isolierung von Stahlkonstruktionen;
4000 Spritzputz

Pyrok-Germany
Feuerschutz-Putzbekleidung für Stahl- und Betonbauteile bis F 180, Zulassung durch IfBt;
2000 Schuh

PYROMARK®
Hitzebeständige, schwer schmelzbare Farbe;
2000 Helling

PYROMENT®
Anstrichmassen, feuerfest;
6000 Fleischmann

Pyromors®
~ **Weiß und Transparent**, Brandschutzbeschichtung für Holz, innen, nach DIN 4102;
4000 Desowag

Pyroplan®
→ Haacke-Pyroplan®;
3100 Haacke

pyroplast
~ - **C**, farbloses Brandschutzsystem für kunststoffummantelte Kabel;
~ - **FS 30**, schaumschichtbildendes Beschichtungssystem zur feuerhemmenden (F 30) Ausrüstung von Stahlkonstruktionen nach DIN 4102, Teil 2;
~ - **Haftgrund**, farblose, lösemittelfreie Grundierung für Holz, Holzwerkstoffe und Kabel;
~ - **HW**, Schaumschichtbildner für Holz und Holzwerkstoffe nach DIN 4102, Teil 1;
~ - **Schutzlack**, farbloser Schutzlack für Holz, Holzwerkstoffe und Kabel die mit pyroplast-HW oder pyroplast-C beschichtet wurden;
~ - **Spezialverdünnung**, Reinigungsmittel für Arbeitsgeräte, mit denen pyroplast-Schutzlack oder pyroplast-FS 30 verarbeitet wurde;
~ - **T**, Feuerschutzsalz nach DIN 4102 für Textilien aus Naturfasern;
6800 Weyl

PYROPROTEX®
~ **LOR**, Feuerleichtbeton;
Stampfmassen, feuerfest und Rüttelmassen, feuerfest;
6000 Fleischmann

Pyro-Safe
Baukasten-System für Rohrdurchführungen und Kabeldurchführungen, feuer-, gas- und wasserdicht;
~ - **Brandschutzkissen**, Interimsschottung in der Bauphase;
~ - **Kabelschutz KS**, Kabelbeschichtung mit Dämmschichtbildner, im Brandfall Kurzschlußverhinderung von mindestens 30 Minuten (Notstromkabel);
~ - **Mörtelschott**, Kabelabschottung für Decken und Wände der Feuerwiderstandsklasse F 90;
~ - **Universalschott**, Kabelabschottung für Decken und Wände der Feuerwiderstandsklasse F 90;
2105 svt

PYROSIL
Dichtstoffe der Baustoffklasse B 1;
6200 Perennator

PYROSTOP
Brandschutzglas;
4650 Flachglas

Pyrotect®
~ **weiß/grau**, Brandschutzbeschichtung für Stahlbauteile, zugelassen zur F 30-Ausrüstung von Stützen, Fachwerkstäben und Trägern aus Stahl;
4000 Desowag

PYROZIT
~ Gartenkamine;
~ Heizkamine;
6521 Pyro

Dübelklotz
aus Kunststoff für verschiedenste Befestigungen;
5600 Reuß

®TRESPA-Volkern
Platten für Trennwände, Wandverkleidungen, Fassaden- und Balkonverkleidung usw. im Feuchtraumbau, Messe- und Ausstellungsbau, für Labors, Krankenhäuser u. ä.;
6000 Hoechst-Trespa

®Wolvac
Holzschutzmittel;
7573 Wolman

„P4"
Haftzusatz für → Stromit-Flüssig-Kunststoffe;
5047 Stromit

QUADIE®
~ - **Wandsystem** aus Betonwerkstein-Elementen, bepflanzbar. Geeignet für Böschungen, Sitzmauern, Lärmschutzwände, Dammsicherung, Schallschutzwälle, Sichtschutzwände, Grundstücksabgrenzungen;
2832 Quadie
→ 2166 Pallmann
→ 2321 Jäger
→ 2390 Thaysen
→ 4420 Klostermann
→ 4952 Weber
→ 8000 Fries
→ 8742 Hoesch

Quadra 625
Metallwabendecke für Kaufhallen, Messebauten usw.;
8132 Di

QUADRO®
Eichstätter Jura-Marmor;
8078 Niefnecker

QUADRO®
Kreuzverbund-Betonpflaster, Palisaden;
7932 Beton
→ 5000 Siemokat
→ 1000 Schüz
→ 2077 Maltzahn
→ 4460 Betonwerk Emsland
→ 6301 Rinn
→ 8333 Linden

Qualitekt
~ Bitumenerzeugnisse;
~ Dachbahnen;
1000 Quandt

Quandt
Dachpappe;
1000 Quandt

Quantophos®
Mineralstoffkombinationen (Kalk-Rost-Schutzmittel) für Wasseraufbereitungsanlagen (→ Bewados® → Medotronic®);
6905 Benckiser

Quaranit
Keramische Spaltplatten DIN 18 166;
4980 Staloton

Quarella
Treppen-System aus Marmor;
4973 Quarella

Quarzalit
Bordsteine und Randsteine nach DIN 483;
5800 Köster

Quarzana®
Außenputz und Innenputz, Natursteingranulat mit wetterfester, farbloser Kunststoffbindung;
4300 Steinwerke

Quarzbrücke
→ HAGALITH®-Haftbrücken;
7505 Hagalith

Quarzil
→ KEIM-Quarzil;
8901 Keim

Quarzit
→ Herbol Quarzit;
5000 Herbol

Quarzitan®
Weißer Quarzit-Mehlsand, säurebeständig, zur Betonverdichtung;
6393 Taunus

QUARZOVIP
Einhandmischer mit Keramikdichtung;
~ - **ELEKTRONIC**, mit Sensorfunktion für Kliniken, Arztpraxen, Hotel usw.;
8000 High Tech

Quassowski
~ - Dachentlüfter Type HB aus GFK-Material, vorwiegend für zweischalige Flachdächer und Welldächer;
~ - Lüftungsgitter Type Lf aus PS zum Abschluß aller Luftkanäle von innen und außen und zur Belüftung zweischaliger Dächer;
4800 Quassowski

1

QUATRIX
Automatische Rückstausicherungsanlage;
6209 Passavant

queen
Sanitärausstattung;
4150 Queen

Quell-TRICOSAL®
Quellmittel für Beton;
7918 Tricosal

Querit
→ dabau syst 7 dabau Querit;
7529 dabau element

QUICK
~ - **Abdeckprofil** mit integrierten Abstandhaltern;
~ - **Abdeckstreifen** für Schalungsfugen;
~ - **Abstandhalter für die obere Bewehrung**: Typ **Mattenbock**, großflächig stützend. Typ **Welle**, zwischen oberer und unterer Bewehrung;
~ - **Bewehrungsanschlüsse**;
~ - **Chem**, Trennmittel;
~ - **Faserbeton-Distanzrohre**;
~ - **Faserbeton-Einzelabstandhalter** für senkrechte Bewehrung: Typ **Bipo D**, mit Bindedraht. Typ ~ - **Rolle**, zum Auffädeln auf dem Bügel. Typ ~ - **Kapo**, schnell aufklipsbar;
~ - **Faserbeton-Flächenabstandhalter**: Typ **Dreika K** (Standardausführung). **Dreika S** (Super) für alle Bewehrungsaufgaben. **Dreika D2**, mit 2 Drähten für die senkrechte und waagrechte Bewehrung;
~ - **Faserbeton-Schalungsanschläge**;
~ - **Faserbeton-Stopfen**;
~ - **Faserbeton-Wassersperre**;
~ - **Faserbeton-Abstandhalter für die untere Bewehrung**: Typ ~ **Bipo**. Typ ~ **Dreikantprofil** und ~ **Dreikantkonkav**, für schnelles, einfaches Verlegen. Typ ~ - **Rundprofil**, für Sichtbeton. Typ ~ - **Vierkantprofil**, für hohe Tragfähigkeit und schwere Bewehrung. Typ ~ - **Bumerang** und ~ - **Aal** für Sichtbeton;
~ - **Kappenriegel**;
~ - **Montageanker**;
~ - **Pox-Kleber**, 2-K-Kleber zum Einkleben der Stopfen in Faserbeton-Distanzrohre;
~ - **Rosto**, Beton- und Rostlöser;
~ - **Schalungsaufständerung**;
~ - **Sicherheitsdübel**;
~ - **Spannstellentechnik-Zubehör**;
~ - **Stahl-Senkkopfnagel**;
~ - **2-K-Spezialspachtel** zum Ausbessern von Schalungsplatten;
5840 Quick

QUICK DRY ASPHALT PAVING SEAL
Asphaltanstrich, feuchtigkeitsschützend;
6300 Schultz

Quick Patch
Schnell-Reparaturmörtel, trocken vorgemischter Spezial-Zementmörtel;
4100 Hansit

Quick-Color
Buntlacke auf Alkydharzbasis;
2000 Glasurit

Quick-Dry
~ **Öl-Aufsaugstreu**, Ölbindemittel;
2000 Retracol

Quickflock
~ **extra**, Flockmittel, flüssig, pH-neutral, mit weitem pH-Wirkungsbereich im Schwimmbadwasser;
~ **flüssig**, Flockmittel, weitestgehend vorhydrolisiertes Kombinationsprodukt, bildet unabhängig vom pH-Wert des Schwimmbadwassers größere Flocken und verfügt daher über eine größere Aufnahmekapazität;
8000 BAYROL

Quick-Lift
→ Thomsit-Quick-Lift;
4000 Henkel

quick-mix®
~ **Dachdeckermörtel**:
K 09 F — Dachdeckermörtel mit Fasern;
~ **Fugenmörtel** für Außen- und Innen-Fugenarbeiten:
FM — Fugenmörtel;
~ **Hintermauermörtel**:
HM — Hintermauermörtel, Mörtelgruppe II, IIa oder III;
~ **Leichtmauermörtel, wärmedämmend**:
L 24 — Leichtmauermörtel, Verbesserungsmaß 0,06.
L 9 — Leichtmauermörtel, Verbesserungsmaß 0,09;
~ **Mörtel** für den Tiefbau:
SBM — Kanal und Sielbaumörtel;
~ **Mörtelsysteme** für Fliesen- und Plattenarbeiten, Natursteinmörtel:
Spritzbewurf.
Trass-Naturstein-Verlegemörtel.
Trass-Fugenschlämmörtel.
Fliesen-Ansetzmörtel.
Spezial-Ansetzmörtel.
Fliesen- und Baukleber.
Flexkleber Super.
Fliesenkleber Extra.
Fliesenkleber weiß.
Mittelbettmörtel.
Schnellkleber.
Dispersionskleber.
Fugenweiß.
Fugengrau.
Fugenbunt.
Fugenbreit.
Fliesengrund;

~ **Putzsysteme** für innen und außen:
Elanith mineralischer Leichtputz:
DP-A/DP-B Dämmputz.
MK 3 — Kalk-Zement-Maschinenputz.
MK 4 — Kalk-Zement-Maschinenputz.
MK 1 — Kalk-Maschinenputz.
MZ 1 — Zement-Maschinenputz,
MZ 4 — Zement-Maschinen-Vorspritzmörtel.
MP 1 — Gips-Maschinenputz zum Glätten.
MP 2 — Gips-Maschinenputz zum Filzen.
Hagalith Haftputze **A, L, Y** sowie **FF**.
GK 03 — Gips-Kalk-Haftputz.
GK 05 — Gips-Kalk-Haftputz.
K 11 — Feinputz/Schweißmörtel.
K 13 — Feinputzmörtel;
~ **Spezialmörtel** und **Spezialbetone** für Industrie-, Straßen-, Berg- und Tunnelbau, Betonsanierung
~ Terzith Mineralsteinmasse nach System Schmalstieg zur Restaurierung und Sanierung von Baudenkmälern;
~ **Trockenmörtel** für die Kleinbaustelle/Reparatur-Programm:
K 20 — Hydrat-Kalkmörtel
K 01 — Mauer- und Putzmörtel
K 05 — Kalk-Zement-Putzmörtel
Z 01 — Mauer- und Putzmörtel
Z 05 — Zement-Putzmörtel
B 03 — Estrich/Beton
~ **Tropholith** Edel- und Kratzputze:
MRP — mineralischer Münchner Rauhputz.
RKP — Rustikalputz.
KSW — Kellenspritzwurf.
Kratzputz, Edelkratzputz.
Scheibenputz.
MKR — Maschinen-Kalk-Zement-Strukturputz;
~ **Verputzhilfsmittel**:
Hagalith Quarzbrücke.
Hagalith Aufbrennsperre.
Hagalith Kontaktgrund.
EM — Eckschutzschien-Ansetzmörtel.
GS — Spachtel für Vollwärmeschutz-System;
~ **VOR Mauermörtel** für das Sicht- und Verblendmauerwerk:
VK 01 für stark saugende Verblendsteine.
VM 01 für schwach saugende Verblendsteine.
VZ 01 für nicht saugende Klinker;
4500 Quick-mix

Quick®
Einbohrbänder;
5650 Breuer

Quickseal
Zementanstrich, wasserdicht;
5632 Thoro

Quickstep
~ - Treppe, Spindeltreppe als Bausatz;
7170 Spreng

QUICK-WOOD
→ RuStiMa-QUICK-WOOD;
6251 RuStiMa

QUICK-Ziegelsystem
~ **Putzträgerplatten**, 3-Schicht-Platte aus Ziegel für die Außenseite, Isolierschicht aus PUR-Hartschaum und einer Trägerplatte aus Holzfaserbeton;
8900 Winter

Quinting
~ - **Thermobalken**, Leichtbeton-Fertigteil erspart die Wärmedämmung auskragender Deckenbauteile;
4400 Quinting

QUINTUS
Ablaufgarnitur mit selbstschließender Absperrarmatur;
6209 Passavant

R + M
~ Fertigparkett;
~ Innentüren;
~ Paneele;
~ Plattenwerkstoffe;
~ Profilholz;
~ Täfelbretter;
6238 Ramp

R + S
~ Zementlöser, für Fliesen, Waschbeton, Klinkermauerwerk;
4057 Riedel

R + S
Fensterzargen aus bandverzinktem Stahlblech, auch mit Rolladenführungsschiene;
6472 Röder

R & M
Transluzente Verkleidungen, Lärmschutzwände aus Alu;
6800 R & M

R & R MÖRTEL
Reparatur- und Renoviermörtel, kunststoffvergütet, rasch erhärtend, standfest, rißfrei in Schichten bis 30 mm, auch zum Mauern, Putzen, Verlegen von Fliesen;
2000 Lugato

R 1000
Fußbodenreiniger;
5300 Chema

R 8
→ RINN;
6301 Rinn

RAAB
~ - **Ausbauhaus**;
~ - **BEKOTEC**-Betonkonservierungstechnik;
~ - **Bimsgranulate** für chemische und Bau-Industrie;
~ - **Dachplatten** aus Bimsbeton;
~ - **Decke**, aus Bimsbeton;
~ - **Fertigdecken** aus Bimsbeton;
~ - **Fertigkeller**;
~ - **Fertigmörtel** nach DIN 1053;
~ - **Großplattendecken** aus Schwerbeton;
~ - **Ölabsorptionsmittel**;
~ - **Rutsch-Ex** Winterstreu;
~ - **Schornsteinaufsätze**;
~ - **Schornsteinsanierungssysteme**;
~ - **Strukturplatte**, faserzementgebunden, in Struktur, Schiefer und Klinker lieferbar, für die Schornsteinkopf-Verkleidung;
~ - **Trockenschüttung**, Dämmschicht unter schwimmendem Estrich für die Schall- und Wärmedämmung;
5450 Raab

raak
~ Architekturbeleuchtung, Lichtsysteme, Deckenleuchten, Pendelleuchten, Außenleuchten, Stehleuchten, Wandleuchten;
6370 Raak

RABBASOL
Reinigungsmittel für den Bausektor;
~ - **AL**, Algenbekämpfungsmittel, auch vorbeugend;
5650 Rabbasol

RABIFIX®
Rippenstreckmetall mit niedrigen Rippen;
5000 Heitfeld

Racofix®
Montagezemente, schnellabbindend;
~ **L-8702**, zur Beseitigung von Rissen und Löchern, Flickmörtel;
~ **SM-8704**, zum Verankern schwerer Maschinen, zum Gießen von Fundamenten;
~ **V-8703**, für Montagen und Verankerungen, die eine längere Justierzeit erfordern;
~ **2000** und **8700**, zum Montieren von Eisentoren, Balkon- und Treppengeländern usw.;
6535 Avenarius

Raco®-Flüssig
Wasserlösliche Zubereitung zur Bekämpfung von Hausschwamm und anderen Pilzen in Mauerwerk und Holz, auch innen (Pilzbekämpfung);
6535 Avenarius

Racosit K-8901
Schwarzer Schutzanstrich auf Teerpechgrundlage für Eisen und Beton;
6535 Avenarius

Racotherm
Vollwärmeschutz-System auf Basis von PS-Hartschaumplatten EPS 15 SE;
6535 Avenarius

RADA
Thermostat-Auslaufarmaturen;
6000 Crosweller

radiconn
~ Badewannen-Heizzelle;
~ Warmwasser-Fußbodenheizungs-Kunststoffrohre;
7441 Zink

Radikalfresser
Abbeizmittel, lmh, universell;
3008 Sikkens

RADSON
Flachheizkörper für Normal- und Niedertemperaturbereich;
5093 Radson

Räucherbeize
Pulverbeize zum Auflösen, durch chemische Zusätze werden der Eichenholzspiegel und die Markstrahlen besonders hervorgehoben;
4010 Wiederhold

RAGA®
(DBP) Rasengassenplatten, mit und ohne Betonfries, zur Erhaltung befestigter Grünflächen;
7514 Hötzel

RAGIT®
~ - Rasengitterplatte 400 × 600 mm, begrün- und befahrbar;
5413 Kann

Raider
~ - Rollmatic, Terrassendach, selbsttätig sich öffnend und schließend;
~ Terrassendächer;
~ Vordächer;
4100 Raider

RAINSEAL
Silicon-Fassadenschutzanstrich, farblos;
6300 Schultz
→ 2000 Möller

RAIS
Skandinavischer Kaminofen aus Schmiedeeisen;
2352 Baukotherm
→ 2800 Trömel

RAJAFLU
(Mauerwerksschutz), zur Tränkung von Mauerwerk und verputzten Flächen bei Schwarzschimmel, Algen, Moosbefall;
8590 Colfirmit

RAJASIL
Bautenschutz;
~ **Antisulfat**, flüssig, für die Salzbehandlung als flankierende Maßnahme bei der Mauerwerkssanierung;
~ **CA**, flüssig, Zementwirkstoff, schützt Beton gegen Angriffe aus Grundwasser, Abwasser, Boden und Atmosphäre;
~ **Fassadenfarbe** (Silikatbasis), hochdiffusionsfähiges, wasserabweisendes Anstrichsystem;
~ **Rot**, flüssig, Bohrlochflüssigkeit für die nachträglich einzubauende Horizontalsperre mittels Bohrlochinjektage;
~ **Sanierputz fein und körnig**, Werktrockenmörtel für porenhydrophobe Spezialputze zur Erzielung trockener Wandoberflächen im Bereich feuchten, salzhaltigen Mauerwerks;
~ **Sanierputze**;
~ **Silicon 28**, dient in verdünnter Form zur wasser- und ölabweisenden Behandlung anorganischer Stoffe;
~ **Silicon 290**, anwendungsfertiges, oligomeres Siloxan, zur wasserabweisenden Imprägnierung;
~ **Siliconharzfarbe**, offenporiges Anstrichsystem;
~ **Sperrputz**, Werktrockenmörtel, vertikale Dichtschicht für innen und außen;
~ **Spritzbewurf**, Werktrockenmörtel als Haftbrücke für Sperrputz bzw. Sanierputz;
~ **Steinersatz**, Ergänzung im Natursteinbereich, Abformungen;
~ **Steinfestiger OH** und **H**, zur Verfestigung von mürben, ausgewitterten und porösen Mauerwerkbaustoffen, durch Zuführung von Bindemitteln auf mineralischer Kieselsäurebasis;
8590 Colfirmit

RAKALAN
~ Fassadenfarbe, hochwertiger Fassadenanstrich auf Dispersionsbasis, mit großer Deckkraft;
8590 Colfirmit

RAKALIT
~ **Fassadenfarbe**, hochwertige Füllfarbe auf Dispersionsbasis;
~ **ISOVER-Vollwärmeschutzsystem**, mehrschichtiges Verbundsystem aus ISOVER-Sillatherm-Mineralfaser-Dämmplatten, Kombispachtel P mit Armierungsgewebe und Kombiputz als Endbeschichtung;
~ **Kombiputze**, Werktrockenmörtel für dünnschichtige, mineralische Strukturputze;
~ **Kunststoffputze**, pastös, Fassadenbeschichtung mit Putzcharakter;
~ **Silikatputz**, verarbeitungsfertiger Mörtel auf Silikatbasis zur Herstellung dünnschichtiger Strukturputze;
~ **Streichputz**, feinkörnige Streichmasse auf Dispersionsbasis, stark füllend;
~ **Vollwärmeschutzsystem**, mehrschichtiges Verbundsystem aus EPS-Hartschaumplatten, Kombispachtel P mit Armierungsgewebe, Kunststoffputz als Endbeschichtung;
8590 Colfirmit

RAKA®
~ - **Baukleber Universal**, pulverförmig, für innen und außen, zum Verkleben von Wärmedämmaterialien und keramischen Belägen;
~ - **Fliesenklebemörtel**, hydraulisch erhärtender Dünnbettmörtel für innen und außen;
~ - **Fugenbreit**, grau und weiß, pulverförmig, Verfugungsmasse für keramische Beläge innen und außen bis 12 mm Fugenbreite;
~ - **Fugendicht**, transparente und farbige Silicondichtungsmasse;
~ - **Fugenfarbig**, pulverförmig, farbige Verfugungsmasse für keramische Beläge innen und außen;
~ - **Fugenneu**, Beschichtungsmaterial zum Auffärben oder Umfärben von Fliesenfugen;
~ - **Fugenweiß und Fugengrau**, pulverförmig, Verfugungsmasse für keramische Beläge innen und außen;
~ - **Gipsgrund (Grundhärter)**, flüssig, gebrauchsfertig, zur Vorbehandlung von sandenden und saugenden Untergründen;
~ - **Hartschaum- und Fliesenkleber pastös**, Dispersionskleber für innen;
~ - **Kunststoffputze**, Kratzputz, Reibeputz, Altdeutsch, Roll- und Spachtelputz, Buntsteinputz — (auch in Farbtönen), pastös, Fassadenbeschichtung mit Putzcharakter;
~ - **Rajaflu Schimmelvernichter**, flüssig, Spezialpräparat gegen Schwarzschimmel, Algen, Moosbefall;
~ - **Schnellmörtel**, schnellhärtender Montagezement;
~ - **Universalspachtel**, pulverförmig, Reparatur- und Ausbesserungsmasse;
8590 Colfirmit

RAKOLL
~ - WEISSHOLZLEIM, Dispersionsklebstoff für dauerhafte Holzverleimungen;
8000 Isar

RAKU
~ Dehnungsausgleicher;
~ Wandanschluß-Klemmprofil, Alu natur und kupferummantelt;
6581 RAKU

RALUMAC®
Straßensanierung mit dünnen Deckschichten im Kalteinbau;
6700 Raschig

1

RaMo
~ Lüftungselemente;
~ Schornsteinkopf-Abdeckplatte aus Edelstahl V2A;
6330 Moreth

RAMONA
Keramische Wohn-Fliese;
6642 Villeroy

RAMPA®
Muffen und Schrauben;
2053 Brügmann

Ranco®
Rankgerüste, Begrünungsgitter;
6800 Draht-Christ

Randamit
Fliesenklebstoffe, Teppichklebstoffe, Grundierungen, Werkstoffe für Gebäudeabdichtungen;
4000 Henkel

Randrein
Reiniger, flüssig, alkalisch;
8000 BAYROL

RANFT
~ - DEKORBODEN, nicht leitfähiger Terrazzoboden;
~ - TERRAZZO-BODEN®, gütegeschützte elektrisch ableitfähige Terrazzoböden und Gießharzböden für OPs, Pharma- und Halbleiterindustrie;
8023 Ranft

Ranger
Freistehender Kaminofen für Holzfeuerung mit 2-Stufen-Warmluftgebläse;
5220 Wallace

Ranox
Fassadenelemente aus glasfaserverstärkten Betonplatten (GRC), etwa 15 mm stark mit Waschbeton, mit runder oder gebrochener Körnung, Wärmedämmung mit PIR-Schaum;
4600 Durisol

Rapid
→ ispo Rapid;
6239 ispo

RAPID
Vollholz-Schalungstafeln;
7160 Lutz

RAPIDASA
Echter Schiefer für Dach, Fassade und Attika in Rechteck- und Bogenschnittschablonen (Dachschiefer);
5460 Rapidasa

rapide
Fertiggaragen aus Asbestzement;
4052 Lenders

RAPIDOBLOC®
Dichte Feuerbetone;
6000 Fleischmann

Rapidox
2-k-Bodenbeschichtung;
2102 Decor

Rapidquell
→ Wülfrather Bindemittel;
5603 Wülfrather Zement

Rapidur
Schnell erhärtender Zementmörtel, alkalisch, chloridfrei, zum Befestigen, Verankern, Abdichten, Ausbessern für innen und außen;
6200 Dyckerhoff Sopro

Rapold
Schindeln aus Lärchen-, Fichten-, Rotzeder- und Alaskazederholz, gesägt und handgespalten;
8230 Rapold

Rapp
Thermopor-Ziegel;
7959 Rapp

Rappgo
~ **Fertigparkett** in Eiche, Kastanie, Buche;
~ **Fußbodendielen** in Kiefer, Eiche, Lärche, Fichte, Buche aus Schweden;
~ **Landhausdielen**, massiv, in Eiche und Kiefer;
2000 Thede

RASCH
Solargeneratoren, zur Stromerzeugung für Wochenendhäuser, Boote und Caravans;
6200 Rasch

rasch®
~ - Tapeten;
~ - Wandbekleidungen;
4550 Rasch

Rasenflor
→ Pegulan-Rasenflor;
6710 Pegulan

RASH 1:40
Reinigungskonzentrat, mit Wasser 1:40 verdünnbar, auch Entfetter, von Holz- und Betonböden, Glasdächer, Fliesen usw.;
6751 Pyro

RAS®
Herkunftszeichen für **R**ippenstreckmetall **a**us **S**ieglar;
5000 Heitfeld

Rasselstein
~ Fertiggaragen, System Kesting;
~ Sanitärzellen;
~ Trafostationen;
5450 Rasselstein

Rasterflor
Pflanzringsystem als Hangsicherung und Stützwand;
5473 Ehl

RASTIFIX®
~ - Lichtraster und Lichtgitter, PS und UV-stabilisiert, Platten und Streifen in beliebigen Formaten;
7301 Rapid

Rasto
~ - Schalung für mittelgroße Flächen;
4030 Hünnebeck

Rastostein®
Leichtbetonvollstein;
4670 Mauer-Blitz

RATHSCHECK
~ - **Colorsklent®**, Farbschiefer in verschiedenen Farbtönen;
~ - **Moselschiefer** aus den Gruben Katzenberg und Margareta und ~ - InterSIN® aus verschiedenen Gewinnungsstätten Europas, Schiefer für Dacheindeckungen und Wandbekleidungen;
5440 Rathscheck

Ratio
Rohrschelle mit schalldämmender Moosgummieinlage;
7208 Sikla

ratio thermo
~ Alu-Fenster;
~ Alu-Haustüren;
~ Alu-Vordächer;
~ Ganzglastüren;
~ Glas-Duschkabinen;
8530 ratio

ratio-thermo
~ Alu-Gartentore;
~ Glasvorbauten;
~ Haustüren;
~ Vordächer aus Kupfer und Alu;
8530 ratio thermo

ratio-wood
Haustüren aus Panzerguß;
8530 ratio thermo

RAUCAN
Brüstungskanäle (Installationskanäle) in Kunststoff, Alu und Stahlblech;
8673 Rehau

Rauch
Holzspanplatten;
8536 Rauch

Raudren
Sickerleitungsrohr, Dränrohr in verschiedenen Ausführungen;
8520 Rehau

Raudril
~ **II**, Mehrzweck-Teilsickerrohr + Kanalrohr in einem;
~ **I**, (Teil-)Sickerleitungsrohr;
8520 Rehau

RAUDUCT
Mehrfachbelegungsrohre zur Verlegung mehrerer getrennt verl. Glasfaserkabel in 1 Rohr;
8520 Rehau

RAUFITT
Trinkwasserversorgung (z. B. Sprenkler, Gartenbeetentwässerung);
8520 Rehau

RAUFUTON
Fugenband zum Abdichten der Fugen an Betonbauten;
8520 Rehau

RAUH-TEX
~ Rollrauhfaser, waschbeständige Innenfarbe für rauhfaserartige Beschichtung;
~ Spritzrauhfaser in wasch- oder wischfester Version;
4904 Alligator

RAULASTIC M
Fugendichtmasse;
8520 Rehau

Raulf
Sand, Kies und Mörtel;
3304 Raulf

RAUMAFORM RSE
Sichtbetonschalung;
2000 Thaysen

Raumschalung
Schalung;
4030 Hünnebeck

Raumvent®
Vorgefertigtes Lüftungssystem;
7065 TTL

RAUPROP
Bändchengewebe zum Trennen und Stabilisieren im Erd- und Grundbau;
8520 Rehau

Rausan
~ **Akkord**, Reibeputz mit Struktur K 3 bis K 5, auch für Zupf- und Modellierstrukturen;

1

→ Brillux Rausan
~ **KM/D**, altdeutscher Strukturputz, Rillenputz mit Struktur K 3 und K 4;
~ **KR**, Kratzputz mit Struktur K 2 bis K 4;
Kunstharzputz nach DIN 18 558, Basis Kunstharzdispersion für außen und innen, für VWS geeignet;
~ **Reibeputz**, armiert, Reibeputzstruktur K 2 bis K 5;
4400 Brillux

Rausin
~ **KR**, Kratzputzstruktur;
Reibeputz für innen, Kunstharzdispersion nur für innen, Reibeputzstruktur;
4400 Brillux

RAUTAL
Dekorative Türen, Türfüllungen, Ziergitter, Dekorelemente aus Guß-Aluminium;
4280 Rautal

Rautherm
~ - **Rohre**, Fußbodenheizungsrohre aus PPC;
8520 Rehau

Rawitzer
~ Schornsteinformstücke;
8501 Rawitzer

Raychem
Heizbänder, selbstregelnd, zum Schutz von Rohrleitungen, Dachrinnen und Fallrohren vor Frost;
6806 Raychem

RBS
Holztüren aus Edelhölzern wie Limba, Nußbaum, Macoré, Eiche usw.;
~ Rundbogentüren;
~ Segmenttüren;
~ Stiltüren;
5540 RBS

RBS
Ringbalken-/Sturzschalung mit Dämmschalungselementen aus Hartschaum mit zementgebundener Holzwolleauflage;
6296 Beck

Readymix
Transportbeton, alle Arten und Güteklassen, auch mit Betonpumpen-Service;
4030 Readymix

Readymix
~ PZ 35 F Portlandzement im 5-kg-Beutel für Heimverbraucher;
4720 Readymix

Realtop
Schornsteinkopf;
3394 Henniges

REBA
~ Be- und Entlüftungsanlagen;
~ Beschattungsanlagen;
~ Carports;
~ Faltschiebetüren;
~ Überdachungen;
~ Wintergärten;
4350 REBA

Recco
~ - Duplex-Schwerlastdübel;
~ - Messingspreizdübel;
~ - Stahlschlaganker, Montage durch Schlagspreizprinzip;
8432 Krauss

RECKENDREES
~ **Haustüren**, mit Alu-Rahmenprofilen;
~ **Komplett-System**, Fenster und Aufsatzkasten, Verglasung und Rolladen als werkstattgefertigte Maßeinheit;
~ **R 600**, Kunststoff-Fenster u. a. Bogenfenster, Sprossenfenster;
4836 Reckendrees

RECKLI®
Verfahren zur Betongestaltung (z. B. Lärmschutzwände);
4690 Reckli

Record
Produkte aus Recycling-Kunststoffen;
~ - Ablaufkästen;
~ - Kanten;
~ - Umrandungen;
6251 Record

Record Buntlack 600
Kunstharz-Buntlack, hochglänzend, für alle Außen- und Innenlackierungen auf Holz, Metall und Mauerwerk;
4400 Brillux

RECORDAL
~ Gipsverzögerer, Abbindeverzögerer für Gips;
3471 Schieferit

recostal®
Anker aus Edelstahl V4a für den Mauerwerksbau: Lochbandanker und Luftschichtanker;
4800 Contec

recostal®
~ **Schalbox**, für Kleinaussparungen;
~ **Schalungsköcher**, ohne zusätzliche Aussteifung für Köcherfundamente;
~ **Streckmetall**, Schalungs-Streckmetall im Beton- und Stahlbetonbau;
4904 Contec

RECOVENT
~ **EX**, Wärmerückgewinner in nasser Abluft;
~ **GR**, Wärmerückgewinner in aggressiver Abluft;
~ **KV**, Kreislaufverbundsystem, vorwiegend für Nachrüstvorhaben;
6900 Kraftanlagen

Recozell
~ - Fundamentschutzplatten, zum Schutz vor Beschädigungen beim Verfüllen der Baugrube;
4724 Recozell

RECUTERM
→ Fläkt-RECUTERM;
6308 Fläkt

RED HEAD®
~ **Bolzenanker** (DBP);
~ **Hit Niet**, Vielzweck-Befestigungselement, verwendbar in Beton, KS-Stein, Ziegel usw.;
~ **HL**, Hochleistungsanker;
~ **Junior-EN**, Einschlaganker;
~ **Keilanker**;
~ **Selbstbohranker**;
~ **Verbundanker K**;
6791 Phillips

REDAL
~ - **Alu-Profile**, mit eloxierter oder einbrennlackierter Oberfläche für verglaste Bauelemente wie Fenster, Türen, Wintergärten, Glashäuser, Fassaden und Passagen im mehrgeschossigen Hochbau;
~ - **Galeria**, System thermisch getrennter Bronzeprofile;
4390 Redal

REDICOLOR
Siloxan-Fassadenfarben;
~ **600**, Kalksandsteinfarbe auf Acryl-Siloxan-Basis;
~ **700**, Siloxan-Acryl-Lösungsmittelimprägnieranstrich mit wasserabweisender Wirkung;
2000 Höveling

Redirack-System
Trennwände und Schrankwände, zusammenstellbar bis zu kompletten Betriebsbüros, incl. Deckenverkleidung und Beleuchtung;
3502 Fischer

Redis
→ Terranova-Redis;
8451 Terranova

REDISAN
~ **Betonschutz**, vollständiges System für vorbeugenden Betonschutz und umfassende Betonsanierung;
~ **257**, Waschbetonimprägnierung, hydrophobiert und verfestigt Waschbeton-Montageplatten;
~ **710**, Lösungsmittelgrundierung zur Egalisierung des Saugvermögens mineralischer Untergründe vor deckendem Anstrich;
~ **715**, Lösungsmitteltiefimprägnierung zur Hydrophobierung mineralischer Untergründe auf Siloxanbasis, algizid, fungizid;
2000 Höveling

Redoment FM
Fließmittel auf Melaminharzbasis;
4930 Rethmeier

REEF
Formholzverkleidung für Balkon, Terrasse und Zaun, wetterfest;
5272 Reef

REFIFLOC®
~ - **Anlage**, Mehrschichtfiltration in offenen Schnellfiltern mit Preussag-Filterrohrboden DBP (Wasseraufbereitungsanlage);
3000 Preussag Bauwesen

Reflectafloat 33/52
Sonnenschutzglas, silbern reflektierend;
4830 Pilkington

REFLEKTOL 83
Silberfarbene Dachbeschichtung auf Bitumenbasis (Reflexionsbeschichtung);
4000 Enke

REFLEXA
Sonnenschutz und Wetterschutz auch für asymmetrische Fensterformen;
~ Jalousien;
~ Markisen;
~ Rolladen-Fertigelemente;
8871 Reflexa

reflexal
Spezial-Schweißbahnen, Reflexionsbahn mit gewaffelter Alufolien-Oberfläche und Trägereinlage, auf Spezialbitumen, zum Abbau von Temperaturspitzen;
2807 Roland

Reformziegel E 80
Dachziegel aus Ton, variable Decklänge für Lattweiten von 25 cm bis 34 cm, ab 29° Dachneigung;
6719 Müller

Refuga
Bauminseln aus Betonwerkstein;
6722 Lösch
→ 7710 Mall

Refuga®
Bauminseln;
8400 Lerag

1

Refuga®
~ - **Bauminsel**, unbewehrte Gartensteine aus 8 verschiedenen Bauteilen für vielfältig geschwungene Beetformen, Raum und Schutz für innerstädtisches Grün (Lizenznehmer → Stellfix®)
7530 Betonwerk

Regenbogen
Verbund- und Rechteckpflaster;
7148 Ebert

Regeneriermittel
Bindemittel, wasserfrei, zur Regenerierung bitumenhaltiger Straßendecken;
2000 Colas

Regenstaufer
~ - Putzträgerplatten, aus gebranntem Ton zur Verkleidung von Bauteilen aus Beton;
8413 Puchner

Regina
Schalterprogramm (Wohn-Komfortprogramm) in vielen Farben;
5885 Vedder

Regiolux
Großflächen-Rasterleuchtenprogramm aus Aluminium-Querlamellen und hochglanzeloxierten V-Reflektoren;
8729 Leuchten

reglit®
~ Leichtmetallprofile, auch wärmegedämmt;
~ Lüftungsflügel;
~ Profilbauglas;
6612 Bauglas

Regnauer
~ Fertigbauten in Leichtbauweise, z. B. Büro- und Verwaltungsgebäude, Kommunalbauten, Baustellenunterkünfte, Lagerräume;
~ Wohnhäuser im ländlichen Stil;
8221 Regnauer

REGOTERM
→ Fläkt-REGOTERM;
6308 Fläkt

REGUL AIR
~ Luftbefeuchter für Büros und Wohnbereich;
~ Luftentfeuchter für Schwimmhallen mit Wärmerückgewinnung;
~ Luftentfeuchter für Bautrocknung;
~ Wärmepumpen für Schwimmbäder;
5760 Tüffers

Regulux
Heizkörper-Thermostatventil;
4782 Heimeier

Regum
~ - Bodenschutzplatten;
~ - Dämmplatten;
~ - Fallschutzplatten, aus Gummigranulat mit Kautschuk zusammen vulkanisiert;
~ - Kantenstein;
~ - Noppenplatten;
6342 Weiss Elastic

REGUPOL
Vollelastisches und wasserundurchlässiges Material aus granulierten, geschnitzelten Gummireifen, witterungsbeständig, rutschfest, trittsicher;
~ - **Bahnen** für Viehhaltung und Deichschutz;
~ - **Bautenschutzbahnen**;
~ - **Elastik**-Allwetter-Sportplatzbeläge;
~ - **Elastik**-Sporthallenböden;
~ - **Flies-Flex**, Dachplatten und Distanzklötze;
~ - **HOMEPLAY®**, mobiler Sportbodenbelag auf PUR-Kautschuk-Basis;
~ - **Isolierschutzplatten und -bahnen**;
~ - **Matten** für die Isolierung von Durchgangs- und Körperschall;
~ - **Sicherheitselemente** für Boden-, Wand- und Decke in Raumschießanlagen;
~ - **Stelzlager** aus PUR-Kautschuk, Abstandhalter für Beton- und Kunststeinplatten;
~ - **Tennisbeläge** für innen und außen;
~ - **Triteks**, Balkonsanierungselemente;
~ - **Trittschalldämm-Material**;
5920 Schaumstoffwerk

REHAGE
~ Ziegel, Hochlochziegel;
4835 Rehage

REHAU®
~ - **Absperrbake**/Warnbake zur Absicherung von Baustellen;
~ - **Blendschutzlamellen** als Zaun zwischen zwei Gegenverkehrsfahrbahnen;
~ - **Dachrinnen**;
~ - **Druckwasserrohre PE/PVC** zur Wasserversorgung und Deponiesohlenentwässerung;
~ - **Faschinenband** für Fluß- und Vorfluterausbauten sowie zur Landgewinnung;
~ - **Fenster** mit PVC-Rahmenmaterial;
~ - **Gasrohre PE/PVC**;
~ - **Kabelabdeckprofile**;
~ - **Kabelschutzrohre** für Erdverlegung von Stromkabeln;
~ - **MÖNCH**, Teichablauf;
~ - **Straßenleitpfosten**;
~ - **Struktur**, Handlaufprofile aus PVC mit holzmaseriertem Profil;
~ - **Versickerrohr** für Pflanzen- und Kleinkläranlagen;
8520 Rehau

„REIBEPUTZ"
Fassadenplatten mit kunstharzgebundener Reibeputz-Beschichtung;
8582 Frenzelit

Reifenberg
~ Saunaheizgeräte von 4,0 bis 45,0 kW
~ Solarien;
5908 Reifenberg

Reifers
Rheinsand 0/2 mm nach DIN 4226 abgesiebt für die Herstellung von hochfestem Mörtel;
4010 Conmat

Reiff
Betonfertigteilelemente, bepflanzbar, für Lärmschutzwände und Böschungssicherung;
5473 Reiff

REIFF
~ - Pendeltüren, auch mit pneumatischer oder elektrischer Öffnungshilfe;
7410 Reiff

Reiher
Leuchten, u. a. auch energiesparende Pendelleuchten;
3300 Reiher

REINAU®
Bitumenhaltige und treibstoffresistente, heißverarbeitbare Fugenvergußmassen für Straßen, Brücken und Plätze;
6800 T.I.B.

REINIT
Waschbetonreiniger, Stein- und Fliesenreiniger;
4930 Rethmeier

Reinit BM
Mischerschutzmittel und Maschinenpflegemittel;
4930 Rethmeier

REISCH
~ - **Innentüren** und **Haustüren** (eckig) in sämtlichen Holzarten;
~ - **Türelemente**: Rund-, Segment- und Korbbögen;
7981 Reisch

REISERAL
Gipsabbindeverzögerer;
3500 Schmidt & Diemar

REISSER
Schrauben;
~ Blechschrauben;
~ Holzschrauben;
~ Spanplattenschrauben;
7118 Reisser

Reißl
Thermopor-Ziegel;
8267 Reißl

Rekers
Betonwaren, Betonfertigteile;
4650 Rekers

rekolan
~ **Silan-SCR**, Steinpflegemittel;
8999 Rekostein

REKOMARMOR
~ - Betonwerkstein-Stufen, glasfaserarmiert;
8999 Rekostein

Rekord
Wasserkalkhydrat und Weißkalkhydrat;
3411 Wüstefeld

REKORD
~ **F 10**, Entwässerungsaufsatz für Straßenabläufe aus Gußeisen 450 × 500 mm für Flachbordstein F 10;
6330 Buderus Bau

rekord
~ - **Lüftungskamin**, Leichtkamin aus einer Alu-Außenschale, PU-Schaum und innen zusätzlich mit Teerpappe zur Be- und Entlüftung von Ställen;
~ - Rolladenkästen aus Holzwolle/Zement mit PUR-Wärmedämmung;
8058 Bartolith

rekord®
~ Holzfenster-Programme;
~ **isoplast**, Kunststoff-Fenster aus erhöht schlagzähem PVC;
~ Kunststoff-Fenster;
~ Sicherheitstüren;
~ **68 plus**, Mehrfunktionsfenster für Lärm- und Schallschutz;
2211 Rekord

Rekostein
Betonwerkstein, glasfaserarmierte Rohplatten, Bodenplatten, Rohblöcke;
~ **Fenster-Tragbank** mit Vollwärmeschutz aus Hartschaum;
~ **GA-Rohplatte**, glasfaserarmierter Betonwerkstein zur Fertigung freitragender Treppen;
8999 Rekostein

RELAX
Betontrennmittel;
~ - **K**, **-1**, **-2**, **-3**, **-4**, Schalöle;
~ - **MULTI**, Universal-Trennmittel;
~ - **6**, **-7**, **-10**, Schalwachse, Spezialtrenn- und Aufrauhmittel;
4354 Deitermann

1

RELAX
~ **Abgasschalldämpfer** für Gasturbinen;
~ **Ansaugschalldämpfer** für Gasturbinen;
~ **Kulissenschalldämpfer**, z. B. für den Kraftwerksbau;
~ **Resonatorschalldämpfer** für staubhaltige Medien;
~ **Schalldämpfer** für Kühltürme, Gebläse usw.;
6700 G + H MONTAGE

Relexa
Handbrausen;
5870 Grohe

RELI
Stahltürzargen für Rechts- und Linksanschlag;
5908 Jung

Relief
~ Formtreppen;
~ Gummibodenbelag, 23 Oberflächen und glatt, 2 × 40 Farben;
~ Treppenprofile;
4000 Dalsouple

Relief
Marmor-Schüsselkachel (Ofenkacheln);
8078 Schöpfel

Relief Design
Hochprägetapete (Tapeten);
5600 Erfurt

RELIUS
~ **16**, Emaillelack, bunt, schlagfest;
~ **44/44**, Betonversiegelung;
2900 Büsing

RELÖ
~ - **AZ Asbestzementfarbe**;
~ - **Betonversiegelung**, Kunststoffdispersionsfarbe, heizölfest, schnelltrocknend und deckend;
~ - **Buntlack**, hochwertiger Alkydharzlack für Holz- und Metall-Lackierungen;
~ - **Innenfarbe 2WS**, wasch- und scheuerbeständige, schimmelwidrige Einschicht-Dispersionsfarbe für alle Innenanstriche;
~ - **Innenfarbe**, wischfeste, deckende Innenanstrichfarbe;
~ - **Lastic-Anstrichsystem**, hochelastisches, rißüberbrückendes Anstrichsystem für innen und außen;
~ - **Mosaikputz**, dampfdurchlässiger Kunststoffputz;
~ - **Natursteinputz**, dampfdurchlässiger Kunststoffputz;
~ - **Putzgrundfarbe**, Voranstrich für nachfolgende Beschichtungen mit Kunststoffputzen;
~ - **Reibeputz rustikal**, wetterbeständiger Kunststoffputz;
~ - **Reibeputz**, wetterbeständiger Kunststoff-Strukturputz für Wand- und Fassadenbeläge;
~ - **Roll- und Strukturierputz**, wetterbeständiger Strukturputz auf Kunststoff-Dispersionsbasis;
~ - **Tiefengrund OR 17**, farblose, dünnflüssige Einlaßgrundierung;
~ - **Vollton- und Abtönfarbe**;
4573 Remmers

Relux®
Klappladen, Fensterläden aus Kunststoff mit beweglichen Lamellen;
8062 PASA

REMAGRAR
Produkte aus Recycling-Kunststoffen;
~ - Befestigungsplatten für mobile Fahrwege;
~ - Bodenplatten;
~ - Garten- und Beet-Trittplatten;
~ - Komposter (offen und geschlossen);
~ - Mehrzweckplatten;
~ - Rasenplatten;
8000 Remaplan

REMANIT
Nichtrostender Stahl, in verschiedenen Formen u. a. als Vormaterial für Wandelemente, Verankerungen, Beschläge;
4150 Thyssen

Rember Ex
Zementschleierentferner, auch zum Entfernen von Mörtelresten auf neuen Böden;
2000 Rember

Rember P/Original
Steinpflegemittel, poliert, schützt, reinigt Natur- und Kunststeine;
2000 Rember

Remberid
Fliesenreiniger, Universal-Reiniger für Fliesen und Platten in Naßräumen;
2000 Rember

Rembertam
Bitumenanstrich;
2000 Rember

Rembertin S
Silicon-Imprägniermittel gegen Regen und Feuchtigkeit bei Mauerwerk, Putz und Beton;
2000 Rember

Rembertol
Bitumen-Öl- und Teerlöser;
2000 Rember

Rembrandt
Holzöfen;
2352 Baukotherm

Remicolor
Flüssigfarbe zur Betoneinfärbung (Bayferrox);
4930 Rethmeier

REMIS
Rollosystem, automatisch, solarelektrisch;
5000 Remis

REMKO®
~ **GPA** Allgas-Heizsparautomat für Sport- und Lagerhallen, Stallungen, Kirchen, Werkstätten usw.;
4937 REMKO

REMMERS
~ - **Dränschutzmatte**, auf unverrottbarer Polyester- und Polypropylenbasis;
4573 Remmers

Remover
→ Hagesan Remover;
4057 Riedel

Renaissance
Ofenkacheln, handgeformt und handglasiert, in moosgrün-geflammt und kupfer-rustik;
4980 Hensiek

renatur
~ Dachbegrünung;
~ Wasserpflanzen;
2355 renatur

renesco®
~ - Flexin, Injektionssystem zur Betonabdichtung, insbesondere zur Schwimmbadabdichtung;
4000 Renesco

renitex
~ Edelfurnier-Türen, Stiltüren, Tür-Rohlinge, Edelfurnier-Zargen, Trennwände, Messetrennwände;
6646 Renitex

Reno
Fußbodenheizung, Systemträger ist die Renoplatte, ein rundum geschlossenes Alu-Element, in das die Kupferrohre eingebettet sind;
4100 Kloep

reno safe®
~ Nachrüstsatz für Sicherheits-Haustüren;
~ Sicherheitsfenster;
~ Sicherheitstür;
~ Stahlsicherheitstür;
4060 NEEF

RENOBA
Putzgrund und **Tiefgrund**, Grundierungen;
4930 TAG

renodoor®
~ Türrenovierung, Türverkleidung (Oberflächendekor) aus Kunststoff von PEGULAN;
6600 Renodoor

RenoFen
Fenster in Holz, Alu oder kombiniert;
7981 Uhl

Renofix
Abbeizsystem im Tauchverfahren, frei von Ätznatron, Chlorkohlenwasserstoff und Methylenchlorid;
4400 Renofix

RENOFLEX
Wandflachverblender;
~ **Steinstrips**, elastischer Steinverblender für innen und außen sowie Dämmsystem;
~ **Verblenderelement**, elastischer Steinverblender mit fertiger Fuge, vorgefertigt 90 × 39 cm;
4930 TAG

Renolit
Fertighäuser;
6520 Renolit Fertighaus

Renolit
~ - Bauwerk-Abdichtungsbahn, nicht bitumenbeständig nach DIN 16 938/nicht bitumenbeständig unter Estrich/bitumenbeständig nach DIN 16 937;
~ - Bindenfolie;
~ - Dachunterspannbahn;
~ - Gewächshausfolie;
~ - Kantenfolie;
~ - Mauerwerksbreitenfolie;
~ - Rohrummantelungsfolie;
~ - Schwimmbeckenfolie;
~ - Silofolie (zur Lagerung von Flüssigkeiten);
~ - Tankhüllenfolie;
~ - Teichfolie;
6520 Renolit

RENOPARK
Fertigparkett, 3schichtig aufgebaut, Stärke 13 mm, wohnfertig versiegelt, in 6 Holzarten;
8000 Bauwerk

Renoperl
Dämmstoffmasse, für die Sanierung von Hausschornsteinen;
4600 Perlite

RenoSan
Bodenspachtelmasse, selbstnivellierend, besonders auf Holzfußböden;
6200 Dyckerhoff Sopro

1

RENOTHERM
~ - Dämmsystem für Außenwände (Vollwärmeschutzsystem);
4930 TAG

RENOVAL
Fassadenreiniger;
8972 Hebau

RENSCHHAUS
Geplante Fertighäuser aus Holz- und Leichtbauteilen (RAL-RG 422);
6401 Rensch

RENTEX®
Textile Wandbespannung und Deckenbespannung in Rollenbreiten von 3,0 bis 7,60 m, bei der das TREVIRA-CS-Gewebe durch Hakenleisten gehalten wird;
7504 SIK

RENZ
Briefkastenanlagen, Schließfachanlagen, Verteileranlagen, Abfallbehälter, Mitteilungskästen, Vitrinen;
7141 Renz

Renz
Thermopor-Ziegel;
8400 Renz

Renz
Thermopor-Ziegel;
8890 Renz

REODOR
~ - Alkoholreiniger für die Unterhaltsreinigung mit Duft- und Glanzkomponenten;
4000 Wetrok

Reolit
~ - Agglomarmor, kunstharz- und zementgebunden, als Rohtafeln, Fußbodenplatten, Sockelleisten, Stufen, Fliesen und Fensterbänke;
~ - Außenbelagsplatten;
~ - Betonwerksteinplatten und Betonwerksteinstufen in allen fein- und grobkörnigen Marmorsorten, deutsche oder italienische Körnungen, mit Normalzement oder Dyckerhoff-Weiß, in allen Größen ab 25 × 25 cm;
3436 Reolit

REPABAD®
Badewannen-Einsätze aus Acryl zur Badewannenerneuerung;
7000 Repabad

Repafix® 50
Reparatur- und Modelliermörtel für Böden, Treppen und Wände aus Beton;
8900 PCI

REPAHAFT
Haftbrücke zwischen zementgebundenen Untergründen und → Repament sowie zementgebundenen Verbundestrichen;
8900 PCI

Repament®
Schnellhärtender zementgebundener Mörtel zur Betonsanierung und Neuverlegung von verschleißfesten Verbundbelägen;
8900 PCI

Repaplan®
Schnellhärtender, zementfreier Reaktionsharzmörtel für hochverschleißfeste, chemikalienbeständige Reparaturen und Beschichtungen;
8900 PCI

Reparoxyd SB
Schnellreparaturmörtel auf Basis von polymerem Acrylat;
4250 MC

Repello
Fassadenanstrich, farblos, wasserabweisend, gegen Schlagregen und zur Abdichtung von Putz, Natur- und Kunststeinen;
4270 Duesberg

Replast®
Recycling-Werkstoff aus Kunststoffabfall zur Herstellung vielfältiger Produkte:
~ Abwasserrinnen;
~ Industrieplattenböden;
~ Pflanzkübel;
~ Schalplatten;
8000 Recycloplast

REPOL®
~ - Haustürfüllungen, Garagentorfüllungen, Polyester-Mehrschicht-Bauweise;
4836 Repol

Repoxal
~ - Kleber;
8400 Lackfabrik

Repoxal
~ - Kleber;
8448 Frank

Re®-Co®
→ Relux® → Colux®;
8062 PASA

Resa
~ - Rolladen-Aufbauelemente;
7454 Schlotterer

Resacid
Phenolharzkitte und Furanharzkitte 2-K, selbsthärtend;
5330 Didier

RESAN®
Spülenprogramm aus schlagfestem, durchgefärbtem PC, Spülen- und Waschbecken;
6114 Resopal

RESARTGLAS®
Gegossenes Acrylglas, farbig und glasklar, in Platten für Balkonbrüstungen, Geländer, Oberlichter, Lichtkuppeln usw.;
6500 Resart

RESART®
~ - **PC**, aus Makrolon® von Bayer extrudierte PC-Platten, unzerbrechlich;
~ - **PMMA XT 500**, schlagzäh, erhöhte Schlagzähigkeit gegenüber RESART®-PMMA XT Standard;
~ - **PMMA XT**, extrudiertes Acrylglas, glasklar und farbig;
6500 Resart

RESCHUBA
Compact-Platten-System, mit Klinker-, Travertin-, Granit-, Keramikplatten. 4 Platten sind zu einer Platte mit Fugen vereinigt;
8602 Reschuba
→ 7514 Hötzel

RESIDENZPARKETT
→ Bembé-RESIDENZPARKETT;
6990 Bembé

Residenzpflaster
→ Greiner;
7441 Greiner

Resistan
Fugendichtungsmasse, 1-K, elastisch, auf SR-Basis;
8229 Otto

RESISTIT-PERFEKT G
Dachdichtungsbahn, glasvlieskaschiert, auf EPDM-Basis;
~ **GS**, glasvlieskaschierte Anschlußstreifen. ~ **R**, ohne Glasvlies, beidseits dessiniert, für Dachrandanschlüsse.
~ **RS**, Anschlußstreifen ohne Glasvlies, beidseits dessiniert;
2100 Phoenix

RESISTIT®
~ - **G (CR)**, Dichtungsbahn, glasvlieskaschiert aus dem Elastomer Polychloropren für Verlegung in Heißbitumen;
~ - **GS (CR)**, glasvlieskaschierte Anschlußstreifen;
2100 Phoenix

RESITRIX
~ Dichtungsbahn, nahtverschweißbar, auf Basis EPDM mit Glasfasereinlage und polymermodifizierter Bitumenunterschicht;
~ KS 81, Phoenix-Kaltschweißer zur vollflächigen Verschweißung von RESITRIX;
2100 Phoenix

Resocoll
Tropenfester 2-K-Resorcinharzklebstoff;
6342 Weiss

Resolair®
→ Menerga-Resolair®;
4330 Menerga

RESON
~ - **DG-SYSTEM**, elastische Deckenauflager zur Trittschalldämmung im Hochbau;
5270 Bohle

RESOPALAN®
Polyesterharzkanten in Rollen;
6114 Resopal

RESOPALIT®
Spanplatte, beidseitig beschichtet, mit einem Melaminharz-Dekorbogen;
6114 Resopal

RESOPAL®
Schichtpreßstoffplatte für Möbel und Innenausbau Uni-Farben, Dekors und Reproduktionen sowie verschiedene Oberflächenstrukturen, auch als Arbeitsplatten, Forming-Elemente, Gravierplatten, Magnetwände, Lochplatten, Paneele, Fensterbänke usw.;
6114 Resopal

RESOPLAN®
Schichtpreßstoffplatte für die Außenanwendung, witterungs- und UV-strahlenbeständig, in 36 Uni-Farben, 3 Schieferdekore, Oberfläche N = Nacrit und K = Kristall;
6114 Resopal

RESPECTA
Polymerbeton;
4000 Respecta

RESPIRAL
Wandfarbe (Naturfarbe), besonders auch für feuchte Räume;
2863 AGATHOS

Restauro
→ KEIM-Restauro;
8901 Keim

Restex
Ablösemittel für Bodenbelagsreste, nicht geeignet für 2-K-Kleber (Klebereste-Ablösemittel);
6231 Roberts

Restolux®
Einbauspülen;
3000 Steel Sink

RETARDAN®
Abbindeverzögerer für Gips;
7918 Tricosal

RETEX
Teppichreinigungsmittel (Waschprodukt) für alle textilen Bodenbeläge;
4000 Wetrok

RETON
~ - Leichtziegel;
4835 Rehage

Retosil
Akustikplatten aus nichtbrennbaren Mineralwolleplatten mit geschliffener Oberfläche und überzogen mit einem Glasfaservlies;
~ **2**, graue oder farbige Beschichtung, für industrielle Räume;
~ **3**, beschichtet mit strukturiertem dekorativem Glasfaservlies für Büro-, Aufenthalts- und Wohnräume;
6270 Reten

Retracol
~ Fugendeckenstreifen, appretiert, aus Gaze;
~ Glasfaservlies, zum Abdecken von Stößen bei Gipskartonplatten;
~ Glasgittergewebe, Armierung für Innen- und Außenputze, VWS-Systeme;
~ Isoliergaze, zum Anfertigen von Hartmantelisolierungen;
2000 Retracol

Retrofit
Vorsatzfenster-System, bei dem nach Einfräsen einer Nut ein Kunststoff/Alu-Profil mit Isolierverglasung auf das alte Profil aufgesetzt wird;
2000 Schlegel

RETT
~ - Bero-Rolladenkasten;
~ - Edelsplitt-Kellersteine;
~ - Elementdecken;
~ - Gitterträgerdecken;
~ - Nisott-Schornsteine;
~ - Stahlleichtträger;
6751 Rett

REUSCH
Stahlradiatoren, Heizwände, Gasheizgeräte, Konvektoren, Thermoleisten, Lamellenradiatoren;
5064 Reusch

REUSCHENBACH
~ Alu-Fenster und Alu-Hebeschiebeanlagen;
~ Alu-Haustüren mit sämtlichem Zubehör;
~ Alu-Klappläden;
~ Alu-Rolladenelement zum nachträglichen Einbau;
~ Alu-Vordächer;
~ Kunststoff-Fenster mit Alubeplankung;
~ Kunststoff-Fenster;
5461 Reuschenbach

REUTOSAN
Holzschutz-Programm;
7940 Reutol

REVADRESS
~ - **DR**, Schutzfarbe für Dachpfannen und Wellasbestplatten;
4930 Schomburg

REVADRESS®
~ **Baufarben**, weiß, Typ M4 wischfest, Typ M3 waschfest, Typ F1 wetterfeste Fassadenfarbe;
~ **Dach-Renovierfarbe** für alle Pfannen und Asbestzementdächer;
~ **Kunstharzputze** als altdeutsche Putze wie Reibeputz, Buntsteinputz, Roll- und Kellenputz;
4930 TAG

REVAFIN
~ - **DS**, Dichtungsschlämme;
4930 TAG

Reversil
→ KEIM-Reversil;
8901 Keim

REVEWO® 1900
~ - Fenster-Sprossensystem für die Denkmalspflege;
4600 Schween

REVISOL
Fassadenelement;
5372 Eifelith

rewa
~ - Flachdachgully, PPR-Material, Wärmedämmung PUR, im Baukastensystem für jeden Folienanschluß möglich, Heizung nachträglich ein- und ausbaubar;
4300 Schierling

REWIT
~ - Grundreiniger zum Entfernen von Acrylbeschichtungen (Acrylentferner);
4000 Wetrok

REX
Keramische Wandfliesen und Bodenfliesen, Dekorfliesen (aus Italien);
4690 Overesch

REX
~ Steinzaun;
8767 Arnheiter

REXOVENT
Kontrollierte Wohnungslüftung;
6308 Fläkt

Rex®
~ Schaltuhren;
~ Treppenlichtautomaten;
4770 W.E.G.-Legrand

reynolds
Bausysteme für Fenster, Türen und Fassaden;
5992 Reynolds

REYNO®
Alu-Konstruktionssystem, u. a. für Fassaden und Fenster;
5992 Reynolds

REYNOTHERM®
~ Alu-Fensterbänke;
~ Alu-Profile nach dem Baukastensystem, wärmegedämmt, für Fenster, Fensterwände und Türanlagen;
~ Maueranschlußprofile;
5992 Reynolds

Reznor
~ Deckenventilatoren;
~ Gas-Warmlufterzeuger;
~ Luftheizgeräte;
6000 Reznor

RFM
~ Glashäuser: Wintergärten aus Merantiholz oder Alu;
~ Schwimmbadüberdachungen;
4330 RFM

Rhefkafix
Polymer-Klebstoff mit Kunststoffzusätzen und Bitumenanteilen für streifenweise Kaltverklebungen von Dachbahnen, Dämmstoffen, Dampfsperren am Flachdach;
6370 Braas

Rheinkamper
Doppel-Verbundpflaster z. B. für Rad-, Geh-, Wirtschafts- und Forstwege;
6722 Lösch

RHEINLAND
~ **EUROPA**, Lufterhitzer zur Montage unter der Raumdecke;
~ **SYSTEM H**, Abscheider für Leichtflüssigkeiten ohne bewegliche Teile;
8540 LK

rhein-sieg
Torschranken;
5480 Rhein-Sieg

„Rheintal"
~ – Lichtkuppel, doppelschalig, aus Acrylglas oder GFK mit angeformtem Befestigungsflansch, zum Einbau mit und ohne Öffner-System;
7522 Skoda

RHEIN-TRASS
~ **Trasshochofenzement** 35 L und 25 NW-HS;
~ **Trasskalk**-LP, hochhydraulisches Bindemittel, genormt nach DIN 1060, für Mauer- und Fugmörtel, Sicht- und Verblendmauerwerk, Außen- und Innenputz, Pflasterdecken, Trasskalk-Schotter-Beton;
~ **Trass**, feingemahlener, saurer, vulkanischer Tuffstein. Trass genormt nach DIN 51 043 (Puzzolane);
5470 Rhein

RHEINZINK®
Legiertes Zink nach DIN 17 770 Teil 1 mit der Kennzeichnung D-Zn bd (D = dauerstandfest, Zn = Zink, bd = bandgewalzt), besonders für die Bauklempnerei, für Bänder und Tafeln, Dachrinnen, Regenfallrohre, Bauprofile;
4354 Rheinzink

Rhemo
~ – Decke aus Gitterträgern mit Deckenhohlkörpern aus Bims;
~ – Fertigplatten mit statisch mitwirkender Oberschicht;
~ – Keller, Stahlbeton-Fertigkeller aus Hohlwand-, Vollwand- oder Sandwichelementen;
~ – Kleinkläranlagen;
5470 Rhemo

Rhenofol
Dachbahn aus PVC weich DIN 16 370 und DIN 16 734;
~ **CG**, durch Glasvlies verstärkte schrumpffreie Dachbahn für den lose verlegten Schichtenaufbau mit Auflast (Kies/Platten);
~ **C**, trägerlos gemäß DIN 16 730 zur Dachabdichtung im lose verlegten Schichtenaufbau mit Auflast (Kies/Platten);
~ **CV**, zusätzlich durch Synthesefäden verstärkte Dachbahn gemäß DIN 16 374 als abschließende Lage im unverklebten, mechanisch fixierten Schichtenaufbau ohne Auflast;
~ **PE**, systemgerechte Dampfsperrbahn;
~ **TS**, Schutzplatte;
6370 Braas

RHENOPLAN
Heizkörper, Sondermodell aus Gußeisen;
4650 Thyssen

Rhenoplast
~ – Lichtplatten aus PVC und Hostalit®-Z, schwer entflammbar in verschiedenen Profilen;
6370 Braas

1

Rhepanol fk
Dachbahn aus PIB DIN 16 395 und DIN 16 371, für alle Dachformen in loser/verklebter und mechanisch fixierter Verlegung;
6370 Braas

RHIATHERM
Fußbodenheizungsrohre aus VPE, PP-C und PB;
6570 Simona

rhimotherm
Kachelofen-Kamineinsatz;
5558 Reimotherm

Rhinocoll
Universalkleber und Styroporkleber;
7604 Rhinolith

RHINOPOR
Hartschaum;
5508 Rhinolith

Rhinopor
~ - **Aussparungskörper (Schalstangen)**, Styropor PS 15 SE zum Erstellen von Aussparungen;
~ - **Dachbodenelemente**, begehbare Verbundelemente zur Dämmung der obersten Geschoßdecke;
~ - **Dachdämmplatten**, Styroporplatten zur Dachdämmung unter den Sparren;
~ - **Dämmkeile**, diagonal geteilte Styroporplatten mit Nut- und Federausbildung zur Dämmung zwischen **allen** Sparrenabständen;
~ - **Deckensichtplatten**, großformatige Styroporelemente als Sichtplatte zur Deckendämmung in Sport- und Industriehallen;
~ - **Fertigdämmboden - FB 22**, Trockenestrichelemente aus Spanplatte V 100 E 1, 22 mm dick, mit Nut und Feder und einer aufkaschierten Styroporplatte PS 20 SE mit glatter Kante;
~ - **Flachdachisolierungen**, Styroporplatten mit Stufenfalz zur Wärmedämmung auf Flachdächern;
~ - **Flocken (Styromull)**, gemahlenes Styropor;
~ - **Gefälledach-Dämmplatten**, Styroporplatten zur Wasserableitung nach konstruktiven Erfordernissen auf Flachdächern;
~ - **Grundmauerschutzplatten**, einseitig profilierte Styroporplatten, schützen den Isolieranstrich an erdberührten Grundmauerflächen vor Beschädigungen beim Verfüllen der Baugrube;
~ - **Hallenisolierungen**, Styroporplatten zur Innenwand- und Deckenisolierung im Hallenbau;
~ - **Keile**, Styroporkeile für Dachaufkantungen;
~ - **Kellerdeckenplatten**, Styroporsichtplatten mit Stufenfalz und Fase zur Dämmung von Kellerdecken;
~ - **Kerndämmplatten**, Styroporplatten mit Stufenfalz zur Dämmung von zweischaligem Mauerwerk;
~ - **Klimadach**, Sandwich-Elemente aus Gipsfaserplatte, Styropor PS 20 SE und Hartfaserplatte zur Dämmung über den Sparren;
~ - **Kühlhausisolierungen**, den speziellen Anforderungen des Kühlhausbaues entsprechende Styropor-Dämmelemente;
~ - **Perlen**, Styropor zur Hohlraumdämmung;
~ - **Platten**, Styropor-Platten zur Erstellung einer Dränschicht vor erdberührten Bauteilen und Gründächern;
~ - **Randstreifen**, Styropor-Streifen zur Vermeidung von Schallübertragungen auf angrenzende Bauteile;
~ - **Steildachdämmung**, Styroporplatten mit Spezialkantenausbildung zur Dämmung über den Sparren;
~ - **Trittschalldämmplatten PST-SE**, Styroporplatten zur Reduzierung von Trittschallübertragungen und Wärmeverlusten bei schwimmenden Estrichen;
~ - **Verbundplatten**, Gipskartonplatten mit aufkaschierter Wärmedämmschicht zur Innenwanddämmung;
~ - **VWS-Dämmplatten für Fassaden**, Styroporplatten für die Außenfassadendämmung;
~ - **Welldachisolierungen**, Styropor-Auflegesystem zur Dämmung unter Welldachplatten;
7604 Rhinolith

RHODIA®-SORB
Chemikalienbinder und Ölbinder, wasserabstoßender, hochaktiver Vliesstoff als Schläuche, Rollen, Kissen, Tücher, Bändchen;
6800 Gummi-Berger

Rhodius
~ - Fenstergrund;
~ - Seidenglanzlack in 14 Farbtönen;
~ - Spachtel, weißer Lackspachtel;
~ - Vorstreichfarbe;
7141 Jaeger

Rhodohum
Spezial-Torf zur Bodenveredelung in Dachgärten Rhododendron, Azaleen, Erika und andere Heidepflanzen;
2900 Torf

RHODOPOL
Xanthan (Biopolymer) zur Viskositätskontrolle und hochwirksamer Suspensionsstabilisator von Wasser- und Öl-basischen Bohrspülungen;
6000 Rhône

RHODORSIL MASTIC
1-K-Silikonkautschuk, plastisch, alterungsbeständig, der ohne Katalysator bei Raumtemperatur vernetzt, Einsatz als Fugendichtung und Abdichtung;
6000 Rhône

RHÖN POOL
~ **Dampfbäder** in allen Größen;
~ **Holz-Schwimmbecken**, mit Folie ausgekleidet, zum nachträglichen Kellereinbau;
6000 WKW

Rhönodal
~ - **Weißlack**, für Hochglanzlackierungen;
7141 Jaeger

Rhön-Rustik
Holz mit „behackter" Oberfläche für Pergolen, Fachwerk, Blumenkästen usw.;
~ Blumenkästen;
~ Gartenbauholz, druckimprägniert;
~ Gartenmöbel;
~ Holzgeländer;
~ Holzzäune;
6414 Menz

Rhonaston
Epoxidharzprodukte für die Herstellung, Versiegelung, Reparatur usw. von Estrichen und Industriefußböden;
7101 Chemotechnik

Rialta
→ ESKOO-Rialta;
2820 SF

RIBE
Verbindungselemente, Schrauben;
8011 Leicher

RIB-ROOF
Profilbahnen;
4402 Fricke

Rib-Roof
→ Alcan Rib-Roof;
4600 Thyssen

Richardt
~ - Stahltore und Stahltüren aller Art, Falttore, Schiebetore, Deckentore, Schwingtore, Rolltore, Hubtore;
3250 Richardt

Richter
Spielplatzgeräte, vornehmlich aus Holz;
8201 Richter

Richter
~ Stahlbetonfertigteile;
~ Treppenbeläge und Bodenbeläge in Betonwerkstein;
8500 Richter

Richter
~ - Fahnenmaste, aus Edelstahl und Alu;
8901 Richter

Richter System®
Decken-Systeme, Trennwand-Systeme;
6103 Richter

Rickelshausen Ziegel
~ Dachziegel;
~ Dränplatten;
~ Dränrohre;
~ Hourdis;
~ Kabelabdeckhauben;
~ Kabelabdeckplatten;
~ Kellerbodenplatten;
~ Mauerziegel;
~ Stallbodenplatten;
~ Weinregalziegel;
~ Zwischenwandplatten;
7760 Rickelshausen

RICKETT®
PVC-Industrieplatten in vielen Farben, für Supermärkte, Lager für hochwertige Güter, stark begangene Flure, Schulen, Banken, Verwaltungen usw.;
2000 Schumacher

RICO
~ - Kassettendecke aus Edelfurnier;
~ - Täfelung aus Echtholz;
7174 Rico

RIDI
Leuchten wie Langfeldleuchten, Decken-Rahmenleuchten, Lichtbandsysteme, Raster-Anbauleuchten, Raster-Einbauleuchten, Sporthallen-Leuchten;
7455 RIDI

Riebesacker
~ pori-Klimaton-Ziegel;
8318 Riebesacker

Rieco
~ - Pflanzkübel;
~ - Rankbaum;
~ - System zur Dachbegrünung;
6374 Rieco

Riedel-de Haen
Leuchtpigmente für Unfallschutz, Sicherheitskennzeichen, Kunststoffe und Anstrichfarben;
3016 Riedel

RIEF
~ - Normenfenster, Isolierglasfenster aus naturimprägnierter Fichte;
8200 Rief

RIEKO
Rollgitter;
7401 RIEKO

Riexinger
~ Deckengliedertore;
~ Feuerschutzschiebetor;

1

~ Rolltore → Thermorix;
~ Stahl-Alarmtore (Feuerwehrtore);
7129 Riexinger

RIFF
Trittsicherheits-Fliese, glasiert, für Bad-, Swimming-Pool-, Küchen- und Außenbereich;
4005 Ostara

Riffer
~ Block, Hohlblocksteine aus Naturbims;
5403 Riffer

rifusi
~ **66**, riß + fugen-sichere Bewehrung (Armierungsgitter) auf Leichtbauplatten;
5870 Lötters

Rigamuls®-Color
Wasserdichter und chemikalienbeständiger Reaktionsharz-Fugenmörtel für keramische Wand- und Bodenbeläge;
~ - **FEIN**, wasserdichter und chemikalienbeständiger Reaktionsharz-Kleber und -Fugenmörtel für Fugen bis 5 mm Breite;
8900 PCI

Riganol® R
Säure- und alkalienbeständiger Reaktionsharz-Fugenmörtel, für keramische Bodenbeläge;
8900 PCI

Riggert
~ Jalousien;
3400 Riggert

Rigicell®
Ausbauplatte, faserarmiert, Format 150 × 100 cm;
3452 Rigips

RIGID-ROLL®
Glasfaserdämmstoff, kaschiert mit dampfsperrender Folie, Dachdämmbahn für Hallen;
6200 Manville

Rigiplast®
~ - **Universal-Spachtelmasse**, kunststoffvergütet;
3452 Rigips

Rigipore
Polystyrol-Hartschaumplatten;
4000 BP

Rigips®
~ - **Ansetzbinder**, für Trockenputz;
~ - **Armierungsgewebe**, zur Armierung von Füllspachtel bei Betonfertigteilen;
~ - **Dekorplatten** aus 12,5 mm GKB nach DIN 18 180 für Wandbekleidungen und zur Beplankung von Montagewänden, Ansichtsseite und Längskanten mit PVC-Folie in verschiedenen Dekoren und Farbtönen kaschiert;
~ - **Dübel**, für Rigips-Wände und Decken sowie für Mauerwerk;
~ **Ein-Mann-Platte**, Format 260/200 cm lang, 60 cm breit (→ ~ Bau-Schlau-Programm);
~ - **Feinspachtel**, Typ 50, kunststoffgebundene weiße Spachtelmasse;
~ - **Fertigputz, innen**, Gipsputz zum Renovieren;
~ - **Füllspachtel**, Typ 40, auf Gipsbasis;
~ - **Gasbetonspachtel**, Typ 45, auf Gipsbasis;
~ - **Loch- und Schlitz-Kassetten**, Format 125 × 125 und 62,5 × 62,5 cm;
~ - **Lochplatten** aus GKB nach DIN 18 180 für dekorative und schallschluckende Wand- und Deckenbekleidungen, mit verschiedenen Lochdurchmessern in regelmäßiger, regelmäßig versetzter Lochung und Streulochung, auch mit rückseitiger Faservlieskaschierung lieferbar;
~ - **Pionier-Bauplatten imprägniert** — GKBI nach DIN 18 180, Spezialplatte zur Verwendung für Räume mit zeitweise höherer Feuchtigkeitsbelastung;
~ - **Pionier-Bauplatten** — GKB nach DIN 18 180, für Wand- und Deckenbekleidungen, Montagewände und Montagedecken;
~ - **Pionier-Feuerschutzplatten** — GKF nach DIN 18 180 mit verfestigtem Gipskern und mit Zusatz von Glasseidenrowings (nach DIN 61 850). Zur Verwendung bei Bauteilen mit Anforderungen an den Brandschutz nach DIN 4102;
~ - **Schlitzplatten** aus GKB nach DIN 18 180, für dekorative und schallschluckende Wand- und Deckenbekleidungen;
~ - **Sicherheitsgrundierung**, lmf;
~ - **Spezial-Schrauben**, für Rigips-Platten auf Holz und Metallprofilen;
~ - **Spritzputz**, Typ 10, 20 und 30, kunststoffgebunden, Strukturen gerauht, gekörnt und grobgekörnt, Typ 15, feingekörnt;
~ - **Unifüll, innen**, Gipsspachtelmasse zum Füllen, Glätten, Spachteln;
3452 Rigips

Rigitherm®
~ - **Kleber**, gebrauchsfertiger Spezialkleber für Rigitherm-Verbundplatten und Rigips-Platten auf Putz, Mauerwerk und Beton;
~ - **Schrauben**, für Rigips-Verbundplatten;
~ - **Verbundplatte** (Rigips + Dämmstoffplatte), Baustoffklasse B 1;
3452 Rigips

RIGOFORM
~ - Lüftungsrohre, flexibel und isoliert, aus Alu, nicht brennbar nach DIN 4102, Teil 4;
~ Schalldämpfer für Klimaanlagen, Warmluftheizungen, Luftführungssysteme;
7530 Witzenmann

Riha System
→ MBB;
4156 MBB

RIHO®
Putzleisten und Schutzleisten für Fenster und Türen;
6612 RIHO

Rika
~ - **Dämmblock**, mit Ellypsenlochung aus Edelbims;
5403 Bisotherm

RILOGA®
Jalousien, Rollos, Sonnenschutzanlagen;
~ Maßrollos als Springrollos oder Seitenzugrollos;
~ Plissée-Vorhänge;
~ Vertikaljalousien, Sonnenschutzanlagen;
~ Vorhangschienen, Vorhangstangen;
~ Waagrecht-Jalousien;
5630 Riloga

Rima
→ ESKOO®-Rima;
2820 SF

rima
Bauprofile in verschiedenster Ausführung (verzinkt, Zink, Alu, Edelstahl verbleit, PVC-beschichtet, Kupfer);
7060 Rima

Rimatem®
~ - Mauerwerksystem bei dem geschoßhohe Wandtafeln in einem stationären Betrieb vorgefertigt werden;
7925 Riffel

Rimat®
~ MP, Maschinenputzgips DIN 1168;
3452 Rigips

RIME
Mauerabdeckungen und Abkantprofile in Stahl und NE-Metallen bis 6000 mm lang und 4 mm stark;
7834 Rime

Rimmele
Thermopor-Ziegel;
7930 Rimmele

RINGFIX
Abstandhalter, großflächig stützend, besonders für senkrechte Bewehrung, mit Klemmhaken an der Matte zu befestigen;
5885 Seifert

RINGLEVER®
~ - **Kamine**, offene Kamine, Gartenkamine, Gußkamine;
5020 Ringlever

ringo
~ - Gummimatte, Türmatte z. B. für → ogos-duett;
3250 Golze

Rink
~ - Schrankwände;
~ - Trennwände;
~ - WC-Trennwände;
6330 Rink

Rink
~ - **Kachelthermo**, Kachelofen zum „trockenen" Selbstbau;
6342 Rink Kachel

RINK
~ **Kachelthermo®**, Kachelofen aus dem sog. RINK-'schen Ring, das sind Kachelofen-Fertigelemente die trocken und ohne Vermörtelung aufeinandergesetzt werden;
6342 Rink

RINK-Fensterblock®
Umfaßt Fenster mit Isolierglas, Normal-Rolladen, Rolladenwalzenlager, Rolladenkasten, Außenfensterbank aus Edelstahl, Innenfensterbank aus Werzalit, Rolladenabdeckplatte, Gurtwickler, Gurt, fertige Innen- und Außenlaibung, Unterfensterbank für Heizkörpernische;
6348 Rink

RINN
~ - **Elastikplatte**, Fallschutzplatte, Betonplatte mit Gummiauflage für Kinderspielplätze usw.;
~ - Hangbefestigungen;
~ - Mauerwinkel, Stelen, Schwellen;
~ - **Rinne**, Ablaufrinne aus Beton für Sportplätze, Garageneinfahrten, Parkplätze, Industriehöfe und Ställe;
~ - **Strukturitplatte**, repräsentative Betonplatte mit Travertinstruktur;
6301 Rinn

rinnit
~ - **Pflaster**, Betonpflasterstein mit Natursteinvorsatz, sandgestrahlt;
~ - **Platten**, Betonplatten mit Natursteinvorsatz, sandgestrahlt;
6301 Rinn

RINOL
Fugenloser Gießharz-Bodenbelag, laugen- und lösungsmittelbeständig, auch astatisch und leitfähig herstellbar (für OP-Räume);
7000 Rinol
→ 2050 Rinol

RIPINOX®
Betonrippenstahl, korrosionssicherer Bewehrungsstahl zur Bewehrung kritischer Bauteile wie z. B. Schwimmbecken, Stützwände mit Tausalzanfall → 1000 Kahneisen;
7895 Horstmann

Ripletrim
Teppich-Abschlußschiene, extra schwer, mit Fuß und Spannhaken;
6231 Roberts

Riplus®
~ - Fertigputzgips nach DIN 1168, Mörtelgruppe IVa;
3452 Rigips

RIPOLOR
PVC-Platten;
7000 Rilling

Ri®
~ - **Bau-Schlau-Programm**. Ausbauprogramm für Heimwerker und Profis;
~ - **Kombigrund**, Grundierung für alle stark saugenden Untergründe;
~ - **Kombikontakt**, Haftbrücke für Rigips-Putz-Systeme und Rigips-Ansetzbinder auf glattem Beton;
~ - **Schnellgips**, zum Füllen und Dübeln;
~ - **Spezialgrund**, Grundierung, lmh, für alle Gipsputze, Rigips-Platten, Trockenestriche und mineralischen Putze;
~ - **Stuckgips** nach DIN 1168;
~ - **Tex®**, Armierungsgewebe, innen, für Gipsputze;
~ - **Wohnbauwand**, 60 mm dicke Trennwand als Montagewand;
3452 Rigips

RISETTA
~ - **Ausgleichsfarbe**, zur Beseitigung von Flecken auf eingefärbtem mineralischem Edelputz, zur farblichen Gestaltung außen und innen zur zusätzlichen Hydrophobierung bei dünnlagigen Putzen auf nicht wasserabweisenden Grundputzen DIN 18 363/2.4.1;
~ - **Dämmputz**, Wärmedämmputz-System mit mineralischem Oberputz;
~ Edelputze;
~ - **Innenputze**, wie Kalkschweißmörtel und Kalkgipsputz;
~ - **Kalk-Zement-Unterputz**;
~ - **Mineralfarben**;
~ - **Profilansetzmörtel**, zur Befestigung von Putzprofilen;
~ **Silicon-Imprägnierung** farblos, für Verblendsteine und stark saugende Außenputze;
~ - **Sockelputze**;
~ - **Vollwärmeschutz**, System HWR mit mineralischem Oberputz;
8886 Risse

RISOMUR
~ Kunststoff-Edelputze, hochelastisch, ausführbar als Rillenputz, Dekorill, Scheibenputz, Fassaden-Spritzputz, Mosaikputz mit Waschputzstruktur, Strukturill;
~ Vollwärmeschutz;
6307 Sommer

RISS- UND FUGEN-ZU®
Dichtstoff auf Acrylat-Dispersions-Basis, plastoelastisch, früh regenfest, anstrichverträglich für Fugen ohne hohe Dehnbeanspruchung, zum Schließen von Rissen u. ä. 4 Farbtöne (Fugendichtstoff);
2000 Lugato

RISS-BRÜCKE®
Polyestergewirke mit Brückenteil, gegen statische und andere Risse (Rißüberbrückung);
2406 Kobau

RISSE
Rasterdecken-Systeme, Fensterbänke, Dachabschlußprofile, Paneeldecken, Bauprofile;
5757 Risse

Ritop®
~ - Haftputzgips nach DIN 1168, Mörtelgruppe IVa;
3452 Rigips

RITTER
Warmwasser-Fußbodenheizungen und Elektro-Fußbodenheizung SYSTEM RITTER;
4200 Ritter

RITTER
Unter diesem Namen werden angeboten:
~ Betonkaminschieber;
~ Betonschornstein-Reinigungsverschlüsse;
~ Domschächte für unterirdisch lagernde Flüssigkeitstanks;
~ Kaminplatten, aus Original „Polyrit", mit zahlreichen Motiven;
~ Kassettenplatten, 40 × 40 cm, aus Polystyrol in vielen Profilen;
~ Stahlkellerfenster mit Kellerlichtschächten aus Betonfertigteilen;
~ Stallrinnen und -roste;
~ Tiefbauartikel aus Beton z. B. Abzweige, Krümmer usw.;
4950 Ritter

RITTER
~ - ALUMINIUM-FASSADE, Kaltfassaden oder Warmfassaden in Isolierbauweise als Pfosten-Riegel-Konstruktion oder in Elementbauweise mit eloxierter Oberfläche;

~ - ALUMINIUM-FENSTER, System R 30 W, mit vollständig verdeckt liegenden Bändern und Beschlagteilen aus nichtrostenden Werkstoffen und eloxierten Oberflächen;
7316 Ritter

Ritterwand®
~ Decken, patentierte, luftdichte und begehbare und leicht demontierbare Reinraumdecken mit Stahlblechkassetten;
~ Kabinen aus Trennwänden im ~ System in verschiedenen Ausführungen;
~ Trennwände, leicht demontierbar, dreidimensionales Baukastensystem in Ständerbauweise mit Füllungen aus Dekorspanplatten, Stahlblech, Alu, Edelstahl, Textilien und Glas;
7045 Ritter

RIV
~ - **KLE**, Blindnietmuttern;
~ - **SET Varigrip**, Mehrbereichsblindniete;
~ - **SET**, Blindniete;
4800 Böllhoff

riva
~ Kunststoff-Fenster-Systeme;
~ Kunststoff-Rolladen;
7310 Schmied

Riviera-Pool
Fertig-Schwimmbecken, Whirl-Pool, Schwimmbadtechnik;
4478 Riviera

Riviera®
Pflanzgefäße zur Langzeitbewässerung, aus PS in vielen Formen und Farben;
7640 Riviera

RIV-TI
Blindeinnietmutter;
4500 Titgemeyer

Riß-Injektion
Rißsanierungssystem in konstruktiven Bauteilen;
4100 Hansit

Riß-Stop
~ - **Deck**, rißüberdeckende Schlußbehandlung;
~ - **Füll**, Faserpaste für die Fassadensanierung;
~ - **Fugenpaste**, dauerplastische 1-K-Fugenfüllmasse, weißgrau, zum Verschließen baudynamischer Risse und Fugen;
~ - **Grund**, Grundmaterial zur Fassadensanierung;
~ - **Streichvlies**, Fasermasse, Leichtarmierung, elastoplastisch;
3008 Sikkens

RMB
Planen — Bahnen — Formteile aus ESSO Butyl, für Flachdachabdichtung;
6800 R & M

RN
Trittsicherheits-Fliese, besonders für den Naßbereich;
4005 Ostara

Roadcoat
~ Fahrbahnbeläge auf Epoxidharzbasis für Parkhäuser und Tiefgaragen;
~ Industrieböden;
6082 Roadcoat

Roadpatch®
Reparaturmörtel für Betonböden, schnellhärtend für stark befahrene Betonflächen;
5632 Thoro

ROBAU
~ - **Dämmstoffe** aus PS, Glas und Mineralfaser;
~ - **Universal-Trittschalldämmung** aus 5-mm-PE-Schaum;
7016 Rometsch

ROBAUFOL
PE-Baufolien;
7016 Rometsch

ROBAUPLAN
PVC-Baufolien, quellverschweißbar;
7016 Rometsch

ROBBI®
~ - Flächenfolien, schmelzkleberbeschichtet, zum Aufbügeln, für Möbel, Türen, Regale, verschiedene Holzdekors;
~ - Möbelbeschläge;
4900 Kunststoff

ROBER
Straßenleuchten und Außerleuchten in historischen Nachbildungen;
4286 Robers

robering
~ Fensterdichtungen, 6 verschiedene Typen, mit weichen Lippen;
~ Thermo-Vorsatzscheibe aus 4 oder 6 mm dickem Glas zur nachträglichen Herstellung eines Doppelglasfensters;
~ Tür-Bodendichtung;
~ Umbauprofil: Kunststoff oder Alu zum Umrüsten von Einfach- in Isolierglasfenster;
4973 Robering

Roberts
~ **Antirutschband**, selbstklebend;
~ **Klebeband**;

1

~ **Kleber** für textile und PVC-Bodenbeläge;
~ **Metallschienen** als Abschlußschiene oder Übergangsschiene für Teppichböden und PVC-Beläge;
~ **Nagelleisten** zum Verspannen von Teppichböden;
6231 Roberts

Robertson
Dächer und Wände aus Versacor, Dächer und Wände aus bandverzinktem Stahl, Be- und Entlüftungen, Lichtkuppeln, Stahlzellendecken, Sicherheitsroste;
4018 Robertson

Robex
~ Alu-Rahmenprofile;
~ Duschkabinen;
~ Kunststoffglas;
~ Spiegelkacheln;
~ Stegdoppelplatten;
~ Türfüllungen;
~ Wellpolyester;
7858 Caleppio

ROBINSON
~ Dämmkork;
~ Korkplatten für Boden, Wand und Decke (portugiesisches Produkt);
2000 Arp

Robitherm
Vorsatzfenster;
4973 Robering

ROBO
→ Ronig'sche Systeme;
5456 Ronig

ROBOFORM
~ - **PE-Schaum**, als Estrich-Dämmrandstreifen 5, 8 und 10 mm und Trennlagen-Dämmbahn 5 mm;
2350 Röthel

Roboplan
Estrichfolie;
2350 Röthel

ROBOPOR
~ - Randstreifen, Styroporrandstreifen auf Estrich-Unterpappe nach DIN 18 560;
~ - Super 8 mm, Randstreifen für Fußbodenheizungen;
2350 Röthel

Robot
Fäkalien-Hebeanlagen mit ~ Wirbelradpumpen als Einzel- und Doppelanlagen für Wohnhäuser, Bürogebäude, Fabriken usw.;
3061 Noggerath

ROBOwell
~ - Randstreifen, wasserabweisende, paraffinierte Spezialrandstreifen nach DIN 18 560;
2350 Röthel

Robust
~ - Blockbohlenbecken, Schwimmbecken mit Folienauskleidung;
~ - Filter, Schwimmbadfilter;
4650 Schmeichel

Robusta
Kellerentwässerungspumpe;
5204 ABS

Rocade
Trittsicherheits-Fliese, rutschhemmende Eigenschaften im Gewerbebereich;
4005 Ostara

ROCADE SUPER
Trittsicherheitsfliesen;
4005 Ostara

ROCAGIL
Abdichtungsmittel für Erdreich, Kanäle, Gebäude durch Injektion, zum Abdichten von Wasserreservoirs, Kellern usw., zur Sanierung von Kanälen;
6000 Rhône

ROCCASOL®
~ - **Blitzband**, Alu-Folie mit Kunststoff-Dichtstoff beschichtet, zum Abdichten von Anschlüssen am Dach und aufsteigenden Mauerwerk, für Reparaturen usw.;
~ - **Füllschaum**, Basis PUR-Weichschaum, zum Dämmen in Fugen, Ritzen und Löchern;
~ **Montage-Kleber 012**, gebrauchsfertiger Baukleber, styroporverträglich, für Verklebungen in Trockenräumen;
~ - **Montageschaum**, Basis PUR-Hartschaum, zur Montage von Fertigteilen, Verklebung von Baumaterialien usw.;
~ **PU-Füll + Montageschnellschaum**, gebrauchsfertiger PU-Hartschaum zur Montage von Fertigteilen, zum Dämmen und Isolieren, zum Ausfüllen von Fugen und Hohlräumen;
~ - **Vorlegeband**, Basis Hochdruck-PE, elastisch, selbstklebend, zum Kittbettverschluß, zur Abdichtung von Wellasbestplatten;
~ **110 VP**, Fugendichtstoff, Basis PB, lmf, plastisch, spritzbar, für Anschlüsse, Außenfugen usw.;
~ **150 AC**, plasto-elastischer Dichtstoff aus Dispersions-Polyacrylat, für die Abdichtung von Anschluß- und Bewegungsfugen bis 10% Dehnung in der Fuge, vorzugsweise für die Innenanwendung;
~ **150 AC**, Dichtstoff, Basis Dispersions-Polyacryl, plastoelastisch, spritz- und spachtelbar, zur Abdichtung von Anschluß- und Bewegungsfugen, von Verbindungen Ton- und Steinzeugrohren, Holz- und Mauerwerk, Beton usw.;

~ **153 AC Acrylkautschuk**, für die elastische Abdichtung von Anschluß- und Bewegungsfugen bis max. 20% Dehnung in der Fuge, z. B. Fenster- und Türrahmen aus Holz, PVC, Aluminium zu Beton, Putz, Mauerwerk, Gasbeton;
~ **160 PS**, 2-K, Basis Polysulfid, elastisch, Dichtstoff für Bewegungsfugen;
~ **180 PU**, Dichtstoff 2-K, Basis PUR, elastisch, spritzbar, für horizontale Arbeits- und Dehnungsfugen;
~ **192 PU**, dauerelastischer Dichtstoff aus Polyurethan, für die Abdichtung von Anschluß- und Bewegungsfugen auf alkalischen Unterlagen bis 25% Dehnung in der Fuge;
~ **192 PU**, Dichtstoffe, Basis PUR, elastisch, für Bewegungfugen im Elementbau, Versiegelung an Holzfenstern;
~ **200 SI A Siliconkautschuk**, Abdichtung von Verglasungen auf PVC, Aluminium eloxiert und lackiert, Abdichtung von Anschluß- und Bewegungsfugen bis 25% Dehnung in der Fuge;
~ **200 SI E Siliconkautschuk**, Acetatsystem, für die Fenster-, Profilglas-, Aquarienversiegelung, Abdichtungen im Lebensmittelbereich;
~ **200/220 SI**, Glasversiegelung, Basis Silicon, elastisch;
~ **220 SI A Siliconkautschuk**, Aminsystem, Anwendungen wie ROCCASOL 200 SI A, jedoch temperaturstabilisiert bis +200° C, auch in transparenter Einstellung;
~ **220 SI E HT Siliconkautschuk**, Acetatsystem, bis 270° C temperaturstabilisiert, für elastische Abdichtungen und Verbindungen in der Lüftungs- und Klimatechnik;
~ **230 SI Siliconkautschuk**, neutrales Oximsystem, anstrichverträglich, für die Abdichtung von Verglasungen auf weiß lackierten Holzflächen und andere Verglasungen, elastische Abdichtung von Anschluß- und Bewegungsfugen bis 25% Dehnung;
~ **280 SI Siliconkautschuk**, neutrales Oximsystem, anstrichverträglich + überstreichbar, auch im Schmier- und Glättfilm, mit Lösungsmittel- und den meisten Dispersions-Systemen;
7819 Rocca

Rockenfeller
~ Schraubnägel aus nichtrostendem Stahl zur Verbindung der Holzlatten-Unterkonstruktion von Fassadenbekleidungen (Fassadenbefestigung);
5912 Rockenfeller

Rockwell
System für Rohrbruchdichtschellen;
7321 GF

Rockwool Dämmstoffprogramm
Dämmstoffe für Selbermacher;
~ **Dämmkeil**, nichtbrennbar;
~ **Mehrzweckplatte**, nichtbrennbar, zur Dämmung von Raumtrennwänden, Holzbalken, Fußböden auf Lagerhölzer;
~ **Stopfwolle**, nichtbrennbar;
~ **Supermatte**, schwerentflammbar;
4390 Rockwool

Rockwool®
Mineralwolle-Produkte in Bahnen, Platten, Matten zum Schall-, Wärme- und Feuerschutz;
~ **RAF-SE**, Schallschluckplatte, einseitig mit schwarzem Glasvlies als Rieselschutz kaschiert, zur Schallabsorbtion und Wärmedämmung, nichtbrennbar nach DIN 4102/A2;
~ **RAF**, Schallschluckplatte zur Schallabsorbtion und Wärmedämmung, als Ausfüllung hinter Verkleidungen von Decken und Wänden sowie bei mobilen Stellwänden, nichtbrennbar nach DIN 4102/A1;
~ **RBM**, Brandschutzmatte, für Brandschutzkonstruktionen mit Anforderungen an die Feuerwiderstandsdauer (z. B. Lüftungsleitungen usw.), nichtbrennbar nach DIN 4102/A1;
~ **RB**, Dämmbahn, unkaschiert, zur Wärme- und Schalldämmung von Kaltdächern, Holzbalken-Deckenauflage, nichtbrennbar nach DIN 4102/A1;
~ **RDK**, Dachkeile, nichtbrennbar nach DIN 4102/A1;
~ **RFA**, Dämmfilz, einseitig auf Alu-Folie kaschiert, für waagrechte und senkrechte Verlegung, nichtbrennbar nach DIN 4102/A2;
~ **RFP-L**, Fassadendämmplatte wie RFP;
~ **RFP**, schwere Fassadendämmplatte, wasserabweisend, für vorgehängte, hinterlüftete Fassaden und zweischaliges Mauerwerk nach DIN 1053, nichtbrennbar nach DIN 4102/A1;
~ **RG**, Granulat, Steinwollflocken, wasserabweisend, zum Einblasen oder Füllen von schwer zugänglichen Hohlräumen im Bausektor;
~ **RKA**, Dämmfilz auf glasfaserverstärkter, reißfester Alu-Folie kaschiert, nichtbrennbar nach DIN 4102/A2;
~ **RL**, lose Steinwolle, für Schutt- und Stopfisolierungen jeglicher Art im Bausektor, nichtbrennbar nach DIN 4102/A1;
~ **RP III**, Wärmeschutzplatte, für senkrechte und waagrechte Verlegung, nur für den Innebausbau, nichtbrennbar nach DIN 4102/A1;
~ **RP-KD**, Kerndämmplatte, wasserabweisend, für zweischaliges Mauerwerk ohne Luftspalt, nichtbrennbar nach DIN 4102/A1;
~ **RP-TW**, Wärmeschutzplatte, nichtbrennbar nach DIN 4102/A1, für Trennwände mit Brandschutzanforderungen (F 30-A), für Deckenauflagen, Holzfußböden;

~ **RP-XV**, Dachdämmplatte, wasserabweisend, zur Schall- und Wärmedämmung sowie als vorbeugender Brandschutz von unbelüfteten Flachdächern aus Gasbeton, Stahlbeton und Trapezblechen, nichtbrennbar nach DIN 4102/A1;
~ **RPA**, Wärmeschutzplatte, einseitig auf Alu-Folie kaschiert, für Klimakanäle und im Element- und Fertigbau;
~ **RPB-9** und **12**, Feuerschutzplatten für Konstruktionen des Bau- und industriellen Sektors im Hochtemperaturbereich, nichtbrennbar nach DIN 4102/A1;
~ **RPF**-30, 40, 50 und 100, Feuerschutzplatten, für klassifizierte Feuerschutzkonstruktionen im Innenausbau, nichtbrennbar nach DIN 4102/A1;
~ **RPX**, schwere Wärmeschutzplatte für den Innenausbau, speziell für biegeweiche Versatzschalen;
~ **RST**, Randstreifen, zur Vermeidung von Schall- und Wärmebrücken, nichtbrennbar nach DIN 4102/A1;
~ **RTD**, Drahtnetzmatte, einseitig auf verzinktem Drahtgeflecht mit Drahtfaden versteppt, zur Wärme- und Schalldämmung i der Industrie sowie für Brandschutzkonstruktionen im Hochbau, nichtbrennbar nach DIN 4102/A1;
~ **RTL-Krepp**, Lamellenmatte, auf Kreppapier geklebt, zur Schall- und Wärmedämmung von Rohrleitungen;
~ **RTL-NB**, Lamellenmatte, auf Alu-Folie geklebt, zur Schall- und Wärmedämmung von Rohrleitungen, nichtbrennbar nach DIN 4102;
~ **RT**, Trittschalldämmplatte, auch zur Wärmedämmung von Geschoßdecken und Böden unter schwimmendem Estrich nach DIN 4109 und 18 165, nichtbrennbar nach DIN 4102/A1;
4390 Rockwool

ROCKY
Keramische Wohn-Fliese;
6642 Villeroy

ROCO
~ **AB**, Ansetzgips;
~ **ALAMO**, Alabaster-Modellgips;
~ **FF**, Fugenfüller;
~ **FPG**, Fertigputzgips;
~ **GFP**, Modell-Formgipse für die Keramikindustrie;
~ **HF**, Hart-Formgipse für die Keramikindustrie;
~ **HPG**, Haftputzgips;
~ **IG**, Isoliergips für Wärme- und Kälteisolierungen;
~ **Kelle**, Stuckgips;
~ **MPG**, Maschinenputzgips;
~ **TESPE**, Spachtelgips;
~ **TRAUFEL**, Stuckgips;
3360 Roddewig

ROCOGIPS
Gipse;
3360 Roddewig

roda Plansystem
Überdachungen, Lichtkuppeln, Verglasungen aus PMMA, PVC und Polycarbonat;
4190 roda

rodafoam
Acrylschaum-Platte, Wärmedämmplatten mit hoher Lichtdurchlässigkeit (75%), Baustoffklasse B 1 oder B 2;
4330 rodeca

rodalit
Polyesterplatten, oberflächenvergütet, einschalig, im Well- und Spundwandprofil;
4330 rodeca

rodanit
PVC-Formplatten, einschalig, hagelschlagsicher, geeignet als nicht isolierte Lichtflächen im Dach- und Wandbereich;
4330 rodeca

rodaplus
Lichtbauelemente (LBE), zwei- und dreischalig;
4330 rodeca

rodatherm
Fassadenelemente und Trennwandelemente, lichtundurchlässig, mit Isolierfüllung in 6 Farben;
4330 rodeca

rodatop
Freitragendes, bombiertes Oberlichtband aus 2- oder 3schaligen rodeca LBE, für Dachbelichtungen von Hallen, Gewächshäusern, fahrbare Schwimmbadüberdachungen;
4330 rodeca

RODE
Wetterschutzgitter, Jalousieklappen, Leichtmetallgitter, Gitterbänder, Lüftungsschieber, Revisisonstüren;
7141 Detzer

rodeca
Isoliersystemdecke, System NIKKA, mit Baustoffen der Klasse A 2;
~ - Lichtbau-Elemente aus PVC (Hostalit-Z) und Polycarbonat (Macrolon), doppel- und dreischalige, hochtransparente Doppelstegplatten für Lichtbänder in Industrie-, Lager- und Sporthallen, großflächige Überdachungen u. ä.;
4330 rodeca

RODEWALD
Verbund-Sprossenfenster, System „Häde" 41/41 und 41/56;
3102 Rodewald

RODFLEX
Elastomer-Bitumen-Dichtmasse;
4930 Schomburg

Röbalith-Steine
(Strahlenschutzmaterial) zur Errichtung strahlenschützender Wände unter Verwendung dazugehöriger Fugenmassen, Materialbasis Baryt (Schwerspat);
8770 Seitz

Röben
Klinkerplatten, Fensterbankplatten, Vollriemchen, Spaltriemchen, Verblender, Keramik-Klinker, Pflasterklinker, Gartensteine, Tondachziegel und Fertigbauteile;
2932 Röben

Röder
Thermopor-Ziegel;
8782 Röder

Röger
Sauna, Solarien, Blockhaus;
7170 Röger

RÖHN-KAMIN
Elektrokamine, Feuerkamine, Kamineinsätze, Schamotte und Klinker, Kaminzubehör, Kachelöfen;
6400 Röhn

Röklimat
~ - Warmblöcke, Leichtbeton-Wandbaustein;
8602 Röckelein

Römer-Pfanne
Dachstein in rot, kupferfarben, granit und antik;
6370 Braas

Römerplatten
→ PLEWA-Römerplatten;
5522 PLEWA

RÖRO
→ HÜNNEBECK-RÖRO
4030 Hünnebeck

RÖSLER-KAMINE
Fertigteilkamine im Baukastensystem;
6072 Rösler

RÖTHEL
~ Abstrahlfolie mit Alu für Fußbodenheizungen;
~ Bio-Paraffinpapier, Natronkraftpapier für Estrichabdeckungen;
~ Estrichpappe DIN 18 560 für Naßestriche;
2350 Röthel

Rötzer
~ **Ziegelelementhaus**, schlüsselfertig;
8463 Winklmann

Röwatherm®
~ - **Dämmblock**, Leichtbeton-Wandstein;
8602 Röckelein

ROFALIN ACRYL
~ - **Schutzfarbe** für Holz und andere Untergründe;
4573 Remmers

ROFAPLAST
~ - **BG PUR-Grundierung**, 1komponentige Polyurethan-Grundierung, Imprägnierung und Versiegelung;
~ - **KB PUR-Versiegelung innen**, 1komponentige Polyurethan-Versiegelung für farbige Innenversiegelungen;
~ - **PUR-Injektionsharz**;
~ - **Silokunststoff**;
~ - **Unterwasseranstrich**, Speziallack für Unterwasseranstriche;
~ - **2K PUR-Versiegelung außen**, 2komponentige Polyurethan-Versiegelung für farbtonbeständige und lichtechte Außenversiegelung;
4573 Remmers

ROFILO®
Rost-Fix-Lockerungsmittel, säurefrei;
4100 Lux

Roggenstein
~ - **Granit**, geschliffene Bodenplatten und Werksteine, Stufen aller Art;
8670 Jahreiss

ROHA
→ Ronig'sche Systeme;
5456 Ronig

rohacell® 51
Leichtbau-Hartschaumstoff für Modellbauer, Architekten, Designer;
6100 Röhm

ROHBAUSPACHTEL
~ **AUSSEN**, zementgebundener Fassadenspachtel und Dünnputz, insbes. für Plansteinmauerwerk;
~ **INNEN**, mineralisch gebundener Wandspachtel, Füllspachtel, Dünnputz, Fugenfüller für Gipskarton, Schichtdicken von 0,5 bis 50 mm;
2000 Lugato

ROHO
~ - Bauwagen, ausgeschäumt, 2,40 m breit;
~ - **Minitop**, Raumzelle für mobilen und stationären Einsatz als Sanitär-, Einzel-, Doppel- und Mehrfachkabine für Baustellen, Campingplätze usw.;
~ - **Raumzellen** für vielseitige Verwendung (Bauhütte, Messestand, Kiosk usw.);
~ - **Sanitärkabinen**, Ein- und Mehrfachkabinen;
~ - **Solotop**, Raumzelle zwischen 3 und 8 m Länge, nicht stapel- und kombinierbar;
~ - **Universa**, Raumzelle, stapelbar und sehr variabel, auch zusammenlegbar;
3052 Roho

1

ROHRSPREIZEN
Rundrohr für Mauerstärken-Abstandhalter bei senkrechter Schalung;
5885 Seifert

ROHU
~ - Flügel, für Glasbausteine und PVC — weiß verzinkt (Glasbaustein-Flügel);
6052 Huber

ROI
~ Gerüste;
~ Rohrverbinder;
8031 ROI

ROIGK
Schwimmsportgeräte;
~ **Sprungtürme**;
~ **Standduschen**;
~ **Wasserrutschbahnen**;
5820 Roigk

ROKAS
→ DIA-ROKAS;
2814 Konrad

ROK-RAP
Zementband zur Instandsetzung von glatten und Well-Asbestzementplatten, Beton- und Stahlrohren;
5060 Matthias

ROLAND
~ - **Tresore**, Geldschränke, Wandtresore, Stahlbüroschränke;
2800 Roland

Roland
~ - Bitumen-Dachschindeln;
~ - Dachgully aus PUR im Baukasten-System;
~ - Flachdachabschlußprofil;
~ - Lichtkuppeln;
~ - Mauerabdeckung aus Alu-natur, auch eloxiert;
2807 Roland

ROLAND SYSTEM®
Lamellentüren, Gleittüren, Beschläge, Knöpfe, Schrauben;
2000 Langerfeld

Rolandshütte
~ - **Super**, hochfestes hydraulisches Bindemittel für Temperaturen über 1400 °C;
~ Tonerde-Schmelzzement, hellfarbig, mit allen Zementfarben mischbar;
2400 Metallhütte

ROLATOL
Steinkohlenteerpech-Anstrich für Spundwände und andere Eisenteile, zur Abdichtung von Grundmauern und Fundamenten;
2800 Voigt

ROLLAX®
Transportsystem, Lagersystem, Umschlagsystem für Paletten;
7000 Züblin

ROLLBAHN SBS
Rollbare Wärmedämmung aus PS mit einer Elastomer-Bitumen-Bahn kaschiert;
6632 Siplast

Rollcoat
→ Compakta®-Rollcoat;
8225 Compakta

Rolldicht plus
→ ARDAL-Rolldicht;
6050 CECA

ROLL-ELAST®
~ - **Lager** für kleine Linienlasten mit beliebig großen Bauwerksverschiebungen;
8011 Gumba

Roll-ex
~ **Plus**, aus PS mit Polymerbitumen-Glasvlies-Einschweißbahn kaschiert;
Rollbare Wärmedämmung aus gütegeschütztem Polystyrol-Hartschaum;
6430 Börner

ROLLFIX
Abstandhalter, ringförmig, mit breiter Auflagefläche zur Verwendung auf Isolierplatten;
5885 Seifert

rollingfitt®
Schrankschiebetürbeschlag;
7270 Häfele

Rollisol
→ ISOVER®-Rollisol;
6700 G + H

Rolljet®
Fußbodenheizung mit einer wärme- und trittschalldämmenden Rollmatte, oberseitig mit einer Kunststoff-Alu-Folie kaschiert, mit pat. Ankergewebe zur Befestigung der Widerhakenclipse;
3000 Purmo

Rollka
→ MONZA;
6070 Monza

Rollmatic
→ Raider-Rollmatic;
4100 Raider

ROLLOMAT
Fertigelemente, Rolladenaufsatzelement mit Mini-Rolladen für Holz- und Kunststoffenster aus Hart-PVC, auch für Terrassentüren;
2725 HBI

rollotron®
Rolladenantrieb, vollautomatisch;
4292 Rademacher

Rollscreen
→ Halu-Rollscreen;
6700 Hassinger

Rollstore
→ EHAGE-Rollstore;
4006 Ehage

Roll-Stripper
→ Thomsit R 722;
4000 Henkel

Roma
→ Faber Roma;
2800 Blöcker

Roma
Keraion-Großkeramikplatte in weiß;
8472 Buchtal

ROMA
Schnellbau-Dämmpaneele für den Kühlhausbau und Hallenbau;
8851 Romakowski

Romanokremper L 21®
Dachziegel in Naturrot, Fleckton und Buntfärbung;
8013 Ludowici
→ 6908 TIW
→ 8506 Stadlinger

Romanokremper L 25
Dachziegel, doppelt verfalzt, für Dachneigung ab 20°, großer Verschiebebereich, naturrot, engobiert und glasiert;
8506 Stadlinger

Romantiksprosse
Holz-Fenster mit Massiv-Holzsprossen, 42 mm breit, profiliert und 56 mm breit, kantig;
5768 Sorpetaler

ROMANZE
Dauerbrand-Automatik-Kachelofen;
4030 Bellfires

ROMBI
~ **Beschläge** (Türgriffe) aus Alu;
~ **Briefkästen** und Briefkastenanlagen;
~ **Sprossenelemente®** mit gewölbten Isolierglasscheiben;
~ **Türfüllungen** aus GFK;
5860 Romberg

Romeike
Elektronische Einbruchsicherungen aller Art, Alarmzentralen, Sirenen und Zubehör;
1000 Romeike

ROMEO
~ – Komplettwaschtische;
8000 High Tech

Romey®
~ Montagedecken wie Plattendecken, Balkendecken, Rippendecken, montageunterstützungsfreie Decken, aus vorwiegend Bims und Lava;
~ phonotherm®-Allzweckstein, Mauersteine aus Bims und Lava;
5472 Romey

Romi®
~ Fenster und Türfertigbauteile aus Holz und/oder Kunststoff und/oder wärmegedämmtem Alu;
~ Rolltore mit/ohne Elektro-Antrieb aus Stahl oder Alu;
6367 Romi

Rompf
Natursteine, Mauer-Verblendsteine, Natursteinplatten;
6240 Rompf

Ronal®
~ – Duschabtrennungen, Spiegelschränke;
7529 ATW

rondal
Garderoben, Schirmablagen;
5860 Vieler

Rondex
Trittsicherheits-Fliese, rutschhemmende Eigenschaften im Gewerbebereich;
4005 Ostara

RONDO
Kaminofen aus Stahl mit Glastüren;
4030 Bellfires

Rondo
Ofenkachel, handgeformt und handglasiert, in elfenbeinweiß, malachitgrün, honigdunkel und kupfer-rustik;
4980 Hensiek

RONDOFOM®
~ – **Randdämmstreifen**;
~ – **Rohrisolierung** aus extrudiertem PE-Schaum;
~ – **Trittschalldämmung** aus extrudiertem PE-Schaum, besonders unter Fußbodenheizungen und normalen Estrichen, lieferbar in Bahnen;
4803 Kaiser

1

RONDOPAN®
~ - Extruderschaum, extrudierter PS-Schaum;
4803 Kaiser

RONDOPUR
PUR-Schaumplatten mit beidseitiger Alu-Folienkaschierung oder mit Bitumenpapier zur Wärmedämmung unter Fußbodenheizungen und Zementestrichen;
4803 Kaiser

RONDO®
Betonwerksteine als Rundpflaster, Palisaden, Rabatten- und Rasenstein, Rund- und Sichelplatten, für kleine Gärten, Terrassen, Fußgängerzonen, Plätze;
7932 Beton
→ 1000 Schüz
→ 2077 Maltzahn
→ 2820 Lohmüller
→ 3000 Lohmüller
→ 4460 Betonwerk Emsland
→ 5000 Siemokat
→ 5473 Ehl
→ 6301 Rinn
→ 6722 Lösch
→ 8333 Linden
→ 8580 Zapf
→ 8752 Schmitt

Ronig'sche Systeme
~ **ROBO** DBP, Stahltraufböcke für Kniestock-Dach-Konstruktionen;
~ **ROHA** DBP, universell verstellbare Halterung für Dachrinnenverkleidung;
~ **ROSCHU** DBP, Holzverbinder;
5456 Ronig

Ron-Linie
Sanitärkeramik- und ®Acrylwannen-Programm;
5300 Ideal

roofmate*
Dämmstoff, geschlossenzellig, aus Polystyrol-Hartschaum, extrudiert*(Warenzeichen der → 6000 Dow Chemical Company);
~ Dachdämmplatten;
6800 R & M
→ 6700 G + H

Roofseal
Dauerplastischer, bituminöser Dachdichtstoff, verstärkt mit Kunststoffen;
4050 Simson

ROOS
Elektro-Wärmespeicher, auch für Kirchen, Großräume usw.;
5407 Roos

ROOS
~ Schwimmbad-Zubehör und Wasserpflegemittel wie Filter, Isolierabdeckung, Schwimmbad-Solarheizung zum Selberbauen, Überdachung usw.;
~ - Selbstbau-Schwimmbad;
6472 Freizeitanlagen

Roplasto®
Bauelemente aus Kunststoff: Rolläden, System-Haustüren, Fenster;
~ **Bolta**, PVC-Spezialprofile wie Sockelleisten, Treppenkanten, Abschlußprofile, Handläufe, Winkelprofile, Türdichtungen, Dehnungsfugenprofile;
~ **Contura**, Kunststoff-Haustüren, doppeltbeplankt mit Polyesterplatten;
~ **Kufa**, Rolladenprofile aus Kunststoff;
5060 Dyna

RORO
~ Blockbohlen-Sauna und Elementsaunaanlagen nach finnischer Bauart, mit Saunaöfen- und Saunazubehör-Programm;
8257 RoRo

ROSCHU
→ Ronig'sche Systeme;
5456 Ronig

Rosconi®
~ Abfallbehälter;
~ Absperrsysteme;
~ Garderobenständer;
~ Handläufe;
~ Pflanzbehälter;
~ Sitzbänke;
~ Stellwandsysteme, Ausstellungssysteme;
6290 Rosconi

ROSEN
~ - Vollverbundsteine, Betonwerkstein als Sechsecke, Rechtecke, Pflanzschalen;
2250 Engelhardt

rosenberg
~ Hochleistungs-Radial-Dachlüfter;
~ Klimageräte;
~ Radialgebläse;
~ Regelgeräte;
~ Ventilatoren: Rohrventilatoren, Kanalventilatoren, Axialradiatoren, Hochleistungs-Radialventilatoren;
~ Wärmerückgewinnungsanlagen;
7118 Rosenberg

Rosenberger
Korkprodukte;
6411 Rosenberger

Rosette
Ofenkacheln, handgeformt und handglasiert, in moosgrün und honigdunkel;
4980 Hensiek

ROSS
~ Stahltrapezprofil-Dach;
5901 Ross

Rossmanith
Alu-Holz-Fenster;
6900 Rossmanith

rostegal
Rostbindefarbe, vernichtet Rost und verhindert Neubildung;
4048 Schäfer

ROTAFIX
Abstandhalter aus widerstandsfähigem Kunststoff für einlagig bewehrte Betonrohre nach DIN 4035;
5885 Seifert

Rotal
Spannbeton-Kassettenplatten, Dachbinder, Unterzüge, Fassadenplatten, Stützen, Riegel;
8225 Rosenthal

ROTAN
Holzinnenausbau-Systeme in massiver Fichte und Eiche furniert;
8121 ROTAN

Rotband
→ Knauf-Rotband;
8715 Knauf Gipswerke

Rotburg
~ Beschichtung, ölfest, für Lagerräume;
~ Betonbeschichtungsfarbe VC braun, rot, schiefergrau, dunkel- und mittelgrau;
~ Bitumenlacke;
~ Dachkitt;
~ Dispersionsfarben und Binderfarben;
~ Elastikspachtel;
~ Grundanstriche, farblos;
~ Holzschutzmittel;
~ Kunstharz-Elastikputz mit Perlonfaser, weiß;
~ Kunstharz-Lackfarben;
~ Rostschutz-Grundierung;
2720 Oelfabrik

ROTEX
„VARIO SYSTEM" Kunststoff-Batterietank-System im Baukastenprinzip mit über 42 Variationsmöglichkeiten von 750 bis 25 000 Liter Lagervolumen (Heizöltanks);
7129 Rotex

Rothaflex®
~ - Fußbodenheizung mit ~ Wärmeboden-Verbundplatte und ~ VPE-Heizrohr;
3563 Roth

Rothalen®
~ Heizöltanks für Alt- und Neubauten;
3563 Roth

Rothalux®
~ Duschkabinen, Komplettsystem für den Einbau von Duscheinrichtungen als Zweitdusche oder zur Modernisierung;
3563 Roth

Rothapac®
~ Kesselpodeste, Stahl-Kunststoff-Unterbau für vibrations- und geräuschdämmende Plazierung von Heizkesseln, Maschinen u. ä.;
3563 Roth

Rothex
Asphaltestriche;
3588 Rothauge

Rothfuß
Holz-Ziernägel aus Kiefer-, Lärche, Massivholz, handgefertigt;
7293 Rothfuß

ROTIV
Spindeltreppe im Baukastensystem;
4330 Univ

ROTO
~ **Bodentreppe Norm 8**, einschiebbar, in Holzausführung 2teilig, **Norm 8 Alu**-Ausführung 2- und 3teilig;
~ **dm-Klimabox**, Luftaustauschsystem zum Einbau in das Intro-R-Fenstersystem, mit schallgedämmter Lüftung und Wärmerückgewinnung → 5620 Calmotherm;
~ **Feuerwiderstands-Bodentreppe Norm 8** aus Holz, 2teilig;
~ **Wendeltreppe**, mit quadratischem Grundriß;
~ **Wohndachfenster**, klapp-, schwing- und schwenkbar, da Fensterachse oberhalb der Flügelmitte;
7022 Frank

rotoform
Bedienungselemente der → Roto-Drehkippbeschläge;
7022 Frank

Rotonex
Beton- und Kalklöser;
8184 Schnitzenbaumer

rotosorp®
Luftentfeuchter von 140 bis 7500 m^3/h, Zentralen bis 35 000 m^3/h, auch Sonderausführungen;
6900 Kraftanlagen

1

ROTOTHERM®
Wärmerückgewinner;
~ **ET, RT, PT** für die Raumlufttechnik;
~ **PT, KT** für die Industrie-Prozeßlufttechnik;
6900 Kraftanlagen

Rotring
→ Orth-Rotring;
3430 Orth

Rotsiegel
→ Dichtelin-Rotsiegel;
4790 Budde

Rotter
Schutzraumbau-Ausstattung;
~ Einzelwaschtische;
~ Reihenwaschanlagen;
~ WC- und Urinalanlagen;
1000 Rotter

Rougier
Dachelemente, Träger- und Isolierungselemente, Oberfläche Spanplatte oder Dekor-Sperrholz;
5090 Werry

ROUST
~ - **Dachbinder**, Holzbinder aus Dänemark für Ferien- und Einfamilienhäuser, landwirtschaftliche und öffentliche Gebäude, Hallen u. ä.;
2303 Juschkat

ROVO
~ - Bitumen-Dickschicht gegen Bodenfeuchtigkeit und Korrosion, nicht ölbeständig und nicht für Trinkwasserbehälter;
~ - Dachrinnenschutzlack, farbig, für Kunststoff, Zink und Alu;
~ - Straßenmarkierfarbe;
~ - Zementlackfarbe für farbige Betonfußböden und andere Zementflächen;
2800 Voigt

ROWA
~ Alu-Bitumen-Dampfsperren, besandet;
~ Bitumen-Dachbahnen, DIN 52 128, besandet oder naturgrün;
~ Bitumen-Voranstrich;
~ Bitumen-Dachdichtungsbahnen, DIN 52 130, besandet, naturgrün bzw. blau;
~ Bitumen-Dachlack, rot oder grün;
~ Bitumen-Kaltkleber;
~ Bitumen-Siloanstrich;
~ Bitumen-Spachtelmasse;
~ Bitumen-Universalanstrich;
~ Carbolineum, natur;
~ Glasvlies-Dachbahnen, DIN 52 143, V13 besandet, V13 einseitig grob besandet, V13 naturgrün oder V13 blau beschiefert, sowie LV Lochbahn grob besandet;
~ Kieseinbettmasse, kalt;
~ Selbstklebebahn (TKS), streifenweise oder vollflächig;
~ **TOP 35 DD naturgrün**, Polymer-Bitumen-Dachdichtungsbahn, Aufbau wie TOP 35 S5;
~ **TOP 35 S 5 naturgrün**, Polymer-Bitumen-Schweißbahn aus Elastomerbitumen mit Polyester/PA-Einlage/100% Faserpolymer, einseitig PE-beschichtet, oberseitig besplittet;
2807 Roland

rowapakt
Adhäsiv-Bitumen-Kaltkleber;
2807 Roland

rowaplast PYP
~ **PV 250 S 5**, Bitumen-Schweißbahn mit 250 g Polyester-Faservlieseinlage und Spezialbitumen, für hohe mechanische Beanspruchung nach DIN 52 133;
2807 Roland

rowapren-PYE
~ **PV 250 DD naturgrün**, Polymer-Bitumen-Dachdichtungsbahn aus Elastomerbitumen mit 250 g Polyesterfaservlieseinlage, einseitig PE-beschichtet, oberseitig besplittet, nach DIN 52 132;
~ **PV 250 DD**, Polymer-Bitumen-Dachdichtungsbahn aus Elastomerbitumen mit 250 g Polyesterfaservlieseinlage, besandet, nach DIN 52 132;
~ **PV 250 S 5 naturgrün**, Polymer-Bitumen-Schweißbahn aus Elastomerbitumen mit 250 g Polyesterfaservlieseinlage, einseitig PE-beschichtet, oberseitig besplittet, nach DIN 52 133;
~ **PV 250 S 5**, Polymer-Bitumen-Schweißbahn aus Elastomerbitumen mit 250 g Polyesterfaservlieseinlage, einseitig PE-beschichtet, einseitig talkumiert;
2807 Roland

Rowiflex
~ - **Umkehr-Gründach**, Dachbegrünung mit Durchwurzelungsschutz, Drän- und Filterschicht;
4040 ait

ROXITE®
Fassadenpaneele, Klinker-, Natursteinmuster;
3006 Hambau

Roxy
Designfliese mit Wellenstruktur;
7130 Steuler

Royal
Holz-Falttür, teilt mit Hilfe von Deckenschienen mit Kurve, Weiche oder Kreuzschiene einen Raum in mehrere kleine;
3000 Brandt

Royal
→ EISODUR Royal;
4420 Ostendorf

ROYAL
Systeme für Fenster, Türen und Fassaden aus Aluminium, wärmegedämmt, eloxiert oder farbbeschichtet;
4800 Schüco

ROYAL
Badausstattung wie Spiegelschränke, Lichtspiegel u. a.;
4830 Twick

Royal
→ WESTAG-Royal;
4840 Westag

royal
PVC-Beläge, einschichtig, homogen, mattiert geglättet, in Bahnen und Fliesen, auch mit Träger aus Korkment oder Schaum;
~ **30**, moiriert;
~ **40**, richtungsfrei marmoriert, leitfähig;
~ **60**, richtungsfrei marmoriert;
7120 DLW

ROYAL 80 W, 110 W und 130 W
Schiebefenster- und Schiebetür-Konstruktionen aus Alu, auch Hebe-Schiebe-Kipp-Türkonstruktionen wärmegedämmt;
4800 Schüco

ROYALUX-DUSCHE
Duschkabinen mit Alu-Profilen und Kunststoffglas;
5451 Dusar

Royer
Signalanlagen für Baustellen;
3011 Royer

RO 1
Rolladenfenster-Kompakt-Einheit für schnelle Fenstererneuerung;
5060 Dyna

RPM
~ - **ALUMA-PLASTIC CEMENT**®, Spachtelmasse;
~ - **ALUMAFLASH-BAND**, selbstklebendes Dichtungsband aus Butylgummi zur Abdichtung von Nähten und Überlappungen, insbesondere bei metallischen Bauelementen;
~ - **ALUMAGLAS**®, Glasfasergewebe zur Armierung und Ausbildung von Dehnungsfugen;
~ - **ALUMANATION® 301**, Metallbeschichtung aus Naturbitumen (Gilsonit), Neoprenfasern, nicht trocknenden Ölen, Duomen und Aluminium in Flockenform;
~ - **COLORFLEX**®, reflektierender metallischer Anstrich für mit Asbestzementplatten verkleidete Dächer und Wände;
~ - **DURABRAN**®, Schutzanstrich für fast alle Dach-, Wand- und Fußbodenflächen, auch für Wellasbest;
~ - **DURANAMEL**®, Emaillefarbe, bleifrei und UV-beständig, insbesondere für sendzimirverzinkte Stahlgiebel;
~ - **ELASTOBRAN® EB40**, 1-K-PUR-Beschichtung mit Alu-Füller für Flach- und Gefälledächer;
~ - **ELASTOBRAN® E10**, Bitumenemulsion für Flach- und Gefälledächer und zur Wasserabdichtung;
~ - **FOLIE-E-2S**, hochelastische Gummimatte zur Rinnenauskleidung;
~ - **HYDROFIX® MEMBRANE**, hochelastische EPDM-Gummimembrane für Flach- und Steildächer;
~ - **LEVEL SEAL® W.S**, schwere Beschichtungsmasse für undichte (Kies-)Flachdächer;
~ - **METALSHEEN**®, mattglänzende Metallbeschichtung, lmf, aus 100% Acrylharz und nicht verfärbenden Pigmenten;
~ - **NU SENSATION HY BUILD FIBRED**®, Mehrzweck-Schutzbeschichtung aus 100% Acryl, Grundfarbe weiß;
~ - **PAW RUST DISSOLVER**®, Metallgrundierung und Metallschutzbeschichtung, phosphorische Säurelösung zum Lösen von Rost;
~ - **PERMAFAB**®, Glasfasergewebe zur Armierung und Ausbildung von Dehnungsfugen;
~ - **PERMAPLASTIC CEMENT**®, Spachtelmasse;
~ - **PERMAROOF**®, faserstoffhaltige Beschichtungsmasse, feuchtigkeitsabdichtend, korrosionsbeständig, für Dächer, Betonflächen, Metallkonstruktionen usw.;
~ - **RUBBERFLEX® X10**, Dach- und Wandbeschichtungssystem aus weißem, synthetischen Elastomergummi, asbestfrei und UV-beständig;
~ - **RUSTOP RED**®, Metallvoranstrich auf Alkyd/PUR-Basis mit rosthemmenden Pigmenten;
~ - **SKYLIGHT COATING**®, hochglänzende, transparente Schutzbeschichtung für glasfaserverstärkte Bauelemente, UV-beständig;
~ - **Ultra Clean Primer**, Voranstrich auf Untergründen Moos, Algen, Flechten angegriffen sind;
~ - **UWM**, Feuchtigkeitsabdichtung auf Kautschuk- und PUR-Harz-Basis für Brücken, Naßräume, Tunnels usw.;
~ - **285 ZINC CHROMATE Yellow Primer**, Metallgrundierung aus Zinkchromat und anderen Rostschutzmitteln in einer Alkydlösung;
5000 Hamann

RPM
~ SPNRS (Single Ply Neoprene Roofing System), Dachbahnen mit Selbstentlüftung;
6799 BWA

RPR
~ - **HT**, Hausabflußrohre und Formstücke, heißwasserbeständig, aus PP, schwerentflammbar, gemäß DIN 19 560, Nennweiten DN 40 bis DN 150;
~ - **KG**, Kanalrohre und Formstücke aus PVC-Hart, gemäß DIN 19 534 Teil 1 und 2, Nennweiten DN 100 bis DN 400;
6800 Rhein

1

RP-Rohre
Profilstahlrohr-System, Halbzeug für Tür-, Tor-, Fenster- und Fassadenkonstruktion;
5757 Mannesmann

RPS
~ - **System** zur Raumtemperaturregelung zeitlich unterschiedlich genutzter Raumgruppen;
6050 Danfoss

RS
Raumspartreppe, auch zur Selbstmontage geeignet;
4242 H & S

RS
→ DYWIDAG RS;
6200 D & W

RSG
~ - Spannbeton-Fertigteile;
6143 Ehrhardt

RUBACOLOR
Hochwertiger Kunststoffanstrich für Faserzement, Fassaden, Innenräume und Betonböden;
2000 Ruberoid

RUBADUR®
Vorgehängte Fassadenplatten mit Hinterlüftung und Wärmedämmung aus GFK auf Polyester-Basis mit Mauersteindekor;
2000 Ruberoid

RUBAL
Bitumen-Dachbahn mit Glasgewebeeinlage und oberseitig mit geprägtem Alu- oder Kupferband;
2000 Ruberoid

RUBA®
~ - **Betonreiniger-R**, zur Beseitigung von Oberflächenschmutz;
~ - **Tiefengrund**, Grundierung für Dispersionsfarben und zur Verfestigung von Beton- und Putzuntergrund;
~ - **58**, Haftzusatzmittel und Mörtelzusatzmittel für dünnschichtige Betonüberzüge auf jedem druckfestem Untergrund;
2000 Ruberoid

RUBBERFLEX® X10
→ RPM-RUBBERFLEX® X10;
5000 Hamann

Rubbol
→ Sikkens Rubbol;
3008 Sikkens

RUBEROID®
~ - **Algenentferner** gebrauchsfertig;
~ - **Alu-Dampfsperre**, bitumenbeschichtete Alu-Bänder, auch glasvliesverstärkt;
~ - **Dach- und Dichtungsbahnen** mit Einlagen aus Glasvlies, Rohfilz, Alu- oder Kupferband, Glas- oder Jutegewebe, PETP;
~ - **Dachlack**, auf Bitumen- oder Harzbasis in schwarz, rot, grün, silber;
~ - **Faserpaste**, auf Bitumenbasis, streichbar, zum Wiederauffrischen stark ausgewitterter Dachpappeneindeckungen;
~ - **Klebemasse**, zum Verkleben von Bitumen-Dach- und Abdichtungsbahnen, Metallriffelbändern, Dachkies u. a.;
~ - **Schindeln**, aus Bitumen, stabiler Rohfilzpappe und Mineralbestreuung;
2000 Ruberoid

RUBERSTEIN®
Mauerstein-Platten (Kunststoff-Fassadenplatten), auch in Verbindung mit Wärmedämmung als Verbundfassade;
2000 Ruberoid
→ 4700 Borberg

RUBETON®
Haftzusatzmittel und Mörtelzusatzmittel auf anorganischer Basis, auch für Wasserbau und starre, auch nachträglich einzubringende Abdichtungsschichten;
2000 Ruberoid

RUBNER
~ - Blockhaus, Fertighäuser;
8311 Huber

RUBOL®
Bitumen-Anstrichstoffe für Beton- und Mauerwerk, Holz und Metall;
2000 Ruberoid

RUBO®
Parkmöbel (Entwürfe: Ruud van den Bosch);
5909 Frieson

RUCK ZUCK
Austauschfenster für die Althausmodernisierung;
5060 Dyna

Ruck-Zuck
Bodenschiebetreppe aus Holz, Flachdachausstiege;
8752 Kirchner

Ruck-Zuck-Anker
Stahlzargenanker zur Schnellmontage;
4840 Simons

RUCK-ZUCK®
Weißfeinkalk;
3380 Fels

RUCO
Kehlleisten, Massivholzleisten und Ummantelungen;
8780 Ruco

Rudersdorf
Fliesen;
4000 Rudersdorf

Rüber-Michels
Basaltlava und Tuffstein, Naturwerkstein für Fassaden, Bodenbeläge, Treppen;
5440 Rüber

Rüdinger
~ **Wieku**-Klappladen aus Kunststoff Hostalit mit Alu-Innenrahmen;
6927 Rüdinger

Rühl
PU-Schaumsysteme 2-K für Wärme- und Kälteisolierung;
6382 Rühl

Rühmann
~ Abdeckplatten;
~ ANTIK-Bogenpflaster;
~ Bossensteine;
~ Gossenläufersteine;
~ Original-UNI-Verbundsteinpflaster;
~ Ornament-Steine;
~ Platten;
~ RechtEck-Pflaster;
~ S-Form-Verbundsteinpflaster;
~ UNI-Coloc-Verbundpflastersteine;
~ UNI-Decor-Verbundpflastersteine;
~ UNI-Markant-Verbundpflastersteine;
~ Verlegeeinheiten für maschinelle Verlegung;
3373 Rühmann Kl.

RÜSGES
~ **Allwetterschutz**, nußbrauner Allwetterschutz für Holzzäune, Holzhäuser, Pergolen usw.;
~ **Bitumen-Deckanstrich**;
~ **Bitumen-Kautschuk-Anstrich**, zur Abdichtung gegen Bodenfeuchtigkeit, Sicker-, Grund- und Oberflächenwasser;
~ **Bitumen-Voranstrich**;
~ **Black Varnish**, bituminöser Schutzanstrich auf Teerpechbasis;
~ - **Carbolineum farbig**, teerölhaltiges Holzschutzmittel in gelb, grün, rot für freiverbautes Holz;
~ - **Carbolineum**, braunfärbend, für alle freiverbauten Hölzer;
~ **Carbolineum**, Holzschutzmittel auf reiner Steinkohlenteerölbasis, Zulass.-Nr. PA V-184;
~ - **Dachlack Grün**, grünfärbender Schutzanstrich auf Kunstharzbasis, für Papp- und Blechdächer, verzinkt und unverzinkt;
~ **Dachlack Silber**, → Dachlack Grün;
~ **Dachlack Braun**, braunfärbender Schutzanstrich für Dachpappe, Blechdächer, Holz, Eisen;
~ - **hell**, gelbliches Carbolineum, reines Steinkohlenteeröl, nur für Holz im Freien;
~ **Isolieranstrich**, Bitumen-Isolieranstrich mit Haftmittelzusatz;
~ **Kaltklebemasse**, Bitumen-Kaltklebemasse, lmh, zum Kleben von Bitumenpappe und Glasvlies-Dachbahnen;
~ **Kieseinbettmasse** mit oder ohne Wurzelgiftzusatz;
~ **Polybit-Dichthaut-D**, Polymer-Bitumen-Dachanstrich;
~ **Polybit-Dichthaut-Universal**, Polymer-Bitumen-Universalanstrich;
~ **Polybit-Dichthaut-V**, Polymer-Bitumen-Voranstrich;
~ **Polybit-Spachtelmasse**, Polymer-Bitumen-Spachtelmasse;
~ **Roofcoating Schwarz**, flexibler, faserhaltiger schwarzer Schutzanstrich, dauerelastisch, für Papp- und Blechdächer, Beton, Asbestplatten usw., **Typ Silber** UV-beständig, reflektierend;
~ **Spachtelmasse**, Bitumen-Spachtelmasse, faserarmiert;
~ **Uni-Lasur**, Holzschutzlasur, lmf, seidenmatt, für Innen und Außen;
~ **Verdünnung**, Spezialverdünner für alle Bitumenanstriche;
5180 Rüsges

Rütapox®
Basis für Epoxidharzsysteme, Schutzschichten auf Stahl und Beton, z. B. für Kläranlagen, Trinkwasserbehälter, säurefeste Industrieböden usw.;
4100 Bakelite

Rüter
~ - Raumfachwerke aus Stahlhohlprofilen mit quadratischem oder rundem Querschnitt;
4600 Rüter

RÜTERBAU
~ Blechfassade, Fassadenbekleidung aus mehrfach abgekanteten Alu-Blechen;
~ Isolierfenster, System 7116;
~ Normfenster System 7114;
~ Pfostenriegelfassade, aus wärmegedämmten Alu-Profilen, montierbar als eingestellte oder als mehrgeschossige Vorhangfassade;
~ Verbunddecke, System 7412;
3012 Rüterbau

RÜTÜ
FBW-Alu-Profile für Fenster, Türen, Fassaden, Vordächer und Wintergärten;
4400 Rüschenschmidt

RUG
~ Abläufe für Haus und Hof;
~ Alu-Flexrohre;
~ Belüftungsanlagen für Heizungskeller;
~ Dachrinnen;

1

~ Elektro-Installationsrohre;
~ Flachkanalsystem;
~ Fliesenrahmen, Fliesenzubehör;
~ HT-Rohr-Stecksystem;
~ Kabelkanäle;
~ Kamintüren;
~ KG-Rohr-Stecksystem;
~ - Lüftungsflügel für Glasbausteine, verzinkt, kunststoffbeschichtet weiß und grau und aus Alu für 19er und 24er Glasbausteine (Glasbaustein-Flügel);
~ Luftgitter;
~ PVC-Schläuche;
~ - Revisionstüren zum Einbau in Lüftungsschächte, zur Abdeckung von Öleinfüllstutzen usw.;
~ Teleskop-Mauerdurchführungen;
~ Ventilatoren;
6070 Riegelhof

Ruga Delta Verblender
Verblender mit strukturierter Oberfläche für Fassadengestaltung, Strangpreß-, Formback-, Handform-, Profilsteine;
4054 Teewen

RUGA®
Verblender aus Holland;
4970 RUGA

RUGBY
Bodenfliese, besonders für gewerbliche Räume, rutschhemmend;
6642 Villeroy

RUGLA®
Bitumen-Dichtungsbahn mit Kunststoffolien- und Glasvlieseinlage;
2000 Ruberoid

RUHLAND
~ **STAHLKAMINE**, Schornsteine aus Stahl und Edelstahl;
8000 Ruhland

Ruho
~ Akustikdecken und Wände für Kommunal- und Sportbauten;
~ Dachrinnen aus Holz;
~ Holz, halbrohrförmig, als Deckenverkleidung und Wandverkleidung, für den Ferien-, Garten-, Wohnhausbereich usw.;
4807 Ruho

RUHR
~ - Flachverblender aus Kunststoffen und Naturgranulaten;
4300 D.W.E.

Ruhrgas
~ **Blockheizkraftwerke** für Gewerbebetriebe und Großobjekte;
Energiesysteme;
~ **Gas-Wärmepumpen-Systeme** nach dem Kompressionsprinzip für Mehrfamilienhäuser, Gewerbebetriebe und Großobjekte;
4300 Ruhrgas

RUKUMAT®
Torantriebe mit Fernsteuerung;
7918 Kurz

RUKU®
~ - Kipptore für Garagen;
~ - Klappmöbel und ~ - Saaltische;
~ - Sauna, auch im Selbstbausatz;
~ - Türen für Garagen und Kellereingänge;
~ - Turnhallentore;
7918 Kurz

RUNACO
~ - Heizkörper für Zentralheizung mit Warmwasser oder Stromanschluß, in Standardabmessungen oder als Maßanfertigungen;
7012 ACOVA

RUNAL
Entwässerungssysteme aus Chromnickelstahl;
4422 Rundmund

RUNDUM
~ - Garagentore, auch mit Elektroantrieb und Funksteuerung;
8898 Meir

RUNTAL
~ - **Radiatoren**, auch im Niedertemperaturbereich;
~ - **Reflex-Radiatoren**, reaktionsschnelle Heizkörper mit variablem Gliederabstand → 7310 Runtal;
5200 RUNTAL

RUNTER WIE RAUF
Spezialklebstoff, lmf, zur vollflächigen Teppichfixierung, für Heizestriche geeignet, ablösbar;
2000 Lugato

RUPIX-R®
Universal-Reparaturpaste auf Bitumenbasis zum Ausbessern von Dachpappen, Faserzement- und Metalldächern;
2000 Ruberoid

RUPLAST®
Bitumen-Dachdichtungsbahn mit Polyester-Vlieseinlage;
2000 Ruberoid

ruppel
Trenn-Schrankwandsysteme;
6970 Ruppel

Rustica
Türelemente - Rund-, Stich- und Korbbogen - in 26 Holzarten;
4280 Rustica

Rustica
~ - Wandbeläge aus 100% Glasfaser, A2 nach DIN 4102;
7900 Interglas

Rusticana
Landhaustüren aus massiver, astiger Kiefer und Fichte;
4830 Wirus

RUSTICO
Spaltmarmor, Wandbelag, Standardformat: 3 cm hoch, 8 bis 18 cm lang, 1 bis 1,5 cm stark, in vielen Farben;
1000 Ingenohl

Rustics
Hausnummern aus Holz;
2000 Langerfeld

Rustik
Polystyrol-Deckenplatten, PVC-beschichtet;
5451 Dusar

RUSTIKA
Heim-Schwimmbäder (Kellerbäder) zum nachträglichen Einbau ohne Hausheizungs- oder Rohrleitungsänderungen;
4710 Optima

Rustika
Verbund- und Rechteckpflaster;
7148 Ebert

Rustikal-Serie
Dünnbett-Spaltplatten nach DIN 18 166, Keramik-Bodenbelag;
4980 Staloton

RuStiMa
~ Rundbogen-Stil-Massivtüren (Holztüren);
~ QUICK-WOOD, endbehandelte Furnierschicht;
6251 RuStiMa

Rust-Oleum
Korrosionsschutz;
8184 Schnitzenbaumer

RUSTOP RED®
→ RPM-RUSTOP RED®;
5000 Hamann

RUSTO®
Beton-Pflasterstein, Palisaden, Rabattenstein;
7932 Beton

RUSTRO
~ - **thermassiv**, Wintergarten aus → thermassiv®-Profilen;
7067 RUSTRO

Rutsch Ex
→ RAAB Rutsch Ex;
5450 Raab

RUXOLITH-T3 (VZ)
Betonverzögerer auf Phosphatbasis;
4930 Rethmeier

RWK
Kalkstein und gebrannte Kalkerzeugnisse;
5600 RWK

RYGOL
~ **Füller**, Kalksteinmehl;
~ **Hydrat-Spezial**, Weißkalkhydrat;
~ **Kalksteinbrechsand**;
~ **KP G 4**, Kratzputz;
~ **KW 4/6/8** Kellenwurfputz 4, 6, 8 mm;
~ **MAP L 1**, Kalk-Zement-Maschinen-Leichtputz, mit organischem und **L 4** mineralischem Leichtzuschlag;
~ **MAP**, Maschinen-Außen-Putz, Kalk-Zement-Maschinen-Putz;
~ **MIP**, Maschinen-Innen-Putz, Kalk-Gips-Maschinen-Putz;
~ **MKP**, Kalk-Maschinen-Putz;
~ **MZP**, Zement-Maschinen-Putz;
~ **P + M-Binder**, Putz- und Mauerbinder;
~ **Paintener Jurakalk**, hochhydraulischer Kalk;
~ **Paintener Trasskalk**, hydraulischer und hochhydraulischer Kalk;
~ **RP 3/4/6** Reibeputz 3, 4, 6 mm;
~ **SCP G 3** Scheibenputz;
~ **SZ 2** Spritzputz;
~ **WDP 02**, Wärmedämmputz;
8421 Rygol Kalkwerk

RYGOL
~ - Dachdämmplatten;
~ - Gipskartonverbundplatten;
~ - Hartschaum DIN 18 164;
~ - HR-Rohrschalen;
~ - Kellerdeckenplatten;
~ - Kerndämmplatten;
~ - Leichbauplatten DIN 1101;
~ - Mehrschichtplatten DIN 1104;
~ - Perlschaum;
~ - PST-Trittschalldämmplatten DIN 18 164;
8421 Rygol

RYPOL
~ - **Bau- und Isolierschutzmatten** aus PUR-Kantschutz als Platten oder Bahnen für den Hoch- und Tiefbau;
5370 Heldt

RYWALIT
Mauermörtel und Putzmörtel, gebrauchsfertig, kunststoffvergütet;

~ **KALKMÖRTEL**, MG I für innen;
~ **KALKZEMENTMÖRTEL**, MG II für innen und außen,
~ **ZEMENTMÖRTEL**, MG III für innen und außen;
4410 Rywa

RZ
~ **Desodur**, Teppichdesinfektionsmittel und Geruchtilger;
~ **Faserschutz**, zur Faserversiegelung nach der Grundreinigung;
~ **Faserzauber**, Teppichboden-Schnellreiniger in Pulverform;
~ **Fleckengreifer**, Fleckenentferner durch aktiven Sauerstoff für Teppiche und Polstermöbel;
~ **Fleckenhammer**, Teppichreiniger;
~ **Sprühsauger**, Grundreiniger für Teppiche und Polstermöbel;
~ **Teppichschaum**, Trockenschaumreiniger;
5309 RZ

R2B-Leuchten
~ Hinweisleuchten;
~ Niedervolt-Leuchten;
~ Notleuchten;
~ Strahler, Hallen- und Industriestrahler;
~ Stromschienen;
~ Zweckleuchten für Innen und Außen;
8600 Zimmermann

S + K
Betonfertigteile für den Lärmschutz;
~ Betonbenzinabscheider;
~ Betonfertigschächte;
~ Betonrohre;
~ Lärmschutzwand, aus begrünbaren Rahmenstützelementen, hochabsorbierend ohne reflektierende Flächen;
~ Wasserbausystem;
4190 S + K

S & G
~ Ausbauhaus;
~ Fertighäuser;
7180 Speer

S. Biagio
Bodenfliesen;
7033 Lang

S Pfanne
Betondachstein nach DIN 1115 mit asymmetrischem Profil;
4235 Nelskamp

S 3 PLUS
Malerweißlack;
2900 Büsing

Saareck
Neuer Name für die → Mettlacher Platte;
6642 Villeroy

SAARot
Rote Erde für den Wege- und Sportplatzbau (Tennenbaustoffe) in Körnungen von 0—3 bis 0—100 mm, Tennisdecken-Mischung 0—2 mm sowie Sanierungskörnung für bestehende Sportanlagen (Sportplatzbelag);
6610 Bauer

Saarpor
~ Deckenpaneele aus extrudiertem Polystyrol;
~ Deckenplatten aus extrudiertem Polystyrol, aus PVC druckfest ausgeschäumt oder formgeschäumt;
~ Hartschaumdämmplatten aus Styropor®;
~ Heizkörper-Reflexionsfolien;
~ Randleisten und Rosetten;
~ Trittschalldämmplatten PST SE nach DIN 18 164 Baustoffklasse B 1, aus Styropor®;
6680 Saarpor

Saarpron
Extrudierte Dämmplatten;
6680 Saarpor

SAAR-TON
~ Herzziegel;
~ Hourdis-Deckenhohlkörper;
~ Tondachziegel;
6601 Saar-Ton

Sadocryl
Holzveredelung, mit Reinacrylat-Bindemittel, vergilbungsfrei, Paneel- und Renovierungsanstrichmittel;
2054 Sadolin

Sadolin
~ Bläueschutz, farblose Grundierung für innen und außen gegen Bläue und Schimmel (Schimmelschutz);
2054 Sadolin

Sadolins 78
Holzschutzlasur, Holzschutz für innen und außen, matt;
2054 Sadolin

Sadolit
Zweikomponenten-Lacke für Holz und Metall;
7000 Schaal

Sadosol
Jägerzaunschutz, Holzschutz für Garten- und Landwirtschaft, matt, unschädlich für Pflanzen und Tiere;
2054 Sadolin

Sadotect®
Holzschutz-Grundierung, für innen und außen, schützt vor Fäulnis, Bläue, Holzwurm;
2054 Sadolin

Sadotopp®
Holzlasurfarbe, speziell für Fenster, bläuewidrig, schichtbildend, wassersperrend;
2054 Sadolin

Sadovac
Imprägniergrundierung, Holzschutzmittel mit Prüfzeichen PA V-968-farblos und PA V-938-hell- und mittelbraun, gegen Bläue, Pilze, Insekten, Feuchtigkeit;
2054 Sadolin

Säbu
~ Holz-Fertigbauten;
~ Material-Container;
~ Raumzellen;
~ Wasch- und WC-Boxen;
5222 Säbu

Sälzer
System Sälzer®, Sicherheits-Türen, Sicherheits-Fenster, Sicherheits-Wandelelemente;
3550 Sälzer

Sälzer
System Sälzer → Stahl Vogel;
6308 Stahl-Vogel

SAFAMENT®
Betonfüller, Betonzusatzstoffe nach DIN 1045 zur Verbesserung der Verdichtung, der Pumpeigenschaften, des Schwind- und Kriechverhaltens usw.;
7570 SAFA

Safari
~ - Quarzit, südafrikanischer Quarzitschiefer, spaltrauh;
4690 Overesch

SAFE
Universal-Versiegelungsemulsion für Natur- und Kunststeine, Linoleum, Kunststoff, Holz, Metall usw., speziell im Industriebereich;
7141 SCA

SAFECOAT
Geotextil - PP - Polyfelt für Hoch- und Tiefbau (Hersteller: Chemie Linz AG, A-4021 Linz);
8000 Lentia

Safety-Raster DBGM
Badematten aus Kunststoff;
3050 Nadoplast

Safety-Walk
Selbstklebender, dauerhafter Antirutschbelag für Treppen, Gerüste, Naßflächen;
4040 3M

Safex
Flachdach-Absturzsicherung, fest eingebaute verzinkte Sicherheitshalter;
5900 Grün

SAFFIRRETTE
~ Fensterfolie, Fensterisolierung mit Schrumpffolie;
6053 Elaston

SAFLEX®
~ - Folie für Verbundsicherheitsglas;
4000 Monsanto

SAICIS
Keramische Wandfliesen und Bodenfliesen, Dekorfliesen;
4690 Overesch

Sailer
Eckschutz-Profile, senkrechte Mauerabdeckung, Profile für den Fliesenbereich in Industrie, Nahrungsmittelgewerbe und Kliniken;
7910 Sailer

SAJADE
Wand-Spachtelmasse aus zellulosegebundenen Naturfasern zur dekorativen Wand- und Deckenbeschichtung;
3163 Flemming

Sakrelit
~ **D**, (Haftputz) Einschichten-Innenputz für Wand und Decke, besonders für Gasbeton, nicht für außen;
~ **F**, Haftputz einlagig, für Feuchträume und Außenflächen;
6300 Sakret

Sakresiv
Silikoseungefährliches Strahlmittel (nur für Süddeutschland);
6300 Sakret

Sakretier
Beton-Sakretierung, Verfahren für beschädigte Stahlbetonkonstruktionen;
~ - **Feinmörtel F 04 H**, Bindemittel nach DIN 1164;
~ - **Mörtel M H 4**;
~ - **Spritzbeton** SB 8 P und SB 8 PS;
~ - **Spritzmörtel SM 4 P und SM 4 PS**;
6300 Sakret

SAKRET®
Trockenbaustoffe;
~ **BE**, Beton/Estrich, für kleinere Betonarbeiten, Restarbeiten, Reparaturen usw.;
~ **DM**, Dachdecker-Mörtel, zum Verlegen von Trauf-, First- und Gratziegeln;
~ **DS**, Dichtungsschlämme für Bauwerksabdichtung;
~ **FA**, Fliesenansetzmörtel in Dickbettverfahren;

1

~ **FK**, Dünnbettmörtel und Fliesenkleber;
~ **FM**, Fugenschlämm-Mörtel, zum Verfugen von Glasbausteinen, Wand- und Bodenfliesen bei Fugenbreiten von 4—15 mm für innen und außen sowie für Schwimmbäder;
~ **FS/FP**, Fertigschweiß/Feinputz, Wand- und Deckenoberputz für Innenräume;
~ **FugenFarbig**, Fugenweiß, Fugengrau, Fugmörtel für keramische Wand- und Bodenfliesen, Mosaik, Beton- und Natursteinplatten u. ä. bei Fugenbreiten bis 5 mm;
~ **FU**, Fugenmörtel;
~ **GA**, Glasbausteinaufbaumörtel;
~ **Hobbywerker-Sextett**, DIY-Packungen von jeweils 25 kg. Dazu gehört: ~ **Beton/Estrich**, ~ **Putz- und Mauermörtel**, ~ **Zementmörtel**, **Fliesenkleber**, ~ **FugenFarbig**, ~ **Fugenschlämmörtel**;
~ **KM**, Kalkmörtel für Mauerarbeiten, Innenputz, Schließen von Mauerdurchbrüchen usw.;
~ **PM**, Putz- und Mauermörtel, Universalmörtel zum Verputzen und Mauern;
~ **SP**, Spachtel-Mörtel zum Beschichten und Ausbessern von Betonflächen;
~ **VG**, Vergußmörtel zum spielfreien Vergießen von Maschinen mit dem Fundament;
~ **VK**, Vormauermörtel zum vollfugigen Mauern saugender Verblendsteine (Wasseraufnahme ab 5%);
~ **VZ**, Vormauermörtel zum vollfugigen Mauern von nichtsaugenden Verblendsteinen, Klinkern u. a. (Wasseraufnahme bis 4%);
~ **ZM**, Zementmörtel für Mauerarbeiten, Außenputz, Unterputz, Vergießen von Ankerlöchern usw.;
6300 Sakret

saleen®
Gewebe aus Novolen® der BASF zur Oberflächengestaltung von Wänden, insbesondere Trennwänden, Möbeln, Verkleidungen;
Wind- und Sichtschutz;
5990 Rump

SALITHERM Fassade
Wärmedämm-Verbundsysteme für Alt- und Neubauten auf mineralischer Basis;
3380 Fels

SALITH®
~ Trockenmörtel-Systeme, gebrauchsfertiges Programm;
3380 Fels

Salpetertöter
→ SCA-Salpetertöter;
7141 SCA

salubra
Spezial-Wandbekleidungen und Tapeten;
~ METALLICS handmade, handgefertige Tapeten auf Metallfolien, wasserundurchlässig, scheuerbeständig, lichtecht, abziehbar;
~ OBJEKT (Vicrtex), höchststrapazierfähiger Objektwandbelag mit vielfältigem Sortiment;
~ PARETA, Tapeten in Rollen mit Effekten, Mustern, Prägungen;
~ TARGOS, Wandbekleidung mit eleganten Dessins und Strukturen, hochwaschbeständig, lichtecht, abziehbar;
~ TEKKO, Wandbekleidung mit dezentem Seidenglanz und Brokateffekten, scheuerbeständig und lichtecht;
~ TEXTILE, textile Wandbekleidungen aus Baumwolle, Leinen, Jute, pflegeleicht, lichtecht, abziehbar;
7889 Forbo

Salvation
→ ISOLEX-Salvation;
3100 Isolex

Salzberger Landhausbau
Massiv-Blockhäuser;
6431 Salzberger

SALZEX
→ MEM-SALZEX;
2950 MEM

Salzkotten
~ Kompakt-Kläranlagen auf vollbiologischer Basis mit Abwasserbelüftung;
4796 Gerätebau

Samson
Betonwaren und Betonfertigteile wie freitragende Treppen, Verbundsteine, Waschbetonplatten, Gehwegplatten, Randsteine, Rolladenstürze, Kellerfenster im Betonrahmen, Kellerlichtschächte;
6680 Samson

San "it
Vorgefertigte Abstandkonstruktion zur Sanierung von Welldächern;
6339 BIEBER

Sanacoustic
→ NEBA-Alu-Elemente;
2800 Hoting

Sanalit
→ NEBA-Alu-Elemente;
2800 Hoting

Sanalux®
UV-durchlässiges Fensterglas;
3223 DESAG

SANAPLAN®
→ BAUFA-SANAPLAN®
5750 BAUFA

Sanbau
~ - Sanitäreinheiten, elementierte und kompakte Sanitärzellen, Sanitär-Einzelelemente und Duschen für Altbauten, Hotels, Kliniken, Heime usw.;
7335 Staudenmayer

SANBLOC®
~ - Installationsbausteine, vorgefertigte Installationselemente für Vorwandinstallation, geeignet für Neu- und Altbauten, Programm umfaßt wandhängendes WC, Urinal, Bidet, Waschtisch, Dusche und Badewanne;
8120 Sanbloc

San.cal
~ Heizleisten;
~ Zentralheizungsbausätze und Holzöfen;
8023 San.cal

SANCO®
gegen Lochkorrosion geschütztes Kupferrohr für alle Hausinstallationen;
4500 Kabelmetal
→ 7900 Wieland

Sanco®
Doppelt gedichtetes Isolierglas;
~ - **AR**, Spezial-Isolierglas für die Altbaurenovierung;
~ - **DUR**, Sicherheits-Isolierglas;
~ - **ESI**, energiesparendes Isolierglas, farbneutral und klar durchsichtig;
~ - **LUX**, lichtstreuendes Bauteil zur Ausleuchtung großer Raumtiefen;
~ - **PHON**, Schallschutzglas;
~ - **SAFE**, Panzer-Isolierglas mit erhöhtem Wärme-/Kälteschutz und erhöhter Einbruchsicherheit;
~ - **SUN**, Sonnenschutz-Isolierglas;
8860 Sanco

SANDER
~ Alu-Fenster;
Kunststoff-Fenster;
3492 Sander

SANDER
~ - Rundbogen-Fenster, Fichte oder Mahagoni;
7916 Sander

SANDROPLAST®
~ Bitumen-Emulsion;
~ Bitumen-Fugendicht;
~ Bitumen-Spachtelmasse;
~ Bitumen-Schutzanstrich und Bitumen-Isolieranstrich;
~ Carbolineum;
5600 Sandrock

SANFIT
Vorwandinstallation;
4600 Thyssen

sanfix
Rohr-im-Rohr-System für die Trinkwasserinstallation;
5952 Viega

Sangajol
Parkettreiniger;
2000 Shell

Sanibox®
Naßzelle;
7056 Knötig

SANIBROY®
Sanitärfördersystem für WC-Abwasser → 8000 Sanibroy;
4054 Sanibroy

SANICOMFORT
Sanitäreinrichtungen;
6580 Leysser

SANICOMPACT®
Sanitärfördersystem für WC-Abwasser → 8000 Sanibroy;
4054 Sanibroy

Sanicryl
Brausewannen, Badewannen, Badewannen mit Jacuzzi-Whirl-Pool-System, Fitness-Pools, Römische Dampfbäder;
5160 Hoesch

SANICUT
Kompakt-Hebeanlage mit Zerkleinerungsanlage für Toilettendirektanschluß;
5204 ABS

Sanier-Fluat IF
Imprägnierfluat gegen Mauerschwamm, flüssig;
4790 Kertscher

SANIERUNGSGRUND-E
Grundieremulsion, feindispers, für schimmelpilzbefallene Untergründe;
2000 Höveling

SANIFLEX®
Gebrauchsfertige Kunststoff-Dichtmasse unter Fliesen;
4930 Schomburg

Sanima S
Platzsparende Schmutzwasser-Hebeanlage zur Überflurmontage;
5204 ABS

SANIMAT®
Überflutungssichere Abwasser-Hebeanlagen;
5204 ABS

SANIMAX
Schmutzwasser-Hebeanlage zur Entsorgung von Räumen unterhalb der Rückstauebene;
5204 ABS

SANIPA®
~ Badausstattung, wie Badezimmermöbel, Spiegelschränke, Waschtische;
8830 SANIPA®

SANIPERFEKT
Wassersparende Spülkästen;
5860 SHE

SANIPLUS®
Sanitärfördersystem für WC-Abwasser und Badeeinrichtung → 8000 Sanibroy;
4054 Sanibroy

SANISEAL®
Betonhärtungsmittel für Altbeton oder Terrazzoböden;
4050 Master

Sanisett B
Kellerentwässerungs-Sammelschacht, auch zur Rohbauentwässerung einsatzfähig;
5204 ABS

SANITARY
Silicon-Dichtstoff, schimmelabweisend, für Fugen in Bad und Küche;
4030 General Electric

SANITH®
~ - **Pflaster**, natursteinähnliche Bodenpflastersteine nach DIN 18 501, Typen Granit, Porphyr, Basalt und Jura-Gelb;
~ - **Steintröge**, Quellsteine, Dorfbrunnen, Mühlsteine, diverse Tröge als Pflanztröge, hergestellt aus Naturprodukten;
5130 Wolff

Sanitile
Keramikähnliches, glashartes Anstrichsystem für hygienisch einwandfreie Raumverhältnisse z. B. für Molkereien, Großküchen, Nahrungsmittelbetriebe u. ä.;
8770 Seitz

Sanitized®
Verfahren, um textile Bodenbeläge, Baufolien, Schwimmbadfolien antimikrobiell zu behandeln, da Bakterien und Pilzen der Nährboden entzogen wird (Bakterien-Bekämpfung, Pilz-Bekämpfung);
7858 Sanitized

SANITOP®
Sanitärfördersystem für WC-Abwasser und Waschbecken → 8000 Sanibroy;
4054 Sanibroy

Sanitrend
~ Badewannen aus Acryl in freien Formen;
6057 Sanitrend

Saniwand
→ EURO-Sandwand;
6690 Euro

SANMIX
Einhandmischer;
4410 Santop

Sanodal®
System zur Veredlung und Färbung von Alu durch SANODAL®-Farbstoffe (Alu-Farbstoff);
7850 Sandoz

sanol
→ impra-sanol;
6800 Weyl

sanpress
Edelstahlrohr-System rostfrei für die Trinkwasserinstallation;
5952 Viega

Sanserra
Travertone-Deckenplatten mit reliefartigen, richtungslosen Oberflächenstrukturen;
4400 Armstrong

SanSprossen
~ - Isolierglas, zur Erhaltung des optischen Eindruckes von historischen Gebäuden;
8860 Sanco

Sanstar
Trinkwasserinstallationssystem;
5340 Eht

Sansystem
~ - Sanitärzellen für Neu- und Altbauten;
4150 Krems-Chemie
→ 8910 Sansystem

Santerno
Keramikfliesen;
2000 Arbbem
→ 5860 Friedrich
→ 8014 Schilling
→ 8831 Stiegler;

SANTOP®
Sanitärkeramik, Sanitärausstattung, Sanitärarmaturen;
~ **LUXUS**, Badausstattung;
4410 Santop

SANYL
~ **GT**, Nadelvlies-Bodenbelag;
6601 Textimex

SAN 302
→ EICHELBERGER SAN 302;
1000 Eichelberger

SAPHIR 600
Strukturelement aus Alu, walzblank oder eloxiert, für Fassaden und innenarchitektonische Konzepte;
8228 Schösswender

sapisol®
System zur Mauertrocknung;
6308 SAP

SAP-VS
Vollwärmeschutz;
6308 SAP

Sarabond
Mörtelzusatz, verleiht Portlandzement wesentlich höhere Festigkeit, bessere Druck- und Zugfestigkeit, Wasser- und Wetterbeständigkeit;
6000 Dow

Sarnafil®
Glasfaserarmierte Weich-PVC-Dichtungsbahn (Dachdichtungsbahn);
8011 Sarna

SarnaPaneel
Unterdachelement, verlegefertig;
8011 Sarna

SarnaRoof
Steildachdämmung, System aus dem fertigen Verbundelement → SarnaPaneel → Sarnatex → Sarnatherm → Sarnavap
8011 Sarna

Sarnatex
Unterdachbahn aus PVC-Weich mit einem Glasvlies als Träger;
8011 Sarna

Sarnatherm
Wärmedämmplatten aus PS-Hartschaum;
8011 Sarna

Sarnavap
Dampfsperre aus PE-Typen;
8011 Sarna

Sasmo
~ - Holztreppen in Kiefer, Buche, Mahagoni und Eiche (finnisches Produkt);
2323 Schmiebusch

SASMOFORM
~ - SPEZIAL und SUPER, Beto-Sperrholz;
2103 Müller, J. F.

Satellit
~ - Hallen;
6800 Graeff

Satex
Holztürelemente, Rundbogenelemente und Türen nach DIN 18 101;
4402 Sandmann

Sattel-Treppe DBP
Treppen im Baukastensystem, Elemente aus Stahlrohr;
4050 Backes

Sattlberger
Holz-Dachrinnen;
8201 Sattlberger

SATURNBLEI®
Bleibleche (Walzblei), gütegeschützt, nach DIN 59 610, für Dacheindeckungen, Kaminverwahrungen, Mauerabdeckungen, Abdichtungen, Isolierungen, zur Sicherung gegen Röntgenstrahlen;
4150 Röhr + Stolberg

Sauberfee
Abtreter aus Kunststoff;
3050 Nadoplast

Sauber-Lauf-Zone
→ CORAL®-Sauber-Lauf-Zone;
5630 Tufton

Sauerländer Spanplatten
Holzspanplatten;
5760 Spanplatten

Sauerlandhaus
~ Freizeithäuser;
~ Wohnhäuser, schlüsselfertig (Fertighäuser) in Holztafel- und Skelettbauweise;
~ Wohn-Blockhäuser;
5948 R & S

Sauerlandkalk
Weißkalkhydrat, Weißfeinkalk;
5790 Kalk

saunalux®
Sauna;
6424 Sauna

Saunatherm 2000
Saunaofen DGBM, in Keramik oder Stahl;
5650 Silgmann

Saunex-Sauna
Garten-Blockhaus mit Sauna, Modelle Turku und Vaasa;
3260 Saunex

SAVADUR
~ **Allpo**, Korrosionsschutz-Anstrich;
2000 SAVA

1

SAVANNE
Unglasierte Steinzeugfliesen, strukturiert und eben, 20 × 20 cm und 30 × 30 cm;
4005 Ostara

SAVEMIX 2000
Zusatzmittel für Flugasche-/Zementgemisch;
4930 Rethmeier

Sawoe
Verpreßanker;
8000 Terra

Saxit
Wandbelag-Kleber, Fliesen-Kleber, auf synthetischer Kautschuk-Basis, gebrauchsfertig;
4000 Henkel

SBF
~ - **NORIP®**, Spezialpegel und Pumpensteigrohre aus korrosionsfreiem PVC-Hart mit Doppelmuffenverbindung und eingelegten Dichtelementen;
~ - **Siko®**, Pumpensteigrohre aus korrosionsfreiem PVC-Hart PN 16, mit Flanschverbindung;
3150 Preussag Wasser

SBR
~ Flachsturz, vorgespannt;
~ Waschbetonerzeugnisse;
6725 Spannbeton

„sb"-Steinzeug
Steinzeugrohre für Industriebau, Ortsentwässerung, Grundstücks- und Hausentwässerung;
4000 Lentzen

SC
Kunststoff-Fenster, Konstruktionsprofile für Hebe-Schiebetüren aus Hostalit® Z;
8939 Salamander

SCA
~ - **Alu-Cleaner**, Alu-Reiniger;
~ - **Alu-Konserval**, Alu-Reiniger und Alu-Konservierung, auch für andere Metalle und Edelstahl;
~ **A**, entfernt jahrzehntealten Schmutz auf säureempfindlichen Steinen;
~ - **ELEMENT-Grundreiniger**, ph-neutral für wasserbeständige Flächen;
~ **Parol-Vernichter**, Abbeizpaste für Lacke und Dispersionsanstriche;
~ - **Rost- und Betonlöser**;
~ **Salpetertöter**, Ätzpräparat für die Entfernung von Mauersalpeter, Ausblühungen, Algen, Schwämme usw.;
~ **SE**, Reinigungskonzentrat löst und entfernt Rost, Öle, Fette, Moos- und Algenbewuchs usw.;
~ - **Stein-Öl**, zur Vertiefung von Farbe und Struktur bei Klinkern, Tonplatten und Ziegelfliesen;
~ - **Steinimprägnierung-SI**;
~ **Steinreiniger**;
~ **ZE**, Reinigungskonzentrat, löst und entfernt Zementschleier, Kalk- und Schmutzfilme, Ausblühungen;
7141 SCA

SCABE
Massiv-Blockhäuser;
6200 SCABE

Scala von Garnier
Farbkollektion von Betonpflaster (Quadrate und Dreiecke) in Klinkermanier;
6301 Dern

Scalamont
~ Fertigteiltreppen, nur für den Baustoffhandel, Tragkonstruktion aus genormten Stahlelementen, Stufen aus Massivholz, auch Standardprogramm für Spindeltreppen;
~ Wohnhaustreppen, gestemmt und aufgesattelt, aus Massivholz;
8000 Baveg

Scalit®
Treppen mit Massivholzstufen aus genormten Fertigteilen für alle Grundrisse und Treppenläufe bis E. und 2. Mittelwange aus Stahlelementen oder Massivholzwangen, 2 Auflager, Edelholzstufen;
8000 Baveg

Scan Domo
Blockhäuser zum Wohnen, als Fertighaus, Bausatz oder Ausbauhaus;
4630 Scan Domo

Scan Space
~ - Raumfachwerk-System → KT-Raumgitter;
4000 Scan

scanaton
Bodenziegel aus Ton (Produkt der Ziegelei Bjerringbro, Dänemark);
4000 Hansen

SCANDACH
Selbsttragendes Dachelement aus 0,6 mm kunststoffbeschichtetem Stahl für Neubau und Sanierung;
2000 DT

Scandatex
Glasgewebe für Wandbekleidung;
2000 Palm

Scandia
Holz-Zaunsystem, mit Vacuum-Druckimprägnierung;
4400 Ostermann

Scandic
~ - Türen, Typen „Classic", „Gutshof", „Rustica" „Landhaus" in Kiefer natur, lackiert. Typ „Harmonie", weiß grundiert;
8503 Scandic

Scandplank
Fußboden;
4000 Wicanders

SCG-System
Dachabschlußprofil aus Alu;
3205 Joba

Schabelon
Höhenausgleichsrahmen für Bodensinkkästen;
6757 Schabelon

Schacht
Bitumen-Dachpappen, Bitumenanstriche, Vergußmassen, Fassadenanstriche, flüssige Sonnenschutzfarbe, Bautenschutzmittel;
3300 Schacht

SCHACHTFIX
Schachtabdeckung aus verzinktem Profilstahl oder Chrom-Nickel-Stahl in Normal- oder gas- und tagwasserdichter Ausführung;
6330 Buderus Bau

SCHADE
Vorhangschienen, Treppenläuferstangen und Ösen, Treppenschienen, Teppichschienen, Treppenwinkel und Linoleumschienen aus Plastik und Metall;
5970 Schade

Schaefer
~ **Gips-Kalk-Maschinenputz FP 150**, Mörtelgruppe IV c DIN 18 550, einlagiger Maschinenputz zum Glätten und Filzen für Decken und Wände im Innenausbau;
~ **Marmorweißkalk**, in Stücken;
~ **Putzkalk**, Weißkalkhydrat im Trockenlöschverfahren gewonnen, staubförmig;
~ **Weißfeinkalk**, aus Marmorweißkalkgestein gebrannter Kalk, staubförmig vermahlen;
~ **Zement-Kalk-Maschinenputz FP 650**, Mörtelgruppe II DIN 18 550, einlagig, für innen und außen, zum Grundieren, Glätten, Filzen;
~ **Zement-Maschinenputz FP 620**, Mörtelgruppe III DIN 18 550, einlagig, zum Grundieren und Filzen für innen und außen, besonders als Sockelputz geeignet;
6252 Schaefer

Schaeffler
~ - **GOLF-GREEN**, Golfsandrasen;
~ - **SOCCER-GREEN** und **HOECKEY-GREEN** Kunststoffsandrasen für Fußball, Hockey (Sportplatzbelag);
~ - **Teppichboden** für alle Einsatzbereiche und Ansprüche;
~ - **WIMBLEDON-GREEN**, Tennissandrasen;
8600 Schaeffler

SCHAEFFLON
Noppenbeläge;
8600 Schaeffler

SCHÄFER
Heizkörper;
5908 Schäfer

Schäfer Objekt
Verkehrsberuhigung mit Objekten aus Recycling-Gummi;
~ **Fahrdynamische Schwelle**, Aufpflasterung zur Senkung der Geschwindigkeit;
~ **Holzbausystem** aus kesseldruckimprägnierter Kiefer oder Eiche für Pflanztröge zur Fahrbahnverschwenkung, Sitz- und Ruhezonen usw.;
~ **Sepa-Trennschwelle** zur Trennung unterschiedlicher Verkehrsarten;
~ **System-Poller**; zum Schutz von Verkehrsflächen durch Zweckentfremdung;
5000 Schäfer

SCHÄR
~ Gummimatten;
~ Naturfaser-Bodenbeläge aus Kokos und Sisal;
~ Stufenmatten, rutschfest;
~ Türmatten aus Kokos und Kunststoff;
~ Winkeleisenrahmen;
5561 Schär

Schätz
~ - Betonfertigteile für Brücken, Verwaltungsbauten, Schulen, Industrie, Flugzeughallen usw.;
~ - pori-Klimaton-Ziegel;
8399 Schätz

SCHAKO
~ Fensterschleiergerät;
~ Gittertür für den Kachelofenbau;
~ Ventilatoren, Lüftungsgitter, sowie Geräte für Warmluftheizungen, Brandsicherungsklappen, Stahltüren usw.;
7201 Schad

SCHAL-EX®
Schalöl und Schalwachsentfernungsmittel;
6084 Silin

SCHALKER SUNFIX®
Glassteine;
5100 Vegla

Schall
Fensterbänke für außen aus Beton Typ A und B;
7433 Schall

1

Schaller
~ pori-Klimaton-Ziegel;
8679 Schaller

SCHALL-EX
Automatische Türabdichtung, Ausführung „S" 42 dB;
5760 Athmer

Schalungs-Fluid Super 20
Beton-Trennmittel für Fertigteilwerke und Ortbetonbau;
7504 Bernion

Schaub
~ Fertigkeller;
~ Stützwandelemente als Stahlbetonfertigteile in Sicht- und Strukturbetonausführung;
5429 Schaub

Schauffele
Fertigteiltreppen aus Naturstein- oder zementgebundenen bzw. reaktionsharzgebundenen Beton-Trittstufen;
7000 Schauffele

Schawax
~ +3S neu, Entschalungsmittel-Konzentrat;
6250 Collgra

Scheer
Heizkessel;
2241 Scheer

Scheerle
Thermopor-Ziegel;
7947 Scheerle

Scheidel
~ - Abbeizer;
8606 Scheidel

Scheidt
Betonwaren für den Kanal-, Tief- und Straßenbau;
~ Fertiggaragen, System Kesting und Fertigteilgaragen;
~ Trafostationen, Schleuderbetonmasten;
4900 Scheidt

SCHENK
~ - **Systemdecke**, Rasterdecke, bei der jedes Element einzeln entnommen werden kann;
3000 Schenk

Schenklengsfeld Ziegel
Thermopor-Ziegel;
6436 Ziegel

SCHERER
~ - Eifellava in verschiedenen Körnungen;
5448 Scherer

Scherer & Trier
Kunststoff-Profile aus Vinnol K;
8626 Scherer

Scherff
~ **Akustikputz**, Spezialstrukturputz für Decken- und Wandflächen;
~ **Blechbeschichtung**, gegen Kondensation und Nachhall;
~ **Feuchtraumputz**®, Spezial-Strukturputz für Bäderbauten und Naßräume aller Art, verhindert Kondenswasser bei gleichzeitiger Schallschluckung;
5840 Scherff

SCHERFFAKUSTIK
~ STRUKTURDECKEN, abgehängte, naht- und fugenlose Akustikdecken aus Gipskarton oder Mineralfaser mit unterseitiger Akustikputzbeschichtung;
5840 Scherff

schiedel
~ - Aluheizkörper, System Bölkow, Flachheizkörper mit glatter Oberfläche;
~ - Geschoßschornstein;
~ - Isolierschornstein, Montageschornstein aus serienmäßigen Bauelementen;
~ - Kaminfeuer, Einbausatz für ein-, zwei- oder dreiseitig offene Kamine;
~ - Kaminfeuerofen, offene Kamine mit zusätzlichem Heizeffekt;
~ - Leichtschornstein;
~ - Rundschornstein;
8000 Schiedel

Schieferit®
→ Braas Schieferit®
6370 Braas

Schieffer
Torsysteme im Baukastensystem;
4780 Schieffer

Schierholz
~ Drain-Rinnen, Entwässerungsrinnen;
~ Fahrradständer;
~ Fußabtreter;
~ Gitterroste;
~ Kaminöfen und Kaminkassetten;
~ Keller-Lichtschächte;
~ Kunststoff-Leibungsfenster;
~ Polymerbeton-Leibungsfenster;
~ PVC-Wohnhausfenster;
~ PVC-Wohnhaustüren;
~ Sohlbänke aus Beton, Kunststoff und Alu;
~ Stahlkellerfenster;
2800 Schierholz

Schilling
Natursteine, z. B. Poller aus Sandstein und Muschelkalk;
8701 Schilling

SCHIMMELKILLER
Spray gegen Schimmel, Moose, Algen;
2000 Schmidt, G.

Schimmelkiller
→ BUKA Schimmelkiller;
7141 Buka

Schimpf
Anhydritgips;
3360 Schimpf

„Schindeldach"
→ KALA „Schindeldach";
7238 Lange

Schindler
Aufzüge;
1000 Schindler

Schindler
Marmor, Granit, agglo-kunststoffgebundene und agglo-Terrazzo zementgebundene Materialien, Marmorkörnungen, Schleifmittel für Marmorplatten;
8400 Schindler

Schlachter
~ - **Super-Therm**, Wintergärten und Warm-Gewächshäuser mit thermisch getrennten eloxierten Alu-Konstruktionen und 18 mm Isolierglas;
8870 Schlachter

Schläfer
Armaturen für Küche und Bad;
~ - **Multi-Quick**, Handbrause mit 5 Duschprogrammen;
7263 Schläfer

Schlagmann
Thermopor-Ziegel;
8342 Schlagmann

schlammboy
~ Schmutzwasserpumpe;
1000 Littmann

Schlegel®
Fenstersanierung → Retrofit;
2000 Schlegel

Schlewecke
Ziegeldecken, Ziegelstürze, Großformat-Decken, Kellerfenster, Rolladenkästen, Betonfertigteile;
3205 Schlewecke

Schlingmann
Spanplatten;
~ **Typ BS-L**, 2100/5200 und 1850/4100, Stärken 16—38 mm, quellungsarme Leichtspanplatte;
~ **Typ DB**, 1850/4100 bzw. 8210 mm, Stärken 25, 30, 38 mm, für Treppenstufen, Regal- und Doppelbodenanlagen;
~ **Typ FD**, 2100/5200 mm, unfurniert, furnier-, folier- und beschichtungsfähig, Stärken: 12—28 mm;
~ **Typ FD**, 2150/8210 mm, unfurniert, furnier-, folier- und beschichtungsfähig, Stärken: 8—60 mm;
~ **Typ FF**, 1850/4100 mm, unfurniert, furnier- u. DKS-beschichtungsfähig, Stärken: 8—38 mm;
~ **Typ PH**, 1850/4100 mm, Phenolverleimung V 100, Stärken: 10, 13, 16, 19, 22, 25, 28 mm;
~ **Typ UM**, 1850/4100 mm, die Feinspanplatte für Ummantelungszwecke, Stärken: Auf Anfrage;
8415 Schlingmann

Schlink
Basaltlava und Tuffstein, Naturwerkstein für Fassaden, Bodenbeläge, Treppen;
5440 Schlink

Schlotterer
~ Balken, Leisten und Konsolen;
~ Industrieparkett;
~ Mosaikparkett;
~ Rolladen, Rolladen-Aufbauelemente in Fertigbauweise;
~ Stabparkett;
~ Täfelungen, aus massiver Eiche in verschiedenen Sortierungen und Colorweiß;
7454 Schlotterer

SCHLÜTER®
~ - **Anschlußprofile** für flexible Anschlüsse an Bau- oder Einbauteile;
~ - **Bewegungsprofile** für Bewegungsfugen und Randfugen in Fliesenbelägen;
~ - **EZ-Fugenprofile** für Entspannungs- und Zierfugen in Belägen für Dünnbett- oder Mörtelverlegung;
~ - **FLIESENMAGNET** zum unsichtbaren Verschließen von Kontrollöffnungen in Fliesenbelägen;
~ - **RANDPROFILE**, für Terrassen und Balkone;
~ - **SCHIENEN**, für Fliesenabschlüsse, Kantenschutz, Dehnungsfugen;
~ - **SOCKEL**, Wandanschluß gegen Oberflächenwasser auf Terrasse und Balkon;
~ - **STUFENPROFILE** und ~ - **SOCKELPROFILE** und sonstige Zubehörteile für die Fliesenverlegung;
5860 Schlüter

Schmelzbasalt
Mineralischer, hochverschleißfester Werkstoff für Anlagenteile, z. B. Bunker, Rutschen, Rinnen, Rohre usw.;
5467 Mauritz

1

Schmid
~ pori-Klimaton-Ziegel;
8952 Schmid

Schmidt
Klappläden, Jalousietüren und Jalousieteile für den Innenausbau;
7080 Schmidt
→ 8961 Schmidt

Schmidt
Thermopor-Ziegel;
8873 Schmidt

Schmidt-Reuter
Metall-Akustik-Decken in Rechteck oder Dreiecksform;
5000 Schmidt-Reuter
→ 4300 van Geel

Schmiho
~ **Fensterbänke** für Innen und Außen;
~ **Fenster** mit abnehmbaren Sprossenrahmen, alle Ausführungen;
~ **Holz-Fenster** aus exotischen Hölzern;
~ Kunststoff-Fenster;
~ **Rolladen**;
5207 Schmiho

Schmitt
Fertigteildecken;
3578 Schmitt

Schmitt
Betonfertigteile;
8752 Schmitt E.

Schmittsche
Massen → Pyro;
6521 Pyro

SCHMITZ
~ - **Kaminabdeckungen** aus Kupfer oder Edelstahl;
~ **Wetterfahnen** mit Windrosen;
5060 Schmitz G.

SCHMUTZSTOPPER
Läufer und Fußmatten als Schmutzfänger;
5653 Geller

Schnabel
~ Bims-Hohlkörperdecken;
~ Decken, montagestützungsfrei;
~ Doppelwandelemente;
~ Großformat-Plattendecken;
~ Plattenbalkendecken;
~ Rippendecken;
~ Streifenplattendecken, 35 cm breit;
~ Ziegel-Elementdecken;
~ Ziegel-Holzbalkendecken;
~ Ziegeldecken mit Vergußbeton;
6419 Schnabel

Schneeflocke
Weißkalkhydrat;
2000 Alsen

SCHNEIDER
~ Alu-Tragekonstruktionen, variabel;
~ Fassaden;
7181 Schneider

Schneider
Verkehrslärmschutzanlagen aus Leichtmetall, Beton, Kunststoff, Glas und Holz;
7322 Schneider

Schneider + Fichtel
~ Ganzglas-Türblätter und Glastürfüllungen mit künsterlischen Motiven;
~ Türgriffe aus Glas und Gußglas;
7407 Schneider + Fichtel

SCHNELLER MÖRTEL
Montagemörtel gebrauchsfertig, chloridfrei, für Eilmontage, Schnellreparaturen an Betonteilen, zum Abdichten von Wassereinbrüchen;
2000 Lugato

Schnermann
~ pori-Klimaton-Ziegel;
4441 Schnermann

Schnicks®
~ Holz-Kehlleisten und Holz-Profilbretter;
~ Kunststoff-Profile für Fenster, Türen und Rolläden;
5657 Schnicks

SCHNUCH®
~ - Bausteine, SB-Schalenbausteine aus Naturbims;
5518 Schnuch

SCHNÜFFEL-DOG
Lecksucher-Spray, zur Prüfung von Rohrleitungen, Schläuche, Druckbehälter, Armaturen usw.;
6751 Pyro

Schnur-Schnapp
→ Calenberger Schnur-Schnapp;
3216 Calenberg

Schock
Profile aus Kunststoff, Metall und Holz;
~ Aufsteck-Sockelleisten aus PVC-Hart;
~ Original Kern-Sockelleisten, Hartfaserkern, mit PVC-Ummantelung;
~ Schubladen-Profile;
~ Wandanschluß-Profile;
7060 Schock

SCHOCK
Badezimmer-Ausstattung;
8830 Schock

Schöck
~ **Lichtschächte** aus glasfaserverstärktem Polyester;
~ - **Tronsolen**, Methode, um Treppenpodeste trittschalldämmend aufzuhängen;
7570 Schöck

Schöller
Thermopor-Ziegel;
8701 Schöller

Schön + Hippelein
Natursteine;
7181 Schön

schön & praktisch
Badausstattungen, Waschtische, Wachtischsäulen, Badarmaturen, Küchenarmaturen;
4300 Krupp

SCHÖNOFIX
Schnellreparaturmörtel;
4428 Schönox

SCHÖNOFLEX
~ - **F**, flexibler, wasserdichter Fugenmörtel;
~ - **K + F SYSTEM**, Kleber und Fugenmörtel für schwierige Untergründe;
~ - **K**, elastischer Klebemörtel;
4428 Schönox

SCHÖNOLASTIC
~ - **D 1-HARZ**, Harzkomponente zum SCHÖNOLASTIC D 1-Wasserdichtkleber;
~ - **D 1**, elastischer Wasserdichtkleber für Keramik u. ä.;
4428 Schönox

SCHÖNOPOX
~ - **CON**, Epoxi-Objektfugenkonzentrat;
~ - **E**, dispergierbarer Epoxidharz-Kleber und -Fugenmörtel, wasser-, frost- und chemikalienbeständig;
~ - **KR**, Epoxidharz-Kleber;
~ - **Z**, Epoxidharz-Zement-Fugenmörtel, durch spezielle Epoxidharz-Zementkombinationen besonders leicht zu verarbeiten;
4428 Schönox

SCHÖNOX
~ - **ABDICHTBAND**, selbstklebend, zur Überbrückung von Ecken und Fugen;
~ - **BAG**, Betonausgleichmörtel, einkomponentiger, hydraulisch abbindender, kunstharzvergüteter Trockenmörtel;
~ - **BIT**, Bitumenemulsion;
~ - **BMF**, Betonreparaturmörtel, fein;
~ - **BMG**, Betonreparaturmörtel, grob;
~ - **BW**, kunstharzvergütete, wasserfeste Wandspachtelmasse;
~ - **DL**, gebrauchsfertiger Dispersionskleber auf Kunstharzbasis;
~ - **DU**, Schnellbau-Pulverkleber mit hoher Mörtelfrühfestigkeit;
~ - **EAM**, elastische, faserverstärkte Ausgleichmasse für Holzdielenböden;
~ - **EB**, Epoxid-Beschichtung und Versiegelung zementgebundener Wand- und Bodenflächen;
~ - **EC**, Epoxidharz-Konzentrat zur Herstellung von Kunstharzbelägen;
~ - **EFD**, elastische Fassadenfarbe;
~ - **EG**, Epoxidharz-Grundierung als Imprägnierung zementgebundener Untergründe;
~ - **FD**, Acrylat-Fassadenfarbe, hochwertiger Dispersions-Betonschutz;
~ - **FL**, Acrylat-Fassadenfarbe, lösungsmittelhaltiger Betonschutz;
~ - **FPL**, verfließender Kunstharz-Zement-Ausgleichmörtel;
~ - **FUGENBREIT**, ausblühfester farbiger Zement-Fugenmörtel für Breitfugen;
~ - **FUGENBUNT**, ausblühfester farbiger Zement-Fugenmörtel für Schmalfugen;
~ - **FUGENDICHT ES**, Silikonkautschuk, dauerelastische Fugenmasse;
~ - **FUGENGRAU**, Zement-Fugenmörtel für Schmalfugen;
~ - **FUGENWEISS**, Zement-Fugenmörtel für Schmalfugen;
~ - **GN**, Glätt- und Nivelliermasse. Spezialzemente kombiniert mit Kunstharzen;
~ - **HAFTQUARZ**;
~ - **HD**, Kunstharzdisperion als Haftvoranstrich für die Betonsanierung;
~ - **KH**, Kunstharzdispersion, Grundierung, Haftvoranstrich und Elastifizierungszusatz für ~ - Dünnbettkleber und ~ - Spachtelmassen;
~ - **KOS**, Korrosionsschutz-Primer auf Epoxidharzbasis, für Bewehrungseisen;
~ - **LF 4**, Leitfähigkeitszusatz für Fliesenkleber und Spachtelmassen;
~ - **MBK**, Mittelbettkleber für Kleberbettdicken von 6 bis 15 mm;
~ - **NV 2 D**, Neoprene-Dispersions-Voranstrich, lösungsmittelfrei;
~ - **PGH**, Polyester Gießharz;
~ - **PL**, Universal-Reparaturmörtel. Standfester Kunstharz-Zement-Ausgleich- und Putzmörtel;
~ - **QUICK**, Montage-Blitzzement. Nach 2 bis 3 Minuten steinhart;
~ - **SEZ**, Schnellestrich-Zement für die Erstellung zementgebundener Schnellestriche;
~ - **SF**, Schnellfuge;
~ - **SGL**, lösungsmittelhaltige, lasierende Grundierung und Haftvoranstrich für ~ - FL oder ~ - FD;

~ - **SK**, Spezial-Pulverkleber für die Dünnbettverklebung keramischer Fliesen, ohne Voranstrich auf Gipskarton- und Holzpreßspanplatten;
~ - **SPEZIAL-RANDSTREIFEN**, mit rückseitigem Selbstklebestreifen;
~ - **SSP**, Schnell-Spachtelmasse;
~ - **STRAHLSCHLACKE**;
~ - **TS TRITTSCHALLDÄMMATTE** zur Verbesserung des Trittschallschutzes;
~ - **VA 31**, Silikon-Voranstrich für den Einsatz von
~ - FUGENDICHT ES;
~ - **VGM 01**, Vergußmörtel, speziell für den Industriebau;
~ - **WEISSZEMENT PZ 45 F**, Zementtrockenkomponente für SCHÖNOLASTIC D 1-Wasserdichtkleber;
~ - **1001**, Bau- und Fliesenkleber;
~ - **2000**, feinkörnige Universal-Ausgleichmasse;
~ - **44 S**, Universal-Spachtel-, Egalisier- und Ausgleichmasse;
~ - **88 WEISS**, weißer Zement-Pulverkleber für Mosaik, Riemchen u. ä.;
~ - **88 G**, Zement-Pulverkleber für die Dünnbettverklebung keramischer Fliesen;
4428 Schönox

Schönstahl
~ - Kompaktregale (Rollregale);
~ - Schrankwände;
7036 Rauh

Schönton
~ - Gitterträger-Ziegeldecke;
~ - Hochlochziegel;
~ - Kläranlagen;
8400 Schönton

Schöpfel
~ Jura-Marmor Fensterbänke, Bodenplatten, Treppenstufen;
~ Marmor-Kachelöfen;
~ Solnhofer Naturstein, Fensterbänke, Bodenplatten, Treppenstufen;
8078 Schöpfel

SCHÖSSMETALL
Schmiedeeisen-Geländerstäbe, Stoßgriffe, Türfüllungen aus Alu-Strukturblechen, Aluguß-Türgitter für Haustüren, Türbeschläge aus Schmiedeeisen und Messing;
8228 Schösswender

Scholz
Farbpigmente, Zementfarben, Eisenoxidfarben zum Einfärben aller Arten von Baumaterialien;
5060 Scholz

Scholz
Schmiedeprodukte in Messing, Kupfer und Eisen;
~ Garagentore;
~ Heizungsverkleidungen;
~ Kaminhauben;
~ Treppengeländer;
~ Türblätter, auch als Vorsatz-Türblätter für erneuerungsbedürftige Türen;
5800 Scholz

Schorndorfer
Stahlbeton-Spindeltreppe, aus genormten Stahlbeton-Elementen im Baukastenprinzip;
7060 Betonwerk

Schrägsitz II
Strangabsperrventil;
5760 Goeke

SCHRAG
~ **Abkantprofile** und Zuschnitte aus Stahlblech verzinkt und NE-Metallen bis 10 000 mm Länge und 4 mm Stärke, gelocht und bearbeitet;
~ **Dachentwässerungen**: Rinnen, Rohre und Zubehör für den Hausbau und Sonderanfertigungen für den Industriebau;
~ **Stahlleichtbauprofile**: Pfetten, Riegel, Auswechselungen, Lüfteraufsatzkränze, Zargen, Kassetten, Kastenrinnen;
5912 Schrag

SCHRAG
~ Be- und Entlüftungsanlagen;
~ Kachelofen-Heizeinsätze;
~ Klima-Zentralheizung;
~ Zentrale Staubsauganlagen;
7333 Schrag

SCHRAUBFIX
Schraubteller zur Befestigung von Ankerhülsen und Schraubdübeln an der Schalung;
5885 Seifert

Schrenz
~ - **Abdeckpappe**, auch als Malerabdeckpappe geeignet;
2350 Röthel

Schreyer
~ Kamine;
~ Lüftungen;
~ Schornstein-Fertigköpfe;
~ Schornsteine;
2730 Schreyer

Schroeder
~ Abnorme Drahtbiegen, Stanz- und Verbindungsteile nach Muster oder Zeichnung;
~ Transportanker, Seilschlaufen, Gewindehülsen und Zubehör, zum Heben, Verbinden und Befestigen im Beton- und Fertigteilbau;
5982 Schroeder

schroerbau
~ - **Garagen**, Fertiggaragen in 4 Breiten, 6 Längen, 4 Höhen und jedem individuellen Maß;
~ - **Hallen**, System aus Stahlbeton-Fertigteilen für Industrie, Handel und Gewerbe;
4600 Schroer

Schröder
Natursteine aller Art;
2000 Schröder

Schröder
Eskoo-Verbund- und Betonpflastersteine;
2240 Schröder

Schröders
„System Schröders" Feuerschutztüren: Stahlschiebetore, Stahltüren;
5140 Schröders

SCHROFF
~ Rollgitter;
~ Rolltore, auch wärme-, feuer- und schalldämmend;
~ Sectionaltore;
7012 Schroff

Schuch
Feuchtraumleuchten;
6520 Schuch

SCHÜCO
Fenster und Türen aus Aluminium und Kunststoff;
~ **System AS**, Kunststoff-Fenster, -Türen mit doppelter Anschlagdichtung mit Hebe-Schiebe-Kipp-Elemente aus schlagzähem PVC;
~ **System T 30** und **RS**, Feuerschutz- und Rauchschutztür in Stahl/Alu-Konstruktion;
4800 Schüco

„Schüsselkachel"
Ofenkacheln, handgeformt und handglasiert, in altgrün, altweiß und kupfer-rustik;
4980 Hensiek

SCHÜT-DUIS
~ Beschläge;
~ Fensterprofile;
~ Haustüren;
~ Türprofile;
2960 Schüt-Duis

Schütte
Laternen, Brunnenanlagen aus Kupfer;
Kunstschmiedearbeiten in handwerklicher Tradition: Treppengeländer, Balkongeländer, Fenstergitter;
5948 Schütte

SCHÜTZ
~ - **Abzugsrohre**, Rauchrohre aus Stahl, Abgasrohre aus Alu und feueraluminiertem Material;
~ - **Antikoplast**®-PE Batterietanks aus Lupolen® 4261 A (Heizöltank);
~ - **Antikoplast**®-PE-Haushalttank TWK F, Tankwannenkombination 700 l/1000 l;
5418 Schütz

SCHUH-BSM
Abschottung;
~ **III**, Rohrschottmörtel für FSK, Stahlrohre für jede FWK;
~ **II**, Elektro-Brandschott bis F 120 ohne Beschichtungen, Zulassung durch IfBt;
2000 Schuh

SCHUKO-Grund 1001
Imprägnierung für Asphaltplatten-Fußböden;
8700 Schumacher

SCHUKOLIN
Reinigungs- und Pflegemittel, Kehrspäne für alle Fußböden;
8700 Schumacher

Schukophalt
Kunststoff-Beschichtungsmasse und Kunststoff-Reparaturmasse für Industriefußböden;
8700 Schumacher

SCHULTE
~ Einhebelmischer;
~ Thermostat-Mischbatterien;
~ Zweigriffmischer;
5860 Schulte

Schulte + Hennes
Eskoo-Verbund- und Betonpflastersteine;
5779 Schulte

Schulte-Soest
Verschiebbare Trennwandelemente, Schrankwände, Raumgliederungssysteme;
4770 Schulte

Schultz
Schwimmbecken in Polyester in jeder Größe und Schwimmhallen in allen Ausführungen;
6303 Schultz

Schulz
Ziergitter, Fenstergitter, Raumteiler, Tore aus geschmiedetem Stahl. Einbruchmeldeanlagen, Einfriedungen;
3107 Schulz

Schumacher
~ Bio-Wohn-Blockhäuser von Rantasalmi Oy, Finnland, als Fertighaus oder Bausatzhaus;
2860 Schumacher

1

SCHUPA
~ Elektro-Installationsgeräte;
~ Elektro-Schaltgeräte;
5885 SCHUPA

SCHUPO
Umklappbarer Absperrpfosten;
6200 Moravia

Schuster
~ **Antirutschstreifen** für glatte Treppen;
~ **Arbeitsplatzboden**, reduziert die Müdigkeit am Arbeitsplatz bis zu 50% (Firmenaussage);
~ **Balkon-Mattenroste**;
~ **Gummigliedermatten**;
~ **Gummigranulatmatten**;
~ **Gummiwabenmatten**;
~ **Hauseingangsmatten**;
~ **Industrie-Bodenroste**;
~ **PVC-Sicherheitsfußboden**;
~ **Rollroste** für Überlaufrinnen;
~ **Schmutzfangbelag** im 3-Stufen-System;
~ **Treppenstufenmatten**;
~ **Wandschutzleisten**;
8994 Schuster

Schwab
~ Spülkästen, wassersparend;
7410 Schwab

SCHWAB
Haustüren, aus Alu, mit Alu-Dekorstreifen, mit Kupferfüllung, Alu-Kunstgußfüllung, mit Isolierglasfüllung usw.;
8500 Schwab

SCHWABA
~ - Laibungseckschienen in 4 Laibungsbreiten;
7460 Schwald

Schwaben
~ **Türen**; Innentüren und Türzargen;
8872 Schwaben Türen

Schwabenhaus
Fertighäuser und Gewerbebau;
7133 Schwabenhaus

Schwäbisches Fertighaus
Fertighäuser;
7012 Barth

Schwarz
Tragende Dachteile;
3550 Schwarz

Schwarz
Thermopor-Ziegel;
8261 Schwarz, J.

Schwarz
Schornsteinformstücke, geschoßhoch aus Ziegelsplittbeton;
8266 Schwarz

Schwarz & Unglert
Thermopor-Ziegel;
7913 Schwarz

SCHWARZAL®
Schutzanstrich für Beton, Mauerwerk, Eisen;
4100 Lux

Schwarze
Stahltüren und Stahltore, jeder Art und Größe bis zum Flugzeughallentor (manuell oder automatisch zu öffnen), Alu-Haustüren, Schwingtore in Norm- und Sondergrößen, Feuerschutztüren und Feuerschutztore T 30 bis T 90, Schutzraumabschlüsse, versetzbare Stahltrennwände;
4800 Schwarze

SCHWARZER BLOCKER
~ **DICHTMASSE**, Bitumen-Latex, lmf, Dichtstoff aus der Kartusche, zum Abdichten von Anschlußfugen und Stößen, Schließen von Rissen auf Dächern, an Wänden;
~ **DICKBESCHICHTUNG**, Bitumen-Kautschuklatex, lmf, flexibel, bis 7 mm in einer Schicht, zum Abdichten von Grundmauern, zum Kleben von Dämmplatten;
~ **SCHUTZFOLIE**, Bitumen-Kautschuklatex, lmf, hochdehnfähiger Anstrich zum Abdichten von Grundmauern, als Korrosionsschutz, bildet mit → SICHERHEITSKLEBER® FLEXIBEL ein flexibles System zum Abdichten und Kleben von Fliesen;
~ **SCHUTZLACK**, gelöstes Bitumen, teer-, benzol- und phenolfrei, zum Abdichten von Grundmauern, zur Reparatur von Pappdächern, als Korrosionsschutz;
~ **SPACHTELMASSE**, bituminös, lmh, kunstfaserverstärkt, zum Abdichten von Grundmauern, von Stößen und Anschlüssen auf Dächern, zur Reparatur von Pappdächern, als Abdichtung unter Estrichen;
2000 Lugato

SCHWARZWALD
~ - Paneele und ~ - Kassetten sowie Balken aus Naturholz wie Fichte, Eiche, Tanne u. a.;
7550 Overlack

Schwarzwaldspanplatte
→ Dekora → Norma → Printa;
7562 Gruber

schwedenfüße
Vorgefertigte Hallenfundamente;
6339 BIEBER

Schwedenfuß
Fertigfundamente;
4600 Schroer
→ 2354 Bartram

→ 2900 BWE-Bau
→ 3579 Betonbau
→ 6341 Müller

Schwedische Gutshoftüren
Wohnungstüren, Flügeltüren in Kiefer bzw. Eiche hell, klar lackiert, in Massivbauweise und Messerfurnier, auch mit Glasausschnitt oder als Glassprossentüren;
2000 Jacobsen

Schwedische Tischlerfenster
Sprossenfenster nach Maß aus Kiefer;
2000 Jacobsen

SCHWEERS
~ **Hochlochziegel**;
~ **Industrieverblender** und dreiseitig glatte HLZ für Sichtmauerwerk in Stallungen und sonstigen Hallen;
~ **Leichthochlochziegel**, ausschließlich mit Sägemehl porosiert;
~ **Schallschutzziegel**;
4280 Schweers

Schweizer Kreuz
Sprossen-Isolierglas;
3471 Interpane

SCHWEKA
~ - Verblender, bruchrauher weißer Verblendstein für Sichtmauerwerk innen und außen, schalldämmend, wärmespeichernd, frostbeständig;
2830 Kastendiek
→ 2000 Holert

SCHWENDIFLORA
Blumenkästen, Blumenkübel, Blumenschalen aus Natursteinmaterial;
7570 Schwend

SCHWENDILATOR®
~ „VON ROLL", Offene Kamine;
~ Gasschornsteine;
~ Hochleistungs-Schornsteine mit Leichtbeton- oder Schamotteton-Innenrohren, mehrschalig, eingebaut oder frei stehend;
~ Lüftungsschächte mit Sammelzug aus Spezial-Leichtbeton nach DIN 18 017, Blatt 3;
~ Schornsteinabdeckplatten;
7570 Schwend
→ 2058 Schmidt

SCHWENK
~ **Edelputze.**
Reibeputze RP, 2, 3 und 5 mm.
Kellenwurf KWP, 5, 7 und 9 mm.
Scheibenputz Rustik, 3 und 5 mm.
Luftporen-Kratzputz LKP, 4 mm;
~ **Mauer- und Verlegemörtel.**
M 5, M 10 Fertigmauermörtel.
LM 5 Dämm-Mauermörtel der Mörtelgruppe II a nach DIN 1053 mit Leichtzuschlagstoffen nach DIN 4226.
TM 5, TM 10 Traßkalk-Mörtel bzw. Traßzement-Mörtel zum Mauern und Verlegen von Platten, Natursteinen etc.;
~ **Putze.**
MEP Grund- und Strukturputz, Putzgruppe P II nach DIN 18 550
MEP grob Grund- und Strukturputz, 0—4 mm nach DIN 18 550
MEP plus Grund- und Strukturputz wasserabweisend nach DIN 18 550.
MEP leicht Grundputz mit Leichtzuschlagstoffen, Putzgruppe P II nach DIN 18 550.
TP fein, TP grob Traßkalkputz für Renovierung und Sanierung P II nach DIN 18 550.
TSP Traßkalk-Sanierputz für feuchtes und versalztes Mauerwerk;
~ **Zement.**
PZ 35 F, PZ 45 F, PZ 55 Portlandzemente.
PZ 35 L-HS mit hohem Sulfatwiderstand und niedriger Hydratationswärme für Kläranlagen, Tunnel, Schornsteine etc.
PZ 45 F-HS für Schleuder-, Stampf- und Rüttelbetonrohre, Rammpfähle usw.
HOZ 35 L und HOZ 35 L-NW-HS für massige Bauteile wie Brückenwiderlager, Fundamente, Schleusen usw.
TrZ 35 L für Mauer- und Verlegemörtel, auch im Bereich der Denkmalpflege;
7900 Schwenk

SCHWENK
~ **Akustikplatten**, für Hallenbauten, Restaurants, Büros usw., fein- oder normalwollig lieferbar;
~ **Dach-Rollbahnen**;
~ **Dachelement**, tragend für Sport- und Mehrzweckhallen, Verbrauchermärkte usw.;
~ **Dachmantelelemente**;
~ **Dränageplatte**, zur Bodenentwässerung und Trokkenlegung von Mauerwerk;
~ **Gefälledachelemente**;
~ **Holzwolle-Leichtbauplatten** nach DIN 1101;
~ **HS**, Hartschaum-Schichtplatte zur Isolierung von Decken, Wänden, Fußböden usw.;
~ **Kühlhallenelemente**;
~ **Mineralfaser-Mehrschichtplatten**;
~ **Polystyrol**, gütegeschützter Hartschaum Styropur®;
~ **Rohrschalen**;
~ **Rolladenkasten** aus Hartschaum mit außenseitigen Leichtbauplatten;
~ **Tankisolierungen**;
~ **Trittschalldämmplatten**;

1

~ **Unterdecken**;
~ **WD-Platte**, Isolierplatten und Auskleidungsplatten in verschiedenen Oberflächenausbildungen für Industriehallen;
8910 Schwenk

Schwenkedel
Treppenstaketen, Handläufe, Antrittspfosten, Hohlpfosten. Sonderanfertigungen für Renovierungsarbeiten;
7903 Schwenkedel

schwenkskimer
Ablaufvorrichtung, manuell, zum Einbau in Benzin-/-Heizölabscheider aus Gußeisen oder Stahlblech, zum Ableiten gespeicherter Leichtflüssigkeiten;
6330 Buderus Bau

SCHWEPA
~ **Filzputze** (Scheibmörtel) auf Zement-Marmorkalk-Quarzsand-Basis, für außen und innen;
~ **Ideal-Struktur-Fassadenputz**, mineralischer Edelputz, antistatisch;
~ **Kellenwurfputz**, grobkörnig;
~ **Kratzputz-Perfekt**, einlagiger Außenputz für Maschinen- und Handverarbeitung;
~ **Münchner Rauhputz**, Scheibenputz für Außenfassaden und Innenräume;
~ **PT-Grundputze**, einlagiger Fertigputz;
~ **Rillenspachtel F**, Strukturputz und Modellierputz für innen;
~ **Spritzputz** (Besenwurf);
7583 Schwepa

SCHWERDT
~ Terrassenverkleidungen, Balkonverkleidungen mit Alu-Gestänge und kesseldruckimprägnierten Holz-Balkonbrettern;
~ Wintergärten und Terrassendächer;
4450 Schwerdt

Schwimmende Granit-Kugel
→ KUSSER-GRANIT;
8359 Kusser

SchwörerHaus®
Fertighäuser in Holzverbundkonstruktion;
7425 Schwörer
→ 6540 Schwörer

Schwupp
~ - Verspannungssystem, mit „Elefantengewinde" und Wirbelmutter, Verspannung für Betonschalung, Spannstäbe in allen geforderten Längen;
7334 NOE

Scobalen
PE-Folien und PE-Planen in verschiedenen Stärken und Breiten;
~ - Mauersperrfolie;
~ - Silofolie;
~ - USF-Dachunterspannfolie;
5740 Scobalit

SCOBALIT (Acryl)
Erzeugnisse aus Acrylglas;
~ - Kunststoffglas;
~ - **Lichtkuppeln**;
~ - Lichtwellplatten;
~ - **Stegdoppelplatten** für Lichtwände und Überdachungen;
5740 Scobalit

SCOBALIT (GFK)
Erzeugnisse aus glasfaserverstärktem Polyesterharz;
~ - **Doppelplatten** für wärmeisolierende Oberlichter;
~ - **Gigant**, freitragende Lichtbandelemente für Spannweiten bis 5,50 m;
~ **Glatt** für Betonschalung;
~ - **Haustür-Vordächer**;
~ - **Isolier-Lichtplatten**, für Lichtdecken in Kaltdächern;
~ - **Lichtbahnen**, Lichtplatten und Trapezprofile für Oberlichter, Lichtbänder, Vordächer, Lichtwände, Verkleidungen;
~ - **Lichtkuppeln** für Lüftung und RWA;
~ - **Rasterelemente**, zweischalige Verbundelemente für großflächige Lichtwände und Überdachungen;
5740 Scobalit

SCOBALIT (Polycarbonat)
Erzeugnisse aus Polycarbonat;
~ - Stegdoppelplatten für Lichtwände und Überdachungen;
5740 Scobalit

SCOBALIT (PVC)
Erzeugnisse aus PVC;
~ - **Lichtbänder** und **Lichtplatten**;
~ - **Paneele** für Seitenverglasungen und Trennwände;
5740 Scobalit

Scotchcal
~ **Farbfolien**, selbstklebende, einfarbige PVC-Folien für Bebilderung und Beschriftung;
4040 3M

Scotchcast
~ Kabelgarnituren, Programm von Durchgangs- und Abzweigverbindungen sowie Endverschlüssen;
~ Reparaturharz auf PU-Basis zur Reparatur von Kabelmantelschäden;
~ - Rohrabdichtungsharz, 92—S 112, 92—S 113, gas- und wasserdicht bis 1,5 bar;
4040 3M

Scotchflex
Befestigungsmaterial, u. a. selbstklebende Kabelschellen, Kabelführungen, Kabelbinden;
4040 3M

Scotchgard
Imprägnierung für Teppichböden;
4040 3M

Scotchkote
~ **Epoxidharzpulver**, Schmelzflußbeschichtung als Korrosionsschutz für im Erdreich oder Wasser zu verlegende Rohrleitungen;
~ **Expoxidharz flüssig**, 2-komponentig, zum Abdichten von Schweißnähten, Fittings usw.;
~ **Schutzharz**, für Baustahl als Korrosionsschutz;
4040 3M

Scotchlite
Reflexfarben weiß und gelb, zur Absicherung von Rampen, Gruben, usw.;
4040 3M

Scotchmount®
Doppelseitige Klebebänder mit Schaumstoffträger zur Befestigung von Schildern, Spiegeln, Paneelen;
4040 3M

Scotchrap
Korrosionsschutzbänder zum Schutz von Schweißnähten und Fittings bei zu verlegenden Rohrleitungen;
4040 3M

Scotchtint
Sonnenschutzfolie, aluminiumbedampfte Polyesterfolie zur Reflexion der eingestrahlten Sonnenenergie;
4040 3M

Scotch™
~ **Acrylic Foam**, selbstklebende Hochleistungsverbindungs-Systeme für die Verklebung auf stark gebogenen Flächen, z. B. zur Montage bei Lichtkuppeln, Reklame- und Informationstafeln im Außenbereich, Fenstersprossen, im Solaranlagen- und im Schaltschrankbau;
~ **Aluminiumspray 1616**, hochhitzebeständiger Einschichtlack;
~ **Gewebeband, stabilisiert 9545**, imprägniert, in verschiedenen Farben und Abmessungen;
~ **Grip**, Programm von Klebstoffen für Gummi, Plastik, Isoliermaterial;
~ **Klebeband 361**, zum Abdichten von Rohrleitungen;
~ **Klebeband 45**, extrem reißfest, Polyesterfilm mit eingebetteten Glasfasern, transparent;
~ **Klebeband 690**, PVC-Band zur Verklebung von Keramik- und Mosaikfliesen zu Matten vor der Verlegung;
~ **Korrosionsschutzspray 1600**, auf Gummi-Asphalt-Basis, spritz- und salzwasserbeständig;
~ **Lane**, selbstklebende retroreflektierende und nicht retroreflektierende Straßenmarkierungsfolie auf Alu-Träger für Kurz- und Dauermarkierung;
~ **Magic**, Cellulose-Acetat-Klebeband, wasserfest, beschriftbar;
~ **Post-it™-Haftprogramm**, Haftnotizen, Korrektur- und Abdeckbänder und Haftfliesen mit Adhäsivbeschichtung;
~ **PU-Montageschaum**, extrem schnellhärtend;
~ **Seal**, Dichtungsmassen und -bänder;
~ **Silikondichtmasse**, in der Druckdose. Zum Abdichten und Isolieren, fungizid;
~ **Tite**, wärmeschrumpfende Isolierschläuche aus PVC;
~ **- Weld**, 1- und 2-K-Klebstoffe für kraftschlüssige Verbindungen verschiedener Materialien, heißhärtend;
~ **Zinkspray 1617**, zum nachträglichen Kaltverzinken, punktschweißfähig und überlackbar;
4040 3M

Scritto®
~ **- Leitsysteme**, Beschilderungssystem aus einbrennlackierten, chromatisierten Alu-Profilen vom Parkplatz bis zum Arbeitsplatz;
7801 Gravograph

SE 2 Abbeizer
Lack- und Dispersions-Abbeizer;
7707 Geiger

SEAB
Sonnenkollektoren, Edelstahl-Absorber, Edelstahl-Energiedächer, Wärmepumpen;
8752 Seab

SEALCRETE-R
~ **FL**, Anmachflüssigkeit;
~ **HK**, Haftbrücke und Korrosionsschutz;
~ **PL**, Planspachtel;
~ **RM**, Reparaturmörtel;
~ **R 5**, System zur Bauwerksabdichtung;
~ **SM**, Spritzmörtel;
~ **SP**, Spachtelmasse;
System zur Betoninstandsetzung und Bauwerksabdichtung;
6900 Zement

Sebald
~ - Isoliersysteme;
8000 Sebald
→ 8000 Keutner

SECANT
Schachtabdeckungen in Rastersystem für veränderliche Baulängen;
6209 Passavant

1

SECAR
Tonerdezement für Feuerbeton und Feuerleichtbeton;
~ **50 + 51**, mit Tonerdegehalt ca. 50%;
~ **70 + 71**, mit Tonerdegehalt ca. 70%;
~ **80**, mit Tonerdegehalt ca. 80%;
4100 Lafarge
→ 6121 Hotter

Seccoral®
Sicherheits-Dichtschlämme zum Abdichten von Kelleraußenwänden und Fundamenten, rißüberbrückend;
8900 PCI

SECOMASTIC®
~ - **Acryl**, Fugendichtungsmasse 1-K;
~ - **BAUDISPERSION**, Flüssig-Kunststoff, weichmacherfrei, mit vielseitigen Anwendungsmöglichkeiten;
~ - **EXTRA**, Schnellbindekitt, thixotrop, für Isolier- und Einfachverglasung;
~ - **Polyurethan**, Fugendichtungsmasse 1-K;
~ - **PUR-SCHAUM**, 1-K, zum Abdichten, Isolieren, Montieren, Dämmen usw.;
~ - **Schaum-Stoffband**;
~ - **Silicon**, Fugendichtungsmasse 1-K;
~ - **STANDARD**, weichplastischer Kitt für Isolier- und Einfachverglasung (Fensterkitt);
~ **SUPER-SCHAUM**, 1-K-PUR-SCHAUM, schnellhärtend, keine Nachexpansion;
~ - **Vorlegeband**;
2000 Wehakomp
→ 2000 Oelschläger

Second Look®
→ Armstrong Second Look®;
4400 Armstrong

SECOSIEGEL
1-K-Acryl-Dichtstoff, elastoplastisch, zur Versiegelung von Einfach- und Isolierglas in Holz-, Metall-, Betonrahmen;
2000 Wehakomp

SECO-SIGN
Innenwandverkleidungen aus Spiegeln → Polystyrolspiegel → Pollopasspiegel → Plexiglasspiegel®;
8000 Seco

Secudrän
Drän- und Erosionsschutzmatten;
4990 Naue

Secura
→ Jasba-Secura;
5419 Jasba

SECURAL
Balkongeländer und Treppengeländer aus Leichtmetall;
2000 Hartmann

SECURAL
Alu-Vorsatzrahmen für Polycarbonatscheiben, glasklar, einbruchhemmend, Wärme- und Schallschutz;
4400 Haverkamp

SECURAL
~ - Geländer aus Alu-Bauelementen mit Stab- oder Glasbandfüllung;
6108 Technal

Securan
~ Brettplatten, genietet;
7815 Goldschmidt

Securant
Flachdach-Absturzsicherung, die Bestandteil des Baukörpers bleibt;
4300 Schierling

SECURAT
Alarmanlage für Leichtflüssigkeitsabscheider und Auffangbecken;
6209 Passavant

SECURIGYR
Brandmeldesysteme;
6000 Landis

SECURIS
Atomschutz-Kugelbunker (Schutzraum);
3400 Universal

SECURITAS®
Sicherheitsfenster und Sicherheitstüren;
6310 Jäger

SECURITcompact
Verkehrs- und Beobachtungsspiegel mit SEKURIT-Sicherheitsglas;
6200 Moravia

Secutex®
Geotextilien, Schutz- und Dränvliesstoffe für den Straßen-, Tunnel-, Eisenbahn- und Hochbau;
4990 Naue

SECUTON
Rutschhemmender Keramik-Bodenbelag;
6340 Ströher

Sedap
Stuckgipselemente (Gipsprofile);
8037 Münz

SEDO
Ganzglas-Isolierglas;
4650 Flachglas

SEDRA
Fugenvergußmasse, Heißvergußmasse für Plasterfugen;
6200 Chemische

SEDRACIT
~ - Fugenvergußmassen, bituminös, für Beton- und Asphaltfugen;
6200 Chemische

SEDRAPIX
~ - **D**, Bitumen-Schutzanstrich;
~ - **Paste**, streichbar für trockene und feuchte Flächen;
~ - **SI**, Siloanstrich, auch für Trinkwasserbehälter, Innenräume;
~ - **V**, Voranstrich;
6200 Chemische

SEEGER
~ - **BZ Verdrängungskörper** zur Fertigung weitgespannter Stahlbeton-Zellenplatten;
~ - **Kunststoffkassetten** für Sichtbetondecken;
~ - **Leichtschalkörper** für Rippen- und Kassettendecken;
~ - **Multimatrizen** für strukturierte Fertigteile;
~ - **Schnellschalkörper** für großformatige Kassetten- und Plattenbalkendecken;
~ - **Stahlkassetten** für Industrie- und Sichtbetondecken;
~ - **Strukturplatten** „System Seeger" zur Herstellung strukturierten Sichtbetons, dabei werden großformatige Platten aus Styropor-Hartschaum als Matrize auf die Schalung aufgebracht;
7513 Seeger

Seelastrip
Plastisches und plastoelastisches urgeformtes Dichtungsband;
2000 Wehakomp

SEGMENTA
~ Beleuchtungs-Systeme;
~ Metalldecken-Systeme;
~ Rasterdecken;
~ Sonderdecken;
2800 Segmenta

SEGMENTA
Schwimmhallen aus Alu-Konstruktionen und Kunststoffscheiben;
5042 Kaspers

Segmento
→ ESKOO®-Segmento;
2820 SF

SEHN
Betonwaren für den Hochbau und Kanalbau;
~ Eskoo-Verbund- und Betonpflastersteine;
~ Schleuderwalz-Betonrohre nach DIN 4032 und DIN 4035;
6670 Sehn

SEIBERT-STINNES
Lagersystemtechnik;
7000 Seibert-Stinnes Lager

SEIBERT-STINNES
~ **LH**, Litzenspannverfahren;
~ **LZS**, Litzenspannverfahren;
Spannbetonsysteme für „Spannbeton mit nachträglichem Verbund". Spannglieder, Bündelspannglieder und Einzelspannglieder für Längs- und Querverspannung von Brückenbauwerken sowie für den Hoch- und Tiefbau;
7000 Seibert

SeidenStar
→ Glasurit SeidenStar;
2000 Glasurit

Seidle
~ Parkettpflegemittel;
~ Parkettsiegel-SH-PU-Oelkunstharz;
~ UV-Lacke;
7149 Seidle

Seidlereisen
Bauklempnerprogramm u. a.:
Rinnenhalter, Bauklempner-Profile;
1000 Seidler

Seilo®
~ - **Baryt-Beton**, Schwerstbeton unter Zugabe von Baryt zur Herstellung von Strahlenschutzwänden;
~ - **Röbalith-Putzmasse**, zur Verstärkung des Strahlenschutzes bereits bestehender Strahlenschutzwände;
~ - **Strahlenschutz-Elemente**, Sandwich-Bauweise mit Bleiauflagen für Strahlenschutz-Wandsysteme und Strahlenschutztüren, auch Gipskarton-Bleiplatten für den Trockenausbau;
~ - **Strahlenschutz-Estrich**, Baryt-Estrich aus Röbalithsand;
~ - **Strahlenschutz-Spachtelputz**, zur Erzielung von Strahlenschutz bei normalem Mauerwerk, z. B. von Räumen mit Röntgendiagnostik-Anlagen;
~ - **Strahlenschutztüren**;
8770 Seitz

Seilzirkus®
Räumliches Netzwerk (Raumnetz) als Spielplatzgerät, in dem je nach Größe bis zu 100 Kindern klettern können;
1000 Corocord

SEITZ
Insektenschutz-Rollo-System;
7152 Seitz

SEKA
→ BEHATON-SEKA;
4390 Behaton

1

SEKUNDUS®
Bodenablauf mit Pumpe;
6209 Passavant

Sekuplast
Kunststoff-Fassadenbelag;
4000 Sekura

SEKUREX
Nottreppen;
5000 JOMY

Sekurin
Kunststoff-Fassadenbelag;
4000 Sekura

SEKURIT®
Einscheiben-Sicherheitsglas aus vorgespanntem Spiegelglas für vielseitige Anwendung u. a. Türanlagen, Telefonzellen, Windfänge, Trennwände;
5100 Vegla

SELECTA
Schiebebeschlag für rahmenloses Glas;
5828 Dorma

SELECTA
Verstellbare Hand-, Kopf- und Seitenbrause (Brausen);
7622 Hansgrohe

select-al-Tor
Schiebefalttor-System mit Doppelgelenkprofilen an Stelle von Bändern;
7834 Greschbach

SELECTFORM
~ **PROFIL**, Parkbänke aus Holz und Drahtgitter, einzeln und in Winkelkombinationen sowie passende Papierkörbe;
7128 Jung

Selectomat®
Elektronisch gesteuerte Anlagen zur Entfernung von Nitrat aus Trink- und Brauchwasser (Nitratentferner);
6905 Benckiser

Selitherm
Heizkörper-Reflexionsfolie;
6509 SELIT

SELIT®
Dämmtapeten, Dämmplatten, Heizkörper-Isolierplatten aus kaschiertem Styropor®;
6509 SELIT

Selitron
~ - Platten, Isolier-Untertapete aus extrudiertem PS-Schaum;
6509 SELIT

Selkirk
Kaminöfen, rustikale und moderne Formen;
5220 Wallace

Selkirk Metalasbestos®
Fertigschornstein-System aus Edelstahl für offene Kamine;
5220 Wallace

SELLOTAPE
Industrie-Selbstklebebänder;
6900 Kwikseal

SELNAR
Fenster, Haustüren, Schiebetüren;
8807 Selnar

SELTHAAN - Der „Dämmokrat“
~ - **D**, PUR-Schaumplatten für Decken-Wärmedämmung von Hallen und Ställen;
~ - **F**, PUR-Hartschaumplatten für Fußboden-Wärmedämmung;
~ - **S**, PUR-Schaumplatten für Steildachdämmung;
4530 Gellrich

seltra-DURST
Treppen aus Betonfertigteilen;
3401 Jagemann

seltra-Durst
Freitragende Treppen in vielen Ausführungen, Marmor, Holz usw.;
7440 Seltra

se'lux®
~ **EXTERIOR**, Außenleuchten, Straßenlaternen;
~ **GAMMA-LATERNE**, Straßenleuchte;
~ **INTERIOR**, Innenbeleuchtungs-Systeme;
1000 Semperlux

SELVE
~ - Fenster-Dreh-Kippbeschlag;
~ - Mülltonnenlift, unterirdisch;
~ - Rohrmotore (Rolladenmotore);
~ - Rolladenbeschlag;
~ - Rolladenkurbelgetriebe;
5880 Selve

Semmler
Dehnungselemente;
~ - Dehnungsfugenband Typ D zur Überbrückung von Dehnfugen im bituminösen Bereich;
6310 Semmler

Sempatap
→ Tescoha-Sempatap;
4150 Tescoha

SEMPER-SCHALUNG®
Großflächige Betonschalungsplatten aus Stab- und Stäbchensperrholz für den Betonbau, 3- und 5schichtiger Plattenaufbau mit besonders abriebfester Oberflächenbeschichtung;
6800 Schütte

Senator
~ - Holzfalt-Tür, beidseitig naturholzfurniert, auch mit Glaseinsatz;
3050 Marley

senco
~ - Klammern „LQ" und „Q" zur Traglatten- und Dachschalenbefestigung aus nichtrostendem bzw. verzinktem Stahl sowie Klammern für verschiedene Anwendungen, Nägel, Stifte, Spezialbefestiger;
2800 Bühnen

Senft
Thermopor-Ziegel;
8404 Senft

Senior
Heizkörperbefestigungen für Platten- und Kompaktheizkörper;
5620 Christopeit

SEPACON
Schalwachs für die Fertigteil-Industrie;
4600 Danco

SEPAPLEX®
~ - Trennsystem, querdurchströmtes Parallelplattensystem mit hohem Schlamm-/Wasser-Trenneffekt (Wasseraufbereitungsanlage);
3000 Preussag Bauwesen

Separa
→ CONDOR Separa;
4600 Danco

Separid
→ Condor Separid;
4600 Danco

Sepic Modulo
~ - **Wandverkleidungen**. Auf einer 1–2 cm starken Trägerschicht befinden sich natürliche Mineralien in über 500 Oberflächenprägungen;
6600 Sepic

Seppelfricke
Sanitärarmaturen;
4650 Seppelfricke

SERILITH
~ - Verfahren zur Betonoberflächengestaltung mit Hilfe von Spezialfolien;
8972 Hebau

Seropal
~ - Sandwichelemente für Fassadenverkleidungen;
5000 Pohl

Seropalelemente
Brüstungselemente im Hochbau aus Stahl, Alu, Glas, Eternit, Glasol, Alunit;
~ Fassadenverkleidungen;
~ Verbundelemente;
2359 Hesa

Servais
Steingut-Wandfliesen, Bodenklinker, Stahlklinker, Fliesen-Trennwände;
5305 AGROB

SERVATEKT
~ Dach-, Dichtungs- und Schweißbahn;
4630 SOPREMA

SERVOCOLOR
Fugenmasse, farbig;
7300 Kiesel

SERVOCRET
~ **RM**, Betonspachtel, zementgebundener, kunstharzvergüteter Reparaturmörtel;
7300 Kiesel

SERVOFIX
~ **DMS**, Dichtungsschlämme, kunststoffvergütet für Flächenabdichtung gegen Feuchtigkeit und Druckwasser;
~ **FB**, Fugenbreit grau, Fugenfüllmasse auf Portland-zement-Basis;
~ **FG**, Universalmasse, Ausgleichsmasse auf Zementbasis;
~ **FWG**, Fugengrau;
~ **FW**, Fugenweiß;
~ **KM**, Klebemörtel, gebrauchsfertiger Trockenmörtel zur Dünnbettverlegung von Fliesen und Mosaik, zur Verklebung von Hartschaumplatten und Gasbetonsteinen;
~ **SB**, Schnellbinder, chloridfrei, auf Zementbasis;
~ **SK**, Schnellklebemörtel, für keramische Wand- und Bodenfliesen sowie Mosaik im Dünnbettverfahren;
7300 Kiesel

Servoflex
~ **K**, Heizestrichkleber;
7300 Kiesel

SERVOKAT
Schachtabdeckung mit Öffnungshilfe;
6209 Passavant

SERVOPLAN
~ **P 200**, Planiermasse, selbstverlaufend zum Ausgleichen und Nivellieren von Unterböden, Rohbetondecken u. a.;

1

~ **R 300**, Füllmasse, Reparaturmasse, standfest, zum Ausgleichen von Treppenstufen, Podesten, Löchern usw.;
~ **S 100**, Spachtelmasse selbstverlaufend, schnellabbindend, für Unterböden, die sofort belegt werden müssen;
7300 Kiesel

Sesam
~ **Isola**, Innenwand-Isolierung (Kälte und Schall) und Rißüberbrückung;
4400 Auswahl

SESAM
Umklappbarer Absperrpfosten;
6200 Moravia

Setaliet
~ Grundierkonzentrat, Grundierung, unpigmentiert, wasserdampfdurchlässig;
~ Silikatfarbe, streichfertige Fassadenfarbe, weiß und farbig;
3008 Sikkens

setta® & settafan®
Lacke und Dispersionsfarben;
4000 VFG

SETTEF®
~ Edelputze;
~ Vollwärmeschutz-System;
7311 Settef

Seuring
~ - **HST® PLUS**, Holz-Haustüren mit einer Stahl-Glasfaser-Verbundtechnik;
6401 Seuring

SEUSTER
Rolltore für Lagerräume, Hallen, Bus- und Straßenbahn-Depots, Ausführung mit Stahl-, Leichtmetall- und Kunststoffprofilen;
5880 Seuster

S-E-1
Anlauger zum Aufrauhen an Stelle von Schleifpapier und Salmiakgeist, geruchlos, ungiftig;
7707 Geiger

SF
Beton-Verbundpflastersteine;
6100 Montig

SF
~ - Spiegelwand;
8510 Flabeg

SFH und MPB
~ Kassettenwand;
~ Trapezprofile;
8000 Hesse

SF-Vollverbundstein
Betonstein (Verbundstein) ohne Querschnittsverjüngung (Taille) für Straßenbau, sowie Ufer- und Deichbau, Lärmschutzwände u. ä.;
2820 SF

SG
~ **Abdeckband**, Dichtungsband zum Überkleben und Abdichtung von Anschlüssen;
~ **Bodenbelag**, Kompaktbodenbelag auf Synthesekautschuk-Basis;
~ **Fertigmanschetten**, zur Eindichtung von Dachaufbauten;
~ **Gummiprofile**, Verglasungsprofile, Dehnfugenprofile, Dichtungsprofile;
~ **Kleber T**, Flächenkleber und Nahtkleber;
~ **Nahtpaste**, Dichtungspaste für Stöße von Dach- und Dichtungsbahnen;
~ **Schutzplatte**, aus Synthesekautschuk, zum Schutz der Abdichtung gegen mechanische Beschädigungen, z. B. bei Pflanzdächern, Parkdecks usw.;
~ **Terrassenlager**, aus Synthesekautschuk;
6648 Saar

SGA
~ - Kleber, Acrylklebstoff für hölzerne, U-förmige Balken mit unbearbeiteter rauher Oberfläche;
4000 Du Pont

SGcryl
1-K-Dichtstoff auf Acryl-Basis, elastisch, spritzbar;
6648 Saar

SGflex
2-K-Dichtstoff auf Thiokol-Basis, dauerelastisch, spritzbar;
6648 Saar

SGGT
Riesen-Wasserrutschbahnen;
6682 SGGT

SGlaminat
Dichtungsbahn, zweischichtig auf EPDM-Basis nach DIN 7864, für Flachdächer gegen Feuchtigkeit, zur Auskleidung von Rinnen usw.;
6648 Saar

SGsil
1-K-Dichtstoff, dauerelastisch, spritzbar auf Silikonkautschukbasis;
6648 Saar

SGtan
Dachbahn und Dichtungsbahn auf EPDM-Kautschuk-Basis nach DIN 7864 für Flachdächer, zur Abdichtung gegen Feuchtigkeit usw.;
6648 Saar

SGtyl
Dichtungsbahn auf IIR-Kautschuk-Basis (Butyl) nach DIN 7864 als Dampfsperre bei Warmdachkonstruktionen und im Fassadenbau, Dachhaut, Abdichtung gegen Bodenfeuchte usw.;
6648 Saar

SH
~ - Gleitlager;
3418 Sollinger

SHELFLOCK
Steckregal-System;
7000 Seibert-Stinnes Lager

Shell
~ Formenöle, Schalöl;
2000 Shell

Shell
~ **EPS**, expandierbares Polystyrol für Wärmedämmung, Trittschallschutz und Dränplatten;
~ Polybutylen für Fußbodenheizungsrohre;
6236 Shell

Shellspra 500
Verschnittbitumen, hochviskos, für Straßen- und Wasserbau;
2000 Shell

SHO-BOND BICS®
Verfahren zur **Rißsanierung** in Betonbauten → BICS® → EURESYST®;
4709 Schering

SHO-BOND-BICS®
Betoninjektionsverfahren mit Injektionsharz auf Epoxidharz-Basis mit besonders niedriger Viskosität zur Betonsanierung (Verfahren der Fa. SHO-BOND® CO, Ltd., Japan);
8000 ITEC

SHP
Spannbeton-Hohlplattendecke;
8531 Heinritz

Sia
~ **Sauna-Colli**, Sauna aus Fertigelementen zur Selbstmontage;
3300 Sia

Sialca
Traßhochofen-Zement Tr HOZ 25 NW/HS;
5470 Meurin

Sialex Relief
Keramikfliese, rutschfest;
4000 Briare

SIBAFLEX
~ - **B**, Elastifikator, Elastifizierungsmittel für BETOPON-DS, DOMOFIT und Zement;
~ Kunststoff-Beschichtungsmasse, Imf, für Dachdichtung und Terrassenverfliesung;
7570 Baden

SIBAFLUX
Algenentferner und Moosentferner, in Schwimmbecken, auf Naturstein, Beton u. ä.;
7570 Baden

sibomörtel
Naßmörtel der Mörtelgruppen I, II und III, wird im Werk normgerecht hergestellt und in Mischfahrzeugen kellenfertig angeliefert;
4500 sibo

siboplan
Beton üblicher Zusammensetzung, der durch den Hochleistungsverflüssiger SICOTON BV zu Fließbeton wird;
4500 Sibo

SIC
Trittsicherheits-Fliese mit Silizium-Carbid-Einstreuung, gerauhte und glatte Ausführung, rutschhemmende Eigenschaften im Gewerbebereich;
4005 Ostara

SICABRICK
Kalksandleichtstein aus Kalkhydrat, gemahlenem Sand, geringen Mengen Zement und kleinen Mengen Eiweißschaum, A1 nach DIN 4102 → 1000 Flächsner → 6430 Kalksandstein;
3170 Sicabrick

SICCA®
~ - Chemie-Absperrventile;
6710 KSB

SICED
Fliesen;
7033 Lang

Sichel
~ **Glättputz**, Spachtelmasse und Füllspachtel für innen;
~ **Imprägnat**, farbloses Hydrophobierungsmittel, Basis Silikonharzlösung in Lösungsmitteln, unpigmentiert;
~ **Streichfaser**, Pulver für Tapetenunterlagen nach VOB DIN 18 366, Abs. 2.2.3;
3000 Sichel

SICHENIA
Keramikfliesen der SICHENIA Gruppo Ceramiche S.P.A., Italien;
2805 Roland
→ 5090 Radolph
→ 6200 W.V.B.
→ Schmidt & Stege

1

SICHERHEITSKLEBER®
Dünnbettmörtel DIN 18 156-M, zum Kleben von Fliesen, Dämm- und Leichtbauplatten, mit über der Norm liegender Klebkraft, auch bei Frost-Tauwechsel unter Wasser vgl. auch → GUTE MISCHUNG;
~ **COTTO**, „Mischbettmörtel" (Schichtdicke bis 15 mm), beständig gegen Wasser und Frost-Tauwechsel, zum Kleben von Cotto-Platten, Spaltklinkern, Natursteinplatten;
~ **FLEXIBEL**, verformbar, erfüllt auch DIN 18 156.3 (Dispersionsklebstoffe) → SCHWARZER BLOCKER SCHUTZFOLIE;
~ **GASBETON**, Fertigmörtel, zum Kleben von Gasbeton- und Kalksand-Plansteinen;
~ **MARMOR**, kunststoffvergütet, weiß, beständig gegen Wasser und Frost-Tauwechsel, speziell zum Kleben von Marmor;
~ **SCHNELL**, schnellerhärtend, nach 3 bis 4 Stunden begeh- und verfugbar;
2000 Lugato

SICLIMAT
~ **Meßfühler** für hohe Automatisierungsqualität bei betriebstechnischen Anlagen in Gebäuden;
8510 Siemens

SICO
~ - Fluat, Isoliermittel, Neutralisation für Ausblühungen, Mauersalpeter, Schimmel;
7570 Baden

SICOCRET
~ **BTS**, kunststoffveredelter Trockenspachtel mit Abbindebeschleuniger zum Schließen feiner Risse, Poren und Nester in Betonoberflächen;
~ **RM**, kunststoffveredelter Trockenmörtel zum Ausbessern und Ausfüllen von Fehlstellen an Betonbauteilen;
~ Torkretierhilfe, pulvrig, chloridfrei, für Schacht- und Stollenbauten, Silos u. ä.;
7570 Baden

SICOLITH
~ Heizölsperranstrich, lmf, grau und rot, Heizölwannen-Isolieranstrich;
7570 Baden

SICOLOR
Holzschutzlasur, auf Kunstharzbasis;
7570 Baden

SICOSTAR
Fugenmasse, plastoelastisch, UV-beständig, für Dachdecker-, Klempner- und Blechnerarbeiten;
7570 Baden

SICOTAN
~ **Beschleuniger BE-S** (pulverförmig) für spezielle Betonierverfahren;
~ **Fließmittel Melment L10 BV (flüssig)**, Hochleistungsplastifizierer besonders für Betonfertigteile;
~ **Fließmittel 72 FM (flüssig)**, Hochleistungsplastifizierer;
~ **Formenöl A und B**, Trennmittel für Holz-, Kunststoff- und Stahlschalungen;
~ **Kalkschleierentferner KSE (flüssig)**, zum Reinigen von Beton- und Mauerwerksoberflächen;
~ **Luftporenbildner SKW LP (flüssig)**, für Beton;
~ **Nachbehandlungsmittel Curing 761 (flüssig)** als Verdunstungsschutz für frischen Beton;
~ **Verflüssiger 77 BV (flüssig)**, Betonverflüssiger;
~ **Verzögerer 81 VZ (flüssig)**, Erstarrungsverzögerer;
4500 Sicotan

Sicova
→ Sikkens Sicova;
3008 Sikkens

SICOVOSS®
~ Fugendichtungsmasse, 1-K, auf Basis Silicon;
~ Gießmasse zur porenfreien Abformung von Reliefs und Formkörpern;
2082 Voss

SICUR-AL
→ GRIESSER-SICUR-AL;
7000 Griesser

SIDAL
Alu-Profilkonstruktionen für Fenster, Türen, Wintergärten, Veranden und Fassaden;
4650 SIDAL

Sideral
Schichtstoffplatte mit verschiedenen handgefertigten Fantasiedekoren (Hersteller: Polyrey, Paris);
4000 Aussedat

SIEBAU
~ - **Garagentore**, Schwingtore mit Deckenlaufschienen aus bandverzinktem und kunststoff- oder folienbeschichtetem Stahlblech;
~ - **Garagentüren**, Türen aus bandverzinktem und kunststoff- oder folienbeschichtetem Stahlblech für die ~ - Garagentore;
5910 Siebau

SIEBO-System
Betonfertigteile für Kompostierungsanlagen und Gasreinigungsanlagen;
5000 Siemokat

SIECO
~ - **Spindel-Haupttreppe**, Treppenanlage für den Innen- und Außenbereich aus Betonwerksteinstufen;
4532 Gilne

Sieco-Jung
~ - Spindeltreppen, mit 20 verschiedenen Stufenbelägen für innen und außen, Selbstmontage durch Baukasten-System möglich;
4515 Jung

Siedle
~ - Briefkästen und Briefkastenanlagen kombiniert mit Türsprechsystemen;
7743 Siedle

SIEGEL
~ Fliegengaze;
~ Fliegengitter;
6833 Siegel

„Siegener"
→ „Original Siegener";
4600 Hoesch

SIEGENIA®
→ AEROMAT → FAVORIT → HS-PORTAL → HSK-PORTAL → AEROtherm → AEROfix → AEROPAC;
5900 Siegenia

SIEGER
~ - ZEMENTSCHUTZ, Schutzbeschichtung für Auffangräume und -wannen (sog. Heizölsperre);
6680 Reichhold

SIEGER
Gaswarngeräte;
8000 Uster

Siegle
~ Industrie-Pendeltüren;
~ Leichtmetall-Pendeltüren;
~ Schnellauf-Falttore;
~ Schnellauf-Hubtore;
~ Sektions-Rolltore;
~ Streifenvorhänge;
8900 Siegle

Siemens
~ Wärmepumpen, Wasser/Wasser- und Luft/Wasser-System;
8520 Siemens

SIEMOKAT
~ Formstücke für dreischalige Schornsteinsysteme;
~ **Hausschornsteine**, Zellenformstücke nach DIN 18 150;
~ Schornsteinformstücke, geschoßhoch, vollwandig und dreischalig;
5000 Siemokat

Siemsen
~ Eskoo-Verbund- und Betonpflastersteine;
~ Stellfix-Betonfertigteile;
2330 Siemsen

Siena 1 und 2
Betonpflasterstein-Systeme mit Handformcharakter.
~ 1 mit 3 Steingrößen, ~ 2 mit 6 Steingrößen;
7800 ACW
→ 2000 Betonstein Union GmbH
→ 5063 Metten
→ 6070 Sehring
→ 7814 Birkenmeier → 8580 Zapf;

SIESS
Hebe-Schiebe-Türen aus Holz (Fichte oder dark red Meranti);
7031 Siess

SI-FA
Silicon-Farben-Beschichtung, wasserverdünnbare Betonbeschichtung;
4531 Wulff

SIFA
→ LITHOFIN® SIFA;
7317 Stingel

SIGILL
→ DOBEL SIGILL;
5144 DOBEL

SIGLA®
~ - Kristall-Panzerglas;
~ - Verbund-Sicherheitsglas für Fenster, Türen, Trennwände, Brüstungen, einbruchhemmend, schußsicher;
4650 Flachglas

SIGMA
~ **Empire**, Seidenglanzlack für innen und außen;
4330 Sigma

Sigma
Spannbetonstahl;
4630 Krupp

Sigmacolor
Hochglanzlack für innen und außen;
4330 Sigma

SIGMAGYR
Heizungsregler;
6000 Landis

Sigmatex
Wandfarbe und Fassadenfarbe, scheuerbeständig nach DIN 53 778;
4330 Sigma

Signa
→ Groke-Signa;
7500 Groke

1

SIGNOPHALT
Thermoplastische Straßenmarkierungsmassen für Fahrbahndauermarkierungen, heiß zu verarbeiten, Farben weiß, gelb (und Spezialfarben), mit und ohne Reflexperlen-Beimischung;
~ **A**, für maschinelles Auflegen in 3 mm Dicke, speziell für Leit-, Trenn- und Parklinien;
~ **E**, zum kombinierten Ein-/Auflegen, maschinell, in 5 bis 8 mm Dicke, für stark befahrene Straßen;
~ **N**, zum niveaugleichen Hand-Einbau in 10 bis 20 mm Dicke, extrem belastbar (Stadtstraßen);
~ **S**, zum Heiß-Aufspritzen in geringer Schichtdicke, speziell für Randmarkierungen und Parkplätze;
7000 Braun

Sigunit
~ **flüssig**, Erstarrungsbeschleuniger;
2000 Sika

SIH
Schiedel-Isolierschornstein® mit Hinterlüftung;
8000 Schiedel

SIHEMA
~ - **Gartenmöbel** aus gehobeltem Kantholz;
~ - **Metalldecken** in Klemmontage;
~ - **Pflanzgefäße** aus Kantholz;
~ - **Wintergärten**;
6803 SIHEMA
→ 6832 Lamex

Sikacryl
Plastischer 1-K-Fugendichtstoff auf Acrylatbasis;
7000 Sika

Sikaflex
~ - **T 18**, elastischer 2-K-Fugendichtstoff auf Teer-PUR-Basis für Tiefbau und Abwasserbereich;
~ - **1 A**, dauerelastischer PUR-Dichtstoff für hochelastische Bewegungs- und Anschlußfugen;
~ - **11 FC**, Klebe- und Dichtmasse auf PUR-Basis, für Lüftungs- und Klimatechnik, Terrassen- und Flachdachbau;
~ - **15 LM**, weichelastischer PUR-Dichtstoff;
7000 Sika

Sikaflex 25 HB
Elastische Dichtungsmasse nach DIN 18 540, feuchtigkeitshärtendes Polyurethanprepolymer (Silan-vernetzend);
2000 Sika

Sikafloor®
Flüssigkunststoffe zur Imprägnierung, Grundierung, Versiegelung und Beschichtung von Industriefußböden auf Beton oder Zementestrich;
~ **EpoCem**, 3-K-EP/Zement-Fließmörtel für Beläge und Estriche im Schichtdickenbereich von 3 bis 10 mm;
~ **1000**, 1-K wasserverdünnbare Acrylat-Versiegelung für Garagen und Ausstellungsräume;
~ **150**, 2-K-EP-Grundierung;
~ **2400**, 2-K-EP-Imprägnierung und Versiegelung;
~ **260 L**, 2-K-EP-Beschichtung, elektrostatisch ableitfähig nach DIN 51 953;
~ **260**, 2-K-EP-Dekorbeschichtung, farbig;
~ **2630**, 2-K-EP-Versiegelung, farbig, wäßrig;
~ **280**, 2-K-EP-Mörtel zur Herstellung von hochbeanspruchbaren Belägen oder Estrichen;
~ **285**, 2-K-EP-Bindemittel, zur Herstellung von Kunstharzestrichen;
~ **360 L**, 2-K-EP-Beschichtung, risseüberbrückend, elektrostatisch ableitfähig nach DIN 51 953;
~ **360**, 2-K-EP-Beschichtung, rissеüberbrückend;
~ **363**, 2-K-PU-Versiegelung auf Sikafloor 360, UV-stabil, witterungsbeständig;
~ **380**, 2-K-EP-Beschichtung für Auffangwannen, -räume und chemisch extreme Beanspruchungen;
~ **6500**, 1-K-PU-Versiegelung, hochabriebfest, farbig oder transparent;
~ **7530 L**, 2-K-EP-Versiegelung, elektrostatisch ableitfähig nach DIN 51 953;
~ **7530**, 2-K-EP-Versiegelung und Beschichtung;
~ **93**, 2-K-EP-Bindemittel für Beschichtungen und Beläge;
~ **94**, 2-K-EP-Grundierung und Egalisierspachtel;
7000 Sika

Sikalastic
Weichelastischer 2-K-Polysulfidkautschuk für vielseitige Fugen im Hochbau, speziell für Fugen nach DIN 18 540;
7000 Sika

Sika-Norm-Hypalon
Hochpolymer-Dachbahnen aus chlorsulfoniertem PE;
7129 Held

Sikaplan
PVC-Dachbahnen, Hochpolymer-Dachbahnen aus PVC-weich;
7129 Held

Sikasil
~ - **E**, dauerelastische 1-K-Fugendichtstoffe auf Silikonkautschuk-Basis für den Hochbau, Fensterbau, das Sanitär- und Installationshandwerk;
7000 Sika

SIK-Installation®
Installationskanäle zur Verlegung von Strom- und Fernmeldeleitungen, estrichüberdeckt oder bodeneben, mit Deckendurchführung oder im Beton;
8520 Siemens

SIKKATIV
Trockenstoff, bleifrei, für alle ölhaltigen Farben, Lacke und Lasuren;
2863 AGATHOS

Sikkens
~ **Betonlack**, Kunststoffbeschichtung, seidenglänzend, heizölbeständig, seidenglänzend;
~ **Color Acryllack**, wasserverdünnbarer Reinacrylat-Basislack, weiß und farbig, umweltfreundlich;
~ **Color Acryllatex**, Latex-Basisfarbe, seidenglänzend, scheuerbeständig;
~ **Color Fassadenfarbe**, Kunststoff-Dispersions-Basisfarbe, weiß, seidenmatt;
~ **Color Hochglanzlack**, Alkydharz-Basislack, weiß und farbig;
~ **Color Riß-Stop-Deck**, rißüberbrückende Schlußbeschichtung zur Fassadensanierung;
~ **Color Seidenglanz**, Alkydharz-Basislack;
~ **Color Silikatfarbe**, Dispersionssilikat-Basisfarbe, weiß und farbig, matt;
~ **Color Wandfarbe innen**, Dispersions-Basisfarbe für innen, weiß, matt;
~ **Color-Vorlack**, Kunstharz Basis-Vorlack für innen, weiß, matt;
~ **Componex Acryldichtstoff**, elastischer 1-K-Dichtstoff mit plastischen Anteilen;
~ **Componex Leimkitt EL**, dauerelastischer 2-K-PUR-Leimkitt;
~ **Heizkörperlack**, Kunstharzlack, hochglänzend, weiß;
~ **Imprägnierkonzentrat**, Zusatz zu ~ Rubbol Grund;
~ **Imprägnierung**, geprüftes Holzschutzmittel nach DIN 68 800 mit fungiziden Anteilen;
~ **Innen-Füller L**, Alkydharz-Streichfüller und Spritzfüller zum Füllschichten auf abgeporten, liegenden, glatten Oberflächen;
~ **Innen-Füller S**, Alkydharz-Streichfüller, zum Füllschichten auf abgeporten, stehenden oder profilierten Holzflächen;
~ **Innen-Vorlack**, Kunstharzvorlack für innen, matt, weiß, schnelltrocknend;
~ **Innen-Ziehgrund**, Alkydharz-Streichfüller für innen, weiß;
~ **Kodrin Spachtel**, Spachtelmasse auf Alkydharzbasis, weiß;
~ **Rubbol A—Z bunt**, langöliger Alkydharzlack in 100 Farbtönen;
~ **Rubbol A—Z extra weiß**, langöliger Alkydharzlack und Weißlack;
~ **Rubbol Außenlack farblos**, Klarlack, langöliger Alkydharzlack;
~ **Rubbol BK**, umweltfreundlicher Acrylharzlack, weiß;
~ **Rubbol BL 88/99**, umweltfreundliches wasserverdünnbares Lacksystem für innen;
~ **Rubbol Grund**, langölige Alkydharzgrundfarbe, seidenmatt, für feuchtigkeitsregulierende Grundanstriche;
~ **Rubbol S.V.**, Kunstharzlack für außen und innen, seidenglänzend in weiß;
~ **Rubbol Seidenglanz farblos**, Klarlack, Kunstharzlack seidenglänzend;
~ **Rubbol Seidenmatt**, Alkydharzlack für innen, seidenmatt weiß;
~ **Rubbol Tauchgrund** zum Erreichen fungizider Wirkung;
~ **Rubbol Tauchgrund**, Alkydharz-Tauchgrundierfarbe, seidenmatt, weiß;
~ **Sicova-Bleimennige**, Kunstharz-rostabwehrende Grundfarbe;
~ **Uni-Bunt**, Kunstharzlack für innen und außen, hochglänzend;
~ **Uni-Primer**, Grundanstrich, seidenmatt, weiß und farbig;
~ **Uni-Weißlack**, Kunstharzlack, hochglänzend;
~ **Unitop**, umweltfreundlicher, farbloser Hartlack für innen;
3008 Sikkens

Sikkens Color Collection
~ Bau + Raum 2021, 635 Farben, die nach dem → ACC-System gekennzeichnet sind, aufgeteilt in 36 Farbtonbereiche. Die Farben der „Collection" stehen in 10 Produkten zur Verfügung: Hochglanz- und Seidenglanzlack, Vorlack, Acryllack, Fassadenfarbe, Wandfarbe, Latexfarbe, Riß-Stop-System, Dispersion-Silikatfarbe, Betonbeschichtung;
3008 Sikkens

Sikla
Trapezhänger und Kippdüppel zur Befestigung und Abhängung an Trapezblechdecken;
7208 Sikla

Sikler
Großformat-Deckenplatten, Betonfertigbauteile, Betonbrüstungen, Beton-Blumentröge;
7060 Sikler

Siko®
→ SBF-Siko®;
3150 Preussag Wasser

SIKU
~ - Anker für Kunststoff-Fenster;
~ - Dübel für Fenster und Türrahmen;
4840 Simons

SIKU-Plast
→ SKH SIKU-Plast;
6140 Simon

1

SILACRON®
Modul-Waschbecken;
7060 Schock

SILACRYL
Siloxan-Acrylharz-Kombination zur farblosen Hydrophobierung im vorbeugenden Betonschutz;
4950 Follmann

SILADUR®
~ - **Betonhydrophobierung** für poröse Baustoffe an Fassaden;
~ - **Betonversiegelung**;
~ - **Kunststoffbeschichtung**, Beschichtungs- und Anstrichmaterial für Industriefußböden, Betonversiegelung, Asbestzementanstriche innen und außen;
3502 Kemper

SILADUR®
Farbloses Imprägnierungsmittel auf Kieselsäurebasis;
6084 Silin

SILADYN®
~ - **Dämmstoffkleber** zur Verklebung von Wärmedämmstoffen im Flachdachbereich;
3502 Kemper

SILAFLEX®
~ - **D-Verlegespachtel**, flexibler Dünnbettkleber für keramische Beläge;
~ - **PU**, Fugenabdichtung im Außenbereich;
3502 Kemper

SILAGEN®
~ - Betonversiegelung;
~ - Spachtelboden für fugenlose Bodenbeläge in Laborräumen, Büros, Wasch- und EDV-Räumen;
3502 Kemper

Silatex
Estrichzusatzmittel, Trockenmörtel u. ä. zur Herstellung von Estrichen und Industriefußböden;
7101 Chemotechnik

SILBER-QUARZIT
Natursteinplatten, Wandriemchen, Riemchenbahnen aus den Südtiroler Alpen, mit Seidenglanz auch bei naturrauher Oberfläche, für Außen- und Innenverkleidung, frostbeständig;
6149 Grünig

Silcoferm®
Dauerelastische, 1komponentige Silikon-Dichtungsmasse;
~ **UW**, 1-K-Dichtungsmasse, elastisch, für Schwimmbad- und andere UW-Fugen;
~ **VE**, Fugendichtungmasse, 1-K, dauerelastisch, zur Fugenabdichtung im Sanitärbereich, und zur Glasversiegelung im Fensterbau;
~ - **S**, Fugendichtungsmasse, 1-K, dauerelastisch, selbsthaftend;
8900 PCI

Silconal
Bautenimprägnierung, transparent, wasser- und schmutzabweisend;
8900 PCI

SILENT GLISS®
Alu-Vorhangschienen und Textil-Design;
7858 Silent

silenta
Rohrschelle, zweigeteilt und schalldämmend;
5750 Bettermann

silenta
→ wiral®;
7300 Wiral

silenta
Rollos und Jalousien;
8602 Silenta

silentaTHERM
Vorhangschiene mit Rückführbogen, energiesparend;
8602 Silenta

SILENTIUM
~ - Antidröhnlack, lmh oder wasserverdünnbar, zur Dämpfung von Schwingungsgeräuschen an Metallflächen, Gehäusen usw.;
7000 Schaal

Silex
→ KEIM-Silex;
8901 Keim

Silglaze
Silikondichtstoff, besonders für Anschlußfugen und zur Verglasung;
6342 Weiss

SILGLAZE®
Silicon-Dichtstoff, transparent, für Baufugen und Verglasungen;
4030 General Electric

Silgmann
~ - Sauna-komplett-Anlagen in Nordischer Fichte und Hemlock-Tanne mit 3-D-Saunalüftung;
5650 Silgmann

Sili
~ **Dichtungshohlprofil** (DBGM) für Fenster und Türen;
~ **Unitherm**, Hilfsprofile für Holz- und Stahlfenster sowie Türen (Fensterprofile, Türprofile);
5760 Athmer

Silidur®
~ - Einfassungen, gepolsterte Gummiabdeckungen für Lauf- und Anlaufbahnen, Kugelstoßgruben usw.;
~ - **Löffelstein** als Böschungsstein für steile oder flache begrünbare Böschungen;
4404 Silidur

SILIFIRN L
Siloxan-Fassadenimprägnierung, farblos;
2000 Schmidt, G.

Siliflexa®
Gummi-Betonplatte für Spielplätze;
4404 Silidur
→ 2000 D & W AG
→ 6670 Lovisa
→ 7514 Hötzel

SILIFLUAT
~ **thüco 40/50**, Verkieselungs-Fluat zur Flächenisolierung von Naturstein, Kalkputz, Beton, Asbestzement, Zement;
2359 Durexon

Siligran®
→ WQD Siligran®;
4270 WQD

Silikal®
~ **Kunstharzmörtel**, für Schnellreparaturen, Kantenausbrüche, Oberflächenschäden;
~ **Reaktionsharze** für Haftgrundierungen, Versiegelungen, Imprägnierungen, Beschichtungen von Estrichen und Betonböden im Industrie-, Straßen-, Brücken-, Fertigteilbau;
6451 Silikal

Silikat
~ Edelputze: Kratzputz, Münchner Rauhputz oder Rillenputz, Spritzputz, Waschputz, Sgraffito sowie Silikat-Thermopal-Luftporen-Edelputz; Wärmedämmputz-System;
6052 Krusemark

Silikon Sanitär
Silikondichtstoff, farbecht, für Badezimmer, z. B. Duschen;
4050 Simson

Silikon-Imprägnierung
Kunstharzlösung auf Siloxan-Basis, wasserabweisend, lmh, Gefahrenklasse A II;
5330 Dinova

Silimini
→ Hanno's Silimini;
3014 Hanno

Silimix®
→ WQD Silimix®;
4270 WQD

SILIN®
~ - **Abbeizer**;
~ - **Armierung**, Rißbrücke, besonders geeignet für nachfolgende Silikatanstriche;
~ - **AZ-Farben**, Silikatfarben nach VOB DIN 18 363 Abschn. 2.4.6;
~ - **Betonlasur**, wasserabweisend, auf Silikatbasis;
~ - **Edelputze**, auf Quarz und Spezialsilikatbasis;
~ - **Farben wasserabweisend**;
~ - **Fassadenreiniger**, lieferbar in 2 Einstellungen für säureempfindliche oder säurebeständige Flächen;
~ - **GB**, Gasbeton-Beschichtungsmittel auf Silikatbasis;
~ - **Reinmineralinfarben**, Mineralin-Silikatfarben nach VOB DIN 18 363 Abschn. 2.4.5, ohne Kunststoffzusätze;
~ - **Renovator**, Produkte zur Steinrestaurierung;
~ - **Silikatputze**, verarbeitungsfertig;
~ - **Steinfestiger** auf Kieselsäureesterbasis;
~ - **Vollwärmeschutz 2000**, Vollwärmeschutzsystem mit unbrennbarer Deckschicht;
6084 Silin

SILIPACT®
~ - Dichtstoffe, 1- und 2-K, elastisch, auf Basis Polysulfid, Silikon, Polyurethan, Acryl;
7858 Lonza

SILIPLAST 066 P
Fugendehnungskitt, dauerelastisch, auf Silicon-Basis, 1-K;
8192 Union

Silirit
~ **F 1**, Erstarrungsbeschleuniger;
4000 Henkel

Silit
Leitsysteme, Orientierungssysteme, aus Stahlemail mit Beleuchtungsmöglichkeit;
8872 Silit

Silkolit
→ ispo-Silkolit;
6239 ispo

Silkorill
→ ispo-Silkorill;
6239 ispo

SILLAN®
Steinfaserprodukte;
~ - Estrichdämmplatten SPT/N;
~ - Fassadendämmplatten SL-F;
6700 G + H

SILODON
~ **SPEZIAL**, gebrauchsfertige Betonbeschichtung (1-K-PUR) für Silos und Stallungen farblos und farbig, (Silobeschichtung);
8909 IRSA

1

SILO-INERTOL®
Phenolfreier Bitumenanstrich für Gärfutterbehälter (Siloanstrich);
7000 Sika

SILORGAN
Silikatanstriche, Basis Kaliwasserglas, atmungsfähig, als Eintopf-Fassadenfarbe;
8472 Knab

Silo-Rücoroid
Universal Bitumen-Anstrich für Grünfuttersilos, Trinkwasserbehälter, alle Eisen- und Mauerteile usw.;
5180 Rüsges

SILPRUF®
Silicon-Dichtstoff (Fugendichtstoff), weichelastisch, für Baufugen und Verglasungen;
4030 General Electric

S.I.L®
Kürzel für Societa Italiana Lastre;
~ Bodenplatten, asbestfreie Faserzementplatten;
~ Ebene Tafeln aus Asbestzement;
~ Formstücke für Wellplatten, aus Asbestzement;
~ Wellplatten nach DIN 274, aus Asbestzement;
8018 Haschler

SILTEG
~ Erstarrungsbeschleuniger;
5500 Jaklin

SILTON®
→ L & W-SILTON®;
4000 Lentzen

Silux
→ Pagette®;
4300 Pag

Silverline
Wintergarten mit Alu-Rahmen und Acrylglas;
5800 Schmidt

Simfix
Pulverkleber für Fliesen auf flachen, trockenen Untergründen wie Beton, glattes Mauerwerk usw.;
4050 Simson

Simka
~ Ölförderaggregate zwischen Brenner und Tank;
6450 Simka

SIMO
~ Hausschornsteine nach DIN 18 150;
~ - ISAL, Metall-Lüftungsgitter;
~ Isolierschornsteine, hinterlüftet, feuchtigkeitsunempfindlich;
~ Isolierschornsteine;
~ Lüftungsanlagen nach DIN 18 017;
~ Luftabgas-Schornsteine;
~ Schornsteinsysteme;
~ Stahlschornsteine;
6204 Simo

Simon
Kunststoff-Rohrschellen-Programm;
~ - **Blitz** mit Gewinde M 6 oder für Schlagstift für alle Verlegungsarten;
~ - **Rapid** für Aufputzleitungen;
~ - **Standard-Clips** für Kupferrohre und Kabel in einfacher und doppelter Ausführung;
~ - **Super** mit angespritzter Verschlußkappe;
~ - **Universal** für Wicu- und Kupferrohre;
8950 Simon

SIMONA
~ - Platten, Rohre und Rohrformteile aus PP, PE und PVC;
6570 Simona

SIMONS
~ - Klinker;
5144 Simons

SIMONS-VARIANT
Bänder für Stahl- und Holzzargen;
4840 Simons

SIMONSWERK
~ Aufschraubbänder und Torbänder;
~ Bänder für Kunststoff-Fenster und Metallbauer;
~ Fitschen;
~ Haken;
~ Stahlzargenanker, Holzfensteranker, Kunststoff-Fensteranker;
~ Türsicherungen;
4840 Simons

Simpel
Zugluftdichtung, selbsthaftendes Dichtungsprofil zur nachträglichen Fensterdichtung;
5760 Athmer

SIMPLEX
Abstandhalter aus Kunststoff, für die untere Bewehrung, für Baustahlmatten und Thorstal;
5885 Seifert

Simplex
~ - Rohrführung, die durchgeführte Rohrleitung ist auf einer Seite elastisch gelagert;
6750 Guß

SIMPLEX
~ - Holzverbinder;
8011 Leicher

Simsongel
Tixotropischer Kontaktkleber, auch für Polystyrolschaum geeignet;
4050 Simson

Simsonkit
Universeller Kontaktkleber, z. B. für Schichtpreßplatten, Kunststofftreppenkanten, Holz;
4050 Simson

Simsonpol
~ **Dichtungsmasse**, 1-K, dauerelastisch auf SR-Basis, für Dehnungs- und Anschlußfugen von Türen, Fensterrahmen, Mauerwerk, Betonelementen;
~ - **Primer 4810**, Haftvermittler auf porösen Untergründen und zu Simsonpol;
4050 Simson

Simsonprene
Einseitiger, pastöser Kleber für Tür- und Fensterleisten, Dekoplatten und andere Materialien auf Beton, Mauerwerk, Holz, auch im Kontaktverfahren zu verarbeiten;
4050 Simson

Simsonpur
Montageschaum aus PU, 1-komponentig, zum Montieren und Kleben von Türzargen, Ausschäumen von Rohrdurchbrüchen, Hohlräumen, Anschlüsse zwischen Fensterrahmen und Mauerwerk, Dämmen und Isolieren von Leitungsführungen;
4050 Simson

Simson®
~ **Acryl**, Dichtungsmasse, plastoelastisch, für Innenfugen, haftet auf Beton, Asbestzement, lackiertem Holz, Mauerwerk;
~ **Dosierschaum**, Montageschaum auf Basis PUR-Prepolymer für Fenster-, Türrahmen und Rolladenkästen;
~ **Hybrid**, Dichtungsmasse für Holzfensteranschlußfugen, besonders dann, wenn Acrylatdispersionsfarben verwendet werden;
~ - **Kontakt**, Kontaktkleber, 1-K, für Schichtpressplatten aller Art;
~ **Silicon N**, Versiegelungsmasse, neutral vernetzend, dauerelastisch mit niedriger EM, für den Glas- und Fensterbau, Dehnungsfugen im Mauerwerk, Beton, Alu;
~ **Silicon**, Versiegelungsmasse, dauerelastisch, essigvernetzend für den Glas- und Fensterbau;
~ **Silikon 60**, dauerelastischer Silikondichtstoff, universell einsetzbar;
~ **Solide**, Holzleim, 1-K, auf Dispersionsbasis;
~ **1200**, Fliesenkleber, gebrauchsfertig, elastisch, geeignet für Naßräume;
~ **1450**, Kontaktkleber für die Verklebung von PVC mit oder ohne Juteunterlagen auf Untergründen, die wasser-, weichmacher- und chemikalienbeständig sein müssen;
~ **1492**, Kontaktkleber, 1-K, für Schichtstoffpreßplatten, Holz, Holzfaserplatten, PVC-Hart usw. untereinander und auf Beton sowie anderen Werkstoffen;
~ **1680**, Kleber für PVC-Röhren;
~ **1690**, Kleber für PVC- und ABS-Röhren, Dachrinnen, Platten, Formteile;
~ **1700**, Kleber, spritzfähig, 1-K, schwer entflammbar zur Verklebung von weichen und harten Schaumstoffen;
~ **1800**, Fahrbahnkleber, für Kunststoffmarkierungen auf Fahrbahnen;
~ **1870**, Kleber, 1-K, schwer entflammbar, spritzfähig, zur Verklebung von diversen Schaumstoffen, nur in gut gelüfteten Räumen verarbeiten;
~ **2-K-Epoxyd-Fugenmasse**, glasharte Fugenverbindung mit fast der gleichen Resistenz wie keramische Fliesen;
~ **2071 A + B**, 2-K-Epoxidkleber für keramische Fliesen auf Metallflächen, Spanplatten usw., wasser-, temperatur- und chemikalienbeständig;
~ **2100**, 2-K Holzleim für wasserfeste Verbindungen;
~ **486 Härter D**, Kontaktkleber, 2-K, für Schichtpressplatten aller Art auf Metall und Holz;
~ **6500**, Schnellkleber, Cyano Methyl Acrylat Kleber für nichtporöse Materialien wie z. B. Gummi, Glas, Metalle usw.;
~ **901**, Fliesenkleber und Mosaikkleber, haftet auf Gipsplatten, Beton usw.;
4050 Simson

Simsontixo
Pastöser Kontaktkleber, z. B. für Holz, Metall, Kunststoffe;
4050 Simson

SIMU
Rolladenantriebe und Markisenantriebe (Rohrmotoren);
5870 SIMU

SINAPLAST
~ Verkleidung, Verbundwerkstoff von Alu-Blech und PVC-Folie für Decken, Schalldämmplatten, Türen, Wände;
7700 Alu

Sinfonie
Elsaßkachel-Serie (Ofenkachel);
2057 Goosmann

SINKAMAT®
Kompaktgerät zur Kellerentwässerung — mit Kanal-Rückstauschutz, Einbau in die Schmutzwassersammelleitung, keine Entlüftungsleitung nötig, Geruchverschluß nach DIN 19 541;
6750 Guß

Sinmast
~ Dichtungsschlämme auf Kunststoff-Zement-Basis;
~ Reaktionsharz, 2-K, für Beschichtungen, Imprägnierungen, Verklebungen;
2000 Koch

1

SINO
Blei- und chromatarme Anstrichstoffe für den Korrosionsschutz wie SINOX, SINOFLEX und SINOZINK;
2900 BM-Chemie

SINOLIN
~ - **Heizkörper-Einschichtlack** altweiß, Flutlack temperaturbeständig bis 180° C;
~ - **Heizkörpergrundfarbe** weiß, DIN 55 900;
~ - **Heizkörperlackfarbe**, temperaturbeständig bis 180° C;
7141 Jaeger

Sinoxyd
Kautschuk-Bitumen-Abdichtung;
4000 Hilgers

SINPRO
→ Wardenburger SINPRO;
4100 Bau

SINTERFIL
→ KAROFIL;
4700 Klöckner

SINTOL-H-OPITAL
Desinfektionsreiniger;
4000 Wetrok

Sinus®
Verbundplatten;
8400 Lerag

SIOLIN®
Anstrichfarbe auf Silikatbasis für innen, waschfest nach DIN 18 363 2.4.6;
6084 Silin

Siporex
Gasbeton. Fertigteile wie Wandplatten, Dachplatten und Deckenplatten, Blocksteine und Plansteine, Trennwandplatten, Plansteinmörtel, Fertigkeller, Stürze;
4000 Siporex

Sipu
Fensterbeschlag, verdecktliegende, zweiteilige Falzschere mit den Funktionen: Sicherungsstellung, Putzstellung, automatische Einrastung;
3051 Suhr

SIR
Sicherheitsrinnen-Systeme nach DIN 19 580 für Klasse A bis F (Fußgängerbereich bis Schwerlastverkehr) mit einbetonierter, feuerverzinkter Massiv-Stahlzarge und verkehrssicherer VZA-Verschraubung der Abdeckungen aus Guß oder feuerverzinktem Stahl;
7570 Birco

SIRAL
Fensterläden (Klappläden) und Schiebeläden mit Innenbedienung;
7063 Siral Fensterladen

SIRAL
~ Rolladensicherungen;
~ Rolläden;
7063 Siral

Siraset
→ FZ Dachrandprofile Siraset;
7441 ZinCo

SIRE
Keramikplatten (Produkte der Fa. SIRE S.p.A., Roreto di Cherasco/Italien);
6251 Maco

Sirio 60
Keramikgroßplatte (60 × 60 cm), als Bodenfliese, Fassadenelement und Wandverkleidung;
4000 Marazzi

SIROBAU
PVC-Vollsickerrohr gemäß DIN 4262 Teil 1 Form A;
8735 Hegler

SIROPLAN
PVC-Teilsickerrohr in Zellenbauweise gemäß DIN 4262 Teil 1 Form C;
8735 Hegler

SIROPLAST®
Verbundrohr in Zellenbauweise (Sickerleitungsrohr) zur Bodenentwässerung, für den Straßenbau, gemäß DIN 4262 Teil 1 Form D zum Sportplatzbau usw.;
8735 Hegler

SIROWELL®
Teilsickerrohre aus PVC-Hart gemäß DIN 4262 Teil 1 Form F;
8735 Hegler

SISOFLEX
~ - SM, 2-K, Elastomer-Spachtelmasse für Fugen- und Flächenabdichtungen, als Einbettmasse für Fliesen usw.;
7570 Baden

SISOLAN
~ - **Bitumenschutzanstrich** für Beton, Putz, Metall usw.;
~ - **BS**, Bitumen-Spachtelmasse, lmh, zur Dachpappensanierung;
~ - **Dachlack**, schwarz und silber, Bitumen-Dachanstrich für Pappdächer, Beton und Eternit;
~ - **Silolack** in schwarz, weiß und grün;
~ - **Standard Isolieranstrich**, Bitumen-Schutzanstrich zur Fundamentisolierung;

~ - **V**, Bitumen-Voranstrich;
~ - **09**, Faseranstrich, schwarz, Bitumen-Schutzanstrich mit Faserzusatz als Dach- und Betonschutz;
7570 Baden

Sista
~ **D 350**, Dach-Fugendichter, Bitumenbasis;
~ **F 100**, Universal-Fugendichter, Silikonbasis;
~ **F 101**, farbiger Sanitär-Fugendichter, Silikonbasis;
~ **F 103** Glas-Fugendichter, acetathärtend, Silikonbasis;
~ **F 104**, Bau-Fugendichter, aminhärtend, Silikonbasis;
~ **F 105** Brandschutz-Fugendichter, schwerentflammbar, Silikonbasis;
~ **F 110** Dehnungs-Fugendichter, Polysulfid-Kautschuk-Basis;
~ **F 115** Glas-Fugendichter, Polysulfid-Kautschuk, anstrichverträglich;
~ **F 120** Bau-Fugendichter, PU-Basis, lösemittelfrei;
~ **F 125** Tiefbau-Fugendichter, PU/Teer-Basis, lösemittelfrei;
~ **F 130** Anschluß-Fugendichter, Basis Acryldispersion;
~ **F 133**, elastischer Anschluß-Fugendichter, Acryl-Kautschuk-Basis;
~ **F 135** Fenster-Fugendichter, Acrylharzbasis, lösemittelhaltig;
~ **M 521** Montage-Schnellschaum, PU-Basis, feuchtigkeitshärtend;
~ **M 522** Türfutter- und Fensterschaum, PU-Basis, nach Härterzusatz unabhängig von der Umgebungsfeuchte härtend;
~ **M 524** Universalschaum, PU-Basis, feuchtigkeitshärtend;
~ **M 525** Isolier- und Füllschaum, PU-Basis, feuchtigkeitshärtend;
~ **M 530** Montagekleber, Basis Acrylat-Dispersion, lösemittelfrei;
3000 Sichel

SISTO®
~ - Membranventile;
6710 KSB

SITA
~ **Balkongullys** aus PUR;
~ **Dachgullys** in verschiedenen Nennweiten und Ausführungen, aus PUR;
~ **DRAIN®**, Terrassenroste aus verzinktem Stahl;
~ **Dunstrohre** aus PUR-Integralschaum;
4836 Sita

Sitax®
Straßenmöbel;
~ - **Abfallbehälter**;
~ - **Parkbänke** mit Stahl-Unterkonstruktion und Hartholzauflage;
~ - **Stahlgittersitze**;
6290 Sitax

SITEC
Autoschalter, Geldschleusen, Pförtnerschalter, Durchgabemulden, Schiebemulden;
8641 SITEC

Sitom®
~ **FP**, Wärmedämmplatte für den Hochbau auf PUR-Basis unter Anreicherung anorganischer Hilfsstoffe bis zu 75%. Deckschichten aus Spezialpapier, Alu, Glasvlies usw.;
2844 Neopur

„Sitzt & Passt"-Handwerkerpackung/SB-Programm
Muttern, Scheiben, Kleineisenwaren;
Spanplattenschrauben, Holzschrauben, Gewindeschrauben;
7112 SWG

SIWATHERM
Warmwasser-Wärmepumpen-System;
8520 Siemens

SIX
→ ESKOO®-SIX;
2820 SF

SK
Leuchten;
~ - **Dekor-Lichtraster** aus Langfeldleuchten und runden Knotenpunkten;
1000 SK

SK
~ **Bit 105® + PUK®**, Ausgleichsbahn mit Sonder-Glasgewebeeinlage und verstärkter Polymerbitumen-Deckmasseschicht, unterseitig vlieskaschiert für punktweise oder streifenweise Verklebung;
~ **Bit 105®**, Polymerbitumen-Schweißbahnen mit elasto-plastischer Deckmasseschicht;
~ **TOL®**, Polymerbitumen-Voranstrich, schnelltrocknend, spritz- und streichbar;
6430 Börner

Skan
~ - Sauna;
3510 Skan

Skandia®
~ Rollostoffe;
3000 Benecke

skantherm
Kaminöfen aus Skandinavien;
4740 Skantherm

SKH SIKU-Plast
Kunststoff-Fenster aus Vinnol K;
6140 Simon

1

Skinplan
Schallschluckplatte mit planer Schutzhaut;
6074 Optac

Skippy
Fensterbeschlag-System, aufliegende Oberlichtöffner für Holz-, Kunststoff- und Alu-Fenster;
3051 Suhr

SKN
~ - Bogenbinderhalle, in Holzleimbauart oder Stahl, membranstabilisiert aus PVC-beschichtetem Polyester;
4054 SKN

skoda
~ Aufsatzkränze;
~ Lichtkuppeln → Allux → Rheintal → Flachrand → Großraum;
~ Öffner-Systeme für Lichtkuppeln;
7522 Skoda

Skrinet®
~ - Plastikfolie, drahtnetzverstärkt, für den Winterbau oder zur schnellen Errichtung von Staubschutzwänden;
6380 Bekaert

sks
~ - Acrylglasgeländer;
~ - Balkonprofile;
~ - Balkontrennwände;
~ - Dekorprofile;
~ - Fassadenprofile;
~ - Holzformbretter, für Balkon, Terrasse, Treppe;
~ - Leistenprofile;
~ - Lichtwandprofile;
~ - Rolladenaufsatzelemente;
~ - Rolladenmotore und -steuerungen;
~ - Rolladen, für den Neubau und nachträglichen Einbau;
~ - **STAKUSIT®**, Alu-Balkongeländer;
~ - Struktur-Handlauf, mit eingearbeitetem Kleber zum Selbstanbringen ohne Werkzeug;
4100 Stakusit

SKW
~ **Bauchemie-Produkte**: Rohstoffe für Beton- und Mörtelzusatzmittel;
~ **Schäume**, System zur Herstellung von Schaumleichtbeton;
8223 SKW

SKYLIGHT COATING®
→ RPM-SKYLIGHT COATING®;
5000 Hamann

Skylite
Bürobeleuchtung, BAP;
3280 Kinkeldey

SL
Kunststoff-Fenster, Konstruktionsprofile aus Hostalit® Z;
8939 Salamander

SLINGERIT®
Spritzmassen, feuerfest und Schleudermassen, feuerfest;
6000 Fleischmann

S-LON
~ - Dachrinnen aus PVC-Hart mit Fallrohren und Zubehör, in grau und braun, 13 Typen;
~ - Regenablaufkette;
5000 Schmitz E.

SL-Steine
Winkelsteine in geschwungener Form für Einfriedigungen, Terrassierungen usw.;
7557 Kronimus

SM
Dekorative Skulpturen, Balustraden, Säulen;
6200 Steinmanufaktur

SMAG
Rankgerüst zur Fassadenbegrünung;
4408 SMAG

SML
Super Metallit-System, Abwasserrohre aus Guß mit Chromstahl-Verbindungen und APTK-Dichtungen;
5000 Ako

Smogkuppel 232
Tageslichtelement, Raumlüfter, Rauch- und Wärmeabzugsgerät in einem;
7300 Eberspächer

SM-Schornstein
→ Selkirk Metalasbestos;
5220 Wallace

SMT MASTERPLATE
Metallischer Fußbodenestrich, hochplastisch, für höchste Beanspruchung;
4050 Master

SNAPFIX
Abstandhalter für die obere Bewehrung;
5885 Seifert

SNAP-IN
Symmetrisches Türband für Innentüren;
2300 Grorud

Snickar Per
Haustüren aus Holz in vielen Designs aus Schweden;
5480 Maurmann

Snickar-Per
Haustüren aus Holz aus Schweden;
5480 BAWO

Soba®
Dehnungsausgleicher für Flachdachumrandungen, Dachrinnen, Wandanschlüsse, Brüstungen, Bewegungsfugen usw.;
3257 Dätwyler

SOENNECKEN-COMPRIMUS
Fahrschrankenanlagen (Hersteller: LUHE-Werk GmbH, 2090 Winsen/Luhe);
7000 Backer

Söchting Bänke
Gartenbänke;
3509 Lignit

SÖNDERSKOV-ZIEGEL
→ EGERNSUNDER/SÖNDERSKOV/ASSENBÖLLE-ZIEGEL;
2398 Vereinigte Ziegeleien

Sönnichsen
Hubdach-Schwimmbadabdeckung aus einer feuerverzinkten Stahlkonstruktion und Hostalit-Z-Paneelen;
2224 Sönnichsen

Söterner Klinker
Klinker und Formsteine: Verblendsteine, Industrieverblender, Kanalkeilklinker, Kanalschachtklinker;
6697 Dampfziegelei

Soft look
Deckenplatten mit dekorativer Textiloberfläche und einer akustisch besonders wirksamen Trägerplatte auf Mineralfaserbasis;
4400 Armstrong

Softex
~ – Polsterplatten im Verbundsystem nach DIN 7926 für Kinderspielplätze;
4750 IGES

SOFTLINE
Türzarge mit geschrägten Kanten und Flächen an den Bekleidungen;
4290 Kerkhoff

Softline
Holzfenster;
4576 Stöckel

SOFT-STEPS
Treppenauflage aus Feinvelour aus 100% PA (Stufenmatte);
4653 Geller

Sokoplast
~ Fließmittel, Betonverflüssiger;
4751 Reiner

SOL 22
Solarkollektor für den Einbau in Schräg- und Flachdächer;
3450 Stiebel

Soladur
Markisenstoffe, überbreit, PVC- und PUR-beschichtet, für nahtlose Markisen;
4290 Beckmann

SolAir
Schwimmhalle mit aufschiebbarem Dach, Alu-Konstruktion mit Kunststoffscheiben bzw. Stegdoppelplatten;
5042 Kaspers

SOLAPAN®
Fassadenbau-Verbundelement mit integriertem Absorbersystem (Energiefassade);
8303 Hama

Solaquid®
Wärmeträgerflüssigkeit für → Solektoren®;
6909 BBC

SOLARBEL®
Magnetron-Sonnenschutzglas, vakuumbeschichtet, im vielen Farben;
2000 Bluhm

Solar-Diamant
~ – Bauteile für den „Do it your self"-Markt: Absorber, Gehäuse usw.;
~ – **Kachelofenheizkessel KO 15** mit Backkasten;
~ – **Kessel**, Kamineinsatz, der einschließlich Rost allseitig wasserdurchflossen ist, Innenausmauerung entfällt;
~ – **Sonnenkollektoren**, mit Kunststoffgehäuse (Typ **ZKK** mit Kupfer-Alu-Verbund-Absorber für Solaranlagen mit Pumpenbetrieb für die Warmwasserbereitung, Schwimmbadheizung und Hauszusatzheizung), Glasabdeckung, PU-Isolierung. **Typ EKK**, Niedertemperatur-Kollektor, Kunststoffplatine, für Freischwimmbäder;
4441 Solar

Solarflor
Jalousien mit senkrechten Lamellen für Innenräume;
2800 Blöcker
→ 3000 Behrens
→ 4100 Teba

Solarhaus-Anbau 2000®
Glasanbau und **Wintergarten** aus Plexiglas®, tragende Balken aus Tropenholz der Dauerhaftigkeitsklasse I;
4100 Preußer

SOLARIS®
Glasbaustein weiß, silor und lichtgrau;
5432 Westerwald

SOLARLUX
Falt-Schiebefenster;
4517 Solarlux

solarmobil®
Solarien;
6424 Sauna

Solaroll
Textiles Sonnenschutzelement außen, aufrollbar;
2900 Hüppe Sonne

Solartekt
Alu-System für Glashäuser, Wintergärten usw.;
4800 Schüco

SOLAR-VERANDEN
Schrägdach-, Flachdach-, Rundbogen-Veranden und Wintergärten aus Aluminium, wärmegedämmt, eloxiert oder farbbeschichtet;
4800 Schüco

SOLARWATT®
→ BBC-SOLARWATT®
6909 BBC

Soleicht 1 = 2
Weißkalkhydrat, trocken gelöscht;
7906 UW

Solektoren®
Sonnenkollektoren aus mattschwarzen Alu-Platten;
6909 BBC

Solestra
Treppenrenovierungs-System aus kunststoffbeschichteten Holzfaserplatten;
8598 Solestra

SOLEX
~ - **UV-Schutz**, hochelastische und wasserabweisende Kunststoffdispersion für alte und neue Flachdächer;
7980 Hydrex

Solid
Polystyrol-Deckenplatten, PVC-beschichtet;
5451 Dusar

Solid
Aufliegender Fenstertreibriegel;
5628 Strenger

Solidur®
Kunststoffe für Bunkerauskleidungen, Betonfertigteilbau, Betonwasserbauwerke, Rammleisten (Bauwerkschutz);
4426 Solidur

SOLIDUX®
~ - Stahl, Markisen;
2000 Thumb

SOLKAV
Solar-Schwimmbadheizung;
6073 Solkav

Solnhofener
~ **Natursteinplatten**, Bodenbeläge, Treppenbeläge, Wandbekleidungen, Fensterbänke usw. in vielen Formaten und Oberflächen;
8838 Solenhofer

Solnhofener Platten
Natursteinplatten
8831 Henle

Solnhofer
~ **Marmor**, Rohplatten, Fensterbankschnittlinge;
8838 Daeschler

Solnhofer Fliesen
Fliesen-Programm in 7 bis 10 mm Stärke, Formate von 15 × 15-cm- bis 40 × 40-cm-Platten;
8838 Arauner

SOLOBONA®
~ **P. 100** Grundreiniger, Wachsentferner und Polymerentferner für alle Hartböden;
~ **P. 200** Wischpflege, Seifenreiniger für alle glatten Fußböden, besonders zur Endreinigung geeignet;
~ **P. 300** Vollpflege, Polymerprodukt zum Einpflegen (unverdünnt) und Reinigen (verdünnt) aller Hartböden;
2105 SvB

Solotop super
→ ROHO-Solotop;
3052 Roho

SOLTIS
~ **sun screen**, Sonnenschutz für alle Bereiche;
6238 Kratz

SOLUS®
~ - Ausgußmasse auf Schwefelbasis für gußeiserne Abflußrohre;
~ - Metallzement auf Schwefelbasis, Vergußmasse für Montagen mit hoher Druckfestigkeit;
8640 Schick

SOLUTAN
~ - **Armierungsgewebe**, dauerelastisches, verrottungsfestes Gewebe;
~ - **Armierungsvlies;**
~ - **Dach E**, dickflüssige, lösemittelfreie Beschichtung, Emulsion auf Bitumen-Kunststoff-Basis;
~ - **Dach L**, dickflüssige Beschichtung auf Bitumen-Kunststoff-Kombination, lösemittelhaltig;
~ - **Dachacryl**, lösemittelfreie Flachdachbeschichtung;
~ - **Dachfarbe L**, lösemittelhaltiger Schutzanstrich auf Bitumen-Basis;

~ - **Dachfarbe E**, lösemittelfreier Anstrich auf Kunstharzdispersions-Basis;
~ - **Dachfugenmasse**, bitumenverträgliche, dauerelastische Dichtmasse;
~ - **Dachspachtel L**, lösemittelhaltiger Schutzanstrich auf Bitumen-Basis;
~ - **Dachspachtel E**, pastenförmige, lösemittelfreie Beschichtung;
~ - **Dehnungsfugenband**;
~ - **Kaltklebemasse L**, lösemittelhaltiger pastenförmiger Kleber;
~ - **Kaltklebemasse E**, lösemittelfreier, pastenförmiger Kleber, Emulsion auf Bitumen-Kunststoff-Basis;
~ - **Regenerieranstrich L**, lösemittelhaltiger tiefwirkender Anstrich auf Bitumen-Basis;
~ - **Voranstrich**, lösemittelhaltiger, dünnflüssiger Voranstrich auf Bitumen-Basis;
4573 Remmers

SOLUX
~ - **ALU**, Lichtbauelement, zweischalig, mit sechseckiger Alu-Sichtwabe;
~ - **B20**, Lichtbauelement, zweischalig, mit sechseckiger Kraftpapier-Sichtwabe;
5608 Ernst

Solvacryl
Dichtungsmasse, plastoelastisch, für Innen- und Außenfugen, Dehnungsfugen und speziell für Verglasung;
4050 Simson

SOLVAR®
~ **Glasbausystem**: Wintergärten, Glasanbauten, Vorbauten usw.;
4650 SOLVAR

SOMFY®
Antriebssysteme für Rolläden, Markisen, Verdunkelungsanlagen. Beschlagsysteme, Steuerungssysteme;
7400 Somfy

SOMITO®
Glasreiniger, für Fenster und Rahmen;
2105 SvB

Sommer
Sicherheitstüren, Sicherheitsgitter, Sicherheits-Wandsysteme, Sicherheits-Fassadenelemente, Sicherheits-Fenster, Sicherheits-Trennwände, alles mit kompletten Antriebs-, Überwachungs- und Steuerungsanlagen;
3670 Sommer

Sommerfeld
~ **Ausbauplatten**, Khaya-, Sapeli-, Teak-, Eiche- und Carolina-Messerdecks;
~ **Bootsbausperrholzplatten**;
~ **Deckplatten**, mit 2,5 mm Teak-Messerdeckfurnier;
~ **Leime und Kleber**, wasserfest;
~ **Marineplatten**, div. Holzarten mit Messerdecks;
~ **Profilleisten** aus Burma-Teak, Khaya- und Sipo-Mahagoni;
~ **Stabdecksplatten**, mit 3,0 mm Teak-Sägefurnier und eingelegten schwarzen Adern aus Holz oder Gummi;
2410 Sommerfeld

sonal®
Sonnenschutzanlagen und Fassadengestaltungselemente, feststehend, dreh-, schwenk oder absenkbar
→ 3110 Behrens;
3000 Behrens

SONAT
Solnhofer Naturstein-Fliesen, auf 7 mm oder 10 mm Dicke kalibriert;
8078 Strobl

SONEX
~ **A**, Schallschutzkabinen für Personen in Lärmzonen;
~ **Schallschutzkapseln**;
~ **Schirmwände**, fest montierbar, umsetz- oder rollbar zur Schallminderung am Arbeitsplatz;
6700 G + H MONTAGE

Sonit®
~ - **Antidröhnstreifen** (Entdröhnungspappen) für Garagentore aus Metall;
~ - **Bitumenfolien** für Metallfassaden und Fensterbänke;
~ - **Entdröhnungspappen PSD**, bitumengetränkt, für den Fassadenbau, mit Oberflächenveredelung zur Verbesserung der Entdröhnungseigenschaften;
~ - **PS**, wie PSD, jedoch ohne Oberflächenveredelung;
6520 CWW

SONNA
~ Reiniger;
7441 Sonna

SONNAPUR®
~ PU-Montageschaum;
~ PU-Schnellschaum;
7441 Sonna

SONNASIL®
Dichtstoffe;
7441 Sonna

Sonnenlift
→ kuwo-Sonnenlift;
8069 Wilms

SONNEXOL
Farbiger Dachanstrich auf Naturasphaltbasis, schützt Bitumen-Dachbahnen vor Sonnenschäden;
4000 Enke

SONNLEITNER
Holzhäuser;
8359 Sonnleitner

1

Son-no-mar
→ HOFMEISTER® — son-no-mar;
8332 Hofmeister

SONO
Stahlschränke, für den Industriebereich, Schulen, Universitäten, Frei- und Hallenbäder, Kindergärten, Krankenhäuser usw. Kleider- und Fächerschränke mit einliegenden, doppelwandigen Türen, schallhemmend isoliert, verwindungssteif verschweißt;
2083 Sonesson

Sonopor®
~ – Akustikstein, schalldämmend und schallabsorbierend aus Liaporbeton;
6400 Nüdling
→ 4408 Estelit
→ 6670 Sehn

Sopac
Thermostatventile;
7000 Sopac

SOPOLUS
Schnellzement für schnelle Montagen im Baubereich (Fundamente, Verankerungen, Abdichten);
8640 Schick

Sopra
Schwimmbadtechnik;
8011 Behncke

SOPRALENE/ELASTOPHENE
Elastomerbitumen-Dichtungs- und Schweißbahnen;
4630 SOPREMA

Sorbalit
Schallabsorbierender Innenputz aus Werk-Trockenmörtel mit glatter Putzoberfläche oder als Strukturputz;
4600 Perlite

Soreg®
~ **glas-faltwand**, Glasfaltwand zum wettergeschützten Abschluß von Balkonen, Terrassen, Veranden, Pergolen u. a.;
~ Pergola mit schwenkbaren Lamellen;
4150 Wahlefeld

SORG-Hochtaunus-Haus
Fertighäuser;
6390 Sorg

Sorpetaler Fenster
Holzfenster in verschiedenen Holzarten wie Fichte, Kiefer, Meranti, Eiche, Sipo usw., Ausführung nach Kundenwunsch;
5768 Sorpetaler

Sorst
~ Fugendeckstreifen;
~ Isolierdecke zur Umwandlung von Kaltdächern ohne statische Probleme in Warmdächer, verblendet offen liegende Leitungen;
~ Putzträgermatten;
~ Schallschluckdecken;
3000 Sorst

SOTIFLEX
Stabdecksplatten,Teak mit eingelegter Gummifuge, trittsicher;
2410 Sommerfeld

SOTILLO G.
Schiefer (Naturschiefer) für Dachdeckung und Wandbekleidung;
5060 Schmitz

soundmaster
Harmonikatür;
7016 Monowa

Soundsoak®
~ – **Paneele**, großflächige Wandpaneele mit Textiloberfläche mit Rillenprägung;
4400 Armstrong

SOVADUR
~ Spachtelpulver-SPP;
5424 SOVA

SOVAGRAN
Fassadenputzpulver, — FPZ, ergibt mit Wasser angerührt Kratzputz oder Spritzputz, weiß;
5424 SOVA

SOVALITH
Reibeputz;
5424 SOVA

SOVA®
~ **Modellierputz-Pulver**;
~ – **Vollwärmeschutz-System**, bestehend aus ~ – Klebemörtel KMP, ~ – Dämmplatten, ~ – Eckschutzschienen, ~ – Spachtel SRP, ~ – Kunstharzputzen und ~ – Sockelabschlußprofil;
5424 SOVA

SOVATHERM
Hartschaumplatten für Vollwärmeschutz;
5424 SOVA

Soviel 3-fach
Weißfeinkalk, ungelöscht;
7906 UW

Sozius
Sitzpoller aus Beton;
6722 Lösch

Spänex
~ - **Heizkessel**, u. a. Spezialkessel zur Befeuerung mit Holzstaub, -spänen und -briketts, aber auch andere Typen z. B. für Koks, oder kombinierbar mit Öl-/Gaskessel usw.;
3418 Wilhelm

SPAHN
Sitzbadewanne mit Tür, für ältere und behinderte Personen;
6450 Spahn

Span
→ Thermopal-Span;
7970 Thermopal

SPANATEX
Spanplatten „feuchtfestverleimt“ nach DIN 68 763 und Spanplatten E 1, B 1, schwerentflammbar, Platten und Vertäfelungen in Melaminharzbeschichtung.
~ Programm E 1 umfaßt:
Spanplatten, mehrschichtige Spezialspanplatten mit Melaminharzbeschichtung.
Möbelbauplatten, einbaufertige Korpusteile in verschiedenen Ausführungen.
Regalböden aus melaminharzbeschichteten Spanplatten;
3352 ATEX

Span-Brillant
→ Thermopal-Span-Brillant;
7970 Thermopal

Spancon
Vorgespannte Elementdecke (Spannbetondecke);
4000 Betonson

SPANNER-POLLUX
~ Wärmemengenzähler;
Wasserzähler;
6700 Spanner

Spannfilz
Teppichboden-Unterlage von Wand zu Wand aus vollsynthetischen Fasern mit Synthetik-Ausrüstung und eingenadelter Schutzfolie;
6400 Filz

Spannverbund
Verbundträger für große Spannweiten mit hoher Tragfähigkeit und niedrigen Konstruktionshöhen, vorgespannte Verbundträger;
6270 Spannverbund

Spano-Antivlam
Spanplatten, güteüberwacht nach System Bison, Baustoffklasse B 1 (Hersteller: N.V. Spano, Oostrozeeke/Belgien);
2920 Rossmann

Spanophen
~ V 100, phenolharzverleimte Spanplatten nach DIN 68 763 für Unterböden mit angefräster Nut und Feder;
4934 Bicopal

SPARFIX
Abstandhalter für den Einsatz bei geringer Belastung, vorwiegend in Betonfertigteilwerken;
5885 Seifert

SPARITEX
Dachdämmelemente zur Über-Sparren-Isolierung von geneigten Dächern, beidseitig Alu-beschichtet;
4057 Tecoplan

Sparromat-U
Dämmplatte aus PS-Hartschaum für den nachträglichen Innenausbau von Dachgeschossen, Verlegung unterhalb der Sparren (Steildachdämmung);
4630 Philippine
→ 6680 Philippine

Spartana
Betonpflastersteine, den Arbeiten von Steinhauern der Antike nachempfunden;
7557 Kronimus

SP-Beton
~ Betonpflastersteine;
~ Bordsteine aus Beton;
~ Gehwegplatten aus Beton;
~ Hausschornsteine;
~ Silosteine für Güllebehälter;
~ Stahlbeton-Fertiggaragen;
~ Waschbetonplatten;
2058 SP-Beton

SPEBA®
~ Drahtanker aus Edelstahl V 4 A;
~ Elastomer-Rollenlager;
~ Elastomerlager unbewehrt, textilbewehrt, stahlbewehrt;
~ Gleitfolien;
~ Gleitlager;
~ Gleitpolster unbewehrt, textilbewehrt, stahlbewehrt;
~ Großflächen-Gleitlager;
~ Mauerwerksabfangungen aus Edelstahl V 4 A;
~ Montagelager stahlbewehrt;
~ Montierlager;
~ Punkt-Streifen-Gleitlager;
~ Putzprofile;
~ Querkraftdorne;
~ Scherbolzen;
~ Streifen-Gleitlager;
7573 Speba

SPECK
Heizungspumpen, Brauchwasserpumpen;
8192 Speck

Spectral
Leuchtensystem;
Petticoat, Leuchten-System für Hallen, Galerien, Passagen, Eingänge;
7800 Spectral

spedec
Rostfreie Bohrschrauben zur Fassadenbefestigung;
6370 Haas

sped-t
Klemmbefestiger, zur Verbindung von dünnen und unterschiedlichen Materialien;
6370 Haas

Speedy
Kunststoff-Fenster zum schnellen Austausch (aufsetzbare Blendrahmen) für die Althausmodernisierung;
5060 Dyna

Spengler
Betonsteine;
7090 Spengler

SPERRFIX
Rohrspreizen-Endkappe mit größerer Druckplatte und Wassersperren;
5885 Seifert

sperr-klick®
Absperr-Pfosten mit Selbstverriegelungs-System;
2300 Jäger

sperrplan
Handgeschnitzte Haustüren;
3000 Sperr

SPERRQUICK
~ - **FKA**, ähnlich ~ - 83, jedoch mit automatischem Motorventil für fäkalienhaltige Schmutzwasserleitungen nach DIN 19 578;
~ - **2**, Rückstauverschluß aus Kunststoff für durchgehende, fäkalienfreie Leitung DN 100—DN 200 mit Pendelklappe und Handradarretierung;
~ - **83**, wie ~ - 2, jedoch mit 2 Pendelklappen;
6330 Buderus Bau

Sperr-TRICOSAL®
Dichtungsmittel;
7918 Tricosal

SPEZIALKLEBER Nr. 21
Kunstkautschuk-Klebstoff für die Verlegung von Elastik-Sporthallenbelägen, PVC- und Linodur-Beläge;
8000 Isar

SPEZIAL-SPACHTELMASSE NR. 32
2-K-PUR-Spachtelmasse als Ausgleichsmasse und Sperrschicht zwischen Elastik-Sporthallenbelägen und PVC-Oberbelag;
8000 Isar

Sphinx
Industrielle Wandfliesen und Bodenfliesen für Wohn- und Industriebau (aus Holland);
4690 Overesch

Spielraumnetz
Seilnetzkonstruktionen für Spielplätze (Spielplatzgerät);
1000 Pfeifer

SPIESS
Produkte aus Recycling-Kunststoffen;
~ **GITTERPLATTE**;
~ **UNKRAUT-ABDECKPLATTE** für Straßenleitpfosten und Straßenleitplankenträger;
6718 Spiess

SPIET
~ Kegelbahnen;
~ Schießanlagen;
7300 Spieth

SPIRAL
Wickelfalzrohre;
7530 Witzenmann

SPIRALITE
→ THERMOTECT-SPIRALITE;
3160 Thermotect

spirella®
Duschvorhänge, Duschvorhangstangen und ~ - ringe, Duschabtrennungen;
5160 Semer

Spirotherm
Niedertemperatur-Heizkörper;
4100 Kloep

Spirotherm®
Spezial-Heizkörper für Niedrigtemperaturanlagen;
4100 Kloep

Spirovent
Entlüfter für Zentralheizungsanlagen (Absorptions-Entgasung);
4100 Kloep

SPIT
Dübel und Anker;
5000 Spit

ÅSPLIT
~ - Kitte, Verlegekitte und Fugenkitte, Spachtelmassen;
6230 Hoechst AG

Spramex
~ Bitumen gem. DIN 1995 für Straßen- und Wasserbau;
~ **RJ**, Asphalt-Bindemittel für die Regenerierung von Altasphalt;
2000 Shell

Spraybit
Bindemittel, wasserfrei, hochwirksam, zum Vorspritzen;
2000 Colas

SPRAYLAT
Oberflächenschutz, abziehbar, aus der Spritzpistole, gegen physikalische und chemische Einflüsse;
8043 AIC

Spraymat
~ - **Glanzlack**, Nitrolack in Sprühdosen, lieferbar in 10 Holztönfarben;
~ - **Grauentferner**, von mattierten bzw. nitrolackierten Holzflächen (Holzverschönerung);
5050 Clouth

Spreng
~ - Treppen, freitragende Treppen, Wendeltreppen, Spindeltreppen → S-Treppen;
7170 Spreng

Sprint-Design
Sanitärarmaturen;
8000 High Tech

Sprühex
Teppichreinigungschemikalie, auch Versprühmittel;
4040 3M

SRB
~ Sockelleisten, flächenbündige und Hygiene-Sockelleisten;
~ Treppenkanten, Handläufe, Platten, Folien, Schilder, Garne, Granulate, Pigmente, nachtleuchtend;
6005 SRB

SST
Spar-Spindeltreppe, Lochmaß von 0,60 × 1,30 m;
7490 Baveg

ST
Schornstein-System, vorgefertigt, für Öl- und Gasfeuerung, Elemente aus Alu-Außenmantel, verzinktem Stahl-Zwischenmantel und korrosionsbeständigem Edelstahl-Innenrohr;
2220 Wallace

STABA
~ **Dämmstoffverbindungskrallen**;
~ **Deckenabhänger** SB für Holzunterkonstruktionen;
~ **Hartschaumkrallen**;
~ **Isolierstoffkrallen**;
~ **Kurzabhänger**, Deckenabhängung;
~ **Lattenkippwinkel**;
~ **Profilholzkrallen**: Profilbrettkralle, Compactkralle, Paneelclip, Sauna-Clip, Fugenkralle, Fugenverbindungskralle, Abstandskralle, Verbindungskralle;
~ **Stifte**, Schraubnägel und Schrauben;
7410 Bögle

STABA Wuppermann
~ Anschlagragrohre, nach DIN 18 095 in bandverzinkter Ausführung;
~ Stahl-Glasfassaden-System;
~ Systemprofile für den Hallenbau;
5090 Staba

STABAU
Kunststoff-Fenster, metallverstärkt;
8701 Stabau

STABETON
→ HÜWA®;
8500 Hüwa

Stabichloran
Chlorgranulat, langsamlöslich, zur Chlorstabilisierung im Schwimmbadwasser, unterbindet ungenutztes Entweichen von Chlor;
8000 BAYROL

StabiCor
Dachrinnensystem;
6370 Braas

Stabil
Stabilisierte Haustür (mit Stahlprofilen) für extreme klimatische Beanspruchung und thermische Wechselbelastungen;
2410 Voss

STABIL
Rolladenkasten aus einer formgepreßten, gewölbten Schale aus Werzalit;
7152 Lehr

Stabil
~ - Rohrschelle, mit und ohne schalldämmende Einlage für sichere Befestigung, schockgeprüft;
7208 Sikla

stabilan
~ Kellerlichtschacht aus GFK;
~ Lichtelemente;
~ Spaltenboden aus Kunststoff;
8437 Drkosch

Stabilenka®
Bodenmechanik-Konstruktionsmaterial, Armierung gegen Grundbruch, aus hochfestem Gewebe;
5600 AKZO

STABIL-Flex
Schüttgut-Wände versetzbar, ⊥- oder L-Form, für alle losen Güter bis über 4,00 m Höhe;
2814 Konrad

Stabilit
~ **express**, Klebstoff, hochfest, für Keramik, Kunststoff, Holz, Porzellan, Metall, Glas und Stein;
~ **rasant spezial**, Sekundenkleber für poröse Materialien;
~ **Ultra**, 2-K-Kleber, ultrafest für Metalle, Glas, Porzellan, Keramik, Stein, gehärtete Kunststoffe u. ä.;
4000 Henkel

STABILO/STABILETTBODEN/STABILETTE®
Lamellen-Boden für Industriebetriebe, Kaufhäuser, Gaststätten usw.;
6990 Bembé

STABILOTEKT
Polymer-Bitumen-Deckaufstrich, kalt zu verarbeiten, elastisch, für naht- und fugenlose Dächer;
7500 Zaiss

STABILOTHERM
Dachdichtungsbahn, reflektierend, weiß, oberseitig mit feuerfester Spezialkaschierung;
7500 Zaiss

stabil®
~ **Fenster**, als Energiesparfenster mit Isolierglas in Kipp- oder Drehausführung, als Kellerfenster mit Einfachglas in Kippausführung, als Garagenfenster mit Drahtglas, als Stallfenster;
8437 Drkosch

Stabil-Rost
Sicherheitsroste aus Stahlblech, Alu oder Edelstahl für Treppen, Laufstege, Umgänge;
4573 Graepel

Stabirahl®
~ Balkongeländer aller Art;
~ Brüstungsgeländer;
~ Handläufe aus Holz, Alu und Stahl;
~ Komplett-Balkone;
~ Pflanztröge;
~ Sichtblenden;
~ Trennwände;
~ Treppengeländer;
~ Überdachungen;
~ Vordächer;
4300 Stabirahl

STABIRO®
Kunststoff-Fenster, Rolladenkästen, Rolläden, Rolltore;
3210 Stabiro

stabitex®
~ **antislip**, Anti-Rutsch-Unterlage für alle Brücken, Teppiche, Teppichböden — auf allen Böden;
~ - **intakt**, Zwischenbodenbelag mit Haftnoppen ohne Klebebindung zum Unterboden. Nur der Teppichboden wird mit dem üblichen Dispersionskleber auf Stabitex-intakt verklebt;
2050 stabitex

STABOX®
Bewehrungsanschluß;
8448 Frank

Stadi AS IBS
Automatische Türabdichtung;
5760 Athmer

Stadler
Treppen mit Holz- oder Steinstufen, mit Stahlunterkonstruktion oder aus massivem Holz;
7968 Stadler

Stadlinger
Biberschwanzziegel, für Denkmalschutz und Neubau in allen Formaten, naturrot, engobiert und glasiert;
8506 Stadlinger

Staefa
Regelsysteme, Steuersysteme und Leitsysteme für die Energie- und Haustechnik;
2800 Staefa

Stähle
~ **Holzdachrinnen** aus Fichte mit Zubehör;
~ **Schindeln** aus Lärchenholz und Red Cedar aus Österreich und Kanada;
7000 Stähle

STÄRKEEXIDER
Stärkeabscheider aus Edelstahl für Gebäudeaufstellung
6330 Buderus Bau

Staff
Lichtrohrsystem, stranggepreßte Alu-Rohre nehmen alle für die Lichttechnik erforderlichen Teile auf;
4920 Staff

Stahl
~ Installationskanäle und Wandkanäle aus Alu, sowie Energiesäulen;
~ Unterflursysteme, Stahlblech-Kabelkanäle für die estrichüberdeckte Verlegung (Installationskanäle);
2153 Stahl

STAHL VOGEL
~ Brandschutztüren großflächig verglast T-30-1 und T-30-2 mit Zulassung des IfB;
~ Fenster und Türen System Sälzer, einbruch- und beschußhemmend bis zur höchsten Stufe;
6308 Stahl-Vogel

Stahlflex
→ ISO-INOX-SYSTEM;
7730 Isometall

STAHLHAUT
Bautenschutzprogramm mit Bitumenlösungen;
~ **D**, Deckaufstrich AIB 4681.2;
~ **E**, Voranstrich, elektrisch leitfähig (Zaiss-Patent zur Prüfung von Abdichtungen);
~ **I**, Schutzanstrich für Mauerwerk;
~ **N**, Voranstrich DIN 18 195, auch für baufeuchten Untergrund;
~ **SAN**, Voranstrich für Sanierungen;
~ **S**, Voranstrich, spritzfähig, AIB 4681.01;
~ **T**, Voranstrich, spritzfähig, Korrosionsschutz für Trapezbleche;
7500 Zaiss

STAHLNETZ
~ - **Armierungsgitter**, geschweißt, zur Armierung des Mörtelbettes beim Verlegen von Wand- und Bodenplatten und für Bewehrung in Estrichböden;
~ - **Balkenmatte**;
~ - **Drahtnetze**, als Estricheinlage, geschweißt;
~ - **Fugendeckstreifen**;
~ - **Pliestergeflecht**;
~ - **Rabitznetze**, geschweißt;
~ - **Rabitznetzstreifen**, geschweißt;
4770 Rösler

STAHO
Spielplatzgeräte aus Holz, Stahl und Kunststoff;
4050 STAHO

STAIFIX®
Verankerungsstahl und Bewehrungsstahl, gerippt oder glatt, korrosionssicher;
7895 Horstmann

Stakati®
Betonpflasterstein für die Gestaltung von Flächen, Kreisen, Bögen, Schuppen usw.;
4972 Lusga

STAKUSIT®
→ sks-STAKUSIT®;
4100 Stakusit

STALLIFLEX
Stahlgitterroste, plastikummantelt für Stallböden;
7700 Stallit

STALLIT
~ - Estrich-Original;
~ - Gummimatten für Rinder;
~ - Iso-Dämmschicht;
~ - Kunstharzplatte;
~ - Stallbodenplatten 30 × 30 × 3,5 cm;
~ - Super-Stallbodenplatte 30 × 30 × 6,2 cm;
7700 Stallit

Stallux
~ - Fenster, großflächig, sprossenlos, gußeisern, für Ställe, Lagerhallen, Garagen, Werkstätten und Waschküchen;
7125 Haiges

STALOCOTT
Bodenkeramik mit Antik-Charakter in Naturfarben;
4980 Staloton

Staloton
Klinkerplatten, glasierte Feinklinkerplatten, Spaltplatten, Spaltriemchen, Pflasterklinker;
4980 Staloton

Stamark
Selbstklebende retroreflektierende und nicht retroreflektierende Straßenmarkierungsfolie auf Polymerbasis für Kurz- und Dauermarkierungen;
4040 3M

Stanac
Lärmschutzplatten, wasserfest, fungizid, bakterizid;
6074 Optac

Standard 70
Tondachziegel ab 19°, variable Decklänge 27—34 cm;
4950 Heisterholz

Standardschalung
Schalung;
4030 Hünnebeck

stand-on
Dachzubehör. PVC-Dachpfannen als Grundelement unterschiedlicher Dachpfannenformen in Verbindung mit den zugehörigen Systemkomponenten: Laufrosthalterung, Schneefanggitterhalterung, Steigtritt;
5828 Klöber

STANLEY
Automatiktüren;
5620 Stanley

STANMIX
~ - **E**, kationische Emulsion mit polymermodifiziertem Bitumen für dünne Schichten im Kalteinbau (Slurry Seal);
2000 VAT

1

STAPELFIX
Druckplatte für die Lagerung von Betonfertigteilen;
5885 Seifert

STARFIX
Abstandhalter für die obere Bewehrung;
5885 Seifert

STARKE
Wintergärten;
5760 Starke

STARK-LEISTEN
Furnierte Sockelleisten, Holz-Teppichsockel, furnierte Profilleisten, Massivleisten, Segmentbögen, Rundbögen;
7600 Stark

Starkolith
Wärmedämmputz-System;
8602 Starkolith

Starline
Niedervolt-Halogen-System;
3280 Kinkeldey

Staro
~ - **Gewinde**, Stahlpanzerrohr, starr, für höchste Beanspruchung (z. B. Leerrohrverlegung im Heißasphalt) mit einseitig aufgeschraubter Muffe, auch in verzinkter Ausführung;
~ - **Steck**, Stahlsteckrohr, starr, ohne Isolation, schwarz lackiert, verzinkte Ausführung für erhöhte Korrosionsbeständigkeit;
8729 Fränkische

STARPOINT
Lichtschalter-Baukastensystem in Ganzmetall oder Duroplast;
5885 Berker

Star®TUFT
Teppichböden in Velours;
7306 Object

Statur
Bleche und Bänder aus fast allen Eisen- und Nichteisenmetallen mit kalteingewalzten stabilisierenden Strukturen für Innen- und Außenverkleidungen, Türen, Treppen, Dacheindeckungen usw.;
7000 EWG

STAUBEX
Zentrale Staubsauganlage;
4950 Brinkmann

„staubgebremst"
→ Urberacher Perlite;
6074 Perlite

Staudacher
Thermopor-Ziegel;
8909 Staudacher

STAUF
~ Ausgleichsmasse;
~ Einseitkleber;
~ Estrichgrundierung;
~ Fließzement;
~ Holzpflaster-Klebstoffe;
~ Kunststoff-Spachtelmasse;
~ Linoleumkleber;
~ Parkett-Klebstoffe;
~ Planierzement;
~ Teppichkleber;
~ Textil-Wandkleber für Textil-, Vinyl-, Gewebe- und Metalltapeten;
~ Wandkleber, Dispersionsklebstoff für PVC-Schaumwandbeläge und textile Wandbeläge;
~ Wiederaufnahmekleber;
5900 Stauf

Staufix
→ UNIVA-Staufix;
8071 Kessel

Stausafe
Rückstauverschlüsse im Baukastensystem aus ABS;
5760 Dallmer

STAUSBERG
Papierkörbe, feuerverzinkt oder verzinkt und kunststoffbeschichtet;
2300 Jäger

STAUSS
~ - **Ziegeldraht**, Putzträger als Rollengewebe, Streifen oder Fassadenmatte, nichtrostender Stahl 4016 nach DIN 17 440;
5820 Störring
→ 8520 Friedrich
→ 8060 Müller;

staverel-SONOSORB
Verbundelemente, speziell für den Schallschutz konzipierte Reihe für Alu-Kunststoff-Holzkonstruktionen;
2160 Lingner

S.T.C.
(Simson Thio Compounds) Dichtungsmasse, dauerelastisch, für Dehnungs- und Anschlußfugen von Türen, Fensterrahmen, Mauerwerk, Betonelementen;
4050 Simson

Steamex
Sprühextraktions-Programm für Teppichboden-Reinigung;
6231 Roberts

Steber
Massiv-Blockhäuser, Dachhölzer in jeder Dimension, Balken, Holz-Fußböden;
8220 Steber

Stecker
Geländerpfostenhalter, wiedergewinnbar, in der seitlichen Betonfläche verankert;
4040 Betomax

STECKFIX
~ - **Steckverbindung** für glasierte Steinzeugrohre DN 100 bis DN 200;
5830 Mücher

STECKKONEN
Konen, aufsteckbar, für Spreizen zur Wandverspannung;
5885 Seifert

STEEB
Wohnraumdachfenster, Dachraumfenster, Atelierfenster, Gitterroste, Gleitschutzroste, Fahrbahnabdeckungen, Sicherheitsroste, Dacheisenzeug;
7247 Steeb

STEGEMANN
Kamine (komplett-, Individual- und Stilkamine);
4405 Stegemann

Steidle
Schalungs-Systeme;
7480 Steidle

Steinau
Türen — Tore — Zargen aus Stahl;
5760 Steinau

Steinbach
Natursteine für den Gartenbau: Bruchsteine, Findlinge, Tröge aus Muschelkalk und Sandstein;
8740 Steinbach

Steinbock
~ - Elastik-Pendeltore, serienmäßig bis 480 × 480 cm Größe;
~ - Streifenvorhänge aus PVC, durchfahrbare Trennwände;
8052 Steinbock

STEINEL®
Sicherheitsanlagen, z. B. Bewegungsmelder mit Infrarot-Sensor mit automatischer Lichteinschaltung und Alarmmeldung;
5901 STEINEL

STEINHAUER
Holzfertighäuser;
~ - Gartenhäuser, Gerätehäuser;
~ - Sechs- und Achteck-Lauben;
~ - Wochenend-Wohnhäuser;
5231 Steinhauer

Steinit
Bodenbelag, fugenlos (Stallbodenbelag);
8340 Faltermeier

Steinmasse RS
Steinrestaurierungsmittel;
3006 Schmalstieg

Steinrein
Steinreiniger, entfernt Moos- und Algenbewuchs auf Marmor, Beton, Ziegel, Treppen, Grabsteinen usw.;
8000 BAYROL

Steinwald
Glasierte Spaltplatten, frost-, säure- und laugenbeständig;
8595 Merkl

Steinzeug
~ **Rohre**, Formstücke und Zubehör auf den Bau von Abwasserkanälen in offener und geschlossener Bauweise;
~ **Steinzeug-Schächte**;
5000 Steinzeug

Stelcon®
~ - **Ankerplatten** aus Stahlblech;
~ - **Cristalundplatten**, mit gewaschener mineralischer Hartbeton-Deckschicht, gelb eingefärbt;
~ - **Fertigböden** als ~ - **Großflächenplatten** mit Winkeleisenrahmen-Einfassung als Kantenschutz oder als ~ - **MB-Elemente** mit spezieller Kantenausbildung;
~ - **Ferubin-Hartbetonplatten** mit mineralischer Verschleißschicht entspechend AGI A 10, Gruppe U;
~ - **Gußeisenplatten** aus schlag- und stoßfestem Grauguß;
~ - **MS**-Hartbetonplatten mit gewaschener Deckschicht aus Schmelzprodukten und mineralischen Zuschlagstoffen;
~ - **Panzer-Hartbetonplatten** mit metallischer Verschleißschicht lt. AGI A 10, Gruppe M;
~ - **Stützmauern**;
4300 Stelcon

Stella
~ - **Ausgleichspachtel**, hydraulisch abbindend;
~ - **EM-Flüssigkeitskunststoffe**, lmh, Basis Epoxidharz, für Imprägnierungen, Versiegelungen und Anstriche;
~ - **Flüssigfolien**, elastomere Dichtschichten;
~ - **pren-Cl-Bahn**, Säureschutzbahn (Gummierungsbahn), Basis Synthese-Kautschuk für selbstvulkanisierende Weichgummierungen;
~ - **pur R**, Flüssigelastomere für Beschichtungen und Sonderanwendungen;
~ - **Spritzbeton**, Spezialwerkstoff mit säurebeständigem Zuschlagmaterial;
5330 Didier

1

Stellabutyl
~ - **SV-Bahn**, Gummierungsbahn, selbstvulkanisierend, Basis IIR;
~ - **V-Bahn**, Säureschutzbahn, ausvulkanisiert, Basis IIR;
5330 Didier

Stellacarben
~ - **A-Bahn**, Säureschutzbahn auf Basis Polyolefin mit speziellen Füllstoffen, thermoplastische Dichtschicht;
5330 Didier

STELLACID®
Keramiksteine, säurebeständig, trocken geformt;
5330 Didier

Stellacryl
~ **F**, Acrylat-Bodenbeschichtung, gießbar, verschleißfest, flüssigkeitsdicht;
~ **W**, Acrylat-Wandbeschichtung, Eigenschaften wie Typ F;
5330 Didier

Stelladur
~ - **EO-Flüssigkunststoffe**, Basis Epoxidharz für selbstverlaufende Estriche;
~ - **Hartbetonplatten**, für Bodenbeläge in Fabrikations- und Lagerhallen, Transportrampen u. ä.;
~ - **TWB-Platten**, Plattenbelag mit großer Temperaturwechselbeständigkeit, z. B. für Walzwerke, Schmieden u. ä.
5330 Didier

Stellagen
~ **FI**, Verfugewerkstoff, Basis Vinylesterharz, einschlämmbar;
~ **Kitt**, Vinylesterharzkitt, selbsthärtend, mehrkomponentig, chemikalienbeständig;
~ **Kunstharz-Beschichtung** auf Basis Vinylesterharz, duroplastische Dichtschicht;
5330 Didier

Stellakitt
~ - **KG-Beton**, Kaliwasserglasbeton;
~ - **Mörtel**, hydraulisch abbindend;
~ - **Wasserglaskitte**, 2-K, selbsthärtend;
5330 Didier

Stellalit
~ - **CC**, Chlorkautschuk-Lackfarbe für korrosionsbeständige Anstriche;
~ - **EPT**, Korrosionsschutz-Anstrichmittel auf Basis Teerpech-Epoxidharz;
~ - **Fugenvergußmasse**;
~ - **Lack**, bituminöses Anstrichmittel als Voranstrich auf Stahl und Beton;
~ - **Spachtelmassen**, thermoplastische Dichtschichten;
~ - **Stampfmassen**, Gußasphalt;
~ - **Verlegemassen**, bituminös, thermoplastisch;
5330 Didier

Stellaplast
~ **SN**, Dehnfugenkitt, 1-K, auf Siliconbasis;
5330 Didier

Stellasin-CR-Bahn
Säureschutzbahn, (Gummierungsbahn) auf Basis CR, elastomere Dichtschicht;
5330 Didier

Stellatar
Bodenflächenbeschichtung und Wandflächenbeschichtung, Basis Epoxidharz-Teer, duroplastische Dichtschichten;
5330 Didier

Stellatex
~ **Ausgleichspachtel-EA**, Basis Epoxidharz, zum Ausgleich und zur Reparatur von Beton;
~ **Beschichtungswerkstoffe**, Basis Epoxidharz;
~ **Kunststoff-Beton**, Kunststoffmasse auf Basis Epoxidharz;
~ **Verfugewerkstoffe**, selbsthärtend, mehrkomponentig;
5330 Didier

Stellavinyl
Spritzbeschichtung, nahtlos, auf Basis PVC-PVDC, thermoplastische Dichtschicht;
5330 Didier

Stellavol
~ Beschichtungswerkstoffe, Basis Polyesterharz;
~ Kunststoff-Beton;
~ Polyesterharzkitte, 2- oder 3-K, chemikalienbeständig;
5330 Didier

Stellfix®
→ Karlsruher Gartenstein → Stuttgarter Mauerscheiben → Optilex® → Basilex® → Basilix® → Refuga® → Arborex®;
7530 Betonwerk
→ 3260 Weserwaben
→ 3300 Behrends
→ 8000 Fries
→ 7187 Kaufmann
→ 8400 Lerag
→ 6722 Lösch
→ 7710 Mall
→ 5241 NH
→ 8752 Schmitt E.
→ 8901 Weitmann

StelmideRoc
Betonimprägnierung;
7257 Loba

STEMU®
Steckmuffenformstücke aus PVC und Kunststoffschiebersystem;
7321 GF

STENFLEX
~ - Rohrverbinder für Vibrationsaufnahme und Geräuschdämpfung;
2000 Stenflex

Stengel
~ - Verbundstein, Betonformstein für den Wasser- und Uferbau;
7514 Hötzel

Stengel
~ pori-Klimaton-Ziegel;
8850 Stengel

Stengel
Thermopor-Ziegel;
8858 Stengel

STEODUR
~ 2-K-PUR und EP-Beschichtungsmassen, flüssig für chemikalienbeständige Boden- und Wandbeläge;
2863 Bergolin

Stephard
~ - **Plastik**, Versiegelung für Parkett und Hartholzfußböden, Fliesen, Kunststein usw.;
2390 Cordes

STERNER
~ Müllbehälter-Versenkanlage für Behälter bis 1,1 m^3;
4690 Sterner

STERNFIX
Abstandhalter, großflächig stützend, der die Bewehrung an mehreren Punkten trägt;
5885 Seifert

STERNSPREIZEN
Mauerstärken-Abstandhalter für senkrechte Schalung;
5885 Seifert

STERO-CRETE®
Asbestfreier Werkstoff für Dachplatten, Fassadenplatten, Plantafen für Außenwände und Innentrennwände → 8332 Hofmeister;
4650 Stero-Crete

STERZINGER SEPENTIN
Grüner Naturstein als Bodenplatten und Fassadenplatten, auch als Blockmaterial, frostbeständig;
6149 Grünig

STETECOL 340
Flüssige Kunststoffbeschichtung in schwarz und rotbraun, 2-komponentig auf Epoxid-Teer-Basis für Stahl-, Beton- und Stahlwasserbau;
2900 Büsing

Steuler
Säurefeste Kitte und Isolierungen, Fliesen für Boden und Wände, säure- und laugenfeste Steine, Vorhangfassade, Säurezement;
5410 Steuler

Steuler
~ Wandfliesen, Dekor-Wandfliesen, Bodenfliesen;
7130 Steuler

STEWING
Lärmschutzwände aus Stahlbeton;
4270 Stewing

STF
~ - Bausysteme, variables Bausystem aus Stahlbetonfertigteilen und Schlüsselfertigbau für Lagerhallen, Industriehallen, Parkhäuser, Verwaltungsbauten, Schulbauten, Einkaufszentren, Schutzraumbauten, Lärmschutzwände;
~ Betonfertigteile, variable Konstruktionselemente für Lagerhallen, Industriehallen, Parkhäuser, Verwaltungsbauten, Schulbauten, Einkaufszentren;
4232 STF

Stich
Kombi-Treppen, Stahltreppen, Holztreppen, Kunststeintreppen, Marmortreppen, Marmorfensterbänke, Gartenfiguren aus Stein;
8485 Stich

Stiebe
Fertigkeller;
3453 Stiebe

Stiebel Eltron
~ Elektro-Wärmespeicher (Einzelgeräte und Zentralanlagen);
~ Elektro-Zentralheizungsanlagen;
~ Gasheizungsanlagen;
~ Solaranlagen;
~ Wärmepumpen;
3450 Stiebel

Stiegler
Rollgitter, Rolltore in Alu und Stahl;
8500 Stiegler

STIFLEX
~ - **Glasgewebe** (Armierungsgewebe) für Innen- und Außenputz;
7321 Stumpp

Stifter
~ - **Tauch-Deck**, absenkbare Schwimmbadabdeckung aus PVC-Hohlpaneelen;
8922 Stifter

StiKK®
Bauteile-System;
~ Schirm, feuerverzinkte Stahlkonstruktion (Einzelstütze oder Stützenbündel) mit Glas;
5909 Hering

Stillness
Lärmschutzfenster bis Schalldämmwert Rw: 50 dB und höher;
5060 Dyna

Stimar
Natursteinfliesen, feuchtigkeitsversiegelt;
8838 Stiegler

STIROMAT
Polystyrol-Extruderschaum-Platten;
2800 Marquart

STOBAG
~ **Großflächen-Beschattungsanlagen**: Großgelenkarmmarkisen, Pergolamarkisen, Wetterschutzanlagen, Wintergarten-Beschattung;
~ **Markisen-Systeme** für Wohnhäuser und Geschäfte;
7500 Klaiber

Stodimat
Automatische Türabdichtung zur nachträglichen Abdichtung;
5760 Athmer

Stöber
~ - **Abstandhalter** aus Beton und Kunststoff für waagrechte und senkrechte Bewehrung, rund (für Sichtbeton) und würfelig;
3160 Sieg

Stöbich
~ Feuerschutzabschlüsse für bahngebundene Fördersysteme;
3380 Stöbich

Stöcka
Betonwaren;
~ Bordsteine und Gehwegplatten mit Aufkantung;
~ Fertigteilschächte;
~ Müllboxen;
~ Waschbeton-Sonderanfertigungen;
6201 Stöcka

STÖCKEL
Kunststoff-Fenster, Kunststoff-Fassaden, Deckenpaneele aus Kunststoff, Holzfenster, Haustüren;
4576 Stöckel

Stöcker
~ Betonverzugplatten, Schwerbetonsteine, Wasserrinnensteine, Abdeckplatten, Blockstufen, Fensterstürze, Rasengittersteine, Pflastersteine, Randsteine, Kabelkanäle;
~ Magnesiabinder zur Gebirgsverfestigung;
~ Verfüllmörtel MS-CS für Tunnel- und Streckenausbau;
4100 Stöcker

Stöhr
Verteilerschränke mit Universalhalterung;
7535 Stöhr

Stog
~ Brückenfahrbahnübergang, Fugenbänder aus Neopren zur Überbrückung von Höhenunterschieden;
~ - WSW Wasserreinigungsanlage, biologisch, zum Einsetzen in Gewässer;
4355 Stog

stolit/stolit R
→ sto® stolit;
7894 sto

STOLLE
Schamottesteine, Offene Kamine, Backöfen;
7022 Stolle

STOMMEL-HAUS
~ - Blockhäuser;
5206 Stommel

Stone
→ DECOFLOOR Stone;
7900 Uzin

STOP
Schimmelschutzmittel, auch gegen Moos und Algenbefall, in Bad und Wohnräumen, auf Natursteinen, an Holzverkleidungen usw.;
7707 Geiger

STOPRAY
Mehrscheiben-Isolierglas, metallbedampft, mit erhöhtem Sonnenschutz;
2000 Bluhm

STOPSOL®
~ Mehrscheiben-Isolierglas, metalloxydbeschichtet, mit erhöhtem Sonnenschutz;
~ Sonnenschutzglas, weiß und bronze;
2000 Bluhm

sto®
Organisch gebundene Putze, Dispersionsfarben, Wärmedämmverbund-Systeme, Wandbeläge, Bautenlacke, Akustik-Systeme:
~ **Akustikdecken**, fugenlos;
~ **Akustikputze**;
~ **antik**, organisch gebundener Putz für rustikale Beschichtungen;
~ **armierungsputz**, elastische, faserarmierte Paste;
~ **betonlasur**, Dispersionsfarbe für außen und innen;
~ **betonspachtel A**, zementverträglicher Dispersionsspachtel;

~ **co-putz**, vergüteter Zementputz mit Reibeputzstruktur in Pulverform;
~ **Color Extra wetterfest**, Außendispersion;
~ **color fassadenfarbe PL**, Fassadenfarbe, lmh, diffusionsfähig;
~ **color vlies extra**, hochelastische, streich- und rollfähige Farbpaste mit cremeartiger Konsistenz;
~ **crylan 2000**, Dispersionsfarbe für außen und innen;
~ **Decolit R**, mit Rillenputz-Struktur;
~ **Decolit**, organisch gebundener Putz für innen mit Kratzputz-Struktur;
~ **emaillelack**, Alkydharz-Weißlack für Holz und Metall, außen und innen;
~ **epoxy**, 2-K-Epoxidharzlack und Klarlack;
~ **fenstergrund**, langölige Alkydharz-Anstrichfarbe, seidenglänzend;
~ **fensterweiß**, langölige Alkydharzlackfarbe, hochglänzend;
~ **fix W**, Wandbelag für innen mit Rauhfasereffekt;
~ **fugenkitt**, plasto-elastische Dichtungsmasse für Anschlußfugen;
~ **grundex grundhärter**, Tiefgrundierung, lmh;
~ **heizkörperlackfarbe**, Alkydharz-Lackfarbe;
~ **helgol**, Reinigungsmittel für Beton;
~ **Innenspachtel**, feiner Sandspachtel zur Beschichtung von Betonfertigteilen innen;
~ **Kellenputz**, organisch gebundener Putz für dickschichtige, rustikale und körnige Innen- und Außenbeschichtung;
~ **lit carrara**, organisch gebundener Putz für innen und außen mit Kratzputz-Struktur;
~ **lit R carrara** mit Rillenputzstruktur;
~ **mar**, Kunstharzlackfarbe, schlagfest;
~ **maxicryl**, Fassadenfarbe, Reinacrylat-Dispersionsfarbe für innen und außen;
~ **perlgrund**, Siloxan-Imprägniermittel, lmh;
~ **perl**, lösungsmittelverdünnbarer Buntsteinputz für Sockelflächen außen und innen;
~ **plastik**, organisch gebundene Plastikmasse für innen;
~ **plastofix**, Zellulose-Füllspachtel;
~ **plex w**, wäßrige Grundierung;
~ **putzgrund**, Dispersions-Grundierfarbe;
~ **Betoninstandsetzungssystem** → sto®;
~ **Putzsortiment** mit organisch gebundenen Putzen, Silikat- und Mineralputzen;
~ **rollputz**, Kunstharzputz für rustikale und dickschichtige Innen- und Außenflächen;
~ **silikatfarbe**, streichfertige 1-K-Farbe auf Silikatbasis;
~ **silikatputz R**, wasserglasgebundener Putz für außen und innen mit Rillenputzstruktur;
~ **silikatputz**, wasserglasgebundener Putz für außen und innen mit Kratzputz-Struktur;
~ **spritzspachtel**, gut füllend, zur Strukturbeschichtung von Wand- und Deckenflächen;
~ **steinputz** organisch gebundener Putz mit Waschbeton-Effekt
(mit Buntsteinen) für außen und innen;
~ **stolit R** mit Rillenputzeffekt;
~ **stolit**, Kunstharzputz für außen und innen mit Kratzputzeffekt;
~ **strukturputz**, Mineralputz in Pulverform für außen und innen;
~ **superlit**, organisch gebundener Putz mit Waschbeton-Effekt; (mit Buntsteinen);
~ **Thermo-Dübel** mit Polystyrolkappe;
~ **unicryl**, Acrylat-Dispersionslack, wasserverdünnbar für innen und außen;
~ **waschelputz**, Mineralputz für rustikale und dickschichtige Innen- und Außenbeschichtungen;
7894 sto

Stop-2000
Kellerablauf, gußeisern, mit doppeltem Rückstauverschluß;
6750 Guß

Storex
~ Balkon- und Terrassen-Überdachungen mit Glaswänden, Dacheindeckung mit Reglit-Profilglas;
6601 Storex

STOROpack
~ Hartschaum-Automatenplatten mit Stufenfalz für Flachdächer;
~ Rasterdecke Vario 625;
7104 Reichenecker

STOROPACK
Rasterdecken, abgehängte Unterdecke aus einer Metall-Tragkonstruktion und Polystyrol-Elementen;
7430 STOROPACK

STOROplan
~ Dämmplatten aus PS 20 SE;
Sanierungssystem für Wellasbestdächer mit
7104 Reichenecker

Strabusil
→ FF-Strabusil;
8729 Fränkische

STRADAFIX
Porenfüllmasse auf Bitumenbasis für die Oberflächenversiegelung auf bituminösen Straßendecken;
2000 VAT

Stradalux
Straßenleuchte aus legiertem Alu-Blech;
3257 AEG

STRAHLBANDHEIZUNG®
Heizsystem;
7000 Missel

1

STRALIO®
Sonnenschutz-Drahtglas, reflektierendes Gußglas, einseitig mit Metalloxiden beschichtet;
5100 Vegla

STRAMIPLAC
Leichte Trennwandelemente für nichttragende Innenwände in 70 mm Stärke mit beidseitiger Gipsbeplankung (Hersteller: Isobouw b.v. NL-5710 AA Someren);
4057 IsoBouw

Stramit
Dachplatten aus gepreßtem Stroh, allseitig mit Papier verkleidet, für Ziegel- und Wellasbestdächer, für Pappdächer zur Wärme-Isolierung und Kälte-Isolierung, feuerhemmend;
4000 Stramit

STRAMITEX®
~ - Fertigdach, besteht aus einem T-Sparren, der gleichzeitig werkseitig den gesamten Sparrenzwischenraum nach außen und innen mit einer Holzspanplatte tapezierfähig auskleidet und mit einer Styropor-Dämmung bis zu max. 130 mm ausfüllt;
4057 IsoBouw

STRAPAZOID®
→ awa STRAPAZOID;
5300 Awa

Strasil
→ FF-Strasil;
8729 Fränkische

STRASSER
~ **FH 3**, wasserdichter Dünnbettmörtel für Verlegung von allen keramischen Materialien, innen und außen;
~ **KM 80**, Klebemörtel zur Verlegung von allen keramischen Materialien, sowie Natur- und Kunststeinplatten;
~ **SP 2**, Isoliermörtel, MG II, für Feuchtigkeitsschutz bei Voll- und Hohlschichtmauerwerk;
~ **SP 3**, Isoliermörtel, MG III auf Zementbasis, Verlege- und Ausgleichsmörtel bei Herstellung keramischer Flächen innen und außen;
~ Wärmedämmputz-System;
2000 Strasser

STRASSERFUGE
Mauerwerksverfugung, wasserdicht, für alle keramischen Flächen, in vielen Farben;
2000 Strasser

STRASSERLITH
~ - Edelputz, Oberputzmischung als Fertigmörtel;
2000 Strasser

STRASSERPUTZ
Fassadenputz, wasserdampfdurchlässig, wasserdicht, in allen Farben und Strukturen;
2000 Strasser

STRATE®
~ - Awalift 100 S, Abwasserhebeanlage (auch für Fäkalien), Kleinanlage;
3014 Strate

STRATOBEL ALARMGLAS
Sicherheitsglas;
2000 Bluhm

Straub
~ **Fassadensysteme**, Warm- oder Kaltfassaden als vorgehängte oder eingeschobene Element- oder Pfosten-Riegelfassaden mit horizontaler oder vertikaler Betonung;
~ **WERTAL® J 62 V-SK**, **Schiebe-Kipp-Fenstersystem**, vollisoliert;
~ **WERTAL® J 62 V** sowie **J 62** und **J 72**, vollisoliertes Fenstersystem für alle gebräuchlichen Öffnungsarten;
~ **WERTAL® JPR-Fassade**, vollisolierte Ganz-Leichtmetallfassade, geeignet für den gehobenen Industriebau;
8857 Straub

STRENGER
~ Einhand-Drehkipp-Beschläge für Alu- und Kunststoff-Fenster;
~ Riegel, Fensterriegel, Türriegel, Schließriegel;
5628 Strenger

S-Treppen
Treppen mit freitragenden Stahlkonstruktionen für Trittbeläge aus Holz, Kunststoff, Stein usw.;
7170 Spreng

Stresolit
Dachbahnen, Schweißbahnen;
1000 Strecker

streusolith
Streumittel mit Tauwirkung für Straßen, Gehwege usw.;
5450 AG

Strietex
~ Textiltapete;
3575 Schäfer

STROBL
~ - Clips-Holzdecken-System, abclipsbare Spanplattenpaneele und Kassettenpaneele mit rechteckigen (Modell Domino) oder quadratischen (Modell Karo) Kassetten (Kassettendecke);
8718 Strobl

STRÖHER
~ Keramikklinker;
~ Klinkerriemchen, unglasiert und oberflächenversiegelt;
~ Spaltplatten, glasiert und unglasiert;
~ Sparverblender;
6340 Ströher

STROMIT
~ - **Floor**, 2-K Kunststoffboden flüssig;
~ - **Gummi-Gießmassen**, kaltvulkanisierender 2-K-Flüssigkunststoff;
~ - **Korrosions-Emaillelack**, 2-K Kunststofflack für Schutzanstriche;
~ - **Lackplastik**, 2-K Flüssigkunststoff für dickwandige Überzüge;
5047 Stromit

strong
Teppichboden, Nadelvlies grobfaserig, meliert, Polschicht 100% Polyamid;
7120 DLW

structon
→ Helmitin system structon
6780 Helmitin

Struktoplan
Strukturierte Schalungsplatte aus einer Holz-/Kunststoff-Kombination;
4840 Westag

Strukturitplatte
→ RINN-Strukturitplatte;
6301 Rinn

Strukturit®
Betonwerkstein-Platten mit Travertin-Struktur für Außenbelag geeignet;
8000 DYWIDAG
→ 4200 Böcke
→ 7514 Hötzel

STRULIK
Programm für Lüftung und Klima;
~ Brandschutz-Tellerventile;
~ Brandschutzelemente;
~ Brandschutzklappen;
6257 Strulik

STS-System
Flammwidrige STS-Sandwichplatte;
6074 Optac

STT-Logi K 9
Systeme im funktionellen Zusammenhang: Brennwert-Heiztechnik, Solartechnik, Fußbodenheizung;
6370 STT

Stuben-Türen
Vollholzrahmen-Türen mit Stabmittellage und abgeplattetem starken Sägefurnier, Fichte astig roh;
6100 Nordic

Stucanet®
~ - Putzträger für Naßputztechnik;
6380 Bekaert

STUCKDEKOR
Stuckelemente aus Alabastermodellgips;
6832 Staub

STUDIO-KORK
Boden- und Wandbelag aus Kork, Platten 2—3 mm stark, speziell für den Do-it-yourself-Bereich;
2870 Meyer

Studio-Star®
Rolladen für Fenster, Türen und Studiowände;
7275 Schanz

STÜBER
Fertighäuser;
5461 Stüber

Stürzer
~ - Decken, als Wandverkleidung und Deckenverkleidung aus Eiche;
7550 Overlack

Stürzer-Decke
→ Osmo-Stürzer-Decke;
4400 Ostermann

Stützflor
Pflanzringsystem als Hangsicherung und Stützwand;
5473 Ehl

STÜWA
~ - Kunststoff-Filter aus PVC-Hart von NW 35 bis NW 400, mit Schlitzweiten von 0,2 bis 2,5 mm;
~ - Kunststoff-Rippenfilter aus PVC-Hart von NW 35 bis NW 200, mit Schlitzweiten von 0,2 bis 2 mm;
~ - Kunststoff-Spülfilter aus PVC-Hart (schlagfest) NW 40 bis NW 50;
4835 Stükerjürgen K.

STUKAL®
Dachunterkonstruktion aus Alu-Preßprofilen;
5300 VAW

STULZ-MITSUBISHI
Wärmepumpen;
2000 Stulz

Stump
~ - Duplex, Verpreßanker für vorübergehende Zwecke;
8045 Stump

STUROKA
Kasten-Stahlträger, vollverzinkt, mit eingebautem Rolladenkasten, schall-wärmegedämmt;
6472 Röder

STUTENSEE
~ - **Konzeption**, Holzhaus aus Massivholz;
7505 Meteor

1

Stuttgarter Mauerscheibe
Bewehrte Betonelemente für Stützmauern im Garten- und Landschaftsbau sowie im Straßenbau(Lizenznehmer → Stellfix®);
7530 Betonwerk

STW
~ Armierungsfasern, Thixotropierfasern;
~ Faserfüllstoffe bzw. Kurzschnittfasern (Asbest-Ersatzfasern) für die Bautenschutzindustrie, z. B. für Hersteller von kunstharzgebundenen Naß- und Trockenputzen, Dispersionsfarben, Spachtel- und Ausgleichsmassen, Kitte, Kleber usw.;
7623 STW

Style
Fliesenserie, die Grundfliesen mit Spiegeldekorelementen kombiniert;
7130 Steuler

STYRISO®
Hartschaumplatten aus PS;
~ **DW**, Welldach-Dämmplatten zur Dämmung von Welldächern aus Asbestzementwellplatten, Metallprofilblechen und Bitumenwellbahnen als äußere Dachhaut für Werkhallen aller Art;
~ **SD**, Steildachdämmplatten, schwer entflammbar nach DIN 4102, mit umlaufender Nut und Feder-Verbindung;
~ **TE**, Trittschalldämmplatten — schwer entflammbar nach DIN 4102, Baustoffklasse B 1, elastifiziert;
~ **UD**, untergehängte Deckensysteme, Dämmplatten umlaufend mit Nut und Feder, Sichtseite mit Fase;
~ Welldach-Sanierungssystem, zur Sanierung und Dämmung von Asbestzement-Wellplattendächern;
3057 Dyckerhoff

Styrocol
Kautschuk-Kleber für die 2-seitige Verklebung von Polystyrenschaum auf saugfähige und nicht saugfähige Untergründe;
4050 Simson

STYRODUR®
Extrudierter PS-Schaumstoff zur Isolation von Boden, Wand und Dach;
6700 BASF

STYRODUR®
Geschlossenzelliger, grün eingefärbter Dämmstoff mit verdichteter glatter Oberfläche und erhöhter Druckfestigkeit;
~ **2000**, Platten mit glatten Kanten, geeignet zum Ansetzen mit Klebemörtel außen- oder innenseitig an Außenwänden;
~ **3000 L**, Platten mit glatten Kanten, geeignet als Perimeterdämmung außenseitig an Kellerwänden;
~ **3000 N**, Platten mit Nut + Feder, beständig gegen Harnsäure, geeignet als Sichtdecke zur Wärmedämmung in Stallungen und sonstigen landwirtschaftlichen Gebäuden sowie für Kerndämmung;
~ **3000 S**, Platten mit Stufenfalz, Dämmstoff bei UK-Dächern und Wohnterrassen;
~ **4000 S**, Platten mit Stufenfalz, Dämmstoff bei UK-Dächern, Wohnterrassen und für Parkdecks mittlerer Verkehrsbelastung;
~ **5000 S**, Platten mit Stufenfalz besonders druckbelastbarer Wärmedämmstoff für Parkdecks mit hoher Verkehrsbelastung, z. B. bei Verkehr mit Schwerlastfahrzeugen;
6700 G + H

STYROFIX
Abstandhalter für Bewehrungen auf Isolierplatten;
~ - **SUPER**, stabilere Ausführung;
5885 Seifert

STYROFOAM*
Dämmplatten, aus extrudiertem Polystyrol-Hartschaum.
*(Warenzeichen der → 6000 DOW-Chemical Company);
6800 R & M
→ 6700 G + H

STYROMULL®
Aufgeschäumtes PS zur Herstellung z. B. von Schaumstoffflocken, fördern die Wasserdurchlässigkeit, zur Begrünung und Bodenverbesserung;
6700 BASF

Styroplast
Emulsions-Kleber auf synthetischer Kautschukbasis für das einseitige Verkleben von Polystyrenschaum-Platten und Fliesen auf porösen Untergründen;
4050 Simson

Styropor
Dämmstoffe aus Polystyrol-Hartschaum
Lieferprogramm: Geschnitte Platten, Platten mit Stufenfalz, Dachdämmplatten, Trittschalldämmplatten, Platten mit Bitumendachbahnen kaschiert, rollbare Dachdämmbahnen, Verbundplatten, Dränplatten, Untertapeten, Gefälledachplatten;
4630 Philippine

STYROPOR®
Expandierbares PS zur Herstellung z. B. von Schaumstoffen zur Wärmedämmung, von STYROPOR®-Beton;
6700 BASF

Styrosan
~ **Einbettungsmasse**, Armierungsmasse zur Einbettung des Armierungsgewebes;
~ **Einstellmittel**, zur Viskositätsregelung für
~ - Einbettungsmasse;

~ **Grundierfarbe W**, wäßriger Grundanstrich;
~ **KM/D**, altdeutscher Strukturputz, Rillenputz mit unterschiedlich tiefen Rillen;
~ **Reibeputz**, Reibeputzstruktur K 3 und K 4;
~ **Spezialverdünnung**;
4400 Brillux

STYROTECT®
→ Styropor®-Hartschaumplatte zur Wärmedämmung zwischen den Dachsparren → ISOPOR-~-S
→ STYRISO®-~;
6700 BASF
→ 3057 Dyckerhoff
→ 3100 Algostat
→ 3560 Wezel
→ 5249 Grethe
→ 5300 Awa
→ 6520 Frigolit
→ 6908 ISOPOR
→ 6945 VWS
→ 7900 Schwenk
→ 7967 Recozell
→ 8653 Spinnerei
→ 8910 Isotex

SUALMO
Urholländische glasierte Handformkeramik-Plavuizen;
2800 Frerichs

SUBERSKIN
Echt-Korktapeten aus Fernost;
2800 Stürmann

Suessen
~ **Klima-Heizkörper** mit automatischer Luftbefeuchtung;
~ **THERMOspeed**, Aktiv-Heizkörper mit integriertem Lüfter;
~ **THERMOSPLIT**, Thermostat-Ventil-Steuerung;
7334 Suessen

Suevia
Stallartikel, wie automatische Stallentmistung, Tränkebecken für Rinder, Pferde und Schweine;
7125 Haiges

Süba
~ Füller, innen;
~ Gips in Kleinpackungen;
~ Glättspachtel und Füllspachtel;
3425 Börgardts

SÜCO
~ - **Abbindeverzögerer**, für Gips, flüssig und pulverisiert;
~ - **Baukleber** und Fliesenkleber, Dünnbettkleber für Fliesen, Gasbeton, Hartschaumplatten usw.;
~ - **Fischleim**, Klebeleim;
~ - **Fugenfüller** und Mehrzweckspachtel, plastische Spachtelmasse auf Gipsbasis für innen, zum Ausspachteln von Wänden und Wandkonstruktionen;
2000 Retracol

SÜDFENSTER
56 mm und 66 mm Holzfenster, serienmäßig zweifach isolierverglast, und Holztüren (Haustüren) sowie Hebeschiebe-Türen;
8816 Süd
→ 8854 bft

Südholz
~ - **Türen**, Innentüren und Haustüren;
8016 Südholz

SÜDTIROLER-PORPHYR
Betonwerkstein-Zuschlagstoff in violett und rotbraun;
8132 Dittmayer

SÜDWEST
~ **Acryl-Paneel-Lack**, Holzschutzlasur, Erstanstrich in 7 Farbtönen;
~ **Allgrund**, mit aktivem Rostschutz für Eisen, Zink, Kunststoff und Holz;
~ **Alulack**, hitzefest, für Eisen und Holz;
~ **Antischimmel-Hygiene-Farbe**, Schutz gegen Schimmel und Bakteriennester;
~ **Dickschutz R19**, Kunstharz-Eisenglimmer-Alu in dicker Schichtung;
~ **Hartholzschutz**, Hartholzschutz, naturtransparent für innen und außen;
~ **Holzfarbe**, Renovierungs-Lasur, deckend für verwitterte, nachgedunkelte Holzoberflächen (Holzlasur);
~ **Holzimprägniergrund**, Holzimprägnierung, farblos;
~ **Holzlasur**, Holzschutzlasur, für Nadelhölzer außen;
~ **Kunstschmiede-Mattlack**, schwarz;
~ **Kupferlack**, für Zink und Kunststoff;
~ **Metallic-Lack**, mit Hammerschlag-Effekt;
~ **Schultafellack** und Tischtennisplattenlack;
~ **Super-Kunstharzlack**;
~ **Unterwasserfarbe**, Chlorkautschuk-Lack;
6737 Böhler

Süha
Fensterbank-Montageklammer, zur Vermeidung von Spalten zwischen Fensterstock und Fensterbank;
8951 Süha

SÜHAC
Türen und Zargen, furniert und in Vollholz;
8800 SÜHAC

1

SÜLLO
~ - **Color**, Zementlackfarbe, in verschiedenen Farbtönen;
~ - **Fix**, farblose Kunstglas-Oberflächendichtung, gegen Wasser, Öle, Fette und Säuren, insbesondere zum Abdichten von Glasbausteinwänden;
~ - **flüssig**, (auch als Pulver lieferbar) vielseitiges Bautenschutzmittel als Dichtungsmittel, Plastifizierungsmittel und Frostschutzmittel für Beton, Mörtel, Putz und Estrich;
~ - **Fugenschnur**, Rundschnur aus PE-Schaumstoff zur Hinterfüllung von Bauwerksfugen;
~ - **Haftbeton-Emulsion**, zur Herstellung von staub-, rissefreien und schlagfesten Böden, zum Ausbessern von Rissen, Löchern usw. in Beton-, Estrich- und Putzflächen;
~ - **Preßband**, dauerelastisches, acrylat-imprägniertes PUR-Weichschaumstoffband zur Abdichtung von Bauwerksfugen;
~ - **PUR**, ein- und zweikomponentige PUR-Systeme zum Ausschäumen von Bauwerksfugen und Hohlräumen;
~ - **Rapid-flüssig**, Schnellbinder für Blitzreparaturen und bei Wassereinbrüchen;
~ - **Silicon**, farblose Imprägnierung, wasserabstoßend, für Putz- und Betonflächen;
~ - **Tekt**, nahtlose, dauerelastische Einkomponenten-Oberflächenbeschichtung auf Bitumen-Latex-Basis, absolut wasserdicht, für Dachsanierung, Beton- und Mauerwerksabdichtung, Korrosionsschutz;
4230 WCB

SÜMAK
~ Gewerbe-Kühlanlagen;
~ Industrie-Kälteanlagen;
~ Industrie-Wärmepumpen;
~ Kühlmöbel;
~ Kunsteisbahnen;
7250 Sümak

Suk
Sportplatzstufen;
4190 S + K

SUKI
Kleineisenwaren und Beschläge in SB-Warenpräsentation;
5561 Schneider + Klein

Sulfadur
Portlandzement PZ 45 F-HS;
6200 Dyckerhoff AG

Sulfatexschlämme
→ AIDA Sulfatexschlämme;
4573 Remmers

SULFEX
→ NORDCEMENT;
3000 Nordcement

SULFITON
~ - **Dickbeschichtung**, rißüberbrückende, 1komponentige Bitumenkautschuk-Beschichtung;
~ - **Elasoplast Bitumenkautschuk**, dehnfähige Bitumenkautschuk-Beschichtung;
~ - **Schutzanstrich**, kunststoffvergütete Bitumenemulsion;
~ - **Spachtel**, Spachtelmasse auf Bitumen-Kunststoff-Emulsionsbasis;
~ - **3K**, kunststoffdotierte Bitumenemulsion;
4573 Remmers

SULFOFIRM
Portlandzement PZ 45 F-HS-NA;
2000 Alsen

Sulzer
~ - Halon-Brandschutzanlage, Feuerlöschanlage mit dem Gas Halon 1301;
~ - Sprinkleranlagen;
7000 Sulzer

sundrape®
Lamellenvorhänge, für Sonnenschutz, Sichtschutz, Blendschutz;
2857 bautex

sunflex®
~ **Falt-Schiebeelemente**, für Terrassen, Balkone, Wintergärten: **Typ SF 45 K**, nicht wärmegedämmte Alu-Profile. **Typ SF 70 W**, wärmegedämmte Alu-Profile. **Typ SF 65 H**, Holzfaltschiebeelemente;
5963 sun-flex

sunglide®
Vertikal-Lamellenvorhänge;
2857 bautex

sunlight
~ - Falt-Rollos;
~ - Micro-Jalousien;
~ - Mini-Jalousien;
~ - Plissee-Jalousien;
~ - Rollos;
~ - Vertikal-Jalousien;
8012 SUNLIGHT

SUNNO
~ - Binder;
~ - Wandlasur mit Pflanzenfarben;
3123 Livos

SUNRAY 50®
Wärmegedämmte Alu-Konstruktionen für Glashäuser und Wintergärten → 3004 Glasfischer → 6544 Glaswagner → 7242 Ziegler;
7250 GBK

SunShine
~ Sonnenschutz;
~ Überdachungen;
~ Wintergärten;
4424 Sunshine

sun-stop
Schutzfolie als Sonnenschutzfolie und Splitterschutz auf Glas von innen aufgebracht;
6072 SUN-STOP

Sunteca
~ **Decor Verticals**, Vertikaljalousien, Lamellenstores;
2850 Sunteca

SUOMI-HAUS
Bio-Blockhaus aus Polarkiefer, als Bausatzhaus, Ausbauhaus oder Fertighaus;
6501 SH SUOMI

Supaclad
Kalziumsilikatplatten, Baustoffklasse A 2, asbestfrei, Bauplatten für Verkleidungen außen und innen;
4010 Capeboards

Supalux
Mineralfaserplatte (faserverstärkter Kalziumsilikatbinder mit Mineralfüllstoffpartikeln) für den vorbeugenden Brandschutz;
~ **S**, Schichtplatten in Form ganzer Platten oder Deckenpaneele;
~ **V**, monolithische Platte geringer Dichte;
3050 Fulgurit

SUPALUX
~ - **M** und **V**, Brandschutzplatten;
~ - **S**, Brandschutzplatten für Konstruktionen mit einer Feuerwiderstandsdauer bis 120 Minuten. Kalziumsilikat-Platten, asbestfrei, Baustoffklasse A 1;
4010 Capeboards

Suparoc
Fassadenplatten aus einem glasfaserverstärkten Polyesterharz mit einer Natursteinauflage (Produkt der Fa. Cape Stenni, Großbritannien);
4010 Capeboards

SUPAX
Fugenbunt, farbige Fugenmasse;
5060 Scholz

supax®
Farbige Fugenmasse für Wand- und Bodenfliesen in 44 Farben;
~ **breit**, Fugenmasse für 6—12 mm breite Fugen;
5305 AGROB

super elinora®
Bodenbeschichtung für Beton, Estrich, Holz usw.;
6737 Böhler

Super Europa
Zweigriffarmaturen für Bad und Küche mit keramischen Dichtungen;
5300 Ideal

super moiré
Linoleum, einschichtig auf Jutegewebe, geglättet, moiriert, auch als Verbundbelag auf Korkment;
7120 DLW

Super Tube-Flexsystem
Beleuchtungssystem für Verkaufsräume (Produkt der Fa. ateljé Lyktan ab, Åhus/Schweden);
2000 Fagerhult

Super 60
Weißfeinkalk, ungelöscht;
7906 UW

Superblanc
Güteüberwachter Zement DIN 1164;
~ **Portlandzement F 35**;
~ **Pozzulanzement F 35**;
~ **Weißer Portlandzement P2 55;**
~ **Weißzement F 35**;
3001 Malik

Superdecker
Einschichtfarbe für scheuerbeständigen Innenanstrich nach DIN 53 778;
4400 Brillux

SUPERDUR C
~ 2-K-PUR-Lacke für Fassadenelemente, Fenster und Türen aus Alu;
2863 Bergolin

Superfäk
Fäkalienpumpen für offene Gruben, Gewerbe, stark verschmutzte Abwässer;
4040 Busch

Superfest 840
Hochhydraulischer Kalk;
5603 Wülfrather

SUPERFLEX
~ - **Abdichtbänder**;
~ - **FDF**, flüssige Dichtfolie für Flachdächer;

1

~ - **X-10**, Kunststoff-Bitumenabdichtmasse;
~ - **1-2**, elastische Dichtfolie für Feucht- und Naßräume;
~ - **40-41**, 2-K-Flächenabdichtung, Epoxidharz;
4354 Deitermann

Supergres®
Keramikfliesen aus Italien;
7141 Brenner

SUPERIP®
Rippenstreckmetall der Sorte → Lochrip® aus „Edelstahl rostfrei";
5912 RSM

superlit
→ sto® superlit;
7894 sto

Superlite®
Anorganischer Leichtzuschlagstoff, aus → Perlitgestein;
4600 Perlite

Supersol
~ Trittschalldämmung, PU-Weichschaum;
6057 Wanit-Universal

Superwand
Dämmplatte (PU-Schaumplatte) für Innenwände;
2080 OKey Bauservice

Supox
Metallschutzanstrich braunrot, auch für außen und auf Festrost;
7500 Richter

Supra
~ - Kristall, Kunstharz-Buntlack für innen und außen, schnelltrocknend, hochglänzend;
~ - Ölfarbe, lichtechte, mit Kunstharz angereicherte Universalfarbe;
2208 Wilckens

SUPRA
~ Warmluftkamine;
5620 Terhorst

Supracolor
PU-Schutzlack zum Versiegeln von Betonböden, -wänden und Zementestrichen;
8900 PCI

Supracryl
~ **580**, Fugendichtungsmasse, überstreichbar, auf Basis Acrylat, gebrauchsfertig, zum Abdichten von Fugen und Anschlüssen bei Beton, Mauerwerk, Asbestzement, Putz, Alu usw.;
7504 Klebchemie

Suprafix
~ **126**, Montage-Klebstoff, hochviskos, auf Basis Polychloropren, gebrauchsfertig aus der Kartusche;
7504 Klebchemie

Supra-Foam
2-K-PU-Schaum, nicht nachtreibend und schnell aushärtend, speziell zur Montage von Türzargen;
7504 Klebchemie

Suprakol
~ **570**, 1-K-Dichtstoff, überstreichbar, auf Polysulfid-Polymer-Basis, gebrauchsfertig aus der Kartusche, zur Versiegelung und Abdichtung;
7504 Klebchemie

Supramelt
Schmelzkleber in Patronenform für Kantenleimverfahren;
7504 Klebchemie

SUPRAPLAN®
Stahlbeton-Hohlplattendecke aus Normal-Beton nach DIN 1045, Abschn. 19.7.4;
7306 Supraplan
→ 8264 Ebenseer
→ 8602 Röckelein

Suprasil 590 E + 594 N
1-K-Dichtstoff, auf Silikon-Basis, gebrauchsfertig aus der Kartusche, zur Versiegelung von Fenstern und Brüstungselementen, Sanitäreinrichtungen, Abdichtung von Dehnungsfugen usw.;
7504 Klebchemie

Supra-Slate®
FZ-Dachplatten, Schieferstruktur, geschlagene Kanten, autoklaviert, 5 Farbtöne;
3006 Hambau

Supratex®
FZ-Fassadenplatten, Edelputzbeschichtung, 7 Farbtöne;
3006 Hambau

Supra-Tones®
FZ-Fassadenplatten, senkrecht gerillt, 12 Farbtöne;
3006 Hambau

Supra-Veral
Bitumen-Dachbahn mit Metallschutz (Alu) mit werkseitig aufgetragenem Schiefersplitt oder mineralischem Granulat;
6632 Siplast

Suprawall
~ - Fassadenplatten, amerikanische Asbestzementplatten und Bitumenplatten für den Fassadenbau;
8000 Hackinger

SUPRA
~ Heizkamin, gußeisern, aus Frankreich;
~ Kamineinsatz, gußeisern;
~ Kaminkassette;
7500 PV

SUPROFIL
→ MARBURG-SUPROFIL;
3575 Schaefer

SUSPA
Aufbereitungsverfahren für einen Einpreßmörtel;
4018 SUSPA

Sustaflex
→ Kaubit-Sustaflex;
2843 Kaubit

Sustinol
Abbeizmittel zur Entfernung von Lackierungen;
5047 Stromit

SVEDEX
~ - **Türen**, Innentüren als Standardtüren in verschiedenen Beschichtungen und Furnieren, Sicherheitstüren, Stiltüren sowie einbaufertige Bekleidungs-Zargen edelfurniert oder beschichtet mit Melamin-Acryl;
8855 Schwab

SVENSKA
Schuhreiniger;
5900 Arwei

SWEDECK
Schalungssystem aus Stahltrapezblechen;
5144 DOBEL

SWEDOOR
~ - **Stiltüren**, Türen mit diversen Füllungen, Verglasungen, Oberflächenstrukturen;
6100 SWEDOOR

swh
~ - Schneefanglaschen für Blech- und Profildächer;
~ - Schneestopper für Blechdächer;
8973 Wittwer

SwimMini
Fitnesszentrum aus Schwimmbad und Whirl-Pool in einem;
8011 Hörmann

swimroll
Schwimmbadabdeckung;
5270 Herrmann

Swingline
Badewannenabtrennung;
6905 Duscholux

SWL
Tischlerplatten, funierte Spanplatten;
4831 SWL

SW-Plus
→ Bisotherm®-SW-Plus
5403 Bisotherm

SYBA
~ - **Anker**, Verankerungen;
2800 SYBA

SYBAC
Systemhallen;
8480 Sybac

SYGEF®
~ - **Fittings**, Armaturen, Rohre aus PVDF;
7321 GF

Syko
Schachtumpflasterungssystem;
5800 Köster

SYKON®
~ **Althaus-Renovierungs-Fenster**;
~ **Aluminium-Türen**: Anschlagtüren, Parallelschiebekipptüren, Schiebe-, Hebeschiebe-, Hebeschiebekipptüren, Pendeltüren, Halbpendeltüren;
~ **Aluminium-Fenster**: Dreh-, Kipp-, Drehkippfenster, Parallel-Schiebekippfenster, Schwingfenster, Verbundfenster, Kastenfenster, Schiebefenster, Hebeschiebefenster, Hebeschiebekippfenster;
Aluminium-Profilsysteme für Fenster, Türen, Fassaden und Wintergärten. Profilsysteme Sykotherm und Sykosolar;
~ **Einbruchhemmende Fenster**;
~ **Einbruchhemmende Türen**;
~ **Holz-Aluminium-Konstruktionen**: Wintergärten, Vordächer, Überdachungen, Fassadensysteme, Fensterbänke, Briefkastenanlagen, Türbänder;
~ **Kunststoff-Fenster mit Aluminiumkern**;
~ **Paniktüren**;
~ **Rauchschutztüren**;
~ **Schallschutzfenster**;
4983 Sykon

Sykosolar
→ SYKON®;
4983 Sykon

Sykotherm
→ SYKON®;
4983 Sykon

Sylitol
~ **Konzentrat**, Zusatzmittel auf Silikatbasis zur Verdünnung von ~ - Produkten;
~ **Rillenputz**, Strukturputz zur Beschichtung ungestrichener Putze;

1

~ **Silikatfarbe**, auf Silikatbasis, zum Anstrich von ungestrichenen Putzen und Natursteinen;
~ **Volltonfarben**, auch zum Abtönen;
6105 Caparol

SYLOMER
Matten zur Vibrationsdämmung und Körperschalldämmung, elastische Treppenlager und Wandlager;
6342 Nickel

Sylomer
Dämmatte aus 100% PUR zur großflächigen Körperschalldämmung, für den Erschütterungsschutz und zur Schwingungsisolierung, z. B. im Bahn-Bau und Industrie;
8022 Getzner

SYMA
Systemprofile aus Alu für Laden- und Innenausbauten;
4040 Syma

SYMAT®
Dachabschlußsysteme;
~ **Compact**, Mauerabdeckung, Kantung nach Bedarf;
~ **Perfect**, höhenverstellbar, 3-d-Halter, Verschraubung für Verstellung der Höhe, Seite, Dachneigung;
~ **Rasant**, zweiteilig, Alu stranggepreßt;
4300 Schierling

Sym-Wand
Raum-Trennwand, umsetzbar, montagefertig;
2990 HNT

Synatect®
~ - Ölisolierung, auch Estrichbeschichtung, ungiftig, nicht brennbar, lmf;
8225 Compakta

SYNCONTA
Synthetic-Fertigschacht, kpl. ausgerüstet mit Überwasserkupplung für → ABS-Tauchmotorpumpen (Pumpenschacht);
5204 ABS

Synfasan
Luftfilter auf Kunst-, Glas- und PU-Schaumbasis;
6252 Emmerling

SYNPOL®
~ - Jute-Nadelfilz, natürliches Dämmaterial;
~ - Unterbewässerungs-Anstauvlies, zur Unterbewässerung von Pflanzenkulturen;
7807 Elza

SYNTAL
→ WKR SYNTAL;
6520 WKR

Syntapakt
Fassadenbeschichtung, kompakt weiß, für Streichbeschichtung außen und innen, für Strukturanstriche und Egalisieranstriche auf ungleichmäßigen mineralischen Untergründen;
3008 Sikkens

Syntha-Pulvin
Pulverlack-System für Alu-Fassaden;
8300 VP

SYNTHRESOL
Kunstharzerzeugnis, zur farblichen Beschichtung bituminöser Unterlagen (Kunstharzbeschichtung);
2000 VAT

SYNTHRESOL-BM
Farbige Beschichtungsmasse auf Kunstharzbasis zur Farbgebung von Asphalt-Deckschichten bei Sport- und Spielanlagen, Rad- und Fußgängerwegen usw.;
2000 VAT

syntropal
Lichtkuppel-System in 5 verschiedenen Ausbaustufen mit Lüfterkranz, als Dachausstieg, als Rauchabzug, mit Verdunkelung und Raumentlüftung;
5500 Alwitra

Syreck-Leisten®
Eckleisten für Naßputz;
6103 Richter

SYSPHON®
Schallgedämmte Fenster und Türen;
2000 Hartmann

syst
→ dabau syst . . .;
7529 dabau element

Systalwand
Metall-Elementwand in Schalenbauweise;
6103 Richter

Systea®
~ Fassaden-Unterkonstruktionen;
~ Fassadenprofile;
6370 Haas

System r
Fensterprofil-System;
6900 Rossmanith

System 100
Trennwand-System im Linearraster;
4770 Schulte

System 10000
Unterputz-Einbauprogramm;
5885 Vedder

SYSTHERM®
Fenster und Türen mit wärmegedämmten Profilkonstruktionen aus GFK;
2000 Hartmann

Sythen-W
Kunststoffolie aus Weich-PE in natur und farbig transparent, gedeckt, glatt oder geprägt;
4134 Polymer

T.A.
Transportbeton;
6822 T.A.

TA
~ Fernheizungsregler;
~ Gebäudeautomations-System ZLT-G;
~ Heizungsarmaturen;
~ Heizungsregler für Ein- und Mehrfamilienhäuser;
4330 TA

TAC
Teppichbodenprofile aus Messing, Edelstahl, Alu;
~ Abdeckschienen;
~ Abschlußschienen;
~ Sockelleisten;
~ Treppenkanten;
~ Übergangsschienen;
2000 Westermann

tacon®
Dekorative Schichtstoffplatten auf Polyesterharzbasis, für Innenausbau und Handwerk (Fläche, Umleimer, Formteile, Arbeitsplatten, Fensterbänke);
8940 Metzeler

Täumer
Glasdächer;
8000 Täumer

TAG
~ - Stein- und Fliesenreiniger;
4930 TAG

TAGOFIX
Dispersions-Baukleber;
4930 TAG

TAGOMASTIC II a
Elastische Fugendichtungsmasse;
4930 TAG

TAGOMASTIC®
Acryl-Dispersion, plasto-elastische Fugendichtungsmasse für viele Einsatzbereiche;
4930 Schomburg

Taguma
Gummigliedermatten, Gummi-Streifenmatten, Gummi-Wabenmatten, Kokos-Velourmatten, Breitrippenmatten, Fußabstreifroste, Matten-Spezialrahmen, Reinstreifer, Rollroste;
6962 Krauss

Taifun®
~ - **Gasaufsatz**, Schornsteinaufsatz aus Spezial-Betonstein;
5450 Raab

TAIGA
Falttüren und Faltwände aus PVC mit und ohne Glaseinsätzen;
7600 Grosfillex

TAKE
~ **1**, Ölbinder, feinkörnig, saugt alle noch flüssigen Öle und Fette auf, für Garagen-, Heizölkeller-, Tankkellerböden sowie Teerdecken;
~ **2**, Ölbinder, flüssig, für alte, tiefsitzende Öl-, Wachs-, Fett- und Rußrückstände;
8000 TA-KE

Tangit
Kleber für Rohre und Dachrinnen aus Hart-PVC;
4000 Henkel

Tapetra
Streichmakulatur und Spachtelmakulatur für nachfolgende Tapezierarbeiten;
4000 Henkel

Tap-it
Spezial-Dübelsystem in der Fußbodentechnik;
6231 Roberts

TARAPIN
Raumzellen, für den Bau von Bürogebäuden, Schulpavillons, Kindergärten usw.;
8221 Regnauer

TARGOS
→ salubra-TARGOS;
7889 Forbo

Taria
→ ESKOO®-Taria;
2820 SF

Tarkett
~ Fertigparkett;
~ Industrieböden aus PVC;
4030 Tarkett

Tarkwood
Bodenfliesen aus Holz (Holzfliesen);
4030 Tarkret

1

Tarol
→ Hagesan Tarol;
4057 Riedel

Tasi-Tweed
~ Sisalbodenbeläge und Kokosbodenbeläge in über 40 Qualitäts- und Design-Varianten;
~ Sisalflachgewebe als Wanddekor und Innenverkleidung, Baustoffklasse B1;
7457 Maiflor

TASTIC
Handbrause;
7622 Hansgrohe

Taube
~ Jalousien;
~ Rolladen-Fertigkästen;
~ Rolläden;
~ Rollgitter;
~ Rollos;
~ Rolltore;
~ Verdunkelungsanlagen;
3300 Taube

Taugres
Spanische Wand- und Bodenfliesen;
7030 Taugres

Taunus
~ - Pflanzenelemente aus Eternit, farbig beschichtet, in verschiedenen geometrischen Formen und Pflanzenelemente als Balkonbrüstungen aus Polymerbeton mit Aufsatzgeländer;
6239 Geldmacher

Taunus-Pfanne
Dachstein in granit, rot, ziegelrot und dunkelbraun glatt;
6370 Braas

Taunus-Quarzit®
~ - Hartquarzit, weißer Betonzuschlagstoff, Hartgesteinvorsatz, für Edelputze, säurefest;
6393 Taunus

TAYA
Dickschichtlasur für innen und außen, Pinie, Eiche und Nußbaum;
3123 Livos

tbi
~ Beton-Fertigteile: Großformatplatten, Rippendecken, Hohlkörperdecken, Plattenbalkendecken, Brüstungsplatten, Wandelemente;
~ Betonwaren: Rohre, Ringe, Gehwegplatten;
~ Transportbeton;
2053 Thater

TBS-Bausystem
Montagebausystem im Grundraster 1200 mm für Bauaufgaben wie Staatl. Zweckbauten, Büros usw.;
7335 Staudenmayer

TBS-isocal ST
Speicher-Brauchwassererwärmer;
6330 Buderus Heiztechnik

TCL-Terre-Cuite
Hochwertige, rustikale, unglasierte Bodenfliesen (aus Frankreich);
4690 Overesch

TCS
Trägerklammer, für Befestigungen und Abhängungen an T-Trägern und Doppel-T-Trägern;
7208 Sikla

T-Deckleisten
Wandanschlußprofil aus stranggepreßtem Aluminium, auch kupferummantelt;
6581 Trachsel

TE BAU®
Montagefertige Bauelemente aus Alu und Kunststoff, wie Haustüren, Wohnhausfenster, Vordächer, Vitrinen, Wintergärten System Arcade und Lisene;
4972 Tegtmeier

TEAM
Kopfbrause mit starrem Brausearm, Strahlrichtung fixierbar, Wassermenge einstellbar;
7622 Hansgrohe

TEBA®
Springrollos, Jalousetten, Lamellenvorhänge;
4100 Teba

Techem-Clorius
Heizkostenverteiler, Warmwasserkostenverteiler;
6000 Techem

TECHNAL
Alu-Profile-Konstruktions-Systeme für Fenster, Türen, Trennwände, Ladenbau;
6108 Technal

TECHNICA®
~ Industrie-Steinzeugfliesen, unglasiert, auch rutschfest;
8763 Klingenberg

technicoll
Industriekleber für Kunststoffe aller Art;
2000 Beiersdorf

TECHNIPLAST
Dichtmasse aus Silikonkautschuk-Basis, Typen: ~ - Bad, ~ Beton, ~ Lackierbar;
2000 Beiersdorf

TECHNOFLOR
Dachbegrünung mit geringer statischer Belastung;
5603 Technoflor

technoplan
~ Brückenbauelemente;
~ Industriebauelemente;
~ Stahl-Schalungsprogramm für Fertighaus- und Kellerelemente;
5253 Techno

Teckentrup
Feuerschutztüren;
~ Typ GL, zweiflügelige, feuerhemmende Stahltür T 30-2, auch verglast;
4837 tekla

Tecnolumen
Türdrücker;
2800 Tecnolumen

Teco
Lärmschutzwände, Lärmschutzverkleidungen, Industrielärmschutz;
3150 Teco

TeCo
~ - Gleitschutz und Kantenschutz aus Gummi und Kunststoff (PVC) für Kunststein- und Terrazzostufen;
4403 Cordes

tecotect
→ Cordes tecotect;
4403 Cordes

tecotect se
Rollring zur Abdichtung von Steinzeugrohren, nur 1 Ring pro Nennweite;
5630 Helmrich

TECTA
~ - Plan, ~ - SAN und ~ - Well → ISOPOR;
6908 Isopor

tectAL
Haustür-Vordachkonstruktionen aus volleloxierten oder farbbeschichteten Alu-Profilen und handgetriebenem Kupfer;
8500 Laport

Tectalon®
Treppenraumabschlüsse und Verkleidungen;
8000 Baveg

TECTOFLUX®
Schutzglasur bzw. Schutzanstrich bei starker thermischer und chemischer Belastung (Hitzeschutz und Säureschutz);
6000 Fleischmann

TECTOTHEN
~ - **L®**, leichte Dach-Unterspannbahn, schwer entflammbar nach DIN 4102;
~ - **S®**, schwere Dach-Unterspannbahn, schwer entflammbar nach DIN 4102;
5600 Bemberg

TECU®
Kupferprofilbahnen für Dach und Fassade;
4500 Kabelmetal
→ 7900 Wieland

tede
~ Bodentreppen;
~ Flachdachausstieg;
~ Lukenschutzgeländer;
~ Raumspartreppen;
5760 Dahlmann

TEDLAR®
Folien als Flächenüberzug für verschiedene Baustoffe;
~ PVF, besonders als Fassadenschutzmaterial in 10 Farben;
4000 Du Pont

TEERKOTE FLEX
Lösemittelhaltige Einkomponenten-Versiegelung, gummielastisch aushärtend;
4573 Remmers

teewen
~ Betondachsteine, in bronzegrün, herbstfarben, schwarz, braunrot, schiefergrau, heidebraun, rot, terracotta, rustique neu, dunkelbraun;
~ Fensterbankstein, braun- und schwarzglasiert;
4054 Teewen

TEFLON®
Beschichtung für leichte Flächentragwerke aus Glasfasertextilien;
4000 Du Pont

TEFROKA
~ - Reaktionsbeläge, fugenlos (Basis: Epoxidharz, Polyurethan);
2800 Freese

TEFROLITH
Industriefußboden, Schiffsfußboden;
2800 Freese

TEFROTEX
~ **M**, Verbundestrich (Estrich), kunststoffdispersionsvergütet;
~ Schiffsfußböden auf Naturlatex-Syntheselatex-Basis;
2800 Freese

Tegalit-Dachstein glatt
Dachstein mit glatter, kunststoffvergüteter Oberfläche in dunkelbraun, rot und granit;
6370 Braas

1

Tegelfix
Weißer Pulverkleber für das Verkleben von keramischen Fliesen auf Beton- und Zementputz;
4050 Simson

Te-Gi
Gartenkeramik;
~ Handformplatten, glasiert. Formate 8 × 8 cm, 10 × 10 cm, 20 × 20 cm, 20 × 30 cm, 30 × 30 cm, Achteckplatten 20 × 20 cm, Achteckplatten, Sockel- und Stufenplatten;
~ Handform-Riemchen für innen und außen im Waal- und Klosterformat;
~ Mauerabdeckplatten, glasiert;
Steinzeugrohre und Formstücke bis NW 200;
5130 Teeuwen

TEGO
Netz- und Haftmittel zur Herstellung bitumenhaltiger und anderer Produkte;
6800 T.I.B.

Tego®
~ - Universal-Dachziegel;
4971 Meyer-Holsen

TEGOSIVIN®
~ Fassadenschutz, zur Vorimprägnierung, zur Hydrophobierung;
~ Horizontalsperre, wasserbasierend;
5180 Tilan

TEGOVAKON®
Steinrestaurierung;
5180 Tilan

Tegtmeier
Schaukästen und Vitrinen, auch mit Beleuchtung;
4972 Tegtmeier

TEGUBAND®
Imprägniertes Fugendichtband für innen und außen;
6082 TEGUM

TEGUCOL®
Dicht- und Klebemasse auf Bitumenbasis, universell einsetzbar, in Kartuschen;
6082 TEGUM

Tegula
→ ESKOO®-Tegula;
2820 SF

tegula
Tondachziegel (Verschiebeziegel);
8506 Walther

TEGULA®
Dach-Unterspannbahnen, aus Kunststoff, bituminös mit Jutegewebearmierung oder Nylonfadenverstärkung, auch Dockenpappe und Stanzdocken;
6000 Vedag

Tegular
Deckensystem, bei dem Platten in sichtbare Metallabhängungen eingelegt werden;
4400 Armstrong

TEGUNET®
Gerüstschutznetz zum Schutz vor herabfallenden Gegenständen;
6082 TEGUM

TEGUPUR®
PU-Montageschaum mit Sicherheitstreibgas;
6082 TEGUM

TEHALIT-System 1100
Kunststoff-Fenster-System mit folgenden Spezialsystemen: Altbau-System, Mini-Rolladenkastensystem, Haustür-System, Schwing- und Wendefenster-System, Hebe-Schiebetür-System 1300, Schallschutzfenster-System, Sprossen-System, Mitteldichtungssystem für Dreh-, Dreh-Kipp-Fenster, aufschlagend und flächenbündig, Anschlagdichtungssystem für Dreh-, Dreh-Kipp-Fenster, aufschlagend und flächenbündig;
6751 Tehalit

teka
Sauna-Programm;
~ - Blockbohlen-Sauna;
~ - Sauna-Kabinen;
~ - Selbstbau-Sauna;
~ - Solarien-Programm;
3510 teka

TEKADOOR
Luftschleieranlagen;
5653 Löbig

Tekko
Schalung mit besonders kleinen Schalungstafeln;
4030 Hünnebeck

TEKKO
→ salubra-TEKKO;
7889 Forbo

tekla
~ Stahlschiebetore, feuerhemmend und feuerbeständig;
~ Stahltüren, T 60-2 feuerhemmend und T 90-2 feuerbeständig;
4837 tekla

TEKON®
Heizkesseleinsätze mit automatischer Regelung;
~ - Kachelofeneinsatz, oelbefeuert;

~ - Kachelofeneinsatz, wasserführend;
~ - Kamineinsatz, wasserführend;
~ - Luft-Wasser-Wärmetauscher für Kachelöfen;
~ - Warmluftheizeinsätze;
~ - Warmwasser- und Pufferspeicher;
4428 Tekon

Teks®
Schrauben-Programm für den Aufbau von Warm- und Kaltdächern;
5860 BUILDEX

Teks-Schraube
Selbstbohrende Schraube bis 4 mm Metall auf Holz;
7410 Bögle

Tekta
→ OELLERS-Tekta;
5173 Oellers

TEKTALAN®
~ - **Dachboden-Dämmelemente**, aus Mineralfaser + faserverstärkte Spezialplatte als Gehschicht, A 2 nach DIN 4102;
~ - **epv**, Platte mit einseitig glatter, heller Oberfläche, auch mit eingebauter Dampfsperre aus Alufolie (DSP);
~ - **F-30-Unterdecke**, Tektalan bzw. ~ fw 75 mm mit Mineralfaserauflage, F 30 alleine geprüft;
~ - **Fassadendämmsystem**, Platten zum Andübeln an Mauerwerk, Verputzen mit mineralischem Außenputz;
~ - **fw**, Platte mit feinwolligen Deckschichten, auch mit eingebauter Dampfsperre aus Alufolie (DSP);
Mehrschicht-Leichtbauplatten nach DIN 1101 aus senkrechter Steinfaser und magnesitgebundenen, elastischen Heraklith-Deckschichten, B 1 nach DIN 4102;
~ - **Trittschalldämmelement** E 11 aus Heralan-Steinfaser und Heraklith;
8346 Heraklith

TEKTOTHERM®
Steildachelement für Neubau und Altbausanierungen;
4060 Hützen

TEKURAT®
Flachdachdämmsystem mit PU-Hartschaumkern, Gewebeeinlage zur Formstabilisierung, mit unterseitigem alu-kaschiertem Entspannungsprofil, Oberseite mit Bitumen-Dachbahn-Kaschierung, auch als Rollbahn;
2000 Hapri

Tela
~ Kokosfaser-Dämmfilze;
~ Reinkorkplatten, expandiert;
3433 EZO

telebox
Telefonbox aus Edelstahl und Acrylglas;
3167 Jachmann

TELEFIX
Abstandhalter, stangenförmig, mit Klemmen zur Befestigung an Q- und R-Matten bei senkrechter Bewehrung;
5885 Seifert

TELENORMA
~ **Alarmanlagen**, z. B. elektronische Einbruchmelder, Freilandüberwachungsanlagen;
~ **Brandmeldesysteme**;
6000 Telenorma

Teleplan
~ - Fassadenplatte, großflächig, wärmedämmend, mit Putzstruktur;
3300 Teleplan

Televiso
~ Blumenbänke;
~ Blumenfenster, drehbar mit dem gesamten Blumenbestand;
~ Haustüren in rustikaler Holz-Ausführung (keine Normgrößen);
~ Holz-Schalenfenster;
~ Schiebetüren und Schiebewände;
3012 Televiso

televit
Vitrinen aus Edelstahl und Acrylglas;
3167 Jachmann

teli flur® und teli ko®
~ - Elektro-Installationskanäle für die Unterflur-, Wand- und Deckeninstallation, mit Auf- oder Unterflur-Anschlußtechnik;
5270 Ackermann

teli ruf, clinoopt und clinophon
Drahtgebundene Lichtrufsysteme, mit oder ohne Sprechen, für Heime, Kliniken, Krankenhäuser;
5270 Ackermann

tellux®
Teppichboden tellux 2000 und tellux 2500 für den Outdoor-Bereich aus 100% Polypropylen;
4407 Schmitz

TEMDA
Dämmelemente aus unterschiedlich starken Polystyrolplatten (30—100 mm);
~ **Perfect**, 80 und 100 mm mit Folienschale;
~ **Protect**, 30 und 40 mm mit Folienschale;
~ **Universal**, 80 und 100 mm ohne Folienschale;
~ **Warmdach** mit harter Dacheindeckung;
8598 Thermodach

1

Temda®-WÄRMESYSTEME
~ - Freiluftabsorber für Flachdach, Wand und Zaun aus Alu-Strangpreß-Profilen mit 2,7facher Oberfläche;
~ - Steildachabsorber aus Alu-Strangpreßprofilen mit 2,7facher Oberfläche;
8598 Temda

TEMI
Mittelholmtreppe, Mittelholm aus Stahl, lieferbar in Buche, Eiche und Mahagoni;
3490 Baveg

TEMPCORE®
~ - Betonstahl TC IV S (BSt 500 S);
4000 TEMPCORE

TEMPIL®
~ - ANTI-HEAT, streichfähige Paste zum Schutz von Materialien vor Hitze beim Schweißen und Löten (Hitzeschutzpaste);
~ - BLOXIDE, Grundierfarbe für alle Stähle;
2000 Helling

Tempo
~ **S 305**, Super-Kaltleim, Kunstharzleim für kurze Preßzeiten;
~ **323**, schnell abbindender Kunstharzleim;
~ **630**, universell einsetzbarer Kunstharzleim mit günstiger offener Zeit für Flächen- und Montageverleimung;
7504 Klebchemie

Tempomix
→ BauProfi Tempofix;
2000 Bauprofi

tempostop
→ Conlastic® tempostop;
4150 Container

TENAX®
~ **C-FLEX**, biaxial gerecktes Kunststoffgitter zur Risseverringerung im Beton;
~ **CE**, Geogitter als Kontrolldränage in Deponien;
~ **EROCON**, Geogitter als Erosionsschutz für Böschungen;
~ **GIGAN**, Kunststoffgitter für die Einzäunung von Baustellen und für Sicherheitsabsperrungen;
~ **MS**, Geogitter für die Stabilisierung von ungebundenen Tragschichten;
~ **OMNI**, Kunststoffgitter für die Absperrung von Gefahrenstellen;
~ **SIGNAL**, Kabel-Markierungsgitter;
~ **TENWEB**, Wabengitter als Erosionsschutz und Bewehrung von Steilböschungen und Uferbefestigungen;
~ **TN**, Geokomposit für Flächendränung bei erdberührten Bauteilen und Dachbegrünungen;
~ **TNT**, Geokomposit als Flächendränage bei Oberflächenabdichtungen von Deponien, Brückenwiderlagern, Stütz- und Kellerwänden;
~ **TT**, Geogitter für die Bewehrung von Steilböschungen und Dämmen;
8990 Tenax

Tennengrün
Tennisplatzdeckmaterial aus mineralischem Gestein;
5400 Clement

tenrit
Badausstattung, insbesondere Brausen;
4815 tenrit

Tensar®
~ - **Geogitter**, Geotextil zur Bewehrung von z. B. Schüttmaterial;
4220 Armco

Tensar®
Geogitter für die Bodenbewehrung;
4990 Naue

TERAMEX
Heizsystem;
4690 Waterkotte

TERHÜRNE
Echtholz-Vertäfelungen, u. a. Edelholzpaneele, Täfelbretter, Kassetten, Paneelplatten, Nut-Steck-Paneele, Spanplatte Baustoffklasse B 1 und Vermipanplatte Baustoffklasse A 2, Akustiktäfelungen, Leisten, Türen, Textilpaneele, Vertäfelungen;
4286 Terhürne

TERIGEN®
~ - Niedertemperatur-Fußbodenheizung (Warmwasser-Fußbodenheizung) mit Polyolefin-Rohren;
~ Warmwasser-Wärmepumpen;
4350 Pflüger

Terivast
Dichtungsmasse für bituminöse Haftflanken im Wasserbereich, dauerplastisch, bitumenbeständig, wasserbeständig;
4050 Simson

Terko
→ Busch-Terko®;
5880 Busch

TERLURAN®
ABS zur Herstellung z. B. von heißwasser- und korrosionsbeständigen Abwasserrohren;
6700 BASF

TERMOSTAN
~ - Dachrinnenheizung;
~ - Fußbodenheizung;
~ - Rohrbegleitheizung;
4950 Brinkmann

TERMOVENT
Warmluftheizung;
6308 Fläkt

TERNAL®
Kaltgewalztes Feinblech, elektrolytisch veredelt mit einer Blei-Zinn-Legierung, für Regenrinnen, Bedachungen, Profile, Türen, Tore;
4600 Hoesch

TERODEM
Bitumen-Kunststoff-Folie, zur Körperschalldämpfung;
6900 Teroson

Teroform
Schalldämmfolien und Schalldämmatten gegen Luftschall;
6900 Teroson

Terokal
~ - **2334**, streich- und spachtelfähiger Polychloroprenklebstoff für Hartfaserplatten und für Glas- und Steinwolle;
~ - **2397**, (Styropor®-Hartschaum-Klebstoff), streich-, und nach entsprechender Verdünnung, spritzfähiger Synthese-Kautschuk-Kleber für Polystyrolschaum (wie Styropor®, Styrofoam® usw.), Hart-PVC usw.;
~ **300**, gebrauchsfertiger Adhäsiv-Kaltklebestoff auf Polymer-Bitumenbasis;
~ **385**, feuchtigkeitshärtender Dachklebstoff aus PUR-Basis, lmf, zur Verklebung der gebräuchlichsten Wärmedämmstoffe im Flachdachbereich;
~ - **3958**, Kontaktklebstoff, lösungsmittelhaltig, einkomponentig, für Isolierungen und Verklebung von Dämmstoffen mit hohem Raumgewicht, schwerentflammbar;
~ - **4310**, spachtel- und streichfähiger Zweikomponenten-Klebstoff auf Polyurethanbasis zur Verklebung von Schaumstoffen, Holz, Metall, Beton usw., besonders geeignet für Paneelverklebungen (z. B. Eternit-Styropor®, Eternit-Metall);
~ - **60**, spachtel- und streichfähiger Polychloroprenklebstoff für PVC- und Gummifußbodenbeläge und Kork-Tiles;
~ - **652**, spritz- und streichfähiger Klebstoff, speziell für Polystyrolschäume, (Styropor®, Styrofoam® usw.);
6900 Teroson

Terolit
~ **I**, Teerpech-Schutzanstrich für Stahl, Beton, Asbestzement, besonders im Erd- und Wasserbau;
~ **L**, gefüllter Teerpech-Schutzanstrich, Dickschichtauftrag bei starker mechanischer Spannung;
6300 Schultz

Terophon
Entdröhnungsmassen für die Körperschalldämpfung an Aufzügen, Klimaanlagen, Stahltüren, Müllschluckanlagen, Garagentoren, **Typ 110 und 112** auch wärmedämmend und Kondenswasser absorbierend;
Typen **-35**, **-2014**, **-2021** und **-2305** auch korrosionsschützend;
6900 Teroson

Terostat
~ - **Alu-Fixband**, zur Abdichtung von Glasdächern, Klima-Lüftungsanlagen, Dachbereich;
~ - **Extrem**, Dichtstoff auf Synthesekautschuk-Basis, Dicht-, Kleb- und Reparaturdichtmasse;
~ - **Fixband**, Universal-Dichtband aus Kunststoffvlies kaschierter IIR-Masse, zur Abdichtung von Bauanschlüssen;
~ - **Mantelprofile**, Butylkautschukbänder mit elastischem bzw. festem Innenkern, Anwendung im Verglasungssektor, Fassadenbau, Klimatechnik;
~ - **Montageschaum**, 1-K-PU-Schaum mit universeller Einsatzmöglichkeit in FCKW-freier Sprühdose;
~ - **Schnellschaum**, wie ~ Montageschaum zur schnellen Weiterverarbeitung;
~ - **SMP**, 1-K-Dichtstoff auf SMP-Basis zur Fensterversiegelung und für Fensteranschlußfugen, anstrichverträglich mit modernen Wasserlacken;
~ - **Spezial-Türzargenschaum**, 2-K-PU-Schaum in FCKW-freier Sprühdose;
~ - **1 SE**, Dichtstoff auf SR-Basis zur Versiegelung von Fenstern und Anschlußfugen;
~ - **2 K 100**, 2-K-Dichtstoff auf SR-Basis für Baudehnfugen;
~ - **20**, Polyacrylat-Dichtstoff für Anschlußfugen und Dehnungsfugen mit geringer Bewegung;
~ - **33**, Dichtmasse auf Si-Basis, durch Luftfeuchtigkeit alkalisch vernetzend, 1-K, zur Fensterversiegelung, Fassadenversiegelung, Profilglasabdichtung usw.;
~ - **40**, 1-K-Dichtstoff auf Acryl-Dispersionsbasis, spritzbar, zur elastischen Fugenabdichtung;
~ - **4000**, Dichtmasse auf IIR-Basis, plastisch, spritzbar, lmh, für Anschlußfugen;
~ - **55**, Silikonkautschuk auf Acetatbasis zur Fensterversiegelung, Abdichten von Alu-Fassaden;
~ - **64**, Dichtstoff auf Silikonbasis, System zur Fugenabdichtung und Fensterverriegelung, erfüllt DIN 18 545 E;
~ - **66**, Silikon-Kautschuk auf Acetat-Basis, schimmelpilzhemmend, für alle Abdichtungen im Sanitärbereich und in der Küche;

1

~ - **96**, 1-K-Dichtstoff aus PUR-Basis zur dauerhaften Abdichtung von Anschluß- und Dehnungsfugen, erfüllt DIN 18 540 F;
6900 Teroson

Terra
Wärmedämmputz-System;
8500 Terranova

Terrabona®
~ - Ausfugematerial;
8451 Terranova

Terracity
Dekoratives Pflastersteinsystem, 5 verschiedene Steinformate;
5473 Ehl

Terradur
Waschbetonplatten mit französischer Marmorkörnung;
6143 Henkes

Terrafix
Weißfeinkalk;
3380 Fels

Terrafix®
Geotextilien und Deckwerksysteme für den Wasserbau;
4990 Naue

TERRA-KERAMIK
Handglasierte Ofenkacheln;
5438 Terra-Keramik

Terralta®
Konsolenmaterial;
8451 Terranova

TERRALUX
Gartenplatten und Terrassenplatten aus Betonwerkstein in verschiedenen Oberflächenbearbeitungen;
4235 Stender

Terram
Filtervlies, verrottungsfest aus Chemiefasern, als Trennschicht beim Bau von Straßen auf wenig tragfähigem Untergrund und als Filterschicht bei Dränmaßnahmen;
6230 EXXON

TERRAMIN
~ - Verglasungen, Bleiverglasungen, Kunststeinverglasungen;
5000 Botz

Terranova®
~ - **Anstrichmasse**, gebrauchsfertig, für wasseraufnahmefähige Untergründe wie Beton, alte und neue Putzfläche u. ä.;
~ - **Edelputz**, farbiger Trockenmörtel auf mineralischer Basis, Kratzputz, Steinputz, Sgraffittomaterial → 4300 Steinwerke;
~ - **Redis**, Kunststoffanstrich, für vollkommen trokkenen, schmutz- und rissefreien Untergrund, keine Vornässung;
~ - **Wärmedämmsytem** mit beschichteten PS-Hartschaumplatten;
8451 Terranova

TerrAntik
Rustikales Pflastersteinsystem, 5 verschiedene Steinformate;
5473 Ehl

Terra®
~ Hartbeton und Stufenmischung;
~ Wärmedämmputz 2000 und 2000 Super;
8451 Terranova

terratherm
Fußbodenheizung;
8120 terratherm

Terraton
Vollklinkerplatten nach DIN 18 158;
4980 Staloton

Terravaria®
~ - Innenputz, Stuckmörtel;
8451 Terranova

TERRAZZO-BODEN®
→ RANFT TERRAZZO-BODEN®
8023 Ranft

terring®
Auflager für die Verlegung von Platten auf Terrassen, Flachdach, Balkonen, Laubengängen (Plattenlager);
3500 WEGU

Terror-Stop
Objektschutzfenster;
4400 Neugebauer

Terweduwe®
~ - **Design**, massive Holz-Stiltreppen und Stiltüren;
5000 Jesinghaus

TERZIT
~ - Betonpflaster mit strukturierter Oberfläche und gefasten Kanten
5413 Kann

Terzith
→ quick-mix®-Terzith;
4500 Quick-mix

tesa
~ - Sonnenschutzfolie, klimaausgleichende Funktion bei Glasscheiben;
2000 Beiersdorf

tesaband
Selbstklebeband, aus reißfestem Zellwollgewebe oder stabilisiertem Baumwollgewebe;
2000 Beiersdorf

tesafilm
Selbstklebeband, PVC-Folie, besonders reißfest, farblos-klar;
2000 Beiersdorf

tesaflex
Abdichtungsband aus PE-Folie, schwarz;
2000 Beiersdorf

tesamoll
~ Dichtungsband für Fenster und Türen aus PUR;
~ Hohlprofildichtung;
~ Profildichtungsband aus APTK-Gummi;
~ Türbodendichtung aus PVC-Schaum;
2000 Beiersdorf

tesaplast
Bitumen-Dichtband, selbstverschweißend, selbstklebend, wasserdicht, wetterfest;
2000 Beiersdorf

Tescoha®
Wandbeläge und Tapeten;
~ **Exclusivcollection**;
~ **Gras**, Gras-Wandbelag;
~ **Kork**, handgedruckte Korkwandbeläge;
~ **Monet**, Kettfaden-Textil-Wandbelag;
~ **Precious Metals**, Metalleffekt-Wandbeläge;
~ **Sempatap reflector**, Dämmbelag auf Latexschaumbasis mit Deckschicht aus spezieller Alu-Folie;
~ **Sempatap**, Dämmtapete;
~ **Tescovyl**, PVC-Wandbelag auf Baumwollträger-Gewebe kaschiert, B 1 nach DIN 4102;
~ **Textil Natur**, naturbelassene Textil-Wandbeläge aus Wildseide, reiner Schurwolle, flandrischem Leinen u. a. Fasern;
~ **Textil Sari**, Textil-Wandbeläge aus Frankreich;
~ **Textil**, textile Wandbekleidung;
150 Tescoha

Tescovyl
→ Tescoha-Tescovyl;
150 Tescoha

TESPE
→ ROCO-TESPE;
360 Roddewig

TESSINA®
~ Gartenstein;
901 Braun

TESTA
System-Treppen, mit beidseitiger Stahlunterkonstruktion;
3490 Baveg

Testadur®
Straßenpoller, Gartenplatten, Baumscheiben, Sitzbankprofile;
4300 Steinwerke

TESTUDO®
Plastomerbitumen-Schweißbahnen (APP);
7533 Produver

Teutoburger Klinker
Handform-Verblendklinker;
4534 ABC

Teutoburger Sperrholzwerk
Holzspanplatten;
4930 Nau

TEUTOL
~ **F**, Bitumenschutzanstrich;
4930 TAG

TEUTOLEUM
Öliger Holzschutz, pilzwidrig und vorbeugend gegen Insektenschäden (PlvSW);
4930 Schomburg

TEUTOLIN
~ – **CA** Silikon, farbloser Fassadenschutz, lmh;
4930 TAG

TEUTOL®
~ – **WX**, Holzschutzlasur, neuartiger, dauerhafter, offenporiger und dekorativer Holzschutz (PCP-frei), hohe Tiefenwirkung, UV- und witterungsbeständig;
4930 Schomburg

TEUTONIA
Portland-Zement, Hochofenzement, Eisenportlandzement;
3000 Teutonia

TEVETAL
Spaltriemchen, Spaltplatten, Verblender, Sparverblender, Fensterbanksteine. Für Fassadengestaltung, Industrie, Tunnels, Schwimmbäder usw. (Vertriebsobjekt);
4690 Overesch

TEVETAL
~ **Bodenfliesen**, handglasiert, aus Holland;
Keramikfliesen aus Italien;
~ **Spaltriemchen**, glasiert und unglasiert;
~ Wandplatten, glasiert;
7141 Brenner

TEWAPLAN
Pflanzgefäße aus Kunststoff;
6090 TWL

TEWE
~ - **Exclusivtüren**, Holztüren aus Schweden in rustikalem Stil;
2000 Thede

tex
Tapetenablöser, hochkonzentriert in Pulverform
7707 Geiger

TEXLON
~ - Elementsystem zur Überdachung großer Flächen, z. B. Gewächshausbau, Schwimmbadüberdachungen, Sportstätten. Texlon besteht aus einer anti-adhäsiven UV-beständigen Fluor-Kunststoffolie;
2874 Texlon

Tex-Lux
Textilrolladen oder Senkrechtmarkise mit Sonnen-, Wetter- und Insektenschutz, allein oder in Kombination mit einem Verdunkelungs-Textilrolladen für Haus, Terrasse, Wintergarten o. ä.;
7336 Tex-Lux

TEXOTROPIC
Alu-Dachbelag mit Asbestfaser-Armierung (Reflexionsbeschichtung);
6300 Schultz

TEXTIM
→ MHZ-TEXTIM;
7000 MHZ

Thanheiser
Rundbogenfutter und Rundbogentüren;
8851 Thanheiser

THASSOS
~ weiß, weißer Marmor aus Griechenland;
4750 Lithos

THAYSEN
~ Beton-Bordsteine nach DIN 483;
~ Beton-Pflastersteine nach DIN 18501;
~ Betonrohre nach DIN 4032;
~ Eskoo-Verbund- und Betonpflastersteine;
~ Gehwegplatten aus Beton nach DIN 485;
~ Schachtringe, Schachthälse und Auflageringe aus Beton nach DIN 4034;
2390 Thaysen

Theissen
Leichtmetall-Fenster;
4000 Theissen

THELESOL®
~ - Brandschutzleisten, im Kern mit einem Streifen Palusal®-Brandschutzplatte Typ 100;
5140 Thelesol

Thema
Verbund- und Rechteckpflaster;
7148 Ebert

Thenagels
Stahlbau-System-Fertighallen;
4242 Thenagels

thera 80
Heizkörper-Thermostatventil;
5760 Goeke

Therikord
Ziegelunterspannbahn;
4000 Therstappen

THERM 200 W
Estrich-Dispersion auf Kunststoffbasis für Wärmeböden;
4790 Kertscher

thermAL
Isolier-Haustüren aus volleloxierten oder farbbeschichteten Ganzaluminium-Profilen;
~ **60**, wärmegedämmt;
~ **70**, hochwärmegedämmt, für Dreifach-Isolierverglasung vorbereitet;
8500 Laport

THERMALBOND®
Doppelseitigklebende PUR-Dichtung;
5047 Norton

THERMAL®
~ Fertig-Heizkörper, Höchstdruckradiatoren (32 bar), auch für Niedertemperaturen geeignet;
~ Lufterhitzer, Luftkühler, Direktverdampfer, Kondensatoren, Hochleistungs-Kondensatoren, Plattenwärmetauscher;
~ Luftheizgeräte mit und ohne Wärmerückgewinnung;
~ Wärmerückgewinnungsgeräte und -truhen;
6832 Thermal

thermassiv
→ vaculux® thermassiv;
2800 Knechtel

thermassiv®
Kunststoff-Fenster-System mit vollmassiven, also völlig hohlraumfreien Profilen auf duroplastischer bzw. thermoplastischer Basis;
7060 Schock
→ 2805 Karat → 4972 Roweck → 5980 Schweizer

THERMATEX
Funktionsdecken aus Mineralfaserplatten;
~ - **bavaria**, Mineralfaserplatte, offene Rasterplatte, B 1 und A 2;
~ **System A**, verdeckte Abhängekonstruktion, Platten nicht auswechselbar;
~ **System B**, wie System A, Platten jedoch auswechselbar;
~ **System C**, sichtbare Einlegekonstruktion, Platten auswechselbar;
~ **System DÄ**, Abhängekonstruktion mit AMF-THERMATEX-Dämmplatten;
~ **System D**, halbsichtbare Einlegekonstruktion, Platten auswechselbar;
~ **System E**, Wabenrasterdecke;
~ **System F**, verdeckte Konstruktion, Platten nicht auswechselbar;
~ **System G**, sichtbare Bandrasterkonstruktion, Platten auswechselbar;
~ **System H**, wie System G, Platten jedoch auswechselbar, schmale Querprofile;
~ **System I**, wie System H, aber verdeckte Querprofile;
~ **System PA**, Abhängekonstruktion mit furnierten Mineralfaserpaneelen;
8352 AMF

THERMAX
~ - Isolierplatten mit Alu-Folie;
6053 Elaston

Thermax®
Brandschutzplatten;
~ **A 450**, für Wandverkleidungen, Trennwände;
~ **A**, für gestaltete Decken mit Paneelen, Rastern, Lamellen usw.;
~ **M**, für Verkleidungen von tragenden Stahlkonstruktionen;
~ **SN-O**, im Verbund mit Furnier, für Holztüren;
4620 Westholz
→ 4000 Lindstedt
→ 4100 Wesselkamp

Thermidom®
Glasfaserdämmstoff, speziell für Dachgeschoßausbau;
6200 Manville

Thermik
~ - **Baupappen** aus 100% Recycling-Pappe;
2350 Röthel

THERMIL®
Glasfaserdämmstoff zum Wärmeschutz, Kälteschutz, Schallschutz und Brandschutz in Rollenform;
6200 Manville

Thermo
~ - **Dachfenster**, Stahl-Dachfenster wärmegedämmt;
4130 Hirz

THERMO
~ - Gewächshäuser, Alu-Profile mit Isolierverglasung;
6501 Voss

THERMO MASSIV®
~ Bausatz-Haus, System Max Oetker, mit THERMO-MASSIV-Hartschaumelementen (Selbstbau-Haus);
~ Deckenelemente aus Hartschaum;
~ Wandelemente aus Hartschaum;
2400 Thermo

thermo 2000
Wärmedämm-Fenster aus isolierten und volleloxierten oder farbbeschichteten Ganzaluminium-Profilen;
8500 Laport

THERMOBEL
Mehrscheiben-Isolierglas, geklebt;
2000 Bluhm

thermobil
Bitumen-Schweißbahnen, DIN 52 131, Teil 1;
2807 Roland

THERMO-BLITZ
Oelbrenner mit dem DUO-LUFT-REGELSYSTEM;
5870 Giersch

thermocalor
Dicker Isolierfilz aus synthetischen Fasern, kombiniert mit reflektierender Metallfolie zur Isolierung von Heizkörpernischen, auch zur Isolierung von Rolladenkästen und hinter Paneelen und Verbretterungen;
6400 Filz

Thermoclear®
Hohlkammerplatten, transparent, aus PC: Lexan;
8000 Lentia

ThermoCond
Schwimmhallenentfeuchtung für Privatschwimmhallen, Hotel-, Therapie- und andere kleine öffentliche Hallenbäder;
4330 Menerga

thermodach®
→ THYSSEN-thermodach®
4220 Thyssen Bau

thermodeck
Wärmedämmung für Bodentreppen;
8700 Wellhöfer

THERMODICHT
→ acho-THERMODICHT;
8901 Acho

THERMO-DURIT
~ - Vollwärmeschutz, Wärmedämmverbundsystem;
8510 Preissler

1

thermoelastic-Rohr
→ velta;
2000 Liedelt

Thermofinish
→ Thermopal-Thermofinish;
7970 Thermopal

Thermoflex
→ BauProfi Thermoflex;
2000 Bauprofi

Thermoflex
→ Thermopal-Thermoflex;
7970 Thermopal

Thermoform
Deckenplatten aus Polystyrolschaum;
6588 Turnwald

thermoforte
→ Olsberg thermoforte;
5787 Evers

thermo-grund®
Warmwasser-Fußbodenheizung für alle herkömmlichen Energiequellen, Niedrigtemperatur-System;
4300 Schuh
→ 2000 Schuh
→ 6104 Schuh
→ 8047 Schuh

THERMOGYP
~ **MF-AZ**, Mineralfaserplatte, nicht brennbar, für kombinierte Schall- und Wärmedämmung und Brandschutzkonstruktionen;
~ **PS**, Polystyrol-Hartschaumplatte für die Wärmedämmung allein;
~ Verbundelemente für Gipskarton-Bauplatten mit Mineralwolle-Auflage;
4000 Gyproc

Thermo-k
Rolladen-System, hochwärmedämmend;
7454 Schlotterer

Thermokern
~ Ortschaum nach DIN 18 159 UF als Kerndämmung bei zweischaligem Mauerwerk;
2373 Volquardsen

thermolan®
Dämmstoffe (aus Glaswolle) in Filzen, Platten und als lose Wolle;
6800 R & M

Thermolift
~ - Schwimmbadabdeckung, für Frei- und Hausbäder;
8000 Arizona

thermolith®
Leichtbaustoffe aus Edelbims;
~ - Edelbimsgranulat;
~ - Leichtbausteine;
~ - Leichtmauermörtel;
5450 AG

Thermolutz®
~ - Elektrozentralspeicher;
~ - oka-Kaminheizkessel;
~ - Warmwasser-Fußbodenheizung;
7410 Thermolutz

Thermolux
Thermostatventil, flüssigkeitsgesteuert, für Zentralheizungen;
4782 Heimeier

THERMOLUX®
Dachverglasung, Seitenverglasung;
5000 GVG

Thermopal
~ - **Arbeitsplatten**, Verbundplatte aus Mehrschichtspanplatte verleimt mit Brillant-Hochdruckschichtstoff;
~ - **Brillant Duplo Klasse B1**, Vollkern-Kunststoffplatte mit beidseitig dekorativer Melaminharzbeschichtung, Baustoffklasse B1;
~ - **Brillant Verbundplatten mit Träger Klasse B 1**, dekorative Kunststoff-Verbundplatte, Trägerplatte 3schichtige Holzspanplatte, harnstoffharzverleimt, schwer entflammbar durch ungiftige Flammschutzzusätze;
~ - **Brillant-Duplo**, Vollkern-Kunststoffplatte aus Phenolplasten mit beidseitig dekorativer Melaminharzoberfläche;
~ - **Brillant**, dekorative Hochdruck-Schichtstoffplatte (HPL) nach DIN 16 926;
~ - **Elitopal**, beidseitig beschichtete Holzfaserhartplatte mit hochwertiger Oberfläche nach DIN 68 751;
~ - **ESA-System**, Platte aus durch und durch leitenden Werkstoffen zur Verhinderung elektrostatischer Aufladung. Elektrische Werte nach DIN 51 953 und VDE 0100;
~ - **FH-Dekorplatten**, dekorative Kunststoffplatte, Baustoffklasse B 1 nach DIN 4102, Teil 1;
~ - **MS-Laminatplatte**, Dekorspanplatte mit einer Mehrschichtspanplatte als Träger und beidseitiger laminierter Phenol- und Melaminharzbeschichtung;
~ - **Postforming-Elemente**, Verbundplatte aus Mehrschichtspanplatte beidseitig verleimt mit Brillant-Hochdruckschichtstoff;
~ - **Rohspan**, Mehrschichtspanplatte nach DIN 68 761;
~ - **Rückkühlqualitäten**, dekorative Kunststoffplatte mit einer Mehrschichtspanplatte als Träger;

~ - **Span KT**, dekorative Kunststoffplatten mit Mehrschichtspanplatte als Träger;
~ - **Span-Brillant**, Verbundplatte aus Mehrschichtspanplatte beidseitig verleimt mit Brillant-Hochdruckschichtstoff (HPL) nach DIN 16 926 und 68 761;
~ - **Span-Tischler-Verbundplatte**, Span-Tischlerplatte beidseitig verleimt mit Brillant-Hochdruckschichtstoff (HPL);
~ - **Thermofinish**, einseitig kunstharzlackierte Holzfaserhartplatte;
~ - **Thermoflex**, Endloskanten aus einem melaminbeharzten Dekorpapier auf flexiblem Spezialträger;
~ - **Thermotex**, beidseitig melaminharzbeschichtete Holzfaserhartplatten, mit gutem Stehvermögen nach DIN 68 751;
~ - **Verbundplatten mit Gipsfaserträger**, großformatige Innenausbau- und Konstruktionsplatte mit einem homogenen Gipsfaserträger, nicht brennbar, Baustoffklasse A 2, universell einsetzbar als Bauplatte, Feuerschutzplatte und Feuchtraumplatte;
7970 Thermopal

THERMOPAL®
~ - **P**, pulverförmiges **Putzpräparat**, Zusatz zur Herstellung von einlagigen, voll wasserabweisenden, wärmedämmenden und rissefreien Außenputzen;
~ - **SR 22**, Sanier- und Entfeuchtungsputz;
4930 Schomburg

THERMOPANEEL
Alu-Paneele, isoliert, für Sektionaltore;
8935 Thermopaneel

THERMOPANE®
Isolierscheiben;
4650 Flachglas

Thermopan®
~ **EXPS**, Wärmedämmplatte aus extrudiertem Polystyrol (Produkt der Fa. Steinbacher, A-6383 Erpfendorf);
8000 Guggenberger

THERMOPANZER
→ YTONG-THERMOPANZER;
8000 YTONG

Thermoperl®
Dämmstoffkörnung in Bitumenumhüllung für die Flachdachsanierung und für die fugenlose Gefälledämmung einschaliger Flachdächer;
4600 Perlite

THERMOPETE®
Wärmedämmende Untertapete. Lieferformen:
~ **Boy**, Rollen 5 mm dick, unkaschiert;
~ **EXTRA-FIX**, Rollen 4 mm dick, trocken abziehbar;
~ **EXTRA**, Rollen 4 mm dick, kartonkaschiert;
~ **Hart**, extrudierte Platten, 3,5 mm dick;
~ **Ultra**, Platten 8 mm dick, kartonkaschiert;
3590 R & M

Thermoplan
→ Hagan-Thermoplan;
5628 Hagan

THERMOPLUS
Wärmeschutz-Isolierglas;
4650 Flachglas

THERMO-POOL
Einstück-Schwimmbecken in Sandwichbauweise;
4800 Durotechnik

Thermopool
Schwimmbecken aus Hart-PVC, doppelschalig, wärmeisoliert, ohne Betonhinterfüllung einzubauen;
4650 Schmeichel

Thermopor 90
Leicht-Hochlochziegel, wärmedämmender Mauerziegel mit quer zur Wärmestromrichtung angeordneten Thermokammern;
7930 Rimmele

THERMOPOR®
~ - Ziegel aus Ton (Leichtziegel), mit nur wenig ausbrennbaren Porosierungsmitteln, Verwendung als Außenwände und Innenwände, Wärmeleitzahl ab 0,16, Rohdichte 0,8 bis 1,0;
7900 Ziegel
→ 6436 Ziegel
→ 6442 Abhau
→ 7087 Trost
→ 7122 Nestrasil
→ 7129 Neuschwander
→ 7145 Layher
→ 7443 Mayer
→ 7730 Ziegelwerke
→ 7830 Deutschle
→ 7895 Ziegelwerk
→ 7901 Grehl
→ 7913 Schwarz
→ 7930 Rimmele
→ 7947 Scheerle
→ 7959 Rapp
→ 8052 Kohn
→ 8060 Helfer
→ 8071 Ziegelwerk
→ 8071 Turber
→ 8074 Ziegelwerk
→ 8252 Gruber
→ 8254 Meindl
→ 8261 Schwarz J.
→ 8261 Sägewerk Schwarz
→ 8261 Unterholzner
→ 8261 Holzner

→ 8267 Reißl
→ 8342 Schlagmann
→ 8391 Bachl
→ 8399 Ebersdobler
→ 8400 Renz
→ 8404 Senft
→ 8421 Priller
→ 8463 Winklmann
→ 8490 Lindner
→ 8701 Schöller
→ 8782 Röder
→ 8772 Ziegelwerk
→ 8809 Wenderlein
→ 8832 Lang
→ 8858 Stengel
→ 8871 Ott
→ 8872 Pfaffelhuber
→ 8873 Schmidt
→ 8881 Ziegelwerk
→ 8883 Ziegelwerk
→ 8891 Renz
→ 8900 Morgante
→ 8901 Kormann
→ 8909 Staudacher

Thermopur®
Dämmstoffe aus PUR;
~ **DP**, Dämmplatten mit beidseitiger Spezialpapierkaschierung;
~ **GV**, Dämmplatten mit beidseitiger Glasvlieskaschierung;
~ **SD**, Steildachdämmung mit beidseitig alu-kaschierten Platten;
3590 Correcta

Thermopur®
~ - Dach, Steildachdämmung und Flachdachdämmung;
PUR-Hartschaum;
6800 R & M

ThermoRex®
Schaltuhren und Temperaturregler für die Kälte- und Klimatechnik
4770 W.E.G.-Legrand

Thermorix
~ - Rolltor, Doppelwandbauweise mit PUR-Vollausschäumung, Wände in Stahl und Alu;
7129 Riexinger

Thermoroll®
Rollo, innenliegend, als Sonnenschutz und Verdunkelung;
8758 TV-Mainrollo

THERMOS
Schiebetüren und Hebeschiebe-Türen, Haustüren, Fenster;
4972 Tegtmeier

thermoschaum
→ Wilmsen thermoschaum;
4300 Wilmsen

ThermoSilent
Rolladenprofil, stranggepreßt mit PU-Ausschäumung;
7300 Wiral

THERMOspeed
→ Suessen-THERMOspeed;
7334 Suessen

THERMOSPLIT
→ Suessen THERMOSPLIT;
7334 Suessen

THERMOSPROSSE
Wärmegedämmtes Fensterprofil (Stahlkern + PVC-Mantel + PMMA-Beschichtung + EPDM-Dichtung) für Gewächshäuser, Wintergärten, Glasanbauten u. ä. Verglasungen;
4773 Lappé

Thermostop®
Vollisoliertes Metallfenster (Alu-Fenster), auch Türen und Fassadenelemente;
3210 Weikert

THERMOSTYL
→ AMS-THERMOSTYL;
5241 AMS

THERMOSYPHON
Solaranlage für die Brauchwassererwärmung nach dem Schwerkraftprinzip;
4441 Solar

ThermoTechnik Bauknecht
~ Elektro-Wärmespeicher;
~ Elektro-Zentralblockspeicher;
~ Warmwasserbereiter, elektrisch;
~ Warmwasser-Wärmepumpen mit Standspeicher;
7012 Bauknecht

THERMOTECT
~ **FIRETEX**, dämmschichtbildendes Beschichtungssystem;
~ **MF**, Brandschutz-Putzbekleidung;
~ **SPIRALITE**, Mineralfaser-Brandschutzplatten, Bekleidung für Stahlkonstruktionen und Klimatechnik;
3160 Thermotect

Thermotekt
~ **BN-F**, wie BN, jedoch mit Stufenfalz;
~ **BN**, PUR-Hartschaum-Platten B 2, mit Spezialpapier-Deckschichten;
~ **NE-F**, wie NE, jedoch mit Stufenfalz;
~ **NE**, PUR-Hartschaumplatten B 2;
~ **SE-F**, wie SE, jedoch mit Stufenfalz;
~ **SE**, PUR-Hartschaumplatten, B 1;

~ **V-F**, wie V, jedoch mit Stufenfalz;
~ **V**, PUR-Hartschaum-Platten B 2, mit Mineralvlies-Deckschichten;
7000 Bauder

Thermotekto
~ Konstruktionsdämmstoffe (PUR- und PIR-Systeme), kaschiert und unkaschiert;
~ **NE**, Gefälledämmplatten Baustoffklasse B 2;
~ **SE**, wie NE, jedoch Baustoffklasse B 1;
7000 Bauder

thermotex
~ - **Luftleitsystem**, zur gleichmäßigen Luftverteilung und zur Vermeidung von Kondenswasserbildung in Räumen mit sehr hohem Luftwechsel;
4130 thermotex

Thermotex
→ Thermopal-Thermotex;
7970 Thermopal

THERMOVAL®
Fußboden-Systemheizung, Warmwasser-Fußbodenheizung im Niedertemperaturbereich, ovales Sicherheitsrohr mit Sauerstoffsperre (DBP), Industriebodenheizung;
5020 Thermoval

THERMOVIT®
Heizbares → KINON-Kristall®-Verbund-Sicherheitsglas;
5100 Vegla

thermowand®
→ THYSSEN-thermowand®;
4220 Thyssen Bau

THERMUR®
Isolierglas;
~ Panzer-Isolierglas;
~ Schall-Wärmeschutz-Isolierglas;
~ Schallschutz-Isolierglas;
~ Sonderausführungen;
~ Sonnenschutz-Isolierglas;
~ Wärmeschutz-Isolierglas;
7141 Glas-Fischer

THERMY WMZ 80
Zweischalenkonstruktion mit Ziegelsteinen und innenliegender Styropor®-Platte;
3883 Ziegelwerk

Therosit
Kieseinbettmasse;
4000 Therstappen

Therstabil
~ **D**, Bitumen-Dachlack;
~ **I**, Bitumen-Isolieranstrich;
~ **K**, Bitumen-Klebemasse;
~ **S**, Bitumen-Spachtelmasse;
~ **V**, Bitumen-Voranstrich;
4000 Therstappen

Theumaer
~ **Quarz-Schiefer**, für Wandbekleidungen und Fassadenbekleidungen, Treppenbeläge, Türumrahmungen, Bodenplatten, Mauerverblendsteine usw.;
2000 Walther

Thiele
Zäune, holzgedrechselt;
3411 Thiele

Thiele-Granit
Pflaster, Werksteine, Farbsplitte aus Granit;
8359 Thiele

Thieme
~ Absperrsysteme aus Holz, Beton und Guß, auch nach DIN 3223 für Feuerwehrschlüssel herausnehmbar;
~ Basaltsäulen;
~ Gartenbänke aus Holz (Design: H. G. Schulten, Münster);
~ Gartenbrücken aus Bongossi;
~ Gartenleuchten aus Bongossi;
~ Mühlsteine für Brunnenanlagen;
~ Parkplatzwächter DBGM, auch mit Generalschließanlage;
~ Zäune aus Eisengitter;
4400 Thieme

Thiokol®
Warenzeichen der amerikanischen Thiokol Chemical Corp. für eine Gruppe von Polysulfid-Elastomeren, Verarbeitung insbes. bei Dichtungsmitteln;
6800 Thiokol

Thörl
Kalksandsteine;
2100 Thörl

Thomsit
~ **AGL DD**, Ausgleichsmasse für dick und dünn;
~ **AGL 88**, Rasant-Füllmasse, schnell aushärtend;
~ **D 806**, Universal-Kleber für Boden- und Wandbeläge;
~ **DX**-Bodenausgleich;
~ **everspray T**, Teppichkleber für das everspray-Sprühklebe-System;
~ **F 568**, Flexfliesen-Kleber, benzinlöslicher Bitumenklebstoff für Kunstharz-Asbestfliesen und Vinyl-Asbest-Fliesen;
~ **K 115**, Neoprenekleber leitfähig, für PVC- und Gummibeläge;
~ **K 148**, Schaumbelagkleber, für die Verlegung von PVC-Belägen mit Schaumrückseite;
~ **K 158**, CV-Kleber;
~ **K 172**, Neoprenekleber, Kunstkautschukklebstoff;
~ **K 182**, Neoprenekleber;

1

~ **K 188**, Einseitkleber neu;
~ **K 192**, Einseitkleber leitfähig, für PVC-Beläge;
~ **K 198**, Einseit-Schnellkleber;
~ **L 240**, Linoleumkleber extrastark;
~ **L 260**, Linoleumkleber-Dispersion;
~ **M 300**, Wandkleber, Dispersionsklebstoff;
~ **non static**, ableitfähige Verlegetechnik für Teppich- und PVC-Beläge, bestehend aus Ableitfinish sowie aus ableitfähiger Teppichverklebung, PVC-Verklebung und Linoleum-Verklebung;
~ **P 600**, Kunstharz-Parkettkleber;
~ **P 618**, Dispersions-Parkettkleber;
~ **Quick-Lift**, Teppichkleber, für Wiederaufnahme-Verlegetechnik, Teppich-Stop;
~ **R 700**, Baukleber Ultra, 2-K-Klebstoff für innen und außen, auch für den Naßbereich;
~ **R 710**, PUR-Kleber, 2-K-Universalklebstoff;
~ **R 717**, PUR-Grundierung, 2-K;
~ **R 720**, Abweichmittel zur Entfernung alter Klebstoffschichten;
~ **R 720**, Verdünner für Neoprenekleber;
~ **R 722**, Roll-Stripper, wasseremulgierbares Abweichmittel zur Entfernung von Schaumresten nach WA alter Teppichböden;
~ **R 725**, Reparaturmasse, schnell erhärtend, wasserfest, keine Flächenspachtelmasse;
~ **R 730**, Verdünner für Kunstharzkleber;
~ **R 740**, Epoxid-Isolierung, 2-K;
~ **R 750**, Epoxid-Grundierung, 2-K;
~ **R 765**, Profilleistenkleber, Kontaktklebstoff für Gummiprofil- und PVC-Leisten;
~ **R 767**, Montage-Kleber;
~ **R 771**, Kunstharz-Grundierung, lmh;
~ **R 775**, Haftgrund, Kunstharz-Dispersions-Konzentrat;
~ **R 780**, Neoprene-Vorstrich;
~ **R 790**, Epoxidkleber, 2-K, besonders zum Kleben von Industriegummibelägen;
~ **S 950**, Spezial-Fallschutzplatte, PUR-Elastik–Platte für Kinderspielplätze, Schulhöfe usw.;
~ **T 400**, Textilbelag-Kleber, Kunstharzklebstoff;
~ **T 415**, WA-Teppichkleber;
~ **T 416**, Grundierung für WA-Teppichkleber;
~ **T 470**, Filzbelag und Teppichkleber;
~ **T 480**, Teppichkleber, Kunstharzklebstoff;
~ **T 482**, Teppichkleber leitfähig, Kunstharzklebstoff für leitfähige Teppichbeläge;
~ **T 485**, Teppichkleber extra, für schwere und schwerste Teppichbodenqualitäten;
~ **T 490**, Dispersionskleber für Sisal, Kokos und PVC-Polyester-Vlies;
~ **T 501**, Verlegeband (Textilträger), doppelseitig, für WA-Verlegung;
~ **777**, Haftgrund;
4000 Henkel

Thomsit-floor®-System
Trittschalldämmung und Wärmeschutz. Aufbau: Thomsit-Tunoprene-Vorstrich, Thomsit-floor-Armierungsgewebe, Thomsit-floor-Holzdielenausgleich, Thomsit-floor-Dämmunterlage aus hochwertigem PUR-gebundenem Gummigranulat;
4000 Henkel

Thorite®
Reparaturmörtel, nichtschrumpfend, besonders zum Ausbessern von Betonfertigteilen;
5632 Thoro

THORN EMI
Energiesparende Lampen und Leuchten für alle Bereiche innen und außen;
~ - 2 D-Lampen;
5760 THORN EMI

THORO SYSTEM
Baudichtungsverfahren gegen Druck- und Grundwasser, feuchte Keller u. ä.;
4600 Rose

Thoroclear®
Klare Silikonimprägnierung;
~ **Special**, für horizontale Betonflächen und Naturstein;
~ **777**, für Mauerwerk;
5632 Thoro

Thorocoat®
Außenfarbe auf 100% Acrylbasis;
~ **Hevi-Tex®**, stark strukturiert, ergibt einen dicken elastischen Schutzfilm;
5632 Thoro

Thoroglaze®
Transparenter Zementschutz auf Acrylbasis;
~ **H**, mit glänzendem Schutzfilm;
5632 Thoro

Thorogrip®
Verankerungsmörtel, schnellhärtend, 100% wasserdicht;
5632 Thoro

Thoropatch®
Reparaturmörtel für Zementböden auf der Basis von Zement und Acrylpolymeren;
5632 Thoro

Thoroseal®
Wasserabdichtungsmittel auf Zementbasis gegen Eindringen von Wasser;
~ **FC**, Dichtungsmittel für den Tiefbau;
~ **PM**, Zementputz;
5632 Thoro

Thorosheen®
Außenfarbe auf 100% Acrylbasis;
5632 Thoro

Thorsmann
Kanalsysteme für die Elektroinstallation (Installationskanäle) → INKA;
5880 Thorsmann

THOSTA
~ - Bewehrungskämme zur Verankerung und/oder Einspannung von anschließenden Bauteilen;
8044 Weidner

thüco
~ **A 200**, Dispersionsanstrich auf Acrylharz-Basis für Dächer;
~ **161**, Imprägnierung auf Siloxanbasis als wasserabweisende Sperrschicht
2359 Durexon

thücocryl
~ **2410/2420** Betonschutz, rißüberbrückende Dispersion;
~ **2810** Betonschutz klar, lmh, Acrylharz 1-K;
~ **2820** Betonschutz farbig, lmh, 1-K;
2359 Durexon

thücopur
~ **400**, Betonsiegel farblos, lmh, feuchtigkeitshärtender 1-K-Flüssigkunststoff auf PUR-Basis;
~ **500**, Injektionsharz lmf, 1-K;
~ **700 Elastomix**, 2-K-PUR-Flüssigkunststoff, lmf, als Schwimmbadbeschichtung;
~ **800**, Elastbeschichtung, rißüberbrückend;
2359 Durexon

Thüringer
~ **Schiefer**, für Dacheindeckung und Fassadeneindeckung;
8676 Thüringer

Thumm
~ Treppenbolzen, Zubehör für Treppenmontage und Treppenstufen-Herstellung;
7440 Thumm

THYRAX®
Kellerablauf mit doppeltem Rückstauverschluß;
6750 Guß

Thyssen
Lieferprogramm für das Bauwesen:
~ Belagblech, Riffelblech und Tränenblech;
~ Betonstahl I und III;
~ Breitflachstahl;
~ Breitflanschträger, IPB — normale Reihe, IPBl — leichte Reihe, IPBv — verstärkte Reihe;
~ Formstahl, IPE — Reihe, IPEo — Reihe, IPEv — Reihe, I-Stahl, U-Stahl, Grubenausbauprofile;
~ Halbzeug;
~ Hüttenmauersteine für den Wohnungs- und Industriebau nach DIN 398;
~ Mittel- und Grobblech;
~ Oberbaumaterial, Kranschienen;
~ Oberflächenveredeltes Band und Blech, elektrolytisch verzinkt, feuerverzinkt, bandbeschichtet, feueraluminiert;
~ Stabstahl, T-Stahl, U-Stahl, Winkelstahl, Rundstahl, Vierkantstahl, Sechskantstahl, Flachstahl;
~ Straßenbaustoffe aus Hochofenschlacke und LD-Schlacke;
~ Walzdraht;
~ Wege-, Gleis- und Wasserbaustoffe aus LD-Schlacke;
~ Zemente nach DIN 1164 → Montafirm;
4100 Thyssen

THYSSEN
~ - Dachsysteme und Wandsysteme;
~ - Garderobenschränke aus Stahlblechhalbschalen;
~ - Sanitärkabinen-System;
~ - **thermodach®**, Fertigdach-System aus Stahl, wärmegedämmt mit PUR-Hartschaumkern;
~ - **thermowand®**, Fertigwand-System aus Stahl, wärmegedämmt mit PUR-Hartschaumkern;
4220 Thyssen Bau

THYSSEN
~ - Erdtanks, für die unterirdische Lagerung von Heizöl, doppelwandig (Heizöltank);
~ - **multisafe**, Ganzstahl-Schutzräume, zylindrische Körper zur Erdeinlagerung;
~ - Solarabsorber;
5758 Thyssen Umform

Thyssen Polymer
~ **Profilsysteme**, Kunststoffprofilsysteme für Fenster und Türen aller Art und Größen;
8000 Thyssen

TIBOLT
Blindeinnietschraube;
4500 Titgemeyer

Ticki
~ - Federklappdübel → TOX-Ticki;
7762 Tox

Tiefa
~ **1 und 2000**, Flachdachziegel (Tondachziegel) in vielen Farben und keramischen Glasuren;
4057 Laumans

Tiefenthal
~ - Schließanlagen;
~ - Schlösser;
5620 Tiefenthal

TIEFGRUND K 28 farblos
Kunstharz-Tiefgrund;
7000 Wörwag

Tiefgrund spezial
Grundiermittel, nitroverdünnbar, zur Putzverfestigung;
5330 Dinova

Tiefgrund W
Grundiermittel, wasserverdünnbar, lmf, für innen und außen;
5330 Dinova

Tiffany
Badezimmer-Ausstattung;
5860 Hemecker

Tigerbinder
Putzbinder und Mauerbinder;
3000 Nordcement

Tilan
~ - **Antigraffiti**, wasser- und ölabweisendes Steinimprägniermittel;
~ - **Imprägnate**, Schlagregenschutz, Vermoosungsschutz, Schutz gegen Tausalzschäden und Schmierereien;
~ - **Metallreiniger**, für eloxiertes, brüniertes und lackiertes Alu und andere Metalle;
5180 Tilan

TIM Ticket System
Drehtüren, Drehkreuze, Drehsperren;
2050 TIM

Timac®-X-10
→ Busch-Timac® X-10;
5880 Busch

TIMAKER
Keramik-Bodenplatte (Produkt der Ceramica S.p.A. MIRAGE, Italien);
2050 Aretz
→ 4500 Lewek
→ 7120 Prestige
→ 7710 Hanemann
→ 8120 Fröhlich

Timbrelle
~ **activs**, Teppichbodenfaser;
6000 Dow

TIMMER
Abrollsicherung für Rolläden;
4420 Timmer

TIMOR
TS und **glatt**, glasierte Fliesen;
4005 Ostara

TINO
Ausspannungskörper für Decken und Wände;
8044 Weidner

TINTO
~ **FINISH**, Oberflächenschutz über offenporige Holzschutzlasuren;
~ **HOLZVEREDELUNG**, offenporige Holzschutzlasur für innen und außen, 12 Farbtöne;
8000 Pallmann

tip 77
Flüssigkunststoff für Zement und Eternit;
6550 Meffert

TIPP
Fensterbänder für Verbundfenster;
7257 Gretsch

TIPS
Schadstoffarme Lacke und Farben;
~ **Acryl-Buntlacke**, wasserverdünnbar;
~ **Bodenbeschichtung**, wasserverdünnbarer Flüssig-Kunststoff für außen und innen;
~ **Holzschutz-Farbe**, PCP- und lindanfrei, deckender Holzschutz;
~ **Langzeit-Holz-Lasur**, lindan- und PCP-freier Holzschutz für alle Holzarten;
~ **Paneel-UV-Lack**, farblose, matte Holzbeschichtung mit UV-Schutz;
~ **Universalgrund**;
2102 Decor

TIPTAL®
Elektrolyse-Korrosionsschutz-Verfahren für Wasserversorgungsanlagen;
4650 Guldager

Tirolerputz
→ ispo Tirolerputz;
6239 ispo

Tirolia
~ - **Blockhaus**, Holzhaus aus Tirol;
5541 Tirolia

tirone 1®
Bodenverkleidung und Wandverkleidung aus Porzellan, Konvex-Konkav-Steine mit Ø 42,4 mm;
4000 Briare

Titacord®
Isolierstoffe zur Schall- und Wärmedämmung;
~ - **Dämmunterlage**, 4 mm dicke profilierte Pappe mit vollen gegossenen Rippen, durch Zusatz von Bitumenemulsion imprägniert;
~ - **Randstreifen**, 4 mm dicke profilierte Rippenpappe, beklebt mit Bitumenpapier;
~ - **Rippenpappe N**, ca. 2,5 mm dicke profilierte Pappe, glatte Seite mit Natronpapier, gegen Pilzbefall imprägniert, Abdeckpappe unter schwimmenden Gußasphaltestrichen, zur Abdeckung loser Dämmstoffe wie Perlite usw. → 7000 Bander;

~ - **Rippenpappe B**, ca. 2,5 mm dicke profilierte Pappe, auf der glatten Seite mit Bitumenpapier beklebt, gegen Pilzbefall imprägniert, Abdeckpappe für Dämmschichten → 7000 Bander;
~ - **Silber S**, fünffach geschichtete Folie (absolut dampfdicht), Feuchtigkeitssperre unter Estrichen, Trockenfußböden usw.;
8070 Flexipack

TITANODE®
Kathodischer Korrosionsschutz gegen Schäden durch Tausalz und Karbonatisierung von Stahl in Beton (Betoninstandsetzung);
6463 Heraeus

Titgemeyer
~ - Dicht- und Klebstoffe;
~ - Dichtungsprofile;
4500 Titgemeyer

Titzmann
~ **Klappläden** aus Holz;
~ **Lamellentüren** aus Holz, z. B. Eiche, Esche, Kiefer, Kirsch, Nußbaum u. a.;
4414 Titzmann

tivopal
~ Fußboden-Spachtelmassen;
~ Klebstoffe für Bodenbeläge;
2000 Tivoli

tivopur
PUR-Beschichtungsmassen und PUR-Lacke für Sporthallenbeläge;
2000 Tivoli

TIW
Kürzel für Tonwarenindustrie Wiesloch, gleichzeitig Name des Lieferprogrammes für Wohnraum-Dachfenster, Dachrinnen aus PVC;
6908 Tonwarenindustrie

TIWAPUR®
Wärmedämmung, PUR-Hartschaum nach DIN 18 164, Wärmeleitfähigkeitsgruppe 030/025/020;
~ **AN**, beidseitig mit Alubeschichtung, Steildachdämmung innen und außen;
~ **A**, mit beidseitig geprägter Alufolie, für Steildach, Hallendecken in Industrie- und Landwirtschaft, Sonnenkollektoren, Fußbodenheizung;
~ **S**, beidseitig mit Spezialpapier kaschiert, für Warmdächer, unter Estrichen bzw. Beton usw.;
~ **U**, ohne Kaschierung, für Fassadendämmung mit armiertem Kunststoffputz;
~ **V**, beidseitig mit Gasvliesbeschichtung, für Kaltdächer, Steildachdämmung innen und außen, Fassaden;
6908 TIW

Tix
Spezial-Füllstoff, Thixotropiermittel und Ablaufverhinderer für → Stromit-Floor und → Stromit-Lackplastik;
5047 Stromit

Tixet
→ Meisterpreis Tixet;
4010 Wiederhold

Tixoton
→ Meisterpreis Tixoton;
4010 Wiederhold

TKM
Einrohrsystem für heizungstechnische Anlagen;
4760 Anwo

TKS 2
Torfkultursubstrat für unbelastete Vegetationsschichten in Dachgärten;
2900 Torf

TKT
~ **Drall-Luftdurchlässe** für Systeme mit Zulufteinbringung im Deckenbereich hoher Räume (Baureihe 315–630 Typ CLC);
5060 Turbon

Tobago
Badeinrichtung, Design-Merkmal ist das langgestreckte Oval;
6642 Villeroy

TÖPEL
Gerüste, Alu-Stege;
3558 Töpel

Togedübel
~ HT, schnelles Befestigungsmittel von Fenster- und Türrahmen in Durchsteckmontage;
8000 Hilti

TOISITE
Massivschindel mit doppelter Glasvlieseinlage und diversen Formen (Dachschindeln);
6632 Siplast

TOK
~ - Scheibe, bituminöse Fertigfuge als Druckpolster und plastische Dichtung anstelle von Verguß in Quer-, Dehnungs- und Längsfugen;
4300 Rudolph

TOKO
Schalungsanschläge zur einfachen Justierung der Wandelemente;
8044 Weidner

TOKONTAN
Sicherheitskontaktreiniger und Konservierungsmittel für elektrische und elektronische Anlagen;
6751 Pyro

Toledo-Pfanne E 76
Dachziegel aus Ton ab 16° Dachneigung, attraktive plastische Struktur;
6719 Müller

TOLOFLEX 500
Silikonkautschuk-Fugendichtung, dauerelastisch;
7000 Scheffler

Tomuls
Trennmittel, speziell für Straßenbaufertiger, Aufzugskübel, Gummiradwalzen;
2000 Colas

TONA
~ - **Dämmstoff**, fertiggemischter Trockenmörtel;
~ - **Dehnfugenblech**, aus korrosionsbeständigem Edelstahl für alle ~ - **Schamottequerschnitte**;
~ - **Kaminreinigungstüren**;
~ - **Krag- und Abdeckplatten**, mit oder ohne Lüftung;
~ - **Mantelsteine** aus Leichtbeton für den Schornsteinbau;
~ - **Säuremörtel** nach DIN 1058 für den Aufbau von Schornstein-Innenrohren;
~ - **Schornsteinrohre** aus Schamotteton, feuer- und säurebeständig;
5353 Tona

TONADIN®
Hausschornstein-System, Wärmedurchlaßwiderstandsgruppe I;
5353 Tona

TONAPLAN
Schornstein-Einsatzrohr aus Edelstahl rostfrei für den nachträglichen Einbau in Altschornsteine;
5353 Tona

TONATHERM
Hausschornstein-System eines 3schaligen Schornsteins der Wärmedurchlaßwiderstandsgruppe I;
5353 Tona

Tonca
Sanitärkeramik-Programm plus Acryl-Wanne (Badewanne);
5300 Ideal

Tonga
Mosaikfliese, 10 × 10 cm, vielgestaltig mit floralen und bäuerlichen Einstreumotiven;
4005 Ostara

TOP
Fußbodenheizung aus PS-Hartschaumplatte, Rohrclips, PB-Rohr, Fließestrich, VPE-Rohr;
4053 Top

TOP
~ - **Lacktüren**, Schleiflack weiß oder grundierte Türen klassisch, rustikal und modern;
4900 TOP

TOP CLEAN
Reiniger für Kunststoff- und Lackflächen;
2082 Voss

TOP COLOR
Fassadenfenster;
2080 OKey Bauelemente

TOP Schalung
Steildachschalung mit Kunststoffelementen für nachträgliche Verlegung zwischen Lattung und Ziegel;
7084 Maco

top star
~ Fußmatten aus Gummi, Kunststoff, Kokosvelour;
~ Fußmattenrahmen aus feuerverzinkten Winkeleisen;
~ Gitterroste, Streckmetall-Roste und Karo-Roste;
~ Kunststoff-Fenster;
~ Lichtschächte;
~ Rinnenroste;
~ Schalungsfenster aus Polymerbeton;
~ Stahlkellerfenster;
~ Treppenstufen aus Gitterrosten;
8751 Künstler

Top 200
Trittsicherheits-Fliese, glasiert, rutschhemmende Eigenschaften im Gewerbebereich;
4005 Ostara

Top 2000
→ Knauf Top 2000;
8715 Knauf Bauprodukte

TOPAS 500
Strukturelement aus Alu, für Fassaden oder Innenverkleidung;
8228 Schösswender

Topec
~ - Deckenschalung (Schalung) ohne Träger und ohne Fallkopf;
4030 Hünnebeck

TOPFERRON
Eisengepanzerte Industrieböden, durch metallische Einstreuung von ~ entsteht Oberflächenvergütung für stark beanspruchte Betonböden;
4040 Pagel

TOPFIX
Abstandhalter für die obere Bewehrung;
5885 Seifert

toplight
~ - Dachfenster, aus PVC-Hart-Rahmen und Acrylglas;
5828 Klöber

top-line
Tondachziegel K 21 in mehreren Feinglasuren;
4950 Heisterholz

topline
Schalterprogramm für den Wohnbereich;
5885 Jung

TOPOLIT
~ **fix**, kurzfristig belastbarer, hochfließfähiger, schrumpffreier Montagemörtel zum kraftschlüssigen Verbinden von Maschinen und Befestigungsteilen mit dem Betonfundament;
~ **grout**, schrumpf- und schwindfreier, zementgebundener Vergußmörtel, hochfließfähig, wird eingesetzt z. B. bei Brückenlagern, Schienen, Hochregalstützen;
~ **mortar**, hochfrühfestes Betonsanierungsmittel, für Betonbodenreparatur in Lagerhallen, Spurrillen auf Autobahnen usw.;
4040 Pagel

TOPOL® 100
Öl-Alkydharzlack, wetterbeständig, stoßfest;
7000 Sika

TOPP
Fensterkupplungen für Verbundfenster;
7257 Gretsch

Toproc®
Distanzschraube System Rogger für spannungsfreie Holzfenstermontage;
7118 BTI

Topseal®
~ - Schrauben, Verbindungsmittel zur Verwendung bei Dächern und Geschoßdecken aus Stahl-Trapezprofilen;
6370 Haas

topstar
Steildachentlüfter (Dunstrohre) nach DIN 1986, bestehend aus Grundplatte (Pfanne) und Entlüfterrohr;
5828 Klöber

top-step
Raumspartreppe, komplett mit Geländer, Handlauf und Futter, Selbsteinbau-Treppe;
8700 Wellhöfer

TOPSTOP
Fahrbahnschwellen aus Gummimischung in Kontrastfarben mit Katzenaugen;
6200 Moravia

Top-System 2000
Fußbodenheizung, weitgehend werkseitig montiert;
7590 John

TOP-THERM®
→ Gerrix-TOP-THERM®;
4000 Gerresheimer

Torbalin-8303
Lasierendes, wetterbeständiges Holzschutzöl, PCP-frei;
6535 Avenarius

Torbil®-8305
(Carbolineum) lasierendes, wetterbeständiges Holzschutzöl, PCP-frei;
6535 Avenarius

tormatic®
Torantriebe, u. a. Schiebetorantriebe, Schwingtorantriebe;
5828 Dorma-tormatic

TORMAX®
Automatic-Türantriebe (Auslfg. Norddeutschland zwischen Ems und Elbe);
2800 Firi

TORNADO
Schwingflügelbeschläge für Kunststoff-Fenster;
3068 Hautau

TORPEDO
~ - **S**, Falztürschließer für Anschlag- und Pendeltüren;
8883 Gartner

TORRENT
Schwallbrause;
7622 Hansgrohe

Toscana
Tondachziegel, entspricht formal dem Römerziegel;
4235 Iduna
→ 2932 Röben

Toscana
Betonpflaster in der Art gebrannter Klinker;
6301 Dern

Toschi
~ **Faserzementerzeugnisse** für den Hoch- und Tiefbau: Wellplatten, Bauplatten, Rohre und Formstücke für Be- und Entlüftung, Druckrohre nach DIN 19800;
~ **GfK-Produkte**: Wellplatten und ebene Platten, Abdeckungen für Klärwerksbauten, Reinwasserbehälter;
2800 Toschi

TOTAL
~ Brandmeldeanlagen;
~ CO_2-Löschanlagen;
~ Halon-Löschanlagen;
~ Pulver-Löschanlagen;
~ Schaum-Löschanlagen;

1

~ Sprinkler-Anlagen;
~ Sprühwasser-Löschanlagen;
5000 TOTAL

TOTAL
Entwässerungs-Aufsatz aus Gußeisen 780 × 495 mm für Abläufe in Bergstraßen;
6330 Buderus Bau

TOTAL
~ Feuerwehrausrüstungen und Arbeitsschutz;
~ Handfeuerlöscher, fahrbare Löschgeräte, Löschmittel;
6802 Total

TOWALL
~ - Abtropf-Profile, für Balkon und Vordachkanten;
7880 Plast

TOX
Dübel, Nägel und Schrauben;
~ - **Befestigungsscheiben** für Dämmstoffe, wahlweise mit ~ Rahmenmontage, Lang-Kunststoff- oder Lang-Stahl-Nageldübel zur Befestigung von z. B. Styropor®, Hartschaumplatten u. ä. einsetzbar;
~ - **Combidübel** mit Sperrdreiecken, Kunststoffdübel mit Kappe für Kappenmontagen, nach Abtrennen der Kappe für Durchsteckmontagen;
~ **Einheits-Distanz-System**, für besonders sichere Befestigungen im Innenausbau, zur Überbrückung von Isolierschichten oder Unterkonstruktionen aus Holz und Metall;
~ - **Flossendübel** 3D, Kunststoffdübel mit längsseits am Dübel angebrachten Sperrflossen, besonders geeignet für Durchsteckmontagen;
~ - **Hakendübel 3D**, ein Flossendübel mit vormontiertem Decken- bzw. Schraubhaken, Ring- und Rundkopfschrauben;
~ - **Kippdübel**, zur Befestigung von Leuchten, Lampen usw. an Hohlwänden und -decken mit ausreichendem Hohlraum;
~ - **Knetdübel**, Befestigungsmittel besonders für weiche Wände, ausgebrochene Bohrlöcher usw.;
~ **Lang-Nageldübel** komplett mit Spreiznägel, vorrangig für Abstandsüberbrückungen an isoliertem, dämmplattenbeschichtetem Mauerwerk und Unterkonstruktionen aus Holz und Metall;
~ - **Maschinendübel**, mit Spreizhülse aus Temperguß-Segmenten, zur Schwerbefestigung von Maschinen und Anlagen in Beton und Mauerwerk: Typ **K**, vorwiegend für hängende Befestigungen. Typ **T**, hauptsächlich für Verankerungen in Böden und Fundamenten;
~ - **Messingspreizdübel**, für Montagen schwerer Gegenstände in harten Baustoffen;
~ - **Nagelbare Schraube**, in Verbindung mit ~ Tri-Allzweckdübel durch Einschlagen eine sichere Befestigungsmöglichkeit in hartem Vollmaterial;
~ - **Rahmen-Montage**, bestehend aus Holzschraube DIN 97, mit und ohne Kopflochbohrung, aufgezogener Kunststoffhülse und einem Tri-Allzweckdübel 6/36 oder 8/51, als Sonderbefestigung für Tür- und Fensterrahmen, Wandverkleidungen u. ä.;
~ **Schwerlastanker**, mit bauaufsichtlicher Zulassung, für besonders schwere Befestigungen in Beton: **Typ TS** mit Sechskantschraube, **Typ TB** mit Gewindebolzen, **Typ TM** mit Rundmutter;
~ - **Ticki-Federklappdübel**, zur Montage von Gardinenleisten, Einputzschienen u. ä. an Hohldecken mit sehr niedrigem Hohlraum;
~ **Tri-Allzweckdübel**, Spreiz- und Ausknickdübel in einer Einheit für alle Mauerwerkstoffe;
~ **Trika-Allzweckdübel (Kappendübel)**, vorrangig für Schnellmontagen an Baustoffen mit großem Hohlraum und allen Mauerwerkstoffen;
~ **4As**, vierteiliger Dübel, Kombination aus Spreiz- und Ausknickdübel, für alle gängigen Holzschrauben und Mauerwerkstoffe;
7762 Tox

Toxin®
→ Zement-Toxin®;
3280 Hörling

TOXYLON
Holzschutzmittel, ölartig, gegen alle Holzschäden durch Fäulnis, Pilzbefall, Insektenfraß;
4270 Duesberg

TP 50
Kopfleisten aus stranggepreßtem Alu;
6581 Trachsel

T-Pren
~ **endlos**, Dehnfugenband für Bautrennfugen;
~ **Rinne**, Rinnendehnungsstück mit Wulst und Abdeckblech;
6581 Trachsel

Trabant
Steinpflegemittel, zur Reinigung, Imprägnierung, Auffrischung und als Hartpolitur aller glatten Kunst- und Natursteine, speziell Terrazzo und Marmor;
4600 Lichtenberg

Trabant®
~ Badablauf mit seitlichem Zulauf mittig, mit höhen- und seitenregulierbarem Aufsatzstück;
~ Bodenablauf mit Glockengeruchverschluß, mit höhen- und seitenregulierbarem Aufsatzstück;
~ Deckenablauf, gußeisern, mit Reinigungsöffnung;
6750 Guß

Trachsel
~ **Betonnägel**;
~ **Dachraumentlüfter** für Schiefer- und Schindeldächer aus verschiedenen Materialien;

~ **Kaminaufsätze**;
~ **Steildachentlüfter** für Schiefer- und Schindeldächer mit Entlüftungsanschlüssen;
6581 Trachsel

Tramnitz
Holz-Balkongeländer;
6800 Tramnitz

Transaktuellen
→ Die Transaktuellen;
6078 Hauserman

Transbitherm
Leichtsand;
4650 Preil

TRANSBITHERM®
Werkfrischmörtel mit wärmedämmenden Eigenschaften durch Beimischung von ~ - Leichtsand nach bauaufsichtlich zugelassener Rezeptur;
7570 SAFA

Transclair
~ - Streifenvorhänge, aus glasklarem PVC zur Abdekkung von Hallentoren;
2000 Pistoor

Transflex®
~ - Übergang von der Fahrbahn zum Brückenteil, Sonderausführung auch für Bahnbrücken (Brückenübergang, Fahrbahnübergang);
7300 GHH

Translavit®
~ - Raumfarben, waschbeständige Innenfarben nach DIN 53 778;
3512 Habich's

Transpacoll
Wandbelags-Kleber für textile Beläge, Metall- und Vinyltapeten;
4531 Wulff

Transtac
Vorhänge und Lamellenvorhänge als Schutzvorhänge beim Schweißen, Schleifen, Schneiden;
6074 Optac

TRAPP
Betonwaren;
~ - Betonrohre;
~ - Schachtabdeckplatten;
~ - Schachtringe;
~ - Stahlbetonfertigteile für Hoch- und Tiefbau;
~ - Straßenabläufe;
1000 Trapp

TRAUFEL
→ ROCO-TRAUFEL;
3360 Roddewig

traviblend
Schweißerschutz-Vorhänge nach DIN 32 504, lichtdurchlässig;
4780 Schieffer

travidock
Torabdichtungen zur Aufnahme von Fahrzeugen unterschiedlicher Größe;
4780 Schieffer

travifalt®
Falttor, flexibel, transparent, elektrisch oder pneumatisch;
4780 Schieffer

travimatic
Elektroautomatische Türöffnungsanlage;
4780 Schieffer

travinorm
Pendeltüren bis max. 6 × 6 m Größe;
4780 Schieffer

traviport
Schiebetür aus Kunststoff;
4780 Schieffer

traviroll
Schnellauf-Rolltor, transparent;
4780 Schieffer

travistop
~ - Torschranken;
4780 Schieffer

travistore
PVC-Streifenvorhänge, transparent, flexibel;
4780 Schieffer

TRAX
Kunststeinprodukte wie Balustraden, Tische, Bänke, Statuen u. ä.;
8541 Trax

Trazino®-Trazuro®
Beschichtungswerkstoffe für ein- oder mehrfarbige Bodenbeschichtungen;
4700 Petersen

TRC
Abkürzung für Texas Refinery Corp.;
~ **Aluminium-Dachschutz**, UV-beständiger Reflexionsanstrich (Dachanstrich);
~ **Anti-Oxidene**, Rostschutzanstrich und Siloanstrich, schnelltrocknend;
~ **Epoxy Coating**, Epoxy-Anstrich für Boden und Wand;
6300 Schultz

1

TREBA
~ - **Trennwände**, Alu-Rahmenkonstruktionen mit kunststoffbeschichteten Spanplatten;
7950 TREBA

TREBO
~ - Schellack, honigtönend, samtglänzend;
3123 Livos

TREFFERT
~ Fassadenfarben, Kunststoff-Edelputz, Innenwandfarben, Kunststoff-Steinputz, Kunststoff-Reibeputz, Gasbetonkleber;
~ Vollwärmeschutz für Außenwände;
8755 Treffert

Trelastolen
Dachumrandungen, Dachdehnungsfugenprofile, Wandanschlußleisten aus schlagfestem, farbigem Hart-Kunststoff;
4200 Dichtung

Trelaston
Fugenversiegelung auf 2-K-Basis;
4200 Dichtung

Trenastic
Dehnungsfugenprofile, Alu-Stahl-PVC;
4200 Dichtung

TRENNFIT
~ - **CLEAN**, Rostentferner und Mörtelentferner von Beton;
~ - **GEL**, Rostentferner, gelartig, säurehaltig;
~ - SOLVE, Fett- und Ölentferner, Wachs- und Bitumenentferner von Beton;
~ - **SUPER** oder **NORMAL**, physikalisch-chemisches Trennmittel für Betonschalung;
8448 Frank

TRENNFORM
~ Verdünner und Reiniger für Geräte;
~ Versiegelungsmittel für Holzschalung;
8448 Frank

TRENNMITTEL 1000
Grundierung für Nutzbeläge bei anschließender Verklebung mit → IBOLA WA;
8000 Isar

TRENNOMAT
Benzin-/Heizölabscheider, gemäß DIN 1999 aus Stahlblech mit selbstätigem Abschluß und automatischer Ablaufvorrichtung;
6330 Buderus Bau

TRENN-Schwelle
Fahrbahnmarkierung (Verkehrstrennspur), physisch spürbar, zur Trennung der Radwege, aber auch der Bus- und Straßenbahnspuren;
4040 3M

TRENOMAT
~ Feuerschutz-Schiebetore;
~ Großtore;
~ Großtrennwände für Industriehallen;
~ Trennvorhänge für Sporthallen;
5600 Trenomat

TREPEL
Rampenwetterschutz, Hebetische als Sprungtürme für Schwimmbäder, Rolltore, Sektionaltore, Überladebrücken, Schwenkrampen;
6200 Trepel

trepena
Treppenstufen-Beläge aus Gummi;
5787 Unibau

TREPINI®
Mörtelzusatzmittel, flüssiger, chloridhaltiger Beschleuniger für Zementmörtel;
2000 Lugato

treplex
~ - Wangenplatten und Stufenplatten zur Herstellung von Treppen, Stabsperrholz- und Multiplexplatten;
7640 Dold

Treppenmeister
Massivholz-Treppen;
7047 Treppenmeister

TREPPICH®
Treppenstufenbelag aus Polyamid, selbstklebend;
4270 Schürholz

TRESECUR®
Stahltreppen und Holztreppen im Baukastensystem;
4431 Tresecur

tretford
~ **Interland**, Woll-Teppichboden in Bahn und Fliesen (Teppichfliesen), Baustoffklasse B1;
4230 tretford

Trevi
Brausenprogramm;
5300 Ideal

TREVIRA®
~ **HOCHFEST**, gleitende Anstricharmierung in Verbindung mit Armierungsgeweben;
~ **SPUN ROOF**, reißfester und verrottungsbeständiger Vliesstoff aus Endlosfäden, Trägermaterial für bituminierte Dachbahnen;
~ **SPUNBOND**, hochgradig reißfester und verrottungsbeständiger Vliesstoff aus Endlosfäden, Trennschicht zwischen fein- und grobkörnigen Böden;
6230 Hoechst AG

TRIACOR
Dekor-Holzspanplatte, kunststoffbeschichtet, für Innenausbau und Möbel;
3177 Spanplatten

TRIAFLEX
Kantenumleimer, von der Rolle;
3177 Spanplatten

TRIANGEL
Holzspanplatte, 5schichtig;
~ **E 1**, für besondere Anwendung im Innenausbau, entspricht Emissionsklasse E 1 der Formaldehydrichtlinien;
~ **M**, für Möbelserienfertigung;
~ **V 20**, für Innenausbau und Fertigbau, hoch biegefest und eigensteif;
~ - **Verkleidungsplatte**, mit Nut und Federprofil, einbaufertig, für Innenausbau und Althauserneuerung;
3177 Spanplatten

TRIAPHEN
Holzspanplatten, 5schichtig;
~ **ISO V 100 G**, isocyanat-verleimt, mit Vollschutz „G" für besonderen Einsatz im Bauwesen;
~ **ISO-Dachplatte V 100 G**, isocyanat-verleimt, mit Vollpilzschutz „G", längsseitig genutet, einschließlich loser Feder;
~ **ISO-Verlegeplatte V 100 G**, isocyanat-verleimt, mit Vollpilzschutz „G" und Nut und Federprofil für Unterböden im kritischen Bereich;
~ **V 100**, mit speziellen Eigenschaften für Anwendung im Bauwesen;
~ - **Verlegeplatte V 100**, mit Nut und Federprofil für Trockenunterböden und zur Erneuerung alter Fußböden;
3177 Spanplatten

Triaplan
→ Hagan-Triaplan;
5628 Hagan

TRI-BEL
Handbrause, farbig;
7622 Hansgrohe

Trical®
Heizkessel;
3200 Vama

Tricamino
Kamin-Heizkessel;
3200 Vama

Trick
Bewehrungsabstandhalter im laufenden Meter;
4040 Betomax

TRICOMER
Fugenbänder aus gummielastischem Spezialpolymer;
7918 Tricosal

Triconomic
Vergußmörtel für Standardvergüsse mit guter Fließfähigkeit;
7918 Tricosal

Tricopac
Betonsanierungsmörtel, schrumpffrei;
7918 Tricosal

TRICOSAL®
~ - Betonverflüssiger und Fließmittel für Transport- und Pumpbeton;
~ - Dichtungsschlämme, wasserabweisend;
~ Erstarrungsverzögerer, plastifizierend;
~ - Fertigmörtel und Vergußmörtel;
~ Fugenband, Dehnungsfugenbänder und Arbeitsfugenbänder aus PVC, Kunstkautschuk und Tricomer;
~ - Gleitfolie, 0,5 mm dick bis zu 1,00 m breit;
~ - Gleitzentrierlagerstreifen und Festlagerstreifen, in den üblichen Mauerwerksbreiten;
~ - Luftporenbildner, plastifizierend;
~ - Mörtelzusätze;
~ - Normal, Dichtungsmittel auf Eiweißbasis für Dichtungen gegen hohen hydrostatischen Druck;
~ - Oberflächenbehandlungsmittel und Reinigungsmittel;
~ **S III**, Schnellbinder, chloridhaltig, erhöht Früh- und Endfestigkeit;
~ **S45**, Schaummittel für Porenbeton;
~ **T 1**, Schnellbinder für Spritzbeton;
~ **T 4**, Schnellbinder, chloridfrei, für eilige Betonarbeiten;
~ - Trennmittel und Schalöle;
~ - **VGM-Superfluid**, Vergußmörtel, ca. 60 Minuten fließfähig, trotzdem sehr hohe Frühfestigkeit;
~ **181/183, 188**, Quellmittel für Einpreßmörtel bei Spannkanälen;
7918 Tricosal

Tricosan
Betonsanierungsmörtel, frost- und tausalzbeständig ohne Kunststoffzusatz;
7918 Tricosal

TRICOVIT®
Füllmassen, schnellhärtend (Blitzzement);
7918 Tricosal

TRICURING®
Beton-Nachbehandlungsmittel, verhindert vorzeitiges Austrocknen (Verdunstungsschutz);
7918 Tricosal

1

Triebenbacher
Baubeschläge in Schmiedeeisen, verzinkt und lackiert. Programm mit Drückerkombinationen, Knöpfen-, Lang- und Schlüsselschildern usw.;
8000 Triebenbacher

Triflex®
~ - **Dachhaut**, nichtbrennbare Wärmedämmung von Flachdach- und Sheddachkonstruktionen;
4950 Follmann

TRIFOKAL®
~ - Spiegelsystem, Lichtdecke mit Spiegeleinbauleuchte;
4990 Schaer

Trigonit
Holzleimbauträger;
8000 Gerco

TRIGON®
~ - Gitterträger Balken- und Rippendecken und für teilweise vorgefertigte Deckenplatten;
6204 TRIGON

Trika
~ - Allzweckdübel → TOX Trika;
7762 Tox

trilastic
~ **exquisit**, druckdessinierte, mehrschichtige PVC-Relief-Bodenbeläge für Wohnungen und öffentliche Bereiche mit geringer Beanspruchung;
~ **perfect** und ~ **super**, nur für den Wohnbereich;
7120 DLW

TRILOK
Schachtabdeckung mit Eigenverriegelung;
6209 Passavant

Trilux
Technische Leuchten;
5760 Trilux

triluxe
Druckdessinierter, vierschichtiger PVC-Reliefbodenbelag für Wohnungen und öffentliche Bereiche mit geringer Beanspruchung;
7120 DLW

TRILUX®
Reinigungs- und Pflegemittel für Baugeräte, Schalungsträger u. ä., schützt vor Mörtelverkrustungen;
4100 Lux

TRIMIX®
~ **2 MINUTEN**, Blitzzement, chloridfreier Montagemörtel, nach kurzer Zeit belastbar, Wasserstopp;
~ **5 MINUTEN**, Schnellzement, chloridfreier, rasch erhärtender Montagemörtel, zum Befestigen von Rohrleitungen, für Schnellreparaturen;
2000 Lugato

T-Rinnen
~ - Einlegeband, mit Wulststück;
6581 Trachsel

Triobloc
→ Brötje Triobloc;
2902 Brötje

tri-o-flex
Fußbodenheizungsrohr, dreischichtig PE-Alu-PE hochtemperaturbeständig, sauerstoffdiffusionsdicht;
5340 Eht

Triohum
~ - **Dachgartensubstrat**, Vegetationssubstrat für die Dachbegrünung;
8029 Torfhandelsgesellschaft

Triopan
~ - **Faltsignale**, zusammenfaltbare Verfahrsschilder zur kurzfristigen Markierung von Baustellen, Straßenabsperrungen u. ä.;
3000 Niedung

TRIO-SPROSSE
Wärmegedämmte Fenstersprosse aus thermisch getrennten Alu-Profilen;
4050 Hahn

TRIO-SPROSSE
Wärmegedämmte Fenstersprossen aus thermisch getrennten Alu-Profilen;
7014 Kittelberger

triotank
Heizöl-Batterietank für oberirdische, stehende Lagerung;
5300 Kautex

TRIPLEX
Absperrschieber mit Rückstauklappe;
6209 Passavant

Tristac
→ ESKOO®-Tristac;
2820 SF

TRI-STAR
Brausen (Kopf- und Seitenbrausen) in allen aktuellen Sanitärfarben;
7622 Hansgrohe

Triteks
→ REGUPOL-Triteks
5920 Schaumstoffwerk

Tritz
Betonwaren und Betonfertigteile wie Verbundsteine, Böschungsplatten, Gehwegplatten, Waschbetonplatten, Mosaikpflastersteine, Straßensinkkasten, Lärmschutzwand, Hangsicherung;
6637 Tritz

Trivalent
Warmwasserspeicher 360-800 l Inhalt mit bis zu 3 Wärmetauschern;
3201 BEMM

TRIXOLIT®
Fugenprofile aus Synthese-Kautschuk zur Abdichtung von vertikalen und horizontalen Fugen an Innen- und Außenwänden, in Decken, Fassaden und Tiefbau;
2100 Phoenix

Trizomat® D/DH
Zweikammer-Wechselbrandkessel (Heizkessel);
3200 Vama

tri-6-stein®
Verbundstein;
1000 D & W
→ 2000 D & W
→ 2302 D & W
→ 2808 D & W
→ 2841 Bergmann
→ 3538 Zechit
→ 4040 D & W
→ 4788 Risse
→ 4952 Vogt
→ 6200 D & W
→ 6623 D & W
→ 7514 Hötzel
→ 8000 D & W
→ 8501 D & W

TROAX
~ Kellertrennwände (Gitter);
~ Trennwand-Systeme für Industrie, Lager, Handel;
~ Zaunelemente;
6272 Fredrikson

Troba
~ - **Matte**, Dränmatte zur Entwässerung der Abdichtungsebene aus formstabilem PE (z. B. für Balkon und Terrasse);
5860 Schlüter

TROCAL®
Produkte für die Flachdachabdichtung: Dachfolien, Dachgullys, Dunsthauben sowie Abdichtungssysteme für Tiefbau, Ingenieur- und Wasserbau sowie Umweltschutz;
~ - Betonrohr-Inliner;
~ - Fensterprofile, Türprofile;
5210 Hüls Troisdorf AG

TROCELLEN®
PE-Schaum für Sportmatten, Dichtungen und Rohrverkleidungen;
5210 Hüls Troisdorf AG

Trockle
Hüttensteine und Kalksandsteine als Grifflochsteine, Hohlblocksteine;
6620 Trockle

TROCK'NE MAUER®
Silicon-Imprägnierung, lmh, wasserabweisend, aber dampfdurchlässig, zum Schutz von Fassaden, Balkonen und Kaminköpfen;
2000 Lugato

TROCK'NER KELLER®
Dichtungsschlämme, entsprechend Prüfgrundsätzen DS, für Beton, Putz, Mauerwerk zum Schutz gegen Bodenfeuchtigkeit und drückendes Wasser bis 0,5 bar;
2000 Lugato

TROCOR®
~ Korunde, gleit- und trittsichere Industrieböden auf Hartbeton- oder Kunstharz-Basis;
5210 Hüls AG

Tronsolen
→ Schöck-Tronsolen;
7570 Schöck

TROPFFIX
Abtropfscheibe für Luftschichtanker bis 2,8 mm;
5885 Seifert

Tropholith
→ quick-mix®-Tropholith;
4500 Quick-mix

Troplexin®
Steinreinigung;
3006 Schmalstieg

TROPOR
Ziegelstein, mit PS porosiert;
8883 Ziegelwerk

TROSIFOL®
PVB-Folie für Verbundsicherheits-Bauglas;
5210 Hüls Troisdorf AG

1

TROSIPLAST®
~ **Hart-PVC-Extrusionsmasse**, Profile für Rolläden, Decken- und Wandverkleidungen, Zäune, Garagentore, Faltwände u. a. Spezialprofile für Innen- und Außeneinsatz. Elektrorohre, Wasserdruckrohre. **Typ SW**, Spezialentwicklung für Kunststoff-Fenster, aber auch Fassaden, Stadionbänke, Parkbänke, Balkonverkleidungen, Garagentorverkleidungen, Wandverkleidungen;
~ **Hart-PVC-Spritzgießmasse**, für Dachentlüftungshauben, transparente Dachziegel, Ornamentsteine, Regenrinnenformteile, Abwasserfittings, Schwimmbadfilter, Kellersinkkästen, Rolladenführungsleisten und Endstücke;
5210 Hüls AG

Trost Ziegel
Thermopor-Ziegel;
7087 Trost

TROVIDUR®
Konstruktionshalbzeuge aus PVC, PE/PP und PVDF für die Klima- und Lüftungstechnik;
5210 Hüls Troisdorf AG

TROX®
~ **Schalldämpfer** für raumlufttechnische Anlagen;
4133 Trox

TROXYMITE
Epoxy-Oberflächenerneuerer, auch Betonsanierungsmittel;
6300 Schultz

Trumpf
Vorwarnbock;
6200 Moravia

TRUMPF
Vorwarnbock;
6200 Moravia

Trumpf-Kalk
Dolomitkalkhydrat;
3420 HDW

TRUMPF®
~ - **Fertigparkett** in 9 mm Dicke;
~ - **LAMELLA**, Fertigparkett aus Finnland der Fa. Paloheimo;
~ - **Massivholz-Täfelung**;
~ - **Princess**, Rund-Profilholz für Decken- und Wandverkleidung;
7407 Trumpf

TRURNIT
Dämmstoffbefestigungselemente;
~ **Dämmstoffnägel**, verzinkte, durchgehende Stahlschraubnägel;
~ Hülsendübel, Schlagschrauben, Schraubnägel, Fassadenplattennägel, Glockennägel, Pfannenblechnägel, Alu-Riffelnagel, Rillennagel usw.;
5990 Trurnit

TS
~ - **Aluminium-Dachsysteme** für Wintergärten, geeignet für alle Fenster-Profil-Systeme aus Kunststoff, Holz und Aluminium;
~ - **Dach-Lüftungsklappen** für Wintergärten aus Alu, Holz und Kunststoff;
2962 TS

ts
→ Teutoburger Sperrholzwerk;
4930 Nau

TS 3
Tapeten-Schutzlack, macht wasserabstoßend;
7707 Geiger

T/S 60
Entlüftungsbahn, streifenweise thermisch selbstklebend, mit Glasvlieseinlage;
6430 Börner

tscherwitschke
Ventilatoren;
~ **Radialventilatoren** aus säurebeständigen Kunststoffen für die chemische und artverwandte Industrie;
7022 Tscherwitschke

TSF
~ **Flächensensor**, Einbruchmeldeanlage, die unter dem Teppich oder Bodenbelag installiert wird;
6794 TSF

TST
Textiler Sonnenschutz in objektbezogenen Sonderkonstruktionen;
7401 TST

TT
Türschließer mit stoßdämpfender Automatik;
7400 Brennenstuhl

TTS
Türschließer mit stoßdämpfender Automatik und eingebauter elektronischer Alarmanlage;
7400 Brennenstuhl

TUBAG
~ Basaltlava und Tuffstein, Naturwerkstein für Fassaden, Treppen, Bodenbeläge;
~ Naturstein-Normbauteile, Pflanztröge, Sitzgruppen, Bodenbeläge für Garten- und Grünanlagen sowie Fußgängerbereiche;
~ Trasszement, Trassmehl, Trasskalk, Bimsgranulate, Schiefermehl, Tuffstein, Bimsbaustoffe;
5473 Tubag

TUBAG
Trasszement TrZ 35 F, Trasshochofenzement 35 L;
6200 Dyckerhoff AG

tubawall®
Stützwand-Elemente aus Blähschiefer-Leichtbeton, für Lärmschutzwände, Böschungsbau usw.;
5473 Tubag

TUBOFLEX
~ Gassteckdosen und Schläuche;
~ Gummikompensatoren für Rohrleitungen zur Aufnahme von Geräuschen;
~ Wassersteckdosen und Schläuche;
2000 Tuboflex

Tümmers
~ Stuckelemente für außen, zementgebunden;
~ Stuckelemente aus Gips;
4650 Tümmers

TÜR-MAX
Türflügelfeststeller;
8788 LSE

TÜRZU
~ - Türschließer, bremst die Türbewegung und schließt ab;
5860 Oostwoud

TUFFELIT®
Kunststeinmatrize mit Tuffsteincharakter für Gehweg, Garten, Terrasse;
8000 Berkmüller

TULIKIVI
Backöfen, Öfen, Herde aus Speckstein;
2000 Tulikivi

Tulip
Sanitärkeramik-Set plus Acryl-Wanne (Badewanne);
5300 Ideal

Tummescheit
Klassische Bauelemente, z. B. Sprossen-Fenster und Türen, Klappläden, Fachwerk, Bau- und Möbelbeschläge, Schmiedeeisen, Kamine, Holztreppen;
2000 Tummescheit

Tungsram
Lampen und Leuchten;
6000 Tungsram

TUNNA
~ Fußbodenlack, Naturharzklarlack für innen;
3123 Livos

Tuno
~ **T 410**, Teppich-Dispersion;
4000 Henkel

Tunoprene
~ - Vorstrich, weiß, geruchsneutral, lmf;
4000 Henkel

TUNOSOL
~ - Linoleumkleber;
~ - Teppichkleber;
4000 Henkel

Turber
Thermopor-Ziegel;
8071 Turber

turbo
Gewindedübel aus Kunststoff und Metall für spreizdruckfreie Befestigungen in Gips und Gasbeton;
7830 Upat

Turbo-Bell
Hängender Kamin (Hängekamin);
4030 Bellfires

TURBO-BELL
Hängender Kamin mit Warmluftumwälzung für innen (Hängekamin);
4030 Bellfires

Turbomat-Duplex
Niedertemperatur-Großkessel;
3559 Viessmann

Turbotec
~ - Rohr-in-Rohr-Wärmetauscher;
3559 Viessmann

Turk
Sanitärausstattung in Plastik, z. B. Spülkästen, Klosettsitz, Spülkastenrohre, Druckspülrohre usw.;
5882 Turk

Turku
→ Saunex-Sauna;
3260 Saunex

TURM
~ **Baugipse** nach DIN 1168: Maschinenputzgips, Haftputzgips, Fertigputzgips;
~ **Gips-Wandbauplatten** nach DIN 18163 zur Errichtung nichttragender Zwischenwände;
3457 Würth

TURM Hoch
Spülkasten, hochhängend;
5882 Turk

TV-Strukturstein®
Betonwerkstein als Hartbetonpflaster, Kernbeton aus Edelsplitten mit ausgewaschener Oberfläche;
4100 Bau

1

Twin Line
Nirosta®-Türbeschläge, Entwurf Gert Pollmann;
4300 Grimberg

Twinaplatte
Krallenplatte-Holzverbinder;
2300 Felten

Twingrip
Teppich-Verbindungsschiene;
6231 Roberts

TwinStep
Fensterprofil-System für Fenster mit Doppelfalz- und Mitteldichtung;
4576 Stöckel

Twinyl
Zweiseitig klebendes Schaumband für verschiedene Befestigungen, z. B. Fensterleisten, Spiegel, Handtuchhalter;
4050 Simson

TX-FRABS®
Freiabsorber, Energiesammler für Sole und direkte Verdampfung;
4690 Waterkotte

Typ S
Schutzräume aus Stahlbeton-Fertigteilen;
8000 Hinteregger

TYPAR
Geotextilie, Spinnvlies aus 100% PP-Endlosfasern, die in Längs- und Querrichtung orientiert und thermisch verfertigt werden, zur Bodenstabilisierung, Dränung, Erosionsschutz im Wasserbau usw.;
4000 Du Pont

TYPOFIX
~ - **L**, Kennzeichnungsschild für Betonfertigteile nach DIN 1045;
~ - **S**, vorgeschriebenes Kennzeichnungsschild für die Unterseite von Betonstürzen;
~ - **Z**, wie ~ L, jedoch mit rückwärtigen Zapfen statt der seitlichen Lasche;
5885 Seifert

Tyrodur
~ - Befestigungs-System zur Montage von Rohrleitungen von DN 15 bis DN 400;
~ - Rohrdurchführungen;
~ - Wanddurchführungen und Deckendurchführungen;
5000 Ako

TYSS NOVO
Türschließer;
8228 Schösswender

U KUNSTSTOFF
2-K-Parkett- und Treppenversiegelung;
8909 IRSA

UB-Baupumpen
Robuste Tauchpumpen in schwerer Grauguß-Ausführung (1—49 m^3/h);
4803 Jung

ubbink
~ Flachdachentlüfter, UV-beständig;
~ Schindel-Dachentlüfter aus Kunststoff;
4236 Ubbink

ÜBO
~ - **Immissionsschutzplatten**, Aufbau ähnlich
~ - **Isolierschutzplatten**, auf PUR-Kautschuk-Basis, zäh-elastisch eingestellt, hohe Druck- und Schlagfestigkeit, für den Schutz von horizontalen und vertikalen Feuchtigkeitsabdichtungen;
~ - **Isolierschutzplatte**, für Leichtdachkonstruktionen, die den Auflagen des Immissionsschutzgesetzes entsprechen;
~ - **Trittschallschutzplatten** aus PUR;
7770 Puren

UGeplus
~ Holzfenster mit Dreh-Kipp-Beschlag für Untergeschoß und Keller;
7570 Schöck

Uginox FE
Edelstahl verbleit, für Dacheindeckungen, Dachrinnen, Regenrohre;
4006 Ugine
→ 5000 Brand
→ 5300 Brisach
→ 7253 Ugine

UHRICH
~ - Bahnschwellen;
~ - Bossensteine;
~ - Holzpalisaden;
~ - Holzpflaster;
~ - Kleinpflaster-Platte;
~ - Klinkerpflaster;
~ Kunststeinplatten für Terrassen, Wege, Einfahrten;
~ - Mauersteine;
~ - Müllboxen aus Holz, Beton oder Blech;
~ - Müllboxen;
~ - Natursteinpflaster;
~ - Natursteinplatten;
~ - Pflanzkästen aus Beton und Holz;
~ - Rasensteine, für befestigte Garageneinfahrten und grüne Parkplätze;
8045 Uhrich

Uhrig
Gedrechselte Treppengeländer und Balkongeländer nach Kundenwunsch;
6909 Uhrig

UKIN
Ungiftiges Isoliermittel für Wasser- und Nikotinflecken;
5180 Tilan

U-KORB
Unterstützungskorb für die Oberbewehrung in Decke und Sohle und für die Distanzierung der Wandbewehrung;
8448 Frank

„U-Korb“ (Superschlange)
Abstandhalter für Sicht- und Normalbeton (für Oberbewehrung und Wand);
8044 Weidner

UK-2
~ Filtermatten;
~ Grundmauerschutzmatten;
5630 Helmrich

ULIT
Elastischer Füllspachtel zum Ausgleich von Rissen und Löchern in Putz, Mauerwerk, Holz;
5180 Tilan

Ulmerit
~ - Bitumen-Dachbahnen, Bitumen-Dichtungsbahnen, Bitumen-Sonderbahnen, Bitumen-Schweißbahnen;
~ TOP-ELASTOMER-Bitumen-Schweißbahnen;
~ - Bitumen-Dachschindeln;
7900 Braun

Ulmeritol
Bituminöse Bautenschutzmittel, Bitumen-Voranstriche, Kaltklebemassen, Schutzanstriche, Dachanstriche, Deckanstriche;
7900 Braun

Ultra Baukleber
→ Thomsit R 700;
4000 Henkel

Ultra Clean Primer
→ RPM-Ultra Clean Primer;
5000 Hamann

Ultra Tech®
Sonnenschutz-Folie und Blendschutz-Folien aus metallbedampftem Polyester zur außenseitigen Belegung von Glas und Kunststoff, reflektierend, transparent;
8500 Ultra

Ultraleicht
→ Wülfrather Bindemittel;
5603 Wülfrather Zement

Ultralux
Downlight-System für kompakte energiesparende Lampen. Einbau-, Anbau- oder Pendelleuchte;
3257 AEG

ULTRAMENT
~ **Acryl**, Fugendichtungsmasse, auf Polyacrylatbasis;
~ **Alles-Dicht**, universelle Dichtungsmasse auf Silikon-Kautschuk-Basis;
~ **Betondichtungsmittel**, konzentriertes, flüssiges Betondichtungsmittel;
~ **Blitz-Schaum B 2**, 1-K-PUR-Schaum zum schnellen Kleben, Dichten, Füllen;
~ **Bodenspachtel**, selbstverlaufende Bodennivelliermasse;
~ **Carbolineum**, naturbraun, witterungsbeständiges Holzschutzmittel;
~ **Dach-Dicht** Verfug- und Reparaturmasse speziell für den Dachbereich;
~ **Dachkitt**, spachtelbare, faserhaltige Bitumen-Isoliermasse;
~ **Dicht-Spray**, universelle elastische Dichtfolie, u. a. zur Reparatur undichter Dachrinnen, Schornsteineinfassungen, Abflußrohre usw.;
~ **Dichtschlämme**, wasserabdichtender Fertigmörtel;
~ **Estrichhilfe**, flüssiges Zusatzmittel für Verbund- und schwimmenden Estrich;
~ **Fix-Schnellbindezement**, chloridfreie Installationshilfe;
~ **Fliesen- und Plattenkleber**, wasserfester Fliesenkleber für außen und innen;
~ **Fliesenkleber**, gebrauchsfertiger, elastischer, hochpastöser Kunststoffkleber;
~ Fugen-Breit, Fugenmörtel in 4 Farbtönen bis 4—15 mm Fugenbreite;
~ **Fugen-Bunt**, kunststoffvergütet, 11 Farbtöne;
~ **Fugen-Färber**, zum Umfärben von alten Fliesenfugen (Fugenfarbe);
~ **Fugen-Frisch**, zum Erneuern von alten Fliesenfugen in Weiß (Fugenfarbe);
~ **Haftemulsion**, Kunststoffzusatz zu Zement- und Kalkmörtel, Beton und Gips;
~ **Hartschaum-Kleber**, lmf;
~ **Heizölsperre**, heizöldichter Anstrich für Beton-, Estrich- und Putzuntergründe;
~ **Holz-Schutzlasur**, PCP- und lindanfrei, 12 Farbtöne;
~ **Isolastic**, Schutzfolie (geprüft nach AIB und DIN 18 195) zur elastischen Abdichtung gegen Druckwasser;
~ **Isolieranstrich** geprüft nach AIB und DIN 18 195;
~ **Isolieranstrich**, Schutzanstrich auf Bitumenbasis, geprüft nach AIB und DIN 18 195;
~ **Kork-Kleber**, braun eingefärbter Kunststoffkleber;
~ **Kunstharzputze**: ~ Reibeputz, ~ Strukturputz, ~ **Rollputz**;
~ **Kunststoff-Reiniger**, speziell für Kunststoff-Fenster und andere Kunststoff- und lackierte Flächen;

1

~ **Kunststoff-Reiniger**;
~ **Mauerdicht**, auf Silikonharzbasis, farblos, wasserabweisend;
~ **Mischöl AEA (LP)**, chloridfreier Luftporenbildner für Mörtel und Beton;
~ **Montagekleber**, lmf, für Holz, PVC, Styropor und Kacheln;
~ **Montageschaum B 2**, zum Kleben, Füllen, Dämmen, Dichten, Befestigen und Isolieren;
~ **Paneel-Schutz**, lasierender Holzanstrich, formaldehyd-, PCP- und lindanfrei;
~ **Reibeputz**, Kunststoff-Reibeputz für innen und außen;
~ **Schalöl K**, zur leichten Entschalung von Holz oder Metall;
~ **Schimmelentferner**;
~ **Silikon**, Fugendichtungsmasse, 1-K, auf Silikon-Kautschukbasis;
~ **Silolack**, Silo-Schutzanstrich;
~ **Spezial-Fugen-Dichtmasse**, auf Silikonbasis für extreme Beanspruchung, härtet unter Wasser durch;
~ **Spezial-Klinkeröl**;
~ **Spezial-Steinpolitur**;
~ **Tapetenkleister**;
~ **Trennmittel**, Entschalungsmittel;
~ **Wandspachtel**, für alle Ausgleichs- und Reparaturarbeiten;
~ **Zargen-Schaum B 2**, 2-K-PUR-Schaum;
~ **Zementschleierentferner**;
4300 Ultrament

ULTRAMID®
PA zur Herstellung von z. B. Schienenstoßisolierungen, Schalungen für Ornamentsteine usw.;
6700 BASF

ULTRAPLAST
~ **M 2711**, Kunstkautschuk-Klebstoff für Schichtpreßstoffplatten auf Holz, Aluminium, Eisen;
8000 Isar

ULTRA-RIB
Kanalrohr-System aus PVC-U;
4800 Ultra-Rib

ULTRATHERM
Wärmedämmputz, einlagig;
2000 Strasser

UMA
~ **Spezialimprägnierung**, Durchfeuchtungsschutz für Platten, Moosschutz, Pilzschutz;
~ **SR-Spezialreiniger**, löst Schmutz, Öl, Fett, Zement- und Kalkschleier von Betonwaren, biologisch abbaubar;
8080 Grimm

UMODAN
~ **DS**, **10**, **SUPER**, Feuchtigkeits- und Dampfsperre, warmluftverschweißbare Folie, bitumenbeständig;
8070 Wika

UNATHERM
Heizmatten für Fußbodenheizungen, verlegefertig nach Maß;
5223 Becher

UNCLE BLACK®
Franklin-Kaminofen der Fa. Bessenbach, geprüft durch die techn. Abt. der Rheinischen Braunkohlenwerke, Befeuerung mit Holz oder Braunkohlenbriketts;
~ **System B 07**, Heizkamin mit dreifacher Wirkung durch Strahlungs-, Speicherwärme und Warmluft (Warmluftkamin);
2000 Bessenbach

Unglehrt
~ Betonfertigteile;
~ Betonrohre;
~ Rasengittersteine;
~ Verbundsteine;
8944 Unglehrt

UNI
~ - Befestigungsmittel für Dach und Wand;
7290 Uni

UNI MOUSS
Uni-PVC-Elastic-Verbundbeläge in 29 Farben (PVC-Bodenbelag);
6520 Heischling

uni walton
Linoleum, einschichtig auf Jutegewebe, geglättet, einfarbig;
7120 DLW

unibad
~ - **Rollschutz**, Schwimmbadabdeckung auch für nachträglichen Einbau;
5060 unibad

UNIBAU
~ - Treppen, Einholmtreppen, Zweiholmtreppen, Spindeltreppen, Harfentreppen, Podesttreppen usw. mit Holz- und Steinstufen;
5787 Unibau

UNICA
Wandstangen für Brauseanlagen;
7622 Hansgrohe

Uni-Cem
Asbestfreie Wellplatten;
4010 Capeboards

UNICON
~ - **Trenn- und Imprägnieröl**, Entschalungsmittel für Holz- und Stahlschalung;
~ **30**, Schalölkonzentrat, wasserlöslich, mineralölhaltig, frostbeständig;
7570 Baden

unicryl
→ sto® unicryl;
7894 sto

UNIDEK®
~ Sandwich-Elemente, Dämmelemente für die Steildachdämmung;
2800 UNIDEK

Unidicht
Automatische Türabdichtung;
5760 Athmer

UNIFIX
Abstandhalter aus Kunststoff für die untere Bewehrung;
5885 Seifert

UNIFIX®
Hydraulisch abbindender Universal-Klebemörtel und Spachtelmörtel, kunststoffveredelt, wetter- und wasserfest, wasserdicht — für innen und außen;
~ - **SE**, Schnellkleber;
~ - **SK 99**, Spezial-Pulverkleber;
~ - **2 K**, Elastik-Pulverkleber, 2-K-Spezial-Bodenkleber für Heizestriche und sonstige „arbeitende" und schwierige Untergründe wie Spanplatten, Asphalt, Weich-PVC-Folien usw., wasserdicht, frostbeständig, für innen und außen;
4930 Schomburg

Uniflex
~ - **Fugenband**, Gewebesteifen mit zentrischer Gummibeschichtung;
6057 Wanit-Universal

UNIFLEX®
~ **B**, Kunstharz, flüssig, Elastifikator für AQUAFIN-Dichtungsschlämme, UNIFIX-Klebemörtel oder Weiß-Zement;
4930 Schomburg

UNIGON
System einer Rasterdecke aus Metallhohlkörpern in diversen Formen (Achteck, Sechseck, Viereck, Dreieck);
4330 Metawa

UNIL
~ - Sandsteinverfestiger;
~ **190**, Fassadenimprägnierung, farbloses Silicon auf Lösungsmittelbasis;
8800 Kulba

UNILUX®
~ - Fenster;
5555 Unilux

Uni-Mörtel
→ Vandex Uni-Mörtel;
2000 Vandex

Unimont
Montageelemente zum Einmauern für das → MEPA-System;
5342 Pauli

UNION
Bauzubehör für Außenanlagen, z. B. Fahnenmasten, Schaukästen, Abfallbehälter, Papierkörbe, Fahrradständer, Wegesperren, Kioske, Stil-Sitzbänke, Korbsessel, Fahrradüberdachungen, Sitzbänke und Tische, Baumschutzgitter;
2300 Jäger

UNIPOL 5796
Plexiglas-Polierpaste;
5657 Höhn

Unipool
~ Hot Whirl-Pool;
~ Sauna;
~ Schwimmbad;
2072 Unipool

UNIPOR
~ Tapetenkleister;
5600 Unipor

unipor®
~ - Ziegel, überwiegend mit Holzgranulat porosiert, hochwärmend (nach DIN 105), Rohdichte 0,7 und 0,8;
8000 Unipor
→ 3205 Schlewecke
→ 3251 Panneke
→ 3351 Alten
→ 3403 Baumbach
→ 3501 Zuschlag
→ 4057 van Eyk
→ 4716 Hüning
→ 4790 Lücking
→ 4791 Pasel
→ 4925 Bergmann
→ 4933 Wedeking
→ 6259 Becher
→ 6434 Zange
→ 6452 Wenzel
→ 7050 Hess
→ 7124 Schmid
→ 7130 Baustoff
→ 7185 Schaffert
→ 7798 Ott
→ 7919 Wiest

1

→ 8051 Hanrieder
→ 8053 Wöhrl
→ 8060 Hartmann
→ 8060 Reischl
→ 8079 Schiele
→ 8081 Kinader
→ 8081 Kellerer
→ 8254 Meindl
→ 8303 Maier
→ 8311 Leipfinger
→ 8453 Merkl
→ 8530 Dehn
→ 8890 Renz
→ 8930 Schmid

Unipox®
→ ARDAL Unipox®;
6050 CECA

UNIPREN®
→ UZIN PE 260 D Unipren;
7900 Uzin

UNIPUR
Entschalungsmittel;
~ **ölfrei**, lmh, nur mit chemischer Trennwirkung für nichtsaugende Schalung;
~ **Spezial**, Baumaschinen-Pflegemittel mit Mörteltrennwirkung;
~ **Standard-Qualität**, Imprägnieröl, dünn, schwach reaktiv;
~ **Universal-Trennmittel**, hochwirksam mit chemischer und physikalischer Trennwirkung;
7570 Baden

UNI®
Das UNI-Programm wird komplett oder nur teilweise von vielen Firmen in Lizenz hergestellt. Wer welche Produkte im einzelnen herstellt, muß jeweils im eigenen Einkaufsbezirk erfragt werden. Lizenzgeber → 7550 Uni;
~ - **Coloc**, Verbundstein mit Ankerverbund und geeignet zur mechanischen Verlegung;
~ - **Markant**, dekoratives Verbundpflaster, auch für die maschinelle Verlegung geeignet;
~ - **Ökostein**, Verbundpflaster, bei dem der Regen in den Untergrund abgeführt wird;
~ - **Palisaden**;
~ - **Pogolit**, Verbundstein mit reliefartigen Erhebungen, die eine Vielzahl von Vielecken bilden;
~ - **UNNI®-2 N**, Wirtschaftswege-System;
7550 Uni
→ 2000 Hanse
→ 3007 Weber
→ 3373 Rühmann
→ 3411 Gropengießer
→ 4180 NH
→ 4400 Pebüso
→ 4952 Weber
→ 5241 NH
→ 5413 Kann
→ 5760 Delta
→ 6342 NH
→ 6722 Lösch
→ 6785 Lösch
→ 7090 Spengler
→ 7461 Wochner
→ 7597 Peter
→ 7710 Mall
→ 7801 Kronimus
→ 7889 Hupfer
→ 7930 Freudigmann
→ 8430 BKN
→ 8623 Wakro
→ 8752 Schmitt
→ 8901 Weitmann

UNIRAC®
Klemmfittings für HDPE-Rohre;
7321 GF

Uniroll
→ KLEFA Uniroll;
6050 CECA

UNISIK
~ Schalöl, wasserlöslich, mineralölhaltig;
7570 Baden

uni-sol
Vertikaljalousien;
7000 MHZ

UNISOL®
~ - Faltarm-Markisen;
~ - Gelenkarm-Markisen;
5950 Voss

UNISTRUT
~ Montage-System aus Metallprofilen (25 diverse Profilschienen) und über 100 Fitting-Ausführungen;
4040 Unistrut

uni-system
Fußbodenheizung;
6800 Friedrichsfeld

Unitan
Dichtungsbahn, Elastomer auf APTK/EPDM-Basis, heißbitumenbeständig;
4300 Schierling

Unitas
~ - Schwingfenster;
5650 Kolb

UNITAS
~ - Schalldämmlüfter für Fenster, auch mit Wärmerückgewinnung;
7257 Gretsch

UNITEC
~ - Schrauben, Muttern und Gewindeteile aus Kunststoff;
4800 Böllhoff

UNITECTA
Betonschutz und Betonsanierungssystem;
4630 Unitecta

UNITHERM
Dämmschichtbildende Brandschutzbeschichtung;
5000 Permatex

Unitherm
→ Sili-Unitherm;
5760 Athmer

UNITHERM®
~ **Brandschutzbeschichtung** für Holz, farblos und pigmentiert, lmf und für Stahl;
~ **Brandschutzbeschichtung** für Kabel;
~ **Brandschutzdichtungsmasse** in Kartuschen;
~ **Brandschutzkitt** für den Fugenverschluß und das Kleinschott;
~ **Kabelabschottung** für den Einbau in Wände und Decken;
5000 Herberts

Unitrop
→ Sikkens Unitrop;
3008 Sikkens

UNIVA
~ - **Aqualift**, Schmutzwasser-Hebeanlage;
~ - **Duofix**, Tauchpumpen;
~ **Heizölsperren**;
~ - **Staufix**, Absperrvorrichtungen für durchgehende Leitungen;
~ **Warngeräte** und Schaltgeräte, Leckmelder, Niveauanschaltgeräte;
8071 Kessel

Uni-Verbundstein
Betonwerkstein, hochbelastbar, widerstandsfähig gegen Öle, Fette, aggressive Wässer, für Fabrik- und Lagerhallen, aber auch im privaten und kommunalen Bereich;
8000 DYWIDAG

Universa
→ ROHO-Universa;
3052 Roho

UNIVERSA
Steinzeugfliesen, unglasiert, in vielen Formaten, Oberflächen, Dessinierungen für Wohnbereiche innen und außen;
8763 Klingenberg

Universal
Kläranlage in Kombibauweise;
2410 Universal

Universal
~ - Abluft-Wärmerückgewinner;
~ - Lärmschutzkabine;
~ - Luftschleusen, speziell für Reihentore und Rampen entwickeltes Luftschleusen-Gerät;
6000 Universal

UNIVERSAL 066 P
Beschichtungsmasse für wetter- und wasserbeanspruchte Bauteile;
8192 Union

Universal-Ebulin
~ - Abtönfarbe, Abtönkonzentrat für ölige und wäßrige Anstrichfarben;
7000 Butz

Universalputz®
→ Knauf-Universalputz®;
8715 Knauf Gipswerke

UNIVERSA®
Fußbodenheizung, Fußbodenkonvektor, Heizkreisverteiler, Solarsystem, Wärmepumpe;
4500 Universa

Uni-Vertikal-Verbundplatte (BV 3)
Betonplatte mit horizontaler- und vertikaler Verbundwirkung;
7514 Hötzel

UNIV®
~ - Fertigtreppen;
~ - Handlauf DBGM, individuell gestaltbar, mit ledergenarbter Oberfläche, ohne Hilfsmittel zu biegen;
4330 Univ

UNIZELL
~ - Schaum, 2-K-PUR-Schaum;
2082 Voss

UNNI®-2N
~ **Wirtschaftswegesystem**, begrünbare Verbundsteine für Wirtschaftswege und Forststraßen;
5413 Kann

UNO
Einhandmischer, Brausen, Zubehör;
7622 Hansgrohe

UNOPARK
Fertigparkett, 2schichtig aufgebaut, Stärke 11 mm, wohnfertig versiegelt, Einstab in 9 Holzarten;
8000 Bauwerk

UNOVOSS®
1-K-Schaum als
~ - Zargenschaum;
2082 Voss

Upat
~ - **Anker** (Verbund-, Expreß-, Schlag-, PS-, Selbstbohr-, Hinterschnitt-, Luftschicht-Anker);
~ - **Dämmputz-Kralle**;
~ - **Dübel** (Nageldübel, Blendrahmen-, Messing-, Metric-, Tric-, Hohlraum-, Federklapp-, Kipp-, Fassaden-, Isolier- und Metall-Konus-Dübel);
7830 Upat

Upmann
~ Abläufe;
~ Kaminabdeckungen;
~ Kamintüren, Kaminzubehör;
~ Lüftungsgitter für offene Kamine und Kachelöfen;
~ Lüftungsgitter aus Kunststoff oder Metall gem. 18 017;
4830 Upmann

Uponal
Systemschacht für die Grundstücksentwässerung;
4370 Uponor

Uponor
Kunststoffrohre für die Grundstücksentwässerung, Kanalrohre und Trinkwasserrohre;
4370 Uponor

UPSALA
~ Installations- und Beleuchtungssystem, kombiniert, für Doppelbodenkonstruktionen;
~ Leuchten für den öffentlichen Bereich, innen und außen;
5000 Upsala

URA
~ - Abtönpaste, naturreine Farbpaste auf Wasserbasis;
3123 Livos

Urbaflor®
~ Winkelsteine für Hochbeete, Pflanzeninseln, Fahrbahnteiler;
8400 Lerag

Urberacher Perlite
Expandiert „staubgebremst", lose Schüttung für Höhenausgleich, Wärmedämmung, Trittschalldämmung;
6074 Perlite

Urico
Beton-Großpflaster für rustikale Flächen;
3550 Urico

→ 4795 Bussemas
→ 5241 NH
→ 5413 Kann
→ 7550 Uni
→ 8430 BKN
→ 8752 Schmitt

URSAL®
~ **2000 Imprägnierung**, Kapillarwassersperre (Feuchteschutz, Ausblühschutz);
6100 URSAL

URSULEUM
Homogene PVC-Fußbodenbeläge und PVC-Verbundbeläge;
6332 Omniplast

URSUPLAST
~ - **A-Folien**, DIN 16 938, aus PVC-Weich, nicht bitumenbeständig, Abdichtungsfolien gegen drückende und nichtdrückende Feuchtigkeit;
~ - **AUV-Folien**, Flachdach-Abdichtungsfolie aus PVC-Weich nach DIN 16 730 nicht, nach DIN 16 734 gewebeverstärkt, mit und ohne Kiesschüttung;
~ - **EN-Folien**, Grundwasserschutzfolien und Abdichtungsfolie aus HDPE;
~ - **LB-Folien**, Abdichtungsfolie DIN 16 937 aus PVC-Weich, öl- und bitumenbeständig;
~ - **M-Folien**, Mauerwerksabdichtungs-Folie DIN 16 938 aus PVC-Weich;
~ - **Planen** und Einlagen nach Maßangabe aus allen Folienqualitäten;
~ - **S-Folien**, Auskleidungsfolie aus PVC-Weich mit und ohne Gewebeverstärkung, für Schwimm- und Zierbecken;
~ - **T-Folien** aus PVC-Weich für Zier-, Fisch- und Gartenteiche (Gartenteichfolie);
~ - **TW-Folien**, Auskleidungsfolie aus PVC-Weich, für Trinkwasserbehälter, physiologisch unbedenklich;
~ - **W-Folien** aus PVC-Weich zum Schutz der Abdichtungen von begrünten Terrassen und Flachdächern, u. a. gegen eindringende Wurzeln (Wurzelschutzfolie);
6332 Omniplast

URSUS
Universal-Schilderständer;
6200 Moravia

URSUTUFT
~ - Teppichböden;
6332 Omniplast

URSUVLIES
~ - Nadelfilz-Teppichböden;
6332 Omniplast

Urton-Ziegel
→ JÖNS Urton-Ziegel;
2380 Jöns

Utelineum®
Holzschutzmittel in 3 Farbtönen, lmf, frei von PCP, Lindan, Formaldehyd;
4300 Ultrament

Utifor®
Spanndrahtlitze für Erd- und Felsanker, Spannbetondecken, Spannbetonböden;
6380 Bekaert

UW
~ – Weißkalke;
7906 UW

UWM System
Flüssige, hochelastische Isolationsmembran für Dächer, Terrassen usw., auch als Isolationshaut oder Feuchtesperre im schwimmenden Estrich;
6799 BWA

UWM®
→ RPM-UWM®;
5000 Hamann

UZIN
Nivellier- und Ausgleichsmassen, Grundierungen und Vergütungen, Abdichtungen, Fliesenkleber, Fugenmörtel, Bodenbeläge, Dämmunterlagen, Verlegeunterlagen, Wandklebstoffe, Bodenbelags-Klebstoffe, elektrisch leitfähige Systeme;
~ **Bituflex**, gebrauchsfertige Flüssigabdichtung auf Kautschuk-Bitumen-Emulsion, gegen eindringendes Oberflächenwasser;
~ **D 60 Acryldichtungsmasse**, dauerelastische Fugendichtmasse, auf Acrylbasis;
~ **D 80 Silicondichtungsmasse**, dauerelastische Fugendichtmasse, auf Siliconbasis;
~ **Dämm- und Verlegeplatte**, gepreßte Polyesterfaserplatte, als trittschallverbessernde und wärmedämmende Unterlagsplatte;
~ **Flexdicht/Dichtfolie**, gebrauchsfertige Flüssigabdichtungen zur Herstellung elastischer Abdichtungen;
~ **Flexfuge**, schnell erhärtender wasserdichter Spezialfugenmörtel;
~ **Fliesengrund**, Dispersionsvorstrich;
~ **Fliesengrund**, universelle Schutzgrundierung, lmf;
~ **Fliesupast 100**, Dispersionsklebstoff, flexibel, rutschfest und besonders haftstark;
~ **Fliesupast 80**, Dispersionsklebstoff zum Verlegen von Keramikfliesen und Mosaik, flexibel und haftstark;
~ **Fliesurit Flex Schnell**, sehr hoch kunststoffvergütet: nach 2–3 Stunden begehbar und verfugbar;
~ **Fliesurit Flex**, Dünnbettmörtel zur Verlegung von Keramikbelägen auf Wechselvlies;
~ **Fliesurit Flex**, hydraulisch erhärtender, flexibler Dünnbettmörtel, sehr hoch kunststoffvergütet;
~ **Fliesurit Plus**, hoch kunststoffvergütet, für erhöhte Ansprüche;
~ **Fliesurit**, hydraulisch erhärtender Dünnbettmörtel;
~ **Fondur GN Neoprene Wandklebstoff**, tropffreier Neoprene-Kontaktklebstoff für Klebearbeiten im Wand-, Decken- und Treppenbereich;
~ **Fondur GT**, Dispersionsklebstoff für Textiltapeten und Wandbeläge;
~ **Fondur HP**, Dispersionsklebstoff für Hartschaum und Mineralfaserplatten;
~ **Fondur MK Montageklebstoff**, elastischer Bau- und Montageklebstoff auf Dispersionsbasis;
~ **Fugenbreit**, hydraulisch erhärtender Fugenmörtel, Fugenbreite 5 bis 20 mm;
~ **Fugenweiß, Fugengrau, Fugenbunt**, hydraulisch erhärtender Fugenmörtel, Fugenbreite 5 mm;
~ **GN 200 Hydropren**, universeller, umweltfreundlicher Dispersionskontaktklebstoff;
~ **GN 222 Neoprene Profilklebstoff**, Neoprene Kontaktklebstoff für Sockelleisten, Stoßkanten und Profile aus PVC oder Gummi;
~ **GN 276 L Neoprene-Klebstoff leitfähig**, schwarzer, elektrisch leitfähiger Neoprene-Kontaktklebstoff;
~ **GN 276 Neoprene Kontaktklebstoff**, für die Flächenklebung von Bahnen, Fliesen aus PVC, Gummi, Kork und Linoleum;
~ **KE 2000**, Dispersionsklebstoff, lmf, für PVC, Textilbeläge mit Schaumrücken;
~ **KE 2005**, Dispersionsklebstoff, lmf, für Textilbeläge mit Schaumrücken, Zweitrücken und Nadelvliesbelägen;
~ **KE 398 Einseithaftklebstoff**, Dispersionsklebstoff für PVC, Textilbeläge mit Latex- oder PUR-Schaumrücken;
~ **KE 428 L**, hellgrauer, elektrisch leitfähiger Dispersionsklebstoff;
~ **KE 428**, Dispersionsklebstoff für PVC, Textilbeläge sowie Gummibeläge;
~ **KE 570 Textil D**, schnell anziehender Dispersionsklebstoff für Textilbeläge aller Art, auch für sehr störrische Beläge;
~ **KE 575 KWL**, reemulgierbarer Dispersionsklebstoff, lmf, Spezialeffekt: KWL-Effekt Kleben-Wässern-Lösen;
~ **KE 585 L Supertex leitfähig**, heller, leitfähiger Dispersionsklebstoff mit Carbonfasertechnik;
~ **KE 603 Variofix**, schnell abbindender 2-K-Dispersionsklebstoff, lmf, zum Kleben von PVC, Linoleum und Textilbelägen;
~ **Kleb & Weg Teppichfixierung**, Fixiermittel, lmf, für Bodenbeläge im Wohnbereich;
~ **KR 416 PUR Spachtelmasse**, hartelastische 2-K-Spachtelmasse, lmf;
~ **KR 416 Gießharz**, dünnflüssiges, schnellhärtendes 2-K-Acrylharz für Reparaturen an beanspruchten Bauteilen;
~ **KR 425 Epoxi-Klebstoff**, schubstarr, härtender 2-K-Reaktionsharzklebstoff auf Epoxidharzbasis, für Gummibelag mit Zäpfchenrücken;

1

~ **KR 425 L Epoxi-Klebstoff leitfähig**, elektrisch leitfähiger 2-K-Reaktionsharzklebstoff, lmf;
~ **KR 430 PUR-Klebstoff**, elastisch, härtender 2-K-Reaktionsharzklebstoff auf Polyurethanbasis;
~ **LE 401 Dispersionslinoleumklebstoff**, schnell anziehender Dispersionsklebstoff für Lineleum, Korklino und Korkment;
~ **MK 73 Parkettklebstoff**, Harzklebstoff, lmh, für Mosaik, Dünn-, Stab- und Industrieparkett;
~ **MK 89 Korkparkettklebstoff**, schnell anziehender Dispersionsklebstoff für Korkparkett;
~ **Mörtelvergütung**, Spezialdispersion zur Vergütung von UZIN-Spachtelmassen;
~ **Naturklebstoff**, ausschließlich aus natürlichen Rohstoffen aufgebauter Klebstoff, für Naturlinoleum, Kork und textile Naturfasern;
~ **NC 120 Fonegal Fein**, sehr feinteilige Zementspachtelmasse 0 bis 3 mm;
~ **NC 130 Nivelliermasse UZ**, universelle Zementspachtelmasse 0 bis 7 mm;
~ **NC 170 Nivelliermasse SE**, hochfeste, selbstegalisiernde Zementspachtelmasse;
~ **NC 175 Nivelliermasse für Holzböden**, selbstverlaufende, faserarmierte Zementspachtelmasse zur Sanierung alter Holzböden;
~ **NC 180 Füllmasse TS**, standfeste, schnellhärtende Zementspachtelmasse;
~ **NC 190 Schnellestrich**, kunstharzvergüteter Spezialzement zur Herstellung schnell erhärtender, hochfester Zementestriche;
~ **NC 340 Schnellzement**, schnellhärtender Spezialzement zum Füllen von Löchern, zum Dübeln von Stützen, Pfosten und Ankern;
~ **NC 350 UZINCRET**, standfester, schnell erhärtender Zementmörtel zum Spachteln und Glätten;
~ **NC 405 Flexspachtel**, gebrauchsfertige, flexible Dispersionsspachtelmasse;
~ **PE 260 D Unipren**, filmbildender Neoprene-Dispersionsvorstrich;
~ **PE 260 L**, schwarzer, elektrisch leitfähiger Dispersionsvorstrich;
~ **PE 360 Haftgrundierung**, tiefenwirksamer Dispersionsvorstrich;
~ **PE 410 Epotar**, 2-K-Abdichtung, lmf;
~ **PE 412 Pur Vorstrich**, gebrauchsfertiger Polyurethanvorstrich, lmh, für saugfähige Untergründe;
~ **PE 460 Epogrund**, dünnflüssiger 2-K-Epoxidharzvorstrich, lmf;
~ **PE 520 Kunststoffvergütung**, Spezialdispersion zur Vergütung von UZIN Zementspachtelmassen;
~ **PE 530**, hochkonzentrierte Dispersionsvergütung zur Flexibilisierung von Dünn- und Mittelbettmörteln;
~ **RR 1521 Reparaturklebstoff**, schnellhärtender 2-K-Polyesterklebstoff, für Kleb-, Spachtel- und Reparaturarbeiten;
~ **RR 188 Dämmunterlagen GK**, polyurethangebundener, hochelastischer Gummigranulatmatte mit Korkbeimischung für Trittschall und Wärmedämmung;
~ **RR 189 Dämmunterlage PU**, polyurethangebundene, hochelastischer PUR-Schaumgranulatmatte;
~ **RR 191 Unipast D**, Spezialöser zum Anlösen und Entfernen von Belagsschaum;
~ **RR 192 Reinigungsemulsion**, wasserverdünnbare Reinigungsemulsion, zum Entfernen von Öl, Fett und Wachs;
~ **Universalfixierung**, lösungsmittelarmes Fixiermittel für Bodenbeläge im Wohnbereich, Fixiermittel kann nach dem Abziehen mit Wasser abgewaschen werden;
~ **VE 100 GN Verdünner**, zum Verdünnen von Neoprene Kontaktklebstoffen;
~ **VE 124 S**, zum Verdünnen von lösungsmittelhaltigen Harzklebstoffen;
~ **Vliesfixierung, Wechselvlies**, Dispersions-Fixierklebstoff, zum Kleben von Spezialfolie in Bahnen, Trennunterlage für den Keramikbelag;
~ **WA 500 II**, wiederaufnehmbares Klebenetz zum „trocknen Kleben";
7900 Uzin

UZINCRET
→ UZIN NC 350 UZINCRET;
7900 Uzin

V 100
Terpentinersatz;
4573 Remmers

V 101
Terpentinersatz;
4573 Remmers

VAASA
→ Saunex-Sauna;
3260 Saunex

Vablo
Böschungssystem;
5800 Köster

VACONODOME®
Klärbeckenabdeckung aus einer Alu-Konstruktion;
7888 Aluminium Rheinfelden

vacuclean
Spezialreiniger zum Entfernen noch nicht ausgehärteter 2-K-Epoxidharze;
8057 vacuplan

vacucrete
Dispersion als Mörtelzusatz und Betonzusatz zur Verbesserung der Haftung auf Altbeton;
8057 vacuplan

vacucryl
2-K-Flüssigkunststoffe auf Methacrylbasis für Beschichtungen, Reparaturen und Versiegelung von Beton;
8057 vacuplan

vacudor
Innentüren, streichfähig, Edelholz endlackiert, Resopal beschichtet;
2800 Knechtel

vaculux®
Fenster, in Pitchpine, Mahagoni, Dark Red Meranti;
~ **thermassiv** Energiespar-Fenster, 3-Scheibenisolierverglasung mit vollmassiven Profilen, gefüllt mit Mikro-Silikat-Hohlkugeln in duroplastartiger Masse;
2800 Knechtel

vacuplast
Fenster-Programm, Konstruktion in der Alu-Profile mit PVC-Mantel und äußerer Acrylschicht kombiniert sind;
2800 Knechtel

vacupox®
2-K-Flüssigkunststoffe auf Epoxidharzbasis, lösungsmittelhaltig und lösungsmittelfrei für Anstriche, Imprägnierungen, Versiegelungen, Dickbeschichtungen, Injizieren von Beton, Verklebungen, Abdichtungen;
8057 vacuplan

vacusil
Silikonbautenschutz (Silane und Silikonharze), farblos. Zum Imprägnieren von mineralischen Baustoffen, bleibt wasserdampfdurchlässig, erhöht wärmedämmend;
8057 vacuplan

vacuton
Dispersionsfarben für Innen- und Außenanstriche, abtönbar;
8057 vacuplan

VAEPLAN®
Dichtungsbahn auf der Basis Wacker Copolymer® VAE; Kulturschutznetz im Gemüseanbau zum Schutz vor der Kohl- und Möhrenfliege;
6082 Hirler

Västkust-Stugan
Wochenendhäuser, Freizeithäuser;
2350 Västkust

Växjöboden
Fertigparkett;
8430 Pfleiderer

vaflex-Systemrohr
Heizkörperanschlußleitung;
5340 Eht

VAG
Schieber, Klappen, Kugelhähne, Ventile, Rückflußverhinderer. Selbsttätige, schwimmergesteuerte und Regelarmaturen. Hydranten, Feuerlöscharmaturen, Hausanschlußarmaturen, Rohrverbindungen;
6800 VAG

VAGAN®
Reine Acrylat-Fassadenfarbe;
6084 Silin

Vaillant
Thermostatventile;
5630 Vaillant

VAKUUM
~ - **Beton-Böden** in monolithischer Ausführung als Hartstoffböden im Innen- und Außenbereich;
5060 Wenn

VAL
Fensterbeschlag-System, verdecktliegende Oberlichtöffner für Holz-, Kunststoff- und Alu-Fenster;
3051 Suhr

VALENTIN
Holzspanplatten;
6349 Valentin

VALETIA
~ Caseinfarbe, naturreine Wandfarbe, weiß, für innen;
3123 Livos

VALLELUNGA
Italienische Kreativkeramik;
2800 Frerichs

valutherm und valufix
Fußbodenheizung im Naßbau-System;
5952 Aquatherm

VAMA
Stahl-Heizkessel, Kamin-Heizkessel, Solarsysteme, Wärmepumpen;
3200 Vama

VAMELGLAS
GFK-Sperrholz;
2103 Müller, J. F.

VAMMALAFORM
Beto-Sperrholz;
2103 Müller, J. F.

van Geel
~ Fußbodenkanal-Systeme, estrichbündig oder estrichüberdeckt (Installationskanäle);
~ Metall-Akustik-Decken → System Schmidt-Reuter in Rechteck- oder Dreiecksform;
4300 van Geel

1

Vandex
~ **Ansetzmörtel**, Fertigmörtel für grobkeramische Platten;
~ **Bauharz 600**, dauerelastisches Fugenharz, 2-K, für Dehnungsfugen im Tiefbau;
~ **Bauharz 900 L**, dauerelastisches Fugenharz für Trinkwasserbehälter und Schwimmbecken;
~ **Bauharz 200**, EP-2K-Harz für Beschichtung, Kleben, Mörtel;
~ **Baukleber**, zementgebunden, universell verwendbar;
~ **Betonbauschlämme-weiß**, zur Innenabdichtung und Auskleidung von Trinkwasserbehältern;
~ **Betonbauschlämme** 75, zementgebundene Dichtungsschlämme für druckwasserhaltende Abdichtungen;
~ **BIT 1 Kleber**, dauerelastischer Kleber für Dehnungsfugenbänder;
~ **Bohrlochschlämme** zum Verfüllen der Bohrlöcher bei nachträglichen Horizontalabdichtungen;
~ **Bohrlochsperre**, Injektionsmaterial für nachträgliche Horizontalsperre;
~ **Dicht-Dämme**, gebrauchsfertig gemischter Innenputz;
~ **Flexband**, Kunststoff-Abdichtungsband gegen Druckwasser;
~ **Flexspachtel**, Spachtelmasse (Bitumenlatexemulsion) für elastische Flächenbeschichtung;
~ **Fliesenmörtel**, dichtet Naßräume und klebt Fliesen;
~ **Fugenmörtel**, zementgebunden, weiß und grau;
~ **Injektionsharz**, Typ 1K für nicht kraftschlüssige, Typ 2K für kraftschlüssige Verpressung;
~ **Klebe- und Fugenmörtel**, 2-K wasseremulgierter Epoxidharzmörtel;
~ **Plastkomponente** PK 75, Zusatz zu ~ Betonbauschlämme 75;
~ **Schutzharz**, 1-K-PUR-Versiegelung für Beton- und Mörtelflächen;
~ **Straßenbauschlämme**, gegen Wasser- und mechanisch starke Belastung;
~ **Uni-Mörtel**, gebrauchsfertiger Dichtungsmörtel gegen alle Arten von Wasserbelastung;
~ **ZB 61 forte**, Bautenschutzmittel zur Vermeidung von Sulfatausblühungen (Ausblühschutz);
2000 Vandex

Vanoton
→ ESKOO®-Vanoton;
2820 SF

VAPLEX®
Gipsfaserplatte aus REA-Gips mit bindenden Zellulosefasern aus Altpapier (Produkt der Vagips BV, Geldern/NL);
4000 Barth

VAPOREX
Dampfsperre;
~ - **normal**, für Innentapezierung, 3schichtig, Alu und Pappen;
~ - **Super-roh**, 5schichtig, innen Alu-Folie, nach außen je 1 Kunststoffolie, abgedeckt durch nackte Pappen, für Innentapezierung → 7101 ISO;
7080 Palm

vari
~ - Verbundplatte, PUR-Hartschaumplatten mit trittfester PE-Folien-Oberfläche und PE-Unterseite als Grundplatte für die eht-Fußbodenheizung;
5340 eht

VARIA
~ Brauchwasser-Wärmepumpen;
~ Heizungs-Wärmepumpen, Wasser/Wasser, Erdreich/Wasser, Luft/Wasser;
3203 Varia

VARIANT
Entwässerungsrinnen und Abläufe aus Cr-Ni-Stahl;
6209 Passavant

Varianta-Paneel
Beschlagsystem für flexible Paneelwände;
7270 Häfele

VARIANTEX
Akustikplatten aus kunstharzverleimtem Holzspangerüst, verschiedene Oberflächengestaltungen, A 1, B 1, B 2;
6335 Wilhelmi

„Varia"-System
Universell einsetzbare Gehäusebaureihe für Rohrleitungsarmaturen;
5760 Goeke

Variator
~ - Comfort-Heizkörper, rostfreie Alu-Schweiß-Konstruktion;
6050 Schwarz

VARICON
~ - Mobilarsystem, Tragwerk im Raster aus Edelstahlrohren für Innenausstattung, Messestände u. ä.;
3167 Jachmann

Variflex
Trennwand, variabel, mit hoher Schalldämmung;
2900 Hüppe Raum

Variflex
Trennwand-System mit hochisolierten Glaswänden;
2900 Hüppe Sonne

VARIMONT
Sanitärkörper-Montagesystem zur Vorwandinstallation;
5342 Pauli

vari-nokk
Fußbodenheizung, Naßsystem und Trockensystem mit einer Systemplatte aus PUR-Hartschaum;
5340 Eht

Vario
Verbundsteinsystem;
5473 Ehl

Vario Dübel Band
Universaldübel aus einem festen Kunststoffstreifen, von dem sich Stücke in beliebiger Länge und Breite abtrennen lassen. Zusammengerollt ergeben sie eine Art Dübel, der variierbar über 15 Dübelsorten ersetzt;
5912 Koellner

vario flex
Fußbodenheizungs-Rohr aus VPE;
7129 Rotex

VARIO STEP®-SYSTEM
Treppen, Überbrückungen und rollbare Podesttreppen aus Leichtmetall-Spezialprofilen;
6277 Hasenbach

Varioboy
Abfallbehälter als Stand-, Wand- oder Mastmodell, feuerverzinkt;
4500 Runge

VARIOCELLA
Selbstbaukeller in Bausätzen für Fertighäuser;
2800 Variocella

VARIODOMO
~ - Bausatzhaus;
~ - Massiv-Ausbauhaus;
2800 Variodomo

Variofix
→ UZIN KE 603 Variofix;
7900 Uzin

Varioflex
Dünnbettmörtel, kunststoffvergütet, hydraulisch erhärtend;
2000 Strasser

Varioflor
Pflanzringsystem als Hangsicherung und Stützwand;
5473 Ehl

VarioGully
→ Braas-Variogully;
6370 Braas

Vario-Halle
Mobile Hallen, die zusammengeschoben und von allen Seiten beschickt werden können;
4030 Hünnebeck

VARIO-Hohlfalzziegel®
Tondachziegel;
4971 Meyer-Holsen

Variokett
Fertigparkett;
8430 Pfleiderer

VARIOLAB
~ - **Quellenabsaugung**, Absaugeinrichtung für den offenen Arbeitsplatz im Labor der Gießerei- und Galvanotechnik sowie an Schweiß- und Lötarbeitsplätzen;
7988 Waldner

Variomonta®
~ - **Bausystem**, Fertigteilbau-Bausystem aus feuerverzinktem Stahlrohrskelett mit festen oder beweglichen Füllelementen, Kleinbauten für Industrie, Verwaltung und Verkehr;
4600 Dreier

VARIOPARK
~ **DURO**, Deckschicht polymerisiert, Langriemen, in amerikanischer Eiche;
Fertigparkett, 2schichtig aufgebaut, Stärke 10 mm, wohnfertig versiegelt, Riemen, Kurzriemen und Tafel in 15 verschiedenen Holzarten;
8000 Bauwerk

varioperfekt
Fußbodenheizung;
7129 Rotex

Varioplan
Industrieverglasungen;
7919 Butzbach

Varioroll
Sicherheits-Rolladen mit stufenlos wendbaren Lamellen;
2900 Hüppe Sonne

VARIO-STOP-LINE®
Absperrsystem, beweglich;
6368 GE-RO

VARIOtherm®
Kunststoff-Fensterprofile, Kunststoff-Fertigfenster;
4783 Hoff

VARIOTHERM®
~ Heizleiste mit Niedertemperatur-Strahlungswärme;
8201 Pöschl

vari-plan
~ **Klimaboden**, Flächenheizung für Alt- und Neubau;
5340 Eht

Variplan
Trennwand, faltbar, für Wohnung und Büro;
2900 Hüppe Raum

Varipoll
~ - Lichtsystem;
5880 ERCO

VARISOL®
~ **Typ 20**, Markisen für Wintergarten und Pergola, mit Rohrmotor;
4050 Rödelbronn

vari-takk
Fußbodenheizung, Naßsystem mit einer Systemplatte aus PUR-Hartschaum;
5340 Eht

VARI-TAKK PHON
Fußbodenheizung, Naßsystem mit Kombination PUR/ Mineralwolle mit sehr hoher Trittschalldämmung;
5340 Eht

VARTAN
Kunststoff-Fenster-Türen- und Schiebetüren-Programm mit Mitteldichtung aus schlagzähem PVC, auch mit auf das Kunststoffprofil aufsetzbarer Alu-Schale bei
~ PLUS;
4800 Schüco

VAT
~ - **Bitumenemulsionen** für den Straßenbau, anionisch, kationisch;
~ - **Emulsion P 50, PH 60**, Bindemittel für die Herstellung von wasserabweisenden, bituminierten Karosseriepappen und Holzfaserplatten;
~ - **Kaltbitumen**, zur Herstellung von Kaltmischgut für den Straßenbau;
~ - **Kleber 8662**, Kunstkautschukkleber zur beidseitigen Verklebung von Dämmstoffen aller Art;
~ - **S 51**, Antipetrolschlämme;
2000 VAT

VAUATOL
Bitumenemulsion für lagerfähiges Mischgut für den Straßenbau;
2000 VAT

VAW
~ - Sidings, Fassadenbekleidung aus Alu, mit PVF_2-Lacken beschichtet;
5300 VAW

VAW Hobby
Gewächshaus;
8852 Dehner

VBT
~ Dämpfungsring für Schachtdeckel;
5620 VBT

vdw
~ Industriefußböden und Betonsanierungssysteme auf Kunstharzbasis;
5308 vdw

VEBRA
Kaminöfen aus Schmiedeeisen;
2352 Baukotherm

VEDACOLL
~ - Industriekleber für Spezialgebiete;
~ - Schindelkleber, bituminös;
6000 Vedag

VEDACOLOR
~ - Dachlack-KHB auf Kunstharzbasis;
~ - Dachlack-LM auf Lösungsmittelbasis;
6000 Vedag

VEDAFIX
Wandanschlußschiene, aus stranggepreßtem Alu als Abdichtungsabschluß an aufgehenden Wänden;
6000 Vedag

VEDAFLEX®
~ - **Flachdachsysteme**;
~ **KSK**, Kautschuk-Polymer-Bitumenbahn, kaltselbstklebend;
~ **Polymerbitumen-Schweißbahn** mit gelochter Schmelzfolie;
~ - **S**, Polymer-Bitumen-Dachhaut, hochreißfest, direkt aufschweißbar;
~ - **Steildachsysteme**;
~ - **TOP**, Kautschuk-Polymer-Bitumenbahn, für starre und bewegliche An- und Abschlüsse;
6000 Vedag

VEDAFORM®
~ - Bitumen-Wellen-Schindeln und Bitumen-Rechteck-Schindeln;
~ - Warmdach-Elemente;
6000 Vedag

VEDAG
~ - **Carbolineum**, Holzimprägniermittel auf Teeröl-Basis, nicht für bewohnte Innenräume geeignet;
~ - **Schaumglas**, Wärmedämmstoff, nichtbrennbar, anorganisch;
6000 Vedag

VEDAGIT®
~ - Kaltmasse, Kieseinbettmasse, bituminös zur Herstellung von Kiespreßschichten, **ohne** Wurzelgift;
~ - Kieseinbettmasse, bituminös, für Dachneigungen bis 45°, **mit** Wurzelgiftzusatz;
6000 Vedag

VEDAGULLY®
Dachgullys aus PUR-Kunststoff;
6000 Vedag

VEDAGUM®
Bituminöse Fugenvergußmasse nach DIN 1996 für Zementbetonfugen;
~ **SNV**, nach TL bit. Fug 82;
6000 Vedag

VEDAPHALT
Straßenbaubindemittel, Bitumenemulsion, kationisch (Kaltasphalt);
6000 Vedag

VEDAPHON
Antidröhnpappen für Entdröhnung, Schallschluckung und -dämmung;
6000 Vedag

VEDAPOR®
Wärmedämmbahnen aus Polystyrol-Hartschaum und Polyurethan, rollbar;
6000 Vedag

VEDAPURIT®
Hartschaum-Dämmplatten, ein- und beidseitig kaschiert aus Polystyrol- oder Polyurethan-Hartschaum, auch Automatenplatten, unkaschiert;
6000 Vedag

VEDASIN® B
Feuchtigkeits-Schutzanstrich, für erdberührte Flächen, bewitterte Metallteile, Dachflächen;
6000 Vedag

VEDASTAR®
~ - Dachoberlichter ein- und zweischalig aus glasfaserverstärktem Polyester und Acrylglas;
~ - Kassettenlichtkuppeln;
Kautschuk-Polymer-Bitumenbahn, kaltselbstklebend;
6000 Vedag

VEDATECT®
~ Bitumen-Dachdichtungsbahnen und Bitumen-Dachbahnen;
~ - Dampfsperrbahnen und Ausgleichsbahnen;
~ - Dichtungsbahnen nach DIN 18 190;
~ Schweißbahnen, bituminös;
6000 Vedag

VEDATEX®
~ - **adhaesiv**, gebrauchsfertiger bituminöser Kaltkleber;
6000 Vedag

VEDATHENE®
Dichtungsbahnen für Feuchtigkeitsabdichtungen (-Kaltselbstklebebahnen), Feuchtigkeitsschutzanstriche;
~ - **Duo**, zweischichtige Dichtungsbahn mit Kaltselbstkleber;
6000 Vedag

VEDATHERM
~ - Steildach-Dämmelemente;
6000 Vedag

VEDATOP®
~ **Kautschuk-Polymer-Bitumenbahn**, für starre und bewegliche An- und Abschlüsse;
~ **S-5**, Polymerbitumen-Schweißbahn mit gelochter Schmelzfolie;
6000 Vedag

VEDRIL®
~ - Acrylglasplatte, extrudiert und gegossen;
~ - Quadratzellen-Stegplatte und Bogenstegplatte für Trennwände, Vordächer usw.;
8751 Maingau

VEKA-AL
Fensterprofilkombination aus PVC und Aluminium;
4415 Vekaplast

VEKAPLAST
~ Haustüren;
~ Hebeschiebetüren, Hebeschiebekipptüren;
~ Kellerfenster;
~ Kunststoff-Fenster;
~ Profile für Althaussanierung;
~ Rolladen-Profile;
~ Rolladenkästen;
~ Schallschutzfenster;
~ Wandverkleidungen;
4415 Vekaplast

Veksö
Sitzbänke und Tische für Außenanlagen sowie Fahrradständer-Überdachungen, Fahrradständer, Abfallbehälter, Wegesperren, Baumschutzgitter;
2300 Jäger

VEKSÖ
~ - **Überdachungen**, feuerverzinkte Stahlkonstruktion mit Polycarbonat- bzw. Einscheibensicherheitsglas für Bogen- und Seitenverglasung, Typ Arkade und Omega;
2390 VEKSÖ

VELAB
→ MU-VELAB;
7000 Epple

Velco Therm
Isolierglas, zweistufig, mit doppelter Randabdichtung;
4576 Stöckel

VELODUCT
Wickelfalzrohrsystem mit vormontierter Dichtung;
6100 Fläkt

VELOPA
Fahrradständer und -hallen, feuerverzinkt;
7750 Hendel

1

Velostat
Sicherheitsmatte gegen elektrostatische Aufladungen und daraus resultierende Schäden an elektronischen Geräten;
4040 3M

velox
~ - Deckensystem, Spannrahmensystem mit integrierter Beleuchtungs- und Klimatechnik und unbrennbarer Textilbespannung;
4600 Velox

velta
~ - **Komfort**, Fußbodenheizung, Warmwasserflächenheizung für innen und außen;
~ **thermoelastic-Rohr**, aus vernetztem PE nach Verfahren Engel;
2000 Liedelt

VELUX
~ Ausstiegsfenster, Dachausstieg für Schornsteinfeger;
~ Dachwohnfenster mit Marken-Isolierscheibe in: Kiefer natur, grundiert zum Anstrich oder aus Polyurethan-Hartschaum;
~ Elektrobedienungen;
~ Energiesparfenster;
~ Faltstores;
~ Jalousetten, Thermo-Stop-Jalousetten;
Markisen; Transparentmarkise mit freiem Ausblick von innen;
~ Rolladen;
~ Rollos, Abdunkelungsrollos, Verdunkelungsrollos;
~ Schallschutzfenster;
~ Schutzabdeckungen;
~ Sicherheitsfenster;
~ Sichtschutzfenster;
~ Sprossenfenster;
~ Zusatzelemente für VELUX-Fenster zur Verlängerung nach unten im Wandbereich und nach oben durch Rundbögen;
2000 Velux

Vental
→ EhAGE-Rollstore;
4006 Ehage

VENTALU®
~ - Saug-Entlüfter (Flachdach-Entlüfer), für Kaltdächer und abgewinkelte Bauten, regen- und schneesicher;
4400 Schopax

ventana
Rolladen-Aufsatzelemente;
7014 Kittelberger
→ 7310 Schmied

ventatherm®
~ **H500** und **H580**, Kunststoff-Fenster;
5778 Möller

VENTI TIGHT
Spaltlüfter;
2300 Grorud

Venti 1-2-3
→ Glassomax Venti 1-2-3;
2000 Glasurit

Ventikappe
First- und Gratbelüftung;
7290 Mage

Venti-Oelde
~ Industrie-Ventilatoren;
~ Wärme- und Klimatechnik;
4740 Venti

VENTI-PLUS
→ Icopal VENTI PLUS;
4712 Icopal

VENTUS
~ **EVZ 18**, verdecktliegender Oberlichtöffner;
~ **F 81**, Flachform-Oberlichtöffner (aufliegend);
7257 Gretsch

Venus
~ - **Kachelofen**, Grundkachelofen;
3394 Henniges

VENUS
Sanitärzelle aus Hartschaumplatten, Baustoffklasse B 2;
7957 Haberbosch

Venus
Rauchkamine, Gaskamine, Lüftungskamine;
~ Innenrohrformstücke aus Schamotteton;
~ Mantelformstücke aus Leichtbeton für zweischalige Hausschornsteine;
8445 Venus

Verafix
Regulierbare Heizkörperverschraubung mit Entleerung;
5760 Goeke

VERAL
Bitumen-Dachbahnen mit Metallschutz und Glasgewebeeinlage;
6632 Siplast

verasol
~ **2000**, Estrichvergütung;
8760 Frieser

VERCUIVRE
Bitumen-Dachbahn mit Metallschutz und Glasgewebe-einlage, das Bitumen enthält einen Elastomeranteil von 5%;
6632 Siplast

Verdiko®
Beton-Verbundpflasterstein für schwere Verkehrs-belastungen;
4972 Lusga

Verduro®
Böschungsmauersystem aus Betonelementen, begrünbar;
7800 ACW
→ 5063 Metten
→ 6070 Sehring
→ 7814 Birkenmeier
→ 8580 Zapf;

Verkalit
~ - Deckwerkstein aus Beton, für Böschungen, Ufer-befestigungen, Hafen- und Kanalanlagen usw.;
4100 Bau

Verkerke
Bildtapeten, Türposter, Poster;
4230 Verkerke

Vermiculit (roh)
Glimmerartiges Mineral, nach Expandierung (Blähung) leichter Isolierstoff als Zuschlagstoff, Bindemittel Zement, Gips, Wasserglas, Kalk u. a.;
4000 Erbslöh

Vermiculite
~ Dämmstoff, expandiert;
~ Fertigmörtel für den Kaminbau;
4000 Grolman
→ 4000 Kramer
→ 4322 Vermiculit

VERMITECTA
~ - Isolierplatte, wirkt mit feuerhemmendem Mörtel verklebt als Feuerschutz;
4000 Spritzputz

Verosol
~ - Sonnenschutzgardinen, 100% Polyestergewebe mit aufgedampfter Alu-Beschichtung;
5090 Verosol

VEROTHERM®
Reflexionsbaufolie zur Unterbindung des Wärme-strahlungsaustausches bei Dach und Außenwänden;
6501 Nova

VERSACOR
Fassadenelemente, B 1 nach DIN 4102;
4018 Robertson

VERSAILLES
Keramische Wohn-Fliesen;
6642 Villeroy

Verschiebe-Ziegel
Dachziegel mit variabler Decklänge von 28 bis 34,5 cm für die Modelle Mulden und Rheinland;
4057 Laumans

VERSCO
~ - Alu-Fenster;
~ - Alu-Haustüren;
~ - Alu-Vordächer;
~ - Holz-Haustüren;
~ - Kunststoff-Fenster;
6054 Versbach

VERTIAL
Wendeflügelbeschläge für Kunststoff-Fenster;
3068 Hautau

VertiCell
Stehender Speicher-Wassererwärmer aus Edelstahl;
3559 Viessmann

Verti-Dekor
Vertikal-Jalousie aus Gewebelamellen als Sonnenschutz für innen;
5000 Modekor

VERTIFIX
Abstandhalter aus hartem Draht zum Anklemmen an einlagiger Bewehrung;
5885 Seifert

Vertilam
Rasterdecke aus beidseitig bandlackiertem Alu;
7860 Durlum

Vertiso®
Sonnenschutz-System mit vertikal angeordneten Lamellen;
4040 Krülland

Vertofloor
Teppichboden;
4050 vertofloor

VERTUILE
Bitumen-Schindel, mit doppelter Glasvlieseinlage verstärkt;
6632 Siplast

Vespermann
~ Holzpflaster, GE nach DIN 68 701, imprägniert, RE nach DIN 68 702 und Rundholzpflaster;
~ Holzschwellen (Bahnschwellen);
6000 Vespermann

VESTEROL
~ - **Abbeizer**, Abbeizpaste zum Entfernen von Farben und Kunststoffputzen;
~ **AM**, Sanierlösung, Reinigungslösung zur Beseitigung von Algen- und Moosbewuchs auf mineralischen Flächen;
~ - **Fluat ZHD**, Härtungsmittel, Dichtungsmittel von Oberflächen von Beton, Estrich, Zementputz;
~ - **Grund F**, Imf, fungizide Grundierung;
~ - **Grund H**, Imprägnierung, wasserabweisend, verfestigend;
~ - **Grund L**, Tiefenverfestiger;
~ - **Grund**, Grundierung auf Dispersionsbasis;
~ **KI**, Innenfarbe, waschbeständig gem. DIN 53 778, weiß, besonders für Rauhfasertapeten;
~ **K**, Kunststoff-Fassadenfarbe gem. DIN 18 363;
~ - **Rißflächenspachtel**;
~ - **Schutzlack**, Abziehlack, Imh, zum vorübergehenden Schutz für glatte, unlackierte Flächen;
~ - **Silicon N**, Imprägnierung für saugfähigen Untergrund, wasserlöslich, nicht für dunklen Putz und Klinker;
~ - **Silicon S**, Imprägnierung auf Siliconharzbasis, Imh, farblos, wasserabweisend für saugfähige Untergründe;
~ - **Siloxan**, Tiefenimprägnierung auf Siloxanbasis, farblos, wasserabweisend;
~ - **Sperrgrund**, Imf, für leicht feuchte Untergründe;
4354 Hahne

VFG
~ - **Dachfilz**, synthetische Schutzschicht und Trennschicht im Flachdachbau, gleichzeitig Dränmatte für Dachbegrünungen;
7928 Filz

VG
Gipsputze;
~ - **Betokontakt**, Haftbrücke zur Verbesserung des Haftvermögens bei schlecht saugendem Untergrund;
~ **BLAU-WEISS**, Fertigputz für Wand und Decke;
~ **GELB-WEISS**, Haftputz zum Filzen;
~ - **Glasfasergewebe** zur Armierung;
~ **GOLD-WEISS-SPEZIAL**, Gasbetonputz;
~ **GOLD-WEISS**, Fertigputz;
~ **GRÜN-WEISS**, Fertigputzgips;
~ - **Grundiermittel** zur Minderung des Saugvermögens;
~ **Hermith**, Isoliergips;
~ - **Maschinenputzgips**;
~ **Modellgips**;
~ **ROT-WEISS**, Haftputz zum Glätten;
~ **Stuckgips** nach DIN 1168;
3457 Vereinigte

VGM-Superfluid
→ Tricosal-VGM;
7918 Tricosal

VIA
~ - **LAMBERPOL**, Polymerschweißbahn PYP mit Einlagen aus Glasvlies, Polyesterfaservlies oder Glasgewebe, hitzestandfest bis 151°C;
~ - **PRENE**, dauerelastischer 1-K-Dichtstoff, volle Bindung auf Bitumen ohne Primern;
2000 VIA

Via
Verbund- und Rechteckpflaster;
7148 Ebert

Via Antiqua
Verbund- und Rechteckpflaster;
7148 Ebert

VIACOLL
Straßenbaubindemittel, Bitumenemulsionen;
~ **K, FK, U/60**, kationische Sorten, für Oberflächenbehandlungen, Tränkdecken u. a. m., besonders geeignet für inaktive (saure) Splittsorten;
~ **M 65 K**, Mischemulsion kationisch, zur Herstellung von kalteinbaufähigem Mischgut;
~ **S**, anionische Sorte, für Bitumenschlämmen, Vermörtelungen, Bodenstabilisierungen;
~ **U/60, US, F, USF**, anionische Sorten, für Oberflächenbehandlungen, Tränkdecken, Flickarbeiten und zum Vorspritzen;
~ **U/70**, wie **U/60**, jedoch höhere Viskosität, für Rauhüberzüge und Gefällstrecken;
~ - **Verschnitt, V-B-Emulsion**, kationisch, zur Herstellung von lagerfähigem Mischgut;
6300 Schultz

Vialast®
~ - **Lager**, Schwingungsdämmung in Gleisen (gummielastische Gleisbettungen);
8011 Gumba

Vialit
Gehwegkeramik;
4405 Hagemeister

Vialit
~ - Pflasterstein;
8430 BKN

Viamac
~ - Kaltmischgut, Korngrößen $^1/_3$, $^1/_5$, $^2/_5$, $^5/_8$ mm;
6300 Schultz

VIANOL
Kaltbitumen auf Lösungsmittelbasis (Straßenbaubindemittel);
~ **M**, zur Herstellung von kalteinbaufähigem Mischgut;
~ **ROT**, zur Herstellung von kalteinbaufähigem Rotbelag;
~ **S**, für Oberflächenbehandlungen, Flickarbeiten und zum Vorspritzen;
6300 Schultz

VIANOLAN
Bitumen-Teer-Bindemittel, verpritz- und mischbar, zur Herstellung von lagerfähigem, kalteinbaufähigem Mischgut;
6300 Schultz

VIANOVA
~ Stadtpflaster, Betonpflasterstein, fein gewaschen oder fein gestockt;
5413 Kann

VIBREX
~ Schnellverschlüsse;
4800 Böllhoff

Vicora®
Markisenstoffe;
3000 Benecke

Vicuclad®
Brandschutzplatten aus Vermiculit für Stahlkonstruktionen, Trennwände usw.;
4040 Rose

Vicutube
Brandschutzhalbschalen aus Vermiculite für Rundstahl;
4040 Rose

Videx®
Fahrradständer;
2832 Meyer, H.

Videx®-Meterware
~ Betonabdeckmatten;
~ Frostschutzmatten;
~ Gärtnerrohrmatten;
~ Kunststoffrohrmatten aus Hart-PVC-Rohren;
~ Mattenzubehör;
~ Schattenmatten;
~ Schilfrohrmatten;
~ Winterbaumatten;
2832 Meyer, H.

VIDIFLEX
~ - **Band**, Fugenband zur Abdichtung von Dehnungsfugen und Wandsohlenanschlüssen;
2000 Vandex

VIDOFON
Türsprechanlagen, Türfernsehanlagen, Antennenanlagen;
8200 Kathrein

Viega
Wasser-Installationssysteme;
~ - **Abläufe** für Waschbecken, WC und Urinal, für Bad, Balkon, Terrassen, Flachdächer, Boden, Keller usw.;
~ - **Klemmverbinder** für PE-Rohre;
~ - **Schraubfittings**;
~ - **Wanddurchführungen**;
5952 Viega

Viegatherm
Rohr-im-Rohr-System für Pumpen-Warmwasserheizungen;
5952 Viega

Vieler
~ - Sanitärausstattung;
~ - VKB-Knopf-Garnitur, Türbeschläge,
5860 Vieler

Vierbein
Abstandhalter, vierbeinig, mit fest montierten Kunststoff-Füßchen, für die obere Bewehrung;
5600 Reuß

Viessmann
~ **WWK-02 Warmwasser-Wärmepumpe**, Kompakt-Wärmepumpe mit doppelwandigem Sicherheitswärmetauscher und Heizwendel für Kesselanschluß;
3559 Viessmann

Viking
~ - Blockhäuser, Holzhaus mit Massivbauweise;
3510 fewo

VILBOFA
Feinkeramische Steinzeugschindeln zur Fassadenverkleidung;
6642 Villeroy

Vilbopan
Fassadenelemente, bei denen Fliesen zu Leichtelementen mit einlaminierten Befestigungspunkten zusammengefaßt sind;
6642 Villeroy

VILLA QUICK
→ Icopal VILLA QUICK;
4712 Icopal

VILLADRIT
→ Icopal VILLADRIT;
4712 Icopal

Villerit
Edelputze;
~ Edelkratzputz, maschinengängig;
~ Wärmedämmputz-System;
7730 Villerit

Villinger Ziegel
Thermopor-Ziegel;
7730 Ziegelwerke

VINDO
~ - Decklack, glänzend, für innen und außen (Naturlack);
3123 Livos

VINIDUR®
Werkstoff aus polyacrylatmodifiziertem, schlagzähem PVC, geeignet für Fensterprofile, Regenrinnen, Fassadenverkleidungen;
6700 BASF

Vinnapas®
Markenname für Polyvinylacetat sowie Co- und Terpolymere des Vinylacetats, Festharze und Lösungen (Homo- und Copolymere), Dispersionen (Homo-, Co- und Terpolymere), E-Dispersionen (ethylenhaltige Co- und Terpolymere), Redispergierbare Dispersionspulver;
8000 Wacker

Vinnol®
Markenname für PVC der Wacker-Chemie, speziell für Fenster- und Rolladenprofile, Rohre, Dachrinnen, Fußbodenbeläge;
~ **K**, schlagzähes PVC, besonders zur Herstellung von Fensterprofilen;
~ - **Lackharze**, auf der Basis von Vinylchlorid/Vinylacetat-Copolymerisaten für Beschichtungen verschiedenster Art;
8000 Wacker

VINOFLEX®
PVC zur Herstellung z. B. von Dränrohren, Leitpfosten, Straßenmarkierungen, Korrosionsschutzanstrichen (wetter- und chemikalienbeständig);
6700 BASF

VINSOL
Luftporenbildner;
5200 Hercules

Vinuran®
Modifizierts Hart-PVC, hochtransparent, wetterfest, für Profile und Platten, z. B. Lichtkuppeln, Lichtbänder, Sporthallen, Gewächshäuser u. ä.;
6700 BASF

vinylit®
~ - **Fassade**, belüftetes Vollwärmeschutz-System bei dem natürliche Mineralkörner durch ein technisches Verfahren mit dem Träger PVC-Hartschaum verklebt werden;
3320 EWAG

Viny®
Falttüren und Faltwände mit Kunststoff-Oberfläche in weiß, Nußbaum-, Mahagoni- und Eiche-Nachbildung;
3000 Brandt

Vinyzene®
Mikrobizide, Additiv für Dachbahnen und Dichtungsmassen gegen mikrobielle Angriffe (Produkt der Morton Thiokol Inc., Brüssel);
2000 Biesterfeld

VIRBELA®
~ - **Elemente**, Brunnenelemente aus Spezialbeton, Terrazzo, Metallen und Kunststoffen in einer besonderen „Fließform";
7770 Dreiseitl

V.I.S.
Leitsysteme, vorwiegend aus Alu;
6342 Weyel

Visaflex
~ - Lamellenschleuse, mit transparenten Vertikallamellen, flexibler Torabschluß mit und ohne Automatiköffner;
4006 Ehage

VISCACID
~ - **Acryl-Beschichtung**, umweltfreundliche, farbige, elastische, abriebfeste Beschichtung;
~ - **Acryl-Grund**, lösemittelhaltige, transparente Grundierung;
~ - **Bauharz-Füllstoff**;
~ - **BS 2000**, umweltfreundliche, geruchsarme, wasseremulgierbare, farbige 2komponentige Epoxidharz-Beschichtung;
~ - **Elastopox**, teer- und lösemittelfreie, elastifizierte Epoxidharz-Kombination, 2komponentig;
~ - **Epoxi-Bauharz Rapid**;
~ - **Epoxi-Bauharz Spezial**, niedrigviskoses, hellfarbenes, nahezu vergilbungsfreies Epoxidharz;
~ - **Epoxi-Bauharz**, lösemittelfreies, ungefülltes, unpigmentiertes 2-Komponenten-Epoxidharz-Bindemittel;
~ - **Epoxi-Beschichtung**, pigmentierte, lösemittelfreie, selbstverlaufende 2-Komponenten-Epoxidharz-Beschichtung;
~ - **Epoxi-Farbpasten**;
~ - **Epoxi-Fließbelag**, lösemittelfreie, pigmentierte selbstverlaufende 2-Komponenten-Epoxi-Dickbeschichtung;
~ - **Epoxi-Fugenspachtel/Kleber**, lösemittelfreier, mineralisch gefüllter 2-Komponenten-Epoxidharz-Fugenspachtel und Kleber;
~ - **Epoxi-Grundierung**, festkörperreiche, transparente, lösemittelarme 2-Komponenten-Epoxidharz-Grundkuerung;
~ - **Epoxi-Imprägnierung**, transparente, lösemittelhaltige 2-Komponenten-Epoxidharz-Imprägnierung;
~ - **Epoxi-Injektionsharz 850**;
~ - **Epoxi-Antistatik-Beschichtung**, lösemittelfreie, selbstverlaufende und pigmentierte Beschichtung;
~ - **Epoxi-Zwischenschicht**;
~ - **Epoxi/Teer-Bauharz**, lösemittelfreies, mit Spezialteer modifiziertes Epoxidharz;
~ - **Epoxi-Injektionsharz 100**, lösemittelfreies, besonders niedrigviskoses 2-Komponenten-Injektionsharz auf Epoxidharz-Basis;

~ - **Epoxi-Reparaturmörtel**, zement- und lösemittelfreier, mineralisch gefüllter 2-Komponenten-Epoxidharz-Mörtel;
~ - **Stellmittel**,
~ - **Teerpoxi**;
4573 Remmers

Visconal®
Ölfester und öldichter Isolieranstrich zur Beschichtung von Auffangwannen und Auffangräumen für Heizöl (EL) und Dieselkraftstoff (Heizölsperre);
8900 PCI

VISCOVOSS®
~ **AZUR**, Laminierharz für witterungs- und kaltwasserbelastete Bauteile;
~ **i 25 B**, Laminierharz für Wasserbecken;
~ **KR**, Reparaturharz von Blech- und GFK-Teilen;
~ **LT**, lufttrocknende UP-Schlußlacke;
~ **N 35 BT**, Schnell-Versiegelung/Voranstrich mit erhöhter Wasserbelastbarkeit;
~ **T 40 B**, Laminierharz für beheizte Schwimmbecken;
~ **T 40 BT**, Schnellversiegelung, warmwasserbelastbar;
~ **UP-Farbpaste**, zur Einfärbung von Polyesterharzen;
2082 Voss

Visionair
Leuchten für Großräume;
5880 ERCO

Vistaprofil
Wandelemente;
4750 Welser

VIT 10
Montagezement;
4930 TAG

Vi-To-Fix
Dichtmasse zum Stopfen von Wassereinbrüchen;
2000 Vandex

Vitola
Öl/Gas-Spezialkessel (Heizkessel);
~ -biferral, Öl/Gaskessel ohne Temperaturbegrenzung;
3559 Viessmann

Vi-To-Phob
Betonimprägnierung und Mauerwerkimprägnierung;
2000 Vandex

VITREDIL®
~ - Acrylglasplatte, extrudiert;
~ - Quadratzellenplatten und Bogenstegplatte für Trennwände, Vordächer usw.;
3751 Maingau

Vitroflex
Fugendichtungsmasse, 1-K, auf Si-Basis, elastisch;
8229 Otto

vitrophon®
~ - **VS**, Verbund-Sicherheitsglas;
7807 Bayer

Vitroplast
Fugendichtungsmasse, 1-K, auf Acrylbasis, plastisch-elastisch;
8229 Otto

vitrosol®
Schallschutz-Kompakt-Element aus Isolierglasscheibe, Einfachglasscheibe und dazwischenliegender Jalousie;
7807 Bayer

vitrotherm®
Isolierverglasung;
7807 Bayer

VITROVER®
Fensterglas, Dünnglas;
4650 Flachglas

Vitsoc
~ **606**, Schrankwand- und Regalsystem als Raumteiler, Trennwände oder komplexe Ausstellungssysteme;
6000 Vietso

Viva®
~ Steinzeugfliesen, glasiert. Objektkeramik für innen und außen in 42 Farben und 6 Formaten;
8763 Klingenberg

VKB
→ Vieler-VKB;
5860 Vieler

Vliesin
~ - Fassadenbelag, streichbar;
~ - Spachtel, faserarmierte, dauerelastische, rißüberbrückende Spachtelmasse;
~ - Vollwärmeschutz mit ~ - Klebemörtel, Glasfaser-Gittermatte, Struktur-Vliesin, VWS-Platten PS 15 SE;
8058 Indula

V-M
Glasfaserverstärkte Füllmasse für rostnarbige Bleche und GFK-Anbauteile;
2082 Voss

VMM-Decke
Voll-Montage-Massiv-Decke aus Spannbeton-Hohlplatten;
8480 Ketonia

VN
Bänder für den Objektbereich;
4840 Simons

VOCATEC®
~ - **Reaktivsystem**, PUR-Spritzabdichtung im Betonschutz, Gewässerschutz und Korrosionsschutz;
4620 VOITAC

1

VOEST-ALPINE
Stahlrohrdurchlässe MPS (Mehrplatten-System geschraubt) und HSS (Halbschalen-System geschraubt);
8000 Voest

Vöroka®
Schwimmbad-Überdachungen aus stapelbaren Polyester-Elementen;
7519 Vöroka

VÖWA
~ - Isolierschlauch als Rohrdämmung;
8903 Vöst

Vogt
Eskoo-Verbund- und Betonpflastersteine;
4952 Vogt

Vogt
Kachelöfen, auch zum Selbstaufbau;
6418 Vogt

Voigt
Lackfarben;
2800 Voigt

Voko
~ Bankeinrichtungen;
~ Schrankwände;
~ Trennwand-System und Wandverkleidungen, Skelettbauweise mit einem Gerüst aus einbrennlackiertem Stahl;
6300 Vogt

Vola
Sanitärarmaturen, Zubehör für Bad und Küche (Design: Arne Jacobsen);
8000 High Tech

Volkern
→ ®Trespa-Volkern;
6000 Hoechst-Trespa

VOLLMER
Kegelanlagen;
7950 Vollmer

VOLLRIP®
Rippenstreckmetall, vollwandige Rippen ca. 10 mm hoch;
5912 RSM

VOLLWERT-HAUS®
Wohn-Blockhäuser aus Massivholz;
8941 Bau-Fritz

VOLO
Stahl-Wandhaken, Kippdübel;
5982 Schürmann

voluma®
Messestand-System;
4900 Bökelmann

von Berg
Waschbetonlacke, chem. Betonverzögerer;
4050 Berg

von Berg-System
→ Dyckerhoff;
4050 Berg

von Roll
Stabstahl/Breitflachstahl der Fa. von Roll AG, CH 4563 Gerlafingen/Schweiz;
7053 Mutschler

Von Roll-Cheminée
Fertig montierte Kamine;
8037 Krauss

V.O.R.
→ quick-mix-V.O.R. Mauermörtel;
4500 Quick-mix

Voro
Rolladen-Vorbauelemente;
7454 Schlotterer

VORWERK
Teppichboden;
3250 Vorwerk

VOSS
Haustüren, Haustüranlagen, Nebeneingangstüren aus Holz;
2410 Voss

Voyageur
Zweitüriger, freistehender Kaminofen aus Gußeisen für Holzfeuerung;
5220 Wallace

VS
Bänder für schwere Türen, Sicherheitsbänder für einbruchhemmende Türen, auch für Blockzargen und Blendrahmen;
4840 Simons

VSB
~ - Stahlbetonplatten, Gleisauslegeplatten;
4300 Krupp

VSG
Ventilatoren, z. B. Axial-Brandgas-Ventilatoren, Axial-Ventilatoren;
7150 VSG

VS2
~ - Sicherheits-Schlüssel;
4404 Winkhaus

VTV
~ - Lärmschutzwand, 100% biologische Weiden-Lärmschutzwand mit voller Begrünung 3 Monate nach Fertigstellung;
6800 VTV

Vulgatec
Dränschicht und Filterschicht aus Lava und Bims für die Dachbegrünung;
5470 Vulgatec

VULKAN
Außenleuchten;
5000 Vulkan

Vulkan
Warmluftkamin, Heizleistung durch thermo-dynamisches Zweikreis-Warmluftsystem;
6072 Rösler

VULKAN-GITTER
Stahlgitter, feuerschlußverzinkt, in punktgeschweißter und gewebter Ausführung als Balkonschutz, Kellerfenster, Schutzgitter und Siebgewebe geeignet;
4740 Haver

Vulkanzement
~ - **VKZ**, Zement F 35;
5485 Rheinische

vulkem
1-K-Dichtungsmasse auf PU-Basis für Arbeiten im Hoch- und Tiefbau;
4100 Hansit

V.W.
Stahlrohr-Erzeugnisse;
~ Absperrpfosten zum Einbetonieren oder mit Bodenplatte;
~ Baumschutzbogen;
~ Begrenzungsbogen;
~ Schilderpfosten;
~ Wäschetrockengerüste;
~ Zaunpfähle;
4755 V.W.

VW
Verschiebbare Winkelstufen, Betonstufen für Keller und Außentreppen;
7433 Schall

W. E. G. Legrand®
~ **Schaltschränke**, explosionsgeschützt;
~ **Wandschränke** aus glasfaserverstärktem Polyester und polyesterbeschichtetem Stahlblech;
4770 W. E. G.

WA 400
Wiederaufnahmekleber für Teppichböden, rollstuhlfest, geeignet bei Fußbodenheizung;
5800 Partner

Waalsteen
~ **Holland Klinker**, Klinker und Verblender;
4190 Waalsteen

Wabenmatte
Abtreter und Bodenrost aus PE, für Keller, Sauna, Hobbyräume;
3050 Nadoplast

Wabielux
~ - Kunstharzlacke;
3560 Wagner

Wabiement
Münchener Rauhputz MR;
3560 Wagner

Wabiemur
~ - Dispersionsfarben, Dispersionsputze;
3560 Wagner

Wabiepon
~ - Kunststoffbeschichtung;
3560 Wagner

Wabiepor
Wärmedämmputz-System;
3560 Wagner

Wabierol
~ - Kunststoff-Waschputz;
3560 Wagner

WABOCK
→ HÜWA®;
8500 Hüwa

Wachenfeld-Treppenring
Naturstein-Treppen-System;
3549 Wachenfeld

WACHSAM®
~ - **L**, Kellerablauf aus Kunststoff, 375 × 202 mm, DN 100, mit doppeltem Rückstauverschluß gemäß DIN 1997;
~ - **LS**, wie ~ L, jedoch mit 3fachem Rückstauverschluß;
~ - **82**, Kellerablauf aus Gußeisen, 340 × 208 mm, DN 100, mit doppeltem Rückstauverschluß gemäß DIN 1997;
~ - **83**, wie ~ - 82, jedoch mit 3fachem Rückstauverschluß;
6330 Buderus Bau

Wacker
~ **m-Polymere**, Kunststoffe, vulkanisieren bei Raumtemperatur, Verwendung als elastisches, selbsttrennendes Matrizenmaterial zur Herstellung strukturierter Formteile;

~ **Silicone**, u. a. für Bautenschutzmittel, Steinverfestiger, wasserabweisende Siliconfarben, Fugendichtstoffe;
Treppengeländer aus Plexiglas;
~ **VAE**®, Vinylacetat/Ethylen-Copolymere für thermoplastische Verarbeitung für Dachdichtungsbahnen;
8000 Wacker

Wacolux
Bildschirm-Arbeitsplatzleuchte;
7730 Waldmann

Wärmit
Wärmedämmplatte aus EPS, Baustoffklasse B 1, für Wand und Decke;
5249 Grethe

WAFIX
Imprägniertes Spezialpapier zur Herstellung von Waschbeton;
4930 Rethmeier

Waflor®
Pflanzring aus Leichtbeton mit Verbundkehle, geeignet für mittelhohe Hangbefestigungen und Terrassen;
4972 Lusga

WAGA
System für Gußformstücke;
7321 GF

WAGNER
~ - **Büropavillons**, 1—2geschossig aus vorgefertigten genormten Bauteilen;
~ **Clubhäuser**, aus vorgefertigten Elementen in verschiedenen Ausbaustufen;
~ - **HAUS**, vorwiegend individuell geplante, vorgefertigte Wohnhäuser;
~ - **Kindergärten**, nach Typenplan System Wagner oder freiem Entwurf;
~ - **Schulpavillons**, zerleg- und versetzbar, in beliebiger Größe im Bausystem Wagner;
6393 Wagner II

WAGNER EWAR
Waschraumeinrichtungen aus Chromnickelstahl;
7410 Wagner

Wagner-Silicon-Plus
Kalkauswaschungs-Schutz;
7000 Beeck

Wagner-System®
~ Alu-Zargen;
~ Unterkonstruktionssysteme, vorgefertigt, für Fassadenbekleidungen im Groß- und Kleinformat;
3303 Wagner-System

WAGU
Gummiwabenmatte;
6800 Bima

WAHGU
~ - **Drucktüren**, luft- und wasserdicht;
~ - **Flachdachausstieg** mit Gußdeckel und Scherentreppe aus Alu, vormontiert, einbaufertig, als oberer und unterer Raumabschluß;
~ - **Sicherheitstüren**;
6800 Wahgu

Wahrendorf
Eskoo-Verbund- und Betonpflastersteine;
3300 Wahrendorf

Waiko
~ Trennwände;
7071 Waiko

WAKOFIX
~ - Montagerohr, asbestfrei, mit Innenisolierung für Lüftung im Wohnungsbau nach DIN 18 017;
3500 Wakofix

WAKOL
~ - **Ausgleichsmasse Express**, Zementspachtelmasse für Schnellverlegungen;
~ - **Ausgleichsmasse Z 600**, Zement/Quarz/Kunststoffmischung, standfest, für grobe Unebenheiten;
~ - **Ausgleichsmasse Z 615**, Zement/Quarz/Kunststoffmischung, für Dick- und Dünnspachtelung, spannungsarm;
~ - **Ausgleichsmasse Z 650 CA**, Zement/Quarz/Kunststoffmischung, für Estrichspachtelungen bis 5 mm;
~ - **Ausgleichsmassen UNI super**, Basis Zement-Quarz-Kunststoffmischung;
~ - **CV-Kleber D 961**, Basis Acrylatdispersion, hohe Weichmacherbeständigkeit;
~ - **Deckenplatten-Kleber D 436**, Basis PVA-Dispersion;
~ - **Dekotapeten-Kleber D 988**, Basis PVA-Dispersion, für Vinyl-, Foto-, Textil-, Kunststoff- usw. Tapeten;
~ - **Dispersions-Vorstrich D 974**, Basis Kunstharz-Dispersion, Tiefgrund für Estriche;
~ - **Dispersionsspachtelmasse Z 690 D**, elastische Masse zum Überspachteln von Stoßfugen und Schraublöchern bei Spanplatten;
~ - **Einseitkleber D 941**, Basis Acrylat-Dispersion, mit langer Einlegezeit für höchste Beanspruchung;
~ - **Einseitkleber D 956 S**, Basis Acrylatdispersion, hohe Weichmacherbeständigkeit;
~ - **Einseitkleber**, Basis Acrylat-Dispersion, geeignet für Fußbodenheizung und Rollstühle: **D 402**, für normal beanspruchte Bodenbeläge. **D 931**, für höchste Beanspruchung. **D 931 L**, für leitfähige PVC-Beläge und leitfähige und antistatische Teppichbeläge;
~ - **Epoxidharz-Kleber EP 157**, für Gummi-Beläge, wasserfest, rollstuhlfest, für außen geeignet;
~ - **Epoxidharz-Reparaturmasse EP 13** - (Fugenfüllmasse);

~ - **Epoxidharzvorstrich EP 135**;
~ - **Fliesen-Kleber D 104**, Basis Acrylat-Dispersion, wasserfest, auch für außen;
~ - **Fugengrau FG 520**, Basis Zement-Quarzit-Kunstharzmischung, zum Verfugen von Keramikfliesen, Kleinmosaik, Glasbausteinen usw.;
~ - **Härter 400**, Basis Isocyanat, für Neoprene-Kleber;
~ - **Haftemulsion D 17**, Basis Kunstharz-Dispersion;
~ - **Hartschaum-Kontakt-Kleber KK 818** und **KK 870**, Basis Synthese-Kautschuk;
~ - **Keramik-Fliesen-Kleber D 100**, Basis Acrylat-Dispersion, feuchtraumbeständig;
~ - **Klebstoff-Entferner Löser 75**, Basis organ. Lösungsmittel und Tenside;
~ - **Kontakt-Kleber**, Polychloropren-Basis. **N 413**, für PVC- und Gummi-Beläge, Weichfaserdämmplatten u. ä.. **N 413 L**, für leitfähige PVC-Beläge. **NE 40 SL**, Sockelleisten-Kleber;
~ - **Kork-Kontaktkleber D 3540**, Basis Acrylat/Latex-Dispersion, für Naturkorkbeläge, lmf;
~ - **Korkkleber D 951**, Basis PVA-Dispersion;
~ - **Kork-Bodenbelags-Kleber KHK 486**, Basis helle Kunstharze;
~ - **Kunstharz-Fließzement Z 605**, Basis Zement-Quarz-Kunststoffmischung, selbstverlaufend, zur Spachtelung von Estrichen für Schwerbelastung, Herstellung von Nutzböden u. ä.;
~ - **Linokleber D 982**, Basis Acrylat-Dispersion, für Linoleumbeläge;
~ - **Mehrzweck-Kleber D 980 „classic"**, Basis Kunstharz-Dispersion, speziell für Linoleum (Linoleumkleber);
~ - **Neoprene-Spachtelmasse NE 414**, Basis Polychloropren, für dauerelastische Spachtelung kleinerer Unebenheiten;
~ - **Neoprene-Vorstrich NE 425**, Basis Polychloropren;
~ - **Parkettkleber**, nach DIN 281: **D 1630**, Basis PVA-Dispersion für Mosaikparkett auf saugenden Untergründen. **K 433**, hell oder dunkel, Basis helle oder dunkle Kunstharze, für Mosaik- und Stabparkett und Fertigparkett auf allen verlegereifen Unterböden: **K 440**, Basis helle Kunstharze, für Fertigparkett, Holzpflaster, Stirnholz, Mosaik und Stabparkett;
~ - **Polyurethan-Kleber**: **PU 270**, für Gummi- und PVC-Beläge, wasserfest, rollstuhlfest, für außen geeignet. **PU 460**, Kontaktkleber für PVC-Spezial- und -Schaumbeläge, verarbeitbar als 1-K oder 2-K-Kleber;
~ - **Polyurethan-Vorstrich PU 273**, Basis Isocyanat;
~ - **Rußdispersion RD 952**, Spezial-Ruß zur Herstellung leitfähiger Spachtelung;
~ - **Sanierungsmasse Z 630**, faserhaltige Zement/Quarz/Kunststoffmischung zum Spachteln von Holzdielenböden;
~ - **Schnellestrich-Zement Z 620**;
~ - **Schnellreparaturmasse Z 500**, Basis schnellbindende Zementmischung, zum Füllen von Löchern und Rissen u. ä.;
~ - **Teppich-Haftfixierung D 966**, Basis Kunstharzdispersion, wieder aufnehmbar, lmf;
~ - **Teppich-Kleber**, Basis Kunstharze: **K 418**, mit langer offener Zeit. **KHK 466**, geeignet für Fußbodenheizung und Rollstühle. **KHK 484**, wie KHK 466, jedoch für stärkste Beanspruchung. **KHK 484 L**, wie KHK 484, jedoch für leitfähige Verklebung von antistatischen und leitfähigen Teppichbelägen;
~ - **Teppichkleber D 968**, Basis Acrylat-Dispersion, für alle Textilbeläge;
~ - **Teppichkleber D 968 L**, Basis Acrylat-Dispersion, für leitfähige Textilbeläge;
~ **TS**, Trittschalldämmsystem zur Altbausanierung;
~ - **Universal-Fixierung D 962**, Basis Acrylat-Dispersion, für PVC-, CV- und Textilbeläge mit Schaum, leicht wiederaufnehmbar, lösemittelfrei;
~ - **Universal-Fliesen-Kleber D 490**, Basis Acrylat-Dispersion, feuchtraumbeständig;
~ - **Untertapeten-Kleber D 444**, Basis PVA-Dispersion;
~ - **Verdünner**. **NE 5**, Reinigungsmittel für Neoprene-Kleber. **K 50**, Reinigungsmittel für Kunstharz-Kleber;
~ - **Wandbelagskleber D 953**, Basis Synthese-Latex, für Wandteppiche, Keramikfliesen, Mosaik usw.;
~ - **Wiederaufnahmekleber**, für Teppichbeläge, geeignet für Fußbodenheizung und Rollstühle: **D 990 WAK**, Basis PVA-Dispersion, lmf;
~ - **Wiederaufnahmevorstrich D 494**, Grundierung von saugfähigen und porösen Untergründen, Basis PVA-Dispersion;
6780 Wakol

WAKOLPREN
~ **D 978 L**, Leitfähiger Vorstrich (Alternative zur leitfähigen Spachtelung und zur Verlegung eines Kupferbandnetzes);
~ - **Vorstrich D 978 „water"**, Basis CR Latex;
6780 Wakol

WAKOPRA®
~ - Holzlasur, schnelltrocknend;
~ - Streichfarbe, extrem schnell trocknend, für Putz, Beton, Holz und Stahl;
6084 Silin

Wakro
Betonfertigteile;
8623 Wakro

Wakü
Teleskop-Leitern;
7120 Wakü

WAL
Fettabscheider entsprechend DIN 4040 aus Stahl oder Edelstahl;
6330 Buderus Bau

Walch
~ **Gußkamine**, offen, mit Warmluftmantel;
~ **Schornsteinabdeckungen** aus Stahl und Kupfer;
~ **Schornsteine**, freistehend;
~ **Stahlschornsteine**;
6623 Walch

Waldglas
Historisches Glas, auch als UV-Sperrfilterglas;
3223 DESAG

Waldleben
Bodenhilfsstoff;
2000 SAVA

Waldoor
Schiebetürautomaten;
2105 Waldoor

Waldsassener
Klinkersteine und Klinkerplatten, Spaltplatten;
8595 Merkl

Waldsee
Feuerschutztür T 30-1, feuerhemmende einflügelige Holztür;
7947 Sperrholzwerk

Waler
Fassadenverkleidung, großformatig und hinterlüftet;
8204 Waler

WALEX
Waschbetonverzögerer für Positiv- und Negativverfahren;
4930 Rethmeier

WALISO
~ - Dämmplatten;
~ - Dämmsteine;
~ - Gartensteine;
~ - U-Steine wärmegedämmt;
7953 Walser

Wallmate
Kerndämmung aus Styrofoam bei zweischaligem Mauerwerk;
6000 Dow

Walmü
Badausstattung;
8050 Walmü

WALO
~ - Sonnenkollektor;
~ - Wärmepumpe;
8770 WALO

WALRAF®
~ - Rolladengurte;
4050 WALRAF

WAL-SELECTA
Bodenabläufe;
6209 Passavant

WALTER
Fertigparkett, Mosaik-Fertigparkett, werkversiegelt, 7 mm stark;
8760 Walter

Walther
Springbrunnen für Gärtner;
2104 Walther

WALTHER
~ Biber-Ziegel;
~ Flachdachpfanne W 4;
~ Marko®-Pfanne, Modell Ludowici®;
Tondachziegel;
8506 Walther

WANDFIX
Abstandhalter;
5040 Stahlhandel

WANDFLUX
→ HÜWA®;
8500 Hüwa

Wanit-Universal
~ Befestigungsmaterial;
~ Blumengefäße;
~ Dachfenster;
~ Dachplatten und Fassadenplatten;
~ Fensterbänke;
~ Fertiggauben;
~ Polyesterharz-Lichtplatten (glasfaserverstärkt);
~ Rohre und Formteile für Be- und Entlüftung;
~ Tafeln, eben gepreßt und ungepreßt;
~ Wellplatten und Formteile (nach DIN 274) Profile 5 und 8;
~ Wohnhausplatte 625;
4690 Wanit

Wanit-Universal
~ **Alu-Folien** als Dampf- und Windsperren: Rein-Alu-Folien, Alu-PE-Verbundfolien, Alu-Papier-Verbundfolien, Alu-PVC-Lack-Verbundfolien, Alu-Selbstklebefolien;
~ **Dämmbelag**, Latexschaum, einseitig mit Trevira-Spezialvlies kaschiert, Dicke 5 mm;
~ **Dämmkeil**, extrudierter Polystyrolschaum, Breite 30 cm, von 5 auf 30 mm ansteigend;
~ **Folienkleber NE und AL**, Kontaktklebstoffe;
~ **Fugendichtband**, vorkomprimiertes, einseitig selbstklebendes Weichschaumband;
~ **Heizkörper-Isolierplatten**, Polystyrolschaum, einseitig alu-kaschiert, Dicke 4 und 10 mm;

~ **Mehrzweckkleber DAL 5**, Dispersionsklebstoff;
~ **Rundbogen und Korbbogen** für Türen- und Durchgänge;
~ **Superwand**-Dämmplatten aus PU-Schaum, Dicke 10 und 20 mm. Typ **extra** beidseitig alukaschiert;
6057 Wanit-Universal

Wanpan
~ Solarenergie;
~ Strahlbandheizung;
~ Wärmewände;
5300 Top-Wärme

wanzl
~ Drehkreuze für Zutrittskontrollen, elektrisch und mechanisch;
~ Schwenktüren und Absperrungen, auch mit Lichtschranken;
8874 Wanzl

Waprotect
Fliesen-Trennwände;
5305 AGROB

Wardenburger
~ - Pflasterstein aus Beton, auch farbig durchgefärbt;
~ - Rasenstein als Betonspurwegplatten und Baumscheiben;
~ - **SINPRO**-Doppelverbundstein;
4100 Bau

Wardenburger Pflasterstein
Beton-Pflasterstein;
2906 Oldenburger

WAREMA®
~ Fallarm-Markisen;
~ Fassaden-Markisen;
~ Gelenkarm-Markisen;
~ Jalousien-Stores;
~ Jalousien;
~ Kassetten-Markisen;
~ Klappladen;
~ Korb-Markisen;
~ Markisoletten;
~ Raffstoren;
~ Rolladen;
~ Rollos;
~ Senkrecht-Markisen;
~ Total-Verdunkelungen;
~ Wintergarten-Beschattung, innen und außen;
8772 WAREMA®

WARKAUS
Sperrholzplatten (finnisches Erzeugnis);
2800 Lauprecht

warmatic®
Elektro-Fußbodenheizung als Speicherheizung oder Direktheizung;
4300 Schuh
→ 2000 Schuh
→ 5000 Schuh
→ 6104 Schuh
→ 6730 Schuh
→ 8047 Schuh

Waromat Neu
Warmdachentlüfter aus PP, schlagfest bis minus 40° C, UV-, ozonbeständig, heißbitumenfest;
4300 Schierling

WAS
~ - **Abfangung** für Klinkermauerwerk, typengeprüft;
~ - **Drahtanker**, Luftschichtanker aus V4A;
~ - **Fassadenanker**, dreidimensional justierbar;
~ - **Verbundanker**, für Mehrschichten und Betonplatten;
~ - **Verbundnadeln**, in allen möglichen Formen aus V2A und V4A;
4000 Schuckmann

waschelputz
→ sto® waschelputz;
7894 sto

WASCHFEST 2025
Dispersionsfarbe für Wand und Decke;
4904 Alligator

Wash-Perle
Rollputz, grob und fein, auf Dispersionsbasis;
5330 Dinova

Wasner
Blattgold;
8510 Wasner

Wasserdicht
Schutzanstrich gegen Feuchtigkeit und Salpeter;
6308 BUFA

Wasserköppe
Felsenformstein für Wasserrohrenden, Abflußöffnungen, Bacheinläufe, Quellgewässer sowie Wasserfälle;
5483 Jung

Waterboy
Kellerentwässerungspumpe;
6000 Guinard

WATERCRYL KW 53
Kunststoff-Acrylat-Fassadenfarbe, alkalifest, unverseifbar;
7000 Wörwag

1

WATERDUR KW 58
Außen-Dispersion, strapazierfähig, füllkräftig;
7000 Wörwag

WATERNOL K 88
Fassadenfarbe, schlagregenfest, diffusionstüchtig;
7000 Wörwag

Waterplug®
Reparaturmörtel, schnellbindender hydraulischer Zement;
5632 Thoro

WATERSTOP
~ **BIKU-Kellerdicht**, Bitumen-Latex-Kombination zur Abdichtung im Grundwasserbereich;
~ **Dichtschlämme** gegen drückendes und nichtdrückendes Wasser;
~ **Rapidmörtel 1** und **5**, zur raschen Abdichtung von Naßflächen;
~ **WATERSEAL-Verkieselung**, Verfestigungskonzentrat;
4950 Jünemann

Wavin
Kunststoff-Rohrsysteme für den Transport von flüssigen, gasförmigen und festen Stoffen;
~ - **Deponie-Entsorgungsrohre DE**, aus HDPE in geschlitzter und ungeschlitzter Ausführung;
~ - **Druckrohre PE**, aus HDPE für die Wasserversorgung mit Betriebsüberdrücken bis 10 bar;
~ - **Druckrohre RS**, aus PVC-hart für die Wasserversorgung mit Betriebsüberdrücken bis 16 bar;
~ - **Formteile**, für alle Rohrprogramme;
~ - **Gasrohre GS**, aus HDPE für die Ortsgasversorgung mit Betriebsüberdrücken bis 4 bar;
~ - **Gasrohre**, aus PVC-hart für die Ortsgasversorgung bis 1 bar;
~ - **Hausabflußrohre ED**, aus PP-schwerentflammbar für die Ableitung von Haus- und Industrieabwässern innerhalb von Gebäuden;
~ - **Industrierohre**, aus PVC-hart nach DIN 8061/62;
~ - **Kanalrohre KG**, aus PVC-hart für die Grundstücksentwässerung und als Sammelleitung;
~ - **Kunststoff-Profilsysteme PS**, für Fenster und Türen aus PVC-hart;
~ - **Mehrfachrohre MR**, aus HDPE für die raumsparende Verlegung und den Schutz moderner Breitbandkabel — und anderer Kabelsysteme — von Kabelkanalzügen;
~ - **Rohre**, elektrisch leitfähig aus PVC-hart;
~ - **Sonderrohre**, auf Anfrage;
4477 Wavin

WAVIN System
→ Brockmann-Kunststoff-Fenster;
4250 Brockmann

WAWI
~ - **Wandfarbe M**, Kunststoff-Latexfarbe für innen;
~ - **Wandfarbe-Super**, weiß, Kunststoff-Latexfarbe für innen;
~ **2000**, Acrylat-Wandfarbe;
3103 Pfeiffer

WAYSS & FREYTAG
~ Schraubanschluß WD, geschraubter Bewehrungsstoß für Betonstähle;
6000 Wayss

WC-fix
Toilettenpumpe mit Waschbeckenanschluß zur Renovierung;
4803 Jung

WC-VAmat
Vollautomatisches Hygiene-WC mit körperwarmer Unterdusche und Warmluft-Trocknung;
6450 Spahn

WE
~ - Klinker-Fensterbank;
4450 Wessmann

WEBA
Betonfertigteile;
~ Attiken;
~ Außentreppen;
~ Balkonbrüstungen;
~ Begrünungsstein-System Karlolith;
~ Betongitterrahmen;
~ Blumentröge;
~ Kellerfenster;
~ Licht- und Entlüftungsschächte;
~ Ornamentsteine;
~ Rasengittersteine;
~ Stockwerkstreppen;
~ Stützmauern;
7505 Weba

WEBAC
Injektionsprodukte für die Bodenverfestigung und Bauwerksabdichtung;
~ - Injektionsharze;
~ - Injektionsschäume;
~ - Verlaufböden;
~ Zement, flexibler;
~ - 2-k-Bitumen-Emulsionen;
2000 WEBAC

WEBA®
~ Betonfenster, zweischalig, wärmegedämmt;
~ Betonfenster, speziell für Kirchen;
~ Betonfensterrahmen aus bewehrtem Beton;
~ Betonornamentsteine;
~ Sonderprofile;
4950 WEBA

WEBAS
Straßenbaubindemittel, Bitumenemulsion, anionisch (Kaltasphalt);
6000 Vedag

Weber
Betonsteine;
4952 Weber

Weblit
Elektrische Fußbodenheizung;
4150 F + G

Weckel & Meyel
~ Fertigteiltreppen, wandfrei, aus Stahlbeton-Trittstufen;
6349 Meckel

WECK®
Glasbausteine, in normal hell und mit Goldton;
7867 Weck

WECO
~ – Feuerschutzpaneel-F;
3560 Wezel

WECO
~ – Trockensteinschraube;
6102 Liebig

Wecoflex
~ – **Compact**, Fußbodenheizung für Altbauten;
~ – **Integral**, Fußbodenheizung für Neubauten;
6000 Wecoflex

WECOPOR
~ – **SD**, Wärmedämmung zwischen den Sparren (Steildachdämmung);
3560 Wezel

We-cro-lok®
~ – Industriegeländer, vorgefertigtes Absperr- und Treppengeländer mit Steckverbindung;
6368 GE-RO

Wedi®
~ – Bodenabschlußschiene BS mit Bewegungsaufnahme für Fliesenbeläge;
~ – Wandanschlußprofil für Fliesenbeläge;
4407 Wedi

WEDRA®
~ – **Schweißgitter** für abgehängte Decken, Ladeneinrichtungen;
~ – **Stahlmattenzäune** für Freizeiteinrichtungen, Sportanlagen, Naturparks usw.;
4760 WEDRA

wefa
~ – Deckenplatten aus Polystyrolschaum;
5238 Faßfabrik

Wefalan super
Fassadenfarbe, matt, scheuerbeständig;
4300 Brüche

Wefalatex
Fassadenfarbe, seidenglänzend, scheuerbeständig, auch für innen;
4300 Brüche

Wefalin
~ – Schutzfarben, Kunstharzfarben für Eisen, Holz, Zement u. ä. verschiedene Farbtöne;
4300 Brüche

Wefalux
Hochwertige Kunstharzfarbe, besonders für Fahrzeuge, auch wasserverdünnbar;
4300 Brüche

Wefamur
Wandfarbe, waschfest;
4300 Brüche

Wefasit
Chlorkautschuk-Farben, in verschiedenen Farben;
4300 Brüche

WEGERLE®
Isolierglasfenster, Alu-Fertigfenster mit Holzunterkonstruktion, PVC-Fenster System → Aluplast, Hebe-Schiebetür-Elemente, isolierverglast;
7500 Wegerle

Wegleitsystem im 11er-Modul-Prinzip
Wegleitsystem, Schilder und Symbole in Alu geschliffen und silberfarbig oder eloxiert oder in schlagfestem Acryl;
7270 Häfele

Wego
~ – Rankhilfen aus Drahtgittern;
4796 Wego

WEGUTECT
Fallschutzplatte mit Luftpolster DBP (Betonplatten mit luftgepolsterten Gummiplatten) für den sicheren Unterbau von Spiel- und Turngeräten;
3500 WEGU
→ 3300 Wahrendorf
→ 3527 Fürstenwalder
→ 4200 Böcke
→ 4441 Rekers
→ 4972 Lusga
→ 6400 Nüding
→ 7514 Hötzel
→ 8080 Grimm

WEHAG
Türbeschläge und Fensterbeschläge aus Alu (oder Leichtmetall);
5628 Engstfeld

1

Wehag
Türdrücker;
7270 Häfele

wehralan®
Teppichböden, Teppiche, Möbelstoffe;
7867 Wehra

WEHRMANN
Ziegelstein aus Ton;
2803 Wehrmann

Weiberner Tuff
Feinkörnig strukturierter gelblich-weißgrauer Tuffstein, vornehmlich für den Innenausbau;
5473 Tubag

Weico
→ Weinheim-Weico;
6940 Gummiwerke

Weikert
~ Alu-Fenster;
~ Flachdachabschlußblenden;
3210 Weikert

Weimann
~ **Kassettendecken** aus Holz;
~ - **Türen**, Innentüren und Haustüren in vielen Holzarten und Formen, z. B. Stiltüren, Rundbogen-Doppeltüren, Sprossentüren, Segmentbogen-Stiltüren, Füllungstüren;
7100 Weimann

Weinheim-Weico
Dehnungsfugenprofile, Hilfsprofile für Holz- und Stahlfenster und Türen, Treppenprofile, Sockelleisten, Wandbelagsprofile und Deckenprofile, Rollgummiringe;
6940 Gummiwerke

Weinor
Markisen;
5000 Weiermann

Weiro
Eskoo-Verbund- und Betonpflastersteine;
8705 Weiro

Weiss
~ Abluftelemente;
~ Luftzufuhrelemente;
4050 Weiss

Weiss
Schindeln (Holzschindeln) aus Lärche, Red Cedar und Eiche in vielen Formen, sowie importierte Holzschindeln, gesägt und gespalten, auch mit Kesseldruckimprägnierung;
7969 Weiss

WEISSES HAUS
Kunststoffputze zum Schutz und zur Dekoration von Wand und Fassade. Lieferbar als Reibeputz und als Rollputz, grob und fein, entsprechend DIN 18 558, Grundfarbton: weiß;
~ - **VORSTREICHFARBE**, Kunstharzlatex-Farbe, lmf, Anstrich und Grundierung für Reibeputze;
2000 Lugato

Weiss-Eternit®-Acrylit
Fassadentafel aus Faserzement, durchgefärbt, mit einer pigmentierten Acryl-Dispersion veredelt, dampfgehärtet;
1000 Eternit

WEISS-Fulgurit
Weiß durchgefärbte, geschoßhohe Asbestzement-Tafeln;
3050 Fulgurit

WEISSTALWERK
~ Container;
~ Fahrradständer;
~ Fertiggaragen;
~ Kioske;
~ Parkgaragen;
~ Tankstellen-Überdachungen;
~ Wartehallen;
5901 Weißtal

Weitmann
Betonfertigteile;
8901 Weitmann

Weitz
Eskoo-Verbund- und Pflastersteine;
8751 Weitz

Weitzel
~ Alu-Richtlatten und Alu-Abziehlatten;
~ Dränmatten;
~ **Fensterbankhalterungen** für alle Befestigungsarten;
~ Fliesenklebeschienen;
~ Profile für die Fliesenverlegung;
~ **Revisionsrahmen** und **Revisionstürchen** in verschiedenen Ausführungen für alle gängigen Plattengrößen;
~ **Trennschienen** und **Winkelschienen** aus Messing und Alu;
6800 Weitzel

Weißer Eifel-Quarz
~ - **Edelsplitt**, Grundstoff technisch reines SiO_2, für Weißbeton, Ornamentbeton, Edelputze u. ä.;
5561 Bandemer

Weland®
~ - **Bogentreppen** für Tankanlagen und Silos;
~ - **Gitterroste**, SP-Roste mit besonders hoher Stahl- und Verzinkungsqualität, auch Spezialausführungen für die ölverarbeitende Industrie;

~ - **Stahltreppen** (gerade Treppen);
~ - **Wendeltreppen** und Spindeltreppen aus Stahl mit Treppenstufen aus Gitterrost, Riffelblech oder Stahlblech für Belag als Industrietreppen, Fluchttreppen, Verbindungstreppen, Wohnhaustreppen;
2400 Weland

WELIT
~ - Wandtrockner, zur Isolierung von feuchten Räumen und Salpeterausblühung;
6600 Weller

WellAlgoStat®
Großformteil für Welldach- und Wellwanddämmung;
3100 AlgoStat

Wellenziegel E 88
Dachziegel aus Ton, Hohlfalzpfanne ab 16° Dachneigung;
6719 Müller

Well-Eternit®
Wellplatten-Programm, Profil 5 und 6, für großflächige Dacheindeckung und Wandbekleidung in hellgrau (naturfarben), dunkelgrau, rostbraun (2-Schichtcolor L 85);
1000 Eternit

WELL-Perkalor
Schallschluckmatte, Isolierpappe, zu verlegen unter Estrichen, in Holzkonstruktionen usw., in Decke, Dach und Wand;
7080 Palm

Wellpur
~ **Kantenschutz**, Winkelleiste mit je 75 mm Schenkellänge;
~ **Wandschutzleiste** als Stoß- und Prelleiste aus PUR-Integralschaum;
4150 Wellwood

Wellsteg®
~ - Holzleimbauträger für Dächer und Hallen;
4972 Wellsteg

Welnet
Geschweißte Drahtnetze als Dämmputzträger für den Alt- und Neubau;
4770 Rösler

Welser
~ - Wandelemente mit Profil;
4750 Welser

Welter
Türfeststeller, magnetisch;
5042 Welter

WEMALUX®
Lichtkuppel, zweischalig, aus Acrylglas;
7300 Eberspächer

WEMASMOG®
~ - Jalousie, Lüftungsjalousie mit pneumatischer und thermoautomatischer Steuerung;
7300 Eberspächer

Wemdinger Kalksandsteine
Kalksandsteine, mit Winkeln und Radien nach Anforderung, Sonderformate auch in kleinen Stückzahlen;
8853 Kalksandstein

Wenderlein
Thermopor-Ziegel;
8809 Wenderlein

Wendker
~ **long line panels**, Alu-Paneele für die Fassadenbekleidung;
4352 Wendker

WENDOFLEX
Verschattungsanlage für besonders große Studiofenster;
8871 Reflexa

Wenner
Titanzink-Bauelemente;
4901 Wenner

WENÜ
Türbeschläge;
~ - Dreilappenbänder, steigend;
~ - Türbänder;
8500 Weber

WEPELEN
Dichtungsfolien für die temporäre Zwischenabdeckung von Sondermülldeponien (Deponieabdeckung);
~ - Schwimmbadabdeckung;
6433 Werra

WEPRA
Vollholz-Preßtüren aus kunstharzgehärtetem Holzspankern zum Anstreichen und in allen Edelhölzern;
~ Haustüren, feuerhemmende Türen nach DIN 4102;
~ Röntgenraumtüren;
~ Stahltürzargen, 3fach verstellbar;
7000 Wepra

WERES
Vordächer, Trennwände, Alu-Geländer;
5884 WERES

WERIT
~ - **CALO-bloc**, Wärmespeicher;
~ Heizöltanks aus Kunststoff, 6 Größen von 800 bis 5000 l, zu Tankbatterien bis 25 000 l kombinierbar;
5230 WERIT

Werler Teppichboden
→ Wetep;
4760 Münstermann

1

WERNER
Alu-Fenster, Alu-Türen und Alu-Fassaden;
6100 Werner

Werner
~ Alu-Klappläden DBGM;
~ Holz-Klappläden;
~ Jalousieteile für Innenausbau;
7107 Werner

WERTH-HOLZ®
Kesseldruckimprägnierte Holzprodukte;
~ Blumenkasten;
~ Carports;
~ Flechtzäune;
~ Gartenmöbel;
~ Gerätehaus;
~ Jägerzäune
~ Kinderspielplatzgeräte;
~ Palisaden;
~ Pergolen;
~ Rankgitter;
~ Sommerhäuser in Elementbauweise (Gartenhäuser);
~ Stützwände;
5950 Werth-Holz

WERTINGER
~ **DACHZIEGEL**, Tondachziegel;
8857 Berchtold

Wertstein®
~ - Kachelöfen;
~ - Ofenkacheln;
8300 Everest

Weru
~ - **Haustüren** und Haustüranlagen;
~ - **Kunststoff-Fenster**, Fensterelemente mit Rolladen;
~ - **phon**, Schallschutz-Fenster, Alu/Kunststoff-Fenster;
7062 Weru

Werzalit®
Holzkunststoff-Verbundwerkstoff mit wetterfesten Eigenschaften vorwiegend für Fassadenverkleidungen, Wandtäfelungen, Garagentore, Balkonverkleidungen, Fensterbrüstungen usw.;
~ Nut- und Federprofile zur Fassadenverkleidung;
7141 Werzalit

Weseler Leuchten
Leuchten, historisch, aus Alu und Alu-Guß;
4230 Leuchten

Weser
~ Profilleisten;
~ Sockelleisten, flächenbündig;
3014 Weser Bau

WESER
~ - **Fenster**-Elemente in Mahagoni, Fichte und Kunststoff;
~ - **Haustüren**, aus Mahagoni;
~ - **Innentüren**;
~ - **Plast**, Kunststoff-Fenster aus dem VEKA-Profil-Programm;
~ - **Rolladen**-Elemente, einbaufertig;
~ - **Wintergärten**;
3453 Lange

Weser
Keramikplatte als Dach- und Wandverkleidung;
4971 Meyer-Holsen

Wesersandstein
Naturstein in rot und grau für Garten- und Landschaftsgestaltung, Hoch-, Tief-, Straßen- und Wasserbau, Platten und Bossensteine, Mauersteine, Wildpflaster und Pflastersteine nach DIN 52 100;
3522 Bunk

Wesertal
~ - **Türen**, Innentüren, Haustüren in vielen Holzarten;
3253 Wesertal

Weser-Union
Wasseraufbereitungsanlagen;
4980 Weser-Union

WESERWABEN
~ - **Beton-Formsteine**, ornamentale, für Trennwände, Zäune, Terrassen- und Gartenabgrenzungen, Wind- und Sichtschutzwände;
~ **Brandschutzverglasungen**, aus feingliedrig bewehrten Betonprofilen B 45 mit Spezialgläsern für Fensterwände der Feuerwiderstandsklassen G 30, G 60, G 90 und F 30, F 60 und F 90. Für Fassaden und innen;
~ - **Fertig-Fenster** aus Spezialbeton für Großfenster, Fensterbänder, auch für Sanierung von Bauwerken;
~ - **Mauer-Zaun-System** aus leichten Beton-Hohlkörpern für den Do-it-yourself-Bau von Grundstücksumzäunungen und Straßenabgrenzungen;
~ - **Mauerabdeckungen** aus Beton zur sicheren Abdeckung von Mauern, Pfeilern und Ecken, in mehreren Breiten;
~ - **Montagefenster** aus Faserbeton für großflächige Fensterfassaden, Lichtbänder, Innenfensterwände;
~ - **Tiefbauerzeugnisse** aus Schwerbeton für Wasser- und Gasleitungen;
3260 Weserwaben

WESKO
Verglasungssystem aus Alu-Profilen und APTK-Dichtungen, die auf verleimte Holzkonstruktionen aufgeschraubt sind, für Dach- und Wintergartenverglasung;
7012 WESKO

WESO
Kachelöfen mit massivem Gußeisenkern;
3554 WESO

WESSEL
Keramische Wandfliesen (Keramikfliesen);
5305 AGROB

Westaboard
Großflächen-Schalungsplatten aus 3fachem Stabsperrholz mit einer Phenolharz-Filmbeschichtung;
4840 Westag

Westaflex
Flexible Rohre und Schalldämpfer für alle lufttechnischen Zwecke;
~ Wetterschutzgitter aus stranggepreßten Alu-Profilen, als Wetterschutz-Schalldämpfer auch in Großelementen für Gebäudefronten, Luftauslässe, lufttechnische Bauteile;
4830 Westa

Westaform inoxyd
Schornsteineinsatzrohr, biegsam, aus Chromnickelstahl, verhindert die Versottung von Schornsteinen;
4830 Westa

WESTAG
Türen und Zargenprogramm;
~ **Einbruchhemmende Türelemente**;
~ **Feuchtraum-Türen**;
~ **Feuerschutz-Türelement „WST 3"**, nichtmetallisch, T 30 nach DIN 4102;
~ - **Forming-Fensterbank** mit abgerundeter Kante;
~ **Getalit-Türen** und Zargen, in über 70 Uni-Farben und Holzreproduktionen;
~ **Landhaus-Türen**;
~ **Portal-S-Haustüren**, als fertiges Element oder als Basistüren für individuellen Ausbau durch den Schreiner;
~ **Portalit-Türen und -Zargen**, komplett einbaufertiges Türelement in DIN-Normmaßen;
~ **Royal-Türen und -Zargen**, Edelholz-Türelemente aus Messerfurnieren;
~ **Schallstop-Türen**, mit Getalit-Kunststoffauflage, mit Echtholz-Messerfurnier oder in streichfähiger Ausführung;
~ **Schußhemmende Türen**, durch Verwendung von DELEGNIT-Panzerholz®;
~ **Strahlenstop-Türen**;
4840 Westag

Wester
~ - **Schlitzauslaß**, Deckenauslaß aus metallischen Werkstoffen;
4830 Westa

WESTER-ABGAS
Schornsteinbauelement aus Edelstahl mit Wärmedämmschicht;
1000 Kutter

Westerwälder Blockhäuser
→ Kretz;
6340 Kretz

Westerwälder Blockhäuser
Blockhäuser als Gartenhäuser, Ferienhäuser u. ä.;
6343 Kretz

Westfalentür
Harmonika-Schiebewand aus Holz, mit und ohne Bodenführung;
4400 Nüsing

Westfalia-Serie
Dünnbett-Spaltplatten nach DIN 18 166, Keramik-Bodenbelag;
4980 Staloton

WESTFALICA
Glasierte Steinzeugfliesen, 20 × 20 cm;
4005 Ostara

Westoplan
Großflächen-Schalungsplatten aus 11fachem Furniersperrholz für höchste Anforderungen an Betonoberflächen gemäß DIN 18 202/5, Zeile 7;
4840 Westag

West-System
Epoxi-Kleber AW 100, wasserfester Spezialleim;
2410 Sommerfeld

wetep
Werler Teppichboden (Bahnenware) und Teppichfliesen;
4760 Münstermann

WETROK
~ Gardamat-Schmutzschleuse;
~ - Ringgummimatte;
4000 Wetrok

WETTERFEST 2055
Fassadenfarbe;
4904 Alligator

WETTERHAUT
Thermoplastische Schweißbahn aus Spezialbitumen und verschiedenen Einlagen für Dachabdichtung, Tunnelabdichtung, Grundwasserabdichtung;
7500 Zaiss

WETTERPLAN
→ POLY-WETTERPLAN;
7500 Zaiss

1

WEVO
~ - **PLASTIC LM-Flüssigkunststoff**, zur Beschichtung von Betonflächen, zur Verklebung von Beton oder Gummi- und Kunststoff-Materialien auf Beton sowie zur Herstellung von Kunststoff-Mörteln;
~ - **PVC-Kleber**, für Rohre und Platten aus PVC-Hart;
~ - **Spezialkleber R 50**, Kontaktkleber für Gummi, Filz, Kork, Preßplatten usw.;
~ - **Spezialverdünner S**, zur Vorbehandlung von PVC-Teilen für die Verklebung;
~ - **UNIPLAST**, Dichtpaste für Gas und Wasser DIN-DVGW-REG-Nr. 81.01e 130;
7302 WEVO

WEWAWIT
~ - **Binder**, farblos, zur Herstellung wetter-, wasch- oder wischfester Farben;
3103 Pfeiffer

WEXA
→ LITHOFIN® WEXA;
7317 Stingel

Wibit
Kaltasphalt;
6200 Chemische

Wibo
~ - **thermatik**, elektrischer Flächenheizkörper in sehr flacher Bauweise;
2000 Wibo

WIBO
Betonwerksteine, Schotter, Edelsplitt;
7593 Bohnert

WIBROPOR
~ - Gipskarton-Verbundplatten;
~ Isolier-Hartschaumplatten EPS-dämmstark;
5470 Brohlburg

Wicanders
~ Dämmunterlagen;
~ **Wood-o-Cork**, Verbund-Bodenbelag aus vier Schichten: a) Trägerfolie für b) Korklaminat, c) Kirschbaum-, Mahagoni- oder Birkefurnier und d) PVC-Film als Versiegelung;
4000 Wicanders

WICKSTEED
Parkbänke;
7128 Jung

Wico
Heizkörperverkleidung aus Kupfer und Messing;
2000 Wibo

WICO
Badarmaturen;
6074 WICO

WICONA®
Alu-Bauelemente für Türen, Fenster, Schaufenster, Wintergärten, Fassaden, Wandverkleidungen und Deckenverkleidungen;
7900 Wieland

WICO®PLAN
Maschinen-Norm-Estrich;
8046 FBM

WICU-Rohr®
Wärmeisoliertes Kupferrohr;
~ - **extra**, mit sehr hoher Wärmedämmung, entspricht EnEG, als Steigleitung, Verteilleitung und Zirkulationsleitung;
~ **special**, PVC-Stegmantelrohr für Kaltwasser-, Gas- und Ölleitungen;
4500 Kabelmetal
→ 7900 Wieland

WIDDALIN-R
Rostumwandler;
7057 Wider

Widemann
Drehkreuzanlagen, in Edelstahl feingeschliffen oder gebeizt sowie Stahl grundiert oder feuerverzinkt;
7218 Widemann

WIDMER
~ Lamellen-Jalousien für Schnur-, Handkurbel- und elektrische Bedienung;
~ Markisen mit Dralon- und PVC-Bezügen;
~ Rollo;
~ Sonnensegel, z. B. für Kinderspielplätze, PKW-Abstellplatz;
~ Vertikal-Jalousien;
6148 Widmer

Widoplan
~ **A 2**, Flachpreßplatte, unbeschichtet, mit Vermiculite-Deckschichten, nichtbrennbar nach DIN 4102;
~ **B 1**, Flachpreßplatte, unbeschichtet, dreischichtig, schwerentflammbar nach DIN 4102 Tl 1, verschiedene Oberflächengestaltungen;
6335 Wilhelmi

Widotex
~ **A 2**, Spanplatte, nichtbrennbar mit Oberflächen aus Dünnfilmen, Lackierungen oder imprägniert mit Echtholzfurnier incl. Lackierung;
~ **B 1**, Spanplatte, schwer entflammbar mit Oberfläche aus Melaminharzen, Schichtstoffplatten oder imprägniertem Echtholzfurnier incl. Lackierung für Trennwände, Verkleidungen;
6335 Wilhelmi

Widra®
Drahtrichtwinkel für Kanten an Wänden, zur Putzkantenausbildung und zur Kantenarmierung (außen und innen);
6380 Bekaert

WIDRO-MB
Betonemulsion;
7057 Wider

WIE GUMMI®
Dichtstoff, 100% Silicon, dauerelastisch, für Anschluß- und Dehnungsfugen auch im Dauernaßbereich, haftet auf den meisten Untergründen ohne Primer, farbige Typen pilzhemmend, transparent und 22 Farbtöne;
~ **VORANSTRICH**, für saugfähige Untergründe bei starker Naßbelastung, zur Verfestigung der Oberfläche;
2000 Lugato

Wiebel-wohnholz®
Decken- und Wandverkleidung: überlappte Naturholzdecke, Kassettendecke, Naturholz-Balken und Wandvertäfelung;
8207 Wiebel

Wiedemann
Vorsatzfenster aus Aluminium;
6050 Wiedemann

Wiederhold
~ - AntikorrosivPrimer;
~ - Konfettilack;
~ - Wiedopren;
~ - Z-Siegel, Flüssigkunststoff;
4010 Wiederhold

Wiegand
Weser-Sandstein als Werkstein und Bruchstein, als Natursteinplatte;
3450 Wiegand

WIEGAND®
~ - Duschraum- und Badezimmer-Entfeuchter;
~ - Hot-Whirl-Pool-Entfeuchter;
~ - Schwimmhallen-Luftentfeuchter mit Wärmerückgewinnung;
8012 Wiegand

Wiegla
~ **Dämmstoffe** aus Glaswolle;
~ **Steildachdämmung**;
6200 Glaswolle

Wiegmann
~ - Aufsatzkränze;
~ - Lüfter;
4558 Wiegmann

Wieku
→ Rüdinger-Wieku;
6927 Rüdinger

WIENECKE
~ Betonwerkstein;
~ Naturwerkstein;
~ Stahlbetonfertigteile;
3002 Wienecke

WIEREGEN
~ **ACU**, 2-K-Korrosionsschutzstoff für mineralische Oberflächen;
Beschichtung, chemikalienbeständig;
7523 Geholit

Wiesenthalhütte
~ Butzenscheiben;
~ Glastischplatten, gegossen;
~ Gußgläser, farbig;
~ Türgriffe aus Glas, gegossen, handgeformt oder mundgeblasen;
7070 Breit

Wieslocher Dachziegel
Tondachziegel und Formsteine;
6908 TIW

WI-GA
Schutzraumanlagen;
8000 WI-GA

Wigranit
~ **Buntlack S 5080-P**, schnell trocknender Buntlack mit Härterzugabe, (PUR-Aufbau) und ohne Härterzugabe;
4010 Wiederhold

Wika
~ Fugenbahn, trennende Schallisolierung für Gebäudetrennfugen;
~ Rippenpappen, Randstreifen;
8070 Wika

Wikulac FH 20
Isolierung gegen Mauerfeuchtigkeit;
6737 Böhler

WIKUNIT®
~ - Wellplatten für Dach und Wand, elastisch, B2 nach DIN 4102;
4270 Wissing

WILA®
~ Eingießtöpfe für Einbauleuchten in Sichtbetondecken;
~ Leuchten;
5860 Wila

Wilckens
Grundierungen, Weißlacke, Buntlacke, Klarlacke, Dispersionen;
2208 Wilckens

Wilcolor
~ - Glanzfarben für Fassadenanstriche;
2208 Wilckens

WILDEBOER®
Bauteile für Lüftung und Klima, Brandschutz, Schallschutz;
~ Brandschutzklappen;
~ Jalousieklappen;
~ Luftauslässe;
~ Rauchmelder;
~ Revisionstüren;
~ Wetterschutzgitter;
2952 Wildeboer

Wilfer
Bezeichnungsschilder für Rohrleitungen mit Halterungen zur Montage am Rohr oder an der Wand;
7972 Wilfer

Wilhelmi-Akustik
~ - Color-Paneele, schallabsorbierend, aus einer leichten Spanplatte mit einer porösen und strukturierten Nadelholzdeckschicht;
~ - Elementdecken aus → Mikropor und → Variantex-Akustikplatten;
6335 Wilhelmi

WILKA®
Türschlösser und Türzylinder, Schließanlagen;
5620 Karrenberg

Wilkodur
~ - Kunstharzkitt PE, Verfugemasse und Verlegematerial bei höchster chemischer Beanspruchung bis 130 °C;
~ - Verfugemasse L, wie Kunstharzkitt PE, aber für geringere Beanspruchung;
3000 Wilke

Wilkolan
~ - Fassadenfarbe nach VOB, Kunstharz-Dispersionsfarbe für glatte Anstriche, reinweiß;
~ - Volltonfarben und Abtönfarben, pastös, zum Abtönen von Binder, Dispersions-, Latex- und Leimfarben;
2208 Wilckens

Wilkomatt
Kunstharz-Dispersionsfarbe (Innenanstriche);
2208 Wilckens

WILKOPLAST®
~ - **Dachfolie**;
~ - **Dichtungsfolie D**, für Abdichtungen im Hoch- und Tiefbau bei drückendem und nichtdrückendem Wasser;
~ - **Dichtungsfolie S**, säure- und alkalibeständig, öl- und benzinfest;
3000 Wilkoplast

Wilkorid
~ - **Fugenvergußmasse** auf Bitumenbasis, zum Vergießen von Trennfugen, Dehnungsfugen usw.;
~ - **Säurekitte**, auf Wasserglasbasis, zur Verlegung von Platten und Steinen, beständig gegen Säuren höchster Konzentration bis 800 °C;
~ - **Säuremörtel**, auf Spezialzementbasis, zur Verlegung von Platten und Steinen, beständig gegen schwache Säuren, Laugen, Salze bis 150 °C;
~ - **Spachtelmassen** auf Bitumenbasis, zur Herstellung der ~ Schutzschicht;
~ - **Verlegemassen** auf Bitumenbasis, zur Verlegung von Platten und Steinen;
~ - **Vorstreichlack** auf Bitumenbasis, zur Vorbehandlung von Beton-, Mauerwerk-, Eisen- oder Holzuntergrund;
3000 Wilke

Wilkotex
~ Rostschutzgrundierungen;
2208 Wilckens

WILKULUX
~ **Hohlkammerplatten** für Hallenbau, Shedsanierung usw.;
~ **ISO-Lichtplatten**, doppelschalig für wärmegedämmte Profilbleche;
~ **Lichtplatten** in Well- und Trapezformen;
5830 Wilkes

WILLBRANDT
~ - Kompensatoren: Typ 49 A rot, Heizungs-Kompensator mit TÜV-Eignungsbescheinigung. Typ 49 blau, Sanitär-Kompensator für Trinkwasser zugelassen nach RAL A 53;
2000 Willbrandt

WILLCO
Fertighäuser, auch in Fachwerk;
2813 Willco

Willikens
Sand und Kies;
3380 Willikens

WILMS
Gipskartonplatten und Gipskartonverbundplatten (mit Styropor® kaschiert);
5446 Wilms

Wilmsen thermoschaum
(Aminoplast-Montageschaum), ein auf wässriger Basis aufgebauter spritzbarer Harnstoff-Formaldehydharzschaum zur Wärme- und Schalldämmung am Dach, in der Wand, in der Haustechnik, besonders für die nachträgliche Dämmung im Althausbereich;
4300 Wilmsen

WILO
Hauswasserversorgungsanlagen, Druckerhöhungs-Anlagen, Umwälzpumpen, Filteranlagen, Gegenstrom-Schwimmanlagen;
4600 Wilo

WILOA
~ - Dachabschlußprofile;
~ - Fassadenelemente, Außenwandverkleidung aus Alu;
~ - Fensterbänke;
~ - Kaminabdeckungen aus seewasserbeständigem Alu;
~ - Kiesleisten;
~ - Mauerabdeckungen aus seewasserbeständigem Alu, sendzimir-verzinktem Stahlblech, Edelstahl, Kupferblech;
~ - Sonderkantteile;
~ - Terrassenabschlußprofile;
~ - Wandanschlußprofile;
3220 Wiloa

Wimböck
~ - Küchen-Lüftungsdecken aus Chromnickelstahl oder eloxiertem Aluminium, Küchendunsthauben;
8216 Wimböck

wina
Kunststoff-Fenster;
8901 Acho

WindorBund
Verbund-Fenster, innen aus Holz, außen Alu;
6295 Windor

WindorNatur
Holzfenster und Holztüren, Elemente, Bauteile, Zubehör;
6295 Windor

WindorPlast
Kunststoff-Fenster und Kunststoff-Türen, Elemente, Bauteile, Zubehör;
6295 Windor

WindorPort
Haustüren aus exotischem Holz und Alu;
6295 Windor

Winkhaus
Schließanlagen, Drehkipp-Beschläge, Alarmanlagen;
4404 Winkhaus

WINKLER
~ JÜWÖ-Ziegel-Fertigdecke;
7832 Winkler

Winnender
Flachdachpfannen Z 4n, Mönchpfannen Z 20;
7057 Pfleiderer

Winter
~ Elektro-Kachelöfen;
~ Heizkörperverkleidungen aus Ofenkacheln;
~ Kachelgrundöfen;
4200 Winter

Winterhelt
Sandstein, Muschelkalk, Marmor, Tuffstein, Naturwerkstein für Fassaden, Bodenbeläge, Treppen;
5441 Winterhelt
→ 8760 Winterhelt

Wintershall-Bitumen
→ MIXBIT;
4000 Wintershall

WIOL-B
Baugeräte-Schutzmittel zum Sprühen;
7057 Wider

WIOLIT
~ A 50, Salpeterbekämpfungsmittel;
~ Zementschleierentferner, flüssig;
7057 Wider

Wippro
~ Bodentreppen;
4191 Wippro

Wiral®
~ - Silenta, Rolladen aus Alu und Kunststoff, durch „Sweet"-Einlage besonders leise;
7300 Wiral

WIREX
~ - **Stahlfaserbeton**, bei dem WIREX-Stahlfasern direkt beim Mischvorgang zugegeben werden. Für Stahlfaser-Spritzbeton, Feuerfestbeton (mit Edelstahlfasern), Konstruktionsbeton, Betonrohre, Vergußmörtel;
5000 Trefil

WIRSBO PEX-Rohre
Auswechselbares Rohrleitungssystem für Kalt- und Warmwasserversorgung;
Rohre aus LUPOLEN 52 612 der BASF;
6056 Wirsbo

WIRSBO-Flächenheizung
Warmwasser-Flächenheizung im Innen- und Außenbereich. Heizmittelführende → WIRSBO-PEX-Rohre eingebettet in Beton, Estrich oder in Sandschüttungen;
6056 Wirsbo
→ 4330 TA

WIRUS
~ Türen und Türzargen, Spezialtüren z. B. Schallschutztüren 30, 34, 41, 45 db, Feuerschutztüren T 30, Strahlenschutztüren. Sicherheitstüren, durchschußhemmende Türen, Rauchschutztüren, Naßraumtüren;
4830 Wirus

1

WIRUS
~ Kunststoff-Fenster;
~ Kunststoff-Haustüren;
4835 Wirus

WISA
Spülkasten, stufenlos einstellbar von 6 bis 9 Liter;
4230 Wisa

WISAFORM
~ - **MAXI**, Schalungsplatten aus Furniersperrholz;
2000 Schauman

Wisapanel
Verkleidungsplatten (Profilplatten für außen und innen);
2000 Schauman

WISCHFEST 2015
Extraweiße Innenfarbe;
4904 Alligator

WITEC®
~ - Abdichtungsbahnen, für den Hoch- und Tiefbau bei nichtdrückendem und drückendem Wasser;
~ - Dachbahnen aus LUCOBIT®, UV-beständig, keine Kiesschüttung erforderlich;
~ - Noppenbahnen aus ECB für Tief- und Ingenieurbauwerke;
3000 Wilkoplast

WITO
Flachdachentlüftung (Düsenentlüftung) aus Kunststoff;
3441 Topp

Witte
~ Elektro-Heizwasseranlagen;
~ Elektro-Speicherheizgeräte;
~ Warmwasser-Wärmepumpen;
4650 Küppersbusch

Wittenberg
~ - **Ziegel**, Tondachziegel wie Hohlpfanne, Schwingenpfanne, Muldenpfanne, Schwedenpfanne sowie die „Kleine Rheinische Hohlpfanne", schwarz glasiert;
3074 Wittenberg

WITTENER
~ **HAFTSCHLÄMME B2** zum Herstellen von Haftbrücken für Verbundestriche;
~ **MONTAGEMÖRTEL S 3**, zum schnellen Verankern und Fertigen von Geräten, Leitungen, Maschinen usw.;
~ **SCHNELLMÖRTEL M 4**, zum Verankern, Dübeln, Befestigen, Reparieren usw.;
~ **SCHNELLZEMENT Z 35 SF**, zum Herstellen von Mörtel und Beton mit früher Anfangsfestigkeit;
5810 Ardex

Wittmunder Klinker
Torfbrandklinker, handverlesene Klinker und Tunnelofenklinker;
2944 Klinkerwerke

W.K.
~ - **Tragebank**, wärmegedämmtes Hartschaum-Fensterbankelement;
6300 Klass

WKB
Eskoo-Verbund- und Betonpflastersteine;
8070 WKB

WKR-SYNTAL
Produkte aus Recycling-Kunststoffen;
~ - Gitterblöcke;
~ - Palisaden;
~ - Pflanzkübel;
~ - Rasenkanten;
6520 WKR

WKS
~ - Hartschaum, Polystyrol-Hartschaumplatten;
7266 WKS

WKW
~ Betonsteine;
~ Bimsbaustoffe;
~ Elementdecken;
~ Fertigteilkeller;
~ Hausbau-Sätze;
~ Hohlplattendecken;
~ Montagewände;
~ Transportbeton;
~ Verbundpflaster;
6833 wkw

wlr
Rohrhänger, Rohrschellen, auch aus V4A-Stahl;
6542 Industriewerk

WM
Holztreppen in Eiche, Buche, Mahagoni;
6250 WM

Wodtke
~ Kachelofeneinsätze;
~ Kachelsteine;
~ Kamineinsätze;
~ Kaminöfen;
7400 Wodtke

WOERESIN
Dachbeschichtung aus duroplastischem Polyester mit Synthetikvliesarmierung. Das 2-K-Material wird zur Dachsanierung naht- und fugenlos aufgespritzt;
6100 Woermann

WOERGUNIT
Erstarrungsbeschleuniger für Spritzbeton;
6100 Woermann

Woermann
~ Betonverflüssiger und Fließmittel;
~ Dichtungsmittel;

~ Entschalungshilfen
~ Erstarrungsbeschleuniger;
~ Erstarrungsverzögerer;
~ Estrichzusätze;
~ Luftporenbildner;
~ Mörtelzusätze;
6100 Woermann

WOESTE
~ Clips, Rohrschellen aus Kunststoff mit eingelegter Messinghülse;
~ Fittings aus Temperguß und Stahl;
~ Hauseinführungen für Gasversorgungsleitungen;
~ Lötfittings aus Kupfer und Rotguß;
~ Stahl-Aufschweißfittings für Gasversorgungsleitungen;
4000 Woeste

Wöhr
~ Auto-Parkplatten, Verschiebeplatten, Drehplatten;
~ Parklift;
~ Parkplatten-System;
7259 Wöhr

WÖRACRYL
~ Acrylbuntlack KW 30, Dispersionslack, hochglänzend, aus Reinacrylat;
7000 Wörwag

wörl-alarm
Sicherheitssysteme;
8027 wörl

WÖRO
~ **perfekt KW 11**, Einschicht-Dispersion, weiß, waschbeständig, für innen;
~ **3000 KW 31**, Einschicht-Dispersion, scheuerbeständig, für innen;
7000 Wörwag

WÖROCOLOR
~ Mehrfarbenlack KW 33, Wandanstriche, spritzfertig, strapazierfähig;
7000 Wörwag

WÖROFILL KW 93
Fassadenfarbe, füllkräftig;
7000 Wörwag

WÖROPAL
~ **Buntlack KW 60**, brillanter, hochglänzender Kunstharzlack;
~ **Fensterlack KW 40**, hochelastischer Weißlack;
~ **Heizkörper-Emaillelack KW 44**, Heizkörper-Weißlack, licht- und temperaturbeständig;
~ **Heizkörper-Flutlack KW 44-20**, licht- und temperaturbeständig;
~ **- Innenemaillelack KW 12**, Kunstharz-Innenlack, füllkräftig;
7000 Wörwag

WÖRWAG
~ **Fenster-V-Grund KW 35**, Ventilationsgrund;
~ **Flüssigkunststoff**, hochabriebfest, dauerelastisch, für innen;
~ **Glasfasergewebe**, dekorative Wandbekleidung in verschiedenen Strukturen;
~ **Innenvorlack KW 77**, schnelltrocknend;
~ **KW 38 Putzhärter LF**, Tiefgrund, lmf, alkalibeständig;
~ **Silikatfarbe KW 71**, verarbeitungsfertige Mineralfarbe;
~ **Silikonimprägnierung K 43**, lmh, wasserabweisend;
7000 Wörwag

Wörz
Korkparkett und Korkfliesen als Wandbelag im verschiedenen Designs;
8000 Wörz

wohnglas-brillant-türen
Ganzglas-Fertigtüren mit handgeätzten Mustern;
4690 Grönegräs

Wohnholz®
→ Wiebel-Wohnholz®;
8207 Wiebel

Wohntex®
~ **Cassetten-Roller**, Kastenrollo mit Seitenführung;
~ **Elektro-Vorhangzug**-System 5060 mit Rast-Tast-Schalter oder Infrarot-Fernbedienung für Vorhänge;
~ **Roller**, Rollo mit Zugentlastung und Auflaufbremse;
~ **Vorhangstoffe**, speziell Thermostar metallisiertes Trevira-C5-Gewebe;
~ **Wintergarten-Innenbeschaltung** System 5066, elektrisch oder Handzuggetriebe;
2857 Wohntex

Wolf
Baukeramik;
5020 Wolf

WOLF
Heizgeräte-Programm: Öl/Gas-Spezialheizkessel, Heizkessel aus Gußeisen, Luftheizer, Warmlufterzeuger, Standspeicher;
8302 Wolf

Wolf & Müller
~ Fertighäuser;
~ Fertigkeller;
7306 W & M

WOLF BAUKERAMIK
~ BK-Spaltplatten, glasiert und unglasiert für Bodenbeläge;
~ Ofenkacheln, Bogenkacheln und Schlüsselkacheln in vielen Farben, Formen und Motiven;
4690 Overesch

1

WOLFA
~ Entwässerungsrinnen;
~ Futterbarren;
~ Fußabstreifkasten;
~ Kunststoff-Fenster aus Polyester für Ställe und Keller, auch Lichtschächte (glasfaserverstärkt);
~ Spaltböden;
6992 Wolfarth

WOLFF
~ **Brettschichtholz**;
~ **Dreieckstrebenbinder**, auch für die Überdeckung großer Spannweiten bis 15 m freitragend;
~ **Leimholz**;
3470 Wolff

WOLFF
~ Müllbehälterschränke und -großbehälter (Containerboxen) aus Wasch- oder Sichtbeton, Stahl- oder Betontüren;
~ Poller aus handgestocktem Vulkanbeton;
4050 Wolff

WOLFIN GB
Gleitfolie aus PE-Folie 0,5 mm dick;
1000 Huth

WOLFIN®
~ - IB-Dichtungsbahnen, für die Bautenabdichtung im Hoch-, Tief- und Ingenieurbau, bitumenverträglich, heiz- und dieselölbeständig aus PVC-Weich;
6450 Grünau
→ 7918 Grünau

Wolf®
~ - **Pflanzensystem**, textile Grünpflanzen und präparierte Blattpflanzen;
8000 Wolf

Wolfshöher
Feuerfest-Erzeugnisse, Schamotte für Feuerungen jeder Art, Hafner-Schamotte, Feuerfestmörtel und -massen, Keramikfasermaterial, Verblendklinker, Verbundsteine;
8567 Wolfshöher

Wolmanit®
~ - **Antiflamm** schaumschichtbildendes Feuerschutzmittel, macht Holz- und Holzwerkstoffe schwerentflammbar nach DIN 4102;
~ **U-FB**, Holzschutzsalz in Pastenform gegen Pilz- und Insektenbefall;
7573 Wolman

Wolmanol®
~ - **Fertigbau**, gegen Fäulnis, Bläue, Schimmel und Insekten;
~ - **Holzbau**, gegen Fäulnis und Insekten;
Holzschutzmittel;
7573 Wolman

WOLU
~ - Blockhäuser, auch mit Blockbohlen-Sauna (Gartenhaus-Sauna) aus nordischer Fichte;
8000 Wolu

WONNEMANN
~ Messerfurniere, Schälfurniere, Furnierplatten, Edelholzplatten, Tischlerplatten, Möbelbauplatten, Profilleisten;
~ Paneele und Kassetten aus furnierten Spanplatten, montagefertig;
4840 Wonnemann

WOODEX
~ **Acryl**, Acrylharz-Dispersion in vielen Farben für Holz, Putz, Beton, Zink, Eisen usw.;
~ **Furniergrundierungsöl Nr. 50**;
~ **Grundierungsöl Nr. 69**, Grün Kupfer, lmh, mit Kupfernaphtanat;
~ **Holzöl**, für druckimprägniertes Holz;
~ **Intra**, Holzschutzgrund, PCP-frei, Holzschutz gegen Verrottung, Pilz- und Insektenbefall;
~ **Jägerzaun-Lasur**;
~ **Ultra**, Lasurfarben, PCP-frei, Ölbeize aus Alkydöl, schützt gegen Schimmel, Bläue u. a. Pilze;
~ **Water Stop**, Holzschutzmittel, lmh, aus tixothropen Alkydharzen;
3510 Pufas

Wood-o-Cork
→ Wicanders Wood-o-Cork;
4000 Wicanders

WORMALD
Feuerlöschanlagen z. B. Sprinkleranlagen, Halonlöschanlagen, Pulverlöschanlagen, Funkenlöschanlagen, CO_2-Löschanlagen, Brandmeldeanlagen, Schaumlöschanlagen;
2358 Wormald

Worminghaus
~ - Trockenmörtel;
~ VM 200, Vormauermörtel für saugenden Stein;
2391 Worminghaus

Worthmann
Massiv-Holztreppen;
2110 Worthmann

WP
→ Wardenburger Pflasterstein;
4100 Bau

WQD
~ **Aquagran®**, Filtersand und Filterkiesgemäß DIN 4924 und DIN 19 623;
~ **FUGENFEST**, wasserdurchlässiger Fugenmörtel mit flüssigem Bindemittel für Naturstein und Klinkerpflaster;

~ **Quarz-Silbersand**, heller Quarzfeinsand mit SiO_2-Gehalten >99,5%;
~ **Siligran®**, getrocknete Quarzzuschläge in verschiedenen Körnungen;
~ **Silimix®**, Trockenmischungen von Quarzzuschlägen nach verschiedenen Rezepturen;
4270 WQD

„WS"
Betonplatte, sandsteinfarben, mit genarbter Oberfläche (Wesersandsteinnarbung) für Gehwege und Garten;
7514 Hötzel

WS
Sandsteintröge, Mühlsteine, Springbrunnenanlagen zur Gestaltung von Gärten;
3510 WS

WS
~ - Beton-Schachtfertigteile;
4100 Bau

WSM
~ - **Raumeinheiten**, komplett ausgestattete mobile Raumzellen in Elementbauweise aus einer feuerverzinkten Stahlkonstruktion;
5220 WSM

WSS
~ - Beschläge: Rauchklappenöffner, Fenster-Gruppenöffner für Lamellenfenster und Lüftungsflügel (z. B. → Hahn-Fenster), Briefkastenanlagen, Halterungen und Konsolen für Treppengeländer;
5628 Schlechtendahl

„WST 3"
→ WESTAG-Feuerschutz-Türelement;
4840 Westag

WSV
Schraubverbindungen zum Dichten von SML-Abflußrohren der Hausentwässerung;
8700 MERO-Sanitär

WTM
Treppen aus Holz in allen Formen u. a. auch Spindeltreppen;
5962 WTM

WUD
~ - **Welldachelement**, rollbar, zur Sanierung und nachträglichen Wärmedämmung von Wellfaserzementplatten;
6430 Börner

WÜLFRAmix-Fertigbaustoffe
~ Beton;
~ Dachdeckermörtel;
~ Dämm-Mauermörtel;
~ Estrich;
~ Fertigfeinbeton;
~ Fliesenkleber;
~ Fugenschlämm-Mörtel;
~ Fugmörtel;
~ Gasbetonputz innen;
~ Glättputz;
~ Haftputze innen und außen;
~ Leicht-Unterputz;
~ Maschinenputze innen und außen;
~ Mauer- und Putzmörtel;
~ Silbersand;
~ Traß-Kalk-Putz;
~ Verblend- und Mauermörtel;
~ Vormauermörtel für saugende und nichtsaugende Steine;
~ Vorspritzmörtel;
~ Wandputz innen;
~ Zementmörtel;
5603 Wülfrather Zement

Wülfrather
~ **Bindemittel**: ~ Rapidquell, Weißfeinkalk. ~ Ultraleicht, Weißkalkhydrat. ~ Zemente. ~ Hochhydraulischer Kalk;
~ **Edelputze** in vielen Farben und Strukturen: Kratzputz, Münchener Rauhputz, Waschputz, Kornrauhputz, Kellenwurfputz, Spritzputz, Landhausputz, Scheibenputz;
5603 Wülfrather Zement

Wülfrather
~ **Zemente**;
5603 Wülfrather

WÜLFRAtherm Fassaden
~ **A 1-Fassade**, nichtbrennbare Fassadendämmung mit Steinfaser-Dämmplatten und mineralischem Edelputz;
~ **B 1-Fassade**, schwer entflammbare Fassadendämmung mit Polystyrol-Dämmplatten und mineralischem Edelputz;
5603 Wülfrather Zement

WÜPO
~ - **Spanplatten-Schrauben** wie Alu- und Holz-Regenleistenschrauben, Rückwandschrauben, Klavierbandschrauben;
7118 Würth

WÜPOFAST®
Holz- und Spanplatten-Schrauben mit 20° Spitze und Vollgewinde;
7118 Würth

WÜRTH®
~ Beschläge;
~ Dichtmassen;
~ Grundiermittel;
~ Klebstoff;
~ Lacke;

1

~ Montageschäume;
~ Montagetechnik. Das Programm alle Arten von Schrauben, Nägel, Dübel;
~ Reinigungsmittel;
7118 Würth

Würzburger Bleilampen
Bleilampen für diverse Bereiche;
8700 Rothkegel

WÜSTEFELD KALK
~ Kalksteinbrechsand;
~ Kalksteinfüller;
~ Kalksteinschotter;
~ Naturkalk, Baukalk, Chemiekalk;
3411 Wüstefeld

Wüstenzeller Sandstein
Sandstein für Bodenbeläge, Fassaden, Fenster- und Türumrahmungen;
6977 Hofmann

WULF
WULF SYSTEM METALLPROFILE in Messing, Alu und Edelstahl;
~ Einschubschienen;
~ Kantenschienen, poliert, gebohrt;
~ Parkett-Abschlußschienen;
~ Teppich-Abschlußschienen;
~ Teppich-Übergangsschienen;
~ Treppen- und Abschlußkanten;
~ Treppenkanten;
~ Treppenschienen, gereift, gebohrt;
~ Treppenwinkel;
~ Winkelschienen;
2085 Wulf

Wulf
~ Kunststoff-Fenster;
~ Stahl-Türzargen, verzinkt;
4783 Wulf

WULFF
Klebstoffe für Beläge aller Art wie Kork, Fliesen, Linoleum, PVC-Beläge usw.;
~ Ausgleichsmassen;
~ Dichtungsmassen;
~ Grundierungen;
~ Imprägnierungen und Beschichtungen;
~ Verdünner;
4531 Wulff

Wunstorf Metalltechnik
~ **Dachflächenfenster** mit Eindeckrahmen und Abdekkung aus 0,7 mm starkem Kupferblech;
2085 Metalltechnik

Wurster
Gelddurchreichen, Autoschalter, Paketdurchreichen, Durchreichen für viele Zwecke;
7022 Wurster

WUZ
Fäkalienhebeanlagen;
6000 Zehnder

WW
~ Drehflügelbeschläge;
~ Drehflügelbeschläge;
~ Drehkippflügelbeschläge;
~ Hebeschiebe-Fensterbeschläge;
~ Hebeschiebe-Türbeschläge;
~ Schwingflügelbeschläge;
5620 Weidtmann

X- und XV-Fachwerkträger
→ Filigran X- und XV-Fachwerkträger;
8192 Filigran

X 100
→ BUFA X 100;
6308 BUFA

XERO-FLOR®
Systemextensiver Dachbegrünung z. B. Moosdächer, Bergwiesen, Trockengärten;
2833 Strodthoff

Xylabrillant®
Holzveredelung für innen, lmh, wirkstoffrei, in transparenten Farbtönen;
4000 Desowag

Xyladecor® 200
Farbige und transparente Holzschutzlasur, lmh, gegen Fäulnis, Bläuepilze und Holzwürmer;
4000 Desowag

Xylamatt®
Holzveredelung, Lasuranstrichmittel, naturmatt, für innen;
4000 Desowag

Xylamon®
~ **Braun** Holzschutzmittel, lmh, vorbeugend gegen Fäulnis und Holzwürmer, für außen;
~ **Farblos**, Holzschutzmittel, lmh, vorbeugend gegen Fäulnis, Bläuepilze, Holzwürmer, für innen und außen;
~ **Grundierung**, lmh, holzschützend, farblos, gegen Bläuepilze und Holzwürmer, für innen und außen;
~ **Holzwurm-Tod**, Holzwurmbekämpfungsmittel, lmh, farblos;
4000 Desowag

Xyligen
Holzschutzmittel für Holzwerkstoffe;
6700 BASF

XYPEX
Betonabdichtungsmittel, ungiftig;
~ - **Concentrate**, für Beton-Einfach-Anstrich oder 2schichtige Anwendung;
~ - **Gamma Cure**, Nachbehandlungsmittel (Kristallisationsbeschleuniger);
~ - **Quickset**, Schnellbinder, flüssig, beschleunigt die Abbindezeit;
~ - **Ultra**, zum Dichten gegen drückendes Wasser;
3004 FW

YALI®
~ - **Leichtbaustein**, Verbindung aus Kalk und leichten Zuschlagstoffen (Kalksandstein)
6800 KSK
→ 2057 Stüwe
→ 6101 Kalksandsteinwerk
→ 6712 Kleiner
→ 7597 Peter;

YLOPAN
~ - Baufolien aus PE, transparent in den Dicken 0,03 bis 0,40 mm und den Breiten 1500 bis 6000 mm, als Schutzfolie gegen Schmutz und Witterungseinflüsse und als Wasserdampfsperre für den Fertigbausektor (Leichtbauweise);
3590 Ylopan

YTONG®
Dampfgehärteter Gasbeton nach DIN 4164/5 in Blöcken und Platten;
~ - **allbauplatte**, YTONG-Platte, armiert mit einem alkaliresistenten Glasgittergewebe und beidseitig mit mineralischem Putz beschichtet;
~ - Dachplatten und Deckenplatten nach DIN 4223;
~ - **PLANBLOCK und** ~ - Planplatten;
~ - Stürze;
~ - **THERMOPANZER**, massives Dämmsystem aus YTONG-Platten und Mineralwolle zur wärmetechnischen Sanierung von Altbauten;
~ - Wandelemente;
8000 YTONG
→ 3380 Fels

Z 2000
Dachziegel aus gebranntem Ton, Formziegel wie Antennen-, Lüftungsortgangziegel usw.;
7842 Tonwerke

ZABO
~ **Flach-Dach-Gefälle**, quadratische Wärmedämmplatten in einer der Gefällelinie folgenden Abstufung plus nahtloser Beschichtung mit Flüssigfolie;
4100 G-A-R-F

Zambelli
~ Ablaufbögen;
~ Einhängestutzen für halbrunde und kastenförmige Rinnen;
~ Regenwasserklappen;
~ Rinnenwinkel, nahtlos;
~ Standrohrklappen;
8352 Zambelli

ZAPF
Massiv-Garage aus Beton in über 20 Größen, auch für Wohnwagen, landwirtschaftliche Fahrzeuge u. ä.;
8580 Zapf

ZAPFENBRÜCKE
Ankerschienen-Befestigung an Stahlschalungen;
5885 Seifert

ZAPFENNAGEL
Ankerschienen-Befestigung an Stahlschalungen;
5885 Seifert

Zapon
~ - Lack, Metallschutzlack, verhindert das Anlaufen von Metall;
4010 Wiederhold

Zapp-Color
~ - Bleche, Kassetten aus Rostfrei-Farbblechen, zum ausbetonieren und verbinden mit Kunststoff-Laschen;
2000 imbau

ZARB®
PU-Hartschaum-Beschichtung vor Ort;
7057 Zarb

Zarges
~ - Arbeitsbühnen, aus Leichtmetall, höhenverstellbar und verfahrbar;
~ - Fassadenbefahranlagen, aus Leichtmetall für Fassadenreinigung und -wartung;
~ - Leitern, aus Leichtmetall und Kunststoff;
8120 Zarges

Zasex
~ L, Pneumatik-Zeitschalter in Unterputzausführung (Automatik-Energiesparschalter);
7230 RS

ZASEX L
Zeit-Automatik-Schalter, zum automatischen Ausschalten von Licht;
7230 Zeit

ZB 61 forte
→ Vandex ZB 61 forte;
2000 Vandex

Zebra
~ **Pias**, Fensterbauschrauben für Kunststoffenster;
7118 Würth

ZECHIT
~ - Hartgestein-Platten;
~ - Industriebeläge;

1

~ - Rechteckpflaster;
~ - Verbundsteine;
3538 Zechit

ZEEB
~ - Elementbauweise, mit Einbaumöglichkeit von Waschbecken, Kleinküchen-Kombination, Bar, Kühlschrank, Tresor, Klappbett;
~ - SCHRANKWAND-SYSTEM, in 6 Typen, mit Lochrasterbohrungen für alle Inneneinteilungen, melaminharzbeschichtet oder furniert;
~ - TRENNWAND-SYSTEM, in 10 Typen und Stärken, Elemente bestehen aus Rahmenkonstruktion mit entsprechenden Quer- und Aussteifungshölzern sowie Aufdoppelungen;
7000 Zeeb

Zehnder
Abwasserpumpen, Wärmerückgewinnungsanlagen;
6000 Zehnder

Zehnder
~ - **Deckenstrahlplatten**;
~ - **Handtuch-Wärmekörper**, **Typ HU** für Warmwasserheizung, **Typ HEU** rein elektrisch, Wandmontage mit Elektro-Heizpatrone;
~ - **Wärmekörper**, Heizkörper für Warmwasser- und Niedertemperatur-Heizung;
7630 Zehnder

ZEISS IKON
~ Magnet-Schloß-System;
~ Schienen-Leuchten-System SLS;
~ Unterwasserleuchten für Schwimmbecken;
1000 Zeiss

Zeiss Neutra
~ Benzinabscheider;
~ Kompaktanlagen, Benzinabscheider und Schlammfang in einem Behälter;
~ Schlammfänge zu Benzinabscheidern;
7760 Zeiss

ZEKA STAR
Warmwasserheizkamin;
4405 Stegemann

Zementex
Zementschleierentferner in Pulverform;
7057 Wider

ZEMENTIN
Pulvriges, kombiniertes, hydrophobierendes und dynaktives Betonvergütungsmittel für die Herstellung druckwasserhaltender und wasserundurchlässiger Betone;
7443 Zementol

Zementinol
Flüssig, sonst wie → Zementin;
7443 Zementol

ZEMENTOL
Abdichtungsverfahren für druckwasserbelastete Stahlbetontragwerke;
7443 Zementol

ZEMENTSCHWARZ und -BUNT
→ CWB ZEMENTSCHWARZ;
6229 Brockhues

Zement-Toxin®
Pflege- und Schutzmittel für Baumaschinen und -geräte auf Emulsionsbasis;
3280 Hörling

ZEMI
Schalpaste für Betoplan- und Magnoplanplatten und Holzschalung;
6000 Sauer

ZEMIFIT
Betonlöser;
~ **normal**, zur Vorbeugung, um Betonkrusten zu vermeiden;
~ **rapid**, zur Reinigung von Baugeräten und Schalungen;
6000 Sauer

ZEMIFIX
Waschbetonpaste;
6000 Sauer

ZEMIFORM
~ - **Formenöl K 105**, Konzentrat für Fertigbau und beheizte Formen;
~ - **Formenöl 360 KD**, sprühbar für Magnoplan-, Betoplan-Platten und Schalung;
~ - **Formenöl 360**, für Stahlschalung;
~ - **Schalungsöl**, hell, für Holzschalung;
6000 Sauer

ZEMINOX
Entschalungsmittel;
6000 Sauer

ZEMITON
Zementschleierentferner und Sattglanztöner für Waschbeton sowie Waschbeton-Imprägniermittel;
6000 Sauer

ZEMIVAX
Schalungssprühwachs, für Magnoplan-Betoplanplatten und Stahlschalung;
6000 Sauer

Zemmerith
~ - Stahlbetonrippen-Decke nach DIN 1045;
5500 Kuhlmann

Zemmerith
~ Deckenkörper aus zementgebundenen Leichtbauplatten, besonders für größere Spannweiten;
~ Leichtbau-Rolladenkasten aus Styropor-Hartschaum und zementgebundenen Leichtbauplatten als Putzträger;
~ Leichtbauplatten DIN 1101;
~ Mehrschichtplatten DIN 1104;
5506 Zemmerith

ZENIT
→ Herbol ZENIT;
5000 Herbol

ZENKER
Fertighäuser, insbesondere Winkelhäuser;
6120 Zenker

Zentrament
Betonverflüssiger, Fließhilfen, Superverflüssiger;
4250 MC

Zentricryl
Spachtelmassen für die Betonkosmetik und Betonsanierung;
4250 MC

Zentrifix
Gebrauchsfertige, hydraulisch-abbindende Spachtelmasse für die Betonkosmetik;
4250 MC

Zentropaklinker®
Klinker, grauweiß mit weißer Glasur;
5110 Zentropa

Zerbetto
Leuchten für moderne Interieurs und Büros;
6054 Zerbetto

ZERLAGRUND
~ - Tiefgrund, Alkydharzgrundierung, lmh;
2000 Höveling

ZERLANIN
~ - Isolierkonzentrat, Isolierfluat und Neutralisierungsfluat auf Kalk- und Zementputzen;
2000 Höveling

ZERLASIL
Innenwandfarbe, waschfest nach DIN 53 778;
2000 Höveling

Zerotherm
Wärmedämm-Verbundsystem;
4970 Zero

ZETIRUS
Steinhärtungsmittel und Fluat in Pulverform;
3800 Kulba

Zettler
Brandmeldeanlage;
8000 Zettler

ZH
~ Formsteine (auf Anfrage);
~ Vormauerziegel und Klinker in verschiedenen Formaten und folgenden Oberflächen: glatt, gerauht, genarbt und besandet und in den Farben Rot, Bunt und Kohle;
2215 ZH

Z-I Lichtsysteme
Leuchten-System Zeiss-Ikon;
~ Anbauleuchten;
~ Feuchtraum-Leuchten;
~ Hochleistungs-Spiegelleuchten;
~ Strahler-Leuchtsysteme;
~ Technische Leuchten;
6600 Z-I

Zibuton
LHLz und ~ „P" LHLz, Mauerziegel, VMz;
4441 Schnermann
→ 4408 Schnermann

ZIEBUHR
Container (Raumzellen), verwendbar als Sanitär- und Waschanlage, Magazin, Aufenthalts-, Umkleide- und Büroräume usw.;
5950 Ziebuhr

Ziegeldraht
→ STAUSS-Ziegeldraht;
5820 Störring

Ziegel-Fassade
→ Möding-Ziegel-Fassade;
8380 Möding

Ziegelfertigdecke 2000
Ziegelfertigdecke aus einer einachsig gespannten, frei aufliegenden Stahlsteindecke nach DIN 1045;
4790 Lücking

Ziegelmehl
Sportbodenmaterial zur Herstellung der oberen Decke im Tennisplatzbau;
5400 Clement

Ziegelwerk Angerskirchen
Thermopor-Ziegel;
8252 Gruber

Ziegelwerk Aubenham
Thermopor-Ziegel;
8261 Holzner

1

Ziegelwerk Eitensheim
~ Dränrohre;
~ Mauerziegel;
~ Thermopor-Ziegel;
8071 Ziegelwerk

Ziegelwerk Gaimersheim
Thermopor-Ziegel;
8074 Ziegelwerk

Ziegelwerk Gundelfingen
Thermopor-Ziegel;
8883 Ziegelwerk

Ziegelwerk Oberfinningen
~ Mauerziegel;
~ Poren-Leichtziegel;
~ Schallschluckziegel;
~ Schallschutzziegel;
~ Sondererzeugnisse und Ziegelfertigteile;
~ Thermopor-Ziegel;
~ Warmmauerziegel '80;
~ Ziegeldecken;
~ Ziegelfensterstürze;
~ Ziegelkellergewölbe;
~ Ziegelrolladenschürzen mit und ohne Isolierrolladenkasten;
~ Ziegelsplitt für Tennisplätze;
8881 Ziegelwerk

ZIEHBOCK
→ HÜWA®;
8500 Hüwa

Ziehe
~ **Naturstein** für Boden und Treppen: Marmor, Granit, Schiefer, Sandstein, Betonwerkstein;
5600 Ziehe

ZIEHL-ABEGG
Ventilatoren mit Außenläufer-Motoren in der Nabe;
7118 Ziehl

ZIERER®
~ - Fassadenelemente aus PE-Fiberglas für vorgehängte hinterlüftete Fassade;
4432 Zierer

Ziermauer-Fix
~ Schnellbauelemente, Selbstverlegesockel, Torsäulenelemente für Gartenmauern;
~ Verblenderelemente für Altmauern und Kellersockel;
8540 Bilz

ZIGUPA
Ziegelunterlagsbahn, atmungsaktiv, hochreißfest, mit Jutegewebe;
7500 Zaiss

Zimmermann-Zäune
Kesseldrucktiefimprägnierte Holzzäune aller Art, Palisaden, Holzpflaster, Holzfliesen, Spielplatzgeräte, Carports, Balkonverkleidungen, Pflanztröge, Pergolen, Gartenhäuser, Wintergärten, Gartenmöbel;
7405 Zimmermann

ZINCAL®
Kaltgewalztes, elektrolytisch verzinktes Feinblech, für Akustikdecken, Türen, Trennwände, Türzargen, Fensterprofile u. ä.;
4600 Hoesch

ZinCo
~ Bewässerungsvlies;
~ DT-Metallfassaden, aus Kupfer, Zink, Alu usw.;
~ Filtervliese;
~ - **Gründach**, System einer Dachbegrünung. Aufbau: Wärmedämmausgleich, wurzelfeste und elastische Dachdichtung, ZinCo-Trennvlies, Wärmedämm- und Pflanzelement, Erdsubstrat;
~ Isolierschutzmatten;
~ Pflanzelement;
7441 ZinCo

ZINKAL
Grundanstrich und Deckanstrich für neue und abgewitterte Zinkbleche und Alu-Flächen;
2800 Voigt

Zink-O-Rinn
Zink-Schutzanstrich für Zinkrinnen und sonstige Bauteile aus verzinktem Stahlblech, NE-Metalle, auch bei Hart-PVC;
4352 Kebulin

Zinkotom
Hochleistungs-Kaltbezinker nach DIN 50 976 und DIN 53 167, als Korrosionsschutz;
4800 Metallit

Zippa
Klinker, Platten, Spaltriemchen, Sparverblender, Sohlbanksteine, Eisenschmelzverblender, Pflasterklinker, Mauerabdecksteine;
5632 Zippa

ZIREC
Bakenfuß aus Kunststoff-Recycling-Material;
6140 Zieringer

Ziro-Kork
Korkprodukte;
~ **Dekor-Kork**;
~ **Kork-Dämmplatten**;
~ **Kork-Parkett**;
~ **Korkschrot**;
7803 Zipse
→ 7634 Zipse

ZISTA®-T
~ - Rohr, Heizungsrohre;
3530 Benteler

ZN II
Anorganische Zinkstaubgrundierung;
6308 BUFA

ZOEPPRITZ
Velours-Teppichboden, Schlingenwaren;
7920 Zoeppritz

ZONS
~ Abwassersammelanlagen;
~ Benzinabscheider mit Schlammfang;
~ Fertigteilbehälter, 4,5 und 6,0 m Ø;
~ Fettabscheider mit Schlammfang;
~ Filterschächte;
~ Kläranlagen, vollbiologisch, System PUTOX;
~ Kläranlagen nach DIN 4261;
~ Konen;
~ Pumpenschächte, Pumpstationen;
~ Schachtringe, mit und ohne Boden;
~ Sickerringe;
~ Sickerschächte;
~ Sohlschalen System Kaiser;
~ Tropfkörper mit Kontrollschacht;
~ Verteiler-Schächte;
4047 Rhebau

ZOOM
Stufenlos höhenverstellbarer Waschtisch;
6642 Villeroy

ZSK
Wasserleitungs-Druckrohre PN 40;
6339 BIEBER

ZÜBLIN
~ **Durchpreßrohre**;
~ **Korrosionsschutzrohre** als Polybeton®-Verbundrohre oder mit Auskleidung aus PVC-Hart;
~ **Stahlbetonrohre** DN 600 bis DN 4700;
4235 Züblin

Züblin
~ Lärmschutztunnel;
~ Lärmschutzwälle;
~ Lärmschutzwände aus Stahlbeton-Fertigteilen;
~ Raumfachwerk;
~ Schleuderbetonmaste;
~ Schleuderbetonpfähle;
~ Schleuderbetonrohre;
~ Spannbetonfertigteile;
~ Spannbetonmaste;
~ Spannbetonrohre;
~ Spannverfahren;
~ Stahlbetonfertigteile;
~ Stahlbetonmaste;
~ Stahlbetonrammpfähle;
~ Stahlbetonrohre;
7000 Züblin

Zugdicht
Stahl-Dachfenster;
5630 Lemp

ZUMTOBEL
Rasterleuchten, Anbauleuchten und Einbauleuchten;
8990 Zumtobel

ZWA
~ Betonelementdecken;
~ Ziegeldecken;
~ Ziegelelementdecken;
7954 Schmid

Zweihorn
Alles abdeckendes System der Holzflächenbehandlung, in Handwerkergebinden, umfaßt Beizen, Lacke, Lasuren, Spezialartikel;
~ **Ballenmattierung**;
~ **Beizextrakte** zum Abtönen von wasserlöslichen Beizen;
~ **Buntlacksystem**;
~ **Farbextrakte** zum Anfärben von farblosen Lacken und zum Umtönen von Antikgrundbeizen;
~ **Holzbeizen**, flüssige Beizen mit intensiver ausgleichender Farbwirkung;
~ **Holzkitt**;
~ **Nitrozellulosegrundierungen**: Einlassgrund, Schnellschliffgrund, Sperrgrund, Schnellschliff-Füllack;
~ **Nitrozelluloselacke**: Universal-Mattlack, Stumpfmattlack, Seidenglanzlack, Lichtschutzmattlack, Flächenlack, Stuhllack, Polier- und Schwabbellack;
~ **Polituren**: Schellackpolitur, Poligen-Einheitspolitur, Kristall-Abziehpolitur, Petersburger Möbellack;
~ **Polyurethanlacke**: → PUR-Siegel, → PUR-Einschichthartlacke, → Plastiklacke;
~ **Pulverbeizen** zum Selbstauflösen: Edelholzbeizen, Räucherbeizen, Hartholzbeizen, Polstermöbelbeizen, Wasserbeizen, Grundbeize 900;
~ **Schellackmattierung**;
~ **Schellackstangen**;
~ **Spritzmattierung**;
~ **Tönpasten** zum Abtönen von farblosen und deckenden Nitrozelluloselacken;
~ **Wachsbeizen**, flüssige wachshaltige Beizen;
~ **Wachskittstangen**;
~ **Zellulose-Schellackmattierung**;
4010 Wiederhold

ZWISTA®
Zwischenstützender Abstandhalter für Baustelle und Betonwerk aus exakt gebogenem und geschweißtem Baustahlgitter für die obere Bewehrung;
4983 Heemeyer

ZWN
~ Hochlochziegel;
~ Poroton-Produkte;
~ Rolladenkästen;
~ Schallschutzziegel;
~ Ziegel-L-Schalen;
~ Ziegel-U-Schalen;
~ Ziegelstürze;
6680 ZWN

Zykon
~ - **System**, Betonanker spreizdruckfrei;
7244 Fischer

1-K-Box
PUR-Kunstharzmörtel, zur Reparatur ausgebrochener Beton- und Estrichflächen;
2082 Voss

3-COLOR
→ Herbol 3-COLOR;
5000 Herbol

3IS
Garagen, Landhäuser, Gerätehäuser, Werkstatthäuser, Gartenhäuser, Schutzwände aus Stahlbeton-Fertigteilen zum Selbstbau, Carports;
3400 Selbstbau

3M
~ - **Anti-Rutsch-Belag**, profilierter, oberflächengekörnter Vollflächenbelag aus PVC, BIA-geprüft;
~ - **Feuerschutzkitt CP 25/303**, schäumt im Brandfall auf, härtet zu Synthesegummi aus;
~ - **Feuerschutzplatte FS 195 AA** bzw. **RR**, schäumt im Brandfall auf, zähelastisch bis flexibel;
~ - **Kabelabschottungen BSK/BSR**, F 90 nach DIN 4102, verschließt im Brandfall alle entstehenden Öffnungen;
~ - **Splitterschutzfolie**, selbstklebende transparente Polyesterfilme, zum nachträglichen Auftragen auf Glasflächen, um Glasbruch zu vermeiden;
4040 3M

3M
~ Sonnen-Schutzfolien;
~ Spitter-Schutzfolien;
6300 Schultz

3-therm
Heizeinsatz für offene Kamine mit 3facher Heizleistung durch Strahlung, Warmluft plus Warmwasser;
6334 Kraus

4 AS
→ TOX 4 As;
7762 Tox

68 plus
→ rekord 66 plus;
2211 Rekord

7 in 2-system
Fußbodenheizung;
6800 Friedrichsfeld

Adreßbuch der Hersteller, Lizenznehmer, Vertriebsstellen

1000 Achcenich
Hugo Achcenich
Breitenbachstr. 14
1000 Berlin 27
☎ 0 30-4 11 30 46 ⌸ 1 81 514

1000 Akzo
Akzo Coatings
Oraniendamm 7-9
1000 Berlin 28
☎ 0 30/4 09 01-0

1000 Aluplastic
Aluplastic GmbH & Co. KG., Jalousie- und Rollofabrik
Kamenzer Damm 86
1000 Berlin
☎ 0 30-7 75 50 60

1000 Aquapura
AQUAPURA Wasserreinigungsbau Peter Franke K.G.
Pestalozzistr. 79
1000 Berlin 12
☎ 0 30-31 07 76

1000 Arido
Arido Abdichtungs-Ges. mbH
Möckernstr. 25
1000 Berlin 61
☎ 0 30-2 61 19 11

1000 Bauhandel
E. W. A. BAUHANDEL GMBH
Kurfürstendamm 151
1000 Berlin 31
☎ 0 30-8 93 10 93 und 94

1000 Bera
Berliner Rahmengerüst GmbH & Co. KG
Augusta-Viktoria-Allee 12-13
1000 Berlin 20
☎ 0 30-4 13 40 66 ⌸ 1 82 785 bera d

1000 Beyer
Beyer & Haase
Seeburger Str. 90
1000 Berlin 20
☎ 0 30-7 49 51

1000 Biehn
Hans Biehn & Co. GmbH
Handjerystr. 22
1000 Berlin 41
☎ 0 30-8 51 30 53 und 54

1000 Bockstaller
Berliner Jalousie-Fabrik Bockstaller GmbH & Co.
Pücklerstr. 24
1000 Berlin 36
☎ 0 30-6 12 40 11

1000 Bösche
Chemische Werke Marienfelde Richard Bösche
Großbeerenstr. 160/162 ✉ 2 66
1000 Berlin 48
☎ 0 30-7 41 30 84

1000 Butzke
Aqua Butzke-Werke AG
Ritterstr. 21-27
1000 Berlin 61
☎ 0 30-6 10 10 Fax 6 10 12 19 ⌸ 1 84 581 aqua d

1000 Canadur
Canadur GmbH
Platanenallee 18
1000 Berlin 19
☎ 0 30-3 02 20 92

1000 Chemag
Oranienburger Chemikalien AG
Düsseldorfer Str. 38
1000 Berlin 15
☎ 0 30-8 81 40 41 ⌸ 1 83 404

1000 Corocord
Corocord Raumnetz GmbH
Eichborndamm 141-165
1000 Berlin 51
☎ 0 30-4 11 70 22 Fax 4 11 70 24

1000 Deventer
DEVENTER Profile GmbH & Co. KG
Brunsbütteler Damm 127-137
✉ 20 07 28
1000 Berlin 20
☎ 0 30-3 31 70 65 ⌸ 1 85 527

1000 Diessner
Diessner GmbH + Co. KG
Tempelhofer Weg 38/42 ✉ 47 03 52
1000 Berlin 47
☎ 0 30-6 00 00 20 Fax 6 06 50 24 Teletex 3 08 852

1000 Donner
Willi Donner
Kranoldstr. 19
1000 Berlin 44
☎ 0 30-6 25 30 71

2

1000 Draka
Draka-Plast GmbH
Flottenstr. 58
1000 Berlin 51
☏ 0 30-4 11 60 71 ⌁ 1 81 791

1000 Duromit
Duromit-Beton-Gesellschaft
Alt-Tempelhof 23–25
1000 Berlin 42
☏ 0 30–7 51 50 31 ⌁ 1 84 325

1000 D & W
Dyckerhoff & Widmann AG Betonwerk
Mertensstr. 92
1000 Berlin 20
☏ 0 30–3 35 10 06

1000 Eichelberger
Alfred Eichelberger GmbH & Co., Ventilatoren-Fabrik
Marientaler Str. 41
1000 Berlin 47
☏ 0 30–6 00 70 Fax 6 00 71 70

1000 elkinet
elkinet® Bautenschutz Vertriebsgesellschaft mbH
Manteuffelstr. 58
1000 Berlin 36
☏ 0 30–6 11 51 87

1000 Engel
Engel & Leonhardt, Betonwerk
Am Südhafen
1000 Berlin 20
☏ 0 30–3 31 10 61

1000 Eternit
Eternit AG
Ernst-Reuter-Platz 8 ✉ 11 06 20
1000 Berlin 11
☏ 0 30–3 48 50 ⌁ 1 81 221

1000 Euroteam
Euroteam AG
Thyssenstr. 7-17
1000 Berlin 51
☏ 0 30–4 11 70 21 ⌁ 18 46 40 knit d

1000 Fischer
Willy Fischer & Co.
Weichselstr. 26–27
1000 Berlin 44
☏ 0 30–6 23 30 05

1000 Flächsner
Wolfgang Flächsner + Co. GmbH
Schlüterstr. 39
1000 Berlin 12
☏ 0 30–8 81 10 76 ⌁ 1 83 026

1000 Flohr
Flohr Otis GmbH
Otisstr. 33
1000 Berlin 27
☏ 0 30–4 30 40

1000 Fritz
Oskar Fritz & Co. GmbH
Koloniestr. 89
1000 Berlin 65
☏ 0 30–4 91 20 71

1000 Gaba
Gaba-Chemie-Baustoff-GmbH
Bruchwitzstr. 15
1000 Berlin 46
☏ 0 30–7 74 41 49

1000 Gärtner
August Gärtner
Karl-Marx-Str. 80
1000 Berlin 44
☏ 0 30–6 23 10 71 bis 73 Fax 6 23 30 08

1000 GAM
GAM Kunststoff-Fassaden GmbH
Bergengruenstr. 54
1000 Berlin 38
☏ 0 30–8 01 38 44 und 8 02 59 51

1000 Glunz
Glunz Beropan GmbH
Ein Unternehmen der Glunz AG
Motzener Str. 8
1000 Berlin 48
☏ 0 30/72 00 08-0

1000 Hahn
Gustav Hahn KG Metallwarenfabrik
Wannensteinacher Str. 56
1000 Berlin
☏ 0 30–7 42 90 66

1000 Hermeta
HermetaChemie GmbH
Großbeerenstr. 171a
1000 Berlin 48
☏ 0 30–7 41 10 88

1000 Herté
Herté-Sperrholz
Kaiser-Friedrich-Str. 24
1000 Berlin 10
☏ 0 30–3 41 80 51

1000 Hotz
Wilhelm Hotz Rolltor GmbH
Tempelhofer Weg 112
1000 Berlin 47
☏ 0 30–6 06 40 46/7 ⌁ 1 82 982 hotz

1000 Huth
Huth & Richter GmbH, Spezialbaustoffe
Gardeschützenweg 80
1000 Berlin 45
☎ 0 30-8 33 30 02

1000 Ingenohl
Theodor Ingenohl GmbH
Vertretungen der Baustoffindustrie
Paulstr. 20 G
1000 Berlin 21
☎ 0 30-3 94 40 06 ⌁ 1 81 872

1000 Isoplastic
Isoplastic-Werk Herbert Eitner GmbH & Co. KG
Buckower Chaussee 71-75
1000 Berlin 48
☎ 0 30-7 21 30 31

1000 Juma
JUMA-Natursteinwerk, Niederlassung Berlin
Ordensmeisterstr. 19
1000 Berlin-Tempelhof
☎ 0 30-7 52 20 07

1000 Kahneisen
Deutsche Kahneisen Gesellschaft West GmbH
Nobelstr. 49/51
1000 Berlin 44
☎ 0 30-6 89 70 80 ⌁ 1 81 606 dkg d

1000 Kesting
KESTING-Gesellschaft für Fertigbautechnik mbH
1000 Berlin-Spandau
☎ 0 30-33 50 41

1000 Kiefer
Marmor-Industrie Kiefer AG
Ordensmeisterstr. 20
1000 Berlin 42
☎ 0 30-7 51 52 72

1000 Kolbatz
KOLBATZ Elektronic GmbH
Langenauer Weg 21
1000 Berlin 27

1000 Krüger
Ferd. Paul Krüger Metallbau
Glasower Str. 42/43 ✉ 44 05 58
1000 Berlin 44
☎ 0 30-6 25 80 21 Fax 6 25 20 79 ⌁ 1 85 244

1000 Kutter
Gerhard Kutter Schornsteintechnik
Stettiner Str. 12
1000 Berlin 65
☎ 0 30-4 93 80 32 und 4 93 40 48

1000 Lampke
Klaus Lampke Industriekontor GmbH
Fürstenplatz 1
1000 Berlin 19
☎ 0 30-3 05 10 65 Fax 3 04 02 08

1000 Lindhorst
Konrad Lindhorst Feinkonstruktionen GmbH
Bergiusstr. 21-31
1000 Berlin 44
☎ 0 30-6 84 30 16 ⌁ 1 83 056

1000 Littmann
Littmann & Sohn GmbH & Co.
Am Pichelsee 32
1000 Berlin 20
☎ 0 30-3 61 40 49

1000 Lunos
LUNOS-Lüftung GmbH & Co. Ventilatoren KG
Wilhelmstr. 31-34 ✉ 20 04 54
1000 Berlin 20
☎ 0 30-3 61 50 05 ⌁ 1 82 630 lunos d

1000 Mackel
Mackel & Co.
Kopenhagener Str. 35-75 ✉ 51 04 27
1000 Berlin 51
☎ 0 30-4 11 50 34

1000 Müller & H.
Müller & Hoffmann
Schönwalder Allee 9
1000 Berlin 20
☎ 0 30-3 35 20 84

1000 Nothnagel
Erich Nothnagel & Co.
✉ 3 08
1000 Berlin 31
☎ 0 30-8 91 60 01

1000 Pfeifer
Berliner Seilfabrik Hermann Pfeifer GmbH & Co.
Lengeder Str. 21
1000 Berlin 51
☎ 0 30-4 09 02 27 ⌁ 1 81 858 besfbl d

1000 Plaschke
Carl Plaschke KG
Rungiusstr. 70-74 ✉ 12 34
1000 Berlin 47 ☎ 0 30-6 06 30 51

1000 PUK
PUK-Werke KG
Kunststoff-Stahlverarbeitung GmbH & Co.
Nobelstr. 45-53
1000 Berlin 44
☎ 0 30-68 90 10 Fax 6 89 01 66 ⌁ 1 84 360

2

1000 Quandt
W. Quandt Dachbahnen- und
Bautenschutzmittelfabrik
Glasower Str. 3-10
1000 Berlin
☏ 0 30-6 85 10 29

1000 Romeike
Manfred Romeike Alarmtechnik,
Groß-, und Einzelhandel
Schildhornstr. 87
1000 Berlin 41
☏ 0 30-7 92 44 29

1000 Rotter
ROTTER KG
Soltauer Str. 18-22
✉ 3 64
1000 Berlin 27
☏ 0 30-43 20 61 ⌁ 1 81 645 rwr b.d

1000 Schindler
Schindler Aufzügefabrik GmbH, Abt. Marketing
Ringstr. 44-66
✉ 42 06 31
1000 Berlin 42
☏ 0 30-7 02 94 20 ⌁ 1 84 070 Fax 7 02 95 47

1000 Schüz
Schüz & Franke KG
Betonwerk
Goltzstr. 21-27
1000 Berlin 20
☏ 0 30-3 35 10 86

1000 Seidler
Ernst Seidler
Muskauer Str. 20
1000 Berlin 36
☏ 0 30-6 18 74 54

1000 Semperlux
Semperlux GmbH Lichttechnisches Werk
Motzener Str. 34
1000 Berlin 48
☏ 0 30-72 00 10 ⌁ 1 84 136 selux

1000 SK
SK Industrieleuchten Scholz & Kronberg GmbH
Skalitzer Str. 104
✉ 2 27
1000 Berlin 36
☏ 0 30-6 18 10 83

1000 Standard
STANDARD BAUCHEMIE GmbH
Haynauer Str. 61-63
1000 Berlin 46
☏ 0 30-7 75 20 19 ⌁ 1 85 429 lacfa
→ 6054 Standard

1000 Strecker
Spandauer Dachpappenfabrik Carl Strecker & Sohn
Havelschanze 23/25
1000 Berlin 20 (Spandau)
☏ 0 30-3 35 20 64

1000 Terranova
Terranova-Industrie C. A. Kapferer & Co.
Heidestr. 17
1000 Berlin 21
☏ 0 30-3 94 30 23 ⌁ 6 181 423

1000 Trapp
Trapp Systemtechnik GmbH Betonwerk
Klärwerkstr. ??
1000 Berlin 20
☏ 0 30-3 31 50 10

1000 Werzalit
Werzalit AG + Co. Preßholzwerk
Schichauweg 52 ✉ 49 01 46
1000 Berlin 49
☏ 0 30-7 20 90 40 Fax 72 09 04 10 ⌁ 1 85 573

1000 Wittenbecher
Hans Wittenbecher
Fidicinstr. 40
1000 Berlin 61
⌁ 1 85 390

1000 Zeiss
ZEISS IKON AG Goerzwerk
Goerzallee 299 ✉ 37 02 20
1000 Berlin 37
☏ 0 30-8 10 61 ⌁ 1 83 768 ziag d

2000 Abshagen
Abshagen & Co. AG
Helbingstr. 50
2000 Hamburg-Wandsbek 1
☏ 0 40-6 93 10 71

2000 Alsen
ALSEN-BREITENBURG Zement- und
Kalkwerke GmbH, Hauptverwaltung
Ost-West-Str. 69 ✉ 11 23 07
2000 Hamburg 11
☏ 0 40-36 00 21 ⌁ 2 11 142 abzem d
Telefax 0 40-36 24 50

2000 Apparatebau
Lufttechnischer Apparatebau GmbH + Co.
Oststr. 55 ✉ 17 29
2000 Norderstedt
☏ 0 40-5 22 50 26 Fax 5 26 13 27
⌁ 2 174 675

2000 Arbbem
Arbbem Bauträger GmbH
Hopfensack 20
2000 Hamburg 11
☏ 0 40-8 30 60 86

2000 Arp
Arthur Arp KG
Averhoffstr. 4
2000 Hamburg 76
☏ 0 40-2 20 22 43 ⌗ 2 163 759 cork d

2000 Bahr
Max Bahr Holzhandlung GmbH & Co. KG
Hammer Steindamm 7
2000 Hamburg 76
☏ 0 40/2 02 01-0

2000 Bau- und Brennstoff
Norddeutscher Bau- und Brennstoffhandel GmbH
Ballindamm 13
✉ 10 48 27
2000 Hamburg 1
☏ 0 40-33 19 66 ⌗ 2 161 706

2000 Bauprofi
Bauprofi GmbH
Bornmoor 24
2000 Hamburg 54
☏ 0 40-5 40 30 45 Fax 5 40 30 48

2000 Beiersdorf
Beiersdorf AG
Unnastr. 48
2000 Hamburg 20
☏ 0 40-56 91 ⌗ 2 15 795 bdf d

2000 Bellmann
W. M. Bellmann GmbH & Co.
Schiffsausrüstung
Ditmar-Koch-Str. 26
2000 Hamburg 11
☏ 0 40-31 55 09

2000 Berlin
Axel Berlin
An der Alster 1
2000 Hamburg 1
☏ 0 40-24 14 56 ⌗ 2 162 855 axbe d

2000 Bessenbach
WÄRME-SYSTEME Bessenbach GmbH
Geierstr. 11 ✉ 60 63 80
2000 Hamburg 60
☏ 0 40-61 61 15 ⌗ 2 174 835 bess d

2000 Betonstein
Betonstein-Union GmbH
Elsässer Str. 4
2000 Hamburg 70
☏ 0 40-6 94 00 31

2000 Betonstein
Betonstein-Union GmbH
Hofweg 78-79
2000 Hamburg 76
☏ 0 40/22 71 09

2000 BIC
BIC GmbH Bau Industrie Chemie
Sorbenstr. 53 und 67 ✉ 26 05 07
2000 Hamburg 26
☏ 0 40-2 50 85 44 und 2 50 85 60

2000 Biesterfeld
W. Biesterfeld & Co.
Ferdinandstr. 41
✉ 10 07 44
2000 Hamburg 1
☏ 0 40-3 00 84 12 ⌗ 2 161 742

2000 Blaschke
J. Blaschke & Co.
Hammer Deich 158
2000 Hammer Deich 158
☏ 0 40-21 13 31

2000 Bleiindustrie
Bleiindustrie GmbH vormals Jung + Lindig
Schnackenburgallee 221
2000 Hamburg 54
☏ 0 40-54 60 92 ⌗ 2 12 128 jul

2000 Bluhm
Bluhm & Plate oHG
von-Bronsart-Str. 14
✉ 11 29
2000 Barsbüttel
☏ 0 40-6 70 10 96 ⌗ 2 12 366

2000 Bostitch
Bostitch GmbH
Oststr. 26
2000 Norderstedt
☏ 0 40-5 22 30 17 ⌗ 2 15 534

2000 Buchholz
Julius Chr. Buchholz
Boschstr. 4
2000 Hamburg 50
☏ 0 40-89 30 74 ⌗ 2 14 633

2

2000 California
California Whirl-Pool Vertriebs GmbH
Kedenburgstr. 53–59
2000 Hamburg 70
☏ 0 40–6 56 20 57 und 58 Fax 6 56 40 49
Telex 2 165 241 cwp d

2000 Colas
Colas Bauchemie GmbH
Überseering 35 ✉ 60 04 60
2000 Hamburg 60
☏ 0 40–63 44 51 Telex 4 03 535 col-ze

2000 CTC
CTC Wärme GmbH Hauptverwaltung
Mühlendamm 61
2000 Hamburg 76
☏ 0 40–22 93 70 Telex 2 15 444

2000 Dalichow
Werner Dalichow
Friesenweg 5
2000 Hamburg 50
☏ 0 40–8 80 85 81 Fax 8 80 12 57

2000 de Bour
Max de Bour
Gustav-Adolf-Str. 36 ✉ 70 02 20
2000 Hamburg 70
☏ 0 40–6 56 20 01

2000 DEG
DEG Deutsche Electraplan GmbH
Industriestr. 8 ✉ 13 60
2000 Schenefeld
☏ 0 40–8 30 40 21 Telex 2 13 728

2000 Delfin
Herbert Delfin
Kiebitzweg 21
2000 Schenefeld
☏ 0 40–8 30 88 29

2000 Delhees
Heinrich Delhees KG
Pinneberger Str. 236
2000 Wedel
☏ 0 41 03–50 91

2000 DT
DT Handelsgesellschaft für Dachbaustoffe mbH
Bramfelder Chaussee 100
2000 Hamburg 71
☏ 0 40–61 00 61 Fax 61 17 11 17

2000 D & W
Dyckerhoff & Widmann AG Betonwerk
Andreas-Meyer-Str. 45
2000 Hamburg 74
☏ 0 40–78 43 43 Telex 2 163 415

2000 D & W AG
Dyckerhoff & Widmann AG Niederlassung Hamburg
Speersort 6
2000 Hamburg 1
☏ 0 40–3 09 20

2000 Eggers
Eggers Handels GmbH
Andreas-Meyer-Str. 9
2000 Hamburg 74
☏ 0 40/78 23 55

2000 EKO
EKO Blockhäuser und Holzelementbau
Odesloer Str. 267
2000 Hamburg 61 (Schnelsen)
☏ 0 40–5 50 82 25

2000 Elektra
Elektra GmbH Im- und Export
Industriestr. 8
2000 Hamburg-Schenefeld
☏ 0 40–8 30 40 25

2000 Erichsen
Erichsen-Lange Hausvertriebs-GmbH
✉ 54 01 01
2000 Hamburg 54
☏ 0 40–5 40 21 31

2000 ESSO
ESSO AG
Kapstadtring 2
2000 Hamburg 60
☏ 0 40–63 31 Telex 2 170 060

2000 Ettl
Ettl Spezialbaustoffe GmbH
Hamburger Str. 23
2000 Hamburg 76
☏ 0 40–2 20 14 21

2000 Euro
EURO Planen und Industriebedarf GmbH
Nagelsweg 63
2000 Hamburg 1
☏ 0 40–23 11 01 Telex 2 162 009

2000 F + T
F + T Bauelemente
Bei der Neuen Münze 25
2000 Hamburg 73
☏ 0 40–6 78 20 96 Telex 2 174 509 pice d

2000 Fagerhult
Fagerhult-Lyktan GmbH
Borsteler Chaussee 85–99
2000 Hamburg 61
☏ 0 40–5 11 60 26 und 27

2000 Feddersen
Feddersen Gewächshaus-Importgesellschaft & Co. KG
Blankeneser Bahnhofstr. 60 ✉ 55 03 04
2000 Hamburg 55
☎ 0 40-86 50 58

2000 fiboton
fiboton GmbH
Kieler Str. 163
2000 Hamburg 54
Fax 8 50 72 53
Telex 2 165 160 fibo d

2000 Finnjark
Finnjark
Zippelhaus 5
2000 Hamburg 11
☎ 0 40-33 61 47

2000 Fux
Georges Fux
✉ 73 02 44
2000 Hamburg 73
☎ 0 40-6 78 49 57

2000 Geister
Johann Geister Schamotte-Spezial-Großlager und Auslieferungslager für Erzeugnisse der Lafarge Fondu International
Pestalozzistr. 26
✉ 60 61 30
2000 Hamburg 60
☎ 0 40-61 49 17 und 61 01 26 Telex 2 174 614 JGH D

2000 Germania
Germania
Quedlinburger Str. 32a
2000 Hamburg 61

2000 GFS
Gesellschaft für Sicherheitstechnik mbH, Haus für Sicherheit
Winsbergring 3
2000 Hamburg 54
☎ 0 40-85 90 66 Telex 2 11 886 atuer

2000 Glasurit
Glasurit GmbH
Am Neumarkt 30 ✉ 10 05 20
2000 Hamburg 1
☎ 0 40-65 66 11 Telex 2 11 143

2000 Gödel
Sportbau Gödel & von Cramm
Klosterwall 6
2000 Hamburg 1
☎ 0 40-33 05 81 Telex 2 162 025

2000 Haase
Haase-Bau GmbH
✉ HH 73
2000 Hamburg 73-Braak
☎ 0 40-6 77 00 77 Telex 2 174 347

2000 Hammerstein
Paul Hammerstein, Flüssigkunststoffe
Wieddüp 27a
2000 Hamburg 61
☎ 0 40-58 34 41

2000 Handöl
Handöl-Kamine
Schnackenburgallee 203
2000 Hamburg 54
☎ 0 40-54 44 00

2000 Hansa-Tresor
Hansa-Tresor
Fontenay 1d
2000 Hamburg 36
☎ 0 40-44 88 00

2000 Hanse
Hanse-Betonvertriebs-Union GmbH
Wandsbeker Allee 15-19
2000 Hamburg 70
☎ 0 40-68 30 51 Fax 68 37 76

2000 Hapri
HAPRI Leichtbauplatten-Werk Herbert Prignitz
Papyrusweg 12
2000 Hamburg 74
☎ 0 40-7 12 40 16 und 7 12 43 41

2000 Hartmann
Hartmann & Co. Hauptniederlassung Hamburg
Rödingsmarkt 39
2000 Hamburg 11
☎ 0 40-36 90 90 Telex 2 11 692

2000 hdg
hdg Tresore Horst Dieter Glass
Lübecker Str. 11
2000 Hamburg 76
☎ 0 40-25 28 38 Fax 2 51 23 12

2000 Helling
HELLING Kommanditgesellschaft für Industrieprodukte und Anlagenbau (GmbH & Co.)
Sandtorkai 1
2000 Hamburg 11
☎ 0 40-37 60 10 Fax 37 60 11 00 Telex 2 13 611

2000 Hensel
Rudolf Hensel, Chem.-Lack- und Farbenfabrik
Süderstr. 235
2000 Hamburg 26
☎ 0 40-21 37 35 und 21 36 59

2

2000 Hermann
Ludwig M. Hermann
Oktaviostr. 2
2000 Hamburg 70
☏ 0 40-6 56 23 16

2000 Höveling
Weserland v. Höveling GmbH
Schnackenburgallee 62 ✉ 54 09 05
2000 Hamburg 54
☏ 0 40-85 80 81 ⌁ 2 163 285

2000 Holert
Hartsteinwerke Herbert Holert KG
Holsteinischer Kamp 69 ✉ 76 05 06
2000 Hamburg 76
☏ 0 40-29 14 26

2000 Hoppe
H. E. Hoppe Außenhandel GmbH
Friedensallee 46-48 ✉ 50 06 09
2000 Hamburg 50
☏ 0 40-39 15 11 ⌁ 2 11 346

2000 Hygromatik
HYGROMATIK® Lufttechnischer Apparatebau GmbH + Co.
Oststr. 55 ✉ 17 29
2000 Norderstedt
☏ 0 40-5 22 50 26 Fax 5 26 13 27
⌁ 2 174 675

2000 imbau
imbau Industrielles Bauen GmbH
Niederlassung Hamburg
Werner-Siemens-Str. 20 ✉ 74 07 69
2000 Hamburg 74
☏ 0 40-73 34 80 ⌁ 2 11 679

2000 Jacobsen
A. Jacobsen & Co., Inh. Jochen Jacobsen
Borsteler Chaussee 11
2000 Hamburg 61
☏ 0 40-5 11 50 41 ⌁ 2 164 019

2000 Johansen
Sven Johansen
✉ 26 15 23
2000 Hamburg 26
☏ 0 40-21 23 43

2000 Kerahermi
KERAHERMI A. E. Berndt & Co.
✉ 61 03 29
2000 Hamburg 61

2000 Kleen
Hermann Kleen
Lichtkuppelelemente-Rauchabzugsanlagen
Oststr. 76-78
2000 Norderstedt
☏ 0 40-5 22 20 01/4 ⌁ 2 13 405 kleen d

2000 Kleusberg
Willi Kleusberg Fertigbausysteme
Reichsbahnstr. 72
2000 Hamburg 54
☏ 0 40-54 40 64 ⌁ 2 173 293

2000 Koch
Sinmast F. Koch
Sülldorfer Kirchenweg 5 ✉ 55 05 46
2000 Hamburg 55
☏ 0 40-86 75 86

2000 Krueger
H. Krueger KG Maschinenfabrik GmbH & Co
Lornsenstr. 124-136 ✉ 12 29
2000 Hamburg-Schenefeld
☏ 0 40-8 30 39 00 ⌁ 2 15 656

2000 Langerfeld
Langerfeld GmbH
✉ 70 11 44
2000 Hamburg 70
☏ 0 40-66 76 56 und 66 22 33 ⌁ 2 174 086 rola d

2000 Lau
Novapor Hans Lau
Stettiner Str. 11
2000 Norderstedt 3
☏ 0 40-5 23 23 72 und 42

2000 Liedelt
D. F. Liedelt Velta Produktions- und Vertriebs-GmbH
Robert-Koch-Str. 11-33 ✉ 52 09
2000 Norderstedt
☏ 0 40-5 24 00 77 ⌁ 2 174 342

2000 Lugato
LUGATO CHEMIE DR. BÜCHTEMANN GMBH & CO.
Helbingstr. 60-62 ✉ 70 11 40
2000 Hamburg 70 (Wandsbek)
☏ 0 40-6 94 49 90 Fax 69 44 99 10
Teletex 4 03 779 LUGATO

2000 MAN
MAN B & W Diesel GmbH MAN Brennerbau
Roßweg 6
2000 Hamburg 11
☏ 0 40-7 40 90 Fax 7 40 91 04
⌁ 2 17 629 man d

2000 Max
max-Schallschluck-Lüftungen GmbH & Co. KG
Schnackenburgallee 13
2000 Hamburg 54
☏ 0 40-8 53 03 71 ⌗ 2 13 767

2000 MCT
MCT Brattberg GmbH
Mühlendamm 66
2000 Hamburg 76
☏ 0 40-2 20 17 59 ⌗ 2 11 419 mct hh

2000 Metrona
METRONA/HAGEN Haustechnik Handelsges. mbH
Doberaner Weg 10
✉ 73 09 20
2000 Hamburg 73
☏ 0 40-67 50 10 ⌗ 2 11 030 hagen d

2000 Michow
L. Michow Verkaufsbüro
Wandsbeker Allee 19
2000 Hamburg 70
☏ 0 40-68 23 11 bis 14

2000 MLL
MLL-Maximal-Lärmschutz-Lüftungen GmbH
Schnackenburgallee 13
2000 Hamburg 54
☏ 0 40-8 50 40 54 ⌗ 2 13 767

2000 Möller
Möller & Förster Baustoffe · Bodenbeläge
Stückenstr. 1-3 ✉ 76 07 29
2000 Hamburg 76
☏ 0 40-2 98 80 ⌗ 2 11 724
→ 2300 Möller
→ 8500 Möller

2000 Müller, Gg.
Georg Müller Inh. Ronald Müller
Wieckstr. 20
2000 Hamburg 54
☏ 0 40-40 91 50

2000 Munters
Munters GmbH
Ausschläger Weg 71
2000 Hamburg 26
☏ 0 40-25 16 60 ⌗ 2 161 836

2000 Neue Heimat
Neue Heimat Fertighaus Vertriebsgesellschaft mbH
Lübecker Str. 1
2000 Hamburg 76
☏ 0 40-25 79 12 07

2000 Neumig
NEUMIG Gerätebau GmbH
Westerlandstr. 3
2000 Hamburg 70
☏ 0 40-66 27 30

2000 Nordform
Nordform Norddeutsche Formenfabrik KG
Schützenwall 16-20 ✉ 18 09
2000 Norderstedt 1
☏ 0 40-5 25 55 00 ⌗ 2 12 922

2000 Norka
NORKA Norddeutsche Kunststoff- und Elektrogesellschaft Stäcker & Co.
Sportallee 8
2000 Hamburg 16
☏ 0 40-5 13 00 90 ⌗ 2 12 520

2000 NOVATHERM
NOVATHERM® Klimageräte GmbH
Jacobsenweg 1
2000 Hamburg 54
☏ 0 40-5 40 10 06

2000 Novolight
NOVOLIGHT
Imstedt 56
2000 Hamburg 76
☏ 0 40-22 27 69 Fax 2 29 76 31

2000 Palm
Palmcolor Palm & Co. KG
Schnackenburgallee 203
2000 Hamburg 54
☏ 0 40-5 40 40 07 ⌗ 2 13 235

2000 Panasonic
Panasonic Deutschland GmbH
Winsbergring 15
2000 Hamburg 54
☏ 0 40-8 54 90

2000 Pectacrete
Deutsche Pectacrete GmbH
✉ 70 04 51
2000 Hamburg 70
☏ 0 40-6 52 50 62

2000 Petal
PETAL-WERK Peters GmbH
Erlengang 32 ✉ 18 29
2000 Norderstedt 1
☏ 0 40-5 22 30 73 Fax 5 22 80 19 ⌗ 2 13 029

2000 Philips
Philips
Steindamm 94 ✉ 10 02 29
2000 Hamburg 1
☏ 0 40-28 11

2

2000 Pistoor
K. Heiko Pistoor GmbH & Co.
Försterweg 73
2000 Hamburg 54
☏ 0 40-5 40 49 31 Telex 2 12 206

2000 Plana
PLANA
Rahlau 30
2000 Hamburg 70
☏ 0 40-66 07 77 Telex 2 11 191

2000 Plastolith
Plastolith Kunststoffe Ruthart Hess oHG
Friedrich-Ebert-Damm 202 a
2000 Hamburg 70
☏ 0 40-66 71 81 Telex 2 174 014 hess d

2000 Polenz
Polenz GmbH
Friesenweg 4
2000 Hamburg 50
☏ 0 40-8 80 40 31 Telex 2 13 800

2000 Polybit
POLYBIT® Nord Handelsgesellschaft mbH
Carl-Petersen-Str. 9
2000 Hamburg 26
☏ 0 40-25 20 73 Teletex 40 21 07 polybit

2000 PORAVER
PORAVER-Vertriebsgesellschaft m.b.H.
Braunfelder Chaussee 100
2000 Hamburg 71
☏ 0 40-61 20 61 Fax 61 17 11 17

2000 Prange
Spezialwerkstätten Prange
Eppendorfer Baum 12-14
2000 Hamburg 20
☏ 0 40-48 34 47 und 47 73 97

2000 Pressalit
Pressalit GmbH
Großer Kamp 11
2000 Barsbüttel
☏ 0 40-6 70 00 73 und 74 Fax 6 70 31 70
Telex 2 173 583

2000 Rath
Hamil Rath oHG
Scheffelstr. 17
2000 Hamburg 60

2000 Rave
Detlev Rave (GmbH + Co.) Fabrik für Isolierstoffe
Bornkampsweg 60
2000 Hamburg 50
☏ 0 40-89 10 55 Telex 2 14 397

2000 Rember
Rember Chemische Fabrik
Franz Hoppe K.G. (GmbH. & Co.)
Am Stadtrand 62 ✉ 70 14 47
2000 Hamburg 70
☏ 0 40-6 93 16 92/93

2000 Retracol
Retracol-Gesellschaft Sültmann & Co. mbH
Bornmoor 22
2000 Hamburg 54
☏ 0 40-5 40 30 45

2000 Richter
RICHTER Maschinenbau GmbH
Eilswiese 8
2000 Hamburg 65
☏ 0 40-6 01 44 52

2000 Riecken
Riecken-Harvestore GmbH
✉ 11 20
2000 Tangstedt
☏ 0 41 09-90 08 Fax 13 55
Telex 2 180 712

2000 Ruberoid
RUBEROIDWERKE AG Hauptverwaltung Hamburg
Billbrookdeich 134 ✉ 74 06 09
2000 Hamburg 74
☏ 0 40-73 11 01 Telex 2 14 276

2000 SAVA
SAVA International GmbH
Große Bleichen 8
2000 Hamburg 36
☏ 0 40-35 30 41 Fax 35 30 44 Telex 2 161 757 sava d

2000 Schauman
Wilh. Schauman GmbH
Kirchenallee 25 ✉ 10 57 28
2000 Hamburg 1
☏ 0 40-2 80 11 92 Telex 2 164 432

2000 Schlegel
Schlegel GmbH
Bredowstr. 33
2000 Hamburg 74
☏ 0 40-7 33 290 Telex 2 13 919 schl Telefax 732 07 09

2000 Schmidt, G.
Gustav Schmidt & Co. Nachf.
Chemische Bautenschutzstoffe
Bramfelder Chaussee 277
2000 Hamburg 71
☏ 0 40-6 41 28 88

2000 Schröder
Arthur Schröder Naturstein-Agentur
Kielkoppelstr. 80h
2000 Hamburg 73
☏ 0 40-6 72 52 10 Fax 6 72 81 16 ⌁ 2 174 686 as hh d

2000 Schuh
Felix Schuh + Co. GmbH
Zweigniederlassung Hamburg
Bredowstr. 10
2000 Hamburg 74
☏ 0 40-73 34 30 ⌁ 2 14 309
→ 4300 Schuh
→ 6104 Schuh
→ 8047 Schuh

2000 Schumacher
Werner D. Schumacher & Co.
Objekt-Bodenbeläge für öffentliche Einrichtungen, Gewerbe und Industrie
Borsteler Chaussee 77
2000 Hamburg 61
☏ 0 40-5 11 80 81 ⌁ 2 12 238 schum d

2000 Seemann
Gebr. Seemann
Erdkampsweg 74a
2000 Hamburg 63
☏ 0 40-59 18 75

2000 Shell
Deutsche Shell AG
Überseering 35
2000 Hamburg 36
☏ 0 40-63 41 ⌁ 2 1 970

2000 Sika
Sika GmbH
Deelböge 5-7
2000 Hamburg 60
☏ 0 40-5 11 90 04/6 ⌁ 2 15 424

2000 Spillner
Spillner Consult GmbH
Chemnitzstr. 80
2000 Hamburg 50
☏ 0 40-38 14 55 und 56 ⌁ 2 11 690 spct d

2000 Stachnau
Hammonia Rollofabrik
Hermann Stachnau GmbH & Co.
Ruhrstr. 51 ✉ 50 06 26
2000 Hamburg 50
☏ 0 40-85 70 61

2000 Stenflex
Stenflex GmbH
2000 Hamburg 65
☏ 0 40-5 24 00 56 ⌁ 2 174 285

2000 Stephany
Stephany B. D. H.
St.-Benedict-Str. 13
2000 Hamburg 13

2000 Strasser
Strasser GmbH Putz- und Mörteltechnik
Oeverseestr. 10-12
2000 Hamburg 50
☏ 0 40-8 50 10 79 und 70
→ 4030 Strasser

2000 Stulz
Stulz GmbH Wärmepumpen
Holsteiner Chaussee 283 ✉ 61 03 20
2000 Hamburg 61
☏ 0 40-5 58 51 ⌁ 2 13 868

2000 Thannemann
Helmut Thannemann GmbH
Bargkoppelweg 80
2000 Hamburg 73
☏ 0 40-6 78 88 01

2000 Thaysen
J. H. Thaysen
✉ 73 03 10
2000 Hamburg 73
☏ 0 40-6 78 40 88 ⌁ 2 174 509

2000 Thede
Thede & Witte
Herbert-Weichmann-Str. 60
2000 Hamburg 76
☏ 0 40-22 44 41 ⌁ 2 174 802

2000 Thiessen
Hansa Metallgesellschaft mbH Thiessen & Hager
Holsteiner Chaussee 49 ✉ 54 09 60
2000 Hamburg 54 (Eidelstadt)
☏ 0 40-5 72 21 ⌁ 2 14 394

2000 Thumb
Franz Thumb GmbH & Co.
Albert-Schweitzer-Ring 31
2000 Hamburg 70
☏ 0 40-66 07 18 ⌁ 2 13 213

2000 Timmann
Mosaik-Kontor John Timmann GmbH & Co. KG
Pinneberger Str. 54
2000 Hamburg 61
☏ 0 40-5 50 10 65 ⌁ 2 174 848 moko

2000 Tivoli
TIVOLI WERKE AG Fabrik synthetischer Klebstoffe
Reichsbahnstr. 99 ✉ 54 02 09
2000 Hamburg 54-Eidelstedt
☏ 0 40-54 00 20 ⌁ 2 13 679

2000 Tropag
TROPAG Oscar H. Ritter Nachf. GmbH
Bundesstr. 4 ✉ 13 21 36
2000 Hamburg 13
☎ 0 40-4 14 01 30 Fax 41 40 13 20 Telex 2 161 945

2000 Tuboflex
TUBOFLEX KG Fritz Berghöfer & Co.
Barnerstr. 16 ✉ 50 15 29
2000 Hamburg 50
☎ 0 40-39 10 31 Telex 2 12 266

2000 Tulikivi
TULIKIVI
Rissener Str. 125
2000 Wedel
☎ 0 41 03-8 88 90

2000 Tummescheit
Tummescheit & Co.
Eppendorfer Weg 8
2000 Hamburg 19
☎ 0 40-4 39 81 14 Fax 39 10 32 13 Telex 2 189 441 tuco d

2000 Vandex
Vandex Isoliermittel Ges. mbH
Kieler Str. 335 ✉ 54 02 29
2000 Hamburg 54
☎ 0 40-5 40 70 64 und 5 40 45 06
Telex 2 164 679 vand d

2000 VAT
VAT Baustofftechnik GmbH
Friedrich-Ebert-Damm 160 A ✉ 70 17 26
2000 Hamburg 70
☎ 0 40-6 94 20 50 Fax 69 42 05 17
Teletex 4 03 925 VAT
→ 2100 VAT
→ 8520 VAT
→ 4270 VAT

2000 VELUX
VELUX GmbH
Bauzubehör
Gazellenkamp 168 ✉ 54 02 60
2000 Hamburg 54
☎ 0 40-5 48 40

2000 VIA
VIA-DACHTEILE Handelsges. mbH + Co.
Bramfelder Chaussee 100
2000 Hamburg 71
☎ 0 40-6 11 71 10 Fax 6 17 11 17 Telex 2 174 326 viad d

2000 Walther
Franz H. Walther
Rütersberg 46
2000 Hamburg 54
☎ 0 40-56 30 66 Telex 2 11 033

2000 WEBAC
WEBAC Bauinjektions-Chemie GmbH
Fahrenberg 22
2000 Barsbüttel
☎ 0 40-67 09 41 Telex 2 163 324 weba d

2000 Wehakomp
Westeuropäische Handels-Kompagnie GmbH
Poststr. 51 ✉ 3 05
2000 Hamburg 36
☎ 0 40-34 13 96 und 34 13 90 Telex 2 11 852 whak d

2000 Westermann
Rolf Westermann KG
Bargteheider Str. 36
2000 Hamburg 73
☎ 0 40-6 77 20 77

2000 Wibo
Wibo-Werk
Kollaustr. 7-9
2000 Hamburg 54
☎ 0 40-58 50 51

2000 Wilken
K. H. Wilken + Co., Haustechnische Geräte
Lademannbogen 27
2000 Hamburg 63
☎ 0 40-5 38 60 97 Telex 2 174 406

2000 Willbrandt
WILLBRANDT & Co.
Schnackenburgallee 180
2000 Hamburg 54
☎ 0 40-5 40 40 34 Telex 2 15 114

2000 WSV
WSV GmbH Wärme- und Sanitärtechnik
Vertriebsgesellschaft mbH
Lademannbogen 27
2000 Hamburg 63
☎ 0 40-5 38 60 79 Telex 2 174 406

2050 Aretz
Dieter M. Aretz, Werksvertretungen
Lohbruegger Landstr. 39
2050 Hamburg 80
☎ 0 40-7 39 94 65 Telex 2 17 853

2050 Garpa
Garpa Garten- und Parkeinrichtungen
Kiehnwiese 1
2050 Escheburg
☎ 0 41 52-30 25 Telex 2 18 729

2050 Hitachi
HITACHI Sales Europa GmbH
Rungedamm 2
2050 Hamburg 80
→ 4000 Hitachi

2050 Rinol
Rinol Hamburg Günter Schilakowski GmbH
Neuengammer Hausdeich 175
2050 Hamburg 80
☏ 0 40-7 23 23 66

2050 stabitex
stabitex intakt Vertriebsgesellschaft m.b.H.
Brookdeich 14
2050 Hamburg 80
☏ 0 40-7 21 53 33 Fax 7 21 53 16 ⌁ 2 15 595

2050 TIM
TIM Ticket System GmbH,
Zweigniederlassung Hamburg
✉ 80 08 24
2050 Hamburg 80
☏ 0 40-7 21 40 91 und 7 21 60 19 ⌁ 2 17 899 tim d

2053 Brügmann
Hans Brügmann GmbH & Co.
Schraubenfabrik
Grabauer Str. 35
2053 Schwarzenbek
☏ 0 41 51-20 74 ⌁ 2 189 408 Ramp d

2053 Thater
Thater K.G. Betonwerk und Ing.-Büro
Industriestr. 7 ✉ 14 65
2053 Schwarzenbek
☏ 0 41 51-20 81/82 ⌁ 2 189 404

2054 Bankel
Bankel Keramik GmbH & Co. KG
Steinstr. 15-19 ✉ 11 49
2054 Geesthacht/Elbe
☏ 0 41 52-7 20 31

2054 Sadolin
Sadolin GmbH
Wärderstr. 8 ✉ 14 20
2054 Geesthacht
☏ 0 41 52-40 84 ⌁ 2 18 718

2054 Teppichfabrik
Norddeutsche Teppichfabrik GmbH
Düneberger Str.
2054 Geesthacht
☏ 0 41 52-1 51

2056 Argentox
ARGENTOX GMBH
Humboldtstr.
2056 Glinde
☏ 0 40-7 22 10 06 ⌁ 2 11 979

2056 Imparat
Imparat Farbwerk Iversen & Mähl GmbH & Co.
Siemensstr. 8
2056 Glinde
☏ 0 40-7 27 70 80

2057 Betonwerk Wentorf
Betonwerk Wentorf GmbH & Co. KG
2057 Wentorf
☏ 0 40-7 20 10 78

2057 Electro-OIL
Electro-OIL GmbH
Dieselstr. 1
2057 Reinbek
☏ 0 40-7 22 30 43

2057 Goosmann
Goosmann GmbH Öfen- und Kachelgroßhandel
2057 Wentorf bei Hamburg

2057 Illmann
L. ILLMANN & Co.
Hans-Geiger-Str. 5
2057 Reinbek (Neuschönningstedt)
☏ 0 40-7 10 87 71 und 81

2057 Stüwe
Stüwe + Co. GmbH + Co.
Am Sportplatz 40
2057 Reinbek (Neuschönningstedt)
☏ 0 40-7 10 20 65

2058 ERU
ERU Schornsteintechnik GmbH
Buchhorster Weg 2-10
2058 Lauenburg/Elbe
☏ 0 41 53-5 90 60

2058 SP-Beton
SP-BETON GmbH & Co. KG Baustoffwerke
Buchhorster Weg 2-10
2058 Lauenburg
☏ 0 41 53-5 90 60 Fax 59 06 99 ⌁ 2 189 628 spb d

2058 Ziegel
Lauenburger Ziegelwerke Theodor Basedow
GmbH & Co. KG
✉ 11 47
2058 Lauenburg
☏ 0 41 53-30 01 ⌁ 2 189 610

2060 Preussag Minimax
Preussag AG Minimax
Industriestr. 10/12 ✉ 12 60
2060 Bad Oldesloe
☏ 0 45 31-80 30 Fax 80 32 99 ⌁ 2 61 525

2

2067 Osmose
Arbeitskreis Osmose Bauholzschutz e.V.
Schillerstr. 15
2067 Reinfeld

2070 ege
ege taepper (Deutschland) GmbH
Kurt-Fischer-Str. 8
2070 Ahrensburg
☏ 0 41 02-4 03 36 bis 37 Telex 2 189 876
Fax 4 15 90

2071 Piper
Ernst Piper
2071 Schönberg
☏ 0 45 34-3 11

2072 Grajecki
Dipl.-Ing. U. Grajecki
✉ 12 29
2072 Bargteheide
☏ 0 45 32-17 12 Telex 2 61 585

2072 Lindab
Lindab Ventilation GmbH
Am Redder 2 ✉ 13 10
2072 Bargteheide
☏ 0 45 32-65 31 und 32

2072 Unipool
Unipool
✉ 13 30
2072 Bargteheide
☏ 0 45 32-30 33 Fax 55 66

2077 Maltzahn
A. v. Maltzahn Betonsteinwerk
Otto-Hahn-Str. 4
2077 Trittau
☏ 0 41 54-30 16/17

2080 Binné
Binné & Sohn GmbH & Co. KG Dachbaustoffwerk
Mühlenstr. 60 ✉ 13 60
2080 Pinneberg
☏ 0 41 01-5 00 50 Telex 2 189 147

2080 Fleck
Fahnen Fleck
Haidkamp 95
2080 Pinneberg
☏ 0 41 01-79 01 Telex 2 189 009

2080 OKey Bauelemente
OKey-Bauelemente GmbH, Verwaltung und Vertrieb
Mühlenstr. 2
2080 Pinneberg
☏ 0 41 01-2 90 71 Telex 2 189 039

2080 OKey Bauservice
OKey-Bauservice GmbH
Mühlenstr. 2
2080 Pinneberg
☏ 0 41 01-2 90 71 Telex 2 189 039

2080 Pehalit
PEHALIT GMBH Fabrik für chemische Isolierungen
Mühlenstr. 76 ✉ 15 47
2080 Pinneberg
☏ 0 41 01-2 35 91 Fax 20 47 39 Telex 2 189 154 ph

2081 Wachter
Karl Wachter KG
2081 Appen-Etz
☏ 0 41 01-6 25 11

2082 Voss
VOSSCHEMIE GMBH
Esinger Steinweg 50 ✉ 1 24
2082 Uetersen
☏ 0 41 22-71 70 Fax 71 71 58 Telex 2 18 526

2083 Beldan
Beldan Islef KG
Gärtnerstr. 94a
2083 Halstenbek
☏ 0 41 01-4 50 36

2083 Crawford
Crawford Tor GmbH Abt. 30
Gärtnerstr. 90 ✉ 11 62
2083 Halstenbek
☏ 0 41 01-4 90 50 Telex 2 189 021

2083 Leca
Leca® Deutschland GmbH, Hauptverwaltung
Gärtnerstr. 94a ✉ 11 04
2083 Halstenbek ü. Hbg.
☏ 0 41 01-4 60 53 Telex 2 189 020 leca a

2083 M + M
M + M Warenvertrieb Maack KG
Hartkirchener Chaussee 3 ✉ 12 36
2083 Halstenbek
☏ 0 41 01/4 48 55 Fax 4 37 42

2083 Nobel
Nobel & Co. Chemische Fabrik
Dockenhudener Chaussee 116
2083 Halstenbek/Hamburg
☏ 0 41 01-4 35 33 und 4 21 88

2083 Sonesson
Sonesson Trading GmbH Abt. 30
Gärtnerstr. 90
2083 Halstenbek
☏ 0 41 01-4 90 50 Telex 2 189 021

2084 Lackfa
LACKFA Isolierstoff GmbH + Co.
✉ 61 01 27
2084 Rellingen 2
☎ 0 41 01-3 20 65 Telex 2 189 133

2084 Lamello
Lamello GmbH
Industriestr 14
2084 Rellingen 2
☎ 0 41 01-3 56 57 Telex 1 89 016

2084 optima
optima Zentrale Nord. aktual Bauteile und Umweltschutzsysteme GmbH & Co. KG
Eichenstr. 30–40 ✉ 12 03
2084 Rellingen 1
☎ 0 41 01-50 24 Telex 7 32 597

2085 Metalltechnik
Wunstorf Metalltechnik
Max-Weber-Str. 35
2085 Quickborn-Heide
☎ 0 41 06/7 15 97

2085 Perma
Perma System GmbH
Max-Weber-Str. 16
2085 Quickborn
☎ 0 41 06-7 20 52 Telex 2 180 672

2085 Wulf
Heinrich Otto Wulf GmbH
Robert-Bosch-Str.
2085 Quickborn
☎ 0 41 06-7 10 91 Telex 2 173 174 wulf d

2086 Grothkarst
Grothkarst & Co. GmbH
Werner-von-Siemens-Str. 1
2086 Ellerau
☎ 0 41 06-7 10 81 Telex 2 180 681
→ 4000 Grothkarst

2093 Ashausen
Betonwerk Ashausen GmbH & Co.
2093 Stelle
☎ 0 41 71-52 95

2100 Brendel
Nils Brendel Technische Spezialverfahren
Winsener Str. 130
2100 Hamburg 90
☎ 0 40-7 63 30 84 Fax 7 63 75 08 Telex 2 17 664

2100 New York
New York Hamburger Gummiwaaren Compagnie AG
✉ 90 07 51
2100 Hamburg 90
☎ 0 40-77 12 91 Teletex 17 40 32 66

2100 Phoenix
PHOENIX AG
Hannoversche Str. 88 ✉ 90 11 40
2100 Hamburg 90
☎ 0 40-76 67-1 Telex 2 173 161 pxhh d

2100 Thörl
Hartsteinwerke Harburg Thörl & Co.
Sinstorfer Kirchweg
2100 Hamburg 90
☎ 0 40-7 60 20 31

2100 VAT
VAT BAUSTOFFTECHNIK GMBH, Niederlassung Nord
Moorburger Str. 7/Am Radeland
✉ 90 14 42
2100 Hamburg 90 (Harburg)
☎ 0 40-7 66 90 20 Telex 21 63 000 vat d

2102 Aeckerle
Lackfabrik Union KG Aeckerle & Co.
Rotenhäuserstr. 10
2102 Hamburg 93
☎ 0 40-75 18 69 Telex 2 15 415

2102 Decor
DECOR GmbH Import-Vertrieb
Rothenhäuserstr. 10 ✉ 93 06 20
2102 Hamburg 93
☎ 0 40-75 10 07-0

2102 Fehrmann
FEHRMANN GmbH
Stenzelring 19
2102 Hamburg 93
☎ 0 40-7 53 50 25 Telex 2 163 306

2102 Höger
Höpolyt-Gesellschaft Höger GmbH & Co.
Stenzelring 2 ✉ 93 02 71
2102 Hamburg 93
☎ 0 40-75 81 35/6 Telex 2 163 587

2102 Mankiewicz
Gebr. Mankiewicz & Co.
Georg-Wilhelm-Str. 189
2102 Hamburg 93
☎ 0 40-75 10 30

2102 Nissen
Chemische Fabrik Nissen & Volk
Stenzelring 12 ✉ 93 04 46
2102 Hamburg 93
☎ 0 40-7 53 50 64 Telex 2 163 754

2103 Müller, J. F.
J. F. Müller & Sohn AG
Griesenwerder Damm 3
2103 Hamburg 95 - Waltershof
☏ 0 40-74 00 03 33 Fax 74 00 03 36
2 162 185 msh d

2104 Pohlmann
Herbert W. Pohlmann
Wiedenthaler Sand 47
2104 Hamburg 92
☏ 0 40-7 96 31 25

2104 Walther
E. C. Walther
✉ 2 09
2104 Hamburg 92
☏ 0 40-7 01 88 17

2105 SvB
SvB Chemie Dr. Schmidt von Bandel GmbH
✉ 11 28
2105 Sevetal 1
☏ 0 41 05-5 25 22 2 180 340 svbe d

2105 svt
svt - Brandschutz Vertriebsgesellschaft mbH
International
Maschener Schützenstr. 45 ✉ 31 50
2105 Seevetal 3
☏ 0 41 05-8 30 15 2 180 327
Telefax 0 41 05-8 16 71

2105 Waldoor
Waldoor GmbH
Hittfelder Landstr. 18
2105 Seevetal 2
☏ 0 41 05-30 78

2107 Begus
BEGUS-Haus
2107 Rosengarten 8
☏ 0 41 81-80 04

2110 Heinemann
Peter Heinemann
Heidekamp 46
2110 Buchholz i. d. Nordheide
☏ 0 41 81-3 35 55

2110 KESO
KESO® Deutschland GmbH Präzisionsschließtechnik
Zunftstr. 8
2110 Buchholz i. d. N.
☏ 0 41 81-60 77 und 78 Fax 3 87 62 2 189 333

2110 Leitow
Insulex-Produkte D. Leitow
Sperberweg 97
2110 Buchholz

2110 Meisterbau
Meisterbau Planungs- und Vertriebsgesellschaft
für Ingenieurbauten mbH
Roggenkamp 28
2110 Buchholz N.
☏ 0 41 81-3 55 11

2110 Worthmann
Worthmann-Treppenbau
Gildestr. 2
2110 Buchholz
☏ 0 41 81-79 42

2121 FECO
FECO GmbH Beregnungstechnik
Schützenstr. 5
2121 Deutsch Evern
☏ 0 41 31-7 92 01 2 182 241

2121 Hiri
HIRI Hildebrand & Richter
2121 Kirchgellersen
☏ 0 41 35-3 00

2122 FREKA
FREKA-Bauelemente Dietrich W. Marquardt GmbH
Am Park 9
2122 Bleckede (Alt Garge)
☏ 0 58 54-10 28 Fax 14 98

2141 Kalk
Kalksandsteinwerk Glinstedt GmbH & Co. KG
2141 Glinstedt
☏ 0 42 85-3 44

2150 Hupfeld
Hupfeld-Beton GmbH & Co.
Ostergrund 7
2150 Buxtehude-Ovelgönne
☏ 0 41 61-7 07 90 Fax 70 79 32

2150 stuck modern
stuck modern, Dekorative Produkte GmbH
Bahnhofstr. 52a
2150 Buxtehude
☏ 0 41 61-29 73

2153 HPP
HPP PROFILE GmbH
Liliencronstr. 65 ✉ 11 80
2153 Neu-Wulmsdorf 1
☏ 0 40-7 00 50 11 2 17 501

2153 Stahl
Günter W. Stahl KG
Wulmstorfer Str. 62
2153 Neu-Wulmstorf
☏ 0 40-7 00 90 51 Fax 7 00 83 36

2160 Lingner
STADER GLAS KG, Friedrich Lingner
Am Schwingedeich 54
2160 Stade
☎ 0 41 41-49 10

2160 STADUR
STADUR Dämmstoffe GmbH
Carl-Benz-Str. 9
2160 Stade
☎ 0 41 41-6 94 70 und 74

2161 Raap
Raap Fertigbinder GmbH
2161 Ahlerstedt
☎ 0 41 66-5 41

2165 Dammschneider
Holzwerk Dammschneider GmbH
Weißenfelderstr. 7 ✉ 12 08
2165 Harsefeld
☎ 0 41 64-20 16

2166 Pallmann
Otto Pallmann & Sohn
2166 Dollern NE
☎ 0 41 63-24 86

2168 Oltmann
Oltmann-Fertigteile GmbH & Co.
Aschhorner Str. 35 ✉ 11 60
2168 Drochtersen
☎ 0 41 43-71 04

2170 Zement
Hemmor Zement Aktiengesellschaft
✉ 11 20
2170 Hemmor
☎ 0 47 71-72 11 Telex 2 32 117 hemor d

2200 Löwe
LÖWE-LACK-WERK OTTO LÖWE GmbH u. Co. KG
Kaltenweide 238 ✉ 7 40
2200 Elmshorn
☎ 0 41 21-8 10 81 Telex 2 18 339 löwe d

2200 Nordrohr
Nordrohr Kunststoffröhrenwerk GmbH & Co. KG
Deichstr. 6 ✉ 12 69
2200 Elmshorn
☎ 0 41 21-2 20 26 Telex 2 18 327

2200 Steier
Max Steier GmbH & Co.
Steindamm 77-85 ✉ 11 20
2200 Elmshorn
☎ 0 41 21-7 10 21 Telex 2 18 343

2208 Wilckens
M. Wilckens Sohn GmbH & Co. KG
Schleswig-Holsteinische Farbenfabriken
45 ✉ 11 60
2208 Glückstadt
☎ 0 41 24-7 77 Telex 2 18 349 pohl d

2210 Inefa
Inefa Kunststoffe GmbH
Brunnenstr. 2-10 ✉ 13 69
2210 Itzehoe
☎ 0 48 21-60 90 Telex 2 8 217

2210 Koch
Kalksteinwerke Itzehoe W. Koch & Co. KG
2210 Itzehoe
☎ 0 48 21-6 10 77

2210 Netzow
Netzow-Lavagrund Adolf Netzow Großhandlung
Gasstr. 46
2210 Itzehoe
☎ 0 48 21-7 40 71

2210 Voss
Hans-Heinrich Voss
Tulpenweg 2
2210 Itzehoe
☎ 0 48 21-4 14 09 Fax 4 10 14 Telex 28 237 witfit d

2211 Rekord
rekord-fenster + türen
An der B 5
2211 Itzehoe-Dägeling
☎ 0 48 21-84 00 Telex 2 8 240 Teletex 4 82 171

2214 Lola
Schmidt-LOLA-GmbH
Mittelstr. ✉ 20
2214 Hohenlockstedt
☎ 0 48 26-9 21 Telex 2 8 224 aslola

2214 Nier
Hermann Nier GmbH
Finnische Allee 19-21
2214 Hohenlockstedt
☎ 0 48 26-2 00 Fax 2 01 28 Telex 2 8 247

2215 ZH
ZH Ziegelwerk Hademarschen
H. Peter Thomsen GmbH & Co. KG
2215 Hademarschen/Holstein
☎ 0 48 72-23 59 + 20 31 Fax 37 31

2224 Sönnichsen
D. Sönnichsen
Kl. Bergstr. 8
2224 Burg
☎ 0 48 25-29 03

2240 Schröder
Betonsteinwerk Schröder GmbH & Co. KG
2240 Heide
☏ 04 81-69 00

2241 Scheer
Scheer Heiztechnik GmbH
2241 Wöhrden
☏ 0 48 39/2 55

2241 Wildenrath
Dithmarscher Kalksandsteinwerke
Fritz von Wildenradt KG
2241 Schalkholz
☏ 0 48 38-5 11

2243 Nordmark
Nordmarkhaus Friedrich Großkopf GmbH & Co. KG
✉ 20
2243 Albersdorf/Holstein
☏ 0 48 35-10 04 Telex 2 8 835

2250 Engelhardt
Ernst Engelhardt Betonwerk
Gutenbergstr. 10
2250 Husum
☏ 0 48 41-7 10 76

2250 Hansen & Detlefsen
Hansen & Detlefsen
Ostenfelder Str. 70-82
2250 Husum
☏ 0 48 41-7 10 66 Fax 74 47 77 Telex 2 8 545

2250 Schnoor
Uwe Schnoor Holzbau
2250 Husum
☏ 0 48 41-70 71

2253 Busch
Drees Busch
Fischerstr. 53
2253 Kotzenbüll-Tönning
☏ 0 48 61-8 31 Fax 65 73

2253 Elka
ELKA GMBH
✉ 1 02
2253 Tönning
☏ 0 48 61-12 70

2253 MET
MET - Treppenbau
Friedrichstädter Chaussee 36
2253 Tönning/Eider
☏ 0 48 61-7 54 und 55

2253 Nissen
Adolf Nissen Elektrobau
✉ 40
2253 Tönning
☏ 0 48 61-7 66 Telex 2 8 425

2253 Siegfriedsen
Siegfriedsen Frieslandtüren GmbH
Ostersielzug 8
2254 Friedrichstadt
☏ 0 48 81-3 90

2300 Danton
DANTON-LEICHTBETON GmbH
Beratung und Vertrieb
Brunswiker Str. 50
2300 Kiel 1
☏ 04 31-56 20 43 und 44 Telex 2 92 319

2300 D & W
Dyckerhoff & Widmann AG Bauunternehmung
Holstenstr. 88 ✉ 19 44
2300 Kiel
☏ 04 31-9 11 45

2300 Felten
Felten-Holzbau
Melsdorfer Str. 46 a
2300 Kiel 1
☏ 04 31-52 40 63

2300 Grorud
A/S Grorud Jernvarefabrik
Möllingstr. 7
2300 Kiel
☏ 04 31-97 03 33

2300 Jäger
Eisen-Jäger Kiel GmbH
Hamburger Chaussee 192 ✉ 26 67
2300 Kiel 1
☏ 04 31-68 80 96 Fax 6 45 44 Telex 2 92 782

2300 Kampovsky
KAMPOVSKY Kunststoff-Fenster und -Türen
Kronsberg 32
2300 Altenholz
☏ 04 31-32 10 74

2300 Möller
Möller & Förster
Werftstr. 179 ✉ 63 40
2300 Kiel 14
☏ 04 31-7 50 33

2300 Podszuck
Podszuck GmbH + Co. KG
Klausdorfer Weg 163
2300 Kiel 14
☏ 04 31-72 20 14 Telex 2 92 982

2301 Immo
Immo Fensterbau GmbH
Preetzer Chaussee 59
2301 Klausdorf/Schwentine
☏ 04 31-78 20 56 Fax 78 20 58

2302 D & W
Dyckerhoff & Widmann AG,
Betonwerk
Sörenberg
2302 Flintbek ü. Kiel
☏ 0 43 47-33 59 u. 7 71 Telex 2 92 798

2302 Finhament
Finhament Bauhandel GmbH
Burkamp 8
2302 Flintbek ü. Kiel
☏ 0 43 47-22 85

2303 Juschkat
Klaus Juschkat Werksvertretungen
Am Bogen 1
2303 Wulfshagenerhütten
☏ 0 43 46-18 11

2308 Volkert
Volkerttextil GmbH
Gewerbestr. 12
2308 Preetz
☏ 0 43 42-8 60 51 und 52 Telex 2 92 888

2312 Wepner
Dirk Michael Wepner, Werksvertretungen
Am Eksol 5-7
2312 Mönkeberg
☏ 04 31-23 16 34

2321 Jäger
Jäger & Kuta
2321 Kleinmühlen bei Plön
☏ 0 45 22-30 11

2323 Schmiebusch
A. Schmiebusch
✉ 23
2323 Ascheberg
☏ 0 45 26-85 21

2330 Siemsen
W. Siemsen GmbH & Co. KG Betonwerk
Langebrückstr. 26-28
2330 Eckernförde
☏ 0 43 51-50 61

2341 EW
EW-Element Deutschland KG Klaus Doose
Dorfstr. 7 a
2341 Grödersby/Schlei
☏ 0 46 42-35 64

2350 Becker
Hugo Becker GmbH & Co. KG
Harmonikatüren und Faltwände
Rungestr. 2 ✉ 14 28
2350 Neumünster
☏ 0 43 21-5 14 52 und 5 40 51

2350 EDI-HAUS
EDI-HAUS Emil Dittmer
Wohnungsunternehmung GmbH & Co.
Krokamp 25-31
2350 Neumünster-Wittorf
☏ 0 43 21-8 77 01

2350 Haase
Haase Tank GmbH
Gadelander Str. 172
2350 Neumünster
☏ 0 43 21-87 80

2350 Mumm
Hans Mumm KG Betonwerke, Bausysteme
Hüttenkamp 3-13
2350 Neumünster 2
☏ 0 43 21-52 91 88

2350 Nynorm
nynorm Vertreten durch: August Bach
Brachenfelderstr. 48
2350 Neumünster
☏ 0 43 21-2 47 62

2350 Röthel
RÖTHEL GmbH & Co. KG
Wrangelstr. 17-24 ✉ 24 04
2350 Neumünster
☏ 0 43 21-6 30 91 Fax 6 69 75 Telex 2 99 663

2350 Västkust
Västkust-Stugan GmbH
✉ 27 80
2350 Neumünster 2
☏ 0 43 21-5 21 11

2352 Baukotherm
Baukotherm, Kamine, Herstellung und Vertrieb
Ing. Werner Pahlke
Brügger Chaussee 55
2352 Bordesholm
☏ 0 43 22-92 48

2352 Jürs
Hermann Jürs Betonfertigteile
Mühlenredder 11-19
2352 Bordesholm
☏ 0 43 22-91 83

2

2353 Bahco
BAHCO Ventilation GmbH
Hauptstr. 25 ⊠ 6
2353 Nortorf
☎ 0 43 92-30 77 ⚡ 2 99 740

2353 farmatic
farmatik Silotechnik GmbH
Kolberger Str. 13
2353 Nortorf
☎ 0 43 92-10 06

2354 Bartram
Dipl.-Ing. Fr. Bartram GmbH + Co. KG
⊠ 47
2354 Hohenwestedt
☎ 0 48 71-9 41

2354 Nordsturz
NORDSTURZ GMBH Ges. für Sturzvertrieb
⊠ 44
2354 Hohenwestedt
☎ 0 48 71-9 41

2354 Pohl
Holsteiner Kabel- und Leitungsbau Willi Pohl KG
2354 Hohenwestedt
☎ 0 48 71-82 01/2/3 ⚡ 2 8 822

2355 renatur
renatur® GmbH
⊠ 60
2355 Ruhwinkel-Wankendorf
☎ 0 43 23-60 01 Fax 72 43

2357 Florida
Florida Hot Tub's Vertriebs GmbH
⊠ 11 51
2357 Bad Bramstedt
☎ 0 41 92-30 15 ⚡ 2 180 248 plus d

2358 Bennewitz
Dr. Bennewitz & Co. Betonsteinwerk
⊠ 68 (1)
2358 Kaltenkirchen
☎ 0 41 91-4 10 36

2358 Wormald
WORMALD DEUTSCHLAND GMBH
Rudolf-Diesel-Str. ⊠ 69
2358 Kaltenkirchen
☎ 0 41 91-50 50 ⚡ 2 180 116 kosp
Telefax 0 41 91-5 05 19

2359 Durexon
DUREXON chemisch-technische Erzeugnisse GmbH & Co.
Kirchweg 56 ⊠ 12 65
2359 Henstedt-Ulzburg 1
☎ 0 41 93-23 37 und 35 50

2359 HAGALITH
HAGALITH GmbH Werk Henstedt
Götzberger Str. 21
2359 Henstedt-Ulzburg 2
☎ 0 41 93-9 19 65 ⚡ 2 180 106

2359 Hanseatische
Hanseatische Betonstein-Industrie mbH & Co. KG
Industriestr. 10
2359 Henstedt-Ulzburg 3
☎ 0 41 93-71 21

2359 HESA
HESA Christian Pohl GmbH
Gutenbergstr. 5 ⊠ 11 08
2359 Henstedt-Ulzburg 1
☎ 0 41 93-50 45 Fax 17 98 ⚡ 2 180 151

2361 Flucke
Ziegelwerk Mielsdorf Heinrich Flucke & Söhne KG
2361 Mielsdorf
☎ 0 45 51-24 38 und 47 85

2361 Hebel
Hebel Wittenborn GmbH u. Co.
Industriestraße
2361 Wittenborn/Bad Segeberg
☎ 0 45 54-70 00 ⚡ 2 61 655

2362 Hosby
HOSBY HAUS NORD GmbH
2362 Wahlstedt
☎ 0 45 54-62 16 und 17
→ 4420 Hosby

2362 Hosby Bau
Hosby Baugesellschaft mbH
Kronsheider Str.
2362 Wahlstedt
☎ 0 45 54-62 14

2370 ACO
ACO SEVERIN AHLMANN GmbH u. Co. KG
⊠ 3 20
2370 Rendsburg
☎ 0 43 31-35 40 ⚡ 2 9 434 acore d
Telefax 0 43 31-3 54-13

2370 Ahlmann
Ahlmann-Maschinenbau GmbH
⊠ 7 25
2370 Rendsburg
☎ 0 43 31-35 10 ⚡ 2 9 445

2373 Klocke
Kalksandsteinfabrik Gustav Klocke KG
2373 Schacht-Audorf
☎ 0 43 31-9 11 68

2373 Volquardsen
Jens Volquardsen Vollwärmeschutz GmbH
Holmredder 14
2373 Schacht-Audorf
☎ 0 43 31-9 22 44

2380 Jöns
Ziegelwerk Pulverholz Hans Peter Jöns KG
Pulverholz 7
2380 Schleswig
☎ 0 46 21-3 20 71 ⌁ 2 21 361
→ 2356 Innien

2390 BMF
BMF Baubeschläge Bentsen GmbH & Co. KG
Neustadt 10 ✉ 17 62
2390 Flensburg
☎ 04 61-4 44 42

2390 Cordes
Stephard-Plastik Christian Cordes KG
Adelbykamp 7-9 ✉ 2 78
2390 Flensburg
☎ 04 61-2 57 42

2390 Eximpo
Eximpo Zäune GmbH
Wittenberger Weg 21
2390 Flensburg
☎ 04 61-5 20 67 Fax 5 20 60 ⌁ 2 2 564

2390 Faltec
Faltec Tore GmbH & Co. KG
Lilienthalstr. 29
2390 Flensburg
☎ 04 61-5 30 63
→ 4630 Faltec

2390 IDEMA
IDEMA® Deutschland GmbH
Bauer Landstr. 27
2390 Flensburg
☎ 04 61-4 33 00 ⌁ 22 575

2390 Möller
Wolfgang Möller-Schilder
Dorotheenstr. 10
2390 Flensburg
☎ 04 61-5 69 69

2390 Phønix
PHØNIX BAU GmbH
Lilienthalstr. 8
2390 Flensburg
☎ 04 61-5 10 42 ⌁ 2 2 666 phbau d

2390 Thaysen
N. Thaysen GmbH & Co. KG Stahlbetonwerk
Eckernförder Landstr. 87
2390 Flensburg
☎ 04 61-1 74 33 Fax 9 61 94

2390 VEKSÖ
VEKSÖ GmbH Ausstattung für Außenanlagen
Friesische Str. 36
2390 Flensburg
☎ 04 61-1 30 25/2 21 19

2391 Worminghaus
Horst Worminghaus
2391 Groß-Jörl
☎ 0 46 07-3 38

2398 KOMPAN
KOMPAN Multikunst Spielgeräte GmbH
Gewerbegrund 7
2398 Harrislee
☎ 04 61-7 20 72 und 7 22 63 Fax 7 50 46

2398 Vereinigte Ziegeleien
Vereinigte Ziegeleien Verkaufs-GmbH Flensburg
Ochsenweg 4 ✉ 29
2398 Harrislee bei Flensburg
☎ 04 61-9 30 26 Fax 9 31 50

2400 Bituwell
Bituwell-Herstellungs- und Vertriebsges. mbH
Moltkestr. 15
2400 Lübeck 16
☎ 04 51-79 38 94 Fax 79 16 09 ⌁ 2 6 547

2400 E & T
E & T Energie- und Transporttechnik GmbH
Wesloer Str. 112
2400 Lübeck 16
☎ 04 51-69 10 31 ⌁ 2 6 804 ett d

2400 Falbe
Metallbau Walter Falbe
Wakenitzmauer 33 ✉ 11 29
2400 Lübeck 1
☎ 04 51-7 81 31

2400 Fax
FAX - Brandschutz Chemikalienhandel GmbH
Kanalstr. 78-80
2400 Lübeck 1
☎ 04 51-3 44 49 ⌁ 2 6 735 ihdelb

2400 Fogelfors
Fogelfors-Haus GmbH Vertriebsgesellschaft
An der Untertrave 25
2400 Lübeck
☎ 04 51-70 43 83

2400 Hansa
Hansa-Feuerfest Werk GmbH
Unter der Herrenbrücke 17
2400 Lübeck 14
☎ 04 51-39 37 81 ⌁ 2 6 767

2400 Katz
Katz Werke AG
Mecklenburger Str. 174
2400 Lübeck 16
☎ 04 51-6 94 47

2400 Metallhütte
Metallhüttenwerk Lübeck GmbH
Hochofenstr. 21 ✉ 14 01 60
2400 Lübeck
☎ 04 51-30 60 41 ⌁ 2 6 854

2400 Sander
Sander Kunststoffensterbau KG Lübeck
Moislinger Allee 61
2400 Lübeck
☎ 04 51-86 54 47

2400 Sievertsen
Lühofa Lübecker Holzwolle-Fabrik
Günther Sievertsen
Posener Str. 28
2400 Lübeck
☎ 04 51-40 14 11

2400 Thermo
THERMOMASSIV® Max Oetker
Burgkoppel 30A
2400 Lübeck 1
☎ 04 51-60 10 71 und 72

2400 Weland
Weland GmbH
Mecklenburger Str. 219b
2400 Lübeck 16
☎ 04 51-6 94 65 ⌁ 2 6 404

2401 Flexschlauch
Flexschlauch Produktion GmbH & Co.
Offendorfer Str. 12
2401 Ratekau
☎ 04 51-30 60 71

2401 Oxal
Oxal-Vertriebsgesellschaft mbH - Abt. SM
2401 Ratekau
☎ 0 45 04-10 95

2406 Kobau
Kobau Handels- und Beteiligungs Ges. mbH
Georg-Ohm-Str. 9 ✉ 16 46
2406 Stockelsdorf
☎ 04 51-49 10 61 ⌁ 2 6 347

2407 Kongsbak
Ewald Kongsbak
Gutenbergstr. 4 ✉ 1 47
2407 Bad Schwartau 1
☎ 04 51-2 10 31 ⌁ 2 6 781

2409 ems
ems-Isoliertüren Mickeleit Verwaltung und Werk I
Süderstr. 12-14 ✉ 49
2409 Pansdorf/Ostholstein

2409 Grebe
Grebe Bau-Elemente GmbH
Dorfstr. 17
2409 Gronenberg
☎ 0 45 24-86 58

2410 Höhns
Theodor Höhns GmbH & Co. KG
Vorkamp 78 ✉ 12 40
2410 Mölln
☎ 0 45 42-8 00 30 ⌁ 2 61 818

2410 Sommerfeld
Sommerfeld + Thiele GmbH
Breslauer Str. 15 ✉ 2 09
2410 Mölln-Waldstadt
☎ 0 45 42-30 81 Fax 30 86 ⌁ 2 61 831 soti d

2410 Universal
Universal GmbH & Co.
Humboldtstr. 2g
2410 Mölln
☎ 0 45 42-52 70

2410 Voss
Friedrich Voss GmbH & Co. KG
Königsberger Str. 9 ✉ 2 14
2410 Mölln
☎ 0 45 42-70 33 ⌁ 2 61 819

2427 Potz
Uwe Potz
Vertrieb der Fa. Collstrop, Dänemark
Wilhelm-Erich-Str. 30
2427 Malente
☎ 0 45 23-37 02

2440 ConGermania
ConGermania Meß- und Regelgeräte GmbH
Am Voßberg 11
2440 Oldenburg
☎ 0 43 61-70 02 und 03 ⌁ 2 97 545 cgoh-d

2440 ems
ems-Isoliertüren Mickeleit Isolierpaneele Werk II
Sebenter Weg
2440 Oldenburg/Holstein
☎ 0 43 61-6 61 ⌁ 2 97 548 emso d

2500 Stera
STERA Bautechnik GmbH
Curslacker Heerweg 182a
2050 Hamburg 80
☎ 0 40-6 78 00 66 und 67 ⌁ 2 174 752 best

2720 Hesedorfer
Hesedorfer Bio-Holzschutz W. Schumacher
+ F. Kerker OHG
Hirtenweg 50
2720 Rotenburg
☎ 0 42 61-6 38 88 Fax 6 37 72

2720 Oelfabrik
Rotenburger Oelfabrik GmbH & Co. KG
Bremer Str. 1-3
2720 Rotenburg/Wümme
☎ 0 42 61-20 62

2725 HBI
HBI Holz-Bau-Industrie GmbH & Co. KG
2725 Hemsbünde
☎ 0 42 66-8 10 ⌁ 2 4 334 hbi d

2730 Lien
Friedhelm von Lien Baustoffe
Handelsgesellschaft mbH
Moordamm 2 ✉ 13 53
2730 Zeven
☎ 0 42 81-40 71 ⌁ 2 49 632

2730 Schreyer
Schornsteinwerk Karl-Heinz Schreyer GmbH
Böttcherstr./Zum Nullmoor ✉ 15 27
2730 Zeven
☎ 0 42 81-32 57 und 45 45 Fax 12 65 ⌁ 2 49 636

2732 Oltmanns
Oltmanns POROTON-Werk GmbH
2732 Sittensen
☎ 0 42 82-20 41 ⌁ 2 49 602

2800 Betonstein
Betonstein-Vertrieb Nord GmbH & Co. KG
An der Peterswerder 3
2800 Bremen 1
☎ 04 21-45 01 87

2800 Blöcker
Karl H. Blöcker
Nordeneystr. 3
2800 Bremen 15
☎ 04 21-38 55 91 ⌁ 2 45 158

2800 Boetker
Metallbau Ralf Boetker
✉ 66 01 29
2800 Bremen
☎ 04 21-5 67 21 Fax 56 33 66

2800 Brinkschulte
Gisbert Brinkschulte GmbH & Co. KG
Entwässerungstechnik
Universitätsallee 11/13
2800 Bremen 33
☎ 04 21-22 00 50 Fax 21 53 56
⌁ 1 74 212 017 gibri br

2800 Bühnen
Heinz Bühnen KG
Gelsenkirchener Str. 27
2800 Bremen 1
☎ 04 21-5 12 00

2800 Ceramica
CERAMICA VISURGIS
Baustoff-Handelsgesellschaft mbH
✉ 10 12 43
2800 Bremen 1
☎ 04 21-31 47 87 ⌁ 2 46 377

2800 Dahmen
W. Dahmen KG
Insterburger Str. 12
2800 Bremen 1
☎ 04 21-44 40 14

2800 Dreyer
Dreyer & Hillmann GmbH & Co.
Holzeinfuhr-Hobelwerk
Beim Industriehafen 57 ✉ 21 02 62
2800 Bremen 21
☎ 04 21-64 30 70 Fax 64 08 99 ⌁ 174 212 094
Teletex 4 212 094

2800 Duropan
DUROPAN Selbstbau GmbH
Schwachhauser Ring 9
2800 Bremen 1
☎ 04 21-21 04 44

2800 Elton
ELTON-BREMEN, Zweign. der Ind. & Handelsond.
ELTON BV Rhoden-NL
Fleetstr. 60 ✉ 15 04 04
2800 Bremen 15
☎ 04 21-39 30 73 und 74

2800 EWFE
EWFE-KOMFORT Heizsysteme GmbH Verwaltung
Schwachhauser Ring 103
2800 Bremen 1
☎ 04 21-21 30 15 Fax 34 35 75

2800 Firi
Firi Feuerschutz ›Fischer-Riegel‹ GmbH & Co. KG
Kirchbachstr. 213 B
2800 Bremen
☎ 04 21-44 11 38 ⌁ 2 45 778

2

2800 Forum
FORUM Bauträger Abt. Bausatzsysteme
Parkallee 149
2800 Bremen 1
☏ 04 21-34 00 26

2800 Freese
G. Theodor Freese GmbH
Schongauer Str. 7 ✉ 15 04 07
2800 Bremen 15
☏ 04 21-39 20 10 ⌁ 2 45 908 gtfbr d

2800 Frerichs
Karl F. Frerichs Baustoff-Vertretungen
Gelsenkirchener Str. 16
2800 Bremen 1
☏ 04 21-5 15 11 Fax 5 15 14 ⌁ 2 45 935 freri

2800 GESTRA
GESTRA Aktiengesellschaft
Hemmstr. 130 ✉ 10 54 60
2800 Bremen 1
☏ 04 21-3 50 30 ⌁ 2 44 945-0 gb d

2800 Golinski
H. Golinski Isolierbaustoffe
Am Hohentorshafen 1-3 ✉ 14 40 56
2800 Bremen 14
☏ 04 21-5 49 50 ⌁ 2 45 404

2800 Gradl
Gradl + Stürmann Korkhandelsgesellschaft mbH
Altenwall 24 ✉ 10 53 05
2800 Bremen
☏ 04 21-32 75 59 und 32 33 77 Fax 32 76 97
⌁ 2 44 508

2800 Greifeld
Offene Decken-Elemente T. Greifeld GmbH
✉ 11 03 43
2800 Bremen 11
☏ 04 21-45 02 33 ⌁ 2 45 550

2800 Habel
Ingenieurbüro für Aufbereitung von Abfallprodukten
Georg Arno Habel, Obering. (grad.) VDI
Wienhauser Str. 14
2800 Bremen
☏ 04 21-46 37 20

2800 Henjes
F. AUG. HENJES GmbH & Co
Rembertistr. 92 ✉ 10 48 26
2800 Bremen
☏ 04 21-36 50 00 Fax 3 65 00 40 ⌁ 2 44 660

2800 Hoting
Hoting & Co
Beim Industriehafen 55
2800 Bremen 21
☏ 04 21-64 00 66 ⌁ 2 44 279

2800 Hundt
Edu Hundt & Co. Rolladenbau
Hemelinger Hafendamm 30 ✉ 44 81 29
2800 Bremen 44
☏ 04 21-45 01 23

2800 Kaefer
Kaefer Isoliertechnik GmbH
Bürgermeister-Smidt-Str. 70 ✉ 15 62
2800 Bremen 1
☏ 04 21-3 05 50 ⌁ 2 44 054

2800 KAMÜ
Karl A. Müller Bauunternehmung GmbH & Co. KG
Hohentorshafen
2800 Bremen
☏ 04 21-5 49 60 Fax 5 49 61 11 ⌁ 2 45 054 KAMUE

2800 Kellner
Deutsche Cement-Industrie
H. Kellner GmbH & Co. KG
Schwachhauser Heerstr. 63
2800 Bremen
☏ 04 21-34 30 40

2800 Knechtel
Detlev Knechtel GmbH & Co
Moderne Bauelemente
✉ 10 31 20
2800 Bremen 1
☏ 0 42 06-8 41 ⌁ 2 44 071

2800 Lauprecht
Gottfried Lauprecht Holzwerkstoffe GmbH
Am Deich 68-69 ✉ 10 37 60
2800 Bremen 1
☏ 04 21-5 90 20 ⌁ 2 44 539 glhb

2800 Marquart
Hans R. Marquart Baustoffe Import und Export
Alter Postweg 173c-f
2800 Bremen 1
☏ 04 21-45 80 60 Fax 4 58 06 26 ⌁ 2 44 877 marex
→ 6366 Marquart

2800 MILA
MILA Jalousiefabrik
Vegesacker Str. 11
2800 Bremen 1
☏ 04 21-39 55 23

2800 Molanex
Molanex E. Dittrich GmbH & Co. KG
Lüneburger Str. 20
2800 Bremen 1
☎ 04 21-4 58 81

2800 Nipp
Ernst Nipp & Co.
Georg-Wulf-Str. 4-6
2800 Bremen-Flughafen
☎ 04 21-53 70 10 ⌧ 2 45 810

2800 Pollmann
Conrad Pollmann Norddeutsche Karosseriefabrik u. Pumpenbau GmbH
Zum Panrepel 1 ✉ 11 04 20
2800 Bremen 11
☎ 04 21-48 30 91 Fax 48 30 95 ⌧ 2 45 442

2800 Rathje
NOVETA Kunststoffabrikate Rathje + Co. KG (GmbH + Co.)
✉ 11 02 63
2800 Bremen 11
☎ 04 21-45 02 31 ⌧ 2 45 550

2800 Roland
ROLAND TRESOR GmbH
Friedrich-Ebert-Str. 122
2800 Bremen 1
☎ 04 21-55 48 72 und 53 13 33

2800 Schierholz
Schierholz Bauelemente GmbH
Arsterdamm 110
2800 Bremen 61
☎ 04 21-8 27 51 und 82 07 83 Fax 82 61 60
⌧ (17) 4 212 265

2800 Segmenta
Segmenta Systemdecken GmbH
Dahlwas 22
2800 Bremen 44
☎ 04 21-48 70 80 Fax 48 70 91
⌧ 2 46 808 segma

2800 Staefa
Staefa Control System GmbH
Technisches Büro Bremen
Grünenstr. 7
2800 Bremen 1
☎ 04 21-50 40 91

2800 Stürmann
Kurt Stürmann GmbH & Co.
Knochenhauerstr. 18/19 ✉ 10 12 43
2800 Bremen 1
☎ 04 21-31 47 85

2800 SYBA
SYBA-Vertriebs- und Handels GmbH
Ludwig-Roselius-Allee 13
2800 Bremen 41
☎ 04 21-4 75 13

2800 Tecnolumen
Tecnolumen W. Schnepel GmbH
Findorffstr. 22-24
2800 Bremen 1

2800 Thiele
Thiele & Fendel GmbH & Co.
Abt. Klimatechnik
Riedemannstr. 15 ✉ 21 03 02
2800 Bremen 21
☎ 04 21-6 49 20

2800 Tietjen
Tietjen & Co.
Industriestr. 37 ✉ 10 10 69
2800 Bremen
☎ 04 21-5 16 81 ⌧ 2 45 116

2800 Timpe
Paul Timpe GmbH & Co.
timpe & mock GmbH & Co.
Rosenheimer Str. 3
2800 Bremen 15
☎ 04 21-38 99 30

2800 Toschi
Toschi Produktions-GmbH
Grazer Str. 2 ✉ 10 09 27
2800 Bremen 1
☎ 04 21-23 80 10 ⌧ 2 45 307 Telefax 2 38 01 10

2800 UNIDEK
UNIDEK® Vertriebsgesellschaft mbH
Martinistr. 53-55
2800 Bremen 1
☎ 02 41-1 41 84 ⌧ 2 45 226 unidk d Telefax 2 45 30

2800 Variocella
Variocella Bausystem GmbH & Co. KG
✉ 11 04 40
2800 Bremen
☎ 04 21-45 65 05

2800 Variodomo
Variodomo KG
An der Grenzpappel 41
2800 Bremen-Hemelingen
☎ 04 21-45 90 67

2800 Voigt
C. H. Voigt KG Lack- und Farbenfabrik
Gelsenkirchener Str. 21 ✉ 10 06 66
2800 Bremen 1
☎ 04 21-5 15 39

2

2803 Partek
Partek-Finnelematic GmbH
Bahnhofstr. 1
2803 Weyhe-Kirchweyhe
☏ 0 42 03-30 05 und 06 Telex 2 46 771 pkbre d

2803 Wehrmann
Ziegelwerk H. Wehrmann
Rieder Str. 2
2803 Weyhe/Sudweyhe
☏ 0 42 03-60 26 Fax 50 37 Telex 2 44 624 wehzi

2805 Karat
Karat-Massiv Fensterwerke GmbH & Co. KG,
Verwaltung undProduktion
Harpstedter Str. 85
2805 Stuhr II
☏ 0 42 06-1 23 45 Telex 2 44 071

2805 Roland
Roland Fliesen und Sanitär
Nicolausottostr. 5
2805 Stuhr
☏ 04 21-56 46 54 Telex 2 44 050

2806 Doyma
Doyma Rohrdurchführungstechnik
Industriestr. 43-45
2806 Oyten
☏ 0 42 07-40 56 und 9 71 Telex 2 44 015

2807 Frerichs
Friedrich E. Frerichs, Generalvertretung
Parkweg 2
2807 Achim
☏ 0 42 02-47 86 Telex 2 49 434 ffbau

2807 Roland
Roland-Werke Dachbaustoffe und Bauchemie
Algostat GmbH & Co.
Zeppelinstr. 1 ✉ 13 69
2807 Achim
☏ 0 42 02-51 20 Telex 2 49 402 rowa d

2808 Bulldog
Bulldog Beratungs- und Vertriebs GmbH
Boschstr. 9 - Industriegebiet ✉ 14 51
2808 Syke
☏ 0 42 42-51 96 Fax 6 07 78 Telex 2 4 115 budog d

2808 D & W
Dyckerhoff & Widmann AG Betonwerk Syke
Ristedter Weg
2808 Syke
☏ 0 42 42-51 66 Telex 2 4 126

2810 Lübbert
Karl Lübbert, Ing.
Holzleimbau GmbH & Co. KG
✉ 16 43
2810 Verden (Aller)
☏ 0 42 31-70 51 Telex 2 4 266
Fax 0 42 31-7 38 46

2811 Clasen
CLASEN MASSIVBAU GMBH
2811 Asendorf
☏ 0 42 53-8 21

2813 Willco
WILLCO-Haus Elsdorf GmbH & Co. KG
Zweigwerk Eystrup
Doenhauser Str. 41
2813 Eystrup/Weser
☏ 0 42 54-6 66 Telex 2 49 321

2814 Konrad
Lothar Konrad Betonwerk
Homfelder Str. 338 ✉ 11 25
2814 Bruchhausen-Vilsen
☏ 0 42 52-10 55

2819 Schlüter
Karl Schlüter KG GmbH & Co.
Holzimport-Sägewerk
Bremer Str. 53
2819 Riede
☏ 0 42 94-6 63 Fax 2 89 Telex 2 45 634

2820 BFT
BFT - Textilwerke
Fritz-Tecklenborg-Str. 3 ✉ 70 00 12
2820 Bremen 70
☏ 04 21-6 60 51 Telex 2 44 719 btf d

2820 Lohmüller
Hermann Lohmüller
Weserstrandstr. 5-17
2820 Bremen 71
☏ 04 21-6 09 70 Telex 2 45 533
→ 2910 Lohmüller
→ 3000 Lohmüller
→ 2875 Großkopf
→ 2850 Meyerholz

2820 SF
SF-Vollverbundstein-Kooperation GmbH
Bremerhavener Heerstr. 14 ✉ 77 03 10
2820 Bremen 77
☏ 04 21-63 70 61 Fax 6 36 39 56 Telex 2 45 099

2820 Steingut
Actiengesellschaft Norddeutsche Steingutfabrik
Steingutstr. 2 ✉ 75 01 51
2820 Bremen 70 (Grohn)
☏ 04 21-6 60 91 Telex 2 44 369

2830 Helms
„Hot Whirl Pool Center"
H. S. T. Helms-Schwimmbadtechnik
2830 Nordwohlde 122
☏ 0 42 49-7 61

2830 Kastendiek
Kalksandsteinwerk Kastendiek von Fehrn GmbH & Co.
2830 Bassum 1
☏ 0 42 49-6 11 bis 6 13 ⌧ 2 4 113

2832 Meyer, H.
H. Meyer-Lüters GmbH
✉ 12 51
2832 Twistringen
☏ 0 42 43-24 48 Fax 21 56 ⌧ 2 4 125

2832 Quadie
QUADIE-BAUSYSTEME GMBH
2832 Twistringen
☏ 0 42 43-23 15

2833 Knoblauch
Günter Knoblauch, Geräte für Kinderspielplätze aus Holz und Metall
Allensteiner Str. 5
2833 Harpstadt
☏ 0 42 44-74 30

2833 Strodthoff
Niedersächsische Rasenkulturen
Strodthoff & Behrens
Annen Nr. 2
2833 Groß Ippener
☏ 0 42 24-2 68

2839 Ahrens
Fritz Ahrens GmbH & Co. KG, Betonwerke
Auf der Loge 139
2839 Varrel
☏ 0 42 74-5 76

2841 Bergmann
BHB Bergmann GmbH & Co. KG
Portlandstr. 5
2841 Steinfeld
☏ 0 54 92-8 10

2841 Dünnemann
Ernst Dünnemann Klemmzwingenfabrik
2841 Wagenfeld
☏ 0 54 44-55 96 Fax 55 98 ⌧ 9 41 243

2842 Nordklima
nordklima Lohner Klimatechnik GmbH
✉ 11 40
2842 Lohne
☏ 0 44 42-10 62

2843 Kaubit
Kaubit-Chemie GmbH & Co. KG
Industriestr. ✉ 11 48
2843 Dinklage
☏ 0 44 43-10 39 ⌧ 2 5 538

2844 Elastogran
Elastogran Polyurethan-Systeme GmbH
✉ 11 60
2844 Lemförde
☏ 0 54 43-1 20 ⌧ 9 41 228 epul d

2844 Elastogran Kunststofftechnik
Elastogran Kunststofftechnik GmbH
✉ 11 49
2844 Lemförde
☏ 0 54 43-1 20 ⌧ 9 41 214 ekt

2844 Neopur
Neopur Technologien GmbH
Am Rauhen Berge 3 ✉ 12 47
2844 Lemförde
☏ 0 54 43-5 61

2848 Diephaus
Diephaus GmbH Betonwerk
Zum Langenberg 1-3
2848 Vechta
☏ 0 44 41-70 96 Fax 8 18 96

2848 Olfry
Olfry Ziegelwerke GmbH
2848 Vechta
☏ 0 44 41-50 71 Fax 8 34 35

2849 KOWA
KOWA Holzbearbeitung GmbH
✉ 42
2849 Goldenstadt
☏ 0 44 44-22 66 und 67 ⌧ 2 5 534 kowa d

2850 Meyerholz
Theodor Meyerholz Zweigniederlassung der Hermann Lohmüller GmbH & Co. KG
Auf dem Reutenhamm 17
2850 Bremerhaven
☏ 04 71-5 10 75 ⌧ 2 38 573

2850 Sunteca
Sunteca Sonnenschutztechnik GmbH
Osterstader Str. 16 ✉ 29 04 23
2850 Bremerhaven-Wulsdorf
☏ 04 71-7 60 45 ⌧ 2 38 811

2854 Bode
Ernst Bode Blockhausbau GmbH & Co.
Fährstr. 1-3
2854 Loxstedt/Dedesdorf
☏ 0 47 40-2 23

2

2857 bautex
bautex Adolf Stöver Söhne KG
Grasweg 18–22 ✉ 31 01 20
2857 Langen-Sievern
☎ 0 47 43-89 40 Telex 2 38 625 baux d
Telefax 0 47 43-8 94 30

2857 Wohntex
Wohntex® Wohntextil-Gesellschaft mbH
Grasweg 18–22 ✉ 31 01 20
2857 Langen-Sievern
☎ 0 47 43-89 40 Fax 8 94 30 Telex 2 38 625

2860 Hansa
Hansa Baustoffwerke GmbH & Co. KG
Bremerhavener Heerstr. 12
2860 Osterholz-Scharmbeck 5
☎ 0 47 95-3 12 Telex 2 4 718

2860 Porit
PORIT-Vertriebsgesellschaft mbH & Co. KG
Bremerhavener Heerstr. 12
2860 Osterholz-Scharmbeck 5
☎ 0 47 95-5 12 Telex 2 4 718

2860 Schumacher
Schumacher (Finnlandhäuser) Blockhäuser
Industriestr. 12
2860 Osterholz-Scharmbeck
☎ 0 47 91-1 26 66

2863 AGATHOS
AGATHOS Naturfarben GmbH
Stendorfer Str. 3 ✉ 12 61
2863 Ritterhude
☎ 0 42 92-10 89

2863 Bergolin
Bergolin GmbH
Kiepelbergstr. 14 ✉ 11 60
2863 Ritterhude b. Bremen
☎ 0 42 92-10 21 Fax 9 98 43 Telex 2 49 912 bergo

2863 Bohlmann
K. W. Bohlmann GmbH
✉ 12 28
2863 Ritterhude

2870 Deltex
DELTEX Textil GmbH
Ludwig-Kaufmann-Str. 13 ✉ 208
2870 Delmenhorst
☎ 0 42 21-10 92 51 Telex 2 49 279

2870 Klez
AKYVER-Vertretung Deutschland Hans-Peter Klez
Goethestr. 55
2870 Delmenhorst
☎ 0 42 21-5 38 95 Telex 2 49 572

2870 Meyer
Carl Ed. Meyer
Berner Str. 55 ✉ 15 24
2870 Delmenhorst
☎ 0 42 21-5 00 35 Fax 5 00 39 Telex 2 49 222

2870 Möller
Hans Günter Möller Kunststoffwerk Inh. E. Möller
Oldenburger Landstr. 50 ✉ 48
2870 Delmenhorst
☎ 0 42 21-80 07/9 Telex 2 45 474

2872 Knabe
Klinker und Ziegelwerke Knabe
Kirchkimmen
2872 Hude 1
☎ 0 44 08-80 20 Fax 78 58

2874 Texlon
TEXLON Gesellschaft für textile
Elementfertigung mbH
Stedinger Str. 47
2874 Lemwerder
☎ 04 21-66 90 33 Telex 42 12 178

2875 Großkopf
Heinrich Großkopf Zweigniederlassung der
Hermann Lohmüller GmbH & Co. KG
Stedinger Str. 44
2875 Ganderkesee 2/Bookholzberg
☎ 0 42 23-4 25

2878 Kellermann
Ing. A. Kellermann VDI
✉ 16
2878 Wildeshausen
☎ 0 44 31-42 74

2879 Grolit
Grolit-Vertrieb Deutschland
Kirchhatter Str. 6–8
2979 Neerstedt

2900 BM-Chemie
BM-Chemie
Nadorster Str. 133
2900 Oldenburg
☎ 04 41-8 20 33 und 34

2900 Michael
Günter Michael
Rudolf-Diesel-Str. 55
2900 Oldenburg
☎ 04 41-50 10 79 und 2 63 36

2900 Büsing
Büsing & Fasch KG
Donnerschweerstr. 372 ✉ 25 61
2900 Oldenburg
☏ 04 41-3 40 21 ⌁ 2 5 858
→ 7030 Büsing

2900 BWE
BWE-BAU Fischer-Baugesellschaft mbH Metjendorf
Schwarzer Weg ✉ 12 60
2900 Oldenburg
☏ 04 41-6 80 40 ⌁ 2 5 893 bwe d

2900 Holzschutz
Holzschutz-Einkaufs-Ring GmbH + Co. KG
Alexandersfeld 27 A
2900 Oldenburg
☏ 04 41-6 32 44

2900 Hüppe Dusch
Hüppe-GmbH-Duschsysteme
Stau 87-91 ✉ 25 21
2900 Oldenburg
☏ 04 41-2 42 55 ⌁ 2 5 758

2900 Hüppe-Raum
Hüppe GmbH Raumsysteme
✉ 2543
2900 Oldenburg
☏ 04 41-5 70 31

2900 Hüppe Sonne
Hüppe GmbH Sonnenschutzsysteme
Cloppenburger Str. 200 ✉ 25 23
2900 Oldenburg
☏ 04 41-40 20 ⌁ 2 5 851

2900 Jähnig
Kurt Jänig
✉ 5 25
2900 Oldenburg
☏ 04 41-2 51 74 ⌁ 2 5 725

2900 Kremmin
Mechanische Netzfabrik W. Kremmin KG
Ammerländer Heerstr. 189-207
2900 Oldenburg
☏ 04 41-7 20 75 ⌁ 2 5 797

2900 Magotherm
Magotherm-Fensterwerk
Helmsweg 18 ✉ 763
2900 Oldenburg
☏ 04 41-2 07 11 ⌁ 2 5 753

2900 Stöckigt
H. Stöckigt & Co
Alexandersfeld 27 A
2900 Oldenburg
☏ 04 41-6 23 06

2900 Torf
Torfstreuverband GmbH
✉ 48 20
2900 Oldenburg
☏ 04 41-77 00 30 Fax 7 20 01 ⌁ 2 5 832

2901 Oldenburger Parkett
Oldenburger Parkettwerk
2901 Gristede
☏ 0 44 03-85 10 ⌁ 2 54 716

2902 Brötje
August Brötje GmbH & Co.
✉ 30
2902 Rastede 1
☏ 0 44 02-8 01 ⌁ 2 51 910

2902 Danzer
Danzer GmbH & Co. KG, Betonwerk
Werkstr. 22
2902 Rastede 2
☏ 0 44 02-71 72

2906 Oldenburger
Oldenburger Betonsteinwerke GmbH
✉ 11 60
2906 Wardenburg (Oldb.)
☏ 0 44 07-7 40 Fax 74 50 ⌁ 2 5 802

2907 Gräper
Kalksandsteinwerk
Heinrich Gräper GmbH & Co. Ahlhorn
✉ 11 62
2907 Großenkneten 1
☏ 0 44 35-30 30 ⌁ 2 54 514

2910 Lehmann
Gunter Lehmann KG
✉ 13 68
2910 Westerstede
☏ 0 49 81-20 01 ⌁ 2 54 425

2910 Lohmüller
Hermann Lohmüller
2910 Westerstede 2
☏ 0 49 84-3 04 ⌁ 2 51 117
→ 4670 Kesting

2932 Röben
Röben Tonbaustoffe GmbH
✉ 2 09
2932 Zetel 1
☏ 0 44 52-8 80 Fax 8 82 45 ⌁ 17 445 212

2935 Klinker
Vereinigte Oldenburger Klinkerwerke GmbH
Südstraße an der B 437 ✉ 1 40
2935 Bockhorn
☏ 0 44 53-70 20 ⌁ 2 51 236

2

2940 Bio Pin
Bio Pin Bienenwachs-Präparate Herstellungs-GmbH
Kanalweg 14
2940 Wilhelmshaven
☏ 0 44 21-20 20 67 und 68 Fax 20 20 69

2940 KBE-B
KBE-Bauelemente GmbH & Co. KG
An der Junkerei 1-3
2940 Wilhelmshaven
☏ 0 44 21-7 10 51 Telex 2 53 328 Kbwwhv d

2940 Porit
PORIT-Abhollager Wilhelmshaven
Ebkeriege 29
2940 Wilhelmshaven
☏ 0 44 21-7 13 75 und 7 14 64

2944 Klinkerwerke
Klinkerwerke Wittmund GmbH
Mühlenstr. 69 ✉ 12 38
2944 Wittmund 1
☏ 0 44 62-50 57 Fax 38 98

2950 Boekhoff
Boekhoff & Co.
✉ 11 60
2950 Leer
☏ 04 91-41 74

2950 Leepaneel
LEEPANEL GmbH Bau- und Möbelteile
Nessestr. 29 ✉ 13 09
2950 Leer
☏ 04 91-8 00 20 Telex 2 7 629 lino d

2950 MEM
MEM-Bauchemie GmbH
Am Emsdeich 11
2950 Leer
☏ 04 91-45 42 Fax 48 12

2952 Wildeboer
Wildeboer Bauteile + Handelsgesellschaft mbH
Marker Weg 11 ✉ 1 49
2952 Weener
☏ 0 49 51-3 02 01 Fax 3 02 13
Telex 27 754 wildb d

2960 Jedopane
Jedopane Isolierglas GmbH
Daimlerstr. 5
2960 Aurich
☏ 0 49 41-70 63 Fax 70 00

2960 Köster
Köster Bauchemie GmbH
Fischteichweg 2
2960 Aurich 1
☏ 0 49 41-41 40 Telex 2 7 484

2960 OBW
OBW Oldenburger Betonsteinwerke GmbH
Hammerkeweg ✉ 15 06
2960 Aurich
☏ 0 49 41-41 29 Fax 47 56

2960 Schüt-Duis
Schüt-Duis OHG
Liebigstr. 4
2960 Aurich
☏ 0 49 41-70 43 Fax 70 52

2962 TS
TS-Aluminium-Profilsystem GmbH
Kirchweg 25
2962 Großefehn 8 (Spatzerlehn)
☏ 0 49 43-10 66 und 32 34

2964 Hey'di
DEUTSCHE HEY'DI Chemische Baustoffe GmbH
Pollerstr. 161-169
2964 Wiesmoor
☏ 0 49 44-30 20 Fax 3 02 25 Telex 2 7 438

2970 Hille
Emder Dachpappenfabrik A. Hille
Hessenstr. 6-8 ✉ 14 29
2970 Emden 1
☏ 0 49 21-6 10 55 und 57 Fax 6 10 48 Telex 2 7 915

2990 DAN
DAN-KERAMIK GmbH
Ahldersweg 32
2990 Papenburg/Ems
☏ 0 49 61-7 37 62 Telex 2 7 175

2990 HNT
HNT-GmbH
Am Deverhaven 4
2990 Papenburg
☏ 04 96-8 40

2990 Kassens
Hermann Kassens Fertigteile
Mittelkanal Links 90
2990 Papenburg 1
☏ 0 49 61-7 11 65

2990 NORD-STEIN
NORD-STEIN GmbH Qualitätsbaustoffe
Am Hampoel 41 - Industriehafen Nord ✉ 15 48
2990 Papenburg 1
☏ 0 49 61-40 62 Fax 57 56
Telex 27 161

2990 Emsland
Emsland Spanplatten GmbH
✉ 13 60
2990 Papenburg 1
☎ 0 49 61-20 01 Telex 2 7 119

2990 Norm
NORM-STAHL AG
Am Industriehafen Süd
2990 Papenburg 1
☎ 0 49 61-41 31 Telex 2 7 100

3000 BAT
BAT Schnellbauteile GmbH
Arndtstr. 8
3000 Hannover 1
☎ 05 11-1 89 86 und 87 Fax 13 13 80

3000 Behrens
C. Behrens Werk 1
Engelbosteler Damm 116-126
3000 Hannover
☎ 05 11-70 22 22 Telex 9 21 448

3000 Benecke
J. H. Benecke
Beneckeallee 40 ✉ 7 09
3000 Hannover 21
☎ 05 11-6 30 20 Fax 6 30 22 06
Telex 9 22 657

3000 DAN-SKAN
DAN-SKAN-Kaminöfen
Burgwedeler Str. 7-8
3000 Hannover 51
☎ 05 11-64 80 48

3000 EBS
EBS Energiespar-Baustein-GmbH
Hamburger Allee 32
3000 Hannover 1
☎ 05 11-34 54 90

3000 Fama
Fama Vertriebsgesellschaft mbH & Co. KG
Hansastr. 5 ✉ 21 05 09
3000 Hannover 21
✉ 05 11-75 70 81 Telex 9 22 141 fama d

3000 Hesse
Walter Hesse GmbH Sonnenschutzanlagen
Große Barlinge 72a
3000 Hannover 1
☎ 05 11-80 01 13

3000 Kali-Chemie
Kali-Chemie AG
Hans-Böckler-Allee 20
3000 Hannover 1
☎ 05 11-85 71 Telex 9 22 755

3000 Körting
Körting Hannover GmbH
Badenstedter Str. 56
3000 Hannover 91
☎ 05 11-2 12 90

3000 Kone
KONE - HÄVEMEIER & SANDER GMBH UND CO.
Schaufelder Str. 11-14
3000 Hannover 1
☎ 05 11-7 63 31 Telex 9 23 883 (Verw.)
und 9 22 726 (Werk)

3000 Mast
Wilhelm Mast GmbH
Farber-Jalousien-Bau
Eleonorenstr. 19 ✉ 40 03
3000 Hannover
☎ 05 11-45 10 81 Fax 45 48 09 Telex 9 22 910

3000 Niedung
Jürgen Niedung GmbH
✉ 71 02 45
3000 Hannover 73
☎ 05 11-58 70 84 Telex 175 112 047

3000 Oltmanns
Wienerberger Ziegelindustrie &
OLTMANNS GmbH & Co.
Oldenburger Allee 21 ✉ 51 07 60
3000 Hannover 51 (Lahe)
☎ 05 11-61 42 63 Fax 61 44 03

3000 Preussag Bauwesen
Preussag AG Bauwesen
Karl-Wiechert-Allee 4
3000 Hannover 61
☎ 05 11-5 66 00 Fax 5 66 19 01 Telex 9 22 828

3000 Purmo
Purmo Verkaufsgesellschaft mbH
Daimlerstr. 9 ✉ 21 04 25
3000 Hannover 21
☎ 05 11-79 30 14

3000 Santea
Santea Sanitär und Heizung Handels-GmbH & Co.
Königsworther Str. 23a
3000 Hannover
☎ 05 11-32 74 13

3000 Schenk
Schenk-Objektplanung + Handel
Gerhart-Hauptmann-Str. 49 a
3000 Hannover 61
☎ 05 11-58 53 65

2

3000 Steel Sink
Scandinavian Steel Sink GmbH
Hüttenstr. 22B
3000 Hannover 1
☏ 05 11-3 52 46 09 ⌗ 9 21 329 scand

3000 Wittenhaus
Klaus D. Wittenhaus Internationale Handelsagentur
Kretschmerhof 4
3000 Hannover 51
☏ 05 11-6 47 61 21 Fax 6 47 60 71 ⌗ 9 22 423

3000 Brandt
Brandt Handelskontor GmbH
Völgerstr. 6
3000 Hannover 81
☏ 05 11-87 80 50 Telefax 5 11 85 33 brandt

3000 Conti
Continental Gummi-Werke AG
Continental-Haus ✉ 1 69
3000 Hannover 1
☏ 05 11-76 51 ⌗ 923 431 cogi

3000 Esselte
Esselte Dymo GmbH
✉ 1706
3000 Hannover 1
☏ 05 11-8 5061⌗ 9 22 43

3000 Flegel
Flegel-Metallbau GmbH + Co. KG
Am Mittelfelde 14 ✉ 89 01 49
3000 Hannover 81
☏ 05 11-86 30 81 Fax 87 35 71

3000 Gieseler
Gebr. Gieseler GmbH
Masurenweg 1-3
3000 Hannover 1
☏ 05 11-63 30 37

3000 Graucob
Heinrich Graucob Kalksandsteinwerk
Kichitzkrug 12
3000 Hannover
☏ 05 11-73 81 81

3000 Gummi-Hansen
Gummi-Hansen Gummi- und Packungswerke GmbH
✉ 89 01 20
3000 Hannover 89
☏ 05 11-87 20 91 ⌗ 9 22 841 a haha d

3000 Höveling
Weserland v. Höveling GmbH
Hansastr. 9 ✉ 21 05 69
3000 Hannover 21
☏ 05 11-71 19 80 Fax 7 11 98 31 ⌗ 9 22 504

3000 HPC
Hannoversche Portland-Cementfabrik AG
Anderter Str. 95 ✉ 61 02 09
3000 Hannover 61
☏ 05 11-58 50 44 ⌗ 9 22 433 hacmid d

3000 Kabelmetal
Kabel- und Metallwerke
Gutehoffnungshütte Aktiengesellschaft
Kabelkamp 260 ✉ 2 60
3000 Hannover 1
☏ 05 11-67 61 ⌗ 9 22 71

3000 Kalksandstein
Kalksandstein-Information GmbH & Co. KG
Entenfangweg 15
3000 Hannover 21
☏ 05 11-75 11 30

3000 Lohmüller
Hermann Lohmüller
Eulerstr. 23 B
3000 Hannover
☏ 05 11-63 60 11 ⌗ 9 23 713

3000 MBB
Metall-Bedarf GmbH
Leipziger Str. 11
3000 Hannover 91 Wettbergen
☏ 05 11-46 40 46 ⌗ 9 230 231

3000 Meissner
Kurt Meissner KG
Sure Wisch 10 ✉ 61 01 28
3000 Hannover 61
☏ 05 11-57 58 53

3000 Nordcement
NORDCEMENT Akt.-Ges.
Warmbüchenstr. 19
3000 Hannover 1
☏ 05 11-1 21 50 Fax 1 21 51 77 ⌗ 9 22 745
→ 3414 Nordcement

3000 Sichel
Sichel-Werke GmbH
✉ 91 13 80
3000 Hannover 91
☏ 05 11-2 14 00 ⌗ 9 22 129

3000 Sorst
Ernst Sorst & Co
Gesellschaft für Blechberatung mbH
Schulenburger Landstr. 116 ✉ 53 07
3000 Hannover 1
☏ 05 11-3 52 30 31 ⌗ 9 22 436

3000 Spellmann
Georg Spellmann Hannov. Holz-Industrie
GmbH & Co. KG
Bremer Str. 9
3014 Laatzen 3
☏ 0 51 02-8 17 ⌿ 9 22 125 Spema

3000 Sperr
Sperrholz + Platten GmbH
Zeißstr. 66
3000 Hannover 81
☏ 05 11-83 55 56 ⌿ 9 22 962 brand d

3000 Teutonia
TEUTONIA Zementwerk AG
✉ 3 00 20
3000 Hannover 71
☏ 05 11-5 86 90 ⌿ 9 22 830

3000 Wilke
Wilke-Säurebau
Alter Flughafen 21 ✉ 65 20
3000 Hannover-Vahrenheide
☏ 05 11-63 10 36 bis 38 ⌿ 9 23 311

3000 Wilkoplast
Wilkoplast-Kunststoffe
Alter Flughafen 21
3000 Hannover-Vahrenheide
☏ 05 11-63 10 36 bis 38 ⌿ 9 23 311
→ 5300 Wilkoplast

3000 Wrede
Wrede & Strehlau
Schörlingstr. 5
3000 Hannover-Linden
☏ 05 11-44 06 77

3001 Elefant
Elefant-Chemie Fritz Breuhan
Zur Mühle 1-3 ✉ 73 00 10
3000 Hannover 71 (Anderten)
☏ 05 11-52 27 77 ⌿ 9 218 159

3001 Laue
Helmut Laue Leichtbauplattenwerk
Westerwinkel 12
3001 Seelze
☏ 05 11-48 02 47

3001 Malik
Paul Malik
Potsdamer Str. 12
3001 Isernhagen
☏ 05 11-6 18 66 ⌿ 9 22 099

3002 Haselbacher
Emaillierwerk Hannover Haselbacher GmbH & Co. KG
Andreas-Haselbacher-Str. 47-49 ✉ 10 02 52
3002 Wedemark 1
☏ 0 51 30-4 00 66 ⌿ 9 24 605

3002 Wienecke
Wienecke Betonwerkstein + Naturstein GmbH
Westerfeldweg 16 ✉ 4
3002 Wedemark 2 (Bissendorf)
☏ 0 51 30-80 61

3003 Autonom
Autonom Energie und Umwelttechnik GmbH
Blumenstr. 10
3003 Ronnenberg

3003 Robuc
Robuc Swimming Pool GmbH & Co. KG
Chemnitzer Str. 18
3003 Ronnenberg 3
☏ 05 11-46 60 11

3003 Sander
Sander GmbH Kunststoffensterbau KG
Steinstr. 10
3003 Ronnenberg-Empelde
☏ 05 11-46 21 92

3004 FW
FW Fernwärme-Technik GmbH Abt. XYPEX
Großhorst 3 ✉ 10 01 55
3004 Isernhagen 5
☏ 0 51 36-8 50 75 Fax 8 13 51

3004 GHT
GHT Gesellschaft für Heizungstechnik GmbH
Ernst-Grote-Str. 12
3004 Isernhagen
☏ 05 11-6 17 93

3004 Glasfischer
GLASFISCHER
Krendelstr. 34
3004 Isernhagen
☏ 05 11-61 08 00

3004 Holzkämpfer
LUXHOLM®-Treppen-Fertigung G. Holzkämpfer
Siemensstr. 22
3004 Isernhagen 1
☏ 05 11-6 17 01

3004 Paratect
Paratect GmbH
Potsdamer Str. 4 ✉ 10 02 58
3004 Isernhagen 1 (OT Altwarmbüchen)
☏ 05 11-6 17 41

2

3004 Patina
Patina-Fala Beizmittel GmbH
Stahlstr. 5
3004 Isernhagen
☏ 05 11-73 68 44

3005 Baustellen
Baustellen-Absperr-Service GmbH
Hoher Holzweg 17
3005 Hemmingen 4 (OT Arnum)
☏ 0 51 01-20 55

3005 Bukama
BUKAMA-HAUBOLD AG
Maschinen- und Metallwarenfabrik
Carl-Zeiss-Str.
3005 Hemmingen 1
☏ 05 11-4 20 41 Telex 9 22 918

3005 GESPO
GESPO KG
Gutenbergstr. 3
3005 Hemmingen 1
☏ 05 11-42 00 42

3005 SRB
SRB Permalight GmbH
Hoher Holzweg 32 ✉ 14 06
3005 Hemmingen OT Arnum
☏ 0 51 01-20 57 Fax 50 13 Telex 9 21 457 srb d

3006 Görlitz
görlitz Tischlermeister
Am Dorfteich 14
3006 Burgwedel 6 (Engensen)
☏ 0 51 39-8 72 14

3006 Hambau
HAMBAU GmbH
Von-Alten-Str. 12 ✉ 12 36
3006 Burgwedel 1
☏ 0 51 39-50 99 Fax 8 85 70 Telex 9 23 987

3006 Schmalstieg
Schmalstieg GmbH
✉ 11 22
3006 Großburgwedel
☏ 0 51 39-70 27/8

3007 Hirz
Hirz Trennwand GmbH & Co.
Herstellung-Vertrieb-Montage KG.
Ronnenberger Str. 5
3007 Gehrden 1
☏ 0 51 08-40 51 Fax 62 67

3007 Weber
Karl Weber Betonwerke
Ditterker Weg 4
3007 Gehrden 1
☏ 0 51 08-70 17 Fax 77 38
→ 4952 Weber

3008 Sikkens
Sikkens GmbH · Ein Unternehmen
der Akzo Coatings GmbH, Stuttgart
Gutenbergstr. 8 ✉ 11 26
3008 Garbsen 1-Hannover
☏ 0 51 37-70 80 Telex 9 23 488

3011 Royer
Royer Signaltechnik GmbH
✉ 10 10 17
3011 Pattensen 1
☏ 0 51 01-1 20 57

3012 Baumgarte
Baumgarte Kunststoff-Fenster GmbH
Resser Str. 15
3012 Langenhagen (Engelbostel)
☏ 05 11-74 10 01 Fax 74 42 28

3012 FBS
FBS Fassadenbauschrauben GmbH
✉ 16 50
3012 Langenhagen 1
☏ 05 11-73 40 74 und 75 Telex 9 230 135 fbsl

3012 Finke
Finke Metall- und Fahrzeugbau
Alt-Engelbostel 66
3012 Langenhagen 4
☏ 05 11-74 17 74

3012 Flygt
Flygt Pumpen GmbH
Bayernstr. 11 ✉ 13 20
3012 Langenhagen
☏ 05 11-7 80 00 Fax 78 28 93 Telex 9 24 059

3012 Hoppe
Hoppe Doppelbodenbau GmbH
Keplerstr. 9-11
3012 Langenhagen 1
☏ 05 11-77 30 46 und 47 Telex 9 23 474 hplgh

3012 Krinke
Hildegard Krinke
Ehlersstr. 23
3012 Langenhagen
☏ 05 11-73 60 48 Telex 9 24 695

3012 Masche
Masche Metallbau GmbH & Co. KG
Karl-Kellner-Str. 94 ✉ 11 40
3012 Langenhagen 1
☎ 05 11-73 20 81 bis 83 ⌧ 9 2 370 masch

3012 NOVATHERM
NOVATHERM® Klimageräte GmbH
Fuhrenkamp 3-5
3012 Langenhagen
☎ 05 11-74 20 33 Fax 78 92 51
→ 2000 NOVATHERM

3012 Rüterbau
Rüterbau GmbH
✉ 16 40
3012 Langenhagen
☎ 05 11-7 70 41 ⌧ 9 24 682

3012 Televiso
Televiso Artur Tartarczyk
Hannoversche Str. 47
3012 Langenhagen 7
☎ 05 11-78 40 60

3012 Holtmann
Gebrüder Holtmann GmbH & Co. KG
3012 Langenhagen 1
☎ 05 11-78 10 01

3013 Deister
Deister Saunabau Bock GmbH
Hauptstr. 58
3013 Barsinghausen 9
☎ 0 51 05-15 47

3013 Hattendorf
Ernst Hattendorf GmbH
Rottkampweg 387
3013 Barsinghausen
☎ 0 51 05-88 17

3014 Hanno
Hanno-Werk Werner Kemper KG Nachf. GmbH & Co
✉ 20
3014 Laatzen 4
☎ 0 51 02-8 71 ⌧ 9 22 286

3014 Hellux
Hellux C. A. Schaefer KG
Mergerthalerstr. 6 ✉ 13 80
3014 Laatzen 1
☎ 05 11-82 20 71 ⌧ 9 22 867

3014 Kelm
Kelm GmbH & Co.
Lüneburger Str. 6
3014 Laatzen 3
☎ 0 51 02-8 01

3014 Strate
Strate Abwassertechnik
Hildesheimer Str. 350 ✉ 5
3014 Laatzen 3
☎ 0 51 02-8 44 ⌧ 9 22 390

3014 Weser Bau
Weser Bauprofile GmbH
Alte Rathausstr. 22 ✉ 13 66
3014 Laatzen
☎ 05 11-86 50 59 ⌧ 9 21 457 srb d
Fax 86 30 03

3014 Schroer
Schroerbau
Mergenthalerstr. 8
3014 Laatzen 1
☎ 05 11-82 10 01

3015 Alten
ALTEN Gerätebau GmbH
Gottlieb-Daimler-Str. 12-21 ✉ 1 28
3015 Wennigsen
☎ 0 51 03-20 01 ⌧ 9 22 980

3016 Riedel
Riedel-de Haen AG Chemische Fabriken
Wunstorfer Str. 40
3016 Seelze
0 51 37-70 71 ⌧ 9 21 295 rdhs d Telefax 91 979

3032 Alkucell
ALKUCELL Deckenelemente GmbH
Becklinger Str. 30
3032 Fallingbostel 2
☎ 0 51 63-66 44 ⌧ 9 24 350

3032 Skandia
Skandia-Plastic GmbH
Becklinger Str. 30
3032 Fallingbostel 2 (Dorfmark)
☎ 0 51 63-69 31 und 32 ⌧ 9 24 350 skan

3033 Graucob
Heinrich Graucob Kalksandsteinwerk
3033 Schwarmstedt (OT Bothmer)
☎ 05 71-20 27

3040 Hagebau
Hagebau Handelsgesellschaft für
Baustoffe mbH & Co. KG
Celler Str. 47 ✉ 1 08
3040 Soltau
☎ 0 51 91-80 20 Fax 80 21 91 ⌧ 9 24 140

3040 Pleines
Pleines-Falzdocken
Bornkamp 1 ✉ 40
3040 Soltau
☎ 0 51 91-28 25

2

3042 Meyer Breloh
Heinrich Meyer-Werke Breloh GmbH
3042 Munster
☎ 0 51 92-13 20

3043 BRESPA
BRESPA-Spannbetonwerk
3045Schneverdingen GmbH & Co. KG
Stockholmer Str. 1 ✉ 12 40
3043 Schneverdingen
☎ 0 51 93-8 50 Fax 85 49 ⌁ 9 24 185 bresp d

3043 Heuer
Bauunternehmen Heuer GmbH & Co. KG
✉ 11 29
3043 Schneverdingen
☎ 0 51 93-10 88 bis 89

3043 Finnjark
FINNJARK GmbH Sauna und Blockhäuser
Große Straße 16
3043 Schneverdingen OT Schülern
☎ 0 51 93-30 17

3045 Hagalith
G. W. Reye & Söhne GmbH & Co. KG
HAGALITH-Werk
3045 Bispingen-Hützel
☎ 0 51 94-73 73 und 74 Fax 73 75

3045 HM Fenster
HM Fenster- und Türenfabriken GmbH & Co. KG, Vertriebsgesellschaft
3045 Bispingen
☎ 0 51 94-73 46 und 47

3050 Fulgurit
Fulgurit Baustoff GmbH
✉ 12 08
3050 Wunstorf 1
☎ 0 50 31-5 11 ⌁ 9 24 521

3050 Marley
Marley Werke GmbH
✉ 11 40
3050 Wunstorf 1
☎ 0 50 31-5 30 Fax 5 32 71 ⌁ 5 031 810 (26 27)

3050 nadoplast
nadoplast-Vertriebs GmbH
✉ 11 20
3050 Wunstorf 2
☎ 0 50 33-10 11 ⌁ 9 24 594

3051 MWW
MWW Montage-Wand-Stein-Werk
3051 Hohnhorst
☎ 0 57 23-8 10 23

3051 Suhr
Wilhelm Suhr Baubeschlagfabrik KG
3051 Hagenburg
☎ 0 50 33-70 57 bis 59 ⌁ 9 24 513

3052 Montecchi
Cotto Montecchi, Beratungsstelle
Ladestr.
3052 Bad Nenndorf
☎ 0 57 23-60 62 ⌁ 9 72 230 jcjoe d

3052 Roho
ROHO-WERK GMBH + CO. KG
✉ 11 46
3052 Bad Nenndorf
☎ 0 57 23-50 91

3053 Kettler
Heinz Kettler Metallwaren GmbH
3053 Steinhude
☎ 0 50 33-5 52/3 ⌁ 9 24 514

3057 Dyckerhoff
Eduard Dyckerhoff GmbH
Eduard-Dyckerhoff-Str. 2
3057 Neustadt 1
☎ 0 50 32-80 20 ⌁ 9 24 593 dyhof

3057 GEFAB
Gefab Geffke GmbH
Saarstr. 6 ✉ 11 11
3057 Neustadt am Rübenberge 1
☎ 0 50 32-6 10 35 ⌁ 9 24 814 gefab d
Fax 35 30

3057 Doneit
Werner Doneit
Eichenweg 3
3057 Neustadt am Ruebenberge
☎ 0 50 32-21 82

3060 Troll
Walter Troll & Sohn GmbH
Habichhorster Str. 7 ✉ 2 55
3060 Stadthagen
☎ 0 57 21-22 40

3061 Noggerath
Noggerath & Co.
Schulstr. 72
3061 Ahnsen
☎ 0 57 22-88 20 ⌁ 9 72 287

3062 BIUTON
BIUTON-Vertrieb z. Hdn. Herrn Ferdinand Preisler
Warbersche Str. 26
3062 Bückeburg-Warber
☎ 0 57 22-2 10 51

3062 Gemac
Gemac Lager- und Fördertechnik GmbH
Hannoversche Str. 20 ✉ 12 40
3062 Bückeburg
☎ 0 57 22-20 50 ⌁ 9 72 576

3068 Hautau
W. Hautau GmbH Baubeschlagfabrik Kirchhorsten
Bahnhofstr. ✉ 8
3068 Helpsen
☎ 0 57 24-60 75 ⌁ 9 72 292

3070 Dehoust
DEHOUST Behälterbau GmbH
Forstweg 2 ✉ 12 08
3070 Nienburg/Weser
☎ 0 50 21-6 60 77 und 78 Fax 6 60 79 ⌁ 9 24 222

3070 Isar
ISAR-RAKOLL-CHEMIE GmbH Zweigniederlassung
✉ 16 20
3070 Nienburg
☎ 0 50 21-8 81 ⌁ 9 24 223

3071 Filigran
Filigran Trägersysteme GmbH & Co. KG
Am Zappenberg ✉ 10
3071 Leese/Weser
☎ 0 57 61-30 76 Fax 39 30 ⌁ 9 71 327 norfi d

3074 Wittenberg
Wittenberg Ziegel GmbH
Wellie 75
3074 Steyerberg
☎ 0 50 23-3 41 Fax 42 46

3078 Albert
Albert Ziegel- und Keramikwerke GmbH & Co. KG
✉ 11 60
3078 Stolzenau
☎ 0 50 23-3 11 ⌁ 9 24 236

3078 era
era Beschichtung GmbH & Co. KG
Große-Brink-12 ✉ 13 20
3078 Stolzenau
☎ 0 57 61-70 10 ⌁ 17 576 111

3100 AlgoStat
AlgoStat GmbH & Co. KG
Verwaltung und Werk Celle
Braunschweiger Heerstr. 100 ✉ 3 10
3100 Celle
☎ 0 51 41-8 85 10 Fax 88 51 56 ⌁ 9 25 167

3100 Berkefeld
Berkefeld-Filter GmbH
✉ 12
3100 Celle
☎ 0 51 41-39 11 Fax 80 31 00 ⌁ 9 25 177

3100 Haacke
Haacke + Haacke GmbH + Co.
Am Ohlhorstberge 3 ✉ 4 70
3100 Celle-Westercelle
☎ 0 51 41-80 50 Fax 80 51 69

3100 isolex
ISOLEX-Isoliermittel GmbH
✉ 76
3100 Celle
☎ 0 51 41-8 66 36

3100 MTC
Metalltüren und -tore Celle GmbH MTC
Waldweg 100
3100 Celle
☎ 0 51 41-2 90 71

3101 BWV
BWV Betonwaren- und Verbundsteinwerk
GmbH & Co. KG
Celler Straße ✉ 52
3101 Lachendorf b. Celle
☎ 0 51 45-10 31 ⌁ 2 5 298

3101 Harmonikatüren
Hercynia Harmonikatüren-Fabrik GmbH
✉ 26
3101 Hambühren/Celle
☎ 0 50 84-53 31

3101 Hubrig
Kalksandsteinwerk Dr. Hubrig & Co.
3101 Winsen/Aller
☎ 0 51 46-5 47

3102 Rodewald
Albert Rodewald Fensterbau
Hermannsburger Str. 7
3102 Hermannsburg-Oldendorf
☎ 0 50 52-22 32

3103 Harling
Heinrich Harling GmbH
3103 Bergen 2 (Eversen)
☎ 0 50 54-10 31 bis 36 ⌁ 9 25 912
Fax 14 99

3103 Pfeiffer
CELLEDUR Farben- und Lackfabrik
Wilhelm Pfeiffer KG
3103 Bergen 2
☎ 0 50 54-10 21

3107 Schulz
Schulz Sicherungsanlagen
Sanddornweg 10 ✉ 10
3107 Hambühren/Celle
☎ 0 50 84-5 70 ⌁ 9 25 158
→ 3110 Schulz

2

3110 Behrens
C. Behrens Werk 2
Fischerhof, Hansestr. 12
3110 Uelzen
☎ 05 81-7 10 31 ✉ 9 1 232

3110 Hasse
C. Hasse & Sohn · Bauchemisches Werk
Sternstr. 10 ✉ 6 20
3110 Uelzen 1
☎ 05 81-60 41 bis 46
9 1 341 haso d

3110 Kliefoth
Kliefoth & Co. KG Asbest- und Kieselgurwerke
Eschemannstr. 4 ✉ 1 10
3110 Uelzen 1
☎ 05 81-1 70 71/2 9 1 201 akw d

3110 Schulz
Draht-Schulz GmbH & Co.
Im Böh 4
3110 Uelzen
☎ 05 81-66 64/5

3122 König
Paul König GmbH Baubedarf und Ausführung
Steimker Str. 9
3122 Hankensbüttel
☎ 0 58 32-12 61 und 10 31

3123 Livos
Livos Pflanzenfarben Forschungs- und Entwicklungsgesellschaft mbH & Co. KG
Neustädter Str. 23/25
3123 Bodenteich
☎ 0 58 24-10 88 und 89

3130 Bauplanung
Bauplanung + Entwicklung GmbH
Lange Str. 20
3130 Lüchow
☎ 0 58 41-42 20

3140 Müller, A. D.
A. D. Müller Betonwarenfabrik
✉ 22 70
3140 Lüneburg
☎ 0 41 31-4 30 77

3150 Preussag Wasser
Preussag Produkte Wasser und Umwelt
Moorbeerenweg 1 ✉ 60 09
3150 Peine
☎ 0 51 71-40 30 Fax 40 31 23 9 2 670

3150 Teco
Teco-Schallschutzsystem GmbH
Woltorfer Str. 112 ✉ 18 04
3150 Peine
☎ 0 51 71-4 00 50 Fax 40 05 26 9 2 681

3155 Preussag Armaturen
Preussag Armaturen GmbH
✉ 17 06 in 3150 Peine
3155 Edemissen-Berkhöpen
☎ 0 51 76-1 71 Fax 1 74 18 9 2 656

3156 KERABA
KERABA GmbH u. Co. KG
Am Hettberg 6
3156 Hohenhameln
☎ 0 51 26-17 11 9 27 193 Kerab d

3160 Diekmann
H. Diekmann GmbH & Co. KG, DIA-Fertigteilwerke
Zum Hämeler Wald 21
3160 Lehrte (Arpke)
☎ 0 51 75-30 10 Fax 3 01 32

3160 Schaper
Heinrich Schaper GmbH Betonwerk
Köthenwaldstr. 36
✉ 11 80
3160 Lehrte
☎ 0 51 32-40 88 und 89

3160 Sieg
Sieg-Stöber oHG. Nachf. Peter Stöber
Knüppelsdorfer Weg 10
3160 Lehrte OT Arpke
☎ 0 51 75-21 87

3160 Thermotect
Thermotect-Brandschutzmaterial Gesellschaft mbH
Eichenkamp 3
3160 Lehrte-Arpke
☎ 0 51 75-22 22 Fax 28 17

3162 Betonsteinwerk
Betonsteinwerk Uetze GmbH
3162 Uetze
☎ 0 51 73-8 02 bis 8 05 Fax 8 00 9 2 659

3163 Flemming
Malermeister Manfred Flemming
An der Zentrale 5
3163 Sehnde 1
☎ 0 51 38-34 32 und 13 05

3167 eurAl
eurAl Firmengruppe für Fenster- und Türsysteme GmbH
✉ 10 02 16
3167 Burgdorf
☎ 0 51 36-8 56 98 Fax 8 72 40

3167 HPS
HPS-HILDEBRANDT, Gesellschaft für
Kunststoffverarbeitung mbH + Co. KG
Duderstädter Weg 30-32
3167 Burgdorf
☏ 0 51 36-20 11 bis 15 ⌁ 9 22 082

3167 Jachmann
Jachmann-Technik GmbH
vor den Höfen 32 ✉ 2 43
3167 Burgdorf
☏ 0 51 36-60 01 ⌁ 9 23 299

3167 Pretty
PRETTY-Zentrale GmbH
Vizestr. 11
✉ 10 45
3167 Burgdorf 2
☏ 0 50 85-16 66

3170 Sicabrick
Gifhorner Sicabrick GmbH & Co. KG
Krümmeweg 2
3170 Gifhorn OT Wische
☏ 0 53 71-77 92 und 7 30 71 und 72 Fax 7 38 16

3177 Spanplatten
Triangel Spanplatten KG
3177 Sassenburg (Triangel)
☏ 0 53 71-68 91 ⌁ 9 57 119 trian d

3180 Betonwerk
Betonwerk Fallersleben GmbH
Westrampe 3
3180 Wolfsburg 12
☏ 0 53 62-33 70

3200 Borchard
Chr. Borchard GmbH & Co. KG
3200 Hildesheim 1
☏ 0 51 21-5 60 01

3200 Evers
EVERS-Fenster, Türen und Wintergärten GmbH
Bavenstedter Str. 65
3200 Hildesheim
☏ 0 51 21-7 61 40 Fax 76 14 71

3200 Greimbau
GREIMBAU-LIZENZ GMBH
Steuerwalder Str. 86
3200 Hildesheim
☏ 0 51 21-5 50 13

3200 Hildesia
Hildesia Tapetenfabrik G. L. Peine
✉ 1 07
3200 Hildesheim

3200 Interpane
Interpane Sicherheitsglas
Maybachstr. 5
3200 Hildesheim
☏ 0 51 21-5 70 47 ⌁ 9 27 422
Fax 5 57 64

3200 Kawo
KAWO® Dichtstoffe Karl Wolpers
Bavenstedter Str. 73 ✉ 10 14 44
3200 Hildesheim
☏ 0 51 21-7 61 90 Fax 76 19 29 ⌁ 9 27 390 Kawo d

3200 Kerapid
Kerapid-Fertigung Krüger & Co., Verwaltung
Marheinekestr. 21 ✉ 46
3200 Hildesheim 1
☏ 0 51 21-1 60 20 ⌁ 9 27 130 stker

3200 Kost
Edgar Kost GmbH Betonsteinwerk
Kruppstr. 15 ✉ 2 47
3200 Hildesheim
☏ 0 51 21-5 70 22 ⌁ 9 27 224

3200 LDH
LDH Leicht-Decken-Stein-Werk
3200 Hildesheim
☏ 0 51 21-53 55 57

3200 Luxo
Luxo-Leuchten GmbH
Feldstr. 18b ✉ 10 09 42
3200 Hildesheim 1
☏ 0 51 21-8 10 24 Fax 86 95 11 ⌁ 9 27 201 luxo d

3200 Vama
Vama® Wärmetechnik
✉ 1 10
3200 Hildesheim
☏ 0 51 21-51 00 61 ⌁ 9 27 237

3200 Verständig
August Verständig GmbH & Co. KG
Ruscheplatenstr. 12
3200 Hildesheim
☏ 0 51 21-5 35 57 ⌁ 9 24 740

3201 Bemm
BEMM Ing. Bernd Müller GmbH
Lehmkamp 22
3201 Barienrode b. Hildesheim
☏ 0 51 21-26 22 24 ⌁ 9 27 312

3201 Ziegel
Dachziegelwerk Algermissen GmbH & Co. KG
Ziegeleiweg 1
3201 Algermissen
☏ 0 51 26-17 11 Fax 24 00 ⌁ 9 27 193

3203 Alural
ALURAL GmbH und Co. Kommanditgesellschaft
Wellweg 99 ✉ 11 09
3203 Sarstedt
☎ 0 50 66-30 22 Fax 6 28 64

3203 Heylo
Heylo Klimatechnik GmbH & Co. KG
✉ 12 60
3203 Sarstedt
☎ 0 50 66-8 41 ⌁ 9 27 173

3203 Varia
VARIA Wärmepumpen KG GmbH & Co. KG
Am Boksberg 1
3203 Sarstedt
☎ 0 50 66-8 13 28

3204 ASKAL
ASKAL Aluminium-Vertriebs-GmbH
Neustadtstr. 12
3204 Nordstemmen 6 (Adensen)
☎ 0 50 44-13 34

3205 Joba
Joba-Bausysteme und Sportgeräte GmbH
Schlewecker Str. 21 ✉ 1 10
3205 Bockenem
☎ 0 50 67-24 10 Fax 2 41 20 ⌁ 9 27 187

3205 Schlewecke
Deckenwerk Schlewecke · Fertigbauteile GmbH
3205 Bockenem 5
☎ 0 50 62-10 57 bis 59

3210 Grave
Grave-Holzhausbau
Heilswannenweg 48
3210 Elze
☎ 0 50 68-30 28 Fax 30 10

3210 Stabiro
Stabiro-Fenster GmbH
Hauptstr. 22
3210 Elze
☎ 0 51 24-24 89 ⌁ 9 27 181

3210 Weikert
Rudolf Weikert Leichtmetallbau
✉ 1 20
3210 Elze
☎ 0 51 24-30 22 und 23 43 ⌁ 9 27 273

3216 Calenberg
Calenberg Ingenieure GmbH
Am Knübel 2-4
3216 Salzhemmendorf 2
☎ 0 51 53-60 15 Fax 60 17 ⌁ 9 24 763 cish d

3216 Holzwerk
Holzwerk Osterwald GmbH
OT Osterwald/Bhf ✉ 11 80
3216 Salzhemmendorf 5
☎ 51 53-8 10 ⌁ 9 2 877

3216 Okal
OKAL-Werk Niedersachsen
Otto Kreibaum GmbH & Co. KG
Ortsteil Lauenstein
3216 Salzhemmendorf 2
☎ 0 51 53-8 20 ⌁ 9 2 870 okal d

3216 Otavi
OTAVI MINEN AG Keramisches Werk Osterwald
3216 Salzhemmendorf 4
☎ 0 51 53-60 62 ⌁ 9 2 863

3216 Verständig
Klaus Verständig GmbH & Co. KG
3216 Salzhemmendorf 1
☎ 0 51 53-60 31

3220 Ott
Tonindustrie Niedersachsen Georg Ott KG
✉ 14 45
3220 Alfeld 2
☎ 0 51 81-5 07

3220 Wiloa
WILOA-Blechbearbeitungen GmbH
Senator-Behrens-Str. 9
3220 Alfeld (Leine)
☎ 0 51 81-10 31 Fax 10 34 ⌁ 9 2 909

3223 DESAG
DESAG Deutsche Spezialglas AG
Grünenplan ✉ 80
3223 Delligsen 2
☎ 0 51 87-77 10 ⌁ 175 187 810 desag g
Teletex 5 187 810 Telefax 77 13 00

3250 Athe
ATHE THERM Heizungstechnik GmbH
Werkstr. 6
3250 Hameln 5
☎ 0 51 51-6 10 84

3250 Baladecor
Baladecor GmbH s. Besmer Sommer
Süntelstr. 5
3250 Hameln 1
☎ 0 51 51-78 10 ⌁ 9 2 821

3250 Besmer
Besmer-Teppichfabrik Mertens GmbH & Co.
Süntelstr. 5 ✉ 6 67
3250 Hameln
☎ 0 51 51-78 11 ⌁ 9 2 821

3250 Golze
Otto Golze & Söhne GmbH
✉ 10 04 44
3250 Hameln 1
☎ 0 51 51-71 31 Telex 9 2 851 ogos d

3250 OKA
OKA Teppichwerke GmbH
Kuhlmannstr. 11 ✉ 24 39
3250 Hameln 1
☎ 0 51 51-10 31 Telex 9 2 849

3250 Richardt
Friedrich Richardt Stahlbau GmbH
Ohsener Str. 106/08 ✉ 7
3250 Hameln
☎ 0 51 51-73 01 bis 03

3250 Vorwerk
VORWERK & Co. Teppichwerke GmbH + Co. KG
Kuhlmannstr. 11
3250 Hameln 1
☎ 0 51 51-10 30 Telex 9 254 206 vch d

3251 Panneke
Anton Panneke
3251 Aerzen
☎ 0 51 54-83 15

3253 Dawin
Dawin GmbH Kunststoffelemente
Lachemer Weg 1
3253 Hess. Oldendorf OT Fischbeck
☎ 0 51 52-80 11 und 87 10

3253 Wesertal
Wesertal-Türenelemente
Dehne GmbH & Co. KG
Am Weserbogen 22
3253 Hess. Oldendorf 21 (Rumbeck)
☎ 0 51 52-20 63

3257 AEG
AEG-Aktiengesellschaft
Rathenaustr. 2-6 ✉ 12 20
3257 Springe 1
☎ 0 50 41-75 90 Telex 9 24 430

3257 Bähre
Bähre + Grethen GmbH & Co. KG
Nordstr.
3257 Springe
☎ 0 50 41-7 11

3257 Bison
Bison Werke
Bähre & Greten GmbH & Co. KG
Industriestr. 17
3257 Springe/Deister
☎ 0 50 41-7 10

3257 Dätwyler
Dätwyler Inter AG + Co.
Allerfeldstr. 5
3257 Springe 2
☎ 0 50 45-5 58 Telex 9 24 925

3260 HL
HL-Naturstein
Braasstr. 27
3260 Rinteln
☎ 0 57 51-4 28 05 Fax 4 44 07 Telex 9 71 333 saunad

3260 Saunex
Saunex-Sauna Fertigsaunen Vertriebs GmbH
Braasstr. 27
3260 Rinteln
☎ 0 57 51-4 21 00 Telex 9 71 733 sauna d

3260 Weserwaben
Weser Bauelemente-Werk GmbH
Alte Todenmanner Str. 39 ✉ 17 40
3260 Rinteln 1
☎ 0 57 51-50 31 Fax 50 34 Telex 9 71 896

3280 Hörling
Ludwig Hörling Fabrik chemischer Baustoffe GmbH
✉ 13 45
3280 Bad Pyrmont
☎ 0 52 81-80 71/2 und 24 56 Telex 9 31 642

3280 Kinkeldey
Kinkeldey-Leuchten GmbH & Co. KG
Thaler Landstr. 13
3280 Bad Pyrmont
☎ 0 52 81-6 05 50 Fax 60 55 44 Telex 9 31 638

3300 Auro
AURO GmbH
Alte Frankfurter Str. 211 ✉ 12 20
3300 Braunschweig
☎ 05 31-89 50 86

3300 Behrends
schornstein behrends GmbH & Co. KG
Peterskamp 43
3300 Braunschweig
☎ 05 31-35 00 11

3300 Eppe
Walter Eppe
Schwalbenweg 4
3300 Braunschweig
☎ 05 31-5 53 93

3300 Kroschke
Kroschke GmbH
Daimlerstr. 20a
3300 Braunschweig
☎ 05 31-31 00 20 Telex 9 52 464

2

3300 Lucks
Lucks + Co. GmbH Industriebau
Hauptverwaltung
Celler Str. 66–69 ✉ 37 49
3300 Braunschweig
☎ 05 31–59 70 ⌧ 9 52 713
→ 5000 Lucks
→ 6800 Lucks

3300 Munte
Karl Munte Bauunternehmung
Zentrale Verwaltung
Volkmarder Str. 8
3300 Braunschweig
☎ 05 31–3 90 70

3300 Neoplastik
Neoplastik Braunschweiger Kunststoffwerk GmbH
Grotrian-Steinweg-Str. 5 ✉ 19 05
3300 Braunschweig
☎ 05 31–31 01 20 Fax 31 29 73 ⌧ 9 52 775

3300 Reiher
Gebr. Reiher GmbH
Kunststoffwerk - Elektrotechnische Fabrik
Saarbrückener Str. 254
3300 Braunschweig
☎ 05 31–5 20 81 ⌧ 9 52 429

3300 Schacht
F. Schacht GmbH & Co. KG
Bültenweg 48 ✉ 48 23
3300 Braunschweig
☎ 05 31–33 33 71/73

3300 Sia
Sia-Handelsgesellschaft mbH
Hamburger Str. 36–42 ✉ 46 43
3300 Braunschweig
☎ 05 31–3 90 61

3300 Taube
Hans J. Taube Braunschweiger Rolladenbau GmbH
Berliner Str. 53 ✉ 52 08
3300 Braunschweig
☎ 05 31–37 40 81 bis 83 Fax 37 40 84 ⌧ 9 52 331

3300 Teleplan
Teleplan GmbH & Co. KG
Petzvalstr. 37
3300 Braunschweig
☎ 05 31–37 60 01

3300 Terrazzowerk
Norddeutsches Terrazzowerk
Efeuweg 3
3300 Braunschweig
☎ 05 31–37 60 44 ⌧ 9 52 406

3300 Wahrendorf
H. C. Wahrendorf Betonwerk
Volkmaroder Str. 7
3300 Braunschweig
☎ 05 31–37 10 81 ⌧ 9 52 582

3303 Wagner-System
Wagner-System GmbH
Brackestr. 1
3303 Vechelde
☎ 0 53 02–27 14 Fax 69 99 ⌧ 9 52 717 wfv d

3304 Raulf
Erich Raulf GmbH & Co. KG
Dorfstr. 7
3304 Wendeburg
☎ 0 53 03–20 66

3320 Dörnemann
VKS Dr. Dörnemann GmbH & Co.
✉ 51 12 40
3320 Salzgitter 51
☎ 0 53 41–3 40 45 ⌧ 9 54 473 elko d

3320 EWAG
EWAG Energiespar-Wärmedämm AG & Co.
Beratungs-Planungs-Ausführungs KG
Zum Dorfplatz 4
3320 Salzgitter 1 (Sauingen)
☎ 0 53 00–8 81
→ 3500 EWAG

3320 Friedrich
Gebr. Friedrich GmbH & Co. Bauservice KG
Seesener Str. 137
3320 Salzgitter 41
☎ 0 53 41–22 01 76 Fax 2 52 11 ⌧ 9 54 456

3320 Huno
HUNO-Stahlbau GmbH
✉ 51 13 69
3320 Salzgitter 51
☎ 0 53 41–3 70 31 ⌧ 9 54 434

3320 Stahlwerke
Stahlwerke Peine-Salzgitter AG
✉ 41 11 80, Abt. KFFO
3320 Salzgitter 41
☎ 0 53 41–21 36 45 ⌧ 9 54 481 sgt d

3338 Poroton
Elm Porotonwerk GmbH & Co. KG
Lange Trift 3
3338 Schöningen
☎ 0 53 52–3 90 13 ⌧ 9 57 526

3340 Heibacko
Heibacko/Y
✉ 12 28
3340 Wolfenbüttel
☎ 0 53 31-49 31

3340 Teleplast
TELEPLAST GmbH & Co. KG
Grüner Platz 23-26 ✉ 15 61
3340 Wolfenbüttel
☎ 0 53 31-70 55 Telex 9 5 640

3342 BHT
BHT Baustoff-Handels- und Transport GmbH
✉ 3
3342 Schladen - Gewerbegebiet Nord -
☎ 0 53 35-50 51/55

3351 Alten
Ziegelei Wellersen Wilhelm Alten Unipor-Ziegel
3351 Wellersen
☎ 0 55 62-2 52

3353 Lorowerk
Lorowerk K. H. Vahlbrauk GmbH
Kriegerweg 1 ✉ 3 80
3353 Bad Gandersheim
☎ 0 53 82-7 10 Fax 7 12 03 Telex 9 57 313

3360 Hilliges
Hilliges Gipswerk GmbH & Co. KG
3360 Osterode 1 (Katzenstein)
☎ 0 55 22-80 21 Fax 8 33 65 Teletex 5 522 813

3360 Roddewig
Roddewig & Co. Gipswerke
Freiheiter Str. 2 ✉ 16 80
3360 Osterode
☎ 0 55 22-35 35 Telex 9 65 116

3360 Schimpf
Harzer Gipswerke Rob. Schimpf Soehne
Gipsmühlenweg 37-39
3360 Osterode
☎ 0 55 22-30 42 Telex 9 65 107

3373 Rühmann Kl.
Beton-Steinwerk Klaus Rühmann GmbH & Co. KG
Am Schlörbach 17
3373 Seesen-Rhüden
☎ 0 53 84-4 83

3380 Alape
Alape Adolf Lamprecht Betriebs GmbH
Hahndorf
3380 Goslar 1
☎ 0 53 21-55 80 Telex 9 53 895

3380 Fels
Fels-Werke GmbH
Geheimrat-Ebert-Str. 12 ✉ 14 60
3380 Goslar 1
☎ 0 53 21-70 30 Fax 70 33 21 Telex 9 53 848 fels d

3380 Lonsky
Norbert Lonsky
Spiegelfabrik - Glasbiegerei - Vakuumtechnik
Wittenstr. 7
3380 Goslar
☎ 0 53 21-2 29 16

3380 Minna
Minnahütte Maschinelle Glasverarbeitung
✉ 21 40
3380 Goslar
☎ 0 53 21-2 40 55 Telex 53 823

3380 Oker
Rohstoffbetriebe Oker GmbH & Co.
✉ 19 20
3380 Goslar 1
☎ 0 53 21-62 66 bis 68 Telex 9 53 739

3380 Stöbich
Stöbich Brandschutz GmbH
Stapelner Str. 7
3380 Goslar 1
☎ 0 53 21-8 40 52

3380 Willikens
Adolf Willikens GmbH & Co.
Sand- und Kieswerke Oker-Harzburg
✉ 19 20
3380 Goslar 1
☎ 0 53 21-62 66 bis 68 Telex 9 53 739

3387 Kleinbongardt
Harzer Betonwarenwerke Kleinbongardt KG
Verwaltung
Okerstr. 28
✉ 11 61
3387 Vienenburg
☎ 0 53 24-10 03 Telex 9 53 710 pobkv d

3394 Henniges
Henniges & Holzheuer Kamin & Betonwerk
3394 Langelsheim 2
☎ 0 53 25-41 41

3394 Heubach
Harzer Zinkoxyde Heubach KG
Heubachstr. 7
3394 Langelsheim
☎ 0 53 26-5 20

3394 Langer
Georg Langer
Blechwarenfabrik und Stahlbau GmbH
Innerstetal 9 ⊠ 12 80
3394 Langelsheim/Harz
☎ 0 53 26-50 20 ≢ 9 57 725 gela d

3400 Alcan
Alcan Aluminium Werke GmbH, Werk Göttingen
Hannoversche Str. 2
3400 Göttingen
☎ 05 51-30 41 ≢ 96 807

3400 Donder
Donder & Kerl GmbH + Co. KG
Robert-Bosch-Breite 4 ⊠ 16 45
3400 Göttingen
☎ 05 51-60 90

3400 Hente
Hente & Spies GmbH Ziegel- und Klinkerwerk
⊠ 17
3400 Göttingen
☎ 05 51-7 50 22

3400 Lange
Lange Fenster- und Fassadenbau
GmbH + Co. Betriebs KG
⊠ 26 51
3400 Göttingen-Weende
☎ 05 51-3 40 25

3400 Meurer
Friedrich Meurer
3400 Göttingen
☎ 05 51-7 10 05

3400 Novopan
Deutsche Novopan GmbH
⊠ 16 43
3400 Göttingen
☎ 05 51-60 10 ≢ 9 6 836

3400 Riggert
Riggert Sonnenschutz GmbH
Ernst-Ruhstrat-Str. 7 ⊠ 31 30
3400 Göttingen
☎ 05 51-6 20 87
→ 2800 Blöcker

3400 Selbstbau
3IS Selbstbau Werner Schubert GmbH & Co.
Maschmühlenweg 99
3400 Göttingen
☎ 05 51-3 10 31

3400 Universal
Universal H. Kranke
Werner-von-Siemens-Straße 5 ⊠ 37 33
3400 Göttingen
☎ 05 51-3 10 21 Fax 37 50 50 ≢ 96 899

3401 Jagemann
JAGEMANN GmbH Betonwerkstein und
Fertigteilwerk
3401 Seulingen
☎ 0 55 07-70 60

3403 Baumbach
L. Baumbach GmbH
3403 Friedland 1
☎ 0 55 04-10 11

3406 Basalt
Deutsche Basaltsteinwolle GmbH
Rodetal 40
3406 Bovenden
☎ 0 55 94-66

3408 Bernhard
Duderstädter Keramik- und Ziegelwerke
Bernhard GmbH & Co.
⊠ 13 80
3408 Duderstadt 1
☎ 0 55 27-8 47 70

3410 Kurth
Kurth-Haus
Einbecker Landstr.
3410 Northeim
☎ 0 55 51-50 11

3410 Mäder
Betonwerk Northeim C. G. Mäder GmbH & Co. KG
3410 Northeim
☎ 0 55 51-50 84

3411 Gropengießer
Gebr. Gropengießer GmbH
Am Bahnhof 2 ⊠ 40
3411 Wulften
☎ 0 55 84-40 20 Fax 4 02 27

3411 Thiele
Thiele Holzdrehwerk
3411 Holzerode
☎ 0 55 07-74 74

3411 Wüstefeld
WILHELM WÜSTEFELD KG
Knickfeld 3 ⊠ 80
3411 Katlenburg-Lindau 3
☎ 0 55 56-44 74 und 10 68 Fax 17 79

3412 Jacobi
A. Jacobi's Ziegelwerk KG, Werk 2
3412 Nörten-Hardenberg 5 OT Parensen
☎ 0 55 03-30 92

3414 Nordcement
NORDCEMENT AG, Werk „Hardegsen"
✉ 20
3414 Hardegsen 1
☎ 0 55 05-10 71 ⌁ 9 6 856

3418 Agepan
Agepan-ilse-TEC GmbH
Wiesenstr.
✉ 13 10
3418 Uslar
☎ 0 55 71-20 85 ⌁ 9 65 735 tec d

3418 Ilse
Ilse-Sauna Eicke-Schwarz oHG
✉ 12 72
3418 Uslar 1
☎ 0 55 71-31 78 ⌁ 9 65 732

3418 Kordes
Norbert Kordes GmbH & Co.
✉ 12 36
3418 Uslar 1
☎ 0 55 71-20 26 ⌁ 9 65 711 koka d

3418 Plessmann
H. u. M. Plessmann GmbH & Co. Holzwerke
Wiesenstr. 33
3418 Uslar
☎ 0 55 71-20 08 Fax 54 63 Teletex 5 57 119

3418 Sollinger
Sollinger Hütte GmbH
Auschnippe 48
3418 Uslar
☎ 0 55 71-20 21

3418 Wilhelm
Wilhelm & Sander GmbH
Am Mühlensiek 4 ✉ 21 40
3418 Uslar 2 ⌁ 9 65 710

3420 HDW
HDW Harzer Dolomitwerke GmbH Wülfrath
Werk Scharzfeld
✉ 20
3420 Herzberg 4
☎ 0 55 21-50 06/08 ⌁ 9 6 224 harz

3420 Homanit
Homanit GmbH & Co. KG Plattenwerke
✉ 12 40
3420 Herzberg/Harz
☎ 0 55 21-8 40 ⌁ 9 6 234

3422 Finstral
Finstral Nord GmbH
Karl-Schmidt-Str. 2
3422 Bad Lauterberg
☎ 0 55 24-40 18

3422 Gebeo
GEBEO-Edelputzwerk
3422 Bad Lauterberg im Harz 3
☎ 0 55 24-33 34

3422 Haltenhoff
Albert Haltenhoff GmbH Holzwerk
✉ 1 67
3422 Bad Lauterberg im Harz
☎ 0 55 24-30 43 bis 45 Fax 12 71 ⌁ 9 6 233 halau d

3425 Börgardts
Börgardts-Sachsenstein GmbH Spezialgipswerke
Kutzhütte
3425 Walkenried
☎ 0 55 25-8 76 ⌁ 9 65 415

3429 Jacobi
A. Jacobi's Ziegelwerke KG
Werk Parensen
3429 Bilshausen
☎ 0 55 03-30 92

3429 Jacobi
Jacobi-Tonwerke Bilshausen GmbH
Osteroder Str. 2
3429 Bilshausen
☎ 0 55 28-20 01 ⌁ 9 6 244
→ 3412 Jacobi

3430 AZ
AZ-Buchstaben GmbH
Kasseler Landstr. 13 ✉ 14 35
3430 Witzenhausen
☎ 0 55 42-30 25/6 ⌁ 9 6 340 azwiz d

3430 Brinkmann
M. Brinkmann GmbH Architektur- und Designbüro,
Wand- und Dachbegrünungen
3430 Unterrieden
☎ 0 55 42-43 40

3430 Hildmann
Hildmann Metallbau · Bauschlosserei
Ritzmühlenweg 4 ✉ 13 62
3430 Witzenhausen
☎ 0 55 42-55 98

3430 Millhoff
MILLHOFF GmbH & Co. KG Metallverarbeitung
✉ 2 06
3430 Witzenhausen
☎ 0 55 42-30 21 ⌁ 9 6 915

2

3430 Orth
Kurhessische Gipswerke Peter Orth GmbH & Co. KG
3430 Witzenhausen 9
☏ 0 55 42-40 56 Fax 41 15 Teletex (17) 5 542 812

3433 EZO
EZO-Isolierstoffe GmbH
Bahnhof
3433 Neu-Eichenberg
☏ 0 55 42-20 17 und 18 Fax 7 21 59

3436 Öko-Bautechnik
Ökologische Bautechnik Hirschhagen GmbH
Dieselstr. 3
3436 Hess.-Lichtenau (Hirschhagen)
☏ 0 56 02-30 21

3436 Reolit
Vereinigte Reolit- und Agglomarmor-Werke GmbH
✉ 11 27
3436 Hessisch-Lichtenau
☏ 0 56 02-20 51 ⌁ 9 94 018

3437 Mertner
Mertner Abgastechnik
Werrastr. 1
3437 Bad Sooden-Allendorf
☏ 0 56 52-28 55

3440 Gerloff
GERLOFF® + SÖHNE Natursteinwerke
Höhenweg 13
3440 Eschwege
☏ 0 56 51-86 36 ⌁ 9 93 237

3441 Topp
Wilhelm Topp KG
Am Meinhard 115
3441 Neuerode
☏ 0 56 51-3 12 57

3450 Becker
Ernst Otto Becker GmbH Holzpflasterwerk
Fürstenberger Str. 65 ✉ 11 52
3450 Holzminden
☏ 0 55 31-40 31 Fax 33 12 ⌁ 9 65 312

3450 Stiebel
Stiebel Eltron GmbH & Co. KG
Dr.-Stiebel-Str.
3450 Holzminden 1
☏ 0 55 31-70 21

3451 Wiegand
Steinindustrie Hermann Wiegand Inh. Otto Meier
Neuhaus im Solling
Am Langenberg 28
3450 Holzminden 2
☏ 0 55 36-2 07

3452 Möller
Wilhelm Möller Holzwarenfabrik
3452 Bodenwerder
☏ 0 55 33-21 82

3452 Rigips
Rigips GmbH
Rühler Str. ✉ 12 29
3452 Bodenwerder
☏ 0 55 33-7 10 ⌁ 9 65 394/5

3453 Lange
WESER-Fenster Lange KG
Schulstr. 100
3453 Vahlbruch
☏ 0 55 35-10 22 bis 24 Fax 10 25 ⌁ 9 65 361 Weser d

3453 Noblesse
Noblesse Hausbau-GmbH
Schulstr. 100
3453 Vahlbruch
☏ 0 55 35-10 26

3453 Stiebe
Montagebau Grave W. Stiebe GmbH + Co. KG
3453 Brevörde/OT Grave
☏ 0 55 35-10 44

3456 DASAG
DASAG Deutsche Naturasphalt GmbH
Homburgstr. 8 ✉ 11 29
3456 Eschershausen
☏ 0 55 34-54 18 ⌁ 9 65 332

3457 Hesse
Karl Hesse - Eisen- und Holzverarbeitung
Deenser Str. 12 ✉ 11 45
3457 Stadtoldendorf
☏ 0 55 32-23 95

3457 Vereinigte
Vereinigte Gipswerke Stadtoldendorf GmbH & Co. KG
✉ 12 80
3457 Stadtoldendorf
☏ 0 55 32-50 50 ⌁ 9 65 385

3457 Würth
Gipswerke Dr. Karl Würth GmbH & Co.
Hoopstr. 30 ✉ 11 40
3457 Stadtoldendorf
☏ 0 55 32-30 81 Fax 16 41 ⌁ 9 65 393

3470 Wolff
Wolff-Haus GmbH
Industriestr. 1
3470 Höxter 11 (Ottbergen)
☏ 0 52 75-5 14 ⌁ 9 31 734

3471 Interpane
INTERPANE Werk 1
Sohnreystr. 21 ✉ 20
3471 Lauenförde (Weser)
☎ 0 52 73-80 90 Telex 9 31 755 Telefax 0 52 73-85 47
→ 5272 Interpane

3471 Schieferit
Schieferit GmbH
Am Langenberg 21 ✉ 10 03 49
3471 Meinbrexen-Höxter
☎ 0 52 73-72 92

3472 Ofra
Ofra GmbH & Co. KG Werk I Fertigbau
✉ 13 55
3472 Beverungen 1
☎ 0 52 73-90 90 Fax 9 09 90 Telex 9 31 710 ofra

3490 Baveg
Baveg GmbH & Co. Ing. G. Tegethoff
Arnold-Janssen-Ring ✉ 15 01 und 11 20
3490 Bad Driburg
☎ 0 52 53-51 05 und 0 52 53-51 06
→ 8000 Baveg

3492 FSB
FSB Franz Schneider Brakel GmbH & Co.
✉ 14 40
3492 Brakel
☎ 0 52 72-60 81 Telex 9 31 748

3492 Sander
Sander GmbH Kunststoffensterbau KG
Industriestr. 26
3492 Brakel
☎ 0 52 72-10 54
→ 2400 Sander
→ 3003 Sander
→ 4000 Sander
→ 4600 Sander
→ 7888 Sander

3493 Suckfüll
Suckfüll Holzbau GmbH
3493 Nieheim (Westf.)
☎ 0 52 74-2 53 und 86 88

3500 AEG
AEG Isolier- und Kunststoff GmbH
Otto-Hahn-Str. 5 ✉ 10 01 47
3500 Kassel
☎ 05 61-5 80 10 Fax 5 80 12 52 Telex 9 9 876

3500 Appel
Appel & Co. GmbH
Osterholzstr. 124 ✉ 10 02 29
3500 Kassel

3500 Basaltin
Basaltin GmbH & Co.
Dennhäuser Str. 118 ✉ 42 01 60
3500 Kassel 1
☎ 05 61-4 20 61

3500 Betonwerk
bwh Hochbau-Gesellschaft mbH
Korbacher Str. 173
3500 Kassel-Nordshausen
☎ 05 61-40 10 71 Telex 9 92 353

3500 Conit
Conit Bau- und Lufttechnik 18017 Gesellschaft für Lüftungsanlagen im Wohnbau mbH & Co. KG
✉ 3 59
3500 Kassel
☎ 05 61-7 00 43

3500 Dittler
Dittler + Reinkober Gesellschaft für Wärmepumpen-Anlagen und Solarenergie mbH
Richard-Rosen-Str. 15 A
3500 Kassel
☎ 05 61-58 10 88

3500 EWAG
EWAG Energiespar-Wärmedämm AG & Co. Beratungs-Planungs-Ausführungs KG
Nürnberger Str. 197
3500 Kassel
☎ 05 61-5 50 71 und 7

3500 Heilwagen
Heilwagen GmbH
✉ 10 16 69
3500 Kassel 1
☎ 05 61-8 09 91 Telex 9 92 255

3500 Hübner
Hübner Kassel Gummi + Kunststoff GmbH
Agathofstr. 15
3500 Kassel
☎ 05 61-57 10 01 Telex 9 9 654

3500 Knierim
Knierim GmbH & Co. KG
Eugen-Richter-Str. 109 ✉ 42 01 68
3500 Kassel-Niederzwehren
☎ 05 61-4 09 10 Fax 4 09 11 47 Telex 9 92 334

3500 Linker
Linker KG
Kohlenstr. 140 ✉ 41 03 40
3500 Kassel-Wilhelmshöhe
☎ 05 61-3 00 41 Telex 9 92 415

2

3500 Norgips
NORGIPS GmbH
Kurt-Schumacher-Str. 25 ✉ 10 27 27
3500 Kassel
☎ 05 61-77 70 61 ⌧ 9 92 350 ngips d
Telefax 77 70 60

3500 Schmidt & Diemar
Schmidt & Diemar
Adolfstr. 3-5
3500 Kassel
☎ 05 61-1 44 31 und 32 Fax 77 53 55

3500 Spielgeräte
Kasseler Spielgeräte Baugesellschaft mbH
Frankfurter Str. 181
3500 Kassel
☎ 05 61-2 20 24 bis 28

3500 Wakofix
ET WAKOFIX Montagebau GmbH & Co. KG
Königinhofstr. 99 ✉ 10 39 60
3500 Kassel
☎ 05 61-8 30 41 bis 43 Fax 8 30 44 ⌧ 9 9 673 bauwa

3500 WEGU
WEGU-Werke Walter Dräbing KG
✉ 31 04 20
3500 Kassel-Bettenhausen
☎ 05 61-5 20 30 Fax 5 20 31 89
Teletex (17) 5 618 117 wegu d

3501 Klüppel
Klüppel & Poppe GmbH
Im Hahn 6
3501 Schauenburg-Breitenbach
☎ 0 56 01-32 30

3501 Klüppel
Klüppel & Poppe GmbH Aluminiumtüren
Im Hahn 6
3501 Schauenburg 3
☎ 0 56 01-32 30 ⌧ 9 92 588

3501 Nicol
Nicol-Möbel, Wohnbadausstattungen
Ostring 48-50 ✉ 11 20
3501 Fuldabrücke 1/Berghausen
☎ 05 61-58 30 11

3501 Schlutz
Günter Schlutz
Wolfhagenstr. 24
3501 Altenstädt
☎ 0 56 25-8 23 oder 2 89

3501 Zuschlag
Conrad Zuschlag Ziegelei Kirchberg GmbH & Co. KG
3501 Niedenstein-Kirchberg
☎ 0 56 03-20 24

3502 Fischer
Fischer Lagertechnik und Einrichtungs GmbH
Holländische Str. 181
3502 Vellmar 3
☎ 05 61-82 10 30 ⌧ 9 92 407

3502 Kemper
Kunststoff + Lackfabrik Kemper
Holländische Str. 36
3502 Vellmar 3
☎ 05 61-82 60 37 ⌧ 9 9 510

3502 Löber
Peter Löber
3502 Vellmar 1

3504 Bode
Bode Innenausbau GmbH
Industriestr. 17
3504 Kaufungen
☎ 0 56 05-30 11

3507 Fels
Fels-Werke Peine-Salzgitter GmbH
Verkaufsbüro Kassel
Großenritter Str.
3507 Baunatal 5-Hertingshausen
☎ 0 56 65-50 11 und 12

3509 Garant
Garant-Tresore
✉ 7
3509 Neumorschen
☎ 0 56 64-3 96

3509 Lignit
Lignit KG. Aug. Otto Söchting
3509 Spangenberg
☎ 0 56 63-3 66

3510 fewo
fewo Massivholz-Hausbau und Handels GmbH
Rischensiek 24-28
3510 Hannoversch-Münden 15
☎ 0 55 46-10 82 ⌧ 9 65 874 fewoh d

3510 Filz
Filzfabrik Schedetal GmbH
✉ 93
3510 Hann.-Münden
☎ 0 55 41-40 01 bis 03 ⌧ 9 65 835

3510 Hanssen
Hanssen-Blockhaus GmbH
✉ 12 35
3510 Hann. Münden 1
☎ 0 55 41-3 29 26

3510 Miran
Miran Kunststofftechnik GmbH
Industriestr. 4-8
3510 Hann.-Münden 14
☎ 0 55 41-50 32 ⌨ 9 65 863 miran d

3510 Pufas
Pufas-Werk GmbH
✉ 14 69
3510 Hann.-Münden
☎ 0 55 41-10 74 ⌨ 9 65 806

3510 Skan
Skan-Sauna
Kohlenstr. 1
3510 Hann.-Münden
☎ 0 55 41-3 19 88

3510 teka
teka sauna Dieter Tietjen
Meinerbreite 10
3510 Hann.-Münden 1
☎ 0 55 41-3 33 03 Fax 3 30 06

3510 WS
WS Gartenelemente GmbH
Untere Trift 1
3510 Hann.-Münden 21 (Hedemünden)
☎ 0 55 45-14 45 ⌨ 9 65 825 wsga d

3511 Mäder
Betonwerk Braunwald C. G. Mäder GmbH & Co. KG
3511 Volkmarshausen
☎ 0 55 41-57 48

3512 Habich's
G. E. Habich's Söhne, Farbenfabriken
3512 Reinhardshagen
☎ 0 55 44-2 71 bis 74

3520 AKG
AKG
3520 Hofgeismar
☎ 05 61-30 31 bis 36

3522 Bunk
Wesersandsteine Karlshafen Richard Bunk
Nachf. Inh. H. Bunk
Brückenstr. 10 ✉ 12 55
3522 Bad Karlshafen 1
☎ 0 56 72-10 56

3526 Fehr
Fehr
3526 Trendelburg 4-Eberschütz
☎ 0 56 71-15 13

3527 Fürstenwalder
Fürstenwalder-Betonwerkstein
3527 Calden
☎ 0 56 09-26 10

3530 Benteler
Benteler Klimatechnik KG
Lütke Feld 7-11 ✉ 11 46
3530 Warburg
☎ 0 56 41-20 11 ⌨ 9 91 211

3533 neospiel
neospiel Gesellschaft für Freizeitgeräte mbH
Borlingha
3533 Willebadessen/Borlinghausen
☎ 0 56 42-61 85 ⌨ 9 91 229 nehol d

3538 Palme
Ernst Palme GmbH & Co. KG
✉ 31 20
3538 Marsberg 3 (Westheim)
☎ 0 29 94-3 92 und 3 93 Fax 5 73 ⌨ 17 299 430

3538 Zechit
ZECHITWERK GMBH & Co. KG
✉ 21 23
3538 Marsberg-Bredelar
☎ 0 29 91-2 31/32 Fax 16 54 ⌨ 8 41 626 ZBR

3540 Müller H.
Horizont Gerätewerk Dr. H. Müller
✉ 1 60
3540 Korbach
☎ 0 56 31-20 54

3544 Mauser
Mauser Waldeck AG
Wildunger Landstr.
3544 Waldeck 2
☎ 0 56 23-58 11 Fax 58 13 89
⌨ 9 91 625

3548 HEWI
HEWI Heinrich Wilke GmbH
✉ 12 60
3548 Arolsen
☎ 0 56 91-8 21 ⌨ 9 94 536

3548 Preising
C. Preising PFERO Kunststofferzeugnisse
Fenster- u. Rolladenwerk
Briloner Str. 21
3548 Arolsen
☎ 0 56 91-25 63 und 64

3549 Duro
DUROPLASTSTEIN GmbH
Am Stadtbruch 4 ✉ 11 40
3549 Volkmarsen
☎ 0 56 93-8 66

2

3549 Oltmann
Wienerberger Ziegelindustrie & OltmannsGmbH & Co. Werk Volkmarsen
Steinweg 65
3549 Volkmarsen
☏ 0 56 93-8 33 bis 8 35

3549 Wachenfeld
Wachenfeld Natursteinwerk
Am Steinbruch 10
3549 Volkmarsen-Külte
☏ 0 56 91-30 11 ⌧ 9 94 536 wache d

3550 Buscher
Buscher-Folien Thomas Buscher
Schenkendorfweg 16
3550 Marburg
☏ 0 64 21-4 34 70

3550 MeBa
MeBa-Kontaktstelle
Rentmeisterstr. 11
3550 Marburg 7
☏ 0 64 21-4 30 43 Fax 4 30 49

3550 Monette
Monette Kabel- und Elektrowerk GmbH
✉ 6 29
3550 Marburg
☏ 0 64 21-20 81

3550 Nostalit
Nostalit-Kontaktstelle
✉ 49
3550 Marburg
☏ 0 64 21-4 30 43 ⌧ 4 82 354 korfu d

3550 Sälzer
Patentbüro Sälzer
Industriestr. 4
3550 Marburg-Wehrda
☏ 0 64 21-8 10 49 ⌧ 4 821 125

3550 Schwarz
Hermann Schwarz GmbH & Co. KG
Hallen- und Industriebau
Neue Kasseler Str. 54–60 ✉ 22 40
3550 Marburg
☏ 0 64 21-60 20 ⌧ 4 82 344

3550 Urico
Urico Kontaktstelle
✉ 49
3550 Marburg
☏ 0 64 21-4 30 43 ⌧ 4 82 354 korfu d

3553 Wege
Ludwig Wege GmbH & Co. KG
Luwecostr. 2
3553 Cölbe/Lahn
☏ 0 64 21-8 10 04 ⌧ 4 82 330

3554 WESO
WESO Aurorahütte GmbH
✉ 12 20
3554 Gladenbach
☏ 0 64 62-70 37

3558 Bötzel
Frankenberger Ziegelwerk Bötzel & Co.
3558 Frankenberg-Eder
☏ 0 64 51-43 73

3558 Fine-wood
Fine-wood Blockhaus
3558 Frankenberg-Haubern
☏ 0 64 55-80 55 bis 57 ⌧ 4 82 541

3558 Töpel
Töpel GmbH Fabrik für Gerüste und Leitern
3558 Frankenberg-Viermünden
☏ 0 64 51-90 96 bis 98 ⌧ 4 82 521

3559 Burgwald
Burgwald Baustoffwerk GmbH & Co. KG
3559 Burgwald-Industriehof
☏ 0 64 51-90 81/2

3559 Gülich
Fr. Gülich Ziegel- und Klinkerwerk
Neukirchener Str. 12 ✉ 12
3559 Lichtenfels-Sachsenberg
☏ 0 64 54-13 11 Fax 14 50 ⌧ 4 84 432 gueli d

3559 HEFRO
HEFRO Haustürenfabrikation GmbH
Forsthausstr. 12
3559 Battenberg-Frohnhausen
☏ 0 64 52-30 65

3559 Lichtenfels® Töpferei
Lichtenfels® Töpferei
Keramikmanufaktur · Kunsthandwerk
Inh. Ulrike Gülich
Neukirchener Str. 19
3559 Lichtenfels-Sachsenberg
☏ 0 64 54-12 50

3559 Viessmann
Viessmann Werke GmbH & Co.
✉ 10
3559 Allendorf (Eder)
☏ 0 64 52-7 00 Fax 7 07 80 ⌧ 4 82 500

3560 Albert
Otto Albert
✉ 21 33
3560 Biedenkopf-Wallau
☎ 0 64 61-83 13

3560 Elkamet
ELKAMET-WERK Lahn-Kunststoff GmbH
Georg-Kramer-Str. 3 ✉ 13 20
3560 Biedenkopf/Lahn
☎ 0 64 61-7 01-0 ⌁ 17 646 193

3560 Wagner
Adolf Wagner Chemische Fabrik Hessen
Lindenstr. 2-6 ✉ 14 65
3560 Biedenkopf
☎ 0 64 61-20 89

3560 Wezel
Wezel GmbH & Co. KG
✉ 14 40
3560 Biedenkopf
☎ 0 64 61-70 70

3563 Bamberger
Gebr. Bamberger GmbH & Co. KG
3563 Dautphetal 4 (Friedensdorf)
☎ 0 64 66-8 55 ⌁ 4 82 228

3563 Gerlach
Sport-Gerlach KG, Hege-Werke
3563 Dautphetal-Friedensdorf
☎ 0 64 66-70 01 ⌁ 4 82 266

3563 Kapillar
Deutsche Kapillar-Plastik GmbH & Co. KG
Kreuzstr. 22 ✉
3563 Dautphetal 1
☎ 0 64 68-5 01 ⌁ 4 82 233

3563 Lenz
Metallbau Gebr. Lenz GmbH & Co. KG
Mornshausen
3563 Dautphetal
☎ 0 64 68-70 89 ⌁ 4 82 243 lenz d

3563 Roth
Roth Werke GmbH
✉ 60
3563 Dautphetal 2
☎ 0 64 66-2 20 ⌁ 4 82 258

3563 Ullrich
Ullrich GmbH
Carlshütte ✉ 69
3563 Dautphetal 2
☎ 0 64 66-12 27 ⌁ 4 82 200

3565 Agro
Agro-Grebe GmbH
Raiffeisenstr. 6
3565 Breidenbach-Oberdieten
☎ 0 64 65-8 47 ⌁ 4 82 203 agro

3565 Christmann
Christmann & Pfeiffer GmbH & Co. KG
3565 Breidenbach-Weisenbach
☎ 0 64 65-6 10 Fax 44 91 ⌁ 4 82 213

3570 HOPPE
HOPPE GmbH & Co. KG
Am Plausdorfer Tor 13 ✉ 12 40
3570 Stadtallendorf
☎ 0 64 28-70 30 ⌁ 4 82 426

3570 Röse
RÖSE GmbH & Co.
Herrenwaldtüren Kommanditgesellschaft
Niederrheinische Str. 12
3570 Stadtallendorf 1
☎ 0 64 28-10 19

3571 Bonacker
Bonacker KG
Steinweg 8
3571 Amöneburg 1
☎ 0 64 22-18 65

3575 Schaefer
Marburger Tapetenfabrik
J. B. Schaefer GmbH & Co. KG
✉ 13 20
3575 Kirchhain 1
☎ 0 64 22-8 10 ⌁ 4 821 812

3575 Tietjens
Schütz Tietjens - Vertretung EMIL CERAMICA
Brüder-Grimm-Str. 1
3575 Kirchhain 1
☎ 0 64 22-10 71 Fax 71 04 ⌁ 4 82 311 tiet d

3578 Schmitt
SCHWALMSTADT-BAUMARKT Hrch. Schmitt jr. OHG
Ascheröder Str. 8 ✉ 22 28
3578 Schwalmstadt 2 (Ziegenhain Süd)
☎ 0 66 91-30 53 ⌁ 4 93 645

3579 Betonbau
Betonbau Schrecksbach GmbH
Neukirchener Str. 46
3579 Schrecksbach
☎ 0 66 98-3 56

3581 Isolierwerk
Hessisches Isolierwerk
3581 Kerstenhausen
☎ 0 56 82-20 96 ⌁ 9 01 735

3582 Hydro
Hydro-Anlagenbau GmbH & Co. KG
Sälzer Str. 26
3582 Felsberg
☎ 0 56 62-47 49 ⌸ 9 9 983 ewall d

3582 Porosit
Porosit-Betonwerke GmbH
⊠ 11 29
3582 Felsberg
☎ 0 56 62-8 05

3582 Walloschke
Ernst Walloschke Ingenieurbüro für Bauwesen
Sälzer Str. 24 ⊠ 11 45
3582 Felsberg
☎ 0 56 62-8 38 und 8 39 Fax 52 40 ⌸ 9 9 983 ewall d

3588 Rothauge
Gebr. Rothauge GmbH & Co. KG
⊠ 51
3588 Homberg
☎ 0 56 81-40 34

3589 Champ
Champ-Sauna-Sonne-Freizeit
Vertriebsgesellschaft mbH
3589 Knüllwald-Wallenstein
☎ 0 56 86-12 21 Fax 2 18

3589 Knüllwald
Knüllwald-Sauna
3589 Knüllwald-Wallenstein
☎ 0 56 86-5 13 bis 5 17

3590 Correcta
Correcta GmbH
Correctastr. 1
⊠ 16 62
3590 Bad Wildungen
☎ 0 56 21-8 10 Fax 8 12 20 ⌸ 9 94 616

3590 R + M
Reinhold & Mahla GmbH
Geschäftsbereich Dämmstoffe
Berliner Str. 12 ⊠ 16 62
3590 Bad Wildungen
☎ 0 56 12-8 11 ⌸ 9 94 616

3590 Ylopan
YLOPAN FOLIEN GMBH
⊠ 16 65
3590 Bad Wildungen
☎ 0 56 21-7 03 90 ⌸ 9 94 617

4000 Adt
Adt-Götze GmbH
Erkrather Str. 196 ⊠ 36 20
4000 Düsseldorf
☎ 02 11-7 33 54 96 ⌸ 8 582 419

4000 Amtico
Amtico International Courtaulds GmbH
Wilhelm-Tell-Str. 25
4000 Düsseldorf 1

4000 Artemide
Artemide GmbH
Königsallee 60
4000 Düsseldorf
☎ 02 11-8 01 54 ⌸ 8 586 872 Arte d

4000 Aussedat
Aussedat-Rey Deutschland GmbH
Pinienstr. 24
4000 Düsseldorf 1
☎ 02 11-7 33 12 02

4000 Barth
F. W. Barth & Co.
Am Seestern 24 ⊠ 11 01 43
4000 Düsseldorf 11
☎ 02 11-5 20 20

4000 BAUSTAHLGEWEBE
BAUSTAHLGEWEBE GMBH
Burggrafenstr. 5 ⊠ 11 01 50
4000 Düsseldorf 11
☎ 02 11-58 51 ⌸ 8 584 511 Telefax 02 11-58 54 11

4000 Betonson
Betonson GmbH
Steinstr. 34
4000 Düsseldorf

4000 BP
BP Chemicals GmbH
Roßstr. 96
4000 Düsseldorf 30
☎ 02 11-4 58 60 Fax 4 58 62 02 Telex 8 584 069

4000 Brandt
Akustik-Gesellschaft Brandt & Co. GmbH & Co. KG
Hebbelstr. 25
4000 Düsseldorf 1
☎ 02 11-68 21 87 und 68 31 87

4000 Briare
Briare Deutschland GmbH
Schießstr. 35
4000 Düsseldorf 11
☎ 02 11-59 30 26 ⌸ 8 588 272

4000 Brockmann
Brockmann-Holz
Heerdter Sandberg 32
4000 Düsseldorf-Oberkassel
☎ 02 11-57 90 11 ⌸ 8 584 353

4000 Büchner
Ernst B. Büchner Lackfabrik
✉ 30 01 53
4000 Düsseldorf 30
☎ 02 11-41 10 66

4000 Cardkey
Cardkey Sicherheitssysteme GmbH
Max-Planck-Str. 4
4000 Düsseldorf 1
☎ 02 11-67 80 11 ⌁ 8 588 116
Fax 02 11-67 67 41

4000 Centrexico
Centrexico GmbH & Co. KG
Niederrheinstr. 112
4000 Düsseldorf 30
☎ 02 11-43 33 83 ⌁ 8 584 273

4000 Chemiefac
Chemiefac GmbH Hauptverwaltung
Paul-Thomas-Str. 49-51 ✉ 13 01 80
4000 Düsseldorf 13 (Reisholz)
☎ 02 11-74 30 78 ⌁ 8 582 652 facd d

4000 Cimex
Cimex GmbH
Zimmerstr. 19-29
4000 Düsseldorf
☎ 02 11-34 40 41 ⌁ 8 587 092

4000 Climarex
Climarex GmbH Vertrieb haustechnischer Apparate
Münsterstr. 336
4000 Düsseldorf 1
☎ 02 11-61 22 96 ⌁ 8 587 185

4000 CMC
CMC Chicago Metallic Continental
Hüttenstr. 30
4000 Düsseldorf 1
☎ 02 11-37 39 39

4000 Coers
Dr. Coers GmbH
Virchowstr. 5 ✉ 21 29
4000 Düsseldorf 1
☎ 02 11-33 44 55 ⌁ 8 584 001

4000 Custodis
Alphons Custodis GmbH & Co. KG
Gatherweg 60 ✉ 22 40
4000 Düsseldorf
☎ 02 11-21 50 47 Fax 21 77 25 ⌁ 8 582 154

4000 Dalsouple
Dalsouple S.A.
Bülowstr. 22 ✉ 32 06 33
4000 Düsseldorf 30
☎ 02 11-44 31 24

4000 Danogips
Danogips GmbH
Schießstr. 55
4000 Düsseldorf 11
☎ 02 11-59 30 08 ⌁ 8 587 856

4000 Desowag
DESOWAG-BAYER Holzschutz GmbH
Roßstr. 76 ✉ 32 02 20
4000 Düsseldorf 30
☎ 02 11-4 56 71 ⌁ 8 584 015 dbh d Telefax 4 567 344

4000 Dia
DIA Pumpenfabrik
✉ 24 29
4000 Düsseldorf
☎ 02 11-31 00 50 ⌁ 8 587 729

4000 Dinnebier
Licht im Raum H. Dinnebier
Graf-Adolf-Str. 49
4000 Düsseldorf
☎ 02 11-37 03 70

4000 Dow
Dow Corning GmbH
Schwannstr. 10
4000 Düsseldorf 11
☎ 02 11-4 55 70 ⌁ 8 587 668

4000 Du Pont
Du Pont de Nemours (Deutschland) GmbH
Hans-Böckler-Str. 33
4000 Düsseldorf 30
☎ 02 11-4 30 70 ⌁ 8 584 397

4000 Düssel
Düssel Kunststoff
Gesellschaft für Kunststofftechnik GmbH
Cuxhavener Str. 6 ✉ 22 22
4000 Düsseldorf 1
☎ 02 11-30 50 44

4000 Enke
ENKE-WERK JOHANNES ENKE KG
Hamburger Str. 16 ✉ 20 02 52
4000 Düsseldorf 1
☎ 02 11-30 40 74 ⌁ 8 587 714

4000 Erbslöh
C. H. Erbslöh
Kaistr. 5 ✉ 29 26
4000 Düsseldorf 1
☎ 02 11-39 00 10 Fax 3 90 01 21 ⌁ 8 582 736

4000 Espero
Espero Deutschland GmbH Trennwände
Luegallee 100 ✉ 11 03 02
4000 Düsseldorf 11
☎ 02 11-55 44 31 Fax 57 88 37

2

4000 Eurocol
Eurocol B. V. chem. Baustoffe
Blumenstr. 8
4000 Düsseldorf
☏ 02 11-13 25 51

4000 Exacta
Exacta-Fenster-Bau GmbH
Briedestr. 15-17
4000 Düsseldorf 13
☏ 02 11-74 20 98 und 74 18 45

4000 Finnforest
FINNFOREST GmbH
Fischerstr. 77
4000 Düsseldorf 30
☏ 02 11-49 40 15 ⌨ 8 584 474 Wald d

4000 Fischer
Wolfgang Fischer GmbH Stahl- und Maschinenbau
Germaniastr. 17-19
4000 Düsseldorf 1
☏ 02 11-30 82 01 Fax 30 82 81

4000 Gerresheimer
Gerresheimer Glas AG
Vertrieb Bauglas
Heyestr. 178 ✉ 12 02 10
4000 Düsseldorf 12
☏ 02 11-2 80 90 ⌨ 8 587 561

4000 Gielissen
Hans Gielissen Bedachungsartikel
Scheffelstr. 71-73
4000 Düsseldorf-Nord
☏ 02 11-62 29 47

4000 Görding
Görding Klinker/Hansen Consult GmbH
Inselstr. 34
4000 Düsseldorf 30
☏ 02 11-49 90 04 Telefax 02 11-49 07 10

4000 Graffweg
Graffweg GmbH Bleiwerk
Ludwigshafener Str. 33f
4000 Düsseldorf
☏ 02 11-21 50 81 ⌨ 8 586 960 graf
Telefax 02 11-21 68 14

4000 Grolman
Gustav Grolman
Tonhallenstr. 14/15 ✉ 37 29
4000 Düsseldorf 1
☏ 02 11-3 67 21 ⌨ 8 582 809

4000 Grothkarst
Grothkarst & Co. GmbH
✉ 23 33
4000 Düsseldorf 1
☏ 02 11-7 33 57 35

4000 Güsgen
Heinrich W. Güsgen
Pestalozzistr. 78A ✉ 19 01 44
4000 Düsseldorf 11
☏ 02 11-50 21 06 ⌨ 8 584 146

4000 Gyproc
Gyproc GmbH
Baustoffe aus Gips
Berliner Allee 56
4000 Düsseldorf 1
☏ 02 11-38 41 50 Fax 3 84 15 11 ⌨ 8 587 213 gyp d

4000 Halfeneisen
Halfeneisen GmbH & Co. KG
Fabrik für Bauprofile und Befestigungstechnik
Harffstr. 47-51 ✉ 13 04 07
4000 Düsseldorf 13
☏ 02 11-7 77 50 Fax 7 77 51 79 ⌨ 8 587 988

4000 Hansen
Hansen Consult GmbH
Inselstr. 34
4000 Düsseldorf 30
☏ 02 11-49 90 04 ⌨ 172 114 065

4000 Hartmann
Ernst Hartmann Schlackenaufbereitung
Flinger Broich 29
4000 Düsseldorf
☏ 02 11-23 30 25

4000 Henkel
Henkel KG aA, Verkauf Klebstoffe HD/BC
✉ 11 00
4000 Düsseldorf 1 (Holthausen)
☏ 02 11-79 71 ⌨ 8 58 170

4000 Hilgers
Wilh. Hilgers
Kappeler Str. 128
4000 Düsseldorf-Reisholz
☏ 02 11-74 30 11

4000 Hitachi
Hitachi Europe GmbH
Jägerhofstr. 32
4000 Düsseldorf 30
☏ 02 11-4 96 10 ⌨ 8 587 331

4000 Hüttemann
Josef Hüttemann GmbH & Co. KG
Holzgroßhandlung - Holzfachmarkt
Im Liefeld 24
4000 Düsseldorf-Oberbilk
☎ 02 11-78 39 39 Fax 77 49 27

4000 Hüttenes
Hüttenes-Albertus Chemische Werke GmbH
Wiesenstr. 23/64
4000 Düsseldorf-Heerdt
☎ 02 11-5 08 71

4000 Hunter
Hunter Douglas GmbH
Erich-Ollenhauer-Str. 7
4000 Düsseldorf 13
☎ 02 11-70 10 81

4000 Intalite
intalite® Deckensysteme GmbH
Roßstr. 112
4000 Düsseldorf 30
☎ 02 11-45 08 81

4000 Interfinish
Interfinish Trennwände
Düsseldorfer Str. 36
4000 Düsseldorf 11
☎ 02 11-5 55 81

4000 Keramik-Rohr
Keramik-Rohr GmbH
Graf-Adolf-Str. 43
4000 Düsseldorf 1
☎ 02 11-37 09 32 Fax 38 19 23

4000 Kiefer
Marmor-Industrie Kiefer AG
Windscheidstr. 33
4000 Düsseldorf
☎ 02 11-62 62 90 Telex 8 587 633

4000 Kinderparadies
Kinderparadies Spielplatzgeräte GmbH
Antoniusstr 9
4000 Düsseldorf 1
☎ 02 11-37 00 80

4000 Korrugal
Korrugal-GmbH
Malkastenstr. 3
4000 Düsseldorf
☎ 02 11-16 90 30

4000 Kramer
H. Kramer GmbH & Co. KG
Am Trippelsberg 71
4000 Düsseldorf 13
☎ 02 11-79 01 25

4000 Lentzen
W. Lentzen & Wörner GmbH + Co.
Erkrather Str. 200
4000 Düsseldorf
☎ 02 11-7 33 46 61 Telex 8 582 731

4000 Lindstedt
E. Lindstedt
Höher Weg 299
4000 Düsseldorf
☎ 02 11-7 33 24 20 Telex 8 582 469

4000 Mannesmann
Mannesmannröhren-Werke AG
✉ 11 04
4000 Düsseldorf 1
☎ 02 11-8 75 46 80

4000 Mannesmann-Handel
Mannesmann-Handel AG
Niederkasseler Lohweg 20
4000 Düsseldorf 11
☎ 02 11-59 81 Telex 8 58 580
Fax 5 98-27 10 bis 13

4000 Marazzi
Consorzio Marazzi Ceramiche, Informationsdienst
✉ 79 04
4000 Düsseldorf

4000 Mehako
Trefimetaux-Mehako GmbH
Graf-Adolf-Str. 41 ✉ 79 34
4000 Düsseldorf 1
☎ 02 11-3 88 70 Telex 8 582 912

4000 Metzeler Schaum
Metzeler Schaum Vertriebsbereich BAU-PRODUKTE
Briedestr. 9
4000 Düsseldorf 13
☎ 02 11-74 30 83 Fax 7 48 88 62

4000 Miebach
D. u. P. Miebach KG
Martinstr. 26
4000 Düsseldorf
☎ 02 11-39 20 33

4000 Monsanto
Monsanto (Deutschland) GmbH
Immermannstr. 3 ✉ 57 04
4000 Düsseldorf 1
☎ 02 11-3 67 50 Telex 8 581 307

4000 Nöcker
Victor Nöcker GmbH & Co. KG
✉ 6 05
4000 Düsseldorf-Nord
☎ 02 11-42 43 63

2

4000 NORMA
NORMA METALLBAU GMBH
Fassaden Sonnenschutz
Koppersstr. 17 ✉ 19 03 20
4000 Düsseldorf 11 (Heerdt)
☎ 02 11-5 04 70 49 Telex 85 866 984

4000 Pahl
EUROPLASTIC Pahl & Pahl GmbH & Co.
Am Gatherhof ✉ 33 03 30
4000 Düsseldorf 30
☎ 02 11-6 50 50 Telex 8 586 611

4000 Pechiney
PECHINEY DEUTSCHLAND GMBH
Graf-Adolf-Str. 41 ✉ 62 20
4000 Düsseldorf 1
☎ 02 11-3 88 70 Telex 8 582 912

4000 PKL
PKL Papier- und Kunststoffwerke Linnich GmbH
✉ 52 24
4000 Düsseldorf 1
☎ 02 11-5 77 11 Telex 8 584 232/33

4000 Pohler
Pohler GmbH + Co. Spielgerätebau
Wacholderstr. 24-26
4000 Düsseldorf 31
☎ 02 03-7 44 87 und 88 Fax 74 04 98

4000 polybau
polybau
Kappelerstr. 105 ✉ 16 02 30
4000 Düsseldorf 13
☎ 02 11-74 93 01 Fax 74 55 33
Telex 8 582 561

4000 Renesco
renesco® GmbH
Am Bonneshof 30
4000 Düsseldorf 30
☎ 02 11-45 10 88

4000 Respecta
RESPECTA GmbH
Steinstr. 34
4000 Düsseldorf
☎ 02 11-13 38 31 Telex 8 587 880

4000 Rodenberg
V. Rodenberg GmbH
Augustastr. 25
4000 Düsseldorf 30
☎ 02 11-48 00 77

4000 Rudersdorf
Rudersdorf GmbH Fliesen- und Baustoffe
✉ 68 32
4000 Düsseldorf
☎ 02 11-6 35 00 Telex 8 586 776

4000 Sander
Sander GmbH Kunststoffensterbau KG,
Verkaufsbüro Düsseldorf
Saganer Weg 19 a
4000 Düsseldorf
☎ 02 11-27 23 82

4000 Scan
Scan Space/Hansen Consult GmbH
Inselstr. 34
4000 Düsseldorf 30
☎ 02 11-4 99 00 44 Telefax 02 11-49 07 10
Teletex 2 114 065

4000 Schmitz, W.
Werner Schmitz
Düsseldorfer Str. 151
4000 Düsseldorf 11
☎ 02 11-58 85 85

4000 Schoregge
Schoregge Bauchemie GmbH
Kaiserswerther Str. 137
4000 Düsseldorf 30
☎ 02 11-45 09 46 bis 48 Fax 4 54 33 76
Telex 8 584 945 drat

4000 Schuckmann
Dieter Schuckmann GmbH
Am Heidberg 15
4000 Düsseldorf 12
☎ 02 11-20 43 98

4000 Sekura
Sekura Kunststoff-Fassaden GmbH
Mintropstr. 5
4000 Düsseldorf
☎ 02 11-37 55 33

4000 Siporex
Siporex
Niederlassung Düsseldorf
Berliner Allee 69
4000 Düsseldorf 1
☎ 02 11-37 00 06 Telex 8 588 798 sip d

4000 Spritzputz
Westdeutsche Spritzputz Gesellschaft mbH
Franziusstr. 3 ✉ 89 13
4000 Düsseldorf
☎ 02 11-30 80 85 Telex 8 582 990

4000 Steffens
Steffens + Köhler GmbH
Karl-Kleppe-Str. 18
4000 Düsseldorf 30
☎ 02 11-45 09 39

4000 Stramit
Stramit Verkaufsgesellschaft M. Rütten & Co.
Kurfürstenstr. 30 ✉ 68 27
4000 Düsseldorf
☎ 02 11-35 60 60

4000 Süd
SÜD-FENSTERWERK GmbH & Co. KG
Verkaufsbüro Düsseldorf
Mörsenbroicher Weg 80
4000 Düsseldorf 30
☎ 02 11-62 64 01 Fax 62 04 36

4000 TEMPCORE
TEMPCORE STAHL DEUTSCHLAND GmbH
✉ 11 12 26
4000 Düsseldorf 11
☎ 02 11-55 17 27

4000 Theissen
Theissen Fassaden- und Maschinenbau GmbH
Posener Str. 156
4000 Düsseldorf
☎ 02 11-2 10 60

4000 Therstappen
Jos. Therstappen Fabrik für Dachpappen
und Bautenschutzmittel
Adlerstr. 16-20
4000 Düsseldorf
☎ 02 11-35 07 14

4000 Thompson
Thompson GV-Kundendienst
4000 Düsseldorf 1

4000 Tüllmann
Oel-Chemie Rud. E. H. Tüllmann GmbH
Hansaallee 24-26 ✉ 11 08 39
4000 Düsseldorf-Oberkassel
☎ 02 11-55 27 51 und 5 13 80

4000 Union Carbide
Union Carbide Deutschland GmbH
4000 Düsseldorf 30
☎ 02 11-6 39 03 73

4000 VFG
VFG Verbund Farbe und Gestaltung
Am Klosterhof 2a
4000 Düsseldorf 30
☎ 02 11-42 40 68

4000 Westig
Westig GmbH
Goethestr. 11
4000 Düsseldorf
☎ 02 11-68 30 20

4000 Wetrok
Wetrok GmbH
Borbecker Str. 10
4000 Düsseldorf 30
☎ 02 11-42 45 81 ≢ 8 584 848

4000 Wicanders
Wicanders GmbH
Regenbergastr. 14 ✉ 12 05 37
4000 Düsseldorf 12
☎ 02 11-28 70 11 Fax 28 70 14 ≢ 8 586 369

4000 Wintershall
Wintershall Mineralöl GmbH
Heinrichstr. 73 ✉ 56 40
4000 Düsseldorf 1
☎ 02 11-6 39 30 Fax 6 39 34 09 ≢ 1 137 705

4000 Woeste
R. Woeste & Co. GmbH & Co. KG
R. Woeste & Co. „Yorkshire" GmbH & Co. KG,
Hauptverwaltung
4000 Düsseldorf 1
☎ 02 11-3 10 20 ≢ 8 582 994 Telefax 3 10 21 87

4005 Drossbach
Max Drossbach Rainer Isolierfabrik
Fritz-Wendt-Str. 8
4005 Meerbusch-Strümp
☎ 0 21 59-70 03 ≢ 8 53 627 Telefax 70 04

4005 Ostara
Ostara Fliesen GmbH & Co. KG
Strümper Str. 12 ✉ 23 64
4005 Meerbusch 2
☎ 0 21 59-52 10 Fax 52 12 07 ≢ 8 53 795

4006 EhAGE
EhAGE-Jalousiefabrik Erich Hinnenberg
GmbH & Co. KG
Bessemerstr. 3-5 ✉ 40 20
4006 Erkrath 2-Hochdahl
☎ 0 21 04-30 80 Fax 30 81 49 ≢ 8 581 167

4006 Hamer
Hamer GmbH
Hüttenstr. 78
4006 Erkrath 2
☎ 0 21 04-3 17 04 Fax 3 93 23

2

4006 Ugine
Ugine Edelstahl GmbH
Röntgenstr. 4 ✉ 40 07
4006 Erkrath-Hochdahl
☎ 0 21 04-30 90 Fax 30 92 43 Teletex 2 104 331 ugine

4010 Bütec
Bütec Gesellschaft
für bühnentechnische Einrichtungen mbH
4010 Hilden
☎ 0 21 03-4 16 16 Fax 4 16 15

4010 Capeboards
CAPE BOARDS (Deutschland) GmbH
Niedenstr. 101
4010 Hilden
☎ 0 21 03-59 51 Fax 59 53 Telex 8 581 626 cape d

4010 Conmat
Conmat Baustoffvertriebs- und Consulting GmbH
Örkhauser See ✉ 6 45
4010 Hilden
☎ 0 21 03-6 24 81 Telex 8 581 660 con d

4010 Gartenmann
Gartenmann Isolier- und Terrassenbau GmbH
Herderstr. 24
4010 Hilden
☎ 0 21 03-4 00 88 Fax 4 35 25

4010 Wiederhold
Hermann Wiederhold GmbH, Tochtergesellschaft der Imperial Chemical Industries ICI
Düsseldorfer Str. 102 ✉ 9 40
4010 Hilden
☎ 0 21 03-7 71 Telex 8 581 511

4018 Blees
Blees-Wendeltreppen
Hitdorfer Str. 37-39
4018 Langenfeld
☎ 0 21 73-1 34 25/6

4018 ORGATEX
ORGATEX Frank Levin GmbH
Eichenfeldstr. 23 A
4018 Langenfeld
☎ 0 21 73-2 21 26 Fax 2 14 37

4018 Robertson
Robertson-Bauelemente GmbH
Isarweg 10-12
4018 Langenfeld
☎ 0 21 73-2 20 46 bis 49 Telex 8 515 659

4018 SUSPA
SUSPA Spannbeton GmbH
Max-Planck-Ring 1
4018 Langenfeld
☎ 0 21 73-7 00 70

4019 Pötz
Pötz & Sand
✉ 10 05 62
4019 Monheim
☎ 0 21 73-5 10 37 Telex 8 515 870

4019 Sassmannshausen
Hartsteinwerk Monheim
Sassmannshausen & Schenk KG
Baumberger Chaussee
4019 Monheim-Baumberg
☎ 0 21 73-6 20 81

4020 Overhoff
Gust. Overhoff GmbH & Co.
Eisen- und Metallwarenfabrik
Elberfelder Str. 76
4020 Mettmann
☎ 0 21 04-2 73 41 und 42 Telex 8 581 189

4030 Bellfires
Bellfires GmbH Deutschland
Voisweg 2 ✉ 11 27
4030 Ratingen 1
☎ 0 21 02-2 10 18 und 19 Telex 8 585 008 fire d

4030 Componenta
Componenta International Deutschland GmbH
Christinenstr. 12
4030 Ratingen
☎ 0 21 02-4 90 70

4030 Conti
Conti-Systembau GmbH
Ten Eicken 12
4030 Ratingen
☎ 0 21 02-20 80

4030 CTC
CTC WÄRME GmbH
Voisweg 4
4030 Ratingen
☎ 0 21 02-2 20 72 Telex 8 585 034

4030 Esmil
ESMIL GmbH
Lise-Meitner-Str. 4
4030 Ratingen
☎ 0 21 02-47 50 25

4030 General Electric
General Electric Deutschland, Silicone-Erzeugnisse
Christinenstr. 17
4030 Ratingen 1
☏ 0 21 02-47 10 51 ⌁ 8 585 373

4030 Hünnebeck
HÜNNEBECK-RÖRO
Rehhecke 100
4030 Ratingen 4-Lintorf
☏ 0 21 02-30 61 Fax 3 76 51 ⌁ 8 585 115

4030 Keramag
Keramag Keramische Werke Aktiengesellschaft
✉ 14 20
4030 Ratingen
☏ 0 21 02-40 70

4030 Köhler
Köhler + Dittler GmbH
Noldenkothen 18
4030 Ratingen 1
☏ 0 21 02-2 82 92

4030 Meehanite
Beratungsstelle für die Verwendung von Meehanite-Guß
Rodenwald 26
4030 Ratingen 6
☏ 0 21 02-6 08 45

4030 Promat
PROMAT GmbH
Scheifenkamp 16
4030 Ratingen
☏ 0 21 02-49 30 ⌁ 85 89 051 Telefax 49 31 11

4030 Readymix
Readymix Transportbeton GmbH
Daniel-Goldbach-Str. 25 ✉ 16 17
4030 Ratingen 1
☏ 0 21 02-40 10 Fax 40 16 01 ⌁ 8 585 064 tbg d

4030 Strasser
Strasser GmbH Putz und Mörteltechnik
Verkaufsbüro West
Mülheimer Str. 12
4030 Ratingen
☏ 0 21 02-1 42 43

4030 Tarkett
Tarkett GmbH
Christinenstr. 19
4030 Ratingen 2
☏ 0 21 02-4 20 67

4030 Vorspann
Vorspann-Technik GmbH
Am Sandbach 5
4030 Ratingen
☏ 0 21 02-4 30 97 ⌁ 8 585 129

4040 ait
Angewandte Isoliertechnik ait GmbH
Ruhrstr. 54-56 ✉ 21 02 34
4040 Neuss 21
☏ 0 21 07-49 51

4040 Betomax
Betomax GmbH & Co. KG
Dyckhofstr. 1 ✉ 10 01 52
4040 Neuss 1
☏ 0 21 01-27 97 27 Fax 27 97 70 ⌁ 8 517 609

4040 Bruynzeel
Bruynzeel multipanel GmbH
Moselstr. 19
4040 Neuss
☏ 0 21 01-44 00 31 ⌁ 8 517 878

4040 Busch
Alex Busch
4040 Neuss 21 (Norf)
☏ 0 21 07-23 72

4040 D & W
Dyckerhoff & Widmann AG
Betonwerk ✉ 10 04 55
4040 Neuss
☏ 0 21 01-29 80 Teletex 2 10 13 14 DuWBWNe

4040 Eichenwald
Eichenwald GmbH & Co. KG
✉ 21 03 52
4040 Neuss-Norf
☏ 0 21 07-20 49 ⌁ 8 517 672

4040 Krülland
Krülland Sonnenschutz
Königsberger Str. ✉ 2 97
4040 Neuss (Kaarst)
☏ 0 21 01-6 40 11 ⌁ 8 517 535

4040 Opstal
C. van Opstal GmbH Gesellschaft für Bau- und Isolationswerkstoffe KG
Görlitzer Str. 1-8
4040 Neuss
☏ 0 21 01-10 14 11 ⌁ 8 517 553 gup d

4040 Pagel
Pagel & Topolit Technische Mörtel GmbH
Bataverstr. 84
4040 Neuss
☏ 0 21 09-59 10 95 Fax 59 25 55

2

4040 Rose
U. Rose, Vertretung der Fa.
W. Kenyon & Sons Ltd., England
St. Andreas-Str. 17
4040 Neuss 21
☎ 0 21 07-38 90

4040 Syma
Syma-System GmbH
Ringbahnstr. 15
4040 Neuss 1
☎ 0 21 01-2 61 81

4040 Unistrut
UNISTRUT Service Center
Moselstr. 23
4040 Neuss 1
☎ 0 21 01-4 40 98

4040 3M
3M Deutschland GmbH, Hauptverwaltung
Carl-Schurz-Str. 1 ✉ 10 04 22
4040 Neuss 1
☎ 0 21 01-1 40 ⌧ 8 517 511

4044 Norge
Norge Termo
✉ 21 41
4044 Kaarst 2
☎ 0 21 01-51 46 18

4044 Opgenorth
Heinz-Theo Opgenorth
Kaarster Buscherhöfe 2
4044 Kaarst 1
☎ 0 21 01-60 56 04

4047 Fiege
Fiege + Bertoli Betonsteinwerk
Düsseldorfer Str. 85
4047 Dormagen
☎ 0 21 06-79 81

4047 Rhebau
RHEBAU Rheinische Beton- und Bauindustrie GmbH
Düsseldorfer Str. 118
4047 Dormagen 5
☎ 0 21 06-79 44

4048 Praktikus
Praktikus® techn. + chem. Erzeugnisse
GmbH u. Co.
Industriestr. 25 ✉ 11 60
4048 Grevenbroich 5-Kapellen
☎ 0 21 82-20 41 und 42 ⌧ 8 517 152

4048 Schäfer
Walter Schäfer Chemische und Lackfabrik
Düsseldorfer Str. 26-28 ✉ 10 04 07
4048 Grevenbroich 1
☎ 0 21 81-4 10 44

4050 Backes
Hans Backes Treppenbau und Montage
Roermonder Str. 88
4050 Mönchengladbach 1
☎ 0 21 61-3 41 87

4050 Berg
von Berg Plastic oHG
✉ 58
4050 Mönchengladbach 1
☎ 0 21 66-4 10 54 ⌧ 8 52 649

4050 Deling
Jakob Deling Metallbau GmbH & Co. KG
Martinstr. 104-106
4050 Mönchengladbach 1
☎ 0 21 61-2 60 41-43

4050 Effertz
Rolladenwerk Gebr. Effertz GmbH & Co. KG
Am Gerstacker 190
4050 Mönchengladbach 2-Rheydt 0 21 66-29 27

4050 Hahn
Dr. Hahn GmbH + Co. KG
Baubeschlagfabrik und Kunststoffverarbeitung
✉ 40 01 09
4050 Mönchengladbach 4
☎ 0 21 66-50 33 Fax 5 87 37 ⌧ 8 52 424

4050 Heuga
heuga (deutschland) gmbH
Waldnieler Str. 247 ✉ 4 03
4050 Mönchengladbach 1
☎ 0 21 61-3 21 45 ⌧ 8 52 890

4050 Hilgers
Dipl.-Ing. G. A. Hilgers Stahlbetonfertigteile
Bolksbuscher Str. 102
4050 Mönchengladbach 2
☎ 0 21 66-3 15 17

4050 Kawneer
Kawneer Aluminium GmbH
Erftstr. 75 ✉ 20 07 45
4050 Mönchengladbach 2
☎ 0 21 66-84 84 Fax 8 33 60 ⌧ 8 52 516

4050 Master
Ceilcote GmbH Master Builders Division
Korschenbroicher Str. 42
4050 Mönchengladbach 1
☎ 0 21 61-4 50 94 Fax 48 11 22 ⌧ 8 52 405 mbco

4050 MEFRA
MEFRA
Klosterhofweg 62
4050 Mönchengladbach 3 (Odenkirchen)
☎ 0 21 66-60 20 31 ≢ 8 52 775

4050 Pollrich
Paul Pollrich GmbH & Comp.
Neusser Str. 172 ⊠ 6 09
4050 Mönchengladbach 1
☎ 0 21 62-65 30 Fax 65 10 98 ≢ 8 52 751

4050 Rödelbronn
Rödelbronn GmbH
Oppelner Str. 5
4050 Mönchengladbach 3
☎ 0 21 66-60 30 01 ≢ 8 52 121

4050 Simson
Simson Chemiewaren GmbH
Hocksteiner Weg 95 a ⊠ 40 01 65
4050 Mönchengladbach 4 (Wickrath)
☎ 0 21 66-5 10 53 Fax 5 21 26 ≢ 8 5 243

4050 STAHO
STAHO Freizeitgeräte GmbH
Am Baumhof 37
4050 Mönchengladbach 1
☎ 0 21 61-66 50 42 ≢ 8 529 297 sth d

4050 vertofloor
vertofloor heimtextilien gmbh
Waldniehler Str. 247
⊠ 12 60
4050 Mönchengladbach 1
☎ 0 21 61-3 21 02 ≢ 8 52 314

4050 WALRAF
WALRAF Gurten- und Bandweberei GmbH + Co. KG
Dorfbroicher 53 ⊠ 20 14 41
4050 Mönchengladbach 2
☎ 0 21 66-26 41 Fax 26 42 37
≢ 8 52 683 walgu d

4050 Weiss
Klimatechnik Weiss GmbH
Krahnendonk 125-127
4050 Mönchengladbach 1
☎ 0 21 61-66 27 51 ≢ 8 52 258 Kliwe d

4050 Wolff
Paul Wolff GmbH & Co. KG
Hauptverwaltung
Monschauer Str. 22 ⊠ 60 12 40
4050 Mönchengladbach
☎ 0 21 61-3 05 80 ≢ 8 529 140 pwmg

4052 Lenders
Karl Lenders Stahlbau GmbH
4052 Korschenbroich 3
☎ 0 21 82-40 94

4052 Noe
NOE-Schultechnik GmbH
Im Hasseldamm 8
4052 Korschenbroich 2
☎ 0 21 61-2 98 28/9 ≢ 8 52 352
→ 7334 Noe

4052 Paidos
PAIDOS GMBH
Spielgeräte Schutzdächer
Friedrich-Ebert-Str. 7
4052 Korschenbroich 1
☎ 0 21 61-61 08 02
Teletex 2 161 352 paidos

4052 PERFEKTA
PERFEKTA-Maschinenbau-Fördertechnik GmbH
Ottostr. 11
4052 Korschenbroich 3 (Glehn)
☎ 0 21 82-40 36

4052 Phaidos
Phaidos GmbH Spiel- und Turngeräte
Friedrich-Ebert-Str. 5-7
4052 Korschenbroich 1

4053 Top
Top-Wärme-Systeme-Vertrieb
Poststr. 32
4053 Jüchen 2 (Otzenrath)
☎ 0 21 64-36 18

4054 CONTREPP
CONTREPP System-Holztreppen
Reiherstr. 13
4054 Nettetal
☎ 0 21 53-6 07 00

4054 Dammer
Peter Dammer GmbH & Co. KG
Stahlbauten
Industriestraße
4054 Nettetal 2
☎ 0 21 57-10 48 ≢ 8 54 871

4054 Flair
Flair plastics G.m.b.H.
Lötscher Weg 59
4054 Nettetal-Breyell
☎ 0 21 53-79 74/7 ≢ 8 54 208

4054 Linde
Advance Treppenbau Linde GmbH
Rosental 45
4054 Nettetal 1
☏ 0 21 53-23 92

4054 Lobberit
Lobberit Kunststoffe Fritz Schiffer GmbH & Co. KG
Hagelkreuzstr. 8
4054 Nettetal 1
☏ 0 21 53-21 69

4054 Longlife
Longlife Teppichboden Bernd Cleven
Johannes-Cleven-Str. 22 ✉ 12 64
4054 Nettetal 1-Lobberich
☏ 0 21 53-10 15 ⌧ 8 54 225

4054 Ommeren
Emilie van Ommeren
✉ 31 48
4054 Nettetal 1
☏ 0 21 53-7 06 30 ⌧ 8 54 265

4054 Sanibroy
SANIBROY GmbH
Bergstr. 1
4054 Nettetal 1
☏ 0 21 53-40 66 und 67

4054 SKN
SKN Sauer GmbH
Leuther Str. 36
4054 Nettetal 2
☏ 0 21 57-15 44 ⌧ 8 54 822

4054 Teewen
Teewen GmbH
Leuther Str. 21 ✉ 24 63
4054 Nettetal 2-Kaldenkirchen
☏ 01 30-77 99 ⌧ 4 458 167

4055 Derix
W. u. J. Derix GmbH & Co. Holzleimbau
Dam 63
4055 Niederkrüchten
☏ 0 21 63-84 88 Fax 8 38 71

4056 Almeco
ALMECO Fassadengesellschaft mbH & Co. KG
Hehler 68
4056 Schwalmtal 1
☏ 0 21 61-5 53 93 Fax 55 10 80 ⌧ 8 52 264 dash d

4056 Dahmen
M. Dahmen GmbH & Co. KG
Hehler 45
4056 Schwalmtal 1
☏ 0 21 61-5 53 96 ⌧ 8 52 264 dash d

4056 M + V
M + V Montage- und Vertriebsgesellschaft
für Bauelemente mbH
Hehler 68
4056 Schwalmtal
☏ 0 21 61-5 53 93 Fax 55 10 80 ⌧ 8 52 264 dash

4057 Bag
bag Brüggener Aktiengesellschaft für
Tonwarenindustrie
✉ 11 07
4057 Brüggen 1
☏ 0 21 63-50 08/09 ⌧ 8 52 355

4057 Brimges
Dachziegelwerk Brimges
✉ 12 54
4057 Brüggen 1
☏ 0 21 63-84 61

4057 isoBouw
isoBouw (Deutschland) GmbH
✉ 11 62
4057 Brüggen
☏ 0 21 63-70 71 und 70 04 ⌧ 8 52 306

4057 Laumans
Gebr. Laumans GmbH & Co. KG
Stiegstr. 88 ✉ 20 09
4057 Brüggen 2
☏ 0 21 57-1 41 30 Fax 14 13 39 ⌧ 8 54 878

4057 Riedel
Riedel & Schlechtendahl GmbH
Bernhard-Röttgen-Waldweg 20
4057 Brüggen 1
☏ 0 21 63-70 13 ⌧ 8 52 107 rsb d

4057 Tecoplan
TECOPLAN GMBH Bau-Kunststoff-Produkte
Vennmühlenweg 24 ✉ 11 70
4057 Brüggen 1
☏ 0 21 63-70 04 ⌧ 8 52 306

4057 van Eyk
Peter van Eyk GmbH & Co. KG
Stiegstr. 60 ✉ 2080 Bracht
4057 Brüggen/Niederrhein 2
☏ 0 21 57-1 41 90 Fax 14 19 17 ⌧ 8 54 834 pve

4060 Donn
DONN Products GmbH
Metallstr. 1 ✉ 11 02 55
4060 Viersen
☏ 0 21 62-4 80 10 Teletex 21 62 39

4060 Hützen
H. Hützen GmbH & Co. KG
Polyurethan-Dämmstoffwerk
Greefsallee 51
4060 Viersen 1
☏ 0 21 62-1 50 21/22 ⌁ 8 518 800

4060 NEEF
NEEF KG Bauelemente
Helmholtzstr. 30
4060 Viersen 1
☏ 0 21 62-3 79 00 Fax 37 90 33

4060 NFB
NFB Getriebe- und Tortechnik GmbH
Krefelder Str. 1
4060 Viersen 1
☏ 0 21 61-1 20 41 ⌁ 8 518 804

4100 Bakelite
Bakelite Gesellschaft mbH
Zweigniederlassung Duisburg-Meiderich
Varziner Str. 49 ✉ 12 02 44
4100 Duisburg 12
☏ 02 03-45 65 37 ⌁ 8 551 143

4100 Bau
BAU-IMPEX Lehnen GmbH & Co. KG
✉ 17 01 08
4100 Duisburg 17
☏ 0 21 36-60 58 ⌁ 8 55 490
→ 2906 Oldenburger
→ 2960 OBW
→ 3101 BWV
→ 4236 Beton

4100 Bausion
Bausion Chemische Fabrik GmbH
Ackerstr. 7
4100 Duisburg-Großenbaum
☏ 02 03-76 14 68 und 76 12 54

4100 Berninghaus
Ewald Berninghaus GmbH & Co.
Vulkanstr. 54 ✉ 10 03 61
4100 Duisburg 1
☏ 02 03-60 00 10 ⌁ 8 55 532

4100 Caramba
Caramba Chemie GmbH
Wanheimer Str. 334/6 ✉ 35 01 56
4100 Duisburg 1
☏ 02 03-7 78 60 ⌁ 8 55 613

4100 Cloos
Gebr. Cloos GmbH
✉ 17 01 20
4100 Duisburg 17
☏ 0 21 36-2 60

4100 Feidner
Feidner & Fischer Lackfabrik
Sympherstr. 98
4100 Duisburg
☏ 02 03-4 40 38

4100 Friemann
Friemann & Wolf GmbH
✉ 10 07 03
4100 Duisburg 1
☏ 02 03-3 00 20 ⌁ 8 55 543

4100 G-A-R-F
G-A-R-F Elemente-Bau-GmbH
Zum Schulhof 8
4100 Duisburg 1
☏ 02 03-85 54 89

4100 Geholit
GEHOLIT + WIEMER
Lack- und Kunststoff Chemie GmbH
Kaiserswerther Str. 18 ✉ 10 05 29
4100 Duisburg
☏ 02 03-70 00 77 Fax 79 06 82 ⌁ 8 55 478

4100 Hansa
HANSA- Sperrholzwerk Mathias Becker KG
Güterstr. 61 ✉ 14 12 14
4100 Duisburg 14 (Rheinhausen)
☏ 0 21 35-8 09 42 ⌁ 8 55 303

4100 Hansit
Hansit Bauchemie GmbH
Wanheimer Str. 334/6
4100 Duisburg 1
☏ 02 03-77 86 03 Fax 7 78 61 09 ⌁ 8 55 613 cardu d

4100 Hark
HARK, GmbH & Co. KG
Kamin- und Kachelofenbau, Hauptverwaltung
Moerser Str. 26
4100 Duisburg 14 (Rheinhausen)
☏ 0 21 35-6 10 21 Fax 60 60 ⌁ 8 551 228 hark d

4100 Jaeschke
Jaeschke & Preuß Ingenieurbau GmbH
Gerhart-Hauptmann-Str. 84
✉ 10 09 10
4100 Duisburg 1
☏ 02 03-33 20 25 ⌁ 8 55 699

4100 Kloep
Kloep Wärmebodentechnik GmbH
Konrad-Adenauer-Ring 17 ✉ 11 03 10
4100 Duisburg 11 (Neumühl)
☏ 02 03-58 00 31 bis 36 ⌁ 8 55 580

2

4100 Klöckner
Klöckner & Co. AG Baubedarf
Friedrich-Wilhelm-Str. 96
4100 Duisburg 1
☏ 02 03-1 81 Fax 2 01 46 Telex 8 5 518 370
Teletex 2 03 360 KCD

4100 Laden
Horst von der Laden BIRUDUR
Bauten-Oberflächenschutz GmbH
Hölscherstr. 2 ✉ 11 03 54
4100 Duisburg 11
☏ 02 03-58 00 58

4100 Lafarge
Lafarge Tonerdezement GmbH
Kaßlerfelder Str. 179 ✉ 21 06 02
4100 Duisburg 1
☏ 02 03-31 17 69 und 31 11 03 Fax 31 04 39
Telex 8 551 278 LTZ d

4100 Lux
LUX OEL Gesellschaft mbH Mineralöle - Bautechnik
Mühlenstr. 47 ✉ 17 03 19
4100 Duisburg 17 (Homberg)
☏ 0 21 36-84 67 und 81 57 Telex 8 55 877

4100 Milder
M.I.L.D.E.R Baustoff-Handels-GmbH
Königstr. 78
4100 Duisburg 17 (Homberg)
☏ 0 21 36-17 71

4100 Nefit
Nefit Fasto Wärmetechnik GmbH
Arnold-Dehnen-Str. 44
4100 Duisburg 12 (Meiderich)
☏ 02 03-42 70 71

4100 Preußer
Preußer & Sohn Bauunternehmung GmbH,
Abt. Wintergärten
Wanheimer Str. 601 ✉ 28 11 30
4100 Duisburg 28 (Wanheim)
☏ 02 03-70 17 21

4100 Raider
Ingo Raider GmbH
Paul-Rücker-Str. 10
4100 Duisburg 1
☏ 02 03-31 37 50

4100 Rustein
J. Rustein - Eisenrustein GmbH & Co. KG
Hafenstr. 57-61 ✉ 13 07 46
4100 Duisburg 13
☏ 02 03-8 40 41 Telex 8 55 390

4100 Sallach
Peter Sallach ELFIX-Kunststoffvertrieb
Prinzenstr. 33
4100 Duisburg 1
☏ 02 03-33 53 49

4100 Schwarz
Leo Schwarz GmbH & Co. KG
Hochemmericher Str. 63 ✉ 14 18 66
4100 Duisburg 14
☏ 0 21 35-70 46/47 Telex 8 55 594

4100 Stakusit
STAKUSIT-STAHL-KUNSTSTOFF GMBH
Eisenbahnstr. 2B
4100 Duisburg 17
☏ 0 21 36-2 00 40 Fax 20 04 64 Telex 8 55 789 sks d

4100 Stöcker
Stöcker-Beton GmbH
✉ 18 02 50
4100 Duisburg 18 (Walsum)
☏ 02 03-49 10 45/46

4100 Teba
Teba-Gesellschaft Friedrich Schünhoff GmbH & Co.
Eisenbahnstr. 70 ✉ 17 03 29
4100 Duisburg 17 (Homberg)
☏ 0 21 36-80 91 Telex 8 55 598

4100 Thyssen
Thyssen Aktiengesellschaft
vorm. August-Thyssen-Hütte
✉ 11 00 67
4100 Duisburg 11
☏ 02 03-5 21 Telex 8 55 483 tvk d

4100 Volmer
Volmer Betonwerk GmbH & Co. KG
Sympherstr. 101
4100 Duisburg-Meiderich
☏ 02 03-44 40 26

4100 Wesselkamp
L. Wesselkamp Zweigniederlassung der Westholz
Westfälische Holzgesellschaft mbH
Sympherstr. 79/81
4100 Duisburg
☏ 02 03-44 80 44 Telex 8 55 448

4130 Ertl
Ertl GmbH Baustoffwerke
Im Moerser Feld 1-3 ✉ 14 60
4130 Moers 1
☏ 0 28 41-2 10 91 Fax 1 47 14

4130 Hegger
Hegger Türenwerk
Am Jostenhof 15 ⊠ 16 46
4130 Moers 1
☏ 0 28 41-2 80 38 Fax 2 24 04 ⌁ 8 121 203 hetu-d

4130 Heibges
Betonsteinwerk Heibges GmbH
Gutenbergstr. 32
4130 Moers 1
☏ 0 28 41-4 13 71

4130 Hirz
E. L. Hirz GmbH & Co. KG
Verl. Walpurgisstr. ⊠ 16 20
4130 Moers 1
☏ 0 28 41-14 20 Fax 1 42 42 ⌁ 8 121 115
Teletex 2 841 321
→ 3007 Hirz

4130 Legi
Legi GmbH
Im Meerfeld 83-89
4130 Moers 3
☏ 0 28 41-77 14 und 77 22 ⌁ 8 121 218 legi d

4130 thermotex
thermotex-Luftleitsystem Jörg-Peter Krebs
Xantener Str. 46
4130 Moers 1
☏ 0 28 41-3 42 22

4130 Veri
VERI Handelsgesellschaft mbH
Trakehnenstr. 10
4130 Moers
☏ 0 28 41-4 10 61 bis 63

4132 Bots
Johann Bots KG Holzbearbeitung-Blockhausbau
Moerser Str. 98
4132 Kamp-Lintfort
☏ 0 28 42-1 04 63

4132 Haag
S. Haag
Schürmannshofstr. 20
4132 Kamp-Lintfort
☏ 0 28 42-18 78 und 79

4132 triplastic
triplastic® Gesellschaft für Kunststofftechnik mbH
Friedrich-Heinrich-Allee 188
4132 Kamp-Lintfort
☏ 0 28 42-70 60 ⌁ 81 21 173 trip

4133 Hufer
Theodor Hufer GmbH, Holzingenieur und Baubiologe, Deckenbau
Eyller Str. 54
4133 Neukirchen-Vluyn/Rayen
☏ 0 28 45-30 63 Fax 3 34 70

4133 Niederberg
Niederberg Chemie GmbH
⊠ 11 63
4133 Neukirchen-Vluyn
☏ 0 28 45-80 80

4133 Trox
Gebrüder Trox GmbH
Heinrich-Trox-Platz ⊠ 12 63
4133 Neukirchen-Vluyn 1
☏ 0 28 45-20 20 Fax 20 22 65

4134 Polymer
Polymer-Synthese-Werke GmbH
Landrat-van-Laer-Straße
4134 Rheinberg 3 (Orsoy)
☏ 0 28 44-12 39 ⌁ 8 121 118

4150 Container
Container Company GmbH + Co. KG
Bataverstr. 27
4150 Krefeld 12
☏ 0 21 51-57 30 91 ⌁ 8 53 306 cc-Krd

4150 Elca
ELCA-Schließanlagen GmbH
Lewerentzstr. 25
⊠ 9 45
4150 Krefeld 1
☏ 0 21 51-54 70 66 bis 68 ⌁ 8 531 105 elca d

4150 F + G
Felten & Guilleaume Carlswerk AG
Am Neuerhof
4150 Krefeld

4150 Heras
HERAS-Zaunsysteme GmbH
Heinrich-Malina-Str. 100
4150 Krefeld
☏ 0 21 51-54 70 11 ⌁ 8 531 112

4150 K + H
K + H Kachelöfen GmbH
Glockenspitz 89
4150 Krefeld
☏ 0 21 51-54 72 92

4150 Kremo
Kremo-Werke Hermanns GmbH & Co. KG
Blumentalstr. 141-145 ⊠ 17 10
4150 Krefeld
☏ 0 21 51-18 75 ⌁ 8 53 690

4150 Krems-Chemie
Krems Chemie GmbH, Krems-Österreich,
Büro für Deutschland
Krefelder Str. 21
4150 Krefeld 29
☎ 0 21 51-7 38 83 ⌁ 8 531 071

4150 Modulex
MODULEX GmbH
Gatherhofstr. 7
4150 Krefeld
☎ 0 21 51-71 30 66 ⌁ 172 151 330
Teletex 26 272 151 330 modulex

4150 O.C.
O.C. Elektronik-Wasseraufbereiter®
Generalvertrieb West Hans-Hermann Jansen
Anne-Frank-Platz 19-21
4150 Krefeld
☎ 0 21 51-68 77 bis 79 Fax 60 15 89

4150 Outinord
Outinord GmbH
Ennstr. 17 ✉ 21 06
4150 Krefeld
☎ 0 21 51-54 30 81 bis 82 ⌁ 8 53 434

4150 Queen
Queen-Sanitär-Produkte GmbH
Kochstr. 50 ✉ 13 06 32
4150 Krefeld 1
☎ 0 21 51-39 76 80

4150 Röhr + Stolberg
Röhr + Stolberg GmbH Verwaltung und Werk 1
Bruchfeld 52 ✉ 90 07
4150 Krefeld 12 (Linn)
☎ 0 21 51-5 89 20 Fax 50 02 70 ⌁ 8 53 823

4150 Tescoha
Tescoha Schwabe & Co. GmbH
Kochstr. 49
4150 Krefeld
☎ 0 21 51-3 32 81 ⌁ 8 53 868
→ 2000 Schwabe

4150 Thyssen
Thyssen Edelstahlwerke AG
Oberschlesienstr. 16 ✉ 7 30
4150 Krefeld 1
☎ 0 21 51-8 31 ⌁ 3 53 847 tew d

4150 Verseidag
Verseidag Industrietextilien GmbH
Industriestr. 56 ✉ 29 06
4150 Krefeld 1
☎ 0 21 51-89 03 14 Fax 89 02 05 ⌁ 8 53 781

4150 Volpert
Günther Volpert Holzpflasterwerk
Heyenfeldweg 157
4150 Krefeld-Verberg
☎ 0 21 51-56 12 87

4150 Wahlefeld
Gebr. Wahlefeld Abt. Metallbau
Bruchfeld 85
4150 Krefeld 12 (Linn)
☎ 0 21 51-59 03 21 ⌁ 8 53 881

4150 Wellwood
Wellwood Deutschland GmbH
Dießemer Bruch 118
4150 Krefeld 1
☎ 0 21 51-54 70 47 Fax 54 67 23 ⌁ 8 53 549

4150 WIHAGE
WIHAGE Willemsen Handelsges. mbH
Niederstr. 52
4150 Krefeld 11
☎ 0 21 51-48 01 19

4154 Interferenz
Interferenz GmbH
Lenenweg 27 ✉ 12 64
4154 Tönisvorst 1
☎ 0 21 51-7 09 70 Fax 70 97 37 ⌁ 8 53 473

4155 Girmes Girloon
Girmes GmbH · Girloon-Teppichboden
✉ 21 20
4155 Grefrath 2 (Oedt) b. Krefeld
☎ 0 21 58-3 00 Fax 3 04 33 Teletex (17) 2 158 321

4155 Seidel
K. Martin Seidel Gewächshaus-Bauteile
Bahnstr. 31
4155 Grefrath
☎ 0 21 58-25 54

4156 Anglex
Anglex-Vertrieb GmbH
Siemensring 91
4156 Willich 1
☎ 0 21 51-77 28 60 und 0 21 54-18 77

4156 MBB
MBB Metallbaubedarf GmbH
Am Nordkanal 22-26 ✉ 48
4156 Willich 3
☎ 0 21 54-50 53 ⌁ 8 531 910 mbbwd
→ 3000 MBB

4156 Norton
NORTON PAMPUS GmbH
✉ 80
4156 Willich 3
☎ 0 21 54-6 00 Fax 6 03 11 ⌁ 8 531 924 tfe d

4156 Oprey
Michel Oprey, Natursteine
Lingellestraße 113 (Gewerbegebiet Schiefbahn)
4156 Willich 3 (Schiefbahn)
☏ 0 21 54-51 66 und 52 34

4170 Glöckner
H. D. Glöckner (Vertretung)
Antoniusstr. 22
4170 Geldern-Pont
☏ 0 28 31-64 84

4174 Installa
INSTALLA Energietechnik Planungs-GmbH
Lindenau 8-10
4174 Issum 1

4174 Ophardt
Hermann Ophardt - System und Technik für die Hygiene
Helenenstr. 11
4174 Issum 1
☏ 0 28 35-1 80 Fax 18 77 ⌁ 8 12 290

4174 S + K
Schneider + Klippel KG Betonwerke
4174 Issum
☏ 0 28 35-20 14

4178 HSB
HSB Häuser selber bauen GmbH
Weststr. 10
4178 Kevelaer-Winnekendonk
☏ 0 28 32-8 05 20 und 29 Fax 8 03 56

4179 Bergmann
G. Bergmann Holzhandel
Kevelaerer Str. 24
4179 Weeze
☏ 0 28 37-10 36 und 37 Fax 87 63

4180 Berli
Berli Gitter GmbH
✉ 1 92
4180 Goch 1
☏ 0 28 23-2 91 82

4180 Hoepfner
Hans Hoepfner GmbH & Co. KG
Schaumstoffwarenfabrik
✉ 1 47
4180 Goch 1
☏ 0 28 23-40 48 ⌁ 8 11 124

4180 MIK
MIK-Heinrich Michel
Dachsweg 19
4180 Goch 1
☏ 0 28 23-60 34 Fax 83 36 ⌁ 17 282 331

4180 NH
NH-Beton Niederdreisbacher Hütte GmbH
Werk Beton-Breuer
Kalkarer Str. 255
✉ 1 85
4180 Goch 1
☏ 0 28 23-32 20 ⌁ 8 11 122

4180 Osterbrink
Heinrich Osterbrink Betonfertigteile
Bernsweg 21
4180 Moers
☏ 0 28 41-7 30 26

4190 Colt
Colt International GmbH
Briener Str. 186
4190 Kleve
☏ 0 28 21-99 00 ⌁ 8 11 867

4190 roda
roda Plansysteme Roelofsen GmbH
Flutstr. 73
✉ 18 06
4190 Kleve
☏ 0 28 21-2 16 03 Fax 2 54 81

4190 S + K
Schneider + Klippel KG Betonwerke
4190 Kleve
☏ 0 28 21-89 10 ⌁ 8 11 762
→ 4174 S + K

4190 Waalsteen
Waalsteen Holland Klinker GmbH
Materborner Allee 65
4190 Kleve 1
☏ 00 31-80-22 48 41 Fax 22 21 83 ⌁ 0044 48 124

4191 Wippro
Wippro Wipplinger Ges.mbH & Co. KG
Amesschlag 54
4191 Vorderweißenbach
☏ 0 72 19-2 14 ⌁ 2 2 772

4200 Bauerhin
Bauerhin-ElectroTherm GmbH
Hünxer Str. 8
4200 Oberhausen 11
☏ 02 08-65 15 38

4200 Böcke
Basamentwerke Böcke GmbH & Co. KG
von-Trotha Str. 143
4200 Oberhausen-Sterkrade
☏ 02 08-6 90 90

2

4200 Continental
Continental Lack- und Farbenwerke
Friedrich Wilhelm Wiegand Söhne GmbH
Feldstr. 55
4200 Oberhausen 11
☏ 02 08-65 40 33 bis 38

4200 Dichtung
Dichtungstechnik GmbH
Brinkstr. 29 ✉ 1 80
4200 Oberhausen 11
☏ 02 08-65 00 68

4200 Eta
Eta-Holzhandel GmbH
✉ 14 01 09
4200 Oberhausen 14
☏ 02 08-6 89 01 bis 03 Fax 68 59 12

4200 Europlast
Europlast Rohrwerk GmbH
✉ 13 01 60
4200 Oberhausen 11
☏ 02 08-68 70 10 Fax 6 87 01 37 Telex 8 56 361 euro d

4200 Hobas
Hobas Durotec GmbH
Hagelkreuzstr. 101
4200 Oberhausen 11
☏ 02 08-6 58 51 Telex 8 56 465 hobas d

4200 interelement
interelement Reinhold Graefenstein
Im Bahnhof Sterkrade
4200 Oberhausen-Sterkrade
☏ 02 08-66 62 14

4200 Kempchen
Robert Kempchen KG, GmbH & Co.
Duisburger Str. 81-87 ✉ 10 08 45
4200 Oberhausen 1
☏ 02 08-80 00 95 Telex 8 56 962

4200 Krebber
J. und Otto Krebber GmbH & Co. KG
Chem.-Techn. Fabrik
Ruhrorter Str. 55 ✉ 10 08 60
4200 Oberhausen 1
☏ 02 08-85 99 50 Fax 80 85 15

4200 Kühn
Paul Kühn
Grenzstr. 73 ✉ 10 09 42
4200 Oberhausen 1
☏ 02 08-2 23 18

4200 Ritter
Ritter Heiztechnik GmbH
Weierstr. 119
4200 Oberhausen-Sterkrade
☏ 02 08-66 70 61 bis 63 Telex 8 56 627

4200 Winter
Winter Kachelöfen
Friedrich-Karl-Str. 52 ✉ 10 18 06
4200 Oberhausen 1
☏ 02 08-2 05 41 u. 80 67 05

4220 Armco
Armco Dinslaken GmbH
Julius-Kalle-Str. 55 ✉ 10 01 20
4220 Dinslaken
☏ 0 21 34-6 21 Telex 8 551 924

4220 Colornyp
Colornyp Vertriebs DAWE GmbH
Halfmannskath 9 ✉ 19
4220 Dinslaken 3
☏ 0 21 34-9 64 77 Telex 8 551 356 dafo

4220 G.A.S.
G.A.S. electronic
✉ 10 03 67
4220 Dinslaken

4220 Pintsch
Pintsch Bamag
Antriebs- u. Verkehrstechnik GmbH
Hünxer Str. 149 ✉ 10 04 20
4220 Dinslaken
☏ 0 21 34-60 20 Telex 8 551 938

4220 Thyssen Bau
Thyssen Bausysteme GmbH
Hagenstr. 2 ✉ 10 05 80
4220 Dinslaken
☏ 0 21 34-6 80 Fax 5 43 63 und 5 67 01 Telex 8 551 933

4223 Grillo
GRILLO-Werke AG Sparte Baustoffe
Alte Hünxer Str. 179 ✉ 02 13 20
4223 Voerde 2
☏ 02 81-40 40 Fax 4 04 99 Telex 17 281 323

4230 Held
Dämmstoff Held GmbH
Rudolf-Diesel-Str. 100 ✉ 13 11 60
4230 Wesel 13 (Obrighoven)
☏ 02 81-54 61 Telex 8 12 735

4230 Leuchten
Weseler Leuchten GmbH & Co. KG
Baustraße 18 ✉ 12 47
4230 Wesel
☏ 02 81-2 40 77 Telex 8 12 804

4230 tretford
tretford Weseler Teppichgesellschaft mbH
✉ 2 92
4230 Wesel
☎ 02 81-54 38 und 39

4230 Verkerke
Verkerke Reproduktionen GmbH
Schepersweg 35 ✉ 13 11 47
4230 Wesel 1
☎ 02 81-54 07 ⌗ 8 12 745 engel d

4230 WCB
WCB BAUCHEMIE GMBH
Fabrik chemischer Bautenschutzmittel
Rudolf-Diesel-Str. 48
4230 Wesel
☎ 02 81-58 98 ⌗ 8 12 915 fridi

4230 Wisa
WISA GmbH
An der Zitadelle 9-11
✉ 4 70
4230 Wesel 1
☎ 02 81-2 37 80 ⌗ 8 12 808 wisa d

4232 STF
STF-Fertigbau GmbH
Trajanstr. 25 ✉ 12 65
4232 Xanten 1
☎ 0 28 01-3 80 ⌗ 8 12 819 Telefax 3 81 04

4232 Terlinden
Wilhelm Terlinden GmbH & Co. KG
4232 Xanten 1/Birten
☎ 0 28 01-40 41 und 42

4235 Iduna
Dachziegelwerke Idunahall AG
4235 Schermbeck
☎ 0 28 53-10 11/12 ⌗ 8 12 924 iduna d

4235 Menting
Menting Ziegel
4235 Schermbeck 1
☎ 0 28 65-70 32 ⌗ 8 13 401 menzi d

4235 Nelskamp
Dachziegelwerke Nelskamp GmbH Hauptverwaltung
✉ 11 20
4235 Schermbeck
☎ 0 28 53-20 12 und 13 Fax 37 59 ⌗ 8 12 903

4235 Stender
Terrazzowerk Stender GmbH & Co. KG
Landwehr 172
4235 Schermbeck
☎ 0 28 53-20 17 und 18

4235 Züblin
Ed. Züblin AG Rohrwerk Schermbeck
Alte Poststr. 97 ✉ 11 60
4235 Schermbeck Kr. Wesel
☎ 0 28 53-20 55 ⌗ 8 12 872

4236 Beton
Beton- und Verbundsteinwerke GmbH
✉ 12 52
4236 Hamminkeln (Kr. Wesel)
☎ 0 28 52-20 21 Fax 17 41

4236 Glück
GLÜCK Fenster Vertriebsges. mbH
Fenster - Türen
Weseler Str. 40
4236 Hamminkeln
☎ 0 28 56-20 13 und 14 Fax 21 68

4236 Klinkerlux
Klinkerlux Verblendsystem GmbH
Weseler Str. 40
4236 Brünen
☎ 0 28 56-28 48 Fax 21 68

4236 Knipping
Helmut Knipping Bauelemente
Auf dem Stemmingholt 1
4236 Hamminkeln-Brünen
☎ 0 28 56-2 60 ⌗ 8 12 775

4236 Multibeam
MULTIBEAM Atlas-Bausysteme GmbH
✉ 11 63
4236 Hamminkeln 1
☎ 0 28 52-10 88 Fax 10 80
⌗ 8 120 113

4236 Ubbink
Ubbink GmbH
Sachsenstr. 36
4236 Hamminkeln 2
☎ 0 28 52-60 57 und 58 ⌗ 8 12 792

4240 Anker
Keramik- und Klinkervertrieb
v. d. Anker-Klotzsch GmbH
Netterdersche Str. 83 ✉ 11 46
4240 Emmerich
☎ 0 28 22-50 61 Fax 0 28 22-50 63
⌗ 8 125 139 kkwe

4240 Borlinghaus
Deutsche Metallnetzwerke Borlinghaus,
Krämer & Co. KG
✉ 12 05
4240 Emmerich
☎ 0 28 22-50 86

2

4240 BVG
BVG Terwindt & Arntz Klinkerwerke GmbH
Eltener Str. 153
4240 Emmerich
☏ 0 28 22-7 00 55 Fax 49 93 ⌁ 8 125 150

4242 H & S
H & S International GmbH
✉ 3 70
4242 Rees 3
☏ 0 28 50-75 42

4242 Isselwerk
Isselwerk GmbH & Co. KG Werk Haldern
4242 Rees 3 (Haldern)
☏ 0 28 50-5 10 ⌁ 8 12 771

4242 Thenagels
Arnold Thenagels GmbH
Empeler Str. 97
4242 Rees 1
☏ 0 28 51-10 85

4250 Brockmann
Johannes Brockmann GmbH & Co. KG
Heimannstr. 32
4250 Bottrop
☏ 0 20 41-40 20 ⌁ 8 579 415

4250 KSH
KSH Kalksteinwerk Haltern GmbH
von-Braun-Str. 33
4250 Bottrop-Kirchhellen
☏ 0 20 45-28 17, Büro: 0 23 64-30 31
⌁ Büro: 8 29 721 Kswha d

4250 MC
MC Bauchemie Müller GmbH + Co.
Am Kruppwald 6-8
4250 Bottrop
☏ 0 20 41-10 10 Fax 6 40 17 ⌁ 8 579 432

4250 MS-Decken
MS-DECKEN-VERTRIEB GmbH
Am Kruppwald 5
4250 Bottrop
☏ 0 20 41-6 44 98

4250 Teerbau
Teerbau Gesellschaft für Straßenbau mbH
Rheinbabenstr. 75 ✉ 8 80
4250 Bottrop
☏ 0 20 41-99 30 Fax 99 32 44

4270 Duesberg
Wilh. Otto Duesberg & Co. Chemische Fabrik
Hochfeldtstr. 30
4270 Dorsten 2
☏ 0 23 62-6 10 56

4270 Greiling
Greiling Fenster + Türen GmbH
Lünsingkuhle 7
4270 Dorsten
☏ 0 23 62-21 30, 21 36 bis 39

4270 Schürholz
Schürholz Teppichfabrik GmbH
Marienstr. 51-53 ✉ 20 25
4270 Dorsten 21
☏ 0 23 62-6 00 10 ⌁ 17 236 230 dekowe

4270 Stewing
Stewing Beton- und Fertigteilwerke
Barbarastr. 50
4270 Dorsten
☏ 0 23 62-2 81 ⌁ 8 29 714
→ 6096 Stewing

4270 VAT
VAT BAUSTOFFTECHNIK GmbH
Niederlassung West
Rudolf-Diesel-Str. 5 ✉ 5 68
4270 Dorsten
☏ 0 23 62-2 00 30 Fax 20 03 25 ⌁ 8 29 959 vat d

4270 Wissing
Wissing & Co. GmbH
Marienstr. 18
4270 Dorsten 21
☏ 0 23 62-6 20 28 und 29

4270 WQD
Westdeutsche Quarzwerke Dr. Müller GmbH
Kirchhellener Allee 53 ✉ 6 80
4270 Dorsten
☏ 0 23 62-2 00 50 Fax 20 05 99 ⌁ 8 29 700

4280 Baumeister
J. Baumeister Überdachungstechnik
Fensterbau Innenausbau
Siemensstr. 12
4280 Borken
☏ 0 28 61-50 93 und 94

4280 Börger
Börger GmbH Pump-, Lager- und Fördersysteme
Benningsweg 24
4280 Borken-Weseke
☏ 0 28 62-10 64 ⌁ 8 13 305

4280 Kellmann
Borkener Fachwerkhaus Vertrieb Hans Kellmann
Raesfelder Str. 23 ✉ 13 48
4280 Borken

4280 Rautal
Rautal GmbH & Co. KG
Siemensstr. 20
4280 Borken
☏ 0 28 61-50 38/39

4280 Rustica
Rustica Holzbearbeitungs GmbH
Gutenbergstr. 23
4280 Borken 2 (Burlo)
☏ 0 28 62-33 26 und 35 74 Fax 35 06

4280 Schweers
Ziegelei GmbH & Co. KG Schweers
Der Poll 26 ⌧ 17 46
4280 Borken
☏ 0 28 72-49 91 und 92

4282 BHG
BHG Wärmepumpen GmbH & Co. KG
Südring 10
4282 Velen-Ramsdorf
☏ 0 28 63-51 51 und 52

4286 Eista
Eista Eisen- und Stahlverarbeitungs-GmbH & Co. KG
⌧ 7a
4286 Südlohn
☏ 0 28 62-74 21 ⌁ 8 13 306

4286 GTM
GTM
4286 Südlohn
☏ 0 28 62-50 25 ⌁ 8 13 306

4286 Robers
Robers Leuchten
Weseken Weg 36
4286 Südlohn 2
☏ 0 28 62-74 53

4286 Terhürne
Holzwerk Otger Terhürne
⌧ 25
4286 Südlohn 2
☏ 0 28 62-70 10 Teletex 286 230

4290 Beckmann
Ibena Textilwerke Beckmann GmbH & Co.
Teutonenstr. 2-4
4290 Bocholt
☏ 0 28 71-9 01 ⌁ 8 13 831

4290 Borgers
Johann Borgers GmbH & Co. KG
Stenerner Weg/Borgersstr. ⌧ 50
4290 Bocholt
☏ 0 28 71-34 50 ⌁ 8 13 823

4290 Daco
Daco Raumfachwerke GmbH
Dinxperloer Str. 293
4290 Bocholt
☏ 0 28 71-4 09 83 Fax 48 71 63

4290 Kawatherm
KAWATHERM Metallverarbeitungs GmbH
Benzstr. 6
4290 Bocholt
☏ 0 28 71-18 10 81 bis 83 ⌁ 8 13 785

4290 Kerkhoff
Kerkhoff GmbH & Co. Türenfabrik KG
Dieselstr. 8 ⌧ 1 95
4290 Bocholt
☏ 0 28 71-18 10 22 ⌁ 8 13 757

4290 Lebo
LEBO-Türen-Werke, Hauptverwaltung
Händelstr. ⌧ 2 33
4290 Bocholt-Mussum
☏ 0 28 71-70 56 ⌁ 8 13 829

4290 Lorei
Adalbert Lorei Treppenbau
Vennweg 8 ⌧ 2 05
4290 Bocholt-Mussum
☏ 0 28 71-60 41 Fax 60 43 ⌁ 8 13 799

4290 Schlatt
Clemens Schlatt
Robert-Bosch-Str. 36
4290 Bocholt
☏ 0 28 71-23 47

4292 K + E
Klostermann + Epping GmbH & Co.
Drahtverarbeitung KG
Wiegenkamp 27 ⌧ 1 04
4292 Rhede
☏ 0 28 72-8 00 10 Fax 73 66 ⌁ 8 13 766 Kuer

4292 Rademacher
Rademacher Geräte Elektronik GmbH & Co. KG
Buschkamp 7
⌧ 1 07
4292 Rhede
☏ 0 28 72-10 46 bis 49 Fax 10 40 ⌁ 8 13 755 rarex d

4294 Isselwerk
Isselwerk GmbH & Co. KG Werk Werth
4294 Isselburg 3 (We)
☏ 0 28 73-10 11 ⌁ 8 13 858
→ 4242 Isselwerk

2

4300 Altenberg
Altenberg Metallwerke AG
✉ 11 01 61
4300 Essen 11
☎ 02 01-3 61 30

4300 Ansonic
ANSONIC Antriebstechnik GmbH
Deilbachtal 23-25
4300 Essen 15
☎ 02 01-48 60 70 u. 48 53 85 ⌁ 8 579 312 anso d

4300 Basalt
Basalt AG
Am Stadthafen 12 ✉ 27 00 29
4300 Essen 14
☎ 02 01-34 10 55

4300 Bauer
Schaum-Chemie W. Bauer GmbH & Co. KG
Hilgerstr. 20 ✉ 10 35 51
4300 Essen
☎ 02 01-31 30 73 bis 75
→ 6710 Bauer

4300 Baukulit
BAUKULIT®-Kunststoff GmbH
Industriegelände Prinz Friedrich
4300 Essen 15
☎ 02 01-4 89 73 bis 76 ⌁ 8 579 817

4300 Beher
Heinrich Beher GmbH
Karlstr. 29
4300 Essen 12 (Altenessen)
☎ 02 01-35 22 89

4300 BETEC
BETEC® Gesellschaft für angewandte Betontechnologie mbH
Alte Bottroper Str. 64 ✉ 11 01 28
4300 Essen 11
☎ 02 01-61 30 40 Fax 6 13 04 59 ⌁ 8 57 700

4300 Brüche
Westdeutsche Farbengesellschaft Brüche & Co. GmbH & Co. KG
Hafenstr. 223-225
4300 Essen 11
☎ 02 01-3 49 04 Fax 35 10 70

4300 Brux
Brux & Witzeler GmbH Sonnen- und Wärmeschutz
Gärtnerstr. 20
4300 Essen 1
☎ 02 01/23 10 03/04

4300 Buiting
A. Buiting GmbH & Co. KG
Gleisstr. 33
4300 Essen 11
☎ 02 01-66 30 16

4300 Combi
Combi-Haus GmbH
Max-Keith-Str. 42-44
4300 Essen 1
☎ 02 01/2 57 61/2

4300 Döllken
W. Döllken & Co. GmbH
Ruhrtalstr. 71 ✉ 16 41 40
4300 Essen 16
☎ 02 01-4 30 40 ⌁ 8 57 574

4300 Druna
DRUNA-HEIZUNG GmbH
Girardetstr. 64
4300 Essen
☎ 02 01-77 30 01 ⌁ 8 57 479

4300 D.W.E.
D.W.E. GmbH
Dekorative Wandelemente - Handels-Ges. mbH
Überruhrstr. 214
4300 Essen 14
☎ 02 01-58 98 71

4300 Edelstahl
Edelstahl-rostfrei-Profil GmbH
Montebruchstr. 1-19 ✉ 18 52
4300 Essen 18 (Kettwig)
☎ 0 20 54-1 20 00 Fax 1 63 03 ⌁ 8 579 120

4300 Erwilo
ERNST LOOS Eisenwarenfabrik AG
Steeler Str. 529 ✉ 14 34 60
4300 Essen 14
☎ 02 01-5 63 60 ⌁ 8 579 362 loos

4300 Fomas
FOMAS Bauelemente GmbH & Co. KG
Carolus-Magnus-Str. 87
4300 Essen 11
☎ 02 01-63 40 10 ⌁ 8 571 272 askg d

4300 Grimberg
Hans Grimberg Edelstahl GmbH
Montebruchstr. 1-19 ✉ 18 52 23
4300 Essen 18 (Kettwig)
☎ 0 20 54-1 20 00 Fax 1 63 03 ⌁ 8 579 119

4300 Hebel
Hebel Emmelsum GmbH & Co.
Betriebsabteilung MOWA-BAU
Lierfeldstr. 43
4300 Essen-Altenessen
☏ 02 01-31 40 46

4300 Henn
PARKETT-KONTOR Otto Henn GmbH
Isabellastr. 33
4300 Essen
☏ 02 01-77 17 04 und 79 32 68

4300 Hörnemann
Hörnemann GmbH & Co.
Theodor-Hartz-Str. 20 ✉ 1 49
4300 Essen
☏ 02 01-66 20 44

4300 Hummel
Erich Hummel GMBH & Co. KG
Segerothstr. 83 ✉ 7 35
4300 Essen 1
☏ 02 01-31 30 57 Telex 8 57 369

4300 Jansen
JANSEN-Vertretung Nord- und Westdeutschland
Flormann GmbH
Vöcklinger Hang 37-39
4300 Essen
☏ 02 01-26 54 89

4300 Kalmár
J. T. Kalmár Werkstätten für Beleuchtung und Metallarbeiten
Manderscheidtstr. 9
4300 Essen 1
☏ 02 01-2 19 32 und 33 Telex 8 57 526

4300 KIB
KIB Konstruktion und Ingenieurbau GmbH
Frohnhauser Str. 95
4300 Essen
☏ 02 01-23 34 45 bis 47 Telex 8 571 162

4300 Knüppel
Knüppel GmbH & Co KG
Sabinastr. 65 ✉ 10 20 63
4300 Essen 1
☏ 02 01-2 57 64 bis 66 Fax 26 37 59 Telex 8 57 584

4300 Krupp
KRUPP HANDEL GMBH
Ostfeldstr. 7 ✉ 10 22 53
4300 Essen 1
☏ 02 01-18 81 Telex 8 57 732

4300 Leinos
Leinos Naturfarben GmbH
Dahlhauser Str. 8a
4300 Essen 14
☏ 02 01-53 00 15

4300 Mähler
Paul Mähler KG Inh. Axel Höpner Werksvertretungen
Demrathkamp 19 ✉ 34 02 07
4300 Essen 1
☏ 02 01-77 22 46 Telex 8 579 328

4300 Metall
Metallhandelsgesellschaft mbH
Ernestinenstr. 61
4300 Essen
☏ 02 01-2 99 91

4300 metallkantbetrieb
metallkantbetrieb gmbH
Centrumstr. 29
4300 Essen 13
☏ 02 01-55 00 31

4300 Michels
Eduard Michels GmbH
Rüttenscheider Str. 3 ✉ 10 24 35
4300 Essen 1
☏ 02 01-77 77 13 Telex 8 57 633

4300 Naunheim
Naunheim KG
Bamlerstr. 112
4300 Essen 1
☏ 02 01-3 16 27

4300 Pag
PAG PRESSWERK AKTIENGESELLSCHAFT
Westuferstr. 7 ✉ 10 29 51
4300 Essen
☏ 02 01-3 60 91 Telex 8 57 762

4300 Permalite
Permalite europe S.A. Büro Deutschland
Viehofer Str. 68
4300 Essen
☏ 02 01-23 90 06 Telex 8 57 765

4300 Plana
PLANA
Hufenstr. 255
4300 Essen
☏ 02 01-35 00 99

4300 Poroton
Poroton-Vertrieb Essen
4300 Essen
☏ 02 01-27 50 25

2

4300 protect
protect Ges.m.b.H
Alte Bottroper Str. 89 ✉ 11 05 55
4300 Essen 11
☎ 02 01-66 00 25 ⌁ 5 79 746

4300 PSB
PSB Arnfried Pagel Ing.
Spezial-Beton-Fabriken GmbH & Co. KG
Therbeckenring 9
4300 Essen 11
☎ 02 01-68 50 40 ⌁ 8 57 469

4300 Puzicha
Arnold Puzicha Natursteinwerk
Marmor Grabmale
Manderscheidtstr. 28
4300 Essen 1
☎ 02 01-21 15 31 Fax 29 29 70

4300 Rudolph
Alfred Rudolph GmbH & Co. KG
Feilenstr. 1-3 ✉ 10 31 54
4300 Essen 1
☎ 02 01-3 17 51 ⌁ 8 579 054

4300 Ruhrgas
Ruhrgas AG Direktion VV
Huttropstr. 60
4300 Essen 1
☎ 02 01-18 41 ⌁ 8 572 990 rg d

4300 Schierling
Schierling KG
Schwarze Str. 13 ✉ 12 00 97
4300 Essen 12
☎ 02 01-36 40 10 Fax 3 64 01 13 ⌁ 8 57 277 schkg

4300 Schöne
Robert Schöne KG
Eickenscheidter Fuhr 40-48 ✉ 10 35 44
4300 Essen 1
☎ 02 01-28 60 46 ⌁ 8 57 274 Fax 27 01 41

4300 Schuh
Felix Schuh & Co. GmbH
Wilhelm-Beckmann-Str. 6
4300 Essen 13
☎ 02 01-1 89 60 ⌁ 8 57 857

4300 Sieg
Sieg GmbH
Nünningstr. 36
4300 Essen 1
☎ 02 01-1 80 60 ⌁ 8 571 214

4300 Stabirahl
Stabirahl Geländer Bau GmbH
Alte Bottroper Str. 111
4300 Essen 11 (Borbeck)
☎ 02 01-66 70 31 bis 33 Fax 66 71 57

4300 Steinwerke
Vereinigte Steinwerke GmbH
Deilbachtal 63 ✉ 15 03 55
4300 Essen 15
☎ 02 01-4 36 00 ⌁ 8 579 966 vst d

4300 Stelcon
Stelcon Aktiengesellschaft
STELCON-HAUS, Alfredstr. 98 ✉ 10 36 54
4300 Essen 1
☎ 02 01-77 90 44 ⌁ 8 57 833

4300 Ultrament
ULTRAMENT-CHEMIE & Co. KG
✉ 23 03 09
4300 Essen 1
☎ 0 20 41-65 95 ⌁ 8 579 205

4300 van Geel
van Geel GmbH
Münchener Str. 50
4300 Essen
☎ 02 01-23 10 95 ⌁ 3 5 527

4300 Warenvertrieb
Warenvertriebsgesellschaft für Bauwesen mbH
Glashüttenstr. 65-69
4300 Essen 1
☎ 02 01-20 22 55

4300 Wilmsen
Wilmsen-Spritzschaum GmbH
Alfredstr. 243
4300 Essen 1
☎ 02 01-4 19 11/3

4320 O & K
O & K Orenstein & Koppel AG Werk Hattingen
✉ 80 06 58
4320 Hattingen
☎ 0 23 24-20 51 ⌁ 8 229 971 Telefax 7 12 283

4322 AU-RO-FLEX
AU-RO-FLEX Siebenborn GmbH & Co.
Hattinger Str. 35
4322 Sprockhövel 1
☎ 0 23 24-70 40 Fax 7 04-1 02

4322 Isola
Isola Mineralwolle-Werke Wilhelm Zimmermann KG
✉ 20 27
4322 Sprockhövel 2
☎ 0 23 39-70 41 bis 44

4322 Vermiculit
Deutsche Vermiculit Dämmstoff GmbH
✉ 34
4322 Sprockhövel 2
☎ 0 23 39-23 49

4330 Funktionslicht
Funktionslicht integrierte Leuchtensysteme GmbH
Kassenberg 22-24 ✉ 10 05 38
4330 Mülheim
☎ 02 08-42 20 01 Telex 8 56 861 fuli d

4330 Menerga
MENERGA Apparatebau GmbH
Gutenbergstr. 51
4330 Mülheim 12
02 08-7 69 66 Fax 7 99 60 Telex 8 56 028

4330 Metawa
METAWA Gebr. Steinbacher & Co.
Hansastr. 38-50
4330 Mülheim
☎ 02 08-5 20 01 bis 03 Telex 8 56 975 mewa

4330 Polygal
Polygal Kunststoff-Vertriebs GmbH
Freiherr-vom-Stein-Str. 165
4330 Mülheim/Ruhr
☎ 02 08-7 69 34 Telex 8 56 573

4330 RFM
RFM Rohloff-Caravan
Mobilheimherstellungs GmbH
Kölner Str. 160-164
4330 Mülheim
☎ 02 08-48 58 07 und 48 00 29 Fax 48 85 71
Telex 8 561 138

4330 rodeca
rodeca Schneider GmbH
Freiherr-vom-Stein-Str. 165 ✉ 01 15 48
4330 Mülheim/Ruhr
☎ 02 08-7 69 51 Telex 8 56 573
→ 7157 rodeca

4330 Seibert
SEIBERT-STINNES GMBH Büro Mülheim
Weseler Str. 60 ✉ 01 15 33
4330 Mülheim/Ruhr 1
☎ 02 08-4 42 81 Telex 8 56 874

4330 Sigma
Sigma Coatings GmbH
Timmerhellstr. 12 ✉ 14 01 80
4330 Mülheim/Ruhr
☎ 02 08-5 70 81 Telex 8 56 399 sigm d

4330 TA
Tour & Anderson GmbH
Solinger Str. 9
4330 Mülheim/Ruhr
☎ 02 08-48 40 40 Fax 4 84 04 10 Telex 8 56 541

4330 Univ
Univ-System-Bauteil GmbH & Co KG
Lutherstr. 31-33
4330 Mülheim/Ruhr
☎ 02 08-5 40 63 bis 66 Telex 8 56 316 univ

4330 Winking
Dipl.-Ing. Hans Winking Tresore
Humboldtstr. 58
4330 Mülheim
☎ 02 08-49 10 22 Fax 49 81 48

4350 Gantefűhrer
Felix Gantefűhrer
Hertener Str. 15
4350 Recklinghausen
☎ 0 23 61-2 32 10

4350 Pflüger
Pflüger Apparatebau GmbH & Co. KG
Bochumer Str. 96 ✉ 20 04 45
4350 Recklinghausen
☎ 0 23 61-7 10 32 und 33

4350 REBA
REBA Recklinghauser Behälter- und
Apparatebau GmbH
Blitzkuhlenstr. 111-113
4350 Recklinghausen
☎ 0 23 61-2 62 06 und 2 71 55

4350 VOG
VOG Gesellschaft für
Oberflächenschutz mbH & Co. KG
Maybachstr. 47
4350 Recklinghausen
☎ 0 23 61-2 50 86

4352 Kebulin
Kebulin-Gesellschaft Kettler & Co. KG
Fabrik für Korrosionsschutz und Abdichtung
Ostring 9 ✉ 61 80
4352 Herten-Westerholt
☎ 02 09-35 80 01 Fax 61 27 48 Telex 8 24 708

4352 Schui
Karl Schui GmbH & Co. KG Dispersionsfarbenfabrik
Hoppenwall 2-6
4352 Herten-Bertlich
☎ 02 09-35 70 08

2

4352 Wendker
WENDKER Leichtmetall- und Leichtbau GmbH
✉ 18 69
4352 Herten
☎ 0 23 66-60 54

4353 Fomo
Fomo Schaumstoff GmbH & Co. KG
Werkstr. 9
4353 Oer-Erkenschwick
☎ 0 23 68-6 00 14-17 ⌨ 8 29 507

4353 Nagelstutz
Nagelstutz & Eichler GmbH & Co. KG
Industriestr. 16
4353 Oer-Erkenschwick
☎ 0 23 68-10 51 ⌨ 8 24 870

4354 Bauta
Bauta Bauchemie GmbH & Co. KG
✉ 11 67
4354 Datteln
☎ 0 23 63-80 31 und 32 Fax 80 33 ⌨ 8 29 961

4354 Deitermann
Deitermann Chemiewerk GmbH + Co. KG
Lohstr. 61 ✉ 11 65
4354 Datteln
☎ 0 23 63-10 90 Fax 10 93 36 ⌨ 8 29 809

4354 Fleck
FLECK GMBH Fabrikation von Bedachungsartikeln aus Kunststoff
Industriestr. 12
4354 Datteln
☎ 0 23 63-42 02 Teletex 2 36 330 fleck

4354 Hahne
Heinrich Hahne KG Chemische Fabrik für Bautenschutzmittel
Hafenstr. 129 ✉ 12 54
4354 Datteln
☎ 0 23 63-80 22 ⌨ 8 29 632

4354 Hydrolan
Hydrolan GmbH & Co. KG
Lohstr. 61 ✉ 12 63
4354 Datteln
☎ 0 23 63-24 16 Fax 86 46 Telex 82 94 38

4354 Nr. Sicher
Nr. Sicher
✉ 11 67
4354 Datteln
☎ 0 23 63-5 42 02 und 2 05 Fax 80 33

4354 Rheinzink
RHEINZINK GmbH
Bahnhofstr. 90 ✉ 14 52
4354 Datteln
☎ 0 23 63-60 51 Fax 60 52 09 ⌨ 8 29 787

4355 Schmitz
Mathias H. Schmitz GmbH Werk Waltrop
Borker Str. 1
4355 Waltrop
☎ 0 23 09-28 25 und 26 61

4355 Stog
Stog GmbH
✉ 3 64
4355 Waltrop
☎ 0 23 09-20 42 ⌨ 8 227 271 stog d

4358 Cirkel
Cirkel Kalksandsteinwerke GmbH & Co. KG
Flaesheimer Str. 605
4358 Haltern 4 (Flaesheim)
☎ 0 23 64-30 51 und 52 Fax 1 62 44
→ 4407 Cirkel

4358 Dannenbaum
Karl Dannenbaum KG Holzwerk
Recklinghäuser Str. 63 ✉ 45
4358 Haltern/Westf.
☎ 0 23 64-30 46 ⌨ 8 29 744

4358 MAD
MAD-Material-Ausgleichdienst
Vorholt & Schega GmbH & Co. KG
Zu den Lippewiesen 9
4358 Haltern
☎ 0 23 64-10 10 Teletex 2 36 434

4370 Fomo
Fomo Schaumstoff GmbH & Co. KG
Verwaltung und Vertrieb
Lasallestr. 13 ✉ 17 40
4370 Marl
☎ 0 23 65-1 30 51 ⌨ 8 29 893
→ 4353 Fomo

4370 Uponor
Uponor Anger GmbH
Brassertstr. 251
4370 Marl
☎ 0 23 65-60 10

4390 Behaton
Behaton GmbH & Co. KG
Möllerstr. 15 ✉ 1 49
4390 Gladbeck
☎ 0 20 43-40 40 ⌨ 8 579 250

4390 Boschung
Boschung Mecatronic GmbH
Enfieldstr. 175
4390 Gladbeck
☎ 0 20 43-48 78

4390 Dynal
Dynal GmbH
Franzstr. 25
4390 Gladbeck
☎ 0 20 43-3 00 04 ⌿ 8 579 458

4390 Edelstahl
Edelstahl Rostfrei Nord Handelsgesellschaft mbH
Bottroper Str. 277
4390 Gladbeck

4390 Hölter
Hölter GmbH Umweltschutz und Fördertechnik
Beisenstr. 39-41
4390 Gladbeck
☎ 0 20 43-48 71

4390 Redal
REDAL GmbH
Aluminium Profile u. Bauelemente
Franzstr. 25 ✉ 2 63
4390 Gladbeck
☎ 0 20 43-3 00 04 Fax 7 23 67
⌿ 8 579 458

4390 Rockwool
Deutsche Rockwool Mineralwoll-GmbH
Hauptverwaltung
Karl-Schneider-Str. 14-18 ✉ 2 07
4390 Gladbeck
☎ 0 20 43-40 80 ⌿ 8 579 254 und 08 579 229

4400 Armstrong
Armstrong World Industries GmbH
Robert-Bosch-Str. 10-12
4400 Münster
☎ 02 51-70 30 ⌿ 8 92 751

4400 auratherm
auratherm Vertriebsgesellschaft für
Fenster + Fassaden Systeme mbH
Weseler Str. 561
4400 Münster
☎ 02 51-71 95 88 ⌿ 8 92 117

4400 Auswahl
Auswahl-Verlag GmbH
An der Kleinmannbrücke 50 ✉ 55 09
4400 Münster
☎ 02 51-32 40 03 ⌿ 8 92 662

4400 Brillux
Brillux König + Flügger GmbH & Co. KG
Weseler Str. 401 ✉ 36 03
4400 Münster
☎ 02 51-7 18 80 Fax 7 18 83 50 ⌿ 8 92 198

4400 Haverkamp
SST Sicherheitstechnik Haverkamp GmbH
Bergiusstr. 20
4400 Münster-Hiltrup
☎ 0 25 01-12 55

4400 JOSTA
JOSTA® technik Inh. E. Blume
Schuckertstr. 18
4400 Münster
☎ 02 51-7 83 47 Fax 78 73 78

4400 Kalomur
Kalomur-Isoliermaterialien GmbH
An der Kleimannbrücke 50 ✉ 44 43
4400 Münster
☎ 02 51-32 40 06 ⌿ 8 92 118

4400 Korth
Joachim Korth
Von-Kluck-Str. 14 ✉ 44 69
4400 Münster
☎ 02 51-52 30 61 ⌿ 8 92 765

4400 Lechtenberg
Lechtenberg & Co
✉ 48 04
4400 Münster
☎ 02 51-21 30 81 ⌿ 8 92 221 lech d

4400 Mosecker
Mosecker KG
Robert-Bosch-Str. 4
4400 Münster
☎ 02 51-7 60 90

4400 Neugebauer
A. Neugebauer GmbH & Co. KG
Münstermannweg 16 ✉ 57 11
4400 Münster
☎ 02 51-7 72 54 Fax 79 11 89

4400 neu-therm
neu-therm Vertriebsgesellschaft
Parkallee 72
4400 Münster
Fax 02 51-79 11 89

4400 Nüsing
Nüsing Trennwände GmbH & Co. KG
Borkstr. 5 ✉ 57 23
4400 Münster
☎ 02 51-78 00 10 Fax 7 80 01 27 ⌿ 8 92 183

2

4400 Ostermann
Ostermann & Scheiwe GmbH & Co.
Hafenweg 31 ✉ 63 40
4400 Münster
☏ 02 51-69 21 ⌁ 8 92 836

4400 Pebüso
Pebüso Heribert Büscher GmbH & Co.
Am Hawerkamp 29 ✉ 63 64
4400 Münster
☏ 02 51-68 80 Fax 68 81 15 ⌁ 8 92 446 pbhb d

4400 pro umwelt
pro umweltfarben Körbel & Wenker
Lingener Str. 12
4400 Münster
☏ 02 51-66 57 80 u. 66 51 03

4400 Quinting
Quinting GmbH Ingenieurges. für Bautechnik
An der Beeke 67
4400 Münster
☏ 0 25 36-7 81

4400 Renofix
Renofix Abbeiz-Handels GmbH
Heroldstr. 14
4400 Münster
☏ 02 51-71 96 60

4400 Rüschenschmidt
Rüschenschmidt & Tüllmann GmbH & Co.
Borkstr. 9 ✉ 67 67
4400 Münster
☏ 02 51-78 50 11 ⌁ 8 92 720

4400 Schopax
Schopax-Münster Aloys Schopbarteld
Vogelrohrsheide 9
4400 Münster
☏ 02 51-6 13 09

4400 Thieme
Thieme GmbH
Fuggerstr. 18
4400 Münster
☏ 02 51-60 00

4400 Törner
Alfons Törner
An den Loddenbüschen 187 a
4400 Münster
☏ 02 51-66 26 93

4400 Tumbrink
Ludger Tumbrink
Kunststoffdichtungsprofile · Vorsatzrahmen
Schillerstr. 61 ✉ 78 80
4400 Münster
☏ 02 51-66 56 06

4401 Grotemeyer
Gebr. Grotemeyer, Kunststoffwerk
✉ 67
4401 Altenberge
☏ 0 25 05-6 33 ⌁ 8 92 881

4402 Fricke
Fricke GmbH & Co. Kommanditgesellschaft
✉ 44
4402 Greven 2 (Reckenfeld)
☏ 0 25 75-20 21 Fax 21 80 ⌁ 8 92 296

4402 Nolte
Carl Nolte GmbH & Co. KG
Eggenkamp 14 ✉ 15 63
4402 Greven
☏ 0 25 71-1 60 ⌁ 1 7 257 110 Teletex 2 57 110

4402 Sandmann
Josef Sandmann GmbH & Co. KG
Hansaring 138-142 ✉ 16 13
4402 Greven 1
☏ 0 25 71-70 58 und 59 Fax 5 10 03

4403 Cordes
Theodor Cordes GmbH & Co. KG
Roxeler Str. 54
4403 Senden-Bösensell
☏ 0 25 36-10 53 ⌁ 8 92 448 teco d

4403 Mönninghoff
Mönninghoff GmbH & Co. KG
Beton- und Fertigteilwerk
Industriestr. 10 ✉ 11 64
4403 Senden
☏ 0 25 97-10 41

4404 Bruens
Albert Bruens GmbH Betonwerk
Orkotten 34 ✉ 2 10
4404 Telgte
☏ 0 25 04-30 21

4404 Pahlsmeier
AQUARIUM MÜNSTER Pahlsmeier GmbH
Galgheide 8
4404 Telgte
☏ 0 25 04-30 31 Fax 15 63

4404 Silidur
Silidur Gruppe
Brucknerstr. 61 ✉ 2 43
4404 Telgte
☏ 0 25 04-31 01

4404 Winkhaus
August Winkhaus
✉ 1 80
4404 Telgte
☏ 0 25 04-1 21 ⌁ 8 92 831

4405 Hagemeister
Hagemeister KG Klinkerwerk
Appelhülsener Str. (an der B 67) ✉ 12 27
4405 Nottuln
☎ 0 25 02-70 11 Fax 79 90 Telex 8 91 468 hano d

4405 Humberg
Franz Humberg GmbH & Co. KG
Stevern 73-74
4405 Nottuln
☎ 0 25 02-60 71

4405 Stegemann
Stegemann Kaminbau
✉ 11 03
4405 Nottuln
☎ 0 25 02-60 77

4407 Cirkel
Cirkel Kalksandsteinwerke GmbH & Co. KG
4407 Emsdetten
☎ 0 25 72-25 91

4407 Jute
Jute-Weberei Emsdetten GmbH & Co. KG
Rheiner Str. 125 ✉ 14 55
4407 Emsdetten
☎ 0 25 72-20 50 Fax 2 05 80 Telex 8 91 147

4407 Leco
LECO-Werke Lechtreck GmbH & Co. KG
Hollefeldstr. 41 ✉ 13 44
4407 Emsdetten
☎ 0 25 72-20 70 Telex 8 91 134

4407 Ohmen
Metallwerk Ohmen GmbH & Co.
✉ 13 64
4407 Emsdetten
☎ 0 25 72-40 79 Telex 8 91 177

4407 Schäfer
Schäfer Heiztechnik GmbH
Rheiner Str. 151 ✉ 11 20
4407 Emsdetten
☎ 0 25 72-2 30 Telex 8 91 112 idomo d

4407 Schmitz
Schmitz-Werke GmbH & Co. Hauptverwaltung
Hansestr. 87 ✉ 12 43
4407 Emsdetten
☎ 0 25 72-84 00 Fax 84 01 11 Telex 8 91 116

4407 Strumann
Egeplast Werner Strumann GmbH & Co.
Nordwalder Str. 80 ✉ 15 53
4407 Emsdetten
☎ 0 25 72-87 40 Telex 8 91 150

4407 Wedi
Wedi Wannenbauelemente GmbH
Kolpingstr. 52-54
4407 Emsdetten
☎ 0 25 72-8 44 89 und 45 95 Telex 8 91 162 wedi d

4408 B + S
B + S Finnland Sauna
✉ 11 38
4408 Dülmen
☎ 0 25 94-30 16

4408 Estelit
ESTELIT Betonfertigteile GmbH & Co. KG
Industriestr. 27 ✉ 12 24
4408 Dülmen
☎ 0 25 94-7 60 Telex 8 9 858 este

4408 Jeising
Alfons Jeising Stahl- und Metallbau
Gewerbestr. 1-3
4408 Dülmen 2 (Buldern)
☎ 0 25 90-13 33

4408 Kirschner
KK-Raumelemente Kirschner GmbH & Co. KG
Münsterstr. 198 ✉ 13 63
4408 Dülmen
☎ 0 25 94-13 02 Fax 1 32 99 Telex 8 9 838 KKg d
→ 2000 Kirschner

4408 Schnermann
Heinrich Schnermann GmbH & Co.
Ziegel- und Klinkerwerke
Rödder
4408 Dülmen 2
☎ 0 25 90-40 52 Telex 8 91 825

4408 SMAG
SMAG Salzgitter Maschinenbau GmbH
✉ 12 63
4408 Dülmen
☎ 0 25 94-7 70 Fax 7 72 96
Telex 8 9 813 epr d

4410 Düpmann
Aluminium-Systeme Heinz Düpmann
Freckenhorster Str. 69a
4410 Warendorf 1
☎ 0 25 81-12 02 Fax 6 20 35

4410 Isostuck
ISOSTUCK GmbH
Everswinkeler Str. 66 a
4410 Warendorf 2
☎ 0 25 81-4 44 83

2

4410 Rywa
Rywa-Edelputz Ernst Rybayczek
4410 Warendorf 1
☏ 0 25 81-80 76

4410 Santop
Santop® Sanitärtechnik
Katzheide 6 ✉ 5 70
4410 Warendorf 1
☏ 0 25 81-69 60 ⌁ 8 9 956

4410 Schräder
Warendorfer Hartsteinfabrik Schräder & Kottrup GmbH & Co.
Münsterweg ✉ 11 11 52
4410 Warendorf/Westf.
☏ 0 25 81-22 68 Fax 6 03 99

4414 Titzmann
Titzmann, Günter Tischler Restauration
Füchtorfer Str. 3
4414 Sassenberg
☏ 0 25 83-19 17

4415 Vekaplast
Vekaplast-Kunststoffwerk Heinr. Laumann
Dieselstr. 8 ✉ 1 20
4415 Sendenhorst
☏ 0 25 26-2 90 ⌁ 8 9 548

4420 Coelan
Coelan-Kunststoffe GmbH & Co. KG
Darfelder Weg 101
4420 Coesfeld
☏ 0 25 41-23 36/26 ⌁ 8 92 367 coek d

4420 Coetherm
Coetherm Fassadendämmplatten GmbH
Dülmener Str. 25 ✉ 12 20
4420 Coesfeld
☏ 0 25 41-8 23 36 und 37 ⌁ 8 92 367

4420 EWI
EWI-METALL-handel GmbH
Industriestr. 11
4420 Coesfeld-Lette
☏ 0 25 46-2 26

4420 Hosby
HOSBY HAUS WEST GmbH & Co. KG
Dieselstr. 5
4420 Coesfeld
☏ 0 25 41-53 71 ⌁ 8 92 360 hwest d

4420 Klostermann
Heinrich Klostermann GmbH & Co. KG
Am Wasserturm 20 ✉ 14 46
4420 Coesfeld
☏ 0 25 41-50 35

4420 Kuhfuss
Heinrich Kuhfuss Ziegel- und Klinkerwerke
✉ 14 40
4420 Coesfeld
☏ 0 25 41-80 80 Fax 8 08 50

4420 Ostendorf
J. W. Ostendorf Farbwerke GmbH & Co.
Am Rottkamp 2 ✉ 15 07
4420 Coesfeld
☏ 0 25 41-74 40 Fax 7 44 33
Teletex 2 54 118 iwo d

4420 Parador
PARADOR
✉ 16 20
4420 Coesfeld
☏ 0 25 41-73 60 ⌁ 8 92 369

4420 Timmer
Josef Timmer KG Maschinenfabrik
Dülmener Str. 51 ✉ 17 69
4420 Coesfeld
☏ 0 25 41-51 57 und 58 ⌁ 8 92 303

4421 Kirsch
Raimund H. Kirsch
Neuenkamp 24
4421 Reken 4
☏ 0 28 64-51 54 ⌁ 8 13 315

4422 bastal
bastal GmbH & Co.KG
Am Bahndamm 8
✉ 11 03
4422 Ahaus-Wessum
☏ 0 25 61-30 57 und 58 ⌁ 8 91 728

4422 Herholz
HERHOLZ B. Herbers GmbH & Co. KG
Eichenallee 71-77 ✉ 12 53
4422 Ahaus-Wessum
☏ 0 25 61-68 90 ⌁ 8 9 758 herho d

4422 Rundmund
Rundmund Säurebau
Am Freibad
4422 Ahaus-Alstätte
☏ 0 25 67-4 51 bis 4 53 ⌁ 8 9 745 runal

4422 Wendt
Erich Wendt
Fürstenkämpe 11
4422 Ahaus
☏ 0 25 61-79 03

4423 Huesker
Huesker Synthetic GmbH & Co.
Fabrikstr. 13-15 ✉ 12 62
4423 Gescher/Westf.
☎ 0 25 42-70 10 Fax 7 01 37 ⌁ 8 92 328 huesk d

4423 Overesch
H. Overesch & Co. KG
Grenzlandring 2
4423 Gescher
☎ 0 25 42-8 18 und 8 19 ⌁ 8 92 396

4424 Lichtgitter
Lichtgitter-Gesellschaft mbH
Siemensstraße ✉ 13 55
4424 Stadtlohn
☎ 0 25 63-8 90 Fax 8 91 18 ⌁ 8 9 725
→ 7247 Lichtgitter

4424 Sunshine
Sunshine Markisen + Bauelemente GmbH
Mühlenstr. 101 ✉ 14 33
4424 Stadtlohn
☎ 0 25 63-70 71 bis 73

4425 Brinkjost
Brinkjost Sauna
Weihgarten
4425 Billerbeck
☎ 0 25 43-15 25

4426 EBA
EBA-Paneelwerk GmbH
✉ 11 52
4426 Vreden-Ammeloe
☎ 0 25 64-3 06 01

4426 Solidur
Solidur® Kunststoffwerke
Pennekamp + Huesker KG
✉ 12 64
4426 Vreden
☎ 0 25 64-30 10 Fax 30 12 55 ⌁ 8 9 739 solid d

4428 Schönox
SCHÖNOX-Werke GmbH
✉ 20 49
4428 Rosendahl 2 (Darfeld)
☎ 0 25 45-8 10 ⌁ 8 92 323

4428 Tekon
Tekon GmbH
Midlicher Str. 70
4428 Rosendahl
☎ 0 25 47-3 11 Fax 3 14

4430 Homann
Homann KG
✉ 22 30
4430 Steinfurt-Borghorst
☎ 0 25 52-40 22

4431 Tresecur
Johannes Brauckmann GmbH & Co
Tresecur-Treppen
Eggeroder Str. 6 ✉ 11 60
4431 Schöppingen
☎ 0 25 55-8 90 Fax 89 20

4432 Amoco
Amoco Fabrics Niederlassung der
Amoco Deutschland GmbH
Düppelstr. 16 ✉ 17 09
4432 Gronau
☎ 0 25 62-7 71 Fax 7 74 85

4432 Bron
Brocolor-Lackfabrik Jan Bron & Co. GmbH & Co.
Henschelstr. 2 ✉ 11 60
4432 Gronau
☎ 0 25 62-7 19 01 ⌁ 8 9 679

4432 Helta
HELTA GmbH
Marschallstr. 5
4432 Gronau
☎ 0 25 62-30 19

4432 Zierer
ZIERER®-Fassaden GmbH
✉ 19 64
4432 Gronau
☎ 0 25 62-33 01 ⌁ 8 91 042

4434 Hewing
Hewing GmbH & Co.
Waldstr. 3
4434 Ochtrup
☎ 0 25 53-70 01 Ttx (17) 25 53 10 HPO

4434 Polytherm
POLYTHERM GmbH
Vechtestr. 1 ✉ 2 25
4434 Ochtrup 2
☎ 0 25 53-70 02 Fax 58 77 Teletex 25 53 10 HPO

4437 Axa
Axa Maschinen- und Armaturen GmbH & Co. KG
Münsterstr. 57 ✉ 11 80
4437 Schöppingen
☎ 0 25 55-10 01

2

4440 Köster
Köster-Holz GmbH & Co. KG
Zinkstr. 1-5
4440 Rheine 11
☏ 0 59 71-38 36 ⌁ 9 81 713

4440 Moz
Glas-Moz GmbH & Co. Schmelzglasherstellung
Osnabrücker Str. 146
4440 Rheine
☏ 0 59 71-7 21 64 und 6 55 66

4441 Berentelg
Klinker- und Keramikwerke A. Berentelg & Co.
Werk II
4441 Bergeshövede über Hörstel
☏ 0 54 59-10 01 ⌁ 9 4 573

4441 Rekers
Rekers Betonwerk GmbH & Co. KG
✉ 40
4441 Spelle
☏ 0 59 77-7 10

4441 Schnermann
Heinrich Schnermann GmbH & Co.
Ziegel- und Klinkerwerke
✉ 11 26
4441 Wettringen
☏ 0 25 57-4 11 Fax 6 81 ⌁ 8 92 957

4441 Solar
Solar-Diamant-System GmbH
Kirchstr. 15a ✉ 11 40
4441 Wettringen
☏ 0 25 57-4 42 ⌁ 8 91 908

4442 halo
halo-therm GmbH & Co. KG
Industriegebiet Süd
4442 Salzbergen
☏ 0 59 76-10 77 und 78 ⌁ 9 81 718

4443 Berentelg
Klinker- und Keramikwerke A. Berentelg & Co.
Werk I
4443 Schüttorf
☏ 0 59 23-23 57

4444 Rötterink
Hildebrand Rötterink
Am Bahndamm ✉ 1 37
4444 Bad Bentheim
☏ 0 59 22-8 73 Fax 47 72 ⌁ 9 8 312 roeho

4445 Kleihues
Kleihues & Sohn KG
Wagenfeldstr. 18
4445 Neuenkirchen St. Arnold
☏ 0 59 73-8 46 und 8 47

4446 Hörsteler
Hörsteler Teppichfabrik
Wilkens & Lücke GmbH & Co. KG
✉ 11 61
4446 Hörstel
☏ 0 54 59-5 80 ⌁ 9 4 528

4446 OASE
OASE-PUMPEN Wübker & Söhne GmbH & Co.
Tecklenburger Str. 161 ✉ 20 69
4446 Hörstel-Riesenbeck
☏ 0 54 54-8 00 ⌁ 9 4 551 Telefax 70 38

4450 Kampmann
H. Kampmann GmbH
Friedrich-Ebert-Str. 129 ✉ 17 20
4450 Lingen 1
☏ 05 91-7 50 01 ⌁ 9 8 802 kampma d

4450 Müller
Erwin Müller GmbH & Co.
✉ 18 60
4450 Lingen/Ems 1
☏ 05 91-80 20 ⌁ 9 8 887

4450 Schwerdt
Schwerdt Balkon + Zaun
Friedrich-Ebert-Str. 113
4450 Lingen
☏ 05 91-70 58

4450 Wessmann
Baustoff-Wessmann
Feldkamp 15 ✉ 21 40
4450 Lingen 1
☏ 05 91-7 10 10 Fax 7 10 11 25 Teletex 59 18 18

4454 Ohrte
Ziegelei Ohrte Altmann & Co. KG
Haselünner Str. 1
4454 Bawinkel
☏ 0 59 63-2 40

4460 Betonwerke Emsland
Betonwerke Emsland A. Kwade & Sohn
Bismarckstr. 54
4460 Nordhorn
☏ 0 59 21-3 50 41

4460 ge-ka
ge-ka Gerrit van der Kamp GmbH u. Co. KG
Klausheider Weg 53 ✉ 14 09
4460 Nordhorn-Klausheide
☏ 0 59 21-30 20 ⌁ 9 8 201 geka d

4460 Gussek
Franz Gussek + Co.
Euregiostr. 7
4460 Nordhorn
☏ 0 59 21-50 21 bis 25 ⌁ 9 8 297

4460 Hanisch
W. Hanisch Gewächshaus
Hüsemanns Esch 14 ✉ 18 26
4460 Nordhorn
☎ 0 59 21-3 40 18 und 19 ⌁ 9 8 252 lino d

4460 Neerken
Neerken & Büter KG Kunststoffverarbeitung
Fennastr. 108
4460 Nordhorn
☎ 0 59 21-1 20 14 bis 16

4470 Greco
Greco Spanplatten GmbH - Ein Unternehmen der Glunz AG
Grecostr. 1 ✉ 13 40
☎ 0 59 31-40 50

4471 Kinderland
Kinderland Metallverarbeitungs KG
✉ 11 49
4471 Geeste 1
☎ 0 59 37-83 55 oder 83 56

4472 Metallbau
Metallbau Emmeln
Eichenstr. 58
4472 Haren 3
☎ 0 59 32-20 41 Fax 58 41

4477 Wavin
WAVIN GmbH Kunststoffröhrenwerke
✉
4477 Twist 1
☎ 0 59 36-1 20 ⌁ 9 8 602 und 9 8 608

4478 ado
ado - Metallwarenfabrikation Arno Domnick
Oelwerkstr. 66 ✉ 11 08
4478 Geeste 1 (Dalum)
☎ 0 59 37-81 21 bis 24 ⌁ 9 8 642 dom

4478 Riviera
RIVIERA-POOL Fertigschwimmbad GmbH
Industriestr. 2 ✉ 12 22
4478 Geeste 1 (Dalum)
☎ 0 59 37-81 11

4500 Alkuba
ALKUBA-Vertriebs- und Verarbeitungsgesellschaft mbH
Pagenstecherstr. 144 ✉ 27 29
4500 Osnabrück
☎ 05 41-1 21 66 66 ⌁ 9 4 622

4500 Bio
bio Brandschutz GmbH
Mühleneschweg 6
4500 Osnabrück
☎ 05 41-6 01 04 Fax 60 16 29 ⌁ 9 4 958

4500 Gewatech
GE WA TECH Grund- und Wasserbau GmbH
Mühleneschweg 8 ✉ 22 69
4500 Osnabrück
☎ 05 41-60 12 54 Fax 60 13 95 und 60 13 59
⌁ 5 418 188

4500 Heede
Albert Heede GmbH & Co.
Rawiestr. 3 ✉ 23 60
4500 Osnabrück
☎ 05 4-7 20 22 Fax 7 81 77
→ 2800 Blöcker (Faber)

4500 Heidbrink
Hermann Heidbrink
Erikastr. 21
4500 Osnabrück-Voxtrupp
☎ 05 41-5 00 55

4500 Kabelmetal
Kabel- und Metallwerke Gutehoffnungshütte AG
Klosterstr. 29 ✉ 33 20
4500 Osnabrück
☎ 05 41-32 11 ⌁ 9 4 641

4500 Kämmerer
Kämmerer GmbH
✉ 34 07/09
4500 Osnabrück
☎ 05 41-60 41 ⌁ 9 4 848

4500 Klöckner
KLÖCKNER DURILIT GMBH
✉ 34 60
4500 Osnabrück
☎ 05 41-1 21 20 Fax 12 12 98 ⌁ 9 4 736

4500 Kreye
Bernhard Kreye Metall- und Biegetechnik GmbH
Schlachthofstr. 20
4500 Osnabrück
☎ 05 41-2 80 28 ⌁ 5 418 116

4500 Lewek
Walter Lewek Werksvertretungen
Industriestr. 29
4500 Osnabrück-Sutthausen
☎ 05 41-59 66 61 ⌁ 9 4 625

4500 OSNA
OSNA J. Hartlage GmbH & Co. KG
✉ 22 40
4500 Osnabrück
☎ 05 41-1 21 10

4500 Piepenbrock
Piepenbrock Begrünungen GmbH & Co. KG
Hannoversche Str. 93
4500 Osnabrück

4500 Quick-mix
Quick-mix-Gruppe GmbH & Co. KG
Mühleneschweg 6 ✉ 32 05
4500 Osnabrück
☏ 05 41-6 01 01 ℡ 175 418 117 Teletex 5 418 117
Telefax 60 18 53

4500 Rosenkranz
Wilhelm Rosenkranz GmbH
Loeweweg 10
4500 Osnabrück
☏ 05 41-43 43 60

4500 Runge
Runge GmbH + Co.
Fabrik für Holz-, Metall- und Kunststoffverarbeitung
✉ 36 46
4500 Osnabrück
☏ 05 41-58 61 84 Fax 58 91 05

4500 Sibo
sibo-gruppe GmbH & Co. KG
Mühleneschweg ✉ 22 69
4500 Osnabrück
☏ 05 41-60 11 ℡ 9 4 980 sibo d

4500 Sicotan
SICOTAN GmbH & Co. KG
Mühleneschweg 5 ✉ 22 69
4500 Osnabrück
☏ 05 41-60 18 00 und 60 13 18 ℡ 9 4 761 sicota d

4500 Titgemeyer
Gesellschaft für Befestigungstechnik
Gebr. Titgemeyer GmbH & Co. KG
✉ 43 09
4500 Osnabrück
☏ 05 41-31 90 Fax 2 90 48 ℡ 9 4 824

4500 Universa
UNIVERSA HEIZUNGSSYSTEME GMBH + CO. KG.
Großhandelsring 20 ✉ 42 67
4500 Osnabrück
☏ 05 41-57 20 41 ℡ 9 44 826

4500 Wilhelm
Johannes Wilhelm GmbH & Co. KG
Rawiestr. 8
4500 Osnabrück
☏ 05 41-7 20 31

4501 Hebrok
Ziegel- und Klinkerwerk Natrup-Hagen
Hebrok & Berentelg KG
4506 Natrup-Hagen
☏ 0 54 05-74 30

4507 Chemotec
CHEMOTEC-Gesellsch. mbH
Tecklenburger Str. 52
4507 Hasbergen
☏ 0 54 05-44 45 und 35 00

4508 delcor
delcor Sanier- und Dämmtechnik GmbH
Bruchheide 16 ✉ 11 30
4508 Bohmte 1
☏ 0 54 71-21 41 ℡ 9 44 225

4508 Necumer
Necumer-Product GmbH & Co. KG
Bruchheide 16 ✉ 11 30
4508 Bohmte
☏ 0 54 71-10 02 und 03 Fax 48 73 ℡ 9 44 225 necu d

4512 Trame
August Trame, Saunabau-Innenausbau
Stiegte 4
4512 Wallenhorst-Rulle/Ost
☏ 0 54 07-63 22 Fax 76 08

4515 argelith
argelith Bodenkeramik H. Bitter GmbH
4515 Bad Essen (Wehrendorf)
☏ 0 54 72-8 11 ℡ 9 41 625 arlit d

4515 Jung
Jung Spindeltreppen GmbH
✉ 12 48
4515 Bad Essen 1
☏ 0 54 72-22 57

4517 Helling
Hans Helling Kunststoffwerk GmbH + Co.
Am Kronprinz-Schacht ✉ 11 20
4517 Hilter 1
☏ 0 54 09-7 97 und 7 98 ℡ 9 4 656 kkb d

4517 Solarlux
SOLARLUX Aluminium Systeme GmbH
Am Sportplatz 18
4517 Hilter 2 (Borgloh)
☏ 0 54 09-6 36 + 8 28

4519 Birkemeyer
Gustav Birkemeyer
Fenster Rolladen
Kölner Weg 6
4519 Glandorf
☏ 0 54 26-22 34

4520 Burton
Burton-Werke K. F. Hensiek GmbH + Co. KG
✉ 1 20
4520 Melle 5 (Buer)
☏ 0 54 27-8 10

4520 Hebel
Hebel Gasbeton GmbH u. Co. KG
⌧ 14 40
4520 Melle 1
☏ 0 54 22-10 61 ℡ 9 41 521

4520 SOPREMA
SOPREMA Jungkenn GmbH
Oststr. 23 ⌧ 66
4520 Melle 1
☏ 0 54 22-50 22 ℡ 9 41 548

4530 Gellrich
Gellrich Handelsgesellschaft mbH
Bocketaler Str. 5
4530 Ibbenbüren 2
☏ 0 54 51-80 87

4530 Hofmeier
HOFMEIER Wärmetechnik GmbH & Co. KG
Schlickelder Str. 76
4530 Ibbenbüren
☏ 0 54 51-40 01 Fax 1 40 05
℡ 9 4 574

4531 Wulff
WULFF U. Co GmbH + Co
4531 Lotte
☏ 0 54 04-30 44 ℡ 9 44 911 wulff d

4532 Gilne
Gilne Baubedarf GmbH
Querenbergstr. 2-4
4532 Mettingen-Schlickelde
☏ 0 54 52-10 71 Fax 40 11 ℡ 9 4 507

4534 ABC
ABC Klinkergruppe Verwaltung
Grüner Weg 8
4534 Recke
☏ 0 54 53-3 03 47 Fax 30 38

4534 Berentelg
Klinker- und Keramikwerke A. Berentelg & Co.
Hauptverwaltung
4534 Recke
☏ 0 54 53-30 19
→ 4441 Berentelg
→ 4443 Berentelg

4535 Staloton
Staloton-Werke H. H. Hensiek GmbH & Co. KG
Industriestr. ⌧ 12
4535 Westerkappeln-Velpe
☏ 0 54 56-55 13 ℡ 94 525

4540 HEWI
HEWI GMBH Bausatzhaus
Osnabrücker Str. 143
4540 Lengerich
☏ 0 54 81-10 74

4540 Lagerholm
Lagerholm Finnimport GmbH
⌧ 14 01
4540 Lengerich/Westf.
☏ 0 54 81-3 81 88 ℡ 9 41 336 an d

4542 Lindemann
LIMA-Fertigbau Lindemann GmbH & Co.
Natrup-Hagener-Str. 1
4542 Tecklenburg/Leeden
☏ 0 54 81-10 91 Fax 10 94

4544 Bouclésa
Bouclésa Teppichfabrik GmbH
⌧ 11 51
4544 Ladbergen
☏ 0 54 85-20 22 ℡ 9 41 312

4550 Penter
Penter Klinker Klostermeyer KG
4550 Bramsche 1 (Pente)
☏ 0 54 61-9 95 ℡ 9 41 412 pente

4550 Rasch
Tapetenfabrik Gebr. Rasch GmbH & Co.
Raschplatz 1 ⌧ 1 20
4550 Bramsche
☏ 0 54 61-8 10 ℡ 9 4 833

4558 Wiegmann
Rudolf Wiegmann Umformtechnik KG
Industriegebiet Ost
4558 Bersenbrück
☏ 0 54 39-7 44 ℡ 9 41 828 rwim d

4573 Graepel
Friedrich Graepel AG Stanz- und Preßwerk
Friedrich-Graepel-Damm ⌧ 11 51
4573 Löningen
☏ 0 54 32-8 50 Fax 20 54 und 20 53 ℡ 9 44 325

4573 Remmers
Remmers GmbH & Co.
⌧ 12 55
4573 Löningen
☏ 0 54 32-8 30 Fax 8 31 09 ℡ 9 44 323
→ 6900 Remmers

4576 Stöckel
G. Stöckel GmbH
Fürstenauer Str. 3-5
4576 Vechtel
☏ 0 59 01-30 30 Fax 3 03 44 Teletex 5 90 111 Stöckel

2

4590 Maser
Erich Maser Fabrikation von Bleiverglasung und Thermo-Exklusiv-Glaserzeugnissen
Kellerhöhe
4590 Cloppenburg
☏ 0 44 71-53 69 und 65 29

4600 ABB
ABB CEAG
Licht- und Stromversorgungstechnik GmbH
✉ 10 07 13
4600 Dortmund 1
☏ 02 31-5 17 30 ⌁ 8 227 575

4600 Brandhoff
H. Brandhoff Nachf.
Bärenbruch 137 ✉ 74 01 01
4600 Dortmund-Kirchlinde
☏ 02 31-6 78 65 bis 67
→ 5791 Brandhoff

4600 Brügmann & Sohn
W. Brügmann & Sohn GmbH
Kanalstr. 80 ✉ 10 06 45
4600 Dortmund 1
☏ 02 31-8 28 70

4600 Brügmann Arcant
Brügmann Arcant GmbH
Kanalstr. 80 ✉ 10 06 06
4600 Dortmund 1
☏ 02 31-8 28 70

4600 Brügmann Frisoplast
Brügmann Frisoplast GmbH
Kanalstr. 80 ✉ 10 06 45
4600 Dortmund 1
☏ 02 31-8 28 70

4600 Calidec
Calidec Gesellschaft für elektrische Fußbodenheizung mbH
Westfalendamm 96
4600 Dortmund
☏ 02 31-57 36 96

4600 Danco
DANCO GmbH & Co. KG
Treibstr. 20 ✉ 2 43
4600 Dortmund
☏ 02 31-14 10 67 ⌁ 8 227 380

4600 DEFLEX
DEFLEX BAUTENTECHNIK GMBH
Lindentalweg 7
4600 Dortmund-Lütgendortmund 72
☏ 02 31-63 10 35 bis 37 Fax 63 10 38 ⌁ 8 22 526

4600 Dreier
Dreierwerk GmbH Dortmund
Brinkstr. 81-89
✉ 85
4600 Dortmund 1
☏ 02 31-51 50 61 ⌁ 8 227 109

4600 Durisol
Durisol-Mevriet GmbH
Aplerbecker Marktplatz 20
✉ 41 02 88
4600 Dortmund 41
☏ 02 31-45 60 94 und 95 ⌁ 8 227 244 dume d

4600 Fibertex
Terra Brunnenbau- und Bohrbedarf GmbH
Importeur der Fibertex APS, DK 9000 Aalborg Øst
Staatsbusch 11
4600 Dortmund 41
☏ 02 31-45 22 11 Fax 45 92 96 ⌁ 8 227 258 terr d

4600 Gogas
GOGAS®
Zum Ihnedieck 18
✉ 35 01 10
4600 Dortmund 30 (Wellinghofen)
☏ 02 31-46 50 50 Fax 4 65 05 88 ⌁ 17 231 319

4600 Golinski
H. Golinski Isolierbaustoffe GmbH
Hangeneystr. 8
4600 Dortmund 70
☏ 02 31-67 95 95 Fax 6 78 33

4600 Hoesch
Hoesch Stahl AG
Rheinische Str. 173
4600 Dortmund 1
☏ 02 31-84 41 ⌁ 8 22 141

4600 IRG
IRG Gunzenhauser GmbH
Stuttgartstr. 15-17
4600 Dortmund
☏ 02 31-59 30 32 und 59 50 71 ⌁ 8 227 085 jrgu d

4600 Keller
H. Keller Dipl.-Ing. BDB-VNDK-Vertrieb von Nebenerzeugnissen deutscher Kraftwerke GmbH & Co.
Obermarkstr. 56 ✉ 34 01 08
4600 Dortmund-Höchsten
☏ 02 31-4 89 36 ⌁ 8 22 315 efadi

4600 Lichtenberg
Lichtenberg & Co. Chemische Fabrik
Hellerstr. 52 ✉ 50 03 05
4600 Dortmund 50 (Löttringhausen)
☏ 02 31-7 39 41 bis 43 ⌁ 8 227 167

4600 Lindner
Fritz Lindner GmbH & Co. KG
Lippestr. 9
4600 Dortmund
☏ 02 31-5 75 80 und 44

4600 Mainz
Mainz & Mauersberger Alu-System GmbH
Ringofenstr. 43 ✉ 41 02 26/45
4600 Dortmund 41 (Aplerbeck)
☏ 02 31-45 20 71 Telex 8 227 138

4600 Multiplast
MULTIPLAST Vertriebs- und Beratungsgesellschaft mbH für Kunststoffe
✉ 39 01
4600 Dortmund 1
☏ 02 31-85 01 92 und 93 Fax 8 59 33 33

4600 NICO
NICO-Metall GmbH
Schäferstr. 53
4600 Dortmund 1
☏ 02 31-82 40 61

4600 Omega
OMEGA Gerüste und Baugeräte GmbH
Heiterkeitsweg 5
4600 Dortmund 70
☏ 02 31-17 80 44

4600 PAGA
PAGA Handelsgesellschaft für Bau- und Sicherheitstechnik mbH
Schüruferstr. 140
4600 Dortmund 30
☏ 02 31-45 20 97 und 98

4600 Perlite
Perlite-Dämmstoff GmbH & Co.
Märkische Str. 85 ✉ 10 30 64
4600 Dortmund 1
☏ 02 31-57 58 60 Fax 57 10 18 Telex 8 227 255

4600 Prokuwa
Prokuwa-Kunststoff GmbH
Meinhardstr. 5
4600 Dortmund 70
☏ 02 31-17 90 28 und 29 Telex 8 227 161

4600 Riegelhof
Riegelhof & Gärtner Metallwaren und Kunststoff
Martener Hellweg 29
4600 Dortmund 1
☏ 02 31-17 00 69 Fax 17 47 26

4600 Riexinger
Türenwerke Riexinger, Verkaufsbüro Nord
Niedersachsenweg 6
4600 Dormund 1
☏ 02 31-59 30 71 Telex 8 22 180

4600 Rose
Ingenieurbüro Wolfgang Rose, Dipl.-Ing.
Hueckstr. 20
4600 Dortmund
☏ 02 31-41 66 46 Telex 8 22 651

4600 Rother
H. Rother KG Fertig-Betonteile
Schüruferstr. 309 A
4600 Dortmund 41
☏ 02 31-45 10 20

4600 Rüter
Rüter Stahlbau GmbH
Nortkirchenstr. 53 ✉ 30 05 54
4600 Dortmund 30
☏ 02 31-43 79 01 bis 3 Fax 41 16 94

4600 Sander
Sander GmbH Kunststoffensterbau KG
Verkaufsbüro Dortmund
Redtenbacher Str. 27
4600 Dortmund 1
☏ 02 31-10 53 54

4600 Schroer
Schroerbau Wilhelm Bernhard Schroen GmbH & Co
Bauunternehmung, Spannbetonwerke
Luisenglück ✉ 50 01 60
4600 Dortmund 50
☏ 02 31-7 10 51 Telex 8 22 202
→ 3014 Schroer

4600 Schulze
KG Herbert Dietrich Schulze GmbH & Co.
Marksweg 22
4600 Dortmund 15
☏ 02 31-33 34 65 und 33 51 24

4600 Schumacher
Dr. Schumacher G.m.b.H u. Co. KG
Körnebachstr. 100 ✉ 7 56
4600 Dortmund 1
☏ 02 31-59 60 05 bis 07 Telex 8 22 323

4600 Schween
Adolf Schween GmbH
Baubeschläge Export-Großhandel
Kieferstr. 21 ✉ 50 01 53
4600 Dortmund 50
☏ 02 31-71 70 15 Fax 71 15 98
Telex 8 22 842 schwed

2

4600 Stedo
Stedo-Sanitär GmbH Metallwarenfabrik
✉ 76 01 24
4600 Dortmund 76
☎ 02 31-61 30 91 ⌁ 8 227 317

4600 Thyssen
THYSSEN SCHULTE GMBH
Hansastr. 2 ✉ 2 01
4600 Dortmund 1
☎ 02 31-54 61 ⌁ 8 225 720 ts d

4600 Velox
Velox-Systeme GmbH
✉ 7 02 21
4600 Dortmund 70
☎ 02 31-17 00 85

4600 West
Westdeutsche Steinwerke GmbH
Kanalstr. 96 ✉ 10 36
4600 Dortmund
☎ 02 31-82 20 81

4600 Wilo
WILO-Werk GmbH & Co
Pumpen- und Apparatebau
Nortkirchenstr. 100 ✉ 30 04 47
4600 Dortmund 30
☎ 02 31-4 10 20 ⌁ 8 22 697

4620 EBECO
EBECO-Korb, E. Becker & Co. GmbH
Hermannstr. 2-8 ✉ 02 45 42
4620 Castrop-Rauxel
☎ 0 23 05-7 20 31 Fax 8 17 88
⌁ 8 229 544

4620 Lessmöllmann
Castroper Ziegelwerk Lessmöllmann GmbH
Wittener Str. 260
4620 Castrop-Rauxel 1
☎ 0 23 05-26 61 bis 63 ⌁ 8 229 504

4620 Ruhrbaustoffwerke
Ruhrbaustoffwerke GbmH & Co. KG
Moselstr. 1
4620 Castrop-Rauxel
☎ 0 23 05-7 20 01

4620 VOITAC
VOITAC Technische Abdichtungen GmbH
Rosenstr. 4 ✉ 02 46 63
4620 Castrop-Rauxel
☎ 0 23 05-3 23 53 ⌁ 8 229 508 ebs

4620 Westholz
WESTHOLZ Westfälische Holzgesellschaft mbH
Wartburgstr. 7
4620 Castrop-Rauxel
☎ 0 23 05-7 20 94 ⌁ 8 229 515

4630 BSB
BSB Biedron KG
Am Sonnenberg 23
4630 Bochum-Linden
☎ 02 34-47 19 56

4630 Deria
DERIA-DESTRA GmbH für Strahlungswärme
Diekampstr. 37 ✉ 10 05 07
4630 Bochum
☎ 02 34-1 60 37 ⌁ 8 25 460

4630 Drescher
Klaus Drescher Massivholztüren
Querenburger Str. 38
4630 Bochum
☎ 02 34-3 86 87 ⌁ 8 25 334

4630 Eich
EICH Wandsystem
Am Vorort 21-23
4630 Bochum-Langendreer
☎ 02 34-28 01 81 und 28 34 49 ⌁ 8 25 563 eich d

4630 Faltec
Faltec Tore GmbH Niederlassung NRW
Am Vorort 4
4630 Bochum 7
☎ 02 34-2 81 08 Fax 29 18 58

4630 Forbo
Forbo-Teppich GmbH
Bahnstr. 42
4630 Bochum 1
☎ 02 34-1 60 91 ⌁ 8 25 780

4630 Heintzmann
Bochumer Eisenhütte Heintzmann GmbH & Co. KG
Bessemerstr. 80 ✉ 10 10 29
4630 Bochum
☎ 02 34-61 91

4630 Hobein
Hobein GmbH Holzleimbau
Hansastr. 118
4630 Bochum 6
☎ 0 23 27-8 70 08

4630 Krupp
Krupp-Stahl AG
Alleestr. 165 ✉ 10 13 70
4630 Bochum 1
☎ 02 34-6 31 ⌁ 8 25 831 kru d

4630 Litec
Litec GmbH
Wengewiese 14
4630 Bochum 1
☏ 02 34-5 27 77/78

4630 Müllensiefen
Dr. K. P. Müllensiefen Bauschutz GmbH
Auf dem Rücken 63-65 ✉ 60 04 25
4630 Bochum 6
☏ 0 23 27-7 31 01/3 ⌁ 8 20 456

4630 Ofenbau
Deutsche Ofenbaugesellschaft mbH
Königsallee 175
4630 Bochum 1
☏ 02 34-7 30 76 ⌁ 8 25 667 dog bo

4630 Philippine
Philippine GmbH & Co. Dämmstoffsystem KG
Bövinghauser Str. 50-58 ✉ 40 02 54
4630 Bochum 4 (Gerthe)
☏ 02 34-8 56 43 Fax 86 21 17 ⌁ 8 25 580
→ 5420 Philippine
→ 6680 Philippine

4630 Poroton
POROTON Informationszentrale
Holzstr. 136
4630 Bochum 6
☏ 0 23 27-7 02 10 Fax 7 72 50

4630 Scan Domo
Scan Domo Gesellschaft für
natürliches Wohnen mbH
Castroper Hellweg 300
4630 Bochum 1
☏ 02 34-8 55 81

4630 Simo
SIMO-WERKE Gerd Siemokat GmbH & Co. KG
Herzogstr. 127
4630 Bochum
☏ 02 34-5 36 55 bis 57 Fax 53 46 24

4630 SOPREMA
SOPREMA C. Jungkenn GmbH
Hattinger Str. 223a
4630 Bochum 1
☏ 02 34-3 71 06 ⌁ 8 25 521
→ 4520 SOPREMA

4630 Unitecta
UNITECTA Oberflächenschutz GmbH
Klüsener Str. 54 ✉ 40 01 29
4630 Bochum
☏ 02 34-86 90 ⌁ 8 25 869 orbra d

4640 Hildebrandt
EHA®-Werk Ewald Hildebrandt
✉ 2 25
4640 Wattenscheid
☏ 0 23 27-37 29 ⌁ 8 20 443

4650 Dantherm
Dantherm® GmbH
Günnigfelder Str. 2
4650 Gelsenkirchen
☏ 02 09-2 31 85 Fax 20 62 59

4650 Düsing
DÜSING GmbH & Co. KG
Braukämperstr. 95 ✉ 200 03 24
4650 Gelsenkirchen-Buer
☏ 02 09-58 00 10 Fax 5 80 01 58 ⌁ 8 24 618 drg

4650 Flachglas
FLACHGLAS AG DELOG-DETAG
Bereich Glas Hauptverwaltung
Auf der Reihe 2 ✉ 6 69
4650 Gelsenkirchen-Rotthausen
☏ 02 09-16 81 ⌁ 8 24 770
→ 8150 Flachglas

4650 Gelsenrot
Gelsenrot Spezialbaustoffe GmbH
Engelbertstr. 16
✉ 20 03 54
4650 Gelsenkirchen 2 (Resse)
☏ 02 09-70 00 80 ⌁ 8 24 517 gero

4650 Guldager
Guldager Elektrolyse GmbH & Co. KG
✉ 20 03 33
4650 Gelsenkirchen-Buer
☏ 02 09-7 23 20 Fax 77 82 67

4650 Küppersbusch
KÜPPERSBUSCH AG
Küppersbuschstr. 16 ✉ 10 01 32
4650 Gelsenkirchen
☏ 02 09-40 11 Teletex 20 931 810 Telefax 40 13 03

4650 OKO
OKO-Kunststoffenster Werk Gelsenkirchen
Osterfeldstr. 64
4650 Gelsenkirchen
☏ 02 09-20 38 85

4650 Preil
Preil Füllstoffvertrieb GmbH & Co. KG
Cranger Str. 68 ✉ 20 10 44
4650 Gelsenkirchen-Buer
☏ 02 09-5 99 38 Fax 5 99 30

2

4650 Rekers
Rekers GmbH & Co. KG
Im Busche 62
4650 Gelsenkirchen
☎ 02 09-2 55 41 und 42

4650 Schmeichel
Kurt Schmeichel Schwimm- und Saunaanlagen
Virchowstr. 79
4650 Gelsenkirchen
☎ 02 09-2 58 77 und 2 38 77

4650 Seppelfricke
Seppelfricke Armaturen
Haldenstr. 27
4650 Gelsenkirchen
☎ 02 09-40 41 28

4650 SIDAL
SIDAL SYSTEM Deutschland
Zentrales Beratungsbüro
Schlesischer Ring 13a
4650 Gelsenkirchen
☎ 02 09-3 74 49 und 3 74 40 Fax 02 09-37 94 27

4650 SOLVAR
SOLVAR Systembau Gesellschaft
für solare variable Bausysteme mbH
Schwarzmühlenstr. 104 ✉ 10 23 14
4650 Gelsenkirchen
☎ 02 09-12 00 30 Fax 1 20 03 09
Telex 8 24 757 sol d

4650 Stecker
Stecker + Roggel Abt. ANS
Schwarzmühlenstr. 102 ✉ 10 26 43
4650 Gelsenkirchen 1
☎ 02 09-12 00 60 Fax 1 20 06 16 Telex 8 24 838 stero

4650 Stero-Crete
STERO-CRETE GmbH
Schwarzmühlenstr. 102
✉ 10 26 43
4650 Gelsenkirchen
☎ 02 09-1 20 06 28 Fax 1 20 06 16 Telex 8 24 838 stero d

4650 Thyssen
Thyssen Schalker Verein GmbH
Wanner Str. 158-160 ✉ 10 01 23
4650 Gelsenkirchen
☎ 02 09-16 61 Telex 8 24 781

4650 Tümmers
Stuck Tümmers
Ückendorfer Str. 66-70
4650 Gelsenkirchen
☎ 02 09-2 27 65

4670 Kesting
Bauunternehmung u. Betonwerke
Lorenz Kesting GmbH & Co KG
Brechtener Str. 18 ✉ 61 80
4670 Lünen 6
☎ 02 31-8 78 10 Telex 8 22 373 kebra d

4670 Mauer-Blitz
Mauer-Blitz Bau-Service GmbH
Süggelstr. 41
4670 Lünen
☎ 0 23 06-5 50 28 und 1 80 71

4670 Meyer
Meyer porosit-Betonwerk Baustoff GmbH
Frydagstr. 36
4670 Lünen
☎ 0 23 06-17 09 und 17 00 Fax 1 37 87

4690 Bärwolf
Eugen Bärwolf
Internationale Handelsagentur GmbH
Dürerstr. 61
4690 Herne 2
☎ 0 23 25-38 14 und 15 Telex 8 20 310
Fax 6 28 24

4690 Barthof
A. Barthof GmbH
Am Großmarkt 23
4690 Herne 1
☎ 0 23 23-2 24 14 und 2 10 61 Fax 2 55 87

4690 Grönegräs
Grönegräs Wohnglas GmbH
Friedgrasstr. 18-20
4690 Herne 2 (Eickel)
☎ 0 23 25-39 21

4690 Happel
Happel GmbH
Energiespartechnik
Südstr. ✉ 23 01 65
4690 Herne 2
☎ 0 23 25-46 80 Fax 46 82 22 Telex 8 20 312

4690 Harex
VULKAN-HAREX Stahlfasertechnik
GmbH & Co. KG
Meerstr. 66
4690 Herne 2
☎ 0 23 25-5 90 90 Fax 5 32 21 Telex 8 20 361

4690 Hoelscher
hoelschertechnic-gorator gmbH
Am Trimbuschhof 20 ✉ 14 26
4690 Herne 1
☎ 0 23 23-5 10 67/69 Telex 8 229 888

4690 Overesch
H. Overesch & Co. KG
Heerstr. 93 ✉ 20 03 64
4690 Herne 2
☎ 0 23 25-78 00 ⌁ 8 20 338
→ 4423 Overesch
→ 4714 Overesch

4690 Reckli
Reckli KG Wiemers & Co.
Eschstr. 30
4690 Herne 1
☎ 0 23 23-5 50 22

4690 Schmitz
Schmitz & Co. KG Auslieferungslager
Jägerstr. 14
4690 Herne 2
☎ 0 23 25-3 13 61 ⌁ 8 20 368 indus d

4690 Sterner
STERNER Metall- und Apparatebau
Heerstr. 74-100
✉ 20 05 08
4690 Herne 2
☎ 0 23 25-7 27 90 und 7 26 60 Fax 79 12 28

4690 Wanit
Wanit-Universal GmbH & Co. KG
Schloßstr. 30 ✉ 20 03 65
4690 Herne 2
☎ 0 23 25-78 40 Fax 78 42 64 Teletex 2 325 305

4690 Waterkotte
Waterkotte Wärmepumpen
Gewerkenstr. 15
4690 Herne 1
☎ 0 23 23-37 76 ⌁ 8 229 850 wath

4700 Borberg
Ernst Borberg GmbH & Co. KG
Spezial-Baustoffe
Sedanstr. 19 ✉ 12 67
4700 Hamm
☎ 0 23 81-2 48 41 ⌁ 8 28 893

4700 Hesse
Hesse GmbH & Co
✉ 16 33
4700 Hamm 1
☎ 0 23 81-79 20 ⌁ 8 28 837

4700 Klöckner
KLÖCKNER DRAHT GMBH
Wilhelmstr. 7 ✉ 18 11
4700 Hamm 1
☎ 0 23 81-27 61 ⌁ 8 28 841 kdh d

4700 Petersen
Martin Petersen GmbH & Co. KG
Im Leinerfeld 61✉ 21 47
4700 Hamm
☎ 0 23 81-5 04 61 und 5 12 26 Fax 5 11 40
⌁ 8 28 624 pham d

4709 Schering
Schering Aktiengesellschaft Industrie-Chemiekalien
Waldstr. 14 ✉ 15 40
4709 Bergkamen
☎ 0 23 07-6 51 ⌁ 8 20 513

4710 Optima
OPTIMA-Heimschwimmbäder
Schule Elvert 64
4710 Lüdinghausen
☎ 0 25 91-38 31

4712 GAZA
GAZAHolzhandels GmbH
Froningholz 10
4712 Werne/Lippe
☎ 0 23 89-80 35 ⌁ 8 20 853

4712 Icopal
ICOPAL GmbH
Capeller Str. 150 ✉ 2 07
4712 Werne
☎ 0 23 89-7 97 00 ⌁ 8 20 838 icopa d

4712 Weba
Weba Leichtmetall GmbH
Klöcknerstr.
✉ 4 67
4712 Werne/Lippe
☎ 0 23 89-50 71 und 72 ⌁ 82 09 11

4714 Overesch
H. Overesch & Co. KG
Ludgeristr. 2
4714 Selm
☎ 0 25 92-40 11 bis 13

4716 Hüning
Adolf Hüning GmbH & Co. Ziegelwerk KG
4716 Olfen-Vinnum
☎ 0 25 95-30 25

4720 Phoenix
Phoenix-Zementwerke Krogbeumker KG
Stromberger Str. 201
4720 Beckum ✉ 17 62
☎ 0 25 21-84 70

4720 Readymix
Readymix Zementwerke GmbH & Co. KG
4720 Beckum 1
☎ 0 25 21-20 06

2

4722 Anneliese
ANNELIESE-Zementwerke AG
✉ 11 52
4722 Ennigerloh i. W.
Hauptverwaltung: ☎ 0 25 24-2 90
Fax 2 91 70 ⌨ 8 9 416
Verkauf: Fax 2 92 70 ⌨ 08 9 408

4724 Recozell
Recozell Leichtbauelemente GmbH
Industrieweg 1
4724 Wadersloh-Liesborn
☎ 0 25 23-83 11 ⌨ 8 9 509 reco d

4730 Blomberg
Blomberg Werke KG
Voltastr. 50
4730 Ahlen/Westf.
☎ 0 23 82-51 51 ⌨ 8 20 712 Blom d

4730 herotec
herotec® Kunststoffverarbeitung GmbH
Am Bosenberg 7
4730 Ahlen 5
☎ 0 23 82-10 67 und 68

4730 Leifeld
Leifeld Sanitär GmbH & Co. KG
Werkstr. 34
4730 Ahlen
☎ 0 23 82-6 00 41 ⌨ 8 20 757 leif d

4730 Nomafa
Nomafa Betriebsschutzeinrichtungen GmbH
Filtrastr. 1
✉ 40
4730 Ahlen 5
☎ 0 25 28-37 11 03 Fax 37 11 07 ⌨ 8 93 202 aipcd d

4740 Haver
Haver & Boecker Drahtweberei und Maschinenfabrik
Ennigerloher Str. 64 ✉ 33 20
4740 Oelde
☎ 0 25 22-3 01 ⌨ 8 9 476 haver d Telefax 3 04 04

4740 Herkules
Herkules Gerätebau Osthues und Bahlmann
Weststr. 13 ✉ 35 09
4740 Oelde
☎ 0 25 22-40 41 und 42 Fax 17 48 ⌨ 8 9 461

4740 Kronit
Kronit Werk Raestrup GmbH & Co. KG
✉ 35 60
4740 Oelde 1
☎ 0 25 22-31 36 ⌨ 8 9 451

4740 Obuk
OBUK® GmbH
Ostarpstr. 27
4740 Oelde-Lette
☎ 0 52 45-72 03 und 04

4740 Skantherm
Skantherm Heiner Wagner GmbH & Co. KG
✉ 11 29
4740 Oelde 4
☎ 0 25 29-81 81 ⌨ 8 9 448 wagner

4740 Venti
Ventilatorenfabrik Oelde GmbH
✉ 37 09
4740 Oelde 1
☎ 0 25 22-7 50 ⌨ 8 9 464 Telefax 7 52 50

4750 Bantam
Bantam GmbH
Einsteinstr. 2
4750 Unna
☎ 0 23 03-85 71 Fax 8 35 53

4750 Bierbach
Ernst Bierbach GmbH & Co. KG
Rudolf-Diesel-Str. ✉ 12 40
4750 Unna
☎ 0 23 03-29 31 bis 34 ⌨ 8 229 288

4750 Ceresit
Ceresit GmbH Hauptverwaltung
Friedrich-Ebert-Str. 32 ✉ 11 69
4750 Unna
☎ 0 23 03-10 91 ⌨ 8 229 264 Cewe

4750 Chema
Chema GmbH
Beethovenring 21
4750 Unna
☎ 0 23 07-4 28 74 und 0 23 03-1 54 03

4750 IGES
I.G.E.S. Internationale Gesellschaft für
everplay Sportbeläge mbH
Provinzialstr. 16
4750 Unna-Massen
☎ 0 23 03-56 71 ⌨ 8 227 722 iges

4750 Juma
JUMA-Natursteinwerk, Niederlassung Unna
Provinzialstr. 83
4750 Unna-Massen
☎ 0 23 03-5 10 37

4750 Lithos
Lithos Marmor GmbH
✉ 15 08
4750 Unna
☎ 0 23 03-84 79

4750 Paletta
Begrünungstechnik Paletta GmbH
Stuttgarter Str. 30
4750 Unna
☎ 0 23 03-6 13 77

4750 Welser
Welser Profile GmbH
Schützenstr. 6
4750 Unna
☎ 0 23 03-64 34 ≢ 8 229 293

4755 ivt
ivt-Produkte für Dach und Wand
Rombergstr. 6
4755 Holzwickede
☎ 0 23 01-44 61 bis 63 Fax 1 33 61 ≢ 17 230 137 ivtho

4755 Montan
Montanhydraulik GmbH & Co. KG
4755 Holzwickede
☎ 0 23 01-8 81 ≢ 8 20 614

4755 Stiber
Stiber-Schwimmanlagen GmbH
Wilhelmstr. 35
4755 Holzwickede
☎ 0 23 01-85 68 ≢ (17) 2 30 135

4755 vta
vta Verbindungselemente G. Ohlendorf GmbH
✉ 12 45
4755 Holzwickede
☎ 0 23 01-86 51 und 52

4755 V.W.
V.W. Werke Vincenz Wiederholt GmbH & Co. KG
✉ 11 87
4755 Holzwickede
☎ 0 23 01-8 01

4760 Anwo
ANWO GmbH & Co. KG
Harkortstr. 8 ✉ 20 09 N
4760 Werl
☎ 0 29 22-50 51 ≢ 8 41 447 anwo d

4760 Biermann
Biermann + Heuer GmbH
✉
4760 Werl-Büderich
☎ 0 29 22-50 62

4760 Münstermann
Werler Teppichboden Klemens Münstermann
Industriegelände
4760 Werl-Büderich
☎ 0 29 22-40 91 ≢ 8 41 439

4760 WEDRA
WEDRA® Werler Drahtwaren
Runtestr. 9 ✉ 70 47
4760 Werl
☎ 0 29 22-8 30 21 Fax 8 44 00
≢ 8 41 434

4763 Dahlmann
Dahlmann GmbH + Co. KG
✉ 1 04
4763 Ense 11 (Volbringen)
☎ 0 29 28-5 46 ≢ 8 4 389 dahlm d

4770 B.E.E.S.
B.E.E.S. Bau Exklusiv Elemente Soest
Rennekamp 6-8
✉ 67
4770 Soest
☎ 0 29 21-1 60 67

4770 Rösler
Drahtwerke Rösler Soest GmbH & Co. KG
Opmünder Weg 14 ✉ 4 66
4770 Soest
☎ 0 29 21-38 90 Fax 3 89 27 ≢ 8 4 308 draht

4770 Schulte
Schulte-Soest GmbH & Co. KG
Coesterweg 48 ✉ 5 44
4770 Soest
☎ 0 29 21-7 30 11-15 ≢ 8 4 355 inter

4770 W. E. G.
W. E. G. Legrand GmbH
✉ 23 55
4770 Soest
☎ 0 29 21-10 40 ≢ 8 4 310
Fax 0 29 21-10 42 02

4770 W.E.G.-Legrand
W.E.G. Legrand GmbH
✉ 7 04
4770 Soest
☎ 0 29 21-10 41 ≢ 8 4 310

4773 Lappé
Lappé & Partner GmbH
Cimbernweg 7
4773 Möhnesee-Körbecke
☎ 0 29 24-79 95

4780 Mikrolith
MIKROLITH FÜLLSTOFFE GMBH
✉ 21 08
4780 Lippstadt
☎ 0 29 41-1 40 63 ≢ 8 41 938

2

4780 Projecta
PROJECTA Systembauelemente GmbH
Kastanienweg 9
4780 Lippstadt

4780 Schieffer
Schieffer GmbH & Co. KG
Am Mondschein 23 ⊠ 26 26
4780 Lippstadt
☎ 0 29 41-75 50 Teletex 2 941 306

4782 Heimeier
Theodor Heimeier Metallwerk GmbH
⊠ 11 24
4782 Erwitte
☎ 0 29 43-20 46 ⌁ 8 4 429

4783 Hoff
Hoff GmbH & Co.
Boschstr. 2 ⊠ 12 66
4783 Anröchte
☎ 0 29 47-7 77 ⌁ 8 41 941 hoff d

4783 Killing
Hubert Killing Steinbruchbetrieb-Natursteinsägewerk
Buschweg 16
4783 Anröchte-Berge
☎ 0 29 47-42 82 Fax 44 79

4783 Rinne
ANRÖCHTER RINNE GMBH Baustoffwerk
Siemensstr. 1 ⊠ 11 50
4783 Anröchte/Westf.
☎ 0 29 47-33 72 Fax 48 86 ⌁ 8 41 924 anrin d

4783 Rinsche
Natursteinwerk Rinsche GmbH
Hauptstr. 25
4783 Anröchte
☎ 0 29 47-33 33

4783 Wulf
WULF-HANDELSGESELLSCHAFT MBH
Zum Westtal 40
4783 Anröchte-Effeln
☎ 0 29 47-2 56 ⌁ 8 4 496 wulf d

4784 Gröver
Holzwerk Gröver GmbH & Co. KG
Briloner Str. 16 ⊠ 24
4784 Rüthen-Möhne
☎ 0 29 52-15 55 ⌁ 8 41 121

4784 Montenovo
MONTENOVO®
⊠ 66
4784 Rüthen-Heidberg
☎ 0 29 52-13 91 und 92 ⌁ 8 41 119

4784 Schulte
Schulte GmbH
Zum Walde 16 ⊠ 10 65
4784 Rüthen-Meiste
☎ 0 29 52-4 27 ⌁ 8 41 145 misch

4787 Elementa
ELEMENTA GMBH
Wilhelm-Lorenz-Str. 13-15 ⊠ 1 73
4787 Geseke
☎ 0 29 42-60 31

4787 Hellweg
Spannbeton Hellweg
Salzkottener Str. 63 ⊠ 14 55
4787 Geseke
☎ 0 29 42-59 70 Fax 5 97 18

4787 Kordes
Kordes + Overbeck Betonwerksteine GmbH
Wilhelm-Lorenz-Str. 8 ⊠ 10
4787 Geseke
☎ 0 29 42-60 25 ⌁ 8 41 212 koges

4788 Enste
Horst Enste Kunstschmiedewerkstätte
Industriegelände Enkerbruch ⊠ 11 08
4788 Warstein 1
☎ 0 29 02-50 95

4788 Menke
MENKE KUNSTSTOFF KG
Mescheder Schling ⊠ 1 19
4788 Warstein 1
☎ 0 29 02-6 85/86

4788 Risse
Steinwerke F. J. Risse GmbH & Co. KG
4788 Warstein 1
☎ 0 29 02-8 30 Fax 5 90 63 ⌁ 8 4 823

4790 Budde
Josef Budde Dichtelin-Bautenschutz-Chemie
GmbH & Co. KG
Grüner Weg 38
4790 Paderborn
☎ 0 52 51-7 17 97

4790 Egge
Egge-Baustoffverfahrenstechnik GmbH & Co. KG
Stettiner Str. 7
4790 Paderborn
☎ 0 52 51-79 93 und 94 ⌁ 9 36 792 bhi d

4790 Fastlock
Fastlock-Vertrieb Deutschland,
Nordwestbüro Budde & Kuhrenkamp
Rosmarinstr. 5-7
4790 Paderborn 1
☎ 0 52 54-58 78 und 0 52 50-76 88 Fax 64 51

4790 Glawo
GLAWO Teppichboden GmbH
Im Dörener Feld 2a
4790 Paderborn
☏ 0 52 51-5 60 61

4790 GPV
GPV Gesellschaft für Patent- und Verfahrensverwertung mbH
Stettiner Str. 7
4790 Paderborn
☏ 0 52 51-79 93 und 94 ⌁ 9 36 792

4790 Kertscher
Gerhard Kertscher Chemische Baustoffe GmbH & Cie
Verwaltung
Busdorfwall 20 ✉ 18 50
4790 Paderborn
☏ 0 52 51-2 51 31 Fax 2 49 14 ⌁ 9 36 800 kerpa d

4790 KÜPA
KÜPA-Holzhaus GmbH & Co. KG
Leostr. 79 ✉ 19 70
4790 Paderborn
☏ 0 52 51-2 30 23 und 24

4790 Lücking
August Lücking KG
✉ 20 49
4790 Paderborn
☏ 0 52 51-3 40 57

4791 BER
BER Bauelemente GmbH & Co. KG
Industriestr. 12
4791 Hövelhof
☏ 0 52 57-5 48 33 ⌁ 9 36 771

4791 Ewers
Ferdinand Ewers
Detmolder Str. 104
4791 Hövelhof-Riege
☏ 0 52 57-34 88 und 24 88

4791 Pasel
Pasel & Lohmann
4791 Borchen 4
☏ 0 52 51-3 82 55

4792 Calsitherm
Calsitherm Silikatbaustoffe GmbH & Co. KG
Vom-Stein-Str. 14 ✉ 12 20
4792 Bad Lippspringe
☏ 0 52 52-10 31 ⌁ 9 36 609

4792 Perobe
Perobe-Flächenheizungen GmbH & Co.
Waldstr. 1
✉ 14 05
4792 Bad Lippspringe
☏ 0 52 52-40 81

4793 Gebro
GEBRO Kunststofftechnik
Fürstenberger Str. 26
4793 Büren
☏ 0 29 51-20 53 ⌁ 8 41 315

4793 Herberg
Gebr. Herberg
✉ 12
4793 Büren-Wewelsberg
☏ 0 29 55-65 91 ⌁ 8 41 310

4793 Kottmann
BHK Holz + Kunststoff KG H. Kottmann
Industriegebiet West
4793 Büren
☏ 0 29 51-30 41 ⌁ 8 41 117

4793 Michels
Sprossenelemente Michels & Sander GmbH
Westring 1
4793 Büren
☏ 0 29 51-40 11 und 12 Fax 32 87

4795 Bette
Bette GmbH & Co. KG
✉ 11 66
4795 Delbrück
☏ 0 52 50-80 81

4795 Bussemas
Bussemas Betonwerke GmbH
Römerweg ✉ 11 49
4795 Delbrück-Boke
☏ 0 52 50-63 41

4796 Bartscher
Bartscher GmbH
Franz-Kleine-Str. 28 ✉ 11 27
4796 Salzkotten 1
☏ 0 52 58-5 00 60 Fax 50 06 35 ⌁ 9 36 648 basa d

4796 Gerätebau
Salzkotten Deutsche Gerätebau GmbH
✉ 11 40
4796 Salzkotten
☏ 0 52 58-1 33 52 ⌁ 9 36 733

2

4796 Wego
Wego-System GmbH & Co. KG
✉ 13 69
4796 Salzkotten
☎ 0 52 58-88 31 ⌧ 9 36 831

4797 EBS
EBS Elementbau Schlangen
Hermannstr. 3-5
4797 Schlangen-Oesterholz
☎ 0 52 52-70 42

4799 Elastolith
Elastolith Gesellschaft für Farben + Putze mbH
Bahnhofstr. 11
4799 Paderborn-Borchen
☎ 0 52 51-3 80 82 bis 84 ⌧ 9 36 795 elast d

4800 Böcker
Hermann Böcker GmbH & Co.
Memeler Str. 6-8
4800 Bielefeld 1
☎ 05 21-20 50 51 Fax 20 36 43

4800 Böllhoff
Böllhoff & Co. GmbH & Co. KG
Archimedesstr. 1-4 ✉ 14 02 40
4800 Bielefeld 14
☎ 05 21-44 82 01 ⌧ 9 37 345 Telefax 44 93 64

4800 Braucke
Gebr. vom Braucke GmbH & Co KG
Telgenbrink ✉ 20 10 05
4800 Bielefeld 1
☎ 05 21-8 00 10 ⌧ 9 32 366

4800 Brinkmann
Gerhard Brinkmann
Talbrückenstr. 192
4800 Bielefeld 1
☎ 05 21-7 12 14

4800 Büscher
Heinrich Büscher GmbH & Co. KG
Jöllheide 7 ✉ 17 24
4800 Bielefeld 1
☎ 05 21-3 40 52

4800 Buschkamp
Carl Buschkamp GmbH & Co. KG
Eisenbahnstr. 4 ✉ 14 02 41
4800 Bielefeld 14
☎ 05 21-44 44 15

4800 contec
contec bausysteme gmbH
Braker Str. 180
4800 Bielefeld 16
☎ 05 21-76 20 77 ⌧ 9 32 376

4800 Durotechnik
Durotechnik GmbH & Co. KG
Eckendorfer Str. 10
4800 Bielefeld 1
☎ 05 21-32 72 48 ⌧ 9 32 771

4800 Gecos
GECOS Armaturen GmbH
Feldstr. 97d ✉ 32 25
4800 Bielefeld 1
☎ 05 21-3 70 38

4800 Gerko
Gassel, Reckmann GmbH & Co.
Ernst-Graebe-Str. 10
4800 Bielefeld 1
☎ 05 21-17 10 34 Fax 17 09 23 ⌧ 9 32 729

4800 Gilgen
Gilgen AG Tür- und Torantriebe
Schelpmilser Weg 10
4800 Bielefeld 1
☎ 05 21-3 38 45 bis 47 Fax 33 20 51
⌧ 9 32 526 Gilag d

4800 Hainke
Hainke GmbH
Lilienthalstr. 16
4800 Bielefeld 11
☎ 0 52 05-30 29

4800 Hebrok
Hebrok Bauelemente GmbH & Co. KG
Herforder Str. 309 ✉ 38 09
4800 Bielefeld 1
☎ 05 21-7 00 39 ⌧ 9 32 794

4800 Hiro
HIRO LIFT Hillenkötter + Ronsieck GmbH
Meller Str. 6 ✉ 40 40
4800 Bielefeld 1
☎ 05 21-6 30 81 ⌧ 9 32 604

4800 Metallit
METALLIT GmbH Spezial-Schweißtechnik
Osningstr. 464 ✉ 12 03 10
4800 Bielefeld 12
☎ 05 21-4 90 41 bis 44 ⌧ 9 32 660 metbi d

4800 Quassowski
Hans Quassowski Rationelle Bauelemente
Am Poggenbrink 35
4800 Bielefeld
☎ 05 21-8 11 31

4800 Roehricht
K.H. Roehricht, Pozzi-Fenster, Vertrieb Nord
Am Wellbach 42a
4800 Bielefeld 1
☎ 05 21-33 03 57 ⌧ 9 32 086 roski

4800 Schüco
Heinz Schürmann GmbH & Co.
Karolinenstr. 1-15 ✉ 76 20
4800 Bielefeld 1
☏ 05 21-78 31 ⌁ 9 32 613 hsco
→ 8857 Schüco

4800 Schwarze
Deutsche Metalltüren-Werke Aug. Schwarze GmbH
Carl-Severing-Str. 192 ✉ 14 03 20
4800 Bielefeld 14
☏ 05 21-4 59 90 ⌁ 9 37 317

4800 Ultra-Rib
ULTRA-RIB
✉ 10 03 06
4800 Bielefeld 11

4802 Foerth
Ferdinand Foerth GmbH & Co.
Industriestr. 11 ✉ 12 25
4802 Halle/Westfalen
☏ 0 52 01-22 79

4802 isa
isa Industrieelektronik GmbH & Co. KG
Oldendorfer Str. 26
4802 Halle/Westf.
☏ 0 52 01-1 69 99 Fax 1 67 04

4803 Gefinex
Gefinex Gesellschaft für innovative Extrusions-Produkte mbH
Quittenstr. 4
4803 Steinhagen
☏ 0 52 04-40 85 und 86 Fax 44 24 ⌁ 9 37 853

4803 Hörmann
Hörmann KG Verkaufsgesellschaft
4803 Steinhagen/Westf.
☏ 0 52 04-1 51 ⌁ 9 32 496

4803 Jung
JUNG PUMPEN GmbH & Co.
Industriestr. 4-6 ✉ 13 41
4803 Steinhagen
☏ 0 52 04-1 70 Fax 8 03 68 ⌁ 9 32 626

4803 Kaiser
Kaiser Dämmstoffe mbH
Brockhagener Str. 198 a
4803 Steinhagen
☏ 0 52 47-29 71 ⌁ 9 33 401

4804 Lünstroth
LÜNSTROTH Offene Kamine GmbH & Co. KG
Bockhorster Landweg 31 ✉ 12 12
4804 Versmold
☏ 0 54 23-29 41 ⌁ 9 41 722 kamin d

4806 Höhr
Höhr Kachelofen- u. Kaminbau
Esch 13
4806 Werther
☏ 0 52 03-30 85

4806 Poppe
Poppe & Potthoff GmbH & Co. Präzisionsrohrwerk
Engerstr. 35 ✉ 11 50
4806 Werther
☏ 0 52 03-70 10 Fax 70 11 72
⌁ 9 31 904 rohr d

4807 Niederlücke
Fr. Niederlücke GmbH & Co. KG
4807 Borgholzhausen
☏ 0 54 25-80 10 Fax 8 01 40 ⌁ 9 4 304 nibog

4807 Ruho
Ruho-Holztechnik GmbH
Unter der Burg 6
4807 Borgholzhausen
☏ 0 54 25-66 18 Fax 71 69

4811 Frontal
Frontal Fenster + Türen GmbH + Co.
Produktions- und Vertriebs KG
Rudolf-Diesel-Str. 3-9 ✉ 96
4811 Oerlinghausen
☏ 0 52 02-7 10 40

4811 Hanning
HANNING Elektro-Werke GmbH & Co.
✉ 2 30
4811 Oerlinghausen
☏ 0 52 02-4 80 ⌁ 9 31 867

4815 Richter
Albert Richter GmbH & Co. KG
Heidbrink 6 ✉ 13 80
4815 Schloß Holte-Stukenbrock
☏ 0 52 07-8 87 71 ⌁ 9 31 811 ari d

4815 tenrit
tenrit Sanitär u. Kunststoff GmbH
✉ 14 47
4815 Schloß Holte-Stukenbrock
☏ 0 52 07-8 87 81

4817 Grescha
Grescha-Gesellschaft mbH & Co. Grefe & Scharf
Schackenburger Str. 3
4817 Leopoldshöhe
☏ 0 52 08-4 51 ⌁ 9 32 397 gslux d

4817 Pudenz
Ernst Pudenz Verwaltung
Im Haferkamp 1 ✉ 12 27
4817 Leopoldshöhe
☏ 0 52 08-87 99

2

4830 Gaisendrees
HUGA Hubert GaisendreesGmbH & Co. KG
Osnabrücker Landstr. ✉ 41 65
4830 Gütersloh 11
☏ 0 52 41-74 10 Fax 7 41 21 Telex 9 33 654

4830 ISO-Dekor
ISO-Dekor GmbH & Co.
exklusive Kunststoff-Produkte
Bartholomäusweg 31
4830 Gütersloh 1
☏ 0 52 41-4 90 51 Fax 4 64 53

4830 Pilkington
Pilkington Glas GmbH
Unter den Ulmen 8 ✉ 26 36
4830 Gütersloh
☏ 0 52 41-2 70 06 Fax 2 70 09 Telex 9 33 614 pilk d
→ 8000 Pilkington

4830 Twick
Metallwarenfabrik Twick & Lehrke KG
Hülsbrockstr. 83
✉ 31 52
4830 Gütersloh 1
☏ 0 52 41-74 20 Telex 9 33 815

4830 Upmann
A. Upmann Lüftungsbeschläge - Kamintüren
Inh. Karl Upmann
Osningstr. 11-15 ✉ 31 19
4830 Gütersloh 1
☏ 0 52 41-41 51 Telex 9 33 727

4830 Westa
Westaflexwerk GmbH & Co.
Thaddäusstr. 5 ✉ 32 55
4830 Gütersloh 1
☏ 0 52 41-40 10 Teletex 5 24 113 Telefax 4 63 46

4830 Wirus
Wirus Bauelemente GmbH & Co. KG
✉ 33 61
4830 Gütersloh 1
☏ 0 52 41-87 10 Telex 9 33 843

4831 LK Stiltüren
LK Stiltüren GmbH
Benteler Str. 41
4831 Langenberg
☏ 0 52 48-18 21 Fax 18 23

4831 SWL
SWL TISCHLERPLATTEN GMBH & CO. KG
Hauptstr. 7
✉ 12 20
4831 Langenberg
☏ 0 52 48-9 64

4834 Effikal
Effikal L. Pohlmeyer GmbH Heiz- und Wärmetechnik
Berliner Ring 55
4834 Harsewinkel
☏ 0 52 47-31 21 und 22 Telex 9 33 531

4835 Grauthoff
HGM-Türenwerke Heinrich Grauthoff GmbH
Brandstr. 71-77 ✉ 30 24
4835 Rietberg 3-Mastholte
☏ 0 29 44-80 30 Telex 8 4 443

4835 Hartwig
Heinrich Hartwig Tischlermeister
Merschweg 24
4835 Rietberg 1
☏ 0 52 44-84 39

4835 HGM
HGM-HOLZ GmbH
Gewerbestr. 2
4835 Rietberg 3
☏ 0 29 44-4 71 Fax 28 71

4835 Rehage
REHAGE-ZIEGEL GmbH + Co. KG
Westerwieher Str. ✉ 40 05
4835 Rietberg 4
☏ 0 52 44-20 31 bis 34 Telex 9 33 607 rezie d

4835 Stükerjürgen F.
Ferdinand Stükerjürgen Kunststoffwerk
GmbH & Co. KG
Grüner Weg 4
4835 Rietberg (Varensell)
☏ 0 52 44-51 21 und 22 Telex 9 33 876

4835 Stükerjürgen K.
Konrad Stükerjürgen KG
Hemmersweg 80
4835 Rietberg 2 (Varensell)
☏ 0 52 44-40 70 Fax 16 70 Telex 9 33 561

4835 Wirus
WIRUS-Fenster GmbH & Co. KG
Westerholzer Str. 98
4835 Rietberg-Nastholtz
☏ 0 29 44-80 90 Telex 8 4 407

4836 Craemer
Paul Craemer GmbH
✉ 11 60
4836 Herzebrock 1
☏ 0 52 45-4 30 Telex 9 33 864

4836 Grötzinger
Grötzinger Fertigbau Annemarie Grötzinger
Kolpingstr. 21
4836 Herzebrock-Clarholz
☏ 0 52 45-27 50

4836 Reckendrees
Reckendrees GmbH Fenster - Rolladen - Haustüren
Clarholzer Str. 88-92 ✉ 11 20
4836 Herzebrock 1
☎ 0 52 45-4 11 ⌧ 9 33 726

4836 Repol
Repol Polyester-Produkte GmbH & Co. KG
Clarholzer Str. 88-92 ✉ 13 53
4836 Herzebrock 1
☎ 0 52 45-4 12 25 und 4 12 31 ⌧ 9 33 726 repol d
Telefax 0 52 45-4 13 13

4836 Sita
SITA-Bauelemente GmbH
Brocker Str. 29
4836 Herzebrock
☎ 0 52 45-4 31 73 Fax 4 31 75 ⌧ 9 33 434
⌧ 2 189 042

4837 Beckhoff
ALULUX-Beckhoff KG
Messingstr. 16 ✉ 11 62
4837 Verl 1
☎ 0 52 46-7 01 Fax 7 01 29 ⌧ 9 33 803 becko d

4837 Graute
Graute GmbH & Co KG Metallbau
Zur alten Wiese 31
4837 Verl 2
☎ 0 52 46-22 81 Fax 84 86

4837 He-ber
HE-BER Kunststoffe GmbH + Co. KG
Zur alten Wiese 24
4837 Verl 2 (Kaunitz)
☎ 0 52 46-21 11 und 12

4837 Henkenjohann
Johann Henkenjohann
Oesterwieher Str. 80
✉ 12 64
4837 Verl 1
☎ 0 52 46-5 70 ⌧ 9 33 700

4837 Kochtokrax
Albert Kochtokrax
Betonwerkstein · Marmor · Granit
Westfalenweg 247
4837 Verl 1
☎ 0 52 46-29 87

4837 Münkel
Karl Münkel GmbH & Co.
Holz- und Kunststoffwerke
Henkenstr. 59—65
4837 Verl 1
☎ 0 52 46-4 41 ⌧ 9 33 772
→ 7180 Münkel

4837 tekla
tekla Technik, Tor + Tür GmbH
Industriestr. 27 ✉ 31 13, 4830 Gütersloh
4837 Verl-Sürenheide
☎ 0 52 46-50 40 Fax 5 04 30 ⌧ 9 33 617 tekla

4840 Automatik-Tür
Automatik-Tür-Systeme GmbH ATS
Stahlstr. 8 OT Lintel
4840 Rheda-Wiedenbrück
☎ 0 52 42-5 90 80 Fax 59 08 38
⌧ 9 31 186 ats d

4840 Klasmeier
Hans Klasmeier Metallbau
Kapellenstr. 120 ✉ 17 29
4840 Rheda-Wiedenbrück (Lintel)
☎ 0 52 42-80 37 ⌧ 9 31 199

4840 Simons
Simonswerk GmbH Baubeschlagtechnik
✉ 23 60
4840 Rheda-Wiedenbrück
☎ 0 52 42-41 30 Fax 41 32 10 Teletex 52 424 011

4840 Westag
WESTAG & GETALIT AG
Hellweg 21 ✉ 26 29
4840 Rheda-Wiedenbrück
☎ 0 52 42-1 70 ⌧ 175 242 813

4840 Wonnemann
Gerhard Wonnemann Holzwerke GmbH
✉ 26 69
4840 Rheda-Wiedenbrück
☎ 0 52 42-1 60 ⌧ 9 31 101

4853 Kalksandsteinwerk
Kalksandsteinwerk Haltern GmbH
Prozessionsweg ✉ 1 44
4358 Haltern i. Westf.
☎ 0 23 64-30 31

4900 Abet
Abet GmbH
Füllenbruchstr. 189
4900 Herford
☎ 0 52 21-30 95 ⌧ 9 34 919 Print d

4900 Bökelmann
Bökelmann + Kerkhoff GmbH
Elverdisser Str. 124
4900 Herford
☎ 0 52 21-7 12 17 und 7 30 34

4900 Brünger
Felix Brünger Büro- und Sitzmöbelfabrik
GmbH & Co. KG
Heidestr. 50
4900 Herford
☏ 0 52 21-5 90 30 ⌁ 9 34 795

4900 EG-Therm
EG-THERM Erich Güse
Eimterstr. 109
4900 Herford
☏ 0 52 21-6 19 95 und 6 66 67 Fax 6 21 31

4900 Ernstmeier
Gustav Ernstmeier GmbH & Co. KG
Mindener Str. 53 ✉ 15 44
4900 Herford
☏ 0 52 21-88 70 ⌁ 9 34 814

4900 Grohmann
Gebr. Grohmann GmbH & Co
Hasenbrink 8 ✉ 17 55
4900 Herford
☏ 0 52 21-7 00 29 ⌁ 9 34 819

4900 Hark
Hark GmbH & Co. KG Treppenbau
Werrestr. 105 ✉ 18 36
4900 Herford
☏ 0 52 21-20 48

4900 Hellemann
H. Hellemann GmbH & Co. KG
✉ 70 09
4900 Herford-Elverdissen
☏ 0 52 21-7 00 15 ⌁ 9 34 861 hhe d

4900 Kuhfuss
R. Kuhfuss Sanitär GmbH
Zeppelinstr. 9
4900 Herford
☏ 0 52 21-30 17 und 18 ⌁ 5 221 840

4900 Kunststoff
Kunststoff GmbH
Ackerstr. 37 ✉ 3 90
4900 Herford
☏ 0 52 21-40 05 ⌁ 9 34 839

4900 Mehlhose
Mehlhose Bauelemente GmbH
Kiebitzstr. 36
4900 Herford
☏ 0 52 21-5 62 72/3

4900 Scheidt
J. Scheidt GmbH & Co. KG
✉ 27 11
4900 Herford
☏ 0 52 21-5 10 10

4900 TOP
TOP-LACKTÜREN GmbH Verkaufsbüro
Altensenner Weg 70
4900 Herford
☏ 0 52 21-7 06 33 Fax 7 30 63 ⌁ 9 34 601 ikt

4900 Wehmeier
Wehmeier & Olheide
Füllenbruchstr. 185H1
4900 Herford
☏ 0 52 21-40 94

4901 Wenner
Heinrich Wenner Metallwaren
✉ 15 62
4901 Hiddenhausen 4
☏ 0 52 23-81 48

4902 Becker
Keramik R. W. Becker
Max-Planck-Str. 58
4902 Bad Salzuflen 8
☏ 0 52 22-2 20 02 bis 03 Fax 2 20 04
⌁ 9 312 200 Kebe

4902 Essmann
Heinz Essmann GmbH
✉ 32 80
4902 Bad Salzuflen 1
☏ 0 52 22-79 10 Fax 79 12 36 Teletex 5 222 833

4902 Fette
FETTE GmbH Umwelttechnik
Max-Planck-Str. 85-91
4902 Bad Salzuflen 1
☏ 0 52 22-2 10 85/88 ⌁ 9 312 165 fete d

4902 glamü
glamü GmbH
Max-Planck-Str. 37
4902 Bad Salzuflen
☏ 0 52 22-2 20 61 Fax 2 23 30

4902 Haarmann
HADI Werk Haarmann + Dinklage GmbH
✉ 33 40
4902 Bad Salzuflen 1
☏ 0 52 22-2 10 50 ⌁ 9 312 116

4902 Isovolta
Isovolta-Max Schichtstoffplatten-Vertriebs GmbH
Am Hasselbruch 8
4902 Bad Salzuflen 1
☏ 0 52 08-4 32 und 4 33 Fax 16 28
⌁ 9 32 280 maxbs d

4902 Linnenbecker
Wilhelm Linnenbecker GmbH & Co. KG
Werler Str. 22-28 ✉ 4 40
4902 Bad Salzuflen
☎ 0 52 22-53 01 Fax 53 01 70 Teletex 5 222 815

4902 OSPA
OSPA Handelsges. mbH
Benzstr. 3
4902 Bad Salzuflen 1
☎ 0 52 22-2 10 18

4904 Alligator
Alligator-Farbwerk Rolf Miessner KG
✉ 2 20
4904 Enger
☎ 0 52 24-6 80 Telex 9 34 884 hermi

4904 Contec
Contec Bausysteme GmbH
Im Sundernkamp 10
4904 Enger
☎ 0 52 24-30 87 bis 89 Fax 30 80 Telex 9 34 951

4904 Ziegelwerk
Ziegelwerk Enger
4904 Enger
☎ 0 52 24-20 03

4905 Modersohn
Wilhelm Modersohn
Verankerungstechnik GmbH & Co. KG
Eggeweg 2a
4905 Spenge
☎ 0 52 25-10 33 Fax 35 61
Telex 9 34 783

4920 Betonwerk Lieme
Betonwerk Lieme GmbH & Co. KG
Trifte 96 ✉ 1 26
4920 Lemgo 1
☎ 0 52 61-63 63

4920 Kotzolt
L. & G. Kotzolt GmbH & Co. KG
Lichttechnische Spezialfabrik
Lagesche Str. 72-76a ✉ 4 09
4920 Lemgo 1
☎ 0 52 61-21 90 Fax 2 19 70 Telex 9 31 552 kaleu d

4920 Mische
Gerhard Mische GmbH
Trifte 61
4920 Lemgo 1
☎ 0 52 61-6 80 11 und 12 Telex 9 35 468

4920 Rossmann
Wilhelm Rossmann KG Vertretungen
✉ 6 29
4920 Lemgo
☎ 0 52 61-55 77 bis 79 Telex 9 31 591

4920 Staff
Staff KG
✉ 7 60
4920 Lemgo
☎ 0 52 61-21 21

4925 Bergmann
Ziegel- und Klinkerwerk Otto Bergmann
Im Roten Lith
4925 Kalletal 1
☎ 0 52 64-91 34

4926 Dörentrup
Dörentrup Klinkerplatten GmbH
✉ 11 46
4926 Dörentrup 1
☎ 0 52 65-7 10 Telex 9 35 452

4930 Beton
Beton I Chemie Handels-GmbH
Orbkerstr. 39 ✉ 50 50
4930 Detmold
☎ 0 52 31-6 96 75 Telex 9 35 893 bcd

4930 Daubert
Daubert u. Schneider GmbH
Friedrich-Ebert-Str. 102
4930 Detmold-Hiddesen
☎ 0 52 31-8 72 72

4930 Jowat
Jowat Lobers & Frank GmbH & Co. KG
Chemische Leimfabrik
✉ 8 50
4930 Detmold
☎ 0 52 31-74 90 Telex 9 35 865
Telefax 74 91 48

4930 Nau
Teutoburger Sperrholzwerk Georg Nau GmbH
Pivitsheider Str. 22 ✉ 80 60
4930 Detmold
☎ 0 52 32-81 21 bis 23
Telex 9 31 447

4930 Rethmeier
Rethmeier GmbH, Betonchemie
✉ 9 87
4930 Detmold
☎ 0 52 31-5 61 71 Telex 9 35 882 aso dt

2

4930 Schomburg
Schomburg Chemiebaustoffe GmbH
✉ 7 01
4930 Detmold
☎ 0 52 31-56 10 Fax 5 61 23 ⌁ 9 35 882 aso dt

4930 TAG
TAG Teutoburg-Asphalt-GmbH
✉ 1 41
4930 Detmold
☎ 0 52 31-5 61 53 ⌁ 9 35 882 aso dt

4930 Temde
Temde-Leuchten Theodor Müller GmbH & Co. KG
Bahnhofstr. 25 ✉ 1 07
4930 Detmold 1
☎ 0 52 31-2 54 67 ⌁ 9 35 783 temde d

4933 bps
bps Leuchten-Systeme GmbH
Industriestr. 4
4933 Blomberg
☎ 0 52 35-20 79
⌁ 9 35 874 bps

4933 Hausmann
Blomberger Holzindustrie B. Hausmann GmbH & Co. KG
✉ 11 53
4933 Blomberg
☎ 0 52 35-20 85 ⌁ 9 35 866

4933 Kleine
Betonwerk Kleine & Schaefer GmbH & Co. KG
Detmolder Str. 65
4933 Blomberg
☎ 0 52 35-75 50

4933 Wedeking
Heinrich Wedeking GmbH & Co. KG
Schmuckenberger Weg 4
4933 Blomberg
☎ 0 52 35-73 68

4934 Bicopal
Bicopal Holz- und Kunststoffplatten Gesellschaft mit beschränkter Haftung
✉ 12 90
4934 Horn-Bad Meinberg 1
☎ 0 52 34-10 11 bis 10 15

4937 REMKO
REMKO GmbH
Klima-, Wärme- und Gartenbautechnik
Im Seelenkamp 12 ✉ 18 27
4937 Lage
☎ 0 52 32-6 10 35
⌁ 9 31 477

4950 Alarmtechnik
ALARMTECHNIK MINDEN GmbH
Marienstr. 58a
4950 Minden
☎ 05 71-2 90 66

4950 Brinkmann
Wilhelm Brinkmann GmbH & Co. KG
Werftstr. 4
4950 Minden
☎ 05 71-2 00 41 und 42 Fax 2 00 43

4950 Follmann
Follmann & Co. GmbH & Co. KG
Karlstr. 59
4950 Minden
☎ 05 71-3 30 43

4950 Heisterholz
Tonindustrie Heisterholz Ernst Rauch GmbH & Co. KG
✉ 32 60
4950 Minden
☎ 0 57 07-81 10 ⌁ 9 7 850

4950 Jünemann
Norddeutscher Bautenschutz Heinrich Jünemann
✉ 29 26
4950 Minden
☎ 05 71-3 30 43

4950 Kampa
Kampa-Haus-Vertrieb GmbH
✉ 40 28/I
4950 Minden
☎ 05 71-50 43 50

4950 Ritter
Lothar Ritter Ton- und Betonsteinwerke
4950 Meißen/Notthorn
☎ 05 71-3 40 33

4950 WEBA
WEBA Beton- und Apparatebau GmbH & Co. KG
Aminghauser Str. 3 ✉ 12 48
4950 Minden
☎ 05 71-3 40 24

4952 Porta
porta Fenster Stammwerk und Zentralverwaltung
Zechenstr. 4 ✉ 12 70
4952 Porta Westfalica-Nammen
☎ 05 71-73 55 und 56

4952 Rost
Georg Rost & Söhne Armaturenfabrik GmbH & Co KG
✉ 12 60
4952 Porta Westfalica-Lerbeck
☎ 05 71-73 81 ⌁ 9 7 811 dal grs d

4952 Vogt
Karl Vogt KG Betonwerk Porta Westfalica
GmbH & Co. KG
Hausberger Str. 52 ✉ 13 10
4952 Porta Westfalica
☎ 05 71-7 95 30 Telex 9 7 859

4952 Weber
Karl Weber Betonwerk
Meißener Str. 4 ✉ 13 50
4952 Porta Westfalica
☎ 05 71-7 95 70 Fax 79 57 50

4970 Friedrichsmeyer
Ziegelwerk Wilhelm Friedrichsmeyer
✉ 10 02 49
4970 Bad Oeynhausen
☎ 0 57 31-80 28/9

4970 GH
GH Baubeschläge Hartmann GmbH
Hinterm Schloß 8
✉ 20 02 26
4970 Bad Oeynhausen 2
☎ 0 57 31-5 11 63 Telex 9 724 899 hbau d

4970 Nilsson
Nilsson & Partner GmbH
Vlothoer Str. 199 a
4970 Bad Oeynhausen 1
☎ 0 57 31-9 23 77 Telex 9 724 771

4970 RUGA
RUGA® und DELTA® Beratungs- und Verkaufsleitung
Deutschland
Hellerhagener Str. 59
✉ 70 01 01
4970 Bad Oeynhausen 7
☎ 0 57 31-9 27 81 Telex 9 724 814

4970 Zero
Zero-Lack GmbH & Co. KG
Bleichstr. 57-58
4970 Bad Oeynhausen 7-Lohe
☎ 0 57 31-90 08

4971 JET
JET Kunststofftechnik Ulrich Kreft GmbH
Weidehorst ✉ 20 21
4971 Hüllhorst-Tengern
☎ 0 57 44-10 91 Telex 9 72 605

4971 Meyer-Holsen
Meyer-Holsen Dachkeramik
4971 Hüllhorst
☎ 0 57 44-10 55 Telex 9 72 192

4972 Lange
Lange Kunststoff-Erzeugnisse GmbH
Brückenstr. 101
4972 Löhne 3
☎ 0 57 31-4 03 42

4972 Lusga
LUSGA GmbH & Co. KG
Betonsteinwerke Werk 1
Gohfelder Str. 36-38 ✉ 30 41
4972 Löhne 3
☎ 0 57 31-4 00 25 und 26 Fax 4 16 39
Telex 9 724 863 lusa d

4972 Peli
PELI G.m.b.H. Werk I
4972 Löhne
☎ 0 57 32-40 00

4972 Roweck
Roweck GmbH
Falscheider Str. 7 ✉ 13 43
4972 Löhne 2
☎ 0 57 32-8 14 84

4972 Tegtmeier
TEBAU® Metallbauwerk Tegtmeier
GmbH & Co. KG
Oeynhausener Str. 40 ✉ 15 62
4972 Löhne 1
☎ 0 57 32-1 01 40 Telex 9 71 537

4972 Wellsteg
Weser „Wellsteg" Wilhelm Poppensieker
4972 Löhne 3-Gohfeld
☎ 0 57 31-80 41/4
→ 5540 Wellsteg
→ 8760 Wellsteg
→ 8903 Wellsteg

4973 Kordes
Kordes Kläranlagen- und Pumpwerkbau GmbH
Möllberger Str. 24 ✉ 13 20
4973 Vlotho
☎ 0 57 33-8 00 41
Telex 9 71 255

4973 Oni
ONI-Metallwarenfabriken Günter & Co
✉ 17 61
4973 Vlotho/Weser
☎ 0 57 33/1 41 Telex 9 71 223

4973 Quarella
Gebr. Quarella Agglomarmor Westfalia
Vertriebs GmbH
Industriestr. 14 ✉ 20 14
4973 Vlotho-Exter
☎ 0 52 28-10 01 Fax 75 86 Telex 9 34 880 agloq d

2

4973 Robering
Fritz Robering KG Spezial-Fensterprofile
Möllberger Str. 2 ✉ 14 67
4973 Vlotho-Uffeln
☎ 0 57 33-8 00 38 und 39 ⌁ 9 71 254

4973 Rosemeier
Rosemeier GmbH & Co. KG
✉ 17 47
4973 Vlotho
☎ 0 57 33-8 00 23 bis 25 Fax 8 09 46 ⌁ 9 71 211

4980 Hensiek
Jürgen Hensiek GmbH Keramische Werkstätten
Borriesstr. 74
4980 Bünde 1
☎ 0 52 23-47 57

4980 Staloton
Staloton-Werke, H. H. Hensiek GmbH & Co. KG
✉ 27 69
4980 Bünde 1
☎ 0 52 23-4 80 10 ⌁ 9 313 115
→ 4535 Staloton

4980 Weser-Union
Weser-Union Wasseraufbereitung GmbH & Co. KG
Schinkestr. 59
4980 Bünde 11
☎ 0 52 23-6 34 64

4983 Heemeyer
Heinrich Heemeyer GmbH + Co. KG Betrieb II
Ravensberger Str. 63 ✉ 12 07
4983 Kirchlengern 1
☎ 0 52 23-70 05 Fax 70 07

4983 Sykon
SYKON-Systeme
Industriestraße 10 ✉ 13 50
4983 Kirchlengern
☎ 0 52 23-81 98 ⌁ 9 313 154

4990 Henke
Wilh. Henke GmbH & Co. KG Treppenwerke
✉ 40 24
4990 Lübbecke 4 (Alswede)
☎ 0 57 43-10 61 ⌁ 9 72 140 henke-d

4990 Naue
Naue Fasertechnik
4990 Lübbecke 1
☎ 0 57 41-40 08 66 Fax 40 08 40 ⌁ 9 72 178

4990 Schaer
Schaer-Lüderitz GmbH
✉ 15 26
4990 Lübbecke
☎ 0 57 41-27 20 ⌁ 9 72 123

5000 Ako
AKO Abflußrohrkontor GmbH & Co. KG
✉ 29 01 23
5000 Köln 1
☎ 02 21-20 20 40 ⌁ 8 882 750

5000 Armco
ARMCO GmbH
Sedanstr. 37
5000 Köln 1
☎ 02 21-77 10 50 ⌁ 8 885 331

5000 Bösenberg
Bösenberg Bau-Chemie GmbH
Welser Str. 6a
5000 Köln 90
☎ 0 22 03-3 02 70 Fax 30 27 30 Teletex 2 203 387

5000 Botz
Botz & Miesen Glasmalerei
Baumstr. 8 ✉ 10 20 85
5000 Köln 1
☎ 02 21-23 26 85

5000 Brandt
Brandt Edelstahl GmbH
Margaretenstr. 34
5000 Köln 90
☎ 0 22 03-6 39 64

5000 Brée
Theodor Brée Betonwarenfabrik
Vitalisstr. 112 ✉ 32 03 49
5000 Köln 30 (Bickendorf)
☎ 02 21-58 10 73 ⌁ 8 882 441
→ 5024 Brée

5000 Climaria
Climaria® Gesellschaft für Klima-,
Luft- und Umwelttechnik mbH
Schanzenstr. 3
5000 Köln 80
☎ 02 21-62 20 98
⌁ 8 873 489 aird

5000 Deutag
DEUTAG-MISCHWERKE GMBH
Siegburger Str. 229 ✉ 21 02 49
5000 Köln 21
☎ 02 21-8 24 03
⌁ 8 873 481

5000 Durox
RWK Durox GmbH
Waffenschmidtstr. 4
5000 Köln 71
☎ 02 21-5 90 10 66 ⌁ 8 885 113

5000 Ems
EMS-CHEMIE Deutschland GmbH
Wendelinstr. 1 ✉ 45 03 44
5000 Köln 41
☎ 02 21-49 60 91

5000 Escamarmor
Escamarmor Treppen GmbH
Maarweg 231-233
5000 Köln 30 (Braunsfeld)
☎ 02 21-49 31 41

5000 Formica
Formica-Vertriebs-GmbH
Hansestr. 61-63
5000 Köln 90
☎ 0 22 03-3 10 06 bis 09 Telex 8 87 791 Telefax 3 10 08

5000 Gerhäuser
Chr. Gerhäuser Granit und Marmor GmbH
Berg. Gladbacher Str. 1067/69
5000 Köln 80
☎ 02 21-68 18 48 Fax 68 27 40 Telex 8 872 522 gerk d

5000 Gubela
GUBELA Industrie- und Straßenausrüstungs-GmbH
✉ 91 03 55
5000 Köln 91
☎ 02 21-83 30 11 bis 13 Fax 83 45 74 Telex 8 873 453

5000 GVG
GVG Glasverarbeitung Köln-Porz GmbH
Concordiaplatz 2
5000 Köln 90

5000 Hamann
Hamann & Jordans GmbH
RPM Verkaufsorganisation Deutschland
Pestalozzistr. 16
5000 Köln 71
☎ 02 21-5 90 44 57

5000 Hebel
Hebel Porz GmbH u. Co. KG
✉ 90 61 09
5000 Köln 90
☎ 0 22 03-60 60

5000 Heitfeld
Ernst Heitfeld GmbH
Asbergplatz 12 ✉ 42 05 49
5000 Köln 41
☎ 02 21-46 31 56 und 46 41 58 Fax 46 63 56
Telex 8 881 332

5000 Herberts
Herberts SCS Spezielle Coating Systeme
Fritz-Hecker-Str. 47-107 ✉ 51 07 48
5000 Köln 51
☎ 02 21-37 06 01 Fax 37 80 66 Telex 8 882 775

5000 Herbol
Herbol GmbH
Vitalisstr. 198-226
5000 Köln 30 (Blickendorf)
☎ 02 21-5 88 11 Telex 8 883 231

5000 JaDecor
JaDecor Erich Horatsch GmbH & Co.
Heumarkt 52
5000 Köln 1
☎ 02 21-21 04 31 Fax 21 04 90

5000 Jesinghaus
Jesinghaus GmbH
Neue Weyestr. 2
5000 Köln 1
☎ 02 21-2 40 19 43 u. 2 40 16 23

5000 JOMY
JOMY-Tellenbach GmbH
Frankfurter Str. 612
5000 Köln 90
☎ 0 22 03-2 53 89 Fax 3 49 10

5000 Kalksandstein
Kalksandstein Service Werbe- und Datenverarbeitungsgesellschaft mbH
✉ 10 12 47
5000 Köln 1
☎ 02 21-13 20 04

5000 Kauffmann
Th. Kauffmann KG
Industriestr. 131
5000 Köln 50
☎ 02 21-35 20 81 bis 83 Telex 8 881 079

5000 Kelheimer
Kelheimer Parkettfabrik GmbH
Heliosstr. 15 ✉ 30 06 40
5000 Köln 30
☎ 02 21-54 10 85 Fax 5 46 19 87 Telex 8 881 065

5000 Kewo
Kewo-Kombi-Bau GmbH
Weinsbergerstr. 190 ✉ 30 07 29
5000 Köln 30
☎ 02 21-54 69 20

5000 Kienle
Dr. Kienle, Produktentwicklungen
Rösrather Str. 301
5000 Köln 91
☎ 02 21-89 14 13 und 89 34 61

5000 Leininger
Leininger-Brandschutzelemente GmbH
Mathildenstr. 16
5000 Köln 90 (Porz)
☎ 0 22 03-1 30 31 und 33

5000 LIFTA
LIFTA, Lift und Antrieb GmbH
Marienstr. 71
5000 Köln 30
☏ 02 21-55 10 34

5000 Linde
Linde Aktiengesellschaft, Werksgruppe Kälte- und Einrichtungstechnik
✉ 50 15 80
5000 Köln 50
☏ 0 22 36-60 10 ⌧ 8 8 140 lin-d

5000 Lucks
Lucks + Co. GmbH Industriebau, Niederlassung Köln
Glockenstr. 15
5000 Köln 60
☏ 02 21-7 75 60 ⌧ 8 88 529 Telefax 7 75 60

5000 Machill
Machill & Co. KG
Ernst-Weyden-Str. 13-15
5000 Köln 91 (Poll)
☏ 02 21-83 10 01 ⌧ 8 872 555

5000 Metag
Metag Metallwarenges. mbH
Kölner Str. 60
5000 Köln 40 (Lövenich)
☏ 0 22 34-7 01 90 Fax 7 93 40

5000 Metzen
Alfons Metzen Baustoffhandel-„Fondu-Lafarge"
Gottesweg 87-Güterbahnhof
5000 Köln 51 (Zollstock)
☏ 02 21-36 40 31 und 32

5000 Modekor
Modekor Gesellschaft für moderne Dekors mbH
Bergisch-Gladbacher Str. 792
5000 Köln 80
☏ 02 21-68 10 46 ⌧ 8 873 607

5000 Münch
Münch & Wacker KG
Oberstr. 112
5000 Köln 90
☏ 0 22 03-1 42 71

5000 Orion
ORION Elektrische Schaltgeräte Harald Müller
Donatusstr. 28
5000 Köln 71
☏ 02 21-5 90 23 09 Fax 5 90 64 11
⌧ 8 885 105 hma d

5000 Permatex
Permatex-Lackfabrik GmbH
Niederlassung Köln
Fritz-Hecker-Str. 47-107 ✉ 51 07 48 bis 80
5000 Köln 51

5000 Petitjean
Petitjean GmbH
Wendelinstr. 1
5000 Köln 41
☏ 02 21-49 40 95 ⌧ 8 885 279

5000 Pohl
Christian Pohl GmbH
Robert-Bosch-Str. 6
5000 Köln 71 (Fühlingen)
☏ 02 21-70 91 10 Fax 78 91 23 ⌧ 8 882 831 pohl d

5000 Prämeta
Prämeta Gesellschaft für Präzisionsmetall- und Kunststofferzeugnisse mbH & Co. KG
Hardtgenbuscher Kirchweg 111 ✉ 96 01 49
5000 Köln 91
☏ 02 21-89 10 01 Fax 89 42 49 ⌧ 8 873 551

5000 Remis
Remis GmbH
Mathias-Brüggen-Str. 69
5000 Köln 30 (Bocklemünd)
☏ 02 21-59 20 68 Fax 59 36 86 ⌧ 8 881 255 remi d

5000 Schäfer
Schäfer Objekt
Ringstr. 2
5000 Köln 50
☏ 02 21-35 16 17

5000 Schmidt-Reuter
Schmidt-Reuter Ingenieurgesellschaft mbH & Co
Hohenzollernring 51
5000 Köln 1
☏ 02 21-23 50 81

5000 Schmitz E.
E. Schmitz KG & Schoeller
Kunststoff-Zentrale Köln GmbH
Max-Planck-Str. 17 ✉ 40 05 55
5000 Köln 40 (Marsdorf)
☏ 0 22 34-1 83 20 Fax 18 32 59 ⌧ 8 89 131

5000 Siemokat
Heinz Siemokat - Beton- und Kaminsteinwerk GmbH & Co. KG
Buchholzstr. 8-10 ✉ 80 09 60
5000 Köln 80
☏ 02 21-64 10 91

5000 Spit
SPIT GmbH
Gunther-Plüschow-Str. 20
5000 Köln 30
☎ 02 21-59 10 41 ⌁ 8 883 240

5000 Steinzeug
Steinzeug-Gesellschaft mbH
Max-Planck-Str. 6 ✉ 40 05 61
5000 Köln 40 (Marsdorf)
☎ 0 22 34-50 70 Fax 50 72 07 ⌁ 8 89 118

5000 TOTAL
TOTAL WALTHER Feuerschutz GmbH
Waltherstr. 51 ✉ 85 05 61
5000 Köln 80
☎ 02 21-6 78 50 Fax 6 78 55 92 ⌁ 8 873 341

5000 Trefil
TrefilARBED Deutschland GmbH
Schanzenstr. 28
5000 Köln 80
☎ 02 21-6 70 70 Fax 6 20 16 21 und 6 70 73 85
⌁ 8 873 644 tre d

5000 Upsala
Upsala Armaturfabrik AB Vertrieb: Joachim Lichtwitz
Mathiaskirchplatz 8
5000 Köln 51
☎ 02 21-38 75 04 Fax 38 26 99

5000 Vulkan
VULKAN Werk für Industrie- und Außenbeleuchtung GmbH
Lichtstr. 43
5000 Köln 30
☎ 02 21-5 40 71 ⌁ 8 881 712

5000 Weiermann
D. Weiermann GmbH & Co.
Mathias-Brüggen-Str. 110
5000 Köln 30
☎ 02 21-59 70 90
Fax 02 21-59 43 62

5000 Weltring
Weltring-Akustik KG
✉ 46 01 38
5000 Köln 40
☎ 02 21-48 80 81 Fax 48 77 31 ⌁ 8 882 424

5000 Wolff
Otto Wolff Handelsgesellschaft mbH, Abt. Kunststoffe
Ringstr. 38-44 ✉ 50 19 24
5000 Köln 50
☎ 02 21-3 59 21 ⌁ 8 882 330

5012 RWB
RWB Boden- und Wandbelag Produktionsgesellschaft mbH
Adolf-Silverberg-Str. ✉ 21 86
5012 Bedburg/Erft
☎ 0 22 72-20 51 bis 55
⌁ 8 88 755 rwb d

5013 Herpers
Ursula Herpers Solartechnik
Huppertstaler Weg 2
5013 Elsdorf-Heppendorf
☎ 0 22 71-6 50 51

5014 OHRA
OHRA Regalanlagen
Alfred-Nobel-Str. 34-44
5014 Kerpen 4
☎ 0 22 37-6 40 ⌁ 8 881 553

5014 Rüger
ECHO-Vertriebsbüro Nordrhein-Westfalen
Wilhelm Rüger
Im Fußtal 2
5014 Kerpen
☎ 0 22 37-5 11 43 ⌁ 8 882 302 rueg d

5020 Ringlever
RINGLEVER® GmbH System offene Kamine
Alfred-Nobel-Str. 2
5020 Frechen
☎ 0 22 34-1 28 81 ⌁ 8 89 946
Telefax 0 22 34-5 75 31

5020 Thermoval
Thermoval Deutschland GmbH
Alfred-Nobel-Str. 7 ✉ 20 40
5020 Frechen
☎ 0 22 34-1 20 64 ⌁ 8 89 269

5020 Thermoval Heiztechnik
THERMOVAL® Heiztechnik GmbH
Alfred-Nobel-Str. 7
5020 Frechen
☎ 0 22 34-1 20 64 Fax 1 24 77

5020 Wolf
Johann Josef Wolf oHG
Hauptstr. 11-13
5020 Frechen
☎ 0 22 34-5 90 13 und 14

5024 Brée
Theodor Brée Betonwarenfabrik
Industriestr.
5024 Pulheim
☎ 0 22 38-5 10 55 ⌁ 8 881 982

2

5030 INDAB
INDAB Begrünungen GmbH
Berrenrather Str. 124
5030 Hürth-Stotzheim
☏ 0 22 33-3 10 27 und 28

5030 Kölner
Kölner Holzbau-Werke GmbH Christoph & Unmack
Hans-Böckler-Str. 163 ✉ 32 20
5030 Hürth
☏ 0 22 33-7 50 71 ⌁ 8 89 358

5040 Dom
DOM Sicherheitstechnik GmbH & Co. KG
Wesselinger Str. 10-16 ✉ 19 49
5040 Brühl
☏ 0 22 32-70 41 ⌁ 8 886 309

5040 Orba
ORBA Betriebsgesellschaft mbH
Rheinstr. 215-217 ✉ 16 09
5040 Brühl
☏ 0 22 32-4 90 21 ⌁ 8 886 312

5040 Stahlhandel
Brühler Stahlhandel GmbH
✉ 13 49
5040 Brühl
☏ 0 22 32-4 40 51 ⌁ 8 89 104 bsh

5042 Kaspers
Kaspers-Segmenta GmbH
Heddinghovener Str. 33
5042 Erftstadt-Lechenich
☏ 0 22 35-7 65 49

5042 Welter
Peter Welter GmbH & Co. KG
Bonner Ring 49
5042 Erftstadt-Lechenich
☏ 0 22 35-7 15 30 Fax 7 28 75 ⌁ 8 881 794

5047 Norton
NORTON GMBH Sealants Division
✉ 1 00
5047 Wesseling
☏ 0 22 36-70 81 und 70 82 69
⌁ 8 886 966 nws d nslt d

5047 Stromit
Stromit Chemische Fabrik GmbH
Berzdorfer Str. 9 ✉ 15 63
5047 Wesseling
☏ 0 22 36-4 27 21 und 4 27 42

5060 Dyna
Dyna-Plastik GmbH
Refrather Weg 30-36 ✉ 20 03 40
5060 Bergisch Gladbach 2
☏ 0 22 02-3 10 81 ⌁ 8 87 720

5060 Granderath
Grando Robert Granderath
De-Gasperi-Str. 6
5060 Bergisch Gladbach 2
☏ 0 22 02-3 20 48 ⌁ 8 87 621

5060 Köttgen
Köttgen GmbH & Co. KG
Jakobstr. 93-101 ✉ 20 05 60
5060 Bergisch-Gladbach 2
☏ 0 22 02-12 40

5060 Matthias
Georg W. Matthias
Vertretung der EMFi S.A, Haguenau, Frankreich
✉ 20 06 05
5060 Bergisch Gladbach 2
☏ 0 22 02-5 29 55 ⌁ 8 875 689

5060 Multibeton
MULTIBETON® Vertriebsgesellschaft für
Heizungs- und Energietechnik mbH
Weidenweg 9 ✉ 30 02 07
5060 Bergisch Gladbach 3
☏ 0 22 04-6 30 77 ⌁ 8 873 701 mbd

5060 Schmidt, B.
Bernhard Schmidt GmbH & Co. KG
Baustoffhandel/Fliesenhandel
Frankenforster Str. 27-29
5060 Bergisch-Gladbach 1
☏ 0 22 04-4 00 70 Fax 40 07 88

5060 Schmitz G.
Günther Schmitz GmbH
Richard-Seiffert-Str. 26 ✉ 20 08 08
5060 Bergisch-Gladbach 2
☏ 0 22 02-3 50 28 ⌁ 8 87 930

5060 Scholz
Harold Scholz & Co.
Kölner Str. 14-16 ✉ 23
5060 Bergisch Gladbach 1
☏ 0 22 04-5 47 31-33 ⌁ 8 878 403

5060 Turbon
Turbon-Tunzini Klimatechnik GmbH
Carl-Diem-Weg 18-24
5060 Bergisch-Gladbach 2
☏ 0 22 02-12 50
⌁ 2 20 236

5060 unibad
unibad Gesellschaft für Schwimmbecken
und Zubehör mbH
Hermann-Löns-Str. 117
5060 Bergisch Gladbach 2
☏ 0 22 02-5 25 22

5060 Wenn
BAU-BELAG Wenn GmbH + Co. KG
Hüttenstr. 36 ⊠ 10 01 23
5060 Bergisch Gladbach 1
☎ 0 22 02-10 40 ℡ 8 87 919

5063 Fröling
Fröling GmbH & Co.
⊠ 51 40
5063 Overath 5
☎ 0 22 04-72 01

5063 Metten
Metten Produktions- und Handels-GmbH
Betonsteinwerk und Natursteinhandel
Industriegebiet Hammermühle
5063 Overath 1
☎ 0 22 06-60 30

5064 Dahl
Manfred Dahl GmbH &Co. KG
Nußbaumweg 25
5064 Rösrath
☎ 0 22 05-50 91 Fax 8 32 75

5064 Herms
Kunststoffwerk Herms GmbH
⊠ 21 80
5064 Rösrath
☎ 0 22 05-7 10

5064 Reusch
Reusch GmbH & Co. KG
Bergische Landstr. 3 ⊠ 11 40
5064 Rösrath-Hoffnungsthal
☎ 0 22 05-7 20 ℡ 8 87 019

5067 Berghaus
P. Berghaus GmbH
Oberblissenbach 30
5067 Kürten-Dürscheid
☎ 0 22 07-8 96

5090 BAVG
BAVG GmbH Dichtstoffe
Olof-Palme-Str. 15
5090 Leverkusen 1
☎ 02 14-69 04 72

5090 Bayer
Bayer AG Bayerwerk
5090 Leverkusen
☎ 02 14-3 01 ℡ 8 51 011

5090 Drengwitz
Chemische Fabrik G. Drengwitz GmbH
Quettinger Str. 289
⊠ 30 02 44
5090 Leverkusen 3
☎ 0 21 71-5 00 90 Fax 50 09 50 ℡ 8 515 689 elch

5090 illbruck
illbruck GmbH Schaumstofftechnik
Burscheider Str. 454 ⊠ 30 03 62
5090 Leverkusen 3
☎ 0 21 71-29 10 ℡ 8 515 733 illb d

5090 Kesting
KESTING-Gesellschaft für Fertigbautechnik mbH
Werk II
Bernsteinstr. 10
5090 Leverkusen 1
☎ 0 21 73-4 10 15 bis 17

5090 Kronos
KRONOS-TITAN GMBH
Peschstr. 5
5090 Leverkusen 1
☎ 02 14-35 62 96 ℡ 8 510 823

5090 Lux
Lux KG
Solinger Str. 22
5090 Leverkusen-Rheindorf

5090 Prince
Prince Cladding GmbH
Neucronenbergerstr. 40
5090 Leverkusen 3
☎ 0 21 71-5 41 47 ℡ 8 515 694 pc d

5090 Rudolph
Ingrid Rudolph
Feldtorstr. 18
5090 Leverkusen 1
☎ 02 14-2 27 61 ℡ 8 510 847

5090 STABA
STABA Wuppermann GmbH
Ottostr. 5 ⊠ 30 05 45
5090 Leverkusen 3
☎ 0 21 71-5 00 00 ℡ 8 515 406 Whi d
Telefax 0 21 71-50 00 20

5090 Verosol
Blydenstein + Willink (Deutschland) GmbH
Abt. Verosol
Ophovener Str. 39 a
5090 Leverkusen-Schlehbusch
☎ 02 14-5 50 74 ℡ 8 510 225

5090 Werry
Leo Werry Handelsvertretung CDH
Holzagentur · Bauelemente
⊠ 10 14 04
5090 Leverkusen
☎ 02 14-6 40 06 ℡ 8 510 850

5093 Radson
RADSON Verkaufsleitung Deutschland
Ing. Rudolf Dick
Kuckenberg 33 ✉ 13 43
5093 Burscheid 1
☎ 0 21 74-6 07 14 und 15 Telex 8 515 545

5100 COFI
Council of Forest Industries of British Columbia (COFI)
Erzberger Allee 67
5100 Aachen 1
☎ 02 41-57 18 50 Telex 8 329 241 cofi d

5100 Dassen
Kunstguß Dassen Vertriebs GmbH
Trierer Str. 604
5100 Aachen
☎ 02 41-52 68 48 Fax 52 93 50

5100 Fuge
FUGE-Deutschland
Im Venn 3
5107 Simmerath-2
☎ 0 24 73-76 82 Telex 8 32 879

5100 Gantry
GANTRY Kranschienenbefestigung GmbH
Pontsheide 51
5100 Aachen
☎ 0 24 08-20 75 Telex 8 329 702

5100 Hausmann
U. HAUSMANN GmbH
Birkenstr. 2
5100 Aachen-Brand
☎ 02 41-52 86 68 Telex 8 32 341

5100 Inset
inset Equipment Schwendinger GmbH & Co. KG
Eckenberger Str. 12-14
5100 Aachen
☎ 02 41-6 30 11

5100 Köpp
Wilhelm Köpp Abt. Mikrona-Wasserfilter
✉ 8 48
5100 Aachen
☎ 02 41-16 30 81 Telex 8 32 816

5100 Krantz
H. Krantz GmbH & Co. Luft- und Wärmetechnik
Krantzstr. ✉ 20 40
5100 Aachen
☎ 02 41-43 41

5100 Lube
Lube & Krings GmbH Maschinen- und Stahlbau
Neuköllner Str. 6
5100 Aachen-Haaren
☎ 02 41-1 69 91 bis 6 Telex 8 32 680

5100 Mohné
Leonhard Mohné Farben- und Tapetenvertriebsgesellschaft mbH
Roermonder Str. 609 ✉ 20 60
5100 Aachen
☎ 02 41-1 70 71 Telex 8 32 323 mohne d

5100 Omexco
Omexco
Hünefeldstr. 5
5100 Aachen
☎ 02 41-5 83 43

5100 Schmidt, Karl G.
Karl G. Schmidt
Hickelweg 23
5100 Aachen
☎ 02 41-5 90 01 und 02

5100 Schüttoff
Kunststoff-Technik Schüttoff GmbH & Co. KG
Lukasstr. 20
5100 Aachen
☎ 02 41-15 40 21 Fax 15 40 23 Telex 8 329 666

5100 Vegla
Vereinigte Glaswerke GmbH (Vegla)
Produkte für den Bausektor
Viktoriaallee 3-5 ✉ 14 90
5100 Aachen
☎ 02 41-51 60 Telex 8 32 481

5110 Zentropa
Zentropaklinker
Jülicher Str. 240
5110 Alsdorf-Hoengen
☎ 0 24 04-60 51 Telex 8 329 502

5120 Doberg
Doberg, Dobro & Bergs GmbH & Co. KG
Industriestr. 2
5120 Herzogenrath
☎ 0 24 07-5 30 Fax 5 32 27 Btx 024 078 389

5130 Teeuwen
Paul Teeuwen GmbH & Co. KG
5130 Geilenkirchen-Gillrath
☎ 0 24 51-80 03 bis 05 Fax 6 62 58
Telex 8 329 225 tegi d

5130 Wolff
Wilhelm Wolff Betonsteinwerk KG
Annastr. 16–22
5130 Geilenkirchen
☎ 0 24 51–70 85 und 86 Fax 71 54
Telex 8 32 113 wolff d

5138 Körfer
Massivtüren Körfer GmbH & Co. KG
Schillerstr. 21
5138 Heinsberg-Dremmen

5140 Flexion
FLEXION bv
Marktstr. 15
5140 Erkelenz
☎ 0 24 31–40 53 Telex 8 32 111

5140 Schröders
Theo Schröders
Gerhard-Welter-Str. 7 ✉ 14 28
5140 Erkelenz
☎ 0 24 31–36 28 Telex 8 329 885

5140 Thelesol
THELESOL-Brandschutzleisten GmbH
Gerhard-Welter-Str. 7
5140 Erkelenz
☎ 0 24 31–30 22 Telex 8 329 885

5142 Hammerstein
Haku Hammersteiner Kunststoffe GmbH
Rheinstr. 11
5142 Hückelhoven
☎ 0 24 33–40 94/8 Telex 8 329 805 haku

5144 DOBEL
DOBEL AB
Prämienstr. 51 ✉ 13 50
5144 Wegberg
☎ 0 24 34–54 74 Fax 2 47 17

5144 Simons
Klinkerwerk SIMONS GmbH & Co. KG
✉ 47
5144 Wegberg 1
☎ 0 24 34–50 35 bis 37 Telex 83 29 825 sike d

5160 Anker
ANKER-Teppichfabrik
Gebrüder Schoeller GmbH & Co KG
✉ 3 06
5160 Düren
☎ 0 24 21–80 41 Telex 8 33 786

5160 Büssgen
Herbert Büssgen
Nickepütz 14–18 ✉ 1 85
5160 Düren-Gürzenich
☎ 0 24 21–6 20 01 Telex 8 33 705

5160 Durana
DURANA Tore DTV Torbau GmbH & Co. KG
Industriestr. 7
5160 Düren-Lendersdorf
☎ 0 24 21–5 79 90 und 5 87 99 Telex 8 33 808

5160 Durette
Durette-Kunststoff GmbH & Co KG
✉ 5 10
5160 Düren
☎ 0 24 21–5 30 31 Telex 8 33 720

5160 Hoesch
Eberhard Hoesch & Söhne
Metall- und Kunststoffwerk GmbH & Co. · Abt. DA
✉ 5 50
5160 Düren
☎ 0 24 22–60 83 Telex 8 33 790 ehssn d

5160 JuMa
JuMa Elementebau GmbH & Co. KG
✉ 82 06
5160 Düren 8
☎ 0 24 21–8 20 11 Telex 8 33 928 juma d

5160 Putzler
Peill & Putzler Glashüttenwerke GmbH
✉ 1 87
5160 Düren
☎ 0 24 21–4 20 51

5160 Semer
W. Semer KG
✉ 1 06
5160 Düren
☎ 0 24 21–70 30 Telex 8 33 864

5172 Ziesche
Ziesche, ORFIX Generalagentur
✉ 12 30
5172 Linnich
☎ 0 24 62–18 61

5173 Oellers
Josef Oellers - Chemische Fabrik
Auf der Komm 1
5173 Aldenhoven bei Jülich
☎ 0 24 64–10 22

5180 Baum's
Baum's Holzteam Schreinerei
Möbelwerkst. Inh. Albert Baum
Nothberger Str. 66
5180 Eschweiler
☎ 0 24 03–2 00 64 Fax 3 56 44

2

5180 Rüsges
RÜSGES & Co. Holz- und Bautenschutz
Talstr. 150-156 ⊠ 12 49
5180 Eschweiler
☏ 0 24 03-70 40 ⌁ 8 32 156

5180 Tilan
Tilan-Thyssen GmbH
Talstr. 150-156 ⊠ 12 50
5180 Eschweiler
☏ 0 24 03-70 40 Fax 7 04 38 ⌁ 8 32 156

5190 Conrads
A. Conrads Ing.-Büro und Holzbaubetrieb
Industriestr. 156
5190 Stolberg-Mausbach
☏ 0 24 02-70 74 Fax 70 78

5200 dipa
dipa Matthias & René Dick GmbH
Wahnbachtalstr.
⊠ 12 32
5200 Siegburg
☏ 0 22 41-5 20 91 Fax 5 20 94 ⌁ 8 89 649 dipa d

5200 Hercules
Hercules GmbH
Bernhardstr. 18
5200 Siegburg
☏ 0 22 41-5 49 90 ⌁ 8 89 453 Teletex 2 241 409

5200 Lüghausen
Otto Albert Lüghausen KG
Wilhelmstr. 146
⊠ 1 45
5200 Siegburg
☏ 0 22 41-54 30 ⌁ 8 89 602

5200 RUNTAL
RUNTAL Verkaufsbüro
Ringstr. 18 ⊠ 17 53
5200 Siegburg
☏ 0 22 41-6 07 44 Fax 6 09 84

5204 ABS
ABS Pumpen GmbH
Scheiderhöhe
5204 Lohmar 1
☏ 0 22 46-1 31 ⌁ 8 89 619

5204 LK-Fertigbau
LK-Fertigbau
Oberste Höhe
5204 Lohmar 21/B-Wahlscheid
☏ 0 22 06-30 21 ⌁ 8 87 521
Fax 8 21 08

5204 Munz
Munz KG
Weststr. 11
5204 Lohmar 1 Geber
☏ 0 22 46-56 41

5206 HOMA
HOMA Pumpenfabrik GmbH
⊠ 20 20
5206 Seelscheid 2
☏ 0 22 47-70 20 ⌁ 8 89 448

5206 Stommel
STOMMEL-HAUS GmbH
Sternstr. 30
5206 Neunkirchen-Seelscheid 1
☏ 0 22 47-20 85 Fax 34 96

5207 Huwil
Huwil-Werke GmbH
⊠ 11 05
5207 Ruppichteroth
☏ 0 22 95-71 ⌁ 8 84 924

5207 Schmiho
Schmiho Fenster und Türen GmbH
Eitorfer Str. 4-12 ⊠ 11 29
5207 Ruppichteroth
☏ 0 22 95-50 95 und 96 Fax 56 79

5210 Hüls AG
Hüls AG Werk Troisdorf
Haberstr. 2 ⊠ 12 61
5210 Troisdorf
☏ 0 22 41-8 50 Fax 85 22 22 ⌁ 8 89 660-35

5210 Hüls Troisdorf AG
Hüls Troisdorf AG
Geschäftsbereiche Bauwesen und
Industrielle Halbzeuge
⊠ 12 61
5210 Troisdorf
☏ 0 22 41-8 50 Fax 85 22 22 ⌁ 8 89 660-30

5210 Kebaco
Kebaco Lizenznehmerin der Insituform Inc.
Antwerpener Str. 4
5210 Troisdorf-Spich
☏ 0 22 41-40 16 66

5210 Klöckner Stahl
Klöckner Stahl GmbH Mannstaedt-Werke
⊠ 14 62
5210 Troisdorf
☏ 0 22 41-8 41 Fax 84 27 35 ⌁ 8 89 551 kmt d

5210 Klöckner-Mannstaedt
Klöckner-Mannstaedt Hohl- und Kaltprofil GmbH
✉ 14 62
5210 Troisdorf
☏ 0 22 41-8 41 Fax 84 24 30 ⌁ 8 86 644 kmh d

5210 Kunststofftechnik
Kunststofftechnik KG
Poststr. 115
5210 Troisdorf
☏ 0 22 41-8 00 70
⌁ 8 89 527
→ 8999 Kunststofftechnik

5220 Wallace
Wallace-Murray GmbH
Theodor-Storm-Str. 6 ✉ 15 69
5220 Waldbröl
☏ 0 22 91-30 01/03 ⌁ 8 84 905 smd

5220 WSM
WSM Walter Solbach Metallbau
5220 Waldbröl
☏ 0 22 91-20 47

5222 Penny
Penny GmbH
5222 Morsbach-Steeg
☏ 0 22 94-81 95

5222 Säbu
Säbu-Morsbach
✉ 11 69
5222 Morsbach/Sieg 1
☏ 0 22 94-69 40 ⌁ 8 84 931 Telefax 6 94 38

5223 Becher
Becher GmbH
5223 Nürnbrecht
☏ 0 22 93-67 46

5230 Schulte
Schulte-Holzschutz
Verbindungsweg 3 und 6 ✉ 14 23
5230 Altenkirchen
☏ 0 26 81-28 66 Fax 60 78

5230 WERIT
WERIT- Kunststoffwerke W. Schneider GmbH & Co.
✉ 14 40
5230 Altenkirchen
☏ 0 26 81-20 71 ⌁ 8 69 921 writ d

5231 Steinhauer
Steinhauer-Fertigbauten
An der B 8
5231 Kircheib
☏ 0 26 83-60 27

5232 Born
Volkmar Born
Rheinstr. 36
5232 Flammersfeld
☏ 0 26 85-3 17

5238 Faßfabrik
Westerwälder Faßfabrik
✉ 13 30
5238 Hachenburg
☏ 0 26 62-60 68

5240 Schrupp
Schrupp GmbH
✉ 7 80
5240 Betzdorf/Sieg
☏ 0 27 41-2 56 71 ⌁ 8 75 305

5241 AMS
AMS Seeber GmbH
✉ 1 00
5241 Elkenroth
☏ 0 27 47-22 88 ⌁ 8 75 360

5241 Becker
Becker GmbH
5241 Friedewald
☏ 0 27 43-20 64

5241 Fingerhut
FINGERHUT Fertighaus GmbH
5241 Neunkhausen/Ww.
☏ 0 26 61-6 30 41 bis 43 Fax 6 30 44

5241 Höfer
Stahlbau Höfer
✉ 28
5241 Mudersbach
☏ 0 27 45-3 18 ⌁ 8 75 454

5241 NH
NH-Beton Niederdreisbacher Hütte GmbH
5241 Niederdreisbach
☏ 0 27 43-80 20 Fax 8 02 23 ⌁ 8 75 310
→ 4180 NH
→ 6342 NH

5249 Grethe
Jürgen Grethe GmbH & Co. KG
Marienthaler Str. 15
5249 Breitscheidt bei Hamm/Sieg
☏ 0 26 82-60 30 ⌁ 8 69 219

5253 Techno
technoplan systemtechnik GmbH
Rheinstr. 15
5253 Lindlar
☏ 0 22 66-78 94 und 0 21 96-34 14
Fax 0 22 66-40 83 und 0 21 96-8 46 40 ⌁ 8 84 481
→ 5632 Techno

2

5270 Ackermann
Albert Ackermann GmbH & Co. KG
Albertstr.
5270 Gummersbach 1
☏ 0 22 61-8 30 Fax 8 33 58 ⌁ 8 84 565

5270 Becher
Becher Textil- & Stahlbau GmbH
Koenigstr. 35
5270 Dieringhausen
☏ 0 22 61-7 70 71 Fax 7 65 53
⌁ 8 84 525 betex d

5270 Bohle
Ernst Bohle GmbH
Kölner Str. 2 ✉ 21 01 52
5270 Gummersbach
☏ 0 22 61-54 10 Fax 54 13 57 Teletex 17-22 613 681

5270 Europor
Europor Vertriebsges. mbH
✉ 31 01 95
5270 Gummersbach 31
☏ 0 22 61-7 71 18

5270 Herrmann
Herrmann Schwimmbadabdeckungen
Kölner Str. 268
5270 Gummersbach
☏ 0 22 61-6 62 58

5270 Knipping
Arnold Knipping GmbH
✉ 10 05 53
5270 Gummersbach 1
☏ 0 22 61-3 20 Fax 3 22 24 ⌁ 8 84 582

5270 Merten
Gebrüder Merten GmbH & Co KG.
Elektrotechnische Fabriken
✉ 17 69
5270 Gummersbach 1
☏ 0 22 61-8 21 ⌁ 8 84 550

5270 Pickhardt
Pickhardt + Siebert GmbH & Co. Tapetenfabrik
Kaiserstr. 90-104 ✉ 10 07 53
5270 Gummersbach 1
☏ 0 22 61-3 50 ⌁ 8 84 594 pus d

5270 Rothstein
Rothstein GmbH
Industriestr. 5 ✉ 10 07 36
5270 Gummersbach 1
☏ 0 22 61-6 70 87 ⌁ 8 54 518

5272 Exte
EXTE-Extrudertechnik GmbH
✉ 12 20
5272 Wipperfürth 1
☏ 0 22 67-68 70 Fax 6 87 88 ⌁ 8 84 831

5272 Flosbach
Werner Flosbach GmbH & Co. KG
✉ 12 46
5272 Wipperfürth-Neeskotten
☏ 0 22 67-70 75 bis 78 Fax 70 40 ⌁ 8 84 859 flowi d

5272 Interpane
INTERPANE Werk 2
Böswipper 22 ✉ 13 74
5272 Wipperfürth
☏ 0 22 69-5 72 ⌁ 8 84 856

5272 Reef
Matthias Reef GmbH & Co. KG
5272 Wipperfürth-Abstoß
☏ 0 22 67-8 84 60

5276 Bauku
Troisdorfer Bau- und Kunststoffgesellschaft mbH
Industriestr. ✉ 31 20
5276 Wiehl 3 (Drabenderhöhe)
☏ 0 22 62-20 81 bis 83 ⌁ 8 84 211

5276 Ontop
Ontop Gesellschaft für Rauch- und
Abgastechnik mbH
Derschlager Str. 17
5276 Wiehl 1
☏ 0 22 62-9 30 51 Fax 95 60

5277 Wolfewicz
F. D. Wolfewicz GmbH
Industriegebiet
5277 Marienheide-Rodt
☏ 0 22 64-72 22

5300 AWA
awa A. W. Andernach KG Dachbaustoffwerke
Maarstr. 48 ✉ 30 01 09
5300 Bonn 3
☏ 02 28-40 50 ⌁ 8 86 458

5300 Brisach
Herbert Brisach Handelsvertretungen
Im Mühlenbach 29
5300 Bonn 1
☏ 02 28-25 33 75

5300 Broos
Broos Polybeton Industrieböden GmbH
Lessenicher Str. 1
5300 Bonn 1
☏ 02 28-61 10 86 Fax 61 64 42

5300 Chema
Chema Chemie Dr. Schutz GmbH
Deutschherrenstr. 117 ✉ 20 01 69
5300 Bonn 2
☎ 02 28-33 10 16/17 ⌁ 8 85 620

5300 Ideal
Ideal-Standard GmbH
Euskirchener Str. 80 ✉ 18 09
5300 Bonn
☎ 02 81-52 10 ⌁ 8 869 501

5300 Kautex
Kautex Werke Reinold Hagen GmbH
✉ 30 05 80
5300 Bonn 3
☎ 02 28-48 81 ⌁ 8 86 627

5300 Klöckner
Klöckner-Moeller
✉ 18 80
5300 Bonn 1
☎ 02 28-60 20 ⌁ 8 86 503 und 08 86 877

5300 Top-Wärme
Top-Wärme GmbH
Heidebergenstr. 40
5300 Bonn
☎ 02 28-48 00 88 Fax 43 17 55 ⌁ 8 861 117 top d

5300 VAW
VAW Vereinigte Aluminium-Werke AG
✉ 24 48
5300 Bonn
☎ 02 28-5 52 03 Fax 5 52 28 08 ⌁ 8 86 837

5300 Wiedenhagen
Günter Wiedenhagen Isolierbaustoffe GmbH
Maarstr. 23 ✉ 30 10 40
5300 Bonn 3
☎ 02 28-46 00 96

5300 Wilke
Wilke-Säurebau Niederlassung
Siemensstr. 25
5300 Bonn
☎ 02 28-62 30 80 ⌁ 8 86 768

5300 Wilkoplast
Wilkoplast-Kunststoffe Niederlassung
Siemensstr. 25
5300 Bonn
☎ 02 28-62 30 80 ⌁ 8 86 768

5305 AGROB
AGROB WESSEL SERVAIS AG
Servaisstr. 11-31
5305 Witterschlick
☎ 02 28-6 48 20 Fax 6 48 22 73 ⌁ 88 680 210

5308 Neuber
Neuber GmbH
An der Burg 11
5308 Rheinbach-Hilberath
☎ 0 22 26-1 01 88 Fax 1 40 89

5308 Palme
Christoph Palme GmbH & Co. KG
Leuchtenfabrik
Koblenzer Str. 44 ✉ 14 40
5308 Rheinbach
☎ 0 22 26-30 45 bis 47 ⌁ 8 869 712
Telefax 0 22 26-1 48 70

5308 vdw
vdw Gesellschaft für techn. Kunststoffe
Gebr. von der Wettern mbH
Kottenforstweg
5308 Rheinbach 3
☎ 0 22 25-50 25 ⌁ 8 869 724 gftk

5309 RZ
RZ Chemie GmbH Reinigungs- und Pflegesysteme
✉ 12 48
5309 Meckenheim
☎ 0 22 25-20 74 Fax 20 73

5330 Didier
DIDIER WERKE AG, Säurebau
✉ 21 60
5330 Königswinter 1
☎ 0 22 23-7 21 ⌁ 8 85 217 dikw

5330 Dinova
DIDIER-WERKE AG, Dinova-Werk
✉ 21 60
5330 Königswinter 1
☎ 0 22 23-7 21 Fax 2 24 70 ⌁ 8 85 217 dikw

5340 Eht
Eht-Siegmund GmbH
Heideweg 28 ✉ 61 06
5340 Bad Honnef 6
☎ 0 22 24-8 00 12 Fax 8 91 63 ⌁ 8 85 202 eht

5340 Labex
Labex GmbH
Erzstr. 21 c
✉ 61 46
5340 Bad Honnef 6
☎ 0 22 24-8 04 67 und 87 84 ⌁ 8 85 200

5340 Wouters
E. Wouters, Generalvertretung für Deutschland
Auf der Helte 25 ✉ 18 32
5340 Bad Honnef
☎ 0 22 24-22 12 Fax 7 65 34 ⌁ 8 85 212

2

5342 Bussfeld
Bussfeld
⊠ 32 05
5342 Rheinbreitbach
☎ 02 24-7 53 53 und 7 53 26 ⌧ 8 85 265 b

5342 Pauli
Pauli und Menden GmbH
Rolandsecker Weg ⊠ 31 25
5342 Rheinbreitbach
☎ 0 22 24-7 70 90 Fax 77 09 50 ⌧ 8 85 211 mepa d

5350 Altmeyer
Peter Altmeyer, Generalvertretung für Deutschland
Asselbornstr. 11 ⊠ 12 01
5350 Euskirchen
☎ 0 22 51-6 14 07

5350 Hemaplast
HEMAPLAST®
Rudolf-Diesel-Str. 28
5350 Euskirchen
☎ 0 22 51-60 36 Fax 60 38

5350 Zaun
Heinrich Zaun GmbH
5350 Euskirchen-Wißkirchen
☎ 0 22 51-5 55 11 ⌧ 8 869 815

5353 Tona
Tona Tonwerke Schmitz GmbH
5353 Mechernich-Antweiler
☎ 0 22 56-8 11 ⌧ 8 869 163

5354 Terranova
Terranova-Industrie C. A. Kapferer & Co.
5354 Weilerswist/Rhld.
☎ 0 22 54-60 50 Fax 6 05 99

5357 PKT
PKT Hartrohrnetz GmbH
Karl-Kaumann-Weg 59
5357 Swisttal-Buschhoven
☎ 02 28-35 30 50 ⌧ 8 85 424

5370 Heldt
Heldt KG Gummiprodukte
Industriegebiet
5370 Kall
☎ 0 24 41-50 37 und 38
⌧ 8 33 601

5370 LAMTEC
LAMTEC-Lamelliertechnik GmbH & Co.
Holzveredelung KG
Siemensring
5370 Kall/Eifel
☎ 0 24 41-7 17
⌧ 8 88 095 Lamte d

5372 Eifelith
EIFELITH Dämmsysteme Gross GmbH & Co. KG
⊠ 21 24
5372 Schleiden
☎ 0 24 45-6 91 Fax 3 73

5372 Funke
Glas-Funke GmbH
Kölner Str. 11
5372 Schleiden-Gemünd
☎ 0 24 44-20 25 ⌧ 8 869 807 glfu

5372 Kewo
Kewo Kombi-Bau GmbH
Trierer Str. 1-7
5372 Schleiden
☎ 0 24 45-8 60

5372 Müller & Schnigge
Müller & Schnigge
Kölner Str. 65
5372 Gemünd
☎ 0 24 44-20 28

5372 Poeschco
poeschco leitern
⊠ 12 20
5372 Schleiden 1
☎ 0 24 44-20 03 ⌧ 8 33 606 psc

5400 Clement
Dr. Clement GmbH & Co. KG
Klausenbergweg 13
5400 Koblenz
☎ 02 61/7 10 04/5 ⌧ 8 62 494 lalit d

5400 Esser
Ferd. Esser
Cusanusstr. 20/22
5400 Koblenz
☎ 02 61-4 10 01

5400 Hinse
Ingenieurbüro Franz Hinse
Auf dem Forst 10
5400 Koblenz 1 (Arenberg)
☎ 02 61-6 90 55

5400 Kaiser
Kaiser Aluminium Europe Inc. Werk Koblenz
Carl-Spaeter-Str. ⊠ 9 20
5400 Koblenz
☎ 02 61-89 10 ⌧ 8 625 350

5400 Neffgen
Stahlhallenbau H. Neffgen GmbH
Kesselheimer Weg 34
5400 Koblenz
☎ 02 61-80 10 bis 15 ⌧ 8 62 872

5401 Hommer
Metallbau Hommer GmbH
Weißenthurmer Str. 22a ✉ 40
5401 Kettig
☎ 0 26 37-50 95 und 6 10 95

5403 Behr
Behr GmbH & Co. KG Baustoffwerk
Rheinau 12 ✉
5403 Mülheim-Kärlich 3
☎ 0 26 30-60 81

5403 Bisotherm
BISOTHERM GmbH
Eisenbahnstr. 12
5403 Mülheim-Kärlich
☎ 0 26 30-60 01 Fax 60 07 Telex 8 67 835 biso

5403 Link
E. Link GmbH
Industriestr. 28
5403 Mülheim-Kärlich
☎ 02 61-29 30 und 29 39

5403 Riffer
Dr. Carl Riffer Baustoffwerke
Eisenbahnstr. 12
5403 Mülheim-Kärlich 3
☎ 0 26 30-60 01 Fax 60 07

5404 Schlatt
Clemens Schlatt
Rheinbadenallee 9
5404 Bad Salzig
☎ 0 67 42-66 17

5405 Stockschläder
Jakob Stockschläder KG Baustoffwerke
Koblenzer Str. 34
5405 Ochtendung
☎ 0 26 25-2 88 u 63 79

5407 Gatic
GATIC Schachtabdeckungs-Vertriebs GmbH
Waldstr. 7
5407 Boppard
☎ 0 67 42-42 96 Telex 4 26 320 Gatic-D

5407 Roos
ROOS GmbH Elektroheizgeräte
Industriegebiet
5407 Boppard 4 (Buchholz)
☎ 0 67 42-37 44 Telex 4 26 302

5410 LMG
LMG Lagerstätten - Mineralogische
Gesellschaft mbH
Mittelstr. 36
5410 Höhr-Grenzhausen
☎ 0 26 24-33 26

5410 Steuler
Steuler Industrie Werke GmbH
Georg-Steuler-Str. 175 ✉ 14 48
5410 Höhr-Grenzhausen
☎ 0 26 24-1 31 Fax 1 33 50 Telex 8 69 535 steu

5412 Baumstamm
Baumstamm-Haus
✉ 4 23
5412 Ransbach-Baumbach
☎ 0 26 23-16 27

5412 Duranit
duranit Wohn & Baukeramik,
Vereinigte Füllkörper-Fabriken GmbH & Co.
Rheinstr. 176 ✉ 20 20
5412 Ransbach-Baumbach 2
☎ 0 26 23-20 69 Telex 8 63 127 VFF

5412 IFA-HAUS
IFA-HAUS Vertrieb Kleinhenz + Kins Dipl.-Ing.
Am Seeufer 18a
5412 Ransbach-Baumbach
☎ 0 26 23-14 00

5412 Kern
Kern-Bauträger GmbH
Rheinstr. 175 ✉ 2 22
5412 Ransbach-Baumbach
☎ 0 26 23-30 76

5412 Link
Bernhard Link GmbH & Co. KG Baukeramik
5412 Ransbach-Baumbach 1
☎ 0 26 23-20 41 Telex 8 63 119

5412 Trum
Anton Trum GmbH & Co. KG
Metall- und Kunststoffwarenfabrik
Ritterstr. 1 ✉ 3 49
5412 Ransbach-Baumbach
☎ 0 26 23-20 61 Telex 8 63 140 trum d

5413 Kann
KANN GMBH BAUSTOFFWERKE
Bendorfer Str. ✉ 12 80
5413 Bendorf-Mülhofen
☎ 0 26 22-70 70 Fax 70 71 65 Telex 8 69 728

5418 Schütz
Schütz-Werke GmbH & Co. KG
✉ 40
5418 Selters/Westerwald
☎ 0 26 26-7 71 Telex 8 68 116

5419 Huf
Huf Hans GmbH & Co. KG
5419 Hartenfels/Ww.
☎ 0 26 26-50 48

2

5419 Ideal
Ideal-Betonelementbau GmbH + Co. KG
Bleichstr. ✉ 8
5419 Herschbach
☏ 0 26 26-50 71 Fax 60 95 ⌧ 8 68 135

5419 Jasba
Jasba-Mosaik GmbH
Im Petersborn 2
5419 Oetzingen/Westerwald
☏ 0 26 02-68 20 ⌧ 8 69 633

5419 Mügo
MÜGO Tankbau
5419 Goddert
☏ 0 26 26-50 41

5420 Marx
MARK Baukeramik
5420 Lahnstein-Friedrichssegen
☏ 0 26 21-10 81 ⌧ 8 69 806

5420 Philippine
Philippine GmbH & Co. Dämmstoffsysteme KG
Max-Schwarz-Str. 23 ✉ 21 75
5420 Lahnstein 2
☏ 0 26 21-17 30 ⌧ 8 69 807

5424 SOVA
SOVA-CHEMIE GmbH
Herzog-Hoven-Str.
5424 Kamp Bornhofen
☏ 0 67 73-13 99

5427 PUR
PUR-O-LAN Bauelemente-Fertigung
Lindenbach
5427 Bad Ems
☏ 0 26 03-30 71 bis 73

5428 Schaub
Schaub Baugesellschaft mbH
Gewerbegebiet Heide
5429 Bogel
☏ 0 67 72-76 33

5430 Elka
ELKA-HEIZUNG Inh. H. Becker
Moselstr.
5430 Montabaur
☏ 0 26 02-40 72

5430 Klöckner Pentaplast
Klöckner-Pentaplast GmbH
✉ 11 65
5430 Montabaur
☏ 0 26 02-1 50 ⌧ 8 69 638

5431 Korzilius
Peter Josef Korzilius Söhne GmbH & Co.
Krugbäckerstr. 3
5431 Mogendorf
☏ 0 26 23-60 90 Fax 60 91 02 ⌧ 8 63 122 pjko d

5431 Quirmbach
Gernot Quirmbach
Gartenstr. 5
5431 Ruppach-Goldhausen
☏ 0 26 02-88 19 ⌧ 8 69 653

5432 Westerwald
WESTERWALD AG
✉ 11 20
5432 Wirges
☏ 0 26 02-68 10 ⌧ 8 69 662

5433 KCH
KERAMCHEMIE GmbH
✉ 11 63
5433 Siershahn/Westerwald
☏ 0 26 23-60 00 Fax 60 05 13 ⌧ 8 63 116

5433 Steuler
Steuler-Industriewerke GmbH Werk III
Atelier Keramik
✉ 27
5433 Siershahn
☏ 0 26 23-50 45

5438 Terra-Keramik
TERRA-KERAMIK Studios für Baukeramik GmbH
Industriegebiet
✉ 20 21
5438 Westerburg-Sainscheid

5439 Ferger
Ferger Metallbau GmbH
5439 Winnen b. Westerburg
☏ 0 26 62-14 62 und 63

5439 Kunststoffwerk
Kunststoffwerk Höhn GmbH
5439 Höhn/Westerwald
☏ 0 26 61-80 55
⌧ 8 69 315 und 8 69 337

5439 Matten
Hans und Günter Matten
Wiesenstr.
5439 Niederroßbach
☏ 0 26 64-79 92

5440 AluTeam
AluTeam Sport und Freizeit GmbH
Vertriebsgesellschaft mbH
Ostrampe
5440 Mayen
☎ 0 26 51-40 10 Fax 40 11 36
Btx 02 651 401

5440 Luxem
Luxem oHG
5440 Mayen
☎ 0 26 51-44 21

5440 Rathscheck
Rathscheck Schieferbergbau
✉ 17 52
5440 Mayen/Rhld.
☎ 0 26 51-4 30 41 bis 43 ⌁ 8 611 888 rats d

5440 Rüber
Rüber-Michels GmbH
5440 Mayen
☎ 0 26 51-7 30 31

5440 Schlink
Schlink KG
5440 Mayen
☎ 0 26 51-4 39 77

5440 Steinwerke
Mayen-Kottenheimer Steinwerke GmbH & Cie. KG
Industriegebiet Ost 2 ✉ 14 66
5440 Mayen
☎ 0 26 51-4 34 54 ⌁ 8 611 903 myko d

5441 Color
COLOR-PROFIL Metalldach-Vertriebs-GmbH
Bergstr. 2
5441 Welling
☎ 0 26 54-60 87 und 61 56 ⌁ 8 611 898

5441 Winnen
Winnen GmbH
Bellerstr. 32 ✉ 19
5441 Ettringen/Mayen
☎ 0 26 51-20 24 und 20 25 Fax 20 26

5441 Winterhelt
Winterhelt GmbH
5441 Ettringen
☎ 0 26 51-35 95 ⌁ 8 611 885

5442 Klez
Hans-Peter Klez Handelsvertretungen
St.-Genoveva-Str. 9
5442 Mendig
☎ 0 26 52-20 11 ⌁ 8 68 201 Klez d

5442 Oligschläger
Oligschläger-Raumzellen-Fertigbau GmbH
5442 Mendig
☎ 0 26 52-45 41

5446 Wilms
Leichtbauplattenfabrik WILMS GmbH
✉ 48
5446 Kempenich
0 26 55-14 91 ⌁ 8 611 837

5448 Scherer
Ernst Scherer GmbH & Co. KG
Industriestr. 1
5448 Kastellaun (Hunsrück)
☎ 0 67 62-10 55 Fax 10 58

5449 Hunsrücker Holzhausbau
Hunsrücker Holzhausbau GmbH
5449 Leideneck/Hunsrück
☎ 0 67 62-80 17 Fax 75 72

5450 AG
AG für Steinindustrie
Sohlerweg 34 ✉ 11 05
5450 Neuwied 1
☎ 0 26 31-8 90 60 Fax 89 06 21 ⌁ 8 67 802

5450 Breuer
Horst Breuer GmbH
Industriegebiet Meerpfad
✉ 11 29
5450 Neuwied 1
☎ 0 26 31-5 81 00 ⌁ 8 67 800

5450 Dahmit
DAHMIT Betonwerke Paul Dahm Bimsbaustoffwerke
Mittelweg
5450 Neuwied-Block
☎ 0 26 31-5 30 05

5450 Hehn
Montage-Bausätze Hehn, Bimsbaustoff-Fabrik
seit 1911
Industriegebiet Meerpfad
5450 Neuwied 1-Block
☎ 0 26 31-5 53 06

5450 IFA
Ch. Blum Holzbau GmbH
IFA norm® Holzbausystem Vertrieb
Riemenschneiderstr. 10
5450 Neuwied 22
☎ 0 26 31-4 97 38

5450 KBS
KBS-Metallguß GmbH & Co. KG
Meerpfad 29 ✉ 16 30
5450 Neuwied 1
☎ 0 26 31-5 25 51

2

5450 KLB
KLB Klimaleichtblock Vertriebs GmbH
Sandkauler Weg 1 ✉ 16 68
5450 Neuwied 1
☎ 0 26 31-2 60 96 Fax 2 15 51 ⌁ 8 67 839 klb

5450 Lohmann
LOHMANN GmbH & Co. KG
✉ 12 01 10
5450 Neuwied 12
☎ 0 26 31-78 60 ⌁ 8 67 883 loma d

5450 Merl
Baustoffwerke Peter Merl
5450 Neuwied 1
☎ 0 26 31-5 22 33

5450 Raab
Joseph Raab GmbH & Cie KG
Gladbacher Feld ✉ 20 29
5450 Neuwied
☎ 0 26 31-50 90 ⌁ 8 67 879

5450 Rasselstein
Baustoffwerke Rasselstein GmbH
Auf dem Heldenberg ✉ 11 69
5450 Neuwied 1
☎ 0 26 31-81 64 53 Fax 81 66 58 ⌁ 8 67 841 a ras d

5450 Wandplatten
Wandplattenfabrik Engers GmbH
5450 Neuwied 21
☎ 0 26 22-40 33 Fax 1 30 09 ⌁ 8 69 720

5451 Dusar
DUSAR GmbH
5451 Anhausen
☎ 0 26 39-10 96

5452 BBU
BBU Rheinische Bimsbaustoff-Union GmbH
Rosenstr. ✉ 11 20
5452 Weißenthurm
☎ 0 26 37-50 66 ⌁ 8 67 749

5452 Bemo
bemofensterbau GmbH
Kärlicher Str. ✉ 12 80
5452 Weißenthurm
☎ 0 26 37-20 40 und 20 47 bis 49 Fax 70 10

5452 Ott
Hans Ott - Betonwerke
Wohnpark Nette
5452 Weißenthurm
☎ 0 26 37-20 76

5455 Metall
Metall- und Kunststoffverarbeitungs GmbH & Co. KG
✉ 11 54
5455 Rengsdorf
☎ 0 26 34-6 60 Fax 66 45

5455 Nijha
Nijha-Freizeitanlagen
Vertriebs-GmbH
Am Schwanenteich 7
5455 Bonefeld
☎ 0 26 34-80 75

5456 Bütow
Wolf J. Bütow
Burgmannshof 30
5456 Hammerstein
☎ 0 26 35-42 00

5456 Ronig
Dipl.-Ing. Klaus Dieter Ronig
Hauptstr. 82
5456 Rheinbrohl
☎ 0 26 35-17 17

5456 Schneider
Schneider und Dortmund Holzmontagebau GmbH
Hilgerstr. 35
5456 Rheinbrohl
☎ 0 26 35-37 38 und 46 58

5459 Dusar
DUSAR Duschen Kunststoff- und Metallwaren GmbH
5459 Anhausen
☎ 0 26 39-10 96 bis 99 ⌁ 8 67 836

5460 Basaltin
BASALTIN GmbH & Co.
Am Stern ✉ 95
5460 Linz/Rhein
☎ 0 26 44-63 04 bis 06 und 17 81 bis 83
→ 3500 Basaltin

5460 Nordö
Nordö-Saunabau GmbH
✉ 14
5460 Linz/Rh.
☎ 0 26 44-33 39

5460 Rapidasa
Rapidasa-Schiefer
✉ 53
5460 Linz am Rhein
☎ 0 26 44-70 84

5461 Reuschenbach
Reuschenbach GmbH & Co. KG
5461 Breitscheid
☎ 0 26 38-40 44 ⌁ 8 67 885

5461 Stüber
Alois Stüber GmbH Fertighäuser, Ing.-Holzbau, Zimmerei
5461 Siebenmorgen
☏ 0 26 38-51 51 und 52

5466 MGF
MGF Maschinen- und Gerätefabrik GmbH
Produktbereich Profilwalzwerk
Industriestr. 25
5466 Neustadt/Wied-Fernthal
☏ 0 26 83-3 40 Fax 3 43 31
Telex 8 63 713 mgf d

5467 Mauritz
Schmelzbasaltwerk Kalenborn Dr.-Ing. Mauritz GmbH & Co. KG
5467 Vettelschoß 2
☏ 0 26 45-1 80 Telex 17 264 592

5470 Anschütz
Kunststoff-Anschütz GmbH & Co. KG
✉ 1 06
5470 Andernach
☏ 0 26 31-8 20 83

5470 Bimswerk
Andernacher Bimswerk
✉ 3 80
5470 Andernach
☏ 0 26 32-4 30 41

5470 Brohlburg
Wilhelm Brohlburg Kunststoffwerk
✉ 12 11 61
5470 Andernach 12 (Miesenheim)
☏ 0 26 32-5 91 bis 94

5470 Heintges
Johann Heintges Bimswerke GmbH & Co. KG
Schillerring 2 ✉ 2 70
5470 Andernach
☏ 0 26 32-4 20 14/5 Telex 8 65 861

5470 Meurin
Trasswerke Meurin Betriebsgesellschaft m.b.H.
Hauptverwaltung
Kölner Str. 17 ✉ 5 20
5470 Andernach
☏ 0 26 32-40 14 15 Telex 8 658 848

5470 Rhein
RHEIN-TRASS GmbH
Kölner Str. 17 ✉ 17 22
5470 Andernach
☏ 0 26 32-4 26 30

5470 Rhemo
Rhemo-Baustoffwerke Hermann W. Luithlen
Koblenzer Str. 58 ✉ 4 28
5470 Andernach
☏ 0 26 32-4 00 00 Telex 8 65 859 vega d

5470 Vulgatec
Vulgatec Riebensahm GmbH
Sordiertechnik Bims- u. Lavaveredelung
Prof.-Müller-Str. 2
5470 Andernach 12
☏ 0 26 32-7 21 26

5471 Rika
Rika Rohstoffveredelung GmbH
Gewerbegebiet 1/Pommerfeld
5471 Kretz
☏ 0 26 32-64 71

5472 Mohr
Geschw. Mohr GmbH & Co. KG
✉ 12 60
5472 Plaidt
☏ 0 26 32-60 11

5472 Pinger
Stahlbau Pinger GmbH + Co.
5472 Plaidt
☏ 0 26 32-60 85 bis 87 Telex 8 621 896

5472 Plötner
Betonwerk Carl Plötner Werk I
Ochtendunger Str. 50
5472 Plaidt bei Andernach
☏ 0 26 32-49 60 77 Telex 8 65 703

5472 Romey
Romey-Werke
✉ 11 40
5472 Plaidt
☏ 0 26 32-49 10 91 bis 95

5472 Schoenmakers
Schoenmakers Deutschland GmbH
Finkenweg 6
5472 Plaidt
☏ 0 26 32-65 05 Telex 8 65 895

5473 Ehl
EHL GmbH Baustoffwerk
Bundesstr. 127
5473 Kruft
☏ 0 26 52-62 72 und 73 Fax 64 31 Telex 8 68 204 ehl d

5473 Hovesta
hovesta GmbH & Co. Türen und Treppen KG
Waldstr. 12 ✉ 11 49
5473 Kruft
☏ 0 26 52-60 11 Telex 8 68 212 hove d

2

5473 Reiff
Reiff-Beton-Rohr GmbH & Co. KG
Waldstr.
5473 Kruft
☎ 0 26 52-6 05 13 ≠ 8 68 223

5473 Tubag
TUBAG Trass-, Zement- und Steinwerke GmbH
✉ 11 80
5473 Kruft
☎ 0 26 52-8 10 ≠ 8 68 214 tuba d

5475 Rhodius
RHODIUS CHEMIE-SYSTEME GmbH
✉ 1 86
5475 Burgbrohl
☎ 0 26 36-51 10 ≠ 8 65 828 gero d

5480 BAWO
BAWO Bau- und Wohnbedarf
Handelsgesellschaft mbH
Siebengebirgsweg 25
5480 Remagen 2 (Oberwinter)
☎ 0 22 28-80 96

5480 Becher
Otto Becher GmbH & Co. KG Türenwerk
✉ 11 40
5480 Remagen
☎ 0 26 42-2 00 10 Fax 20 01 58 ≠ 8 63 802

5480 Gewiplast
GEWIPLAST-Oberflächenheizung GmbH
Römerstr. 85 ✉ 3 10
5840 Remagen 3 (Kripp)
☎ 0 26 42-4 10 37 ≠ 8 63 806

5480 Maurmann
Maurmann & Pauly
Mainzer Str. 28
5480 Remagen-Rolandseck
☎ 0 22 28-80 66 Fax 80 68

5480 Rhein-Sieg
Maschinenfabrik Rhein-Sieg Artur Lot
Verwaltung: Paul Vollrath Maschinenfabrik
Hauptstr. 118
5480 Remagen-Oberwinter
☎ 02 21-32 70 21 ≠ 8 882 067

5482 Linden
C. Linden Keramische Rohstoffe
5482 Grafschaft 6

5483 Jansen
Lackfabrik P. A. Jansen
✉ 13 80
5483 Ahrweiler
☎ 0 26 41-3 89 70

5483 Jung
Dr. Willi Jung GmbH
Neuenahrer Str. 18
5483 Bad Neuenahr
☎ 0 26 41-33 77 Fax 3 12 81

5485 Lava
Lava-Union GmbH
Kölner Str. 22
5485 Sinzig 1
☎ 0 26 42-40 10

5485 Rheinische
Rheinische Provinzial Basalt- und Lavawerke GmbH
Kölner Str. 22
5485 Sinzig
☎ 0 26 42-40 10

5500 Alwitra
ALWITRA KG Klaus Göbel
Am Forst ✉ 39 50
5500 Trier
☎ 06 51-1 60 11 ≠ 4 72 876

5500 Jaklin
Bagrat - Hans Jaklin Isoliertechnik
Aacher Weg 15
5500 Trier
☎ 06 51-6 70 31

5500 Junkes
JUNKES, Günter
Heizung Klima GmbH
Diedenhofener Str. 1
5500 Trier
☎ 06 51-8 90 90
≠ 4 72 720

5500 Kuhlmann
E. H. Kuhlmann KG
Novalisstr. 10-12
5500 Trier-Olewig
☎ 06 51-1 60 81

5500 Mohr
Mohr GmbH
Niederkircher Str. 6
5500 Trier
☎ 06 51-8 60 91 ≠ 4 72 406 hmohr d

5501 Binex
Binex-Gerätebau
Zur schönen Aussicht 21
5501 Thomm b. Trier
☎ 0 65 00-83 33

5501 Schaffner
Natursteinwerk J. Schaffner oHG
5501 Kordel bei Trier
☎ 0 65 05-2 28

5506 Zemmerith
Zemmerith GmbH Leichtbauplattenwerk
Am Schießberg 35
5506 Zemmer
☎ 0 65 80-5 66 Fax 5 33

5508 Rhinolit
RHINOLITH Isolierbaustoffe GmbH
Am Dörrenbach 26
5508 Hermeskeil
☎ 0 65 03-10 31 und 32 Telex 4 729 717

5509 Bilstein
August Bilstein GmbH & Co. KG,
Hans Bilstein Werk, Verkauf Baubeschlag
✉ Postfach
5509 Mandern
☎ 0 65 89-7 90 Fax 7 91 04 Telex 4 729 711
→ 5828 Bilstein

5518 Schnuch
Schnuch®-Werke Bausteine GmbH & Co. KG
Haus Glückauf
5518 Wellen/Obermosel
☎ 0 65 84-2 08/9 Telex 4 729 821

5518 Trierer Kalk
Trierer Kalk-, Dolomit- und Zementwerke GmbH
Josef-Schnuch-Str. 26
5518 Wellen
☎ 0 65 84-7 90 Fax 79 29 Telex 4 729 821 tkdz

5522 PLEWA
PLEWA-Werke GmbH
✉ 24
5522 Speicher
☎ 0 65 62-6 30 Fax 63 33 Telex 4 729 618
→ 7835 Plewa

5534 polytec
poly®tec Isolierelemente GmbH
✉ 41
5534 Birgel
☎ 0 65 97-6 73 Fax 47 66

5540 Prüm
Bauelemente Prüm GmbH
Andreas-Stihl-Str. 3
5540 Weinsheim/Eifel
☎ 0 65 51-1 21 Telex 4 729 510

5540 RBS
RB/S Ritter Bausysteme GmbH
Tettenbusch 2 ✉ 11 47
5540 Prüm
☎ 0 65 51-30 26 Telex 4 729 480

5540 Wellsteg
RHEINISCHE WELLSTEG von Thadden
GmbH & Co. KG
5540 Prüm/Eifel
☎ 0 65 51-30 77 Fax 46 40

5541 Tirolia
Tirolia GmbH
Kemelstr.
5541 Seiwerath/Eifel
☎ 0 65 53-27 34

5552 Hochwald
HOCHWALD Schalungsplatten GmbH
Hochwaldstr. 31
5552 Morbach/Hsr.
☎ 0 65 33-20 01 Telex 4 721 556

5555 Unilux
Unilux Fensterwerk GmbH & Co.
✉ 60
5555 Piesport/Mosel
☎ 0 65 07-50 51

5558 Reimotherm
rheimotherm GmbH
Am Bahnhof 1
5558 Schweich
☎ 0 65 02-55 24

5561 Bandemer
Kies-Bandemer & Co. Eifel-Quarz-Werke GmbH
5561 Arenrath
☎ 0 65 75-6 07 Telex 4 721 739

5561 Schär
Mechanische Kokosweberei August Schär KG
5561 Eisenschmitt
☎ 0 65 67-5 19 Telex 4 729 611

5561 Schneider + Klein
Schneider Klein Metallwaren GmbH & Co. KG
Werner-Klein-Str.
5561 Landscheid/Eifel
☎ 0 65 75-7 10 Telex 4 721 723

5562 Meeth
Josef Meeth Fensterfabrik GmbH & Co. KG
Josef-Meeth-Str. 12-16
5562 Wallscheid/Eifel
☎ 0 65 72-8 10 Fax 81 48 Telex 4 721 703

5565 Eifeler Kalksandstein
Eifeler Kalksandstein- und Quarzwerke
GmbH& Co. KG
Trierer Str. 50
5565 Niederkail
☎ 0 65 75-6 57 Telex 4 721 701

2

5600 AKZO
AKZO Industrial Systems
Enka-Haus Kasinostraße
5600 Wuppertal 1
☏ 02 02-32 33 65 ⌧ 8 592 732

5600 Aritech
ARITECH GmbH
Badische Straße 10 ✉ 22 01 67
5600 Wuppertal 22
☏ 02 02-60 30 36 bis 38 Fax 60 10 82
⌧ 8 591 571 ari d

5600 Arti
Arti-Werk Jansen GmbH & Co. KG
Wasserstr. 2 ✉ 20 01 30
5600 Wuppertal
☏ 02 02-55 50 82 ⌧ 8 592 451

5600 basika
basika Entwässerungen GmbH Edelstahltechnik
Am Westerbusch 63-65
5600 Wuppertal 1
☏ 02 02-70 00 64 Fax 70 22 58

5600 Bemberg
Bemberg Folien GmbH
✉
5600 Wuppertal 2
☏ 02 02-60 70 00 ⌧ 8 592 458 bem d

5600 Coroplast
COROPLAST Fritz Müller KG
Wittener Str. 271 ✉ 20 11 30
5600 Wuppertal 2
☏ 02 02-69 51 ⌧ 8 59 300-10 co d

5600 Erfurt
Friedrich Erfurt & Sohn
✉ 23 01 03
5600 Wuppertal 23
☏ 02 02-6 11 00 Fax 6 11 03 56

5600 Gluske
Joachim Gluske
✉ 22 01 85
5600 Wuppertal 22
☏ 02 02-60 00 24 Fax 60 12 71 ⌧ 8 591 869

5600 Happich
Gebr. Happich GmbH
✉ 10 02 49
5600 Wuppertal 1
☏ 02 02-3 41

5600 Intra
intra Bauchemiehandel GmbH
Lohsiepenstr. 35 ✉ 13 18 08
5600 Wuppertal 21
☏ 02 02-46 20 31

5600 Jackstädt
Jackstädt GmbH
✉ 13 01 43
5600 Wuppertal 1
☏ 02 02-49 00 ⌧ 8 591 883 und 8 591 202

5600 Kaut
Alfred Kaut GmbH + Co.
Tannenbergstr. 33-37
5600 Wuppertal 1
☏ 02 02-30 10 61 bis 64 ⌧ 8 591 453

5600 Kersting
Gerwald Kersting Formgestaltung
Albert-Molineus-Str. 21
5600 Wuppertal 2
☏ 02 02-55 73 88

5600 Leipacher
H. Leipacher
Cronenberger Str. 264
5600 Wuppertal 1 (Elberfeld)
☏ 02 02-42 52 22

5600 Lingemann
Helmut Lingemann GmbH & Co.
Aluminiumpress u. Walzwerk
Am Deckerhäuschen 62 ✉ 10 10 12
5600 Wuppertal 1
☏ 02 02-7 09 40 ⌧ 2 02 196

5600 Mohr
Mohr GmbH & Co. KG Tapetenfabrik
5600 Wuppertal 11
☏ 02 02-74 84 30

5600 Müller H.
H. Müller & Co. Lackfabrik
Grafenstr. 41 ✉ 25 03 28
5600 Wuppertal 2
☏ 02 02-66 02 42 Fax 66 13 85 ⌧ 8 591 482

5600 Pass
PASS-Rollroste GmbH & Co. KG
✉ 22 03 01
5600 Wuppertal 22
☏ 02 02-60 37 61 ⌧ 8 239 749

5600 PPG
PPG Industries „Deutschland“ GmbH
Building Products
Stackenbergstr. 34
5600 Wuppertal 11
☏ 02 02-78 81 ⌧ 8 591 786
Fax 02 02-78 82 42

5600 Reuß
Reuß GmbH & Co. KG, Spezialartikel für das Baugewerbe
Breslauer Str. 59 ✉ 20 15 36
5600 Wuppertal 2
☏ 02 02-64 20 68 Fax 64 69 18 Telex 8 591 364

5600 Rolba
Rolba-Freizeit-Technik GmbH
Briller Str. 181-183
5600 Wuppertal 1
☏ 02 02-38 98 31 Fax 31 08 93 Telex 8 591 848

5600 RVV
RVV-Regelventil GmbH & Co. Vertriebs KG Wuppertal
Dohlenweg 20 ✉ 10 07 67
5600 Wuppertal 1
☏ 02 02-71 10 28

5600 RWK
Rheinisch-Westfälische Kalkwerke AG
5600 Wuppertal 11 Dornap
☏ 0 20 58-8 11 Fax 8 12 12 Teletex 2 05 832

5600 Sandrock
Sandrock Bautenschutz GmbH
✉ 13 07 48
5600 Wuppertal 1
☏ 02 02-45 31 71 und 44 00 19 Fax 44 00 74
Telex 8 592 060

5600 Schutte
Betonwerk Schutte GmbH & Co., Wuppertal
Beule 44
5600 Wuppertal-Barmen
☏ 02 02-66 13 91 Fax 66 13 94

5600 Trenomat
Trenomat GmbH & Co. KG
5600 Wuppertal 11 - Dornap
☏ 02 02-89 90 Telex 8 592 298 Telefax 8 99 10

5600 Unipor
Unipor Folien Fleing GmbH & Co. KG
Ritterstr. 60-70 ✉ 20 01 18
5600 Wuppertal 2
☏ 02 02-8 32 22

5600 Westa
Westdeutsche Waagenfabrik Freudewald & Schmitt
✉ 21 07 60
5600 Wuppertal 21 (Ronsdorf)
☏ 02 02-46 40 61 Telex 8 591 586

5600 Ziehe
Walter Ziehe GmbH + Co. KG
Marmor · Granit · Betonwerkstein
Heidestr. 19
5600 Wuppertal 12
☏ 02 02-47 00 41 u. 42 Fax 02 02-47 60 40
Telex 8 591 772 zie

5603 Hammerschmidt
MIGUA Hammerschmidt GmbH
Dieselstr. 20 ✉ 12 60
5603 Wülfrath
☏ 0 20 58-77 40 Teletex 8 592 085

5603 Interaqua
Interaqua Fertigbau-Unterflurschwimmhallen GmbH
Goethestr. 37 a
5603 Wülfrath
☏ 0 20 58-50 14

5603 Technoflor
Technoflor Deutschland GmbH
Wilhelmstr. 96 ✉ 12 80
5603 Wülfrath 1
☏ 0 20 58-40 55

5603 Wülfrather
Wülfrather Zement GmbH
Wilhelmstr. 77
5603 Wülfrath
☏ 0 20 58-1 70 Telex 8 592 539 wzw d

5603 Wülfrather Zement
Wülfrather Zement GmbH
Wilhelmstr. 77
5603 Wülfrath
☏ 0 20 58-1 70 Fax 17 23 78 Teletex 2 05 837 wzw

5608 Ernst
„WILHELMSTAL" Ernst & Sohn GmbH + Co. KG.
✉ 51 00
5608 Radevormwald 1
☏ 0 21 91-6 02 11 Telex ☏ 08 513 833

5608 Giersiepen
Gustav Giersiepen GmbH & Co. KG
Elektrotechnische Industrie
✉ 12 20
5608 Radevormwald
☏ 0 21 95-60 20 Telex 8 513 757 Teletex 2 19 536

5608 Hermanns
Chemische Fabrik Hermanns & Co. GmbH
Mermbacher Str. 23 ✉ 12 69
5608 Radevormwald
☏ 0 21 95-67 20 Telex 8 59 603 herm d

2

5608 Klöber
Klöber Doppelboden-System GmbH & Co. KG
Gewerbestr. 8
5608 Radevormwald
☏ 0 21 95-4 00 55

5620 BKS
BKS GmbH
Heidestr. 71 ✉ 10 02 10
5620 Velbert 1
☏ 0 20 51-20 11 ⌧ 8 516 841 bks d

5620 CES
CES C. Ed. Schulte GmbH
Friedrichstr. 243 ✉ 10 11 80
5620 Velbert 1
☏ 0 20 51-2 20 11 ⌧ 8 516 808

5620 Christopeit
Horst Christopeit GmbH & Co. KG
✉ 11 02 89
5620 Velbert 11
☏ 0 21 27-40 21

5620 Fliether
Karl Fliether GmbH & Co., Türschloßfabrik
Nevigeserstr. 22 ✉ 10 03 47
5620 Velbert 1
☏ 0 20 51-2 08 80 Fax 20 88 67
⌧ 8 516 845

5620 GLT
GLT Gleit- und Lagertechnik GmbH
✉ 1 53 40
5620 Velbert 15 (Neviges)
☏ 0 20 53-20 43 bis 45 Fax 4 82 79

5620 Haps
Haps & Sohn GmbH + Co. KG, Baubeschläge
Industriestr. 20
5620 Velbert 1
☏ 0 20 51-2 30 01

5620 Karrenberg
Wilh. Karrenberg
Mettmanner Str. 56-64 ✉ 10 05 70
5620 Velbert 1
☏ 0 20 51-2 08 10 Fax 20 81 51 ⌧ 8 516 835

5620 OGRO
OGRO Beschlagtechnik GMBH
Donnenberger Str. 2 ✉ 15 01 40
5620 Velbert 15 (Neviges)
☏ 0 20 53-49 50 Fax 4 95 32

5620 Stanley
Stanley Magic Door GmbH
Langenberger Str. 32 ✉ 10 09 70
5620 Velbert 1
☏ 0 21 24-31 91

5620 Terhorst
Terhorst
Eichendorffstr. 16 B
5620 Velbert 11
☏ 0 21 27-23 34

5620 Tiefenthal
Tiefenthal Schließ-Systeme GmbH
Sternbergstr. 26-33
✉ 10 10 60
5620 Velbert 1
☏ 0 20 51-44 51 Fax 5 44 61 ⌧ 8 516 818 gtin d

5620 VBT
VBT Ingenieurbüro für Verguß- und Befestigungstechnik
Friedrichstr. 297
5620 Velbert 1
☏ 0 20 51-2 17 96

5620 Weidtmann
Wilhelm Weidtmann GmbH & Co. KG
Siemensstr. 10 ✉ 10 12 80
5620 Velbert 1
☏ 0 20 51-20 31 ⌧ 8 516 228

5628 ABO
ABO System-Elemente GmbH
Rheinlandstr. 59
5628 Heiligenhaus
☏ 0 20 56-28 51 Fax 28 52

5628 Engstfeld
Wilh. Engstfeld GmbH & Co. KG
✉ 10 02 63
5628 Heiligenhaus
☏ 0 20 56-6 00 14 ⌧ 8 516 718 weha d

5628 Hagan
Hagan Franz Rummel KG
✉ 68
5628 Heiligenhaus
☏ 0 21 26-6 00 11 ⌧ 8 516 628

5628 Hespe
Hespe & Woelm GmbH & Co. KG
Hasselbecker Str. 4 ✉ 10 02 52
5628 Heiligenhaus
☏ 0 20 56-1 80 ⌧ 8 516 720

5628 Hülsdell
Gebrüder Hülsdell, Baubeschlagfabrik und Metallgießerei
Hauptstr. 40 ✉ 10 02 42
5628 Heiligenhaus
☏ 0 20 56-50 21/22 Fax 6 90 63 ⌧ 8 516 709

5628 Integratio
Integratio H. Udo Reichstadt
Mühlenweg 20
5628 Heiligenhaus
☎ 0 20 56-6 81 16

5628 Kiekert
Kiekert & Nieland Schloß- und
Baubeschlagfabrik · Preß- und Stanzwerk
Wülfrather Str. 6 ✉ 10 03 53
5628 Heiligenhaus
☎ 0 20 56-50 11 bis 13 Telex 8 516 755

5628 Melchert
Melchert Beschläge GmbH & Co. KG
Rheinlandstr. 47 ✉ 10 04 61
5628 Heiligenhaus
☎ 0 20 56-26 50 Fax 2 65 65 Telex 8 516 769

5628 Nofen
Ernst Nofen GmbH + Co. KG
✉ 1 24
5628 Heiligenhaus
☎ 0 21 26-10 92

5628 Schlechtendahl
Wilh. Schlechtendahl & Söhne
✉ 2 23/4
5628 Heiligenhaus
☎ 0 21 26-6 85 61/68 Telex 8 516 728

5628 Strenger
Heinrich Strenger Riegel- und Baubeschlagfabrik
Hauptstr. 103 ✉ 10 05 75
5628 Heiligenhaus
☎ 0 20 56-50 15 bis 17 Telex 8 516 752 hsth d

5630 Asre
ASRE-Werkzeugfabrik Arthur Schlieper
✉ 14 05 24
5630 Remscheid-Hasten
☎ 0 21 91-86 16 Telex 8 513 930 asre d

5630 Flosbach
Werner Flosbach GmbH & Co. KG
Im Ostbahnhof 5
5630 Remscheid
☎ 0 21 91-34 30 47 und 48 Fax 3 92 17

5630 Helmrich
Herm. Helmrich Seilerwarenfabrik GmbH & Co. KG
Alte Kölner Str. 12 ✉ 11 03 45
5630 Remscheid-Lennep
☎ 0 21 91-6 02 25/6

5630 ISO/CRYL
ISO/CRYL Dämmplatten GmbH
Kronprinzenstr. 11
5630 Remscheid 1
☎ 0 21 91-7 40 41

5630 Lemp
Johann Lemp Dachfensterfabrik
Lempstr. 32
5630 Remscheid 1
☎ 0 21 91-3 10 46

5630 Leschus
Gerd Leschus Kunststoffabrik
✉ 12 03 20
5630 Remscheid 11
☎ 0 21 91-58 83 bis 87 Telex 8 513 477

5630 Riloga
RILOGA®-WERK Julius Schmidt
Haddenbacher Str. 38-42 ✉ 10 07 51
5630 Remscheid
☎ 0 21 91-20 70 Fax 2 62 40 Telex 8 513 811 rilo d

5630 Tufton
Tufton Teppichgesellschaft mbH
Walter-Freitag-Str. 1 ✉ 12 05 24
5630 Remscheid 11
☎ 0 21 91-5 00 75 Telex 8 513 935 tufr

5630 Vaillant
Joh. Vaillant GmbH & Co.
Berghausener Str. 40 ✉ 10 10 20
5630 Remscheid
☎ 0 21 91-36 81

5632 Böhme
BÖHME Werkzeug- und Maschinenvertrieb GmbH
Industriestr. 10 ✉ 11 11
5632 Wermelskirchen 1
☎ 0 21 96-8 62 55

5632 Kiesecker
Kiesecker Leichtmetall-Erzeugnisse
Inh. Christel Engels
Büschhausen 12
5632 Wermelskirchen 1
☎ 0 21 96-44 82

5632 Schneider
Holzhaus Schneider GmbH
Gewerbestr. 3
5632 Wermelskirchen
☎ 0 21 96-37 06

5632 Techno
technoplan systemtechnik GmbH
✉ 14 28
5632 Wermelskirchen 1
☎ 0 21 96-34 14

5632 Thoro
THORO Deutschland W. Kowalski Verkaufsleitung
Döllersweger Hof 14
5632 Wermelskirchen
☎ 0 21 96-8 27 34

5632 Zippa
ZIPPA-KLINKER Paul Zippmann GmbH & Co. KG
Wüstenhof 16 ⊠ 16 70
5632 Wermelskirchen 1
☏ 0 21 96-60 37 bis 39, 60 30 Fax 8 46 91
Teletex 2 19 635

5650 Beyer
Beyer & Co IBIA
Helenenstr. 10-16
5650 Solingen 1
☏ 02 12-5 20 96/7

5650 Blasberg
Blasberg Anlagentechnik GmbH
Merscheider Str. 165 ⊠ 13 01 14
5650 Solingen 11
☏ 02 12-70 20 ⌁ 172 122 306 Teletex 2 122 306
Telefax 32 96 21

5650 Breuer
Breuer + Schmitz Baubeschlagfabrik
Locher Str. 25 ⊠ 19 02 20
5650 Solingen 19
☏ 02 12-31 00 84 ⌁ 172 122 325 bsw d
Teletex 2 122 325 bswsg

5650 Grellmann
Jens Grellmann, Generalvertretung der
Fa. Engels, Lökeren/Belgien
Baverter Str. 58
5650 Solingen 19
☏ 02 12-33 66 76

5650 Kolb
Gebrüder Kolb Spezialfenster KG
Mangenberger Str. 338-342
5650 Solingen 1
☏ 02 12-1 20 54/55

5650 Moll
Gebrüder Moll GmbH & Co. KG
Forststr. 32 ⊠ 11 03 30
5650 Solingen 11 (Ohligs)
☏ 02 12-7 44 41/42 ⌁ 8 514 719

5650 Opti
Opti Table Aluminium-Produkte GmbH & Co. KG
⊠ 10 13 29
5650 Solingen 1
☏ 02 12-7 80 41 ⌁ 8 514 518

5650 Perfecta
perfecta GmbH
⊠ 19 05 22
5650 Solingen
☏ 02 12-5 03 37

5650 Prinz
Prinz & Co. Metallwarenfabrik
Junkerstr. 22 ⊠ 11 08 47
5650 Solingen 11
☏ 02 12-33 26 91

5650 Rabbasol
RABBASOL-CHEMIE, chem. Fabrik GmbH
⊠ 19 04 47
5650 Solingen 19
☏ 02 12-31 20 51/52 ⌁ 8 514 317 rabb d

5650 Silgmann
Silgmann Saunabau
In der Freiheit 11
5650 Solingen 1
☏ 02 12-59 05 80
→ 8034 Silgmann

5650 Solvay
Deutsche Solvay-Werke GmbH
Langhansstr.
⊠ 11 02 70
5650 Solingen 11
☏ 02 12-70 41 ⌁ 8 514 818

5650 Strizo
Strizo GmbH & Co. KG
Tellstr. 19a
5650 Solingen 1
☏ 02 12-8 06 06 ⌁ 8 514 322 stri d

5653 Geller
Otto Geller KG
Opladener Str. 2
5653 Leichlingen 1
☏ 0 21 75-20 46 bis 49 ⌁ 8 515 855 ogl d

5653 Löbig
TEKADOOR Löbig GmbH
Hochstr. 29
⊠ 2 62
5653 Leichlingen 1
☏ 0 21 75-30 66

5657 Bertool
BERTOOL-WERKE Paul Berrenberg sen. KG
Düsseldorfer Str. 78-84
5657 Haan
☏ 0 21 29-20 56 ⌁ 8 59 452

5657 Brandenstein
J. Brandenstein Kunststoff-Fenster und Elementebau
GmbH + Co. KG
Thunbuschstr. 5
5657 Haan 2 (Gruiten)
☏ 0 21 04-63 41 bis 45

5657 Experta
Experta Hafttechnik GmbH & Co. KG
Bergische Str. 21
5657 Haan
☎ 0 21 29-20 67 Fax 5 17 57 ≢ 85 94 79

5657 Göta
Göta Plastic GmbH
Pfalzstr. 2
5657 Haan/Rhld.
☎ 0 21 29-70 25

5657 Höhn
Unipol-Höhn GmbH & Co. KG
Harbigweg 10
5657 Haan
☎ 0 21 29-30 06 ≢ 8 59 475

5657 Medano
Medano Kunststofftechnik Dietmar Schmidt
Heinhauser Weg 19a
5657 Haan 2 (Gruiten)
☎ 0 21 04-6 13 13 und 6 23 23

5657 Poulsen
Louis Poulsen & Co. GmbH
Internationale Beleuchtungen
Eifelstr. 4 ✉ 15 63
5657 Haan 1
☎ 0 21 29-5 56 70 Fax 55 67 67 ≢ 8 59 472 lpco d

5657 Schnicks
Carl Schnicks GmbH & Co.
Bahnhofstr. 6 ✉ 16 51
5657 Haan 1
☎ 0 21 29-5 81 ≢ 8 59 447

5670 Pogenwisch
Pogenwisch KG
Borsigstr. 1
5670 Opladen
☎ 0 21 71-5 39 61

5740 Scobalit
Scobalitwerk
Koblenzer Str. 42 ✉ 5 60
5470 Andernach 1
☎ 0 26 32-4 40 21 ≢ 8 65 850

5750 BAUFA
BAUFA-Werke Richard Rinker GmbH
✉ 1 40
5750 Menden 1
☎ 0 23 73-68 30 Fax 68 32 96 ≢ 8 202 856

5750 Bega
BEGA Gantenbrink-Leuchten OHG
Spezialfabrik für Außenleuchten
5750 Menden
☎ 0 23 78-8 11

5750 Bettermann
OBO Bettermann oHG
Hüingser Ring 52 ✉ 11 20
5750 Menden 2
☎ 0 23 73-8 91 ≢ 8 202 863

5750 DZ
DZ Licht Außenleuchten GmbH & Co. KG
Sudetenstr. 11 ✉ 3 74
5750 Menden 1
☎ 0 23 73-6 30 44 und 45 ≢ 8 202 832

5750 MHS
MHS Mathias H. Schmitz GmbH Baunormteilwerk
Bieberkamp 67-73
5750 Menden 2 (Lendringsen)
☎ 0 23 73-8 10 37 ≢ 8 202 908

5750 Neuwa
Neuwa Bettermann oHG
✉ 4 00
5750 Menden 1
☎ 0 23 73-8 90 ≢ 8 202 846

5757 Mannesmann
Mannesmannröhren-Werke AG
Marscheidstr. 2 ✉ 2 20
5757 Wickede/Ruhr
☎ 0 23 77-8 11 ≢ 8 202 881

5757 Risse
Gebrüder Risse GmbH
Erlenstr. 50 ✉ 1 20
5757 Wickede/Ruhr
☎ 0 23 77-8 50 ≢ 8 202 527

5758 Hüttenbrauck
Hüttenbrauck GmbH & Co., Profilwalz- und Preßwerk
Auf dem Spitt 23
5758 Fröndenberg-Frömern
☎ 0 23 78-35 90

5758 Kludi
KLUDI-Armaturen Paul Scheffer
Landstr. 2 ✉ 12 80
5758 Fröndenberg
☎ 0 23 73-75 70 Fax 7 07 73 ≢ 8 202 628

5758 Thyssen Umform
THYSSEN UMFORMTECHNIK Werk Langschede
✉ 20
5758 Fröndenberg-Langschede
☎ 0 23 78-8 21 ≢ 8 27 758

5760 Athmer
F. Athmer
Sophienhammer ✉ 30 60
5760 Arnsberg 1
☎ 0 29 32-47 70 Fax 4 77 47 ≢ 8 41 840

2

5760 Batavia
Batavia Holz- und Metallwaren GmbH
Sophienhammer ✉ 30 60
5760 Arnsberg 1
☎ 0 29 32-47 70 Fax 4 77 47 Telex 8 41 840

5760 Brökelmann
F. W. Brökelmann Aluminiumwerke KG
Werler Str. 2 ✉ 13 60
5760 Arnsberg 1
☎ 0 29 32-20 21 Telex 8 47 162

5760 Cronenberg
J. Cronenberg o. H.
Sophienhammer ✉ 30 60
5760 Arnsberg 1
☎ 0 29 32-47 70 Fax 4 77 47 Telex 8 41 840

5760 Cufix
Cufix-Werk Deutsche Alwa GmbH
Hammerweide
5760 Arnsberg 2
☎ 0 29 31-40 78

5760 Dahlmann
Theodor Dahlmann GmbH & Co
Werkzeug- u. Stahlbau
Zur Schefferei 2 ✉ 52 27
5760 Arnsberg 2
☎ 0 29 31-40 92 Telex 8 4 234

5760 Dallmer
Dallmer GmbH & Co. Sanitärtechnik
Herdringen-Wiebelsheide 25
5760 Arnsberg 1
☎ 0 29 32-47 10 Fax 4 71 55 Telex 8 41 831

5760 DELTA
DELTA-Betonwerke
GmbH & Co. KG
Hüttenstr. 13
5760 Arnsberg 1
☎ 0 29 32-44 37 Fax 3 49 26

5760 Duropal
DUROpal-Werk EBERH. WREDE GmbH & Co. KG
✉ 27 60
5760 Arnsberg 1
☎ 0 29 32-30 20 Telex 8 421 828

5760 Goeke
Metallwerke Neheim Goeke & Co. GmbH
✉ 20 40
5760 Arnsberg 1
☎ 0 29 32-20 61 Telex 8 47 143

5760 Gottschalk
K. Gottschalk Edelstahlverarbeitung
Dieselstr. 13 ✉ 52 33
5760 Arnsberg 2
☎ 0 29 32-60 46

5760 Hegmann
HARDO-Befestigungen H. Hegmann
Dieselstr. 4 ✉ 53 03
5760 Arnsberg 2
☎ 0 29 31-60 04 bis 08 Fax 7 71 66 Telex 8 4 240

5760 Leymann
H. C. Leymann Sulinger Sensenwerk
Rönkhauser Str. 9 ✉ 30 60
5760 Arnsberg 1
☎ 0 29 32-47 70 Fax 4 77 47
Telex 8 41 840

5760 Spanplatten
Sauerländer Spanplatten GmbH & Co. KG
Zur Schefferei 12 ✉ 55 53
5760 Arnsberg 2
☎ 0 29 31-87 60

5760 Starke
STARKE Bauelemente-Wintergartenanlagen
Graf-Gottfried-Str. 70a ✉ 23 50
5760 Arnsberg 1 (Neheim-Hüsten)
☎ 0 29 32-2 84 42

5760 Steinau
Steinau GmbH
Dungestr. 84 ✉ 23 60 und 23 80
5760 Arnsberg 1 (Neheim-Hüsten)
☎ 0 29 32-42 94 bis 98 Fax 3 46 00 Teletex 17 293 240

5760 THORN EMI
THORN EMI Beleuchtungsgesellschaft mbH
Möhnestr. 55 ✉ 25 80
5760 Arnsberg 1
☎ 0 29 32-20 50

5760 Trilux
TRILUX-LENZE GmbH & Co. KG
Lichttechnische Spezialfabrik
✉ 19 60
5760 Arnsberg 1
☎ 0 29 32-30 10 Telex 8 41 811

5760 Tüffers
REGUL AIR Klimatechnik TÜFFERS KG
Am Schneider-Haus 7
5760 Arnsberg 1
☎ 0 29 32-3 29 47

5768 Baulmann
Johann u. Th. Baulmann GmbH & Co.
Werkstätten für Lichtgestaltung
✉ 11 49
5768 Sundern
☏ 0 29 33-30 71 ⌧ 8 4 283 baulen d

5768 Blome
Hubert Blome GmbH
Im Karweg 3 ✉ 11 80
5768 Sundern-Stockum
☏ 0 29 33-20 04 ⌧ 8 4 272

5768 Lübke
Bernd Lübke, Bedachungszubehör
Heuweg 24
5768 Sundern-Langscheid
☏ 0 29 35-16 90

5768 MÜBA
Müller + Baum GmbH & Co. KG Baugerätefabrik
Birkenweg 52
5768 Sundern (Hachen)
☏ 0 29 35-80 10 Fax 18 01 50 ⌧ 8 4 267 mueba d

5768 Olbrich
Osmose Bauholzschutz Karl Olbrich
Lockweg 20
5768 Sundern
☏ 0 29 33-24 79

5768 Sorpetaler
Sorpetaler Fensterbau GmbH
Selbecke 6
5768 Sundern 11
☏ 0 23 93-10 01 bis 04 ⌧ 8 201 898 sf d

5778 Export
Export Metall Industrie GmbH
Fritz-Honsel-Str. ✉ 12 44
5778 Meschede
☏ 02 91-22 44 ⌧ 8 4 861 hoal d

5778 Home
HOME-Fertigelemente
✉ 13 45
5778 Meschede
☏ 02 91-5 00 51 ⌧ 8 4 873 home

5778 Möller
Möller GmbH & Co. KG
✉ 41 06
5778 Meschede 4-Eversberg
☏ 02 91-5 00 21 ⌧ 8 4 831

5779 Beckmann
Ewald Beckmann GmbH + Co.,
Säge- und Hobelwerk, Holzleimbau
5779 Eslohe-Bremke
☏ 0 29 73-80 80 ⌧ 8 41 503 eb
Telefax 0 29 73-8 08 38

5779 Schulte
Schulte + Hennes Betonwerke
5779 Eslohe 2 - Cobbenrode
☏ 0 29 70-8 10

5787 Evers
Ph. Evers
In der Ramecke 2 ✉ 11 64
5787 Olsberg 2
☏ 0 29 62-30 11 Fax 30 15

5787 Hüttemann
Hüttemann Holz GmbH + Co. KG
Industriestr. ✉ 12 61
5787 Olsberg 1
☏ 0 29 62-80 60 Fax 37 25 ⌧ 8 4 631 hholz d

5787 Olsberger Hütte
Olsberger Hütte Hermann Everken GmbH & Co.
und Vertrieb mbH
✉ 13 62
5787 Olsberg 2
☏ 0 29 62-8 11 ⌧ 8 4 617

5787 Oventrop
F. W. OVENTROP KG
Armaturenfabrik und Metallgießerei
Paul-Oventrop-Str. 1 ✉ 74
5787 Olsberg 1
☏ 0 29 62-8 21 Fax 8 22 01 ⌧ 8 4 610

5787 Pieper
PIEPER-HOLZ GMBH
Gewerbegebiet Assinghausen
5787 Olsberg
☏ 0 29 62-30 67 Fax 59 27

5787 Unibau
UNIBAU GmbH & Co. KG Gebrüder Schulte
Franz-Hoffmeister-Str. 2
5787 Olsberg 9-Antfeld
☏ 0 29 62-20 51 ⌧ 8 4 626

5788 ante-holz
ante-holz
5788 Winterberg-Züschen
☏ 0 29 81-20 96 und 0 29 84-6 99

5788 MHI
Mitteldeutsche Hartstein-Industrie GmbH
OT Hildfeld ✉ 11 27
5788 Winterberg (Westf.) 12
☏ 0 29 85-49 89 Fax 4 97

5790 Bartscher
Bartscher-Fertighausbau
Almer Feldweg
5790 Brilon
☏ 0 29 61-40 01

5790 Brandhoff
Heinrich Brandhoff Nachf. Rolf Brandhoff
Untere Str. 34
5790 Brilon 8 (Scharfenberg)
☏ 0 29 61-20 51

5790 Kalk
Sauerländische Kalkindustrie GmbH
Warburger Str. 23
5790 Brilon-Messinghausen
☏ 0 29 63-8 88 Fax 5 49 ⌧ 8 4 661 ski d

5790 Labramit
Labramit Edelputzwerk Heinrich Lahme
Nachtigallenweg 1 ✉ 14 49
5790 Brilon
☏ 0 29 61-85 95

5790 Peli
PELI G.m.b.H Werk II
5790 Brilon

5790 Rekostein
REKOSTEIN GmbH
Zur Heide 33
5790 Brilon
☏ 0 29 63-8 31 + 8 32 Fax 22 88 ⌧ 8 4 628 reko d

5790 Unibau
UNIBAU-Geländertechnik
Am Derkeren Tor
5790 Brilon
☏ 0 29 61-10 06 ⌧ 8 4 626

5790 Vertriebs GmbH
Briloner Vertriebs GmbH & Co.
Unterm Warenberg 2
5790 Brilon-Altenbüren

5800 Bechem
Carl Bechem GmbH
Weststr. 120 ✉ 3 49
5800 Hagen 1
☏ 0 23 31-30 30 61 ⌧ 8 23 548 bewl d

5800 Bergerhoff
Gebr. Bergerhoff KG, Eisen- und Metallgießerei
✉ 4 08
5800 Hagen 1
☏ 0 23 31-3 15 85 und 2 11 85 Fax 2 80 63 ⌧ 8 23 594

5800 Bröer
EBRO-ARMATUREN Gebr. Bröer GmbH
Berliner Str. 37 ✉ 71 47
5800 Hagen 7
☏ 0 23 31-4 70 10 ⌧ 8 23 151

5800 Elflein
F. + H. Elflein
Elisabethstr. 9-15 ✉ 8 25
5800 Hagen 1
☏ 0 23 31-2 50 87 und 88

5800 Erdmann
Erdmann & Pickrun oHG, Kunststoffwerk
Enneper Str. 95
5800 Hagen
☏ 0 23 31-4 57 20

5800 Hegner
HSH-HEGNER KG
Im Langenstück 24
5800 Hagen
☏ 0 23 31-7 96 87

5800 Köster
Steinwerke Wilh. Köster
✉ 41 47
5800 Hagen
☏ 0 23 31-39 70 Fax 39 71 ⌧ 8 23 701 wkoe

5800 Möllhoff
Dr. Möllhoff Bauprodukte
✉ 24 69
5800 Hagen 1
☏ 0 23 31-3 27 58 ⌧ 8 23 756

5800 Partner
PMZ Produkt- und Marketing Zentrale des Farben-, Tapeten- und Bodenbelags-Großhandels oG
Delsterner Str. 100 ✉ 27 65
5800 Hagen 1
☏ 0 23 31-5 00 34 ⌧ 8 23 135 pama d

5800 Schmidt
E. P. H. Schmidt u. Co. GmbH, Pergaert-Gartenartikel
✉ 33 20
5800 Hagen (Westf.)
☏ 0 23 31-30 30 01/02/03/04

5800 Scholz
Haustüren Chr. Scholz
Haldener Str. 121
5800 Hagen 1
☏ 0 23 34-5 33 33 o. 0 23 31-8 21 75

5802 Adronit
Adronit-Werk Hermann Aderhold GmbH & Co.
✉ 89
5802 Wetter 4
☏ 0 23 35-75 45 ⌧ 8 23 205 adro

5802 Bremicker
Aug. Bremicker Söhne KG
✉ 2 10 und 2 20
5802 Wetter/Ruhr 2
☎ 0 23 35-63 40 Fax 63 41 09 ⌁ 8 23 240

5802 EuP
EuP Eisen- und Plastverarbeitung GmbH
An der Brille 5-7
✉ 1 25
5802 Wetter 2 (Volmarstein)
☎ 0 23 35-6 02 84 Fax 6 07 37 ⌁ 8 23 208

5802 Külpmann
Wilhelm Külpmann GmbH & Co. KG
Ruhrsandsteinbrüche
Zechenweg 20
5802 Wetter 1 (Albringhausen)
☎ 0 23 35-77 02 und 77 21 Fax 7 09 78

5804 Dörken
Ewald Dörken AG
Wetterstr. 58 ✉ 1 63
5804 Herdecke
☎ 0 23 30-6 31 ⌁ 8 239 428

5804 DWA
D.W.A.-Vertrieb
Loerfeldstr. 24 ✉ 3 04
5804 Herdecke
☎ 0 23 30-39 40 ⌁ 8 239 413 dwa

5804 MARCO
MARCO Manfred Kaufhold
Goethestr. 16 ✉ 3 04
5804 Herdecke
☎ 0 23 30-39 40 o. 0 23 30-20 22 ⌁ 8 239 413 mkh

5805 Braselmann
Klaus Braselmann oHG Rolltore
Langscheider Str. 39 ✉ 1 40
5805 Breckerfeld
☎ 0 23 38-5 65 Fax 12 03 ⌁ 8 23 607 bkg d

5805 Heede
Gebr. vom Heede Stanz- und Preßwerk
Langscheider Str. 12-14
5805 Breckerfeld
☎ 0 23 38-15 38

5810 Ardex
ARDEX CHEMIE GMBH
Friedrich-Ebert-Str. 45 ✉ 61 20
5810 Witten-Annen
☎ 0 23 02-66 40 Fax 66 43 00 ⌁ 8 229 152

5810 KOMPAKTA
KOMPAKTA Heizsysteme GmbH
ehem. Wittener Herdfabrik
✉ 40 20
5810 Witten
☎ 0 23 02-3 22 57

5810 mini-flat
mini-flat - Verandabau GmbH
Friedrich-Ebert-Str. 88
5810 Witten-Annen
☎ 0 23 02-80 17 88

5810 Thyssen Edelstahl
Thyssen Edelstahlwerke AG
Auestr. 4 ✉ 13 69
5810 Witten
☎ 0 23 02-58 31 ⌁ 8 229 155 tew d

5820 anke
„anke" plast Produktions- und Vertriebs-GmbH
Am Sinnerhoop 60-62 ✉ 41 60
5820 Gevelsberg 11
☎ 0 23 32-66 20 Fax 6 62 22 ⌁ 8 229 473 anke d

5820 Eldor
ELDOR-Türautomatik GmbH
Hagener Str. 20-26 ✉ 14 07
5820 Gevelsberg
☎ 0 23 32-30 69 ⌁ 8 202 700

5820 Pollok
Pollok Ankersysteme GmbH
Flurstr. 27
5820 Gevelsberg
☎ 0 23 32-64 44 und 45 Fax 64 42
⌁ 8 202 732 pola d

5820 Roigk
Roigk & Co.
5820 Gevelsberg
☎ 0 23 32-69 13

5820 Störring
Th. Alfr. STÖRRING GmbH Spezialbaustoffe
Am Westbahnhof 4 ✉ 24 20
5820 Gevelsberg
☎ 0 23 32-18 81 Fax 8 34 38

5820 TRW Nelson
TRW Nelson Bolzenschweißtechnik GmbH
Flurstr. 7-19
5820 Gevelsberg
☎ 0 23 32-66 10 ⌁ 8 229 412

5828 Braselmann
Ferd. Braselmann GmbH & Co. KG
5828 Ennepetal 17
☎ 0 23 33-79 80 Fax 7 98 55 ⌁ 8 23 360

5828 Dorma
Dorma-Baubeschlag GmbH & Co. KG
Dorma-Glas Gesellschaft mbH
⊠ 40 09
5828 Ennepetal 14
☎ 0 23 33-79 30 ⌁ 8 23 375 dorm

5828 Dorma-tormatic
DORMA-tormatic GmbH & Co. KG
⊠ 4009
5828 Ennepetal
☎ 0 23 33-79 30 ⌁ 8 23 375

5828 Heson
HESONWERKE
⊠ 20 10
5828 Ennepetal 1
☎ 0 23 33-78 11/14 ⌁ 8 23 358

5828 Klöber
Klöber GmbH & Co. KG
Scharpenberger Str. 72-74 ⊠ 20 08
5828 Ennepetal 1
☎ 0 23 33-77 47 und 49 ⌁ 8 23 336 hken d

5828 Krüger
EHP Krüger GmbH
Scharpenbergerstr. 92
5828 Ennepetal
☎ 0 23 33-77 28/9 Fax 84 54 ⌁ 8 23 323 ehp d

5828 Lahme
Hugo Lahme GmbH
Kahlenbeckerstr. 2 ⊠ 13 51
5828 Ennepetal
☎ 0 23 33-77 78 ⌁ 8 23 390

5828 Pollok
Pollok-Ankersysteme GmbH
Flurstr. 27
5228 Gevelsberg
☎ 0 23 32-64 43 Fax 64 42

5828 Vormann
August Vormann KG Scharniere und Beschläge
Heilenbecker Str. 191-205 ⊠ 20 38
5828 Ennepetal
☎ 0 23 33-77 91 ⌁ 8 23 383

5830 Mücher
Hermann Mücher GmbH & Co. KG
Steinwegstr. 30-32 ⊠ 5 50
5830 Schwelm
☎ 0 23 36-60 11

5830 Wilkes
Wilkes GmbH Kunststoffe
Heidestr. 23-29
5830 Schwelm
☎ 0 23 36-70 82 Fax 73 95
⌁ 8 239 727

5840 BEDO
BEDO Vertriebsgesellschaft für Bausysteme
Joachim Seiffert mbH
Gewerbegebiet Geisecke
⊠ 11 80
5840 Schwerte
☎ 0 23 04-47 10

5840 KH Zentral
KH Zentral-Heizanlagen
⊠ 13 64
5840 Schwerte 1
☎ 0 23 04-4 79 00

5840 Pahl
Pahl Vertriebs KG
Mühlenstr. 2 ⊠ 16 21
5840 Schwerte 1
☎ 0 23 04-1 80 13

5840 Quick
QUICK-BAUPRODUKTE GmbH
Rosenweg 1
5840 Schwerte
☎ 0 23 04-84 43 ⌁ 8 227 631

5840 Scherff
Scherff Bautenschutz GmbH & Co. KG
Binnerheide 30
5840 Schwerte/Ruhr
☎ 0 23 04-48 25 bis 28

5860 Blanke
Blanke & Co. Draht- und Metallwarenfabrik
Im Mühlental 11 ⊠ 70 25
5860 Iserlohn 7
☎ 0 23 74-17 17 ⌁ 8 27 239 blank d

5860 Buildex
BUILDEX DIVISION der ITW-ATECO GMBH
Liegnitzer Str. 1
⊠ 70 21
5860 Iserlohn 7 (Letmathe)
☎ 0 23 74-50 20 ⌁ 8 27 246

5860 de Lange
Hans de Lange Korkparkett
⊠ 14 28
5860 Iserlohn
☎ 0 23 71-2 63 63

5860 Dieckmann
Erich Dieckmann GmbH Metallwarenfabrik
Grüner Talstr. 18 ✉ 60 51
5860 Iserlohn
☎ 0 23 71-56 20 Fax 5 62 20 ⌸ 8 27 773

5860 Dornbracht
Alois F. Dornbracht GmbH & Co
Armaturenfabrik
Köbbinger Mühle 6 ✉ 6 26
5860 Iserlohn-Sümmern
☎ 0 23 71-49 62/4 ⌸ 8 27 761

5860 Drost
Drost & Co. KG
✉ 14 28
5860 Iserlohn
☎ 0 23 71-2 63 63

5860 Eden
EDEN-WERKSTÄTTEN
Am großen Teich 15
5860 Iserlohn 5
☎ 0 23 71-4 06 68

5860 Friedrich
Wilhelm Friedrich
Ludwigstr. 2
5860 Iserlohn
☎ 0 23 71-2 00 17

5860 Gartenmann
Gartenmann Isolier- und Terrassenbau GmbH
Gennaer Str. 38
5860 Iserlohn 7 - Letmathe
☎ 0 23 74-44 34 Fax 1 35 44

5860 Goswin
Goswin & Co Armaturenfabrik
Baarstr. 108-112 ✉ 4 76
5860 Iserlohn
☎ 0 23 71-48 41 ⌸ 8 27 855

5860 Hagis
von Hagen & Grennigloh
Industriestr. 2 ✉ 2 19
5860 Iserlohn
☎ 0 23 71-2 90 75 ⌸ 8 27 893

5860 Hemecker
Wilhelm Hemecker
Karl-Arnold-Str. 37-45 ✉ 16 65
5860 Iserlohn
☎ 0 23 71-54 67 ⌸ 8 27 810

5860 Knebel
Knebel + Röttger GmbH & Co.
Armaturen- und Metallwarenfabrik
Giesestr. 30 ✉ 18 65
5860 Iserlohn
☎ 0 23 71-4 30 60 Fax 43 06 66 ⌸ 8 27 860
Telefax 0 23 71-4 40 79

5860 Oostwoud
oostwoud GmbH
Oststr. 4
✉ 6 10
5860 Iserlohn
☎ 0 23 71-2 80 41 ⌸ 8 27 766

5860 Romberg
Heinrich Romberg KG Moderne Bauelemente
Wallstr. 15-19
✉ 22 55
5860 Iserlohn
☎ 0 23 71-1 29 31 Fax 2 04 47 ⌸ 8 27 760

5860 Schlüter
Schlüter-Schiene GmbH
Am Schierloh 6 ✉ 60 12
5860 Iserlohn-Letmathe
☎ 0 23 74-73 77 Fax 7 49 33 ⌸ 8 27 269 wsch

5860 Schulte
Heinrich Schulte & Sohn GmbH & Co. KG
Auf der Äumes ✉ 23 36
5860 Iserlohn
☎ 0 23 71-6 70 11 bis 13

5860 SHE
Sanitär- und Heizungs-Einkauf GmbH
Echelnteichweg 2
5860 Iserlohn
☎ 0 23 71-4 12 56 o. 4 00 61

5860 Smitka
Smitka Profex GmbH Walzwerkserzeugnisse
✉ 71 69
5860 Iserlohn 7
☎ 0 23 74-1 56 92 und 18 79 ⌸ 8 27 261

5860 Vieler
Gebr. Vieler
✉ 71 06
5860 Iserlohn-Letmathe
☎ 0 23 74-5 21 ⌸ 8 27 313

5860 Wila
Wila-Leuchten Wwe. Wilh. von Hagen
Gerlingserweg-Vödeweg 9-11 ✉ 2 40
5860 Iserlohn
☎ 0 23 71-2 80 51 ⌸ 8 27 872 wila d

5870 Giersch KG
R. Giersch KG
Oel- und Gasbrennerwerk
⊠ 30 63
5870 Hemer
☎ 0 23 72-64 51 ⌨ 8 27 449

5870 Grohe
Friedrich Grohe Armaturenfabrik GmbH + Co.
Hauptstr. 137 ⊠ 13 61
5870 Hemer
☎ 0 23 72-5 31 Fax 5 33 22 ⌨ 8 27 433
Teletex 2 372 310

5870 Keune
KEUCO Paul Keune GmbH & Co. KG
⊠ 3 40
5870 Hemer
☎ 0 23 72-5 80 ⌨ 8 27 463

5870 Krieg
Krieg GmbH & Co. KG
⊠ 14 46
5870 Hemer
☎ 0 23 72-15 44 bis 46

5870 Lötters
Drahtwerk Friedr. Lötters
Hellestr. 40
5870 Hemer-Bredenbruch 6
☎ 0 23 72-8 60 90 Fax 86 09 11

5870 SIMU
SIMU Volkmar Haarmann
Im Ohl 52 ⊠ 13 38
5870 Hemer
☎ 0 23 72—7 34 60 Fax 1 39 17

5880 Brauckmann
Brauckmann & Pröbsting
⊠ 13 40
5880 Lüdenscheid
☎ 0 23 51-10 20

5880 Brune
Ed. Brune GmbH + Co.
Werdohler Str. 336
5880 Lüdenscheid
☎ 0 23 51-1 37 08 ⌨ 8 26 809

5880 Busch
Busch-Jaeger Elektro GmbH
⊠ 12 80
5880 Lüdenscheid-Freisenberg
☎ 0 23 51-55 21 Fax 55 22 94 ⌨ 8 26 862 bjel

5880 ERCO
ERCO Leuchten GmbH
Brockhauser Weg 80-82 ⊠ 24 60
5880 Lüdenscheid
☎ 0 23 51-55 10 Fax 55 13 00 ⌨ 8 267 220

5880 Feller
Feller Vertriebs GmbH
Volmestr. 103 ⊠ 62 49
5880 Lüdenscheid
☎ 0 23 51-7 99 23 ⌨ 8 26 681 fell d

5880 Gerhardt
Gerhardt & Cie Metall- u. Kunststoffwerke GmbH
Schlittenbacher Str. 2 ⊠ 16 40
5880 Lüdenscheid
☎ 0 23 51-30 51 u. 33 91 Fax 30 51 u. 33 95

5880 Hellco
HELLCO-Metallwarenfabrik
Am Fuhrpark 9 ⊠ 17 44
5880 Lüdenscheid
☎ 0 23 51-2 22 19 Fax 3 86 11

5880 Hochköpper
Paul Hochköpper & Co
Gartenstr. 49 ⊠ 17 27
5880 Lüdenscheid
☎ 0 23 51-32 61⌨ 8 26 728 pehal

5880 Hoffmeister
Hoffmeister-Leuchten GmbH & Co. KG
⊠ 18 20
5880 Lüdenscheid
☎ 0 23 51-15 91

5880 Hueck
Eduard Hueck Metallwalz- und Preßwerk
⊠ 18 68
5880 Lüdenscheid
☎ 0 23 51-15 11 Fax 15 12 83 ⌨ 8 26 879

5880 Kleinhuis
Hermann Kleinhuis GmbH & Co. KG
Elektro-Technik
An der Steinert 1 ⊠ 19 60
5880 Lüdenscheid
☎ 0 23 51-66 20 ⌨ 8 26 707

5880 Selve
Ernst Selve GmbH & Co. KG
Werdohler Landstr. 286
5880 Lüdenscheid
☎ 0 23 51-1 36 21 ⌨ 8 26 752

5880 Seuster
Adolf Seuster GmbH
Worthstr. 27
5880 Lüdenscheid
☎ 0 23 51-88 21 ⌨ 8 26 621

5880 Thorsman
THORSMAN & Co. GmbH
Wefelshohler Str. 19 ✉ 28 50
5880 Lüdenscheid
☎ 0 23 51-45 64/5 ⌁ 8 26 645

5882 Turk
H. W. Turk KG Plastikwerk
Krummener 1
5882 Meinerzhagen 2

5883 GWK
GWK Gesellschaft Wärme Kältetechnik mbH
Friedrich-Ebert-Str. 310 ✉ 21 28
5883 Kierspe 2
☎ 0 23 59-8 41 ⌁ 8 26 235

5884 Grote
Aug. Grote Eisenwarenfabrik
Heerstraße, Kluse 8 ✉ 22 68
5884 Halver 2 (Oberbrügge)
☎ 0 23 53-6 71/2 ⌁ 8 263 641

5884 Loewen
Gebrüder Loewen GmbH
Bergstr. 18-24
✉ 22 08 und 22 28
5884 Halver 2 (Oberbrügge)
☎ 0 23 51-70 54 und 55

5884 WERES
WERES Raue GmbH Metallwerk
Vömmelbach 14
✉ 14 90
5884 Halver
☎ 0 23 51-7 98 56 Fax 7 98 10

5885 Arda
Arda Reinecke Gitterrost GmbH
Glörstr. 1 ✉ 21 60
5885 Schalksmühle 2-Dahlerbrück
☎ 0 23 55-89 10 Fax 8 91 50 ⌁ 8 26 883 arda d

5885 Berker
Gebr. Berker GmbH & Co.
✉ 11 60
5885 Schalksmühle 1
☎ 0 23 55-80 50 ⌁ 8 26 854

5885 Jung
Albrecht Jung Elektrotechnische Fabrik
✉ 13 20
5885 Schalksmühle 1
☎ 0 23 55-80 60

5885 Piemme
Piemme Deutschland Vertriebs-GmbH der
Ceramiche Piemme Italien
Heedfelder Str. 2
5885 Schalksmühle-Heedfeld
☎ 0 23 51-59 54 ⌁ 8 26 896 piemm d

5885 SCHUPA
SCHUPA ELEKTRO-GMBH + CO. KG
Klagebach 40 ✉ 14 60
5885 Schalksmühle
☎ 0 23 55-80 10 Fax 8 01 11
⌁ 8 263 212 shp a

5885 Seifert
Gebr. Seifert GmbH & Co.
Klagebach 90
5885 Schalksmühle
☎ 0 23 55-30 94 bis 99 Fax 35 98 ⌁ 8 263 222

5885 Spelsberg
Günter Spelsberg GmbH & Co. KG
Jahnstr. 7 ✉ 15 20
5885 Schalksmühle
☎ 0 23 55-5 01 bis 03 ⌁ 8 263 334

5885 Vedder
Gebr. Vedder GmbH
Elektro-Installationssysteme
✉ 15 40
5885 Schalksmühle 1
☎ 0 23 55-80 30 ⌁ 8 263 229

5900 Achenbach
Gebr. Achenbach GmbH Stahl- und Behälterbau
Bismarckstr. 8-16 ✉ 21 01 41
5900 Siegen-Weidenau
☎ 02 71-7 31 41 Fax 7 31 46 ⌁ 8 72 727

5900 Arwei
ARWEI-Bauzubehör GmbH
Waldhausstr. 10 ✉ 21 01 04
5900 Siegen 21 (Weidenau)
☎ 02 71-4 40 31 ⌁ 8 72 935

5900 Bertrams
Bertrams AG
Eiserfelder Str. 70 ✉ 10 02 01
5900 Siegen
☎ 02 71-3 30 80 Fax 3 30 83 35 ⌁ 8 72 842 bert d
Teletex 2 71 306 bert d

5900 Beuco
Becker, Eutebach GmbH & Co. KG
Sandstr. 32 ✉ 10 01 62
5900 Siegen 1
☎ 02 71-5 52 46 ⌁ 8 72 939 beuco

2

5900 Grün
Grün KG Spezialmaschinenfabrik
Wilnsdorf-Niederdielfen
5900 Siegen 1
☎ 02 71-3 91 01 ≠ 8 72 749

5900 Hoesch
Hoesch Siegerlandwerke AG
Vertrieb Hoesch Bausysteme
Birlenbacher Str. 17
5900 Siegen
☎ 02 71-80 20 ≠ 8 72 837

5900 Hundhausen
Hundhausen
5900 Siegen 21
☎ 02 71-4 50 63

5900 Schleifenbaum
August Schleifenbaum KG
5900 Siegen 21-Weidenau
☎ 02 71-7 23 51

5900 Siegenia
Siegenia-Frank KG, Spezialbeschlägefabrik
✉ 10 05 01
5900 Siegen
☎ 02 71-6 29 61 ≠ 8 72 679 Telefax 3A 02 71-6 40 16

5900 Stauf
STAUF Klebstoffwerk GmbH
Frankfurter Str. 69 ✉ 10 09 46
5900 Siegen 1
☎ 02 71-5 52 41 Fax 5 71 88 ≠ 8 72 868

5900 Zimmermann
Ernst Zimmermann GmbH Abt. Pendeltüren
Numbachstr. 58
5900 Siegen 1
☎ 02 71-5 00 50 Fax 50 05 10 ≠ 8 72 645 snek

5901 Daub
Daub GmbH Treppenbau
Siegerländer Holzwerkstätten
Stahlstr. 6
5901 Wilnsdorf-Anzhausen
☎ 0 27 37-2 46 Fax 2 48

5901 ROSS
ROSS GmbH
✉ 11 62
5901 Wilnsdorf
☎ 0 27 39-32 00

5901 STEINEL
STEINEL®-Generalvertrieb Hübner Elektronik KG
Werkstr. 11
5901 Wilnsdorf 3-Rudersdorf
☎ 0 27 37-95 81 ≠ 8 72 876
Telefax 0 27 37-9 33 40

5901 Weißtal
Weißtalwerk Siegen Zimmer GmbH & Co. KG
Weißtalstr. 16
5901 Wilnsdorf 2
☎ 0 27 39-3 91 12 ≠ 8 72 742

5902 Büdenbender
Büdenbender Hausbau
Vorm Eichhölzchen 10
5902 Netphen 3
☎ 0 27 37-95 85

5902 Fischer
J. Fischer Profile GmbH & Co.
Dach- und Wand-Profilwerk
Siegstr. 1
✉ 21 40
5902 Netphen 2
☎ 02 71-7 00 10 ≠ 8 72 633

5902 Flender
Wilhelm Flender GmbH & Co. KG
Herborner Str. 7-9 ✉ 31 63
5902 Netphen 3-Deuz
☎ 0 27 37-2 51 Fax 6 40 ≠ 8 72 613

5902 Polartherm
Polartherm-Flachglas GmbH
Isolier- und Verbundsicherheitsglaswerk
Untere Industriestr. 37a
5902 Netphen 2
☎ 02 71-7 60 47 ≠ 8 72 526

5905 K.M.P.
K.M.P. Kunststoffe-Maschinen-Produkte
Dr. W. Olbrich
Hommeswiese 103-105
5905 Freudenberg
☎ 0 27 34-2 00 91 Fax 2 00 93 ≠ 8 76 864

5908 Fischbach
Fischbach GmbH
✉ 17 60
5908 Neunkirchen
☎ 0 27 35-7 20 ≠ 8 75 812

5908 Heinz
Heinz Apparatebau GmbH
Rohrleitungen - Stanzartikel
Hohenseelbachstr. 17
5908 Neunkirchen
☎ 0 27 35-50 56 ≠ 8 75 845

5908 Jung
Jung Werke GmbH Werk Neunkirchen
Untere Daadenbach
5908 Neunkirchen
☎ 0 27 35-20 26 ≠ 8 75 818 jung d

5908 Reifenberg
Reifenberg GmbH Solarien
In der Klotzbach 14 ✉ 11 46
5908 Neunkirchen
☎ 0 27 35-20 16 bis 20 19 Teletex 8 75 813

5908 Schäfer
Schäfer Werke GmbH
✉ 11 20
5908 Neunkirchen/Krs. Siegen
☎ 0 27 35-71 01 Telex 8 75 802

5909 Frieson
FRIESON Handelsgesellschaft für Metall- und Kunststoffprodukte mbH & Co. KG
Alter Weiher 7
5909 Burbach 6 (OT Holzhausen)
☎ 0 27 36-30 21 und 32 11

5909 Hering
HERING ptBAU Produkt Technik GmbH
Neuländer 1
5909 Burbach 6 (Holzhausen)
☎ 0 27 36-2 70 Fax 2 71 09
Telex 8 75 736 hg bau d

5909 Klein
Wahlbacher Dachpappenfabrik Edmund Klein KG
Freier-Grund-Str. 118 ✉ 11 09
5909 Burbach-Wahlbach
☎ 0 27 36-19 75 Telex 8 75 735 klewa d

5910 Blefa
BLEFA GmbH
Hüttenstr. 43 ✉ 11 60
5910 Kreuztal
☎ 0 27 32-7 80 Telex 8 75 553

5910 ISOPUNKT
ISOPUNKT® Gesellschaft für chemische Produkte GmbH
Marburger Str. 1 ✉ 13 70
5910 Kreuztal
☎ 0 27 32-2 10 98 und 99 Fax 2 58 50
Telex 8 75 505 iso d

5910 Otto
Gebr. Otto KG Blechwarenfabrik und Verzinkerei
✉ 14 60
5910 Kreuztal 1
☎ 0 27 32-7 60 Telex 8 75 540

5910 Siebau
Siebau Siegener Stahlbauten GmbH & Co. KG
Heesstr. 5
5910 Kreuztal 1
☎ 0 27 32-20 20 Telex 8 75 556

5912 Koellner
Dr. H.-J. Koellner
✉ 12 28
5912 Hilchenbach

5912 Rockenfeller
Rockenfeller KG Befestigungselemente
Ferndorfstr. 80
5912 Hilchenbach 1
☎ 0 27 33-80 09

5912 RSM
Rippenstreckmetall Gesellschaft
Am Schwanenweiher 1
5912 Hilchenbach
☎ 0 27 33-2 83 92 Fax 2 83 13 Telex 8 75 017 wersm

5912 Schrag
Friedr. Schrag Stahlblechverarbeitung
✉ 12 60
5912 Hilchenbach
☎ 0 27 33-80 11 Fax 75 06 Telex 8 76 012

5920 Leca
Leca® Deutschland GmbH & Co. KG Zweigwerk
5920 Bad Berleburg-Raumland
☎ 0 27 51-50 12 Telex 8 7 643 wibl d

5920 Schaumstoffwerk
Berleburger Schaumstoffwerk GmbH
Unterm Limburg ✉ 11 80
5920 Bad Berleburg
☎ 0 27 51-30 31 bis 33 Telex 8 75 625

5927 Wahl
Gebrüder Wahl Stahlbau GmbH & Co. KG
✉ 80
5927 Erndtebrück
☎ 0 27 53-6 60 Fax 66 50 Telex 8 75 640

5928 Briel
Briel GmbH
✉ 11 25
5928 Bad Laasphe
☎ 0 27 52-8 63 und 8 64 Telex 8 75 218 kbsl d

5928 Daxorol
Daxorol Kunststoffputze Hans Dieter Becker
In der Aue 38
5928 Bad Laasphe-Feudingen
☎ 0 27 52-8 54

5928 EJOT
EJOT Baubefestigungen GmbH
5928 Bad Laasphe
☎ 0 27 52-90 80 Fax 9 08 31 Telex 8 75 216

2

5928 Mittelmann
Mittelmann & Stephan
⊠ 13 62
5928 Bad Laasphe
☎ 0 27 52-10 30

5940 Bäcker
jobä Bäcker GmbH Fabrik für Gitterroste und Schachtabdeckungen
Wiesenstr. ⊠ 20 40
5940 Lennestadt 11-Elspe
☎ 0 27 21-16 91 Telex 8 75 106 jobae

5940 Camminady
Gebr. Camminady GmbH & Co.
Holzzäune-Imprägnierwerk
Germaniahütte
5940 Lennestadt 11 (Grevenbrück)
☎ 0 27 21-22 94 Fax 29 06 Telex 8 75 169

5940 EKO
EKO-Erdwärmekollektor GmbH & Co. KG
⊠ 40
5940 Lennestadt 14 (Saalhausen)
☎ 0 27 23-81 20

5940 Hensel
Gustav Hensel KG Elektronische Fabrik
⊠ 14 45
5940 Lennestadt
☎ 0 27 23-50 33 Telex 8 76 924

5942 Bever
BEVER GmbH Böminghauser Werk
Spezial. Art. f. d. Baugewerbe
5942 Kirchhundem 1
☎ 0 27 23-76 01 Fax 7 34 04 Teletex 2 72 336

5948 Magog
Schiefergruben Magog GmbH & Co. KG
⊠ 21 05
5948 Fredeburg
☎ 0 29 74-70 61

5948 R & S
R & S Sauerlandhaus Fertigbau GmbH
Kutscherweg 2
5948 Schmallenberg
☎ 0 29 72-64 91 Fax 55 48

5948 Schütte
Willi Schütte Kunstschmiede
In der Schlade 15
5948 Schmallenberg-Westfeld
☎ 0 29 75-2 59 und 89 05

5950 Montenovo
MONTENOVO®-Werke Hans Heitmann KG
⊠ 2 40
5950 Finnentrop-Heggen
☎ 0 27 21-7 01 66 Telex 8 75 126

5950 Voss
Paul Voss GmbH & Co.
Biggestr. 6
5950 Finnentrop 11
☎ 0 27 21-60 80 Fax 6 08 12
Telex 8 75 137 voss d

5950 Werth-Holz
Werth-Holz GmbH & Co. KG
Therecker Weg 11 ⊠ 9 80
5950 Finnentrop 13 (Ränkhausen)
☎ 0 23 95-18 90 Fax 1 89 41 Telex 2 39 531 wert d

5950 Ziebuhr
ZIEBUHR Systembau GmbH
⊠ 1 10
5950 Finnentrop
☎ 0 27 21-7 00 15 Fax 7 00 10 Telex 8 75 130 d

5952 Aquatherm
aquatherm® GmbH
Kunststoff-Extrusions- und Spritzgußtechnik
Finnentroper Str. 82 ⊠ 1 05
5952 Attendorn-Biggen
☎ 0 27 22-59 05 Telex 8 76 710 aquat d

5952 Beul
Gebr. Beul GmbH & Co. KG
Armaturenfabrik und Metallgießerei
Kölner Str. 92
5952 Attendorn
☎ 0 27 22-20 07 Telex 8 76 709

5952 Beul A.
August Beul, Armaturenfabrik
Metallgießerei und Presserei
Auf der Tränke 21 ⊠ 1 20
5952 Attendorn
☎ 0 27 22-69 50 Telex 8 76 704

5952 Viega
Franz Viegener II
⊠ 4 30/4 40
5952 Attendorn
☎ 0 27 22-6 10 Fax 6 14 15 Telex 8 76 717 viea d

5960 Genvex
GENVEX Energiesysteme GmbH + Co.
Ziegeleistr. 26
⊠ 13 64
5960 Olpe
☎ 0 27 61-6 56 01 und 02

5960 Jäger
Rudolf Jäger GmbH & Co.
✉ 14 60
5960 Olpe
☏ 0 27 61-67 76 Fax 6 57 03 ⌁ 8 76 477

5960 Kamex
Kamex
✉ 16 22
5960 Olpe
☏ 0 27 61-6 13 24

5960 Kemper
Gebr. Kemper GmbH + Co. Metallwerke
Harkortstr. ✉ 15 20
5960 Olpe
☏ 0 27 61-89 10 ⌁ 2 76 130

5962 WTM
WTM-Massivholz-Treppen Michael Vitt
Alte Landstr. 31
5962 Drolshagen
☏ 0 27 61-7 12 04 und 7 33 82 Fax 072 612 021

5963 Dia
Dia-therm-Werk Heinr. Muhr
✉ 60
5963 Wenden
☏ 0 27 62-40 20

5963 sun-flex
sun-flex Aluminiumsysteme GmbH
Blinder Weg 1
5963 Wenden 1-Altendorf
☏ 0 27 62-50 42 Fax 50 43

5970 Ohler
Alcan Deutschland GmbH, Werk Ohle,
OHLER Flexrohre und technische Bauteile
5970 Plettenberg-Ohle
☏ 0 23 91-6 10 Fax 6 12 01 ⌁ 8 201 801

5970 Plettac
plettac GmbH Geschäftsbereich
Rüst- und Schaltechnik
✉ 52 42
5970 Plettenberg 5 (Köbbinghaus)
☏ 0 23 91-81 10 ⌁ 8 201 810

5970 Schade
Wilhelm Schade
✉ 15 49 und 15 69
5970 Plettenberg/Westf.
☏ 0 23 91-6 21 Fax 13 18 ⌁ 8 201 806
Teletex 2 391 314

5974 Alberts
Gust. Alberts GmbH + Co. KG
✉ 20
5974 Herscheid
☏ 0 23 57-6 10 ⌁ 8 263 414
Teletex (17) 2 35 730 GAH

5974 Bura
Bura GmbH
✉ 3 00
5974 Herscheid
☏ 0 23 57-20 01 ⌁ 8 263 438

5980 Klauke
KLAUKE Aluminium System-Konstruktionen
✉ 14 27
5980 Werdohl-Dresel
☏ 0 23 92-17 06 bis 08
→ 7801 Klauke

5980 Schweizer
Fensterbau-Schweizer GmbH & Co. KG
In der Lacke 4-8 ✉ 16 40
5980 Werdohl (Dresel)
☏ 0 23 92-50 60 Fax 15 53 ⌁ 8 26 439 schwe

5982 Bösterling
Bösterling Holzverarbeitung
In der Welmecke
5982 Neuenrade
☏ 0 23 92-6 13 17

5982 Schroeder
Friedrich Schroeder KG Metallwarenfabrik
✉ 11 23
5982 Neuenrade i. W.
☏ 0 23 92-6 10 44-6 Fax 6 44 39 ⌁ 2 392 310

5982 Schürmann
Schürmann & Hilleke
Vertriebsgesellschaft mbH & Co. KG
✉ 11 26
5892 Neuenrade/Westf.
☏ 0 23 92-63 41 ⌁ 8 26 404 baer d

5983 BiK
BiK Bauelemente
Steinrücken 13
5983 Balve-Höveringhausen
☏ 0 23 75-39 24

5990 Hohage
C. Hohage GmbH & Co. KG
Rahmeder Str. 406 ✉ 50 40
5990 Altena 5
☏ 0 23 52-5 43-0 Fax 5 43 10 ⌁ 8 26 739
Teletex 2 352 311

5990 Künne
Herm. Friedr. Künne, Kunststoffprofil- und Metallwarenfabrik
Hinterm Bach 10 ✉ 2 15
5990 Altena 1
☎ 0 23 52-28 38/39 ⌨ 8 229 317 hfk d

5990 Ossenberg
Fr. Ossenberg-Schule & Söhne KG
✉ 80 24
5990 Altena 8 (Dahle)
☎ 0 23 52-7 15 32 und 7 10 03 ⌨ 8 229 300 fos d

5990 Rump
Joh. Moritz Rump
5990 Altena
☎ 0 23 52-20 21 ⌨ 8 229 359

5990 Trurnit
Friedrich Trurnit GmbH
Rahmedestr. 161
5990 Altena
☎ 0 23 52-59 26 und 27 Fax 59 05 ⌨ 8 229 316 fta d

5992 Reynolds
REYNOLDS Aluminiumwerke GmbH
Hagener Str. 147 ✉ 9
5992 Nachrodt-Wiblingwerde 1
☎ 0 23 52-33 10 ⌨ 8 229 326 raw

6000 AEG
AEG
Theodor-Stern-Kai 1
6000 Frankfurt 70
☎ 0 69-6 00 54 54

6000 Allibert
Allibert GmbH
Friesstr. 26
6000 Frankfurt 60
☎ 0 69-4 10 80 Fax 4 10 82 89 ⌨ 4 17 291

6000 alphacoustic
alphacoustic GmbH
Gutleutstr. 82
6000 Frankfurt 1
☎ 0 69-23 61 13 und 14

6000 Baumeister
Baumeister-Haus GmbH Zentrale
Lyoner Str. 44-48
6000 Frankfurt 71
☎ 0 69-6 66 61 04-1 06

6000 Benecke
Benecke Gerland Handelsgesellschaft mbH
Adam-Opel-Str. 10
6000 Frankfurt/Main 61
☎ 0 69-41 91 61 ⌨ 4 13 103

6000 Chemetall
Chemetall GmbH Sparte Glas
Reuterweg 14 ✉ 37 24
6000 Frankfurt/Main
☎ 0 69-15 90 ⌨ 4 170 090 cm d

6000 Contcommerz
Contcommerz Handelsgesellschaft m.b.H.
Bettinastr. 49 ✉ 17 02 41
6000 Frankfurt/Main 17
☎ 0 69-74 50 61 bis 3 ⌨ 4 11 705

6000 Crosweller
Walker Crosweller & Co. GmbH
Gutzkowstr. 9 ✉ 70 10 28
6000 Frankfurt 70

6000 de Vries
De Vries Robbé GmbH
Lyoner Str. 44-48
6000 Frankfurt/Main 71
☎ 0 69-66 69 84 ⌨ 4 11 809 dvrf d

6000 Degussa
Degussa AG GB Industrie- und Feinchemikalien
Geschäftsgebiet MF
Weißfrauenstr. 9 ✉ 11 05 33
6000 Frankfurt/Main 11
☎ 0 69-2 18 01 Fax 2 183 218 ⌨ 4 12 220 dg d

6000 Dow
Dow Chemical
Handels- & Verwaltungsgesellschaft mbH
Grüneburgweg 102
6000 Frankfurt/M 17
☎ 0 69-1 54 60

6000 Drissler
Japico Drissler & Co.
✉ 93 01 80
6000 Frankfurt/Main 90
☎ 0 69-7 93 20 Fax 7 93 22 31 ⌨ 4 13 128 japi d

6000 Eisenbach
Eisenbach GmbH
Rödelheimer Landstr. 75-85
6000 Frankfurt/Main 90
☎ 0 69-7 94 31 ⌨ 4 14 597 Telefax 70 14 24

6000 Elastic
ELASTIC GMBH Abt. PASLODE
Mainzer Landstr. 315-321 ✉ 19 02 80
6000 Frankfurt/M. 19
☎ 0 69-7 59 71 ⌨ 4 11 584 elpas

6000 FINA
DEUTSCHE FINA GMBH Synfina-Produkte
Bleichstr. 2-4 ✉ 10 06 47
6000 Frankfurt/Main
☎ 0 69-2 19 84 13 Fax 2 19 83 45 ⌨ 4 12 634 fina d

6000 Fleischmann
A. Fleischmann GmbH
Schlosserstr. 23-25 ⊠ 18 02 80
6000 Frankfurt/Main 18
☎ 0 69-1 52 00 10 Fax 15 20 01 52

6000 Gartenmann
Gartenmann Isolier- und Terrassenbau GmbH
Zeilweg 22
6000 Frankfurt 50
☎ 0 69-57 10 13 Fax 57 50 63 ≢ 4 11 894

6000 Gerhardt
Gerhardt & Dielmann KG
Ginnheimer Landstr. 1
6000 Frankfurt/Main 90
☎ 0 69-77 51 14

6000 Guinard
Guinard Pumpen GmbH
Eschborner Landstr. 130-132
6000 Frankfurt/Main 90
☎ 0 69-78 09 76

6000 Hahn
Glasbau Hahn
Hanauer Landstr. 211
6000 Frankfurt/Main 1
☎ 0 69-49 07 41 ≢ 4 16 848 hahn d

6000 Hochtief
Hochtief AG Niederlassung
Bockenheimer Landstr. 24 ⊠ 10 11 47
6000 Frankfurt/Main 1
☎ 0 69-7 11 71 Fax 7 11 75 95 ≢ 4 11 210

6000 Hoechst-Trespa
Hoechst Aktiengesellschaft Verkauf Trespa
Hanauer Landstr. 526
6000 Frankfurt/Main 61
☎ 0 69-41 09 25 25 Fax 41 09 25 35
≢ 4 14 411 tresp d

6000 Hofmann
Hofmann & Ruppertz Edelputzwerk
Am Hauptgüterbahnhof 27
6000 Frankfurt/Main 1
☎ 0 69-23 04 11 ≢ 4 11 904

6000 ICI
Deutsche ICI GmbH
Emil-von-Behring-Str. 2
6000 Frankfurt 50
☎ 0 69-58 01 00 ≢ 4 16 974 ici d

6000 KIM
KIM & Co. GmbH
Ginnheimer Landstr. 140
6000 Frankfurt
☎ 0 69-53 31 80 ≢ 4 11 631 kimko

6000 Kimmich
Gebr. Kimmich GmbH
Rebstöcker Str. 33-39 ⊠ 19 01 20
6000 Frankfurt/Main 1
☎ 0 69-7 58 00 40 ≢ 4 16 795

6000 Koblischek
Helgard Koblischek Kontaktbüro für Polymerbeton
Parkstr. 15
6000 Frankfurt/Main
☎ 06 11-59 50 58 ≢ 4 16 575 koko d

6000 Köster
Köster Patente GmbH
Karl-Bieber-Höhe 15
6000 Frankfurt 56
☎ 0 69-5 07 46 40

6000 Landis
Landis & Gyr GmbH
Friesstr. 20-24
6000 Frankfurt 60
☎ 0 69-4 00 20 Fax 3/a 0 69-40 02-5 90

6000 Laurich
Hans Laurich KG
⊠ 1 54
6000 Frankfurt/Main 50
☎ 0 69-54 90 41

6000 Luwa
Luwa GmbH Unternehmensbereich Klimaanlagen
Hanauer Landstr. 200
6000 Frankfurt/Main 1
☎ 0 69-4 03 50 ≢ 4 11 775

6000 Marcus
Marcus Metallbau Frankfurt GmbH
Berner Str. 68 ⊠ 56 01 87
6000 Frankfurt 56 (Nieder-Eschbach)
☎ 0 69-5 07 20 31 Fax 5 07 70 51 ≢ 4 12 044 mmf d

6000 Mazda-Licht
Mazda-Licht GmbH
Taunusstr. 19
6000 Frankfurt a. M. 93
☎ 0 69-25 30 36

6000 MHI
Mitteldeutsche Hartstein-Industrie GmbH
Hauptverwaltung
Weserstr. 63 ⊠ 1 65 46
6000 Frankfurt/Main
☎ 0 69-23 18 656 und 23 56 51/3 ≢ 4 11 411
→ 5788 MHI
→ 6101 OHI
→ 6313 MHI
→ 6466 MHI

2

6000 Morgenstern
Metallwerk Morgenstern GmbH
Im Fuchsloch 8
6000 Frankfurt/Main 56
☏ 0 61 93-46 16 ⌁ 4 185 037 mm pb

6000 NTS
NTS Nientit Technische Systeme
Karl-Benz-Str. 23
6000 Frankfurt/Main 31
☏ 0 69-41 04 78

6000 Reznor
RLT Reznor Lufttechnik GmbH
Sontraer Str. 18
6000 Frankfurt/Main 61
☏ 0 69-4 01 00 10 Fax 40 10 01 10 ⌁ 4 13 845

6000 Rhône
RHÔNE-POULENC GmbH
Städelstr. 10 ✉ 70 08 62
6000 Frankfurt 70
☏ 0 69-6 09 30 Fax 6 09 33 33 ⌁ 4 16 085 rhon d

6000 Ruths
Hch. Ruths
Inh. F. Blatt
Am alten See 25
6000 Frankfurt-Rödelheim
☏ 0 69-78 28 33

6000 Sauer
Oel-Sauer
Breitlacherstr. 40-44
6000 Frankfurt/Main-Rödelheim
☏ 0 69-78 28 02

6000 Schreck
Dietrich Schreck Industrievertretungen
Luisenstr. 37
6000 Frankfurt 1
☏ 0 69-44 72 86 Fax 43 89 60

6000 Techem
Techem GmbH
Saonestr. 1
6000 Frankfurt 71
☏ 0 69-6 63 91

6000 Telenorma
TELENORMA Telefonbau und Normalzeit GmbH
Mainzer Landstr. 121-146 ✉ 10 21 60
6000 Frankfurt/Main 1
☏ 0 69/26 61 ⌁ 4 11 141 Fax 2 66-22 33

6000 Tungsram
Tungsram GmbH
Hohenstauffenstr. 8
6000 Frankfurt/Main 1
☏ 0 69-74 50 39 ⌁ 4 13 588

6000 Universal
Universal Luftschleusen GmbH
Berner Str. 40
6000 Frankfurt/Main 56
☏ 0 69-5 07 10 91 und 92 ⌁ 4 12 554

6000 VDM
VDM Aluminium GmbH
Zeilweg
6000 Frankfurt/Main 50
☏ 0 69-5 80 11 ⌁ 4 11 941-0 vm d

6000 Vedag
VEDAG GmbH
Ein Geschäftsbereich der Rütgerswerke AG
Flinschstr. 10-16 ✉ 60 05 40
6000 Frankfurt/Main 60
☏ 0 69-4 08 41 Fax 42 58 24 Teletex (17) 69 900 776

6000 Vespermann
Hans Vespermann Holzpflaster GmbH & Co. KG
Sachsenhäuser Landwehrweg 291
6000 Frankfurt/Main 70
☏ 0 69-68 44 94 und 88 81 24

6000 Vietso
Wiese Vitsoe
Kaiserhofstr. 10
6000 Frankfurt/Main
☏ 06 11-28 16 36 bis 38 ⌁ 4 16 157 vitso d

6000 Wayss
Wayss & Freytag Aktiengesellschaft
✉ 11 20 42
6000 Frankfurt 11
☏ 0 69-7 92 90 ⌁ 4 11 421 wuff d
Fax 7 92 96 33 und 4 00

6000 Wecoflex
Wecoflex-Energiesysteme GmbH
Hanauer Landstr. 208-216
6000 Frankfurt/Main
☏ 0 69-44 50 80 ⌁ 4 13 941

6000 WKW
WKW - Wolf Ingenieurgesellschaft mbH & Co.
Anlagenbau KG
Lange Straße 31
6000 Frankfurt/Main 1
☏ 0 69-28 28 18

6000 Zehnder
Zehnder Pumpen
Kasseler Str. 3
6000 Frankfurt 90
☏ 0 69-77 30 31 ⌁ 4 14 766 zepu

6050 CECA
CECA-Klebstoff GmbH
Otto-Scheugenpflug-Str. 8 ✉ 16 02 65
6050 Offenbach 16
☎ 0 69-89 00 10 Fax 8 90 01 52 ⌨ 4 152 874

6050 Clouth
Alfred Clouth Lackfabrik
Bieberer Str. 93 ✉ 10 03 63
6050 Offenbach
☎ 0 69-8 50 60 ⌨ 4 152 663

6050 Danfoss
Danfoss Handelsgesellschaft
Carl-Legien-Str. 8
6050 Offenbach/Main
☎ 0 69-8 90 20 ⌨ 4 152 876

6050 Raychem
Raychem GmbH
Grazer Str. 24
6050 Offenbach
☎ 0 69-8 90 90

6050 Schwarz
A. Schwarz Vertriebs GmbH
Erich-Ollenhauer-Str. 26
6050 Offenbach

6050 Wiedemann
B. Wiedemann Bauelemente
Bernardstr. 105
6050 Offenbach
☎ 0 69-88 07 29

6052 Böttiger
Dr. Franz Böttiger GmbH & Co. KG, Werk I
Brentanostr. 22 ✉ 30 60
6052 Mühlheim 3 (Lämmerspiel)
☎ 0 61 08-62 87 ⌨ 4 185 821 drbo d
→ 8710 Böttiger

6052 DECA
DECA Deutsche Caleffi Armaturen GmbH
Daimlerstr. 3
✉ 14 26
6052 Mühlheim/Main
☎ 0 61 08-61 63 und 64 ⌨ 4 185 841 DECA D

6052 Huber
Rudolf Otto Huber Metallwarenfabrik
Am Wingertsweg 2a ✉ 12 32
6052 Mühlheim/Main 2 (Dietesheim)
☎ 0 61 08-7 10 88

6052 KABE
KABE-Werk GmbH
Lämmerspieler Str. 106
6052 Mühlheim/Main
☎ 0 61 08-61 37 ⌨ 4 185 811

6052 Krusemark
Max Krusemark GmbH & Co. KG
Industriestr. 25-27
6052 Mühlheim
☎ 0 61 08-61 21

6052 Union Bau
Union Bau Frankfurt GmbH
Lämmerspieler Str. 106
6052 Mühlheim/Main
☎ 0 61 08-61 37

6053 Elaston
ELASTON Kunststoff-Vertrieb GmbH
Ostendstr. 11
✉ 11 71
6053 Obertshausen
☎ 0 61 04-4 13 04 ⌨ 4 184 061

6053 Hake
HAKE J. Kempe Kunststoffe - Chemie
Spessartstr. 42
6053 Obertshausen
☎ 0 61 04-47 03 und 04 ⌨ 4 10 147

6054 Hovestadt
Rodgauer Kalksandsteinwerk Hovestadt
GmbH & Co. KG
6054 Rodgau 2-Dudenhofen
☎ 0 61 06-2 40 81 bis 83 Fax 2 40 84
⌨ 4 17 827 rkw d

6054 Standard
STANDARD BAUCHEMIE GmbH
Auslieferungslager Bundesgebiet
Daimlerstr. 10
6054 Rodgau 6 (Weiskirchen)
☎ 0 61 06-60 68

6054 Versbach
Versbach Metallbau GmbH & Co.
Kronberger Str. 16
6054 Rodgau 2
☎ 0 61 06-69 40 Fax 69 42 32
⌨ 6 106 952 verba d

6054 Zerbetto
Zerbetto GmbH Lichttechnik
Hainhäuser Str. 20
6054 Rodgau 6
☎ 0 61 06-1 60 94 Fax 1 60 95 ⌨ 4 17 897 tici d

6056 Wirsbo
Wirsbo Pex GmbH
Ernst-Leitz-Str. 18 ✉ 11 28
6056 Heusenstamm
☎ 0 61 04-20 44 ⌨ 4 010 157

2

6057 Börner
Georg Börner, Chemisches Werk für Dach- und Bautenschutz GmbH & Co. KG
Dieselstr. 5
6057 Dietzenbach
☏ 0 60 74-2 72 28

6057 Keller
Keller-Hofmann GmbH
Paul-Ehrlich-Straße 5 ✉ 13 20
6057 Dietzenbach
☏ 0 60 74-2 50 71 bis 74 Fax 3 39 74 ⌧ 4 197 654

6057 Korff
Korff & Co. Spezialbaustoffe
Dieselstr. 5
6057 Dietzenbach 2
☏ 06 74-4 00 60 ⌧ 4 191 546 koco d

6057 Sanitrend
Sanitrend (Sanitär Handels GmbH)
Sanitrend Handels GmbH & Co. Dietzenbach KG
Justus-von-Liebig-Str. 48
6057 Dietzenbach
☏ 0 60 74-2 70 86 und 87

6057 Wanit Universal
Wanit-Universal GmbH & Co. KG
Niederlassung Dietzenbach
Philipp-Reis-Str. 20 ✉ 20 20
6057 Dietzenbach 2
☏ 0 60 74-21 44 Fax 4 31 79 ⌧ 4 191 562

6070 Monza
Monza-Fensterbau GmbH & Co.
Pittlerstr. 43
6070 Langen
☏ 0 61 03-78 41 ⌧ 4 15 040

6070 Riegelhof
Riegelhof & Gärtner Metallwaren und Kunststoff
Raiffeisenstr. 8 ✉ 11 20
6070 Langen
☏ 0 61 03-7 79 50 Fax 75 99 60 ⌧ 4 15 082 rug d
→ 4600 Riegelhof

6070 Sehring
Adam Sehring & Söhne Kies- und Betonwerke
✉ 16 27
6070 Langen
☏ 0 69-69 70 10

6072 Rösler
Openfire RÖSLER-Kamine GmbH
Baugeräte und Industriebedarf
Behringstr. 1-3 ✉ 62 46
6072 Dreieich-Offenthal
☏ 0 60 74-60 81 ⌧ 4 191 501

6072 SUN-STOP
SUN-STOP Sonnenschutz GmbH
Robert-Bosch-Str. 12 a
6072 Dreieich
☏ 0 61 03-3 52 21

6073 Solkav
Solkav Energietechnik GmbH
Leipziger Str. 14
6073 Egelsbach
☏ 0 61 03-4 45 20 ⌧ 4 185 328 solk d

6074 Kubal
Kubal (GmbH Systemprofile)
Kubal Bauelemente GmbH
Aluminium-Systeme
Paul-Ehrlich-Str. 25
6074 Rödermark
☏ 0 60 74-9 90 20

6074 Optac
Optac W. Weltin GmbH
Senefelderstr. 17
6074 Rödermark 2
☏ 0 60 74-91 20 ⌧ 4 191 596 opt d

6074 Perlite
Perlite Handels- und Produktions GmbH & Co.
Am Schwimmbad 9
6074 Rödermark-Urberach
☏ 0 60 74-74 14 und 59 28/29 ⌧ 4 191 504 php d

6074 WICO
WICO ARMATUREN GMBH u. Sanitär Co. KG
Paul-Ehrlich-Str. 5 ✉ 20 03 64
6074 Rödermark 2
☏ (0 60 74) 9 00 51, 9 65 35, 9 70 16

6078 Clestra
CLESTRA GmbH
Robert-Koch-Str. 1-3 ✉ 22
6078 Neu-Isenburg
☏ 0 61 02-32 84

6078 Graef
Fit-Gummiwerk E. Graef KG
Rathenaustr. 9-13
6078 Neu-Isenburg
☏ 0 61 02-20 14

6078 Hauserman
Hauserman GmbH
Robert-Koch-Str. 1-3
6078 Neu-Isenburg
☏ 0 61 02-32 84

6078 HYDRO
HYDRO-NAIL Systeme
Herzogstr. 61
6078 Neu-Isenburg
☏ 0 61 02-32 00 51 Fax 3 42 87 ⌗ 4 185 651

6078 Louver
American Louver Continental Gesellschaft m.b.H.
Schleussnerstr. 98 ✉ 3 63
6078 Neu-Isenburg
☏ 0 61 02-2 70 51 ⌗ 4 185 572
Telefax 0 61 02-1 79 44

6080 deha
deha-Baubedarf GmbH & Co. KG
✉ 11 64
6080 Groß-Gerau
☏ 0 61 52-4 00 81 ⌗ 4 191 105

6080 Fagro
Fagro Press- und Stanzwerk GmbH
✉ 12 61
6080 Groß-Gerau
☏ 0 61 52-71 70

6081 Hochtief
Hochtief Aktiengesellschaft vorm. Gebr. Helfmann
Fr.-L.-Jahn-Str. 2-14 ✉ 1 40
6081 Stockstadt am Rhein
☏ 0 61 58-8 40

6081 Nold
J. F. Nold & Co.
✉ 1 20
6081 Stockstadt
☏ 06 58-8 11

6082 Blasberg
Hessisches Bausteinwerk Dr. Blasberg & Co. KG
6082 Mörfelden
☏ 0 61 05-19 00

6082 Carrier
Carrier GmbH
Volgelsbergstr. 3
6082 Mörfelden-Walldorf

6082 Hirler
Hirler GmbH
Am Berg 7 a ✉ 13 07
6082 Mörfelden
☏ 0 61 05-29 91

6082 Roadcoat
Roadcoat GmbH
Dreieichstr. 9
6082 Mörfelden-Walldorf
☏ 0 61 05-2 20 42

6082 TEGUM
TEGUM GmbH Bautechnische Produkte
Siemensstr. 2
6082 Mörfelden
☏ 0 61 05-29 71 Fax 2 54 69 ⌗ 4 185 757 ap d

6083 Orion
ORION BAUSYSTEME GMBH
Waldstr. ✉ 11 80
6083 Biebesheim am Rhein
☏ 0 62 58-8 02 01 ⌗ 4 68 462

6084 Silin
Silinwerk van Baerle & Co. gegr. 1838
Mainzer Str. 35
6084 Gernsheim
☏ 0 62 58-30 11 ⌗ 4 68 445

6085 Börner
Hans Börner GmbH u. Co. KG
Odenwaldstr. 11-17
6085 Nauheim
☏ 0 61 52-60 91 ⌗ 4 191 154

6086 Bert
E. Bert GmbH & Co. KG
Im Watt 32
6086 Riedstadt-Erfelden
☏ 0 61 58-40 41 ⌗ 4 191 201

6086 PURAL
PURAL Profilwerk GmbH
Ziegeleistr.
6086 Riedstadt/Erfelden
☏ 0 61 58-40 41 Fax 15 54 ⌗ 4 191 201

6090 General Electric
General Electric Plastics GmbH Structured Products
Eisenstr. 5 ✉ 13 64
6090 Rüsselsheim
☏ 0 61 42-6 50 78 Fax 60 12 48

6090 TWL
TWL International Hydrokultur GmbH
Hans-Sachs-Str. 36
6090 Rüsselsheim
☏ 0 61 42-6 30 14 Fax 6 44 91 ⌗ 4 182 154 twl-d

6093 Hochtief
HOCHTIEF Aktiengesellschaft vorm. Gebr. Helfmann
Industriestr. 2
6093 Flörsheim-Weilbach
☏ 0 61 45-3 00 36 bis 38

6094 SBG
SBG Stahl-Beton-Gesellschaft mbH & Co.
Vertriebs-KG
Georg-Fischer-Str. 32
6094 Bischofsheim
☏ 0 61 44-80 61 bis 63

2

6096 Haba
HABA-Bauelemente
Robert-Koch-Str. 2
6096 Raunheim/Main
☏ 0 61 42-2 26 81

6096 Stewing
Stewing Beton- und Fertigteilwerk GmbH & Co. KG
Kelsterbacher Str. 38-46
6096 Raunheim
☏ 0 61 42-20 10 Telex 4 182 126

6100 Donges
Donges Stahlbau GmbH
Mainzer Str. 55 ✉ 44 42
6100 Darmstadt
☏ 0 61 51-88 90 Fax 88 92 34 Telex 4 19 290

6100 Fläkt
Fläkt VELODUCT GmbH
Daimlerweg 3
6100 Darmstadt
☏ 0 61 51-8 63 26 Fax 89 42 24 Telex 41 97 258

6100 fw
fw-Kunststoff-Fenster GmbH + Co. KG
Haasstr. 4
6100 Darmstadt
☏ 0 61 51-8 50 74 Telex 4 19 636 fw d

6100 HESA
HESA Rasenprodukte L. C. Nungesser GmbH
Bismarckstr. 59
6100 Darmstadt
☏ 0 61 51-85 20 Fax 8 26 30

6100 Mein Haus
Mein Haus
✉ 13 02 64
6100 Darmstadt 13
☏ 0 61 51-59 47 59 Fax 59 59 04

6100 MONTIG
MONTIG Montagebau-Industrie GmbH
✉ 13 01 87
6100 Darmstadt-Eberstadt
☏ 0 61 51-5 50 64

6100 Nordic
Nordic-Holz Bauelemente GmbH
Unternehmen der Svenska Dörr AB
Staudinger Str. 4
6100 Darmstadt
☏ 0 61 51-8 28 46/7 Telex 4 19 291 norho d

6100 Röhm
Röhm GmbH Chemische Fabrik
Kirschenallee ✉ 42 42
6100 Darmstadt 1
☏ 0 61 51-1 81 Fax 18 01 Telex 4 194 740 rd d

6100 SWEDOOR
SWEDOOR Bauelementevertrieb GmbH
Staudingerstr. 4
6100 Darmstadt
☏ 0 61 51-8 28 46 bis 49 Fax 89 31 22 Telex 4 19 291

6100 URSAL
URSAL® Beschichtungsprodukte GmbH
Groß-Gerauer-Weg 52
6100 Darmstadt
☏ 0 61 51-31 46 26

6100 Werner
FENSTER-WERNER
Otto-Röhm-Str. 80
6100 Darmstadt
☏ 0 61 51-8 20 21 Telex 4 19 636 fw

6100 Woermann
Woermann GmbH & Co. KG
Wittichstr. 1 ✉ 40 38
6100 Darmstadt 1
☏ 0 61 51-85 40 Telex 4 19 665

6101 Bauer
Ton- und Klinkerwerk Emil Bauer
6101 Beerfurth/Odenw.
☏ 0 61 64-13 68 und 25 59

6101 Gutjahr
Gutjahr GmbH
Ernst-Ludwig-Str. 29
6101 Bickenbach
☏ 0 62 57-52 98 Fax 16 11

6101 Kalksandsteinwerk
Kalksandsteinwerk Mörfelden GmbH
Darmstädter Str. 9-11
6101 Bickenbach

6101 KGS
KGS-Abwassertechnik GmbH
✉
6101 Modautal 1/Ernsthofen
☏ 0 61 67-72 47 oder 4 41

6101 Özpolat
Dipl.-Ing. I. Özpolat
Alter Weg 9-11 ✉ 11 48
6101 Reichelsheim
☏ 0 61 64-14 86 Telex 4 191 911

6101 OHI
Odenwälder Hartstein-Industrie GmbH
Erbacher Str. 62 ✉ 11 51
6101 Roßdorf
☏ 0 61 54-80 90 Fax 8 09 60

6102 Krautol
Krautol-Werke
Werner-von-Siemens-Str. 35
6102 Pfungstadt
☏ 0 61 57-20 93 Fax 8 54 88 ⌁ 4 191 705

6102 Liebig
Heinrich Liebig KG Stahldübelwerke
Wormser Str. 23 ✉ 13 09
6102 Pfungstadt
☏ 0 61 57-20 27 Fax 20 20 ⌁ 4 191 730

6103 Aurum
Aurum Ceramics GmbH
Ostend 14
6103 Griesheim
☏ 0 61 55-6 20 17 ⌁ 4 197 283 auce

6103 Richter
Richter-System GmbH & Co. KG
Flughafenstr. ✉ 11 20
6103 Griesheim
☏ 0 61 55-60 21 ⌁ 4 19 478 risy d

6104 Schuh
Felix Schuh + Co. GmbH
Breslauer Str. 10
6104 Seeheim-Jugenheim 1
☏ 0 62 57-8 20 31 ⌁ 4 68 503

6105 Caparol
Caparol Farben GmbH & Co. KG
Roßdörfer Straße 50 ✉ 20
6105 Ober-Ramstadt
☏ 0 61 54-*7 10 ⌁ 4 191 303 capa d

6105 Capatect
Capatect Dämmsysteme GmbH & Co.
Energietechnik KG
Roßdörfer Str. 50
6105 Ober-Ramstadt
☏ 0 61 54-7 10 ⌁ 41 91 318

6105 Disbon
Disbon-Gesellschaft mbH
Chem. Erzeugnisse + Co KG
Roßdörfer Str. 50 ✉ 80
6105 Ober-Ramstadt
☏ 0 61 54-7 10 Fax 7 15 00 ⌁ 4 191 318 dg

6107 Grün
Ziegelwerk Ulrich Grün GmbH & Co. KG
Hahner Str. 80
6107 Reinheim 1
☏ 0 61 62-34 15

6108 Technal
TECHNAL DEUTSCHLAND s.n.c.
Feldstraße
6108 Weiterstadt 1
☏ 0 61 51-8 29 31 Fax 8 12 10 ⌁ 4 19 580

6109 Hänseroth
Theodor Hänseroth GmbH & Co. KG
Zur Eisernen Hand 21
6109 Mühltal-Traisa
☏ 0 61 51-1 40 01 und 02

6109 Hoelscher
Hoelscher Schwimmbadtechnik GmbH & Co. KG
✉ 11 46
6109 Mühltal
☏ 0 61 51-1 40 45

6110 Hydrotherm
HYDROTHERM Gerätebau GmbH Abt. EVITHERM
✉ 11 29
6110 Dieburg
☏ 0 60 71-20 11

6114 Georg
Georg GmbH
Schulstr. 39 ✉ 9
6114 Groß-Umstadt
☏ 0 60 78-22 11

6114 Resopal
RESOPAL GmbH
✉ 11 20
6114 Groß-Umstadt
☏ 0 60 78-8 01 Fax 8 06 21 ⌁ 41 981 520 re d

6116 Besam
Besam GmbH
Jahnstr. 21
6116 Eppertshausen
☏ 0 60 71-3 10 06 bis 09 ⌁ 4 191 832

6116 Blaschek
Schamottewerke und Tonwarenfabrik Eppertshausen
Otto Dewet Blaschek
✉ 20
6116 Eppertshausen
☏ 0 60 71-3 10 46 ⌁ 4 19 181

6120 Polydress
POLYDRESS PLASTIC GmbH
Roßbacher Weg 5
6120 Michelstadt
☏ 0 60 61-7 71

6120 Zenker
ZENKER-HÄUSER GMBH + CO.
Relystr. 20 ✉ 33 20
6120 Michelstadt

2

6127 Hesaplast
Hesaplast Ernst Heist GmbH & Co. KG
Neustädter Str. 24
6127 Breuberg-Sandbach
☎ 0 61 63-30 11 Fax 62 70

6128 Veith
Veith Pirelli AG
✉ 20
6128 Höchst/Odw.
☎ 0 61 63-7 10 ⌁ 4 1 980 613

6140 Chemieschutz
CHEMIESCHUTZ Gesellschaft für Säurebau mbH
Werner-von-Siemens-Str. 7 ✉ 23
6140 Bensheim 1
☎ 0 62 51-40 86 Fax 3 98 44 ⌁ 4 68 424

6140 Koch
KOCH Kalk + Bau GmbH
Mühltalstr. 135
6140 Bensheim 3-Auerbach
☎ 0 62 51-7 00 10 ⌁ 4 68 517 mrit d

6140 Simon
Alois Simon GmbH & Co. KG
Kunststoff- und Holzwerk
Berliner Ring 100
6140 Bensheim
☎ 0 62 51-40 84

6140 Zieringer
(Zieringer GmbH & Co. Recycling
Kabelzerlegung - Rohstoffrückgewinnung)
ZIREC Zieringer GmbH & Co. Recycling
Werner-von-Siemens-Str. 1-5
6140 Bensheim 1
☎ 0 62 51-60 57 ⌁ 4 68 597

6143 Babilon
Dieter Babilon
Kolpingstr. 36
6143 Lorsch
☎ 0 62 51-5 47 09

6143 Ehrhardt
Rheinische Spannbeton GmbH Ehrhardt & Hellmann
von Hausen-Str. 35
6143 Lorsch
☎ 0 62 51-5 10 11 ⌁ 4 68 500 rsg d

6143 Henkes
Helo Betonwerk Henkes GmbH
Sachsenbuckelstr. 7
6143 Lorsch
☎ 0 62 51-5 23 47

6143 nmc
nmc-Industrie Produktions- und Vertriebs GmbH
Abt. Isolation
Seehofstr. 33-44
6143 Lorsch
☎ 0 62 51-5 10 85 ⌁ 4 68 267 nmc

6148 Widmer
Rollo- und Leichtmetalljalousienfabrik Widmer
Kalterer Str. 11
6148 Heppenheim
☎ 0 62 52-30 71 und 72

6149 Grünig
GRÜNIG Marmor-Industrie Süd-Tirol
6149 Erlenbach/Fürth (Odenw.)
☎ 0 62 53-50 95 bis 97 ⌁ 4 68 321

6200 BIOGEST
Biogest Systemkläranlagen GmbH
Biebricher Allee 189
6200 Wiesbaden
☎ 0 61 21-60 90 47 Fax 60 90 90

6200 Chemische
Chemische Fabrik Biebrich
vorm. Seck & Dr. Alt GmbH
Rheingaustr. 75-77
6200 Wiesbaden-Biebrich
☎ 0 61 21-2 20 11 ⌁ 4 186 924 cfbw d

6200 Didier
DIDIER-WERKE AG Hauptverwaltung
Lessingstr. 16-18 ✉ 20 25
☎ 0 61 21-35 91 ⌁ 4 186 681 diw d

6200 D & W
Dyckerhoff & Widmann AG
Betonwerk
Berliner Str. 275
6200 Wiesbaden
☎ 0 61 21-76 20

6200 Dyckerhoff AG
Dyckerhoff AG
Biebricher Str. 69 ✉ 22 47
6200 Wiesbaden 1 (Amöneburg)
☎ 0 61 21-67 60 Fax 67 62 40 ⌁ 4 186 832 dyz

6200 Dyckerhoff Sopro
Dyckerhoff Sopro GmbH
Biebricher Str. 72 ✉ 2247
6200 Wiesbaden 1 (Amöneburg)
☎ 0 61 21-67 08 24 Fax 67 62 40 ⌁ 4 186 832 dy

6200 Ferodo
Ferodo GmbH
Sonnenberger Str. 46
6200 Wiesbaden
☎ 0 61 21-56 20 38

6200 Glaswolle
Glaswolle Wiesbaden GmbH
Rheingaustr. 62
6200 Wiesbaden
☎ 0 61 21-2 30 61

6200 Haas
Haas & Co.
Kleiststr. 14
6200 Wiesbaden
☎ 0 61 21-4 70 81-85

6200 Hotter
HOTTER GmbH
Hagenauer Str. 29
6200 Wiesbaden-Biebrich
☎ 0 61 21-6 90 30 Fax 69 03 69 ⌁ 4 186 171

6200 Kalle
Kalle, Niederlassung der Höchst AG
Rheingaustr. 190 ✉ 35 40
6200 Wiesbaden 1 (Biebrich)
☎ 0 61 21-6 81 ⌁ 4 186 020 kw d

6200 Magnetoplan
Magnetoplan GmbH
✉ 41 40
6200 Wiesbaden-Nordenstadt
☎ 0 61 22-1 20 81 ⌁ 4 182 572

6200 Manville
Manville Deutschland GmbH
Alte Schmelz 18-20
6200 Wiesbaden 1
☎ 0 61 21-2 90 65 Fax 2 95 71 ⌁ 4 186 789

6200 Moravia
Moravia Gesellschaft für Verkehrszeichen
und Signalgläser GmbH
Rostocker Str. 10 ✉ 42 09
6200 Wiesbaden-Bierstadt
☎ 0 61 21-50 10 71 Fax 55 10 00 ⌁ 4 186 256

6200 O.F.I.C.
Deutsche O.F.I.C. GmbH
Ostring 11
6200 Wiesbaden 42 (Nordenstadt)
☎ 0 61 22-60 41 bis 44 Fax 1 48 62 ⌁ 4 182 548

6200 Perennator
Perennatorwerk Alfred Hagen GmbH
✉ 13 03 32
6200 Wiesbaden 13
☎ 0 61 21-23 71 ⌁ 4 186 177

6200 POLAR
POLAR-BLOCKHAUS GmbH
Eichelhäherstr. 33
6200 Wiesbaden-Nordenstadt
☎ 0 61 22-63 55 und 1 55 84

6200 Possehl
Possehl Spezialbau GmbH
Zentrale
Rheinstr. 19 ✉ 47 29
6200 Wiesbaden 1
☎ 0 61 21-1 72 20 Fax 37 88 64 ⌁ 4 186 785

6200 RASCH
RASCH KONSTRUCTION
Kanzelstr. 71
6200 Wiesbaden 12
☎ 0 61 21-56 16 42

6200 SCABE
SCABE Scandinav. Block- & Elementhaus
Am Weinstock 13
6200 Wiesbaden-Nordenstadt
☎ 0 61 22-63 55

6200 Steinmanufaktur
STEIN-MANUFAKTUR
Wiesbadener Landstr. 50
6200 Wiesbaden
☎ 0 61 21-6 20 38

6200 Taunus
tws Taunus Werkstoff GmbH & Co. Vertriebs KG
Sonnenhöhe 6-8 ✉ 56 69
6200 Wiesbaden-Naurod
☎ 0 61 27-6 18 88 Fax 6 24 36 ⌁ 4 186 388 stoe

6200 Trepel
Trepel AG
Alte Schmelze 18-22 ✉ 13 02 05
6200 Wiesbaden 13
☎ 0 61 21-20 91

6200 W.B.V.
W.B.V. Baustoffvertretung GmbH
Freudenbergstr. 80
6200 Wiesbaden
☎ 0 61 21-2 00 66 ⌁ 4 186 759

6201 Muehl
Muehl
Bezirksstr.
6201 Niederjosbach/Ts.
☎ 0 61 27-54 55

6201 Stöcka
Stöcka-Betonwaren GmbH
6201 Bremthal
☎ 0 61 98-81 52

6204 AL
AL Verbundträger GmbH
Goethestr. 37
6204 Taunusstein 1
☎ 0 61 28-2 14 70

2

6204 Isorast
isorast GmbH
✉ 63 12 27
6204 Taunusstein-Hambach
☏ 0 61 28-7 10 98

6204 Simo
SIMO-WERKE Gerd Siemokat GmbH & Co. KG
Theodor-Heuss-Str. 45
6204 Taunusstein 2
☏ 0 61 28-4 27 87 Fax 4 34 42
→ 4630 Simo

6204 Superfos
Superfos Glasuld GmbH
Idsteiner Str. 82
6204 Taunusstein 5
☏ 0 61 28-7 10 06 ⌁ 4 182 725

6204 TRIGON
TRIGON-Bewehrungstechnik Vertriebs GmbH
Kellerskopfstr. 4
6204 Taunusstein 2
☏ 0 61 28-4 34 04

6209 Passavant
Passavant-Werke
6209 Aarbergen 7
☏ 0 61 20-2 81 Fax 28 26 71 ⌁ 4 186 596

6222 Erbslöh
Erbslöh Geisenheim Industrie-Mineralien
GmbH & Co. KG
Erbslöhstr. 1
6222 Geisenheim
☏ 0 67 22-70 80 Fax 60 98

6227 Koepp
Koepp Aktiengesellschaft
✉ 11 20
6227 Oestrich-Winkel
☏ 0 67 23-6 11 ⌁ 4 2 121

6229 Brockhues
Chemische Werke Brockhues AG
Mühlstr. 118 ✉ 60
6229 Walluf 2
☏ 0 61 23-7 10 71 Fax 7 23 36 ⌁ 4 182 919 cwb d

6229 Güsta
Metallkunst und Schmiedeeisen GmbH
Werftstr. 8 ✉ 46
6229 Walluf 1
☏ 0 61 23-7 10 51

6230 Alcan
Alcan Aluminiumwerke GmbH Hauptverwaltung
Kölner Str. 8
6230 Eschborn
☏ 0 61 96-40 70 ⌁ 40 72 804 Teletex 06 196-9 960

6230 Andresen
Höchster Lack- und Lackfarbenfabrik
Hermann Andresen GmbH & Co.
An der Steinmühle 16 ✉ 80 01 05
6000 Frankfurt/Main 80
☏ 0 69-30 10 31/2 ⌁ 4 14 153 fahn

6230 Demme
Demme & Renker
✉ 80 02 25
6230 Frankfurt 80
☏ 0 69-30 10 94

6230 EXXON
Deutsche EXXON Chemical GmbH
Verkaufsbüro Frankfurt
Flurscheideweg 5a
6230 Frankfurt/Main 80

6230 GUHA
GUHA Wagner GmbH + Co. Industrieprodukte KG
Mainzer Landstr. 625
6230 Frankfurt 80
☏ 06 11-39 20 14

6230 Hoechst
Hoechst Aktiengesellschaft Verkauf Fasern
Dolanit Marketing Neue Produkte
6230 Frankfurt/Main 80
☏ 0 69-3 05 48 66

6230 Hoechst AG
Hoechst Aktiengesellschaft
✉ 80 03 20
6230 Frankfurt am Main 80
☏ 06 11-30 51 ⌁ 4 1 234 hoe ag d

6230 Louver
Louver Lichtdecken-Service Fiedler + Harder GmbH
Bolongarostr. 57
6230 Frankfurt/Main 80
☏ 0 69-30 30 42 ⌁ 4 14 160

6230 Plana
PLANA
Eichenstr. 24
6230 Frankfurt 80
☏ 06 11-38 18 09 ⌁ 8 57 394

6230 Schwirten
Heinz Meier-Schwirten Industrie-Vertrieb
Alpenroder Str. 19
6230 Frankfurt/Main 80
☏ 06 11-34 31 02

6231 Roberts
ROBERTS Deutschland GmbH
Finkenweg 13
6231 Sulzbach/Ts.
☏ 0 61 96-78 10/18/19 ⌁ 4 15 697

6233 Strahlung
Strahlungsschutzbau Kelkheimer Betonwerke GmbH
Siemensstr. 13 ✉ 15 64
6233 Kelkheim
☎ 0 61 95-20 66/7 und 38 83

6234 Hamela
Erhard Hamela
Drosselweg 7
6234 Hattersheim
☎ 0 61 45-3 36 22

6236 bewehrte erde
bewehrte Erde® Vertriebsgesellschaft mbH
Frankfurter Str. 33-35
6236 Eschborn
☎ 0 61 96-4 53 85

6236 Shell
Deutsche Shell Chemie GmbH Abt KVW
Kölner Str. 6 ✉ 52 20
6236 Eschborn
☎ 0 61 96-47 40 ⌁ 4 072 939 dsc d

6238 Betonwerk
Betonwerk Flörsheim GmbH & Co. KG
Nassaustr. 13-15
6238 Hofheim-Wallau
☎ 0 61 22-1 50 81

6238 BST
BST - Brandschutztechnik
Gräsiger Weg 7a ✉ 40 02 34
6238 Hofheim 4 (Wallau)
☎ 0 61 22-60 81 ⌁ 4 182 541

6238 ISORATIONELL
ISORATIONELL Dämmstoffe und Isoliertechnik GmbH
Hessenstr. 8
6238 Hofheim-Wallau
☎ 0 61 22-1 50 22 bis 23 Fax 88 03
⌁ 17 612 293 seiz d Teletex 6 12 293

6238 Kratz
Kratz GmbH
Im Langgewann 4
6238 Hofheim/Taunus 1
☎ 0 61 92-2 50 85 Fax 2 23 98
⌁ 4 07 265 Krtz d

6238 Lotz
Horst K. Lotz Feuerschutzbaustoffe
Robert-Bosch-Str. 3
6238 Hofheim-Wallau
☎ 0 61 22-70 80 ⌁ 4 182 547
Telefax 0 61 22-7 08 27

6238 Müpro
MÜPRO GmbH
Befestigungs- und Schallschutzsysteme
Hessenstr. 11
6238 Hofheim-Wallau
☎ 0 61 22-80 80 Teletex 6 122 968

6238 Ramp
Ramp & Mauer
Reifenberger Str. 1
6238 Hofheim
☎ 0 61 92-2 09 20 Fax 17 29 ⌁ 4 072 213 rum d

6238 Seitz
Wilfried Seitz Dämmstofftechnik
Hessenstr. 8
6238 Hofheim-Wallau
☎ 0 61 22-1 50 21 bis 23 ⌁ 4 182 529 seiz d

6239 Geldmacher
Paul Geldmacher
Mainstr. 12
6239 Kriftel
☎ 0 61 92-50 25/7 ⌁ 4 10 470

6239 ispo
ispo GmbH
Gutenbergstr. 6 ✉ 12 20
6239 Kriftel
☎ 0 61 92-20 10 ⌁ 4 072 214

6240 Rompf
Paul Rompf Erben Natursteinbau
Kronthaler Str. 65
6240 Königstein
☎ 0 61 73-7 99 34

6250 BonaKemi
Bona GmbH & Co. KG
Jahnstr. 12
6250 Limburg
☎ 0 64 31-4 10 85 ⌁ 4 84 761

6250 Collgra
Collgra-Chemie GmbH
✉ 1 29
6250 Limburg/Lahn
☎ 0 64 32-20 91 ⌁ 4 84 809

6250 Eulberg
Bruno Eulberg Holzverarbeitung
Schulstr. 7 ✉ 11 21
6250 Limburg 7 (Eschhofen)
☎ 0 64 31-7 22 23

6250 KBM
KBM Kran- und Baumaschinengesellschaft mbH
Oderstr. 8
6250 Limburg
☎ 0 64 31-2 20 11 ⌁ 4 84 871

2

6250 WM
WM Treppenbau GmbH & Co. KG
Dieselstr. 13 (Im Elbboden)
6250 Limburg/Lahn
☏ 0 64 31-2 56 73

6251 Gertner
Gertner OHG Generalvertretung
Wiesenstr. 29
6251 Oberneisen
☏ 0 64 30-8 91/2 ⌁ 4 84 782 grntr

6251 Hemming
Gebr. Hemming Inh. Friedrich Hemming
Industriestr. 1
6251 Runkel/Lahn 1 (Kerkerbach)
☏ 0 64 82-42 62

6251 Maco
Maco Keramikhandels G.M.B.H.
Hessenstr. 37
6251 Selters
☏ 0 64 75-6 67 ⌁ 4 82 412 maco d

6251 Mein Haus
Mein Haus GmbH & Co. Vertriebs KG
Schöne Aussicht 23
6251 Holzheim
☏ 0 64 32-17 45

6251 Record
Record-Spezialbaustoffe und Sportartikel GmbH
Gartenstr. 15
6251 Hahnstätten
☏ (0 64 30) 14 24

6251 RuStiMa
RuStiMa Türen und Innenausbau GmbH
Hauptstr. 28
6251 Waldbrunn-Lahr
☏ 0 64 79-4 68 ⌁ 4 84 285 rusti d

6252 Emmerling
EMW-Betriebe Emmerling & Weyl GmbH & Co.
Schaumstoff KG
Werner von Siemens-Str. 9
6252 Diez
☏ 0 64 32-30 01 ⌁ 4 84 875 ewha

6252 Schaefer
Johann Schaefer Kalkwerke
Louise-Seher-Str. 6 ✉ 13 20
6252 Diez/Lahn
☏ 0 64 32-30 61 ⌁ 4 84 863

6257 Strulik
Strulik GmbH
Neesbacher Str. 13
6257 Hünfelden 2
☏ 0 64 38-30 11 u. 20 92 ⌁ 4 83 753

6258 Terrazzowerke
Nassauische Terrazzowerke GmbH
✉ 54
6258 Runkel a. d. Lahn
☏ 0 64 82-42 07

6259 Becher
Becher BN-Ziegel GmbH
6259 Brechen
☏ 0 64 38-20 18

6270 Reten
Reten-Akustik
Am Taubenberg 5
6270 Idstein
☏ 0 61 26-40 25 ⌁ 4 182 289

6270 Spannverbund
spannverbund Gesellschaft für Verbundträger GmbH
Hertastr. 3
6270 Idstein
☏ 0 61 26-40 58 Fax 40 50

6272 Fredrikson
FREDRIKSON GMBH
Frankfurter Str. 4 ✉ 12 68
6272 Niedernhausen
☏ 0 61 27-80 81 und (82) Fax 7 86 77 ⌁ 4 186 391

6277 Hasenbach
Lorenz Hasenbach GmbH u. Co. KG
✉ 12 80
6277 Bad Camberg
☏ 0 64 34-2 50 ⌁ 4 84 415

6290 Kubol
KUBOL-Natursteinrestaurierungs GmbH
August-Bebel-Str. 9
6290 Weilbung-Odersbach
☏ 0 64 71-25 05

6290 Rosconi
Rosconi Ed. Rosenkranz & Cie. Metallwarenfabrik
✉ 13 70
6290 Weilburg/Lahn
☏ 0 64 71-3 00 31 Fax 70 01

6290 Sitax
Sitax-Metallwarenfabrik GmbH
6290 Weilburg/Lahn
☏ 0 64 71-3 00 66 und 67 Fax 70 01

6293 Molto
MOLTO GmbH
✉ 11 20
6293 Löhnberg/Lahn 1
☏ 0 64 71-60 40

6295 Windor
WINDOR-BAUELEMENTE GmbH
Sportplatzweg 10
6295 Merenberg
☎ 0 64 71-50 30 ⌁ 4 84 207 windo

6296 Beck
Beck + Heun Waldernbach
Steinstr. 4
6296 Mengerskirchen 2
☎ 0 64 76-80 01 und 02 Fax 87 77 ⌁ 4 84 252

6300 Allendörfer
Gebr. Allendörfer Betonwerk GmbH
6300 Gießen-Lützellinden
☎ 0 64 03-50 01 ⌁ 4 82 847

6300 Gail
Gail AG. Architektur - Keramik
Erdkauter Weg 40-50 ✉ 55 10
6300 Gießen 1
☎ 06 41-70 31 ⌁ 4 82 871

6300 Kachel & Feuer
Kachel & Feuer GmbH
Seltersweg 55
6300 Gießen
☎ 06 41-(7 42 22) und 7 73 06

6300 Kachel & Feuer
Kachel & Feuer GmbH
Seltersweg 55
6300 Gießen
☎ 06 41-7 42 22 und 7 73 06

6300 Kessler
KESSLER + LUCH Produkte GmbH
Schiffenberger Weg 115
6300 Gießen 1
☎ 06 41-70 71 Fax 70 73 77 ⌁ 4 82 852

6300 Klass
Paul Klass
Talstr. 23
6300 Gießen
☎ 06 41-7 30 83

6300 Sakret
SAKRET Trockenbaustoffe GmbH & Co. KG
Friedrich-List-Str. 1
6300 Gießen
☎ 06 41-6 10 06

6300 Schneider
Schneider Steine GmbH Verwaltung
✉ 59 08
6300 Gießen

6300 Schultz
BAUCHEMIE Gießen/Lahn Schultz KG
Margaretenhütte 3
6300 Gießen
☎ 06 41-7 30 31 ⌁ 4 821 766 bagi d

6301 Dern
Betonwerk Jean Dern & Co. GmbH
✉ 53 25
6301 Pohlheim
☎ 0 64 04-20 07

6301 Lehnert
Lehnert Einrichtungen GmbH
Ruhberg 11
6301 Fernwald
☎ 0 64 04-6 10 27 Fax 71 24
⌁ 4 821 426

6301 Rinn
Wilhelm Rinn GmbH & Co. KG Betonwerke
Rodheimer Str. 83
6301 Heuchelheim
☎ 06 41-6 00 90 Fax 6 72 70 ⌁ 4 82 947

6301 Vogt
Franz Vogt & Co. KG
✉ 20 00
6301 Pohlheim
☎ 0 64 04-5 00 Fax 75 19

6303 Dipling
DIPLING-Vertrieb GmbH
6303 Hungen
☎ 0 64 02-20 91 ⌁ 4 82 719

6303 Schultz
Schultz Schwimmbad Vertriebsgesellschaft mbH
Gießener Str. 37
6303 Hungen 1
☎ 0 64 02-20 31 und 32

6304 Carlé
Erich Carlé KG
Marburger Str. 12
6304 Lollar
☎ 0 64 06-16 84

6305 BWE
Basalt- und Betonwerk Eltersberg
GmbH & Co. KG.
Flößerweg
6305 Buseck OT Alten-Buseck
☎ 0 64 08-20 24 Fax 47 98

6306 Brückel
Robert Brückel GmbH & Co. KG
✉ 11 54
6306 Langgöns
☎ 0 64 03-40 45

2

6307 Sommer
Richard Sommer GmbH
✉ 63 26
6307 Linden-Großenlinden
☎ 0 64 03-40 16

6308 BUFA
Butzbacher Farbenfabrik GmbH
Weiseler Str. 53 ✉ 1 25
6308 Butzbach/Hessen
☎ 0 60 33-41 06 und 07 ⌁ 4 102 010

6308 Fläkt
Fläkt GmbH
✉ 2 60
6308 Butzbach
☎ 0 60 33-8 01 ⌁ 4 184 040

6308 SAP
SAP Deutschland GmbH
6308 Butzbach 12
☎ 0 64 47-10 40

6308 Stahl-Vogel
Stahl-Vogel GmbH & Co. KG
✉ 3 70
6308 Butzbach 12-Ebersgöns
☎ 0 64 47-2 42 bis 2 44 ⌁ 4 83 834 stavo d

6308 Werner
Hessenland Spielplatzgeräte Werner KG
6308 Butzbach-Fauerbach

6310 Jäger
Georg Jäger & Sohn GmbH & Co. KG
Hauptverwaltung und Werk Queckborn
Laubacher Weg 18
6310 Grünberg 1
☎ 0 64 01-80 10 Fax 80 12 68 ⌁ 4 82 623

6310 Semmler
Semmler GmbH
Karl-Benz-Str. 10 ✉ 15
6310 Grünberg
☎ 0 64 01-55 73

6312 Dexion
Dexion GmbH
Dexionstr. 1-5
6312 Laubach 1
☎ 0 64 05-8 00

6313 MHI
Mitteldeutsche Hartstein-Industrie GmbH
ST Nieder-Ofleiden
6313 Homberg (Ohm) 3
☎ 0 64 29-42 57 ⌁ 4 82 332

6320 Funk
Heinrich Funk Holzschindelfabrikation
Marburger Str. 40
6320 Alsfeld
☎ 0 66 31-21 45

6330 Buderus Bau
Buderus Bau- und Abwassertechnik GmbH
✉ 12 40
6330 Wetzlar
☎ 0 64 41-49 01 Fax 49 13 03 und 49 27 01
(nur für Abscheider aus Stahlbeton und
Emulsionstrennanlagen)
⌁ 4 83 851 budw d

6330 Buderus Heiztechnik
Buderus Heiztechnik GmbH
✉ 12 40
6330 Wetzlar
☎ 0 64 41-49 01

6330 Gernand
GERNAND Naturstein + Baustoff GmbH
Neustadt 7-17 ✉ 16 09
6330 Wetzlar
☎ 0 64 41-4 60 51 Fax 4 88 03 ⌁ 4 83 892

6330 Grumbach
K. Grumbach GmbH & Co. KG
✉ 12
6330 Wetzlar 13 (Münchholzhausen)
☎ 0 64 41-7 20 04 bis 06

6330 Moreth
Robert Moreth GmbH & Co. KG
✉ 21 29
6339 Wetzlar

6330 pegesan
pegesan Sanitärprodukte GmbH
Weingartenstr. 21
6330 Wetzlar 13
☎ 0 64 41-7 10 72 u. 73

6330 Rink
Rink GmbH
Altenberger Str. 53 ✉ 23 69
6330 Wetzlar
☎ 0 64 41-55 71 und (72)

6332 Omniplast
Omniplast GmbH & Co. KG
✉ 12 56
6332 Ehringhausen
☎ 0 64 43-9 00 ⌁ 4 83 881

6334 Bartsch
Bartsch Fliesenelementbau KG
⊠ 11 50
6334 Asslar 1
☏ 0 64 41-8 14 36

6334 Huck
M. Huck GmbH + Co. KG
6334 Aßlar-Berghausen
☏ 0 64 43-6 30 ⌁ 4 83 710 huck d
Fax 63 29

6334 Kraus
Kraus & Sohn KG
Industriegebiet Süd/Ost
6334 Aßlar
☏ 0 64 41-84 19 ⌁ 4 83 815

6334 Willeck
Betonsteinwerk Hermann Willeck
6334 Werdorf bei Aßlar/Wetzlar
☏ 0 64 43-4 97

6335 Wilhelmi
H. Wilhelmi GmbH & Co. KG, Holzwerke
Bahnhofstr. ⊠ 55
6335 Lahnau 2
☏ 0 64 41-60 10 ⌁ 4 83 828 akust-d Telefax 6 34 39

6338 GE-RO
GE-RO Geländer-System GmbH
Im Mühlengrund 11
6338 Bad Vilbel 3
☏ 0 61 01-4 45 99 u. 4 18 20

6339 BIEBER
Bieber Eisen Baustoffe GmbH + Co. KG
6339 Bischoffen
☏ 0 64 44-8 80 Fax 80 11 ⌁ 4 83 873

6340 Kretz
E. Christian Kretz KG
Blockhausbau-Holzbearbeitung
Industriestr. 23 ⊠ 8
6340 Dillenburg 2 (Frohnhausen)
☏ 0 27 71-3 10 71 Fax 3 66 76

6340 Niederscheld
Armaturenwerk Niederscheld GmbH Adolfshütte
⊠ 11 61
6340 Dillenburg
☏ 0 27 71-98-3 60

6340 Ströher
Ströher GmbH
Kasseler Str. 41 ⊠ 17 62
6340 Dillenburg
☏ 0 27 71-39 10 Fax 39 13 40 ⌁ 8 73 211

6341 Müller
Müller Gönnern GmbH & Co. KG
Bauunternehmen · Spannbetonwerk
6341 Angelburg-Gönnern
☏ 0 64 64-7 90 ⌁ 4 82 216

6342 Hailo
Hailo-Werk Rudolf Loh GmbH & Co. KG
⊠ 12 62
6342 Haiger 1
☏ 0 27 73-8 20 Fax 8 22 39

6342 Heintz
Otto Heintz KG
Industriestr. ⊠ 1 08
6342 Haiger 1
☏ 0 27 73-30 81 ⌁ 8 73 218

6342 NH
NH-Beton Niederdreisbacher Hütte Werk Haiger
Industriestraße
6342 Haiger
☏ 0 27 73-30 01

6342 Nickel
U. Nickel Schwingungstechnik
Am Vogelsgesang 29
6342 Haiger
☏ 0 27 73-21 14 Fax 7 11 88

6342 Rink
Rink-Beton
6342 Haiger-Sechshelden
☏ 0 27 71-3 10 53 ⌁ 8 73 928 rink d
→ 6348 Rink

6342 Rink Kachel
Rink Kachelofen GmbH & Co. KG
Am Klangstein 18
6342 Haiger-Sechshelden
☏ 0 27 71-3 10 55 Fax 3 49 94

6342 Weiss
Ph. Carl Weiss GmbH & Co. KG Leimfabriken
⊠ 1 23
6342 Haiger 1/Dillkreis
☏ 0 27 73-8 15 24 bis 27 ⌁ 8 73 967

6342 Weiss Elastic
Weiss KG Elasticwerk
⊠ 1 07
6342 Haiger
☏ 0 27 73-50 55 ⌁ 8 73 907

6342 Weyel
Weyel international
Audio-visuelle Einrichtungs-Systeme
⊠ 6 80 31
6342 Haiger
☏ 0 27 73-8 41 ⌁ 8 73 204

6343 Kretz
E. Chr. Kretz KG Holzbearbeitungswerk
Industriestr.
6343 Dillenburg-Frohnhausen
☎ 0 27 71-3 10 71

6344 Fritz
Fritz oHG
Hauptstr. 117
6344 Dietzhölztal-Ewersbach
☎ 0 27 74-24 72 u. 25 41

6344 Pulverich
Günter Pulverich GmbH Kunststoff-Erzeugnisse
Auweg 3 ⊠ 51
6344 Dietzhölztal-Ewersbach
☎ 0 27 74-20 86 Fax 20 88 ⌁ 8 73 528 gpe d

6348 Hoffmann
Herborner Pumpenfabrik J. H. Hoffmann GmbH & Co.
Littau 3 ⊠ 13 63
6348 Herborn
☎ 0 27 72-70 10 Fax 7 01 65 ⌁ 8 73 423

6348 Rink
RINK-FENSTERBLOCK GMBH + Co. KG
Industriegebiet
6348 Herborn-Hörbach
☎ 0 27 72-5 30 95
→ 6342 Rink

6349 Becker
Becker-Antriebe GmbH
⊠ 67
6349 Sinn/Hessen 1
☎ 0 27 72-5 10 63 ⌁ 8 73 419 eab d

6349 Krüger
Dr. Krüger KG
Wetzlarer Str. 5
6349 Sinn/Hessen 1
☎ 0 27 72-5 20 64 u. 65 ⌁ 8 73 487

6349 Meckel
Meckel & Weyel Treppenvertrieb GmbH & Co. KG
Am Gettenbach 2 ⊠ 29
6349 Mittenaar-Bicken
☎ 0 27 72-6 28 84 ⌁ 8 73 242 mewe d

6349 Panne
Allendorfer Fabrik Ing. Herbert Panne
GmbH & Co. KG
6349 Greifenstein-Allendorf
☎ 0 64 78-5 13 bis 5 15 Fax 12 05 ⌁ 4 84 219

6349 Valentin
Valentin Spanplattenwerk F. W. Valentin + Söhne KG
Hauptstr. 36 ⊠ 60
6349 Mittenaar 1
☎ (0 27 72) 6 01-0

6350 Held
Karl Held GmbH, ein Unternehmen des
Sika Konzerns Techn. Büro Nord
Frankfurter Str. 185
6350 Bad Nauheim
☎ 0 60 32-8 23 63 Fax 8 30 60

6350 Neuhaus
M. B. Neuhaus Spezialfolien
Alicestr. 8
6350 Bad Nauheim
☎ 0 60 32-37 81 und 3 37 58

6360 Asea
Asea Lepper GmbH
Grüner Weg 6 a
6360 Friedberg 1
☎ 0 60 31-8 50

6360 Megerle
Franz Megerle KG
Kaiserstr. 175
6360 Friedberg
☎ 0 60 31-94 82

6366 Marquart
Hans R. Marquart · Import - Baustoffe - Export
Wohnbacher Str. 31
6366 Wölfersheim
☎ 0 60 36-4 85 Fax 35 80 ⌁ 4 184 240

6367 König
König + Neurath
Industriestr. 13
6367 Karben 1
☎ 0 60 39-48 30 ⌁ 4 15 921

6367 Romi
Romi® Fenster- und Rolladenfabrik
Industriestr. 18 ⊠ 11 80
6367 Karben I
☎ 0 60 39-48 50 Fax 4 85 34
Teletex 60 39 915 romi d

6368 GE-RO
GE-RO-Geländer-System GmbH
Im Mühlengrund 11
6368 Bad Vilbel
☎ 0 61 01-4 45 99 Fax 4 18 20

6368 Strauch
Klinker- und Ziegelwerk Massenheim
Fritz Strauch GmbH & Co.
6368 Bad Vilbel-Massenheim
☎ 0 61 01-4 23 76

6369 Cemitec
Cemitec OHG
Sandweg 1
6369 Schöneck 1
☎ 0 61 87-89 63 und 70 93

6369 Hoffmann
Hoffmann & Co. KG
⊠ 11 25
6369 Schöneck 2
☎ 0 61 87-50 46

6370 A.T.P.
A.T.P. GmbH Generalvertretung
Pfaffenweg 12d
6370 Oberursel
☎ 0 61 71-7 69 59 Fax 83 32

6370 Bostik
Bostik GmbH
Gattenhöferweg 36 ⊠ 12 60
6370 Oberursel
☎ 0 61 71-50 30 ≢ 4 10 735

6370 Braas
BRAAS & Co. GmbH Hauptverwaltung
Frankfurter Landstr. 2-4
6370 Oberursel
☎ 0 61 71-63 30 ≢ 4 15 351

6370 Haas
SFS Fritz Haas GmbH & Co. KG
Hohemarkstr. 110-116
6470 Oberursel
☎ 0 61 71-28 88 ≢ 4 10 772

6370 Raak
Raak Licht GmbH & Co. KG
Freiligrathstr. 57 ⊠ 17 40
6370 Oberursel 1
☎ 0 61 71-5 40 27 Fax 5 74 76 ≢ 4 10 791 raak d

6370 STT
STT SOLAR-TERRA-THERM Systeme Probst KG
Am S-Bahnhof ⊠ 18 70
6370 Oberursel/Ts.
☎ 0 61 71-35 45

6374 Rieco
Rieco GmbH Begrünungssysteme
Siemensstr. 2
6374 Steinbach/Ts
☎ 0 61 71-7 30 51

6380 Bekaert
Bekaert Deutschland GmbH
Dietrich-Bonhoeffer-Str. 4 ⊠ 12 61
6380 Bad Homburg v.d.H. 1
☎ 0 61 72-12 40 ≢ 4 15 122

6382 NORMKLIMA
NORMKLIMA
Max-Planck-Str. 3
6382 Friedrichsdorf
☎ 0 61 72-50 71 ≢ 4 15 836

6382 Rühl
Rühl-Chemie
Hugenottenstr. 105
6382 Friedrichsdorf
☎ 0 61 72-1 21

6390 Sorg
SORG Holz- und Elementebau GmbH
Weilburger Str. 16
6390 Usingen/Ts
☎ 0 60 81-30 11 und 12 ≢ 4 15 343

6393 Alukarben
Alukarben-Raster GmbH
Industriestr. 10
6393 Wehrheim/Ts.
☎ 0 60 81-90 05 Fax 5 69 38 ≢ 4 15 884 aluka d

6393 Buckingham
Buckingham Swimmingpools
Industriestr. 205
6393 Wehrheim /Ts.
☎ 0 60 81-53 60

6393 Taunus
Taunus-Quarzit-Werke GmbH
6393 Wehrheim
☎ 0 61 75-31 17

6393 Wagner II
L. Wagner II-Fertigbau
Oranienstr. 3
6393 Wehrheim/TS.
☎ 0 60 81-52 53

6400 Dura
Dura Tufting GmbH
Frankfurter Str. 62 ⊠ 2 69
6400 Fulda
☎ 06 61-8 21

6400 Filz
Filzfabrik Fulda GmbH & Co.
Frankfurter Str. 62 ⊠ 3 69
6400 Fulda
☎ 06 61-10 11 Fax 10 12 14 ≢ 1 766 198 051
Teletex 66 198 051 = FFF

6400 Juchheim
M. K. Juchheim GmbH & Co.
Moltkestr. 13-31 ⊠ 12 09
6400 Fulda
☎ 06 61-6 00 31 ≢ 4 97 010

6400 Mehler
Val. Mehler AG
✉
6400 Fulda
☎ 06 61-10 38 83 ⌨ 4 9 852

6400 Nüdling
F. C. Nüdling GmbH & Co. KG
Basaltwerke, Betonsteinwerke
Ruprechtstr. 24 ✉ 7 45
6400 Fulda
☎ 06 61-7 10 71

6400 Rhön
Rhön-Kamin
Bardostr. 1-3
6400 Fulda 1
☎ 06 61-7 35 11

6401 BelFox
BelFox Torautomatik
Gewerbestr. 3-5
6401 Kalbach 1
☎ 0 66 55-50 34 Fax 7 17 05 ⌨ 49 135 belfo d

6401 Rensch
RENSCH FERTIGBAU GMBH, Werk Uttrichshausen
6401 Kalbach 4
☎ 0 97 42-4 11

6401 Seuring
Helmut Seuring KG
Quellenstr. 10 und (12)
6401 Kalbach-Uttrichshausen
☎ 0 97 42-7 15 Fax 13 77

6402 Otterbein
Kalkwerke Otterbein GmbH & Co. KG
6402 Großenlüder 2 (Müs)
☎ 0 66 48-72 71 ⌨ 4 9 255 kom d

6405 Bruynzeel
Bruynzeel-Türen-Fabrik GmbH
Am Märzrasen
6405 Eichenzell 1 (Welkers)
☎ 0 66 59-18 41 ⌨ 4 9 785

6411 Rosenberger
J. F. Rosenberger
Wilhelm-Oestreich-Str. 15
6411 Künzell 6
☎ 06 61-3 53 88 Fax 3 53 78 ⌨ 4 9 905 sad d

6414 Menz
Rhön-Rustik Martin Menz, Rustikale Holzbearbeitung, Imprägnier- und Hobelwerk
Waldmühlenweg 11
6414 Ehrenberg 3-Reulbach
☎ 0 66 81-80 33 Fax 80 35

6418 Ondal
OREG ONDAL REGELTECHNIK GmbH
✉ 1 09
6418 Hünfeld 1
☎ 0 66 52-8 11 ⌨ 4 9 185

6418 Vogt
Vogt Kachelöfen
Elisabethenstr. 17
6418 Hünfeld
☎ 0 66 52-21 06

6419 Schnabel
Heinrich Schnabel GmbH & Co., Fertigdecken KG
✉ 20
6419 Burghaun 1
☎ 0 66 52-80 44

6420 Archut
Industrie-Erden-Werk Erich Archut
Reutersex Str. 10 ✉ 50
6420 Lauterbach
☎ (0 66 38) 12 66

6420 Dach
Dachziegelwerk Lauterbach
✉ 19
6420 Lauterbach/Hessen
☎ 0 66 41-70 21 bis 23 ⌨ 4 9 263

6420 Heissner
Heissner GmbH & Co. KG
✉ 80
6420 Lauterbach/Hessen 1
☎ 0 66 41-8 60 Fax 86 99 ⌨ 1 7 664 193
Teletex 66 41 93 heila

6420 Landhaus
Lauterbacher Landhaus
✉ 1 03
6420 Lauterbach
☎ 0 66 41-6 14 17

6422 Harö
Harö-Sauna Heinrich Hautzenröder
Lanzenhainer Str. 26
6422 Herbstein
☎ 0 66 43-2 29

6424 Sauna
saunalux GmbH
Hauptstr. 10-18
6424 Grebenhain 4
☎ 0 66 44-70 61 ⌨ 4 9 274

6425 Merz
MERZ
Schwalmallee 29
6425 Lautertal-Meiches
☎ 0 66 30-3 16

6430 Börner
Georg Börner, Chemisches Werk für Dach- und Bautenschutz GmbH & Co. KG
Seilerweg 10 ✉ 10
6430 Bad Hersfeld
☎ 0 66 21-17 50 Fax 17 52 00 ⌁ 4 93 306
→ 6057 Börner
→ 8500 Börner

6430 Kalksandstein
Kalksandstein-Vertriebsgesellschaft mbH & Co. KG
Friedloser Str. 108 a
6430 Bad Hersfeld 1
☎ 0 66 21-1 50 71 und 72

6431 Salzberger
Salzberger Landhausbau GmbH
In den Auewiesen 1-3
6431 Neuenstein-Aua
☎ 0 66 77-18-0 u. 18 18

6432 Nordhaus
NORDHAUS-Fertigbau GmbH
Zentrale der NH-Gruppe
6432 Heringen/Werra
☎ 0 66 24-78 44 ⌁ 4 93 353

6433 Werra
WERRA PLASTIC GmbH & Co. KG
6433 Philippsthal
☎ 0 66 20-7 80 ⌁ 4 93 394

6434 Zange
Julius Zange KG Ziegelwerk, Baustoffe
Schlitzer Str. 40 ✉ 8
6434 Niederaula
☎ 0 66 25-2 15 Fax 81 96

6436 Ziegel
Ziegelwerk Schenklengsfeld GmbH
6436 Schenklengsfeld
☎ 0 66 29-3 32

6440 Plus
Plus Plan Kunststoff- und Verfahrenstechnik GmbH
Robert-Bunsen-Str. 9-13 ✉ 2 20
6440 Bebra
☎ 0 66 22-30 81 ⌁ 4 93 418

6442 Abhau
Heinrich Abhau KG
6442 Rotenburg/F.-Schwarzenhasel
☎ 0 66 23-30 34

6442 Flott
FLOTTWERK H.-J. Dames KG
Bahnhofstr. 34 ✉ 40
6442 Rotenburg/Fulda 1 (Lispenhausen)
☎ 0 66 23-20 96 ⌁ 4 93 288

6444 Alsecco
ALSECCO Bauchemische Produkte GmbH & Co. KG
6444 Wildeck-Richelsdorf
☎ 0 66 26-8 80 Fax 88 13 ⌁ (17) 6 626 911 alsri d

6445 Sandrock
Georg Sandrock Ziegelwerk
6445 Alheim-Baumbach
☎ 0 66 23-73 75

6450 Agomet
Agomet Klebstoffe GmbH
Rodenbacher Chaussee 4
✉ 13 45
6450 Hanau
☎ 0 61 81-5 90 ⌁ 41 520 090 dw d

6450 Dekalin
Deutsche Klebstoffwerke GmbH
✉ 2 89
6450 Hanau
☎ 0 61 81-8 10 05

6450 Dunloplan
Dunloplan Division der Dunlop AG
Dunlopstr.
6450 Hanau (Main)
☎ 0 61 81-36 10 ⌁ 4 184 777

6450 Grünau
Chemische Fabrik Grünau GmbH Abt. WOLFIN IB
Moselstr. 35
6450 Hanau/Main
☎ 0 61 81-1 09 20 ⌁ 4 184 120 woib

6450 Klöckner
Klöckner & Co. Betonwerk Hanau
Canthalstr. 2
6450 Hanau/Main
☎ 0 61 81-37 51

6450 Simka
Simka GmbH
Voltastr. 10 ✉ 90 11 60
6450 Hanau 9
☎ 0 61 81-5 30 74 Fax 5 53 41 ⌁ 4 184 137

6450 Spahn
SPAHN SANITÄR GmbH
An der Mainbrücke 14 ✉ 70 02 03
6450 Hanau 7
☎ 0 61 81-6 36 84 Fax 66 11 73 ⌁ 4 15 979 spahn

6451 Silikal
Silikal Karl Ullrich GmbH
Fabrikation chemischer Erzeugnisse
Ostring 23
6451 Mainhausen 1 (Zellhausen)
☎ 0 61 82-32 35 bis 37 Fax 2 78 32 ⌁ 4 184 557 sili d

2

6452 Blumör
Ziegelwerk Blumör GmbH
Auf das Loh 6 ✉ 10 28
6452 Hainburg-Hainstadt
☏ 0 61 82–43 13

6452 Klein
Adam Gg. Klein
Hauptstr. 151
6452 Hainburg
☏ 0 61 82–46 43

6452 Wenzel
Klinker- und Ziegelwerke Franz Wenzel KG
6452 Hainburg/Hainstadt
☏ 0 61 82–46 63

6455 Sicherheits-Systeme
Sicherheits-Systeme GmbH
✉ 11 28
6455 Erlensee
☏ 0 61 83–48 80 und 25 15

6457 Forsheda
Forsheda GmbH
Spessartstr. 46
6457 Maintal 2
☏ 0 61 09–6 10 11 u. 6 40 99 ⌁ 4 10 669

6457 Rasmussen
Rasmussen GmbH
Edisonstr. 4 ✉ 11 49
6457 Maintal (Hochstadt)
☏ 0 61 81–40 31 ⌁ 4 184 872

6460 AER
AEROLITH-WERK Reis u. Gensler GmbH & Co. KG
✉ 11 28
6460 Gelnhausen
☏ 0 60 51–7 10 41 ⌁ 4 184 183 aero d

6463 Heraeus
Heraeus Elektroden GmbH
Industriestr. 9
6463 Freigericht 2
☏ 0 60 55–40 01

6466 MHI
Mitteldeutsche Hartstein-Industrie GmbH
OT Breitenborn
6466 Gründau 6
☏ 0 60 53–30 84 und 85 Fax 30 82 ⌁ 4 184 387

6472 Breternitz
Alfred Breternitz GmbH & Co. KG
Dachbahnen- und Bauchemie-Fabrik
Herrnstr. 32
6472 Altenstadt/Hessen 1
☏ 0 60 47–13 22 und 3 97 Fax 44 05

6472 Corvinus
Corvinus & Roth
Siemensstr.
6472 Altenstadt
☏ 0 60 47–3 01 und 3 02 ⌁ 4 184 439 coro d

6472 Freizeitanlagen
ROOS-Freizeitanlagen GmbH
Am Eichwald 1
6472 Altenstadt-Waldsiedlung
☏ 0 60 47–23 93

6472 Röder
Fensterzargen + Sturoka-Werk Röder GmbH
Herrnstr. 12–14
6472 Altenstadt 1
☏ 0 60 47–60 21 ⌁ 4 184 653 roed

6472 Vetter
Vetter & Sohn
6472 Altenstadt/Hessen
☏ 0 60 47–44 70

6478 Induco
induco Baumaschinen und Baumaterialien GmbH
Kleebergstr. 1
6478 Nidda 21
☏ 0 60 43–5 81

6484 Bien
BIEN-HAUS AG
6484 Birstein
☏ 0 60 54–20 41

6492 Gerhäuser
Chr. Gerhäuser Marmorwerke KG
6492 Sinntal 2/Altengronau
☏ 0 66 65–80 80 ⌁ 4 9 528 geralt d

6492 Patzer
Gebr. Patzer KG
Jossa
6492 Sinntal 3 - Jossa
☏ (0 66 65) 80 57

6500 Albrecht
Lackfabrik J. Albrecht GmbH & Co. KG
Industriestr. 24–26 ✉ 25 02 31
6500 Mainz 25
☏ 0 61 31–62 09–0 Fax 62 09 40 ⌁ 4 187 483

6500 Arjo
Arjo Systeme für Rehabilitation GmbH & Co. KG
Robert-Koch-Str. 11
6500 Mainz 42
☏ 0 61 31–5 90 84 ⌁ 4 187 489

6500 DAKU
DAKU GmbH Dachbegrünungssysteme
Galileo-Galilei-Str. 26
6500 Mainz-Hechtsheim
☏ 0 61 31-50 49 99 Fax 50 94 01

6500 Lavahum
LAVAHUM GmbH
Justus-Liebig-Str. 1
6500 Mainz 42
☏ (0 61 31) 59 20 21

6500 Mogat
Mogat-Werke Adolf Böving GmbH
Kleine Ingelheimstr. 2 ✉ 32 49
6500 Mainz
☏ 0 61 31-67 40 15 ⌁ 4 187 606

6500 Resart
RESART-IHM AG Chemische Werke
Gassner Allee 40
6500 Mainz
☏ 0 61 31-67 10 01 ⌁ 4 187 781

6500 Schott
SCHOTT GLASWERKE Geschäftsbereich Optik, Vertrieb Flachglas
✉ 24 80
6500 Mainz
☏ 0 61 31-66 38 29 Fax 66 20 17 ⌁ 41 879 220 sm

6500 Weisrock
Karlheinz Weisrock
Robert-Koch-Str. 25
6500 Mainz-Hechtsheim
☏ 0 61 31-50 70 44 u. 50 87 18 ⌁ 4 187 306

6501 Lüft
Lüft GmbH
Mainzer Landstr. 233
6501 Budenheim
☏ 0 61 39-7 27/28

6501 Nova
nova-Entwicklungsges. A. Staudacher mbH
Mainzer Landstr. 233
6501 Mainz-Budenheim
☏ 0 61 39-7 14 und 7 15

6501 Oetker
Chemische Fabrik Budenheim Rudolf A. Oetker
Am Rhein 6
6501 Budenheim/Rhein
☏ 0 61 39-8 90 Fax 8 92 64 ⌁ 4 187 856

6501 SH SUOMI
SH SUOMI-Haus GmbH
Bergstr. 5
6501 Budenheim
☏ 0 61 39-12 88 oder 0 61 46-67 89

6501 Voss
Voss GmbH & Co. KG
Nieder-Oemer-Str. 10d
6501 Zornheim
☏ 0 61 36-50 71

6502 Ahrens
Ahrens Schornsteintechnik Mitte GmbH, Zentrale
Kostheimer Landstr. 22-24
6502 Mainz-Kostheim
☏ 0 61 34-6 10 66 ⌁ 4 187 491 pamz d

6502 Apura
Apura GmbH
Bruchstr. 32-40 ✉ 11 61
6502 Mainz-Kostheim
☏ 0 61 34-60 80 Fax 60 83 27 ⌁ 4 182 051

6503 Menz
Kies Menz GmbH
Rheinufer ✉ 1 07
6503 Mainz-Kastel
☏ 0 61 34-2 22 95

6507 aertherm
aertherm Wärmetechnik GmbH
Am Langenberg 17 ✉ 13 06
6507 Ingelheim
☏ 0 61 32-70 85

6507 Weitzel
Hans Weitzel GmbH
Binger Str. 29 ✉ 16 07
6507 Ingelheim
☏ 0 61 32-21 50 Fax 70 92 ⌁ 4 187 138

6509 Donnersberger
Donnersberger Holzspielgeräte
Bechenheimer Str. 30
6509 Nack

6509 SELIT
SELIT-Kunststoffwerke GmbH
6509 Erbes-Büdesheim
☏ 0 67 31-4 10 01 ⌁ 4 2 440 selit d

6520 AFW
AFW Selbstbauhaus GmbH
Friedrich-Ebert-Str. 23
6520 Worms
☏ 0 62 41-59 10 11

6520 CWW
CWW Chemie-Werk Weinsheim GmbH
Weinsheimer Str. 129 ✉ 11 39
6520 Worms 1
☏ 0 62 41-30 10 ⌁ 4 67 852

2

6520 Frigolit
Deutsche Frigolit GmbH Werk I
Horchheimer Str. 52 ✉ 14 61
6520 Worms 6
☎ 0 62 41-30 20 Fax 30 21 50 ⌁ 4 67 801
→ 8612 Frigolit

6520 Hawo
hawo® farben + putze,
Lack-, Farben- und Kunststoffwerk
Jakob-Hammel-Str. 3
6520 Worms 31
☎ 0 62 42-8 24 ⌁ 4 67 898 hawo d

6520 Heischling
René Heischling Elastic Bodenbelag Handels GmbH
Bobenheimer Str. 4 ✉ 8 47
6520 Worms
☎ 0 62 41-3 61 55 ⌁ 4 67 758

6520 Oltmanns
OLTMANNS Kunststoffwerke Worms GmbH
Sommerdamm 13
6520 Worms-Rheindürkheim
☎ 0 62 42-80 68 Fax 8 08

6520 Renolit
Renolit-Werke GmbH
Horchheimer Str. 50 ✉ 7 40
6520 Worms a. Rh.
☎ 0 62 41-85 51 ⌁ 4 67 803 und 04 67 822

6520 Renolit Fertighaus
Renolit Fertighaus GmbH
✉ 4 48
6520 Worms
☎ 0 62 41-69 26

6520 Schuch
Adolf Schuch KG Lichttechnische Spezialfabrik
Mainzer Str. 172 ✉ 8 20
6520 Worms am Rhein
☎ 0 62 41-41 71 bis 76 ⌁ 0 467 809

6520 WKR
WKR Wormser Kunststoff-Recycling GmbH
Klosterstr. 22
6520 Worms
☎ 0 62 41-69 31

6520 WTA
WTA Wärmetechnische Apparate GmbH
✉ 3 07
6520 Worms
☎ 0 62 41-65 05

6521 pyro
PYRO-SCHMITT
feuerfeste Mörtel- und Stampfmasse GmbH
Wormser Str. 3
6521 Offstein
☎ 0 62 43-55 96 und 70 64 Fax 88 82 ⌁ 4 67 857

6535 Avenarius
R. AVENARIUS GMBH CO. KG Chemische Fabriken
✉ 8
6535 Gau-Algesheim
☎ 0 67 25-30 20 Fax 3 02 22 ⌁ 4 2 211

6536 Krämer
Krämer GmbH Anlagenbau
An den Nahewiesen 20
6536 Langenlonsheim
☎ 0 67 04-10 46 u. 10 14 ⌁ 6 70 492

6540 Schwörer
SchwörerHaus
6540 Simmern
☎ 0 67 61-69 51 ⌁ 4 26 451

6542 Industriewerk
Industriewerk Rheinböllen GmbH
✉ 35
6542 Rheinböllen
☎ 0 67 64-20 21 ⌁ 4 26 457 iwr d

6544 Glaswagner
Glaswagner
✉ 11 28
6544 Kirchberg
☎ 0 67 63-12 95

6544 Isolar
Isolar-Glas-Beratung e.V.
Hauptstr. 39
6544 Kirchberg/Hsr.
☎ 0 67 63-5 21 und 5 22 ⌁ 4 26 426

6550 Agro
Agro-Foam International GmbH
✉ 3 82
6550 Bad Kreuznach
☎ 06 71-3 55 01 und 6 45 66

6550 Bussmer
Peter Bussmer GmbH & Co. KG
Mainzer Str. 12-16 ✉ 8 05
6550 Bad Kreuznach
☎ 06 71-6 56 94

6550 Frewa
FREWA-Baudekoration und Vertriebs GmbH + Co.
Kontakt- und Verkaufs-KG
Mainzer Str. 16-16
6500 Bad Kreuznach
☎ 06 71-6 56 96 ⌁ 4 2 701

6550 Meffert
Otto Meffert & Sohn GmbH Farben- und Lackfabrik
Sandweg 15 ✉ 7 47
6550 Bad Kreuznach
☎ 06 71-6 74 01 ⌁ 4 27 61 duefa d

6553 Eimer
Heinrich Eimer Klinkerwerk GmbH & Co. KG
Steinhardterstr. 53
6553 Sobernheim
☎ 0 67 51-23 68

6555 Possehl
Possehl-Spezialbau GmbH
cds-Vertrieb, Produktion, Bauhof
Gaubickelheimer Str. ✉ 11 26
6555 Sprendlingen
☎ 0 67 01-20 20 Fax 26 86 ⌁ 4 2 869
→ 6200 Possehl

6556 Jungk
Porotonwerke Ernst Jungk & Sohn
✉ 16
6556 Wöllstein/Rhh.
☎ 0 67 03-30 10 ⌁ 4 2 867

6570 Kuntz
Lud. Kuntz GmbH
Sulzbacher Str. 75 ✉ 1 49
6570 Kirn/Nahe
☎ 0 67 52-80 26 bis 29 Fax 69 92 ⌁ 4 26 113

6570 Simona
SIMONA AG Kunststoffwerke
Teichweg 16 ✉ 1 33
6570 Kirn/Nahe
☎ 0 67 52-1 40 Fax 1 42 11 ⌁ 4 26 111 simo d

6575 Johann
Johann & Backes Schieferbergbau
Hauptstr. 110
6575 Bundenbach
☎ 0 65 44-2 29 und 17 54 Teletex 6 544 910

6575 Theis
N. Theis Nachf. Böger GmbH Schieferwerk
6575 Bundenbach
☎ 0 65 44-10 15 und 16

6580 Leysser
Leysser Nachf.
Otto-Decker-Str. 7
6580 Idar-Oberstein

6581 RAKU
RAKU Fabrikate für Dach und Wand GmbH
Gewerbegebiet
6581 Veitsrodt
☎ 0 67 81-32 81

6581 Trachsel
Trachsel GmbH Flachdachfabrikate
Gewerbegebiet im Wiesengrund
6581 Niederwörresbach
☎ 0 67 85-8 81 und 8 82 Fax 8 83

6588 Birkenfelder
Birkenfelder Ton- und Ziegelwerke GmbH
✉ 13 08
6588 Birkenfeld (Nahe)
☎ 0 67 82-12 61/2

6588 Turnwald
H. A. Turnwald GmbH
✉ 13 06
6588 Birkenfeld/Nahe
☎ 0 67 82-27 17

6600 Achenbach
Karl Achenbach GmbH
Rolladenfabrik - Aluminiumprofilierung
Zinzinger Str. 11
6600 Saarbrücken 1
☎ 06 81-58 10 14 ⌁ 4 428 870 rola d

6600 Blumor
BLUMOR Lacke GmbH
Mainzer Str. 116 ✉ 6 95
6600 Saarbrücken
☎ 06 81-6 40 10

6600 End
Guntram End
Untertürkheimer Str. 20
6600 Saarbrücken
☎ 06 81-58 60 10 Fax 58 16 139 ⌁ 4 421 111 end d

6600 Fondis
FONDIS Deutschland
Saargemünder Str. 22
6600 Saarbrücken
☎ 06 81-5 30 36

6600 Hutchinson
Saarländische Hutchinson Verkaufsgesellschaft mbH
Am Hauptgüterbahnhof
6600 Saarbrücken 3
☎ 06 81-3 96 71

6600 OBER
OBER
Mainzer Str. 116
6600 Saarbrücken
☎ 06 81-6 40 10

6600 Renodoor
Renodoor GmbH & Co. KG
✉ 5 96
6600 Saarbrücken

6600 Schrof
Schrof + Willie
✉ 3 97
6600 Saarbrücken 3
☏ 06 81-6 79 86

6600 Sepic
Sepic Modulo
✉ 6 95
6600 Saarbrücken

6600 Sovac
Sovac GmbH
✉ 1 73
6600 Saarbrücken
☏ 06 81-5 10 27/8/9 Telex 4 428 627 pori d

6600 Weller
WELLER GmbH
Brunnenstr. 4a
6600 Saarbrücken 5
☏ 06 81-7 85 03

6600 Z-I
Z-I, Lichtsysteme GmbH
Bertha-von-Suttner-Str. 1
6600 Saarbrücken
☏ 06 81-81 90 90 Fax 8 19 09 23

6601 Agepan
AGEPAN HOLZWERKSTOFFE KG
✉
6601 Heusweiler 1
☏ 0 68 06-1 60 Telex 4 429 718 holz d

6601 Marquardt
Kunststoffwerk Marquardt GmbH & Co.
Industriegelände
6601 Hanweiler
☏ 0 68 05-40 91 Telex 4 429 130

6601 Saar-Ton
Saar-Tonindustrie GmbH
✉ 28
6601 Kleinblittersdorf
☏ 0 68 05-80 38 Fax 78 20 Telex 4 429 111 sti

6601 Storex
Storex-Markisen GmbH
Saarbrücker Str. 128
6601 Kleinblittersdorf
☏ 0 68 05-10 61

6601 Textimex
TEXTIMEX GmbH
Ludwigstr. 21
6601 Saarbrücken-Ensheim
☏ 0 68 93-20 77 und 22 77 Telex 4 429 214 tebo d

6610 Bauer
Johann Bauer GmbH & Co. KG
Dillinger Str. 5
✉ 11 08
6610 Lebach
☏ 0 68 81-20 31 Fax 20 33

6612 Bauglas
BAUGLASINDUSTRIE GmbH
Glashüttenstr. 1 ✉ 10 80
6612 Schmelz/Saar
☏ 0 68 87-30 30 Fax 3 03 45 Telex 4 45 717 bgi d

6612 Engstler
Engstler & Schäfer GmbH
Holzbearbeitung · Industrieverglasung
Industriegebiet Ost
6612 Schmelz
☏ 0 68 87-22 09 und 21 39 Fax 70 33
Telex 4 45 753 ess d

6612 Gimmler
Helmut Gimmler GmbH & Co. KG, Betonelementwerk
Industriegebiet ✉ 30 06
6612 Schmelz-Limbach
☏ 0 68 87-70 41 Telex 4 45 741

6612 Lithurban
Lithurban Kontakt
✉ 30 06
6612 Schmelz
☏ 0 68 87-70 41 (Fa. Gimmler)

6612 RIHO
RIHO Vertriebsgesellschaft
Richl, Hoffmann & Co. GmbH
Bettinger Str. 21
6621 Schmelz 5
☏ 0 68 87-47 49 Fax 77 13

6620 Trockle
L. Trockle GmbH
Hütten- und Kalksandsteinfabrikation
Grabenstr.
✉ 10 22 20
6620 Völklingen-Wehrden
☏ 0 68 98-2 30 33 Telex 4 429 804

6623 Allit
Allit Kaminstein GmbH
Am Uhrigsweiher ✉ 11 06
6623 Saarbrücken-Altenkessel
☏ 0 68 98-8 12 85

6623 Walch
Gebr. A. und W. Walch & Co. GmbH
Am Josefaschacht
✉ 11 06
6623 Saarbrücken-Altenkessel
☏ 0 68 98-88 75

6630 Meguin
Öl- und Lackwerke G. Meguin GmbH
Rodener Str. 25 ✉ 19 50
6630 Saarlouis-Fraulautern
☎ 0 68 31-8 00 55 ⌁ 4 431 140

6631 Landry
Landry & Partner Fenster und Türen GmbH
Industriegelände
6631 Ensdorf
☎ 0 68 31-51 22

6632 Feumas
FEUMAS GmbH
Industriegelände
✉ 58
6632 Saarwellingen
☎ 0 68 38-20 29 ⌁ 4 43 116

6632 Schäfer
Dr. Arnold Schäfer GmbH
Hilgenbacher Höhe ✉ 30 03
6632 Saarwellingen-Reisbach
☎ 0 68 06-60 50 ⌁ 4 429 719

6632 Siplast
siplast Deutschland GmbH Büffelhautwerk
Industriegelände ✉ 58
6632 Saarwellingen
☎ 0 68 38-5 41 ⌁ 4 43 738 sipla d

6633 Schencking
Kalksandsteinwerk Differten-Saar
Schencking GmbH & Co.
Schäfereistr. 75a ✉ 5 10
6633 Wadgassen-Differten
☎ 0 68 34-62 71 und 72 Fax 6 16 82

6634 Demmerle
NKS GMBH DEMMERLE BETON
Felsbergstr.
✉ 9
6634 Wallerfangen
☎ 0 68 31-63 44

6635 Boßmann
G. Boßmann GmbH
Industriegelände
6635 Schwalbach-Bous
☎ 0 68 34-10 54

6637 Tritz
Betonwerke G. Tritz GmbH & Co. KG
Eisenbahnstr. 6
6637 Nalbach
☎ 0 68 38-8 10 81

6638 KBE
KBE Kunststoffproduktion GmbH & Co. KG
Merziger Str. 64 ✉ 15 67
6638 Dillingen
☎ 0 68 31-7 70 59 ⌁ 4 43 223 Telefax 7 19 90

6639 D & W
Dyckerhoff & Widmann AG
Nordstr. 2 ✉ 80 20
6639 Rehlingen
☎ 0 68 35-5 70 ⌁ 4 43 213

6640 Brotdorf
Betonwerk Brotdorf GmbH
Zur Heiligenwies
6640 Merzig
☎ 0 68 61-27 65

6642 Villeroy
Villeroy & Boch
✉ 1 01 20
6642 Mettlach 1
☎ 0 68 64-8 11

6646 Renitex
Renitex Holzfaserplattenwerk GmbH
6646 Losheim
☎ 0 68 72-20 21 ⌁ 4 45 412

6648 Saar
Saar-Gummiwerk GmbH
6648 Wadern-Büschfeld
☎ 0 68 74-6 90 ⌁ 4 45 413 sgw d

6650 Beekmann
Dipl.-Ing. Beeckmann GmbH
Baustoffwerk und Fertigbetonwerk
Entenmühlstr. 38
6650 Homburg
☎ 0 68 41-26 35

6652 Aulenbacher
Otto Aulenbacher Betonwerk
Wellesweiler Str. 51 a
6652 Bexbach
☎ 0 68 26-48 95

6652 Petrocarbona
Petrocarbona GmbH
6652 Bexbach
☎ 0 68 26-5 27 02 ⌁ 4 44 854 pcb d

6653 Kalksandstein
Lautzkirchener Kalksandsteinwerk GmbH
Am Papierweiher
✉ 11 46
6653 Blieskastel
☎ 0 68 42-40 55

6657 Motsch
Ludwig Motsch
Betonsteinfabrik und Transporte
Inh. Edeltrud Koch
Im Industriegebiet
6657 Gersheim
☎ 0 68 43-82 28

6660 Sattler
Johann Sattler & Sohn
Pirmasenser Str.
6660 Zweibrücken
☎ 0 63 32-4 30 94

6670 Bär
Hans Bär KG Terrazzo-Natursteinwerk
Südstr. 73
6670 St. Ingbert
☎ 0 68 94-70 21

6670 Gross
Peter Gross GmbH & Co. KG
Dudweiler Str. 80
✉ 14 70
6670 St. Ingbert
☎ 0 68 94-1 51

6670 Jansen
Jansen-Kunststoffe GmbH
Obere Kaiserstr. 210 ✉ 1 45
6670 St. Ingbert
☎ 0 68 94-5 10 38 Fax 58 05 17

6670 Leismann
Helmut Leismann GmbH
Elversberger Str. 42-44
6670 St. Ingbert
☎ 0 68 94-33 43

6670 Lovisa
Guido Lovisa GmbH
Industriestr. 2
6670 St. Ingbert
☎ 0 68 94-50 20

6670 Sehn
Baustoffwerk SEHN GmbH & Co.
Oststr. 65 ✉ 18 60
6670 St. Ingbert
☎ 0 68 94-3 87 30 Fax 38 73 36

6680 Alsa
Asa GmbH & Co. KG
Zweibrücker Str. 111
6680 Neunkirchen/Saar
☎ 0 68 21-80 11

6680 Fontanin
Anton Fontanin
Untere Bliesstr. 63
6680 Neunkirchen-Wellesweiler
☎ 0 68 21-4 10 91

6680 Krummenauer
Krummenauer GmbH & Co. KG Werk 2
Am Blücherflöz Industriegebiet „Grube König"
6680 Neunkirchen
☎ 0 68 21-10 50 Fax 10 52 06 Telex 4 44 834

6680 Muthweiler
B. Muthweiler GmbH Baustofferzeugung
Lindenallee 14
✉ 18 42
6680 Neunkirchen
☎ 0 68 21-2 50 81

6680 Reichhold
Reichhold Chemie AG Werk Saar-Color
6680 Neunkirchen-Wellesweiler

6680 Saarpor
Saarpor Klaus Eckhardt GmbH Kunststoffe KG
Im Krummeg
6680 Neunkirchen/Saar
☎ 0 68 21-4 01 90 Fax 40 19 17 Telex 4 44 846
→ 4630 Philippine
→ 5420 Philippine

6680 Samson
W. Samson Söhne GmbH & Co. KG
Wellesweiler Str. 282-290
6680 Neunkirchen
☎ 0 68 21-2 42 76 und 77

6680 Teerbau
TEERBAU Gesellschaft für Straßenbau mbH
Bahnhofstr. 50
6680 Neunkirchen
☎ 0 68 21-2 41 06

6680 ZWN
ZWN Ziegelwerk Neunkirchen GmbH
Spieser Str. 22
6680 Neunkirchen
☎ 0 68 21-8 80 21 Fax 8 94 83 Telex 4 44 136 zwn d

6682 Grauvogel
W. Grauvogel KG
✉ 26
6682 Ottweiler
☎ 0 68 24-20 41 und 42 Telex 4 45 615

6682 SGGT
SGGT Saarländische Gesellschaft
für Grubenausbau und Technik mbH & Co.
Bahnhofstr. 35
6682 Ottweiler
☏ 0 68 24-3 00 90 ⌨ 4 45 612 gruba d
Fax 30 09 69

6685 Itzenplitz
Betonwerk Itzenplitz GmbH
Anlage Grube Itzenplatz
✉ 12 65
6680 Schiffweiler
☏ 0 68 21-60 61

6690 Euro
EURO-FERTIGBAU Jos. Schuh GmbH
Industriegelände ✉ 12 80
6690 St. Wendel-Bliesen
☏ 0 68 54-7 90 Fax 7 91 25 Teletex 6 85 491 EUROfer

6696 Setz
Kasteler Hartsteinwerke Willi Setz GmbH & Co. KG
6696 Nonnweiler-Kastel
☏ 0 68 73-2 24

6697 Dampfziegelei
Dampfziegelei Sötern GmbH
Waldbach
✉ 26
6697 Nohfelden-Sötern
☏ 0 68 52-2 99

6700 BASF
BASF Aktiengesellschaft
Carl-Bosch-Str.
6700 Ludwigshafen/Rhein
☏ 06 21-6 01 ⌨ 4 64 811 basf d

6700 G + H
Grünzweig + Hartmann und Glasfaser AG
✉ 51 05 65
6700 Ludwigshafen am Rhein 1
☏ 06 21-50 11 ⌨ 4 64 851

6700 G + H MONTAGE
G + H MONTAGE GmbH
Westendstr. 17 ✉ 21 05 30
6700 Ludwigshafen
☏ 06 21-50 20 ⌨ 4 64 637

6700 Giulini
Giulini Chemie GmbH
Giulinistr. 2
6700 Ludwigshafen/Rhein 15
☏ 06 21-50 01

6700 Haase
Dr. Rudolf Haase Nachf. Dipl.-Kfm. Rudolf Schwind
Chemische Fabrik
Notwendstr. 2
6700 Ludwigshafen-Oggersheim
☏ 06 21-67 50 51

6700 Hassinger
HASSINGER GmbH & Co. KG
Rolladen- und Sonnenschutzsysteme
Bruchwiesenstr. 17 ✉ 21 06 48
6700 Ludwigshafen/Rhein
☏ 06 21-57 40 23 ⌨ 4 64 514 haslu d

6700 Karch
Helmut M. Karch Luft- und wärmetechnische
Apparate
Erbprinz-Josef-Str. 11
6700 Ludwigshafen 25
☏ 06 21-67 20 01 ⌨ 4 64 750

6700 Luftbefeuchtung
Luftbefeuchtung und Klimatechnik GmbH
Industriestr. 109 ✉ 21 08 60
6700 Ludwigshafen/Rh.
☏ 06 29-69 40 96/7 ⌨ 4 64 521

6700 Raschig
RASCHIG AG
Mundenheimer Str. 100 ✉ 21 11 28
6700 Ludwigshafen
☏ 06 21-5 61 80 Fax 58 28 85 ⌨ 4 64 877 rahn d
Teletex 6 215 987

6700 Spanner
SPANNER-POLLUX GmbH
Industriestr. 16 ✉ 21 10 09
6700 Ludwigshafen/Rhein
☏ 06 21-60 40 ⌨ 4 64 735 spx d

6700 TBS
TBS Transportbeton-Service GmbH
Inselstr. 12
6700 Ludwigshafen
☏ 06 21-57 10 91

6700 Woellner
Woellner Werke
Woellnerstr. 26 ✉ 21 14 69
6700 Lufwigshafen 1
☏ 06 21-5 40 20 ⌨ 4 64 887

6701 Color
Color-Therm Fassadensysteme GmbH
Alemannenstr. 3
6701 Otterstadt
☏ 0 62 32-3 40 68 ⌨ 4 65 180 color

2

6701 Heck
Dämmsystem Heck GmbH
Industriestr. 34
6701 Fußgönheim
☏ 0 62 37-20 51 ⌁ 4 64 924 heck d

6702 Groh
Groh GmbH Spiel-, Sport-, Freizeitgeräte
Industriegebiet
6702 Bad Dürkheim
☏ 0 63 22-7 90 90 Fax 79 09 33

6707 Meha
ME-HA Dämmstoff GmbH
Böhlerweg 6-10 ✉ 1 02
6707 Schifferstadt
☏ 0 62 35-10 01 ⌁ 4 64 620

6710 ARGI
ARGI-Bausystem J. Albin Boner, El Diwany, Kiefer GdbR
Westl. Ringstr. 15 ✉ 2 93
6710 Frankenthal
☏ 0 62 33-90 28

6710 F + F
F + F Bodenbelagshandel GmbH
Vertriebsbereich Febolit
✉ 14 52
6710 Frankenthal
☏ 0 62 33-8 16 01 ⌁ 4 65 220
Telefax 0 62 33-8 15 00

6710 KSB
KSB Klein, Schanzlin & Becker AG
Pumpen und Armaturen
Johann-Klein-Str. 9 ✉ 2 25
6710 Frankenthal
☏ 0 62 33-8 60 Fax 86 33 11

6710 Pegulan
Pegulan-Werke AG
Foltzring 35 ✉ 4 07
6710 Frankenthal
☏ 0 62 33-8 10 ⌁ 4 65 220

6712 H.W.P.
HWP Bäderbau GmbH
✉ 11 65
6712 Bobenheim-Roxheim
☏ 0 62 39-10 89 Fax 10 71 ⌁ 4 65 295 hwp

6712 Kleiner
Kalksandstein- und Kieswerk Theodor Kleiner GmbH & Co. KG
Am Binnendamm
6712 Bobenheim-Roxheim 1
☏ 0 62 39-10 51

6718 Berger
Phil. Berger Lack- und chemische Fabrik GmbH
6718 Grünstadt
☏ 0 63 59-8 00 50 ⌁ 4 51 288

6718 Permaban
Permaban GmbH Industriebodentechnik
Benzstr. 5
6718 Grünstadt
☏ 0 63 59-8 33 00 und 8 45 00 Fax 8 45 00
⌁ 4 51 328

6718 Spiess
C. F. Spiess & Sohn Kunststoffwerk GmbH & Co.
Kleinkarlbach ✉ 12 60
6718 Grünstadt 1
☏ 0 63 59-8 01-3 20

6719 Müller
F. v. Müller Dachziegelwerke KG
✉ 13 60
6719 Eisenberg/Pfalz
☏ 0 63 51-80 61 bis 65 Fax 80 41 ⌁ 4 51 261

6720 Akatherm
Akatherm GmbH
Draisstr. 58 ✉ 11 09
6720 Speyer
☏ 0 62 32-3 20 46 ⌁ 4 65 183

6720 Erlus
Erlus Baustoffwerke AG
✉ 12 67
6720 Speyer
☏ 0 62 32-7 10 72 ⌁ 4 65 146 erlus d

6720 Hess
Melchior Hess GmbH & Co. KG
St.-Germann-Str. 7 ✉ 14 47
6720 Speyer
☏ 0 62 32-7 10 76/7 ⌁ 4 65 142

6720 ISOVIT
ISOVIT GMBH
Siemensstr. 18 ✉ 14 69
6720 Speyer
☏ 0 62 32-31 20 Fax 31 21 02 Teletex 6 232 895
⌁ 4 65 104

6722 Lösch
Lösch GmbH Betonwerke
✉ 80
6722 Lingenfeld
☏ 0 63 44-1 80 Fax 54 08 ⌁ 4 53 438

6724 Gläser
GLÄSER
Harthauser Str. 2 ✉ 11 63
6724 Dudenhofen-Speyer
☏ 0 62 32-96 72 Fax 96 78 ⌁ 4 65 164

6724 Ramge
Ramge Chemie GmbH
Carl-Zimmermann-Str. 39-41 ✉ 6724
6724 Dudenhofen
☎ 0 62 32-9 25 73 ⌧ 4 67 605

6725 Spannbeton
Spannbetonwerk Römerberg GmbH & Co. KG
In den Rauhweiden 35
6725 Römerberg 3
☎ 0 62 32-80 71

6729 Hornbach
Hornbach Kläranlagen GmbH & Co. KG
Neuburger Str. 7 ✉ 40
6729 Hagenbach
☎ 0 72 73-10 74 bis 78 ⌧ 4 53 417

6730 Herrmann
Wilhelm F. Herrmann Industrievertretungen
Böhlstr. 34
6730 Neustadt/Weinstr.
☎ 0 63 21-1 27 70

6732 Biffar
Oskar D. Biffar GmbH & Co. KG
In den Seewiesen ✉ 1 40
6732 Edenkoben
☎ 0 63 23-20 31 ⌧ 4 54 744

6733 Jockers
Sauna-Bau K. Jockers GmbH
Siemensstr. 16
6733 Haßloch
☎ 0 63 24-47 00

6734 Hoffmann
Karl Hoffmann GmbH & Cie. KG.
Fabrikstr. ✉ 11 40
6734 Lambrecht
☎ 0 63 25-18 30 ⌧ 4 54 810

6737 Böhler
Böhler Lackfabrik SÜDWEST Lacke + Farben
Iggelheimer Str. 13 ✉ 12 41
6737 Böhl-Iggelheim
☎ 0 63 24-70 90 ⌧ 4 54 852 boela

6740 Löffel
Otto Löffel GmbH & Co. KG Fensterfabrik
Poststr. 6-8 ✉ 17 27
6740 Landau
☎ 0 63 41-8 70 40 Fax 8 32 12
→ 6742 Löffel

6742 Lanzet
Lanzet GmbH & Co. Klappladenfabrik
6742 Herxheim
☎ 0 72 76-80 86

6742 Löffel
Otto Löffel GmbH & Co. KG, Fensterfabrik
Industriestr. 3
6742 Herxheim
☎ 0 72 76-80 44 Fax 65 73

6745 Kataflox
KATAFLOX® Brandschutz-Chemie
Im Schlangengarten 36
6745 Offenbach/Queich
☎ 0 63 48-70 68, 70 69 ⌧ 4 53 616 Kata d

6747 Becker
Becker Baubedarf GmbH
Landauer Str. 67 ✉ 11 40
6747 Annweiler am Trifels
☎ 0 63 46-80 81 Fax 80 84

6749 Walz
Kurt Walz
6749 Gossersweiler-Stein 1
☎ 0 63 46-71 12

6750 Barz
Benno Barz GmbH Werkstätten für Holz- und Kunststoffbearbeitung
Gienanthstr. 10
6750 Kaiserslautern
☎ 06 31-5 50 10

6750 BIO
BIO-BAUMARKT Eider Waldemar
Zollamtstr. 2B
6750 Kaiserslautern
☎ 06 31-2 15 68

6750 Dietrich
Horst Egon Dietrich Werksvertretung
Steinstr. 27
6750 Kaiserslautern
☎ 06 31-6 47 22 Fax 6 73 45

6750 Guß
Guß- und Armaturwerk Kaiserslautern Nachf. K. Billand GmbH & Co.
Hoheneckerstr. 5 ✉ 25 60
6750 Kaiserslautern
☎ 06 31-2 01 11 Teletex 6 31 948 AWK

6750 Lutravil
Carl Freudenberg Sparte Spinnvliesstoffe
Liebigstr. 2-8 ✉ 12 20
6750 Kaiserslautern
☎ 06 31-5 34 10 Fax 5 12 59 ⌧ 4 5 813

6750 Schulz
Siegfried Schulz, Werksvertretung
Reichswaldstr. 13a
6750 Kaiserslautern
☎ 06 31-7 40 22

6751 Pyro
PYRO-CHEMIE GmbH
6751 Rodenbach
☏ 0 63 74-50 55

6751 Reiner
Reiner Chemische Fabrik GmbH & Co.
Raiffeisenstr. 11
6751 Weilerbach
☏ 0 63 74-8 10

6751 Rett
Rett-Gitterträgerdecken GmbH
Stahlleichtträger-Fabrik - Betonwerk
Am Tränkwald ✉ 6
6751 Rodenbach
☏ 0 63 74-7 66 Fax 44 31

6751 Tehalit
TEHALIT Kunststoffwerk GmbH
Am Seeberg ✉ 1 28
6751 Heltersberg
☏ 0 63 33-27 11 ⌁ 4 52 300 thlit d

6753 EBS
EBS-Gitterträgerwerk GmbH & Co. KG
Am Pulverhäuschen 9 ✉ 55
6753 Enkenbach-Alsenborn 1
☏ 0 63 03-60 51 und 52 Fax 57 76 ⌁ 4 5 701 ebs d

6754 Breko
Breko Bauelemente GmbH
Gewerbestr. 12
6754 Otterberg
☏ 0 63 01-36 13

6757 Schabelon
Eugen Schabelon
Dämmstoffhandel + Estrichbau GmbH
Am Hang 100-102
6757 Waldfischbach-Burgalben
☏ 0 63 33-20 03

6761 Müller P.
Mueller - Baustoffe GmbH
Bahnhofstr. 13
6761 Mannweiler-Cölln 1
☏ 0 63 62-88 13 und 17 13

6762 Gampper
Gampper Armaturen GmbH
6762 Alsenz
☏ 0 63 62-30 20 Fax 3 02 46 Teletex 6 36 291

6780 Helmitin
Helmitin GmbH
Zweibrücker Str. 185 ✉ 19 61
6780 Pirmasens
☏ 0 63 31-8 30 ⌁ 4 52 230 helmi d

6780 Kömmerling
Gebrüder Kömmerling Kunststoffwerke GmbH
Zweibrücker Str. 200 ✉ 21 65
6780 Pirmasens
☏ 0 63 31-8 81 ⌁ 4 52 339

6780 Wakol
WAKOL CHEMIE GmbH
Bottenbacher Str. 30 ✉ 29 61
6780 Pirmasens 17 (Winzeln)
☏ 0 63 31-80 01 30 Verkauf 80 01 31 Fax 80 01 90
⌁ 4 52 351

6781 Koelsch
Ludwig Koelsch
Stahl- und Leichtmetallbau
6781 Pirmasens-Staffelhof

6782 astra
astra-Chemie Dr. Seidler GmbH
Mozartstr. 23 ✉ 10 61
6782 Rodalben
☏ 0 63 31-1 80 71 Fax 1 84 33 ⌁ 4 52 361 astra

6785 Lösch
Lösch GmbH Betonwerke
Industriegebiet ✉ 29
6785 Münchweiler
☏ 0 63 95-5 21

6785 Peter
Karl Peter Kunststoffe GmbH
✉ 37
6785 Münchweiler
☏ 0 63 95-5 46

6786 Fibrotermica
Fibrotermica s.p.a. Verkaufsbüro Deutschland
Günter Schmidt
Pirmasenser Str. 64
6786 Lemberg
☏ 0 63 31-4 98 83

6787 Seibel
Helmut Seibel Schreinerfachbetrieb
Wartbachstr. 28
6787 Hinterweidenthal
☏ 0 63 96-3 83

6791 Bold
Bold GmbH
Schulstr. 45
6791 Hermersberg
☏ 0 63 33-6 58 65

6791 Drum
Richard Drum GmbH
6791 Altenkirchen

6791 ERICO
ERICO GmbH
6791 Schwanenmühl
☎ 0 63 07-4 14 ⌨ 4 5 815

6791 Phillips
Phillips Drill Company GmbH
An der Autobahn
6791 Hütschenhausen 3
☎ 0 63 71-6 20 81 ⌨ 4 51 624

6794 TSF
TSF Tele-Security-Foto Überwachungsanlagen GmbH
6794 Brücken
☎ 0 63 86-66 66 bis 68

6798 Finself
Finself GmbH
Ringstr. 9
6798 Kusel
☎ 0 63 81-50 55

6799 BWA
BWA Betonwerk für Fertigbau & Co. KG
Industriestr. 5
6799 Altenglan
☎ 0 63 81-30 15

6800 B + B
Bilfinger + Berger Bauaktiengesellschaft
Karl-Reiß-Platz 1-5 ✉ 51 60
6800 Mannheim 1
☎ 06 21-45 91 ⌨ 4 63 260 bub d

6800 Baumann
Alois Baumann GmbH & Co.
Reichenbachstr. 27-31
6800 Mannheim 31
☎ 06 21-7 25 11 und 12

6800 BBC-YORK
BROWN BOVERI-YORK
Kälte- und Klimatechnik GmbH
Gottlieb-Daimler-Str. 6 ✉ 51 80
6800 Mannheim 1
☎ 06 21-46 81 ⌨ 4 62 438 Telefax 46 86 54

6800 Bima
bima Industrie-Service GmbH
Floßwörthstr. 39 ✉ 24 01 63
6800 Mannheim 24
☎ 06 21-85 10 65 Fax 85 99 77 ⌨ 4 63 485

6800 Draht-Christ
Draht-Christ
✉ 41 01 10
6800 Mannheim 31
☎ 06 21-7 25 41
→ 6230 Demme

6800 Friedrichsfeld
Friedrichsfeld GmbH Keramik- und Kunststoffwerke
Steinzeugstr. ✉ 71 02 61
6800 Mannheim 71
☎ 06 21-4 70 40 Fax 47 69 95 (Chemietechnik)
48 13 33 (Kunststoff-Bauprodukte) ⌨ 4 63 103 0

6800 FSL
FSL Fenster-System-Lüftung GmbH
Innstr. 16
6800 Mannheim 24 (Neckarau)
☎ 06 21-85 69 26

6800 Fuchs
Fuchs Mineralölwerke GmbH
Friesenheimer Str. 15 ✉ 7 40
6800 Mannheim 1
☎ 06 21-3 70 10 ⌨ 4 63 163

6800 Giardino
Giardino & Co.
Bad Kreuznacher Str. 32
6800 Mannheim 31

6800 Graeff
Graeff & Hölzemann GmbH
Mühlheimer Str. 9 ✉ 81 03 28
6800 Mannheim-Rheinau
☎ 06 21-89 40 71 und 75 ⌨ 4 63 320

6800 Gummi-Berger
Gummi-Berger GmbH
Hans-Thoma-Str. 49/51 ✉ 2 50
6800 Mannheim-Neuostheim
☎ 06 21-41 10 11 Fax 41 10 16

6800 Hagal
Hagal-System Verkaufsges. mbH
Ruhrorter Str. 1
6800 Mannheim 81
☎ 06 21-89 70 31 ⌨ 4 63 744

6800 Haka
Haka-Bauchemie GmbH
Morchfeldstr. 23
6800 Mannheim 24
☎ 06 21-85 31 54

6800 Ista
Ista Haustechnik GmbH
✉ 54 40
6800 Mannheim 25

6800 KSK
KSK-Kalksandstein-Kontor Mannheim GmbH
KS-Bauberatung
6800 Mannheim
☎ 06 21-1 60 31 Fax 2 44 82

6800 Kübler
Kübler Industrieheizung GmbH
Neckarauer Str. 106-116
6800 Mannheim 1
☏ 06 21-81 20 31 bis 33 ⌗ 4 63 340

6800 Lucks
Lucks + Co. GmbH Industriebau,
Niederlassung Mannheim
Otto-Beck-Str. 50
6800 Mannheim
☏ 06 21-44 50 20 ⌗ 4 62 367 Telefax 4 45 02 29

6800 Pittsburgh
pc - Deutsche Pittsburgh Corning GmbH
Erzbergerstr. 19
6800 Mannheim 1
☏ 06 21-44 00 30 Fax 4 40 03 48 ⌗ 4 63 582

6800 Rhein
Rhein-Plastic-Rohr GmbH
Steinzeugstr. 50 ✉ 35
6800 Mannheim 71 (Neu-Edingen)
☏ 06 21-47 20 41 ⌗ 4 63 161 rpr d

6800 Rhein-Chemie
Rhein-Chemie Rheinau GmbH
✉ 81 04 09
6800 Mannheim

6800 R & M
Rheinhold & Mahla AG, Hauptverwaltung
Wärme - Kälte - Schallschutz - Fassadentechnik
Augusta-Anlage ✉ 25 20
6800 Mannheim
☏ 06 21-4 00 11 ⌗ 4 63 167
→ 3590 R & M

6800 Schütte
Schütte-Lanz Platten Import-Großhandel
Mannheimer Landstr. 4 ✉ 81 05 49
6800 Mannheim-Rheinau
☏ 0 62 02-2 00 10 ⌗ 4 66 365 slma

6800 Thiokol
Thiokol Gesellschaft mbH Elastische Werkstoffe
Sandhofer Str. 96-106 ✉ 31 01 60
6800 Mannheim-Waldhof
☏ 06 21-7 50 11

6800 T.I.B.
T.I.B.-Chemie GmbH
Mülheimer Str. 16-22 ✉ 81 05 69
6800 Mannheim 81
☏ 06 21-8 90 15 11 Fax 8 90 15 08 ⌗ 4 63 794

6800 Tramnitz
Tramnitz Balkonbau
Adolf-Damaschke-Ring 57
6800 Mannheim 51
☏ 06 21-79 20 71

6800 VAG
VAG - Armaturen GmbH
Alte Frankfurter Str. 33 ✉ 31 05 48
6800 Mannheim 31
☏ 06 21-7 50 30 ⌗ 4 63 241 vag d

6800 VTV
VTV Vegetations-Technik-Vertriebs GmbH
Kroppmühlstr. 34
6800 Mannheim
☏ 06 21-44 18 91

6800 Wahgu
WAHGU GUTH GMBH
Pfingstweidstr. 21
6800 Mannheim 24
☏ 06 21-8 63 19 Fax 8 63 18

6800 Weitzel
Ludwig Weitzel KG
August-Borsig-Str. 11 ✉ 15
6800 Mannheim
☏ 06 21-85 12 56 ⌗ 4 63 514 weima d

6800 Weyl
Weyl GmbH Abt. Holz- und Feuerschutzmittel
Sandhofer Str. 96 ✉ 31 01 60
6800 Mannheim 31
☏ 06 21-7 50 10 Fax 7 50 14 44 ⌗ 4 62 268

6802 Total
TOTAL WALTHER Feuerschutz GmbH
Industriestr. 53 ✉ 11 20
6802 Ladenburg
☏ 0 62 03-7 50 Fax 7 52 52 ⌗ 4 65 020
→ 5000 TOTAL

6803 SIHEMA
SIHEMA Wohngarten-Gestaltung GmbH
Brauerstr. 3
6803 Edingen-Neckarhausen
☏ 0 62 03-8 17 87

6806 Barth
Victor Barth & Co.
Lilienthalstr. 11-13
6806 Viernheim
☏ 0 62 04-7 52 63

6806 JØTUL
JØTUL GmbH
Industriestr. 17 ✉ 14 49
6806 Viernheim
☏ 0 62 04-7 10 26 bis 29 Fax 7 59 05

6806 Raychem
Raychem GmbH c/o WOB
WOB Werbeagentur GmbH
W.-Heisenberg-Str. 8-10 ✉ 19 60
6806 Viernheim
☎ (0 62 04) 70 01-0 Fax 70 01-23

6822 T.A.
T.A. Transportbeton GmbH
In den Silzwiesen
6822 Altlussheim
☎ 0 62 05-35 48/49
→ 6700 TBS

6830 Thienhaus
PHONOTERM Richard Thienhaus GmbH
✉ 20 60
6830 Schwetzingen
☎ 0 62 02-2 10 12 Fax 2 13 57 ⌨ 4 66 315

6832 Erlus
Erlus Baustoffwerke AG Werk Herrenteich
6832 Hockenheim-Herrenteich
☎ 0 62 05-50 61 ⌨ 4 65 834 erlus d

6832 Lamex
Lamex Bauelemente GmbH
✉ 13 80
6832 Hockenheim
☎ 0 62 05-2 40

6832 Staub
Staub & Co. Inhaber Karl-Heinz Staub
Ottostr. 51
6832 Hockenheim
☎ 0 62 05-70 91 Fax 65 50

6832 Thermal
THERMAL-WERKE
Wärme-Kälte-Klimatechnik GmbH
Talhausstr. 6 ✉ 16 80
6832 Hockenheim
☎ 0 62 05-2 60 ⌨ 4 65 995

6833 Betonbau
Betonbau GmbH Waghäusel-Kirrlach
Schwetzinger Str. 22-26
6833 Waghäusel
☎ (0 72 54) 2 04-0

6833 Klevenz
Werner Klevenz
Benzstr. 2a
6833 Waghäusel
☎ 0 72 54-88 39

6833 Siegel
Siegel - Insektenschutzanlagen
Mühlenstr. 4 ✉ 12 20
6833 Waghäusel 1
☎ 0 72 54-65 70 und 84 11 ⌨ 7 822 317

6833 WKW
Wittmer & Klee GmbH Steinwerk Wiesental
Triebstr. (an der B 36) ✉ 22 20
6833 Waghäusel/Wiesental
☎ 0 72 54-20 90

6840 Akus
Akus Kunststoff Sportbau GmbH
Im Seefeld
6840 Lampertheim 4
☎ 0 62 56-5 21 bis 23

6840 Lihos
Lithos Marmor GmbH
Otto-Hahn-Str. 14
✉ 14 62
6840 Lampertheim
☎ 0 62 06-20 51

6840 PAN
PAN-brasilia GmbH
Industriestr. 13 ✉ 60
6840 Lampertheim
☎ 0 62 06-5 00 10 ⌨ 4 65 712

6900 Besma
Besma GmbH
In der Vogelstang
6900 Heidelberg 1
☎ 0 62 21-2 65 88 Fax 16 23 27 ⌨ 4 61 374

6900 Kluthe
Chemische Werke Kluthe GmbH + Co.
Gottlieb-Daimler-Str. 12 ✉ 10 18 69
6900 Heidelberg
☎ 0 62 21-5 30 10 ⌨ 176 221 944

6900 Kraftanlagen
Kraftanlagen Aktiengesellschaft
Im Breitspiel 7 ✉ 10 34 20
6900 Heidelberg 1
☎ 0 62 21-39 41 ⌨ 4 61 831

6900 Kwikseal
DRG KWIKSEAL PRODUCTS GMBH
Fabrikstr. 42 ✉ 10 35 44
6900 Heidelberg 1
☎ 0 62 21-3 71 11 und 3 25 50 ⌨ 4 61 620

6900 Müller
Leopold Müller, Bau-Ing.
Kastellweg 5
6900 Heidelberg 1
☎ 0 62 21-40 19 16

2

6900 Remmers
Remmers Chemie Niederlassung Süd
Tullastr. 16–18
6900 Heidelberg 1
☏ 0 62 21–30 10 56 ⌨ 4 61 677

6900 Rossmanith
Otto Rossmanith Fensterbau GmbH & Co. KG
Langgarten 8–10
6900 Heidelberg 1
☏ 0 62 21–7 10 75

6900 Soletta
Soletta Metallwarenfabrik GmbH
Fabrikstr. 28 ✉ 10 52 52
6900 Heidelberg 1
☏ 0 62 21–3 76 05 bis 07 ⌨ 4 61 603

6900 Teroson
Teroson GmbH
Hans-Bunte-Str. 4 ✉ 10 56 20
6900 Heidelberg 1
☏ 0 62 21–70 40 ⌨ 4 61 428 10

6900 Wittmann
Heraeus Wittmann GmbH
Englerstr. 11
6900 Heidelberg
☏ 0 62 21–3 04 30 ⌨ 4 61 823 herwi Telefax 30 43 43

6900 Zement
HEIDELBERGER ZEMENT AG Hauptverwaltung
Berliner Str. 6
6900 Heidelberg 1
☏ 0 62 21–48 10 Fax 48 15 54 ⌨ 4 61 846

6901 Odenwald
Odenwald Chemie GmbH
✉ 1 40
6901 Schönau
☏ 0 62 28–10 61 ⌨ 4 6 185 awa

6905 Benckiser
Benckiser Wassertechnik GmbH
Industriestr. ✉ 11 40
6905 Schriesheim
☏ 0 62 03–7 30 ⌨ (17) 6 20 390

6905 Duscholux
Duscholux Sanitärprodukte GmbH
Industriestr.
6905 Schriesheim
☏ 0 62 03–10 20 ⌨ 4 65 023

6905 Lüftomatic
LÜFTOMATIC® Gesellschaft für Lüftungs- und Klimatechnik mbH
Im Tal ✉ 12 20
6905 Schriesheim/Bergstraße
☏ 0 62 03–66 81 ⌨ 4 65 024 lueft d

6906 Addimentwerk
Heidelberger Zement AG, Addimentwerk
Rohrbacher Str. 95
6906 Leimen
☏ 0 62 24–70 30 Fax 70 34 79 ⌨ 4 66 651 hzadl d

6906 Dehoust
DEHOUST GmbH Tank- und Behälterbau
6906 Leimen
→ 3070 Dehoust

6907 Stauch
Ziegelwerke Gebr. Stauch GmbH
Walldorfer Str. ✉ 11 08
6907 Nußloch
☏ 0 62 24–1 05 65

6908 Augustin
Günter Augustin
Lederschenstr. 15
6908 Wiesloch
☏ 0 62 22–5 30 51

6908 Hessler
Hessler-Kalkwerke o.H.G.
Baiertaler Str. 115 ✉ 13 45
6908 Wiesloch
☏ 0 62 22–40 86 Fax 10 06

6908 Isopor
ISOPOR-Kunststoff GmbH
Staatsbahnhof 4 ✉ 13 24
6908 Wiesloch
☏ 0 62 22–80 21 Fax 80 25 ⌨ 4 66 076

6908 Kälberer
Süddeutsche Bausteinwerke Kälberer GmbH & Co. KG.
Sandpfad 5
6908 Wiesloch
☏ 0 62 22–40 61 bis 63

6908 Philipp
Ferd. Philipp GmbH BAU-CENTER
✉ 14 27
6908 Wiesloch
☏ 0 62 22–5 10 88 ⌨ 4 66 019

6908 TIW
TIW Tonwarenindustrie Wiesloch Aktiengesellschaft
Staatsbahnhofstr. 6 ✉ 15 28
6908 Wiesloch
☏ 0 62 22–57 20 ⌨ 4 66 045

6909 BBC
BBC Brown, Boverie & Cie Aktiengesellschaft
Spezialbereich Solartechnik
✉ 13 20
6909 Walldorf
☏ 0 62 27–3 91 ⌨ 4 66 067

6909 Hirschfeld
Hirschfeld-Bauelemente
6909 Malsch
☏ 0 72 53-2 10 94

6909 Uhrig
Holzfachbetrieb & Drechslerei UHRIG
Daimlerstr. 34
6909 Walldorf
☏ 0 62 27—90 93 Fax 3 05 93

6914 Bott
Ziegelwerke Bott-Eder GmbH
✉ 11 53
6914 Rauenberg
☏ 0 62 22-6 51 ⌁ 4 66 003 zbe
→ 6959 Bott

6920 Bebeg
Badische Eisen- und Blechwarenfabrik GmbH
✉ 5 20
6920 Sinsheim
☏ 0 72 61-8 16

6920 erba
erba Fertig-, Massiv- und
Montagehaus GmbH & Co. KG
Kapellenstr. 7
6920 Sinsheim-Eschelbach
☏ 0 72 65-85 97

6920 Fertighaus
Fertighaus-Vertriebs GmbH
Hettenbergring 74
6920 Sinsheim-Steinsfurt
☏ 0 72 61-6 22 43

6920 Gebhardt
Gebhardt Fördertechnik GmbH
Industriegebeit Neuland-Au
6920 Sinsheim
☏ 0 72 61-7 68

6920 Moser
MOSER-BAU GMBH
Neulandstr. 25
6920 Sinsheim/Els.
☏ 0 72 61-40 70

6920 Normbox
Normbox Abt. 15 G
6920 Sinsheim

6920 Overmann
O. Overmann GmbH + Co.
Lange Straße
6920 Sinsheim
☏ 0 72 61-6 47 11

6927 albo
albo Fenstersysteme GmbH
Mühlstr. 11-13
6927 Bad Rappenau 8
☏ 0 72 66-17 47 bis 49 ⌁ 7 82 351 albo d
Telefax 25 47

6927 Rüdinger
Rüdinger Harald
Wilhelm-Hauff-Str. 29
6927 Bad Rappenau-Fürfeld
☏ 0 70 66-85 11 u. 12

6928 MWH
MWH-Metallwerk Helmstadt GmbH
Flinsbacher Str. 1
6928 Helmstadt-Bargen 1
☏ 0 72 63-4 04 59 ⌁ 7 82 307
Telefax 0 72 63-40 40 Fax 4 04 59

6940 Freudenberg
Carl Freudenberg-Bausysteme
✉ 13 69
6940 Weinheim/Bergstraße
☏ 0 62 01-8 01 ⌁ 4 65 531-12

6940 Gummiwerke
Weinheimer Gummiwerke GmbH
Alte Landstraße 21-23 ✉ 10 12 55
6940 Weinheim
☏ 0 62 01-8 70 Fax 1 70 75 ⌁ 4 65 521

6942 Petersen
Bruno Petersen Metallwaren
Wehrstr. 44
6942 Mörlenbach
☏ 0 62 09-31 50

6944 Aluxor
ALUXOR-Metallwarenfabrik GmbH
Carl-Benz-Str. 10 ✉ 12 20
6944 Hemsbach
☏ 0 62 01-76 41 bis 43

6950 Honeywell
Honeywell Braukmann GmbH
✉ 13 47
6950 Mosbach
☏ 0 62 61-8 10 Fax 8 13 09 Teletex 6 26 193

6950 Lang
Otto Lang GmbH & Co. KG Betonwerk
Alte Neckarelzer Str. 15 ✉ 14 46
6950 Mosbach
☏ 0 62 61-40 86

6951 Bilger
Friedrich Bilger GmbH & Co. KG
Rittersbacher Weg 3
6951 Schefflenz
☎ 0 62 93-5 11 ⌧ 4 66 796
→ 2358 Bennewitz
→ 7901 Bilger

6954 Vogelsang
Kurt Vogelsang GmbH
Industriestr. 1 ✉ 11 40
6954 Hassmersheim
☎ 0 62 66-7 50

6958 Grimm
Anton Grimm GmbH
Fabrikstr. 1
6958 Limbach-Krumbach
☎ 0 62 87-7 11 bis 15

6959 Bott
Ziegelwerke Bott-Eder GmbH Werk Billigheim
Schefflenztalstr. 84
6959 Billigheim
☎ 0 62 65-80 61 und 62

6961 Bilger
Friedrich Bilger GmbH & Co. KG
Rittersbacher Weg 3
6961 Schefflenz
☎ 0 62 93-5 11 ⌧ 4 66 796

6962 Krauss
E. & E. Krauss, Gummigliedermattenfabrik
Inh. Leo Eberhard
✉ 12 24
6962 Adelsheim
☎ 0 62 91-10 51 ⌧ 4 66 790

6967 Gramlich
Gramlich-Fertighaus GmbH & Co. Holzbau KG
Dürmer Str. 33
6967 Buchen-Hainstadt
☎ 0 62 81-7 39 und 7 40

6970 Hofmann
ISOBIT-Dämmstoff-Fabrik Paul Hofmann GmbH + Co.
Messestr. 4 (Büro) und Eisenbahnstr. 32/34 (Werk)
✉ 28
6970 Lauda-Königshofen
☎ 0 93 43-9 01 ⌧ 6 89 535

6970 Ruppel
Peter Ruppel GmbH & Co. KG
Bahnhofstr. 70 und 100
6970 Lauda/Königshofen 1
☎ 0 93 43-9 35 ⌧ 6 89 539

6972 Mott
Mott Metallwarenfabrik und Bühnenbau GmbH
Am Dittwarer Bahnhof 11
6972 Tauberbischofsheim
☎ 0 93 41-16 55 Fax 59 21

6977 Hofmann
Hofmann Natursteinwerke Werk und Hauptverwaltung
Wertheimer Str. 4
6977 Werbach-Niklashausen
☎ 0 93 48-4 11 ⌧ 6 89 533

6980 Everlite
DEUTSCHE EVERLITE GMBH
Am Keßler 4
6980 Wertheim/Main
☎ 0 93 42-81 55 und 56 ⌧ 6 89 126

6980 Lutz
Karl Lutz, Abt. Verankerungstechnik
Erlenstr. 5-7 ✉ 3 90
6980 Wertheim/Main 2
☎ 0 93 42-82 65 ⌧ 6 89 122

6980 Schuller
Glaswerk Schuller GmbH
Faserweg 1
6980 Wertheim
☎ 0 93 42-80 11 ⌧ 6 89 127 gsch

6981 Otavi
OTAVI-MINEN AG Perlitwerk Dorfprozelten
6981 Dorfprozelten

6990 Bembé
Bembé-Parkettfabrik Jucker GmbH & Co. KG
Wolfgangstr. 15 ✉ 11 40
6990 Bad Mergentheim
☎ 0 79 31-70 01 Fax 65 06 ⌧ 7 4 219

6990 EURO HAUS
EURO HAUS GmbH
Industriegelände ✉ 12 80
6990 St. Wendel-Bliesen
☎ 0 68 54-7 90 Fax 7 91 25 Teletex 6 85 491 EUROfer

6992 Wolfarth
Friedrich Wolfarth KG Fensterfabrik
6992 Weikersheim-Neubrunn
☎ 0 79 34-6 44 Fax 2 61 ⌧ 7 4 261

7000 A + G
A + G Abele und Geiger GmbH
Schwarenbergstr. 100
7000 Stuttgart 1
☎ 07 11-28 32 34 ⌧ 7 21 625 aug d

7000 Arnold
Alfred Arnold Verladesysteme
✉ 30 10 04
7000 Stuttgart 30
☎ 07 11-81 40 59

7000 Backer
Backer + Borst Generalvertretung
Ehrenhalde 13
7000 Stuttgart 1
☎ 07 11-29 05 78 und 79 ⌨ 7 22 130

7000 Bauder
Paul Bauder GmbH & Co.
Abdichtungssysteme und Dämmstoffe für das Dach
Korntaler Landstr. 63 ✉ 31 11 15
7000 Stuttgart 31 (Weilimdorf)
☎ 07 11-8 80 70 Fax 8 80 73 00 ⌨ 7 21 990

7000 Beeck
Beeck'sche Farbwerke Beeck GmbH & Co. KG
✉ 81 02 24
7000 Stuttgart 80
☎ 07 11-72 10 03 Fax 7 28 99 49

7000 BEMO
BEMO ELEMENTBAU GMBH
Helfergasse 13
7000 Stuttgart 50
☎ 07 11-56 16 67 ⌨ 7 254 894 bemo d

7000 Braun
J. A. Braun GmbH & Co. KG
Voltastr. 15-27 ✉ 50 02 20
7000 Stuttgart 50
☎ 07 11-56 61 51 ⌨ 7 254 564

7000 Burger
BURGER SUPERFIRE GmbH & Co. KG
Stuttgarter Str. 96
7000 Stuttgart 30
☎ 07 11-81 50 45

7000 Butz
Eberhard Butz Farben und Lacke
Böblinger Str. 53-55
7000 Stuttgart 5
☎ 07 11-64 75 82

7000 Climarex
Climarex GmbH Vertrieb haustechnischer Geräte
Furtbachstr. 4
7000 Stuttgart 1
☎ 07 11-64 37 36 ⌨ 7 23 630
→ 4000 Climarex

7000 Dreizler
Walter Dreizler GmbH Wärmetechnik
Mochelstr. 18
7000 Stuttgart 75
☎ 07 11-47 51 01

7000 Dundi
DUNDI - Spraytechnik Daniel & Jäger GmbH
Rotebühlstr. 89/2
7000 Stuttgart
☎ 07 11-61 06 38 Fax 61 14 12 ⌨ 7 22 223

7000 EBS
EBS-Bauelemente GmbH
Bernsteinstr. 136
7000 Stuttgart 75
☎ 07 11-44 20 66 Fax 44 78 27

7000 Eichhöfer
Chemische Fabrik Asperg
Karl Eichhöfer GmbH & Co. KG
Steiermärker Str. 43-45
7000 Stuttgart 30 (Feuerbach)
☎ 07 11-85 11 85 Fax 8 56 71 02 ⌨ 7 21 914 aspg d

7000 Epple
Mineralölwerk EPPLE GmbH
Lämmleshalde 67 ✉ 50 07 68
7000 Stuttgart-Bad Cannstatt
☎ 07 11-54 12 81 und 84 ⌨ 7 254 623 mu d

7000 Epple, Karl
Karl Epple GmbH & Co
Brückenstr. 23
7000 Stuttgart 50
☎ 07 11-5 03 00 Fax 54 68 48 ⌨ 7 254 510

7000 EWG
E. Wagener GmbH
Ernsthaldenstr. 17
7000 Stuttgart 80
☎ 07 11-7 80 01 52 ⌨ 7 255 316 ewg d

7000 Griesser
GRIESSER GmbH
Leitzstr. 52
✉ 30 04 28
7000 Stuttgart 30 (Feuerbach)
☎ 07 11-85 86 87 Fax 85 40 24 ⌨ 7 22 894

7000 Gröber
C. Gröber o.H.G. Gipswerk Bühlertann
Gärtnerstr. 38
7000 Stuttgart 61
☎ 07 11-42 16 66

2

7000 Hansa
Hansa Metallwerke AG
Sigmaringer Str. 107 ✉ 81 02 40
7000 Stuttgart 80
☎ 07 11-7 20 31 ⌁ 7 255 592 hmw d

7000 Haushahn
Haushahn Aufzüge, Lager- und Fördertechnik
Borsigstr. 24 ✉ 30 05 60
7000 Stuttgart 30
☎ 07 11-8 95 40 Fax 8 95 44 03 ⌁ 7 23 752

7000 Hilzinger
Wilhelm Hilzinger GmbH & Co.
Eichwiesenring 2 ✉ 81 01 20
7000 Stuttgart 80
☎ 07 11-7 20 41

7000 Ilka
ILKA-Chemie GmbH Udo Höhne
Besigheimerstr. 6
7000 Stuttgart 40
☎ 07 11-87 10 28 und 87 10 29 Fax 87 10 27

7000 Kessler & Söhne
Kessler & Söhne Württ. Eisenwerk GmbH & Co. KG
Bregenzer Str. 39
7000 Stuttgart 30 (Feuerbach)
☎ 07 11-89 09 40

7000 Kiefer
Maschinenfabrik Gg. Kiefer GmbH
Heilbronner Str. 380-396 ✉ 30 07 49
7000 Stuttgart 30
☎ 07 11-8 10 90 Fax 8 10 92 05 ⌁ 7 252 130

7000 KVS
KVS-Klimatechnik Gerätebau GmbH Vertriebs KG
Loebener Str. 73A
7000 Stuttgart 30
☎ 07 11-85 03 48 ⌁ 7 23 836 kvs

7000 Lava
LAVA-LACKFABRIK Friedrich Siegel GmbH & Co. KG
Korntaler Landstr. 84
7000 Stuttgart 84
☎ 07 11-88 10 19

7000 LTG
LTG Lufttechnische GmbH
✉ 40 05 49
7000 Stuttgart 40
☎ 07 11-8 20 10

7000 Menzel
Menzel GmbH + Co. Abwassertechnik
Hedelfinger Str. 95
7000 Stuttgart 60
☎ 07 11-42 30 31 ⌁ 7 23 442
→ 7798 Menzel

7000 MHZ
MHZ Hachtel GmbH & Co.
Sindelfinger Str. 21 ✉ 80 05 20
7000 Stuttgart 80
☎ 07 11-7 59 20 ⌁ 7 255 856

7000 Missel
E. Missel GmbH & Co. Dämmsysteme - Heizsysteme
Hortensienweg 2 und 27 ✉ 50 07 64
7000 Stuttgart 50
☎ 07 11-5 30 80 ⌁ 7 254 705 Teletex 7 111 547

7000 paratex
paratex-Vertrieb Norbert Pfister Holzagentur
Epplestr. 4
7000 Stuttgart 70
☎ 07 11-76 02 53 ⌁ 7 255 992

7000 Peyer
Siegfried Peyer Ing. + Co.
Möhringer Landstr. 102-104
7000 Stuttgart 80
☎ 07 11-7 80 01 68 ⌁ 7 255 547 poco d

7000 Repabad
REPABAD® Emailreparaturen GmbH
Plieninger Str. 58
✉ 81 05 28
7000 Stuttgart 80 (Möhringen)
☎ 07 11-72 20 31 und 32 ⌁ 177 111 360

7000 Rilling
Rilling & Pohl GmbH Kunststoff-Halbzeuge
Stuttgarter Str. 38
7000 Stuttgart 30
☎ 07 11-81 50 27 Fax 81 24 78 ⌁ 7 21 466

7000 Rinol
Rinol-GmbH Verwaltung
An der Burg 16
7000 Stuttgart 1
☎ 07 11-85 41 30 ⌁ 7 245 752
→ 2050 Rinol

7000 Schaal
Dr. Eugen Schaal Nachf. GmbH Lackfabrik
Heilbronner Str. 360 ✉ 30 10 09
7000 Stuttgart 30 (Feuerbach)
☎ 07 11-85 02 46/47 ⌁ 7 23 414

7000 Schauffele
Schauffele-Treppen GmbH
Hartensteinstr. 6
7000 Stuttgart 50
☎ 07 11-54 12 11

7000 Scheffler
Erika Scheffler Bauchemie
Herrengasse 6
7000 Stuttgart 61 (Uhlbach)
☏ 07 11-32 29 19

7000 Schlipphak
Friedrich Schlipphak KG
Möhringer Str. 118
7000 Stuttgart 1
☏ 07 11-64 78 12

7000 Schmid
Dieter E. Schmid · Baustoff-Vertretungen
Wagenburgstr. 182 ✉ 10 45 08
7000 Stuttgart 10
☏ 07 11-46 23 91 Fax 46 35 66

7000 Seibert
SEIBERT-STINNES GMBH SPANNBETONSYSTEME
Friesenstr. 54
7000 Stuttgart 40
☏ 07 11-87 20 41 Fax 87 92 95
→ 4330 Seibert

7000 Seibert-Stinnes Lager
Seibert-Stinnes Lagersystemtechnik GmbH
Schöttlestr. 32
7000 Stuttgart 70
☏ 07 11-76 98 40

7000 Sika
Sika Chemie GmbH
Kornwestheimer Str. 107 ✉ 40 07 60
7000 Stuttgart 40
☏ 07 11-8 00 90 Telex 7 252 195

7000 Sopac
Deutsche Sopac Regeltechnik GmbH
✉ 30 03 26
7000 Stuttgart 30
☏ 07 11-81 40 17

7000 Stähle
Werner Stähle GmbH Bedachungsbaustoffe
Ulmer Str. 155
7000 Stuttgart 1
☏ 07 11-48 66 37 u. 46 82 88

7000 Sulzer
Gebr. Sulzer, Heizungs- und Klimatechnik GmbH
✉ 13 03
7000 Stuttgart 1
☏ 07 11-6 67 91 Telex 7 23 630

7000 Wepra
WEPRA-Holzpreßteile Werner Prase
Neue Weinsteige 25 A
7000 Stuttgart 1
☏ 07 11-60 54 13

7000 Wörwag
KARL WÖRWAG Lack- und Farbenfabrik
Strohgäustr. 28 ✉ 40 09 69
7000 Stuttgart 40
☏ 07 11-8 29 60 Fax 8 29 62 22 Telex 7 23 834

7000 Zeeb
ZEEB INNENAUSBAU GMBH
Frankenthaler Str. 9 ✉ 31 08 05
7000 Stuttgart 31 (Weilimdorf)
☏ 07 11-88 10 76/77

7000 Züblin
Ed. Züblin AG Bauunternehmung, Hauptverwaltung
Jägerstr. 22 ✉ 29 85
7000 Stuttgart 1
☏ 07 11-2 06 21 Telex 7 23 548

7012 ACOVA
ACOVA Deutschland GmbH
Schmidener Weg 7 ✉ 12 10
7012 Fellbach
☏ 07 11-58 72 12 Telefax 07 11-57 96 50

7012 Barth
Fritz Barth Fertigbau GmbH & Co.
Ringstr. 71-73 ✉ 11 60
7012 Fellbach
☏ 07 11-5 76 90 Telex 7 254 458

7012 Bauknecht
Thermotechnik G. Bauknecht
Schmidener Weg 7 ✉ 12 60
7012 Fellbach
☏ 07 11-5 76 01 Telex 7 21 695

7012 Bürkle
Betonwerk Schmiden Bürkle GmbH
Fellbacher Str. 68 ✉ 42 60
7012 Fellbach-Schmiden
☏ 07 11-51 82 40 Fax 5 18 24 27

7012 Combitherm
COMBITHERM Apparate- und Anlagenbau GmbH
Friedrichstr. 14
7012 Fellbach
☏ 07 11-51 50 35

7012 Frey
Wilhelm Frey & Sohn Kaminwerk
Stuttgarter Str. 86
7012 Fellbach b. Stuttgart

2

7012 Ismos
ISMOS GmbH
Röschleweg 6 ✉ 12
7012 Fellbach-Öffingen
07 11-51 42 29

7012 Keller
H. Keller GmbH + Co. KG
✉ 16 08
7012 Fellbach
☎ 07 11-58 21 76 Fax 58 21 81

7012 Knödler
Hugo Knödler GmbH + Co.
Schorndorfer Str. 37 ✉ 16 29
7012 Fellbach
☎ 07 11-58 41 55 ✆ 7 254 536

7012 Mahle
MAHLE GmbH Geschäftsbereich Raumtechnik
✉ 1729
7012 Fellbach
☎ 07 11-5 76 80 ✆ 7 254 671

7012 Schroff
Emil Schroff GmbH & Co. KG
Robert-Bosch-Str. 6 ✉ 19 48
7012 Fellbach
☎ 07 11-58 16 68

7012 WESKO
WESKO Fenstersysteme Wolfgang Schleicher
7012 Fellbach

7014 Kittelberger
Reinhold Kittelberger u. Söhne oHG
Max-Eyth-Str. 13 ✉ 11 42
7014 Kornwestheim
☎ 0 71 54-30 41 bis 43 ✆ 7 23 670 kitt d

7015 Combitherm
Combitherm GmbH
7015 Fellbach

7015 Mächtle
Mächtle GmbH
Jahnstr. 4 ✉ 13 22
7015 Korntal
☎ 07 11-83 09 90 Fax 8 30 99 45 ✆ 7 252 100

7016 Monowa
Monowa GmbH
Schillerstr. 49 ✉ 7
7016 Gerlingen
☎ 0 71 56-2 10 72 ✆ 72 45 264

7016 Rometsch
rometsch bautechnik gmbh
Lontelstr. 22 ✉ 10 03 35
7016 Gerlingen 1
☎ 0 71 56-2 36 92 Fax 4 94 73 ✆ 7 266 702 roba d

7022 BBT
BBT Bohr- + Befestigungstechnik GmbH
Max-Lang-Str. 56
7022 Leinfelden
☎ 07 11-75 22 93

7022 Frank
Wilhelm Frank GmbH
Stuttgarter Str. 145-147 ✉ 10 01 58
7022 Leinfelden-Echterdingen 1
☎ 07 11-7 90 51 ✆ 7 255 862

7022 Keraphil
Keraphil-Studio E. Philipp
Hauptstr. 68
7022 Leinfelden-Echterdingen
☎ 07 11-79 18 53

7022 Minol
Minol Messtechnik Werner Lehmann GmbH & Co.
Gutenbergstr. 4 ✉ 20 04 52
7022 Leinfelden-Echterdingen 2
☎ 07 11-79 09 30 ✆ 7 255 475

7022 Mira
MIRA-X GmbH
Maybachstr. 9
7022 Leinfelden-Echterdingen 1
☎ 07 11-79 09 50 ✆ 7 255 593

7022 Stolle
Georg Stolle Schamotte- und Isolierbaustoffwerk
Hauptstr. 115 ✉ 20 02 39
7022 Leinfelden-Echterdingen
☎ 07 11-79 80 41 ✆ 7 255 712

7022 Tscherwitschke
Richard Tscherwitschke GmbH
Kunststoff-Apparatebau und Ablufttechnik
Dieselstr. 21 g
7022 Leinfelden-Echterdingen 2

7022 Wurster
Walter Wurster GmbH
Heckenrosenstr. 38 ✉ 23 04
7022 Leinfelden-Echterdingen 2
☎ 07 11-79 80 65

7023 Schaefer
Gustav Schaefer GmbH & Co.
Dieselstr. 9
7023 Leinfelden-Echterdingen 2
☎ 07 11-79 70 89

7024 Decor Kork
Decor Kork Vertriebsgesellschaft mbH
Rosenstr. 24
7024 Filderstadt
☎ 07 11-70 40 41 ✆ 7 111 203 dekof Fax 70 61 00

7024 Garderobia
GARDEROBIA-Metallwaren GmbH
Gottlieb-Daimler-Str. 1 ✉ 12 65
7024 Filderstadt
☎ (07 11) 70 30 46 Fax 70 13 23

7030 Büsing
Büsing & Fasch KG
✉ 12 20
7030 Böblingen

7030 Jach
Horst Jach GmbH
Schützenweg 57
7030 Böblingen
☎ 0 70 31-7 30 21

7030 Taugres
Taugres Generalvertretung Jens J. Peters
Waldburgstr. 20
7030 Böblingen
☎ 0 70 31-22 87 78 ⌁ 7 265 369 jjp Fax 22 51 32

7031 Jansen
Max Jansen Maschinen- und Gerätebau
Böblinger Str. 91 ✉ 60
7031 Ehningen
☎ 0 70 34-50 05 ⌁ 7 265 893

7031 Kronimus
Kronimus & Sohn GmbH & Co. KG
Schaffhauser Str. 90
7031 Magstadt
☎ 0 71 59-49 01 Fax 4 32 08

7031 Siess
Paul Siess & Sohn
Jahnstr. 2
7031 Holzgerlingen
☎ 0 70 31-4 92 01

7032 Bircher
BIRCHER DEUTSCHLAND GmbH
Leonberger Str. 28
7032 Sindelfingen
☎ 0 70 31-80 90 51 ⌁ 7 265 395

7032 Hartwigsen
Hartwigsen
Ulmenstr. 19
7032 Sindelfingen 6
☎ 0 70 31-3 25 17 und 3 40 22 ⌁ 7 265 638 huwe d

7032 Meho
Meho
✉ 41
7032 Sindelfingen 6
☎ 0 70 31-3 25 17 und 3 40 22

7033 Dietterle
DIETTERLE Baustoffwerke
7033 Herrenberg
☎ 0 70 32-70 47

7033 Imexal
Imexal Türen-Fenster-Industriebedarf
Vertriebsgesellschaft mbH & Co. KG
Rheinstr. 22
7033 Herrenberg-Oberjesingen
☎ 0 70 32-3 10 61 ⌁ 7 265 523 imex d

7033 Lang
Edmund Lang Werksvertretungen
Königsberger Str. 3
7033 Herrenberg 1
☎ 0 70 32-68 24 Fax 2 21 15 ⌁ 7 265 552

7034 Knauß
Knauß GmbH
✉ 12 20
7034 Gärtringen
☎ 0 70 34-2 73 20 ⌁ 7 265 520

7034 KWC
KWC-Armaturen GmbH
Reinhardstr. 23-25
7034 Gärtringen
☎ 0 70 34-2 73 10

7034 Müssig
Wilhelm Müssig GmbH
Hauptwerk und Verwaltung
Robert-Bosch-Str. 10
7034 Gärtringen
☎ 0 70 34-2 10 40 Fax 2 10 52
⌁ 7 265 500 wms

7036 Centra
Centra-Bürkle GmbH & Co.
✉ 11 64
7036 Schönaich
☎ 0 70 31-6 66 71 ⌁ 7 265 859

7036 Rauh
Schönstahl Alfred Rauh GmbH & Co.
Im Vogelsang 21
7036 Schönaich
☎ 0 70 31-5 03 67 und 5 10 80 ⌁ 7 265 459 sst d
Fax 5 36 72

7045 Ritter
Ritter Metallbau + Trennwände GmbH
Rösseweg 5-7 ✉ 11 45
7045 Nufringen
☎ 0 70 32-81 80

2

7047 Treppenmeister
Treppenmeister GmbH
Ringstr. 4-6
7047 Jettingen
☎ 0 74 52-74 20 Fax 7 42 40

7050 Hess
Hermann Hess & Sohn
✉ 13 27
7050 Waiblingen
☎ 0 71 51-5 10 34 Fax 1 89 49

7050 Leitner
Leitner GmbH
Düsseldorfer Str. 14
7050 Waiblingen
☎ 0 71 51-1 70 60 Fax 5 71 57 ⌁ 7 245 852

7050 Zarb
Zarb Chemo-Technische Isoliersysteme GmbH
Handwerkstr. 14
7050 Waiblingen 7
☎ 0 71 51-2 10 42 und 43

7053 Mutschler
Herbert Mutschler Industrievertretungen GmbH
Karlstr. 35
7035 Kernen
☎ 0 71 51-4 20 41 Fax 4 66 02 ⌁ 7 245 883

7056 Knötig
Knötig GmbH
✉ 31 08
7056 Weinstadt
☎ 0 71 51-6 40 49 ⌁ 7 245 834

7057 Benz
G. Benz Turngerätefabrik GmbH & Co.
Grüninger Str. 1-3 ✉ 2 20
7057 Winnenden
☎ 0 71 95-6 90 50 Fax 69 05 77 ⌁ 7 262 141

7057 Hocoplast
HOCO PLAST GMBH & CO. KG
Bahnhofstr. 104
7057 Nellmersbach
☎ 0 71 95-6 17 67

7057 Judo
JUDO Wasseraufbereitung GmbH
Hohreuschstr. 39 ✉ 3 80
7057 Winnenden
☎ 0 71 95-69 20 ⌁ 7 24 446

7057 Kögel
Kaminwerk D. Kögel
Max-Eyth-Str. 35 ✉ 2 29
7057 Winnenden
☎ 0 71 95-20 19 und 20 10

7057 Nusser
Wilhelm Nusser GmbH & Co. Fertigbau
Silberpappelstr. 2 ✉ 3 40
7057 Winnenden
☎ 0 71 95-69 30 ⌁ 7 24 439

7057 Pfleiderer
Firmengruppe Kurt Pfleiderer
Dachziegelwerke - Wohnbau - Immobilien
Marktstr. 54-56 ✉ 4 20
7057 Winnenden
☎ 0 71 95-69 60 Fax 69 61 05 ⌁ 7 262 115 pfgr d
→ 7113 Pfleiderer

7057 Wider
F. A. WIDER
✉ 4 05
7057 Winnenden
☎ 0 71 95-20 74

7057 Zarb
ZARB Chemo-technische Isoliersysteme
Palmerstr. 22
7057 Winnenden
☎ 0 71 95-3 00 67 ⌁ 7 24 405

7060 Betonwerk
Betonwerk Schorndorf GmbH
Stuttgarter Str. 61-65 ✉ 12 69
7060 Schorndorf
☎ 0 71 81-70 07 27 und 7 13 48

7060 Knecht
Knecht GmbH
Baumwasenstr. 41 ✉ 13 20
7060 Schorndorf
☎ 0 71 81-78 91 und 92

7060 Kurz
A. Kurz Drechslerei + Holzwaren
Schmalzgasse 16
7060 Schorndorf-Buhlbronn
☎ 0 71 81-7 66 30

7060 Rima
Rima-Ziehtechnik Max Maier
Wiesenstr. 60 ✉ 14 65
7060 Schorndorf
☎ 0 71 81-6 20 55 und 57 89

7060 Schock
Schock & Co GmbH, Abt. VKF
Gmünder Str. 65 ✉ 15 40
7060 Schorndorf
☎ 0 71 81-60 30 ⌁ 7 246 618 shk d

7060 Sikler
Karl Friedrich Sikler GmbH & Co. Betonwerk
✉ 15 44
7060 Schorndorf-Haubersbronn
☎ 0 71 81-6 30 68

7062 Fischer
Fischer Kamintechnik
Silcherstr. 22
7062 Rudersberg
☎ 0 71 83-82 58

7062 weru
weru AG
Zumhofer Str. 25 ✉ 1 60
7062 Rudersberg
☎ 0 71 83-30 30 Fax 30 33 70 ⌁ 7 246 690

7063 Siral
SIRAL GmbH, Rolladen- und Sicherheitssysteme
Breslauer Str. 15
7063 Welzheim
☎ 0 71 82-5 65

7063 Siral Fensterladen
SIRAL Fensterladen GmbH
Breslauer Str. 15
7063 Welzheim
☎ 0 71 82-5 65

7064 Käser
Käser GmbH & Co.
✉ 13 60
7064 Remshalden-Geradstetten
☎ 0 71 51-7 10 57/58 Fax 7 13 87 ⌁ 7 24 358

7064 Palmer
PALMER GmbH
Wilhelm-Enssle-Str. 120
7064 Remshalden-Hebsack
☎ 0 71 81-7 30 63

7065 TTL
TTL Tür + Torluftschleier Lufttechnische Geräte GmbH
Talstr. 6 b
7065 Winterbach
☎ 0 71 81-79 16 ⌁ 7 246 602

7066 Beisswenger
Gebr. Beisswenger GmbH & Co. KG
Silcherstr. 47
7066 Baltmannsweiler
☎ 0 71 53-4 12 24 und 25 ⌁ 7 266 916

7067 RUSTRO
RUSTRO Fenstertechnik GmbH
Bahnhofstr. 4
7067 Plüderhausen
☎ 0 71 81-8 52 13 u. 8 30 81

7070 Breit
Ludwig Breit Wiesenthalhütte GmbH
Perlenweg 3 ✉ 11 69
7070 Schwäbisch Gmünd
☎ 0 71 71-6 30 66 Fax 3 81 12 ⌁ 7 248 870 lbwh d

7070 Grau
Grau GmbH & Co. Kunststoffwerk
Osterlängstr.
7070 Schwäb. Gmünd-Lindach
☎ 0 71 71-70 21 ⌁ 7 248 843

7070 UWE
UWE Unterwasser Electric GmbH & Co. KG
Buchstr. 82 ✉ 20 20
7070 Schwäbisch-Gmünd
☎ 0 71 71-6 30 81 Fax 6 99 47 ⌁ 7 248 771

7071 Ammon
H. Ammon
Lauterburger Str. 42
7071 Bartholomä
☎ 0 71 73-76 95

7071 Kristall
Kristall Bausysteme GmbH + Co.
Osterwiesenstr. 15
7071 Iggingen-Brainkofen
☎ 0 71 75-57 51 und 52

7071 Waiko
Waiko Möbelwerke GmbH & Co. KG
7071 Durlangen
☎ 0 71 76-6 91

7074 Hieber
Holzbau Hieber GmbH
Zimmereiweg 4/12
7074 Mögglingen
☎ 0 71 74-2 53

7075 Pauser
Pauser GmbH & Co. KG
7075 Mutlangen
☎ 0 71 71-78 11

7076 Feifel
Feifel Rolladenbau GmbH
Hauptstr. 30
7076 Waldstetten
☎ 0 71 71-4 21 51 und (4 17 88) Fax 47 31

7077 Kolckmann
A. Kolckmann GmbH
Obere Schloßstr. 140 ✉ 20
7077 Alfdorf 1
☎ 0 71 72-3 12 89 Fax 3 19 77 ⌁ 7 248 856 ako d

2

7080 ISALITH
ISALITH Trennwandbau Günther Schlipf
Benzstr. 9
7080 Aalen/Württ.
☏ (0 73 61) 4 30 61

7080 Kaiser
Kaiser Rolladen- und Jalousiebau
Lohwiesenweg 1
7080 Aalen-Oberalfingen
☏ 0 73 61-7 15 55

7080 Mayer
A. Mayer GmbH
Gmünder Str. 19 ✉ 15 50
7080 Aalen
☏ 0 73 61-6 28 00

7080 Palm
Papierfabrik Palm KG
✉ 16 05
7080 Aalen-Neukochen
☏ 0 73 61-3 20 11 Telex 7 13 830

7080 Schmidt
August Schmidt Roll- und Klappläden
Industriestr. 51
7080 Aalen-Erlau 13
☏ 0 73 61-3 10 11

7081 Aprithan
aprithan-Schaumstoff-Gesellschaft mbH
Kocherwiesen
7081 Abtsgmünd 1
☏ 0 73 66-60 33 Telex 7 13 707

7082 Mannes
Mannes Treppen
7082 Oberkochen
☏ 0 73 64-7031

7084 Maco
Maco Dach GmbH
Bohler Str. 11 ✉ 70
7084 Westhausen
☏ 0 73 63-60 77 Fax 60 79

7087 Trost
Ziegelwerk Trost GmbH + Co.
✉ 11
7087 Essingen
☏ 0 73 65-82 10 Telex 7 13 729 zwt d

7090 Spengler
Hermann Spengler KG
✉ 13 32
7090 Ellwangen
☏ 0 79 61-20 25 Fax 5 41 75

7092 Rettenmaier
J. Rettenmaier & Söhne
7092 Ellwangen Holzmühle
☏ 0 79 67-15 20 Fax 61 11 Telex 7 4 728
Teletex (17) 7 96 713

7097 Lipp
Lipp GmbH Stahlsilobau
Friedhofstr. 36
7097 Tannhausen
☏ 0 79 64-4 36 Fax 12 23 Telex 74 546

7100 Aconit
aconit Metallprodukte GmbH
✉ 11 01
7100 Heilbronn
☏ 0 71 31-48 51 65

7100 Evergreen
EVERGREEN GmbH
Allee 40
7100 Heilbronn
☏ 0 71 31-62 91 66 Fax 8 66 95

7100 Gerex
Gerex Neugebauer GmbH
✉ 27 47
7100 Heilbronn
☏ 0 71 31-8 70 44 Fax 8 70 47 Telex 7 28 569

7100 igA
igA Architekturbaustoffe GmbH & Co Handels KG
Karlstr. 68 ✉ 22 20
7100 Heilbronn
☏ 0 71 31-7 40 96

7100 Kenngott
Kenngott-Treppen-Organisation
✉ 5 22
7100 Heilbronn
☏ 0 71 31-4 10 41/8

7100 Losberger
Losberger GmbH & Co. KG
Hans-Rießer-Str. 7
7100 Heilbronn
☏ 0 71 31-13 51

7100 Wackernagel
Wackernagel GmbH & Co.
Industriegebiet Böllinger Höfe
7100 Heilbronn
☏ 0 71 31-2 33 11

7100 Weimann
Weimann GmbH
Lilienthalstr. 27
7100 Heilbronn-Biberach
☏ 0 70 66-70 77 Telex 7 28 270

7100 Ziegel
Ziegelunion
7100 Heilbronn-Böckingen
☎ 0 71 31-4 20 21

7101 Chemotechnik
Chemotechnik Abstatt GmbH Chemiebaustoffe für Estrich und Industrieboden
7101 Abstatt
☎ 0 70 62-60 61 ⌁ 7 28 381

7101 Etra
Etra-Traub GmbH Dämmstoffwerk
Etrastr.
7101 Abstatt
☎ 0 70 62-67 80 Fax 6 78 99 ⌁ 7 28 488

7101 Haering
Carl Haering GmbH & Co. Lackfabrik
7101 Unterheinriet
☎ 0 71 30-5 25

7101 Hoerner
Eugen Hoerner
✉ 19 46 (7100 Heilbronn 1)
7101 Eberstadt
☎ 0 71 34-50 10 ⌁ 7 28 751 Telefax 5 01 270

7101 ISO
ISO – Gesellschaft für Isolier- und Feuchtraumtechnik mbH
Bahnhofstr. 44
7101 Offenau
☎ 0 71 36-58 20

7101 Lindsay
Deutsche Lindsay Pfäffle KG
7101 Donnbronn
☎ 0 71 31-7 07 74 und 84

7103 HBF
HBF Kellerbau
Mühlweg 6
7103 Schwaigern-Massenbach
☎ 0 71 38-85 70 und 70 73

7104 Harder
Harder Blockhaus
✉ 6
7104 Obersulm II
☎ 0 71 34-37 73 Fax 36 95

7104 Reichenecker
H. Reichenecker GmbH + Co.
Wieslensdorfer Str. 33
7104 Obersulm-Eschenau
☎ 0 71 30-2 90 Fax 29 40 ⌁ 7 28 755 storo d
Telefax 95 76

7105 Fyrnys
Fyrnys GmbH
Heilbronner Str. 147
7105 Leingarten
☎ 0 71 31-40 26 67

7107 Bertsch
Leo Bertsch Holz- und Kunststoffverarbeitung
✉ 2 07
7107 Bad Wimpfen
☎ 0 70 63-70 46 ⌁ 7 28 305

7107 Krieger
Friedrich Krieger II GmbH & Co. KG
Ecke Damm- und Weidachstr.
7107 Neckarsulm
☎ 0 71 32-20 91

7107 Reinmuth
euroform E. Reinmuth GmbH
✉ 2 09
7107 Bad Wimpfen
☎ 0 70 63-70 31

7107 Valli
Valli & Colombo GmbH & Co. KG
Industriestr. 1 ✉ 2 08
7107 Bad Wimpfen
☎ 0 70 63-70 35 ⌁ 7 28 309 valco d

7107 Werner
Werner Fenster-, Roll- und Klappladenfabrik
Im Schelmental
7107 Nordrhein
☎ 0 71 33-51 17

7110 FH
FH Inklusivbau GmbH
Schlüsselfertiges Bauen Feinauer – Hammesfahr
Austr. 17
7110 Öhringen
☎ 0 79 41-3 62 30

7112 Gebhardt
Wilhelm Gebhardt GmbH
Gebhardtstr. 19–25
7112 Waldenburg
☎ 0 79 42-10 10 Fax 10 11 70 ⌁ 7 4 452 gewa d

7112 SWG
SWG Schraubenwerk Gaisbach GmbH & Co. KG
✉ 80
7112 Waldenburg
☎ 0 79 42-10 00 Fax 10 03 80 ⌁ 7 4 125 swg d

2

7113 Keller
FENSTER-KELLER GmbH & Co.
Fenster + Fassaden KG
✉ 20
7113 Neuenstein
☎ 0 79 42-82 01 ⌧ 7 4 442

7113 Pfleiderer
Dachziegelwerke Kurt Pfleiderer KG
Schillerstr. 23 ✉ 45
7113 Neuenstein
☎ 0 79 42-5 48 und 5 49

7118 Berner
Albert Berner GmbH & Co. KG
Daimlerstr. 35 ✉ 12 65
7118 Künzelsau
☎ 0 79 40-12 11 ⌧ 7 4 143

7118 BTI
BTI Befestigungstechnik GmbH & Co. KG
✉ 40
7118 Ingelfingen
☎ 0 79 40-14 10

7118 Reisser
REISSER Schraubenwerk GmbH & Co.
✉ 11 62
7118 Künzelsau
☎ 0 79 40-12 70 ⌧ 7 4 120

7118 Rosenberg
Rosenberg Ventilatoren GmbH
Maybachstr. 1
7118 Künzelsau-Gaisb.
☎ 0 79 40-14 20 Fax 1 42 25 ⌧ 7 4 164 rovent

7118 Würth
Adolf Würth GmbH & Co. KG Montagetechnik
Mainweg 10 ✉ 12 61
7118 Künzelsau
☎ 0 79 40-1 50 Fax 1 56 16
⌧ 74 122

7118 Ziehl
Ziehl-Abegg GmbH & Co. KG
Zeppelinstr. 28 ✉ 11 65
7118 Künzelsau
☎ 0 79 40-1 62 51

7119 ebm
ebm Elektrobau Mulfingen GmbH & Co.
7119 Mulfingen
☎ 0 79 38-8 10 ⌧ 7 4 267 Teletex (17) 7 93 813
Telefax 8 11 10

7119 Göltenboth
Göltenboth Holzbau GmbH
7119 Forchtenberg
☎ 0 79 47-20 46 und 47

7119 Henkel
R. Henkel GmbH & Co. KG
7119 Forchtenberg-Ernsbach
☎ 0 79 47-20 21/2

7119 Hornschuch
Konrad Hornschuch AG
7119 Weißbach 1/Württ.
☎ 0 79 47-8 10 Fax 8 13 00 ⌧ 7 4 477 khwbh

7119 Interwand
INTERWAND Deutschland GmbH
Industriestr. ✉ 65
7119 Dörzbach
☎ 0 79 37-3 71 bis 73 ⌧ 7 4 244

7120 DLW
DLW Aktiengesellschaft
✉ 1 40
7120 Bietigheim-Bissingen
☎ 0 7142-7 11 ⌧ 7 24 231

7120 Prestige
Prestige Keramik GmbH
Höpfigheimer Str. 4
7120 Bietigheim
☎ 0 71 42-6 54 77 ⌧ 7 24 265

7120 Wakü
WAKÜ-Geräte GmbH
7120 Bietigheim-Bissingen
☎ 0 71 42-5 22 07

7121 Hammerl
Erich Hammerl KG Kunststoff- und Holzverarbeitung
✉ 11 34
7121 Gemmrigheim
☎ 0 71 43-90 47 ⌧ 7 24 931 hamm d

7121 Louver
Louver Lichtdecken-Service Dolch + Friedrich oHG
Rosenfeld 102
7121 Erligheim
☎ 0 71 43-2 32 32 ⌧ 7 24 235

7122 ALWO
ALWO Maschinen-Vertriebs-GmbH
Friedrich-Kollmar-Str. 4 ✉ 13 55
7122 Besigheim
☎ 0 71 43-1 80 15 Fax 3 23 10
⌧ 7 24 920

7122 Hermes
Hermes GmbH Klappladenfabrik
Johann-Kepler-Str. 10
7122 Besigheim-Ottmarsheim
☎ 0 71 43-57 65

7122 Nestrasil
Ziegelwerk Besigheim Nestrasil GmbH
Luisenstr. 4
7122 Besigheim
☏ 0 71 43-70 75 Fax 3 36 17

7122 Wolf
A. Wolf
✉ 13 55
7122 Besigheim
☏ 0 71 43-1 80 15 ⌁ 7 24 920

7124 Lutz
Ernst Lutz KG Betonwerk und Baustoffe
7124 Bönnigheim-Hohenstein

7124 Schmid
Ziegelwerk Schmid GmbH & Co.
Erligheimer Str. 45 ✉ 7
7124 Bönnigheim
☏ 0 71 43-2 13 48 Fax 2 48 03

7125 Blatt
A. Blatt GmbH & Co. KG Betonwerk
✉ 11 40
7125 Kirchheim a. N.
☏ 0 71 43-90 81

7125 Haiges
Suevia Haiges GmbH & Co.
✉ 11 08
7125 Kirchheim/Neckar
☏ 0 71 43-97 10 ⌁ 7 24 922

7128 Jung
C. G. Jung GmbH
Neckarstr. 30
7128 Lauffen
☏ 0 71 33-26 90 Fax 46 08 ⌁ 7 28 251

7129 AKS
AKS Astrid K. Schulz GmbH & Co. Handelsges. KG
Draht- und Metallwaren
Traminerweg 2
7129 Ilsfeld-Auenstein
☏ 0 70 62-6 34 50 Fax 6 44 99 ⌁ 7 28 111

7129 Bemberg
Bemberg Sauna
Biegelstr. 65
7129 Brackenheim 2
☏ 0 71 35-60 01

7129 Durst
Walter Durst Natur- und Betonwerksteine
Heilbronner Str. 62
7129 Pfaffenhofen
☏ 0 70 46-8 19 und 8 10

7129 Fischer
Helmut Fischer GmbH
Rauher Stich im Egerten
✉ 53
7129 Talheim
☏ 0 71 33-50 57 ⌁ 7 28 454

7129 Held
Karl Held GmbH Ein Unternehmen des Sika Konzerns
Mühlweg 2
7129 Brackenheim
☏ 0 71 35-50 56 bis 58 Fax 76 41

7129 Layher
Wilhelm Layer GmbH
7129 Güglingen-Eibensbach
☏ 0 71 35-7 01 ⌁ 7 28 752

7129 Neuschwander
Ziegelwerk Gebr. Neuschwander KG
7129 Brackenheim
☏ 0 71 35-65 20

7129 Riexinger
Türenwerke Riexinger GmbH & Co. KG
7129 Brackenheim-Hausen
☏ 0 71 35-8 90 ⌁ 7 28 572
→ 4600 Riexinger
→ 8057 Riexinger

7129 Rotex
RM Rotex GmbH + Co.
Industriegebiet ✉ 30
7129 Güglingen-Frauenzimmern
☏ 0 71 35-10 30 ⌁ 7 28 473 rotex d

7130 ATLAN
ATLAN-Werk Ludwig Sattler GmbH & Co. KG
Pforzheimer Str. 85
7130 Mühlacker
☏ 0 70 41-40 41 ⌁ 7 263 845 atln d

7130 Baustoff
Baustoffwerke Mühlacker AG
Ziegeleistr. 12 ✉ 12 65
7130 Mühlacker
☏ 0 70 41-30 71 ⌁ 7 263 766

7130 NOKA
NOKA-Schornsteinaufsätze
✉ 13 32
7130 Mühlacker
☏ 07 41-4 11 40

7130 Steuler
Steuler-Wandfliesen GmbH & Co. KG
Industriestr. 78 ✉ 12 55
7130 Mühlacker
☏ 0 70 41-80 10 Fax 80 11 03 ⌁ 7 263 856

2

7131 alpha
alpha-vogt GmbH
Im Steinernen Kreuz 42
7131 Wurmberg bei Pforzheim
☎ 0 70 44-40 85

7133 Burrer
Albert Burrer Natursteinwerk
✉ 45
7133 Maulbronn
☎ 0 70 43-60 64/65

7133 Schwabenhaus
Schwabenhaus GmbH & Co.
✉ 8
7133 Maulbronn
☎ 0 70 43-10 40 ⌁ 7 263 804

7135 Frimeda
Frimeda Metall- und Drahtwarenfabrik
Wurmberger Str. 30-34
7135 Wiernsheim
☎ 0 70 44-50 51 ⌁ 7 263 757

7141 Blattert
Ziegelwerk Blattert GmbH & Co. KG
Ziegeleiweg 17 ✉ 44
7141 Murr
☎ 0 71 44-2 00 35

7141 Brenner
G. + P. Brenner Industrievertretungen CDH
Allensteiner Weg 2
✉ 1 25
7141 Schwieberdingen
☎ 0 71 50-36 01 ⌁ 7 23 593

7141 Buka
Buka Chemie GmbH Bau- und Industrieprodukte
Robert-Bosch-Str. 17
7141 Erdmannshausen
☎ 0 71 44-32 75 Fax 3 95 29 ⌁ 7 264 440 buka d

7141 Detzer
RODE Robert Detzer GmbH & Co. KG
Bahnhofstr. 32-34 ✉ 27
7141 Benningen
☎ 0 71 44-60 21 Fax 40 20 ⌁ 7 264 740 rode d

7141 Estrolith
ESTROLITH Chem. Fabrik
✉ 23
7141 Benningen
☎ 0 71 44-70 71 ⌁ 7 264 553

7141 Glas-Fischer
GLAS-FISCHER Isolierglaswerk
Industriegebiet
7141 Murr a. d. Murr
☎ 0 71 44-27 88 Fax 2 16 40

7141 Jaeger
Paul Jaeger GmbH & Co. KG
Siemensstr. 6 ✉ 11 50
7141 Möglingen
☎ 0 71 41-4 80 01

7141 Knoll
Knoll International Deutschland GmbH
Siemensstr. 1
7141 Murr
☎ 0 71 44-20 10 ⌁ 7 264 688

7141 Pfisterer
Pfisterer Tankbau Betonia GmbH & Co. KG
✉ 33
7141 Benningen/N.
☎ 0 71 44-10 31 ⌁ 7 264 528

7141 Renz
Erwin Renz Metallwarenfabrik
✉ 14
7141 Kirchberg
☎ 0 71 44-30 10 ⌁ 7 264 753

7141 SCA
SCA Chemische Produkte GmbH
Kleinbottwarer Str. 29-31
7141 Steinheim a. d. Murr
☎ 0 71 44-2 90 11

7141 Werzalit
Werzalit-Werke J. F. Werz KG
7141 Oberstenfeld b. Stuttgart
☎ 0 70 62-5 00 ⌁ 7 28 859
→ 1000 Werzalit

7143 Decken
Decken- und Konstruktionen Vertriebs-GmbH
Weilerstr.
7143 Vaihingen/Enz-Aurich
☎ 0 70 42-60 40 Fax 1 31 54 ⌁ 7 263 719

7144 Rauschenberger
Rauschenberger Metallwaren GmbH
Markgröninger Str. 67 ✉ 1 63
7144 Asperg
☎ 0 71 41-6 62 30 ⌁ 7 264 569

7145 GNM
GNM Georg Näher GmbH Textilwerk
✉ 11 29
7145 Markgröningen
☎ 0 71 45-1 41 ⌁ 7 264 781

7145 Layher
Layher Ziegelwerk & Co.
Münchinger Str. 50
7145 Markgröningen
☎ 0 71 45-52 02

7146 Kahles
Kahles & Co.
Hauptstr. 9
✉ 2 37
7146 Tamm
☎ 0 71 41-60 44 66

7146 Mounà
Mounà Vertriebs-GmbH
Spezialbaustoffe aus Italien
Am Reitweg 29
7146 Tamm
☎ 0 71 41-60 19 31

7148 Ebert
Karl Ebert GmbH Betonsteinwerke
7148 Remseck 5
☎ 0 71 41-8 67 21 Fax 86 23 91 Telex 7 264 799 ebet d
→ 7640 Ebert

7149 Loba
LOBA Bautenschutz
✉ 11 51
7149 Freiberg/Neckar
☎ 0 71 41-7 00 20

7149 Sakowsky
Sakowsky GmbH FIX-ZEMENT, Porte de France
Alleinvertrieb
Riedstr. 14 ✉ 11 31
7149 Freiberg/Neckar
☎ 0 71 41-7 34 02 Fax 7 74 78 Telex 7 264 778

7149 Saletzky
Rainer Saletzky GmbH Schmiedeeisen
Siemensstr. 6
7149 Freiberg/Neckar
☎ 0 71 41-7 20 04 Fax 7 67 30

7149 Seidle
Georg Seidle Chem. Fabrik GmbH
Kleiststr. 14 ✉ 12 30
7149 Freiberg a. N.
☎ 0 71 41-7 30 62 Fax 7 30 61

7150 Klemmfix
Klemmfix GmbH
Hasenhälde 2-4
7150 Backnang
☎ (0 71 91) 6 00 26

7150 Klenk
Karl Klenk GmbH & Co. Farben- und Lackfabrik
Weissacher Str. 66/68 ✉ 13 44
7150 Backnang
☎ 0 71 91-16 71 Telex 7 24 499 klenk d
→ 8000 Klenk

7150 Sportboden
Sportboden-Systeme GmbH,
Bereich Poligras-Kunststoffrasen
Obere Hasenhälde 12 ✉ 16 49
7150 Backnang
☎ 0 71 91-89 23 01 (Sport Inland) und 89 23 02
(Handel Inland) Fax 89 22 51 Telex 7 24 471 ifapb d
Teletex 7 191 551 poligr

7150 VSG
VSG Ventilatoren Systeme GmbH
Südstr. 107/2
7150 Backnang
☎ 0 71 91-6 06 49 Fax 6 88 15

7151 Hahn
Gebr. Hahn GmbH & Co. KG
Moderne Badausstattung
Winnender Str. 67
7151 Affalterbach
☎ 0 71 44-32 31 Telex 7 264 666

7151 Schmid
Holzkitt Schmid
7151 Spiegelberg
☎ 0 71 94-2 82

7152 Lehr
Helmut Lehr Rolladenkastenfabrik
Talstr./Im Industriegebiet
7152 Aspach-Großaspach
☎ 0 71 91-2 05 05

7152 Seitz
SEITZ-Rollo-Systeme GmbH
7152 Aspach

7155 Duralit
Duralit K.G. Lind & Kerber,
Fabrik für Industriefußböden
✉ 11 40
7155 Oppenweiler
☎ 0 71 91-40 51 Telex 7 24 422

7157 rodeca
rodeca Schneider GmbH Niederlassung Süd
Kernerweg 7
7157 Sulzbach/Murr
☎ 0 71 93-61 22 Telex 9 245 953 rors

7157 Söhnle
Julius Söhnle Lüftungstechnik
✉ 11 13
7157 Murrhardt
☎ 0 71 92-70 18 Telex 7 245 914

2

7160 Lutz
Anton Lutz KG
✉ 82
7160 Gaildorf-Unterrat
☎ 0 79 71-60 01 bis 03 ℡ 7 4 648

7162 Kunz
Kunz GmbH & Co. Holzwerke
✉ 60
7162 Gschwend
☎ 0 79 72-6 90

7170 Fechner
Fechner Sauna-Anlagen GmbH + Co
Raiffeisenstr. 7 ✉ 10 02 40
7170 Schwäbisch Hall
☎ 07 91-21 16

7170 Klafs
Klafs Saunabau GmbH
Klafsstr. 41 ✉ 10 03 44
7170 Schwäbisch Hall
☎ 07 91-50 10

7170 Mack
Gipswerke Mack GmbH & Co.
✉ 40 10 09
7170 Schwäbisch Hall 1-Hessental
☎ 07 91/21 51 ℡ 7 4 885 mack d

7170 Rex
Rex Industrie-Produkte Graf von Rex
GmbH & Co. KG
✉ 10 05 40
7170 Schwäbisch Hall
☎ 07 91-21 66 ℡ 7 4 863

7170 Röger
RÖGER GMBH Sauna und Solarientechnik
Hardtstr. 1
7170 Schwäbisch Hall
☎ 0 79 77-80 81

7170 Spreng
Spreng & Co.
Daimlerstr. 37 ✉ 10 06 06
7170 Schwäbisch Hall
☎ 07 91-5 20 61 bis 63

7173 Notter
Eugen Notter GmbH Beschlägefabrik
7173 Mainhardt
☎ 0 79 03-20 91 ℡ 7 4 884

7174 Abel
Ilshofener Treppenbau Georg Abel
Eckartshäuser Str. 71
7174 Ilshofen
☎ 0 79 04-2 33

7174 Rico
RICO Holzkassetten GmbH
Bahnhofstr. 39 ✉ 9
7174 Ilshofen
☎ 0 79 04-5 01 und 5 02 ℡ 7 4 872

7177 Ikoba
Schlüsselfertiges Bauen Ikoba GmbH
Suhlburger Str. 58
7177 Untermünkheim
☎ 07 91-8 40 01 Fax 8 40 05

7177 philipphaus
philipphaus GmbH & Co.
7177 Untermünkheim
☎ 07 91-80 21

7180 Gehring
Gehring & Zimmermann GmbH & Co. KG
Ellwanger Str. 39
7180 Crailsheim
☎ 0 79 51-54 04 Fax 4 29 66

7180 Hohenlohe
Hohenlohe Fränkische Wohnbau GmbH
Langäckerstr. 27
7180 Crailsheim-Onolzheim
☎ 0 79 51-2 52 28

7180 Münkel
Karl Münkel GmbH KG Holz- und Kunststoffwerke, Zweigwerk
Roßfelder Str. 54
7180 Crailsheim
☎ 0 79 51-2 10 73 ℡ 7 4 353

7180 Pechiney
PECHINEY Aluminium-Preßwerk GmbH
Bildstr. 4
7180 Crailsheim
☎ 0 79 51-50 91 ℡ 7 4 302

7180 Speer
Speer & Gscheidel Bau GmbH
✉ 4 08
7180 Crailsheim
☎ 0 79 51-2 10 31

7181 Schneider
SCHNEIDER FERTIGBAU GmbH & Co. KG
7181 Stimpfach
☎ 0 79 67-5 31

7181 Schön
Schön + Hippelein GmbH + Co.
Am Bahnhof 1
7181 Crailsheim-Satteldorf
☎ 0 79 51-49 80 ℡ 74 349 steine d

7185 Schaffert
Schaffert & Unbehauen
7185 Rot am See
☏ 0 79 58-3 20

7187 Kaufmann
J. Kaufmann Betonwerk
Langenburger Str. 184
7187 Blaufelden
☏ 0 79 53-80 75

7201 Lias
Lias Leichtbaustoffe GmbH & Co. KG
✉ 20
7201 Tuningen-Haldenwald
☏ 0 74 64-10 11 Fax 19 64 ⌁ 7 62 660

7201 Schad
Ferdinand Schad KG
7201 Kolbingen
☏ 0 74 63-10 66 ⌁ 7 62 612

7208 Sikla
Sikla GmbH + Co. KG
Schillerstr. 5 ✉ 13 54
7208 Spaichingen
☏ 0 74 24-7 02 44 ⌁ 7 60 438

7209 Haller
Haller Produktions-GmbH
Brunnenstr. 19 ✉ 86
7209 Aldingen
☏ 0 74 24-80 81 Fax 17 98 ⌁ 7 60 400 halla

7210 Dimmler
Fa. Emil Dimmler
Hyèresstr. 12
7210 Rottweil a. N.
☏ 07 41-70 27

7211 Neher
Arnold Neher Fenstertechnik GmbH
Jäuchstr. 8
7211 Frittlingen
☏ 0 74 26-71 75 Fax 16 78 ⌁ 7 60 923

7213 Rohrer
Georg Rohrer Holzbau
7213 Dunningen
☏ 0 74 03-4 14

7218 Widemann
Systemtechnik Ing. Bernd Widemann
Deibhalde 38
7218 Trossingen
☏ 0 74 25-15 20 Fax 59 00

7230 RS
R.S. Zeit Automatik System GmbH Rolf Schmid
Falkensteinstr. 56 ✉ 3 09
7230 Schramberg
☏ 0 74 22-12 50

7230 Zeit
Zeit-Automatik-System
✉ 3 09
7230 Schramberg

7238 Lange
Karl Heinz Lange
Neckarstr. 23 ✉ 1 01
7238 Oberndorf
☏ 0 74 23-25 78

7239 Künkele
Gebr. Künkele KG Gips- und Gipsplattenwerk
7239 Epfendorf/Neckar
☏ 0 74 04-10 37 und 38

7239 Metall
Heddernheimer Metallwarenfabrik GmbH
Sportplatzweg 2 ✉ 13
7239 Fluorn-Winzeln 2
☏ 0 74 02-3 67 ⌁ 7 62 843

7240 Fritz
Baubetriebe Fritz & Dannemann KG
7240 Horb am Neckar 1
☏ 0 74 51-30 33

7240 Graf
Graf Profiltechnik GmbH + Co. KG
Mühlener Str. 26 ✉ 11 64
7240 Horb
☏ 0 74 51-9 80 Fax 98 37 ⌁ 7 65 338

7240 Holzäpfel
Christian Holzäpfel GmbH
✉ 12 80
7240 Horb/Neckar 1
☏ 0 74 51-20 33 ⌁ 7 65 320

7242 Ziegler
Ziegler
Industriegebiet
7242 Dornhan
☏ 0 74 55-10 44

7244 Fischer
Fischer-Werke Artur Fischer GmbH & Co. KG
Weinhalde 13-18
7244 Tumlingen
☏ 0 74 43-1 21

7247 Kress
Karl Kress GmbH Fensterbau
Breslauer Str. 9
7247 Sulz a. N.
☏ 0 74 54-22 11 Fax 68 94

7247 Lichtgitter
Lichtgitter-Gesellschaft mbH
✉ 12 67
7247 Sulz a. N.
☏ 0 74 54-30 02 Fax 59 16 ⌁ 7 65 471

7247 Steeb
CHRISTIAN STEEB-WERKE KG
✉ 1 14 01
7247 Sulz/Neckar
☏ 0 74 54-30 02 ⌁ 7 65 313

7250 Breko
Breko Bauelemente GmbH
Niederhofenstr. 32
7250 Leonberg
☏ 0 71 52-4 10 76

7250 GBK
GBK
Bahnhofstr. 53
7250 Leonberg
☏ 0 71 52-2 17 47

7250 GEZE
GEZE GmbH
✉ 13 63
7250 Leonberg
☏ 0 71 52-20 31 ⌁ 7 24 147 gc d Telefax 20 33 10

7250 Sümak
Sümak GmbH
Ditzinger Str. 75
7250 Leonberg 6 (Höfingen)
☏ 0 71 52-1 31 ⌁ 7 24 118

7251 Fuge
FUGE - Deutschland
Lindenstr. 26
7251 Mönsheim
☏ 0 70 44-78 60 ⌁ 7 263 893
→ 5107 Fuge

7252 Brombacher
Ziegelwerk Brombacher
7252 Weil der Stadt-Merklingen
☏ 0 70 33-38 94

7252 Geyer
Geyer Säulen und Baluster
Hofmauerstr. 5
7252 Weil der Stadt 2
☏ 0 70 33-3 42 41

7252 Paul
Walter Paul GmbH
Sonnenschutz-Wetterschutz-Profiltechnik
Industriestr. 16-20
✉ 13 44
7251 Weil der Stadt 2
☏ 0 70 33-38 01 Fax 3 49 37

7253 Ugine
Ugine Edelstahl GmbH
Industriestr. 46
7253 Renningen
☏ 0 71 59-1 60 70 ⌁ 7 24 722

7254 Epasit
epasit GmbH Spezialbaustoffe
Heimerdinger Str. 35 ✉ 11 05
7254 Hemmingen
☏ 0 71 50-66 11 und 12 Fax 42 10 ⌁ 7 22 593 eple d

7257 Brecht
Oskar Brecht GmbH & Co. Landschaftsbau
Leonberger Str. 29/1 ✉ 11 47
7257 Ditzingen
☏ (0 71 56) 60 77 Fax 3 32 25

7257 Gretsch
Gretsch-Unitas GmbH, Baubeschläge
Johann-Maus-Str. 3 ✉ 12 57
7257 Ditzingen
☏ 0 71 56-30 11 ⌁ 7 245 239

7257 Loba
Loba-Holmenkol-Chemie
Dr. Fischer und Dr. Weinmann KG
Leonberger Str. 56-62 ✉ 12 60
7257 Ditzingen
☏ 0 71 56-35 70
→ 7149 Loba

7257 Rebstock
Walter Rebstock
Maybachstr. 6
7257 Ditzingen
☏ 0 71 56-70 87

7258 Alufa
ALUFA Vorhangschienen Ebner + Hepperle KG
✉ 20
7258 Heimsheim
☏ 0 70 33-38 38 Fax 38 41 ⌁ 7 265 594

7259 Wöhr
Otto Wöhr GmbH Auto-Parksysteme
Leonberger Str. 77
7259 Friolzheim
☏ 0 70 44-4 60 ⌁ 7 263 633 doga d

7260 Perrot
Perrot Regnerbau GmbH & Co
Bischofstr. 54 ✉ 13 52
7260 Calw
☎ 0 70 51-16 21 ⌧ 7 26 128

7263 Schläfer
Schläfer GmbH + Co.
Luisenstr. 12 ✉ 11 80
7263 Bad Liebenzell
☎ 0 70 52-40 01 ⌧ 7 26 142 asco d

7266 WKS
WKS - Dämmstoff- und Verpackungs-GmbH
Hermann-Löns-Str.
7266 Neuweiler 1
☎ 0 70 55-9 66

7270 güwa
güwa-produktion
Gottlieb-Daimler-Str. 15
7270 Nagold
☎ 0 74 52-6 50 33 ⌧ 7 65 954 guewa

7270 Haas
Johs. Haas & Söhne GmbH & Co. KG
7270 Nagold 6
☎ 0 74 52-30 69

7270 Häfele
HÄFELE KG
✉ 1 60
7270 Nagold
☎ 0 74 52-9 50 ⌧ 7 65 931

7274 meva
meva-elementschalung
Industriestr.
7274 Haiterbach
☎ 0 74 56-10 86

7274 Orisa
Orisa GmbH Wohnbedarf und Einrichtungen
Lange Umbrüche ✉ 61
7274 Haiterbach
☎ 0 74 56-19 66

7275 GEWA
GEWA Holzverarbeitung GmbH
Poststr. 5
7275 Simmersfeld-Ettmannsweiler
☎ 0 74 84-3 34 und 6 34 Fax 7 22

7275 Schanz
Schanz GmbH Fertigbauteile
Schulweg 5
7275 Simmersfeld
☎ 0 74 84-4 72

7277 Müller
Müller-Natursteine GmbH
7277 Wildberg 4
☎ 0 70 54-57 99 ⌧ 7 26 149

7290 Chini
A. CHINI GMBH & CO
Karl-von-Hahn-Str. 3
7290 Freudenstadt
☎ 0 74 41-29 16 und 30 54 Fax 66 63 ⌧ 7 64 252

7290 MAGE
MAGE Gehring GmbH
Planckstr. 10 ✉ 3 68
7290 Freudenstadt-Wittlensweiler
☎ 0 74 41-60 33 ⌧ 7 64 223

7290 Mast
Daniel Mast GmbH + Co. KG
Metallwarenfabrik
Rudolf-Diesel-Str. 12
7290 Freudenstadt 1
☎ 0 74 41-8 10 35 und (50 71)

7290 Uni
Uni-Schrauben GmbH
Rudolf-Diesel-Str.
7290 Freudenstadt
☎ 0 74 41-70 68 Teletex (17) 7 44 113 uni

7292 ESO
ESO Ernst Schmelzle KG Akustikbau
Ruhesteinstr. 522 ✉ 3 02
7292 Baiersbronn-Obertal
☎ 0 74 49-3 92

7293 Rothfuß
Friedrich Rothfuß Holzbau-Fertigteile
Oberer Höchsten 12
7293 Pfalzgrafenweiler-Bösingen
☎ 0 74 45-26 30

7300 BSG
BSG - Brand-Sanierung GmbH
Fritz-Müller-Str. 134/2
7300 Esslingen
☎ 07 11-31 10 60 ⌧ 7 256 686 bsg

7300 Eberspächer
J. Eberspächer Geschäftsbereich Bau
Eberspächerstr. 24
7300 Esslingen
☎ 07 11-3 10 91 ⌧ 7 256 464

7300 GHH
Gutehoffnungshütte Sterkrade AG
Zeppelinstr. 122 ✉ 4 29
7300 Esslingen a. N.
☎ 07 11-35 16 31 ⌧ 7 256 436 ghh d

2

7300 Kiesel
Kiesel Bauchemie GmbH & Co. KG
Lindenstr. 21 ✉ 7 08
7300 Esslingen (Berkheim)
☏ 07 11-34 53 51/2/3 ⌧ 7 256 539 oka d

7300 Müller, K. W.
Karl W. Müller GmbH & Co.
Elektrotechnische Fabriken
Richard-Hirschmann-Str. 12 ✉ 1 25
7300 Esslingen
☏ 07 11-31 97 30
Teletex 7 111 517 eles d

7300 MURASIT
MURASIT BAUCHEMIE
Jakobstr. 54 ✉ 60 29
7300 Esslingen-Berkheim
☏ 07 11-34 53 21 ⌧ 7 256 435
→ 4250 MC

7300 Schwimmbecken
Esslinger Schwimmbecken und
Kunststofftechnik GmbH
Fritz-Müller-Str. 101
7300 Esslingen
☏ 07 11-31 30 37 und

7300 Spieth
Ernst K. Spieth Schießanlagen Kegelbahnen GmbH
Fritz-Müller-Str. 145
7300 Esslingen
☏ 07 11-31 20 71 ⌧ 7 256 455 EKS D

7300 Wiral
Wiral Rolladenfertigungs- und Vertriebs-GmbH
Otto-Bayer-Str. 22
7300 Esslingen
☏ 07 11-31 10 14 ⌧ 7 266 843

7301 Rapid
RAPID-PLASTIK
Produktionsgesellschaft mbH + Co. KG
Plochinger Str. 36 ✉ 11 28
7301 Deizisau
☏ 0 71 53-20 31 bis 33 ⌧ 7 266 827

7302 Wevo
WEVO-CHEMIE GmbH & Co.
✉ 31 08
7302 Ostfildern-Kemnat
☏ 07 11-45 50 31/32 ⌧ 7 23 313

7303 Lorenz
Julius Lorenz GmbH & Co.
Bernhäuser Str. 19 ✉ 12 66
7303 Neuhausen/Filder
☏ 0 71 58-7 80 50 Fax 18 05 50 ⌧ 7 23 989

7303 Thyssen
THYSSEN-MAN Aufzüge GmbH
Bernhäuser Str. 45
7303 Neuhausen a. d. F.
☏ 0 71 58-1 20 ⌧ 7 22 082

7306 Object
Object Carpet
✉ 1 20
7306 Denkendorf
☏ 07 11-3 40 20 ⌧ 7 256 433

7306 Supraplan
SUPRAPLAN Betonelemente
Vertriebsgesellschaft mbH
✉ 12 47
7306 Denkendorf
☏ 07 11-3 10 62 22

7306 W & M
Wolf & Müller, Hausbau GmbH
Körschtalstr. 1
7306 Denkendorf b. Stuttgart
☏ 07 11-3 10 61

7307 Mast
Mast-Pumpenfabrik
✉ 4004
7307 Aichwald 1
☏ 07 11-36 10 64 ⌧ 7 256 639 mast d

7310 RUNTAL
RUNTAL Verkaufsbüro
Marktstr. 6
7310 Plochingen
☏ 0 71 53-2 30 26 ⌧ 7 266 919

7310 Schmied
Karl Schmied KG
Stumpenhof 23 ✉ 12 44
7310 Plochingen
☏ 0 71 53-2 10 86 ⌧ 7 266 843 ksch d

7311 Clauss
Clauss-Markisen GmbH & Co.
Bissinger Str. 6
7311 Bissingen-Ochsenwang
☏ 0 70 23-10 40 Fax 1 04 10 ⌧ 7 267 834

7311 DATALOGIC
DATALOGIC GmbH
Daimlerstr. 2
7311 Erkenbrechtsweiler
☏ 0 70 26-60 80 ⌧ 7 267 425

7311 Heuer
Ernst Friedrich Heuer GmbH Metallwarenfabrik
Auchtertstr. 23
7311 Schlierbach
☏ 0 70 21-4 50 28 und 20

7311 illi
Wilhelm Illi GmbH & Co.
Lauterweg 25
7311 Owen
☏ 0 70 21-5 60 84 ⌁ 7 267 743 illi d

7311 Settef
SETTEF Deutschland
Am Haslenbach 10
7311 Schlierbach
☏ 0 70 21-4 47 57 und 4 47 54

7312 BWD
BWD Betonwerk Dettingen GmbH
Betonwarenfabrik und Baustoffgroßhandel
Zementstr. 14 ✉ 13 25
7312 Kirchheim-Teck
☏ 0 70 21-5 70 50 ⌁ 7 267 847 most

7312 Elero
elero Antriebs- und Sonnenschutz-technik GmbH & Co KG
Leibnizstr. 10-13
7312 Kirchheim/Teck
☏ 0 70 21-4 50 91 ⌁ 7 267 824 elro d

7312 Rieth
Rieth & Co.
Stuttgarter Str. 128
7312 Kirchheim/Teck

7312 Sommer
Sommer GmbH Torantriebe
Schlierbacher Str. 86
7312 Kirchheim-Teck
☏ 0 70 21-4 20 86 o. 72 71-0
⌁ 7 267 296

7314 Bosch
Robert Bosch GmbH, Geschäftsbereich Junkers
✉ 13 09
7314 Wernau
☏ 0 71 53-6 31

7316 Preßwerk
Preßwerk Köngen GmbH
✉ 11 65
7316 Köngen/Neckar
☏ 0 70 24-80 80 ⌁ 7 267 214

7316 Ritter
Ritter Aluminium GmbH Leichtmetallbau
Talstr. 10 ✉ 11 38
7316 Köngen/Neckar
☏ 0 70 24-4 51 ⌁ 7 267 213

7317 p + f
plastic + form Kunststoff-Verarbeitungs GmbH
Werk und Verwaltung
Bahnhofstr. 29
7316 Köngen
☏ 0 70 24-89 71

7317 Stingel
Glaubrecht Stingel Chemische Fabrik
Heinrich-Otto-Str. 33/36/42 ✉ 11 34
7317 Wendlingen/Neckar
☏ 0 70 24-79 67

7319 enro
enro - Fertighaus GmbH
✉ 11 69
7319 Dettlingen/Teck
☏ 0 70 21-5 32 18

7320 Bässler
BÄSSLER GmbH
Steinstr. 23-29
7320 Göppingen-Holzheim
☏ 0 71 61-8 10 21

7320 Dobner
Horst Dobner Bauelemente
Heilbronner Str. 19 ✉ 2 64
7320 Göppingen
☏ 0 71 61-6 95 96 und 97 ⌁ 7 27 611 hdbgd

7320 Messerschmidt
Messerschmidt KG Gewächshausbau
Autenbachstr. 22
7320 Göppingen-Jebenhausen
☏ 0 71 61-4 10 87

7320 SKS
SKS Technik Säure- und Korrosionsschutz GmbH
Lehlestr. 15 ✉ 10 63
7320 Göppingen-Faurndau
☏ 0 71 61-2 10 45 ⌁ 7 27 828 skste d

7321 GF
GF Georg Fischer Aktiengesellschaft
Verkaufszentrale Albershausen
✉ 20
7321 Albershausen
☏ 0 71 61-30 20 ⌁ 7 27 867 Telefax 30 22 59

7321 Kinessa
Kinessa GmbH Chemische Fabrik
Jurastr. 24
7321 Dürnau
☏ 0 71 64-50 51 ⌁ 7 27 274 kines d

2

7321 Stumpp
Stumpp KG Rabitzfabrikation-Großhandel in Gipserbedarf
7321 Adelberg
☎ 0 71 66-3 75

7322 Schneider
Schneider Lärmschutztechnik GmbH
✉ 1 25
7322 Donzdorf
☎ 0 71 62-22 96 Fax 2 39 92 Telex 7 27 666
→ 7332 Maibach

7324 EPUCRET
EPUCRET-CHEMIE GmbH
Lindachstr. 18 ✉ 28
7324 Rechberghausen
☎ 0 71 61-5 10 63 Telex 7 27 673

7325 Biofa
Biofa-Naturfarben GmbH
Hauptstr. 14
7325 Boll
☎ 0 71 64-48 25

7326 Mohring
Ziegelwerk Mohring GmbH
✉ 11 09
7326 Meiningen
☎ 0 71 61-4 10 91

7332 Maibach
MAIBACH Industrie-Plastic Gesellschaft mbH
Albstr. ✉ 12 03
7332 Eislingen/Fils
☎ 0 71 61-8 20 31 bis 35 Telex 7 27 744

7333 Schrag
Schrag Heizungs-Lüftungs-Klimatechnik-GmbH
Hauptstr. 118 ✉ 13 66
7333 Ebersbach
☎ 0 71 63-1 70 Fax 1 71 55 Telex 7 27 315

7334 mobil
mobil-bau GmbH
7334 Süssen

7334 NOE
NOE-Schaltechnik
Kuntzestr. 72
7334 Süssen
☎ 0 71 62-1 31 Telex 7 27 228
→ 4052 NOE
→ 8000 NOE

7334 Suessen
Suessen Energietechnik
Dammstr. 1 ✉ 13 20
7334 Suessen
☎ 0 71 62-1 51 Telex 7 27 220

7335 Staudenmayer
Staudenmayer GmbH Bauproduktion
Brühlstr. 40 ✉ 12 45
7335 Salach
☎ 0 71 62-70 27 und 28 Fax 70 20 Telex 17 716 215
Teletex 26 27-7 16 215 stau

7336 Tex-Lux
Tex-Lux-Mehrfach-Rolladensysteme
Krapfenreuterstr. 132
7336 Uhingen- Diegelsberg

7340 Rau
RAU METALL GmbH & Co.
Seestr. 13 ✉ 13 65
7340 Geislingen/Steige
☎ 0 73 31-20 30

7341 Braun
BETON BRAUN Albrecht Braun KG, Betonwerk
Hauptstr. 5-7
7341 Amstetten
☎ 0 73 31-3 00 30 Fax 7 11 16 Telex 7 15 152

7341 Montenovo
MONTENOVO®
✉ 11 52
7341 Amstetten
☎ 0 73 31-70 11 Telex 7 15 100

7344 Schmid
Roland Schmid Baukunststoffe
Brunnenstr. 69/1 und 75
✉ 28
7344 Gingen/Fils
☎ 0 71 62-70 78 und 79

7348 iwo
iwo-Massivhaus-GmbH
Ulmenweg 6-8
7348 Gruibingen
☎ 0 73 35-60 03 Telex 7 15 204 drit d Telefax 29 23

7400 Aicheler
Aicheler & Braun GmbH Betonwerk
7400 Tübingen 5 - Hirschau
☎ 0 70 71-7 13 45

7400 Brennenstuhl
Hugo Brennenstuhl GmbH & Co. KG
Seestr. 1-3
7400 Tübingen 9
☎ 0 70 71-8 80 10

7400 Möck
Gebr. Möck GmbH & Co. KG
✉ 2 02 56
7400 Tübingen 1
☎ 0 70 71-3 20 61 Telex 7 262 832

7400 Schmalenberger
Schmalenberger GmbH & Co. Pumpenfabrik
✉ 23 80
7400 Tübingen-Weilheim
☎ 0 70 71-7 30 67 ⌁ 7 262 882

7400 Somfy
SOMFY Feinmechanik Elektrotechnik GmbH
Hechinger Str. 264 ✉ 23 47
7400 Tübingen
☎ 0 70 71-7 30 21 ⌁ 7 262 828 sofy d

7400 Wodtke
Ingrid Wodtke GmbH
Rittweg 55–57
7400 Tübingen 5
☎ 0 70 71-7 00 30 Fax 70 03 50 ⌁ 7 262 715

7401 beza
beza Spezialbaustoff GmbH
Karl-Benz-Str. 8
✉ 45
7401 Pliezhausen
☎ 0 71 27-7 10 11 ⌁ 72 66 156 beza d

7401 Klett
Klett + Schimpf GmbH
Lichtäcker
7401 Neustetten 1
☎ 0 74 72-2 10 81 bis 84

7401 RIEKO
RIEKO Klein & Mischler GmbH
Robert-Bosch-Str. 9
7401 Pliezhausen
☎ 0 71 27-7 10 31 und 32

7401 TST
Textile Sonnenschutz Technik Gehrung GmbH & Co.
Gutenbergstr. 3
7401 Pliezhausen 1
☎ 0 71 27-7 10 41 bis 45

7404 IFF
IFF Joas Metalltechnik
Lindenstr. 4
7404 Ofterdingen
☎ 0 74 73-47 08

7405 Fischer
Heinz Fischer Preß- und Stanzwerk
✉ 20
7405 Dettenhausen
☎ 0 71 57-6 10 57 Fax 6 59 14 ⌁ 7 21 218

7405 Zimmermann
Zimmermann-Zäune GmbH
Zaunfabriken und Imprägnierwerke
7405 Dettenhausen/Württ.
☎ 0 71 57-6 10 54 Fax 6 58 16 ⌁ 7 21 215 zima d

7407 Finnla
Finnla-Haus
Etzwiesenstr. 1-5
7407 Rottenburg-Hailf.
☎ 0 74 57-42 72

7407 Hoval
Deutsche Hoval GmbH
Gartenstr. 53 ✉ 2 08
7407 Rottenburg/Neckar
☎ 0 74 72-16 30 ⌁ 7 67 929 Telefax 0 74 72-1 63 50

7407 Magra
MAGRA Maile + Grammer GmbH
Kornstr. 3
7407 Rottenburg 15-Ergenzingen
☎ 0 74 57-7 10 Fax 71 29 ⌁ 7 65 395 magrad

7407 Schneider + Fichtel
Schneider + Fichtel GmbH
Nagolder Str. 24
7407 Rottenburg a. N. 3
☎ 0 74 57-30 66 Fax 30 68

7407 Trumpf
Trumpf-Fertigparkett GmbH + Co. KG
Bolstr. 1
7407 Rottenburg 19 (Oberndorf)
☎ 0 70 73-16 61 Fax 16 62

7409 Kemmlit
KEMMLIT-Bauelemente GmbH
Industriegebiet Maltschach ✉ 2
7409 Dusslingen b. Tübingen
☎ 0 70 72-13 10 Fax 13 11 50 ⌁ 7 29 966

7410 Bögle
Wilhelm Bögle KG Befestigungstechnik
Melanchthonstr. 22 ✉ 70 04
7410 Reutlingen 11 (Betzingen)
☎ 0 71 21-5 20 41 ⌁ 7 29 637

7410 Dämmopor
Dämmopor Edelputzwerk GmbH
Hallstattstr. 4
7410 Reutlingen
☎ 0 71 27-7 00 55

7410 GELU
GELU-Treppen Luiso Lutz GmbH
Breisgaustr. 10
7410 Reutlingen 28
☎ 0 71 21-6 66 11 bis 14 ⌁ 7 29 907

7410 Grünenwald
Martin Grünenwald GmbH
Metzgerstr. 17
7410 Reutlingen
☎ 0 71 21-3 52 72

2

7410 Hepi
Hepi-Solartechnik
Quellenstr. 19
7410 Reutlingen 11
☏ 0 71 21-5 49 17

7410 Jacobs
Ferdinand Jacobs GmbH
✉ 19 18
7410 Reutlingen 1
☏ 0 71 21-5 73 31

7410 Kaiser
Kaiser Kaminbau GmbH
Markwiesenstr. 5 ✉ 71 07
7410 Reutlingen-Betzingen
☏ 0 71 21-5 30 41

7410 Kimmerle
Hermann und Walter Kimmerle
Erwin-Seiz-Str. 12
7410 Reutlingen
☏ 0 71 21-4 29 11

7410 Mez
Georg Mez GmbH & Co. KG
Metallverarbeitung
Lichtensteinstr. 150
7410 Reutlingen
☏ (0 71 21) 1 34-0

7410 Reiff
GUMMIREIFF Reiff GmbH
Tübinger Str. 4
7410 Reutlingen 1
☏ 0 71 21-20 31

7410 Schwab
Schwab Sanitär-Plastic-GmbH
✉ 1 24
7410 Reutlingen 1
☏ 0 71 21-89 30

7410 Thermolutz
Thermolutz GmbH & Co. Heizungstechnik KG
Bebenhäuserhofstr. 8
7410 Reutlingen
☏ 0 71 21-37 00 11

7410 Wagner
Ernst Wagner KG
✉ 1 32
7410 Reutlingen 1
☏ 0 71 21-30 51 ⌿ 7 29 701

7417 Eukula
eukula gesellschaft moderner kunststoff- und lackbeschichtungen mbh
Daimlerstr. 2
7417 Pfullingen
☏ 0 71 21-7 16 25 ⌿ 7 29 652

7420 Aupperl
Aupperle-Aufzüge GmbH Industriegebiet West
7420 Münsingen
☏ 0 73 81-20 21 und 22

7420 Schreiber
Adolf Schreiber KG Metallwarenfabrik
Uracher Str. 19 ✉ 12 40
7420 Münsingen

7425 Schwörer
Hans Schwörer GmbH & Co.
7425 Hohenstein-Oberstetten
☏ 0 73 87-1 60 Teletex (17) 7 38 711

7430 Dracholin
DRACHOLIN GmbH
Carl-Zeiss-Str. 19 ✉ 16 62
7430 Metzingen
☏ 0 71 23-12 97 bis 99

7430 Grunella
Grunella-Service Enzian Werk
✉ 11 54
7430 Metzingen

7430 Knecht
Otto Knecht GmbH + Co. KG
Ziegeleistr. ✉ 1 76
7430 Metzingen
☏ 0 71 23-12 56

7430 STOROPACK
STOROPACK Zentralverwaltung
Untere Rietstr. 30
7430 Metzingen
☏ 0 71 30-16 40 Fax 16 41 19 ⌿ 7 245 310

7433 Schall
Gerhard Schall GmbH
Goethestr. 9
7433 Dettingen
☏ 0 71 23-7 10 76 Fax 7 19 56

7434 Knecht
SYSTEMBAU KNECHT GmbH & Co. KG.
Industriestr. 18 ✉ 65
7434 Riederich/Württ.
☏ 0 71 23-38 00 70 Fax 30 00 89 ⌿ 7 245 361

7434 Löffler
Walter Löffler
Bei der Ermsbrücke 4
7434 Riederich
☏ 0 71 23-3 22 69 ⌁ 7 245 343

7440 Fausel
Seilerwaren-Erzeugnisse Ernst Fausel
Sigmaringer Str. 17
7440 Nürtingen
☏ 0 70 22-25 52

7440 Geiger
Saunabau Peter Geiger
Silcherstr. 8
7440 Nürtingen-Neckarhausen
☏ 0 70 22-5 91 61

7440 Huss
Hermann Huss Rolladenbau
Weberstr. 5
7440 Nürtingen-Au
☏ 0 70 22-81 11 und (4 60 26)

7440 Neopor
Neopor Verfahrenstechnik GmbH
✉ 15 25
7440 Nürtingen
☏ 0 70 22-3 10 71 und 72

7440 Seltra
Seltra Bauteile Entwicklung GmbH
Siemensstr. 7
7440 Nürtingen 10
☏ 0 70 22-6 14 29 ⌁ 7 267 897

7440 Thumm
Thumm & Co.
Siemensstr. 7
7440 Nürtingen 10
☏ 0 70 22-6 30 05 ⌁ 7 267 897 thnt

7441 Ara
ARA-WERK KRÄMER GmbH + Co.
✉ 61
7441 Unterensingen
☏ 0 70 22-60 10 Fax 6 48 33 ⌁ 7 267 386

7441 Greiner
Gebr. Greiner GmbH Betonsteinwerk
Neckarstr. 5-11
7441 Neckartailfingen
☏ 0 71 27-3 14 20

7441 Sonna
SONNA-CHEMIE GmbH
Wehrstr. 2
7441 Untersingen
☏ 0 70 22—6 22 62

7441 ZinCo
ZinCo Flachdach-Zubehör GmbH
Industriestr. 21
7441 Unterensingen
☏ 0 70 22-3 29 25

7441 Zink
Helmut Zink
Kelterstr. 43
7441 Unterensingen
☏ 0 70 22-6 30 11 Fax 6 30 14

7443 GELU
Gesellschaft für Luftschleieranlagen mbH
Robert-Bosch-Str. 7
7443 Frickenhausen
☏ 0 70 22-4 10 38 ⌁ 7 267 273

7443 Mayer
TH. Mayer GmbH & Co. KG
7443 Frickenhausen
☏ 07 21-4 18 08

7443 Zementol
ZEMENTOL-Gruppe und Ing.-Büro K. Köder
und Mitarbeiter, Dipl.-Inge., Zentralverwaltung
Max-Eyth-Str. 17 ✉ 65
7443 Frickenhausen
☏ 0 70 22-47 07 ⌁ 7 267 309 zol

7446 Häussler
Häussler Holzleisten
Lindenweg 1
7446 Oberboihingen
☏ 0 70 22-3 45 95

7449 Früh
Friedrich Früh Schnellbau-Technik
Industriegebiet Äule ✉ 89
7449 Neckartenzlingen
☏ 0 71 27-36 11 ⌁ 7 266 123

7450 Pender
Pender Strahlungsheizung GmbH
Brünnlestr. 40
7450 Mechingen-Stetten
☏ 0 74 71-40 25 und 26

7451 Fahrner
O. Fahrner GmbH
7451 Rangendingen-Höfendorf
☏ 0 74 78-80 22

7454 Schlotterer
Albert Schlotterer GmbH u. Co. KG,
Holz- und Rolladenwerk
Eberhardstr. 50 ✉ 11 60
7454 Bodelshausen
☏ 0 74 71-70 00 ⌁ 7 67 448

2

7455 RIDI
RIDI-Leuchten Richard Diez Elektrotechnische Fabrik
✉ 26
7455 Jungingen
☎ 0 74 77-87 20 Fax 8 72 48 ⌁ 7 67 439

7457 Maifloor
maiflor natur-decor Heimtextilien Vertriebs GmbH
Jahnstr. 1 ✉ 25
7457 Bisingen
☎ 0 74 76-70 31

7460 Consafis
CONSAFIS Informationsdienst
Weidenweg 43 ✉ 13 20
7460 Balingen 1
☎ 0 74 33-3 04 88

7460 Maier
Adam Maier KG
7460 Balingen-Frommern
☎ 0 74 33-24 41

7460 Raitbaur
Jos. Raitbaur
Bubenhofstr. 10
7460 Balingen
☎ 0 74 33-83 72

7460 Schwald
Baumaschinen Schwald GmbH
Max-Planck-Str. 14
7460 Balingen 14
☎ 0 74 33-3 61 09

7461 Wochner
Sebastian Wochner GmbH & Co. KG
Betonwerke - Betonfertigteile
Birkenstr. 22
7461 Dormettingen
☎ 0 74 27-7 70 Fax 37 79

7466 Rohrbach
Portlandzementwerk Dotternhausen
Rudolf Rohrbach KG
7466 Dotternhausen
☎ 0 74 27-7 90 Fax 7 92 69 ⌁ 7 62 896

7470 Fuss
Fritz Fuss GmbH & Co. Elektrotechnische Fabrik
Johannes-Mauthe-Str. 14 ✉ 4 90
7470 Albstadt 1 (Ebingen)
☎ 0 74 31-12 30 Fax 12 32 40 ⌁ 7 63 731 ffus d

7480 Steldle
Emil Steidle GmbH & Co. Schalungs-Systeme
✉ 5 25
7480 Sigmaringen
☎ 0 75 71-7 10 ⌁ 7 32 513

7481 Lutz
Josef Lutz & Sohn GmbH
Sand-, Splitt- und Betonwerke
Ablacher Str. 1
7481 Krauchenwies/Hohenzollern
☎ 0 75 76-2 33 und 2 56

7482 Harzmann
Wilhelm Harzmann KG
Bauelemente für Dach und Fassade
7482 Krauchenwies 3 (Göggingen)
☎ 0 75 76-77 10 ⌁ 7 32 597 Telefax 7 71 49

7500 Baum
BAUM-TRESORBAU
Käppelestr. 3
7500 Karlsruhe
☎ 07 21-61 40 18

7500 Betonstein
Betonstein-Werk Grötzingen GmbH
Im Stahlbühl 1 ✉ 43 01 06
7500 Karlsruhe 41 (Grötzingen)
☎ 07 21-48 13 90

7500 Bisch
BISCH-MARLEY GMBH
Am Storrenacker 3
7500 Karlsruhe 1 (Hagsfeld)
☎ 07 21-61 30 51 und 52 ⌁ 7 825 356 bish d

7500 Dieffenbacher
H. Dieffenbacher GmbH & Co.
Werfstr. 6-10
7500 Karlsruhe
☎ 07 21-55 15 25 Fax 55 29 33 ⌁ 7 826 732

7500 Euro
euro-system Elisabeth Couwenbergs
Scheibenbergstr. 17 ✉ 21 04 28
7500 Karlsruhe 21
☎ 07 21-57 29 00 Fax 57 96 94 ⌁ 7 826 452

7500 Feco
Feco Innenausbausysteme GmbH
7500 Karlsruhe 1

7500 Groke
Groke KG Türen und Fenster aus Aluminium
Wikingerstr. 10
7500 Karlsruhe 21
☎ 07 21-55 19 11 Fax 55 19 16 ⌁ 7 825 466

7500 IBK
IBK - Ingenieurbüro Bauer + Kaletka GmbH
Durlacher Str. 31
7500 Karlsruhe 41 (Grötzingen)
☎ 07 21-4 86 68 Fax 48 32 51

7500 Kämmerer
Johann Kämmerer
Windeckstr. 11
7500 Karlsruhe 1
☏ 07 21-86 20 41

7500 Karolith
Karolith-Zentrale
Schubenbergstr. 17
7500 Karlsruhe 17

7500 Klaiber
KLAIBER STOBAG
Klaiber Dieter o. STOBAG AG
Hohleichweg 16
7500 Karlsruhe 21
☏ 07 21-57 80 93 Fax 07 21-50 11 19
⌁ 7 826 621

7500 Leppert
J. Leppert Vertrieb der Fa. Collstrop, Dänemark
Durlacher Str. 31
7500 Karlsruhe

7500 Pinus
Pinus Holzimport GmbH Karlsruhe KG
7500 Karlsruhe 21

7500 PV
PV - SUPRA
✉ 51 03 31
7500 Karlsruhe 51

7500 Richter
Joachim Richter Pantarol-Produkte
Am Wald 2, Ende Erzbergerstr. ✉ 31 11 20
7500 Karlsruhe 31
☏ 07 21-7 30 70

7500 Weber
Wolfgang Weber
Kaiserstr. 86
7500 Karlsruhe 1
☏ 07 21-2 16 95

7500 Wegerle
Fensterfabrik Wegerle
Industriestr. 2 ✉ 21 13 67
7500 Karlsruhe 21
☏ 07 21-57 70 81/2

7500 Zaiss
Karl Zaiss GmbH Karlsruher Dachpappen- und Teerproduktenfabrik
Rheinhafenstr. 93 ✉ 21 14 63
7500 Karlsruhe 21
☏ 07 21-57 30 07 Fax 57 19 03

7502 Aerstate
AERSTATE - DÄMMSTOFFE GMBH
✉ 11 17
7502 Marxzell 1
☏ 0 72 48-16 72

7502 D & W
Dyckerhoff & Widmann AG
Betonwerk
✉ 11 60
7502 Malsch
☏ 0 72 46-70 20 ⌁ 7 24 611 duw

7502 Gärtner
J. Gärtner Stahlbau GmbH & Co. KG
Benzstr. 18 ✉ 11 68
7502 Malsch
☏ 0 72 46-82 56 und 57 Fax 52 80 ⌁ 7 826 480

7502 Hebel
Hebel Malsch GmbH
✉ 13 80
7502 Malsch
☏ 0 72 46-70 30

7502 Teer
Süddeutsche Teerindustrie GmbH & Co. KG
Benzstr. 11
7502 Malsch
☏ 0 72 46-3 82 ⌁ 7 826 493

7504 Bernion
Bernion GmbH Chem. Fabrik
Werner-Siemens-Str. 3-5 ✉ 12 80
7504 Weingarten
☏ 0 72 44-82 44 ⌁ 7 826 681

7504 Klebchemie
Klebchemie M. G. Becker GmbH & Co. KG
Industriestr. ✉ 12 04
7504 Weingarten
☏ 0 72 44-6 20 ⌁ 7 826 693

7504 SIK
SIK GmbH Wand- und Deckenbespannungen
Industriestr. ✉ 12 22
7504 Weingarten/Baden
☏ 0 72 44-10 96 und 10 99 ⌁ 7 825 743 vpsk

7505 Aluplast
aluplast GmbH Kunststoffprofile
Zeppelinstr. 11-13
7505 Ettlingen
☏ 0 72 43-1 40 04 bis 06 Fax 1 40 00 ⌁ 7 82 824 ap d

2

7505 Bauservice
D. F. Bauservice GmbH
Hohlstr. 7
7505 Ettlingen
☏ (0 72 43) 2 88 00 u. 2 88 55 Fax 2 98 98
℡ 7 826 437 dfb

7505 Erlau
ERLAU AG Möbelwerk
Th.-Körner-Str. 4
✉ 12 04
7505 Ettlingen
☏ 0 72 43-1 60 21 und 22 ℡ 7 82 898

7505 Fema
Fema Farben + Putze GmbH
Borsigstr. 3 ✉ 03 03
7505 Ettlingen
☏ 0 72 43-7 80 41 und 7 90 21 ℡ 7 82 993 fema

7505 Findeisen
Findeisen GmbH
Bulacher Str. 53
7505 Ettlingen
☏ 0 72 43-1 40 22

7505 Hagalith
HAGALITH-WERK Adolf Haag
ZN Ettlingen der HAGALITH GmbH (Stammhaus)
Siemensstr. 26 ✉ 14 08
7505 Ettlingen
☏ 0 72 43-34 87

7505 Meteor
METEOR Nofer GmbH
Mörscher Str. 17-25
7505 Ettlingen
☏ 0 72 43-3 19 91 und 92

7505 Moräne
MORÄNE-UNION
Robert Wolters GmbH & Co. KG
Mörscher Str. 5 ✉ 15 23
7505 Ettlingen
☏ 0 72 43-1 70 71

7505 Weba
WEBA-Betonwerk GmbH
Industriestr. 8
7505 Ettlingen-Oberweier
☏ 0 72 43-9 11 68

7507 Newosa
Newosa Haustüren
Wesostr. 4
7507 Pfinztal 4
☏ 0 72 40-2 09

7512 Küffner
Küffner Vertriebsgesellschaft mbH
Kutschenweg 12
7512 Rheinstetten 4
☏ 07 21-51 69 25 Fax 51 69 40 ℡ 7 825 633

7513 Niemann
NIEMANN Leichtbeton
Spöckerbuchenstr. 1 ✉ 4 08
7513 Stutensee-Friedrichstal
☏ 0 72 49-5 71

7513 Seeger
SEEGER-SCHALTECHNIK GmbH
Gymnasiumstr. 1 ✉ 12 51
7513 Stutensee 1
☏ 0 72 44-90 21 Fax 9 18 87 ℡ 7 826 695

7513 Seyfarth
Karl Eugen Seyfarth
Buchenring 38
7513 Stutensee 2
☏ 07 21-68 68 54 Fax 6 76 55 ℡ 7 8 937

7514 Eggolith
Eggolith Dämm- und Edelputz-Werk GmbH
Dieselstr. 1 a ✉ 24
7514 Eggenstein-Leopoldshafen 1
☏ 07 21-70 50 81

7514 Hötzel
Hötzel-Beton GmbH Betonsteinwerke
Hauptstr. 129 ✉ 12 61
7514 Eggenstein-Leopoldshafen 1
☏ 07 21-7 08 30 Fax 70 83 10 ℡ 7 825 917 hbg

7518 Bischoff
BGT Bischoff Glastechnik
✉ 11 40
7518 Bretten
☏ 0 72 52-50 30 Fax 5 03 83 ℡ 7 8 517

7519 Blanc
BLANC GmbH + Co.
Flehinger Str. 59 ✉ 11 60
7519 Oberderdingen 1
☏ 0 70 45-4 40 ℡ 7 263 891

7519 Burgahn
Gebr. Burgahn GmbH
7519 Sulzfeld
☏ 0 72 69-2 23

7519 CABKA
CABKA-PLAST GmbH
Otto-Hahn-Str. 5 ✉ 12 20
7519 Eppingen
☏ 0 72 62-78 74 ℡ 7 82 337 kaepp d

7519 Degel
Degel KG
7519 Gemmingen
☏ 0 72 67-2 43 und 3 45

7519 Held
Held GmbH
✉ 24
7519 Gemmingen
☏ 0 72 67-3 66

7519 Kögel
Metallbau Kögel GmbH
Hagenfeldstr. 4 ✉ 11 24
7519 Oberderdingen
☏ 0 70 45-30 55 Fax 84 36 ⌁ 7 263 818 mk

7519 Losberger
Losberger Holzleimbau GmbH & Co. KG
Römerstr. 20
7519 Eppingen-Richen
☏ 0 72 62-10 11 ⌁ 7 82 424

7519 Panholz
PANHOLZ GmbH & Co. KG, STAHLLEICHTBAU
Riegelstr. 16 ✉ 11 10
7519 Sulzfeld
☏ 0 72 69-61 38 Fax 16 55

7519 Vöroka
Vöroka
Binsbachweg 1-4
7519 Eppingen-Mühlbach
☏ 0 72 62-80 87

7520 Rau
Anton Rau Lackfarbenfabrik
Seilersbahn 12-14 ✉ 22 04
7520 Bruchsal
☏ 0 72 51-26 27

7522 Buschco
Buschco Elementbau GmbH
Germersheimer Landstr.
7522 Philipsburg-Huttenheim
☏ 0 72 56-55 10

7522 Hebel
Hebel Huttenheim Hanse Fertighaus GmbH & Co. KG
✉ 12 20
7522 Philippsburg 2
☏ 0 72 56-80 40 Fax 8 04 21

7522 Skoda
Josef Skoda Kunststoffwerk
Germersheimer Str. 1
7522 Philippsburg-Huttenheim
☏ 0 72 56-50 28

7523 Geholit
GEHOLIT + WIEMER Lack- und Kunststoff-Chemie GmbH
Spöcker Str. 2 ✉ 11 20
7523 Graben-Neudorf
☏ 0 72 55-9 90 Teletex 7 25 511
→ 4100 Geholit

7528 Forestina
Forestina Marketing u. Vertrieb GmbH
Westliche Brühlstr. 4 ✉ 12 94
7528 Karlsdorf-Neuthard 1
☏ (0 72 51) 4 42-0

7529 ATW
ATW GmbH Aluminium-Teile-Werk
Werner-von-Siemens-Str.
7529 Forst
☏ 0 72 51-70 11 22 ⌁ 7 822 336

7529 Dabau ebg
dabau entwicklungs- und beratungsgesellschaft mbH
Karl-Benz-Str. 3
7529 Forst
☏ 0 72 51-1 60 08

7529 dabau element
dabau Element-Systeme
Karl-Benz-Str. 3
7529 Forst
☏ 0 72 51-1 60 08 bis 09

7530 Betonwerk
Betonwerk Pforzheim
Kieselbronner Str.
7530 Pforzheim-Eutengen
☏ 0 72 31-5 10 37

7530 Hymir
HYMIR Chemische Industrie GmbH
Boettener Str. 29
7530 Pforzheim
☏ 0 72 31-5 10 91 und 92 ⌁ 7 83 406 hymir d

7530 Polyalpan
POLYALPAN FASSADENSYSTEME H. Heinemann
Hanauer Str. 6 ✉ 14 01 44
7530 Pforzheim-Altgefäll
☏ 0 72 31-6 30 01 bis 03 Fax 6 82 89
⌁ 7 83 540 heipo d

7530 Witzenmann
WITZENMANN GMBH
Metallschlauch-Fabrik Pforzheim
✉ 12 80
7530 Pforzheim
☏ 0 72 31-58 10 ⌁ 7 83 828

7531 Hanse
Hanse Fertigbau GmbH & Co. Verwaltungs KG
In den Erlen
7531 Ölbronn-Dürn 1
☏ 0 70 43-1 41

7533 Produver
PRODUVER® Vertriebsgesellschaft für Dicht- und Isoliersysteme mbH
Schauinslandstr. 27
7533 Tiefenbronn
☏ 0 72 34-65 61 Fax 54 83

7535 Stöhr
Stöhr Metall-Technik
Weiherstr. 3
7535 Königsbach-Stein 2
☏ 0 72 32-61 99 und 61 90

7537 Berger
Drechslerei Berger GmbH
Karlsbader Str. 75
7537 Remchingen-Nöttingen
☏ 0 72 32-7 13 69 und 7 21 67

7537 Gierich
GIERICH Metallfabrikate-Klempnereibedarf
Königsberger Str. 13
7537 Remchingen-Nöttingen
☏ 0 72 32-7 19 19 Telex 7 83 458

7545 Lustnauer
Wilhelm Lustnauer KG
Holzwarenfabrik
Alte Str. 4
7545 Höfen
☏ 0 70 81-53 54

7550 Hauraton
hauraton GmbH & Co. KG
Werkstr. 13/14 ✉ 16 13
7550 Rastatt
☏ 0 72 22-5 00 70 Fax 50 07 24
→ 8128 Hauraton

7550 Overlack
Jörg Overlack Furnier-Paneele
Rauentaler Str. 50
7550 Rastatt
☏ 0 72 22-77 20 Telex 7 86 510 overl

7550 Uni
UNI-Dienst F. von Langsdorff Bauverfahren GmbH
Karl-Stier-Str. 7 ✉ 16 65
7550 Rastatt
☏ 0 72 22-2 15 25 Telex 7 86 694 volan d

7553 Augustin
Betonwerk Lothar Augustin
Wilhelmstr. 50
7553 Muggensturm
☏ 0 72 22-3 31 86 und 3 64 44

7554 Maier
Franz Maier holzform
Neufeldstr. 8
7554 Kuppenheim
☏ 0 72 22-4 18 52

7554 Mineralien
Mineralien-Werke Kuppenheim GmbH
✉ 11 69
7554 Kuppenheim
☏ 0 72 22-4 20 25 bis 27 Telex 7 86 617

7557 ISBI
ISBI Island Bims Handels GmbH & Co.
Industriegebiet
7557 Iffezheim
☏ 0 72 29-60 00 Telex 7 81 283 swohn

7557 Kronimus
Kronimus Betonsteinwerke - Hauptverwaltung
7557 Iffezheim
☏ 0 72 29-6 90 Telex 7 81 284
→ 7031 Kronimus
→ 7801 Kronimus

7560 Dambach
Dambach-Werke GmbH
Adolf-Dambach-Str.
7560 Gaggenau
☏ 0 72 25-6 40 Telex 7 8 832 damb d

7560 Grötz
Franz Grötz GmbH & Co. KG
Bauunternehmung, Verwaltung
Jahnstr. 19 ✉ 12 80
7560 Gaggenau
☏ 0 72 25-6 31 Telex 7 8 812

7560 Hördener Holzwerk
Hördener Holzwerk GmbH
Landstr. 23
7560 Gaggenau 16 (Hörden)
☏ 0 72 24-10 54 Telex 7 8 907

7560 Lang
Gebr. Lang GmbH & Co. KG
Lerchenbergstr. 4
7560 Gaggenau 16
☏ 0 72 24-20 55

7560 Maisch
Protektorwerk Florenz Maisch GmbH & Co. KG
Victoriastr. 58 ✉ 14 20
7560 Gaggenau
☏ 0 72 25-68 20 ⌁ 7 8 813 Telefax 68 21 75
→ 7560 Profil

7560 Merz
Alwin Merz
Anton-Fischer-Str. 36
7560 Gaggenau-Sulzbach
☏ 0 72 25-26 95 Fax 7 78 31

7560 Profil
Profil-Vertrieb GmbH
Victoriastr. 58 ✉ 14 20
7560 Gaggenau
☏ 0 72 25-68 20 ⌁ 7 8 813 Telefax 68 21 75

7562 Gruber
GRUBER + WEBER GmbH & Co. KG
✉ 13 45
7562 Gernsbach-Obertsrot
☏ 0 72 24-64 10 ⌁ 7 8 921

7570 Baden
BADEN-CHEMIE GmbH
Schneidweg 2
7570 Baden-Baden 11
☏ 0 72 23-5 20 93 Fax 53 14 ⌁ 7 8 748

7570 Birco
BIRCO Baustoffwerk GmbH
Herrenpfädel 142 ✉ 14 23
7570 Baden-Baden
☏ 0 72 21-5 00 30 Fax 50 03 47 ⌁ 7 81 267 birco d

7570 Bohe
Baustoffagentur Manfred Bohe
Friedrichsbühn 2
7570 Baden-Baden 23 (Neuweier)
☏ 0 72 23-66 28 Fax 5 85 70

7570 Hettler
Hettler GmbH & Co. KG
7570 Baden-Baden 11 (Steinbach)
☏ 0 72 23-5 72 17

7570 Hourdis
Deutsche Hourdisfabrik GmbH
Ziegelwerk Baden-Baden
Balger Str. 7 ✉ 20 13
7570 Baden-Baden-Oos
☏ 0 72 21-6 23 44
→ 7760 Rickelshausen

7570 SAFA
SAFA Saarfilterasche-Vertriebs GmbH & Co. KG
Römerstr. 1
7570 Baden-Baden 24
☏ 0 72 21-6 10 21 und 22 Fax 6 10 80
⌁ 7 81 168 safa d

7570 Schöck
Schöck Bauteile GmbH
Industriegebiet Steinbach ✉ 11 01 20
7570 Baden-Baden 11
☏ 0 72 23-5 11 10 ⌁ 7 8 729 soeba

7570 Schwend
Joseph Schwend GmbH & Cie.
Schwarzwaldstr. 43 ✉ 9 29
7570 Baden-Baden
☏ 0 72 21-6 20 61/3 ⌁ 7 81 114

7573 SPEBA
SPEBA® Bauelemente GmbH
In den Lissen 6 ✉ 11 27
7573 Sinzheim
☏ 0 72 21-8 20 01 Fax 8 29 11 ⌁ 7 81 310

7573 Wolman
Dr. Wolman GmbH
Dr.-Wolman-Str. 31-33 ✉ 11 60
7573 Sinzheim
☏ 0 72 21-8 00 00 ⌁ 7 81 207 drwol

7580 Gallenschütz
Gallenschütz-Metallbau GmbH
Industriestr. 9 ✉ 12 05
7580 Bühl
☏ 0 72 23-2 30 01 ⌁ 7 8 735

7583 Schwepa
Schwarzwälder Edelputzwerk GmbH
Industriestr. 10 ✉ 55
7583 Ottersweier
☏ 0 72 23-2 10 32 bis 34

7590 John
John & Co.
✉ 14 20
7590 Achern
☏ 0 78 41-64 00 ⌁ 7 52 233

7590 Kegelmann
Ziegelfabrik Kegelmann GmbH
✉ 13 40
7590 Achern
☏ 0 78 41-10 98

7592 Hagusta
Hagusta GmbH
Schwarzwaldstr. 7 ✉ 74
7592 Renchen
☏ 0 78 43-5 77 ⌁ 7 525 014

2

7592 M + SP
M + SP Markierungs- und Schutzplanken GmbH
✉ 11 64
7592 Renchen
☎ 0 78 43-5 41 ⌁ 7 525 029

7592 Normbau
NORMBAU Erich Dieckmann GmbH
✉ 62
7592 Renchen
☎ 0 78 43-70 40 ⌁ 75 25 011

7593 Bohnert
Wilhelm Bohnert KG Betonwerk
✉ 11 57
7593 Ottenhöfen
☎ 0 78 42-20 33 und 34 Fax 87 56

7597 Peter
Peter Grub Kalksandsteinwerk KG
Rheinstr. 120
7597 Rheinau-Freistett
☎ 0 78 44-40 50 Fax 4 05 15

7597 Staufer
Staufer Fertighaus GmbH
Am Stein 36
7597 Rheinau-Helmlingen
☎ 0 72 27-33 11 ⌁ 7 8 017 wista d

7597 Weber
Weber Hausbau
7597 Rheinau-Linx
☎ 0 78 53-8 30

7600 Bau- und Wohnleisten
Bau- und Wohnleisten GmbH
Daimlerstr. 4
7600 Offenburg-Zunsweier
☎ 07 81-5 37 78

7600 Grosfillex
Grosfillex GmbH
Industriestr. 15 ✉ 15 20
7600 Offenburg-Elgersweier
☎ 07 81-5 20 91 bis 94 ⌁ 7 52 742

7600 Gutta
Gutta-Werke GmbH & Co. KG Vertriebsgesellschaft
✉ 14 80
7600 Offenburg
☎ 07 81-60 90 Fax 6 09 39

7600 Hilberer
Joh. Hilberer GmbH
Bauelemente Rolladenbau
Im Unteren Angel 46
7600 Offenburg
☎ 07 81-2 44 30 u. 2 44 50 ⌁ 7 52 747

7600 Klass
Klass Metall GmbH
Wilhelm-Röntgen-Str. 27
7600 Offenburg
☎ 07 81-5 40 15

7600 Müller Offenburg
Stahlbauwerk Müller Offenburg GmbH & Co. KG
✉ 24 60
7600 Offenburg
☎ 07 81-2 30 14 ⌁ 7 52 857
Telefax 07 81-2 53 75

7600 Stark
SIXTUS-STARK Leistenfabrik KG
Hagenbach 2-3
7600 Offenburg
☎ 07 81-5 30 88 ⌁ 7 52 865 stark

7602 Streif
Rudolf Streif KG Fertigbau
Werkstr. 4-6
7602 Oberkirch
☎ 0 78 02-30 14 und 15

7604 Rhinolith
Rhinolith Isolierbaustoffe GmbH
Steinenberger Str. 43
7604 Appenweier
☎ 0 78 05-40 20 Fax 4 02 10 ⌁ 7 52 783

7607 JEPRO
JEPRO FALTSYSTEME GmbH
Rheinstr. 88
7607 Neuried 1 - Ichenheim
☎ 0 78 07-8 14 Fax 34 15
⌁ 7 52 916

7608 Hess
Hans Hess Systembau
Gewerbestr. 2
7608 Willstätt-Eckartsweier
☎ 0 78 54-72 05

7619 PASCHAL
PASCHAL-Werk G. Maier GmbH
Kreuzbühlstr. 5 ✉ 11 20
7619 Steinach
☎ 0 78 32-7 10 ⌁ 7 52 314 maier d Telefax 7 12 09

7622 Hansgrohe
Hans Grohe GmbH & Co. KG
✉ 11 45
7622 Schiltach
☎ 0 78 36-5 10 ⌁ 7 525 614

7623 STW
Schwarzwälder Textil-Werke
Heinrich Kautzmann GmbH
✉ 4
7623 Schenkenzell
☎ 0 78 36-20 31 und 24 31 Fax 74 60 Telex 7 525 612

7630 Benz
Alois Benz KG, Hobelwerk
Kuhbacher Hauptstr. 97
7630 Lahr 14
☎ 0 78 21-72 12

7630 Beutler
Ernst Beutler Eisenwerk
✉ 26
7630 Lahr
☎ 0 78 21-4 30 28 Telex 7 54 959

7630 Glatz
Bernhard Glatz GmbH Leitern- und Gerüstfabrik
7630 Lahr-Reichenbach 15
☎ 0 78 21-70 11 Telex 7 54 807

7630 Zehnder
Zehnder-Beutler GmbH
✉ 26
7630 Lahr 12
☎ 0 78 21-40 91 Telex 7 54 959

7631 Blasi
Blasi GmbH
Bahnhofstr. 11-13
7631 Mahlberg 2
☎ 0 78 22-90 36 Telex 7 54 220 blasi d

7631 Ehret
(Ehret + Betz GmbH) Ehret GmbH
Klappladen-Fabrik
Bahnhofstr. 17-19
7631 Mahlberg 2
☎ 0 78 22-90 61 u. 50 73

7634 Zipse
ZIPSE Abt. Korkvertrieb
Bachgasse 27
7634 Kippenheim
☎ 0 78 25-10 40 Fax 75 62 Telex 7 54 326 zipse d

7640 BDW
BDW Badische Stahlwerke AG
Weststr. 31
7640 Kehl/Rhein
☎ 0 78 51-8 30

7640 Burgmann
Michael Burgmann KG
Allensteiner Str. 11 ✉ 16 29
7640 Kehl/Rhein
☎ 0 78 51-50 42 Teletex 2 627-7 85 142 mibu d

7640 Danzer
Karl Danzer KG Holzwerke
Weststr. 33 ✉ 12 20
7640 Kehl/Rhein
☎ 0 78 51-87 20 Telex 7 53 516 span
Teletex 7 85 122 danzer Telefax 87 21 43

7640 Dold
Südwestdeutsche Sperrholzwerke
Erwin Dold GmbH & Co. KG
✉ 11 80
7640 Kehl/Rhein
☎ 0 78 51-7 10 17 Fax 7 52 71 Telex 7 53 556

7640 Ebert
Karl Ebert GmbH Betonsteinwerke
Rheinhafen
7640 Kehl
☎ 0 78 51-40 39

7640 Riviera
Riviera GmbH
Hafenstr. 20
✉ 14 47
7640 Kehl/Rhein
☎ 0 78 51-7 30 35 Telex 7 53 643

7640 SSK
SSK Straßburger Stahlkontor GmbH
Verkaufsgesellschaft der Laminoirs de Strasbourg
S.A. für Deutschland
Bierkellerstr. 21
✉ 13 08
7640 Kehl
☎ 0 78 51-50 91 Telex 7 53 508

7700 Alu
ALUSINGEN GmbH
Alusingen-Platz 1
7700 Singen/Hohentwiel
☎ 0 77 31-8 00 Telex 79 381 220 al d

7700 Bodenseehaus
DAS BODENSEEHAUS®
Zur Mühle 7
7700 Singen 14
☎ 0 77 31-2 64 58 Telex 7 93 779 bsh

7700 Stallit
Stallit-Werke KG
Gottlieb-Daimler-Str. 14
7700 Singen
☎ 0 77 31-6 20 34 bis 36 Fax 6 89 61 Telex 7 93 418

7701 Baukeramik
Baukeramik Agentur Baden
Habsburger Str. 17
7701 Aach i. Hegau
☎ 0 77 74-14 50 Telex 7 93 229

2

7707 Dachdecker
Dachdecker-Einkauf Württemberg e. G.
Industriestr. 9
7707 Engen/Hegau
☏ 0 77 33-60 67

7707 Geiger
Geiger-Chemie Walter Geiger
7707 Engen im Hegau
☏ 0 77 33-52 58

7710 Hanemann
Horst Hanemann GmbH
Auf Schalmen 32
7710 Donaueschingen
☏ 07 71-30 21 ⌧ 7 92 802

7710 Mall
MALLBETON GMBH
Hüfinger Str. 39-45
7710 Donaueschingen 17 (Pfohren)
☏ 07 71-8 00 50 Fax 80 05 49

7710 Wintermantel
Wintermantel Betonwaren
Pfohrener Str. 52
7710 Donaueschingen
☏ 07 71-30 03 bis 05

7713 Fürstenberg
Säge- und Holzwerk Fürst zu Fürstenberg KG
⊠ 1 09
7713 Hüfingen
☏ 07 71-6 10 21

7713 Magu
MAGU GmbH
An der Hochstraße
7713 Hüfingen
☏ 07 71-6 12 53 Fax 67 88

7715 Brüner
Holz-Brüner GmbH
Holderstr. 10
7715 Bräunlingen
☏ 07 71-6 20 33 Fax 6 42 10

7715 Frei
Emil Frei GmbH & Co. Lackfabrik
Bahnhofstr. 61
7715 Bräunlingen-Döggingen
☏ 0 77 07-15 10 ⌧ 7 92 828 a

7730 AGV
AGV Villingen GmbH
Goldenbühlstr. 14
7730 Villingen
☏ 0 77 21-5 30 91

7730 Benzing
BENZING-Ventilatoren OHG
Werastr. 62 ⊠ 30 47
7730 Villingen-Schwenningen
☏ 0 77 20-6 10 38 und (39)

7730 Binder
Binder Magnete GmbH
Mönchweiler Str. 1 ⊠ 12 20
7730 Villingen-Schwenningen
☏ 0 77 21-8 80 Fax 8 83 59 ⌧ 7 92 568

7730 Helios
HELIOS-Ventilatoren
⊠ 32 46
7730 VS-Schwenningen
☏ 0 77 20-60 60 ⌧ 7 94 583

7730 Hess
Willi Hess Schwarzwälder Eisen- und Metallgießerei
Fabrik für Außenleuchten
Lantwattenstr. 8
7730 Villingen-Schwenningen
☏ 0 77 21-2 20 46 bis 48 ⌧ 7 921 946 hegu d

7730 Hoffmann
HOFAMAT Hoffmann GmbH + Co. KG
Öl- und Gasbrennerwerk
Lupfenstr. 26 ⊠ 32 48
7730 Villingen-Schwenningen
☏ 0 77 20-50 95 Fax 6 61 05

7730 Isometall
ISOMETALL GmbH
Sturmbühlstr. 172
7730 Villingen-Schwenningen
☏ 0 77 20-3 20 66 bis 68 ⌧ 7 94 636 rega d

7730 Maico
MAICO Ventilatoren
Steinbeisstr. 20 ⊠ 34 70
7730 Villingen-Schwenningen
☏ 0 77 20-69 40 Fax 69 42 63 ⌧ 7 94 568

7730 O.C.
O.C. Elektronik-Wasseraufbereiter (GmbH)
Rudolf-Diesel-Str. 5 - Industriegebiet Ifängle ⊠ 18 65
7730 Villingen-Schwenningen
☏ 0 77 21-7 44 00 u. 01 Fax 6 22 28

7730 Villerit
villerit-Edelputzwerke K. Hirt
Unterer Dammweg 26
7730 Villingen-Schwenningen
☏ 0 77 21-2 16 37 und 2 13 31

7730 Waldmann
Waldmann Leuchten GmbH Co.,
Werk für Lichttechnik
✉ 37 20
7730 Villingen-Schwenningen
☎ 0 72 20-70 11

7730 Ziegelwerk
Ziegelwerk Villingen GmbH
7730 Villingen-Schwenningen
☎ 0 77 21-7 45 31

7735 Boehnke
R. Boehnke
Niedereschacher Str. 52 ✉ 29
7735 Dauchingen
☎ 0 77 20-56 54

7741 Heine
Anuba-Beschläge X. Heine & Sohn GmbH
✉ 28
7741 Vöhrenbach
☎ 0 77 27-70 21 Telex 7 92 841

7742 Grässlin
Dieter Grässlin
7742 St. Georg/Schwarzwald
☎ 0 77 24-70 51

7743 Fritz
Fertigbau Fritz GmbH
7743 Furtwangen
☎ 0 77 23-6 21 Telex 7 92 909

7743 Siedle
S. Siedle & Söhne
✉ 20
7743 Furtwangen 1
☎ 0 77 23-63 Telex 7 92 913

7746 Duravit
DURAVIT-HORNBERG
Sanitärkeramisches Werk GmbH
7746 Hornberg
☎ 0 78 33-7 01 Teletex 7 83 321

7750 Hendel
Stahlbau W. Hendel
✉ 6695/A
7750 Konstanz
☎ 0 75 31-2 37 33

7750 MESA
MESA Systemtechnik GmbH
Schiffstr. 6
7750 Konstanz
☎ 0 75 31-3 10 33 Telex 7 33 454 mesa d

7752 Hafner
Wilhelm Hafner GmbH
Am Herrlebühl 17
7752 Reichenau 2-Waldsiedlung
☎ 0 75 34-7 80 73 Telex 7 33 442

7758 Kresch
Sanierbau Kresch GmbH
Obere Waldstr. 15 ✉ 12 48
7758 Meersburg
☎ 0 75 32-97 62 Telex 7 33 828

7760 Rickelshausen
Ziegelfabrik Rickelshausen Handels GmbH Ziegelei
7760 Radolfzell 13 (Böhringen)
☎ 0 77 32-5 57 33 Fax 5 70 33

7760 Zeiss
Zeiss Betonwaren GmbH
Hohentwielstr. 3
7760 Radolfzell
☎ 0 77 32-3063

7762 Tox
TOX-DÜBEL-WERK R. W. Heckhausen
GmbH & Co. KG
✉ 59/60
7762 Bodman-Ludwigshafen
☎ 0 77 73-50 11 Telex 7 93 219

7770 Bomat
Bomat Heiztechnik GmbH
Nußdorfer Str. 101
7770 Überlingen
☎ 0 75 51-80 05 50 Telex 7 33 913

7770 Cortum
CORTUM-Lagertechnik GmbH
St. Ulrich-Str. 9
7770 Überlingen
☎ 0 75 51-40 18 Telex 7 33 947 clt

7770 Dreiseitl
Atelier Herbert Dreiseitl, Atelier für Brunnenanlagen
Nußdorfer Str. 9
7770 Überlingen
☎ 0 75 51-17 12

7770 Ott
Ziegelwerk Leo Ott Deisendorf GmbH & Co. KG
Andelshoferweg 30
7770 Überlingen-Deisendorf
☎ 0 75 51-6 22 14 und 6 22 28 Fax 49 47

7770 Puren
Puren - Schaumstoff GmbH Kunststoffwerke
Rengoldshauser Str. 4 ✉ 12 60
7770 Überlingen/Bodensee
☎ 0 75 51-6 40 55 und 56 Telex 7 33 937

7778 Mayer
Mayco Befestigungstechnik und Maschinenbau GmbH u. Co. KG
Riedheimer Str. 10
7778 Markdorf
☎ 0 75 44-81 87 ⌧ 7 34 620 mayco d

7798 Baugesellschaft
Baugesellschaft Pfullendorf mbH
Fliederweg 2 ✉ 11 68
7798 Pfullendorf
☎ 0 75 52-80 24 ⌧ 7 33 622

7798 Geberit
GEBERIT GmbH
✉ 11 20
7798 Pfullendorf
☎ 0 75 52-2 30 Fax 2 33 00 ⌧ 7 33 617

7798 Kipptorbau
KIPPTORBAU PFULLENDORF
Gebhard Hügle GmbH & Co. KG
Kipptorstr. 1-3
7798 Pfullendorf 4 (Aach-Linz)
☎ 0 75 52-2 60 20 Fax 68 55 ⌧ 7 33 614

7798 Menzel
Menzel Kläranlagenbau GmbH
Industriestr. 3
7798 Pfullendorf
☎ 0 75 52-3 81 ⌧ 7 33 629

7798 Ott
Anton Ott
7798 Pfullendorf
☎ 0 75 52-81 03

7800 ACW
ACW Informationsdienst
Luisenstr. 5 ✉ 68 49
7800 Freiburg
☎ 07 61-3 66 94 Fax 3 66 96

7800 Dorsch
Karl Dorsch
Basler Landstr. 53a
7800 Freiburg
☎ 07 61-4 34 57

7800 Egenter
Egenter GmbH Betonfertigteilwerk
Bettackerstr. 12 ✉ 60 24
7800 Freiburg
☎ 07 61-4 22 33

7800 Friebe
Lothar Friebe, Verkaufsbüro und Auslieferungslager der Meyer AG/SA in CH-6260 Reiden
Reichsgrafenstr. 28
7800 Freiburg
☎ 07 61-7 11 45

7800 Gugel
Gugelwerke GmbH
Starkenstr. 15 ✉ 6 80
7800 Freiburg
☎ 07 61-3 15 01 ⌧ 7 72 576

7800 Pollehn
H. W. Pollehn, Beratender Ingenieur BDB
Alban-Stolz-Str. 26
7800 Freiburg
☎ 07 61-5 44 87 Fax 5 72 51

7800 Spectral
Spectral GmbH
Bötzinger Str. 40
7800 Freiburg
☎ 07 61-4 24 28

7801 Armbruster
Dr. Armbruster Bau-GmbH & Co.
Industriestr. ✉ 52 20 (7800 Freiburg)
7801 Hartheim
☎ 0 76 33-30 24 ⌧ 7 721 716

7801 Dold
Erwin Dold Holzwerke GmbH & Co. KG
7801 Buchenbach bei Freiburg
☎ 0 76 61-8 48 und 49 Fax 6 19 05 ⌧ 7 722 718

7801 Glass
Kurt Glass GmbH, chemische Fabrik
7801 Hartheim-Feldkirch
☎ 0 76 33-43 42 Fax 1 68 51 ⌧ 7 721 726

7801 Gravograph
GRAVOGRAPH GMBH
Am Gansacker 3a ✉ 12 63
7801 Umkirch
☎ 0 76 65-70 71 ⌧ 7 72 433 grav d

7801 Klauke
Klauke Kunststoff-Fenster GmbH
Gewerbestr. 8
7801 Reute
☎ 0 76 41-63 60

7801 Koch
Koch Kalk + Bau GmbH
7801 Bollschweil
☎ 0 76 33-60 26 ⌧ 7 721 721 bbw d
→ 6140 Koch

7801 Kronimus
Kronimus & Sohn GmbH & Co. KG Betonsteinwerk
7801 Hartheim
☏ 0 76 33-31 56 Fax 1 40 90

7801 Mathis
Kalkwerk Mathis GmbH & Co.
7801 Merdingen
☏ 0 76 68-71 10 Fax 71 11 17 ⌁ 17 76 681 111

7801 MIT
Mathis Isolations-Technik GmbH
7801 Merdingen
☏ 0 76 68-71 12 50 Teletex 17 766 811

7803 Zipse
ZIPSE Abt. Korkvertrieb
Industriestr. 2
7803 Gundelfingen
☏ 07 61-58 10 10

7807 Bayer
Fr. Xaver Bayer Isolierglaswerk
✉ 20
7807 Elzach
☏ 0 76 82-80 20 ⌁ 7 72 305

7807 Elza
Elza-Textilwerk Gebr. Dufner KG
✉ 46
7807 Elzach
☏ 0 76 82-80 30 Fax 8 03 43 ⌁ 7 72 315 elza d

7811 Hekatron
Hekatron GmbH
✉ 40
7811 Sulzburg
☏ 0 76 34-60 10 bis 25 ⌁ 7 72 903 heka d

7813 Breisgau-Haus
Breisgau-Haus Gramelspacher
7813 Staufen-Grunern
☏ 0 76 33-80 20 Fax 8 02 30

7814 Birkenmeier
Birkenmeier Baustoffwerke GmbH & Co.
Industriegebiet 5-7
7814 Breisach-Niederrimsingen
☏ 0 76 68-7 10 90

7814 Grötz
Grötz GmbH & Co. KG.
7814 Breisach

7815 Goldschmidt
Goldschmidt-Securan
Hauptstr. 52
7815 Kirchzarten
☏ 0 76 61-70 61 Fax 70 63

7816 glamü
glamü GmbH
Mühlenmatten 7
7816 Münstertal
☏ 0 76 36-13 22 u. 6 28 Fax 71 14
⌁ 7 72 109

7819 Rocca
ROCCA Bauchemie GmbH + Co.
Hauptstr. 132-134 ✉ 11 40
7819 Denzlingen
☏ 0 76 66-20 22 Fax 82 52 ⌁ 7 72 595 rocca d

7822 Ökobau
Ibacher Ökobau GmbH
7822 Ibach/Südschwarzwald
☏ 0 76 72-20 34

7823 Elba
ELBA-HAUS GmbH & Co. KG
Industriegebiet
✉ 12 29
7823 Bonndorf
☏ 0 77 03-80 34 bis 36

7823 Isele
Rudolf Isele Sägewerk-Holzhandlung
Waldstr. 8
7823 Bonndorf
☏ 0 77 03-5 41

7830 Deutschle
Ziegelwerk Hochberg, Deutschle GmbH
7830 Emmendingen 13
☏ 0 76 41-10 21 und 31 02

7830 EURO
EURO Holz GmbH
7830 Emmendingen
☏ 0 76 41-4 87 55 ⌁ 7 722 487

7830 Upat
Upat GmbH & Co.
Freiburger Str. 9 ✉ 13 20
7830 Emmendingen
☏ 0 76 41-45 60 ⌁ 7 722 424

7832 Winkler
WINKLER Ziegelelemente GmbH
✉ 12 28
7832 Kenzingen
☏ 0 76 44-85 80 Fax 67 16

7833 Dürr
DÜRFIX-Vertrieb
7833 Endingen 2
☏ 0 76 42-34 11

2

7834 Greschbach
Greschbach Industrietore GmbH
Stockfeldstr. 5 ✉ 12 20
7834 Herbolzheim
☏ 0 76 43-6 06 Fax 89 62 ⌁ 7 722 612

7834 prefast
prefast Greschbach Bausysteme GmbH & Co.
Stockfeldstr. 5 ✉ 12 20
7834 Herbolzheim
☏ 0 76 43-6 00 Fax 89 62 ⌁ 7 722 612

7834 Rime
Rime Blechverarbeitung-Schweißtechnik
Seeweg 12
7834 Herbolzheim
☏ 0 76 43-56 11

7835 Graf
Otto Graf GmbH Kunststofferzeugnisse
Carl-Zeiss-Str. 2-6
7835 Teningen
☏ 0 76 41-30 89 ⌁ 7 722 455

7835 Plewa
PLEWA-WERKE GMBH
Zweigniederlassung Südwest
Zeppelinstr. 4
7835 Tenningen 3-Nimburg
☏ 0 76 63-10 84

7835 Spürgin
Spürgin & Co. GmbH Betonwerk
✉ 12 06
7835 Teningen
☏ 0 76 41-10 51

7842 Tonwerke
Tonwerke Kandern GmbH
✉ 12 20
7842 Kandern
☏ 0 76 26-70 15/6
→ 7851 Tonwerke

7850 BOMIN SOLAR
BOMIN SOLAR GmbH + Co. KG
Industriestr. 8-10
7850 Lörrach-Haagen
☏ 0 76 21-50 93 bis 95 ⌁ 7 73 649

7850 Gebhardt
Herbert Gebhardt Bautechnische Produkte
Wölblinstr. 59
7850 Lörrach
☏ 0 76 21-4 61 78

7850 Kindler
Rudolf Kindler
Hartmattenstr. 30
7850 Lörrach
☏ 0 76 21-(8 62 46) 8 73 34

7850 Sandoz
SANDOZ-Produkte GmbH
Wiesentalstr. 27 ✉ 22 80
7850 Lörrach
☏ 0 76 21-41 70 ⌁ 7 73 653 sando

7851 Tonwerke
Tonwerke Kandern Werk Rümmingen
Wittlinger Str. 10
7851 Rümmingen
☏ 0 76 21-32 80 und 8 80 41

7853 Winter
Winter & Co. GmbH
Daimlerstr. 9
7853 Steinen
☏ 0 76 27-6 81 ⌁ 7 73 722 Teletex 7 62 711

7858 Caleppio
CALEPPIO GmbH
Lustgartenstr. 107
7858 Weil/Rhein
☏ 0 76 21-6 60 40 ⌁ (17) 7 62 121

7858 LONZA
LONZA-Werke GmbH
✉ 15 80
7858 Weil am Rhein
☏ 0 76 21-70 30 ⌁ 7 73 928

7858 Paroba
Paroba-Chemie
Tullastr. 48 ✉ 16 67
7858 Weil am Rhein
☏ 0 76 21-7 20 95

7858 Rüsch
Ernst Rüsch GmbH
Holzverarbeitung
Colmarer Str. 2 ✉ 17 31
7858 Weil am Rhein
☏ 0 76 21-7 50 01 ⌁ 7 73 973

7858 Sanitized
Sanitized Handels GmbH
✉ 18 07
7858 Weil am Rhein
☏ 0 76 21-7 16 94 ⌁ 7 73 939

7858 Silent
SILENT GLISS GmbH
✉ 17 60
7858 Weil am Rhein
☏ 0 76 21-67 74/6

7860 Durlum
durlum Leuchten GmbH
An der Wiese 5
✉ 11 67
7860 Schopfheim
☎ 0 76 22-3 90 50 Fax 39 05 42 ⌁ (17) 7 62 214
Teletex 7 62 214

7864 magnetic
magnetic Elektromotoren GmbH
Hauptstr. 6 ✉ 11 64
7864 Maulburg/Baden
☎ 0 76 22-39 06-0 ⌁ 7 73 245

7867 CIBA
CIBA-GEIGY GmbH
Öflinger Str. 44
7867 Wehr
☎ 0 77 62-8 20

7867 Weck
J. WECK GmbH u. Co.
7867 Wehr-Öflingen
☎ 0 77 61-30 14 ⌁ 7 92 329

7867 Wehra
Wehra Teppiche und Möbelstoffe GmbH
✉ 11 40
7867 Wehr/Baden
☎ 0 77 62-80 20 ⌁ 7 921 714 wea d

7880 Plast
PLAST-PROFIL
Hauptstr. 10
7880 Bad Säckingen 11
☎ 0 77 61-88 83

7887 Schneider
W. Schneider Metallwarenfabrik GmbH
7887 Laufenburg/Binzgen
☎ 0 77 63-73 93 ⌁ 7 921 625

7888 Aluminium Rheinfelden
Aluminium Rheinfelden GmbH Abt. VACONO
Friedrichstr. 80 ✉ 11 40
7888 Rheinfelden
☎ 0 76 23-9 35 11 u. 9 30 Fax 9 35 47
⌁ 7 73 409 sdd d

7888 Sander
Sander GmbH Kunststoffensterbau KG
Kreisstr. 52
7888 Rheinfelden (Karsau)
☎ 0 76 23-5 02 41

7889 Forbo
Forbo-Salubra GmbH
Rheinallee 25 ✉ 12 40
7889 Grenzach-Wyhlen
☎ 0 76 24-1 30 ⌁ 7 73 176

7889 Hupfer
Hupfer GmbH
Ritterstr. 19
7889 Grenzach-Wyhlen 2
☎ 0 76 24-40 70 Fax 81 96

7890 Lonza
LONZA-Werke GmbH
✉ 16 43
7890 Waldshut-Tiengen 1
☎ 0 77 51-8 20 Fax 8 21 82 ⌁ 7 92 244

7892 ENA
ENA GmbH Emil Nägele Albbruck
Alte Landstr. 7
7892 Albbruck
☎ 0 77 53-50 71 ⌁ 7 92 222

7892 Greutol
GREUTOL Kunststoffputz GmbH K. H. Tröndle
Kiesenbacher Straße 83
7892 Albbruck
☎ 0 77 53-54 43

7894 sto
STO AG Hauptverwaltung und Werk 1
7894 Stühlingen-Weizen
☎ 0 77 44-5 70 Fax 5 71 78 ⌁ 7 921 445 sto w

7895 Horstmann
Horstmann GmbH
7895 Klettgau 1 (Erzingen)
☎ 0 77 42-75 37 und 70 95 ⌁ 7 921 814 baho d

7895 Ziegelwerk
Erzinger Ziegelwerk GmbH
7895 Klettgau 1-Erzingen
☎ 0 77 42-70 06

7900 Braun
Gebrüder Braun GmbH & Co. Dachbaustoffwerk
Blaubeurer Str. 70 ✉ 20 48
7900 Ulm
☎ 07 31-3 72 17 ⌁ 7 12 470 gebra d

7900 Interglas
Interglas-Textil GmbH
Söflinger Str. 246
7900 Ulm
☎ 07 31-3 99 74 41

7900 Kaufmann
Kaufmann Metallwarenfabrik
✉ 25 26
7900 Ulm
☎ 07 31-1 42 60

2

7900 Lischma
LISCHMA BETONWERKE
Lindenmann & Schmauder GmbH + Co. KG
Magirusstr. 21 ✉ 28 25
7900 Ulm
☎ 07 31-3 73 33

7900 Molfenter
Molfenter GmbH & Co. KG GEMU Schalung
Karlstr. 90
7900 Ulm/Donau
☎ 07 31-2 40 21 ⌧ 7 12 568 gemu d

7900 Schick
Natursteine Gebhard Schick Handels GmbH
Ringstr. 25
7900 Ulm-Lehr
☎ 07 31-6 09 03
⌧ 7 12 368 schic d

7900 Schwenk
E. SCHWENK Zement- und Steinwerke
Hindenburgring 15 ✉ 38 50
7900 Ulm
☎ 07 31-3 99 30 ⌧ 7 12 870

7900 Uzin
UZIN-Werk Georg Utz KG
Dieselstr. 3 ✉ 40 80
7900 Ulm
☎ 07 31-4 09 70 ⌧ 7 12 683

7900 Wieland
Wieland-Werke AG Metallwerke
Berliner Platz ✉ 42 40
7900 Ulm
☎ 07 31-49 70 ⌧ 7 125 020

7900 Ziegel
Ziegel-Kontor Ulm GmbH
Olgastr. 94
7900 Ulm
☎ 07 31-6 00 96 Fax 6 30 53 ⌧ 7 12 635

7901 Bilger
Friedrich Bilger
Robert-Bosch-Str. 1
7901 Beimerstetten-Ulm
☎ 0 73 48-8 10 ⌧ 7 12 605

7901 Braun
(Beton Braun)
Braun Albrecht KG Betonwerk
Hauptstr. 5
7341 Amstetten/Württ.
☎ (0 73 31) 30 03-0
Fax 7 11 16

7901 GEBA
GEBA-Fertighaus Banzhaf GmbH
7901 Beimerstetten b. Ulm
☎ 0 73 48-60 60

7901 Grehl
Ziegelwerk Grehl
7901 Hottisheim-Humlangen
☎ 0 73 05-73 66

7901 Heisler
Anton Heisler Zimmermeister
Holzfertigbau
7901 Westerstetten b. Ulm
☎ 0 73 48-73 67

7903 Brückl
Brückl-Technik GmbH
Lange Str. 98-103
7903 Laichingen 4

7903 Schwenkedel
Holzwarenfabrikation Hans Schwenkedel
Mech. Dreherei
Gartenstr. 16
7903 Laichingen
☎ 0 73 33-51 68

7903 Wagner
J. G. Wagner, Inh. Karl Wagner,
Baustoffe - Betonwerk
✉ 11 46
7903 Laichingen
☎ 0 73 33-50 66/67 ⌧ 7 15 102 wag d

7906 Meteor
Meteor Briefkasten-Systeme GmbH
✉ 11 40
7906 Blaustein
☎ 0 73 04-70 62 ⌧ 7 12 750

7906 UW
Ulmer Weißkalk GmbH & Co.
Blautalstr. 16
7906 Blaustein
☎ 0 73 04-8 20

7907 Lawal
LAWAL Kunststoffe GmbH
Raiffeisenstr. 4
7907 Langenau
☎ 0 73 45-73 70

7909 Kaupp
Friedrich Kaupp Fensterfabrik GmbH & Co.
Hauptverwaltung
7909 Dornstadt-Ulm
☎ 0 73 48-20 31 ⌧ 7 12 290

7909 Linke
Joh. Linke ENITOR® Staplergeräte GmbH
Abt. Treppenbau
Beethovenstr. 20
7909 Dornstadt
☏ 0 73 48-2 24 42

7909 sani-trans
sani-trans Derk Wolfslast
Kirchplatz 1
7909 Dornstadt
☏ 0 73 48- 2 21 36 Fax 2 29 69

7910 Sailer
Friedrich Sailer GmbH
Memminger Str. 55-59
7910 Neu-Ulm
☏ 07 31-8 30 69

7910 Strasser
A. Strasser GmbH & Co. Kokos- und Sisalweberei
Finninger Str. 56 ✉ 21 29
7910 Neu-Ulm
☏ 07 31-7 70 75 Telex 7 12 783 astra d

7912 Peri
PERI-WERK Artur Schwörer GmbH & Co. KG
7912 Weißenhorn bei Ulm
☏ 0 73 09-8 20 Telex 7 19 519

7913 Schwarz
Schwarz & Unglert
7913 Senden-Witzighausen
☏ 0 73 91-24 79

7916 Baustoffwerk
Baustoffwerk Unterfahlheim GmbH
Betonwaren Unterfahlheim
7916 Nersingen-Unterfahlheim
☏ 0 73 08-25 66

7916 Sander
SANDER-Fenster
7916 Nersingen OT Straß
☏ 0 73 08-25 09 und 30 06

7917 Lämmle
Lämmle & Co.
7917 Vöhringen-Illerzell
☏ 0 73 07-50 48

7918 Kurz
Rudolf Kurz GmbH + Co.
✉ 20 55
7918 Illertissen
☏ 0 73 03-30 61 bis 65 Telex 7 19 120

7918 Tricosal
Tricosal GmbH
Robert-Hansen-Str. ✉ 1 06 30
7918 Illertissen
☏ 0 73 03-1 35 Telex 7 19 114 gruea d Telefax 1 32 04

7919 Butzbach
Butzbach GmbH Industrietore
Weiherstr. 16
7919 Kellmünz
☏ 0 83 37-90 10 Fax 9 01 49 Telex 5 41 006 buke

7919 Illerplastic
Illerplastic Kunststoffprofile GmbH
7919 Au/Iller
☏ 0 73 03-20 17

7919 Wiest
Vereinigte Ziegelwerke Altenstadt-Bellenberg
Wiest & Co.
✉ 47
7919 Altenstadt
☏ 0 83 37-80 71 und 72

7920 Erhard
Johannes Erhard, H. Waldenmaier Erben
Süddeutsche Armaturenfabrik GmbH & Co.
Meeboldstr. 22 ✉ 12 80
7920 Heidenheim/Brenz
☏ 0 73 21-32 01 Fax 2 46 48
Telex 7 14 872

7920 Steinhilber
Süddeutsche Polygonzaunwerke
Hermann Steinhilber KG
Wilhelmstr. 136
7920 Heidenheim/Brenz
☏ 0 73 21-4 20 52/53 Telex 7 14 736

7920 Zoeppritz
ZOEPPRITZ GmbH
✉ 19 65
7920 Heidenheim
☏ 0 73 24-1 40 Fax 1 44 88 Telex 7 14 722

7922 Hauff
Hauff-Technik GmbH & Co. KG
In den Stegwiesen 18 ✉ 11 54
7922 Herbrechtingen-Bolheim
☏ 0 73 24-20 95/6 Telex 7 14 849 hauff d

7922 Rathgeber
H. R. Rathgeber KG Gurtweberei
Weberstr. 15 ✉ 12 51
7922 Herbrechtingen/Württ.
☏ 0 73 24-20 71 Fax 57 14 Telex 7 14 832

2

7923 Maier
C. F. Maier GmbH & Co. Kunstharzwerk
Wiesenstraße ⊠ 10
7923 Königsbronn
☎ 0 73 28-8 10 ⌗ 7 14 864 maier d

7923 Penner
Oskar Penner Betonwerk
⊠ 8
7923 Königsbronn
☎ 0 73 28-50 21 Fax 73 61

7924 Barth
Fritz Barth Fertigbau GmbH & Co.
7924 Steinheim
☎ 0 73 29-60 21

7924 ExNorm
ExNorm-Fertigbau
Schwabstr. 37-43
7924 Steinheim
☎ 0 73 29-60 57 und 58

7925 Riffel
Ernst und Hans Riffel GbR
⊠ 40
7925 Dischingen
☎ 0 73 27-7 63

7928 Filz
Vereinigte Filzfabriken AG
⊠ 16 20
7928 Giengen
☎ 0 73 22-14 40 Fax 14 41 44 Teletex 7 14 819

7928 Lehner
lehner fertigbau GmbH
⊠ 13 44
7928 Giengen 5
☎ 0 73 22-70 35 und 37

7930 Freudigmann
Josef Freudigmann GmbH & Co. KG
Mühlweg 6 ⊠ 12 12
7930 Ehingen
☎ 0 73 91-34 36

7930 Rimmele
Tonziegelmeister Georg Rimmele KG
Riedlinger Str. 49
7930 Ehingen
☎ 0 73 91-5 00 80 Teletex 7 39 122 = Rimmele

7932 Beton
Betonwerke Munderkingen GmbH Inh. H. Reinschütz
Rottenackerstr. 40 ⊠ 11 51
7932 Munderkingen
☎ 0 73 93-5 10 ⌗ 7 1 747 bwm

7937 Endele
Endele Kunststoff GmbH
Riedlinger Str. 62 ⊠ 8
7937 Obermarchtal
☎ 0 73 75-4 85 Fax 13 80 ⌗ 7 1 614 FEO

7940 Haid
Georg Haid Sägewerk
⊠ 1 63 (Riedlingen)
7940 Altheim/Württ.
☎ 0 73 71-72 06

7940 Linzmeier
Bauelemente GmbH F. J. Linzmeier
Industriestr.
7940 Riedlingen
☎ 0 73 71-70 77 bis 79 ⌗ 7 1 628

7940 Reutol
Reutol-Lackfabrik
Tuchplatz 13 ⊠ 1 66
7940 Riedlingen
☎ 0 73 71-72 75

7944 Fuchs
Udo Fuchs GmbH
Espanstr. ⊠ 20
7944 Herbertingen
☎ 0 75 86-58 80

7947 Jäger
Bernhard Jäger oHG Betonwerk
Donaustr. 3
7947 Mengen
☎ 0 75 72-29 34 Fax 59 13

7947 Scheerle
Tonziegelmeister Scheerle Ziegelwerk
Pfullendorfer Str. 10
7947 Mengen/Württ.
☎ 0 75 72-82 75

7947 Sperrholzwerk
Sperrholzwerk Waldsee GmbH
Biberacher Str. 94-108
7947 Bad Waldsee
☎ 0 75 24-80 73

7948 Buck
Georg Buck Kinderspielplatzgeräte
7948 Dürmentingen
☎ 0 73 71-41 18 und 19 ⌗ 7 1 646 buck d

7950 Härle
HÄRLE Karl KG - Holzwerk
Bleicherstr. 38 ⊠ 14 06
7950 Biberach
☎ 0 73 51-77 11 Fax 7 63 89

7950 TREBA
TREBA-Trennwandbau
Steigmühlstr. 39
✉ 8 45
7950 Biberach 1
☏ 0 73 51-77 17 und 18

7950 Vollmer
VOLLMER Kegel-Sport
✉ 17 60
7950 Biberach/Riß 1
☏ 0 73 51-57 10

7953 Walser
WALISO Alex Walser Baustoffwerk
Am Bahnhof
7953 Bad Schussenried
☏ 0 75 83-25 00 ⌁ 7 32 227 awbs d

7954 Schmid
Ziegelwerk Arnach J. Schmid GmbH & Co. KG
7954 Bad Wurzach
☏ 0 75 64-20 21 Fax 46 63

7957 Haberbosch
Haberbosch GmbH
7957 Aßmannshardt
☏ 0 73 57-13 55

7959 Jost
Jost & Co. Holzbauwerke
7959 Schwendi 1
☏ 0 73 53-3 11

7959 Mafisco
Mafisco Bautechnik GmbH
Industriegebiet Engelberg
7959 Achstetten-Oberholzheim
☏ 0 73 92-60 88 und 89 ⌁ 7 19 417 maco d

7959 Rapp
Max Rapp
7959 Hürbel
☏ 0 73 52-18 85

7960 Stark
Gebrüder Stark KG Baustoffgroßhandel
Poststr. 26
✉ 11 60
7960 Aulendorf
☏ 0 75 25-4 76 ⌁ 7 32 818

7962 Waldburg
Holzindustrie Waldburg zu Wolfegg
✉ 52
7962 Wolfegg
☏ 0 75 27-6 92 50 Fax 6 92 36 ⌁ 177 527 120
Teletex 7 527 120

7964 AKO
AKO-WERKE GmbH & Co. KG
7964 Kisslegg im Allgäu
☏ 0 75 63-18 80 Fax 18 82 50 ⌁ 7 32 423

7964 Rinninger
Hans Rinninger & Sohn GmbH & Co.
Betonwarenfabriken
Kirchmoosstr. 22 ✉ 70
7964 Kisslegg/Allgäu
☏ 0 75 63-80 55

7968 Platz
Platz-Haus
✉ 1 09
7968 Saulgau
☏ 0 75 81-20 10

7968 Stadler
Otto Stadler GmbH
Paradiesstr. 70 ✉ 89
7968 Saulgau
☏ 0 75 81-30 90

7969 Weiss
WEISS GmbH Schindelwerk und Import
✉ 9
7969 Hohentengen 1/Württ.
☏ 0 75 72-4 28 ⌁ 7 321 429 weis

7970 a + e
a + e Metalltechnik GmbH
Wangener Str. 69
7970 Leutkirch
☏ 0 75 61-36 68 ⌁ 73 21 944

7970 pavatex
pavatex®-Vertrieb Adam Kewitzki
Industrievertretung Holzwerkstoffe
Grüntenstr. 9
7970 Leutkirch im Allgäu
☏ 0 75 61-35 50 ⌁ 7 321 918
→ 7000 pavatex

7970 Thermopal
Dekorplatten GmbH & Co. KG
✉ 11 60
7970 Leutkirch 1
☏ 0 75 61-8 91 Fax 8 92 32 ⌁ 7 32 781

7971 Gisoton
Gisoton Baustoffwerke Gebhart & Söhne KG
Hochstr. 2
7971 Aichstetten
☏ 0 75 65-7 70 Fax 77 31 ⌁ 7 321 819

7971 Klaus
Klaus Auto-Parksysteme GmbH
Industriegelände
7971 Aitrach
☎ 0 75 65-56 11 bis 13 ⌁ 7 32 416

7971 Mauthe
HM-Betonfertigteilwerk
Hans Mauthe GmbH & Co. KG
Schwalweg 10
7971 Aitrach
☎ 0 75 65-56 54 bis 55 ⌁ 7 321 941

7972 Gardinia
GARDINIA-Fenster-Elemente
✉ 11 60
7972 Isny
☎ 0 75 62-6 54/55 ⌁ 7 321 523

7972 Wälder
GARDINIA Vorhangschienenfabrik Wälder & Co.
Neutrauchburger Str. ✉ 11 60
7972 Isny
☎ 0 75 62-7 80 Fax 7 81 00
⌁ 7 321 523

7972 Wilfer
WILFER GmbH
7972 Isny
☎ 0 75 62-6 25 ⌁ 7 321 513

7980 Elco
ELCO Oel- und Gasbrennerwerk GmbH
Deisenfangstr. 37-39 ✉ 13 50
7980 Ravensburg
☎ 07 51-20 61 bis 63 ⌁ 7 32 811

7980 Hydrex
Hydrex-Chemie GmbH
Friedhofstr. 26
7980 Ravensburg
☎ 07 51-2 22 19 und 3 24 22 ⌁ 7 32 892 hydrex d

7981 Reisch
Franz Reisch Rundbogentürfabrik
Scherzach 51
7981 Grünkraut/Ravensburg
☎ 07 51-6 26 51

7981 Uhl
Gebrüder Uhl GmbH & Co. KG
✉ 10
7981 Vogt
☎ 0 75 29-7 01 ⌁ 7 32 856 uhl d

7982 Rostan
Siegfried Rostan GmbH, Werkvertretung
7982 Baienfurt
☎ 07 51-4 10 72

7988 Beckmann
Ing. G. Beckmann KG
Simoniusstr. 11
7988 Wangen
☎ 0 75 22-41 74

7988 Waldner
Waldner Laboreinrichtungen GmbH & Co.
✉ 98
7988 Wangen
☎ 0 75 22-7 21 ⌁ 7 32 612 wald

7989 Kübler
Gebhard Kübler Säge- und Zaun- und Imprägnierwerk
7989 Amtzell 11
☎ 0 75 20-67 22 Fax 66 87 ⌁ 17 752 010
Teletex 7 52 010

7990 Pfaff
Pfaff GmbH
Siemensstr. 8
7990 Friedrichshafen 5
☎ 0 75 41-5 10 01

7993 Dillmann
Math. Dillmann
7993 Kreßbronn/Bodensee
☎ 0 75 43-88 84

8000 ADARMA
ADARMA Alarm-, Signal-, Sicherungs-
und Raumschutzanlagen GmbH – Hauptverwaltung –
Machtlfinger Str. 21
8000 München 70
☎ 0 89-78 59 80 ⌁ 5 29 058 adwa d

8000 Alkor
Alkor GmbH Branchengruppe Bau
Morgensternstr. 9 ✉ 71 01 09
8000 München 71
☎ 0 89-7 27 11 ⌁ 5 24 138 Telefax 79 14 63

8000 Arizona
ARIZONA-POOL
Schwimmbecken Fertigung GmbH & Co. KG
Waldschulstr. 52
8000 München 82
☎ 0 89-4 30 14 84

8000 Bauwerk
Bauwerk – Hiag Schweizer Parkett und
Holztechnik Betreuungs- und Vertriebs-GmbH
Maria-Theresia-Str. 13
8000 München 80
☎ 0 89-4 70 80 66 Fax 4 70 80 56

8000 Baveg
BAVEG GmbH & Co.
Geretsrieder Str. 12
8000 München 70
☏ 0 89-78 40 41 ⌁ 5 212 990 Telefax 785 55 11
→ 3490 Baveg

8000 BAYROL
BAYROL Chemische Fabrik GmbH
Lochhamer Str. 29 ✉ 70 02 60
8000 München 70
☏ 0 89-85 70 10 ⌁ 5 24 695

8000 Berkmüller
Anneliese Berkmüller
Feinhalsstr. 8
8000 München 60
☏ 0 89-8 11 40 16

8000 Bonata
Bonata Bauelemente GmbH
✉ 71 02 48
8000 München 71
☏ 0 89-78 40 41 Fax 7 85 55 11

8000 Brunata
BRUNATA-Wärmemesser GmbH & Co. KG
Höglwörther Str. 1 ✉ 70 03 80
8000 München 70
☏ 0 89-78 59 50 Fax 78 59 51 00

8000 Cemtac
Cemtac GmbH Holzpaneele
Knöbelstr. 2
8000 München 22
☏ 0 89-29 94 00 Fax 22 19 20

8000 CTC
CTC GmbH
Sandstr. 3
8000 München 2
☏ 0 89-59 29 61 ⌁ 5 22 359

8000 Dahmit
Dahmit-Betonwerke GmbH
Neußer Str. 11
8000 München 40
☏ 0 89-36 20 66

8000 Defromat
Defromat Heizelektrik GmbH & Co.
Wärmetechnik KG
Höglwörther Str. 1 ✉ 70 03 80
8000 München 70
☏ 0 89-78 59 50 Fax 78 59 51 00
⌁ 5 22 368 asmur d

8000 DYWIDAG
Dyckerhoff & Widmann, Hauptverwaltung
Erdinger Landstr. 1 ✉ 81 02 80
8000 München 81
☏ 0 89-9 25 51

8000 DYWIDAG
Dyckerhoff & Widmann AG
Betonwerk München-Riem
Erdinger Landstr. 1 ✉ 87 02 46
8000 München 87
☏ 0 89-90 87 71 ⌁ 5 29 559

8000 EGO
EGO Dichtstoffwerke GmbH & Co. Betriebs KG
Elsenheimer Str. 13 ✉ 4 09
8000 München 21
☏ 0 89-57 00 80 ⌁ 5 212 766

8000 Elkinet
ELKINET® Bautenschutz Vertriebsgesellschaft mbH
Pilotystr. 4
8000 München 22
☏ 0 89-2 30 35-2 14 ⌁ 8 98 453 pedus

8000 Faustig
Kurt Faustig
Nymphenburger Str. 40 BU
8000 München 2
☏ 0 89-1 29 30 75

8000 Finkenzeller
Albert Finkenzeller GmbH
Tumblinger Str. 12
8000 München 2
☏ 0 89-53 75 06

8000 Fries
Fries & Co., Betonwerk KG
Neusser Str. 27
8000 München 40
☏ 0 89-36 09 50 Fax 36 09 51 34

8000 Gärtner
Paul Gärtner GmbH
Kleinstr. 11
8000 München 70

8000 GANG NAIL
GANG NAIL SYSTEME GMBH
Geyersperger Str. 73
8000 München 21
☏ 0 89-5 80 30 11 und 12 ⌁ 5 213 067

8000 Gartenmann
Gartenmann Isolier- und Terrassenbau GmbH
Schatzbogen 39 ✉ 82 03 67
8000 München 82
☏ 0 89-42 90 36 Fax 42 90 30

2

8000 Gerco
Gerco Industriebüro GmbH
Vorhölzerstr. 17
8000 München 71
☏ 0 89-79 84 88 Fax 7 91 46 41

8000 Gerhäuser
Chr. Gerhäuser Marmorwerke KG
Zweigniederlassung München
Eder & Grohmann Steinindustrie
Dachauer Str. 468
8000 München 50
☏ 0 89-1 50 45 60

8000 Granita
GRANITA
Peter-Anders-Str. 7
8000 München 60
☏ 0 89-83 02 58
Telex 5 212 123 kolh

8000 Granita
Granita Natursteinhandelsges. m.b.H.
Peter-Anders-Str. 7
8000 München 60
☏ 0 89-83 29 27 und 56 13 69 Fax 8 34 75 20

8000 Gruber
Gruber-Systeme Horst Gruber
Am Mossfeld 19
8000 München 82
☏ 0 89-42 20 46

8000 Guggenberger
Guggenberger
Landsberger Str. 96
8000 München 2
☏ 0 89-50 40 95

8000 Hackinger
Hackinger - alles für den Bau,
Karl Hackinger & Söhne KG
Nutzholz- und Baustoff-Großhandel
Landsberger Str. 436
8000 München 60
☏ 0 89-83 10 21

8000 HAMA
HAMA-Baubetriebe GmbH
Klenzestr. 101
8000 München 5
☏ 0 89-3 15 61 20 Telex 5 2 468

8000 Hambro
HAMBRO Bausysteme GmbH
Stollbergstr. 8
8000 München 22
☏ 0 89-22 46 91 Telex 5 214 913 hamb d

8000 Heilit
Heilit + Woerner Bau AG Hauptverwaltung
Klausenburger Str. 9
8000 München 80
☏ 0 89-93 00 30 Fax 93 00 32 16

8000 Hesse
Hesse-Klinger Profilvertrieb GmbH
Würmtalstr. 90
8000 München 70
☏ 0 89-71 09 20 Fax 7 14 10 77
Telex 5 24 837 prof d

8000 Heydebreck
Heydebreck-Holzrolladen
Rothuberweg 8
8000 München 82
☏ 0 89-42 45 55

8000 High Tech
High Tech Ausbau- und Einrichtungsprodukte
Vertriebs GmbH
Landsberger Str. 143-146
8000 München 2
☏ 0 89-5 02 60 01 Fax 50 60 09 Telex 5 212 978

8000 Hilti
Hilti Deutschland GmbH
Elsenheimer Str. 31
8000 München 21
☏ 0 89-57 00 10 Telex 5 213 191

8000 Hinteregger
G. Hinteregger GmbH & Co. Bauunternehmung
Knorrstr. 138
8000 München 45
☏ 0 89-3 84 31 Telex 5 215 030

8000 Hobeka
HOBEKA® Fensterfabrik M. Veidt KG
Erdinger Landstr. 1a ✉ 81 04 60
8000 München 81
☏ 0 89-90 80 68/69 Telex 5 212 737 hobm d

8000 IEU
IEU Institut für Energieberatung und
Umweltforschung
Blütenstr. 20/V
8000 München 40
☏ 0 89-2 71 29 79

8000 Isar
ISAR-RAKOLL CHEMIE GMBH
Ständlerstr. 45 ✉ 90 03 60
8000 München 90
☏ 0 89-6 22 71 Telex 5 22 577
→ 3070 Isar

8000 ITEC
ITEC GmbH & Co. KG
Klarastr. 5a
8000 München 19
☏ 0 89-18 90 58

8000 Kaiser
Georg Kaiser & Co.
Anglerstr. 28 ✉ 12 08 13
8000 München 2
☏ 0 89-50 85 44

8000 Kiefer
Marmor-Industrie Kiefer AG
Zielstattstr. 57
8000 München 70
☏ 0 89-78 20 68 ⌁ 5 212 559

8000 Klemt
Klemt Feinbau GmbH
Theresienstr. 148
8000 München 2
☏ 0 89-52 82 95

8000 Klenk
KARL KLENK GmbH & Co. Farben- und Lackfabrik
Ingolstädter Str. 67
8000 München 45
☏ 0 89-3 11 61 65 und 66

8000 Klöpfer
Klöpfer & Königer Hobelwerk · Holzhandlung
✉ 20 15 03
8000 München 2
☏ 0 89-5 19 11 ⌁ 5 212 425 jck d

8000 Kolhöfer
M. Kohlhöfer
Peter-Anders-Str. 7
8000 München-Pasing
☏ 0 89-63 02 58 und 88 67 76 Fax 8 34 75 20
⌁ 5 212 123 kolh

8000 Lentia
Lentia GmbH
Arabellastr. 4 ✉ 8 10 55 08
8000 München 81
☏ 0 89-9 28 00 90 Fax 91 49 52 ⌁ 5 23 875

8000 Loctite
Loctite Deutschland GmbH
Arabellastr. 17 ✉ 81 05 80
8000 München 81
☏ 0 89-9 26 80 ⌁ 5 23 266

8000 Luginger
Ludwig Luginger GmbH
Riemerstr. 358 ✉ 81 05 60
8000 München 82
☏ 0 89-90 60 23

8000 Maurer
Friedrich Maurer Söhne GmbH & Co. KG
Frankfurter Ring 193
8000 München 44
☏ 0 89-32 39 41

8000 Metrona
METRONA Wärmemesser Gesellschaft für Haustechnik mbH
Höglwörther Str. 1 ✉ 70 03 80
8000 München 70
☏ 0 89-78 59 50 Fax 78 59 51 00

8000 Metzeler
Metzeler Kautschuk GmbH Sparte Elastomertechnik
Westendstr. 131 ✉ 20 17 26
8000 München 2
☏ 0 89-5 10 32 24 ⌁ 5 212 721

8000 Münchener Blockhaus
Münchener Blockhaus GmbH
Radlkoferstr. 16
8000 München 70
☏ 0 89-50 10 02 und 75 30 76 ⌁ 5 218 693

8000 Neu
Neu Dachtechnik GmbH
Weishauptstr. 1a
8000 München 50
☏ 0 89-1 41 31 62

8000 Nicotra
Nicotra GmbH
Ottilienstr. 80
8000 München 82
☏ 0 89-4 39 10 21 ⌁ 5 28 410

8000 Noe
NOE-Schaltechnik GmbH
Balanstr. 33
8000 München 80
☏ 0 89-48 10 20/29

8000 Obermaier
Obermaier Bäder
Maximiliansplatz 10
8000 München 2
☏ 0 89-22 46 51

8000 Pallmann
Pallmann-Chemie Franz Koller & Sohn
Chemische Fabriken
Farben und Lackchemie GmbH & Co. KG
Dachauer Str. 362 ✉ 50 04 65
8000 München 50
☏ 0 89-14 40 78

2

8000 Pilkington
Pilkington Glas GmbH Verkaufsbüro Süd
Brienner Str. 48
8000 München 2
☏ 0 89-52 50 35 und 36

8000 Plötz
Pumpen Plötz
Schäufeleinstr. 5
8000 München 21
☏ 0 89-57 14 21 Fax 57 23 91 ⌁ 5 213 171

8000 protect
protect Ges.m.b.H.
Schwanenseestr. 71
8000 München 90
☏ 0 89-6 90 89 85 ⌁ 5 23 405

8000 Recycloplast
Recycloplast AG
Emil-Riedel-Str. 18
8000 München 22
☏ 0 89-22 66 56 bis 59 ⌁ 5 22 753

8000 Remaplan
Remaplan GmbH
Unterhachinger Str. 75
8000 München 83
☏ 0 89-6 70 10 31 Fax 0 89-63 13 98

8000 Remo
REMO Gebr. Battermann KG
Balanstr. 15
8000 München 80
☏ 0 89-48 86 19 ⌁ 5 29 585 Remo

8000 Ruhland
RUHLAND Kessel- und Stahlbau
Am Eichenhof 16
8000 München 81
☏ 0 89-93 60 01

8000 Sanibroy
SANIBROY GmbH
Feilitzschstr. 37
8000 München 40
☏ 0 89-33 50 53

8000 Schiedel
Schiedel GmbH & Co.
Lerchenstr. 9 ✉ 50 05 65
8000 München 50
☏ 0 89-35 40 91 ⌁ 5 23 637

8000 Schwaiger
Jos. Schwaiger's Wwe. Tauwerk München K.G.
Daglfinger Str. 67/69 ✉ 81 09 20
8000 München 81
☏ 0 89-93 30 11 Fax 9 30 27 31 ⌁ 5 23 691

8000 Sebald
Thea Sebald GmbH & Co. KG
Feldmochinger Str. 28 ✉ 50 05 24
8000 München 50
☏ 0 89-1 41 50 11 ⌁ 5 215 916 Keut d
Teletex 8 97 636 = Sebald

8000 Seco
SECO-SIGN GMBH
Breisacher Str. 7
8000 München 80
☏ 0 89-4 48 38 81

8000 Sedlbauer
W. Sedlbauer GmbH
Quagliostr. 6
8000 München 90
☏ 0 89-6 51 40 57 ⌁ 5 24 873

8000 SILINALZIT
SILINALZYT Marketing GmbH
Hornstr. 3
8000 München 40
☏ 0 89-30 61 40 ⌁ 5 215 309 ytg d

8000 STM
STM Maresch, Sicherheitstechnik
Schellingstr. 93
8000 München 40
☏ 0 89-2 72 25 47

8000 Täumer
K. Täumer & Söhne GmbH & Co.
Friedrich-Loy-Str. 9 ✉ 40 18 49
8000 München 40
☏ 0 89-30 10 31 ⌁ 5 215 292 taem d

8000 TA-KE
Ölschadendienst TA-KE GmbH
Trumppstr. 2
8000 München 50
☏ 0 89-8 11 10 72 ⌁ 5 29 911 St/Kr

8000 Terra
Terra Grundbau GmbH
Dingolfinger Str. 6
8000 München 80
☏ 0 89-40 30 03

8000 Thyssen
Thyssen Polymer GmbH
Anzinger Str. 1 ✉ 80 01 40
8000 München 80
☏ 0 89-4 13 51 Fax 49 59 92 ⌁ 5 22 938

8000 Triebenbacher
Th. Triebenbacher GmbH & Co.
Werkstätten für Schmiedekunst
Rüdesheimer Str. 1-7
8000 München 21
☏ 0 89-58 80 81 ⌁ 5 212 246

8000 Unipor
unipor® ZIEGEL Marketing GmbH
Walhallastr. 19 ✉ 38 01 29
8000 München 19
☏ 0 89-17 22 85

8000 Uster
Zellweger Uster GmbH Produktbereich Sieger
Sollner Str. 65b
8000 München 71
☏ 0 89-79 89 23 ⌁ 5 212 948

8000 Voest
VOEST-ALPINE GmbH
Eisenheimerstr. 59 ✉ 21 03 24
8000 München 21
☏ 0 89-5 89 91 Fax 57 71 37 ⌁ 5 212 702

8000 Wacker
WACKER-CHEMIE GMBH
Prinzregentenstr. 22
8000 München 22
☏ 0 89-2 10 90 Fax 21 09 17 70 ⌁ 5 29 120

8000 Weiss
Josef Weiss Plastic GmbH
Eintrachtstr. 8
8000 München 90
☏ 0 89-62 30 70 ⌁ 5 22 113 plawe d

8000 WI-GA
WI-GA Montage-Vertriebs GmbH
Heinrich-Vogl-Str. 21
8000 München 71
☏ 0 89-7 91 34 66

8000 Wörz
Wörz GmbH
Geiselgasteigstr. 100
8000 München 90
☏ 0 89-64 30 17 ⌁ 5 29 090

8000 Wolf
Reinhard Wolf® Pflanzensystem
Verdistr. 103
8000 München 60
☏ 0 89-8 11 66 75 Fax 8 11 66 74

8000 Wolu
Wolu-Blockhäuser
Zamdorfer Str. 16
8000 München 80
☏ 0 89-91 80 78

8000 YTONG
YTONG AG
Hornstr. 3
8000 München 40
☏ 0 89-30 61 40 ⌁ 5 215 309 ytg d

8000 Zettler
Zettler GmbH
Holzstr. 28-30
8000 München 5
☏ 0 89-2 38 81

8011 Alpha
ALPHA-GmbH
ALPHA Handelsges. mbH
Am Gangsteig 1
8011 Heimstetten
☏ 0 89-9 03 70 70/9 03 64 06

8011 Behncke
Behncke GmbH Energie-Spar-Technik
Wernher-von-Braun-Str. 1
8011 Putzbrunn
☏ 0 89-46 50 71

8011 Friederichsen
Michael Friederichsen, Bildhauer
Tulpenweg 4
8011 Kirchheim

8011 Frötherm
Frötherm GmbH
Glonner Str. 12
8011 Oberpframmern
☏ 0 80 93-40 42 Fax 56 61 ⌁ 5 27 338

8011 Glatz
Glatz Pionier Deutschland
Generalvertretung Paul Müller
Am Hochstand 22
8011 Putzbrunn-Solalinden
☏ 0 89-46 30 69

8011 Gumba
Gumba-Gummi im Bauwesen GmbH
Möschenfelder Str. 16
8011 Grasbrunn
☏ 0 89-46 10 10 ⌁ 5 22 292

8011 Gumba-Last
GUMBA-LAST ELASTOMERPRODUKTE GMBH
Möschenfelder Str. 16
8011 Grasbrunn
☏ 0 89-46 10 10 ⌁ 5 22 292

8011 Hörmann
HÖRMANN-Informationszentrum
Hauptstr. 45
8011 Kirchseeon
☏ 0 80 91-5 22 52

8011 Kronacker
Helmut Kronacker
Arnikastr. 4
8011 Vaterstetten
☏ 0 81 06-74 31

8011 Lattner
Parkettfabrik Lattner GesmbH & Co. KG
Fichtenstr. 19
8011 Hofolding
☏ 0 81 04-95 65 ⌁ 5 212 587

8011 Leicher
Leicher GmbH & Co.
Parsdorfer Weg 6 ✉ 12 62
8011 Kirchheim
☏ 0 89-9 00 80 ⌁ 5 22 906 lei d

8011 Pionier
Pionier Abdecksysteme
Am Hochstand 22
8011 Putzbrunn-Solalinden
☏ 0 89-46 30 69

8011 Pori
pori klimaton Interessengemeinschaft e.V.
Buchenstr. 33
8011 Putzbrunn
☏ 0 89-60 29 19 Fax 60 38 19

8011 Sarna
Sarna Kunststoff GmbH
Henschelring 6 ✉ 12 43
8011 Kirchheim/München
☏ 0 89-9 09 99 20 Fax 90 99 92 13 und 33
⌁ 5 213 125

8012 SUNLIGHT
SUNLIGHT Deutschland METIL Pott GmbH
Rudolf-Diesel-Str. 21
8012 Ottobrunn
☏ 0 89-6 09 78 33 Fax 6 09 87 93
⌁ 5 213 284 pott

8012 Wiegand
Wilfried Wiegand Kälte- und Klimatechnik
Ottostr. 37 a ✉ 2 73
8012 Ottobrunn
☏ 0 89-6 01 41 84 ⌁ 5 216 800

8013 Ludowici
Michael Christian Ludowici
Ziegel- und Ziegeleitechnik
Josef-Wiesberger-Str. 5-7
8013 Haar b. München
☏ 0 89-46 40 38 ⌁ 5 24 106

8015 Schweiger
Gebrüder Schweiger
Geltinger Str.
8015 Markt Schwaben
☏ 0 81 21-60 21

8016 Krauss
KRAUSS KAMINWERKE GmbH & Co. KG
Werkslager
Kapellenweg 7
8016 Feldkirchen
☏ 0 89-9 03 18 54

8016 Südholz
Südholz-Türen GmbH & Co. KG
Friedrich-Schüle-Str. 4
8016 Feldkirchen
☏ 0 89-90 00 21

8018 Haschler
Günter Haschler Import-Vertriebsgesellschaft
Haidling 17 ✉ 12 40
8018 Grafing
☏ 0 80 92-40 51 bis 53 Fax 3 13 46
⌁ 17 809 283 Teletex 8 09 283

8022 Getzner
Getzner, Mutter & Cie. GmbH
Nördliche Münchner Str. 27
8022 Grünwald
☏ 0 89-6 49 21 95 ⌁ 17 898 090 Ttx 8 98 090

8022 Schmidt
W. Schmidt KG Industrievertretungen
✉ 3 64
8022 Grünwald
☏ 0 89-6 41 39 42 ⌁ 5 24 765 Schm

8023 Ranft
Ranft-Terrazzo Rudolf Ranft GmbH
Bahnhofplatz 2 ✉ 1 50
8023 Großhesselohe
☏ 0 89-79 90 33 und 34

8023 San.cal
san.cal Heiztechnik GmbH
Rotwandstr. 16 ✉ 23 41 44
8023 Pullach
☏ 0 89-79 42 66

8027 Friedrich
Metallbau Bruno Friedrich Kinderspielplatzgeräte
Gautinger Str. 16
8027 Neuried
☏ 0 89-75 24 35

8027 wörl
wörl-alarm GmbH
Eichenstr. 11
8027 Neuried
☏ 0 89-75 90 40

8029 btg
btg bautechnik gmbh + co.
Rudolf-Diesel-Ring 5
8029 Sauerlach bei München
☏ 0 81 04-10 71 Fax 70 74

8029 Torfhandelsgesellschaft
Deutsche Torfhandelsgesellschaft mbH
Rudolf-Diesel-Ring 5
8029 München-Sauerlach
☏ 0 81 04-90 26

8031 Bried
BRIED GmbH Großhandel
Wettersteinstr. 7 ✉ 2 27
8031 Eichenau
☏ 0 81 41-7 29 29 Fax 8 06 08

8031 ISODEAL
ISO DE AL Steinmetz GmbH,
Wärme-Kälte-Schall-Isolierung
Rodelbahnstr. 15 ✉ 3 29
8031 Eichenau
☏ 0 81 41-8 00 33 Fax 8 00 35 Telex 5 27 672 isoal d

8031 Karat
Karat-Putz GmbH
Produktions- und Vertriebs KG
Ganghoferstr. 21
8031 Maisach-Gernlinden
☏ 0 81 42-1 30 41

8031 ROI
Bauelemente ROI GmbH
Almrauschstr. 1
8031 Maisach
☏ 0 81 41-9 43 65 Fax 9 55 77

8032 Alkor
Alkor Markenhandelsges. mbH
Am Haag 8 ✉ 12 40
8032 Gräfelfing
☏ 0 89-8 58 60 Telex 5 21 771

8033 iGuzzini
iGuzzini illuminazione Deutschland GmbH
Bunsenstr. 5
8033 Martinsried
☏ 0 89-8 56 98 80 Fax 85 69 88 33
Telex 5 21 703 rosto

8034 Silgmann
Silgmann Sauna
Lohengrinstr. 1
8034 München-Germering
☏ 0 89-84 27 99

8035 dinotec
Dinotec Chem. Erzeugnisse GmbH
Bahnstr. 36 ✉ 72
8035 Stockdorf
☏ 0 89-8 57 60 46 Fax 90 00 22 37
Telex 5 23 945 suehod Teletex 8 98 643

8037 Hagn
Franz Hagn Fensterwerk GmbH & Co. KG
Franz-Hagn-Str. 9
8037 Olching
☏ 0 81 42-3 00 01 Telex 5 27 956

8037 Krauss
KRAUSS KAMINWERKE GmbH & Co. KG
Industriestr. 5 ✉
8037 Geiselbullach
☏ 0 81 42-10 51
→ 8561 Krauss
→ 8940 Krauss

8037 Münz
Wilfried Münz Generalvertretungen CDH
Palsweiser Str. 2 ✉ 13 30
8037 Olching 1
☏ 0 81 42-1 66 00 und 3 00 51 Telex 5 27 949 wimz d

8038 Lang
K. Lang Vertrieb der Fa. Collstrop, Dänemark
Graßlfinger Str. 55a
8038 Gröbenzell
☏ 0 81 42-6 03 80

8039 Doka
Deutsche Doka Schalungstechnik GmbH
Boschstr. 3
8039 Puchheim bei München
☏ 0 89-8 09 40 Telex 5 22 317

8042 BT
BT Bautechnik-Impex GmbH + Co. KG
Ruffinistr. 8 ✉ 11 06
8042 Oberschleissheim
☏ 0 89-3 15 16 91/2 Telex 5 215 534

8043 AIC
AIC Allgemeine Industrie Commerz
Walter von Weizenbeck
Feringastr. 14 ✉ 12 55
8043 Unterföhring
☏ 0 89-95 20 94 Fax 95 12 90 Telex 5 23 275

2

8044 Weidner
Kurt Weidner GmbH & Co. Betriebs-KG
Hans Froschmeier
Carl-von-Linde-Str. 32
✉ 14 08
8044 Lohhof
☎ 0 89-3 10 10 11 ⌁ 5 21 549 bwfr d

8045 Agrob
AGROB AG Hauptverwaltung
Münchener Str. 101
8045 Ismaning
☎ 0 89-9 69 80 ⌁ 5 22 189 Telefax 9 698 231

8045 Meisterring
Meisterring Isar Bautenschutz GmbH
Reisingerstr. 10
8045 Ismaning
☎ 0 89-96 50 77

8045 Stump
Stump Bohr GmbH
Am Lenzenfleck 1-3
8045 Ismaning

8045 Uhrich
Dipl. Kfm. Siegfried Uhrich Gartenbaustoffe
Heidestr. 7
8045 Ismaning-Fischerhäuser
☎ 0 89-96 89 17 Fax 96 51 23

8046 FBM
FBM
Fertigputz - Bodenanstrich - Mauermörtel GmbH
Zentrale (Gar)
Schleißheimer Str. 116
8046 Garching-Hochbrück
☎ 0 89-32 90 20

8047 Schuh
Felix Schuh & Co. GmbH
Münchener Str. 181
8047 Karlsfeld
☎ 0 81 31-9 10 91 ⌁ 5 27 527

8050 HASIT
HASIT TROCKENMÖRTEL GMBH
Landshuter Str. 30
8050 Freising
☎ 0 81 61-60 20 ⌁ 5 26 523

8050 Walmü
walmü Christian Walbum GmbH
Kepserstr. 37
8050 Freising
☎ 0 81 61-46 11 ⌁ 5 26 520

8051 Benker
J. Benker KG Holzimprägnierwerke
Bergstr. 4
8051 Hörgertshausen
☎ 0 87 64-2 02 ⌁ 5 8 719 jbh d

8051 Hanrieder
F. X. Hanrieder
8051 Kratzerimbach
☎ 0 81 67-2 33

8052 Kohn
Ziegelwerk Karl Kohn
8052 Moosburg-Ziegelberg
☎ 0 87 61-40 94

8052 Nau
Bayerischer Behälterbau
Stefan Nau Werk Pfrombach
✉ 2 80
8052 Moosburg
☎ 0 87 62-8 61 ⌁ 5 8 724

8052 Normstahl
NORMSTAHL-Werk E. Döring GmbH
Normstahlstr. 1-3 ✉ 2 40
8052 Moosburg/Isar
☎ 0 87 61-68 30 ⌁ 5 8 741

8052 Steinbock
Steinbock GmbH
Steinbockstr. 38 ✉ 1 29
8052 Moosburg/Isar
☎ 0 87 61-8 00 ⌁ 5 8 717

8053 Wöhrl
Wöhrl GmbH Ziegelwerk - Deckensysteme
8053 Berghaselbach 5
☎ 0 81 68-7 66

8057 Riexinger
Türenwerke Riexinger, Niederlassung München
Klosterweg 4
8057 Eching
☎ 0 89-3 19 20 34

8057 vacuplan
vacuplan® Bau-Kunststoffe GmbH
Dieselstr. 3
8057 Eching
☎ 0 81 65-70 62 00 ⌁ 5 26 718 hwech

8058 Bartholith
Bartolith-Werke GmbH
Parkstr. 41-49
8058 Erding
☎ 0 81 22-17 16-18 Fax 1 57 38 ⌁ 5 26 850 barto d

8058 Indula
INDULA Farbwerke GmbH
Daimlerstr. 5
8058 Erding
☎ 0 81 22-18 90 Fax 1 89 36 ⌁ 526 871 indul d

8060 Hartmann
Ziegelwerk Peter Hartmann
Bruckerstr. 50
8060 Dachau
☎ 0 81 31-7 18 22

8060 Helfer
Ziegelwerk Leonhard Helfer
8060 Dachau
☎ 0 81 31-47 18

8060 Müller, W. KG
SÜROFA Südd. Rohrmattenfabrik W. Müller KG
Roßwachtstr. 50 ✉ 18 05
8060 Dachau-Ost
☎ 0 81 31-2 10 21 und 22 Fax 2 15 38 ⌁ 5 27 511

8060 Reischl
Otto Reischl
8060 Dachau
☎ 0 81 31-60 28

8062 PASA
PASA-PLAST-PROFIL GMBH
Industriestr. 11-15
8062 Markt Indersdorf
☎ 0 81 36-70 41 ⌁ 5 26 669

8069 Wilms
H. Wilms, Schwimmbadüberdachungen
Rosenstr. 26
8069 Wolnzach
☎ 0 84 42-25 07

8070 Ducalin
Ducalin Kunststoffe
Gaimersheimer Str. 2
8070 Ingolstadt
☎ 08 41-8 19 93

8070 Flexipack
Flexipack-Werk Cölestin Wunderlich & Co. KG
✉ 2 07
8070 Ingolstadt/Donau 2
☎ 0 84 53-6 61 Fax 26 97 Teletex 8 45 383

8070 Schubert
Schubert & Salzer Maschinenfabrik
Aktiengesellschaft
Friedrich-Ebert-Str. 84 ✉ 2 60
8070 Ingolstadt
☎ 08 41-50 62 38 Fax 5 35 86 ⌁ 5 5 836 ssi d

8070 Wika
Wika Isolier- und Dämmtechnik GmbH
Bischof-Neumann-Str. 23a ✉ 43
8070 Ingolstadt 2
☎ 0 84 50-70 25 Fax 16 47 ⌁ 5 5 777

8070 WKB
WKB Weinzierl GmbH Kies und Betonwerk KG
8070 Ingolstadt
☎ 08 41-6 21 81

8071 Kessel
Kessel GmbH, Hausentwässerung
Bahnhofstr. 31
8071 Lenting
☎ 0 84 56-2 70 Fax 2 71 02 ⌁ 5 5 843

8071 Turber
Ziegelwerke Turber
8071 Pförring
☎ 0 84 03-2 87

8071 Ziegelwerk
Ziegelwerk Eitensheim
8071 Eitensheim
☎ 0 84 58-83 06 und 88 35

8074 Ziegelwerk
Ziegelwerk Gaimersheim GmbH
Xaver-Ernst-Siedlung 1
8074 Gaimersheim
☎ 0 84 58-17 57

8078 Bergér
Georg Bergér, Natursteine
✉ 11 16
8078 Eichstätt-Harthof
☎ 0 84 21-40 11 ⌁ 5 5 932

8078 Niefnecker
Ludwig Niefnecker KG
Westenstr. 101
8078 Eichstätt
☎ 0 84 21-10 31 ⌁ 5 5 916 niwo d

8078 Schöpfel
Alois Schöpfel OHG
An der B 13 ✉ 59
8078 Eichstätt-Wegscheid
☎ 0 84 21-10 48 und 49 ⌁ 5 5 919 asw d

8078 Strobl
Karl Strobl Solnhofer Natursteine
✉ 14
8078 Eichstätt (Preith)
☎ 0 84 21-10 19 ⌁ 5 5 902 stvoka d

8079 Juma
JUMA - Natursteinwerke GmbH & Co. KG
✉ 5
8079 Kipfenberg-Gungolding
☏ 0 84 65-17 30 Fax 1 73 59 ⌁ 5 5 412 juma d
→ 1000 Juma
→ 4750 Juma

8079 Maco
Maco Dach GmbH
Eichengrund 14
8079 Kipfenberg-Altenzell

8079 Roho
ROHO-WERK GMBH + CO. KG
8079 Walting/Bay.
☏ 0 84 26-5 14 ⌁ 5 5 914
→ 3052 Roho

8080 BKN
BKN Karl Bögl GmbH & Co. Baustoffwerke
Augsburger Str. 100
8080 Fürstenfeldbruck-Puch
☏ 0 81 45-10 95 Fax 65 05

8080 Grimm
Hans Grimm GmbH Betonwerk
Malchinger Str. 17
8080 Fürstenfeldbruck
☏ 0 81 41-13 61 Fax 2 04 75

8080 Hebel
Hebel GmbH Marketing, Abt. Bauinformation
✉ 13 53
8080 Emmering-Fürstenfeldbruck
☏ 0 81 41-9 80 Fax 9 83 54
→ 2361 Hebel
→ 4520 Hebel
→ 5000 Hebel
→ 7502 Hebel
→ 7522 Hebel
→ 8080 Hebel
→ 8470 Hebel
→ 8755 Hebel

8080 Plantener
Plantener Ausstattungssysteme GmbH
Am Tonwerk 1 ✉ 15 42
8080 Fürstenfeldbruck
☏ 0 81 41-4 49 78 und 79 Fax 4 26 36 ⌁ 5 270 175

8081 Herold
Werner Herold Säge- und Holzverarbeitungswerk
Inh. Gg. Frank
8081 Moorenweis
☏ 0 81 46-2 34

8081 Kellerer
Johann Kellerer
8081 Oberweikertshofen
☏ 0 81 45-10 57

8081 Kinader
Kinader KG
8081 Mittelstetten
☏ 0 82 02-16 68

8082 Klappex
Klappex Fenster-GmbH
Jesenwanger Str. 52
8082 Grafrath
☏ 0 81 44-70 51

8083 Alujet
ALUJET-Aluminium Vertriebs GmbH
Am Bahnhof
8083 Mammendorf
☏ 0 81 45-10 36 ⌁ 5 27 626 ps d

8087 Hirsch
Presto Dämmbaustoffe Hirsch GmbH
Guggenbergstr. 5
8087 Türkenfeld
☏ 0 81 93-80 11 Fax 66 92

8090 Huber
Huber & Sohn GmbH & Co. KG
8090 Bachmehring
☏ 0 80 71-30 51 ⌁ 5 25 126

8091 Hain
Josef Hain GmbH & Co. KG
8091 Ramerberg-Zellerreit
☏ 0 80 39-10 61

8094 Inntal
INNTAL HOLZHAUS Fertighaus GmbH
Kroiter Str. 6
8094 Wasserburg-Reitmehring
☏ 0 80 71-80 14 und 15

8098 Hain
Mathias Hain GmbH
8098 Lehen 40, Post Pfaffing
☏ 0 80 39-10 64 Fax 41 39 ⌁ 5 25 328 hain d

8098 Käsweber
Tonwerk Hans Käsweber
✉ Post Pfaffing
8098 Holzmann
☏ 0 80 39-29 95

8120 Fröhlich
Margret Fröhlich, Werksvertretungen-Baukeramik
Eisvogelstr. 23
8120 Weilheim/Obb.
☏ 08 81-76 00 ⌁ 5 9 809

8120 Sanbloc
SANBLOC GmbH Installations-Fertigbau
Am Weidenbach 3 ⊠ 1 09
8120 Weilheim
☎ 08 81-68 50 Fax 81 13 ⫩ 5 9 892

8120 terratherm
terratherm Gesellschaft für Wärmetechnik mbH
8120 Lichtenau
☎ 0 88 09-5 12 ⫩ 5 9 860 ttgfw d

8120 Zarges
Zarges-Leichtbau GmbH
8120 Weilheim
☎ 08 81-8 71 ⫩ 5 986 210

8121 Hartplast
Haushofer-Hartplast GmbH & Co. KG
Hartschimmel
8121 Pähl
☎ 0 88 08-3 30

8121 ROTAN
ROTAN GmbH Holztechnik
Am Steinbruch 7
8121 Polling b. Weilheim
☎ 08 81-30 22/3 ⫩ 5 9 886

8128 Hauraton
Hauraton GmbH & Co. KG Betonwarenfabrik
8128 Polling
☎ 08 81-74 91 Fax 4 90 74

8130 ABS
ABS Massivhaus GmbH
Gautinger Str. 7a
8130 Starnberg
☎ 0 81 51-1 30 19

8130 Filtrax
FILTRAX GmbH & Co. KG
Gautinger Str. 10
8130 Starnberg
☎ 0 81 51-10 11 ⫩ 5 26 465 fitra d

8132 Di
DI Development GmbH
Kirschnerstr. 5
8132 Tutzing/Oberb.
☎ 0 81 58-65 57

8132 Dittmayer
W. Dittmayer, Alleinimport
⊠ 1 09
8132 Tutzing
☎ 0 81 58-4 98

8137 Kabo
KABO K. Bosshard
Perchastr. 7 ⊠ 31
8137 Berg 1/Starnberger See
☎ 0 81 51-5 14 16 Fax 5 15 87

8137 Morasch
Karl Morasch Handelsgesellschaft
für Dachbaustoff mbH
Kapellenweg 9
⊠ 77
8137 Berg 1
☎ 0 81 51-5 12 78 und 5 14 14 ⫩ 5 270 206 moba

8137 Obermaier
Oku-Obermaier GmbH Kunststoff und Metall
8137 Sibichhausen
☎ 0 81 51-5 12 26 Fax 5 02 20

8150 Flachglas
FLACHGLAS AG DELOG-DETAG
Bereich Kunststoffe
⊠ 25
8510 Fürth
☎ 09 11-79 01 ⫩ 6 23 473

8170 Moralt
Moralt Holzwerkstoffe GmbH & Co. KG
Lenggrieser Str. 52-54
8170 Bad Tölz
☎ 0 80 41-50 81

8170 Twintex
Twintex Schraubenfabrik GmbH
Eichmühlstr. 12
8170 Bad Tölz
☎ 0 80 41-40 40 ⫩ 5 26 238

8172 Niederberger
Heinrich Niederberger KG
⊠ 11 60
8172 Lenggries
☎ 0 80 42-20 91 bis 98 ⫩ 5 26 229

8176 Kalk
Kalk- und Zementwerk Marienstein GmbH
8176 Waakirchen 3
☎ 08 21-6 14

8184 Schnitzenbaumer
Chem.-techn. Spezialprodukte W. Schnitzenbaumer
⊠ 64
8184 Gmund am Tegernsee
☎ 0 80 22-71 27 ⫩ 5 26 965 wsg d

2

8192 Filigran
Filigran Trägersysteme GmbH & Co. KG
Blumenstr. 17 ✉ 15 60
8192 Geretsried 1
☎ 0 81 71-6 00 63 Fax 6 00 60
→ 3071 Filigran

8192 Golde
GOLDE GmbH
✉ 8 09
8192 Geretsried 2
☎ 0 88 05-10 91 Telex 5 9 838

8192 Hesshaimer
A. Hesshaimer Stahl und Metallbau
Hirschenweg 3
8192 Geretsried 1
☎ 0 81 71-32 98

8192 Pana
PANA-SCHAUMSTOFF GmbH
Adalbert-Stifter-Str. 36-38 ✉ 13 64
8192 Geretsried
☎ 0 81 71-40 55 und 56 Fax 83 29 Telex 5 26 397

8192 Speck
Speck - Kolbenpumpen-Fabrik Otto Speck KG
✉ 12 40
8192 Geretsried 1
☎ 0 81 71-66 07 Telex 5 26 315

8192 Union
Unionplastik GmbH
✉ 11 04
8192 Geretsried 1
☎ 0 81 71-40 21 und 22 Telex 5 26 323 uplast d

8195 IPA
IPA-Bauchemie GmbH
Riedhof 5
8195 Egling 1
☎ 0 81 71-70 31 und 32 Fax 1 67 62 Telex 5 27 807

8200 Biesel
Biesel Holzhandwerk
Traberhofstr. 103
8200 Rosenheim
☎ 0 80 31-6 80 01 und 02

8200 Hamberger
Hamberger Industriewerke GmbH
✉ 2 20
8200 Rosenheim 2
☎ 0 80 31-70 00 Telex 5 25 736 und 5 25 821

8200 Kathrein
KATHREIN-Werke KG
✉ 2 60
8200 Rosenheim 2
☎ 0 80 31-18 40 Telex 5 25 859

8200 Komar
Komar-Betriebe
Oberaustr. 1
8200 Rosenheim
☎ 08 31-1 70 11 Telex 5 25 793

8200 Naturhaus
NATURHAUS - D. Waldbach-Bernhardt &
H. Kastenhuber GbR
Austr. 11
8200 Rosenheim
☎ 0 80 31-8 14 96 und 8 18 80

8200 Rief
Wilhelm Rief GmbH & Co. Fensterfabriken
✉ 3 25
8200 Rosenheim
☎ 0 80 31-3 10 81 Telex 5 25 724

8201 Pöschl
Josef Pöschl, Info-Büro der
VARIOTHERM®-Heizleisten Ges.m.b.H., Wien
✉ 12 68
8201 Obing
☎ 0 86 24-22 52

8201 Richter
Richter Spielgeräte GmbH
Simsseestr. 29
8201 Frasdorf 1
☎ 0 80 52-3 31

8201 Sattlberger
Sattlberger Hobelwerk
Kräuterstr. 10
8201 Samerberg (Grainbach)
☎ 0 80 32-86 00

8201 Wiesböck
Tonwerk Kolbermoor Georg Wiesböck KG
8201 Kolbermoor
☎ 0 80 31-9 10 71/2/3

8202 Arcus
Arcus Holzmassivhaus und Handels GmbH
Wittelsbacherstr. 4
8202 Bad Aibling
☎ 0 80 61-89 11

8204 Waler
Waler Baustoffvertriebs-GmbH
Madronstr. 10 ✉ 11 06
8204 Brannenburg
☎ 0 80 34-35 53 Telex 5 25 741

8204 Waler
Waler Baustoffvertriebs-GmbH
Madron 2 ✉ 11 06
8204 Brannenburg
☎ 0 80 34-35 53 Telex 5 25 741

8207 Wiebel
Hermann Wiebel GmbH & Co. KG
✉ 3 61
8207 Endorf
☏ 0 80 53-8 51 Fax 29 20

8208 Faserbetonwerk
Faserbetonwerk Kolbermoor GmbH & Co. KG
Glasberg 1
8208 Kolbermoor
☏ 0 80 31-9 10 71 ⌁ 5 25 827

8211 Traut
Wolfgang Traut Werksvertretungen
Gasteigweg 4
8211 Schleching-Mühlau
☏ 0 86 49-6 14 Fax 12 91 ⌁ 5 63 348 traut d

8214 Isovolta
ISOVOLTA MAX-Schichtstoffplatten Vertriebs-GmbH
Chiemseestr. 15
✉ 12 25
8214 Bernau/Chiemsee
☏ 0 80 51-71 41 Fax 88 33 ⌁ 5 25 456 max
→ 4902 Isovolta

8216 Wimböck
Wimböck GmbH Lufttechnik
Tiroler Str. 60
8216 Reit im Winkel
☏ 0 86 40-10 33 Fax 10 31 ⌁ 5 63 318 wilu d

8219 Koit
KOIT Konstruktive Membranen
Nordstr. 1 ✉ 27
8219 Rimsting
☏ 0 80 51-6 90 90 Fax 69 09 19 ⌁ 5 25 419

8220 Steber
Fr. Xaver Steber GmbH & Co. KG
Seiboldsdorf 1
8220 Traunstein
☏ 08 61-44 85

8221 Regnauer
Engelbert Regnauer GmbH & Co. KG Fertigbauwerk
Pullacher Str. 11 ✉ 47
8221 Seebruck/Chiemsee
☏ 0 86 67-7 20 Fax 7 22 23 ⌁ 5 6 854

8223 SKW
SKW Trostberg Aktiengesellschaft
✉ 12 62
8223 Trostberg
☏ 0 86 21-8 61 ⌁ 5 63 129-25 sk d

8225 Compakta
Compakta-Werke Baustoff GmbH
Traunring 65 ✉ 11 60
8225 Traunreut
☏ 0 86 69-20 51 bis 53 ⌁ 5 6 840

8225 Rosenthal
Spannbeton-Werk Hans Rosenthal Inh. K. Bachl
Liebigstr. 8-10 ✉ 14 28
8225 Traunreut bei Traunstein
☏ 0 86 69-40 11/12

8227 Brauns
Rudolf Brauns GmbH & Co. KG
✉ 11 46
8227 Siegsdorf
☏ 0 86 62-70 26

8228 Climal
Climal Radiatoren GmbH
✉ 1 48
8228 Freilassing

8228 Decostyl
DECOSTYL Rapsch & Co. OHG
Laufener Str. 128
8228 Freilassing
☏ 0 86 54-6 18 34 ⌁ 8 69 472 detyl

8228 Emmerling
Hans-Jörg Emmerling GmbH
Münchener Str. 65
8228 Freilassing
☏ 0 86 54-30 44

8228 FAAC
FAAC G.m.b.H.
Commernstr. 12a
8228 Freilassing
☏ 0 86 54-6 10 76

8228 Schösswender
Metallwerk Schösswender
Pommernstr. 14 ✉ 16 49
8228 Freilassing
☏ 0 86 54-6 10 61 ⌁ 5 6 656

8228 Superfire
SUPERFIRE KAMINE Vertriebs-Ges. m.b.H.
✉ 1 85
8228 Freilassing
☏ 00 43-66 28 46 32 10 ⌁ 4 7 633 807

8229 Gröber
Gröber Fenster
Leobendorfer Str. 7
8229 Kircharsschösing
☏ 0 86 85-4 88 und 4 89

2

8229 Niedergünzl
Niedergünzl GmbH Parkettfabrik
8229 Kirchanschöring-Neunteufeln 2
☏ 0 86 84-2 12 und 8 51 Fax 91 91 ⌁ 5 63 034 inho

8229 Otto
Otto-Chemie
✉ 20
8229 Fridolfing
☏ 0 86 84-5 25

8229 Zuwa
Zuwa-Zumpe GmbH
Franz-Fuchs-Str. 13
8229 Laufen/Obb.
☏ 0 86 82-3 16

8230 Rapold
Rapold GmbH
Alte Thumseestr. 21
8230 Bad Reichenhall 3
☏ 0 86 51-12 50 Fax 6 11 19

8235 Ott
Theo Ott GmbH
Innebergweg 2
8235 Piding 1
☏ 0 86 51-34 50

8250 Münzenloher
Franz Münzenloher
Furt
8250 Dorfen/Obb.
☏ 0 80 81-5 71

8252 Gruber
Ziegelei Angerskirchen Gruber, Liebl & Co.
8252 Taufkirchen/Vils
☏ 0 80 84-12 18

8254 Meindl
ISKO Isener Ziegelwerke Herbert Meindl
GmbH & Co. KG
8254 Isen/Obb.
☏ 0 80 83-80 41

8257 RoRo
RoRo Sauna-Vertriebs GmbH R. Rott
Kalkgrub 14
8257 St. Wolfgang
☏ 0 80 85-7 71 Fax 10 43

8260 Schörghuber
Schörghuber Spezialtüren GmbH & Co. Betriebs KG
✉ 4 29
8260 Mühldorf 2
☏ 0 86 31-6 15 20 ⌁ 5 6 723 Telefax 1 43 67

8261 Ebenseer
Aschauer (vormals Ebenseer) Betonwerke
Betonfertigteile- und Anlagenbau GmbH
8261 Aschau-Werk
☏ 0 86 38-20 73 und 74 Fax 8 21 38

8261 Gandlgruber
Beton-Gandlgruber GmbH
Holzhauser Str.
8261 Teising
☏ 0 86 33-10 11

8261 Holzner
Ziegelwerk Aubenham Adam Holzner KG
8261 Oberbergkirchen
☏ 0 86 37-8 41 und 8 42 Fax 4 54

8261 innbau
innbau-beton Fertigteilwerk
Dieselstr. 2
8261 Ampfing
☏ 0 86 36-59 40

8261 Sägewerk Schwarz
Ziegel- und Sägewerk Schwarz GmbH
8261 Kastl/Obb.
☏ 0 86 79-10 18 Fax 75 31

8261 Schwarz, J.
Ziegelwerk Josef Schwarz GmbH
Engelhausen
8261 Taufkirchen
☏ 0 86 38-77 77

8261 Unterholzner
August Unterholzner Ziegelwerk
Eisenfelden 1
8261 Winhöring
☏ 0 86 71-23 04

8261 Voringer
K. Voringer
Steinhöringer Str. 18
8261 Winhöring

8264 Netzsch
Netzsch-Mohnopumpen GmbH
Liebigstr. 28
8264 Waldkraiburg
☏ 0 86 38-6 31 ⌁ 5 6 421
Fax 6 79 81 und 6 79 99

8264 Stangl
Stangl-Aktiengesellschaft Betonwarenherstellung
8264 Waldkraiburg-Niederndorf
☏ 0 86 38-77 96 Fax 7 32 71

8266 Linden
Betonwerk Linden GmbH & Co. Fertigteilwerk KG
8266 Töging/Inn
☏ 0 87 21-9 95 21

8266 Schwarz
Betonwerk Schwarz GmbH
Innstr. 81
8266 Töging
☏ 0 86 31-9 45 97

8267 Reißl
Lorenz Reißl GmbH & Co. KG
8267 Neumarkt-St. Veit
☏ 0 86 39-86 41

8300 Bauer
Ziegel- und Betonwerke Georg Bauer GmbH & Co. KG
8300 Kumhausen
☏ 08 71-4 10 12

8300 Dymo
Dymo Maschinenbau GmbH
Lehbühlstr. 19
8300 Landshut
08 71-2 42 02 und 0 73 21-6 58 06

8300 Everest
Everest Baustein GmbH
Sonnenring 14
8300 Landshut (Altdorf)
☏ 08 71-3 20 41 ⌨ 5 8 375

8300 Isarbaustoff
Isarbaustoff GmbH & Co.
8300 Landshut 1
☏ 08 71-7 40 44

8300 VP
VP-Vereinigte Pulverlack GmbH
Dieselstr. 7
✉ 4 91
8300 Landshut
☏ 08 71-7 20 10 ⌨ 5 8 238 vpla

8300 Ziegel
Ziegelverkaufsstelle Landshut-Regensburg GmbH
Nikolastr. 36
8300 Landshut
☏ 08 71-6 10 61

8301 Efaflex
EFAFLEX Transport- und Lager-Technik GmbH
Fliederstr. 14
8301 Bruckberg
☏ 0 87 65-13 13 ⌨ 5 8 716

8301 Erlus
Erlus Baustoffwerke AG Hauptverwaltung
Werk Neufahrn und Werk Ergoldsbach
✉ 40
8301 Neufahrn/Ndb.
☏ 0 87 73-8 51 ⌨ 5 81 201 erlus d
→ 6720 Erlus

8301 Maier, A. & M.
A. & M. Maier GmbH & Co. KG
Grafentraubach ✉ 20
8301 Laberweinting 1
☏ 0 87 72-7 51

8302 Brand
A. Brand Lärmschutz
Freisinger Str. 24 ✉ 12 68
8302 Mainburg
☏ 0 87 51-90 27

8302 Wolf
WOLF Klimatechnik
✉ 13 80
8302 Mainburg
☏ 0 87 51-7 40 ⌨ 58 521

8303 HAMA
Hama Alu + Holzbauwerk GmbH
✉ 80
8303 Rottenburg/Laaber
☏ 0 87 81-4 75 ⌨ 5 81 104

8303 Maier
Ziegelwerk Maier & Kunze OHG
Max-von-Müller-Str. 23
8303 Rottenburg/Laaber
☏ 0 87 81-4 02

8311 Eichenseher
Anton Eichenseher Holzbearbeitung · Drechslerei
Gummeringer Str. 18
8311 Niederviehbach
☏ 0 87 02-14 85

8311 Girnghuber
Dachziegelwerk Ludwig Girnghuber GmbH
8311 Marklkofen
☏ 0 87 32-13 01

8311 Huber
Huber-Holzhaus Otto Huber GmbH
8311 Pauluszell
☏ 0 87 42-82 90 Fax 25 90

8311 Leipfinger
Leipfinger-Bader Ziegelwerke
Post Buch am Erlbach
8311 Vatersdorf
☏ 0 87 62-8 71

8318 Riebesacker
Ziegelwerk Michael Riebesacker
Hauptstr. 58
8318 Bodenkirchen
☏ 0 87 45-2 10

2

8330 Brunner
Ulrich Brunner GmbH
Gußkonstruktionen für den Kachelofenbau
Zellhub
8330 Eggenfelden
☏ 0 87 21-30 11 Teletex 8 721 800

8330 Hocoplast
HOCOPLAST GMBH & CO. KG Werk I
Lauterbachstr. 50 ✉ 13 60
8330 Eggenfelden
☏ 0 87 21-30 96 bis 99 ⌁ 5 8 811 hoco d

8330 Hofstetter
Hofstetter & Co. Holzindustrie GmbH & Co. KG
Rotwiesenweg 21 ✉ 13 60
8330 Eggenfelden
☏ 0 87 21-30 96/7/8 ⌁ 5 8 811

8331 Haas
Xaver Haas GmbH Holzbau
8331 Falkenberg
☏ 0 87 27-5 11

8332 HDG
HDG - Kessel- und Apparatebau GmbH
Siemensstr. 6
8332 Massing/Rott
☏ 0 87 24-17 21 und 22 ⌁ 58 803 hdg-ma

8332 Hofmeister
HOFMEISTER® Industriefußboden GmbH
Bahnhofstr. 7
✉ 40
8332 Massing
☏ 0 87 24-5 01 ⌁ 5 8 801

8332 Laumer
Laumer
8332 Massing
☏ 0 87 24-3 19

8333 Linden
Betonwerk Linden GmbH & Co. Fertigteilwerk KG
8333 Hebertsfelden/Linden
☏ 0 87 21-70 60

8335 HAAS
HAAS-Holzbau GmbH
Ruderfing
8335 Falkenberg
☏ 0 87 27-1 80 Fax 18 38

8335 öko-span
öko-span Haus- und Bausysteme GmbH
Ruderfing
8335 Falkenberg

8340 Faltermeier
A. Faltermeier Baustoffe
8340 Pfarrkirchen
☏ 0 85 61-65 95

8341 Blieninger
Blieninger
Schlettwagen 2
8341 Postmünster
☏ 0 85 61-87 83

8342 Schlagmann
Schlagmann Baustoffwerke GmbH & Co. KG
✉ 20
8342 Lanhofen, Post Tann
☏ 0 85 72-6 83 bis 6 85 ⌁ 5 71 315 schla

8343 Becker
Metallwarenfabrik Walter H. Becker GmbH
✉ 61
8343 Triftern
☏ 0 85 62-26 01 Fax 24 34 ⌁ 5 7 318

8346 Heraklith
Deutsche Heraklith Aktiengesellschaft
✉ 11 20
8346 Simbach/Inn
☏ 0 85 71-4 00 Fax 57 55 ⌁ 5 71 310

8350 Kermi
KERMI GmbH & Co. KG
8350 Plattling/Pankofen 54
☏ 0 99 31-50 10 ⌁ 6 9 531

8351 Bolta
Bolta Industrie- und Bauprofile GmbH
✉ 40
8351 Schönberg
☏ 0 85 54-14 64 bis 67 Fax 19 96 ⌁ 5 7 485

8352 AMF
AMF-Mineralfaserplatten GmbH Betriebs KG
✉ 1 26
8352 Grafenau
☏ 0 85 52-3 00 und 45 ⌁ 5 7 410

8352 ATEX
ATEX Werke GmbH u. Co. KG
✉ 26
8352 Grafenau
☏ 0 85 52-3 00 Fax 3 01 04
⌁ 5 7 410 und 5 7 411

8352 Zambelli
Zambelli Fertigungs GmbH & Co.
Haus im Wald
8352 Grafenau
☏ 0 85 52-3 32/3 33 ⌁ 57 458

8357 Lung
Lung lufttechnische Anlagen GmbH
Haidlfinger Str. 29
8357 Wallersdorf
☏ 0 99 33-83 53 ⌁ 69 568 lung d

8359 Kusser
Josef Kusser Granitwerke
Renholding 29
8359 Aicha v. W.
☏ 0 85 44-4 11 ⌁ 57 526

8359 Sonnleitner
Sonnleitner Holzwerk GmbH
Afham 5
8359 Ortenburg
☏ 0 85 42-75 61

8359 Thiele
Thiele-Granit
8359 Fürstenstein
☏ 0 85 04-20 55 Fax 38 70 ⌁ 57 749

8360 Götz
Götz BAUELEMENTE GMBH
✉ 13 40
8360 Deggendorf
☏ 09 91-20 02 48 und 49

8370 Holsta
HOLSTA-GERÄTE H. Jänsch
Holz-Stahl-Granit für Grünanlagen
Kolpingstr. 16
8370 Regen
☏ 0 99 21-37 97

8380 Möding
Dachziegelwerk Möding GmbH & Co. KG
Frühlingstr. 2 ✉ 2
8380 Landau/Isar-Möding
☏ 0 99 51-70 17 bis 19 Fax 58 39

8382 Lindner
Lindner Aktiengesellschaft
Decken-, Boden- und Trennwandsysteme
✉ 11 80
8382 Arnstorf
☏ 0 87 23-2 00 Fax 2 01 47 ⌁ 5 8 813
Teletex 8 72 382

8390 Dorn
Hans Dorn, Baustoffwerke GmbH + Co. KG
Industriestr. 12
8390 Passau 17
☏ 08 51-80 10 Fax 80 11 76 ⌁ 5 7 724

8390 PEDA
PEDA GmbH Blockhausbau
Osserweg 1
8390 Passau
☏ 08 51-4 29 91

8391 Bachl-Hart
Bachl-Hartschaum Karl Bachl Kunststoffverarbeitung
Osterbachtal 1 ✉ 1
8391 Röhrnbach
☏ 0 85 82-10 61 bis 63 ⌁ 5 71 111

8391 Bachl-Ziegel
Karl Bachl Ziegel- und Betonwerke Deching
✉ 1
8391 Röhrnbach
☏ 0 85 82-10 11 bis 18 ⌁ 5 71 111

8391 Bayerwald
Bayerwald Fensterfabrik
Altenbuchinger GmbH & Co. KG
8391 Tittling bei Passau
☏ 0 85 04-20 14 Fax 80 99 ⌁ 57 934

8395 HWH
Holzwerke Hauzenberg GmbH & Co. KG
Brückenstr. 31 ✉ 34
8395 Hauzenberg
☏ 0 85 86-3 01 ⌁ 5 71 119 hohau d

8399 Erbersdobler
Ziegelei Ferd. Erbersdobler KG
8399 Fürstenzell-Gurlarn 2
☏ 0 85 02-2 61 und 6 61

8399 Lange
Tonwerk Lange Höhenmühle GmbH & Co. KG
Höhenmühle/Rottal
8399 Ruhstorf 2
☏ 0 85 34-4 81

8399 Schätz
Schätz Fertigbau KG und Tonwerk GmbH
Penning 2
8399 Rotthalmünster
☏ 0 85 32-20 81 ⌁ 5 7 282

8400 Fleischner
Alfred Fleischner GmbH
Sedanstr. 13 ✉ 54
8400 Regensburg
☏ 09 41-79 82 71 Fax 79 82 73 ⌁ 6 5 865

8400 Lackfabrik
Regensburger Lackfabrik GmbH
Maxhüttenstr. 6 ✉ 40
8400 Regensburg 1
☏ 09 41-79 81 94 ⌁ 6 52 577 relac d

2

8400 Lerag
LERAG J. Obpacher KG
Guerickestr. 41 ✉ 2 00
8400 Regensburg 1
☎ 09 41-7 20 41 ⌁ 6 5 711

8400 Myrtha
Myrtha Metallbau GmbH
Auweg 48 ✉ 3 25
8400 Regensburg
☎ 09 41-79 81 31 Fax 79 48 69 ⌁ 6 5 774

8400 Renz
Ziegelwerk Renz GmbH
8400 Regensburg
☎ 09 41-3 50 34

8400 Schindler
Schindler & Co. KG
Hoferstr. 10 ✉ 12 05 07
8400 Regensburg
☎ 09 41-6 10 51 ⌁ 6 5 639

8400 Schönton
Schönton Werke KG
Weichserweg 5
8400 Regensburg

8404 Senft
Franz Senft Ziegelwerk
8404 Wörth a. d. Donau
☎ 0 94 82-21 56

8413 Gerhard
GERHARD + RAUH REGENSTAUF
Bayernstr. 16
8413 Regenstauf
☎ 0 94 02-80 25 ⌁ 6 5 715

8413 Puchner
Dampfziegelwerk Regenstauf
Puchner & Co. GmbH & Co. KG
✉ 1 06
8413 Regenstauf
☎ 0 94 02-18 13

8415 Schlingmann
Schlingmann GmbH & Co. Spanplattenwerk
Industriestr.
8415 Nittenau
☎ 0 94 36-2 00 ⌁ 6 5 312

8420 Kiefer-Reul-Teich
KIEFER-REUL-TEICH GmbH
✉ 15 40
8420 Kelheim
☎ 0 94 41-70 80 Fax 70 81 10 ⌁ 6 5 462

8421 Priller
Ziegelwerk Xaver Priller
8421 Wildenberg-Irlach
☎ 0 94 44-80 81

8421 Rygol
RYGOL-Dämmstoffwerk Werner Rygol KG
8421 Painten
☎ 0 94 99-2 51 Fax 12 10 ⌁ 6 52 412

8421 Rygol Kalkwerk
Kalkwerk Rygol KG
8421 Painten bei Kelheim
☎ 0 94 99-2 12 Fax 2 16 ⌁ 6 5 407 kary

8423 Hofbauer
Hofbauer Treppenbau
Regensburger Str. 42
8423 Abensberg
☎ 0 94 43-12 42 Fax 12 44

8425 Kiefer
Marmor-Industrie Kiefer AG
✉ 11 29
8425 Neustadt/Donau
☎ 0 94 45-28 46

8425 Köglmaier
Ziegelwerk Sittling Heinrich Kögelmaier
8425 Neustadt/Donau
☎ 0 94 45-28 34

8426 Holzkalk
Holzkalkbrennerei und Kalklager
Riedenburgerstr. 12-14
8426 Altmannstein ü. Kelheim
☎ 0 94 46-12 15

8429 HMK
HMK Möller-Chemie Steinpflegemittel GmbH
Chemische Fabrik
Ziegeltalstr. 2
8429 Ihrlerstein/Kelheim
☎ 0 94 41-90 37 ⌁ 6 5 463 hmkst d

8430 BKN
BKN Karl Bögl GmbH & Co. Baustoffwerke
Weichselstein ✉ 11 24
8430 Neumarkt
☎ 0 91 81-90 20 Fax 9 02 58 Teletex 9 18 183
→ 8080 BKN

8430 Dehn
Dehn + Söhne GmbH + Co. KG
Elektrotechnische Fabrik
Hans-Dehn-Str. 1
8430 Neumarkt/Opf.
☎ 0 91 81-90 60

8430 Pfleiderer
Pfleiderer Bausysteme GmbH
Ingolstädter Str. 51 ✉ 14 80
8430 Neumarkt
☎ 0 91 81-2 80 Fax 2 82 04 ⌧ 6 24 416

8432 Krauss
H. Willy Krauss GmbH & Co.
Kelheimer Str. 33 ✉ 12 20
8432 Beilngries
☎ 0 84 61-2 25 ⌧ 5 5 411

8437 Drkosch
STALL-Peter Peter Drkosch
8437 Möning
☎ 0 91 79-56 31

8439 Kago
Kago GmbH & Co. KG
Hauptstr. 2-4
8439 Postbauer bei Nürnberg
☎ 0 91 88-18 07 ⌧ 6 24 475

8440 Jungmeier
Max Jungmeier Dachziegelwerke und Tonwarenfabriken
Landshuter Str. 130
✉ 02 61
8440 Straubing
☎ 0 94 21-36 21 ⌧ 6 52 140 jungm d

8440 Mayr
Dachziegelwerke Josef Mayr GmbH
✉ 03 51
8440 Straubing
☎ 0 94 21-1 26 63 ⌧ 6 5 502 mayr d

8443 Bayerische Dachziegel
Bayerische Dachziegelwerke Bogen GmbH
8443 Bogen
☎ 0 94 22-36 94 Fax 45 21 ⌧ 6 52 102

8445 Venus
Max Venus Tonwerk
Lindforst 151
8445 Schwarzach
☎ 0 99 62-8 82

8448 Frank
Max Frank GmbH & Co. KG
8448 Leiblfing
☎ 0 94 27-4 37 Fax 15 88 ⌧ 6 5 578

8450 Korodur
Korodur Westphal Hartbeton GmbH & Co.
Welserstr. 7 ✉ 16 53
8450 Amberg
☎ 0 96 21-1 50 36 bis 38 ⌧ 6 31 265 wham

8451 Terranova
Terranova-Industrie C. A. Kapferer & Co.
Hauptsitz
Industriestr. 5
8451 Freihung/Oberpfalz
☎ 0 96 46-3 13 und 3 28 ⌧ 6 31 442
→ 1000 Terranova
→ 5354 Terranova
→ 8500 Terranova
→ 8602 Terranova

8452 Dorfner
Gebrüder Dorfner GmbH & Co.
Kaolin- und Kristallquarzsand-Werke KG
✉ 11 20
8452 Hirschau
☎ 0 96 22-8 20

8452 Dormineral
DORMINERAL Handels- und Speditionsgesellschaft mbH
✉ 11 20
8452 Hirschau
☎ 0 96 22-8 20

8452 ISG
ISG-Industriestein Gesellschaft mbH
✉ 11 20
8452 Hirschau
☎ 0 96 22-8 20

8453 Merkl
Ziegeleien Merkl
Schlicht 90 1/2
8453 Vilseck
☎ 0 96 62-3 62/63

8463 Winklmann
Ziegelmontagebau Winklmann GmbH & Co. KG
Ziegeleistr. 5-8
8463 Rötz
☎ 0 99 76-1 70 ⌧ 6 9 257

8465 Fischer
Fischer-Fertighaus GmbH
Rathausplatz 4-6
8465 Bodenwöhr
☎ 0 94 34-1 80 ⌧ 6 5 327

8470 Hebel
Hebel Gasbeton Stulln GmbH
✉ 11 68
8470 Stulln/Nabburg
☎ 0 94 35-9 31

2

8471 Bauer
Schamotte- und Klinkerwerk
Hans Bauer GmbH & Co. KG
Spatweg 10 ✉ 8
8471 Stulin
☏ 0 94 35-7 71/72 Fax 21 35 Telex 6 5 362

8472 Buchtal
Buchtal GmbH, Keramische Betriebe
✉ 49
8472 Schwarzenfeld/Opf.
☏ 0 94 35-9 11 Telex 6 5 317 und 06 5 351

8472 Knab
Karl Knab GmbH
Karl-Knab-Str.
8472 Schwarzenfeld
☏ 0 94 35-7 67 bis 69 Telex 6 5 359

8472 Stangl
Stangl Holzbau
8472 Schwarzenfeld
☏ 0 94 35-7 88

8474 Porosit
Porosit-Betonwerke GmbH
Nunzenrieder Str. 75
8474 Oberviechtach
☏ 0 96 71-15 04 Fax 32 10

8480 Flachglas
Flachglas AG, Bereich Kunststoffe
✉ 14 20
8480 Weiden/Opf.
☏ 09 61-8 91 Telex 6 3 822

8480 Grünhaus
GRÜNHAUS GmbH
Untere Bachgasse 8
✉ 14 66
8480 Weiden i. d. Opf.
☏ 09 61-71 31

8480 Ketonia
KBV-Ketonia Baustoff-Vertriebs GmbH & Co. KG
Almesbach 4 ✉
8480 Weiden/Opf.
☏ 09 61-3 10 01 Telex 6 3 886

8480 Sybac
SYBAC-Hallen + Industriebau
Am Forst 647 ✉ 19 47
8480 Weiden
☏ 09 61-3 30 33 Telex 6 3 923

8481 Compane
Compane Innovationen GmbH
Bayerischhof 1
8481 Krummennaab
☏ 0 96 83-4 75

8485 Stich
Ernst Stich KG Steinwerke
✉ 40
8485 Floß/Oberpf.
☏ 0 96 03-3 02

8490 Lindner
Johann Lindner
8490 Cham-Siechen 12
☏ 0 99 71-21 03

8490 Zitzmann
Hans Zitzmann Betonwerk
Siemensstr. 38
8490 Cham
☏ 0 99 71-38 26

8500 allsend
allsend-Haus Holz-Massivhäuser
Herriedener Str. 34
8500 Nürnberg 60
☏ 09 11-68 61 18 und 68 11 04 Fax 67 16 45

8500 allstar
allstar TREPPEN Verkaufsbüro
Kahläckerstr. 22
8500 Nürnberg-Brunn
☏ 09 11-83 18 54

8500 Biotherm
Biotherm Heizsysteme
Ludwig-Feuerbach-Str. 94
8500 Nürnberg 20
☏ 09 11-55 84 94

8500 Börner
Georg Börner,
Dachbaustoffhandelsgesellschaft mbH
Brunecker Str. 58-60
8500 Nürnberg
☏ 09 11-44 37 10 Telex 6 26 062

8500 Brio
Brio Scanditoy GmbH
Strawinskystr. 22
8500 Nürnberg 59
☏ 0 91 22-7 67 50

8500 Cortex
Cortex Korkvertriebs GmbH
Okenstr. 22
8500 Nürnberg 70
☏ 09 11-4 19 93 Fax 41 22 26 Telex 6 26 432

8500 Dahmit
Dahmit-Betonwerke
8500 Nürnberg
☏ 09 11-44 70 88

8500 Drebinger
Drebinger
Salzbacher Str. 88 ✉ 25 01 60
8500 Nürnberg 20

8500 Durament
Bayerisches Duramentwerk
Vollmann & Höllfritsch GmbH
Regensburger Str. 334
8500 Nürnberg 30
☎ 09 11-4 09 02 33 ⌧ 6 22 815 über terra

8500 Feldmann
Hannes Feldmann
Darmstädter Str. 24
8500 Nürnberg 90
☎ 09 11-30 44 11 und 30 18 88 Fax 30 17 66

8500 Fuchs
Christoph Fuchs GmbH & Co.
Hochbau-Tiefbau-Stahlbetonbau
Wöhrder Hauptstr. 31
✉ 20 01
8500 Nürnberg 1
☎ 09 11-53 36 98

8500 Hartmann
W. Hartmann & Co. (GmbH & Co.)
Raudtener Str. 9 ✉ 22 32
8500 Nürnberg 1
☎ 09 11-8 00 00

8500 Haselmeyer
Karlheinz Haselmeyer Farben und Putze
Ipsheimer Str. 26
8500 Nürnberg
☎ 09 11-61 61 17

8500 Hüwa
HÜWA GmbH Produkt Entwicklung & Co.
Herstellung + Vertrieb KG
Siebenbürger Str. 6
8500 Nürnberg 30
☎ 09 11-40 64 31 und 40 40 85

8500 Laport
Laport GmbH & Co. KG
Rehdorfer Str. 4
8500 Nürnberg 80
☎ 09 11-31 54 44 ⌧ 6 23 864 port d

8500 Möller
Möller & Förster
Ipsheimer Str. 12
8500 Nürnberg
☎ 09 11-61 42 00 ⌧ 6 23 541

8500 Norina
NORINA Bautechnik GmbH
Regensburger Str. 334
8500 Nürnberg 30
☎ 09 11-40 92 36 ⌧ 6 22 815 terra

8500 Richter
L. Richter Betonwerk GmbH & Co. KG
Löffelholzstr. 37 ✉ 72 06 16
8500 Nürnberg 72
☎ 09 11-4 18 06

8500 Schwab
SCHWAB Leichtmetallbau
Leyher Str. 119
8500 Nürnberg 80
☎ 09 11-31 80 19 ⌧ 6 23 943 gs n

8500 Stiegler
Jakob Stiegler
Sperlingstr. 8-10
8500 Nürnberg
☎ 09 11-44 65 74 und 44 44 70

8500 Terranova
Deutsche Terranova-Industrie GmbH
Regensburger Str. 334
8500 Nürnberg 30
☎ 09 11-4 09 02 27

8500 Ultra
Ultra Tech
Maxplatz 11
8500 Nürnberg
☎ 09 11-22 39 53 ⌧ (17) 9 118 125

8500 Weber
Hans Weber Metallwarenfabrik GmbH
Bauerngasse 30
8500 Nürnberg
☎ 09 11-26 05 45/6 ⌧ 6 22 076

8501 Bernhardt
Bernhardt & Köhler GmbH Betonwerk KG
Werner-von-Siemens-Str. 5
8501 Ochenbruck
☎ 0 91 28-30 31 Fax 30 11

8501 Binker
Hans Binker
Am Weinberg 12 ✉ 4
8501 Behringersdorf/Nürnberg 2
☎ 09 11-57 50 11

8501 D & W
Dyckerhoff & Widmann AG.
Betonwerk Ochenbruck
Industriestr. 1
8501 Schwarzenbruck
☎ 0 91 28-40 00

2

8501 Flohr
Flohr & Söhne Cadolto-Werk
8501 Cadolzburg
☏ 0 91 03-9 63 ⌧ 6 24 314

8501 Rawitzer
Alois Rawitzer Kamin-Feuerungsbau
Sudetenstr. 11
8501 Roßtal
☏ 0 91 27-2 74

8503 Scandic
Scandic-Bauelemente und Holzfertigteile
Vertriebs GmbH
Werkstr. 16
8503 Altdorf-Ludersheim
☏ 0 91 87-20 07

8503 Spangenberg
Dampfziegelei Ludersheim Gotth. Spangenberg
8503 Altdorf
☏ 0 91 87-24 33

8506 Lotter
Lotter & Stiegler Klinkerwerk Tonwerk
GmbH & Co. KG
Fabrikstr. 25 ✉ 80
8506 Langenzenn
☏ 0 91 01-4 55

8506 Stadlinger
Fränkisches Dachziegelwerk E. W. und F. Stadlinger
✉ 1 00
8506 Langenzenn
☏ 0 91 01-4 71 Fax 75 41 Teletex 9 10 180 stad

8506 Walther
Walther Dachziegel GmbH
Lohmühle 3–5 ✉ 49
8506 Langenzenn
☏ 0 91 01-4 41

8510 Eckart
Eckart-Werke Standard-Bronzepulver-Werke
Carl Eckart
Kaiserstr. 30 ✉ 1 01
8510 Fürth/Bayern
☏ 09 11-7 14 01

8510 Flabeg
Spiegelunion Flabeg GmbH
Siemensstr. 3 ✉ 15 52
8510 Fürth
☏ 09 11-7 36 00

8510 Gerstendörfer
J. J. Gerstendörfer
Rosenstr. 11
8510 Fürth
☏ 09 11-77 04 93

8510 PORTA
PORTA®-Stammhaus
8510 Fürth
☏ 09 11-72 92 09

8510 Preissler
Jürgen Preissler Vollwärmeschutz
Sacker Hauptstr. 18
8510 Fürth-Sack
☏ 09 11-30 22 54

8510 Rauscher
Gustav Rauscher Anstrichfarben
Fichtenstr. 68 ✉ 22 22
8510 Fürth
☏ 09 11-77 19 70

8510 Siemens
Siemens AG Infoservice 213/Z 287
✉ 23 48
8510 Fürth 2

8510 Wasner
Wilhelm Wasner Blattgold GmbH
Hardstr. 35 ✉ 9
8510 Fürth 1
☏ 09 11-73 88 25

8520 Chemische Industrie
Chemische Industrie Erlangen GmbH
✉ 13 20
8520 Erlangen
☏ 0 91 31-3 10 15 bis 17

8520 Friedrich
Friedrich Spezialbaustoffe
Reinigerstr. 8 ✉ 16 09
8520 Erlangen
☏ 0 91 31-3 20 56 ⌧ 6 29 809

8520 GTE
GTE Sylvania Licht GmbH
✉ 17 40
8520 Erlangen 23
☏ 0 91 31-64 02 21

8520 Rehau
REHAU AG + Co.
Ytterbium 4 ✉ 30 29
8520 Erlangen
☏ 0 91 31-60 50 Fax 60 52 11 ⌧ 6 29 707

8520 Siemens
Siemens AG
✉ 32 40
8520 Erlangen
☏ 0 91 31-71 ⌧ 6 29 871

8520 VAT
VAT BAUSTOFFTECHNIK GMBH
Rathenaustr. 18 ✉ 35 24
8520 Erlangen
☎ 0 91 31-1 20 50 ⌧ 6 29 948 vat d

8521 Schultheiss
Gebr. Schultheiss KG,
Ziegel-, POROTON-, Sturz- und Kalksandsteinwerke
Buckenhofer Str. 1
8521 Spardorf ü. Erlangen
☎ 0 91 31-5 00 33

8522 Gumbmann
Niederndorfer Ziegelei Adam Gumbmann
Ziegel- und POROTON-Werk
8522 Niederndorf
☎ 0 91 32-80 91

8526 Optima
Optima Baufertigteile Erlangen GmbH & Co. KG
Fenster- und Türenvertriebsgesellschaft
Frankenstr. 75
8526 Bubenreuth
☎ 0 91 31-2 80 01 Fax 20 94 94

8530 Dehn
Andreas Dehn Dampfziegelei
8530 Neustadt/Aisch
☎ 0 91 61-24 94

8530 Nahr
Alutherm Isoliertechnik Dr. Dr. Nahr GmbH
Nürnberger Str. 54 ✉ 15 69
8530 Neustadt/Aisch
☎ 0 91 61-21 16 Fax 56 28 ⌧ 6 24 054 nahr d

8530 ratio
ratio-montage GmbH Aluminium-Fensterproduktion
Industriegelände Diebach ✉ 14 29
8530 Neustadt a. d. Aisch
☎ 0 91 61-38 50 und 38 33 ⌧ 6 24 001

8530 ratio thermo
ratio thermo GmbH Bauelementeproduktion
8530 Neustadt a. d. Aisch
☎ 0 91 61-30 66 ⌧ 6 24 001

8530 Selz
Gebrüder Selz KG
8530 Neustadt/Aisch
☎ 0 91 61-6 23

8531 Baumann
Baumann Rolladenfabrik GmbH
Tannenweg 2
8531 Dietersheim
☎ 0 91 61-31 37 Fax 6 01 69

8531 Heinritz
Heinritz & Lechner KG Betonwerk
8531 Uehlefeld
☎ 0 67 76-6 12

8536 Rauch
Rauch Spanplatten GmbH (MBI)
8536 Markt Bibart
☎ 0 91 62/81 81

8540 Berger
Friedrich Berger Maschinen
Spitalwaldstr. 5
8540 Schwabach
☎ 0 91 22-7 86 41 bis 43 ⌧ 6 24 922

8540 Bilz
Bilz Betonwaren Inh. Werner Bilz
Ziegelstr. 23-25
8540 Rednitzhembach/Igelsdorf
☎ 0 91 22-7 51 03

8540 Busse
Friedrich Busse GmbH & Co. KG
Blattgoldfabrik
Austr. 4
8540 Schwabach
☎ 0 91 22-8 50 85

8540 Distler
Heinrich Distler Farben- und Lackfabrik
Schwander Str. 10-12
8540 Rednitzhembach
☎ 0 91 22-69 80 Fax 6 98 50

8540 Eytzinger
J. G. Eytzinger GmbH Blattgoldfabrik
Hansastr. 15
8540 Schwabach
☎ 0 91 22-8 50 38 ⌧ 6 25 002

8540 Frewa
FREWA-TREPPEN Treba-Bausysteme GmbH
Hofackerweg 29
8540 Schwabach 7
☎ 09 11-63 92 37 Fax 63 60 20
→ 6550 Frewa

8540 LK
LK Metallwaren GmbH
Am Falbenholzweg 36
8540 Schwabach
☎ 0 91 22-69 90 Fax 6 99 49 ⌧ 6 24 963

8540 mitufa
mitufa Stöhr Turn- und Sportgeräte
✉ 17 45
8540 Schwabach
☎ 0 91 22-50 25 ⌧ 6 24 952

2

8540 Noris
Noris Blattgoldfabrik GmbH
Rennmühle 3
8540 Schwabach
☏ 0 91 22-7 85 59 ⌁ 6 24 977

8540 Oberdorfer
R. Oberdorfer
8540 Schwabach 8
☏ 0 91 22-7 12 33

8541 Trax
TRAX Kunststeinprodukte GmbH
8541 Abenberg
☏ 0 91 78-7 44 und 7 45

8542 APISOLAR
APISOLAR - Entwicklung - Herstellung - Vertrieb
Schwabacher Str. 15
8542 Roth ü. Nürnberg
☏ 0 91 71-71 75

8544 Braun
Konrad Braun KG Baustoffwerke
Pleinfelder Str. 24
8544 Georgensmünd
☏ 0 91 72-9 37 Fax 9 30

8544 Lux
LUX-HAUS GmbH
Pleinfelder Str. 26
8544 Georgensgmünd
☏ 0 91 72-9 95 ⌁ 6 24 732

8547 Kama
KAMA-Möbelwerke NCB-GmbH & Co. KG
Kamastr. 37 ✉ 1 00
8547 Greding-Grafenberg
☏ 0 84 63-90 10

8551 Liapor
Liapor Werke
8551 Pautzfeld/Ofr.
☏ 0 95 45-2 84 ⌁ 6 62 769
→ 7201 Lias

8551 Linz
Georg Linz
Ringstr. 8
8551 Trailsdorf
☏ 0 95 45-83 45

8553 betonova
betonova GmbH & Co. KG
Oberes Tor 1
8553 Ebermannstadt
☏ 0 91 94-94 18

8554 Endress
Wolfgang Endress Kalkwerk
Bayreuther Str. 46
8554 Gräfenberg
☏ 0 91 26-2 07 Fax 47 08

8560 ABL
ABL Bayerische Elektrozubehör GmbH & Co. KG
✉ 47
8560 Lauf/Pegnitz
☏ 0 91 23-30 55 ⌁ 1 7 912 310 Teletex 9 12 310

8560 Speck
Speck-Pumpen Verkaufsgesellschaft
Karl Speck GmbH & Co.
Röthenbacher Str. 30
8560 Lauf
☏ 0 91 23-18 21

8561 Krauss
KRAUSS KAMINWERKE GmbH & Co. KG,
Auslieferungslager
Wolfshöhe
8561 Neunkirchen am Sand
☏ 0 91 53-12 51

8567 Wolfshöher
Wolfshöher Tonwerke GmbH
8567 Neunkirchen am Sand (Wolfshöhe)
☏ 0 91 53-6 54 Fax 43 42

8572 Bego
BEGO-Parkettfabrik
8572 Auerbach
☏ 0 96 43-12 36

8580 Bau
Baumaterialien Handelsgesellschaft AG
Gravenreuther Str. 19-21 ✉ 22 24
8580 Bayreuth
☏ 09 21-29 60 Teletex 9 21 840

8580 Zapf
Werner Zapf KG
Betonwerk, Fertigbeton, Fertigteilwerk
Nürnberger Str. 38 ✉ 10 12 54
8580 Bayreuth
☏ 09 21-60 11 ⌁ 6 42 722

8582 Frenzelit
Frenzelit-Werke GmbH & Co. KG
✉ 11 40
8582 Bad Berneck
☏ 0 92 73-7 20 ⌁ 6 42 872

8590 Boegershausen
Ceramica-Import GmbH Ludwig Boegershausen
Güntersweiherweg 1
8590 Marktredwitz
☏ 0 92 31-8 13 44 ⌁ 6 41 172 lbo

8590 Colfirmit
COLFIRMIT MARTHAHÜTTE GmbH
Fabrik chemischer Baustoffe,
Mineralmühlen und Edelputzwerke
Thölauer Str. 25 ✉ 3 69
8590 Marktredwitz
☎ 0 92 31-85 32 bis 34 ⌨ 6 41 212

8590 Jahreiß
W. Jahreiß Ziegelwerk KG Lorenzreuth
Rathaushütte Nr. 1 ✉ 5 66
8590 Marktredwitz
☎ 0 92 31-20 48 und 22 28

8591 Ziegelwerk
Ziegelwerk Waldsassen AG Werk Schirnding
✉ 23
8591 Schirnding (Ofr.)
☎ 0 92 33-10 21

8592 FIMA
FIMA-Handelsagentur F. Hamerla
Am Bahnhof 2
8592 Wunsiedel
☎ 0 92 32-73 94

8594 Künzel
Ludwig Künzel Nagelfabrik
✉ 12 63
8594 Arzberg
☎ 0 92 33-15 30 und 92 80 ⌨ 6 41 189

8595 Merkl
Waldsassener Klinkerfabrik Merkl AG
Konnersreuther 1, 3, 6 ✉ 12 80
8595 Waldsassen
☎ 0 96 32-10 61/62 ⌨ 6 31 338 merkl d
→ 8453 Merkl

8595 Ziegelwerk
Ziegelwerk Waldsassen AG
✉ 11 69
8595 Waldsassen (Opf.)
☎ 0 96 32-10 31 ⌨ 6 31 337 hart d
→ 8591 Ziegelwerk

8596 FORMA-PLUS
FORMA-PLUS Bauelemente GmbH
Bahnhofstr. 12
8596 Mitterteich
☎ 0 96 33-12 97 und 6 51 Fax 45 08

8598 Solestra
Solestra-Treppen-System
Harlachhammer
8598 Waldershof
☎ 0 92 34-7 11

8598 Temda
Temda® Wärmesysteme GmbH
8598 Waldershof II
☎ 0 92 31-77 23

8598 Thermodach
THERMODACH Dachtechnik GmbH
Walmbachstr. 20
8598 Waldershof/Poppenreuth
☎ 0 92 31-77 88 Fax 7 25 51

8600 AGROB
AGROB Ziegelwerk GmbH
Breitäckerstr. 6
8600 Bamberg
☎ 09 51-6 52 88

8600 full
FULL TUFT GmbH
Jäckstr. 3 ✉ 14 68
8600 Bamberg
☎ 09 51-7 82 95 bis 98 Fax 7 84 57 ⌨ 66 27 45

8600 Gunreben
Georg Gunreben KG Parkettfabrik - Sägewerk
8600 Bamberg-Strullendorf
☎ 0 95 43-3 22

8600 Lindner
Lindner GmbH
✉ 19 60
8600 Bamberg
☎ 09 51-79 21

8600 Schaeffler
Schaeffler-Teppichwerke KG
Jäckstr. 3 ✉ 25 40
8600 Bamberg
☎ 09 51-7 80 Fax 7 84 00 ⌨ 6 62 483

8600 Ziegelei
Ziegelei Bamberg GmbH
Waizendorfer Str. 23
8600 Bamberg
☎ 09 51-5 42 17

8600 Zimmermann
Rudolf Zimmermann GmbH & Co. KG
Rheinstr. 16 ✉ 29 40
8600 Bamberg
☎ 09 51-7 90 90 Fax 7 90 91 98

8601 Niemetz
Niemetz Torsysteme
Hollfelder Str. 11
8601 Königsfeld 1
☎ 0 92 07-2 43 ⌨ 6 42 133

2

8602 Dennert
Veit Dennert KG Baustoffbetriebe
8602 Schlüsselfeld
☏ 0 95 52-7 10

8602 Henfling
Henfling Holzindustrie
8602 Untersteinbach/Steigerwald
☏ 0 95 54-2 36

8602 Reschuba
Reschuba GmbH
Schlesienstr. 10
8602 Memmelsdorf

8602 Röckelein
Kaspar Röckelein KG, Baustoffwerke
Bahnhofstr.
8602 Wachenroth
☏ 0 95 48-4 14 ⌁ 6 62 463

8602 Silenta
silenta-Produktions GmbH
8602 Ebrach
☏ 0 95 53-3 18 und 19 ⌁ 6 62 497

8602 Starkolith
Starkolith-Werk
Trosdorfer Industriestr. 6
8602 Bischberg/Trosdorf
Oberhaid (0 95 03/6 87)

8606 Scheidel
Gg. Scheidel jr. GmbH
8606 Hirschaid
☏ 0 95 43-91 91 Teletex 17 954 381

8612 Frigolit
Deutsche Frigolit GmbH Werk II
Frigolitstr. 1
8612 Ebrach
☏ 0 95 53-3 21/22 ⌁ 6 62 870

8619 Holzwerke
Holzwerke Zapfendorf GmbH Parkett-Paletten
Werkstr. 2
8619 Zapfendorf/Ofr.
☏ 0 95 47-8 20 ⌁ 6 62 871 hazet d

8621 Angermüller
Angermüller Bau GmbH
✉ 7
8621 Untersiemau/Coburg
☏ 0 95 65-8 41

8622 Boxdorfer
Boxdorfer Fliesen Ceramic GmbH
Klausenhof 10
8622 Burgkunstadt/Weidnitz
☏ 0 95 72-8 33

8622 Boxdorfer
Michael Boxdorfer
Klausenhof 8
8622 Burgkunstadt-Weidnitz
☏ 0 95 72-8 33

8622 Diroll
Diroll'sche Natursteinwerke Max Diroll
8622 Burgkunstadt
☏ 0 95 72-8 47

8623 Wakro
Wakro & Co. KG
Oberauerstr. 17
8623 Staffelstein
☏ 0 95 73-58 28

8624 Esto
Ebersdorfer Schamotte- und Tonwerke GmbH
Birkleite 4 ✉ 11 26
8624 Ebersdorf/Coburg
☏ 0 95 62-10 31 ⌁ 6 63 831 esto d

8625 Feyler
Feyler-Holzleimbau GmbH
Hummenberg 2
8625 Sonnefeld
☏ 0 95 62-60 91 und 92 ⌁ 6 63 724

8626 Scherer
Plastic-Werk Scherer & Trier oHG
Siemensstr. 8
8626 Michelau
☏ 0 95 71-89 10

8630 Scheler
Ing. Otto Scheler
Steinweglein 6 ✉ 35
8630 Coburg
☏ 0 95 61-9 02 89

8633 Abu
Abu-Plast Kunststoffbetriebe GmbH
✉ 11 09
8633 Rödental
☏ 0 95 63-9 30 Fax 42 26 ⌁ 17 956 388 abupl
Teletex 9 56 388 abupl

8633 Anna
Annawerk Keramische Betriebe GmbH
✉ 11 44
8633 Rödental
☏ 0 95 63-9 10 Fax 9 13 56 ⌁ 6 63 236 awroe d

8633 Müller
Michael Müller KG
✉ 12 04
8633 Rödental-Einberg
☏ 0 95 63-14 36 Fax 15 83 ⌁ 6 63 357 miler

8635 Hoffmeister
Ziegelwerk Esbach, Hoffmeister GmbH & Co. KG
✉ 8
8635 Dörfles-Esbach
☎ 0 95 63-5 38

8640 Schick
Dr. Schick GmbH
✉ 3 20
8640 Kronach
☎ 0 92 61-7 77 und 7 78

8641 SITEC
SITEC GMBH
Hummendorf 72
8641 Weissenbrunn
☎ 0 92 61-9 40 01 Fax 9 48 03

8650 Galler
GALLER Stahlbau GmbH
Am Goldenen Feld 16 ✉ 14 29
8650 Kulmbach
☎ 0 92 21-70 00 ⩩ 6 42 536

8650 Glück
GLÜCK-Fenster-Technik GmbH & Co. KG
von-Linde-Str. 8 ✉ 13 00
8650 Kulmbach
☎ 0 92 21-70 20
→ 4236 Glück

8664 Voit
Alfred Voit Bauelemente
Blumenau 30 ✉ 45
8664 Stammbach
☎ 0 92 56-2 61 Fax 18 36

8670 Jahreiss
J. G. Jahreiss & Sohn Granitwerke
Friedrichstr. 51 ✉ 13 03
8670 Hof (Saale) 1
☎ 0 92 81-17 36 ⩩ 6 43 747

8670 Scheruhn
Scheruhn Talkum-Bergbau, GmbH & Co., Johannes
Dr.-Enders-Str. 30
8670 Hof ⩩ 6 43 746 fuh

8670 Schrenk
Fritz und Karl Schrenk
Königstr. 16
8670 Hof/Saale
☎ 0 92 81/17 23

8670 Sommer
Sommer Metallbau-Stahlbau GmbH u. Co. KG
✉ 16 07
8670 Hof
☎ 0 92 86-6 00 Teletex 9 286 810

8671 Barth
Ziegelwerk A. Barth Betriebs-GmbH
Saaleschlößchen 7
8671 Oberkotzau
☎ 0 92 86-2 10

8673 Lamilux
LAMILUXWERK Heinrich Strunz GmbH + Co. KG
Zehstr. 2 ✉ 15 40
8673 Rehau
☎ 0 92 83-90 21

8673 Rehau
Rehau Plastiks AG + Co.
✉ 14 60
8673 Rehau
☎ 0 92 83-7 71

8676 Thüringer
Thüringer Schiefervertrieb GmbH
Münchberger Str. 8
8676 Schwarzenbach/Saale
☎ 0 92 84-18 15 ⩩ 6 43 730 schi d

8679 Gealan
GEALAN WERK Fickenscher GmbH
✉ 11 52
8679 Oberkotzau
☎ 0 92 86-7 70 Fax 77 42 ⩩ 6 43 715 twafi

8679 Schaller
N. Schaller KG Ziegelwerk
✉ 35
8679 Oberkotzau
☎ 0 92 86-5 04 und 5 41

8684 ALUKON
ALUKON F. Grashei KG
Münchberger Str. 31
8684 Konradsreuth
☎ 0 92 92-7 55

8687 Kießling
Serien- und Handwerksbetrieb Peter Kießling
8687 Weißenstadt
☎ 0 92 53-2 68

8700 Brunnquell
Brunnquell GmbH
Fabrik f. elektrotechnische Apparate
Ettinger Str. 32
8700 Ingolstadt
☎ 08 41-8 20 51 ⩩ 55 862

8700 FMW
FMW Vertriebs-GmbH
Daimlerstr. 8
8700 Würzburg
☎ 09 31-4 25 39 ⩩ 6 8 541

8700 Frauenfeld
R. Frauenfeld Rolladenfabrik
Werner-von-Siemens-Str. 61
8700 Würzburg-Lengfeld
☏ 09 31-2 76 37/38

8700 Grafbau
GRAFBAU
Franz-Horn-Str. 1
8700 Würzburg
☏ 09 31-41 90 30 ⌧ 6 8 552

8700 Hümpfner
Hans Hümpfner GmbH
Werner-von-Siemens-Str. 64
8700 Würzburg 25
☏ 09 31-2 76 41

8700 Jordan
Hch. Jordan GmbH & Co. KG
✉ 58 47
8700 Würzburg
☏ 09 31-5 00 88

8700 MERO
MERO - Raumstruktur GmbH & Co. Würzburg
Steinachstr. 5 ✉ 61 69
8700 Würzburg 1
☏ 09 31-4 10 30 ⌧ 6 8 630 Telefax 4 10 35 47

8700 MERO-Sanitär
MERO-WERKE Dr.-Ing. Max Mengeringhausen GmbH & Co.
Sanitär-Haustechnik
Steinachstr. 5 ✉ 61 69
8700 Würzburg 1
☏ 09 31-4 10 30 ⌧ 6 8 630 Telefax 4 10 33 69

8700 MERO-WERKE
MERO-Werke Dr. Ing. M. Mengeringhausen GmbH & Co.
Steinachstr. 5
8700 Würzburg 1
☏ 09 31-4 10 30 ⌧ 6 8 630 Telefax 4 10 33 69

8700 Rothkegel
Glaswerkstätte Rothkegel
Friedenstr. 59
8700 Würzburg
☏ 09 31-7 22 20

8700 Schumacher
Schumacher & Gräf GmbH & Co.
Chemisch-Technische Fabrik
Benzstr. 3-6
8700 Würzburg
☏ 09 31-4 30 13 Fax 41 35 34 ⌧ 6 8 892 shukol d

8700 Wellhöfer
Wellhöfer Treppen GmbH
Winterhäuser Str. 77 ✉ 31 46
8700 Würzburg 21
☏ 09 31-70 40 51 Fax 61 26 13

8701 Hemm
HEMM GmbH & Co. KG Natursteinbetriebe
8701 Kirchheim
☏ 0 93 66-8 20 ⌧ 6 80 003 hemm d

8701 Schilling
Carl Schilling GmbH & Co. KG Natursteinbetrieb
8701 Kirchheim
☏ 0 93 66-82 40

8701 Schöller
Gebr. Schöller oHG
8701 Gollhofen
☏ 0 93 39-2 49

8701 Stabau
STABAU Profilsysteme GmbH
Ochsenfurter Str.
8701 Eibelstadt
☏ 0 93 03-82 60 Fax 83 52

8702 Dürr
DÜRR Steinwerke, Inh. Ing. Hubert Schäfer
8702 Kleinrinderfeld
☏ 0 93 66-2 83

8702 Frankenhaus
Frankenhaus
Raiffeisenstr. 1
8702 Veitshöchheim
☏ 09 31-9 30 15

8702 Grosser
Hans Grosser KG Fabrik für Bauelemente
Margetshöchheimer Str. 200
8702 Zell am Main
☏ 09 31-4 69 71 ⌧ 6 8 473 growue d

8702 Haberkamm
Montagebau Haberkamm KG
Höhenstr. 8
8702 Eisingen
☏ 0 93 06-88 25

8702 Korbacher
Ziegelwerk Estenfeld Wilhelm Korbacher
Würzburger Str. 3
8702 Estenfeld
☏ 0 93 05-2 34

8702 Wander
Karl Wander GmbH & Co. KG
Poroton-Ziegel- und Sägewerk
Würzburger Str. 54
8702 Helmstadt
☎ 0 93 69-6 82 und 6 83

8705 Weiro
Weiro-Betonwerke
8705 Zellingen-Retzbach
☎ 0 93 64-12 12

8710 Böttiger
Dr. Franz Böttiger GmbH & Co. KG, Werk II
Wörthstr. 9
8710 Kitzingen
☎ 0 93 21-46 88 und 41 77 ⌁ 6 89 305 fic d

8711 Fensterbau
Fensterbau Rüdenhausen GmbH
Industriestr. 4
8711 Rüdenhausen
☎ 0 93 83-3 24 Fax 0 93 83-14 98

8712 Messler
Basaltwolle-Werk Agnes Messler
Ländestr. 4 ✉ 2 30
8712 Volkach/Main
☎ 0 93 81-5 69 ⌁ 6 80 009

8715 Knauf Gipswerke
Gebr. Knauf Westdeutsche Gipswerke
8715 Iphofen
☎ 0 93 23-3 11 ⌁ 6 89 301

8715 Knauf Bauprodukte
Knauf Bauprodukte GmbH
8715 Iphofen
☎ 0 93 23-3 11 ⌁ 6 89 301

8716 Kalksandsteinwerk
Kalksandsteinwerk Dettelbach
H. Kleider GmbH & Co. KG
Hans-Kleider-Str. 2
8716 Dettelbach/Main
☎ 0 93 24-30 30

8718 Strobl
Strobl GmbH
Am Stadtgraben 1
8718 Prichsenstadt
☎ 0 93 83-5 22

8721 Englert
Englert GmbH
Krautheimer Str. 8
8721 Zeilitzheim
☎ 0 93 81-24 33 Fax 47 40

8725 Lömpel
lömpel-bautenschutz
Wernstr. 10-12 ✉ 44
8725 Arnstein
☎ 0 93 63-3 41 und 16 41 ⌁ 6 8 515

8728 Koch
Willi Koch GmbH
Dürerweg 9
8728 Hassfurt
☎ 0 95 21-81 80 ⌁ 6 62 110

8729 Fränkische
Fränkische Rohrwerke Gebr. Kirchner GmbH + Co.
Hellinger Str. ✉ 40
8729 Königsberg /Bayern
☎ 0 95 25-8 80 Fax 8 84 11 ⌁ 6 62 131

8729 Gleussner
Günther Gleussner Sandsteinbrüche
Natursteinwerk
Industriestr. 11-13
8729 Eltmann
☎ 0 95 22-2 56 und 2 57

8729 Leuchten
Fränkische Leuchten GmbH
✉ 60
8729 Königsberg/Bayern

8729 Raab
Wilhelm Raab oHG, Holzindustrie
Althütter 23
8729 Oberaurach (Unterschleichach)
☎ 0 95 29-2 14 ⌁ 6 62 125

8729 Reinhardt
Bauelemente- und Ziegelwerk Reinhardt KG
8729 Rügheim
☎ 0 95 23-3 81

8731 Brux
H. Brux
Auraer Str. 12-14
8731 Elfershausen
☎ 0 97 04-3 23 ⌁ 6 72 924 brux

8734 Gartenmann
Gartenmann Isolier- und Terrassenbau GmbH
Ballinghauser Str. 8
8734 Volkershausen
☎ 0 97 35-3 53

8735 Hegler
HEGLER PLASTIK GMBH
8735 Oerlenbach/Bad Kissingen
☎ 0 97 25-6 60 ⌁ 6 73 252

2

8740 Blaurock
Ingenieur Blaurock Bau- und Raumtechnik
Am Fronhof 10
8740 Bad Neustadt/Saale
☏ 0 97 71-9 10 20

8740 Gessner, A.
POROTON-Ziegelwerke Aquilin Gessner
✉ 12 68
8740 Bad Neustadt-Brendlorenzen
☏ 0 97 71-80 69

8740 Gessner, O.
Oskar Gessner & Sohn
8740 Brendlorenzen-Lebenhan
☏ 0 97 71-21 64

8740 Steinbach
A. Steinbach Steinindustrie
Schotterwerke GmbH & Co. KG
✉ 16 44
8740 Nad Neustadt
☏ 0 97 71-70 57 Telex 6 72 250 fbg

8742 Hanika
Karlheinz Hanika
8742 Bad Königshofen
☏ 0 97 61-8 48

8743 Hoesch
Hoesch Basalt Beton GmbH
8743 Bischofsheim
☏ 0 97 72-2 21 Fax 83 92

8751 DURA
DURA-bel Fertiggeländer GmbH
8751 Kleinwallstadt
☏ 0 60 22-2 13 18

8751 Künstler
Eisenwerk Künstler GmbH
Boschstr. 3
8751 Niedernberg
☏ 0 60 28-12 01 Fax 36 58 Telex 4 188 700

8751 Lido
Lido Duschabtrennungen
Würzburger Str. 13
8751 Mespelbrunn 2
☏ 0 60 92-70 15

8751 Maingau
MAINGAU Grundstücks- und Industrie GmbH
Aschaffenburger Str. 1 ✉ 6
8751 Stockstadt/Main
☏ 0 60 27-12 76 bis 78

8751 Rupp
Rupp Fertiggaragen GmbH
Römerstr.
8751 Niedernberg
☏ 0 60 28-2 61

8751 Weitz
Johann Weitz GmbH Beton- und Fertigteilwerk
8751 Niedernberg
☏ 0 60 28-12 56

8751 Wensauer
Christian Wensauer Betonwerke
✉ 80
8751 Stockstadt/Main
☏ 0 60 27-12 31 Telex 4 188 817 cwsb

8752 Kern
Bruno Kern GmbH & Co. KG
Johannesberger Str. 40 ✉ 7
8752 Mömbris
☏ 0 60 29-80 91 bis 94 Telex 4 188 876

8752 Kirchner
Kirchner GmbH
8752 Geiselbach
☏ 0 60 24-6 50

8752 Reiners
Reiners Handelsagentur
Goethestr. 56
8752 Kleinostheim
☏ 0 60 27-66 28 Telex 4 188 615
Fax 93 53

8752 Schmitt E.
Eugen Schmitt GmbH Beton- und Fertigteilwerk
In der Heubrach 1 ✉ 11 04
8752 Kleinostheim
☏ 0 60 27-50 20 Fax 68 64

8752 Seab
SEAB GmbH
Lindigstr. 4
8752 Kleinostheim
☏ 0 60 27-62 04 und 65 04 Telex 4 184 124 roho/seab

8753 Hofmann
Franz Hofmann GmbH + Co.
✉ 11 01 06
8753 Obernburg/Main
☏ 0 60 22-91 13 Telex 4 188 147 h bau
Telefax 0 60 22-76 92

8755 Hebel
Hebel Alzenau GmbH & Co.
✉ 11 40
8755 Alzenau/Ufr.
☏ 0 60 23-50 10 Fax 50 13 00 Telex 4 188 213

8755 Kraut
Original NAKRA Kamindach Inh. Horst Kraut
Siemensstr. 18a
8755 Alzenau/Albstadt
☏ 0 60 23-25 17 und 49 17 Fax 25 10

8755 Treffert
TREFFERT GmbH
Lacke · Bautenschutz
Kirchberg 1
8755 Alzenau/Ufr.
☏ 0 60 23-60 01 ⌧ 4 188 228

8755 Zeller
Ziegelwerk Adolf Zeller GmbH & Co.
Poroton Ziegelwerke KG
Märkerstr. 44
8755 Alzenau (Ufr.)
☏ 0 60 23-13 20

8756 Kopp
Heinrich Kopp GmbH & Co. KG
Alzenauer Str. 68-70 ✉ 60
8756 Kahl a. Main
☏ 0 61 88-4 01

8758 Goldbach
GOLDBACH GmbH
✉ 12 40
8758 Goldbach
☏ 0 60 21-50 20 ⌧ 4 188 919 goba d Telefax 5 65 55

8758 TV-Mainrollo
TV-Mainrollo GmbH (GOL)
Österreicher Str. 6-8
8758 Goldbach
☏ 0 60 21-5 30 93 Fax 5 88 65
⌧ 4 118 928

8759 Eisert
Ziegelei Josefshütte Jos. Eisert KG
Schöllkrippener Str. 60
8759 Hösbach
☏ 0 60 21-5 44 54

8760 Frieser
H. Frieser GmbH
✉ 13 47
8760 Miltenberg
☏ 0 93 71-70 31

8760 Walter
Parkettfabrik Carl Walter GmbH
Breitendieler Str. 41
8760 Miltenberg
☏ 0 93 71-30 51 Fax 39 29

8760 Wellsteg
Wellsteg-Ges. mbH & Co.
✉ 18 40
8760 Miltenberg/Main
☏ 0 93 71-45 12

8760 Winterhelt
C. Winterhelt GmbH & Co.
Burgweg 79 ✉ 18 60
8760 Miltenberg
☏ 0 93 71-30 31 ⌧ 6 89 236

8760 Zeller
Franz Zeller Natursteinwerke
8760 Miltenberg
☏ 0 93 78-7 77 und 7 78

8761 Herwi
HERWI-SOLAR GmbH
Röllf-Str. 17/18
8761 Röllbach
☏ 0 93 72-15 54 Fax 16 95

8761 Herwi-Recycling
HERWI-RECYCLING-GMBH
Röllf-Str. 12-18
8761 Röllbach
☏ 0 93 72-15 54 Fax 16 95

8762 OWA
OWA Odenwald Faserplattenwerk GmbH
8762 Amorbach
☏ 0 93 73-20 10 Fax 20 11 30 ⌧ 6 89 218

8763 Klingenberg
Klingenberg Dekoramik GmbH
✉ 10 20
8763 Klingenberg-Trennfurt
☏ 0 93 72-13 11 Fax 13 12 20 ⌧ 6 89 220

8767 Arnheiter
Alois Arnheiter Betonwaren GmbH
Landstr. 81 ✉ 40
8767 Wörth/Main
☏ 0 93 72-50 15 und 50 16

8770 Seitz
Seitz + Kerler KG
Friedenstr. ✉ 1 45
8770 Lohr/Main 2
☏ 0 93 52-90 33 Fax 72 07 ⌧ 6 89 423

8770 WALO
WALO GEORG WAGNER
✉ 5 40
8770 Lohr a. Main

8772 Okalux
OKALUX Kapillarglas GmbH
8772 Marktheidenfeld-Altfeld
☏ 0 93 91-10 41 Fax 68 14 ⌧ 6 89 654

2

8772 WAREMA®
WAREMA Renkhoff GmbH & Co. KG
Vorderbergstr. 30 ✉ 1 60
8772 Marktheidenfeld
☎ 0 93 91-2 00 Fax 2 03 49 Telex 6 89 645

8772 Ziegelwerk
MARKTHEIDENFELDER ZIEGELWERK GMBH
✉ 85
8772 Marktheidenfeld
☎ 0 93 91-10 83 Fax 72 73

8780 Ruco
RUCO - Profil Ruppert GmbH Kehlleistenwerk
Sandweg 101 ✉ 11 28
8780 Gemünden
☎ 0 93 51-8 00 50

8782 Düker
Eisenwerke F. W. Düker GmbH & Co. KG
✉ 12 60
8782 Karlstadt/Main
☎ 0 93 53-79 10 Fax 79 12 76 Telex 6 89 710 edkar d

8782 Röder
Gebr. Röder
Wiesenfeld
8782 Karlstadt
☎ 0 93 59-2 29

8782 Siligmüller
Betonwerk Karlstadt Siligmüller GmbH
Gemündener Str. 8-10
8782 Karlstadt
☎ 0 93 53-75 66

8783 Paul
Ziegelei Lorenz Paul, Inh. E. Paul
8783 Hammelburg
☎ 0 97 32-22 41

8788 LSE
LSE - Lindpointner-Sonnenglut-Erzeugnisse GmbH
Kissinger Str. 36
8788 Bad Brückenau
☎ 0 97 41-7 33 und 7 34

8800 Ansbacher Ziegel
Ansbacher Ziegel GmbH
Naglerstr. 40
8800 Ansbach
☎ 09 81-21 50 und 21 55

8800 Crones
Crones & Co. GmbH, Werkzeugfabrik
Dürrnerstr. 1
8800 Ansbach
☎ 09 81-56 67

8800 Hufnagel
Brüder Hufnagel KG
Berghofstr. 9
8800 Ansbach
☎ 09 81-69 15 Telex 6 1 765

8800 Impex
Impex - Essen GmbH
✉ 14 63
8800 Ansbach
☎ 09 81-56 64 Telex 6 1 821

8800 Kulba
Dr. Hartmann & Co., KULBA-Bauchemie
Hardtstr. 16 ✉ 13 51
8800 Ansbach/Mfr.
☎ 09 81-9 50 50 Telex 6 1 771

8800 Piller
Piller & Grau KG
Hospitalstr. 39 ✉ 16 22
8800 Ansbach
☎ 09 81-57 27 Telex 9 8 180

8800 SÜHAC
SÜHAC GMBH
Weidenstr. 38
8800 Ansbach
☎ 09 81-9 50 11 70 Fax 9 50 11 99
Telex 6 1 757 suehac d

8801 Chemo
CHEMOWERK BAYERN
Industriegebiet Süd
8801 Schnelldorf 1
☎ 0 79 50-7 21

8801 Fuchs
Xaver Fuchs Holz + Metallbau
Rühlingstetten 35
8801 Wilburgstetten
☎ 0 90 86-2 45

8801 Gipser
Gipser- und Malerbedarf GmbH und Großhandels KG
8801 Herrieden-Birkach 30
☎ 0 98 04-3 24

8801 Hackl
Hackl & Pamer GmbH
Neunstetter Str. 33 ✉ 27
8801 Herrieden
☎ 0 98 25-7 11

8801 Jechnerer
Jechnerer GmbH
Neunstetter Str. 32-34
8801 Herrieden
☎ 0 98 25-2 92 Telex 6 1 890 d

8803 Krauss
CTK Krauss Metallbau
Neusitz Schaffeld 7
8803 Rothenburg o. d. T.
☏ 0 98 61-30 05 Fax 66 60

8807 Selnar
Selnar GmbH Fenster- und Türenwerk
Nürnberger Str. 57
8807 Heilsbronn
☏ 0 98 72-80 90 Fax 8 09 77

8808 Hackl
Hackl & Pamer GmbH
Kunststoffenster + Rolladenbau
Neunstetter Str. 33 ✉ 27
8808 Herrieden ☏ 0 98 25-7 11 ⌁ 6 1 831

8809 Wenderlein
Gustav Wenderlein Ziegelwerk
Ziegeleistr. 26
8809 Bechhofen
☏ 0 98 22-3 70

8812 Meyer
Fritz Meyer Baustoffgroßhandel · Betonwerk
Raiffeisenstr. 7
8812 Windsbach
☏ 0 98 71-8 11 und 8 12

8816 Süd
SÜD-FENSTERWERK GmbH & Co. KG
Betriebskommanditgesellschaft
Rothenburger Str. 39
8816 Schnelldorf
☏ 0 79 50-8 10 Fax 81 53 ⌁ 7 4 306
→ 4000 Süd

8820 Elterlein
Betonwerk Elterlein GmbH
Oettinger Str. 11
8820 Gunzenhausen
☏ 0 98 31-90 72

8820 Loos
Theodor Loos Eisenwerk GmbH
Nürnberger Str. 73
8820 Gunzenhausen
☏ 0 98 31-5 60 ⌁ 61 242

8822 WFF
WFF Werdenfelser Farbenfabrik GmbH
8822 Wassertrüdingen

8830 SANIPA®
SANIPA® GmbH Badeeinrichtungen
(Wet) Markt Berolzheimer 6 ✉ 1 02
8830 Treuchtlingen
☏ 0 91 42-7 90 ⌁ 06 24 622

8830 Schock
SCHOCK BAD GmbH
✉ 1 00
8830 Treuchtlingen
☏ 0 91 42-4 91 ⌁ 6 24 660

8831 Glöckel
Glöckel Natursteinwerk GmbH
Brühlstr. 1
8831 Langenaltheim
☏ 0 91 45-4 28 Fax 66 33

8831 Henle
Solnhofer Plattenwerke Viktor Henle GmbH
8831 Mörnsheim
☏ 0 91 45-71 11 ⌁ 6 24 668

8831 Vereinigte
Vereinigte Marmorwerke Kaldorf GmbH
8831 Kaldorf

8832 Gutmann
Hermann Gutmann Werke GmbH
Nürnberger Str. 57-81
8832 Weißenburg
☏ 0 91 41-99 20 ⌁ 6 24 691

8832 Lang
Dampfziegelei H. Lang
8832 Weißenburg
☏ 0 91 41-20 53

8838 Arauner
Arauner & Fleckinger, Steinbruchbetriebe
Obere Haardt 25
8838 Solnhofen
☏ 0 91 45-4 38

8838 Daeschler
Aug. Daeschler KG Natursteinwerk
8838 Solnhofen 2
☏ 0 91 45-4 51 ⌁ 6 24 670

8838 Friedel
Friedel Natursteine oHG Ernst und Heinz
Solnhofer Platten Frauenbergweg 5
8838 Solnhofen
☏ 0 91 45-4 31 ⌁ 6 24 632

8838 Genossenschaft
Genossenschafts-Werke für Solnhofer Platten
Nachf. Werner Hiller GmbH
✉ 20
8838 Solnhofen-Hummelberg
☏ 0 91 45-4 16/4 17 Fax 4 18 ⌁ 6 24 618 genwe d

2

8838 Solenhofer
Solenhofer Aktien-Verein Jurakalksteinwerke
✉ 40
8838 Solnhofen
☎ 0 91 45-4 11 ⌧ 6 24 663

8838 Stiegler
Johann Stiegler KG GmbH & Co.
Frauenberger Weg 1
8838 Solnhofen
☎ 0 91 45-60 20 ⌧ 6 24 661

8850 Stengel
Ziegelwerk Stengel KG
Nördlinger Str. 24
8850 Donauwörth-Berg
☎ 09 06-30 07

8851 Perfecta
Perfecta - Rolladen GmbH
8851 Westendorf
☎ 0 82 73-20 11 Fax 81 33

8851 Romakowski
Romakowski GmbH &Co.
✉ 26
8851 Thürheim
☎ 0 82 74-10 14 ⌧ 5 39 016

8851 Südstahl
Südstahl GmbH Stahlbau, Stahlgroßhandel, Brennschneidebetrieb
Industriestr. 2
8851 Mertingen
☎ 0 90 06-80 20 Fax 8 02 31

8851 Thanheiser
Thanheiser Schreiner-Werkstätten
Am Augraben 15
8851 Tapfheim
☎ 0 90 04-4 84

8852 Dehner
Dehner GmbH
✉ 11 60
8852 Rain am Lech
☎ 0 90 02-7 70

8852 Drossbach
Max Drossbach Rainer Isolierfabrik
Am Walburgastein 7
8852 Rain am Lech
☎ 0 90 02-20 54 ⌧ 5 1 312
Teletex 9 00 282 = DROSSRA Telefax 40 60
→ 4005 Drossbach

8853 Grünwald
Xaver Grünwald Leistenwerk
Monheimer Str. 75 ✉ 13 27
8858 Neuburg
☎ 0 84 31-90 67 ⌧ 5 5 245

8853 Kalksandstein
Kalksandstein-Werk Wemding GmbH
Harburger Str. 100 ✉ 31
8853 Wemding
☎ 0 90 92-2 21

8854 bft
bft bau-fertig-teile
Bahnhofstr. 4
8854 Bäumenheim
☎ 09 06-90 91 ⌧ 5 1 846

8855 Chemoplast
CPM-Chemie-Vertrieb GmbH
CHEMOPLAST Gerhard Macht GmbH
8855 Monheim
☎ 0 90 91-20 23

8855 Schwab
SCHWAB SVEDEX Türenwerk GmbH & Co. KG
✉ 60
8855 Monheim
☎ 0 90 91-50 10 Fax 50 11 69
⌧ 51 610

8857 Berchtold
J. Berchtold GmbH Dachziegelwerke
Werke Wertingen und Roggden
Dillinger Str. 60
8857 Wertingen
☎ 0 82 72-8 60

8857 Schüco
Heinz Schürmann GmbH & Co.
Industriestr. 15
8857 Wertingen
☎ 0 82 72-8 21

8857 Straub
Straub GmbH u. Co. Metallbau
Fritz-Sauter-Str. 10 ✉ 11 60
8857 Wertingen
☎ 0 82 72-8 30 ⌧ 5 39 015

8858 Sonax
sonax Chemie GmbH
✉ 16 09
8858 Neuburg/Donau
☎ 0 84 31-5 31 ⌧ 5 5 214

8858 Stengel
Ziegelwerk Stengel GmbH
8858 Neuburg/Ried
☎ 0 84 31-83 18

8860 Eber
Eber Rundbogentüren GmbH
Holzverarbeitung
Reuthebogen 14
8860 Nördlingen
☎ 0 90 81-46 01

8860 Sanco
SANCO®-Beratungszentrale
Reuthebogen 7 ✉ 13 18
8860 Nördlingen
☎ 0 90 81-8 60 46 Fax 8 60 48 ⌁ 5 1 711

8867 KGM
KGM Holzerzeugnisse GmbH
Munninger Str. 4 ✉ 11 64
8867 Oettingen
☎ 0 90 82-10 71 Fax 38 44 ⌁ 5 1 759

8867 Moralt
Moralt-Fertigelemente GmbH & Co.
Hans-Böckler-Str. 2-4 ✉ 11 30
8867 Oettingen
☎ 0 90 82-7 10 und 18 ⌁ 5 1 751

8870 Allstar
Allstar GmbH
Rudolf-Diesel-Str. 20
8870 Günzburg
☎ 0 82 21-3 10 74

8870 Bator
Bator Ges. m.b.H.
Immelmannstr. 51
8870 Günzburg
☎ 0 82 21-3 09 32

8870 Gairing
Gairing & Co. Ziegelwerk
8870 Günzburg-Nornheim
☎ 0 82 21-40 24
→ 7321 Gairing

8870 Schlachter
Schlachter GmbH
Wasserburger Weg 1/2 ✉
8870 Günzburg
☎ 0 82 21-3 00 57 und 58 Fax 3 14 58

8871 Reflexa
REFLEXA H. P. Albrecht GmbH + Co. KG
✉ 11 51
8871 Rettenbach
☎ 0 82 24-6 11 ⌁ 5 31 106

8872 Pfaffelhuber
Xaver Pfaffelhuber Ziegelwerk
Ziegelstr. 2
8872 Burgau-Oberknöringen
☎ 0 82 22-15 76

8872 Schwaben Türen
Schwaben Türen GmbH
Industriestr. 40
8872 Burgau
☎ 0 82 22-13 35 ⌁ 5 31 175

8872 Silit
Silit-Werke GmbH & Co. KG
8872 Burgau

8873 Schmidt
Josef Schmidt Tonwerk
8873 Ichenhausen
☎ 0 82 23-30 50 Fax 43 72

8874 Wanzl
wanzl Metallwarenfabrik GmbH
✉ 11 29
8874 Leipheim
☎ 0 82 21-72 90

8875 Friedmann
K.-H. Friedmann
8875 Offingen
☎ 0 82 24-2 19

8880 Dillinger Holz
Dillinger Holz und Kunststoff GmbH & Co. KG
✉ 11 24
8880 Dillingen
☎ 0 90 71-5 05 40 Fax 5 05 44 Teletex 9 071 801 sch d

8880 Präton
präton-haus-Cooperation
Große Allee 32 ✉ 11 30
8880 Dillingen
☎ 0 90 71-40 71 und 72 Fax 68 21 ⌁ 5 1 571 chris d

8881 Ziegelwerk
Ziegel- und Betonfertigteilwerk
und Baustoffe Oberfinningen
Ing. H. Paul GmbH & Co.
8881 Finningen
☎ 0 90 74-10 88 Fax 55 94

8882 MBB
MBB Metallbaubedarf GmbH
Max-Eyth-Str. 1
8882 Lauingen
☎ 0 90 72-40 84 ⌁ 5 1 518

8883 Gartner
Josef Gartner & Co.
✉ 20/40
8883 Gundelfingen/Donau
☎ 0 90 73-8 41 ⌁ 5 1 531

2

8883 Trost
Trost-Klinker-Keramik GmbH
Äußere Haunsheimer Str. 2
8883 Gundelfingen
☎ 0 90 73-25 11 ⌧ 5 1 578

8883 Ziegelwerk
Ziegelwerk Gundelfingen Heiner Trost GmbH
Äußere Haunsheimer Str. 2
8883 Gundelfingen
☎ 0 90 73-70 01 ⌧ 5 1 578

8884 Grünbeck
Grünbeck Wasseraufbereitung GmbH
Industriestr. 1 ✉ 11 40
8884 Höchstädt
☎ 0 90 74-4 10

8886 Risetta
RISETTA-Edelputze GmbH
Römerstr. 30
8886 Wittislingen
☎ 0 90 76-2 80 90 Fax 20 63

8890 Käuferle
KÄUFERLE STAHLBAU KG
Robert-Bosch-Str. 4 ✉ 13 27
8890 Aichach
☎ 0 82 51-40 64

8890 Meisinger
M. Meisinger KG Stahl- und Kunststoffindustrie
✉ 12 20
8890 Aichach
☎ 0 82 51-9 10 ⌧ 5 39 416 mea

8890 Merk
MERK-HOLZBAU GmbH & Co.
Industriestr. 10
8890 Aichach/Ecknach
☎ 0 82 51-90 80 Fax 60 05 ⌧ 5 39 432

8890 Renz
Ziegelwerk Renz KG
8890 Aichach-Oberbernbach
☎ 0 82 51-70 25

8897 Hörmannshofer
Hörmannshofer Fassadenschutz Frahammer GmbH
8897 Pöttmes-Immendorf 33
☎ 0 82 53-5 58 und 5 59

8898 Hemetor
HEMETOR Tor-Systeme
Gerolsbacher Str. 39
8898 Schrobenhausen
☎ 0 82 52-66 14

8898 Meir
RUNDUM Meir
Gollingkreuter Weg 9
8898 Schrobenhausen
☎ 0 82 52-10 91 und 92

8899 Redl
Georg Redl & Söhne
8899 Aresing
☎ 0 82 52-24 20

8900 Beck
Hans Beck Stahlbau - Fertigbau
Holzweg 31
8900 Augsburg
☎ 08 21-46 20 46 ⌧ 5 3 427

8900 Deuter
Deuter AG
August-Wessels-Str. 18 ✉ 1 20
8900 Augsburg 31
☎ 08 21-4 60 01 ⌧ 5 3 804

8900 Ferrozell
Ferrozell-Gesellschaft Sachs & Co. mbH
Theodor-Sachs-Str. 1 ✉ 10 15 69
8900 Augsburg-Inningen
☎ 08 21-90 21 ⌧ 5 38 66

8900 Kleindienst
Kleindienst GmbH
Argonstr. 8
8900 Augsburg
☎ 08 21-5 58 41 ⌧ 5 3 643 Telefax 5 58 45 66

8900 Kühny
Kühny Blattgold
Hermannstr. 31 ✉ 10 19 52
8900 Augsburg
☎ 08 21-51 78 69

8900 Morgante
Augsburger Vereinigte Ziegelwerke
Morgante & Schweiger GmbH & Co. KG
Hohenstaufenstr. 57
8900 Augsburg
☎ 08 21-9 20 41 Fax 9 63 66 ⌧ 5 33 702 avz d

8900 PCI
PCI POLYCHEMIE GMBH AUGSBURG
Piccardstr. 10 ✉ 10 22 47
8900 Augsburg 1
☎ 08 21-5 90 10 Fax 5 90 13 72 ⌧ 5 39 574

8900 Schmid
Leonhard Schmid KG
✉ 10 25 40
8900 Augsburg
☎ 08 21-40 82 00 ⌧ 5 3 860 lesch d

8900 Siegle
Leop. Siegle Stammhaus Gummi, Kunststoff
Stätzlinger Str. 53 ✉ 41 01 28
8900 Augsburg 41
☏ 08 21-7 90 50 Fax 7 90 51 55

8900 Walter
WTB WALTER · THOSTI · BOSWAU Bau AG
Hauptverwaltung Augsburg
Böheimstr. 8 ✉ 10 25 47
8900 Augsburg
☏ 08 21-5 58 21 Telex 5 33 273

8900 Winter
Gerhard J. Winter
Nebelhornstr. 76
8900 Augsburg
☏ 08 21-66 61 59 Fax 66 64 63

8901 Acho
acho-Bau-Elemente Vertriebsgesellschaft m.b.H.
Raiffeisenstr. 3
8901 Meitingen
☏ 0 82 71-20 44 Telex 5 31 010

8901 Dictator
Dictator-Technik Ruef & Co.
Gutenbergstr. 9
8901 Neusäß 1
☏ 08 21-46 30 44 bis 47 Telex 5 3 661

8901 Fäster
Fäster Befestigungstechnik GmbH & Co. KG
Am Breitenbach 14
8901 Stettenhofen
☏ 08 21-49 30 01 Fax 49 53 92 Telex 5 33 762 fast d

8901 Jossit
JOSSIT-Werke
8901 Dasing
☏ 0 82 05-10 31 Telex 5 33 484

8901 Keim
Keimopor Franz Keim
Taitinger Str. 58
8901 Dasing
☏ 0 82 05-5 12 und 13 93

8901 Keim
KEIMFARBEN GmbH & Co. KG
Keimstr.
8901 Diedorf
☏ 08 21-4 80 20 Fax 48 02 10 Telex 5 33 394

8901 Kormann
Ziegelwerk Peter Kormann GmbH
8901 Dasing-Laimering
☏ 0 82 05-10 05

8901 Leiner
Leiner GmbH & Co.
Augsburger Str. 5
8901 Horgau
☏ 0 82 94-7 95

8901 Richter
C. Richter Aluminium- und Edelstahlschweißwerk
✉ 10 22 64
8901 Augsburg-Rommelsried
☏ 0 82 94-7 91

8901 Weitmann
J. A. Weitmann GmbH Kies- und Betonwerk
Auenstr. 7 ✉ 12 20
8901 Kissing
☏ 0 82 33-50 15 Fax 6 07 34

8901 Ziegelei
Ziegelei Adelsried
8901 Adelsried
☏ 0 82 94-12 02

8902 Mühlberger
Mühlberger GmbH & Co.
Gutenbergstr. 21
8902 Neusäß
☏ 08 21-46 20 91 Telex 5 33 213 coltr

8903 Vöst
Walter Vöst Isoliermaterial
Haumstetter Str. 4
8903 Bobingen
☏ 0 82 34-30 01

8903 Wellsteg
Bayerische Wellsteg GmbH & Co.
Gutenbergstr. 7
8903 Bobingen
☏ 0 82 34-20 03

8904 Diart
DIART Dämmstoffe GmbH
8904 Derching
☏ 08 21-78 30 33 Telex 5 3 767

8905 Lipp
Lipp-Keramik GmbH
✉ 11 47
8905 Mering
☏ 0 82 33-10 98 Telex 5 33 319

8906 Morgante
Ziegelei Gersthofen
Morgante & Schweiger GmbH & Co. KG
Ziegeleistr. 22
8906 Gersthofen
☏ 08 21-49 50 41 Fax 49 50 43

2

8907 Wege
Ludwig Wege & Co. Zweigwerk Thannhausen
✉
8907 Thannhausen/Schwaben
☏ 0 82 81-24 70

8908 Faist
M. Faist GmbH & Co. KG Dämmstoffwerk
Michael-Faist-Str.
8908 Krumbach/Schwaben
☏ 0 82 82-9 32 46 Fax 9 32 99 ⌁ 5 39 812

8909 Ebner
Ebner Isolierplatten GmbH
Krumbacher Str. 1
8909 Aletshausen
☏ 0 82 82-27 03

8909 IRSA
IRSA Irmgard Sallinger
Lack- und chemische Fabrik
An der Günz 15
8909 Deisenhausen
☏ 0 82 82-43 85 Fax 58 28 ⌁ 5 39 833 irsa d

8909 Staudacher
Ziegelwerk O. Staudacher GmbH & Co. KG
8909 Balzhausen
☏ 0 82 81-48 98

8909 Weber
Gebr. Weber
8909 Langenhaslach
☏ 0 82 83-2 23

8910 Praktik
PRAKTIK-HAUS
8910 Landsberg a. Lech
☏ 0 81 91-3 30 88

8910 SANSYSTEM
SANSYSTEM - Sanitärzellen Fertigungs- und Vertriebs GmbH
Rudolf-Diesel-Str. 7
8910 Landsberg/Lech
☏ 0 81 91-4 60 55 Fax 5 94 92 ⌁ 5 27 238 sand d

8910 Schwenk
E. SCHWENK Dämmtechnik GmbH & Co. KG
Hauptverwaltung und Werk I
Isotexstr. 1 ✉ 13 53
8910 Landsberg/Lech
☏ 0 81 91-12 70 Fax 29 54 ⌁ 5 27 216

8913 Coprix
Coprix Hochbauteile
✉ 44
8913 Schondorf/Ammersee
☏ 0 81 92-3 21

8913 Prix
PRIX-Werk Wiehofsky GmbH
✉ 42
8913 Schondorf
☏ 0 81 92-10 91 bis 95 ⌁ 5 27 143

8918 Oberland
Oberland Holzhaus GmbH
Fritz-Winter-Str. 11
8918 Diessen a. A.
☏ 0 88 07-75 25

8922 Stifter
Stifter Schwimmbad-Technik
Wanderhofstr. 14
8922 Peiting
☏ 0 88 61-50 48

8930 Schmid
Ziegelwerk Schmid & Co. Inh. Alfred Schmid
Lechfelder Str. 20
8930 Schwabmünchen
☏ 0 82 32-44 74

8935 Thermopaneel
Thermopaneel GmbH
Anwandstr. 3
8935 Fischach
☏ 0 82 36-10 47

8938 Hydroment
HYDROMENT EIBL KG
Mauer-Entfeuchtungs-Putze
Westendstr. 2
8938 Buchloe
☏ 0 82 41-58 63 und 64

8939 Salamander
Chemische Werke Salamander GmbH
✉ 1 60
8939 Türkheim 1
☏ 0 82 45-5 20 Fax 5 21 80 ⌁ 5 39 121

8940 Baeuerle
Baeuerle Farben KG
✉ 12 40
8940 Memmingen
☏ 0 83 31-10 31 ⌁ 5 4 503

8940 Gerner
Dipl.-Ing. Herbert Gerner
Buchenstr. 22
8940 Menningen
☏ 0 83 31-6 31 55

8940 Krauss
KRAUSS KAMINWERKE GmbH & Co. KG,
Werkslager
Anschützstr. 1
8940 Memmingen
☎ 0 83 31-8 70 60/69

8940 Metzeler
Metzeler Schaum GmbH
Donaustr. 51
8940 Memmingen
☎ 0 83 31-1 71 ⌨ 5 4 507

8941 Bau-Fritz
Bau-Fritz GmbH
Alpenstr. 10
8941 Erkheim
☎ 0 83 36-90 00

8941 Joma
JOMA-Dämmstoffwerk Josef Mang GmbH & Co. KG
Niederrieder Str. 3
8941 Holzgünz/Unterallgäu
☎ 0 83 93-7 80 ⌨ 5 4 906

8942 Libella
LIBELLA GmbH & Co. KG Fertigbauwerk
8942 Ottobeuren-Ollarzried
☎ 0 83 32-13 33 ⌨ 5 4 990

8943 Leinsing
Ziegelwerk Klosterbeuren
Ludwig Leinsing GmbH & Co.
Klosterbeuren 70
8943 Babenhausen
☎ 0 83 94-80 05

8944 Unglehrt
Unglehrt GmbH & Co. KG Betonfertigteilwerk
Allgäuer Str. 31
8944 Zell
☎ 0 83 34-8 31

8950 Alumat
ALUMAT Frey KG
Untere Gasse 24
8950 Kaufbeuren-Oberbeuren
☎ 0 83 41-47 25 Fax 7 42 19

8950 Simon
H. Simon GmbH
✉ 9 65
8950 Kaufbeuren
☎ 0 83 41-6 20 41

8951 Fleschhut
Martin Fleschhut KG
8951 Hammerschmiede
☎ 0 83 46-2 44 und 2 38

8951 Süha
Süha Fertigbau GmbH
8951 Stöttwang
☎ 0 83 45-3 73

8952 Hörmannshofer
Hörmannshofer Fassadenschutz Frahammer GmbH
Schwabenstr. 114
8952 Marktoberdorf
☎ 0 83 42-20 64 oder 61 16

8952 Krippner
R. Krippner
✉ 12 43
8952 Marktoberdorf
☎ 0 83 42-24 25 Fax 14 68

8952 Schmid
Schmid-Ziegel GmbH
Bahnhofstr. 9
8952 Marktoberdorf
☎ 0 83 42-60 07 und 09 Fax 4 12 61

8959 Eul
Eul & Günther GmbH & Co. KG
8959 Halblech-Trauchgau
☎ 0 83 68-8 81

8959 Häring
Häring
8959 Schwangau
☎ 0 60 25-2 61

8960 Kesel
Gebr. Kesel
Reinhartser Str. 28
8960 Kempten-Laubas
☎ 08 31-72 90

8960 Kies
Kies- und Ziegelwerke Kempten GmbH
Lenzfrieder Str. 25 ✉ 19 25
8960 Kempten
☎ 08 31-74 15/16

8960 Röhrenwerk
Röhrenwerk Kempten/Allgäu GmbH & Co. RWK KG
Kaufbeurer Str. 147 ✉ 22 60
8960 Kempten/Allgäu
☎ 08 31-7 10 11 Fax 7 73 26 ⌨ 5 4 825

8961 Schmidt
Schmidt, Werk II
8961 Kempten-Durach

8972 Hebau
Hebau GmbH
Pfaffensteige 12
✉ 12
8972 Sonthofen
☎ 0 83 21-20 27 und 28 ⌨ 5 4 469

2

8973 BAYOSAN
BAYOSAN Spezial-Bauprodukte
und Systeme GmbH
✉ 12 51
8973 Hindelang
☎ 0 83 24-8 91 61 Fax 8 91 69 Telex 5 4 490 wamix d

8973 Wachter
Hindelanger Kalk Wachter KG
Baustoffwerk - Bautechnik
✉ 11 55
8973 Hindelang/Allgäu
☎ 0 83 24-89 10 Fax 8 91 69 Telex 5 44 90 wamix d

8973 Wittwer
Siegfried Wittwer
Spenglerei Blitzschutzbau
Ostrachstr. 40
8973 Hindelang/Hinterstein
☎ 0 83 24-81 29 und 27 69

8974 Hummel-Stiefenhofer
Hummel-Stiefenhofer GmbH
Holzschindeln aller Art
Thalkirchdorf 20
8974 Oberstaufen
☎ 0 83 25-4 58 Telex 5 41 908

8977 Alpin-Chemie
Alpin-Chemie GmbH
für chemo-technische Erzeugnisse
8977 Freidorf 10
☎ 0 83 27-12 11 oder 12 12

8990 Durol
Durol GmbH & Co. KG Chem. Fabrik Lindau
Bregenzer Str. 107 ✉ 12 50
8990 Lindau
☎ 0 83 82-30 41

8990 Tenax
TENAX GmbH
Schloßstr. 13
8990 Lindau-Oberreitnau
☎ 0 83 82-2 50 74 Fax 2 25 02

8990 Zumtobel
Zumtobel GmbH & Co.
Heuriedweg 8
8990 Lindau
☎ 0 83 82-60 33 Telex 5 4 317

8994 Schuster
Gebrüder Schuster KG,
Lager und Ausstellungsräume
Bregenzer Str. 3
8994 Hergatz
☎ 0 83 85-13 14 Fax 17 00

8999 Kunststofftechnik
Kunststofftechnik KG
Werk Scheidegg
Falkenweg 4
8999 Scheidegg
☎ 0 83 81-30 01 Telex 5 41 105

8999 Rekostein
Rekostein Vertriebs GmbH
8999 Weiler i. Allgäu
☎ 0 83 87-20 49 Telex 5 41 100 reko
→ 8999 Rudolph
→ 5790 Rekostein
→ 6724 Gläser

8999 Rudolph
Josef Rudolph Steinwerke GmbH & Co.
✉ 1 89
8999 Weiler/Allgäu
☎ 0 83 87-20 46 Telex 5 41 100 reko d

Adressenregister, alphabetisch

a + e Metalltechnik → 7970 a + e
A + G → 7000 A + G
ABB CEAG → 4600 ABB
ABC Klinkergruppe → 4534 ABC
Abegg → 7118 Ziehl
Abele und Geiger → 7000 A + G
Abet → 4900 Abet
Abhau → 6442 Abhau
ABL → 8560 ABL
ABO System-Elemente → 5628 ABO
ABS → 8130 ABS
ABS Pumpen → 5204 ABS
Abshagen → 2000 Abshagen
Abu-Plast → 8633 Abu
Achcenich → 1000 Achcenich
Achenbach → 5900 Achenbach
Achenbach → 6600 Achenbach
acho-Bau-Elemente → 8901 Acho
Ackermann → 5270 Ackermann
ACO → 2370 ACO
aconit → 7100 Aconit
ACOVA → 7012 ACOVA
Actiengesellschaft Norddeutsche Steingutfabrik → 2820 Steingut
ACW → 7800 ACW
Adam Gumbmann → 8522 Gumbmann
ADARMA → 8000 ADARMA
Addimentwerk → 6906 Addimentwerk
Adelsried → 8901 Ziegelei
Aderhold → 5802 Adronit
ado → 4478 ado
Adronit → 5802 Adronit
Adt-Götze → 4000 Adt
Advance Treppenbau → 4054 Linde
Aeckerle → 2100 VAT
AEG → 3257 AEG
AEG → 6000 AEG
AEROLITH → 6460 AER
AERSTATE - DÄMMSTOFFE GMBH → 7502 Aerstate
aertherm → 6507 aertherm
AFW Selbstbauhaus → 6520 AFW
AG für Steinindustrie → 5450 AG
AGATHOS → 2863 AGATHOS
Agepan → 3418 Agepan
AGEPAN → 6601 Agepan
Agomet → 6450 Agomet
AGROB → 8045 Agrob
AGROB → 8600 AGROB
AGROB WESSEL → 5305 AGROB
Agro-Foam → 6550 Agro
Agro-Grebe → 3565 Agro
AGV Villingen → 7730 AGV
AHLMANN → 2370 ACO
Ahlmann → 2370 Ahlmann
Ahrens → 6502 Ahrens
Ahrens → 2839 Ahrens
Aicheler & Braun → 7400 Aicheler
ait GmbH → 4040 ait
Akatherm → 6720 Akatherm
AKG → 3520 AKG
AKO Abflußrohrkontor → 5000 Ako
AKO-WERKE → 7964 AKO
AKS → 7129 AKS
aktual Bauteile → 2084 optima
Akus → 6840 Akus
AKYVER → 2870 Klez
AKZO → 5600 AKZO
Akzo Coatings → 1000 Akzo
Akzo Coatings → 3007 Weber
AL Verbundträger → 6204 AL
Alape → 3380 Alape
ALARMTECHNIK MINDEN → 4950 Alarmtechnik
Albert → 3560 Albert
Albert → 5200 Lüghausen
Albert → 3078 Albert
Alberts → 5974 Alberts
albo Fenstersysteme GmbH → 6927 albo
Albrecht → 6500 Albrecht
Albrecht → 8871 Reflexa
Alcan → 3400 Alcan
Alcan → 6229 Güsta
Alcan Deutschland → 5970 Ohler
AlgoStat → 3100 AlgoStat
Alkor → 8000 Alkor
Alkor Markenhandelsges. → 8032 Alkor
ALKUBA → 4500 Alkuba
ALKUCELL → 3032 Alkucell
Allendörfer → 6300 Allendörfer
Allendorfer Fabrik → 6349 Panne
Allgemeine Industrie Commerz → 8043 AIC
Allibert → 6000 Allibert
Alligator Farbwerk → 4904 Alligator
Allit → 6623 Allit
allsend-Haus → 8500 allsend
Allstar → 8870 Allstar
allstar TREPPEN → 8500 allstar
ALMECO → 4056 Almeco
ALPHA → 8011 Alpha
alphacoustic → 6000 alphacoustic
alpha-vogt → 7131 alpha
Alpin-Chemie → 8977 Alpin-Chemie
ALSECCO → 6444 Alsecco
ALSEN-BREITENBURG → 2000 Alsen
Alt GmbH → 6200 Chemische
Alten → 3351 Alten
ALTEN → 3015 Alten
Altenberg Metallwerke AG → 4294 Isselwerk
Altenbuchinger → 8391 Bayerwald
Altmann → 4454 Ohrte
Altmeyer → 5350 Altmeyer
ALUFA → 7258 Alufa
ALUJET → 8083 Alujet
Alukarben → 6393 Alukarben
ALUKON → 8684 ALUKON
ALULUX-Beckhoff → 4837 Beckhoff
ALUMAT → 8950 Alumat
Aluminium Europe Inc. → 5400 Kaiser
Aluminium Rheinfelden → 7888 Aluminium Rheinfelden
Aluminium-Profilsystem GmbH → 2962 TS
Aluminium-Vertriebs-GmbH → 3204 ASKAL
aluplast → 7505 Aluplast
Aluplastic → 1000 Aluplastic
ALURAL → 3203 Alural
ALUSINGEN → 7700 Alu
AluTeam → 5440 AluTeam
Alutherm → 8530 Nahr
ALUXOR → 6944 Aluxor
Alwa → 5760 Cufix
ALWITRA → 5500 Alwitra
ALWO → 7122 ALWO
American Louver Continental → 6078 Louver
AMF → 8352 AMF
Ammon → 7071 Ammon
Amoco Fabrics → 4432 Amoco
AMS → 5241 AMS
Amtico → 4000 Amtico
Andernach → 5300 AWA
Andernacher Bimswerk → 5470 Bimswerk
Anderson → 4330 TA

3

3

3

Brinkjost → 4425 Brinkjost
Brinkmann → 3430 Brinkmann
Brinkmann → 4800 Brinkmann
Brinkmann → 4950 Brinkmann
Brinkschulte → 2800 Brinkschulte
Brio Scanditoy → 8500 Brio
Brisach → 5300 Brisach
Brockhues → 6229 Brockhues
Brockmann → 4000 Brockmann
Brockmann → 4250 Brockmann
Brocolor → 4432 Bron
Bröer → 5800 Bröer
Brökelmann → 5760 Brökelmann
Brötje → 2902 Brötje
Brohlburg → 5470 Brohlburg
Brombacher → 7252 Brombacher
Bron → 4432 Bron
Broos → 5300 Broos
Brotdorf → 6640 Brotdorf
Brown → 6909 BBC
BROWN BOVERI → 6800 BBC-YORK
Bruens → 4404 Bruens
Bruens → 4404 Silidur
Brüche & Co. → 4300 Brüche
Brückel → 6306 Brückel
Brückl → 7903 Brückl
Brüggener Aktiengesellschaft für Tonwarenindustrie → 4057 Bag
Brügmann → 2053 Brügmann
Brügmann → 4600 Brügmann & Sohn
Brügmann → 4600 Brügmann Arcant
Brügmann → 4600 Brügmann Frisoplast
Brühler Stahlhandel → 5040 Stahlhandel
Brüner → 7715 Brüner
Brünger → 4900 Brünger
BRUNATA → 8000 Brunata
Brune → 5880 Brune
Brunner → 8330 Brunner
Brunnquell → 8700 Brunnquell
Brux → 8731 Brux
Brux & Witzeler → 4300 Brux
Bruynzeel → 4040 Bruynzeel
Bruynzeel → 6405 Bruynzeel
BSB → 4630 BSB
BSG → 7300 BSG
BST - Brandschutztechnik → 6238 BST
btg → 8029 btg
BTI → 7118 BTI
Buchholz → 2000 Buchholz
Buchtal → 8472 Buchtal
Buck → 7948 Buck
Buckingham → 6393 Buckingham
Budde → 4790 Budde
Budde & Kuhrenkamp → 4790 Fastlock
Buderus → 6320 Funk
Buderus → 6330 Buderus Heiztechnik
Büchner → 4000 Büchner
BÜCHTEMANN → 2000 Lugato
Büdenbender → 5902 Büdenbender
Büffelhautwerk → 6632 Siplast
Bühlertann → 7000 Gröber
Bühnen → 2800 Bühnen
Bürkle → 7012 Bürkle
Bürkle → 7036 Centra
Büscher → 4400 Pebüso
Büscher → 4800 Büscher
Büsing & Fasch → 7030 Büsing
Büsing & Fasch → 2900 Büsing
Büssgen → 5160 Büssgen
Bütec → 4010 Bütec
Büter → 4460 Neerken
Bütow → 5456 Bütow
BUILDEX → 5860 Buildex
Buiting → 4300 Buiting
Buka Chemie → 7141 Buka
BUKAMA → 3005 Bukama
Bulldog → 2808 Bulldog
Bunk → 3522 Bunk
Bura → 5974 Bura
Burgahn → 7519 Burgahn
BURGER → 7000 Burger
Burgmann → 7640 Burgmann
Burgwald Baustoffwerk → 3559 Burgwald
Burrer → 7133 Burrer
Burton → 4520 Burton
Busch → 2253 Busch
Busch → 4040 Busch
Buschco → 7522 Buschco
Buscher → 3550 Buscher
Busch-Jaeger → 5880 Busch
Buschkamp → 4800 Buschkamp
Busse → 8540 Busse
Bussfeld → 5342 Bussfeld
Bussmer → 6550 Bussmer
Butz → 7000 Butz
Butzbach → 7919 Butzbach
Butzbacher Farbenfabrik → 6308 BUFA
Butzke → 1000 Butzke
BVG → 4240 BVG
BWA → 6799 BWA
BWD → 7312 BWD
BWE-BAU Fischer-Baugesellschaft mbH → 2900 BWE
bwh → 3500 Betonwerk
BWV → 3101 BWV
CABKA-PLAST → 7519 CABKA
Cadolto-Werk → 8501 Flohr
Caleffi → 6052 DECA
Calenberg → 3216 Calenberg
CALEPPIO → 7858 Caleppio
Calidec → 4600 Calidec
California Whirl-Pool → 2000 California
Calsitherm → 4792 Calsitherm
Camminady → 5940 Camminady
Canadur → 1000 Canadur
Caparol → 6105 Caparol
Capatect → 6105 Capatect
CAPE BOARDS → 4010 Capeboards
Caramba → 4100 Caramba
Cardkey → 4000 Cardkey
Carlé → 6304 Carlé
Carl Freudenberg → 6750 Lutravil
Carlswerk → 4150 F + G
Castroper Ziegelwerk → 4620 Lessmöllmann
cds-Vertrieb → 6555 Possehl
CEAG → 4600 ABB
CECA-Klebstoff → 6050 CECA
Ceilcote → 4050 Master
Cemitec → 6369 Cemitec
Cemtac → 8000 Cemtac
Centra-Bürkle → 7036 Centra
Centrexico → 4000 Centrexico
CERAMICA VISURGIS → 2800 Ceramica
Ceramica-Import → 8590 Boegershausen
Ceresit → 4750 Ceresit
CES → 5620 CES
Champ-Sauna → 3589 Champ
Chema → 4750 Chema
Chema → 5300 Chema
Chemetall → 6000 Chemetall
Chemiefac → 4000 Chemiefac
CHEMIESCHUTZ → 6140 Chemieschutz
Chemie-Vertrieb GmbH → 8855 Chemoplast
Chemie-Werk Weinsheim → 6520 CWW
Chemische Fabrik Asperg → 7000 Eichhöfer
Chemische Fabrik Biebrich → 6200 Chemische

Daubert u. Schneider → 4930 Daubert
DAWE → 4220 Colornyp
Dawin → 3253 Dawin
Daxorol → 5928 Daxorol
de Haen → 3016 Riedel
de Lange → 5860 de Lange
DECA → 6052 DECA
Decken- und Konstruktionen Vertriebs-GmbH → 7143 Decken
Decor → 7024 Decor Kork
DECOR GmbH → 2102 Decor
DECOSTYL → 8228 Decostyl
DEFLEX → 4600 DEFLEX
Defromat → 8000 Defromat
DEG → 2000 DEG
Degel → 7519 Degel
Degussa → 6000 Degussa
deha → 6080 deha
Dehn → 8530 Dehn
Dehn + Söhne → 8430 Dehn
Dehner → 8852 Dehner
DEHOUST → 6906 Dehoust
DEHOUST → 3070 Dehoust
Deister Saunabau → 3013 Deister
Deitermann → 4354 Deitermann
Dekoramik GmbH → 8763 Klingenberg
Dekorplatten GmbH → 7970 Thermopal
delcor → 4508 delcor
Delfin → 2000 Delfin
Delhees → 2000 Delhees
Deling → 4050 Deling
DELOG-DETAG → 4650 Flachglas
DELOG-DETAG → 8150 Flachglas
DELTA → 5760 DELTA
DELTA® → 4970 RUGA
DELTEX → 2870 Deltex
Demme & Renker → 6230 Demme
DEMMERLE BETON → 6634 Demmerle
Dennert → 8602 Dennert
DERIA-DESTRA → 4630 Deria
Derix → 4055 Derix
Dern → 6301 Dern
DESAG → 3223 DESAG
DESOWAG → 4000 Desowag
DESTRA → 4630 Deria
DETAG → 4650 Flachglas
DETAG → 8150 Flachglas
Detlefsen → 2250 Hansen & Detlefsen
Dettelbach → 8716 Kalksandsteinwerk
Detzer → 7141 Detzer
DEUTAG → 5000 Deutag
Deuter → 8900 Deuter
Deutsche BP → 4000 BP
Deutsche Caleffi → 6052 DECA
Deutsche Cement-Industrie → 2800 Kellner
DEUTSCHE EVERLITE → 6980 Everlite
Deutsche EXXON → 6230 EXXON
Deutsche Gerätebau GmbH → 4796 Gerätebau
DEUTSCHE HEY'DI → 2964 Hey'di
Deutsche Hourdisfabrik → 7570 Hourdis
Deutsche Hoval GmbH → 7407 Hoval
Deutsche Kapillar-Plastik → 3563 Kapillar
Deutsche Klebstoffwerke GmbH → 6450 Dekalin
Deutsche Lindsay → 7101 Lindsay
Deutsche Metallnetzwerke Borlinghaus → 4240 Borlinghaus
Deutsche Metalltüren-Werke → 4800 Schwarze
Deutsche Naturasphalt → 3456 DASAG
Deutsche Ofenbaugesellschaft mbH → 4630 Ofenbau
Deutsche O.F.I.C. → 6200 O.F.I.C.
Deutsche Shell Chemie → 6236 Shell
Deutsche Terranova → 8500 Terranova
Deutsche Torfhandelsgesellschaft mbH → 8029 Torfhandelsgesellschaft
Deutschle → 7830 Deutschle
DEVENTER Profile → 1000 Deventer
Dexion → 6312 Dexion
DI Development → 8132 Di
DIA Pumpenfabrik → 4000 Dia
DIA-Fertigteilwerke → 3160 Diekmann
DIART → 8904 Diart
Dia-therm → 5963 Dia
Dichtelin-Bautenschutz-Chemie GmbH → 4790 Budde
Dichtungstechnik GmbH → 4200 Dichtung
Dick → 5093 Radson
Dick → 5200 dipa
Dictator-Technik → 8901 Dictator
DIDIER → 5330 Didier
DIDIER → 6200 Didier
Dieckmann → 5860 Dieckmann
Dieckmann → 7592 Normbau
Dieffenbacher → 8000 protect
Dieffenbacher GmbH → 7500 Dieffenbacher
Diekmann → 3160 Diekmann
Dielmann → 6000 Gerhardt
Diemar → 3500 Schmidt & Diemar
Diephaus → 2848 Diephaus
Diessner → 1000 Diessner
Dietrich → 6750 Dietrich
DIETTERLE → 7033 Dietterle
Diez → 7455 RIDI
Dillinger Holz und Kunststoff GmbH → 8880 Dillinger Holz
Dillmann → 7993 Dillmann
Dimmler → 7210 Dimmler
Dinklage → 4902 Haarmann
Dinnebier → 4000 Dinnebier
Dinotec → 8035 dinotec
Dinova-Werk → 5330 Dinova
dipa → 5200 dipa
DIPLING → 6303 Dipling
Diroll → 8622 Diroll
Disbon → 6105 Disbon
Distler → 8540 Distler
Dithmarscher Kalksandsteinwerke → 2241 Wildenrath
Dittler → 4030 Köhler
Dittler + Reinkober → 3500 Dittler
Dittmayer → 8132 Dittmayer
Dittmer → 2350 EDI-HAUS
Dittrich → 2800 Molanex
Diwany → 6710 ARGI
DLW Aktiengesellschaft → 7120 DLW
DOBEL → 5144 DOBEL
Doberg → 5120 Doberg
Dobner → 7320 Dobner
Dobro & Bergs → 5120 Doberg
Döllken → 4300 Döllken
Dörentrup Klinkerplatten → 4926 Dörentrup
Döring → 8052 Normstahl
Dörken → 5804 Dörken
Dörnemann → 3320 Dörnemann
Dolch + Friedrich → 7121 Louver
Dold → 7640 Dold
Dold → 7801 Dold
DOM Sicherheitstechnik → 5040 Dom
Domnick → 4478 ado
Donder & Kerl → 3400 Donder
Doneit → 3057 Doneit
Donges → 6100 Donges
DONN Products → 4060 Donn
Donner → 1000 Donner

3

Eifeler Kalksandstein- und Quarzwerke → 5565 Eifeler Kalksandstein
EIFELITH → 5372 Eifelith
Eifel-Quarz-Werke → 5561 Bandemer
Eimer → 6553 Eimer
Eisen- und Plastverarbeitung GmbH → 5802 EuP
Eisenbach → 6000 Eisenbach
Eisert → 8759 Eisert
Eista → 4286 Eista
Eitensheim → 8071 Ziegelwerk
Eitner → 1000 Isoplastic
EJOT Baubefestigungen → 5928 EJOT
EKO → 2000 EKO
EKO-Erdwärmekollektor GmbH → 5940 EKO
ELASTIC → 6000 Elastic
Elastogran → 2844 Elastogran
Elastogran Kunststofftechnik → 2844 Elastogran Kunststofftechnik
Elastolith Gesellschaft für Farben + Putze mbH → 4799 Elastolith
ELASTON → 6053 Elaston
ELBA-HAUS → 7823 Elba
ELCA → 4150 Elca
ELCO → 7980 Elco
ELDOR → 5820 Eldor
Electraplan → 2000 DEG
Electro-OIL → 2057 Electro-OIL
ElectroTherm GmbH → 4200 Bauerhin
Elefant-Chemie → 3001 Elefant
Elektra GmbH → 2000 Elektra
Elektrobau Mulfingen GmbH & Co. → 7119 ebm
ELEMENTA → 4787 Elementa
Elementebau GmbH → 4426 EBA
elero → 7312 Elero
ELFIX → 4100 Rustein
Elflein → 5800 Elflein
ELKA → 2253 Elka
ELKA → 5430 Elka
ELKAMET-WERK → 3560 Elkamet
elkinet® → 1000 elkinet
ELKINET® → 8000 Elkinet
Elsdorf GmbH → 2813 Willco
Elterlein → 8820 Elterlein
ELTON → 2800 Elton
Eltron → 3450 Stiebel
Elza-Textilwerk → 7807 Elza
Emaillierwerk Hannover → 3002 Haselbacher
Emailreparaturen GmbH → 7000 Repabad
Emder Dachpappenfabrik → 2970 Hille
EMFi S.A → 5060 Matthias
EMIL CERAMICA → 3575 Tietjens
Emmerling → 8228 Emmerling
Emmerling & Weyl → 6252 Emmerling
ems → 2409 ems
ems → 2440 ems
EMS-CHEMIE → 5000 Ems
Emsland Spanplatten → 2990 Emsland
EMW-Betriebe → 6252 Emmerling
ENA → 7892 ENA
End → 6600 End
Endele → 7937 Endele
Endress → 8554 Endress
Energie-Baustein → 3000 EBS
Energiespar-Wärmedämm AG → 3500 EWAG
Energie-Wärmedämm AG & Co. → 3320 EWAG
Engel & Leonhardt → 1000 Engel
Engelhardt → 2250 Engelhardt
Engels → 5632 Kiesecker
Englert → 8721 Englert
Engstfeld → 5628 Engstfeld
Engstler & Schäfer → 6612 Engstler
ENITOR® → 7909 Linke
ENKE → 4000 Enke
enro → 7319 enro
Enste → 4788 Enste
ENVIROTECH → 4030 Esmil
Enzian Werk → 7430 Grunella
epasit → 7254 Epasit
Eppe → 3300 Eppe
Epping → 4292 K + E
EPPLE → 7000 Epple
Epple → 7000 Epple, Karl
EPUCRET → 7324 EPUCRET
era → 3078 era
erba → 6920 erba
Erbersdobler KG → 8399 Erbersdobler
Erbslöh → 4000 Erbslöh
Erbslöh → 6222 Erbslöh
ERCO Leuchten → 5880 ERCO
Erdmann & Pickrun → 5800 Erdmann
Erfurt → 5600 Erfurt
Erhard → 7920 Erhard
Erichsen-Lange → 2000 Erichsen
ERICO → 6791 ERICO
ERLAU → 7505 Erlau
Erlus → 6720 Erlus
Erlus → 8301 Erlus
Erlus → 6832 Erlus
Ernstmeier → 4900 Ernstmeier
Ernst & Sohn → 5608 Ernst
Erste Deutsche Basaltwolle KG → 3406 Basalt
Ertl → 4130 Ertl
ERU Schornsteintechnik → 2058 ERU
Erzinger Ziegelwerk → 7895 Ziegelwerk
Escamarmor → 5000 Escamarmor
ESMIL-ENVIROTECH → 4030 Esmil
ESO → 7292 ESO
Espero → 4000 Espero
Esselte → 3000 Esselte
Esser → 5400 Esser
Esslinger Schwimmbecken und Kunststofftechnik → 7300 Schwimmbecken
Essmann → 4902 Essmann
ESSO → 2000 ESSO
ESTELIT → 4408 Estelit
ESTROLITH → 7141 Estrolith
Eta-Holzhandel → 4200 Eta
Eternit → 1000 Eternit
Etra-Traub → 7101 Etra
Ettl → 2000 Ettl
eukula → 7417 Eukula
Eul & Günther → 8959 Eul
Eulberg → 6250 Eulberg
EuP → 5802 EuP
eurAl → 3167 eurAl
EURO HAUS → 6990 EURO HAUS
EURO Planen → 2000 Euro
Eurocol → 4000 Eurocol
EURO-FERTIGBAU Jos. Schuh → 6690 Euro
Europlast → 4200 Europlast
EUROPLASTIC → 4000 Pahl
Europor → 5270 Europor
euro-system → 7500 Euro
Euroteam → 1000 Euroteam
Eutebach → 5900 Beuco
Everest → 8300 Everest
EVERGREEN → 7100 Evergreen
Everken → 5787 Olsberger Hütte
EVERLITE → 6980 Everlite
everplay Sportbeläge → 4750 IGES
EVERS → 3200 Evers
Evers → 5787 Evers
EWAG → 3320 EWAG
EWAG → 3500 EWAG

3

3

3

High Tech Ausbau- und Einrichtungsprodukte Vertriebs GmbH → 8000 High Tech
Hilberer → 7600 Hilberer
Hildebrand & Richter → 2121 Hiri
HILDEBRANDT → 3167 HPS
Hildebrandt → 4640 Hildebrandt
Hildmann → 3430 Hildmann
Hilgers → 4000 Hilgers
Hilgers → 4050 Hilgers
Hille → 2970 Hille
Hilleke → 5982 Schürmann
Hillenkötter & Ronsieck → 4800 Hiro
Hilliges → 3360 Hilliges
Hilti Deutschland GmbH → 8000 Hilti
Hilzinger → 7000 Hilzinger
Hindelanger Kalk → 8973 Wachter
Hinnenberg → 4006 EhAGE
Hinse → 5400 Hinse
Hinteregger → 8000 Hinteregger
Hippelein → 7181 Schön
HIRI → 2121 Hiri
Hirler → 6082 Carrier
HIRO LIFT → 4800 Hiro
Hirsch → 8087 Hirsch
Hirschfeld → 6909 Hirschfeld
Hirz GmbH & Co. KG → 4130 Hirz
Hirz Trennwand GmbH & Co. → 3007 Hirz
Hitachi Europe → 4000 Hitachi
HITACHI Sales → 2050 Hitachi
HL-Naturstein → 3260 HL
HM → 3045 HM Fenster
HM-Betonfertigteilwerk → 7971 Mauthe
HMK → 8429 HMK
HNT-GmbH → 2990 HNT
Hobas → 4200 Hobas
Hobein → 4630 Hobein
HOBEKA® → 8000 Hobeka
Hochköpper → 5880 Hochköpper
Hochtief → 6000 Hochtief
Hochtief Aktiengesellschaft → 6081 Hochtief
HOCHWALD → 5552 Hochwald
HOCO PLAST → 7057 Hocoplast
HOCOPLAST → 8330 Hocoplast
Hoechst → 6000 Hoechst-Trespa
Hoechst → 6230 Hoechst
Hoechst Aktiengesellschaft → 6230 Hoechst AG
Hoelscher → 6109 Hoelscher
hoelschertechnic → 4690 Hoelscher
Hoepfner → 4180 Hoepfner
Hoerner → 7101 Hoerner
Hoesch → 5160 Hoesch
Hoesch → 5900 Hoesch
Hoesch → 8743 Hoesch
Hoesch Stahl → 4600 Hoesch
Höchst AG → 6200 Kalle
Höchster Lack- und Lackfarbenfabrik → 6230 Andresen
Höfer → 5241 Höfer
Höger → 2102 Höger
Höhenmühle GmbH → 8399 Lange
Höhn → 5439 Kunststoffwerk
Höhn → 5657 Höhn
Höhne → 7000 Ilka
Höhns → 2410 Höhns
Höhr → 4806 Höhr
Höllfritsch → 8500 Durament
Hölter → 4390 Hölter
Hölzemann → 6800 Graeff
Höpner → 4300 Mähler
Höpolyt → 2102 Höger
Hördener Holzwerk → 7560 Hördener Holzwerk
Hörling → 3280 Hörling
Hörmann → 4803 Hörmann
HÖRMANN → 8011 Hörmann
Hörmannshofer → 8897 Hörmannshofer
Hörmannshofer → 8952 Hörmannshofer
Hörnemann → 4300 Hörnemann
Hörsteler Teppichfabrik → 4446 Hörsteler
Hötzel → 7514 Hötzel
Höveling → 3000 Höveling
Höveling → 2000 Höveling
HOFAMAT → 7730 Hoffmann
Hofbauer → 8423 Hofbauer
Hoff → 4783 Hoff
Hoffmann → 6348 Hoffmann
Hoffmann → 6369 Hoffmann
Hoffmann → 6612 RIHO
Hoffmann → 6734 Hoffmann
Hoffmann → 7730 Hoffmann
Hoffmeister → 5880 Hoffmeister
Hoffmeister → 8635 Hoffmeister
Hofmann → 6057 Keller
Hofmann → 6970 Hofmann
Hofmann → 6977 Hofmann
Hofmann → 8753 Hofmann
Hofmann & Ruppertz → 6000 Hofmann
HOFMEIER → 4530 Hofmeier
HOFMEISTER® → 8332 Hofmeister
Hohage → 5990 Hohage
Hohenlohe Fränkische Wohnbau → 7180 Hohenlohe
Holert → 2000 Holert
Holmenkol → 7257 Loba
HOLSTA-GERÄTE → 8370 Holsta
Holsteiner Kabel- und Leitungsbau → 2354 Pohl
Holtmann → 3012 Holtmann
Holz + Kunststoff KG → 4793 Kottmann
Holz- und Elementebau GmbH → 6390 Sorg
Holzäpfel → 7240 Holzäpfel
Holzhaus GmbH & Co. KG → 4790 KÜPA
Holzindustrie Waldburg → 7962 Waldburg
Holzkämpfer → 3004 Holzkämpfer
Holzkalkbrennerei und Kalklager → 8426 Holzkalk
Holzner → 8261 Holzner
Holzschutz-Einkaufs-Ring → 2900 Holzschutz
Holzwerke Hauzenberg → 8395 HWH
Holzwerke Zapfendorf → 8619 Holzwerke
HOMA → 5206 HOMA
Homanit → 3420 Homanit
Homann → 4430 Homann
HOME-Fertigelemente → 5778 Home
Hommer → 5401 Hommer
Honeywell Braukmann → 6950 Honeywell
Hoppe → 2000 Hoppe
Hoppe → 3012 Hoppe
HOPPE GmbH & Co. KG → 3570 HOPPE
Horizont Gerätewerk → 3540 Müller H.
Hornbach → 6729 Hornbach
Hornschuch → 7119 Hornschuch
Horstmann → 7895 Horstmann
HOSBY → 2362 Hosby
Hosby → 2362 Hosby Bau
HOSBY → 4420 Hosby
„Hot Whirl Pool Center" → 2830 Helms
Hoting → 2800 Hoting
HOTTER → 6200 Hotter
Hotz → 1000 Hotz
Hourdisfabrik → 7570 Hourdis

Hoval GmbH → 7407 Hoval
hovesta → 5473 Hovesta
Hovestadt → 6054 Hovestadt
HPP → 2153 HPP
HPS → 3167 HPS
HSB → 4178 HSB
HSH → 5800 Hegner
Huber → 6052 Huber
Huber → 8090 Huber
Huber → 8311 Huber
Hubrig → 3101 Hubrig
Huck → 6334 Huck
Hueck → 5880 Hueck
Huesker → 4423 Huesker
Huesker → 4426 Solidur
Hübner → 3500 Hübner
Hübner Elektronik → 5901 STEINEL
Hügle → 7798 Kipptorbau
Hüls AG → 5210 Hüls AG
Hüls Troisdorf → 5210 Hüls Troisdorf AG
Hülsdell → 5628 Hülsdell
Hümpfner → 8700 Hümpfner
Hüning → 4716 Hüning
HÜNNEBECK-RÖRO → 4030 Hünnebeck
Hüppe → 2900 Hüppe Dusch
Hüppe → 2900 Hüppe-Raum
Hüppe GmbH → 2900 Hüppe Sonne
Hüttemann → 4000 Hüttemann
Hüttemann → 5787 Hüttemann
Hüttenbrauck → 5758 Hüttenbrauck
Hüttenes → 4000 Hüttenes
Hützen → 4060 Hützen
HÜWA → 8500 Hüwa
Huf → 5419 Huf
Hufer → 4133 Hufer
Hufnagel → 8800 Hufnagel
Humberg → 4405 Humberg
Hummel → 4300 Hummel
Hummel-Stiefenhofer → 8974 Hummel-Stiefenhofer
Hundhausen → 5900 Hundhausen
Hundt → 2800 Hundt
HUNO → 3320 Huno
Hunsrücker Holzhausbau → 5449 Hunsrücker Holzhausbau
Hunter Douglas → 4000 Hunter
Hupfeld-Beton → 2150 Hupfeld
Hupfer → 7889 Hupfer
Huss → 7440 Huss
Hutchinson → 6600 Hutchinson
Huth & Richter → 1000 Huth
Huwil → 5206 Stommel
HWP Bäderbau GmbH → 6712 H.W.P.
Hydrex → 7980 Hydrex
Hydro-Anlagenbau → 3582 Hydro
Hydrolan → 4354 Hydrolan
HYDROMENT → 8938 Hydroment
HYDRO-NAIL → 6078 HYDRO
HYDROTHERM → 6110 Hydrotherm
HYGROMATIK® → 2000 Hygromatik
HYMIR → 7530 Hymir
Ibacher Ökobau → 7822 Ökobau
Ibena → 4290 Beckmann
IBIA → 5650 Beyer
IBK → 7500 IBK
ICI → 4010 Wiederhold
ICI → 6000 ICI
ICOPAL → 4712 Icopal
Ideal-Betonelementbau → 5419 Ideal
Ideal-Standard → 5300 Ideal
IDEMA® → 2390 IDEMA
Idunahall → 4235 Iduna
IEU → 8000 IEU
IFA norm® → 5450 IFA
IFA-HAUS → 5412 IFA-HAUS
IFF → 7404 IFF
igA Architekturbaustoffe → 7100 igA
I.G.E.S. → 4750 IGES
iGuzzini illuminazione Deutschland GmbH → 8033 iGuzzini
IHM → 6500 Resart
Ikoba → 7177 Ikoba
ILKA-Chemie → 7000 Ilka
illbruck GmbH → 5090 illbruck
Illerplastic → 7919 Illerplastic
Illi → 7311 illi
ILLMANN → 2057 Illmann
ilse-TEC → 3418 Agepan
imbau Industrielles Bauen GmbH → 2000 imbau
Imexal → 7033 Imexal
Immo → 2301 Immo
Imparat Farbwerk → 2056 Imparat
Impex → 8800 Impex
Impex GmbH → 8039 Doka
INDAB → 5030 INDAB
induco → 6478 Induco
INDULA → 8058 Indula
Industriestein Gesellschaft → 8452 ISG
Industriewerk Rheinböllen → 6542 Industriewerk
Inefa → 2210 Inefa
Ingenohl → 1000 Ingenohl
Inklusivbau GmbH → 7110 FH
innbau → 8261 innbau
INNTAL HOLZHAUS → 8094 Inntal
inset → 5100 Inset
INSTALLA Energietechnik → 4174 Installa
Institut für Energieberatung und Umweltforschung → 8000 IEU
Insulex → 2110 Leitow
intalite® → 4000 Intalite
Integratio → 5628 Integratio
Inter AG + Co. → 3257 Dätwyler
Interaqua → 5603 Interaqua
interelement → 4200 interelement
Interferenz → 4154 Interferenz
Interfinish Trennwände → 4000 Interfinish
Interglas → 7900 Interglas
International Deutschland GmbH → 4030 Componenta
International Hydrokultur → 6090 TWL
Interpane → 3200 Hildesia
INTERPANE → 3471 Interpane
INTERPANE → 5272 Interpane
INTERWAND → 7119 Interwand
intra → 5600 Intra
IPA-Bauchemie GmbH → 8195 IPA
IRG → 4600 IRG
isa → 4802 isa
ISALITH → 7080 ISALITH
Isar Bautenschutz GmbH → 8045 Meisterring
Isarbaustoff GmbH → 8300 Isarbaustoff
ISAR-RAKOLL → 8000 Isar
ISAR-RAKOLL-CHEMIE → 3070 Isar
ISBI → 7557 ISBI
Isele → 7823 Isele
Isener Ziegelwerke → 8254 Meindl
ISG → 8452 ISG
ISKO → 8254 Meindl
Island Bims Handels GmbH → 7557 ISBI
ISMOS → 7012 Ismos
ISO → 7101 ISO
ISO DE AL → 8031 ISODEAL
ISOBIT → 6970 Hofmann
isoBouw → 4057 isoBouw
ISO/CRYL → 5630 ISO/CRYL
ISO-Dekor → 4830 ISO-Dekor
Isola → 4322 Isola
Isolar-Glas → 6544 Isolar
ISOLEX → 3100 isolex
Isolier- und Terrassenbau GmbH → 4010 Gartenmann
ISOMETALL → 7730 Isometall
Isoplastic-Werk → 1000 Isoplastic

3

3

MOWA → 4300 Hebel
Moz GmbH → 4440 Moz
MS-DECKEN-VERTRIEB → 4250 MS-Decken
MTC → 3100 MTC
Muehl → 6201 Muehl
Mueller - Baustoffe GmbH → 6761 Müller P.
Mücher → 5830 Mücher
MÜGO → 5419 Mügo
Mühlberger → 8902 Mühlberger
Müllensiefen → 4630 Müllensiefen
Müller → 2800 KAMÜ
Müller → 3140 Müller, A. D.
Müller → 3201 Bemm
Müller → 3540 Müller H.
Müller → 4250 MC
Müller → 4270 WQD
Müller → 4450 Müller
Müller → 4930 Temde
Müller → 5600 Coroplast
Müller → 5600 Müller H.
Müller → 6719 Müller
Müller → 6900 Müller
Müller → 7277 Müller
Müller → 7300 Müller, K. W.
Müller → 7306 W & M
Müller → 8011 Glatz
Müller → 8060 Müller, W. KG
Müller → 8633 Müller
Müller + Baum → 5768 MÜBA
Müller → 2000 Müller, Gg.
Müller & Schnigge → 5372 Müller & Schnigge
Müller & Sohn → 2103 Müller, J. F.
Müller Gönnern GmbH → 6341 Müller
Müller Offenburg → 7600 Müller Offenburg
Müller & Hoffmann → 1000 Müller & H.
Münch & Wacker → 5000 Münch
Münchener Blockhaus → 8000 Münchener Blockhaus
Münkel → 4837 Münkel
Münkel → 7180 Münkel
Münstermann → 4760 Münstermann
Münz → 8037 Münz
Münzenloher → 8250 Münzenloher
MÜPRO → 6238 Müpro
Müssig → 7034 Müssig
Muhr → 5963 Dia
MULTIBEAM → 4236 Knipping
MULTIBETON® → 5060 Multibeton
Multikunst Spielgeräte GmbH → 2398 KOMPAN
MULTIPLAST → 4600 Multiplast
Mumm → 2350 Mumm
Munte → 3300 Munte
Munters → 2000 Munters
Munz → 5204 Munz
MURASIT BAUCHEMIE → 7300 MURASIT
Murray → 5220 Wallace
Muthweiler → 6680 Muthweiler
Mutschler → 7053 Mutschler
Mutter → 8022 Getzner
MWH → 6928 MWH
MWW → 3051 MWW
Myrtha → 8400 Myrtha
nadoplast → 3050 nadoplast
Nägele → 7892 ENA
Näher → 7145 GNM
Nagelstutz & Eichler → 4353 Nagelstutz
Nahr → 8530 Nahr
NAKRA → 8755 Kraut
Nassauische Terrazzowerke → 6258 Terrazzowerke
natur-decor Heimtextilien Vertriebs GmbH → 7457 Maifloor
NATURHAUS → 8200 Naturhaus
Nau → 4930 Nau
Nau → 8052 Nau
Naue → 4990 Naue
Naunheim → 4300 Naunheim
NCB-GmbH & Co. KG → 8547 Kama
Necumer → 4508 Necumer
NEEF → 4060 NEEF
Neerken & Büter → 4460 Neerken
Neffgen → 5400 Neffgen
Nefit Fasto → 4100 Nefit
Neher → 7211 Neher
Nelskamp → 4235 Nelskamp
Nelson → 5820 TRW Nelson
Neoplastik → 3300 Neoplastik
Neopor → 7440 Neopor
Neopur → 2844 Neopur
neospiel → 3533 neospiel
Nestrasil → 7122 Nestrasil
Netzow-Lavagrund → 2210 Netzow
Netzsch → 8264 Netzsch
Neu → 8000 Neu
Neuber → 5308 Neuber
Neue Heimat → 2000 Neue Heimat
Neugebauer → 7100 Gerex
Neugebauer → 4400 Neugebauer
Neuhaus → 6350 Neuhaus
NEUMIG → 2000 Neumig
Neurath → 6367 König
Neuschwander → 7129 Neuschwander
neu-therm → 4400 neu-therm
New York Hamburger Gummiwaaren → 2100 New York
Newosa → 7507 Newosa
NFB → 4060 NFB
NH-Beton → 4180 NH
NH-Beton → 5241 NH
NH-Beton → 6342 NH
Nickel → 6342 Nickel
Nicol → 3501 Nicol
NICO-Metall → 4600 NICO
Nicotra → 8000 Nicotra
Niederberg → 4133 Niederberg
Niederberger → 8172 Niederberger
Niederdreisbacher Hütte → 5241 NH
Niederdreisbacher Hütte → 6342 NH
Niederdreisbacher Hütte GmbH → 4180 NH
Niedergünzl → 8229 Niedergünzl
Niederlücke → 4807 Niederlücke
Niederndorfer Ziegelei → 8522 Gumbmann
Niedersächsische Rasenkulturen → 2833 Strodthoff
Niederscheld GmbH → 6340 Niederscheld
Niedung → 3000 Niedung
Niefnecker KG → 8078 Niefnecker
Nieland → 5628 Kiekert
NIEMANN → 7513 Niemann
Niemetz → 8601 Niemetz
Nientit → 6000 NTS
Nier → 2214 Nier
Nijha → 5455 Nijha
Nilsson & Partner → 4970 Nilsson
Nipp → 2800 Nipp
Nissen → 2253 Nissen
Nissen & Volk → 2102 Nissen
NKS GMBH → 6634 Demmerle
nmc-Industrie Produktions- und Vertriebs GmbH → 6143 nmc
Nobel & Co. → 2083 Nobel
Noblesse → 3453 Noblesse
NOE → 4052 Noe
NOE → 7334 NOE
NOE → 8000 Noe
Nöcker → 4000 Nöcker
Nofen → 5628 Nofen
Nofer → 7505 Meteor
Noggerath → 3061 Noggerath
NOKA → 7130 NOKA

3

OSNA → 4500 OSNA
OSPA → 4902 OSPA
Ossenberg-Schule → 5990 Ossenberg
Ostara → 4005 Ostara
Ostendorf Farbwerke → 4420 Ostendorf
Osterbrink → 4180 Osterbrink
Ostermann & Scheiwe → 4400 Ostermann
Osterwald → 3216 Holzwerk
Osthues → 4740 Herkules
OTAVI → 3216 Otavi
OTAVI-MINEN → 6981 Otavi
Ott → 3220 Ott
Ott → 5452 Ott
Ott → 7770 Ott
Ott → 7798 Ott
Ott → 8235 Ott
Otterbein → 6402 Otterbein
Otto → 5910 Otto
Otto → 8229 Otto
Outinord → 4150 O.C.
OVENTROP → 5787 Oventrop
Overbeck → 4787 Kordes
Overesch → 4423 Overesch
Overesch → 4690 Overesch
Overesch → 4714 Overesch
Overhoff → 4020 Overhoff
Overlack → 7550 Overlack
Overmann → 6920 Overmann
OWA → 8762 OWA
Oxal → 2401 Oxal
PAG → 4300 Pag
PAGA Handelsgesellschaft → 4600 PAGA
Pagel → 4300 PSB
Pagel & Topolit → 4040 Pagel
Pahl → 5840 Pahl
Pahl & Pahl → 4000 Pahl
PAIDOS → 4052 Paidos
Paletta → 4750 Paletta
Pallmann → 2166 Pallmann
Pallmann → 8000 Pallmann
Palm → 2000 Palm
Palm → 7080 Palm
Palmcolor → 2000 Palm
Palme → 3538 Palme
Palme → 5308 Palme
PALMER → 7064 Palmer
Pamer → 8801 Hackl
Pamer → 8808 Hackl
PANA-SCHAUMSTOFF → 8192 Pana
Panasonic → 2000 Panasonic
PAN-brasilia → 6840 PAN
PANHOLZ → 7519 Panholz
Panne → 6349 Panne
Panneke → 3251 Panneke
Pantarol → 7500 Richter
Papier- und Kunststoffwerke Linnich → 4000 PKL
PARADOR → 4420 Parador
Paratect → 3004 Paratect
paratex → 7000 paratex
PARKETT-KONTOR → 4300 Henn
Paroba → 7858 Paroba
Partek → 2803 Partek
Partner Fenster und Türen GmbH → 6631 Landry
PASA-PLAST → 8062 PASA
PASCHAL → 7619 PASCHAL
Pasel & Lohmann → 4791 Pasel
Passavant-Werke → 6209 Passavant
PASS-Rollroste → 5600 Pass
Patina-Fala → 3004 Patina
Patzer → 6492 Patzer
Paul → 7252 Paul
Paul → 8783 Paul
Pauli und Menden → 5342 Pauli
Pauly → 5480 Maurmann
Pauser → 7075 Pauser
pavatex® → 7970 pavatex
PCI POLYCHEMIE → 8900 PCI
Pebüso → 4400 Pebüso
PECHINEY → 4000 Pechiney
PECHINEY → 7180 Pechiney
Pectacrete → 2000 Pectacrete
PEDA → 8390 PEDA
pegesan → 6330 pegesan
Pegulan-Werke → 6710 Pegulan
PEHALIT → 2080 Pehalit
Peill & Putzler → 5160 Putzler
Peine-Salzgitter GmbH → 3507 Fels
PELI → 4972 Peli
PELI → 5790 Peli
Pender → 7450 Pender
Pennekamp + Huesker → 4426 Solidur
Penner → 7923 Penner
Penny → 5222 Penny
Pentaplast → 5430 Klöckner Pentaplast
Penter → 4550 Penter
Perennatorwerk → 6200 Perennator
perfecta → 5650 Perfecta
Perfecta - Rolladen → 8851 Perfecta
PERFEKTA-Maschinenbau → 4052 PERFEKTA
Pergaert → 5800 Schmidt
PERI-WERK → 7912 Peri
Perlite → 4600 Perlite
Perlite → 6074 Perlite
Perma → 2085 Perma
Permaban → 6718 Permaban
Permalite → 4300 Permalite
Permatex → 5000 Permatex
Perobe → 4792 Perobe
Perrot → 7260 Perrot
Peter → 6785 Peter
Peters → 7030 Taugres
Petersen → 4700 Petersen
Petersen → 6942 Petersen
Petitjean → 5000 Petitjean
Petrocarbona → 6652 Petrocarbona
Peyer → 7000 Peyer
Pfäffle → 7101 Lindsay
Pfaff → 7990 Pfaff
Pfaffelhuber → 8872 Pfaffelhuber
Pfeifer → 1000 Pfeifer
Pfeiffer → 3103 Pfeiffer
Pfeiffer → 3565 Christmann
PFERO → 3548 Preising
Pfister → 7000 paratex
Pfisterer → 7141 Pfisterer
Pfleiderer → 7057 Pfleiderer
Pfleiderer → 7113 Pfleiderer
Pfleiderer → 8430 Pfleiderer
Pflüger → 4350 Pflüger
Phaidos → 4052 Phaidos
Philipp → 6908 Philipp
Philipp → 7022 Keraphil
philipphaus → 7177 philipphaus
Philippine → 4630 Philippine
Philippine → 5420 Philippine
Philips → 2000 Petal
PHØNIX BAU → 2390 Phønix
PHOENIX AG → 2100 Phoenix
Phoenix-Zementwerke → 4720 Phoenix
PHONOTERM → 6830 Thienhaus
Pickhardt + Siebert → 5270 Pickhardt
Pickrun → 5800 Erdmann
Piemme → 5885 Piemme
Piepenbrock → 4500 Piepenbrock
PIEPER-HOLZ → 5787 Pieper
Pilkington → 4830 Pilkington
Pilkington → 8000 Pilkington
Piller & Grau → 8800 Piller
Pinger → 5472 Pinger
Pintsch Bamag → 4220 Pintsch
Pinus → 7500 Pinus
Pionier Abdecksysteme → 8011 Pionier
Piper → 2071 Piper

3

3

Schäfer → 8702 Dürr
Schäfer → 4048 Schäfer
Schäfer → 4407 Schäfer
Schär → 5561 Schär
Schätz → 8399 Schätz
Schaffert & Unbehauen → 7185 Schaffert
Schaffner → 5501 Schaffner
Schalker Verein → 4650 Thyssen
Schall → 7433 Schall
Schaller → 8679 Schaller
Schanz → 7275 Schanz
Schanzlin & Becker → 6710 KSB
Schaper → 3160 Schaper
Scharf → 4817 Grescha
Schaub → 5428 Schaub
Schauffele → 7000 Schauffele
Schauman → 2000 Schauman
Scheer → 2241 Scheer
Scheerle → 7947 Scheerle
Scheffler → 7000 Scheffler
Schega → 4358 MAD
Scheidel → 8606 Scheidel
Scheidt → 4900 Scheidt
Scheler → 8630 Scheler
Schencking → 6633 Schencking
Schenk → 3000 Schenk
Scherer → 5448 Scherer
Scherer & Trier → 8626 Scherer
Scherff → 5840 Scherff
Schering → 4709 Schering
Scheruhn → 8670 Scheruhn
Schick → 7900 Schick
Schick → 8640 Schick
Schiedel → 8000 Schiedel
Schieferit → 3471 Schieferit
Schieffer → 4780 Schieffer
Schierholz → 2800 Schierholz
Schierling → 4300 Schierling
Schießanlagen Kegelbahnen GmbH → 7300 Spieth
Schiffer → 4054 Lobberit
Schilakowski → 2050 Rinol
Schilling → 8701 Schilling
Schimpf → 3360 Schimpf
Schimpf → 7401 Klett
Schindler → 1000 Schindler
Schindler → 8400 Schindler
Schlachter → 8870 Schlachter
Schläfer → 7263 Schläfer
Schlagmann → 8342 Schlagmann
Schlatt → 4290 Schlatt
Schlatt → 5404 Schlatt
Schlechtendahl → 5628 Schlechtendahl
Schlegel → 2000 Schlegel
Schleicher → 7012 WESKO
Schleifenbaum → 5900 Schleifenbaum
Schleswig-Holsteinische Farbenfabriken → 2208 Wilckens
Schlewecke → 3205 Schlewecke
Schlieper → 5630 Asre
Schließ-Systeme GmbH → 5620 Tiefenthal
Schlingmann → 8415 Schlingmann
Schlink → 5440 Schlink
Schlipf → 7080 ISALITH
Schlipphak → 7000 Schlipphak
Schlotterer → 7454 Schlotterer
Schlüter → 2819 Schlüter
Schlüter-Schiene GmbH → 5860 Schlüter
Schlutz → 3501 Schlutz
Schmalenberger → 7400 Schmalenberger
Schmalstieg → 3006 Schmalstieg
Schmeichel → 4650 Schmeichel
Schmelzbasaltwerk Kalenborn → 5467 Mauritz
Schmelzle → 7292 ESO
Schmid → 7000 Schmid
Schmid → 7124 Schmid
Schmid → 7151 Schmid
Schmid → 7344 Schmid
Schmid → 7954 Schmid
Schmid → 8900 Schmid
Schmid → 8930 Schmid
Schmidt → 2000 Schmidt, G.
Schmidt → 5060 Schmidt, B.
Schmidt → 5100 Schmidt, Karl G.
Schmidt → 5630 Riloga
Schmidt → 5657 Medano
Schmidt → 5800 Schmidt
Schmidt → 6786 Fibrotermica
Schmidt → 7080 Schmidt
Schmidt → 8022 Schmidt
Schmidt → 8873 Schmidt
Schmidt → 8961 Schmidt
Schmidt von Bandel → 2105 SvB
Schmidt & Diemar → 3500 Schmidt & Diemar
Schmidt-LOLA → 2214 Lola
Schmid-Ziegel → 8952 Schmid
Schmiebusch → 2323 Schmiebusch
Schmied → 7310 Schmied
Schmiho → 5207 Schmiho
Schmitt → 3578 Schmitt
Schmitt → 5600 Westa
SCHMITT → 6521 pyro
Schmitt → 8752 Schmitt E.
Schmitz → 4000 Schmitz, W.
Schmitz → 4355 Schmitz
Schmitz → 4407 Schmitz
Schmitz → 5000 Schmidt-Reuter
Schmitz → 5060 Schmitz G.
Schmitz → 5353 Tona
Schmitz → 5650 Breuer
Schmitz → 5750 MHS
Schmitz & Co. → 4690 Schmitz
Schnabel → 6419 Schnabel
Schneider → 4330 rodeca
Schneider → 4930 Daubert
Schneider → 5632 Schneider
Schneider → 7157 rodeca
SCHNEIDER → 7181 Schneider
Schneider → 7322 Schneider
Schneider → 7887 Schneider
Schneider + Fichtel → 7407 Schneider + Fichtel
Schneider + Klippel → 4174 S + K
Schneider + Klippel → 4190 S + K
Schneider Brakel → 3492 FSB
Schneider Klein → 5561 Schneider + Klein
Schneider Steine → 6300 Schneider
Schneider und Dortmund → 5456 Schneider
Schnepel → 2800 Tecnolumen
Schnermann → 4408 Schnermann
Schnermann → 4441 Schnermann
Schnicks → 5657 Schnicks
Schnigge → 5372 Müller & Schnigge
Schnitzenbaumer → 8184 Schnitzenbaumer
Schnoor → 2250 Schnoor
Schnuch® → 5518 Schnuch
Schock → 7060 Schock
SCHOCK BAD GmbH → 8830 Schock
Schoeller → 5000 Schmidt-Reuter
Schoeller → 5160 Anker
Schoenmakers → 5472 Schoenmakers
Schöck → 7570 Schöck
Schöller → 8701 Schöller
Schön + Hippelein → 7181 Schön
Schöne → 4300 Schöne
SCHÖNOX → 4428 Schönox
Schönstahl Alfred Rauh → 7036 Rauh
Schönton → 8400 Schönton
Schöpfel → 8078 Schöpfel
Schörghuber → 8260 Schörghuber
Schösswender → 8228 Schösswender
Scholz → 5060 Scholz

3

3

Thyssen Schalker Verein → 4650 Thyssen
THYSSEN SCHULTE → 4600 Thyssen
THYSSEN UMFORMTECHNIK → 5758 Thyssen Umform
THYSSEN-MAN → 7303 Thyssen
T.I.B.-Chemie → 6800 T.I.B.
Ticket System GmbH → 2050 TIM
Tiefenthal → 5620 Tiefenthal
Tietjen → 2800 Tietjen
Tietjen → 3510 teka
Tietjens → 3575 Tietjens
Tilan-Thyssen → 5180 Tilan
Tillmann → 4400 Rüschenschmidt
TIM → 2050 TIM
Timmann → 2000 Timmann
Timmer → 4420 Timmer
Timpe → 2800 Timpe
Tirolia → 5541 Tirolia
TITAN GMBH → 5090 Kronos
Titgemeyer → 4500 Titgemeyer
Titzmann → 4414 Titzmann
TIVOLI → 2000 Tivoli
TIW → 6908 TIW
Töpel → 3558 Töpel
Törner → 4400 Törner
Tona Tonwerke → 5353 Tona
Tonindustrie Heisterholz → 4950 Heisterholz
Tonindustrie Niedersachsen → 3220 Ott
Tonwarenindustrie Wiesloch → 6908 TIW
Tonwerk Kolbermoor → 8201 Wiesböck
Tonwerke Bilshausen → 3429 Jacobi
Tonwerke Kandern → 7851 Tonwerke
TOP-LACKTÜREN → 4900 TOP
Topolit → 4040 Pagel
Topp → 3441 Topp
Top-Wärme → 5300 Top-Wärme
Top-Wärme-Systeme → 4053 Top
Torfhandelsgesellschaft mbH → 8029 Torfhandelsgesellschaft
Torfstreuverband → 2900 Torf
tormatic GmbH → 5828 Dorma-tormatic
Toschi → 2800 Toschi
TOTAL → 5000 TOTAL
TOTAL → 6802 Total
Tour & Anderson → 4330 TA
TOX-DÜBEL-WERK → 7762 Tox
Trachsel → 6581 Trachsel
Trägersysteme → 3071 Filigran
Trame → 4512 Trame
Tramnitz → 6800 Tramnitz
Transportbeton-Service → 6700 TBS
Trapp → 1000 Trapp
Traub → 7101 Etra
Traut → 8211 Traut
TRAX → 8541 Trax
TREBA → 7950 TREBA
Treba-Bausysteme → 8540 Frewa
TREFFERT → 8755 Treffert
TrefilARBED → 5000 Trefil
Trefimetaux → 4000 Mehako
Trennwand GmbH & Co. → 3007 Hirz
Trenomat → 5600 Trenomat
Trepel → 6200 Trepel
Treppenmeister GmbH → 7047 Treppenmeister
Tresecur → 4431 Tresecur
Trespa → 6000 Hoechst-Trespa
tretford → 4230 tretford
Triangel Spanplatten → 3177 Spanplatten
Tricosal → 7918 Tricosal
Triebenbacher → 8000 Triebenbacher
Trier → 8626 Scherer
Trierer Kalk-, Dolomit- und Zementwerke → 5518 Trierer Kalk
TRIGON → 6204 TRIGON
TRILUX-LENZE → 5760 Trilux
triplastic® → 4132 triplastic
Tritz → 6637 Tritz
Trockle → 6620 Trockle
Tröndle → 7892 Greutol
Troisdorfer Bau- und Kunststoffgesellschaft → 5276 Bauku
Troll → 3060 Troll
TROPAG → 2000 Tropag
Trost → 7087 Trost
Trost → 8883 Trost
Trox → 4133 Trox
Trum → 5412 Trum
Trumpf → 7407 Trumpf
Trurnit → 5990 Trurnit
TS-Aluminium-Profilsystem → 2962 TS
Tscherwitschke → 7022 Tscherwitschke
TSF → 6794 TSF
TTL → 7065 TTL
TUBAG → 5473 Tubag
TUBOFLEX → 2000 Tuboflex
TÜFFERS → 5760 Tüffers
Tüllmann → 4000 Tüllmann
Tümmers → 4650 Tümmers
Tür + Torluftschleier Lufttechnische Geräte GmbH → 7065 TTL
Tufton → 5630 Tufton
TULIKIVI → 2000 Tulikivi
Tumbrink → 4400 Tumbrink
Tummescheit → 2000 Tummescheit
Tungsram → 6000 Tungsram
Tunzini → 5060 Turbon
Turber → 8071 Turber
Turbon-Tunzini → 5060 Turbon
Turk → 5882 Turk
Turnwald → 6588 Turnwald
TV-Mainrollo → 8758 TV-Mainrollo
Twick & Lehrke → 4830 Twick
Twintex → 8170 Twintex
TWL → 6090 TWL
tws Taunus Werkstoff → 6200 Taunus
Ubbink → 4236 Ubbink
Ugine → 4006 Ugine
Ugine → 7253 Ugine
Uhl → 7981 Uhl
Uhrich → 8045 Uhrich
UHRIG → 6909 Uhrig
Ullrich → 3563 Ullrich
Ullrich → 6451 Silikal
Ulmer Weißkalk GmbH → 7906 UW
Ultra Tech → 8500 Ultra
ULTRA-RIB → 4800 Ultra-Rib
Unbehauen → 7185 Schaffert
Unglehrt → 8944 Unglehrt
Unglert → 7913 Schwarz
unibad → 5060 unibad
UNIBAU → 5787 Unibau
UNIBAU → 5790 Unibau
UNIDEK® → 2800 UNIDEK
UNI-Dienst → 7550 Uni
Unilux → 5555 Unilux
Union Bau Frankfurt → 6052 Union Bau
Union Carbide → 4000 Union Carbide
Unionplastik → 8192 Union
Unipol-Höhn → 5657 Höhn
Unipool → 2072 Unipool
Unipor Folien → 5600 Unipor
unipor® → 8000 Unipor
Uni-Schrauben → 7290 Uni
UNISTRUT → 4040 Unistrut
UNITECTA → 4630 Unitecta
Univ → 4330 Univ
UNIVERSA → 4500 Universa

Universal → 3400 Universal
Universal GmbH → 6057 Wanit Universal
Universal GmbH & Co. → 2410 Universal
Universal Luftschleusen → 6000 Universal
Unmack → 5030 Kölner
Unterholzner → 8261 Unterholzner
Unterwasser Electric GmbH → 7070 UWE
Upat → 7830 EURO
Upmann → 4830 Upmann
Uponor Anger GmbH → 4370 Uponor
Upsala Armaturfabrik → 5000 Upsala
URSAL® → 6100 URSAL
Uster → 8000 Uster
Utz → 7900 Uzin
UWE → 7070 UWE
UZIN → 7900 Uzin
vacuplan® → 8057 vacuplan
Västkust-Stugan → 2350 Västkust
VAG → 6800 VAG
Vahlbrank → 3353 Lorowerk
Vaillant → 5630 Vaillant
Valentin → 6349 Valentin
Valli & Colombo → 7107 Valli
Vama® → 3200 Vama
van Ommeren → 4054 Ommeren
van Opstal → 4040 Opstal
Vandex → 2000 Vandex
VARIA Wärmepumpen → 3203 Varia
Variocella → 2800 Variocella
Variodomo → 2800 Variodomo
VARIOTHERM®-Heizleisten Ges.m.b.H. → 8201 Pöschl
VAT → 2000 VAT
VAT BAUSTOFFTECHNIK → 4270 VAT
VAT BAUSTOFFTECHNIK → 8520 VAT
VAW → 5300 VAW
VBT → 5620 VBT
VDM Aluminium → 6000 VDM
vdw → 5308 vdw
VEDAG → 6000 Vedag
Vedder → 5885 Vedder
Vegetations-Technik-Vertriebs GmbH → 6800 VTV
Vegla → 5100 Vegla
Veidt → 8000 Hobeka
Veith Pirelli → 6128 Veith
VEKSÖ → 2390 VEKSÖ
VELODUCT → 6100 Fläkt
Velox-Systeme GmbH → 4600 Velox
Velta → 2000 Liedelt
VELUX → 2000 VELUX
Ventilatoren Systeme GmbH → 7150 VSG
Ventilatorenfabrik Oelde → 4740 Venti
Venus → 8445 Venus
Verbund Farbe und Gestaltung → 4000 VFG
Verbundträger GmbH → 6204 AL
Vereinigte Aluminium-Werke → 5300 VAW
Vereinigte Filzfabriken → 7928 Filz
Vereinigte Füllkörper-Fabriken GmbH → 5412 Duranit
Vereinigte Gipswerke Stadtoldendorf → 3457 Vereinigte
Vereinigte Glaswerke → 5100 Vegla
Vereinigte Marmorwerke Kaldorf → 8831 Vereinigte
Vereinigte Pulverlack GmbH → 8300 VP
Vereinigte Reolit- und Agglomarmor-Werke → 3436 Reolit
Vereinigte Ziegeleien Verkaufs-GmbH → 2398 Vereinigte Ziegeleien
Vereinigte Ziegelwerke Altenstadt-Bellenberg → 7919 Wiest
Vereinigte Oldenburger Klinkerwerke → 2935 Klinker
VERI → 4130 Veri
Verkerke → 4230 Verkerke
Vermiculit Dämmstoff GmbH → 4322 Vermiculit
Verosol → 5090 Verosol
Versbach → 6054 Versbach
Verseidag → 4150 Verseidag
Verständig → 3200 Verständig
Verständig → 3216 Verständig
vertofloor → 4050 vertofloor
Vespermann → 6000 Vespermann
Vetter → 6472 Vetter
VFG → 4000 VFG
VIA → 2000 VIA
Viegener → 5952 Viega
Vieler → 5860 Vieler
Viessmann → 3559 Viessmann
villerit → 7730 Villerit
Villeroy & Boch → 6642 Villeroy
Vitsoe → 6000 Vietso
Vitt → 5962 WTM
VKS → 3320 Dörnemann
VOEST-ALPINE → 8000 Voest
Vöroka → 7519 Vöroka
Vöst → 8903 Vöst
VOG → 4350 VOG
Vogel → 6308 Stahl-Vogel
Vogelsang → 6954 Vogelsang
Vogt → 4952 Vogt
Vogt → 6301 Vogt
Vogt → 6418 Vogt
vogt → 7131 alpha
Voigt → 2800 Voigt
Voit → 8664 Voit
VOITAC → 4620 VOITAC
Volkerttextil → 2308 Volkert
Vollmann & Höllfritsch → 8500 Durament
VOLLMER → 7950 Vollmer
Vollrath → 5480 Rhein-Sieg
Volmer → 4100 Volmer
Volpert → 4150 Volpert
Volquardsen → 2373 Volquardsen
von der Wettern → 5308 vdw
Vorholt & Schega → 4358 MAD
Voringer → 8261 Voringer
Vormann → 5828 Vormann
Vorspann-Technik GmbH → 4030 Vorspann
VORWERK → 3250 Vorwerk
Voss → 2210 Voss
Voss → 2410 Voss
Voss → 5950 Voss
Voss → 6501 Voss
VOSSCHEMIE → 2082 Voss
VP → 8300 VP
Vries Robbé → 6000 de Vries
VSG → 7150 VSG
vta → 4755 vta
VTV → 6800 VTV
Vulgatec → 5470 Vulgatec
VULKAN → 5000 Vulkan
VULKAN-HAREX → 4690 Harex
W. E. G. Legrand → 4770 W. E. G.
Waalsteen Holland Klinker → 4190 Waalsteen
Wachenfeld → 3549 Wachenfeld
Wachter → 2081 Wachter
Wachter → 8973 Wachter
Wacker → 5000 Münch
WACKER → 8000 Wacker
Wackernagel → 7100 Wackernagel
Wälder → 7972 Wälder
Wärmepumpen GmbH & Co. KG → 4282 BHG
Wärmetechnische Apparate GmbH → 6520 WTA
Wagener → 7000 EWG

3

Wolff → 5130 Wolff
Wolff-Haus → 3470 Wolff
Wolfshöher Tonwerke → 8567 Wolfshöher
Wolfslast → 7909 sani-trans
Wolf® → 8000 Wolf
Wolman → 7573 Wolman
Wolpers → 3200 Kawo
Wolters → 7505 Moräne
Wolu → 8000 Wolu
Wonnemann → 4840 Wonnemann
WORMALD → 2358 Wormald
Worminghaus → 2391 Worminghaus
Wormser Kunststoff-Recycling GmbH → 6520 WKR
Worthmann → 2110 Worthmann
Wouters → 5340 Wouters
WREDE → 5760 Duropal
Wrede & Strehlau → 3000 Wrede
WS Gartenelemente → 3510 WS
WSM → 5220 WSM
WSV GmbH → 2000 WSV
WTA → 6520 WTA
WTB WALTER → 8900 Walter
WTM → 5962 WTM
Wübker → 4446 OASE
Wülfrather Zement → 5603 Wülfrather Zement
Wülfrather Zement → 5603 Wülfrather
Würth → 3457 Würth
Würth → 7118 Würth
Württ. Eisenwerk GmbH & Co. KG → 7000 Kessler & Söhne
WÜSTEFELD → 3411 Wüstefeld
Wulf → 2085 Wulf
WULF → 4783 Wulf
WULFF → 4531 Wulff
Wunderlich → 8070 Flexipack
Wunstorf Metalltechnik → 2085 Metalltechnik
Wuppermann → 5090 STABA
Wurster → 7022 Wurster
XYPEX → 3004 FW
YLOPAN → 3590 Ylopan
„Yorkshire" GmbH → 4000 Woeste
YTONG → 8000 YTONG
Zaiss → 7500 Zaiss
Zambelli → 8352 Zambelli
Zange → 6434 Zange
Zapf → 8580 Zapf
Zarb → 7050 Zarb
ZARB → 7057 Zarb
Zarges → 8120 Zarges
Zaun → 5350 Zaun
ZECHITWERK → 3538 Zechit
ZEEB → 7000 Zeeb
Zehnder → 6000 Zehnder
Zehnder-Beutler → 7630 Glatz
Zeiss → 7760 Zeiss
ZEISS IKON → 1000 Zeiss
Zeit-Automatik System → 7230 RS
Zeit-Automatik-System → 7230 Zeit
Zeller → 8755 Zeller
Zeller → 8760 Zeller
Zellweger → 8000 Uster
ZEMENTOL → 7443 Zementol
Zemmerith → 5506 Zemmerith
ZENKER → 6120 Zenker
Zentropaklinker → 5110 Zentropa
Zerbetto → 6054 Zerbetto
Zero-Lack → 4970 Zero
Zettler → 8000 Zettler
ZH → 2215 ZH
Z-I, Lichtsysteme → 6600 Z-I
ZIEBUHR → 5950 Ziebuhr
Ziegel- und Betonfertigteilwerk und Baustoffe Oberfinningen → 8881 Ziegelwerk
Ziegelei Angerskirchen → 8252 Gruber
Ziegelei Bamberg → 8600 Ziegelei
Ziegelei Josefshütte → 8759 Eisert
Ziegelfabrik Rickelshausen → 7760 Rickelshausen
Ziegel-Kontor → 7900 Ziegel
Ziegelunion → 7100 Ziegel
Ziegelverkaufsstelle Landshut-Regensburg GmbH → 8300 Ziegel
Ziegelwerk Arnach → 7954 Schmid
Ziegelwerk Aubenham → 8261 Holzner
Ziegelwerk Besigheim → 7122 Nestrasil
Ziegelwerk Enger → 4904 Ziegelwerk
Ziegelwerk Esbach → 8635 Hoffmeister
Ziegelwerk Gaimersheim → 8074 Ziegelwerk
Ziegelwerk Gundelfingen → 8883 Ziegelwerk
Ziegelwerk Hademarschen → 2215 ZH
Ziegelwerk Hochberg → 7830 Deutschle
Ziegelwerk Klosterbeuren → 8943 Leinsing
Ziegelwerk Mielsdorf → 2361 Flucke
Ziegelwerk Neunkirchen → 6680 ZWN
Ziegelwerk Pulverholz → 2380 Jöns
Ziegelwerk Schenklengsfeld → 6436 Ziegel
Ziegelwerk Sittling → 8425 Köglmaier
Ziegelwerk Villingen → 7730 Ziegelwerk
Ziegelwerk Waldsassen → 8591 Ziegelwerk
Ziegelwerk Waldsassen → 8595 Ziegelwerk
Ziegler → 7242 Ziegler
Ziehe → 5600 Ziehe
Ziehl-Abegg → 7118 Ziehl
ZIERER® → 4432 Zierer
Zieringer → 6140 Zieringer
Ziesche → 5172 Ziesche
Zimmermann → 4322 Isola
Zimmermann → 5900 Zimmermann
Zimmermann → 7180 Gehring
Zimmermann → 7405 Zimmermann
Zimmermann → 8600 Zimmermann
ZinCo → 7441 ZinCo
Zink → 7441 Zink
ZIPPA → 5632 Zippa
Zippmann → 5632 Zippa
ZIPSE → 7634 Zipse
ZIPSE → 7803 Zipse
ZIREC Zieringer → 6140 Zieringer
Zitzmann → 8490 Zitzmann
ZOEPPRITZ → 7920 Steinhilber
Züblin → 4235 Züblin
Züblin → 7000 Züblin
Zumpe → 8229 Zuwa
Zumtobel → 8990 Zumtobel
Zuschlag → 3501 Zuschlag
Zuwa → 8229 Zuwa
ZWN → 6680 ZWN
3M Deutschland → 4040 3M

Warenregister zum ABC der Materialien, Elemente, Systeme

Abdichtungsfolie → URSUPLAST
Abdichtungsfolien → URSUPLAST
Abdichtungsmasse → ENKESIL 2000
Abdichtungsmassen → Helmitin
Abdichtungsmittel → Colform
Abdichtungsmittel → ISOLEX
Abdichtungsmittel → ROCAGIL
Abdichtungsprofile → NORSEAL®
Abdichtungsprofile → PRESTIK®
Abdichtungsschlämme → HEY'DI®
Abdichtungsschlämme → HEY'DI®
Abdichtungsstoffe → BITAS
Abdichtungsstoffe → DUROFIX
Abdichtungsstoffe → EUKABIT
Abdichtungssystem → ISOPUNKT
Abdichtungssystem → OMBRAN®
Abdichtungssysteme → KOIT
Abdichtungsverfahren → ZEMENTOL
Abdichtungswerkstoff → PLASTIKUM
Abdunkelungsrollos → VELUX
Abfallbehälter → A + G
Abfallbehälter → Alape
Abfallbehälter → Compactboy®
Abfallbehälter → euroform
Abfallbehälter → GALLER
Abfallbehälter → Groh
Abfallbehälter → Holsta
Abfallbehälter → Jacobs
Abfallbehälter → RENZ
Abfallbehälter → Rosconi®
Abfallbehälter → Sitax®
Abfallbehälter → UNION
Abfallbehälter → Varioboy
Abfallbehälter → Veksö
Abfangung → WAS
Abflußleitungen → GEBERIT®
Abflußöffnungen → Wasserköppe
Abflußrinnen → DURO
Abflußrinnen → Jäger
Abflußrohr → LORO®
Abflußrohre → AKO
Abflußrohre → AWADUKT
Abflußrohre → Düker
Abflußrohre → GM
Abflußrohre → NORDROHR
Abflußrohre → Omniplast
Abflußrohr-System → Eternit®
Abgas-Absauganlagen → MERTNER
Abgasklappen → effikal®
Abgasrohre → SCHÜTZ
Abgasrohrsystem → KAMINODUR®
Abgasschalldämpfer → RELAX
Abgasschornstein → ETERDUR
Abgrenzungspfähle → nadoplast®
Abhängekonstruktion → THERMATEX
Abhängevorrichtung → Dübelboxe Wuppertal
Abhängevorrichtung → Dübelöhr
Abhängevorrichtung → HÄNGEBOX
Abhängungen → MÜPRO
Abkantprofile → EhAGE
Abkantprofile → RIME
Abkantprofile → SCHRAG
Abkantsonderprofile → POHL
Abläufe → basika
Abläufe → Cera Drain
Abläufe → Dallmer
Abläufe → NICOLL
Abläufe → RUG
Abläufe → Upmann
Abläufe → VARIANT
Abläufe → Viega
Ablaufbögen → Zambelli
Ablaufgarnitur → QUINTUS
Ablaufkästen → Record
Ablaufrinne → RINN
Ablaufrinnen → basika
Ablaufrinnen → NICOLL
Ablaufrohrbeheizung → DEFROMAT®
Ablaufverhinderer → Tix
Ablaufvorrichtung → hubskimer
Ablaufvorrichtung → schwenkskimer
Ablösemittel → Restex
Abluftelemente → Weiss
Abluft-Wärmerückgewinner → Universal
Abreinigungsstationen → KESSLER + LUCH
Abriebsand → MARMORIT®
Abrollsicherung → TIMMER
ABS → TERLURAN®
Absauganlagen → MERTNER
Absaugeinrichtung → VARIOLAB
Abschalbleche → Betomax
Abscheider → RHEINLAND
Abschlußprofil → Keradrain
Abschlußprofile → Roplasto®
Abschlußschiene → Nap-Lok
Abschlußschiene → Ripletrim
Abschlußschiene → Roberts
Abschlußschienen → GERMANIA SB
Abschlußschienen → TAC
Abschlußschienen → WULF
Abschlußsysteme → JOBA®
Abschlußwände → Monowa
Abschottung → SCHUH-BSM
Absorber → ado
Absorber → Solar-Diamant
Absorberelemente → bug
Absperr- und Warngeräte → AGO
Absperrarmaturen → INGOLSTADT ARMATUREN
Absperrbänder → GEFAB
Absperrbake → DAMBACH
Absperrbake → REHAU®
Absperrbinder → AGLAIA®

Abstandhalter → Vierbein
Abstandhalter → WANDFIX
Abstandhalter → ZWISTA®
Abstandhalterelement → Dolch
Abstandhalterkeil → HÜWA®
Abstandhalterleiste → Drunterleiste
Abstandhaltern → Durchlaß
Abstandhaltersystem für Wandschalungen
→ Klammer + Konus
Abstandkonstruktion → San "it
Abstandshalter → MATTENFIX
Abstandskralle → STABA
Abstell-Schiebe-Kipp-Türbeschlag → KURIER
Abstrahlbahnen → MAMMOUTH
Abstrahlfolie → RÖTHEL
Abstrahl-Schweißbahn → icopal
Abstrahlungsbahnen → Preda
Abstreu-Haftquarz → Disbocret®
Absturzsicherung → Safex
Abtönfarbe → Dino
Abtönfarbe → Diwagolan
Abtönfarbe → hagebau mach's selbst
Abtönfarbe → Ispotex
Abtönfarbe → Universal-Ebulin
Abtönfarben → Aqua-Ebulin
Abtönfarben → Colorvit®
Abtönfarben → Dinova®
Abtönfarben → Diwagoliet
Abtönfarben → Duparol
Abtönfarben → ispo
Abtönfarben → KADISAN
Abtönfarben → Kieselit
Abtönfarben → Lack-Ebulin
Abtönfarben → Meisterpreis
Abtönfarben → Pliolite®
Abtönfarben → Pufas
Abtönfarben → Wilkolan
Abtönkonzentrate → Ebulin
Abtönpaste → CELLEDUR
Abtönpaste → LEUKO
Abtönpaste → URA
Abtreter → Kronematte
Abtreter → Sauberfee
Abtreter → Wabenmatte
Abtropf-Profile → TOWALL
Abtropfscheibe → TROPFFIX
Abwasserentsorgungssystem → Europlast
Abwasserfittings → TROSIPLAST®
Abwasserhebeanlage → fäkadrom®
Abwasserhebeanlage → fäkamat®
Abwasserhebeanlage → MINIBOY
Abwasserhebeanlage → STRATE®
Abwasser-Hebeanlagen → HOMA
Abwasserhebeanlagen → Kordes
Abwasser-Hebeanlagen → Menzel
Abwasserhebeanlagen → Plötz
Abwasser-Hebeanlagen → SANIMAT®
Abwasserpumpe → fäkator®
Abwasserpumpe → Minifäk
Abwasserpumpe → Multicut
Abwasserpumpe → Piranha
Abwasserpumpen → Flygt
Abwasserpumpen → HOMA
Abwasserpumpen → NETZSCH
Abwasserpumpen → Zehnder
Abwasser-Pumpstationen → Menzel
Abwasserreinigung → KRONOS
Abwasserreinigungsanlagen → AQUAPURA
Abwasserreinigungssysteme → EWALL-PORIT
Abwasserrinnen → Replast®
Abwasserrohre → SML
Abwassersammelanlagen → ZONS
Abwasser-Sonderanlagen → Blasberg
Abwassertank → farmatic
Abweichmittel → Thomsit
Abziehlack → BROCOLOR
Abziehlack → VESTEROL
Abziehlehre → Permaban
Abziehlehre → Permafug
Abziehlehre → PERMAHALB
Abziehpolitur → Cripowa
Abziehpolitur → Zweihorn
Abzugsbahn → Permaban
Abzugsbahn → Permafug
Abzugsbahn → PERMAHALB
Abzugsrohre → SCHÜTZ
Achsantriebe → Beckomat
Acrylat-Bodenbeschichtung → Stellacryl
Acrylatdispersion → Fahulith
Acrylat-Dispersion → PALLMANN®
Acrylat-Dispersionslack → sto®
Acrylatfarbe → Amphidur
Acrylatfarbe → Multicryl
Acrylatfarbe → POLYMATT®
Acrylatfarben → ELASTOLITH
Acrylat-Fassadenfarbe → BRAVADUR®
Acrylat-Fassadenfarbe → Diffudur
Acrylat-Fassadenfarbe → Dino
Acrylat-Fassadenfarbe → hagebau mach's selbst
Acrylat-Fassadenfarbe → SCHÖNOX
Acrylat-Fassadenfarbe → VAGAN®
Acrylat-Fugenmasse → PM
Acrylat-Mischpolymerisatfarbe → ISOMATT KW 52
Acrylat-Silikatfarbe → FARBSIN®
Acrylatvergütung → ARDION
Acrylat-Wandbeschichtung → Stellacryl
Acryl-Beschichtung → VISCACID
Acrylbeton → MOTEMA®
Acryl-Bodenbeschichtung → PM
Acryl-Buntlack → hagebau mach's selbst
ACRYL-Buntlack → PIGROL
Acrylbuntlack → WÖRACRYL

Alu-Fenster → REUSCHENBACH
Alu-Fenster → SANDER
Alu-Fenster → Thermostop®
Alu-Fenster → VERSCO
Alu-Fenster → Weikert
Alu-Fenster → WERNER
Alu-Fensterbänke → HOBEKA®
Alu-Fensterbänke → REYNOTHERM®
Alu-Fensterbankkanäle → INKA-System
Alu-Fensterläden → EB
Alu-Fertigfenster → WEGERLE®
Alu-Fixband → Terostat
Alu-Flexrohre → RUG
Alu-Folien → Wanit-Universal
Alu-Gartentore → ratio-thermo
Alu-Gußfassadenplatten → Buchholz
Alugußgitter → metaku®
Alu-Guß-Installationsmaterial → Feller
Alu-Gußplatten → ANOCAST
Aluguß-Türgitter → SCHÖSSMETALL
Alu-Hauseingangstüren → Hartwig
Alu-Haustüren → AURO®FLEX
Alu-Haustüren → Brockmann
Alu-Haustüren → GEBRO
Alu-Haustüren → HILBERER
Alu-Haustüren → KLAUKE
Alu-Haustüren → ratio thermo
Alu-Haustüren → REUSCHENBACH
Alu-Haustüren → Schwarze
Alu-Haustüren → VERSCO
Alu-Haustürvordächer → KLAUKE
Aluhaut → MOGAT
Alu-Hebeschiebeanlagen → REUSCHENBACH
Alu-Hebeschiebetüren → Hartwig
Aluheizkörper → schiedel
Alu-Holz-Fenster → CONNEX
Alu-Holz-Fenster → Kress
Alu-Holzfenster → Neugebauer
Alu-Holz-Fenster → Rossmanith
Alu-Isolierfolie → handisol
Alu-Jalousien → GRIESSER
Alu-Kassetten → NEBA
Alu-Klappläden → REUSCHENBACH
Alu-Klappläden → Werner
Alu-Klebstoff → Cosmofen
Alu-Konfektionsgitter → Berli
Alu-Konstruktionssystem → REYNO®
Alu-Kunststoff-Fenster → ALUPLUS
Alulack → PM
Alulack → SÜDWEST
Aluminium-Dachschutz → TRC
Aluminium-Dachsysteme → TS
Aluminium-Fassade → RITTER
Aluminium-Fassadenbleche → ALUSINGEN
Aluminium-Fenster → RITTER
Aluminium-Fenster → SYKON®
Aluminium-Fertigwand → LUXALON®
Aluminium-Hydrosilikat → Bentonit
Aluminiumlack → Alutherm 900
Aluminiumpaneeldecken → G + H
Aluminiumprofile → alutherm
Aluminium-Profilsysteme → SYKON®
Aluminium-Raster → EHE
Aluminium-Schalung → NOE
Aluminium-Spray → bernal
Aluminiumspray → Scotch™
Aluminium-Systeme → güscha
Aluminium-Türen → SYKON®
Aluminium-Türschilder → DYMO
Alu-Paneeldecken → dobner
Alu-Paneeldecken → Lindner
Alu-Paneel-Decken → Luxalon
Alu-Paneele → HUNTER DOUGLAS
Alu-Paneele → Interoba
Alu-Paneele → THERMOPANEEL
Alu-Paneele → Wendker
Alu-Papier-Verbundfolien → Wanit-Universal
Alu-PE-Verbundfolien → Wanit-Universal
Alu-Platten → AGV
Alu-Platten → Miniplat
Alu-Poly-Band → ALUJET
Alu-Preßprofilen → STUKAL®
Alu-Profile → Alcan
Alu-Profile → BEMO
Alu-Profile → HÜTTENBRAUCK
Alu-Profile → REDAL
Alu-Profile → REYNOTHERM®
Alu-Profile → RÜTÜ
Alu-Profile → TECHNAL
Alu-Profilkonstruktionen → SIDAL
Alu-Profilrohre → HELIMA®
Alu-Profilsysteme → KLAUKE
Alu-PVC-Lack-Verbundfolien → Wanit-Universal
Alu-Radiator → EWFE KOMFORT
Alu-Rahmenprofile → Robex
Alu-Raster-Decken → Luxalon
Alu-Reiniger → CON CORRO
Alu-Reiniger → SCA
Alu-Reparaturbänder → nova®
Alu-Richtlatten → Weitzel
Alu-Riffelnagel → TRURNIT
Alu-Rolladen → blaurock®
Alu-Rolladen → heroal®
Alu-Rolladenelement → REUSCHENBACH
Alu-Rolläden → ALULUX®
Alu-Rolläden → GRIESSER
Alu-Rollgitter → Boga
Alu-Schaufenster → JADE®
Alu-Selbstklebefolien → Wanit-Universal
Alu-Skelettsystem → ALIT
Alu-Stege → TÖPEL
Alu-Struktur-Paneele → POLYALPAN®

Anstrichmassen, feuerfest → PYROMENT®
Anstrichmittel → BUNTE FUGEN-FARBE
Anstrichprogramm → Caluplast®
Anstrichstoffe → BITAS
Anstrichstoffe → Brillux®
Anstrichstoffe → EUKABIT
Anstrichsystem → Dinogarant
Anstrichsystem → Durinal
Anstrich-System → LUCITE®
Anstrich-System → OLDOPOX
Anstrichsystem → Sanitile
Antennenanlagen → VIDOFON
Antennendurchführung → Elastik
Antennendurchgangspfannen → FLECK
Antidröhnlack → SILENTIUM
Antidröhnpappen → VEDAPHON
Antidröhnstreifen → Sonit®
Anti-Graffiti-Imprägnierung → FUNCOSIL
Antikondensationsputz → CAFCO
Antikpflaster → Helo
Antikspiegelplatten → GLAFUrit®
Anti-Panik-Beschläge → OGRO
Antipetrolschlämme → VAT
Antipilzfarbe → KAPITOXIX
Antipilzlösung → ispo
Antipilzzusatz → Chemocid
Antirost → Disbocret®
Antirostgrund → Glasurit
Antirutschband → Roberts
Antirutschbelag → Safety-Walk
Anti-Rutsch-Belag → 3M
Antirutsch-Matten → Aquastar
Anti-Rutsch-Unterlage → stabitex®
Antischaummittel → PAROLA
Anti-Schimmel → HMK® R 60
Antischimmelfarbe → Dibesan
Antischimmel-Hygiene-Farbe → SÜDWEST
Antischimmellösung → CELLEDUR
Antistatik-Beschichtung → VISCACID
Antisulfat → HEY'DI®
Antisulfat → RAJASIL
Antisulfat-Schlämme → HEY'DI®
Antriebe → elero®
Antriebssysteme → SOMFY®
Antrittspfosten → Schwenkedel
APP-Bahnen → anke
APP-Schweißbahn → AP-Flex
APTK-Sekundenklebstoff → Cosmoplast
Arbeitsbühne → mafisco
Arbeitsbühnen → Zarges
Arbeitsfugenbänder → BC
Arbeitsfugenbänder → Keller-Hofmann
Arbeitsfugenbänder → TRICOSAL®
Arbeitsfugenband → MIGUDUR
Arbeitsplatten → tacon®
Arbeitsplatzbeleuchtung → Midipoll
Arbeitsplatzboden → Schuster
Arbeitsplatzleuchte → Wacolux
Arbeitsschutzverglasungen → MAKROLON® longlife
Architektenaufkleber → Komar®
Architekturbeleuchtung → raak
Arkadenüberdachung → COLT
Armatur → EPOCA
Armaturen → ARI
Armaturen → BEULCO
Armaturen → Dornbracht
Armaturen → Mora
Armaturen → PIEMME
Armaturen → Preussag
Armaturen → Schläfer
Armaturen → SYGEF®
Armaturenisolierung → GECOS
Armaturen-Reiniger → Knauf
Armierungs-Drahtgeflecht → IGA
Armierungsfarbe → CELLEDUR
Armierungsfarbe → Dinogarant
Armierungsfasern → STW
Armierungsgewebe → ARMAPAL
Armierungsgewebe → Disbocret®
Armierungsgewebe → DISBOROOF
Armierungsgewebe → GLT
Armierungsgewebe → HaTe
Armierungsgewebe → ispo
Armierungsgewebe → ispo
Armierungsgewebe → Putz-Tex
Armierungsgewebe → Rigips®
Armierungsgewebe → Ri®
Armierungsgewebe → SOLUTAN
Armierungsgewebe → STIFLEX
Armierungsgitter → Armanet®
Armierungsgitter → Casanet®
Armierungsgitter → GLASGITTERGEWEBE
Armierungsgitter → rifusi
Armierungsgitter → STAHLNETZ
Armierungs-Glasgewebe → BAYOSAN
Armierungskleber → Dinogarant
Armierungsmasse → Diwagolan
Armierungsmasse → Styrosan
Armierungsprodukte → KO
Armierungsspachtel → ispo
Armierungs-System → Granolan
Armierungssystem → ispo
Armierungssystem → ispo
Armierungsvlies → DISBOROOF
Armierungsvlies → SOLUTAN
Armierungswerkstoff → Fa-pa-tex 9211
Armierungswerkstoffe → ELFIX
Asbest-Ersatz → ARBOCEL
Asbest-Ersatzfasern → STW
Asbestkitt → Froschmarke
Asbestzement-Dachbeschichtung → DISBOROOF
Asbestzementfarbe → RELÖ

4

4

Balustraden → TRAX
Balustradenformen → nova®
Bandbeschichtungen → ESTETIC
Bandbeschichtungen → NOVOLAC
Bandrasterkonstruktion → THERMATEX
Bandrasterlüftungsdecken → G + H
Bandraster-System → OWAcoustic®
Bandschaum-Dachdämmplatten → AlgoFoam®
Bankauflagen → euroform
Bankeinrichtungen → Voko
Barrieren → adronit®
Barrieren → Penny
Baryt-Beton → Seilo®
Baryt-Estrich → Seilo®
Basalt → MHI
Basalt → OHI
Basalt-Betonwaren → BASALTIN®
Basaltlava → Luxem
Basaltlava → Mayen-Kottenheimer
Basaltlava → Rüber-Michels
Basaltlava → Schlink
Basaltlava → TUBAG
Basaltsäulen → LMG
Basaltsäulen → Thieme
Basaltsteinwolle → basarid
Basaltsteinwolle → basasil
Basaltsteinwolle → mevo®
Basaltwolle-Vlies → mevolin®
Basislack → Sikkens
Basis-Vorlack → Sikkens
Batterie-Heizöltank → HEINTZ-NIKOR
Batterielampen → FEUERHAND
Batterietank → Kautex
Batterietank → NAU
Batterietank → triotank
Batterietanks → DEHOUST
Batterietanks → SCHÜTZ
Batterietank-System → ROTEX
Bau- und Fliesenkleber → hagebau mach's selbst
Bau- und Fliesenkleber → MIKROLITH
Bau- und Möbelbeschläge → Tummescheit
Bau- und Montagekleber → BauProfi
Bau- und Isolierschutzmatten → RYPOL
Bau- und Konstruktionsholz → Harling
Baubahnen → Pegutan®
Baubeschläge → GAH ALBERTS
Baubeschläge → GEHÜ
Baubeschläge → GH
Baubeschläge → hagri
Baubeschläge → Hobbypack
Baubeschläge → KURIER
Baubeschläge → Triebenbacher
Bau-Dämmplatten → Poresta®
Baudichtungsverfahren → THORO SYSTEM
Baudispersion → Compakta®
Baudispersion → DISBON
Bauelemente → ACO
Baufarben → REVADRESS®
Baufolien → EUROLUX®
Baufolien → ROBAUFOL
Baufolien → ROBAUPLAN
Baufolien → YLOPAN
Baufugenabdichtung → EGO
Bau-Fugendichter → Sista
Baugeräte → MÜBA
Baugeräte-Schutzmittel → WIOL-B
Baugipse → TURM
Baugitter → COERS®
Baugrubenpumpen → Flygt
Bauharz → Vandex
Bauharz-Füllstoff → VISCACID
Bauholz → BRÜNER
Bauholz → Dold
Bauholz → Fi/Ta.
Bauholz → Hüttemann
Bauholz → Hüttemann-Holz
Baukalk → WÜSTEFELD KALK
Baukeramik → GÜLICH
Baukeramik → Lichtenfels®
Baukeramik → Wolf
Bauklammern → EuP
Baukleber → ARTOCOLL
Baukleber → ARU
Baukleber → Asperg
Baukleber → Avenarius
Baukleber → BAGIE
Baukleber → Bauta
Baukleber → CARAVIT
Baukleber → CELLEDUR
Baukleber → Epasit®
Baukleber → frigocoll®
Baukleber → Muras
Baukleber → RAKA®
Baukleber → SÜCO
Baukleber → TAGOFIX
Baukleber → Thomsit
Baukleber → Vandex
Bauklempner-Profile → Seidlereisen
Bauklempnerprogramm → Seidlereisen
Baulager → GLT
Baulager → MIGUPREN
Baumaschinen-Pflegemittel → ASIKON
Baumaschinen-Pflegemittel → UNIPUR
Baumaschinenreinigungsmittel → GERÄTEBLANK
Baumaschinenschutzmittel → HADAGOL
Baumeinfassung → Kassens
Baumerhaltung → Fränkische
Bauminsel → Refuga®
Bauminseln → Refuga
Bauminseln → Refuga®
Baumringe → Lusit®
Baumrost → IFF

4

Bedachungsartikel → Flender
Bedienungsbühnen → bastal
Beeteinfassungen → BIRCO®
Beeteinfassungen → CABKA
Beeteinfassungen → grimmplatten
Beetplatten → Motsch
Befestigungsanker → ANKERFIX
Befestigungsanker → Kremo®
Befestigungselement → Klemmfix
Befestigungselemente → Betomax
Befestigungsmaterial → Scotchflex
Befestigungsmaterial → Wanit-Universal
Befestigungsmittel → Früh-Schnellbautechnik
Befestigungsmittel → Hilti
Befestigungsmittel → Mayco
Befestigungsmittel → Togedübel
Befestigungsmittel → UNI
Befestigungsmittel im Flachdach- und Fassadenbau → Hardo®
Befestigungsplatten → Dupla
Befestigungsplatten → REMAGRAR
Befestigungsscheiben → TOX
Befestigungssystem → BUILDEX
Befestigungssystem → FABCO®
Befestigungssystem → Knipping
Befestigungs-System → Tyrodur
Befestigungssysteme → Bühnen
Befestigungssysteme → dipa
Befestigungswinkel → Mez
Begehplanken → ALUSINGEN
Begrenzungsbogen → V.W.
Begrünung → Plantener
Begrünungsgitter → Ranco®
Begrünungsmaterial → Enkamat®
Begrünungsmauern → Karlolith®
Begrünungsmauern → Karolith
Begrünungsstein → Karlolith
Begrünungsstein → WEBA
Begrünungssystem → Agro-Foam
Behälter → bauku
Behälter → maier rotband®
Behälter → MULTI-PLATE®
Behälter → PERMAGLAS®
Behälterschutz → MIPOPLAST®
Behälter-Sonderkonstruktionen → Achenbach
Behindertenaufzüge → Grass
Behinderten-Aufzüge → HIRO
Behindertenaufzüge → kleindienst
Behinderten-Aufzüge → PERFEKTA
Behindertenhilfen → Arjo
Beizen → Olesol
Beizen → Zweihorn
Beizextrakte → Zweihorn
Bekleidungs-Zargen → SVEDEX
Belagblech → Thyssen
Belagskleber → PCI
Belebungsanlage → PUTOX
Belebungsanlagen → MALL
Belebungsanlagen → Menzel
Beleuchtung → Monopoll
Beleuchtungs- und Deckensystem → Pantrac
Beleuchtungssystem → AEG
Beleuchtungssystem → Aton Barra
Beleuchtungssystem → Hi-Trac
Beleuchtungssystem → Knoll
Beleuchtungssystem → Midipoll
Beleuchtungssystem → Philips
Beleuchtungssystem → Super Tube-Flexsystem
Beleuchtungssysteme → Panasonic
Beleuchtungs-Systeme → SEGMENTA
Belichtungselement → COLT
Belüftung → clima-commander®
Belüftungsanlagen → RUG
Belüftungselement → LUFU
Bentonitlage → Bentofix®
Benzin- und Fettabscheider → DYWIDAG
Benzinabscheider → basika
Benzinabscheider → CURATOR
Benzinabscheider → KOPARAT
Benzinabscheider → Menzel
Benzinabscheider → NEUTRA
Benzinabscheider → OLEOMAT
Benzinabscheider → Zeiss Neutra
Benzinabscheider → Zeiss Neutra
Benzinabscheider → ZONS
Benzin-/Heizölabscheider → CAROLUS®
Benzin-/Heizölabscheider → TRENNOMAT
Beobachtungs- und Überwachungsspiegel → DUROPLAN
Beobachtungsspiegel → DETEKTIV
Beobachtungsspiegel → PANORAMA
Beregnungsanlagen → FECO
Beregnungsanlagen → Perrot
Bereitschaftsbriefkästen → Meteor
Bero-Rolladenkasten → RETT
Beschattungsanlagen → REBA
Beschattungsanlagen → STOBAG
Beschichtung → BAGIE
Beschichtung → BIRUDUR
Beschichtung → GEHOPON
Beschichtung → GEWIDUR
Beschichtung → MAXILEN 066 P
Beschichtung → PROTEKTOL 066 P
Beschichtung → TEFLON®
Beschichtung → WIEREGEN
Beschichtungen → Brillux®
Beschichtungen → Fahu
Beschichtungen → KRAUTOXIN
Beschichtungen → OMBRAN®
Beschichtungen → PCI
Beschichtungen → PRODORAL®
Beschichtungen → Repaplan®

Beschichtungen → WULFF
Beschichtungs- und Vergußmassen → PRODODIN®
Beschichtungsharze → IPANOL
Beschichtungsharze → IPAPOX
Beschichtungsmasse → Chemopan
Beschichtungsmasse → Chemophalt
Beschichtungsmasse → Kaubitanol
Beschichtungsmasse → Schukophalt
Beschichtungsmasse → SYNTHRESOL-BM
Beschichtungsmasse → UNIVERSAL 066 P
Beschichtungsmaterial → BETEC®
Beschichtungsmaterial → Büfapox®
Beschichtungsmaterialien → KNAB
Beschichtungssiegel → KRONEN
Beschichtungsstoffe → DESCO®
Beschichtungsstoffe → Perfaglas
Beschichtungssystem → AQUADUR® 2000
Beschichtungssystem → Polyflex®
Beschichtungssystem → THERMOTECT
Beschichtungswerkstoffe → Stellatex
Beschichtungswerkstoffe → Stellavol
Beschichtungswerkstoffe → Trazino®-Trazuro®
Beschilderungssystem → Scritto®
Beschilderungssysteme → DYMO
Beschilderungssysteme → MÜPRO
Beschläge → ABO
Beschläge → BRIONNE
Beschläge → D-LINE
Beschläge → ERNO
Beschläge → FAVORIT
Beschläge → FSB®
Beschläge → FUSITAL
Beschläge → GFS
Beschläge → GÜSTA®
Beschläge → Helm
Beschläge → HEWI
Beschläge → Huwil
Beschläge → JET
Beschläge → Leymann
Beschläge → MELCHERT®
Beschläge → NORMBAU
Beschläge → Prämeta
Beschläge → Prange
Beschläge → ROLAND SYSTEM®
Beschläge → ROMBI
Beschläge → SCHÜT-DUIS
Beschläge → SUKI
Beschläge → WSS
Beschläge → WÜRTH®
Beschlag-Serie → Beschlag 2000
Beschlagsysteme → SOMFY®
Beschlagteile → K+E
Beschleuniger → SICOTAN
Besenspritzwurf → LITHODURA
Bestuhlung → Hussey
Beton → SAKRET®
Beton → WÜLFRAmix-Fertigbaustoffe
Beton- und Mörteldichtungsmittel → AIDA
Beton- und Mörteldichtungsmittel → CERINOL
Beton- und Mörtelzusätze → Bauta
Beton- und Stahlschutz → ASODUR
Beton- und Estrichfarbe → Bodena®-Color
Beton- und Kalklöser → Rotonex
Beton- und Rostlöser → QUICK
Beton-Abbindeverzögerer → ASOTOL
Betonabdeckmatten → Meyer-Lüters
Betonabdeckmatten → Videx®-Meterware
Betonabdichtung → renesco®
Betonabdichtungsmittel → XYPEX
Beton-Abflußrinnen → Jäger
Betonanker → Nelson
Betonanker → Zykon
Beton-Armierungsspachtel → CaluCret
Betonausbesserungen → PLASTBETON 066 P
Beton-Ausbesserungsmörtel → Beeck®
Betonausgleichmörtel → SCHÖNOX
Betonbauschlämme → Vandex
Beton-Bauteile → BSW
Betonbauteile → HEIBGES
Betonbauteile → LERAG®
Betonbecken → Isopool
Betonbehälter → MALL
Betonbenzinabscheider → S + K
Betonbeschichtung → FAVORIT
Betonbeschichtung → IRSA POX
Betonbeschichtung → KRONALIT
Betonbeschichtung → megol
Betonbeschichtung → Neolen
Betonbeschichtung → SI-FA
Betonbeschichtung → Sikkens Color Collection
Betonbeschichtung → SILODON
Betonbeschichtungen → BETONOL
Betonbeschichtungen → cds-Durit
Betonbeschichtungen → IRSA
Betonbeschichtungsfarbe → Rotburg
Betonbeschichtungsmittel → LOBA
Betonbewehrung → EUROFIBER
Beton-Blumentröge → Sikler
Beton-Bodenbelag → friga®
Betonbodenbeschichtung → CEHAPOX
Beton-Bodenbeschichtung → MUROBETONAL®
Betonboden-Sanierung → Compakta®
Beton-Böden → VAKUUM
Beton-Bordsteine → THAYSEN
Betonbrüstungen → Sikler
Betondachstein → Finkenberger Pfanne
Betondachstein → Kronen-Pfanne
Betondachstein → S Pfanne
Betondachsteine → NELSKAMP
Betondachsteine → teewen
Betondichtungsmittel → Ceresit
Beton-Dichtungsmittel → Dichtelin

Betoninstandsetzung → TITANODE®
Betoninstandsetzungs-System → Fema
Betonkaminschieber → RITTER
Betonkanten-Abschluß → Dreikant
Betonkantensteine → Betonwerke Emsland
Beton-Kellerfenster → BEZA®
Betonkellerfenster → HERO®
Beton-Kies → FELS®
Beton-Kleber → Cerapox
Betonkleber → DISBOKRAFT
Betonkleber → GLASCONAL
Betonkleber → GLASCONAL
Betonkonen → Betonwerke Emsland
Betonkonservierungstechnik → RAAB
Betonkosmetik → DOMOFIX
Betonkosmetik → FIXBINDER K 70
Betonkosmetik → Nafuquick
Beton-Kunststoff-Beschichtungen → FRANKOPOX
Betonlasur → ACIDOR®
Betonlasur → CaluCret
Betonlasur → DOMODUR
Betonlasur → EUROLAN
Betonlasur → HADALAN
Beton-Lasur → Herbol
Betonlasur → LIPOSIT
Betonlasur → SILIN®
Betonlasuren → Hydrolan
Betonlichtschachtaufsätze → HM
Betonlichtschächte → HM
Beton-Lichtschächte → Jäger
Betonlöser → ASO®
Betonlöser → Barra
Betonlöser → Betonknaxforte
Betonlöser → CON CORRO
Betonlöser → CONDOR
Betonlöser → HADAGOL
Betonlöser → Hexenspucke
Betonlöser → Lascovet
Betonlöser → SCA
Betonlöser → ZEMIFIT
Betonmattengewebe → HaTe
Betonmöbel → Granta®
Betonmörtel → BauProfi
Betonnachbehandlungsmittel → CURING
Beton-Nachbehandlungsmittel → EUROLAN
Betonnachbehandlungsmittel → Hydrolan
Beton-Nachbehandlungsmittel → KERTSCHER®
Betonnachbehandlungsmittel → Mobilcer
Beton-Nachbehandlungsmittel → TRICURING®
Betonnägel → Trachsel
Betonoberflächengestaltung → SERILITH
Betonoberflächen-Verzögerer → LANOSAN®
Betonornamentsteine → WEBA®
Betonpalisaden → Achteckpalisaden
Betonpalisaden → BKN
Betonpalisaden → FORUM
Betonpalisaden → Greiner
Betonpalisaden → KANN
Betonpalisaden → Lusiflex®
Betonpalisaden → Nostalit®
Betonpflaster → DOKLIN
Betonpflaster → DOKON
Betonpflaster → DO-WAB
Betonpflaster → Germania antik
Betonpflaster → Hakalit
Betonpflaster → Hötzel
Betonpflaster → KANIT
Betonpflaster → QUADRO®
Betonpflaster → TERZIT
Betonpflaster → Toscana
Beton-Pflasterstein → Alt-Schwaben-Pflaster
Betonpflasterstein → classico®
Beton-Pflasterstein → Dorfstraße-Pflaster
Betonpflasterstein → ESKOO®
Betonpflasterstein → La Linia®
Betonpflasterstein → rinnit
Beton-Pflasterstein → RUSTO®
Betonpflasterstein → Siena 1 und 2
Betonpflasterstein → Stakati®
Betonpflasterstein → VIANOVA

4

Beton-Pflasterstein → Wardenburger Pflasterstein
Betonpflastersteine → Aicheler & Braun
Betonpflastersteine → Altstadtpflaster
Betonpflastersteine → Ashausen
Betonpflastersteine → BEHATON®
Betonpflastersteine → Betonwerke Emsland
Betonpflastersteine → BKN
Betonpflastersteine → BRAUN
Betonpflastersteine → Braun
Betonpflastersteine → BWE
Betonpflastersteine → DELTA
Betonpflastersteine → ESTELIT
Betonpflastersteine → FORUM
Betonpflastersteine → Forum
Betonpflastersteine → Greiner
Betonpflastersteine → Hanseatische Betonstein-Industrie
Betonpflastersteine → Isarbaustoff
Betonpflastersteine → Lieme
Betonpflastersteine → Mäder
Betonpflastersteine → Nostalit®
Betonpflastersteine → Nüdling
Betonpflastersteine → Schröder
Betonpflastersteine → Schulte + Hennes
Betonpflastersteine → SEHN
Betonpflastersteine → Siemsen
Betonpflastersteine → Spartana
Betonpflastersteine → SP-Beton
Betonpflastersteine → THAYSEN
Beton-Pflastersteine → THAYSEN
Betonpflastersteine → Vogt
Betonpflastersteine → Wahrendorf
Betonpflastersteine → Weiro
Betonpflastersteine → WKB
Betonpfosten → Betonwerke Emsland
Betonpfosten → Brotdorf
Betonplastifizierer → ASOTOL
Betonplastifizierungsmittel → DOMOCRET
Betonplatte → RINN
Betonplatte → Uni-Vertikal-Verbundplatte (BV 3)
Betonplatte → „WS"
Betonplatten → BLB-Platten
Betonplatten → Ebert
Beton-Platten → GRANULIT
Betonplatten → rinnit
Betonpoller → DIEPHAUS
Betonprodukte → Hupfeld
Beton- und Ölwannenbeschichtung → Pufas
Betonrahmen-Kellerfenster → Jäger
Beton-Reiniger → „B"
Betonreiniger → Betonknaxforte
Betonreiniger-R → RUBA®
Betonreinigungsmittel → ISOFASTONE
Betonreparaturmassen → Asperg
Beton-Reparaturmörtel → ARDUCRET
Betonreparaturmörtel → cds-Durit
Betonreparaturmörtel → SCHÖNOX
Betonrippenstahl → RIPINOX®
Betonrohr → HARZER
Betonrohre → Bachl
Betonrohre → Betonwerke Emsland
Betonrohre → BRÉE
Betonrohre → DYWIDAG
Betonrohre → GANDLGRUBER
Betonrohre → Hupfeld
Betonrohre → S + K
Betonrohre → SEHN
Betonrohre → THAYSEN
Betonrohre → TRAPP
Betonrohre → Unglehrt
Betonrohr-Inliner → TROCAL®
Beton-Sakretierung → Sakretier
Betonsanierung → Beeckoton®
Betonsanierung → Beeck®
Betonsanierung → BICS®
Betonsanierung → CaluCret
Betonsanierung → DinoProtect
Betonsanierung → Epasit®
Betonsanierung → Hydrolan
Betonsanierung → ICOMENT®
Betonsanierung → Ispoton
Betonsanierung → Kaubipox-Programm
Betonsanierung → REDISAN
Betonsanierung → Repament®
Betonsanierung → SHO-BOND-BICS®
Betonsanierungsmittel → TOPOLIT
Betonsanierungsmittel → TROXYMITE
Betonsanierungsmörtel → CERINOL
Betonsanierungsmörtel → CERINOL
Betonsanierungsmörtel → NDB
Betonsanierungsmörtel → Tricopac
Betonsanierungsmörtel → Tricosan
Betonsanierungsprogramm → IPATOP
Betonsanierungssystem → Indulaton
Betonsanierungssystem → NDB
Betonsanierungssystem → PSB
Betonsanierungssystem → UNITECTA
Betonsanierungssysteme → vdw
Beton-Schachtfertigteile → WS
Betonschalung → Lauprecht
Betonschalung → Phen-Agepan
Betonschalung → Phenox
Betonschalung → Planox
Betonschalung → SCOBALIT (GFK)
Betonschalungsplatte → ATEX
Betonschalungsplatten → SEMPER-SCHALUNG®
Betonschalungssperrholz → COFI®
Beton-Schnellerhärter → KERTSCHER®
Betonschornstein-Reinigungsverschlüsse → RITTER
Betonschränke → müllmaster
Betonschutz → CaluCret
Betonschutz → Epasit®

Biber-Ziegel → WALTHER
Bibliothekstreppen → Alfa Scale
Bibliothekstreppen → delta
Bibliothekstreppen → KABO
Bidet → SANBLOC®
Bidetarmaturen → Børmix
Bidets → DURAVIT
Bienenharzsalbe → BEKOS-WACHS
Bienenwachs → Bio Pin
Bienenwachs → GLEIVO
Bienenwachsbalsam → AQUAdisp
Bienenwachsbalsam → Bio Pin
Bienenwachsbalsam → Hesedorfer BIO-Holzschutz
Bienenwachs-Lasurbinder → AGLAIA®
Bienenwachs-Natur → hagebau mach's selbst
Bienenwachspräparat → alpin-chemie
Bilderfliese → OMBRAGE
Bilderschienen → MHZ
Bildleuchten → PARCA
Bildschirm-Arbeitsplatzleuchte → Wacolux
Bildtapeten → decor
Bildtapeten → Lechtenberg
Bildtapeten → Verkerke
Bimbaustoffe → Ebert
Bims → isobims
Bims → isolath
Bimsbaustoff → JASTOTHERM
Bimsbaustoffe → Meurin
Bimsbaustoffe → TUBAG
Bimsbaustoffe → WKW
Bimsbetondachplatten → Meurin
Bimsbetonhohlstegdielen → Heintges
Bimsbeton-Wandplatten → PINGER
Bimsgranulate → RAAB
Bimsgranulate → TUBAG
Bims-Hohlkörperdecken → Schnabel
Bimsstoffe → KLÖCKNER
Bims-Vollbockstein → DAHMIT® therm
Bindedrähte → KAROFIL und SINTERFIL
Bindemittel → Beecko
Bindemittel → BERODUR
Bindemittel → BÖRMEX®
Bindemittel → Colas
Bindemittel → Colfloor®
Bindemittel → FEUMAS
Bindemittel → KALTAS
Bindemittel → LÖWE
Bindemittel → MÖRTELBINDER
Bindemittel → PM
Bindemittel → Regeneriermittel
Bindemittel → RHEIN-TRASS
Bindemittel → Sakretier
Bindemittel → Spraybit
Bindemittel → VAT
Bindemittel → Wülfrather
Bindenfolie → Renolit
Binder → Hanno
Binder → Müller Gönnern
Binder → SUNNO
Binder → WEWAWIT
Binderfarben → ELASTOLITH
Binderfarben → Rotburg
Binderkonzentrat → Fahulith
Biogasspeicher → Lipp
Bio-Putz → Hessler-Putze
Bio-Wohn-Blockhäuser → Schumacher
Bituelastdecke → porutan
Bitumen → Caribit
Bitumen → HVB
Bitumen → Mexphalt
Bitumen → MICOBIT
Bitumen → PANMEX
Bitumen → Spramex
Bitumenanstrich → HASSEROL
Bitumenanstrich → MIGHTYPLATE®
Bitumenanstrich → PLASTIKOL
Bitumenanstrich → Rembertam
Bitumenanstrich → SILO-INERTOL®
Bitumen-Anstrich → Silo-Rücoroid
Bitumenanstriche → KERTSCHER®
Bitumenanstriche → Schacht
Bitumenanstrichmasse → DURIPOL
Bitumenanstrichmasse → Edahol
Bitumen-Anstrichstoffe → RUBOL®
Bitumen-Aufschweißbahnen → MONOPLEX
Bitumen-Aufschweißbahnen → MULTIPLEX
Bitumenbahn → AUTOMATENHAUT
Bitumenbahnen → JABRAL
Bitumenbahnen → JABRATEKT
Bitumenbahnen → KSK-BITUFIX
Bitumen-Beschichtungsmassen → Bauta
Bitumenbeschichtungsmassen → PLASTIKOL
Bitumen-Dachanstrich → SISOLAN
Bitumen-Dachbahn → awa
Bitumen-Dachbahn → MOGAFIX
Bitumen-Dachbahn → RUBAL
Bitumen-Dachbahn → Supra-Veral
Bitumen-Dachbahn → VERCUIVRE
Bitumen-Dachbahnen → DURITIA
Bitumen-Dachbahnen → GERKOROID
Bitumen-Dachbahnen → Gumminoid
Bitumendachbahnen → HANSERIT®
Bitumen-Dachbahnen → Klewa
Bitumen-Dachbahnen → Preda
Bitumen-Dachbahnen → ROWA
Bitumen-Dachbahnen → Ulmerit
Bitumen-Dachbahnen → VEDATECT®
Bitumen-Dachbahnen → VERAL
Bitumendachbahn-Kaltkleber → MIGHTYPLATE®
Bitumen-Dachdichtungsbahn → MP 26
Bitumen-Dachdichtungsbahn → RUPLAST®
Bitumen-Dachdichtungsbahnen → JABRAN

Bitumenkorkfilz → GERKOTEKT
Bitumen-Korrosionsschutz → Pastumen
Bitumen-Kunststoff-Flüssigfolie → COMBIPLAST
Bitumen-Kunststoff-Folie → TERODEM
Bitumenlacke → FEUMAS
Bitumenlacke → Rotburg
Bitumen-Latex → SCHWARZER BLOCKER
Bitumen-Latexemulsion → ARDAL
Bitumen-Latex-Emulsion → ENKEPREN
Bitumen-Latex-Emulsion → EUBIT
Bitumen-Latex-Emulsion → EUBIT
Bitumenlöser → HADAGOL
Bitumenlöser → LÖSEFIX
Bitumenlösungen → INERTOL®
Bitumen-Lösungsmittelgemisch → ALUSOL silber
Bitumen-Lösungsmittelgemisch → BITUPLAST
Bitumen-Lösungsmittelgemisch → JABRALAN
Bitumen-Maueranstrichmasse → DURIPOL
Bitumen-Muffenkitt → Lidoplast
Bitumen-Öl- und Teerlöser → Rembertol
Bitumenpapiere → DURITIA
Bitumen-Pappen → Baubit
Bitumenpappen → DURITIA
Bitumenplatten → Suprawall
Bitumen-Rechteck-Schindeln → VEDAFORM®
Bitumen-Schaumlatex → DICK & DICHT
Bitumen-Schindel → VERTUILE
Bitumenschlämme → FEUMAS
Bitumen-Schnellschweißbahn → Elastitekt
Bitumenschutzanstrich → AIDA
Bitumen-Schutzanstrich → ASOL
Bitumenschutzanstrich → EUROLAN
Bitumen-Schutzanstrich → EUROLANOL (AIB)
Bitumenschutzanstrich → Fixif
Bitumen-Schutzanstrich → IMBERAL®
Bitumenschutzanstrich → OELLERS
Bitumen-Schutzanstrich → Pastumen
Bitumen-Schutzanstrich → SANDROPLAST®
Bitumen-Schutzanstrich → SEDRAPIX
Bitumenschutzanstrich → SISOLAN
Bitumen-Schutzanstrich → SISOLAN
Bitumenschutzanstrich → TEUTOL
Bitumen-Schweißbahn → Elastitekt
Bitumen-Schweißbahn → PRODOFLEX®
Bitumen-Schweißbahn → rowaplast PYP
Bitumen-Schweißbahnen → BITUFIX®
Bitumen-Schweißbahnen → Breternit
Bitumen-Schweißbahnen → HASSODRITT
Bitumen-Schweißbahnen → Klewabit
Bitumen-Schweißbahnen → Krelastic
Bitumen-Schweißbahnen → thermobil
Bitumen-Schweißbahnen → Ulmerit
Bitumen-Schwerglasvlies-Dachschindel → Bonner Schindel
Bitumen-Siloanstrich → ROWA
Bitumen-Sonderbahnen → Ulmerit

Bitumenspachtel — Bleibleche

Bitumenspachtel → DISBON
Bitumenspachtel → MIGHTYPLATE®
Bitumen-Spachtelmasse → ASOL
Bitumen-Spachtelmasse → BauProfi
Bitumen-Spachtelmasse → DAKORIT
Bitumen-Spachtelmasse → Densurit
Bitumen-Spachtelmasse → ELCH
Bitumen-Spachtelmasse → Fixif
Bitumen-Spachtelmasse → Fixif
Bitumen-Spachtelmasse → hagebau mach's selbst
Bitumen-Spachtelmasse → HASSOPLAST
Bitumen-Spachtelmasse → Nafuflex 2 K
Bitumen-Spachtelmasse → Nr. Sicher
Bitumen-Spachtelmasse → Pastumen
Bitumen-Spachtelmasse → Piccobello
Bitumen-Spachtelmasse → ROWA
Bitumen-Spachtelmasse → RÜSGES
Bitumen-Spachtelmasse → SANDROPLAST®
Bitumen-Spachtelmasse → SISOLAN
Bitumen-Spachtelmasse → Therstabil
Bitumen-Spezial-Klebemassen → Baubit
Bitumen-Teer-Bindemittel → VIANOLAN
Bitumen-Universalanstrich → HASSEROL
Bitumen-Universalanstrich → ROWA
Bitumen-Unterspannbahn → BauderTEX
Bitumen-Unterspannbahn → Buzi
Bitumen-Vergußmassen → JABRAPHALT
Bitumenvoranstrich → AIDA
Bitumen-Voranstrich → ASOL
Bitumen-Voranstrich → Burkolit
Bitumenvoranstrich → EUROLAN
Bitumen-Voranstrich → EUROLANOL (AIB)
Bitumen-Voranstrich → hagebau mach's selbst
Bitumenvoranstrich → HASSEROL
Bitumen-Voranstrich → IMBERAL®
Bitumenvoranstrich → JABRAFIX
Bitumen-Voranstrich → Nr. Sicher
Bitumen-Voranstrich → ROWA
Bitumen-Voranstrich → RÜSGES
Bitumen-Voranstrich → SISOLAN
Bitumen-Voranstrich → Therstabil
Bitumen-Voranstriche → Ulmeritol
Bitumen-Voranstrichmasse → DURIPOL
Bitumen-Wellen-Schindeln → VEDAFORM®
Bitumenwellplatte → bituwell®
Bitumen-Wellplatte → ONDULINE®
Bitumenwellplatten → COPRAL®
Bitumen-Wellplatten → Guttanit®
Bitumenzusatz wurzelwidrig → Preventol®B
Blähschiefer → Berwilith
Blähschiefer → Leca® bau
Blähton → Leca® bau
Blähton-Hohlblocksteine → Pallmann
Blähton-Produkte → DANTON
Blähtonsteine → Bachl
Blähton-Steine → Liapor®
Blähton-Wandelemente → HARBJERG
Bläueschutz → PIGROL
Bläueschutz → Sadolin
Bläueschutzgrund → Herbol
Bläuestop → Calusal
Blankprofile → Klöckner-Mannstaedt
Blasensanierungen → ADHESTIK
Blattgold → Busse
Blattgold → Eytzinger
Blattgold → Gerstendörfer
Blattgold → KÜHNY
Blattgold → Noris
Blattgold → Wasner
Blattschrauben-Montagesätze → BIERBACH
Blaukleber → COLFIRMIT
Blautone → Leimersdorfer
Blech → FOLASTAL®
Bleche → GREIFFEST
Bleche → Statur
Blechfassaden → Masche
Blechschalung → HYDRA®
Blechschrauben → BÄR
Blechschrauben → REISSER
Bleibleche → SATURNBLEI®

Bleichpulver → Oxyd
Bleilampen → Würzburger Bleilampen
Bleimennige → ALBRECHT
Bleimennige → CELLEDUR
Bleimennige → Glassomax
Bleimennige → hagebau mach's selbst
Bleimennige → PM
Bleimennige → Sikkens
Bleimennigegrundierungen → Colusal
Bleiverglasungen → EMA
Bleiverglasungen → TERRAMIN
Blenden → MEISTER Leisten
Blendschutz → sundrape®
Blendschutz-Folien → Ultra Tech®
Blendschutzlamellen → REHAU®
Blindabdeckungen → FLF
Blindeinnietmutter → RIV-TI
Blindeinnietschraube → TIBOLT
Blindniete → HUCK
Blindniete → „POP“
Blindniete → „POP“
Blindniete → „POP“
Blindniete → RIV
Blindnieten → GEMOFIX
Blindnietmutter → GETO
Blindnietmuttern → MOLLY
Blindnietmuttern → RIV
Blitzdämmer → ANNELIESE
Blitzerhärter → Ceromax
Blitzschutzbefestigung → DEHNfix®
Blitzspachtel → ispo
Blitzzement → Bauta
Blitzzement → DOMOFIX
Blitzzement → dufix
Blitzzement → KERTSCHER®
Blitzzement → SCHÖNOX
Blitzzement → TRICOVIT®
Blitzzement → TRIMIX®
Blockbohlenbecken → Robust
Blockbohlen-Sauna → B + S
Blockbohlen-Sauna → Knüllwald
Blockbohlen-Sauna → RORO
Blockbohlen-Sauna → teka
Blockbohlen-Sauna → WOLU
Blockfüller → LUCITE®
Blockhäuser → ante-holz
Blockhäuser → as
Blockhäuser → BÄSSLER
Blockhäuser → BAUMSTAMM-Haus
Blockhäuser → Bode
Blockhäuser → Bots
Blockhäuser → Chiemgauer Holzblockhaus
Blockhäuser → EKO
Blockhäuser → Fullwood
Blockhäuser → HAAS
Blockhäuser → HANSSEN
Blockhäuser → HARDER
Blockhäuser → Heisler
Blockhäuser → HIEBER
Blockhäuser → holzform
Blockhäuser → HONKA
Blockhäuser → HSH
Blockhäuser → Hunsrücker Holzhaus
Blockhäuser → Ibacher Ökobau
Blockhäuser → Ikoba
Blockhäuser → Köster-Holz®
Blockhäuser → Kretz
Blockhäuser → KÜPA
Blockhäuser → Münchener Blockhaus
Blockhäuser → PEDA
Blockhäuser → POLAR
Blockhäuser → Puutalo
Blockhäuser → Salzberger Landhausbau
Blockhäuser → Sauerlandhaus
Blockhäuser → SCABE
Blockhäuser → Scan Domo
Blockhäuser → Schumacher
Blockhäuser → Steber
Blockhäuser → STOMMEL-HAUS
Blockhäuser → Viking

Bodenplatten → Ambiente
Bodenplatten → AnnaKeramik
Bodenplatten → Anröchter Dolomitstein
Bodenplatten → Antigua
Bodenplatten → Bachl
Bodenplatten → Beta
Bodenplatten → COTTO SANNINI
Bodenplatten → Dalsport
Bodenplatten → DE VALK
Bodenplatten → Ebinger
Bodenplatten → Flossenbürger
Bodenplatten → Genossenschaftsplatten
Bodenplatten → glästone
Bodenplatten → IGA
Bodenplatten → Külpmann
Bodenplatten → MAHLE
Bodenplatten → Norddeutsches Terrazzowerk
Bodenplatten → Norddeutsches Terrazzowerk
Bodenplatten → Rekostein
Bodenplatten → REMAGRAR
Bodenplatten → Roggenstein
Bodenplatten → Schöpfel
Bodenplatten → S.I.L®
Bodenplatten → STERZINGER SEPENTIN
Bodenplatten → Theumaer
Bodenplattenelemente → POLMARLIT®
Bodenreinigungsmittel → PAROTERA
Bodenrost → Wabenmatte
Bodenroste → Gruber
Bodenroste → GW
Bodenroste → Schuster
Bodensanierung → HERWI
Bodenschiebetreppe → Ruck-Zuck
Bodenschutzplatten → Regum
Bodenspachtel → ASO®
Bodenspachtel → Ceresit
BODENSPACHTEL → DYCKERHOFF
Bodenspachtel → HADAPLAST
Bodenspachtel → PCI
Bodenspachtel → ULTRAMENT
Bodenspachtelmasse → RenoSan
Boden-Spezialkleber → BAYOSAN
Bodenstabilisierung → COLBOND
Bodenstabilisierung → TYPAR
Bodenstabilisierungen → VIACOLL
Bodentreppe → ATLAS
Bodentreppe → COLUMBUS
Bodentreppe → Junior
Bodentreppe → Piccolo
Bodentreppe → Producta
Bodentreppe → ROTO
Bodentreppen → Agro
Bodentreppen → BARTHOF
Bodentreppen → HACA
Bodentreppen → HEBO
Bodentreppen → HENKE®
Bodentreppen → LU
Bodentreppen → tede
Bodentreppen → Wippro
Bodentürschließer → DORMA
Bodenverbesserer → Florafit
Bodenverbesserer → HERWI
Bodenverbesserung → purperl®
Bodenverbesserungsmittel → Bentonit
Bodenveredelung → Rhodohum
Bodenveredlung → Florahum
Bodenverfestigung → Heidelberger
Bodenverfestigung → WEBAC
Bodenverfestigungsgitter → COERS®
Bodenverfestigungsmittel → Curasol®
Bodenverkleidung → tirone 1®
Bodenversiegelung → ASODUR
Bodenversiegelung → DOMODUR
Bodenversiegelung → Hydrolan
Bodenversiegelung → KERAPLAN
Bodenziegel → scanaton
Böschungen → Karlolith®
Böschungen → Löffelstein®
Böschungen → QUADIE®
Böschungsbau → tubawall®
Böschungsbefestigung → Megalith
Böschungsbefestigung → Palos®
Böschungsbefestigungen → Araflor®
Böschungsbefestigungen → Florakron®
Böschungsbefestigungen → Lusit®
Böschungsbefestigungen → MENTING
Böschungsbefestigungen → Mura®
Böschungsformstein → GRÜNWALLSTEIN®
Böschungsfußmatten → bofima®-Bongossi
Böschungsgitter → COERS®
Böschungsmatten → bofima®-Bongossi
Böschungsmauersystem → Verduro®
Böschungsnetze → COERS®
Böschungsplatten → Tritz
Böschungsringe → NKS
Böschungsschutzwände → GRÜNWALLSTEIN®
Böschungssicherung → AUKA
Böschungssicherung → DORAN®
Böschungssicherung → florwall®
Böschungssicherung → HIGA®
Böschungssicherung → JASTOFLOR
Böschungssicherung → KANN
Böschungssicherung → Lusit®
Böschungssicherung → Reiff
Böschungssicherungen → EBECO
Böschungsstein → DAHMIT®
Böschungsstein → Karlolith®
Böschungsstein → Silidur®
Böschungssteine → LÖFFELSTEINE®
Böschungssteine → Mallflor
Böschungssteine → Pallmann
Böschungssystem → Grünwall

4

Carbolineum → VEDAG
Carbolineum-Ersatz → AGATHOS®
Carbonatisierungsbremse → NDB
Carports → Collstrop
Carports → holzform
Carports → hynorm
Carports → REBA
Carports → WERTH-HOLZ®
Carports → Zimmermann-Zäune
Carports → 3IS
Caseinfarbe → VALETIA
Chemie-Absperrventile → SICCA®
Chemiefaser-Bitumen-Dichtungsbahn → awa
Chemiekalk → WÜSTEFELD KALK
Chemikalienbinder → ABSOLYT
Chemikalienbinder → RHODIA®-SORB
Chlorcalciumlauge → Hoechst
Chlorgas → Preussag
Chlorgranulat → Chlorifix
Chlorgranulat → ILKA
Chlorgranulat → Stabichloran
Chlorkautschuk → Antiferrit
Chlorkautschuk → KRONALUX
Chlorkautschukfarbe → Glasurit
Chlorkautschukfarben → ICOSIT®
Chlorkautschuk-Farben → Wefasit
Chlorkautschuk-Lack → SÜDWEST
Chlorkautschuk-Lackfarbe → Stellalit
Chlor-/pH-Wert-Meß- und Regeleinrichtung → europool seestern®
Chlorstabilisierung → Stabichloran
Chlortabletten → Chloriklar®
Chlortabletten → Chlorilong®
Chrom-Nickelstahl-Produkte → basika
Clubhäuser → WAGNER
Color-Steinputz → Capa
Compactkralle → STABA
Compact-Platten-System → RESCHUBA
Container → Emmeln
Container → KLEUSBERG
Container → prefab® Mat-Box®
Container → WEISSTALWERK
Container → ZIEBUHR
Containerboxen → Lusit®
Cottobelagschutz → LITHOFIN®
Cottofliesen → COTTO CALVETRO
Cotto-Pflegemilch → LITHOFIN®
Cottowachs → alpin-chemie
CO_2- und Halonanlagen → Minimax
CO_2-Löschanlagen → TOTAL
CO_2-Löschanlagen → WORMALD
Cushion Vinyl-Bodenbelag → GAFSTAR
Cushioned Vinyl-Fußbodenbeläge → Armstrong
Cushioned-Vinyl-Bodenbeläge → era
CV/PVC-Bodenbeläge → Balastar
Cyanacrylate → LOCTITE®
Cyanacrylat-Klebstoffe → CONCLOC
Dach- und Dichtungsbahnen → RUBEROID®
Dach- und Wandbekleidung → Fricke inlot®
Dach- und Wandbeschichtungssystem → RPM
Dach- und Wandelemente → delitherm® System Metecno
Dach- und Wandprofile → BEMO
Dach- und Wandsystem → prefast
Dach- und Wandverglasungen → MAKROLON® longlife
Dach- und Wandverglasungen → PLEXIGLAS®
Dach- und Wandverkleidung → ALUFORM®
Dach- und Wandverkleidung → ALUTHERM®
Dach- und Wandverkleidung → Metalit®
Dachabdichtsystem → Bonaphalt
Dachabdichtung → Hydrolan
Dachabdichtung → KEMPEROL®
Dachabdichtung → Lido-Poly-Bahn
Dachabdichtung → WETTERHAUT
Dachabdichtungen → PES
Dachabdichtungsmasse → EUKAPLAST
Dachabdichtungsstoffe → Bagienol
Dachabläufe → Kessel
Dachabschlußprofil → SCG-System
Dachabschlußprofile → ALURAL®
Dachabschlußprofile → FEBAL
Dachabschlußprofile → GFP
Dachabschlußprofile → HEBROK
Dachabschlußprofile → HEBÜ
Dachabschlußprofile → JOBA®
Dachabschlußprofile → POHL
Dachabschlußprofile → RISSE
Dachabschlußprofile → WILOA
Dachabschlußsysteme → SYMAT®
Dachabsorber → AKG
Dachanstrich → Dispas
Dachanstrich → ENKOLOR
Dachanstrich → ENKONOL
Dachanstrich → IMBERAL®
Dachanstrich → INERTOL®
Dachanstrich → RÜSGES
Dachanstrich → SONNEXOL
Dachanstrich → TRC
Dachanstriche → Alytol®
Dachanstriche → PARATECT
Dachanstriche → Ulmeritol
Dachanstrichstoffe → Bagienol
Dachausbausystem → Planotec
Dachausstiege → Agro
Dachausstiege → JET
Dachausstiege → Pirelli
Dachaustritte → Haag
Dachbahn → awa
Dachbahn → Büffelhaut E
Dachbahn → MOGATWO
Dachbahn → Rhenofol
Dachbahn → Rhenofol

4

Dachdämmung → ETRA-DÄMM
Dachdämmung → isofloc®
Dachdeckenlager → Calenberger
Dachdeckermörtel → Der Leichte
Dachdeckermörtel → KE®
Dachdeckermörtel → LEMOL
Dachdeckermörtel → quick-mix®
Dachdecker-Mörtel → SAKRET®
Dachdeckermörtel → WÜLFRAmix-Fertigbaustoffe
Dachdeckung → BRAAS
Dachdeckungen → Brügmann
Dachdehnungsfugenprofile → Trelastolen
Dachdichtstoff → Elastoroof
Dachdichtstoff → Roofseal
Dachdichtung → Pegutan®
Dachdichtungsbahn → Herbatect®
Dachdichtungsbahn → icopal
Dachdichtungsbahn → Kosmolon
Dachdichtungsbahn → MP 26
Dachdichtungsbahn → PERFEKT GKS
Dachdichtungsbahn → RESISTIT-PERFEKT G
Dachdichtungsbahn → ROWA
Dachdichtungsbahn → rowapren-PYE
Dachdichtungsbahn → RUPLAST®
Dachdichtungsbahn → Sarnafil®
Dachdichtungsbahn → STABILOTHERM
Dachdichtungsbahnen → alwitra
Dachdichtungsbahnen → BISODUR
Dachdichtungsbahnen → Colbotex
Dachdichtungsbahnen → DURIGLAS
Dachdichtungsbahnen → DURITIA
Dachdichtungsbahnen → EXTRUBIT
Dachdichtungsbahnen → flex-JABRAN
Dachdichtungsbahnen → HASSOTEKT
Dachdichtungsbahnen → JABRAN
Dachdichtungsbahnen → O.C.
Dachdichtungsbahnen → Pegutan®
Dachdichtungsbahnen → PLEWAGUM
Dachdichtungsbahnen → ROWA
Dachdichtungsbahnen → VEDATECT®
Dachdichtungskitt → PARATECT
Dachdichtungsmaterial → HYDRO-Wetterhaut
Dachdichtungsmittel → PARATECT
Dachdichtungssystem → ENKOLIT
Dachdichtungssystem → PHØNIX BITU-MONTAGE
Dacheindeckung → Alcan
Dacheindeckung → DOBEL
Dacheindeckung → FBK
Dacheindeckung → Thüringer
Dacheindeckung → Well-Eternit®
Dacheindeckungen → BEMO
Dacheindeckungen → Korrugal
Dacheindeckungen → RATHSCHECK
Dacheisenzeug → STEEB
Dachelement → delitherm® System Metecno
Dachelement → SCANDACH
Dachelement → SCHWENK
Dachelemente → poly®tec
Dachelemente → Rougier
Dachendbeschichtung → ENKYLON
Dachentlüfter → Özpolat
Dachentlüfter → ONDULINE®
Dachentlüfter → Quassowski
Dachentlüfter → ubbink
Dachentlüftungshauben → TROSIPLAST®
Dachentrauchungsventilatoren → Eichelberger
Dachentwässerung → BEBEG
Dachentwässerung → ferrinox
Dachentwässerungs-Programm → BEBEGPLUS
Dachentwässerungssystem → GEBERIT®
Dachentwässerungs-Systeme → COLOR-PROFIL
Dachfanggitter → FEGA
Dachfarbe → DISBOROOF
Dachfarbe → SOLUTAN
Dachfenster → ABO
Dachfenster → BEBEG
Dachfenster → Blefa
Dachfenster → Engels
Dachfenster → Hirz
Dachfenster → Integratio
Dachfenster → KLÖBER
Dachfenster → LEMP
Dachfenster → ONDULINE®
Dachfenster → Polysol
Dachfenster → Thermo
Dachfenster → toplight
Dachfenster → Wanit-Universal
Dachfenster → Zugdicht
Dachfenster-Rolladen → Darotherm
Dachfilz → VFG
Dachflächenfenster → EUROMEETH
Dachflächenfenster → Klemt
Dachflächenfenster → Wunstorf Metalltechnik
Dachfolie → WILKOPLAST®
Dachfolien → TROCAL®
Dach-Formsteine → BRAAS
Dachformteile → Plastmo
Dachfugenband → Delong
Dachfugenmasse → SOLUTAN
Dachgärten → Florahum
Dachgärten → Floratorf
Dachgärten → optima
Dachgärten → Rhodohum
Dachgartenabdichtungs-Systeme → bezapol
Dachgauben → BiK
Dachgeschoßdämmung → ISOPOR
Dachgully → alwitra
Dachgully → BINNÉ
Dachgully → DallBit
Dachgully → ESSMANN®
Dachgully → Grumbach
Dachgully → Roland

Dachgullys → basika
Dachgullys → MB
Dachgullys → SITA
Dachgullys → TROCAL®
Dachgullys → VEDAGULLY®
Dachhaken → DASTA
Dachhaken → Overhoff
Dachhaken → PALMER
Dachhaut → KEMPEROL®
Dachhaut → MULSEAL
Dachhaut → SGtyl
Dachhölzer → Steber
Dachisolierung → OPSTALAN
Dachkantenprofil → FEBAL
Dachkantenprofile → HESA
Dachkeile → Rockwool®
Dachkies → BINNÉ
Dachkitt → Rotburg
Dachkitt → ULTRAMENT
Dachkitte → Ortolan
Dachklebstoff → Terokal
Dach-Klimageräte → Hitachi
Dachkonservierungsanstrich → BÖCOSAN
Dachkonsol-Gerüst → mafisco
Dachkonstruktionen → Conti
Dachkonstruktionen → Hosby
Dachkonstruktionen → Hydro-Nail
Dachkonstruktionen → HYDRO-NAIL®
Dachkonstruktionen → Kewo
Dachkonstruktionen → Öko-span
Dachlack → ASOL
Dachlack → BauProfi
Dachlack → BÖCOLAN
Dachlack → Dispas
Dachlack → ELCH
Dachlack → HASSOLIT
Dachlack → Pastabit
Dachlack → ROWA
Dachlack → RUBEROID®
Dachlack → RÜSGES
Dachlack → SISOLAN
Dachlack → Therstabil
Dachlack → VEDACOLOR
Dachlacke → Alytol®
Dachlacke → Breternol
Dachlacke → DURIPOL
Dachlacke → HASSEROL
Dachlack-Reiniger → LÖSEFIX
Dachlichtplatten → Fastlock
Dachlüfter → KALA
Dachlüfter → KCH
Dach-Lüftungsklappen → TS
Dachmantelelemente → SCHWENK
Dachoberlichter → VEDASTAR®
Dachpappe → Quandt
Dachpappen → Ferrotekt
Dachpappen → Gumminoid
Dachpappen → Schacht
Dachpappensanierung → SISOLAN
Dachpappenschindeln → BINNÉ
Dachpappsanierung → HEY'DI®
Dachpappstifte → Overhoff
Dachpfannen → Elastik
Dachplatte → KALA
Dachplatte → plegel
Dachplatte → TRIAPHEN
Dachplatten → BEBEG
Dachplatten → C-Dural
Dachplatten → COPRAL®
Dachplatten → Durisol
Dachplatten → DUROX
Dachplatten → Eternit®
Dachplatten → FULGURIT
Dachplatten → FULGURIT
Dachplatten → hebel®
Dachplatten → Isodek®
Dachplatten → Phen-Agepan
Dachplatten → RAAB
Dachplatten → REGUPOL
Dachplatten → Siporex
Dachplatten → Stramit
Dachplatten → Supra-Slate®
Dachplatten → Wanit-Universal
Dachplatten → YTONG®
Dach-Raffstore → DARASTOR®
Dachrandelemente → Formazett
Dachrandprofile → bezapol
Dachrandprofile → BINNÉ
Dachrandprofile → FZ
Dachrandprofile → malba
Dachrandprofile → MB
Dachrandprofile → mKb
Dachrandsystem → HARZMANN
Dachraumentlüfter → Trachsel
Dachraumfenster → STEEB
Dach-Renovierfarbe → REVADRESS®
Dachreparaturmasse → PLASTIKOL
Dachreparatur-Spray → METALLIT
Dachrinne → fk-Rinne
Dachrinnen → BEBEG
Dachrinnen → BEBEGPLUS
Dachrinnen → ESKO
Dachrinnen → Fricke inlot®
Dachrinnen → Friedrichsfelder
Dachrinnen → FULGURIT
Dachrinnen → Gottschalk
Dachrinnen → INEFA
Dachrinnen → KaGo
Dachrinnen → MARLEY
Dachrinnen → Plastmo
Dachrinnen → REHAU®
Dachrinnen → RUG

Dachziegel → Tego®
Dachziegel → Toledo-Pfanne E 76
Dachziegel → Verschiebe-Ziegel
Dachziegel → Wellenziegel E 88
Dachziegel → Z 2000
Dachzubehör → stand-on
Dächer → Masche
Dächer → Robertson
Dämm- und Montageschaum → Compakta®
Dämm- und Renovierputz → AIRA
Dämmaterial → herodämm
Dämmaterial → LAMOLTAN
Dämmaterial → Misselon
Dämmatte → Sylomer
Dämmatten → mevo®
Dämmauermörtel → Alphaperl®
Dämmbahn → Rockwool®
Dämmbahnen → HASSOPOR
Dämmbaustoffe → ANNELIESE
Dämm-Bau-System → CASATHERM
Dämmbelag → Tescoha®
Dämmbelag → Wanit-Universal
Dämmblock → Behr-Therm
Dämmblock → Rika
Dämmblock → Röwatherm®
Dämmdach → frigolit®
Dämmelement → Floormate
Dämmelement → JORDAHL®
Dämmelemente → DIART
Dämmelemente → HASSOPOR
Dämmelemente → TEKTALAN®
Dämmelemente → TEMDA
Dämmelemente → UNIDEK®
Dämmerungsschalter → LuxoRex®
Dämmfassade → Heck
Dämm-Fertigelemente → AlgoFloor
Dämmfilz → ISOVER®
Dämmfilz → Linacoustic
Dämmfilze → ISORATIONELL
Dämmfilze → Tela
Dämmfittings → Misselon
Dämmhülse → Missel
Dämmkeil → Rockwool Dämmstoffprogramm
Dämmkeil → Wanit-Universal
Dämmkeile → Rhinopor
Dämmkork → Cortex
Dämmkork → ROBINSON
Dämm-Mauermörtel → Hessler-Putze
Dämm-Mauermörtel → WÜLFRAmix-Fertigbaustoffe
Dämmörtel → aerstate®
Dämmörtel → OTAVI
Dämmpaneele → EUROTHANE
Dämmpaneele → ROMA
Dämmplatte → AlgoStep
Dämmplatte → AluTEX-Super
Dämmplatte → Coprix
Dämmplatte → Dämm-Paneel DBGM
Dämmplatte → GLASULD
Dämmplatte → GRIMOLITH
Dämmplatte → Gutex
Dämmplatte → Sparromat-U
Dämmplatte → Superwand
Dämmplatten → AlgoFoam
Dämmplatten → AlgoRoof®
Dämmplatten → CALYPSO-GRUEN
Dämmplatten → duplothan® R
Dämmplatten → D.W.A.
Dämmplatten → EGI®
Dämmplatten → ETRA-DÄMM
Dämmplatten → EUROTHANE
Dämmplatten → FESCO®
Dämmplatten → grethe
Dämmplatten → Held
Dämmplatten → HÜSO
Dämmplatten → ISO/CRYL
Dämmplatten → ISOPOR
Dämmplatten → ispo
Dämmplatten → JOMATEKT
Dämmplatten → LAMOLTAN
Dämmplatten → Nickel

Deckenplatten — Deckenverkleidungselemente

Deckenplatten → BHK
Deckenplatten → DIA®
Deckenplatten → DIPLING
Deckenplatten → DUROX
Deckenplatten → fixfertig
Deckenplatten → frigolit®
Deckenplatten → hebel®
Deckenplatten → Highspire
Deckenplatten → KLB
Deckenplatten → Präga
Deckenplatten → Rustik
Deckenplatten → Saarpor
Deckenplatten → Sanserra
Deckenplatten → Siporex
Deckenplatten → Soft look
Deckenplatten → Solid
Deckenplatten → Thermoform
Deckenplatten → wefa
Deckenplatten → YTONG®
Deckenplatten-Kleber → WAKOL
Deckenprofile → Weinheim-Weico
Decken-Rahmenleuchten → RIDI
Deckenrandschalung → DRS
Deckenraster → Opal-Raster
Deckenschalsysteme → NOE
Deckenschaltische → FB-Schalung
Deckenschalung → Dokaflex
Deckenschalung → Hücco
Deckenschalung → PASCHAL
Deckenschalung → Topec
Deckenschalungen → HÜNNEBECK-RÖRO
Deckensichtplatten → Rhinopor
Deckensteine → Hourdis
Deckenstrahlplatten → BAUFA
Deckenstrahlplatten → Zehnder
Deckenstrahlungsheizung → Pender
Deckenstützen → MÜBA
Deckensystem → AlgoLux
Deckensystem → Armstrong
Deckensystem → ESTELIT
Decken-System → Kiefer
Deckensystem → LAR
Deckensystem → LKD
Deckensystem → Microlook
Deckensystem → Minaboard
Deckensystem → Minaform S
Deckensystem → Minatone
Deckensystem → Tegular
Deckensystem → velox
Deckensysteme → Armstrong
Deckensysteme → Bachl
Deckensysteme → Die Transaktuellen
Deckensysteme → DONN
Deckensysteme → GROPAL®
Deckensysteme → LINIHERM®
Deckensysteme → NOVETA
Deckensysteme → OWAcoustic®
Decken-Systeme → Richter System®
Deckensysteme → STYRISO®
Deckentore → Richardt
Decken-Träger-System → HOWI
Deckenumrandungssteine → KLB
Deckenventilatoren → Reznor
Deckenverkleidung → ALUSINGEN
Deckenverkleidung → Cronolith
Deckenverkleidung → Fürstenberg
Deckenverkleidung → Internit® 100
Deckenverkleidung → Millpanel
Deckenverkleidung → OSMO
Deckenverkleidung → Plankett®
Deckenverkleidung → Pollopasspiegel
Deckenverkleidung → Ruho
Deckenverkleidung → Stürzer
Deckenverkleidung → Plexiglasspiegel®
Deckenverkleidungen → EBA
Deckenverkleidungen → G + H
Deckenverkleidungen → Grohmann
Deckenverkleidungen → Projecta®
Deckenverkleidungen → WICONA®
Deckenverkleidungselemente → GLAFUrit®

Deckenvertäfelungen → ATEX
Deckenvertäfelungen → herzil®
Decken-Wärmedämmung → SELTHAAN - Der „Dämmokrat"
Deckenziegel → Hourdis
Deckfarbe → CELLEDUR
Deckfarbe → Dinogarant
Deckfarbe → Diwagoliet
Deckfarbe → impra®
Deckfurniere → ELKA
Decklack → AGLAIA®
Decklack → Avenarius
Decklack → BUFA
Decklack → Glassodur
Decklack → VINDO
Deckpaste → ACRASAN
Deckplatten → Sommerfeld
Deckputz → maxit®
Deckputz → maxit®decor
Deckschicht → KEMPEROL®
Deckwerkstein → Verkalit
Deckwerksysteme → Terrafix®
Dehnfugenbänder → BEBEG
Dehnfugenband → T-Pren
Dehnfugenblech → TONA
Dehnfugenkitt → Stellaplast
Dehnfugenprofile → SG
Dehnungsausgleicher → Dilapren
Dehnungsausgleicher → RAKU
Dehnungsausgleicher → Soba®
Dehnungsbänder → Keller-Hofmann
Dehnungsfuge → Fjll
Dehnungsfuge, vorgefertigt → Permafug
Dehnungsfugen → Terostat
Dehnungsfugenbänder → BC
Dehnungsfugenbänder → TRICOSAL®
Dehnungsfugenband → Chemoband '82
Dehnungsfugenband → SOLUTAN
Dehnungs-Fugendichter → Sista
Dehnungsfugeneinlagen → Absorbit
Dehnungsfugenleisten → Kämm
Dehnungsfugenmasse → PEHALIT
Dehnungsfugenprofile → Algermanyn
Dehnungsfugenprofile → ANGLEX
Dehnungsfugenprofile → Dexat
Dehnungsfugenprofile → METZELER
Dehnungsfugenprofile → Nokoplast
Dehnungsfugenprofile → PROTEKTOR
Dehnungsfugenprofile → Roplasto®
Dehnungsfugenprofile → Trenastic
Dehnungsfugenprofile → Weinheim-Weico
Dehnungshut → Deut
Deichsäcke → HaTe
Deichschutz → REGUPOL
Deko-Balken → OSMO
Dekorationsleisten → modern stuck
Dekorationsplatten → HENJES-KORK
Dekorationsrupfen → JWE
Dekorbeschichtung → Sikafloor®
Dekorelemente → RAUTAL
Dekorfliesen → Azuvi
Dekorfliesen → BOIZENBURG®
Dekorfliesen → BONFOLER
Dekor-Fliesen → duranit
Dekorfliesen → GROHNER
Dekorfliesen → IDEAL TILES
Dekorfliesen → REX
Dekorfliesen → SAICIS
Dekor-Holzspanplatte → TRIACOR
Dekorill → RISOMUR
Dekor-Kork → Ziro-Kork
Dekor-Lichtraster → SK
Dekor-Paneele → Klüppel & Poppe
Dekorplatten → EIFELITH
Dekorplatten → Grohmann
Dekorplatten → Rigips®
Dekorprodukte → Heubach
Dekorprofile → sks
Dekorputz → ispo
Dekorputz → ispo
Dekorputz → Nr. Sicher
Dekorputze → Bauta
Dekorputze → maxit®decor
Dekorriemchen → AWS
Dekorspanplatte → Thermopal
Dekorspanplatten → MAX®
Dekor-Türblätter → Hörmann
Dekorvlies → microlith®
Dekor-Wandfliesen → Steuler
Dekor-Zierscheiben → güwa
Dekostoffe → drapilux®
Dekotapeten-Kleber → WAKOL
Denkmalsanierung → ASOLIN
Deponieabdeckung → WEPELEN
Deponieabdichtung → Floorfit
Deponieabdichtung → KOIT
Deponie-Entsorgungsrohre → Wavin
Deponietechnikprodukte → Preussag
Design-Armatur → EPOCA
Designfliese → Mondriano
Designfliese → Profil
Designfliese → Roxy
Desiguß-Türelemente → Herholz®
Desinfektionsmittel → Demykosan®
Desinfektionsreiniger → BRILLSAN
Desinfektionsreiniger → SINTOL-H-OPITAL
Destillationsbitumen → EBANO
Diabas → MHI
Diagonalzäune → Eximpo
Dicht- und Dämmsystem → D.U.D.-SYSTEM
Dicht- und Isolierschaum → ELCH
Dicht- und Klebemasse → TEGUCOL®

4

Dichtungsbelag → EUBIT
Dichtungschlämme → AIDA
Dichtungsfolie → WILKOPLAST®
Dichtungsfolien → WEPELEN
Dichtungskitt → AQUAFERMIT
Dichtungskitt → HOCHDRUCK FERMIT
Dichtungsmanschette → awa
Dichtungsmasse → Adaptol®
Dichtungsmasse → ALBON
Dichtungsmasse → Aquariumsealer
Dichtungsmasse → Bakubit
Dichtungsmasse → Bathub
Dichtungsmasse → Butyl 37
Dichtungsmasse → Butylast
Dichtungsmasse → DOMOPLAST
Dichtungsmasse → Dow Corning®
Dichtungsmasse → ELRIBON®
Dichtungsmasse → Emcetyl
Dichtungsmasse → ENKEPREN
Dichtungsmasse → FERMITON
Dichtungsmasse → FERMITOPP
Dichtungsmasse → H 2000
Dichtungsmasse → HADACRYL
Dichtungsmasse → HADARIT
Dichtungsmasse → Hannokitt
Dichtungsmasse → Hanno's Silimini
Dichtungsmasse → Kaubitan
Dichtungsmasse → Knauf
Dichtungsmasse → Mycoflex
Dichtungsmasse → PLASTIK FERMIT
Dichtungsmasse → PM
Dichtungsmasse → POLYBIT®
Dichtungsmasse → Sikaflex 25 HB
Dichtungsmasse → Silcoferm®
Dichtungsmasse → Simsonpol
Dichtungsmasse → Solvacryl
Dichtungsmasse → S.T.C.
Dichtungsmasse → sto®
Dichtungsmasse → Terivast
Dichtungsmasse → vulkem
Dichtungsmassen → Brillux®
Dichtungsmassen → BUKA
Dichtungsmassen → hansit®
Dichtungsmassen → WULFF
Dichtungsmittel → ADDIMENT®
Dichtungsmittel → ASOLIN
Dichtungsmittel → Bauta
Dichtungsmittel → Ceresit
Dichtungsmittel → Dichtelin
Dichtungsmittel → DOMOCRET
Dichtungsmittel → FERMITOL
Dichtungsmittel → FLURESIT®
Dichtungsmittel → INTRASIT®
Dichtungsmittel → LIPOSIT
Dichtungsmittel → Penetrat
Dichtungsmittel → Sperr-TRICOSAL®
Dichtungsmittel → SÜLLO
Dichtungsmittel → Thoroseal®
Dichtungsmittel → TRICOSAL®
Dichtungsmittel → VESTEROL
Dichtungsmittel → Woermann
Dichtungsmörtel → Epasit®
Dichtungsmörtel → Vandex
Dichtungspaste → NEO-FERMIT
Dichtungspaste → SG
Dichtungsprofile → Brügmann Frisoplast
Dichtungsprofile → Dätwyler®
Dichtungsprofile → Gartner
Dichtungsprofile → HIRI
Dichtungsprofile → HPP
Dichtungsprofile → HYDROTITE®
Dichtungsprofile → JANSEN
Dichtungsprofile → LT
Dichtungsprofile → SG
Dichtungsprofile → Titgemeyer
Dichtungspulver → AIDA
Dichtungsschicht → MEM
Dichtungsschienen → Ellen
Dichtungsschlämme → AQUAFIN®
Dichtungsschlämme → AQUAFIN®
Dichtungsschlämme → BAYOSAN
Dichtungsschlämme → BETOPON
Dichtungsschlämme → Dichtament DS
Dichtungsschlämme → Epasit®
Dichtungsschlämme → hansit®
Dichtungsschlämme → Hydrolan
Dichtungsschlämme → INTRASIT®
Dichtungsschlämme → KE®
Dichtungsschlämme → KERTSCHER®
Dichtungsschlämme → Knauf
Dichtungsschlämme → MEM
Dichtungsschlämme → REVAFIN
Dichtungsschlämme → SAKRET®
Dichtungsschlämme → SERVOFIX
Dichtungsschlämme → Sinmast
Dichtungsschlämme → TRICOSAL®
Dichtungsschlämme → TROCK'NER KELLER®
Dichtungsschlämme → Vandex
Dichtungsschnüre → Eternit-Prestik
Dichtungsschnüre → NOVALASTIK®
Dichtungsspachtel → HYDRO STOP
Dichtungsstreifen → PANA
Dichtungsstreifen → PERFEKT GKS
Dichtungsstricke → Helmrich (Helmstrick)
Dichtungsträgerbahn → BIJULITH
Dichtungsträgerbahn → BIVITEX®
Dichtungsvorstrich → Knauf
Dichtzäune → Eximpo
Dickbeschichtlasur → AIDOL
Dickbeschichtung → delcorflex
Dickbeschichtung → Fixif
Dickbeschichtung → FLEXOVOSS

Dispersionskleber → Brillux®
Dispersionskleber → Collipol®
Dispersionskleber → Compaktuna®
Dispersionskleber → DK 500
Dispersionskleber → DK 60
Dispersionskleber → NOBEL
Dispersionskleber → PARKO
Dispersionskleber → quick-mix®
Dispersionskleber → SCHÖNOX
Dispersionskleber-Haftvlies → Multicol
Dispersions-Klebstoff → ARDICOL
Dispersionsklebstoff → DISBOPLAST
Dispersionsklebstoff → DRAUF + SITZT®
Dispersionsklebstoff → DYCKERHOFF
Dispersionsklebstoff → FÜR PVC®
Dispersionsklebstoff → IBOLA
Dispersionsklebstoff → IBOLIN
Dispersionsklebstoff → LITOCOL®
Dispersionsklebstoff → LUGATO®
Dispersionsklebstoff → RAKOLL
Dispersionsklebstoff → STAUF
Dispersionsklebstoffe → pera
Dispersionskontaktklebstoff → UZIN
Dispersions-Kunstharzputze → Brillux®
Dispersionslack → Baeuerle
Dispersionslack → Ceresit
Dispersionslack → DIFFUNDIN
Dispersionslack → DINOCRYL
Dispersionslack → WÖRACRYL
Dispersionslacke → Contilack®
Dispersionslacke → Dinova®
Dispersions-Linokleber → OKAMUL
Dispersionslinoleumklebstoff → UZIN
Dispersions-Parkettkleber → OKAMUL
Dispersions-Parkettkleber → Thomsit
Dispersionsplastik → ispo
Dispersions-Polyacryl → ROCCASOL®
Dispersionsputz → EUROLAN
Dispersionsputz → GARANT Bufa Plast
Dispersionsputz → Okastuc
Dispersionsputze → ELASTOLITH
Dispersionsputze → Wabiemur
Dispersionssilikat-Basisfarbe → Sikkens
Dispersions-Silikat-Innenwandfarbe → PAMA
Dispersions-Spachtel → Caparol
Dispersionsspachtel → sto®
Dispersions-Teppichkleber → DT 300
Dispersionsteppichkleber → OKAMUL
Dispersionsvorstrich → UZIN
Dispersions-Wandfarbe → Dinofix
Dispersions-Wandfarbe → DinoPlus
Distanzbefestigung → Dürfix
Distanzklötze → REGUPOL
Distanzklotz-System → Diskoklick®
Distanzrahmen → FRANK®
Distanzschraube → Toproc®
Docken → HASSE
Dockenpappen → BISO-NE
Do-it-yourself-Bauelemente → ACO
Dolomit → Dolomit
Dolomitkalkhydrat → Mirakel
Dolomitkalkhydrat → Trumpf-Kalk
Domschächte → MALL
Domschächte → Menzel
Domschächte → RITTER
Doppelboden → Ertex®
Doppelboden → FESTABO®
Doppelboden → FESTABO®
Doppelboden → LIGNUM®
Doppelboden → MERO
Doppelboden → NORINA
Doppelboden → paroll®
Doppelbodenanlagen → Goldbach
Doppelbodenanlagen → Schlingmann
Doppelboden-System → MAHLE
Doppelbodensysteme → Lindner
Doppelböden → DONN
Doppelböden → G + H
Doppelböden → Hoppe
Doppelböden → Naunheim

Doppeldichtung → Mengering
Doppelfaltwand → isoPLAN
Doppelhebeanlage → fäkadrom®
Doppelkessel-Heizzentrale → Duosparblock DSB®
Doppelkessel-Systeme → Domoduo®
Doppelmuldenfalzziegel → NELSKAMP
Doppelparkergaragen → MOWA
Doppelschubdorn → DSD®
Doppelschubdorn → JORDAHL®
Doppel-S-plus → BRAAS
Doppelstock-Garagen → KESTING
Doppelstockgaragen → MOWA
Doppelträger-Schweißbahn → anke
Doppelverbundpflaster → Betonwerke Emsland
Doppelverbundpflaster → DURATON
Doppelverbund-Pflastersteine → BEHATON®
Doppelverbundstein → Wardenburger
Doppelverbund-Stützmauerelemente → AUKA
Doppelwandelemente → Schnabel
Dorf → Betonwerke Emsland
Dorfbrunnen → SANITH®
Dosierpumpen → Comforta
Dosierstationen → Medomat®
Dosierstationen → Medotronic®
Downlights → HOFFMEISTER
Downlights → Kotzolt
Downlight-System → Ultralux
Drän- und Erosionsschutzmatten → Secudrän
Dränageplatte → SCHWENK
Dränbahnen → nova®
Dränelement → Perimate DI
Dränmaterial → Keradrain
Dränmatte → Filtram
Dränmatte → Hydrofelt
Dränmatte → Troba
Dränmatte → VFG
Dränmatten → AquaDrain
Dränmatten → HaTe
Dränmatten → nova®
Dränmatten → Weitzel
Dränplatte → FF
Dränplatten → Eternit®
Dränplatten → JOMA
Dränplatten → Philippine
Drän-Platten → Poresta®
Dränplatten → Rickelshausen Ziegel
Dränplatten → Styropor
Dränrohr → EURODRAIN
Dränrohr → JUMBO
Dränrohr → Omniplast
Dränrohr → opti
Dränrohr → Raudren
Dränrohre → Agroflex
Dränrohre → FF
Dränrohre → Hourdis
Dränrohre → Klimaton
Dränrohre → Marktheidenfelder
Dränrohre → Nothnagel
Dränrohre → Porosit
Dränrohre → Rickelshausen Ziegel
Dränrohre → Ziegelwerk Eitensheim
Dränschicht → Claylit
Dränschicht → Lavadur
Dränschicht → Lavalit
Dränschicht → Lavapor
Dränschutzmatte → REMMERS
Dränsystem → Nora
Dränung → TYPAR
Dränvlies → Delta
Dränvliesstoffe → Secutex®
Draht-Abstandhalter → Doppelbein
Drahtanker → SPEBA®
Drahtbiegen → Schroeder
Drahtenden-Abstandhalter → DISTAFIX
Drahterzeugnisse → KAROFIL und **SINTERFIL**
Drahtgeflecht → IGA
Drahtgittersessel → Metdra
Drahtglas → STRALIO®
Drahtnetze → STAHLNETZ
Drahtnetze → Welnet
Drahtnetzmatte → Rockwool®
Drahtornament-Gußglas → ABSTRACTO®
Drahtornament-Gußglas → CIRCO®
Drahtrichtwinkel → Widra®
Drahtspanner → GPE
Drahtsparpackung → Drahtspinne
Drahtspiegelglas → Pilkington
Drahtstifte → BEVER
Drahtstützen → Poutrafil®
Drainagegitter → COERS®
Drainagerohr → HepLine
Drainrinne → Keradrain
Drallhaftschrauben → BÄR
Drehfenster → Marcus
Drehflügelbeschläge → WW
Drehflügelbeschläge → WW
Drehflügeltore → elkosta®
Drehflügeltore → K+E
Drehflügeltüren → KÄUFERLE
Drehkippbeschläge → AUBI
Drehkippbeschläge → Centro
Drehkippbeschläge → GARANT 16 K
Drehkipp-Beschläge → JET
Drehkippbeschläge → Notter
Drehkipp-Beschläge → Winkhaus
Drehkippbeschlag → LM 3100
Dreh-Kipp-Fenster → Engels
Dreh-Kipp-Fenster → Marcus
Drehkippflügelbeschläge → WW
Dreh-Kippflügelbeschlag → DIPLOMAT1
Dreh-Kipp-Terrassentüren → Engels
Dreh-Kipp-Türen → acho

4

4

Einzelabstandhalter → FASA®
Einzel-Elementwände → monoPLAN
Einzellager → HUTH & RICHTER
Einzelspannglieder → Leoba
Einzelspannglieder → SEIBERT-STINNES
Einzelwaschtische → Rotter
Eisdruckpolster → Hepi
Eisenbahnschwellen → holzform
Eisenfilz → HESS-FILZ
Eisenglimmer → hagebau mach's selbst
Eisenklinker → DE VALK
Eisenoxidfarben → Scholz
Eisenoxidpigmente → Bayferrox®
Eisenportlandzement → ANNELIESE
Eisenportlandzement → Buderus
Eisenportlandzement → Granit
Eisenportlandzement → TEUTONIA
Eisenschmelz-Spaltplatten → DE VALK
Eisenschmelzverblender → Zippa
Elastbeschichtung → thücopur
Elastifikator → UNIFLEX®
Elastifizierungsmittel → KERAPLAN
Elastifizierungsmittel → SIBAFLEX
Elastifizierungszusatz → SCHÖNOX
Elastikfarbe → LIPOLUX
Elastikkleber → Ceresit
Elastikplatte → elaston
Elastikschlämme → Ceresit
Elastikschlämme → OMBRAN®
Elastik-Schnellauf-Falttore → EFAFLEX
Elastikspachtel → Rotburg
Elastikstahldübel → Brückl-Rieth
Elastiktore → EFAFLEX
Elastomer-Abdichtungsbahnen → Klewaplan
Elastomer-Bindemittel → ergopur 3600
Elastomer-Bitumenbahn → Joka-plan
Elastomer-Bitumen-Dachbahn → awaplan
Elastomer-Bitumen-Dachbahn → Büffelhaut E
Elastomer-Bitumen-Dachbahnen → Elastomerveral
Elastomer-Bitumen-Dachdichtungsbahnen → flex-JABRAN
Elastomer-Bitumen-Dichtmasse → RODFLEX
Elastomerbitumen-Dichtungs- und Schweißbahnen → SOPRALENE/ELASTOPHENE
Elastomerbitumen-Einschweißbahn → Bauder
Elastomer-Bitumen-Pflegeanstrich → awa
Elastomerbitumen-Schalungsbahn → BauderTOP
Elastomer-Bitumen-Schweißbahn → awaplan
Elastomerbitumen-Schweißbahn → icopal
Elastomer-Bitumen-Schweißbahn → KUBIDRITT
Elastomer-Bitumen-Schweißbahn → PARAFOR
Elastomer-Bitumen-Schweißbahn → polyRAPID
Elastomer-Bitumen-Schweißbahnen → Baukubit
Elastomer-Bitumen-Schweißbahnen → flex-BITUFIX
Elastomer-Bitumen-Schweißbahnen → JABRAFLEX®
Elastomer-Bitumen-Schweißbahnen → MOGAPLAN
Elastomer-Bitumen-Unterlagsschweißbahn → awaplast
Elastomere → Luphen®
Elastomere-Lager → HUTH & RICHTER
Elastomerestriche → Oxydur
Elastomer-Federelemente → Calenberger
Elastomerfedermatten → Calenberger
Elastomer-Fugenbänder → GUMBA
Elastomer-Lager → GUMBA
Elastomer-Lager → HERCULES
Elastomerlager → Hercules®
Elastomer-Lager → Kaiser-GUMBA DBP
Elastomer-Lager → NOFRI®
Elastomerlager → SPEBA®
Elastomer-Lagersysteme → Calenberger
Elastomer-Parallel-Gleitlager → Calenberger
Elastomer-Rollenlager → SPEBA®
Elastomer-Schweißbahn → Decolen®
Elastomer-Spachtelmasse → SISOFLEX
Elektrobedienungen → VELUX
Elektro-Brandschott → SCHUH-BSM
Elektro-Flächenheizung → BET
Elektro-Fußbodenheizung → RITTER
Elektro-Fußbodenheizung → warmatic®
Elektro-Haftmagnete → Binder
Elektroheizbeläge → GEWIPLAST®
Elektro-Heizwasseranlagen → Witte
Elektro-Installationsgeräte → SCHUPA
Elektro-Installations-Kanalsystem → Dahl-Kanal
Elektroinstallationsrohr → FFKu AS 105
Elektro-Installationsrohre → ESKO
Elektro-Installationsrohre → RUG
Elektro-Installationssysteme → EBINORM®
Elektro-Installationssysteme → NEUWA
Elektro-Kachelöfen → Winter
Elektrokamine → RÖHN-KAMIN
Elektrokorund → GLASKORUND
Elektroleerrohre → IMZ
Elektrolyse-Korrosionsschutz-Verfahren → TIPTAL®
Elektrolytlösung → Fixif
Elektronik-Wasseraufbereiter® → O.C.
Elektronische Anzeigen → MODULEX®
Elektro-Programm-Steuerungen → EhAGE
Elektrorohre → Fränkische
Elektroschalter → DELTA®
Elektroschalter → PEHA
Elektro-Schaltgeräte → SCHUPA
Elektroschranken → Emmeln
Elektro-Schweißfittings → FRIALEN®
Elektro-Speicherheizgeräte → Olsberg
Elektro-Speicherheizgeräte → Witte
Elektro-Speicherplattenheizung → ELO
Elektro-Standspeicher → Olsberg
Elektro-Verdunst-Luftbefeuchter → BRUNE
Elektro-Vorhangzug-System → Wohntex®
Elektro-Wärmepumpe → HERWI
Elektro-Wärmespeicher → ROOS

4

4

Fassaden → Fränkischer Muschelkalk
Fassaden → HPS
Fassaden → ISAL
Fassaden → JANSEN
Fassaden → JUMALITH
Fassaden → Kawneer
Fassaden → Lenz
Fassaden → Luxalon
Fassaden → Marcus
Fassaden → myrtha
Fassaden → OPAL 400
Fassaden → PROTEKTOR
Fassaden → REYNO®
Fassaden → ROYAL
Fassaden → SAPHIR 600
Fassaden → STÖCKEL
Fassaden → TOPAS 500
Fassaden → WICONA®
Fassaden → Wüstenzeller Sandstein
Fassadenabbeizer → PM
Fassadenanker → deha®
Fassadenanker → WAS
Fassadenanstrich → Amphibolin
Fassadenanstrich → Baeuerle
Fassadenanstrich → EUROLAN
Fassadenanstrich → Lidobit
Fassadenanstrich → Repello
Fassadenanstriche → Amphigloss
Fassadenanstriche → Hydrolan
Fassadenanstriche → Schacht
Fassadenanstriche → Wilcolor
Fassaden-Armierungspaste → Dinovlies
Fassadenbau → KARAT 300
Fassadenbau → Suprawall
Fassadenbauschrauben → FBS
Fassadenbau-Verbundelement → HAMAPAN®
Fassadenbau-Verbundelement → SOLAPAN®
Fassadenbefahranlagen → DEINAL®
Fassadenbefahranlagen → Zarges
Fassadenbefestigung → Pollok
Fassadenbefestigung → Rockenfeller
Fassadenbefestigung → spedec
Fassaden-Begrünungselemente → Brügmann Arcant
Fassadenbekleidung → BRAAS
Fassadenbekleidung → dexalith panel
Fassadenbekleidung → Eisenbach
Fassadenbekleidung → RÜTERBAU
Fassadenbekleidung → VAW
Fassadenbekleidungen → G + H
Fassadenbekleidungen → Theumaer

4

4

Fensterbogen → Krippner-bogen®
Fensterbrüstungen → Werzalit®
Fensterdecklack → AIDOL
Fensterdekoration → ALUFA
Fensterdichtung → Düpmann
Fensterdichtung → nova®
Fensterdichtung → Simpel
Fensterdichtungen → ALPHA
Fensterdichtungen → ANF-ALU 53
Fensterdichtungen → robering
Fenster-Dichtungsmassen → MOLSIV®
Fensterdichtungsstricke → Helmrich (Helmstrick)
Fenster-Dreh-Kippbeschlag → SELVE
Fenster-Einbauzargen → HOBEKA®
Fenstereinsätze → Hosby
Fensterelement → beko
Fensterelemente → Weru
Fensterfarbe → Meisterpreis
Fensterfolie → SAFFIRRETTE
Fensterfüllungen → Klüppel & Poppe
Fenster-Fugendichter → Sista
Fenstergitter → Batavia
Fenstergitter → GAH ALBERTS
Fenstergitter → Linker
Fenstergitter → Schütte
Fensterglas → Sanalux®
Fensterglas → VITROVER®
Fenstergriff → ABUS
Fenstergriff → ABUS
Fenstergriffe → BRIONNE
Fenstergrund → Herbolin®
Fenstergrund → Rhodius
Fenstergrundfarbe → AIDOL
Fenster-Gruppenöffner → WSS
Fensterisolierung → SAFFIRRETTE
Fensterkantel → LAMTEC
Fensterkitt → novopak®
Fensterkitt → Perennator®
Fensterkitt → Praktikus®
Fenster-Klimageräte → Hitachi
Fensterkupplungen → TOPP
Fensterlack → Herbol
Fensterlack → Herbol
Fensterlack → WÖROPAL
Fensterladen-Glanzpflege → Penetrin
Fensterläden → Bayerwald
Fensterläden → Colux®
Fensterläden → HAGN®
Fensterläden → Hain-Fenster
Fensterläden → Relux®
Fensterläden → SIRAL
Fensterlasur → Gori®
Fensterlüftungs-System → max-System
Fensterprofil → acrylcolor
Fensterprofil → MonoStep
Fensterprofil → THERMOSPROSSE
Fensterprofile → Galvanal®
Fensterprofile → GEALAN®
Fensterprofile → Hansen
Fensterprofile → HERKUTHERM
Fensterprofile → HOME
Fensterprofile → Miran
Fensterprofile → SCHÜT-DUIS
Fensterprofile → Sili
Fensterprofile → TROCAL®
Fensterprofile → VINIDUR®
Fensterprofilkombination → VEKA-AL
Fensterprofil-System → System r
Fensterprofil-System → TwinStep
Fenster- und Fassadensysteme → neu-therm
Fensterrahmen → danket
Fenster-Rahmendübel → Impex
Fensterrahmenpflegemittel → Cosmoklar N
Fensterreflexionsfolie → nova®
Fensterriegel → STRENGER
Fensterrohlinge → KONTURAL
Fenster-Rolladen-Element → blaurock®
Fenster-Rolladen-Kombination → Brandenstein
Fensterrollos → MHZ
Fenstersanierung → Brillux®
Fenstersanierung → Schlegel®
Fensterschaum → Sista
Fensterscheibe → Compane
Fensterschleiergerät → SCHAKO
Fensterschloß → ABUS
Fenster-Sicherheitsgriff → ELCA
Fenstersicherungen → BÄR
Fenstersimse → Fyrnys
Fenstersohlbänke → NORD-STEIN
Fenstersohlbank → argelith®
Fenstersprosse → TRIO-SPROSSE
Fenstersprossen → TRIO-SPROSSE
Fenster-Sprossensystem → REVEWO® 1900
Fensterstrahllüftung → Krantz
Fensterstürze → DUROX
Fensterstürze → Stöcker
Fenstersystem → Hoff
Fenstersystem → Straub
Fenstersysteme → ARGOLA
Fenster-Systeme → Edelstahl rostfrei
Fenster-Tragbank → Rekostein
Fenstertreibriegel → Solid
Fenstertüren → ge-ka
Fenstertüren → HAGNFENSTER®
Fenster-Umbauprofil → ANF-GT 20, 24, 40
Fensterventilatoren → MAICO
Fensterversiegelung → FD-plast®
Fensterwände → bemopyrfenster®
Fensterwände → Marcus
Fensterwände → REYNOTHERM®
Fensterweiß → Glassomax
Fensterzargen → MK

4

4

Fertigputz W → COLFIRMIT
Fertigputz-Dämmplatten → Poresta®
Fertigputz-Dämmplatten → PORESTA®-SÜCO
Fertigputze → hebel®
Fertigputze → Heidelberger
Fertigputze → KE®
Fertigputzgips → Knauf
Fertigputzgips → KRONE
Fertigputzgips → ORTH
Fertigputzgips → Riplus®
Fertigputzgips → ROCO
Fertigputzgips → VG
Fertigrasen → DÜSING
Fertigsäulen → Bachl
Fertigschacht → AWASCHACHT
Fertigschacht → SYNCONTA
Fertigschlämme → Colas
Fertigschornstein → KONRAD
Fertigschornstein-System → Selkirk Metalasbestos®
Fertigschweiß → SAKRET®
Fertigschwimmbecken → FILTRAX
Fertig-Schwimmbecken → Riviera-Pool
Fertig-Schwimmhalle → HÖRMANN
Fertigschwimmhallen → FILTRAX
Fertig-Spindeltreppe → Dorsch
Fertigteilbau-Bausystem → Variomonta®
Fertigteilbauten → Barth
Fertigteilbehälter → ZONS
Fertigteilbrücken → Ketonia
Fertigteildecke → BEFA
Fertigteildecken → Schmitt
Fertigteilgaragen → DYWIDAG
Fertigteilgaragen → Scheidt
Fertigteil-Kamine → Luginger
Fertigteilkamine → RÖSLER-KAMINE
Fertigteilkeller → LITHurban®
Fertigteilkeller → WKW
Fertigteil-Netzstation → Gräper
Fertigteilpodeste → LITHurban®
Fertigteil-Podesttreppe → innbau
Fertigteilschacht → HARZER
Fertigteilschächte → DELTA-CAUS
Fertigteilschächte → GANDLGRUBER
Fertigteilschächte → MALL
Fertigteilschächte → PEBÜSO
Fertigteilschächte → Stöcka
Fertigteilschornsteine → PLEWA
Fertigteil-Spannbetondecken → Bachl
Fertigteil-Terrassenbeläge → Gartenmann®
Fertigteiltreppe → ACO
Fertigteiltreppe → GFQ-Apollo
Fertigteiltreppen → Bürkle
Fertigteiltreppen → Durst
Fertigteil-Treppen → GERNAND
Fertigteiltreppen → Primex
Fertigteiltreppen → Scalamont
Fertigteiltreppen → Schauffele
Fertigteiltreppen → Weckel & Meyel
Fertigteil-Wendeltreppe → innbau
Fertigtreppen → hebel®
Fertigtreppen → UNIV®
Fertigtürelement → Duplex
Fertigtüren → HUGA®
Fertigtüren → MORALT
Fertigtüren → wohnglas-brillant-türen
Fertigungsplatten → Hemo
Fertigunterzüge → Bachl
Fertigvormauermörtel → maxit®mur
Fertigwand → LUXALON®
Fertigwand → Luxalon®
Fertig-Wandelement → HOESCH
Fertigwandplatten → MACK
Fertigwand-Profile → BAUKULIT®
Fertigwand-System → fiboton
Fertigwand-System → THYSSEN
Fertigzargen → FINAL
Festbrennstoffkessel → Domotherm®
Festiger → ARUSIN
Festlagerstreifen → TRICOSAL®
Feststellanlagen → Hekatron®
Feststellvorrichtungen → DORMA
Feststoffbrennkessel → KOMPAKTA
Fett- und Schmutzlöser → AIRPONIA
Fett- und Ölentferner → TRENNFIT
Fettabscheider → basika
Fettabscheider → Dallmer
Fettabscheider → DYWIDAG
Fettabscheider → KASTOR®
Fettabscheider → LIPURAT
Fettabscheider → LIPUREX
Fettabscheider → LIPUSED
Fettabscheider → NEUTRA
Fettabscheider → WAL
Fettabscheider → ZONS
Fettabscheideranlage → FETTEXIDER
Fettlöser → ADEXIN
Feuchteschutz → AQUEX
Feuchteschutz → HYDREX
Feuchteschutz → Promuro
Feuchteschutz → URSAL®
Feuchtesperre → Isolan
Feuchtesperre → UWM System
Feuchtigkeits- und Dampfsperre → UMODAN
Feuchtigkeitsabdichtung → DISBOMENT
Feuchtigkeitsabdichtung → RPM
Feuchtigkeitsabdichtungen → ÜBO
Feuchtigkeitsabdichtungen → VEDATHENE®
Feuchtigkeitsisolierung → Collastic®
Feuchtigkeitsschutz → AlgoDrain
Feuchtigkeitsschutz → HYDRO STOP
Feuchtigkeits-Schutzanstrich → VEDASIN® B
Feuchtigkeitsschutzanstriche → VEDATHENE®

4

Filtersteine → Bachl
Filtersteine → MALL
Filtervlies → COLBOND
Filtervlies → Lutraflor®
Filtervlies → Terram
Filtervliese → ZinCo
Filter-Vliesmatten → FIBERTEX
Filtrationsgewebe → JWE
Filzkleber → OKAMUL
Filzputze → SCHWEPA
Findlinge → Gleussner
Findlinge → Kies Menz
Findlinge → Külpmann
Findlinge → Steinbach
Fingerschutztür → Kawneer
Finish → ENKYLON
First- und Gratbelüftung → Ventikappe
First- und Gratlüftungselement → GRANAT
First- und Walmkugeln → Jungmeier
Firstanfänger → Jungmeier
Firstentlüfter → „Original Laaspher"
Firstgockel → Jungmeier
First-/Gratelement → BRAAS
First-/Grat-Endscheibe → BRAAS
First-/Gratklammer → BRAAS
Firstkappen → BRAAS
Firstkreuze → Jungmeier
Firstlattenhalter → BRAAS
Firstlilien → Jungmeier
Firstspitzen → Jungmeier
Firststein → BRAAS
Firstziegel → bag
Fischleim → SÜCO
Fitness-Anlagen → FINNJARK
Fitness-Pools → DUROTECHNIK
Fitness-Pools → Sanicryl
Fitnesszentrum → SwimMini
Fitschen → SIMONSWERK
Fittings → BT
Fittings → SYGEF®
Fittings → WOESTE
Flachanker → deha®
Flachausstiege → FZ
Flachdachabdichtung → DUOdach®
Flachdachabdichtung → Gartenmann®
Flachdachabdichtung → TROCAL®
Flachdach-Abdichtungsfolie → URSUPLAST
Flachdachabdichtungs-Systeme → bezapol
Flachdachabläufe → bezapol
Flachdachabschlußblenden → Weikert
Flachdachabschlußprofil → Roland
Flachdachabschlußprofile → alwitra
Flachdach-Abschluß-Systeme → bug
Flachdach-Absturzsicherung → Safex
Flachdach-Absturzsicherung → Securant
Flachdachabsturzsicherungen → JOBA®
Flachdachabsturzsicherungen → JOBARAND®
Flachdachausstieg → COLUMBUS
Flachdachausstieg → tede
Flachdachausstieg → WAHGU
Flachdachausstiege → BARTHOF
Flachdachausstiege → HENKE®
Flachdachausstiege → Ruck-Zuck
Flachdachbau-Zubehör → bezapol
Flachdachbeschichtung → ESKATEKT
Flachdachbeschichtung → KEMPER
Flachdachbeschichtung → SOLUTAN
Flachdachdämmplatte → GRIMOLITH
Flachdach-Dämmsystem → Neupur
Flachdachdämmsystem → TEKURAT®
Flachdachdämmung → AlgoRoll
Flachdachdämmung → AlgoRoof
Flachdachdämmung → ETRA-DÄMM
Flachdachdämmung → Thermopur®
Flachdachdichtung → LEVEL SEAL
Flachdach-Entlüfer → VENTALU®
Flachdachentlüfter → ubbink
Flachdachentlüftung → WITO
Flachdachentwässerer → FZ
Flachdachentwässerung → LORO®

Flach-Dach-Gefälle → ZABO
Flachdach-Gully → BRAAS
Flachdachgully → rewa
Flachdachhallen → GEWA
Flachdachisolierungen → Rhinopor
Flachdach-Lichtelemente → DETAG®
Flachdachlüfter → bezapol
Flachdachlüfter → FLECK
Flachdachpfanne → Contour
Flachdachpfanne → Jungmeier
Flachdachpfanne → Möding
Flachdachpfanne → Nizza
Flachdachpfanne → WALTHER
Flachdachpfanne E 58 → Ergoldsbacher Dachziegel
Flachdachpfanne L 15° → Mayr
Flachdachpfannen → Bogener
Flachdachpfannen → Bott
Flachdachpfannen → Brimges
Flachdachpfannen → Contess
Flachdachpfannen → Winnender
Flachdachplane → HEY'DI®
Flachdachsanierung → PURDACH
Flachdachschutzmatten → Moba
Flachdach-System → BRAAS
Flachdachsysteme → HASSOTEKT
Flachdachsysteme → VEDAFLEX®
Flachdach-Systemzubehör → BST
Flachdach-Verbundbahn → ALUFLEX
Flachdach-Vlies → ECOFON®
Flachdachziegel → bag
Flachdachziegel → IDUNAHALL
Flachdachziegel → NELSKAMP
Flachdachziegel → Tiefa
Flachdach-Zubehör → BOHE
Flachdächer → Fagersta-System
Flachform-Oberlichtöffner → GEZE
Flachform-Oberlichtöffner → VENTUS
Flachformöffner → PRIMAT-F
Flachglas → COLORBEL
Flachglas → COMFORT
Flachglas → DESAG
Flachglas → FLOATGLAS
Flachheizkörper → ANWO
Flachheizkörper → BAUFA
Flachheizkörper → Beutler
Flachheizkörper → FIXplus
Flachheizkörper → FIXsicca®
Flachheizkörper → GEOTHERMIA
Flachheizkörper → GERHARD
Flachheizkörper → Heibacko
Flachheizkörper → Kermi-Therm
Flachheizkörper → RADSON
Flachheizkörper → schiedel
Flachkanal → MARLEY
Flachkanal-Lüftungssystem → ES-TAIR
Flachkanalsystem → RUG
Flachmaterial → Pecafil®
Flachmessing → blanke
Flachpreßplatte → dexalith panel
Flachpreßplatte → Widoplan
Flachpreßplatte → Widoplan
Flachradiator → Planogarant
Flachrohr-Deckenstrahlplatten → Beutler
Flachstahl → Thyssen
Flachstürze → KS
Flachsturz → SBR
Flachverblender → ELASTOLITH
Flachverblender → ISO BRICK
Flachverblender → ISOBRICK
Flachverblender → ISOBRICK
Flachverblender → ISOMUER
Flachverblender → ispo
Flachverblender → RUHR
Flächenabdichtung → COMBIFLEX®
Flächenabdichtung → COMBIPLAST
Flächenabdichtung → Hydroplast
Flächenabdichtung → SERVOFIX
Flächenabdichtung → SUPERFLEX
Flächenabstandhalter → FASA®
Flächenbefestigung → Herbaflor
Flächendesinfektion → diesin
Flächendicht → Knauf
Flächendichtungsmittel → PCI
Flächendichtungsmittel → PCI
Flächendichtungsmittel → PCI
Flächendränage → TENAX®
Flächendränung → Keradrain
Flächendränung → TENAX®
Flächenfolien → ROBBI®
Flächenheizelemente → Hostatherm®
Flächenheizkörper → Wibo
Flächenheizung → bio-therm
Flächenheizung → MULTIBETON®
Flächenheizung → vari-plan
Flächenheizung → WIRSBO-Flächenheizung
Flächenheizungen → Frötherm
Flächenheizungssysteme → Gabotherm®
Flächenisolierung → SILIFLUAT
Flächenkleber → SG
Flächenlack → Zweihorn
Flächenlochlager → Calenberger
Flächenschalter → FFF-Collection
Flächenschalter → Merten
Flächenspachtel → dufix
Flächentragwerke → CENO®-Membranen
Flächentragwerke → KOIT
Flaggenmaste → Fahnen Fleck
Flaggenmasten → elkosta®
Flammschutz → DILUTIN
Flammschutz → Kaubitanol
Flammschutzmittel → Bekarit
Flammschutzmittel → KaCeflam®

4

4

Fugendichtung — Fugenmassen

Fugendichtung → Ködisil
Fugendichtung → KÖRACRYL
Fugendichtung → KÖRASIL
Fugendichtung → Praktikus®
Fugendichtung → RHODORSIL MASTIC
Fugendichtung → TOLOFLEX 500
Fugendichtungen → NYHAPREN
Fugendichtungmasse → Silcoferm®
Fugendichtungsband → EMW
Fugendichtungsmasse → ALBON
Fugendichtungsmasse → ALSECCOFLEX
Fugendichtungsmasse → ASO
Fugendichtungsmasse → ASOFLEX
Fugendichtungsmasse → ASO®
Fugendichtungsmasse → CHEMOCRYL
Fugendichtungsmasse → COLPO
Fugendichtungsmasse → DOMOSIL
Fugendichtungsmasse → elasticolor®
Fugendichtungsmasse → ESCOSIL®
Fugendichtungsmasse → Escutan
Fugendichtungsmasse → FD-plast weiß
Fugendichtungsmasse → Flexacryl
Fugendichtungsmasse → Heinoxon
Fugendichtungsmasse → HEY'DI® FLEX
Fugendichtungsmasse → ISAVIT
Fugendichtungsmasse → KERAPLAST
Fugendichtungsmasse → OKABLANK
Fugendichtungsmasse → Plasticseal
Fugendichtungsmasse → Prontex
Fugendichtungsmasse → Resistan
Fugendichtungsmasse → SECOMASTIC®
Fugendichtungsmasse → SICOVOSS®
Fugendichtungsmasse → Supracryl
Fugendichtungsmasse → TAGOMASTIC II a
Fugendichtungsmasse → TAGOMASTIC®
Fugendichtungsmasse → ULTRAMENT
Fugendichtungsmasse → Vitroflex
Fugendichtungsmasse → Vitroplast
Fugendichtungsmassen → Bauta
Fugendichtungsmassen → Dekalin
Fugendichtungsmassen → DOMOSOL
Fugendichtungsmassen → DOW CORNING®
Fugendichtungsmassen → Elefant
Fugendichtungsmassen → Hydrolan
Fugendichtungsmassen → PRODOLASTIC®
Fugendichtungsmittel → Butimix Dum-Dum
Fugendichtungsstoff → Brillux®
Fugendichtungssystem → Eurofit
Fugenfarbe → ULTRAMENT
Fugenfarbig → RAKA®
Fugenfüller → ALSECCO
Fugenfüller → BAGIE
Fugenfüller → BauProfi
Fugenfüller → Bauta
Fugenfüller → B-Fix
Fugenfüller → BUNTER FUGENMÖRTEL
Fugenfüller → FT
Fugenfüller → Heidelberger
Fugenfüller → Hydrolan
Fugenfüller → Knauf
Fugenfüller → litaflex®
Fugenfüller → LUGATO®
Fugenfüller → MC
Fugenfüller → NORGIPS
Fugenfüller → Nr. Sicher
Fugenfüller → ORTH
Fugenfüller → PROFI
Fugenfüller → ROCO
Fugenfüller → ROHBAUSPACHTEL
Fugenfüller → SÜCO
Fugenfüllmasse → Riß-Stop
Fugenfüllmasse → SERVOFIX
Fugenfüllmaterial → PANA
Fugengips → Heidelberger
Fugengips → PROFI
Fugengitter → AKS
Fugenglätter → PLASTIKOL
Fugengrau → Ceresit
Fugengrau → DISBOMENT
Fugengrau → FT
Fugengrau → hagebau mach's selbst
Fugengrau → LUGALON
Fugengrau → quick-mix®
Fugengrau → RAKA®
Fugengrau → SAKRET®
Fugengrau → SERVOFIX
Fugengrau → WAKOL
Fugenharz → Vandex
Fugen-Heißvergußmasse → FUGUS
Fugen-Hinterfüllmaterial → Hoffmann
Fugenkitt → EFKA-ERR-kalt
Fugenkitte → Hydrolan
Fugenkitte → PLASTIKOL
Fugenkitte → ÅSPLIT
Fugen-Klebebänder → FRANK®
Fugenkralle → STABA
Fugenmasse → DISBOFLEX
Fugenmasse → DISBOFUG
Fugenmasse → GEBEO
Fugenmasse → MIKROLITH
Fugenmasse → OKAPOX
Fugenmasse → PEHALIT
Fugenmasse → PM
Fugenmasse → SERVOCOLOR
Fugenmasse → SICOSTAR
Fugenmasse → Simson®
Fugenmasse → SUPAX
Fugenmasse → supax®
Fugenmassen → Cemitec
Fugenmassen → Epasit®
Fugenmassen → LIGNITOP
Fugenmassen → Muras

Fugenmörtel → AISIT
Fugenmörtel → ARDAL
Fugenmörtel → ARDIPOX
Fugenmörtel → ASO
Fugenmörtel → Cerapox
Fugenmörtel → Ceresit
Fugenmörtel → Ceresit
Fugenmörtel → CERINOL
Fugenmörtel → Dryjoint
Fugenmörtel → DYCKERHOFF
Fugenmörtel → DYCKERHOFF
Fugenmörtel → FT
Fugenmörtel → Horulith
Fugenmörtel → LAZEMOFLEX
Fugenmörtel → LUGATO®
Fugenmörtel → PCI
Fugenmörtel → PCI
Fugenmörtel → quick-mix®
Fugenmörtel → Rigamuls®-Color
Fugenmörtel → Rigamuls®-Color
Fugenmörtel → Riganol® R
Fugenmörtel → SAKRET®
Fugenmörtel → SCHÖNOFLEX
Fugenmörtel → SCHÖNOPOX
Fugenmörtel → SCHÖNOX
Fugenmörtel → UZIN
Fugenmörtel → Vandex
Fugenmörtel → WQD
Fugenneu → Praktikus®
Fugenneu → RAKA®
Fugenpaste → Riß-Stop
Fugenplastik → Compakta®
Fugenpremier → DISBOTHAN
Fugenprimer → DISBOFLEX
Fugenprofile → SCHLÜTER®
Fugenprofile → TRIXOLIT®
Fugen-Rundprofile → Bauta
Fugenschlämm-Mörtel → DISBOMENT
Fugenschlämm-Mörtel → DISBOPLAST
Fugenschlämm-Mörtel → SAKRET®
Fugenschlämm-Mörtel → WÜLFRAmix-Fertigbaustoffe
Fugen-Schlämmörtel → kerflott®
Fugenspachtel → ASODUR
Fugenspachtel → DOMODUR
Fugenspachtel → Formel 2
Fugenspachtel → Heidelberger
Fugen-Spachtelpulver → ARTOFLEX
Fugenstreifen → nadoplast®
Fugensystem → Fjll
Fugenüberbrückung → KOBAU
Fugenverbindungskralle → STABA
Fugenvergütung → ARDION
Fugenverguß → Estol
Fugenverguß → Jetlastic
Fugenvergußmasse → ALBON
Fugenvergußmasse → ASODUR
Fugenvergußmasse → GLASCONAL
Fugenvergußmasse → GLASCONAL
Fugenvergußmasse → HADAPUR
Fugenvergußmasse → HEY'DI®
Fugenvergußmasse → Lidoplast
Fugenvergußmasse → PLIASTIC®
Fugenvergußmasse → SEDRA
Fugenvergußmasse → Stellalit
Fugenvergußmasse → VEDAGUM®
Fugenvergußmasse → Wilkorid
Fugenvergußmassen → COLASTAK
Fugenvergußmassen → EMASOL
Fugenvergußmassen → REINAU®
Fugenvergußmassen → SEDRACIT
Fugenverpressung → LUXIT
Fugenverschlußbänder → GUMBA
Fugenversiegelung → Trelaston
Fugenweiss → Ceresit
Fugenweiss → LUGALON
Fugenweiß → BAGIE
Fugenweiß → FT
Fugenweiß → hagebau mach's selbst
Fugenweiß → quick-mix®
Fugenweiß → RAKA®
Fugenweiß → SAKRET®
Fugenweiß → SERVOFIX
Fugmasse → Cereflex
Fugmörtel → Fug Fix
Fugmörtel → FugFix
Fugmörtel → WÜLFRAmix-Fertigbaustoffe
Fuhrgerüste → Plettac
Fundamentanstrich → GUDRONOL® F
Fundamentanstrich → PARATECT
Fundamentisolierung → HASSEROL
Fundamentplatten → MUNZ
Fundamentschutzplatten → Recozell
Fungizidfarbe → LIN
Fungizidlösung → Beeck®
Funkenlöschanlagen → Minimax
Funkenlöschanlagen → WORMALD
Funkfernsteuerungen → ANSONIC
Funktionsdecken → THERMATEX
Furanharzkitte → Resacid
Furnierplatten → HWH
Furnierplatten → WONNEMANN
Furnierschichtholz → Kerto
Furnier-Sockelleisten → erü
Furniersperrholz → Delignit®
Futterbarren → WOLFA
Futtersteine → BAUER
Fußabstreifkasten → WOLFA
Fußabstreifroste → Taguma
Fußabtreter → Schierholz
Fußabtrittkästen → Euro-best
Fußabtrittmatten → EMCO
Fußabtrittschächte → Betonwerke Emsland

Fußboden → ALTRO®
Fußboden → CHINOLITH
Fußboden → Monile
Fußboden → Scandplank
Fußbodenanstrich → Öl-Stop
Fußbodenbeläge → Armstrong
Fußbodenbeläge → LIPOSOL
Fußbodenbeläge → LOBA
Fußbodenbeläge → URSULEUM
Fußbodenbelag → Armstrong
Fußbodenbelag → Casalith
Fußbodenbelag → Elverplast®
Fußbodenbelag → Kiesellith
Fußbodenbelag → MEDINA
Fußbodenbelagrückstände-Entferner → KE 45
Fußbodenbelag-Rückständeentferner → PE 30
Fußbodenbeschichtung → BETONSCHICHT 066 P
Fußbodenbeschichtung → BETONVINYL 066 P
Fußbodenbeschichtung → CALUFLOOR
Fußbodenbeschichtung → DECOFLOOR
Fußbodenbeschichtung → DISBOXID
Fußbodenbeschichtung → FLEXOVOSS
Fußbodenbeschichtung → KRAUTOXIN
Fußbodenbeschichtung → KRONALUX
Fußbodenbeschichtung → Marmo-Flor
Fußbodenbeschichtungen → Capafloor
Fußbodendämmplatten → BauderPUR
Fußbodendielen → Rappgo
Fußbodendirektheizung → DEFROMAT®
Fußbodenelement → Agepan
Fußboden-Elemente → JOMA
Fußbodenelemente → Osterwalder
Fußbodenestrich → SMT MASTERPLATE
Fußbodenfarbe → Alligator
Fußbodenfarbe → CELLEDUR
Fußbodenfarbe → DISBON
Fußbodenfarbe → ispo
Fußbodenfarbe → Monex
Fußbodenflächenheizung → AHW
Fußbodenfliesen → ARIOSTEA MONO
Fußbodengrundierung → DISBOXID
Fußbodenheizung → ANWO
Fußbodenheizung → ATHE THERM
Fußbodenheizung → Axa
Fußbodenheizung → bio-therm
Fußbodenheizung → Calidec
Fußbodenheizung → EXTE
Fußbodenheizung → faltjet®
Fußbodenheizung → Flächenheizsystem 2000
Fußbodenheizung → FMW
Fußbodenheizung → GHT
Fußbodenheizung → Heibacko
Fußbodenheizung → herotec
Fußbodenheizung → Herpers Solartechnik
Fußbodenheizung → INEFA
Fußbodenheizung → Isotherm
Fußbodenheizung → Joco
Fußbodenheizung → Klimaboden
Fußbodenheizung → Kloep
Fußbodenheizung → Lavagrund
Fußbodenheizung → MAHLE
Fußbodenheizung → MODUL
Fußbodenheizung → MULTIBETON®
Fußbodenheizung → Neumet-System
Fußbodenheizung → NORDROHR
Fußbodenheizung → Ökotherm
Fußbodenheizung → opti
Fußbodenheizung → Optima
Fußbodenheizung → ORFIX
Fußbodenheizung → Perobe
Fußbodenheizung → POLYTHERM®
Fußbodenheizung → PRECU®
Fußbodenheizung → Reno
Fußbodenheizung → Rolljet®
Fußbodenheizung → Rothaflex®
Fußbodenheizung → STT-Logi K 9
Fußbodenheizung → TERIGEN®
Fußbodenheizung → TERMOSTAN
Fußbodenheizung → terratherm
Fußbodenheizung → Thermolutz®
Fußbodenheizung → THERMOVAL®
Fußbodenheizung → TOP
Fußbodenheizung → Top-System 2000
Fußbodenheizung → uni-system
Fußbodenheizung → UNIVERSA®
Fußbodenheizung → valutherm und valufix
Fußbodenheizung → vari-nokk
Fußbodenheizung → varioperfekt
Fußbodenheizung → vari-takk
Fußbodenheizung → VARI-TAKK PHON
Fußbodenheizung → velta
Fußbodenheizung → warmatic®
Fußbodenheizung → Weblit
Fußbodenheizung → Wecoflex
Fußbodenheizung → 7 in 2-system
Fußbodenheizungen → RITTER
Fußbodenheizungsregler → OVENTROP
Fußboden-Heizungsrohr → egetherm
Fußbodenheizungsrohr → tri-o-flex
Fußbodenheizungs-Rohr → vario flex
Fußbodenheizungsrohre → DIFFUFLEX
Fußbodenheizungsrohre → Draka
Fußbodenheizungsrohre → FF
Fußbodenheizungsrohre → Polytrop®
Fußbodenheizungsrohre → Rautherm
Fußbodenheizungsrohre → RHIATHERM
Fußbodenheizungsrohre → Shell
Fußbodenheizungs-System → halo-therm
Fußbodenheizungsventil → KONVENT
Fußbodenkanal-Systeme → van Geel
Fußbodenkonvektor → UNIVERSA®
Fußbodenkunststoff → Ceresit

4

Garderobenschränke → KEMMLIT
Garderobenschränke → Kerapid
Garderobenschränke → Kessler & Söhne
Garderobenschränke → LUWECO
Garderobenschränke → Projecta®
Garderobenschränke → THYSSEN
Garderobenständer → Rosconi®
Garderoben-System → OGRO
Garten- und Beet-Trittplatten → REMAGRAR
Garten- und Landschaftsstein → DAHMIT®
Gartenbänke → euroform
Gartenbänke → grimmplatten
Gartenbänke → Lignit
Gartenbänke → Söchting Bänke
Gartenbänke → Thieme
Gartenbauartikel → MÖNNINGHOFF
Gartenbauholz → Rhön-Rustik
Gartenbausteine → Mainsandstein
Gartenbeetentwässerung → RAUFITT
Garten-Blockhäuser → KÜPA
Garten-Blockhäuser → Münchener Blockhaus
Garten-Blockhaus → Saunex-Sauna
Gartenbrücken → Thieme
Garteneinfriedungs-Elementplatten → HM
Gartenfiguren → Stich
Gartengerätehäuser → NORMSTAHL®
Gartengerätehaus → Pirol
Gartengrillanlagen → Gilne®
Gartenhäuser → Eximpo
Gartenhäuser → Eximpo
Gartenhäuser → Grave
Gartenhäuser → Kübler
Gartenhäuser → POLO
Gartenhäuser → STEINHAUER
Gartenhäuser → Westerwälder Blockhäuser
Gartenhäuser → Zimmermann-Zäune
Gartenhäuser → 3IS
Gartenhaus-Sauna → WOLU
Gartenholz → HillHolz
Gartenholz → Hüttemann
Gartenholz → Kretz
Gartenholz → PIEPER-HOLZ
Garten-Holzhaus → Köster-Holz®
Gartenkamin → ASCONA
Gartenkamine → LÜNSTROTH®
Gartenkamine → ME-BA
Gartenkamine → PYROZIT
Gartenkamine → RINGLEVER®
Gartenkeramik → Heissner®
Gartenkeramik → Lichtenfels®
Gartenkeramik → PLEWA
Gartenkeramik → Te-Gi
Gartenlampen → PLUS®
Gartenlaubenhütten → Conrads
Gartenleuchten → Licht im Raum
Gartenleuchten → Thieme
Gartenmauern → JUMALITH
Gartenmauersteine → Bachl
Gartenmauersteine → DERULIT
Gartenmauersysteme → Bilz
Gartenmöbel → ante-holz
Gartenmöbel → BASOLIN®
Gartenmöbel → garpa
Gartenmöbel → Nistac
Gartenmöbel → Rhön-Rustik
Gartenmöbel → SIHEMA
Gartenmöbel → WERTH-HOLZ®
Gartenmöbel → Zimmermann-Zäune
Gartenplatten → Baustoffwerk Platten
Gartenplatten → BKN
Gartenplatten → DERULIT
Gartenplatten → GLÖCKEL
Gartenplatten → OTT
Gartenplatten → TERRALUX
Gartenplatten → Testadur®
Gartensäulen → Bachl
Gartensäulen → grimmplatten
Garten-Sauna → Florida
Garten-Sauna → Holiday
Garten-Sauna → muko
Gartenschmuck → GIBA®
Gartenstein → Oranienstein
Gartenstein → TESSINA®
Gartensteine → Basilix®
Gartensteine → KÖSTER
Gartensteine → Oprey
Gartensteine → Refuga®
Gartensteine → Röben
Gartensteine → WALISO
Gartenteiche → KAWA
Gartenteichfolie → URSUPLAST
Gartenteich-Torf → aquavital
Gartentische → euroform
Gartentische → GIBA®
Gartentorbeschläge → GAH ALBERTS
Gartentore → GAH ALBERTS
Gartentore → GRUBER DESIGN
Gartentore → ratio-thermo
Gartentröge → GIBA®
Gartenzäune → Eximpo
Gartenziergitter → nadoplast®
Gasbeton → Burgwald
Gasbeton → hebel®
Gasbeton → L & W-SILTON®
Gasbeton → PORIT
Gasbeton → Siporex
Gasbeton → YTONG®
Gasbeton-Beschichtung → ACRASAN
Gasbetonbeschichtung → CELLEDUR
Gasbeton-Beschichtung → DISBOFEIN
Gasbetonbeschichtung → Herbol
Gasbetonbeschichtung → isoton

4

4

4

4

Hartbetonpflaster → TV-Strukturstein®
Hartbetonplatten → Stelcon®
Hartbetonplatten → Stelcon®
Hartbetonplatten → Stelladur
Hartbetonstoff → DURAZIT®
Hartbetonstoff → Duromit
Hartbetonstoff → Lonsicar®
Hartbitumen → MIXBIT
Hartbleiguß-Produkte → basika
Hartfaserplatten → Homadeko
Hartfaserplatten → HOMANIT
Hartfaserplatten → PK-TEX
Hart-Formgipse → ROCO
Hartgestein-Platten → ZECHIT
Hartgesteinvorsatz → Fels-Hartquarzit®
Hartgesteinvorsatz → Taunus-Quarzit®
Hartgewebe → Ferrozell®
Hartholzbeizen → Zweihorn
Hartholz-Grundhärter → AGLAIA®
Hartholzschutz → SÜDWEST
Hartholzschwellen → MAD
Hartlack → Sikkens
Hartlacke → Eurodur
Hartmantelmasse → KRONE
Hartpapier → Ferrozell®
Hartplastik → Fahuplast
Hartplatten → ATEX
Hartpolitur → Trabant
Hart-PVC → Furnidur®
Hart-PVC → Vinuran®
Hart-PVC-Extrusionsmasse → TROSIPLAST®
Hart-PVC-Folie → ISOGENOPAK®
Hart-PVC-Spritzgießmasse → TROSIPLAST®
Hartquarzit → Fels-Hartquarzit®
Hartquarzit → Taunus-Quarzit®
Hartrasen-Platten → Nöcker
Hartschaum → apripur
Hartschaum → COELIT®
Hartschaum → Conticel
Hartschaum → GRIMOLITH
Hartschaum → Hoffmann
Hartschaum → JOMA
Hartschaum → plenty-more®
Hartschaum → Poresta®
Hartschaum → RHINOPOR
Hartschaum → RYGOL
Hartschaum → Styropor
Hartschaum → Thermopur®
Hartschaum → TIWAPUR®
Hartschaum- und Dämmstoffkleber → BauProfi
Hartschaum-Automatenplatten → STOROpack
Hartschaum-Beschichtung → ZARB®
Hartschaum-Dämmplatten → HÜSO
Hartschaumdämmplatten → Saarpor
Hartschaum-Dämmplatten → VEDAPURIT®
Hartschaum-Dämmstoff → Novaporit
Hartschaum-Elemente → IGLU
Hartschaumkleber → ARDAL
Hartschaumkleber → Avenarius
Hartschaumkleber → Brillux®
Hartschaumkleber → COLFIRMIT
Hartschaumkleber → DISBOKRAFT
Hartschaumkleber → hagebau mach's selbst
HARTSCHAUMKLEBER → KLEFA
Hartschaumkleber → OKAMUL
Hartschaumkleber → PCI
Hartschaumkleber → Pufas
Hartschaum-Kleber → ULTRAMENT
Hartschaumkleber P → Ceresit
Hartschaum-Kontakt-Kleber → WAKOL
Hartschaumkrallen → STABA
Hartschaumplatte → STYROTECT®
Hartschaumplatte → THERMOGYP
Hartschaumplatten → apripir
Hartschaumplatten → Awapor
Hartschaumplatten → Bitupor
Hartschaumplatten → DURIPOR
Hartschaumplatten → Ebner
Hartschaumplatten → Haacke
Hartschaumplatten → ispo
Hartschaumplatten → KAPA
Hartschaumplatten → Keimopor
Hartschaumplatten → Phenobil
Hartschaumplatten → Philippine
Hartschaumplatten → PUREN®
Hartschaumplatten → Rigipore
Hartschaumplatten → SOVATHERM
Hartschaumplatten → STYRISO®
Hartschaumplatten → Terranova®
Hartschaumplatten → vari
Hartschaumplatten → WIBROPOR
Hartschaumplatten → WKS
Hartschaum-Schichtplatte → SCHWENK
Hartschaumstoff → rohacell® 51
Hartschaumstoffe → aprithan
Hartschaumstoffe → apritherm
Hartschaumstoffe → Held
Hartschaum-Trägerelement → Lux
Hartschaumzuschnitte → Bachl
Hartstein → Granitoid
Hartsteinpflaster → BAYERNVERBUND®
Hartstoff → Minhartit
Hartstoffbeläge → Korodur
Hartstoffbelag → DPS-MASTERPLATE®
Hartstoffbelag → MASTERPLATE® 200
Hartstoffböden → VAKUUM
Hartstoff-Estrich → HOFMEISTER®
Hartwachsbeize → BüffelBeize
Harzimprägnierung → KALDET
Harz-Lösung → DURAMIN
Harzölimprägnierung → MELDOS
Haubenverkleidung → Joco

Hausabflußrohr → ESKO
Hausabflußrohre → Friedrichsfelder
Hausabflußrohre → RPR
Hausabflußrohre → Wavin
Hausabfluß-System → frik
Hausanschlußarmaturen → VAG
Hausbau-Sätze → WKW
Hausbausatz → EBS-Seiler-Haus
Hauseinführungen → DOYMA
Hauseinführungen → Hauff
Hauseinführungen → WOESTE
Hauseingangsanlagen → Baumeister
Hauseingangsmatten → Schuster
Hauseingangstreppen → KONRAD
Hauseingangstüren → Daub
Hauseingangstüren → Hartwig
Hausfarbe → LUCITE®
Hausfassadengestaltung → Brügmann Arcant
Haushalts-Gebläsebrenner → Körting
Haushaltsreinigungsmittel → Kinessa
Haushalts-Wasserenthärter → JUDOMAT
Haushalttank → SCHÜTZ
Hausleittechnik → Busch
Hausnummern → güwa
Hausnummern → Hahn
Hausnummern → KBS
Hausnummern → Mohnotyp®
Hausnummern → Rustics
Hausschornstein → TONADIN®
Hausschornstein → TONATHERM
Hausschornsteine → Hansatherm
Hausschornsteine → SIEMOKAT
Hausschornsteine → SIMO
Hausschornsteine → SP-Beton
Hausschornstein-Systeme → KÖGEL
Haustür → Stabil
Haustüranlage → Combidur®
Haustüranlagen → Biffar
Haustüranlagen → hovesta®
Haustüranlagen → Knipping
Haustüranlagen → VOSS
Haustüranlagen → Weru
Haustürdichtungen → HEBGO
Haustüren → acho
Haustüren → ALUport 45
Haustüren → Attaché
Haustüren → AURO®FLEX
Haustüren → Baumgarte
Haustüren → BAUMTÜRE®
Haustüren → Bayerwald
Haustüren → BEHRENS rational
Haustüren → Birsteiner

4

Heizungs-Kompensator → WILLBRANDT
Heizungsleitungen → friatherm®
Heizungsmischer → CENTRA
Heizungsprogramm → GHT
Heizungspumpen → SPECK
Heizungs-Regeltechnik → Ondal-Regeltechnik
Heizungsregelungen → opti
Heizungsregler → SIGMAGYR
Heizungsregler → TA
Heizungsregler, Lüftungsregler → CENTRATHERM
Heizungsrohre → difex
Heizungsrohre → ISATHERM®
Heizungsrohre → ZISTA®-T
Heizungssystem → KÜBLER
Heizungsumwälzpumpen → opti
Heizungsverkleidungen → Scholz
Heizungsverteiler → MAGRA®
Heizungs-Wärmepumpen → VARIA
Heizwände → Arbonia
Heizwände → REUSCH
Heizwand → Beutler
Heizwasseranlagen → Witte
Heizzentrale → Duosparblock DSB®
Heißbindemittel → Colmik
Heißbitumenmasse → KERASOLITH
Heißklebemassen → Baubit
Heißluftgebläse → ebm
Heißluft-Kamineinsatz → KAMSIN®
Heißmuffenkitt → Estol
Heißplastiken → GUBELA
Heißpressenleim → KLEIBERIT®
Heißverguß → Jetlastic
Heißverguß → PLIASTIC®
Heißvergußmasse → FUGUS
Heißvergußmasse → SEDRA
Heißwasserkessel → Loos
Helligkeitsregler → Dimmat
Herde → TULIKIVI
Himholz-Dübelschrauben → Fuchs
Hinterfüllmaterial → ARAPREN
Hinterfüllmaterial → CES
Hinterfüllmaterial → Chemiepurschaum
Hinterfüllmaterial → EGOPREN®
Hinterfüllmaterial → Nr. Sicher
Hintermauermörtel → quick-mix®
Hintermauerstein → KLB
Hintermauerziegel → Augsburger Ziegel
Hinterschnittanker → Mächtle®
Hinweisleuchten → R2B-Leuchten
Hinweisschilder → AZ
Hinweisschilder → Hänseroth
Hirnholz-Fußböden → BECKER
Hitzeschutz → EhAGE
Hitzeschutz → TECTOFLUX®
Hitzeschutzpaste → TEMPIL®
Hochbauklinker → GÜLICH
Hochbordsteine → Betonwerke Emsland
Hochbordsteine → Ebert
Hochbordsteine → KANN
Hochdruck-Asphaltplatten → DASAG
Hochdruckbodenvermörtelung (HDI) → Preussag-Jet
Hochdruck-Schichtstoffplatten V → DUROpal®
Hochglanz-Aluminiumlack → Alutherm 900
Hochglanz-Dispersionslack → DIFFUNDIN
Hochglanzfarbe → ispo
Hochglanzlack → impredur Hochglanz-Lack 840
Hochglanzlack → Sigmacolor
Hochglanzlack → Sikkens
Hochglanzlack bunt → hagebau mach's selbst
Hochglanzversiegelung → LITHOFIN®
Hochhausfenster → Brockmann
Hochkantlamellenparkett → BEMBÉ
Hochleistungsanker → RED HEAD®
Hochleistungs-Axial-, Wand-, Rohr- und Dachventilatoren → MAICO
Hochleistungsbindemittel → COLFLEX
Hochleistungsgebläse → Fischbach
Hochleistungs-Kaltbezinker → Zinkotom
Hochleistungs-Radial-Dachventilatoren → MAICO
Hochleistungs-Radialventilatoren → Nicotra
Hochleistungsschornsteine → btg
Hochleistungs-Schornsteine → SCHWENDILATOR®
Hochleistungs-Spiegelleuchten → Z-I Lichtsysteme
Hochleistungsverbindungs-Systeme → Scotch™
Hochlochziegel → Blumör
Hochlochziegel → BN-Ziegel
Hochlochziegel → Marktheidenfelder
Hochlochziegel → OLTMANNS
Hochlochziegel → REHAGE
Hochlochziegel → Schönton
Hochlochziegel → SCHWEERS
Hochlochziegel → Thermopor 90
Hochlochziegel → ZWN
Hochmasten → Petitjean
Hochofenschlacke → FELS®
Hochofenschlacke → Thyssen
Hochofenzement → ANNELIESE
Hochofenzement → Aquadur
Hochofen-Zement → Aquafirm
Hochofenzement → AQUAMENT
Hochofenzement → Buderus
Hochofenzement → Lübeck
Hochofenzement → Montafirm
Hochofenzement → Montanit
Hochofenzement → TEUTONIA
Hochofenzemente → NORDCEMENT
Hochprägetapete → Relief Design
Hochprägetapeten → Erfurt
Hochregallager → Achenbach
Hochregallager → GALLER
Hochtemperaturfarbe → LÖWE
Hochvakuumbitumen → Exxon HVB

4

4

Imprägnieranstrich → Holzschutz '80
Imprägnieranstrich → Isposil
Imprägnieranstriche → OSMO
Imprägnierdispersion → Lascolle
Imprägnier-Dispersion → POROSOL
Imprägnierfluat → Sanier-Fluat IF
Imprägnierflüssigkeit → DURIPAL
Imprägnierflüssigkeit → DUROFIX
Imprägnierflüssigkeit → IPAPHOB
Imprägniergrund → Fungol®
Imprägniergrund → Gori®
Imprägniergrund → KULBANOL
Imprägniergrund → PIGROL
Imprägniergrundierung → Sadovac
Imprägnierlasur → AIDOL
Imprägnierlösung → Apogrund®
Imprägnierlösung → ARUSIN
Imprägnierlösung → Fahu
Imprägniermittel → ADDIMENT®
Imprägniermittel → Bauta
Imprägniermittel → BETOPON
Imprägniermittel → DASAGRUND 1001
Imprägniermittel → DEITEROL-SILICON L
Imprägniermittel → Dinosil
Imprägniermittel → DOMOSIC
Imprägniermittel → Epasit®
Imprägniermittel → Hydrolan
Imprägniermittel → PRODODIN®
Imprägniermittel → Rembertin S
Imprägniermittel → sto®
Imprägnieröl → HAHNE
Imprägnieröl → HASSOLIT
Imprägnieröl → UNICON
Imprägnieröl → UNIPUR
Imprägniersalz → impralit
Imprägniersalzpaste → impralit
Imprägniersalzpaste → impralit
Imprägniersiegel → D-5
Imprägnierung → AQUOVOSS®
Imprägnierung → ARAVI
Imprägnierung → astra®
Imprägnierung → BIRUDUR
Imprägnierung → BÜFA
Imprägnierung → CEHAVOL
Imprägnierung → Cetol
Imprägnierung → CIRA-SILIN
Imprägnierung → Compaktinol®
Imprägnierung → Durit
Imprägnierung → EPIDUR
Imprägnierung → FassadenDicht
Imprägnierung → ispo
Imprägnierung → LÖWE
Imprägnierung → Nisiwa
Imprägnierung → Polyment®
Imprägnierung → SCHÖNOX
Imprägnierung → SCHUKO-Grund 1001
Imprägnierung → Sikafloor®
Imprägnierung → Sikkens
Imprägnierung → SÜLLO
Imprägnierung → thüco
Imprägnierung → Trabant
Imprägnierung → TROCK'NE MAUER®
Imprägnierung → VESTEROL
Imprägnierung für Teppichböden → Scotchgard
Imprägnierungen → AURO
Imprägnierungen → Emcephob
Imprägnierungen → Emcephob
Imprägnierungen → Hesedorfer BIO-Holzschutz
Imprägnierungen → PALLMANN®
Imprägnierungen → PCI
Imprägnierungen → Silikal®
Imprägnierungen → Stella
Imprägnierungen → vacupox®
Imprägnierungen → WULFF
Imprägnierungsmittel → DYNASYLAN®
Imprägnierungsmittel → EUROSOL
Imprägnierungsmittel → OMBRAN®
Imprägnierungsmittel → SILADUR®
Induktionsgeräte → Klimavent®
Industriebauelemente → technoplan

Industriebecken → DUROTECHNIK
Industriebeläge → ZECHIT
Industrieboden → Floorfit
Industrieboden → Linodur ES
Industrieboden-Ausgleich-Spachtelmasse → COELISPAT
Industrie-Bodenbelag → GEWIDUR
Industrieboden-Hartstoff → Minhartit
Industriebodenheizung → THERMOVAL®
Industriebodenplatten → NICOCYL
Industriebodenreiniger → DUXOLIN
Industrie-Bodenroste → Schuster
Industrieboden-Zuschlagstoffe → Korodur
Industrieböden → Durament
Industrieböden → GLASCODUR
Industrieböden → GLASCOTEX
Industrieböden → IMPLOPHALT
Industrieböden → Lonsicar®
Industrieböden → Roadcoat
Industrieböden → Tarkett
Industrieböden → TOPFERRON
Industrieböden → TROCOR®
Industriedeckenplatten → ISOVER®
Industrieestrich → maxitplan
Industrieestriche → axbeton
Industriefußboden → CHINOLITH
Industriefußboden → Duralit
Industriefußboden → ESKADUR
Industriefußboden → FAMA
Industriefußboden → NEUPOX
Industriefußboden → Polybeton
Industriefußboden → TEFROLITH
Industrie-Fußbodenbelag → Casalith
Industriefußboden-System → HOFMEISTER®
Industriefußboden-Systeme → ESTROLITH
Industriefußböden → Duromit
Industriefußböden → FERRODUR
Industriefußböden → PLASTBETON 066 P
Industriefußböden → vdw
Industriefußböden-Sanierung → Plexilith®
Industriegeländer → We-cro-lok®
Industrieglaserkitt → Lidoplast
Industriehallen → Bachl
Industriehallen → BARTRAM
Industriehallen → Berger
Industriehallen-Leuchten → HOFFMEISTER
Industrie-Kälteanlagen → SÜMAK
Industriekleber → technicoll
Industriekleber → VEDACOLL
Industrielacke → BROCOLUX
Industrielacke → BUFA
Industrielärmschutz → Teco

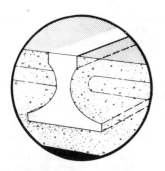

4

Installationssysteme → Fusiotherm®
Installationswand → EICHELBERGER
Installationswand → Grünenwald
Intarsienparkett → BEMBÉ
IP-Träger → Bachl
Isocyanate → Basonat®
Iso-Großbutze → INTERPANE
Isolation → ISOVOSS
Isolationshaut → UWM System
Isolationskamin → KRAUSS
Isolationsmembran → UWM System
Isolieranstrich → ASOL
Isolieranstrich → BauProfi
Isolieranstrich → BITUPLAST
Isolieranstrich → BONDEX
Isolieranstrich → ELCH
Isolieranstrich → Estol
Isolieranstrich → flex-BITUPLAST
Isolieranstrich → IMBERAL®
Isolieranstrich → JABRALAN
Isolieranstrich → KALIX
Isolieranstrich → OELLERTOL 1
Isolieranstrich → RÜSGES
Isolieranstrich → SANDROPLAST®
Isolieranstrich → SISOLAN
Isolieranstrich → Therstabil
Isolieranstrich → ULTRAMENT
Isolieranstrich → ULTRAMENT
Isolieranstrich → Visconal®
Isolieranstriche → Bauta
Isolieranstriche → BORBERIX®
Isolieranstriche → Breternol
Isolierasche → Hartmanns
Isolierbahnen → KSK-BITUFIX
Isolierbauelemente → Kaefer
Isolierbaustein → MERLTHERM
Isolierbeton → LVZ
Isolierbetone, feuerfest → POROBETON®
Isolierdach → poly®tec
Isolierdecke → Sorst
Isolierdeckfarbe → Aqua Ex
Isolierdeckfarbe → Calusol
Isolierdübel → Impex
Isolier-Estrich → BERNIT®
Isolierfarbe → Dinotin
Isolierfarbe → düfa
Isolierfenster → RÜTERBAU
Isolier-Fertigschale → isol-perfekt®
Isolierfilz → thermocalor
Isolierfluat → ZERLANIN
Isolierfolie → handisol
Isolierfolie → ILKA
Isolierfolie → Isolan
Isolierfolie → KERABUTYL
Isolierfutter für Rauchrohre → PHONOTHERM
Isoliergaze → Retracol
Isoliergips → ROCO
Isoliergips → VG
Isolierglas → ALLSTOP
Isolierglas → AMIRAN®
Isolierglas → BI-THERM
Isolierglas → CLIMALIT®
Isolierglas → CONSAFIS®
Isolierglas → CONTRASONOR®
Isolierglas → ELIOTERM®
Isolierglas → Gerrix
Isolierglas → GLAVERPLUS®
Isolierglas → HORTIPANE
Isolierglas → INFRASTOP®
Isolierglas → INTERPANE
Isolierglas → IPAPHON
Isolierglas → Jedopane
Isolierglas → JOSSIT®
Isolierglas → Köster
Isolierglas → OKALUX®
Isolierglas → OKASOLAR®
Isolierglas → OKATHERM®
Isolierglas → PHONIBEL
Isolierglas → PHONSTOP®
Isolierglas → Sanco®
Isolierglas → SanSprossen
Isolierglas → Schweizer Kreuz
Isolierglas → SEDO
Isolierglas → STOPRAY
Isolierglas → STOPSOL®
Isolierglas → THERMOBEL
Isolierglas → THERMOPLUS
Isolierglas → THERMUR®
Isolierglas → Velco Therm
Isolierglas-Dichtstoff → Perennator®
Isolierglasfenster → JÄGER
Isolierglasfenster → KAUPP
Isolierglasfenster → RIEF
Isolierglasfenster → WEGERLE®
Isoliergrund → Keller
Isoliergrund → MARMORIT®
Isoliergrund → P 73-AUFBRENNSPERRE
Isoliergrundierung → B 74
Isolierhärter und Putzhärter → CELLEDUR
Isolierhalbschalen → GECOS
Isolier-Hartschaumplatten → WIBROPOR
Isolier-Haustüren → thermAL
Isolierkamin → Erlus
Isolierkamine → btg
Isolierkamine → JASTO
Isolierkitt → Linotherm®
Isolierkonzentrat → ARU
Isolierkonzentrat → ZERLANIN
Isolier-Lichtplatten → SCOBALIT (GFK)
Isoliermasse → ULTRAMENT
Isoliermaterial → FIA
Isoliermaterial → Fossilit

Jalousieklappen → RODE
Jalousieklappen → WILDEBOER®
Jalousien → Brauns
Jalousien → Büscher
Jalousien → DARASTOR®
Jalousien → F Rolladen
Jalousien → Faber
Jalousien → GRIESSER
Jalousien → HALUFLEX
Jalousien → Heede
Jalousien → Hesse
Jalousien → HILBERER
Jalousien → Hundt
Jalousien → KIMMICH
Jalousien → Luxaflex®
Jalousien → Mast
Jalousien → MILA
Jalousien → MULTISUN®
Jalousien → REFLEXA
Jalousien → Riggert
Jalousien → RILOGA®
Jalousien → silenta
Jalousien → Solarflor
Jalousien → sunlight
Jalousien → Taube
Jalousien → WAREMA®
Jalousien → WIDMER
Jalousien-Stores → WAREMA®
Jalousieschalter → duonova
Jalousietastenschalter → duonova
Jalousieteile → Schmidt
Jalousieteile → Werner
Jalousietüren → Schmidt
Jauchegruben → MALL
Jurakalk → RYGOL
Jura-Marmor → GLÖCKEL
Jura-Marmor → Niefnecker
Jura-Marmor → QUADRO®
Jura-Marmor → Schöpfel
Jutefilze → GERKOPLAN
Jutegewebe → Carletta®
Jutegewebe-Bitumen-Dichtungsbahn → Baubit
Jutegewebe-Dichtungsbahn → BIJULITH
Jute-Nadelfilz → SYNPOL®
Jute-Naturtapeten → Bondegård
Jutewattestreifen → JUWA
Kabelabdeckfolien → BAUER
Kabelabdeckhauben → Beroplast
Kabelabdeckhauben → Hourdis
Kabelabdeckhauben → Rickelshausen Ziegel
Kabelabdeckmaterial → BAUER
Kabelabdeckplatten → Rickelshausen Ziegel
Kabelabdeckprofile → REHAU®
Kabelabschottung → BRATTBERG-SYSTEM
Kabelabschottung → Flammadur
Kabelabschottung → FLAMRO
Kabelabschottung → NEUWA
Kabelabschottung → Pyro-Safe
Kabelabschottung → UNITHERM®
Kabelabschottungen → BRATTBERG
Kabelabschottungen → BSG
Kabelabschottungen → HENSOTHERMSKOTT
Kabelabschottungen → 3M
Kabelbahnen → OBO
Kabelbahnen → PUK
Kabelbeschichtung → Pyro-Safe
Kabelbinden → Scotchflex
Kabel-Brandabschottungen → NEUWA
Kabeldurchführungen → ado
Kabeldurchführungen → BR
Kabeldurchführungen → Hauff
Kabeldurchführungen → Pyro-Safe
Kabelführungen → Scotchflex
Kabelführungskanäle → ESKO
Kabelfugenmasse → cds-Durit
Kabelgarnituren → Scotchcast
Kabelharz → Gella
Kabelkanäle → Electraplan
Kabelkanäle → RUG
Kabelkanäle → Stahl
Kabelkanäle → Stöcker
Kabelkanal → APS-System
Kabelkanal → HKL
Kabelkanal → MÖNNINGHOFF
Kabel-Markierungsgitter → COERS®
Kabel-Markierungsgitter → TENAX®
Kabelschächte → polybau
Kabelschellen → PUK
Kabelschellen → Scotchflex
Kabelschutzhauben → BAUER
Kabelschutzhauben → GEBE
Kabelschutzhauben → JUWÖ
Kabelschutzhauben → Marktheidenfelder
Kabelschutzhauben → MORAVIA
Kabelschutzrohr → FF
Kabelschutzrohr → HEKAPLAN
Kabelschutzrohr → HEKAPLAST
Kabelschutzrohr → KABODUR
Kabelschutzrohr → Omniplast
Kabelschutzrohre → BAUER
Kabelschutzrohre → Beroplast
Kabelschutzrohre → Eternit®
Kabelschutzrohre → REHAU®
Kabelträger-Rinnen → Hensel
Kabel-Trägersysteme → NEUWA
Kabelvergußmasse → PRODORIT®
Kabinen → Ritterwand®
Kachelgrundöfen → BRUNNER
Kachelgrundöfen → Winter
Kachel-Heizkörper-Verkleidung → KERAHERMI
Kachelherde → BRUNNER
Kachelkamin → KAWATHERM

4

Kalk-Traßputz → maxit®
Kalkvorbeugungsmittel → PAROMIX
Kalk-Zement-Grundputz → Hessler-Putze
Kalk-Zement-Grundputz → maxit®
Kalk-Zement-Haftputz → MARMORIT®
Kalk-Zement-Leichtputz → maxit®
Kalk-Zement-Maschinen-Leichtputz → RYGOL
Kalk-Zement-Maschinenputz → DIEGRUND
Kalk-Zement-Maschinenputz → maxit®
Kalk-Zement-Maschinenputz → quick-mix®
Kalk-Zement-Maschinen-Putz → RYGOL
Kalk-Zement-Mauermörtel → maxitmur®
Kalk-Zement-Mischputz → DIEGRUND
Kalk-Zementmörtel → Knauf
Kalkzementmörtel → RYWALIT
Kalk-Zement-Oberputze → Heidelberger
Kalk-Zement-Putzmörtel → quick-mix®
Kalk-Zement-Unterputz → MARMORIT®
Kalk-Zement-Unterputz → RISETTA
Kalk-Zement-Unterputze → Heidelberger
Kalotten → END
Kaltadhäsivkleber → CONTACT-BAND
Kaltasphalt → VEDAPHALT
Kaltasphalt → WEBAS
Kaltasphalt → Wibit
Kaltasphalt-Feinschichten → KATFIX
Kaltasphalt-Mörtel → Comprifalt
Kaltbezinker → Zinkotom
Kaltbitumen → BÖRMOL®
Kaltbitumen → KALTAS
Kaltbitumen → VAT
Kaltbitumen → VIANOL
Kaltdach-Entlüfter → BINNÉ
Kaltdachentlüfter → Kaldomat
Kaltdach-Firstentlüfter → ONDULINE®
Kaltdachisolierung → Haacke
Kaltdachlüfter → EVALON
Kaltemulsion → MULSEAL
Kaltentlacker → Pantakalt
Kaltfassade → aero-dual
Kaltfassaden → POHL
Kaltfassaden → RITTER
Kalthärterlack → ARTIPLASTER
Kalt-Isolieranstrich → KALIX
Kaltkitte → PRODORIT®
Kaltklebemasse → ADHESTIK
Kaltklebemasse → BÖCOSOL
Kaltklebemasse → Breternol
Kaltklebemasse → HASSÄSSIV
Kaltklebemasse → KLEBKALT
Kaltklebemasse → Phoenix
Kaltklebemasse → RÜSGES
Kaltklebemasse → SOLUTAN
Kaltklebemassen → Ulmeritol
Kaltkleber → awafit
Kaltkleber → BauProfi
Kaltkleber → FIRMOPAK®
Kaltkleber → HEY'DI®
Kaltkleber → LASPLAST®
Kaltkleber → ROWA
Kaltkleber → rowapakt
Kaltkleber → VEDATEX®
Kaltleim → Tempo
Kaltmasse → VEDAGIT®
Kaltmischgut → BÖRMEX®
Kaltmischgut → Viamac
Kaltmuffenkitt → Estol
Kaltplastiken → GUBELA
Kaltreiniger → ASO
Kaltreiniger → HADAGOL
Kaltreiniger → Hakutex 74
Kaltschweißer → RESITRIX
Kaltselbstklebebahnen → COLPHENE
Kaltselbstklebebahnen → VEDATHENE®
Kaltvergußmasse → COLPO
Kalziumsilikat-Bauplatten → LIGNAT® und LIGNATAL®
Kalzium-Silikat-Platte → Masterboard
Kalziumsilikatplatten → Supaclad
Kamin → Franklin-Kamin
Kamin → KRAUSS
Kamin → K-Thermo
Kamin → PICO-BELL
Kamin → Turbo-Bell
Kamin → TURBO-BELL
Kamin-Abdeckhaube → KRAUSS
Kamin-Abdeckhauben → HOCO
Kaminabdeckplatten → BIRCO®
Kaminabdeckungen → bezapol
Kaminabdeckungen → Flender
Kaminabdeckungen → Fricke inlot®
Kaminabdeckungen → HEBÜ
Kaminabdeckungen → ISOMETALL
Kaminabdeckungen → Lübke
Kaminabdeckungen → M & W
Kaminabdeckungen → NAKRA
Kaminabdeckungen → SCHMITZ
Kaminabdeckungen → Upmann
Kaminabdeckungen → WILOA
Kaminaufsätze → BIRCO®
Kaminaufsätze → btg
Kaminaufsätze → ISOBETON
Kaminaufsätze → Trachsel
Kaminaufsatz → ASPIRA
Kaminaufsatz → Aspiromatik
Kaminauskleidungsrohre → INOX
Kamin-Auslegergerüst → AGO
Kaminbolzen → EuP
Kamine → ASOLANA® CAMINETTI
Kamine → Baukotherm
Kamine → bauku
Kamine → Bott
Kamine → btg

Kamine — Kaminzubehör

Kamine → CHEMINEES PHILIPPE
Kamine → Fischer
Kamine → GERLOFF®
Kamine → HEARTFIRE®
Kamine → KABE
Kamine → KAISER
Kamine → KAWATHERM
Kamine → KÖGEL
Kamine → OELLERS
Kamine → Pirelli
Kamine → RINGLEVER®
Kamine → schiedel
Kamine → Schreyer
Kamine → STEGEMANN
Kamine → Tummescheit
Kamine → Von Roll-Cheminée
Kamineinfassungen → BEBEG
Kamineinsätze → AERO-BELL
Kamineinsätze → Blaschek
Kamineinsätze → DIWO
Kamineinsätze → HARK
Kamineinsätze → LÜNSTROTH®
Kamineinsätze → Olsberg
Kamineinsätze → PASSAAT
Kamineinsätze → RÖHN-KAMIN
Kamineinsätze → Wodtke
Kamineinsatz → AQUA-BELL
Kamineinsatz → FONDIS
Kamineinsatz → G.T.I.-Kassette®
Kamineinsatz → Inset
Kamineinsatz → KAMSIN®
Kamineinsatz → Olympic
Kamineinsatz → rhimotherm
Kamineinsatz → Solar-Diamant
Kamineinsatz → SUPRA2
Kamineinsatz → TEKON®
Kamineinsatzrohre → OHLER
Kamin-Exhaustoren → Kamex
Kaminfeger-Leiter → HACA
Kaminfeuerofen → schiedel
Kaminformsteine → Bott
Kaminformsteine → Bott
Kaminformsteine → Kälberer
Kaminfutterrohre → BIRCO®
Kaminfuttersteine → BAUER
Kaminhauben → Scholz
Kaminheizkessel → FONDIS
Kaminheizkessel → Thermolutz®
Kamin-Heizkessel → Tricamino
Kamin-Heizkessel → VAMA
Kaminkassette → SUPRA2
Kaminkassetten → AUSTROFLAMM®
Kaminkassetten → BRIED
Kaminkassetten → Schierholz
Kaminköpfe → Luginger
Kaminkopfklinker → GÜLICH
Kaminkopfverkleidungen → btg
Kaminmantelstein → Erlus
Kaminöfen → Anstroflamm2
Kaminöfen → AUSTROFLAMM®
Kaminöfen → bic-fire
Kaminöfen → BRIED
Kaminöfen → Castelmonte
Kaminöfen → Champ
Kaminöfen → DAN-SKAN®
Kaminöfen → GOODWOOD
Kaminöfen → Handöl
Kaminöfen → IRIS
Kaminöfen → JØTUL
Kaminöfen → Kachel & Feuer
Kaminöfen → Matten
Kaminöfen → MORSÖ
Kaminöfen → Olympic
Kaminöfen → Pejseland
Kaminöfen → Schierholz
Kaminöfen → Selkirk
Kaminöfen → skantherm
Kaminöfen → VEBRA
Kaminöfen → Wodtke
Kaminofen → Buddenbrock
Kaminofen → Combi Condor
Kaminofen → CONTINUO
Kaminofen → DER KACHEL-OFEN
Kaminofen → DIANA
Kaminofen → Domanial
Kaminofen → Franklin-Kamin
Kaminofen → Hohenfels
Kaminofen → RAIS
Kaminofen → Ranger
Kaminofen → RONDO
Kaminofen → UNCLE BLACK®
Kaminofen → Voyageur
Kaminofen-Kassetten → Kaminet
Kaminplattenhalter → EuP
Kaminplattenstütze → Overhoff
Kaminreinigungstüren → TONA
KAMIN-RINGKLINKER → BAUER
Kaminrohre → Erlus
Kaminschieber → BIRCO®
Kaminschutzhauben → Kölner
Kaminsteine → AUKA
Kaminsystem → Dennert
Kaminsysteme → KÖGEL
Kamintüren → AWK
Kamintüren → Buschkamp
Kamintüren → ESKO
Kamintüren → Feuerfest
Kamintüren → RUG
Kamintüren → Upmann
Kaminverblender → GLÖCKEL
Kaminverkleidungen → JUMALITH
Kaminzubehör → RÖHN-KAMIN

Kanalabdeckung → JUNG
Kanalabdeckungen → Kerapolin
Kanaldielen → Krupp
Kanaldielen → MGF
Kanaleimer → OTTO
Kanalguß → AWK
Kanalkeilklinker → Söterner Klinker
Kanallüfter → Özpolat
Kanal-Radialventilatoren → MAICO
Kanalrohr → JUMBO
Kanalrohr → Raudril
Kanalrohre → bauku
Kanalrohre → Brandalen®
Kanalrohre → Eternit®
Kanalrohre → KG
Kanalrohre → RPR
Kanalrohre → Uponor
Kanalrohre → Wavin
Kanalrohr-Programm → Omniplast
Kanalrohrsystem → BRAAS
Kanalrohr-System → ULTRA-RIB
Kanalsanierung → Insituform
Kanalschachtklinker → Söterner Klinker
Kanalstreben → AGO
Kanalventilatoren → rosenberg
Kandelaber → Pohl
Kanten → Record
Kantenarmierung → Widra®
Kantenbrechleiste → Dekokant
Kantenfolie → Renolit
Kantenfurnier → Praktikus®
Kantengetriebe → Matador
Kantenleimverfahren → Supramelt
Kantenmaterial → GETAFORM
Kantenprofile → BAUKULIT®
Kantenprofile → Kimmerle
Kantenschienen → WULF
Kantenschutz → Dripprille, Drippkante
Kantenschutz → PANA
Kantenschutz → TeCo
Kantenschutz → Wellpur
Kantenschutz-Aluband → Alux
Kantenschutzprofil → Davor-Leiste
Kantenschutz-Richtwinkel → GIMA
Kantenschutz-Richtwinkel → Kämm
Kantenstein → Regum
Kantenumleimer → Praktikus®
Kantenumleimer → TRIAFLEX
Kantenverkleber → Hotmelt 2200
Kanthölzer → BROCKMANN-HOLZ
Kantholz → bofima®-Bongossi
Kapillarwassersperre → URSAL®
Kappendübel → TOX
Kappenriegel → QUICK
Kappleisten → HEBÜ
Karat 70 → Ergoldsbacher Dachziegel

Karbolineum → BAGIE
Karbolineum → BINNÉ
Karbolineum → HAHNE
Karniesprofilpaneele → Herholz®
Karthago-Ziegel → Jungmeier
Karusseldrehtüren → MBB
Karusselldrehtüren → Gallenschütz
Kaschierungen → ekatherm se
Kassetten → ATEX
Kassetten → BARTELS®
Kassetten → BHK
Kassetten → bieberal®
Kassetten → EBA
Kassetten → Herholz®
Kassetten → SCHRAG
Kassetten → SCHWARZWALD
Kassetten → TERHÜRNE
Kassetten → WONNEMANN
Kassettendecke → heydal®
Kassettendecke → RICO
Kassettendecke → STROBL
Kassettendecke → Wiebel-wohnholz®
Kassettendecken → Weimann
Kassetten-Decken GK → Knauf
Kassetten-Elemente → FISCHER
Kassetten-Innenausbausystem → HARO
Kassettenleuchten → Multilux
Kassettenlichtkuppeln → VEDASTAR®
Kassetten-Markisen → WAREMA®
Kassettenpaneele → STROBL
Kassetten-Türelemente → Herholz®
Kassettenwand → SFH und MPB
Kasten-Doppelfenster → porta
Kastenfenster → SYKON®
Kastenrinnen → INEFA
Kastenrinnen → SCHRAG
Kastenrollo → Wohntex®
Kastenspüler → DALLUX
Kastenspüler → OBJEKTA
Kastenspüler → PERFEKT1
Kastenzusatzschloß → ABUS
Kastenzusatzschloß → ABUS
Katastrophensäcke → HaTe
Kautschuk-Bitumen-Abdichtung → Sinoxyd
Kautschuk-Bitumen-Anstrich → Knauf
Kautschuk-Bitumen-Beschichtung → DISBOLASTIK
Kautschuk-Bitumenbeschichtung → Flextan (AIB)
Kautschuk-Bitumendickbeschichtung → IMBERAL®
Kautschuk-Bitumen-Emulsion → Kaubitan
Kautschuk-Bodenbelag → INDUSTRIEKORK
Kautschuk-Dichtungsbelag → EUBIT
Kautschuk-Faser-Spachtelmasse → ISO
Kautschukkleber → OKAMUL
Kautschuk-Kleber → Styrocol
Kautschuk-Polymer-Bitumenbahn → VEDAFLEX®
Kautschuk-Polymer-Bitumenbahn → VEDASTAR®

4

4

4

4

4

4

4

Kunststoff-Sportplatzbeläge → porutan
Kunststoff-Steinputz → TREFFERT
Kunststoff-Stopfen → Decki
Kunststoff-Streichputz → ACIDOR®
Kunststoff-Streichputz → DOMOCOR
Kunststoff-Strukturputz → ACIDOR®
Kunststoff-Strukturputz → Caparol
Kunststoff-Türen → FINSTRAL®
Kunststoff-Türen → GOLDE
Kunststoff-Türen → Hattendorf
Kunststoff-Türen → HM
Kunststoff-Türen → KONTURAL
Kunststoff-Türen → petal®
Kunststoff-Türen → WindorPlast
Kunststoff-Überdachung → KirstallDach
Kunststoff-Ventilatoren → KCH
Kunststoff-Verschlußstopfen → Deckel 22
Kunststoffversiegeler → Hydrolan
Kunststoffversiegelung → GLASCOPOX
Kunststoffversiegelung → MC
Kunststoffvoranstrich → BÖRFUGA
Kunststoff-Wandbelag → Herbol
Kunststoff-Waschputz → Wabierol
Kunststoff-Zement-Mörtel → Coritect N
Kunststoff-Zementmörtel → Lastoplan®
Kunsttravertinplatten → Bachl
Kupferbleche → Mehako
Kupfer-Dachpfannen → Cufix
Kupferhaut → MOGAT
Kupfer-Holzfenster → Neugebauer
Kupferlack → SÜDWEST
Kupferprofilbahnen → TECU®
Kupfer-Profile → BEMO
Kupferrohr → PRECU®
Kupferrohr → SANCO®
Kupferrohr → WICU-Rohr®
Kupferstifte → BÄR
Kupfervordächer → HIRSCHFELD
Kuppelsysteme → HUECK
Kupplungen → PERILEX®
Kurbeltrieb-Türschließer → DORMA
Kurzwellplatte → Eternit®
Kurzwellplatten → KW-Platten
Laborarmaturen → DAL
Lack- und Dispersions-Abbeizer → SE 2 Abbeizer
Lack-Anlauger → dufix
Lacke → AQUAdisp
Lacke → AURO
Lacke → Baeuerle
Lacke → DIESCO
Lacke → DURANAR®
Lacke → Falima
Lacke → Leukolat
Lacke → Lignal®
Lacke → LIGNITOP
Lacke → Pefalon
Lacke → PRODODIN®
Lacke → Sadolit
Lacke → setta® & settafan®
Lacke → TIPS
Lacke → WÜRTH®
Lacke → Zweihorn
Lackentferner → Beeck®
Lacke, Beizen und Kunststoffe → Bergolin
Lackfarbe → Brillux®
Lackfarbe → Herbol
Lackfarben → Delta
Lackfarben → Voigt
Lackfarben-Mischsystem → Buntdeltal-Mix-System
Lackfolie → BENOVA®
Lackharze → Vinnol®
Lack-in-Lack-Mischsystem → Glasurit
Lacklasur → Cetol
Lackplatten → OXYDIANE
Lackspachtel → Rhodius
Lackspachtelmassen → Elefant
Lack-System → BROCOPHAN
Lacktüren → TOP
Ladenbänder → EuP
Ladenbänder → GAH ALBERTS
Ladenbau → TECHNAL
Lärchenharzsalbe → LARO-WACHS
Lärmdämmittel → CES
Lärmkabinen → PHONIT
Lärmschutz → Botanico
Lärmschutz → LH-Systemwand
Lärmschutz → S + K
Lärmschutzfenster → Stillness
Lärmschutzfolie → Anti-Dröhn
Lärmschutzfolie → DämmTac
Lärmschutzkabine → Universal
Lärmschutzplatten → DecoTac
Lärmschutzplatten → Stanac
Lärmschutztunnel → Züblin
Lärmschutzverkleidungen → Teco
Lärmschutzwälle → AUKA
Lärmschutzwälle → Züblin
Lärmschutzwände → Araflor®
Lärmschutzwände → BANGKIRAI
Lärmschutzwände → BKN
Lärmschutzwände → bofima®-Bongossi
Lärmschutzwände → BWE
Lärmschutzwände → Cando®
Lärmschutzwände → dabau®
Lärmschutzwände → dabau®
Lärmschutzwände → EBECO
Lärmschutzwände → EURO
Lärmschutzwände → EVERGREEN®
Lärmschutzwände → FAVERIT
Lärmschutzwände → KANN
Lärmschutzwände → Karlolith®
Lärmschutzwände → Karolith

4

Leichtmetallgitter → RODE
Leichtmetall-Jalousien → BÄSSLER
Leichtmetall-Jalousien → CeGeDe
Leichtmetall-Jalousien → HALUFLEX
Leichtmetall-Kokillenguß → GEHÜ
Leichtmetall-Lüftungsgitter → DEINAL®
Leichtmetall-Pendeltüren → Siegle
Leichtmetall-Profile → Küberit®
Leichtmetallprofile → reglit®
Leichtmetall-Türprofile → HERKUTHERM
Leichtmetall-Trennwände → HERKULES®
Leichtmetall-Türen → HERKULES®
Leichtmörtel → Bisotherm®
Leichtmörtel → LEMOL
Leichtprofile → Krupp
Leichtprofile → MGF
Leichtputz → AISIT
Leichtputz → ALSECCO
Leichtputz → DISBOLITH
Leichtputz → Epasit®
Leichtputz → maxit®
Leichtputz → quick-mix®
Leichtputzbeschichtung → Capatect
Leichtputz-Dekor → ispo
Leichtsand → Transbitherm
Leichtschalkörper → SEEGER
Leichtschaum → PURENORM®
Leichtschornstein → schiedel
Leichtspanplatte → Schlingmann
Leichtunterputz → Capatect
Leicht-Unterputz → WÜLFRAmix-Fertigbaustoffe
Leichtziegel → BIUTON
Leichtziegel → pori klimaton®
Leichtziegel → PORITHERM®
Leichtziegel → RETON
Leichtziegel → Ziegelwerk Oberfinningen
Leichtzuschlagstoff → Liapor®
Leichtzuschlagstoff → Superlite®
Leime → HYMIR
Leime → Sommerfeld
Leimfarbe → ALBION
Leimfarbenlöser → ILKA
Leimholz → ARBON®
Leimholz → Beckmann
Leimholz → Feyler
Leimholz → HÄRLE
Leimholz → LÜBBERT
Leimholz → OSMO
Leimholz → WOLFF
Leimholzbalken → Losberger
Leimholz-Bohle → Losberger
Leimkitt → Sikkens
Leinölfirnis → LINUS
Leinöl-Grundfirnis → AGLAIA®
Leinölkitt → Pufas
Leinöl-Lackfarbe → AGATHOS®
Leisten → MEISTER Leisten
Leisten → PURENIT
Leisten → TERHÜRNE
Leistenprofile → sks
Leistensteine → Holsta
Leistensteine → Jahreiss
Leitboden → AluTeam
Leitdispersion → Electra
Leiteinrichtungen → GUBELA
Leitern → Brennenstuhl
Leitern → HACA
Leitern → Knödler
Leitern → Wakü
Leitern → Zarges
Leiterstütze → DASTA
Leiterträger → HEDO®
Leitfähigkeitszusatz → SCHÖNOX
Leitkegel → EUROPA
Leitpfosten → GUBELA
Leitsystem → Alutec
Leitsystem → GE-RO
Leitsystem → INFOFLEX
Leitsystem → infoline
Leitsystem → OGRO
Leitsysteme → DAMBACH
Leitsysteme → Opti Table®
Leitsysteme → Scritto®
Leitsysteme → Silit
Leitsysteme → Staefa
Leitsysteme → V.I.S.
Leuchten → Baulmann
Leuchten → BEGA
Leuchten → bps
Leuchten → Candela-System
Leuchten → Hahn 3
Leuchten → HOFFMEISTER
Leuchten → iGuzzini
Leuchten → ISMOS
Leuchten → Krieg
Leuchten → LAMPAS
Leuchten → Litec
Leuchten → LUXO
Leuchten → MARTINELLI LUCE
Leuchten → Metaflex
Leuchten → NORKA
Leuchten → Nova
Leuchten → Palme
Leuchten → Putzler
Leuchten → Reiher
Leuchten → RIDI
Leuchten → SK
Leuchten → Spectral
Leuchten → THORN EMI
Leuchten → Trilux
Leuchten → Tungsram

4

4

Luftkanäle → LIGNAT® und LIGNATAL®
Luftkanal-Verbindungselement → LABYRINTH®
Luftkissenpolsterfolie → handisol
Luftkollektor → MECO
Luft-Kombi-Flächenheizung → bio-therm
Luftkühler → THERMAL®
Luftlack → PALADUR®
Luftleitsystem → thermotex
Luftpolster-Wärmereflexionsfolie → Pedotherm®
Luftporenbilder → AIDA
Luftporenbildner → ADDIMENT®
Luftporenbildner → AIDA
Luftporenbildner → BAGIE
Luftporenbildner → Barra
Luftporenbildner → Barrolin
Luftporenbildner → Bausion
Luftporenbildner → CERINOL
Luftporenbildner → Ceroc
Luftporenbildner → Collocrete (LP)
Luftporenbildner → Dichtelin
Luftporenbildner → Hydro-Plastin
Luftporenbildner → INTRASIT®
Luftporenbildner → LIPOSIT
Luftporenbildner → LUGAFLUX® (LP)
Luftporenbildner → MC
Luftporenbildner → Plasto-Resin
Luftporenbildner → SICOTAN
Luftporenbildner → TRICOSAL®
Luftporenbildner → ULTRAMENT
Luftporenbildner → VINSOL
Luftporenbildner → Woermann
Luftporen-Kratzputz → SCHWENK
Luftschichtanker → BÄR
Luftschichtanker → Bitherm
Luftschichtanker → Drahtbox
Luftschichtanker → D.W.A.
Luftschichtanker → Hardo®
Luftschichtanker → HELLCO
Luftschichtanker → recostal®
Luftschichtdämmplatte → D.W.A.
Luftschichtplatte → hego
Luftschleieranlagen → TEKADOOR
Luftschleiergeräte → BAHCO
Luftschleiergeräte → GELU
Luftschleusen → Universal
Lufttüren → Pollrich
Luftwärmetauscher → Evidal®
Luftzufuhrelemente → Weiss
Lukendeckel-Isolierung → Isolierpack
Lukenschutzgeländer → tede
Magazin-Abstandhalter → Dalli
Magnesiabinder → Stöcker
Magnetbänder → ORGATEX®
Magnetfolie → magnetoplan
Magnet-Haftfläche → magnetoplan
Magnet-Lagerschilder → ORGATEX®
Magnetplantafeln → ORGATEX®
Magnet-Schloß-System → ZEISS IKON
Magnettafeln → ORGATEX®
Magnettapete → mac-ferro-tap
Magnettaschen → ORGATEX®
Magnet-Türdichtungen → ALUMAT
Main-Sandstein → HEMM
Main-Sandsteine → Gleussner
Makrolon → guttagliss®
Makrolon-Hohlkammer-Platte → OWOMAK®
Malerabdeckpappe → Schrenz
Malerspachtel → Delta
Maler-Spachtel → PM
Maler-Vorlack → hagebau mach's selbst
Malerweiß → hagebau mach's selbst
Malerweißlack → S 3 PLUS
Malerwerkstoffe → Meisterpreis
Mamor → KIEFER-REUL-TEICH
Manometerhähne → OVENTROP
Mantelformstücke → AUKA
Mantelformstücke → F.M.W.
Mantelprofile → Terostat
Mantelsteine → TONA
Markierungsfarbe → KRONALUX
Markierungsfarben → FRANKOLUX
Markierungsgitter → COERS®
Markise → Hansa
Markisen → arabella
Markisen → AURO®LUX
Markisen → BÄSSLER
Markisen → Baumgarte
Markisen → BEHRENS rational
Markisen → Clauss-Markisen
Markisen → DISCUS®
Markisen → elero®
Markisen → erasolore®
Markisen → erwilo
Markisen → Essendia
Markisen → F Rolladen
Markisen → Faber
Markisen → Fyrnys
Markisen → GEMILUX
Markisen → GRIESSER
Markisen → güscha
Markisen → Halu®
Markisen → Heede
Markisen → HILBERER
Markisen → INVENTA
Markisen → Leiner
Markisen → Losberger
Markisen → Losberger Markisen
Markisen → markilux®
Markisen → REFLEXA
Markisen → SOLIDUX®
Markisen → STOBAG
Markisen → UNISOL®

Markisen → VARISOL®
Markisen → VELUX
Markisen → WAREMA®
Markisen → Weinor
Markisen → WIDMER
Markisenantriebe → SIMU
Markisen-Halbzeuge → PERMA SYSTEM
Markisenstoffe → era
Markisenstoffe → Soladur
Markisenstoffe → Vicora®
Markisoletten → WAREMA®
Marko®-Pfanne → WALTHER
Marmetten → JUMA®
Marmor → Estremoz Marmor
Marmor → FIBERMAR
Marmor → Gerhäuser
Marmor → Hofmann + Ruppertz
Marmor → JUMA®
Marmor → JURA
MARMOR → JURA
Marmor → Kaldorfer
Marmor → Niefnecker
Marmor → Norddeutsches Terrazzowerk
Marmor → Oprey
Marmor → PUZICHA
Marmor → QUADRO®
Marmor → Schindler
Marmor → Solnhofer
Marmor → THASSOS
Marmor → Winterhelt
Marmor → Ziehe
Marmorbad → GERLOFF®
Marmor-Bodenbeläge → GERLOFF®
Marmorfensterbänke → Stich
Marmor-Fenstersimse → Fyrnys
Marmorfliesen → Hofmann + Ruppertz
Marmorfuge → ARDURIT
Marmor-Kachel → Carat
Marmor-Kachel → Cebo
Marmor-Kachel → Lotos
Marmor-Kachel → Nova
Marmor-Kacheln → ALSO®
Marmor-Kachelöfen → Schöpfel
Marmorkleber → Knauf
Marmorkörnungen → Schindler
Marmor-Massivtreppen → ALSO®
Marmorplattenträger → BAUFA
Marmorpolitur → Knauf
Marmor-Ringkachel → Ornament
Marmor-Schüsselkachel → Relief
Marmortafeln → MARMO ZETA
Marmor-Terrazzo-Platten → CARRANI
Marmortreppen → Stich
Marmorweißkalk → Schaefer
Maschendrahtzäune → HERAS
Maschendrahtzäune → K+E
Maschinen-Außen-Putz → RYGOL
Maschinendübel → TOX
Maschinenhaftputz → COLFIRMIT
Maschinen-Handstrichziegel → EGERNSUNDER/SÖNDERSKOV/ASSENBÖLLE-ZIEGEL
Maschinenhandstrichziegel → Görding
Maschinen-Innen-Putz → RYGOL
Maschinenlochsteine → Görding
Maschinen-Norm-Estrich → WICO®PLAN
Maschinenpflegemittel → Reinit BM
Maschinenputz → COLFIRMIT
Maschinenputz → DIEGRUND
Maschinenputz → DIETTERLE
Maschinenputz → GRÖBER
Maschinenputz → HAGALITH®-Fertigmörtel
Maschinenputz → Hessler-Putze
Maschinenputz → Knauf
Maschinenputz → Knauf
Maschinenputz → MARMORIT®
Maschinenputz → maxit®
Maschinenputz → Schaefer
Maschinenputze → LITHODURA
Maschinenputze → WÜLFRAmix-Fertigbaustoffe
Maschinenputzgips → Heidelberger
Maschinenputzgips → Knauf
Maschinenputzgips → Rimat®
Maschinenputzgips → ROCO
Maschinenputzgips → VG
Maschinenputzgips, Haftputzgips, Fertigputzgips → TURM
Maschinenputz-Zusatzmittel → Hydro-Plastin
Maschinenreiniger → ILKA
Maschinenschuppen → Conrads
Massagebecken → Corvinus & Roth
Massagebecken → Krülland
Massagedüsen → FLUVO®
Massagestationen → Corvinus & Roth
Massagesysteme → FITSTAR
Massiv-Absorber-Heizsystem → Müller Gönnern
Massiv-Ausbauhaus → VARIODOMO
Massiv-Blockhäuser → Bode
Massiv-Blockhäuser → Bots
Massiv-Blockhäuser → Chiemgauer Holzblockhaus
Massiv-Blockhäuser → EKO
Massiv-Blockhäuser → HAAS
Massiv-Blockhäuser → HIEBER
Massiv-Blockhäuser → Kretz
Massiv-Blockhäuser → PEDA
Massiv-Blockhäuser → Salzberger Landhausbau
Massiv-Blockhäuser → SCABE
Massiv-Blockhäuser → Steber
Massivdecke → FILIGRAN
Massiv-Garage → ZAPF
Massivhäuser → ABS
Massivhäuser → BAUMEISTER HAUS
Massivhäuser → CLASEN

4

Mauerschutzmittel → DUROFIX
Mauerschutzmittel → PARATECT
Mauersperrbahnen → POLYHAFT®
Mauersperrfolie → Scobalen
Mauerstärken → FRANK®
Mauerstärken-Abstandhalter → ROHRSPREIZEN
Mauerstärken-Abstandhalter → STERNSPREIZEN
Mauerstein → Betonit
Mauerstein → KLB
Mauersteine → Gleussner
Mauersteine → GLÖCKEL
Mauersteine → JUMALITH
Mauersteine → Kalksandstein
Mauersteine → Külpmann
Mauersteine → Romey®
Mauersteine → UHRICH
Mauersteine → Wesersandstein
Mauersteinen → Bisotherm®
Mauerstein-Platten → RUBERSTEIN®
Mauersystem → cobra®
Mauersystem → MULTI MAUER SYSTEM
Mauertrockenlegung → HW-System
Mauertrockenlegungs-Verfahren → elcopol®
Mauer-Trockenlegungsverfahren → ELkinet®
Mauertrockner → ISOLIT
Mauertrocknung → sapisol®
Mauertrocknungsmittel → CERINOL
Mauerverblendsteine → Theumaer
Mauerwerkabdichtung → Pegutan®
Mauerwerkdübel → Hilti
Mauerwerkimprägnierung → Vi-To-Phob
Mauerwerksabdichtungs-Folie → URSUPLAST
Mauerwerksabfangung → JORDAHL®
Mauerwerksabfangung → Modersohn
Mauerwerksabfangungen → SPEBA®
Mauerwerksbewehrung → Murfor®
Mauerwerksbreitenfolie → Renolit
Mauerwerkssanierung → PAINIT
Mauerwerksschutz → RAJAFLU
Mauerwerkssystem → Bisoplan®
Mauerwerksverfugung → STRASSERFUGE
Mauerwerksystem → Rimatem®
Mauerwinkel → RINN
Mauer-Zaun-System → WESERWABEN
Mauerziegel → Bachl
Mauerziegel → Blumör
Mauerziegel → BN-Ziegel
Mauerziegel → Bott
Mauerziegel → Hourdis
Mauerziegel → Kormann
Mauerziegel → Rickelshausen Ziegel
Mauerziegel → Zibuton
Mauerziegel → Ziegelwerk Eitensheim
Mauerziegel → Ziegelwerk Oberfinningen
Mazista-Schiefer → HL
Maßrollos → RILOGA®
Maßtürelemente → irg
Mehrbereichsblindniete → RIV
Mehrfachbelegungsrohre → RAUDUCT
Mehrfach-Fluat → OLAFIRN
Mehrfach-Fluatsalz → ISOFIRN
Mehrfachrohre → Wavin
Mehrfarbeneffektbeschichtung → Diwatone Textur
Mehrfarbenlack → WÖROCOLOR
Mehrfunktionsfenster → rekord®
Mehrkomponenten-Reiniger → Delcacit
Mehrscheiben-Isolierglas → GLAVERPLUS®
Mehrscheibenisolierglas → ISOLAR®
Mehrscheiben-Isolierglas → PHONIBEL
Mehrscheiben-Isolierglas → STOPRAY
Mehrscheiben-Isolierglas → STOPSOL®
Mehrscheiben-Isolierglas → THERMOBEL
Mehrschichtdämmatten → GERKODÄMM
Mehrschichtfiltration → REFIFLOC®
Mehrschichtleichtbauplatte → JOMA
Mehrschicht-Leichtbauplatten → HERATEKTA®
Mehrschicht-Leichtbauplatten → Lühofa
Mehrschicht-Leichtbauplatten → Poresta®
Mehrschicht-Leichtbauplatten → TEKTALAN®
Mehrschichtplatten → AEROLITH
Mehrschichtplatten → dilloplex
Mehrschichtplatten → EIFELITH
Mehrschichtplatten → FIBROTHERM
Mehrschichtplatten → PRESTO
Mehrschichtplatten → RYGOL
Mehrschichtplatten → Zemmerith
Mehrschichtspanplatte → Thermopal
Mehrzweck-Abstandhalter → Abstand-fix
Mehrzweckanstrich → GEBÖRTOL®
Mehrzweckfarbe → BAGIE
Mehrzweckfenster → Bayerwald
Mehrzweckfenster → Hain-Fenster
Mehrzweckfenster → HM
Mehrzweckfenster → MEADUR
Mehrzweckfluat → DOMOSILIN®
Mehrzweckhallen → EURO
Mehrzweckkleber → AISIT
Mehrzweck-Kleber → WAKOL
Mehrzweckkleber → Wanit-Universal
Mehrzweckleiste → GRAF PROFIL
Mehrzweckplatte → Rockwool Dämmstoffprogramm
Mehrzweckplatten → REMAGRAR
Mehrzweckrohre → AGROSIL
Mehrzweckspachtel → SÜCO
Meldesysteme → argus
Membrandächer → KIB
Membrandächer → KOIT
Membranen-Stoffe → POLYMAR®
Membranschieber → Preussag
Membranventile → SISTO®
Messe- und Verkaufsstände → ARIANE®
Messebau → ALIT

4

4

Nägel → TOX
Nägel → WÜRTH®
Nägel für Dach und Wand → KÜNZEL
Nagel → Expreß-Nagel
Nagelbare Schraube → TOX
Nagel-Dübel → Berner
Nageldübel → „N"
Nageldübel → TOX
Nagelflanschplane → HEY'DI®
Nagelfluh → KIEFER-REUL-TEICH
Nagelleiste → Easikrete
Nagelleiste → Herkules
Nagelleiste → Prenailed
Nagelleisten → Roberts
Nagelplatte → BAT
Nagelplatten → GANG-NAIL®SYSTEM
Nagelplattenbinder → Kewo
Nagelplattenkonstruktion → BAT
Nagelverbindung → Greimbau
Nahtkleber → SG
Nahtpaste → SG
Natronkraftpapier → RÖTHEL
Natur- und Kunststeinpolitur → ILKA
Natur- und Zementsteinfestiger → DOMOSIC
Natur-Binderfarbe → AGLAIA®
Naturfarbe → AGARAL
Naturfarbe → RESPIRAL
Naturfarben → AGATHOS®
Naturfarben → AGLAIA®
Naturfarben → Leinos
Naturfaser-Bodenbeläge → ASTRA®
Naturfaser-Bodenbeläge → SCHÄR
Naturfaserputz → Beecko
Naturfaser-Teppichboden → DE-KO-WE®
Naturfaser-Wandbeschichtung → JaDecor®
Naturglas → Perlite
Natur-Hartgestein → MHI
Naturharzfarbe → AGLAIA®
Naturharz-Holzlasuren → Biofa
Naturharz-Imprägnierungsöl → Bio Pin
Naturharzklarlack → TUNNA
Naturharz-Klarlacke → Biofa
Naturharz-Lacke → AURO
Naturharz-Öllacke → Bio Pin
Naturholz-Balken → Wiebel-wohnholz®
Naturholzdecke → Wiebel-wohnholz®
Naturholz-Zäune → EKA
Naturholzzäune → EKA
Naturkalk → WÜSTEFELD KALK
Natur-Kleber → AURO
Naturklebstoff → UZIN
Natur-Korkkleber → LINAMI
Naturlack → CANTO
Naturlack → VINDO
Naturöl → DUBNO
Natur-Papierkleber → BAVE
Naturpflastersteine → Chemag
Naturprodukte → Bio Pin
Natur- und Zementsteinfestiger → ASOLIN
Naturschellack-Lack → BELOS
Naturschellack-Lack → LANDIS
Naturschiefer → Flosbach
Naturschiefer → SOTILLO G.
Natur-Schnellzement → FIX-ZEMENT®
Naturstein → Alta-Quarzit
Naturstein → Bilz
Naturstein → Friedel
Naturstein → Kleinziegenfelder Dolomit
Naturstein → Wesersandstein
Naturstein → Ziehe
Natursteine → BERGÉR
Natursteine → DIROLL
Natursteine → FELS®
Natursteine → GEBA®
Natursteine → Gerner
Natursteine → GLÖCKEL
Natursteine → JUMALITH
Natursteine → KIEFER-REUL-TEICH
Natursteine → Kies Menz
Natursteine → KOLHÖFER

Natursteine → KUSSER
Natursteine → LMG
Natursteine → MÜLLER5
Natursteine → Münzenloher
Natursteine → Niefnecker
Natursteine → OHI
Natursteine → PUZICHA
Natursteine → Rompf
Natursteine → Schilling
Natursteine → Schön + Hippelein
Natursteine → Schröder
Natursteine → Steinbach
Natursteinersatzmaterial → KUBOL
Natursteinfassaden → GERLOFF®
Naturstein-Fassadenplatte → Inkalite
Naturstein-Fliesen → BERGÉR
Natursteinfliesen → Stimar
Naturstein-Haftbrücke → Durit
Natursteinhalteanker → Frimeda
Natursteinkörnung → NEUGRÜN und BAYRISCH GRÜN
Naturstein-Mauerwerk → MEFRA
Naturstein-Normbauteile → TUBAG
Naturstein-Pflanztrog → Elementa®
Natursteinpflaster → Gerhäuser
Natursteinpflaster → Kies Menz
Natursteinpflaster → KÖSTER
Natursteinpflaster → MEFRA
Natursteinpflaster → UHRICH
Natursteinplatte → Wiegand
Natursteinplatten → JUMA®
Natursteinplatten → Niefnecker
Natursteinplatten → Rompf
Natursteinplatten → SILBER-QUARZIT
Natursteinplatten → Solnhofener
Natursteinplatten → Solnhofener Platten
Natursteinplatten → UHRICH
Natursteinprodukte → MEFRA
Natursteinputz → Klarol
Natursteinputz → Nr. Sicher
Natursteinputz → RELÖ
Natursteinriemchen → KLIMEX
Natursteintraganker → Frimeda
Naturstein-Treppen → Wachenfeld-Treppenring
Natursteinverblendung → Anröchter Dolomitstein
Natursteinversiegelung → hagebau mach's selbst
Natur-Tapetenkleister → LAVO
Naturteich → DIA®
Naturteichanlagen → MENTING
Naturwerkstein → Luxem
Naturwerkstein → WIENECKE
Naturwerkstein → Winterhelt
Naturwerksteinplattenanker → Halfeneisen
Naßmörtel → sibomörtel
Naßraumtüren → KEMMLIT
Naßraumtüren → WIRUS
Naßzelle → Sanibox®
Naßzellen → DOMO
Nebeneingangstüren → Bayerwald
Nebeneingangstüren → MFR
Nebeneingangstüren → VOSS
Neigungsringe → DURO
Neoprene-Dispersionsvoranstrich → ARDAL
Neoprene-Dispersionsvorstrich → UZIN
Neoprene-Haftvorstrich → KLEFA
Neoprene-Kleber → N 100
Neoprenekleber → Thomsit
Neopreneklebstoff → KLEFA
Neoprene-Klebstoff → UZIN
Neoprene-Spachtelmasse → WAKOL
Neoprene-Spezialfolie → PERMAFLASH
Neoprene-Verformungslager → HUTH & RICHTER
Neoprene-Vorstrich → NL 200
Neoprene-Vorstrich → NV 150
Neoprene-Vorstrich → Thomsit
Neoprene-Vorstrich → WAKOL
Neopren-Formteile → PERFEKT GKS
Neoprengrundierung → MIKROLITH
Neoprenmasse → NEOPRENE FLASHING CEMENT
Neopren-Voranstrich → Ceresit
Neoprenvorstrich → OKAPREN
Netz- und Haftmittel → TEGO
Netz-/Seil-Produkte → HERCUFLEX®
Netzstation → Gräper
Neutralisation → SICO
Neutralisierung → ispo
Neutralisierungsfluat → ZERLANIN
Neutralisierungsmittel → ESCO-FLUAT
Neutralisierungsmittel → HEY'DI®
Neutralisierungsmittel → ISOLEX
Neutralisierungsmittel → Kristall-Isolit
Niedertemperatur-Fußbodenheizung → ORFIX
Niedertemperatur-Fußbodenheizung → TERIGEN®
Niedertemperatur-Gasspezialheizkessel → Loganagas
Niedertemperatur-Großkessel → Turbomat-Duplex
Niedertemperatur-Gußheizkessel → Logana
Niedertemperatur-Heizkörper → Exclusiv
Niedertemperatur-Heizkörper → HUDEVAD
Niedertemperatur-Heizkörper → KERMI®
Niedertemperatur-Heizkörper → opti
Niedertemperatur-Heizkörper → Spirotherm
Niedertemperaturheizung → ATHE THERM
Niedertemperaturkessel → Gasomat
Niedertemperatur-Mittelkessel → Paromat-Duplex
Niedertemperatur-Stahlheizkessel → Junomat
Niedervolt-Halogen-System → Lumina
Niedervolt-Halogen-System → Starline
Niedervolt-Leuchten → Palme
Niedervolt-Leuchten → R2B-Leuchten
Niedervolt-Leuchtensystem → Cardan
Nikotin-Isolierfarbe → Nikosol®
Nirostifte → BÄR
Nischenkacheln → Lipp

Nitratentferner → Selectomat®
Nitratentfernung → DENIPOR®
Nitro-Streichlack → CLOU® für Heimwerker
Nitro-Verdünnung → CLOU® für Heimwerker
Nitroverdünnung → hagebau mach's selbst
Nitro-Verdünnung → PM
Nitrozelluloselacke → Zweihorn
Niveauanschaltgeräte → UNIVA
Nivellier- und Ausgleichsmassen → UZIN
Nivellier-Estrich → NORINA
Nivelliermasse → Epasit®
Nivelliermasse → KLEFA
Nivelliermasse → SCHÖNOX
Nivellierspachtel → Ceresit
Nonnenziegel → Ergoldsbacher Dachziegel
Noppenbahn → guttapara®
Noppenbahnen → WITEC®
Noppenbeläge → SCHAEFFLON
Noppenbelag → Coranop
Noppenmatte → Calenberger
Noppenplatten → Nickel
Noppenplatten → Regum
Noppenprofilplatten → Hoffmann
Noppenschaumstoff → Hoffmann
Normbalken → DERIX
Normbohle → Losberger
Normenfenster → RIEF
Normfenster → Hörmann
Norm-Fenster → MONZA
Normfenster → RÜTERBAU
normsturz → OLTMANNS
Normtüren → HALTENHOFF
Not- und Hinweisleuchten → Kotzolt
Notbeleuchtung → CEAG
Notbeleuchtungssysteme → FRIWO
Notleiter → Jomy
Notleuchten → R2B-Leuchten
Notschlüsselkasten → Kurse
Nut- und Federprofile → Prokuwa
Nut- und Federprofile → Werzalit®
Nut-Steck-Paneele → TERHÜRNE
Nylondübel → HELLCO
Oberflächenbeschichtung → ergopur 3600
Oberflächenbeschichtung → PALAPLAST
Oberflächenbeschichtung → SÜLLO
Oberflächendichtung → SÜLLO
Oberflächendichtungsmittel → DUROFIX
Oberflächen-Entaktivierer → DRC
Oberflächenentwässerung → polychrain
Oberflächenentwässerungsrinnen → JÜRS
Oberflächenerneuerer → TROXYMITE
Oberflächengestaltung von Wänden → saleen®
Oberflächenreiniger → INOLIT
Oberflächenschutz → ekamet
Oberflächenschutz → Isogenopak®
Oberflächenschutz → SPRAYLAT
Oberflächenschutz → TINTO
Oberflächenspachtel → FUNCOSIL
Oberflächenversiegelung → STRADAFIX
Oberflächenverzögerer → Nafuclar
Oberlichtbänder → EVERLITE®
Oberlichtbänder → GRILLO
Oberlichtbänder → HEMAPLAST®
Oberlichtband → Luxotherm®
Oberlichtband → rodatop
Oberlichter → Eberspächer
Oberlichter → SCOBALIT (GFK)
Oberlichtöffner → AERO SUHR
Oberlichtöffner → FORMAT 20
Oberlichtöffner → GEZE
Oberlichtöffner → GEZE
Oberlichtöffner → GEZE
Oberlichtöffner → VAL
Oberlichtöffner → VENTUS
Objektschutzfenster → Terror-Stop
Objektwandbelag → salubra
Oelbrenner → THERMO-BLITZ
Öfen → TULIKIVI
Öffner-Systeme für Lichtkuppeln → skoda
Öko-Häuser → EURO HAUS
Öl-, Fett- und Teerentferner → hagebau mach's selbst
Öl- und Gasbrenner → Capito
Ölabsorptionsmittel → RAAB
Öl-Alkydharzlack → TOPOL® 100
Öl-Aufsaugstreu → Quick-Dry
Ölbindemittel → Ekoperl
Ölbindemittel → HYBALIT N®
Ölbindemittel → Quick-Dry
Ölbinder → ABSOLYT
Ölbinder → Öltod
Ölbinder → RHODIA®-SORB
Ölbinder → TAKE
Ölbrenner → ELCO
Ölbrenner → ELECTRO-OIL®
Ölbrenner → Hofamat
Ölbrenner → MAN
Ölentferner → Hagesan
Ölentferner → Knauf
Ölentferner → TRENNFIT
Ölfarbe → AMELLOS
Ölfarbe → Supra
Ölförderaggregate → Simka
Öl-Fresser → hagebau mach's selbst
Öl/Gas-Spezialheizkessel → WOLF
Öl/Gas-Spezialkessel → Domobloc®
Öl/Gas-Spezialkessel → Domomat®
Öl/Gas-Spezialkessel → Domonova®
Ölisolierung → Synatect®
Öllacke → Bio Pin
Ölnebelabscheider → KESSLER + LUCH
Ölöfen → Olsberg
Ölschutz → KRONALUX

4

Ölschutz → PASSIVOL®
Öl-Schutzanstrich → Nr. Sicher
Ölsperre → Abolin®
Ölsperre → Armitol
Ölsperre → BAGIE
Ölsperre → BÜCOLAC®
Ölsperre → düfa
Ölsperre → OKALAC
Ölstop-Farbe → Glasurit
Ölstop-Kunststoffbeschichtung → FEIDAL
Öltank → PFISTERER
Öltanksicherung → ABUS
Ölverteiler → MAGRA®
Ölwannenbeschichtung → Pufas
Ölwannenfarbe → CELLEDUR
Ösen-Montagesätze → BIERBACH
Ofenkachel → Rondo
Ofenkachel → Sinfonie
Ofenkacheln → ALSO®
Ofenkacheln → Atelier-Serie
Ofenkacheln → Bankel-Kacheln
Ofenkacheln → Barock
Ofenkacheln → Carat
Ofenkacheln → Cebo
Ofenkacheln → Ebinger
Ofenkacheln → Embri
Ofenkacheln → Exclusiv-Serie
Ofenkacheln → Hensiek
Ofenkacheln → Lipp
Ofenkacheln → Lotos
Ofenkacheln → MODERNA
Ofenkacheln → Nova
Ofenkacheln → Ornament
Ofenkacheln → Relief
Ofenkacheln → Renaissance
Ofenkacheln → Rosette
Ofenkacheln → „Schüsselkachel“
Ofenkacheln → TERRA-KERAMIK
Ofenkacheln → Wertstein®
Ofenkacheln → WOLF BAUKERAMIK
offene Kamine → K + H
Offene Kamine → Pyro
offene Kamine → RINGLEVER®
Offene Kamine → SCHWENDILATOR®
Offene Kamine → STOLLE
Organo-Phosphor-Verbindungen → KaCeflam®
Orientierungs- und Informationsschilder → OGRO
Orientierungshilfen → DAMBACH
Orientierungspläne → Kroschke
Orientierungssysteme → Silit
Ornamentformsteine → BIRCO®
Ornament-Gußglas → LISTRAL®
Ornament-Rippensteine → Celton
Ornamentsteine → ALBERT
Ornamentsteine → DIEPHAUS
Ornamentsteine → HEGIform®
Ornamentsteine → Kraus
Ornamentsteine → MENTING
Ornamentsteine → TROSIPLAST®
Ornamentsteine → WEBA
Ornamentwände → dabau®
Ortgänge → Herforder Dachkante
Ortgangblende → „Original Laaspher“
Ortgangblenden → Bri-So-Laa®
Ortgangprofile → malba
Ortgangstein → BRAAS
Ortgangstein → BRAAS
Ortschaum → Thermokern
Ortschaum-System → Elastopor®
Ouarzsandfertigmischungen → ISG
Outdoor-Belag → fuldapark
Outdoor-Belag → PEGULAN
Ovalrohrkonvektor → AMS
Ozonbehandlung → Intermit®
Ozonsysteme → ARGENTOX
PA → ULTRAMID®
Paketdurchreichen → Wurster
Paletten-Regalsystem → GALLER
Palisaden → ante-holz
Palisaden → Fi/Ta.
Palisaden → GECA
Palisaden → HADA
Palisaden → Lusit®
Palisaden → MALL
Palisaden → Mallflor
Palisaden → Palibeet
Palisaden → POLYGON-Zaun®
Palisaden → RONDO®
Palisaden → RUSTO®
Palisaden → UNI®
Palisaden → WERTH-HOLZ®
Palisaden → WKR-SYNTAL
Palisaden → Zimmermann-Zäune
Palisadenhölzer → BROCKMANN-HOLZ
Palisaden-Rundhölzer → Holsta
Palisadensystem → Altstadt
Palisadensystem → Okta
Paneel- und Innenausbausysteme → PARADOR®
Paneelclip → STABA
Paneeldecken → dobner
Paneeldecken → RISSE
Paneele → BHK
Paneele → Danzer
Paneele → DURANTIK®
Paneele → EBA
Paneele → HARO
Paneele → Herholz®
Paneele → HESA
Paneele → Hornitex®
Paneele → HUNTER DOUGLAS
Paneele → LANGUETTO
Paneele → NEBA

Pflanzkübel → Rieco
Pflanzkübel → WKR-SYNTAL
Pflanzring → florwall®
Pflanzring → Waflor®
Pflanzringe → MEUROFLOR®
Pflanzringsystem → Hangflor
Pflanzringsystem → Rasterflor
Pflanzringsystem → Stützflor
Pflanzringsystem → Varioflor
Pflanzschalen → Hötzel
Pflanzschalen → ROSEN
Pflanztröge → BASOLIN®
Pflanztröge → dabau®
Pflanztröge → Florado®
Pflanztröge → Holsta
Pflanztröge → Menzel
Pflanztröge → Münzenloher
Pflanztröge → SANITH®
Pflanztröge → Schäfer Objekt
Pflanztröge → Stabirahl®
Pflanztröge → TUBAG
Pflanztröge → Zimmermann-Zäune
Pflanztrog → City
Pflanztrog → Elementa®
Pflanzwand → Hegipex®
Pflanzwand → Megalith
Pflanzwand → Plötner Eifelwand
Pflaster → Gerhäuser
Pflaster → Graziet
Pflaster → HARZER
Pflaster → LERAG®
Pflaster → Leramix®
Pflaster → Öko-VM
Pflaster → Pfälzer Pflaster
Pflaster → Thiele-Granit
Pflasterklinker → BAUER
Pflasterklinker → Castolith
Pflasterklinker → Crealit
Pflasterklinker → DAN-KERAMIK
Pflasterklinker → Gördirg
Pflasterklinker → GÜLICH
Pflasterklinker → HEISTERHOLZ
Pflasterklinker → Knabe
Pflasterklinker → NORD-STEIN
Pflasterklinker → Röben
Pflasterklinker → Staloton
Pflasterklinker → Zippa
Pflasterplatte → OKTAVO
Pflasterplatten → Castolith
Pflasterrinnen → Greiner
Pflasterstein → Alt-Schwaben-Pflaster
Pflasterstein → Dorfstraße-Pflaster
Pflasterstein → DUROTON
Pflasterstein → Lösch-Pasand®
Pflasterstein → RUSTO®
Pflasterstein → Vialit

Plattendecke → NORM-STAHL
Plattendecken → ABI
Plattendecken → innbau
Plattendecken → KLÖCKNER
Plattendecken → Romey®
Plattendecken → Schnabel
Plattenheizkörper → Planogarant
Plattenkleber → Hydrolan
Plattenlager → BINEX
Plattenlager → Niederberg
Plattenlager → PLATTENplatte®
Plattenlager → terring®
Plattennägel → HELLCO
Plattenprogramm → Eifelplatte
Plattenstelzlager → D.W.A.
Plattentreppe → MONTIG
Plattenwärmetauscher → Fläkt
Plattenwärmetauscher → THERMAL®
Plattenwerkstoffe → R + M
Plexiglas-Polierpaste → UNIPOL 5796
Pliestergeflecht → STAHLNETZ
Plissee-Jalousien → sunlight
Pneumatik-Zeitschalter → Zasex
Podeste → bastal
Podestplatten → grimmplatten
Podesttreppe → innbau
Podesttreppen → KABO
Podesttreppen → poeschco
Podesttreppen → UNIBAU
Podesttreppen → VARIO STEP®-SYSTEM
Polier- und Schwabbellack → Zweihorn
Polierpaste → POLY GLANZ
Politur → Poligen
Poller → A + G
Poller → BASOLIN®
Poller → Ebert
Poller → grimmplatten
Poller → HESS
Poller → KANN
Poller → Kronimus
Poller → Schäfer Objekt
Poller → WOLFF
Pollerleuchten → Poulsen
Polstermöbelbeizen → Zweihorn
Polsterplatten → Softex
Polvlies-Teppichboden → PEGULAN
Polyacrylat-Dichtstoff → Terostat
Polyacrylatole → Lumitol®
Polyacryl-Dichtstoff → EUROLASTIC
Polyacrylnitril-Faser → DOLANIT
Polyäther → IXOL®
Polyätherole → Luphen®
Polyäthylenfolie → Polydress
Polyäthylen-Rohr → Polycross®-Rohr
Polyäthylen-Schaumstoffstränge → ALBON
Polybeton®-Verbundrohre → ZÜBLIN
Polybutylen für Fußbodenheizungsrohre → Shell
Polyesterbetonerzeugnisse → DURO
Polyester-Bodenbelag → KERAPLAN
Polyesterfaserplatte → UZIN
Polyester-Faserspachtel → Praktikus®
Polyesterfolie → Pollopasspiegel
Polyestergewebe → FLEXTON
Polyesterhallen → obro®
Polyesterharz → PALATAL®
Polyesterharzkanten → RESOPALAN®
Polyesterharzkitte → Stellavol
Polyesterharz-Lichtplatten → Wanit-Universal
Polyesterklebeband → ALUJET
Polyesterole → Luphen®
Polyesterplatten → rodalit
Polyester-Schnellspachtel → Praktikus®
Polyesterspachtel → Plastolit S 67
Polyester-Spezialharz → Praktikus®
Polyestervlies → DAKFILL
Polyestervlies → Poly-rowaplast
Polyestervlies-Bitumen-Dachschichtungsbahnen → Baubit
Polyester-Vliesmatte → COLBOND
Polygonalplatten → Jahreiss
Polyisobuten → ELCH
Polyisobutylen-Masse → Ceresit
Polymerbeton → RESPECTA
Polymerbeton-Leibungsfenster → Schierholz
Polymer-Bitumen-Abdichtungsmasse → BAUPLAST
Polymer-Bitumen-Dachanstrich → RÜSGES
Polymer-Bitumen-Dachbahnen → awaplan
Polymer-Bitumen-Dachbeschichtungsmasse → BAUPLAST
Polymerbitumen-Dachdichtungs- und Schweißbahn → ELMO-flex
Polymer-Bitumen-Dachdichtungsbahn → ROWA
Polymer-Bitumen-Dachdichtungsbahn → rowapren-PYE
Polymer-Bitumen-Dachhaut → VEDAFLEX®
Polymerbitumenemulsion → BÖRMEX®
Polymerbitumen-Schweiß- und Dichtungsbahn → POLY-WETTERFLEX
Polymerbitumen-Schweißbahn → Lido-Poly-Bahn
Polymer-Bitumen-Schweißbahn → Poly-rowaplast
Polymer-Bitumen-Schweißbahn → ROWA
Polymer-Bitumen-Schweißbahn → rowapren-PYE
Polymerbitumen-Schweißbahn → VEDAFLEX®
Polymer-Bitumen-Schweißbahnen → Edaplast
Polymer-Bitumen-Schweißbahnen → PROBAT-tect
Polymerbitumen-Schweißbahnen → SK
Polymer-Bitumen-Spachtelmasse → RÜSGES
Polymer-Bitumen-Universalanstrich → RÜSGES
Polymer-Bitumen-Voranstrich → RÜSGES
Polymerbitumen-Voranstrich → SK
Polymerentferner → SOLOBONA®
Polymer-Fugenbänder → GUMBA
Polymerisatharz-Abtönfarben → Duparol

4

4

Putzhaftvermittler → btx
Putzkalk → Putzfix
Putzkalk → Schaefer
Putzkante → Ettl
Putzkantenausbildung → Widra®
Putzlatten → permaplan®
Putzleisten → RIHO®
Putzmasse → Seilo®
Putzmörtel → BauProfi
Putzmörtel → BAYOSAN
Putzmörtel → Hessler-Putze
Putzmörtel → ISOSTUCK
Putzmörtel → ispo
Putzmörtel → ispo
Putzmörtel → ispo
Putzmörtel → RYWALIT
Putzmörtelzusatz → HEY'DI®
Putznägel → Hardo®
Putzpräparat → THERMOPAL®
Putzprofile → PROTEKTOR
Putzprofile → SPEBA®
Putz- und Mauerbinder → MARMORIT®
Putzreinigung → Beeck®
Putzsysteme → quick-mix®
Putzträger → STAUSS
Putzträger → Stucanet®
Putzträgermatten → Sorst
Putzträgerplatte → DUPLOTHERM
Putzträgerplatte → ETRA-DÄMM
Putzträgerplatte → GLASULD
Putzträgerplatte → HERAKLITH®
Putzträgerplatten → GYPLAT
Putzträgerplatten → QUICK-Ziegelsystem
Putzträgerplatten → Regenstaufer
Putzveredler → KERAPLAN
Putzzusatz → Hydro-Plastin
Putzzusatzmittel → DOMOPAL
Putzzuschlag → Creteperl®
PU-Versiegelung → Ceresit
PU-Wand → bieberal®

PU-Weichschaumstoff → HANNOSCHAUM®EL
PU-Weichschaumstoff → Hoffmann
PVB-Folie → TROSIFOL®
PVC → HOSTALIT®
PVC → Vinnol®
PVC → VINOFLEX®
PVC-Badematten → PASS
PVC-Baufolien → ROBAUPLAN
PVC-Beläge → MIPOLAM®
PVC-Beläge → royal
PVC-Belag → compact
PVC-Belag → deliplan leitfähig
PVC-Belag → deliplast
PVC-Belag → Multisafe
PVC-Bodenbeläge → era
PVC-Bodenbeläge → PEGULAN
PVC-Bodenbelag → Alkor
PVC-Bodenbelag → ORNAMENTA
PVC-Bodenbelag → UNI MOUSS
PVC-Dachbahnen → Sikaplan
PVC-Dichtung → Praktikus®
PVC-Druckrohr-Programm → Omniplast
PVC-Fenster System → WEGERLE®
PVC-Fensterprofile → Miran
PVC-Fensterrahmenpflegemittel → Cosmoklar N
PVC-Fixierung → Pufas
PVC-Flüssigkunststoff → DISBOMER
PVC-Folien → Scotchcal
PVC-Formplatten → rodanit
PVC-Formteil → Isogenopak®
PVC-Fugenbänder → GUMBA
PVC-Fugenband → MC
PVC-Fußbodenbeläge → URSULEUM
PVC-Granulat → Benvic®
PVC-Hart Integral-Schaumplatten → KÖMACEL®
PVC-Hart-Klebstoff → Cosmofen
PVC-Hart-Platten → KÖMADUR®
PVC-Hart-Reinigungsmittel → Cosmofen
PVC-Industrieplatten → RICKETT®
PVC-Kleber → KÖRACOLL Fe

PVC-Kleber → WEVO
PVC-Paneele → LANGUETTO
PVC-Platten → Europor
PVC-Platten → guttagliss®
PVC-Platten → RIPOLOR
PVC-Profile → Betomax
PVC-Profile → Küberit®
PVC-Profile → Nokoplast
PVC-Relief-Bodenbeläge → trilastic
PVC-Reliefbodenbelag → triluxe
PVC-Rohre → BT
PVC-Rollen → guttagliss®
PVC-Schaumstoffbänder → NORSEAL®
PVC-Schaumstoff-Extrusionen → EXNOR
PVC-Schläuche → RUG
PVC-Sicherheitsfußboden → Schuster
PVC-Sockelleiste → klebfix
PVC-Streifenvorhänge → travistore
PVC-Verbundbeläge → MIPOLAM®
PVC-Verbundbeläge → URSULEUM
PVC-Verbundbelag → Elverplast®
PVC-Weich-Profile für Bodenleger → Küberit®
PVC-Wohnhausfenster → Schierholz
PVC-Wohnhaustüren → Schierholz
Pyramiden-Fassaden → BAUKULIT®
Pyrolyseanlage → HOVAL
Betoninstandsetzungssystem → sto®
Großflächenplatten → Stelcon®
Putzsortiment → sto®
Schnellkleber → ARDAL
Umluftheizung → ELEKTROtherm®
Quadratzellenplatten → VITREDIL®
Quadratzellen-Stegplatte → VEDRIL®
Quarz → Alta-Quarzit
Quarzbetonplatten → grimmplatten
Quarzbrücke → HAGALITH®-Haftbrücken
Quarzfarbe → Beecko
Quarzfarbe → Beeck®
Quarzfeinsand → WQD
Quarzfüller → Beeck®
Quarzgrund → MARMORIT®
Quarzhaftbrücke → ARU
Quarzit → PUZICHA
Quarzite → Hofmann + Ruppertz
Quarzite → JUMA®
Quarzit-Mehlsand → Quarzitan®
Quarzitplatten → Oprey
Quarzitschiefer → Safari
Quarzkieselfliesen → DECOFLOOR
Quarzmehl → DORSILIT
Quarzprodukte → Bandemer
Quarzsand → BauProfi
Quarzsand → DISBOXID
Quarzsand → Knauf
Quarzsande → DORSILIT
Quarzsande → Hofmann + Ruppertz
Quarz-Schiefer → Theumaer
Quarzzuschläge → WQD
Quellenabsaugung → VARIOLAB
Quellgewässer → Wasserköppe
Quellgummi → HYDROTITE®
Quellmittel → Quell-TRICOSAL®
Quellmittel → TRICOSAL®
Quellsteine → MÜLLER5
Quellsteine → SANITH®
Quellvergußmörtel → M-Bed
Quellzement → BRISTAR
Querkraftdorne → SPEBA®
Rabattenstein → RUSTO®
Rabitznetze → STAHLNETZ
Radfahrersymbole → kaliroute®
Radial-Dachlüfter → rosenberg
Radialgebläse → ebm
Radialgebläse → FISCHBACH-COMPACT-GEBLÄSE®
Radialgebläse → rosenberg
Radialventilator → KT
Radialventilatoren → ebm
Radialventilatoren → Elektror
Radialventilatoren → Gebhardt
Radialventilatoren → KCH
Radialventilatoren → MAICO
Radialventilatoren → Nicotra
Radialventilatoren → rosenberg
Radialventilatoren → tscherwitschke
Radialwalzbetonrohre → GANDLGRUBER
Radiator → BAUFA-PLAN®
Radiator → EWFE KOMFORT
Radiator-Anbindesysteme → Polyfix
Radiatoren → BAUFA
Radiatoren → RUNTAL
Radiator-Hänger → ASTA
Räucherbeizen → Zweihorn
Raffrollos → MHZ
Raffstoren → WAREMA®
Rahmen- und Flügelprofile → herotherm
Rahmendübel → ARA
Rahmendurchlässe → Ketonia
Rahmendurchlässe → PEBÜSO
Rahmenkacheln → Bankel-Kacheln
Rahmenkacheln → Lipp
Rahmenläufe → GÜSTA®
Rahmenmatte → ogos®
Rahmenschalung → GEMU®
Rahmenschalungen → meva®
Rahmenschalungssystem → Framax
Rahmenstütze → ID 15
Rahmen-Türschließer → DORMA
Raketenbrenner® → MAN
Rampenanlagen → Granitherm
Rampenleiter → HACA
Rampenwetterschutz → TREPEL
Randaufkantung → BÜFFEL

4

4

4

4

4

4

4

Schiebefenster → ROYAL 80 W, 110 W und 130 W
Schiebefenster → SOLARLUX
Schiebefenster → SYKON®
Schiebe-Kipp-Türen → acho
Schiebe-Kipptüren → GLÜCK
Schiebeläden → SIRAL
Schiebelüftungen → MLL
Schiebemulden → SITEC
Schieber → VAG
Schiebetorantriebe → ANSONIC
Schiebetorantriebe → BelFox®
Schiebetorantriebe → tormatic®
Schiebetore → bator
Schiebetore → COLOTHERM
Schiebetore → elkosta®
Schiebetore → Emmeln
Schiebetore → Heda
Schiebetore → HERAS
Schiebetore → IMEXAL
Schiebetore → K+E
Schiebetore → KÄUFERLE
Schiebetore → LABEX
Schiebetore → LINDPOINTNER
Schiebetore → Linker
Schiebetore → NEUMIG
Schiebetore → Richardt
Schiebetür → Düpmann
Schiebetür → ROYAL 80 W, 110 W und 130 W
Schiebetür → traviport
Schiebetürantriebe → p.a. porte automatiche
Schiebetürautomat → Blasi
Schiebetürautomaten → Waldoor
Schiebetürbeschläge → GEZE
Schiebetürbeschlag → hawa
Schiebetürelemente → Herholz®
Schiebetüren → ats®
Schiebetüren → BAUMTÜRE®
Schiebetüren → dahlmann
Schiebetüren → doormaster
Schiebetüren → Düpmann
Schiebetüren → GLÜCK
Schiebetüren → güscha
Schiebetüren → HGM
Schiebetüren → Jacobsen
Schiebetüren → Knipping
Schiebetüren → Pudenz
Schiebetüren → SELNAR
Schiebetüren → Televiso
Schiebetüren → THERMOS
Schiebetürlaufwerke → DORMA
Schiebewände → Televiso
Schiebewand → Kawneer
Schiebewand → Westfalentür
Schiefer → ASSULO®
Schiefer → Baukotherm
Schiefer → Dofilux
Schiefer → Flosbach
Schiefer → HL
Schiefer → Hofmann + Ruppertz
Schiefer → IBERO
Schiefer → Johann & Backes
Schiefer → Ma Spana
Schiefer → Magog
Schiefer → Norddeutsches Terrazzowerk
Schiefer → Oprey
Schiefer → RAPIDASA
Schiefer → RATHSCHECK
Schiefer → SOTILLO G.
Schiefer → Thüringer
Schiefer → Ziehe
Schiefermehl → TUBAG
Schieferstifte → Overhoff
Schienen-Leuchten-System → ZEISS IKON
Schienenverteiler-Systeme → CD, BD, LD
Schießanlagen → SPIET
Schiffsfußboden → TEFROLITH
Schiffsfußböden → TEFROTEX
Schilder → HSS
Schilder → SRB
Schilderpfosten → MORION
Schilderpfosten → V.W.
Schilderständer → GNOM
Schilderständer → GOLIATH
Schilderständer → URSUS
Schilfrohrmatten → Videx®-Meterware
Schimmel-, Pilz- und Algenbekämpfungsmittel → IPACID
Schimmel- und Algenentferner → ALTEI
Schimmelbekämpfungsmittel → BUKA
Schimmelentferner → ULTRAMENT
Schimmelkiller → ILKA
Schimmelschutz → ANTIPILZ
Schimmelschutz → AsperAlgin
Schimmelschutz → Sadolin
Schimmelschutzmittel → STOP
Schimmelspray → Compaktinol®
Schimmelstop → hagebau mach's selbst
Schimmelstop → Pufas
Schimmelvernichter → RAKA®
Schindel → VERTUILE
Schindeldach → KALA
Schindel-Dachentlüfter → ubbink
Schindelkleber → VEDACOLL
Schindeln → Bardoline®
Schindeln → HS
Schindeln → Ott
Schindeln → Rapold
Schindeln → RUBEROID®
Schindeln → Stähle
Schindeln → Stähle
Schindeln → VEDAFORM®
Schindeln → Weiss

4

4

Schuhabstreifer → BIRCO®
Schuhabstreifer → polystep
Schuhreiniger → SVENSKA
Schuhsohlen-Reinigungsanlage → LOLA®
Schuko-Steckdosen → GIRA
Schuko-Steckdosen → Merten
Schulpavillons → WAGNER
Schultafellack → ALBRECHT
Schultafellack → Glasurit
Schultafellack → hagebau mach's selbst
Schultafellack → PM
Schultafellack → SÜDWEST
Schutz- und Arbeitsgerüste → Heilwagen
Schutz- und Dichtungsmatten → PLATON®
Schutz- und Fanggerüste → FEGA
Schutz- und Leitsystem → GE-RO
Schutzanstrich → Afratar
Schutzanstrich → ASOL
Schutzanstrich → BITUPLAST
Schutzanstrich → CEHATOL
Schutzanstrich → Ching-Alvite-Color
Schutzanstrich → DISBON
Schutzanstrich → DOMOCRET
Schutzanstrich → Estol
Schutzanstrich → Estolan
Schutzanstrich → EUROLANOL (AIB)
Schutzanstrich → FERROLIT
Schutzanstrich → Fixif
Schutzanstrich → flex-BITUPLAST
Schutzanstrich → HADAPUR
Schutzanstrich → HAHNE
Schutzanstrich → HYDRO STOP
Schutzanstrich → IMBERAL®
Schutzanstrich → Lidobit
Schutzanstrich → LIPOLUX
Schutzanstrich → LUXAL®
Schutzanstrich → MC
Schutzanstrich → Racosit K-8901
Schutzanstrich → RPM
Schutzanstrich → RÜSGES
Schutzanstrich → RÜSGES
Schutzanstrich → SANDROPLAST®
Schutzanstrich → SCHWARZAL®
Schutzanstrich → SEDRAPIX
Schutzanstrich → STAHLHAUT
Schutzanstrich → ULTRAMENT
Schutzanstrich → Wasserdicht
Schutzanstriche → Bagienol
Schutzanstriche → BORBERIX®
Schutzanstriche → Breternol
Schutzanstriche → Estolit
Schutzanstriche → HYDRASFALT®
Schutzanstriche → INERTOL®
Schutzanstriche → Nafulan
Schutzanstriche → Pantarol®
Schutzanstriche → Ulmeritol
Schutzbeschichtung → Apoflex
Schutzbeschichtung → COELAN
Schutzbeschichtung → HADAPOX
Schutzbeschichtung → KRONOMAL
Schutzbeschichtung → megol
Schutzbeschichtung → POLYDUR 066 P
Schutzbeschichtung → RPM
Schutzbeschichtung → SIEGER
Schutzbeschläge → ABUS
Schutzbeschläge → ABUS
Schutzbunker → MULTI-PLATE®
Schutzdächer → ACHCENICH
Schutzecke → KETTENFIX
Schutzfarbe → ROFALIN ACRYL
Schutzfarben → Wefalin
Schutzfilter → Benckiser
Schutzfilter → Comforta
Schutzfolie → PROTEKTVINYL 066 P
Schutzfolie → sun-stop
Schutzfolie → YLOPAN
Schutzfolien → 3M
Schutzgeländer → JÄGER
Schutzgeländer → MORION
Schutzgeländerpfosten → Betomax
Schutzgitter → COERS®
Schutzgitter → Linker
Schutzgitter → MÜBA
Schutzgitter → VULKAN-GITTER
Schutzlack → OTRINOL®
Schutzlack → pyroplast
Schutzlack → VESTEROL
Schutzleisten → RIHO®
Schutzmatten → Moba
Schutzmittel → Zement-Toxin®
Schutznetze → Kremmin
Schutzöl → BORBERSIN®
Schutzplanen → EURO
Schutzplanen → PLANENPROFIL®
Schutzplanken → GUBELA
Schutzplatte → Rhenofol
Schutzplatte → SG
Schutzräume → IBK
Schutzräume → KNECHT
Schutzräume → THYSSEN
Schutzräume → Typ S
Schutzraum → SECURIS
Schutzraumabschlüsse → Schwarze
Schutzraumanlagen → WI-GA
Schutzraumbau-Ausstattung → Rotter
Schutzrosette → ABUS
Schutzrosette → ABUS
Schutzrosette → ABUS
Schutzrosette → ABUS
Schutzsalz → ADOLIT
Schutzschicht → Enkadrain®
Schutzschicht → VFG

Schwimmbadkeramik → AnnaKeramik
Schwimmbad-Randsteine → BUCKINGHAM SWIMMING POOLS
Schwimmbadreiniger → Adilon S
Schwimmbadrinnen → PASS
Schwimmbadroste → EMCO
Schwimmbadtechnik → OASE
Schwimmbadtechnik → Riviera-Pool
Schwimmbadtechnik → Sopra
Schwimmbadüberdachung → kuwo
Schwimmbad-Überdachungen → obro®
Schwimmbadüberdachungen → RFM
Schwimmbad-Überdachungen → Vöroka®
Schwimmbad-Überwinterungsmittel → Puripool
Schwimmbadwasser-Hygiene → dinotec
Schwimmbadwasser-Reinigung → Delcacit
Schwimmbad-Zubehör → allfit
Schwimmbadzubehör → Hoelscher
Schwimmbadzubehör → IDEAL
Schwimmbad-Zubehör → ROOS
Schwimmbäder → optima
Schwimmbäder → RUSTIKA
Schwimmbecken → Arizona Pool
Schwimmbecken → BAHAMA POOL
Schwimmbecken → Bauka®
Schwimmbecken → BUCKINGHAM SWIMMING POOLS
Schwimmbecken → DUROTECHNIK
Schwimmbecken → E.S.
Schwimmbecken → europool seestern®
Schwimmbecken → HAUSMANN
Schwimmbecken → Hoelscher
Schwimmbecken → Isopool
Schwimmbecken → Krülland
Schwimmbecken → Leikupool
Schwimmbecken → OASE
Schwimmbecken → RHÖN POOL
Schwimmbecken → Riviera-Pool
Schwimmbecken → Robust
Schwimmbecken → Schultz
Schwimmbecken → THERMO-POOL
Schwimmbecken → Thermopool
Schwimmbecken-Alarmsystem → Poolsolarm
Schwimmbecken-Anstriche → Colaquarol
Schwimmbeckenfarbe → ALBRECHT
Schwimmbeckenfarbe → CELLEDUR
Schwimmbeckenfarbe → PM
Schwimmbeckenfolie → Renolit
Schwimmbeckenwasseraufbereitung → KOMPLEXOZON®
Schwimmbecken-Zwischenböden → KBE
Schwimmhalle → Fitneß-Indoor-Pool
Schwimmhalle → HÖRMANN
Schwimmhalle → SolAir
Schwimmhallen → HAUSMANN
Schwimmhallen → HSH
Schwimmhallen → Interaqua
Schwimmhallen → obro®
Schwimmhallen → Schultz
Schwimmhallen → SEGMENTA
Schwimmhallen-Entfeuchter → Dittler + Reinkober
Schwimmhallenentfeuchter → HITACHI
Schwimmhallen-Entfeuchter → Hitachi
Schwimmhallenentfeuchter → KAUT
Schwimmhallenentfeuchtung → GEA
Schwimmhallenentfeuchtung → ThermoCond
Schwimmhallen-Luftentfeuchter → WIEGAND®
Schwimmhallenputze → ISO-PLUS-SYSTEM®
Schwimmsportgeräte → ROIGK
Schwing- und Wendefenster-System → TEHALIT-System 1100
Schwingblech → emfa
Schwingelemente → PHONOGUM
Schwingfenster → SYKON®
Schwingfenster → Unitas
Schwingflügel → ASRE
Schwingflügelbeschläge → TORNADO
Schwingflügelbeschläge → WW
Schwingholz → emfa
Schwingtorantriebe → tormatic®
Schwingtore → Achenbach
Schwingtore → BECKER
Schwingtore → Elastic
Schwingtore → Mügo
Schwingtore → NORMSTAHL®
Schwingtore → Richardt
Schwingtore → Schwarze
Schwingungsdämmung → MUNZ
Schwingungsdämmung → Vialast®
Schwingungsdämpfer → MUNZ
Schwingungsdämpfer → PHONOLATOREN
Schwingungsisolatoren → Nickel
Schwingungsisolierung → Calenberger
Schwingungsisolierung → Sylomer
Sechseck-Pflastersteine → Lerapid®
Sechseck-Verbundsteine → DOWA
Sechskantstahl → Thyssen
Sectional-Tore → Hörmann
Sectional-Tore → NORMSTAHL®
Sectionaltore → SCHROFF
Segmentanker → Hilti
Segmentbögen → STARK-LEISTEN
Segmentkeile → DURO
Segmentlichtbänder → hefi
Segmenttüren → RBS
Seidenglanz-Buntlack → CELLECRYL
Seidenglanzlack → Rhodius
Seidenglanzlack → SIGMA
Seidenglanzlack → Zweihorn
Seidenmatt-Buntlack → hagebau mach's selbst
Seidenmattlack → ALBRECHT
Seidenmattlack → BUFA
Seidenmattlack → Glasurit

Sicherheitsglas → STRATOBEL ALARMGLAS
Sicherheitsglas → vitrophon®
Sicherheitsglaselemente → GLAFUrit®
Sicherheitsglastüren → DELODUR®
Sicherheitsgrundierung → dufix
Sicherheitsgrundierung → Rigips®
Sicherheits-Isolierglas → ALLSTOP
Sicherheits-Isolierglas → Sanco®
Sicherheits-Klebemörtel → Nr. Sicher
Sicherheits-Kleber → Nr. Sicher
Sicherheitskontaktreiniger → TOKONTAN
Sicherheitsleitern → MSU
Sicherheitsleuchten → CEAG
Sicherheitsmatte → Velostat
Sicherheits-Öltank → PFISTERER
Sicherheitsplomben → Altvater
Sicherheitsrahmen → ESSMANN®
Sicherheits-Riegelschlösser → ORBA
Sicherheitsrinnen-Systeme → SIR
Sicherheits-Rolladen → Varioroll
Sicherheitsrost → BRAAS
Sicherheitsroste → Graepel
Sicherheitsroste → Robertson
Sicherheitsroste → Stabil-Rost
Sicherheitsroste → STEEB
Sicherheits-Schachtleiter → MSU
Sicherheitsschilder → perfecta
Sicherheitsschlösser → BKS
Sicherheitsschlösser → DOM
Sicherheits-Schlüssel → VS2
Sicherheits-Schlüsselschalter → ORION
Sicherheits-Stahldübel → Impex
Sicherheits-Steigbügel → MSU
Sicherheitssysteme → Cardkey
Sicherheitssysteme → Guardall
Sicherheitssysteme → wörl-alarm
Sicherheitstank → CHEMO
Sicherheitstanks → HEINTZ-NIKOR
Sicherheits-Trennwände → Sommer
Sicherheitstritt → BRAAS
Sicherheitstrittpfannen → FLECK
Sicherheitstür → reno safe®
Sicherheits-Türbeschläge → edi
Sicherheitstüren → Heintzmann
Sicherheitstüren → rekord®
Sicherheits-Türen → Sälzer
Sicherheitstüren → SECURITAS®
Sicherheitstüren → Sommer
Sicherheitstüren → SVEDEX
Sicherheitstüren → WAHGU
Sicherheitstüren → WIRUS
Sicherheitsverglasung → LEXGARD®
Sicherheitsverglasung → MARGARD®
Sicherheitsverglasung → MESHLITE
Sicherheits-Wandelelemente → Sälzer
Sicherheits-Wandsysteme → Sommer
Sicherheitszäune → adronit®
Sicherheitszäune → HERAS
Sicherheitszubehör → HEINTZ-NIKOR
Sicherungssysteme → K+E
Sicht- und Windschutzzäune → GECA
Sicht- und Windschutz → KristallLichtwand
Sichtbeton-Bruchstein → Ferma-Karat
Sichtbetonelemente → dabau®
Sichtbeton-Entschalungsmittel → Pellex
Sichtbetonsanierungen → Ceresit
Sichtbetonschalung → RAUMAFORM RSE
Sichtbeton-Verkleidung → JUMALITH
Sichtblenden → OSMO
Sichtblenden → Stabirahl®
Sichtmauermörtel → Heidelberger
Sichtmauersteine → DASAG
Sichtplatten → Europor
Sichtschutz → BRUX
Sichtschutz → Hansa
Sichtschutz → Hegipex®
Sichtschutz → Palos®
Sichtschutz → Plötner Eifelwand
Sichtschutz → sundrape®
Sichtschutzfenster → VELUX
Sichtschutzmatten → bofima®-Bongossi
Sichtschutzwände → dabau®
Sichtschutzwände → holzform
Sichtschutzwände → JÄGER
Sichtschutzwände → QUADIE®
Sichtschutzwand → dabau®
Sichtschutzwand → durach
Sichtschutzzäune → Kübler
Sickentüren → Hörmann
Sickerleitungsrohr → Raudren
Sickerleitungsrohr → Raudril
Sickerleitungsrohr → SIROPLAST®
Sickerplatten → JOMA
Sickerplatten → pordrän
Sickerringe → ZONS
Sickersaftbehälter → MALLOSIL
Sickerschächte → ZONS
Sickerschicht → Enkadrain®
Sickerwasserabdichtung → Biehn'sche Dichtung
Sickerwasserdichtung → Arido
Siebdruckplatten → HWH
Siebdrucktapeten → P + S International
Signalanlagen → Berghaus
Signalanlagen → Jähnig
Signalanlagen → Royer
Signallampen → FLF
Signalmasten → Petitjean
Silane → vacusil
Silan-Imprägnierung → FUNCOSIL
Silanprimer → LUGATO®
Silberbitumenanstrich → PARATECT
Silberlack → Blankolit

Silofolie → Scobalen
Silokunststoff → ROFAPLAST
Silolack → ASOL
Silolack → DOMO
Silolack → HASSEROL
Silolack → IMBERAL®
Silolack → SISOLAN
Silolack → ULTRAMENT
Siloleitern → poeschco
Silos → Achenbach
Silosteine → SP-Beton
Siloxan → AQUOVOSS®
Siloxan → VESTEROL
Siloxan-Acrylat-Imprägnierungen → Emcephob
Siloxan-Fassadenfarbe → NDB
Siloxan-Fassadenfarben → REDICOLOR
Siloxan-Fassadenimprägnierung → SILIFIRN L
Siloxan-Imprägniermittel → sto®
Siloxanimprägnierung → CaluCret
Siloxanimprägnierung → DISBOXAN
Siloxanimprägnierung → EPIPHOB
Siloxanlösung → FUNCOSIL
Sinkkasten → BIRCO®
Sinusprofilplatten → PLEXIGLAS®
Sirenen → Romeike
Sisalbodenbeläge → Tasi-Tweed
Sisalflachgewebe → Tasi-Tweed
Sisalmatten → LATEXA
Sitz- und Ruhezonen → Schäfer Objekt
Sitzbadewanne → SPAHN
Sitzbadewannen → Bonhôte
Sitzbänke → BASOLIN®
Sitzbänke → dabau®
Sitzbänke → hess
Sitzbänke → Rosconi®
Sitzbänke → UNION
Sitzbänke → Veksö
Sitzbankprofile → Testadur®
Sitzgruppen → Kübler
Sitzgruppen → TUBAG
Sitzlift → Grass
Sitzmauern → QUADIE®
Sitzmöbel-Systeme → MWH
Sitzpoller → Sozius
Sitzstein → grimmplatten
Skihalter → HEDO®
Skulpturen → SM
Sockel- und Stufenplatten → Te-Gi
Sockelleiste → Bolta
Sockelleiste → Hoku
Sockelleiste → klebfix
Sockelleisten → Bolta
Sockelleisten → Brügmann
Sockelleisten → DÖLLKEN
Sockelleisten → erü
Sockelleisten → EUROFORM®
Sockelleisten → Grünwald
Sockelleisten → HÄUSSLER
Sockelleisten → Helmitin
Sockelleisten → HZ
Sockelleisten → KGM
Sockelleisten → MIPOLAM®
Sockelleisten → p+f
Sockelleisten → Praktikus®
Sockelleisten → Reolit
Sockelleisten → Roplasto®
Sockelleisten → Schock
Sockelleisten → SRB
Sockelleisten → STARK-LEISTEN
Sockelleisten → TAC
Sockelleisten → Weinheim-Weico
Sockelleisten → Weser
Sockelleistenkleber → OKAPREN
Sockelleisten-Kleber → WAKOL
Sockelleistenstifte → BÄR
Sockelprofile → SCHLÜTER®
Sockelputz → EXTRA PUTZ
Sockelputz → Hessler-Putze
Sockelputz → MARMORIT®
Sockelputz → maxit®
Sockelputz → maxit®
Sockelputze → LITHODURA
Sockelputze → RISETTA
Sockelriemchen → argelith®
Sockelschienen → Capatect
Sockelsteine → EFRISO
Sockelsteine → HM
Sockelsystem → Hermetica
Sohlbänke → Schierholz
Sohlbanksteine → Zippa
Sohlmatten → bofima®-Bongossi
Sohlschale → KANN
Sohlschalen → bofima®-Bongossi
Sohlschalen → ZONS
Sohlsicherung → HIGA®
Solarabsorber → Bosch-Junkers
Solarabsorber → Junkers
Solarabsorber → Oku
Solarabsorber → THYSSEN
Solar-Absorber-Energiedach → Elioform
Solaranlage → BOILERKOLLEKTOR
Solaranlage → HERWI
Solaranlage → THERMOSYPHON
Solaranlagen → KH
Solaranlagen → Stiebel Eltron
Solarenergie → Wanpan
Solargeneratoren → RASCH
Solarheizsystem → isorast®
Solarheizung → ÖKO-SOLAR®
Solarien → evasauna
Solarien → Fechner
Solarien → Klafs

4

Spachtelausgleich → DYCKERHOFF

4

Springrollos → CeGeDe
Springrollos → MHZ
Springrollos → TEBA®
Sprinkleranlagen → Eisenbach
Sprinkleranlagen → Minimax
Sprinkleranlagen → Sulzer
Sprinkler-Anlagen → TOTAL
Sprinkleranlagen → WORMALD
Spritz- und Tauchlacke → PROTEGOL®
Spritzabdichtung → ADEROLPHALT
Spritzbeschichtung → Stellavinyl
Spritzbeton → Sakretier
Spritzbeton → Stella
Spritzbetonbeschleuniger → FLURESIT® Schnell (BE)
Spritzbewurf → HEY'DI®
Spritzbewurf → PAINIT
Spritzbewurf → RAJASIL
Spritzdämmung → Ceramospray
Spritzdichtung → Bostik®
Spritzfüller → Glassomax
Spritzfüller → Sikkens
Spritzgummierung → Elastacid
Spritzkitt → Alytol®
Spritzkitt → EGO
Spritzkork → Lackfa
Spritzmasse → Cap-elast
Spritzmassen, feuerfest → SLINGERIT®
Spritzmattierung → Zweihorn
Spritzmörtel → Sakretier
Spritzmörtel → SEALCRETE-R
Spritzputz → ARTOL
Spritzputz → POROTHERM
Spritzputz → Rigips®
Spritzputz → RYGOL
Spritzputz → SCHWEPA
Spritzputz → Silikat
Spritzputz → SOVAGRAN
Spritzputz → Wülfrather
Spritzputzmasse → ARTOFLEX
Spritzputzspachtel → ALSECCO
Spritzrauhfaser → RAUH-TEX
Spritzschaum → delcor
Spritzschaum → Fomospray®
Sprossenelemente → ROMBI
Sprossenfenster → Engels
Sprossenfenster → FRANKEN FENSTER
Sprossenfenster → HM
Sprossen-Fenster → Kress
Sprossenfenster → porta
Sprossenfenster → RECKENDREES
Sprossenfenster → RODEWALD
Sprossenfenster → Schwedische Tischlerfenster
Sprossen-Fenster → Tummescheit
Sprossenfenster → VELUX
Sprossen-Isolierglas → INTERPANE
Sprossen-Isolierglas → Schweizer Kreuz

Sprossenklebebänder → ARA
Sprossenrahmen → GET
Sprossentüren → Jacobsen
Sprossenvorsatzrahmen → ANF-ALU 53
Sprudelbad → BALSAN 3
Sprühextraktionsreiniger → CC-Sprüh-Ex 2000
Sprühextraktionsreiniger → DECOLIT®
Sprühkleber → ECOFIX
Sprühklebstoff → MONOBOND™
Sprühlack → DISBOCOLOR
Sprühlack → DISBOCOLOR
Sprüh-Reiniger → CON CORRO
Sprühtrennmittel → ALGAVIN
Sprühwasserlöschanlagen → Minimax
Sprühwasser-Löschanlagen → TOTAL
Sprungtürme → AFW
Sprungtürme → ROIGK
Sprungtürme → TREPEL
Spül-, Kontroll- und Sammelschacht → opti
Spülbecken → Düker
Spülenprogramm → RESAN®
Spülkästen → Hesa Granat
Spülkästen → LARGO
Spülkästen → OPTIMA
Spülkästen → SANIPERFEKT
Spülkästen → Schwab
Spülkästen → Turk
Spülkasten → TURM Hoch
Spülkasten → WISA
Spülkastenrohre → Turk
Spülpumpen → Pollmann
Spültischarmaturen → Børmix
Spültisch-Einlochbatterie → Hansanova
Spundbohlen → bofima®-Bongossi
Spundwände → Krupp
Sputtering-Folien → BRUX
Squashboden → BEMBÉ
Squashboden → Hamberger
Squash-Racketball-Courts → PORTA®
Stabdecksplatten → Hydropont
Stabdecksplatten → Sommerfeld
Stabdecksplatten → SOTIFLEX
Stabdübel → EuP
Stabfront-Gitterzäune → Heda
Stabgeländer → Dial
Stabgitterzäune → HERAS
Stabilisierer → ADDIMENT®
Stabilisierungsmatten → HaTe
Stab-Parkett → BEGO
Stabparkett → BEMBÉ
Stabparkett → GUNREBEN
Stabparkett → HAZET
Stabparkett → Kelmo
Stabparkett → Osterwalder
Stabparkett → PLEPA
Stabparkett → Plessmann

Stahlkellerfenster → MK
Stahlkellerfenster → RITTER
Stahlkellerfenster → Schierholz
Stahlkellerfenster → top star
Stahl-Klempnernägel → BÄR
Stahlklinker → Servais
Stahlleichtbauprofile → SCHRAG
Stahlleichtträger → RETT
Stahlleichtverbau → AGO
Stahlmattenzäune → K+E
Stahlmattenzäune → WEDRA®
Stahlmattenzaun → Nylofor®
Stahlmehrzwecktüren → IMEXAL
Stahlnägel → ADLER
Stahlnägel → BÄR
Stahlnägel → BEVER
Stahlnägel → BIERBACH
Stahlnägel → DON QUICHOTTE
Stahlnägel → GEMOFIX
Stahl-Paneeldecken → dobner
Stahlpanzerrohr → FFLP
Stahl-Panzerrohr → FFS
Stahlpanzerrohr → Staro
Stahlprimer → CaluCret
Stahlprofile → HL-Schienen
Stahlprofile → HÜTTENBRAUCK
Stahlprofile → JANISOL®
Stahlradiatoren → REUSCH
Stahlrahmenkitt → Beha
Stahlrahmenkitt → Ferrostabil®
Stahlrohrdurchlässe → VOEST-ALPINE
Stahlrohre → DYWIDAG
Stahlrohre/Bauprofile → JANSEN
Stahlrohr-Erzeugnisse → V.W.
Stahlrohrgerüste → BERA
Stahlrohrgerüste → GLATZ
Stahlrohrkamin → ISO-INOX-SYSTEM
Stahlrohr-Rahmentüren → Masche
Stahl-Sandwichelementen → Projecta®
Stahl-Schalungsprogramm → technoplan
Stahlschiebetore → Schröders
Stahlschiebetore → tekla
Stahlschlaganker → Recco
Stahlschornsteine → KÖGEL
Stahlschornsteine → SIMO
Stahlschornsteine → Walch
Stahlschornstein-System → ISO
Stahlschränke → SONO
Stahl-Schutzplanken → GUBELA
Stahl-Schwimmbecken → europool seestern®
Stahlseil → Corocord®
Stahlsicherheitstür → reno safe®
Stahl-Sockelleistenstifte → BÄR
Stahlspindel-Sicherheitstreppenanlagen → HARK
Stahlspundwand → MGF
Stahlsteckrohr → Staro
Stahlsteindecke → Ziegelfertigdecke 2000
Stahlstein-Ziegeldecken → Kormann
Stahlstifte → BIERBACH
Stahltore → JLO
Stahltore → Richardt
Stahltore → Schwarze
Stahl-Trapezprofil → HOESCH
Stahltrapezprofil-Dach → ROSS
Stahltraufböcke → Ronig'sche Systeme
Stahltrennwände → Schwarze
Stahltrennwand → Lindner
Stahl-Trennwandsystem → Bertrams
Stahltreppen → Jäger
Stahltreppen → Järo
Stahltreppen → MET
Stahltreppen → Stich
Stahltreppen → TRESECUR®
Stahltreppen → Weland®
Stahltresore → Hansa-Tresor
Stahltür → Teckentrup
Stahltüren → Hörmann
Stahltüren → Mono
Stahltüren → MTC
Stahltüren → Podszuck

4

Stahltüren → Richardt
Stahltüren → SCHAKO
Stahltüren → Schröders
Stahltüren → Schwarze
Stahltüren → tekla
Stahltürzargen → RELI
Stahltürzargen → WEPRA
Stahl-Türzargen → Wulf
Stahl-Typenhallen → Deuter
Stahlverbindungselement → Leitner
Stahlwände → Beldan
Stahl-Wandhaken → VOLO
Stahlwangen-Spindeltreppe → MSW
Stahlzarge → Knauf
Stahlzargen → bbe
Stahlzargen → BOS
Stahlzargen → Hörmann
Stahlzargenanker → Ruck-Zuck-Anker
Stahlzargenanker → SIMONSWERK
Stahlzellendecken → Robertson
Staketen → Kurz
Staketenzäune → GECA
Stallartikel → Suevia
Stallbauelemente → ACO
Stallbodenbelag → Steinit
Stallbodenplatte → STALLIT
Stallbodenplatten → Hourdis
Stallbodenplatten → Rickelshausen Ziegel
Stallfenster → JOSSIT®
Stallfenster → stabil®
Stallrinnen → RITTER
Stampfmasse, feuerfest → FIXORAMMED®
Stampfmassen → Stellalit
Stampfmassen, feuerfest → FIXOPLAST®
Stampfmassen, feuerfest → PYROPROTEX®
Standbleche → Haag
Standbrettstein → BRAAS
Standduschen → ROIGK
Standrohrklappen → Zambelli
Standspeicher → WOLF
Standtanks → maier rotband®
Stangenabstandhalter → Hammerl
Stangenschlösser → ABUS
Stanzdocken → BISO-NE
Stapelfasergewebe → MICROLITH®
Stapelregale → BEAMLOCK
Stapeltanks → maier rotband®
Statuen → TRAX
Staubabsauganlagen → LUNG
Staubsauganlage → STAUBEX
Staubsauganlagen → SCHRAG
Staubsaugsystem → neovac®
Staubschutz → Skrinet®
Steckdosen → Busch
Steckdosen → DELTA®
Steckdosen → Feller
Steckdosen → FLF
Steckdosen → Kopp
Steckdosen → Merten
Steckdosen → PEHA
Steckdosen → PERILEX®
Stecker → PERILEX®
Steckfußpodest → Bütec
Steckmuffenformstücke → STEMU®
Steckprofile → Gebri
Steckregal-System → SHELFLOCK
Steckschraubverbindung → Mengering
Stecksystem → alurahma
Stecksystem → BR
Stecktafelkork → PINBOARD
Stecktafelkork → PINCORK
Steckverbindung → Clips-Quick
Steckverbindung → STECKFIX
Steckvorrichtungen → Busch
Steckwand → PRIX
Stegdoppelplatte → HÖPOLUX
Stegdoppelplatten → Deglas®
Stegdoppelplatten → DETALUX®
Stegdoppelplatten → ELYTERMO
Stegdoppelplatten → guttagliss®
Stegdoppelplatten → MAKROLON® longlife
Stegdoppelplatten → Molanex
Stegdoppelplatten → PLEXIGLAS®
Stegdoppelplatten → Robex
Stegdoppelplatten → SCOBALIT (Acryl)
Stegdoppelplatten → SCOBALIT (Polycarbonat)
Stegdreifachplatte → Deglas®
Stegdreifachplatten → guttagliss®
Stegdreifachplatten → MAKROLON® longlife
Stegdreifachplatten → PLEXIGLAS®
Stegmantelrohr → WICU-Rohr®
Stegplatte → VEDRIL®
Stegroste → EuP
Stegroste → Jäger
Stehfalzdach-Elemente → FISCHER
Stehfalzprofile → BEMO
Stehleuchten → Poulsen
Stehleuchten → raak
Stehlift → Grass
Stehstufen → Hötzel
Stehtribünen → Ketonia
Steigbügel → MSU
Steigeisen → ANTIKOR®
Steigeisen → Flender
Steigleitern → poeschco
Steigleitung → WICU-Rohr®
Steigtritt → stand-on
Steildachabsorber → Temda®-WÄRMESYSTEME
Steildachdämmelement → BauderPUR
Steildach-Dämmelemente → Poresta®
Steildach-Dämmelemente → VEDATHERM
Steildach-Dämmplatte → ISOPOR

Steinwolle → basalan®
Steinwolle → EGI®
Steinwolle → HERALAN®
Steinwolle → Rockwool®
Steinwollematten → HERALAN®
Steinwolleplatten → HERALAN®
Steinwollflocken → Rockwool®
Steinzaun → REX
Steinzeug → Ostara
Steinzeug-Bodenfliesen → IGA
Steinzeug-Drainagerohr → HepLine
Steinzeugfliese → Normandie
Steinzeugfliese → Picardie
Steinzeugfliesen → AMBRA
Steinzeugfliesen → ART
Steinzeugfliesen → DOMUS
Steinzeugfliesen → GAIL
Steinzeugfliesen → HAVANNA
Steinzeugfliesen → KERADUR
Steinzeugfliesen → Mettlacher Platten
Steinzeugfliesen → Modul
Steinzeugfliesen → SAVANNE
Steinzeugfliesen → TECHNICA®
Steinzeugfliesen → UNIVERSA
Steinzeugfliesen → Viva®
Steinzeugfliesen → WESTFALICA
Steinzeugplatten → GAIL
Steinzeugplatten → KERAPLATTEN
Steinzeugrohre → HepSleve
Steinzeugrohre → PVE
Steinzeugrohre → „sb"-Steinzeug
Steinzeugrohre → Te-Gi
Steinzeug-Schächte → Steinzeug
Steinzeugschindeln → VILBOFA
Steinzeugsockel → BERLIN-SOCKEL
Stelen → MÜLLER5
Stelen → RINN
Stell- und Thixotropiermittel → IPATIX
Stellwände → GARDEROBIA®
Stellwände → Gemac
Stellwandsysteme → Rosconi®
Stern-Absperrband → MORAVIA
Sternspreize → Durchgang
Steuer- und Regelgeräte → Frötherm
Steuersysteme → Staefa
Steuerungssysteme → SOMFY®
Stich- und Rundbogen → irg
Stichbogentüren → GET
Stichbogentüren → HGM
Stilkamine → Baukotherm
Stilkette → MORAVIA
Stilpoller → MORAVIA
Stil-Sitzbänke → UNION
Stiltürelemente → PRÜM
Stiltüren → BARTELS®
Stiltüren → GET
Stiltüren → HALTENHOFF
Stiltüren → HEGGER
Stiltüren → HGM
Stiltüren → HUGA®
Stiltüren → irg
Stiltüren → Körfer
Stiltüren → RBS
Stiltüren → renitex
Stiltüren → SVEDEX
Stiltüren → SWEDOOR
Stiltüren → Terweduwe®
Stil-Zierleisten → JS
Stockwerkstreppen → WEBA
Stopfdichtungen → MCT
Stopfen → Dicht-Stopfen
Stopfmörtel → OMBRAN®
Stopfwolle → Rockwool Dämmstoffprogramm
Stopfzement → FIX 10
Stoßdämmplatte → Calenberger
Stoßgriffe → SCHÖSSMETALL
Strahlbandheizung → modulan
Strahlbandheizung → Wanpan
Strahlenschutz-Elemente → Seilo®
Strahlenschutz-Estrich → Seilo®
Strahlenschutz-Festverglasung → Knauf
Strahlenschutzglas → DESAG
Strahlenschutzmaterial → Röbalith-Steine
Strahlenschutzplatten → Knauf
Strahlenschutzplatten → Lindner
Strahlenschutz-Spachtelputz → Seilo®
Strahlenschutz-Türelement → Knauf
Strahlenschutztüren → HANSA
Strahlenschutztüren → Seilo®
Strahlenschutztüren → WIRUS
Strahlenschutz-Wandsysteme → Seilo®
Strahlenstop-Türen → WESTAG
Strahler → Domotec
Strahler → Eclipse
Strahler → HOFFMEISTER
Strahler → Kotzolt
Strahler → R2B-Leuchten
Strahler-Leuchtsysteme → Z-I Lichtsysteme
Strahlerprogramm → Oseris
Strahlmittel → Hofmann + Ruppertz
Strahlmittel → Sakresiv
Strahlungsheizung → GOGAS
Strahlungsschutzbauten → Kelkheimer
Strahlungsthermostat → KÜBLER
Strangabsperrventil → Schrägsitz II
Strangentlüfter → alwitra
Strangfalzziegel → Jungmeier
Strangpreß-Hochlochziegel → NORD-STEIN
Strangpreßprofile → Alcan
Strangpreßrohre → Alcan
Strangpreßstangen → Alcan

Strangpreßziegel → EGERNSUNDER/SÖNDERSKOV/ ASSENBÖLLE-ZIEGEL
Strangpreßziegel → OLFRY
Strangregulierventil → Kombi
Strassleuchten → Palme
Straßen- und Hofabläufe → Bachl
Straßenabläufe → TRAPP
Straßenbänke → A + G
Straßenbau-Bindemittel → FEUMAS
Straßenbaubindemittel → VEDAPHALT
Straßenbaubindemittel → VIACOLL
Straßenbaubindemittel → VIANOL
Straßenbaubindemittel → WEBAS
Straßenbauklinker → ABC
Straßenbauklinker → Penter
Straßenbauprodukte → PROMAK®
Straßenbauschlämme → Vandex
Straßenbeheizung → Monette
Straßenkanalguß → GB-GUSS
Straßenlaternen → Baukotherm
Straßenlaternen → ISMOS
Straßenlaternen → se'lux®
Straßenleitpfosten → CABKA
Straßenleitpfosten → REHAU®
Straßenleuchte → Citylux
Straßenleuchte → Comète
Straßenleuchte → Montebello
Straßenleuchte → se'lux®
Straßenleuchte → Stradalux
Straßenleuchten → A + G
Straßenleuchten → Göta Plastic
Straßenleuchten → Hellux
Straßenleuchten → KOFFERLEUCHTE
Straßenleuchten → ROBER
Straßenmarkierfarbe → ROVO
Straßenmarkierung → HELABIT®
Straßenmarkierungsfarbe → GUBELA
Straßenmarkierungsfarbe → PM
Straßenmarkierungsfolie → Scotch™
Straßenmarkierungsfolie → Stamark
Straßenmarkierungsmassen → SIGNOPHALT
Straßenmarkierungsnägel → GUBELA
Straßenmöbel → A + G
Straßenmöbel → BASOLIN®
Straßenmöbel → HESS
Straßenmöbel → Sitax®
Straßenpoller → Testadur®
Straßensanierung → RALUMAC®
Straßensinkkasten → Tritz
Straßenteere → Estol
Straßenverkehrs-Signalisierung → B. A. S.
Streichbeschichtung → Syntapakt
Streichfarbe → WAKOPRA®
Streichfaser → Sichel
Streichfolie → Ceresit
Streichfolie → Chema
Streichfüller → Dimulsan
Streichfüller → Kieselit
Streichfüller → Sikkens
Streichmakulatur → Tapetra
Streichmassen → KORROPLAST
Streichpaste → Cap-elast
Streichputz → ACIDOR®
Streichputz → AGLAIA®
Streichputz → BauProfi
Streichputz → Calusil
Streichputz → Caparol
Streichputz → CELLEDUR
Streichputz → Ceresit
Streichputz → Dinosil
Streichputz → Dinoval
Streichputz → HADAPLAST
Streichputz → ispo
Streichputz → KADISAN
Streichputz → LIPOLUX
Streichputz → PAMA
Streichputz → RAKALIT
Streich-Rollputz → EUROLAN
Streichvlies → ARMIDUR KW 98
Streifen-Gleitlager → SPEBA®
Streifenlager → HUTH & RICHTER
Streifenplattendecken → Schnabel
Streifenvorhänge → BEHRENS rational
Streifenvorhänge → Siegle
Streifenvorhänge → Transclair
Streifenvorhänge → travistore
Streifenvorhänge aus PVC → Steinbock
Streumittel → streusolith
Streusand → Bitu-Sand
Strippanlagen → Hydro
Stromschienen → R2B-Leuchten
Stromschienen-Gitterträger → Gantry
Strukturabrieb → MARMORIT®
Strukturbeton-Schaltafeln → Poresta®
Strukturdecken → Aluka-Raster
Strukturdecken → ALUKARBEN®
Strukturelement → OPAL 400
Strukturelement → TOPAS 500
Strukturelemente → KARAT 300
Strukturierputz → RELÖ
Strukturill → RISOMUR
Struktur-Leichtputz → DISBOLITH
Strukturplatte → BRAAS
Strukturplatte → RAAB
Strukturplatten → marlux
Strukturplatten → SEEGER
Strukturputz → ACIDOR®
Strukturputz → Caparol
Strukturputz → Ceresit
Strukturputz → Diffuplast®
Strukturputz → Dinoval
Strukturputz → DOMOCOR

4

Teerenferner → hagebau mach's selbst
Teerentferner → ANTIFORTE
Teerentferner → Hagesan
Teerentferner → PYRO
Teerepoxid → pox
Teer-Epoxidharzprodukte → PRODOTEX®
Teerfleckenentferner → Hakutex 74
Teerlöser → LÖSEFIX
Teerlöser → Rembertol
Teerpechanstriche → Hydrolan
Teerpech-Schutzanstrich → Afratar
Teerpech-Schutzanstrich → Terolit
Teer-PU-Lack → HADAPUR
Teerstricke → Helmrich (Helmstrick)
Teichabdichtung → Bentonit
Teichablauf → REHAU®
Teichbauelemente → DIA®
Teichboden → PLASTOPLAN
Teichfolie → AGUAPLAN
Teichfolie → Delta
Teichfolie → Renolit
Teichfolien → KOIT
Teilsickerleitungsrohre → AGROSIL
Teilsickerrohr → Raudril
Teilsickerrohr → SIROPLAN
Teilsickerrohre → FF
Teilsickerrohre → SIROWELL®
Telefonbox → G + H
Telefonbox → telebox
Telefon-Kopfzellen → PHONIT
Telefonzellen → hess
Teleskop-Leitern → Wakü
Teleskop-Mauerdurchführungen → RUG
Teleskoppodest → Bütec
Teleskoptüren → ats®
Teleskop-Türfeststeller → DORMA
Teleskopwand → G + D
Telleranker → Pollok
Tellux-Teppichboden → Bouclésa
Temperaturregel- und -steuersystem → MONOGYR®-DIALOG
Temperaturregler → Herastat®
Temperaturregler → OVENTROP
Temperaturregler → PolarRex®
Temperaturregler → ThermoRex®
Temporäranker → Jaeschke und Preuß
Tennenbaustoffe → Muthweiler
Tennenbaustoffe → SAARot
Tennenbelag → Aachener „Rothe Erde“
Tennisbeläge → REGUPOL
Tennisbelag → COVASCO®
Tennisbelag → METZO®PLAN
Tennishallen → Berger
Tennishallen → DERIX
Tennishallen → GEWA
Tennishallenbeläge → PEGULAN
Tennismehl → Muthweiler
Tennisplatzdeckmaterial → Tennengrün
Tennisrasen → PEGULAN
Tennissandrasen → Schaeffler
Teppich- und Polstermöbelreiniger → hagebau mach's selbst
Teppich-Abschlußschiene → Nap-Lok
Teppich-Abschlußschiene → Ripletrim
Teppich-Abschlußschienen → GERMANIA SB
Teppich-Abschlußschienen → WULF
Teppichboden → Anso®
Teppichboden → Besmer
Teppichboden → Blazeban®
Teppichboden → Champion
Teppichboden → CIRRUS
Teppichboden → CORAL®
Teppichboden → DAVIS/SILEH
Teppichboden → DE-KO-WE®
Teppichboden → DELTEX
Teppichboden → elvertuft®
Teppichboden → FINETT®
Teppichboden → fuldabell-Objekt
Teppichboden → fuldament
Teppichboden → fuldastar
Teppichboden → full-tuft
Teppichboden → GIRLOON
Teppichboden → golf
Teppichboden → Kasthall
Teppichboden → MARKA
Teppichboden → MEDINA
Teppichboden → polo
Teppichboden → premier schlinge
Teppichboden → premier velours
Teppichboden → Schaeffler
Teppichboden → strong
Teppichboden → tellux®
Teppichboden → tretford
Teppichboden → Vertofloor
Teppichboden → VORWERK
Teppichboden → wetep
Teppichboden → ZOEPPRITZ
Teppichbodenfaser → Timbrelle
Teppichbodenprofile → TAC
Teppichboden-Profilprogramm → Praktikus®
Teppichboden-Reinigung → Steamex
Teppichboden-Schnellreiniger → RZ
Teppichboden-Unterlage → spannfilz
Teppichböden → ANKER
Teppichböden → ASTRA®
Teppichböden → Dunloplan
Teppichböden → dura
Teppichböden → ege
Teppichböden → FFF
Teppichböden → forbo
Teppichböden → FUGE
Teppichböden → IBO . . .

4

4

Trennschienen → Weitzel
Trenn-Schrankwandsysteme → ruppel
Trennschwelle → Schäfer Objekt
Trennvlies → COLBOND
Trennvorhänge → Multiroll
Trennvorhänge → TRENOMAT
Trennwände → CLESTRA
Trennwände → dabau®
Trennwände → De Vries Robbé
Trennwände → Dexion®
Trennwände → Die Transaktuellen
Trennwände → DOMO
Trennwände → DONN
Trennwände → ESPERO
Trennwände → Faay
Trennwände → Febrü
Trennwände → FULGURIT
Trennwände → GBA
Trennwände → Gemac
Trennwände → GEMILUX
Trennwände → Goldbach
Trennwände → güscha
Trennwände → GYPROC®
Trennwände → INTERFINISH
Trennwände → INwand®
Trennwände → Kawneer
Trennwände → KEMMLIT
Trennwände → Kerapid
Trennwände → KING
Trennwände → KLB
Trennwände → Knauf
Trennwände → Leitner
Trennwände → LUWECO
Trennwände → META®
Trennwände → NEUMIG
Trennwände → Nusser
Trennwände → Petersen
Trennwände → Plan-Fulgurit
Trennwände → Redirack-System
Trennwände → renitex
Trennwände → Rink
Trennwände → Ritterwand®
Trennwände → Servais
Trennwände → Stabirahl®
Trennwände → Steinbock
Trennwände → TECHNAL
Trennwände → TREBA
Trennwände → Vitsoc
Trennwände → Waiko
Trennwände → Waprotect
Trennwände → Widotex
Trennwand → dabau®
Trennwand → GRAU
Trennwand → PRIX
Trennwand → Ri®
Trennwand → STRAMIPLAC
Trennwand → Sym-Wand
Trennwand → Variflex
Trennwand → Variplan
Trennwandbau → ISALITH
Trennwandelemente → atona
Trennwandelemente → rodatherm
Trennwandelemente → Schulte-Soest
Trennwandkonstruktionen → Nieros
Trennwandplatte → Agepan
Trennwandplatten → DUROX
Trennwandplatten → Siporex
Trennwand-Programm → interwand
Trennwandsteine → AGROB
Trennwand-System → antilärm® Panzerwand
Trennwandsystem → Bertrams
Trennwand-System → Drum
Trennwand-System → Fischer
Trennwand-System → KAEmobilwand
Trennwand-System → Monoflex
Trennwand-System → NEUMIG
Trennwand-System → System 100
Trennwand-System → Variflex
Trennwand-System → Voko
TRENNWAND-SYSTEM → ZEEB

4

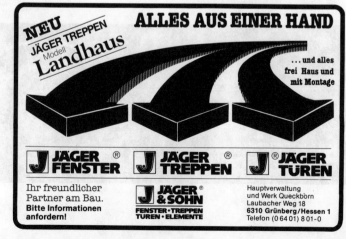

Trennwand-Systeme → Bode
Trennwand-Systeme → feco
Trennwand-Systeme → Richter System®
Trennwand-Systeme → TROAX
Treppe → MINIRAUM®-SPARTREPPE
Treppe → Quickstep
Treppe → top-step
Treppen → AVO
Treppen → Bachl
Treppen → bastal
Treppen → BEFA
Treppen → BREISGAU-HAUS
Treppen → delta
Treppen → Dennert
Treppen → Durst
Treppen → EISTA
Treppen → escamarmor
Treppen → EURO
Treppen → Finke
Treppen → Fränkischer Muschelkalk
Treppen → FREWA®
Treppen → FUCHS-Treppen®
Treppen → GERLOFF®
Treppen → GERNAND
Treppen → Gläser
Treppen → glästone
Treppen → GTM
Treppen → H & S
Treppen → HARK
Treppen → HEIBGES
Treppen → hovesta®
Treppen → ILSHOFENER Treppen
Treppen → JÄGER
Treppen → Järo
Treppen → KENNGOTT
Treppen → KENNGOTT
Treppen → KOBO
Treppen → Kraus
Treppen → Luginger
Treppen → LUXHOLM®
Treppen → MANNES
Treppen → MEFRA
Treppen → Melzian
Treppen → montafix®
Treppen → PEBU
Treppen → poeschco
Treppen → Samson
Treppen → Sattel-Treppe DBP
Treppen → Scalit®
Treppen → seltra-DURST
Treppen → seltra-Durst
Treppen → Spreng
Treppen → Stadler
Treppen → S-Treppen
Treppen → TESTA
Treppen → Treppenmeister
Treppen → UNIBAU
Treppen → VARIO STEP®-SYSTEM
Treppen → Wachenfeld-Treppenring
Treppen → Weland®
Treppen → WTM
Treppen- und Abschlußkanten → WULF
Treppenanlage → SIECO
Treppenantrittssäulen → AVO
Treppenauflage → SOFT-STEPS
Treppenauflagen → alwa
Treppenauftritt → argelith®
Treppenbaustein-System → futureppe
Treppenbauteile → AVM
Treppenbeläge → BÄR
Treppenbeläge → MEFRA
Treppenbeläge → MICO
Treppenbeläge → Richter
Treppenbeläge → Solnhofener
Treppenbeläge → Theumaer
Treppenbolzen → Thumm
Treppenfalz-Dämmplatten → grethe
Treppenfliese → BELLARIP
Treppenfliesen → euro
Treppengeländer → a+e

4

Trittplatten → REMAGRAR
Trittschalldämmatte → SCHÖNOX
Trittschalldämmelement → TEKTALAN®
Trittschalldämm-Material → REGUPOL
Trittschall-Dämmplatte → GRIMOLITH
Trittschalldämmplatte → Rockwool®
Trittschalldämmplatten → LATEXA
Trittschalldämmplatten → LAZEMOFLEX
Trittschalldämmplatten → pavapor
Trittschalldämmplatten → Philippine
Trittschalldämmplatten → Poresta®
Trittschalldämmplatten → Rhinopor
Trittschalldämmplatten → RYGOL
Trittschalldämmplatten → Saarpor
Trittschalldämmplatten → SCHWENK
Trittschalldämmplatten → STYRISO®
Trittschalldämmplatten → Styropor
Trittschalldämmsystem → WAKOL
Trittschalldämmung → ECOFON®
Trittschalldämmung → ETHAFOAM®
Trittschalldämmung → frigolit®
Trittschalldämmung → LINIHERM®
Trittschalldämmung → Nickel
Trittschalldämmung → PRESTO
Trittschalldämmung → RESON
Trittschalldämmung → ROBAU
Trittschalldämmung → RONDOFOM®
Trittschalldämmung → Supersol
Trittschalldämmung → Thomsit-floor®-System
Trittschalldämmung → Urberacher Perlite
Trittschallplatten → Bachl
Trittschallschutz → Airofoam TD
Trittschallschutzplatten → ÜBO
Trittschienen → PRINZCO
Trittsicherheitsfliese → GAIL
Trittsicherheits-Fliese → NOCKEN
Trittsicherheits-Fliese → OLYMP RECORD
Trittsicherheits-Fliese → OMI
Trittsicherheits-Fliese → Omicorn
Trittsicherheits-Fliese → Opticorn
Trittsicherheits-Fliese → Pyrocorn
Trittsicherheits-Fliese → RIFF
Trittsicherheits-Fliese → RN
Trittsicherheits-Fliese → Rocade
Trittsicherheits-Fliese → Rondex
Trittsicherheits-Fliese → SIC
Trittsicherheitsfliesen → ROCADE SUPER
Trockenbaustoffe → SAKRET®
Trockenestrich → EROLIT®
Trockenestrich → LINIHERM®
Trockenestrichdämmplatten → ISOVER®
Trockenestrich-Elemente → Bachl
Trockenestrich-Elemente → GYP PERFECT
Trockenestrich-Platte → hego
Trockenfertigmörtel → Knauf
Trocken-Fertigmörtel → OTTERFIX
trockengepreßt → GAIL
Trockenlegungsverfahren → ELkinet®
Trockenmauer → KANN
Trockenmauer → MURSEC-System
Trockenmauern → DINO
Trockenmauerwerk → Araflor®
Trockenmauerwerk → Cando®
Trockenmauerwerk → JUMALITH
Trockenmauerwerk → KLB
Trockenmauerwerk → Lusaflor®
Trockenmittel → MOLSIV®
Trockenmörtel → ADDIMENT®
Trockenmörtel → axbeton
Trockenmörtel → Disbocret®
Trockenmörtel → DYCKERHOFF3
Trockenmörtel → EXTRA PUTZ
Trockenmörtel → Heidelberger
Trockenmörtel → Iso-Crete®
Trockenmörtel → KE®
Trockenmörtel → LITHODURA
Trockenmörtel → MARIENSTEINER
Trockenmörtel → maxitmur®
Trockenmörtel → SICOCRET
Trockenmörtel → Silatex
Trockenmörtel → Terranova®
Trockenmörtel → Worminghaus
Trockenmörtel-Systeme → SALITH®
Trockenpreß-Verblender → Kuhfuss
Trockenputzkante → Ettl
Trockenschaumreiniger → RZ
Trockenschüttung → Bituperl
Trockenschüttung → Knauf
Trockenschüttung → Knauf
Trockenschüttung → RAAB
Trockenspachtel → SICOCRET
Trocken-Spezialputz → AISIT
Trockensteinschraube → WECO
Trockenstoff → SIKKATIV
Trockenunterboden → Knauf
Tröge → Gleussner
Tröge → Steinbach
Tropfenabscheider → Munters
Tropfkörper → ZONS
Tropfkörperanlagen → MALL
Tropfkörperfüllungen → Hydro
T-Stahl → Thyssen
Tür → M 33
Türabdichtung → Doppeldicht
Türabdichtung → Immerdicht
Türabdichtung → Kältefeind
Türabdichtung → Stadi AS IBS
Türabdichtung → Stodimat
Türabdichtung → Unidicht
Türabdichtungen → Hübner
Türanlagen → DELODUR®
Türanlagen → Flegel

Türschilder → DYMO
Türschilder → Hänseroth
Türschließer → BKS
Türschließer → Dictator
Türschließer → Gartner
Türschließer → GEZE
Türschließer → GEZE
Türschließer → NHN
Türschließer → TT
Türschließer → TTS
Türschließer → TÜRZU
Türschließer → TYSS NOVO
Türschlösser → KFV
Türschlösser → WILKA®
Türschwellendichtung → HEBGO
Türsicherung → Anuba
Türsicherungen → SIMONSWERK
Türspion → ABUS
Türsprechanlagen → VIDOFON
Türstürze → DIA®
Tür-System → AFRIS
Türsysteme → ARGOLA
Tür-Systeme → Edelstahl rostfrei
Türumrahmungen → Theumaer
Türverkleidung → renodoor®
Türverschluß → GU-SECURY
Türwächter → GFS
Türzarge → Gegro
Türzarge → MK
Türzarge → SOFTLINE
Türzargen → herzil®
Türzargen → IMZ
Türzargen → Klöpferholz
Türzargen → Schwaben
Türzargen → WIRUS
Türzargen → Wulf
Türzargen-Dämmprofile → ECOFON®
Türzargen-Montageschaum → Compakta®
Türzargenprofile → METZELER
Türzargenschaum → Terostat
Türzylinder → WILKA®
Tuff → Ettringer
Tuff → Mayen-Kottenheimer
Tuffplatten → grimmplatten
Tuffstein → Ettringer
Tuffstein → Luxem
Tuffstein → RHEIN-TRASS
Tuffstein → Rüber-Michels
Tuffstein → Schlink
Tuffstein → TUBAG
Tuffstein → TUBAG
Tuffstein → Weiberner Tuff
Tuffstein → Winterhelt
Tunnelabdichtung → HYDROTITE®
Tunnelabdichtung → WETTERHAUT
Tunnelofenklinker → Wittmunder Klinker
Tunnelschalung → NOE
Turmspitzen → BEBEG
Turmspitzen → KAUFMANN
Turn- und Sportgeräte → mitufa
Turngeräte → Benz
Turnhalleneinrichtungen → mitufa
Typenhallen → Donges
Überbrückungen → VARIO STEP®-SYSTEM
Überdachung → KirstallDach
Überdachung → TEXLON
Überdachung für Kläranlagen → Ceno-tec
Überdachungen → ARIANE®
Überdachungen → Arkade
Überdachungen → Baumgarte
Überdachungen → Cadomus
Überdachungen → güscha
Überdachungen → HIRSCHFELD
Überdachungen → HPS
Überdachungen → JOSTA®
Überdachungen → KristallDach®
Überdachungen → KUBAL
Überdachungen → Landry
Überdachungen → Langer
Überdachungen → Omega
Überdachungen → ORION
Überdachungen → Plasdac
Überdachungen → REBA
Überdachungen → roda Plansystem
Überdachungen → Stabirahl®
Überdachungen → Storex
Überdachungen → SunShine
Überdachungen → SYKON®
Überdachungen → VEKSÖ
Überfallmeldeanlagen → Adarma
Überflurschacht → Hebefix
Überflutungsroste → KAMPMANN
Überführungslifter → Arjo
Übergangsdichtungen → Mücher
Übergangsprofile → Küberit®
Übergangsschienen → DÖLLKEN
Übergangsschienen → GERMANIA SB
Übergangsschienen → Praktikus®
Übergangsschienen → TAC
Übergangsschienen → WULF
Überladebrücken → hafa
Überladebrücken → TREPEL
Überwachungsanlagen → DATALOGIC
Überwachungssystem → CEWA GUARD
Überwinterungsmittel → Puripool
Überziehlack → AMBROL
Überzug → POLYASOL 066 P
Überzugslack → Dinolac
Überzugslack → Dinolac
Überzugsmittel → Dinoplex
Uferstützmauern → dabau®
UF-Schaum → HYGROMULL®

4

Unterwasserfenster → AFW
Unterwasserfenster → FEHRMANN
Unterwasserleuchten → ZEISS IKON
Unterwasser-Massageanlagen → Jetstream®
Unterwasserpumpen → Pollmann
Unterzüge → innbau
Unterzüge → Rotal
UP-Farbpaste → VISCOVOSS®
U-Platten-Decken → Bachl
UP-Schlußlacke → VISCOVOSS®
Urethanalkyd-Lack → Herbol
Urinale → DURAVIT
Urinalrinnen → basika
Urinal-Spüleinrichtungen → DAL
U-Schalen → DANTON
U-Schalen → KS
U-Stahl → Thyssen
U-Stein → grimmplatten
U-Steine → Arnheiter
U-Steine → BKN
U-Steine → DIEPHAUS
U-Steine → Ebert
U-Steine → Florado®
U-Steine → JASTOTHERM
U-Steine → KLB
U-Steine → LERAG®
U-Steine → MEUROFLOR®
U-Steine → MHS
U-Steine → WALISO
UV-Lacke → Seidle
UV-Lichtschutzfolien → Neuhaus
UV-Schutz → SOLEX
UV-Schutzbeschichtung → COELAN
UV-Sperrfilterglas → Danziger Glas
UV-Sperrfilterglas → Kathedralglas
UW-Scheinwerfer → AFW
Vacuum-Beton → Durament
Vario-Treppe → JÄGER
Vegetationsschicht → Claylit
Vegetationsschicht → Lavadur
Vegetationsschicht → LAVAHUM
Vegetationsschicht → Lignostrat
Vegetationsschicht → Patzer
Vegetationssubstrat → Triohum
Ventilationsanstrich → Amarol
Ventilationsgrund → Glassomax
Ventilationsgrund → WÖRWAG
Ventilatoren → Asto
Ventilatoren → BENZING
Ventilatoren → climaria®
Ventilatoren → ebm
Ventilatoren → ES-TAIR
Ventilatoren → FISCHBACH-COMPACT-GEBLÄSE®
Ventilatoren → Gebhardt
Ventilatoren → KCH
Ventilatoren → KESSLER + LUCH
Ventilatoren → LUNG
Ventilatoren → MAICO
Ventilatoren → MARLEY
Ventilatoren → Nicotra
Ventilatoren → rosenberg
Ventilatoren → RUG
Ventilatoren → SCHAKO
Ventilatoren → tscherwitschke
Ventilatoren → Venti-Oelde
Ventilatoren → VSG
Ventilatoren → ZIEHL-ABEGG
Ventilator-Regelungssysteme → Gebhardt
Ventile → VAG
Ventilkoppel → ANWO
Veranden → Collstrop
Veranden → Immo-Fenster
Veranden → SOLAR-VERANDEN
Verankern → Rapidur
Verankerung → HÜWA®
Verankerungen → HFA
Verankerungen → HFS
Verankerungen → Lutz® Anker
Verankerungen → SYBA
Verankerungsmörtel → Thorogrip®
Verankerungsstahl → STAIFIX®
Verband- und Betonpflastersteine → Lieme
Verbindungselemente → EJOT®
Verbindungselemente → RIBE
Verbindungskralle → STABA
Verbindungsmittel → FBS
Verbindungsmittel → Lap Lox®
Verbindungsmittel → Topseal®
Verbindungsschiene → Twingrip
Verbindungsschläuche → GUHA
Verblend- und Mauermörtel → WÜLFRAmix-Fertigbaustoffe
Verblendbuntklinker → BAUER
Verblender → ABC-Klinker
Verblender → Algermissen Ziegel
Verblender → AURICH Handform
Verblender → Bernhard
Verblender → Bilshausener
Verblender → Bockhorner
Verblender → BRELIT
Verblender → BVG
Verblender → CIRCOSICHT®
Verblender → DELTA®
Verblender → GLÖCKEL
Verblender → GÜLICH
Verblender → ISO MUER
Verblender → JEVER
Verblender → JUMALITH
Verblender → JUMA®
Verblender → Kalksandstein
Verblender → KKW
Verblender → Knabe

4

Vertäfelungsplatten → DECATEX
Verteileranlagen → RENZ
Verteilerarmaturen → INGOLSTADT ARMATUREN
Verteiler-Schächte → ZONS
Verteilerschränke → ado
Verteilerschränke → Stöhr
Verticalstore → Hansa
Vertikaljalousie → Gardinia
Vertikal-Jalousie → Verti-Dekor
Vertikaljalousien → HALLER
Vertikal-Jalousien → Hesse
Vertikal-Jalousien → MULTISUN®
Vertikaljalousien → RILOGA®
Vertikal-Jalousien → sunlight
Vertikaljalousien → Sunteca
Vertikaljalousien → uni-sol
Vertikal-Jalousien → WIDMER
Vertikalschiebefenster → Gartner
Vertikal-Vorhänge → Heede
Verzögerer → ADDIMENT®
Vibrationsdämmung → SYLOMER
Vielzweck-Befestigungselement → RED HEAD®
Vielzweck-Dichtungsbahn → BÖCOFOL
Vielzweck-Dübel → Berner
Vielzweck-Gerüst → Modex
Vielzweckkleber → ARDAL
Vielzweckkleber → Klebus
Vielzweck-Stegplatte → Gebhardt
Vierkantstahl → Thyssen
Vinylacetat/Ethylen-Copolymere → Wacker
Vinyl-Bodenbelag → Amtico
Vinylesterharzkitt → Stellagen
Vinyl-Tapeten → P + S International
Vitrinen → ARIANE®
Vitrinen → DOLLIER
Vitrinen → GARDEROBIA®
Vitrinen → Hahn
Vitrinen → multi-way
Vitrinen → RENZ
Vitrinen → TE BAU®
Vitrinen → Tegtmeier
Vitrinen → televit
Vlies aus Basaltsteinwolle → basavlies
Vliese → HaTe
Vliesstoff → TREVIRA®
Volieren → EBECO
Voll- und Abtönfarbe → hagebau mach's selbst
Vollblockstein → BISO
Vollblockstein → Liapor®
Vollblocksteine → HEKLATHERM
Vollblocksteine → Itzenplitz
Vollbockstein → DAHMIT® therm
Vollgipsplatten → Künkele
Vollgipsplatten → MACK
Vollgipsplatten → ORTH
Vollholzplatten → GEMU®
Vollholz-Preßtüren → WEPRA
Vollholzprofile → Perfect Fin 2000
Vollholzrahmen-Türen → Landhaus-Türen
Vollholz-Schalungstafeln → RAPID
Vollisoliermaterial → Kelin
Vollkern-Kunststoffplatte → Thermopal
Vollkern-Kunststoffplatte → Thermopal
Vollklinkerplatten → Terraton
Vollkunststoff → KTA
Vollkunststoff-Fenster → F Rolladen
Vollmineralputz → BAYOSAN
Voll-Montagedecke → Luginger
Voll-Montage-Massiv-Decke → VMM-Decke
Vollriemchen → Röben
Vollsickerrohr → SIROBAU
Vollsteine → JASTOTHERM
Vollsteine → Lautzkirchener
Vollton- und Abtönfarbe → OPTIMA
Vollton- und Abtönfarbe → RELÖ
Vollton- und Abtönfarben → PM
Volltonfarbe → Diwagolan
Volltonfarben → Alligator
Volltonfarben → BUFA
Volltonfarben → CELLEDUR
Volltonfarben → Colorvit®
Volltonfarben → ispo
Volltonfarben → KRIT
Volltonfarben → NATURHAUS
Volltonfarben → Pliolite®
Volltonfarben → Sylitol
Volltonfarben → Wilkolan
Vollton- und Abtönfarben → Dinova®
Vollverbundsteine → ROSEN
Vollwärme-Putzsystem → Hasolith
Vollwärmeschutz → AlgoStat®
Vollwärmeschutz → Brillux®
Vollwärmeschutz → Caluplast®
Vollwärmeschutz → COPRIX®
Vollwärmeschutz → DIESCO
Vollwärmeschutz → ELASTOLITH
Vollwärmeschutz → GISOTON®
Vollwärmeschutz → HAERING
Vollwärmeschutz → RISETTA
Vollwärmeschutz → RISOMUR
Vollwärmeschutz → SAP-VS
Vollwärmeschutz → SILIN®
Vollwärmeschutz → SOVATHERM
Vollwärmeschutz → THERMO-DURIT
Vollwärmeschutz → TREFFERT
Vollwärmeschutz → Vliesin
Vollwärmeschutz-Platte → Ettl
Vollwärmeschutzprofile → MIGUTHERM
Vollwärmeschutz-System → ALSECCO
Vollwärmeschutz-System → ARTOFLEX
Vollwärmeschutz-System → Baeuerle
Vollwärmeschutz-System → BAKOLOR

Wärmedämmputz → DIETHERM
Wärmedämmputz → DRACHOLIN
Wärmedämmputz → HR
Wärmedämmputz → maxit®therm
Wärmedämmputz → RYGOL
Wärmedämmputz → STRASSER
Wärmedämmputz → Terra®
Wärmedämmputz → ULTRATHERM
Wärmedämmputz-System → COLFIRMIT
Wärmedämmputz-System → DÄMMOPOR
Wärmedämmputz-System → Eggotherm
Wärmedämmputz-System → GEBEO
Wärmedämmputz-System → grö®therm
Wärmedämmputz-System → Horulith
Wärmedämmputz-System → Karat
Wärmedämmputz-System → Labratherm
Wärmedämmputz-System → RISETTA
Wärmedämmputz-System → Silikat
Wärmedämmputz-System → Starkolith
Wärmedämmputz-System → Terra
Wärmedämmputz-System → Villerit
Wärmedämmputz-System → Wabiepor
Wärmedämmrollbahn → AlgoRoll®
Wärmedämmstoff → CORIGLAS
Wärmedämmstoff → FOAMGLAS®
Wärmedämmstoff → STYRODUR®
Wärmedämmstoff → VEDAG
Wärmedämmsystem → Elastotherm
Wärmedämm-System → Herbol
Wärmedämmsystem → IMPACT
Wärmedämmsystem → Minora
Wärmedämmsystem → MONTENOVO®
Wärmedämmsysteme → ELASTOLITH
Wärmedämm-Systeme → HASIT
Wärmedämmsytem → Terranova®
Wärmedämmung → AlgoStat®
Wärmedämmung → delcor
Wärmedämmung → DUOdach®
Wärmedämmung → Elastopor®
Wärmedämmung → EUROTHERM
Wärmedämmung → FOPAN
Wärmedämmung → HERAKLITH®
Wärmedämmung → Hyperdämm
Wärmedämmung → ISOCAP®
Wärmedämmung → ISO/CRYL
Wärmedämmung → isofloc®
Wärmedämmung → ISO-PLUS-SYSTEM®
Wärmedämmung → isorast®
Wärmedämmung → Isoself
Wärmedämmung → JACKODUR
Wärmedämmung → Linacoustic
Wärmedämmung → litaflex®
Wärmedämmung → PLUSDACH
Wärmedämmung → Rockwool®
Wärmedämmung → ROLLBAHN SBS
Wärmedämmung → Roll-ex
Wärmedämmung → thermodeck
Wärmedämmung → TIWAPUR®
Wärmedämmung → Triflex®
Wärmedämmung → Urberacher Perlite
Wärmedämmung → WECOPOR
Wärmedämmverbundsystem → Capatect
Wärmedämmverbundsystem → Capatect
Wärmedämmverbundsystem → HAERING
Wärmedämmverbundsystem → Hasolith
Wärmedämmverbundsystem → THERMO-DURIT
Wärmedämm-Verbundsystem → Zerotherm
Wärmedämm-Verbundsysteme → SALITHERM Fassade
Wärmedämmverbund-Systeme → sto®
Wärmefunktionsglas → iplus neutral und neutral R
Wärme-Isolierung → Stramit
Wärmemengenzähler → Clorius
Wärmemengenzähler → ECONOMAT 2000 W
Wärmemengenzähler → istameter®
Wärmemengenzähler → METRONA
Wärmemengenzähler → SPANNER-POLLUX
Wärmemesser → Minocal
Wärmepumpe → BEMM
Wärmepumpe → Carrier
Wärmepumpe → CTC

4

Warmwasser-Fußbodenheizungs-Kunststoffrohre → radiconn
Warmwasserheizkamin → ZEKA STAR
Warmwasserkamin → OELLERS
Warmwasser-Kamineinsatz → AQUA-BELL
Warmwasserkostenverteiler → Techem-Clorius
Warmwasserspeicher → HOVAL
Warmwasserspeicher → MICROMAT
Warmwasserspeicher → Mittelmann & Stephan
Warmwasserspeicher → Trivalent
Warmwasser-Standspeicher → Föhnix
Warmwasser-Wärmepumpen → TERIGEN®
Warmwasser-Wärmepumpen → ThermoTechnik Bauknecht
Warmwasser-Wärmepumpen → Witte
Warn- und Sperrgeräte → DAMBACH
Warnanlagen → Horizont
Warnbake → REHAU®
Warngeräte → UNIVA
Warnleuchten → Horizont
Warnleuchten → Nissen
Warnmarkierung → MORAVIA
Warnpendelleine → EUROPA
Wartehallen → GALLER
Wartehallen → hess
Wartehallen → ORION
Wartehallen → Peyer
Wartehallen → WEISSTALWERK
Wartungsanstrich → JABRALAN
Wasch- und WC-Boxen → Säbu
Waschbecken → Kuhfuss2
Waschbecken → SILACRON®
Waschbeton → BEFA
Waschbeton → Stöcka
Waschbetonerzeugnisse → SBR
Waschbeton-Imprägniermittel → ZEMITON
Waschbetonimprägnierung → FUNCOSIL
Waschbetonimprägnierung → REDISAN
Waschbeton-Klarspüler → ASO®
Waschbeton-Klarspüler → PURGATOR
Waschbeton-Kübel → KUSAGREEN
Waschbetonlacke → von Berg
Waschbetonpapier → HEBAU
Waschbetonpaste → LANOSAN®
Waschbetonpaste → ZEMIFIX
Waschbetonpasten → LH
Waschbeton-Platten → Arnheiter
Waschbetonplatten → Bachl
Waschbetonplatten → Betonwerke Emsland
Waschbetonplatten → BKN
Waschbetonplatten → DASAG
Waschbetonplatten → grimmplatten
Waschbetonplatten → HARZER
Waschbetonplatten → Helo
Waschbeton-Platten → Hötzel
Waschbetonplatten → marlux
Waschbetonplatten → MHS
Waschbetonplatten → NKS
Waschbetonplatten → perlton®
Waschbetonplatten → Samson
Waschbetonplatten → SP-Beton
Waschbetonplatten → Terradur
Waschbetonplatten → Tritz
Waschbetonreiniger → REINIT
Waschbetonversiegelung → DOMO
Waschbetonverzögerer → WALEX
Waschbeton-Verzögererpapier → PKL
Waschküchenfenster → GEDE
Waschlack → DRC
Waschlack → LANOSAN®
Waschputz → Grana®
Waschputz → MARMORIT®
Waschputz → Silikat
Waschputz → Wabierol
Waschputz → Wülfrather
Waschputze → LITHODURA
Waschraumeinrichtungen → WAGNER EWAR
Waschreihen → basika
Waschtisch → SANBLOC®
Waschtisch → ZOOM
Waschtischanlagen → Postforming
Waschtischarmaturen → Børmix
Waschtischarmaturen → DAL
Waschtischarmaturen → Hansanova
Waschtischbatterie → Florida
Waschtische → Alape
Waschtische → DURAVIT
Waschtische → SANIPA®
Waschtische → schön & praktisch
Waschtisch-Einlocharmatur → Hansa
Waschtischkombination → Die Runde Serie®
Waschtischkombination → LavarLo®
Waschtischkombination → LavarNorm® WP
Waschtischkombination → LavarTop®
Waschtischkombination → Primavera
Waschtischkombinationen → LavarBel®/LavarSet®/ LavarChic
Washprimer → KERATOL
Wasserabdichtungsmittel → Thoroseal®
Wasserablaufkasten → CABKA
Wasseraufbereiter® → O.C.
Wasseraufbereitungsanlage → PAC-AQUATECH COMPACT
Wasseraufbereitungsanlage → REFIFLOC®
Wasseraufbereitungsanlage → SEPAPLEX®
Wasseraufbereitungsanlagen → grünbeck
Wasseraufbereitungsanlagen → Preussag
Wasseraufbereitungsanlagen → Weser-Union
Wasserauffangbecken → MALL
Wasserbausteine → Holsta
Wasserbausteine → Karbonquarzit
Wasserbausteine → Kasteler Hartstein

Wasserbausteine → KÖSTER
Wasserbausystem → S + K
Wasserbeckenabdichtung → Pegutan®
Wasserbeizen → ARTICIDOL
Wasserbeizen → Zweihorn
Wasserchemikalien → KRONOS
Wasserdampfsperre → YLOPAN
Wasserdesinfektion → Bayroklar®
Wasserdichtkleber → SCHÖNOLASTIC
Wasserdichtkleber → SCHÖNOLASTIC
Wasserdichtungsbeschichtung → DAKFILL
Wasserdichtungsbeschichtung → FLEXTON
Wasserenthärter → Benckiser
Wasserenthärter → Bewamat®
Wasserenthärter → Comforta
Wasserenthärter → JUDOMAT
Wasserenthärter → LINDSAY
Wassererwärmer → Gasola
Wassererwärmer → HoriCell
Wassererwärmer → VertiCell
Wasserfälle → Wasserköppe
Wasserfeinkalk und Weißfeinkalk → Optima
Wasserfilter → Mikrona
Wasserglaskitte → Stellakitt
Wasser-Installationssysteme → Viega
Wasserkalkhydrat und Weißkalkhydrat → Rekord
Wasserklappen → PALMER
Wasserkühlmaschinen → Hitachi
Wasserlack → AQUA KORK
Wasserlack → AQUA-SOL
Wasserlack → DISBOCOLOR
Wasserlacke → ARTOL
Wasserleitungs-Druckrohre → ZSK
Wasserleitungssystem → Gaboflex
Wassernasenprofil → Dripprille, Drippkante
Wasserpflanzen → renatur
Wasserpflegemittel → ROOS
Wasserpilze → Corvinus & Roth
Wasserreinigungsanlage → Stog
Wasserrinnensteine → Stöcker
Wasserrutschbahnen → Klarer
Wasserrutschbahnen → ROIGK
Wasserrutschbahnen → SGGT
Wasserspeier → GIBA®
Wasserspeier → KAUFMANN
Wasser-Sprühlack → DISBOCOLOR
Wassersteckdosen → TUBOFLEX
Wasserstopp → HEY'DI®
Wasserstopp → TRIMIX®
Wasserstrichziegel → NORD-STEIN
Wassertröge → Holsta
Wassertröge → Münzenloher
Wasserversorgungssystem → Europlast
Wasserwechselspiele → OASE
Wasserwerke → Hydro
Wasserwirbelbad → Klafs
Wasserzähler → allmess®
Wasserzähler → BRUNATA
Wasserzähler → istameter®
Wasserzähler → METRONA
Wasserzähler → METRONA
Wasserzähler → Minomess
Wasserzähler → SPANNER-POLLUX
Wasser-Zapfsäulen → Kersting
WC → SANBLOC®
WC- und Urinalanlagen → Rotter
WC-Anlage → GEBERIT®
WC-Bidet-Anlage → Clos-o-mat
WC-Druckspüler → DALFLUX
WC-Kabinen → DOMO
WC-Sitz → GEBERELLA
WC-Sitz → HAROBAVARIA
WC-Sitz → Pagette®
WC-Sitze → abu
WC-Sitze → ALLIBERT®
WC-Sitze → HAROHOLZ
WC-Sitze → HAROLIT
WC-Sitze → pressalit®
WC-Spüleinrichtungen → DAL
WC-Spülkästen → abu
WC-Spülkasten → GEBERIT®
WC-Spülkasten → Pagette®
WC-Trennwände → ISALITH
WC-Trennwände → ISALITH
WC-Trennwände → LUWECO
WC-Trennwände → Rink
Wechselsprechanlagen → Busch
Wechselsprechgeräte → Busch
Wechselverkehrszeichen → Pintsch Bamag
Wegeinfassung → grimmplatten
Wegeinfassung → Palibeet
Wegesperre → MORION
Wegesperren → FORTUNA
Wegesperren → Langer
Wegesperren → UNION
Wegesperren → Veksö
Wegleitsystem → Wegleitsystem im 11er-Modul-Prinzip
Wegsperren → Fistamatik
Wegweiser → AZ
Weichfaserakustikplatten → Gutex
Weichfaserplatte → ESO
Weichkantensteine → Poly-Dur
Weich-PVC-Dichtungsbahn → Sarnafil®
Weichschaumband → Wanit-Universal
Weichschaumstoff → HANNOSCHAUM®EL
Weichschaumstoffband → SÜLLO
Weiden-Lärmschutzwand → VTV
Weinlagersteine → MENTING
Weinregalziegel → Hourdis
Weinregalziegel → Rickelshausen Ziegel
Weißfeinkalk → ALSEN-BREITENBURG
Weißfeinkalk → Heidelberger

4

Wintergärten → WESER
Wintergärten → WICONA®
Wintergärten → Zimmermann-Zäune
Wintergarten → JED
Wintergarten → RUSTRO
Wintergarten → Silverline
Wintergarten → Solarhaus-Anbau 2000®
Wintergarten-Beschattung → STOBAG
Wintergarten-Beschattung → WAREMA®
Wintergarten-Innenbeschaltung → Wohntex®
Wintergarten-Konstruktionen → Hain-Fenster
Wintergartenverglasung → WESKO
Winterstreu → RAAB
Wirkgewebe → Novolen
Wirtschaftswege-System → UNI®
Wirtschaftswegesystem → UNNI®-2N
Wischpflege → SOLOBONA®
Wischreiniger → Ceresit
Wochenendhäuser → OBERLAND
Wochenendhäuser → Öko-span
Wochenendhäuser → Västkust-Stugan
Wochenend-Wohnhäuser → STEINHAUER
Wohnbadteppiche → Nicol
Wohnbau-Ventilatoren → BENZING
Wohn-Blockhäuser → Heisler
Wohn-Blockhäuser → Münchener Blockhaus
Wohn-Blockhäuser → Sauerlandhaus
Wohn-Blockhäuser → VOLLWERT-HAUS®
Wohncontainer → FLADAFI®
Wohndachfenster → ROTO
Wohn-Fliese → BELCANTO
Wohn-Fliese → DISCO
Wohn-Fliese → PALEO
Wohn-Fliese → PHILIPPE LE BEL
Wohn-Fliese → RAMONA
Wohn-Fliese → ROCKY
Wohn-Fliesen → duranit
Wohn-Fliesen → VERSAILLES
Wohnhäuser → Grave
Wohnhäuser → Hunsrücker Holzhaus
Wohnhäuser → OBERLAND
Wohnhäuser → Regnauer
Wohnhäuser → Sauerlandhaus
Wohnhäuser → WAGNER
Wohnhausfenster → TE BAU®
Wohnhausplatte → Wanit-Universal
Wohnhaus-Treppen → Carpenter
Wohnhaustreppen → Scalamont
Wohnheime → Hunsrücker Holzhaus
Wohnheizkörper → Dia-therm
Wohnraum-Dachfenster → Blefa
Wohnraumdachfenster → STEEB
Wohnraum-Dachfenster → TIW
Wohnraum-Kassettenrollo → Decorollo
Wohnungsabschluß-Türelemente → Herholz®
Wohnungseingangstüren → HEGGER
Wohnungslüftung → REXOVENT
Wohnungstüren → Marquisette
Wohnungstüren → Schwedische Gutshoftüren
Wohnungswasserzähler → Clorius
Woll-Teppichboden → tretford
WP-Papier → HEBAU
Wrasen-Klappen → Lüftoflex
Wunsiedeler Marmor → FIMA
Wurmhumus → HERWI
Wurmkomposter → HERWI
Wurmkulturen → HERWI
Wurzelgewebe → Novolen
Wurzelkammer → Arborex®
Wurzelschutzfolie → URSUPLAST
Zäune → ante-holz
Zäune → Collstrop
Zäune → COLUMBUS
Zäune → EKA
Zäune → GEMILUX
Zäune → GRUBER DESIGN
Zäune → holzform
Zäune → INDURO®
Zäune → Linker
Zäune → MILLHOFF
Zäune → Thiele
Zäune → Thieme
Zahnbalken → LERAG®
Zahntrieb-Türschließer → DORMA
Zargen → B.E.E.S.
Zargen → Herholz®
Zargen → JÄGER
Zargen → Jost
Zargen → Lauprecht
Zargen → LEBO
Zargen → Podszuck
Zargen → renitex
Zargen → SCHRAG
Zargen → SÜHAC
Zargen → SVEDEX
Zargen → Wagner-System®
Zargenmaterial → howetex
Zargen-Schaum → ULTRAMENT
Zargenschaum → UNOVOSS®
Zaunanlagen → adronit®
Zaunanlagen → GAH ALBERTS
Zaunanlagen → Heda
Zaunbauteile → elkosta®
Zaunbauteile → MILLHOFF
Zaunbeschläge → EuP
Zaunbeschläge → GAH ALBERTS
Zaunelemente → OSMO
Zaunelemente → TROAX
Zaungeflechte → MILLHOFF
Zaunlasur → AIDOL
ZaunLasur → BONDEX
Zaunlasur → Gori®

4